HERBERT BUCKSCH

Wörterbuch für Architektur Hochbau und Baustoffe

Deutsch-Englisch

1

German-English

Dictionary of Architecture Building Construction and Materials

BAUVERLAG GMBH · WIESBADEN UND BERLIN

CIP-Kurztitelaufnahme der Deutschen Bibliothek

Bucksch, Herbert:

Wörterbuch für Architektur, Hochbau und Baustoffe =
Dictionary of architecture, building construction,
and materials / Herbert Bucksch. = [Dt.-engl. Ausg.] – Wiesbaden ;
Berlin : Bauverlag
2 u.d.T.: Bucksch, Herbert: Dictionary of
architecture, building construction, and materials

NE: HST

1. Deutsch-englisch. – 2. Aufl., 1. Nachdr. – 1987

ISBN 3–7625–2576–5

1. Auflage 1974
2. Auflage 1980
1. Nachdruck 1987

Druck: Druck- und Verlagshaus Hans Meister KG, Kassel
Einband: C. Fikentscher, Darmstadt

ISBN 3–7625–2576–5

VORWORT

Baukunst und Bautechnik sind überall anzutreffen; seien es die Bauwerke oder deren Reste der Vergangenheit oder die modernen Zweckbauten der Großstädte sowie die Ingenieurbauwerke des Industriezeitalters. Die Fachsprachen der Bautechnik und der Baumaschinen sind bereits in einem im gleichen Verlag erschienenen Übersetzungsfachwörterbuch in englischer und deutscher Sprache lexikographisch erfaßt. Das hier vorliegende Übersetzungsfachwörterbuch ist somit eine Ergänzung zum vorgenannten.

Wie alle Zweige der Technik und der Kunst haben auch Architektur, Hochbau und Baustoffe ihre Fachsprachen. Jeder, der sich für die Architektur interessiert, sei es als Fachmann, Kunstinteressierter, Studierender oder interessierter Laie, muß die Fachbegriffe und Fachbenennungen der Architektur beherrschen, sonst wird er sie nicht begreifen. Das gleiche gilt für Hochbau und Baustoffe. Erst wenn ein Begriff mit einer Benennung belegt ist kann man diesen Begriff auch beherrschen. Diesen Glauben hatten die frühesten Naturvölker und heute ist dieser Glaube zur notwendigen Erkenntnis geworden.

Dieses Übersetzungsfachwörterbuch gibt Benennungen für viele Begriffe aus den genannten Gebieten. Es dient damit zur Überwindung der Sprachgrenze und zur Erschließung der Fachliteratur in den genannten Sprachen.

Verlag und Verfasser hoffen mit desem Werk eine lexikographische Lücke geschlossen zu haben.

Herbert Bucksch

PREFACE

Architecture, building and civil engineering are encountered everywhere; in monuments or ruins from the past, in the engineering feats of the industrial age or the modern buildings crowding our city centres. The English and German technical terms for civil engineering and construction machinery and equipment have already been compiled in a dictionary published like this one by the Bauverlag GmbH, Wiesbaden. This dictionary rounds matters off.

Technical terms abound in architecture just as they do in any other branch of art or engineering. Anyone interested in architecture, whether as a specialist, art lover, student or layman, cannot hope to understand it wihout first mastering its concepts and the technical terms with which they are clothed. The same applies to building and building materials. A concept must be named in order to be understood. This principle is as fundamental to-day as ever it was and is one we share with our earliest ancestors.

This dictionary lists terms for many concepts from the aforementioned fields. Its aim is to help breach the language barrier and facilitate the perusal of architectural publications and trade journals in English and German.

The publisher and author hope the dictionary will fill a lexicographic gap.

Herbert Bucksch

EINFÜHRUNG

Die Wörter sind alphabetisch geordnet. Zum Zwecke einer Darstellung nach technischen Gesichtspunkten sind bei manchen Begriffen weitere außerhalb der alphabetischen Reihenfolge aufgeführt. Beispiel:

Spültisch *m*, Abwaschtisch	**sink unit** [*Combined sink and drainer*]
Ablaufverbindung *f*	waste connection
Abtropfbrett *n*, Ablaufbrett, Abstellbrett	draining board, drain-board, absolution board

usw.

Anwendung der Klammern:

a) Eckige Klammern:

1. Erläuterung einer und sonstige Hinweise zu einer Benennung, z.B.	**Putzbau(werk)** *m*, (*n*) [*Bauwerk mit verputzten Außenflächen im Gegensatz zu unverputzten Bauwerken*]
2. Bestimmung eines Sachgebietes, z.B.	**Querfalz** *m* [*Metallbedachung*]

b) Runde Klammern:

3. Auslassungen, z.B.	**(Torkret-)Zement(mörtel)kanone** *f* = Torkret-Zementmörtelkanone = Torkret-Zementkanone = Zementmörtelkanone = Zementkanone
4. Abkürzungen, z.B.	(Geol.) = Geologie (Min.) = Mineralogie (Brit.) = Großbritannien (US) = USA

Die Tilde ~ tritt an die Stelle des zu wiederholenden Wortes, z.B. **Stufenvorsprung** *m*, Tritt-~ = Trittstufenvorsprung

Die Tilde im Fettdruck **~** *tritt an die Stelle des darüber befindlichen Wortes oder des zu wiederholenden Wortteiles, welcher vor dem Strich | steht, z.B.*

Stahlbeton *m*

~ Kleinlogel = Stahlbeton Kleinlogel

Stahlbau|firma *f*

~hilfsarbeiter *m* = Stahlbauhilfsarbeiter

Synonyma sind durch Komma getrennt.
Das Semikolon trennt einerseits in Großbritannien und andererseits in den USA gebräuchliche Benennungen für einen Begriff.

Die Artikel sind wie folgt angegeben:

m = männlich
f = weiblich
n = sächlich

mpl = Mehrzahlform für die männliche Einzahl. Dementsprechend sind fpl und npl zu verstehen.

Abkürzungen: B.S. = British Standard
A.S.T.M. = American Society for Testing Materials
DIN = Deutsche Industrie-Norm

INTRODUCTION

The terms are compiled in alphabetical order. Certain terms, however, forming subject titles from a technical point of view are accompanied by a subsection giving other terms relevant to the subject. Example:

Spültisch *m*, Abwaschtisch	**sink unit** [*Combined sink and drainer*]
Ablaufverbindung *f*	waste connection
Abtropfbrett *n*, Ablaufbrett, Abstellbrett	draining board, drain-board, absolution board

etc.

Brackets are used:

a) Square brackets:

(1) *to explain or define a term or giving other information about it, e.g.* — **Putzbau(werk)** *m*, (*n*) [*Bauwerk mit verputzten Außenflächen im Gegensatz zu unverputzten Bauwerken*]

(2) to denote the particular field, e.g. — **Querfalz** *m* [*Metallbedachung*]

b) *Round brackets:*

(3) *for terms or part of terms which can be omitted, e.g.* — (Torkret-)Zement(mörtel)kanone = Torkret-Zementmörtelkanone = Torkret-Zementkanone = Zementmörtelkanone = Zementkanone

(4) *for abbreviations, e.g.* — (Geol.) = Geology
(Min.) = Mineralogy
(Brit.) = Great Britain
(US) = USA

The Tilde ~ substitutes the word to be repeated, e.g.

Stufenvorsprung *m*, Tritt~ = Trittstufenvorsprung

The Tilde ~ substitutes the preceding word or the part of the preceding word printed before the sign | and to be repeated in the following word, e.g.

Stahlbeton *m*
~ Kleinlogel = Stahlbeton Kleinlogel
Stahlbau|firma *f*
~hilfsarbeiter *m* = Stahlbauhilfsarbeiter

The comma separates equivalent terms.
The semicolon separates equivalent terms, but alternatively used either in the USA or Great Britain.

The gender of the German words is indicated by:

m = masculine
f = feminine
n = neuter
mpl = the term is given in its plural form, with the singular being masculine, fpl and npl apply accordingly

Abbreviations: *B.S. = British Standard*
A.S.T.M. = American Society for Testing Materials
DIN = Deutsche Industrie-Norm

BAND I

VOLUME I

*

DEUTSCH — ENGLISCH

GERMAN — ENGLISH

A

Aaronstab *m* · Aaron's(-)rod [*A long, straight mo(u)lding with scroll and leaf ornament*]

AB, Anhydritbinder *m* [*DIN 4208. Fabrikmäßige Herstellung durch gemeinsames Vermahlen von Anhydrit und Anreger oder durch Vermischen von gemahlenem Anhydrit und Anreger*] · anhydrite binder

ab Lager · ex(-)stock, from stock

Abakahanf *m,* Musahanf, Bananenhanf, Manil(l)ahanf · Manil(l)a hemp

Abakus *m,* Kapitellplatte *f,* (Säulen)Deckplatte · raised table, abacus, padstone [*The slab between the lintel and the supporting column, designed to concentrate the load. In the Greek Doric order the abacus is a simple square block; in the Roman orders it is thinner and mo(u)lded*]

~blume *f* [*In der Mitte jeder der vier konkav eingezogenen Seiten des Abakus am korinthischen Kapitell*] · abacus flower

~säule *f* · abacus column

Abänderungsauftrag *m* · variation order

Abaton *n* [*Der von einer Ikonostasis abgeschlossene Chor als Allerheiligstes in orthodoxen Kirchen*] · adytum, adyton

abätzen · to remove with caustics

abbauen [*Last; Kraft; Spannung*] · to absorb, to minimize

(ab)beizen [*Anstrich von seinem Untergrund*] · to remove a paint or varnish film with paint remover [*The paint remover softens a paint or varnish film, so that it can be easily scraped or brushed off*]

Abbeizen *n* [*Betonwerkstein*] · acid washing, ~ treatment, acid(-etch-)ing, etching [*The application of an acid solution to the inner surfaces of mo(u)lds so as to prevent setting at the surface of the concrete. The loose aggregate is brushed off after stripping thus producing slight exposure of the aggregate*]

~ von Aufstrichen, ~ ~ Anstrichen · stripping (of coat(s))

~ ~ Farbanstrichen · (paint) stripping

Abbeizer *m,* (Ab)Beizmittel *n,* Farbenlöser, Farbenentferner, Lacklöser, Lackbeize *f,* Ablaugemittel [*Vom Anstreicher kurz „Lauge" f genannt*] · (paint) remover, (~) stripper

(Ab)Beiz|fluid *n,* flüssiges (Ab)Beizmittel *n,* (Ab)Beizflüssigkeit *f,* lösendes (Ab)Beizmittel, neutrales (Ab)Beizmittel · solvent-based paint remover, ~ ~ stripper

~flüssigkeit *f,* lösendes (Ab)Beizmittel *n,* neutrales (Ab)Beizmittel (Ab)Beizfluid *n,* flüssiges (Ab)Beizmittel · solvent-based paint remover, ~ ~ stripper

~mittel *n,* Farbenlöser *m,* Farbenentferner, Lacklöser, Lackbeize *f,* Abbeizer, Ablaugemittel [*Vom Anstreicher kurz „Lauge" genannt*] · (paint) remover, (~) stripper

~paste *f,* pastenartiges (Ab)Beizmittel *n* · paint remover in paste form, ~ stripper ~ ~ ~, paste-type paint remover, paste-type paint stripper

~pulver *n*, Ablaugpulver, pulv(e)riges (Ab)Beizmittel *n* · powder(ed) paint remover, ~ ~ stripper, paint remover in powder form, paint stripper in powder form

Abbiegestelle *f* [*Bewehrungsstab*] · bent(-up) point, ~ portion, point of bending up, portion of bending up

abbimsen · to pumice [*To clean, polish, etc. with pumice*]

(Ab)Binde|ablauf *m* → (Ab)Bindeverlauf

~anfang *m*, (Ab)Bindebeginn *m* [*hydraulisches Bindemittel*] · commencement of set(ting)

~beginn *m*, (Ab)Bindeanfang *m* [*hydraulisches Bindemittel*] · commencement of set(ting)

(Ab)Bindebeschleuniger *m* **für hydraulische Bindemittel** → (Ab-)Bindezeitbeschleuniger ~ ~ ~

~ für hydraulische Gemische → (Ab-)Bindezeitbeschleuniger ~ ~ ~

(Ab)Bindedauer *f*, (Ab)Bindezeit *f*, (Ab)Bindefrist *f* [*Verschnittbitumen*] · curing period, ~ time, time of curing, period of curing

~, (Ab)Bindezeit *f*, (Ab)Bindefrist *f* [*hydraulisches Bindemittel*] · set(ting) time, time of set(ting)

(Ab)Bindeeigenschaft *f*, (Ab)Bindevermögen *n*, (Ab)Bindefähigkeit *f* [*hydraulisches Bindemittel*] · set(ting) power, ~ quality, ~ capacity, ~ property, power of set(ting), quality of set(ting), capacity of set(ting), property of set(ting)

~, (Ab)Bindefähigkeit *f*, (Ab)Bindevermögen *n* [*Verschnittbitumen*] · curing power, ~ capacity, ~ quality, ~ property

(Ab)Binde|ende *n* [*hydraulisches Bindemittel*] · final set(ting)

~energie *f* [*hydraulisches Bindemittel*] · energy of set(ting), set(ting) energy

(Ab)Bindefähigkeit *f*, (Ab)Bindevermögen *n*, (Ab)Bindeeigenschaft *f* [*Verschnittbitumen*] · curing power, ~ capacity, ~ quality, ~ property

~, (Ab)Bindevermögen *n*, (Ab)Bindeeigenschaft *f* [*hydraulisches Bindemittel*] · set(ting) power, ~ quality, ~ capacity, ~ property, power of set(ting), quality of set(ting), capacity of set(ting), property of set(ting)

(Ab)Bindefrist *f* → (Ab)Bindezeit

(Ab)Bindegeschwindigkeit *f* [*Verschnittbitumen*] · curing rate, rate of curing

~ [*hydraulisches Bindemittel*] · rate of set(ting), set(ting) rate

(Ab)Binde|kurve *f*, Verfestigungskurve set(ting) curve, curve of set(ting)

~mechanismus *m*, Verfestigungsmechanismus · mechanism of set(ting), set(ting) mechanism

Abbindemittel *n* [*Mörtel; Beton; Zementpaste; Gips*] · set(ting) agent

~ [*Kleber*] · curing agent, setting ~ [*e. g. as part of an epoxy resin adhesive*]

abbinden, verfestigen [*erstarren + erhärten. Mörtel; Beton; Zementpaste; Gips*] · to set

~ [*Kleber*] · to set, to cure

Abbinden *n*, Abbindung *f*, Verfestigung, Verfestigen [*Mörtel; Beton; Zementpaste; Gips. Das Abbinden wird unterteilt in die erste Phase des „Erstarrens" (Übergang aus dem plastischen in den festen Zustand) und die zweite Phase des „Erhärtens" bis zur Erreichung der Endfestigkeit*] · set(ting)

(Ab)Bindeprobe *f*, (Ab)Bindeversuch *m*, (Ab)Bindeprüfung *f* [*für hydraulische Bindemittel*] · set(ting) test

(Ab)Bindeprozeß *m*, (Ab)Bindevorgang *m*, (Ab)Bindeverlauf *m* [*Verschnittbitumen*] · curing process, process of curing

~, (Ab)Bindeablauf *m*, (Ab)Bindevorgang *m*, (Ab)Bindeverlauf [*hydraulisches Bindemittel*] · set(ting) process, process of set(ting)

(Ab)Binde|prüfer *m*, (Ab)Bindeprüfgerät *n* [*für hydraulische Bindemittel*] · set(ting) testing apparatus

~prüfgerät *n*, (Ab)Bindeprüfer *m* [*für hydraulische Bindemittel*] · set(ting) testing apparatus

~prüfung *f*, (Ab)Bindeprobe *f*, (Ab-)Bindeversuch *m* [*für hydraulische Bindemittel*] · set(ting) test

~reaktion *f* [*hydraulisches Bindemittel*] · reaction of set(ting), set(ting) reaction

(ab)binderegelnd, (ab)bindesteuernd · set-controlling

(Ab)Binde|regler *m* → (Ab)Bindezeitregler

~schwindung *f* [*hydraulisches Bindemittel*] · set(ting) shrinkage [*A reduction in volume of concrete prior to the final set of cement, caused by settling of the solids and by the decrease in volume due to the chemical combination of water with cement*]

(ab)bindesteuernd, (ab)binderegelnd · set-controlling

(Ab)Bindestörung *f* [*hydraulisches Bindemittel*] · disturbance of set(ting), set(ting) disturbance

(Ab)Bindeverlauf *m*, (Ab)Bindeprozeß *m*, (Ab)Bindevorgang *m* [*Verschnittbitumen*] · curing process, process of curing

~, (Ab)Bindeablauf, (Ab)Bindevorgang *m*, (Ab)Bindeprozeß *m* [*hydraulisches Bindemittel*] · set(ting) process, process of set(ting)

(Ab)Bindevermögen *n*, (Ab)Bindefähigkeit *f*, (Ab)Bindeeigenschaft *f* [*hydraulisches Bindemittel*] · set(ting) power, ~ quality, ~ capacity, ~ property, power of set(ting), quality of set(ting), capacity of set(ting), property of set(ting)

~, (Ab)Bindefähigkeit *f*, (Ab)Bindeeigenschaft *f* [*Verschnittbitumen*] · curing power, ~ capacity, ~ quality, ~ property

(Ab)Binde|versuch *m*, (Ab)Bindeprobe *f*, (Ab)Bindeprüfung *f* [*für hydraulische Bindemittel*] · set(ting) test

~verzögerer *m* → (Er)Härtungs(zeit)-verzögerer

(Ab)Bindevorgang *m*, (Ab)Bindeverlauf *m*, (Ab)Bindeprozeß *m* [*Verschnittbitumen*] · curing process, process of curing

~, (Ab)Bindeablauf *m*, (Ab)Bindeverlauf, (Ab)Bindeprozeß *m* [*hydraulisches Bindemittel*] · set(ting) process, process of set(ting)

(Ab)Binde|wärme *f* · heat of set(ting), set(ting) heat

~wasser *n* · water of set(ting), set(ting) water

~wert *m* · set(ting) value

(Ab)Bindezeit *f*, (Ab)Bindedauer *f*, (Ab)Bindefrist *f* [*Verschnittbitumen*] · curing period, ~ time, time of curing, period of curing

~, (Ab)Bindedauer *f*, (Ab)Bindefrist *f* [*hydraulisches Bindemittel*] · set(ting) time, time of set(ting)

(Ab)Binde(zeit)beschleuniger *m* **für hydraulische Bindemittel**, Erstarrungs(zeit)beschleuniger ~ ~ ~ · accelerating additive for set(ting), set(ting) accelerator additive

~ ~ ~ Gemische, ~ ~ ~ Mischungen, Erstarrungs(zeit)beschleuniger ~ ~ ~ · accelerating admix(ture) for set(ting), set(ting) accelerator admix(ture)

(Ab)Binde(zeit)|beschleunigung *f*, Erstarrungs(zeit)beschleunigung [*hydraulisches Bindemittel*] · acceleration of set(ting)

~regler *m*, (Er)Härtungs(zeit)regler, Erstarrungs(zeit)regler [*für hydraulische Bindemittel und hydraulische Mischungen*] · setting and hardening control(l)-ing agent [*A substance which, when present in small quantities, controls the setting and hardening of a cementitious material*]

~verzögerer *m*, Erstarrungs(zeit)verzögerer, VZ, Verzögerer, (Er)Härtungs-(zeit)verzögerer [*für hydraulische Bindemittel*] · (set(ting)) retarder, (~) retarding agent, retarder of set(ting) [*A substance which, when present in small quantities, delays the initial setting and hardening of a cementitious material in a controllable way*]

~verzögerung *f*, Erstarrungs(zeit)verzögerung [*hydraulisches Bindemittel*] · retardation of set(ting)

Abbindung *f* → Abbinden

Abblasen *n*, Sandeln, Sandstrahlen, Abstrahlen mit Sandstrahlgebläse · sandblasting, sand blast

abblättern, abschuppen · to flush [*To flake off, said of the face of walling stone*]

Abblättern *n*, Abblätterung *f* [*Feuerfestindustrie*] · peeling, shelling

~, Abplatzen [*Anstrich*] · flaking [*The detachment of flakes from a paint coat due to penetration of water behind the paint coat or greasiness of the surface or, in distempers, by too much size*]

~ [*Ablösen dünner Schichten von der Betonoberfläche durch Einwirkung von Frost, Tausalz usw.*] · scaling

Abblätterung *f*, Abblättern *n* [*Feuerfestindustrie*] · peeling, shelling

abblendendes Glas *n*, Blendschutzglas · anti-dazzle glass, glare-reducing ~; non-glare ~ (US)

Abblendschalter *m* · dimmer switch

Abblendung *f* · glare control

Abbrand *m*, Walzhaut *f*, Hammerschlag *m*, Zunder *m* · scale

~anflug *m*, Aschenanflug [*Auf den Ofensteinen*] · kiln scum

abbrennen, flammstrahlreinigen · to burn off (paint)

Abbrennen *n*, Flammstrahlreinigen · paint burning, burning off (paint) [*The removal of paint by a process in which the paint is softened by heat, e. g. from a flame, and then scraped off while still soft*]

Abbrennstumpfschweißung *f* [*DIN 4100*] · resistance flash welding

Abbruch *m*, Abreißen *n* [*Bauwerk*] · demolition, wrecking

~arbeit(en) *f(pl)*, Abreißarbeit(en) [*DIN 4420*] · demolition work, wrecking ~ ·

~arbeiter *m*, Gebäude~, Haus~ wrecker, demolisher, mattock man, topman

~block(stein) *m*, Altstein, Abbruchstein, Altblock(stein) · secondhand block, ~ tile [*See remark under 'Block'*]

~genehmigung *f*, Abreißgenehmigung · demolition permission, wrecking ~

~material *n*, (Abbruch)Schutt *m*, Abreißmaterial, Abreißschutt, Bauschutt · demolition rubbish, ~ waste (US); ~ spoil, rubble, bulding rubbish (Brit.)

abbruchreif · fit for demolition, ~ ~ wrecking, condemned, demolishable

Abbruch|schutt *m* → Abbruchmaterial

~stein *m*, Abbruchblock(stein) *m*, Altblock(stein), Altstein · secondhand block, ~ tile [*See remark under 'Block'*]

~stelle *f* · demolition site, wrecking ~

~vertrag *m* · demolition contract, wrecking ~

~ziegel *m*, Altziegel · secondhand brick

Abbund *m*, Abbindung *f*, Abbinden *n* [*Anreißen, Zuschneiden, Ablängen und sonstiges Bearbeiten von Bauhölzern an Hand zeichnerischer Unterlagen*] · trimming, joining

~platz *m*, Abbindeplatz [*Zimmerei*] · trimming yard, joining ~

(Ab)Bürsten *n* **mit Drahtbürste** · wire brushing

Abdach *n* · roof overhang

(ab)dämmen · to insulate

(Ab)Dämmen *n* [*als Tätigkeit*] · insulating

(Ab)Dämmung *f* [*als Ergebnis der Tätigkeit*] · insulation

Abdampf *m* · waste steam

~heizung *f* [*Abdampf einer Dampfkraftanlage wird entweder direkt oder nach Druckminderung als Wärmeträger in Niederdruckdampfheizungen verwendet*] · waste steam heating

~heiz(ungs)anlage *f* · waste steam heating system, ~ ~ ~ installation, ~ ~ ~ facility

~rohr *n*, Dampfauslaßrohr · waste steam pipe

~(rohr)leitung *f* · waste steam (pipe-) line

~rückstand *m* [*Für Trink- und Brauchwasser ist ein Abdampfrückstand, also ein nach Eindampfen durch Wägung festzustellender Gehalt an gelöster Substanz von weniger als 500 g/l erwünscht weil größere Lösungsinhalte durch zu große Härte, Salzgehalt usw. die Verwendungsmöglichkeiten beeinträchtigen*] · evaporation residue

~wärme *f* · waste steam heat

(Ab)Deck|band *n* · masking tape

~blech *n* · cover(ing) plate

~block(stein) *m*, (Ab)Deckstein, Beton~ · (concrete) coping block, (~) ~ tile, (~) cope ~, (~) capping ~ [*See remark under 'Block'*]

Abdecken *n*, Abdeckung *f* · covering

(Ab)Decken *n* · masking [*when painting*]

(Ab)Deckfolie *f* · cover(ing) foil, protecting ~

Abdeckfuge *f* · (preformed) gasket joint, sealing ~ ~, structural ~ ~, joint sealed by cover strip

(Ab)Deckgewebe *n* [*Im Bauwesen verwendete Textilerzeugnisse, z. B. Jutegewebe, Nesselgewebe usw.*] · cover(ing) cloth, ~ woven fabric; ~ fabric [*misnomer*]

Abdeckkappe *f* [*Wandleuchte*] · end cap

(Ab)Deck|lack *m* → Abzieh(schutz)lack

~leiste *f* · cover moulding (Brit.); ~ molding (US) [*A mo(u)lding planted to cover a joint on a flush surface*]

Abdeckmatte *f* [*Nachbehandlung von Beton*] · (concrete-)curing blanket

(Ab)Deckpapier *n* [*Als Bauhilfsstoff werden (Ab)Deckpapiere am häufigsten von Putzern, Anstreichern und Tapezierern verwendet, um (Fuß)Böden usw. bei nachträglichen Arbeiten an Decken und Wänden vor dem Verschmutzen zu bewahren. Mitunter „Schrenzpappe" oder „Schrenzpapier" genannt*] · masking paper

~ [*Als Baustoff erfüllt das Abdeckpapier gleiche oder ähnliche Aufgaben wie das (Ab)Deckgewebe*] · cover(ing) paper

(Ab)Deckplatte *f* → Beton~

~ aus Naturstein, (Natur)Stein(ab)-deckplatte · (natural) stone coping slab, (~) ~ capping ~

Abdeckprofil *n* [*Flachdach*] · profile(d) coping

(Ab)Deckrost *m* · cover(ing) grate

(Ab)Deckstein *m*, Natur~ · coping stone, cope ~, capping ~ [*A top stone, generally slightly projecting, to shelter the masonry from the weather, or to distribute the pressure from exterior loading. A projecting covering stone of a wall*]

~, (Ab)Deckblock(stein) *m*, Beton~ · (concrete) coping block, (~) ~ tile, (~) cope ~, (~) capping ~ [*See remark under 'Block'*]

Abdeckung *f*, Abdecken *n* · covering

~ · cover

~ [*Nachbehandlung von Beton*] · curing overlay

~, Abwässerung [*Freistehende Bauteile wie Einfriedigungsmauern, Pfeiler usw. müssen mit einer wetterfesten, wasserundurchlässigen Schicht abgedeckt werden, um das Eindringen von Wasser in das Innere des Mauerwerks zu verhindern*] · coping, capping, cope

~ · cap [*The upper member of a column, pilaster, door cornice, mo(u)lding, and the like*]

~ des Gewölbes, Gewölbe(ab)deckung · vault coping, ~ capping

Abdeckungspapier *n* [*Nachbehandlung von Beton*] · (concrete-)curing paper, overlay ~

(Ab)Deckziegel *m* [*Dachziegel zum Abdecken für Schornsteine, freistehende Mauern und Einfriedigungen*] · coping tile, cope ~, capping ~

(ab)dichten, einfassen [*Schornstein*] · to flash

~ · to seal

(Ab)Dichten *n*, Fugen~ [*Ausfüllen des freien Raumes einer Fuge*] · (joint) filling

(Ab)Dichtung *f*, Sperrung [*Zur Verhinderung der Durchfeuchtung der Baustoffe und Bauteile werden diese durch geeignete Stoffe entweder selbst wasserundurchlässig gemacht oder mit einem wasser- und unter Umständen auch chemikalienbeständigen Überzug versehen*] · waterproofing [*The term 'waterproofing' is sometimes restricted* *to mean 'waterproofing against ground water' whereas the term 'dampproofing' means protection against any moisture. In spite of this, the term 'water-proofing' is generally applied, especially in combined words, as, for instance, 'waterproofing agent' etc.*]

~ · seal(ing)

~ [*Erzeugnis*] · seal

(Ab)Dichtung(en) *f(pl)* **gegen aufsteigende und seitlich eindringende Bodenfeuchtigkeit,** ~ ~ nichtdrückendes Wasser [*DIN 18337*] · dampproofing

~ ~ **drückendes Wasser,** ~ ~ Grund- und Druckwasser, wasserdruckhaltende (Ab)Dichtung(en), grundwasserhaltende (Ab)Dichtung(en) [*DIN 18336*] · waterproofing

~ ~ **Grund- und Druckwasser,** ~ gegen drückendes Wasser, wasserdruckhaltende (Ab)Dichtung(en), grundwasserhaltende (Ab)Dichtung(en) [*DIN 18336*] · waterproofing

~ ~ **nichtdrückendes Wasser,** ~ ~ aufsteigende und seitlich eindringende Bodenfeuchtigkeit [*DIN 18337*] · dampproofing

~ **von Hochbauten gegen Erdfeuchtigkeit** [*DIN 4117*] · dampproofing and waterproofing of above-ground rising structures

(Ab)Dicht(ungs)|anstrich *m*, (Ab-)Dicht(ungs)aufstrich · seal(ing) coat, sealer

~**arbeiten** *fpl* · sealing work

~**aufstrich** *m*, (Ab)Dicht(ungs)anstrich · seal(ing) coat, sealer

~**bahn** *f* · seal(ing) sheet(ing)

~**band** *n* · seal(ing) strip

~**beschichtung** *f*, (Ab)Dicht(ungs)überzug *m* [*als Schicht*] · seal(ing) coat

~**binde** *f* · seal(ing) jacket

~**einlage** *f*, (Ab)Dicht(ungs)träger(stoff) *m* · seal(ing) sheet(ing) insert(ion)

~**filz** *m* · seal(ing) felt(ed fabric)

~**fläche** *f* · seal(ing) surface

~**folie** *f* · seal(ing) foil

~**gemisch** *n*, (Ab)Dicht(ungs)mischung *f* · seal(ing) mix(ture)

~**gummi** *m, n* · seal(ing) rubber

~**kitt** *m* · sealing putty, ~ cement

~**konzentrat** *n* · seal(ing) concentrate

~**lage** *f*, (Ab)Dicht(ungs)schicht *f*, Sperrschicht, Sperrlage, Sperre *f* · impervious course, ~ layer, impermeable ~, barrier (membrane)

~**latte** *f* [*kittlose Verglasung*] · draught fillet, windguard

~**leiste** *f* · seal(ing) fillet

~**lippe** *f* [*(Ab)Dicht(ungs)ring*] · seal(ing) lip

~**masse** *f* · seal(ing) compound, ~ mass, ~ composition. ~ material

~**mastix** *m* → plastische Fugen(ab)dicht(ungs)masse

~**material** *n*, (Ab)Dicht(ungs)mittel *n*, (Ab)Dicht(ungs)stoff *m* · seal(ing) material, ~ medium, sealer, sealant

~**mischung** *f*, (Ab)Dicht(ungs)gemisch *n* · seal(ing) mix(ture)

(Ab)Dicht(ungs)mittel *n*, (Ab)Dicht(ungs)stoff *m*, Dichter *m*, DM *n*, sperrendes Zusatzmittel, sperrender Zusatz(stoff) *m*, Sperrzusatz(stoff), Sperr(zusatz)mittel [*für Mörtel oder Beton*] · (integral) waterproof(ing) agent, (~) waterproofer, (~) waterrepeller, (~) waterrepellent admix(ture), (~) water repelling agent, densifying agent, densifying admix(ture), densifier, permeability reducing agent [*Water repellent substance introduced into the body of such materials as concrete at the mixing stage, as distinct from surface waterproofers, which are applied as a film to the face of the finished concrete*]

~, (Ab)Dicht(ungs)stoff *m*, (Ab)Dicht(ungs)material *n* · seal(ing) material, ~ medium, sealer, sealant

~ [*Nachbehandlung von Beton*] · (membrane) curing compound

(Ab)Dicht(ungs)|pappe → Baupappe

~**paste** *f* → Sperrpaste

~**profil** *n*, Selbstdichtung *f* · (preformed) gasket, sealing ~, structural ~ [*A gasket, unlike a wet seal, does not rely on adhesion but on the compressive forces acting on it to ensure the joint is sealed and the gasket is not released by subsequent movements*]

~**pulver** *n* → Sperrpulver

~**ring** *m* · antileak ring, seal(ing) ~

~**rippe** *f* [*(Ab)Dicht(ungs)ring*] · seal(ing) rib, ~ fin

~**schicht** *f* → (Ab)Dicht(ungs)lage *f*

~**schlämme** *f* · non-shrink grout(ing compound)

~**stoff** *m*, (Ab)Dicht(ungs)material *n*, (Ab)Dicht(ungs)mittel *n* · seal(ing) material, ~ medium, sealer, sealant

~**streifen** *m* · seal(ing) strip

~**strick** *m* · seal(ing) rope, pouring ~, joint runner

~**träger(stoff)** *m*, (Ab)Dicht(ungs)einlage *f* · seal(ing) sheet(ing) insert(ion)

~**trog** *m* → Wannen(ab)dichtung

~**überzug** *m*, (Ab)Dicht(ungs)beschichtung *f* [*als Schicht*] · seal(ing) coat

~**verbindung** *f* · seal(ing) joint

(ab)drosseln · to throttle

(Ab)Drosseln *n* · throttling

abdrücken [*Leitungen und Druckgefäße mit kaltem Wasser*] · to run a hydraulic test, ~ ~ ~ cold water ~

Abdrückwasser *n*, Prüfwasser [*Rohrleitungsprüfung*] · test water

abdunsten, abluften [*Anstrichmittel*] · to flash (off)

Abdunstzeit *f*, Abluftzeit [*Anstrichmittel*] · flash (off) time

Abel-Flammpunktprüfer *m* · Abel flash point apparatus

Abendmahltisch *m* · communion table

Abfahrt|bahnsteig *m* · departure platform

~rampe *f* · exit ramp

Abfall *m*, ~stoff *m*, Müll *m* · waste

~behälter *m*, Abfallstoffbehälter, Müllbehälter · waste container, container for waste(s), refuse container, container for refuse; rubbish container, container for rubbish (US)

~beseitigung *f* [*Die flüssigen Abfallstoffe werden durch die Kanalisation und die festen durch die Straßenreinigung und die Müllabfuhr beseitigt*] · waste disposal, disposal of waste(s)

~eisen *n*, Alteisen · scrap iron

~fett *n*, Altfett · waste grease, used ~

~halde *f* → Müllkippe

~kübel *m*, Müllkübel, Abfallstoffkübel · dustbin

Ab(fall)öl *n*, Altöl · waste oil, used ~

Abfall|rohr *n* → Fallrohr

~rohr *n* **für Aborte** → Abortrohr

~säurebehälter *m* · waste acid tank

~schlucker *m* → Müllschlucker

~steine *mpl*, Steinbruchabfall *m* · quarry waste; grout (US)

Abfall(stoff) *m*, Müll *m* · waste, refuse; rubbish (US)

~behälter *m* → Abfallbehälter

~verbrenner *m*, (Müll)Verbrenner · (waste) incinerator, refuse ~; rubbish ~ (US)

~vernichter *m* → Müllwolf

~zerkleinerer *m* → Müllwolf

Abfall|tonne *f* → Müllkübel

~tonnenschrank *m* → Müllkübelschrank

~verbrenner *m*, Abfallstoffverbrenner, (Müll)Verbrenner · (waste) incinerator, refuse ~; rubbish ~ (US)

~vernichter *m* → Müllwolf

~zerkleinerer → Müllwolf

abfangen [*z. B. durch Zuganker*] · to hold

Abfangeträger *m*, Sturzträger [*DIN 1053*] · holding girder

abfärbbeständig, (ab)kreidungsbeständig, auskreidungsbeständig · chalkproof

abfärben, (aus)kreiden, (ab)kreiden [*Anstrich*] · to chalk

Abfärben *n* → (Ab)Kreiden

Abfärbprüfer *m*, Auskreideprüfer, Abkreideprüfer · chalking tester

abfasen mit 45°, abkanten mit 45° · to chamfer

Abfasen *n* **mit 45°**, Abkanten mit 45° · chamfering

Abfertigungs|anlage *f*, Empfangsanlage · (passenger) terminal

~ebene *f*, Empfangsfläche *f*, Empfangsebene, Abfertigungsfläche [*Waag(e)rechte Teilfläche im Abfertigungsgebäude eines Flughafens mit organisatorischer und funktioneller Aufteilung der Verkehrswege und Abfertigungsvorgänge für Fluggäste und Gepäck*] · passenger and luggage handling level

~fläche *f* → Abfertigungsebene

Abfertigungsgebäude *n*, Empfangsgebäude · (passenger) terminal building

~ für Auslandverkehr, Empfangsgebäude ~ ~ · international (passenger) terminal building

~ ~ Inlandverkehr, Empfangsgebäude ~ ~ · domestic (passenger) terminal building

Abfertigungs|insel *f* [*Eine abgegrenzte und meistens befestigte Vorfeldfläche auf einem Flughafen in bestimmter Entfernung vom Abfertigungsgebäude*] · service island

~stelle *f* [*Flugsteigkopf*] · passenger handling point

~verfahren *n* [*Abfertigung von Flugzeugen, Passagieren, Fracht und Luftpost auf Flughäfen*] · service method

~verkehr *m* [*Flughafen*] · service traffic

~vorfeld *n* → Abfertigungszone

~zone *f*, Abfertigungsvorfeld *n* [*Ein Teil des Vorfeldes einschließlich der Abfertigungsstellen eines Flughafens, im allgemeinen dem Abfertigungsgebäude direkt vorgelagert*] · service zone, ~ area

Abflachung *f* · flattening

Abfließen *n* **der entwickelten Wärme**, Wärmeabfluß *m* [*Kalorimetrie*] · heat transmission

Abflughalle *f* [*Flughafen*] · departure lounge

Abfluß *m* [*Fehlname*] → Abflußrohr

Abflußbogen *m* [*Fehlname*] → Abflußrohrbogen

~ [*DIN 1099*] · shoe [*A short length at the foot of a downpipe bent to direct the flow away from the wall*]

Abfluß|kanal *m* **(für Abwasser)** → Abwasserkanal

~leitung *f*, Entwässerungsleitung, Ablaufleitung · draining line, drain(age) ~, discharge ~

~rinne *f*, Ablaufrinne, Entwässerungsrinne, Wasserrinne · drain(age) gutter, draining ~, discharge ~

Abflußrohr *n*, Ablaufrohr, Dränrohr, Entwässerungsrohr [*Fehlnamen: Ablauf m, Abfluß m*] · draining pipe, drain(age) ~, discharge ~, waste (~)

~bogen *m*, Ablaufrohrbogen, Dränrohrbogen, Entwässerungsrohrbogen [*Fehlnamen: Ablaufbogen, Abflußbogen, DIN 126 A 3 „Abflußrohre und -bogen aus Blei für Entwässerungsanlagen"*] · draining pipe elbow, drain(age) ~ ~, discharge ~ ~, waste (~) ~

~leitung *f*, Entwässerungsrohrleitung, Ablaufrohrleitung · draining (pipe) line, drain(age) (~) ~, discharge (~) ~

~(leitungs)system *n*, Entwässerungsrohr(leitungs)system, Ablaufrohr(leitungs)system, Dränrohr(leitungs)system · draining pipework, drain(age) ~, discharge ~, ~ pipe system

Abfluß|rost *m* → Ablaufrost

~stelle *f*, Ablaufstelle · discharge point, draining ~

Abfrieren *n* [*Mauer*] · frost-induced cracking

Abgabe|preis *m*, Angebotspreis · tender(ed) price

~spitze *f* · peak supply

Abgas *n* [*Es entsteht bei der Verbrennung von gasförmigen Brennstoffen im Gegensatz z.B. zu Rauchgas, das bei der Verbrennung von festen Brennstoffen entsteht*] · exit gas

~ kanal *m* · exit gas duct

~leitung *f* · exit gas line

~rohr *n* · exit gas pipe

~schornstein *m* [*DIN 18160*] · exit gas chimney

~temperatur *f* · exit gas temperature

abgebeizt [*Holz*] · stained

abgeben [*Wärme*] · to give off, to throw off [*heat*]

(ab)geböschte Mauer *f* · sloping masonry wall

abgebrannt, ausgebrannt, niedergebrannt · fire-gutted, ruined by fire

abgebunden · set [*e. g. plaster, concrete, etc.*]

abgedeckte (Bau)Matte *f*, ~ Dämmatte · faced (building) mat [*It has either paper or scrim stuck on or stitched to the base*]

~ ~, ~ Isoliermatte · faced (building) quilt [*It has either paper or scrim stuck on or stitched to the base*]

~ Dämmatte *f*, ~ (Bau)Matte · faced (building) mat [*It has either paper or scrim stuck on or stitched to the base*]

~ Isoliermatte *f*, ~ (Bau)Matte · faced (building) quilt [*It has either paper or scrim stuck on or stitched to the base*]

abgefaster Quadratstahl *m* · chamfered square bar(s)

abgeflacht · flattened

abgeflachter Halbrundstahl *m* · flattened half-round steel

abgeflachtes Rundeisen *n* · flattened round bar

abgehängte Decke *f*, untergehängte ~, Hängedecke · suspended ceiling, hung ~ [*A ceiling hung at a distance from the floor or roof above and not bearing on the walls*]

~ Putzdecke *f*, untergehängte ~, Putzhängedecke, Hängeputzdecke · suspended plaster(ed) ceiling, hung ~ ~

abgekantetes Drahtgewebe *n* · gauze wire cloth with turned up edges, (woven-)wire ~ ~ ~ ~ ~

abgekreidet, ausgekreidet · chalky

abgekürzte Alterung *f*, Kurzalterung, Schnellalterung · accelerated ag(e)ing

~ Bewitterung *f*, Kurzbewitterung, Schnellbewitterung · accelerated weathering

~ Methode *f*, Kurzmethode, Schnellmethode, abgekürztes Verfahren *n*, Schnellverfahren, Kurzverfahren · accelerated method

~ Probe *f*, ~ Prüfung *f*, abgekürzter Versuch *m*, Schnellprobe, Schnellprüfung, Schnellversuch, Kurzprobe, Kurzprüfung, Kurzversuch · accelerated test

~ Prüfung *f*, ~ Probe *f*, abgekürzter Versuch *m*, Schnellversuch, Schnellprüfung, Schnellprobe, Kurzversuch, Kurzprüfung, Kurzprobe · accelerated test

~ Wetterbeständigkeitsprobe *f*, ~ Wetterbeständigkeitsprüfung *f*, abgekürzter Wetterbeständigkeitsversuch *m*, Bewitterungskurzprüfung, Bewitterungsschnellprüfung, Bewitterungsschnellversuch, Bewitterungskurzversuch, Bewitterungskurzprobe, Bewitterungsschnellprobe · accelerated weathering test

abgekürzter Versuch *m*, abgekürzte Probe *f*, abgekürzte Prüfung *f*, Schnellversuch, Schnellprüfung, Schnellprobe, Kurzversuch, Kurzprüfung, Kurzprobe · accelerated test

abgekürztes Verfahren *n*, Schnellverfahren, Kurzverfahren, abgekürzte Methode *f*, Schnellmethode, Kurzmethode · accelerated method

abgelagerter Zement *m* · sticky cement, stockhouse set ~ [*Finished cement which develops low or zero flowability during or after storage in silos, or after transportation in bulk containers, hopper-bottom cars, etc., may be caused by (a) interlocking of particles; (b) mechanical compaction; (c) electrostatic attraction between particles*]

abgeleitete Form *f* · derivative form

abgeriebene Betonfläche *f* · rubbed finish [*A finish obtained by using an abrasive to remove surface irregularities from concrete*]

abgerundetes Korn *n*, rundes ~, Rundkorn · round grain, ~ particle

(ab)gesackter Zement *m*, eingesackter ~, Sackzement · bagged cement, sacked ~

abgesäuert [*Werksteinbearbeitung*] · etched

abgeschiedener Stoff *m*, Abscheidungsstoff · intercepted matter

Abgeschlossenheit *f* · privacy

abgeschrägte Faltung *f* · sloped folding

abgeschrägter Binder(stein) *m*, ~ Strecker · splay bonder, ~ header, ~ bondstone, slope ~, cant ~ [*A special brick which is bevelled at about 45° at one end*]

~ Läufer *m* · splay stretcher, slope ~, cant ~ [*A special brick which is bevelled at 45° along one edge*]

~ Ziegel *m* · splay brick, slope ~, cant ~ [*A special brick which is bevelled at about 45° at one end (= splay header) or at 45° along one edge (= splay stretcher)*]

abgeschrecktes und in Brocken zerfallenes Glas *n* · quenched cullet, dragladled ~ (Brit.); shrended ~ (US)

abgesetzte Fugen *fpl* [*Verschieden gefärbte Stoß- und Lagerfugen*] · masonry joints of different colo(u)rs

abgespannter Schornstein *m*, Trossenschornstein · guyed chimney

~ Turm *m*, Trossenturm · guyed tower

abgesperrte Sperrholztür *f*, Sperrholz-Flächentür, Sperrholz-Sperrtür · plywood flush door

~ Tür *f*, Flächentür, Sperrtür [*DIN 68706*] · flush door

abgestandene Luft *f* · stale atmosphere

abgesteifter Schornstein *m* · braced chimney

abgestrebter Bogen *m* · buttressed arch

abgestrebtes Pfettendach *n* · strutted purlin(e) roof

abgestreut, bestreut [*Dachpappe und (bituminöser) Spachteldachbelag*] · surfaced with granular material

abgestuft, gesiebt [*Mineralmasse*] · graded, screened

abgestufter (Beton)Zuschlag(stoff) *m*, korn~ ~, gesiebter ~ · graded (concrete) aggregate, screened (~) ~

abgestumpfte Pyramide *f* · truncated pyramid

abgetönt [*Anstrichtechnik*] · tinted

abgetreppter Giebel *m*, Stufengiebel, Staffelgiebel, Treppengiebel · corbie gable, crow-stepped ~

~ Überhang(streifen) *m* · step(ped) flashing [*A flexible-metal or roofing-felt cover flashing let into the joints of brickwork to make a watertight joint between a wall (often a chimney) and the sloping part of a roof*]

abgetrepptes Fundament *n*, treppenförmiges ~ · stepped footing, ~ foundation [*A stepped construction to spread the load at the foot of a wall or column*]

abgewalmt · hipped

abgewalmtes Dach *n*, Walmdach · hip(ped) roof [*A roof pitched at one or both ends*]

~ Mansard(en)dach *n*, Mansard(en)-walmdach · hip(ped) mansard roof (Brit.); curb ~, mansard ~ (US) [*It slopes in four directions, but there is a break on each slope*]

abgiebeln · to gable

(Ab)Glätten *n*, (Ab)Glättung *f* · (surface) smoothing

Abgraten *n* [*Vollständiges Trennen überflüssigen Werkstoffes bei Preß- oder Gußteilen*] · deburring

Abguß *m* [*von Modellen*] · duplicate

(Ab)Hänge|draht *m* · hanger wire

~konstruktion *f*, (Ab)Hängesystem *n* [*Zwischendecke*] · suspension system

(Ab)Hänger *m*, Hängeglied *n* [*Drahtputzdecke*] · hanger

(Ab)Hängesystem *n*, (Ab)Hängekonstruktion *f* [*Zwischendecke*] · suspension system

Abheben *n* **von den Lagern** [*DIN 1050, DIN 4112*] · lifting from the bearings

abkanten mit 45°, abfasen mit 45° · to chamfer

Abkanten *n* [*Abbiegen langer Kanten an Blechen mittels Prägestempel und dazu passendem Gesenk in einer Abkantmaschine*] · folding

~ mit 45°, Abfasen mit 45° · chamfering

abkanten nach oben, umlegen ~ ~, aufkanten, hochkanten · to fold up(wards), to tip ~

Abkantmaschine *f* · folding machine

Abkantpresse *f* [*Ziegelindustrie*] · edging press

~ · folding press (Brit.); press brake (US)

Abkantprofil *n* [*Stahldecke*] · cellular steel unit, steel cellular ~

abkeilen [*Gestein*] · to lift the bed by wedging, to wedge

Abklebung *f* [*Preßstrohplatte*] · liner

abklingen [*Spannung*] · to decay

Abklingen *n* · decay

Abkling|kennwert *m* · decay constant

~zeit *f* · decay period, ~ time

Abknickung *f* [*einer Fassade*] · offset

Abkömmling *m*, Derivat *n* · derived product

Abkratzen *n* · scraping (off)

abkreiden, abschnüren · to mark by chalk line

(ab)kreiden, auskreiden, abfärben [*Anstrich*] · to chalk

(Ab)Kreiden *n*, Abfärben, Auskreiden [*Farbanstrich*] · chalking [*The break-up of pigmented films on exposure. The binder is so much decomposed by the weather that the pigment can be removed by lightly rubbing it. The term is used for all colours, not only for near-white colours, although it originates from those. Chalking looks like a fading, but the colour can be restored by a coat of varnish*]

Abkreideprüfer *m*, Auskreideprüfer, Abfärbprüfer · chalking tester

(ab)kreidungsbeständig, auskreidungsbeständig, abfärbbeständig · chalkproof

Abkühlen *n*, Auskühlen · cooling-off

Abkühlung *f* · cooling-off

Abkühl(ungs)dauer *f*, Abkühl(ungs)zeit *f*, Abkühl(ungs)frist *f* [*Dampfbehandlung von Beton*] · soaking period

~, Abkühl(ungs)frist *f*, Abkühl(ungs)zeit *f* · cooling-off period

Abkühl(ungs)|fläche *f* · cooling-off surface

~frist *f*, Abkühl(ungs)dauer *f*, Abkühl(ungs)zeit *f* · cooling-off period

~geschwindigkeit *f* · cooling-off rate

~kurve *f* · cooling-off curve

Abkühl(ungs)zeit *f*, Abkühl(ungs)dauer *f*, Abkühl(ungs)frist *f* [*Dampfbehandlung von Beton*] · soaking period

~, Abkühl(ungs)dauer *f*, Abkühl(ungs)frist *f* · cooling-off period

abladen · to off-load

Abladerampe *f* · unloading ramp

Ablagerung *f* [*Zement*] · warehouse set [*The partial hydration of cement stored for periods of time and exposed to atmospheric moisture*]

Ablagerungsgestein *n* → Schichtgestein

Ablängreste *mpl*, Sparrholz *n*, kleines Bauholz · offcuts, trim, ends [*Short pieces trimmed from round or rough-sawn timber when cutting them to length*]

Ablassen *n* **der Pressenkraft** [*Spannbeton*] · detensioning

Ablauf *m*, Vorgang *m*, Verlauf *m*, Prozeß *m* · process

~ [*Konkave kurvierte Vermittlung zwischen einem vorspringenden oberen und einem zurücktretenden unterem Bauglied*] · cavetto, throat

~ [*Fehlname*] → ~rohr

~ → Sinkkasten

~bogen *m* [*Fehlname*] → Abflußrohrbogen

~brett *n* → → Spültisch

~kanal *m* **(für Abwasser)** → Abwasserkanal

~leitung *f*, Abflußleitung, Entwässerungsleitung · draining line, drain(age) ~, discharge ~

~rinne *f* Abflußrinne, Entwässerungsrinne, Wasserrinne · drain(age) gutter, draining ~, discharge ~

Ablaufrohr *n* → Fallrohr

~, Abflußrohr, Entwässerungsrohr [*Fehlnamen: Ablauf m, Abfluß m*] · draining pipe, drain(age) ~, discharge ~, waste (~)

~bogen *m* → Abflußrohrbogen

~leitung *f*, Abflußrohrleitung, Entwässerungsrohrleitung · draining (pipe)line, drain(age) ~, discharge ~

~(leitungs)system *n* → Abflußrohr(leitungs)system

Ablauf|rost *m*, Abflußrost, Entwässerungsrost, Einlaufrost, Gullyrost, Sinkkastenrost · inlet grate, gull(e)y ~, drain(age) ~, draining ~, discharge ~, ~ grid, ~ grating

~stelle *f*, Abflußstelle · draining point, discharge ~

~stutzen *m*, Auslauf *m* [*Geruchverschluß*] · (trap) outlet, overflow connection

Ablaugemittel *n*, (Ab)Beizmittel, Abbeizer *m*, Lackbeize *f*, Lacklöser, Farbenlöser, Farbenentferner [*vom Anstreicher kurz „Lauge" genannt*] · (paint) remover, (~) stripper

Ablaugen *n* **alter Anstrichschichten** · removing old paint coats with soda-based paint remover

Ablaugpulver *n*, (Ab)Beizpulver, pulv(e)riges (Ab)Beizmittel *n* · powder(ed) paint remover, ~ ~ stripper, paint remover in powder form, paint stripper in powder form

abledern · to rub over with a wash-leather [*After wet flatting, for example*]

Ablehnung *f* **von Plänen** · rejection of plans

ableiten, abtragen, übertragen · to transmit, to transfer

ableitfähig · conductive

ableitfähiger (Fuß)Boden(belag) *m* · conductive floor(ing), ~ floor finish, ~ floor cover(ing)

Ableitung *f* · derivation [*of a theorem*]

~, Abtragung, Übertragung · transfer, transmission

~ [*Blitzschutz*] · conduction

~ des Dachwassers, Dachentwässerung · roof drainage

ablenken, anheben [*Litze in der Spannbetontechnik*] · to deflect, to raise

Ablenkungskraft *f* · deflecting force

(ab)löschen, naßlöschen [*Kalk*] · to slake, to run to putty, to hydrate [*To treat quicklime with an excess of water*]

Ablösen *n* · peeling [*The dislodgement of plaster from its backing*]

Ablösung *f*, Ablösen *n* · detachment, stripping, dislodg(e)ment, displacement, bond(ing) failure

~ vom Gestein, Ablösen *n* ~ ~, Bindemittel~ ~ ~ · bond(ing) failure, stripping, displacement

Ablösungs|anzeiger *m* [*Haftfestigkeit zwischen bit. Bindemittel und Mineralmasse*] · displacement indicator, stripping ~

~probe *f*, Ablösungsversuch *m*, Ablösungsprüfung *f*, Wasserlagerungsprüfung, Wasserlagerungsprobe, Wasserlagerungsversuch [*Zur Bestimmung der Haftung bituminösen Bindemittels am Gestein*] · stripping test (in the presence of water), displacement ~ (~ ~ ~ ~ ~)

Abluft *f*, Schlechtluft [*Ins Freie abströmende Abluft heißt „Fortluft" und ganz oder teilweise nach Filterung wieder der Lüftungszentrale zugeführte Abluft heißt „Umluft"*] · foul air, vitiated ~

~-Bodenkanal *m* → Abluft-Fußbodenkanal

~durchlaß *m*, Abluftöffnung *f*, Schlechtluftöffnung, Schlechtluftdurchlaß; Lufteinlaß [*Fehlname. Eine Öffnung in einer Raumbegrenzungsfläche, durch die Raumluft (Abluft) in den Abluftkanal oder als Fortluft ins Freie abgesaugt oder gedrückt wird*] · foul air hole, ~ ~ opening, vitiated ~ ~

abluften, abdunsten [*Anstrichmittel*] · to flash (off)

Abluft|-(Fuß)Bodenkanal *m*, Schlechtluft-(Fuß)Bodenkanal · foul air floor duct, vitiated ~ ~ ~

~kanal *m*, Schlechtluftkanal · foul air duct, vitiated ~ ~

~öffnung *f*, Abluftdurchlaß *m*, Schlechtluftöffnung, Schlechtluftdurchlaß; Lufteinlaß [*Fehlname. Eine Öffnung in einer Raumbegrenzungsfläche, durch die Raumluft (Abluft) in den Abluftkanal oder als Fortluft ins Freie abgesaugt oder gedrückt wird*] · foul air hole, ~ ~ opening, vitiated ~ ~

~rohr *n*, Schlechtluftrohr · foul air pipe, vitiated ~ ~

~schacht *m*, Schlechtluftschacht [*DIN 18017*] · foul air shaft, vitiated ~ ~

~schornstein *m*, Schlechtluftschornstein · foul air chimney, vitiated ~ ~

~ventilator *m* · extract(or) fan

~zeit *f*, Abdunstzeit [*Anstrichmittel*] · flash (off) time

Abmaß *n*, Maßabweichung *f*, Genauigkeitsgrad *m* [*DIN 18201. Der Unterschied zwischen Grenz- und Nennmaß*] · off-size, margin, deviation

~grenze *f* · limit of tolerance, tolerance limit

abmessen, zumessen, zuteilen, dosieren · to gauge (Brit.); to gage (US); to batch, to proportion, to measure

Abmessung *f*, Maß *n*, Bau~ · (building) dimension

Abmessungsangaben *fpl* · dimensional data

Abminderung *f* **des Stützenmomentes**, Stützenmomentabminderung · reduction of (the) moment of support

Abnahme *f*, Bau~; Kollaudierung *f* [*Schweiz*] [*Die Übernahme des Bauwerkes oder Gebäudes nach Fertigstellung*] · acceptance, ~ of (the) work

~ durch Augenschein, Bau~ ~ ~ · acceptance inspection

~abmaß *n* → Abnahmetoleranz

~bedingung *f* · acceptance condition

~bescheid *m*, Abnahmebescheinigung *f*, Abnahmeschein *m*, Abnahmeniederschrift *f*, Abnahmeprotokoll *n*, Abnahmezeugnis *n* · acceptance certificate, certificate of acceptance

~bescheinigung *f*, Abnahmebescheid *m*, Abnahmeniederschrift *f*, Abnahmeprotokoll *n*, Abnahmeschein *m*, Abnahmezeugnis *n* · acceptance certificate, certificate of acceptance

~bewertungsmaßstab *m* · acceptance criterion

~kommission *f*, Abnahmeausschuß *m* · acceptance committee

~maßabweichung *f* → Abnahmetoleranz

~niederschrift *f*, Abnahmeprotokoll *n*, Abnahmebescheinigung *f*, Abnahmebescheid *m*, Abnahmeschein *m*, Abnahmezeugnis *n* · acceptance certificate, certificate of acceptance

~probe *f*, Abnahmeprüfung *f*, Abnahmeversuch *m* · acceptance test

~protokoll *n*, Abnahmeniederschrift *f*, Abnahmebescheinigung *f*, Abnahmebescheid *m*, Abnahmeschein *m*, Abnahmezeugnis *n* · acceptance certificate, certificate of acceptance

~prüfung *f*, Abnahmeprobe *f*, Abnahmeversuch *m* · acceptance test

~schein *m*, Abnahmebescheinigung *f*, Abnahmebescheid *m*, Abnahmeniederschrift *f*, Abnahmeprotokoll *n*, Abnahmezeugnis *n* · acceptance certificate, certificate of acceptance

~toleranz *f*, Abnahmemaßabweichung *f*, Abnahmeabmaß *n* · acceptance tolerance, ~ margin, ~ deviation, ~ permissible variation, ~ off-size

~unterlagen *fpl* · ~ documents

~versuch *m*, Abnahmeprobe *f*, Abnahmeprüfung *f* · acceptance test

~verweigerung *f*, Nichtabnahme *f* · nonacceptance, rejection

~-Zeichnung *f*, Revisions-Zeichnung [*Zeichnung mit Kennzeichnung der für die Revision (Abnahme) wichtigen Maße*] · acceptance drawing

~zeugnis *n* → Abnahmebescheid

Abnehmer *m* [*Vorrichtung zum Abnehmen der Wanne bei deckenbündigem Einbau einer Leuchte*] · suction cup

~, Verbrauchsstelle *f* [*Wasser; Strom; Gas; Dampf; Druckluft*] · demand point, point of consumption

Abnutzbarkeit *f* **durch Schleifen** → Abriebfestigkeit

Abnutzung *f* · wear(ing)

Abnutz(ungs)|beständigkeit *f* → Abnutzungswiderstand

~festigkeit *f* → Abnutzungswiderstand

~härte *f* · wear(ing) hardness

Abnutz(ungs)probe *f*, Abnutz(ungs)versuch *m*, Abnutz(ungs)prüfung *f*, Verschleißversuch, Verschleißprobe, Verschleißprüfung · wear(ing) test

~ durch Abschleifen, Abnutz(ungs)prüfung *f* ~ ~, Abnutz(ungs)versuch *m* ~ ~, Abriebprobe, Abriebversuch, Abriebprüfung, Abreibeprobe, Abreibeversuch, Abreibeprüfung · abrasion test, attrition ~

Abnutz(ungs)|prüfung *f* **durch Abschleifen** → Abnutz(ungs)probe ~ ~

~versuch *m* **durch Abschleifen** → Abnutz(ungs)probe ~ ~

~wert *m* [*Gestein*] · attrition value, abrasion ~

~widerstand *m*, Abnutz(ungs)beständigkeit *f*, Verschleißfestigkeit, Verschleißwiderstand, Abnutz(ungs)festigkeit, Verschleißbeständigkeit · resistance to wear(ing), wear(ing) resistance

Abort *m*, Toilette *f*, Klosett *n*, Abtritt *m* · closet, toilet [*The term 'lavatory' is also used as a euphemism for 'toilet' or 'closet'*]

Abort(ab)wasser *n*, Klosettabwasser, Toilettenabwasser · closet waste water, toilet ~ ~; soil (Brit.) [*The discharge from waterclosets and urinals*]

~rohr *n* · closet waste water pipe, toilet ~ ~ ~; soil ~ (Brit.) [*A pipe collecting from W.C.s and urinals*]

Abort|anlage *f*, Toilettenanlage, Klosettanlage · closet facility, toilet ~

~becken *n*, Spül~, Klosettbecken, (Spül)Becken, Sitzbecken, Toilettenbecken · bowl, pan, (water) closet ~, lavatory ~, toilet ~, WC ~, wc ~

(~)Deckel *m*, Toilettendeckel, Klosettdeckel · (toilet) seat lid, closet ~ ~, lavatory ~ ~

(~)Druckspüler *m*, Klosettdruckspüler, Toilettendruckspüler · flush(ing) valve (Brit.); flushometer (US)

~fallrohr *n* → Abortrohr

~kabine *f*, Toilettenkabine, Klosettkabine, Abtrittkabine, Abortzelle *f*, Toilettenzelle, Klosettzelle, Abtrittzelle · closet cubicle, toilet ~

~muschel *f* **ohne Brille**, Toilettenmuschel ~ ~, (Klosett)Muschel ~ ~ · pedestal

~rohr *n*, Klosett(abwasser)rohr, Toiletten(abwasser)rohr, Abortfallrohr, Abfallrohr für Aborte · soil pipe [*A pipe collecting from W.C s and urinals*]

(~)Sitz *m*, Klosettsitz, Toilettensitz · (lavatory) seat, toilet ~, closet ~, W.C. ~ [*B.S. 1254*]

(~)Spülkasten *m*, Klosettspülkasten, Toilettenspülkasten · flush(ing) cistern

~spülrohr *n*, (Klosett)Spülrohr, Toilettenspülrohr · (lavatory) flush(ing) pipe, toilet ~ ~, closet ~ ~ [*B.S. 1125*]

(~)Spülung *f*, Klosettspülung, Toilettenspülung · flush(ing), lavatory ~, toilet ~, closet ~

(~)Spülwasser *n*, Klosettspülwasser, Toilettenspülwasser · (lavatory) flush(ing) water, toilet ~ ~, closet ~ ~

~ventilator *m*, Klosettventilator, Toilettenventilator · toilet fan, closet ~, lavatory ~

Abortwasser *n*, Abortabwasser, Klosettabwasser, Toilettenabwasser · closet waste water, toilet ~ ~; soil (Brit.) [*The discharge from water closets and urinals*]

~rohr *n* Abortabwasserrohr · closet waste water pipe, toilet ~ ~ ~; soil ~ (Brit.) [*A pipe collecting from W.C.s and urinals*]

Abortzelle *f*, Toilettenzelle, Klosettzelle, Abtrittzelle, Abortkabine *f*, Toilettenkabine, Klosettkabine, Abtrittkabine · closet cubicle, toilet ~

abplatzen, zerspringen [*Keramikindustrie*] · to spall, to chip

~ · to flake off [*Said of the face of walling stone*]

Abplatzen *n*, Abblättern [*Anstrich*] · flaking [*The detachment of flakes from a paint coat due to penetration of water behind the paint coat or greasiness of the surface or, in distempers, by too much size*]

~, Abplatzung *f*, Zerspringen [*Keramikindustrie*] · spalling, chipping

Abplatzung *f*, Zerspringen *n*, Abplatzen [*Keramikindustrie*] · spalling, chipping

Abramsscher (Feinheits)Modul *m*, ~ Feinmodul, F_m · Abrams' fineness modulus, F.M.

Abramssches Gesetz *n* · Abrams' law [*A rule stating that with given concrete materials and conditions of test the ratio of the amount of water to the amount of the cement in the mix determines the strength of the concrete provided the mix is of a workable consistency*]

Abrechnungs|plan *m*, Abrechnungszeichnung *f* · as-constructed drawing for settling the accounts, as-built ~ ~ ~ ~ ~, as-completed ~ ~ ~ ~ ~

~unterlagen *fpl* · documents for settling the accounts

~zeichnung *f*, Abrechnungsplan *m* · as-constructed drawing for settling the accounts, as-built ~ ~ ~ ~ ~, as-completed ~ ~ ~ ~ ~

abreibbar [*(Beton)Zuschlag(stoff)*] · friable

abreibefest, abriebfest · abrasion(-)resistant, abrasion-proof

Abreibefestigkeit *f* → Abriebfestigkeit

Abreiben *n*, Abrieb *m*, Abreibung *f* · abrasion, attrition

abreiben mit Kelle · to trowel off

Abreibe|probe *f*, Abreibeversuch *m*, Abreibeprüfung *f*, Abriebprobe, Abriebversuch, Abriebprüfung, Abnutz(ungs)probe durch Abschleifen, Abnutz(ungs)prüfung durch Abschleifen, Abnutz(ungs)versuch durch Abschleifen · abrasion test, attrition ~

~prüfung *f* → Abreibeprobe

~verlust *m*, Abriebverlust · abrasion loss, attrition ~

~versuch *m* → Abreibeprobe

Abreibung *f*, Abreiben *n*, Abrieb *m* · abrasion, attrition

Abreibungs|probe *f*, Abreibungsprüfung *f*, Abreibungsversuch *m*, Abriebversuch, Abriebprobe, Abriebprüfung · abrasion test, attrition ~

~prüfung *f*, Abreibungsprobe *f*, Abreibungsversuch *m*, Abriebprobe, Abriebprüfung, Abriebversuch · abrasion test, attrition ~

~versuch *m*, Abreibungsprobe *f*, Abreibungsprüfung *f*, Abriebversuch, Abriebprobe, Abriebprüfung · abrasion test, attrition ~

Abreiß|arbeit(en) *f(pl)*, Abbrucharbeit(en) [*DIN 4420*] · demolition work, wrecking ~

~bewehrung *f*, Abreißarmierung, Abreiß(stahl)einlagen *fpl* · top reinforcement, upper ~

Abreißen *n*, Abbruch *m* [*Bauwerk*] · demolition, wrecking

Abreiß|genehmigung *f*, Abbruchgenehmigung · wrecking permission, demolition ~

~material *n* → Abbruchmaterial

~schutt *m* → Abbruchmaterial

~widerstand *m* → Haftfähigkeit

Abrieb *m*, Abreibung *f*, Abreiben *n* · abrasion, attrition

~beständigkeit *f* → Abriebfestigkeit

abriebfest, abreibefest · abrasion(-)resistant, abrasion-proof

Abrieb|festigkeit *f*, Abreibefestigkeit, Abnutzbarkeit durch Schleifen, Verschleißfestigkeit, Abriebbeständigkeit [*DIN 52108. Die Abnutzbarkeit von Natursteinen und Beton wird an würfeloder plattenförmigen Probekörpern mit 50 cm² Schleiffläche mit Hilfe einer Schleifscheibe ermittelt. Zuvor werden die Rohwichten bestimmt und die Gesamtgewichtsverluste auf Raummaß umgerechnet*] · abrasion resistance, attrition ~, resistance to abrasion, resistance to attrition

~härte *f*, Schleifhärte [*Gestein*] · attrition hardness, abrasion ~

~probe *f*, Abriebprüfung *f*, Abriebversuch *m*, Abreibeversuch, Abreibeprobe, Abreibeprüfung, Abnutz(ungs)prüfung durch Abschleifen, Abnutz(ungs)probe durch Abschleifen, Abnutz(ungs)versuch durch Abschleifen · abrasion test, attrition ~

~prüfmaschine *f* · abrasion tester, attrition ~

~prüfung *f* → Abriebprobe

~verlust *m*, Abreibeverlust · abrasion loss, attrition ~

~verschleiß *m* · abrasive wear(ing)

~versuch *m* → Abriebprobe

~wirkung *f*, (Ab)Schleifwirkung · abradability, abrasiveness [*e.g. of sand*]

Abriegelung *f* **von Wassereinbrüchen**, ~ ~ Wasserdurchbrüchen · sealing off inrushes of water

Abrollen *n*, Kriechen · crawling [*A cracking in glass-finish topcoats containing drying oils which shrink and reveal a ground. It may be caused by grease on the ground. Cissing is mild crawling*]

Abrutsch|probe *f*, Abrutschprüfung *f*, Abrutschversuch *m* · slip test

~prüfung *f*, Abrutschprobe *f*, Abrutschversuch *m* · slip test

~versuch *m*, Abrutschprobe *f*, Abrutschprüfung *f* · slip test

absacken, einsacken · to bag

Absacken *n*, Einsacken, Absackung *f*, Einsackung · bagging

Absackung *f* → Absacken

Absatz *m* · shoulder [*An unintentional offset in a formed concrete surface usually caused by bulging or movement of formwork*]

~, Podest *m*, *n*, Treppen~ · (stair(case)) floor, (~) landing, foot pace [*Resting space usually arranged at the top of any flight of stairs*]

~balken(träger) *m* → Treppen~

~breite *f*, Podestbreite, Treppen~ · (stair(case)) landing width, (~) floor ~

~eindruck *m* · heel mark

~gestein *n* → Schichtgestein

~höhe *f*, Podesthöhe, Treppen~ · (stair(case)) landing level, (~) floor ~

~länge *f*, Podestlänge, Treppen~ · (stair(case)) landing length, (~) floor ~

~platte *f*, Podestplatte, Treppen~ · (stair(case)) landing slab, (~) floor ~

~träger *m* → Treppen~

~unterzug *m*, Podestunterzug, Treppen~ · (stair(case)) landing bearer, (~) ~ binder, (~) floor ~, (~) ~ ceiling joist, (~) ~ (binding) joist

~wechsel(balken) *m*, Podestwechsel(balken), Treppen~ · (stair(case)) landing header, (~) floor ~

Absäuern *n* · acid washing, ~ treatment, acid(-etch)ing, etching

Absaug(e)|abort *m*, Absaug(e)klosett *n* [*DIN 1383*] · siphonic closet

~(-Abort)becken *n*, Absaug(e)klosettbecken · siphonic pan, ~ bowl [*A suction is induced in the outlet which drains out the contents of the pan, leaving the water to wash the sides and refill the trap*]

~becken *n*, Absaug(e)-Abortbecken, Absaug(e)klosettbecken · siphonic pan, ~ bowl [*A suction is induced in the outlet which drains out the contents of the pan, leaving the water to wash the sides and refill the trap*]

Absaug(e)gerät *n* **nach ASTM C 91-51**	**apparatus for the water retention test**
Absaugeprüfung *f*	water retention test
Anrühren *n*	mixing
Ausbreitmaß *n* nach Absaugen *n*	flow after suction
Ausbreittisch *m*	flow table
Bestimmung *f* des Ausbreitmaßes *n*	flow determination

Dreiwegehahn *m*	three-way stop-cock
Druckregler *m*	pressure control device
Filterpapier *n*	filter paper
Gummidicht(ungs)ring *m*	rubber gasket
Lineal *n*	straightedge
Mauerzement *m*	masonry cement
Nutsche *f*, Lochplatte *f*	perforated dish
Quecksilbermanometer *n*	mercury manometer
Rührschüssel *f*	mixing bowl
(Setz)Trichter *m*	funnel
Spachtel *m, f*	spatula
Wasserhaltewert *m*, Wasserhaltevermögen *n*	water retention value
Wasserstrahlpumpe *f*	water aspirator

Absaug(e)klosett *n*, Absaug(e)abort *m* [*DIN 1383*] · siphonic closet

~becken *n*, Absaug(e)(-Abort)becken · siphonic pan, ~ bowl [*A suction is induced in the outlet which drains out the contents of the pan, leaving the water to wash the sides and refill the trap*]

Absaugen *n* [*(Fuß)Bodenreinigung*] · vacuum cleaning, vacuuming

Abschälen *n* [*Anstrich*] · peeling [*The dislodgement of paint from its backing*]

abschaltbare Steckdose *f* · socket with switch

~ verriegelte Steckdose *f* · interlocked socket with switch

Abschattungsvorrichtung *f*, Sonnenschutzkonstruktion *f*, Sonnen(schutz)-blende *f*, Sonnenschutz(anlage) *m*, (*f*) · sunblind

Abscheiden *n* **von Wasser**, Abscheidung *f* ~ ~, ungenügende Anmach(e)wasserhaltung, Wasserabstoßen, Wasserabsonderung, Bluten · bleeding, sweating, water gain [*The separation of water from an unhardened mix(ture)*]

(Ab)Scheider *m*, Fang *m*, Fänger *m* · interceptor, separator

Abscheidung *f* **von Wasser**, Abscheiden *n* ~ ~, ungenügende Anmach(e)-wasserhaltung, Wasserabstoßen, Wasserabsonderung, Bluten · bleeding, sweating, water gain [*The separation of water from an unhardened mix(ture)*]

Abscheidungsstoff *m*, abgeschiedener Stoff · intercepted matter

(ab)scheren · to shear (off)

Abschirm(bau)|material *n*, Strahlenschutz(bau)material [*Schweiz*]; Abschirm(bau)stoff *m*, Strahlenschutz-(bau)stoff · (radiation) shielding material, biological ~ ~

~stoff *m*, Strahlenschutz(bau)stoff; Strahlenschutz(bau)material *n*, Abschirm(bau)material [*Schweiz*] · (radiation) shielding material, biological ~ ~

Abschirm|beton *m*, Strahlenschutzbeton [*Zur Abschirmung von Gamma- und Neutronenstrahlen*] · (radiation) shielding concrete, biological ~ ~

~block(stein) *m*, Strahlenschutzblock-(stein), Abschirmstein, Strahlenschutzstein · (biological) shielding block, radiation ~ ~, (~) ~ tile [*See remark under 'Block'*]

~material *n* → Abschirmbaumaterial

~stein *m*, Strahlenschutzstein, Abschirmblock(stein) *m*, Strahlenschutzblock(stein) · (biological) shielding block, radiation ~ ~, (~) ~ tile [*See remark under 'Block'*]

~stoff *m* → Abschirmbaustoff

~tür *f*, Strahlenschutztür · (radiation) shielding door, biological ~ ~

Abschirmung *f*, Strahlungs~, Strahlenschutz *m* · (biological) shielding, radiation ~

Abschirmungs|berechnung *f* [*Strahlenschutz*] · (biological) shielding design, radiation ~ ~

~wärme *f*, Strahlenschutzwärme · shielding heat

Abschirmwand *f* [*Zur Abschirmung von Gamma- und Neutronenstrahlen werden Wände aus Beton, Gußeisen, Stahl, Blei, Kunststoff oder Paraffin errichtet*] · (biological) shielding wall, radiation ~ ~

~ eines Reaktors, Reaktorabschirmwand, (biologischer) Schirm *m* · (bulk) shield

Abschirmwirkung *f* · shielding effect

abschlämmbare Bestandteile *mpl*, Abschlämmbares *n* [*Betonzuschläge*] · settleable solids

Abschlämmen *n* [*Beseitigung von Schlammansammlungen in Dampfkesselanlagen durch kurzzeitiges Betätigen von Abschlämmventilen*] · mud removal,

abschleifen · to abrade

~ von Unebenheiten · to sandpaper irregular surfaces

(Ab)Schleifwirkung *f*, Abriebwirkung · abradability, abrasiveness [*e.g. of sand*]

Abschluß *m*, Oberflächen~ · finish, surface ~

~, Oberflächen~ [*Anstrichtechnik*] · skinning over

~, Einfassung *f*, Rand~, Rand *m* · surround

~ [*einer Öffnung*] · closure

~, Raum~ · shutter [*e.g. a rolling shutter*]

(Ab)Schluß *m* [*Kirchenarchitektur*] · terminal feature, termination

Abschluß|blatt *n* · shutter leaf

~block *m*, Endblock [*Bei Balken aus Blöcken*] · end-block

(~)Lamelle *f* · (curtain) slat, (~) lath, shutter ~

~mauer *f*, Trennmauer · diaphragm

~mörtel *m*, Vergußmörtel · seal(ing) mortar

Abschneide(r)draht *m*, Ziegel~ · cutting wire, brick ~ ~

abschnittsweise Lösung *f* · finite element solution

abschnüren, abkreiden · to mark by chalk line

Abschrägung *f*, Druckschlag *m* [*Gewölbe*] · bevel, splaying

Abschreck-Biegeversuch *m*, Härtungs-Biegeversuch, Abschreck-Biegeprobe *f*, Härtungs-Biegeprobe, Abschreck-Biegeprüfung *f*, Härtungs-Biegeprüfung · bend(ing) test in tempered (or quenched) state, flexure ~ ~ ~ (~ ~) ~

abschuppen, abblättern · to flush [*To flake off, said of the face of walling stone*]

Abschweißen *n* **und Entzundern** · swealing, wash heating [*Raising the surface temperature of a heated pile bloom, slab or billet, immediately prior to or during rolling, to remove defects by forming a fluid scale*]

Abseite *f*, Seitenschiff *n* · (side) aisle [*A lateral division parallel with the nave in a basilica or church*]

~ → Apsis

Absetzen *n* [*Das Sinken des schwereren Bestandteiles einer Emulsion, wodurch sich die emulgierten Stoffe trennen*] · settling

Absetz|gestein *n* → Schichtgestein

~glas *n* [*Es dient zur Bestimmung der Raummenge der während gewisser Zeit absetzbaren Schwebestoffe in* cm^3/l] · settling cone, ~ glass

~grad *m* **von Markierungsfarbe** · degree of settling of traffic paint

~probe *f* → Absetzversuch

~prüfung *f* → Absetzversuch

~versuch *m*, Absetzprobe *f*, Absetzprüfung *f*, Sedimentationsprobe, Sedimentationsversuch, Sedimentationsprüfung, Sedimentierprobe, Sedimentierversuch, Sedimentierprüfung, Schlämmanalyse *f* · decantation test (US); sedimentation ~

~winkel *m*, Stützwinkel, Aufsetzwinkel · angle bracket

Abside *f*, Apside, Apsis *f* [*Halbrunder oder vieleckiger Abschluß einer romanischen Basilika, im weiteren Sinne jeder Chor(ab)schluß einer Kirche. Manchmal auch „Abseite" genannt*] · apsis, apse

Absiden|chor *m*, Apsischor, Apsidialchor, Apsidenchor · apsidal choir

~kapelle *f*, Absidenkapelle, Apsiskapelle, Chorkapelle, Apsidialkapelle · choir chapel, apsidal ~

(Ab)Sieben *n* **von Frischbeton** · wet sieving [*Sieving to remove from fresh concrete all aggregate particles larger than a certain size*]

absiegeln, versiegeln · to seal

Absiegeln *n*, Versiegeln, Versieg(e)lung *f*, Absieg(e)lung · sealing

Absieg(e)lung *f*, Versieg(e)lung · seal(ing)

~, Versieg(e)lung, Versiegeln *n*, Absiegeln · sealing

Absieg(e)lungs|mittel *n*, Versieg(e)lungsmittel, Siegel *n*, Überzug *m* · seal(ing) material, sealant, seal(er)

~mittel *n* → (Fuß)Bodensiegel

~schicht *f*, Versieg(e)lungsschicht · seal(ing) coat

Absinken *n* · settlement (of aggregate) [*Sinking of the solid particles in fresh concrete or mortar after placement and before initial set*]

absolut trocken, atro · absolutely dry

Absolut|bestimmung *f*, absolute Bestimmung · absolute determination

~druck *m*, absoluter Druck · absolute pressure

absolute Festigkeit *f*, Absolutfestigkeit · absolute strength

~ Feuchtigkeit *f*, ~ Feuchte *f* · absolute humidity [*That temperature at which the water vapo(u)r present in the air is sufficient to saturate the air*]

~ Formänderung *f* → Absolutformänderung

~ Verformung *f* → Absolutverformung

absoluter Ausdehnungsbeiwert *m* · absolute coefficient of expansion

absolutes Maßsystem *n*, CGS-System · centimetre-gramme-second system

~ Maximum *n*, oberster Grenzwert *m* · absolute maximum

~ Minimum *n*, unterster Grenzwert *m* · absolute minimum

Absolut|formänderung *f*, absolute Formänderung, Absolutverformung, absolute Verformung · absolute deformation

~messung *f* · absolute measurement

~verformung *f*, absolute Verformung, absolute Formänderung, Absolutformänderung · absolute deformation

~verrückung *f*, absolute Verrückung · absolute displacement

~volumen *n* · absolute volume

~wert *m*, absoluter Wert · absolute value

Absorber *m*, Schall~, Schallschlucker · (sound) absorbent unit, (~) ~ system, (~) absorptive ~, (~) absorbing ~, (~) absorber

absorbierend, aufsaugend, einsaugend · absorptive, absorbent, absorbing

Absorbier|fähigkeit *f* → Absorptionsvermögen

~vermögen *n* → Absorptionsvermögen

Absorption *f* → Schall~

~, Aufzehrung *f* [*Einsaugen eines Stoffes in das Innere eines anderen ohne chemische Vereinigung*] · absorption

Absorptions|beiwert *m*, Aufsaugbeiwert, Einsaugbeiwert · absorption coefficient

~einheit *f*, (Schall)Schluckeinheit · absorption unit [*Is absorption equal to that of a square foot of an open window which is considered as 100 per cent efficient in absorbing sound, although it really transmits the sound outwards instead of absorbing it*]

~fähigkeit *f* → Schall~

~fähigkeit *f* → Absorptionsvermögen

~färbung *f*, Einsaugfärbung, Aufsaugfärbung · absorption colouring (Brit.); ~ coloring (US)

~grad *m* → Schall~

~hygrometer *m* · absorption hygrometer

~mittel *n*, Absorptionsstoff *m*, Aufsaugstoff, Aufsaugmittel, Einsaugstoff, Einsaugmittel · absorbent material

~pulver *n*, Einsaugpulver, Aufsaugpulver · absorptive powder, absorbent ~

~stoff *m*, Absorptionsmittel *n*, Aufsaugstoff, Aufsaugmittel, Einsaugstoff, Einsaugmittel · absorbent material

~turm *m* · absorption tower

~verlust *m* · absorption loss

~vermögen *n*, Absorptionsfähigkeit *f*, Einsaugvermögen, Einsaugfähigkeit, Aufsaugvermögen, Aufsaugfähigkeit, Absorbiervermögen, Absorbierfähigkeit · absorptive capacity, absorbency, absorptivity, absorptiveness, absorbent capacity, absorption capacity, absorption property, absorptive property, absorbing power

~vermögen *n* → (Schall)Absorptionsfähigkeit

Abspann|punkt *m* [*Zeltsystem*] · anchor point

~seil *n*, Trosse *f* · guy

Absperr|mittel *n* [*Anstrichtechnik*] · sealer

~organ *n*, Absperrvorrichtung *f* · shut-off unit

~vorrichtung *f*, Absperrorgan *n* · shut-off unit

Abspritzen *n* · spray(ing)-down

Abstand *m* · spacing

Abstandhalter *m*, Betonstahl-~ · bar spacer, ~ separator, ~ distance piece, reinforcing rod spacer, reinforcing rod separator, reinforcing rod distance piece

~ · spacer, distance piece, separator

~ aus Asbestzement, Asbestzement-Abstandhalter · asbestos-cement spacer, ~ separator, ~ distance piece, cement asbestos spacer, cement asbestos distance piece, cement asbestos separator

~ ~ Beton, Betonabstandhalter · concrete spacer, ~ distance piece, ~ separator

~ ~ Holz, Betonstahl-~ ~ ~ · spreader

Abstandvorrichtung *f* **für Plattenbewehrung** · slab spacer [*Bar support and spacer for slab reinforcement*]

abstauben · to dust

Abstauben *n*, Staubbildung *f* · dust formation, dustiness

abstaubend · dusting

Absteckpfahl *m*, Absteckpflock *m* · pin (US); stake, peg, surveyor ~

Abstehen *n*, Kaltschüren [*Glasschmelze*] · cooling-down period, taking-down ~, standing-off ~

abstehender Schenkel *m* [*Winkelstahl*] · outstanding flange, ~ leg, projecting ~

Absteifen *n*, Aussteifen, Versteifen, Verstärken · bracing, stiffening, reinforcing [*The act of inserting braces into a structure or gap site*]

Absteifung *f*, Aussteifung, Verstärkung, Versteifung · reinforcing, stiffening, bracing [*The result of the act of inserting braces into a structure or gap site*]

Abstell|platte *f* → → Spültisch

~raum *m*, Putzraum, Geräteraum · cleaning equipment room, store ~

Abstrahlen *n* **mit Sandstrahlgebläse,** Abblasen, Sandeln, Sandstrahlen · sandblasting, sand blast

Abstreu|material *n* → Bestreu(ungs) mineral

~mineral *n* → Bestreu(ungs)mineral

Abstreuung *f* → Mineral~

Abstreu(ungs)|material *n* → Bestreu(ungs)mineral

~mineral *n* → Bestreu(ungs)mineral

abstufen [*nach Körnungen*] · to grade

Abstufung *f*, Korn~, Granulometrie *f* granulometry

Absturz(schacht) *m* · drop manhole, wellhole [*A vertical shaft in which sewage is allowed to fall from one sewer to another at a lower level*]

Abstützen *n* [*Gebäude*] · shoring up

Abstützkonstruktion *f* · shoring system

Abtauen *n* · de-frosting

Abtei *f* · abbey [*A monastery headed by an abbot or a nunnery headed by an abbess*]

~, Abteigebäude *n* [*Das mit dem Kloster verbundene Haus des Abtes oder der Äbtissin*] · abbey building, ~ block

~kirche *f* · abbey church

abtönen [*Anstrichtechnik*] · to tint

Abtönen *n* [*Anstrichtechnik*] · tinting [*The final adjustment of the colo(u)r of a paint to the exact colo(u)r required*]

Abtön|farbe *f*, Mischfarbe · tinter; tinting color (US) [*Coloured pigments ground in media compatible with paint vehicles, added in relatively small proportions to already prepared paints to modify their colour. With the introduction of latex paints of many types, tinters have been developed which can be used both with organic solvent-thinned paints and with water-thinned paints. Such dual-purpose tinters are known as 'universal tinters'*]

~paste *f* · tinter paste, tinting ~

Abtönung *f* · tint(ing shade) [*A colour produced by the mixture of white pigment or paint in predominating amount with a coloured pigment or paint, not white. The tint of a colour is, therefore, much lighter and much less saturated than the colour itself*]

Abtönwirkung *f* · tinting effect

abtragen, ableiten, übertragen · to transmit, to transfer

Abtragung *f*, Ableitung, Übertragung · transfer, transmission

Abtraufe *f*, Ansetztraufe [*Schmuckloser Wasserspeier in Form einer Röhre oder Ablaufrinne*] · non-carved waterspout

Abtrennung *f* **durch Trennwände,** Aufteilung ~ ~ · partitioning

Abtret|matte *f* · door mat

~rost *m* · door scraper

Abtritt *m*, Abort *m*, Toilette *f*, Klosett *n* · closet, toilet [*The term 'lavatory' is also used as a euphemism for 'toilet' or 'closet'*]

~kabine *f* → Abortkabine

~zelle *f* → Abortzelle

Abtropffläche *f* → → Spültisch

Abtshof *m* · abbey court

abwalmen · to hip

Abwärme *f* · waste heat

~trocknung *f* · drying by waste heat

(ab)waschbar [*Fehlbezeichnungen*]; waschfest, waschbeständig · washable

abwaschen · to wash down, to rinse

Abwaschen *n* · washing down, rinsing

Abwasch|raum *m*, Aufwaschraum · scullery, wash-up [*A room adjoining the kitchen, where pots and pans are cleaned and stored or where the rough, dirty kitchen work is done*]

~tisch *m* → Spültisch

Abwasser *n* · refuse water, foul ~, sewage [*Any water contaminated by soil, waste or trade effluent. This definition excludes 'rain water' which is, however, included in the German term 'Abwasser'. Sometimes loosely called 'discharge'*]

~leitung *f* **durch Kanäle** · removal of refuse water by conduit-type sewer(s), ~ ~ foul ~ ~ ~ ~, ~ ~ sewage ~ ~ ~

~-Asbestzementrohr *n*, Asbestzementabwasserrohr, Asbestzementkanal(isations)rohr · asbestos-cement sewer pipe, ~ sewage ~, ~ foul water ~, ~ refuse water ~; cement asbestos sewer ~, cement asbestos sewage ~, cement asbestos foul water ~, cement asbestos refuse water ~ (US)

~(bau)projekt *n* · sewage scheme

~beseitigungsanlage *f* · sewage disposal facility, foul water ~ ~, refuse water ~ ~

~-Betonkanal *m*, Beton(abwasser)kanal, Betonleitungskanal · conduit-type concrete sewer

~-Betonleitung *f*, Betonabwasserleitung · concrete sewer

~-Betonrohr *n*, Beton-Abwasserrohr · concrete sewer pipe

~hebepumpe *f*, Abwasserhebeanlage *f* · ejector

~kanal *m*, Abflußkanal (für Abwasser), Ablaufkanal (für Abwasser), Entwässerungskanal (für Abwasser) [*DIN 19540*] · conduit-type sewer

~kanalarbeiten *fpl* [*DIN 18306*] · conduit-type sewer work

~leitung *f* · sewer [*A pipe or conduit, generally closed, but normally not flowing full, for carrying sewage and other waste liquids*]

~leitungsanschluß *m* · sewer connection

~leitungsbau *m* · sewage construction

~leitungsgraben *m* · sewer trench

~netz *n* → Schwemmkanalisation

~projekt *n*, Abwasserbauprojekt · sewage scheme

~reinigung *f* · refuse water purification, foul ~ ~, sewage ~

Abwasserrohr *n*, Kanal(isations)rohr · sewer pipe, sewage ~, foul water ~, refuse water ~

~leitung *f*, Kanal(isations)rohrleitung · sewer pipe line, sewage ~ ~, foul water ~ ~, refuse water ~ ~

Abwasser|stollen *m* · sewer tunnel

Abwässerung *f*, Abdeckung [*Freistehende Bauteile wie Einfriedigungsmauern, Pfeiler usw. müssen mit einer wetterfesten, wasserundurchlässigen Schicht abgedeckt werden, um das Eindringen von Wasser in das Innere des Mauerwerks zu verhindern*] · coping, capping, cope

Abwasserverwertung *f* [*Wirtschaftliche Nutzung des Abwassers oder der durch Abwasserreinigung ausgeschiedenen Bestandteile für landwirtschaftliche, gärtnerische, gewerbliche*

oder industrielle Zwecke] · utilization of refuse water, ~ ~ foul ~, ~ ~ sewage

Abweichung *f* **von Werten** · deviation

abweisend · repelling

Abweiser *m*, Rad~, Radabstoßer, Abweisstein *m*, Prellstein · spur stone

~wand *f* **für Turbinenabgase** [*Flugplatz*] · blast fence

Abweisstein *m*, Prellstein, (Rad)Abweiser *m*, Radabstoßer · spur stone

abwickelbare Oberfläche *f* · developable surface

Abwickelbock *m* **für Rohfilzpappe**, Rohpappenbock [*Dachpappenanlage*] · unwinder, dry felt jumbo roll

abwickeln [*z. B. eine Wölbungsleibung*] · to develop

abwittern · to weather away

Abwicklung *f* **der Wölbungsleibung** · development of soffit, soffit development

Abwurfanlage *f*, Abwurfschacht *m* [*Es gibt Abwurfanlagen für Müll, Papier und Wäsche*] · chute, shaft, disposer

~ für Papier, Abwurfschacht *m* ~ ~, Papierschlucker *m*, Papier(abwurf)-schacht, Papierabwurfanlage · paper (disposal) shaft, ~ (~) chute, ~ disposer

Abwurfschacht *m* **für Müll** → Müllschlucker

~ ~ Papier, Abwurfanlage *f* ~ ~, Papierschlucker *m*, Papier(abwurf)-schacht, Papierabwurfanlage · paper (disposal) shaft, ~ (~) chute, ~ disposer

abyssisches Gestein *n*, subkrustales ~, plutonisches ~, Tiefengestein, Plutonit *m*, älteres Eruptivgestein, Intrusivgestein · intrusive rock, (igneous) plutonic ~, abyssal ~, abysmal ~

abzäunen · to fence off

Abzieh|bild *n*, Übertragungsbild · transfer (decoration) (Brit.); decal (~) (US)

~brett *n* · wood(en) screed

abziehen · to strike off

~ · to screed [*To level off a concrete surface*]

Abziehen *n* · (surface) screeding

~ [*Lackiertechnik*] · rubbing (down)

Abzieh|lack *m* · strip-off coating

~verfahren *n* · transfer process, ~ method (Brit.); decal ~ (US) [*A decorative process in which a design is applied to the glass by means of a transfer*]

~vorrichtung *f* · screed [*A strip of wood or metal which is moved over guides or screeds (Richtleisten) to strike off or finish a surface*]

Abzugs|haube *f* · exhaust hood

~kanalrohr *n*, Durchlaßrohr · culvert pipe

~krümmer *m*, Kessel~ · breeching

~schlacke *f*, übergeflossene Schlacke · boilings [*The cinder which overflows from the puddling furnace during the boil*]

abzundern, entzundern · to descale

Abzundern *n*, Abzunderung *f*, Entzundern, Entzunderung · descaling, scale removal, removal of scale [*Removal of surface scale from a hot worked or heat treated product by pickling, shotblasting, oxygas flame etc. Also removal of scale during hot working by the application of water, coal-dust, brushwood, oil etc.*]

Abzweig *m*, Zulauf *m*, Rohr~ · (pipe) junction, (~) inlet, (~) branch

~dose *f* · junction box

~kasten *m*, Verteilungskasten · distribution box

~rohr *n*, Verzweigungsrohr, Abgangsrohr [*In Rohrleitung eingebautes Formstück, um Durchflußmenge selbsttätig auf zwei Stränge unter verschiedenen Winkeln zu verteilen oder Seitenfluß aufzunehmen*] · branch pipe, take-off ~

Acajounußharz *n*, Marknußharz · cashew nut resin [*This resin is produced from the brown liquid which occurs between the shell and the kernel of the cashew nut. This resin, when mixed with a filler and a catalyst, sets to form a flexible cement which resists all acids except concentrated nitric and sulphuric and fairly concentrated alkali*]

Acetylengewinnung *f* · manufacture of acetylene gas

Achat|mörser *m*, Achatreibschale *f* · agate mortar

~reibschale *f*, Achatmörser *m* · agate mortar

Achel *f*, Agel *f*, Anne *f*, Schäbe *f*, Schebe *f*, Schewe *f* [*Holziger, beim Brechen des Flachses oder Hanfs anfallender Stengelteil. Acheln werden zur Herstellung von Bauplatten und als Füllstoffe für Leichtbauplatten und Gipsdielen verwendet*] · shive

Achs(en)abstand *m*, Achs(en)maß *n* [*Maßordnung*] · unit spacing

Achsenkreuz *n*, Achsensystem *n*, Koordinatensystem, Koordinatenkreuz · coordinate system (of axes)

Achs(en)maß *n*, Achs(en)abstand *m* [*Maßordnung*] · unit spacing

achs(en)symmetrisch · axially symmetric, axisymmetrical

Achsensystem *n*, Koordinatensystem, Achsenkreuz *n*, Koordinatenkreuz · coordinate system (of axes)

achsrechter Schub *m*, Axialschub, Seitenschub · axial thrust, lateral ~

Achteck *n* · octagon

~(belag)platte *f*, Achteckfliese *f* · octagonal tile, eight-sided ~

~draht *m*, Achtkantdraht · octagonal wire, eight-sided ~

~fliese *f*, Achteck(belag)platte *f* · octagonal tile, eight-sided ~

~fundament *n*, Achtkantfundament · octagonal footing, ~ foundation, eight-sided ~

~gebäude *n*, Achtkantgebäude · octagonal building, ~ block, eight-sided ~

~gewölbe *n*, Achtkantgewölbe · octagonal vault, eight-sided ~

~Grundriß *m*, Achtkant-Grundriß · octagonal (ground-)plan, eight-sided ~

~helm *m* → Achteckturmhelm

achteckiges Kapitellhaus *n*, achtseitiges ~ · octagonal chapter-house, eight-sided ~

Achteck|kuppel *f*, Achtkantkuppel · octagonal dome, eight-sided ~, ~ cupola

~laterne *f*, Achteck-Dachkappe *f* · octagonal lantern, eight-sided ~

~mosaik(belag)platte *f*, Achteckmosaikfliese *f* · octagonal mosaic tile, eight-sided ~ ~

~platte *f*, Achteckbelagplatte, Achteckfliese *f* · octagonal tile, eight-sided ~

~stab *m*, Achtkantstab · octagonal rod, ~ bar, eight-sided ~

~turm *m*, Achtkantturm · octagonal tower, eight-sided ~

~türmchen *n*, Achtkanttürmchen · octagonal turret, eight-sided ~

~(turm)helm *m*, Achtkant(turm)helm · octagonal spire, eight-sided ~

Achtel(rohr)krümmer *m*, (Rohr-) Krümmer 45°, 45°-(Rohr)Krümmer · (one-)eighth (pipe) bend, 45° (~) ~

8-flügeliger Ventilator *m* · eight-blade fan

achtflügeliges Faltschiebetor *n*, ~ Schiebefalttor · eight-leaf sliding folding shutterdoor, ~ folding sliding ~

~ Schiebefalttor *n*, ~ Faltschiebetor · eight-leaf sliding folding shutterdoor, ~ folding sliding ~

Achtkant|draht *m*, Achteckdraht · octagonal wire, eight-sided ~

~fundament *n*, Achteckfundament · octagonal foundation, ~ footing, eight-sided ~

~gebäude *n*, Achteckgebäude · octagonal building, ~ block, eight-sided ~

~gewölbe *n*, Achteckgewölbe · eight-sided vault, octagonal ~

~-Grundriß *m*, Achteck-Grundriß · eight-sided (ground-)plan, octagonal ~

~helm *m* → Achtkantturmhelm

~kuppel *f*, Achteckkuppel · octagonal dome, ~ cupola, eight-sided ~

~stab *m*, Achteckstab · octagonal bar, ~ rod, eight-sided ~

~turm *m*, Achteckturm · eight-sided tower, octagonal ~

~türmchen *n*, Achtecktürmchen · octagonal turret, eight-sided ~

~(turm)helm *m*, Achteck(turm)helm · octagonal spire, eight-sided ~

Acht|lochziegel *m* · eight-hole brick

~paß *m* [*gotisches Maßwerk*] · eight-lobe tracery

acht|säulig · octastyle

~seitiges Kapitellhaus *n*, achteckiges ~ · octagonal chapter-house, eight-sided ~

~teilige Laufrolle *f* [*Schiebetor*] · 8-wheeled trolley

28-Tage-Würfel(druck)festigkeit *f* · 28 day cube (crushing) strength, ~ ~ ~ compression ~

achtzackig · eight-pointed

80°-Lack *m* · low-bake finish

Ackermanndecke *f* [*Rippendecke mit Tonhohlsteinen. Steinmaße 10x30x25 cm*] · Ackermann ribbed floor

Acrylabsieg(e)lungsmasse *f*, Acrylversieg(e)lungsmasse · acrylic seal(ing) compound, ~ ~ composition, ~ sealant, ~ sealer

Acrylat *n* [*Fehlname*]; Acrylsäureester *m* · acrylate, acrylic ester [*The word 'acrylic' is improperly used as a noun*]

acrylatgebunden · acrylate-based, acrylic ester-based

Acryl|emulsion *f* · acrylic emulsion

~-Fugen(ab)dicht(ungs)kitt *m* → Acryl(fugen)mastix

~-Fugendicht(ungs)kitt *m* → Acryl-(fugen)mastix

~(fugen)kitt *m* → Acryl(fugen)mastix

~(fugen)mastix *m*, Acryl(fugen)kitt *m*, Acryl(ver)füllkitt, Acryl-Fugen(ab)-dicht(ungs)kitt · acrylic (building) mastic, ~ mastic joint sealer

~füllkitt *m* → Acryl(fugen)mastix

Acrylglas *n* · acrylic plastic

~(bade)wanne *f* · acrylic plastic (bath-)tub, ~ ~ bath

~lichtkuppel *f* · acrylic plastic dome(light), ~ ~ saucer dome, ~ ~ light cupola, ~ ~ domed rooflight

~platte *f* · acrylic plastic board

~wanne *f*, Acrylglasbadewanne · acrylic plastic (bath)tub, ~ ~ bath

~wellplatte *f* · acrylic plastic corrugated board

Acrylgummipaste *f* · acrylic rubber paste

Acrylharz *n* · acrylic resin [*A synthetic resin of the thermoplastic type made by the polymerization of an acrylic compound, e. g. methyl acrylate, methyl methacrylate*]

~basis *f*, Acrylharzgrundlage *f* · acrylic (resin) base

~beton *m* · acrylic (resin) concrete

~dispersion *f* · acrylic (resin) dispersion

~emulsion *f* · acrylic (resin) emulsion

~(fugen)kitt *m*, Acrylharz(fugen)masse *f* · acrylic (resin) seal(ing) compound, ~ (~) (bulk) ~, ~ (~) caulking (~)

~(fugen)masse *f*, Acrylharz(fugen)kitt *m* · acrylic (resin) seal(ing) compound, ~ (~) (bulk) ~, ~ (~) caulking (~)

~grundlage *f*, Acrylharzbasis *f* · acrylic (resin) base

~kitt *m* → Acrylharzfugenkitt

~kunststoff *m* · acrylic plastic

~masse *f* → Acrylharzfugenmasse

Acryl|kitt *m* → Acryl(fugen)mastix

~latex *m* · acrylic latex

~masse *f* · acrylic mass, ~ compound, ~ composition, ~ material

~mastix *m* → Acrylfugenmastix

~nitrit *n* · acrylo nitrite

~polymer *n* · acrylic polymer

~-Polyurethan *n* · acrylic polyurethane

~säure *f* · acrylic acid

~säureester *m* [*Fehlname: Acrylat n*] · acrylate, acrylic ester [*The word 'acrylic' is improperly used as a noun*]

~siegel *m* · acrylic seal(er)

~(ver)füllkitt *m* → Acryl(fugen)mastix

~versieg(e)lungsmasse *f*, Acrylabsieg(e)lungsmasse · acrylic seal(ing) compound, ~ ~ composition, ~ sealant, ~ sealer

Additions|gesetz *n*, Additionsregel *f*, Zusammenzählregel · rule of addition

~lack *m*, Komponentenlack, Reaktionslack, kalthärtender Lack · cold-cured material, ~ paint [*The cold-curing is induced by adding chemical agents, known as activators or catalysts, the most widely used coatings of this type are based on epoxy and polyurethane resins*]

~regel *f*, Additionsgesetz *n*, Zusammenzählregel · rule of addition

additive Farbmischung *f* · additive mixing of primary colors (US); ~ ~ ~ ~ colours (Brit.)

Ader|gips *m* · vein gypsum

~marmor *m* · veined marble

Äderung *f*, Geäder *n* [*Marmor*] · veining

Adhäsion *f* → Haftfähigkeit

Adhäsions|beiwert *m*, Adhäsionszahl *f* · (specific) adhesion coefficient

~eigenschaft *f*, Adhäsionsvermögen *n*, Adhäsionsfähigkeit *f* · adhesion property, ~ capacity, ~ quality, ~ power

~fähigkeit *f*, Adhäsionsvermögen *n*, Adhäsionseigenschaft *f* · adhesion property, ~ capacity, ~ quality, ~ power

adhäsionsfördernder Zusatz(stoff) *m* → Adhäsionsverbesserer

adhäsionsförderndes Zusatzmittel *n* → Adhäsionsverbesserer

Adhäsions|grenze *f* · (specific) adhesion limit

~verbesserer *m*, Haftmittel *n*, Haftfestigkeitsverbesserer, Netz(haft)mittel, Haftanreger, adhäsionsfördernder Zusatz(stoff) *m*, adhäsionsförderndes Zusatzmittel, Benetzungsmittel · activator, anti-stripping agent, adhesion (promoting) agent, non-stripping agent, antistripping additive, dope, wetting agent, surfactant

~vermögen *n*, Adhäsionsfähigkeit *f*, Adhäsionseigenschaft *f* · adhesion property, ~ capacity, ~ quality, ~ power

~zahl *f*, Adhäsionsbeiwert *m* · (specific) adhesion coefficient

adiabatisch · adiabatic [*A condition in which heat neither enters nor leaves a system*]

adiabatische Nachbehandlung *f* · adiabatic curing [*The maintenance of adiabatic conditions in concrete or mortar during the curing period*]

adiabatisches Kalorimeter *n*, Kalorimeter ohne Wärmeabfluß · adiabatic calorimeter, calorimeter without heat transmission

Ädikula *f*, Aedicula [*Jede aus Stützgliedern (Säulen, Pfeilern, Pilastern) und einem Giebel in Dreieck- oder Segmentbogenform bestehende Umrahmung einer Statuennische*] · aedicule, aedicula

~altar *m*, Aediculaaltar · aedicule altar, aedicula ~

Adjustagemaschine *f* [*Rohrherstellung*] · finishing machine

adsorbieren · to adsorb [*To condense and hold a gas on the surface of a solid, particularly metals. Also to hold a mineral particle within a liquid interface*]

Adsorption *f*, Anlagerung *f* · adsorption

Adsorptions|druck *m* · adsorption pressure

~fähigkeit *f*, Adsorptionsvermögen *n*, Anlagerungsfähigkeit, Anlagerungsvermögen · adsorption power, ~ capacity, ~ property, ~ quality

~geschwindigkeit *f* · adsorption rate

~gleichgewicht *n* · adsorption equilibrium

~hülle *f* · adsorptive hull

~vermögen *n*, Adsorptionsfähigkeit *f*, Anlagerungsvermögen, Anlagerungsfähigkeit · adsorption power, ~ capacity, ~ property, ~ quality

Adular *m* · moonstone, adularia [*A colourless and translucent variety of orthoclase usually in pseudoorthorhombic crystals*]

Adyton *n*, *und römischen* [*In griechischen Tempeln der Raum, in dem das Kultbild steht und der als Allerheiligstes nur vom Priester betreten werden darf*] · adytum, adyton

AEA-Beton *m*, belüfteter Beton, Luftporenbeton, Bläschenbeton · air-entrained concrete, air-entraining ~, air entrainment ~

AEA-Mörtel *m*, belüfteter Mörtel, Luftporenmörtel, Bläschenmörtel · air-entraining mortar, air-entrained ~, air entrainment ~

~ aus Brechsand, Luftporenmörtel ~ ~, Bläschenmörtel ~ ~, belüfteter Mörtel ~ ~ · entrained stone sand mortar

Aedicula *f*, Ädikula [*Jede aus Stützgliedern (Säulen, Pfeilern, Pilastern) und einem Giebel in Dreieck- oder Segmentbogenform bestehende Umrahmung einer Statuennische*] · aedicule, aedicula

~altar *m*, Ädikulaaltar · aedicule altar, aedicula ~

Affinitätsachse *f* · axis of affinity

Agar-Agar *n* [*Gelatine aus Seealgen*] · agar-agar

Agavefaser *f* · agave fibre (Brit.); ~ fiber (US)

Agel *f*, Anne *f*, Schäbe *f*, Achel *f*, Schebe *f*, Schewe *f* [*Holziger, beim Brechen des Flachses oder Hanfs anfallender Stengelteil. Acheln werden zur Herstellung von Bauplatten und als Füllstoffe für Leichtbauplatten und Gipsdielen verwendet*] · shive

Aggloporit *m* [*Name für Sinterbims in den Normen der UdSSR*] · aggloporite

aggressiv, angreifend · aggressive

Aggressivbeständigkeit *f* · resistance to aggressive influences

$AgNO_3$, Silbernitrat *n*, Höllenstein *m*, salpetersaures Silberoxid *n* · lunar caustic

Agora *f*, Markt(platz) *m* [*Platz einer griechischen Stadt im Altertum, auf dem Versammlungen und Märkte abgehalten wurden*] · town square, agora, market place

ägyptische Baukunst *f*, ~ Architektur *f* · Egyptian architecture

Ähnlichkeitsbedingung *f* · condition of similarity, ~ ~ similitude

Ährenwerk *n* · opus spicatum

Airysche Spannungsfunktion *f* [*Eine nach dem Mathematiker Sir George Bidel Airy (1801–1892) benannte skalare Ortsfunktion*] · Airy's stress function

Akademie *f* **der Bildenden Künste** · Academy of Fine Arts

akademische Architektur *f*, ~ Baukunst *f* · academic style of building

Akademismus *m* · academicism

Akanthus *m*, Bärenklau *m* · acanthus

~blatt *n*, Bärenklaublatt · acanthus leaf

~fries *m*, Bärenklaufries · acanthus frieze

Akaroid(harz) *n* · acaroid resin, ~ gum

Akkordarbeit *f* · piece work; gyppo (US)

Akkordeon|trennwand *f*, (Zieh)Harmonikatrennwand · concertina partition (wall), folding ~ (~)

~tür *f*, (Zieh)Harmonikatür · accordion door, concertina ~, bellow-framed ~

Akropolis *f* [*Hochgelegene, befestigte Siedlung oder Burg der griechischen Antike in der Nähe einer manchmal erst später entstandenen Stadt*] · acropolis

Akroterion *n* → Giebel~

Aktivator *m*, Erreger(stoff) *m*, Anreger(stoff) [*z.B. Kalkhydrat*] · activator, dope

Aktivgrund *m* → Haftgrund

~lösung *f*, Haftgrundlösung · etching solution [*See remark under 'Haftgrund'*]

aktivieren, anregen · to activate

Aktivieren *n*, Anregen · activating

Aktivitätsindex *m* [*Zement*] · index of activity

Aktualitätenkino *n* · news cinema

Akustik *f* · acoustics

~(anstrich)farbe *f*, Schallschluck(anstrich)farbe · sound-control paint, acoustic(al) ~, (sound) absorbent ~, (sound) absorbing ~, (sound) absorptive ~

~auskleidung *f* → Akustikverkleidung

~baustoff *m* → Schallschluckbaustoff

~bauweise *f*, Schallschluckbauweise · acoustic(al) construction (method), (sound) absorbent ~ (~), (sound) absorbing ~ (~), (sound) absorptive ~ (~)

~bekleidung *f* → Akustikverkleidung

~belag *m* → Akustikverkleidung

~berater *m* · acoustics consultant

~decke *f*, Schallschluckdecke, Schallabsorptionsdecke · acoustic(al) ceiling, sound-control ~, (sound) absorbent ~, (sound) absorbing ~ (sound)absorptive ~

~decken(anstrich)farbe *f*, Schallschluckdecken(anstrich)farbe · acoustic(al) ceiling paint, sound-control ~ ~, (sound) absorbent ~ ~, (sound) absorbing ~ ~, (sound) absorptive ~ ~

~deckenplatte *f*, Deckenschallschluckplatte, Deckenakustikplatte, Schallschluckdeckenplatte · acoustic(al) ceiling board, (sound) absorbent ~ ~, sound-control ~ ~, (sound) absorbing ~ ~, (sound) absorptive ~ ~

~deckensystem *n*, Schallschluckdeckensystem · acoustic(al) ceiling system, sound-control ~ ~, (sound) absorbent ~ ~, (sound) absorbing ~ ~, acoustic tiled ~ ~, (sound) absorptive ~ ~

~element *n*, Schallschluckelement · acoustic(al) (building) unit, sound-control (~) ~, (sound) absorbent (~) ~, (sound) absorbing (~) ~, (sound) absorptive (~) ~

~fachmann *m* · acoustician, acoustics expert

~farbe *f*, Schallschluckfarbe · acoustic(al) paint, sound-control ~, (sound) absorbent ~, (sound) absorbing ~, (sound) absorptive ~

~faserplatte *f*, Schallschluckfaserplatte, Faserakustikplatte, Faserschallschluckplatte · acoustic(al) fibre board (Brit.); ~ fiber ~ (US); (sound) absorbent ~ ~, (sound) absorbing ~ ~, sound-control ~ ~, (sound) absorptive ~ ~

~filz *m*, Schallschluckfilz · sound-control felt(ed fabric), acoustic(al) ~ (~), (sound) absorbent ~ (~), (sound) absorbing ~ (~), (sound) absorptive ~ (~)

~filzdecke *f*, Schallschluckfilzdecke · sound-control felt(ed fabric) ceiling, acoustic(al) ~ (~) ~, (sound) absorbent ~ (~) ~, (sound) absorbing ~ (~) ~, (sound) absorptive ~ (~) ~

~fliese *f*, Schallschluckfliese, Akustikplatte *f*, Schallschluckplatte · acoustic(al) tile, sound-control ~, (sound) absorbent ~, (sound) absorbing ~, (sound) absorptive ~

~fliesenkleb(e)mittel *n* → Akustikplattenkleber

~fliesenkleber *m* → Akustikplattenkleber

~fliesenkleb(e)stoff *m* → Akustikplattenkleber

~folie *f*, Schallschluckfolie · acoustic(al) foil, sound-control ~, (sound) absorbing ~, (sound) absorbent ~, (sound) absorptive ~

~glas *n*, Schallschluckglas · (sound) absorbent (control) glass, (~) absorbing (~) ~, (~) absorptive (~) ~, sound-control ~, acoustic(al) (control) ~

~-Hängedecke *f*, Schallschluck-Hängedecke, Hänge-Schallschluckdecke, Hänge-Akustikdecke · (sound) absorbent suspended ceiling, (~) absorptive ~ ~, (~) absorbing ~ ~, acoustic(al) tile ~ ~, suspended acoustic(al) ~

~-Holzfaserplatte *f*, Schallschluck-Holzfaserplatte, Holzfaser-Schallschluckplatte, Holzfaser-Akustikplatte · acoustic(al) wood fibre board (Brit.); ~ ~ fiber ~ (US); (sound) absorbent ~ ~ ~, (sound) absorbing ~ ~ ~, sound-control ~ ~ ~, (sound) absorptive ~ ~ ~

~ingenieur *m* · acoustics engineer

~kassette *f*, Schallschluck-Kassette · (sound) absorbent pan(el), (~) ~ coffer, (~) ~ waffle, (~) ~ casette, (~) absorbing ~, acoustic(al) ~, sound-control ~, (sound) absorptive ~

~lüftungsdecke *f*, Lüftungsschallschluckdecke, Lüftungsakustikdecke, Schallschlucklüftungsdecke · ventilating acoustic(al) ceiling, vent(ilation) ~ ~, acoustic(al) ventilating ~, acoustic(al) ventilation ~

~matte *f*, Schallschluckmatte · acoustic(al) blanket, ~ pad, sound-control ~, (sound) absorbent ~, (sound) absorbing ~, (sound) absorptive ~

~metalldecke *f*, Metallakustikdecke, Metallschallschluckdecke, Schallschluckmetalldecke · acoustic(al) metal ceiling, sound-control ~ ~, (sound) absorbent ~ ~, (sound) absorbing ~ ~, (sound) absorptive ~ ~

~platte *f*, Schallschluckplatte [*DIN 4109*] · acoustic(al) board, ~ sheet, sound-control ~, (sound) absorbent ~, (sound) absorbing ~, (sound) absorptive ~

~platte *f*, Schallschluckplatte, Akustikfliese *f*, Schallschluckfliese · acoustic(al) tile, sound-control ~, (sound) absorbent ~, (sound) absorbing ~, (sound) absorptive ~

~plattenkleb(e)mittel *n* → Akustikplattenkleber

~plattenkleber *m*, Akustikplattenkleb(e)stoff *m*, Schallschluckplattenkleber, Schallschluckplattenkleb(e)stoff, Akustikfliesenkleber, Akustikfliesenkleb(e)stoff, Schallschluckfliesenkleber, Schallschluckfliesenkleb(e)stoff, Akustikplattenkleb(e)mittel *n*, Schallschluckplattenkleb(e)mittel, Akustikfliesenkleb(e)mittel, Schallschluckfliesenkleb(e)mittel · acoustic(al) tile (bonding) adhesive, ~ ~ ~ medium, ~ ~ ~ agent, ~ ~ cement(ing agent)

~plattenkleb(e)stoff *m* → Akustikplattenkleber

~putz *m*, Schallschluckputz · sound-control plaster, acoustic(al) ~, (sound) absorbent ~, (sound) absorbing ~, (sound) absorptive ~

~putzzuschlag(stoff) *m*, Schallschluckputzzuschlag(stoff) · acoustic(al) plaster aggregate, sound-control ~ ~, (sound) absorbent ~ ~, (sound) absorbing ~ ~, (sound) absorptive ~ ~

~spritzputz *m*, Schallschluckspritzputz · sound-control sprayed-on plaster, acoustic(al) ~ ~, (sound) absorbent ~ ~, (sound) absorbing ~ ~, (sound) absorptive ~ ~

~stein *m* → (keramischer) Schallschluckstein

~stoff *m* → Schallschluckmaterial

~tafel *f*, Schallschlucktafel · sound-control panel, acoustic(al) ~, (sound) absorbent ~, (sound) absorbing ~, (sound) absorptive ~

~tapete *f*, Schallschlucktapete · sound-control wallpaper, acoustic(al) ~, (sound) absorbent ~, (sound) absorbing ~, (sound) absorptive ~

~verkleidung *f*, Schallschluckauskleidung, Akustikauskleidung, Schallschluckbekleidung, Akustikbekleidung, Schallschluckverkleidung, Akustikbelag *m*, Schallschluckbelag · acoustic(al) lining, ~ (sur)facing, ~ cover(ing), sound-control ~, (sound) absorbent ~, (sound) absorbing ~

~wandblock(stein) *m*, Akustikwandstein, Schallschluckwandblock(stein), Schallschluckwandstein · acoustic(al) wall tile, ~ ~ block, sound-control ~ ~, (sound) absorbent ~ ~, (sound) absorbing ~ ~, (sound) absorptive ~ ~ [*See remark under 'Block'*]

~wandplatte *f* → Schallschluckwandplatte

~wandstein *m*, Akustikwandblock(stein) *m*, Schallschluckwandblock(stein), Schallschluckwandstein · acoustic(al) wall tile, ~ ~ block, sound-control ~ ~, (sound) absorbent ~ ~, (sound) absorbing ~ ~, (sound) absorptive ~ ~ [*See remark under 'Block'*]

~wandziegel *m*, Schallschluckwandziegel · acoustic(al) wall brick, sound-control ~ ~, (sound) absorbent ~ ~, (sound) absorbing ~ ~, (sound) absorptive ~ ~

~ziegel *m*, Schallschluckziegel [*Hochkantvermauerter unverputzter Hochlochziegel*] · acoustic(al) brick, sound-control ~, (sound) absorbent ~, (sound) absorbing ~, (sound) absorptive ~

akustische Betonprüfung *f* · ultrasonic testing of concrete, ~ concrete testing

~ Energie *f*, Schallenergie [*In einem Mediumteil. Kinetische und potentielle Energie des Schalles*] · sound energy [*Of a part of a medium. The total energy in this part of the medium less the energy that would exist with no sound waves present*]

~ Impedanz *f*, Flußimpedanz [*Quotient aus Schalldruck und Schallfluß*] · acoustic impedance [*Of a specified configuration or medium. The complex ratio of the sound pressure to the volume velocity through a chosen surface. Symbol* Z_a]

~ Probe *f*, ~ Prüfung *f*, akustischer Versuch *m* [*DIN 4109*] · acoustic(al) test

~ Prüfung *f*, ~ Probe *f*, akustischer Versuch *m* [*DIN 4109*] · acoustic(al) test

akustischer Kurzschluß *m* · 'shorting'

~ Versuch *m*, akustische Prüfung *f*, akustische Probe *f* [*DIN 4109*] · acoustic(al) test

akustisches Alarmgerät *n* · audible alarm unit, sound ~ ~, acoustic(al) ~ ~

~ Signal *n*, Hörsignal · audible signal, sound ~, acoustic(al) ~

~ Verhalten *n* · acoustic(al) performance

AK4 *m* · BSB4 cup [*Viscosity. Paint manufacture*]

Alabaster(gips) *m* · alabaster [*A fine-grained compact white or pale-coloured variety of gypsum (hydrated calcium sulphate)*]

Alabasterglas *n* · alabaster glass [*Translucent glass resembling the mineral alabaster*]

Alarm|anlage *f* · alarm system

~klingel *f* · alarm bell, call ~

~sirene *f* · alarm siren

Alaun *m* [*Schwefelsaures Doppelsalz des Aluminiums mit einem anderen Metall*] · alum

~bildung *f* · alunization

~erde *f*, Tonerde · alumina

~gips *m*, alaunisierter Gips · alum-saturated hard-finish plaster; ~ class D (gypsum-)plaster, ~ (gypsum-) plaster of Class D (Brit.) [*B.S. 1191*]

~gipsmarmor *m* · artificial marble [*An imitation marble, usually colo(u)red, made with Keene's plaster*]

alaunisieren · to alum(inize) [*To treat with alum*]

alaunisierter Gips *m*, Alaungips · alum-saturated hard-finish plaster; ~ class D (gypsum-)plaster, ~ (gypsum-) plaster of Class D (Brit.) [*B.S. 1191*]

Alaun|lösung *f* · alum solution

~schiefer *m* · alum-shale

Albinobitumen *n*, helles Bitumen · albino asphalt (US); ~ asphaltic bitumen (Brit.)

Albit-Chloritschiefer *m* · albitite

$AlCl_3$, Alu(minium)chlorid *n* · aluminium chloride (Brit.); aluminum chlorid(e) (US)

Aldehydharz *n* · aldehyde resin

Alfafaser *f*, Halfafaser, Espartofaser [*Als Einlage für Gipsdielen, Faserbeton usw.*] · (h)alfa fiber (US); ~ fibre (Brit.); Spanish grass ~, esparto grass ~

Algen|bekämpfung *f*, Algenvernichtung · algae control

~bekämpfungsmittel *n*, Algenvernichtungsmittel · algicide

A-Linie *f*, Einflußlinie der Auflagerkraft · A-line, influence line of reactions

aliphatisch · aliphatic

aliphatische Verbindung *f* · aliphatic compound

aliphatischer Kohlenwasserstoff *m* · aliphatic hydrocarbon

Alit *n* · alite [*A term given by Tornebohm in 1897 to the principal constituent of portland cement, later identified as* C_3S]

alitiert, kalorisiert · calorized

Alitzement *m* · alite cement

Alizarin|blau *n* · blue alizarin(e) lake

~farblack *m* · alizarin(e) lake

~farbstoff *m* · alizarin(e) dye

~orange *f* · orange alizarin(e) lake

~pigment *n* · alizarin(e) pigment

~rot *n*, Krapprot, Krapplack *m* · madder lake

~violett *n* · violet alizarin(e) lake

Alkali *n* · alkali

~alterung *f* · alkali ag(e)ing

~anteil *m*, Alkaligehalt *m* · alkali content

~basalt *m* · alkali basalt

~beseitigung *f* · alkali elimination

alkalibeständig → alkalienbeständig

Alkaliblau *n* · alkali blue

alkali|echt → alkali(en)fest

~empfindlicher (Beton)Zuschlag(-stoff) *m* · (alkali) reactive material in concrete, (~) ~ aggregate

Alkaliempfindlichkeit *f* · alkali reactivity

alkali(en)|beständig, alkali(en)fest, alkali(en)widerstandsfähig, alkali(en)echt · alkali resistant, resistant to alkali(s)

Alkali(en)beständigkeit *f,* Alkali(en)-festigkeit, Alkali(en)widerstand *m* · alkali resistance, resistance to alkali(s)

alkali(en)|echt → alkali(en)fest

~fest, alkali(en)widerstandsfähig, alkali(en)beständig, alkali(en)echt · alkali resistant, resistant to alkali(s)

Alkali(en)|festigkeit *f,* Alkali(en)widerstand *m,* Alkali(en)beständigkeit, Alkali(en)echtheit · alkali resistance, resistance to alkali(s), alkali fastness, fastness to alkali(s)

~widerstand *m,* Alkali(en)beständigkeit *f,* Alkali(en)festigkeit · alkali resistance, resistance to alkali(s)

alkali(en)|widerstandsfähig, alkali(en)-beständig, alkali(en)fest, alkali(en)echt · alkali resistant, resistant to alkali(s)

Alkali|erde *f,* alkalische Erde, Erdalkalie *f* · alkaline earth [*Alkaline earths are a group of chemical elements comprising calcium, strontium, barium, and sometimes beryllium, magnesium, and radium*]

~feldspat *m* · alkali fel(d)spar

alkalifest → alkali(en)beständig

Alkali|festigkeit *f,* Alkali(en)widerstand *m,* Alkali(en)echtheit, Alkali(en)beständigkeit · alkali fastness, ~ resistance, resistance to alkali(s), fastness to alkali(s)

~fluorid *n* · alkali fluorid(e) (US); ~ fluoride (Brit.)

~gehalt *m,* Alkalianteil *m* · alkali content

~gestein *n* · alkali rock

~granit *m* · alkali-granite

~kalkbasalt *m* · calc-alkali basalt

~kalkgestein *n,* Kalkalkaligestein · calc-alkali rock

~-Kasein *n* · alkaline casein

~lösung *f,* alkalische Lösung · alkaline solution

~metall *n,* alkalisches Metall · alkaline metal

Alkali(ni)tät *f* · alkalinity

Alkali|phase *f* · alkalin(e) phase

~salz *n,* alkalisches Salz · alkaline salt

alkalisch, laugensalzig · alkaline

alkalische Anregung *f* · alkaline activation

~ Erde *f,* Erdalkalie *f,* Alkalierde · alkalin(e) earth [*Alkaline earths are a group of chemical elements comprising calcium, strontium, barium, and sometimes beryllium, magnesium, and radium*]

~ Lösung *f,* Alkalilösung · alkaline solution

~ Reaktion *f* **der (Beton)Zuschläge mit dem Zement** [*Umsetzung zwischen reaktionsfähiger Kieselsäure der Zuschlagstoffe und dem Alkali des Zements*] · alkali-aggregate reaction (or expansion)

~ Wirkung *f* · alkaline action

alkalisches Abbeizmittel *n,* ablaugendes ~, Ablaugmittel · alkaline (paint) remover, ~ (~) stripper

~ Bad *n* · alkaline bath [*electro-galvanizing*]

~ Lösungsmittel *n* · alkaline solvent

~ Metall *n,* Alkalimetall · alkaline metal

~ Salz *n,* Alkalisalz · alkaline salt

Alkali|syenit *m* · alkali syenite

~treiben *n* · alkali expansion

alkaliwiderstandsfähig → alkali(en)-beständig

Alkalizellulose *f* [*Vorprodukt bei der Herstellung von Regeneratfaserstoffen nach dem Viskoseverfahren. Sie entsteht durch Einwirken von Natronlauge auf den Holzzellstoff*] · alkali cellulose

Alkazar *m* · alcazar

Alkohol|beigabe *f,* Alkoholzugabe [*Zur Gefrierpunkterniedrigung des Anmach(e)-wassers*] · addition of alcohol

~lösung *f* · alcohol solution

~zugabe *f,* Alkoholbeigabe [*Zur Gefrierpunkterniedrigung des Anmach(e)-wassers*] · addition of alcohol

Alkosol *n* [*kolloidale Lösung in Alkohol*] · alcosol

Alkoven *m* · alcove [*Recess in a room*]

Alkydharz *n* · alkyd resin [*A synthetic resin made by condensation between a polyhydric alcohol such as glycerol, and a polybasic acid such as phthalic acid (normally used in the form of the anhydride). Modifying agents may be incorporated to influence the properties of the resulting product. Thus, the inclusion of acids from a vegetable drying oil such as linseed oil, in place of some of the phthalic anhydride, gives a resin soluble in the organic solvents usually used in paints and varnishes. By varying the types and ratios of the polyhydric alcohols and carboxylic acids, an almost infinite number of different resins can be made, some of which may be used as the sole film-forming agents or as film-forming ingredients with materials such as nitrocellulose*]

~basis *f,* Alkydharzgrundlage *f* · alkyd (resin) base

~-Bindemittellösung *f* [*Anstrichfarbe*] alkyd (resin) vehicle, ~ (~) medium

~lack *m,* Kunstharzlack auf Alkydharzbasis, schlagfester Lack, Schlagfestlack · alkyd-resin (clear) varnish

~vorlack *m* · alkyd-resin undercoat(er)

Alkyl *n* · alkyl [*A univalent radical of the aliphatic hydrocarbons, obtained by removing one hydrogen atom*]

Aller|feinstes *n* [*Siebtechnik*] · finest sizes

~heiligstes *n* · Holy of Holies

~heiligstes *n*, Sanktuarium *n* [*Der Platz des Altars in altchristlichen Kirchen*] · sanctuary

Allgemeinbeleuchtung *f* · common lighting, ~ illumination

allgemeine Sonderform *f*, ~ Spezialform [*Ziegel*] · standard special (shape) [*A special shape in general use and available from stock*]

~ Spezialform *f*, ~ Sonderform [*Ziegel*] · standard special (shape) [*A special shape in general use and available from stock*]

~ Wasserversorgung *f*, öffentliche ~ · public water supply

allgemeiner Spannungszustand *m*, dreiachsiger ~, räumlicher ~ · three-dimensional state of stress

Allgemeinversorgung *f* · general supply

allmählich aufgebrachte Last *f* · gradually applied load

Alltagsarchitektur *f*, Alltagsbaukunst *f* · every-day architecture [*Style more concerned with function than with form*]

Allwand-Tragsystem *n* · system in which all the walls carry loading

Allwetter|anstrich *m*, Allwetteraufstrich · all-weather coat

~aufstrich *m*, Allwetteranstrich · all-weather coat

~-Jalousie *f* · all-weather slatted blind

~sperrholz *n* · all-weather plywood

~streifen *m* · all-weather strip

Allzweck|(beton)zuschlag(stoff) *m* · all-purpose (concrete) aggregate, ~ construction ~

~kleber *m*, Allzweckkleb(e)stoff *m*, Allzweckkleb(e)mittel *n* · general purpose (bonding) adhesive, ~ ~ ~ agent, ~ ~ ~ medium, ~ ~ cement(ing agent)

~-Teppichboden *m*, Allzweck-Textilboden(belag) *m* · anywhere carpet, indoor-outdoor ~

~-Textilboden(belag) *m*, Allzweck-Teppichboden · anywhere carpet, indoor-outdoor ~

~(ton)ziegel *m*, gebrannter Allzweckstein *m* · general purpose (burnt) (clay) brick; ~ ~ burned (~) ~, ~ ~ fired (~) ~ [*See remark under 'Ziegel'*]

~tür *f* · all-purpose door

Alodine-Verfahren *n* [*chemisches Oxidationsverfahren*] · A. C. P. Alocrom process (Brit.); Alodine ~ (US) [*U.S.Pat. 2,438,877, Can.Pat. 452,254. F. Spruance, Jr.*]

Aloe|faser *f* · aloe fibre (Brit.); ~ fiber (US)

~hanf *m* · aloe hemp

$Al(OH)_3$, Alu(minium)hydroxid *n* · aluminium hydroxide (Brit.); aluminum hydroxid(e) (US)

Alpengneis *m* · protogene gneiss, protogenic ~, protogin(e ~)

Alpha|-Messing *n*, α-Messing · alpha brass [*It is ductile and can be both cold worked without annealing and hot worked*]

~-Tonerde *f*, Korund *m*, α-Tonerde, AL_2O_3 · corundum, α-alumina [*The form of alumina stable at temperatures above about 1,000° C*]

Al-Pulver *n* → Alu(minium)pulver

(Altar)|Antependium *n*, Frontale *f*, Altarvorsatz *m* · altar-front(al), altar-facing, antependium

~aufsatz *m*, (Altar)Retabel *n* [*Im Deutschen oft nur „Altar" genannt. Eine entweder auf die Mensa des katholischen Altars aufgesetzte, auf einem Zwischenstück (Predella) oder hinter diesem auf einem Unterbau stehende Schauwand, die im Mittelalter aufkam*] · altar screen, ~ piece, retable, reredos

~baldachin *m* · altar baldachino

~bau *m*, großer Altar *m*, Riesenaltar [*z.B. von Pergamon*] · great altar

~bereich *m*, Altarraum *m* · c(h)ancel [*That part of the east end of a church in which the main altar is placed; reserved for clergy and choir*]

~blatt *n* · predella panel

Altärchen *n* · altarlet [*A small altar*]

Altar|ciborium *n*, Altarziborium · altar ciborium [*A canopy supported by columns placed over an altar*]

~freske *f* · altar fresco

~grab *n* · altar tomb

~platte *f*, Altarsteinplatte · altar-slab, altar-table, altar-stone, super-altar [*The slab forming the top of an altar*]

~raum *m*, Altarbereich *m* · c(h)ancel [*That part of the east end of a church in which the main altar is placed; reserved for clergy and choir*]

(~)Retabel *n*, Altaraufsatz *m* [*Im Deutschen oft nur „Altar" genannt. Eine entweder auf die Mensa des katholischen Altars aufgesetzte, auf einem Zwischenstück (Predella) oder hinter diesem auf einem Unterbau stehende Schauwand, die im Mittelalter aufkam*] · altar screen, ~ piece, retable, reredos

~schranken *fpl* · altar-rails [*Those separating the sacrarium*]

(~)Staffel *f*, Predella *f* · predella

~(stein)platte *f* · altar-slab, altar-table, altar-stone, super-altar [*The slab forming the top of an altar*]

~stufe *f* · altar-step [*A step ascending to an altar*]

~stufen *fpl* · altar-stair [*A flight of steps ascending to an altar*]

~vorsatz *m*, (Altar)Antependium *n*, Frontale *f* · altar-facing, antependium, altar-front(al)

Altbeton *m* · old concrete

Altblock(stein) *m*, Altstein, Abbruchblock(stein), Abbruchstein · secondhand block, ~ tile [*See remark under 'Block'*]

altchristliche Baukunst *f*, ~ Architektur · Early Christian architecture

~ Kirche *f* · Early Christian church

Altdachziegel *m* · secondhand roof(ing) tile

Alteisen *n*, Altschienen *fpl* · scrap iron rails

~, altes Baueisen [*Das aus zerstörten Bauteilen und Bauwerken geborgene Baueisen*] · scrap structural iron

~, Abfalleisen · scrap iron

Alten|heim *n*, Altersheim [*Ein Heim zur wohnlichen Unterbringung bejahrter Menschen, die nicht mehr willens oder in der Lage sind, sich selbst zu versorgen und die deshalb keine selbständige Haushaltführung haben*] · old persons' home, aged ~ ~, ~ peoples' ~

~stätte *f* · aged-persons' community centre (Brit.); ~ ~ center (US)

(~)Wohnheim *n*, Wohnstift *n* [*Gebäude, in dem eine Anzahl abgeschlossener Wohnungen für bejahrte Menschen, namentlich Ehepaare, zusammengefaßt sind und in denen den Bewohnern die Möglichkeit geboten wird, im Bedarfsfall wirtschaftliche und soziale Betreuung in Anspruch zu nehmen. Es besteht teils aus kleinen selbständigen Wohnungen, teils aus Einzelzimmern mit Kochnische*] · hostel for the elderly

alter Baustahl *m*, Altstahl [*Der aus zerstörten Bauteilen und Bauwerken geborgene Baustahl*] · scrap structural steel

älteres Eruptivgestein *n*, Intrusivgestein, Tiefengestein, Plutonit *m*, abyssisches Gestein, subkrustales Gestein, plutonisches Gestein · intrusive rock, (igneous) plutonic ~, abyssal ~, abysmal ~

~ ~ [*im weiten Sinne*] → Magmagestein

altern, verwittern, „wettern" [*Steinzeugindustrie*] · to store, to age

~ · to age

Altersheim *n*, Altenheim [*Ein Heim zur wohnlichen Unterbringung bejahrter Menschen, die nicht mehr willens oder in der Lage sind, sich selbst zu versorgen und die deshalb keine selbständige Haushaltführung haben*] · old persons' home, aged ~ ~, ~ peoples' ~

altertümlicher Charakter *m* · ancient character, antique ~

Alterung *f*, Rekristallisation *f* [*Schraube; Niet*] · crystallization

~ · ag(e)ing

alterungs|beständig · age-resistant

~beständiger Straßenteer *m*, Wetterteer · weather-resistant tar

Alterungsschutzmittel *n*, Alterungsschutzstoff *m* · antiager

altes Baueisen *n*, Alteisen [*Das aus zerstörten Bauteilen und Bauwerken geborgene Baueisen*] · scrap structural iron

Altfett *n*, Abfallfett · waste grease, used ~

Altfläche *f* · old area

Altgummi *m* · reclaim(ed) rubber

~lösung *f* · reclaim(ed) rubber solution

Altis *f*, Peribolos *m*, geweihter Tempelbezirk *m*, Temenos *n* · temenos, peribolos, sacred precinct

Altmaterial *n* · arisings, salvage

Altöl *n*, Ab(fall)öl · waste oil, used ~

Altstahl *m*, alter Baustahl [*Der aus zerstörten Bauteilen und Bauwerken geborgene Baustahl*] · scrap structural steel

Altstein *m*, Altblock(stein) *m*, Abbruchblock(stein), Abbruchstein · secondhand block, ~ tile [*See remark under 'Block'*]

Altziegel *m*, Abbruchziegel · secondhand brick

Aluminat *n*, Tonerdeverbindung *f* · aluminate

~sulfat *n* · sulpho-aluminate (Brit.); sulfo-aluminate (US)

~zement *m* → Tonerdezement

Aluminisierung *f* · aluminizing (US); aluminising (Brit.)

Alu(minium) *n* · aluminium (Brit.); aluminum (US); alum.

~abschluß *m* · aluminium shutter (Brit.); aluminum ~ (US)

~abstreuung *f*, Alu(minium)bestreuung [*Sonder-Bitumendachpappe*] · aluminium surfacing (Brit.); aluminum ~ (US)

~abwaschtisch *m*, Alu(minium)spülausguß *m*, Alu(minium)spültisch · aluminium (alloy) sink (unit) (Brit.); aluminum (~) ~ (~) (US)

~abweis(e)blech *n* · aluminium flashing (Brit.); aluminum ~ (US)

~-Akustikdecke *f*, Alu(minium)-Schallschluckdecke · aluminium absorbent ceiling, ~ acoustic(al) ~, ~ sound-control ~ (Brit.); aluminum ~ ~, aluminum acoustic tiled ~ (US); aluminium acoustic tiled ~ (Brit.)

~anschluß(streifen) *m*, Alu(minium)-blechanschluß(streifen) · aluminium flashing (piece) (Brit.); aluminum ~ (~) (US) [*See remark under 'Anschluß'*]

~anstrich *m*, Alu(minium)aufstrich · aluminium paint coat(ing) (Brit.); aluminum ~ ~ (US)

~(anstrich)farbe *f* · aluminium paint (Brit.); aluminum ~ (US)

~architektur *f* · aluminium architecture (Brit.); aluminum ~ (US)

~auskleidung *f*, Alu(minium)verkleidung, Alu(minium)bekleidung · aluminium lining, ~ (sur)facing (Brit.); aluminum ~ (US)

~balken(träger) *m* · aluminium beam (Brit.); aluminum ~ (US)

~band *n* [*Baubeschlag*] · aluminium hinge (Brit.); aluminum ~ (US)

~(bau)artikel *m* · aluminium building product (Brit.); aluminum ~ ~ (US)

~(bau)beschläge *mpl* · aluminium (builder's) hardware (Brit.); aluminum (~) ~ (US); ~ (~) fittings

~(bau)blech *n* · aluminium (building) sheet (Brit.); aluminum (~) ~ (US)

~-(Bau)Einheit *f* [*Fehlname*] → Alu(minium)-(Bau)Element

~-(Bau)Element *n*, Alu(minium)-(Bau)-Körper *m*, Alu(minium)-Montageelement, Alu(minium)-Montagekörper [*Fehlnamen: Alu(minium)-(Bau)Einheit f; Alu(minium)-Montageeinheit*] · aluminium (building) unit, ~ (~) member, ~ (~) component (Brit.); aluminum (~) ~ (US)

~-(Bau)Körper *m* → Alu(minium)-(Bau-)Element

~(bau)profil *n* · aluminium (structural) section, ~ (~) shape, ~ (~) unit, ~ (~) trim (Brit.); aluminum (~) ~ (US)

~bedachung *f*, Alu(minium)dachbelag *m*, Alu(minium)(ein)deckung, Alu(minium)dach(ein)deckung, Alu(minium)dach *n* · aluminium roof cladding (Brit.); aluminum ~ ~ (US); ~ ~ covering, ~ ~ sheathing, ~ roof(ing)

~-Bedachungsbahn *f* → Alu(minium)-Dachdeck(ungs)bahn

~bekleidung *f*, Alu(minium)auskleidung, Alu(minium)verkleidung · aluminium lining, ~ (sur)facing (Brit.); aluminum ~ (US)

~blättchen *n* · aluminium flake (Brit.); aluminum ~ (US)

~blech *n* · aluminium sheet (Brit.); aluminum ~ (US)

~(blech)-(Ab)Dicht(ungs)bahn *f* · aluminium seal(ing) sheet(ing) (Brit.); aluminum ~ ~ (US)

~(blech)anschluß(streifen) *m* · aluminium flashing (piece) (Brit.); aluminum ~ (~) (US) [*See remark under 'Anschluß'*]

~(blech)auskleidung *f*, Alu(minium)-(blech)verkleidung, Alu(minium)-(blech)bekleidung · aluminium sheet lining, ~ ~ (sur)facing (Brit.); aluminum ~ ~ (US)

~(blech)bekleidung *f*, Alu(minium)-(blech)auskleidung, Alu(minium)-(blech)verkleidung · aluminium sheet lining, ~ ~ (sur)facing (Brit.); aluminum ~ ~ (US)

~(blech)verkleidung *f*, Alu(minium)-(blech)auskleidung, Alu(minium)-(blech)bekleidung · aluminium sheet lining, ~ ~ (sur)facing (Brit.); aluminum ~ ~ (US)

~boden(belag) *m*, Alu(minium)fußboden(belag) · aluminium floor(ing) (finish), ~ floor cover(ing) (Brit.); aluminum ~ ~ (US)

~bodenblech *n*, Alu(minium)fußbodenblech · aluminium floorplate (Brit.); aluminum ~ (US)

~bronze *f*, Sparbronze [*DIN 1714. Sn ist ganz oder fast ganz durch Al ersetzt*] · aluminium flakes (Brit.); aluminum ~ (US); ~ bronze

~bronzefarbe *f* · aluminium-bronze paint (Brit.); aluminum-bronze ~ (US)

~bronzeguß *m*, Sparbronzeguß · aluminium bronze casting (Brit.); aluminum ~ ~ (US)

~chlorid *n*, $AlCl_3$ · aluminium chloride (Brit.); aluminum chlorid(e) (US)

~dach *n*, Alu(minium)dachbelag *m*, Alu(minium)bedachung *f*, Alu(minium)-(ein)deckung, Alu(minium)dach(ein)-deckung · aluminium roof cladding (Brit.); aluminum ~ ~ (US); ~ ~ covering, ~ ~ sheathing, ~ roof(ing)

~-Dachbahn *f* → Alu(minium)-Dachdeck(ungs)bahn

~dachbelag *m*, Alu(minium)(ein)deckung *f*, Alu(minium)dach(ein)deckung, Alu(minium)dach *n*, Alu(minium)bedachung · aluminium roof cladding (Brit.); aluminum ~ ~ (US); ~ ~ covering, ~ ~ sheathing, ~ roof(ing)

~dachblech *n* · aluminium roof(ing) sheet (Brit.); aluminum ~ ~ (US)

~-Dachdeck(ungs)bahn *f*, Alu(minium)-Dacheindeck(ungs)bahn, Alu(minium)-Dachbahn, Alu(minium)-Bedachungsbahn · aluminium roof(ing) sheet(ing) (Brit.); aluminum ~ ~ (US)

~dach(ein)deckung *f*, Alu(minium)-dach *n*, Alu(minium)bedachung, Alu(minium)dachbelag *m*, Alu(minium)-(ein)deckung · aluminium roof cladding (Brit.); aluminum ~ ~ (US); ~ ~ covering, ~ ~ sheathing, ~ roof(ing)

~-Dach(ein)deck(ungs)bahn *f* → Alu(minium)-Dachdeck(ungs)bahn

~-Dachfaltwerk *n*, Alu(minium)-Falt(werk)dach *n* · aluminium folded plate roof, ~ ~ slab ~ (Brit.); aluminum ~ ~ ~, aluminum hipped-plate ~ (US)

~dachplatte *f* · aluminium roof(ing) sheet (Brit.); aluminum ~ ~ (US)

~-Dampfsperre *f* · aluminium vapour barrier (membrane), ~ ~ proof ~ (Brit.); aluminum vapor barrier (~), aluminum vapor proof ~ (US)

~decke *f* · aluminium ceiling (Brit.); aluminum ~ (US)

~deckung *f* → Alu(minium)dachbelag

~-Dekor(ations)profil *n*, Alu(minium)-Ornamentprofil, Alu(minium)-Zierprofil · aluminium decorative shape, ~ ~ section, ~ ~ unit, ~ ~ trim, ~ ornamental ~ (Brit.); aluminum ~ ~ (US)

~dicht(ungs)bahn *f* · aluminium seal(ing) sheet(ing) (Brit.); aluminum ~ ~ (US)

~dicht(ungs)stoff *m* · crumpled aluminium foil (Brit.); ~ aluminum ~ (US)

~doppelfenster *n* · aluminium double window (Brit.); aluminum ~ ~ (US)

~draht *m* · aluminium wire (Brit.); aluminum ~ (US)

~-Druckguß-Legierung *f* · aluminium die-casting alloy (Brit.); aluminum ~ ~ (US)

~-Druckgußteil *m, n* · aluminium die casting (Brit.); aluminum ~ ~ (US)

~(ein)deckung *f*, Alu(minium)dach(ein)deckung, Alu(minium)dach *n*, Alu(minium)bedachung, Alu(minium)-dachbelag *m* · aluminium roof cladding (Brit.); aluminum ~ ~ (US); ~ ~ covering, ~ ~ sheathing, ~ roof(ing)

~-Einheit *f* [*Fehlname*] → Alu(minium)-(Bau)Element

~-Element *n* → Alu(minium)-(Bau-) Element

~-Faltdach *n*, Alu(minium)-Faltwerkdach, Alu(minium)-Dachfaltwerk *n* · aluminium folded plate roof, ~ ~ slab ~ (Brit.); aluminum ~ ~ ~, aluminum hipped-plate ~ (US)

~-Faltschiebetor *n*, Alu(minium)-Schiebefalttor · aluminium sliding folding shutterdoor (Brit.); aluminum ~ ~ ~ (US); ~ ~ ~ shutter door

~-Falt(werk)dach *n*, Alu(minium)-Dachfaltwerk *n* · aluminium folded plate roof, ~ ~ slab ~ (Brit.); aluminum ~ ~ ~, aluminum hipped-plate ~ (US)

~farbe *f*, Alu(minium)anstrichfarbe · aluminium paint (Brit.); aluminum ~ (US)

~färbung *f* · colouring of aluminium (Brit.); coloring of aluminum (US)

~fassade *f* · aluminium façade, ~ front, ~ face (Brit.); aluminum ~ (US)

~fenster *n* · aluminium window (Brit.); aluminum ~ (US)

~fensterbeschlag *m* · aluminium window furniture, ~ ~ fitting (Brit.); aluminum ~ ~ (US)

~fensterbeschläge *mpl* · aluminium window hardware, ~ ~ fittings (Brit.); aluminum ~ ~ (US)

~(fenster)flügel *m* · aluminium sash (Brit.); aluminum ~ (US)

~flügel *m*, Alu(minium)fensterflügel · aluminium sash (Brit.); aluminum ~ (US)

~folie *f* · aluminium foil (Brit.); aluminum ~ (US)

~-Folien-Dämmung *f* · aluminium foil insulation (Brit.); aluminum ~ ~ (US)

~Folien-Einlage *f* · aluminium foil insert(ion) (Brit.); aluminum ~ ~ (US)

~-Führungsschiene *f* · aluminium track (Brit.); aluminum ~ (US)

~(fuß)boden(belag) *m* · aluminium floor(ing) (finish), ~ floor cover(ing) (Brit.); aluminum ~ ~ (US)

~(fuß)bodenblech *n* · aluminium floorplate (Brit.); aluminum ~ (US)

~-Gebäudetür *f*, Alu(minium)-Haustür · aluminium building entrance door (Brit.); aluminum ~ ~ ~ (US)

~geländer *n* · aluminium (hand) railing (Brit.); aluminum (~) ~ (US)

~gitter *n*, Alu(minium)ziergitter · aluminium grille (Brit.); aluminum ~ (US) [*Sometimes spelled 'grill'*]

~griff *m*, Alu(minium)türgriff · aluminium (door) pull (handle) (Brit.); aluminum (~) ~ (~) (US)

~gußlegierung *f* [*DIN 1725*] · cast aluminium alloy (Brit.); ~ aluminum ~ (US)

~gußstück *n*, Alu(minium)gußteil *m, n* · aluminium casting (Brit.); aluminum ~ (US)

~-Haustür *f*, Alu(minium)-Gebäudetür · aluminium building entrance door (Brit.); aluminum ~ ~ ~ (US)

~haut *f* · aluminium skin (Brit.); aluminum ~ (US)

~hohlprofil *n* · aluminium hollow section, ~ ~ shape, ~ ~ unit, ~ ~ trim (Brit.); aluminum ~ ~ (US)

~-Holz-Verbundkonstruktion *f* · aluminium wood composite system (Brit.); aluminum ~ ~ ~ (US)

~hydroxid *n*, $Al(OH)_3$ · aluminium hydroxide (Brit.); aluminum hydroxid(e) (US)

~jalousie *f* · aluminium slatted blind (Brit.); aluminum ~ ~ (US)

~kabel *n*, Alu(minium)mantelkabel · aluminium sheathed cable [*B. S. 480*]; aluminum ~ ~ (US)

~kabelmantel *m* · aluminium cable sheath (Brit.); aluminum ~ ~ (US)

~kassette *f* · aluminium waffle, ~ casette, ~ coffer, ~ pan(el) (Brit.); aluminum ~ (US)

~kern *m* · sheet aluminium core (Brit.); ~ aluminum ~ (US)

~-Knetlegierung *f* [*DIN 1725*] · aluminium wrought alloy (Brit.); aluminum ~ ~ (US)

~-Kokillenguß-Legierung *f* · aluminium permanent moulding alloy, ~ ~ mould casting alloy (Brit.); aluminum permanent molding alloy, aluminum permanent mold casting alloy (US)

~-Körper *m* → Alu(minium)-(Bau)Element

~legierung *f* · aluminium alloy (Brit.); aluminum ~ (US)

~legierungsband *n* [*Baubeschlag*] aluminium alloy hinge (Brit.); aluminum ~ ~ (US)

~legierungsteil *m, n* · aluminium alloy casting (Brit.); aluminum ~ ~ (US)

~-Legierungs-Lamelle *f*, Alu(minium)-Legierungs-Stäbchen *n* [*Jalousie*] · aluminium alloy (blind) slat (Brit.); aluminum ~ (~) ~ (US)

~legierungsprofil *n* · aluminium alloy (structural) section, ~ ~ (~) shape, ~ ~ (~) unit, ~ ~ (~) trim [*B. S. 1161*] ;aluminum ~ (~) ~ (US)

~-Legierungs-Stäbchen *n*, Alu(minium)-Legierungs-Lamelle *f* [*Jalousie*] · aluminium alloy (blind) slat (Brit.); aluminum ~ (~) ~ (US)

~leitung *f* [*Elektrotechnik*] · aluminium conductor, ~ cable (Brit.); aluminum ~ (US)

~lochdecke *f* · aluminium perforated ceiling (Brit.); aluminum ~ ~ (US)

~lot *n* [*DIN 1732*] · aluminium solder (Brit.); aluminum ~ (US)

~mantel *m* · aluminium jacket (Brit.); aluminum ~ (US)

~(mantel)kabel *n* · aluminium sheathed cable [*B. S. 480*]; aluminum ~ ~ (US)

~-Mehrstoffbronze *f* · aluminium multi-compound bronze (Brit.); aluminum ~ ~ (US)

~messing *n* · aluminium brass (Brit.); aluminum ~ (US)

~nagel *m* · aluminium nail (Brit.); aluminum ~ (US)

~niet *m* · aluminium rivet (Brit.); aluminum ~ (US)

~nietkopf *m* · aluminium rivet head (Brit.); aluminum ~ ~ (US)

~-Ornamentprofil *n*, Alu(minium)-Dekor(ations)profil, Alu(minium)-Zierprofil · aluminium decorative shape, ~ ~ section, ~ ~ unit, ~ ~ trim, ~ ornamental ~ (Brit.); aluminum ~ ~ (US)

Aluminiumoxid *n* · aluminium oxide (Brit.); aluminum oxid(e) (US)

Alu(minium)|-Paneel *n* · aluminium strip (Brit.); aluminum ~ (US)

~paste *f* · aluminium paste (Brit.); aluminum ~ (US)

~-Pendeltür *f*, Pendeltür aus Alu(minium) · aluminium swing door (Brit.); aluminum ~ ~ (US)

~pfette *f* · aluminium purlin(e) (Brit.); aluminum ~ (US)

~pfosten *m* · aluminium post (Brit.); aluminum ~ (US)

~pigment *n* · aluminium pigment (Brit.); aluminum ~ (US)

~platte *f* · aluminium plate (Brit.); aluminum ~ (US)

~profil *n* · aluminium section, ~ shape, ~ unit, ~ trim [*B. S. 1161*]; aluminum ~ (US)

~profilblech *n* · aluminium profile(d) sheet (Brit.); aluminum ~ ~ (US)

~profile *npl* **mit eingeschobenen Gipsbrettern** · Gypstele system (Brit.)

~-Profilplatte *f* **für Dacheindeckungen** · profile(d) aluminium roof(ing) sheet (Brit.); ~ aluminum ~ ~ (US)

~pulver *n*, Al-Pulver · aluminium (bronze) powder (Brit.); aluminum (~) ~ (US) [*It is made from pure aluminium in both flake and granular form*]

~rahmen *m* · aluminium frame (Brit.); aluminum ~ (US)

~raster *m* · aluminium grid (Brit.); aluminum ~ (US)

~rasterdecke *f* · aluminium grid ceiling (Brit.); aluminum ~ ~ (US)

~rasterdeckensystem *n* · aluminium grid (ceiling) system (Brit.); aluminum ~ (~) ~ (US)

~riffelfolie *f* · aluminium channelled foil (Brit.); aluminum chaneled ~ (US); ~ checker(ed) ~

~rohr *n* · aluminium pipe (Brit.); aluminum ~ (US)

~röhre *f* · aluminium tube (Brit.); aluminum ~ (US)

~rollabschluß *m* · aluminium rolling shutter, ~ roller ~ (Brit.); aluminum ~ ~ (US)

~-Rolladen *m*, Alu(minium)-Rolljalousie *f* · aluminium slatted roller blind (Brit.); aluminum ~ ~ ~ (US)

~-Rollgitter *n* · aluminium rolling grille (Brit.); aluminum ~ ~ (US) [*See remark under 'Gitter'*]

~-Sandguß-Legierung *f* · aluminium sand-casting alloy (Brit.); aluminum ~ ~ (US)

~-Schallschluckdecke *f*, Alu(minium)-Akustikdecke · aluminium absorbent ceiling, ~ acoustic(al) ~, ~ sound-control ~ (Brit.); aluminum ~ ~, aluminum acoustic tiled ~ (US); aluminium acoustic tiled ~ (Brit.)

~schalung *f* · aluminium form(work), ~ forms, ~ shuttering (Brit.); aluminum ~ (US)

~-Schiebefalttor *n*, Alu(minium)-Faltschiebetor · aluminium sliding folding shutterdoor (Brit.); aluminum ~ ~ ~ (US); ~ ~ ~ shutter door

~-Schiebefenster *n* · aluminium sliding window (Brit.); aluminum ~ ~ (US)

~-Schiebetür *f* · aluminium sliding door (Brit.); aluminum ~ ~ (US)

~schmelze *f*, Aluminiumschmelzwerk *n* · aluminium smelting plant (Brit.); aluminum ~ ~ (US)

~schmelzwerk *n*, Alu(minium)schmelze *f* · aluminium smelting plant (Brit.); aluminum ~ ~ (US)

~schonschild *m* [*Baubeschlag*] · aluminium finger plate (Brit.); aluminum ~ ~ (US)

~schraube *f* · aluminium screw (Brit.); aluminum ~ (US)

~schuppe *f* · aluminium flake (Brit.); aluminum ~ (US)

~seife *f* · aluminium soap (Brit.); aluminum ~ (US)

~silikat *n* · aluminium silicate (Brit.); aluminum ~ (US)

~silikatpigment *n* · aluminium silicate pigment (Brit.); aluminum ~ ~ (US)

~silo *m* · aluminium silo (Brit.); aluminum ~ (US)

~-Sonnen(schutz)blende *f* · aluminium sunblind, ~ sunbreaker (Brit.); aluminum ~ (US)

~sprosse *f* [*Für kittlose Oberlichter und Glasdächer*] · aluminium patent glazing bar, puttyless aluminium ~ ~ (Brit.); aluminum patent ~ ~, puttyless aluminum ~ ~ (US)

~spülausguß *m*, Alu(minium)spültisch *m*, Alu(minium)abwaschtisch · aluminium (alloy) sink (unit) (Brit.); aluminum (~) ~ (~) (US)

~spültisch *m*, Alu(minium)spülausguß *m*, Alu(minium)abwaschtisch · aluminium (alloy) sink (unit) (Brit.); aluminum (~) ~ (~) (US)

~-Strangpreßerzeugnis *n* · aluminium extrusion (Brit.); aluminum ~ (US)

~-Straßenleuchtenmast *m* · aluminium street lighting column [*B. S. 3989*]

~streifen *m* · aluminium strip (Brit.); aluminum ~ (US)

~sturz *m* · aluminium lintel (Brit.); aluminum ~ (US); ~ lintol [*deprecated*]

~tafel *f* · aluminium panel (Brit.); aluminum ~ (US)

~tafeldecke *f* · aluminium panel ceiling (Brit.); aluminum ~ ~ (US)

~tapete *f* · aluminium wallpaper (Brit.); aluminum ~ (US)

~träger *m* · aluminium girder (Brit.); aluminum ~ (US)

~tragwerk *n* [*Ein materielles System von Alu(minium)bauelementen bzw. Alu(minium)trägern*] · aluminium (load)bearing structure, ~ (weight-carrying) ~ (Brit.); aluminum ~ ~ (US)

~-Trapezblech *n* · aluminium trapezoidal sheet (Brit.); aluminum ~ ~ (US)

~trapezprofil *n* · aluminium trapezoidal section, ~ ~ unit, ~ ~ shape, ~ ~ trim (Brit.); aluminum ~ ~ (US)

~traufrinne *f* · aluminium eave(s) gutter (Brit.); aluminum ~ ~ (US); ~ ~ trough [*A shallow channel or conduit set below and along the eave(s) of a house to catch and carry off rainwater from the roof*]

~-Trennwand *f* · aluminium partition (wall) (Brit.); aluminum ~ (~) (US)

~-T-Tragschiene *f* [*Hängedecke*] · aluminium Tee-bar (Brit.); aluminum ~ (US)

~tür *f* · aluminium door (Brit.); aluminum ~ (US)

~(tür)griff *m* aluminium (door) pull (handle) (Brit.); aluminum (~) ~ (~) (US)

~-U-Profil *n* · aluminium channel (Brit.); aluminum ~ (US)

~verbindung *f* · aluminium compound (Brit.); aluminum ~ (US)

~verkleidung *f*, Alu(minium)auskleidung, Alu(minium)bekleidung · aluminium lining, ~ (sur)facing (Brit.); aluminum ~ (US)

~vorhangwand *f* · aluminium curtain wall (Brit.); aluminum ~ ~ (US)

~wand *f* · aluminium wall (Brit.); aluminum ~ (US)

~-Wandschirm *m*, Alu(minium)-Wandbeschlag *m*, Alu(minium)-Wetterschirm · aluminium siding (Brit.); aluminum ~ (US)

~-Weichwolle *f* · aluminium soft wool (Brit.); aluminum ~ ~ (US)

~-Wellblech *n* · aluminium corrugated (building) sheet (Brit.); aluminum ~ (~) ~ (US)

~-Well(dach)eindeckung *f* · corrugated aluminium roofing (Brit.); ~ aluminum ~ (US)

~wellprofil *n* · aluminium corrugated section, ~ ~ unit, ~ ~ shape, ~ ~ trim, ~ ~ profile (Brit.); aluminum ~ ~ (US)

~-Wohnungsschiebefenster *n* · aluminium residential sliding window (Brit.); aluminum ~ ~ ~ (US)

~-Wohnungsschiebetür *f* · aluminium residential sliding door (Brit.); aluminum ~ ~ ~ (US)

~wolkenkratzer *m* · aluminium skyscraper (Brit.); aluminum ~ (US)

~wolle *f* · aluminium wool (Brit.); aluminum ~ (US)

~zaun *m* · aluminium fence (Brit.); aluminum ~ (US)

~(zier)gitter *n* · aluminium grille (Brit.); aluminum ~ (US) [*Sometimes spelled 'grill'*]

~-Zierprofil *n*, Alu(minium)-Dekor(ations)profil, Alu(minium)-Ornamentprofil · aluminium decorative shape, ~ section, ~ ~ unit, ~ ~ trim, ~ ornamental ~ (Brit.); aluminum ~ ~ (US)

~zink *n* · aluminium zinc (Brit.); aluminum ~ (US) [*An alloy of aluminium and zinc. It frequently contains 88% aluminium and 12% zinc*]

aluminothermische Reaktion *f* · alumino-thermic reaction

Alumosilikat *n* · aluminosilicate, aluminous silicate

Alunit *m* [*tonerdereicher Alaunschiefer*] · alum-stone, alunite

Alveolinenkalkstein *m* · alveolina limestone

Al_2O_3, Alpha-Tonerde *f,* Korund *m,* α-Tonerde · corundum, α-alumina [*The form of alumina stable at temperatures above about 1,000° C*]

Al_2SiO_5, Andalusit *m,* Hartspat *m* · andalusite

Amalgam-L-Lampe *f* · amalgam fluorescent lamp

Amberglas *n,* Bernsteinglas, Braunglas · amber glass [*Glass varying in colour between light yellowish brown and deep reddish brown*]

Ambitus *m,* Kreuzgang *m* [*Um den Rechteckhof einer Klausur angelegter Gang, in welchem Prozessionen mit einem Kreuz abgehalten werden. Der Kreuzgang bildet mit der Kirche das Kernstück eines Klosters*] · cloister (walk)

~friedhof *m,* Kreuzgangfriedhof · paradise, cloister cemetery

~hof *m,* Rechteckhof, Kreuzganghof · paradise, open court of a quadrangle

Ambo *m* [*Mehrzahl: Ambonen*] · ambo [*A stand raised on two or more steps, for the reading of the Epistle and the Gospel; a prominent feature in medieval Italian churches. Sometimes two were built, one for the Epistle and one for the Gospel, on the south and north sides respectively*]

Ambulanz *f* [*Krankenhaus*] · outpatients' department, O. P. D.

Ameisen|fraß *m* · ant attack

~säure *f,* Formylsäure · formic acid

amerikanischer (Mauerwerk)Verband *m* · American bond, common ~ (US); English garden-wall ~, Scotch ~ (Brit.)

~ Temperguß *m,* schwarzer ~, Schwarzguß · black malleable casting

Amino|harz *n* · amino resin [*A synthetic resin of the thermo-setting type made by the reaction of urea, thiourea, melamine, or allied compounds usually with formaldehyde. Amino resins are usually cured by stoving and are blended with other resins (e. g. alkyds or epoxies) to make paints for motor cars and other metal articles. Amino resins are also cured by chemical means at normal air temperature, e.g. in wood finishes*]

~plast *n* · amino plastic

Ammoniak|kältemaschine *f* · ammonia compressor set

~lösung *f* · solution of ammonia, ammonia solution

Ammonium|chlorid *n* → Salmiak

~salz *n* · ammonium salt

~sulfat *n* · ammonium sulphate (Brit.); ~ sulfate (US)

Amontempel *m* **zu Karnak** · Great Temple of Amon at Karnak, ~ ~ ~ Amen ~ ~

Amphibolasbest *m,* Hornblendeasbest · amphibole asbestos

Amphiprostylos *m* · amphyprostyle temple [*A temple with portico at both ends, but without columns along the sides*]

Amsler|-Gerät *n* [*Prüfung von Hartbetonbelägen*] · Amsler abrasion tester

~-Versuch *m,* Amsler-Prüfung *f,* Amsler-Probe *f* [*Prüfung von Hartbetonbelägen*] · Amsler abrasion test

Amsterdamer Schule *f* · Amsterdam School [*Group of architects who provided a parallel movement in the nineteen twenties and thirties to German Expressionism*]

amtliches Prüfzeugnis *n* · agrément certificate

anachronistischer Zug *m* · anachronistic feature

Analysenwaage *f* · analytical scale

analytisches Verfahren *n,* analytische Methode *f* · analytical method

Anatas *m* · anatase [*An isomeric form of rutile titanium dioxid(e)*]

Anbau *m* · annex (US); annexe (Brit.)

~architektur *f* · architecture adaptable to extensions

anbaubares Gebäude *n* → Anbauhaus

~ Haus *n* → Anbauhaus

Anbau|gebäude *n* → Anbauhaus

~haus *n,* anbaubares Haus, Anbaugebäude *n,* anbaubares Gebäude · building adaptable to extension(s), block ~ ~ ~

Anbetungsstätte *f,* Gotteshaus *n,* Verehrungsstätte, Andachtsstätte · place of worship, worshipping place

Anblatten *n,* Einblatten [*Verbindung zweier Kanthölzer durch ein Blatt*] · halving

anbohren · to tap

Anbohren *n* · tapping

Anbohr|muffe *f* · tap(ping) sleeve

~schieber *m* · tap(ping) valve

Andachts|raum *m* · vestry [*A room in a church or church building where prayer meetings, Sunday Schools, etc. are held*]

~stätte *f* → Anbetungsstätte

Andalusit *m,* Hartspat *m,* Al_2SiO_5 · andalusite

~gneis *m* · andalusite-gneiss

Andenkenladen *m* · souvenir shop

Andesin *m* · andesine

Andesit *m* · andesite [*A very small-grained, dark-grey, often porphyritic rock of volcanic origin, containing phenocrystals of fel(d)spar and darker minerals, but never quartz*]

~asche *f* · andesite ash

~(pflaster)stein *m* · andesite (paving) sett

~tuff *m* · andesitic tuff

Andreaskreuz *n,* Kreuzstreben *fpl* · diagonal struts, St. Andrew's cross

~ · crux decussata, St. Andrew's cross, Saltire cross

Andron *m* [*Speisesaal für Gastmähler im altgriechischen Wohnhaus*] · andron

Aneinanderkleben *n* [*Von Leimen in Filmform wird gefordert, daß benachbarte Lagen gleichen oder verschiedenen Stoffes während der Lagerung kein unerwünschtes Aneinanderkleben unter dem Einfluß von Wärmeplastizität oder Hygroskopizität erfahren*] · blocking

aneinanderstoßend · abutting

Anfahren *n* **einer Heiz(ungs)anlage,** Anheizen · heating up (from cold)

Anfall|gebinde *n* → Anfallgespärre

~gespärre *n*, Anfallgebinde *n* [*Walmdach*] · hip rafters, angle ridges, angle rafters [*The rafters forming hips. The jack-rafters meet on them*]

~punkt *m* [*Dachkonstruktion*] · apex

~sparren *m*, Dachschifter *m* · hip rafter, angle ~, angle ridge

~stelle *f* [*Abwasser*] · point of origin

Anfänger *m* [*Erster Firstziegel am Giebel oder Walm*] · starter tile

~, Anwölber, Anfangsstein *m*, Kämpferstein [*Der erste Stein über dem Kämpfer eines Bogens oder Gewölbes*] · springer [*The bottom stone of an arch or vault resting on an impost*]

~stein *m*, Trägerummantelungsstein [*Steineisendecke*] · girder encasing block

~ziegel *m* · starter brick

anfänglicher Verbund *m*, Anfangsverbund [*Spannbeton*] · initial bond

Anfangs|bedingung *f* · initial condition

~belastung *f*, Erstbelastung · initial loading, early ~

~biegung *f* · initial bending

~dehnung *f* · initial strain

~druckfestigkeit *f* · initial compressive strength, ~ crushing ~

~erhärtung *f* · initial hardening

~festigkeit *f* · initial strength, green ~

~haftung *f*, Anfangsverbund *m* · initial bond

~schrumpfen *n* · initial drying shrinkage, ~ water-loss ~

~schrumpfung *f* · initial drying shrinkage, ~ water-loss ~ [*The difference between the length of a specimen – mo(u)lded and cured under stated conditions – and its length when first dried to constant length, expressed as a percentage of the moist length*]

~siedepunkt *m* · initial boiling point

~spannung *f* · initial stress [*The stress occurring in prestressed concrete members before any losses occur*]

~spannungszustand *m* · initial state of stress

~stadium *n* · initial stage

~stein *m*, Kämpferstein, Anfänger *m*, Anwölber [*Der erste Stein über dem Kämpfer eines Bogens oder Gewölbes*] · springer [*The bottom stone of an arch or vault resting on an impost*]

~temperatur *f* · initial temperature

~verschiebung *f* · initial displacement

~verbund *m*, anfänglicher Verbund [*Spannbeton*] · initial bond

~verbund *m*, Anfangshaftung *f* · initial bond

~zustand *m* · initial state

Anfeuchten *n*, Befeuchten, Annässen, Benässen · moistening, humidifying, humidification, welting

Anfeuchter *m*, Luft~, (Luft)Befeuchter · humidifier [*A device designed to discharge water vapo(u)r into a confined space for the purpose of increasing or maintaining the relative humidity in an enclosure*]

Anfeuchtstoff *m* · moistening agent, humidifying ~

Anfeuchtung *f*, Befeuchtung · humidification

anflanschen · to flange-mount

Anflanschen *n* · flange-mounting

Anfressen *n*, Anfressung *f*, Angriff *m*, Angreifen, Korrosion *f* · corrosion

Anfressung *f*, Anfressen *n*, Angriff *m*, Angreifen, Korrosion *f* · corrosion

Angebotspreis *m*, Abgabepreis · tender(ed) price

angeflanscht · flange mounted

angeklebt, verklebt · adhesive bonded

Angel *f*, Kloben *m*, Haspe *f*, Hespe [*Drehzapfen an Fenster- oder Türbändern*] · pin

angelassen [*Baustahl*] · tempered

angelenkt · hinged, articulated, linked, pinned, pin(-)jointed

angelernter Arbeiter *m* · semiskilled worker

angelsächsische Architektur *f*, ~ Baukunst *f* · Anglo-Saxon architecture

angemessener Preis *m* · reasonable price

angemörtelt [*z. B. die Bekleidung an einer Wand*] · mortar-bound

angenäherte (Auf)Lösung *f*, (An-)Näherungs(auf)lösung · approximate solution

angenommene Last *f* → Lastannahme

angerieben, in Öl ~ [*Kammmerbleiweiß*] · ground in oil

angerostet · lightly rusted

angeschlossene Bevölkerung *f* · contributary population, population served

angespitzter Walzdraht *m* · pointed wire-rod

Angestelltenkantine *f* · employee's canteen

angestrahlt [*durch Scheinwerfer*] · floodlit

angewittert · slightly weathered

Angolakopal *m* · Angola copal

angreifen, beanspruchen · to act

Angreifen *n*, Angriff *m*, Anfressen, Anfressung *f*, Korrosion *f* · corrosion

angreifend, aggressiv · aggressive

angreifende Kraft *f*, beanspruchende ~ · acting force

angreifender Stoff *m*, Schadstoff · aggressive matter, ~ substance, deleterious ~

Angrenzer *m* · adjoining owner

Angriff *m* [*durch einen Schadstoff*] · attack

~ [*Baustatik*] · application

~, Anfressen *n*, Angreifen, Korrosion *f*, Anfressung *f* · corrosion

Angriffs|fähigkeit *f*, Angriffsvermögen *n* [*Schadstoff*] · attacking power, aggressive ~

~punkt *m*, Angriffsstelle *f*, Kraft~ · point of application of a force

~stelle *f*, Angriffspunkt *m*, Kraft~ · point of application of a force

~vermögen *n*, Angriffsfähigkeit *f* [*Schadstoff*] · attacking power, aggressive ~

Angußfarbe *f*, Engobe *f* [*Engoben sind feine Tonmassen, die sich in bestimmten Farben brennen lassen und die vor allem auf Dachziegel und Verblender oberflächlich aufgetragen werden, um ihnen eine andere Farbe als die des gebrannten Scherbens zu geben*] · engobe

(An)Haften *n* → Haftfähigkeit

(An)Haftung *f* → Haftfähigkeit

anheben, ablenken [*Litze in der Spannbetontechnik*] · to deflect, to raise

Anheben *n* **der Litzen,** Litzenanhebung *f* [*Spannbeton*] · deflecting of strands, bending up cables

Anhebeverfahren *n*, Litzen~ [*Spannbeton*] · deflected-strand technique, raised-strand ~, deflected-cable ~, raised-cable ~, ~ technic

(An)Heften *n* [*mit Klammern*] · stapling

Anheizen *n*, Anfahren einer Heiz(ungs)-anlage · heating up (from cold)

Anheiz|verlust *m* · heating-up loss

~zeit *f* · heating-up period

Anhydrid *n* · anhydride

anhydrisch, wasserfrei, ohne Kristallisationswasser · anhydrous

Anhydrisierungsmittel *n* · dehydrating agent

Anhydrit *m*, *n*, wasserfreier Gips(stein) *m*, wasserfreies Kalziumsulfat *n* · anhydrite [*This occurs as a natural mineral as well as being an industrial by-product. Its chemical name is anhydrous calcium sulphate, with the formula* $CaSO_4$]

~ I → Estrichgips

~ II *n*, *m*, unlöslicher Anhydrit *m*, unlösliches Anhydrit *n*, Totgebranntes *n*, totgebrannter Gips *m*, $CaSO_4$ · deadburnt gypsum, dead burned ~

~binder *m*, AB [*DIN 4208. Fabrikmäßige Herstellung durch gemeinsames Vermahlen von Anhydrit und Anreger oder durch Vermischen von gemahlenem Anhydrit und Anreger*] · anhydrite binder

~block(stein) *m*, Anhydritstein *m* · anhydrite block, ~ tile [*A building block manufactured from anhydrite plaster. See remark under 'Block'*]

~estrich *m* [*DIN 4109. Es dürfen nur Anhydritbinder nach DIN 4208 der Güteklasse AB 200 verwendet werden. Die Zuschläge sollen keine größeren Körner als 7 mm haben, die Mörtelsteife soll erdfeucht bis weich sein*] · anhydrite jointless floor(ing), ~ screed

~(ge)stein *m*, (*n*) · anhydrite rock

~kalkmörtel *m* · anhydrite lime mortar

~mörtel *m* · anhydrite mortar

~platte *f* · anhydrite board, ~ sheet

~schnur *f* · anhydrite band

~stein *m*, Anhydritgestein *n* · anhydrite rock

~stein *m*, Anhydritblock(stein) *m* · anhydrite block, ~ tile [*A building block manufactured from anhydrite plaster. See remark under 'Block'*]

~steintrennwand *f*, Anhydritblocktrennwand · anhydrite block partition (wall), ~ tile ~ (~)

~zement *m* · anhydrite cement

Anilin *n* [*Ein bei 182° C siedendes, neutral reagierendes Öl*] · aniline

~farbe *f* · aniline dye

~harz *n* · aniline resin

~punkt *m* [*DIN 51775*] · aniline point

~-Pyridin-Unlösliches *n* · aniline-pyridine-insoluble matter

~rot *n* · aniline red, anileine, tyraline

~schwarz *n* · aniline black

~sulfat *n*, schwefelsaures Anilin *n* · aniline sulphate, anilic ~ (Brit.); ~ sulfate (US)

~violett *n* · regina purple, aniline violett

Anisaldehyd *m* · anisic aldehyde

anisotrop [*Ein Körper ist anisotrop, wenn seine physikalischen Eigenschaften richtungsabhängig sind*] · anisotropic

anisotrope Schale *f* · anisotropic shell

~ Stoffverfestigung *f*, ~ (Werkstoff)Verfestigung · anisotropic hardening

~ Verfestigung *f*, ~ Werkstoff~, ~ Stoffverfestigung · anisotropic hardening

~ (Werkstoff)Verfestigung *f*, ~ Stoffverfestigung · anisotropic hardening

anisotroper elastischer Körper *m* · anisotropic elastic body

~ Stoff *m*, ~ Werk~ · anisotropic material

~ (Werk)Stoff *m* · anisotropic material

Ankauf *m* · purchased design

Anker *m*, Mauer~, Mauerhaken *m* · (masonry) (wall) tie, (~) (~) anchor

~balken *m* · anchorage beam

~block *m* **aus Beton**, Verankerungsblock ~ ~ · concrete anchor block

~gelenk *n* · anchor hinge

~holz *n*, Ankerstein *m* [*Hafen*] · fixed mooring, deadman

~loch *n* · anchor hole, tie ~

~platte *f* · anchor plate

~schiene *f*, Dübelschiene · anchor channel

~schlupf *m*, Verankerungsschlupf, Rutschung *f* der Verankerung · anchorage deformation, ~ slip

~schraube *f*, Verankerungsschraube · anchor bolt

~stein *m*, Ankerholz *n* [*Hafen*] · fixed mooring, deadman

Ankleidezimmer *n*, Ankleideraum *m* · dressing room

Ankunfts|bahnsteig *m* · arrival platform

~halle *f* [*Flughafen*] · arrival lounge

Anlage *f*, Betriebs~, (Betriebs)Einrichtung *f* · (service) system, (~) installation, (~) facility [*For instance an internal drainage pipework*]

Anlagen|bau *m* · engineering and construction of complete plants

~wärme *f* · heat generated by equipment

Anlagerung *f*, Adsorption *f* · adsorption

~ (in Rohrleitungen) [*Die infolge einer Reaktion im Wasser, ohne oder durch Mitwirkung des Rohrwerkstoffes, entstandenen und an der Innenwandung der Rohrleitung haftenden Stoffe*] · incrustation (in pipe(s))

Anlagerungs|fähigkeit *f*, Anlagerungsvermögen *n*, Adsorptionsvermögen, Adsorptionsfähigkeit · adsorption power, ~ capacity, ~ property, ~ quality

~vermögen *n*, Anlagerungsfähigkeit *f*, Adsorptionsfähigkeit, Adsorptionsvermögen · adsorption power, ~ capacity, ~ property, ~ quality

~wasser *n* → hygroskopisches Wasser

anlassen [*Baustahl*] · to temper

Anlassen *n* [*Baustahl*] · tempering

Anlaß|härte *f* [*Baustahl*] · tempering hardness

~härtung *f* · temper hardening

~sprödigkeit *f* [*Baustahl*] · temper brittleness

~temperatur *f* [*Baustahl*] · tempering temperature

Anlauf *m* [*Konkav kurvierte Vermittlung zwischen einem vorspringenden unteren und einem zurücktretenden oberen Bauglied*] · inverted cavetto, ~ throat

~, Anzug *m*, Dossierung *f* · batter

~ [*kurze Rampe*] · short ramp

~bahn *f* · run-up track

Anlaufen *n*, Erblinden, Blindwerden, Beschlagen [*Glas*] · tarnishing, fogging

~ [*Glas*] · striking [*Development of colour or opacity during cooling or reheating*]

~ [*Metall*] · tarnishing

Anlaufrubinglas *n* · flash ruby [*struck by reheating*]

Anleitung *f*, Anweisung · instruction

Anlieferung *f* · delivery

Anlieferungs|etage *f* → Lieferstockwerk

~geschoß *n* → Lieferstockwerk

~rampe *f*, Lieferantenrampe · delivery ramp

~stockwerk *n* → Lieferstockwerk

anliegender Grundbesitz *m* · abutting property

Anlieger *m* · frontager

Anliegethermostat *m* · surface thermostat

Anmach(e)flüssigkeit *f*, Mischwasser *n*, Mischflüssigkeit, Anmach(e)wasser, Anmengwasser · mix(ing) water; gauging ~ (Brit.); gaging ~ (US)

anmachen, mischen · to mix

Anmachen *n*, Mischen, Mischung *f* · mixing

Anmach(e)wasser *n*, Anmengwasser, Mischwasser, Anmach(e)flüssigkeit *f*, Mischflüssigkeit · mix(ing) water; gauging ~ (Brit.); gaging ~ (US)

Anmelde|raum *m*, Anmeldezimmer *n* · reporting room

~zimmer *n*, Anmelderaum *m* · reporting room

Anmengwasser *n*, Mischwasser, Anmach(e)flüssigkeit *f*, Mischflüssigkeit, Anmach(e)wasser · mix(ing) water; gauging ~ (Brit.); gaging ~ (US)

(an)nähern · to approximate

(An)Näherungs|(auf)lösung *f*, angenäherte (Auf)Lösung · approximate solution

~wert *m*, Rundwert · approximate value

Annahme *f* · assumption, hypothesis [*Made in engineering structural analysis*]

Annässen *n* · wetting

Anne *f*, Schäbe *f*, Schebe *f*, Schewe *f*, Achel *f*, Agel *f* [*Holziger, beim Brechen des Flachses oder Hanfs anfallender Stengelteil. Acheln werden zur Herstellung von Bauplatten und als Füllstoffe für Leichtbauplatten und Gipsdielen verwendet*] · shive

anodische Oxydation *f*, Eloxierung *f*, Eloxieren *n*, Anodisieren · anodic oxidation; anodising (Brit.); anodizing (US)

Anodisieren *n*, Eloxierung *f*, anodische Oxydation *f*, Eloxieren · anodic oxidation; anodising (Brit.); anodizing (US)

Anordnung *f* · layout, arrangement

~ der (Stahl)Einlagen, Armierungsanordnung, Bewehrungsanordnung · reinforcement system

anorganisch · inorganic

anorganische Säure *f* · inorganic acid

anorganischer Baustoff *m*; anorganisches Baumaterial *n* [*Schweiz*] · inorganic construction(al) material, ~ building ~, ~ structural ~

~ (Beton)Zuschlag(stoff) *m* · inorganic (concrete) aggregate

~ Dämmstoff *m*, anorganisches Dämmmaterial *n* · inorganic insulation(-grade) material, ~ insulating ~, ~ insulator, ~ insulant

~ Wärmedämmstoff *m*, anorganisches Wärmedämmaterial *n* · inorganic heat insulating material, ~ ~ insulation (-grade) ~, ~ ~ insulator, ~ ~ insulant

anorganisches Baumaterial *n* [*Schweiz*]; anorganischer Baustoff *m* · inorganic construction(al) material, ~ building ~, ~ structural ~

~ Dämmaterial *n*, anorganischer Dämmstoff *m* · inorganic insulation(-grade) material, ~ insulating ~, ~ insulator, ~ insulant

~ Pigment *n* · inorganic pigment

Anorthit *m*, Kalkfeldspat *m*, $CaAl_2Si_2O_8$ · anorthite, limefel(d)spar

~diorit *m* · anorthite diorite

An-Ort|-Schäumen *n*, An-Ort-Schäumung *f* · in-situ foaming

~-Vorspannen *n* · on-site prestressing, job-site ~

Anpassungsprozeß *m* · process of adaptation, ~ ~ adjustment

anpasten · to form into a paste, to make ~ ~

anregen, aktivieren · to activate

Anregen *n*, Aktivieren · activating

Anreger(stoff) *m*, Erreger(stoff), Aktivator *m* [*z.B. Kalkhydrat*] · activator, dope

Anrichte *f* · pantry [*A room or cupboard designed for the storage or servicing of table ware*]

Anriß *m* [*Baustahl*] · incipient crack, ~ tear, flaw

anrühren [*Farbe*] · to stir

Ansagezentrum *n* [*Flughafen*] · flight announcement center (US); ~ ~ centre (Brit.)

Ansammlung *f* [*Von festen Harzbestandteilen in einem Parkettstab*] · vein

Ansatz *m* · approach

~leuchte *f*, Mast~ · side-entry luminaire (fixture) (US); ~ light fitting (Brit.); ~ (light(ing)) fixture

ansäuern · to acidulate

Anschlag *m* · stop

~, Fenster~ · (window) rabbet, (~) rebate; (~) check [*Scotland*]

(An)Schlagladen *m* [*Fenster*] · hinged (window) shutter

Anschlagtafel *f*, „schwarzes Brett" *n* · bulletin board

anschließen [*Stab; Träger*] · to connect, to join [*bar girder*]

Anschluß *m* · connection

~ [*bei Fachwerkstäben*] · connection, joint

~ · flashing [*Flashing may be described as the application of a material to seal and protect the joints that appear wherever different parts of a structure or different materials are brought together. Thus flashing is a major problem in architecture. It is used where a roof meets vertical walls, where a building itself meets the earth (at grade) and whenever one material goes through, or pierces, another material. It also includes joints and other devices which provide for expansion and contraction of materials. There are two types of flashing, concealed and exposed. Each differs in the type of material used and methods of application*]

~ → ~streifen

~ an die öffentliche Kanalisation · connection to a public sewer

~abmessung *f* → Anschlußmaß

~arbeiten *fpl* [*Schweißarbeiten zur Herstellung von Trägeranschlüssen bei Stahlskeletten*] · beam-and-column work

~(bewehrungs)stab *m* · starter bar, stub-bar, projecting bar, connecting bar, connection bar [*Bar left projecting from concrete in order to locate and provide continuity with other reinforcement*]

~blech *n* → Eckblech

~blech(streifen) *n*, (*m*) · (flexible) metal flashing (piece), sheet ~ ~ (~) [*See remark under 'Anschluß'*]

~dose *f*, Anschlußsteckdose · connection box

~eisen *n* → Eckblech

anschluß|fertig verdrahtet · ready wired for connection

~fertige Badezimmereinheit *f* · instant bathroom (unit)

Anschluß|leitung *f* · connecting line, connection ~

~maß *n*, Anschlußabmessung *f* [*Maß eines Bauteiles zum Anschluß an einen anderen*] · connection dimension

~niet *m* · jointing rivet

~rohr *n* · branch pipe [*hydrant system*]

~schnur *f*, Verbindungsschnur · flexible cord [*B. S. 7*]

~stab *m* → Anschlußbewehrungsstab

~(steck)dose *f* · connection box

~stelle *f* **für Schutzleitung nach VDE 0100** · connection for protective earth wire to VDE 0100

~(streifen) *m* · flashing (piece) [*Sheet metal or other material used in roof and wall construction to protect a building from seepage of water*]

~(streifen) *m* **auf der Baustelle hergestellt** · job-fabricated flashing (piece)

~verfahren *n* · method of flashing [*See remark under 'Anschluß'*]

~wert *m* [*Bei elektrischen Lampen, Geräten, Motoren usw. Er wird entsprechend deren Leistungsaufnahme als Höchstwert in W oder kW ausgedrückt*] · electrical loading

~winkel *m*, Beiwinkel · connecting angle, joint ~

Anschnallraum *m* **für Schlittschuhe** · skate changing room

Anschraubplatte *f*, Unterplatte [*Türbeschlag*] · back plate

~ mit Schlüsselloch, Unterplatte ~ ~ · keyholed back plate

Anschriftendruckerei *f* · adrema

anschweißen · to weld to

Anschwellung *f*, Entase *f*, Entasis *f* · entasis [*A slight convex curve in the vertical outlines of the shaft of a pilaster or of a column*]

Ansetz|mörtel *m*, Verlegemörtel · bedding mortar

~traufe *f*, Abtraufe [*Schmuckloser Wasserspeier in Form einer Röhre oder Ablaufrinne*] · non-carved waterspout

Ansicht *f* · view

Ansichtsseitenkarton *m* [*Gipskartonplatte*] · face paper

Ansoden *n*, Rasensodenandeckung *f* · (turfing by) sodding, planting sod(s)

Ansteifen *n* · development of rigidity [*In a freshly mixed cement paste, mortar or concrete without the evolution of much heat*]

Ansteigen *n* · rising

ansteigende Festigkeit *f* · increasing strength

(an)steigender Bogen *m* · rising arch

(an)steigendes Gewölbe *n* · rising vault

Anstieg *m* · rise

~ der Betonfestigkeit · rise of the concrete strength

Anstrahlen *n*, Anstrahlung *f* · floodlighting

anstreichen, bestreichen · to coat [*pipe*]

(an)streichen [*Fehlname: malen*] · to paint, to coat

Anstreichen *n*, Bestreichen · coating [*pipe*]

~ → Anstrich

Anstreicher *m*, Maler · (house) painter

~arbeiten *fpl*, Anstricharbeiten, Malerarbeiten [*DIN 18363*] · painting (work)

~arbeiten *fpl* → Anstrich

Anstrich *m*, Aufstrich [*Eine aus Anstrichstoff oder Anstrichstoffen hergestellte Beschichtung auf einem Untergrund. Der Anstrich kann mehr oder weniger in den Untergrund eingedrungen sein. Er kann aus einer oder mehreren Schichten bestehen. Ein mehrschichtiger Anstrich wird als „Anstrichaufbau" und „Anstrichsystem" bezeichnet*] · coat

~, Aufstrich, Anstreicherarbeiten *fpl*, Anstreichen, Anstricharbeiten, Aufstricharbeiten · coating (work)

~arbeiten *fpl*, Anstreicherarbeiten, Malerarbeiten [*DIN 18363*] · painting (work)

~ → ~stoff

~arbeiten *fpl* → Anstrich

~art *f*, Farb~ · type of painting (work)

~aufbau [*Das Übereinanderstreichen von Anstrichen*] · multiple coat application

~art *f*, Aufstrichart · type of coating (work)

(~)Farbe *f* · paint [*A mix(ture) of pigment with vehicle, intended to be spread in thin coats for decoration, or protection or both*]

(~)Farbenchemiker *m* · paint chemist

(~)Farbenhersteller *m* · paint manufacturer

(~)Farbenindustrie *f* · paint (manufacturing) industry

(~) Farbenöl *n* · paint (making) oil

(~)Farbentechniker *m* · paint technician

(~)Farbentechnologie *f* · paint technology

(~)Farbfilm *m*, (Anstrich)Farbhaut *f*, (Anstrich)Farbmembran(e) *f* · paint film, ~ membrane, ~ skin

(~)Farbhaut *f*, (Anstrich)Farbfilm *m*, (Anstrich)Farbmembran(e) *f* · paint film, ~ membrane, ~ skin

(~)Farbmembran(e) *f*, (Anstrich)Farbfilm *m*, (Anstrich)Farbhaut *f* · paint film, ~ membrane, ~ skin

anstrichfertige Farbe *f*, gebrauchsfertige ~, verarbeitungsfertige ~ · paint prepared for use, P. F. U. paint

Anstrich|film *m*, Anstrichhaut *f*, Anstrichmembran(e) *f* [*Die nach physikalischer und/oder chemischer Trocknung zusammenhängende Schicht eines Anstriches*] · coat film, ~ membrane, ~ skin

~fläche *f*, Aufstrichfläche, Anstrich(unter)grund *m*, Aufstrich(unter)grund, (Farb)Träger *m*, Substrat *n*, (Farb)Unterlage *f* · substratum, base (Brit.);

ground (US) [*Any surface which is or will be painted*]

~grund *m* → Anstrichfläche

~haut *f*, Anstrichfilm *m*, Anstrichmembran(e) *f* [*Die nach physikalischer und/oder chemischer Trocknung zusammenhängende Schicht eines Anstriches*] · coat film, ~ membrane, ~ skin

~membran(e) *f*, Anstrichfilm *m*, Anstrichhaut *f* [*Die nach physikalischer und/oder chemischer Trocknung zusammenhängende Schicht eines Anstriches*] · coat film, ~ membrane, ~ skin

~mittel *n* → Anstrich(stoff)

~schaden *m*, Aufstrichschaden · painting defect

~schicht *f*, Aufstrichschicht · individual coat

~-Schutzbelag *m*, Aufstrich-Schutzbelag [*Überzug von mineralischen Stoffen auf Anstrichen. Hierdurch wird die Haltbarkeit dieser Anstriche bedeutend verlängert*] · protective cover on a coat

~(stoff) *m*, Anstrichmittel *n*, Aufstrichmittel, Aufstrich(stoff), flüssiger Beschichtungsstoff · liquid coating (material), (surface) coating (medium)

(~)System *n* [*Der fertig aufgebaute Anstrich*] · paint system, ~ scheme, multiple coat ~

(~)System *n* [*Das Rezept für einen Anstrichaufbau*] · paint formulation

~- und Spritzmassen *fpl*, Spritz- und Anstrichmassen [*Feuerfestindustrie. Feuerfester Versatz dessen Eigenschaften denen des feuerfesten Mörtels entsprechen und dessen Kornaufbau die Verwendung als Anstrich oder Oberflächenschutz ermöglicht*] · refractory coatings, ~ wash, ~ gunning materials

~(unter)grund *m* → Anstrichfläche

Ante *f* [*Eine vorgezogene Seitenwand der Cella*] · anta

Antefix *m*, Zierstirnziegel *m*, (ornamentaler) Stirnziegel, dekorativer Stirnziegel · antefix (tile) [*Antefixes or antefixa are ornamental blocks, fixed vertically at regular intervals along the lower edge of a roof, to cover the ends of tiles*]

anteigen, anpasten · to make a paste, to form into ~ ~

Anteil *m*, Prozentsatz *m*, Gehalt *m* · fraction, percentage, content

~ der Vorfertigung, Prozentsatz *m* ~ ~, Gehalt *m* ~ ~ · factory content, prefabrication ~, ~ percentage, ~ fraction

Antenkapitell *n*, Antenkapitäl [*Oberer Abschluß eines Antenpfeilers, meist aus Kymatien und Perlstäben bestehend*] · anta capital

Antennen|anlage *f* · antenna installation, aerial ~

~anschluß *m* [*In einer Wohnung an eine Gemeinschaftsantenne*] · (aerial) plug-in point

~gang *m* [*Rundfunkturm*] · aerial gallery, antenna ~

~mast *m* · antenna mast, aerial ~

~steckdose *f* · antenna socket, aerial ~

Anten|pfeiler *m* · anta [*A type of projecting pier similar to a pilaster placed behind a column at the end of a sidewall of a Greek temple. The base and capital differ from those of the column; also used in Egyptian architecture*]

~tempel *m*, Tempel mit Anten, Megarontempel · in antis temple, templum in antis

Antependium *n*, Altar~, Altarvorsatz *m*, Frontale *f* · altar-front(al), altar-facing, antependium

Antetemplum *n* [*Vorhalle eines antiken Tempels*] · antetemple

Anthemion *n* · anthemion (ornament) [*A favourite classical motif of alternating lotus and palmette connected by scrolls and forming a continuous pattern. The term, however, has now come to be used synonymously with palmette or honeysuckle to describe a single floral motif based on the palmette*]

Anthrazen *n* $C_{14}H_{10}$ · anthracene

~öl *n* [*Die bei 300° bis 350° C übergehenden Anteile des Steinkohlenteeres, die für Ölfeuerungen verwendet werden*] · anthracene oil, green ~

~ölteer *m* · anthracene oil tar, green ~ ~

Anti|-Abschuppungsmittel *n*, Anti-Abblätterungsmittel [*Beton*] · anti-spalling agent [*e.g. linseed oil*]

~-Abstaubmittel *n* · dust protection agent, ~ protective ~, dustproofer

~dröhnmittel *n* · anti-drumming agent

~haftmittel *n*, Haftverhinderungsmittel · bond breaker, ~ breaking agent

antike Marmorfigur *f* · antique marble

Antikeffekt *m* · antique effect

antiker Tempel *m* · antique temple

antikes Bauwerk *n* · antique structure

antikes Gebäude · antique building

antikisierend [*die Antike nachahmend*] · classical

Antikleb(e)mirtel *n*, Trennmittel, Antikleb(e)stoff *m*, Antikleber *m* · parting agent, ~ medium

anti|korrosives Pigment *n* · (corrosion) inhibiting pigment

~metrische Windbelastung *f* · antimetric wind loading

~metrisches Spannsystem *n* [*System der Lastenübertragung*] · antimetric spanning system

Antimon *n*, Sb · antimony

~ regulus *n* · regulus, refined antimony

~blei *n*, Hartblei · antimonial lead, hard ~

~bleidruckrohr *n*, Hartbleidruckrohr · hard lead pressure pipe, antimonial ~ ~ ~

~bleirohr *n*, Hartbleirohr, Bleisparrohr · hard lead pipe, antimonial ~ ~

~gehalt *m* [*Der prozentmäßige Anteil von Antimon in Hartblei. Je höher der Antimongehalt von Hartblei, um so größer ist seine Härte*] · antimony percentage

~gelb *n* · Naples yellow

~metall *n* · antimony metal

antimonsaures Blei *n* · antimoniate of lead

Anti|pilz(anstrich)farbe *f*, pilzwidrige (Anstrich)Farbe, fungizide (Anstrich-) Farbe · fungicidal paint [*A paint which discourages the growth of fungi on its dry applied film. The fungicidal properties are normally conferred by the addition of special additives, although certain pigments such as zinc oxide, commonly used in paints, may themselves contribute to the fungicidal properties of the paint*]

~-Schall-Tür *f* · soundproof door

~schaummittel *n*, Schaumdämpfer *m*, Schaumverhütungsmittel · antifoam(ing) agent, ~ aid, defoamant, antifoam

~statikmittel *n* · antistatic agent

antragen [*Putz*] · to lay on, to apply [*plaster*]

antreibende Kraft *f* [*Schalltechnik*] · force acting in the direction of motion

Antrieb(vorrichtung) *m*, (*f*) · operator

Antrittpfosten *m* · starting newel (post)

Antritt(stufe) *m*, (*f*) [*Die erste Stufe eines Treppenlaufes, bei Holztreppen eine Klotz- oder Blockstufe*] · starting step, first ~

Antwerpenerblau *n* · Antwerp blue [*Prussian blue made pale by reducing with large quantities of inert pigment, such as alumina hydrate. Sometimes applied to zinc ferrocyanide*]

Anwärmen *n* → Erwärmen

Anwärmungs|dauer *f*, Anwärmungszeit *f*, Erwärmungsdauer, Erwärmungszeit · period of warming, time ~ ~, warming period, warming time

~geschwindigkeit *f*, Erwärmungsgeschwindigkeit · rate of warming, warming rate

~zeit *f*, Anwärmungsdauer *f*, Erwärmungszeit, Erwärmungsdauer · period of warming, time ~ ~, warming period, warming time

Anweisung *f*, Anleitung · instruction

Anwendungs|beispiel *n* · example of application, ~ ~ use

~bereich *m* · scope of application, ~ ~ use

~gebiet *n* · field of application, ~ ~ use

Anwerfen *n* [*Putz*] · throwing on

Anwölber *m*, Anfänger, Kämpferstein *m*, Anfangsstein [*Der erste Stein über dem Kämpfer eines Bogens oder Gewölbes*] · springer [*The bottom stone of an arch or vault resting on an impost*]

anwuchsverhindernder Schiffsbodenaufstrich *m*, ~ Schiffsbodenanstrich, vergifteter Anstrich, vergifteter Aufstrich · anti-fouling

Anwurfwand *f* [*Leichte Trennwand aus fugenlosem Putz, der auf einer einseitigen Tafelschalung aufgetragen wird*] · thrown-on plaster partition (wall)

Anzahl *f* · number

~ der Positionen [*Stahlliste*] · number in each

anziehbarer Stab *m* · adjustable bar [*It is often desirable to make tension bars adjustable so that they may be tightened. The turnbuckle and the sleeve are used for this purpose*]

Anziehen *n* [*Anfängliches Steifwerden des Betons oder Mörtels durch Aufquellen des Zements*] · initial hardening, early ~

Anzug *m*, Anlauf *m*, Dossierung *f* · batter

äolisches Kapitell *n*, ~ Kapitäl · Aeolic capital

Apfelsinenschaleneffekt *m*, Orangenschaleneffekt · orange peel(ing), pebbling, pock-marking, orange peel effect [*The pock-marked appearance, in particular of a sprayed film, resembling the skin of an orange due to the failure of the film to flow out to a level surface*]

Aplit *m* [*Fehlname: Granitmarmor m*] · aplite

Apollotempel *m* · Temple of Apollo

Apophyge *f*, Apophysis *f*, Apothesis · apophyge, congé

Apparateraum *m*, Geräteraum · equipment room

Apside *f*, Apsis *f*, Abside [*Halbrunder oder vieleckiger Abschluß einer romanischen Basilika, im weiteren Sinne jeder Chorschluß einer Kirche. Manchmal auch „Abseite" genannt*] · apsis, apse

Apsidenchor *m*, Apsidialchor, Apsischor, Absidenchor · apsidal choir

Apsidialkapelle *f*, Chorkapelle, Apsiskapelle, Apsidenkapelle, Absidenkapelle · choir chapel, apsidal ~

Apsidiola *f* · apsidiole [*Small apse, generally serving as chapel*]

Apsis *f*, Apside *f*, Abside [*Halbrunder oder vieleckiger Abschluß einer romanischen Basilika, im weiteren Sinne jeder Chorschluß einer Kirche. Manchmal auch „Abseite" genannt*] · apsis, apse

apteral · apteral [*Having columns at one or both ends, but not along the sides*]

Apteraltempel *m* [*Griechischer Tempel ohne Säulengang an den Längsseiten*] · apteral temple

Aquarellfarbe *f*, Wasserfarbe · aquarelle; water colour (Brit.); water color (US) [*It is produced with a transparent colo(u)r mixed with water*]

äquivalente Absorptionsfläche *f* [*Akustik*] · equivalent absorption surface

~ Korngröße *f*, gleichwertige ~ · equivalent grain size, ~ particle ~

~ Rundlochweite *f* · equivalent round hole diameter

äquivalentes Würfelverfahren *n* [*Bei diesem Verfahren werden Teile von Prüfbalken der Biegezugprüfung verwendet*] · equivalent cube method [*Determination of compressive strength of concrete using portions of beams broken in flexure*]

Äquivalentkorndurchmesser *m* [*Durchmesser von Kugeln, die die gleiche Fallgeschwindigkeit (in Gas oder Flüssigkeit) wie unregelmäßige Teilchen haben*] · equivalent particle diameter, ~ grain ~

äquiviskose Temperatur *f*, Äquiviskositätstemperatur [*Vergleichstemperatur, bei der Teer eine Viskosität von 50 Sekunden hat*] · equi-viscous temperature [*abbrev. E. V. T.*]

Äquiviskositätstemperatur *f*, äquiviskose Temperatur [*Vergleichstemperatur, bei der Teer eine Viskosität von 50 Sekunden hat*] · equi-viscous temperature [*abbrev. E. V. T.*]

Arabeske *f* · arabesque (ornament) [*Intricate and fanciful surface decoration generally based on geometrical patterns and using combinations of flowing lines, tendrils, etc., and classical vases, sphinxes, etc.*]

arabischer Bogen *m* → Hufeisenbogen

Aragonit *m*, $CaCO_3$ [*Seltene, rhombische Form des kristallisierten Kalziumkarbonats*] · aragonite

Aräostylostempel *m*, lichtsäuliger Tempel [*Ein Tempel, bei dessen Säulenstellung das Interkolumnium $3^1/_2$ untere Säulendurchmesser beträgt. Der Ausdruck stammt von Vitruv*] · araeostyle temple

Arbeiter|eingang *m* · workers' entrance

~sied(e)lung *f* · workers' (housing) estate

~vorstadt *f* · workers' suburb

~wohnung *f* · worker's dwelling unit (US); ~ dwelling (Brit.)

Arbeits|ausführung *f* [*als Gütebegriff*] · workmanship

~ausführung *f* · execution of (the) work

~(beton)fuge *f* · construction joint

~(beton)fugenband *n*, Betonarbeitsfugenband, Betonier(ungs)fugenband · construction waterstop, ~ waterbar, stop-end ~

~bühne *f*, Montagebühne, Montageplattform *f*, Arbeitsplattform · erecting platform, ~ deck

~ebene *f* · working plane

~festigkeit *f*, Dauerfestigkeit, Ermüdungsfestigkeit · fatigue resistance, ~ strength, endurance [*Is defined as the number of cycles of loading imposed before fracture terminates the test*]

~fläche *f* · working area

~fuge *f*, Arbeitsbetonfuge · construction joint

~fugenband *n*, Betonier(ungs)fugenband, Arbeitsbetonfugenband, Betonarbeitsfugenband · construction waterstop, ~ waterbar, stop-end ~

~gleichung *f* · equation of work

~index *m* [*Mahlen*] · work index

~kräfte *fpl* · workforce

~lärm *m* · work noise

~plattform *f* → Arbeitsbühne

~platz *m* · workplace

~platzbeleuchtung *f* · workplace lighting, ~ illumination

~raum *m* · workroom

~-Schlafzimmer *n* · study-bedroom

~sitzung *f* · session

~spiel *n* · work cycle

~tisch *m*, Fertigungstisch [*Zur Herstellung von großformatigen Fertigteilen*] · casting table

~umfang *m* · scope of work, work content

~zeichnung *f*, Ausführungszeichnung · final drawing, working ~

~zimmer *n*, Herrenzimmer · study

~vorbereitungsbüro *n* · layout office

archaische Architektur *f*, ~ Baukunst *f* · archaic architecture

~ Baukunst *f*, ~ Architektur *f* · archaic architecture

~ Grabanlage *f* · archaic sepulchre

archäologischer Fund *m* · archaeological discovery

Architekten|atelier *n* · architect's office

~büro *n* · architect's office

~gebühr *f* · architect's fee

~gebührenordnung *f*, Gebührenordnung für Architekten · scale of professional charges, fee system

~gemeinschaft *f* · architect partnership

~gemeinschaft *f* **„gruppo 7"** · cooperative formed in 1926 by 7 Italian architects

~gemeinschaft *f* **TAC** · The Architects Collaborative [*Partnership founded in*

1945 between Walter Gropius and seven younger architects]

~gruppe *f* · architectural team

~kammer *f* · association of architects

~leistung *f* · architectural work

~liste *f* · list of architects

~verband *m*, Architektenkammer *f*, Architektenvereinigung *f* · association of architects

~vereinigung *f* **„Der Ring"** · architects' association 'Der Ring' [*Founded in Berlin in 1925, it included many eminent German architects. Dissolved by the National Socialists in 1933*]

~wettbewerb *m*, Architekturwettbewerb · architectural competition

Architektonik *f* · architectonics [*The science of architecture*]

architektonisch · architectonic

architektonischer (Beton)Fertigteil *m*, ~ Fertigbetonteil, ~ (Beton)Montageteil, ~ Montagebetonteil, ~ (Beton)Fertigbauteil, architektonisches (Beton)Fertigteil, architektonisches Fertigbetonteil, architektonisches (Beton-) Montageteil, architektonisches Montagebetonteil, architektonisches (Beton-) Fertigbauteil · (pre)cast architectural (concrete) compound unit, prefabricated ~ ~ ~ ~

Architektur *f*, Baukunst *f* · architecture

~ des Mittelmeerraumes, Baukunst *f* ~ ~ · Mediterranean architecture

~abteilung · department of architecture

Architekturalplatz *m* · architecturally beautiful square, place of outstanding architectural merit

Architektur|alu(minium) *n* · architectural aluminium (Brit.); ~ aluminum (US)

~ausbildung *f* · architectural education, ~ training

~baumaterial *n* [*Schweiz*]; Architekturbaustoff *m* · architectural construction(al) material, ~ building ~, ~ structural ~

~baustoff *m*; Architekturbaumaterial *n* [*Schweiz*] · architectural construction(al) material, ~ building ~, ~ structural ~

~beschlag *m* · architectural (builders') furniture, ~ (~) fitting

~beschläge *mpl* · architectural (builders') hardware, ~ (~) fittings

~beton *m* · architectural concrete

~-Betonerzeugnis *n*, Architektur-Betonstein *m* · (pre)cast architectural (concrete) product, architectural concrete ~, architectural (pre)cast concrete ~

~-Betonstein *m*, Architektur-Betonerzeugnis *n* · (pre)cast architectural (concrete) product, architectural concrete ~, architectural (pre)cast concrete ~

~(beton)zuschlag(stoff) *m* · architectural (concrete) aggregate

~bewegung *f* · architectural movement

~-Eisenwaren *fpl* · architectural ironmongery

~firma *f* · architectural firm

~form *f* · architectural form, ~ shape

~geschichte *f* · architectural history, history of architecture

~gitterwerk *n* · architectural grillework

~glaserzeugnis *n* · architectural glass product

~glaswerk *n* · architectural glass plant

~granit *m* · architectural granite

~historiker *m* · architectural historian

~hochschule *f* · college of architecture, school ~ ~

~kritik *f* · architectural critics

~kritiker *m* · architectural critic

~laufbahn *f* · architectural career

~legierung *f* · architectural alloy

~leichtbeton *m*, Sichtleichtbeton · fair-faced light(weight) concrete, light(weight) fair-faced ~

~metall *n* · architectural metal

~mode *f* · architectural fashion

~ornament *n* · architectural ornament

~-Ortbeton *m* · cast-in-place architectural concrete, in(-)situ (cast) ~ ~, cast(-)in(-)situ ~ ~, poured(-in-place) ~ ~, site-placed ~ ~, field ~ ~

~philosophie *f* · philosophy of (architectural) design

~pionier *m* · pioneering architect

~planung *f* · architectural planning

~plastik *f* · architectural sculpture

~porzellan *n* · architectural porcelain

~preis *m* · prize for architecture, architectural award

~profil *n* · architectural shape, ~ section, ~ unit, ~ trim

~richtung *f* · architectural trend

~schiefer *m* · architectural slate

~schriftsteller *m* · architectural writer, writer on architecture

~schule *f* · school of architecture

~seminar *n* · architectural course, ~ seminar

~sicherheitsglas *n* · architectural safety glass, ~ shatterproof ~

~skizze *f* · architectural sketch

~tafel *f* · architectural panel

~terrakotta *f* · architectural terra-cotta [*It is used primarily for decorative purposes and for facing walls*]

~theoretiker *m* · architectural theorist

~theorie *f* · architectural theory

~unterricht *m* · architectural education, ~ instruction

~wettbewerb *m*, Architektenwettbewerb · architectural competition

~zeichner *m* · architectural draughtsman (Brit.); ~ draftsman (US); ~ assistant [*A man or woman working for an architect, normally in the drawing office but sometimes on a site*]

~zeichnung *f* · architectural drawing

~zeitschrift *f* · architectural journal

Architrav *m*, Epistyl(ion) *n* [*Von einer Säulenachse zur anderen reichender Steinbalken*] · architrave, epistyle

~bau *m* · trabeated construction [*A construction on the post-and-lintel principle, as in Greek architecture, in contrast to an arcuated building*]

~gebäude *n* · trabeated building

Archiv *n* · archives

Archivolte *f*, Bogenlauf *m* [*Die bandartige, von der Mauer abgesetzte Einfassung eines Rundbogens*] · archivolt

~ [*Im Gewände romanischer und gotischer Portale*] · archivolt

Ardandsches Dach *n* → Vieleckdach

Arena *f* · arena

~bühne *f* · arena(-type) stage

Argillit *m* [*Natürlich entwässerter Tonschiefer*] · argillite

Arkade *f* → Arkatur

Arkaden|fenster *n* · arcaded window

~hof *m*, Bogenganghof, Laubenhof · arcaded court

~rippe *f* · arcade rib

~scheitel *m* · arcade apex, ~ crown, ~ top, ~ key, ~ vertex

~system *n* · enframing arcades [*e.g. of the Porta Nigra at Trèves*]

Arkatur *f*, Bogenlaube *f*, Bogengang *m*, Bogenreihe *f*, Arkade *f* · arcade [*A range of arches carried on piers or columns*]

Arkose *f*, Arkosesandstein *m*, feldspatreicher Sandstein · arkose (sandstone), arcosic grit, feldspathic sandstone

~sandstein *m*, Arkose *f*, feldspatreicher Sandstein · arkose (sandstone), arkosic grit, feldspathic sandstone

Arm *m*, Lauf *m*, Flucht *f*, Treppen~ · flight (of stairs), stair flight

Armatur *f* · accessory

Armbrustschießscharte *f* · balistraria [*In medieval military architecture, the cross-shaped opening in battlements and elsewhere for the use of the crossbow*]

Armenhaus *n* · almshouse [*A house built and endowed for the poor and aged*]

armiert, bewehrt, mit (Stahl)Einlagen (versehen) · (steel-)reinforced

armierte (Beton)Platte *f*, bewehrte ~, (Beton)Platte mit (Stahl)Einlagen · reinforced (concrete) slab, R.C. ~

~ Blähbetondachplatte *f* → ~ Gasbetondachplatte

~ Blähbetondeckenplatte *f* → ~ Gasbetondeckenplatte

~ Gasbetondachplatte *f*, bewehrte ~, ~ Blähbetondachplatte, Gasbetondachplatte mit (Stahl)Einlagen, Blähbetondachplatte mit (Stahl)Einlagen [*DIN 4223*] · reinforced gas concrete roof(ing) slab

~ Gasbetondeckenplatte *f*, bewehrte ~, ~ Blähbetondeckenplatte, Gasbetondeckenplatte mit (Stahl)Einlagen, Blähbetondeckenplatte mit (Stahl-)Einlagen [*DIN 4223*] · reinforced gas concrete floor slab, ~ ~ ~ structural ~, ~ ~ ~ ~ panel

~ Mauerwerkoberschwelle *f*, bewehrte ~, bewehrter Mauerwerksturz *m*, armierter Mauerwerksturz · reinforced masonry lintel; ~ ~ lintol [*deprecated*]

~ Platte *f* → ~ Beton~

~ Schaumbetondachplatte *f*, bewehrte ~, Schaumbetondachplatte mit (Stahl)Einlagen [*DIN 4223*] · reinforced foam(ed) concrete roof(ing) slab

~ Schaumbetondeckenplatte *f*, bewehrte ~, Schaumbetondeckenplatte mit (Stahl)Einlagen [*DIN 4223*] · reinforced foam(ed) concrete floor slab, ~ ~ ~ structural ~, ~ ~ ~ ~ panel

armierter Anstrich *m*, ~ Aufstrich · reinforced coat

~ Konstruktions-Aufbeton *m*, bewehrter ~, Konstruktions-Aufbeton mit (Stahl)Einlagen · reinforced concrete structural topping

~ Mauerwerksturz *m*, bewehrter ~, bewehrte Mauerwerkoberschwelle *f*, armierte Mauerwerkoberschwelle · reinforced masonry lintel; ~ ~ lintol [*deprecated*]

~ Ziegelsturz *m*, bewehrter ~ · reinforced brick(work) lintel; ~ ~ lintol [*deprecated*]

armiertes verpreßtes Mauerwerk *n*, bewehrtes ~ ~, ~ ausgepreßtes ~, ~ eingepreßtes ~, ~ injiziertes ~ · reinforced grouted masonry

Armierung *f* **gegen negative Biegemomente**, Bewehrung ~ ~ ~, (Stahl)Einlagen *fpl* ~ ~ ~ · negative reinforcement [*Reinforcement placed in concrete to resist negative bending moments*]

~ ~ positive Biegemomente, Bewehrung ~ ~ ~, (Stahl)Einlagen *fpl* ~ ~ ~ · positive reinforcement [*Reinforcement placed in concrete to resist positive bending moments*]

Armierungs|anordnung *f*, Bewehrungsanordnung, Anordnung der (Stahl-)Einlagen · reinforcement system

~arbeiten *fpl*, Bewehrungsarbeiten · reinforcement work

~biegeplatz *m* → Stahlbiegeplatz

~doppelkorb *m*, Bewehrungsdoppelkorb · double-cage reinforcing, ~ reinforcement

~draht *m*, Bewehrungsdraht [*Mauerwerkbewehrung*] · reinforcing wire

~eisen *n*, Bewehrungseisen, Betoneisen, Bewehrungsstahl *m*, Armierungsstahl, Betonstahl [*früher: Moniereisen*] · reinforcing steel, reinforcement ~

~form *f*, Bewehrungsform, Eisenform, Stahl(einlagen)form · bar shape, rod ~

~formnummer *f*, Bewehrungsformnummer, Eisenformnummer, Eisenform-Nr., Bewehrungsform-Nr., Armierungsform-Nr. [*Stahlliste*] · (bar) shape code

~führung *f*, Bewehrungsführung · reinforcement layout, layout of reinforcement

~lager *n* → Stahllager

~liste *f*, Stahlliste, Bewehrungsliste · bar schedule

~matte *f* → (geschweißte) Maschenmatte

~matte *f* **aus Drillstahl** → Baustahlmatte ~ ~

~matte *f* **aus Rundstäben** → Baustahlmatte ~ ~

~plan *m* → Bewehrungsplan

~ring *m*, Bewehrungsring · reinforcement ring

~spirale *f*, Bewehrungsspirale · reinforcing spiral

~stab *m* → (Bewehrungs)Stab

~stab *m* **aus einem Knüppel hergestellt**, Bewehrungsstab ~ ~ ~ ~ · billet bar, natural ~, ~ rod

~stahl *m*, Bewehrungsstahl, Betonstahl, Bewehrungseisen *n*, Armierungseisen, Betoneisen [*früher: Moniereisen*] · reinforcing steel, reinforcement ~

~stahllager *n*, Bewehrungsstahllager, Betonstahllager · reinforcement storage yard, steel ~ ~

~stahlverarbeitungsanlage *f*, Bewehrungsstahlverarbeitungsanlage, Betonstahlverarbeitungsanlage, zentraler Betonstahlverarbeitungsplatz *m* · reinforcement yard

~verschiebung *f*, Bewehrungsverschiebung · reinforcement displacement

~zeichnung *f* → Bewehrungsplan

Aromaten *f*, aromatische Kohlenwasserstoffe *mpl*, Benzolkohlenwasserstoffe · aromatic hydrocarbons, aromatics

aromatische Verbindung *f* · aromatic compound

aromatisches Lösungsmittel *n*, ~ Lösemittel · aromatic solvent

Arsenal *n*, Zeughaus *n* · arsenal

Arsen|kupfer *n* · arsenical copper [*It contains between 0.30% and 0.50% of arsenic in solid solution*]

~sulfid *n* · arsenic sulphide (Brit.); ~ sulfid(e) (US)

Artemision *n* **zu Ephesus** · Later Temple of Artemis at Ephesus

Artikel *m*, Gegenstand *m*, Erzeugnis *n* · article, product

~ *mpl*, Ware(n) *f*, Erzeugnisse *npl*, Gegenstände *npl* · ware, goods, products, articles

artikulierte Gliederung *f* **des Grundrisses** · freely articulated plan

Ärztebibliothek *f* · doctors' library

Asbest *m* [*Asbest ist ein Mineral, ein in feinsten Fasern kristallisierter Naturstein. Die einzelne Faser ist dünner als jede tierische, pflanzliche oder künstliche Faser, weil es sich bei Asbest um ein Fadenmolekül handelt.*
Der Asbest kommt in der Natur im Gestein wie die Kohle in Flözen vor, nur daß die Asbestflöze gegenüber den Kohlenflözen sehr viel weniger mächtig sind und nur eine Höhe von wenigen Millimetern bis zu einigen Zentimetern besitzen. Die Faserflöze werden in Brechanlagen vom umgebenden Gestein getrennt, in Mühlen in Faserbündel aufgelöst und dann in Sichteranlagen entsprechend der Faserlänge sortiert.
Chemisch besteht Asbest aus kompliziert aufgebauten Silikathydraten. Technisch von Bedeutung sind die reinen Magnesiumsilikathydrate (der Serpentin- oder Chrysotil-Asbest) und die Natriummagnesiumeisensilikathydrate (Blau-Asbest). Alle Asbeste sind feuerfest, von hoher chemischer Beständigkeit, beständig gegenüber Angriffen von Bakterien und Pilzen und praktisch absolut witterungsbeständig, weil sie nur im Verlauf von Jahrtausenden einer geringen Erosion und Korrosion unterliegen. Die Reißfestigkeit ist abhängig von der Asbestsorte und kann zwischen wenigen kg pro mm² und der Festigkeit von Stahl liegen. Für die Eternit-Herstellung kommen nur Asbeste höchster Festigkeit zur Verwendung, insbesondere hochwertige Chrysotil- und Blau-Asbestsorten] · asbestos

~artikel *m*, Asbestgegenstand *m*, Asbesterzeugnis *n* · asbestos product, ~ article

~bauplatte *f* · asbestos building sheet, ~ ~ board

~(belag)platte *f*, Asbestfliese *f* · asbestos tile

~-Bitumenpappe *f*, Bitumen-Asbestpappe · asbestos base(d) (asphaltic-) bitumen paper (Brit.); ~ ~ asphalt ~ (US); ~ ~ ~ felt(ed fabric) [*The base consists of a sheet of asbestos fibre (Brit.) / fiber (US) containing not less than 80 per cent of asbestos and is saturated with a suitable (asphaltic) bitumen (Brit.) / asphalt (US)*]

~blende *f*, Asbest-Flachdachblende · asbestos-cement fascia board (for flat roof(s))

~dachplatte *f* · asbestos roofing sheet

~(dach)rinne *f*, Asbestregenrinne · asbestos (roof) gutter, ~ rainwater ~

~-Dachschindel *f* · asbestos roof shingle

~dämmplatte *f* · asbestos insulating board, ~ ~ sheet, ~ insulation(-grade) ~ [*B.S. 3536*]

~dämmschicht *f* · asbestos blanket [*A small blanket wrapped round pipes being welded or annealed or brazed, to keep the heat in*]

~einlage *f* · asbestos insert(ion)

~erzeugnis *n*, Asbestartikel *m*, Asbestgegenstand *m* · asbestos product, ~ article

~faser *f* · asbestos fiber (US); ~ fibre (Brit.)

asbestfaserarmiert · asbestos fiber-reinforced (US); asbestos fibre-reinforced (Brit.)

Asbestfaserbahn *f* · asbestos fibre sheet(ing) (Brit.); ~ fiber ~ (US)

asbestfaserhaltig · containing asbestos fiber (US); ~ ~ fibre (Brit.)

Asbestfaser|isolierung *f* · asbestos-fiber insulation (US); asbestos-fibre ~ (Brit.)

~platte *f* · asbestos-fiber sheet, ~ board (US); asbestos-fibre ~ (Brit.)

asbestfaserverstärkt · asbestos fiber-reinforced (US); asbestos fibre-reinforced (Brit.)

Asbest|filz *m* · asbestos felt(ed fabric) [*It is fabricated essentially from asbestos fibres*]

~fliese *f*, Asbest(belag)platte *f* · asbestos tile

~füller *m* · asbestos filler

~garn *n* · asbestos yarn

~gegenstand *m*, Asbestartikel *m*, Asbesterzeugnis *n* · asbestos product, ~ article

asbestgeschützt · asbestos-protected

Asbest|gestein *n* · asbestos rock

~gewebe *n* · asbestos cloth

~grobgespinst *n*, Asbestgrobgarn *n* · asbestos roving, ~ rove

asbesthaltig · asbestos based

Asbest|handschuh *m* · asbestos glove

(~)Hartfliese *f* (Fuß)Bodenplatte auf Kunstharz/Asbestbasis, (Fuß)Bodenfliese auf Kunstharz/Asbestbasis · thermoplastic tile, asphalt ~ [*Asphalt tiles were originally so called because they contained mineral asphalt or products from the distillation of oil or coal. They have since come to be known as thermoplastic tiles because of the incorporation of plastics resins to obtain lighter colours than can be obtained with the dark pitch or petroleum bitumen base. B.S. 2592*]

~isolierung *f* · asbestos insulation

~kern *m* · asbestos core

~-Kunststoff-(Fuß)Bodenplatte *f*, Asbest-Kunststoff-(Fuß)Bodenfliese *f* · asbestos-plastic floor(ing) tile

~lage *f*, Asbestschicht *f* · asbestos layer

~mehl *n* · asbestos powder, ~ flour powder(ed) asbestos

~mörtel *m* · asbestos mortar

~pappe *f* · asbestos paper, ~ felt(ed fabric)

~pappenabklebung *f* [*(Preß)Stroh(dämm)platte*] · asbestos card (paper) liner, ~ paper ~, ~ felt ~

~platte *f* · asbestos board, ~ sheet

~platte *f*, Asbestbelagplatte, Asbestfliese *f* · asbestos tile

~prüfmaschine *f* · asbestos tester, ~ testing machine

~-PVC-(Fuß)Bodenplatte *f* · PVA asbestos floor(ing) tile, asbestos-pvc ~ ~ [*A flooring tile composed of asbestos bonded with polyvinyl chloride. B.S. 3260*]

~regenrinne *f*, Asbest(dach)rinne · asbestos (roof) gutter, ~ rainwater ~

~ring *m* · asbestos ring

~rinne *f*, Asbestdachrinne, Asbestregenrinne · asbestos (roof) gutter, ~ rainwater ~

~rohr *n* · asbestos pipe

~schaumbeton *m* · asbestos foamed concrete

~schicht *f*, Asbestlage *f* · asbestos layer

~schiefer *m* · asbestos slate

~schindel *f* · asbestos shingle

~schnur *f* [*für Dämm- und Isolierzwecke*] · asbestos cord covering

~spritz(außen)(ver)putz *m* · sprayed-on asbestos (external) rendering (Brit.); ~ ~ stucco (US); ~ ~ exterior plaster, ~ ~ external plaster

~spritz(innen)(ver)putz *m* · sprayed-on asbestos plaster

~spritzputz *m*, Asbestspritzverputz · sprayed-on asbestos finish

~spritzputz *m* → Asbestspritz(außen)-verputz

~spritzputz *m* → Asbestspritz(innen)-verputz

~spritz(ver)putz *m* · sprayed-on asbestos finish

~spritz(ver)putz *m* → Asbestspritz-(außen)verputz

~spritz(ver)putz *m* → Asbestspritz-(innen)verputz

~staub *m* · asbestos dust

~strick *m* · asbestos rope

~strickverstemmung *f* · asbestoe rope ca(u)lking

~tafel *f* · asbestos panel

~-Vinyl-Masse *f*, Vinyl-Asbest-Masse · vinyl-asbestos composition, ~ compound, ~ mass, ~ material, asbestos-vinyl ~

~wandplatte *f* · asbestos wallboard, ~ wall sheet [*B.S. 3536*]

~-Weißzement-Platte *f*, Weißzement-Asbestplatte · white asbestos-cement board, ~ ~ sheet; ~ cement asbestos ~ (US)

~wellplatte *f*, Wellasbestplatte · corrugated asbestos board, ~ ~ sheet

~welltafel *f*, Wellasbesttafel · corrugated asbestos panel, asbestos corrugated ~

~wolle *f* · asbestos wool

Asbestzement *m* [*Fehlname: Kunstschiefer. DIN 274*] · asbestos cement; cement asbestos (US)

~-Abfallrohr *n*, Asbestzement-(Regen-)Ablaufrohr, Asbestzement-(Regen)Fallrohr [*DIN 18471*] · asbestos-cement downpipe, ~ downcomer, ~ fall pipe, ~ rainwater pipe (Brit.) [*B.S. 569*]; ~ (rain) leader, ~ (rain) conductor, ~ downspout, cement asbestos (rain) leader, cement asbestos (rain) conductor, cement asbestos downspout (US)

~-Abflußrohr *n*, Asbestzement-Entwässerungsrohr, Asbestzement-Ablaufrohr, Asbestzement-Dränrohr [*Fehlnamen: Asbestzementablauf m, Asbestzementabfluß m*] [*DIN 19830, DIN 19831, DIN 19841*] · asbestos-cement drain(age) pipe, ~ draining ~, ~ discharge ~, ~ waste ~; cement asbestos ~ ~ (US)

~ablauf *m* [*Fehlname*] → Asbestzement-Abflußrohr

~-Ablaufrohr *n* → Asbestzement-Abflußrohr

~-Abstandhalter *m*, Abstandhalter aus Asbestzement · asbestos-cement spacer, ~ distance piece; cement asbestos spacer, cement asbestos distance piece (US)

~abwasserrohr *n*, Asbestzementkanal(isations)rohr, Abwasser-Asbestzementrohr · asbestos-cement sewer pipe, ~ sewage ~, ~ foul water ~, ~ refuse water ~; cement asbestos sewer ~, cement asbestos sewage ~, cement asbestos foul water ~, cement asbestos refuse water ~ (US)

~anstrich *m*, Asbestzementaufstrich · protective coat on asbestos cement; ~ ~ ~ cement asbestos (US)

~artikel *m*, Asbestzementgegenstand *m*, Asbestzementerzeugnis *n* · asbestos-cement product, ~ article; cement asbestos ~ (US)

~aufstrich *m*, Asbestzementanstrich · protective coat on asbestos cement; ~ ~ ~ cement asbestos (US)

~auskleidung *f*, Asbestzementverkleidung, Asbestzementbekleidung · asbestos-cement lining, ~ (sur)facing; cement asbestos ~ (US)

~-Auskleidungsplatte *f*, Asbestzement-Verkleidungsplatte, Asbestzement-Bekleidungsplatte, Verkleidungs-Asbestzementplatte, Auskleidungs-Asbestzementplatte, Bekleidungs-Asbestzementplatte · asbestos-cement (lining) sheet, ~ (sur)facing ~ [*B.S. 690*]; cement asbestos (~) ~ (US)

~baueinheit *f* [*Fehlname*] → Asbestzement(bau)element

~(bau)element *n*, Asbestzement(bau)körper *m*, Asbestzementbauteil *m*, *n* [*Fehlname: Asbestzementbaueinheit f*] · asbestos-cement (building) unit, ~ (~) member, ~ (~) component; cement asbestos (~) ~ (US)

~(bau)körper *m* → Asbestzement(bau)element

~bauteil *m*, *n* → Asbestzement(bau)element

~bekleidung *f*, Asbestzementverkleidung, Asbestzementauskleidung · asbestos-cement lining, ~ (sur)facing; cement asbestos ~ (US)

~-Bekleidungsplatte *f*, Asbestzement-Auskleidungsplatte, Asbestzement-Verkleidungsplatte, Verkleidungs-Asbestzementplatte, Auskleidungs-Asbestzementplatte, Bekleidungs-Asbestzementplatte · asbestos-cement (lining) sheet, ~ (sur)facing ~ [*B.S. 690*]; cement asbestos (~) ~ (US)

~biber(schwanz)stein *m* · asbestos-cement (roofing) slate [*B.S. 690*]; cement asbestos (~) ~ (US) [*A small plain sheet laid to overlap in the same manner as a roofing slate*]

~-Blumengefäß *n* · asbestos-cement flower container; cement asbestos ~ ~ (US)

~-Brunnenbecken *n*, Asbestzement-Springbrunnenbecken · asbestos-cement fountain basin; cement asbestos ~ ~ (US)

~dach(belag) *n*, (*m*) → Asbestzement-(dach)eindeckung

~(dach)deckung *f* → Asbestzement-(dach)eindeckung

~(dach)eindeckung *f*, Asbestzement-(dach)deckung, Asbestzementdach(belag) *n*, (*m*) · asbestos-cement roof covering, ~ ~ cladding, ~ ~ sheathing, ~ roof(ing); cement asbestos roof covering, cement asbestos roof cladding, cement asbestos roof sheathing, cement asbestos roof(ing) (US)

~(dach)falzplatte *f*, Asbestzementfalzdachplatte, Falz-Asbestzement(dach)-platte · asbestos-cement (roofing) tile; cement asbestos (~) ~ (US) [*A usually large profiled sheet but so profiled as to interlock (in similar manner to single lap clay roofing tiles)*]

~dachplatte *f*, Dach-Asbestzementplatte [*DIN 274*] · asbestos-cement roof(ing) sheet, ~ ~ board; cement asbestos ~ ~ (US)

~(dach)rinne *f*, Asbestzementregenrinne, Regen-Asbestzementrinne, Dach-Asbestzementrinne · asbestos-cement (roof) gutter, ~ rainwater ~; cement asbestos (~) ~ (US)

~dachschindel *f* · asbestos-cement roof(ing) shingle; cement asbestos ~ ~ (US)

~dachstein *m* · asbestos-cement roof(ing) tile; cement asbestos ~ ~ (US)

~dachtafel *f* · asbestos-cement roof(ing) panel; cement asbestos ~ ~ (US)

~dachwellplatte *f*, Asbestzementwelldachplatte, Wellasbestzementdachplatte · asbestos-cement corrugated roof(ing) sheet, ~ ~ ~ board; cement asbestos ~ ~ ~ (US)

~-Dämmplatte *f*, Dämm-Asbestzementplatte · insulation(-grade) cement asbestos board, ~ ~ ~ sheet, insulating ~ ~ ~ (US); ~ asbestos-cement ~

~deckung *f* → Asbestzement(dach)eindeckung

~-Dränrohr *n* → Asbestzement-Abflußrohr

~-Druckrohr *n* [*DIN 19800, DIN 19801, DIN 19630*] · asbestos-cement pressure pipe [*B.S. 486*]; cement asbestos ~ ~ (US)

~eindeckung *f* → Asbestzementdacheindeckung

~element *n* → Asbestzementbauelement

~entlüfter *m* · asbestos-cement ventilator, ~ extractor, ~ extract ventilation unit, ~ extraction unit; cement asbestos ventilator, cement asbestos extractor, cement asbestos extract ventilation unit, cement asbestos extraction unit (US)

~-Entwässerungsrohr *n* → Asbestzement-Abflußrohr

~erzeugnis *n*, Asbestzementgegenstand *m*, Asbestzementartikel *m* · asbestos-cement product, ~ article; cement asbestos ~ (US)

~-Fallrohr *n* → Asbestzement-Abfallrohr

~falzdachplatte *f*, Asbestzement(dach)-falzplatte, Falz-Asbestzement(dach)platte · asbestos-cement (roofing) tile; cement asbestos (~) ~ (US) [*A usually large profiled sheet but so profiled as to interlock (in similar manner to single lap clay roofing tiles)*]

~fassade *f* · asbestos-cement façade, ~ face, ~ front; cement asbestos ~ (US)

~-Fassadenplatte *f*, Fassaden-Asbestzementplatte · asbestos-cement façade slab; cement asbestos ~ ~ (US)

~-Faulgrube *f* · asbestos-cement septic tank; cement asbestos ~ ~ (US)

~fensterbank *f*, Asbestzementfenstersohlbank, Asbestzementsohlbank · asbestos-cement window sill; ~ ~ cill (Brit.); cement asbestos window sill (US)

~firsthaube *f*, Asbestzementfirstkappe *f* · asbestos-cement ridge capping tile, ~ ~ cover(ing) ~, ~ ridging ~; cement asbestos ridge capping ~, cement asbestos ridge cover(ing) ~, cement asbestos ridging ~ (US)

~firstkappe *f* → Asbestzementfirsthaube

~flachplatte *f*, Flachasbestzementplatte · asbestos-cement flat sheet, ~ ~ board; cement asbestos ~ ~ (US)

~-Flachtafel *f*, Asbestzement-Plantafel, ebene Asbestzementtafel · asbestos-cement flat (run) panel; cement asbestos ~ (~) ~ (US)

~formstück *n*, Asbestzementfitting *m* · asbestos-cement fitting; cement asbestos ~ (US)

~(fuß)boden(belag) *m* · asbestos-cement floor(ing), ~ floor cover(ing), ~ floor finish; cement asbestos floor(ing), cement asbestos floor cover(ing), cement asbestos floor finish (US)

~gegenstand *m*, Asbestzementerzeugnis *n*, Asbestzementartikel *m* · asbestos-cement product, ~ article; cement asbestos ~ (US)

~-Gummi-(Belag)Platte *f*, Asbestzement-Gummi-Fliese *f* · asbestos-cement rubber tile; cement asbestos ~ ~ (US) [*An asbestos-cement tile surfaced with rubber*]

~-Gummi-Fliese *f*, Asbestzement-Gummi-(Belag)Platte *f* · asbestos-cement rubber tile; cement asbestos ~ ~ (US) [*An asbestos-cement tile surfaced with rubber*]

~-Gummi-Platte *f*, Asbestzement-Gummi-Belagplatte, Asbestzement-Gummi-Fliese · asbestos-cement rubber tile; cement asbestos ~ ~ (US) [*An asbestos-cement tile surfaced with rubber*]

~kanal *m* · asbestos-cement duct [*B.S. 3954*]; cement asbestos ~ (US)

~kanal(isations)rohr *n*, Asbestzementabwasserrohr, Abwasser-Asbestzementrohr · asbestos-cement sewer pipe, ~ sewage ~, ~ foul water ~, ~ refuse water ~; cement asbestos sewer ~, cement asbestos sewage ~, cement asbestos foul water ~, cement asbestos refuse water ~ (US)

~kanalrohr *n*, Asbestzementkanalisationsrohr, Asbestzementabwasserrohr, Abwasser-Asbestzementrohr · asbestos-cement sewer pipe, ~ sewage ~, ~ foul water ~, ~ refuse water ~; cement asbestos sewer ~, cement asbestos sewage ~, cement asbestos foul water ~, cement asbestos refuse water ~ (US)

~-Kasten(dach)rinne *f* · asbestos-cement box (roof) gutter, ~ ~ rainwater ~; cement asbestos ~ (~) ~ (US)

~kehlrinne *f* · asbestos-cement valley gutter; cement asbestos ~ ~ (US)

~körper *m* → Asbestzement(bau)element

~lochrohr *n* · perforated asbestos-cement pipe; ~ cement asbestos ~ (US)

~lüftungsrohr *n*, Lüftungs-Asbestzementrohr · asbestos-cement vent(ilating) pipe [*B.S. 582*]; cement asbestos ~ ~ (US)

~mörtel *m* · asbestos-cement mortar; cement asbestos ~ (US)

~-Plantafel *f*, Asbestzement-Flachtafel, ebene Asbestzementtafel · asbestos-cement flat (run) panel; cement asbestos ~ (~) ~ (US)

~platte *f* · asbestos-cement sheet, ~ board; cement asbestos ~ (US) [*A large unit, flat or profiled, laid to overlap*]

~platten *fpl* · asbestos-cement sheeting; cement asbestos ~ (US) [*Corrugated, reeded, or otherwise patterned or plain sheets for roofing and wall cladding, made of asbestos cement*]

~profilplatte *f*, Profil-Asbestzementplatte · asbestos-cement profile(d) sheet, ~ ~ board; cement asbestos ~ ~ (US)

~-(Regen)Ablaufrohr *n* → Asbestzement-Abfallrohr

~-(Regen)Fallrohr *n* → Asbestzement-Abfallrohr

~regenrinne *f*, Asbestzement(dach)rinne, Regen-Asbestzementrinne, Dach-Asbestzementrinne · asbestos-cement (roof) gutter, ~ rainwater ~; cement asbestos (~) ~ (US)

~rinne *f*, Asbestzementdachrinne, Asbestzementregenrinne, Regen-Asbestzementrinne, Dach-Asbestzementrinne · asbestos-cement (roof) gutter, ~ rainwater ~; cement asbestos (~) ~ (US)

~rohr *n* · asbestos-cement pipe; cement asbestos ~ (US)

~schindel *f* · asbestos-cement shingle; cement asbestos ~ (US) [*misnomer: asbestos-cement shake*]

~sickerrohr *n*, Sicker-Asbestzementrohr · perforated asbestos-cement pipe; ~ cement asbestos ~ (US)

~sohlbank *f*, Asbestzementfenster(sohl)-bank · asbestos-cement window sill; ~ ~ cill (Brit.); cement asbestos window sill (US)

~-(Spring)Brunnenbecken *n* · asbestos-cement fountain basin; cement asbestos ~ ~ (US)

~tafel *f* [*DIN 274*] · asbestos-cement panel; cement asbestos ~ (US)

~traufrinne *f* · asbestos-cement eave(s) gutter, ~ ~ trough; cement asbestos ~ ~ (US)

~trennwand *f* · asbestos-cement partition (wall); cement asbestos ~ (~) (US)

~verkleidung *f*, Asbestzementauskleidung, Asbestzementbekleidung · asbestos-cement lining, ~ (sur)facing; cement asbestos ~ (US)

~-Verkleidungsplatte *f*, Asbestzement-Auskleidungsplatte, Asbestzement-Bekleidungsplatte, Verkleidungs-Asbestzementplatte, Auskleidungs-Asbestzementplatte, Bekleidungs-Asbestzementplatte · asbestos-cement (lining) sheet, ~ (sur)facing ~ [*B.S. 690*]; cement asbestos (~) ~ (US)

~vollplatte *f* [*DIN 274*] · asbestos-cement solid sheet, ~ ~ board; cement asbestos ~ ~ (US)

~wandplatte *f* · asbestos-cement wall sheet, ~ ~ board; cement asbestos ~ ~ (US)

~wandschindel *f*, Wand-Asbestzementschindel · asbestos-cement siding shingle; cement asbestos ~ ~ (US) [*misnomer: asbestos-cement siding shake*]

~wandtafel *f* · asbestos-cement wall panel; cement asbestos ~ ~ (US)

~ware(n) *f(pl)* · (mass-produced) asbestos-cement ware; (~) cement asbestos ~ (US)

~wellbedachung *f* → Wellasbestzementdach(belag)

~welldach(belag) *n*, (*m*) → Wellasbestzementdach(belag)

~welldach(ein)deckung *f* → Wellasbestzementdach(belag)

~welldachplatte *f*, Asbestzementdachwellplatte, Wellasbestzementdachplatte · asbestos-cement corrugated roof(ing) sheet, ~ ~ ~ board; cement asbestos ~ ~ ~ (US)

~well(ein)deckung *f* → Wellasbestzementdach(belag)

~wellplatte *f*, Wellasbestzementplatte asbestos-cement corrugated sheet, corrugated asbestos-cement ~, ~ ~ board; corrugated cement asbestos ~, cement asbestos corrugated ~ (US)

~wellplatten *fpl*, Wellasbestzementplatten · asbestos-cement corrugated sheeting, ~ ~ sheets, ~ ~ boards, corrugated asbestos-cement ~ [*B.S. 690*]; cement asbestos corrugated ~, corrugated cement asbestos ~ (US)

~-Welltafel *f*, Wellasbestzementtafel, gewellte Asbestzementtafel [*DIN 274*] · asbestos-cement corrugated panel, corrugated asbestos-cement ~; cement asbestos corrugated ~, corrugated cement asbestos ~ (US)

~zaun *m* · asbestos-cement fence; cement asbestos ~ (US)

~zisterne *f* · asbestos-cement cistern [*B.S. 2777*]; cement asbestos ~ (US)

Aschegehalt *m* · ash content

Aschen|anflug *m*, Abbrandanflug [*Auf den Ofensteinen*] · kiln scum

~bahn *f* · cinder track

~-Gas-Beton *m*, Gas-Aschen-Beton [*Gasbeton mit Mischbinder aus Zement und Asche*] · gas-ash concrete

~-Gas-Silikat *n*, Gas-Aschen-Silikat · gas-ash silicate

Asche(n)gehalt *m* · ash content

Aschen|grube *f* · ashpit

~schieferton *m* · ashy shale

~schlucker *m* · ash dump

~-Silikat-Gasbeton *m*, Silikat-Aschen-Gasbeton, Gas-Aschen-Silikat-Beton · gas-ash-silicate concrete

~-Silikat-Schaumbeton *m*, Silikat-Aschen-Schaumbeton, Schaum-Aschen-Silikat-Beton · foam-ash-silicate concrete

~sinter *m*, Sinterasche *f* · sintered ash

~tonschiefer *m* · ash slate

~tür *f* → Kamintür

(~)Urne *f* · (cinerary) urn, cremation ~

(~)Urnengrab *n*, Brandgrab · cremation urn pit, (cinerary) ~ ~

Ascher *m*, Aschenbecher · ash tray

Asphalt *m*, Natur~, natürliches Bitumen-Mineralgemisch *n*, natürliche Bitumen-Mineralmischung *f* [*Das natürlich vorkommende Bitumen mit seinem Begleitgestein*] · (natural) asphalt (Brit.); rock ~ (US)

~, künstliches Bitumen-Mineral-Gemisch *n*, künstliche Bitumen-Mineralmischung *f* · (artificial) asphalt (Brit.); (~) asphalt-aggregate mix(ture) (US)

~(ab)dichtung *f* · asphalt(ic) sealing

~-Absieg(e)lung *f*, Asphalt-Versieg(e)lung · asphalt(ic) seal(ing) (US); (asphaltic-)bitumen ~ (Brit.)

~arbeiten *fpl* · asphaltic work

~auskleidung *f*, Asphaltverkleidung, Asphaltbekleidung, Bitumenauskleidung, Bitumenverkleidung, Bitumenbekleidung · asphalt(ic) lining, ~ facing (US); (asphaltic-)bitumen ~ (Brit.)

asphaltbasisches Erdöl *n*, bitumenbasisches ~ · asphaltic(-base) (crude) petroleum, ~ crude

Asphalt|baupappe *f*, Bitumenbaupappe · asphalt building paper, ~ general-use ~ (US); (asphaltic-)bitumen ~ ~ (Brit.) [*See remark under 'Pappe'*]

~bekleidung *f*, Asphaltauskleidung, Asphaltverkleidung, Bitumenauskleidung, Bitumenverkleidung, Bitumenbekleidung ·asphalt(ic) lining, ~ facing (US); (asphaltic-)bitumen ~ (Brit.)

~belagarbeiten *fpl* [*DIN 18354*] · asphaltic surfacing work

~(belag)platte *f*, Asphaltfliese *f* [*Asphaltplatten sind unter Druck in der Wärme gepreßte Platten aus Natursasphaltrohmehl oder gemahlenem oder gebrochenem Naturgestein und bituminösen Stoffen als Bindemittel*] · asphalt(ic) tile [*B.S. 1324*]

~(belag)platte *f* **für Industrie(fuß)böden**, Asphaltfliese *f* ~ ~ · industrial asphalt(ic) tile

Asphaltbeton *m* [*Gemisch von Splitt, Natursand (oder Brechsand) und Füller mit Bitumen als Bindemittel*] · bitumen concrete, asphaltic-~ ~ (Brit.); asphalt(ic) ~ (US)

~mineralgerüst *n* · asphalt concrete (mineral) skeleton, asphaltic ~ (~) ~ (US); (asphaltic-)bitumen ~ (~) ~ (Brit.)

Asphalt|bitumen *n* [*Fehlname*]; Bitumen · asphalt (US); (asphaltic-)bitumen (Brit.)

~boden(belag) *m*, Asphaltfußboden(belag) · asphalt flooring, ~ floor cover(ing), ~ floor (finish)

~-Bordschwelle *f*, Asphalt-Hochbordstein *m*, Asphalt-Bordstein · asphalt curb; ~ kerb (Brit.); ~ ~ above ground

~-Bordstein *m*, Asphalt-Hochbordstein, Asphalt-Bordschwelle *f* · asphalt curb; ~ kerb (Brit.); ~ ~ above ground

~brot *n*, Naturasphalt-Mastixbrot, (Asphalt)Mastixbrot · mastic block

~(dach)schindel *f*, Bitumen(dach)schindel, (Dach)Pappschindel, (Dach-)Schindel aus Dachpappe · prepared-roofing shingle, ready-roofing ~, composition-roofing ~; asphalt ~ (US); (asphaltic-)bitumen ~ (Brit.)

~dichtung *f*, Asphaltabdichtung · asphalt(ic) seal(ing)

~einstreudecke *f*, Bitumeneinstreudecke, Bitumenstreumakadam *m*, Asphaltstreumakadam [*Eine Schotterdecke, bei der anstatt des Schlemmsandes ein mit Verschnittbitumen umhülltes Splittgemisch in die Zwischenräume des Schotters eingebaut und eingewalzt wird. Zum Abschluß erhält der Belag meist noch eine dünne Auflage von Bitumensplitt*] · asphalt dry penetration surfacing, ~ ~ process penetration macadam

~emulsion *f* → (Straßenbau)Bitumenemulsion

Asphalten *n*, Hartasphalt *m* [*Dieser Ausdruck für den unlöslichen Rückstand im Bitumen stammt aus der Zeit, in der Bitumen mit Asphalt bezeichnet wurde*] · asphaltene

Asphalt|erzeugnis *n* · asphalt(ic) product

~fassadenplatte *f* · asphalt(ic) façade slab

~feinbeton *m* · fine(-graded) asphaltic concrete (US); fine asphalt (Brit.)

~feinbeton(belag)platte *f*, Asphaltfeinbetonfliese *f* · fine asphalt tile (Brit.); fine(-graded) asphaltic concrete ~ (US)

~feinbetonfliese *f*, Asphaltfeinbeton(belag)platte *f* · fine asphalt tile (Brit.); fine(-graded) asphaltic concrete ~ (US)

~feinbetonplatte *f*, Asphaltfeinbetonbelagplatte, Asphaltfeinbetonfliese *f* · fine asphalt tile (Brit.); fine(-graded) asphaltic concrete ~ (US)

~fertigbahn *f* → Bitumenfertigbahn

~filz *m* · asphaltic felt

~fliese *f*, Asphalt(belag)platte *f* [*Asphaltplatten sind unter Druck in der Wärme gepreßte Platten aus Naturasphaltrohmehl oder gemahlenem oder gebrochenem Naturgestein und bituminösen Stoffen als Bindemittel*] · asphalt(ic) tile [*B. S. 1324*]

~fliese *f* **für Industrie(fuß)böden**, Asphalt(belag)platte *f* ~ ~ · industrial asphalt(ic) tile

~fliesenbodenbelag *m* → Asphaltfliesenfußbodenbelag

~fliesen(fuß)bodenbelag *m*, Asphaltplatten(fuß)bodenbelag · asphalt(ic) tile flooring

~(fuß)boden(belag) *m* · asphalt flooring, ~ floor (finish), ~ floor cover(ing)

~(fuß)bodenplatte *f*, Asphalt(fuß)-bodenfliese *f* · asphalt floor (finish) tile, ~ flooring ~, ~ floor cover(ing) ~

~gestein *n* [*Naturasphalt mit hohem Gehalt an Mineralstoffen, z. B. Asphaltkalkstein und Asphaltsand*] · asphaltic rock, bituminous ~ [*A rock in which the impregnation is relatively low*]

~gewebebahn *f* → Bitumenfertigbahn

~grobbeton *m* · coarse(-graded) asphalt(ic) concrete (US); coarse asphalt (Brit.)

~hartstein(belag)platte *f*, Asphalthartsteinfliese *f* · acid-resisting asphalt(ic) tile

~hartsteinfliese *f*, Asphalthartstein(belag)platte *f* · acid-resisting asphalt(ic) tile

~hartsteinplatte *f*, Asphalthartsteinbelagplatte, Asphalthartsteinfliese *f* · acid-resisting asphalt(ic) tile

~harz *n* · asphaltic resin

~-Hochbordstein *m*, Asphalt-Bordschwelle *f*, Asphalt-Bordstein · asphalt curb; ~ kerb (Brit.); ~ ~ above ground

asphaltisches Erdöl *n* · asphaltic petroleum

~ Säureanhydrid *n* · asphaltous acid anhydride

Asphaltisolierpaste *f*, Bitumenisolierpaste · (asphaltic-)bitumen insulating paste, ~ insulation(-grade) ~ (Brit.); asphalt ~ ~ (US)

~isolierplatte *f*, Bitumenisolierplatte · (asphaltic-)bitumen insulation(-grade) slab, ~ insulating ~ (Brit.); asphalt ~ ~ (US)

Asphaltit *m* [*Naturasphalt von großer Härte mit sehr niedrigem Gehalt an Mineralstoffen, z. B. Gilsonit*] · asphaltite

Asphalt|kalkstein *m*, Stinkkalkstein, bituminöser Kalkstein [*Naturasphalt mit hohem Gehalt an Mineralstoffen*] · bituminous limestone, asphaltic ~

~kaltbeton *m* · cold fine asphalt, Damman cold ~, fine cold ~ (Brit.); Damman cold asphaltic concrete (US)

~kies *m*, Bitu(men)kies · asphalt-coated gravel (US); (asphaltic-)bitumen-coated ~ (Brit.)

~lack *m*, Asphaltlösung *f* [*Fehlnamen*]; Bitumenlack, Bitumenlösung · asphalt(ic) varnish, black ~

~leger *m* · asphalter, asphalt layer

~lösung *f*, Asphaltlack *m* [*Fehlnamen*]; Bitumenlack, Bitumenlösung · asphalt(ic) varnish, black ~

~makadam *m*, Bitumenmakadam · (asphaltic-)bitumen macadam (Brit.); asphalt(ic) ~ (US)

(~)Mastixbrot *n*, Asphaltbrot, Naturasphalt-Mastixbrot · mastic block

~mauerwerk *n* [*Mauerwerk mit Asphaltmörtel*] · asphalt(ic) mortar masonry (work)

~mehl *n* → Asphaltrohmehl

~mischmakadam *m*, Bitumenmischmakadam · plant-mix(ed) (asphaltic-)bitumen macadam (Brit.); ~ asphaltic ~ (US)

~mörtel *m*, Bitumenmörtel · asphalt(ic) mortar (US); (asphaltic-)bitumen ~ (Brit.)

(~)Mörtelmakadam *m*, Bitumen-Mörtelmakadam [*Die Hohlräume einer abgewalzten Schotterschicht werden durch Einbringen eines bituminösen Mörtels verfüllt*] · grouted macadam

~öl *n* · asphalt(ic) residual oil

~platte *f*, Asphaltbelagplatte, Asphaltfliese *f* [*Asphaltplatten sind unter Druck in der Wärme gepreßte Platten aus Naturasphaltrohmehl oder gemahlenem oder gebrochenem Naturgestein und bituminösen Stoffen als Bindemittel*] · asphalt(ic) tile [*B.S. 1324*]

~platte *f* **für Industrie(fuß)böden**, Asphaltbelagplatte ~ ~, Asphaltfliese *f* ~ ~ · industrial asphalt(ic) tile

~platten(fuß)boden(belag) *m*, Asphaltfliesen(fuß)boden(belag) · asphalt(ic) tile flooring

~pulver *n* [*gemahlener Asphaltkalkstein*] · asphalt(ic) limestone powder, bituminous ~ ~

~(roh)mehl *n*, Natur~ [*Gemahlener Naturasphalt mit mindestens 4 Gewichts-% natürlichem Bitumen und mindestens 40 Gewichts-% Füller – Körnung unter 0,09 mm – bezogen auf das bitumenfreie Mehl*] · powder(ed) (natural rock) asphalt

~rohr *n* [*Asphaltrohre sind aus nackten Pappen oder Dachpappen gerollt und mit heißem Bitumen verklebt*] · asphalt pipe

~sand *m*, Bitumensand [*Naturasphalt mit hohem Gehalt an Mineralstoffen*] · bituminous sand, asphaltic ~

~sand *m*, Bitu(men)sand · bitumen-coated sand, asphaltic-~ ~ (Brit.); asphalt-coated ~ (US)

~sandstein *m*, bituminöser Sandstein · bituminous sandstone, asphaltic sand(-stone); sand asphalt (US)

~schindel *f*, Asphaltdachschindel, Bitumen(dach)schindel, (Dach)Pappschindel, (Dach)Schindel aus Dachpappe · prepared-roofing shingle, ready-roofing ~, composition-roofing ~; asphalt ~ (US); (asphaltic-)bitumen ~ (Brit.)

~schutzpappe *f*, Bitumenschutzpappe · asphalt(-impregnated) protective felt (US); (asphaltic-)bitumen ~ ~ (Brit.)

~stein *m* → Bitukasadstein

~streumakadam *m*, Bitumenstreumakadam, Asphaltsteinstreudecke *f*, Bitumeneinstreudecke [*Eine Schotterdecke, bei der anstatt des Schlemmsandes ein mit Verschnittbitumen umhülltes Splittgemisch in die Zwischenräume des Schotters eingebaut und eingewalzt wird. Zum Abschluß erhält der Belag meist noch eine dünne Auflage von Bitumensplitt*] · asphalt dry penetration surfacing, ~ ~ process penetration macadam

~-Terrazzo(belag)platte *f*, Asphalt-Terrazzofliese *f*, Verbund(belag)platte, Verbundfliese [*Sie besteht aus einer Stampfasphaltplatte als dämmende Unterschicht und einer zementgebundenen geschliffenen Terrazzooberschicht*] · compressed (natural) rock asphalt(ic) tile with terrazzo wearing course

~-Terrazzofliese *f*, Asphalt-Terrazzo-(belag)platte *f*, Verbund(belag)platte, Verbundfliese [*Sie besteht aus einer Stampfasphaltplatte als dämmende Unterschicht und einer zementgebundenen geschliffenen Terrazzooberschicht*] · compressed (natural) rock asphalt(ic) tile with terrazzo wearing course

~-Terrazzoplatte *f*, Asphalt-Terrazzobelagplatte, Asphalt-Terrazzofliese, Verbund(belag)platte, Verbundfliese [*Sie besteht aus einer Stampfasphaltplatte als dämmende Unterschicht und einer zementgebundenen geschliffenen Terrazzooberschicht*] · compressed (natural) rock asphalt(ic) tile with terrazzo wearing course

~tränkmakadam *m*, Bitumentränkmakadam · (asphaltic-)bitumen penetration macadam (Brit.); asphalt(ic) ~ ~ (US)

~verkleidung *f*, Asphaltauskleidung, Asphaltbekleidung, Bitumenauskleidung, Bitumenverkleidung, Bitumenbekleidung · asphalt(ic) lining, ~ facing (US); (asphaltic-)bitumen ~ (Brit.)

~-Versieg(e)lung *f*, Asphalt-Absieg(e)-lung · asphalt(ic) seal(ing) (US); (asphaltic-)bitumen ~ (Brit.)

~wand(belag)platte *f*, Asphaltwandfliese *f* · asphalt(ic) wall tile

~wandfliese *f*, Asphaltwand(belag)-platte *f* · asphalt(ic) wall tile

assyrische Baukunst *f*, ~ Architektur *f* · Assyrian architecture

Ästhetikfrage *f* · (a)esthetic aspect

ästhetische Vorstellung *f* · (a)esthetic concept, ~ idea

~ Wirkung *f* · (a)esthetic effect

ästhetischer Reiz *m* · (a)esthetic charm, ~ appeal

ästhetisches Gefühl *n* · (a)esthetic feeling, ~ sense

Ast-Molin-Decke *f* · Ast-Molin rib(bed) floor

Astragal *m* · astragal

~fries *m* · astragal frieze

~(ge)sims *m*, (*n*) · astragal cornice

Atelier *n* · studio

~haus *n* · studio house

AT-Grundiermittel *n*, Zinkchromatgrund(iermittel) *m*, (*n*), Zinkchromatgrundierung *f*, Zinkchromatgrundanstrichmittel · zinc chromate primer

Athenatempel *m* **der Insel Ortygia zu Syrakus** · Temple of Athena at Syracuse

Äthoxilinharz *n*, Epoxidharz, EP [*Epoxidharze sind Kondensationsprodukte, vorwiegend aus Epichlorhydrin und Phenolen, die durch Polyaddition mit Polyaminen und/oder Polyamiden härten*] · epoxy resin

Äthylalkohol *m* · ethyl alcohol

Äthylen *n*, Äthen · ethylene

~glykol *n* · ethylene glycol

Äthyl|silikat *n* · ethyl silicate

~zellulose *f* · ethyl cellulose

Atlant *m*, (Ge)Simsträger *m*, Telamon *m*, Gebälkträger · atlante, male caryatid [*Carved male figure used instead of columns to support an entablature in classical architecture*]

Atlasglas *n*, Seidentonglas, seidenmattes Glas, satiniertes Glas · satin finish glass, velvet ~ ~

Atmen *n* · breathing

atmendes Baupapier *n* · breather type building paper [*B. S. 4016*]

atmungsaktive Bitumenemulsion *f*, atmungsfähige ~ · 'breather type' asphalt emulsion (US); ~ (asphaltic-) bitumen ~ (Brit.)

~ Membran(e) *f*, ~ Haut *f*, atmungsfähige ~, atmungsfähiger Film *m*, atmungsaktiver Film · breathing (type) film, ~ (~) membrane, ~ (~) skin

Atmungsaktivität *f*, Atmungsfähigkeit *f* · breathability

atmungsfähig · capable of breathing

Atmungsfähigkeit *f* · breathing capability

Atom(schutz)bunker *m* · atomic bunker

Atrium *n*, Vorhof *m* (vor dem Narthex einer Basilika), Paradies *n* · ceremonial forecourt, atrium, paradise, parvis(e) [*An open court surrounded by porticos in front of a church (some medieval writers gave this name to the atrium of Old St. Peter's)*]

~, Mittelhof *m* · atrium, central (open) court(yard)

~haus *n* · atrium house

Attika *f*, Dachbrüstung *f* · proof parapet (wall)

~ [*Traufpunktausbildung. Der Kleb(e)dachbelag wird über die Stirnfläche eines Wandelements auf die Vorderseite geführt und ein Haltewinkel und eine Attikakappe decken den Belag ab, wobei Blechtreibschrauben die Befestigung erzielen*] · built-up roofing with wall coping

~kappe *f* [*Siehe Anmerkung unter „Attika"*] · wall coping

~platte *f*, Dachbrüstungsplatte · roof parapet (wall) slab

attischer Säulenfuß *m*, attische Basis *f* · molded base (US); moulded ~ (Brit.); Attic ~

Ätz-Alkalität *f* · caustic alkalinity

Ätzbaryt *m*, Bariumhydroxid *n*, $Ba(OH)_2 \cdot 8H_2O$ · barium hydroxid(e) (US); ~ hydroxide (Brit.)

Ätzen *n* → Säuremattieren

ätzende Wirkung *f* · burning (effect), ~ action [*As of a catalyst on the skin*]

Ätzglas *n* [*Mattglas, dessen Oberfläche auf chemischem Wege mit Flußsäure oder flußsauren Salzen behandelt wurde*] · etched glass

Ätzkali *n*, Kaliumhydrat *n*, KOH, Kaliumhydroxid *n* · caustic potash, potassium hydrate; potassium hydroxide (Brit.); potassium hydroxid(e) (US)

Ätzkalk *m* [*Fehlname*] → Löschkalk

Ätznatron *n*, kaustische Soda *f*, kaustisches Soda *n*, Natriumhydroxid *n*, NaOH · caustic soda

~probe *f*, Ätznatronversuch *m*, Ätznatronprüfung *f* [*Betonzuschlag(stoff)*] · Abrams' test, extraction with caustic soda, calorimetric test (for organic impurities), organic test for fine aggregate, test for organic matter

~prüfung *f*, Ätznatronprobe *f*, Ätznatronversuch *m* [*Betonzuschlag(stoff)*] . Abrams' test, extraction with caustic soda, calorimetric test (for organic impurities), organic test for fine aggregate, test for organic matter

~versuch *m*, Ätznatronprobe *f*, Ätznatronprüfung *f* [*Betonzuschlag(stoff)*] Abrams' test, extraction with caustic soda, calorimetric test (for organic impurities), organic test for fine aggregate, test for organic matter

Ätzpaste *f*, Ätztinte *f* [*Glasbehandlung*] · etching paste

Ätztinte *f*, Ätzpaste *f* [*Glasbehandlung*] · etching paste

Ätzung *f* [*Glas*] · (acid) etching, ~ embossing

Audiometrie *f* [*Die Auswirkung von Geräuschen auf die Hörsamkeit*] · audiometry

Aufbau *m*, Aufstellen *n*, Aufstellung *f*, Aufbauen, Montieren, Montage *f* · erection, fitting, setting (up)

~, System *n* · mastic system, ~ composition [*A finishing system for piping, comprising a primer, asphalt paint, mineral filler and whitewash*]

~, Anstrich~, (Anstrich)System *n* [*Bezeichnung für die Ausführung von Anstrichen nach genauen handwerklichen Regeln in mehreren Arbeitsgängen*] · paint system

~ [*Teer; Bitumen; Pech*] · chemical constitution

~ [*z. B. von Beton*] · physical structure [*e. g. of concrete*]

~, System *n* · system

aufbauen, aufstellen, montieren · to erect, to set (up), to fit

Aufbauen *n*, Aufstellung *f*, Aufbau *m*, Aufstellen, Montage *f*, Montieren · erection, fitting, setting (up)

Aufbauexzentrizität *f*, Montageexzentrizität · inaccuracy of erection

aufbaufertig, montagefertig · ready-to-erect

Aufbau|folge *f*, Montagefolge, Aufstellfolge · erection sequence, setting (up) ~, fitting ~

~vorgang *m*, Montagevorgang · erection procedure

~werkstatt *f*, Montagewerkstatt, Aufstell(ungs)werkstatt · erecting shop, setting (up) ~, fitting ~ [*A large open workshop or yard where steel frames are joined up after fabrication to make sure that they fit before sent to the site*]

aufbereiten [*(Beton)Zuschlagstoffe*] · to prepare [*(concrete) aggregate(s)*]

~, herstellen, erzeugen [*Beton; Mörtel; Schwarz(decken)mischgut*] · to fabricate, to prepare [*sometimes incorrectly called 'to mix'*]

(Auf)Bereiten *n*, (Auf)Bereitung *f* [*Beton; Mörtel; Putz*] · fabrication, preparation

Aufbereitung *f*, Herstellung, Erzeugung [*Beton; Mörtel; Schwarz(decken)mischgut*] · fabrication, preparation [*sometimes incorrectly called 'mixing'*]

~ *f*, Material~ (Werk)Stoff~ · (materials) processing, (~) dressing, (~) preparation

~ von Schwimmbeckenwasser · processing of swimming pool water

Aufbereitungshilfe *f* [*Zement*] · processing addition [*A material that is interground or blended in limited amounts into a hydraulic cement during manufacture to aid in manufacturing and handling the cement*]

Aufbeton(schicht) *m*, (*f*) → (Beton-)Druckplatte

(Auf)Blähen *n*, (Auf)Blähung *f* [*Herstellung von Leichtzuschlägen*] · bloating (Brit.); expanding, expansion

aufblasbar inflatable

Aufblättern *n* **von Vermiculit** · exfoliation of vermiculite

aufbördeln, (auf)weiten [*Rohr*] · to expand

aufbrechen [*Straße*] · to break open

aufbringen, auftragen · to apply, to distribute, to spread

Aufbringen *n*, Auftrag(en) *m*, (*n*) · application, distribution, spreading

Aufbringungsdicke *f*, Auftragdicke · distribution thickness, spreading ~, application ~

Aufdach *n* → (Dach)Laterne

aufdüsen, aufsprühen · to spray on by atomizing

Aufdüsen *n*, Aufsprühen · atomizing application

aufeinander beziehen · to relate to each other

Aufenthaltshalle *f* [*Hotel*] · lounge

Auferstehungskirche *f* · Church of the Resurrection

Auffahrt(rampe) *f* · access ramp

Auffrischung *f* · bright pickling

~, Anstrich~, Nachbessern *n* · touching up

Auffüllung *f* [*Strohlehm, Bimskies usw. zur Wärme- und Schalldämmung beim Einschub von Holzbalkendecken*] · deafening, deadening

Aufgabe *f*, Problem *n* · problem

aufgearbeiteter Gummi *m*, regenerierter ~ · reclaimed rubber

(auf)gebläht, blasig aufgetrieben · bloated (Brit.); expanded

(auf)geblähte Hochofenschlacke *f*, schaumige ~, geschäumte ~, (Hochofen)Schaumschlacke [*Die gebrochene geschäumte Hochofenschlacke wird „Hüttenbims" oder „Kunstbims" genannt*] · foamed (iron) (blastfurnace) slag [*B. S. 877*]; expanded ~, light weight ~; expanded cinder (US)

(auf)geblähter Glimmer *m*, Blähglimmer, Vermiculite *m* [*Ein Wärme- und Schalldämmstoff aus durch Erhitzen auf ca. 1200° aufgeblähtem Glimmer*] · vermiculite, exfoliated ~

~ Perlit *m* Blähperlit · expanded pe(a)rlite; bloating ~, bloated ~ (Brit.)

~ Schieferton *m*, Blähschieferton · expanded shale (clay); bloating ~ (~), bloated ~ (~) (Brit.)

~ Ton *m*, Blähton · bloating clay, bloated ~ (Brit.); expanded ~

~ (Ton)Schiefer *m*, Bläh(ton)schiefer · expanded slate; bloating ~, bloated ~ (Brit.)

(auf)geblähtes Perlite *n*, Blähperlite · expanded pe(a)rlite; bloating ~, bloated ~ (Brit.)

aufgedoppelte Stütze *f* · doubled-up column

~ Tür *f* · doubled-up door

aufgefülltes Gelände *n*, aufgeschüttetes ~ · made(-up) ground, man-made ~ [*Ground built-up with excavated material or refuse as distinct from the natural, undisturbed soil*]

aufgehende Mauer *f* · above-ground masonry wall, above-grade ~ ~, surface ~ ~

~ Wand *f* · above-ground wall, above-grade ~, surface ~

aufgehender Bau *m*, Überbau, Oberbau [*Alle Gebäudeteile über Geländehöhe*] · superstructure

aufgehendes Mauerwerk *n* · above-ground masonry (work), above-grade ~ (~), surface ~ (~)

aufgeklebt · bonded on

aufgelegt, rotbraun ~ [*Hochdruck-Asphaltplatte*] · with red-brown top layer, ~ ~ ~ course [*This layer is from 8 mm to 10 mm thick*]

aufgeleimt · glued-on, bonded-on

aufgelockerte Stadt *f* · dispersed town

aufgelockertes Lichtband *n* · interrupted (lighting) row

aufgenommene Last *f* · accepted load

aufgerauht [*zum Verputzen*] · keyed, hacked

aufgerauhte Faser *f* [*Holz*] · raised grain

~ Untersicht *f*, rauhe ~ · keyed soffit [*for plaster finish*]

aufgesattelte Treppe *f* · open-string stair(case), cut-string ~, bridge board ~; open-stringer ~, cut-stringer ~ (US)

aufgeschlemmt in Wasser · suspended in water

aufgeschmolzen · baked-on

aufgeschüttetes Gelände *n*, aufgefülltes ~ · made(-up) ground, man-made ~ [*Ground built-up with excavated material or refuse as distinct from the natural, undisturbed soil*]

aufgespaltenes Rohr *n*, Rinne *f*, (Rohr-) Schale *f* · split pipe, ~ duct, channel (stone)

aufgespitzt, gestockt · bush-hammered

aufgespitzte Oberflächenbehandlung *f*, gestockte ~ · bush hammer finish, bush-hammered ~

aufgespritzt · spray-applied

aufgespritzter Abziehlack *m* · spray booth strippable coating

aufgestocktes Gebäude *n* · raised building, ~ block

aufgestrichen · brush applied, brushed

aufgestrichener Abziehlack *m* · brushed on strippable coating

~ Kunststoffdachbelag *m*, aufgestrichenes Kunststoffdach *n* · brushed roof(ing) membrane, brush applied ~ ~

Aufhänge|drahtseil *n* · suspension cable

~eisen *n*, Aufhänger *m* · hanger [*Generally, a steel member from which other parts are hung*]

~haken *m* · suspension hook

(~)Nase *f* [*Dachziegel*] · nib, cog

~punkt *m* · suspension point

Aufhänger *m*, Aufhängeeisen *n* · hanger [*Generally, a steel member from which other parts are hung*]

Aufhängeseil *n* · suspension rope

(Auf)Hängestange *f* · suspender, suspension rod, hanger rod

Aufhängevorrichtung *f* · suspension device

Aufhängung *f* · suspension

Aufheizdauer *f*, Aufheizzeit *f* · temperature-rise period [*The time interval during which the temperature of a concrete product rises at a controlled rate to the desired maximum in autoclave or atmospheric pressure steam curing*]

~, Aufheizzeit *f* · heating time, ~ period

Aufheizen *n* [*Raum*] · warming up

~ → Erwärmen

Aufheiz|geschwindigkeit *f* · heating rate [*The rate expressed in degrees per hour at which the temperature of the kiln or autoclave is raised to the desired maximum temperature*]

~kurve *f* · heating curve

~risse *mpl*, Kühlrisse [*Durch verschiedene Ausdehnung hervorgerufene Rißbildung oder Bruch eines ff.-Erzeugnisses, die bei einem Temperaturstoß durch ein zu großes Temperaturgefälle oder durch eine kristalline Umwandlung entstehen*] · spalling

Aufheizung *f* → Erwärmung

Aufheizzeit *f* [*Raum*] · warming up period

~, Aufheizdauer *f* · temperature-rise period [*The time interval during which the temperature of a concrete product rises at a controlled rate to the desired maximum in autoclave or atmospheric pressure steam curing*]

~, Aufheizdauer *f* · heating time, ~ period

aufhörende Bausparkasse *f* [*in England*] · building club

aufkanten, hochkanten, umlegen nach oben, abkanten nach oben · to fold up(wards), to tip ~

Aufkantung *f* · upstand, upturn, turn-up [*That part of a felt or flexible-metal flashing, or roof covering which turns up beside a wall without being turned into it, and is covered usually by a stepped flashing*]

Aufkipp|bauweise *f*, Richtaufbauweise · tilt-up construction, ~ method

~betontafel *f*, Richtaufbetontafel · tilt-up concrete panel

~tafel *f*, Richtauftafel · tilt-up panel

~wand *f*, Richtaufwand · tilt-up wall

Aufkleben *n* **mit Kleister** [*(Papier-) Tapete*] · pasting and applying to wall

Aufkohlen *n* · cementation [*Impregnating wrought-iron bars with carbon by packing them with charcoal and heating them for several days*]

Auflade|rampe *f* · loading ramp

~zeit *f* [*Nachtstromspeicherofen*] · charging period (at night)

(Auflage)Knagge *f* · (angle) cleat [*A small bracket of angle section fixed in a horizontal position, normally to a wall or stanchion, to support or to locate a structural member*]

Auflager|druck *m*, Stützkraft *f*, Auflagerwiderstand *m*, Auflagerreaktion *f*, Stützreaktion, Auflagerkraft, Stützwiderstand, Stützdruck, Gegendruck · reaction [*The upward resistance of a support such as a column or wall against the downward pressure of a loaded member such as a girder*]

~fläche *f* · seating [*The surface of the point of support for a heavy load*]

~kraft *f*, Stützwiderstand *m*, Stützdruck *m*, Gegendruck, Auflagerdruck, Stützkraft, Auflagerwiderstand, Auflagerreaktion, Stützreaktion *f* · reaction [*The upward resistance of a support such as a column or wall against the downward pressure of a loaded member such as a girder*]

~mauerwerk *n* · supporting masonry (work)

~punkt *m*, Auflager(stelle) *n*, (*f*) · (point of) support

~reaktion *f*, Stützreaktion, Auflagerkraft *f*, Stützwiderstand *m*, Stützdruck *m*, Gegendruck, Auflagerdruck, Stützkraft, Auflagerwiderstand · reaction [*The upward resistance of a support such as a column or wall against the downward pressure of a loaded member such as a girder*]

~(stelle) *n*, (*f*), Auflagerpunkt *m* · (point of) support

Auflagerung *f* · bearing [*The support of a beam, or the length, or the area of the beam which rests on its support*]

Auflager|widerstand *m*, Auflagerreaktion *f*, Stützreaktion, Auflagerkraft *f*, Stützwiderstand, Stützdruck *m*, Gegendruck, Auflagerdruck, Stützkraft · reaction [*The upward resistance of a support such as a column or wall against the downward pressure of a loaded member such as a girder*]

~winkel *m* [*Stahlbau*] · angle

Auflage|stufe *f*, (Auf)Tritt(stufe) *m*, (*f*) · (stair) tread [*The member forming the horizontal top surface of a step*]

~ornament *n* · applique [*An ornament that is applied to another surface*]

aufliegendes Buntbartschloß *n*, Buntbart-Aufsatzschloß, Buntbart-Kasten(riegel)schloß · warded rim lock

~ Schloß *n*, Kasten(riegel)schloß, Aufsatzschloß · rim lock

Auflockern *n* [*Masse durch Rühren*] · agitating, agitation, stirring

Auflockerung *f* [*Städtebau*] · thinning-out

auflösen, zerklüften [*Fläche*] · to carve up, to break down [*surface*]

Auflösung *f*, Zerklüftung [*Fläche*] · carving-up, breakdown [*surface*]

(Auf)Lösung *f* · solution

Aufmaß *n* **und Abrechnung** *f* · measurement and payment

~verfahren *n* · method of measurement (of building works)

(auf)mauern [*mit Ziegeln*] · to brick up

aufmessen [*Bauarbeiten*] · to measure

Aufmessen *n* · measurement (of finished work)

Aufnahme *f* · survey

~ [*Last*] · acceptance

~studio *n* · recording studio

aufnehmen [*Last*] · to sustain, to carry, to accept

Aufputz|-Einbau *m*, Aufputz-Verlegung *f* [*Elektroinstallation*] · surface mounting

~-Installation *f* [*Elektroinstallation*] · surface-mounted installation tubular conduits on the surface

~-Leitung *f*, Aufputz-Leerrohr *n* [*Elektroinstallation*] · surface-mounted conduit

~-Verlegung *f*, Aufputz-Einbau *m* [*Elektroinstallation*] · surface mounting

~-Verteiler *m*, Aufputz-Verteilungsschrank *m*, Aufputz-Verteilung *f* · surface-mounted distribution board

Aufquellen *n* · swelling [*e.g. of a filler used in a rubber*]

Aufrauhen *n* · roughening

~ [*zum Verputzen*] · hacking, keying

Aufrauhsplitt *m* · chi(ping)s for roughening treatment

Aufreiter *m* → (Dach)Laterne

Aufriß *m* · elevation

Aufsatz *m* [*Für Straßen- und Hofabläufe. Prüfung DIN 1213. Mit seitlichem Abfluß DIN 1235*] · frame

~band *n* [*Baubeschlag*] · surface-fixed hinge

~kranz *m*, Aufsetzkranz [*Lichtkuppel*] · curb

~leuchte *f*, Mast-~ · post-top luminaire (US); ~ light fitting (Brit.); ~ (light(ing)) fixture

~-Rohrbelüfter *m* · interchangeable anti-siphonage device

~schloß *n*, Kasten(riegel)schloß, aufliegendes Schloß · rim lock

~schlüssel *m*, Steckschlüssel · socket spanner (Brit.); ~ wrench

Aufsaug|beiwert *m* → Absorptionsbeiwert

~fähigkeit *f* → Absorptionsvermögen

~färbung *f*, Einsaugfärbung, Absorptionsfärbung · absorption colouring (Brit.); ~ coloring (US)

~mittel *n*, Aufsaugstoff *m*, Einsaugstoff, Einsaugmittel, Absorptionsstoff, Absorptionsmittel · absorbent material

~pulver *n*, Absorptionspulver, Einsaugpulver · absorptive powder, absorbent ~

~stoff *m*, Aufsaugmittel *n*, Einsaugstoff, Einsaugmittel, Absorptionsstoff, Absorptionsmittel · absorbent material

~vermögen *n* → Absorptionsvermögen

aufschäumbares Polystyrol *n* · expandable polystyrene

Aufschäumbarkeit *f* **an Ort und Stelle** · foamed-in situ capability, expanded-in situ ~

Aufschäumen *n* · foaming, expanding

~ an Ort und Stelle · foaming in situ, expanding ~ ~

Aufschiebling *m* · eave(s) board, ~ catch, tilting fillet, tilting piece, doubling piece, arris fillet, eave(s) pole (Brit.); cant strip (US) [*A board of triangular cross-section nailed to the rafters or roof boarding under the double eave(s) course to tilt it slightly less steeply than the rest of the roof and to ensure that the tails of the lowest tiles bed tightly on each other*]

aufschlämmbarer Stoff *m* → Feinstes

Aufschlämmbares *n* → Feinstes

aufschließen, verflüssigen [*Steinzeugindustrie*] · to dissolve, to disintegrate, to deflocculate

Aufschließung *f*, Verflüssigung, Aufschluß *m* [*Steinzeugindustrie*] · deflocculation, disintegration, dissolving

Aufschluß *m*, Verflüssigung *f*, Aufschließung [*Steinzeugindustrie*] · deflocculation, disintegration, dissolving

~ durch Freilagern [*Veränderung der Rohstoffe durch die Einwirkung der Atmosphäre. Hierbei erfolgt eine Oxydation oder ein Lösen und eine teilweise Entfernung der Verunreinigungen*] · weathering

~mittel *n*, Verflüssigungsmittel [*Steinzeugindustrie*] · deflocculant

aufschmelzen · to bake-on

Aufschraub|band *n* [*z.B. für Türen*] · screwed-on hinge

~schloß *n* · screwed-on lock

Aufschüttung *f* · fill(ing)

Aufschweißbiege|probe *f*, Aufschweißbiegeversuch *m*, Aufschweißbiegeprüfung *f* · bead bend test

~prüfung *f*, Aufschweißbiegeversuch *m*, Aufschweißbiegeprobe *f* · bead bend test

~prüfung *f* **nach Kommerell**, Aufschweißbiegeprobe *f* ~ ~, Aufschweißbiegeversuch *m* ~ ~, Kommerellversuch, Kommerellprobe, Kommerellprüfung [*Baustahl. DIN 17100 und Ö Norm M 3052*] · Kommerell bead bend test

~versuch *m*, Aufschweißbiegeprüfung *f*, Aufschweißbiegeprobe *f* · bead bend test

Aufsetzen *n* [*Band als Baubeschlag*] · surface fixing

Aufsetzwinkel *m*, Ansetzwinkel, Stützwinkel · angle bracket

aufspachteln, verstreichen · to float

Aufspalten *n* [*Ein Estrich kann in zwei Hälften aufspalten, wenn ein zu dichtes oder zu dickes Drahtgewebe als Bewehrung eingelegt oder zweischichtig mit unterschiedlichen Mischungsverhältnissen gearbeitet wurde*] · separating into two halves

Aufsperrpistole *f* **für verschlossene YALE-Schlösser** · picking pistol

Aufspitzen *n*, Stocken · bush hammering, granulating

Aufspritzen *n* · spray application, (gun) spraying

aufsprühen, aufdüsen · to spray on by atomizing

Aufsprühen *n*, Aufdüsen · atomizing application

Aufstandpfahl *m* [*Betonbohrpfahl mit keulenförmigem Fuß*] · bulb pile

aufsteigende Feuchtigkeit *f*, ~ Feuchte *f* · rising humidity, ~ moisture

aufstellen, montieren, aufbauen · to erect, to set (up), to fit

Aufstellen *n*, Aufstellung *f*, Aufbau *m*, Aufbauen, Montieren, Montage *f* · erection, fitting, setting (up)

Aufstellfolge *f*, Montagefolge, Aufbaufolge · erection sequence, setting (up) ~, fitting ~

Aufstellung *f*, Aufbauen *n*, Aufbau *m*, Aufstellen, Montage *f*, Montieren · erection, fitting, setting (up)

Aufstell(ungs)werkstatt *f*, Montagewerkstatt, Aufbauwerkstatt · erecting shop, setting (up) ~, fitting ~ [*A large open workshop or yard where steel frames are joined up after fabrication to make sure that they fit before sent to the site*]

Aufstocken *n*, Erhöhen [*Gebäude*] · heightening

(Auf)Stoß|flügel *m* · push-up leaf

~tür *f* · push-up door

aufstreichbar · brushable

aufstreichen [*Anstrichstoff*] · to apply by brushing

Aufstreichen *n* [*Aufstrichmittel*] · application by brushing, brush application

Aufstreubetonbelag *m* · concrete screed with hard aggregate sprinkled on the surface

aufstreuen · to sprinkle on the surface

Aufstreuen *n* **von Sand** · spreading of sand

Aufstreukörnung *f* · hard aggregate sprinkled on the surface, ~ ~ for sprinkling ~ ~ ~

Aufstrich *m*, Anstrich [*Eine aus Anstrichstoff oder Anstrichstoffen hergestellte Beschichtung auf einem Untergrund. Der Anstrich kann mehr oder weniger in den Untergrund eingedrungen sein. Er kann aus einer oder mehreren Schichten bestehen. Ein mehrschichtiger Anstrich wird als „Anstrichaufbau" und „Anstrichsystem" bezeichnet*] · coat

~, Anstrich, Anstreicherarbeiten *fpl*, Anstreichen *n*, Anstricharbeiten, Aufstricharbeiten · coating (work)

~arbeiten *fpl* → Aufstrich

~art *f*, Anstrichart · type of coating (work)

~fläche *f* → Anstrichfläche

~grund *m* → Anstrichfläche

~mittel *n*, Anstrichmittel, Aufstrich(stoff) *m*, Anstrich(stoff), flüssiger Beschichtungsstoff · liquid coating (material)

~schicht *f*, Anstrichschicht · individual coat

~-Schutzbelag *m*, Anstrich-Schutzbelag [*Überzug von mineralischen Stoffen auf Anstrichen. Hierdurch wird die Haltbarkeit dieser Anstriche bedeutend verlängert*] · protective cover on a coat

~(stoff) *m*, Anstrich(stoff), Anstrichmittel *n*, Aufstrichmittel, flüssiger Beschichtungsstoff · liquid coating (material), (surface) coating (medium)

~(unter)grund *m* → Anstrichfläche

Aufteilen *n* **von Terrazzoflächen**, Aufteilung *f* ~ ~ · outlining terrazzo patterns

Aufteilung *f* **durch Trennwände**, Abtrennung ~ ~ · partitioning

~ von Terrazzoflächen, Aufteilen *n* ~ ~ · outlining terrazzo patterns

Auftrag|abwicklung *f*, Auftragdurchführung · execution of the order

~dicke *f*, Aufbringungsdicke · spreading thickness, distribution ~, application ~

auftragen, aufbringen · to apply, to distribute, to spread

Auftrag(en) *m*, (*n*), Aufbringen · distribution, application, spreading

~ mit Messer, Messerauftrag · knife application

Auftragen *n* **von Spritzbeton,** Betonspritzverfahren · shooting, gunning, placing of shotcrete, shotcreting, guniting, concrete-spraying, cement gun work

Auftragerteilung *f*, Vergabe *f* · letting of the order, ~ ~ ~ contract, contract letting, order letting

auftreffender Schall *m* · incident sound

Auftrieb *m* · uplift, buoyancy

Auftriebs|druck *m* · uplift pressure, buoyancy ~

~sicherung *f* · safety measure against buoyancy, ~ ~ ~ uplift

Auftritt *m*, (Auf)Trittfläche *f* · (stair) tread [*The horizontal top surface of a step*]

(Auf)Tritt|breite *f* [*(Treppen)Stufe*] · run

~fläche *f*, Auftritt *m* · (stair) tread [*The horizontal top surface of a step*]

~fliese *f* [*Fliesentreppe*] · tread tile

~(stufe) *m*, (*f*), Auflagestufe · (stair) tread [*The member forming the horizontal top surface of a step*]

Auftrocknen *n*, Auftrocknung *f* · drying-up

Aufwarteraum *m* [*Hotel*] · service room for bedroom service

Aufwaschraum *m*, Abwaschraum · scullery, wash-up [*A room adjoining the kitchen, where pots and pans are cleaned and stored or where the rough, dirty kitchen work is done*]

(auf)weiten, aufbördeln [*Rohr*] · to expand

Aufwölben *n* · upward deflection, ~ deflexion

Aufwölbung *f*, Stich *m*, Überhöhung · hog(ging), camber [*Girders and trusses may be built with hog to counteract their sag*]

Aufwölbungsmoment *n* · negative moment, hog(ging) ~ [*A bending moment which tends to cause hog such as occurs at the supports of a beam*]

Aufzehrung *f*, Absorption *f* [*Einsaugen eines Stoffes in das Innere eines anderen ohne chemische Vereinigung*] · absorption

aufziehen [*(Ab)Dicht(ungs)ring auf ein Rohr*] · to snap into position

Aufziehknopf *m* [*Fenster*] · sash lift knob

Aufzug *m* · lift (Brit.); elevator (US) [*An enclosed platform for carrying goods or passengers from one stor(e)y to another in a tall building*]

~, Personen~, Fahrstuhl *m* · passenger lift (Brit.); ~ elevator (US)

~absatz *m* → Aufzug(treppen)podest

~anlage *f*, Personen~, Fahrstuhlanlage · passenger lift installation (Brit.); ~ elevator ~ (US)

(~)Band *n*, (Aufzug)Gurt *m* [*Rolladen*] · tape

~eingang *m* · lift entrance (Brit.); elevator ~ (US)

~führer *m* · lift attendant (Brit.); elevator ~ (US)

~führungsschiene *f* · lift guide rail (Brit.); elevator ~ ~ (US)

~garage *f* · lift-type car park (Brit.); elevator-type ~ ~ (US)

(~)Gurt *m*, (Aufzug)Band *n* [*Rolladen*] · tape

~halle *f* · lift hall (Brit.); elevator ~ (US)

~kern *m*, Aufzugschacht *m*, Personen~, Fahrstuhlschacht, Fahrstuhlkern · (passenger) lift shaft, (~) ~ well, (~) ~ core, (~) ~ pit, (~) ~ tower (Brit.); (~) elevator ~ (US)

~kordel *f* [*Jalousie*] · raising cord

~motorraum *m* · elevator machine room (US); lift ~ ~ (Brit.)

~öffnung *f* [*Durch eine Tür verschlossen*] · landing opening, ~ entrance

~podest *n* → Aufzugtreppenpodest

~schacht *m* · lift shaft, ~ well, ~ core, ~ pit, ~ tower (Brit.); elevator ~ (US)

~schacht *m*, Aufzugkern *m*, Personen~, Fahrstuhlschacht, Fahrstuhlkern · (passenger) lift shaft, (~) ~ well, (~) ~ core, (~) ~ pit, (~) ~ tower (Brit.); (~) elevator ~ (US)

~steuerung *f* · lift control (Brit.); elevator ~ (US)

~treppe *f* [*Schweiz*]; Einschiebtreppe, Schiebetreppe, hochschiebbare Treppe · folding stair, ~ ladder, loft ladder, disappearing ~

~(treppen)podest *n*, Aufzug(treppen)-absatz *m* · lift landing (Brit.); elevator ~ (US)

~-Treppen-Schacht *m*, Treppen-Aufzug-Schacht · lift/stair(case) core, stair(case)/lift ~, ~ well (Brit.); elecator/stair(case) ~, stair(case)/elevator ~ (US)

~tür *f*, Personen~, Fahrstuhltür · passenger lift door (Brit.); ~ elevator ~ (US)

~tür *f* · lift-car door (Brit.); elevator cage ~ (US)

Auge *n* → Opäum

~ → Treppen~

Aug(en)bolzen *m*, Schraubenbolzen mit Ring, Ringbolzen, Ösenbolzen, Schrauböse *f*, Ösenschraube *f* · eye bolt

Augen|höhe *f*, Sichthöhe · eye level

~scheinnahme *f* · inspection

~schraube *f* [*Fehlname: Klappschraube. DIN 444*] · closed eye bolt

~stab *m* [*U-Stahl, Flachstahl oder am Ende flach ausgeschmiedeter Rundstahl mit einem Bolzenloch in Stabendnähe, Auge genannt, für einen gelenkigen Anschluß mit Gelenkbolzen*] · eye bar

~waschanlage *f* · eye washing bath [*A sanitary appliance installed in work places where there is risk of injury to eyes by solid particles or dangerous liquids. The appliance consists of a small bowl with two jets of water controlled by a hand or foot operated valve in such a way that the user can bathe the eyes without touching them*]

Augit *m* · augite

~diorit *m* · augite diorite, augitic ~

~fels *m* · augite rock, augitic ~

~granit *m* · augite granite, augitic ~

~granophyr *m* · augite granophyre, augitic ~

Augitit *m* · augitite [*A limburgite without olivine*]

Augit|melaphyr *m* · augite melaphyre, augitic ~

~porphyr *m*, schwarzer Porphyr · augite porphyry, augitic ~

~syenit *m* · augite syenite, augitic ~

Augustus|bogen *m* · Arch of Augustus

~-Mausoleum *n* · Mausoleum of Augustus

Auktionshalle *f*, Versteigerungshalle · auction hall

Aula *f* · aula [*The assembly hall of a university or other scholastic building*]

Ausbalancieren *n* **der Baumasse** · balancing of construction volume

Ausbau *m*, Erweiterung *f*, Vergrößerung [*einer bestehenden Anlage*] · expansion, development

~ [*als Ergebnis der Tätigkeit*] · finishings and services (Brit.); finish ~ ~ (US)

~, ~arbeiten *fpl*, Ausbauen *n* · finishings and services work (Brit.); finish ~ ~ ~ (US); interior ~

ausbaufertig, schlüsselfertig [*Der Bauzustand nach Fertigstellung des Ausbaues*] · turn-key

Ausbau|gewerk *n*, Innen~ · trade for interior work, ~ ~ finishing ~, ~ ~ inside ~, ~ ~ inner ~, ~ ~ indoor ~

~maß *n* · main controlling dimension [*A dimension between key reference planes, e.g. floor-to-floor height or stor(e)y height*]

~material *n* [*Schweiz*]; Ausbaustoff *m* [*Im Gegensatz zum Rohbaustoff*] · material for interior work

~stoff *m*; Ausbaumaterial *n* [*Schweiz*] [*Im Gegensatz zum Rohbaustoff*] · material for interior work

Ausbesserungs|arbeiten *fpl* · repair work

~haken *m*, Dachknappe *m*, Reparaturhaken, Dachhaken [*DIN 18480*] · roof hook

~mörtel *m* · repair mortar

ausbetonieren · to fill with concrete

Ausbetonieren *n* · filling with concrete

Ausbeute *f*, Beton~ [*Das Verhältnis der Betonmenge in Raumteilen zur Summe der einzeln zugegebenen Mengen*] · yield

Ausbildung *f*, Gestaltung, Form *f* · form

~ · training

Ausbildungs|lager *n* · training camp

~stätte *f* · training centre (Brit.); ~ center (US)

~stätte *f* **für körperlich und/oder geistig behinderte Personen** · training centre (Brit.)/center (US) for physically and mentally handicapped persons (or people)

ausbleichen [*Farbton*] · to fade

ausblühecht · efflorescent-proof

ausblühen · to effloresce

Ausblühen *n*, Ausschlagen, Auswittern [*Äußerlich sichtbares Ausscheiden von Salzen auf Mauerwerk*] · efflorescence

ausblühfähig, ausschlagfähig, auswitterungsfähig · efflorescent

ausblühfähiges Salz *n*, ausschlagfähiges ~, auswitterungsfähiges ~ · salt causing unsightly efflorescence, soluble salt

Ausblüh|probe *f*, Ausblühversuch *m*, Ausblühprüfung *f* · efflorescence test

~prüfung *f*, Ausblühprobe *f*, Ausblühversuch *m* · efflorescence test

Ausblühung *f*, Ausschlag *m*, Auswitterung [*Äußerlich sichtbare Ausscheidung von Salzen auf Mauerwerk*] · efflorescence

Ausblühungs|beständigkeit *f* · resistance to efflorescence

~neigung *f* · liability to efflorescence

Ausblühversuch *m*, Ausblühprobe *f*, Ausblühprüfung *f* · efflorescence test

Ausbluten *n*, Durchschlag(en) *m*, (*n*) · bleeding, bleed-through [*The process of diffusion of a 'soluble' coloured substance from, into, and through a paint or varnish coating from beneath, thus producing an undesirable staining or discoloration. Examples of 'soluble' materials which may give rise to this defect are certain types of the following classes of materials: bituminous paints, wood preservatives, pigment dyestuffs and stains*]

ausbrechbare Vorpressung *f* [*Isolierpreßstoffleuchte*] · knock-out

Ausbreiten *n* **des Estrichs** · spreading of screed

Ausbreitung *f*, Fortpflanzung, Schall~ · (sound) propagation [*The wave process whereby sound energy is transferred from one part of a medium to another*]

Ausbreitungs|koeffizient *m*, Ausbreitungskonstante *f* [*Akustik. Komplexe Summe von Dämpfungskoeffizient*

(Realteil) und Phasenkoeffizient (Imaginärteil)] · propagation coefficient, ~ constant

~konstante *f*, Ausbreitungskoeffizient *m* [*Akustik. Komplexe Summe von Dämpfungskoeffizient (Realteil) und Phasenkoeffizient (Imaginärteil)*] · propagation coefficient, ~ constant

Ausbreit(ungs)|maß *n*, Sackmaß, Fließmaß, Konussenkung *f*, Setzmaß [*Betonprüfung. DIN 1048*] · slump

~probe *f* → Ausbreit(ungs)prüfung

~prüfung *f*, Ausbreit(ungs)versuch *m*, Ausbreit(ungs)probe *f*, Setzprobe, Setzversuch, Setzprüfung, Konsistenzprüfung, Konsistenzprobe, Konsistenzversuch, Steifeprüfung, Steifeprobe, Steifeversuch [*Betonprüfung. DIN 1048*] · slump test (for consistency), ~ ~ ~ consistence, consistency test, consistence test

~tisch *m* **mit Trichter**, Setztisch ~ ~ [*Betonprüfung. DIN 1048*] · flow table (with cone)

~versuch *m* → Ausbreit(ungs)prüfung

Ausbrennen *n* [*Gebäude*] · burn-out

ausdehnen · to expand

(Aus)Dehnung *f* · expansion

(Aus)Dehn(ungs)|beiwert *m* · expansion coefficient

~fuge *f*, Raumfuge, Trenn(ungs)fuge · expansion joint [*A separation between adjoining parts of a concrete structure which is provided to allow small relative movements such as those caused by thermal changes to occur independently*]

Ausdehnungsgefäß *n*, Druck~, Entspannungsgefäß [*Warmwasser-Heizung*] · expansion vessel, ~ tank

(Aus)Dehn(ungs)|rohr *n* · expansion pipe, vent ~ [*(hot) water heater*]

~schleife *f* · expansion loop

~zeit *f* [*Quellzement*] · expansion time, ~ period

Ausdrucks|kraft *f* · expressiveness, power of expression

~mittel *n* · instrument of expression

(aus)ebnen, einebnen, egalisieren, nivellieren, ausgleichen · to level

(Aus)Ebnen *n*, Egalisieren, Einebnen, Nivellieren, Ausgleichen · levelling (Brit.); leveling (US)

Ausebnungs|masse *f*, Ausgleichmasse, Nivellierspachtel(masse) *m*, *(f)*, Ausgleichspachtel(masse), Ausgleichmittel *n*, Ausebnungsmittel, Nivelliermittel, Nivelliermasse, Egalisierspachtel(masse), Egalisiermittel, Egalisiermasse [*Zum Ebnen unregelmäßiger Fußbodenflächen*] · levelling composition, ~ compound, ~ material, ~ mass (Brit.); leveling ~ (US)

~mittel *n*, Nivelliermittel, Ausgleichmittel, Ausebnungsmasse *f*, Ausgleichspachtel(masse) *m*, *(f)*, Nivellierspachtel(masse), Egalisierspachtel(masse), Ausgleichmasse, Nivelliermasse, Egalisiermittel, Egalisiermasse [*Zum Ebnen unregelmäßiger Fußbodenflächen*] · levelling composition, ~ compound, ~ mass, ~ material (Brit.); leveling ~ (US)

~mörtel *m*, Egalisiermörtel, Ausgleichmörtel, Nivelliermörtel · levelling mortar (Brit.); leveling ~ (US)

auseinandergezogene Ansicht *f* · exploded view

ausfachen, ausfüllen [*Süddeutschland: ausriegeln*] · to fill in

Ausfachung *f*, Ausfüllung [*Süddeutschland: Ausriegelung*] · infill(ing) wall, panel ~, (in)filler ~

Ausfachungs|beton *m*, (Aus)Füll(ungs)beton · infill(ing) concrete

~block *m*, (Aus)Füll(ungs)block, (Aus-)Füll(ungs)(block)stein *m*, Ausfachungs(block)stein · (in)filler block, infill(ing) ~, ~ tile [*See remark under 'Block'*]

~mauerwerk *n*, Mauerwerkausfachung *f*, Mauerwerkausfüllung, (Aus)Füll(ungs)mauerwerk, (Fachwerk)Ausmauerung · infill(ing) masonry (work), (in)filler ~ (~)

~platte *f*, (Aus)Füll(ungs)platte · (in-)filler slab, infill(ing) ~

~stein *m*, Ausfachungsblockstein, (Aus-)Füll(ungs)(block)stein, (Aus)Füll(ungs)block *m*, Ausfachungsblock · (in)filler block, infill(ing) ~, ~ tile [*See remark under 'Block'*]

~tafel *f*, (Aus)Füll(ungs)tafel · (in)filler panel, infill(ing) ~

~wand *f*, (Aus)Füll(ungs)wand · infill wall, (in)filler ~, infilling ~

~ziegel *m*, (Aus)Füll(ungs)ziegel · infill(ing) brick, (in)filler ~

Ausfahrt|rampe *f* · out ramp, exit ~

~stand *m* [*Parkhaus*] · delivery stall

Ausfällen *n* · precipitating

Ausfall|gang *m* · sally-port [*A postern gate or passage underground from the inner to the outer works of a fortification*]

~körnung *f*, Auslaßkörnung · omitted-size fraction

Ausflicken *n* · patching

Ausformen *n*, Entformen [*Betonsteinindustrie*] · demoulding (Brit.); demolding (US)

Ausfug|masse *f*, Verfugemasse · pointing compound, joint(ing) ~

~mörtel *m*, Vermauerungsmörtel, Mauermörtel, Fug(ungs)mörtel, Mauerspeise *f*, Fugenmörtel, Verfugemörtel; Speis *m* [*Süddeutschland*] · joint(ing) mortar, masonry ~, pointing ~

Ausfugung *f*, Verfugung · jointing, pointing

ausführender Architekt *m*, leitender ~ · architect-in-charge

Ausführung *f* [*Vertrag*] · execution

~ · workmanship

Ausführungs|bearbeitung *f* · office work for the execution of the construction operations

~entwurf *m* · final design

~entwurfstadium *n* · design development phase

~planung *f* · final planning

~projekt *n* · final project, ~ scheme

~zeichnung *f*, Arbeitszeichnung · working drawing, final ~

ausfüllen, ausfachen [*Süddeutschland: ausriegeln*] · to fill in

Ausfüllen *n* · filling

~; Ausriegeln [*Süddeutschland*] · infilling

Ausfüller *m*, (Füll)Spachtel(masse) *m*, *(f)* [*Spachtel ist ein stark pigmentierter und/oder gefüllter Anstrichstoff, vorwiegend zum Ausgleichen von Unebenheiten des Untergrundes. Der Spachtel kann zieh-, streich- oder spritzbar eingestellt werden. Die getrocknete Spachtelschicht muß schleifbar sein. Nach der Zusammensetzung unterscheidet man z.B. Leimspachtel, Dispersionsspachtel, Ölspachtel, Lackspachtel, Nitrocellulosespachtel*] · stopper, stopping, filler; spactling compound, Swedish putty (US)

~lage *f*, Ausfüllerschicht *f*, Spachtellage, Spachtelschicht · stopper coat, stopping ~, filler ~

~pulver *n*, (Füll)Spachtelpulver · stopper powder, stopping ~, filler ~

~schicht *f*, Ausfüllerlage *f*, Spachtelschicht, Spachtellage · stopper coat, stopping ~, filler ~

Ausfüllung *f*, Ausfachung [*Süddeutschland: Ausriegelung*] · infill(ing) wall, panel ~, (in)filler ~

(Aus)Füllung *f* [*Holzdecke*] · pugging

(Aus)Füll(ungs)|beton *m*, Ausfachungsbeton · infill(ing) concrete

~block *m*, Ausfachungsblock, (Aus-) Füll(ungs)(block)stein *m*, Ausfachungs(block)stein · (in)filler block, infill(ing) ~, ~ tile [*See remark under 'Block'*]

~mauerwerk *n*, Mauerwerkausfüllung *f*, (Fachwerk)Ausmauerung, Mauerwerkausfachung, Ausfachungsmauerwerk · infill(ing) masonry (work), (in-) filler ~ (~)

~platte *f*, Ausfachungsplatte · (in)filler slab, infill(ing) ~

~system *n* [*Träger*] · bracing system, system of bracing

~tafel *f*, Ausfachungstafel · (in)filler panel, infill(ing) ~

~wand *f*, Ausfachungswand · infill(ing) wall, (in)filler ~

~ziegel *m*, Ausfachungsziegel · (in)filler brick, infill(ing) ~

ausfüttern, ausfuttern [*Schornstein mit Ziegeln*] · to line

Ausgang *m* · exit

Ausgangs|beleuchtung *f* · exit lighting, ~ illumination

~bitumen *n*, Grundbitumen · base asphalt (US); ~ (asphaltic) bitumen (Brit.)

~gemisch *n*, Ausgangsmischung *f* · design mix(ture)

~gleichung *f* · initial equation

~mischung *f*, Ausgangsgemisch *n* · design mix(ture)

~stoff *m*, Ausgangswerkstoff · base material, basic ~

~tür *f* · exit door

~(werk)stoff *m* · basic material, base ~

ausgebrannt, niedergebrannt, abgebrannt · fire-gutted, ruined by fire

ausgefacht mit Mauerwerk, ausgemauert · masonry-filled

ausgefälltes Pigment *n* · precipitated pigment

ausgefülltes LV *n*, ~ Leistungsverzeichnis · priced bill of quantities

ausgekreidet, abgekreidet · chalky

ausgemauert, ausgefacht mit Mauerwerk · masonry-filled

ausgepreßtes Zuckerrohr *n*, Bagasse *f* · cane trash, bagasse

ausgerissene Faser *f* [*Holz*] · torn grain

ausgeschmolzener Kopal *m* · fused copal, run ~

ausgesteift, versteift, verstärkt · stiffened, braced

ausgetrocknet, vertrocknet · dried out

ausgewogener Drehofen *m* · balanced rotary kiln

Ausgiebigkeit *f* [*Ein Maß für die Fläche, die mit einer Mengeneinheit des Anstrichstoffes und mit einem Anstrich in vereinbarter Arbeitsweise versehen werden kann, wird z.B. in m^2/kg oder $m^2/Liter$ angegeben*] · spreading rate [*This term is now preferred to 'covering power'*]

Ausgleich *m* [*Baustatik*] · balance

~arbeiten *fpl*, Nivellierarbeiten · levelling work (Brit.); leveling ~ (US)

~beton *m* · blinding concrete

ausgleichen, einebnen, (aus)ebnen, egalisieren, nivellieren · to level

~ [*Baustatik*] · to balance

Ausgleichen *n*, Einebnen, Egalisieren, Nivellieren, (Aus)Ebnen · levelling (Brit.); leveling (US)

Ausgleichestrich *m*, Nivellierestrich [*als verlegter Baustoff*] · levelling screed (topping) (Brit.); leveling ~ (~) (US)

~, Nivellierestrich [*als Baustoff*] · levelling screed (material) (Brit.); leveling ~ (~) (US)

Ausgleich|feuchtigkeit *f*, Ausgleichfeuchte *f* · equilibrium moisture, ~ humidity

~keil *m* [*Hubdeckenverfahren*] · flat key

~lage *f*, Ausgleichschicht *f*, Nivellierlage, Nivellierschicht · levelling course, ~ layer (Brit.); leveling ~ (US)

~masse *f* → Ausgleichmittel

~methode *f* → Ausgleichverfahren

~mittel *n*, Ausebnungsmittel, Nivelliermittel, Ausebnungsmasse *f*, Ausgleichspachtel(masse) *m*, (*f*), Nivellierspachtel(masse), Egalisierspachtel(masse), Ausgleichmasse, Nivelliermasse, Egalisiermittel, Egalisiermasse [*Zum Ebnen unregelmäßiger Fußbodenflächen*] · levelling composition, ~ compound, ~ mass, ~ material (Brit.); leveling ~ (US)

~mörtel *m*, Nivelliermörtel, Ausebnungsmörtel, Egalisiermörtel · levelling mortar (Brit.); leveling ~ (US)

~rechnung *f* → Ausgleichverfahren

~ring *m* [*Straßenablauf*] · levelling ring (Brit.); leveling ~ (US)

~schicht *f*, Ausgleichlage *f*, Nivellierschicht, Nivellierlage · levelling course, ~ layer (Brit.); leveling ~ (US)

~schicht *f* → Druck~

~spachtel(masse) *m*, (*f*), Ausebnungsmasse, Ausgleichmasse, Nivellierspachtel(masse), Ausgleichmittel *n*, Ausebnungsmittel, Nivelliermittel, Nivelliermasse, Egalisierspachtel(masse), Egalisiermittel, Egalisiermasse [*Zum Ebnen unregelmäßiger Fußbodenflächen*] · levelling composition, ~ compound, ~ mass, ~ material (Brit.); leveling ~ (US)

Ausgleichung *f*, Nivellierung · levelling off (a surface) (Brit.); leveling ~ (~ ~) (US)

Ausgleich|verfahren *n*, Ausgleichmethode *f*, Ausgleichrechnung *f* [*Baustatik*] · balance method, ~ calculation

~wellrohr *n*, Wellrohrkompensator *m* · corrugated expansion pipe

ausglühbarer Bestandteil *m*, organische Beimengung *f* · organic impurity, ~ matter, ~ substance

Ausgrabung *f* [*Archäologie*] · excavation

Ausguß|(becken) *m*, (*n*) [*DIN 4491*] · sink

~beton *m*, Prepaktbeton, vorgepackter Beton, Skelettbeton · prepacked concrete, prepacked-aggregate ~ [*Concrete produced by placing coarse aggregate in a form and later injecting a portland cement-sand grout, usually with admixtures, to fill the voids*]

~beton *m*, Colcretebeton [*Prepaktbeton und Colcretebeton unterscheiden sich im wesentlichen dadurch, daß beim Prepaktbeton dem Ausgußmörtel zur Verringerung des Wasserzusatzes und zur Erhöhung der Geschmeidigkeit ein Zusatzmittel beigegeben wird, während beim Colcretebeton ein bestimmtes Misch- und Herstellungsverfahren vorliegt*] · Colcrete concrete

~masse *f*, Gießmasse, Fugen~, Fugen(verguß)masse, Vergußmasse · (joint) pouring compound

~mörtel *m* · portland cement-sand grout

~wasser *n*, Küchenabwasser, Küchenspülwasser · slop water, sink ~, kitchen waste, sink waste, dishwater [*liquid culinary waste*]

~zapfhahn *m* · (sink) bib, bibcock (Brit.); bib nozzle (US) [*The water tap at a sink which is fed by a horizontal supply pipe, not, as in the usual washbasin, by a pipe from below*]

aushärtbare Aluminiumlegierung *f* · heat-treatable aluminium alloy (Brit.); ~ aluminum ~ (US)

Aushärtezeit *f* [*Betonkleber*] · polymerization time, setting ~

Aushebeschlüssel *m* [*Schachtdeckel*] · lifting key

Aushebe- und Bedienungsschlüssel *m* [*Schachtdeckel*] · lifting and operating key

Aushöhlung *f*, Austiefung, Vertiefung, Mulde *f* [*In einer Ziegelfläche*] · frog

auskitten · to butter with mastic

auskleiden, bekleiden, verkleiden · to line, to (sur)face

Auskleidung *f*, Bekleidung, Verkleidung · lining, (sur)facing

~ gegen Kondens(ations)wasserbildung → ~ ~ Schwitzwasserbildung

~ ~ Schwitzwasserbildung, Verkleidung ~ ~, Bekleidung ~ ~, ~ ~ Tauwasserbildung, ~ ~ Kondens(ations)wasserbildung · anti-condensation lining, ~ (sur)facing

~ ~ Tauwasserbildung → ~ ~ Schwitzwasserbildung

Auskleidungs|-Asbestzementplatte *f*, Verkleidungs-Asbestzementplatte, Bekleidungs-Asbestzementplatte, Asbestzement-Bekleidungsplatte, Asbestzement-Auskleidungsplatte, Asbestzement-Verkleidungsplatte · asbestos-cement (lining) sheet, ~ (sur)facing ~ [*B.S. 690*]; cement asbestos (~) ~ (US)

~element *n*, Verkleidungselement, Bekleidungselement · lining unit, (sur-)facing ~, ~ member, ~ component

~folie *f*, Verkleidungsfolie, Bekleidungsfolie · lining foil, (sur)facing ~

~platte *f*, Bekleidungsplatte, Verkleidungsplatte · lining board, (sur)facing ~, ~ sheet

~steinzeug *n*, Verkleidungssteinzeug, Bekleidungssteinzeug · lining stoneware, (sur)facing ~

~stoff *m*, Verkleidungsstoff, Belagstoff, Bekleidungsstoff [*Baustoff, der zur Erhöhung der Lebensdauer oder zur Verschönerung eines Bauwerkes dient*] · lining material, (sur)facing ~, covering ~

~tafel *f*, Verkleidungstafel, Bekleidungstafel · (sur)facing panel, lining ~

(aus)knicken, einknicken · to buckle

Ausknicken *n*, (Ein)Knicken · buckling

auskragende Blockstufe *f* → Kragblockstufe

~ Dachplatte *f* → Auslegerdachplatte

~ Decke *f* → Auslegerdecke

~ Deckenplatte *f*, vorkragende ~, Kragdeckenplatte, Auslegerdeckenplatte · cantilever(ed) floor slab, cantilevering ~ ~

~ Dreieckstufe *f* → Auslegerdreieckstufe

~ Platte *f*, vorkragende ~, Kragplatte, Auslegerplatte · cantilever(ed) slab, cantilevering ~, ~ plate

~ Schale *f* → Auslegerschale

~ Scheibe *f*, vorkragende ~, Kragscheibe, Auslegerscheibe · cantilever(ed) sheet, cantilevering ~, ~ disc; ~ disk (US)

~ Stufe *f* → Auslegerstufe

~ Terrasse *f* → Auslegerterrasse

~ Treppe *f* → Auslegertreppe

auskragender Arm *m* → Auslegerarm

~ Balken(träger) *m* → Freibalken(-träger)

~ Balkon *m* → vorkragender ~

~ Bogen(träger) *m*, vorkragender ~, Auslegerbogen(träger), Kragbogen(träger) · cantilever(ed) arch(ed girder), cantilevering ~ ~, corbel ~ ~, false ~ ~

~ Träger *m* → vorkragender ~

~ Ziegel *m* → Auslegerziegel

auskragendes Dach *n* → Kragdach

~ Faltworkdach *n*, vorkragendes ~, Kragfaltwerkdach, Auslegerfaltwerkdach · cantilever(ed) folded plate roof, ~ ~ slab ~, ~ prismatic shell ~, cantilevering ~ ~ ~; ~ hipped-plate ~, ~ tilted-slab ~ (US)

~ Mauerwerk *n* → Auslegermauerwerk

Auskragung *f*, Vorkragung · cantilever [*A self-supporting projection without external bracing*]

auskratzen · to rake out

~ und ausfugen, ~ ~ verfugen [*Mörtelfuge*] · to point

(Aus)Kratzer *m*, (Aus)Kratzeisen *n* · scraper

(aus)kreiden, abkreiden, abfärben [*Anstrich*] · to chalk

Auskreiden *n* → (Ab)Kreiden

Auskreideprüfer *m*, Abkreideprüfer, Abfärbprüfer · chalking tester

auskreidungsbeständig, (ab)kreidungsbeständig, abfärbbeständig · chalkproof

Auskühlen *n*, Abkühlen · cooling-off

Auskunftsschalter *m* · inquiry desk

Auslandswarteraum *m* [*Flughafen*] international waiting room

Auslaß *m* [*allgemein*] · outlet

~körnung *f*, Ausfallkörnung · omitted-size fraction

Auslauf *m*, Ablaufstutzen *m* [*Geruchverschluß*] · (trap) outlet, overflow connection

~becher *m* [*DIN 53211*] · flow cup

Auslaugen *n* · leaching (out)

auslegen, bemessen, dimensionieren · to design

Ausleger|arm *m*, Kragarm, vorkragender Arm, auskragender Arm · cantilever [*A beam, girder or slab fixed at one extremity and unsupported at the other*]

~balken(träger) *m* → Freibalken(träger)

~balkon *m* → vorkragender Balkon

~beleuchtungsmast *m*, Auslegerleuchtenmast, Ausleger(licht)mast · (lighting) column with bracket (Brit.); (~) mast with arm (US)

~blockstufe *f* → Kragblockstufe

~bogen(träger) *m*, Kragbogen(träger), auskragender Bogen(träger), vorkragender Bogen(träger) · cantilever(ed) arch(ed girder), cantilevering ~ ~, corbel ~ ~, false ~ ~

~dach *n*, Kragdach, vorkragendes Dach, auskragendes Dach · cantilevering roof, cantilever(ed) ~

~dachplatte *f*, Kragdachplatte, vorkragende Dachplatte, auskragende Dachplatte · cantilever(ed) roof slab, cantilevering ~ ~

~decke *f*, Kragdecke, auskragende Decke, vorkragende Decke · cantilevered floor, cantilever(ing) ~

~deckenplatte *f* → auskragende Deckenplatte

~dreieckstufe *f*, Kragdreieckstufe, auskragende Dreieckstufe, vorkragende Dreieckstufe · spandrel cantilever(ed) step, ~ cantilevering ~

~ende *n*, Kragende · cantilever(ed) end, cantilevering ~

~faltwerkdach *n*, Kragfaltwerkdach, auskragendes Faltwerkdach, vorkragendes Faltwerkdach · cantilever(ed) folded plate roof, ~ ~ slab ~, ~ prismatic shell ~; cantilevering ~ ~ ~; ~ hipped-plate ~, ~ tilted-slab ~ (US)

~gewölbe *n*, Kraggewölbe · corbel vault, false ~, cantilever(ed) ~, cantilevering ~

~kuppel *f* → Kragkuppel

~länge *f*, Kraglänge · cantilever(ed) length, cantilevering ~

~last *f*, Kraglast · cantilever(ed) load, cantilevering ~

~leuchtenmast *m*, Auslegerbeleuchtungsmast, Ausleger(licht)mast · (lighting) column with bracket (Brit.); (~) mast with arm (US)

~(licht)mast *m*, Auslegerbeleuchtungsmast, Auslegerleuchtenmast · (lighting) column with bracket (Brit.); (~) mast with arm (US)

~mast *m*, Auslegerlichtmast, Auslegerbeleuchtungsmast, Auslegerleuchtenmast · (lighting) column with bracket (Brit.); (~) mast with arm (US)

~mauerwerk *n*, Kragmauerwerk, vorkragendes Mauerwerk, auskragendes Mauerwerk · corbel masonry (work)

~platte *f*, auskragende Platte, Kragplatte, vorkragende Platte · cantilever(ed) slab, cantilevering ~, ~ plate

~schale *f*, Kragschale, vorkragende Schale, auskragende Schale · cantilever(ed) shell, cantilevering ~

~scheibe *f*, Kragscheibe, vorkragende Scheibe, auskragende Scheibe · cantilever(ed) sheet, cantilevering ~, ~ disc; ~ disk (US)

~segment *n*, Kragsegment · cantilever(ed) segment, cantilevering ~

~stufe *f*, Kragstufe, vorkragende Stufe, auskragende Stufe · cantilever(ed) step, cantilevering ~

~terrasse *f*, Kragterrasse, auskragende Terrasse, vorkragende Terrasse · cantilever(ed) terrace, ~ patio, cantilevering ~

~träger *m* → vorkragender Träger

~treppe *f*, Kragtreppe, auskragende Treppe, vorkragende Treppe · cantilever(ed) stair(case), cantilevering ~

~ziegel *m*, Kragziegel, auskragender Ziegel, vorkragender Ziegel · corbel brick

Auslegung *f*, Bemessung, Dimensionierung [*Rechnerische Ermitt(e)lung der Querschnittsabmessungen aus zuvor ermittelten Biegemomenten, Längskräften, Querkräften und Drillmomenten*] · design, DSGN

Ausleihe *f* [*Bücherei*] · lending section

Auslieferung *f*, Versand *m* · shipping

Auslösetemperatur *f* [*Sprinkler*] · opening temperature, releasing ~

Auslucht *f* · bay window

Auslugerker *m*, Eckerker · corner oriel

Ausmauerung *f*, Fachwerk~, Mauerwerkausfachung, Ausfachungsmauerwerk *n*, Mauerwerkausfüllung, (Aus-)Füll(ungs)mauerwerk · in-fill(ing) masonry (work), (in)filler ~ (~)

ausmischen · to reduce full-strength colo(u)rs to a tint [*with white, etc.*]

Ausmitte *f*, Ausmittigkeit *f*, Exzentrizität *f* · eccentricity

ausmittig · eccentric; off-center (US); off-centre (Brit.)

ausmittige Belastung *f* · eccentric loading; off-center ~ (US); off-centre ~ (Brit.)

ausmittiger Kraftangriff *m* · eccentric application of force; off-center ~ ~ ~ (US); off-centre ~ ~ ~ (Brit.)

Ausmittigkeit *f*, Exzentrizität *f*, Ausmitte *f* · eccentricity

ausmörteln, bemörteln · to fill with mortar

ausnebeln [*Anstrichtechnik*] · to apply a mist coat [*For instance, to blend with background when spotting in*]

Ausnüchterungsraum *m*, Ausnüchterungszimmer *n* [*Krankenhaus*] · room for drunks

Auspreß|arbeiten *fpl*, Injektionsarbeiten, Einpreßarbeiten, Verpreßarbeiten [*DIN 18309*] · grouting work

~harz *n* → Injektionsharz

~hilfe *f*, Einpreßhilfe, Verpreßhilfe, Injektionshilfe, EH [*Verminderung des Absetzens des Zementmörtels im Spannkanal bzw. mäßiges Quellen. Verbesserung des Fließens des Mörtels beim Einpressen und Verminderung des Wasseranspruchs des Mörtels*] · grouting aid, ~ agent, injection ~

~hohlraum *m* → Einpreßhohlraum

~mörtel *m* → Einpreßmörtel

~pistole *f* → Injektions(spritz)pistole

~spritze *f* → Injektions(spritz)pistole

~(spritz)pistole *f* → Injektions(spritz)-pistole

~suspension *f*, Einpreßsuspension, Verpreßsuspension, Injektionssuspension · grouting suspension

~zement *m*, Verpreßzement, Einpreßzement, Injizierzement, Injektionszement · grouting cement, injection ~

ausriegeln [*Süddeutschland*]; ausfachen, ausfüllen · to fill in

Ausriegeln *n* [*Süddeutschland*]; Ausfüllen · infilling

Ausriegelung *f* [*Süddeutschland*]; Ausfachung, Ausfüllung · infill(ing) wall, panel ~, (in)filler ~

(Aus)Rutschen *n* · slipping

Aussagekraft *f* · power of expression

Ausschalen *n*, Entschalen, Ausschalung *f*, Entschalung · form(work) removal, shuttering ~, forms ~, stripping

Ausschalung *f* → Ausschalen

Ausschalungs|festigkeit *f*, Entschalungsfestigkeit · stripping strength

~frist *f*, Entschalungsfrist · stripping time

Ausscheiden *n* **von Feuchte**, ~ ~ Feuchtigkeit · separation of moisture, ~ ~ humidity

Ausschlag *m*, Auswitterung *f*, Ausblühung [*Äußerlich sichtbare Ausscheidung von Salzen auf Mauerwerk*] · efflorescence

Ausschlagen *n*, Auswittern, Ausblühen [*Äußerlich sichtbares Ausscheiden von Salzen auf Mauerwerk*] · efflorescence

ausschlagfähig, ausblühfähig, auswitterungsfähig · efflorescent

Ausschmelzen *n* [*Kopal*] · running, fusing

Ausschrägung *f*, Schräge *f* · splay

(Aus)Schwimmen *n* [*Pigment*] · flooding

Ausschwitzen *n* [*Das Wandern von Weichmachern oder anderen Bestandteilen des Anstriches auf die Anstrichoberfläche*] · sweating

Aussehen *n* · appearance

Aussichts|etage *f* → Aussichtsgeschoß

~gang *m* [*Besucherturm*] · viewing gallery, look-out ~

~geschoß *n*, Aussichtsstockwerk *n*, Aussichtsetage *f* · viewing floor; ~ storey (Brit.); ~ story (US); look-out ~

~grundstück *n* · view-endowed site

~kabine *f* [*Besucherturm*] · viewing gondola, look-out ~

~plattform *f* · viewing deck, look-out ~, ~ platform

~raum *m* · look-out room, viewing ~

~stockwerk *n* → Aussichtsgeschoß

~turm *m*, (Aussichts)Warte *f* · look-out tower, viewing ~

~turm *m*, Belvedere *n* · belvedere, gazebo, look-out tower, standing tower [*A turret or lantern on a house to afford a view*]

(~)Warte *f*, Aussichtsturm *m* · viewing tower, look-out ~

aussortierter Ziegel *m* · cull [*Brick rejected in culling*]

Aussparung *f* · blockout, recess, embrasure, cavity, pocket

Aussparungskasten *m* · blockout box

Ausspülklosettkörper *m* · flushing pan

Aussteifen *n*, Versteifen, Verstärken, Absteifen · bracing, stiffening, reinforcing [*The act of inserting braces into a structure or gap site*]

aussteifende Pfette *f*, versteifende ~, verstärkende ~ · bracing purlin(e), stiffening ~, reinforcing ~

Aussteifung *f*, Versteifung, Verstärkung, Absteifung · reinforcing, stiffening, bracing [*The result of the act of inserting braces into a structure or gap site*]

Aussteif(ungs)|balken(träger) *m*, Versteifungsbalken(träger), Verstärkungsbalken(träger) · reinforcing beam ,stiffening ~, bracing ~

~blech *n*, Versteifungsblech, Verstärkungsblech · stiffening plate, reinforcing ~, bracing ~

~element *n*, Verstärkungselement, Versteifungselement · stay, stiffener

~glied *n*, Steife *f*, Versteifungsglied, Verstärkungsglied · brace, stiffener, bracing, stiffening member, bracing member

~rahmen *m*, Versteifungsrahmen, Verstärkungsrahmen · stiffening frame, reinforcing ~, bracing ~

~rippe *f*, Versteifungsrippe, Verstärkungsrippe · reinforcing rib, stiffening ~, bracing ~

~scheibe *f*, Versteifungsscheibe, Verstärkungsscheibe · reinforcing diaphragm, stiffening ~, bracing ~

~träger *m*, Versteifungsträger, Verstärkungsträger · reinforcing girder, stiffening ~, bracing ~

~wand *f*, Versteifungswand, Verstärkungswand · stiffening wall, reinforcing ~, bracing ~

~winkel *m*, Versteifungswinkel, Verstärkungswinkel · stiffening angle, reinforcing ~, bracing ~

Aussteigluke *f*, Ausstieg *m* · hatch

Ausstellung *f* · exhibition, exposition

Ausstellungs|architektur *f*, Ausstellungsbaukunst *f* · exposition architecture, exhibition ~

~bau *m*, Ausstellungsgebäude *n* · exhibition building, exposition ~, ~ block

~fläche *f* · exhibition area, exposition ~

~garten *m* · exhibition garden, exposition ~

~gebäude *n*, Ausstellungsbau *m* · exhibition building, exposition ~, ~ block

~gelände *n* · exhibition ground, exposition ~

~halle *f* · exhibition hall, exposition ~

~palast *m* · exhibition palace, exposition ~

~pavillon *m* · exhibition pavilion, exposition ~

~raum *m* · showroom

~saal *m* · exhibition hall, exposition ~

~stand *m* · exhibition stand, exposition ~

Ausstieg *m*, Aussteigluke *f* · hatch

„Austausch-Stadt" *f* · 'changeover town' [*Term coined by Le Corbusier to describe a metropolis with diverse functions*]

Austenitgebiet *n* · austenite region

austenitischer (rostfreier) Edelstahl *m* · austenitic stainless steel

~ Stahl *m*, Austenitstahl · austenitic steel

austenitisierend · austenitizing

Austenit|phase *f* · austenitic phase

~stahl *m*, austenitischer Stahl · austenitic steel

Austiefung *f*, Aushöhlung, Vertiefung, Mulde *f* [*in einer Ziegelfläche*] · frog

austreiben [*Kristallwasser aus Gipsstein*] · to drive off

~ [*Kohlensäure*] · to drive off

Austritt(stufe) *m*, (*f*), Podeststufe *f*, Durchgänger *m* · last step, top ~

(Aus)Trocknen *n*, (Aus)Trocknung *f* drying(-out), dry-out

(Aus)Trocknung *f*, (Aus)Trocknen *n* · drying(-out), dry-out

(Aus)Trocknungs|dauer *f*, (Aus)Trocknungszeit *f*, (Aus)Trocknungsfrist *f* · drying(-out) time, dry-out ~, ~ period

~frist *f*, (Aus)Trocknungsdauer *f*, (Aus-)Trocknungszeit *f* · drying(-out) time, dry-out ~, ~ period

~zeit *f*, (Aus)Trocknungsdauer *f*, (Aus-)Trocknungsfrist *f* · drying(-out) time, dry-out ~, ~ period

Aus- und Ankleide|kabine *f*, Umkleidekabine, Aus- und Ankleidezelle *f*, Umkleidezelle, Aus- und Anziehkabine, Aus- und Anziehzelle · (un)dressing cab(in), changing ~, ~ cubicle

~(raum) *f*, (*m*), Umkleide(raum) · (un)dressing room, changing ~

~zelle *f*, Umkleidezelle, Aus- und Ankleidekabine *f*, Umkleidekabine, Aus- und Anziehkabine, Aus- und Anziehzelle · (un)dressing cab(in), changing ~, ~ cubicle

Aus- und Anzieh|kabine *f*, Aus- und Anziehzelle *f*, Aus- und Ankleidezelle, Umkleidezelle, Aus- und Anziehkabine, Umkleidekabine · (un)dressing cab(in), changing ~, ~ cubicle

~zelle *f*, Aus- und Anziehkabine *f*, Aus- und Ankleidezelle, Umkleidezelle, Aus- und Anziehkabine, Umkleidekabine · (un)dressing cab(in), changing ~, ~ cubicle

Auswärts|-Drehfenster *n*, Auswärts-Drehflügelfenster · out-swinging casement window

~-Dreh(flügel)fenster *n* · out-swinging casement window

~(fenster)flügel *m* · out-opening sash

~fernsprecher *m* [*Im Gegensatz zum Hausfernsprecher*] · external telephone

~flügel *m*, Auswärtsfensterflügel · out-opening sash

Auswasch|abort *m*, Auswaschtoilette *f*, Auswaschklosett *n*, Flachspülabort, Flachspülklosett, Flachspültoilette [*DIN 1381*] · shallow pan closet, ~ bowl ~, ~ ~ toilet

~becken *n*, Flachspülbecken [*(Spül-)Abortbecken*] · shallow pan, ~ bowl

~klosett *n* → Auswaschabort

~toilette *f* → Auswaschabort

(Aus)Wechseln *n*, Balken(träger)~ [*DIN 104*] · trimming, framing

Auswechs(e)lung *f*, Wechsel *m*, Balken(träger)~ [*DIN 104*] · trimming, framing

Auswiegen *n* [*Verfahren zur Bestimmung des Feuchtigkeitsgehaltes von Parkettstäben*] · oven drying test, ~ ~ method

Auswintern *n* [*Lagern von Rohstoffen über den Winter. Anmerkung: Der Ausdruck „wintering", der dem Wort „Auswintern" entsprechen würde, wird in Großbritannien nicht gebraucht, sondern nur „weathering"*] · wintering, weathering

Auswirkung *f* · effect

Auswittern *n*, Ausschlagen, Ausblühen [*Äußerlich sichtbares Ausscheiden von Salzen auf Mauerwerk*] · efflorescence

Auswitterung *f*, Ausschlag *m*, Ausblühung [*Äußerlich sichtbare Ausscheidung von Salzen auf Mauerwerk*] · efflorescence

auswitterungsfähig, ausblühfähig, ausschlagfähig · efflorescent

Außen|(ab)dämmung *f* · outside insulation, external ~, exterior ~, outer ~

~(ab)dichtung *f* · external sealing, exterior ~, outer ~, outside ~

~abort *m* → Außenklosett

~abtritt *m* → Außenklosett

~-Alkydharz(anstrich)farbe *f* · alkyd-resin exterior paint, ~ external ~, ~ outside ~, ~ outer ~

~anlagen *fpl* · outdoor facilities

~ansicht *f* · exterior view, external ~

~anstreichen *n*, Außenanstrich *m*, Außen-Anstreicherarbeiten *fpl*, Außen-Malerarbeiten · external painting (work), exterior ~ (~), outside ~ (~), outer ~ (~)

~-Anstreicherarbeiten *fpl*, Außen-Malerarbeiten, Außenanstrich *m*, Außenanstreichen *n* · external painting (work), exterior ~ (~), outside ~ (~), outer ~ (~)

Außenanstrich *m*, Außenaufstrich · exterior coat, external ~, outside ~, outer ~

~, Außenanstreichen, Außen-Anstreicherarbeiten *fpl*, Außen-Malerarbeiten · external painting (work), exterior ~ (~), outside ~ (~), outer ~ (~)

Außen|(anstrich)farbe *f* · exterior paint, external ~, outside ~, outer ~

~arbeiten *fpl* [*Beim Bau eines Hauses*] · external work, exterior ~, outdoor ~, outside ~, outer ~

~architektur *f*, Außenbaukunst *f* · outdoor architecture, external ~, exterior ~

~aufstrich *m*, Außenanstrich · exterior coat, external ~, outside ~, outer ~

~auskleidung *f* → Außen(mauer)auskleidung

~baukunst *f*, Außenarchitektur *f* · outdoor architecture, external ~, exterior ~

~baukunststoff *m* · construction plastic for external use, building ~ ~ ~ ~, ~ ~ ~ outdoor ~, ~ ~ ~ exterior ~, ~ ~ ~ outer ~

~(bau)tafel *f* · external (building) panel, exterior (~) ~, outside (~) ~, outer (~) ~

Außenbekleidung *f* → Außenmauerbekleidung

~ → Außenwandbekleidung

Außen|(belag)platte *f*, Außenfliese *f* · exterior tile, external ~, outside ~, outer ~

~belastung *f* · external loading, exterior ~, outside ~, outer ~

~beleuchtung *f* · outdoor illumination, external ~, outside ~, exterior ~, ~ lighting

~beschichtung *f*, Außenüberzug *m* [*als Schicht*] · exterior coating, external ~, outside ~

~-Betonblock(stein) *m* · exterior precast block, ~ ~ brick, external ~ ~, outside ~ ~, outer ~ ~

~blende *f* [*An einem Fenster gegen Sonneneinstrahlung, gegen Einblick, zur Verdunkelung und/oder als Einbruchsicherung*] · outside blind, external ~, exterior ~, outer ~

~-Chlorkautschukfarbe *f* · external chlorinated rubber paint, exterior ~ ~ ~, outside ~ ~ ~, outer ~ ~ ~

~dämmung *f*, Außenabdämmung · outside insulation, external ~, exterior ~, outer ~

(Außen)Deckputz *m*, (Außen)Feinputz, (Außen)Oberputz · (external) final rendering (Brit.); final coat stucco (US); final coat exterior plaster, final coat external plaster

~masse *f*, (Außen)Deckputzmörtel *m*, (Außen)Oberputzmörtel, (Außen)Oberputzmasse, (Außen)Feinputzmörtel, (Außen)Feinputzmasse · (external) final rendering stuff, (~) ~ ~ mix(ture) (Brit.); final coat stucco ~ (US); final coat exterior plaster ~, final coat external plaster ~

~mörtel *m*, (Außen)Deckputzmasse *f*, (Außen)Oberputzmörtel, (Außen)oberputzmasse, (Außen)Feinputzmörtel, (Außen)Feinputzmasse · (external) final rendering stuff, (~) ~ ~ mix(ture) (Brit.); final coat stucco ~ (US); final coat exterior plaster ~, final coat external ~

Außen|ecke *f* · outside corner, external ~, exterior ~, outer ~

~farbanstrich *m*, Außenfarbaufstrich · external paint coat, exterior ~ ~, outside ~ ~, outer ~ ~, ~ coat of paint

~farbaufstrich *m*, Außenfarbanstrich · external paint coat, exterior ~ ~, outside ~ ~, outer ~ ~, ~ coat of paint

~farbe *f*, Außenanstrichfarbe · exterior paint, external ~, outside ~, outer ~

~faser *f* · external fibre (Brit.); ~ fiber (US); exterior ~, outer ~

(Außen)Feinputz *m*, (Außen)Deckputz, (Außen)Oberputz · (external) final rendering (Brit.); final coat stucco (US); final coat exterior plaster, final coat external plaster

~masse *f*, (Außen)Feinputzmörtel *m*, (Außen)Oberputzmasse, (Außen)Oberputzmörtel, (Außen)Deckputzmasse, (Außen)Deckputzmörtel · (external) final rendering stuff, (~) ~ ~ mix(ture) (Brit.); final coat stucco ~ (US); final coat exterior plaster ~, final coat external plaster ~

~mörtel *m*, (Außen)Feinputzmasse *f*, (Außen)Oberputzmörtel, (Außen)Oberputzmasse, (Außen)Deckputzmörtel, (Außen)Deckputzmasse · (external) final rendering stuff, (~) ~ ~ mix(ture) (Brit.); final coat stucco ~ (US); final coat exterior plaster ~, final coat external plaster ~

Außenfenster *n* [*Im Gegensatz zu einem Fenster innerhalb eines Gebäudes*] · exterior window, external ~, outside ~, outer ~

~ [*Bei einem Doppelfenster*] · storm window, outside ~, external ~, exterior ~, outer ~ [*A window with an air space between it and the inner window*]

~bank *f*, Außen(fenster)sohlbank · external window sill; ~ ~ cill (Brit.); exterior ~ ~, outside ~ ~, outer ~ ~

~rahmen *m* · storm window frame, outside ~ ~, exterior ~ ~, external ~ ~, outer ~ ~

~sohlbank *f*, Außen-Fensterbank, Außensohlbank · external window sill; ~ ~ cill (Brit.); exterior ~ ~, outside ~ ~, outer ~ ~

Außen|fläche *f*, Kopffläche, Haupt *n*, Kopfseite *f*, Stirn(fläche) *f* [*Die Sichtfläche der Steine beim Naturwerksteinmauerwerk*] · face

~fliese *f*, Außen(belag)platte *f* · exterior tile, external ~, outside ~, outer ~

~frischluft *f* · natural fresh air

~frischlufteinlaß *m* · natural fresh air inlet

~furnier *n*, Deckfurnier, Außenlage *f*, Außenschicht *f* · face veneer, outer ~, external ~, exterior ~, outside ~ [*Either side of a plywood panel where the grading rules draw no distinction between face and back*]

~ganghaus *n* · block with external access galleries, (external-)balcony-access type of block

~ganghaus *n*, Maisonnette *f* [*1. Jeder Außengang bedient die Wohnungen mehrerer (2 oder 3) Vollgeschosse. Außengang also nur in jedem zweiten oder dritten Vollgeschoß. 2. Jeder Außengang bedient Wohnungen, die in sich mehrgeschossig sind. Außengang in jedem 2. Vollgeschoß*] · maisonnette

~ganghaus *n* **(konventioneller Form)**, Laubenganghaus [*An einer Längsseite, meist der Nordseite des Hauses, zieht sich ein offener Gang entlang, auf den sich die Wohnungseingangstüren öffnen und der seinerseits den Verkehrsschacht oder die beiden Verkehrsschächte erreicht*] · block with external access galleries of the conventional type, conventional (external-)balcony-access type of block

~gebäude *n* · out-building

~glanz(anstrich)farbe *f* · exterior gloss paint, external ~ ~, outer ~ ~, outside ~ ~

(~)Grobputz *m*, (Außen)Grundputz, (Außen)Unterputz · (external) undercoat rendering (Brit.); undercoat stucco (US); exterior undercoat plaster, external undercoat plaster

Außen-Grundanstrich|mittel *n*, Außen-Grundanstrichstoff *m*, Außen-Grundiermittel, Außen-Grundierstoff, Außen-Grund(ierung) *m*, (*f*) · external primer, exterior ~, outer ~, outside ~

~stoff *m*, Außen-Grundanstrichmittel *n*, Außen-Grundiermittel, Außen-Grundierstoff, Außen-Grund(ierung) *m*, (*f*) · external primer, exterior ~, outer ~, outside ~

Außen-Grundier|mittel *n*, Außen-Grundierstoff *m*, Außen-Grundanstrichmittel, Außen-Grundanstrichstoff, Außen-Grund(ierung) *m*, (*f*) · external primer, exterior ~, outer ~, outside ~

~stoff *m*, Außen-Grund(ierung) *m*, (*f*), Außen-Grundanstrichmittel *n*, Außen-Grundanstrichstoff, Außen-Grundiermittel · external primer, exterior ~, outer ~, outside ~

Außen|-Grund(ierung) *m*, (*f*), Außen-Grundierstoff *m*, Außen-Grundanstrichmittel *n*, Außen-Grundanstrichstoff, Außen-Grundiermittel · external primer, exterior ~, outer ~, outside ~

(~)Grundputz *m*, (Außen)Grobputz, (Außen)Unterputz · (external) undercoat rendering (Brit.); undercoat stucco (US); exterior undercoat plaster, external undercoat plaster

(~)Haft(ver)putz *m* · bond(ing) (external) rendering (Brit.); ~ stucco (US); ~ exterior plaster, ~ external plaster

~handlauf *m*, Außenhandleiste *f* [*Treppe*] · exterior handrail, external ~, outside ~, outer ~, ~ stairrail

~haut *f* → Vorhangwand

~heizung *f* [*Für Terrassen, Tribünen usw. mit Infrarotstrahlen*] · outdoor heating

~hof *m* · outer court

~hohlmauer *f*, zweischalige Außenmauer · external masonry wall of double-leaf cavity construction, cavity external masonry wall

~hydrant *m* · outdoor hydrant

~jalousie *f* · exterior slatted blind, external ~ ~, outer ~ ~, outside ~ ~

~kern *m* · outside core, external ~, exterior ~, outer ~

~klosett *n*, Außenabtritt *m*, Außenabort *m*, Außentoilette *f* · outdoor toilet, ~ closet [*The term 'outdoor lavatory' is also used as a euphemism for 'outdoor toilet' or 'outdoor closet'*]

~kraft *f* · external force, exterior ~, outside ~, outer ~

~lack *m* · spar varnish [*A very durable varnish designed for severe service on exterior surfaces. It must be resistant to rain, sunlight and heat. Named from its original use on the spars of ships*]

~lage *f*, Außenschicht *f*, Außenfurnier *n*, Deckfurnier · face veneer, outer ~, external ~, exterior ~, outside ~ [*Either side of a plywood panel where the grading rules draw no distinction between face and back*]

~lagerung *f* · outdoor storage

~latexfarbe *f* · exterior latex paint, external ~ ~, outside ~ ~, outer ~ ~

~-Laubengang *m* · outside gallery, outer ~, external ~, exterior ~

~leibung *f* · outer reveal, outside ~, external ~, exterior ~

außenliegendes Zugband *n*, freiliegendes ~ · exterior tieback, external ~

Außen|luft *f* · outdoor air, atmospheric ~, external ~

~(luft)temperatur *f* · outdoor (air) temperature

~luftverunreinigung *f* · atmospheric pollution

~-Malerarbeiten *fpl*, Außen-Anstreicherarbeiten, Außenanstreichen *n*, Außenanstrich *m* · external painting (work), exterior ~ (~), outside ~ (~), outer ~ (~)

~marmor *m*, Marmor für Außenverkleidungen · outside marble, outer ~, exterior ~, external ~

~mauer *f*, Umfassungsmauer [*Mauer, die ein Gebäude nach außen abschließt. Sie kann eine Decke tragen oder deckenunbelastet sein*] · exterior masonry wall, external ~ ~, outside ~ ~, perimeter ~ ~, outer ~ ~, enclosing ~ ~

Außen(mauer)|auskleidung *f* → Außen(mauer)bekleidung

~bekleidung *f*, Außen(mauer)verkleidung, Außen(mauer)auskleidung, Umfassungsmauerverkleidung, Umfassungsmauerbekleidung, Umfassungsmauerauskleidung · exterior masonry wall lining, ~ ~ ~ (sur)facing, external ~ ~ ~, outside ~ ~ ~, enclosing ~ ~ ~, perimeter ~ ~ ~, outer ~ ~ ~

Außen|mauerstütze *f*, Umfassungsmauerstütze · exterior masonry wall column, external ~ ~ ~, outside ~ ~ ~, perimeter ~ ~ ~, outer ~ ~ ~, enclosing ~ ~ ~

~(mauer)verkleidung *f* → Außen(mauer)bekleidung

~mauerwerk *n*, Umfassungsmauerwerk · exterior masonry (work), external ~ (~), enclosing ~ (~), outside ~ (~), perimeter ~ (~), outer ~ (~)

(Außen)Oberputz *m*, (Außen)Feinputz, (Außen)Deckputz · (external) final rendering (Brit.); final coat stucco (US); final coat exterior plaster, final coat external plaster

~masse *f*, (Außen)Oberputzmörtel *m*, (Außen)Deckputzmasse, (Außen)Deckputzmörtel, (Außen)Feinputzmörtel, (Außen)Feinputzmasse · (external) final rendering stuff, (~) ~ ~ mix(ture) (Brit.); final coat stucco ~ (US); final coat exterior plaster ~, final coat external plaster ~

~mörtel *m*, (Außen)Oberputzmasse *f*, (Außen)Deckputzmasse, (Außen)Deckputzmörtel, (Außen)Feinputzmasse, (Außen)Feinputzmörtel · (external) final rendering stuff, (~) ~ ~ mix(ture) (Brit.); final coat stucco ~ (US); final coat exterior plaster ~, final coat external plaster ~

Außenpfosten *m* [*Fachwerkwand*] · outer stud, outside ~, exterior ~, external ~

Außenplatte *f*, Außenbelagplatte, Außenfliese *f* · exterior tile, external ~, outside ~, outer ~

~ [*einer Sandwichplatte*] · outer sheet, outside ~, external ~, exterior ~

Außenputz *m* → (Außen)(Ver)Putz

~arbeit *f*, (Außen)(Ver)Putzen *n* · (external) rendering, ~ plastering (Brit.); stuccowork (US)

(Außen)Putz|aufbau *m*, (Außen)Putzsystem *n* · (external) rendering scheme, (~) ~ system (Brit.); stucco ~ (US); exterior plaster ~, external plaster ~

~grund *m* → (Außen)Putzuntergrund

~haut *f*, (Außen)Putzüberzug *m*, (Außen)Putzschicht *f*, (Außen)Putzlage *f* · (external) rendering coat (Brit.); stucco ~ (US); exterior plaster(ing) ~, external plaster(ing) ~

~lage *f*, (Außen)Putzschicht *f*, (Außen-)Putzhaut *f*, (Außen)Putzüberzug *m* · (external) rendering coat (Brit.); stucco ~ (US); exterior plaster(ing) ~, external plaster(ing) ~

Außenputz|masse *f* → Außenputzmörtel

~mörtel *m*, Außenputzmasse *f* [*DIN 1053*] · (external) rendering stuff, (~) ~ mix(ture) (Brit.); stucco ~ (US); exterior plaster ~, external plaster ~

(Außen)Putz|sand *m* · sand for (external) rendering [*B.S. 1199*]; ~ ~ stucco (US); ~ ~ exterior plaster, ~ ~ external plaster

~schicht *f*, (Außen)Putzlage *f*, (Außen-)Putzhaut *f*, (Außen)Putzüberzug *m* · (external) rendering coat (Brit.); stucco ~ (US); exterior plaster(ing) ~, external plaster(ing) ~

~system *n*, (Außen)Putzaufbau *m* · (external) rendering scheme, (~) ~ system (Brit.); stucco ~ (US); exterior plaster ~, external plaster ~

Außenputz|technik *f* → Außenverputztechnik

~trägerplatte *f* → Außenverputzträgerplatte

(Außen)Putz|überzug *m*, (Außen)Putzschicht *f*, (Außen)Putzhaut *f*, (Außen-)Putzlage *f* · (external) rendering coat (Brit.); stucco ~ (US); exterior plaster(ing) ~, external plaster(ing) ~

~(unter)grund *m* · (external) rendering base (Brit.); stucco ~ (US); exterior plaster ~, external plaster ~

Außenrahmen *m* [*Diffusor*] · supply-air boot

~ [*Gebäude*] · perimeter frame

Außen|raum *m* [*Der Raum um Gebäude oder ein Gebäude herum*] · outdoor space

~schaft *m* [*Schornstein. DIN 1058*] · external shaft, exterior ~, outside ~, outer ~

~schale *f* [*Hohlmauer*] · exterior leaf, external ~, outside ~, outer ~, ~ shell, ~ wythe, ~ withe, ~ tier, ~ layer, ~ skin

~schalen-Fertigteil *m*, *n* [*Fertigteil-Betonschornstein*] · outer shell unit, exterior ~ ~, external ~ ~, outside ~ ~, ~ ~ member, ~ ~ component

~scheibe *f* [*Glas*] · outer-pane

~schicht *f*, Außenlage *f*, Deckfurnier *n*, Außenfurnier · face veneer, outer ~, external ~, exterior ~, outside ~ [*Either side of a plywood panel where the grading rules draw no distinction between face and back*]

~schwimmbecken *n* · outdoor swimming pool

~sohlbank *f*, Außenfenster(sohl)bank · external window sill; ~ ~ cill (Brit.); exterior ~ ~, outside ~ ~, outer ~ ~

~sonnenblende *f* · sun visor

~stütze *f* · external column, exterior ~, perimeter ~, outside ~, outer ~

~tafel *f*, Außenbautafel · external (building) panel, exterior (~) ~, outside (~) ~, outer (~) ~

~temperatur *f*, Außenlufttemperatur · outdoor (air) temperature

~temperaturfühler *m* · outdoor (air) temperature sensing device

~toilette *f* → Außenklosett

(~)Tor *n* · gate

~träger *m* · exterior girder, outer ~

~tür *f* · external door, exterior ~, outside ~, outer ~

~überzug *m*, Außenbeschichtung *f* [*als Schicht*] · exterior coating, external ~, outside ~

(~)Unterputz *m*, (Außen)Grobputz, (Außen)Grundputz · (external) undercoat rendering (Brit.); undercoat stucco (US); exterior undercoat plaster, external undercoat plaster

~verglasung *f*, Außeneinglasung · external glazing

Außverkleidung *f* → Außen(mauer)bekleidung

~ → Außen(wand)bekleidung

(Außen)(Ver)|Putz *m*, Außenwandputz [*DIN 18550*] · (external) rendering (Brit.); stucco (US); exterior plaster, external plaster [*1. A mix based on cement and/or lime with the addition of sand or other aggregates, which is applied while plastic to external building surfaces and which hardens after application. 2. This material in its hardened form*]

~Putzen *n*, Außenputzarbeit *f* · (external) rendering, ~ plastering (Brit.); stuccowork (US)

außenverputzt · externally plastered; ~ rendered (Brit.); stuccoed (US)

Außen(ver)putz|technik *f* · (external) rendering practice, (~) ~ technique, (~) ~ technic (Brit.); stucco ~ (US); exterior plaster ~, external plaster ~

~trägerplatte *f* · stucco-base (US); (external) rendering base (Brit.); exterior plaster base, external plaster base [*This product is used as a base for the application of stucco on the outer walls of buildings*]

Außen|verwendung *f* · exterior application, outside ~, external ~, outer ~, ~ use

~vinylfarbe *f* · exterior vinyl paint, outside ~ ~, outer ~ ~, external ~ ~

~vorlack *m* · exterior undercoat(er), external ~, outside ~, outer ~

Außenwand *f*, Umfassungswand [*Wand, die ein Gebäude nach außen abschließt. Sie kann eine Decke tragen oder deckenunbelastet sein*] · exterior wall, external ~, outside ~, perimeter ~, outer ~, enclosing ~

~auskleidung *f* → Außen(wand)bekleidung

~(bau)körper *m*, Außenwand(bau)element *n* [*Fehlname: Außenwand(bau)einheit f*] · external wall (building) unit, ~ ~ (~) member, ~ ~ (~) component, exterior ~ (~) ~, outer ~ (~) ~, outside ~ (~) ~ [*See remark under '(Bau)Element'*]

~(bau)platte *f* · external wall slab, exterior ~ ~, outer ~ ~, outside ~ ~

~bausystem *n* → Außenwand(konstruktions)system

~bekleidung *f*, Außen(wand)verkleidung, Außen(wand)auskleidung, Umfassungswandbekleidung, Umfassungswandverkleidung, Umfassungswandauskleidung, Außenbekleidung · exterior wall lining, ~ ~ (sur)facing, external ~ ~, outside ~ ~, enclosing ~ ~, perimeter ~ ~, outer ~ ~

~block *m*, Außenwand(block)stein *m* · external wall block, ~ ~ tile, exterior ~ ~, outer ~ ~, outside ~ ~ [*See remark under 'Block'*]

~(block)stein *m*, Außenwandblock *m* · external wall block, ~ ~ tile, exterior ~ ~, outer ~ ~, outside ~ ~ [*See remark under 'Block'*]

~element *n* → Außenwand(bau)körper

~gestaltung *f* **von Einfamilienhäusern** · exterior home decoration, external ~ ~, outdoor ~ ~

~(konstruktions)system *n*, Außenwandkonstruktion *f*, Außenwandbausystem · external wall construction, outer ~ ~, exterior ~ ~, perimeter ~ ~, outside ~ ~, ~ (structural) system

~körper *m* → Außenwandbaukörper

~platte *f*, Außenwandbauplatte · external wall slab, exterior ~ ~, outer ~ ~, outside ~ ~

~stein *m*, Außenwandblockstein, Außenwandblock *m* · external wall block, ~ ~ tile, exterior ~ ~, outer ~ ~, outside ~ ~ [*See remark under 'Block'*]

~tafel *f* · external wall panel, exterior ~ ~, outside ~ ~, outer ~ ~

~teil *m, n* → Außenwand(bau)körper

~verkleidung *f* → Außen(wand)bekleidung

~verputz *m* → (Außen)(Ver)Putz

Außen|werk *n*, Vorwerk · outer defence (Brit.); ~ defense (US); outwork, fortalice, fortilage

~wohngebiet *n*, Außenwohnviertel *n*, Außenwohnzone *f* · suburban residential area, ~ populated ~, ~ residences

~ziegel *m* · exterior brick, external ~ outside ~, outer ~

äußere Belastung *f* · external loading, exterior ~

~ Bodenplatte *f* [*Unterkellerung*] · external floor slab, exterior ~ ~, outer ~ ~, outside ~ ~

~ Bogenfläche *f*, (Bogen)Rücken *m* · (arch) extrados, (~) back, upper surface of arch, extrados of arch, back of arch [*The outer line or surface of the convex side of an arch*]

~ Gewölbefläche *f* → Rücken

~ Kraft *f* · external force, exterior ~, outer ~

äußerer (Fenster)Anschlag *m* · external window rabbet, exterior ~ ~, outer ~ ~, ~ ~ rebate; ~ ~ check [*Scotland*]

äußeres Biegemoment *n* · external bending moment, exterior ~ ~, outside ~ ~, outer ~ ~

~ Drill(ungs)moment *n*, ~ Torsionsmoment, ~ Verdrehungsmoment, ~ Verwindungsmoment · external twist(ing) moment, ~ torsion(al) ~, exterior ~ ~, outside ~ ~, outer ~ ~, ~ torque

Auto-Aufzug *m* · vehicular elevator (US); ~ lift (Brit.)

(Autobahn-)Unterlagspapier *n*, Straßenbaupapier, Papierunterlage *f* · concrete subgrade paper, concreting ~, underlay ~, subsoil ~, road lining (~)

Auto(bank)schalter *m* · drive-in teller

autogenes Entspannen *n*, mechanisches Entspannen durch Wärmedehnung [*Baustahl*] · methylene removal of stress, ~ stress relieving

autogengeschweißtes Stahlrohr *n* · autogenous-welded steel pipe

Autogenschweißung *f*, Gasschmelzschweißung · autogenous welding

Autokino *n* · drive-in (motion picture) theatre

Autoklav *m*, (Druck)Härtekessel *m*, Druckkessel, (Dampf)Härtekessel, Dampfdruckerhitzer *m* · autoclave, pressure vessel

autoklavbehandelt, autoklaviert · autoclaved, high-pressure steam cured

Autoklav|behandlung *f*, Autoklavisierung, Dampf(druck)härtung, Härten *n* im Druck(härte)kessel, Behandlung mit Hochdruckdampf, Autoklavhärtung, Behandlung mit hochgespanntem Dampf · autoclaving, steam curing at high pressure, autoclave curing, high pressure steam curing

~-Betonerzeugnis *n*, Autoklav-Betongegenstand *m*, Autoklav-Betonartikel *m* · autoclaved concrete product, ~ ~ article

~gips *m* · autoclaved gypsum

~härtung *f*, Autoklavisierung, Härten *n* im Druck(härte)kessel, Behandlung mit hochgespanntem Dampf, Dampf(druck)härtung, Autoklavbehandlung, Behandlung mit Hochdruckdampf · autoclaving, steam curing at high pressure, autoclave curing, high pressure steam curing

autoklavieren · to autoclave, to steam cure at high pressure

autoklaviert, autoklavbehandelt · autoclaved, high-pressure steam cured

Autoklavisierung *f*, Autoklavbehandlung, Härten *n* im Druck(härte)kessel, Behandlung mit Hochdruckdampf, Dampf(druck)härtung, Autoklavhärtung, Behandlung mit hochgespanntem Dampf · autoclaving, steam curing at high pressure, autoclave curing, high pressure steam curing

Autoklav|-Porenbeton *m* · autoclaved aerated concrete

~probe *f*, Autoklavprüfung *f*, Autoklavversuch *m* · autoclave test

~prüfung *f*, Autoklavversuch *m*, Autoklavprobe *f* · autoclave test

~versuch *m*, Autoklavprüfung *f*, Autoklavprobe *f* · autoclave test

Automatenstahl *m* [*Dieser Stahl läßt bei spanabhebender Bearbeitung hohe Schnittgeschwindigkeiten zu. Die Fertigstücke haben saubere und blanke Oberfläche*] · free-cutting steel, easy-machining ~

Automatik *f* · auto(matic) system

~heizung *f* · automatic heating

~kessel *m* · auto(matic) boiler

automatische Brandmeldeeinrichtung *f* → automatischer Brandmelder

~ Feuermeldeeinrichtung *f* → automatischer Feuermelder

~ Schiebetür *f* · automated sliding door

~ Torantriebvorrichtung *f*, automatischer Torantrieb *m* · automatic shutter door operator, ~ shutterdoor ~

~ Transportbetonherstellung *f* · automatic ready(-)mix(ed) concrete fabrication

~ Tür *f* · automated door

~ Türöffneranlage *f* · automatic door-opening system

automatischer Börsenkursanzeiger *m* · automatic rate-and-price indicator

~ Brandabschluß *m* · automatic fire shutter

~ Brandmelder *m*, ~ Feuermelder, automatische Brandmeldeeinrichtung *f*, automatische Feuermeldeeinrichtung, Brandmeldeautomat *m*, Feuermeldeautomat · automatic fire warning device

~ Elektro-Wasserheizer *m*, Elektro-Wasserheizautomat *m* · automatic electric water heater, ~ ~ ~ heating appliance

~ Feuermelder *m*, ~ Brandmelder, automatische Feuermeldeeinrichtung *f*, automatische Brandmeldeeinrichtung, Brandmeldeautomat *m*, Feuermeldeautomat · automatic fire warning device

~ Parkscheinspender *m*, Parkscheinautomat *m* · automatic parking ticket issuing machine

~ Rückspeiser *m* [*Dampfheizung*] · auto(matic) return trap

~ Schachtofen *m* · auto(matic) shaft kiln

~ Torantrieb *m*, automatische Torantriebvorrichtung *f* · automatic shutter door operator, ~ shutterdoor ~

automatisches Schließen *n* · automatic closing

~ Transportbetonwerk *n*, ~ Lieferbetonwerk, ~ Betonlieferwerk · automatic ready(-)mix(ed) works; ~ depot (Brit.)

Autonomie *f* **der Funktionen** · autonomy of functions

Auto|schalter *m*, Autobankschalter · drive-in teller

~silo *m*, Parkturm *m* · pidgeonhole (parking structure), parking tower, autostacker

(~)Vorfahrt *f* · drive

(~)Vorfahrt *f* **für Besucher** · visitor's drive

(~)Waschplatz *m*, Wagenwaschplatz · (vehicle) wash(down) (yard)

Autunit *m*, Kalkuranglimmer *m* · autunite, lime uranite

Avantfluat *n* · pretreatment fluosilicate

avantgardistische Architektur *f*, ~ Baukunst *f* · avant-garde (style of) architecture

Avanturin *m*, Aventurin · aventurine

Aventurin *m*, Avanturin · aventurine

~glas *n*, Avanturinglas · aventurine glass [*Glass made so that it contains specks of bright reflecting metallic or other crystalline material*]

axial belastet · axially loaded

Axialdruck *m*, mittiger Druck · axial pressure

axiale Belastung *f* · axial loading

~ Einspannung *f* · axial restraint

axiale Formänderung *f*, ~ Verformung · axial deformation

~ Verformung *f*, ~ Formänderung axial deformation

~ Vorspannung *f* · axial prestressing

Axial|kraft *f* · axial force

~kraftverformbarkeit *f* · deformability due to axial force(s)

~last *f* · axial load

~schub *m*, Seitenschub, achsrechter Schub · axial thrust, lateral ~

~ventilator *m* · axial flow fan

~zug *m*, mittiger Zug · axial tension

~zugfestigkeit *f* · axial tensile strength, ~ tension ~

Axonometrie *f*, Parallelprojektion *f*, Parallelriß *m* · axonometric projection

Azeton *n* · acetone, dimethyl ketone

Azetylen|(gas) *n*, C_2H_2 [*Es wurde früher zur Herstellung von Gasbeton verwendet. Wegen seiner Feuergefährlichkeit verwendet man heute andere Blähmittel*] · actylene

~ruß *m*, Azetylenschwarz *n* · acetylene black

~schwarz *n*, Azetylenruß *m* · acetylene black

Azohumussäure *f* · azo-humic acid

Azteken-Architektur *f*, Azteken-Baukunst *f* · Aztec architecture

Azurit *m* · blue carbonate of copper, chessylite, azurite

B

Baaderprüfung *f*, Baaderprobe *f*, Baaderversuch *m* · Baader copper test

babylonische Architektur *f*, ~ Baukunst *f* · Babylonian architecture

babylonischer Turm *m* · Tower of Babel, ~ ~ Babylon

Bacchustempel *m* · Temple of Bacchus

Backenschmiege *f*, Wangenschmiege Kleb(e)schmiege · bevel(l)ing cut of jack rafter

Backkork *m* · agglomerated cork, baked ~, rock ~, cork worked by agglomeration [*Agglomerated cork made by the agglutination of granulated cork*]

~ mit korkeigenem Harz gebunden · pure agglomerated cork, ~ baked ~, ~ rock ~ [*Agglomerated cork made by using the resin from the cork itself*]

~ ~ nicht korkeigenem Bindemittel · composition cork [*Agglomerated cork made with the addition of a binder not derived from cork*]

~stein *m* · agglomerated cork brick, baked ~ ~, rock ~ ~

Backstein *m* → Mauer(werk)ziegel

~architektur *f*, Ziegelarchitektur · (clay) brick architecture

~bau *m*, Ziegelbau · (clay) brick construction

~dom *m*, Backsteinkathedrale *f*, Ziegeldom, Ziegelkathedrale · (clay) brick dome, (~) ~ cathedral

~gotik *f* · backstein Gothic

~kathedrale *f*, Backsteindom *m*, Ziegelkathedrale, Ziegeldom · (clay) brick dome, (~) ~ cathedral

~kirche *f*, Ziegelkirche · (clay) brick church

~rippe *f*, Ziegelrippe · (clay) brick rib

$BaCl_2$, Bariumchlorid *n* · barium chlorid(e) (US); ~ chloride (Brit.)

$BaCrO_4$, Bariumchromat *n*, Barytgelb *n* · barytes yellow (Brit.); barite ~ (US)

Bad *n* · bath

~, Baderaum *m*, Badezimmer *n* · bathroom

~abwasser *n*, Badschmutzwasser · bath waste

~armatur *f* · bath accessory

~ausstattung *f*, Badeinrichtung · bathroom equipment

~batterie *f* · mixer (valve), mixing ~, showermixer, blending mixer [*Such a valve is used to mix cold water with hot water*]

(~)Brause *f*, Dusche *f* · shower

Baddeleyit *m* [*Im wesentlichen aus ZrO_2 = Zirkondioxid bestehendes Gestein*] · baddeleyite

Bade|anstalt *f* · public baths

~block *m* → Bade(zimmer)zelle

~haus *n* · bath house, ~ building

Badeinrichtung *f*, Badausstattung · bathroom equipment

Baderaum *m*, Badezimmer *n*, Bad *n* · bathroom

Bäder|bauten *f* · aquatic buildings

~bauwerk *n* · aquatic building

(Bade)Wanne *f* · (bath)tub, bath

~ mit breitem Rand · wide-ledge (bath)tub, ~ bath

(Bade)Wannen|füll- und Duschbatterie *f* · (bath)tub/shower installation

~griff *m*, Griff · ((bath)tub) (hand)grip, bath ~

~rand *m* · (bath)tub ledge, bath ~

~tiefe *f* · (bath)tub height, bath ~

~wulst *m*, *f* · (bath)tub rim, bath ~

Badewasser *n* · bath water

~pflege *f* · bath water treatment

Badezelle *f* → Badezimmerzelle

Badezimmer *n*, Baderaum *m*, Bad *n* · bathroom

~(abschluß)tür *f* · bathroom door

~anlage *f*, Badezimmereinrichtung *f* · bathroom installation

~artikel *m*, Badezimmergegenstand *m*, Badezimmererzeugnis *n* · bathroom product, ~ article

~-Beleuchtungskörper *m* → Badezimmerleuchte

Bade(zimmer)block *m* → Bade(zimmer)zelle

Badezimmer|einrichtung *f*, Badezimmeranlage *f* · bathroom installation

~erzeugnis *n*, Badezimmerartikel *m*, Badezimmergegenstand *m* · bathroom product, ~ article

~gegenstand *m*, Badezimmerartikel *m*, Badezimmererzeugnis *n* · bathroom product, ~ article

~heizung *f* · bathroom heating

~-Heiz(ungs)gerät *n*, Badezimmer-Heizer *m*, Badezimmer-Erhitzer · bathroom heating appliance, ~ ~ unit, ~ heater

~leuchte *f*, Badezimmer-Beleuchtungskörper *m* · bathroom (light(ing)) fixture; ~ light fitting (Brit.); ~ luminaire (fixture) (US)

~tür *f*, Badezimmerabschlußtür · bathroom door

Bade(zimmer)zelle *f*, Bade(zimmer)-block *m*, Naß(installations)zelle, Naß-(installations)block · bathroom building block module, (unitized) bathroom (and lavatory) unit

Bad-Filter- und Chlorierungsanlage *f* · bath filtration and chlorination plant

Badpatentieren *n* · metallic-hardening process

Badschmutzwasser *n*, Badabwasser · bath waste

Badspeicher *m*, Vorratswasserheizer · storage(-type) geyser

Bad- und Küchenabwasserrohr *n* · waste pipe [*A pipe collecting from baths, basins and sinks*]

Badvorhang *m* · bathroom curtain

Badzubehör *n* · bathroom accessories

Bagasse *f*, ausgepreßtes Zuckerrohr *n* · cane trash, bagasse

~platte *f*, Platte aus ausgepreßtem Zukkerrohr · bagasse board, ~ sheet, cane trash ~

~teer *m* · bagasse tar, cane trash ~

Bahn *f* [*Leichtathletik*] · track

~ · sheet(ing)

Bahnen|belag *m* · sheet(ing) cover(ing)

~-Bitumendachpappe *f*, Bitumendachpappe in Bahnenform · asphalt sheet roofing (US); (asphaltic-)bitumen ~ ~ (Brit.)

~boden(belag) *m*, Bahnenfußboden(belag) · sheet(ing) floor(ing)

~dachpappe *f*, Dachpappe in Bahnenform · ready sheet roofing (paper), composition ~ ~ (~), prepared ~ ~ (~) (US); sheet roof(ing) felt [*Prepared roofing supplied in flat sheets*]

~(fuß)boden(belag) *m* · sheet(ing) floor(ing)

~-Teerdachpappe *f*, Teerdachpappe in Bahnenform · tar(red) ready sheet roofing (paper), ~ composition ~ ~ (~), ~ prepared ~ ~ (~), ~ sheet roof(ing) felt (US); fluxed pitch sheet roof(ing) felt (Brit.)

Bahnschotter *m* Eisen~, Gleisschotter, Schienenschotter · (railway) ballast (Brit.); (railroad) ~ (US)

Bahnsteig *m* · (station) platform

~dach *n* · platform roof, station ~

~-Lautsprecheranlage *f* · (station) platform loudspeaker system

~treppe *f* · (station) platform stair(case)

~tunnel *m* · (station) platform tunnel

Bahnware *f* · sheet(ing) material

~, Fliesenlinoleum *n* · sheet(ing) lino(leum) [*B.S. 810*]

Bajonettfassung *f* · bayonet lampholder [*B.S. 52*]

bakelisiertes Holz *n* · bakelite-impregnated wood, bakelite-saturated ~

Bakelit|(anstrich)farbe *f* · bakelite paint

~harz *n* · bakelite resin [*Bakelite resins are oil-soluble and spirit-soluble synthetic resins used, among other purposes, also for paints and varnishes*]

~lack *m* · bakelite varnish

~leim *m* · bakelite glue

Bakterienfestigkeit *f* · bacteria resistance

bakterienwidrig · bactericidal

bakterienwidrige (Anstrich)Farbe *f* · bactericidal paint [*A bactericidal paint discourages the multiplication of bacteria on its dry applied film. The bactericidal properties are normally conferred by the use of special additives*]

Balata *f* [*Die Balata wird aus Milchsaft der Pflanzenfamilie der Sapotazeen gewonnen und ist nicht vulkanisierfähig*] · balata

Baldachin *m* · baldachin [*1. A portable canopy; 2. A canopy on columns, usually over an altar*]

Balgengaszähler *m* · positive total-flow gas meter

Balken *m*, ~träger *m* · beam, B, BM

~ aus Blech und Holz → ~träger ~ ~ ~ ~

~ ~ Blöcken → ~träger ~ ~

~ mit gleichbleibendem Querschnitt → ~träger ~ ~ ~

~ ~ halber Vorspannung → ~träger ~ ~ ~

~ ~ T-Querschnitt → ~träger ~ ~

~abstand *m*, Balkenträgerabstand · beam distance

~achse *f*, Balkenträgerachse, Balken-(träger)mittellinie *f* · beam centre line (Brit.); ~ center ~ (US); ~ axis

~anker *m*, Balkenträgeranker, Kopfanker, Schlauder *f* · beam tie

~anordnung *f*, Balkenträgeranordnung arrangement of beams, spacing ~ ~

~anschluß *m* → Balkenträgeranschluß

~armierung *f* → Balken(träger)bewehrung

~art *f*, Balkenträgerart · beam type, type of beam

~auflager *n*, Balkenträgerauflager · beam support

(~)Auswechs(e)lung *f*, (Balken)Wechsel *m*, Balkenträgerauswechs(e)lung, Balkenträgerwechsel [*DIN 104*] · trimming

~belastung *f*, Balkenträgerbelastung · beam loading

~bemessung *f*, Balkenträgerbemessung · beam design, design of beams

~bemessungsformel *f*, Balkenträgerbemessungsformel · beam design formula

~berechnung *f*, Balkenträgerberechnung · beam calculation

~bewehrung *f* → Balkenträgerbewehrung

~biegetheorie *f*, Balkenträgerbiegetheorie · beam flexure theory

~biegung *f*, Balkenträgerbiegung · beam bending

~block(stein) *m*, Balkenstein, Beton~ · (precast) (concrete) bond beam block, (~) (~) ~ ~ tile [*See remark under 'Block'*]

~breite *f*, Balkenträgerbreite · beam width

~bruchprobe *f* → Balken(träger)-bruchprüfung

~bruchprüfung *f* → Balkenträgerbruchprüfung

~bruchversuch *m* → Balken(träger)-bruchprüfung

~dach *n*, Balkenträgerdach · beam roof

~decke *f*, Balkenträgerdecke · joist floor, single ~, beam ~

~decke *f* **mit dicht verlegten Balken** [*DIN 4225. Decke mit unmittelbar nebeneinander verlegten Stahlbeton-Fertigbalken*] · floor with (pre)cast beams placed close together

~decke *f* **mit Zwischenbauteil** [*DIN 4225. Decke mit Stahlbeton-Fertigbalken im Mittenabstand von höchstens 1,25 m mit Zwischenbauteilen, deren Mitwirkung beim Nachweis der Tragfähigkeit der Decke nicht in Rechnung gestellt wird, wohl aber unter Umständen Ortbeton zur Verstärkung der Druckzone des Balkens*] · (precast) beam and filler floor, cast ~ ~ ~ ~

~durchbiegung *f*, Balkenträgerdurchbiegung · beam deflection, ~ deflexion

~einlagen *fpl* → Balken(träger)bewehrung

~endbereich *m*, Balkenträgerendbereich · extreme part of beam

~fach *n*, Balken(träger)feld *n*, Balkenträgerfach · space between beams

~feld *n* → Balkenfach

~festigkeit *f*, Balkenträgerfestigkeit · beam strength

~gelenk *n*, Balkenträgergelenk · beam hinge

~hälfte *f* → Balkenträgerhälfte

~höhe *f*, Balkenträgerhöhe · beam depth

~holz *n*, Balkenträgerholz · beam wood, ~ timber

~kammer *f*, Balkenträgerkammer · beam aperture, ~ pocket, wall ~

~konstruktion(ssystem) *f*, (*n*), Balkenträgerkonstruktion(ssystem) · beam (structural) system, ~ construction

~kopf *m*, Balkenträgerkopf · beam end

~kreuzung *f*, Balkenträgerkreuzung · beam crossing

~kreuzwerk *n*, Balkenträgerkreuzwerk, Balkenträgerrost *m*, (Balken)Rost · beam grid, ~ grill(ag)e

~kreuzwerkanalogie *f* → (Balken-)(Träger)Kreuzwerkanalogie

~lage *f*, Balkenträgerlage, Gebälk *n*, Holz~ [*Der tragende Teil einer hölzernen Decke*] · system of (wood(en)) binders and joists, ~ ~ timber ~ ~ ~

~länge *f*, Balkenträgerlänge · beam length

balkenlos, balkenträgerlos · beamless

Balken|mechanismus *m*, Balkenträgermechanismus · beam mechanism

~mittellinie *f*, Balkenträgermittellinie, Balken(träger)achse *f* · beam centre line (Brit.); ~ center ~ (US); ~ axis

~moment *n*, Balkenträgermoment · beam moment

~oberfläche *f*, Balkenträgeroberfläche · beam surface

~-Obergeschoßdecke *f*, Balkenträger-Obergeschoßdecke · single upper floor, upper joist ~

~platte *f*, Balkenträgerplatte · beam slab

~probe *f* → Balken(träger)prüfung

~profil *n*, Balkenträgerprofil · beam profile

~prüfung *f* → Balkenträgerprüfung

~querschnitt *m*, Balkenträgerquerschnitt · beam cross section

~raster *m*, Balkenträgerraster · beam grid

~rastersystem *n*, Balkenträgerrastersystem · beam grid system

~rippe *f*, Balkenträgerrippe · beam rib

~-Rippendecke *f*, Balkenträger-Rippendecke · rib(bed) beam floor

(~)Rost *m*, Balkenträgerrost, Balken(träger)kreuzwerk *n* · beam grid, ~ grill(ag)e

~schalung *f* → Balkenträgerschalung

~schwingung *f*, Balkenträgerschwingung · beam vibration, ~ oscillation

~seite *f*, Balkenträgerseite · beam side

~(stahl)einlagen *fpl* → Balken(träger)bewehrung

~steg *m*, Balkenträgersteg · beam web

~stein *m* → Kragstein

~stein *m*, Balkenblock(stein) *m*, Beton~ · (precast) (concrete) bond beam block, (~) (~) ~ ~ tile [*See remark under 'Block'*]

~stoß *m*, Balkenträgerstoß · beam butt joint

~theorie *f*, Balkenträgertheorie · beam theory

Balken(träger) *m* · beam, B, BM

~ aus Blech und Holz · flitched beam [*A beam built up of metal plates and timbers*]

~ ~ Blöcken, Blockbalken(träger) · beam made of precast hollow blocks

~ mit gleichbleibendem Querschnitt, Rechteckbalken(träger), prismatischer Balken(träger) · rectangular (cross-section(al)) beam, prismatic ~

~ ~ halber Vorspannung · half-prestressed beam

~ ~ T-Querschnitt, Plattenbalken(träger) [*Betonkonstruktion, die beim gemeinsamen Betonieren von Balken und Platte entsteht; bei Biegung des Balkens wird ein Teil der Platte als Druckgurt statisch mitverwendet*] · slab-and-beam, T-beam, Tee beam

~achse *f*, Balken(träger)mittellinie *f* · beam centre line (Brit.); ~ center ~ (US); ~ axis

~anker *m*, Kopfanker, Schlauder *f* · beam tie

~anordnung *f* · spacing of beams, arrangement ~ ~

~anschluß *m*, Balken(träger)verbindung *f* · beam(-to-column) connection

~-Träger-Ausschluß *m* · beam-to-girder connection

Balken(träger)|armierung *f* → Balken(träger)bewehrung

~art *f* · beam type, type of beam

~auflager *n* · beam support

~(aus)wechseln *n* [*DIN 104*] · trimming, framing

~auswechs(e)lung *f* → (Balken(träger))Wechsel

~belastung *f* · beam loading

~bemessung *f* · beam design, design of beams

~bemessungsformel *f* · beam design formula

~berechnung *f* · beam calculation

~bewehrung *f*, Balken(träger)armierung, Balken(träger)(stahl)einlagen *fpl* · beam reinforcement

~biegetheorie *f* · beam flexure theory

~biegung *f* · beam bending

~breite *f* · beam width

~bruchprobe *f* → Balken(träger)-bruchprüfung

~bruchprüfung *f*, Balken(träger)-bruchversuch *m*, Balken(träger)bruchprobe *f* · beam test (to failure), ~ ~ ~ rupture

~bruchversuch *m* → Balken(träger)-bruchprüfung

~dach *n* · beam roof

~decke *f* · joist floor, single ~, beam ~

~durchbiegung *f* · beam deflection, ~ deflexion

~einlagen *fpl* → Balken(träger)bewehrung

~endbereich *m* · extreme part of beam

~fach *n* → Balken(träger)feld

~feld *n*, Balken(träger)fach *n*, Balken(träger)joch *n* · space between beams

~festigkeit *f* · beam strength

~gelenk *n* · beam hinge

~gleichung *f* · beam equation

~hälfte *f*, Halbbalken(träger) *m* · half-beam

~höhe *f* · beam depth

~holz *n* · beam timber, ~ wood

~kammer *f* · beam aperture, ~ pocket

~konstruktion(ssystem) *f*, (*n*) · beam (structural) system, ~ construction

~kopf *m* · beam end

~kreuzung *f* · beam crossing

~kreuzwerk *n*, Balkenträgerrost *m*, (Balken)Rost · beam grid, ~ grill(ag)e

~krümmung *f* · beam curvature

~lage *f*, Gebälk *n*, Holz~ [*Der tragende Teil einer hölzernen Decke*] · system of (wood(en)) binders and joists, ~ ~ timber ~ ~ ~

~länge *f* · beam length

balken(träger)los · beamless

Balken(träger)|mechanismus *m* · beam mechanism

~mittellinie *f*, Balken(träger)achse *f* · beam centre line (Brit.); ~ center ~ (US); ~ axis

~moment *n* · beam moment

~oberfläche *f* · beam surface

~-Obergeschoßdecke *f* · single upper floor, upper joist ~

~platte *f* · beam slab

~probe *f*, Balken(träger)prüfung *f*, Balken(träger)versuch *m* [*Zur Bestimmung der Biegezugfestigkeit nach DIN 1048 an einem Balken(träger) von 70 cm Länge, 15 cm Breite und 10 cm Hö-*

he, der bei einer Stützweite von 60 cm durch eine Einzellast (Momentenlinie ein Dreieck) in Balken(träger)mitte bis zum Bruch belastet wird] · beam test

~profil *n* · beam profile

~prüfung *f*, Balken(träger)probe *f*, Balken(träger)versuch *m* [*Zur Bestimmung der Biegezugfestigkeit nach DIN 1048 an einem Balken(träger) von 70 cm Länge, 15 cm Breite und 10 cm Höhe, der bei einer Stützweite von 60 cm durch eine Einzellast (Momentenlinie ein Dreieck) in Balken(träger)mitte bis zum Bruch belastet wird*] · beam test

~querschnitt *m* · beam cross section

~rippe *f* · beam rib

~-Rippendecke *f* · rib(bed) beam floor

~rost *m*, Balken(träger)kreuzwerk *n*, Rost · beam grid, ~ grill(ag)e

Balken(träger)|schalung *f* · beam forms, ~ form(work), ~ shuttering

~schwingung *f* · beam vibration, ~ oscillation

~seite *f* · beam side

~(stahl)einlagen *fpl*, Balken(träger)-bewehrung *f*, Balken(träger)armierung · beam reinforcement

~steg *m* · beam web

~stoß *m* · beam butt joint

~theorie *f* · beam theory

~überzählige *f* · beam redundant

~umhüllung *f*, Balken(träger)ummantelung · (concrete) beam casing, (~) ~ encasure, (~) ~ encasement, (~) ~ haunching, (~) ~ sheath coat

~ummantelung *f*, Balken(träger)umhüllung · (concrete) beam casing, (~) ~ encasure, (~) ~ encasement, (~) ~ haunching, (~) ~ sheath coat

~unterseite *f*, Balken(träger)untersicht *f* · beam bottom, ~ soffit

~untersicht *f*, Balken(träger)unterseite *f* · beam bottom, ~ soffit

~unterstützung *f* · beam support

~verankerung *f* · beam anchorage

~verbindung *f*, Balken(träger)anschluß *m* · beam connection

~versuch *m*, Balken(träger)prüfung *f*, Balken(träger)probe *f* [*Zur Bestimmung der Biegezugfestigkeit nach DIN 1048 an einem Balken(träger) von 70 cm Länge, 15 cm Breite und 10 cm Höhe, der bei einer Stützweite von 60 cm durch eine Einzellast (Momentenlinie ein Dreieck) in Balken(träger)mitte bis zum Bruch belastet wird*] · beam test

(Balken(träger))Wechsel *m*, (Balken(träger))Auswechs(e)lung *f* [*DIN 104*] · trimming, framing

Balken|überzählige *f*, Balkenträgerüberzählige · beam redundant

~umhüllung *f*, Balkenträgerumhüllung, Balken(träger)ummantelung · (concrete) beam casing, (~) ~ encasure, (~) ~ encasement, (~) ~ haunching, (~) ~ sheath coat

~ummantelung *f*, Balkenträgerummantelung, Balken(träger)umhüllung · (concrete) beam casing, (~) ~ encasure, (~) ~ encasement, (~) ~ haunching, (~) ~ sheath coat

~unterseite *f*, Balkenträgerunterseite, Balken(träger)untersicht *f* · beam bottom, ~ soffit

~untersicht *f*, Balkenträgeruntersicht, Balken(träger)unterseite *f* · beam bottom, ~ soffit

~unterstützung *f*, Balkenträgerunterstützung · beam support

~verankerung *f*, Balkenträgerverankerung · beam anchorage

~verbindung *f* → Balkenträgerverbindung

~versuch *m* → Balken(träger)prüfung

(~)Wechsel *m* → Balkenträgerwechsel

~wirkung *f* · beam action [*The modulus of elasticity of a concrete slab is much greater than that of the foundation material, so that a major portion of the load-carrying capacity is derived from the slab itself. This is often referred to as beam action*[

Balkon *m* · balcony

~auskleidung *f*, Balkonverkleidung, Balkonbekleidung · balcony lining, ~ (sur)facing

~balken(träger) *m* · balcony beam

~bekleidung *f*, Balkonauskleidung, Balkonverkleidung · balcony lining, ~ (sur)facing

~belag *m* · balcony cover(ing)

~brüstung *f* · balcony parapet

~entwässerung *f* · balcony drainage

~geländer *n* · balcony balustrade

~hebetür *f* · balcony lifting door

~platte *f* · balcony slab, ~ plate

~träger *m* · balcony girder

~trennwand *f* · balcony partition (wall)

~tür *f* · balcony door

~türbeschläge *mpl* · balcony door hardware, ~ ~ fittings

~verkleidung *f*, Balkonauskleidung, Balkonbekleidung · balcony lining, ~ (sur)facing

Ballen *m*, Rolle *f* [*Rohfilzpappe*] · roll

~blume *f* · ball-flower [*A characteristic ornament of English Decorated architecture and western European Gothic architecture generally. It resembles a ball half enclosed by three rounded petals and is spaced regularly in concave mouldings*]

Ballon-Haus *n* · Ballon House [*Designed by Eliot Noyes for himself, it was made by spraying concrete onto an immense inflated balloon*]

Ballraum *m*, Ballsaal *m* · ballroom

~foyer *n*, Ballsaalfoyer · ballroom foyer

Ballsaal *m*, Ballraum *m* · ballroom

~foyer *n*, Ballraumfoyer · ballroom foyer

Ball|spielhalle *f* · ball-games hall

~ton *m*, Töpferton · ball clay, potter's ~

Balsam *m* · balsam

~kolophonium *n* · gum rosin

~terpentinöl *n* · balsam turpentine

baltisches Blasleinöl *n*, geblasenes baltisches Leinöl · blown Baltic oil

Baluster *m*, Docke *f*, Togge *f* · baluster, ban(n)ister

Balustrade *f*, Dockengeländer, Toggengeländer *n* · balustrading, balustrade

Bananen|hanf *m*, Musahanf, Abakahanf, Manil(l)ahanf · Manil(l)a hemp

~stecker *m* · spring contact plug

Band *n* · strap [*For fixing the ends of joists*]

~ [*z. B. (Ab)Dicht(ungs)band*] · strip

~ [*Walzerzeugnis*] · strip

~ [*Baubeschlag*] · hinge

~, Gurt *m*, Aufzug~ [*Rolladen*] · tape

~, Gabelholz *n* · forked wood

Bandage *f*, Umwick(e)lung *f* · wrap(ping)

Band|bebauung *f* · ribbon building, ~ development

~breite *f*, Frequenz~ [*Akustik*] · (frequency) bandwidth

~eisen *n* [*Fehlname*]; Bandstahl *m* [*Er wird durch Walzen aus Flußstahl hergestellt*] · strip steel

~eisenschloß *n* [*abgehängte Strahlungsheizungsdecke*] · turnbuckle

Bandelwerk *n*, Bandverschlingung *f* · strapwork [*Decoration originating in the Netherlands c. 1540, also common in Elizabethan England, consisting of interlaced bands (Bandverschlingung) and forms similar to fretwork or cut leather; generally used in ceilings, screens, and funerary monuments*]

Bändergneis *m*, Lagengneis · banded gneiss, ribbon ~

Band|(ge)sims *m*, (*n*) · platband

~holz *n*, Kopfband *n*, Kopfbiege *f*, Bug(holz) *m*, (*n*), Strebenband(holz), Winkelband [*Unter 45° oder mehr geneigtes Holz, das zwischen Pfetten oder Balken(trägern) und den unterstützenden Stielen oder Pfosten zur Verringerung der Stützweite der Biegeglieder und als Längsaussteifung dient*] · strut, (angle) brace

(~)Lappen *m* · (hinge) flap

~metall *n* · strip metal

~ornament *n*, Dekor(ations)band *n*, Zierband, Ornamentband, Schmuckband, Bandschmuck *m* · decorative band, ornamental ~, continuous ornament

~parkett *n* → Riemen(fuß)boden

~polieren *n* · belt polishing

~porphyr *m* · banded porphyry

~rippe *f* · rectangular rip

~schale *f* · bandshell [*It is a shell of tapering ribbed concrete*]

~schelle *f* · ribbon clip

~sims *m*, Bandgesims *n* · platband

~stadt *f*, lineare Stadt · linear town

~stahl *m* [*Fehlname: Bandeisen n. Er wird durch Walzen aus Flußstahl hergestellt*] · strip steel

~stahlprofil *n* [*Aus warmgewalztem Bandstahl durch Ziehen hergestelltes Profil*] · strip steel section, ~ ~ shape, ~ ~ unit, ~ ~ trim

~verschlingung *f*, Bandelwerk *n* · strapwork [*Decoration originating in the Netherlands c. 1540, also common in Elizabethan England, consisting of interlaced bands (Bandverschlingung) and forms similar to fretwork or cut leather; generally used in ceilings, screens, and funerary monuments*]

~wurm- und Rundturmsied(e)lung *f* · ribbon and round-tower housing estate

Bank *f*, Sitz~ · bench

~ mit Autoschalter(n) · drive-in bank, bank with drive-in teller(s)

~eisen *n* [*Zur Verbindung der Futterrahmen von Türen oder Fenstern mit dem Mauerwerk*] · cramp (iron), clamp (~)

Bankenviertel *n* · financial heart

Bankett *n*, Gründungsstreifen *m*, Streifenfundament *n* · strip footing, continuous ~, ~ foundation

~küche *f* [*Hotel*] · banquet(ing) kitchen

~saal *m*, Festsaal · banquet(ing) room, festival ~, grand chamber

Bank|gebäude *n* · bank building, ~ block

~halle *f* · banking hall

~hallendecke *f* · banking hall floor

BaO, Baryt *m*, Schwerspat *m* · barite, natural barium sulfate (US); barytes, natural barium sulphate (Brit.) [*A mineral used in pure or impure form as concrete aggregate primarily for the construction of high-density radiation shielding concrete*]

$Ba(OH)_2 \cdot 8\,H_2O$, Bariumhydroxid *n*, Ätzbaryt *m* · barium hydroxid(e) (US); ~ hydroxide (Brit.)

Baptisterium *n*, Taufkapelle *f* · baptistery [*A building for baptismal rites containing the font; incorporated into the church*]

~, Taufkirche *f* · baptistery [*A building for baptismal rites containing the font; separate from the church*]

Baracken *fpl* · hutments

Barbakane *f*, Torzwinger *m*, Bastille *f* · barbican

Barcelona-Stuhl *m* · Barcelona chair [*Designed by Mies van der Rohe for the German Pavilion at the 1929 Int. Exhibition in Barcelona*]

Bärenklau *m*, Akanthus *m* · acanthus; bear's breech (Brit.)

~blatt *n*, Akanthusblatt · acanthus leaf

~fries *m*, Akanthusfries · acanthus frieze

Barium|chlorid *n*, $BaCl_2$ · barium chlorid(e) (US); ~ chloride (Brit.)

~chromat *n*, Barytgelb *n*, $BaCrO_4$ · barytes yellow (Brit.); barite ~ (US)

~fluat *n* · barium fluosilicate

~hydroxid *n*, Ätzbaryt *m*, $Ba(OH)_2 \cdot 8\,H_2O$ · barium hydroxid(e) (US); ~ hydroxide (Brit.)

~karbonat *n*, $BaCO_3$ · barium carbonate, witherite

~putz *m* · barium(-based) (mixed) plaster [*See remark under 'Putz'*]

~salz *n* · barium salt

~sulfat *n*, schwefelsaures Barium *n*, $BaSO_4$ · barium sulphate (Brit.); ~ sulfate (US)

~sulfaterz *n*, Naturbaryt *m* · barite ore (US); barytes ~ (Brit.)

~sulfatpigment *n* · barium sulfate pigment (US); ~ sulphate ~ (Brit.)

~verbindung *f* · barium compound

~zement *m*, Edelzement, Barytzement [*Mit Ba(rium) anstelle von Ca. Wegen hohen Gewichtes für Schwerst-, Strahlenschutz- und Reaktorbeton verwendet*] · baritic cement

Barock|architekt *m* · baroque architect

~architektur *f*, Barockbaukunst *f* · baroque architecture

~baukunst *f*, Barockarchitektur *f* · baroque architecture

~baumeister *m* · baroque master

~brunnen *m* · baroque fountain

~dom *m*, Barockkathedrale *f* · baroque dome, ~ cathedral

~freskenmalerei *f* · baroque fresco painting

~gebäude *n* · baroque building, ~ structure

~kathedrale *f*, Barockdom *m* · baroque dome, ~ cathedral

~kirche *f* · baroque church

~palast *m* · baroque palace

~platz *m* · baroque square

~statue *f* · baroque statue

Barren *m*, Verankerungs~ [*Hubdeckenverfahren*] · (steel) shear key

~, Knüppel *m*, Walzblock *m* · billet [*A semi-finished rolled or forged product intended for re-rolling or forging, usually square with chamfered or radiused corners and with a cross-sectional area generally not more than 25 sq. in.*]

Bart *m*, Schlüssel~ · (key) bit

~schlüssel *m* · bit key

Baryt *m*, Schwerspat *m*, BaO · barite, natural barium sulfate (US); barytes, natural barium sulphate (Brit.) [*A mineral used in pure or impure form as concrete aggregate primarily for the construction of high-density radiation shielding concrete*]

~beton *m*, Schwerspatbeton · barite (aggregate) concrete (US); barytes (~) ~ (Brit.)

~flußspat *m*, Flußschwerspat · fluorspar of baryte

~gelb *n*, Bariumchromat *n*, $BaCrO_4$ · barytes yellow (Brit.); barite ~ (US)

~(innen)(ver)putz *m* · barium (mixed) plaster [*It contains barytes aggregate with gypsum plaster or Portland cement as a binder*]

~platte *f* · barite slab (US); barytes ~ (Brit.)

~-Wandplatte *f* · barite wall slab (US); barytes ~ ~ (Brit.)

~zement *m*, Bariumzement, Edelzement [*Mit Ba(rium) anstelle von Ca. Wegen hohen Gewichtes für Schwerst-, Strahlenschutz- und Reaktorbeton verwendet*] · baritic cement

~zuschlag(stoff) *m*, Schwerspatzuschlag(stoff) · barytes aggregate (Brit.); barite ~ (US)

Basalt *m* · basalt [*A dark-coloured, fine-grained basic igneous rock, composed essentially of basic feldspar, augite and iron ores, usually with olivine*]

~beton *m* · basalt(ic) concrete

~erbskies *m*, Basaltperlkies · basalt(ic) pea gravel

~-(Fuß)Bodenplatte *f*, Basalt-(Fuß-) Bodenfliese *f*, Basalt-Belagplatte · basalt(ic) floor tile

~gabbrogestein *n* · basalt-gabbro rock

basaltisches Gestein *n* · whinstone [*A term loosely used to denote rocks of the basalt type*]

Basalt|lava *f*, Lavakrotze *f*, Schaumlava, vulkanische Schlacke *f*, poröse Lava, Lavaschlacke, Lungstein *m*, Basaltschlacke [*Basaltische feinporige bis blasige vulkanische Auswurfmasse. „Lavalit" ist ein geschützter Handelsname für gebrochene Lavaschlacke, die in verschiedenen Körnungen aufbereitet ist*] · scoria(ceous lava), foamed lava

~mehl *n* · powder(ed) basalt, basalt(ic) meal, basalt(ic) powder

~perlkies *m*, Basalterbskies · basalt(ic) pea gravel

~pflasterstein *m* [*DIN 18502*] · basalt(ic) (paving) sett

~platte *f* · basalt(ic) slab

~pochsand *m*, Basaltsplittsand, Basaltquetschsand · basalt(ic) stamp sand

~quetschsand *m*, Basaltsplittsand, Basaltpochsand · basalt(ic) stamp sand

~sand *m* · basalt(ic) sand

~sandstein *m* · basalt(ic) sandstone

~schlacke *f* → Basaltlava

~schotter *m* · crushed basalt(ic) stone

~splitt *m* · basalt(ic) chip(ping)s

~splittbeton *m* · basalt(ic) chip(ping)s concrete

~splittplatte *f* [*Beton-Bürgersteigplatte aus Basaltsplitt und Portlandzement*] · sidewalk flag of basalt(ic) chip(ping)s concrete (US); footpath ~ ~ ~ ~ ~ (Brit.)

~splittsand *m*, Basaltpochsand, Basaltquetschsand · basalt(ic) stamp sand

~tuff *m*, Trapptuff · basalt(ic) tuff, trapp ~

~wacke *f* · basalt(ic) wacke

~wolle *f* · basalt(ic) wool

Basengrad *m*, Basizitätsgrad, Schlackenzahl *f*, Schlackenziffer $\frac{CaO + MgO}{SiO_2}$ *f* · basicity factor

Basilika *f*, christliche ~, Basilikakirche *f* · Christian basilica, ecclesiastical ~, basilica (church)

~, römische ~ · (civic) basilica, pagan ~, secular ~, imperial ~, Roman hall of justice

~ Aemilia · Basilica Æmilia

~ des Konstantin, ~ ~ Maxentius [*Diese Basilika wird auch als „Friedenstempel" bezeichnet, weil sie an der Stelle des abgebrannten, von Vespasian erbauten Tempels des Friedens erbaut war*] · Basilica of Constantine, ~ ~ Maxentius

~ Julia · Julian basilica

~ S. Agnese vor den Mauern der Stadt Rom · Basilican church St Agnes without the walls of Rome

~ zu Paestum · Basilica at Paestum

~ Ulpia · Ulpian basilica

~kirche *f*, (christliche) Basilika *f* · Christian basilica, ecclesiastical ~, basilica (church)

basilikaler Grundriß *m* · basilican (ground-)plan, ~ base

~ Querschnitt *m*, basilikales Schema *n* · basilican cross section

basilikales Schema *n*, basilikaler Querschnitt *m* · basilican cross section

Basis *f*, Grundlage *f* · base

~, Fuß *m* [*Grundplatte, auf der eine Säule, ein Pilaster, eine Stütze, oder ein Pfeiler ruht*] · base (plate)

basisch [*Gestein*] · basic

basische Hochofenschlacke *f* · basic blast-furnace slag

basischer Diorit *m* · basic diorite

~ feuerfester Stein *m*, ~ ff. ~ · basic brick

basisches Gestein *n* · basic rock [*Igneous rock containing between about 52% and 45% silica, with a high proportion of dark minerals and no free quartz*]

basisch-essigsaures Blei *n* · basic lead acetate

Basis-Viereck *n* · base quadrilateral

Basizität *f* · basicity

Basizitätsgrad *m*, Basengrad *m*, Schlackenzahl *f*, Schlackenziffer $\frac{CaO + MgO}{SiO_2}$ *f* · basicity factor

$BaSO_4$, schwefelsaures Barium *n*, Bariumsulfat *n* · barium sulphate (Brit.); ~ sulfate (US)

Bastard|asbest *m*, Pikrolith *m* · picrolite

~kalk *m* [*Bezeichnung für minderwertigen Brannt- und Löschkalk*] · low-grade lime

Bastei *f*, Bastion *f* · bastion [*Solid tower to carry military engines*]

Bastfaser *f* · bast fiber (US); ~ fibre (Brit.)

Bastion *f*, Bastei *f* · bastion [*Solid tower to carry military engines*]

Bastit *m*, Schillerspat *m* · bastite, schillerspar

Bastlerwerkstatt *f*, Freizeitwerkstatt, Bastelwerkstatt · hobby room, home workshop

Bastmatte *f* · bast mat

Batterie|fertigung *f* [*Betonstein*] · battery moulding (Brit.); ~ molding (US)

~form *f* · battery mould (Brit.); ~ mold (US)

~uhr *f* · battery-fed clock

Batzen *m*, Rohling *m* [*Feuerfestindustrie. Zur endgültigen Formgebung oder zum Brennen der Rohstoffe aufbereitete vorgeformte Masse*] · clot

Bau *m* · construction

~, Haus *n*, Gebäude *n* [*Manchmal fälschlicherweise „Bauwerk" genannt*] · building (structure), block, house [*A structure or combination of structures erected where it is to stand and having as one of its main purposes the provision of shelter from the weather*]

~, ~werk *n* · structure, construction

~ landwirtschaftlicher Gebäude · farm building construction

~ ~ Lehranstalten, Lehranstaltbau · educational building

(~)Abmessung *f*, (Bau)Maß *n* · (building) dimension

(~)Abnahme *f*; Kollaudierung *f* [*Schweiz*] [*Die Übernahme des Bauwerkes oder Gebäudes nach Fertigstellung*] · acceptance, ~ of (the) work

(~)Abnahme *f* **durch Augenschein** · acceptance inspection

~abteilung *f* · construction department

~akustik *f* · architectural acoustics

~aluminium *n* · structural aluminum, construction(al) ~ (US); ~ aluminium (Brit.)

~antrag *m*, Baugesuch *n* · building proposal

~antragsteller *m* · person proposing to build, applicant ~ ~ ~

~art *f* [*Die Art in der Baustoffe und Bauteile für Bauwerke zusammengefügt werden*] · type of construction, construction type

~artikel *m*, Bauerzeugnis *n*, Baugegenstand *m* · building product, ~ article

(~)Ätzkalk *m* [*Fehlname*] → Löschkalk

~aufnahme *f* [*Aufzeichnen und Aufmessen eines Bauwerkes und anschließende maßstabgetreue und bauplanmäßige Auftragung*] · survey of a structure

bauaufsichtlich zugelassen · admitted for use by the local government(s)

Bauaufsichts|behörde *f*, Bauaufsichtsorgan *n*, Baupolizei *f* · construction supervising authority, ~ supervision ~

~organ *n*, Bauaufsichtsbehörde *f*, Baupolizei *f* · construction supervising authority, ~ supervision ~

Bau|ausführung *f* · execution of work

~beginn *m* · commencement of work

~behörde *f* · building authority, construction ~

~beratung *f* · construction advisory service

~bericht *m* · job report

(~)Beschlag *m* · (builders') furniture, (~) fitting

(~)Beschlagarbeiten *fpl* [*DIN 18357*] hardware work

(~)Beschläge *mpl* · (builders') hardware, (~) fittings [*B.S. 1331*]

(~)Beschlagfabrik *f*, (Bau)Beschlagwerk *m* · (builders') hardware factory, (~) fittings ~

(~)Beschlagwerk *n*, (Bau)Beschlagfabrik *f* · (builders') hardware factory, (~) fittings ~

~beschränkung *f* · bulk zoning

~beschreibung *f* · description of work content

(~)Bestandsplan *m*, (Bau)Bestandszeichnung *f* · 'work as executed' drawing, as-completed ~, as-built ~, as-constructed ~

(~)Bestandszeichnung *f* → (Bau)Bestandsplan

~bestimmung *f* · building regulation

~betrieb *m* · construction operations

~betrieb *m*, Baufirma *f*, Bauunternehmung *f* · construction firm

~betriebssteuerung *f* · contract control

~blech *n*, Baufeinblech, Konstruktions(fein)blech · construction sheet metal, ~ metal sheet

~blech *n*, Baugrobblech, Konstruktions(grob)blech · construction plate metal, ~ metal plate

~blei *n*, Konstruktionsblei · construction lead

~branntkalk *m*, Baubrennkalk · quicklime for structural purposes, ~ ~ building ~, construction quicklime, building quicklime

~brennkalk *m*, Baubranntkalk · quicklime for structural purposes, ~ ~ building ~, construction quicklime, building quicklime

~bronze *f*, Bronzeprofile *npl* [*Fehlnamen*]; Sondermessing *n* · architectural bronze

~büro *n* · construction office

~chemie *f* · construction chemistry

~chemikal *n* · construction chemical

~dämmartikel *m*, Baudämmerzeugnis *n*, Baudämmgegenstand *m* · building insulation(-grade) product, ~ insulating ~, ~ ~ article

~dämmasse *f* · building insulating compound, ~ insulation(-grade) ~

~dämmaterial *n* → Baudämmstoff

~dämmelement *n* · building insulation (-grade) unit, ~ insulating ~

~dämmerzeugnis *n*, Baudämmgegenstand *m*, Baudämmartikel *m* · building insulation(-grade) product, ~ insulating ~, ~ ~ article

~dämmfilz *m* · building insulating felt, ~ insulation(-grade) ~

~dämmfolie *f* · building insulating foil, ~ insulation(-grade) ~

~dämmgegenstand *m*, Baudämmerzeugnis *n*, Baudämmartikel *m* · building insulation(-grade) product, ~ insulating ~, ~ ~ article

~dämmpapier *n* · building insulating paper, ~ insulation(-grade) ~ [*See remark under 'Pappe'*]

~dämmpappe *f* · building insulating paper, ~ insulation(-grade) ~ [*See remark under 'Pappe'*]

~dämmplatte *f* [*Gegen Wärme, Kälte oder Schall*] · building insulating board, ~ ~ slab, ~ ~ sheet, ~ insulation (-grade) ~

~dämmstoff *m*, Dämmbaustoff, Dämmbaumaterial *n*, Baudämmaterial · building insulation(-grade) material, construction ~ ~, ~ insulating ~, ~ insulator, ~ insulant

~dämmtafel *f* · building insulating panel, ~ insulation(-grade) ~

~dämmwolle *f* · building insulating wool, ~ insulation(-grade) ~

~dämmziegel *m* · building insulating brick, ~ insulation(-grade) ~

~daten *f* · building data, construction ~

(~)Denkmal *n*, Monument *n* · monument

~(dichtungs)folie *f*, Baudichtfolie · construction foil

~drahtgeflecht *n* · wire netting for construction(al) purposes

~drahtgewebe *n* · wire cloth for construction(al) purposes, ~ woven fabric ~ ~ ~; ~ fabric ~ ~ ~ [*misnomer*]

(~)Einheit *f* [*Fehlname*] → (Bau)Element

~eisen *n* · structural iron, construction ~

~eisenwaren *fpl*, Kleineisenzeug *n* · builder's iron supplies, builders' ~ ~, ~ ironmongery [*also loosely called 'hardware'*]

(~)Element *n*, (Bau)Körper *m*, Montageelement, Montagekörper, Fertig(bau)-element, Fertig(bau)körper [*Fehlnamen: (Bau)Einheit f, Montageeinheit*] · (prefab(ricated)) (building) unit, (~) (~) member, (~) (~) component [*Building material which is formed as a single article complete in itself but which is intended to be part of a compound unit or building, or structure. Examples are brick, block, tile, lintel*]

Bauen *n* · construction, constructing

~ mit Fertigteilen, Fertig(teil)bau, Montagebau · prefab(ricated) construction, industrialized ~, system ~

~ ~ Holzfertigteilen, Holzmontebaum, Holzfertigbau · wood(en) prefab(ricated) construction, timber ~ ~, ~ system ~

~ ~ Spannbetonfertigteilen, Spannbeton-Fertigteilbau *m*, Spannbeton-Montagebau · precast prestressed (concrete) construction, prestressed precast (~) ~, ~ ~ (~) system ~

~ ~ Stahlbetonfertigteilen, Stahlbeton-Fertigteilbau *m*, Stahlbeton-Montagebau · precast reinforced concrete construction, ~ R. C. ~, ~ ~ (concrete) system ~

~ ~ Ziegelfertigteilen, Ziegelmontagebau *m*, Ziegelfertigteilbau · prefab(ricated), (clay) brickwork construction, (clay) brick(work) system building

Bau|entwurf *m* · structural design

~erlaubnis *f*, Baugenehmigung *f* · consent to build

~erzeugnis *n*, Bauartikel *m*, Baugegenstand *m* · building product, ~ article

~fachmann *m* · construction expert

~(fein)blech *n*, Konstruktions(fein)blech · construction sheet metal, ~ metal sheet

~feuchte *f*, Baufeuchtigkeit *f* · trapped moisture, ~ humidity

~feuchtigkeit *f*, Baufeuchte *f* · trapped moisture, ~ humidity

~firma *f*, Baubetrieb *m*, Bauunternehmung *f* · construction firm

~folge *f* · sequence of construction

~folie *f*, Baudicht(ungs)folie · construction foil

~forschung *f* · building research

~forschungsanstalt *f* · building research station

~frist *f* · (specified) time for completion

~führer *m* [*Er leitet die Bauarbeiten unternehmerseitig*] · contractor's supervisor

~-Furnierplatte *f* [*DIN 68705*] · plywood (panel) board for construction purposes, ~ (~) ~ ~ building ~

~gedanke *m* · architectural concept

~gegenstand *m*, Bauerzeugnis *n*, Bauartikel *m* · building product, ~ article

~gelände *n* · construction ground

~genehmigung *f*, Bauerlaubnis *f* · consent to build

~genossenschaft *f* · benefit building society, cooperative ~ ~

~geschehen *n* · constructional activities

~gesetz *n* · building code

~gestein *n*, bautechnisches Gestein · (building) stone, structural ~

~gesuch *n*, Bauantrag *m* · building proposal

~gewebe *n* [*als Bewehrung*] · reinforcing mesh

~gips *m* [*DIN 1168*] · (gypsum) building plaster [*It is a sub group of the more general term 'gypsum plaster' and gypsum building plasters are those which have a definite set due to the hydration of calcium sulphate to form gypsum and which are intended for general building operations and for the manufacture of preformed building products*]

~-Gipsplatte *f*, Gipsplatte, Gipsbauplatte · gypsum (building) board, ~ (~) sheet

~-Gipsplattendecke *f*, Gips(bau)plattendecke · gypsum (building) board ceiling, ~ (~) sheet ~

~-Gipsplattentrennwand *f*, Gips(bau)-plattentrennwand · gypsum (building) board partition, ~ (~) sheet ~

~gips- und Gipsplattenwerk *n* · integrated building plaster mill and plaster board plant

~glas *n* · construction glass, building ~

(~)Glaswand *f* · glass wall

~glied *n* · construction(al) member

~(grob)blech *n*, Konstruktions(grob)-blech · construction plate metal, ~ metal plate

~grubenverkleidungsarbeiten *fpl* [*DIN 18303*] · building pit sheeting work

~grundsätze *mpl* · building principles

(~)Hauptstoff *m*, Hauptbaustoff; (Bau)Hauptmaterial *n*, Hauptbaumaterial [*Schweiz*] · direct material [*A material which is physically incorporated in the work(s)*]

~haus *n* · Bauhaus School [*School of design, building and craftsmanship founded by Walter Gropius in Weimar in 1919. Transferred to Dessau in 1925, then to Berlin, ultimately closing in 1933*]

~haus-Manifest *n* · Bauhaus Manifesto

~heizung *f* · heating for building operations

(~)Hilfsstoff *m*, Hilfsbaustoff; (Bau-)Hilfsmaterial *n*, Hilfsbaumaterial [*Schweiz*] · indirect material [*A material which is not physically incorporated into the work(s)*]

~hochkonjunktur *f* · building boom

~hof *m* · builder's yard

~höhe *f*, Konstruktionshöhe, Dicke *f* [*Träger; Decke; Platte*] · depth

Bauholz *n* · structural timber, building ~, construction(al) ~

~ für den Hochbau, Rohbauholz, Zimmereiholz, Konstruktionsholz · carcassing timber, framing ~

~ nach Liste, Listenbauholz · cutting-list structural timber, ~ building ~, ~ construction(al) ~

~dimension *f*, Bauholz-Schnittklasse *f* · structural size, ~ dimension

(~)Güteklasse *f* · structural timber grade, building ~ ~, construction(al) ~ ~, stress ~

~-Schnittklasse *f*, Bauholzdimension *f* · structural size, ~ dimension

Bau|hütte *f* · stonemason's lodge

~hygiene *f* · architectural hygiene, sanitary science as applied to buildings

Bauisolier|erzeugnis *n* · building insulating product, ~ insulation(-grade) ~

~folie *f* · building insulating foil, ~ (insulation-)grade ~

~material *n*, Isolierbaumaterial [*Schweiz*]; Isolierbaustoff *m*, Bauisolierstoff · insulating construction(al) material, insulation(-grade) ~ ~, ~ building ~, ~ structural ~

~papier, *n*, Isoliersperrpapier, Bausperrpapier, Isolierbaupapier, wasserfestes Baupapier · waterproof(ing) building paper [*See remark under 'Pappe'*]

~pappe *f*, Bausperrpappe, Isolierbaupappe, Isoliersperrpappe · waterproof(ing) building paper [*See remark under 'Pappe'*]

~platte *f* · building insulating board, ~ ~ slab, ~ ~ sheet, ~ insulation(-grade) ~

~stoff *m*, Isolierbaustoff; Isolierbaumaterial *n*, Bauisoliermaterial [*Schweiz*] · insulating construction(al) material, insulation(-grade) ~ ~, ~ building ~, ~ structural ~

Baujahr *n* · year of construction

Baukalk *m* [*DIN 1060*] · trowel trades lime, building ~, construction ~ [*B.S. 890*]

~hydrat *n* · trowel trades hydrated lime

Bau|kastensystem *n* · meccano-like system of unit construction

~keramik *f* · structural ceramics, heavy ~

baukeramische Erzeugnisse *npl* · structural ceramics products, heavy ~ ~, ~ ~ articles, ~ ~ goods

Bau|kies *m* · construction gravel

~klammer *f* [*Holzverbindungsmittel aus Rund- oder Flachstahl mit umgebogenen, angespitzten Enden zur vorübergehenden Verbindung von Einzelhölzern, meist bei Baugerüsten angewendet*] · dog

~kleb(e)masse *f* · compound for building purposes, ~ ~ construction(al) ~ [*See remark under 'Kleb(e)masse'*]

~kleb(e)stoff *m*, Baukleber *m*, Baukleb(e)mittel *n* · building (bonding) adhesive, ~ ~ agent, ~ ~ medium, ~ cement(ing agent)

~klimatologie *f* · building climatology, construction ~

~konstruktionsingenieur *m* · structural engineer

~-Konstruktionsplatte *f*, Bau-Mittellagenplatte, Bau-Sperrplatte mit Einlage, Bau-Tischlerplatte, Bau-Paneelplatte · coreboard for building purposes, ~ ~ construction ~ (Brit.); CLV board ~ ~ ~, cross-banded lumber veneered board ~ ~ ~ (US)

(~)Körper *m* → (Bau)Element

~körper *m*, Raumkörper · massing

~kosten *f* · building cost(s)

Baukunst *f*, Architektur *f* · architecture

~ des Mittelmeerraumes, Architektur *f* ~ ~ · Mediterranean architecture

Baukunststoff *m* · construction plastic, building ~

Bau|-Kunststoffolie *f* · construction plastic film, ~ ~ sheeting, building ~ ~

~kupfer *n* · construction copper

Bauland *n*, baufertige Grundstücke *npl* · developed sites

~, baufertiges Grundstück *n* · developed site

~beschaffung *f*, Grunderwerb *m* [*Österreich: Grundeinlösung*] · acquisition of land, land purchase

~planung *f* · land planning

Bau|länge *f* [*Rohr*] · effective length, laying ~

~lärm *m* · construction noise

~last *f* · construction load

~lehm *m* · loam for construction purposes

bauleitender Architekt *m* · architect-in-charge

Bau|leiter *m* · project representative

~leiter *m*, Firmen~ · contract manager, agent [*The contractor's representative on site*]

~leitung *f*, Firmen~, Unternehmer~ · contractor's site office

~leitung *f* **(der Bauherrschaft)** · Engineer, resident engineer

bauliche Anpassungsfähigkeit *f* · construction flexibility

~ Form *f* · structural shape

~ Neugestaltung *f* · redevelopment

~ Veränderung *f*, Bauveränderung, Umbau *m* · (structural) alteration, (~) conversion

baulicher Brandschutz *m*, ~ Feuerschutz · structural fire precautions, ~ ~ protection

~ Feuerschutz *m*, ~ Brandschutz · structural fire precautions, ~ ~ protection

~ Luftschutz *m*, bautechnischer ~, Schutzbau *m* · civil defense construction (US); ~ defence ~ (Brit.)

~ Schallschutz *m* · acoustic(al) construction

Bau|linie *f* [*Die im Bebauungsplan festgesetzte Grenzlinie einer überbaubaren Fläche*] · building line

~lücke *f* [*An einer anbaufähigen Straße zwischen bebauten Grundstücken unbebautes Grundstück*] · gap site

~masse *f*, Bauvolumen *n* · volume of construction

~masse *f* · building mass, massing

~masse *f* **mit kreuzförmigem Grundriß**, kreuzförmige Baumasse · cruciform mass (of a building)

(~)Maß *n*, (Bau)Abmessung *f* · (building) dimension

~maßnahmen *fpl* · construction work

~material *n* [*Schweiz*] → Baustoff

~materialgewichtsverzeichnis *n* [*Schweiz*]; Baustoffgewichtsverzeichnis · schedule of weights of building materials [*B.S. 648*]

(~)Matte *f*, Dämmatte · (building) mat [*It has a low density*]

(~)Matte *f*, Isoliermatte · (building) quilt [*It has a high density*]

Baumbepflanzung *f* · treeplanting

baumbestandenes Grundstück *n* · wooded site

Bau|mechanik *f* · structural mechanics

~metall *n* · building metal, construction(al) ~

~mischbelag *m* **nach Art des Makadam**, offener Baumischbelag · macadam aggregate type road mix surfacing, ~ ~ ~ ~ ~ pavement

~-Mittellagenplatte *f*, Bau-Sperrplatte mit Einlage, Bau-Tischlerplatte, Bau-Paneelplatte, Bau-Konstruktionsplatte · coreboard for building purposes, ~ ~ construction ~ (Brit.); CLV board ~ ~ ~, cross-banded lumber veneered board ~ ~ ~ (US)

~-Montageverfahren *n* · building erection system

~mörtel *m* · building mortar, construction ~

Baum|rost *m* · tree grille

~wollfaser *f* · cotton fibre (Brit.); ~ fiber (US)

~wollgewebe *n* · woven cotton fabric, cotton cloth

~wolljute *f* · canvas

~wollumpen *m* · cotton rag

Bau|nagel *m* · construction nail

~nickel *n* · construction nickel

~norm *f* · construction(al) standard (specification)

~normmaß *n*, Baunormabmessung *f* · standardized dimension for construction

~normung *f* · construction standardization

~normzahl *f* [*Zahl für Baurichtmaße und die daraus abgeleiteten Einzel-, Rohbau- und Ausbaumaße*] · standardized figure for construction

~normzahlentafel *f* · table of standardized figures for construction

~nutzungsordnung *f* · land use act

~ordnung *f*, Baupolizeiordnung [*Die für das Bauen maßgeblichen gesetzlichen Vorschriften*] · building regulations

~organismus *m* · architectural organism

~-Paneelplatte *f*, Bau-Konstruktionsplatte, Bau-Mittellagenplatte, Bau-Sperrplatte mit Einlage, Bau-Tischlerplatte · coreboard for building purposes, ~ ~ construction ~ (Brit.); CLV board ~ ~ ~, cross-banded lumber veneered board ~ ~ ~ (US)

~papier *n* · (waterproof) building paper, (~) sheathing ~, (~) general-use ~ [*B.S. 1521. See remark under 'Pappe'*]

~pappe *f*, (Ab)Dicht(ungs)pappe · (waterproof) sheathing paper, (~) building ~, (~) general-use ~

~passung *f* · construction fit

~physik *f* · physics relating to construction

~platte *f*, Beton~ · concrete slab

(~)Platte *f* · building board, ~ sheet

~platte *f* **für den Industriebau**, Industrie(-Bau)platte · building board for industrial construction, ~ sheet ~ ~

~plattenauskleidung *f*, Bauplattenverkleidung, Bauplattenbekleidung · building board lining, ~ ~ (sur)facing, ~ sheet ~, ~ slab ~, sheeting board ~

~plattenbekleidung *f*, Bauplattenverkleidung, Bauplattenauskleidung · building board lining, ~ ~ (sur)facing, ~ sheet ~, ~ slab ~, sheeting board ~

~plattenverkleidung *f*, Bauplattenauskleidung, Bauplattenbekleidung · building board lining, ~ ~ (sur)facing, ~ sheet ~, ~ slab ~, sheeting board ~

~polizei *f*, Bauaufsichtsorgan *n*, Bauaufsichtsbehörde *f* · construction supervising authority, ~ supervision ~

~(polizei)ordnung *f* [*Die für das Bauen maßgeblichen gesetzlichen Vorschriften*] · building regulations

~preis *m* · construction price

~preisindex *m* · construction price index

~profil *n* · construction(al) shape, ~ section, ~ trim, ~ unit, structural ~

bau|reif, vollerschlossen [*Hochbaugrundstück*] · fully developed

~reifer Plan *m*, baureife Zeichnung *f* · drawing 'issued for construction'

Bau|richtmaß *n* [*DIN 4172*] · controlling dimension [*The controlling dimensions are a dimensional framework within which buildings are designed and to which buildings, assemblies and components are related*]

~rundholz *n* · timber in the round for construction purposes, round construction timber, construction roundwood

~sand *m* · construction sand, building ~

~schaum *m* [*Für die Herstellung von Schaumbeton*] · concrete foam

~schiefer *m* · structural slate

~schmutz *m* · construction dirt

~schnittholz *n*, Schnittholz für Ingenieurholzbau · sawn engineered timber, sawed ~ ~, cut ~ ~, wood in building sizes; construction lumber (US)

(~)Schreinerarbeiten *fpl*, (Bau)Tischlerarbeiten [*DIN 18355*] · joinery work

~schutt *m* → Abbruchmaterial

~schutz *m* · protection during construction

bauseitige Leistungen *fpl* · services and facilities provided by the Owner

bauseits geliefert · provided by the Owner, supplied ~ ~ ~

~ hergestellt · built by the Owner, constructed ~ ~ ~

(Bau)Sichtkalk *m* [*Fehlname*] → Löschkalk

Bausparkasse *f*	**building society** (Brit.); **~ and loan association** (US)
aufhörender Plan *m*	terminating plan
Garantieplan *m*	guaranty-stock plan
individueller regelmäßiger Plan *m*	regular permanent plan
individueller unregelmäßiger Plan *m*	Dayton permanent plan
Serienplan *m*	serial plan

Bausperr|papier *n*, Bauisolierpapier, Isolierbaupapier, Isoliersperrpapier · waterproof(ing) building paper [*See remark under 'Pappe'*]

~pappe *f*, Bauisolierpappe, Isolierbaupappe, Isoliersperrpappe · waterproof(ing) building paper [*See remark under 'Pappe'*]

Bau|-Sperrplatte *f* **mit Einlage**, Bau-Tischlerplatte, Bau-Paneelplatte, Bau-Konstruktionsplatte, Bau-Mittellagenplatte · coreboard for building purposes, ~ ~ construction ~ (Brit.); CLV board ~ ~ ~, cross-banded lumber veneered board ~ ~ ~ (US)

~stadium *n* · construction phase

Baustahl *m*, Konstruktionsstahl [*DIN 17100*] · construction(al) steel, structural ~, ~ grade ~ [*B.S. 15*]

~gewebe *n* [*Markenname*]; Baustahlmatte *f*, Armierungsmatte, Bewehrungsmatte, Betonstahlmatte [*Mit unverschieblichen Knotenpunkten aus kaltgezogenem Sonderbetonstahl IV nach DIN 1045 hergestellt*] · reinforcing mat, reinforcement ~

Baustahlmatte *f* **aus Drillstahl**, Bewehrungsmatte ~ ~, Armierungsmatte ~ ~, Drillstahlbaustahlmatte, Drillstahlbewehrungsmatte, Drillstahlarmierungsmatte · twisted-steel mat [*Factory-made reinforcing mat made from cold-twisted steel bars*]

~ ~ Rundstäben, Bewehrungsmatte ~ ~, Armierungsmatte ~ ~, Rundstabbaustahlmatte, Rundstabbewehrungsmatte, Rundstabarmierungsmatte · bar mat [*An assembly of steel reinforcement composed of two or more layers of bars placed at angles to each other and secured together by welding or ties*]

Baustahl|profil *n* · structural steel section, ~ ~ unit, ~ ~ shape [*B.S. 4*]

~putzmatte *f*, Benzinger-Matte · Benzinger metal lath(ing)

~-Rabitzmatte 1,00 × 5,00 m *f* [*Das Rabitzgewebe ist auf Beton-Bewehrungsmatten aufgeschweißt. Längsstäbe im Abstand von 75 mm, Querstäbe von 200 mm. Für Verkleidungen, Hängedecken und Trennwände*] · Rabitz (type) wire fabric lath(ing) welded on to reinforcing mats, ~ (~) woven wire (mesh) ~ ~ ~ ~ ~ ~

(Bau)Statik *f*, Festigkeitsberechnung(en) *f(pl)*, Statik der Baukonstruktionen · analysis, statical ~, design ~, structural ~, statics for structural engineering [*The early part of a structural design, which consists of determining what forces are carried by all the parts of a structure or building and what proportions they bear to the loads on them*]

Baustein *m*, künstlicher ~, gebrannter ~, (Ton)Ziegel *m*, (gebrannter) Stein [*In den USA dürfen auf Grund einer Regierungsentscheidung nur solche Baustoffe als „Ziegel" (brick) bezeichnet werden, die aus Ton gebrannt sind. Die Bezeichnung anderer Baustoffe als „brick" ist nur in Verbindung mit näherer Charakterisierung gestattet, z.B. concrete brick = Betonblock*] · (burnt) (clay) brick, burned (~) ~, fired (~) ~ [*B.S. 3921*]

~, künstlicher ~, gebundener ~, Eisenklinker *m*, Schlackenstein · iron brick, blue ~

~ → (künstlicher) Kalksandstein

~ [*Fehlname*] → Betonwerkstein

~, Natur~, natürlicher Baustein · building stone

Baustellen|arbeiter *m* · field hand

~-Balkenprüfung *f*, Baustellen-Balkenprobe *f*, Baustellen-Balkenversuch *m* · works beam test, field ~ ~

Bau(stellen)baracke *f* · site hut

Baustellen|beton *m* · field concrete, job-mix(ed) ~

~einrichtung *f* · site facilities, ~ installations, ~ plant

(~)Einrichtungsplan *m* · site facilities programme (Brit.); ~ ~ program (US)

~fertigung *f*, Baustellenherstellung · site manufacture

~fläche *f* · site space, ~ area

baustellen|geschweißt · field-welded, site-welded

~gestrichen · site-painted

Baustellen|herstellung *f*, Baustellenfertigung · site manufacture

~höhe *f* **über dem Meeresspiegel** · site altitude

~-(Innen)Gipsgrob(ver)putz *m*, Baustellen-(Innen)Gipsgrund(ver)putz, Baustellen-(Innen)Gipsunter(ver)putz · gypsum job-mix(ed) basecoat plaster, ~ ~ undercoat ~, ~ ~ backing (coat) ~

~(innen)(ver)putz *m* · job-mix(ed) plaster [*As opposed to ready-mix(ed) plaster*]

~schlamm *m* · site mud

~stillegung *f* · site stoppage

~-Unterhaltung *f* · field maintenance

~unterkunft *f*, Unterkunft bei Bauten · site accommodation

~-Vorfertigung *f* · site prefabrication [*Fabrication on the site, before incorporation into a building or structure*]

~wahl *f* · choice of site

~-Würfelprüfung *f*, Baustellen-Würfelprobe *f*, Baustellen-Würfelversuch *m* · works cube test, field ~ ~

~zusammenbau *m* · site assembly [*Assembly of components on the site before incorporation into a building or structure*]

Baustil *m* · architectural style

Baustoff *m*; Baumaterial *n* [*Schweiz*] · construction(al) material, building ~, structural ~

Baustoffabrikant *m* → Baustoffhersteller

Baustoff|anfuhr *f* · construction(al) materials delivery, building ~ ~, structural ~ ~

~aufbereitung *f* · building materials processing, construction(al) ~ ~, structural ~ ~

~ausstellung *f* · building materials show, construction(al) ~ ~, structural ~ ~

~bedarf *m* · building materials requirement, construction(al) ~ ~, structural ~ ~

~bevorratung *f*, Baustoffeinlagerung · construction(al) materials storage, building ~ ~, structural ~ ~

~-Bindemittel *n* · binder for construction(al) materials, ~ ~ building ~, ~ ~ structural ~

~einlagerung *f*, Baustoffbevorratung · construction(al) materials storage, building ~ ~, structural ~ ~

~einzelhändler *m* · building material dealer, construction(al) ~ ~, structural ~ ~

~ersparnis *f* · building materials saving, construction(al) ~ ~, structural ~ ~

~erzeuger *m* → Baustoffhersteller

~erzeugung *f*, Baustoffherstellung · building material production, construction(al) ~ ~, structural ~ ~

~gewichtsverzeichnis *n*; Baumaterialgewichtsverzeichnis [*Schweiz*] · schedule of weights of building materials [*B.S. 648*]

~großhändler *m* · building material distributor, construction(al) ~ ~, structural ~ ~

~güte *f* · building materials quality, construction(al) ~ ~, structural ~ ~

~(güte)überwachung *f* · construction(al) materials quality control, building ~ ~ ~, structural ~ ~ ~

~händler *m* · builders' merchant

~hersteller *m*, Baustofferzeuger, Baustoffabrikant *m* · building material producer, construction(al) ~ ~, structural ~ ~, ~ ~ manufacturer

~herstellung *f*, Baustofferzeugung · building material production, construction(al) ~ ~, structural ~ ~

~(-Herstellungs)maschine *f* · building material machine, construction(al) ~ ~, structural ~ ~

~industrie *f* · construction(al) materials industry, building ~ ~, structural ~ ~

~ingenieur *m* · construction(al) material engineer, building ~ ~, structural ~ ~

~lager *n* · construction(al) materials store, building ~ ~, structural ~ ~

~markt *m* · building materials market, construction(al) ~ ~, structural ~ ~

~norm *f* · construction(al) material standard, building ~ ~

~probe *f*, Baustoffprüfung *f*, Baustoffversuch *m* · building materials test, construction(al) ~ ~, structural ~ ~

~prüfgerät *n* · building materials testing device, construction(al) ~ ~ ~, structural ~ ~ ~

~prüfmaschine *f* · building materials testing machine, construction(al) ~ ~ ~, structural ~ ~ ~

~(prüf)presse *f* · compression machine, ~ tester

~prüfung *f* → Baustoffprobe

~prüf(ungs)anstalt *f* · building materials testing institute, construction(al) ~ ~ ~, structural ~ ~ ~

~schaden *m* · construction(al) material failure, building ~ ~

baustoffschädlich · aggressive to construction(al) material(s), ~ ~ building ~, ~ ~ structural ~

Baustoff|technik *f* · building materials practice, construction(al) ~ ~, structural ~ ~

~versuch *m* → Baustoffprobe

~vorkommen *n* · building materials deposit, construction(al) ~ ~, structural ~ ~

~waage *f* · building materials scale, construction(al) ~ ~, structural ~ ~

Bausystem *n*, Konstruktion *f*, (Konstruktions)System · (structural) system, construction

Bautafel *f* [*Putzträger*] · lath [*A board used as a base for plaster*]

~ · construction panel

Bau|tagebuch *n* · construction diary

~tätigkeit *f* · construction activity, building ~

bautechnische Auskunftsstelle *f*, Bauzentrum *n* · building information centre (Brit.); ~ ~ center (US)

~ Eigenschaft *f* · structural property

bautechnischer Luftschutz *m*, baulicher ~, Schutzbau *m* · civil defense construction (US); ~ defence ~ (Brit.)

bautechnisches Gestein *n*, Baugestein · (building) stone, structural ~

Bauteil *m* [*Fehlname*]; Fertig(bau)teil, Montagebauteil · prefab(ricated) compound unit

~ [*z.B. Stütze; Wand; Binder; Deckenplatte usw.*] · compound unit

~ [*Fehlname*] → (Beton-)Fertig(bau)teil

~-Anzahl *f* [*Stahlliste*] · number of members

Bautempo *n* · construction speed

Bauten *f* **mit tragenden Flächen** · surface structures in building

~(anstrich)farbe *f* · paint for (building) construction purposes

Bautenschutz *m* · preservation of structures

~anstrich *m*, Bautenschutzaufstrich · structure preservation coat

~(anstrich)farbe *f* · paint for preservation of structures

~aufstrich *m*, Bautenschutzanstrich · structure preservation coat

~emulsion *f* · structure preservation emulsion

(Bauten)Schutzfolie *f* · protective plastic film, ~ ~ sheeting, protection ~ ~, preservation ~ ~, protecting ~ ~

Bautenschutzmittel *n*, Bautenschutzstoff *m* · preservative for structures and buildings

Bau|terrakotta *f* · structural terra-cotta [*It includes such products as hollow clay tile used to construct walls and partitions, where it is serving a structural function*]

(~)Tischlerarbeiten *fpl*, (Bau)Schreinerarbeiten [*DIN 18355*] · joinery work

~tischlerelement *n*, Bautischlerteil *m*, *n* · joinery unit, ~ component, ~ member [*A window, a door, etc.*]

~-Tischlerplatte *f*, Bau-Paneelplatte, Bau-Konstruktionsplatte, Bau-Mittellagenplatte, Bau-Sperrplatte mit Einlage · coreboard for building purposes, ~ ~ construction ~ (Brit.); CLV board ~ ~ ~, cross-banded lumber veneered board ~ ~ ~ (US)

~tischlerteil *m n*, Bautischlerelement *n* · joinery unit, ~ component, ~ member [*A window, a door, etc.*]

~toleranz *f* · permissible deviation of constructional elements

~tradition *f* · tradition of building, architectural tradition

(~)Trakt *m*, Gebäudetrakt · block, unit, accommodation, portion

~treppe *f* · stair(case) for construction purposes, ~ ~ building ~

Bauüberwachung *f* [*Hochbau*] · building supervision, ~ control

~, Bauaufsicht *f* [*Ingenieurbau*] · construction supervision, ~ control

Bau- und Montageverfahren *n* · construction and erection method

~ ~ Reparaturmassen *fpl*, Reparatur- und Baumassen [*Feuerfestindustrie. Mit diesen Erzeugnissen kann man monolithische Teile oder Auskleidungen in der notwendigen Schichtdicke herstellen. Die feuerfeste Masse hat einen der Verwendung angepaßten Körnungsaufbau; sie kann gestampft oder gespritzt werden*] · refractory products for monolithic construction, ~ materials ~ ~ ~

Bau|unternehmung *f*, Baubetrieb *m*, Baufirma *f* · construction firm

~veränderung *f*, bauliche Veränderung, Umbau *m* · (structural) alteration, (~) conversion

~vorlagen *fpl* [*Die vom Bauherrn für die Beurteilung eines Bauvorhabens und die Bearbeitung des Bauantrages der Baugenehmigungsbehörde einzureichenden Unterlagen*] · building particulars and plans, ~ ~ ~ drawings, ~ documents

~waren *fpl* · building products

~wellfeinblech *n* · corrugated metal building sheet

~wellpappe *f*, Well-Baupappe · corrugated building paper, ~ general-use ~ [*See remark under 'Pappe'*]

Bau(werk) *m*, (*n*) · structure, construction

~ in Originalgröße [*Im Gegensatz zum Modellbauwerk*] · full-scale structure, full-size ~, ~ construction

~ mit drei Freiheitsgraden · three-degree-of-freedom structure, ~ construction

~ ~ (last)tragenden Wänden · load-bearing wall structure, ~ ~ construction

~(ab)dichtung(en) *f(pl)*, bituminöse (Ab)Dichtung(en) für Bauwerke [*DIN 4031*] · bituminous dampproofing and waterproofing

~verzeichnis *n* · list of structures, ~ ~ constructions

Bauwich *m*, seitlicher Grenzabstand *m* · distance between buildings

Bauwolle *f* [*Eine geringere Sorte Hüttenwolle mit dickeren und kürzeren Fäden. Sie wird direkt am Hochofen gewonnen und ist hellbraun bis graubraun*] · low-grade slag wool, ~ silicate cotton

Bauxit *m* [*Sedimentgestein, das im wesentlichen aus einem oder mehreren Aluminiumhydraten (Diaspor, Gibbsit, Boehmit) besteht und außerdem Tonminerale und Eisenhydroxide enthalten kann*] · bauxite

~erzeugnis *n* · bauxite refractory (product), ~ ~ material [*A high-alumina refractory material made from bauxite*]

~landzement *m*, Kühl-Zement · Kühl cement

~zement *m* · bauxitic cement

Bauzaun *m* **(aus Brettern)**, Bretterbauzaun · (close-boarded) hoarding [*Any person intending to erect a building abutting on a street must erect a hoarding for the protection of passers-by unless the local authorities signify in writing that they do not consider any hoarding is necessary*]

Bauzeichnung *f* · construction(al) drawing

Bauzentrum *n*, bautechnische Auskunftsstelle *f* · building information centre (Brit.); ~ ~ center (US)

Bayer-Verfahren *n* [*Gewinnung reiner Tonerde durch Aufschluß mit Natronlauge*] · Bayer process

bayerischer Traß *m* · Bavarian trass

Bayeuxteppich *m* · Bayeux tapestry

Bay-Region-Stil *m* · Bay Region style [*Californian variant of modern American architecture*]

BD *m*, Betondichter *m*, Beton(ab)dicht(ungs)mittel *n*, Beton(ab)dicht(ungs)stoff *m*, Beton-DM *n* · concrete densifying agent, ~ ~ admix(ture), ~ densifier, ~ integral waterproofer, ~ integral waterproof(ing) agent, ~ integral waterrepeller, ~ integral water repellent admix(ture), ~ integral water repelling agent

BE *m*, Beschleuniger *m* [*für hydraulische Bindemittel und hydraulische Gemische*] · accelerator, accelerating agent [*An additive or admix(ture) which, when present in small quantities increases the rate of setting and/or hardening of a cementitious material in a controllable manner*]

~ für hydraulische Bindemittel, Beschleuniger ~ ~ ~ · accelerating additive

~ ~ ~ Gemische → Beschleuniger ~ ~ ~

beanspruchen, angreifen · to act

beanspruchende Kraft *f*, angreifende ~ · acting force

bearbeiten · to work

bearbeitete (Natur)Steinfläche *f* · (natural) stone finish, surface ~

~ Steinfläche *f*, ~ Natur~ · (natural) stone finish, surface ~

bearbeiteter Granit *m* · milled granite

Bearbeitung *f* [*Parkettstab*] · fitting

Bearbeitungs|eigenschaft *f*, Bearbeitungsfähigkeit *f*, Bearbeitungsvermögen *n* · working property, ~ capacity, ~ quality

~fähigkeit *f*, Bearbeitungsvermögen *n*, Bearbeitungseigenschaft *f* · working property, ~ capacity, ~ quality

~fehler *m* [*Parkettstab*] · hit and miss

~raum *m* · machining shop

~toleranz *f* · machining allowance

~vermögen *n*, Bearbeitungsfähigkeit *f*, Bearbeitungseigenschaft *f* · working property, ~ capacity, ~ quality

bebautes Gelände *n*, ~ Gebiet *n* · built-up area

~ Geschäftsgrundstück *n* · business premises, commercial ~

~ Industriegrundstück *n* · industrial premises

Bebauung *f* · development

Bebauungs|dichte *f* · density of buildings

~vorschriften *fpl* · zoning regulations

Becher|glas *n* · beaker

~halter *m* · tumbler holder

~werk *n* [*Dachpappenanlage*] · spill

Becken *n*, Spül~, Sitz~, Klosett~, (Spül)Abort~, Toiletten~, · bowl pan, (water)closet ~, lavatory~ toilet ~, WC ~, wc ~

~urinal *n* · pedestal urinal

(be)dachen, (ein)decken · to (place the) roof

(Be)Dachen *n*, Bedachung *f*, (Dach)Eindecken, Dach(ein)deckung · (placing the) roofing

~ mit Pfannen, Bedachung *f* ~ ~, (Dach)Eindecken ~ ~, Dach(ein)dekkung ~ ~, Pfannendach(ein)deckung, Pfannenbedachung · pantiling

Bedachung *f*, Dach *n*, Dachbelag *m*, (Ein)Deckung, Dach(ein)deckung · roof cladding, ~ covering, ~ sheathing, roof(ing)

~, (Be)Dachen *n*, (Dach)Eindecken, Dach(ein)deckung · (placing the) roofing

~ mit einfachem liegenden Falz → (Dach)(Ein)Deckung ~ ~ ~ ~

~ ~ Pfannen, (Be)Dachen *n* ~ ~, (Dach)Eindecken ~ ~, Dach(ein)dekkung ~ ~, Pfannendach(ein)deckung, Pfannenbedachung · pantiling

Bedachungs|bahn *f*, Dachbahn, Dach(ein)deck(ungs)bahn · roof(ing) sheet(ing)

~blech *n*, Dach(ein)deck(ungs)blech, Dachblech · roof cladding metal sheet, ~ covering ~ ~, ~ sheathing ~ ~, ~ ~ sheet-metal, roof(ing) metal sheet, roof(ing) sheet-metal

~dämmdiele *f*, Dachdämmdiele, Dacheindeck(ungs)dämmdiele, Dachdeck(ungs)dämmdiele · roof(ing) insulation(-grade) plank, ~ insulating ~

~diele *f*, Dachdiele, Dacheindeck(ungs)diele, Dachdeck(ungs)diele · roof(ing) plank

Bedachungselement *n*, Dachplatte *f*, Bedachungsplatte, Dachelement, Dach(ein)deck(ungs)element · roof(ing) slab

~ in Form von T-Trägern, Dachplatte *f* ~ ~ ~ ~, Dachelement ~ ~ ~ ~, Bedachungsplatte ~ ~ ~ ~ · single T-roof(ing) slab, ~ tee-roof ~

~ ~ ~ ~ Doppel-T-Trägern, Bedachungsplatte *f* ~ ~ ~ ~, Dachelement ~ ~ ~ ~, Dachplatte ~ ~ ~ ~ · double T-roof(ing) slab, ~ tee-roof ~

Bedachungs|kies *m*, Dachkies · roofing gravel

~material *n*, Dach(eindeckungs)material, Dachdeck(ungs)material, Bedachungsstoff *m*, Dach(eindeckungs)-stoff, Dachdeck(ungs)stoff · roof(ing) material

~metall *n*, Dachmetall, Dach(ein)-deck(ungs)metall · roof(ing) metal

Bedachungsplatte *f*, Dachelement *n*, Dachplatte, Bedachungselement, Dach(ein)deck(ungs)element · roof(ing) slab

~ in Form von Doppel-T-Trägern, Dachplatte ~ ~ ~ ~, Dachelement *n* ~ ~ ~ ~, Bedachungselement ~ ~ ~ ~ · double T-roof slab, ~ tee-roof ~

~ ~ ~ ~ T-Trägern, Bedachungselement *n* ~ ~ ~ ~, Dachplatte ~ ~ ~ ~, Dachelement ~ ~ ~ ~ · single T-roof slab, ~ tee-roof ~

Bedachungs|schlacke *f*, Dachschlacke · roofing slag

~stoff *m*, Dach(eindeckungs)stoff, Dachdeck(ungs)stoff, Bedachungsmaterial *n*, Dach(eindeckungs)material, Dachdeck(ungs)material · roof(ing) material

Bedampfung *f* · steaming

Bedampfungs|anlage *f* · steaming installation, ~ plant

~grube *f* · steaming pit

~rohr *n* · steaming tube

Bedarfsplanung *f* · planning to (anticipated) requirements

Bedientenraum *m* [*Hotel*] · staff changing-room

Bedienungshebel *m* · operating lever

Bedingung *f* · condition

bedruckte Bildfliese *f*, ~ Bild(belag)-platte · printed picture tile

Bedürfnis|anstalt *f*, öffentliche ~ public (sanitary) convenience

~einrichtung *f*, Bedürfnisanlage *f* · sanitary convenience

Beet|einfassung *f* · bed surround, garden ~

~winkel *m* · corner garden edging

Befähigungsnachweis *m* · experience record

befahrbar · capable of bearing wheel loads, traversable

Befensterung *f* · fenestration

Befestigen *n* · fixing

befestigt · fortified, walled

befestigte Fläche *f* · paved area

~ Spielfläche *f* · paved play area

~ Stadt *f* · fortified town, walled ~, fortress-town

befestigter Fußweg *m*, ~ Gehweg · paved footway, ~ walk

~ Palast *m* · fortified palace, walled ~, fortress-palace

befestigtes Mönchskloster *n* · fortified monastery, walled ~, fortress-monastery

~ **Stadttor** *n* · fortified town gate

Befestigung *f* · fixing

~ · fortification

Befestigungs|anlage *f* · fortification, stronghold

~**arbeiten** *fpl* · fixing work

~**bügel** *m* · fixing stirrup

~**flansch** *m* · fixing flange

~**fuß** *m* · fixing foot

~**haken** *m* · fixing hook

~**keil** *m* · fixing wedge

~**klemme** *f* · fixing clip

~**leiste** *f* · fixing strip

~**loch** *n* · fixing hole

~**maß** *n* · fixing dimension

~**material** *n* · fixing material

~**mittel** *n* · fastening, fastener, fixing (accessory)

~**platte** *f* · fixing plate

~**punkt** *m* · fixing point

~**rahmen** *m* · fixing frame

~**schiene** *f* · fixing channel

~**schraube** *f* [*Sie dient zur festen, aber lösbaren Verbindung von Teilen*] · fixing screw, retaining bolt

~**steg** *m* · fixing web

~**stelle** *f* · fixing point, fastening ~

~**stift** *m* · fixing pin

~**stück** *n* · fixing piece

~**system** *n* · fixing system

~**verfahren** *n*, Befestigungsweise *f* · fixing method, ~ technique, ~ technic

~**wand** *f* · fixing wall

~**weise** *f*, Befestigungsverfahren *n* · fixing method, ~ technique, ~ technic

~**winkel** *m* · fixing angle

~**zeug** *n* · fastening hardware [*e.g. clips, angles, inserts, bolts, etc.*]

~**zubehör** *n* · fixing accessories

Befeuchten *n* · humidification, humidifying

Befeuchter *m*, Luft~, (Luft)Anfeuchter · humidifier [*A device designed to discharge water vapo(u)r into a confined space for the purpose of increasing or maintaining the relative humidity in an enclosure*]

Befeuchtung *f*, Anfeuchtung · humidification

Beflammen *n*, Beflammung *f* · application of a flame, ~ ~ flames

Beflammung *f*, Beflammen *n* · application of a flame, ~ ~ flames

begehbar · subjected to foot traffic

begehbare (Dach)(Ein)Deckung *f*, begehbares Dach *n* [*DIN 4122*] · promenade roof(ing) [*Where flat roofs are to be used as promenades it is necessary to surface them in a material that will withstand foot traffic*]

~ **Fliesen(dach)(ein)deckung** *f*, begehbares Fliesendach *n* · promenade tile roof(ing)

begehbares Betondach *n* · concrete promenade roof

~ **Dach** *n*, begehbare (Dach)(Ein)Deckung *f* [*DIN 4122*] · promenade roof(ing) [*Where flat roofs are to be used as promenades it is necessary to surface them in a material that will withstand foot traffic*]

~ **Fliesendach** *n*, begehbare Fliesen(dach)(ein)deckung *f* · promenade tile roof(ing)

~ **Plattendach** *n*, begehbare Platten(dach)(ein)deckung *f* · promenade slab roof(ing)

begehbereit [*(Fuß)Boden(belag)*] · ready to be walked on

begehen [*(Fuß)Boden(belag)*] · to be walked on

Begehung *f* · inspection

Beglasung *f*, Glasur *f* · glaze(d finish), glazing, glazed coat(ing) [*In the tiling trade the terms 'glaze' and 'enamel' have become practically synonymous, although, strictly speaking, glaze should only apply to a coating that is glassy, and presumably transparent, whilst enamel should apply to one that is opaque*]

Begleitheizung *f* · tracer heating

Begrenzer-Manostat *m* · limiting manostat

Behaglichkeit *f* · human comfort

Behaglichkeits|bedingung *f* · comfort condition

~**gefühl** *n* · comfortable feeling, feeling of comfort

Behälter|anstrich *m*, Behälteraufstrich · tank coat(ing)

~**boden** *m* · tank bottom

~**gips** *m* · bulk gypsum

~**putz** *m* · tank (mixed) plaster

~**zement** *m*, Silozement, loser Zement, unverpackter Zement, ungesackter Zement · bulk cement

Behandlung *f* · treatment

~ **mit Hochdruckdampf**, Härten *n* im Druck(härte)kessel, Dampf(druck)härtung, Autoklavisierung, Autoklavbehandlung, Autoklavhärtung, Behandlung mit hochgespanntem Dampf · autoclaving, steam curing at high pressure, autoclave curing, high pressure steam curing

Behandlungs|dauer *f*, Behandlungszeit *f* · period of treatment

~**druck** *m* · treatment pressure

~**feuchte** *f*, Behandlungsfeuchtigkeit *f* · treatment moisture, ~ humidity

~**feuchtigkeit** *f*, Behandlungsfeuchte *f* · treatment moisture, ~ humidity

~**gebäude** *n*, Behandlungstrakt *m* [*Krankenhaus*] · treatment block, theatre ~, ~ building

~kammer *f*, Dampfkammer [*Betonsteinfertigung*] · curing chamber, ~ room

~technologie *f* · treatment technology

~temperatur *f* · treatment temperature

~zeit *f*, Behandlungsdauer *f* · period of treatment

~zimmer *n* · treatment room

~zyklus *m* · treatment cycle

Behausung *f* · habitation [*A place in which to live*]

beheizte Handtuchschiene *f* · heated towel rail

beheizter Draht *m* · heated wire

~ (Fuß)Boden *m* · warmed floor(ing)

beheiztes Glas *n* · heated glass

Beheizung *f*, Kessel~ · firing

(Be)Heizung *f* · heating

~ und Lüftung · heating and ventilating

Behelfs|gebäude *n* · temporary building, ~ block

~schutz *m* · auxiliary civil defense (US); ~ ~ defence (Brit.)

~unterkunft *f* · temporary accommodation

~zaun *m* · temporary fence [*B.S. 1722*]

Behörden|gebäude *n*, öffentliches Gebäude · public building, ~ block

~ingenieur *m* · authority engineer

beidseitig besandet · sand-surfaced (on) both sides

~ beschichtet · (sur)faced (on) both sides, coated (~) ~ ~

~ bossiert · bossed (on) both sides

~ eingespannter Balken(träger), zweiseitig ~ ~ · beam fixed at both ends; fixed-end(ed) beam, built-in beam (US)

~ ~ Träger *m*, zweiseitig ~ ~ · girder fixed at both ends; fixed-end(ed) girder, built-in girder, no-hinged girder (US)

~ geputzt, ~ verputzt · plastered (on) both sides

~ konisch · central tapered

~ verputzt, ~ geputzt · plastered (on) both sides

Beigabe *f*, Zusatz *m*, Beigeben *n*, Zusetzen · addition, adding

~dosis *f*, Zusatzdosis · addition rate, adding ~, rate of addition, rate of adding

~(mittel) *f*, (*n*) **zum Zement**, Zusatz(-mittel) ~ ~ · addition [*A material that is interground or blended in limited amounts into a hydraulic cement during manufacture either as a 'processing addition' to aid in manufacturing and handling the cement or as a 'functional addition' to modify the use properties of the finished product*]

beigeben, zusetzen, zugeben · to add

Beigeben *n*, Zusetzen, Beigabe *f*, Zusatz *m* · addition, adding

Beigeschoß *n*, Zwischengeschoß, Mezzanin *n*, Halbstockwerk *n*, Halbetage *f*, Halbgeschoß · mezzanine, entresol

Beilage *f*, Zuwachsfläche *f* · reinforcing plate

Beimengung *f*, Verunreinigung · impurity

Beinhaus *n*, Karner *m* [*Eine meist zweigeschossige Friedhofskapelle. Der Karner ist meist ein Zentralbau mit kleiner Ostapsis. Im Untergeschoß wurden ausgegrabene Gebeine aufbewahrt, im Obergeschoß ist ein Altarraum für Totenmessen*] · carnary, charnel-house

beipolieren · to remove blemishes by polishing

Beispielschau *f* · information show

Beiwerk *n* · accessories (of a building)

Beiwert *m* · coefficient

~ von der Gestalt des Bauwerkes abhängig, Gestaltbeiwert [*Windlast*] · shape coefficient

~größe *f* · coefficient value

Beiwinkel *m*, Anschlußwinkel · connecting angle, joint ~

Beize *f*, Holz~ · (wood) stain

~ für Außenverwendung, Holz~ ~ ~ · exterior (wood) stain

~ ~ Innenverwendung, Holz~ ~ ~ · interior (wood) stain

beizen [*Holz*] · to stain

~, ab~ [*Anstrich von seinem Untergrund*] · to remove a paint or varnish film with paint remover [*The paint remover softens a paint or varnish film, so that it can be easily scraped or brushed off*]

Beizen *n* [*Metall*] · pickling

~, Holz~ · (wood) staining

Beiz|fluid *n*, Ab~, flüssiges (Ab)Beizmittel *n*, (Ab)Beizflüssigkeit *f*, lösendes (Ab)Beizmittel, neutrales (Ab)Beizmittel · solvent-based paint remover, ~ ~ stripper

~flüssigkeit *f*, Ab~, lösendes (Ab)Beizmittel *n*, neutrales (Ab)Beizmittel, (Ab)Beizfluid *n*, flüssiges (Ab)Beizmittel · solvent-based paint remover, ~ ~ stripper

~mittel *n*, Ab~, Farbenlöser *m*, Farbenentferner, Lacklöser, Lackbeize *f*, Abbeizer, Ablaugemittel [*vom Anstreicher kurz „Lauge" genannt*] · (paint) remover, (~) stripper

~paste *f*, Ab~, pastenartiges (Ab)Beizmittel *n* · paint remover in paste form, ~ stripper ~ ~ ~, paste-type paint remover, paste-type paint stripper

~pulver *n*, Ab~, Ablaugpulver, pulv(e)riges (Ab)Beizmittel *n* · powder(ed) paint remover, ~ ~ stripper, paint remover in powder form, paint stripper in powder form

~sprödigkeit *f*, Beizsprödheit · acid brittleness [*The brittleness induced in steel when pickled in dilute acid for the purpose of removing scale or upon electroplating. This brittleness is commonly attributed to the absorption of hydrogen*]

bekämpfender Holzschutz *m* · controlling wood protection

Bekämpfung *f* · control

Bekämpfungs|mittel *n* · controlling agent

bekiesen · to surface with gravel

bekiest · gravel-surfaced

Bekiesung *f* · gravel surfacing

bekleiden, verkleiden, auskleiden · to line, to (sur)face

Bekleidung *f,* Verkleidung, Auskleidung · (sur)facing, lining

~ gegen Kondens(ations)wasserbildung → Auskleidung gegen Schwitzwasserbildung

~ ~ Schwitzwasserbildung → Auskleidung ~ ~

~ ~ Tauwasserbildung → Auskleidung gegen Schwitzwasserbildung

Bekleidungs|-Asbestzementplatte *f,* Auskleidungs-Asbestzementplatte, Verkleidungs-Asbestzementplatte, Asbestzement-Auskleidungsplatte, Asbestzement-Verkleidungsplatte, Asbestzement-Bekleidungsplatte · asbestos-cement (lining) sheet, ~ (sur)facing ~ [*B.S. 690*]; cement asbestos (~) ~ (US)

~element *n,* Auskleidungselement, Verkleidungselement · lining unit, (sur-)facing ~

~folie *f,* Auskleidungsfolie, Verkleidungsfolie · lining foil, (sur)facing ~

~platte *f,* Auskleidungsplatte, Verkleidungsplatte · lining board, (sur)facing ~, ~ sheet

~steinzeug *n,* Auskleidungssteinzeug, Verkleidungssteinzeug · (sur)facing stoneware, lining ~

~stoff *m,* Auskleidungsstoff, Verkleidungsstoff, Belagstoff [*Baustoff, der zur Erhöhung der Lebensdauer oder zur Verschönerung eines Bauwerkes dient*] · lining material, (sur)facing ~, covering ~

~tafel *f,* Auskleidungstafel, Verkleidungstafel · lining panel, (sur)facing ~

Bekriechungsraum *m,* Kriechraum · crawl space, crawlway [*An underfloor space providing access to ducts, pipes and other services hung or laid therein and of a height sufficient for crawling*]

bekrönendes Element *n* · crowning member

Bel *n* · bel [*A scale unit used in the comparison of the magnitudes of powers. The number of bels, expressing the relative magnitudes of two powers, is the logarithm to the base 10 of the ratio of the powers*]

Belag *m* · cover(ing)

~beton *m* · pavement concrete

~blechstufe *f* · plate-covered step

~bohle *f,* (Holz)Bohle · plank

~eisen *n,* Belagstahl *m,* Zoreseisen, Trogplatte *f* [*DIN 1023*] · trough plate

~masse-Vorrat *m* [*Dachpappenanlage*] coating storage

~platte *f* → Beton-Bürgersteigplatte

(Belag)Platte *f,* Fliese *f* · tile [*A tile is a relatively small, nonstructural, surfacing unit which is thin in relation to its width and length*]

~ aus gepreßtem Marmorbruch, Fliese *f* ~ ~ ~ · reconstituted marble tile

~ zweiter Wahl, Fliese *f* ~ ~ · seconds-quality tile

(Belag)Platten|bild *n,* (Belag)Plattenmuster *n,* Fliesenbild, Fliesenmuster · tile pattern

~formstück *n,* Fliesenformstück · tile fitting [*A unit produced in the same way as a tile but having one or more surfaces so glazed that, when used in combination with tiles those surfaces themselves change the plane of the glazed surface of the tiling*]

~fuge *f,* Fliesenfuge · tile joint

~fugenmasse *f,* Fliesenfugenmasse · tile jointing compound, ~ ~ composition, ~ ~ mass, ~ sealing ~, ~ sealant

~glasur *f,* Fliesenglasur · tile glaze

~kleber *m,* (Belag)Plattenkleb(e)stoff *m,* Fliesenkleber, Fliesenkleb(e)stoff · tile adhesive, ~ bonding agent, ~ cement

~kleb(e)stoff *m,* (Belag)Plattenkleb(e)mittel *n,* (Belag)Plattenkleber *m,* Fliesenkleber, Fliesenkleb(e)stoff, Fliesenkleb(e)mittel · tile (bonding) adhesive, ~ ~ agent, ~ ~ medium, ~ cement(ing) agent)

~muster *n,* (Belag)Plattenbild *n,* Fliesenmuster, Fliesenbild · tile pattern

~reiniger *m,* (Belag)Plattenreinigungsmittel *n,* Fliesenreiniger, Fliesenreinigungsmittel · tile cleaning agent

~reinigungsmittel *n,* (Belag)Plattenreiniger *m,* Fliesenreiniger, Fliesenreinigungsmittel · tile cleaning agent

~tafel *f,* Fliesentafel [*Zu einer Verlegeeinheit zusammengefaßte Fliesen*] · tile panel, prefabricated tiling

Belag|stahl *m,* Zoreseisen *n,* Trogplatte *f,* Belageisen [*DIN 1023*] · trough plate

~stoff *m,* Bekleidungsstoff, Auskleidungsstoff, Verkleidungsstoff [*Baustoff, der zur Erhöhung der Lebensdauer oder zur Verschönerung eines Bauwerkes dient*] · lining material, (sur)facing ~, covering ~

~walze *f* [*Dachpappenanlage*] · coating roll

Belastbarkeit *f,* Belastungsfähigkeit, Belastungsvermögen *n,* Belastungseigenschaft *f* · load carrying capacity, ~ bearing ~, ~ ~ power, ~ ~ property, ~ ~ quality, ~ ~ capability, weight ~ ~

belasten · to load

Belastung *f* · loading

Belastungs|alter *n* · age at (the time of) loading

~anordnung *f* · loading arrangement

~berechnung *f* · calculation of loading

~ebene *f* · plane of loading, loading plane

~eigenschaft *f* → Belastbarkeit

~fähigkeit *f* → Belastbarkeit

~fall *m*, Lastfall · load(ing) case

~fläche *f* · loading area

~freiheit *f* · absence of loading

~geschwindigkeit *f* · loading rate

~gewicht *n* · loading weight

~gleichung *f* · loading equation

~glied *n*, Lastglied · load(ing) term

~kurve *f* · loading curve

~probe *f*, Belastungsversuch *m*, Belastungsprüfung *f* · load(ing) test

~prüfung *f*, Belastungsprobe *f*, Belastungsversuch *m* · load(ing) test

~richtung *f* · direction of loading

~spiel *n*, Lastspiel · load(ing) cycle

~steigerung *f*, Belastungszunahme *f* · increase of loading

~stoß *m*, Laststoß · load(ing) shock

~tabelle *f* · safe load table

~verhältnisse *fpl* · loading conditions

~vermögen *n* → Belastbarkeit

~versuch *m*, Belastungsprobe *f*, Belastungsprüfung *f* · load(ing) test

~versuch *m* **im Maßstab 1:1**, Belastungsprüfung *f* ~ ~ ~, Belastungsprobe *f* ~ ~ ~ · full scale loading test

~zunahme *f*, Belastungssteigerung *f* · increase of loading

~zustand *m*, Lastzustand · load(ing) state

Beleg(e)glas *n* · silvering quality glass, SQ

Belegen *n*, Verspiegeln, Versilberung *f* · silvering [*The application by chemical or other methods of a film of silver to a glass surface*]

Belegschaftsgebäude *n*, Personalgebäude, Sozialgebäude · staff building, personnel ~

belegt [*Bitumenpappe*] · self-finished

Belegungsdauer *f* [*Flughafen*] · gate occupancy time

Beletage *f*, Piano Nobile *n* · piano nobile [*The first floor of an Italian palazzo, containing the principal rooms*]

beleuchteter Spiegel *m* · illuminated mirror

Beleuchtung *f* · lighting, illumination

Beleuchtungs|anlage *f* · lighting installation, illumination ~

~anteil *m* · lighting component, illumination ~

~blende *f* · recess for concealed lighting, ~ ~ indirect ~, ~ ~ ~ illumination

~glas *n* · illuminating glassware

~ingenieur *m* · lighting engineer, illumination ~

~körper *m*, Leuchte *f* · luminaire (fixture) (US); light fitting (Brit.); (light(ing)) fixture

~mast *m*, Leuchtenmast, Lichtmast [*DIN 49778 und DIN 49779*] · lighting mast

~system *n* · lighting system, illumination ~

~technik *f* · illumination engineering, lighting ~

~wärme *f* · heat generated by lighting, ~ ~ ~ illumination

Belfried *m* [*Hoher, schlanker Rathaus- oder freistehender Turm in spätmittelalterlichen Städten Flanderns und Nordwestfrankreichs*] · belfry

~, Berchfrit *m*, Bergfried *m*, Donjon *m* · keep, donjon, dungeon

belgischer Granit *m* [*Fehlname*]; Kohlenkalk(stein) *m*, Kulmkalk [*Ein dunkelfarbiger Kalkstein, der zu Platten verarbeitet und als Werkstein verwendet wird*] · carboniferous limestone

~ Zinkdestillations-(Doppel)Ofen *m* · Belgian zinc distilling furnace

Belichtung *f* [*Fehlname*] → Tages~

beliebig · arbitrary

Belit *m* · belite [*A name used by Tornebohm (1897), to identify one form of the constituent of portland cement clinker now known when pure as dicalcium silicate, $2CaO \cdot SiO_2$*]

~zement *m* · belite cement

Bellrockplatte *f*, Knauf-~ · Bellrock hollow plaster slab [*It consists of two gypsum plaster sheets bonded to a honeycomb core of gypsum plaster. One form is plain plaster on both faces, for conventional interior decoration. An alternative form has a waterproof bitumen emulsion treated face for external use*]

belüften · to supply fresh air to a room, etc.

Belüfter *m* → Luftporenbildner

belüfteter Beton *m*, AEA-Beton, Luftporenbeton, Bläschenbeton · air-entrained concrete, air-entraining ~, air entrainment ~

~ Hohlraum *m* · vented cavity

~ Mörtel *m*, Luftporenmörtel, Bläschenmörtel, AEA-Mörtel · air-entraining mortar, air-entrained ~

~ ~ aus Brechsand, Luftporenmörtel ~ ~, Bläschenmörtel ~ ~, AEA-Mörtel ~ ~ · air-entrained stone sand mortar

Belüftung *f* → Luftzufuhr

~, Lufteinführung, Belüften *n*, Lufteinschluß *m* · entrainment of air, entrapping ~ ~, air entrainment [*The occlusion of air in the form of minute bubbles (generally smaller than 1 mm) during the mixing of concrete or mortar*]

Belüftungs|block(stein) *m*, Belüftungsstein · inlet air tile, ~ ~ block [*See remark under 'Block'*]

~messer *m* → (Beton)Luftmengenmesser

~mittel *n* → Luftporenbildner

~öffnung *f* · vent(ilation) opening, ventilating ~

~rohr *n* · air inlet pipe, ~ intake ~

~schacht *m* · air intake shaft, ~ inlet ~

~schornstein *m* · air intake chimney, ~ inlet ~

~stein *m*, Belüftungsblock(stein) *m* · inlet air tile, ~ ~ block [*See remark under "Block"*]

Belvedere *n*, Aussichtsturm *m* · belvedere, gazebo, look-out tower, standing tower [*A turret or lantern on a house to afford a view*]

~ [*Architektonisch gestalteter Aussichtspunkt in Parkanlagen und Name von schön gelegenen Gartenpalästen und Lustschlössern, vornehmlich der Renaissance und des Barock*] · gazebo

~ zu Prag · Queen Anna's summer house, Belvedere at Prague

bemessen, auslegen, dimensionieren · to design

Bemessung *f*, Auslegung, Dimensionierung [*Rechnerische Ermitt(e)lung der Querschnittsabmessungen aus zuvor ermittelten Biegemomenten, Längskräften, Querkräften und Drillmomenten*] · design, DSGN

~ im Stahlbetonbau, Stahlbetonbemessung · design in reinforced concrete, reinforced-concrete design, R. C. design

~ von Verbundbauwerken Stahl/Beton · composite design in steel and concrete

Bemessungs|angaben *fpl*, Bemessungsdaten *f* · design data

~annahme *f* · design hypothesis, structural ~ ~, (structural) design assumption

~aufgabe *f*, Bemessungsproblem *n* · design problem

~beispiel *n* · design example

~biegemoment *n* · design bending moment

~blatt *n* · design data sheet

~daten *f*, Bemessungsangaben *fpl* · design data

~dicke *f* · design thickness

~druck *m* · design pressure

~erdbebenkraft *f* · design seismic force

~faktor *m* · design factor

~fehler *m* · design error

~festigkeit *f* · design strength

~formel *f* · design formula

~gewicht *n* · design weight

~gleichung *f* · design equation

~grundlage *f* · design fundamental, basis of design

~ingenieur *m* · design engineer

~konstante *f* · design constant

~last *f* → Lastannahme

~merkmal *n* · design feature

~moment *n* · design moment

~problem *n*, Bemessungsaufgabe *f* · design problem

~raumtemperatur *f* · indoor design temperature

~regel *f* · design rule

~richtlinien *fpl* · design specification(s), ~ spec(s)

~spannung *f* · design stress

~system *n* · design system

~tabelle *f*, Bemessungstafel *f* · design table, ~ chart

~temperatur *f* · design temperature

~theorie *f* · design theory

~verfahren *n* · design method, method of design

~wärmeverlust *m* · design heat loss

bemoost · moss-covered

bemörteln, ausmörteln · to fill with mortar

Benediktinerabtei *f* · Benedictine abbey

~kirche *f* · Benedictine abbey church

Benediktiner|kirche *f* · Benedictine church

~kloster *n* · Benedictine monastery

benetzbar · wettable, coatable

Benetzbarkeit *f* · wettability, coatability

benetzen, umhüllen [*Mit Bindemittel*] · to coat, to wet

Benetzen *n*, (Bindemittel)Umhüllung *f*, Umhüllen, Benetzung · coating, wetting; wet mixing (US)

Benetzung *f*, Benetzen *n*, Umhüllen, (Bindemittel)Umhüllung · coating, wetting; wet mixing (US)

Benetzungs|eigenschaft *f*, Benetzungsvermögen *n*, Benetzungsfähigkeit *f* · coating power, wetting ~, ~ capacity, ~ property, ~ quality

~fähigkeit *f*, Benetzungsvermögen *n*, Benetzungseigenschaft *f* · coating power, wetting ~, ~ capacity, ~ property, ~ quality

~mittel *n* → Adhäsionsverbesserer

~vermögen *n*, Benetzungsfähigkeit *f*, Benetzungseigenschaft *f* · coating power, wetting ~, ~ capacity, ~ property, ~ quality

~wärme *f* · coating heat, wetting ~

~wirkung *f* · wetting action, coating ~

Bentonit *m* [*Hochplastischer, montmorillonitischer Ton, der zumeist aus vulkanischen Aschen entstanden ist, < 0,001 mm*] · bentonite (clay), bentonitic ~

~aufschwemmung *f*, Betonitsuspension *f* · bentonite suspension, bentonitic ~

~schlamm *m* · bentonite mud

~vermahlung *f* · intergrinding of bentonite

Benutzer *m*, Wohnungs~, Bewohner, Wohnungsinsasse *m*, (Raum)Insasse, Raumbenutzer · (apartment) dweller, (room) occupant, user, resident

Benzinger-Matte *f*, Baustahlputzmatte · Benzinger metal lath(ing)

benzinundurchlässig · impervious to petrol (Brit.); ~ ~ gas(olene), ~ ~ gasoline (US)

Benzol *n* [*C_6H_6. Klopffester Vergaserbrennstoff; durch Destillation des Steinkohlenteeres oder durch Auswaschen von Kokereigas gewonnen*] · benzene, benzole

~kohlenwasserstoffe *mpl*, aromatische Kohlenwasserstoffe, Aromaten *f* · aromatic hydrocarbons, aromatics

~-Unlösliches *n* · extrinsic insolubles, insoluble in benzene, benzene insolubles

Benzylcellulose *f* · benzyl cellulose

Beobachtungs|etage *f*, Beobachtungsstockwerk *n*, Beobachtungsgeschoß *n* · observation floor; ~ storey (Brit.); ~ story (US)

~gang *m* · observation gallery

~geschoß *n*, Beobachtungsetage *f*, Beobachtungsstockwerk *n* · observation floor; ~ storey (Brit.); ~ story (US)

~plattform *f* · observation deck, ~ ~ platform

~raum *m* · observation room

~stockwerk *n*, Beobachtungsgeschoß *n*, Beobachtungsetage *f* · observation floor; ~ storey (Brit.); ~ story (US)

~turm *m* · observation tower

Bepflanzung *f* · planting

beplanktes Sperrholz *n*, (über)furniertes ~ · veneered plywood

Berapp *m* → Rauhputz

beratende Ingenieure *mpl* **der Heizungs- und Lüftungstechnik** · heating and ventilating consultants

Berater *m* · consultant

Beratung *f* · consulting, consultation

Beratungsstelle *f* · consulting centre (Brit.); ~ center (US); consultation ~

Berechnungs|beispiel *n*, Rechenbeispiel · example of calculation, worked example

~formel *f* · calculation formula

~gang *m*, Rechengang [*Baustatik*] · calculation operation, calculating ~

~gewicht *n* · calculating weight, calculation ~

~grundlage *f* · calculating basis, calculation ~

~tabelle *f*, Berechnungstafel *f* · calculating table, calculation ~

~verfahren *n* · calculating method, calculation ~

Bereich *m, n* · range

~ · zone [*A space between reference planes which is provided for a building component or set of building components which does or do not necessarily fill the space*]

Berg|feuchtigkeit *f*, Bergfeuchte *f* · quarry sap [*The moisture contained in newly quarried stone*]

~gelb *n*, Eisenocker *m* · iron ochre (Brit.); ~ ocher (US)

~grün *n* [*Malachit*] · mineral green, green basic copper carbonate

~(senkungs)schaden *m* · mining damage

~teer *m* · mineral tar, pissasphalt(um), maltha

~zinn *n* · vein-tin

Bering *m*, Ringmauer *f*, Mauerring, Zingel *m* [*Mit Verteidigungseinrichtungen ausgerüstete starke Mauer rings um eine Burg*] · ring-work

berippter Heizkörper *m*, Rippenheizkörper, Lamellenheizkörper · strip heater, fin(ned) ~, rib(bed) ~, g(r)illed ~

beripptes Heizrohr *n*, Lamellenheizrohr, Rippenheizrohr · (fin(ned)) strip heating tube, rib(bed) ~ ~, g(r)illed ~ ~

~ Rohr *n*, Rippenrohr, Lamellenrohr · fin(ned) tube, rib(bed) ~, g(r)illed ~

Berliner Welle *f*, Kurzwellenplatte *f*, KW-Platte [*Eine Asbestzementplatte für die Eindeckung von Wohnhäusern von 625 mm Länge*] · asbestos-cement sheet 625 mm long, ~ board ~ ~ ~; cement asbestos ~ ~ ~ ~ (US)

Berliner|blau *n* [*Dieses Pigment ist eine komplizierte Verbindung, die Eisen sowie Kohlenstoff und Stickstoff in Form von Cyan (CN) enthält*] · Berlin blue (pigment)

~schwarz *n* · Berlin black [*A name applied to a pigmented form of 'Brunswick black' producing a semi-gloss film*]

~weiß *n* · Berlin white

Bermudas-Asphalt *m* · Bermudez asphalt

Bernoulli-Euler-Differentialgleichung *f* · Bernoulli-Euler differential equation

Bernoullische Annahme *f* · Bernoulli assumption, ~ hypothesis

~ Gleichung *f*, Bernoulli-Gleichung, Bernoulli-Satz *m* · Bernoulli equation

Bernstein *m* · amber

~glas *n*, Amberglas, Braunglas · amber glass [*Glass varying in colour between light yellowish brown and deep reddish brown*]

~lack *m* · amber varnish

~teer *m* · amber tar

Berufs|bild *n* · professional image

~schule *f* · vocational training college, ~ ~ school

beruhigte Legierung *f*, stabilisierte ~ · stabilized alloy, dead ~, (fully) killed ~, quiet ~

beruhigter Stahl *m*, stabilisierter ~ · dead steel, (fully) killed ~, quiet ~, stabilized ~

Berührungs|fläche *f*, Kontaktfläche · contact area

~korrosion *f* · crevice corrosion at a contact with non-metallic material

Beryll *m* · beryl [*The mineral form of beryllium alumino-silicate, $3BeO \cdot Al_2O_3 \cdot 6SiO_2$*]

Beryllium|bronze *f*, Berylliumkupfer *n* · beryllium copper

~kupfer *n*, Berylliumbronze *f* · beryllium copper

~oxid *n* · beryllia, BeO; beryllium oxide (Brit.); beryllium oxid(e) (US)

~oxidartikel *m*, Berylliumoxidgegenstand *m*, Berylliumoxiderzeugnis *n* · beryllia refractory (product), BeO ~ (~); beryllium oxide ~ (~) (Brit.); beryllium oxid(e) ~ (~) (US)

besanden · to sprinkle with sand

besandet · sand-surfaced

Besandung *f* · sand surfacing

Beschädigung *f* **durch Schuhabsätze** [*(Fuß)Boden(belag)*] · heel damage

Beschädigungsgefahr *f* · risk of damage

Beschaffenheit *f* [*Im Text einer Norm*] · absence of defects

~, Zustand *m* · nature

beschichten, überziehen · to coat, to (sur)face

~, isolieren [*Rohr*] · to coat and wrap, to dope

Beschichten *n*, Beschichtung *f*, Überziehen, Überzug *m* [*Als Tätigkeit*] · coating, (sur)facing

~ von Blähbeton → Blähbeton-Beschichtung

~ ~ Gasbeton → Gasbeton-Beschichtung

beschichtet, überzogen [*(Dach)Pappe*] · (sur)faced, coated

Beschichtung *f*, Überzug *m* [*Als Schicht*] · coat(ing), finish

~, Beschichten *n*, Überzug *m*, Überziehen [*Als Tätigkeit*] · coating, (sur-)facing

Beschichtungs|kunststoff *m* · coating plastic

~masse *f*, Beschichtungsstoff *m*, Überzugmasse, Überzugstoff · coating material, ~ composition, ~ compound, ~ mass, finish ~, (sur)facing ~

~stoff *m*, Überzugstoff, Beschichtungsmasse *f*, Überzugmasse · coating material, ~ composition, ~ compound, ~ mass, finish ~, (sur)facing ~

Beschlag *m*, Bau~ · (builders') furniture, (~) fitting

~arbeiten *fpl*, Bau~ [*DIN 18357*] · hardware work

Beschläge *mpl*, Bau~ · (builders') hardware, (~) fittings [*B.S. 1331*]

Beschlagen *n*, Blindwerden, Anlaufen, Erblinden [*Glas*] · tarnishing, fogging

beschlagenes Glas *n* · weathered glass

~ ~, rauchiges ~ · smoked glass [*ASTM C 162–56*]

Beschlag|fabrik *f*, Beschlagwerk *n*, Bau~ · (builders') hardware factory, (~) fittings ~

~werk *n*, Beschlagfabrik *f*, Bau~ (builders') hardware factory, (~) fittings ~

beschleunigen [*Das Abbinden bzw. das Erhärten eines Gemisches mit einem hydraulischen Binder*] · to accelerate, to advance

Beschleuniger *m*, Reaktions~, Katalyst *m* · catalyst, promoter, accelerator

~, BE *m* [*Für hydraulische Bindemittel und hydraulische Gemische*] · accelerator, accelerating agent [*An additive or admix(ture) which, when present in small quantities, increases the rate of setting and/or hardening of a cementitious material in a controllable manner*]

~ für hydraulische Bindemittel, BE ~ ~ ~ · accelerating additive

~ ~ ~ Gemische, ~ ~ ~ Mischungen, BE ~ ~ ~ · accelerating admix(ture)

~salz *n* · accelerating salt [*Such salts as potassium sulphate or alum are added in small amounts to anhydrous gypsum-plasters so as to speed up the rate of reaction with water*]

beschleunigte Hydra(ta)tion *f* · accelerated hydration

Beschleunigungs|kraft *f* · acceleration force, force of acceleration

~richtung *f* · acceleration direction, direction of acceleration

~verfahren *n* · acceleration method

beschnittene Hecke *f* · trimmed hedge

beschränkte Vorspannung *f* · partial prestress(ing)

Beschriftung *f* lettering

Beseitigung *f*, Entfernung · removal

Besenschrank *m* · broom closet

Besonnung *f*, Sonneneinfall *m*, einfallende Sonnenstrahlung · insolation, sun(light) penetration, incoming solar irradiation, entry of direct sunshine

Besonnungsschutz *m*, Sonnenschutz, Abschattung *f* · sunshading, (solar-) shading

Bespannung *f*, Wand~ · wall-hanging (type) tapestry

Besplittung *f* · chip(ping)s surfacing

Besprechungsraum *m* · conference room

Bessemerstahl *m* · Bessemer steel

beständig, fest · resistant, proof

Beständigkeit *f*, Festigkeit, Widerstand *m* · resistance [*Ability to resist attacks*]

~, Stabilität *f* [*Emulsion*] · stability

~ gegen Beschädigungen, Festigkeit ~ ~, Widerstand *m* ~ ~ · damage resistance

Beständigkeitsgrad *m*, Stabilitätsgrad [*Emulsion*] · degree of stability, stability degree

~, Widerstandsgrad, Festigkeitsgrad · degree of resistance

Bestands|plan *m* → Bestandszeichnung

~zeichnung *f*, Bestandsplan *m*, Bau~ · 'work as excecuted' drawing, as completed ~, as-built ~, as-constructed ~

Bestandteil *m* · constituent

Bestattungsgrab *n* [*Etrurien. Es hat die Form einer rechteckigen länglichen Grube*] · trench-grave, trench-tomb

bestimmtes Integral *n* · definite integral

Bestimmung *f*, Ermitt(e)lung · determination

Bestimmungsgleichung *f* · conditional equation, equation of condition

bestrahlter Kunststoff *m* · irradiated plastic (material)

bestreichen, anstreichen · to coat [*pipe*]

Bestreichen *n*, Anstreichen · coating [*pipe*]

~ mit Kleister, Kleistern · pasting

Bestreu|material *n* → Bestreu(ungs)-mineral

~mineral *n* → Bestreuungsmineral

bestreut, abgestreut [*Dachpappe und (bituminöser) Spachteldachbelag*] · surfaced with granular material

Bestreuung *f* [*Dachpappe*] → Mineral-abstreuung

Bestreu(ungs)|material *n* → Bestreu-(ungs)mineral

~mineral *n*, Abstreu(ungs)mineral, Bestreu(ungs)material *n*, Abstreu(ungs)-material [*Kies oder Splitt für Dachpappen und (bituminöse) Spachteldachbeläge*] · granular cover material, ~ surfacing ~, ~ wearing surface ~

Besucher|fahrzeug *n* · visitor's car

~laufsteg *m* · visitor's (walk)way

~raum *m*, Besucherzimmer *n* · visitor's room

~turm *m* · tourist tower

~verkehr *m* · visitors' traffic

~warteraum *m*, Besucherwartezimmer *n* · visitors' waiting room

~wartezimmer *n*, Besucherwarteraum *m* · visitors' waiting room

~zimmer *n*, Besucherraum *m* · visitor's room

β-Anhydrit III *m*, β-$CaSO_4$, entwässertes Halbhydrat *n*, löslicher Anhydrit *m* [*Ofengipsart*] · hard-burned plaster, hard-burnt ~

β-$CaSo_4$ *n*, entwässertes Halbhydrat *n*, β-Anhydrit III *m*, löslicher Anhydrit [*Ofengipsart*] · hard-burned plaster, hard-burnt ~

Beta|eisen *n*, β-Eisen · beta iron

~messing *n*, β-Messing · (alpha-)beta brass [*It contains between 36% and 45% zinc*]

~tonerde *f*, β-Tonerde · beta alumina, β-alumina [*It contains a small amount of alkali metal oxide*]

Betäubungsraum *m* [*Krankenhaus*] · an(a)esthetic room

Beton *m*, Zement~ [*Im Gegensatz zum Teer- und Asphaltbeton*] · (cement) concrete

~ in betonschädlichen Wässern und Böden [*DIN 4030*] · concrete in aggressive water and soils

~ mit bloßgelegten Zuschlägen, ~ ~ ~ Zuschlagstoffen · exposed aggregate concrete

~ ~ faserigen Zuschlägen, ~ ~ ~ Zuschlagstoffen · fibrous concrete

~ ~ geschlossenem Gefüge · dense concrete [*Concrete containing a minimum of voids*]

~ ~ Magneteisenerzzuschlag(stoff) · magnetic iron ore concrete

~ ~ natürlichen Zuschlägen, ~ ~ ~ Zuschlagstoffen · natural aggregate concrete, ~ rock ~, stone-aggregate ~

~ ohne Oberflächenbehandlung · off-formwork concrete, off-shuttering ~, off-forms ~

~ unter hochgespanntem Dampf gehärtet · autoclaved concrete

~-(Ab)Binde(zeit)verzögerer *m*, Beton-Erstarrungs(zeit)verzögerer, Beton-(Er)Härtungs(zeit)verzögerer, Beton-VZ · concrete retarder, ~ retarding agent

(Beton)(Ab)Deck|block(stein) *m*, (Beton)(Ab)Deckstein · (concrete) coping block, (~) ~ tile, (~) cope ~, (~) capping ~ [*See remark under 'Block'*]

~platte *f* [*Betonplatte zum Abdecken für Kaminköpfe, freistehende Mauern und Einfriedigungen. DIN 455*] · (concrete) coping slab, (~) capping ~, (~) cover(ing) ~

~stein *m*, (Beton)(Ab)Deckblock(stein) *m* · (concrete) coping block, (~) ~ tile, (~) cope ~, (~) capping ~ [*See remark under 'Block'*]

Betonabfluß *m* [*Fehlname*] → Betondränrohr

~rinne *f*, Betonentwässerungsrinne, Betonablaufrinne · concrete drain(age) gutter, ~ draining ~, ~ discharge ~

~rohr *n* → Betondränrohr

Betonablauf *m* [*Fehlname*] → Betondränrohr

~rinne *f*, Betonentwässerungsrinne, Betonabflußrinne · concrete drain(age) gutter, ~ draining ~, ~ discharge ~

~rohr *n* → Betondränrohr

Beton|-Abschirmwand *f* · concrete (biological) shielding wall, ~ radiation ~ ~

~absieg(e)lung *f*, Betonversieg(e)lung · concrete sealing

~absieg(e)lungsmittel *n* → Betonversiegeler

Betonabstandhalter *m*, Abstandhalter aus Beton · concrete spacer, ~ distance piece

~ aus Beton, Stahl~ ~ ~ · concrete reinforcement spacer, ~ ~ distance piece

~ ~ Kunststoff, Stahl~ ~ ~, Kunststoff-(Stahl)Betonabstandhalter · plastic reinforcement spacer, ~ ~ distance piece

Betonabwasser|kanal *m*, Betonkanal, Betonleitungskanal, Abwasser-Betonkanal · conduit-type concrete sewer

~leitung *f*, Abwasser-Betonleitung · concrete sewer

~rohr *n*, Abwasser-Betonrohr · concrete sewer pipe

beton|aggressiv, betonschädlich, betonangreifend [*DIN 4030*] · aggressive to(ward) concrete

~angreifend, betonschädlich, betonaggressiv [*DIN 4030*] · aggressive to(ward) concrete

Betonanstrich *m* → Betonschutzanstrich

~(mittel) *m*, (*n*), Betonanstrichstoff *m*, Betonaufstrich(stoff), Betonaufstrichmittel, flüssiger Betonbeschichtungsstoff · liquid coating material for concrete, ~ ~ composition ~ ~

~stoff *m*, Betonanstrich(mittel) *m*, (*n*), Betonaufstrich(stoff), Betonaufstrichmittel, flüssiger Betonbeschichtungsstoff · liquid coating material for concrete, ~ ~ composition ~ ~

Beton|arbeiten *fpl* [*DIN 1967*] · concrete work

~arbeitsfugenband *n*, Arbeitsbetonfugenband, Betonier(ungs)fugenband, Arbeitsfugenband · construction waterstop, ~ waterbar, stop-end ~

~architektur *f*, Beton-Baukunst *f* · concrete architecture

~art *f* · concrete type, type of concrete

~artikel *mpl*, Betonware(n) *f*, Betongegenstände *mpl*, Betonerzeugnisse *npl* · mass-produced precast (concrete) ware, ~ ~ (~) goods, ~ ~ (~) articles, ~ ~ (~) products, concrete ware

~aufbau *m*, Betonzusammensetzung *f* · concrete composition

~(auf)bereitung *f*, Betonherstellung, Betonerzeugung · concrete fabrication, ~ production

~(auf)bereitungstemperatur *f*, Betonmischtemperatur · concrete mixing temperature

~auflast *f* · concrete surcharge

Betonaufstrich *m* → Beton(schutz)anstrich

~mittel *n*, Betonaufstrich(stoff) *m*, Betonanstrichstoff, Betonanstrich(mittel), flüssiger Betonbeschichtungsstoff · liquid coating material for concrete, ~ ~ composition ~ ~

~(stoff) *m*, Betonaufstrichmittel *n*, Betonanstrichstoff, Betonanstrich(mittel), flüssiger Betonbeschichtungsstoff · liquid coating material for concrete, ~ ~ composition ~ ~

Beton|ausbesserung *f*, Betonreparatur *f* · concrete reintegration, ~ patching, ~ repair

~ausbesserungsstoff *m* · concrete repair material, ~ reintegration ~, ~ patching ~

(~)Ausbeute *f* [*Das Verhältnis der Betonmenge in Raumteilen zur Summe der einzeln zugegebenen Mengen*] · yield

Betonausfachungs|element *n*, Betonausfüll(ungs)element · concrete infill(ing) unit, ~ (in)filler ~, ~ cladding ~

~platte *f*, Betonausfüll(ungs)platte · concrete (in)filler slab, ~ infill(ing) ~

Beton-(Aus)Füll(ungs)platte *f*, Beton-Ausfachungsplatte · (pre)cast (concrete) (in)filler slab, ~ (~) infill(ing) ~, ~ (~) cladding ~

betonausgekleidetes Eisenrohr *n* · concrete lined iron pipe

Beton|ausgleichschicht *f*, Betonnivellierschicht, Betonausgleichslage *f*, Betonnivellierlage · concrete levelling layer (Brit.); ~ leveling ~ (US); ~ ~ course

~auskleidung *f*, Betonbekleidung, Betonverkleidung · concrete lining, ~ (sur)facing

~-(Außen)Versteifungswand *f* · ((pre-)cast) concrete cladding

~-Badezelle *f* → Beton-Badezimmerzelle

Beton-Bade(zimmer)|block *m* → Beton-Bade(zimmer)zelle

~zelle *f*, Beton-Bade(zimmer)block *m*, Beton-Naß(installations)zelle, Beton-Naß(installations)block · bathroom casting

(Beton)Balkenblock(stein) *m*, (Beton-)Balkenstein · ((pre)cast) (concrete) bond beam block, (~) (~) ~ ~ tile [*See remark under 'Block'*]

Betonbalken|formmaschine *f* · concrete beam making machine

~herstellung *f* · beam casting

(Beton)|Balkenstein *m*, (Beton)Balkenblock(stein) *m* · ((pre)cast) (concrete) bond beam block, (~) (~) ~ ~ tile [*See remark under 'Block'*]

~balken(träger) *m* · concrete beam

~bau *m* · concrete construction(al work)

~(-Bau)einheit *f* [*Fehlname*] → Betonmontageelement

~(-Bau)element *n* → Betonmontageelement

~bauer *m* · concretor

~bauindustrie *f* · concrete constructional industry

~(-Bau)körper *m* → Betonmontageelement

~-Baukunst *f*, Betonarchitektur *f* · concrete architecture

(~)Bauplatte *f* · concrete slab

(~)Bauteil *m, n* [*Fehlname*] → (Beton-)Fertig(bau)teil

~bauwerk *n* [*DIN 1047*] · concrete structure

Beton-Bedachungs|element *n*, Betondachplatte *f*, Betondachelement, Beton-Bedachungsplatte · concrete roof(ing) slab

~platte *f*, Beton-Bedachungselement *n*, Betondachplatte, Betondachelement · concrete roof(ing) slab

Beton|behälter *m* · concrete reservoir, ~ tank

~bekleidung *f*, Betonverkleidung, Betonauskleidung · concrete lining, ~ (sur-)facing

~(belag)platte *f*, Betonfliese *f* · concrete tile

~-Belagplatte *f*, Beton-Gehbahnplatte, Beton-Gehwegplatte, Beton-Fußwegplatte, Beton-Gehsteigplatte, Beton-Pflasterplatte, Beton-Bürgersteigplatte · concrete (paving) flag

Beton(belag)platten|fabrik *f*, Beton-(belag)plattenwerk *n*, Betonfliesenwerk, Betonfliesenfabrik · concrete tile works, ~ ~ factory, ~ ~ plant

~presse *f*, Betonfliesenpresse · concrete tile press

~werk *n*, Beton(belag)plattenfabrik *f*, Betonfliesenwerk, Betonfliesenfabrik · concrete tile works, ~ ~ factory, ~ ~ plant

Beton|-Beleuchtungsmast *m*, Beton-Lichtmast · concrete (lighting) column (Brit.); ~ mast (US) [*B.S. 1308*]

~belüfter *m*, Betonbelüftungsmittel *n*, luftporenbildender Betonwirkstoff *m*, Beton-Luftporenbildner, Beton-Lufteinschlußmittel, Beton-LP-(Zusatz-)Stoff, Beton-LP-Wirkstoff · air entraining agent for concrete, air entrainer ~ ~

(~)Belüftungsmesser *m* → (Beton-)Luftmengenmesser

~beratungsdienst *m* · concrete advisory service

~bereitung *f*, Betonaufbereitung, Betonherstellung, Betonerzeugung · concrete fabrication, ~ production

~beschichtung *f*, Betonüberzug *m* · coat on concrete

~bestandteil *m*, Betonkomponente *f* · concrete ingredient

~bestimmungen *fpl* · concrete code

~bett(ung) *n*, (*f*) · concrete bed(ding)

~-Bewässerungsrohr *n*, Bewässerungsbetonrohr · concrete irrigation pipe

~biber(schwanz)(stein) *m* → Beton-Dachblatt

~biegespannung *f* · concrete bending stress

~bindemittel *n*, Betonbinder *m* · concrete binder

~binder *m*, Betonbindemittel *n* · concrete binder

~-Bindeverzögerer *m* → Beton-Abbinde(zeit)verzögerer

Betonblock *m* → ~stein

~frischling *m*, Betonblocksteinfrischling, Betonsteinfrischling · (pre)cast (concrete) green block, ~ (~) ~ tile [*See remark under 'Block'*]

~mauerwerk *n*, Betonblocksteinmauerwerk, Beton(werk)steinmauerwerk, Betonmauerwerk · concrete (block) masonry (work), ~ tile ~ (~), ~ blockwork, ~ block-walling

Betonblock(stein) *m*, Betonstein · ((pre)cast) concrete (building) block, (~) ~ (~) tile [*A walling unit (other than a unit used for bonding, e.g. half block) exceeding in length, width or height the dimension specified for a brick in B.S. 3921. The height of the block shall not exceed either its length or six times its thickness to avoid confusion with slabs or panels. Definition from B.S. 2028, 1364: 1968. See also remark under 'Block'*]

~frischling *m*, Betonsteinfrischling · (pre)cast (concrete) green block, ~ (~) ~ tile [*See remark under 'Block'*]

~mauerwerk *n*, Beton(werk)steinmauerwerk, Betonmauerwerk · concrete (block) masonry (work), ~ tile ~ (~), ~ blockwork, ~ block-walling

Beton-Blumen|gefäß *n* · concrete flower container

~trog *m* · concrete flower trough

Betonboden *m* [*Fehlname*] → Betonunterboden

~(belag) *m*, Betonfußboden(belag) · concrete floor(ing) (finish), ~ floor cover(ing)

~platte *f*, Betonfußbodenplatte · concrete floor(ing) tile [*B.S. 1197*]

Betonbogen *m* · concrete arch

~dach *n* · arched concrete roof

~rippe *f* · concrete arch rib

~(träger) *m* · concrete arch(ed girder)

Betonbord|schwelle *f* · wide concrete curb; ~ ~ kerb (Brit.)

~stein *m* [*DIN 483*] · concrete curb; ~ kerb [*B.S. 340*]

(Beton)|Bordsteinform *f* · (concrete) curb mold (US); (~) kerb mould (Brit.)

~brechsand *m*, zerkleinerter (Beton)Feinzuschlag(stoff) *m* · crushed (concreting) sand, broken (~) ~, ~ fine aggregate, ~ concrete sand

~bruch *m* · concrete failure

~-Brunnenring *m*, Brunnenring aus Beton [*DIN 4034*] · concrete (well) ring

~-Brüstungselement *n* · concrete parapet element

~-Bürgersteigplatte *f*, Bürgersteig-Betonplatte, Gehsteig-Betonplatte, Beton-Gehsteigplatte, Gehweg-Betonplatte, Beton-Gehwegplatte, Gehbahn-Betonplatte, Beton-Gehbahnplatte, Fußweg-Betonplatte, Beton-Fußwegplatte, Belagplatte [*DIN 485*] · sidewalk concrete flag(stone), ~ ~ paving flag (US); footpath concrete flag(stone), footpath concrete paving flag (Brit.); (pre)cast concrete flag [*B.S. 368*]

~dach *n* · concrete roof

Beton-Dachblatt *n*, Beton-Ochsenzunge *f*, Beton-Dachtasche *f*, Beton-Dachplatte, Beton-Flachwerk *n*, Beton-Flachstein *m*, Beton-Zungenstein, Betonbiber(schwanz)(stein) *m* [*DIN 1116*] · plain concrete (roof(ing)) tile, flat ~ (~) ~, plane ~ (~) ~, ~ cement (~) ~, concrete plain (~) ~, concrete plane (~) ~, cement plain (~) ~, cement plane (~) ~, concrete flat (~) ~, cement flat (~) ~ [*B.S. 473*]

Betondach|decke *f*, Betonunterkonstruktion *f* · concrete (roof) deck

~element *n*, Beton-Bedachungsplatte *f*, Beton-Bedachungselement, Betondachplatte · concrete roof(ing) slab

Beton-Dach|falzstein *m*, Betonfalz(dach)stein [*DIN 1117*] · concrete interlocking (roof(ing)) tile [*B.S. 550*]

~kenner *m*, Beton-Walmstein *m*, Beton-Firststein, Beton-Kammstein [*DIN 1119*] [*Der Ausdruck „Beton-Walmstein" wird auch für den Beton-Gratstein verwendet*] · concrete ridge tile

~pfanne *f*, Beton-Hohlpfanne, Beton-(S-)Pfanne, holländische Betonpfanne [*DIN 1118*] · concrete pantile

~platte *f* → Beton-Dachblatt

Beton|dachplatte *f*, Betondachelement *n*, Beton-Bedachungsplatte, Beton-Bedachungselement · concrete roof(ing) slab

~(dach)rinne *f*, Betonregenrinne · concrete (roof) gutter, ~ rainwater ~

~dachschale *f* · concrete roof shell

(Beton)Dachstein *m*, zementgebundener Dachstein, Zementdachstein [*DIN 1115. Aus Zementmörtel oder Feinbeton*] · concrete roof(ing) tile, cement ~ ~

~maschine *f*, Zementdachsteinmaschine · concrete roof(ing) tile machine, cement ~ ~ ~

~prüfgerät *n*, (Beton)Dachsteinprüfmaschine *f*, Zementdachsteinprüfgerät, Zementdachsteinprüfmaschine · concrete roof(ing) tile tester, cement ~ ~ ~

Beton|-Dachtasche → Beton-Dachblatt

~daube *f*, plattenförmiger Silofertigteil *m*, plattenförmiges Silofertigteil *n* · (pre)cast (concrete) stave [*B.S. 2810*]

~decke *f*, Beton-Trenndecke, Beton-Etagendecke, Beton-Geschoßdecke, Beton-Stockwerkdecke · concrete (suspended) floor, ~ intermediate ~, CONC F [*B.S. 1207*]

~decke *f* · concrete ceiling, CONC C

Betondecken|balken(träger) *m* · concrete floor beam

~(bau)system *n* · concrete floor system

~block(stein) *m*, Betondeckenstein, Beton(decken)füllblock(stein), Beton(decken)füllstein, Betondecken(füll)körper *m*, Füllkörper [*Statisch nicht tragender (Beton)Formstein zur Herstellung von Rippendecken*] · (pre-)cast (concrete) filler (block), ~ (~) ~ tile, concrete ~ (~) [*See remark under 'Block(stein)'*]

~fertigteil *m, n*, Beton-Deckenmontageteil, Decken-Betonfertigteil, Decken-Betonmontageteil · (pre)cast (concrete) floor member, (concrete) floor cast(ing)

~fugenvergußmasse *f* · concrete surfacing joint sealing compound, ~ pavement ~ ~ ~

Beton|(decken)füllblock(stein) *m* → Betondeckenblock(stein)

Beton-Deckenhohl|block *m* → Beton(decken)hohlkörper

~(block)stein *m* → Beton(decken)hohlkörper

Beton(decken)hohl|körper *m*, Beton-Hohl-(Decken)Füllstein *m*, Beton-Hohl(Decken)Füllblock(stein) *m*, Beton-Hohldeckenblock(stein), Beton-Hohldeckenstein, Beton-Deckenhohl(block)-stein, Beton-Deckenhohlstein, Beton-Hohldeckenblock · concrete hollow filler (block), ~ ~ ~ tile [*See remark under 'Block'*]

~platte *f* → (Beton)Hohl(decken)platte

Beton-Deckenmontageteil *m, n,* Beton-Deckenfertigteil, Decken-Betonfertigteil, Decken-Betonmontageteil · (pre-) cast (concrete) floor member, (concrete) floor cast(ing)

Betondecken|platte *f* · concrete floor slab

~rippe *f* · concrete floor rib

~stein *m* → Betondeckenblock(stein)

~system *n,* Betondeckenbausystem · concrete floor system

(Beton)|Deckplatte *f,* (Beton)Abdeckplatte [*DIN 455*] · (concrete) cover(ing) slab

~dehnung *f* · concrete strain

~-Dekorblock(stein) *m* · decorative (pre)cast (concrete) block, ornamental ~ (~) ~, ~ ~ (~) tile [*See remark under 'Block'*]

~diagonale *f,* Betonschräge *f* · concrete diagonal

~dichte *f* · concrete density

Betondichter *m,* Beton(ab)dicht(ungs)-mittel *n,* BD *n,* Beton(ab)dicht(ungs)-stoff *m,* Beton-DM *n* · concrete densifying agent, ~ ~ admix(ture), ~ densifier, ~ integral waterproofer, ~ integral waterproof(ing) agent, ~ integral waterrepeller, ~ integral water repellent admix(ture), ~ integral water repelling agent

~, Betonsperrpulver *n* · concrete waterproofer, ~ waterproofing powder [*It is incorporated in the dry mix*]

Beton|dichtheit *f,* Betonundurchlässigkeit, Betondichtigkeit · tightness of concrete, impermeability ~ ~

~dichtigkeit *f,* Betondichtheit, Betonundurchlässigkeit · tightness of concrete, impermeability ~ ~

~dichtung *f* · concrete waterproofing

~dicht(ungs)mittel *n* → Betondichter

~dicke *f* [*Fehlname: Betonstärke f*] · concrete thickness

~diele *f,* Zementdiele · concrete plank

~drahtgewebe *n* [*Putzträger aus Draht und Beton. Das Gewebe besteht aus einem starken verzinkten, in sich festgewebtem Drahtnetz. Nur die Querdrähte sind rippenförmig durch Hartbeton ummantelt*] · concrete lath(ing)

~dränrohr *n,* Dränbetonrohr, Betonentwässerungsrohr, Betonabflußrohr, Abflußbetonrohr, Betonablaufrohr, Ablaufbetonrohr, Entwässerungsbetonrohr [*Fehlnamen: Betonabfluß m, Betonablauf m*] · concrete waste pipe, ~ draining ~, ~ drain(age) ~, ~ discharge ~

~-Dreilagentafel *f* → Betonsandwichtafel

~-Dreischichtentafel *f* → Betonsandwichtafel

Betondruck|bereich *m, n,* Betondruckzone *f* · concrete compressive zone

~gurt *m* · concrete compression chord, ~ ~ boom, ~ ~ flange

~festigkeit *f* · concrete compressive strength, ~ crushing ~, ~ compression ~

~(leitungs)rohr *n* · concrete pressure pipe

(Beton)Druckplatte *f,* (Beton)Druckschicht *f,* Aufbeton(schicht) *m, (f),* Oberbeton(schicht) · topping (slab), structural concrete ~ (~), (in-situ) structural topping (concrete), top (course) concrete, top concrete layer, concrete topping, in-situ topping [*The concrete laid to form the compression flange of the T-beams which it makes with the ribs. It is usually about 2 in. thick*]

Betondruck|probe *f,* Betondruckprüfung *f,* Betondruckversuch *m* · concrete compressive test

~prüfung *f,* Betondruckversuch *m,* Betondruckprobe *f* · concrete compressive test

~ring *m* · concrete compression ring

(Beton)Druckschicht *f* → (Beton-) Druckplatte

Betondruck|spannung *f* · concrete compressive stress

~versuch *m,* Betondruckprüfung *f,* Betondruckprobe *f* · concrete compressive test

(Beton)Druckwürfel *m* → (Beton-) Würfel

Betondruckzone *f,* Betondruckbereich *m, n* · compression zone of the concrete

(Beton)Druckzylinder *m* → (Beton-) Probezylinder

Beton|durchlässigkeit *f,* Betonundichtheit, Betonundichtigkeit · permeability of concrete, perviousness ~ ~

~eigenschaft *f* · concrete property

~eigenwärme *f* · inherent concrete heat

~einbringung *f,* Betonieren *n* · pouring, concreting, placing of concrete, concrete placing

(~)Einfassungsstein *m* · (concrete) edging

~einheit *f* [*Fehlname*] → Betonmontageelement

~-Einsteigschacht *m* → Beton(einstieg)schacht

~(einstieg)schacht *m,* Betonmannloch *n,* Betonmanneinsteigloch, Betoneinsteigschacht, Betonmanneinstieg(loch) *m, (n)* · concrete manhole, ~ manway [*B.S. 556*]

~einzäunung *f,* Betonumzäunung · concrete fencing

~eisen *n,* Bewehrungseisen, Armierungseisen, Bewehrungsstahl *m,* Armierungsstahl, Betonstahl [*früher: Moniereisen*] · reinforcing steel, reinforcement ~

~elastizitätsmodul *m* · concrete modulus of elasticity

~element *n* → Betonmontageelement

(~-)Element|bauweise *f* → (Beton-) Montagebauweise

~decke *f*, (Beton-)Montagedecke, (Beton-)Fertig(teil)decke · (pre)cast (concrete) floor

~wand *f*, (Beton-)Montagewand, (Beton-)Fertig(teil)wand, Fertig(teil)-Betonwand, Montagebetonwand · (pre-) cast (concrete) wall, prefab(ricated) ~ ~

Betonemulsion *f*, wäßrige Kunstharzemulsion · concrete emulsion

betonen der Maserung [*durch (Holz-) Beizen*] · to emphasize the grain

Betonentlüftungsstein *m* · extract ventilation concrete block, ~ ~ ~ tile, ~ venting ~ ~

(Beton-)Entwässerungs|artikel *mpl* → (Beton-)Entwässerungsgegenstände

~artikel *m* → (Beton-)Entwässerungsgegenstand

~erzeugnis *m* → (Beton-)Entwässerungsgegenstand

~erzeugnisse *npl* → (Beton-)Entwässerungsgegenstände

~gegenstand *m*, (Beton-)Entwässerungsartikel *m*, (Beton-)Entwässerungserzeugnis *n* [*DIN 4281*] · (concrete) drainage article, (~) ~ product

~gegenstände *mpl*, (Beton-)Entwässerungsware(n) *f*, (Beton-)Entwässerungserzeugnisse *npl*, (Beton-)Entwässerungsartikel *mpl* [*DIN 4281*] · (concrete) drainage goods, (~) ~ articles, (~) ~ products, (~) ~ ware

~rinne *f*, Betonabflußrinne, Betonablaufrinne · concrete drain(age) gutter, ~ draining ~, ~ discharge ~

~rohr *n* → Betondränrohr

(Beton-)Entwässerungsware(n) *f* → (Beton-)Entwässerungsgegenstände

Beton|-(Er)Härtungs(zeit)verzögerer *m*, Beton-Erstarrungs(zeit)verzögerer, Beton-(Ab)Binde(zeit)verzögerer, Beton-VZ *m* · concrete retarder, ~ retarding agent

~ermüdung *f* · fatigue of the concrete

~-Erstarrungs(zeit)verzögerer *m*, Beton-(Er)Härtungs(zeit)verzögerer, Beton-VZ, Beton-(Ab)Binde(zeit)verzögerer · concrete retarder, ~ retarding agent

~erwärmung *f* **mit Elektroden**, elektrische Widerstandserwärmung des Betons · electrical resistivity heating of concrete

~erzeugnis *n*, Betonstein *m* [*Alle werkmäßig hergestellten Erzeugnisse aus Beton. Es werden unterschieden · Betonware(n), die eine Massenfertigung bedingen, z.B. Gehplatten, Betonrohre, Betonfenster, Hohlblocksteine usw. Betonfertig(bau)teile, die in Serie hergestellt werden, z.B. Binder, Masten, Stürze, Stützen, Träger, usw.; Betonwerksteine, die sich von den Betonwaren und Fertig(bau)teilen dadurch unterscheiden, daß ihre Sichtflächen bearbeitet sind*] · precast (concrete) product, concrete ~, precast concrete [*Concrete which is cast in separate units before being placed in position in a structure*]

~erzeugnisse *npl*, Betongegenstände *mpl*, Betonartikel *mpl*, Betonware(n) *f* · mass-produced (pre)cast (concrete) ware, ~ ~ (~) goods, ~ ~ (~) products, ~ ~ (~) articles, concrete ware

~erzeugung *f*, Betonherstellung, Beton-(auf)bereitung · concrete fabrication, ~ production

Betonestrich *m*, Fein~ [*als verlegter Baustoff*] · (monolithic) (fine) concrete screed (topping)

~, Fein~ [*als Baustoff*] · (monolithic) (fine) concrete screed (material)

Beton|etagendecke *f* → Betondecke

~(fach)arbeiter *m*, Betonbauer · concretor

~fachwerk(träger) *n*, (*m*) · concrete truss(ed girder), ~ lattice ~, ~ ~ beam

~-Fahrradstand *m* · concrete (cycle) stand [*B.S. 1716*]

~-Fahrsilo *m*, Beton-Flachsilo · concrete plank silo

Betonfalz|(dach)stein *m*, Beton-Dachfalzstein [*DIN 1117*] · concrete interlocking (roof(ing)) tile [*B.S. 550*]

~rohr *n* → Betonrohr mit Falzverbindung

~stein *m* → Betonfalzdachstein

Beton|farbe *f* · cement paint [*A paint having a cement base. It is eminently satisfactory for painting on concrete and contains waterproofer and hardener*]

~farbstoff *m* · coloured pigment for concrete (Brit.); colored ~ ~ ~ (US)

~fassade *f* · concrete façade

Betonfassaden|platte *f* · concrete façade slab

~tafel *f* · concrete façade panel

Betonfein|kies *m* · fine(-grained) gravel (concrete) aggregate, ~ ~ for concrete

~sand *m* · fine sand (concrete) aggregate

(Beton)|Feinzuschlag(stoff) *m* · fine (concrete) aggregate

~feld *n* [*in einem Rahmen*] · concrete bay

Betonfenster *n*, Stahl~ [*Fenster mit Stahlbetonrahmen*] · reinforced (concrete) window, R.C. ~

~bank *f*, Beton-(Fenster)Sohlbank · concrete window sill; ~ ~ cill (Brit.)

~rahmen *m*, Stahl~ · reinforced (concrete) window frame, R.C. ~ ~

Beton-Fernsehturm *m* · concrete television tower, ~ ~ torch, ~ TV ~

(Beton-)Fertig|balken(träger) *m* · (pre)cast (concrete) beam, prefab(ricated) ~ ~

~balkon *m* · (pre)cast (concrete) balcony, prefab(ricated) ~ ~

~bau *m*, Fertig-Betonbau, (Beton-) Fertigteilbau, (Beton)Montagebau · (pre)cast (concrete) construction, prefab(ricated) ~ ~

~(bau)teil *m, n,* (Beton)Montage(bau)-teil, Fertigbeton(bau)teil, Montagebeton(bau)teil [*Fehlname: Betonbauteil*] · (pre)cast (concrete) compound unit, prefab(ricated) ~ ~ ~

~bauweise *f* → (Beton-)Montagebauweise

~bauwerk *n,* (Beton)Montagebauwerk, Fertig(teil)(-Beton)bauwerk · (pre-)cast (concrete) structure, system-built (~) ~, prefab(ricated) ~ ~

~deckenrippe *f* · (pre)cast (concrete) floor rib, prefab(ricated) ~ ~ ~

~einsteigschacht *m,* (Beton-)Fertig-(einstieg)schacht, (Beton-)Fertigmannloch *n* · (pre)cast (concrete) manhole, ~ (~) manway, prefab(ricated) ~ ~

~(einstieg)schacht *m,* (Beton-)Fertigeinsteigschacht, (Beton-)Fertigmannloch *n* · (pre)cast (concrete) manhole, ~ (~) manway, prefab(ricated) ~ ~

~-Endblock *m,* Fertig-Betonendblock · (pre)cast (concrete) end-block, prefab(ricated) ~ ~

~fensterrahmen *m,* Fertig-Betonfensterrahmen · (pre)cast (concrete) - window frame, prefab(ricated) ~ ~ ~

~gerippe *n* → (Beton)Fertig(teil)skelett

~giebelbalken(träger) *m* · (pre)cast (concrete) gable beam, prefab(ricated) ~ ~ ~

~hausbau *m* · (pre)cast (concrete) home construction, prefab(ricated) ~ ~ ~

~kehlrinne *f* · (pre)cast (concrete) valley gutter, prefab(ricated) ~ ~ ~

~lüftungskanal *m,* Fertig-Betonlüftungskanal · (pre)cast (concrete) vent(ilation) duct, ~ (~) ventilating ~, prefab(ricated) ~ ~ ~

~mannloch *n,* (Beton-)Fertig(einstieg)-schacht *m,* (Beton-)Fertigeinsteigschacht · (pre)cast (concrete) manhole, ~ (~) manway, prefab(ricated) ~ ~

~nichtwohn(ungs)bau *m,* Fertig-Betonnichtwohn(ungs)bau · (pre)cast (concrete) non-housing construction, prefab(ricated) ~ ~ ~

~oberschwelle *f* → (Beton-)Fertigsturz

~pfahl *m,* Fertig-Betonpfahl · (pre)cast (concrete) pile, prefab(ricated) ~ ~ [*A reinforced concrete pile manufactured in a casting plant or at the site but not in its final position*]

~rahmen *m* → (Beton)Fertig(teil)-skelett

~randbalken(träger) *m* · (pre)cast (concrete) edge beam, ~ (~) boundary ~, prefab(ricated) ~ ~ ~

~revisionsschacht *m* · (pre)cast (concrete) inspection chamber, prefab(ricated) ~ ~ ~

~rinnenträger *m,* (Beton-)Fertigrinnenbalken(träger) *m* [*Shedrahmen*] · (pre-)cast (concrete) valley beam, ~ (~) ~ girder, prefab(ricated) ~ ~ ~

~rohr *n,* Fertig-Betonrohr · (pre)cast (concrete) pipe, prefab(ricated) ~ ~

~skelett *n* → (Beton-)Fertig(teil)skelett

~sohlschale *f* · (pre)cast (concrete) gutter, prefab(ricated) ~ ~

~spitzbogen *m,* Fertig-Betonspitzbogen · (pre)cast (concrete) pointed arch, prefab(ricated) ~ ~ ~

~strebe *f* · (pre)cast (concrete) (raking) strut, prefab(ricated) ~ (~) ~

~stufe *f,* (Beton-)Fertig(teil)stufe · (pre)cast (concrete) step, prefab(ricated) ~ ~

~sturz *m,* Fertig-Betonsturz, Fertig-Betonoberschwelle, (Beton-)Fertigoberschwelle · (pre)cast (concrete) lintel; ~ (~) lintol [*deprecated*]; prefab(ricated) ~ ~ [*B.S. 1239*]

~stütze *f,* Fertig-Betonstütze · (pre)cast (concrete) column, ~ (~) support, prefab(ricated) ~ ~

(Beton-)Fertigtafel → (Beton-)Fertigteiltafel

~ mit bloßgelegten Zuschlägen, ~ ~ freigelegten ~, Fertig-Betontafel ~ ~ ~ · (pre)cast (concrete) exposed aggregate panel, prefab(ricated) ~ ~ ~ ~

(Beton-)Fertigteil *m, n* → (Beton-)Fertig(bau)teil

(Beton-)Fertig(teil)|außenrahmen *m* [*Gebäude*] · (pre)cast (concrete) perimeter frame, prefab(ricated) ~ ~ ~

~balken *m,* Montage(-Beton)balken, Fertig(teil)-Betonbalken · (pre)cast (concrete) beam, prefab(ricated) ~ ~

~balkendecke *f,* Montage(-Beton)balkendecke, Fertig(teil)-Betonbalkendekke · (pre)cast (concrete) beam floor, prefab(ricated) ~ ~ ~

~bau *m,* (Beton-)Montagebau, Montagebetonbau, Fertig(teil)-Betonbau · (pre)cast (concrete) construction, prefab(ricated) ~ ~

~bauabteilung *f* [*Einer Firma*] · (pre-)cast (concrete) construction division, prefab(ricated) ~ ~ ~

~bauweise *f* → (Beton-)Montagebauweise

~bauwerk *n,* (Beton-)Montagebauwerk · (pre)cast (concrete) structure, prefab(ricated) ~ ~

(Beton-)Fertigteilbetrieb *m,* (Beton-)Fertigteilwerk *n* · (pre)casting plant, ~ factory

(Beton-)Fertig(teil)|brüstungsmauer *f* · (pre)cast (concrete) parapet, prefab(ricated) ~ ~

~dach *n*, Fertig(teil)-Betondach, · (pre-)cast (concrete) roof, prefab(ricated) ~ ~

~decke *f*, (Beton-)Montagedecke, (Beton-)Elementdecke · (pre)cast (concrete) floor, prefab(ricated) ~ ~

~decken(bau)system *n*, (Beton)Fertigteildeckenkonstruktion(ssystem) *f*, (*n*) · (pre)cast (concrete) floor(ing) system, ~ (~) ~ construction, prefab(ricated) ~ ~ ~

~deckenkonstruktion(ssystem) *f*, (*n*), (Beton)Fertigteildecken(bau)system · (pre)cast (concrete) floor(ing) system, ~ (~) ~ construction, prefab(ricated) ~ ~ ~

~deckenplatte *f*, Fertig(teil)-Betondeckenplatte · (pre)cast (concrete) floor slab, prefab(ricated) ~ ~ ~

~fassade *f*, Fertig(teil)-Betonfassade · (pre)cast (concrete) façade, prefab(ricated) ~ ~

~garage *f*, Fertig(teil)-Betongarage · (pre)cast (concrete) garage, prefab(ricated) ~ ~

~gebäude *n*, Fertig(teil)-Betongebäude · (pre)cast (concrete) building, ~ (~) block, prefab(ricated) ~ ~

~gerippe *n* → (Beton-)Fertig(teil)rahmen

~gewölbe *n*, Fertig(teil)-Betongewölbe · (pre)cast (concrete) vault, prefab(ricated) ~ ~

(Beton-)Fertigteilhersteller *m* · (pre-)caster

(Beton-)Fertig(teil)|hochhaus *n*, Fertig(teil)-Betonhochhaus · (pre)cast (concrete) tower block, ~ (~) ~ building, prefab(ricated) ~ ~ ~

~-Hochwohnhaus *n*, (Beton-)Fertig(teil)-Wohnhochhaus, (Beton-)Fertig(teil)-Wohnturm *m* · (pre)cast residence tower, ~ residential ~, ~ dwelling ~; ~ high (rise) block (of flats), ~ high (rise) flats, ~ tall block (of flats), ~ tall flats, high industrialized block (of flats), tall industrialized block (of flats), high industrialized flats, tall industrialized flats (Brit.); (pre)cast apartment tower (US); prefab(ricated) concrete residence tower

(Beton-)Fertig(teil)|konstruktion(ssystem) *f*, (*n*), (Beton-)Montagekonstruktion(ssystem) · (pre)cast (concrete) (structural) system, ~ (~) construction, prefab(ricated) concrete (structural) system, prefab(ricated) concrete construction

~kuppel *f*, Fertig(teil)-Betonkuppel · (pre)cast (concrete) dome, ~ (~) cupola, prefab(ricated) ~ ~

~-Mehrfamilienhaus *n* · industrially-built block (of flats), industrialized ~ (~ ~), ~ flats (Brit.); industrialized apartment building (US)

(Beton-)Fertig(teil)|-Nichtwohngebäude *n* · (pre)cast (concrete) non-residential building, ~ (~) ~ block, prefab(ricated) ~ ~ ~

~oberschwelle *f*, (Beton-)Fertig(teil)-sturz *m*, vorgefertigte Betonoberschwelle, vorgefertigter Betonsturz · (pre)cast (concrete) lintel; ~ (~) lintol ~ [*deprecated*]

~pfette *f*, Fertig(teil)-Betonpfette · (pre)cast (concrete) purlin(e), prefab(ricated) ~ ~

~platte *f*, Fertig(teil)-Betonplatte, (Beton)Plattenelement · (pre)cast (concrete) slab, prefab(ricated) ~ ~

~platte *f* **mit freigelegten Zuschlägen,** Fertig(teil)-Betonplatte ~ ~ ~ · (pre)cast (concrete) exposed aggregate slab, prefab(ricated) ~ ~ ~ ~

~plattendecke *f*, Fertig(teil)-Betonplattendecke · (pre)cast (concrete) slab floor, prefab(ricated) ~ ~ ~

~podest *n*, Fertig(teil)-Betonpodest · (pre)cast (concrete) landing, prefab(ricated) ~ ~

~-Portalrahmen *m*, Fertig(teil)-Betonportalrahmen · (pre)cast (concrete) portal (frame), prefab(ricated) ~ ~ (~)

~rahmen *m*, (Beton-)Fertig(teil)skelett *n*, (Beton-)Fertig(teil)gerippe *n* · (pre-)cast (concrete) (structural) frame(work), ~ (~) framing, ~ (~) skeleton, prefab(ricated) concrete (structural) frame(work), prefab(ricated) concrete framing, prefab(ricated) concrete skeleton

~rippe *f*, Fertig(teil)-Betonrippe · (pre-)cast (concrete) rib, prefab(ricated) ~ ~

~rippendecke *f*, Rippendecke aus (Beton)Fertig(bau)teilen · (pre)cast (concrete) rib(bed) floor, prefab(ricated) ~ ~ ~

~rippenplatte *f* · (pre)cast (concrete) rib slab, prefab(ricated) ~ ~ ~

~schacht *m*, Fertig(teil)-Betonschacht · (pre)cast (concrete) manhole, ~ (~) manway, prefab(ricated) ~ ~

~schale *f*, Fertig(teil)-Betonschale (pre)cast (concrete) shell, prefab(ricated) ~ ~

~schornstein *m*, Fertig(teil)-Betonschornstein · (pre)cast (concrete) chimney, shell-cast (~) ~, prefab(ricated) ~ ~ [*The outer shell is a precast structure of high-density concrete; the inner shell is of insulating concrete*]

~silo *m*, Fertig(teil)-Betonsilo · (pre-)cast (concrete) silo, prefab(ricated) ~ ~

~skelett *n* → (Beton-)Fertig(teil)rahmen

~stufe *f* · (pre)cast (concrete) step, prefab(ricated) ~ ~

~sturz *m* → (Beton-)Fertig(teil)oberschwelle

~tafel *f*, (Fertig(teil)-)Betontafel · (pre)cast (concrete) panel, prefab(ricated) ~ ~

~(tür)schwelle *f*, Fertig(teil)-Beton-(tür)schwelle · (pre)cast (concrete) threshold, ~ (~) sill [*B.S. 1237*]

~wand *f*, (Beton-)Montagewand, (Beton-)Elementwand, Fertig(teil)-Betonwand, Montagebetonwand · (pre)cast (concrete) wall, prefab(ricated) ~ ~

(Beton-)Fertigteilwerk *n*, (Beton-)Fertigteilbetrieb *m* · (pre)casting plant, ~ factory

(Beton-)Fertig(teil)|-Wohnhochhaus *n* → (Beton-)Fertig(teil)-Hochwohnhaus

~-Wohnturm *m* → (Beton-)Fertig-(teil)-Hochwohnhaus

~wohn(ungs)bau *m*, Fertig(teil)-Betonwohn(ungs)bau, Beton-Montagewohn(ungs)bau · (pre)cast (concrete) housing (construction), prefab(ricated) ~ ~ (~)

(Beton-)Fertig|träger *m*, Fertig-Betonträger · (pre)cast (concrete) girder, prefab(ricated) ~ ~

~treppe *f*, Fertig-Betontreppe, Montage-Betontreppe, Beton-Montagetreppe · (pre)cast (concrete) stair(case), prefab(ricated) ~ ~

~treppenlauf *m*, Fertig-Betontreppenlauf · (pre)cast (concrete) flight (of stairs), prefab(ricated) ~ ~ (~ ~), stair unit

~tritt(stufe) *m*, (*f*), Fertig-Betontritt(stufe) · (pre)cast (concrete) tread, prefab(ricated) ~ ~

~türrahmen *m*, Fertig-Betontürrahmen · (pre)cast (concrete) door frame, prefab(ricated) ~ ~ ~

~wand *f*, Betonmontagewand, Fertig-Betonwand · (pre)cast (concrete) (structural) wall, prefab(ricated) ~ (~) ~

~wand *f* → (Beton-)Elementwand

~wange *f*, Fertig-Betonwange · (pre-)cast (concrete) string (Brit.); ~ (~) stringer (US); prefab(ricated) ~ ~

~(wohn)haus *n*, Fertig-Betonwohnhaus · (pre)cast (concrete) home, prefab(ricated) ~ ~

~wohn(ungs)bau *m*, Fertig-Betonwohnungsbau · (pre)cast (concrete) housing construction, prefab(ricated) ~ ~ ~

Beton|festigkeit *f* · concrete strength

~-Feuchtraumgewicht BR_F *n* [*Fehlname*]; Beton-Feuchtrohwichte BR_F *f* · concrete wet density

~feuerschutzummantelung *f* · concrete fireproofing

~fibel *f* · concrete primer

~filterrohr *n* · concrete filter pipe

~-Firststein *m*, Beton-Walmstein, Beton-Kammstein, Beton-Dachkenner *m* [*DIN 1119*] [*Der Ausdruck „Beton-Walmstein" wird auch für den Beton-Gratstein verwendet*] · concrete ridge tile

~flachdach *n*, Flachbetondach · flat concrete roof

~fläche *f* · concrete area

~-Flachsilo *m*, Beton-Fahrsilo · concrete plank silo

~-Flachstein *m* → Beton-Dachblatt

~-Flachwerk *n* → Beton-Dachblatt

~flickmasse *f*, Betonflickstoff *m* · concrete patching medium

~flickstelle *f* · concrete patch

~flickstoff *m*, Betonflickmasse *f* · concrete patching medium

~fliese *f*, Beton(belag)platte *f* · concrete tile

Betonfliesen|boden(belag) *m*, Betonfliesenfußboden(belag), Betonplatten-(fuß)boden(belag) · concrete tile floor cover(ing), ~ ~ floor(ing) (finish)

~presse *f*, Beton(belag)plattenpresse · concrete tile press

~fabrik *f*, Betonfliesenwerk *n*, Beton-(belag)plattenwerk, Beton(belag)plattenfabrik · concrete tile works, ~ ~ factory, ~ ~ plant

~werk *n*, Betonfliesenfabrik *f*, Beton-(belag)plattenwerk, Beton(belag)plattenfabrik · concrete tile works, ~ ~ factory, ~ ~ plant

Beton|form *f* · concrete mould (Brit.); ~ mold (US)

~formenfabrik *f*, Betonformenwerk *n* · concrete moulding equipment factory (Brit.); ~ molding ~ ~ (US)

(~)Form(en)öl *n* · (concrete) mould (release) oil (Brit.); (~) mold (~) ~ (US)

~formenwerk *n*, Betonformenfabrik *f* · concrete moulding equipment factory (Brit.); ~ molding ~ ~ (US)

(~)Formstahl *m* · (twisted-type) deformed (concrete) (reinforcing) bars

(~)Formstahl *m* **der Betonstahlgruppe III b mit schrägen sichelförmigen Rippen** · (twisted-type) deformed (concrete) (reinforcing) bars grade III b with oblique sickleshaped ribs

(~)Formstück *n* · purpose-made concrete product, special (purpose) ~ ~

~frostschutzmittel *n* · concrete antifreezer

~fuge *f* · concrete joint

~fugenvergußmasse *f* · concrete joint sealing compound

~füllblock(stein) *m* → Betondeckenblock(stein)

~füllstein *m* → Betondeckenblock(-stein)

~füllung *f* · concrete fill(ing)

~fundament *n* · concrete foundation

Beton(fuß)boden|(belag) *m* · concrete floor(ing) (finish), ~ floor cover(ing)

~estrich *m*, Fein~ [*Als verlegter Baustoff*] · (monolithic) (fine) concrete floor screed (topping)

~estrich *m*, Fein~ [*Als Baustoff*] · (monolithic) (fine) concrete floor screed (material)

~platte *f* · concrete floor(ing) tile [*B.S. 1197*]

~siegel *m* · concrete floor seal(er)

~staub *m* · concrete floor dust

Beton|-Fußwegplatte *f* → Beton-Bürgersteigplatte

~-Garten(-Bau)element *n*, Beton-Garten(-Bau)körper *m* · (pre)cast concrete garden (building) unit

~-Gasbehälter *m* · concrete gasholder

~gebäude *n* · concrete building, ~ block

~ Gebäudedecke *f* → Beton(stockwerk)decke

(~)Gebäudefabrik *n*, (Beton)Häuserfabrik · factory for (pre)cast (concrete) buildings, ~ ~ ~(~) blocks

~gefüge *n*, Betonstruktur *f* · concrete texture

betongefüllt · concrete filled

Beton|gegengewicht *n* · concrete counterweight

~gegenstände *mpl* → Betonartikel

~-Gehbahnplatte *f* → Beton-Bürgersteigplatte

~-Gehsteigplatte *f* → Beton-Bürgersteigplatte

~-Gehwegplatte *f* → Beton-Bürgersteigplatte

~gelenk *n* · concrete hinge

~gemenge *n*, Betongemisch *n*, Betonmischung *f* · concrete mix(ture)

~gemisch *n*, Betongemenge *n*, Betonmischung *f* · concrete mix(ture)

~-Gesamtzuschlag(stoff) *m*, Betonzuschlag(stoff)gemenge *n*, Betonzuschlag(stoff)gemisch *n* · combined concrete aggregate, total ~ ~

~geschoßdecke *f* → Betondecke

~(ge)sims *m*, (*n*) · concrete cornice

~gewände *n* · concrete jamb [*The vertical concrete face inside an opening, to the full thickness of a wall*]

~gewölbe *n* · concrete vault

~-Giebelbalken(träger) *m* · concrete gable beam

~glas *n* [*DIN 4243*] · structural glass

~gleisschwelle *f*, Beton(schienen)-schwelle · concrete railway sleeper (Brit.); ~ railroad tie (US)

~Glockenmuffenrohr *n*, Zement-Glockenmuffenrohr, Glockenmuffen-Betonrohr, Glockenmuffen-Zementrohr, Betonrohr mit Glockenmuffenverbindung, Zementrohr mit Glockenmuffenverbindung · bell(-)and(-)spigot concrete pipe, B&S ~ ~ (US); spigot(-) and(-)socket ~ ~ (Brit.)

~-Glockenturm *m* · concrete bell tower, ~ belfry

~granit *m* · granitic finish [*A face mix resembling granite on precast concrete*]

~-Gratstein *m* Beton-Walmstein [*Der Ausdruck „Walmstein" wird auch für den Firststein verwendet. DIN 1119*] · concrete hip tile

betongrau · concrete gray, ~ grey

Betongrob|kies *m* · coarse gravel (concrete) aggregate

~sand *m* · coarse sand (concrete) aggregate

Beton|grundplatte *f* · mattress [*A concrete slab at ground level used as a base for a machine*]

~-Grundstücksmauer *f* · concrete boundary wall

~gruppe *f* · concrete class

~güte *f* Betonqualität *f* · concrete quality

~güteklasse *f* · grade of concrete, concrete grade

~güteüberwachung *f* · concrete quality control

~haftmittel *n* · concrete (bonding) adhesive, ~ ~ agent, ~ ~ medium, ~ cement(ing agent)

Betonhärte|flüssigkeit *f*, Betonhärtungsflüssigkeit, flüssiges Betonhärtungsmittel *n*, flüssiger Betonhärtungsstoff *m*, flüssiger Betonhärter *m* · liquid concrete floor hardener, ~ ~ ~ hardening agent

~mittel *n*, Betonhärtungsmittel, Betonhärtungsstoff *m*, Betonhärter *m* · concrete hardener, ~ hardening agent

~pulver *n*, Betonhärtungspulver, pulv(e)riges Betonhärtungsmittel *n*, pulv(e)riges Betonhärtemittel, pulv(e)riger Betonhärtungsstoff *m*, pulv(e)riger Betonhärter *m* · powder(ed) concrete hardener, ~ ~ hardening agent

Beton|härter *m*, Betonhärtungsstoff *m*, Betonhärtungsmittel *n*, Betonhärtemittel · concrete hardener, ~ hardening agent

~hartstoff *m* → (fester) Hart(beton)stoff

Betonhärtungs|flüssigkeit *f*, Betonhärteflüssigkeit, flüssiges Betonhärtungsmittel *n*, flüssiger Betonhärtungsstoff *m*, flüssiger Betonhärter *m* · liquid concrete floor hardener, ~ ~ ~ hardening agent

~mittel *n*, Betonhärtungsstoff *m*, Betonhärter *m*, Betonhärtemittel · concrete hardener, ~ hardening agent

~pulver *n*, Betonhärtepulver, pulv(e)riges Betonhärtungsmittel *n*, pulv(e)riges Betonhärtemittel, pulv(e)riger Betonhärtungsstoff *m*, pulv(e)riger Betonhärter *m* · powder(ed) concrete hardener, ~ ~ hardening agent

~stoff *m*, Betonhärter *m*, Betonhärtemittel *n*, Betonhärtungsmittel · concrete hardener, ~ hardening agent

~verzögerer *m* → Beton-Erhärtungszeitverzögerer

(Beton)|Häuserfabrik *f*, (Beton)Gebäudefabrik · factory for precast (concrete) buildings, ~ ~ ~ (~) blocks

~herstellung *f*, Betonerzeugung, Beton(auf)bereitung · concrete fabrication, ~ production

~hilfe *f*, Betonhilfsmittel *n*, Betonhilfsstoff *m* · concrete aid

~hilfsmittel *n* → Betonhilfe

~hilfsstoff *m* → Betonhilfe

~hinterfüllung *f* · concrete back filling

~hochbau *m* · concrete building (construction), ~ ~ design and ~

~-Hofablauf *m* [*DIN 1236*] · concrete yard (inlet) gull(e)y, ~ ~ outlet

~hohlbalken(träger) *m* · hollow concrete beam

~hohlbauweise *f* · hollow concrete method

(Beton)Hohlblock(stein) *m*, (Beton-)Hohlstein · ((pre)cast) (concrete) hollow block, (~) (~) ~ tile, (~) hollow concrete ~ [*A block shall be deemed to be hollow if it has one or more large holes or cavities which pass through the block and the solid material is between 50% and 75% of the total volume of the block calculated from the overall dimensions. Definition from BS 2028, 1364:1968. See also remark under 'Block'*]

~fertigung *f*, (Beton)Hohlblock(stein)-herstellung, (Beton)Hohlsteinherstellung, (Beton)Hohlsteinfertigung · hollow (concrete) block making, ~ (~) tile ~, concrete hollow ~ ~ [*See remark under 'Block'*]

~herstellung *f*, (Beton)Hohlblock(stein)fertigung, (Beton)Hohlsteinherstellung, (Beton)Hohlsteinfertigung · hollow (concrete) block making, ~ (~) tile ~, concrete hollow ~ ~ [*See remark under 'Block'*]

Betonhohldecke *f*, Hohlbetondecke · hollow concrete floor

Beton-Hohldecken|block *m* → Beton(decken)hohlkörper

~block(stein) *m* → Beton(decken)-hohlkörper

Beton-Hohl-(Decken)|Füllblock-(stein) *m* → Beton(decken)hohlkörper

~Füllstein *m* → Beton(decken)hohlkörper

(Beton)Hohl(decken)|platte *f*, Beton(decken)hohlplatte, Hohl-Betondeckenplatte · hollow (concrete) floor slab, concrete hollow ~ ~

~stein *m* → Beton(decken)hohlkörper

Beton|hohlfertigdecke *f*, Hohl(beton)-fertigdecke · (pre)cast hollow (concrete) floor, prefab(ricated) ~ ~ ~

~-Hohl-Füllblock(stein) *m* → Beton(decken)hohlkörper

~-Hohl-Füllstein *m* → Beton(decken)-hohlkörper

~-Hohlglas *n* [*Zur Herstellung von Oberlichten mit hoher Wärmedämmung und glatter Untersicht*] · hollow glass block, ~ ~ brick

~hohlkörper *m* → Betondeckenhohlkörper

~hohlmast *m*, Hohl(-Beton)mast · (concrete) hollow mast, (~) ~ pole, hollow concrete ~

~-Hohlpfanne *f*, Beton-Dachpfanne, Beton-(S-)Pfanne, holländische Betonpfanne [*DIN 1118*] · concrete pantile

(~)Hohlplatte *f* · (concrete) hollow slab

~hohlplatte *f* → (Beton-)Hohl(decken)-platte

(Beton)Hohlstein *m*, (Beton)Hohlblock(stein) *m* · ((pre)cast) (concrete) hollow block, (~) (~) ~ tile, (~) hollow concrete ~ [*A block shall be deemed to be hollow if it has one or more large holes or cavities which pass through the block and the solid material is between 50% and 75% of the total volume of the block calculated from the overall dimensions. Definition from BS 2028, 1364:1968. See also remark under 'Block'*]

~fertigung *f*, (Beton)Hohlsteinherstellung, (Beton)Hohlblock(stein)fertigung, (Beton)Hohlblock(stein)herstellung · hollow (concrete) block making, ~ (~) tile ~, concrete hollow ~ ~ [*See remark under 'Block'*]

~herstellung *f*, (Beton)Hohlsteinfertigung, (Beton)Hohlblock(stein)fertigung, (Beton)Hohlblock(stein)herstellung · hollow (concrete) block making, ~ (~) tile ~, concrete hollow ~ ~ [*See remark under 'Block'*]

Betonhohl|tafel *f*, Hohl(-Beton)tafel · hollow (concrete) panel, concrete hollow ~

~wand *f*, Beton-(Zwei)Schalenwand · hollow concrete wall; cavity ~ ~ [*See remark under 'Hohlwand'*]

Beton-Hohlwand|block *m*, Beton-Wandhohlblock, Beton-Wandhohl(block)stein *m*, Beton-Hohlwand-

(block)stein [*DIN 18151*] · hollow concrete block for walls, cavity ~ ~ ~ ~, ~ ~ tile ~ ~, concrete pot ~ ~, concrete wall pot [*See remark under 'Block'*]

~(block)stein *m*, Beton-Wandhohl-(block)stein, Beton-Hohlwandblock *m*, Beton-Wandhohlblock [*DIN 18151*] · hollow concrete block for walls, cavity ~ ~ ~ ~, ~ ~ tile ~ ~, concrete pot ~ ~, concrete wall pot [*See remark under 'Block'*]

~stein *m*, Beton-Hohlwandblockstein, Beton-Wandhohl(block)stein, Beton-Hohlwandblock *m*, Beton-Wandhohlblock [*DIN 18151*] · hollow concrete block for walls, cavity ~ ~ ~ ~, ~ ~ tile ~ ~, concrete pot ~ ~, concrete wall pot [*See remark under 'Block'*]

Betonierbarkeit *f* · placeability

betonieren · to cast, to pour, to concrete

Betonieren *n*, Betoneinbringung *f* · concreting, pouring, placing of concrete, concrete placing

~ im Drei-Schichtenbetrieb · 3-shift pouring

~ ~ Winter · winter concreting, ~ pouring (of concrete)

Betonier|folie *f* · concrete covering foil, concreting ~

~hilfe *f* · concreting aid

betonierte Ölauffangwanne *f* · concrete oil sump

Betonier(ungs)fugenband *n*, Arbeitsfugenband, Arbeitsbetonfugenband, Betonarbeitsfugenband · construction waterstop, ~ waterbar, stop-end ~

Beton|-Imprägnier(ungs)mittel *n* · concrete impregnation agent

~kamin *m*, Betonschornstein *m* · concrete chimney

~kamintür *f*, Betonschornsteintür · concrete chimney door

~-Kammstein *m*, Beton-Dachkenner *m*, Beton-Firststein, Beton-Walmstein [*DIN 1119*] [*Der Ausdruck „Beton-Walmstein" wird auch für den Beton-Gratstein verwendet*] · concrete ridge tile

~kanal *m*, Beton-Abwasserkanal, Betonleitungskanal, Abwasser-Betonkanal · conduit-type concrete sewer

~kegel *m* [*Zur Ermittlung des Setzmaßes von Beton*] · slump specimen

~keil *m* · concrete wedge

~kellerfenster *n* · concrete cellar window

Betonkern *m*, Stahl~, Hauskern, (Gebäude)Kern, Betriebskern, Hochhauskern · service core, utility ~, building ~, mechanical ~, (reinforced) concrete ~, R.C. ~

~ · concrete core

Betonkies *m* · gravel (concrete) aggregate

~sand *m*, Monierkies *m* [= *70 mm*] · gravelly sand (concrete) aggregate, sandy gravel (~) ~

Beton|kirche *f* · concrete church

~kleb(e)mittel *n*, Betonkleber *m*, Betonkleb(e)stoff *m* [*Zur Verbindung abgebundener vorgefertigter Bauteile oder Formstücke*] · bonding agent for concrete, ~ medium ~ ~, (~) adhesive ~ ~

~-Kleinware(n) *f*; Zement-Kleinware(n) [*Schweiz*] · small ((pre)cast) concrete ware

~komponente *f*, Betonbestandteil *m* · concrete ingredient

~konsistenz *f*, Betonsteife *f* · concrete consistency, ~ consistence

~konsole *f* · concrete bracket, ~ corbel

~körper *m* → Betonmontageelement

~korrosion *f* · concrete corrosion

~kreisplatte *f*, Betonrundplatte · concrete circular (flat) slab, ~ ~ plate

~kreisrohr *n* → Betonrohr mit kreisförmigem Abflußquerschnitt

~kreuz *n* · concrete cross

~kriechen *n* · creep of concrete, concrete creep

~krümmer *m*, Betonrohrkrümmer, Zementrohrkrümmer · concrete (pipe) bend

~kruste *f* · concrete droppings

~kubatur *f* · concrete cubage, ~ cubic yardage

~kuchen *m* · concrete pat

~kühlung *f* · concrete cooling

~kuppel *f* · concrete dome, ~ cupola

~labor(atorium) *n* · concrete lab(oratory)

(~)Leicht(bau)platte *f*, Leichtbetonplatte [*DIN 18162*] · light(weight) concrete slab

(Beton)Leichtzuschlag(stoff) *m*, Leichtbetonzuschlag(stoff) · light(weight) (concrete) aggregate

~ aus gebranntem Ton · fired clay light(weight) aggregate

Beton|leiste *f* · concrete screed [*A band of concrete carefully laid to the correct surface as a guide for the screed rail when concreting*]

~leitung *f* · concrete line

~leitungskanal *m*, Abwasser-Betonkanal, Betonkanal, Beton-Abwasserkanal · conduit-type concrete sewer

~leuchtturm *m* · concrete lighthouse

~-Lichtmast *m*, Beton-Beleuchtungsmast · concrete (lighting) column (Brit.); ~ mast (US) [*B.S. 1308*]

~-Lochrohr *n*, Loch-Betonrohr · perforated concrete pipe

~lösemittel *n* → Betonlösungsmittel

~löser *m* → Betonlösungsmittel

~lösungsmittel *n*, Betonlöser *m*, Betonlösemittel · concrete solvent, ~ remover [*It is used to soften and remove built-up concrete on mixers, moulds, barrows, etc.*]

(~)Luftmengenmesser *m*, (Beton)Belüftungsmesser, (Beton)Luftmeßgerät *n*, (Beton)Luftporenmesser, (Beton)Luftporenprüfer, (Beton)Luftporenprüfgerät, (Beton)Luftgehaltprüfer, LP-Messer · (concrete) (air) (entrainment) meter, entrained air indicator

~-Manneinsteigloch *n* → Beton(einstieg)schacht

~-Manneinstieg(loch) *m*, (*n*) → Beton(einstieg)schacht

~-Mannloch *n* → Beton(einstieg)-schacht

~mast *m* · concrete mast

~mauer *f* · concrete masonry (work) wall

Betonmauerwerk *n*, Betonblock(stein)-mauerwerk, Beton(werk)steinmauerwerk · concrete (block) masonry (work), ~ tile ~ (~), ~ blockwork

~block(stein) *m*, Betonmauerwerkstein · concrete masonry (building) block, ~ ~ (~) tile [*See remark under 'Block(stein)'*]

~-Einfamilienhaus *n* · concrete masonry home

~-Fensteröffnung *f* · concrete masonry window opening

~stein *m*, Betonmauerwerkblock(stein) *m* · concrete masonry (building) block, ~ ~ (~) tile [*See remark under 'Block(stein)'*]

~-Trennwand *f* · concrete masonry partition wall

Beton|mischen *n*, Betonmischung *f* · concrete mixing

~mischtemperatur *f*, Beton(auf)bereitungstemperatur · concrete mixing temperature

~mischung *f*, Betongemisch *n*, Betongemenge *n* · concrete mix(ture)

~misch(ungs)formel *f*, Betonmisch(ungs)verhältnis *n* · concrete mix proportions

~misch(ungs)verhältnis *n*, Betonmisch(ungs)formel *f* · concrete mix proportions

~modellschale *f*, Modellbetonschale · model concrete shell

~-Monolithbau *m* · concrete monolithic construction

(Beton-)Montage|bau *m*, (Beton-)Fertig(teil)bau, Montagebetonbau, Fertig-(teil)-Betonbau · (pre)cast (concrete) construction

~(bau)teil *m*, *n* → (Beton)Fertig(bau)teil

~bauweise *f*, (Beton-)Fertig(teil)bauweise, (Beton-)Elementbauweise · (pre)cast (concrete) construction method, ~ (~) system building ~, prefab(ricated) (concrete) construction ~, prefab(ricated) (concrete) system building ~, industrialized construction ~, system building ~

~bauwerk *n*, (Beton-)Fertigbauwerk, Fertig(teil)(-Beton)bauwerk · (pre)cast (concrete) structure, system-built (~) ~

~decke *f*, (Beton-)Elementdecke, (Beton-)Fertig(teil)decke · (pre)cast (concrete) floor

Betonmontageelement *n*, Beton(bau-)element, Betonmontagekörper *m*, Betonfertig(bau)körper, Beton(bau)körper, Betonfertig(bau)element [*Fehlnamen: Beton(bau)einheit f, Betonmontageeinheit*] · (pre)cast (concrete) (building) unit, ~ (~) (~) member, ~ (~) (~) component, prefab(ricated) ~ (~) ~, (concrete) cast(ing)

(Beton-)Montage|konstruktion(ssystem) *f*, (*n*), (Beton-)Fertig(teil)-konstruktion(ssystem) · (pre)cast (concrete) (structural) system, ~ (~) construction, prefab(ricated) concrete (structural) system, prefab(ricated) concrete construction

~teil *m*, *n* → (Beton-)Fertig(bau)teil

~treppe *f*, Montage-Betontreppe, Beton-Fertigtreppe, Fertig-Betontreppe · (pre)cast (concrete) stair(case)

~wand *f*, (Beton-)Elementwand, (Beton-)Fertig(teil)wand, Fertig(teil)-Betonwand, Montagebetonwand · (pre-)cast (concrete) wall, prefab(ricated) ~ ~

~wohn(ungs)bau *m*, Fertig(teil)-Betonwohn(ungs)bau, (Beton-)Fertig(teil)-wohn(ungs)bau · (pre)cast (concrete) housing (construction)

(Beton)Nachbehandlung *f* · (concrete) curing

(Beton)Nachbehandlungs|film *m* · (concrete) curing membrane

~lösung *f* · (concrete) curing solution

(Beton)Nachbehandlungsmittel *n*, (Ab)Dicht(ungs)mittel · (concrete) curing compound, (~) ~ agent, (liquid) membrane (~) ~ ~

~ auf Harzbasis · resin base (concrete) curing compound, ~ ~ (~) ~ agent, ~ ~ (liquid) membrane (~) ~ ~

~ ~ Kunstharzbasis · synthetic resin base (concrete) curing compound, ~ ~ ~ (~) ~ agent, ~ ~ ~ (liquid) membrane (~) ~ ~

~ ~ Naturharzbasis · natural resin base (concrete) curing compound, ~ ~ ~ (~) ~ agent, ~ ~ ~ (liquid) membrane (~) ~ ~

~ ~ Paraffinbasis · paraffin(e) base (concrete) curing compound, ~ ~ (~) ~ agent, ~ ~ (liquid) membrane (~) ~ ~

(Beton)Nachbehandlungs|papier *n* · (concrete) curing paper

~platz *m* · (concrete) curing yard

~raum *m* · curing room, ~ chamber, concrete ~ ~

~tunnelofen *m* · tunnel curing kiln

~- und -absieg(e)lungsmittel *n* · combination concrete curing and sealing compound

~vorrichtung *f* · (concrete) curing fixture

~wasser *n* · (concrete) curing water

Beton|-Naß(installations)zelle *f*, Beton-Naß(installations)block *m*, Beton-Bade(zimmer)zelle, Beton-Bade(zimmer)block · bathroom casting

~nest *n* [*Hohlraum im Beton infolge ungenügender Verdichtung oder falscher Kornzusammensetzung*] · cavity in the concrete

~nivellierlage *f* → Betonnivellierschicht

~nivellierschicht *f*, Betonausgleichschicht, Betonnivellierlage, Betonausgleichslage · concrete levelling layer (Brit.); ~ leveling ~ (US); ~ ~ course

~oberfläche *f* · concrete surface

~oberflächengestaltung *f* · concrete surface finish

~oberschwelle *f*, Betonsturz *m* · concrete lintel; ~ lintol [*deprecated*]

~-Ochsenzunge *f* → Beton-Dachblatt

~packlage *f*, Betonschotter *m*, Kleinschlag *m* aus Beton(brocken), Betonsteinschlag · broken concrete, aggregate of ~ ~, concrete hardcore, crushed concrete

~palisadenzaun *m* · concrete palisade fence

~pergola *f* · concrete pergola

~pfahl *m* · concrete pile

~pfahlgründung *f* · concrete pile foundation

~-Pfanne *f* → Beton-S-Pfanne

~pfette *f* · concrete purlin(e)

~-Pflasterplatte *f*, Beton-Bürgersteigplatte, Beton-Belagplatte, Beton-Gehbahnplatte, Beton-Gehwegplatte, Beton-Fußwegplatte, Beton-Gehsteigplatte [*DIN 485*] · concrete (paving) flag

~pflasterstein *m* [*DIN 18501*] · concrete (paving) sett

~pfosten *m* · concrete post

~pigment *n*, Farbzusatz *m* · pigment for colouring concrete [*B.S. 1014*]; ~ ~ coloring ~ (US)

~plastifizierungsmittel *n* → (Beton-)Verflüssiger

~platte *f*, Betonfliese *f*, Betonbelagplatte · concrete tile

(Beton)Platte *f* **mit (Stahl)Einlagen**, bewehrte (Beton)Platte, armierte (Beton)Platte · reinforced (concrete) slab, R.C. ~

Betonplatten|auskleidung *f*, Betonplattenverkleidung, Betonplattenbekleidung · concrete slab lining, ~ ~ (sur)facing

~bau *m* · concrete slab construction

~bekleidung *f*, Betonplattenverkleidung, Betonplattenauskleidung · concrete slab lining, ~ ~ (sur)facing

~boden(belag) *m*, Betonplattenfußboden(belag), Betonfliesen(fuß)boden(belag) · concrete tile floor(ing) (finish), ~ ~ floor cover(ing)

~ende *n* · concrete slab end

~fabrik *f* → Betonbelagplattenfabrik

~fassade *f* · concrete slab façade

~(fuß)boden(belag) *m*, Betonfliesen(fuß)boden(belag) · concrete tile floor(ing) (finish), ~ ~ floor cover(ing)

~papier *n* · slab paper

~presse *f*, Betonbelagplattenpresse, Betonfliesenpresse · concrete tile press

~rand *m* · concrete slab edge

~verkleidung *f*, Betonplattenauskleidung, Betonplattenbekleidung · concrete slab lining, ~ ~ (sur)facing

~werk *n* → Betonbelagplattenwerk

Beton|plattform *f* · concrete platform

~portalrahmen *m* · concrete portal frame

~pressung *f* [*Spannung eines auf Druck beanspruchten Betonteiles in kg/cm²*] · compressive stress of concrete

~prisma *n* · concrete prism

Betonprobe *f*, Betonprobestück *n*, Betonprobekörper *m* · concrete sample

~, Betonversuch *m*, Betonprüfung *f* · concrete test

~balken *m*, Betonprüfbalken, Betonversuchsbalken · concrete test beam

~körper *m*, Betonprobe *f*, Betonprobestück *n* · concrete sample

~stück *n*, Betonprobekörper *m*, Betonprobe *f* · concrete sample

(Beton)Probe|würfel *m* → (Beton)Würfel

~zylinder *m*, (Beton)Zylinder, (Beton-)Versuchszylinder, (Beton)Druckzylinder, (Beton)Prüfzylinder · concrete (test) cylinder, compression ~

Betonprofil *n* · concrete section

Betonprüf|balken *m*, Betonprobebalken, Betonversuchsbalken · concrete test beam

~gerät *n* · concrete tester, ~ test(ing) apparatus

~hammer *m*, Betonschlaghammer, Rückprall-Härteprüfer *m*, Rückprallhammer · concrete test hammer, rebound tester, scleroscope [*A tester indexing the compressive strength of concrete by the height of the elastic rebound*]

~labor(atorium) *n* · concrete testing lab(oratory)

~maschine *f* · concrete testing machine

Beton|prüfung *f*, Betonprobe *f*, Betonversuch *m* · concrete test

~prüfverfahren *n* · concrete testing method [*B.S. 1881*]

(~)Prüfwürfel *m* → (Beton)Würfel

(~)Prüfzylinder *m* → (Beton)Probezylinder

~qualität *f*, Betongüte *f* · concrete quality

~rahmen *m* · concrete frame

~rammpfahl *m* **System Mast,** Mast-Betonrammpfahl · Mast (impact-)driven concrete pile

~-Randbalken(träger) *m* · concrete edge beam, ~ boundary ~

~randspannung *f* · concrete edge stress

~raumgewicht BR *n* [*Fehlname*]; Betonrohwichte BR *f* · concrete density

~(raum)zelle *f* · concrete building block module, ~ unitized unit

~regenrinne *f*, Beton(dach)rinne · concrete (roof) gutter, ~ rainwater ~

Betonreparatur *f*, Betonausbesserung *f* · concrete reintegration, ~ patching, ~ repair

~mittel *n* · concrete patching material

Beton|-Revisionsschacht *m* · concrete inspection chamber [*B.S. 556*]

~rezept *n* · concrete formulation

Betonring *m* · concrete ring

~balken(träger) *m* · concrete ring beam

Beton|rinne *f*, Betondachrinne, Betonregenrinne · concrete (roof) gutter, ~ rainwater ~

~rippe *f* · concrete rib

Betonrippen|decke *f* · concrete rib (bed) floor

~platte *f* · concrete rib(bed) slab

(Beton)Rippenstahl *m*, quergerippter Betonformstahl [*Die gleichmäßig auf die ganze Stablänge verteilten Querrippen stehen rechtwink(e)lig zur Stabachse und erstrecken sich über den ganzen Stabumfang*] · rib(bed) (re-)bars, ~ (steel reinforcing) bars, ~ steel (reinforcing) rods

~ der Betonstahlgruppe III b · (twisted-type) deformed reinforcing bars grade III b

Betonrohr *n*, Zementrohr [*DIN 4032*] · concrete pipe [*B.S. 556*]

~ mit eiförmigem Abflußquerschnitt, eiförmiges Betonrohr, Betonrohr mit Eiprofil, Zementrohr mit Eiprofil, Ei(profil)-Betonrohr, Eiprofil-Zementrohr · egg (-shaped) concrete pipe

~ ~ Eiprofil, Zementrohr ~ ~, Ei(profil)-Betonrohr, Eiprofil-Zementrohr, Betonrohr mit eiförmigem Abflußquerschnitt, eiförmiges Betonrohr · egg (-shaped) concrete pipe

~ ~ Falzverbindung, Zementrohr ~ ~, Betonfalzrohr, Falzbetonrohr, Zementfalzrohr, Falzzementrohr · interlocking concrete pipe, concrete interlocking ~

~ ~ Glockenmuffenverbindung, Zementrohr ~ ~, Glockenmuffen-Betonrohr, Glockenmuffen-Zementrohr, Beton-Glockenmuffenrohr, Zement-Glokkenmuffenrohr · bell(-)and(-)spigot concrete pipe, B & S ~ ~ (US); spigot(-)and(-)socket ~ ~ (Brit.)

~ ~ kreisförmigem Abflußquerschnitt, Zementrohr ~ ~ ~, ~ ~ rundem ~, rundes Betonrohr, kreisförmiges Betonrohr, Betonrundrohr, Betonkreisrohr, rundes Zementrohr, kreisförmiges Zementrohr, Zementrundrohr, Zementkreisrohr · concrete cylindrical pipe [*B.S. 556*]

~ ~ rundem Abflußquerschnitt → ~ ~ kreisförmigem ~

~ nach dem Naßverfahren hergestellt, Zementrohr ~ ~ ~ ~ · wet cast pipe

~ ~ ~ Trockenverfahren hergestellt, Zementrohr ~ ~ ~ ~ · dry cast pipe

~fabrik *f*, Betonrohrwerk *n* · concrete pipe works

~fabrikant *m* → Betonrohrhersteller

(Beton)Rohrform *f*, Zementrohrform · (concrete) pipe mould (Brit.); (~) ~ mold (US)

Betonrohrhersteller *m*, Zementrohrhersteller, Betonrohrfabrikant *m*, Zementrohrfabrikant · concrete pipe producer, ~ ~ maker, ~ ~ manufacturer

Beton(rohr)fitting *m*, Beton(rohr)-formstück *n*, Zementrohrfitting, Zementrohrformstück · concrete fitting

Betonrohrform *f*, Zementrohrform · concrete pipe mould (Brit.); ~ ~ mold (US)

Beton(rohr)krümmer *m*, Zementrohrkrümmer · concrete (pipe) bend

Betonrohr|leitung *f*, Zementrohrleitung · concrete pipeline

~presse *f*, Zementrohrpresse · concrete pipe press

~prüfpresse *f*, Zementrohrprüfpresse · concrete pipe compression tester

Beton(rohr)schale *f*, Zementrohrschale · concrete split duct

Betonrohr|schleudermaschine *f*, Schleuderbetonrohrmaschine, Zementrohrschleudermaschine, Schleuderzementrohrmaschine · concrete pipe spinning machine

~werk *n*, Betonrohrfabrik *f* · concrete pipe works

Beton|rohwichte BR *f* [*Fehlname: Betonraumgewicht BR n*] · concrete density

~rostboden *m*, Betonspaltenboden · concrete slatted floor [*e.g. for cattle*]

(~)Rundeisen *npl* [*Fehlnamen*]; (Beton)Rund(stab)stahl *m*, (Beton)Rundstäbe *mpl* · round (reinforcing) bars, ~ reinforcement ~, rounds

(~)Rundeisenstab *m* [*Fehlnamen*]; (Beton)Rund(stahl)stab · round (reinforcing) bar, ~ reinforcement ~, ~ ~ rod, circular (~) ~, cylindrical (~) ~

Betonrund|platte *f*, Betonkreisplatte · concrete circular (flat) slab, ~ ~ plate

~rohr *n* → Betonrohr mit kreisförmigem Abflußquerschnitt

~schacht *m* · circular concrete manhole, cylindrical ~ ~

(Beton)Rundstäbe *mpl*, (Beton)Rund(stab)stahl *m* [*Fehlnamen: (Beton-) Rundeisen npl*] · round (reinforcing) bars, ~ reinforcement ~, rounds

(Beton)Rund(stab)stahl *m*, (Beton-) Rundstäbe *mpl* [*Fehlnamen: (Beton-) Rundeisen npl*] · round (reinforcing) bars, ~ reinforcement ~, rounds

(Beton)Rund(stahl)stab *m*; (Beton-) Rundeisenstab [*Fehlnamen*] · round (reinforcing) bar, ~ reinforcement ~, ~ ~ rod, circular (~) ~, cylindrical (~) ~

Beton|rundstütze *f* · circular concrete column

~sand *m*, natürlicher Feinzuschlag(stoff) *m* [*Durchgang durch das Rundlochsieb 7 nach DIN 1170*] · natural sand, ~ concreting ~, ~ concrete ~, ~ fine aggregate [*This term refers to an aggregate mainly passing a 3/16 in. B.S. test sieve*]

~sandwichtafel *f*, Beton-Dreischichtentafel, Beton-Dreilagentafel · concrete sandwich panel, ~ ~ unit [*It is composed of two layers of concrete enclosing a layer of rigid insulation material such as cellular glass, fibrous glass or foamed polystyrene*]

~-Sanitärinstallationsblock *m*, Beton-Sanitärinstallationszelle *f*, Beton-Sanitär(raum)zelle, Beton-Sanitär(raum)block · concrete sanitary building block module, ~ ~ unitized unit

~säule *f* · concrete column

Betonschacht *m* · concrete shaft

~ → Betoneinstiegschacht

~ring *m*, Betoneinstiegschachtring, Betonmannlochring, Betoneinsteigschachtring · concrete manhole ring, ~ manway ~

Betonschädigung *f* · harm done to concrete

betonschädlich, betonangreifend, betonaggressiv [*DIN 4030*] · aggressive to(ward) concrete

Betonschädling *m* · material aggressive to concrete

Betonschale *f* · concrete shell

~, Betonrohrschale, Zementrohrschale · concrete split duct

Betonschalen|bau *m* · shell concrete construction

~bauwerk *n* · concrete shell structure

~dach *n*, Schalenbetondach · shell concrete roof, concrete shell ~

~dachbau *m* · concrete shell roof construction, shell concrete ~ ~

~entwurf *m* · concrete shell design

~wand *f*, Beton-Zweischalenwand, Betonhohlwand · hollow concrete wall; cavity ~ ~ [*See remark under 'Hohlwand'*]

Beton|schalplattenbauweise *f* · construction with concrete slabs used as formwork, ~ ~ ~ ~ ~ ~ forms, ~ ~ ~ ~ ~ ~ shuttering

(~)Schalung *f* · (concrete) shuttering, (~) formwork, (~) forms

~(schienen)schwelle *f*, Betongleisschwelle · concrete railway sleeper (Brit.); ~ railroad tie (US)

Betonschirm *m* [*Strahlenschutz*] · concrete shield

~ · concrete umbrella, ~ parachute

Beton|schlacke *f*, gebrochene Stückschlacke · crushed lump slag, broken ~ ~

~schlaghammer *m*, Betonprüfhammer, Rückprall-Härteprüfer, Rückprallhammer · concrete test hammer, rebound tester, scleroscope [*A tester indexing the compressive strength of concrete by the height of the elastic rebound*]

Betonschleuder|anlage *f*, Schleuderbetonanlage · installation for centrifugally cast concrete, ~ ~ spun ~

~druckrohr *n*, Schleuderbetondruckrohr · spun concrete pressure pipe, centrifugally cast ~ ~ ~

~mast *m*, Schleuderbetonmast [*DIN 4234*] · spun concrete mast, centrifugally cast ~ ~

~rohr *n*, Schleuderbetonrohr · spun concrete pipe, centrifugally cast ~ ~

~stütze *f*, Schleuderbetonstütze · spun concrete column, centrifugally cast ~ ~

Betonschleuderung *f* · centrifugal casting of concrete, spinning ~ ~, concrete spinning

(Beton)Schleuderverfahren *n* · (concrete) spinning method

Betonschleudervorspannrohr, Schleuderbetonvorspannrohr · prestressed (concrete) spun pipe, ~ (~) centrifugally cast ~

Betonschornstein *m*, Betonkamin *m* · concrete chimney

~tür *f*, Betonkamintür · concrete chimney door

Beton|schotter *m*, Betonpacklage *f*, Kleinschlag *m* aus Beton(brocken), Betonsteinschlag · broken concrete, aggregate of ~ ~, concrete hardcore, crushed concrete

~schräge *f*, Betondiagonale *f* · concrete diagonal

~schutt *m* · concrete scrap [*It is used as ballast*]

Betonschutz *m* · concrete protection

~anstrich *m*, Betonschutzaufstrich · protective coat on concrete

~aufstrich *m*, Betonschutzanstrich · protective coat on concrete

Beton(schutz)bunker *m* · concrete shelter

Betonschutzmittel *n* · concrete preservative

Betonschwelle *f*, Betonschienenschwelle, Betongleisschwelle · concrete railway sleeper (Brit.); ~ railroad tie (US)

~, Betontürschwelle · concrete threshold, ~ sill ; ~ cill (Brit.)

Beton|(schwimm)becken *n* · concrete (swimming) pool

~shed(dach)schale *f* · concrete northlight (roof) shell, ~ saw-tooth (~) ~

~shedschale *f*, Betonsheddachschale · concrete northlight (roof) shell, ~ saw-tooth (~) ~

~-(Sicherheits-)Leitplanke *f* · concrete safety fence, ~ guard ~, ~ protection ~, ~ guard rail

~sichtfläche *f* · exposed concrete finish

~siegel *n* → Betonversiegeler

~silo *m* · concrete silo

~sitz *m* · concrete seat

~skulptur *f* · concrete sculpture

~-Sohlbank *f*, Beton-Fensterbank, Beton-Fenstersohlbank · concrete window sill; ~ ~ cill (Brit.)

~sohle *f* · concrete bottom

~sohlschale *f* · concrete gutter

~spaltenboden *m*, Betonrostboden · concrete slatted floor [*e.g. for cattle*]

~spannung *f* · concrete stress

~sperrpulver *n*, Betondichter *m* · concrete waterproofer, ~ waterproofing powder [*It is incorporated in the dry mix*]

~-(S-)Pfanne *f*, Beton-Hohlpfanne, Beton-Dachpfanne, holländische Betonpfanne [*DIN 1118*] · concrete pantile

~splitt *m* · chip(ping)s (concrete) aggregate

~spritzer *m* · concrete splashing

~spritzschlauch *m*, Spritzbetonschlauch · shotcrete hose

~spritzverfahren *n*, Auftragen von Spritzbeton · shooting, gunning, placing of shotcrete, guniting, concrete-spraying, cement gun work

Betonstahl *m*, Bewehrungsstahl, Armierungsstahl, Bewehrungseisen *n*, Armierungseisen, Betoneisen [*früher: Moniereisen*] · reinforcing steel, reinforcement ~

~ III a *m*, Drillwulststahl · twisted bars, ~ rods

(~-)Abstandhalter *m* · bar spacer, ~ separator, ~ distance piece, reinforcing rod spacer, reinforcing rod separator, reinforcing rod distance piece

(~-)Abstandhalter *m* **aus Holz** · spreader

~haken *m* · reinforcing steel hook

~lager *n*, Bewehrungsstahllager, Armierungsstahllager · reinforcement storage yard, steel ~ ~

~matte *f* → Baustahlgewebe

(Beton)Stahlschlaufe *f* · (concrete) reinforcement loop

Beton|stahlverarbeitungsanlage *f*, Armierungsstahlverarbeitungsanlage, Bewehrungsstahlverarbeitungsanlage, zentraler Betonstahlverarbeitungsplatz *m* · reinforcement yard

~stärke *f* [*Fehlname*]; Betondicke *f* · concrete thickness

~steg *m* [*Zug- und Druckflansch eines Betonbalkens sind durch den Betonsteg miteinander verbunden, der die Schubspannungen aufnimmt*] · concrete web

~steife *f*, Betonkonsistenz *f* · concrete consistency, ~ consistence

Betonstein *m*, Betonblock(stein) *m* ((pre)cast) concrete (building) block, (~) ~ (~) tile [*A wall(ing) unit (other than a unit used for bonding, e.g. half block) exceeding in length, width or height the dimension specified for a brick in BS 3921. The height of the block shall not exceed either its length or six times its thickness to avoid confusion with slabs or panels. Definition from BS 2028, 1364: 1968. See also remark under 'Block'*]

~, Betonerzeugnis *n* [*Alle werksmäßig hergestellten Erzeugnisse aus Beton. Es werden unterschieden: Betonware(n) die eine Massenfertigung bedingen, z.B. Gehplatten, Betonrohre, Betonfenster, Hohlblocksteine, usw.; Betonfertig(bau)teile, die in Serie hergestellt werden, z.B. Binder, Masten, Stürze, Stützen, Träger, usw.; Betonwerksteine, die sich von den Betonwaren und Fertig(bau)teilen dadurch unterscheiden, daß ihre Sichtflächen bearbeitet sind: Fehlname: Glanzstein*] · (pre)cast (concrete) product, concrete ~, (pre)cast concrete [*Concrete which is cast in separate units before being placed in position in a structure*]

~arbeiter *m* · (pre)cast concrete worker

~bedachung *f* → Betonstein(dach)(ein)deckung

~betrieb *m*, Betonsteinwerkstätte *f* [*Eine Erzeugungsstätte für Betonstein jeder Art kleinen, also handwerklichem, Umfangs*] · (pre)cast (concrete) shop

~dach(belag) *n*, *m* → Betonstein(dach)(ein)deckung

~(dach)(ein)deckung *f*, Betonsteindach(belag) *n*, (*m*), Betonsteinbedachung · concrete tile roof covering, ~ ~ ~ cladding, ~ ~ ~ sheathing, cement ~ ~ ~, ~ ~ roof(ing)

~decke *f*, Betonblock(stein)decke concrete building unit floor

~deckung *f* → Betonstein(dach)(ein)deckung

~(ein)deckung *f* → Betonstein(dach)(ein)deckung

~frischling *m*, Betonblock(stein)frischling · (pre)cast (concrete) green block, ~ (~) ~ tile [*See remark under 'Block'*]

~hersteller *m* · (pre)cast (concrete) product manufacturer, ~ (~) ~ maker, ~ (~) ~ producer, concrete ~ ~, (pre)cast concrete ~

~industrie *f* · (pre)cast (concrete) industry

~kongreß *m* · (pre)cast concrete symposium, congress on (pre)cast concrete

~mauerwerk *n*, Beton(werkstein)-mauerwerk, Betonblock(stein)mauerwerk · concrete (block) masonry (work), ~ tile ~ (~), ~ blockwork, ~ block-walling

~maurer *m* · block-layer

Betonsteinschlag *m* [*Als Betonzuschlag(stoff). 30/70 mm*] · broken stone, crushed ~

~, Betonschotter *m*, Kleinschlag aus Beton(brocken), Betonpacklage · broken concrete, aggregate of ~ ~, concrete hardcore, crushed concrete

Beton(stein)werk *n* · (pre)cast concrete factory

Betonstein|werkstätte *f*, Betonsteinbetrieb *m* [*Eine Erzeugungsstätte für Betonstein jeder Art kleinen, also handwerklichem, Umfangs*] · (pre)cast (concrete) shop

~-Wirkstoff *m*, Betonstein-Zusatz(mittel) *m*, (*n*) · (pre)cast concrete admix(ture), ~ ~ agent

~-Zusatz(mittel) *m*, (*n*), Betonstein-Wirkstoff *m* · (pre)cast concrete admix(ture), ~ ~ agent

Beton|-Stockwerkdecke *f* → Betondecke

~stoff *m* · concrete material

~-Straßenablauf *m* [*DIN 4052*] · concrete road (inlet) gull(e)y, ~ street (~) ~, ~ ~ outlot

~streichdiele *f* [*Auswechs(e)lung*] · concrete trimmer plank (unit)

(~)Streifenplatte *f* [*Omniavollbetondecke*]· (concrete) plank, (pre)cast ~

~struktur *f*, Betongefüge *n* · concrete texture

~stufe *f*, Betontreppenstufe · concrete (stair(case)) step

~sturz *m*, Betonoberschwelle *f* · concrete lintel; ~ lintol [*deprecated*]

(Beton)Sturz|block(stein) *m*, (Beton-) Sturzstein · ((pre)cast) (concrete) (beam) lintel block, (~) (~) (~) ~ tile; (~) (~) (~) lintol ~ [*deprecated*] [*See remark under 'Block'*]

~stein *m*, (Beton)Sturzblock(stein) *m* ((pre)cast) (concrete) (beam) lintel block, (~) (~) (~) ~ tile; (~) (~) (~) lintol ~ [*deprecated*] [*See remark under 'Block'*]

Beton|stütze *f* · concrete column

~tabelle *f* · concrete table

Betontafel *f* → (Beton-)Fertig(teil)tafel

~ mit bloßgelegten Zuschlägen, ~ ~ ~ Zuschlagstoffen, ~ ~ freigelegten ~ · exposed aggregate ((pre)cast) (concrete) panel, ~ ~ prefab(ricated) ~ ~

~ ~ Fensteröffnung · concrete panel with window opening

~ ~ Türöffnung · concrete panel with door opening

~wand *f* · ((pre)cast) (concrete) panel wall, prefab(ricated) ~ ~ ~

~zaun *m* · ((pre)cast) (concrete) panel fence, prefab(ricated) ~ ~ ~

Beton|technik *f* · concrete engineering

~techniker *m* · concrete technician

~technologe *m* · concrete technologist

~technologie *f* [*Die wissenschaftliche Erforschung der Beton(auf)bereitung einschließlich Prüfung*] · concrete technology

betontechnologische Grundsätze *mpl* · basic principles of concrete technology

Beton|teil *m*, *n* → Beton(-Bau)körper

~temperatur *f* · concrete temperature

~tonne(ngewölbe) *f*, (*n*) · concrete barrel vault, ~ tunnel ~, ~ wagon ~

~-Tonnenschale *f* · concrete barrel shell

~träger *m* · concrete girder

~-Trenndecke *f* → Betondecke

Beton-Trennwand|block(stein) *m*, Beton-Trennwandstein · (pre)cast (concrete) partition (wall) block, ~ (~) ~ (~) tile, ~ partition (wall) (concrete) ~ [*See remark under 'Block'*]

~stein *m*, Beton-Trennwandblock(stein) *m* · (pre)cast (concrete) partition (wall) block, ~ (~) ~ (~) tile, ~ partition (wall) (concrete) ~ [*See remark under 'Block'*]

Beton|treppe *f* · concrete stair(case)

~treppenbauer *m* · concrete stair(case) builder

~(treppen)stufe *f* · concrete (stair(case)) step

~-Treppenturm *m* · concrete stair(case) tower

~-Trockenraumgewicht BR$_T$ *n* [*Fehlname*]; Beton-Trockenrohwichte BR$_T$ *f* · concrete dry density

~-Trockenrohwichte BR$_T$ *f* [*Fehlname: Beton-Trockenraumgewicht n BR$_T$*] · concrete dry density

~trog *m* · concrete trough

(~-)Trogplatte *f*, (Beton-)U-Platte · (concrete) channel (unit), (~) trough slab

~turm *m* · concrete tower

~-Türrahmen *m* · concrete door frame

~(tür)schwelle *f* · concrete threshold, ~ sill; ~ cill (Brit.)

~überdeckung *f* · concrete surface [*Of a sound insulating floor*]

Betonüberzug *m* · concrete topping, ~ overlay

~, Betonbeschichtung *f* · coat on concrete

~ [*Fehlname*] → Betonversiegeler

(beton)umhüllt, (beton)ummantelt (concrete-)encased, (concrete-) haunched

(Beton)Umhüllung *f,* (Beton)Mantel *m,* (Beton)Ummantelung · (concrete) encasement, (~) encasure, (~) haunching, (~) sheath coat, (~) casing

(beton)ummantelt, (beton)umhüllt · (concrete-)encased, (concrete-) haunched

(Beton)|Ummantelung *f* → (Beton-) Umhüllung

~umschlag *m* · concrete re-handling

~umzäunung *f,* Betoneinzäunung · concrete fencing

~- und Stahlbetonarbeiten *fpl* [*DIN 18331*] · concrete and reinforced concrete work, ~ ~ R.C. ~

~undichtheit *f,* Betonundichtigkeit, Betondurchlässigkeit · permeability of concrete, perviousness ~ ~

~undichtigkeit *f,* Betonundichtheit, Betondurchlässigkeit · permeability of concrete, perviousness ~ ~

~undurchlässigkeit *f,* Betondichtheit, Betondichtigkeit · thightness of concrete, impermeability ~ ~, imperviousness ~ ~

Betonunterboden *m* [*Fehlname: Betonboden*] · concrete sub-floor, ~ base

~ mit Blindboden · suspended concrete sub-floor

~ ohne Blindboden · concrete (slab) sub-floor laid at ground level

Betonunter|gurt *m* · concrete bottom chord, ~ lower ~, ~ ~ boom

~konstruktion *f,* Betondachdecke *f* · concrete (roof) deck

~lage *f* · concrete supporting medium, ~ base

~sicht *f* · (all-)concrete visible underface, ~ ~ underside, ~ soffit

~zug *m* · concrete joist

(Beton-)|U-Platte *f,* (Beton-)Trogplatte · (concrete) channel (unit), (~) trough slab

~verankerung *f* · concrete dead man, ~ anchorage [*A buried plate, wall, or block of concrete, some distance from a sheet pile wall, retaining wall, and the like which serves to anchor back the wall through a tie between the two*]

(~)Verarbeitbarkeit *f* · workability of concrete, concrete workability

~verarbeitungshilfe *f* → (Beton)Verflüssiger

~verbesserung *f* · modification of concrete, improvement ~ ~

~verblendung *f* · concrete facing

betonverflüssigender Wirkstoff *m* → (Beton)Verflüssiger

~ Zusatz *m* → (Beton)Verflüssiger

(Beton)|Verflüssiger *m,* Betonweichmacher, (Beton)Plastifizierungsmittel *n,* BV *m,* Betonverarbeitungshilfe *f,* Plastifizierer, plastifizierendes (Betonzusatz)Mittel, wassereinsparendes Betonzusatzmittel, betonverflüssigender Wirkstoff *m,* BV-(Zusatz)Stoff *m,* betonverflüssigender Zusatz, BV-Wirkstoff, BV-Zusatz(mittel) · concrete workability agent, ~ water-reducing ~, ~ workability aid; ~ wetting agent, ~ plasticising agent, ~ plasticiser (Brit.); ~ plasticizing agent ~ plasticizer (US)

~verflüssigung *f* · plasticizing of concrete (US); plasticising ~ ~ (Brit.)

~verguß *m,* Betonfüllung *f* · concrete fill(ing)

~vergüter *m,* Betonvergütungsmittel *n* · concrete improver, ~ modifier, ~ improving agent, ~ modifying agent

~vergütung *f* · concrete improvement, ~ modification

~vergütungsmittel *n,* Betonvergüter *m* · concrete improver, ~ modifier, ~ improving agent, ~ modifying agent

~verkleidung *f,* Betonauskleidung, Betonbekleidung · concrete lining, ~ (sur)(facing

~-Versetzblock *m* · concrete block

~verschleißoberfläche *f* · concrete wearing surface

~versiegeler *m,* Betonsiegel *n,* Betonabsieg(e)lungsmittel *n,* Betonversieg(e)lungsmittel [*Fehlname: Betonüberzug m*] · concrete seal(ing) material, ~ ~ agent, ~ seal(ant), ~ sealer

~versieg(e)lung *f,* Betonabsieg(e)lung · concrete sealing

~versieg(e)lungsmittel *n* → Betonversiegeler

~-Versteifungswand *f,* Beton-Außenversteifungswand · ((pre)cast) concrete cladding

~versuch *m,* Betonprüfung *f* Betonprobe *f* · concrete test

~versuchsbalken *m,* Betonprobebalken, Betonprüfbalken · concrete test beam

~versuchswürfel *m* → Betonprüfwürfel

(~)Versuchszylinder *m* → (Beton-) Probezylinder

~vollbauweise *f* · solid concrete method

~vollstein *m,* Betonvollblock(stein) *m* · ((pre)cast) concrete solid block, (~) ~ ~ tile [*A block shall be deemed to be solid if the solid material is not less than 75% of the total volume of the block calculated from the overall dimensions. Definition from BS 2028 1364:1968. See also remark under 'Block'*]

~vorhangwand *f* · concrete curtain wall

~-Vorhangwandtafel *f* · concrete curtain wall panel

Beton-VZ *m*, Beton-(Ab)Binde(zeit)-verzögerer *m*, Beton-(Er)Härtungs-(zeit)verzögerer, Beton-Erstarrungs-(zeit)verzögerer · concrete retarder, ~ retarding agent

Beton-Walmstein *m* Beton-Kammstein, Beton-Dachkenner *m*, Beton-Firststein [*DIN 1119*] [*Der Ausdruck „Beton-Walmstein" wird auch für den Beton-Gratstein verwendet*] · concrete ridge tile

~, Beton-Gratstein [*Der Ausdruck „Walmstein" wird auch für den Firststein verwendet. DIN 1119*] · concrete hip tile

Betonwand(bau)block(stein) *m*, Betonwand(bau)stein · concrete wall block, ~ ~ tile [*See remark under 'Block'*]

(Beton)Wand(bau)platte *f* [*DIN 18162*] · (concrete) wall slab, (pre-) cast ~ ~

Betonwand(bau)stein *m*, Betonwand(bau)block(stein) *m* · concrete wall block, ~ ~ tile [*See remark under 'Block'*]

(Beton)Wand(bau)tafel *f* · (concrete) wall panel

Betonwand|(belag)platte *f*, Betonwandfliese *f* · concrete wall tile

~block(stein) *m*, Betonwandbau-block(stein), Betonwand(bau)stein · concrete wall block, ~ ~ tile [*See remark under 'Block'*]

~fliese *f*, Betonwand(belag)platte *f* · concrete wall tile

Beton-Wandhohl|block *m*, Beton-Hohlwandblock, Beton-Wandhohl-(block)stein *m*, Beton-Hohlwand-(block)stein [*DIN 18151*] · hollow concrete block for walls, cavity ~ ~ ~ ~, ~ ~ tile ~ ~, concrete pot ~ ~, concrete wall pot [*See remark under 'Block'*]

~(block)stein *m*, Beton-Hohlwand-(block)stein, Beton-Wandhohlblock *m*, Beton-Hohlwandblock [*DIN 18151*] · hollow concrete block for walls, cavity ~ ~ ~ ~, ~ ~ tile ~ ~, concrete pot ~ ~, concrete wall pot [*See remark under 'Block'*]

~stein *m*, Beton-Wandhohlblockstein, Beton-Hohlwand(block)stein, Beton-Hohlwandblock *m*, Beton-Wandhohlblock [*DIN 18151*] · hollow concrete block for walls, cavity ~ ~ ~ ~, ~ ~ tile ~ ~, concrete pot ~ ~, concrete wall pot [*See remark under 'Block'*]

Betonwand|platte *f*, Betonwandbelagplatte, Betonwandfliese *f* · concrete wall tile

~stein *m*, Betonwandbaustein, Betonwand(bau)block(stein) *m* · concrete wall block, ~ ~ tile [*See remark under 'Block'*]

~system *n*, Betonwandbausystem · (monolithic) concrete wall system

~tafel *f* · concrete wall panel

~ware(n) *f* → Betonartikel

~warenwerk *n*; Zementwarenwerk [*Schweiz*] · ((pre)cast) concrete ware factory

~-Wäscheleinepfosten *m*, Beton-Wäscheleinestange *f* · clothes line concrete pole, ~ ~ ~ post [*B.S. 1373*]

~-Wasserbehälter *m* · concrete water tank

~weichmacher *m* → (Beton)Verflüssiger

~wendeltreppe *f* · concrete spiral stair(case)

Betonwerk *n*, Betonsteinwerk · (pre-) cast concrete factory

Betonwerkstein *m* [*DIN 18500*]; Kunststein, (künstlicher) Baustein, gebundener Baustein, Edelbeton *m* [*Fehlnamen*] · cast stone, reconstructed ~, patent ~; artificial ~ [*deprecated*] [*Cast stones consist of moulded blocks of concrete with special surface treatment. They may be formed in any of the shapes obtained by cutting the natural stone and may have surface finish which resemble the rubbed finish commonly used on limestone and other stones, or any of the tooled finishes. B.S. 1217*]

~ mit bearbeiteter Sichtfläche · masoned cast stone, ~ reconstructed ~, ~ patent ~; ~ artificial ~ [*deprecated*] [*Cast stone, after reaching a mature state, treated by hand or by machine to produce surfaces commonly used for natural stone – e.g. boasted, bush-hammered, sparrow pecked, tooled and rubbed*]

~arbeiten *fpl* [*DIN 18333. Fehlname: Kunststeinarbeiten*] · cast stone work, reconstructed ~ ~, patent ~ ~; artificial ~ ~ [*deprecated*]

~betrieb *m*, Betonwerksteinwerkstätte *f* [*Fehlname: Kunststeinbetrieb m, Kunststeinwerkstätte. Eine Erzeugungsstätte für Betonwerkstein jeder Art kleinen, also handwerklichem, Umfangs*] · cast stone shop, reconstructed ~ ~, patent ~ ~; artificial ~ ~ [*deprecated*]

~platte *f*; Kunststeinplatte [*Fehlname*] · cast stone tile, reconstructed ~ ~, patent ~ ~; artificial ~ ~ [*deprecated*]

~platten(fuß)boden(belag) *m*, Fbku [*Fehlname: Kunststeinplatten(fuß)boden(belag)*] · cast stone tile floor(ing) (finish), reconstructed ~ ~ ~ (~), patent ~ ~ ~ (~), ~ ~ ~ floor cover(ing); artificial stone tile floor(ing) (finish), artificial stone tile floor cover(ing) [*deprecated*]

~treppe *f* · cast stone stair(case), reconstructed ~ ~, patent ~ ~; artificial ~ ~ [*deprecated*]

~verblendung *f* [*Fehlname: Kunststeinverblendung*] · cast stone skin, reconstructed ~ ~, patent ~ ~; artificial ~ ~ [*deprecated*]

~veredler *m;* Kunststeinveredler [*Fehlname*] [*Zur Herstellung von wasserdichten Betonwerksteinen*] · cast stone waterproofer, reconstructed ~ ~, patent ~ ~; artificial ~ ~ [*deprecated*]

~werkstätte *f* → Betonwerksteinbetrieb

Beton-Windscheibe *f* · concrete shear wall

Betonwirkstoff *m,* Betonzusatzstoff, Betonzusatz(mittel) *m,* (*n*) · concrete admix(ture), ~ agent [*A material, other than aggregate, cementitious material or water, added in small quantities to the concrete mix(ture) to produce some desired modifications to the properties of the mix(ture) or of the hardened product*]

~pulver *n,* Betonzusatzpulver · powder additive for concrete

Beton|wolkenkratzer *m* · concrete skyscraper

(~)Würfel *m,* (Beton)Probewürfel, (Beton)Prüfwürfel, (Beton)Versuchswürfel, (Beton)Druckwürfel · concrete (test) cube, compression ~

~-Zählerkasten *m* · concrete meter box

~zaun *m* · concrete fence

~zaunpfahl *m,* Betonzaunpfosten *m* · concrete fence stake, ~ ~ picket, ~ ~ post, ~ fencing ~

~zaunpfosten *m,* Betonzaunpfahl *m* · concrete fence stake, ~ ~ picket, ~ ~ post, ~ fencing ~

~zelle *f,* Betonraumzelle · concrete building block module, ~ unitized unit

~zersetzung *f* · concrete disintegration, disintegration of concrete

~zerstörung *f* · destruction of concrete, concrete destruction

Betonzug *m* · concrete tension

~riß *m* · concrete tension crack

~spannung *f* · concrete tensile stress, ~ tension ~

~zone *f* · tension zone of the concrete, concrete tensile zone

Beton|-Zungenstein *m* → Beton-Dachblatt

~zusammensetzung *f,* Betonaufbau *m* · concrete composition

~zusatz(mittel) *m,* (*n*) → Betonwirkstoff

~zusatzpulver *n,* Betonwirkstoffpulver · powder additive for concrete

~zusatzstoff *m* → Betonwirkstoff

Betonzuschlag(stoff) *m* · concrete aggregate [*B.S. 882*]

~ aus Gestein, mineralischer Betonzuschlag(stoff) · mineral concrete aggregate, stone (~) ~

~ ~ natürlichen Vorkommen [*DIN 4226*] · natural concrete aggregate

~ nicht größer als 37 mm · concrete ballast (Brit.) [*It contains nothing larger than 1¹/₂ inches*]

~ ohne ausglühbare Bestandteile · inorganic (concrete) aggregate

~-Erwärmung *f* · concrete aggregate heating

~gemisch *n,* Betonzuschlag(stoff)gemenge *n,* Beton-Gesamtzuschlag(stoff) *m* · combined concrete aggregate, total ~ ~

~hersteller *m* · concrete aggregate producer

~korn *n,* (Beton)Zuschlag(stoff)teilchen *n* · concrete aggregate particle, ~ ~ grain

~teilchen *n,* Betonzuschlag(stoff)korn *n* · concrete aggregate particle, ~ ~ grain

~werk *n* · commercial (concrete) aggregate plant, stationary (~) ~ ~

~-Zement-Verhältnis *n* · concrete aggregate/cement ratio

~zusammensetzung *f* · concrete aggregate composition

Beton|-(Zwei)Schalenwand *f,* Betonhohlwand · hollow concrete wall; cavity ~ ~ [*See remark under 'Hohlwand'*]

(Beton)Zylinder *m* → (Beton)Probezylinder

~druckfestigkeit *f* · (concrete) cylinder compressive strength, (~) ~ crushing ~

~druck(prüf)presse *f* · (concrete) cylinder tester, (~) ~ testing machine

~festigkeit *f* · (concrete) cylinder strength

Betreiber *m* · operator

Betrieb *m,* Werkstätte *f* [*Eine Erzeugungsstätte jeder Art kleinen, also handwerklichem, Umfangs, z.B. für Betonstein*] · shop

(Betriebs)|Anlage *f,* (Betriebs)Einrichtung *f* · (service)system, (~) installation, (~) facility [*For instance an internal drainage pipework*]

~aufzug *m* · service elevator (US); ~ lift (Brit.)

~boden(belag) *m* → Industrie(fuß)boden(belag)

(~)Brauchbarkeit *f* · serviceability

(~)Einrichtung *f,* (Betriebs)Anlage *f* · (service) system, (~) installation, (~) facility [*For instance an internal drainage pipework*]

~einrichtungen *fpl,* technische Einrichtungen [*Hochhaus*] · mechanical equipment

~einrichtungen *fpl* **unter dem Dach** · overhead services

~etage *f*, Betriebsgeschoß *n*, Betriebsstockwerk *n*, Techniketage, Technikgeschoß, Technikstockwerk [*Fernmeldeturm; Hochhaus; Stadion*] · apparatus floor; ~ story (US); ~ storey (Brit.)

~feuerwehr *f*, Werkfeuerwehr · works fire brigade

~fläche *f* [*Fläche zur Unterbringung einer Betriebsanlage*] · service area

~forschungsprogramm *n* · operational research program(me)

~führung *f* · management

~führung *f* **im Hochbau** · construction management in building

~(fuß)boden(belag) *m* → Industrie(fuß)boden(belag)

~(fuß)bodenfliese *f*, Industrie(fuß)bodenplatte, Industrie(fuß)bodenfliese, Werk(fuß)bodenplatte, Fabrik(fuß)bodenplatte · industrial floor(ing) tile

~gebäude *n* · service building, ~ block

~gehweg *m*, Dienstgehweg · service walk

~geschoß *n*, Betriebsetage *f*, Betriebsstockwerk *n*, Techniketage, Technikgeschoß, Technikstockwerk [*Fernmeldeturm; Hochhaus; Stadion*] · apparatus floor; ~ story (US); ~ storey (Brit.)

~hof *m* · service yard

~kanal *m*, Leitungskanal · duct for services, service duct, mains subway

~kern *m*, (Gebäude)Kern, Hochhauskern, (Stahl)Betonkern, Hauskern · service core, utility ~, building ~, mechanical ~, (reinforced) concrete ~, R. C. ~

~kosten *f* · running cost

~küche *f* · kitchen of works canteen

~labor(atorium) *n* · factory lab(oratory)

~lärm *m* · work noise

~leitung *f* [*z.B. für Heizung, Wasser usw*·] · service (run), utility (~), ~ line, ~ raceway

~raum *m* · service room

~raum *m* [*Volumen zur Unterbringung einer Betriebsanlage, z.B. eines Entwässerungsrohrleitungssystems in einem Gebäude*] · service space

~schacht *m* [*Hochhaus*] · utility shaft, service ~

~schema *n* · operating scheme

~sicherheit *f* · safety in service

~stockwerk *n*, Betriebsetage *f*, Betriebsgeschoß *n*, Technikstockwerk, Techniketage, Technikgeschoß [*Fernmeldeturm; Hochhaus; Stadion*] · apparatus floor; ~ story (US); ~ storey (Brit.)

~streuung *f* [*Streuung der Druckfestigkeiten von Erzeugnissen der Betriebsproduktion*] · scatter of routine results

~temperatur *f* · working temperature

~turm *m* · service tower [*A service core moved completely outside the building*]

~wand *f* · functional wall

~wirtschaftlichkeit *f* · running economy

Betsaal *m* [*Moschee*] · haram

Bettelordenkirche *f* [*Bettelordenkirchen sind die von den Bettelorden errichteten Kirchen, die innerhalb der gotischen Kirchenbaukunst eine Sondergruppe bilden*] · mendicant order church

Betten *n* · bedding [*The act of placing a layer on which something rests continuously*]

~abteilung *f* [*Krankenhaus*] · patient division

~aufzug *m* · bed lift (Brit.); ~ elevator (US)

~gebäude *n*, Bettenhaus *n*, Krankenzimmergebäude, Krankenzimmerhaus · ward block, ~ building

~haus *n*, Bettengebäude *n*, Krankenzimmerhaus, Krankenzimmergebäude · ward block, ~ building

~kapazität *f* [*Krankenhaus*] · bedholding

~raum *m*, Bettenzimmer *n*, Krankenraum, Krankenzimmer · sickroom, ward patient's room

~raum *m*, Bettenzimmer *n*, Schlafraum [*Hotel*] · (guest) bedroom, hotel ~

~raumgebäude *n* → Bettenzimmergebäude

~zimmer *n* → Bettenraum

~zimmer *n*, Bettenraum *m*, Krankenzimmer, Krankenraum · sickroom, ward patient's room

~zimmergebäude *n*, Bettenraumgebäude, Schlafraumgebäude [*Hotel*] · (guest) bedroom block, (~) ~ building

Bettischer Satz *m* · Botti's Law [*In an elastic structure with unyielding supports and at constant temperature the external work done by a system of forces P during a distortion caused by a system of forces Q is equal to the external work done by the Q system during a distortion caused by the P system*]

Bett|nische *f* · bed recess, ~ nook

~schlacke *f* · bank-slag

Bettung *f* · bedding [*A layer on which something rests continuously*]

Bettungs|beton *m* · bedding concrete

~kies *m* · bedding gravel

~material *n*, Bettungsstoff *m* · bedding material

~mörtel *m*, Ansetzmörtel, Verlegemörtel · bed(ding course) mortar, bedding ~

~stoff *m*, Bettungsmaterial *n* · bedding material

Beul|sicherheit *f* · safety against buckling

~untersuchung *f* · investigation into buckling

(be- und ent)lüften · to ventilate [*To circulate fresh air in a room, etc., driving out foul air*]

(Be- und Ent)Lüftung *f* [*DIN 18017 und 18610*] · ventilation, vent(ilat)ing, airhandling

Bevölkerungsschutz *m*, ziviler ~ · civil defense (US); ~ defence (Brit.)

Bewässerungsbetonrohr *n*, Beton-Bewässerungsrohr · concrete irrigation pipe

beweglich, mobil · unstable, instable [*A description of a structure which is liable to fail as a whole, generally by overturning or sliding*]

bewegliche Glaswand *f*, mobile ~ · movable glass wall

~ Last *f* → veränderliche ~

~ Trennwand *f*, Türwand · mov(e)able partition (wall)

beweglicher Abschluß *m* · shutter [*A mov(e)able closure to an opening installed in place of or in addition to a door or window for security purposes to control the admission of heat or light, or to delay the spread of fire or smoke*]

bewegliches Netz *n*, labiles ~ [*ebenes Fachwerk*] · unstable frame, instable ~

Bewegtheit *f* [*Architektur*] · sense of movement

Bewegungs|analyse *f* · motion study

~fuge *f*, Setzungsfuge [*Breite je nach Größe der zu erwartenden Setzungen, mindestens aber 15 mm*] · settlement joint

~größe *f* · amount of movement

~richtung *f* · direction of movement

~unterschied *m* · differential movement, ~ motion [*e.g. between the two leaves of a cavity wall*]

bewehren, armieren · to reinforce

bewehrt, armiert, mit (Stahl)Einlagen (versehen) · (steel-)reinforced

bewehrte (Beton)Platte *f*, armierte ~, (Beton)Platte mit (Stahl)Einlagen · reinforced (concrete) slab, R.C. ~

~ Blähbetondachplatte *f*, ~ Gasbetondachplatte, armierte ~ Gasbetondachplatte mit (Stahl)Einlagen, Blähbetondachplatte mit (Stahl)Einlagen [*DIN 4223*] · reinforced gas concrete roof(ing) slab

~ Blähbetondeckenplatte *f*, ~ Gasbetondeckenplatte, armierte Gasbetondeckenplatte, Gasbetondeckenplatte mit (Stahl)Einlagen, Blähbetondeckenplatte mit (Stahl)Einlagen [*DIN 4223*] · reinforced gas concrete floor slab, ~ ~ ~ structural ~, ~ ~ ~ ~ panel

~ Gasbetondachplatte *f*, armierte ~, ~ Blähbetondachplatte, Gasbetondachplatte mit (Stahl)Einlagen, Blähbetondachplatte mit (Stahl)Einlagen [*DIN 4223*] · reinforced gas concrete roof(ing) slab

~ Gasbetondeckenplatte *f*, armierte ~, ~ Blähbetondeckenplatte, Gasbetondeckenplatte mit (Stahl)Einlagen, Blähbetondeckenplatte mit (Stahl)Einlagen [*DIN 4223*] · reinforced gas concrete floor slab, ~ ~ ~ structural ~, ~ ~ ~ ~ panel

~ Mauerwerkoberschwelle *f*, armierte ~, bewehrter Mauerwerksturz *m*, armierter Mauerwerksturz · reinforced masonry lintel; ~ ~ lintol [*deprecated*]

~ Mauerwerkwand *f*, armierte ~, Mauerwerkwand mit (Stahl)Einlagen · reinforced masonry wall

~ Platte *f* → ~ Betonplatte

~ Schaumbetondachplatte *f*, armierte ~, Schaumbetondachplatte mit (Stahl-)Einlagen [*DIN 4223*] · reinforced foam(ed) (concrete) roof(ing) slab

~ Schaumbetondeckenplatte *f*, armierte ~, Schaumbetondeckenplatte mit (Stahl-)Einlagen [*DIN 4223*] · reinforced foam(ed) (concrete) floor slab, ~ ~ (~) structural ~, ~ ~ (~) ~ panel

bewehrter Draht *m* [*Elektrotechnik*] · sheathed wire

~ Konstruktions-Aufbeton *m*, armierter ~, Konstruktions-Aufbeton mit (Stahl)Einlagen · reinforced (concrete) structural topping, R.C. ~ ~

~ Mauerwerksturz *m* armierter ~, bewehrte Mauerwerkoberschwelle *f*, armierte Mauerwerkoberschwelle · reinforced masonry lintel; ~ ~ lintol [*deprecated*]

~ Ziegelmauerwerkpfeiler *m*, armierter ~, Ziegelmauerwerkpfeiler mit (Stahl)Einlagen · reinforced brick(work) pier

~ Ziegelsturz *m*, armierter ~ · reinforced brick(work) lintel; ~ ~ lintol [*deprecated*]

bewehrtes ausgepreßtes Mauerwerk *n* → ~ verpreßtes ~

~ eingepreßtes Mauerwerk *n* → verpreßtes ~ ~

~ injiziertes Mauerwerk *n* → verpreßtes ~ ~

~ Kabel *n*, Panzerkabel · armoured cable (Brit.); armored ~ (US)

~ Mauerwerk *n*, armiertes ~, Mauerwerk mit (Stahl)Einlagen · reinforced masonry (work)

~ verpreßtes Mauerwerk *n*, armiertes ~ ~, ~ ausgepreßtes ~, ~ eingepreßtes ~, ~ injiziertes ~ · reinforced grouted masonry

~ Ziegelmauerwerk *n*, armiertes ~, Ziegelmauerwerk mit (Stahl)Einlagen · reinforced brickwork

Bewehrung *f* **gegen negative Biegemomente,** (Stahl)Einlagen *fpl* ~ ~ ~, Armierung ~ ~ ~ · negative reinforcement [*Reinforcement placed in concrete to resist negative bending moments*]

~ ~ positive Biegemomente, Armierung ~ ~ ~, (Stahl)Einlagen *fpl* ~ ~ ~ · positive reinforcement [*Reinforcement placed in concrete to resist positive bending moments*]

Bewehrungs|anordnung *f*, Armierungsanordnung, Anordnung der (Stahl)Einlagen · reinforcement system

~arbeiten *fpl*, Armierungsarbeiten · reinforcement work

~biegeplatz *m* → Stahlbiegeplatz

~doppelkorb *m*, Armierungsdoppelkorb · double-cage reinforcing, ~ reinforcement

~draht *m*, Armierungsdraht [*Mauerwerkbewehrung*] · reinforcing wire

~eisen *n*, Armierungseisen, Betoneisen, Armierungsstahl *m*, Betonstahl, Bewehrungsstahl [*früher: Moniereisen*] · reinforcing steel, reinforcement ~

~flechten *n*, Rödeln (von Bewehrung(en)), Flechten (von Bewehrung(en)) · binding (reinforcement), tying (~), reinforcement binding, reinforcement tying

~form *f*, Armierungsform, Eisenform, Stahl(einlagen)form · bar shape, rod ~

~formnummer *f*, Armierungsformnummer, Eisenformnummer, Eisenform-Nr., Bewehrungsform-Nr., Armierungsform-Nr. [*Stahlliste*] · (bar) shape code, rod ~ ~

~führung *f*, Armierungsführung · layout of reinforcement, reinforcement layout

~gehalt *m*, Armierungsgehalt, Bewehrungsprozentsatz *m*, Armierungsprozentsatz · percentage of reinforcement

~halter *m* · chair [*Support, usually of metal, for reinforcement*]

~korb *m*, Armierungskorb · cage, reinforcing ~

~lager *n* → Stahllager

~liste *f*, Stahlliste, Armierungsliste · bar schedule, rod ~

~matte *f* → (geschweißte) Maschenmatte

~matte *f* **aus Drillstahl** → Baustahlmatte ~ ~

~matte *f* **aus Rundstäben** → Baustahlmatte ~ ~

~plan *m*, Armierungsplan, (Stahl)Einlagenplan, (Stahl)Einlagenzeichnung *f*, Bewehrungszeichnung, (Eisen)Biegeplan, Armierungszeichnung, (Eisen)Biegezeichnung [*Auf diesem Plan werden die (Stahl)Einlagen herausgezeichnet*] · bending schedule

~prozentsatz *m*, Armierungsprozentsatz, Bewehrungsgehalt *m*, Armierungsgehalt · percentage of reinforcement

~ring *m*, Armierungsring · reinforcement ring

~spirale *f*, Armierungsspirale · reinforcing spiral

(~)Stab *m*, Armierungsstab · (rolled) (steel) bar, (~) (~) rod, reinforcing ~, reinforcement ~ [*B.S. 785*]

~stab *m* **aus einem Knüppel hergestellt**, Armierungsstab ~ ~ ~ ~ · billet bar, natural ~, ~ rod

~stahl *m*, Armierungsstahl, Betonstahl, Bewehrungseisen *n*, Armierungseisen, Betoneisen [*früher: Moniereisen*] · reinforcing steel, reinforcement ~

~stahllager *n*, Armierungsstahl lager Betonstahllager · reinforcement storage yard, steel ~ ~

~stahlverarbeitungsanlage *f*, Armierungsstahlverarbeitungsanlage, Betonstahlverarbeitungsanlage, zentraler Betonstahlverarbeitungsplatz *m* · reinforcement yard

~verschiebung *f*, Armierungsverschiebung · reinforcement displacement

~zeichnung *f* → Bewehrungsplan

~zylinder *m*, Armierungszylinder · reinforcement cylinder

bewirtschaftete Terrasse *f* · terrace with service

Bewitterungs|kurzprüfung *f* → abgekürzte Wetterbeständigkeitsprobe

~prüfung *f*, Bewitterungsprobe *f*, Bewitterungsversuch *m* · weathering test

(be)wohnbar · habitable, fit to live in

(Be)Wohnbarkeit *f* · habitability, habitableness

Bewohner *m*, Wohnungsinsasse *m*, (Raum)Insasse, (Wohnungs)Benutzer, Raumbenutzer · (apartment) dweller (room) occupant, user, resident

bewohnt, bezogen · lived in

Bezeichnung *f* · designation

Bezeichnungsschild *n* · name-plate

Beziehungen *fpl* **zwischen Moment und Krümmung** · moment-curvature law

Beziehungsspiel *n* · interplay

bezogen, bewohnt · lived in

bezogene Dehnung *f*, spezifische ~ specific strain

Bezugs|ebene *f*, Leitebene · reference plane [*A plane in a reference system to which sizes and positions of building components may be related*]

~größe *f* · reference value

~höhe *f* · datum [*An assumed horizontal reference plane used as a basis for computing elevations*]

~linie *f* · reference line

~punkt *m* · reference point

~quellennachweis *m* · directory

~richtung *f* · reference direction

~schall *m* · reference sound

~schalldruck *m* · reference sound pressure

~system *n* · reference system

~ton *m* · reference tone

Biber(schwanz) *m* [*Diese Benennung umfaßt Biber(schwanz)ziegel und Biber(schwanz)stein*] · plain (roof(ing)) tile, plane (~) ~

~dach(belag) *n*, (*m*), Biber(schwanz)(dach)(ein)deckung *f*, Biber(schwanz)bedachung · plain tile roof cladding, plane ~ ~ ~, ~ ~ ~ covering, ~ ~ ~ sheathing, ~ ~ roof(ing)

~stein *m* · unburnt plan roof(ing) tile ~ plane ~ ~, unburned ~ ~ ~

~ziegel *m* [*DIN 454*] · clay plain roof(ing) tile, ~ plane ~ ~ [*B.S. 402*]

Bibliothek *f*, Bücherei *f* · library

~ für seltene Bücher, Bücherei *f* ~ ~ ~ · Rare Books Library [*Yale University*]

Bidet *n* · bidet [*A vessel on a low narrow stand, which can be bestridden for bathing purposes*]

Biegbarkeit *f*, Biegsamkeit, Biegefähigkeit, Biegeeigenschaft *f*, Biegevermögen *n* · bending capacity, ~ property, ~ quality, ~ power, ~ capability, bendability, pliability, flexibility

Biege|abmessung *f*, Biegemaß *n*, Biegungsmaß, Biegungsabmessung · bending dimension

~achse *f* [*Balken(träger)*] · neutral axis

~balken *m*, Probebalken, Prüfbalken, (Biege)Versuchsbalken · flexure test beam, bending ~ ~

~beiwert *m*, Biegezahl *f* · bending coefficient

~belastung *f*, Biegungsbelastung · bending loading

~betrag *m*, Biegegröße *f*, Biegungsgröße, Biegungsbetrag · amount of bend(ing), bend(ing) amount

~breite *f* · bending width

~bruch *m*, Biegungsbruch · bending failure, ~ rupture

~bruchkurve *f*, Biegungsbruchkurve · bending failure curve, ~ rupture ~

~bruchspannung *f*, Biegungsbruchspannung · bending failure stress, ~ rupture ~

~dauer *f*, Biegefrist *f*, Biegezeit *f* · bending time, ~ period

~-Dauerfestigkeit *f*, Biege-Ermüdungsfestigkeit, Biege-Arbeitsfestigkeit · flexural fatigue resistance, ~ ~ strength

~dehnungsenergie *f* · bending strain energy

~druck *m*, Biegungsdruck · compression with bending

~druckbruch *m*, Biegungsdruckbruch · flexural compressive failure

~ebene *f*, Biegungsebene [*Bezugsebene für die Biegemomente*] · bending plane, plane of bending

~eigenschaft *f*, Biegefähigkeit *f*, Biegevermögen *n*, Biegbarkeit, Biegsamkeit · bending capacity, ~ property, ~ quality, ~ power, ~ capability, bendability, pliability, flexibility

~einfluß *m*, Biegewirkung *f*, Biegungseinfluß, Biegungswirkung · bending action, ~ effect, ~ influence

~elastizität *f*, Biegungselastizität · bending elasticity, flexional ~

~ermüdung *f*, Biegungsermüdung · fatigue in flexure, ~ ~ bending, flexural fatigue, bending fatigue

~ermüdungsgrenze *f*, Biegungsermüdungsgrenze · flexural fatigue limit

~fähigkeit *f*, Biegeeigenschaft *f*, Biegevermögen *n*, Biegbarkeit, Biegsamkeit · bending capacity, ~ property, ~ quality, ~ power, ~ capability, bendability, pliability, flexibility

biegefest → (biege)steif

Biege|festigkeit *f*, Biegungsfestigkeit · bending strength

~fläche *f* [*Verformung der Mittelfläche einer Platte nach der Belastung*] · bent surface

~formänderung *f*, Biegeverformung · bending deformation

~formel *f* · bending formula

~frist *f*, Biegedauer *f*, Biegezeit *f* · bending time, ~ period

~gleichung *f* · flexural equation

~grenze *f*, Biegungsgrenze · flexure limit, bending ~, flexion ~, flexing ~, flection ~, flexural ~

~größe *f*, Biegebetrag *m*, Biegungsgröße, Biegungsbetrag · amount of bend(ing), bend(ing) amount

~-Haftfestigkeits-Versuch *m*, Biege-Haftfestigkeits-Prüfung *f*, Biege-Haftfestigkeits-Probe *f* · flexural bond test

~halbmesser *m*, Biegungshalbmesser · bending radius

~holz *n*, Formvollholz · bentwood

~knickung *f*, Biegeknicken *n* · flexural buckling

~körper *m*, Prisma *n* zur Ermitt(e)lung der Biegefestigkeit · bending test specimen

~körperfestigkeit *f*, Prismenfestigkeit · bending test specimen strength

~kraft *f*, Biegungskraft · bending force, ~ power

~last *f*, Biegungslast · flexure load, bending ~, flexion ~, flexing ~, flection ~, flexural ~

~lehre *f* [*Teilgebiet der Statik zur Berechnung der Randspannungen auf Biegung beanspruchter Konstruktionsteile*] · bending analysis

~linie *f*, Biegungslinie [*Elastische Linie eines Balkens oder Trägers*] · elastic curve, deflection ~, deflexion ~

~linienverfahren *n*, Biegungslinienverfahren · elastic line method

~liste *f* [*Bewehrung*] · bending list

~maß *n*, Biegeabmessung *f*, Biegungsmaß, Biegungsabmessung · bending dimension

Biegemoment *n*, Biegungsmoment [*Die Summe der Wirkungen aller angreifenden Kräfte an ihrem Hebelarm bezogen auf einen bestimmten Querschnitt*] · bending moment, B. M.

~ in Feldmitte, Biegungsmoment ~ ~ · bending moment at mid-span

Biegemomenten|aufgabe *f*, Biegungsmomentenaufgabe · bending(-)moment problem

biegemomentenfrei, biegungsmomentenfrei, biegemomentenlos, biegungsmomentenlos · bending moment-less

Biegemomentenlinie *f*, Biegungsmomentdiagramm *n* · bending(-)moment diagram, B.M D. [*The B.M.D. is a diagram with the centre line of the member as base line and ordinates representing the bending moment at successive right sections, positive bending moment being plotted upwards and negative downwards*]

biegemomentenlos, biegungsmomentenlos, biegungsmomentenfrei, biegemomentenfrei · bending moment-less

Biegemomenten|theorie *f*, Biegungsmomententheorie · bending(-)moment theory

~verhältnis *n*, Biegungsmomentenverhältnis · bending(-)moment ratio

~verteilung *f*, Biegungsmomentenverteilung · bending(-)moment distribution

Biegen *n* · bending

Biege|plan *m* → Bewehrungsplan

~probe *f*, Biegeversuch *m*, Biegeprüfung *f* · bending test

~probe *f*, Faltversuch *m*, Normalversuch mit der Raupe im Zug [*Die Raupe liegt im Zug. „R i.Z."*] · face bend test, normal ~ ~

~prüfung *f*, Biegeversuch *m*, Biegeprobe *f* · bending test

Biegerei *f* [*Betonsteinwerk*] · reinforcement shop

Biege|riß *m* · flexural crack, bending ~

~schlaufenstoß *m* · flexural loop joint [*It uses vertical loops*]

~schwingung *f* · flexural oscillation, bending ~, ~ vibration

Biegeschwingungs|bruch *m* · flexural oscillation failure, bending ~ ~, ~ vibration ~

~festigkeit *f* · flexural oscillation strength, bending ~ ~, ~ vibration ~

~versuch *m*, Biegeschwingungsprobe *f*, Biegeschwingungsprüfung *f* · flexural oscillation test, bending ~ ~, ~ vibration ~

Biegespannung *f* · bending stress, flexural ~

Biegespannungs|formel *f* · flexural stress formula, bending ~ ~

~größe *f* · magnitude of the bending stress

~zustand *f*, Randstörung [*Membran(e)-theorie*] · boundary disturbance

Biegestab *m* · flexural member

(biege)steif, starr, biegefest, biegungssteif, biegungsfest · flexurally rigid, resistant to bending, bending-resistant, rigid, stiff, bendproof

Biege|steifigkeit *f*, Biegewiderstand *m*, Biegungswiderstand, Biegungssteifigkeit · flexural rigidity, bending resistance, flexural stiffness resistance to bending

~stelle *f* [*Bewehrung*] · bend point

~störung *f* · bending disturbance

Biegetheorie *f* [*Schalen und Faltwerke erhalten außer Schub- und Normalspannungen auch Biegespannungen, die nach der Biegetheorie berechnet werden*] · bending theory

~ für gekrümmte Stäbe von W. Winkler, Winklersche Theorie [*1858*] · thick curved bar type of analysis given by Winkler, ~ ~ member ~ ~ ~ ~ ~ ~

Biege|toleranz *f* [*Bewehrung*] · bending allowance, bend ~

~torsion *f*, Biegungstorsion · flexural torsion

~träger *m* · girder subjected to bending

~verbindung *f* · bending connection ~ joint

~verformbarkeit *f* · deformability due to bending

~verformung *f*, Biegeformänderung bending deformation

~vermögen *n*, Biegbarkeit *f*, Biegsamkeit, Biegeeigenschaft *f*, Biegefähigkeit · bending capacity, ~ property, ~ quality, ~ power, ~ capability, bendability, pliability, flexibility

~versuch *m*, Biegeprüfung *f*, Biegeprobe *f* · bending test

(~)Versuchsbalken *m*, Probebalken, Prüfbalken, Biegebalken · flexure test beam, bending ~ ~

~verteilung *f* · distribution of bending, bending distribution

~wechselanzahl *f* · bending cycles, cycles of bending

~wechselfestigkeit *f*, Wechselbiegefestigkeit · alternate bending strength

„biegeweiche" Decke *f* · flexible floor [*A timber floor may be regarded as a flexible floor in comparison with a reinforced concrete floor which is stiffer*]

„biegeweicher" Stahlbogen *m* · flexible steel arch

Biege|welle *f* [*Schalltechnik*] · bending wave

~wert *m* · bending value

~widerstand *m*, Biegungswiderstand, Biegesteifigkeit *f*, Biegungssteifigkeit · flexural rigidity, bending resistance, flexural stiffness, resistance to bending

~winkel *m* · bending angle

~wirkung *f*, Biegeeinfluß *m* Biegungswirkung, Biegungseinfluß · bending action, ~ effect, ~ influence

~zahl *f*, Biegebeiwert *m* · bending coefficient

~zeichnung *f* → Bewehrungsplan

~zeit *f*, Biegedauer *f*, Biegefrist *f* · bending time, ~ period

Biegezug *m* · bending tension

~bruch *m* · flexural tensile failure, bending tension ~

~spannung · extreme fibre stress (Brit.); ~ fiber ~ (US); flexural tensile ~

~versuch *m* Biegezugprobe *f*, Biegezugprüfung *f* · flexural tensile test

biegsam · flexible

Biegsamkeit *f*, Biegbarkeit, Biegevermögen *n*, Biegeeigenschaft *f*, Biegefähigkeit · bending capacity, ~ property, ~ quality, ~ power, ~ capability, bendability, pliability, flexibility

Biegsamkeitszahl *f*, Biegsamkeitsziffer *f* [*Maß für die Biegung eines Stabes; abhängig vom Elastizitätsmodul, dem Trägheitsmoment, der Stablänge und den Einspannverhältnissen des Stabes*] · flexibility number

Biegung *f* · bending

~ mit Längskraft, zusammengesetzte Biegung [*Zug- oder Druckkräfte greifen außerhalb der Schwerlinie eines Balkens an*] · combined bending and axial loading

Biegungs|abmessung *f*, Biegungsmaß *n*, Biegemaß, Biegeabmessung · bending dimension

~belastung *f*, Biegebelastung · bending loading

~betrag *m*, Biegungsgröße *f*, Biegegröße, Biegebetrag · amount of bend(ing), bend(ing) amount

~bruch *m*, Biegebruch · bending failure, ~ rupture

~bruchkurve *f*, Biegebruchkurve · bending failure curve, ~ rupture ~

~bruchspannung *f*, Biegebruchspannung · bending failure stress, ~ rupture ~

~druck *m*, Biegedruck · compression with bending

~druckbruch *m*, Biegedruckbruch · flexural compressive failure

~ebene *f*, Biegeebene [*Bezugsebene für die Biegemomente*] · bending plane, plane of bending

~einfluß *m*, Biegungswirkung *f*, Biegeeinfluß, Biegewirkung · bending action, ~ effect, ~ influence

~elastizität *f*, Biegeelastizität · bending elasticity, flexional ~

~ermüdungsgrenze *f*, Biegeermüdungsgrenze · flexural fatigue limit

biegungsfest → (biege)steif

Biegungsfestigkeit *f*, Biegefestigkeit · bending strength

biegungsfreier gezogener Draht *m* · dead-drawn wire

Biegungs|grenze *f*, Biegegrenze · flexure limit, bending ~, flexion ~, flexing ~, flection ~, flexural ~

~größe *f*, Biegungsbetrag *m*, Biegegröße, Biegebetrag · amount of bend(ing), bend(ing) amount

~halbmesser *m*, Biegehalbmesser · bending radius

~kurve *f*, Durch~ · flexure curve, bending ~, flexion ~, flexing ~, flection ~

~last *f*, Biegelast · flexure load, bending ~, flexion ~, flexing ~, flection ~, flexural ~

~linie *f* → Biegelinie

~linienverfahren *n*, Biegelinienverfahren · elastic line method

~maß *n*, Biegungsabmessung *f*, Biegemaß, Biegeabmessung · bending dimension

Biegungsmoment *n* → Biegemoment

~ in Feldmitte, Biegemoment ~ ~ · bending moment at mid-span

~diagramm *n*, Biegemomentenlinie *f* · bending(-)moment diagram, B.M.D. [*The B.M.D. is a diagram with the centre line of the member as base line and ordinates representing the bending moment at successive right sections, positive bending moment being plotted upwards and negative downwards*]

Biegungsmomentenaufgabe *f*, Biegemomentenaufgabe · bending(-)moment problem

biegungsmomenten|frei, biegemomentenfrei, biegungsmomentenlos, biegemomentenlos · bending moment-less

~los, biegemomentenlos, biegungsmomentenfrei, biegemomentenfrei · bending moment-less

Biegungsmomenten|theorie *f*, Biegemomententheorie · bending(-)moment theory

~verhältnis *n*, Biegemomentenverhältnis · bending(-)moment ratio

~verteilung *f*, Biegemomentenverteilung · bending(-)moment distribution

biegungssteif → (biege)steif

Biegungs|steifigkeit *f* → Biegesteifigkeit

~widerstand *m* → Biegewiderstand

~wirkung *f*, Biegungseinfluß *m*, Biegewirkung, Biegeeinfluß · bending action, ~ effect, ~ influence

Bienenwachsteer *m* · beeswax tar

Bier|garten *m* · beer garden

~keller *m* · beer cellar

~restaurant *n*, Schwemme *f* · beer shop

Bikalziumsilikat *n*, Dikalziumsilikat, $2\,CaO \times SiO_2$ [*Abgekürzt* C_2S] · dicalcium silicate

Bild(belag)platte *f*, Bildfliese *f* · picture tile

~ mit Schablonenmalerei, Bildfliese *f* ~ ~ · tube-line tile

Bilder|glas *n* · picture (framing) glass

~haken *m* · picture hook

~leiste *f* · picture rail

~wand *f*, Ikonostasis *f* [*Zwischen Altar- und Gemeinderaum einer orthodoxen Kirche*] · iconostasis

Bildfliese *f*, Bild(belag)platte *f* · picture tile

~ mit Schablonenmalerei, Bild(belag)platte *f* ~ ~ · tube-line tile

Bildgüte|prüfsteg *m* · radiographic image quality indicator, penetrameter

~zahl *f* · radiographic quality index

bildhafte Darstellung *f* [*(Papier)Tapete*] · scenic (design)

Bild|hauermarmor *m*, Statuenmarmor · statuary marble

~komposition *f* · pictorial composition

bildliche Analyse *f*, graphische ~ · graphical analysis

~ Berechnung *f*, graphische ~, bildliches Rechnen *n*, graphisches Rechnen · graphical calculation

~ Darstellung *f*, graphische ~, Diagramm *n* · graphic representation, diagrammatic ~, graph, chart, diagram, plot

~ Gleichgewichtslehre *f*, graphische ~, ~ Statik *f*, Graphostatik · graphical structural analysis, ~ statics, graphostatics

~ Statik *f*, graphische ~, ~ Gleichgewichtslehre *f*, graphische Gleichgewichtslehre, Graphostatik · graphical structural analysis, ~ statics, graphostatics

~ Untersuchung *f*, graphische ~ · graphical investigation

bildliches Rechnen *n*, graphisches ~, bildliche Berechnung *f*, graphische Berechnung · graphical calculation

Bildmuster *n*, Schema *n* · pattern

bildnerisches Denken *n* · creative thought, ~ thinking

Bildplatte *f*, Bildbelagplatte, Bildfliese *f* · picture tile

~ mit Schablonenmalerei, Bildbelagplatte ~ ~, Bildfliese *f* ~ ~ · tube-line tile

Bildträger *m*, Zophoros *m* [*Bilderfries der attisch-ionischen (Säulen)Ordnung*] · zo(o)phorus

Bildung *f*, Entstehung · formation

Bildungs|wärme *f* **bei der Säurereaktion** · acid heat

~weise *f* [*z.B. eines Fachwerkes*] · arrangement

Bild|unterschrift *f* · caption

~werferraum *m*, Vorführraum [*Kino*] · projection booth

Billner-Verfahren *n*, Vakuum-Behandlung *f* nach Billner [*Vakuumbeton*] · Billner method

Bimetallstreifen *m* · bi-metal strip

Bims *m*, ~stein *m*, Naturbims · pumice (stone)

~(bau)einheit *f* [*Fehlname*] → (Natur-)Bims(beton)(bau)element

~(bau)element *n* → (Natur)Bims(beton)(bau)element

~(bau)körper *m* → (Natur)Bims(beton)(bau)element

~baumaterial *n*, Natur~ [*Schweiz*]; (Natur)Bimsbaustoff *m* · pumice building material, ~ construction(al) ~, ~ structural ~

~baustein *m*, (Natur)Bims(beton)-block(stein) *m*, (Natur)Bims(beton)-stein [*Fehlname: Schwemmstein (aus (Natur)Bimsbeton)*] · pumice concrete building block, ~ ~ ~ tile [*See remark under 'Betonblock(stein)'*]

~baustoff *m*, Natur~; (Natur)Bimsbaumaterial *n* [*Schweiz*] · pumice building material, ~ construction(al) ~, ~ structural ~

~baustoffwerk *n*, Natur~ · pumice building materials factory, ~ construction ~ ~, ~ ~ ~ plant

~bauteil *m, n* → (Natur)Bimsbetonbauteil

Bimsbeton *m*, Kunst~, Hütten~ · foamed (blastfurnace) slag concrete (Brit.); expanded cinder ~ (US)

~, Natur~ · pumice concrete

Bims(beton)|(bau)einheit *f* [*Fehlname*] → (Natur)Bims(beton)(bau)element

~(bau)element *n* → Natur~

~(bau)körper *m* → (Natur)Bims(beton)(bau)element

~(bau)platte *f*, Natur~ · pumice (concrete) slab

~block(stein) *m* → Natur~

~dachplatte *f*, Natur~ · pumice (concrete) roof(ing) slab

~decke *f*, Natur~ · pumice concrete floor

Bims(beton)decken|(bau)körper *m*, Bims(beton)decken(bau)element *n*, Natur~ · pumice (concrete) floor (building) unit

~block(stein) *m*, Natur~, (Natur-)Bims(beton)deckenstein · pumice (concrete) floor block, ~ ~ ~ tile [*See remark under 'Block'*]

Bims(beton)(decken)|(füll)körper *m* → Natur~

~füllstein *m* → (Natur)Bims(beton)-(decken)(füll)körper

~hohlkörper *m* → Natur~

~körper *m* → Natur~

Bims(beton)decken|platte *f* → Natur~

~stein *m*, Bims(beton)deckenblock(stein) *m*, Natur~ · pumice (concrete) floor block, ~ (~) ~ tile [*See remark under 'Block'*]

Bims(beton)|diele *f* → Natur~

~einheit *f* [*Fehlname*] → (Natur)Bims-(beton)(bau)element

~element *n* → (Natur)Bims(beton)-(bau)element

~fertig(bau)element *n* → (Natur-)Bims(beton)(bau)element

Bims(beton)|(füll)körper *m* → (Natur-) Bims(beton)(decken)(füll)körper

~füllstein *m* → (Natur)Bims(beton)-(decken)(füll)körper

Bims(beton)hohl|balken(träger) *m* → Natur~

~(bau)körper *m*, Bims(beton)hohl-(bau)element *n*, Natur~ · pumice (concrete) hollow (building) unit

Bims(beton)hohlblock *m* → Natur~

~mauerwerk *n* → Natur~

Bims(beton)hohl(block)|stein *m* → Natur~

~steinmauerwerk *n* → Natur~

Bims(beton)-Hohl-(Decken)|Füllblock(stein) *m* → (Natur)Bims(beton)(decken)hohlkörper

~Füllstein *m* → (Natur)Bims(beton)-(decken)hohlkörper

Bims(beton)hohldiele *f*, Bims(beton)-stegdiele, Natur~ [*DIN 4028*] · (reinforced) pumice (concrete) hollow(-core) plank

~ für Dächer, Bims(beton)stegdiele ~ ~, Natur~ [*DIN 4027*] · (reinforced) pumice (concrete) hollow(-core) plank

Bims(beton)-Hohl-Füll|block(stein) *m* → (Natur)Bims(beton)(decken)-hohlkörper

~stein *m* → (Natur)Bims(beton)(dekken)hohlkörper

Bims(beton)hohl|körper *m* → (Natur)Bims(beton)(decken)hohlkörper

~platte *f*, Natur~ · pumice (concrete) hollow slab

~stein *m* → (Natur)Bims(beton)hohlblockstein

~steinmauerwerk *n* → (Natur)Bims-(beton)hohlblocksteinmauerwerk

Bims(beton)|körper *m* → (Natur)Bims-(beton)(bau)element

~oberschwelle *f* → Natur~

~platte *f*, Natur~ [*Fehlname: Schwemmstein-Bauplatte (aus (Natur)Bimsbeton)*] · (reinforced) pumice (concrete) slab

~rolladenkasten *m*, Bims(beton)rolljalousiekasten, Natur~ · pumice (concrete) roller box

~rolljalousiekasten *m*, Bims(beton)-rolladenkasten, Natur~ · pumice (concrete) roller box

~stegdiele *f*, Bims(beton)hohldiele, Natur~ [*DIN 4028*] · (reinforced) pumice (concrete) hollow(-core) plank

~stegdiele für Dächer, Bims(beton)-hohldiele ~ ~, Natur~ [*DIN 4027*] · (reinforced) pumice (concrete) hollow(-core) roof(ing) plank

~stein *m* → Natur~

~sturz *m* → Natur~

~-T-Block(stein) *m* → Natur~

Bimsbetonteil *m*, *n* → (Natur)Bims(beton)(bau)teil

Bims(beton)|trägerdecke *f*, Natur~ pumice (concrete) girder floor

~-T-Stein *m* → Natur~

~-U-Block(stein) *m* → Natur~

~-U-Stein *m* → Natur~

~vollblock *m* → Natur~

~vollplatte *f*, Natur~ · pumice (concrete) solid slab

~vollstein *m* → Natur~

~-Wand(bau)platte *f*, Natur~ · pumice (concrete) wall slab

~zuschlag(stoff) *m*, Natur~ · pumice (concrete) aggregate

Bims|block(stein) *m* → (Natur)Bimsbetonblock(stein)

~dachplatte *f* → Bims(beton)dachplatte

~deckenblock(stein) *m* → Bims(beton)deckenstein

~(decken)füllkörper *m* → (Natur-) Bims(beton)(decken)füllkörper

~(decken)füllstein *m* → (Natur)Bims-(beton)(decken)füllkörper

~(decken)hohlkörper *m* → (Natur-) Bims(beton)(decken)hohlkörper

~deckenplatte *f* → Naturbimsbetondeckenplatte

~deckenstein *m* → Bims(beton)dekkenstein

~diele *f* → Naturbimsbetondiele

~einheit *f* [*Fehlname*] → (Natur-) Bims(beton)bauelement

~element *n* → (Natur)Bims(beton)-(bau)element

~füllkörper *m* → (Natur)Bims(beton)-(decken)füllkörper

~füllstein *m* → (Natur)Bims(beton)-(decken)füllkörper

~hohlbalken(träger) *m* → Naturbimsbetonhohlbalken(träger)

Bimshohlblock *m* → (Natur)Bimsbetonhohlblock

~mauerwerk *n* → (Natur)Bimsbetonhohlblockmauerwerk

Bimshohl(block)stein *m* → (Natur-) Bimsbetonhohl(block)stein

~mauerwerk *n* → (Natur)Bimsbetonhohl(block)steinmauerwerk

Bims-Hohl-(Decken)Füll|block(stein) *m* → (Natur)Bims(beton)(decken)hohlkörper

~stein *m* → (Natur)Bims(beton)(dekken)hohlkörper

Bims-Hohl-Füllstein *m* → (Natur-) Bims(beton)(decken)hohlkörper

Bimshohlkörper *m* → Bims(beton)-hohl(bau)körper

~ → (Natur)Bims(beton)(decken)hohl-körper

Bimshohlstein *m* → (Natur)Bimsbeton-hohlblockstein

~mauerwerk *n* → (Natur)Bimsbeton-hohlblocksteinmauerwerk

Bimskies *m*, Natur~ [*Bims mit mehr als 7 mm Korndurchmesser*] · pumice gravel

~schüttung *f*, Natur~ · pumice gravel fill(ing)

Bims|korn *n*, Natur~ · pumice grain, ~ particle

~körper *m* → (Natur)Bims(beton)-(decken)(füll)körper

~körper *m* → (Natur)Bims(beton)bau-element

Bimsmehl *n* → (Natur)Bims(stein)mehl

~, Kunst~, Hüttenbimsmehl · foamed (blast-furnace) slag powder (Brit.); expanded cinder ~ (US)

Bims|oberschwelle *f* → (Natur)Bims-betonoberschwelle

~platte *f* → Bimsbetonplatte

~sand *m*, Natur~ [*Bims mit 0–7 mm Korndurchmesser*] · pumice sand

~splitt *m*, Natur~ · pumice chip(ping)s

~-Stahlbetonhohldiele *f* → Natur~

~-Stahlbetonstegdiele *f* → Natur~

~stegdiele *f* → Bimsbetonstegdiele

~(stein) *m*, Naturbims · pumice (stone)

Bimsstein *m* → (Natur)Bimsbetonstein

~, (Natur)Bims *m* [*Schaumig aufgeblähte vulkanische Lava*] · pumice (stone)

Bims(stein)mehl *n* → Natur~

Bims|steintuff *m* · pumiceous tuff, pumice (stone) ~

~sturz *m* → (Natur)Bimsbetonsturz

~-T-Block(stein) *m* → Naturbimsbe-ton-T-Block(stein)

~-T-Stein *m* → Naturbimsbeton-T-Stein

~-U-Block(stein) *m* → Naturbimsbe-ton-U-Block(stein)

~-U-Stein *m* → Naturbimsbeton-U-Stein

~vollblock *m* → Naturbimsbetonvoll-block

~vollstein *m* → Naturbimsbetonvoll-stein

~-Wand(bau)platte *f* → Bims(beton)-Wand(bau)platte

~zementdiele *f*, Natur~ [*Eine unarmierte Bimsbetonplatte aus Bimskies und Zement. Die Dielen sind der Länge nach meist mit Nut und Feder versehen*] pumice (concrete) plank

~zuschlag(stoff) *m* → Bims(beton)-zuschlag(stoff)

binär, aus zwei Elementen bestehend, zweiglied(e)rig, Zweistoff .... binary

Binde *f*, Dämm~ · insulating jacket, insulation(-grade) ~

~, Isolier~ · insulating jacket, insula-tion(-grade) ~

~ablauf *m* → (Ab)Bindeverlauf

~anfang *m*, Bindebeginn *m*, Ab~ [*hydraulisches Bindemittel*] · commence-ment of set(ting)

~beginn *m*, Bindeanfang *m*, Ab~ [*hydraulisches Bindemittel*] · commence-ment of set(ting)

~beschleuniger *m* → Bindezeitbe-schleuniger

~beschleunigung *f* → Abbindezeitbe-schleunigung

~blech *n* [*Bei zwei- und mehrteiligen Querschnitten werden die einzelnen Teile durch Bindebleche in ihrem gegenseitigen Abstand gehalten*] · batten (plate), cover ~, brace ~, stay ~, tie ~

~dauer *f* [*Verschnittbitumen*] → Ab~

~dauer *f*, Bindezeit *f*, Bindefrist *f*, Ab~ [*hydraulisches Bindemittel*] · set-ting time, time of set(ting), set time

~draht *m*, Rödeldraht · binding wire, lashing ~, annealed ~, iron ~, tying ~ [*Soft steel wire used for binding reinforcement*]

~eigenschaft *f*, Bindevermögen *n*, Bindefähigkeit *f*, Ab~ [*hydraulisches Bindemittel*] · set(ting) power, ~ quality, ~ capacity, ~ property, power of set(ting), quality of set(ting), capacity of set(ting), property of set(ting)

~eigenschaft *f* [*Verschnittbitumen*] → Ab~

~ende *n*, Ab~ [*hydraulisches Bindemittel*] · final set(ting)

~energie *f*, Ab~, (Ab)Bindungsenergie [*hydraulisches Bindemittel*] · energy of set(ting), set(ting) energy

~fähigkeit *f* [*Verschnittbitumen*] → Ab~

~fähigkeit *f*, Bindevermögen *n*, Bindeeigenschaft *f*, Ab~ [*hydraulisches Bindemittel*] · set(ting) power, ~ quality, ~ capacity, ~ property, power of set(ting), quality of set(ting), capacity of set(ting), property of set(ting)

~geschwindigkeit *f*, Ab~~ [*hydraulisches Bindemittel*] · rate of set(ting), set(ting) rate

~geschwindigkeit *f*, Ab~ [*Verschnittbitumen*] · curing rate, rate of curing

~gespärre *n*, Bundgespärre, Bundsparren *mpl*, Bindesparren *mpl*, Hauptsparren *mpl* · principal rafters, principals [*The main rafters, those in the roof truss which carry the purlin(e)s on which the common rafters are laid*]

~holz *n*, Brustholz, Bundholz, zugeschnittenes Bauholz · scantlings

~kurve *f*, Ab~, Verfestigungskurve · set(ting) curve, curve of set(ting)

~mechanismus *m*, Ab~ Verfestigungsmechanismus · mechanism of set(ting), set(ting) mechanism

Bindemittel *n*, Farben~ [*Der nichtflüchtige Anteil eines Anstrichstoffes (ohne Pigment aber einschließlich Weichmachern, Trockenstoffen und anderen nichtflüchtigen Hilfsstoffen). Das Bindemittel verbindet die Pigmentteilchen untereinander und mit dem Untergrund und bildet so mit ihnen gemeinsam den fertigen Anstrich. In pigmentfreien Anstrichstoffen umfaßt das Bindemittel alle nichtflüchtigen Bestandteile. Anmerkung: Das Bindemittel kann nichtflüchtiger Bestandteil sowohl des flüssigen Anstrichstoffes als auch nach physikalischer oder chemischer Änderung des trockenen Anstriches sein. Im Einzelfall spricht man von einem „Bindemittel im Anstrichstoff" oder von einem „Bindemittel im trockenen Anstrich"*] · (paint) binder, (~) (binding) medium

~ [*Feuerfestindustrie. Zusatz zu einem nicht plastischen, körnigen Material, um diesem eine bestimmte Verarbeitbarkeit und Festigkeit (im grünen und/oder trockenen Zustand) zu verleihen*] · binder, bond

~, Binder *m* · cementing material, cementitious ~, ~ agent, binder, binding medium, (binding) matrix (material), cement

~ → Straßenbau~

~ mit Füller, Binder *m* ~ ~, gefüllertes Bindemittel, gefüllerter Binder · fillerized binder

(~)Ablösung *f* **vom Gestein**, (Bindemittel)Ablösen *n* ~ ~ · stripping, displacement, bond(ing) failure

~anteil *m*, Binderanteil, Bindemittelgehalt *n*, Bindergehalt · binder content, ~ portion

~bestimmung *f*, Binderbestimmung · binder content determination

~-Füller-Gemisch *n* · binder-filler mix(ture)

~gehalt *m*, Bindergehalt, Bindemittelanteil *m*, Binderanteil · binder content, ~ portion

~haftung *f*, Bindemittelverbund *m* · bond between binder and aggregate

~leim *m*, Zementpaste *f*, Zementleim, (frischer) Zementbrei *m*, flüssiger Zement *m* · cement paste, wet (~) ~

~lösung *f* [*Anstrichfarbe*] · vehicle medium [*The liquid portion of paint, in which the pigment is dispersed; it is composed of the binder and the thinner, if any*]

~lösung *f* **auf Wassergrundlage**, ~ ~ Wasserbasis [*Anstrichfarbe*] · water-base(d) vehicle, ~ medium

~lösungsbasis *f*, Bindemittellösungsgrundlage *f* [*Anstrichfarbe*] · vehicle base, medium ~

~lösungsgrundlage *f*, Bindemittellösungsbasis *f* [*Anstrichfarbe*] · vehicle base, medium ~

~-Mineral-Masse *f*, Bindemittel-Mineral-Gemisch *n* · binder-aggregate mix(ture)

~mischung *f*, Bindemittelgemisch *n* · binder mix(ture)

~-Schnellbestimmung *f* · accelerated binder content determination

~technologie *f* · binder technology

~teilchen *n*, Binderteilchen · binder particle

(~)Umhüllung *f*, Umhüllen *n*, Benetzung, Benetzen · coating, wetting; wet mixing (US)

~wirkstoff *m* → Zusatz(mittel)

~zusatz(mittel) *m*, (*n*) → Zusatz(mittel)

~zusatzstoff *m* → Zusatz(mittel)

binden [*Mauerwerk*] · to bond

Binden *n* [*Mauerwerk*] · bonding

Binde|probe *f*, Ab~, (Ab)Bindeversuch *m*, (Ab)Bindeprüfung *f* [*für hydraulische Bindemittel*] · set(ting) test

~prozeß *m*, Ab~, (Ab)Bindevorgang *m*, (Ab)Bindeverlauf *m*, (Ab)Bindeablauf [*hydraulisches Bindemittel*] · set(ting) process, process of set(ting)

~prozeß *m* [*Verschnittbitumen*] → Ab~

~prüfer *m* → Ab~

~prüfgerät *n* → Ab~

~prüfung *f*, Ab~, (Ab)Bindeversuch *m*, (Ab)Bindeprobe *f* [*für hydraulische Bindemittel*] · set(ting) test

Binder *m* [*Anstrichtechnik*] · unpigmented water-carried paint, ~ (cold-)water ~

~, Dach~ · roof frame, ~ framing

~lösung *f* **auf Ölbasis**, ~ ~ Ölgrundlage [*Anstrichfarbe*] · oil-base(d) vehicle, ~ medium

~, Bindemittel *n* · cementing material, cementitious ~, ~ agent, binder, binding medium, (binding) matrix (material), cement

~, ~stein *m*, Strecker *m* · bonder, (bonding) header, bondstone [*A masonry unit which ties two or more wythes of a wall together by overlapping*]

~ → Bindemittel [*Anstrichstoff*]

~ [*Fehlname*]; Emulsion *f* (für Anstrichfarbe) · emulsion-like dispersion [*misnomer: emulsion*]

~ → Straßenbau~

~ in Dreieckform, Dach~ ~ ~ · (roof) truss [*A double-pitched triangulated structure*]

~ ~ Rahmenform, Dach~ ~ ~, Rahmen(dach)binder, Fachwerk(dach)binder, Flachdachbinder · roof frame (Brit.); flat roof truss (US) [*A structure with continuity between vertical and spanning members*]

~ mit Füller → Bindemittel ~ ~

~anteil *m*, Bindemittelanteil, Bindemittelgehalt *m*, Bindergehalt · binder content, ~ portion

~balken *m*, Bundbalken · binding beam, ~ joist, binder, roof joist

~bestimmung *f*, Bindemittelbestimmung · binder content determination

~dach *n* · triple roof

Bindereaktion *f*, Ab~ [*hydraulisches Bindemittel*] · reaction of set(ting), set(ting) reaction

binderegelnd → ab~

Binderegler *m* → Bindezeitregler

Binder|farbe *f*, Dispersionsfarbe, Dispersionsbinder(farbe) *m*, (*f*) [*Nichtpigmentierter Anstrichstoff auf der Grundlage einer Bindemitteldispersion, der mit Wasser verdünnbar ist und nach dem Trocknen einen wasserunlöslichen Anstrich hinterläßt*] · (cold-)water paint

~gehalt *m*, Bindemittelgehalt, Binderanteil *m*, Bindemittelanteil · binder content, ~ portion

~kopf *m*, Streckerkopf · head

~scheibe *f* [*Faltwerk*] · bulkhead, (end) diaphragm

~schicht *f*, Streckerschicht · header course, heading ~, bonder ~, bondstone ~, bonding ~

~(stein) *m*, Strecker *m* · bonder, (bonding) header, bondstone [*A masonry unit which ties two or more wythes of a wall together by overlapping*]

~verband *m*, Streckerverband, Kopfverband [*Die Steine liegen mit Längsseite senkrecht zur Mauerfläche; die Schichten sind zueinander mit 1/4 Stein verschoben*] · heading bond, header ~

~(ziegel) *m*, Strecker *m* · bonder brick, header ~ [*A brick which ties two or more wythes of a wall together by overlapping*]

Binde|schwindung *f* → Ab~

~sparren *m*, Bundsparren, Hauptsparren · principal (rafter), main ~

~sparren *mpl*, Hauptsparren *mpl*, Bundsparren *mpl*, Bundgespärre *n*, Bindegespärre · principal rafters, principals [*The main rafters, those in the roof truss which carry the purlin(e)s on which the common rafters are laid*]

bindesteuernd → ab~

Binde|störung *f*, Ab~ [*hydraulisches Bindemittel*] · disturbance of set(ting)

~verlauf *m*, Ab~, (Ab)Bindevorgang *m*, (Ab)Bindeprozeß *m*, (Ab)Bindeablauf [*hydraulisches Bindemittel*] · set(ting) process, process of set(ting)

~verlauf *m* [*Verschnittbitumen*] → Ab~

~vermögen *n*, Bindefähigkeit *f*, Bindeeigenschaft, Ab~ [*hydraulisches Bindemittel*] · set(ting) power, ~ quality, ~ capacity, ~ property, power of set(ting), quality of set(ting), capacity of set(ting), property of set(ting)

~vermögen *n* [*Verschnittbitumen*] → Ab~

~versuch *m*, Ab~, (Ab)Bindeprobe *f*, (Ab)Bindeprüfung *f* [*für hydraulische Bindemittel*] · set(ting) test

~verzögerer *m* → (Ab)Bindezeitverzögerer

~verzögerung *f* → Abbindezeitverzögerung

~vorgang *m*, Ab~, (Ab)Bindeverlauf *m*, (Ab)Bindeprozeß *m*, (Ab)Bindeablauf [*hydraulisches Bindemittel*] · set(-ting) process, process of set(ting)

~vorgang *m* [*Verschnittbitumen*] → Ab~

~wärme *f*, Ab~ · heat of set(ting), set(ting) heat

~wasser *n* → Ab~

~wert *m* → Ab~

~wert *m* **unter Wassereinwirkung**, BWW *m* · binding value under the action of water [*bituminous binder*]

~zeit *f*, Bindedauer *f*, Bindefrist *f*, Ab~ [*hydraulisches Bindemittel*] · set(ting) time, time of set(ting)

~zeit *f* [*Verschnittbitumen*] → Ab~

Binde(zeit)beschleuniger *m* **für hydraulische Bindemittel**, Ab~ ~ ~ ~, Erstarrungs(zeit)beschleuniger ~ ~ ~ · accelerating additive for set(ting), set(ting) accelerator additive

~beschleuniger *m* **für hydraulische Gemische**, ~ ~ ~ Mischungen, Ab~ ~ ~ ~, Erstarrungs(zeit)beschleuniger ~ ~ ~ · accelerating admix(ture) for set(ting), set(ting) accelerator admix(ture)

~beschleunigung *f* → Ab~

~regler *m*, Ab~ (Er)Härtungs(zeit)regler, Erstarrungs(zeit)regler [*für hydraulische Bindemittel und hydraulische Mischungen*] · setting and hardening control(l)ing agent [*A substance which, when present in small quantities, controls the setting and hardening of a cementitious material*]

~verzögerer *m* → Ab~

~verzögerung *f* → Ab~

Bindfadenmodell *n* · string model [*The string represents the structural ribs of the building concerned*]

biologische Betonabschirmung *f* · concrete biological shield(ing)

(biologischer) Schirm *m*, Abschirmwand *f* eines Reaktors, Reaktorabschirmwand · (bulk) shield

~ Stil *m* · biological style [*Style incorporating decorative motifs taken from nature*]

Biotit|gneis *m* · biotite-gneiss

~granit *m* [*früher: Granitit*] · biotite-granite, granitite

~schiefer *m*, Dunkelglimmerschiefer · biotite-schist

Birken|holzteer *m* · birch wood tar

~rindenteer *m* · birch-bark tar

bis zum Bruch belasten · to load to failure

bischöflicher Stil *m*, hochgotischer englischer Kathedralstil · E. E. cathedral style, Early English ~ ~

Bischofs|kirche *f*, Episkopalkirche · episcopal church

~palast *m* · bishop's palace

Bismarckbraun *n* · Bismarck brown

Bismit *m*, Wismutocker *m*, Bi_2O_3 (Min.) · bismite; bismuth ochre (Brit.); bismuth ocher (US)

Bismuthin *m*, Wismutglanz *m*, Bi_2S_3 (Min.) · bismuthinite, bismuth glance

bistabil · bi-stable

Bitter|salz *n* · Epsom salt

~spat *m*, Magnesit *m*, $MgCO_3$ (Min.) · magnesite, bitter spar

Bitu|kasadstein *m*, Bitumen-Kalksandstein, Asphaltstein, bitumengetränkter Kalksandstein · asphalt(-impregnated) sand-lime brick (US); (asphaltic-)bitumen (impregnated) ~ ~ (Brit.); ~ lime-sand ~, ~ calcium silicate ~

~kies *m*, Kies(walz)asphalt *m* · gravel asphalt; bitumen macadam with gravel aggregate [*B.S. 2040*] [*Dense hot-rolled asphalt with gravel as aggregate*]

Bitumen *n* [*Fehlname: Asphaltbitumen*] · asphalt (US); (asphaltic-)bitumen (Brit.)

~ größtenteils unlöslich in CS_2 und größtenteils unverseifbar [*Beispiele: Elaterit, Torf, Braunkohle, Ölschiefer*] · pyrobitumen

~ im weiteren Sinne · bitumen

~ und verwandte Stoffe · bituminous substances

~(ab)dichtung *f* · (asphaltic-)bitumen seal(ing) (Brit.); asphalt ~ (US)

Bitumen(ab)dicht(ungs)|bahn *f* · (asphaltic-)bitumen seal(ing) sheet(ing) (Brit.); asphalt ~ ~ (US)

~paste *f* · (asphaltic-)bitumen seal(ing) paste (Brit.); asphalt(ic) ~ ~ (US)

~strick *m*, Bitumenstrick · (asphaltic-)bitumen(-impregnated) seal(ing) rope (Brit.); asphalt-impregnated ~ ~ (US); ~ pouring ~, ~ joint runner

Bitumen|abklebung *f* [*(Preß)Stroh-(dämm)platte*] · (asphaltic-)bitumen liner (Brit.); asphalt ~ (US)

Bitumenanstrich *m*, Bitumenaufstrich · asphalt coat (US); (asphaltic-)bitumen ~ (Brit.)

~masse *f* · (asphaltic-)bitumen coating compound (Brit.); asphalt ~ ~ (US)

~(mittel) *m*, (*n*), Bitumenanstrichstoff *m*, Bitumenaufstrich(mittel), Bitumenaufstrichstoff · (asphaltic-)bitumen coating (material) (Brit.); asphalt ~ (~) (US)

~stoff *m*, Bitumenanstrich(mittel *m*, (*n*), Bitumenaufstrich(mittel), Bitumenaufstrichstoff · (asphaltic-)bitumen coating (material) (Brit.); asphalt ~ (~) (US)

~schicht *f*, Bitumenaufstrichschicht · asphalt individual coat (US); (asphaltic-)bitumen ~ ~ (Brit.)

Bitumen|anteil *m*, Bitumengehalt *m* · bitumen content, asphaltic-~ ~ (Brit.); asphalt ~ (US)

~asbestfaser-Spachtel(masse) *m*, (*f*) · (asphaltic-)bitumen/asbestos fibre cement (Brit.); asphalt/asbestos fiber ~ (US)

~-Asbest-Masse *f* · (asphaltic-)bitumen/asbestos compound (Brit.); asphalt/asbestos ~ (US); ~ mass, ~ composition, ~ material

~-Asbestpappe *f*, Asbest-Bitumenpappe · asbestos base(d) (asphaltic-)bitumen paper (Brit.); ~ ~ asphalt ~ (US); ~ ~ ~ felt(ed fabric) [*The base consists of a sheet(ing) of asbestos fibre (Brit.)/fiber (US) containing not less than 80 per cent of asbestos and is saturated with a suitable (asphaltic) bitumen (Brit.)/asphalt (US)*]

Bitumenaufstrich *m*, Bitumenanstrich · asphalt coat (US); (asphaltic-)bitumen ~ (Brit.)

~(mittel) *m*, (*n*), Bitumenaufstrichstoff *m*, Bitumenanstrichstoff, Bitumenanstrich(mittel) · (asphaltic-)bitumen coating (material) (Brit.); asphalt ~ (~) (US)

~schicht *f*, Bitumenanstrichschicht · asphalt individual coat (US); (asphaltic-) bitumen ~ ~ (Brit.)

~stoff *m*, Bitumenaufstrich(mittel) *m*, (*n*), Bitumenanstrichstoff, Bitumenanstrich(mittel) · (asphaltic-)bitumen coating (material) (Brit.); asphalt ~ (~) (US)

Bitumen|-Ausgußmasse *f* → Bitumen-Fugen(ver)gußmasse

~auskleidung *f*, Bitumenverkleidung, Bitumenbekleidung, Asphaltauskleidung, Asphaltverkleidung, Asphaltbekleidung · asphalt(ic) lining, ~ (sur)facing (US); (asphaltic-)bitumen ~ (Brit.)

~bahn *f* · (asphaltic-)bitumen sheet(ing) (Brit.); asphalt ~ (US)

~band *n* [*als Rohrdichtung*] · asphalt tape (US); (asphaltic-)bitumen ~ (Brit.)

~basis *f*, Bitumengrundlage *f* · (asphaltic-) bitumen base (Brit.); asphalt ~ (US)

bitumenbasisches Erdöl *n*, asphaltbasisches ~ · asphaltic(-base) (crude) petroleum, ~ crude

Bitumen|baupappe *f*, Asphaltbaupappe · asphalt building paper, ~ general-use ~ (US); (asphaltic-)bitumen ~ ~ (Brit.) [*See remark under 'Pappe'*]

~beigabe *f*, Bitumenzusatz *m* · (asphaltic-)bitumen addition (Brit.); asphalt ~ (US)

~bekleidung *f*, Bitumenauskleidung, Bitumenverkleidung, Asphaltauskleidung, Asphaltverkleidung, Asphaltbekleidung · asphalt(ic) lining, ~ (sur)facing (US); (asphaltic-)bitumen ~ (Brit.)

bitumenbeschichtet, bitumenüberzogen · asphalt coated (US); (asphaltic-)bitumen ~ (Brit.)

Bitumen|bindemittel *n*, Bitumenbinder *m* · asphalt binder (US); (asphaltic-)bitumen ~, asphaltic ~ (Brit.)

~binder *m*, Bitumenbindemittel *n* · asphalt binder (US); (asphaltic-)bitumen ~, asphaltic ~ (Brit.)

~blasanlage *f*, Erdöl~ · (air-)blowing installation, air-rectification ~, oxidizing ~

~-Dach(ab)dicht(ungs)bahn *f* [*DIN 52130*] · (asphaltic-)bitumen roof(ing) sheet(ing) (Brit.); asphalt ~ ~ (US)

Bitumendachanstrich *m*, Bitumendachaufstrich · asphalt top dressing (US); (asphaltic-)bitumen ~ ~ (Brit.)

~mittel *n*, Bitumendachanstrichstoff *m*, Bitumendachaufstrichmittel, Bitumendachaufstrichstoff, Bitumendeckanstrichmittel, Bitumendeckanstrichstoff, Bitumendeckaufstrichmittel, Bitumendeckaufstrichstoff · asphalt(ic) roof(ing) cement (US); (asphaltic-)bitumen ~ ~ (Brit.)

~stoff *m* → Bitumendachanstrichmittel

Bitumendachaufstrich *m*, Bitumendachanstrich · asphalt top dressing (US); (asphaltic-)bitumen ~ ~ (Brit.)

~mittel *n* → Bitumendachanstrichmittel

~stoff *m* → Bitumendachanstrichmittel

Bitumen|dachbahn *f*, Bitumendach(ein)deck(ungs)bahn · asphalt roof(ing) sheet(ing) (US); (asphaltic-)bitumen ~ ~ (Brit.)

~-Dachdicht(ungs)bahn *f*, Bitumen-Dachabdicht(ungs)bahn · (asphaltic-)bitumen roof seal(ing) sheet(ing) (Brit.); asphalt ~ ~ ~ (US)

Bitumendach|(ein)deck(ungs)bahn *f*, Bitumendachbahn · asphalt roof(ing) sheet(ing) (US); (asphaltic-)bitumen ~ ~ (Brit.)

~kitt *m* → Bitumen(dach)spachtel(masse)

Bitumendachpappe *f* [*Fehlname: teerfreie Dachpappe*] · asphalt ready roofing, ~ composition ~, ~ prepared ~, ~ roof(ing) felt (US); (asphaltic-)bitumen ~ ~, bituminous roof(ing) felt [*B.S. 747*]

~ in Bahnenform, Bahnen-Bitumendachpappe · asphalt sheet roofing (US); (asphaltic-)bitumen ~ ~ (Brit.)

~ ~ Rollenform, Rollen-Bitumendachpappe · asphalt roll(ed-strip) roofing (US); (asphaltic-)bitumen ~ ~ (Brit.)

Bitumen(dach)|schindel *f*, Asphalt(dach)schindel, (Dach)Schindel aus Dachpappe, (Dach)Pappschindel · prepared-roofing shingle, ready-roofing, ~ composition-roofing ~; asphalt ~ (US); (asphaltic-)bitumen ~ (Brit.)

~spachtel(masse) *m*, (*f*), Bitumendeckaufstrichmittel *n*, Bitumendeckmasse, Bitumendeckanstrichmittel, Bitumendachkitt *m* · asphalt roof(ing) cement (US); (asphaltic-)bitumen ~ ~ (Brit.)

Bitumendeckanstrich|mittel *n* → Bitumen(dach)spachtel(masse)

~stoff *m* → Bitumendachanstrichmittel

Bitumendeckaufstrich|mittel *n* → Bitumen(dach)spachtel(masse)

~stoff *m* → Bitumendachanstrichmittel

Bitumen|deckmasse *f* → Bitumen(dach)spachtel(masse)

~dichtung *f*, Bitumenabdichtung · (asphaltic-)bitumen seal(ing) (Brit.); asphalt ~ (US)

~dicht(ungs)bahn *f*, Bitumenabdicht(ungs)bahn · (asphaltic-)bitumen seal(ing) sheet(ing) (Brit.); asphalt ~ ~ (US)

~dispersion *f* · (asphaltic-)bitumen dispersion (Brit.); asphalt(ic) ~ (US)

~einstreudecke *f*, Asphalteinstreudecke, Bitumenstreumakadam *m*, Asphaltstreumakadam [*Eine Schotterdecke bei der anstatt des Schlemmsandes ein mit Verschnittbitumen umhülltes Splittgemisch in die Zwischenräume des Schotters eingebaut und eingewalzt wird. Zum Abschluß erhält der Belag meist noch eine dünne Auflage von Bitumensplitt*] · asphalt dry penetration surfacing, ~ ~ process penetration macadam

Bitumenemulsion *f* → Straßenbau~

~ mit festem Emulgator, ~ ~ unlöslichem ~ [*Fehlname: Bitumensuspension f*] · (asphaltic-)bitumen emulsion with colloidal emulsifier (Brit.); asphalt(ic) ~ ~ ~ ~ (US)

~ ~ unlöslichem Emulgator, ~ ~ festem ~ [*Fehlname: Bitumensuspension f*] · (asphaltic-)bitumen emulsion with colloidal emulsifier (Brit.); asphalt(ic) ~ ~ ~ ~ (US)

Bitumen|emulsions-Industrie(fuß)-boden(belag) *m*, Kaltbitumen-Industrie(fuß)boden(belag) · industrial mastic floor(ing) (or floor finish, or floor cover(ing)) containing (asphaltic) bitumen (Brit.) (or asphalt (US)) emulsion [*It is laid cold and provides a tough and durable surface capable of resisting extremely severe impact as well as heavy point loads and continuous traffic wear*]

~erzeugnis *n* · asphalt product (US); (asphaltic-)bitumen ~ (Brit.)

~fertigbahn *f*, Bitumengewebebahn, Asphaltgewebebahn, Asphaltfertigbahn · prefab(ricated) (asphaltic) bitumen sheet(ing) (Brit.); ~ asphalt ~ (US)

~film *m* · (asphaltic-)bitumen film (Brit.); asphalt ~ (US)

~filz *m* [*Ein mit Bitumen imprägnierter Filz aus Pflanzenfasern; er ist also keine Wollfilzpappe*] · asphalt-saturated felt(ed fabric) (US); (asphaltic-)bitumen-saturated ~ (~) (Brit.)

~filzmatte *f* · asphalt-saturated felt(ed fabric) mat, ~ ~ (~) pad (US); (asphaltic-)bitumen-saturated ~ (~) ~ (Brit.)

~formling *m* · bitumen briquette, asphaltic-~ ~ (Brit.); asphalt(ic) ~ (US)

~fugen(ab)dicht(ungs)kitt *m* → plastische Bitumenfugen(ab)dicht(ungs)-masse

~-(Fugen)Ausgußmasse *f* → Bitumen-Fugen(ver)gußmasse

~-(Fugen)Gießmasse *f* → Bitumen-Fugen(ver)gußmasse

~(fugen)kitt *m* → plastische Bitumenfugen(ab)dicht(ungs)masse

~-Fugengußmasse *f* → Bitumen-Fugenvergußmasse

~(fugen)mastix *m* → plastische Bitumenfugen(ab)dicht(ungs)masse

~-Fugen(ver)gußmasse *f*, Bitumen-(Fugen)Ausgußmasse, Bitumen-Vergußmasse, Bitumen-(Fugen)Gießmasse · (asphaltic-)bitumen (joint) pouring compound (Brit.); asphalt (~) ~ ~ (US)

~-Füller-Gemisch *n*, Bitumen-Füller-Mischung *f* · (asphaltic-)bitumen-filler mix(ture) (Brit.); asphalt-filler ~ (US)

~füllkitt *m* → plastische Bitumenfugen-(ab)dicht(ungs)masse

bitumengebunden · asphalt-bonded (US); (asphaltic-)bitumen-bonded (Brit.)

Bitumengehalt *m*, Bitumenanteil *m* · bitumen content, asphaltic-~ ~ (Brit.); asphalt ~ (US)

bitumen|getränkt · asphalt impregnated, ~ saturated (US); (asphaltic-)bitumen-impregnated, (asphaltic-)bitumen-saturated (Brit.)

~getränkter Kalksandstein *m* → Bitumen-Kalksandstein

Bitumen|gewebebahn *f*, Bitumenfertigbahn, Asphaltgewebebahn, Asphaltfertigbahn · prefab(ricated) (asphaltic-) bitumen sheet(ing) (Brit.); ~ asphalt ~ (US)

~-Gießmasse *f* → Bitumen-Fugen-(ver)gußmasse

~grund(ierung) *m*, (*f*), Bitumengrundiermittel *n*, Bitumen-Grundanstrichmittel, Bitumen-Grundierstoff *m*, Bitumen-Grundanstrichstoff · asphalt primer (US); (asphaltic-)bitumen ~ (Brit.)

~grundlage *f*, Bitumenbasis *f* · (asphaltic-)bitumen base (Brit.); asphalt ~ (US)

~-Gummi-Masse *f*, Bitumen-Kautschuk-Masse · asphalt-rubber mass, ~ composition, ~ material, ~ compound (US); (asphaltic-)bitumen-rubber ~ (Brit.)

~-Gummi-Streifen *m* · rubber/bitumen strip (Brit.); rubber/asphalt ~ (US)

bitumenhaltig · asphalt based, asphaltic (US); (asphaltic-)bitumen based, containing (asphaltic) bitumen (Brit.)

Bitumenheiß|anstrich *m* → Bitumenheißaufstrich

~aufstrich *m*, Bitumenheißanstrich, Heißbitumenlage *f*, Bitumenheißlage, Heißbitumenaufstrich, Heißbitumenanstrich, Heißbitumenschicht, Heißbitumen(ab)dicht(ungs)lage, Heißbitumen-(ab)dicht(ungs)schicht · mopping of hot asphalt (US); ~ ~ ~ asphalt(ic) bitumen (Brit.)

~kleb(e)masse *f*, Heiß-Bitumenkleb(e)-masse, heißflüssige Bitumenkleb(e)masse · hot asphalt(ic) cement (US); ~ (asphaltic-)bitumen ~ (Brit.)

~lage *f* → Bitumenheißaufstrich

Bitumen|imprägnieren *n*, Bitumentränken · asphalt saturating, ~ impregnating (US); (asphaltic-)bitumen ~ (Brit.)

~imprägnierung *f*, Bitumentränkung · asphalt impregnation, ~ saturation (US); (asphaltic-)bitumen ~ (Brit.)

Bitumenisolier|anstrich *m*, Bitumenisolieraufstrich · (asphaltic-)bitumen insulation(-grade) coat, ~ insulating ~ (Brit.); asphalt ~ ~ (US)

~aufstrich *m*, Bitumenisolieranstrich · (asphaltic-)bitumen insulation(-grade) coat, ~ insulating ~ (Brit.); asphalt ~ ~ (US)

~paste *f*, Asphaltisolierpaste · (asphaltic-) bitumen insulating paste, ~ insulation (-grade) ~ (Brit.); asphalt ~ ~ (US)

~platte *f*, Asphaltisolierplatte · (asphaltic-)bitumen insulation(-grade) slab, ~ insulating ~ (Brit.); asphalt ~ ~ (US)

Bitumen-Kalksandstein *m*, Bitukasadstein, Asphaltstein, bitumengetränkter Kalksandstein · asphalt(-impregnated) sand-lime brick (US); (asphaltic-)bitumen(-impregnated) ~ ~ (Brit.); ~ lime-sand ~, ~ calcium silicate ~

bitumenkaschiert · asphalt-laminated (US); (asphaltic-)bitumen-laminated (Brit.)

Bitumen-Kautschuk-Masse *f*, Bitumen-Gummi-Masse · asphalt-rubber mass, ~ material, ~ composition, ~ compound (US); (asphaltic-)bitumen-rubber ~ (Brit.)

Bitu(men)kies *m*, Asphaltkies · asphalt-coated gravel (US); (asphaltic-)bitumen-coated ~ (Brit.)

Bitumen|kitt *m* → plastische Bitumenfugen(ab)dicht(ungs)masse

~-Kleb(e)dach(belag) *n*, (*m*), Bitumen-Kleb(e)(dach)(ein)deckung *f*, Bitumen-Kleb(e)bedachung, Bitumen-Spachteldach(belag), Bitumen-Spachtel(dach)-(ein)deckung, Bitumen-Spachtelbedachung · built-up asphalt roof covering, ~ ~ ~ cladding, ~ ~ ~ sheathing (US); ~ (asphaltic-)bitumen ~ ~ (Brit.); ~ asphalt roof(ing) (US); ~ (asphaltic-)bitumen roof(ing) (Brit.)

~kleb(e)masse *f* · (asphaltic-)bitumen adhesive composition, ~ ~ compound, ~ bonding ~, ~ cementing ~ (Brit.); asphalt(ic) ~ ~ (US)

~kleber *m*, Bitumenkleb(e)stoff *m*, Bitumenkleb(e)mittel *n* · (asphaltic-) bitumen bonding adhesive, ~ cement(ing agent), ~ bonding agent, ~ bonding medium (Brit.) [*B.S. 3940*]; asphalt ~ ~ (US); (asphaltic-)bitumen adhesive (Brit.); asphalt adhesive (US)

~korkfilz *m* [*Ein gröberer Filz als der Bitumenfilz, in dem Korkteilchen und expandierte Korkstückchen eingearbeitet sind*] · asphalt-saturated felt(ed fabric) with cork (US); (asphaltic-) bitumen-saturated ~ (~) ~ ~ (Brit.)

~korkfilzmatte *f* · asphalt-saturated felt(ed fabric) mat with cork, ~ ~ (~) pad ~ ~ (US); (asphaltic-)bitumen-saturated ~ (~) ~ ~ ~ (Brit.)

~kügelchen *n* · bitumen globule, asphaltic-~ ~ (Brit.); asphalt ~ (US)

~lack *m*, Bitumenlösung *f* [*Fehlnamen: Asphaltlack, Asphaltlösung*] · asphalt(ic) varnish, black ~

~lage *f*, Bitumenschicht *f* · (asphaltic-) bitumen layer (Brit.); asphalt ~ (US)

~-Latex-Emulsion *f* · (asphaltic-)bitumen/latex emulsion (Brit.); asphalt/latex ~ (US)

~lochbahn *f* · (asphaltic-)bitumen perforated sheet(ing) (Brit.); asphalt ~ ~ (US)

~lösung *f*, Bitumenlack *m* [*Fehlnamen: Asphaltlack, Asphaltlösung*] · asphalt(ic) varnish, black ~

~makadam *m*, Asphaltmakadam · (asphaltic-)bitumen macadam (Brit.); asphalt(ic) ~ (US)

~masse *f* · bitumen composition, ~ compound, asphaltic-~ ~ (Brit.); asphalt ~ (US)

~mastix *m* → plastische Bitumenfugen(ab)dicht(ungs)masse

~mastix *m*, Asphaltmastix · asphalt mastic (US); mastic asphalt (Brit.) [*B. S. 1446*]

~-Mineralgemisch *n*, Bitumen-Mineralmischung *f* · asphalt-aggregate mix(ture) (US); (asphaltic-)bitumen-aggregate ~ (Brit.)

~mischmakadam *m*, Asphaltmischmakadam · plant-mix(ed) (asphaltic-) bitumen macadam (Brit.); ~ asphaltic ~ (US)

~mörtel *m*, Asphaltmörtel · asphalt(ic) mortar (US); (asphaltic-)bitumen ~ (Brit.)

~-Mörtelmakadam *m*, (Asphalt-)Mörtelmakadam [*Die Hohlräume einer abgewalzten Schotterschicht werden durch Einbringen eines bituminösen Mörtels verfüllt*] · grouted macadam

~papier *n* · asphalt-saturated paper (US); (asphaltic-)bitumen-saturated ~ (Brit.)

~-Pappbedachung *f* → Bitumen-Pappdach(belag)

~-Pappdach(belag) *n*, (*m*), Bitumen-Papp(ein)deckung *f*, Bitumen-Pappdach(ein)deckung, Bitumen-Pappbedachung · roof cover(ing) with asphalt ready roofing, ~ cladding ~ ~ ~ ~, ~ sheathing ~ ~ ~ ~, ~ ~ ~ ~ composition ~, ~ ~ ~ ~ prepared ~, ~ ~ ~ ~ roof(ing) felt (US); ~ ~ ~ (asphaltic-)bitumen ~ ~ (Brit.)

~-Pappdach(ein)deckung *f* → Bitumen-Pappdach(belag)

~-Pappdeckung *f* → Bitumen-Pappdach(belag)

~pappe *f* · asphalt rag felt, ~ wool ~ (US); (asphaltic-)bitumen ~ ~ (Brit.)

~-Papp(ein)deckung *f* → Bitumen-Pappdach(belag)

~paste *f* [*Bitumenpasten bestehen aus Bitumen und mineralischen Zusätzen – vielfach Faserstoff und Asbest – und werden entweder heiß verarbeitet oder können durch Lösungsmittelzusatz oder Emulgation des Bitumens auch kalt verarbeitbar hergestellt werden*] · asphalt-based paste (US); (asphaltic-)bitumen-based ~ (Brit.)

~platte *f*, Holzfaser-~ [*Dem Faserbrei werden bis zu 25% Bitumen beigemischt*] · (asphaltic-)bitumen-type wood fibre board (Brit.); asphalt-type wood fiber ~ (US)

~probe *f*, Bitumenversuch *m*, Bitumenprüfung *f* · (asphaltic-)bitumen test (Brit.); asphalt ~ (US)

~prüfung *f*, Bitumenprobe *f*, Bitumenversuch *m* · (asphaltic-)bitumen test (Brit.); asphalt ~ (US)

~rostschutzfarbe *f* · asphalt-based rust protective paint, ~ ~ protection ~ (US); (asphaltic-)bitumen-based ~ ~ ~ (Brit.)

~sand *m*, Asphaltsand [*Naturasphalt mit hohem Gehalt an Mineralstoffen*] · bituminous sand, asphaltic ~

Bitu(men)sand *m*, Asphaltsand · bitumen-coated sand, asphaltic-~ ~ (Brit.); asphalt-coated ~ (US)

Bitumen|schicht *f*, Bitumenlage *f* · (asphaltic-)bitumen layer (Brit.); asphalt ~ (US)

~schindel *f*, Bitumendachschindel, Asphalt(dach)schindel, (Dach)Schindel aus Dachpappe, (Dach)Pappschindel · prepared-roofing shingle, ready-roofing ~, composition-roofing ~; asphalt ~ (US); (asphaltic-)bitumen ~ (Brit.)

~schlämme *f* · (asphaltic-)bitumen slurry (Brit.); asphalt ~ (US)

~schotter *m* · asphalt-coated crushed stone (US); asphaltic bitumen-coated (road) metal (Brit.)

~schutzanstrich *m*, Bitumenschutzaufstrich · (asphaltic-)bitumen protection coat, ~ protective ~ (Brit.); asphalt ~ ~ (US)

~schutzanstrich(mittel) *m*, (*n*), Bitumenschutzaufstrich(mittel), Bitumenschutzanstrichstoff *m*, Bitumenschutzaufstrichstoff · (asphaltic-)bitumen protective coating (material) (Brit.); asphalt ~ ~ (~) (US)

~schutzaufstrich *m*, Bitumenschutzanstrich · (asphaltic-)bitumen protection coat, ~ protective ~ (Brit.); asphalt ~ ~ (US)

~schutzpappe *f*, Asphaltschutzpappe · asphalt(-impregnated) protective felt (US); (asphaltic-)bitumen ~ ~ (Brit.)

(~)Schweißbahn *f* · welded (asphaltic-) bitumen sheet(ing) (Brit.); asphalt ~ (US) [*It is applied in two layers welded together by blow lamp after adhesion of the first layer to the structure*]

~sorte *f* · (asphaltic-)bitumen grade (Brit.); asphalt ~ (US)

~-Spachteldach(belag) *n*, (*m*), Bitumen-Spachtel(dach)(ein)deckung *f*, Bitumen-Spachtelbedachung, Bitumen-Kleb(e)dach(belag), Bitumen-Kleb(e)-(dach)(ein)deckung, Bitumen-Kleb(e)-bedachung · built-up asphalt roof covering, ~ ~ ~ cladding, ~ ~ ~ sheathing (US); ~ (asphaltic-)bitumen ~ ~ (Brit.); ~ asphalt roof(ing) (US); ~ (asphaltic-)bitumen roof(ing) (Brit.)

~spachtel(masse) *m* (*f*) → Bitumendachspachtel(masse)

~sperranstrich *m* · asphalt(ic) waterproofer coat (US); (asphaltic-)bitumen ~ ~, bituminous ~ ~ (Brit.)

~splitt *m* · (asphaltic-)bitumen-coated chip(ping)s (Brit.); asphalt-coated ~ (US)

~streifen *m* · bitumen-impregnated strip, asphaltic-~ ~ (Brit.); asphalt-impregnated ~ (US)

~streumakadam *m*, Asphaltstreumakadam, Asphalteinstreudecke *f*, Bitumeneinstreudecke [*Eine Schotterdecke, bei der anstatt des Schlemmsandes ein mit Verschnittbitumen umhülltes Splittgemisch in die Zwischenräume des Schotters eingebaut und eingewalzt wird. Zum Abschluß erhält der Belag meist noch eine dünne Auflage von Bitumensplitt*] · asphalt dry penetration surfacing, ~ ~ process penetration macadam

~strick *m*, Bitumen-(Ab)Dicht(ungs)-strick · (asphaltic-)bitumen(-impregnated) seal(ing) rope (Brit.); asphalt-impregnated ~ ~ (US); ~ pouring ~, ~ joint runner

~suspension *f* [*Fehlname*]; Bitumenemulsion mit unlöslichem Emulgator, Bitumenemulsion mit festem Emulgator · (asphaltic-)bitumen emulsion with colloidal emulsifier (Brit.); asphalt(ic) ~ ~ ~ ~ (US)

~-Torkret *m* · asphalt gunite (US); (asphaltic-)bitumen ~ (Brit.)

~tränken *n*, Bitumenimprägnieren · asphalt saturating, ~ impregnating (US); (asphaltic-)bitumen ~ (Brit.)

~tränkmakadam *m*, Asphalttränkmakadam · (asphaltic-)bitumen penetration macadam (Brit.); asphalt(ic) ~ ~ (US)

~tränkung *f*, Bitumenimprägnierung · asphalt impregnation, ~ saturation (US); (asphaltic-)bitumen ~ (Brit.)

~-Trennmittel *n* [*Zur Ausbildung von wirksamen Trennfilmen für Lkw-Ladeflächen, Aufzugkübel und Gußasphalteimer*] · asphalt adhesion-preventing agent (US); (asphaltic-)bitumen ~ ~ (Brit.)

bitumenüberzogen, bitumenbeschichtet · asphalt coated (US); (asphaltic-)bitumen ~ (Brit.)

Bitumen|(ver)füllkitt *m* → plastische Bitumenfugen(ab)dicht(ungs)masse

~-Vergußmasse *f* → Bitumen-Fugen-(ver)gußmasse

~verkleidung *f*, Bitumenauskleidung, Bitumenbekleidung, Asphaltauskleidung, Asphaltverkleidung, Asphaltbekleidung · asphalt(ic) lining, ~ facing (US); (asphaltic-)bitumen ~ (Brit.)

~versuch *m*, Bitumenprüfung *f*, Bitumenprobe *f* · (asphaltic-)bitumen test (Brit.); asphalt ~ (US)

~vorimprägnieren *n*, Bitumenvortränken · asphalt pre-saturating, ~ pre-impregnating (US); (asphaltic-)bitumen ~ (Brit.)

~vorimprägnierung *f*, Bitumenvortränkung · asphalt pre-impregnation, ~ pre-saturation (US); (asphaltic-)bitumen ~ (Brit.)

~vortränken *n*, Bitumenvorimprägnieren · asphalt pre-saturating, ~ pre-impregnating (US); (asphaltic-)bitumen ~ (Brit.)

~vortränkung *f*, Bitumenvorimprägnierung · asphalt pre-impregnation, ~ pre-saturation (US); (asphaltic-)bitumen ~ (Brit.)

~wellpappe *f*, Wellbitumenpappe · corrugated asphalt paper (US); ~ (asphaltic-)bitumen ~ (Brit.)

~wellplatte *f* [*Sie besteht aus Faserstoffen mit bindefähigen Materialien verbunden und mit Bitumen getränkt*] · corrugated bituminous board (Brit.); ~ asphalt ~ (US)

~zementestrich *m* · cement-bitumen (jointless) floor(ing), ~ composition ~ (Brit.); cement-asphalt ~ ~ (US)

~zusatz *m*, Bitumenbeigabe *f* · (asphaltic-)bitumen addition (Brit.); asphalt ~ (US)

bituminieren · to bituminize

Bituminieren *n*, Bituminierung *f* · bituminizing

bituminiert · bituminized

bituminierte Schnur *f* · bituminized cord

bituminierter Beton *m* [*Ein Beton mit einem Zusatz von stabiler Bitumenemulsion. Der Zusatz verringert die Schwindneigung*] · bituminized concrete

~ Bodenbelagstoff *m*, ~ Fuß~ · bituminized floor covering material

~ Strick *m* · bituminized rope

~ Zement *m* · bituminized cement

bituminiertes Papier *n* · bituminized paper

Bituminierung *f*, Bituminieren *n* · bituminizing

bituminös [*Nach der von Mallison vorgeschlagenen und nach DIN 55946 festgelegten Definition ist „bituminös" die Bezeichnung für Stoffe, die Bitumen, Teer und/oder Pech in irgendeinem Prozentsatz enthalten. Bituminöse Stoffe kommen entweder in der Natur vor oder werden technisch hergestellt. „Bituminös" ist daher nicht ein dem Hauptwort „Bitumen" ausschließlich zugeordnetes Eigenschaftswort. Das Wort „bituminös" wird aber auch im weiteren Sinne in Zusammensetzungen wie „bituminöse Mischanlage" usw. verwendet, obgleich natürlich diese Mischanlage kein Bitumen, Teer und/oder Pech in irgendeinem Prozentsatz enthält*] · bituminous [*Containing bitumen, or pitch, or tar or a mixture of some or all of them. The word 'bituminous' is however, also used in such terms as 'bituminous mixing plant' although such a plant does naturally not contain bitumen, or pitch, or tar or a mixture of some or all of them*]

~ gebunden · bituminous bound [*Bonded with the aid of bituminous substances*]

bituminöse (Ab)Dichtung(en) *f(pl)* **für Bauwerke**, Bauwerk(ab)dichtung(en) [*DIN 4031*] · bituminous dampproofing and waterproofing

~ (Anstrich)Farbe *f* · bituminous paint; bitumen ~ (Brit.) [*Bituminous paints are based on (asphaltic-)bitumen (Brit.)/asphalt(US), tar or pitch*]

~ Arbeiten *fpl* · bituminous work

~ Bahn *f* · bituminous sheet(ing)

~ Dachbahn *f* · bituminous roof(ing) sheet(ing)

~ Deckmasse *f*, ~ Überzugmasse [*Zur Beschichtung von (Dach)Pappe*] · bituminous composition

~ Dichtung(en) *fpl* **für Bauwerke** → ~ Ab~ ~ ~

~ Dispersion *f* · bituminous dispersion

~ Emulsion *f* · bituminous emulsion

~ Farbe *f*, ~ Anstrichfarbe · bituminous paint; bitumen ~ (Brit.) [*Bituminous paints are based on (asphaltic-)bitumen (Brit.)/asphalt (US), tar or pitch*]

~ Fasermasse *f* · fibrous bituminous compound, ~ ~ composition

~ Fertigbahn *f*, ~ Gewebebahn · bituminized jute hessian cloth, prefabricated bituminous surfacing, P.B.S., prefabricated bituminized hessian surfacing

~ Fugenarmatur *f* · prefab(ricated) bituminous joint

~ Gewebebahn *f*, ~ Fertigbahn · prefab(ricated) bituminous sheeting, P.B.S.; prefab(ricated) bituminized hessian sheeting, bituminized jute hessian cloth (US)

~ Imprägnierung *f*, ~ Tränkung · bituminous saturation, ~ impregnation

~ Imprägnier(ungs)masse *f*, ~ Tränkmasse, bituminöses Imprägnier(ungs)mittel *n*, bituminöses Tränkmittel · bituminous saturating composition, ~ impregnating ~, ~ saturant

~ Imprägnier(ungs)mischung *f*, ~ Tränkmischung, bituminöses Tränkgemisch *n*, bituminöses Imprägnier(ungs)gemisch · bituminous saturating mix(ture), ~ impregnating ~

~ Isolierplatte *f* · bituminous insulating board, ~ insulation(-grade) ~

~ Kleb(e)masse *f* · bituminous adhesive compound, ~ ~ composition, ~ cementing ~

~ Lösung *f* · bituminous solution

~ Masse *f* · bituminous compound, ~ composition, ~ mass, ~ material

~ Mischung *f* → bituminöses Gemisch

~ plastische Fugen(ab)dicht(ungs)masse *f* → bituminöser (Fugen)Mastix

~ ~ (Fugen)(Ver)Füllmasse *f* → bituminöser (Fugen)Mastix

~ Schlämme *f* · bituminous grout [*A mixture of bituminous material and sand finer than ¹/₄ in. which, when heated, will flow into place without mechanical manipulation*]

~ Spachtel(dach)(ein)deckung *f*, bituminöser Spachteldachbelag *m* · bituminous built-up roof(ing)

~ Straßenbauemulsion *f* · bituminous road emulsion, ~ highway ~

~ Streichmasse *f* · bituminous brush(able) compound, ~ ~ composition

~ Substanz *f*, bituminöser Stoff *m*, bituminöses Mittel *n*, bituminöses Material *n* · bituminous substance, ~ matter, ~ agent, ~ material

~ Tränkmasse *f*, ~ Imprägnier(ungs)masse, bituminöses Tränkmittel *n*, bituminöses Imprägnier(ungs)mittel · bituminous saturating composition, ~ impregnating ~, ~ saturant

~ Tränkmischung *f*, ~ Imprägnier(ungs)mischung, bituminöses Tränkgemisch *n*, bituminöses Imprägnier(ungs)gemisch · bituminous saturating mix(ture), ~ impregnating ~

~ Tränkung *f*, ~ Imprägnierung · bituminous saturation, ~ impregnation

~ Überzugmasse *f*, ~ Deckmasse [*Zur Beschichtung von (Dach)Pappe*] · bituminous composition

bituminöser Anstrich *m*, ~ Aufstrich · bituminous coat

~ Aufstrich *m*, ~ Anstrich · bituminous coat

~ Baustoff *m*; bituminöses Baumaterial *n* [*Schweiz*] [*Sammelbegriff für die im Bautenschutz, der Abdichtung (Sperrung) und der Dacheindeckung verwendeten bituminösen Stoffe sowie der bituminösen Straßenbaustoffe*] · bituminous (construction(al)) material, ~ building ~, ~ structural ~

~ Bautenschutzstoff *m*, bituminöses Bautenschutzmittel *n* · bituminous preservative for structures and buildings

~ Beton *m*, Schwarzbeton, Kohlenwasserstoffbindemittelbeton · bituminous concrete

~ Binder *m* → bituminöses Bindemittel

~ Boden(belag) *m*, ~ Fuß~ · bituminous floor(ing), ~ floor cover(ing), ~ (floor) finish

~ Fugen(ab)dicht(ungs)kitt *m* → ~ (Fugen)Mastix

~ (Fugen)Mastix *m*, ~ (Fugen)Kitt *m*, ~ (Ver)Füllkitt, ~ Fugen(ab)dicht(ungs)kitt, bituminöse plastische Fugen(ab)dicht(ungs)masse *f*, bituminöse plastische Fugenmasse, bituminöse plastische (Fugen)(Ver)Füllmasse, bituminöser plastischer (Fugen)(Ver)Füller · bituminous (building) mastic, ~ mastic joint sealer

~ Füller *m*, ~ Füllstoff *m* · bituminous filler

~ Füllkitt *m* → ~ (Fugen)Mastix

~ Füllstoff *m*, ~ Füller *m* · bituminous filler

~ (Fuß)Boden(belag) *m* · bituminous floor(ing) (finish), ~ floor cover(ing)

~ Kalkstein *m*, Stinkkalkstein, Asphaltkalkstein [*Naturasphalt mit hohem Gehalt an Mineralstoffen*] · bituminous limestone, asphaltic ~

~ Kitt *m* · bituminous cement, ~ putty [*This material is of plastic, trowelling consistency and adapted for repairing metal or composition roofing, dampproofing the inside of masonry walls above ground, and to a limited extent for waterproofing the outside of foundation walls below ground*]

~ Lack *m* · bituminous varnish [*It consists of a bituminous base, a volatile solvent and animal or vegetable 'drying oil' with or without the presence of resin. It has no filler and no pigment as the bituminous lacquer*]

~ Makadam *m* · bituminous macadam

~ Mastix *m* → ~ Fugen~

~ Mischmakadam *m* · mixed bituminous macadam

~ Mörtel *m* · bituminous mortar

~ Ölschiefer *m* · (asphaltic) pyrobituminous shale, bituminous oil ~

~ plastischer (Fugen)(Ver)Füller *m* → bituminöser (Fugen)Mastix

~ Sandstein *m*, Asphaltsandstein · bituminous sandstone, asphaltic sand(-stone); sand asphalt (US)

~ Schutzanstrich *m*, ~ Schutzaufstrich · bituminous protective coat

~ Schutzaufstrich *m*, ~ Schutzanstrich · bituminous protective coat

~ Spachteldachbelag *m*, bituminöse Spachtel(dach)(ein)deckung *f* · bituminous built-up roof(ing)

~ Sperranstrich *m*, ~ Sperraufstrich · bituminous waterproofer coat

~ Sperraufstrich *m*, ~ Sperranstrich · bituminous waterproofer coat

~ Stoff *m*, bituminöse Substanz *f*, bituminöses Mittel *n*, bituminöses Material *n* · bituminous substance, ~ matter, ~ agent, ~ material

~ Straßenbaustoff *m* · bituminous road material, ~ highway ~

~ (Tränk)Makadam *m* · bituminous macadam [*A type of highway construction in which a broken stone aggregate of relatively coarse and uniform size fragments is first spread and interlocked by compaction after which the individual stones are coated and bound together with hot bituminous cement which is applied at the surface but penetrates the layer of stone before it cools. A bituminous macadam surface course is finished off with a surface treatment of bituminous cement and cover of stone chips to seal the surface. In the construction of a bituminous macadam base the seal coat is omitted*]

~ (Ver)Füllkitt *m* → ~ (Fugen)Mastix

bituminöses Baumaterial *n* [*Schweiz*]; bituminöser Baustoff *m* [*Sammelbegriff für die im Bautenschutz, der Abdichtung (Sperrung) und der Dacheindeckung verwendeten bituminösen Stoffe sowie der bituminösen Straßenbaustoffe*] · bituminous (construction(-al)) material, ~ building ~, ~ structural ~

~ Baupapier *n* · bituminous building paper

~ Bautenschutzmittel *n*, bituminöser Bautenschutzstoff *m* · bituminous preservative for structures and buildings

~ Bindemittel *n*, bituminöser Binder *m*, (Schwarz)Bindemittel, (Schwarz)Binder · binder, hydrocarbon ~, bituminous ~; bitumen (binder) (US) [*Strictly the portion of bituminous matter completely soluble in carbon disulphide; used loosely as a term for tar and asphalt (US)/(asphaltic-)bitumen (Brit.)*]

~ Erzeugnis *n* · bituminous product

~ Gemisch *n*, ~ Mischgut *n*, bituminöse Mischung *f*, Schwarzdeckengemisch, Schwarzdeckenmischung · bituminous material, ~ (plant) mix(ture) [*A combination of asphalt or tar, inert materials, and impurities, distillates, or emulsifiers*]

~ Grundiermittel *n* · bituminous primer [*A liquid bituminous road material of low viscosity which upon application to a non-bituminous surface is completely absorbed. Its purpose is to waterproof the existing surface and prepare it to serve as a base for the construction of a bituminous carpet or surface course*]

~ Imprägnier(ungs)gemisch *n*, ~ Tränkgemisch, bituminöse Tränkmischung *f*, bituminöse Imprägnier(ungs)-mischung · bituminous saturating mix(ture), ~ impregnating ~

~ Imprägnier(ungs)mittel *n*, ~ Tränkmittel, bituminöse Tränkmasse *f*, bituminöse Imprägnier(ungs)masse · bituminous saturating composition, ~ impregnating ~, ~ saturant

~ Material *n*, ~ Mittel, bituminöser Stoff *m*, bituminöse Substanz *f* · bituminous substance, ~ matter, ~ agent, ~ material

~ Mischgut *n* → ~ Gemisch

~ Mittel *n*, ~ Material, bituminöser Stoff *m*, bituminöse Substanz *f* · bituminous substance, ~ matter, ~ agent, ~ material

~ Straßenbaugemisch *n*, bituminöse Straßenbaumischung *f* · bituminous road mix(ture), ~ highway ~

~ Tränkgemisch *n*, ~ Imprägnier(ungs)gemisch, bituminöse Tränkmischung *f*, bituminöse Imprägnier(ungs)mischung · bituminous saturating mix(ture), ~ impregnating ~

~ Tränkmittel *n*, ~ Imprägnier(ungs)-mittel, bituminöse Tränkmasse *f*, bituminöse Imprägnier(ungs)masse · bituminous saturating composition, ~ impregnating ~, ~ saturant

Bitusand *m*, Bitumensand, Asphaltsand · bitumen-coated sand, asphaltic-~ ~ (Brit.); asphalt-coated ~ (US)

Bizzarrerie *f* · bizarre effect

Bi_2O_3, Wismutocker *m*, Bismit *m* (Min.) · bismite; bismuth ochre (Brit.); bismuth ocher (US)

Bi_2S_3, Wismutglanz *m*, Bismuthin *m* (Min.) · bismuthinite, bismuth glance

Blähbeton *m*, Gasbeton [*DIN 4164*] · gas concrete, expanded ~

~artikel *m* → Blähbetonerzeugnis

~-Beschichtung *f*, Gasbeton-Beschichtung, Blähbeton-Überzug *m*, Gasbeton-Überzug, Überziehen *n* von Blähbeton, Überziehen von Gasbeton, Beschichten von Blähbeton, Beschichten von Gasbeton · gas concrete coating

~block(stein) *m*, Blähbetonstein, Gasbetonblock(stein), Gasbetonstein · gas concrete (building) block, expanded ~ (~) ~, ~ ~ (~) tile [*See remark under 'Block'*]

~dachplatte *f* **mit (Stahl)Einlagen**, Gasbetondachplatte ~ ~, bewehrte Gasbetondachplatte, armierte Gasbetondachplatte, bewehrte Blähbetondachplatte, armierte Blähbetondachplatte [*DIN 4223*] · reinforced gas concrete roof(ing) slab

~deckenplatte *f* **mit (Stahl)Einlagen**, Gasbetondeckenplatte ~ ~, bewehrte Gasbetondeckenplatte, bewehrte Blähbetondeckenplatte, armierte Gasbetondeckenplatte, armierte Blähbetondekkenplatte [*DIN 4223*] · reinforced gas concrete floor slab, ~ ~ ~ structural ~, ~ ~ ~ ~ panel

~erzeugnis *n*, Gasbetonerzeugnis, Gasbetongegenstand *m*, Blähbetongegenstand, Gasbetonartikel *m*, Blähbetonartikel · gas concrete product, ~ ~ article, expanded ~ ~

~fertigteil *m*, *n* → Gasbetonfertig(bau)-teil

~-Formblock(stein) *m* → Blähbeton-Formstein

~-Formstein *m*, Blähbeton-Profilstein, Blähbeton-Profilblock(stein) *m*, Blähbeton-Formblock(stein), Gasbeton-Formstein, Gasbeton-Profilstein, Gasbeton-Profilblock(stein), Gasbeton-Formblock(stein) · gas concrete purpose-made block, expanded ~ ~ ~, ~ ~ ~ tile, ~ ~ ~ brick, ~ ~ special (purpose) ~ [*See remark under 'Block'*]

~gegenstand *m* → Blähbetonerzeugnis

~hohlblock(stein) *m*, Gasbetonhohlblock(stein), Gasbetonhohlstein, Blähbetonhohlstein · gas concrete hollow block, ~ ~ cavity ~, ~ ~ ~ tile, expanded ~ ~ ~, ~ ~ pot

~hohlstein *m*, Gasbetonhohlstein, Blähbetonhohlblock(stein) *m*, Gasbetonhohlblock(stein) · gas concrete hollow block, ~ ~ cavity ~, ~ ~ ~ tile, expanded ~ ~ ~, ~ ~ pot

~-Innenwand *f*, Gasbeton-Innenwand · gas concrete internal wall, ~ ~ interior ~, ~ ~ indoor ~, ~ ~ inside ~

~-Isolierblock(stein) *m*, Blähbeton-Isolierstein, Gasbeton-Isolierblock(-stein), Gasbeton-Isolierstein · gas concrete insulating block, expanded ~ ~ ~, ~ ~ ~ brick, ~ ~ insulation (-grade) ~

~-Isolierplatte *f*, Gasbeton-Isolierplatte · gas concrete insulation(-grade) slab ~ ~ insulating ~, expanded ~ ~ ~

~-Isolierstein *m*, Blähbeton-Isolierblock(stein) *m*, Gasbeton-Isolierblock(-stein), Gasbeton-Isolierstein · gas concrete insulating block, expanded ~ ~ ~, ~ ~ ~ brick, ~ ~ insulation (-grade) ~

~montage(bau)teil *m, n* → Gasbetonfertig(bau)teil

~platte *f*, Gasbetonplatte · gas concrete slab, expanded ~ ~

~-Profilblock(stein) *m* → Blähbeton-Formstein

~-Profilstein *m* → Blähbeton-Formstein

~stein *m*, Blähbetonblock(stein) *m*, Gasbetonblock(stein), Gasbetonstein · gas concrete (building) block, expanded ~ (~) ~, ~ ~ (~) tile [*See remark under 'Block'*]

~-Überzug *m* → Blähbeton-Beschichtung

~-Vollstein *m*, Blähbeton-Vollblock(-stein) *m* · bloating clay concrete solid block, ~ ~ ~ ~ tile, bloated ~ ~ ~ ~ (Brit.); expanded ~ ~ ~ ~ (US) [*See remark under 'Block'*]

~wand(bau)block(stein) *m*, Blähbetonwand(bau)stein, Gasbetonwand-(bau)block(stein), Gasbetonwand(bau)-stein [*DIN 4165*] · gas concrete wal l block, ~ ~ ~ tile [*See remark under 'Block'*]

~wand(bau)platte *f*, Gasbetonwand-(bau)platte [*DIN 4166*] · gas concrete wall slab

~wand(bau)stein *m* → Blähbetonwand(bau)block(stein)

~wandblock(stein) *m* → Blähbetonwandbaublock(stein)

~wandstein *m* → Blähbetonwand-(bau)block(stein)

Bläh-(Beton)Zuschlag(stoff) *m* · expanded concrete aggregate; bloating ~ ~, bloated ~ ~ (Brit.)

Blähen *n*, Blähung *f*, Auf~ [*Herstellung von Leichtzuschlägen*] · bloating (Brit.); expanding, expansion

Bläh|glimmer *m*, Vermiculite *m*, aufgeblähter Glimmer [*Ein Wärme- und Schalldämmstoff aus durch Erhitzen auf ca. 1200° aufgeblähtem Glimmer*] · vermiculite, exfoliated ~

~glimmerbeton *m*, Vermiculitebeton · (exfoliated) vermiculite concrete

~kork *m*, Exp.-Kork, expandierter Kork(-schrot) *m*, expandiertes Korkschrot *n*, geblähter Kork(schrot), geblähtes Korkschrot · expanded (granulated) cork

~korkplatte *f*, Exp.-Korkplatte · expanded (granulated) cork slab

~mittel *n* → (Metall)Treibmittel

~perlite *n*, (auf)geblähtes Perlite · expanded pe(a)rlite; bloating ~, bloated ~ (Brit.)

Blähschiefer *m*, Blähtonschiefer, (auf-)geblähter (Ton)Schiefer · expanded slate; bloating ~ bloated ~ (Brit.)

~beton *m* → Blähtonschieferbeton

~ton *m*, (auf)geblähter Schieferton expanded shale (clay); bloating ~ (~), bloated ~ (~) (Brit.)

~tonbeton *m* · expanded shale (clay) concrete; bloating ~ (~) ~, bloated ~ (~) ~ Brit.)

~werk *n* → Blähtonschieferwerk

Blähton *m*, (auf)geblähter Ton · bloating clay, bloated ~ (Brit.); expanded ~

~beton *m* [*Im Schacht- oder Drehofen hergestellter Blähton erlangt bimsähnliche Struktur. Der Drehofenblähton erlangt durch die Art des Herstellungsverfahrens rundliche Kornformen in den bei der Betonbereitung erforderlichen Korngrößen. Die Blähtonpatzen aus dem Schacht- oder Ringofen werden im Steinbrecher zerkleinert und durch Sieben in die erforderlichen Körnungen zerlegt. Das Maß der Aufblähung und damit die Eigenfestigkeit des Blähtons ist bis zu einem gewissen Grade regelbar*] · bloating clay concrete, bloated ~ ~ (Brit.); expanded ~ ~

~(beton)-Wand(bau)platte *f* · bloating clay (concrete) wall slab, bloated ~ (~) ~ ~ (Brit.); expanded ~ (~) ~ ~

Bläh(ton)schiefer *m*, (auf)geblähter (Ton)Schiefer · expanded slate; bloating ~, bloated ~ (Brit.)

~beton *m* · expanded slate concrete; bloating ~ ~, bloated ~ ~ (Brit.)

~werk *n* · expanded slate factory; bloating ~ ~, bloated ~ ~ (Brit.)

Blähton|werk *n* · clay plant

~zuschlag(stoff) *m* · bloating clay aggregate, bloated ~ ~ (Brit.); expanded ~ ~

Bläh-Zuschlag(stoff) *m*, Bläh-Betonzuschlagstoff · expanded concrete aggregate; bloating ~ ~, bloated ~ ~ (Brit.)

Blaine|-Feinheit *f* · Blaine fineness [*The fineness of powdered materials such as cement and pozzolanas, expressed as surface area usually in square centimeters per gram, determined by the Blaine apparatus*]

~-Gerät *n* · Blaine apparatus [*Air-permeability apparatus for measuring the surface area of a finely ground cement raw material, or other product*]

~-Mahlfeinheit *f*, Blaine-Wert *m* · Blaine fineness [*The fineness of powdered materials such as cement and pozzolanas, expressed as surface area usually in square centimeters per gram, determined by the Blaine apparatus*]

~-Verfahren *n* · Blaine test [*A method for determining the fineness of cement or other fine material on the basis of the permeability to air of a sample prepared under specified conditions*]

~-Wert *m*, Blaine-Mahlfeinheit *f* · Blaine fineness [*The fineness of powdered materials such as cement and pozzo-*

lans, expressed as surface area usually in square centimeters per gram, determined by the Blaine apparatus]

Blanc fixe *n*, Permanentweiß *n* · precipitated barium sulphate (Brit.); ~ ~ sulfate (US); blanc fixe, permanent white

blank [*Metall nach Reinigung*] · sound

~ geglühter Draht *m* · bright annealed wire

Blankätzen *n*, Klarätzen [*Glas*] · clear etching, bright ~

blanke Schraube *f* · finished bolt, turned ~

Blank|glas *n*, Garten~ Gartenglas, Gärtner(ei)glas [*DIN 11525*] · horticultural sheet glass, greenhouse ~

~glühen *n* · bright annealing

~glühofen *m* · bright-annealing furnace

~schmelze *f* [*Glasschmelze*] · melting (until seed-free)

~stahl *m* · bright steel, cold drawn ~

blankweicher Draht *m* · bright soft wire

Bläschen|beton *m*, Luftporenbeton, belüfteter Beton, AEA-Beton · air-entrained concrete, air-entraining ~, air entrainment ~

~mörtel *m*, AEA-Mörtel, belüfteter Mörtel, Luftporenmörtel · air-entraining mortar, air-entrained ~, air entrainment ~

~mörtel *m* **aus Brechsand,** Luftporenmörtel ~ ~, AEA-Mörtel ~ ~, belüfteter Mörtel ~ ~ · entrained stone sand mortar

Blase *f*, Naht *f* · blister [*Local separation of a layer of iron causing a protuberance on the surface, underneath which is a cavity*]

~ · bubble [*A gas filled cavity within glass*]

~, Luft~ · blister, bleb

Blasen *n* [*(Erdöl)Bitumen*] · (air-)blowing, air-rectification, oxidizing

~bildung *f*, Blasigwerden *n* · blistering, blabbing, blebbing

~kupfer *n* · blister copper

~schiefer *m* · blasenschiefer, amygdaloidal Zechstein dolomite

~schleier *m* [*Glas*] · feather [*B.S. 3447; B.S. 952*]; feathers [*ASTM C 162–56*]; dirt

blasig aufgetrieben, (auf)gebläht · bloated (Brit.); expanded

Blasigwerden *n*, Blasenbildung *f* · blistering, blabbing, blebbing

~ des Scherbens · bloating (of the stone), ~ ~ ~ (clay) body

Blas|leinöl *n*, geblasenes Leinöl · blown linseed oil

~pech *n* · blown pitch

Blatt *n*, Flügel *m*, Tür~ [*Beweglicher Verschluß der Öffnung einer Tür*] · (door) leaf

~ [*gotisches Maßwerk*] · leaf-shaped curve

~ [*Holzverbindung*] · halved joint

~aluminium *n* [*Bezeichnung für besonders dünne Aluminiumblätter, im Gegensatz zur Aluminiumfolie*] · aluminium leaves (Brit.); aluminum ~ (US)

Blättchen *n* · flake

~, Lamelle *f* · slat [*venetian blind*]

blättchenförmiges Pigment *n* · leafed pigment, flaked ~

Blättchenpulver *n* · flake powder

Blätter|kapitäl *n*, Blätterkapitell, Blattkapitäl, Blattkapitell · stiff-leaf capital, foliage~, foliated~

~sandstein *m* · foliated sandstone

Blattfries *m* · leafy frieze

blattgeschmückt, blattverziert · foliated

Blatt|gold *n* [*Etwa 16½–23½ karätiges Gold, welches in hauchdünnen Blättchen meist in quadratischer Form in verschiedenen Sorten in den Handel kommt*] · gold leaves, aurum foliatum, gold-leaf

~kapitäl *n* → Blätterkapitäl

~kapitell *n* → Blätterkapitäl

~metall *n* · metal(lic) leaf

~ornament *n*, Blattverzierung *f*, Blattschmuck *m* · leaf ornament, ~ decoration, ~ enrichment, ~ decorative fixture

~schmuck *m*, Blattverzierung *f*, Blattornament *n* · leaf ornament, ~ decoration, ~ enrichment, ~ decorative fixture

~silber *n* · silver-leaf

~stein *m*, Krempstein, Breitstein, Krampstein, Kremper *m* [*Dachstein*] · flap tile

~- und Rankenwerk *n* · scroll and leaf pattern

~vergoldung *f* · leaf-gilding

blattverziert, blattgeschmückt · foliated

Blatt|verzierung *f* → Blattornament

~werk *n*, Laubwerk · foliage, leaves

~(werk)kapitell *n*, Blatt(werk)kapitäl, Blätterkapitell, Blätterkapitäl · foliage capital, foliated~, stiff-leaf~

~werknase *f* [*Mit Blattwerk besetzte Nase*] · foliated cusp

Blattziegel *m*, Breitziegel, Krampziegel, Krempziegel, Kremper *m* [*Auf Stempelpresse hergestellter Dachziegel. Er besteht aus einer Platte, an deren linker Seite eine konische Krempe ist*] · clay flap tile

~bedachung *f* → Krempziegel(dach)-(ein)deckung

~dach(belag) *n*, (*m*) → Krempziegel-(dach)(ein)deckung

~(dach)(ein)deckung *f* → Krempziegel(dach)(ein)deckung

~(ein)deckung *f* → Krempziegel(dach)-(ein)deckung

Blau|asbest *m*, Kapasbest · blue asbestos, Cape ~, crocidolite

~brüchigkeit *f*, Blausprödigkeit · blue brittleness, ~ shortness

~eisenerz *n*, Blauerde *f*, Vivianit *m* · blue-iron earth, vivianite

blauer Pigmentfarbstoff *m* · blue pigment dyestuff

Blauerde *f*, Blaueisenerz *n*, Vivianit *m* · blue-iron earth, vivianite

blaues Öl *n* · pressed distillate, blue oil

~ organisches Pigment *n* · blue organic pigment

~ Pigment *n*, Blaupigment · blue pigment

Bläueschutz|mittel *n* · preservative against blue stain

~wirkung *f* · preserving action against blue stain

blaufarbiges gebrochenes Material *n* · blue metal [*Australia*]

Blau|gasteer *m* · blue gas tar

~kalk *m* · blue lias lime [*A hydraulic lime burnt from blue lias limestone*]

~pause *f* · blueprint

~pausen *n* · blueprinting

~pigment *n*, blaues Pigment · blue pigment

~siegel *n*, [*flüssiges Mörtel(ab)dicht(ungs)mittel*] · blue seal

~sprödigkeit *f*, Blaubrüchigkeit · blue brittleness, ~ shortness

~stein *m* [*Sandstein mit kalkigem und eisenkarbonathaltigem Bindemittel*] · bluestone

~ton *m*, blauer Ton · blue clay

Blech *n*, Fein~ · (metal) sheet

~, Grob~ · (heavy) (metal) plate

~ zweiter Wahl · mender

~abdeckung *f*, Fein~ · metal sheet cover(ing)

~abdeckung *f*, Grob~ · plate cover(ing)

~anschluß(streifen) *m* · (flexible) metal flashing (piece), sheet ~ ~ (~) [*See remark under 'Anschluß'*]

~auskleidung *f*, Blechverkleidung, Blechbekleidung, Grob~ · (heavy) plate lining, (~) ~ (sur)facing

~bedachung *f* → Blech(dach)eindekkung

~bedachung *f* **aus ebenen Blechen**, Metallbedachung ~ ~ ~, Metalldach *n* ~ ~ ~, Blechdach ~ ~ ~, Metall(dach)eindeckung ~ ~ ~, Blech(dach)eindeckung ~ ~ ~, Metall(dach)deckung ~ ~ ~, Blech(dach)deckung ~ ~ ~, Metalldachbelag *m* ~ ~ ~, Blechdachbelag ~ ~ ~ · flexible metal sheet roof(ing)

~bekleidung *f*, Blechauskleidung, Blechverkleidung, Grob~ · (heavy) plate lining, (~) ~ (sur)facing

~bogen(träger) *m* · plate arch(ed girder)

Blechdach *n* → Metalldachbelag

~ mit Falz(ein)deckung · seam-type metal (sheet) roof(ing)

~(belag) *n*, (*m*) → Blech(dach)eindeckung

~belag *m* **aus ebenen Blechen**, Metallbedachung *f* ~ ~ ~, Blechbedachung ~ ~ ~, Metalldach *n* ~ ~ ~, Blechdach ~ ~ ~, Metall(dach)eindeckung ~ ~ ~, Blech(dach)eindeckung ~ ~ ~, Metall(dach)deckung ~ ~ ~, Blech(dach)deckung ~ ~ ~, Metalldachbelag ~ ~ ~ · flexible metal sheet roof(ing)

Blech(dach)deckung *f* → Blech(dach)-eindeckung

~ aus ebenen Blechen, Metalldachbelag *m* ~ ~ ~, Blechdachbelag ~ ~ ~, Metallbedachung ~ ~ ~, Blechbedachung ~ ~ ~, Metalldach *n* ~ ~ ~, Blechdach ~ ~ ~, Metall(dach)-eindeckung ~ ~ ~, Blech(dach)eindeckung ~ ~ ~, Metall(dach)deckung ~ ~ ~ · flexible metal sheet roof(ing)

Blech(dach)|eindeckung *f* **aus ebenen Blechen**, Metall(dach)deckung ~ ~ ~, Blech(dach)deckung ~ ~ ~, Metalldachbelag ~ ~ ~, Blechdachbelag *m* ~ ~ ~, Metallbedachung ~ ~ ~, Blechbedachung ~ ~ ~, Metalldach *n* ~ ~ ~, Blechdach ~ ~ ~, Metall(dach)eindeckung ~ ~ ~ · flexible metal sheet roof(ing)

~rinne *f* · plate (roof) gutter, ~ rainwater ~

Blech|deckung *f* → Blech(dach)eindeckung

~eindeckung *f* → Blechdacheindeckung

~folie *f*, Metallfolie · metal foil

~folieneinlage *f*, Metallfolieneinlage · metal foil insert(ion)

~folienlage *f*, Blechfolienschicht *f*, Metallfolienlage, Metallfolienschicht · metal foil layer

~folienschicht *f*, Blechfolienlage *f*, Metallfolienschicht, Metallfolienlage · metal foil layer

~futter *n* · armour plating (Brit.); armor ~ (US)

~gleitkanal *m*, Blechspannkanal, Blechhüllrohr *n*, Blechhülle *f*, Blechröhre *f* · (sheet-)metal sheath(ing) [*prestressed concrete*]

~hängedach *n*, hängendes Blechdach · (heavy) (metal) plate suspension roof(-ing)

~haut *f* · skin plate

~hülle *f*, Blechröhre *f*, Blechhüllrohr *n*, Blechgleitkanal *m*, Blechspannkanal · (sheet-)metal sheath(ing) [*prestressed concrete*]

~hüllrohr *n*, Blechhülle *f*, Blechröhre *f*, Blechspannkanal *m*, Blechgleitkanal · (sheet-)metal sheath(ing) [*prestressed concrete*]

~kanal *m* · plate duct

~kassette *f*, Fein~ · (metal) sheet pan, (~) ~ coffer, (~) ~ waffle, (~) ~ casette

~kastenträger *m*, Kastenblechträger · box plate girder

~kehlrinne *f*, Kehlblechrinne · sheet metal valley gutter

(~)Lehre *f* · (sheet) gauge system

(~)Lehrennummer *f* · (sheet) gauge (No.), (~) ~ number

Blechner *m*, Klempner, Flaschner, Spengler · plumber

~arbeiten *fpl*, Flaschnerarbeiten, Klempnerarbeiten, Blechnerarbeiten [*DIN 18339*] · plumber's work

Blech|platte *f* · metal plate

~profil *n* · profil(ed) (metal) plate

~prüfmaschine *f* · plate testing machine

~rinne *f*, Blechdachrinne · plate (roof) gutter, ~ rainwater ~

~rohr *n* · plate pipe

~röhre *f*, Blechhülle *f*, Blechhüllrohr *n*, Blechgleitkanal *m*, Blechspannkanal · (sheet-)metal sheath(ing) [*prestressed concrete*]

~rohrleitung *f* · plate pipeline

~schornstein *m* · plate chimney, metal ~

~schrott *m* · plate scrap

~spannkanal *m*, Blechgleitkanal, Blechhüllrohr *n*, Blechhülle *f*, Blechröhre *f* · (sheet-)metal sheath(ing) [*prestressed concrete*]

~steifigkeit *f* · plate stiffness

~tafel *f* · metal sheet panel

~träger *m* · plate girder [*It is built up from plates or from combinations of plates with shapes*]

blech|ummantelter Stein *m* · ferro-clad brick, metal-cased ~

~ummanteltes feuerfestes Erzeugnis *n* ~ ff. ~ · metal-cased refractory (product), ferro-clad ~ (~)

Blechverkleidung *f* Blechauskleidung, Blechbekleidung · (heavy) plate lining, (~) ~ (sur)facing

blechverstärkte Dachpappe *f* · metal-reinforced prepared roofing, ~ ready ~, ~ composition ~

Blech-Wellrohr *n*, Wellblechrohr · corrugated metal pipe

Blei *n*, Pb [*DIN 1719*] · lead

~(ab)dichtung *f* · lead ca(u)lking

~abfall *m* · scrap lead

~abfluß *m* [*Fehlname*] → Bleiabflußrohr

~abflußrohr *n*, Bleiablaufrohr, Bleientwässerungsrohr, Bleidränrohr [*Fehlnamen: Bleiabfluß m, Bleiablauf m*] · lead draining pipe, ~ drain(age) ~, ~ discharge ~, ~ waste (~)

blei(ab)gedichtet · lead-ca(u)Ked

Bleiablauf *m* [*Fehlname*] → Bleiabflußrohr

~rohr *n* → Bleiabflußrohr

Blei|-Abschirmwand *f* · lead (biological) shielding wall, ~ radiation ~ ~

~anschluß(streifen) *m* · lead flashing (piece), ~ soaker [*See remark under 'Anschluß'*]

~antimongelb *n*, Neapelgelb · Naples yellow

~auskleidung *f*, Bleibekleidung, Bleiverkleidung · lead lining, ~ (sur)facing

~azid *n* · lead azide

~-Badewannen-Geruchverschluß *m* · bath(tub) lead trap, tub ~ ~

~band *n* · lead strip

~baustein *m*, Bleiziegel *m* [*DIN 25407* · *Für Abschirmwände gegen ionisierende Strahlungen*] · lead block

~bedachung *f*, Bleidachbelag *m*, Blei(ein)deckung, Bleidach(ein)deckung, Bleidach *n* · lead roof cladding, ~ ~ covering, ~ ~ sheathing, ~ roof(ing)

~bekleidung *f*, Bleiverkleidung, Bleiauskleidung · lead lining, ~ (sur)facing

bleibende Belastung *f*, stetige ~, Dauerbelastung · permanent loading

Blei|blech *n*, Walzblei *n*, Tafelblei [*DIN 59610*] · sheet lead, milled ~, lead sheet [*Lead rolled into sheets from cast slabs*]

~bogen *m*, Bleirohrbogen [*DIN 1263*] · lead (pipe) elbow

~bronze *f* [*DIN 1716*] · lead(ed) bronze

Bleichen *n* · bleaching

Bleich|erde *f*, Bleichton *m* · active earth, bleaching ~, bleaching clay

~kalk *m* → Chlorkalk

~pulver *n* → Chlorkalk

Bleichromat *n* · lead chrom(at)e

Bleich|stoff *m* · bleaching agent

~ton *m*, Bleicherde *f* · active earth, bleaching ~, bleaching clay

Bleidach *n*, Bleibedachung *f*, Bleidachbelag *m*, Blei(ein)deckung, Bleidach(ein)deckung · lead roof cladding, ~ ~ covering, ~ ~ sheathing, ~ roof(ing)

~belag *m*, Blei(ein)deckung *f*, Bleidach(ein)deckung, Bleidach *n*, Bleibedachung · lead roof cladding, ~ ~ covering, ~ ~ sheathing, ~ roof(ing)

~(ein)deckung *f*, Bleidach *n*, Bleibedachung, Bleidachbelag *m*, Blei(ein)deckung · lead roof cladding, ~ ~ covering, ~ ~ sheathing, ~ roof(ing)

Blei|(dach)rinne *f*, Bleiregenrinne · lead (roof) gutter, ~ rainwater ~

~dämmpappe *f* · insulating lead felt, insulation ~ ~

~dichtung *f*, Bleiabdichtung · lead ca(u)lking

~draht *m* · lead wire

~dränrohr *n* → Bleiabflußrohr

~druckrohr *n* [*DIN 1262*] · lead pressure pipe

~(ein)deckung *f*, Bleidach(ein)deckung, Bleidach *n*, Bleibedachung, Bleidachbelag *m* · lead roof cladding, ~ ~ covering, ~ ~ sheathing, ~ roof(ing)

~einfassung *f* [*Schornstein; Lüftungsrohr*] · lead tray

~einlage *f*, Bleizwischenlage *f* · lead filler, ~ insert(ion)

~entwässerungsrohr *n* → Bleiabflußrohr

~erz *n* · lead ore

~feinblech *n* · lead sheet

~first *m* · lead ridge

~flachdach *n*, Flachbleidach · lead flat (roof), ~ roof

~fluat *n* · lead fluosilicate

~folie *f* · lead foil

~folienbahn *f* · lead foil sheet(ing)

bleifrei · lead-free, leadless

Blei|(front)schürze *f*, vordere Bleischürze · lead apron [*For flashing the front of a chimney*]

~gebindewinkel *m*, Gebindebleiwinkel, winkelförmiger Bleilappen *m* · lead soaker

blei|gedeckte Gaube *f*, ~ Gaupe · lead covered dormer

~gedichtet, bleiabgedichtet · lead-ca(u)lked

Blei|gelb *n* · massicot [*yellow lead oxid(e)*]

~gelenk *n* · lead hinge

~glanz *m*, Galenit *m*, PbS · galena, lead glance, blue lead

~glanztrübe *f* · lead-glance pulp

~glas *n*, bleihaltiges Glas · lead glass

~glasur *f*, Bleibeglasung *f* · lead glaze(d finish), ~ glazing, ~ glazed coat(ing)

~glätte *f*, Bleioxid *n*, PbO · lead monoxid(e) (US); ~ monoxide (Brit.) [*chemical name*], litharge [*substance*]

~glocke *f*, Spülkastenglocke aus Blei · lead bell (type) flush(ing) cistern

~grat *m* · lead hip

~hafte *f* · lead tack

bleihaltiges Glas *n*, Bleiglas · lead glass

~haltiges Glas *n*, Bleiglas · lead glass

Blei|(hochofen)schlacke [*Beim Erschmelzen von Bleisilbererz in feuerflüssigem Zustand entstehendes Nebenerzeugnis, das im wesentlichen aus Kalk-Eisenoxydul-Silikaten und Aluminaten mit wechselndem Gehalt an Begleitstoffen, wie Magnesia, Manganoxydul, Zinkoxid, Bleioxid usw. und geringen Mengen Sulfidschwefel besteht*] · lead slag

~isolierung *f* · lead insulation

~kabel *n*, Bleimantelkabel · lead sheathed cable, ~ covered ~ [*B.S. 480*]

~(kabel)mantel *m* · lead (cable) sheath [*B.S. 810*]

~karbonat *n*, $PbCO_3$ · lead carbonate

~-Kasten(dach)rinne *f* · lead box (roof) gutter, ~ ~ rainwater ~

~kehlrinne *f* · lead valley gutter

~keil *m* · lead wedge

~legierung *f* · lead alloy

~legierungs(kabel)mantel *m* · lead-alloy (cable) sheath [*B.S. 810*]

~legierungsrohr *n* · lead alloy pipe

~legierungsröhre *f* · lead alloy tube

~linoleat *n* · linoleate of lead

~löten *n* · lead soldering

~lötung *f* · lead soldering

~mantel *m*, Bleikabelmantel · lead (cable) sheath [*B.S. 810*]

~(mantel)kabel *n* · lead sheathed cable, ~ covered ~ [*B.S. 480*]

(Blei)|Mantelrohr *n* [*Zinnrohr mit Außenbleimantel*] · tin pipe with lead jacket

~mehl *n* · lead powder, powder(ed) lead

(Blei)Mennige *f*, Pb_3O_4 [*DIN 55916*] · red lead, minium [*substance*], red lead oxid(e) [*chemical name*]

~kitt *m* [*Bleimennige + Leinöl oder (Leinöl)Firnis*] · red lead-based (building) mastic, minium-based (~) ~

Blei|oxid *n*, Bleiglätte *f*, PbO · lead monoxid(e) (US); ~ monoxide (Brit.) [*chemical name*], litharge [*substance*]

~patentieren *n* · lead patenting [*In the wire industry, both the metallic-hardening process (Badpatentieren) and the double-lead process (Tauchpatentieren) are generally referred to as 'lead patenting'*]

~pflaster *n* · lead paving

~pigment *n* · lead pigment

~plättchen *n*, Bleiunterlegscheibe *f* · lead washer

~platte *f* [*Verwendung als Gelenke von Brücken und Tragwerken*] · lead plate

~plombe *f* · lead plug, ~ seal

~plombengießmaschine *f* · lead seal casting machine, ~ plug ~ ~

~profilpresse *f* · lead section press, ~ shape ~, ~ unit ~, ~ trim ~, ~ profile ~

~regenrinne *f*, Blei(dach)rinne · lead (roof) gutter, ~ rainwater ~

~resinat *n* · resinate of lead

~rinne *f*, Bleidachrinne, Bleiregenrinne · lead (roof) gutter, ~ rainwater ~

~rohr *n* [*DIN 1263. Abflußrohr für Entwässerungsanlagen*] · lead pipe [*B.S. 602, 1085*]

~rohrarbeiten *fpl* · lead pipe work

~(rohr)bogen *m* [*DIN 1263*] · lead (pipe) elbow

~röhre *f* · lead tube

~rohrlötung *f* · lead pipe soldering

~rohrwerkzeug *n* · tool for lead pipe work

~salz *n* · lead salt

~schirm *m* [*Strahlenschutz*] · lead shield

~schlacke *f*, Bleihochofenschlacke [*Beim Erschmelzen von Bleisilbererz in feuerflüssigem Zustand entstehendes Nebenerzeugnis, das im wesentlichen aus Kalk-Eisenoxydul-Silikaten und Aluminaten mit wechselndem Gehalt an Begleitstoffen, wie Magnesia, Manganoxydul, Zinkoxid, Bleioxid usw. und geringen Mengen Sulfidschwefel besteht*] · lead slag

~schrot *m, n* · lead shot

~schürze *f*, Bleifrontschürze, vordere Bleischürze · lead apron [*For flashing the front of a chimney*]

~seife *f* · lead soap

~siphon *m*, Bleisyphon, Bleitraps *m* [*Fehlnamen*]; Blei-Geruchverschluß *m* [*DIN 1260*] · lead trap

~spritzschutz *m* [*Schornsteindichtung*] · lead splash lap

~spülrohr *n* · lead (lavatory) flush(ing) pipe, ~ toilet ~ ~, ~ closet ~ ~

~staub *m* · lead dust

~stein *m* · lead regulus, reguline of lead

~stifthärte *f* · pencil hardness

~strick *m* · lead rope

~sulfat *n*, $PbSO_4$ · lead sulfate (US); ~ sulphate (Brit.)

~syphon *m* [*Fehlname*] → Bleisiphon

~traps *m* [*Fehlname*] → Bleisiphon

bleiüberzogener Kupfer(blech)anschluß(streifen) *m* · lead-coated copper flashing (piece) [*It is used adjacent to light-colo(u)red stone or white-painted wood which might be stained by the weathering of bare copper*]

Blei|unterlegscheibe *f*, Bleiplättchen *n* · lead washer

~verbindung *f* · lead compound

~vergiftung *f* · lead poisoning

bleiverglastes Fenster *n* · leaded light, ~ window

Bleiverglasung *f* · lead glazing [*Lead cames of various widths and shapes are used in either free or geometrical patterns to frame in windows made up of small pieces of glass, made weatherproof by being set in a special cement. Steel-cored cames or iron saddle-bars are required to stiffen all but the smallest panes as the soft nature of the metal and the small pieces of glass have little resistance to wind or other lateral pressure*]

bleivergossen · lead-sealed

Bleiverguß *m* · lead seal(ing)

bleiverkleidete Zisterne *f* · lead-lined cistern

Bleiverkleidung *f*, Bleiauskleidung, Bleibekleidung · lead lining, ~ (sur)facing

bleiverstemmt · lead ca(u)lked

Bleiweiß *n* · white lead [*It is a body pigment in the form of a white powder but for convenience in use it is mixed with a small percentage of linseed oil by the manufacturers to form a thick paste*]

~ aus basischem Bleikarbonat [*Im Gegensatz zum Sulfo-Bleiweiß, welches durch Verbrennen von natürlichem Bleierz gewonnen wird*] · basic carbonate white lead

~kitt *m* · white lead cement [*A cement made by mixing paste white lead with a good grade of varnish to heavy brushing or trowel(l)ing consistency*]

~paste *f*, Pastenbleiweiß *n* · paste white lead

Blei|wolle *f* · spun lead, lead wool [*Lead prepared in long filaments twisted together like yarn and used for cold caulking*]

~ziegel *m* · lead block

Blend|arkade *f* · blind arcade, wall ~, blank ~, arcading

~boden *m*, Bogenblende *f*, Nischenbogen, Schildbogen [*Mauerbogen, der flache Nischen, die nicht durch die ganze Mauerdicke hindurchgehen, überdeckt*] · blind arch

~brett *n* [*Flachdach*] · edging board

Blende *f*, Sicht~, (Sicht)Schutz *m* · (vision) screen(ing)

~ [*An einem Fenster gegen Sonneneinstrahlung, gegen Einblick, zur Verdunkelung und/oder als Einbruchsicherung*] · blind

~, Mauer~ [*Eine flache Mauervertiefung mit ebenem Hintergrund*] · flat recess

~ → Dachrandprofil

~, Mauer~ [*Der Mauerfläche aufgelegtes, „vorgeblendetes" architektonisches Motiv, z.B. eine Reihe von Bögen*] · attached decoration

Blendenzaun *m*, Sicht~, (Sicht)Schutzzaun · (vision) screen(ing) fence

Blendfassade *f* · faced façade

blend|frei · dazzle-free, glare-free

~freies Licht *n* · glare-free light, light free from glare

Blend|leiste *f* [*Dach*] · edging board

~maßwerk *n* · blind tracery, blank ~

~mauer *f* · facing masonry wall

~mauerwerk *n* · facing masonry (work)

~schutzglas *n*, abblendendes Glas · anti-dazzle glass, glare-reducing ~; non-glare ~ (US)

~triforium *n* [*Zwischen den vorgelegten Arkaden und der rückwärtigen Wand ist kein Raum ausgespart*] · blank triforium; ~ blind-storey (Brit.); ~ blind-story (US)

~tür *f*, Scheintür [*Im letzten Raum einer Mastaba, meist mit der Statue des Toten geschmückt*] · false door

Blendung *f* · glare

Blickfeld *n* [*Tageslichtberechnung*] · (observer's) field of view

Blind|boden *m*, Blendboden, Holzunterboden [*Bretterlage über der Deckenkonstruktion als Unterlage für Riemen- oder Parkett(fuß)böden*] · wood(en) sub-floor, timber ~; rough floor (US)

~flansch *m* · blank flange [*A solid disk with bolt holes for bolting to a flange to close the outlet of a pipe, fitting or vessel*]

~furnier *n* · crossband, under-veneer

~-Riegelschloß *n*, Einlaß-Riegelschloß, eingelassenes Riegelschloß · flush-encased dead bolt lock

~schloß *n*, Einlaßschloß, eingelassenes Schloß · flush-encased lock

~schraube *f* · expansion plug

~werden *n*, Erblinden, Anlaufen, Beschlagen [*Glas*] · tarnishing, fogging

Blitz|ableiter *m* · lightning conductor, ~ rod, ~ arrester

~schaden *m* · lighting damage

~schutz *m* · lighting protection

~schutzanlage *f* [*DIN 18384*] · lightning protection system, ~ protective ~

blitzsicher · lightning-safe

Block *m*, (Block)Stein *m* · (building) block, (~) tile [*The terms 'tile' and 'block' as used in the construction of walls, partitions aud floors are synonymous, but the clay and gypsum products are commonly called 'tile' and the concrete and glass products are usually called 'block'*]

~ · block (US) [*An area of land bounded by streets*]

~balken(träger) *m*, Balken(träger) aus Blöcken · block beam

~bau *m* [*Besonders in Skandinavien, Rußland und den Alpenländern verbreitete Art des Holzbaus, bei der die Wände aus waagerecht aufeinander geschichteten Balken (Blockhölzern) oder Stämmen (Rundhölzern) gebildet und die dabei entstehenden Fugen meist mit Moos, Lehm und dgl. abgedichtet sind. An den Ecken sind die Querschnitte der Blockhölzer um die Hälfte in der Höhe versetzt und stehen über. Meist ruht die unterste Lage auf hölzernen oder steinernen Stützen oder auf einer Untermauerung, die vielfach Erdgeschoßhöhe erreichen kann*] · construction with logs

~bogen *m*, Steinbogen · block arch, tile ~ [*See remark under 'Block'*]

Blöckchen *n*, halbgebrannter Stein *m*, halbgebrannter (Ton)Ziegel *m* · half-burnt (clay) brick, half-burned (~) ~, half-fired (~) ~

Block|decke *f*, Blocksteindecke, Füllblock(stein)decke, Füllsteindecke, Steindecke · soffit (filler) block floor, ~ (~) tile ~

~fertigung *f*, Blocksteinfertigung, Block(stein)herstellung, Steinherstellung, Steinfertigung · blockmaking

~festigkeit *f*, Steinfestigkeit · block strength

~format *n*, (Block)Steinformat · block format, tile ~ [*See remark under 'Block'*]

~frischling *m*, Blocksteinfrischling, Steinfrischling · green block, ~ tile [*See remark under 'Block'*]

~haus *n*, Blockhütte *f* · log cab(in), ~ house, ~ hut

~haussauna *f*, Sauna-Blockhaus *n* · log(-walled) sauna hut

~herstellung *f*, Blocksteinherstellung, Block(stein)fertigung, Steinherstellung, Steinfertigung · blockmaking

~-Hohlstufe *f* · hollow block step, cavity ~ ~, pot ~

~hütte *f*, Blockhaus *n* · log cab(in), ~ house, ~ hut

~mauer *f*, Steinmauer · block wall

~mauerwerk *n*, Steinmauerwerk · block masonry (work), blockwork

~schale *f*, Blocksteinschale, Steinschale [*Hohlwand*] · block leaf, leaf of blocks

(~)Stein *m*, Block *m* · (building) block, (~) tile [*The terms 'tile' and 'block' as used in the construction of walls, partitions and floors are synonymous, but the clay and gypsum products are commonly called 'tile' and the concrete and glass products are usually called 'block'*]

Block(stein)|decke *f*, Steindecke, Füllblock(stein)decke, Füllsteindecke · soffit (filler) block floor, ~ (~) tile ~

~frischling *m*, Steinfrischling · green block, ~ tile [*See remark under ‚Block'*]

~herstellung *f*, Block(stein)fertigung, Steinherstellung, Steinfertigung · blockmaking

(Block)Steinformat *n*, Blockformat · block format, tile ~ [*See remark under ‚Block'*]

Block(stein)|herstellung *f*, Block(stein)-fertigung, Steinherstellung, Steinfertiguug · forming of blocks, ~ ~ tiles, block making, tile making, [*See remark under ‚Block'*]

~schale *f*, Steinschale [*Hohlwand*] · block leaf, leaf of blocks

(Block)|Steinwerk *n,* Blockwerk · (building) block plant, (~) tile ~, (~) ~ factory

~stufe *f,* Klotzstufe, Massivstufe [*Massive Stufe mit rechteckigem Querschnitt*] · solid rectangular step

~treppe *f* [*Treppe aus Blockstufen*] · stair(case) of solid rectangular steps

~verband *m* [*Mauerwerkverband, bei dem über der Stoßfuge der Läuferschicht die Mittellinie eines Binders liegt*] · English bond

~werk *n,* (Block)Steinwerk · (building) block plant, (~) tile ~, (~) factory

bloßgelegte Zuschläge *mpl,* bloßgelegter Zuschlag(stoff) *m* · exposed aggregate finish [*A decorative finish for concrete work achieved by removing, generally before the concrete has fully hardened, the outer skin of mortar and exposing the coarse aggregate*]

Bloßlegen *n* **der Zuschläge** → Freilegen ~ ~

Blumen|becken *n* · flower basin

~beeteinfassung *f* · flower bed surround

~fenster *n* · flower window

~gefäß *n* · flower container

~gewinde *n,* Blumengehänge *n* · flower work

~kasten *m* · flower box

~kübel *m* · flower tub

~markt *m* · flower market

~motiv *n* · floral motif

~muster *n* · floral pattern, ~ design, ~ theme

~ornament *n,* Blumenschmuck *m,* Blumenverzierung *f* · floral ornament, floriated ~, ~ enrichment, ~ decoration, ~ decorative fixture

~schale *f* · flower bowl

~trog *m* · flower trough

Blutalbumin *n* [*genormtes Kurzzeichen: A*] · serum albumin, (blood) ~, (~) albumen

~leim *m* · (blood) albumin glue, (~) albumen ~, serum ~ ~, dried blood ~, ~ ~ adhesive, blood glue

Bluten *n,* Aus~ [*Pigment*] · bleeding

~, Wasserabstoßen, Wasserabsonderung *f,* Abscheiden von Wasser, ungenügende Anmach(e)wasserhaltung, Abscheidung von Wasser · bleeding, sweating, water gain [*The separation of water from an unhardened mix(ture)*]

blütenähnliche Form *f* · flower-like design

blutender Zement *m* [*stößt Wasser ab*] · bleeding cement

Bock|pfette *f* · lean-to roof purlin(e)

~säule *f* [*Dach*] · lean-to roof strut

~stütze *f* · lean-to trussed strut

Boden *m,* Fuß~ · floor(ing) [*A construction that provides the surface on which one walks in a building or structure*]

~ auf Grund → Fuß~ ~ ~

~ aus Gußeisenplatten, Fuß~ ~ ~ · iron paving [*A non-skid surface of studded cast-iron blocks*]

~ablauf *m,* Fuß~ · floor(ing) (inlet), ~ outlet, gull(e)y

~absieg(e)lung *f* → Fuß~

~absieg(e)lungsmittel *n* → (Fuß-) Bodensiegel

~anstrich *m,* Bodenaufstrich, Fuß~ · floor(ing) coat

~arbeiten *fpl,* Bodenbelagarbeiten, Fuß~ [*DIN 18365*] · floor(ing) (finish) work, floor cover(ing) ~

~art *f,* Bodenbelagart, Fuß~, F *f* · type of floor(ing) (finish), ~ ~ floor cover(-ing)

~aufstrich *m,* Bodenanstrich, Fuß~ · floor(ing) coat

~baumaterial *n,* Fuß~ [*Schweiz*]; (Fuß)Bodenbaustoff *m* · floor(ing) material

~baustoff *m,* Fuß~; (Fuß)Bodenbaumaterial *n* [*Schweiz*] · floor(ing) material

Boden(belag) *m,* Fuß~, Fb · floor(ing) (finish), floor cover(ing) [*The upper layer of a floor providing a finished surface*]

~arbeiten *fpl,* Fuß~ [*DIN 18365*] · floor(ing) (finish) work, floor cover(ing) ~

~art *f,* Fuß~, F *f* · type of floor(ing) (finish), ~ ~ floor cover(ing)

~kunststoff *m,* Fuß~ · floor(ing) (finish) plastic, floor cover(ing) ~

~pappe *f,* Fuß~ · floor(ing) (finish) felt, floor cover(ing) ~

~platte *f,* Bodenfliese *f,* Fuß~ · floor(ing) (finish) tile, floor cover(ing) ~

~platte *f* **mit ebener Oberfläche,** Bodenfliese *f* ~ ~ ~, Fuß~ ~ ~ ~ · plain floor(ing) (finish) tile, ~ floor cover(ing) ~

~stoff *m,* Fuß~ · floor(ing) (finish) material, floor cover(ing) ~

~-Verbundfliese *f,* Boden(belag)-Verbundplatte *f,* Fuß~ [*Asphalt und Beton*] · composite floor(ing) (finish) tile, ~ floor cover(ing) ~

~-Verbundplatte *f,* Boden(belag)-Verbundfliese *f,* Fuß~ [*Asphalt und Beton*] · composite floor(ing) (finish) tile, ~ floor cover(ing) ~

Boden|beschichtung *f,* Fuß~ · floor(-ing) (finish) coat, floor cover(ing) ~

~blech *n,* Fuß~ · floorplate

~brett *n,* Fuß~ · floor(ing) (finish) board, floor cover(ing) ~

~dämmung *f,* Fuß~ · floor insulation

~dichtung *f* [*Unterkellerung*] · floor skin

~diele *f,* Fuß~ · floor(ing) (finish) plank, floor cover(ing) ~

~ebene *f,* Vorfeldebene [*Abfertigungsgebäude*] · ground level

~emulsion *f*, Fuß~ · floor(ing) (finish) emulsion, floor cover(ing) ~

~entwässerung *f*, Fuß~ · floor drainage

~erschütterung *f* · ground vibration

~estrich *m*, Fuß~ [*als Baustoff*] · floor(ing) (finish) screed (material), floor cover(ing) ~ (~)

~estrich *m*, Fuß~ [*als verlegter Baustoff*] · floor(ing) (finish) screed (topping), floor cover(ing) ~ (~)

~-Fahnenmast *m*, Boden-Flaggenmast · ground set flagpole

~farbe *f* → Fuß~

~feuchte *f*, Bodenfeuchtigkeit *f* · ground moisture

~feuchtigkeit *f*, Bodenfeuchte *f* · ground moisture

~fliese *f*, Boden(belag)platte *f*, Fuß~ · floor(ing) (finish) tile, floor cover(ing) ~

~fliese *f* **auf Kunstharz/Asbestbasis**, Fuß~ ~ ~, (Fuß)Bodenplatte *f* ~ ~, (Asbest)Hartfliese · thermoplastic tile, asphalt ~ [*Asphalt tiles were originally so called because they contained mineral asphalt or products from the distillation of oil or coal. They have since come to be known as thermoplastic tiles because of the incorporation of plastics resins to obtain lighter colours than can be obtained with the dark pitch or petroleum bitumen base. B.S. 2592*]

~fliese *f* **mit ebener Oberfläche**, Boden(belag)platte *f* ~ ~ ~, Fuß~ ~ ~ ~ · plain floor(ing) (finish) tile, ~ floor cover(ing) ~

~fliesenbelag *m*, Bodenplattenbelag, Fuß~ · flooring tiling

~fuge *f*, Fuß~ · floor(ing) joint

~führung *f*, Fuß~ · floor(ing) guide

~härtemittel *n*, Fuß~, (Fuß)Bodenhärter *m*, (Fuß)Bodenhärtungsmittel, (Fuß)Bodenhärtungsstoff *m* · floor hardener, ~ hardening agent

~-Härteprüfgerät *n*, Fuß~ · floor hardness tester

~härter *m*, Fuß~, (Fuß)Bodenhärtemittel *n*, (Fuß)Bodenhärtungsmittel, (Fuß)Bodenhärtungsstoff *m* · floor hardener, ~ hardening agent

~härtungsmittel *n*, Fuß~, (Fuß)Bodenhärtungsstoff *m*, (Fuß)Bodenhärter *m*, (Fuß)Bodenhärtemittel · floor hardener, ~ hardening agent

~härtungsstoff *m*, Fuß~, (Fuß)Bodenhärtungsmittel *n*, (Fuß)Bodenhärtemittel, (Fuß)Bodenhärter *m* · floor hardener, ~ hardening agent

~heizung *f*, Fuß~, FB-Heizung · (under)floor warming, ~ heating

~heiz(ungs)anlage *f* (Elektro-)Fußbodenheiz(ungs)anlage, FB-Heiz(ungs)-anlage · (electric) (under)floor warming installation, (~) ~ heating ~, (~) ~ ~ system

~heiz(ungs)kabel *n*, (Elektro-)Fußbodenheiz(ungs)kabel, FB-Heiz(ungs)-kabel · (electric) (under)floor warming cable, (~) ~ heating ~

~holz *n*, Fuß~ · floor wood, ~ timber

~kanal *m*, Fuß~ · floor duct

~-Keramik(belag)platte *f* → Fuß~

~-Keramikfliese *f* → (Fuß)Boden-Keramik(belag)platte

~-Keramikplatte *f* → (Fuß)Boden-Keramikbelagplatte

~kitt *m*, Fuß~ [*Im Farbton des (Fuß)Bodens meist von Anstreichern selbst hergestellter Kitt zum Auskitten der Nagellöcher und Fugen des (Fuß)Bodens*] · floor(ing) mastic

~(klar)lack *m* → Fuß~

~kleber *m*, Bodenkleb(e)stoff *m*, Bodenkleb(e)mittel *n*, Fuß~ · flooring (bonding) adhesive, ~ ~ medium, ~ ~ agent, ~ cement(ing agent)

~klinker *m*, Fuß~ · engineering brick for floor(ing)s

~korkfliese *f*, Bodenkorkplatte *f*, Fuß~ Kork(-Fuß)bodenplatte, Kork(-Fuß)bodenfliese · cork floor(ing) (finish) tile, ~ floor cover(ing) ~

~korkplatte *f*, Bodenkorkfliese *f*, Fuß~, Kork(-Fuß)bodenplatte, Kork(-Fuß)bodenfliese · cork floor(ing) (finish) tile, ~ floor cover(ing) ~

~kunststoff *m*, Bodenbelagkunststoff, Fuß~ · floor(ing) (finish) plastic, floor cover(ing) ~

~kunststoffabsieg(e)lung *f* → Fuß~

~kunststoffversieg(e)lung *f* → Fuß~

~lack *m* → Fußbodenklarlack

~lackemaille *f* → Fuß~

~lackfarbe *f* → Fuß~

~laubholz *n*, Fuß~ · floor hardwood (timber), floor hdwd.

~leger *m*, Fuß~ · floor(ing) layer

~leiste *f*, Fuß~ [*Unter den (Fuß)Bodenbrettern*] · floor(ing) batten

~linoleum *n*, Fuß~ · floor(ing) (finish) lino(leum), floor cover(ing) ~

~linoleumunterlage *f*, Linoleumunterboden *m*, (Fußboden)Linoleumunterlage · sub-floor for lino(leum)

~marmor *m*, Fuß~ · floor(ing) marble

~material *n*, Bodenwerkstoff *m*, Fuß~ · floor material

~mosaik *n*, Fuß~ · floor(ing) mosaic

~mosaik *n* **in geometrischer Anordnung**, Fuß~ ~ ~ ~ [*In der Antike*] · opus alexandrinum [*Ornamental paving of coloured marbles arranged in geometrical patterns*]

~-Nadelholz *n*, Fuß~ · floor(ing) softwood (timber)

~nutzbelag *m* → Nutzschicht

~nutzschicht *f* → Nutzschicht

~pappe *f*, Bodenbelagpappe, Fuß~ · floor(ing) (finish) felt, floor cover(ing) ~

~pappe *f* **für die Landwirtschaft** · mulching paper

Bodenplatte *f* [*Unterkellerung*] · floor slab

~, Boden(belag)platte Bodenfliese *f*, Fuß~ · floor(ing) (finish) tile, floor cover(ing) ~

~ auf Grund → Fuß~ ~ ~

~ ~ Kunstharz/Asbestbasis, Fuß~ ~ ~, (Fuß)Bodenfliese *f* ~ ~, (Asbest-) Hartfliese · thermoplastic tile, asphalt ~ [*Asphalt tiles were originally so called because they contained mineral asphalt or products from the distillation of oil or coal. They have since come to be known as thermoplastic tiles because of the incorporation of plastics resins to obtain lighter colours than can be obtained with the dark pitch or petroleum bitumen base. B.S. 2592*]

~ mit ebener Oberfläche, Bodenbelagplatte ~ ~ ~, Bodenfliese *f* ~ ~ ~, Fuß~ ~ ~ ~ · plain floor(ing) (finish) tile, ~ floor cover(ing) ~

Boden|plattenbelag *m*, Bodenfliesenbelag, Fuß~ · floor(ing) tiling

~poliermittel *n*, Fuß~ · floor(ing) polish

~reinigungsmittel *n*, Fuß~ · flooring cleaner

~rost *m*, Fuß~ · floor(ing) grating

~-Rückstrahlgrad *m*, Fuß~ · floor reflection factor

~satzgestein *n* → Schichtgestein

bodensatzverhindernde Eigenschaft *f* [*z.B. von Talk*] · antisetting property

Boden|schiefer *m*, Fuß~ · flooring slate

~schiene *f*, Fuß~ [*Türanlage*] · floor(-ing) track

~schleifen *n* [*Hohlglas*] · puntying, grinding of base

~schutz(mittel) *m*, (*n*), Bodenschutzstoff *m*, Fuß~ · floor(ing) protection agent

~schutzstoff *m*, Bodenschutz(mittel) *m*, (*n*), Fuß~ · floor(ing) protection agent

~siegel *n* → Fuß~

~spachtel(masse) *m*, (*f*), Fuß~ · trowel applied (seamless) floor(ing) material, ~ ~ (~) ~ composition, ~ ~ (~) ~ compound

~spekulant *m* · property speculator

~spekulation *f* · land speculation

~(steck)dose *f*, Fuß~ · floor(ing) (plug) socket, ~ power point

~stoff *m*, Bodenbelagstoff, Fuß~ · floor(ing) (finish) material, floor cover(ing) ~

~strahlplattenheizung *f*, Fuß~, FB-Strahlplattenheizung · floor panel heating

~stück *n* [*Spannbetonverfahren Coff-Roebling, Wayss & Freytag und Dischinger*] · end pot

~treppe *f* · attic stair(case)

~türpuffer *m*, Fuß~ · floor(ing) door catch, ~ ~ stop

Bodentürschließer *m*, Bodentürschließvorrichtung *f*, Fuß~ · floor closer

Bodenüberzug *m* [*Fehlname*] → (Fuß-) Bodensiegel

bodenverankert · tied to ground, anchored ~ ~

Boden-Verbund|belag *m*, Fuß~ · composition flooring

~fliese *f*, Bodenbelag-Verbundfliese, Boden(belag)-Verbundplatte *f*, Fuß~ [*Asphalt und Beton*] · composite floor(ing) (finish) tile, ~ floor cover(ing) ~

~platte *f*, Bodenbelag-Verbundplatte, Boden(belag)-Verbundfliese *f*, Fuß~ [*Asphalt und Beton*] · composite floor(ing) (finish) tile, ~ floor cover(ing) ~

Boden|verlegearbeiten *fpl*, Fuß~ · flooring work

~versieg(e)lung *f* → Fuß~

~versieg(e)lungsmittel *n* → (Fuß-) Bodensiegel

~vertiefung *f*, Fuß~ · floor recess

~wachs *n*, Fuß~ · floor(ing) wax

~werkstoff *m*, Bodenmaterial *n*, Fuß~ · floor(ing) material

~ziegel *m*, Fuß~ · floor(ing) (clay) brick

Boehmit *m* · boehmite [*One of the monohydrates of alumina, $Al_2O_3 \cdot H_2O$*]

Boetonasphalt *m* · buton asphalt

Bogen *m*, ~träger *m*, gekrümmter Träger [*Träger, der bei senkrechten Lasten nach außen gerichtete Stützkräfte (inclined reactions) auf die Auflager überträgt*] · arch(ed girder)

~, Rohr~ [*DIN 19502*] · elbow [*A pipe fitting for providing a sharp change of direction in a pipeline*]

~ · (structural) arch [*A series of voussoirs spanning an opening*]

~ aus zwei (Ziegel)Rollschichten · rowlock arch, rolok ~ [*A brick relieving arch of two concentric courses of headers set on edge*]

~ mit Kämpfergelenken → Zweigelenkbogen(träger)

~ ~ Scheitelgelenk, Scheitelgelenkbogen · arch with top hinge, ~ ~ apex ~, ~ ~ vertex ~, ~ ~ key ~, ~ ~ crown ~

~ ~ Zugband, Bogenträger ~ ~, gekrümmter Träger ~ ~, Zugband-Bogen(träger) · bowstring girder

Bogen|abschnitt *m* · arch section

~absteifung *f*, Bogenversteifung, Bogenaussteifung, Bogenverstärkung · arch stiffening, ~ bracing, ~ reinforcing

~achse *f*, Bogenmittellinie *f* · arch center line (US); ~ centre ~ (Brit.); ~ axis

~anfänger *m*, Bogenanwölber, Bogenanfangsstein *m*, Bogenkämpferstein · arch springer

~art *f* · type of arch

~(auf)lager *n* [*Für Hoch- und Tiefbauten*] · arch bearing

~aussteifung *f*, Bogenversteifung, Bogenabsteifung, Bogenverstärkung · arch stiffening, ~ bracing, ~ reinforcing

~aussteif(ungs)element *n*, Bogenversteifungselement, Bogenverstärkungselement · arch stiffener, ~ stay

~bau *m* · arcuated construction, arch(ed) ~

~betonieren *n* · arch pour(ing), ~ casting, ~ concreting

~blende *f*, Blendbogen *m*, Nischenbogen, Schildbogen [*Mauerbogen, der flache Nischen, die nicht durch die ganze Mauerdicke hindurchgehen, überdeckt*] · blind arch

~(bord)stein *m* · curved curb; ~ kerb (Brit.)

~dach *n* · arch(ed) roof

~durchlaßrohr *n* · arch(ed) (culvert) pipe

~ebene *f* · arch plane

~ebene *f*, Bogenträgerebene · arch(ed girder) plane

~einflußlinie *f* · influence line for arches, ~ ~ for an arch

~eingang *m* · arch(ed) entrance

~einheit *f*, Radiant *m*, Einheit im Bogenmaß · radian, ~ unit

~element *n* · arch element

~fachwerk(träger) *n*, (*m*), gekrümmter Fachwerkträger, gekrümmtes Fachwerk · arch(ed) truss(ed girder)

~feld *n* [*Das von einem Bogen und seiner Kämpferlinie umgrenzte Feld*] · arch bay

~feld *n*, Tympanon *n* [*Das Bogenfeld über einem mittelalterlichen Portal mit oder ohne Bauplastik*] · tympanum

~fenster *n* · arch(ed) window, round-headed ~

~flansch *m*, Bogengurt(ung) *m*, (*f*), gekrümmter Gurt, gekrümmter Flansch, gekrümmte Gurtung · arch(ed) boom, ~ chord, ~ flange

~folge *f* · succession of arches

~form *f* · form of arch

bogenförmig, bogig · arch(-shap)ed

Bogen|fries *m* · corbel table

~gang *m* → Arkatur

~ganghof *m*, Arkadenhof, Laubenhof arcaded court

~gebäude *n* · arcuated building

~gurt(ung) *m*, (*f*), Bogenflansch *m*, gekrümmter Gurt, gekrümmter Flansch, gekrümmte Gurtung · arch(ed) boom, ~ chord, ~ flange

~halbmesser *m* · arch radius

~hälfte *f*, Halbbogen *m* · half-arch (Brit.); haunch (US)

~haupt *n*, Stirnbogen *m* · face arch

~höhe *f* → Bogenpfeil(höhe)

~kämpfer *m* · arch impost

~kämpferstein *m*, Bogenanfangsstein, Bogenanfänger *m*, Bogenanwölber · arch springer

~(keil)stein *m* · voussoir [*A wedge-shaped block in an arch*]

~konstruktionshöhe *f* · arch depth

~kraft *f* · arch force

~krümmung *f* · arch curvature

~lager *n*, Bogenauflager [*Für Hoch- und Tiefbauten*] · arch bearing

~länge *f* · arch length

~länge *f*, Bogenträgerlänge · arch(ed girder) length

~last *f* · arch load

~last *f*, Bogenträgerlast · arch(ed girder) load

~laube *f*, Bogengang *m*, Bogenreihe *f*, Arkatur *f*, Arkade *f* · arcade [*A range of arches carried on piers or columns, either free-standing or blind, i.e. attached to a wall*]

~lauf *m*, Archivolte *f* [*Die bandartige, von der Mauer abgesetzte Einfassung eines Rundbogens*] · archivolt

~lehre *f* · arch template

(~)Leibung *f*, innere Bogenfläche *f* · (arch) intrados, inner surface of arch, soffit of arch, underside of arch [*The inner line or surface of the concave side of an arch*]

~lichtweite *f*, Bogen(spann)weite, lichte Bogenweite · clear span of arch, ~ arch span

~linie *f*, Bogenprofil *n*, Wölbung *f* · outline of arch

~maß *n* · radian measure

~-Mechanismus *m* · arch mechanism

~mittellinie *f*, Bogenachse *f* · arch center line (US); ~ centre ~ (Brit.)

~parabel *f* · arch parabola

~parabel *f*, Bogenträgerparabel · arch(ed girder) parabola

~pfeiler *m* · pier [*A mass of masonry, as distinct from a column, from which an arch springs, in an arcade or bridge*]

~pfeil(höhe) *m*, (*f*), Bogenstich(höhe) *m*, (*f*), Bogenhöhe [*Höhe eines Bogens, gemessen als senkrechter Abstand zwischen Kämpferebene und Schlußstein*] · arch rise

~profil *n*, Bogenlinie *f*, Wölbung *f* · outline or arch

~rahmen *m* · arch(ed) frame

~reihe *f*, Bogengang *m*, Bogenlaube *f*, Arkatur *f*, Arkade *f* · arcade [*A range of arches carried on piers or columns, either free-standing or blind, i.e. attached to a wall*]

~rippe *f* · arch rib

(~)Rippenfundament *n* · (arch) rib footing

(~)Rücken *m*, äußere Bogenfläche *f* · (arch) extrados, (~) back, upper surface of arch, extrados of arch, back of arch [*The outer line or surface of the convex side of an arch*]

~scheitel(punkt) *m* · arch key, ~ vertex, ~ apex, ~ top, ~ crown

~scheitelstein *m*, Bogenschlußstein · key stone [*The central voussoir*]

~schlußstein *m*, Bogenscheitelstein · key stone [*The central voussoir*]

~schub *m* · arch thrust

~sehne *f* · arch chord

~sehne *f*, Bogenträgersehne · arch(ed girder) chord

~sehnenträger *m*, Segmentträger · polygonal bowstring girder, segmental ~ ~

~spannung *f* · arch stress

~(spann)weite *f*, Bogenlichtweite, lichte Bogenweite · clear span of arch, ~ arch span

~stahlträger *m*, Stahlbogen(träger) *m* · steel arch(ed girder)

~stärke *f* [*Höhe der vorderen Ansichtsfläche eines Bogens*] · depth of arch, thickness ~ ~

~statik *f* · arch analysis

~stein *m*, Bogenbordstein · curved curb; ~ kerb (Brit.)

~stein *m*, Bogenkeilstein · voussoir [*A wedge-shaped block in an arch*]

~stich(höhe) *m*, (*f*) → Bogenpfeil(höhe)

~stützweite *f* · effective arch span

~stützweite *f*, Bogenträgerstützweite · effective arch(ed girder) span

~system *n* · arch system

~system *n* **für Horizontalschubaufnahme** · arch system for absorption of thrust

~tiefe *f* [*Die Tiefe der Bogenleibung*] · intrados width, soffit ~

Bogen(träger) *m*, gekrümmter Träger [*Träger, der bei senkrechten Lasten nach außen gerichtete Stützkräfte (inclined reactions) auf die Auflager überträgt*] · arch(ed girder), curved ~

~ mit Zugband, gekrümmter Träger ~ ~, Zugband-Bogen(träger) · bowstring girder

~ebene *f* · arch(ed girder) plane

~länge *f* · arch(ed girder) length

~last *f* · arch(ed girder) load

~parabel *f* · arch(ed girder) parabola

~sehne *f* · arch(ed girder) chord

~stützweite *f* · effective arch(ed girder) span

Bogen|treppe *f* · arch(ed) stair(case)

~tür *f* · arch(ed) door

~verankerung *f* · grappling of arch

~verband *m* · arch bond

~verstärkung *f*, Bogenversteifung, Bogenaussteifung, Bogenabsteifung · arch stiffening, ~ bracing, ~ reinforcing

~verstärkungselement *n* → Bogenversteifungselement

~versteifung *f*, Bogenverstärkung, Bogenaussteifung, Bogenabsteifung · arch stiffening, ~ bracing, ~ reinforcing

~versteifungselement *n*, Bogenaussteif(ungs)element, Bogenverstärkungselement · arch stiffener, ~ stay

~weite *f*, Bogenspannweite, Bogenlichtweite, lichte Bogenweite · clear span of arch, ~ arch span

~widerlager *n* · arch abutment

~wirkung *f* · arch action

~ziegel *m* · arch brick

(~)Zwickel *m* → Spandrille

bogig, bogenförmig · arch(-shap)ed

Bohle *f* · plank [*A general term for a long piece of square-edged timber, usually 2–4 in. thick and 6 in. or more wide*]

Bohlen|boden(belag) *m*, Bohlenfußboden(belag), Bohlenbelag · plank floor(ing), ~ floor cover(ing)

~dach *n*, Bohlensparrendach, geschweiftes Dach · curved plank roof

~decke *f* · plank floor

~(fuß)boden(belag) *m*, Bohlenbelag · plank floor(ing), ~ floor cover(ing)

~(sparren)dach *n*, geschweiftes Dach · curved plank roof

böhmisches Glas *n* → Kaliglas

bohnerbar · buffable

Bohnerbarkeit *f* · buffability

bohnern · to buff

Bohnern *n* [*(Fuß)Boden(belag)*] · buffing

Bohr|arbeiten *fpl* [*DIN 18301*] · drilling work, boring ~

~assel *f* [*Limnoria lignorum Rathke*] · gribble

Bohrloch|impfung *f*, Bohrlochverfahren *n*, Bohrlochmethode *f* [*Holz*] · bore-hole method (Brit.); boring hole ~ (US) [*Introducing a chemical through holes bored in the bole*]

~methode *f*, Bohrlochverfahren *n*, Bohrlochimpfung *f* [*Holz*] · bore-hole method (Brit.); boring hole ~ (US) [*Introducing a chemical through holes bored in the bole*]

~verfahren *n*, Bohrlochmethode *f*, Bohrlochimpfung *f* [*Holz*] · bore-hole method (Brit.); boring hole ~ (US) [*Introducing a chemical through holes bored in the bole*]

Boiler *m* · non-lagged electric (thermal) storage (water) heater, ~ ~ (~) ~ (~) heating appliance

Boiserie *f* [*hölzerne geschnitzte Wandverkleidung*] · carved wood(en) wall panelling (Brit.); ~ ~ ~ paneling (US)

Boluserde *f*, Bol(us) *m* · bolus, bole

Bolzen *m*, (Schrauben)~, Gewinde~ · (screwed) bolt

~ mit Anzug, konischer Bolzen · conical bolt

~setzen *n* · stud shooting

~verbindung *f* · bolt(ed) connection

Bombenschutz|mauer *f* · blast wall

~raum *m*, (Luft)Schutzraum · air-raid shelter, bomb ~

~raum mit Garage, (Luft)Schutzraum ~ ~ · bomb shelter-garage, air-raid ~

Bombieren *n* [*Wölben von Blech durch entsprechend profilierte Walzen*] · curving metal plate in two planes

bombiertes Blech *n*, gewölbtes ~ · metal plate curved in two planes

~ Glas *n*, gewölbtes ~ · glass curved in two planes

~ Wellblech *n*, gewölbtes ~ · corrugated sheet curved in two planes

Bommer-Band *n* [*Eigenname*] · Bommer type helical hinge

bonder(isiere)n · to bonderize

Bonder(isiere)n *n* · bonderizing

Bootslack *m* · boat varnish

Borax *n*, Natriumborat *n*, borsaures Natron *n*, $Na_2B_4O_7$ [*Salz der Tetraborsäure*] · borax

~gips *m*, Parianalabaster *m*. Parianzement *m* · Parian plaster

~kalk *m* · calcium borate

Bördelblech *n*, Krempblech, Kümpelblech · flange(d) plate

Bordschwelle *f* · wide curb; ~ kerb (Brit.)

Bordstein *m* [*DIN 483 Betonbordsteine; DIN 482 Natursteinbordsteine*] · curb; kerb (Brit.)

~, Saumstein, Kanten(dach)stein · marginal tile (for gables)

~, Tief~, Tiefbord *m* · curb below ground, inverted curb, flush curb; kerb below ground, inverted kerb, flush kerb

~form *f*, Beton~ · (concrete) curb mold (US); (~) kerb mould (Brit.)

Bordziegel *m*, Saumziegel, Kanten(dach)ziegel · marginal (clay) tile (for gables)

Borsäure *f* · bor(ac)ic acid

borsaurer Kalk *m* · borate of lime

borsaures Natron *n*, Borax *n*, Natriumborat *n*, $Na_2B_4O_7$ [*Salz der Tetraborsäure*] · borax

Börsenkursanzeiger *m* · rate-and-price indicator

Borsilikatglas *n* · borosilicate glass

Borstahl *m* · boron steel

Böschungspflaster *n* · slope paving

~stein *m* · slope (paving) sett

~-Vergußmasse *f*, Böschungspflaster-Ausgußmasse · slope paving joint sealing compound, ~ ~ ~ ~ composition

Boskett *n* [*An das Broderieparterre anschließender Gartenteil, der aus streng beschnittenen, geometr. oder ornamental angelegten Buchshecken besteht, in Sonderfällen auch als Irrgarten*] · bosquet, bosket

Boss(ag)e *f*, Bossierung *f* [*Die roh zugerichtete, daher buckelige Vorderseite bzw. Ansichtsfläche eines Werksteines oder Quader(steine)s*] · bossage

Bosse *f*, Buckel *m*, Knauf *m* [*An Decken oder Gewölben, um den Schnittpunkt der Rippen zu verdecken, meist geschmückt mit plastisch gestalteten Blättern*] · boss [*An ornamental knob or projection covering the intersection of ribs in a vault or ceiling; often carved with foliage*]

Bossen|quaderverband *m*, Bossenwerk *n*, Buckelquaderverband, Rustikaverband · opus rustica

~stein *m* [*Haustein mit unbearbeiteter Sichtfläche*] · quarry-face stone

~werk *n*, Rustikaverband *m*, Buckelquaderverband, Bossenquaderverband · opus rusticum

bossieren [*Einen Werkstein oder Quader(stein) an seiner Vorderseite grob zuhauen, so daß eine erhabene Fläche, die Bosse, stehenbleibt*] · to rough-hew the face

Bossieren *n* · rough-hewing the surface

Bossierung *f* → Boss(ag)e

Botenrufanlage *f* · messenger calling system

(Bo)uleuterion *n* [*Das Rathaus einer griechischen Stadt im Altertum*] · council house, bouleuterion

(Bourbonische) Lilie *f* · fleur-de-lis, lily-flower

Bourette *f* [*versponnene Seidenabfälle*] · bourette

Bowling|halle *f* · bowling centre (Brit.); ~ center (US); ~ hall

~-Rasenfläche *f* · bowling green

Bowscher Kräfteplan *m*, reziproker ~ · Bow's polygon, reciprocal force ~

Boxe *f* · stall

Bramahschloß *n* · Bramah lock

Bramme *f* · slab [*A semi-finished rolled product intended for re-rolling or forging. The cross-section is rectangular, usually with a width more than twice the thickness. Slabs may also be produced by forging*]

Brand *m*, Feuer *n* · fire [*A process of combustion characterized by heat or smoke or flame or any combination of these*]

~, Brennen *n* [*Feuerfest- und Zementindustrie*] · burn(ing), firing

~abschluß *m* · fire(-resisting) shutter [*A shutter which, together with its frame, is capable of satisfying for a stated period of time the criteria of fire resistance with respect to collapse and flame penetration*]

~abschnitt *m* [*DIN 14011*] · fire lobby, ~ compartment [*A space within a building designed to delay the passage or facilitate the control of fire*]

~anstrich *m* → Brandschutzanstrich

~aufstrich *m* → Brandschutzaufstrich

~ausbreitung *f*, Brandausweitung, Feuerausbreitung, Feuerausweitung · fire spread, flame ~, spread of fire, spread of flame

~ausbruch *m*, Feuerausbruch · fire outbreak, outbreak of fire

~ausweitung *f*, Brandausbreitung, Feuerausweitung, Feuerausbreitung · fire spread, flame ~, spread of fire, spread of flame

~bekämpfung *f*, Feuerlöschen *n* · fire fighting

~bekämpfungssystem *n*, Feuerbekämpfungssystem · fire-fighting procedure

~belastung *f* [*DIN 18230. Fehlname: Brandlast*] · fire load [*It is the amount of heat, expressed in British Thermal Units, which would be generated per square foot of floor area of a compartment of the building by the complete combustion of its contents and any combustible parts of the building*]

~blende *f*, Feuerschutzabschluß *m* · fire barrier, ~ stop [*A wall, floor or ceiling or other element so constructed as to delay the passage of fire from one part of a building to another*]

~dauer *f*, Feuerdauer · fire duration

~decke *f*, feuerbeständige Decke · compartment floor [*A fire resisting floor used in dividing a building into separate compartments*]

~detektor *m* · fire detection device

~dusche *f*, Notdusche · emergency shower

Brandenburger Tor *n* · Brandenburg Gate

Brand|entdeckung *f* · fire detection

~fenster *n*, Feuer(schutz)fenster, Brandschutzfenster · fire window

~fleck *m* · fire stain [*The stain left after a fire*]

~fluchttreppe *f* · fire escape stair(case)

~forschung *f*, Brandschutzforschung, Feuer(schutz)forschung · fire research

~forschungsanstalt *f*, Brand(schutz)-forschungsanstalt, Feuer(schutz)forschungsanstalt · fire research station

~gefahr *f*, Feuergefahr · fire risk

~giebel *m*, Brandschutzgiebel, Feuer(schutz)giebel · fire gable

~grab *n*, (Aschen)Urnengrab · cremation urn pit, (cinerary) ~ ~

~heftigkeit *f*, Feuerheftigkeit · severity of fire

~hohlmauer *f*, Hohl-Feuermauer, Feuer-Hohlmauer, gemeinschaftliche Giebelhohlmauer, Hohlbrandmauer · hollow party (masonry) wall, cavity ~ (~) ~

~klasse *f* · grading period

~klasseneinteilung *f* · fire(-resistance) grading [*This term has two-fold application. (a) It is applied to the classification or grading of the elements of structure of buildings in terms of their degree of resistance to fire. (b) With a broader meaning, it is applied to the classification of buildings according to the purpose for which they are used, that is, according to occupancy, and according to the fire resistance of the elements of which they are constructed*]

~klassenwert *m* · fire rating

~last *f* [*Fehlname*] → Brandbelastung

~leiter *f*, Feuerleiter, Notleiter · fire escape ladder

~löschwasser *n*, Feuerlöschwasser · firewater

~mauer *f*, Kommunmauer, Feuermauer, gemeinschaftliche Giebelmauer [*DIN 4102, Blatt 2*] · party (masonry) wall [*A (masonry) wall separating adjoining buildings. Its primary function is to prevent the spread of fire between adjoining buildings and to provide an adequate degree of sound insulation*]

~mauer *f*, Feuer(schutz)mauer, Brandschutzmauer · fire (masonry) wall (US); compartment (~) ~ (Brit.); party (~) ~ [*A masonry wall which dividies up a building to resist the spread of fire. Unlike a fire division wall it does not necessarily rise through more than one stor(e)y*]

~mauerkonsole *f*, Kommunmauerkonsole, Feuermauerkonsole · party corbel [*A corbel projecting from the face of a building at the end of the party wall for decoration or to check the spread of fire*]

~meldeanlage *f*, Feuermeldeanlage · fire alarm system

~meldeautomat *m*, Feuermeldeautomat, automatische Brandmeldeeinrichtung *f*, automatische Feuermeldeeinrichtung, automatischer Brandmelder *m*, automatischer Feuermelder · automatic fire warning device

~meldeeinrichtung *f* → Brandmelder

~melder *m*, Feuermelder, Brandmeldeeinrichtung *f*, Feuermeldeeinrichtung · fire warning device

~meldung *f*, Feuermeldung · fire warning

~ofen *m* · furnace for conducting fire(-resistance) tests

~ofenprobe *f*, Brandofenversuch *m*, Brandofenprüfung *f* [*baulicher Brandschutz*] · furnace test

~ofenprüfung *f*, Brandofenprobe *f*, Brandofenversuch *m* [*baulicher Brandschutz*] · furnace test

~ofenversuch *m*, Brandofenprobe *f*, Brandofenprüfung *f* [*baulicher Brandschutz*] · furnace test

~probe *f*, Brandversuch *m*, Brandprüfung *f* [*DIN 4102*] · fire(-resistance) test [*B.S. 476*]

~prüfreihe *f*, Brandversuchsreihe · series of fire tests

~prüfung *f*, Brandversuch *m*, Brandprobe *f* [*DIN 4102*] · fire(-resistance) test [*B.S. 476*]

~raum *m* [*Prüfung des Brandverhaltens von Bauteilen*] · furnace

~raumtemperatur *f* · furnace temperature

~risiko *n* · fire risk, ~ hazard, danger of fire

~risse *mpl*, Brennrisse [*Feuerfestindustrie. Netzwerk von Oberflächenrissen*] · crazing

~riß *m*, Brennriß [*Feuerfestindustrie*] · burning crack, firing ~

~ruine *f* · fire-gutted structure

~schaden *m*, Feuerschaden · fire loss

~schiefer *m*, Brennschiefer, Kohlenschiefer · carbonaceous shale

~schutz *m*, Feuerschutz · fire protection, protection against fire

~schutz *m*, Feuerschutz [*Maßnahmen, um Bauteile feuerbeständig zu machen*] · fireproofing

~schutz *m* **von Stahlkonstruktionen**, Feuerschutz ~ ~, Brand(schutz)umhüllung *f* ~ ~, Feuer(schutz)umhüllung ~ ~ · fire protection of structural steelwork

~(schutz)anstrich *m*, Brand(schutz)aufstrich, Feuer(schutz)anstrich, Feuer(schutz)aufstrich · fire-proof(ing) coat, fire-coat

~schutz(anstrich)farbe *f*, Feuerschutz(anstrich)farbe · fire-proof(ing) paint, fire-coat ~

~(schutz)aufstrich *m*, Brand(schutz)anstrich, Feuer(schutz)anstrich, Feuer(schutz)aufstrich · fire-proof(ing) coat, fire-coat

~schutz(bau)platte *f*, Feuerschutz(bau)platte · fire bat(t)

Brandschutz|-Beschichtung *f* → Brandschutzüberzug

~bestimmungen *fpl*, Feuerschutzbestimmungen · fire regulations

~einrichtungen *fpl*, Feuerschutzeinrichtungen · fire protection installations

~farbe *f*, Brandschutzanstrichfarbe, Feuerschutz(anstrich)farbe · fireproof(ing) paint, fire-coat ~

~fenster *n*, Feuerschutzfenster · fire window

Brand(schutz)forschung *f*, Feuer(schutz)forschung · fire research

Brandschutz|forschungsanstalt *f*, Feuerschutzforschungsanstalt · fire research station

~giebel *m*, Feuerschutzgiebel · fire gable

~(innen)(ver)putz *m*, Feuerschutz(innen)(ver)putz [*DIN 4102*] · fireproof(ing) plaster

~isolierung *f*, Feuerschutzisolierung · fireproofing

~maßnahme *f*, Feuerschutzmaßnahme · precaution against fire

~mittel *n*, Feuerschutzmittel · fireproof(ing) agent

~mörtel *m*, Feuerschutzmörtel · fireproof(ing) mortar

~platte *f*, Brandschutzbauplatte, Feuerschutz(bau)platte · fire bat(t)

~putz *m* → Brandschutzinnenputz

~schiebetür *f*, Feuerschutzschiebetür · sliding fire door; ~ armor ~ (US); ~ armour ~ (Brit.)

~sperre *f* → Brandsperre

Brand(schutz)tür *f*, Feuer(schutz)tür · fire(-resisting) door, fire-resistant ~; armor ~ (US); armour ~ (Brit.) [*A door which, together with its frame, is capable of satisfying for a stated period of time the criteria of fire resistance with respect to collapse, flame penetration and excessive temperature rise*]

Brandschutz|überzug *m*, Brandschutz-Beschichtung *f*, Feuerschutz-Beschichtung, Feuerschutzüberzug · fireproof(ing) coat, fire-coat

~umhüllung *f* → Brandschutzummantelung

~ummantelung *f*, Brandschutzumhüllung, Feuerschutzummantelung, Feuerschutzumhüllung · fire protection encasement, ~ ~ haunching, ~ ~ sheath coat

Brand|(schutz)wand *f*, Feuer(schutz)wand · compartment wall (Brit.); fire ~ (US)

~sicherheit *f* · fire safety

~sperre *f*, Brandschutzsperre, Feuer(schutz)sperre · fire barrier, ~ stop [*A physical barrier designed to resist the*

spread of fire in cavities within and between elements of building construction]

~technologie *f* · fire technology

~temperatur *f*, Feuertemperatur · fire temperature

~tür *f* → Brandschutztür

~übergriff *m*, Feuerübergriff · fire penetration

~umhüllung *f*, Brandschutzumhüllung, Feuer(schutz)umhüllung · fire protection of structural steelwork

~verhalten *n*, Feuerverhalten [*DIN 4102*] · behaviour under fire (Brit.); behavior ~ ~ (US)

~verhütung *f*, Feuerverhütung · fire prevention

~verhütungsvorrichtung *f*, Feuerverhütungsvorrichtung · fire preventive device, ~ ~ appliance

~versuch *m*, Brandprüfung *f*, Brandprobe *f* [*DIN 4102*] · fire(-resistance) test [*B.S. 476*]

~versuchsabteilung *f* [*Materialprüf(ungs)anstalt*] · fire test department

~versuchsanstalt *f* · fire testing lab(oratory)

~versuchsreihe *f*, Brandprüfreihe · series of fire tests

~verzug *m*, Verziehen *n* im Feuer [*Keramik*] · deformation during burning

~vorschrift *f*, Feuervorschrift, feuerpolizeiliche Vorschrift · fire (prevention and fire proofing) regulation

~wache *f*, Feuerwache · fire station

~wand *f* → Brandschutzwand

Brannt|gips *m*, gebrannter Gips · calcined gypsum

~kalk *m*, gedeihender Kalk, Brennkalk, gebrannter Kalk, CaO · calcium oxid(e) [*chemical name*], common lime, anhydrous lime, (quick)lime, calcined calcium carbonate, burnt lime, burned lime [*substance*]

Brauchbarkeit *f*, Betriebs~ · serviceability

braune Erdfarbe *f* [*Fehlname*]; Umbra *f*, braunes Erdpigment *n*, braunes natürliches anorganisches Pigment · umber

braunes Erdpigment *n*, braunes natürliches anorganisches Pigment, Umbra *f*; braune Erdfarbe *f* [*Fehlname*] · umber

~ natürliches anorganisches Pigment *n*, braunes Erdpigment, Umbra *f*; braune Erdfarbe *f* [*Fehlname*] · umber

~ Pigment *n*, Braunpigment · brown pigment

Braun|färben *n*, Brünieren [*Stahl*] · browning

~fleckigkeit *f* [*Mörtelfuge*] · brown staining

~glas *n*, Bernsteinglas, Amberglas · amber glass [*Glass varying in colour between light yellowish brown and deep reddish brown*]

Braunkohlen|-Generatorteer *m* · producer-gas lignite tar, ~ brown-coal ~

~-Schwelteer *m* · low-temperature lignite tar, ~ brown-coal ~

~teer *m* · brown-coal tar

~teerpech *n* · brown-coal tar pitch

Braun|pigment *n*, braunes Pigment · brown pigment

~schweigerblau *n* · celestial blue, Brunswick ~

~schweigergrün *n* · Brunswick green [*Mixture of Prussian blue, chrome yellow and barytes*]

~schweigerschwarz *n* · Brunswick black [*A solution normally consisting of gilsonite, petroleum pitch, or similar material, in white spirit or aromatic hydrocarbons. It dries to a glossy, often brittle film, by simple evaporation of the solvents*]

~stein *m* [*Sandsteinart*] · brownstone

Brause *f* · spray shower

~anlage *f* · spray shower installation

~bad *n* · spray shower bath

~(-Bade)wanne *f* · spray shower receptor

~garnitur *f* · spray shower set, ~ ~ unit

~kabine *f* · spray shower cubicle

~kopf *m* · spray shower head

~nische *f*, Brausezelle *f* · spray shower recess

Brausensteuerung *f* · spray shower control

Brause|raum *m* · spray shower room

~rosette *f*, Brausetülle *f* · spray shower rose

~säule *f* · spray shower column

~schlauch *m* · spray shower hose

~stand *m* · spray shower stall

~tasse *f* · spray shower tray

~tülle *f*, Brauserosette *f* · spray shower rose

~ventil *n* · spray shower valve

~vorhang *m* · spray shower curtain

~wanne *f*, Brause-Badewanne · spray shower receptor

~zelle *f*, Brausenische *f* · spray shower recess

Brauttür *f* [*Seitenportal an der Nordseite einiger gotischer Kirchen; vor ihr wurde die Trauung vollzogen. Die Brauttür ist oft mit den biblischen Figuren der Klugen und Törichten Jungfrauen geschmückt, die den Bräutigam erwarten*] · bride-door

Brechbarkeitsprüfung *f* **nach Caroselli** · breaking time test of Caroselli [*asphalt emulsion (US)*]

~ mit Splitt · breaking time test with chippings [*asphalt emulsion (US)*]

brechen, zerfallen [*Emulsion*] · to break

Brechen *n*, Zerfall *m* [*Emulsion*] · breakdown, breaking

Brecher-Fertiggut *n* · crushed product, ~ material, broken ~

Brech(er)schlacke *f* · crushed slag, broken ~, air-cooled ~ [*This slag is prepared by pouring the molten slag onto a slag bank or into a pit. After solidifying and cooling, the slag is excavated, crushed and screened*]

Brechfein|kies *m*, Feinbrechkies · fine crushed gravel

~sand *m*, Feinbrechsand · fine manufactured sand, manufactured fine ~

Brech|grobsand *m*, Grobbrechsand · coarse manufactured sand, manufactured sand, manufactured coarse ~

~gut *n*, gebrochenes Material *n*, Brecher-Fertiggut · broken material, crushed ~, ~ product

~kies *m* · crushed gravel, broken ~

~lava *f* · crushed lava, broken ~

~marmor *m* · crushed marble, broken ~

~mehl *n* · breaker dust, crusher ~

~probe *f*, Brechprüfung *f*, Brechversuch *m* · crushing test, breaking ~

~prüfung *f*, Brechprobe *f*, Brechversuch *m* · crushing test, breaking ~

~punkt *m*, Starrpunkt [*Temperatur bituminöser Stoffe, bei der die Plastizität verschwindet und die Probe bei Biegebeanspruchung bricht. DIN 1995 – U 6*] · breaking point, brittle ~, shatter

~punkt *m* **nach Fraas,** Brechtemperatur *f* ~ ~ · Fraas brittle temperature, ~ breaking point, ~ brittle point

~sand *m*, Steinsand [*Er umfaßt in den USA den Kornstufenbereich 0–4,76 mm*] · (stone) screening(s), crusher ~, artificial sand, manufactured sand, stone sand, crushed stone sand

~schlacke *f* · crushed slag

(~)Schotter *m*, Steinschlag *m*, Straßen(bau)schotter · broken stone, ~ rock, crushed ~; road-metal (Brit.)

~splitt *m* · broken chip(ping)s, crushed ~

~temperatur *f* **nach Fraas,** Brechpunkt *m* ~ ~ · Fraas brittle temperature, ~ breaking point, ~ brittle point

Brechungsindex *m* · refractive index

Brechversuch *m*, Brechprobe *f*, Brechprüfung *f* · crushing test, breaking ~

Breikalk *m*, Kalkteig *m*, Kalkbrei *m* [*Fehlname: Fettkalk*] · lime putty, ~ paste [*A stiff paste resulting from sla(c)king quicklime or soaking hydrated lime in water*]

Breite-Dicke-Verhältnis *n* · width-(to-) thickness ratio

Breitenmessung *f* · width measurement

Breitflach|eisen *n*, Universaleisen [*Fehlnamen*]; Breitflachstahl *m* [*DIN 1612*] · (rolled) non-standard section, (~) ~ unit, "Universal" ~, universal (mill) plate

~stahl *m*; Universaleisen *n*, Breitflacheisen [*Fehlnamen*] [*DIN 1612*] · (rolled) non-standard section, (~) ~ unit, "Universal" ~, universal (mill) plate

breitflanschiger Doppel-T-Stahl *m*, Breitflanschprofil *n*, Breitflanschträger *m* [*DIN 1025*] · broad-flange(d) beam, ~ girder, B.F.B. [*B.S. 2566*]; wide-flange(d) beam, wide-flange(d) girder (US)

Breit|folie *f* · wide foil

~kopfnagel *m* · large flat head nail

~raum *m* → Breitzimmer

~stein *m*, Blattstein, Krempstein, Krampstein, Kremper *m* [*Dachstein*] · flap tile

~ziegel *m*, Krampziegel, Krempziegel, Blattziegel, Kremper *m* [*Auf Stempelpresse hergestellter Dachziegel. Er besteht aus einer Platte, an deren linker Seite eine konische Krempe ist*] · clay flap tile

~ziegelbedachung *f* → Krempziegel(dach)(ein)deckung

~ziegeldach(belag) *n*, (*m*) → Krempziegel(dach)(ein)deckung

~ziegel(dach)(ein)deckung *f* → Krempziegel(dach)(ein)deckung

~zimmer *n*, Breitraum *m* [*Hotel. Die Betten liegen durch Nachttische getrennt parallel zueinander*] · twin-bedded room

Breiweißkalk *m* → Weißkalkbrei

Bremerblau *n* · Bremen blue [*Copper hydroxid(e) with copper carbonate*]

Brennanlage *f* [*Feuerfest- und Zementindustrie*] · burning plant, ~ installation, firing ~

brennbar [*Feuerfest- und Zementindustrie*] · burnable

~ [*DIN 4102*] · combustible [*Capable of undergoing combustion*]

Brennbarkeit *f* [*Baustoff. DIN 4102*] · combustibility

~ [*Feuerfest- und Zementindustrie*] · burnability

Brennbarkeits|klasse *f* [*Baustoff*] · combustibility grading period

~prüfung *f*, Brennbarkeitsprobe *f*, Brennbarkeitsversuch *m* [*Baustoff*] · combustibility test

Brennbereich *m* [*Feuerfest- und Zementindustrie*] · burning range, firing ~

brennen [*Feuerfest- und Zementindustrie*] · to burn, to fire

Brennen *n*, Brand *m* [*Feuerfest- und Zementindustrie*] · burn(ing), firing

Brenn|fehler *m* · burn(ing) defect, firing ~

~geschwindigkeit *f* [*Baustoff*] · rate of combustion, combustion rate

~geschwindigkeit *f* [*Feuerfest- und Zementindustrie*] · burning rate, firing ~, rate of burning, rate of firing

~gut *n*, gebranntes Gut · burned product, fired ~

~kalk *m*, gebrannter Kalk, gedeihender Kalk, Branntkalk, CaO · calcium oxid(e) [*chemical name*], common lime, anhydrous lime, (quick)lime, calcined calcium carbonate, burnt lime, burned lime [*substance*]

(~)Kegel *m* [*Pyrometer aus Tonerdesilikaten zur Bestimmung der Wärmegrade in keramischen Brennöfen*] · (pyrometric) cone

(~)Ofen *m* · (burning) kiln

~prozeß *m*, Brennvorgang *m* [*Feuerfest- und Zementindustrie*] · burning process, firing ~

~risse *mpl*, Brandrisse [*Feuerfestindustrie. Netzwerk von Oberflächenrissen*] · crazing

~riß *m*, Brandriß [*Feuerfestindustrie*] · burning crack, firing ~

Brenn|schiefer *m*, Brandschiefer, Kohlenschiefer · carbonaceous shale

~schwindung *f* [*Feuerfestindustrie*] · firing shrinkage [*Decrease in size from the dry to the fired state of a refractory material*]

~spirituskocher *m* · primus stove (Brit.)

Brennstoff *m* · fuel

~einsparung *f*, Brennstoffersparnis *f* · fuel saving

~ersparnis *f*, Brennstoffeinsparung *f* · fuel saving

~keller *m* · fuel cellar

~raum *m* [*Kesselhaus*] · fuel room

Brenn|vorgang *m*, Brennprozeß *m* [*Feuerfest- und Zementindustrie*] · burning process, firing ~

~wachsen *n* [*Feuerfestindustrie*] · firing expansion, burning ~ [*Increase in size from the dry to the fired state of refractory material*]

Brett *n* · board, bd., natural ~

~ zur Aufnahme der Füllung [*Holzbalkendecke*] · pugging board [*wood-joist floor*]

~binder *m*, Nagelbinder · nailed roof framing, ~ ~ frame

Bretter *npl* [*Brettertür*] · sheeting

~bauzaun *m*, Bauzaun (aus Brettern) · (close-boarded) hoarding [*Any person intending to erect a building abutting on a street must erect a hoarding for the protection of passengers, unless the local authority signifies in writing that they do not consider any hoarding is necessary*]

Brett(er)|(fuß)boden(belag) *m* → Dielung

~schalung *f* · board form(work), ~ forms, ~ shuttering

~steg *m* [*Vollwandbinder*] · board(ed) web

Brettertür *f* · ledged door

~ mit Bug · ledged and braced door [*Developed from the ledged door, this type is stiffened and prevented from dropping by diagonal braces cut into the ledges. The door is hung on the side to which the braces thrust down*]

Brett(er)|wand *f* · board(ed) partition

~zaun *m*, Planke *f* · board(ed) fence, boarding, fence of boards

(Brett)Lamellen|balken(träger) *m*, Schichtholzbalken(träger) · (glue(d)) laminated (timber) beam; glulam (~) ~ (US)

~bogen(träger) *m*, Schichtholzbogen(-träger), gekrümmter Schichtholzträger, gekrümmter (Brett)Lamellenträger · (glue(d)) laminated (timber) arch(ed girder); glulam (~) ~ (~) (US)

~-Portalrahmen *m*, Schichtholzportalrahmen · (glue(d)) laminated (timber) portal frame; glulam (~) ~ ~ (US)

~rahmen *m*, Schichtholzrahmen · (glue(d)) laminated (timber) frame; glulam (~) ~ (US)

~schalendach *n*, Schichtholzschalendach · (glue(d)) laminated (timber) shell roof; glulam (~) ~ ~ (US)

~sparren *m*, Schichtholzsparren · (glue(d)) laminated (timber) rafter; glulam (~) ~ (US)

~strebe *f*, Schichtholzstrebe · (glue(d)) laminated (timber) (raking) strut; glulam (~) (~) ~ (US)

~träger *m*, Schichtholzträger · (glue(d)) laminated (timber) girder; glulam (~) ~ (US)

Brett|stein *m* → Flachstein

~ziegel *m* → Flachziegel

Briefeinwurf *m* · letter plate [*A front-door fitting to receive letters, consisting of a slotted plate fixed to the outside of the door. B.S. 2911*]

~ mit Klingelknopf und Namenschildausschnitt · letterplate with bell-push and card-holder

~ ~ Klopfer · postal knocker [*A letter plate which includes a door knocker*]

Brief|kastenblau *n* · letter box blue

~verteilerraum *m* · mail sorting room

Brinellhärte *f*, Metalldruckhärte, Druckhärte von Metallen, HB · Brinell hardness

Brinell(härte)prüfung *f*, Brinell(härte)versuch *m*, Brinell(härte)probe *f*, Kugeldruckprüfung nach Brinell, Kugeldruckversuch nach Brinell, Kugeldruckprobe nach Brinell [*DIN 50351*] · Brinell (hardness) test

Brinell|-Härtezahl *f* · B.H.N., Brinell hardness number

~presse *f*, Brinellsche Kugeldruckpresse · Brinell (hardness) testing machine, ~ (~) tester

Britanniametall *n* · Britannia metal

britisches Normal(walz)profil *n* · British Standard Section [*There are joist, channel, angle and tee sections*]

Brocken *m*, Bruch *m* [*Feuerfestindustrie. Hiermit werden fehlerhafte Steine und Steine aus dem Abbruch eines Mauerwerks bezeichnet, die gekörnt als Magermittel verwendet werden. Anmerkung: In England wird mit "grog" manchmal Schamotte bezeichnet*] · grog

Bromgold *n* · gold bromide

Bromkali *n*, Kaliumbromid *n*, KBr · potassium bromide

Bronze *f* · bronze [*Essentially bronze is an alloy of copper and tin, other elements such as zinc, phosphorus, nickel and lead being added to produce alloys with specific properties. When they contain about 2 per cent zinc they are known as gun-metals*]

~, Metall~ [*Metalleffektpigment*] metallic bronze

~anker *m* · bronze tie, ~ anchor

~arbeit *f* · bronze-working

~band *n* [*Baubeschlag*] · bronze hinge

~(bau)beschlag *m* · bronze (builders') furniture, ~ (~) fitting

~(bau)beschläge *mpl* · bronze (builders') hardware, ~ (~) fittings

~beschlag *m*, Bronzebaubeschlag · bronze (builders') furniture, ~ (~) fitting

~blech *n*, Bronzefeinblech · bronze sheet

~blechtafel *f*, Bronzefeinblechtafel · bronze sheet panel

~draht *m* · bronze wire

~dübel *m* · bronze connector

~-Fahnenmast *m*, Bronze-Flaggenmast · bronze flagpole, ~ flagstaff

~farbe *f* · bronze paint, metallic ~ [*A paint which on application gives a film with a metallic appearance. This effect is normally produced by the incorporation of fine flakes of such metals as copper, alloys of copper or aluminium. The aluminium used may be leafing or non-leafing, the former giving a far more brilliant metallic effect. These metals can be used in tinted or coloured media to give polychromatic finishes*]

~(fein)blech *n* · bronze sheet

~(fein)blechtafel *f* · bronze sheet panel

~feindraht *m* · fine bronze wire

~-Feindrahtgeflecht *n* · fine bronze wire netting

~fenster *n* · bronze window

~folie *f* · bronze foil

~form *f* · bronze mold (US); ~ mould (Brit.)

~gitter *n* · bronze grille [*Sometimes spelled 'grill'*]

~glanz *m* · bronzing [*A characteristic metallic lustre shown by certain highly coloured pigments in full strength, e.g. certain Prussian and phthalocyanine blues*]

~glas *n* · bronze glass

~gußstück *n* · bronze casting

~krampe *f*, Bronzekramme · bronze cramp

~lack *m* · bronzing lacquer

~paste *f* · bronze paste [*A paste consisting of fine metallic flakes in a volatile medium, usually white spirit. It is used in combination with media to make metallic and polychromate paints. The metal may be alumin(i)um, copper or alloys of copper*]

~-Pendeltür *f*, Pendeltür aus Bronze · bronze swing door

~profil *n* · bronze unit, ~ section, ~ shape, ~ trim, ~ profile

~profile *npl*, Baubronze *f* [*Fehlnamen*]; Sondermessing *n* · architectural bronze

~pulver *n* [*Metalleffektpigment*] · bronze powder, ~ pigment, ~ flakes, powder(ed) bronze

~relief *n* · bronze relief

~tinktur *f* · bronzing fluid

~tür *f* · bronze door

~vorhangwand *f* · bronze curtain wall

~-Wolkenkratzer *m* · bronze skyscraper

~zeitgebäude *n* · bronze-age building

~zeitpalast *m* · bronze-age palace

Bronzieren *n* · metal painting [*Painting with bronzing fluid as a vehicle*]

Brownmillerit *m* · brownmillerite [*A ternary compound originally regarded as 4 $CaO \cdot Al_2O_3 \cdot Fe_2O_3$ (C_4AF) occurring in portland cement and high alumina cement; now used to refer to a series of solid solutions between 2 $CaO \cdot Fe_2O_3$ (C_2F) and 2 $CaO \cdot Al_2O_3$ (C_2A)*]

Bruch *m* → Brocken [*Feuerfestindustrie*]

~ · failure, rupture

~bedingung *f* · failure condition, ultimate ~, rupture ~

~belastung *f*, Grenzbelastung · ultimate loading, failure ~, collapse ~, breaking ~, rupture ~, limit ~

~biegemoment *n* · ultimate bending moment, failure ~ ~, collapse ~ ~, breaking ~ ~, rupture ~ ~

„Bruchbudenbauer" *m* · jerry builder [*A builder who builds with poor materials and workmanship*]

Bruch|dehnung *f* · breaking elongation, rupturing ~, elongation at fracture, elongation at rupture

~druckfestigkeit *f* · ultimate compressive strength

~festigkeit *f* · breaking strength, ultimate ~, failure ~, collapse ~, rupture ~

~festigkeit *f* [*Rohr*] · bursting strength

~grenze *f* [*Druckspannung im Beton bzw. Zugspannung im Stahl, die den Bruch verursachen*] · failure limit, limit of the ultimate strength

~last *f* · failure load, ultimate ~, collapse ~, breaking ~, rupture ~

~linie *f* · rupture line [*The line along which rupture occurs or would accur if the piece were tested to destruction*]

~moment *n* · ultimate moment

~momentenvermögen *n* · ultimate moment capacity

~prüfung *f*, Bruchprobe *f*, Bruchversuch *m* · failure test, rupture ~

~querschnitt *m* · failure cross-section, rupture ~

bruch|rauh, spaltrauh [*Schiefer*] · natural cleft, ~ split

~rauhe Fläche *f* [*(Natur)Stein*] · quarry face [*It is a face which is on a stone when it comes from the quarry. It may be formed by the quarrying operations, or may be due to a natural seam and is then called a seam face*]

Bruch-Schub|festigkeit *f*, Bruch-Schubwiderstand *m* · ultimate shear(ing) strength

~spannung *f* · ultimate shear(ing) stress, breaking ~

~widerstand *m*, Bruch-Schubfestigkeit *f* · ultimate shear(ing) strength

Bruch|sicherheit *f* · safety against rupture

~spannung *f* · rupture stress, failure ~

~spannungsbedingung *f* · failure stress condition, rupture ~ ~

Bruchstein *m* · rubble, rough stone

~bau *m* · opus incertum [*Roman walling of concrete faced with irregularly shaped stones*]

~beton *m*, Zyklopenbeton · cyclopean concrete

~beton *m* **mit kleinen Steinen** · rubble concrete [*Concrete similar to cyclopean concrete except that small stones (such as a man can handle) are used*]

~gewölbe *n* · rubble vault

~mauer *f* · rubble (masonry) wall

~mauerwerk *n* [*Aus natürlichen lagerhaften Steinen mit Mörtel hergestellt*] · rubble (stone) masonry (work), rough ~ ~ (~)

Bruch|stückgestein *n*, Trümmergestein, mechanisches Sediment(gestein) *n*, klastisches Sediment(gestein), Trümmersediment(gestein) · clastic (sedimentary) rock, mechanically deposited (~) ~

~verlust *m* · breakage

~widerstand *m*, Endfestigkeit *f* · final strength

~zone *f* · failure zone, rupture ~

~zugfestigkeit *f* · ultimate tensile strength

~zugspannung *f* · ultimate tensile stress

Brücken|baukunst *f* · bridge art

~(bau)stahl *m* · bridge steel

~kapelle *f* · bridge-chapel

~kopf *m* [*Schanze oder Befestigungsanlage am Ende einer Brücke oder in seiner Nähe zur Verteidigung des Brükkenüberganges*] · embattled bridge parapet

~stahl *m*, Brückenbaustahl · bridge steel

~statue *f* · bridge statue

~stein *m* [*Besonders niedriger Großpflasterstein*] · bridge (paving) sett

~turm *m* · bridge tower

Brüdersaal *m* [*Tages- und Arbeitsraum der Mönche*] · frater

Brünieren *n*, Braunfärben [*Stahl*] · browning

Brünier|lösung *f* · browning solution

~mittel *n* · browning agent

~salbe *f* · browning paste

~salz *n* · browning salt

Brunnen *m*, Zier~ · fountain

~ für rituelle Waschungen [*Moschee*] · fountain for ritual ablutions, ~ ~ ceremonial ~

~bauarbeiten *fpl* [*DIN 18302*] · well construction work

~becken *n* · fountain basin

~platz *m* · fountain site, ~ plaza

~ring *m* **aus Beton**, Betonbrunnenring [*DIN 4034*] · concrete (well) ring

~rohr *n* · fountain pipe [*A pipe which supplies a fountain with water*]

~rohr *n*, Filterrohr [*Es gibt Filterrohre aus Stahl, Kupfer, Hartporzellan und Steingut*] · filter pipe

~wasser *n* · fountain water

~wasserversorgung *f* · borehole water supply, well ~ ~

Brünnlein *n* · fountainlet

Brust|holz *n*, Bundholz, Bindeholz, zugeschnittenes Bauholz · scantlings

~riegel *m*, Sohlbankriegel [*Querverbindung unter einer Fensteröffnung im Fachwerk*] · (window) sill rail, (~) breast ~; (~) cill ~ (Brit.)

~schwelle *f*, Sattelschwelle, Saumschwelle · girt [*A rail or intermediate beam in wooden-framed buildings, often carrying floor joists*]

Brüstung *f* · parapet

Brüstung *f*, Fenster~ · spandrel (wall), breast, apron, parapet; apron wall (US) [*The rectangular infilling in a multistor(e)y building between a window sill and the window head below*]

Brüstungs|baueinheit *f* [*Fehlname*]; Brüstungs(bau)element *n*, Brüstungs(bau)körper *m* spandrel (building) unit, ~ (~) member, ~ (~) component, parapet (~) ~

~(bau)element *n*, Brüstungs(bau)körper *m* [*Fehlname: Brüstungsbaueinheit f*] · spandrel (building) unit, ~ (~) member, ~ (~) component, parapet (~) ~

~(bau)körper *m*, Brüstungs(bau)element *n* [*Fehlname: Brüstungsbaueinheit f*] · spandrel (building) unit, ~ (~) member, ~ (~) component, parapet (~) ~

~element *n* → Brüstungsbauelement

~körper *m* → Brüstungsbaukörper

Brüstung(smauer) *f* · parapet masonry wall [*A low masonry wall protecting the edge of a roof, bridge, terrace or quay*]

Brüstungsplatte *f* · parapet slab

Brüstung(swand) *f* · parapet wall [*A low protecting the edge of a roof, bridge, terrace or quay*]

Brustwehr *f* · defense parapet; defence ~ (Brit.)

Brustzapfen *m* · tusk tenon

Brutalismus *m* · Brutalism [*In architecture, a style characterised by ruthlessness, clarity and the straightforward presentation of structures and materials*]

brutalistische Architektur *f*, ~ Baukunst *f* · Brutalist architecture

Brutto|fläche *f* · gross area

~last *f* · gross load

~querschnittfläche *f* · gross cross-sectional area

~stützenfläche *f* · gross column area

Buchen(holz)|schindel *f* · beech(wood) shingle

~teer *m* · beech (wood) tar

~tritt(stufe) *m*, (*f*) · beech(wood) tread

Buchen|parkett *n*, Fhbp *n* · beech(-wood) parquet(ry)

~riemen(fuß)boden(belag) *m*, Fhb *m* · beech(wood) strip floor(ing) (finish), ~ ~ floor cover(ing)

Bücheraufzug *m* · booklift

Bücherei *f*, Bibliothek *f* · library

~ für seltene Bücher, Bibliothek *f* ~ ~ ~ · Rare Books Library [*Yale University*]

Bücher|-Einbauschrank *m*, Bücher-Wandschrank · book closet

~magazin *n* · book repository [*Section of library where books are stored – in contrast to the reading room*]

~turm *m* · multi-storey library (Brit.); multi-story ~ (US); book tower

~-Wandschrank *m*, Bücher-Einbauschrank · book closet

Buchnertrichter *m* · Buchner funnel

Buchstabenschloß *n* · letter(-type) combination lock, ~ dial ~

Buckel *m* → Bosse

~blech *n*, geknickte Platte *f* · buckle(d) (steel) plate, dished (~) ~

~quaderverband *m*, Bossenquaderverband, Rustikaverband, Bossenwerk *n* · opus rusticum

buddhistische Architektur *f*, ~ Baukunst *f* · Buddhist architecture

Bügel *m*, Rohr~ · hanger, pipe ~

~ [*Bewehrung*] · binder, link

~ · stirrup

~armierung *f*, Bügelbewehrung, Bügel(stahl)einlagen *fpl* · binders, links, lateral reinforcement, transverse reinforcement [*Binders, not of circular form, round the main reinforcing bars of columns or piles*]

~bewehrung *f*, Bügelarmierung, Bügel(stahl)einlagen *fpl* · binders, links, lateral reinforcement, transverse reinforcement [*Binders, not of circular form, round the main reinforcing bars of columns or piles*]

~raum *m*, Bügelzimmer *f*, Plätteraum, Plättezimmer · ironing room

~schraube *f* · strap bolt

~(stahl)einlagen *fpl*, Bügelbewehrung *f*, Bügelarmierung · binders, links, lateral reinforcement, transverse reinforcement [*Binders, not of circular form, round the main reinforcing bars of columns or piles*]

~zimmer *n* → Bügelraum

Bug(holz) *m*, (*n*) → Bandholz

Bühne *f* [*Theater*] · stage

„Bühne" *f* [*volkstümlicher Ausdruck*]; Dachraum *m*, Dachboden *m* · roof void, ~ space

Bühne *f*, Plattform *f* · platform

Bühnen|beleuchtung *f* · stage lighting, ~ illumination

~beschläge *mpl* · stage hardware, ~ fittings

~gebäude *n* [*griechische Theaterbaukunst*] · scene-building, skene

~gestalter *m* · stage designer

~haus *n* · stage and backstage (of a theatre)

(~)Lichtregler *m* · dimmer

~nebenraum *m* · scene dock

~raum *m* · stage space

~scheinwerfer *m* · stage spotlight

(~)Theater *n* · (stage) theatre, living ~ ~

~turm *m* · stage tower

~wand *f* · stage wall

Bukranienfries *m* · bucrane frieze, bucranium ~

Bukranion *n* [*Dem Schädelskelett der Opfertiere nachgebildetes Schmuckmotiv an hellenistischen und römischen Altären, Grabmälern und Metopen, meist mit Blumen und Bändern verziert*] · bucrane, bucranium

Bulbwinkel(profil) *m*, (*n*), Wulstwinkel, Winkelwulstprofil [*DIN 8093*] · bulb-angle

Buleuterion *n* → Bouleuterion

Bulldogplatte *f*, Bulldog(-Holz)verbinder *m*, Bulldogdübel *m* [*Markenbezeichnungen für Einpreßdübel*] · claw plate, bulldog ~, ~ connector; ~ connector (US)

Bund *m* → Schaftring

~balken *m*, Oberschwelle *f*, Rähm *n*, Rahmholz *n* [*Oberer Abschlußbalken, der auf den Ständern eines Fachwerkes ruht*] · head (rail)

~balken *m*, Binderbalken · binding beam, ~ joist, binder, roof joist

Bündel *n* [*Z.B. aus Parkettstäben*] · parcel, batch

~draht *m* → (Vor)Spann~

~pfeiler *m* · clustered pier, duster of piers [*A pier with several shafts, attached or detached, or demishafts against the faces of it*]

~säule *f*, Säulenbündel *n* · clustered column

Bündelungspunkt *m* · point of load collection

Bund|gespärre *n*, Bindegespärre, Bundsparren *mpl*, Bindesparren *mpl*, Hauptsparren *mpl* · principal rafters, principals [*The main rafters, those in the roof truss which carry the purlin(e)s on which the common rafters are laid*]

~holz *n*, zugeschnittenes Bauholz, Bindeholz, Brustholz · scantlings

bündig (mit) · flush (with), level (to)

bündige Fuge *f* · flush joint, flat ~

~ Unterdecke → ebene Untersicht

Bund|pfosten *m*, Bundstiel *m*, Bundsäule *f*, Bundständer *m* [*Fachwerkbau*] · stud

~säule *f*, Bundständer *m*, Bundpfosten *m*, Bundstiel *m* [*Fachwerkbau*] · stud

~säule *f*, Ringsäule [*Säule mit durch ringförmige Zwischenglieder unterteiltem Schaft*] · column with shaft-rings, ~ ~ annulets

~sparren *m*, Bindesparren, Hauptsparren · principal (rafter), main ~

~sparren *mpl*, Bindesparren *mpl*, Hauptsparren *mpl*, Bundgespärre *n*, Bindegespärre · principal rafters, principals [*The main rafters, those in the roof truss which carry the purlin(e)s on which the common rafters are laid*]

~stahl *m* · fag(g)ot steel

~ständer *m*, Bundpfosten *m*, Bundstiel *m*, Bundsäule *f* [*Fachwerkbau*] · stud

~stiel *m*, Bundsäule *f*, Bundständer *m*, Bundpfosten *m* [*Fachwerkbau*] · stud

Buntalu(minium) *n*, Farbalu(minium) · coloured aluminium (Brit.); colored aluminum (US)

Buntbart|-Aufsatzschloß *n*, Buntbart-Kasten(riegel)schloß, aufliegendes Buntbartschloß · warded rim lock

~-Einsteckschloß *n* · warded mortise lock, ~ mortice ~

~-Kasten(riegel)schloß *n*, Buntbart-Aufsatzschloß, aufliegendes Buntbartschloß · warded rim lock

~schloß *n* · warded lock

Bunt|(belag)platte *f*, Buntfliese *f*, Farb(belag)platte, Farbfliese · colour tile (Brit.); color ~ (US); pigmented ~

~beton *m*, farbiger Beton, Farbbeton · coloured concrete (Brit.); colored ~ (US); pigmented ~

~fliese *f* → Bunt(belag)platte

~glas *n*, Farbglas, gefärbtes Glas, farbiges Glas · tinted glass; coloured ~ (Brit.); colored ~ (US)

~glasfenster *n*, Farbglasfenster · tinted-glass window, stained-glass ~

~glasur *f* · mottled glaze

~glaswand *f*, Farbglaswand · stained-glass wall, tinted-glass ~

~gußasphalt *m*, Farbgußasphalt, farbiger Gußasphalt · coloured mastic asphalt (Brit.); colored ~ ~ (US); pigmented ~ ~

buntknochiger Bernstein *m* · mottled osseous amber

Bunt|marmor *m* · coloured marble (Brit.); colored ~ (US)

~metall *n* · brass and bronze

~mörtel *m*, farbiger Mörtel, Farbmörtel · coloured mortar (Brit.); colored ~ (US); pigmented ~

~pigment *n*, Farbpigment · coloured pigment (Brit.); colored ~ (US)

~platte *f* → Buntbelagplatte

~putz *m* → Buntverputz

~sandstein *m* · variegated sandstone (Brit.); mottled ~, bunter ~, Lower Triassic ~

~(ver)putz *m*, Farb(ver)putz · coloured finish (Brit.); colored ~ (US)

~zement *m*, Farbzement · coloured cement (Brit.); colored ~ (US); pigmented ~

Burg *f* · fortress castle

~architektur *f*, Burgbaukunst *f* · fortress castle architecture

~baukunst *f*, Burgarchitektur *f* · fortress castle architecture

Bürgerhaus *n* · citizen's hall

~, Bürgerwohnhaus · town house

Bürgersteig|-Betonplatte *f*, Beton-Bürgersteigplatte, Gehsteig-Betonplatte, Beton-Gehsteigplatte, Gehweg-Betonplatte, Beton-Gehwegplatte, Gehbahn-Betonplatte, Fußweg-Betonplatte, Beton-Gehbahnplatte, Beton-Fußwegplatte · sidewalk concrete flag(stone), ~ ~ paving flag (US); footpath concrete flag(stone), footpath concrete paving flag (Brit.); pre-cast concrete flag [*B.S. 368*]

~platte *f*, Gehbahnplatte, Gehwegplatte, Fußsteigplatte, Fußwegplatte, Gehsteigplatte · sidewalk (paving) flag (US); footpath (~) ~ (Brit.); ~ flagstone

~plattenbelag *m*, Gehbahnplattenbelag, Fußwegplattenbelag, Gehsteigplattenbelag, Gehwegplattenbelag · flagging

~schalter *m* [*Bank*] · sidewalk teller

~überfahrt *f* · crossing over a footway

Bürger(wohn)haus *n* · town house

Burg|graben *m*, Halsgraben · moat, fortress castle-ditch

~hof *m* · fortress castle-court

~kapelle *f* · fortress castle-chapel

~mauer *f* · fortress castle-wall

~tor *n* · fortress castle-gate

(~)Torturm *m* · gate(way) tower

Burgunderpech *n* · Burgundy pitch

burgundische Gotik *f* · Burgundian Gothic (style)

(Burg)Warte *f*, Wachtturm *m*, Wartturm [*Im Mittelalter ein Turm mit Plattform, von dem aus herannahende Feinde frühzeitig erkannt werden konnten*] · observation tower, watch ~

Büro *n* **für Umbuchungen** [*Flughafen*] · ticket-transfer office

~beleuchtung *f* · office lighting, ~ illumination

~decke *f* → Bürotrenndecke

~eingang *m* · office entrance

~etage *f*, Bürostockwerk *n*, Bürogeschoß *n* · office storey (Brit.); ~ story (US)

~fenster *n* · office window

~fläche *f* · office area

~gebäude *n*, Bürohaus *n* · office building, ~ block

~geschoß *n*, Büroetage *f*, Bürostockwerk *n* · office storey (Brit.); ~ story (US)

~großraum *m* · landscaped office room

~haus *n*, Bürogebäude *n* · office building, ~ block

~hochhaus *n* · office tower

~landschaft *f*, Großraumbüro *n* · open landscaped office space, ~ plan office, office landscape

~landschaftsgestaltung *f* · office landscaping

~möbelwerk *n*, Büromöbelfabrik *f* · office furniture factory

~nutzfläche *f* · available office space

~-Rundgebäude *n*, Rund-Bürogebäude · round office building, ~ ~ block

~stockwerk *n*, Büroetage *f*, Bürogeschoß *n* · office storey (Brit.); ~ story (US)

~trakt *m* · office wing

~(trenn)decke *f* · office floor

~- und Wohnhaus *n*, Wohn- und Bürohaus · flats-and-offices building, office-and-flat block

~wolkenkratzer *m* · office skyscraper

Bürsten *n* · brush polishing

Bürsten *n*, Ab~ · brushing

~ mit Drahtbürste, Ab~ ~ ~ · wire brushing

Busbahnhof *m* · bus terminal, ~ station

Butadien *n* · butadiene

Butanol *n* · butanol

Buttersäure *f* [*Sie entsteht im Grünfuttersilo bei falschgeleiteter Gärung und Ranzigwerden von Fetten und ist ein Betonschädling*] · butyric acid

Butylalkohol *m* · butyl alcohol

Butylkautschuk *m* · butyl rubber

~basis *f*, Butylkautschukgrundlage *f* · butyl rubber base

~(fugen)mastix *m*, Butylkautschuk(fugen)kitt *m*, Butylkautschuk(ver)füllkitt, Butylkautschuk-Fugen(ab)dicht(ungs)-kitt, plastische Butylkautschuk-Fugen-(ab)dicht(ungs)masse *f*, plastische Butylkautschuk-Fugenmasse, plastische Butylkautschuk-(Fugen)(Ver)Füllmasse, plastischer Butylkautschuk-(Fugen-)(Ver)Füller *m* · butyl rubber (building) mastic, ~ ~ mastic joint sealer

~schaum *m* · butyl rubber foam

~(ver)füllkitt *m* → Butylkautschuk(fugen)mastix

Butze *f* · bullion [*A disk of spun handmade flat glass, or the central portion of it, to which the glass maker's iron has been attached*]

Butzenglass *n*, Schleuderglas, Kronglas, Mondglas · crown glass

BV *m* → (Beton)Verflüssiger

BV-Stoff *m* → (Beton)Verflüssiger

BV-Wirkstoff *m* → (Beton)Verflüssiger

BV-Zusatz(mittel) *m*, (*n*) → (Beton)Verflüssiger

BV-(Zusatz)Stoff *m* → (Beton)Verflüssiger

BWW *m*, Bindewert unter Wassereinwirkung · binding value under the action of water [*bituminous binder*]

byzantinische Baukunst *f*, ~ Architektur · Byzantine architecture

C

Ca, Kalzium *n* [*Erdalkalimetall*] · calcium

$CaAl_2Si_2O_8$, Kalkfeldspat *m*, Anorthit *m* · anorthite, lime-fel(d)spar

$CaCl_2$, Chlorkalzium *n*, Kalziumchlorid *n* [*Ein Abbinde(zeit)beschleuniger. Die Abbindezeit läßt sich je nach dem Kalziumchloridanteil im Anmach(e)wasser auf Minuten oder sogar Sekunden verkürzen*] · calcium chlorid(e) (US); ~ chloride (Brit.)

$CaCO_3$, Kalkstein *m* [*Sedimentationsgestein mit dem Hauptbestandteil Kalziumkarbonat in dicht und körnig kristalliner Form*] · limestone; cauk, cawk [*Scotland*]

~, Aragonit *m* [*Seltene, rhombische Form des kristallisierten Kalziumkarbonats*] · aragonite

~, Kanonenspat *m*, Kalzit *m*, Kalkspat [*Rhomboedrisch kristallisierte Form des Kalziumkarbonates, gesteinsbildend*] · calcite, calcspar

~, Kalziumkarbonat *n* [*Hauptbestandteil des Kalksteins und der Kreide*] · calcium carbonate [*chemical name*], carbonate of lime [*substance*]

CaC_2, Kalziumkarbid *n* [*Durch Zusammenschmelzen von Branntkalk und Kohle gewonnenes Ausgangserzeugnis für Azetylen*] · calcium carbide

Cà doro [*Venedig*] · Ca' d'Oro, Golden Hause [*It was built between 1421 and 1440 and named for the gilding originally applied to its facade. It now contains an art collection*]

CaF_2, Kalziumfluorid *n* · calcium fluoride (Brit.); ~ fluorid(e) (US)

Caldarium *n* [*Heißbaderaum römischer Thermen*] · caldarium, hot room

Calefactorium *n*, Wärmestube *f* · calefactory, warming-house

Campanile *m*, Kampanile, freistehender Glockenturm *m* · isolated bell-tower, free-standing ~, campanile, belfry

Cancelli *f* [*In der altchristlichen Basilika meist steinerne Chorschranken, die den Raum für den Chor gegen den Gemeinderaum abgrenzen*] · cancelli

$Ca(NO_3)_2$, salpetersaurer Kalk *m*, Kalziumnitrat *n*, Kalksalpeter *m*, salpetersaures Kalzium *n* · nitrate of lime, lime nitrate

CaO, Branntkalk *m*, gedeihender Kalk, Brennkalk, gebrannter Kalk · calcium oxid(e) [*chemical name*], common lime, anhydrous lime, (quick)lime, calcined calcium carbonate, burnt lime, burned lime [*substance*]

~, Kalziumoxid · calcium oxid(e) (US); ~ oxide (Brit.)

$CaOCl_2$ → Chlorkalk

$Ca(OH)_2$, freies Kalkhydrat *n*, freier Kalk *m* · free lime

~, Kalziumhydroxid *n* [*Molekulargewicht 74,10; es besteht aus 75,7% Kalziumoxid und 24,3% Wasser*] · calcium hydroxid(e) (US); ~ hydroxide (Brit.)

~ → Löschkalk

$CaSiO_3$, KS, Kalziumsilikat *n* · calcium silicate

$CaSO_4$, unlöslicher Anhydrit *m*, unlösliches Anhydrit *n*, Anhydrit II, Totgebranntes *n*, totgebrannter Gips *m* · deadburnt gypsum, dead burned ~

~ → Estrichgips

~, Kalziumsulfat *n* · calcium sulphate (Brit.) [*chemical name*]; ~ sulfate (US) [*chemical name*]; sulphate of lime (Brit.) [*substance*]; sulfate of lime (US) [*substance*]

$CaSO_4 \cdot 2\,H_2O$ → Rohgips

~, Gips *m* · gypsum [*It is a naturally occurring mineral composed of hydrous calcium sulphate with two molecules of combined water and having the chemical formula $CaSO_4 \cdot 2\,H_2O$. It is also formed as a by-product of the manufacture of phosphate rock with sulphuric acid, and gypsum plasters are made from both the natural gypsum and this by-product*]

~, Gips(ge)stein *m*, (*n*) · (massive) gypsum, natural ~, gypsum rock, plaster rock, plaster stone [*A hydrous calcium sulphate*]

Castiglianoscher Satz *m*, Prinzip *n* von Castigliano, Castiglianosches Prinzip [*Von allen möglichen Gleichgewichtszuständen tritt derjenige ein, für den die Formänderungsarbeit ein Minimum wird*] · Castigliano's theorem, ~ law, ~ principle

CCl_4, Tetrachlorkohlenstoff *m* · carbon tetrachloride

Cd, Kadmium *n* · cadmium

C_3S, Trikalziumsilikat *n* · tricalcium silicate [*A compound having the composition $3\,CaO \cdot SiO_2$, abbreviated C_3S, an impure form of which alite is a main constituent of portland cement*]

Cella *f* · cella [*The main body of a temple as distinct from the portico and the naos*]

~fassade *f* · cella façade

~mauer *f* · cella masonry wall

Cellophan *n*, Zellophan · cellophane [*A regenerated cellulose obtained from viscose solution*]

Cellulose *f*, Zellulose · cellulose

~acetat *n*, Zelluloseazetat, Acetylcellulose *f* · cellulose acetate

~kleister *m*, Zellkleister, Zellulosekleister [*Er wird zum Kleben von Tapeten verwendet*] · cellulose paste

~lack *m*, Zelluloselack, Nitrozellulose-lack, Nitro(cellulose)lack · nitrocellulose lacquer, cellulose nitrate ~, pyroxylin ~

~leim *m*, Zelluloseleim, Zelleim · cellulose glue

~nitrat *n*, Zellulosenitrat [*Fehlnamen: Nitrozellulose f, Nitrocellulose. Diese Bezeichnungen sind falsch, weil es sich nicht um einen Nitrokörper, sondern um einen Salpetersäureester handelt*] · cellulose nitrate, pyroxylin; nitrocellulose [*misnomer*]

Centipoise *f* · centipoise

Cermet *n* [*Erzeugnis aus keramischen und metallischen Bestandteilen*] · cermet

~überzug *m* · cermet coating

Chalzedon *m* [*Faserige, kryptokristalline Modifikation des Quarzes*] · chalcedony

Changeantglas *n* · dichroic glass

charakteristische Festigkeit *f* · characteristic strength

Charge *f* [*Menge einer Mischung, die in einem bestimmten Herstellungsabschnitt auf einmal verarbeitet wird*] · batch

Charta *f* **von Athen** [*Von der internationalen Architektenorganisation CIAM 1933 herausgegebene Erklärung, die in fünf Hauptgruppen (Wohnung, Erholung, Arbeit, Verkehr, historisches Erbe) Feststellungen und Forderungen zum Problem der modernen Stadt formuliert*] · Athens Charter [*A manifesto published by the international architectural organization CIAM in 1933, setting out data and requirements connected with the problem of the modern city under five main headings (Dwellings, Recreation, Work, Transportation, Historic Buildings)*]

Chauvel-Sicherheitsglas *n*, Chauvel-drahtglas [*Als Guß-, Roh- oder Kristallspiegelglas hergestelltes Drahtglas, dessen Drahteinlage nicht aus einem Netz oder Gewebe, sondern aus einzelnen parallel gespannten Drähten von 0,5 mm ø in rund 5 cm Abstand besteht*] · Chauvel safety glass

CH_3OH, Methylalkohol *m*, Methanol *n* · methyl alcohol, wood ~, methanol

Chemie|abwasserrinne *f* · gutter for chemical wastes

~bau *m* · chemical construction

~faser *f* · man-made fibre (Brit.); ~ fiber (US)

~spinnfaser *fpl* [*Die alte Bezeichnung „Zellwolle" findet nur noch für die nach dem Viskoseverfahren hergestellten Chemiespinnfasern Anwendung*] · cellulose wool

~werkstoff *m* **für das Bauwesen**, chemischer Baustoff; chemisches Baumaterial *n* [*Schweiz*] · chemical construction(al) material, ~ building ~, ~ structural ~

Chemikal *n* · chemical

Chemikalienangriff *m* · chemical attack

chemikalienbeständig, chemikalienfest · chemical(-)resistant

Chemikalienbeständigkeit *f* · chemical resistance

chemikalienfest, chemikalienbeständig · chemical(-)resistant

Chemikalien|gebäude *n* · chemical building [*water filtration plant*]

~schlämme *f* · chemical grout, ~ slurry

chemikalienundurchlässig · impervious to chemicals

chemisch aufrauhen · to etch [*To roughen a surface by a chemical agent prior to painting in order to increase adhesion*]

~ gebundener Stein *m* [*Stein, dessen Festigkeit durch chemische Bindemittel und nicht durch Brennen erreicht wird*] · chemically bonded brick

~ gebundenes Wasser *n* · chemically combined water, fixed ~

~ reines Zink *n* · chemically pure zinc

~ träge · chemically inert

~ wirkend · chemically acting

chemische (Ab)Dichtung *f*, ~ Sperrung [*gegen Feuchtigkeit*] · chemical dampproofing

~ Analyse *f* · chemical analysis

~ Atmosphäre *f* · chemical atmosphere

~ Beize *f*, ~ Holzbeize, Metallsalzbeize · acid stain [*The acid stains include many materials which are not acids*]

~ Beständigkeit *f*, ~ Widerstandsfähigkeit · chemical durability [*The resistance of a material to chemical attack*]

~ Dichtung *f*, ~ Ab~, ~ Sperrung [*gegen Feuchtigkeit*] · chemical dampproofing

~ Eigenschaft *f* · chemical property

~ Energie *f* · chemical energy

~ (Er)Härtung *f* · chemical hardening

~ Fabrik *f*, chemisches Werk *n*, Chemiewerk · chemical plant

~ Feuchtesperrschicht *f* · chemical dampproof(ing) course, ~ dampcourse, ~ d.p.c., ~ dpc

~ Haftung *f* · chemical bond [*Bond between materials that is the result of cohesion and adhesion developed by chemical reaction*]

~ Härtung *f*, ~ Er~ · chemical hardening

~ (Holz)Beize *f*, Metallsalzbeize · acid stain, chemical ~ [*The acid stains include many materials which are not acids*]

~ Oberflächenbehandlung *f* · chemical surface treatment

~ Reaktion *f* · chemical reaction

~ Spannungsrelaxation *f* · chemical stress relaxation

~ Sperrung *f*, ~ (Ab)Dichtung [*gegen Feuchtigkeit*] · chemical dampproofing

~ Trägheit *f* · chemical inertness

~ Umweltverhältnisse *f* · chemical environment(s)

~ Untersuchung *f* · chemical investigation

(~) Verbindung *f* · (chemical) system, (~) compound

(~) ~ mit Kleb(e)eigenschaft · (chemical) bonding system, (~) adhesive ~, (~) ~ compound

~ Widerstandsfähigkeit *f*, ~ Beständigkeit · chemical durability [*The resistance of a material to chemical attack*]

~ Zusammensetzung *f* · chemical composition

chemischer Angriff *m* · chemical attack

~ Baustoff *m*, Chemiewerkstoff für das Bauwesen; chemisches Baumaterial *n* [*Schweiz*] · chemical construction(al) material, ~ building ~, ~ structural ~

~ Bautenschutzstoff *m*, chemisches Bautenschutzmittel *n* · chemical preservative for structures and buildings

~ Betonhärtungsstoff *m*, chemisches Betonhärtungsmittel *n*, chemisches Betonhärtemittel, chemischer Betonhärter *m* · liquid concrete hardener, ~ ~ hardening agent

~ Leim *m* · chemical glue

chemisches Baumaterial *n* [*Schweiz*]; chemischer Baustoff *m*, Chemiewerkstoff für das Bauwesen · chemical construction(al) material, ~ building ~, ~ structural ~

~ Bautenschutzmittel *n*, chemischer Bautenschutzstoff *m* · chemical preservative for structures and buildings

~ Betonhärtemittel *n*, ~ Betonhärtungsmittel, chemischer Betonhärtungsstoff *m* · liquid concrete hardener, ~ ~ hardening agent

~ Betonhärtungsmittel *n*, ~ Betonhärtemittel, chemischer Betonhärtungsstoff *m* · liquid concrete hardener, ~ ~ hardening agent

~ Labor(atorium) *n* · chemical lab(oratory)

~ Oxidationsverfahren *n* · chemical oxidation process

~ Polieren *n* · chemical polishing

~ Steinzeug *n* · chemical stoneware

Cheopspyramide *f* · Great Pyramid of Cheops

Chicagoer Fenster *n* · Chicago window [*Rectangular in shape, runs horizontally and features several lights with a large central pane*]

Chinesischblau *n* · Chinese blue

Chinesische Mauer *f* · Great Wall of China

Chinesischrot *n* · Chinese red

Chinoiserie *f* [*Bezeichnung für die Übernahme bzw. Nachahmung chines. oder überhaupt ostasiatischer Formen durch die europäische Baukunst und Innenarchitektur des 17. und 18. Jh. Chinesische Zimmer gibt es in den meisten Residenzen des Barocks und des Rokokos, auch in Gärten und Parks wurden Pavillons und Pagoden in chinesischem Stil errichtet (Potsdam, Sanssouci; Nymphenburg; Kassel)*] · chinoiserie

Chintz *m* [*Bedrucktes Baumwollgewebe mit sehr dünnem Wachsüberzug für Wandbespannungen*] · chintz

Chlor|ammonium *n* → Salmiak

~gas *n*, gasförmiges Chlor *n* · gaseous chlorine

~harz *n* · chlorinated resin

Chlorid *n* · chloride (Brit.); chlorid(e) (US)

chloridfrei · free from chloride(s) (Brit.); ~ ~ chlorid(e)s (US)

Chlorid|spannungsrißkorrosion *f* · chloride stress corrosion cracking (Brit.); chlorid(e) ~ ~ ~ (US)

~wanderung *f* · chloride migration (Brit.); chlorid(e) ~ (US)

chlorierter Kautschuk *m*, Chlorkautschuk · chlorinated rubber

Chlorit *m* (Min.) · chlorite, green earth

~bildung *f* · chloritization

chloritisches Tonmineral *n* · chloritic mineral

Chloritoidschiefer *m* · chloritoid schist

Chloritschiefer *m* · chlorite-schist

Chlor|kalk *m*, Bleichpulver *n*, Bleichkalk, Kalziumoxychlorid *n*, $CaOCl_2$ · bleaching powder, chloride of lime, chlorinated lime

~kalzium *n*, Kalziumchlorid *n*, $CaCl_2$ [*Ein Abbinde(zeit)beschleuniger. Die Abbindezeit läßt sich je nach dem Kalziumchloridanteil im Anmach(e)wasser auf Minuten oder sogar Sekunden verkürzen*] · calcium chlorid(e) (US); ~ chloride (Brit.)

Chlorkautschuk *m*, chlorierter Kautschuk · chlorinated rubber

~anstrich *m*, Chlorkautschukaufstrich · chlorinated rubber coat

~basis *f*, Chlorkautschukgrundlage *f* · chlorinated rubber base

~farbe *f* · chlorinated rubber paint

~grundier(anstrich)farbe *f* · chlorinated rubber priming paint

~grundierfarbe *f*, Chlorkautschukgrundieranstrichfarbe · chlorinated rubber priming paint

~grundlage *f*, Chlorkautschukbasis *f* · chlorinated rubber base

~kleb(e)stoff *m*, Chlorkautschukkleb(e)mittel *n*, Chlorkautschukkleber *m* · chlorinated rubber (bonding) adhesive, ~ ~ ~ agent, ~ ~ ~ medium, ~ ~ cement(ing agent)

~lackfarbe *f* · chlorinated rubber lacquer

~leim *m* · chlorinated rubber glue

~-Nachbehandlungsmittel *n* · chlorinated rubber curing compound

~polymer *n* · chlorinated rubber polymer

Chlorlösemittel *n*, Chlorlösungsmittel · chlorinated solvent

Chlormagnesium *n*, Magnesiumchlorid *n*, $MgCl_2$ · magnesium chlorid(e) (US); ~ chloride (Brit.)

(~)Lauge *f*, Magnesiumchloridlauge [*Fehlnamen*]; Magnesiumchloridlösung *f*, $MgCl_2$-Lösung · liquid magnesium chlorid(e), magnesium chlorid(e) solution (US); liquid magnesium chloride, magnesium chloride solution (Brit.)

Chlornatrium *n* → Natriumchlorid

Chloroform-Unlösliches *n* · chloroform-insoluble matter

Chlor|registriergerät *n*, Chlorschreiber *m* · chlorine recorder

Chlorung *f* · chlorination

~zink *n*, Zinkchlorid *n*, $ZnCl_2$ · zinc chloride (Brit.); ~ chlorid(e) (US)

Chor *m* · choir [*The part of a church where divine service is sung*]

~apsis *f* → Chorhaupt

~bogen *m* [*Bogen, der einen Chor vom Langhaus bzw. der Vierung trennt*] · choir arch

~empore *f*, Chorgalerie *f*, Sängergalerie, Sängerempore · choir loft, ~ gallery

~flügel *m* · choir limb

~freske *f* · choir fresco

~galerie *f*, Chorempore *f*, Sängergalerie, Sängerempore · choir loft, ~ gallery

~gang *m*, Chorumgang, Deambulatorium *n* · deambulatory, ambulatory (aisle)

~gestühl *n* · choir stall, quire ~

~gewölbe *n* · choir vault

~gitter *n* · choir grille, ~ lattice(d) screen [*It separates the choir from the main body of a church*]

~haupt *n*, Chorapsis *f*, Chorapside *f*, Chorabside · chevet [*The apsidal east end of a medieval church, including the aisle or ambulatory round the apse, girdled with chapels*]

~joch *n* · choir bay

~kapelle *f*, Apsidialkapelle, Apsiskapelle, Apsidenkapelle, Absidenkapelle · choir chapel, apsidial ~

~schranke *f* · choir screen

~strebepfeiler *m* · choir buttress

~(um)gang *m*, Deambulatorium *n* · deambulatory, ambulatory (aisle)

~wand *f* · choir wall

(christliche) Basilika *f*, Basilikakirche *f* · Christian basilica, ecclesiastical ~, basilica (church)

christlicher Triumphbogen *m* · Christian triumphal arch

Christobalit *m* [*Allotrope Modifikation des kristallinen* SiO_2] · christobalite

Chrom *n*, Cr · chromium

~beschichten *n*, Chromüberziehen, Chromüberzug *m*, Chrombeschichtung *f* [*als Tätigkeit*] · chromium coating

~beschichtung *f*, Chromüberzug *m*, Chrombeschichten *n*, Chromüberziehen [*als Tätigkeit*] · chromium coating

~beschichtung *f*, Chromüberzug *m* [*als Schicht*] · chromium coat(ing), ~ finish

~-Dolomit-Erzeugnis *n* · chrome-dolomite refractory (product), ~ ~ material [*A refractory material made from a mix(ture) of chrome ore and calcined dolomite*]

~(eisen)erz *n*, Chromeisenstein *m* · chrome ore [*A rock containing a major proportion of chrome spinels*]

~eisenstein *m*, Chrom(eisen)erz *n* · chrome ore [*A rock containing a major proportion of chrome spinels*]

~erzeugnis *n* · chrome refractory (product), ~ ~ material

~farbe *f*, Chrompigment *n* · chrome pigment

~gelb(pigment) *n*, chromsaures Pb *n* · chrome yellow (pigment)

~grün(pigment) *n* · chrome green (pigment) [*A mix(ture) of Prussian blue and chrome yellow*]

Chromit *m*, $FeO \cdot Cr_2O_3$ · chromite [*The ferrous chrome spinel*]

Chrom(it)|-Dolomit-Erzeugnis *n* · chrom(it)e-dolomite refractory (product)

~erzeugnis *n* · chrom(it)e refractory (product)

~-Korund-Erzeugnis *n* · chrom(it)e-corundum refractory (product)

~-Magnesia-Erzeugnis *n* · chrom(it)e-magnesia refractory (product)

~-Magnesit-Erzeugnis *n* [*Feuerfestes Erzeugnis aus einer Mischung aus Chromerz und Sintermagnesit, bei welchem das Chromerz überwiegt*] · chrom(it)e-magnesite refractory (product), ~ ~ material

~-Silika-Erzeugnis *n* · chrom(it)e-silica refractory (product)

~-Sillimanit-Erzeugnis *n* · chrom(it)e-sillimanite refractory (product)

~stein *m* · chrom(it)e refractory brick

Chrom|magnesit *m* · chrom(it)e magnesite

~-Magnesit-Erzeugnis *n* · chrom(it)e-magnesite refractory (product), ~ ~ material [*A refractory material made from a mix(ture) of chrome ore and dead-burned magnesite, the chrome ore preponderating*]

~-Magnesit-Stein *m* · chrom(it)e-magnesite (refractory) brick

~-Molybdän-Stahl *m* · chromium molybdenum stainless steel

~mörtel *m* · chrome mortar

~nickel *n* · chromium-nickel

~-Nickel-Stahl *m*, rostsicherer Stahl, nichtrostender Stahl, rostbeständiger Stahl, säurebeständiger Stahl [*Im Bauwesen sind Chrom-Nickel-Stähle hauptsächlich als rostsichere Stähle bekannt;*

sie enthalten meistens etwa 18% Chrom und etwa 8% Nickel] · chromium-nickel stainless steel

~ocker *m* · chrome ochre (Brit.); ~ ocher (US)

~orange(pigment) *f*, (*n*) · orange chrome yellow

~oxidgrün(pigment) *n* · chromium oxid(e) green (pigment) (US); ~ oxide ~ (~) (Brit.); green (anhydrous) oxide chromium (~) [*B.S. 318*]

~oxid(pigment) *n* · chromium oxid(e) (pigment) (US); ~ oxide (~) (Brit.)

~pigment *n*, Chromfarbe *f* · chrome pigment

~rot(pigment) *n* · chrome red (pigment)

chromsaures Pb *n*, Chromgelb(pigment) *n* · chrome yellow (pigment)

Chrom|schlacke *f* [*Sie fällt bei der Verhüttung von Chromeisenstein als Nebenerzeugnis an*] · chromium slag

~-Sillimanit-Erzeugnis *n* · chrome-sillimanite refractory (product), ~ ~ material

~spinell *m* [*Spinell, dessen Sesquixid das Cr_2O_3 ist*] · chrome spinel

~stahl *m* · chromium stainless steel, plain chromium ~

~stein *m* [*Hochfeuerfester Stein aus Chromit mit Magnesia (schwach gebrannt), Kalkmilch oder Schamotte bzw. feuerfestem Ton*] · chrome brick

~überziehen *n*, Chrombeschichten, Chromüberzug *m*, Chrombeschichtung *f* [*als Tätigkeit*] · chromium coating

~überzug *m*, Chrombeschichtung *f* [*als Schicht*] · chromium coat(ing), ~ finish

~überzug *m*, Chrombeschichtung *f*, Chrombeschichten *n*, Chromüberziehen [*als Tätigkeit*] · chromium coating

Chubbschloß *n* · Chubb (lever-tumbler) lock

Cic-Öl *n* · cicoil

Clapeyronsche Gleichung *f* · Clapeyron's equation

CLASP-Schule *f* · CLASP school [*School built from prefabricated components under the Consortium of Local Authorities Special Programme set up in Britain in 1957*]

Cochenillelaus *f* · cochineal

Coelinblau *n* · cerulean blue (pigment)

Coemetrial|kapelle *f*, Grabkapelle · tomb chapel

~kirche *f* → Memoria(lkirche)

Colcret(e)beton *m*, Ausgußbeton [*Prepaktbeton und Colcretebeton unterscheiden sich im wesentlichen dadurch, daß beim Prepaktbeton dem Ausgußmörtel zur Verringerung des Wasserzusatzes und zur Erhöhung der Geschmeidigkeit ein Zusatzmittel beigegeben wird, während beim Colcretebeton ein bestimmtes Misch- und Herstellungsverfahren vorliegt*] · Colcrete concrete

Composit-Kapitell *n*, Komposit-Kapitell, Komposit-Kapitäl, Composit-Kapitäl, römisches Kapitäl, römisches Kapitell · composite capital

Confessio *f*, Konfessio, Heiligengrabraum *m* unter dem Altar · confessio

Cordierit *m* [*Synthetisches oder natürliches Magnesium-Aluminium-Silikat. Es gibt mangan- oder eisenhaltigen Cordierit. In Erweiterung dient dieser Ausdruck auch zur Bezeichnung des Gesteins (Rohstoffs)*] · cordierite

Corioliskraft *f* [*ablenkende Kraft der Erddrehung*] · Coriolis component

Corona *f*, Korona · corona

Coslettieren *n* · Coslettizing

coslettiert · Coslettized

Cosmaten *mpl* [*Eine vom 12. bis 14. Jahrhundert in Rom tätige Gruppe von Bau- und Dekorationskünstlern, in deren Inschriften der Name Cosmas häufig vorkommt. Da sie eine besondere Fertigkeit in der Dekoration von Säulen, Fußböden, Wänden usw. mit feiner Einlegearbeit aus buntem Marmor besaßen, wird diese Technik „Cosmatenarbeit" genannt*] · Cosmati

~arbeit *f* [*Mosaikarbeit aus Marmor, so genannt nach Cosmas, dem bedeutendsten römischen „Marmorarius" um 1100 n. Chr.*] · Cosmati work

CO-Warnanlage *f* **für Garage** · CO-warning system for garage

Cr, Chrom *n* · chromium

Cremonascher Kräfteplan *m*, Kräfteplan nach Cremona, Cremonaplan [*Zeichnerisches Verfahren zur Ermitt(e)lung der Stabkräfte eines Fachwerkträgers*] · Cremona's polygon of forces

Cromlech *m* · cromlech [*A type of megalithic chamber tomb*]

Cross-Methode *f*, Cross-Verfahren *n*, Momentenausgleichsverfahren, Näherungsrechnung *f* nach Cross [*Rechnungsverfahren zur Ermitt(e)lung der Momente von Rahmen und Durchlaufträgern. Ein Iterationsverfahren mit schrittweiser Verbesserung der Ergebnisse*] · Cross (moment distribution) method, moment-balance ~, moment distribution ~

CS, Käseeiweiß *n* der Milch, Kasein *n*, Käsestoff *m* · casein

C_6H_5OH, Steinkohlenteerkreosot *n*, Phenol *n*, Phenylalkohol *m*, Karbolsäure *f* · phenol, carbolic acid, coal tar creosote [*B.S. 144*]

C_7H_8O, Kreosol *n* · creosol [*Any of three isomeric, colo(u)rless, oily liquids or solids, prepared by the fractional distillation of coal tar and used in the preparation of disinfectants, fumigating compounds, and dyestuffs*]

CTS-Prüfung *f*, CTS-Probe *f*, CTS-Versuch *m* [*Zur Erforschung der Rißbildung unter der Schweißnaht*] · controlled thermal severity test

Culmannsches Verfahren *n*, Culmann-Verfahren [*Ein Schnittverfahren zur Ermitt(e)lung der Stabkräfte eines statisch bestimmten ebenen Fachwerkes*] · Culmann('s) method

Cupra(faser) *f*; Kupferseide *f* [*Dieser Begriff ist veraltet*] · cuprammonium rayon

Cu_2Cl_2 + HCl + aq, salzsaure Kupferchlorürlösung *f* · hydrochloric solution of cuprous chloride (Brit.); ~ ~ ~ ~ chlorid(e) (US)

$C_{14}H_{10}$, Anthrazen *n* · anthracene

Cyanit *m*, Disthen *m* [*Eines der drei Minerale die die gleiche Formel $Al_2O_3 \cdot SiO_2$ haben, jedoch in ihrer Struktur verschieden sind. In Erweiterung dient dieser Ausdruck auch zur Bezeichnung des Gesteins (Rohstoffs)*] · kyanite

$C_2H_4O_2$, Essigsäure *f* · acetic acid

C_2H_2, Azetylen(gas) *n* [*Es wurde früher zur Herstellung von Gasbeton verwendet. Wegen seiner Feuergefährlichkeit verwendet man heute andere Blähmittel*] · acetylene

D

Dach *n*, Gebäude~, Haus~ · (building) roof, block ~, house ~

~, Dachbelag *m*, (Ein)Deckung *f*, Dach(ein)deckung, Bedachung · roof cladding, ~ covering, ~ sheathing, roof(ing)

~ auf Tragseil gestützt · roof stilted upon suspension cable

~ aus vorgefertigten Teilen · roof of prefab(ricated) elements

~ mit Wiederkehr, Wiederkehrdach, Kehlendach · intersecting roof, intersection ~, roof with valley, valley roof [*A pitched roof with a V-shaped cross-section*]

~(ab)dichtung *f* · roof seal(ing)

Dach(ab)dicht(ungs)|bahn *f* · moisture proof roof(ing) sheet(ing)

~stoff *m* · moisture proof roof(ing) material

Dach|ablauf *m*, Flach~ · (flat) roof outlet

~abschluß(blende) *m*, (*f*), Flachdach(rand)abschluß(blende), Dachrandprofil *n*, Flachdachrand *m*, Flachdach(rand)einfassung *f* · gravel stop

~aluminium *n* · roof(ing) aluminium (Brit.); ~ aluminum (US)

~anschluß(streifen) *m* · roof flashing (piece) [*See remark under 'Anschluß'*]

~anstrich *m*, Dachaufstrich *m* · top dressing

~anstrichmasse *f*, Dachaufstrichmasse, Dachanstrichstoff *m*, Dachaufstrichstoff · top dressing compound, ~ ~ composition

~anstrichstoff *m*, Dachaufstrichstoff, Dachanstrichmasse *f*, Dachaufstrichmasse · top dressing compound, ~ ~ composition

~antenne *f* · overhouse aerial, roof ~

~arbeiten *fpl* · roof work

~arbeiter *m* · roof worker

~-Asbestzementplatte *f*, Asbestzementdachplatte [*DIN 274*] · asbestos-cement roof(ing) sheet, ~ ~ board; cement asbestos ~ ~ (US)

~-Asbestzementrinne *f*, Regen-Asbestzementrinne, Asbestzementregenrinne, Asbestzement(dach)rinne · asbestos-cement (roof) gutter, ~ rainwater ~ ; cement asbestos (~) ~ (US)

~auflager *n* [*Für Dachstühle die Holzbalkendecke über dem letzten Vollgeschoß; bei Massivdecken bilden fest mit ihnen verbundene Schwellen, Pfetten oder Sattelhölzer das Auflager*] · roof support

~aufsatzfenster *n* → (Dach)Laterne

Dachaufstrich *m*, Dachanstrich · top dressing

~masse *f* → Dachanstrichmasse

~stoff *m* → Dachanstrichstoff

Dach|ausbesserung *f* · roof repair

~ausmitt(e)lung *f*, Dachentwurf *m*, Dachzerfallung, Dachzerlegung [*Die waag(e)rechte Projektion der Dachformen, wie sie sich durch das Festlegen der Begrenzungslinien für die Dachflächen ergibt*] · roof design

~ausstieg *m*, Dachaussteigluke *f* · exit opening, trap door on roof

~bahn *f*, Bedachungsbahn, Dach(ein)deck(ungs)bahn · roof(ing) sheet(ing)

~balken(träger) *m* · roof beam

Dachbau *m* · roof construction

~stoff *m* · roof(ing) material

~teil *m*, *n*, Dachelement *n* · roof member, ~ component, ~ unit

Dach|behälter *m* · roof tank

~belag *m*, (Ein)Deckung *f*, Dach(ein)deckung, Bedachung, Dach *n* · roof cladding, ~ covering, ~ sheathing, roof(ing)

~(belag) *n*, (*m*) **mit einfachem liegenden Falz** → (Dach)(Ein)Deckung ~ ~ ~ ~

~(belag)folie *f* · roof(ing) foil

~belastung *f* · roof loading

~belichtung *f*, Dach-Tagesbelichtung [*Fehlnamen*]; Dach-Tages(licht)beleuchtung · roof-lighting

~belichtungssystem *n*, Dach-Tagesbelichtungssystem [*Fehlnamen*]; Dach-Tages(licht)beleuchtungssystem · roof-lighting system

~belüften *n*, Dachbelüftung *f* · fresh air supply to roof(s)

~belüftung *f*, Dachbelüften *n* · fresh air supply to roof(s)

~bereich *m*, *n* · roof zone [*The zone provided for the component or components which make up the roof construction*]

~betonieren *n* · roof concreting, ~ pour(ing)

(Dach)Binder *m* · roof frame, ~ framing

~ in Dreieckform · (roof) truss [*A double-pitched triangulated structure*]

~ ~ Rahmenform, Rahmen(dach)binder, Fachwerk(dach)binder, Flachdachbinder · roof frame (Brit.); flat roof truss (US) [*A structure with continuity between vertical and spanning members*]

Dach|bitumen *n* · roofing asphalt (US); ~ (asphaltic-)bitumen (Brit.)

~blatt *n* → Flachstein

~blattziegel *m* → Flachziegel

~blech *n*, Dach(ein)deckungsblech, Bedachungsblech · roof cladding metal sheet, ~ covering ~ ~, ~ sheathing ~ ~, ~ ~ sheet-metal, roof(ing) metal sheet, roof(ing) sheet-metal

~boden *m*, Dachraum *m* [*volkstümlich „Bühne" f genannt*] · roof void, ~ space

~bruch *m*, (Dach)Knick *m* [*Jene Linie des Daches, an der die steilere Neigung der Hauptdachfläche in weichem Übergang in die sanfter geneigte Dachfläche an der Traufe durch den Aufschiebling übergeleitet wird*] · (roof) curb

~brücke *f* · covered wood(en) bridge, ~ timber ~

~brüstung *f*, Attika *f* · roof parapet (wall)

Dachdämm|diele *f*, Bedachungsdämmdiele, Dacheindeck(ungs)dämmdiele, Dachdeck(ungs)dämmdiele · roof(ing) insulation(-grade) plank, ~ insulating ~

~element *n* · roof(ing) insulation(-grade) unit, ~ insulating ~

~platte *f*, Dämmdachplatte · roof insulation(-grade) slab, ~ insulating ~

~schüttung *f* · insulating roof fill, insulation(-grade) ~ ~

~stein *m* · insulating roof(ing) tile, insulation(-grade) ~ ~

~stoff *m* · insulating roof(ing) material, insulation(-grade) ~ ~

Dach|dämmung *f* · roof insulation

~decke *f*, Abschlußdecke gegen die Außenluft · roof floor

~deckenquerschnitt *m* · roof floor cross-section

Dachdecker *m* · roof tiler, (building) roofer

~arbeiten *fpl*, Dach(ein)deck(ungs)arbeiten [*DIN 18338*] · roofing work, roofer's ~

~blei *n*, Hartbleiblech *n*, Antimonbleiblech · antimonial lead sheet, hard ~ ~, roofing ~ ~

~handwerk *n* · roofing trade

~mörtel *m* · roofer's mortar

~nagel *m* · roofer's nail

~unternehmer *m* · roofing contractor

Dachdeckung *f*, Dacheindeckung, (Ein-)Deckung, Bedachung, Dach *n*, Dachbelag *m* · roof cladding, ~ covering, ~ sheathing, roof(ing)

~, Dacheindeckung, (Be)Dachen *n*, Bedachung, (Dach)Eindecken · (placing the) roofing

~ mit Pfannen, Dacheindeckung ~ ~, (Be)Dachen *n* ~ ~, Bedachung ~ ~, (Dach)Eindecken ~ ~, Pfannendach(ein)deckung, Pfannenbedachung · pantiling

Dachdeck(ungs)|arbeiten *fpl*, Dacheindeckungsarbeiten, Dachdeckerarbeiten [*DIN 18338*] · roofing work, roofer's ~

~bahn *f*, Dacheindeck(ungs)bahn, Dachbahn, Bedachungsbahn · roof(ing) sheet(ing)

~dämmdiele *f*, Dacheindeck(ungs)dämmdiele, Bedachungsdämmdiele, Dachdämmdiele · roof(ing) insulation (-grade) plank, ~ insulating ~

~diele *f*, Dacheindeck(ungs)diele, Bedachungsdiele, Dachdiele · roof(ing) plank

~element *n*, Dacheindeck(ungs)element, Dachplatte *f*, Bedachungselement, Bedachungsplatte, Dachelement · roof(-ing) slab

~material *n*, Bedachungsstoff *m*, Dach(eindeckungs)stoff, Dachdeck(ungs)stoff, Bedachungsmaterial, Dach(eindeckungs)material · roof(ing) material

~metall *n*, Dach(ein)deckungsmetall, Dachmetall, Bedachungsmetall · roof(-ing) metal

~stein *m*, Dacheindeck(ungs)stein, Dachstein · roof(ing) stone [*The pre-eminent stone for roofing purposes is slate, and less often phyllite. Locally exposed thinly bedded sandy limestones and flagstones are also used*]

~stoff *m*, Bedachungsmaterial *n*, Dach(eindeckungs)material, Dachdeckungsmaterial, Bedachungsstoff, Dach(eindeckungs)stoff · roof(ing) material

~stroh *n*, Dacheindeck(ungs)stroh · thatching straw

Dach|dichtung *f*, Dachabdichtung · roof seal(ing)

~dicht(ungs)bahn *f*, Dachabdicht(ungs)bahn · moisture proof roof(ing) sheet(-ing)

~diele *f*, Bedachungsdiele, Dacheindeck(ungs)diele, Dachdeck(ungs)diele · roof(ing) plank

(Dach)Eindecken *n*, Bedachung *f*, Dach(ein)deckung, (Be)Dachen · (placing the) roofing

~ mit Pfannen, (Be)Dachen ~ ~, Bedachung *f* ~ ~, Dach(ein)deckung ~ ~, Pfannendach(ein)deckung, Pfannenbedachung · pantiling

Dach(ein)deckung *f*, Bedachung, Dach *n*, Dachbelag *m*, (Ein)Deckung · roof cladding, ~ covering, ~ sheathing, roof(ing)

~, Bedachung, (Be)Dachen *n*, (Dach)Eindecken · (placing the) roofing

(Dach)(Ein)Deckung *f* mit einfachem liegenden Falz, Bedachung *f* ~ ~ ~ ~, Dach(belag) *n*, (*m*) ~ ~ ~ ~ · flat(-lock) seam roof cladding, ~ ~ ~ covering, ~ ~ ~ sheathing, ~ ~ roof(ing)

Dach(ein)deckung *f* mit Pfannen, (Dach)Eindecken *n* ~ ~, Bedachung ~ ~, (Be)Dachen ~ ~, Pfannendach(ein)deckung, Pfannenbedachung · pantiling

Dach(ein)deck(ungs)|arbeiten *fpl*, Dachdeckerarbeiten [*DIN 18338*] · roofing work, roofer's ~

~bahn *f*, Dachbahn, Bedachungsbahn · roof(ing) sheet(ing)

~befestigungsmittel *n* · roofing fastener, ~ fastening, ~ fixing (accessory)

~blech *n*, Dachblech, Bedachungsblech · roof cladding metal sheet, ~ covering ~ ~, ~ sheathing ~ ~, ~ ~ sheet-metal, roof(ing) metal sheet, roof(ing) sheet-metal

~dämmdiele *f*, Dachdeck(ungs)dämmdiele, Bedachungsdämmdiele, Dachdämmdiele · roof(ing) insulation(-grade) plank, ~ insulating ~

~diele *f*, Dachdeck(ungs)diele, Bedachungsdiele, Dachdiele · roof(ing) plank

~element *n*, Dachplatte *f*, Bedachungselement, Bedachungsplatte, Dachelement · roof(ing) slab

~material *n*, Dach(deckungs)material, Bedachungsstoff *m*, Dach(eindeckungs)stoff, Dachdeck(ungs)stoff, Bedachungsmaterial, Deckungsmaterial · roof(ing) material

~metall *n*, Dachmetall, Bedachungsmetall · roof(ing) metal

~stein *m*, Dachstein · roof(ing) stone [*The pre-eminent stone for roofing purposes is slate, and less often phyllite. Locally exposed thinly bedded sandy limestones and flagstones are also used*]

~stoff *m*, Dachstoff, Bedachungsmaterial *n*, Dach(eindeckungs)material, Dachdeckungsmaterial, Bedachungsstoff · roof(ing) material

~stroh *n* · thatching straw

Dacheinfassung *f* · roof surround

Dachelement *n*, Dachbauteil *m*, *n* · roof member, ~ component, ~ unit

~, Bedachungsplatte *f*, Dachplatte, Bedachungselement, Dach(ein)deck(ungs)element · roof(ing) slab

~ in Form von Doppel-T-Trägern, Dachplatte *f* ~ ~ ~ ~, Bedachungsplatte ~ ~ ~ ~, Bedachungselement ~ ~ ~ ~ · double T-roof slab, ~ tee-roof ~

~ ~ ~ ~ T-Trägern, Dachplatte *f* ~ ~ ~ ~, Bedachungsplatte ~ ~ ~ ~, Bedachungselement ~ ~ ~ ~ · single T-roof slab, ~ tee-roof ~

dachen → be~

Dachen *n*, Be~, Bedachung *f*, (Dach-)Eindecken, Dach(ein)deckung · (placing the) roofing

~ mit Pfannen, Be~ ~ ~, Bedachung *f* ~ ~, (Dach)Eindecken ~ ~, Dach(ein)deckung ~ ~, Pfannendach(ein)deckung, Pfannenbedachung · pantiling

Dach|entfeuchtung *f* · humidity removal from roof(s), moisture ~ ~ ~

~entwässerung *f*, Ableitung des Dachwassers · roof drainage

~entwurf *m*, Dachzerfallung *f*, Dachzerlegung, Dachausmitt(e)lung [*Die waag(e)rechte Projektion der Dachformen, wie sie sich durch das Festlegen der Begrenzungslinien für die Dachflächen ergibt*] · roof design

Dachestrich *m* [*als Baustoff*] · roof screed (material)

~ [*als verlegter Baustoff*] · roof screed (topping)

Dach|etage *f*, Dachgeschoß *n*, Dachstockwerk *n*, DG · loft (US); attic (storey) (Brit.) [*The space within the sloping roof of a building or the upper storey of a building if less high than the other*]

~etagenzimmer *n*, Dachgeschoßzimmer, Dachstockwerkzimmer, DG-Zimmer · attic room; loft ~ (US)

~-Fahnenmast *m*, Dach-Flaggenmast · roof-mounted flagpole, roof set ~

~faltwerk *n*, Falt(werk)dach *n* · folded plate roof, ~ slab ~, prismatic shell ~; hipped-plate ~, tilted-slab ~ (US)

(~)Falzstein *m*, Falzdachstein · interlocking (roof(ing)) tile

(~)Falzziegel *m*, Muldenfalzziegel, Falzdachziegel [*Auf Stempelpresse hergestellter Dachziegel mit Kopf- und Seitenverfalzung; Ausführung mit einfacher oder doppelter Verfalzung. Auf der Oberfläche sind zwei Längsmulden und eine Mittelrippe. Bei ihrer Deckung entsteht an der Seitenfalzung eine nach oben gerichtete Deckfuge*] · interlocking clay roof(ing) tile, ~ roof(ing) clay ~

~farbe *f* [*Dachfarben sind Anstrichmittel – streichfertige Farben oder Farbbindemittel – welche sich zum Anstrich von Dachpappen oder geteerten Mauer-*

flächen eignen. Meist auf Kunstharzbasis oder Bitumenbasis hergestellt] · dressing paint

~fenster *n* · roof window

(~)First *m*, (Dach)Firstlinie *f* · ridge [*The horizontal line formed by the junction of two sloping areas of a roof*]

(~)Firstlinie *f*, (Dach)First *m* · ridge [*The horizontal line formed by the junction of two sloping areas of a roof*]

~fläche *f* · roof area

~fläche *f*, Dachseite *f*, Dachschräge *f* [*Österreich: Dachresche f. Beim geneigten Dach*] · pane of a roof, roof pane

~flächenfenster *n* · flat window on pitched roof

~flächenoberlicht *n* · flat skylight on pitched roof

~folie *f*, Dachbelagfolie · roof(ing) foil

~form *f*, Dachgestalt *f* · roof shape

~formquerschnitt *m*, Dachgestaltquerschnitt · roof shape cross-section

~fuge *f* · roof joint

~fugenband *n* [*Fugenband für Flachdachabdichtungen*] · roof(ing) waterstop, ~ waterbar

~fuß *m*, (Dach)Traufe *f* · eave(s) [*The overhanging part of a roof*]

Dachgarten *m* · roof(-top terrace) garden

~bar *f* · roof garden bar

~-Bepflanzung *f* · roof garden planting

~gestaltung *f* · roof-gardening

~ziegel *m*, Ton-Dachgartenstein *m* · promenade clay roof(ing) tile, ~ roof(-ing) clay ~ [*It is placed on a waterproof base to form the floor of roof gardens*]

(Dach)|Gaube *f* → Lüftergaube

(~)Gaupe *f* → Lüftergaube

~gebinde *n*, Dachgespärre *n* · roof course

~gefälle *n*, Dachneigung *f* [*Österreich: Dachresche f*] · roof pitch, ~ slope, pitch of roof, slope of roof, roof fall, fall of roof

~gerüst *n*, Dachkonstruktion *f*, Dachverband *m*, Dachstuhl *m* · roof structure, ~ system

~geschoß *n*, Dachstockwerk *n*, Dachetage *f*, DG · loft (US); attic (storey) (Brit.) [*The space within the sloping roof of a building or the upper storey of a building if less high than the other*]

~geschoßzimmer *n*, Dachstockwerkzimmer Dachetagenzimmer, DG-Zimmer · attic room; loft ~ (US)

~gespärre *n*, Dachgebinde *n* · roof course

~gestalt *f*, Dachform *f* · roof shape

~gestaltquerschnitt *m*, Dachformquerschnitt · roof shape cross-section

~gestaltung *f* · determination of the roof shape

~gewölbe *n* · roof vault

~gleis *n* · roof trackway

~haken *m*, Reparaturhaken, Ausbesserungshaken, Dachknappe *m* [*DIN 18480*] · roof hook

~haube *f* → (Dach)Laterne

~haube *f*, Haubendach *n*, Kuppeldach [*Dach mit geschweifter Kontur*] · dome (-shaped) roof, domic(al) ~

~häuschen *n*, Giebelgaube *f*, Giebelgaupe · gable(d) (roof) dormer, gablet (~) ~

~hauswohnung *f* · penthouse apartment (US); ~ dwelling

~haut *f* · roof(ing) skin

~hautträger *m*, (Dach)Unterlage *f* [*zur Aufnahme der Dachhaut*] · (roof(ing)) substructure (system), (~) deck(ing) (~), (~) base (~), (~) substrate (~)

~helm *m*, Turmhelm, Helm(dach) *m*, (*n*), Zeltdach über vieleckigem Grundriß, Zeltdach über polygonalem Grundriß · polygonal spire

~höhe *f* · roof level

~-Hohlnutenstein *m* → Dachhourdi

~-Hohlziegel *m*, Hohl(-Dach)ziegel, S-Ziegel [*Dachziegel mit stark gekrümmten Flächen im Gegensatz zu Flachziegeln mit ebenen Flächen. Hohlziegel sind: 1. Firstziegel, 2. Gratziegel, 3. Mönch(ziegel), 4. Nonne(nziegel), 5. Hohlpfanne und 6. Krempziegel*] · (burnt) clay curved roof(ing) tile

~hourdi *m*, Dach-Tonhohl(stein)platte *f*, Dach-Ziegelhohlplatte, Dach-Hohlnutenstein *m* [*Mit nasenförmigem Aufsatz zum Aufhängen der Dachziegel*] · hollow clay (building) block for tiled roofs, clay pot ~ ~ ~

~-Hubschrauberplatz *m* · roof(-top) heliport

~isoliermaterial *n*, Isolierdachmaterial · roof insulation(-grade) material, ~ insulating ~

~isolierplatte *f*, Isolierdachplatte · roof insulation(-grade) slab, ~ insulating ~

~isolierung *f* · roof insulation

~kabel *n* [*Hängedach*] · suspension cable

~kante *f* · roof edge

~kantprofil *n* → Dachrandprofil

~kappe *f* → (Dach)Laterne

(~)Kehle *f*, (Dach)Kehlung *f*, Einkehle · (roof) valley

(~)Kehlenstütze *f* [*mehrschiffige Halle*] · (roof) valley post

(~)Kehlung *f*, (Dach)Kehle *f*, Einkehle · (roof) valley

~kenner *m*, Walmstein *m*, Firststein, Kammstein [*Der Ausdruck „Walmstein" wird auch für den Gratstein verwendet*] · ridge tile

~kenner *m*, Kammziegel *m*, Walmziegel, Firstziegel [*Der Ausdruck „Walmziegel" wird auch für den Gratziegel verwendet*] · (burnt) clay ridge tile

~-Kesselraum *m* · roof-top boiler room

~kies *m*, Bedachungskies · roofing gravel

~kleb(e)masse *f*, (Dach)Spachtel(masse) *m*, (*f*) · dressing compound, ~ composition, cement

~klempnerarbeiten *fpl* · roof plumbing [*Roof plumbing consists of making watertight all joints between the roof covering and the roof abutments, such as parapet walls, chimneys, vents, etc., and in providing and fixing the means of carrying away the rain water that has fallen on the roof area*]

~knappe *f*, Dachhaken *m*, Reparaturhaken, Ausbesserungshaken [*DIN 18480*] · roof hook

(~)Knick *m*, Dachbruch *m* [*Jene Linie des Daches, an der die steilere Neigung der Hauptdachfläche in weichem Übergang in die sanfter geneigte Dachfläche an der Traufe durch den Aufschiebling übergeleitet wird*] · (roof) curb

~konservierungsanstrich *m*, Dachkonservierungsaufstrich · roof preservation coat

~konstruktion *f*, Dachverband *m*, Dachstuhl *m*, Dachgerüst *n* · roof structure, ~ system

~kork *m* · roof(ing) cork

~-Korkplatte *f*, Korkdachplatte · corkboard for roof(ing)s, cork slab ~ ~

~kuppel *f* · roof dome

~lack *m* [*Fehlname*]; Dachteer *m* [*Zum pflegenden Nachteeren von Dächern*] · roof(ing) lacquer

~laden *m* · roof-top shop

~last *f* · roof load

(~)Laterne *f*, Aufdach *n*, Überdach, Dachkappe *f*, Dachreiter *m*, Dachhaube *f*, Aufreiter, Dachaufsatzfenster *n*, stehendes (Dach)Oberlicht *n* · lantern (-light), lantern-type roof light [*A glazed construction, standing above the surface of a flat roof, designed to admit light to the space below*]

(~)Latte *f*, Ziegellatte · (roof) batten

(~)Lattung *f*, Ziegellattung · (roof) battens, ~ lathing

~laufsteg *m* · roof walkway

~leiter *f* · roof ladder

~leiterhaken *m* [*Zum Einhängen von Dachleitern bei Dachreparaturen*] · roof ladder hook

~leitungen *fpl* [*Blitzschutzanlage*] · air termination network

(~)Lichtkuppel *f* , Oberlichtkuppel · dome(light), saucer dome, light cupola, domed roof-light

dachlos · roofless

Dach|lüfter *m*, Dachlüftungsstein *m*, Dachlüftungsblock(stein) *m*, Dachsiebblock(stein), Dachsiebstein · roof vent(ilating) block, ~ ~ tile, ~ ventilator ~ [*See remark under 'Block'*]

(~)Lüfter *m* → Lüftergaube

~lüftungsblock(stein) *m* → Dachlüfter

~lüftungsstein *m* → Dachlüfter

(~)Lüftungsstein *m* → Lüftergaube

(~)Lüftungsziegel *m* → Lüftergaube

~metall *n*, Bedachungsmetall, Dach(ein)deck(ungs)metall · roof(ing) metal

~neigung *f*, Dachgefälle *n* [*Österreich: Dachresche f*] · roof pitch, ~ slope, pitch of roof, slope of roof, roof fall, fall of roof

~neigungswinkel *m* · angle of roof pitch, ~ ~ ~ slope

(Dach)Oberlicht *n* · roof-light [*A lantern light or skylight*]

~beschlag *m* · roof-light furniture, ~ fitting

~öffner *m* · roof-light opener

Dachpappe *f* [*DIN 52121*] · ready roofing, composition ~, prepared ~, roof(ing) felt, roofing paper, (com)pressed felt [*B.S. 747*]

~ in Bahnenform, Bahnendachpappe · ready sheet roofing (paper), composition ~ ~ (~), prepared ~ ~ (~) (US); sheet roof(ing) felt [*Prepared roofing supplied in flat sheets*]

~ ~ Rollenform, Rollendachpappe · roll(ed-strip) roofing (paper), roll(ed-strip) roof(ing) felt [*Prepared roofing wound up in rolls*]

Dachpappen|anlage *f* · installation for manufacturing prepared roofing, ~ ~ ~ ready ~, ~ ~ ~ composition ~, ~ ~ ~ roof(ing) felt

~herstellung *f* · ready roofing manufacture, composition ~ ~, prepared ~ ~, roof(ing) felt ~, roof(ing) paper ~, (com)pressed felt ~

~lumpen *mpl* · roofing rags

~rohstoff *m* · raw material for ready roofing, ~ ~ ~ composition ~, ~ ~ ~ prepared ~, ~ ~ ~ roof(ing) felt, ~ ~ ~ roofing paper

(Dach)|Pappschindel *f*, (Dach)Schindel aus Dachpappe, Asphalt(dach)schindel, Bitumen(dach)schindel · prepared-roofing shingle, ready-roofing ~, composition-roofing ~; asphalt ~ (US); (asphaltic-)bitumen ~ (Brit.)

~parkplatz *m* · roof-top parking deck, ~ ~ area, ~ car park

~paste *f* · roofing paste

~pavillon *m* · roof pavilion

~pergola *f* · roof pergola

~pfanne *f*, Hohlpfanne, (S-)Pfanne, holländische Pfanne · pantile [*A single-lap tile shaped like an S laid horizontally – thus ∽. Each tile overlaps its neighbour on the right (looking at the roof from the ground in front of the house) and is overlapped by its neighbour on the left*]

~pfannenziegel *m*, Hohlpfannenziegel, (S-)Pfannenziegel, holländischer Pfannenziegel [*DIN 52250*] · clay pantile

(~)Pfette *f* · binding rafter, purlin(e)

(Dach)Pfetten|anordnung *f* · purlin(e) arrangment

~anschluß *m* · purlin(e) connection

~gelenk *n* · purlin(e) hinge

~kopf *m* · purlin(e) head

~last *f* · purlin(e) load

~nagel *m* · purlin(e) nail

~plan *m* · purlin(e) layout

~stoß *m* · purlin(e) joint

~überstand *m* · purlin(e) projection

~verankerung *f* · purlin(e) anchoring

Dachpflegemittel *n* · roof(ing) preservative

Dachplatte *f* → Flachstein

~ · roof(ing) slab [*A slab forming the continuous loadbearing structure of a roof and spanning between supports*]

~ aus gepreßtem Stroh · (compressed) straw roof(ing) slab

~ in Form von Doppel-T-Trägern, Dachelement *n* ~ ~ ~ ~, Bedachungsplatte ~ ~ ~ ~, Bedachungselement ~ ~ ~ ~ · double T-roof slab, ~ tee-roof ~

~ ~ ~ ~ T-Trägern, Dachelement *n* ~ ~ ~ ~, Bedachungsplatte ~ ~ ~ ~, Bedachungselement ~ ~ ~ ~ · single T-roof slab, ~ tee-roof ~

Dachplatten *fpl* · roof(ing) sheeting, ~ sheets

~ziegel *m* → Flachziegel

Dach|promenade *f* · roof promenade

~pyramide *f*, Pyramidendach *n*, Zeltdach über quadratischem Grundriß · pyramidal roof

~querschnitt *m* · roof cross section

~(rand)abschluß(blende) *m*, (*f*), Flach-~, Dachrandprofil *n*, Flachdach(rand)-einfassung *f*, Blende, Flachdachrand *m*, Dachkantprofil · gravel stop

~randprofil *n*, Blende *f*, Flachdach-(rand)einfassung *f*, Flachdachrand *m*, Dachkantprofil, (Flach)Dach(rand)abschluß(blende) *m*, (*f*) · gravel stop

~raum *m*, Dachboden *m* [*volkstümlich „Bühne" f genannt*] · roof void, ~ space

~raum *m* [*Fehlname*] → Dachzimmer

~reiter *m* → (Dach)Laterne

~reiter *m* · roof spire [*A tall pyramidal, polygonal, or conical structure rising from a roof, usually of a church, and terminating in a point*]

~resche *f* [*Österreich*]; Dachneigung *f*, Dachgefälle *n* · roof pitch, ~ slope, pitch of roof, slope of roof

~resche *f* [*Österreich*]; Dachfläche *f*, Dachseite *f*, Dachschräge *f* [*Beim geneigten Dach*] · pane of a roof, roof pane

~restaurant *n* · roof(-top) restaurant

(~)Rinne *f*, Regenrinne [*DIN 18460*] (roof) gutter, rainwater ~

(Dach)Rinnen|beheizung *f*, Regenrinnenbeheizung · (roof) gutter heating, rainwater ~ ~

~blech *n*, Regenrinnenblech · (roof) gutter sheet

~brett *n*, Regenrinnenbrett · (roof) gutter board

~hänger *m*, Regenrinnenhänger · (roof) gutter hanger

(Dach)Rinn(en)|kasten *m*, (Dach-) Rinn(en)kessel *m*, Regenrinn(en)kasten, Regenrinn(en)kessel · leader head, conductor ~, cistern ~ (US); rainwater ~ (Brit.) [*The enlarged entrance at the head of a downpipe. It collects the water from the gutters*]

~kessel *m*, (Dach)Rinn(en)kasten *m*, Regenrinn(en)kasten, Regenrinn(en)-kessel · leader head, conductor ~, cistern ~ (US); rainwater ~ (Brit.) [*The enlarged entrance at the head of a downpipe. It collects the water from the gutters*]

Dach|rippe *f* · roof rib

(~)Rohrpfette *f* · tubular purlin(e)

~schale *f* · roof shell

~schale *f* → Dachschalung

~schalung *f*, Dachschale *f*, Holzschalung, Holzschale · roof boards, ~ boarding, ~ sheathing [*Boards laid touching each other, usually with tongued and grooved joints, nailed to the common rafters as a base for flexible-metal roofing or roofing felt under slates or tiles*]

(Dach)Schiefer *m* [*Die bautechnische und geologische Bezeichnung für sich als Dachdeckungsstoff eignenden Tonschiefer. DIN 52201–52206*] · (roof(-ing)) slate [*B.S. 680*]

~bruch *m* · slate quarry

~schneider *m* · slate cutter

Dachschifter *m*, Anfallsparren *m* · hip rafter, angle ~, angle ridge

(Dach)Schindel *f* · roof shingle

~ aus Dachpappe, (Dach)Pappschindel, Asphalt(dach)schindel, Bitumen-(dach)schindel · prepared-roofing shingle, ready-roofing ~, composition-roofing ~; asphalt ~ (US); (asphaltic-) bitumen ~ (Brit.)

Dach|schlacke *f*, Bedachungsschlacke · roofing slag

~schornstein *m* · chimney stack, roof chimney [*That part of a chimney that is external to a building*]

~schräge *f*, Dachseite *f*, Dachfläche *f* [*Österreich: Dachresche f. Beim geneigten Dach*] · pane of a roof, roof pane

Dachschutzmittel *n* · roof preservative, ~ preserver

~ auf Teerbasis · tar base roof preservative, ~ ~ ~ preserver

Dach|seite *f*, Dachschräge *f*, Dachfläche *f* [*Österreich: Dachresche f. Beim geneigten Dach*] · pane of a roof, roof pane

~siebblock(stein) *m* → Dachlüfter

~siebstein *m* → Dachlüfter

~silhouette *f* · roof-line

(~)Spachtel(masse) *m*, (*f*), Dachkleb(e)masse · dressing compound, ~ composition, cement

(~)Sparren *m* · rafter [*A sloping structural member extending from the eave(s) to the ridge of a roof. It may be a common rafter or a principal rafter*]

~spielplatz *m* · roof playground

~splitt *m* · roof(ing) chip(ping)s

~splitt-Kleb(e)masse *f* · chip(ping)s compound [*For bonding stone chip(ping)s to built-up flat roofs*]

Dachstein *m*, Beton~, zementgebundener Dachstein, Zementdachstein [*DIN 1115. Aus Zementmörtel oder Feinbeton*] · concrete roof(ing) tile, cement ~ ~

~, Dach(ein)deck(ungs)stein · roof(ing) stone [*The pre-eminent stone for roofing purposes is slate, and less often phyllite. Locally exposed thinly bedded sandy limestones and flagstones are also used*]

~, Dach(ein)deck(ungs)stein · roof(ing) tile

~deckung *f* → Betonstein(dach)(ein)-deckung

~deckung *f* → Stein-Bedachung

~(ein)deckung *f* → Steinbedachung

~maschine *f*, Zement~, Beton~ · concrete roof(ing) tile machine, cement ~ ~ ~

~prüfgerät *n* → Beton~

~werk *n*, Dachsteinfabrik *f* · roof(ing) tile factory

Dachstockwerk *n*, Dachetage *f*, Dachgeschoß *n*, DG · loft (US); attic (storey) (Brit.) [*The space within the sloping roof of a building or the upper storey of a building if less high than the other*]

~zimmer *n*, Dachgeschoßzimmer, Dachetagenzimmer, DG-Zimmer · attic room; loft ~ (US)

Dach|stoff *m*, Dach(ein)deck(ungs)-stoff, Bedachungsmaterial *n*, Dach-(ein)deck(ungs)material, Dachdek-k(ungs)material, Bedachungsstoff · roof(ing) material

~stuhl *m*, Dachgerüst *n*, Dachkonstruktion *f*, Dachverband *m* · roof structure, ~ system

(Dach)Stuhlsäule *f* · post

~ [*Kehlbalkendach*] · central post

Dach|tafel *f* · roof(ing) panel

~-Tagesbeleuchtung *f*, Dach-Tageslichtbeleuchtung; Dach-(Tages)belichtung [*Fehlnamen*] · roof-lighting

~-Tagesbeleuchtungssystem *n*, Dach-Tageslichtbeleuchtungssystem; Dach-(-Tages)belichtungssystem [*Fehlnamen*] · roof-lighting system

~(-Tages)belichtung *f* [*Fehlnamen*]; Dach-Tages(licht)beleuchtung · roof-lighting

~(-Tages)belichtungssystem *n* [*Fehlnamen*]; Dach-Tages(licht)beleuchtungssystem · roof-lighting system

~-Tages(licht)beleuchtung *f*; Dach-(-Tages)belichtung [*Fehlnamen*] · roof-lighting

~-Tages(licht)beleuchtungssystem *n*; Dach(-Tages)belichtungssystem [*Fehlnamen*] · roof-lighting system

~tasche *f* → Flachstein

~taschenziegel *m* → Flachziegel

~teer *m* [*Zum pflegenden Nachteeren von Dächern*]; Dachlack *m* [*Fehlname*] · roof(ing) lacquer

~terrasse *f* · roof terrace

~-Tonhohl(stein)platte *f* → Dachhourdi

~träger *m* · roof girder

(~)Traufe *f*, Dachfuß *m* · eave(s) [*The overhanging part of a roof*]

~tribüne *f* · covered spectator's stand

(~)Unterlage *f*, Dachhautträger *m* [*Zur Aufnahme der Dachhaut*] · (roof(-ing)) substructure (system), (~) deck(ing) (~), (~) base (~), (~) substrate (~)

(~)Unterlagsbahn *f* · (roof(ing)) base sheeting, (~) deck(ing) ~, (~) substructure ~, (~) substrate ~

~verankerung *f* · roof anchorage

~verband *m*, Dachkonstruktion *f*, Dachgerüst *n*, Dachstuhl *m* · roof structure, ~ system

~verblechung *f* · plate roofing

~verglasen *n*, Dacheinglasen · roof glazing

~verglasung *f*, Dacheinglasung · roof glazing

~wärme *f* · roof heat

~wärme(ab)dämmung *f* · roof heat insulation

~wasser *n* · roof water [*This water is sometimes collected and used for drinking purposes*]

~wellplatte *f*, Welldachplatte · corrugated roof(ing) sheet

~wohn(raum)fenster *n*, Wohn(raum)-dachfenster · residential flat window on pitched roof

~zerfallung *f*, Dachzerlegung, Dachausmitt(e)lung, Dachentwurf *m* [*Die waag(e)rechte Projektion der Dachformen, wie sie sich durch das Festlegen der Begrenzungslinien für die Dachflächen ergibt*] · roof design

~zerlegung *f*, Dachausmitt(e)lung, Dachentwurf *m*, Dachzerfallung [*Die waag(e)rechte Projektion der Dachformen, wie sie sich durch das Festlegen der Begrenzungslinien für die Dachflächen ergibt*] · roof design

~ziegel *m*, Tondachstein *m* [*DIN 456*] · clay roof(ing) tile, roof(ing) clay ~

~ziegelei *f*, Dachziegelfabrik *f*, Dachziegelwerk *n* · clay roof(ing) tile factory, roof(ing) clay ~ ~

~ziegelfabrik *f*, Dachziegelwerk *n*, Dachziegelei *f* · clay roof(ing) tile factory, roof(ing) clay ~ ~

~-Ziegelhohlplatte *f* → Dachhourdi

dachziegelrot · tile red

Dach|ziegelwerk *n*, Dachziegelei *f*, Dachziegelfabrik *f* · clay roof(ing) tile factory, roof(ing) clay ~ ~

~zubehör(teile) *n*, (*mpl*, *npl*) · rainwater goods, ~ products, ~ articles

Damen|salon *m* · ladies' hairdressing shop, women's ~ ~

~toilette *f* · women's toilet, female ~, ladies' ~

~umkleide(raum) *f*, (*m*), Frauenumkleide(raum) · ladies' changing room, womens' ~ ~, female ~ ~

~zimmer *n* · ladies' room, womens' ~, female ~

Dämmantel *m* · insulation jacket

Dämmarbeiten *fpl* · insulation installation, ~ work

Dammar|(harz) *n* [*Rezentes, weiches und helles Harz von lebenden Laubbäumen auf den Sundainseln und in Malaya*] · dam(m)ar (resin)

~lack *m* · dam(m)ar (resin) varnish

Dämm|artikel *m*, Dämmgegenstand *m*, Dämmerzeugnis *n* · insulation(-grade) product, insulating ~, ~ article

~-Asbestzementplatte *f*, Asbestzement-Dämmplatte · insulation(-grade) cement asbestos board, ~ ~ ~ sheet, insulating ~ ~ ~ (US); ~ asbestos-cement ~

Dämmasse *f* · insulating compound, insulation(-grade) ~

Dämmaterial *n* → Dämmstoff

Dämmatte *f*, (Bau)Matte · (building) mat [*It has a low density*]

Dämm|auskleidung *f*, Dämmverkleidung, Dämmbekleidung · insulating lining, ~ (sur)facing, insulation(-grade) ~

~bahn *f* · insulating sheet(ing), insulation (-grade) ~

~baumaterial *n* → Dämmbaustoff

~baustoff *m*, Baudämmstoff, Dämmbaumaterial *n*, Baudämmaterial · building insulation(-grade) material, construction ~ ~, ~ insulating ~, ~ insulator, ~ insulant

~bekleidung *f*, Dämmauskleidung, Dämmverkleidung · insulating lining, ~ (sur)facing, insulation(-grade) ~

~beschichtung *f* · insulation(-grade) coating, insulating ~

~beton *m* · insulating concrete, insulation(-grade) ~ [*Concrete having low thermal conductivity, used as thermal insulation*]

~bims *m* · insulating pumice, insulation(-grade) ~

~bimskies *m* [*Gewaschener oder von Feinkorn befreiter Naturbimskies, aus dem Isolierschichten aus Bimsbeton hergestellt werden. Möglich ist auch die Verwendung als wärmedämmende Füllung*] · insulating pumice gravel, insulation(-grade) ~ ~

(~)Binde *f* · insulating jacket, insulation (-grade) ~

~block(stein) *m*, Dämmstein · insulating block, insulation(-grade) ~, ~ tile [*See remark under 'Block'*]

~dachplatte *f*, Dachdämmplatte · roof insulation(-grade) slab, ~ insulating ~

~diele *f* · insulation(-grade) plank, insulating ~

~einlage *f* · insulating insert(ion)

~element *n* · insulation(-grade) unit, insulating ~

dämmen, ab~ · to insulate

Dämmen *n*, Ab~ [*Die Sicherung der Baukonstruktionen gegen Wärme- und Schalldurchgang. Den Schutz gegen das Eindringen von (Boden)Feuchtigkeit und Grundwasser nennt man Isolieren*] · insulating

Dämmerzeugnis *n*, Dämmgegenstand *m*, Dämmartikel *m* · insulation(-grade) product, insulating ~, ~ article

Dämmestrich *m* [*Baustoff*] · insulating screed material, insulation(-grade) ~ ~

~ [*Schicht*] · insulating screed, insulation(-grade) ~

Dämm|fähigkeit *f*, Dämmvermögen *n* · insulating property

~-Faserplatte *f* → Dämmplatte

~filz *m* · insulating felt, insulation(-grade) ~

~folie *f* · insulating foil, insulation(-grade) ~

~gegenstand *m*, Dämmerzeugnis *n*, Dämmartikel *m* · insulation(-grade) product, insulating ~, ~ article

~-Gipskartonplatte *f*, Gipskarton-Dämmplatte · insulating (gypsum) plasterboard, ~ ~ board; ~ plate [*Scotland*] [*A gypsum plasterboard (except perforated type) with a bright metal veneer of low emissivity on one or both sides*]

~glas *n*, Doppelglas, Isolierglas · insulating glass, insulation(-grade) ~, double ~

~hartschaum(stoff) *m*, Hartdämmschaum(stoff) · rigid insulating foam, ~ insulation(-grade) ~

~(innen)(ver)putz *m* · insulating (mixed) plaster, insulation(-grade) (~) ~

~kern *m* · insulating core, insulation(-grade) ~

~kork *m* · insulating cork, insulation(-grade) ~

~korkbahn *f*, Korkdämmbahn · insulating cork sheet(ing), insulation(-grade) ~ ~

~korkplatte *f*, Korkdämmplatte · insulation(-grade) corkboard, insulating ~

~kunststoff *m* · plastic insulation (material), ~ insulating ~, ~ insulation-grade ~, ~ insulator

~lage *f*, Dämmschicht *f* · insulating layer, insulation(-grade) ~, ~ course

~lage *f*, Dämmschicht *f* [*Schwimmender (Fuß)Boden(belag); Stabparkett*] · resilient layer

Dämmörtel *m* · insulating mortar, insulation(-grade) ~

Dämm|papier *n* · insulating paper, insulation(-grade) ~ [*See remark under 'Pappe'*]

~pappe *f* · insulating paper, insulation(-grade) ~ [*See remark under 'Pappe'*]

Dämmplatte *f*, ungepreßte (Holz)Faserplatte, (Holz)Faser-Dämmplatte, HFD, porige Holzfaserplatte, Porösplatte, Dämm-Faserplatte, poröse Holzfaserplatte [*Eine Platte, die ohne Pressung im Trockner hergestellt wird. Die häufig anzutreffende Bezeichnung „Weich(faser)platte" ist falsch, weil die Platte nicht notwendigerweise aus Weichholzfasern hergestellt wird. Rohwichte 230–400 kg/m³. Die Dämmplatten gliedern sich in die zum Isolieren (Isolierplatten = insulating softboards) bestimmten und die Akustikplatten. DIN 68750*] · softboard

~ [*Gegen Wärme, Kälte oder Schall*] · insulating board, ~ slab, ~ sheet, insulation(-grade) ~

Dämm|putz *m* → Dämm(innen)verputz

~schaum(stoff) *m*, Schaumdämmstoff · insulating foam, insulation(-grade) ~

~schaum(stoff)platte *f*, Schaumdämm(stoff)platte · insulating foam board, ~ ~ sheet, insulation(-grade) ~ ~

~schicht *f*, Dämmlage *f* · insulating layer, insulation(-grade) ~, ~ course

~schicht *f*, Dämmlage *f* [*Schwimmender (Fuß)Boden(belag); Stabparkett*] · resilient layer

~schnur *f* · cord covering

(~)Schüttwolle *f* · pouring wool

~stein *m*, Dämmblock(stein) *m* · insulating block, insulation(-grade) ~, ~ tile [*See remark under 'Block'*]

~stein *m*, Dämmziegel *m* · insulating brick, insulation(-grade) ~

~stoff *m*, Dämmaterial *n* · insulation(-grade) material, insulating ~, insulator, insulant

~streifen *m* · insulating strip, insulation(-grade) ~

~streifen(unterlage) *m*, (*f*) [*Schwimmender Holz(fuß)boden(belag)*] · resilient (quilt) strip

~tafel *f* · insulating panel, insulation(-grade) ~

~torf *m* · insulating peat, insulation(-grade) ~

~-Torf(faser)platte *f*, Torf(faser)(dämm)platte · peat insulating board, ~ insulation(-grade) ~, ~ ~ sheet

~tür *f* · insulating door, insulation ~

Dämmung *f*, Ab~ [*Als Ergebnis der Tätigkeit*] · insulation

Dämm|verglasung *f* · insulating glazing,

~verkleidung *f*, Dämmbekleidung, Dämmauskleidung · insulating lining, ~ (sur)facing, insulation(-grade) ~

~vermögen *n*, Dämmfähigkeit *f* · insulating property

~(ver)putz *m* → Dämm(innen)verputz

~wandplatte *f* · insulating wallboard, insulation(-grade) ~

~wert *m* · insulation value, insulating ~

~wirkung *f* · insulating efficiency, insulation ~

~wolle *f* · insulating wool, insulation(-grade) ~

~ziegel *m*, Dämmstein *m* · insulating brick, insulation(-grade) ~

Dampf|anlage *f*, Dampfumwälzanlage · steam installation, ~ system [*A system circulating steam*]

~auslaß *m* · steam outlet

~auslaßrohr *n*, Abdampfrohr · waste steam pipe

~behandlung *f*, Niederdruck~, Wärmebehandlung [*Es wird niedergespannter Naßdampf mit Temperaturen unter 100° C dem Beton zugeführt*] · low-pressure steam curing, atmospheric ~ ~, steam curing at atmospheric pressure [*concrete*]

Dampfbehandlungs|anlage *f*, Dampfhärtungsanlage · steam-curing installation

~raum *m*, Dampfhärtungsraum · steam-curing room, steam kiln [*A chamber for steam curing of concrete products at atmospheric pressure*]

dampf|beheizter Gegenstromapparat *m* · steam-heated calorifier

~berührte Heiz(ungs)fläche *f*, Dampfheiz(ungs)fläche · heating surface in contact with the steam

Dampfblähbeton *m*, Dampfgasbeton, dampfgehärteter Gasbeton, dampfgehärteter Blähbeton · steam-cured gas concrete, ~ expanded ~

dampfdicht, wasser~ · vapour-tight (Brit.); vapor-tight (US)

Dampf|druckerhitzer *m,* Autoklav *m,* (Druck)Härtekessel *m,* Druckkessel, (Dampf)Härtekessel · autoclave, pressure vessel

~(druck)härtung *f,* Autoklavisierung, Autoklavbehandlung, Härten *n* im Druck(härte)kessel, Behandlung mit Hochdruckdampf, Autoklavhärtung, Behandlung mit hochgespanntem Dampf · autoclaving, steam curing at high pressure, autoclave curing, high pressure steam curing

~druckkurve *f* · steam pressure curve

~durchlässigkeit *f* · permeability to (water) vapour (Brit.); ~ ~ (~) vapor (US)

~erzeuger *m* · steam generator

~erzeugung *f* · steam generation, raising of steam

~erzeugungsanlage *f* · steam raising plant, ~ generation ~

~gasbeton *m,* Dampfblähbeton, dampfgehärteter Gasbeton, dampfgehärteter Blähbeton · steam-cured gas concrete, ~ expanded ~

dampf|gehärtet [*Beton*] · steam-cured

~gehärteter Blähbeton *m,* ~ Gasbeton, Dampfblähbeton, Dampfgasbeton · steam-cured gas concrete, ~ expanded ~

~gehärteter Gasbeton *m,* ~ Blähbeton, Dampfgasbeton, Dampfblähbeton · steam-cured gas concrete, ~ expanded ~

(Dampf)|Härtekessel *m,* Autoklav *m,* (Druck)Härtekessel, Druckkessel, Dampfdruckerhitzer *m* · autoclave, pressure vessel

~härtung *f* · steam curing

~härtung *f* → Dampf(druck)härtung

Dampfhärtungs|anlage *f,* Dampfbehandlungsanlage · steam-curing installation

~raum *m,* Dampfbehandlungsraum · steam-curing room, steam kiln [*A chamber for steam curing of concrete products at atmospheric pressure*]

~spiel *n* · steam-curing cycle [*The time interval between the start of the temperature-rise period and the end of the soaking period or the cooling-off period, also a schedule of the time and temperature of periods which make up the cycle*]

Dampf|haube *f* [*Warmbehandlung von Beton*] · (insulated) steam curing cloche, (~) ~ ~ cover

~heizfläche *f,* Dampfheizungsfläche, dampfberührte Heiz(ungs)fläche · heating surface in contact with the steam

~heizkörper *m* · steam radiator

~(heiz)mantel *m* · steam jacket

~heizung *f* · steam heating

~heiz(ungs)anlage *f* · steam heating system

~heiz(ungs)fläche *f,* dampfberührte Heiz(ungs)fläche · heating surface in contact with the steam

~kammer *f,* Behandlungskammer [*Betonsteinfertigung*] · curing chamber, ~ room

~kessel *m* · steam boiler

~lampe *f* · vapour lamp (Brit.); vapor ~ (US)

~lanze *f* · steam lance

~leitung *f* · steam line

~probe *f,* Dampfversuch *m,* Dampfprüfung *f* · steam test [*cathodic protection*]

~rohr *n,* schweres Gewinderohr [*DIN 2441*] · steam pipe

~rücklauf *m* · steam return

~schlange *f* · steam coil

~schleife *f,* Wasserkreislauf *m* · automatic return of water

~sperrbahn *f* · vapour barrier sheet(-ing) (Brit.); vapor ~ ~ (US)

~sperre *f* · vapor barrier (membrane), ~ seal (~), vaporproof ~ (US); vapour barrier (~), ~ seal (~), vapourproof ~ (Brit.)

~sperrfolie *f* · vapor barrier foil, ~ seal ~ (US); vapour ~ ~ (Brit.)

Dampf|temperatur *f* · steam temperature

~(umwälz)anlage *f* · steam system, ~ installation [*A system circulating steam*]

Dämpfung *f* · damping, dulling, deadening [*sound; oscillations*]

Dämpfungs|eigenschaft *f,* Dampfungsvermögen *n,* Dampfungsfähigkeit *f* · damping capacity, ~ property, ~ quality, ~ power

~fähigkeit *f,* Dämpfungseigenschaft *f,* Dämpfungsvermögen *n* · damping capacity, ~ property, ~ quality, ~ power

~grad *m* · degree of damping

~lage *f,* Dämpfungsschicht *f* · damping layer, ~ course

~schicht *f,* Dämpfungslage *f* · damping layer, ~ course

~vermögen *n,* Dämpfungsfähigkeit *f,* Dämpfungseigenschaft *f* · damping capacity, ~ property, ~ quality, ~ power

Dampf|verbrauch *m* · steam consumption

~verlust *m* · steam loss

~verteilung *f* · steam distribution

~vorlauf *m* · steam flow

~wassergemisch *n* · wet steam, partially dry ~ [*A vapo(u)r consisting of a mix(ture) of water and steam*]

~-Wasser-Mischventil *n* · steam/water mixing valve, ~ mixer (~)

~zufuhr *f* · steam input

~zweigleitung *f* · branch steam line

Darre *f*, Trockenboden *m* · hot floor

~, Röstplatte *f* · hot plate

darstellende Geometrie *f* · descriptive geometry

Darstellungsmethode *f* · method of presentation

Daube *f* · stave

Dauerbelastung *f*, bleibende Belastung, stetige Belastung · permanent loading

Dauerbiege|bruch *m* · fatigue bending failure

~probe *f*, Dauerbiegeversuch *m*, Dauerbiegeprüfung *f* · fatigue bend(ing) test

~prüfung *f*, Dauerbiegeversuch *m*, Dauerbiegeprobe *f* · fatigue bend(ing) test

~versuch *m*, Dauerbiegeprüfung *f*, Dauerbiegeprobe *f* · fatigue bend(ing) test

Dauer|brandofen *m*, Dauerbrenner *m* [*Haushaltofen*] · slow combustion stove

~brenner *m*, Dauerbrandofen *m* [*Haushaltofen*] · slow combustion stove

~bruch *m* · fatigue failure

dauerelastisch · permanently elastic

Dauer|festigkeit *f* → Arbeitsfestigkeit

~feuchte *f*, Dauerfeuchtigkeit *f* · permanent humidity, ~ moisture

~feuchtigkeit *f*, Dauerfeuchte *f* · permanent humidity, ~ moisture

~formgießerei *f* · gravity die foundry

dauerhaft · durable, lasting

Dauer|haftigkeit *f*, Haltbarkeit · durability

~heizung *f* · permanent heating

~last *f* → ruhende Last

~last *f*, ständige Last · permanent load

~lüftung *f* · permanent ventilation

dauerplastisch, nichthärtend · (permanently) nonhardening, ~ plastic

Dauer|schalung *f*, verlorene Schalung · permanent shuttering, ~ form(work), ~ forms

~verkehrsverschleiß *m*, Dauerverschleiß durch Verkehr · continuous traffic wear

~verschleiß *m* · continuous wear

~verschleiß *m* **durch Verkehr**, Dauerverkehrsverschleiß · continuous traffic wear

(Daumen)|Drückerfalle *f* · thumb latch, Canadian ~, Norfolk ~, Suffolk ~, Garden City ~ (Brit.); lift ~ (US)

~loch *n* · thumb hole

Dazit *m* · dacite

~tuff *m* · dacite tuff

db, Dezibel *n*, dB · decibel, dB

DE → Drahterkennbarkeit

Deambulatorium *n*, Chor(um)gang *m* ambulatory (aisle), deambulatory

Deckanstrich *m*, Deckaufstrich, dekkender Anstrich, deckender Aufstrich · opaque coat

~, Deckaufstrich [*(bituminöser) Spachteldachbelag*] · coating

~, Deckaufstrich [*Der Deckanstrich besteht aus einer Anstrichschicht oder mehreren Anstrichschichten geeigneter und auf die darunter liegenden Schichten abgestimmter Anstrichstoffe; er übernimmt den Schutz der unter ihm liegenden Schichten und gibt dem Anstrichsystem die geforderten Oberflächeneigenschaften. (Die letzte Schicht des Anstrichsystems wird auch als „Schlußanstrich" bezeichnet). Anmerkung: „Deckanstrich" braucht nicht in jedem Falle „deckender Anstrich" zu bedeuten*] · finish coat

Deck(anstrich)farbe *f* · opaque paint

Deckaufstrich *m*, Deckanstrich, dekkender Aufstrich, deckender Anstrich · opaque coat

~, Deckanstrich [*(bituminöser) Spachteldachbelag*] · coating

~, Deckanstrich [*Der Deckanstrich besteht aus einer Anstrichschicht oder mehreren Anstrichschichten geeigneter und auf die darunter liegenden Schichten abgestimmter Anstrichstoffe; er übernimmt den Schutz der unter ihm liegenden Schichten und gibt dem Anstrichsystem die geforderten Oberflächeneigenschaften. (Die letzte Schicht des Anstrichsystems wird auch als „Schlußanstrich" bezeichnet). Anmerkung: „Deckanstrich" braucht nicht in jedem Falle „deckender Anstrich" zu bedeuten*] · finish coat

Deck|band *n*, Ab~ · masking tape

~blech *n*, Ab~ · cover plate, covering

~block(stein) *m*, Deckstein, (Beton-)Ab~ · (concrete) coping block, (~) ~ tile, (~) cope ~, (~) capping ~ [*See remark under 'Block'*]

~brett *n*, Simsbrett, Fensterbrett, Latteibrett · window board [*It is used to provide a finish at sill level on the inside*]

Decke *f* → Gebäude~

~ → sichtbare ~

~ auf Grund, Fußbodendecke [*Im Erdgeschoß oder Keller eines Hauses*] · floor slab, ground floor [*A floor slab designed to transmit the whole of the building load to the ground becomes a "raft" foundation*]

~ aus (gebrannten) Steinen, Ziegeldecke · (clay) brick floor

~ mit sichtbaren Unterzügen · open floor [*A floor, in which the joists are exposed beneath, since it is not ceiled*]

Deckel *m* · lid, cover

Deckel *m*, Abort~, Klosett~, Toiletten~ · (toilet) seat lid, closet ~ ~, lavatory ~ ~

Deckel *m*, Rohr~ · (pipe) cap

deckelloses Gefäß *n*, Gefäß ohne Deckel · open-topped vessel

decken → ein~

Decken *n*, Ab~ · masking [*when painting*]

Decken(ab)hänge|bausystem *n*, Decken(ab)hängekonstruktion(ssystem) *f*, (*n*), Decken(ab)hängesystem · ceiling suspension system, ~ ~ construction

~konstruktion(ssystem) *f*, (*n*), Decken(ab)hängebausystem, Decken(ab)-hängesystem. ceiling suspension system, ~ ~ construction

~system *n*, Decken(ab)hängebausystem, Decken(ab)hängekonstruktion(ssystem) *f*, (*n*) · ceiling suspension system, ~ ~ construction

Decken|abhängung *f* · ceiling suspension

~ablauf *m* [*DIN 4282, 4283 und 4284*] · floor gull(e)y, ~ outlet, ~ inlet

~abstützung *f* · propping (of floor(s))

~akustikplatte *f*, Schallschluckdeckenplatte, Akustikdeckenplatte, Deckenschallschluckplatte · acoustic(al) ceiling board, (sound) absorbent ~ ~, sound-control ~ ~, (sound) absorbing ~ ~

~anstrich *m*, Deckenaufstrich · ceiling coat

~(anstrich)farbe *f* · ceiling paint

~armierung *f*, Deckenbewehrung, Dekken(stahl)einlagen *fpl* · floor reinforcement

~art *f* · type of floor

~aufstrich *m*, Deckenanstrich · ceiling coat

~(ausbau)zubehör *n* · ceiling accessory

~auskleidung *f*, Deckenverkleidung, Deckenbekleidung · ceiling lining, ~ (sur)facing

~auskleidungsarbeiten *fpl*, Deckenbekleidungsarbeiten, Deckenverkleidungsarbeiten · ceiling lining work, ~ (sur-)facing ~

~ausschnitt *m* [*Kletterkran*] · climbing aperture

~balken(träger) *m*, Etagen~, Geschoß~, Stockwerk~ · floor beam

Deckenbau *m* · floor construction

~einheit *f* [*Fehlname*] → Decken(bau)-element

Decken(bau)|element *n*, Decken(bau)-körper *m*, Deckenbauteil *m*, *n* [*Fehlname: Deckenbaueinheit f*] · floor (building) unit, ~ (~) member, ~ (~) component

~körper *m* → Decken(bau)element

Deckenbau|material *n* [*Schweiz*]; Dekkenbaustoff *m* · floor material

~stein *m* → Deckenstein

~stoff *m*; Deckenbaumaterial *n* [*Schweiz*] · floor material

Decken(bau)system *n*, Deckenkonstruktion(ssystem) *f*, (*n*) · floor (structural) system, ~ construction

~ mit kreuzweiser Bewehrung, Dekkenkonstruktion(ssystem) *f*, (*n*) ~ ~ ~, ~ ~ ~ Armierung, ~ ~ kreuzweisen (Stahl)Einlagen · two-way floor (structural) system, ~ ~ construction, ~ system

Deckenbauteil *m*, *n* → Decken(bau)-element

deckenbeheizt · floor-heated

Decken|bekleidung *f*, Deckenverkleidung, Deckenauskleidung · ceiling lining, ~ (sur)facing

~bekleidungsarbeiten *fpl*, Deckenauskleidungsarbeiten, Deckenverkleidungsarbeiten · ceiling lining work, ~ (sur-)facing ~

~belag *m* · ceiling cover(ing)

~(belag)platte *f*, Deckenfliese *f* [*Für Deckenuntersichten*] · ceiling tile

~(belag)plattenkleber *m* → Deckenfliesenkleber

Deckenbelastung *f* · floor loading

~ bei der Arbeit [*Kletterkran*] · floor stress during operation

~ beim Klettern [*Kletterkran*] · floor stress when climbing

Decken|beleuchtung *f* · ceiling lighting

~bemessung *f* · design of a floor system, ~ ~ ~ ~ structure, ~ ~ ~ ~ construction, floor design

~bereich *m* · floor zone [*The zone provided for the component or components which make up the floor construction. The upper surface of the floor should coincide with the main vertical controlling line of the storey height. The ceiling, allowing for deflection should be above the lower controlling line of the floor zone*]

~-Betonfertigteil *m*, *n*, Decken-Betonmontageteil, Beton-Deckenfertigteil, Beton-Deckenmontageteil · (pre)cast (concrete) floor member, (concrete) floor cast(ing)

~-Betonmontageteil *m*, *n*, Decken-Betonfertigteil, Beton-Deckenfertigteil, Beton-Deckenmontageteil · (pre)cast (concrete) floor member, (concrete) floor cast(ing)

~(beton)schalung *f* · floor formwork, ~ forms, ~ shuttering

~bewehrung *f*, Deckenarmierung, Dekken(stahl)einlagen *fpl* · floor reinforcement

~block(stein) *m*, Deckenstein, (Decken)Füllblock(stein), (Decken)Füllstein, Deckenbaustein · soffit (floor filler) block, ~ (~ ~) tile, filler ~ [*See remark under 'Block'*]

~bügel *m* · floor stirrup

deckenbündig · flush with ceiling

Deckendämmung *f* · floor insulation

deckende Farbe *f*, Deckfarbe · opaque colour (Brit.); ~ color (US)

deckender Anstrich *m*, ~ Aufstrich, Deckanstrich, Deckaufstrich · opaque coat

~ Aufstrich *f*, ~ Anstrich, Deckaufstrich, Deckanstrich · opaque coat

Decken|dicke *f* · floor depth, ~ thickness

~diele *f* · floor plank (unit)

~diffusor *m* · ceiling diffuser, ~ diffusor

~durchbruch *m* · floor breakthrough

~einlagen *fpl* → Deckenbewehrung

(~)Einschub *m*, Streifboden, Fehlboden *m* · sound boarding [*Horizontal boards fitted closely between joists and resting on them in the thickness of the floor. They carry pugging, which increases the sound and heat insulation of the floor*]

~element *n* → Deckenbauelement

~fach *n*, Deckenfeld *n* · floor bay

~farbe *f*, Deckenanstrichfarbe · ceiling paint

~feld *n*, Deckenfach *n* · floor bay

~(fertig)bauteil *m*, *n*, Deckenfertigteil, Deckenmontageteil · (prefab(ricated)) floor member, (~) ~ unit

~fertigteil *m*, *n*, Deckenmontageteil, Decken(fertig)bauteil · (prefab(ricated)) floor member, (~) ~ unit

~fläche *f* · floor space, ~ area

~fliese *f*, Decken(belag)platte *f* [*Für Deckenuntersichten*] · ceiling tile

~fliesenkleber *m*, Deckenfliesenkleb(e)mittel *n*, Deckenfliesenkleb(e)stoff *m*, Decken(belag)plattenkleber, Decken(belag)plattenkleb(e)mittel, Decken(belag)plattenkleb(e)stoff · ceiling tile (bonding) adhesive, ~ ~ ~ agent, ~ ~ ~ medium, ~ ~ cement(ing agent)

~freske *f* · ceiling fresco

~fuge *f* · floor joint

~fuge *f* · ceiling joint

~füllblock(stein) *m* → Füllkörper

~füllkörper *m* → Füllkörper

(~)Füllplatte *f*, Füll-Deckenplatte, plattenförmiger Zwischenbauteil *m*, plattenförmiges Zwischenbauteil *n* · (floor) filler slab

~füllstein *m* → Füllkörper

~füllstoff *m* [*Zum Ausfüllen von Zwischendecken zur Verbesserung der Schall- und Wärmedämmung*] · floor filling material

(~)Füllziegel *m*, Füll-Deckenziegel clay filler tile, (~) ~ brick

~gemälde *n* · ceiling picture

~gewicht *n* · floor weight

~gewölbe *n*, Gewölbedecke *f* · vault(ed) ceiling, concave ~

~haken *m* · ceiling hook

Deckenhänge|bausystem *n*, Deckenhängebausystem, Decken(ab)hängekonstruktion(ssystem) *f*, (*n*), Decken(ab)hängesystem · ceiling suspension system, ~ ~ construction

~konstruktion(ssystem) *f*, (*n*), Deckenabhängekonstruktion(ssystem), Decken(ab)hängebausystem, Decken(ab)hängesystem · ceiling suspension system, ~ ~ construction

Decken|hänger *m* · ceiling hanger

~hängesystem *n*, Deckenabhängesystem, Decken(ab)hängebausystem, Decken(ab)hängekonstruktion(ssystem) *f*, (*n*) · ceiling suspension system, ~ ~ construction

~heizung *f* · ceiling heating

~heiz(ungs)platte *f* · ceiling heating panel

~höhe *f*, lichte ~ · floor-to-ceiling height [*The height between the upper reference plane of a floor and the surface finish of the ceiling above*]

~höhe *f* · floor to floor height [*B. S. 4176*]

~hohlbalken(träger) *m* · hollow floor beam

(~)Hohlkörper *m* · hollow (floor) filler

Deckenhohl|platte *f*, Hohldeckenplatte · hollow (core) floor slab (unit)

~träger *m* · hollow floor girder

~ziegel *m*, Hohl-(Decken)Füllziegel, Hohldeckenziegel · hollow filler brick

Decken|isolierung *f* · floor insulation

~kappe *f* · ceiling rose

(~)Kassette *f* · pan, coffer, waffle, casette, caisson [*A recessed panel in a concrete, metal or timber soffit*]

~kleb(e)stoff *m*, Deckenkleber *m*, Deckenkleb(e)mittel *n* · ceiling adhesive, ~ cement((ing) agent), ~ bonding agent, ~ bonding medium [*It is used for fixing sheets to ceilings*]

~konstruktion *f*, Deckensystem *n* · ceiling system, ~ construction, ~ structure

Deckenkonstruktion(ssystem) *f*, (*n*), Decken(bau)system · floor (framing) scheme, ~ (~) system, ~ structure, floor(ing) structural system, floor(ing) construction

~ mit einfacher Armierung, ~ ~ ~ Bewehrung, ~ ~ einfachen (Stahl-) Einlagen · one-way floor(ing) (structural) system, ~ ~ construction, ~ system

~ mit kreuzweiser Bewehrung, Decken(bau)system ~ ~ ~, ~ ~ ~ Armierung, ~ ~ kreuzweisen (Stahl-) Einlagen · two-way floor(ing) (structural) system, ~ ~ construction, ~ system

Decken|-Korkplatte *f*, Korkdeckenplatte · corkboard for ceilings, cork slab ~ ~

~körper *m* → Decken(bau)element

~kragen *m*, (Stahl)Kragen [*Hubdeckenverfahren*] · (lift-)slab collar, steel lifting ~, shear ~

~kronleuchter *m* · ceiling-hung chandelier

~kühlung *f* · ceiling cooling

~last *f* · floor load

~leerrohr *n*, Elt-~, Elektro-Deckenleerrohr · ceiling (wiring) conduit

(~)Leichtplatte *f*, Leicht-(Decken)-Füllplatte, Leichtdeckenplatte, Leicht-Füll-Deckenplatte · light(weight) filler slab

~-Leichtträger *m* · light(weight) floor girder

~leiste *f* · ceiling strip

~leuchte *f* · ceiling(-mounted) luminaire (fixture) (US); ~ light fitting (Brit.); ~ (light(ing)) fixture

~leuchte *f* **mit Großraster und Rahmen** · ceiling(-mounted) luminaire (fixture) with louver and frame (US); ~ light fitting ~ ~ ~ ~ (Brit.); ~ (light(ing)) fixture ~ ~ ~ ~

~lichtkuppel *f* · ceiling dome(light), ~ saucer dome, ~ light cupola

~lochfliese *f*, Deckenlochplatte *f* [*für Deckenuntersichten*] · perforated ceiling tile

~lochplatte *f* [*für Deckenuntersichten*] · perforated ceiling board, ~ ~ sheet

~lochplatte *f*, Deckenlochfliese *f* [*für Deckenuntersichten*] · perforated ceiling tile

~lüfter *m* · ceiling ventilator

~malerei *f* · ceiling painting

~massivplatte *f*, Deckenvollplatte, Voll(beton)deckenplatte, Massiv(beton)dekkenplatte · solid (concrete) floor slab

~-Montageschiene *f* [*Deckenleuchte*] · ceiling mounting channel

~-Montageschiene *f* **als Leerprofil** [*Deckenleuchte*] · blank ceiling mounting channel

~montageteil *m*, *n*, Deckenfertigteil, Decken(fertig)bauteil · (prefab(ricated)) floor member, (~) ~ unit

~nachtlampe *f* · ceiling night light

~oberlicht *n* · laylight [*A glazed opening in a ceiling, designed to admit light to the space below*]

~öffnung *f* · floor opening

~ornament *n* · ceiling ornament

Deckenplatte *f*, Deckentafel *f* · floor slab, ~ panel [*A slab forming the continuous loadbearing structure of a floor*]

~ [*für Deckenuntersichten*] · ceiling board, ~ sheet

~, Deckenbelagplatte, Deckenfliese *f* [*Für Deckenuntersichten*] · ceiling tile

~ aus Gips, Gipsdeckenplatte [*DIN 18169*] · gypsum ceiling board

Decken|plattenkleber *m* → Deckenfliesenkleber

~profil *n* · ceiling shape, ~ section, ~ unit, ~ trim, ~ profile

~putz *m* → Deckenverputz

~putzträger *m* · ceiling plaster lath(ing)

~putzträgerplatte *f* → (Gipskarton-) Deckenstuckplatte

~querschnitt *m* · floor cross-section

~raster *m* · ceiling grid

~rippe *f* · floor rib

~rüstung *f* · floor center(s), ~ cent(e)ring, ~ centre(s)

~-Schall(ab)dämmung *f* · sound insulation of floors

~-Schalldämmung *f*, Decken-Schallabdämmung · sound insulation of floors

~schallschluckplatte *f*, Deckenakustikplatte, Schallschluckdeckenplatte, Akustikdeckenplatte · acoustic(al) ceiling board, (sound) absorbent ~ ~, sound-control ~ ~, (sound) absorbing ~ ~

~schalung *f* · ceiling boarding

~schalung *f*, Deckenbetonschalung · floor formwork, ~ forms, ~ shuttering

~scheibe *f* · floor sheet, ~ disc; ~ disk (US)

~schiene *f* [*Türanlage*] · overhead track

~schleifmaschine *f* · ceiling grinder

~schlitzdiffusor *m* · ceiling slot diffuser, ~ ~ diffusor

~(stahl)einlagen *fpl*, Deckenarmierung *f*, Deckenbewehrung · floor reinforcement

Deckenstein *m* [*Fehlname*]; Deckenziegel *m*, gebrannter Deckenstein [*DIN 4159 und DIN 4160*] · floor (clay) brick, ~ ~ block

~, Deckenblock(stein) *m*, (Decken)Füllblock(stein), (Decken)Füllstein, Dekkenbaustein · soffit (floor filler) block, ~ (~ ~) tile, filler ~ [*See remark under 'Block'*]

~ mit Leisten, Deckenziegel *m* ~ ~ · lipped floor (clay) brick, ~ (~) ~ block

Decken|strahlplattenheizung *f*, Dekken(-Hochtemperatur)-Strahlungsheizung · ceiling panel heating

~stuckplatte *f* → Gipskarton-~

~stütze *f*, Stütze · (floor) support, (~) column

~stützensystem *n* · propping

Deckensystem *n*, Deckenbausystem, Deckenkonstruktion(ssystem) *f*, (*n*) · floor (framing) scheme, ~ (~) system, ~ structure, floor(ing) structural system, floor(ing) construction

~ mit kreuzweiser Bewehrung → Deckenbausystem ~ ~ ~

Deckentafel *f*, Deckenplatte *f* · floor slab, ~ panel [*A slab forming the continuous loadbearing structure of a floor*]

~ · ceiling panel

Decken|tapete *f* · ceiling paper

~tor *n*, mehrteiliges ~ · vertical sliding shutterdoor, vertically opening ~, ~ ~ shutter door [*The panels slide vertically and stack above and behind the opening*]

~träger *m* · floor girder

~untersicht *f* → (sichtbare) Decke

~unterzug *m*, Trenn~, Etagen~, Stockwerk~, Geschoß~ · floor joist

~verdrahtung *f* · underfloor wiring

~verkleidung *f*, Deckenauskleidung, Deckenbekleidung · ceiling lining, ~ (sur)facing

~verkleidungsarbeiten *fpl*, Deckenauskleidungsarbeiten, Deckenbekleidungsarbeiten · ceiling lining work, ~ (sur)facing ~

~(ver)putz *m* · ceiling (mixed) plaster

~verzierung *f* · ceiling enrichment

~vollplatte *f*, Deckenmassivplatte, Voll(beton)deckenplatte, Massiv(beton)deckenplatte · solid (concrete) floor slab

~-Wand-Fuge *f* · floor-to-wall joint

~weite *f* · floor span

~zement *m* [*Sonderzement für Betonstraßen. Er bindet langsam ab, ist hochzugfest, genügend druckfest und wenig schwindend*] · pavement cement; paving ~ (US)

~ziegel *m*, gebrannter Deckenstein *m*; Deckenstein [*Fehlname*] [*DIN 4159 und DIN 4160*] · floor (clay) brick, ~ ~ block

~ziegel *m* **mit Leisten**, Deckenstein *m* ~ ~ · lipped floor (clay) brick, ~ (~) ~ block

~zierplatte *f*, Dekor(ations)deckenplatte, Dekorativdeckenplatte, Ornamentdeckenplatte, Zierdeckenplatte · decorative ceiling sheet, ornamental ~ ~, ~ ~ board

~zubehör *n*, Deckenausbauzubehör · ceiling accessory

~zwischenbauteil *m*, *n* → Zwischenbauteil

~zwischenraum *m* · ceiling void

Deckfähigkeit *f*, Deckvermögen *n*, Deckkraft *f* · hiding power, obliterating ~, opacity [*The ability of a paint to obscure any colo(u)r beneath it. The term 'covering power', meaning both 'hiding power' and 'spreading rate', is not now used*]

Deckfarbe *f*, deckende Farbe · opaque colour (Brit.); ~ color (US)

~, Deckanstrichfarbe · opaque paint

Deck|folie *f*, Ab~ · cover(ing) foil, protecting ~

~furnier *n*, Außenfurnier, Außenlage *f*, Außenschicht *f* · face veneer, outer ~ [*Either side of a plywood panel where the grading rules draw no distinction between face and back*]

~gewebe *n*, Ab~ [*Im Bauwesen verwendete Textilerzeugnisse, z.B. Jutegewebe, Nesselgewebe usw.*] · cover(ing) cloth, ~ woven fabric; ~ fabric [*misnomer*]

~kappe *f* [*kittlose Verglasung*] · capping [*A separate metal section fixed externally to certain types of patent glazing bar to secure the glass, afford protection to the stem of the bar and check weather penetration*]

~kraft *f*, Deckvermögen *n*, Deckfähigkeit *f* · hiding power, obliterating ~, opacity [*The ability of a paint to obscure any colo(u)r beneath it. The term 'covering power', meaning both 'hiding power' and 'spreading rate', is not now used*]

~lack *m* → Abzieh(schutz)lack

~lackierung *f* · finishing system

~lage *f* [*Bitumendachpappe*] · cap sheet

~lasche *f* · cover plate

~leiste *f*, Ab~, Fugen~ · cover moulding (Brit.); ~ molding (US); batten [*A mo(u)lding planted to cover a joint on a flush surface*]

~massen-Belags-Apparatur *f* [*Dachpappenmaschine*] · coating rolls

~papier *n*, Ab~ [*Als Baustoff erfüllt das Abdeckpapier gleiche oder ähnliche Aufgaben wie das (Ab)Deckgewebe*] · cover(ing) paper

~papier *n*, Ab~ [*Als Bauhilfsstoff werden (Ab)Deckpapiere am häufigsten von Putzern, Anstreichern und Tapezierern verwendet, um (Fuß)Böden usw. bei nachträglichen Arbeiten an Decken und Wänden vor dem Verschmutzen zu bewahren. Mitunter „Schrenzpappe" oder „Schrenzpapier" genannt*] · masking paper

Deckplatte *f*, Säulen~, Abakus *m*, Kapitellplatte · raised table, abacus, padstone [*The slab between the lintel and the supporting column, designed to concentrate the load. In the Greek Doric order the abacus is a simple square block; in the Roman orders it is thinner and moulded*]

~ → (Beton)Ab~

~, Pilzkopfverstärkung *f*, Pilzkopfplatte, Verstärkung(splatte) *f* [*Zwischen Pilzkopf und Pilzdecke*] · drop (panel), thickened portion of the slab [*These drop panels are formed at columns to provide increased cross-sectional area and depth to resist negative moments and shears*]

~ aus Naturstein, Ab~, (Natur)Stein(ab)deckplatte · (natural) stone coping slab, (~) ~ capping ~

Deckputz *m*, Feinputz, Oberputz, Außen~ · (external) final rendering (Brit.); final coat stucco (US); final coat exterior plaster, final coat external plaster

~, Feinputz, Oberputz, Innen~ · final coat (mixed) plaster

~masse *f*, Deckputzmörtel *m*, Oberputzmörtel, Oberputzmasse, Feinputzmörtel, Feinputzmasse, Außen~ · (external) final rendering stuff, (~) ~ ~ mix(-ture) (Brit.); final coat stucco ~ (US); final coat exterior plaster ~, final coat external plaster ~

~masse *f*, Deckputzmörtel *m*, Oberputzmörtel, Oberputzmasse, Feinputzmörtel, Feinputzmasse, Innen~ · plaster stuff, ~ mixt(ure)

~mörtel *m*, Deckputzmasse *f*, Oberputzmörtel, Oberputzmasse, Feinputzmörtel, Feinputzmasse, Außen~ · (external) final rendering stuff, (~) ~ ~ mix(ture) (Brit.); final coat stucco ~ (US); final coat exterior plaster ~, final coat external plaster ~

~mörtel *m*, Deckputzmasse *f*, Oberputzmörtel, Oberputzmasse, Feinputzmörtel, Feinputzmasse, Innen~ · plaster stuff, ~ mix(ture)

Deckrost *m*, Ab~ · cover(ing) grate

Deckschicht *f* · surface film [*cathodic protection*]

~ [*Anstrichtechnik*] · finish coat

~, Laufschicht, Nutzschicht, Nutzbelag *m*, Gehschicht, (Fuß)Bodennutzbelag, (Fuß)Bodennutzschicht · (flooring) wear(ing) surface, (~) ~ layer, (~) ~ course

~, Überzug *m* [*(Dach)Pappe*] · (surface) coat(ing)

Deckstein *m*, (Natur)Ab~ · coping stone, cope ~, capping ~ [*A top stone, generally slightly projecting, to shelter the masonry from the weather, or to distribute the pressure from exterior loading. A projecting covering stone of a wall*]

~, Überlieger *m* [*Megalithgrab*] · capstone

~, Deckblock(stein) *m*, (Beton)Ab~ · (concrete) coping block, (~) ~ tile, (~) cope ~, (~) capping ~ [*See remark under 'Block'*]

Deckung *f*, Ein~, Dachbelag *m*, Dach(ein)deckung, Bedachung, Dach *n* · roof cladding, ~ covering, ~ sheathing, roof(ing)

~ der Stützenmomente · allowance for the moments at supports

~ mit einfachem liegenden Falz → (Dach)Ein~ ~ ~ ~ ~

Deckungsmaterial *n* → Dach(ein)deck(ungs)material

Deck|vermögen *n*, Deckfähigkeit *f*, Deckkraft *f* · hiding power, obliterating ~, opacity [*The ability of a paint to obscure any colo(u)r beneath it. The term 'covering power' meaning both 'hiding power' and 'spreading rate', is not now used*]

~weiß *n* [*Fehlname*]; Lithopone *f* · lithopone [*It is a fairly modern pigment, discovered by a Scottish chemist, John Br. Orr, in the 1860s, and sometimes called Orr's zinc white after him*]

~ziegel *m*, Mönch(ziegel), Preiße *m* · mission tile (US); convex ~, over-tile

~ziegel *m*, Ab~ [*Dachziegel zum Abdecken für Schornsteine, freistehende Mauern und Einfriedigungen*] · coping tile, cope ~, capping ~

Deformationsmethode *f* [*Baustatik*] equilibrium method

degummieren [*Seide*] · to degum

dehnbar, streckbar · ductile, extensible

Dehnbarkeit *f*, Streckbarkeit, Duktilität · ductility, extensibility

Dehn|beiwert *m*, Dehnungsbeiwert, Aus~ · expansion coefficient

~energie *f*, Dehnungsenergie · strain energy

~geschwindigkeit *f*, Dehnungsgeschwindigkeit · rate of strain

~maß *n* → Dehnungsmaß

~rohr *n*, Dehnungsrohr, Aus~ · expansion pipe, vent ~ [*(hot) water heater*]

~schleife *f*, Dehnungsschleife, Aus~ · expansion loop

Dehnung *f*, Aus~ · expansion

~ · strain [*A change in length caused by a force applied to a piece, the change being expressed as a ratio, the increase or decrease divided by the original length*]

Dehn(ungs)|beiwert *m*, Aus~ · expansion coefficient

~energie *f* · strain energy

~feld *n* · strain field

~fuge *f*, Aus~, Raumfuge, Trenn(ungs)fuge · expansion joint [*A separation between adjoining parts of a concrete structure which is provided to allow small relative movements such as those caused by thermal changes to occur independently*]

Dehn(ungs)fugen|(ab)dichtung *f* · expansion joint seal(ing)

~band *n*, Raumfugenband · expansion joint waterstop, ~ ~ waterbar

~dichtung *f*, Raumfugendichtung · expansion joint seal(ing)

~kappe *f* · expansion joint ridge capping

~kitt *m*, Raumfugenkitt · expansion joint mastic (sealer)

~profil *n*, Raumfugenprofil · expansion joint section, ~ ~ unit, ~ ~ shape, ~ ~ profile, ~ ~ trim

Dehn(ungs)|geschwindigkeit *f* · rate of strain

~maß *n*, Dehn(ungs)ziffer *f* [*Reziprokwert des Elastizitätsmoduls. Bei Stahl bis zur Proportionalitätsgrenze eine Konstante, bei Beton eine mit der Spannung veränderliche Zahl*] · modulus of elongation

~rohr *n*, Aus~ · expansion pipe, vent ~ [*(hot) water heater*]

~schleife *f*, Aus~ · expansion loop

Dehnungssystem *n* · strain system

Dehn(ungs)|verträglichkeit *f* · strain compatibility

~zeit *f*, Aus~ [*Quellzement*] · expansion time, ~ period

~ziffer *f*, Dehn(ungs)maß *n* [*Reziprokwert des Elastizitätsmoduls. Bei Stahl bis zur Proportionalitätsgrenze einer Konstante, bei Beton eine mit der Spannung veränderliche Zahl*] · modulus of elongation

Dehnzeit *f*, Dehnungszeit, Aus~ [*Quellzement*] · expansion time, ~ period

Dehnzement *m*, Schwellzement, Quellzement, Expansivzement · high-expansion cement, expanding ~, expansive ~

~beton *m*, Expansivzementbeton, Quellzementbeton, Schwellzementbeton · high-expansion cement concrete, expansive ~ ~, expanding ~ ~

~mörtel *m*, Schwellzementmörtel, Quellzementmörtel, Expansivzementmörtel · high-expansion cement mortar, expansive ~ ~, expanding ~ ~

~schlämme *f*, Quellzementschlämme, Schwellzementschlämme, Expansivzementschlämme · high-expansion cement slurry, expansive ~ ~, expanding ~ ~, ~ ~ grout(ing compound)

Dehnziffer *f* → Dehnungsziffer

Dehydration *f* · dehydration

dehydratisiertes Ricinusöl *n*, Ricinenöl · dehydrated castor oil

Dekagon *n*, Zehneck *n* · decagon

Dekastylos *m* · decastyle [*A portico or colonnade having a row of ten front columns*]

Dekor *n*, ~ation *f* [*Die Gesamtheit der „Ausschmückung" von Bauwerken, besonders von Innenräumen, im Gegensatz zum Ornament, das als einzelnes Schmuckmotiv nur ein Teil der Dekoration ist*] · ornamentation, decoration

~ *m*, Ornamentierung *f*, Muster(ung) *n*, *(f)* · (surface) pattern, decorative finish

~-Akustik-Gipskassettenplatte *f* · ornamental acoustical gypsum waffle slab, ~ ~ ~ pan(el) ~, ~ ~ ~ casette ~, decorative ~ ~ ~ ~

Dekor(ation) *n*, *(f)* [*Die Gesamtheit der „Ausschmückung" von Bauwerken, besonders von Innenräumen, im Gegensatz zum Ornament, das als einzelnes Schmuckmotiv nur ein Teil der Dekoration ist*] · ornamentation, decoration

Dekor(ations)aluminium *n*, Ornamentaluminium, Zieraluminium · decorative aluminum, ornamental ~ (US); ~ aluminium (Brit.)

Dekorations|arbeit *f* · decorative work

~architektur *f*, Dekorationsbaukunst *f* · decorative architecture, ornamental ~

Dekor(ations)|band *n*, Zierband, Ornamentband, Schmuckband, Bandornament *n*, Bandschmuck *m* · decorative band, ornamental ~, continuous ornament

~(bau)element *n*, Dekor(ations)(bau)körper *m* · ornamental (building) unit, decorative (~) ~

Dekorationsbaukunst *f*, Dekorationsarchitektur *f* · decorative architecture, ornamental ~

Dekor(ations)|becken *n*, Zierbecken, Ornamentbecken · ornamental pool, decorative ~

~beschichtung *f*, Dekor(ations)überzug *m*, Zierbeschichtung, Zierüberzug, Ornamentbeschichtung, Ornamentüberzug [*als Schicht*] · decorative coat(ing), ~ finish, ornamental ~

~beschläge *mpl*, Zierbeschläge, Ornamentbeschläge · decorative hardware, ornamental ~, ~ fittings

~beton *m*, Zierbeton, Ornamentbeton · ornamental concrete, decorative ~

~bogen *m*, Zierbogen, Ornamentbogen, Schmuckbogen · decorative arch, ornamental ~

~bronze *f*, Zierbronze, Ornamentbronze · ornamental bronze

~decke *f*, Zierdecke, Ornamentdecke · decorative ceiling, ornamental ~

~deckenplatte *f*, Dekorativdeckenplatte, Ornamentdeckenplatte, Zierdeckenplatte, Deckenzierplatte · decorative ceiling sheet, ornamental ~ ~, ~ ~ board

~eigenschaft *f*, Dekor(ations)vermögen *n*, Dekor(ations)fähigkeit *f* · decorative property, ~ capacity, ~ quality, ~ power, ornamental ~

~eisen *n*, Ornamenteisen, Ziereisen · ornamental iron, decorative ~

~element *n*, Dekor(ations)glied *n*, Schmuckelement, Schmuckglied, Ornament *n*, Zierglied, Zierelement · ornament, decorative fixture

~fähigkeit *f*, Dekor(ations)vermögen *n*, Dekor(ations)eigenschaft *f* · decorative property, ~ capacity, ~ power, ~ quality, ornamental ~

~fenster *n*, Zierfenster, Ornamentfenster · decorative window, ornamental ~

~filz *m*, Zierfilz, Ornamentfilz · decorative felt(ed fabric), ornamental ~ (~)

~fliese *f*, Dekor(ations)platte *f*, Zierfliese, Zierplatte, Ornamentfliese, Ornamentplatte · ornamental tile, decorative ~

~folie *f*, Zierfolie, Ornamentfolie · decorative foil, ornamental ~

~folie *f* **aus Kunststoff**, Zierfolie ~ ~, Ornamentfolie ~ ~ · decorative plastic film, ~ ~ sheating, ornamental ~ ~

~(-Form)block(stein) *m*, Dekor(ations)(-Form)stein, Ornament(-Form)stein, Ornament(-Form)block(stein), Ornament-Profilstein, Ornament-Profilblock(stein), Dekor(ations)-Profilstein, Dekor(ations)-Profilblock(stein) · purpose-made ornamental block, ~ ~ tile, special ~ ~, ~ decorative ~ [*See remark under 'Block'*]

~(-Form)stein *m*, Dekor(ations-)(-Form)block(stein) *m*, Ornament(-Form)stein, Ornament(-Form)block(stein), Ornament-Profilstein, Ornament-Profilblock(stein), Dekor(ations)-Profilstein, Dekor(ations)-Profilblock(stein) · purpose-made ornamental block, ~ ~ tile, special ~ ~, decorative ~ ~ [*See remark under 'Block'*]

~fuge *f*, Zierfuge, Ornamentfuge · ornamental joint, decorative ~

~geländer *n*, Ziergeländer, Ornamentgeländer · decorative railing, ornamental ~

~giebel *m*, Ornamentgiebel, Schmuckgiebel, Ziergiebel · decorative gable, ornamental ~

~gitter *n*, Ziergitter, Ornamentgitter, Gitter · decorative grille, ornamental ~ [*A decorative openwork screen within an opening. Sometimes spelled 'grill'*]

~glas *n*, Zierglas, Ornamentglas, ornamentiertes Glas · pattern(ed) glass (US); ornamental ~, decorative ~; figured rolled ~ [*B.S. 3447*]; figured ~ [*ASTM C 162*]

~-Glas(bau)stein *m*, Schmuck-Glas(bau)stein, Zier-Glas(bau)stein, Ornament-Glas(bau)stein · sculptural faced glass block, ~ ~ ~ brick

~konsole *f* → Dekor(ations)wandkonsole

~leiste *f*, Zierleiste, (Ornament)Leiste · molding (US); moulding (Brit.)

~leuchte *f*, Zierleuchte, Ornamentleuchte · decorative luminaire (fixture), ornamental ~ (~) (US); ~ light fitting (Brit.); ~ (light(ing)) fixture

~metall *n*, Ziermetall, Ornamentmetall · ornamental metal, decorative ~

~motiv *n*, Ziermotiv, Ornamentmotiv, Schmuckmotiv · decorative motif, ornamental ~

~muster *n*, Ziermuster, Ornamentmuster · decorative pattern, ornamental ~

~oberfläche *f*, Zieroberfläche, Ornamentoberfläche · ornamental surface, decorative ~

~pflaster(decke) *n*, (*f*), Ornamentpflaster(decke), Zierpflaster(decke) · ornamental (sett) paving, decorative (~) ~

~platte *f*, Dekor(ations)fliese *f*, Zierfliese, Zierplatte, Ornamentfliese, Ornamentplatte · ornamental tile, decorative ~

~platte *f*, Zierplatte, Ornamentplatte, (dekorative) Sichtplatte · decorative board, ~ sheet, ornamental ~

~profil *n*, Zierprofil, Ornamentprofil · moulding (Brit.); molding (US)

~-Profilblock(stein) *m*, Dekor(ations)-Profilstein, Ornament(-Form)stein, Ornament(-Form)block(stein), Dekor(ations)(-Form)stein, Dekor(ations)(-Form)-block(stein), Ornament-Profilstein, Ornament-Profilblock(stein) · purpose-made ornamental block, ~ ~ tile, special ~ ~, decorative ~ ~ [*See remark under 'Block'*]

~-Profilstein *m*, Dekor(ations)-Profilblock(stein) *m*, Ornament(-Form)stein, Ornament(-Form)block(stein), Dekor(ations)(-Form)stein, Dekor(ations)(-Form) block(stein), Ornament-Profilstein, Ornament-Profilblock(stein) · purpose-made ornamental block, ~ ~ tile, special ~ ~, decorative ~ ~ [*See remark under 'Block'*]

~putz *m* → Effekt(ver)putz

~-Schichtpreßstoffplatte *f*, Zier-Schichtpreßstoffplatte, Ornament-Schichtpreßstoffplatte · decorative laminate(d) sheet, ~ ~ board

~-Spachtel(fuß)boden *m*, Ornament-Spachtel(fuß)boden, Zier-Spachtel(fuß)boden · decorative jointless floor(ing), ~ in-situ ~, ~ composition ~, ~ seamless ~, ~ ~ floor cover(ing), ~ ~ floor finish

~stahl *m*, Zierstahl, Ornamentstahl · ornamental steel, decorative ~

~stein *m*, Zierstein, Schmuckstein, Ornamentstein · dressing [*A stone worked to a finished face, whether smooth or moulded, and used around an angle, window, or any feature*]

~stein *m* → Dekor(ations)(-Form)-block(stein)

~stütze *f*, Zierstütze, Ornamentstütze, Schmuckstücke · decorative column, ornamental ~

~tafel *f*, Ziertafel, Ornamenttafel · ornamental panel, decorative ~

~tür *f*, Ziertür, Ornamenttür · ornamental door, decorative ~

~überzug *m*, Dekor(ations)beschichtung *f*, Zierbeschichtung, Zierüberzug, Ornamentbeschichtung, Ornamentüberzug [*als Schicht*] · decorative coat(ing), ~ finish, ornamental ~

~verband *m*, Zierverband, Ornamentverband, Schmuckverband [*Mauerwerk*] · ornamental (masonry) bond, decorative (~) ~

~vermögen *n*, Dekor(ations)fähigkeit *f*, Dekor(ations)eigenschaft *f* · decorative property, ~ power, ~ capacity, ~ quality, ornamental ~

~(ver)putz *m* → Effekt(ver)putz

~wand *f*, Ornamentwand, Zierwand, Schmuckwand · decorative wall, ornamental ~

~(wand)konsole *f*, Schmuck(wand)-konsole, Zier(wand)konsole, Ornament-(wand)konsole · ornamental (wall) bracket, decorative (~) ~

~ziegel *m*, Ornamentziegel, Zierziegel · ornamental brick, decorative ~

~ziegelmauerwerk *n*, Zierziegelmauerwerk, Ornamentziegelmauerwerk, Schmuckziegelmauerwerk · (ornamental) pattern brickwork, decorative (~) ~; ~ brick masonry (work), (~) pattern brick masonry (work) (US)

~zuschlag(stoff) *m* · decorative aggregate

Dekorativdeckenplatte *f*, Ornamentdeckenplatte, Zierdeckenplatte, Deckenzierplatte, Dekor(ations)deckenplatte · decorative ceiling sheet, ornamental ~ ~, ~ ~ board

dekorative Baukeramik *f* · ornamental structural ceramics, ~ heavy ~, decorative ~ ~

~ Kunst *f* · decorative art

(~) Kunststoffsichtplatte *f*, Kunststoffdekor(ations)platte, Kunststoffzierplatte, Kunststoffornamentplatte · ornamental plastic board, decorative ~ ~, ~ ~ sheet

~ Schicht(preß)stoffplatte *f* · ornamental laminate(d) sheet, ~ ~ board, decorative ~ ~

~ Schicht(preß)stofftafel *f* · laminated plastic panel with decorative surface, ~ ~ ~ ~ ornamental ~

(~) Sichtplatte *f*, Zierplatte, Ornamentplatte, Dekor(ations)platte · decorative board, ~ sheet, ornamental ~

~ Tonne *f*, dekoratives Tonnengewölbe *n* · ornamental barrel vault, ~ tunnel ~, ~ wagon ~

~ Verchromung *f*, Glanzverchromung, Ornamentverchromung · chromium plating for decorative purposes, ~ ~ ~ ornamental ~

dekorativer Anklang *m* · decorative touch

~ Betonstein *m*, dekoratives Betonerzeugnis *n*, Ornament-Betonerzeugnis, Ornament-Betonstein · decorative precast (concrete) product, ornamental ~ (~) ~, ~ concrete ~

~ Betonwerkstein *m*, Ornament-Betonwerkstein [*Fehlnamen: Ornament-Kunststein, dekorativer Kunststein*] · decorative cast stone, ~ reconstructed ~, ~ patent ~, ~ artificial ~, ornamental ~ ~

~ Kunststein *m*, Ornament-Kunststein [*Fehlnamen*]; dekorativer Betonwerkstein, Ornament-Betonwerkstein · decorative cast stone, ~ reconstructed ~, ~ patent ~, ~ artificial ~, ornamental ~ ~

~ Stirnziegel *m*, Antefix *m*, (ornamentaler) Stirnziegel, Zierstirnziegel · antefix (tile) [*Antefixes or antefixa are ornamental blocks, fixed vertically at regular intervals along the lower edge of a roof, to cover the ends of tiles*]

dekoratives Aussehen *n* · decorative appearance

~ Betonerzeugnis *n*, dekorativer Betonstein *m*, Ornament-Betonerzeugnis, Ornament-Betonstein · decorative precast (concrete) product, ornamental ~ (~) ~, ~ concrete ~

~ Gewölbe *n* · ornamental vault, decorative ~

~ Tonnengewölbe *n*, dekorative Tonne *f* · ornamental barrel vault, ~ tunnel ~, ~ wagon ~

dekorierte (Belag)Platte *f*, ~ Fliese · decorated tile

~ Fliese *f*, ~ (Belag)Platte · decorated tile

~ Platte *f*, ~ Belagplatte, ~ Fliese · decorated tile

Delfter Kacheln *fpl* **und Delfter Wandplatten** *fpl* · delftware, Delft, delft pottery

~ Schule *f* · School of Delft [*Dominated post-war Dutch architecture until about 1955*]

Delta-Metall *n* [*Bezeichnung für hochfeste Sondermessinge mit warmem Bronzeton und guter Witterungsbeständigkeit*] · Delta metal

Demetertempel *m* · Temple of Demeter

Demonstrations|bauvorhaben *n* → Demonstrativbauvorhaben

~gebäude *n*, Demonstrativgebäude · demonstration building, ~ block

~projekt *n* → Demonstrativbauvorhaben

~sied(e)lung *f* → Demonstrativbauvorhaben

Demonstrativ|bauvorhaben *n*, Demonstrativprojekt *n*, Demonstrativsied(e)lung *f*, Demonstrationssied(e)lung, Demonstrationsbauvorhaben, Demonstrationsprojekt · sample community

~gebäude *n*, Demonstrationsgebäude · demonstration building, ~ block

~projekt *n* → Demonstrativbauvorhaben

~sied(e)lung *f* → Demonstrativbauvorhaben

demontierbar · dismountable

Demontierbarkeit *f* · dismountability

demontieren · to dismount

denaturierter Alkohol *m* · denaturated alcohol

Denkmal *n*, Bau~, Monument *n* · monument

~, Mahnmal, Gedächtnismal · memorial

~ der Dritten Internationale [*in Moskau 1920*] · Memorial to the Third International [*in Moscow 1920*]

~kirche *f* → Memoria(lkirche)

~liste *f* · list of monuments

~pflege *f* · preservation of monuments

~schutz *m* · protection of monuments

Denkpfeiler *m*, Obelisk *m* · obelisk, monolithic pillar

Dessin|blech *n*, dessiniertes Blech · fancy sheet metal, show ~ ~, textured ~ ~, ~ metal sheet

~draht *m*, Formdraht, Profildraht, Fassondraht, profilierter Draht · profil(ed) wire, indented ~, wire of irregular shape

dessiniert, strukturiert · textured

Destillations|bitumen *n*, destilliertes Bitumen [*Destillierte Bitumen sind die bei der Destillation gewonnenen weichen bis mittelharten Bitumen*] · straight-run (asphaltic-)bitumen (Brit.); ~ asphalt (US)

~rückstand *m* · residue by distillation, distillation residue

destillierter Teer *m* · distilled tar

destilliertes Bitumen *n*, Destillationsbitumen [*Destillierte Bitumen sind die bei der Destillation gewonnenen weichen bis mittelharten Bitumen*] · straight-run (asphaltic-)bitumen (Brit.); ~ asphalt (US)

~ Tallöl *n* · refined tall oil

Detail|plan *m*, Detailzeichnung *f* · detail(ed) drawing

~planungsstadium *n* **für den Bau** · construction document phase

~zeichnung *f*, Detailplan *m* · detail(ed) drawing

Determinante *f* · determinant, determiner

deutsche Gotik *f* · German Gothic

~ Renaissance *f* · German Renaissance

(~) Sondergotik *f* · German Late Gothic (style)

deutscher Barock *m* · German Baroque

Deutscher Werkbund *m* · An association formed by Hermann Muthesius; its objects were to select the best representatives of the arts and crafts, industry and trades, to make all necessary efforts to secure high quality in industrial art and to form a centre for those who aimed at this high quality in their work.

deutsches Terpentinöl *n* · German (oil of) turpentine, ~ spirit ~ ~

Deval|(-Abnutzungs)trommel *f*, Deval-Trommelmühle *f* · Deval attrition machine, ~ testing ~

~-Prüfung *f*, Deval-Versuch *m*, Deval-Probe *f* · Deval test

~-Trommelmühle *f*, Deval-Abnutzungstrommel *f* · Deval attrition machine, ~ testing ~

Deviationsmoment *n* · deviation moment

Dewargefäß *n*, Weinholdgefäß · Dewar flask, ~ vessel, vacuum bottle [*A silvered glass flask with double walls, the space between them being evacuated. It is used for the storage of liquid air*]

Dextrin *n* · starch gum, British ~, leiocome, dextrin(e) [*A soluble gummy substance into which starch is converted when subjected to a high temperature, or to the action of dilute alkalis or acids, or of diastase*]

~leim *m* · starch gum glue, British ~ ~, dextrin(e) ~, leiocome ~

Dezibel *n*, db, dB · decibel, dB

~skala *f* · decibel scale, dB ~

DG *f* → Dachetage

DG-Zimmer *n* → Dachgeschoßzimmer

Diabas *m* · diabase

~-Mandelstein *m* · amygdaloidal diabase

~splitt *m* · diabase chip(ping)s

~tuff *m* · Grünsteintuff · diabasic tuff, greenstone ~

Diagonal|balken(träger)decke *f* · diagonal beam floor

~bogen *m* · diagonal arch

~bogendach *n* · diagonal-arch roof

~druck *m* · diagonal compression

~druckspannung *f* · diagonal compression stress

Diagonale *f*, Diagonalglied *n*, Diagonalstab *m* · diagonal member, ~ bar, ~ rod

Diagonalen|kopf *m*, Diagonalstabkopf, Diagonalgliedkopf · diagonal member head, ~ bar ~, ~ rod ~

~schnittpunkt *m* · intersection point of diagonals

Diagonalglied *n*, Diagonalstab *m*, Diagonale *f* · diagonal member, ~ bar, ~ rod

~kopf *m*, Diagonalstabkopf, Diagonalenkopf · diagonal member head, ~ bar ~, ~ rod ~

Diagonalität *f* · diagonality

Diagonal|kassettendecke *f* · diagonal waffle (slab) floor, ~ casette (~) ~, ~ coffer (~) ~, ~ pan(el) (~) ~, ~ cored (~) ~, ~ rectangular grid ~, ~ coffered soffit

~lochbild *n* · diagonal hole pattern

~-Quadratraster *m* · diagonal square grid

~rahmen *m* · diagonal frame

~raster *m* · diagrid

~rippe *f*, Kreuzrippe; Kreuzgurt *m* [*Fehlname*] · cross-springer

~stab *m*, Diagonalglied *n*, Diagonale *f* · diagonal member, ~ bar, ~ rod

~stabkopf *m*, Diagonalgliedkopf, Diagonalenkopf · diagonal member head, ~ bar ~, ~ rod ~

~verband *m* · diagonal (masonry) bond (Brit.); ~ (~) pattern (US); oblique (~) ~, raking (~) ~

~verlegung *f* · diagonal laying

~zug *m* · diagonal tension

~zugspannung *f* · diagonal tension stress, ~ tensile ~

Diagramm *n*, bildliche Darstellung *f*, graphische Darstellung · graphic representation, diagrammatic ~, graph, chart, diagram, plot

Diallag *m* · diallage

Diamant|gravieren *n* [*Glas*] · diamond point engraving [*Incising glass surfaces, usually for decoration, with a diamond point or hard steel stylus*]

~-Porzellan *n* · vitreous china

~schneider *m*, Glaserdiamant *m* [*Werkzeug*] · glazier's diamond, cutting ~

Diaspor *m* [*Ein Aluminiummonohydrat. In Erweiterung dient dieser Ausdruck auch zur Bezeichnung des Gesteins (Rohstoffs)*] · diaspore

~erzeugnis *n* [*Hochtonerdehaltiges feuerfestes Erzeugnis, das hauptsächlich aus Diaspor hergestellt wird*] · diaspore refractory (product)

Diatomeen|erde *f* · diatomaceous earth, diatomite [*It is sometimes erroneously called infusorial earth*]

~schlamm *m* · diatomaceous ooze

Diatomitstein *m* [*Poröser, wärmehaltender, gegen schwache Säure beständiger gebrannter feuerfester Stein für Back- und Härteöfen, Winderhitzer usw.*] · diatomite brick

Diazoma *m* [*Im Halbkreis angeordnete Umgang zwischen den Sitzstufen im griechischen Theaterbau*] · diazoma

Diazoverbindung *f* · diazo compound

dicht, hohlraumarm, geschlossen (abgestuft) · dense(-graded)

~, undurchlässig · tight, impermeable

Dichtbeton *m* [*Gegen betonschädliche atmosphärische Nässe und für wasserdichte Betonwaren*] · dampproof concrete

Dichte *f* → Roh~

dichte Verbindung *f* **von Glas mit Metall** · glass-to-metal seal

dichten, ab~, einfassen [*Schornstein*] · to flash

dichten, ab~ · to seal

Dichten *n*, Ab~, Fugen~ [*Ausfüllen des freien Raumes einer Fuge*] · (joint) filling

Dichter *m* → (Ab)Dicht(ungs)mittel

dichter Gips *m*, kompakter ~, Gipsfels *m* · compact gypsum, gypseous solid rock

~ Kalkstein *m* · compact limestone

dichtes Wohngebiet *n* · heavily developed populated area

dichtgebrannte feinkeramische Masse *f* · vitreous whiteware body

Dichtheit *f*, Dichtigkeit, Undurchlässigkeit · tightness, impermeability

Dichtigkeit *f*, Dichtheit, Undurchlässigkeit · tightness, impermeability

Dichtigkeitsgrad *m*, Dichtheitsgrad · degree of tightness

Dichtung *f*, Ab~, Sperrung [*Zur Verhinderung der Durchfeuchtung der Baustoffe und Bauteile werden diese durch geeignete Stoffe entweder selbst wasserundurchlässig gemacht oder mit einem wasser- und unter Umständen auch chemikalienbeständigen Überzug versehen*] · water proofing [*The term 'waterproofing' is sometimes restricted to mean 'waterproofing against ground water' whereas the term 'dampproofing' means protection against any moisture. In spite of this, the term 'waterproofing' is generally applied, especially in combined words, as, for instance, 'waterproofing agent' etc.*]

Dichtung *f*, Ab~ [*Erzeugnis*] · seal

Dichtung *f*, Ab~ · seal(ing)

~ [*Flanschenrohr*] · ductile joint ring

Dichtung(en) *f(pl)* **gegen aufsteigende und seitlich eindringende Bodenfeuchtigkeit** → Ab~ ~ ~ ~ ~ ~ ~

~ ~ drückendes Wasser → Ab~ ~ ~ ~

~ ~ Grund- und Druckwasser → Ab~ ~ ~ ~ ~

~ von Hochbauten, Ab~ ~ ~ [*DIN 4117*] · dampproofing and waterproofing of above-ground rising structures

Dicht(ungs)anstrich *m*, Ab~, (Ab-) Dicht(ungs)aufstrich · seal(ing) coat, sealer

Dichtungsarbeiten *fpl*, Ab~ · sealing work

Dicht(ungs)|aufstrich *m*, Ab~, (Ab-) Dicht(ungs)anstrich · seal(ing) coat, sealer

~bahn *f*, Ab~ · seal(ing) sheet(ing)

~band *n*, Ab~ · seal(ing) strip

~beschichtung *f*, Dicht(ungs)überzug *m*, Ab~ [*als Schicht*] · seal(ing) coat

~binde *f*, Ab~ · seal(ing) jacket

~einlage *f*, Dicht(ungs)träger(stoff) *m*, Ab~ · seal(ing) sheet(ing) insert(ion)

~filz *m*, Ab~ · seal(ing) felt(ed fabric)

~fläche *f*, Ab~ · seal(ing) surface

~folie *f*, Ab~ · seal(ing) foil

~gemisch *n*, Ab~, (Ab)Dicht(ungs)-mischung *f* · seal(ing) mix(ture)

~gummi *m*, Ab~ · seal(ing) rubber

~kitt *m*, Ab~ · sealing putty, ~ cement

~konzentrat *n*, Ab~ · seal(ing) concentrate

~kragen *m* · seal(ing) collar

~lage *f* → Sperrschicht

~latte *f*, Ab~ [*kittlose Verglasung*] · windguard, draught fillet

~leiste *f*, Ab~ · seal(ing) fillet

~lippe *f*, Ab~ [*(Ab)Dicht(ungs)ring*] · seal(ing) lip

~manschette *f*, Flachdichtung *f* · gasket

~masse *f*, Ab~ · seal(ing) compound, ~ mass, ~ composition, ~ material

~mastix *m* → plastische Fugen(ab)-dicht(ungs)masse

~material *n*, Ab~, (Ab)Dicht(ungs)-stoff *m*, (Ab)Dicht(ungs)mittel *n* · seal(ing) material, ~ medium, sealer, sealant

~mischung *f*, Ab~, (Ab)Dicht(ungs)-gemisch *n* · seal(ing) mix(ture)

~mittel *n*, Ab~, (Ab)Dicht(ungs)stoff *m*, Dichter *m*, DM *n* [*Für Mörtel oder Beton*] · integral waterproofing agent, ~ waterproofer, ~ waterrepeller, ~ water repellent, admix(ture), ~ water repelling agent, densifying agent, densifying admix(ture), densifier [*Water repellent substance introduced into the body of such materials as concrete at the mixing stage, as distinct from surface waterproofers, which are applied as a film to the face of the finished concrete*]

~mittel *n*, Ab~ [*Nachbehandlung von Beton*] · (membrane) curing compound

~mittel *n*, Dicht(ungs)stoff *m*, Dicht(ungs)material *n*, Ab~ · seal(ing) material, ~ medium, sealer, sealant

~pappe *f* → Baupappe

~paste *f*, Ab~ · seal(ing) paste

~paste *f* → Sperrpaste

~profil *n*, Ab~, Selbstdichtung *f* · (preformed) gasket, sealing ~, structural ~ [*A gasket, unlike a wet seal, does not rely on adhesion but on the compressive forces acting on it to ensure the joint is sealed and the gasket is not released by subsequent movements*]

~pulver *n* → Sperrpulver

~ring *m*, Ab~ · antileak ring, seal(ing) ~

~rippe *f*, Ab~ [*(Ab)Dicht(ungs)ring*] · seal(ing) rib, ~ fin

~schicht *f* → Sperrschicht

~schlämme *f*, Ab~ · non-shrink grout(-ing compound)

~stoff *m*, Ab~, (Ab)Dicht(ungs)mittel *n*, (Ab)Dicht(ungs)material *n* · seal(ing) material, ~ medium, sealant, sealer

~streifen *m*, Ab~ · seal(ing) strip

~strick *m*, Ab~ · seal(ing) rope, pouring ~, joint runner

~träger(stoff) *m*, Dicht(ungs)einlage *f*, Ab~ · seal(ing) sheet(ing) insert(ion)

~trog *m* → Wannen(ab)dichtung

~überzug *m*, Dicht(ungs)beschichtung *f*, Ab~ [*als Schicht*] · seal(ing) coat

~verbindung *f*, Ab~ · seal(ing) joint

Dickbettverfahren *n* [*Ansetzen von Fliesen*] · thick-bed method, (conventional) mortar-bed ~

Dicke *f* [*Linoleum*] · gauge, thickness (of gauge)

~ · build [*The thickness (either real or apparent) of a dry paint or varnish film*]

~ [*Fehlname: Stärke f*] · thickness

~, Konstruktionshöhe *f*, Bauhöhe [*Träger; Decke; Platte*] · depth

Dickenmessung *f* · thickness measurement

dickes (Kristall)Spiegelglas *n* · thick (polished) plate (glass)

~ (Kristall)Spiegelrohglas *n*, ~ Rohspiegelglas · thick rough cast plate (glass); ~ ~ plate ~ (US)

Dickglas *n* · thick sheet glass; crystal ~ ~, heavy ~ (~) (US)

Dickigkeit *f*, Viskosität *f* · viscosity

Dickkristall *n* **für hohe Ansprüche** [*Kristallspiegelglas von 8 bis 40 mm Dicke*] · clear plate glass of silvoring quality 8 to 40 mm thick

~ ~ mittlere Ansprüche [*Kristallspiegelglas von 8 bis 40 mm Dicke*] · clear plate glass of selected glazing quality 8 to 40 mm thick

Dick|öl *n*, eingedicktes Öl [*Oberbegriff für alle Öle von künstlich erhöhter Viskosität. Dicköl umfaßt Standöle, geblasene Öle und alle nach anderen Verfahren eingedickte Öle*] · bodied oil

~schlamm *m* [*Breiartige, wäßrige Aufschlämmung eines gemahlenen Stoffes*] · slurry

dickwandig · thick-wall(ed), heavy-wall(ed)

diebessicheres Schloß *n*, diebstahlsicheres ~ · thief resistant lock [*B.S. 3621*]

Diele *f* · lobby [*A circulation space into which one or more rooms open. A small vestibule*]

~ · plank (unit)

Dielen|brett *n* · floor board

~decke *f* · plank (unit) floor

~kopf *m* [*Fehlname*]; Mutulus *m*, Hängeplatte *f* · mutule [*The projecting square block above the triglyph and on the soffit of a Doric cornice*]

Dielung *f*, Brett(er)(fuß)boden(belag) *m* · floor boarding

Dienst *m* [*In der gotischen Baukunst das lange, dünne Säulchen oder Halbsäulchen, im Querschnitt auch viertel-, dreiviertelkreis- oder birnenförmig, das Gurte oder Rippen des Kreuzgewölbes oder die Profile der Arkadenbögen aufnimmt*] · shaft

Diensten|bad *n* [*Schweiz*] · servant's bath

~zimmer *n* [*Schweiz*] · servant's room

Dienst|gebäude *n* · service building, ~ block

~gehweg *m*, Betriebsgehweg · service walk

~raum *m* · service room

~raum *m*, Dienstzimmer *n* [*Büroraum in einem Behördengebäude*] · office

~treppe *f*, Lauftreppe [*Für den Personal- und Dienstverkehr innerhalb eines Gebäudes*] · service stair(case)

~zimmer *n*, Dienstraum *m* [*Büroraum in einem Behördengebäude*] · office

Dieselnotstrom *m* · stand-by Diesel-produced current

Differdinger Träger *m*, Grey-Träger · Differdinge beam

Differentialgleichung *f* · differential equation

~ vierter Ordnung · fourth order differential equation

Differential|kraft *f* · differential force

~quotient *m* · differential quotient, derived function

~rechnung *f* · differential calculus

~-Thermoanalyse *f* · differential thermal analysis

Differenzdruck *m* · differential pressure

differenziert gegliederte Fußgängerstraße *f* · systematically laid-out pedestrian street

Differenzmethode *f* [*Bindemittelgehaltbestimmung*] · difference method [*The difference between the original weight of the asphaltic mix(ture) and the weight of the dry aggregate after extraction is used as the basis for determining the proportions of asphalt (US)/(asphaltic-)bitumen (Brit.) and aggregate in a mix(ture)*]

Differenzverfahren *n* **mittels Kaltextraktion** · cold extraction method

diffuses Schallfeld *n* · diffuse (sound) field [*A sound field of uniform energy density for which the directions of propagation of waves are random from point to point*]

Diffusions|berechnung *f* · calculation of diffusion

~dampfsperre *f* · diffusion barrier

diffusionsdicht · diffusion(-)tight

Diffusions|durchlässigkeit *f* · permeability to diffusion

~feuchte *f*, Diffusionsfeuchtigkeit diffusion moisture, ~ humidity

~feuchtigkeit *f*, Diffusionsfeuchte *f* · diffusion moisture, ~ humidity

~meßverfahren *n* **im Feuchtigkeitsbereich 0-50% r. F.** · dry-cup method

~meßverfahren im Feuchtigkeitsbereich 50-100% r. F. · wet-cup method

~vorgang *m* · diffusion process

~widerstand *m* · diffusion resistance

~widerstandsfaktor *m* · diffusion resistance factor

~zahl *f* · diffusion coefficient

Diffusor *m*, Luft~ · (air) diffuser

Diffusoren *mpl*, Luft~ · (air) diffusors, (~) diffusers, (~) diffusion equipment

Diglyph, Zweischlitz *m* · diglyph [*A projecting face or tablet with two vertical grooves or channels*]

Dihydrat *n*, Doppelhydrat · dihydrate

Dikalziumsilikat *n*, Bikalziumsilikat, 2 CaO × SiO_2 [*Abgekürzt C_2S*] · dicalcium silicate

Dilatanz *f* [*Eigenschaft kolloider oder grobdisperser Systeme bei starker Beanspruchung zu erstarren und beim ruhigen Stehen wieder flüssig zu werden*] · dilatancy

dimensionieren, bemessen, auslegen · to design

Dimensionierung *f*, Bemessung, Auslegung [*Rechnerische Ermitt(e)lung der Querschnittsabmessungen aus zuvor ermittelten Biegemomenten, Längskräften, Querkräften und Drillmomenten*] · design

Dimethylsulfatprüfung *f*, Dimethylsulfatversuch *m*, Dimethylsulfatprobe *f* · dimethyl sulfate test (US); ~ sulphate ~ (Brit.)

Dinas|leichtstein *m* [*veraltete Bezeichnung*] → Silikaleichtstein

~stein *m* [*Veraltete Bezeichnung*]; Silikastein, Quarzitstein, Quarzkalkziegel *m* · silica brick, acid firebrick, gannister brick (Brit.); ganister brick (US)

Diorit *m* · diorite

~porphyr *m* · diorite porphyrite

Diplomatenviertel *n* · diplomatic enclave

Dippel *m* [*Österreich*] → Dübel

~ aus T-Stahl [*Österreich*] → Dübel ~ ~

~balken *m* [*Österreich*] → Dübelbaum

~(balken)decke *f*, Dippelbaumdecke [*Österreich*]; Dübelbaumdecke, Dübel(balken)decke [*Massivdecke aus dicht gereihten verdübelten ("verdippelten") Holzbalken*] · floor of dowelled (wood(en)) beams, ~ ~ ~ timber ~

~balkenlage *f* [*Österreich*] → Dübelbalkenlage

~baum *m* [*Österreich*] → Dübelbaum

~baumdecke *f*, Dippel(balken)decke [*Österreich*]; Dübelbaumdecke, Dübel(balken)decke [*Massivdecke aus dicht gereihten verdübelten ("verdippelten") Holzbalken*] · floor of dowelled (wood(en)) beams, ~ ~ ~ timber ~

~baumlage *f* [*Österreich*] → Dübelbalkenlage

~decke *f* [*Österreich*] → Dippelbalkendecke

dipteral · dipteral [*A term applied to a building with a double row of columns on each side*]

Dipteraltempel *m*, Dipteros *m* [*Ein Tempel mit doppelter Säulenstellung an den Langseiten, besonders im ionischen Kleinasien verbreitet*] · dipteral temple, dipteros

Dipteros *m* → Dipteraltempel

Direktaufhängung *f* **von Mittelpylone** · direct suspension from central pylon

direkte Chlorung *f* · dry-feed chlorination

~ Warmwasseranlage *f* · direct hot water system

direkter Momentenausgleich *m* · moment distribution without successive approximations, direct moment distribution

Direkt|-Gasheizung *f*, Gas-Direktheizung · direct gas heating

~heizung *f* · direct heating

~heizung *f* · direct (heating) system

~heiz(ungs)gerät *n*, Direktheizer *m*, Direkterhitzer · direct heating appliance, ~ ~ unit, ~ heater

Direktionsgebäude *n* · directors' block, ~ building

Direktrix *f*, Leitkurve *f*, Leitlinie *f* · directrix

Direktschall *m* · direct sound

~feld *n* · direct (sound) field [*Of a source. That part of the sound field of a source wherein the effects of the boundaries of the medium can be neglected*]

Direkt|strahlungsheizer *m*, Direktstrahlungserhitzer, Direktstrahl(ungs)heiz(ungs)gerät *n* · direct radiant heating appliance, ~ ~ ~ unit, ~ ~ heater

~übertragung *f* · direct transmission

diskontinuierlich abgestufte Mineralmasse *f*, unstetig ~ ~ · gap-graded aggregate, discontinuously-graded ~

~ abgestufter Beton *m*, unstetig ~ ~ · gap-graded concrete, discontinuously-graded ~

diskontinuierliche Kornabstufung *f* → unstetige ~

dispergieren, feinverteilen · to disperse

dispergiertes Harz *n*, feinverteiltes ~ · dispersed resin

Dispergierungsmittel *n*, Dispersionsmittel · dispersing agent

disperse (Blei)Mennige *f* → nichtabsetzende ~

~ Phase *f* · disperse phase

Dispersion *f* [*Unter „Dispersionen" versteht man Systeme, bei denen eine Flüssigkeit, ein fester Stoff oder auch ein Gas außerordentlich fein in einem „Dispersionsmittel" verteilt ist. Das Dispersionsmittel kann wiederum flüssig, fest oder gasförmig sein. Anstrichtechnisch von Bedeutung sind nur Dispersionen, in denen das Dispersionsmittel eine Flüssigkeit, z.B. Wasser, und die disperse Phase flüssig oder fest ist. Erstere nennt man „Emulsionen", letztere „Suspensionen". Eine scharfe Grenze zwischen beiden Systemen besteht nicht. Bei dispergierten Teilchen sehr hoher Viskosität kann es zweifelhaft sein, ob eine Emulsion oder eine Suspension vorliegt. Vielfach wird der Begriff „Dispersion" auf diese Systeme angewendet, z.B. bei den „Kunststoffdispersionen". In einigen Fällen nennt man sie auch in Anlehnung an den Kautschuklatex „Latex". Einer typischen Suspension begegnen wir im „Glassival"*] · dispersion

Dispersions|eigenschaft *f* · dispersion property

~farbe *f*, Binderfarbe · (cold-)water paint, water-carried ~

~mittel *n*, Dispergierungsmittel · dispersing agent, ~ medium

Dispositionssystem *n* [*Baustoffe*] · stock control

Dissoziationsgrad *m* · degree of dissociation

Disthen *m*, Cyanit *m* [*Eines der drei Minerale die die gleiche Formel $Al_2O_3 \cdot SiO_2$ haben, jedoch in ihrer Struktur verschieden sind. In Erweiterung dient dieser Ausdruck auch zur Bezeichnung des Gesteins (Rohstoff)*] · kyanite

distyl, zweisäulig · distyle [*Having two styles or columns*]

Distylos *m* **in Antis** · distyle in antis [*There are only two columns between pilasters or antae*]

DM *n* → (Ab)Dicht(ungs)mittel

DM-Flüssigkeit *f* → flüssiges Sperrmittel

DM-Paste *f* → Sperrpaste

DM-Pulver *n* → pulveriges (Ab)Dicht(ungs)mittel

D.O. *f*, dorische (Säulen)Ordnung Doric order

Döbel *m* → Dübel

~ aus T-Stahl → Dübel ~ ~

Docke *f* → Baluster

Dodekastylos *m* · dodecastyle [*A portico having a row of twelve front columns*]

Dogenpalast *m* [*Venedig*] · Ducal Palace, Doges' ~

Dokumentenglas *n* [*UV-absorbierendes Glas*] · document glass [*ultraviolet-absorbing glass*]

Dolerit *m* · dolerite [*A basic hypabyssal rock of medium-grained texture, consisting of plagioclase feldspar, augite, iron ores, and frequently olivine*]

Dolle *f* → Dübel

~ aus T-Stahl → Dübel ~ ~

Dollen *m* → Dübel

~ aus T-Stahl → Dübel ~ ~

Dolmen(grab) *m*, (*n*) [*Vorgeschichtlicher Grabbau aus meist vier bis sechs aufrecht stehenden unbehauenen Felsblöcken mit einem ebensolchen als Deckstein darüber (Megalithbau), ursprünglich mit Erde überdeckt*] · dolmen

Dolomit *m* [*Kalzium-Magnesiumkarbonat. Wesentlicher Bestandteil des Dolomitgesteins. Anmerkung: Der Ausdruck „dolomite" wird im englischen Sprachgebrauch auch anstelle von "dead burned dolomite" verwendet und bezeichnet dann sowohl das totgebrannte Erzeugnis als auch die daraus hergestellten Steine*] · dolomite

~erzeugnis *n* · dolomite refractory (product), ~ ~ material [*A refractory material made from calcined dolomite*]

~feinkalk *m* [*DIN 1060*] · pulverized magnesian lime, ~ dolomitic ~

~(fels) *m*, Dolomitgestein *n*, Dolomitkalkstein, dolomitischer Kalkstein · dolomite (rock), dolomitic limestone [*A limestone containing more than 40 per cent of magnesium carbonate as the dolomite molecule*]

~gestein *n*, Dolomit(fels) *m*, Dolomitkalkstein, dolomitischer Kalkstein · dolomite (rock), dolomitic limestone [*A limestone containing more than 40 per cent of magnesium carbonate as the dolomite molecule*]

dolomitischer Kalkstein *m* → Dolomitgestein

~ Wasserkalk *m* **mit mehr als 5 Gew.-% MgO** [*Fehlnamen: Magnesiawasserkalk, Magnesitwasserkalk*] · magnesian semi-hydraulic lime

Dolomitkalk *m*, Magerkalk, Graukalk [*90% Kalksubstanz und mehr als 5% Magnesiumoxid*] · magnesian lime, dolomitic ~

~hydrat *n* [*DIN 1060*] · hydrated magnesian lime, ~ dolomitic ~

~stein *m*, Dolomitgestein, Dolomit(fels) *m*, dolomitischer Kalkstein · dolomite (rock), dolomitic limestone [*A limestone containing more than 40 per cent of magnesium carbonate as the dolomite molecule*]

~teig *m* [*DIN 1060*] · magnesian lime putty, ~ ~ paste, dolomitic ~ ~

Dolomitmarmor *m* · dolomite marble [*A crystalline variety of limestone, containing more than 40 per cent of magnesium carbonate as the dolomite molecule*]

~ mit zwischen 5-40% Magnesiumkarbonat · dolomitic marble, magnesian ~

Dolomit|mergel *m* · dolomitic marl

~sand *m* · dolomitic sand

~stein *m* · dolomite brick

~steinpresse *f* · dolomite brick press

~stückkalk *m* [*DIN 1060*] · magnesian quicklime

~werk *n* · dolomite (processing) plant, ~ (~) installation

Dom *m*, Kathedrale *f* · dome, cathedral [*These terms designate the episcopal church of the diocese*]

~ zu Prag · Gothic cathedral of St. Vitus

~baumeister *m* · cathedral master builder

~boden *m* [*Behälter*] · bottom dome, domed bottom

Domikalgewölbe *n*, Kuppelgewölbe, gebustes Gewölbe · cloister vault (US); domical ~ (Brit.) [*A vault rising direct on a square or polygonal base, the curved surfaces separated by groins*]

Dominikaner|kirche *f* · Dominican church

~-Studienkloster *n* · Dominican novitiate monastery

Dom|kapitel *n*, Stift(shaus) *n* · chapter-house

~kuppel *f* · cathedral dome

~stadt *f* · cathedral town

Donjon *m* [*einer mittelalterlichen Burg*] · donjon, keep, dungeon

Doppelabzweig(er) *m* [*Rohrformstück*] · double branch pipe, ~ Y

~ 45° *m* [*Rohrformstück*] · double oblique junction

~ 90° *m*, T-Stück *n* [*Rohrformstück*] · double square junction, T-junction

doppelarmige Treppe *f* → doppelläufige ~

Doppelausleger|(-Dach)binder *m* → Doppelkrag(-Dach)binder

~-(Licht)Mast *m* · (lighting) column with two brackets (Brit.); mast with two arms (US)

Doppel|bindung *f* [*Bitumenchemie*] · double linking

~blattstein *m* → Doppelkrempstein

~blattziegel *m* → Doppelkrempziegel

~bogen *m*, Doppelrohrbogen · twin (pipe) elbow [*A symmetrical branch fitting in which two opposite branches are curved through 90° to join a main pipe*]

~brandgips *m* · double-burned gypsum, double-burnt ~

~breitstein *m* → Doppelkrempstein

~breitziegel *m* → Doppelkrempziegel

~dach *n* → ~belag

~dach(belag) *n*, (*m*), Doppel(dach)-(ein)deckung *f* · double roof(ing), close-boarded (battened) ~, close-sheeted ~

~dachhaut *f* · double (roof(ing)) skin (construction) [*It has an air space between the skins*]

~decke *f* · double floor

~deckung *f* → Doppeldach(belag)

~dose *f*, Doppelsteckdose · twin socket

~-Einbauschrank *m*, Doppel-Wandschrank · walk-through closet

~(ein)deckung *f* → Doppeldach(belag)

~falttür *f* · bifolding door

~falz(dach)stein *m* · double Roman (tile)

~falz(dach)ziegel *m* · double Roman (tile), ~ ~ clay ~

~fenster *n* · double window

doppelflügelige Schiebetür *f*, zweiflügelige ~ ,Doppel-Schiebetür, Schiebetür mit zwei Flügeln · double sliding door

~ ~anlage *f*, zweiflügelige ~, Schiebetüranlage mit zwei Flügeln, Doppelschiebetüranlage · double sliding door installation

Doppelform *f* [*Zweigelenkrahmen*] · doubled form

~, Zwillingsform · double mould (Brit.); ~ mold (US); dual ~, twin ~

Doppel|geschoßgarage *f*, Doppelstockgarage · two-level garage, two-floor ~; two-storey ~ (Brit.); two-story ~ (US)

~gewölbe *n* · double vault [*one vault built over another, with a space between*]

~glas *n*, Isolierglas, Dämmglas · double glass, insulating ~, insulation(-grade) ~

~(glas)scheibe *f* · double pane unit, ~ glazing ~

~griff-Badewanne *f* · twingrip bath(-tub), ~ tub

~-Harmonikatür *f* · two-screen expanding wall

~haus *n* · double house (US); twin ~ [*A pair of semi-detached houses*]

~-Hohlnutenstein *m* → Doppelhourdi

~holzmast *m* · twin timber mast, ~ wood(en) ~

~hourdi *m*, Doppel-Tonhohl(stein)platte *f*, Doppel-Ziegelhohlplatte, Doppel-Hohlnutenstein *m* [*Er hat zwei Hohlräume übereinander*] · double hollow clay (building) block, ~ clay pot

~-H-Stahlstütze *f* · double H steel column

~hydrat *n*, Dihydrat · dihydrate

~(isolier)rohrung *f* → Doppel(schilf)-rohrgewebe

~kastenträger *m* · twin-box girder, double-box ~

~kopfnagel *m*, Duplexnagel · double-headed nail; duplex-headed ~ (US)

~krag(-Dach)binder *m*, Doppelausleger(-Dach)binder · double-cantilever (roof) truss (US) [*See remark under '(Dach)Binder'*]

~kragschale *f* · butterfly shell, twin cantilever ~

~krempstein *m*, Doppelkrampstein, Doppelblattstein, Doppelkremper *m*, Doppelbreitstein · double flap pantile

~krempziegel *m*, Doppelkrampziegel, Doppelblattziegel, Doppelkremper *m*, Doppelbreitziegel [*Hohlpfanne mit einer Höhlung und zwei Wülsten, nur an einer Ecke abgeschrägt, und zwar links als rechter Ortziegel oder rechts als linker Ortziegel*] · double flap clay pantile

~kreuz *n* · double cross

~krümmer *m*, Rohr~ · (pipe) return bend

~krypta *f*, Doppelgruft *f* · double crypt

doppel|lagig, zweilagig, zweischichtig, doppelschichtig · double-layer, two-layer

~lagiges Teerpapier *n*, doppelschichtiges ~, zweilagiges ~, zweischichtiges ~ · 2-ply tar(red) paper

Doppel|latte *f* [*Dach(ein)deckung*] · double lath, ~ batten

~läufer *m* · double stretcher

doppelläufige Treppe *f*, doppelarmige ~, zweiläufige ~, zweiarmige ~ · two-flight stair(case), dual-flight ~, double-flight ~

Doppel|-Läutewerk *n*, Doppelton-Läutewerk · dual chime unit

~leitung *f*, Doppelrohrleitung · looped (pipe)line

~-Lüftungsflügelfenster *n* · double projected window

~membran(e)-Pneusystem *n*, Kissensystem · double membrane pneumatic system

~nippel *m* · barrel nipple, shoulder ~

~paket *n* · twin pack, double ~

~panzer *m* [*Rolltor*] · double shutter curtain

doppelpoliger Zugschnurschalter *m*, zweipoliger ~ · double pole pull(cord) (type) switch

Doppel|preßziegel *m* · twice-pressed brick, double pressed ~

~rahmen *m* · double frame

~rahmenfenster *n* · double-frame(d) window

~(rohr)bogen *m* · twin (pipe) elbow [*A symmetrical branch fitting in which two opposite branches are curved through 90° to join a main pipe*]

~rohrgeflecht *n* [*Fehlname*] → Doppel(schilf)rohrgewebe

~rohrgewebe *n* → Doppelschilfrohrgewebe

~rohrmatte *f* → Doppel(schilf)rohrgewebe

~rohrung *f* → Doppel(schilf)rohrgewebe

~rolle *f* [*Tapete*] · double roll

~schale *f* · double shell

doppel|schalig, zweischalig [*Wand; Mauer*] · two-leaf, two-wythe, two-withe (Brit.); two-tier (US)

~schaliges Raumfachwerk *n*, zweischaliges ~ · double layer space frame shell

doppel|schichtig, zweischichtig, zweilagig, doppellagig · double-layer, two-layer

~schichtiges Teerpapier *n*, doppellagiges ~, zweischichtiges ~, zweilagiges ~ · 2-ply tar(red) paper

Doppelschiebe|fenster *n* · twin sliding window

~tischpresse *f* · double sliding table press

Doppel-Schiebetür *f*, zweiflügelige Schiebetür, doppelflügelige Schiebetür, Schiebetür mit zwei Flügeln · double sliding door

~anlage *f*, Schiebetüranlage mit zwei Flügeln, zweiflügelige Schiebetüranlage, doppelflügelige Schiebetüranlage · double sliding door installation

Doppel|schifter *m* · double jack rafter

~(schilf)rohrgewebe *n*, Doppel(schilf)-rohrmatte *f*, Doppel(isolier)rohrung *f* [*Fehlname: Doppelrohrgeflecht n. Die Rohrstengel sind durch Drähte verwebt, nicht verflochten*] · double (insulating) reed mat, ~ insulation(-grade) ~ ~

~schlafraum *m*, Zweibettenraum, Zweibettenzimmer *n*, Doppel(bett)zimmer [*Hotel*] · double (guest) room, ~ bed ~

doppelschwefligsaures Kalzium *n*, Kalziumhydrogensulfit *n*, saurer schwefligsaurer Kalk *m*, Kalziumbisulfit · bisulfite of lime (US); bisulphite ~ ~ (Brit.)

Doppel-Senkrecht|-Schiebefenster *n*, Doppel-Senkrecht-Schiebeflügelfenster, Doppel-Vertikal-Schiebe(flügel)fenster, zweiteiliges Senkrecht-Schiebe(flügel)-fenster, zweiteiliges Vertikal-Schiebe-(flügel)fenster · double-hung sash window

~-Schiebe(flügel)fenster *n*, Doppel-Vertikal-Schiebe(flügel)fenster, zweiteiliges Senkrecht-Schiebe(flügel)fenster, zweiteiliges Vertikal-Schiebe(flügel)fenster · double sash window

Doppel|shedrahmen *m* · twin northlight frame, ~ saw-tooth ~

~spül(ausguß)becken *n* · twin dishwashing sink bowls

~(steck)dose *f* · twin socket

doppelstegig, zweistegig · twin-webbed, double-webbed, two-webbed

Doppel|stehfalz *m*, stehender Doppelfalz [*Metallbedachung*] · double (welted) standing seam, ~ standing welt

~stockbühne *f* · two-level stage, two-floor ~; two-storey ~ (Brit.); two-story ~ (US)

~stockgarage *f*, Doppelgeschoßgarage · two-level garage, two-floor ~; two-storey ~ (Brit.); two-story ~ (US)

Doppel|sturzholz *n* · double timber lintel; ~ ~ lintol [*deprecated*]

~sturzriegel *m* [*Fachwerkwand*] double cross timber, ~ intertie

doppelt armiert, ~ bewehrt, mit doppelten (Stahl)Einlagen · doubly reinforced

~ bewehrt, ~ armiert, mit doppelten (Stahl)Einlagen · doubly reinforced

~ gebrochener Splitt *m* · double-crushed chip(ping)s, double-broken ~

~ gekrümmt · double curved, doubly ~

~ gekrümmte Schale *f* · shell of double curvature, ~ curved in two directions, doubly curved shell, double curvature shell

~ gekrümmter (zweiseitiger) Krallendübel *m*, gekrümmtes Krallenplattenpaar *n* · double curved spike grid

~ schräger (Rohr)Zulauf *m*, ~ ~ (Rohr)Abzweig *m* · double Y branch(es), ~ ~ junction, ~ ~ inlet

~ stehender (Dach)Stuhl *m* · queen post

~ ~ ~ und Versenkung *f* · queen post and wind filling

~ symmetrischer Querschnitt *m* · double symmetrical cross section

~ verglastes Element *n* · double-glazed unit

doppelte Einschubdecke *f* · double false ceiling

~ Formänderung *f*, ~ Verformung · double deformation

~ Holzbalkenlage *f* · two layers of wood(en) joists, ~ ~ ~ timber ~

~ Stegverlaschung *f* · double-strap web joint

~ Verformung *f*, ~ Formänderung · double deformation

doppelter Hängebock *m*, doppeltes Hängewerk *n* · queen post truss, double hanging ~

~ Querschnitt *m*, zweiteiliger ~ · double cross-section, dual ~, twin ~

~ Trägerbügel *m*, Doppel-Trägerbügel · double loop for girders, ~ stirrup ~ ~

~ Versatz *m* [*Holzkonstruktion*] · double skew notch

~ Vorreiber *m*, ganzer ~ · double casement fastener

doppeltes Hängewerk *n*, doppelter Hängebock *m* · queen post truss, double hanging ~

Doppel|tarifzähler *m* · two-rate meter

~-T-Dachplatte *f* · double tee roof slab, ~ T(ee) ~ ~

~-T-Decken(bau)system *n*, Doppel-T-Deckenkonstruktion(ssystem) *f*, (*n*) · double T(ee) floor(ing) system, ~ ~ ~ construction, ~ tee ~ ~

~-T-Deckenelement *n*, Doppel-T-Deckenplatte *f*, T-T-Deckenelement, T-T-Deckenplatte · double T(ee) (floor slab)

~-T-Deckenkonstruktion(ssystem) *f*, (*n*), Doppel-T-Decken(bau)system · double T(ee) floor(ing) system, ~ ~ ~ construction, ~ tee ~ ~

~-T-Deckensystem *n*, Doppel-T-Deckenbausystem, Doppel-T-Deckenkonstruktion(ssystem) *f*, (*n*) · double T(ee) floor(ing) system, ~ ~ ~ construction, ~ tee ~ ~

~tempel *m* · temple with twin sanctuaries

~-T-Fassadenrahmen *m* · façade double T frame

~-T-Fertigträger *m*, Fertigträger I, Montageträger I, Doppel-T-Montageträger · double T(ee) prefab(ricated) girder, ~ tee ~ ~

~theater *n* · twin theatre

~-T-Montageträger *m*, Montageträger I, Fertigträger I, Doppel-T-Fertigträger · double T(ee) prefab(ricated) girder, ~ tee ~ ~

~-Tonhohl(stein)platte *f* → Doppelhourdi

~(ton)-Läutewerk *n* · dual chime unit

~-T-Platte *f*, T-T-Platte · double T(ee) slab, ~ ~ plate, ~ tee ~

~-T-Profil *n* → Doppel-T-Stahl

~-Trägerbügel *m*, doppelter Trägerbügel · double loop for girders, ~ stirrup ~ ~

~-T-Rahmen *m*, T-T-Rahmen · double T(ee) frame, ~ tee ~

~-T-Stahl *m*, Walzträger *m*, Doppel-T-Träger, I-Träger, I-Stahl, Doppel-T-Profil *n*, I-Profil · (rolled-)steel joist, RSJ, r.s.j., rolled joist, rolled girder, rolled beam, rolled section, H-beam (section), I-beam (section) [*An I-beam made of one piece of steel passed through a hot-rolling mill*]

~-T-Stütze *f* · H(-shaped) column

~-T-Träger *m* → Doppel-T-Stahl

~tür *f* · double door

doppeltürig · double doored

Doppelturmfassade *f* · twin-tower façade, double-tower ~

doppeltürmige Vorburg *f* · twin-towered gatehouse

Dopp(e)lung *f* · lamination [*Separation into two or more layers due to some discontinuity in the iron, usually a layer of non-metallic inclusions*]

Doppel|-U-Profil *n* · double channel section

~verglasung *f* · double glazing [*Two layers of glass are separated by an air space for thermal or acoustic insulation*]

~-Vertikal-Schiebe(flügel)fenster *n*, Doppel-Senkrecht-Schiebe(flügel)fenster, zweiteiliges Senkrecht-Schiebe-(flügel)fenster, zweiteiliges Vertikal-Schiebe(flügel)fenster · double-hung sash window

~wand *f* · double wall

doppelwandig, zweiwandig · two-walled

Doppel|wandplatte *f* [*Doppelwandplatten werden nicht an Wandflächen angesetzt, sondern bilden die Wand. Sie sind beidseitig glasiert*] · wall tile glazed on both sides

~-Wandschrank *m*, Doppel-Einbauschrank · walk-through closet

~waschtisch *m* · double wash(ing) stand

~wasserglas *n* [*Eine Mischung von Natronwasserglas und Kaliwasserglas*] · water glass mix(ture), soluble ~ ~

~wellblech *n* · double corrugated sheet

~wendelrampe *f* · double-spiral ramp

~winkel *m* [*Ein kaltgewalztes Profil in Form zweier zusammengesetzter stumpfer Winkel*] · double angle (section), ~ ~ bar

~würfel *m* · double cube

~ziegel *m* · double brick

~-Ziegelhohlplatte *f* → Doppelhourdi

~zimmer *n* → Doppelschlafraum

~zweckraum *m* · dual-purpose room

dorfähnliche Gruppierung *f* · village-type grouping, ~ arrangement

Dorf|kirche *f* · village church, country ~

~platz *m* · village square

dorische Kolonnade *f* · Doric colonnade

~ Säule *f* · Doric column

~ (Säulen)Ordnung *f*, D.O. · Doric order

dorischer Architrav *m*, dorisches Epistyl(ion) *n* · Doric architrave, ~ epistyle

~ Fries *m* · Doric frieze

~ Tempel *m* · Doric temple

dorisches Epistyl(ion) *n*, dorischer Architrav *m* · Doric architrave, ~ epistyle

~ Gebälk *n* · Doric entablature

~ Gesims *n*, dorischer Sims · Doric cornice

~ Kapitell *n*, ~ Kapitäl · Doric capitel

Dormitorium *n*, Klosterschlafsaal *m* dorter, dormitory

Dorn *m* [*Zylinderschloß*] · plug

~ [*Einstemmband*] · pin

Dosenstecker *m* · infinity plug

dosieren, abmessen, zumessen, zuteilen · to gauge (Brit.); to gage (US); to batch, to proportion, to measure

Dosierpumpenaggregat *n* · dosage pump set

Dossierung *f*, Anlauf *m*, Anzug *m* · batter

Dover-Schlämmkreide *f* · cliffstone Paris white

Draht *m*, Metall~ · (metal) wire

~ mit Diamantenziehdüse hergestellt · diamond drawn wire

~ ~ geringem Kohlenstoffgehalt low-carbon wire

~ ~ hohem Kohlenstoffgehalt · high-carbon wire

~abstandhalter *m* · wire spacer

~anker *m* · wire tie, ~ anchor

drahtarmiert, drahtbewehrt · wire-reinforced

Drahtartikel *m*, Drahterzeugnis *n*, Drahtgegenstand *m* · wire product, ~ article

drahtbewehrt, drahtarmiert · wire-reinforced

Draht|bügel *m* · wire stirrup

~dicke *f* [*Fehlname: Drahtstärke f*] · wire thickness

~einlage *f* · layer of wire, wire layer, wire insert(ion)

~erkennbarkeit *f*, DE *f* [*bei einem Drahtsteg*] · radiographic sensitivity, penetrameter ~ (US); wire ~ (Brit.)

~erzeugnis *n*, Drahtartikel *m*, Drahtgegenstand *m* · wire product, ~ article

~flachglas *n*, Flachdrahtglas · flat wire(d) glass, wire(d) flat ~

~gaze *f* · wire cloth

~geflecht *n* · wire netting

~geflechtzaun *m* · wire netting fence

~gegenstand *m*, Drahtartikel *m*, Drahterzeugnis *n* · wire product, ~ article

Drahtgewebe *n* · wire cloth, woven wire fabric; wire fabric [*misnomer*]

~ mit geschnittenen Kanten · gauze wire cloth with cropped edges, (woven-) wire ~ ~ ~ ~

~ ~ umgelegtem Blechfalz · gauze wire cloth with folded edges and sheet metal, (woven-)wire ~ ~ ~ ~ ~ ~ ~

~ ~ umgelegten Kanten · gauze wire cloth with folded edges, (woven-)wire ~ ~ ~ ~

Drahtglas *n* · wire(d) glass

~ mit punktgeschweißtem Netz · crosswelded wire(d) glass

~ ~ quadratischen Maschen · Georgian glass

~ ~ sechseckigen Maschen · hex(agonal) (mesh) wire(d) glass

~(licht)kuppel *f* · wire(d) glass dome(-light), ~ ~ light cupola, ~ ~ saucer dome, ~ ~ domed rooflight

Draht|gußglas *n*, Gußdrahtglas · rolled wire(d) glass

~(innen)(ver)putz *m* · (mixed) plaster on wire lath(ing)

(Draht)Kabel *n*, Drahtseil *n*, Stahl(draht)-seil · wire rope, ~ cable

~abstandhalter *m*, Drahtseilabstandhalter, Stahl(draht)seilabstandhalter · wire cable spacer

~dach *n*, Stahlseildach, (Stahl) Drahtseildach · steel cable roof, ~ rope ~

~fett *n*, Drahtseilfett, Stahl(draht)seilfett · wire cable grease, ~ rope ~

~höhe *f*, Drahtseilhöhe, Stahl(draht)seilhöhe · wire cable level, ~ rope ~

~klemme *f*, Drahtseilklemme, Stahl-(draht)seilklemme · wire cable clamp, ~ rope ~

~machart *f*, Drahtseilmachart, Stahl-(draht)seilmachart · wire cable construction, ~ rope ~

~schmiermittel *n*, Stahl(draht)seilschmiermittel, Drahtseilschmiermittel · wire cable lubricant, ~ rope ~

~schutzverkleidung *f*, Stahl(draht)seilschutzverkleidung, Drahtseilschutzverkleidung · wire cable guard, ~ rope ~

~verankerung *f*, Drahtseilverankerung, Stahl(draht)seilverankerung · wire cable anchorage, ~ rope ~

~wandern *n*, Drahtseilwandern, Stahl-(draht)seilwandern · wire cable wander, ~ rope ~

Draht|kamm *m* · wire comb

(~)Krampe *f* · (wire) staple

drahtlose Personensucheinrichtung *f* · paging system

Draht|maschenmatte *f* · wire mesh [*Wire mesh is made by two methods; by weaving or twisting metal wires or by welding the metal wires*]

~-Mattglas *n*, Matt-Drahtglas · obscure wire(d) glass

~nagel *m*, (Draht)Stift *m* · wire nail, brad [*B.S. 1202*]

~nagel *m* **ohne Kopf**, Drahtstift *m* ~ ~ · wire brad [*A small headless nail made from wire*]

~ornamentglas *n*, Ornamentdrahtglas · figure(d) wire(d) glass, patterned ~ ~, wire(d) figure(d) ~, wire(d) patterned ~

Drahtputz *m* → Draht(innen)verputz

~decke *f*, hängende ~ [*DIN 4121*] · wire lath(ing) and plaster suspended ceiling, ~ ~ ~ ~ suspension ~

~kanal *m* · wire lath(ing) and plaster duct

~träger *m* · wire lath(ing)

~wand *f* [*Beiderseits verputzte Wand aus mit Mörtel ausgedrücktem Rabitzgewebe, Ziegeldrahtgewebe oder Streckmetall, das auf einem weitmaschigen Rundstahlgitter aufgespannt ist*] · wire lath(ing) and plaster wall

Draht|schlaufe *f* · wire loop

(~)Schnittziegel *m* → Strang(preß)-ziegel

Drahtseil *n*, (Draht)Kabel *n*, Stahl(draht)-seil · wire rope, ~ cable

~abstandhalter *m*, (Draht)Kabelabstandhalter, Stahl(draht)seilabstandhalter · wire cable spacer, ~ rope ~

~dach *n*, Stahl~, (Draht)Kabeldach, Stahlseildach · steel cable roof, ~ rope ~

~fett *n*, (Draht)Kabelfett, Stahl(draht)-seilfett · wire cable grease, ~ rope ~

~höhe *f*, (Draht)Kabelhöhe, Stahl(draht)-seilhöhe · wire cable level, ~ rope ~

~klemme *f*, (Draht)Kabelklemme, Stahl-(draht)seilklemme · wire cable clamp, ~ rope ~

~machart *f*, (Draht)Kabelmachart, Stahl-(draht)seilmachart · wire cable construction, ~ rope ~

~schmiermittel *n*, (Draht)Kabelschmiermittel, Stahl(draht)seilschmiermittel · wire cable lubricant, ~ rope ~

~schutzverkleidung *f*, (Draht)Kabelschutzverkleidung, Stahl(draht)seilschutzverkleidung · wire cable guard, ~ rope ~

~verankerung *f*, (Draht)Kabelverankerung, Stahl(draht)seilverankerung · wire cable anchorage, ~ rope ~

~wandern *n*, (Draht)Kabelwandern, Stahl(draht)seilwandern · wire cable wander, ~ rope ~

Draht|siebgewebe *n* · gauze wire screen cloth, (woven-)wire ~ ~

~spannung *f* · wire stress

~spiegelglas *n*, Spiegeldrahtglas · (flat) wire(d) (clear) (polished) plate (glass), polished wire(d) ~

~spiegelglas *n* **mit punktgeschweißtem Netz**, Spiegeldrahtglas ~ ~ ~ · crosswelded (flat) wire(d) (clear) (polished) plate (glass), ~ polished wire(d) ~

~stärke *f* [*Fehlname*]; Drahtdicke *f* · wire thickness

(~)Stift *m*, Drahtnagel *m* · wire nail, brad [*B.S. 1202*]

~stift *m* **ohne Kopf**, Drahtnagel *m* ~ ~ · wire brad [*A small headless nail made from wire*]

~verbund(sicherheits)glas *n*, Stahlfadenverbundglas · laminated wire(d) glass, wire(d) laminated ~

~(ver)putz *m* → Drahtinnenverputz

~verstärkung *f* · wire reinforcement

~verzinkung *f* · wire galvanizing

~walzen *n* · wire rod rolling, rolling the wire rod

~weben *n* · weaving (of) wire, twisting (~) ~

~well(en)glas *n*, Well(en)drahtglas · corrugated (rolled) wire(d) glass

Drahtzaun *m* · wire fence

~pfahl *m*, Drahtzaunpfosten *m* · wire fence stake, ~ ~ picket, ~ ~ post, ~ fencing ~

~pfosten *m*, Drahtzaunpfahl *m* · wire fence stake, ~ ~ picket, ~ ~ post, ~ fencing ~

Draht|ziegelgewebe *n*, Rollengewebe, Ziegel(draht)gewebe, Tondrahtgewebe [*Auf jeden Kreuzungspunkt des Gewebes ist ein Tonkörperchen gepreßt. Die Saugfähigkeit der Tonkörperchen gewährleistet ein gutes Haften des Putzmörtels*] · clay (pellet) lath(ing) [*B.S 2705*]

(~)Ziehbank *f* · (wire-)drawing machine

(~)Zieheisen *n*, (Draht)Ziehstein *m* · (wire-)drawing die, (reducing) die

(~)Zieh(eisen)düse *f*, (Draht)Ziehsteindüse · (wire-)drawing die orifice, die ~

(~)Ziehen *n* · (wire-)drawing, cold work ~

~zieher *m* · wire-drawer

(~)Ziehstein *m*, (Draht)Zieheisen *n* · (wire-)drawing die, (reducing) ~

(~)Ziehsteindüse *f*, (Draht)Zieh(eisen)-düse · (wire-)drawing die orifice, die ~

(~)Ziehtrommel *f* · (wire-)drawing block

Drän *m* · drain

~arbeiten *fpl* [*DIN 18308*] · drainage work

~betonrohr *n* → Betondränrohr

~graben *m* · drain trench

~rohr *n* → Abflußrohr

~rohr *n*, Tonrohr [*DIN 1180*] · clay pipe (Brit.); (drain) tile, DT (US)

~rohrbogen *m* → Abflußrohrbogen

~rohr(leitungs)system *n* → Abflußrohr(leitungs)system

Draufsicht *f* · top view

Drehachse *f* [*Schwing(flügel)fenster*] · pivot hinge

~ · axis of revolution

~, Momentenmittellinie *f*, Momentennullinie, Momentenachse · moment axis; ~ center line (US); ~ centre line (Brit.)

drehbar (auf)gelagert · rotatably supported

~ gelagert, ~ auf~ · rotatably supported

drehbare unverschiebliche Unterstützung *f* · support permitting rotation but no translation

~ verschiebliche Unterstützung *f* · support permitting rotation and translation

drehbarer Kegel *m*, (Hahn)Küken *n* · (tapered) plug

Dreh|boden *m*, Drehfußboden · rotating floor, revolving ~, rotary ~

~bühne *f* [*Theater*] · revolving stage, rotary ~

~ellipsoid *n* · ellipsoid of revolution

drehendes Riegelgesperre *n* [*Buntbartschloß*] · rotary warded mechanism

Dreh|fenster *n*, Drehflügelfenster · casement window

~(fenster)flügel *m* · casement [*The sash of a window when arranged to open on hinges at the side*]

~(fenster)flügelbeschlag *m* [*Ein Fensterbeschlag, der es ermöglicht, den Fensterflügel vollständig um seine senkrechte Achse zu drehen*] · casement hinge

~(fenster)flügelhalter *m* · casement stay [*A bar used for fixing open a casement*]

~flügel *m*, Drehfensterflügel · casement [*The sash of a window when arranged to open on hinges at the side*]

~(flügel)fenster *n* · casement window

~-Flugzeughalle *f* · revolving airplane hangar

~halbmesser *m* · radius of rotation

~hyperboloid *n*, drehsymmetrisches Hyperboloid, Rotationshyperboloid · hyperboloid of revolution (subjected to loads of rotational symmetry), ~ ~ rotational symmetry

~kippbeschlag *m* · side/bottom sash fitting

~kippflügel *m*, Drehkippfensterflügel · side/bottom hung sash

~kipp(flügel)fenster *n* · side/bottom hung sash window

~kuppel *f*, Rotationskuppel, drehsymmetrische Kuppel · dome of revolution (subjected to loads of rotational symmetry), cupola ~ ~ (~ ~ ~ ~ ~ ~), ~ ~ rotational symmetry

Drehofen|-Blähschieferton *m* · rotary kiln produced expanded shale (clay); ~ ~ ~ bloating ~ (~), ~ ~ ~ bloated ~ (~) (Brit.)

~-Bläh(ton)schiefer *m* · rotary kiln produced expanded slate; ~ ~ ~ bloating ~, ~ ~ ~ bloated ~ (Brit.)

~gips *m* [*Im Drehofen hergestellter Stuckgips*] · rotary kiln-type plaster of Paris

~verfahren *n* · rotary kiln method

~zement *m* · rotary kiln cement

Dreh|paraboloidschale *f*, Rotationsparaboloidschale, drehsymmetrische Paraboloidschale · paraboloid shell of revolution (subjected to loads of rotational symmetry), ~ ~ ~ rotational symmetry

~plattform *f* · rotary platform, revolving ~

~restaurant *n* · revolving restaurant, rotary ~, ~-floor ~

~riegel *m* [*Schloß*] · rotary bolt

~schale *f*, Rotationsschale, drehsymmetrische Schale · shell of revolution (subjected to loads of rotational symmetry), ~ ~ rotational symmetry, rotational shell

~schalter *m* · rotary branch switch, turn ~ ~

~spiegel *m* · cheval-glass [*A mirror usually standing on the floor. It is swung on a frame and large enough to reflect the whole figure*]

~steifigkeit *f* · rotational stiffness

~stellung *f* · revolving position

drehsymmetrische Kuppel *f*, Drehkuppel, Rotationskuppel · dome of revolution (subjected to loads of rotational symmetry), cupola ~ ~ (~ ~ ~ ~ ~ ~), ~ ~ rotational symmetry

~ Paraboloidschale *f*, Drehparaboloidschale, Rotationsparaboloidschale · paraboloid shell of revolution (subjected to loads of rotational symmetry), ~ ~ ~ rotational symmetry

~ Schale *f*, Drehschale, Rotationsschale · shell of revolution (subjected to loads of rotational symmetry), ~ ~ rotational symmetry, rotational shell

drehsymmetrisches Hyperboloid *n*, Rotationshyperboloid, Drehhyperboloid · hyperboloid of revolution (subjected to loads of rotational symmetry), ~ ~ rotational symmetry

Drehtor *n* · hinged shutter door, ~ shutterdoor

Drehtür *f* [*Eine Tür, bei der sich 3 oder 4 Flügel um eine gemeinsame Achse in einem Windfanggehäuse drehen*] · revolving door

~flügel *m* · revolving leaf

~gehäuse *n* · tambour, (circular) vestibule

Drehung *f*, Drehen *n* · rotation, rotary motion [*Turning around on an axis or centre*]

Drehverformung *f* · rotational deformation

Drehwinkel *m* · angle of rotation

~ausgleich *m* · equilibrium of angles of rotation

~gleichheit *f* · equality of the rotation angles

~(-Iterations)verfahren *n* · angle-balancing method

Dreh|-Wohnhochhaus *n* · rotating apartment tower, revolving ~ ~

~zapfen *m* · pivot pin

Dreiachsenversuch *m*, Triaxialversuch, Dreiaxialversuch · triaxial test [*A test in which a specimen is subjected simultaneously to lateral and axial loads*]

dreiachsiger Spannungszustand *m*, allgemeiner ~, räumlicher ~ · three-dimensional state of stress

Dreiachtelstab *m* [*Eine Tapetenleiste von $^3/_8$ Zoll Breite*] · $^3/_8$-inch wide wallpaper cover moulding (Brit.)/molding (US)

dreiarmige Treppe *f*, dreiläufige ~ · triple-flight stair(case)

Dreiaxialversuch *m*, Dreiachsenversuch, Triaxialversuch · triaxial test [*A test in which a specimen is subjected simultaneously to lateral and axial loads*]

dreibettig · three-bed

Dreiblatt *n* [*gotisches Maßwerk*] · tracery with three leaf-shaped curves

drei|bogig · triple-arched

~dimensional, räumlich · spatial, three-dimensional

dreidimensionale Durchschluchtung *f*, räumliche ~ · spatial interpenetration, three-dimensional ~

~ Kräfteverteilung *f*, räumliche ~ · spatial distribution of forces, three-dimensional ~ ~ ~

~ Pfette *f*, räumliche ~ · space purlin(e), spatial ~, three-dimensional ~

dreidimensionaler Entwurf *m*, räumlicher ~ · spatial design, three-dimensional ~, space ~

~ Rahmen *m*, räumlicher ~ · space frame, spatial ~, three-dimensional ~

~ Stab *m*, räumlicher ~ · space rod, spatial ~, three-dimensional ~

~ Zusammenhang *m*, räumlicher ~ · spatial continuity, three-dimensional ~, space ~

dreidimensionales Bauwerk *n* → Raumbau(werk)

~ Element *n*, räumliches ~, Raumelement · spatial unit, three-dimensional ~

~ Täfelungsmuster *n* → ~ Ver~

~ (Ver)Täfelungsmuster *n*, räumliches ~ · three-dimensional panelling pattern (Brit.); ~ paneling ~ (US); spatial ~ ~, space ~ ~

~ (Vor)Spannen *n*, räumliches ~ · three-dimensional (pre)stressing, ~ stretching, ~ tensioning, spatial ~

dreidrähtige Litze *f* · three-wire strand

Dreiebenen|betrieb *m* [*Flughafen*] · three-level operation

~system *n* [*Passagier- und Gepäckabfertigung auf Flughäfen*] · three-level (building operational) system

Dreieck|anordnung *f*, Dreiecksystem *n* · triangular system, triangulated ~

~(belag)platte *f*, Dreieckfliese *f* · triangular tile

~belastung *f* · triangular loading

~draht *m*, Dreikantdraht · triangular wire

~fliese *f*, Dreieck(belag)platte *f* · triangular tile

~form *f*, Dreieckgestalt *f* · triangular shape

dreieck(förm)ige Belastung *f* · triangular loading

~ (Platten)Teilbelastung *f* · triangular loading on part of area (of plate)

Dreieckgestalt *f*, Dreieckform *f* · triangular shape

Dreieckgitter|bausystem *n*, Dreieckgitterkonstruktion *f*, Dreieckgitter(konstruktions)system · triangular lattice(d) construction, ~ ~ (structural) system

~konstruktion *f*, Dreieckgitter(konstruktions)system *n*, Dreieckgitterbausystem · triangular lattice(d) construction, ~ ~ (structural) system

~(konstruktions)system *n*, Dreieckgitterkonstruktion *f*, Dreieckgitterbausystem · triangular lattice(d) construction, ~ ~ (structural) system

~system *n*, Dreieckgitterkonstruktionssystem, Dreieckgitterbausystem, Dreieckgitterkonstruktion *f* · triangular lattice(d) construction, ~ ~ (structural) system

Dreieckgrundriß *m* · triangular (ground-) plan

dreieckige Spannungsverteilung *f* · triangular stress distribution

dreieckiger Gitterrost *m* · triangulated grid framework

Dreieck|kanal *m* · triangular duct

~kuppel · triangular dome, ~ cupola

~last *f* · triangular load

~leiste *f*, Dreikantleiste · triangular fillet

~netz *n* · triangular network

~platte *f*, Dreieckbelagplatte, Dreieckfliese *f* · triangular tile

~platte *f* [*ebenes Flächentragwerk*] · triangular slab, ~ plate

~pyramide *f*, Dreieckspitzsäule *f* · triangular pyramid

~rahmen *m* · triangular frame

~spitzsäule *f*, Dreieckpyramide *f* · triangular pyramid

~-Stahlpfosten *m* · triangular steel post

~stufe *f*, Keilstufe · spandrel step

~stütze *f* · triangular column

~system *n*, Dreieckanordnung *f* · triangular system, triangulated ~

~tafel *f* · triangular panel

~verband *m* [*Fachwerkträger*] · triangulation

Dreietagenwohnung *f*, Dreigeschoßwohnung, Dreistockwerkwohnung · three-story dwelling unit, three-floor ~ ~ (US); three-storey dwelling, three-floor dwelling (Brit.)

dreietagig, dreistöckig, dreigeschossig · three-floored; three-storey (Brit.); three-story (US)

dreifach stehender (Dach)Stuhl *m* · (system of) three posts

~ ~ ~ und Versenkung · (system of) three posts and wind filling

Dreifach|-Senkrecht-Schiebe(flügel)-fenster *n*, Dreifach-Vertikal-Schiebe-(flügel)fenster · triple-hung sash window

~stecker *m*, dreipoliger Stecker · three pin plug [*B.S. 1778*]

~verglasen *n* [*als Vorgang*] · triple-glazing

~verglasung *f* [*Ergebnis des Verglasens*] · triple-glazing

~-Vertikal-Schiebe(flügel)fenster *n*, Dreifach-Senkrecht-Schiebe(flügel)fenster · triple-hung sash window

~wellblech *n*, Tripelwellblech · triple corrugated (sheet) iron

Dreifaltigkeitskirche *f* [*Solche Kirchen sind meistens auf ein Dreieck oder einen Dreipaß aufgebaute Zentralbauten, besonders in der Barockzeit vorkommend*] · church of Holy Trinity

Dreifamilienhaus *n* · three families house

Dreifeld|balken(träger) *m* · beam of three spans, three-span beam

~dach *n* · roof continuous over three spans

~rahmen *m* · three-span frame

dreiflügelig · three-winged

dreiflügelige Drehtür *f* · three-compartment revolving door

dreiflügeliges Faltschiebetor *n*, ~ Schiebefalttor · three-leaf sliding folding shutterdoor, ~ ~ ~ shutter door

~ Falttor *n* · three-leaf folding shutter door, ~ ~ shutterdoor

~ Schiebefalttor *n*, ~ Faltschiebetor · three-leaf sliding folding shutterdoor, ~ ~ ~ shutter door

Dreifüllungstür *f* · three-panel(led) door (Brit.); three-panel(ed) ~ (US)

Dreigelenk|bogen(träger) *m*, gekrümmter Dreigelenkträger · three-hinge(d) arch(ed girder), three-pin(-ned) ~ (~)

~dach *n* · three-pin(ned) roof, three-hinge(d) ~

~fachwerkrahmen *m* · three-pin(ned) truss(ed) frame, three-hinge(d) ~ ~

~halbrahmen *m* · three-hinge(d) half frame, three-pin(ned) ~

~portalrahmen *m* · three-hinge(d) portal frame, three-pin(ned) ~ ~

~rahmen *m* · frame with three hinges, three-hinge(d) frame, three-pin(ned) frame

~rechteckrahmen *m* · three-hinge(d) rectangular frame, three-pin(ned) ~ ~, rectangulár frame with three hinges

~-Rippenkuppel *f* · three-pin(ned) arch-ribbed dome, three-hinge(d) ~ ~, ~ ~ cupola

dreigeschossig, dreistöckig, dreietagig · three-story (US); three-storey (Brit.); three-floored

Dreigeschoßwohnung *f*, Dreistockwerkwohnung, Dreietagenwohnung · three-story dwelling unit, three-floor ~ ~ (US); three-storey dwelling, three-floor dwelling (Brit.)

dreijochig · three-bay

Dreikant|draht *m*, Dreieckdraht · triangular wire

~(-Holzstab)gewebe *n* · triangular wood lath(ing) (for plastering)

~leiste *f*, Dreieckleiste · triangular fillet

~litze *f*, Flachdrahtlitze, Litze mit dreieckigem Querschnitt, Flachlitze · flattened strand

~litzen(-Draht)seil *n*, Flachlitzen(-Draht)seil · flattened strand cable, ~ ~ rope

Drei-Klassen-Verteilung *f* **in der Güteüberwachung** · three-bracket testing

Dreikomponenten|-Epoxidharz *n* · three-component epoxy resin, three-part ~ ~, three-pack ~ ~

~material *n* · three-component unit, three-part ~, three-pack ~

Dreikonchenanlage *f* · triconch church

Dreikorbbogen *m* · three-centered arch (US); three-centred ~ (Brit.)

Dreilagen|aufbau *m* → Dreischichtenaufbau

~dachplatte *f*, Dreischichtendachplatte · sandwich roof(ing) slab, three(-) layer(ed) ~ ~

~-Kleb(e)dach(belag) *n*, (*m*), Dreilagen-Kleb(e)(dach)(ein)deckung *f*, Dreilagen-Kleb(e)bedachung, Dreilagen-Spachteldach(belag), Dreilagen-Spachtel(dach)(ein)deckung, Dreilagen-Spachtelbedachung, Dreischichten-Kleb(e)dach(belag), Dreischichten-Kleb(e)(dach)(ein)deckung, Dreischichten-Kleb(e)bedachung, Dreischichten-Spachteldach(belag), Dreischichten-Spachtel(dach)(ein)deckung, Dreischichten-Spachtelbedachung · three-ply built-up roof cladding, ~ ~ ~ covering, ~ ~ ~ sheathing, ~ ~ roof(ing)

~platte *f*, Dreischichtenplatte · sandwich plate, ~ slab, three(-)layer(ed) ~

~schale *f*, Dreischichtenschale · three(-) layer(ed) shell, sandwich ~

~-Spachtelbedachung *f* → Dreilagen-Kleb(e)dach(belag)

~system *n* → Dreischichtenaufbau

~tafel *f*, Dreischichtentafel · sandwich panel, three(-)layer(ed) ~

~tafelfassade *f*, Dreischichtentafelfassade · sandwich panel façade, three(-) layer(ed) ~ ~

~-Trennwand *f*, Dreischichten-Trennwand · double-skin partition (wall) [*It comprises two outside layers and an interior material*]

~wandtafel *f*, Dreischichtenwandtafel · sandwich wall panel, three(-)layer(ed) ~ ~

dreilagig, dreischichtig · three-layer(ed)

~, dreischichtig [*Kleb(e)dach(belag)*] · 3-ply, three-ply

dreilängig, 3-längig [*Schienenleuchte*] · triple-unit

dreiläufige Treppe *f*, dreiarmige ~ · triple-flight stair(case)

Dreimomenten|gleichung *f*, Dreimomentensatz *m* · three-moment equation, theorem of three moments

~satz *m* → Dreimomentengleichung

Dreinasenschwung *m* [*gotisches Maßwerk*] · trefoil

Dreipaß *m* [*gotisches Maßwerk*] · three-lobe tracery

~bogen *m* · trefoil arch

dreipolige Sicherung *f* · triple-pole fuse

dreipoliger Ausschalter *m* · triple-pole on-off switch

~ Stecker *m*, Dreifachstecker · three-pin plug [*B.S. 1778*]

Dreipunktlagerung *f* · three-point support

Dreiquartier *m*, Dreiviertelziegel *m*, Dreiviertelstein *m* · three-quarter (clay) brick

Dreiraum|-Etagenwohnung *f* → Dreizimmer-Geschoßwohnung

~-Geschoßwohnung *f* → Dreizimmer-Geschoßwohnung

dreiräumig · three-room(ed)

Dreiraum|-Stockwerkwohnung *f* → Dreizimmer-Geschoßwohnung

~wohnung *f*, Dreizimmerwohnung three-room(ed) dwelling unit (US); ~ dwelling (Brit.)

dreisäulig · tristyle

Dreischichten|aufbau *m*, Dreischichtensystem *n*, Dreilagenaufbau, Dreilagensystem · three(-)coat system, three(-) layer(ed) ~

~dachplatte *f*, Dreilagendachplatte · sandwich roof(ing) slab, three(-)layer(-ed) ~ ~

~-Kleb(e)dach(belag) *n*, (*m*) → Dreilagen-Kleb(e)dach(belag)

~platte *f*, Dreilagenplatte · sandwich plate, ~ slab, three(-)layer(ed) ~

~schale *f*, Dreilagenschale · three(-)layer(ed) shell, sandwich ~

~-Spachtel(dach)(ein)deckung *f* → Dreilagen-Kleb(e)dach(belag)

~system *n* → Dreischichtenaufbau

~tafel *f* → Dreilagentafel

~tafel *f*, Dreilagentafel · sandwich panel, three(-)layer(ed) ~

~tafelfassade *f*, Dreilagentafelfassade · sandwich panel façade, three(-)layer(-ed) ~ ~

~-Trennwand *f*, Dreilagen-Trennwand · double-skin partition (wall) [*It comprises two outside layers and an interior material*]

~wandtafel *f*, Dreilagenwandtafel · sandwich wall panel, three(-)layer(ed) ~ ~

dreischichtig, dreilagig · three-layer(ed)

~, dreilagig [*Kleb(e)dach(belag)*] · 3-ply, three-ply

dreischiffig [*Rahmenhalle*] · three-span, three-bay

~ [*Kirche*] · three-aisled, three-nave

Drei|-Schlafzimmer-Wohnung *f* · three-bedroom(ed) dwelling unit (US); ~ dwelling (Brit.)

~schlitz *m*, Triglyphe *f* · triglyph [*In architecture, a block applied on the Doric frieze and carved with two full glyphs and two half glyphs. It is the most striking characteristic of the Doric order*]

dreiseitig gelagerte Platte *f* · slab supported on three sides, plate ~ ~ ~ ~

3 SiO/Mg · SH$_2$O, Magnesiumsilikat *n* · magnesium silicate, silicate of magnesium

dreistegig [*Träger*] · three-webbed

dreistöckig, dreigeschossig, dreietagig · three-storey (Brit.); three-story (US); three-floored

Drei|stockwerkwohnung *f*, Dreigeschoßwohnung, Dreietagenwohnung · three-story dwelling unit, three-floor ~ ~ (US); three-storey dwelling, three-floor dwelling (Brit.)

~stoffbindemittel *n*, Dreistoffbinder *m* [*Eine fabrikmäßig hergestellte Mischung aus Traß, Kalk und Zement*] · three-component hydraulic binder, three-part ~ ~

~strahl *m* · This German term, which may be translated as triradial figure, applies first to tracery which consists of three radiating spokes like those in a rose-window, and second to the ribs in a section of a vault which is divided by three such ribs. There is no word in common usage for this form in Great Britain

dreistufiger Sand *m* · three-fraction sand

Drei-Tarif-System *n* · three-rate tariff system

dreiteilig · tripartite

dreitürmig · three-towered

Dreiviertel|block(stein) *m*, Dreiviertelstein · three-quarter block, ~ tile [*See remark under 'Block'*]

~kreisbogen *m* → Hufeisenbogen

~säule *f* [*Eine Säule, deren Schaft dreiviertel aus der Wand oder einem Pfeilerkern hervortritt*] · three-quarter (attached) column, bowtel, boltel, boultine

~stein *m*, Dreiviertelziegel *m*, Dreiquartier *m* · three-quarter (clay) brick

~stein *m*, Dreiviertelblock(stein) *m* · three-quarter block, ~ tile [*See remark under 'Block'*]

~ziegel *m*, Dreiviertelstein *m*, Dreiquartier *m* · three-quarter (clay) brick

dreiwandiger Träger *m*, Rieppelträger · Rieppel girder

Dreiwege|hahn *m* · three-way tap

~ventil *n* · three-way valve

Dreizimmer|-Etagenwohnung *f* → Dreizimmer-Geschoßwohnung

~-Geschoßwohnung *f*, Dreizimmer-Etagenwohnung, Dreizimmer-Stockwerkwohnung, Dreiraum-Geschoßwohnung, Dreiraum-Etagenwohnung, Dreiraum-Stockwerkwohnung · three-room(ed) flat, ~ apartment (unit); ~ living unit (US)

~-Stockwerkwohnung *f* → Dreizimmer-Geschoßwohnung

~wohnung *f*, Dreiraumwohnung · three-room(ed) dwelling unit (US); ~ dwelling (Brit.)

dreizügiger Kabel(kanal)formstein *m*, dreizügiges Kabelformstück *n* · three-way cable duct, ~ ~ conduit, ~ ~ subway, ~ CD; ~ conduit tile (US)

dreizügiges Kabelformstück *n*, dreizügiger Kabel(kanal)formstein *m* · three-way cable duct, ~ ~ conduit, ~ ~ subway, ~ CD; ~ conduit tile (US)

Drempel *m*, Kniestock *m* [*Er entsteht durch Anheben des Dachfußes um 0,80 bis 1,50 m über die Geschoßdecke beim Kehlbalken- oder Pfettendach. Der Drempel ergibt mehr und besser nutzbaren Dachraum. Seine Konstruktion ist jedoch umständlich, teuer und unwirtschaftlich, seine Ausführung technisch unlogisch, so daß ohne wesentlich größeren Kostenaufwand ein Vollgeschoß ausgeführt werden kann*] · jamb wall

~dach *n* · jamb wall roof

~-Kehlbalkendach *n* · collar-beam roof with jamb walls, collar-tie ~ ~ ~ ~

~-Pfettendach *n* · purlin(e) roof with jamb walls

Driftholztorf *m* · driftwood peat

Drill|armierung *f* → Torsionsbewehrung

~aufgabe *f* → Torsionsaufgabe

~bewehrung *f* → Torsionsbewehrung

~bruch *m*, Torsionsbruch, Verdrehungsbruch, Verwindungsbruch, Drillungsbruch · torsion(al) failure, twist(ing) ~

~drehung *f* → Torsionsdrehung

~einlagen *fpl* → Torsionsbewehrung

Drillen *n* [*Bewehrungsstahl*] · twisting

Drillfestigkeit *f* → Torsionsfestigkeit

drillfrei → torsionslos

Drill|grad *m*, Verdrehungsgrad, Torsionsgrad, Verwindungsgrad, Drillungsgrad · degree of twist(ing), ~ ~ torsion

~knicken *n* → Verdrehungsknicken

~knicklast *f*, Verdrehungsknicklast, Torsionsknicklast, Verwindungsknicklast, Drillungsknicklast · torsion(al) buckling load, twist(ing) ~ ~

~konstante *f*, Torsionskonstante, Verdrehungskonstante, Verwindungskonstante, Drillungskonstante · torsion(al) constant, twist(ing) ~

~-Labilität *f*, Verdrehungslabilität, Verwindungslabilität, Torsionslabilität, Drillungs-Labilität · torsion(al) instability, twist(ing) ~

~moment *n*, Torsionsmoment, Verdrehungsmoment, Verwindungsmoment, Drillungsmoment · torsion(al) moment, twist(ing) ~, torque

drillos → torsionslos

Drill|probe *f*, Drillprüfung *f*, Drillversuch *m*, Verdrehungsprobe, Verdrehungsversuch, Verdrehungsprüfung, Verwindeprobe, Verwindeprüfung, Verwindeversuch, Torsionsversuch, Torsionsprobe, Torsionsprüfung · torsion(al) test

~problem *n* → Torsionsproblem

~prüfung *f* → Drillprobe

~schwingung *f*, Drillungsschwingung, Torsionsschwingung, Verdrehungsschwingung, Verwindungsschwingung · torsion(al) vibration, ~ oscillation

~spannung *f*, Torsionsspannung, Verdrehungsspannung, Verwindungsspannung, Drillungsspannung · torsion(al) stress, twist(ing) ~

~stahlarmierungsmatte *f* → Baustahlmatte aus Drillstahl

~stahlbaustahlmatte *f* → Baustahlmatte aus Drillstahl

~stahlbewehrungsmatte *f* → Baustahlmatte aus Drillstahl

~(stahl)einlagen *fpl* → Torsionsbewehrung

drillsteif, verdrehungssteif, verwindungssteif, torsionssteif, drillungssteif · torsionally stiff, ~ rigid

Drillsteifigkeit *f* → Torsionsfestigkeit

Drillung *f*, Ver~, Torsion *f*, Verdrehung, Verwindung · torsion, twist(ing)

Drill(ungs)|armierung *f* → Torsionsbewehrung

~aufgabe *f* → Torsionsaufgabe

~bewehrung *f* → Torsionsbewehrung

~bruch *m* → Drillbruch

~drehung *f* → Torsionsdrehung

~einlagen *fpl* → Torsionsbewehrung

Drill(ungs)festigkeit *f* → Torsionsfestigkeit

drillungsfrei → torsionslos

Drillungs|grad *m* → Drillgrad

~knicklast *f* → Drillknicklast

~konstante *f* → Drillkonstante

~labilität *f* → Drill-Labilität

drillungslos → torsionslos

Drillungsmoment *n* → Drillmoment

Drill(ungs)problem *n* → Torsionsaufgabe

Drillungsspannung *f* → Drillspannung

Drill(ungs)(stahl)einlagen *fpl* → Torsionsbewehrung

drillungssteif → drillsteif

Drill(ungs)|steifigkeit *f* → Torsionsfestigkeit

~widerstand *m* → Drillwiderstand

~winkel *m*, Verdrehungswinkel, Verwindungswinkel, Torsionswinkel · torsion(al) angle

Drill|versuch *m* → Drillprobe

~widerstand *m*, Verdrehungswiderstand, Verwindungswiderstand, Torsionswiderstand, Drillungswiderstand · torsion(al) resistance

~wulststahl *m*, Betonstahl III a · twisted bars, ~ rods

dritte Putzlage *f*, ~ Putzschicht *f* · third coat, setting ~

~ Wahl *f* · third quality

Drittel|dach *n* · roof with pitch of 1 : 3

~punkt *m* · third point

~punktbelastung *f* · third-point loading

~punktlast *f* · third-point load

Dröhnen *n* · drumming

Dröhnneigung *f* · drumminess

Dröhnung *f* · drumming

Dromos *m* · dromos, walled passage

Drosselklappe *f* · butterfly gate

drosseln, ab~ · to throttle

druckarmiert, druckbewehrt · reinforced for compression

Druck|armierung *f*, Druckbewehrung, Druck(stahl)einlagen *fpl* · compression reinforcement, ~ reinforcing, compressed ~, reinforcement for compression, reinforcing for compression

~aufbau *m* · build-up of pressure, pressure build-up

(~)Ausdehnungsgefäß *n*, Entspannungsgefäß, Expansionsgefäß [*Warmwasser-Heizung*] · expansion vessel, ~ tank

(~)Ausgleichschicht *f*, Dampf~, Entlüftungsschicht, Entspannungsschicht · pressure equalizing layer, deaerating ~, relieving ~

~beiwert *m*, Wind~ · (wind) pressure coefficient

~beton *m*, gedrückter Beton · compressed concrete, compression ~

druckbewehrt, druckarmiert · reinforced for compression

Druck|bewehrung *f*, Druckarmierung, Druck(stahl)einlagen *fpl* · compression reinforcement, ~ reinforcing, compressed ~, reinforcement for compression, reinforcing for compression

~breite *f* [*Balken(träger) mit Druckflansch*] · compression width, compressed ~

~bruch *m* · compression failure

~diagonale *f*, Druckschräge, gedrückte Schräge, gedrückte Diagonale · compression diagonal, compressed ~, diagonal in compression

~einlagen *fpl*, Druckstahleinlagen, Druckbewehrung *f*, Druckarmierung · compression reinforcement, ~ reinforcing, compressed ~, reinforcement for compression, reinforcing for compression

~-E-Modul *m* · modulus of elasticity in compression

drückendes Wasser *n* · groundwater

Drücker *m*, Klinke *f*, Tür~ [*DIN 18255*] · door handle, lever (~)

~beschläge *mpl*, Klinkenbeschläge, Tür~ · door handle fittings, ~ ~ hardware, lever (~) ~

Druckerei *f* [*Teil eines Bürogebäudes*] · printing room

~gebäude *n* · printing building, ~ block

Drückerfalle *f*, Daumen~ · thumb latch, Canadian ~, Norfolk ~, Suffolk ~, Garden City ~ (Brit.); lift ~ (US)

Druck|erhöhungsanlage *f* · booster installation

~ermüdung *f* · fatigue in compression

Drückerrosette *f*, Tür~, (Stützring)Rosette [*DIN 18258*] · rose

Druckfaser *f* · fibre in compression (Brit.); fiber ~ ~ (US)

druckfest · compression-resistant, compression-resisting

Druckfestigkeit *f* · compression strength, crushing ~, compressive ~

Druckfestigkeits|bereich *m* · compression strength range, crushing ~ ~, range of compression strength, range of crushing strength

~gruppe *f* · compression strength class, crushing ~ ~

Druck|(festigkeits)versuch *m*, Druck(festigkeits)prüfung *f*, Druck(festigkeits)probe *f* · compression strength test, crushing (~) ~

~flansch *m*, Druckgurt(ung) *m*, (*f*) · compression boom, ~ chord, ~ flange, compressed ~

~flansch(en)rohr *n*, Flansch(en)druckrohr · flange(d) pressure pipe

~flaschenzement *m* · bottle(d) cement [*Steel bottles contain cement under pressure. The cement is shot from the bottles through an air line to a cement bin*]

~gaskabel *n* · gas-pressure cable

~glied *n*, gedrücktes Glied, Druckstab *m*, gedrückter Stab · compressed element, ~ rod, ~ member, ~ bar, compression ~

~gurt(ung) *m*, (*f*), Druckflansch *m* compression boom, ~ chord, ~ flange, compressed ~

~gußmetall *n*, Druckgußwerkstoff *m* · die-casting material, ~ metal

~gußstück *n* · pressure die casting

~gußwerkstoff *m*, Druckgußmetall *n* · die-casting material, ~ metal

~härte *f* **von Metallen**, Metalldruckhärte, Brinellhärte, HB · Brinell hardness

(~)Härtekessel *m*, Autoklav *m*, Druckkessel, (Dampf)Härtekessel, Dampfdruckerhitzer *m* · autoclave, pressure vessel

~(innen)kessel *m* [*Heißwasserspeicher*] · pressure type (storage) cylinder

~kessel *m*, (Dampf)Härtekessel, (Druck)Härtekessel, Autoklav *m*, Dampfdruckerhitzer *m* · autoclave, pressure vessel

~kessel *m*, Druckinnenkessel [*Heißwasserspeicher*] · pressure type (storage) cylinder

~knopf *m* · pushbutton, press-button

~knopfschalter *m* · pushbutton switch, press-button ~

~knopfsteuerung *f* · pushbutton control, press-button ~

~knopftaster *m* · pushbutton station, press-button ~

~komponente *f* · compression component

~kraft *f* · pressure force

~last *f* · compressive load, compression ~

~linie *f*, Stützlinie, Mittelkraftlinie · pressure line

~linoleum *n* · printed lino(leum), stamped ~ [*This lino(leum) has a pattern printed on the surface with oil paint*]

druckluftgeförderter Beton *m*, preßluftgeförderter ~ · pneumatically placed concrete, air-placed ~

(druck)luftlose Spritzverarbeitung *f*, (druck)luftloses Spritzen *n* · airless spraying

(druck)luftloses Spritzen *n*, (druck-) luftlose Spritzverarbeitung *f* · airless spraying

Druckluft|pistole *f*, Druckluftspritzpistole, Preßluft(spritz)pistole, Druckluftspritze *f*, Preßluftspritze · (compressed-)air gun, pneumatic ~

~-Schiebetürantrieb *m*, Preßluft-Schiebetürantrieb, pneumatischer Schiebetürantrieb · pneumatic sliding door drive, (compressed-)air ~ ~ ~

~spritze *f*, Preßluftspritze, Druckluft(spritz)pistole *f*, Preßluft(spritz)pistole · (compressed-)air gun, pneumatic ~

~(spritz)pistole *f*, Preßluft(spritz)pistole, Druckluftspritze *f*, Preßluftspritze · (compressed-)air gun, pneumatic ~

Druck|lüftung *f* → Ventilatorlüftung

~messing *n*, MS 63, Ms 63, Messing 63 · brass with 63% copper content

~minderventil *n*, Reduzierventil · reducing pressure valve

~muster *n* · printed design, ~ pattern

~(papier)tapete *f*, gedruckte (Papier-) Tapete · printed (wall)paper

~platte *f* → Beton~

~platte *f*, Druckschicht *f*, Mörtel~ · (structural mortar) topping (slab), (insitu) structural topping (mortar)

~platte *f* [*Druckprüfmaschine*] · platen

~probe *f* → Druck(festigkeits)versuch

~prüfung *f* → Druck(festigkeits)versuch

~prüfungswert *m* [*Straßenbaugestein*] · aggregate crushing value

~querschnitt *m* · compression cross-section, compressive ~

~rand *m*, gedrückter Rand · compression edge, compressed ~

~ring *m*, gedrückter Ring · compression ring, compressed ~

~ringbalken(träger) *m*, gedrückter Ringbalken(träger) · compression ring beam, compressed ~ ~

Druckrohr *n*, Druckwasserrohr · pressure (water) pipe

~leitung *f*, Druckwasserrohrleitung · pressure (water) (pipe)line

~leitung *f* · pressure pipeline

Druck|rückgang *m* · decline in pressure

~schicht *f* → (Beton) Druckplatte

~schicht *f*, Druckplatte *f*, Mörtel~ · (structural mortar) topping (slab), (insitu) structural topping (mortar)

~schlag *m*, Abschrägung *f* [*Gewölbe*] · bevel, splaying

~schräge *f*, Druckdiagonale, gedrückte Schräge, gedrückte Diagonale · compression diagonal, compressed ~, diagonal in compression

~schwankung *f* · pressure fluctuation

~schwellbelastung *f* · pulsating compressive loading

~spannung *f* · compression stress, compressive ~

~spannungsfeld *n* · compressive stress field, compression ~ ~

~speicher *m* [*Ein Heißwasserspeicher, der unter dem Druck der Wasserleitung arbeitet, wobei das Wasser durch Ventile im Ausflußrohr entnommen wird*] · pressure type water heater, ~ ~ ~ heating appliance

~spüler *m*, Abort~, Klosett~, Toiletten~ · flush(ing) valve (Brit.); flushometer (US)

~stab *m*, gedrückter Stab, Druckglied *n*, gedrücktes Glied · compressed element, ~ rod, ~ member, ~ bar, compression ~

~(stahl)einlagen *fpl*, Druckbewehrung *f*, Druckarmierung · compression reinforcement, ~ reinforcing, compressed ~, reinforcement for compression, reinforcing for compression

~strebe *f* · strut [*A member in compression, especially when short or non-vertical*]

~stütze *f*, gedrückte Stütze · compression column, compressed ~

~verstärkerpumpe *f*, Rohrpumpe · booster pump

~versuch *m* → Druckfestigkeitsversuch

~verteilung *f* · pressure distribution

druckwasser|haltende Isolierung *f*, ~ (Ab)Dichtung · waterproofing course, ~ layer

~haltender Stoff *m*, druckwasserhaltendes Mittel *n*, druckwasserhaltendes Erzeugnis *n* · waterproofing product

~haltendes Erzeugnis *n*, ~ Mittel *n*, druckwasserhaltender Stoff *m* · waterproofing product

~haltendes Mittel *n*, ~ Erzeugnis *n*, druckwasserhaltender Stoff *m* · waterproofing product

Druck(wasser)rohr *n* · pressure (water) pipe

~leitung *f* · pressure (water) (pipe)line

Druck|widerstand *m* [*Er wird im wesentlichen von der Festigkeit der Betondruckzone geleistet und hängt von der Querschnittsgröße und der Betongüte ab. Stahleinlagen steigern den Druckwiderstand*] · compression resistance, resistance to compression

~wirkung *f* · pressure effect

~würfel *m* → (Beton)Würfel

~zerstäubungs(öl)brenner *m* · pressure jet (oil) burner

~zone *f* · compression zone, compressed ~

~zylinder *m* → (Beton)Probezylinder

Drudenfuß *m*, Pentagramm *n* · pentagram

Dübel *m*, Holz~ [*Die Kraft wird durch Lochleibungsdruck übertragen*] · (timber) connector, wood ~; modern ~ (US) [*These connectors are metal rings, plates, and disks embedded in the contact surfaces of two members. B.S. 1579*]

~, Stab~, Döbel *m*, Dolle *f*, Dollen *m*; Dippel *m* [*Österreich*] · dowel

~ aus T-Stahl, Stab~ ~ ~, Dolle *f* ~ ~, Dollen *m* ~ ~, Döbel *m* ~ ~; Dippel *m* ~ ~ [*Österreich*] · T(ee)-steel dowel, tee-steel ~

~balken *m* → Dübelbaum

~(balken)decke *f*, Dübelbaumdecke; Dippelbaumdecke, Dippel(balken)decke [*Österreich*] [*Massivdecke aus dicht gereihten verdübelten („verdippelten") Holzbalken*] · floor of dowelled (wood(-en)) beams, ~ ~ ~ timber ~

~balkenlage *f*, Dübelbaumlage; Dippelbalkenlage, Dippelbaumlage [*Österreich*] · system of dowelled (wood(en)) beams, ~ ~ ~ timber ~.

~baum *m*, Dübelbalken *m*; Dippelbaum, Dippelbalken [*Österreich*] · dowelled (wood(en)) beam, ~ timber ~

~baumdecke *f*, Dübel(balken)decke; Dippelbaumdecke, Dippel(balken)decke [*Österreich*] [*Massivdecke aus dicht gereihten verdübelten („verdippelten") Holzbalken*] · floor of dowelled (wood(-en)) beams, ~ ~ ~ timber ~

~baumlage *f* → Dübelbalkenlage

~decke *f* → Dübelbalkendecke

~schiene *f*, Ankerschiene · anchor channel

~schmiere *f*, Stab~ · dowel lubricant [*Lubricating material applied to bars in expansion joints to reduce bond with the concrete and promote unrestrained longitudinal movement*]

~stein *m* · fixing brick [*It is of a consistency to permit the easy driving of, and provide a good purchase for, nails or screws. B.S. 1180*]

~verbindung *f*, Stab~ · dowel(led) connection

~verbindung *f* · connector joint

Duktilität *f*, Streckbarkeit *f*, Dehnbarkeit · ductility, extensibility

Duktilometer *m*, Streckbarkeitsmesser *m* [*Bitumenmessung*] · ductilometer

dunkel geglühter Draht *m* · black annealed wire

Dunkel|arbeitsraum *m*, Dunkelkammer *f* · (photographic) dark room

~kammer *f*, Dunkelarbeitsraum *m* · (photographic) dark room

(dunkles) Paraffinöl *n* · paraffin oil

Dünn|bettverfahren *n*, Kleb(e)verfahren [*Ansetzen von Fliesen*] · thin bed method, glue fixing ~, (tile) cement fixing ~, (organic) adhesive ~

~blechband *n* · thin gauge strip

Dünne *f* · thinness

dünne Schale *f* · thin shell

Dünnglas *n* [*Dicken 0,9; 1,1; 1,3 und 1,6 mm*] · thin sheet glass

Dünnparkett *n*, Sparparkett, Lamellenparkett, Kleinparkett, Mosaikparkett · mosaic parquet(ry), (~) fingers

~platte *f*, Sparparkettplatte, Mosaikparkettplatte, Kleinparkettplatte · mosaic parquet(ry) sheet

~stab *m*, Mosaikparkettstab, Sparparkettstab, Lamelle(nparkettstab) *f*, (*m*), Kleinparkettstab · finger

Dünn|putz *m* · thin-wall plaster, Scandinavian ~, Swedish sand putty

~schnittfurnier *n* · thin-cut veneer

dünnwandig · thin-walled

Dunstabzug(haube) *m*, (*f*), Dunsthaube [*Über einem Küchenherd*] · (cooker) hood, range ~

dunstiges Licht *n* · hazy light

Dunstrohr *n* · outlet vent

Duoschaltung *f* **mit getrennten Einheiten** [*Leuchten unkompensiert und kapazitiv zusammengeschaltet*] · lead-lag circuit with separate units [*It is obtained by connecting two luminaires, one with p.f. uncorrected and the other with leading p.f., in parallel*]

Duplex|nagel *m*, Doppelkopfnagel · double-headed nail; duplex-headed ~ (US)

~-Rippenrohr *m* · fin(ned) duplex tube

~trennwand *f* · double-sided partition (wall)

Duralu(minium) *n* [*Alu(minium)legierung in der Regel als Al–Cu–Mg-Knetlegierung*] · duralumin

Durchbiegung *f*, Verziehen *n*, Werfen [*Die während der Herstellung manchmal entstehende geometrische Abweichung eines ff. Steines von seiner Soll-Form*] · warpage

~, Durchsenkung · (downward) deflection, (~) deflexion

Durchbiegungs|fläche *f*, Durchsenkungsfläche · deflected area, deflective ~

~formel *f*, Durchsenkungsformel · deflection formula, deflexion ~

~komponente *f* · component of deflection, ~ ~ deflexion

(Durch)Biegungskurve *f* · flexure curve, bending ~, flexion ~, flexing ~, flection ~

Durch|biegungstheorie *f*, Durchsenkungstheorie · deflection theory, deflexion ~

~bildung *f* · structural design

~binder *m* · through-stone

Durchblick *m* · through view, cross-vista

~, Durchsicht *f* [*Glas*] · (through-)vision

durchblickverhindernd, durchsichtverhindernd [*Glas*] · obscure

durchbrochene Mauer *f*, Kästelmauer · honeycomb (masonry) wall, pigeonholed (~) ~, pierced (~) ~, (open) trellis (~) ~ [*A half-brick wall built of stretchers with gaps between, so that they are only held by bed joints at their ends, above and below*]

~ Rosette *f* · openwork rosette

~ Sichtschutzwand *f* **aus Betonformsteinen,** ~ Betonformsteinwand [*Zur Gliederung von Gartenräumen oder zur Abschirmung geschützter Sitzplätze in Gärten*] · screen wall of pierced concrete blocks, pierced concrete block screen wall

~ Wand *f*, Kästelwand · pierced wall, ~ screen

durchbrochener Turmhelm *m* → durchbrochenes Zeltdach

durchbrochenes Maßwerk *n* · openwork tracery

~ Mauerwerk *n*, Kästelmauerwerk · pierced masonry (work), (open) trellis ~ (~)

Durchdringung *f* **gefalteter Zylinderflächen** · (inter)penetration of folded cylindrical surfaces

~ von Innen- und Außenraum · (inter-) penetration of internal and external space

~ zweier parallel laufender Tonnen · (inter)penetration of two parallel barrel vaults

Durch|fahrt *f* · passage [*A narrow thoroughfare within or alongside a building*]

~färben *n* **von Zement,** Durchfärbung *f* ~ ~ · incorporating pigment(s) in cement, pigmenting of ~

~färbung *f* **von Zement,** Durchfärben *n* ~ ~ · incorporating pigment(s) in cement, pigmenting of ~

durchfenstertes Triforium *n*, offenes ~ · transparent triforium

Durch|feuchtung *f* · (lateral) penetration of rain, (~) rain penetration

~flußerhitzer *m*, Durchlauferhitzer · flow-type calorifier, non-storage ~

durchformen · to design

Durch|formung *f* · design

~gang *m*, Passage *f* · passage(way); areaway (US)

~gänger *m*, Austritt(stufe) *m*, (*f*), Podeststufe · last step, top ~

Durchgangs|absperrventil *n* · flow control valve

~höhe *f* → Kopfhöhe

~rohr *n* · barrel [*That portion of a pipe throughout which the internal diameter and thickness of wall remain uniform*]

durch|gefärbt → eingefärbt

~gehend, durchlaufend · continuous

durchgehende Brandmauer *f*, durchlaufende ~ · division masonry wall (Brit.); fire ~ ~ (US) [*A fire-resisting masonry wall from the lowest floor up to the roof*]

~ verglaste Fläche *f*, durchlaufende ~ ~ · continuous glass surface

~ Platte *f*, durchlaufende ~, Durchlaufplatte · continuous slab, ~ plate

~ Waschreihe *f* · continuous (lavatory basin) range [*The basins have overlaps to form a continuous range, as opposed to basins 50 mm or more apart*]

~ Wirkung *f* → Durchlaufwirkung

durchgehender Anschluß *m*, durchlaufender ~ · through-wall flashing; thru-wall ~ (US) [*See remark under 'Anschluß'*]

~ Anschluß(streifen) *m*, durchlaufender ~ · through-wall flashing (piece); thru-wall ~ (~) (US)

~ Armierungsstab *m* → durchlaufender ~

~ (Bewehrungs)Stab *m* → durchlaufender Armierungsstab

~ Fachwerkträger *m*, durchgehendes Fachwerk *n* · continuous truss(ed girder)

~ Rahmen *m*, durchlaufender ~, Durchlaufrahmen · continuous frame

~ Riß *m* · through-crack

~ Träger *m*, durchlaufender ~, Durchlaufträger · continuous girder

durchgehendes Fachwerk *n*, durchgehender Fachwerkträger *m* · continuous truss(ed girder)

durchgetrocknet [*Anstrich*] · hard (dry)

~ · through-dry

Durchhang *m* · sag

durch|jaspiert · with marbleizing penetrating to full depth of the wear layer [*Of a floor covering*]

~konstruiert · scientifically designed

Durch|lässigkeit *f*, Undichtigkeit, Undichtheit · permeability, perviousness

~laßrohr *n*, Abzugskanalrohr · culvert pipe

Durchlauf|-(Ab)Hängekonstruktion *f*, durchlaufende (Ab)Hängekonstruktion, durchgehende (Ab)Hängekonstruktion · continuous suspension system

~armierung *f*, Durchlaufbewehrung, Durchlauf(stahl)einlagen *fpl* · continuity reinforcement, ~ rods, ~ bars, continuous reinforcement

~balken(träger) *m*, durchlaufender Balken(träger), durchgehender Balken(träger) · continuous beam [*Continuous beams are beams on more than two supports, in which the successive spans are rigidly connected to one another over the supports*]

~bewehrung *f*, Durchlaufarmierung, Durchlauf(stahl)einlagen *fpl* · continuity reinforcement, ~ rods, ~ bars, continuous reinforcement

~bogen *m*, Mehrfeldbogen · continuous arch

~-Bogen(träger) *m*, durchlaufender Bogen(träger), durchgehender Bogen(träger) · continuous arch(ed girder)

~decke *f*, durchlaufende Decke, durchgehende Decke · continuous floor

~einlage *f* → Durchlaufstahleinlage

~eisen *n* → durchlaufender Armierungsstab

durchlaufend, durchgehend · continuous

durchlaufende Brandmauer *f*, durchgehende ~ · fire masonry wall (US); division ~ ~ (Brit.)

~ Platte *f* → durchgehende ~

~ verglaste Fläche *f*, durchgehende ~ ~ · continuous glass surface

~ Wirkung *f* → Durchlaufwirkung

durchlaufender Anschluß *m* → durchgehender ~

~ Anschluß(streifen) *m* → durchgehender ~

~ Armierungsstab *m*, ~ (Bewehrungs)Stab, durchgehender ~, durchlaufendes Eisen *n*, durchgehendes Eisen, Durchlaufeisen · continuity bar, ~ rod

~ (Bewehrungs)Stab *m*, ~ Armierungsstab, durchgehender ~ · continuity bar, ~ rod

~ Rahmen *m*, durchgehender ~, Durchlaufrahmen · continuous frame

~ Spannbetonbalken(träger) *m*, Durchlauf-Spannbetonbalken(träger), Spannbeton-Durchlaufbalken(träger) · prestressed (concrete) continuous beam, continuous prestressed (concrete) ~

~ Spannbetonrahmen *m*, Durchlauf-Spannbetonrahmen, Spannbeton-Durchlaufrahmen · prestressed (concrete) continuous frame, continuous prestressed (concrete) ~

~ Spannbetonträger *m*, Spannbeton-Durchlaufträger, Durchlauf-Spannbetonträger · continuous prestressed (concrete) girder

~ Träger *m*, durchgehender ~, Durchlaufträger · continuous girder

Durchlauf|erhitzer *m*, Durchflußerhitzer · flow-type calorifier, non-storage ~

~-Fachwerk(träger) *n*, (*m*), durchlaufender Fachwerkträger, durchlaufendes Fachwerk, durchgehender Fachwerkträger, durchgehendes Fachwerk · continuous truss(ed girder)

(~)Gaswasserheizer *m*, Geyser · instantaneous gas water heater, non-storage ~ ~ ~, flow-type ~ ~ ~, ~ ~ ~ heating appliance

~hängedecke *f*, durchlaufende Hängedecke, durchgehende Hängedecke · continuous (suspended) ceiling

~-Hohlkastenträger *m*, durchlaufender Hohlkastenträger, durchgehender Hohlkastenträger · continuous box girder

~ofen *m* [*Patentieren*] · patenting furnace

~patentieren *n* · furnace patenting

~pfette *f*, durchlaufende Pfette, durchgehende Pfette · continuous purlin(e)

~platte *f* → durchgehende Platte

~rahmen *m*, durchgehender Rahmen, durchlaufender Rahmen · continuous frame

~schale *f*, durchlaufende Schale, durchgehende Schale · continuous shell

Durchlauf-Spannbeton|balken(träger) *m*, Spannbeton-Durchlaufbalken(-träger), durchlaufender Spannbetonbalken(träger) · prestressed (concrete) continuous beam, continuous prestressed (concrete) ~

~rahmen *m*, Spannbeton-Durchlaufrahmen, durchlaufender Spannbetonrahmen · prestressed (concrete) continuous frame, continuous prestressed (concrete) ~

~träger *m*, Spannbeton-Durchlaufträger, durchlaufender Spannbetonträger · continuous prestressed (concrete) girder

Durchlaufstab|armierung *f*, Durchlaufstabbewehrung, Durchlaufstab(stahl)-einlagen *fpl* · continuous rod reinforcement

~bewehrung *f*, Durchlaufstabarmierung, Durchlaufstab(stahl)einlagen *fpl* · continuous rod reinforcement

~einlagen *fpl*, Durchlaufstabstahleinlagen, Durchlaufstabbewehrung *f*, Durchlaufstabarmierung · continuous rod reinforcement

~(stahl)einlagen *fpl*, Durchlaufstabbewehrung *f*, Durchlaufstabarmierung · continuous rod reinforcement

Durchlauf-Stahlbeton|balken(träger) *m*, Stahlbeton-Durchlaufbalken(träger), durchlaufender Stahlbetonbalken(träger), durchgehender Stahlbetonbalken(träger) · continuous reinforced concrete beam, ~ R.C. ~

~rahmen *m*, Stahlbeton-Durchlaufrahmen, durchlaufender Stahlbetonrahmen, durchgehender Stahlbetonrahmen · reinforced concrete continuous frame, R.C. ~ ~

~träger *m*, Stahlbeton-Durchlaufträger, durchlaufender Stahlbetonträger, durchgehender Stahlbetonträger · continuous reinforced concrete girder, ~ R.C. ~

Durchlauf|(stahl)einlagen *fpl*, Durchlaufarmierung *f*, Durchlaufbewehrung · continuity reinforcement, ~ rods, ~ bars, continuous reinforcement

~träger *m*, durchlaufender Träger, durchgehender Träger · continuous girder

~warmwasser *n* · instantaneous warm water

~-Wasserheizer *m* · instantaneous water heater, non-storage ~ ~, flow-type ~ ~, ~ ~ heating appliance

~wirkung *f*, durchlaufende Wirkung, durchgehende Wirkung · continuity, effect of ~, fixity, continuous effect [*The joining of floors to girders, of girders to other girders and columns so effectively that they bend together under load and so strengthen each other*]

~zentrifuge *f* [*Zur exakten Trennung des Füllers vom Bindemittel eines Straßenbaugemisches*] · centrifugal extractor

Durch|licht *n* · transmitted light

durchlocht, gelocht · perforated

durchlochte (Dach)Unterlagsbahn *f*, gelochte ~, Loch-(Dach)Unterlagsbahn · perforated (roof(ing)) base sheeting, ~ (~) deck(ing), ~ (~) substructure, ~ (~) substrate

~ Gipsdeckenplatte *f*, gelochte ~, Loch-Gipsdeckenplatte · perforated gypsum ceiling board

~ Gipsfaserplatte *f*, gelochte ~, Loch-Gipsfaserplatte · perforated fibrous plaster sheet

~ Hartfaserplatte *f*, gelochte ~, Hartfaserlochplatte · perforated fiber hardboard (US); ~ fibre ~ (Brit.)

~ Hinterlegung *f* → gelochter Träger

~ Pappe *f*, gelochte ~, Lochpappe · cored paper, perforated ~ [*See remark under 'Pappe'*]

~ Platte *f*, gelochte ~, Lochplatte · perforated sheet, ~ board

~ Rücklage *f* → gelochter Träger

~ Sichtschutzwand *f*, gelochte ~, Loch-Sichtschutzwand · pierced screen (wall)

~ Tafel *f*, gelochte ~, Lochtafel · perforated panel

~ Trägerschicht *f* → gelochter Träger

~ Unterlage *f* → gelochter Träger

~ Unterlagsbahn *f* → ~ Dach~

~ Untersicht *f*, gelochte ~, Loch-Untersicht · perforated visible under-face, ~ ~ underside, ~ ~ soffit

durchlochter Putzträger *m*, gelochter ~, Loch-Putzträger · perforated lath(-ing)

~ Träger *m* → gelochter ~

durchlochtes Blech *n*, gelochtes ~, Lochblech · perforated plate

~ ~ für Prüfsiebe, gelochtes ~ ~ ~, Lochblech ~ ~ · perforated plate for test sieves

~ Putzblech *n*, gelochtes ~, Loch-Putzblech, Putz-Lochblech · perforated sheet metal lath(ing)

~ Rohr *n*, gelochtes ~, Lochrohr · perforated pipe

~ Wellblechrohr *n*, gelochtes ~, Wellblechlochrohr · perforated corrugated metal pipe

Durchlüften *n* **von Zement** · aeration of cement

durchlüftetes Flachdach *n*, zweischaliges ~, Kaltdach [*Es hat zwischen oberster Geschoßdecke und dem Dach einen durchlüfteten Raum*] · ventilated (flat) roof, (flat) roof with air circulation

Durch|lüftung *f* [*Gebäude*] · through ventilation

~reiche *f*, Durchreichöffnung *f* · (service) hatch

~reichfenster *n* · pass window

~reichöffnung *f*, Durchreiche *f* · (service) hatch

~scheinen *n* · grinning through [*The showing through plaster of lathing beneath, or the showing of a lower coat of paint through a top coat*]

durch|scheinend · translucent, shining through, partially transparent [*Letting light pass but diffusing it so that objects on the other side cannot be distinguished*]

~scheinende Tür *f* · translucent door [*Such a door is designed to enable persons and objects on the far side to be seen in shaded form. This diminishes all possibility of accidents through collision, and at the same time allows a certain amount of privacy*]

~scheinendes Glas *n* · translucent glass [*Glass which transmits light diffusely. Through-vision may vary from almost clear to almost obscured. Diffusiveness is produced by suitable treatment of the surface of clear glass, either by imprinting a pattern or texture, or by sandblasting, acid embossing or other means*]

Durch|schlag(en) *m*, (*n*), Ausbluten *n* · bleeding, bleed-through [*The process of diffusion of a 'soluble' coloured substance from, into, and through a paint or varnish coating from beneath, thus producing an undesirable staining or discoloration. Examples of 'soluble' materials which may give rise to this defect are certain types of the following classes of materials: bituminous paints, wood preservatives, pigment dyestuffs and stains*]

~schlagen *n* · puncturing [*e.g. in the sentence 'Material should be strong enough to withstand puncturing during pouring of concrete'*]

~schlagtür *f*, zweiseitig aufschlagende Pendeltür · double-acting door, double action ~, double swinging ~ [*This type of swing door can easily be pushed open in either direction*]

durchschnittlicher Korndurchmesser *m*, mittlerer ~ · average grain diameter, ~ particle ~, mean ~ ~

Durchsenkung *f*, Durchbiegung · (downward) deflexion, (~) deflection

Durchsenkungs|fläche *f*, Durchbiegungsfläche · deflected area, deflective ~

~formel *f*, Durchbiegungsformel · deflection formula, deflexion ~

~theorie *f*, Durchbiegungstheorie · deflection theory, deflexion ~

Durchsicht *f*, Durchblick *m* · (through-) vision

durch|sichtig · transparent [*Transmitting light rays so that objects on the other side may be distinctly seen*]

~sichtiges Glas *n*, Klarglas · transparent glass, clear ~

Durch|sichtigkeit *f* · see-through visibility

~steckanker *m* · push-through tie

~strahlen *n*, Durchstrahlung *f* · radiographic inspection, ~ examination, ~ testing

durchtrocknen · to through-dry, to dry through well [*The opposite of to skin dry*]

Durch|trocknen *n*, Durchtrocknung *f* · drying through

~verdrahtung *f* · through-wiring

~wandern *n* · through migration

~wärmung *f*, Vorwärmung, Schmauchen *n* [*Ziegelbrennen*] · initial dehydration, water-smoking

~zeichnung *f* · show-through [*Uneveness of the surface of a particle board panel faced with thin veneer, usually associated with irregularities in the surface of the board and particularly visible after polishing. No to be confused with scratches or accidental damage, or defects in polishing the veneer*]

Duroplast *m*, (hitze)härtbarer Kunststoff *m* · thermosetting plastic

duroplastisch, (hitze)härtbar [*Kunststoff*] · thermosetting

Dusch|anlage *f* · shower installation

~bad *n* · shower bath

~(-Bade)wanne *f*, Duschtasse *f* · shower receptor, ~ tray

Dusche *f* · shower

Duschensteuerung *f* · shower control

Dusch|garnitur *f* · shower unit, ~ set

~kabine *f* · shower cubicle

~kopf *m* · shower head

~nische *f*, Duschzelle *f* · shower recess

~raum *m* · shower room

~rosette *f*, Duschtülle *f* · shower rose

~säule *f* · shower column

~schlauch *m* · shower hose

~stand *m* · shower stall

~tasse *f*, Dusch(-Bade)wanne *f* · shower tray, ~ receptor

~tülle *f*, Duschrosette · shower rose

~ventil *n* · shower valve

~vorhang *m* · shower curtain

~wanne *f*, Dusch-Badewanne, Duschtasse *f* · shower receptor, ~ tray

~zelle *f*, Duschnische *f* · shower recess

Düsen|blase *f*, Düsengispe *f* [*Flachglasfehler*] · debiteuse bubble, ~ seed

~gispe *f*, Düsenblase *f* [*Flachglasfehler*] · debiteuse bubble, ~ seed

~konvektor *m*, Lüftungskonvektor, Klimakonvektor · fan convector

düsentreibstoffeste Fugenvergußmasse *f* · jet and fuel resisting joint sealing compound, JFR ~

Dymaxion-Haus *n* · Dymaxion House [*A 'machine for living in' designed by Richard Buckminster Fuller. The name signifies dynamic plus maximum efficiency. The house is a combination of mechanical services and living areas*]

dynamisch belasteter Balken(träger) *m* · dynamically loaded beam

dynamische Ähnlichkeit *f* · dynamic similarity, ~ similitude

~ Belastung *f* · dynamic loading

~ Festigkeit *f* · dynamic strength

~ Kraft *f* · dynamic force

~ Last *f* · dynamic load

~ Viskosität *f*, ~ Zähflüssigkeit *f* · absolute viscosity

~ Viskositätszahl *f*, dynamischer Viskositätsbeiwert *m* · absolute viscosity coefficient

~ Zähflüssigkeit *f*, ~ Viskosität *f* · absolute viscosity

~ Zähigkeit *f* · dynamic toughness

dynamischer Viskositätsbeiwert *m*, dynamische Viskositätszahl *f* · absolute viscosity coefficient

dynamisches elastisches Verhalten *n* · dynamic elastic behaviour (Brit.); ~ ~ behavior (US)

~ Knicken *n* · dynamic buckling

E

eben · planar, plane, flat

Ebene *f* [*Baustatik*] · plane

ebene Asbestzementtafel *f*, Asbestzement-Plantafel, Asbestzement-Flachtafel · asbestos-cement flat (run) panel

~ Dehnung *f* · plane strain

~ Elastizität *f* · plane elasticity

~ Elastizitätstheorie *f* · plane theory of elasticity, planar ~ ~ ~

~ fortschreitende Welle *f* [*Akustik*] · progressive plane wave

~ Geometrie *f*, Geometrie der Ebene, Flächenlehre *f*, Planimetrie · plane geometry

~ Oberfläche *f* [*Im Gegensatz zu einer profilierten Oberfläche*] · smooth surface

~ Platte *f*, Flachplatte, Planplatte [*Gegenteil: Wellplatte*] · flat (run) sheet, ~ (~) board

~ Spannungsaufgabe *f*, ebenes Spannungsproblem *n* · plane stress problem, planar ~ ~, flat ~ ~

~ Tafel *f*, Plantafel, Flachtafel [*Gegenteil: Welltafel*] · flat (run) panel

~ Untersicht *f*, geschlossene ~, bündige ~, ~ Unterdecke *f* · flush soffit, ~ visible under-face, ~ visible underside [*As opposed to the open soffit*]

~ Welle *f* [*Schallausbreitung. Welle, bei der alle Feldgrößen in Ebenen senkrecht zur Ausbreitungsrichtung konstant sind*] · plane wave [*A wave in which successive wave fronts are parallel planes*]

~ zusammengesetzte Biegung *f* · combined plane bending and compression, ~ planar ~ ~ ~, ~ flat ~ ~ ~

ebener Alu(minium)profilteil *m*, ebenes ~ *n* · aluminium plate element (Brit.); aluminum ~ ~ (US)

~ Formänderungszustand *m*, ~ Verformungszustand · state of plane deformation, plane deformation state

~ Spannungszustand *m*, zweidimensionaler ~ · plane state of stress, planar ~ ~ ~, two-dimensional ~ ~ ~, flat ~ ~ ~, state of plane ~

~ Verformungszustand *m*, ~ Formänderungszustand · state of plane deformation, plane deformation state

~ Verzerrungszustand *m* · state of plane distortion, plane distortion state

ebenerdig · at ground level

~, eingeschossig, einetagig · single-story, one-story (US); single-storey, one-storey (Brit.); single-floor, one-floor

ebenerdige (Auto)Parkfläche *f*, ebenerdiger (Auto)Parkplatz *m* · ground level car park, ~ ~ parking place, ~ ~ parking lot

ebenerdiger (Auto)Parkplatz *m*, ebenerdige (Auto)Parkfläche *f* · ground level car park, ~ ~ parking place, ~ ~ parking lot

ebenerdiges Haus *n*, Eingeschoßhaus · single-story house, one-story ~ (US); single-storey ~, one-storey ~ (Brit.); single-floor ~, one-floor ~

~ Lagergebäude *n* → eingeschossiges ~

ebenes Alu(minium)profilteil *n*, ebener ~ *m* · aluminium plate element (Brit.); aluminum ~ ~ (US)

~ Bedachungsblech *n*, ~ Dach(ein)-(deckungs)blech · flexible metal for roofing [*Sheet metal, originally zinc, lead, copper, or painted tinplate, but now also aluminium. Unlike corrugated sheet, flexible metal cannot span a gap, and so, like roofing felt, it must be laid on close boarding or plywood, covered with an underlay*]

~ Fachwerk *n* · plane framework

~ Flächentragwerk *n* · plane area-covering structural element

~ Kraftsystem *n*, ~ Kräftesystem · plane force(s) system, ~ system of forces

~ Parallelsystem *n* [*Seilsystem*] · flat parallel system, plane ~ ~, planar ~ ~

~ Rahmenelement *n* · plane frame element, flat ~ ~, planar ~ ~

~ Rahmentragwerk *n* · plane trame structure, flat ~ ~, planar ~ ~

~ Rotationssystem *n* [*Seilsystem*] flat rotational system, plane ~ ~ planar ~ ~

~ Spannungsproblem *n*, ebene Spannungsaufgabe *f* · plane stress problem, planar ~ ~, flat ~ ~

~ Tragwerk *n* · plane (load)bearing structure, planar ~ ~, flat ~ ~, ~ (weight-carrying) ~

Eben|flächigkeit *f*, (Plan)Ebenheit · accuracy of level(s), evenness; surface smoothness (US)

~heit *f*, Plan~, Ebenflächigkeit · accuracy of level(s), evenness; surface smoothness (US)

~maß *n*, Symmetrie *f* · symmetry

ebnen, aus~, einebnen, egalisieren, nivellieren, ausgleichen · to level

Ebnen *n*, Aus~, Egalisieren, Einebnen, Ausgleichen, Nivellieren · levelling (Brit.); leveling (US)

Echinus *m* · echinus [*The term applied to the convex or projecting moulding, resembling the shell of a sea-urchin, which supports the abacus of the Greek Doric capital; sometimes painted with the egg and dart ornament*]

Echo *n* · echo [*Sound which has been reflected and arrives with such a magnitude and time interval after the direct sound as to be distinguishable as a repetition of it. Note. In common usage the term is limited to reflection distinguishable by the ear*]

echowidrig · anechoic

echte Farbe *f* · fast paint

echtes spezifisches Gewicht *n*, Reinwichte *f* · absolute specific gravity [*Ratio of the mass of a given volume of a solid or liquid, referred to a vacuum, at a stated temperature to the mass, referred to a vacuum, of an equal volume of gas-free distilled water at a stated temperature*]

Echtheit *f* [*Farbe*] · fastness

Eck|(absperr)ventil *n* [*Ventil, bei dem die Ablaufrichtung um 90° gegen die Zulaufrichtung gedreht ist*] · right-angled valve, angle (shut-off) ~

~akroterion *n* · end acroterion [*An acretorion placed at the end of a pediment*]

~(bade)wanne *f* · corner (bath)tub, ~ bath

~biegemoment *n* · bending moment at a corner

~-Binder(stein) *m* · quoin header, corner ~, ~ bonder, ~ bondstone [*A corner header in the face wall which is a stretcher in the side wall*]

~blech *n*, Anschlußblech, Knotenblech, Anschlußeisen *n*, Knoteneisen, Eckeisen · corner plate, gusset ~, connecting ~, connection ~, binding ~, joint ~, fish ~, ~ iron, knee bracket ~

~block(stein) *m*, Winkelblock(stein), Winkelstein, Eckstein · angle block, ~ tile [*See remark under 'Block'*]

~eisen *n* → Eckblech

Eckenschutz *m*, Kantenschutz · corner guard

Eck|erker *m*, Auslugerker · corner oriel

~faser *f* · corner fibre (Brit.); ~ fiber (US)

~fenster *n* · corner window

~gebäude *n* Eckhaus *n* · corner building

~gelenk *n* · corner hinge

eckgestützte Rechteckplatte *f* · corner-supported rectangular slab

Eckhaus *n* Eckgebäude *n* · corner building

eckiger Dollen *m*, ~ (Stab)Dübel *m*, Rechteckedollen, Rechteck(stab)dübel · rectangular dowel

~ Dübel *m*, ~ Stab~ ,~ Dollen *m*, Rechteckdollen, Rechteck(stab)dübel · rectangular dowel

~ (Stab)Dübel *m*, ~ Dollen *m*, Rechteckdollen, Rechteck(stab)dübel · rectangular dowel

Eck|kraft *f* · corner force

~pavillon *m* · wing pavilion

~pfosten *m*, Eckständer *m*, Eckstiel *m*, Ecksäule *f* [*Fachwerkbau*] · corner post, ~ vertical

~podest *n*, Viertelpodest · quarter(-space) landing

~quader *m*, Winkelquader · (natural) stone (angle-)quoin

~quader *m* **bei Lang- und Kurzwerk** · long-and-short (angle-)quoin

~säule *f* · corner column, angle ~

~säule *f* → Eckpfosten

~(schutz)leiste *f* → Innenputz~

~ständer *m* → Eckpfosten

~stein *m* → Eckblock(stein)

~stein *m*, Winkelstein · (angle-)quoin

~stiel *m* → Eckpfosten

~stück *n* · corner piece

~stütze *f* · corner column, angle ~

~turm *m* · corner tower

~türmchen *n* · corner turret, angle ~

Ecküberblattung *f* **mit geradem Schnitt** · square corner halving

~ mit schrägem Schnitt · bevelled corner halving (Brit.); beveled ~ ~ (US)

Eck|ventil *n* → Eckabsperrventil

~verband *m* [*Mauerwerk*] · corner bond

~wanne *f*, Eckbadewanne · corner (bath)tub, ~ bath

~winkel *m* · angle brick

~winkel *m*, Saumwinkel · corner angle

~ziegel *m* · quoin brick, corner ~ [*A brick set in a salient corner of a wall*]

(~)Zwickel *m*, Ecktrichter *m*, Trompe *f*, Trichtergewölbe *n*, Trichternische *f*, Teilgewölbe, Treppenring *m* · squinch (arch) [*A small arch or series of concentric arches built across the angle of a square or polygon to support a superstructure, such as a spire or dome*]

Edelbeton *m* [*Fehlname*] → Betonwerkstein

Edelbims *m* [*Bimskies, aus dem durch Waschen der Steinsplitt, die Schülferchen, entfernt ist*] · washed pumice gravel

~beton *m* [*Sand als Zuschlagstoff wird nur für Mauerwerkbeton beigegeben*] · concrete with washed pumice gravel

Edelgas *n* · inert gas

~-Leuchtröhre *f* · inert gas luminous tube light

Edelholz *n* · high-grade timber, ~ wood

~platte *f* · high-grade timber board, ~ wood ~

Edelkalk *m*, hochhydraulischer Kalk [*DIN 1060. Fehlnamen: Zementkalk, höchsthydraulischer Kalk*] · eminently hydraulic lime

~mörtel *m*, hochhydraulischer Kalkmörtel · eminently hydraulic lime mortar

Edel|metall *n* · precious metal

~putz *m*, Edelverputz · ready-mix(ed) coloured (external) rendering, premix(-ed) ~ (~) ~ (Brit.); ~ ~ stucco (US); ~ ~ external plaster, ~ ~ exterior plaster

~rost *m*, Patina *f* · (greenish) patina [*The thin, stable film of oxide or other metallic compounds which forms on metal surfaces on exposure to air*]

~splitt *m* · double broken and double screened chip(ping)s, twice crushed and screened ~

Edelstahl *m* · stainless steel [*Steel alloyed with sufficient chromium (over about 9%) to resist effectively the corrosion, oxidation, or rusting which ordinary carbon and low-alloy steels naturally undergo in moist atmosphere or in salt or fresh water*]

~-Abwaschtisch *m*, Edelstahl-Spültisch · stainless steel sink unit [*Combined sink and drainer*]

~anschluß(streifen) *m*, Edelstahlblechanschluß(streifen) · stainless steel flashing (piece) [*See remark under 'Anschluß'*]

~auskleidung *f*, Edelstahlverkleidung, Edelstahlbekleidung · stainless steel lining, ~ ~ (sur)facing

~-Außenwand-Verkleidung *f*, Edelstahl-Außenwand-Bekleidung, Edelstahl-Außenwand-Auskleidung · stainless steel external wall lining, ~ ~ ~ ~ (sur)facing, ~ ~ exterior ~ ~, ~ ~ outdoor ~ ~, ~ ~ outside ~ ~

~balken(träger) *m* · stainless steel beam

~bedachung *f* → Edelstahldach(belag)

~bekleidung *f*, Edelstahlverkleidung Edelstahlauskleidung · stainless stee lining, ~ ~ (sur)facing

~(blech)anschluß(streifen) *m* · stainless steel flashing (piece) [*See remark under 'Anschluß'*]

~dach(belag) *n*, (*m*), Edelstahl(ein)-deckung *f*, Edelstahldach(ein)deckung, Edelstahlbedachung · stainless steel roof cladding, ~ ~ ~ covering, ~ ~ ~ sheathing, ~ ~ roof(ing)

~dachdeckung *f* → Edelstahldach(-belag)

~dach(ein)deckung *f* → Edelstahl-dach(belag)

~decke *f* · stainless steel ceiling

~deckung *f* → Edelstahldach(belag)

~draht *m* · stainless steel wire

~drahtgewebe *n* · stainless steel wire cloth; ~ ~ ~ fabric [*misnomer*] [*See remark under 'Gewebe'*]

~drahtmaschenmatte *f* · stainless steel (wire) mesh

~drahtseil *n* · stainless steel wire rope, ~ ~ ~ cable

~(ein)deckung *f* → Edelstahldach(belag)

~-Einstemmband *n*, Edelstahl-Fi(t)sch-band, Edelstahl-Fitsche *f* · stainless steel butt (hinge)

~elektrode *f* · stainless steel electrode

~fassade *f* · stainless steel façade

~feinblech *n* · stainless sheet

~fenster *n* · stainless steel window

~-Fitsche *f*, Edelstahl-Einstemmband *n*, Edelstahl-Fi(t)schband · stainless steel butt (hinge)

~mutter *f* · stainless steel nut

~niet *m* · stainless steel rivet

~-Pendeltür *f* · stainless steel swing door

~rohr *n* · stainless steel pipe, ~ ~ tube

~-Spültisch *m*, Edelstahl-Abwaschtisch · stainless steel sink unit [*Combined sink and drainer*]

~stift *m* · stainless steel pin

~tür *f* · stainless steel door

~verkleidung *f*, Edelstahlauskleidung, Edelstahlbekleidung · stainless steel lining, ~ ~ (sur)facing

~vorhangwand *f* · stainless steel curtain wall

~-Wärme(aus)tauscher *m* · stainless steel heat exchanger

Edel|(ver)putz *m* · ready-mix(ed) coloured (external) rendering, premix(ed) ~ (~) ~ (Brit.); ~ ~ stucco (US); ~ ~ external plaster, ~ ~ exterior plaster

~zement *m*, Barytzement, Bariumzement [*Mit Ba(rium) anstelle von Ca. Wegen hohen Gewichtes für Schwerst-, Strahlenschutz- und Reaktorbeton verwendet*] · baritic cement

~zement *m*, Strontiumzement · strontium cement

Effekt(ver)putz *m*, Ornament(ver)putz, Zier(ver)putz, Dekor(ations)(ver)putz · [*Oberbegriff für Innen- und Außen-(ver)putz*] · ornamental finish, decorative ~

EG *n*, Eigengewicht *n* · self weight, own ~, dead ~

EG *n*, Erdgeschoß *n* · ground floor

egalisieren, (aus)ebnen, einebnen, nivellieren, ausgleichen · to level

Egalisieren *n*, Einebnen, Ausgleichen, (Aus)Ebnen, Nivellieren · levelling (Brit.); leveling (US)

Egalisier|masse *f* → Egalisierspachtel-(masse)

~mittel *n* → Egalisierspachtel(masse)

~mörtel *n*, Ausebnungsmörtel, Ausgleichmörtel, Nivelliermörtel · levelling mortar (Brit.); leveling ~ (US)

~spachtel(masse) *m*, (*f*), Ausgleichspachtel(masse), Nivellierspachtel(masse), Ausgleichmasse, Ausgleichmittel *n*, Ausebnungsmasse, Ausebnungsmittel, Nivelliermittel, Nivelliermasse, Egalisiermittel, Egalisiermasse [*Zum Ebnen unregelmäßiger Fußbodenflächen*] · levelling composition, ~ compound, ~ material (Brit.); leveling ~ (US)

EG-Betonplatte *f*, Erdgeschoß-Betonplatte · concrete ground floor slab

EG-Boden(belag) *m* → EG-Fußboden-(belag)

EG-Decke *f*, Erdgeschoßdecke · ground-floor floor

EG-Eingang *m*, Erdgeschoßeingang · ground floor entrance

EG-Fenster *n*, Erdgeschoßfenster · ground-floor window

EG-(Fuß)Boden(belag) *m*, Erdgeschoß-(fuß)boden(belag) · ground (level) floor(ing) (finish), ~ (~) floor cover(-ing)

EG-Grundriß *m*, Erdgeschoßgrundriß · ground floor plan, ~ ~ base

EG-Höhe *f*, Erdgeschoßhöhe · ground floor height

EG-Mauer *f*, Erdgeschoßmauer · ground-floor masonry wall, ground level ~ ~

EG-Moment *n*, Eigengewichtsmoment · dead weight moment, own ~ ~, self ~ ~

EG-Platte *f*, Erdgeschoßplatte · ground-floor slab

EG-Rohbauplan *m*, Erdgeschoßrohbauplan · ground floor plan

EG-Stütze *f*, Erdgeschoßstütze · ground floor column

EG-Wohnung *f*, Erdgeschoßwohnung · ground-floor dwelling unit (US); ~ dwelling (Brit.)

EH *f*, Einpreßhilfe *f*, Verpreßhilfe, Auspreßhilfe, Injektionshilfe [*Verminderung des Absetzens des Zementmörtels im Spannkanal bzw. mäßiges Quellen. Verbesserung des Fließens des Mörtels beim Einpressen und Verminderung des Wasseranspruchs des Mörtels*] · grouting aid, ~ agent, injection ~

Ehrengrabmal *n*, leeres ~ · cenotaph [*A monument to a person or persons buried elsewhere*]

E.H.Z. *m*, Einhandziegel · one-hand (clay) brick

Ei-Betonrohr *n*, Eiprofil-Betonrohr, Eiprofil-Zementrohr, Betonrohr mit eiförmigem Abflußquerschnitt, eiförmiges Betonrohr, Betonrohr mit Eiprofil, Zementrohr mit Eiprofil · egg(-shaped) concrete pipe

Eichamt *n* · weights and measures department, ~ ~ ~ office

Eichen|(fuß)boden(belag) *m* · oak floor(ing), ~ floor finish, ~ floor cover(-ing)

~lattenzaun *m*, Eichenstaket *n* · oak slat fence, ~ stake ~

~parkett *n*, Fhep *n* · oak parquet(ry)

~riemen(fuß)boden(belag) *m*, Fhe *m* · oak strip floor(ing) (finish), ~ ~ floor cover(ing)

~schindel *f* · oak shingle

~staket *n*, Eichenlattenzaun *m* · oak slat fence, ~ stake ~

eichenvertäfelt · panelled in oak (Brit.); paneled ~ ~ (US)

Eichen(zaun)pfosten *m*, Eichen(zaun)-pfahl *m* · oak (fence) post, ~ (~) picket

Eierschalen|glanz *m* · eggshell gloss, ~ luster [*A term referring to the gloss of a dried paint film, the glossiness of which is between flat and semi-gloss, and resembles the glossiness of an eggshell*]

~mattlack *m* · eggshell flat varnish

~textur *f* [*Fehler im Steinzeug*] · eggshell

Eierstab *m* · egg-and-tongue moulding (Brit.); ~ molding (US)

Ei-Falzrohr *n*, eiförmiges Falzrohr · egg(-shaped) interlocking pipe

eiförmig · egg-shaped

~ gedrücktes Rohr *n*, Eiformrohr, Ei-(profil)rohr, eiförmiges Rohr · egg(-shaped) pipe

eiförmiger Querschnitt *m* · egg(-shaped) section

eiförmiges Betonrohr *n*, Betonrohr mit eiförmigem Abflußquerschnitt, Betonrohr mit Eiprofil, Zementrohr mit Eiprofil, Ei(profil)-Betonrohr, Eiprofil-Zementrohr · egg(-shaped) concrete pipe

~ Durchgangsrohr *n* **mit Fuß** · egg(-shaped) barrel with base

~ Falzrohr *n*, Ei-Falzrohr · egg(-shaped) interlocking pipe

~ Profil *n*, Eiprofil · egg(-shaped) profile

~ Rohr *n*, Ei(profil)rohr, Eiformrohr, eiförmig gedrücktes Rohr · egg(-shaped) pipe

Eiformrohr *n*, eiförmig gedrücktes Rohr, Ei(profil)rohr, eiförmiges Rohr · egg (-shaped) pipe

Eigen|brocken *m*, Eigenscherben *m* [*Glasgemenge*] · factory cullet, domestic ~

~festigkeit *f* · inherent strength, natural ~

~feuchte *f*, Eigenfeuchtigkeit *f* · inherent moisture, natural ~, water of composition

~feuchtigkeit *f*, Eigenfeuchte *f* · inherent moisture, natural ~, water of composition

~frequenz *f* · natural frequency [*The frequency of a free vibration*]

~funktion *f* · normal mode [*A characteristic distribution of the amplitudes of free vibration of a common frequency in a mechanical system or sound field subject to elastic restoring forces. In a mechanical system, there exist as many independent uncoupled characteristic distributions, and hence normal modes, as there are degrees of freedom; in a continuum, infinite sets of such distributions are determined by the boundary conditions. Any vibration in a conservative system may be considered as a linear combination of normal modes taking place simultaneously with independent values of amplitude and relative phase*]

~gewicht *n*, EG *n* · self weight, own ~, dead ~

~gewichtsmoment *n*, EG-Moment · dead weight moment, self ~ ~, own ~ ~

~heim *n* · home

~heimaufzug *m* · home lift (Brit.); ~ elevator (US)

~heimdachplatte *f*, Eigenheimbedachungselement *n*, Eigenheimbedachungsplatte, Eigenheimdachelement, Eigenheimdach(ein)deck(ungs)element · home roof(ing) slab

~schaft *f*, Vermögen *n*, Fähigkeit *f* · property, capacity, quality, power, capability

~scherben *m*, Eigenbrocken *m* [*Glasgemenge*] · factory cullet, domestic ~

~setzung *f* · inherent settlement [*The sinking of a foundation caused by the loads it superimposes on the soil below it, rather than by the loads on any adjacent foundation*]

eigensicher · inherently safe

Eigen|spannung *f* · inherent stress

~steifigkeit *f* · inherent stiffness

eigentliche Pyramide *f* [*Im Gegensatz zur Stufenpyramide*] · (geometrically) true pyramid [*As opposed to the step pyramid*]

Eigen|tumswohnung *f*, EW *f* · freehold dwelling unit (US); ~ dwelling (Brit.)

~überwachung *f* [*Güteüberwachung im Werk*] · factory control

~wärme *f* · inherent heat

Eignungs|bestimmung *f* · functional determination

~probe *f*, Eignungsversuch *m*, Eignungsprüfung *f* · preliminary test

einachsig bewehrte Platte *f*, ~ armierte ~ · one-way reinforced slab, ~ ~ plate

~ gespannt [*Deckenplatte*] · spanning in one direction

einachsige Lastabtragung *f* · one-dimensional load transfer

einachsiger Spannungszustand *m*, linearer ~ · one-dimensional state of stress, linear ~ ~ ~, ~ stress state

einander durchschneidende Flächen *fpl* · intersecting surfaces

einarmige Treppe *f*, einläufige ~ · single-flight stair(case)

Einbadverfahren *n* [*Dachpappenherstellung*] · single-bath method, one-bath ~

Einbau|aschenbecher *m* · built-in ash-tray, in-built ~

~(bade)wanne *f*, eingebaute (Bade-) Wanne [*Solche Wannen stehen vor der Wand, in einer Ecke oder Nische*] · built-in (bath)tub, encased ~, in-built ~, ~ bath

~-Deckenleuchte *f* · recessed ceiling(-mounted) luminaire (fixture) (US); ~ ~ light fitting (Brit.); ~ ~ (light(-ing)) fixture

einbauen, einbringen, verarbeiten [*Baustoff*] · to place

Einbauen *n*, Einschachteln [*Feuerfestindustrie. Das Anordnen von Schutzsteinen, um Verdrückungen zu vermeiden*] · boxing-in, pocket setting

~, Einbringen, Verarbeiten [*Baustoff*] · placing

einbaufertig · ready-to-place

Einbau|-Kleiderschrank *m*, Wand-Kleiderschrank · built-in wardrobe, in-built ~

~küche *f* · built-in kitchen

~küchenschrank *m* · built-in kitchen cabinet

~leuchte *f* → eingelassene Leuchte

~möbel *npl* · fitment, fitting, built-in furniture, fitted furniture, inbuilt furniture [*Furniture fixed, often by the builder, as opposed to the loose furniture bought by the occupier*]

~schrank *m*, Wandschrank · closet

~schranktür *f*, Wandschranktür · closet door

~seifenschale *f*, eingelassene Seifenschale · recessed soap holder, ~ ~ tray

~teil *m, n*, **im Bauwesen** · fixture, built-in unit [*A functional or decorative object built into, rather than fixed to, the carcass of a building but not forming part of it*]

Einbauten *f* **im Bauwesen**, Einbauteile *mpl, npl* ~ ~ · built-in units, fixtures

Einbau|wanne *f*, Einbaubadewanne, eingebaute (Bade)Wanne [*Solche Wannen stehen vor der Wand, in einer Ecke oder Nische*] · built-in (bath)tub, encased ~, in-built ~, ~ bath

~zeichnung *f* · installation drawing

einbettig · one-bed, single-bed

Einbettmasse *f* [*Spachteldach(belag)*] · flood coat

Einbettung *f* · bedding

Einbindelänge *f*, Verbundlänge, Haftlänge · grip length, bond ~, transfer ~ [*reinforcing bar*]

einbinden · to feather [*To blend the edge of a new material smoothly into the old surface*]

Einblasen *n* **der Luft** [*Diffusor*] · air discharge

Einblatten *n*, Anblatten [*Verbindung zweier Kanthölzer durch ein Blatt*] · halving

Einbrennemaille *f*, Ofenemaille · baking (industrial) enamel, stoving (~) ~

Einbrennen *n*, Ofentrocknung *f* · stoving, baking [*The process of drying and hardening a paint coating by heating, usually at a temperature above 150° F*]

Einbrenn|füller *m* · baking filler, ~ filling composition

~lack *m* · baking varnish

~ofen *m* · baking oven, stoving ~

~spachtel(masse) *m*, (*f*) [*Anstrichtechnik*] · baking stopper

einbringen, einbauen, verarbeiten [*Baustoff*] · to place

Einbringen *n*, Einbauen, Verarbeiten [*Baustoff*] · placing

Einbruch|alarmanlage *f*, Einbruchmeldeanlage · burglar alarm system, ~ ~ installation

~schutz *m*, Einbruchsicherung *f* · burglar(y) protection

einbruchsicher · vandal-proof, burglar-proof

Einbruchsicherung *f*, Einbruchschutz *m* · burglar(y) protection

einbündig angeordnete Räume *mpl* · single-depth rooms

(ein)decken, (be)dachen · to (place the) roof

Eindecken *n*, Dach~, Bedachung *f*, Dach(ein)deckung, (Be)Dachen · (placing the) roofing

~ mit Pfannen, Dach~ ~ ~, Bedachung *f* ~ ~, (Be)Dachen ~ ~, Dach(ein)deckung ~ ~, Pfannendach(ein)deckung, Pfannenbedachung · pantiling

(Ein)Deckung *f*, Dach(ein)deckung, Bedachung, Dach *n*, Dachbelag *m* · roof cladding, ~ covering, ~ sheathing, roof(ing)

Eindeckung *f*, Eindecken *n*, Dach~, Bedachen, Bedachung · placing the roofing

(Ein)Deckung *f* **mit einfachem liegenden Falz** → Dach~ ~ ~ ~ ~

Eindicken *n* · thickening

eindimensional · one-dimensional

Eindrahtleitung *f*, Einfachleitung [*Elektrotechnik*] · single-wire line

Eindringmörtel *m* → Einpreßmörtel

~loch *n*, Injiziermörtelloch, Injektionsmörtelloch · grout(ing) hole

Eindringtiefe *f*, Eindringungstiefe, Umgriff *m* [*Elektrotauchverfahren*] · throwing power

Eindringung *f*, Penetration *f* · penetration

Eindring(ungs)|probe *f*, Eindring(ungs)prüfung *f*, Eindring(ungs)versuch *m* · penetration test

~prüfung *f*, Eindring(ungs)versuch *m*, Eindring(ungs)probe *f* · penetration test

~tiefe *f*, Umgriff *m* [*Elektrotauchverfahren*] · throwing power

~tiefe *f* · depth of penetration

~versuch *m*, Eindring(ungs)probe *f*, Eindring(ungs)prüfung *f* · penetration test

einebnen, (aus)ebnen, egalisieren, nivellieren, ausgleichen · to level

Einebnen *n*, (Aus)Ebnen, Egalisieren, Nivellieren, Ausgleichen · levelling (Brit.); leveling (US)

einetagig, eingeschossig, ebenerdig · single-story, one-story (US); single-storey, one-storey (Brit.); single-floor, one-floor

einetagiges Lagergebäude *n* → eingeschossiges ~

einfach armiert, ~ bewehrt, mit einfachen (Stahl)Einlagen [*Gegenteil: kreuzbewehrt*] · one-way reinforced

~ aufgelagert → ~ gelagert

~ aufliegend → ~ gelagert

~ bewehrt, ~ armiert, mit einfachen (Stahl)Einlagen [*Gegenteil: kreuzbewehrt*] · one-way reinforced

~ gekrümmte Fläche *f* · singly curved plane

~ gekrümmter (zweiseitiger) Krallendübel *m*, gekrümmtes Krallenplattenpaar *n* · single curved spike grid

~ gekrümmtes Schalensystem *n* · single curved shell system

~ gelagert, ~ auf~, freidrehbar ~, freiaufliegend, freigelagert, einfach aufliegend · simply supported, freely ~, supported at both ends, simple

~ liegender Falz *m* [*Metallbedachung*] · single welt(ed seam)

~ logarithmischer Maßstab *m* · log scale

~ schräger (Rohr)Zulauf *m*, ~ ~ (Rohr)Abzweig *m*, (Rohr)Seitenzulauf, (Rohr)Seitenabzweig · oblique-angled (pipe) junction, side (~) ~, ~ (~) inlet, ~ (~) branch

~ stehender (Dach)Stuhl *m* · king post

~ ~ ~ und Versenkung *f* · king post and wind filling

~ ~ Falz *m* [*Metallbedachung*] · single standing seam

~ verglastes Element *n* · single-glazed unit

Einfach|dampfraumkessel *m*, Kessel mit einem Dampfraum · boiler with single steam space

~-(Draht)Ziehbank *f* · single reduction (wire-)drawing machine

einfache Auflagerung *f*, einfaches Auflager *n* · simple bearing, ~ support

~ Biegung *f* · simple bending, ~ flexure

~ Lösung *f* · simple solution

~ plastische Theorie *f*, lineare ~ ~, (Spannungs)Theorie 1. Ordnung · first-order theory, linear plastic ~, simple plastic ~

~ Platte *f* · simple plate, ~ slab

~ Sicherheit *f* · simple safety

~ VBP *f*, ~ Verbundplatte, (kunststoff-)kaschierte Hartplatte · plastic (laminate) (sur)faced hardboard, ~ coated ~

~ Verbundplatte *f*, ~ VBP, (kunststoff-)kaschierte Hartplatte · plastic (laminate) (sur)faced hardboard, ~ coated ~

einfacher Balken(träger) *m* · simple beam [*A beam without restraint or continuity at its supports*]

~ Deckenbügel *m* · plain loop for ceilings, ~ stirrup ~ ~

~ Falz *m* [*Metallbedachung*] · single (welted) seam, ~ lock ~

(~) Kohlenstoffstahl *m*, (unlegierter) ~ · carbon steel

einfach(er) liegender Falz *m* [*Metallbedachung*] · flat(-lock) seam

~ ~ ~ mit (Löt)Hafter [*Metallbedachung*] · flat(-lock) soldered seam

einfacher Rahmen *m* → Einfeldrahmen

(einfacher Stirn)Versatz *m* [*Holzkonstruktion*] · skew notch

(~) Ton *m*, reiner ~ [*Sinusförmige Schallschwingung im Hörbereich. Anmerkung: Die in der Musik übliche Bestimmung des Begriffes Ton weicht im allgemeinen von der in der Akustik üblichen ab. Der Musiker nennt das Schallergebnis, das einer einzelnen Note entspricht, Ton, während es sich nach der Terminologie der Akustik in den meisten Fällen – wegen der Obertöne – um einen Klang handelt*] · pure tone [*A sound in which the sound pressure varies sinusoidally with time. The waveform may be represented by sin ωt*]

~ Träger *m* · single girder

~ Zapfen *m* · stub tenon

~ Zug *m* · simple tension

einfaches Hängewerk *n*, einsäuliges ~, einsäuliger Hängebock *m*, einfacher Hängebock · king (post) truss, Howe gable ~ [*Is used for short spans in connection with wood construction*]

einfaches Parallelseilsystem *n* · simple parallel cable system

~ ~ mit Stabilisierung durch Dachlast · simple parallel system with stabilization through roof weight

Einfach|fenster *n* · single window

~-Harmonikatür *f* · single(-screen) expanding wall

~kragschale *f* · single-cantilever shell

~leitung *f*, Eindrahtleitung [*Elektrotechnik*] · single-wire line

~rahmen *m* → Einfeldrahmen

~-Schiebetür *f*, Schiebetür mit einem Flügel, einflügelige Schiebetür · single sliding door

~-Schutzkontaktsteckdose *f* · single socket with earthing contact

~-Senkrecht-Schiebe(flügel)fenster *n*, Einfach-Vertikal-Schiebe(flügel)fenster · single-hung sash window

~-Steckdose *f* · single socket

(~-)T-Eisen *n*, (Einfach-)T-Stahl *m* · T(ee) (steel) section, tee (~) ~, ~ (~) bar

~tür *f* · single door

~verglasung *f* · single glazing

~-Vertikal-Schiebe(flügel)fenster *n*, Einfach-Senkrecht-Schiebe(flügel)fenster · single-hung sash window

~wand *f*, einschalige Wand · one-leaf wall, single-leaf ~, one-wythe ~, single-wythe ~, one-withe ~, single-withe ~ (Brit.); one-tier ~, single-tier ~ (US)

~-Ziehbank *f*, Einfach-Drahtziehbank · single reduction (wire-)drawing machine

Einfädelvorrichtung *f* [*Herstellung von Baustahlmatten*] · main wire feeder

Einfahrt *f* · access way

~rampe *f* · in ramp

~stand *m* [*Parkhaus*] · reception stall

einfallende Sonnenstrahlung *f*, Sonneneinfall *m*, Besonnung · insolation, sun(light) penetration, incoming solar irradiation, entry of direct sunshine

Einfalz(dach)|stein *m* · single-lap (roof(ing)) tile

~ziegel *m* · clay single-lap (roof(ing)) tile

Einfalz|stein *m*, Einfalzdachstein · single-lap (roof(ing)) tile

~ziegel *m*, Einfalzdachziegel · clay single-lap (roof(ing)) tile

Einfamilienhaus *n* [*Fehlname: Wohnhaus*] · house [*British Standard name. B.S. 3589: 1963. A building forming one self-contained dwelling. It would not be correct in Great Britain to describe a building containing more than one dwelling as a house. Such a building might be a pair of (semi-detached) houses, a row of (terrace) houses or a block of flats or of maisonettes*]; (one-) family unit, ((one-)family) home, single-family unit, single-family home

einfärben · to color integrally (US); to colour ~ (Brit.)

~ [*Beton*] · to dye [*concrete during casting*]

Einfärben *n* [*Beton*] · dyeing

einfarbig · monochromatic, monochrome

einfarbiger Aufbau *m* · monochrome painting, dominant harmony [*A colour scheme built up form the tints and shades of any one colour, e.g., pale and deep tones of green*]

einfarbiges Linoleum *n*, Unilinoleum, Waltonlinoleum · plain lino(leum), Walton's ~

Einfassung *f*, Abschluß *m*, Rand~, Rand *m* · surround

~ [*Schornstein; Lüftungsrohr*] · tray

Einfassungsstein *m*, Beton~ · (concrete) edging

einfegen · to broom into a surface

Einfeld|balken(träger) *m* · single-span beam, one-span ~, single-bay ~, one-bay ~, beam of one bay, beam of one span

~rahmen *m*, Einfachrahmen, einfacher Rahmen · one-span frame, single-span ~, single(-bay) ~, one-bay ~, frame of one bay, frame of one span

~-Zweigelenkrahmen *m*, Zweigelenk-Einfeldrahmen · single-span two-hinged frame, one-span ~ ~, single-bay ~ ~, one-bay ~ ~, two-hinged frame of one span, two-hinged frame of one bay

Ein-Fenstertafel *f* · one-window panel

einfetten · coating with grease

Einflügel|bau *m*, Einflügelgebäude *n* · single-wing(ed) building, ~ block, one-wing(ed) ~, block with one wing, building with one wing

~fenster *n*, einflügeliges Fenster · single-sash(ed) window [*See remark under 'Flügel'*]

~gebäude *n*, Einflügelbau *m* · single-wing(ed) building, ~ block, one-wing(ed) ~, block with one wing, building with one wing

einflügelige Schiebetür *f*, Einfach-Schiebetür, Schiebetür mit einem Flügel · single sliding door

~ Tür *f*, Einflügeltür · single-leaf door, one-leaf ~

~ Zimmertür *f*, Einflügel-Zimmertür · single-leaf room door, one-leaf ~ ~

einflügeliges Fenster *n*, Einflügelfenster · single-sash(ed) window [*See remark under 'Flügel'*]

~ Schiebetor *n* · one-leaf sliding shutter door, ~ ~ shutterdoor

~ Tor *n* · single-leaf shutterdoor, ~ shutter door

Einflügel|tür *f*, einflügelige Tür · single-leaf door, one-leaf ~

~-Zimmertür *f*, einflügelige Zimmertür · single-leaf room door, one-leaf ~ ~

Einfluß|beiwert *m*, Einflußfunktion *f* · influence coefficient

~bereich *m, n* · influence zone

~feld *n*, Einflußfläche *f* · influence field, ~ surface, ~ area

~funktion *f*, Einflußbeiwert *m* · influence coefficient

~linie *f*, Greensche Funktion *f* · line of influence, influence line

~linie *f* **der Auflagerkraft,** A-Linie · influence line of reactions, A-line

~linientafel *f*, Einflußtabelle *f* · influence chart

~linienverfahren *n* · influence line analysis

~ordinate *f* · influence ordinate

~zahl *f*, Einflußbeiwert *m*, Einflußfunktion *f* · influence coefficient

Einförmigkeit *f* · monotony

einfrieden · to fence

Einfrieden *n* · fencing [*The action of protecting, or of setting up a defence against*]

Einfried(ig)ung *f* · defence (Brit.); defense

Einfried(ig)ungsmauer *f* · defence wall (Brit.); defense ~

einführen [*Luft in Beton oder Mörtel*] · to entrain

Einführungsleitung *f* · drop wire [*A cable from the nearest pole of an overhead supply line, connecting a building with the grid*]

Ein-Füllungstür *f* · single-pane|(led) door

Eingang *m* · (pedestrian) entrance

Eingangs|-Abdach *n*, Eingangs-Vordach, Eingangs-Wetter(schutz)dach · entrance canopy, ~ roof overhang

~anlage *f* · entrance installation

~(außen)tor *n* · entrance gate

~(be)heizung *f* · entrance heating

~bereich *m* · entrance area

~bogen *m* · entrance arch

~ebene *f* · entrance level

~flur *m* [*Hotelzimmer*] · entrance lobby

~flur *m*, Eingangskorridor *m* · entrance corridor

(~)Halle *f*, Empfangshalle · (entrance) hall, reception ~ [*An entrance space, often containing a staircase*]

~halle *f*, Torbau *m*, Propyl(ai)on *n* · propylaeum, propyl(ai)on, monumental gateway

~korridor *m*, Eingangsflur *m* · entrance corridor

~pylon(e) *m*, (*f*) · entrance pylon

~raum *m* · lobby

~stufe *f* · entrance step

~terrasse *f* · entrance terrace

~tor *n*, Eingangsaußentor · entrance gate

~treppe *f* · entrance stair(case)

~tür *f* · entrance door

~-Vordach *n*, Eingangs-Abdach, Eingangs-Wetter(schutz)dach · entrance canopy, ~ roof overhang

~-Wetter(schutz)dach *n*, Eingangs-Vordach, Eingangs-Abdach · entrance canopy, ~ roof overhang

eingebaute (Bade)Wanne *f*, Einbau(bade)wanne [*Solche Wannen stehen vor der Wand, in einer Ecke oder Nische*] · built-in (bath)tub, encased ~, in-built ~, ~ bath

~ Wanne *f*, ~ Bade~, Einbau(bade)-wanne [*Solche Wannen stehen vor der Wand, in einer Ecke oder Nische*] · built-in (bath)tub, encased ~, in-built ~, ~ bath

eingebautes Haus *n*, Reihenhaus · row house

eingebettet · embedded

eingebrannt [*Glas*] · fired-on [*Enamelled devices which are permanently fixed to the surface of glass by heat treatment*]

~ lackiert · with hard-stoved enamel finish

eingebundene Säule *f* · attached column, engaged ~, applied ~ [*A column attached to, or partly sunk into, a wall or pier*]

eingebundener Pfeiler *m* → Wandpfeiler

eingedicktes Öl *n*, Dicköl [*Oberbegriff für alle Öle von künstlich erhöhter Viskosität. Dicköl umfaßt Standöle, geblasene Öle und alle nach anderen Verfahren eingedickte Öle*] · bodied oil

eingedrückt [*Abstreumaterial beim Dachbelag*] · embedded (in the coating)

eingefärbt, pigmentiert, durchgefärbt, pigmenthaltig · integrally coloured (Brit.); ~ colored (US); pigmented

eingeführte Luft *f*, eingetragene ~ · entrained air [*Microscopic air bubbles intentionally incorporated in mortar, concrete, or cement paste*]

~ Luftpore *f*, eingetragene ~ · entrained air void [*It is typically between 10 and 1,000 microns in diameter and spherical or nearly so*]

eingeführter Stil *m* · imported style

eingeglast, verglast · glazed, glassed-in

eingelassene Leuchte *f*, Einbauleuchte · recessed luminaire (fixture) (US); ~ light fitting (Brit.); ~ (light(ing)) fixture

~ Seifenschale *f*, Einbauseifenschale · recessed soap holder, ~ ~ tray

eingelassenes Riegelschloß *n*, Einlaß-Riegelschloß, Blind-Riegelschloß · flush-encased dead bolt lock

~Schloß *n*, Einlaßschloß, Blindschloß · flush-encased lock

Eingelenk|bogen(träger) *m*, gekrümmter Eingelenkträger · one-hinged arch(ed girder), one-pin(ned) ~ (~), single-hinged ~ (~), single-pin(ned) ~ (~)

~parabelbogen(träger) *m*, gekrümmter Eingelenkparabelträger · one-hinged parabolic arch(ed girder), one-pin(ned) ~ ~ (~), single-hinged ~ ~ (~), single-pin(ned) ~ ~ (~)

~rahmen *m* · one-hinged frame, one-pin(ned) ~, single-hinged ~, single-pin(ned) ~

eingereichte Pläne *mpl*, vorgelegte ~ [*Der Baugenehmigungsbehörde vorgelegte Pläne*] · deposited plans, ~ drawings

eingesackter (Beton)Zuschlag(stoff) *m* · bagged (concrete) aggregate

~ Zement *m*, Sackzement, (ab)gesackter Zement · bagged cement, sacked ~

~ Zuschlag(stoff) *m*, ~ Beton~ · bagged (concrete) aggregate

eingeschlossene Feuchtigkeit *f*, ~ Feuchte *f* · entrapped moisture, ~ humidity

~ Luft *f* · entrapped air [*Air voids in concrete, mortar, or cement paste which are not purposely entrained*]

~ Luftpore *f* · entrapped air void [*It is characteristically 1 mm or more in size and irregular in shape*]

eingeschnappt · snap fitted into position

eingeschobene Treppe *f*, Leitertreppe · stair(case) with treads inserted between strings (Brit.); ~ ~ ~ ~ ~ stringers (US) [*There are no risers*]

eingeschobenes Gewölbe *n* · interposed vault

eingeschossener Stiftbolzen *m* · power-driven stud

eingeschossig, einetagig, ebenerdig · single-story, one-story (US); single-storey, one-storey (Brit.); single-floor, one floor

eingeschossiges Lagergebäude *n*, einetagiges ~, einstöckiges ~, ebenerdiges ~, ~ Lagerhaus *n*, Eingeschoßlagerhaus, Eingeschoßlagergebäude · single-story warehouse (building), one-story ~ (~) (US); single-storey ~ (~), one-storey ~ (~) (Brit.); single-floor ~ (~), one-floor ~ (~)

Eingeschoß|haus *n*, ebenerdiges Haus · single-story house, one-story ~ (US); single-storey ~, one-storey ~ (Brit.); single-floor ~, one-floor ~

~lagerhaus *n* → eingeschossiges Lagergebäude

eingespannt, gelenklos [*Bogen; Träger*] · hingeless, encastré, fixed, with fixed ends, without articulations, rigid, no-hinged

eingestemmte Treppe *f* · closed string stair(case), housed ~ ~; ~ stringer ~ (US)

eingesumpfter Kalk *m*, Grubenkalk, Sumpfkalk · pit lime

eingetragene Luft *f*, eingeführte ~ · entrained air [*Microscopic air bubbles intentionally incorporated in mortar, concrete, or cement paste*]

~ Luftpore *f*, eingeführte ~ · entrained air void [*It is typically between 10 and 1,000 microns in diameter and spherical or nearly so*]

eingetragenes Warenzeichen *n* · registered trademark

Einhandblock *m*, Einhand(block)stein *m*, Einhänder *m* · one-hand block, ~ tile [*See remark under 'Block'*]

Einhänder *m* → Einhandblock

Einhandhohl|stein *m*, Einhandhohlblock(stein) *m* · one-hand hollow block, ~ cavity ~, ~ ~ tile, ~ pot [*See remark under 'Block'*]

~ziegel *m* · one-hand hollow (clay) brick

Einhand|stein *m* → Einhandblock

~ziegel *m*, E.H.Z. · one-hand (clay) brick

einhängiges Dach *n* → Pultdach

einheimischer Marmor *m*, Inlandmarmor · domestic marble

einheimisches Holz *n* · home-grown wood, ~ timber, domestic ~

Einheit *f* [*Fehlname*] → (Bau)Element

~ im Bogenmaß, Radiant *m*, Bogeneinheit · radian, ~ unit

einheitlich · uniform

Einheitlichkeit *f* · uniformity

Einheits|last *f* · unit load

~material *n* [*Anstrichtechnik*] · primer-filler

~preis *m* · unit price

~temperaturkurve *f* [*Brandverhalten von Bauteilen*] · standard time-temperature curve

einhüftiger Bogen *m*, Schwanenhals *m* · rampant arch

~ Rahmen *m*, Halbrahmen · half-frame

einhüftiges Gewölbe *n*, ~ Tonnen~, einhüftige Tonne *f*, · rampant barrel vault, ~ tunnel ~, ~ wagon ~

Ein-Joch-Giebelrahmen *m* · single(-bay) gable frame

Ein-Kanal-System *n* [*Luftverteilung*] · single-duct system

Einkauf(abteilung) *m*, (*f*) · buying department

(Ein)Kaufebene *f*, Ladenebene · shopping level

Einkaufhalle *f* · shopping hall

(Ein)Kauf|komplex *m*, Ladenkomplex, Geschäftekomplex · (retail) shopping complex, (~) business ~, shops

Einkaufstätte *f*, Laden *m* · shop

(Ein)Kauf|straße *f*, Ladenstraße, Geschäftestraße · (retail) shopping street, (~) ~ parade, (~) business ~, shops street, shops parade

~zentrum *n*, Ladenzentrum · shopping centre (Brit.); ~ center (US); block of grouped shops

~zone *f*, Ladenzone · shopping area

Einkehle *f*, (Dach)Kehle, (Dach)Kehlung *f* · (roof) valley

Einkerbhin- und -herbiegeprüfung *f*, Einkerbhin- und -herbiegeversuch *m*, Einkerbhin- und -herbiegeprobe *f* · alternating notch bending test, ~ ~ flexure ~

einknicken, (aus)knicken · to buckle

(Ein)Knicken *n*, Ausknicken · buckling

Einkomponenten|-Aktivgrund *m*, Einkomponenten-Haftgrund(ierung) *m*, (*f*), Einkomponenten-Haftgrund(ier)mittel *n* · one-component etching primer, single-component ~ ~, one-part ~ ~, single-part ~ ~, one-pack ~ ~, single-pack ~ ~, ~ wash ~, ~ pretreatment ~, ~ self etch ~

~-Flüssigkunststoff *m* · one-part coating, one-component ~, single-part ~, single-component ~, single-pack ~, one-pack ~

~-Grundanstrichmittel *n* → Einkomponenten-Grund(ierung)

~-Grundanstrichstoff *m* → Einkomponenten-Grund(ierung)

~-Grundiermittel *n* → Einkomponenten-Grund(ierung)

~-Grundierstoff *m* → Einkomponenten-Grund(ierung)

~-Grund(ierung) *m*, (*f*), Einkomponenten-Grundanstrichstoff *m*, Einkomponenten-Grundanstrichmittel *n*, Einkomponenten-Grundierstoff, Einkomponenten-Grundiermittel · one-component primer, single-component ~, one-part ~, single-part ~, one-pack ~, single-pack ~

~-Haftgrund(ier)mittel *n*, Einkomponenten-Aktivgrund *m*, Einkomponenten-Haftgrund(ierung) *m*, (*f*) · one-component etching primer, single-component ~ ~, one-part ~ ~, single-part ~ ~, one-pack ~ ~, single-pack ~ ~, ~ wash ~, ~ pretreatment ~, ~ self etch ~

~-Haftgrund(ierung) *m*, (*f*), Einkomponenten-Aktivgrund *m*, Einkomponenten-Haftgrund(ier)mittel *n* · one-component etching primer, single-component ~ ~, one-part ~ ~, single-part ~ ~, one pack ~ ~, single-pack ~ ~, ~ wash ~, ~ pretreatment ~, ~ self etch ~

~kitt *m* · single-component cement, one-component ~, one-part ~, single-part ~, one-pack ~, single-pack ~

~-Kleb(e)stoff *m*, Einkomponenten-Kleb(e)mittel *n*, Einkomponenten-Kleber *m* · one-component (bonding) adhesive, single-pack (~) ~, one-pack (~) ~, one-part (~) ~, single-component (~) ~, single-part (~) ~, ~ ~ agent, ~ ~ medium, ~ cement(ing agent)

~-Kunststoff *m* · one-component plastic, single-component ~, one-part ~, single-part ~, single-pack ~, one-pack ~

~-System *n* · one-component system, one-part ~, single-component ~, single part ~, single-pack ~, one pack ~, one-pot ~, single-pot ~

einkomponentig, 1-komponentig · one-part, one-component, single-part, single-component, single-pack, one-pack

Einkornbeton *m*, einkörniger Beton' gleichkörniger Beton [*DIN 4163*] · like-grained concrete, uniform ~, single-sized ~, short range aggregate ~

einkörnig, gleichkörnig · like-grained, uniform, single-sized, equigranular, even-grained

einkörniger Beton *m*, gleichkörniger ~, Einkornbeton [*DIN 4163*] · like-grained concrete, uniform ~, single-sized ~, short range aggregate ~

~ Mörtel *m*, gleichkörniger ~, Einkornmörtel · like-grained mortar, uniform ~ single-sized ~

~ Porenbeton *m*, gleichkörniger ~, Einkorn-Porenbeton · like-grained aerated concrete, uniform ~ ~, single-sized ~ ~, short range aggregate ~ ~

Einkorn|mörtel *m*, einkörniger Mörtel, gleichkörniger Mörtel · like-grained mortar, uniform ~, single-sized ~

~-Porenbeton *m*, einkörniger Porenbeton, gleichkörniger Porenbeton · like-grained aerated concrete, uniform ~ ~, single-sized ~ ~, short range aggregate ~ ~

Einlage *f* → Fugen~

~, Träger(stoff) *m* · insert(ion)

~ [*(bituminöser) Spachteldachbelag*] · (felt) layer, (~) ply

~ [*(Dach)Pappe*] · fabric

~, Kern *m*, Seele *f* [*Drahtseil*] · core

Einlagen *fpl* **gegen negative Biegemomente**, (Stahl)~ ~ ~ ~, Bewehrung *f* ~ ~ ~, Armierung ~ ~ ~ · negative reinforcement [*Reinforcement placed in concrete to resist negative bending moments*]

~ ~ positive Biegemomente, (Stahl-) ~ ~ ~ ~, Armierung ~ ~ ~, Bewehrung ~ ~ ~ · positive reinforcement [*Reinforcement placed in concrete to resist positive bending moments*]

Ein-Lagen-Dachpappe *f* → einlagige Dachpappe

Einlagenplan *m* → Bewehrungsplan

Ein-Lagen-Roh(dach)pappe *f*, Ein-Schicht-Roh(dach)pappe · single-layer(ed) (roofing) fabric, ~ fabric for roofing

Einlagenzeichnung *f* → Bewehrungsplan

(ein)lagern · to store

(Ein)Lagerung *f* · storage

Einlagestreifen *m* · filler strip

einlagig, einschichtig · single-layer, one-layer, single-course, one-course, homogeneous

~, einschichtig [*(Ver)Putz*] · one-coat, single-coat

einlagige Dachpappe *f*, einschichtige ~, Ein-Lagen-Dachpappe, Ein-Schicht-Dachpappe · single-layer(ed) (roll) roofing, ~ ready ~, ~ composition ~, ~ prepared ~, ~ rolled-strip ~

~ Putzdecke *f*, einschichtige ~ · single-coat plaster(ed) ceiling

Ein-Lampenleuchte *f* · single-lamp luminaire (fixture) (US); ~ light fitting (Brit.); ~ (light(ing)) fixture

einlängig, 1-längig [*Schienenleuchte*] · single-unit

Einlassen *n* [*Mit der Oberfläche eines Gegenstandes bündig machen*] · sinking

Einlaß *m* **mit geradem Flansch** [*Kanalisationssteinzeug*] · square saddle junction piece

~ ~ schrägem Flansch [*Kanalisationssteinzeug*] · oblique saddle junction piece

~ ohne Flansch [*Kanalisationssteinzeug*] · junction piece without saddle

~dübel *m* [*Holzverbinder*] · lay-in (timber) connector

~profil *n* · lay-in shape, ~ section, ~ trim, ~ unit, ~ profile

~-Riegelschloß *n*, Blind-Riegelschloß, eingelassenes Riegelschloß · flush-encased dead bolt lock

~schloß *n*, eingelassenes Schloß, Blindschloß · flush-encased lock

Einlauf *m* → Sinkkasten

~einfassung *f*, Ablaufeinfassung, Gullyeinfassung, Sinkkasteneinfassung · inlet surround, gull(e)y ~

~gut *n*, Aufgabegut, Haufwerk *n*, Siebgut [*Siebtechnik*] · head, screen ~, (screen) feed, material to be screened

einläufige Treppe *f*, einarmige ~ · single-flight stair(case)

Einlauf|öffnung *f*, Ablauföffnung, Gullyöffnung, Sinkkastenöffnung · inlet opening, gull(e)y ~

~rost *m* → Ablaufrost

Einlegearbeit *f*, Inkrustation *f* · inlay

~ aus buntem Marmor · inlay work of coloured marble (Brit.); ~ ~ ~ colored ~ (US)

Einlege|decke *f* · lay-in ceiling

~montage *f* [*Leuchte*] · fitted assembly

~papier *n*, Verzögerungspapier [*Betonsteinindustrie*] · slab paper

~tafel *f* · lay-in panel

Ein-Loch-Batterie *f* · mixing cock for cold and hot water with one connection

(Ein)Ölen *n* · oiling

einpoliger Ausschalter *m* · single-pole on-off switch

~ Gruppenschalter *m* · single-pole two-circuit double interruption switch

~ Kreuzschalter *m* · single-pole intermediate switch

~ Serienschalter *m* · single-pole two-circuit single-interruption switch

~ Wechselschalter *m* · single-pole two-way switch

Einpreß|arbeiten *fpl*, Verpreßarbeiten, Auspreßarbeiten, Injektionsarbeiten [*DIN 18309*] · grouting work

~dübel *m* [*Holzverbinder*] · bolted (timber) connector

~gut *n*, Verpreßgut, Auspreßgut, Injektionsgut, Injiziergut · injection material

~harz *n* → Injektionsharz

~hilfe *f*, Verpreßhilfe, Auspreßhilfe, Injektionshilfe, EH [*Verminderung des Absetzens des Zementmörtels im Spannkanal bzw. mäßiges Quellen. Verbesserung des Fließens des Mörtels beim Einpressen und Verminderung des Wasseranspruchs des Mörtels*] · grouting aid, ~ agent, injection ~

~hohlraum *m*, Verpreßhohlraum, Auspreßhohlraum, Injektionshohlraum, Injizierhohlraum · grout void [*Between adjacent floor units or roof units*]

~mörtel *m*, Auspreßmörtel, Verpreßmörtel, Injektionsmörtel, Eindringmörtel, Injiziermörtel · intrusion mortar, grouting ~, injection ~, grout(ing fluid) [*A fluid mix(ture) of cement, sand, and water*]

~pistole *f* → Injektions(spritz)pistole

~spritze *f* → Injektions(spritz)pistole

~(spritz)pistole *f* → Injektions(spritz)-pistole

~suspension *f*, Verpreßsuspension, Auspreßsuspension, Injektionssuspension · grouting suspension

~verfahren *n*, Auspreßverfahren, Verpreßverfahren, Injektionsverfahren, Injizierverfahren · injection method

~zement *m*, Auspreßzement, Verpreßzement, Injizierzement, Injektionszement · grouting cement, injection ~

Einpudern *n* **mit Zement** · dusting with cement

(Ein)Quartier *m* → Viertelziegel

Einrakelware *f* · inlaid vinyl products, ~ ~ goods [*Such as floor coverings*]

Ein-Raum|-Etagenwohnung *f*, Ein-Raum-Geschoßwohnung, Ein-Raum-Stockwerkwohnung, Ein-Zimmer-Stockwerkwohnung, Ein-Zimmer-Etagenwohnung, Ein-Zimmer-Geschoßwohnung · one-room(ed) flat, ~ apartment (unit), flatlet

~-Geschoßwohnung *f*, Ein-Raum-Etagenwohnung, Ein-Raum-Stockwerkwohnung, Ein-Zimmer-Stockwerkwohnung, Ein-Zimmer-Geschoßwohnung, Ein-Zimmer-Etagenwohnung · one-room(ed) flat, ~ apartment (unit), flatlet

~-Stockwerkwohnung *f*, Ein-Raum-Etagenwohnung, Ein-Raum-Geschoßwohnung, Ein-Zimmer-Stockwerkwohnung, Ein-Zimmer-Etagenwohnung, Ein-Zimmer-Geschoßwohnung · one-room(ed) flat, ~ apartment (unit), flatlet

~-Wohnung *f*, Ein-Zimmer-Wohnung · one-room(ed) dwelling unit (US); ~ dwelling (Brit.)

Einreiber *m* · entering catch

~verschluß *m* · entering catch closer

Einrichtung *f*, Betriebs~, (Betriebs-)Anlage *f* · (service) system, (~) installation, (~) facility [*For instance an internal drainage pipework*]

Einrichtungsplan *m*, Baustellen~ · site facilities programme (Brit.); ~ ~ program (US)

Einrohr *n* [*Zentralheizung*] · one-pipe

~-Grundstücksentwässerung *f* · single-stack plumbing, one-pipe ~

~heizung *f*, Niederdruck-Warmwasserheizung, Einrohrsystem *n* · one-pipe system

~heizung *f* **mit senkrechten Fallrohrsträngen**, Einrohrsystem *n* mit oberer Verteilung · one-pipe drop system [*The hot water is taken up in one riser and distributed at high level to a number of drops, each serving a series of radiators*]

~-Pumpenheizung *f*, Pumpen-Einrohrheizung · pump(-type) one-pipe heating, one-pipe pump(-type) ~

~-Ringsystem *n*, waag(e)rechte Einrohrheizung *f* [*Ein Heizsystem mit getrennt in Fußbodennähe in jedem Stockwerk verlegtem waag(e)rechten Verteilrohr, das gleichzeitig auch Rücklaufrohr ist*] · one-pipe ring system

~-Schwerkraftheizung *f*, Schwerkraft-Einrohrheizung · gravity(-type) one-pipe heating, one-pipe gravity(-type) ~

~system *n*, Einrohrheizung *f*, Niederdruck-Warmwasserheizung · one-pipe system

~system *n* **mit oberer Verteilung**, Einrohrheizung *f* mit senkrechten Fallrohrsträngen · one-pipe drop system [*The hot water is taken up in one riser and distributed at high level to a number of drops, each serving a series of radiators*]

~zähler *m* · one-pipe meter, single-pipe ~

einrüsten · to shore

Einrüststütze *f* · shoring column, shore

Einrüstung *f* · shoring

(Ein)Rütteldruckverdichtung *f* [*Beton*] · compacting concrete by vibration and compression, compaction of ~ ~ ~ ~ ~

(Ein)Rütteln *n* [*Beton*] · compacting concrete by vibration

(Ein)Rüttelverfahren *n* [*Beton*] · vibratory method of compaction

einsacken, absacken · to bag

Einsacken *n*, Absacken, Absackung *f*, Einsackung · bagging

Einsackung *f* → Einsacken

Einsatz|härten *n*, Zementieren, Einsatzhärtung *f*, Zementierung [*als technischer Vorgang*] · case hardening

~härtung *f*, Zementierung [*als technisches Verfahren*] · case hardening

~kapelle *f* · side chapel, lateral ~

~rohr *n* [*Das Rohr, auf welches ein (Ab)Dicht(ungs)ring aufgezogen wird*] · receiving pipe

~spiegel *m* [*Deckenleuchte*] · detachable specular reflector

Einsaug|beiwert *m*, Absorptionsbeiwert, Aufsaugbeiwert · absorption coefficient

~fähigkeit *f* → Absorptionsvermögen

~färbung *f*, Aufsaugfärbung, Absorptionsfärbung · absorption colouring (Brit.); ~ coloring (US)

~mittel *n*, Einsaugstoff *m*, Aufsaugmittel, Aufsaugstoff, Absorptionsmittel, Absorptionsstoff · absorbent material

~pulver *n*, Aufsaugpulver, Absorptionspulver · absorptive powder, absorbent ~

~stoff *m*, Einsaugmittel *n*, Aufsaugstoff, Aufsaugmittel, Absorptionsstoff, Absorptionsmittel · absorbent

~vermögen *n* → Absorptionsvermögen

einsäulig · henostyle

einsäuliges Hängewerk *n*, einfaches ~, einfacher Hängebock *m*, einsäuliger Hängebock · king (post) truss [*Is used for short spans in connection with wood construction*]

Einschachteln *n*, Einbauen [*Feuerfestindustrie. Das Anordnen von Schutzsteinen, um Verdrückungen zu vermeiden*] · boxing-in, pocket setting

einschalig [*Wand*] · one leaf, single-leaf, monolithic [*wall*]

einschalige Decke *f* · homogeneous floor

~ Wand *f*, Einfachwand · one-leaf wall, single-leaf ~, one-wythe ~, single-wythe ~, one-withe ~, single-withe ~ (Brit.); one-tier ~, single-tier ~ (US)

einschaliger Bauteil *m*, einschaliges ~ *n* · homogeneous member, ~ unit

einschaliges Bauteil *n*, einschaliger ~ *m* · homogeneous member, ~ unit

~ Flachdach *n*, Warmdach, nichtdurchlüftetes Flachdach [*Bei diesem Dach bildet die Dachdecke die oberste Geschoßdecke. Sie hat auf der Oberseite einen trittfesten Wärmedämmbelag von ausreichendem Wärmedurchlaßwiderstand*] · non-ventilated flat roof

einschäumen · to foam into place

Einscheiben-Sicherheitsglas *n*, Einschicht-Sicherheitsglas, vorgespanntes Glas [*Fehlnamen: gehärtetes Glas, Hartglas*] · toughened (safety) glass, tempered (~) ~, heat-treated (~) ~ [*The term 'hardened glass' is rarely used*]

Einschichtbelag *m*, homogener Belag · homogeneous cover(ing)

Ein-Schicht|-Dachpappe *f* → einlagige Dachpappe

Einschicht-Faserwandplatte *f*, Einschicht-Wandfaserplatte · homogeneous fibre wallboard (Brit.); ~ fiber ~ (US)

Ein-Schicht-Roh(dach)pappe *f*, Ein-Lagen-Roh(dach)pappe · single-layer(-ed) (roofing) fabric, ~ fabric for roofing

einschichtig, einlagig · single-layer, one-layer, single-course, one-course, homogeneous

~, einlagig [*(Ver)Putz*] · one-coat, single-coat

~ einschalige Mauer *f*, ~ monolithische ~ · monolithic single-layer masonry wall, single-layer monolithic ~ ~

einschichtige Dachpappe *f* → einlagige ~

~ Putzdecke *f*, einlagige ~ · single-coat plaster(ed) ceiling

Einschicht|-Polyvinylchlorid-Belag *m*, Polyvinylchlorid-Einschichtbelag, homogener Polyvinylchloridbelag, PVC-Einschichtbelag, Einschicht-PVC-Belag, homogener PVC-Belag · homogeneous PVC cover(ing), ~ polyvinyl chloride ~

~-PVC-Belag *m*, PVC-Einschichtbelag, homogener PVC-Belag, Polyvinylchlorid-Einschichtbelag, Einschicht-Polyvinylchlorid-Belag, homogener Polyvinylchloridbelag · homogeneous PVC cover(ing), ~ polyvinyl chloride ~

~-Sicherheitsglas *n*, Einscheiben-Sicherheitsglas, vorgespanntes Glas [*Fehlnamen: gehärtetes Glas, Hartglas*] · toughened (safety) glass, tempered (~) ~, heat-treated (~) ~ [*The term 'hardened glass' is rarely used*]

~-Spritzauftrag *m* · one spray coat application, single ~ ~ ~

Einschiebtreppe *f*, Schiebetreppe, hochschiebbare Treppe; Aufzugtreppe [*Schweiz*] · folding stair, ~ ladder, loft ~, disappearing ~

einschiffig [*Rahmenhalle*] · one-span, one-bay, single-span, single-bay

Ein-Schlafzimmer|-Etagenwohnung *f*, Ein-Schlafzimmer-Stockwerkwohnung, Ein-Schlafzimmer-(Geschoß)Wohnung · one-bedroom(ed) flat, ~ apartment (unit); ~ living unit (US)

~-wohnung *f* · one-bedroom(ed) dwelling unit (US); ~ dwelling (Brit.)

Einschluß *m* · inclusion

Einschmelzglas *n*, Zwischenglas, Lötglas, Glaslot *n* · solder glass, intermediate sealing ~

einschnittig [*Niet- oder Schraubenverbindung, wenn die Niet- oder Schraubenbolzen in der beanspruchten Verbindung nur in je einem Querschnitt abgeschert werden*] · single-shear

Einschnürung *f* · reduction of area, (con)striction, necking down

Ein-Schnur-Zug *m* [*Jalousie*] · monocord control

Einschub *m*, Decken~, Fehlboden *m*, Streifboden · sound boarding [*Horizontal boards fitted closely between joists and resting on them in the thickness of the floor. They carry pugging, which increases the sound and heat insulation of the floor*]

~brett *n* [*Brett(er)fußboden*] · sound board

~decke *f*, Zwischendecke · false ceiling

Einschweiß|armatur *f* · weld neck valve

~flansch *m* · weld neck flange

einseitig aufschlagende Pendeltür *f* · single-acting door, single action ~ [*This type of swing door can easily be pushed open in one direction only*]

~ belichtet · daylighted from one side

~ bossiert · bossed (on) one side (only)

~ eingespannter Träger *m* → vorkragender ~

~ ~ und einseitig freiaufliegender Balken(träger) · beam simply supported at one end and fixed at the other; propped cantilever beam (US)

~ ~ ~ ~ ~ Träger *m* · girder simply supported at one end and fixed at the other; propped cantilever girder (US)

~ konisch · flat tapered

einseitige Beleuchtung *f* · unilateral lighting, ~ illumination

~ Besonnung *f* · unilateral sunshine

~ Zusatzbelastung *f* [*Bogensystem*] · additional halfspan loading

einseitiger Krallendübel *m*, Krallenplatte *f* · claw plate, bulldog ~, ~ connector; ~ connecter (US)

einspannen [*festhalten eines Bauteils an einem anderen*] · to fix, to restrain

Einspänner *m* · building with one apartment per floor, block ~ ~ ~ ~ ~

Einspann|höhe *f*, Einspannungshöhe [*Kletterkran*] · height between stories

~länge *f*, Einspannungslänge · encastré length, fixing ~

Einspannung *f* [*Festhalten eines Bauteiles an einem anderen*] · fixity, restraint

Einspann(ungs)|biegemoment *n* · (fixed-)end bending moment, encastré ~ ~, terminal ~ ~

~bedingung *f* · (fixed-)end condition, encastré ~, terminal ~

einspannungsfrei, einspannungslos · unrestrained

Einspann(ungs)|grad *m* · fixing degree, (fixed-)end ~, terminal ~

~länge *f* · encastré length, fixing ~

einspannungslos, einspannungsfrei · unrestrained

Einspann(ungs)|moment *n* · (fixed-) end moment, encastré ~, fixing ~, terminal ~, moment at point of fixation, moment at fixed end, F (E) M

~wirkung *f* · effect of restraint

Einsteckende *n*, Spitzende, Rohr~, Falz *m* · spigot (end), pipe spigot

Einsteck|-Riegelschloß *n* · dead bolt mortise lock; ~ ~ mortice ~ (US)

~schloß *n* · mortise lock; mortice ~ (US)

~vorwärmer *m* · immersion heating element

einstegig [*Träger*] · single-web(bed)

einstegiger Doppel-T-Träger *m* · single-web I-shaped girder

Einstegsprosse *f* [*kittlose Verglasung*] · bulb tee patent glazing bar, ~ ~ puttyless ~ ~

Einsteig|leiter *f*, Einstiegleiter [*Schwimmbecken*] · access ladder

~luke *f*, Einstiegluke · access hatch

~schacht *m*, Manneinsteigloch *n*, Mannloch, (Einstieg)Schacht, Manneinstieg(loch) *m*, (*n*) · manhole, manway [*A chamber with or without access shaft, constructed over a sewer or principal drain to permit inspection and access for cleaning and maintenance*]

~schacht *m* **mit unveränderlichem Querschnitt** → Mannloch ~ ~ ~

Einsteinturm *m* · Einstein Tower [*At Potsdam; designed by Erich Mendelssohn*]

Einstellblech *n* · shimming plate [*A plate used as a shim for increasing the elevation of a bearing*]

einstellen [*Anstrichtechnik*] · to thin [*To a certain viscosity, for example*]

Einstelltränkung *f* · impregnation of the base of posts

Einstemmband *n*, Fi(t)schband, Fitsche *f* · butt (hinge)

~ mit losem Stift, Fi(t)schband ~ ~ ~, Fitsche *f* ~ ~ ~ · loose-pin butt (hinge), pin ~ [*This hinge is similar to a butt (hinge) except that the pin is loose, and has a knob at each end*]

einstemmen · to mortise in; ~ mortice ~ (US)

Einstemmen *n* [*Einstemmband*] · letting-in flush (on both meeting faces), flush fixing

~ · mortising in; morticing ~ (US)

Einstemmlappen *m*, Fitschenlappen, Fi(t)schbandlappen · let-in flap

Einstieg *m* · access

~leiter *f*, Einsteigleiter [*Schwimmbekken*] · access ladder

~luke *f*, Einsteigluke · access hatch

(~)Schacht *m*, Mannloch *n*, Manneinsteigloch, Einsteigschacht, Manneinstieg(loch) *m*, (*n*) · manhole, manway [*A chamber with or without access shaft, constructed over a sewer or principal drain to permit inspection and access for cleaning and maintenance*]

~schacht *m* **mit unveränderlichem Querschnitt** → Mannloch ~ ~ ~

einstöckig, einetagig, eingeschossig, erdgeschossig · single-story (US); single-storey (Brit.); single-floor, single-level

einstöckiges Lagergebäude *n* → eingeschossiges ~

Einstreubelag *m* [*Die durch Einstreuen von Hartbetonstoffen in die Betonoberfläche hergestellten Beläge dürfen nicht als Hartbetonbeläge bezeichnet werden, sondern nur die Beläge bei denen die Hartbetonstoffe mit dem Bindemittel gemischt worden sind*] · grano(lithic) sprinkle finish

(Ein)Streudecke *f* · dry penetration surfacing

Einstreuen *n* · sprinkling

Einstreu(fuß)boden(belag) *m* [*Siehe Anmerkung unter „Einstreubelag"*] · grano(lithic) sprinkle finish floor(ing), ~ ~ ~ floor cover(ing)

Einsturz *m* · collapse

~schutt *m* · collapse rubbish

Einsumpfdauer *f*, Einsumpfzeit *f* [*Kalkteig*] · soaking period, ~ time, gauging ~

Einsumpfen *n*, Mauken [*Verbesserung der Plastizität einer Masse durch längeres feuchtes Lagern im Haufen oder in der Sumpfgrube*] · souring, tempering

~ [*Kalkteig*] · soaking, gauging

Einsumpfzeit *f*, Einsumpfdauer *f* [*Kalkteig*] · soaking period, ~ time, gauging ~

Eintauch|färbung *f* · dip colouring (Brit.); ~ coloring (US)

~glasieren *n*, Glasieren durch Eintauchen · glazing by dipping

einteilig · one-piece, single-piece, 1-piece

einteilige Ein-Fenstertafel *f* · one-window one-piece panel

~ Kunststoffkabelschelle *f* · single-piece plastic cable clip, one-piece ~ ~ ~, 1-piece ~ ~ ~

~ Porenbetontafel *f* · one-piece aerated concrete panel

~ Tafel *f* · one-piece panel

~ Zwei-Fenstertafel *f* · two-window one-piece panel

einteiliges Gußstück *n* · 1-piece casting, one-piece ~, single-piece ~

~ Kipptor *n*, ~ Schwingtor, Schwingtor mit einteiligem Torblatt, Kipptor mit einteiligem Torblatt · one-part up and over door

~ Schwingtor *n*, ~ Kipptor, Schwingtor mit einteiligem Torblatt, Kipptor mit einteiligem Torblatt · one-part up and over door

Einteilung *f*, Klassifizierung · classification

~ von Räumen, Raumeinteilung · (interior) partitioning

eintouriges Schloß *n* · single turn lock

Eintrittstelle *f* · point of entry

Einturmfassade *f* · single-towered facade

(ein)viertelgewendelte Treppe *f* · quarter-turn stair(case) with winders

(Ein)Viertelwendelung *f* [*Treppe*] · quarter turn with winders

Einwaage *f* · original sample weight

(ein)wachsen · to wax

(Ein)Wachsen *n* · waxing

einwandfrei [*in bezug auf Güte*] · sound

einwandiger Träger *m*, Träger mit einem Steg · single-web girder, single-stalk ~

Einwärts|-Dreh(flügel)fenster *n* · inswinging casement window

~(fenster)flügel *m* · in-opening sash

Einweg|glas *n*, Spionspiegel *m* · see-through mirror

~sack *m*, Wegwerfsack · disposable bag

Einweihungsausstellung *f* · inaugural exhibition, opening ~

einwertiges Radikal *n* · univalent radical

(ein)wirken · to act

(Ein)Wirkung *f* · action

einwölben [*mit der Leier*] · to vault in [*with the rotating templet*]

Einwölbung *f* **auf Kuf** · barrel vaulting

~ ~ Schwalbenschwanz · dovetail vaulting

Einzäunen *n*, Umzäunen, Abzäunen · fencing [*The action of putting up fences or enclosing with a fence*]

Einzäunung *f*, Umzäunung · fencing [*fences collectively*]

Einzäunungsmaterial *n*, Zaunmaterial · fence material

Einzel|abnehmer *m* · individual consumer

~anordnung *f* [*z.B. Leuchte*] · individual mounting

~-Asphaltschindel *f* → Einzel-Pappschindel

~balken(träger) *m*, unterbrochener Balken(träger) · discontinuous beam

~balkon *m* [*Im Gegensatz zum Laubengang*] · private balcony

~bau *m* → freistehendes Haus

~(belag)platte *f*, Einzelfliese *f* · individual tile

~bettzimmer *n*, Einzelschlafraum *m* [*Hotel*] · single (guest) bedroom

~-Bitumenschindel *f* → Einzel-Pappschindel

~bogen *m*, Rollbogen [*Ziegelbogen*] · one-row brick-on-edge arch

~draht *m* [*Spannbewehrung*] · single wire

~fertigung *f*, Einzelherstellung · individual manufacture, ~ fabrication, ~ making

~fliese *f*, Einzel(belag)platte *f* · individual tile

~gebäude *n* → freistehendes Haus

~händler *m* · dealer

~haus *n* → freistehendes Haus

~hausbewohner *m*, Einzelhausinsasse *m* · house dweller

~hausinsasse *m*, Einzelhausbewohner *m* · house dweller

~haut-Tragwerk *n* · single-skin ((load-) bearing) structure, ~ (weight-carrying) ~

~herstellung *f*, Einzelfertigung · individual manufacture, ~ fabrication, ~ making

(~)Korn *n*, Gesteinskorn, Partikelchen *n*, (Einzel)Teilchen, Körnchen [*Mineralmasse*] · grain, particle

~last *f* · single load

~maß *n* [*Ein Maß für Einzelheiten des Rohbaues oder Ausbaues*] · intermediate controlling dimension [*The intermediate controlling dimensions are subdivisions of the main framework of controlling dimensions, e.g. sill head heights*]

~motiv *n* · isolated motif

~-Pappschindel *f*, Einzel-Asphaltschindel, Einzel(-Bitumen)schindel · individual prepared-roofing shingle; ~ asphalt ~ (US); ~ (asphaltic-)bitumen ~ (Brit.) [*These shingles consist of shingle units cut in a shingle pattern, in distinction to the so-called strip-shingles which are cut in units having a repetition of the pattern so as to stimulate two or more industrial shingles joined together*]

~plan *m*, Einzelzeichnung *f* · general drawing

~platte *f*, Einzelbelagplatte, Einzelfliese *f* · individual tile

~-Portalrahmen *m* · individual portal frame [*As opposed to inter-connected portal frames*]

~schale *f* · single shell

(~)Scheibe *f*, Falt(werk)scheibe · folded plate segment

~schindel *f* → Einzel-Pappschindel

~schlafraum *m*, Einzelbettzimmer *n* [*Hotel*] · single (guest) bedroom

~stabbewehrung *f*, Einzelstabarmierung, Einzelstabeinlage *f* · single rod reinforcement

~stützkraft *f* · concentrated reaction

(~)Teilchen *n*, (Einzel)Korn *n*, Gesteinskorn, Partikelchen, Körnchen [*Mineralmasse*] · grain, particle

~-Trinkwasserversorgung *f* · individual drinking water supply

~zeichnung *f*, Einzelplan *m* · general drawing

einziehbares Dach *n* · retractable roof

Einzigkeitssatz *m* [*Er bildet die Grundlage zur Ermittlung der plastischen Grenzlast einer Konstruktion. Zum Ermitteln dient u.a. die Methode der Kombination von Gelenkketten nach Neal und Symonds*] · uniqueness theorem (in plasticity)

Ein-Zimmer|-Etagenwohnung *f*, Ein-Zimmer-Stockwerkwohnung, Ein-Zimmer-Geschoßwohnung, Ein-Raum-Etagenwohnung, Ein-Raum-Stockwerkwohnung · one-room(ed) flat, ~ apartment (unit), flatlet

~-Geschoßwohnung *f*, Ein-Zimmer-Etagenwohnung, Ein-Zimmer-Stockwerkwohnung, Ein-Raum-Geschoßwohnung, Ein-Raum-Etagenwohnung, Ein-Raum-Stockwerkwohnung · one-room(ed) flat, ~ apartment (unit), flatlet

~-Stockwerkwohnung *f*, Ein-Zimmer-Geschoßwohnung, Ein-Zimmer-Etagenwohnung, Ein-Raum-Geschoßwohnung, Ein-Raum-Etagenwohnung, Ein-Raum-Stockwerkwohnung · one-room(ed) flat, ~ apartment (unit), flatlet

~-Wohnung *f*, Ein-Raum-Wohnung · one-room(ed) dwelling unit (US); ~ dwelling (Brit.)

einzügig [*Kamin*] · single-flue

einzügiger Kabel(kanal)formstein *m*, einzügiges Kabel(kanal)formstück *n* · one-way cable duct, single-way ~ ~, ~ ~ conduit, ~ ~ subway, ~ CD; ~ conduit tile (US)

einzügiges Kabel(kanal)formstück *n*, einzügiger Kabel(kanal)formstein *m* · one-way cable duct, single-way ~ ~, ~ ~ conduit, ~ ~ subway, ~ CD; ~ conduit tile (US)

Eiprofil *n*, eiförmiges Profil · egg(-shaped) profile

Ei(profil)|-Betonrohr *n*, Eiprofil-Zementrohr, Betonrohr mit eiförmigem Abflußquerschnitt, eiförmiges Betonrohr, Betonrohr mit Eiprofil, Zementrohr mit Eiprofil · egg(-shaped) concrete pipe

~rohr *n*, eiförmiges Rohr, Eiformrohr, eiförmig gedrücktes Rohr · egg(-shaped) pipe

~-Zementrohr *n*, Ei(profil)-Betonrohr, Betonrohr mit eiförmigem Abflußquerschnitt, eiförmiges Betonrohr, Betonrohr mit Eiprofil, Zementrohr mit Eiprofil · egg(-shaped) concrete pipe

Eiquerschnitt *m* · egg(-shaped) cross-section

Eirohr *n*, Eiprofilrohr, Eiformrohr, eiförmiges Rohr, eiförmig gedrücktes Rohr · egg(-shaped) pipe

Eisätzen *n* [*Säurebehandlung von Glas*] · frosting

Eisbeton *m*, Schmelzbeton · ice concrete [*A type of light(weight) cellular concrete in which the cells are formed by ice*]

Eisbildung *f* · icing

eisblumenartig aufgetrockneter Film *m* · frosted dried film, webbed ~ ~

~ auftrocknen [*Anstrich*] · to frost, to web

Eisblumenglas *n*, eisblumiertes Glas · ice-patterned glass, ice-flow ~, glue-etched ~, floral pattern ~

Eisblumieren *n* [*Glas*] · glue-etching

Eisen|arbeit *f* · ironwork [*Wrought or cast iron, usually decorative*]

~architektur *f*, Eisenbaukunst *f* · iron architecture

~art *f*, Stahlart, Stabart [*Bewehrung*] · type of bar, bar type

~artikel *m*, Eisengegenstand *m*, Eisenerzeugnis *n* · ferrous product, ~ article, iron ~

~bahnarchitektur *f* · railway architecture (Brit.); railroad ~ (US)

(~)Bahnschotter *m*, Gleisschotter, Schienenschotter · (railway) ballast (Brit.); (railroad) ~ (US)

~balken(träger) *m* · iron beam

~baukunst *f*, Eisenarchitektur *f* · iron architecture

(~)Biegeplan *m* → Bewehrungsplan

(~)Biegezeichnung *f* → Bewehrungsplan

~blau *n*, Zyan-Eisenfarbe *f* · ferrocyanid(e) blue, iron ~

~blech *n* [*Fehlname*]; Schwarzblech [*Feinblech ohne Nachbehandlung durch Beizen, Kaltwalzen usw.*] · black plate

~bogen(träger) *m* · iron arch(ed girder)

~bohle *f*, Eisenspundbohle · iron sheet-pile

~braun(pigment) *n*, (Eisen)Oxidbraun-(pigment) · brown (iron) oxid(e) (pigment), ~ oxid(e) of iron (~), iron (oxid(e)) brown (~) (US); brown (iron) oxide (~), brown oxide of iron (~), iron (oxide) brown (~) (Brit.)

~chlorür *n*, Ferrochlorid *n*, $FeCl_2 + 4\,H_2O$ · ferrous chorid(e) (US); ~ chloride (Brit.)

~dach *n* · iron roof

~dollen *m*, Eisendübel *m* · iron dowel

~draht *m* · ferrous wire, iron ~

~draht *m* [*Fehlname*]; Stahldraht [*In rundem Querschnitt aus Flußstahl hergestellt*] · steel wire

~-III-Sulfat *n* · ferric sulphate (Brit.); ~ sulfate (US)

~dübel *m* [*Holzverbinder*] · iron (timber) connector, ferrous (~) ~

~dübel *m*, Eisendollen *m* · iron dowel

~durchmesser *m*, Stabdurchmesser, Stahldurchmesser [*Bewehrung*] · size of bar, bar size [*The diameter of a circle of equivalent area*]

(~)Erz(beton)zuschlag(stoff) *m* · iron-ore (concrete) aggregate

~erzeugnis *n*, Eisengegenstand *m*, Eisenartikel *m* · ferrous product, ~ article, iron ~

(~)Erzzement *m* · iron-ore cement

~feilspäne *mpl* · iron filings, ~ turnings

~fenster *n* · iron window

~flechter *m* · iron worker, reinforcing ~ ~, steel fixer; rod buster (US. Colloquial) [*One who installs reinforcement for concrete*]

~fleck *m* [*Feuerfestindustrie. Eisenhaltige Ausschmelzung in einem gebrannten Erzeugnis*] · iron spot

~fluat *n* · iron fluosilicate

~form *f*, Armierungsform, Bewehrungsform, Stahl(einlagen)form · bar shape, rod ~

~formnummer *f*, Bewehrungsformnummer, Armierungsformnummer, Eisenform-Nr., Bewehrungsform-Nr., Armierungsform-Nr. [*Stahlliste*] · (bar) shape code

~gegenstand *m*, Eisenartikel *m*, Eisenerzeugnis *n* · ferrous product, ~ article, iron ~

~gelb(pigment) *n*, (Eisen)Oxidgelb(-pigment) · yellow (iron) oxid(e) (pigment), ~ oxid(e) of iron (~), iron (oxid(e)) yellow (~) (US); yellow (iron) oxide (~), yellow oxide of iron (~), iron (oxide) yellow (~) (Brit.)

~gerippebau *m* → Eisentraggerippebau

~glimmer *m* [*Eisenoxid von blättrig-glimmerartiger Struktur*] · micaceous iron oxide (Brit.); ~ ~ oxid(e) (US); MIO, iron mica

eisenhaltiges Orthosilikat *n*, Fayalit *m*, 2 FeO · SiO_2 · fayalite, ferrous orthosilicate

(Eisen)|Hüttenschlacke *f*, Metall(hütten)schlacke · steel(-mill) slag

~karbid *n*, Zementit *m*, Fe_3C [*Sehr harte Eisenkohlenstofflegierung*] · cementite

~kies *m*, Schwefelkies, Schwefeleisen *n* · (iron) pyrite(s), yellow ~, fool's gold, mundic

~kitt *m*, Metallkitt, Graphitzement *m* · iron(-rust) cement

~klammer *f*, Eisenkrempe *f* · iron dog

~klinker *m*, Schlackenstein *m*, (künstlicher) Baustein, gebundener Baustein, Eisen-Schmelz-Verblender · iron brick, blue ~

~klinkerpflaster *n*, Schlackensteinpflaster, Fps *n* · iron brick paving, blue ~ ~

~-Kohlenstoff-Schaubild *n* · iron-carbon diagram

~krampe *f*, Eisenklammer *f* · iron dog

~mehl *n* · iron dust

~metall *n* · ferrous metal

~oberschwelle *f*, Eisensturz *m* · iron lintel; ~ lintol [*deprecated*]

~ocker *m*, Berggelb *n* · iron ochre (Brit.); ~ ocher (US)

~ofen *m*, eiserner Ofen, Kanonenofen · iron stove

~ölseife *f* · iron oleate

~oxid *n* · iron oxide (Brit.); ~ oxid(e) (US)

(~)Oxidbraun(pigment) *n*, Eisenbraun(-pigment) · brown (iron) oxid(e) (pigment), ~ oxid(e) of iron (~), iron (oxid(e)) brown (~) (US); brown (iron) oxide (~), brown oxide of iron (~), iron (oxide) brown (~) (Brit.)

(~)Oxidgelb(pigment) *n*, Eisengelb(-pigment) · yellow (iron) oxid(e) (pigment), ~ oxid(e) of iron (~), iron (oxid(e)) yellow (~) (US); yellow (iron) oxide (~), yellow oxide of iron (~), iron (oxide) yellow (~) (Brit.)

~oxid(pigment) *n*, (Eisen)Oxidpigment, (Eisen)Oxidfarbe *f* · iron oxid(e) (pigment) (US); ~ oxide (~) (Brit.)

(~)Oxidrot(pigment) *n*, Eisenrot(pigment) · red (iron) oxid(e) (pigment), ~ oxid(e) of iron (~), iron (oxid(e)) red (~) (US); red (iron) oxide (~), red oxide of iron (~), iron (oxide) red (~) (Brit.)

(~)Oxidschwarz(pigment) *n*, Eisenschwarz(pigment) · black (iron) oxid(e) (pigment), ~ oxid(e) of iron (~), iron (oxid(e)) black (~) (US); black (iron) oxide (~), black oxide of iron (~), iron (oxide) black (~) (Brit.)

~portlandzement *m*, EPZ *m* [*Fehlname: Steinscher Zement. Max. 30% Schlacke. DIN 1164*] · portland blastfurnace cement [*B.S. 146*]

~-Position *f*, Stahl-Position [*Stahlliste*] · bar mark

~profil *n*, Formeisen *n*, Fassoneisen, Profileisen · section iron, iron section

~pulver *n* · iron powder, powder(ed) iron

~rahmenbau *m* → Eisen(trag)gerippebau

~rohr *n* · ferrous pipe, iron ~

~rohrleitung *f* · iron pipeline

~rot(pigment) *n*, (Eisen)Oxidrot(pigment) · red (iron) oxid(e) (pigment), ~ oxid(e) of iron (~), iron (oxid(e)) red (~) (US); red (iron) oxide (~), red oxide of iron (~), iron (oxide) red (~) (Brit.)

~salz *n* · iron salt

~schalung *f* · iron formwork, ~ forms, ~ shuttering

~-Schmelz-Verblender *m* → Eisenklinker

~schrot *m, n* · iron shot

~schrotbeton *m* · iron shot concrete [*It is particularly used for (biological) radiation shielding*]

~schwarz(pigment) *n*, (Eisen)Oxidschwarz(pigment) · black (iron) oxid(e) (pigment), ~ oxid(e) of iron (~), iron (oxid(e)) black (~) (US); black (iron) oxide (~), black oxide of iron (~), iron (oxide) black (~) (Brit.)

~seife *f* · iron soap

~skelettbau *m* → Eisen(trag)gerippebau

~sorte *f* **und Durchmesser** *m*, Stahlsorte ~ ~ [*Stahlliste*] · type and size

~späne *mpl* · iron filings

~(spund)bohle *f* · iron sheetpile

~sturz *m*, Eisenoberschwelle *f* · iron lintel; ~ lintol [*deprecated*]

~thiat *n*, Spencemetall *n* · Spence metal

~titanat *n*, Ilmenit *m*, Titaneisen *n* FeO · TiO_2 · ilmenite, ferrous titanate

~-Tonerdespinell *m*, Hercynit *m*, FeO · Al_2O_3 · hercynite; ferrous aluminium spinel (Brit.); ferrous aluminum spinel (US)

~tor *n* · iron gate

~träger *m* · iron girder

~(trag)gerippebau *m*, Eisen(trag)skelettbau, Eisen(trag)rahmenbau · iron (structural) frame(work) construction, ~ (~) framing ~, ~ (load)bearing ~ ~, ~ (weight-)carrying ~ ~, ~ skeleton ~

~(trag)rahmenbau *m* → Eisen(trag)gerippebau

~(trag)skelettbau *m* → Eisen(trag)gerippebau

~treppe *f* · iron stair(case)

~turm *m* · iron tower

~waren *fpl* · ironmongery

~-(Wasser)(Geruch)Verschluß *m* · ferrous trap, iron ~

~winkel(profil) *m*, (*n*), Winkeleisen *n*, [*Fehlnamen*]; Stahlwinkel(profil), Winkelstahl [*DIN 1022, DIN 1028, DIN 1029*] · steel angle

~-II-Sulfat *n* · ferrous sulphate (Brit.); ~ sulfate (US)

eiserner Ofen *m*, Eisenofen, Kanonenofen · iron stove

~ Putzträger *m* · iron lath(ing)

Eisessigsäure *f* · glacial acetic acid

Eisglas *n* · iced glass

Eiskeller *m* [*Hotel*] · ice cellar

Eislinse *f* · ice lens

Eispalast *m*, Halleneis(lauf)bahn *f* · covered skating rink, indoor ice ~, ice palace

Eisstein *m*, Kryolith *m* · cryolite

Eisteinkalk *m* → Rogen(kalk)stein

Eiswasserrohr *n* · ice water pipe

eklektisches Bauwerk *n* · eclectic structure

Eklektizismus *m* · eclecticism [*Style which borrows freely from various sources*]

Eklogit *m* · eclogite

Eko(nomiser) *m*, Speisewasservorwärmer, Rauchgas-Wasservorwärmer · economiser

Elaeolithsyenit *m* · elaeolite-syenite

elastisch eingespannt [*Baustatik*] · elastically fixed, ~ restrained

~ gebettet · elastically embedded

elastische Auflagerung *f*, federnde ~, elastisches Auflager *n*, federndes Auflager · elastic support, ~ bearing

~ (Belag)Platte *f*, ~ Fliese *f* · resilient tile

~ Dehnung *f* · elastic strain

~ Durchbiegung *f*, ~ Durchsenkung · elastic deflection, rebound ~, ~ deflexion

~ Durchsenkung *f*, ~ Durchbiegung · elastic deflection, rebound ~, ~ deflexion

~ Einspannung *f* · elastic end-restraint

~ Fliese *f*, ~ (Belag)Platte *f* · resilient tile

~ Formänderung *f*, ~ Verformung, federnde ~ · elastic deformation

~ Fugen(ab)dicht(ungs)masse *f*, ~ Fugenmasse, ~ (Fugen)(Ver)Füllmasse, elastischer (Fugen)(Ver)Füller *m* · elastic joint seal(ing) compound, ~ ~ sealant

~ Fugendicht(ungs)masse *f* → ~ Fugenabdicht(ungs)masse

~ Fugenmasse *f* → ~ Fugen(ab)dicht(ungs)masse

~ (Fugen)(Ver)Füllmasse *f* → ~ Fugen(ab)dicht(ungs)masse

~ Füllmasse *f* → ~ Fugen(ab)dicht(ungs)masse

~ Hysterese *f*, ~ Nachwirkung *f*, Elastizitätshysterese · elastic hysteresis, ~ after-effect, ~ lag

~ Knicklast *f* · elastic buckling load

~ Konstante *f* · elastic constant

~ Konstruktion *f*, elastisches (Konstruktions)System *n*, elastisches Bausystem · elastic construction, ~ (structural) system

~ kritische Last *f* · elastic critical load

~ Kupp(e)lung *f*, ~ Rohr~ · flexible (pipe) coupling

~ Linienführung *f* · gently modulated profile

~ Masse *f* · elastic compound, ~ composition, ~ mass, ~ material

~ Nachwirkung *f*, ~ Hysterese *f*, Elastizitätshysterese · elastic hysteresis, ~ after-effect, ~ lag

~ Platte *f* · resilient board, ~ sheet

~ ~ → ~ Fliese

~ ~ · elastic plate, ~ slab

~ räumliche Steifigkeit *f* → ~ Stabilität

~ Rißdehnung *f* · elastic cracking strain

~ (Rohr)Kupp(e)lung *f* · flexible (pipe) coupling

~ Spannungsverteilung *f* · elastic stress distribution

~ Stabilität *f*, ~ Standfestigkeit *f*, ~ räumliche Steifigkeit, räumliche elastische Steifigkeit · elastic stability

~ Standfestigkeit *f* → ~ Stabilität

~ Unterlage *f* · elastic support

~ Verformung *f*, ~ Formänderung, federnde ~ · elastic deformation

~ (Ver)Füllmasse *f* → ~ Fugen(ab)-dicht(ungs)masse

~ Verkürzung *f* · elastic shortening [*In prestressed concrete, the shortening of a member which occurs immediately on the application of forces induced by prestressing*]

~ Zugdehnung *f* · elastic tensile strain

elastischer Bereich *m* · elastic zone

~ Bogen *m* · elastic (structural) arch

~ (Fugen)(Ver)Füller *m* → elastische Fugen(ab)dicht(ungs)masse

~ Füller *m* → elastische Fugen(ab)-dicht(ungs)masse

~ (Fuß)Boden(belag) *m* · resilient floor (finish), ~ flooring, ~ floor cover(ing)

~ Körper *m* · elastic body

~ Rückprall *m* · elastic rebound

~ Stoß *m*, federnder ~ · elastic impact

~ (Ver)Füller *m* → elastische Fugen-(ab)dicht(ungs)masse

~ Zustand *m* · elastic state

elastisches Auflager *n*, federndes ~, elastische Auflagerung *f*, federnde Auflagerung · elastic support, ~ bearing

~ Ausknicken *n*, ~ (Ein)Knicken · elastic buckling

~ Bausystem *n*, ~ (Konstruktions-) System, elastische Konstruktion *f* · elastic construction, ~ (structural) system

~ (Ein)Knicken *n*, ~ Ausknicken · elastic buckling

~ Erdharz *n*, Elaterit *m* · mineral caoutchouc, elaterite, elastic bitumen [*Old name: elastic mineral pitch. Variety of bitumen which, when fresh, is elastic, but which on exposure becomes hard and brittle. First described under the name 'Fungus subterraneus' by M. Lister*]

~ Gewicht *n* · elastic weight

~ Gleichgewicht *n* · elastic equilibrium

~ Knicken *n*, ~ Ein~, ~ Aus~ · elastic buckling

~ (Konstruktions)System *n*, ~ Bausystem, elastische Konstruktion *f* · elastic construction, ~ (structural) system

~ Moment *n* · elastic moment

~ System *n*, ~ Konstruktionssystem, ~ Bausystem, elastische Konstruktion *f* · elastic construction, ~ (structural) system

elastisch-plastisch, elastoplastisch · elastoplastic, elastic-plastic

Elastizität *f* · elasticity, resilience

Elastizitäts|aufgabe *f* · elasticity problem

~bedingung *f* · elasticity condition

~gesetz *n*, Hookesches Gesetz · Hooke's law, law of elasticity

~gleichung *f* [*Zur Berechnung von statisch unbestimmten Größen in Fach- oder Stabwerken. Diese Gleichung ist eine Arbeitsgleichung eines Gleichgewichtsystems nach dem Prinzip der virtuellen Arbeit*] · elasticity equation

~grenze *f* · elastic(ity) limit

~hysterese *f*, elastische Hysterese, elastische Nachwirkung *f* · elastic hysteresis, ~ after-effect, ~ lag

~konstante *f* · elastic constant

~lehre *f* **ebener Tragwerke** · plane problem of the theory of elasticity

~maß *n* → Elastizitätsmodul

~modul *m*, E-Modul, E-Wert *m*, E-Maß *n*, Elastizitätsmaß, Elastizitätswert, E-Zahl *f*, Elastizitätszahl · modulus of elasticity, elastic modulus, Young's modulus (of elasticity), stiffness

~theorie *f* · theory of elasticity, elastic theory

~verträglichkeit *f* · elastic compatibility [*e.g. compatibility between stresses in the edge beams and stresses in the edge zone*]

~wert *m* → Elastizitätsmodul

Elastomer|-Kontaktlösung *f* · elastomer-based contact solution

~paste *f* · elastomer paste

elastoplastisch, elastisch-plastisch · elastoplastic, elastic-plastic

Elaterit *m*, elastisches Erdharz *n* · mineral caoutchouc, elaterite, elastic bitumen [*Old name: elastic mineral pitch. Variety of bitumen which, when fresh, is elastic, but which on exposure becomes hard and brittle. First described under the name 'Fungus subterraneus' by M. Lister*]

elektrisch beleuchtet · electrically-lit

~ leitende (Fuß)Bodenfliese *f*, ~ ~ (Fuß)Boden(belag)platte *f* · conductive (floor) tile

~ oxidiert, eloxiert · anodised (Brit.); anodized (US)

elektrische Anlagen *fpl* · electrical installations

~ ~ im Wohnungsbau [*DIN 18015*] · electrical installations in residential buildings, ~ ~ ~ ~ blocks

~ Direktheizung *f* · direct electric heating

~ (Er)Härtung *f* · electric hardening, electro-thermal ~

~ Härtung *f*, ~ Er~ · electric hardening, electro-thermal ~

~ Klingel *f*, Elektroklingel · electric bell

~ Leitfähigkeit *f* · electrical conductivity

~ Leuchte *f*, Elektroleuchte · electric liminaire (fixture) (US); ~ light fitting (Brit.); ~ (light(ing)) fixture

~ Nachbehandlung *f* [*Beton*] · electro-thermal curing, electric ~

~ Nachverdrahtung *f*, Elektro-Nachverdrahtung · electrical re-wiring

~ Raumheizung *f*, Elektro-Raumheizung · electric space heating

~ Speicherheizung *f* · electric storage heating

~ Verdrahtung *f*, Elektroverdrahtung · electrical wiring

~ Wassererhitzung *f*, ~ Wassererwärmung · electric water heating

~ Wassererwärmung *f*, ~ Wassererhitzung · electric water heating

~ Widerstandserwärmung *f* **des Betons,** Betonerwärmung mit Elektroden · electrical resistivity heating of concrete

~ Widerstandslötung *f* · resistance soldering

elektrischer Druckspeicher *m*, Elektro-Druckspeicher · electric pressure type water heater, ~ ~ ~ ~ heating appliance

~ Heißwasserbereiter *m*, Elektro-Heißwasserbereiter · electric (thermal) water heater

~ Heißwasserspeicher *m* → Elektro-Heißwasserspeicher

(~) Rohrheizkörper *m* · (electric) tubular heater

elektrisches Analogieverfahren *n* · electrical analogy method

~ Auge *n* · electric eye

~ Kabel *n*, ~ Leitungs~, Kabel, Elektrokabel, Elt-Kabel · electric(al) cable

~ (Leitungs)Kabel *n*, Elektrokabel, Elt-Kabel, Kabel · electric(al) cable

~ Netzwerk *n* [*Planungsrechnung*] · electrical network

~ Raumheizgerät *n*, Elektro Raumheizer *m* · electric space heater

(~) Widerstandshartlöten *n*, (elektrische) Widerstandshartlötung *f* · resistance brazing, ~ hard soldering

Elektrizitätsversorgung *f* · electricity supply

Elektroabschluß *m*, Elektroraumabschluß · electrical shutter

elektroakustischer Wandler *m* · electro-acoustic transducer

Elektro|anlage *f*, Elektroinstallation *f*, Elt-Anlage, Elt-Installation · electrical installation, ~ system

~arbeiten *fpl* · electrical work

~-Aufzugtreppe *f* [*Schweiz*]; Elektro-Schiebetreppe · electric (disappearing) stairway

~bedampfung *f*, Elektro-Dampfhärtung, Elektro-Dampfbehandlung [*Dampfbehandlung von Beton durch elektrisch beheizte Dampferzeuger*] · electric steam curing

~bedienung *f* [*Raffjalousie*] · electrical control

~(be)heizung *f* · electric(al) heating

~beton *m* [*Dieser Beton wird zwecks schnellerer Erhärtung elektrisch erwärmt*] · electrically heated concrete

~bodenheizung *f* → (Elektro)(Fuß)Bodenheizung

~bodenheiz(ungs)anlage *f* → (Elektro)(Fuß)Bodenbeheiz(ungs)anlage

~bodenheiz(ungs)kabel *n* → (Elektro)(Fuß)Bodenheiz(ungs)kabel

elektrochemische Korrosion *f* · electrochemical corrosion

Elektro-Dampf|behandlung *f*, Elektrobedampfung, Elektro-Dampfhärtung [*Dampfbehandlung von Beton durch elektrisch beheizte Dampferzeuger*] · electric steam curing

~härtung *f*, Elektro-Dampfbehandlung, Elektrobedampfung [*Dampfbehandlung von Beton durch elektrisch beheizte Dampferzeuger*] · electric steam curing

(Elektro)Decken|heizung *f*, (Elektro-)Deckenstrahlungsheizung, (Elektro-)Strahlungs-Deckenheizung · (radient) ceiling heating, panel ~ ~, electric ~ ~

~heiz(ungs)platte *f* · (electric(al)) heating ceiling panel

Elektro|-Deckenleerrohr *n*, (Elt-)Dekkenleerrohr · ceiling (wiring) conduit

(~)Decken(strahlungs)heizung *f*, (Elektro)Strahlungs-Deckenheizung · (radiant) ceiling heating, panel ~ ~, electric ~ ~

~-Druckspeicher *m*, elektrischer Druckspeicher · electric pressure type water heater, ~ ~ ~ ~ heating appliance

~-FB-Heizung *f*, Elektro-(Fuß)Bodenheizung · electric(al) (under)floor warming, ~ ~ heating

~-(Fuß)Bodenheizung *f*, Elektro-FB-Heizung · electric(al) (under)floor warming, ~ ~ heating

(~)(Fuß)Bodenheiz(ungs)kabel *n*, FB-Heiz(ungs)kabel · (electric(al)) (under-)floor warming cable, (~) ~ heating ~

~glas *n* [*Elektroglas ist keine Glassorte, sondern der Name bezeichnet ein Verfahren, kleine Glasscheiben beliebiger Glasart und bis zu 100 cm² Fläche zu feuerhemmenden Scheiben zusammenzufassen*] · electro-copper glass method (Brit.); copper(lite) ~ ~ (US)

~hängeleuchte *f* · electrolier

~haushaltgerät *n* · domestic electric(al) appliance

~-Heißwasserbereiter *m*, elektrischer Heißwasserbereiter · electric (thermal) water heater

~-Heißwasserspeicher *m*, elektrischer Heißwasserspeicher [*DIN 44901 und DIN 44902*] · electric (thermal) storage (water) heater, ~ (~) ~ (~) heating appliance

~heizdecke *f*, Elektroheizungsdecke · electrically heated ceiling, electric heating ~

~heizer *m*, Elektroheizgerät *n* · electric(al) heating appliance, ~ ~ device, ~ heater

~heizgerät *n*, Elektroheizer *m* · electric(al) heating appliance, ~ ~ device, ~ heater

(~)Heizhängedecke *f* · (electrically) heated suspended ceiling

~heizkessel *m* · electrically heated boiler

~heizrohr *n* · electric heating tube

Elektroheizung *f*, Elektrobeheizung · electric(al) heating

~ · electric(al) heating installation, ~ ~ system

Elektro|herd *m* · electric(al) range

~installation *f*, Elt-Installation, Elt-Anlage *f*, Elektroanlage · electrical installation, ~ system

(~)Installationsmaterial *n* · material for electrical installations, ~ ~ ~ systems

~isolier(klar)lack *m* · electric insulating (clear) varnish, ~ insulation(-grade) (~) ~

~isolierung *f* · electrical insulation

~kabel *n*, Elt-Kabel, Kabel, elektrisches (Leitungs)Kabel · electric(al) cable

~kamin *m* · electric(al) fireplace

~kanal *m* · electric(al) duct

~keramik *f* · electroceramics, electrical ceramics

~-Keramik-Saunaofen *m* · electrically heated sauna stove

~klingel *f*, elektrische Klingel · electric bell

~konvektor *m* · electric convector

~korund *m* · synthetic corundum [*It is made by fusing bauxite in an electric furnace*]

~-Krankenhausaufzug *m* · electric hospital lift (Brit.); ~ ~ elevator (US)

~-Lamellenheizkörper *m* · (fin(ned)) strip electric heater, electric(al) finned strip ~

~leerrohr *n*, (Elt)Leerrohr · (wiring) conduit, electrical ~

~leerrohrleitung *f*, (Elt)Leerrohrleitung · (wiring) conduit line, electrical ~ ~

~leerrohrnetz *n*, (Elt)Leerrohrnetz · (wiring) conduit network, electrical ~ ~

~leitungsmast *m*, Elt-Leitungsmast · transmission pole [*B.S. 607*]

~leuchte *f*, elektrische Leuchte · electric luminaire (fixture) (US); ~ light fitting (Brit.); ~ (light(ing)) fixture

~lyseverfahren *n* · electrolytic method

elektrolytisch erzeugte Oxydschicht *f* · electrolytical oxid(e) layer (US); ~ oxide ~ (Brit.)

elektrolytische Metallabscheidung → Galvanisieren

~ Verzinnung *f* · electrolytic tinning

elektrolytisches Plattieren *n*, Plattieren durch Elektrolyse · plating

~ Polieren *n* · electrolytic polishing

~ Überziehen *n* → Galvanisieren

(Elektro)|Metallheizhängedecke *f* · (electrically) heated metal suspended ceiling

~-Nachverdrahtung *f*, elektrische Nachverdrahtung · electrical re-wiring

Elektronik-Dusche *f* · electronically controlled shower

elektronisch gesteuerte Tür *f* · electronic door

Elektrophorese *f*, Elektrotauchverfahren *n*, Elektrotauchlackierung *f*, elektrophoretische Lackierung, elektrophoretische Beschichtung · electro-coating, electrodeposition

~lack *m* · electrocoating paint

elektrophoretische Beschichtung *f*, ~ Lackierung, Elektrophorese *f*, Elektrotauchverfahren *n*, Elektrotauchlackierung · electro-coating, electrodeposition

~ Lackierung *f*, ~ Beschichtung, Elektrophorese *f*, Elektrotauchverfahren *n*, Elektrotauchlackierung, elektrophoretischer Lackauftrag *m* · electro-coating, electrodeposition

Elektropolieren *n* · electro-polishing

(Elektro)|Rasiersteckdose *f* · razor socket

~(raum)abschluß *m* · electrical shutter

~-Raumheizer *m*, elektrisches Raumheizgerät *n* · electric space heater

~-Raumheizung *f*, elektrische Raumheizung · electric space heating

~-Sanitärverbrenner *m* · electric(al) sanitary incinerator

~schalter *m* · electric(al) switch

~-Schiebetreppe *f*; Elektro-Aufzugtreppe [*Schweiz*] · electric (disappearing) stairway

elektro-schmelzgegossenes Erzeugnis *n* [*Ein feuerfestes Erzeugnis, das aus einer im elektrischen Ofen geschmolzenen Charge gegossen wird*] · electrocast refractory (product)

Elektro|speicherheizgerät *n*, Elektrospeicherheizer *m*, Elektrospeichererhitzer · electric(al) storage heater, ~ ~ heating appliance

~-Speisenaufzug *m* · electric service lift (Brit.); ~ ~ elevator (US)

~stahl *m* · electric (furnace) steel

elektrostatisches Spritzen *n* · electrostatic spraying [*Method of spraying in which an electrostatic potential is created between the work to be coated and the atomized paint particles. The charged particles of paint are attracted to the article being painted and are there deposited and discharged. The electrostatic potential is used in some processes to aid the atomization of the paint*]

Elektro|strahler *m* · radiant electric heater

~taucherhitzer *m*, Elektrotauchheizgerät *n* · electric(al) immersion heater

~tauchlackierung *f*, Elektrotauchverfahren *n*, Elektrophorese *f*, elektrophoretische Beschichtung, elektrophoretische Lackierung · electro-coating, electrodeposition

~tauchverfahren *n*, Elektrotauchlackierung *f*, Elektrophorese *f*, elektrophoretische Beschichtung, elektrophoretische Lackierung · electro-coating, electrodeposition

~-Tauch-Wassererwärmung *f* · electric immersion (water) heating, ~ ~ hot ~ ~

~technik *f*, E-Technik, Elt-Technik · electrical engineering

elektrotechnisch genutzte Decke *f* · electric(al) floor [*e.g. the Robertson Q-floor*]

elektrothermisches Spannen *n* **von Spannstahl,** Vorspannung *f* auf elektrischem Wege · electrical heating of high-tensile bars, electro-thermal pretensioning, electrical prestressing

Elektro|-Torantrieb(vorrichtung) *m*, (*f*) · electric (shutterdoor) operator, ~ shutter door ~

~uhr *f* · electric(al) clock

~ventilator *m* · electrically driven fan, electric(al) ~

~-Verbrenner *m* · electric(al) incinerator

~verdrahtung *f*, elektrische Verdrahtung · electric(al) wiring

~-Wandleerrohr *n*, (Elt-)Wandleerrohr · wall (wiring) conduit

~wärmeofen *m*, Elektrowärme-Speicherofen, Nachtstrom-Speicherofen, Nachtstrom-Wärmespeicher *m* · block storage heater

~wärme-Speicherofen *m*, Nachtstrom-Speicherofen, Nachtstrom-Wärmespeicher *m*, Elektrowärmeofen · block storage heater

~-Wassererhitzer *m*, Elektro-Wassererwärmer, Elektro-Wasserheizgerät *n*, Elektro-Wasserheizer · electric (hot) water heater, ~ (~) ~ heating appliance

~-Wassererwärmer *m*, Elektro-Wassererhitzer, Elektro-Wasserheizgerät *n*, Elektro-Wasserheizer · electric (hot) water heater, ~ (~) ~ heating appliance

~-Wasserheizautomat *m*, automatischer Elektro-Wasserheizer *m* · automatic electric water heater, ~ ~ ~ heating appliance

~-Wasserheizer *m*, Elektro-Wassererhitzer, Elektro-Wassererwärmer, Elektro-Wasserheizgerät *n* · electric (hot) water heater, ~ (~) ~ heating appliance

~-Wasserheizgerät *n*, Elektro-Wassererwärmer *m*, Elektro-Wassererhitzer, Elektro-Wasserheizer · electric (hot) water heater, ~ (~) ~ heating appliance

~-Wassermangelsicherung *f* · electric(al) low-water alarm

~zähler(ablese)nische *f* · electric meter enclosure, ~ ~ niche

~zement *m* [*Fehlname*]; Tonerdezement, Aluminozement, TZ, (Kalzium-)Aluminatzement · alumina cement, aluminous ~, calcium-aluminate ~, bauxitic ~ [*The product obtained by pulverizing clinker consisting essentially of hydraulic calcium aluminates resulting from fusing or sintering a suitably proportioned mixture of aluminous and calcareous materials*]

~zentralheizung *f* · electric(al) central heating

~zubehör *n* · electric(al) accessories

Element *n* → Bau~

elementar · fundamental

elementarer Kohlenstoff *m* · elemental carbon, uncombined ~

Elementarismus *m* · Elementarism [*Kind of 'philosophy' of the elements that form the structure of a building*]

Elementar-Tragwerk *n* · elementary (load)bearing structure, ~ (weight-carrying) ~

Element|bau *m* [*Fehlname*] → Bauen mit Fertigteilen

~bau *m* → Fertig(teil)(hoch)bau

~decke *f*, Montagedecke, Fertig(teil)-decke, Beton-~ · precast (concrete) floor

~gebäude *n*, Elementhaus *n*, Fertig(teil)gebäude, Fertig(teil)haus, Montagehaus, Montagegebäude · factory-made building, ~ block, unit-built ~, prefab(ricated) ~

~haus *n*, Elementgebäude *n*, Fertig(teil)haus, Fertig(teil)gebäude, Montagehaus, Montagegebäude · factory-made building, ~ block, unit-built ~, prefab(ricated) ~

~wand *f*, Fertig(teil)wand, Montagewand, Beton-~, Montagebetonwand, Fertig(teil)-Betonwand · precast (concrete) wall, prefab(ricated) ~ ~

~wand *f*, Montagewand, Fertigwand · prefab(ricated) wall. industrialized ~, system-built ~

Elendsviertel *n* · slum (area), ~ zone, ~ site

Elendswohnungen *fpl* **in Wolkenkratzern** · high-rise slums

Elevator *m*, Paternoster(-Aufzug) *m*, Umlaufaufzug *m* · paternoster (lift)

Elfeck *n* · (h)endecagon

elfenbeinfarbig · ivory-coloured (Brit.); ivory-colored (US)

Elfenbein|glasur *f* · ivory glaze

~schwarz *n* · ivory black (pigment)

~span *m* · ivory chip

Elgin|kies *m* [*Ein in den USA verwendeter Normalbetonzuschlag(stoff) aus Quarz und Kalkgestein*] · Elgin gravel

~sand *m* [*Ein in den USA verwendeter Normal-Betonzuschlag(stoff) aus Quarz und Kalkgestein*] · Elgin sand

Elisabethkirche *f* · church of St Elisabeth

Ellipsen|-Betonrohr *n* · elliptical concrete pipe

~bogen *m*, elliptischer Bogen · elliptic(al) arch

~dach *n* · elliptic(al) roof

~gewölbe *n*, elliptisches Gewölbe · elliptic(al) vault

~kuppel *f* · elliptic(al) dome, ~ cupola

~platte *f* · elliptic(al) plate, ~ slab

~querschnitt *m* · elliptic(al) cross-section

~ring *m* · elliptic(al) ring

Ellipsoidschale *f* · ellipsoidal shell

elliptische Funktion *f* · elliptic(al) function

~ Paraboloidschale *f* · elliptic(al) paraboloid shell

~ Säule *f* · elliptic(al) column

~ Wendeltreppe *f* · elliptic(al) stair(case)

elliptisches Gewölbe *n*, Ellipsengewölbe · elliptic(al) vault

~ Integral *n* · elliptic(al) integral

~ Kabelhängedach *n*, ~ Seilhängedach · cable-suspended elliptic(al) roof, rope-suspended ~ ~

~ Paraboloid *n* · elliptic(al) paraboloid

~ Tonnengewölbe *n* · elliptic(al) barrel vault

Eloxal|schicht *f*, Eloxierhaut *f*, Oxidhaut, Oxidschicht · anodic film, ~ coating, ~ finish

~werk *n* · anodising plant (Brit.); anodizing ~ (US)

Eloxieranlage *f* · anodising installation (Brit.); anodizing ~ (US); ~ plant

eloxieren · ton anodize (US); to anodise (Brit.)

Eloxieren *n*, anodische Oxydation *f*, Eloxierung *f*, Anodisieren · anodic oxidation; anodising (Brit.); anodizing (US)

Eloxierhaut *f*, Eloxalschicht *f*, Oxidhaut, Oxidschicht · anodic film, ~ coating, ~ finish

eloxiert, elektrisch oxidiert · anodised (Brit.); anodized (US)

eloxiertes Aluminium *n* · anodised aluminium (Brit.); anodized aluminum (US)

Eloxierung *f*, Eloxieren *n*, anodische Oxydation *f*, Anodisieren · anodic oxidation; anodising (Brit.); anodizing (US)

~ (oder Eloxierverfahren *n***) mit direkt im Eloxalbad erzeugten lichtbeständigen Farbtönen** · integral colour anodising (process) (Brit.); ~ color anodizing (~) (US)

Eloxierverfahren *n* · anodic treatment method

Elt-Anlage *f*, Elt-Installation *f*, Elektroanlage, Elektroinstallation · electrical installation, ~ system

(Elt-)Deckenleerrohr *n*, Elektro-Deckenleerrohr · ceiling (wiring) conduit

Eltern|bad *n* · parent's bath

~schlafraum *m*, Elternschlafzimmer *n* · parent's bedroom

~zimmer *n* · parents' room

Elt-Installation *f*, Elt-Anlage *f*, Elektroanlage, Elektroinstallation · electrical installation, ~ system

Elt-Kabel *n*, Kabel, Elektrokabel, elektrisches (Leitungs)Kabel · electric(al) cable

(Elt)Leerrohr *n*, Elektroleerrohr · (wiring) conduit, electrical ~

~leitung *f*, Elektroleerrohrleitung · (wiring) conduit line, electrical ~ ~

~netz *n*, Elektroleerrohrnetz · (wiring) conduit network, electrical ~ ~

Elt-Leitungsmast *m*, Elektroleitungsmast · transmission pole [*B.S. 607*]

Elt-Technik *f*, Elektrotechnik, E-Technik · electrical engineering

(Elt)Wandleerrohr *n*, Elektro-Wandleerrohr · wall (wiring) conduit

Email(glasur) *n*, (*f*), Emaille *f*, opake Glasur · enamel (glaze), opaque ~

Emaille *f*, opake Glasur *f*, Email(glasur) *n*, (*f*) · enamel (glaze), opaque ~

~farbe *f* · enamel paint [*This term is now rather loosely used, but implies, as a rule, a superior quality paint, the outstanding characteristic of which is its hard gloss. When these very high-gloss paints were first made, the name 'enamel' was borrowed from the ceramic industry to describe the brillance of the gloss obtained by this process*]

~lack *m* · enamel

Emaillieren *n* · enamelling (Brit.); enameling (US)

Emaillier|ofen *m* · enamel stove

~ton *m* · enamelling clay (Brit.); enameling ~ (US)

E-Maß *n*, E-Wert *m*, E-Modul *m*, Elastizitätsmodul, Elastizitätsmaß, Elastizitätswert, E-Zahl *f*, Elastizitätszahl · modulus of elasticity, elastic modulus, Young's modulus (of elasticity), stiffness

Emissions|stelle *f* [*Rauch; Schadgas*] · point of emission

~verhältnis *n* · emissivity factor

~vermögen *n*, Wärmeausstrahlungsvermögen · heat emissivity

E-Modul *m*, E-Wert *m*, E-Maß *n*, Elastizitätsmodul, Elastizitätswert, Elastizitätsmaß, E-Zahl *f*, Elastizitätszahl · modulus of elasticity, elastic modulus, Young's modulus (of elasticity), stiffness

Empfangs|anlage *f*, Abfertigungsanlage · (passenger) terminal

~ebene *f*, Empfangsfläche *f*, Abfertigungsebene, Abfertigungsfläche [*Waag(e)rechte Teilfläche im Abfertigungsgebäude eines Flughafens mit organisatorischer und funktioneller Aufteilung der Verkehrswege und Abfertigungsvorgänge für Fluggäste und Gepäck*] · passenger and luggage handling level

~fläche *f* → Empfangsebene

~gebäude *n*, Abfertigungsgebäude · (passenger) terminal building

~gebäude *n* **für Auslandverkehr,** Abfertigungsgebäude ~ ~ · international (passenger) terminal building

~gebäude *n* **für Inlandverkehr,** Abfertigungsgebäude ~ ~ · domestic (passenger) terminal building

~halle *f*, (Eingangs)Halle · (entrance) hall, reception ~ [*An entrance space, often containing a staircase*]

~raum *m* [*Messestand*] · promotional lounge

~raum *m* [*Bei der Bestimmung der Schallpegeldifferenz D*] · receiving room

~raum *m* → Empfangszimmer

~schalter *m* [*Hotel*] · reception desk

~zimmer *n*, Empfangsraum *m*, Salon *m* · drawing room

empfindlich · susceptible [*When not otherwise qualified, tending to change in consistency with variation in temperature*]

Empfindlichkeit *f* · sensitiveness, sensitivity

~, Genauigkeit [*Waage*] · weighing sensitivity, ~ sensitiveness

empirische Formel *f* · empirical formula

Empore *f* [*Breiter innerer Laufgang über den Seitenschiffen oder an einer Stirnwand einer Kirche*] · tribune, gallery [*misnomer: triforium*]

~ über dem Lettner, Lettnerempore · jube [*A loft or gallery over the rood screen in a church*]

Emporenkirche *f* [*Kirche mit Emporen. Emporenkirchen mit belichtetem Mittelschiff heißen Emporenbasiliken, mit unbelichtetem Mittelschiff Emporenhallen*] · galleried church

Emulgation *f*, Emulgieren *n*, Emulgierung *f* · emulsification

Emulgator *m*, Emulgiermittel *n* · emulsifier, emulsifying agent, emulsion stabilizing agent, emulsion stabilizer

~molekül *n* · emulsifier molecule

~schicht *f* · emulsifier layer

emulgierbar, wasser~ · emulsifiable (in water)

Emulgierbarkeit *f* · emulsifiability

emulgieren · to emulsify

Emulgieren *n*, Emulgierung *f*, Emulgation *f* · emulsification

Emulgiermittel *n*, Emulgator *m* · emulsifier, emulsifying agent, emulsion stabilizing agent, emulsion stabilizer

emulgiert · emulsified

emulgiertes Bitumen *n* → (Straßenbau)Bitumenemulsion

Emulgierung *f*, Emulgieren *n*, Emulgation *f* · emulsification

Emulsion *f* [*Wäßrige Aufschlämmung eines flüssigen, sich nicht lösenden Stoffes*] · emulsion

~ (für Anstrichfarbe) [*Fehlname: Binder m*] · emulsion-like dispersion [*misnomer: emulsion*]

~ mit Haftanreger, gedopte Emulsion · doped emulsion

Emulsions|basis *f*, Emulsionsgrundlage *f* · emulsion base

~bindemittel *n*, Emulsionsfarbenbindemittel · emulsion(-type) binder, ~ (binding) medium

~binderfarbe *f*, Emulsionsdispersionsfarbe · emulsion type water-carried paint, ~ ~ (cold-)water ~

~erzeugnis *n* · emulsion product

~farbe *f* · emulsion paint [*Generally, a paint in which the medium is an 'emulsion' or emulsion-like dispersion of an organic binder in water. Industrially, the name is mainly restricted to those paints in which the medium is an 'emulsion' of a synthetic resin. The medium may also be called a latex by analogy with a natural rubber latex; polyvinyl acetate emulsion paint is a typical example*]

~grundlage *f*, Emulsionsbasis *f* · emulsion base

~kleb(e)stoff *m*, Emulsionskleb(e)mittel *n*, Emulsionskleber *m* · emulsion (bonding) adhesive, ~ ~ medium, ~ ~ agent, ~ cement(ing agent)

~wachs *n* · emulsion wax, self polishing ~

~wasser *n* · emulsification water, emulsion ~

End|anstrichschicht *f*, Endaufstrichschicht, Schlußanstrichschicht, Schlußaufstrichschicht [*Die letzte (Anstrich-) Schicht des Anstrichsystems*] · final individual coat

~auflager *n* [*frei drehbar*] · end support [*pin-jointed*]

~aufstrichschicht *f*, Endanstrichschicht, Schlußanstrichschicht, Schlußaufstrichschicht [*Die letzte (Anstrich)Schicht des Anstrichsystems*] · final individual coat

~bindeblech *n* [*Stütze*] · end tie-plate

~blech *n* · terminal sheet [*A metal sheet of special width used at the extreme end of a roof*]

~block *n*, Abschlußblock [*Bei Balken aus Blöcken*] · end-block

~diagonale *f*, Endschräge *f* · end diagonal

~drehung *f* · end rotation

Ende *n* **der Blankschmelze** [*Glasschmelze*] · seed-free time

End|einspannung *f* · end fixity, ~ restraint

~feld *n* · end span, extreme ~

~feldmoment *n* · moment in end span, ~ ~ extreme ~

~festigkeit *f* · final strength

endgültige Kraftzerlegung *f* · univocal resolving of a force

~ Last *f* · final load

~ Spannung *f* · final stress

endgültiger Auftrag *m* · actual order

endgültiges Moment *n* · final moment

End|haken *m* [*Das um 180° herumgebogene Ende eines Betonstahles*] · end hook, hook of rod

~kaschierung *f* [*Lichtleiste*] · end cap

~knoten *m* · end assemblage point, ~ joint

endlich · finite

endliche Anzahl *f* · finite number

~ Biegung *f* · finite bending

~ Dehnung *f* · finite strain

~ Formänderung *f*, ~ Verformung · finite deformation

~ Länge *f* · finite length

~ Tafel *f* · finite-size panel

~ Verdrehung *f* · finite twisting

~ Verformung *f*, ~ Formänderung · finite deformation

~ Verschiebung *f* · finite displacement

endliches Element *n* · finite element

End|moment *n* · end moment

~montage *f* · final assembly

endotherm(isch) · endothermic [*Pertaining to a reaction which occurs with the absorption of heat*]

Endquer|rahmen *m* · cross-braced end frame

~träger *m* · extreme cross girder

End|rahmen *m* · end frame

~rillenrohr *n* · grooved pipe

~schräge *f*, Enddiagonale *f* · end diagonal

~siedepunkt *m* · end point, final boiling ~

~steife *f* [*Blechträger*] · end stiffener, ~ stiffening angle

Endstrang *m* · house sewer ,~ connection, ~ drain; collection line (US) [*A pipe conveying the sewage from a single building to a common sewer or point of immediate disposal*]

~ ·communication pipe [*The portion of the service pipe from the main to the boundary of consumers' premises*]

End|stück *n* [*Geländer*] · termination piece

~stütze *f* · end column

~überlappung *f* [*Im Gegensatz zur Seitenüberlappung*] · headlap

endverankert · end-anchored

End|verankerung *f* · end anchorage

~verankerungsbruch *m* · end anchorage failure

~vorspannung *f* · final stress [*In prestressed concrete, the stress which exists after substantially all losses have occurred*]

Energie *f* **der Lage,** Potential *n*, latente Energie, potentielle Energie · potential energy, position ~, energy of position, geodetic head [*It is the energy possessed by a body in virtue of its position relative to some zero position*]

~ansatz *m* · energy approach

~erhaltung *f* · conservation of energy

~erhaltungsgesetz *n* · law of conservation of energy

~gleichung *f* · energy equation

~kanal *m* · electricity cable duct

~methode *f*, Energieverfahren *n* · energy method

~satz *m* · energy theorem

~schacht *m* · electrical supply shaft

~verfahren *n*, Energiemethode *f* · energy method

~versorgung *f* · power supply

~zähler *m*, Stromzähler · electricity meter, electric current ~ [*B.S. 37*]

Engelschor *m* · Angel Choir [*Lincoln Cathedral*]

englische Frühgotik *f* · Early English

~ Hochgotik *f* · Decorated Style

~ Romanik *f*, ~ romanische Baukunst *f*, ~ romanische Architektur *f* · English Romanesque

englischer Quarzit *m* · ganister (US); gannister (Brit.)

~ Tripel *m* · rottenstone

englisches Kristallglas *n*, Kalibleiglas · potassium oxide-lead crystal glass, potash-lead ~ ~

Englisch|gelb *n* · English yellow

~rot *n* · English vermilion

Engobe *f*, Angußfarbe *f* [*Engoben sind feine Tonmassen, die sich in bestimmten Farben brennen lassen und die vor allem auf Dachziegel und Verblender oberflächlich aufgetragen werden um ihnen eine andere Farbe als die des gebrannten Scherbens zu geben*] · engobe

~ton *m* · coating clay

engobieren · to slip, to engobe

Engobieren *n* · slipping, engobing

engsäulig, dichtsäulig, pyknostylos · pycnostyle [*A term given when the space between two columns is 1½ bottom diameters*]

Entaschungstür *f*, Aschentür · ash (pit) door

Entase *f*, Entasis *f*, Anschwellung *f* · entasis [*A slight convex curve in the vertical outlines of the shaft of a pilaster or of a column*]

Entasis *f*, Anschwellung *f*, Entase *f* · entasis [*A slight convex curve in the vertical outlines of the shaft of a pilaster or of a column*]

Entballung *f* · decentralization

Entbindungsstation *f*, Entbindungsabteilung *f* · maternity unit

Entdröhnung *f* · anti-drumming treatment, sound-deadening (~)

Entdröhnungsmittel *n* · anti-drumming agent, sound-deadening ~

entdecktes Oktaeder *n* · truncated octahedron

~ Tetraeder *n* · truncated tetrahedron

~ und entkantetes Hexaeder *n* · rhombicuboctahedron

Enteignungsgesetz *n* · expropriation law

Entemulgierbarkeit *f* · demulsibility

entfeinter Beton *m* · popcorn concrete (US); no-fines ~ (Brit.)

Entfernung *f*, Beseitigung · removal

Entfetten *n*, Entfettung *f* · degreasing

Entfettungsmittel *n* · grease remover, ~ stripper

Entfeuchten *n*, Entfeuchtung *f*, Feuchtigkeitsentzug *m* · dehumidifying, dehumidification

entflammbar · (in)flammable

Entflammbarkeit *f* · (in)flammability

Entformen *n*, Ausformen [*Betonsteinindustrie*] · demoulding (Brit.); demolding (US)

Entformungsmittel *n*, Ausformungsmittel [*Betonsteinindustrie*] · demoulding agent (Brit.); demolding ~ (US)

Entgasung *f*, trockene Destillation *f*, Zersetzungsdestillation · destructive distillation, dry ~ [*Sometimes referred to as 'pyrolysis'*]

Entglasen *n*, Entglasung *f* [*Die Bildung von Kristallen in einer Glasmasse*] · devitrification

Enthalpie *H f*, Wärmeinhalt *m* [*Energieinhalt eines Gases; nicht verwechseln mit der inneren Energie*] · enthalpy, heat content

enthärten · to soften

Enthärter *m*, Enthärtungsanlage *f*, Wasser~ · (water) softening unit

Enthärtung *f* [*Wasser*] · softening

Enthärtungsanlage *f*, Enthärter *m*, Wasser~ · (water) softening unit

entionisieren · to deionize

Entkalkung *f* · lime removal

Entkohlung *f* [*Metall*] · decarburization

Entkohlungsschlacke *f* · decarburization slag

Entladungslampe *f* · discharge lamp [*B.S. 1270*]

entlastet · relieved

Entlastung *f* · relief

Entlastungs|-Abwasserleitung *f* · relief sewer

~bogen *m*, Überfangbogen · discharging arch, relieving ~, rough ~, safety ~

~gewölbe *n* · discharging vault, relieving ~

~sturz *m* · safety lintel; ~ lintol [*deprecated*] [*A lintel, which carries load, to protect another more decorative lintel*]

Entleerungshahn *m* · emptying cock

entlüften · to remove foul air from a room, etc.

Entlüften *n* [*Entfernung der in einer Masse eingeschlossenen Luft durch Evakuieren*] · deairing

Entlüfter *m* · extract ventilation unit, extraction ~, extractor, ventilator

~ [*Einrichtung zum Entfernen von Luft aus Rohrleitungen und angeschlossenen Geräten*] · vent

Entlüftung *f* · extract ventilation, ~ venting

Entlüftungs|kanal *m* · extract ventilation duct, ~ venting ~

~leitung *f* · extract ventilation line, ~ venting ~

~rohr *n* · extract ventilation pipe, ~ venting ~

~rohr *n* [*Grundstücksentwässerung*] · vent stack

~schacht *m* · extract ventilation shaft, ~ venting ~

~schicht *f* → (Druck)Ausgleichschicht

~stein *m* · extract ventilation block, ~ ~ tile, ~ venting ~ [*See remark under 'Block'*]

~stopfen *m* · vent stopper

entmaterialisierte Vielgliedrigkeit *f* · dematerialized multiformity

Entmischen *n*, Entmischung *f* · segregation [*The differential concentration of the components of mixed concrete, resulting in nonuniform proportions in the mass*]

entmischter (Beton)Grobzuschlag(-stoff) *m* · loose core [*Coarse aggregate which has become seperated from a concrete mix by incorrect handling during mixing and placing*]

Entmischung *f*, Entmischen *n* · segregation [*The differential concentration of the components of mixed concrete, resulting in nonuniform proportions in the mass*]

Entmischungs|gefahr *f* · risk of segregation

~neigung *f* · separation [*The tendency, as concrete is caused to pass from the unconfined ends of chutes or conveyor belts, or similar arrangements, for coarse aggregate to separate from the concrete and accumulate at one side; the tendency, as processed aggregate leaves the ends of conveyor belts, chutes, or similar devices with confining sides, for the larger aggregate to separate from the mass and accumulate at one side; or the tendency for the solids to separate from the water by gravitational settlement*]

Entnahme *f* [*z.B. von Warmwasser*] · draw-off

entnehmen [*Kaltwasser für Warmwasserversorgung*] · to pre-draw

Entrosten *n*, Entrostung *f* [*technischer Vorgang*] · rust removal

Entrostung *f* [*technisches Verfahren*] · rust removal

Entschalen *n* → Ausschalen

Entschalung *f* → Ausschalen

Entschalungs|festigkeit *f*, Ausschalungsfestigkeit · stripping strength

~frist *f*, Ausschalungsfrist · stripping time

(Ent)Schal(ungs)|mittel *n* · release agent, form(work) ~, forms ~, shuttering ~

~öl *n* · form(work) lube, shuttering ~, forms ~, release ~

~paste *f* · release paste, form(work) ~, forms ~, shuttering ~

~wachs *n* · release wax, form(work) ~, forms ~, shuttering ~

entschleimtes Leinöl *n* · linseed oil without foots

Entschwef(e)lung *f* · desulfurizing (US); desulphur(iz)ation (Brit.)

entspannen [*Spannbeton*] · to detension

Entspannen *n* [*Baustahl*] · removal of stress, stress relieving

entspannt, spannungsfrei · free of stress, stress-relieved

Entspannungs|gefäß *n*, (Druck)Ausdehnungsgefäß · expansion vessel, ~ tank

~schicht *f* → (Druck)Ausgleichschicht

Entstehung *f*, Bildung · formation

entwässert · dehydrated

entwässertes Halbhydrat *n*, löslicher Anhydrit *m*, β-Anhydrit III, β-$CaSO_4$ [*Ofengipsart*] · hard-burned plaster, hard-burnt ~

Entwässerung *f*, Wasserableitung drainage

~, Wasserentzug *m*, Dehydration *f* · dehydration

Entwässerungs|anlage *f* · drainage system

~artikel *m*, Entwässerungsgegenstand *m*, Entwässerungserzeugnis *n* [*DIN 4281*] · drainage article, ~ product

~artikel *m* → (Beton-)Entwässerungsgegenstand

~artikel *m* → Grundstücks~

~artikel *mpl*, Entwässerungsgegenstände *mpl*, Entwässerungserzeugnisse *npl*, Entwässerungsware(n) *f* [*DIN 4281*] · drainage goods, ~ articles, ~ products, ~ ware

~artikel *mpl* → (Beton-)Entwässerungsgegenstände

~aushub *m* · drainage excavation

~erzeugnis *n* → (Beton-)Entwässerungsgegenstand

~erzeugnis *n* → Grundstücks~

~erzeugnisse *npl* → (Beton-)Entwässerungsgegenstände

~fitting *m*, Entwässerungs(rohr)formstück *n* · drainage (pipe) fitting

~gegenstand *m* → Beton-~

~gegenstand *m* → Grundstücks~

~gegenstände *mpl* → Beton-~

~kanal *m* **(für Abwasser)** → Abwasserkanal

~leitung *f*, Ablaufleitung, Abflußleitung · draining line, drain(age) ~, discharge ~

~netz *n* · drainage network

~probe *f*, Entwässerungsversuch *m*, Entwässerungsprüfung *f* [*Bitumenemulsion*] · dehydration test

~prüfung *f*, Entwässerungsversuch *m*, Entwässerungsprobe *f* [*Bitumenemulsion*] · dehydration test

~rinne *f*, Wasserrinne, Ablaufrinne, Abflußrinne · drain(age) gutter, draining ~, discharge ~

~rohr *n* → Abflußrohr

~rohrbogen *m* → Abflußrohrbogen

~(rohr)formstück *n*, Entwässerungsfitting *m* · drainage (pipe) fitting

~rohrleitung *f*, Ablaufrohrleitung, Abflußrohrleitung · draining (pipe)line, drain(age) (~) ~, discharge (~) ~

~rohr(leitungs)system *n* → Abflußrohr(leitungs)system

~rt *m* → Ablauf rostso

~versuch *m*, Entwässerungsprüfung *f*, Entwässerungsprobe *f* [*Bitumenemulsion*] · dehydration test

~ware(n) *f*, Entwässerungserzeugnisse *mpl*, Entwässerungsartikel *mpl*, Entwässerungsgegenstände *mpl* · drainage goods, ~ articles, ~ products, ~ ware

~ware(n) *f* → (Beton-)Entwässerungsgegenstände

entwerfender Architekt *m* · architect and designer

Entwerfer *m* · designer

Entwicklungsstufe *f* · stage of development

Entwurf *m* · design

Entwurfs|aufgabe *f* · design task

~bearbeitung *f* · design development

~belastung *f* · design loading

~grundsätze *mpl* · design principles

~kriterium *n* · design criterion

~last *f* → Lastannahme

(~)Raster *m*, Zeichenraster, Konstruktionsraster [*Beim architektonischen Entwerfen legt ein Raster ein im Grundriß oder Aufriß stets wiederkehrendes Grundmaß, z.B. die Knotenpunkte einer Skelettkonstruktion, fest*] · planing grid, structural ~ [*Not to be confused with a grid plan = Rasterplan*]

~richtlinien *fpl* · design specifications, ~ spec(s)

~spielraum *m* [*Im Sinne von vielen Entwurfsmöglichkeiten*] · design latitude

~zeichnung *f* · design drawing

Entwurf- und Bauauftrag *m* · turn key (type of) contract

Entziehungsheim *n* · withdrawal clinic

entzinken · to dezincify, to dezinkify

Entzinken *n* · dezincation [*The removal of zinc from an alloy or composition*]

entzundern, abzundern · to descale

Entzundern *n*, Abzundern, Entzunderung *f*, Abzunderung · descaling, scale removal, removal of scale [*Removal of surface scale from a hot worked or heat treated product by pickling, shotblasting, oxy-gas flame etc. Also removal of scale during hot working by the application of water, coal-dust, brushwood, oil etc.*]

entzündlich, entflammbar · (in)flammable

EP *n* → Epoxidharz

E.P. *m*, Erweichungspunkt *m* · softening point

Epichlorhydrin *n* · epichlorohydrin

Epikote-Kunstharzkleb(e)stoff *m*, Epikote-Kunstharzkleb(e)mittel *n*, Epikote-Kunstharzkleber *m* · Epikote resin (-based) (bonding) adhesive, ~ ~ ~ agent, ~ ~ ~ medium, ~ ~ cement(ing agent)

Episkopalkirche *f*, Bischofskirche · episcopal church

Epistel|-Ambo *m* [*an der Südseite*] · Epistle ambo

~seite *f*, Männerseite [*Die vom Westeingang aus rechte (= südliche) Seite der Kirche und des Altars, weil auf dieser Seite die Epistel verlesen wird*] · epistle-side

Epistyl(ion) *n*, Architrav *m* [*Von einer Säulenachse zur anderen reichender Steinbalken*] · epistyle, architrave

Epitaph *n*, Grab(in)schrift *f* · epitaph

Epitrachelium *n*, Hypotrachelion *n*, (Säulen)Hals *m*, Unterhals [*dorische Säule*] · hypotrachelion, hypotrachelium

Epizykloide *f* · epicycloid

epochemachend · epoch-making

Epoxidharz *n*, Äthoxilinharz, EP [*Epoxidharze sind Kondensationsprodukte, vorwiegend aus Epichlorhydrin und Phenolen, die durch Polyaddition mit Polyaminen und/oder Polyamiden härten*] · epoxy resin

~ bei der Erdöldestillation als Nebenprodukt gewonnen · epoxy resin of petrochemical origin

~ mit Bitumen · epoxy-asphalt material (US); epoxy-(asphaltic-)bitumen ~ (Brit.)

~ ~ Kohlenteer · epoxy-coal tar material

~ ~ Schwarzbindemittel · epoxy-bitumen material (US); epoxy-hydrocarbon binder ~ (Brit.)

~(anstrich)farbe *f* · epoxy (resin) paint, epoxy-based ~ [*A paint based on an epoxy resin; the designation is frequently qualified to indicate the nature of the crosslinking agent used, e.g. 'epoxy/amine', 'epoxy/polyamide' or 'epoxy/isocyanate' where the crosslinking agents are polyamines, polyamides and isocyanates respectively*]

~bindemittel *n* · epoxy (resin) binder [*This term is used to describe a formulation used as a cementing agent to bind particles of aggregate into a mass that is originally plastic but later becomes rigid*]

~kleb(e)stoff *m*, Epoxidharzkleb(e)mittel *n*, Epoxidharzkleber *m* · epoxy (resin) (bonding) adhesive, ~ (~) ~ agent, ~ (~) ~ medium, ~ (~) cement(ing agent), epoxy-based ~ ~

~lack *m* [*Fehlname*] → Epoxidharzlackfarbe

~lackfarbe *f* [*Fehlname: Epoxidharzlack m*] · epoxy (resin) enamel, ~ (~) hard gloss paint, epoxy-based enamel, epoxy-based hard gloss paint

~mörtel *m* · epoxy (resin) mortar, epoxy-based ~

~paste *f* · epoxy (resin) paste, epoxy-based ~

~rißfüller *m* · epoxy (resin) crack filler, epoxy-based ~ ~

Epoxidüberzugharz *n* [*Oberbegriff für 1. Epoxidharzbindemittel und 2. Epoxidharzkleber*] · epoxy coating resin

EPZ *m*, Eisenportlandzement *m* [*Fehlname: Steinscher Zement. Max. 30% Schlacke. DIN 1164*] · portland blast-furnace cement [*B.S. 146*]

Erblinden *n*, Blindwerden, Anlaufen, Beschlagen [*Glas*] · tarnishing, fogging

Erbsenstein *m*, Pisolith *m* · pisolite, pisolitic limestone

Erbskies *m* · pea gravel

Erd|alkalie *f*, alkalische Erde *f*, Alkalierde · alkalin(e) earth [*Alkaline earths are a group of chemical elements comprising calcium, strontium, barium, and sometimes beryllium, magnesium, and radium*]

~anschlußfreiheit *f* · freedom from ground connection

~arbeiten *fpl* [*DIN 18300*] · earthwork

~balsam *m* · earth balsam [*A variety of asphalt from Pechelbronn, Alsace*]

~beben *n* · earthquake

~bebenbemessung *f*, erdbebensichere Bemessung · earthquake design, seismic ~

erdbebenbewußt · seismic-conscious

Erdbeben|erschütterung *f* · earthquake vibration, ~ oscillation

~fortpflanzung *f* · earthquake propagation

~gebiet *n* · seismic region, ~ area, earthquake ~

~kippmoment *n* · seismic overturning moment

~kraft *f* · earthquake force

~last *f* · seismic load, earthquake ~

~reaktion *f* **eines Bauwerkes oder Gebäudes** · earthquake response

erdbeben|sicher [*Gestaltung der Bauwerke gegen plötzliche und rasch vorübergehende Erschütterungen durch tektonische und vulkanische Beben*] · earthquake-resistant, quake-proof, aseismic

~sichere Aussteifung *f*, ~ Versteifung · earthquake bracing

~sichere Bemessung *f*, Erdbebenbemessung · earthquake design, seismic ~

~sichere Versteifung *f*, ~ Aussteifung · earthquake bracing

Erd(beben)stoß *m* · earth(quake) shock

Erdbeben|tätigkeit *f* · seismic activity

~technik *f* · earthquake engineering

~warte *f* · earthquake observatory

~welle *f* · earthquake wave

~-Widerstandsfähigkeit *f* · seismic resistance

~zone *f* · seismic zone, earthquake ~

Erd|bogen *m*, Gegenbogen, Grundbogen, Konterbogen, umgekehrter Bogen, verdeckter Bogen · inverted arch, reversed ~

~draht *m*, Erd(zu)leitung *f*, Erdungsleitung · earth(ing) lead, ground(ing) ~, earth-continuity conductor

Erde *f* [*Elektrotechnik*] · earth (Brit.); ground (US)

Erdelektrode *f*, Erder *m* · earth electrode

erden [*Elektrotechnik*] · to earth

Erden *n*, (Schutz)Erdung *f*, Erdverbindung [*Elektrotechnik*] · earthing, earth connection, grounding

Erder *m*, Erdelektrode *f* · earth electrode

Erdfarbe *f* [*Fehlname*]; Erdpigment *n*, natürliches anorganisches Pigment · natural earth, earth pigment [*Many of the colo(u)r pigments are natural earths consisting of earthy substances such as sand and clay mixed with such materials as the oxides of iron and manganese which provide the colo(u)r*]

Erdfeuchte *f*, Erdfeuchtigkeit *f* · ground moisture

erdfeuchter Beton *m* · earth-moist concrete, earth-damp ~, (earth-)dry ~, no-slump ~

Erdfeuchtigkeit *f*, Erdfeuchte *f* · ground moisture

erdgeschossig, eingeschossig, einstökkig, einetagig · single-story (US); single-storey (Brit.); single-floor, single-level

Erdgeschoß *n*, EG *n* · ground floor (Brit.); first ~ (US)

~-Betonplatte *f*, EG-Betonplatte · concrete ground floor slab

~boden(belag) *m* → Erdgeschoßfußboden(belag)

~decke *f*, EG-Decke · ground-floor floor

~eingang *m*, EG-Eingang · ground floor entrance

~fenster *n*, EG-Fenster · ground-floor window

~(fuß)boden(belag) *m*, EG-(Fuß)Boden(belag) · ground (level) floor(ing) (finish), ~ (~) floor cover(ing)

~grundriß *m*, EG-Grundriß · ground floor plan, ~ ~ base

~höhe *f*, EG-Höhe · ground floor height

~lagergebäude *n* → eingeschossiges Lagergebäude

~mauer *f*, EG-Mauer · ground-floor masonry wall, ground level ~ ~

~platte *f*, EG-Platte · ground-floor slab

~rohbauplan *m*, EG-Rohbauplan · ground floor plan

~stütze *f*, EG-Stütze · ground floor column

~wohnung *f*, EG-Wohnung · ground-floor dwelling unit (US); ~ dwelling (Brit.)

Erdhügel *m* · earthen mound, mound of earth

erdiger Gips *m*, erdiges Gipsgestein *n*, feinporiges Gipsgestein · friable gypsum, earthy ~, gypsite

erdiges Gipsgestein *n*, feinporiges ~, erdiger Gips · friable gypsum, earthy ~, gypsite

Erdkappe *f* [*Domikalgewölbe als umgekehrtes Gewölbe bei Gründungen*] · cloister vault in the ground (US); domical ~ ~ ~ ~ (Brit.)

Erdkobalt *m* · asbolite, asbolan, earthy cobalt; black oxide of cobalt (Brit.); black oxid(e) of cobalt (US)

Erdleitung *f*, Erdzuleitung, Erddraht *m*, Erdungsleitung · earth(ing) lead, ground(ing) ~, earth-continuity conductor

Erdöl *n* · petroleum

~bitumen *n* · petroleum asphalt (US); ~ (asphaltic) bitumen (Brit.)

~(destillations)rückstand *m* · petroleum distillation residue

~rückstand *m*, Erdöldestillationsrückstand · petroleum distillation residue

~zement *m*, Ölbohrzement, Tiefbohrzement · oil-well cement [*Hydraulic cement suitable for use under high pressure and temperature in sealing water and gas pockets and setting casing during the drilling and repair of oil wells; often contains retarders to meet the requirements of use*]

Erdpigment *n*, natürliches anorganisches Pigment [*Fehlname: Erdfarbe*] · natural earth, earth pigment [*Many of the colo(u)r pigments are natural earths consisting of earthy substances such as sand and clay mixed with such materials as the oxides of iron and manganese which provide the colo(u)r*]

Erdreich *n* · subsoil [*The weathered soil below the topsoil*]

Erdstoß *m*, Erdbebenstoß · earth(quake) shock

Erdung *f*, Schutz~, Erden *n*, Erdverbindung [*Elektrotechnik*] · earthing, earth connection, grounding

Erdungs|blech *n* · ground(ing) metal sheet, earth(ing) ~ ~

~kontakt *m* · ground(ing) contact, earth(ing) ~

~leitung *f*, Erddraht *m*, Erd(zu)leitung · earth(ing) lead, ground(ing) ~, earth-continuity conductor

~material *n* · grounding material, earthing ~

~platte *f*, Plattenerder *m* · ground(ing) plate, earth(ing) ~

~schalter *m* · ground(ing) switch, earth(ing) ~

~scheibe *f* · ground(ing) washer, earth(ing) ~

~schelle *f* · ground(ing) clamp, earth(ing) ~

~stab *m*, Staberder *m* · ground(ing) rod, earth(ing) ~

Erdverbindung *f*, Erden *n*, (Schutz)Erdung [*Elektrotechnik*] · earthing, earth connection, grounding

Erdwallstadion *n* · earth embankment stadium

Erd(zu)leitung *f*, Erdungsleitung, Erddraht *m* · earth(ing) lead, ground(ing) ~, earth-continuity conductor

Erechtheion *n*, Tempel *m* der Pallas Polias · Erechtheion

Erfindungskraft *f* · inventiveness

erforderliche Mindestgradiente *f* **in (Roh)Leitungen** · self-cleansing gradient

Erfrischungsraum *m* · refreshment room

Ergänzungsfarbe *f*, Komplementärfarbe [*Eine sich auf dem Wege der optischen Farbenmischung zu Weiß ergänzende Farbe*] · complementary colour (Brit.); ~ color (US)

Ergiebigkeit *f* → Ausgiebigkeit

Erhaltung *f* · conservation

(er)härten · to harden

(Er)Härten *n*, (Er)Härtung *f* · hardening

erhärteter Beton *m*, Festbeton · hardened concrete

~ Mörtel *m*, Festmörtel · hardened mortar

~ Zementleim *m*, Zementstein *m* · hardened cement paste, paste matrix

(Er)Härtung *f*, (Er)Härten *n* · hardening

(Er)Härtungs|ablauf *m* → (Er)Härtungsvorgang

~alter *n* · age of hardening, hardening age

~beschleuniger *m* → (Er)Härtungszeitbeschleuniger

~beschleunigung *f* **durch Hitze** · acceleration of hardening by heat

~dauer *f*, (Er)Härtungszeit *f*, Härtezeit, Härtedauer, (Er)Härtungsfrist *f*, Härtefrist · hardening time, ~ period, period of hardening, time of hardening

~energie *f* · hardening energy, energy of hardening

~frist *f* → (Er)Härtungsdauer

~geschwindigkeit *f* · hardening rate, rate of hardening

~grad *m* · degree of hardening, hardening degree

~kurve *f* [*Mörtel; Beton; Zementpaste; Gips. Siehe Anmerkung unter „Abbinden"*] · curve of hardening, hardening curve

~probe *f*, (Er)Härtungsprüfung *f*, (Er-)Härtungsversuch *m* · hardening test

~prozeß *m* → (Er)Härtungsvorgang

~prüfung *f*, (Er)Härtungsversuch *m*, (Er)Härtungsprobe *f* · hardening test

~regler *m* → (Er)Härtungszeitregler

~spannung *f* · hardening stress

~temperatur *f*, Härtetemperatur · hardening temperature

~verhalten *n* · hardening behaviour (Brit.); ~ behavior (US)

~verlauf *m* → (Er)Härtungsvorgang

~versuch *m*, (Er)Härtungsprüfung *f*, (Er)Härtungsprobe *f* · hardening test

~verzögerer *m* → (Ab)Binde(zeit)verzögerer

~vorgang *m*, (Er)Härtungsprozeß *m*, (Er)Härtungsverlauf *m*, (Er)Härtungsablauf *m*, Härtevorgang, Härteverlauf, Härteprozeß, Härteablauf · hardening process, process of hardening

~zeit *f*, (Er)Härtungsdauer *f*, Härtezeit, Härtedauer · hardening time, ~ period, period of hardening, time of hardening

(Er)Härtungs(zeit)beschleuniger *m*, Schnell(er)härter · hardening accelerator, ~ accelerating agent, ~ acceleration promoter, accelerator for hardening, rapid hardener, quick hardener

~ für hydraulische Bindemittel, Schnell(er)härter ~ ~ ~ · accelerating additive for hardening

~ ~ ~ Gemische, ~ ~ ~ Mischungen, Schnell(er)härter ~ ~ ~ · accelerating admix(ture) for hardening

(Er)Härtungs(zeit)|regler *m*, (Ab)Binde(zeit)regler, Erstarrungs(zeit)regler [*für hydraulische Bindemittel und hydraulische Mischungen*] · (setting and hardening) control(l)ing agent [*A substance which, when present in small quantities, controls the setting and hardening of a cementitious material*]

~verzögerer *m* → (Ab)Binde(zeit)verzögerer

Erhitzen *n* → Erwärmen

Erhitzer *m*, Heiz(ungs)gerät *n*, Heizer · heating appliance, ~ unit, heater

~schlange *f*, Wärmeschlange, Heizschlange · heating coil

Erhitzung *f* → Erwärmen

Erhitzungsgeschwindigkeit *f* [*Kalkbrennen*] · heating rate

Erhöhen *n*, Aufstocken [*Gebäude*] · heightening

Erholungs|anlage *f* · recreational facility

~bereich *m*, Erholungsfläche *f*, Erholungsgebiet *n* · recreation(al) area, ~ ground

~fläche *f*, Erholungsgebiet *n*, Erholungsbereich *m* · recreation(al) area, ~ ground

~gebiet *n*, Erholungsfläche *f*, Erholungsbereich *m* · recreation(al) area, ~ ground

~raum *m* · recreation room

~zentrum *n* · recreational centre (Brit.); ~ center (US)

Erker *m* [*Vor die Fassade vorspringender Ausbau in den Obergeschossen als Erweiterung des anschließenden Raumes*] · oriel

~fenster *n* · oriel window [*A bay window or bow window not rising from the ground, and generally supported on brackets*]

~türmchen *n* · bartizan

erlangen, ein Architektendiplom ~ · to graduate (in architecture)

Erläuterungs|bericht *m* · explanatory report

~zeichnung *f* · explanatory drawing

Erlenmeyerkolben *m* · Erlenmeyer flask

Ermitt(e)lung *f*, Bestimmung · determination

Ermüdung *f* · fatigue

Ermüdungs|beiwert *m* · fatigue coefficient

~bruch *m* · fatigue failure, ~ rupture

~erscheinung *f* · fatigue phenomenon

~festigkeit *f*, Arbeitsfestigkeit, Dauerfestigkeit · fatigue resistance, ~ strength, endurance [*Is defined as the number of cycles of loading imposed before fracture terminates the rest*]

~grad *m* · fatigue degree

~grenze *f* · fatigue limit, endurance ~

~last *f* · fatigue load

~merkmal *n* · fatigue characteristic

~probe *f*, Ermüdungsprüfung *f*, Ermüdungsversuch *m* · fatigue test

~prüfung *f*, Ermüdungsversuch *m*, Ermüdungsprobe *f* · fatigue test

~riß *m* · fatigue crack

~verhalten *n* · fatigue behaviour (Brit.); ~ behavior (US)

~versuch *m*, Ermüdungsprobe *f*, Ermüdungsprüfung *f* · fatigue test

Erneuerung *f* · renewal, redevelopment, rehabilitation, restoration

Erneuerungsgebiet *n*, Stadt~ · redevelopment area, ~ zone, ~ site

Erreger *m* · exciter [*Lime, alkali, sulphates, etc., which, added to a crushed blast furnace slag, cause it to set when mixed with water*]

~(stoff) *m*, Anreger(stoff), Aktivator *m* [*z.B. Kalkhydrat*] · activator, dope

erreichte Festigkeit *f*, vorhandene ~, tatsächliche ~ · actual strength

Ersatz|balkenverfahren *n* · equivalent beam method

~kraft *f*, Resultante *f*, Mittelkraft, Resultierende *f* · resultant

~stab *m* · transformation member

~rahmen *m* · substitute frame

Erscheinungen *fpl* **des unsäglichen Raums** · phenomena of ineffable space [*Le Corbusier*]

erschließen [*Gelände*] · to develop

Erschließung *f*, Bodenaufschließung · (site) development

Erschütterungs|dämmstoff *m* · damping material

~dämpfer *m*, Schwingungsdämpfer · vibration isolator, oscillation ~

~energie *f*, Schwingungsenergie · vibration energy, oscillation ~

erschütterungsfrei, schwingungsfrei · vibration-less, oscillation-less

Erschütterungs|-Flankenübertragung *f*, Schwingungs-Flankenübertragung · vibration flanking transmission, oscillation ~ ~

~quelle *f*, Schwingungsquelle · vibration source, oscillation ~, source of vibration, source of oscillation

~schutz *m*, Schwingungsschutz [*DIN 4150. Richtlinien für Bemessung und Ausführung von Bauten in deutschen Erdbebengebieten DIN 4149*] · protection against vibration(s), ~ ~ oscillation(s)

~übertragung *f*, Schwingungsübertragung · vibration transmission, oscillation ~

Erschwerniszulage *f* · bonus paid for extra-heavy work, ~ ~ ~ awkward ~, allowance for extra-heavy ~, allowance for awkward ~

erstarren [*Vom flüssigen in den festen Zustand übergehen*] · to solidify

~ [*Siehe Anmerkung unter „Abbinden"*] · to set initially

Erstarren *n*, Erstarrung *f* [*Übergang aus dem plastischen in den festen Zustand. Siehe Anmerkung unter „Abbinden"*] · initial set(ting)

Erstarrung *f*, Erstarren *n* [*Übergang aus dem plastischen in den festen Zustand. Siehe Anmerkung unter „Abbinden"*] · initial set(ting)

Erstarrungs|ablauf *m* → Erstarrungsvorgang

~anfang *m*, Erstarrungsbeginn *m* [*Beton; Mörtel*] · commencement of initial set(ting)

~beginn *m*, Erstarrungsanfang *m* [*Beton; Mörtel*] · commencement of initial set(ting)

~beschleuniger *m* **für hydraulische Bindemittel** → Erstarrungszeitbeschleuniger ~ ~ ~

~beschleunigung *f* → Erstarrungszeitbeschleunigung

~dauer *f*, Erstarrungszeit *f*, Erstarrungsfrist *f* [*Beton; Mörtel*] · time of initial set(ting), period ~ ~ ~, initial set(ting) time, initial set(ting) period

~eigenschaft *f* → Erstarrungsfähigkeit

~energie *f* [*Beton; Mörtel*] · energy of initial set(ting), initial set(ting) energy

~fähigkeit *f*, Erstarrungsvermögen *n*, Erstarrungseigenschaft *f* [*Beton; Mörtel*] · power of initial set(ting), property ~ ~ ~, capacity ~ ~ ~, quality ~ ~ ~, initial set(ting) power, initial set(ting) property, initial set(ting) quality, initial set(ting) capacity

~frist *f* → Erstarrungsdauer

~geschwindigkeit *f* [*Beton; Mörtel*] · rate of initial set(ting), initial set(ting) rate

~gestein *n* → Magmagestein

~gestein *n* **mit 55 bis 66% Kieselsäure** · intermediate igneous rock

~kurve *f* [*Siehe Anmerkung unter „Abbinden"*] · curve of initial set(ting), initial set(ting) curve

~probe *f*, Erstarrungsprüfung *f*, Erstarrungsversuch *m* [*Beton; Mörtel*] · initial set(ting) test

~prozeß *m* → Erstarrungsvorgang

~prüfung *f*, Erstarrungsversuch *m*, Erstarrungsprobe *f* [*Beton; Mörtel*] · initial set(ting) test

~punkt *m* [*Die Temperatur, bei der ein flüssiger Stoff in einen festen Zustand übergeht, z.B. Wasser in Eis*] · solidification temperature

~reaktion *f* [*Beton; Mörtel*] · reaction of initial set(ting), initial set(ting) reaction

~regler *m* → Erstarrungszeitregler

~schwindung *f* · initial set(ting) shrinkage

~verlauf *m* → Erstarrungsvorgang

~vermögen *n* → Erstarrungsfähigkeit

~versuch *m*, Erstarrungsprüfung *f*, Erstarrungsprobe *f* [*Beton; Mörtel*] · initial set(ting) test

~verzögerer *m* → (Ab)Binde(zeit)verzögerer

~verzögerung *f* → Erstarrungszeitverzögerung

~vorgang *m*, Erstarrungsverlauf *m*, Erstarrungsprozeß *m*, Erstarrungsablauf *m* [*Beton; Mörtel*] · initial set(ting) process, process of initial set(ting)

~wärme *f* [*Beton; Mörtel*] · heat of initial set(ting), initial set(ting) heat

~zeit *f*, Erstarrungsdauer *f*, Erstarrungsfrist *f* [*Beton; Mörtel*] · time of initial set(ting), period ~ ~ ~, initial set(ting) time, initial set(ting) period

Erstarrungs(zeit)beschleuniger *m* **für hydraulische Bindemittel**, (Ab)Binde(zeit)beschleuniger ~ ~ ~, Schnellbinder ~ ~ ~, Schnellbindemittel *n* ~ ~ ~ · accelerating additive for set(ting), set(ting) accelerator additive

~ ~ ~ Gemische, ~ ~ ~ Mischungen, (Ab)Binde(zeit)beschleuniger ~ ~ ~, Schnellbinder ~ ~ ~, Schnellbindemittel *n* ~ ~ ~ · accelerating admix(-ture) for set(ting), set(ting) accelerator admix(ture)

Erstarrungs(zeit)|beschleunigung *f*, (Ab)Binde(zeit)beschleunigung [*hydraulisches Bindemittel*] · acceleration of set(ting)

~regler *m*, (Er)Härtungs(zeit)regler, (Ab-)Binde(zeit)regler [*für hydraulische Bindemittel und hydraulische Mischungen*] · setting and hardening control(l)ing agent [*A substance which, when present in small quantities, controls the setting and hardening of a cementitious material*]

~verzögerer *m* → (Ab)Binde(zeit)verzögerer

~verzögerung *f*, (Ab)Binde(zeit)verzögerung [*hydraulisches Bindemittel*] · retardation of set(ting)

Erstbehandlungs(straßen)teer *m* · prime coating (road) tar

Erstbelastung *f*, Anfangsbelastung · initial loading, early ~

erste Etage *f*, erstes Stockwerk *n*, erstes Geschoß *n* [*über dem Erdgeschoß*] · first floor; ~ story (US); ~ storey (Brit.)

~ Grobputzlage *f* → ~ Unterputzschicht

~ Grobputzschicht *f* → ~ Unterputzschicht

~ Hänge *f*, Feuchtläufer *m* [*Dachpappenanlage*] · wet looper

Erste-Hilfe-Raum *m* · first-aid room

erste Lage *f*, ~ Schicht · first coat

~ Schicht *f*, ~ Lage · first coat

~ Unterputzlage *f* → ~ Unterputzschicht

~ Unterputzschicht *f*, ~ Unterputzlage *f*, ~ Grobputzschicht, ~ Grobputzlage, erstes Rauhwerk *n* [*Beim dreilagigen Außenputz ohne Putzträger*] · first undercoat

~ Unterputzschicht *f*, ~ Unterputzlage *f*, ~ Grobputzschicht, ~ Grobputzlage, erstes Rauhwerk *n* [*Bei allen Putzarten*] · first undercoat

~ Wahl *f* · prime, best quality [*The standard of first-quality ware*]

erstes Geschoß *n*, ~ Stockwerk *n*, erste Etage *f* [*über dem Erdgeschoß*] · first floor; ~ story (US); ~ storey (Brit.)

~ Kellergeschoß *n* · upper basement

~ Rauhwerk *n* → erste Unterputzschicht

~ Stockwerk *n*, ~ Geschoß *n*, erste Etage *f* [*über dem Erdgeschoß*] · first floor; ~ story (US); ~ storey (Brit.)

Erstrücklauf *m*, Hauptrücklauf · primary return

Ertragswert *m* [*Gebäude*] · commercial value

Eruptivgestein *n* · eruptive rock

Erwachsenenräume *mpl* · master suite, adult ~ [*These rooms are separated from the children's bedrooms and the family rooms*]

erwärmen, aufwärmen, anwärmen [*Bindemittel; Wasser; Zuschläge und dgl.*] · to heat

Erwärmen *n*, Anwärmen · warming

~, Erwärmung *f*, Aufwärmen, Anwärmen, Anwärmung, Aufwärmung, Aufheizung, Erhitzung, Aufheizen, Erhitzen [*Bindemittel; Zuschlagstoffe; Anmach(e)wasser*] · heating

erwärmte Luft *f* · warmed air

Erwärmung *f*, Anwärmung · warming

~ → Erwärmen

Erwärmungs|dauer *f*, Erwärmungszeit *f*, Anwärmungsdauer, Anwärmungszeit · period of warming, time ~ ~, warming period, warming time

~geschwindigkeit *f*, Anwärmungsgeschwindigkeit · rate of warming, warming rate

~zeit *f*, Erwärmungsdauer *f*, Anwärmungsdauer, Anwärmungszeit · period of warming, time ~ ~, warming period, warming time

erweichen, durchweichen, aufweichen · to soften

Erweichungs|bereich *m* · softening range

~probe *f*, Erweichungsversuch *m*, Erweichungsprüfung *f* · softening test

~prüfung *f*, Erweichungsprobe *f*, Erweichungsversuch *m* · softening test

~punkt *m*, E.P. *n* · softening point

~punkt *m* **Krämer-Sarnow,** Erweichungstemperatur *f* ~, KS-Erweichungstemperatur [*Ist in °C die Temperatur, bei der eine 5 g schwere Quecksilbersäule durch eine in ein Glasröhrchen eingeschmolzene, 5 mm hohe Kohlenteerpechsäule oder ähnlichem mit 7 mm Durchmesser bei Erwärmung von 1 grd/Minute hindurchtritt*] · Kraemer-Sarnow softening point

~punkt *m* **Ring und Kugel,** ~ R u. K, Erweichungstemperatur *f* ~ ~ ~ [*Ist in °C die Temperatur, bei der in einen genormten Metallring, 6,4 mm hoch, 15,9 mm Durchmesser, eingestrichenes, aufgeschmolzenes Bitumen durch eine aufgelegte genormte Stahlkugel, 3,5 g, 9,5 mm Durchmesser, belastet wird und bei Erwärmung von 5 grd/Minute eine solche Fließfähigkeit erreicht, daß die Stahlkugel durchfällt*] · Ring and Ball softening point

~temperatur *f* **Krämer-Sarnow** → Erweichungspunkt ~

~temperatur *f* **Ring und Kugel** → Erweichungspunkt ~ ~ ~

~versuch *m*, Erweichungsprüfung *f*, Erweichungsprobe *f* · softening test

Erweiterung *f*, Ausbau *m*, Vergrößerung [*einer bestehenden Anlage*] · expansion, development

Erweiterungsbau *m* · addition

Erz(beton)zuschlag(stoff) *m* → Eisen~

erzeugen, aufbereiten, herstellen [*Beton; Mörtel; Schwarz(decken)mischgut*] · to fabricate, to prepare [*sometimes incorrectly called 'to mix'*]

Erzeugende *f*, erzeugende Linie *f* · generating line, generatrix (Brit.); generator (US)

Erzeuger *m*, Hersteller, Fabrikant *m* · manufacturer, fabricator, producer, maker

Erzeugnis *n*, Artikel *m*, Gegenstand *m* · article, product

Erzeugnisse *npl*, Gegenstände *mpl*, Artikel *mpl*, Ware(n) *f* · ware, goods, products, articles

Erzeugung *f*, Herstellung, Aufbereitung [*Beton; Mörtel; Schwarz(decken)mischgut*] · fabrication, preparation [*sometimes incorrectly called 'mixing'*],

erzwungene Konvektion *f* · forced convection

~ Schwingung *f* · forced vibration, ~ oscillation [*A vibration maintained solely by one or more periodic forces, and having frequencies related to the frequencies of those forces*]

Erzzement *m*, Eisen~ · iron-ore cement

Erzzuschlag(stoff) *m* → Eisenerz(beton)zuschlag(stoff)

Eselsrücken *m*, Sattelbogen *m*, geschweifter Kielbogen · saddle(-shaped) arch

Espartofaser *f*, Halfafaser, Alfafaser [*Als Einlage für Gipsdielen, Faserbeton usw.*] · (h)alfa fiber (US); ~ fibre (Brit.); Spanish grass ~, esparto grass ~

Essigsäure *f*, $C_2H_4O_2$ · acetic acid

Ester *m* [*Ester sind chemische Verbindungen, die durch Einwirkung von Säuren auf Alkohole entstehen*] · ester

~bildung *f*, Veresterung, Verestern *n* · esterification

~harz *n* · rosin ester, esterified natural resin

~harz(klar)lack *m* · rosin ester varnish

estnischer Ölschiefer *m* · kukkersite

estnisches Schieferöl *n* · Estonian shale oil

Estobitumen *n* · esto-bitumen, esto-asphalt

Estrade *f* · estrade

Estrich *m*, ~(fuß)boden(belag) *m*, Fe *m* · screed (topping), ~ floor(ing) (finish), ~ floor cover(ing)

~ [*als Baustoff*] · screed (material)

~ aus künstlichem Anhydrit [*als Baustoff*] · synthetic anhydrite screed (material), chemical ~ ~ (~), by-product ~ ~ (~)

~ ~ ~ ~ [*als verlegter Baustoff*] · synthetic anhydrite screed (topping), chemical ~ ~ (~), by-product ~ ~ (~)

~ ~ Magnesiamörtel → Steinholzestrich

~absieg(e)lung *f*, Estrichversieg(e)lung · screed (topping) seal(ing)

~arbeiten *fpl* [*DIN 18353*] · screed work

~beschleuniger *m* · screed accelerator

~feld *n* · screed (topping) bay

~fuge *f* · screed (topping) joint

~(fuß)boden(belag) *m*, Fe *m* · screed (topping), ~ floor(ing) (finish), ~ floor cover(ing)

~gips *m*, Anhydrit I *m*, *n*, Hochtemperaturanhydrit, CaSO/ [*DIN 1060*] · anhydrous (gypsum-)plaster, flooring ~; (anhydrous) calcium sulphate plaster, class C (gypsum-)plaster, (gypsum-)plaster of Class C (Brit.); anhydrous calcium sulfate plaster (US)

~mörtel *m* · screed mortar

~oberfläche *f* · screed (topping) surface

~putzgips *m* [*Südwestdeutschland*]; Hartputzgips [*Ein Gips, der, verarbeitet, eine besonders hohe Widerstandsfähigkeit gegen Stoß und Schlag hat und eventuell wasserabweisend ist*] · hard (gypsum) plaster, cement ~; hardwall ~ [*deprecated*]

~unterlage *f* · screed base

~verlegung *f* **in Feldern** · screed laying in (alternate) bays

~versieg(e)lung *f*, Estrichabsieg(e)lung · screed (topping) seal(ing)

~wirkstoff *m*, Estrichzusatzstoff, Estrichzusatz(mittel) *m*, (*n*) · screed admix(-ture), ~ agent

~zusatz(mittel) *m*, (*n*), Estrichwirkstoff *m*, Estrichzusatzstoff · screed admix(-ture), ~ agent

~zusatzstoff *m*, Estrichwirkstoff, Estrichzusatz(mittel) *m*, (*n*) · screed admix(-ture), ~ agent

Eßbar *f* · buffet bar

Eßbereich *m* · dining zone

Eßecke *f*, Eßplatz *m* · dining corner

Eßküche *f* · kitchen/dining room, dining kitchen

Eßnische *f* · dinette

Eßplatz *m*, Eßecke *f* · dining corner

Eßraum *m*, Eßzimmer *n*, Speisezimmer, Speiseraum · dining room

Eßsaal *m* · dining hall

Eßterrasse *f* · dining terrace

Eßzimmer *n*, Eßraum *m*, Speiseraum, Speisezimmer · dining room

Etage *f*, Stockwerk *n*, Geschoß *n* · story (US); storey (Brit.); floor

Etagen|balkenlage *f* → Zwischenbalken(träger)lage

~balken(träger) *m*, Geschoßbalken(träger), Stockwerkbalken(träger), Deckenbalken(träger) · (suspended) floor beam, joist

~bau *m* → Geschoßgebäude

~bogen *m*, Sprungrohr *n*, Schwanenhals *m*, S-Stück *n* [*DIN 19506*] · offset, swanneck [*A pipe fitting used to connect two pipes whose axes are parallel but not in line*]

~decke *f*, Stockwerkdecke, Geschoßdecke, Trenndecke · (intermediate) floor

~deckenunterzug *m* → Deckenunterzug

~ebene *f*, Stockwerkebene, Geschoßebene · floor level; story ~ (US); storey ~ (Brit.)

~eigentum *n*, Geschoßeigentum, Stockwerkeigentum · freehold flat

~fläche *f*, Stockwerkfläche, Geschoßfläche · floor area

~flächenziffer *f*, Geschoßflächenziffer, Stockwerkflächenziffer, GFZ · floor space index

~gebäude *n* → Geschoßgebäude

~grundriß *m*, Geschoßgrundriß, Stockwerkgrundriß · floor (ground) plan; story (~) ~ (US); storey (~) ~ (Brit.); ~ base

~haus *n* → Geschoßgebäude

~heizung *f*, Stockwerkheizung, Geschoßheizung · single-storey heating system (Brit.); single-story ~ ~ (US); single-floor ~ ~

~höhe *f*, Stockwerkhöhe, Geschoßhöhe [*DIN 4174, Geschoßhöhen im Industriebau DIN 4171*] · story height (US); storey ~ (Brit.); floor ~ [*The height between the upper reference floor planes of adjacent zones, i.e. from the top of the floor finish in each case*]

~podest *n* → Etagentreppenpodest

~-Regelgrundriß *m*, Stockwerk-Regelgrundriß, Geschoß-Regelgrundriß · typical floor plan, ~ ~ base, type-plan of floor, type-base of floor

~-Spannbetondecke *f* → Gebäude-Spannbetondecke

~treppe *f*, Stockwerktreppe, Geschoßtreppe · inter-floor stair(case)

~(treppen)podest *n*, Geschoß(treppen)podest, Stockwerk(treppen)podest · floor landing; story ~ (US); storey ~ (Brit.)

~verkehr *m*, Geschoßverkehr, Stockwerkverkehr · interfloor traffic

~wohnung *f*, Stockwerkwohnung, (Geschoß)Wohnung · flat, apartment (unit) [*A self-contained dwelling on one stor(e)y in a larger building*]

~wohnung *f* **ohne Komfort,** Stockwerkwohnung ~ ~, (Geschoß)Wohnung ~ ~ · cold water flat, ~ ~ apartment (unit)

~wohn(ungs)fläche *f*, Stockwerkwohn(ungs)fläche, (Geschoß)Wohn(ungs)fläche · flat floor space, apartment (unit) ~ ~

etappenweise Entwick(e)lung *f* · phased development

etappenweiser Lastangriff *m*, stufenweiser ~ · incremental load application, ~ application of load

E-Technik *f*, Elektrotechnik, Elt-Technik · electrical engineering

Eternit|rohr *n* · Eternit pipe

~-Schiefer *m* · Eternit slate

~-Wellplatte *f*, Well-Eternitplatte, gewellte Eternitplatte · Eternit corrugated sheet, ~ ~ board

~-Wellplatten *fpl*, Well-Eternit(platten) *n*, (*fpl*), gewellte Eternitplatten · Eternit corrugated sheets, ~ ~ boards, ~ ~ sheeting

etruskische Baukunst *f*, ~ Architektur *f* · Etruscan architecture

etruskischer Tempel *m* · Etruscan temple

Ettringit *m* · ettringite

Eulersche Knickformel *f* · Euler('s) buckling formula, Eulerian ~ ~

~ Knicklänge *f* · Euler('s) buckling length, Eulerian ~ ~

~ Knicklast *f* [*Kritische Drucklast, unter der ein gerader Stab ausknickt*] · Euler('s) buckling load, Eulerian ~ ~

~ Knickspannung *f* · Euler('s) crippling stress, ~ buckling ~, Eulerian ~ ~

~ Lösung *f* · Euler('s) solution, Eulerian ~

~ Spannung *f* · Euler('s) stress, Eulerian ~

Eutektikum *n* · eutectic (composition), ~ (alloy) system

eutektisch · eutectic [*The quality of an alloy that causes it to melt more readily than any of its ingredients*]

eutektische Legierung *f* · eutectic alloy

Evangelien|ambo *m*, Evangelienpult *n* [*An der Nordseite einer Kirche*] · gospel ambo

~seite *f*, Frauenseite, Nordseite [*Die vom Westeingang aus linke (= nördliche, in frühchristlicher Zeit also den Heiden zugewandte) Seite der Kirche und des Altars, von der aus das Evangelium verlesen wird*] · gospel-side

EW *f*, Eigentumswohnung *f* · freehold dwelling unit (US); ~ dwelling (Brit.)

E-Wert *m*, E-Maß *n*, E-Modul *m*, Elastizitätsmodul, Elastizitätswert, Elastizitätsmaß, E-Zahl *f*, Elastizitätszahl · modulus of elasticity, elastic modulus, Young's modulus (of elasticity), stiffness

Exedra *f* · exedra [*In classical architecture, a semicircular or rectangular recess with raised seats; also, more loosely, any apse or niche or the apsidal end of a room*]

exotherme Reaktion *f* · exothermic reaction [*Chemical reaction in which heat is given off after the action commences. Examples: hydration of cement, and clinkering in the burning zone in kilns*]

expandierter Backkork *m* **mit korkeigenem Harz gebunden,** geblähter ~ ~ ~ ~ ~ · expanded pure agglomerated cork, ~ ~ baked ~

~ Hartgummi *m* · expanded hard rubber

~ Kork(schrot) *m*, geblähter ~, expandiertes Korkschrot *n*, geblähtes Korkschrot, Blähkork, Exp.-Kork · expanded (granulated) cork

expandiertes Korkschrot *n*, geblähtes ~, Blähkork *m*, expandierter Kork(schrot) *m*, geblähter Kork(schrot), Exp.-Kork · expanded (granulated) cork

Expansions|gefäß *n*, Ausdehnungsgefäß · expansion vessel

~rohr *n* · vent pipe, exhaust ~, expansion ~ [*A pipe, in a hot water apparatus, for the escape of air and for the safe discharge of any steam generated*]

Expansivzement *m*, Quellzement, Schwellzement, Dehnzement · high-expansion cement, expansive ~, expanding ~

~beton *m*, Quellzementbeton, Schwellzementbeton, Dehnzementbeton · high-expansion cement, concrete expansive ~ ~, expanding ~ ~

~mörtel *m*, Quellzementmörtel, Schwellzementmörtel, Dehnzementmörtel · high-expansion cement mortar, expansive ~ ~, expanding ~ ~

~schlämme *f*, Quellzementschlämme, Schwellzementschlämme, Dehnzementschlämme · high-expansion cement slurry, expansive ~ ~, expanding ~ ~, ~ ~ grout(ing compound)

Exp.-Kork *m*, Blähkork, expandierter Kork(schrot) *m*, expandiertes Korkschrot *n*, geblähter Kork(schrot), geblähtes Korkschrot · expanded (granulated) cork

Exp.-Korkplatte *f*, Blähkorkplatte · expanded (granulated) cork slab

explosionssichere Tür *f* · explosion (-proof) door

Exponential|formel *f* · exponential formula

~funktion *f* · exponential function

~reihe *f* · exponential series

Expressionismus *m* · Expressionism [*A deliberate turning away of the naturalism implicit in Impressionism*]

expressiver Formwille *m* · concept of expressive form

Expreßspachtel(masse) *m*, (*f*) [*Anstrichtechnik*] · hard stopping, ~ stopper

extra|dickes Glas *n*, überdickes ~ · extra-thick sheet (glass); extra-heavy ~ (~) (US)

~dünnes Glas *n* · extra-thin sheet glass

Extrahartplatte *f*, extraharte (Holz-) Faserplatte, HFH 2 [*Rohwichte über 950 kg/m³*] · tempered hardboard

Extraktbitumen *n* · extracted asphalt (US); ~ (asphaltic-)bitumen (Brit.)

Extraktionsmethode *f* **nach Abson** · Abson recovery method

extraleichtflüssiges Heizöl *n*, Heizöl EL · gas oil [*35 seconds*]

Extremfall *m* · extreme case

Extruder-Schnecke *f*, Schneckenpresse *f* · extrusion auger, auger-type extrusion unit, auger-type machine, extruder-screw, screw-extruder

exzentrisch ausgesteift, ~ versteift · eccentrically stiffened, ~ braced

~ versteift, ~ ausgesteift · eccentrically stiffened, ~ braced

Exzentrizität *f*, Ausmittigkeit *f*, Ausmitte *f* · eccentricity

E-Zahl *f* → E-Modul

F

F *f*, (Fuß)Boden(belag)art *f* · type of floor(ing) (finish), ~ ~ floor cover(ing)

Fabrikant *m*, Hersteller *m*, Erzeuger · manufacturer, fabricator, producer, maker

Fabrikat *n* · make

Fabrikations|abteilung *f* [*In einer Fabrikationshalle*] · manufacturing bay

~halle *f* · manufacturing frame(d) building, ~ ~ block

Fabrik|bau *m* · factory construction

~beleuchtungskörper *m*, Fabrikleuchte *f* · industrial luminaire (fixture) (US); ~ light fitting (Brit.); ~ (light(ing)) fixture

~boden(belag) *m* → Industrie(fuß)boden(belag)

~eingang *m* · factory entrance

~esse *f*, Fabrikschlot *m*, Fabrikschornstein *m*, Fabrikkamin *m* · factory chimney, ~ stack

~fenster *n* · factory window

~(fuß)boden(belag) *m* → Industrie(fuß)boden(belag)

~(fuß)bodenplatte *f*, Betriebs(fuß)bodenfliese *f*, Industrie(fuß)bodenplatte, Industrie(fuß)bodenfliese, Werk(fuß)bodenplatte · industrial floor(ing) tile

~gebäude *n*, Werkgebäude, Industriegebäude · factory building, ~ block, industrial ~

~halle *f*, (Fabrikrahmen)Halle, Industrie(rahmen)halle, Werkhalle, (Werk)Rahmenhalle · factory (frame(d)) building, ~ (~) block, industrial (~) ~

~kamin *m*, Fabrikschornstein *m*, Fabrikesse *f*, Fabrikschlot *m* · factory chimney, ~ stack

~leuchte *f*, Fabrikbeleuchtungskörper *m* · industrial luminaire (fixture) (US); ~ light fitting (Brit.); ~ (light(ing)) fixture

fabrikmäßige Vorfertigung *f* · precast factory manufacture

(Fabrikrahmen)Halle *f*, Fabrikhalle, Industrie(rahmen)halle, Werkhalle, (Werk-)Rahmenhalle · factory (frame(d)) building, ~ (~) block, industrial (~) ~

Fabrik|schlot *m*, Fabrikesse *f*, Fabrikschornstein *m*, Fabrikkamin *m* · factory chimney, ~ stack

~schornstein *m*, Fabrikkamin *m*, Fabrikesse *f*, Fabrikschlot *m* · factory chimney, ~ stack

~vorfertigung *f*, Vorfertigung in der Fabrik · factory prefabrication

Facettenglas *n* · bevelled glass (Brit.); beveled ~ (US)

Facettierung *f* **des Lichtes** · breaking-up of light into facets

Fach *n* · (infilling) panel [*A panel is formed by the structural columns and beams of a framed building*]

~ausschuß *m* · specialist commission

Fächer|bogen *m*, Mehrpaßbogen, Vielpaßbogen, Zackenbogen · multifoil arch

~gewölbe *n*, Strahlengewölbe · fan vault

~-Lichtstrahl *m* · fan-shaped beam

~ornament *n* · fanlike ornament

~palmengewölbe *n*, Palmenfächergewölbe · fan-palm vault [*A hybrid of the palm and fan types of vault*]

~verankerung *f* · fan anchorage

Fachkommission *f* **Baunormung** · Construction Standards Committee

Fachwerk *n* → ~träger

~ · framework

~ · truss

(~)Ausmauerung *f*, (Aus)Füll(ungs)mauerwerk *n*, Mauerwerkausfüllung, Ausfachungsmauerwerk, Mauerwerkausfachung · in-fill(ing) masonry (work), (in)filler ~ (~)

~bau *m* · framework construction

~bauweise *f* · framework construction method

~bildungsweise *f* · arrangement of framework

~binder *m* → (Dach)Binder in Rahmenform

~binderdach *n* · truss(ed) roof [*A roof carried on trusses*]

~bogen(träger) *m*, gekrümmter Fachwerkträger, gekrümmtes Fachwerk *n* · trussed arch(ed girder)

~(dach)binder *m* → (Dach)Binder in Rahmenform

~feld *n* · framework bay

(~)Holzriegel *m* · (framework) timber rail, (~) wood(en) ~

~knoten(punkt) *m* · framework joint

~kuppel *f* · frame(d) dome, ~ cupola

~rahmen *m* · truss(ed) frame

~rahmenbinder *m*, Rahmenfachwerkbinder · frame roof truss, ~ (lattice) ~

(~)Riegel *m* · (framework) rail

~stab *m* → Fackwerk(träger)füllstab

~stütze *f* · trussed column

~(träger) *n*, (*m*) [*Nach Art des Fachwerks konstruiertes Tragwerk, bei dem gerade Stäbe im Dreieckverband verbunden sind*] · truss(ed girder)

~(träger)(füll)stab *m* · bar of a truss(ed girder), rod ~ ~ ~ (~), member ~ ~ ~ (~)

~(träger)-Knoten(punkt) *m* · panel point of a truss(ed girder), (truss(ed girder)) panel point

~trennwand *f*, Riegeltrennwand · frame(d) partition (wall), truss(ed) ~ (~) [*A partition (wall) built up on its own frame of timber or less commonly of other material such as reinforced concrete or metal*]

~wand *f*, Riegelwand, Fachwand · frame(d) wall

Fadenlunker *m* · axial porosity, central ~, coky centre

Fähigkeit *f*, Eigenschaft *f*, Vermögen *n* · property, capacity, quality, power, capability

Fahnenmast *m*, Flaggenmast · flagpole, flagstaff

Fahrbahnplatte *f* · carriageway slab

Fahrgasse *f* [*Parkhaus; Tiefgarage*] · (traffic) lane, (~) aisle

Fahrgast|abfertigung *f* · handling of passengers, processing ~ ~

~(abfertigungs)anlage *f*, Passagier(abfertigungs)anlage · passenger(-handling) facility, ~ installation

~(abfertigungs)gebäude *n*, Passagier(abfertigungs)gebäude · passenger(-handling) building, ~ block

~schalter *m*, Passagierschalter · passenger(-handling) counter

(Fahr)Karten|halle *f* · ticket hall

~schalter *m* · ticket counter

Fahrkorb *m* [*Aufzug*] · lift-car (Brit.); elevator cage (US)

Fahrleitungsmast *m* · traction pole [*B.S. 607*]

Fahrrad|raum *m* · (bi)cycle room

~stand *m* · (bi)cycle park, ~ stand

Fahrschacht *m* · lift shaft, ~ well (Brit.); elevator ~ (US)

~tür *f* · lift shaft door, ~ well ~ (Brit.); elevator ~ ~ (US)

Fahrscheinprüfbarriere *f* [*Sie öffnet sich sobald ein Fahrgast einen magnetisch kodierten Fahrschein vorgewiesen hat*] · ticket-reading gate

Fahrsilo *m* → Grünfutter~

~ mit aufgerichteten Wandplatten → Grünfutter~ ~ ~ ~

Fahrstuhl *m*, (Personen)Aufzug *m* [*DIN 15301 und DIN 15302*] · passenger lift (Brit.); ~ elevator (US)

~anlage *f*, (Personen)Aufzuganlage · passenger lift installation (Brit.); ~ elevator ~ (US)

~eingang *m* · (passenger) lift (landing) entrance; (~) elevator (~) ~ (US)

~gebäude *n*, Fahrstuhlhaus *n* · elevator building, ~ block (US); lift ~ (Brit.)

~kern *m*, Fahrstuhlschacht *m*, (Personen)Aufzugkern, (Personen)Aufzugschacht · (passenger) lift shaft, (~) ~ well, (~) ~ core, (~) ~ pit, (~) ~ tower (Brit.); (~) elevator ~ (US)

~schacht *m*, (Personen)Aufzugschacht, Fahrstuhlkern *m*, (Personen)Aufzugkern · (passenger) lift shaft, (~) ~ well, (~) ~ core, (~) ~ pit, (~) ~ tower (Brit.); (~) elevator ~ (US)

~tür *f*, (Personen)Aufzugtür · passenger lift door (Brit.); ~ elevator ~ (US)

~wohngebäude *n*, Fahrstuhlwohnhaus *n* · elevator residential building (US); lift ~ ~ (Brit.); ~ residence ~, ~ dwelling ~, ~ apartment ~, ~ ~ block, ~ ~ house, ~ multiple dwelling

~wohnhaus *n*, Fahrstuhlwohngebäude *n* · elevator residential building (US); lift ~ ~ (Brit.); ~ residence ~, ~ dwelling ~, ~ apartment ~, ~ ~ block, ~ ~ house, ~ multiple dwelling

Fahrtreppe *f*, Treppenaufzug *m*, Rolltreppe · moving stair(case), motorstair, escalator

Fahrtreppen|abdeckung *f*, Rolltreppenabdeckung, Treppenaufzugabdeckung · escalator shutter, motorstair ~, moving stair(case) ~

~schrägschacht *m*, Rolltreppenschrägschacht, Treppenaufzugschrägschacht · inclined escalator shaft

Fahrverkehr *m* · vehicle traffic

fahrverkehrsfreier Bereich *m* · traffic-free precinct

Fahrzeugwendefläche *f* · vehicle-turning area

Fakultät *f* **für Architektur und Bauwesen** · Department of Architecture, Civil Engineering and Building Construction

Fakultätsbau *m* [*Hochschule*] · department building, faculty ~

Fallbeschreibung *f* · case history

Fällbottich *m* [*Niederschlagsverfahren zur Bleiweißherstellung*] · vat, carbonator

Falle *f*, Schloß~ · latch

Fällen *n* · precipitation

fallender Bogen *m* · inclined arch

fallendes Gewölbe *n* · inclined vault

Fallen|feder *f* · latch spring

~kopf *m* · latch head

~schloß *n* · latch lock

Fallgatter *n* · portcullis, herse [*A heavy iron or wooden grating, constructed to slide vertically in grooves cut at the sides of the gateway of a medieval castle, as a defence against assault*]

Fallhärteprobe *f* **nach Shore**, Fallhärteprüfung *f* ~ ~, Fallhärteversuch *m* ~ ~, Rückprall(härte)prüfung ~ ~, Rückprall(härte)versuch ~ ~, Rückprall(härte)probe ~ ~ · Shore (hardness) test

Fallrohr *n*, Ab~, (Regen)Ablaufrohr, Regenfallrohr [*An der Hauswand befestigtes, senkrechtes Rohr zum Ableiten des Wassers von Dachrinnen*] · downpipe, downcomer, fall pipe, rainwater pipe (Brit.); (rain) leader, (rain) conductor, downpout (US)

Fall(rohr)strang *m* [*Zentralheizung*] · drop

Fallstrang *m*, Fallrohrstrang [*Zentralheizung*] · drop

Falltür *f* · trap door

Fällung *f* · chemical precipitation

Fällungs|bleiweiß *n* · precipitated white lead [*Lead is dissolved in acetic acid in the presence of air producing basic lead acetate, and the basic carbonate is precipitated from the acetate solution by carbon dioxide*]

~verfahren *n*, Niederschlagsverfahren [*Bleiweißherstellung*] · electrolytic process, Sperry ~

falsch geschnittene Kante *f* [*Sieb*] · false selvedge

falscher Dipteros(tempel) *m* → Pseudodipteros(tempel)

falscher Peripteros(tempel) *m*, Pseudoperipteros(tempel) · pseudo-peripteral temple, false(ly) peripteral ~ [*A temple lacking a pteroma and having the flanc columns attached to the temple walls*]

falscher Prostylostempel *m*, Pseudoprostylostempel [*Tempel mit Wandsäulen anstelle der Säulen an den Stirnseiten*] · pseudo-prostyle temple, false(ly) prostyle ~

falsches Abbinden *n*, ~ Erstarren [*Die Erscheinung, daß ein Zementbrei beim Erstarrungsversuch vorübergehend ansteift und dann wieder weicher wird. Bei der Verarbeitung eines solchen Zements zu Mörtel und Beton wird diese vorübergehende Ansteifung meist gar nicht bemerkt*] · false set(ting), hesitation ~, rubber ~, premature stiffening, early stiffening

~ Erstarren *n*, ~ Abbinden [*Die Erscheinung, daß ein Zementbrei beim Erstarrungsversuch vorübergehend ansteift und dann wieder weicher wird. Bei der Verarbeitung eines solchen Zements zu Mörtel und Beton wird diese vorübergehende Ansteifung meist gar nicht bemerkt*] · false set(ting), hesitation ~, rubber ~, premature stiffening, early stiffening

Falschluft *f* [*Luftmengen, die durch Undichtigkeit oder Rauchkanal und Schornstein eindringen und die Gasströmung stören*] · false air

Faltdach *n*, Faltwerkdach, Dachfaltwerk *n* · folded plate roof, ~ slab ~, prismatic shell ~; hipped-plate ~, tilted-slab ~ (US)

Falte *f* · fold

Falten *n* **von Zeichnungen** · folding of drawings

~fläche *f* [*Faltwerk(dach)*] · folded area

~kapitell *n*, Faltenkapitäl, Pfeifenkapitell, Pfeifenkapitäl · scalloped capital [*A development of the block or cushion capital in which the single lunette on each face is elaborated into on or more truncated cones*]

Falt|fenster *n* · folding window

~laden *m* · folding shutter, boxing ~

~probe *f* → Faltversuch

~prüfung *f* → Faltversuch

~schiebeabschluß *m*, Schiebefaltabschluß · sliding folding shutter

~schiebegitter *n*, Schiebefaltgitter · sliding folding grille [*See remark under 'Gitter'*]

~schiebetor *n*, Schiebefalttor · sliding folding shutter door, ~ ~ shutterdoor

~schiebetür *f*, Schiebefalttür · sliding folding door

~system *n* **mit gleichen Flächenteilen** · folding system with equal planar units

~tor *n* · folding shutter door, ~ shutterdoor

~tür *f* · folding door

~türbeschlag *m* · folding door furniture, ~ ~ fitting

~türbeschläge *mpl* · folding door hardware, ~ ~ fittings

Faltung *f* · folding

Falt|versuch *m*, Faltprüfung *f*, Faltprobe *f*, Kaltbiegeversuch, Kaltbiegeprüfung, Kaltbiegeprobe [*DIN 1605. Dieser Versuch dient zum Nachweis der Biegbarkeit eines metallischen Werkstoffes bei Raumtemperatur im Zustand der Lieferung oder nach dem Glühen*] · folding test

~versuch *m*, Biegeprobe *f*, Normalversuch mit der Raupe im Zug [*Die Raupe liegt im Zug. „R i.Z."*] · face bend test, normal ~ ~

Faltwerk *n*, Platten~ · folded plate (structure), ~ slab (~), prismatic shell (~); hipped-plate (~), tilted-slab (~) (US) [*It is an approximation to the curved shell made by panels*]

~beton *m* · folded concrete

Falt(werk)dach *n*, Dachfaltwerk *n* · folded plate roof, ~ slab ~, prismatic shell ~; hipped-plate ~, tilted-slab ~ (US)

(Faltwerk)Kante *f* · quoin

Faltwerkkuppel *f* · folded plate dome, ~ ~ cupola, ~ slab ~, prismatic shell ~; hipped-plate ~, tilted-slab ~ (US)

Faltwerk|scheibe *f*, (Einzel)Scheibe · folded slab segment

~wirkung *f* · folded-plate action [*It is a combination of transverse and longitudinal beam action*]

Faltwinkel *m* · fold angle

Falz *m* · rabbet, rebate; check [*Scotland*] [*A long step-shaped rectangular recess cut in the edge of a board or other piece of material*]

~ [*Metallbedachung*] · (welted) seam, lock ~

~, (Rohr)Einsteckende *n*, (Rohr)Spitzende · spigot (end), pipe spigot

~ mit (Löt)Hafter [*Metallbedachung*] · (lock) soldered seam

~abstand *m* [*Metallbedachung*] · (welted) seam spacing

~-Asbestzement(dach)platte *f*, Asbestzementfalzdachplatte, Asbestzement(dach)falzplatte · asbestos-cement (roofing) tile; cement asbestos (~) ~ (US) [*A usually large profiled sheet but so profiled as to interlock (in similar manner to single lap clay roofing tiles)*]

~baudämmplatte *f* → Falzdämmplatte

~(bau)tafel *f* · interlocking (building) panel

~bedachung *f* → Falz(dach)(ein)deckung

~betonrohr *n* → Betonrohr mit Falzverbindung

~dach(belag) *n*, (*m*) → Falz(dach)(ein)deckung

~(dach)(ein)deckung *f*, Falzbedachung, Falzdach(belag) *n*, (*m*), Falzsystem *n* · (welted) seam roof cladding, (~) ~ ~ covering, (~) ~ ~ sheathing, (~) ~ roof(ing)

~dachstein *m*, (Dach)Falzstein · interlocking (roof(ing)) tile

Falzdachziegel *m* → (Dach)Falzziegel

Falz|dämmplatte *f*, Falzbaudämmplatte [*Gegen Wärme, Kälte oder Schall*] · interlocking (building) insulating board, ~ (~) ~ slab, ~ (~) ~ sheet, ~ (~) insulation(-grade) ~

~deckung *f* → Falz(dach)eindeckung

~(ein)deckung *f* → Falz(dach)eindeckung

~hafter *m* [*Metallbedachung*] · (metal) cleat locked into the seam

~leiste *f*, Schiene *f* [*kittlose Verglasung*] · glazing bar

~platte *f* · interlocking board, ~ sheet

~rohr *n* · interlocking pipe

~stein *m*, Dqch~, Falzdachstein · interlocking (roof(ing)) tile

~stein(dach)(ein)deckung *f*, Falzsteindach(belag) *n*, (*m*), Falzsteinbedachung · roof cladding with interlocking (roof(ing)) tiles, ~ cover(ing) ~ ~ (~) ~, ~ sheathing ~ ~ (~) ~, roof(ing) ~ ~ (~) ~

~system *n* → Falz(dach)(ein)deckung

~tafel *f*, Falzbautafel · interlocking (building) panel

~verbindung *f* · interlocking joint

~zementrohr *n* → Betonrohr mit Falzverbindung

Falzziegel *m* → Dach~

~(dach)(ein)deckung *f*, Falzziegeldach(belag) *n*, (*m*), Falzziegelbedachung · roof cladding with interlocking clay (roof(ing)) tiles, ~ ~ ~ ~ roof(-ing) clay ~, ~ covering ~ ~ ~ (~) ~, ~ sheathing ~ ~ ~ (~) ~, roof(-ing) ~ ~ ~ (~) ~

Familien|-Sauna *f* · domestic sauna bath

~unterkünfte *fpl* · married quarters

~wohnung *f* · family dwelling unit (US); ~ dwelling (Brit.)

Farb|(ab)kratzer *m* · paint scraper

~abweichung *f* · difference in colour (Brit.); ~ ~ color (US)

~alu(minium) *n*, Buntalu(minium) · coloured aluminium (Brit.); colored aluminum (US)

~anstrich *m*, Farbaufstrich · paint coat, coat of paint

(~)Anstrichart *f* · type of painting (work)

~(anstrich)schicht *f*, Farbaufstrichschicht · individual paint coat, ~ coat of paint

~aufstrich *m*, Farbanstrich · paint coat, coat of paint

~aufstrichschicht *f*, Farb(anstrich)-schicht · individual paint coat, ~ coat of paint

~beize *f* · pigment stain

~(belag)platte *f*, Farbfliese *f*, Bunt(belag)platte, Buntfliese · colour tile (Brit.); color ~ (US)

~bereich *m* · range of colours (Brit.); ~ ~ colors (US)

farbbeständig, farbecht · colorfast (US); colourfast (Brit.)

Farb|beständigkeit *f*, Farbechtheit · color fastness (US); colour ~ (Brit.)

~beton *m*, farbiger Beton, Buntbeton · coloured concrete (Brit.); colored ~ (US); pigmented ~

Farbe *f* [*Farbe ist (im Sinne von DIN 5033 Blatt 1) ein durch das Auge vermittelter Sinneseindruck, der durch die auf das menschliche Auge auftretenden Strahlen ausgelöst wird. Eine Farbe ist durch Farbton, Sättigungsstufe und Dunkelstufe gekennzeichnet. Anmerkung: Das Wort „Farbe" wird im täglichen Sprachgebrauch auch für Pigmente, Farbstoffe und farbige Anstrichstoffe gebraucht. In wissenschaftlichen und fachlichen Abhandlungen soll das Wort „Farbe" für sich allein nicht als Benennung für Stoffe benutzt werden. Für Stoffe, mit deren Hilfe man Gegenständen eine andere Farbe geben kann, sind gegebenenfalls Wortzusammensetzungen mit „Farbe" zu wählen, z.B. Anstrichfarbe, Leimfarbe, Künstlerfarbe*] · colour (Brit.); color (US)

~, Anstrich~ · paint [*A mix(ture) of pigment with vehicle, intended to be spread in thin coats for decoration or protection, or both*]

farbecht, farbbeständig · colorfast (US); colourfast (Brit.)

Farbechtheit *f*, Farbbeständigkeit · color fastness (US); colour ~ (Brit.)

Farben|-Bindemittel *n* · (paint) (binding) medium, (~) binder

~chemiker *m*, Anstrich~ · paint chemist

färbende Substanz *f*, färbendes Mittel *n*, Farbsubstanz, Farbmittel · colouring matter, ~ agent, ~ substance (Brit.); coloring ~ (US)

färbendes Mittel *n*, färbende Substanz *f*, Farbsubstanz, Farbmittel · colouring matter, ~ agent, ~ substance (Brit.); coloring ~ (US)

Farben|entferner *m*, Farbenlöser, Lacklöser, Lackbeize *f*, Abbeizer, Ablaugemittel *n*, (Ab)Beizmittel [*vom Anstreicher kurz „Lauge" genannt*] · (paint) remover, (~) stripper

~hersteller *m*, Anstrich~ · paint manufacturer

~industrie *f*, Anstrich~ · paint (manufacturing) industry

~kegel *m* **nach Ostwald**, Ostwaldscher Farbenkegel · Ostwald system, ~ double-cone

Farb(en)kreis *m*, Farbtonkreis · circle of hues

Farben|löser *m*, Farbenentferner, Lacklöser, Lackbeize *f*, Abbeizer, Ablaugemittel *n*, (Ab)Beizmittel [*vom Anstreicher kurz „Lauge" genannt*] · (paint) remover, (~) stripper

~mischen *n* · mixing of primary pigment colors (US); ~ ~ ~ ~ colours (Brit.)

(~)Mischlack *m* · mixing varnish [*A varnish designed to add luster or hardness to paint*]

~öl *n*, Anstrich~ · paint (making) oil

~schadstoff *m* · paint-destroying agency

~schwelgerei *f*, polychrome Schwelgerei · polychromic opulence

~techniker *m*, Anstrich~ · paint technician

Färberröte *f*, Krapp *m* · madder plant

Farb|fernsehstudio *n* · colour television studio (Brit.); color ~ ~ (US)

~film *m*, Anstrich~, (Anstrich)Farbhaut *f*, (Anstrich)Farbmembran(e) *f* · paint film, ~ membrane, ~ skin

~fliese *f* → Farbplatte

~glas *n*, farbiges Glas, Buntglas, gefärbtes Glas · tinted glass; coloured ~ (Brit.); colored ~ (US)

~glas(bau)stein *m* · tinted glass block, ~ ~ brick; coloured ~ ~ (Brit.); colored ~ ~ (US)

~gußasphalt *m*, Buntgußasphalt, farbiger Gußasphalt · coloured mastic asphalt (Brit.); colored ~ ~ (US)

~haftung *f* [*Untergrund*] · paintability

~haut *f*, Anstrich~, (Anstrich)Farbfilm *m*, (Anstrich)Farbmembran(e) *f* · paint film, ~ membrane, ~ skin

farbig · coloured (Brit.); colored (US)

farbige Gartenplatte *f*, Gartenbuntplatte · coloured garden tile (Brit.); colored ~ ~ (US); pigmented ~ ~

farbiger Beton *m*, Farbbeton, Buntbeton · coloured concrete (Brit.); colored ~ (US); pigmented ~

~ Gußasphalt *m*, Farbgußasphalt, Buntgußasphalt · coloured mastic asphalt (Brit.); colored ~ ~ (US); pigmented ~ ~

~ Mörtel *m*, Buntmörtel, Farbmörtel · coloured mortar (Brit.); colored ~ (US); pigmented ~

farbiges Glas *n*, gefärbtes ~, Buntglas Farbglas · tinted glass; coloured ~ (Brit.); colored ~ (US)

Farb|kennzeichnung *f* **von Rohrleitungen**, Rohrkennzeichnung [*DIN 2403*] · pipe marking; colour ~ (Brit.); color ~ (US)

~konsistenz *f*, Farbsteife *f* · paint consistency, ~ consistence

~körper *m*, Körperfarbe *f* [*Fehlnamen*]; Pigment *n* · pigment

~kreis *m*, Farbenkreis, Farbtonkreis · circle of hues

~lack *m* · lake (pigment); ~ colour (Brit.) [*A special class of pigments consisting of organic colouring matter, chemically or physically adsorbed on an inorganic base or carrier. A typical base is alumina. Lake colours are characterized by bright colour and pronounced translucency when made into paint*]

(~)Lasur *f* · scumble

farblos · clear, transparent; colorless, uncolored (US); uncoloured, colourless (Brit.)

~, klar (durchsichtig) [*Glas*] · colorless (US); colourless (Brit.); clear

farbloser Innenlack *m*, Innen(klar)lack · interior (clear) varnish

(~) Lack *m*, Klarlack [*Lacktechniker verstehen unter der Bezeichnung „Lack" nur den Klarlack. Ein pigmentierter Klarlack wird als Lackfarbe, verschiedentlich auch als Lackemaille, bezeichnet*] · (clear) varnish [*A liquid coating material, containing no pigment, which flows out to a smooth coat when applied and dries to a smooth, glossy, relatively hard, permanent solid when exposed in a thin film to the air. Some materials possessing the other characteristics dry without the usual gloss and are termed 'flat varnish'. B.S. 256*]

~ Nitrocelluloselack *m*, Nitrocellulose(klar)lack · nitrocellulose varnish

farbloses (Fuß)Boden-Versieg(e)lungsmittel *n*, ~ (Fuß)Boden-Absieg(e)lungsmittel · floor sheen [*It is a transparent seal(er) which can be used on wood, concrete, flagstone or metal surfaces*]

~ Glas *n* · colourless glass (Brit.); colorless ~ (US)

Farb|membran(e) *f*, Anstrich~, (Anstrich)Farbfilm *m*, (Anstrich)Farbhaut *f* · paint film, ~ membrane, ~ skin

~messer *m* · colorimeter

~metrik *f*, Farbmessung *f* · measuring of colours (Brit.); ~ ~ colors (US); colorimetry

~mittel *n*, Farbsubstanz *f*, färbende Substanz, färbendes Mittel · colouring matter, ~ agent, ~ substance (Brit.); coloring ~ (US)

~mörtel *m*, farbiger Mörtel, Buntmörtel · colours (Brit.); ~ ~ colors (US); colorimetry

~nebel *m* · paint mist

~pigment *n*, Buntpigment · coloured pigment (Brit.); colored ~ (US)

~platte *f*, Farbbelagplatte, Bunt(belag)platte, Buntfliese *f*, Farbfliese · colour tile (Brit.); color ~ (US); pigmented ~

~prüfleuchte *f* · colour-matching unit (Brit.); color-matching ~ (US)

~putz *m* → Farbverputz

~rest *m*, Farbrückstand *m* · paint residue

~roller *m*, Rolle *f*, Walze *f* [*Farbrollgerät*] · cylinder

~rollgerät *n* · roller [*A cylinder covered with lambswool, felt, foamed plastic or other materials, used for applying paint*]

~rückstand *m*, Farbrest *m* · paint residue

~ruß *m* · channel (carbon) black

~schicht *f*, Farbanstrichschicht, Farbaufstrichschicht · individual paint coat, ~ coat of paint

~spritzen *n* · paint spraying

~spritzgerät *n* · paint spray gun

~steife *f*, Farbkonsistenz *f* · paint consistency, ~ consistence

Farbstoff *m* · dyestuff

~lösung *f* · dyestuff solution, solution of dyestuff

Farb|substanz *f*, Farbmittel *n*, färbende Substanz, färbendes Mittel · colouring matter, ~ agent, ~ substance (Brit.); coloring ~ (US)

~system *n* · colour system (Brit.); color ~ (US)

~tafel *f* · color card (US); colour ~ (Brit.)

~teilchen *n* · paint particle

~ton *m* · hue

~ton *m* · paint clay

~tonkreis *m*, Farb(en)kreis · circle of hues

~tonplatte *f* · standard hardboard

(~)Träger *m* → Anstrichfläche

Färbung *f* · coloration

Farb|verbundglas *n*, Verbundfarbglas · tinted laminated glass; coloured ~ ~ (Brit.); colored ~ ~ (US)

~vergleich *m* · comparing of colours (Brit.); ~ ~ colors (US)

~(ver)putz *m*, Bunt(ver)putz · coloured finish (Brit.); colored ~ (US)

~werk *n* · paint mill

~zement *m*, Buntzement · coloured cement (Brit.); colored ~ (US); pigmented ~

Fase *f* · bevel [*A surface meeting another surface at an angle which is not a right angle. A 'chamfer' is a bevel cut off at 45°*]

~ mit 45° · chamfer [*A right-angle corner cut off symmetrically, that is, at 45°. When cut off unsymmetrically, the surface is called a bevel*]

Faserakustikplatte *f*, Faserschallschluckplatte, Akustikfaserplatte, Schallschluckfaserplatte · acoustic(al) fibre board (Brit.); ~ fiber ~ (US); (sound) absorbent ~ ~, (sound) absorbing ~ ~, sound-control ~ ~, (sound) absorptive ~ ~

faserarmiert · fiber-reinforced (US); fibre-reinforced (Brit.); fibrated

Faser|armierung *f*, Faserverstärkung · fiber reinforcement (US); fibre ~ (Brit.)

~(bau)matte *f*, Faserdämmatte · fiber (building) mat (US); fibre (~) ~ (Brit.) [*It has a low density*]

~(bau)platte *f*, Faserstoff(bau)platte · fibre building board, ~ ~ sheet (Brit.) [*B.S. 1142*]; fiber ~ ~ (US)

Faserbeton *m*, Faserzement *m* [*Ein Gemenge aus Zement und Fasern, das unter großem Druck zu Platten oder Röhren gepreßt wird*] · fibrated concrete

~erzeugnis *n*, Faserzementerzeugnis · fibrated concrete product

~platte *f*, Faserzementplatte · fibrated concrete slab

~röhre *f*, Faserzementröhre · fibrated concrete tube

Faser|-Bitumenemulsion *f* · fibrated asphalt emulsion; ~ emulsified asphalt (US); ~ (asphaltic-)bitumen emulsion (Brit.)

~dämmatte *f*, Faser(bau)matte · fiber (building) mat (US); fibre (~) ~ (Brit.) [*It has a low density*]

~dämmplatte *f* → Dämmplatte

~dämmschicht *f* · fibre insulation layer (Brit.); fiber ~ ~ (US)

~dämmstoff *m* [*DIN 18165*] · fiber insulation(-grade) material, ~ insulating ~ (US); fibre ~ ~, fibre lagging ~ (Brit.); ~ insulator

~dämmstofflage *f*, Faserdämmstoffschicht *f* [*Schwimmender (Fuß)Boden(belag); Stabparkett*] · resilient quilt

~dämmstoffschicht *f*, Faserdämmstofflage *f* [*Schwimmender (Fuß)Boden(belag); Stabparkett*] · resilient quilt

~einlage *f*, Faserseele *f*, Faserkern *m* [*Drahtseil*] · fibre core (Brit.); fiber ~ (US)

~-Eltleerrohr *n*, Faser-Leerrohr · fiber (wiring) conduit (US); fibre (~) ~ (Brit.) [*These conduits consist of solid tubes composed of fiber or other bibulous substance, impregnated and coated with asphalt or coal-tar pitch or wax*]

~fett *n* · fibre grease (Brit.); fiber ~ (US)

faserfrei, ungefasert, faserlos, ohne Faserzusatz, ohne Fasern, nichtgefasert · non-fibered (US); non-fibred (Brit.); non-fibrated, unfibrated

Faser|füllstoff *m* [*Fugenvergußmasse*] · fibrous filler

~geflecht *n* · fibre netting (Brit.); fiber ~ (US)

~gips *m* → Fraueneis

~glas *n* · fibre glass (Brit.); fiber ~ (US) [*Glass drawn into thin threads for spinning and wearing*]

faserhaltig, gefasert · fibrated

Faserhartplatte *f*, Holz~, harte (Holz-) Faserplatte, HFH 1, Hartplatte [*DIN 68750*] · hardboard

~ mit eingepreßtem Muster, Holz~ ~ ~ ~, harte (Holz)Faserplatte ~ ~ ~, HFH 1 ~ ~ ~, Hartplatte ~ ~ ~, Prägeplatte · embossed hardboard

Faserhinterlegung *f*, Faserunterlage *f*, Faserrücklage, Faserträger(schicht) *m*, (*f*) · fibre base, ~ backing, ~ underlay (Brit.); fiber ~ (US)

faserig · fibrous

faserige (Fugen)Einlage *f* · fibrous jointing material

Faserisolier|material *n*, Faserisolierstoff *m* [*Feuchtigkeitsisolierung*] · fibrated dampproofing

~stoff *m*, Faserisoliermaterial *n* [*Feuchtigkeitsisolierung*] · fibrated dampproofing

Faser|kern *m*, Fasereinlage *f*, Faserseele *f* [*Drahtseil*] · fibre core (Brit.); fiber ~ (US)

~-Leerrohr *n*, Faser-Eltleerrohr · fiber (wiring) conduit (US); fibre (~) ~ (Brit.) [*These conduits consists of solid tubes composed of fiber or other bibulous substance, impregnated and coated with asphalt or coal-tar pitch or wax*]

faserlos, faserfrei, ungefasert, ohne Faserzusatz, ohne Fasern, nichtgefasert · non-fibered (US); non-fibred (Brit.); non-fibrated, unfibrated

Faser|masse *f* · fibrated compound, ~ composition

~matte *f*, Faserbaumatte, Faserdämmmatte · fiber (building) mat (US); fibre (~) ~ (Brit.) [*It has a low density*]

~metallurgie *f* · fibre metallurgy (Brit.); fiber ~ (US)

~papier *n* · fibrous paper

~paste *f* · fibrous (asphaltic) compound, ~ (~) composition [*For stopping leaks in roofs of all kinds and for general repair work*]

Faserplatte *f*, Holz~ [*DIN 68750*] · (wood) fibreboard (Brit.); (~) fiberboard (US)

~, Faserbauplatte, Faserstoff(bau)platte · fiber building board, ~ ~ sheet (Brit.) [*B.S. 1142*]; fiber ~ ~ (US)

Faserplattennagel *m* · fibreboard nail (Brit.); fiberboard ~ (US)

Faser-Putz|(mörtel)träger *m* · fibre lath(ing) (Brit.); fiber ~ (US) [*Is made of cane fibre or of other fibrous materials pressed into sheet*]

~träger *m* → Faser-Putzmörtelträger

Faser|röhre *f* · fiber tube (US); fibre ~ (Brit.)

~rücklage *f*, Faserhinterlegung *f*, Faserunterlage, Faserträger(schicht) *m*, (*f*) · fibre base, ~ backing, ~ underlay (Brit.); fiber ~ (US)

~schallschluckplatte *f*, Faserakustikplatte, Schallschluckfaserplatte, Akustikfaserplatte · acoustic(al) fibre board (Brit.); ~ fiber ~ (US); (sound) absorbent ~ ~, (sound) absorbing ~ ~, sound-control ~ ~, (sound) absorptive ~ ~

~schichtglas *n* · ply glass

~schliff(belag)platte *f*, Faserschliff-Fliese *f* · fibreboard tile (Brit.); fiberboard ~ (US)

~schliffplatte *f* · fibreboard board, ~ sheet (Brit.); fiberboard ~ (US)

~seele *f*, Faserkern *m*, Fasereinlage *f* [*Drahtseil*] · fibre core (Brit.); fiber ~ (US)

Faserstoff *m* · fibrous material

~(bau)platte *f*, Faser(bau)platte · fibre building board, ~ ~ sheet (Brit.) [*B.S. 1142*]; fiber ~ ~ (US)

~dicht(ungs)ring *m* · fibrous composition seal(ing) ring, ~ ~ packing ~, ~ ~ washer

~platte *f*, Faserstoffbauplatte, Faser(bau)platte · fibre building board, ~ ~ sheet (Brit.) [*B.S. 1142*]; fiber ~ ~ (US)

Faser|strick *m* · fibre rope (Brit.); fiber ~ (US)

~träger *m*, ~schicht *f*, Faserrücklage *f*, Faserhinterlegung *f*, Faserunterlage · fibre base, ~ backing, ~ underlay (Brit.); fiber ~ (US)

~träger(schicht) *m*, (*f*), Faserrücklage *f*, Faserhinterlegung *f*, Faserunterlage · fibre base, ~ backing, ~ underlay (Brit.); fiber ~ (US)

~unterlage *f*, Faserhinterlegung *f*, Faserrücklage, Faserträger(schicht) *m*, (*f*) · fibre base, ~ backing, ~ underlay (Brit.); fiber ~ (US)

~unterlegscheibe *f* · fibre washer (Brit.); fiber ~ (US)

~verbund(werk)stoff *m* · fibrous composite (material)

faserverstärkt · reinforced with fibre (Brit.); ~ ~ fiber (US)

Faser|verstärkung *f*, Faserarmierung [*Werkstoff*] · fibre reinforcement (Brit.); fiber ~ (US)

~wandplatte *f*, Wandfaserplatte · fibre wallboard (Brit.); fiber ~ (US)

~zement *m*, Faserbeton *m* [*Ein Gemenge aus Zement und Fasern, das unter großem Druck zu Platten oder Röhren gepreßt wird*] · fibrated concrete

~zementerzeugnis *n*, Faserbetonerzeugnis · fibrated concrete product

~zementplatte *f*, Faserbetonplatte · fibrated concrete slab

~zementröhre *f*, Faserbetonröhre · fibrated concrete tube

Fassade *f* · façade

Fassaden|anstrich *m*, Fassadenaufstrich · protective coat on façade

~-Asbestzementplatte *f*, Asbestzement-Fassadenplatte · asbestos-cement façade slab; cement asbestos ~ ~ (US)

~aufstrich *m*, Fassadenanstrich · protective coat on façade

~auskleidung *f*, Fassadenbekleidung, Fassadenverkleidung · façade lining, ~ (sur)facing

~bau *m* · façade construction

~baueinheit *f* [*Fehlname*] → Fassaden(bau)körper

~(bau)element *n* → Fassaden(bau)-körper

~(bau)körper *m*, Fassaden(bau)element *n*, Fassadenbauteil *m*, *n* [*Fehlname: Fassadenbaueinheit f*] · façade (building) unit, ~ (~) member, ~ (~) component

~bauteil *m*, *n* → Fassaden(bau)körper

~bekleidung *f*, Fassadenverkleidung, Fassadenauskleidung · façade lining, ~ (sur)facing

~belag *m* · façade cover(ing)

~beschichtung *f* · façade coat

~einheit *f* [*Fehlname*] → Fassadenbauteil

~element *n* → Fassaden(bau)körper

~erker *m*, Wanderker · wall oriel

~farbe *f* [*Ein Erdpigment oder Mineralpigment natürlichen oder künstlichen Ursprungs für Fassadenanstriche. Es muß kalkecht und bei Verwendung in Zement- oder Kalkzementmörtel auch zementecht sein*] · pigment for protective coats on façades

~fuge *f*, Fassadenstoß *m* · façade joint

~gestaltung *f* · façade design

~-H-Rahmen *m* · façade H frame

(~)Imprägnier(ungs)mittel *n*, (Fassaden)Imprägnier(ungs)anstrich(mittel) *m*, (*n*), (Fassaden)Imprägnierung *f*, (Fassaden)Imprägnier(ungs)anstrichstoff *m*, Wetterschutz *m* · waterproof(-ing) compound, ~ coating (material), waterproofing, penetrating sealer, water repellent, penetrating aid, water repelling agent

~klinker *m*, Verblendklinker, Hochbauklinker, KMz [*DIN 105*] · facing engineering brick, façade ~ ~

~konstruktion *f* · façade system

~körper *m* → Fassadenbaukörper

~-Lüftungsgitter *n* · façade ventilation grating, ~ vent(ilating) ~

~mauer *f*, Frontmauer · front masonry wall, façade ~ ~

~platte *f* · façade slab

~putz *m* → Fassadenverputz

~reiniger *m*, Fassadenreinigungsmittel *n*, Fassadenreinigungsstoff *m* · façade clean(s)ing agent, ~ cleaner

~schutz *m* · façade protection

~schutzmittel *n* · façade protecting agent, ~ protection ~

~stoß *m*, Fassadenfuge *f* · façade joint

~stütze *f* · façade column

~tafel *f* · façade panel

~tafel *f* **aus Ziegeln**, Ziegelfassadentafel [*Fehlnamen: (vorgefertigte) Ziegelfassadenplatte f*] · (clay) brick façade panel, façade (clay) brick ~

~turm *m* · façade tower

~verkleidung *f*, Fassadenauskleidung, Fassadenbekleidung · façade lining, ~ (sur)facing

~(ver)putz *m* · façade rendering (Brit.); ~ stucco (US)

~wand *f*, Frontwand · front wall

~ziegel *m*, Verblendziegel, (Ziegel)Verblender *m* · facing (clay) brick

~ziegel *m* **mit Sandschicht**, Verblendziegel ~ ~, Ziegelverblender *m* ~ ~ · sand-faced (clay) brick [*A facing brick coated with sand to give it an attractive rough surface*]

Fasson|draht *m*, Dessindraht, Formdraht, Profildraht, profilierter Draht · profil(ed) wire, indented ~, wire of irregular shape

~eisen *n*, Profileisen, Eisenprofil *n*, Formeisen · section iron, iron section

~stahl *m*, Profilstahl, Formstahl, Stahlprofil *n* · section(al) steel, steel section

Fassung *f*, Lampen~ · lampholder

Fassungsoberteil *m*, *n*, Lampen~ · lampholder top member

Faß|bierlager *n* · cask beer store

~bitumen *n* · barreled asphalt (US); barrelled (asphaltic-)bitumen (Brit.)

Faszie *f* [*Faszien sind die drei, manchmal auch zwei übereinander liegenden, von unten nach oben leicht vorspringenden Streifen, die den Architrav der ionischen und der korinthischen (Säulen)Ordnung waag(e)recht unterteilen*] · fascia

faulbar, fäulnisfähig · putrescible [*Liable to undergo putrefaction*]

fäulnis|beständig, unfaulbar, fäulnisfest, unverrottbar, fäulniswidrig, verrottungsfest, verrottungswidrig, verrottungsbeständig · imputrescible, rotproof, anti-rot

~fähig, faulbar · putrescible [*Liable to undergo putrefaction*]

Faulturm *m* · digestion tower

Fayalit *m*, eisenhaltiges Orthosilikat *n*, $2\,FeO \cdot SiO_2$ · fayalite, ferrous orthosilicate

Fayence *f* · faïence (pottery)

~(belag)platte *f*, Fayencefliese *f* · faïence tile

~fliese *f*, Fayence(belag)platte *f* · faïence tile

~gitter *n* · faïence grille [*Sometimes spelled 'grill'*]

~mosaik(belag)platte *f*, Fayencemosaikfliese *f* · faïence mosaic tile

~mosaikfliese *f*, Fayencemosaik(belag)platte *f* · faïence mosaic tile

~platte *f*, Fayencebelagplatte, Fayencefliese *f* · faïence tile

Fb *m* → (Fuß)Boden(belag)

Fbg *m*, Gummi(fuß)boden(belag) *m* · rubber floor(ing) (finish), ~ floor cover(ing)

Fbgr *m*, Granitplatten(fuß)boden(belag) *m* · granite slab floor(ing) (finish), ~ ~ floor cover(ing)

FB-Heizung *f*, (Fuß)Bodenheizung · (under)floor warming, ~ heating

FB-Heiz(ungs)kabel *n*, (Elektro-)(Fuß-)Bodenheiz(ungs)kabel · (electric) (under)floor warming cable, (~) ~ heating ~

Fbk *m*, Klinker(ziegel)(fuß)boden(belag) *m* · engineering brick floor(ing) (finish), ~ ~ floor cover(ing)

Fbka *m*, Kalksteinplatten(fuß)boden(belag) *m* · limestone slab floor(ing) (finish), ~ ~ floor cover(ing)

Fbku *m* → Betonwerksteinplatten(fuß)boden(belag)

Fbl *m*, Linoleum(fuß)boden(belag) *m* · lino(leum) floor(ing) (finish), ~ floor cover(ing

Fbm *m* → Marmor(platten)(fuß)boden(belag)

Fbsa *m*, Sandsteinplatten(fuß)boden(belag) *m* · sandstone slab floor(ing) (finish), ~ ~ floor cover(ing)

Fbsh *m*, Steinholzplatten(fuß)boden(belag) *m* · magnesium oxychloride tile floor(ing) (finish), ~ ~ ~ floor cover(ing) (Brit.); ~ oxychlorid(e) ~ ~ (~) (US)

FB-Strahlplattenheizung *f*, (Fuß)Bodenstrahlplattenheizung · floor panel heating

Fbsz *m*, Steinzeugfliesen(fuß)boden(belag) *m*, Steinzeugplatten(fuß)boden(belag) · stoneware tile floor(ing) (finish), ~ ~ floor cover(ing)

Fbt *m*, Tonplatten(fuß)boden(belag) *m* · clay tile floor(ing) (finish), ~ ~ floor cover(ing)

Fe *m*, Estrich(fuß)boden(belag) *m* · screed (topping), ~ floor(ing) (finish), ~ floor cover(ing)

Fechtbahn *f* · fencing piste

$FeCl_2 + 4\,H_2O$, Ferrochlorid *n*, Eisenchlorür *n* · ferrous chlorid(e) (US); ~ chloride (Brit.)

Federband *n*, Pendeltürband · helical hinge [*A hinge for a swing door which is hung from its frame*]

federbelastet · spring loaded

Feder|falle *f*, federnde Falle · spring latch (Brit.); latch bolt (US)

~kennwert *m* · spring constant

federnde Auflagerung *f*, elastische ~, elastisches Auflager *n*, federndes Auflager · elastic support, ~ bearing

~ Falle *f*, Federfalle · spring latch (Brit.); latch bolt (US)

~ Verformung *f*, ~ Formänderung, elastische ~ · elastic deformation

federnder Stoß *m*, elastischer ~ · elastic impact

federndes Auflager *n*, elastisches ~, elastische Auflagerung *f*, federnde Auflagerung · elastic support, ~ bearing

Feder|stab *m*, Torsionsstab · torsion bar, ~ rod

~stärke *f* · spring strength

~weiß *n* → Talkum

Fe_3O_4 → Magneteisenerz

Feg *m*, Gips(fuß)bodenestrich *m* · plaster jointless floor(ing)

Fehl|bestand *m*, Knappheit *f*, Mangel *m* · shortage

~boden *m*, Streifboden, (Decken)Einschub *m* · sound boarding [*Horizontal boards fitted closely between joists and resting on them in the thickness of the floor. They carry pugging, which increase the sound and heat insulation of the floor*]

~brand *m*, Kalkkern *m*, (Kalk)Krebs *m* · unburned lime, unburnt ~, core

Fehler *m*, Mangel *m* · defect

fehlerhaft, mangelhaft, schadhaft · faulty, defective, unsound

Fehler|spannungs-Schutzschalter *m* · voltage-operated earth-leakage circuit breaker

~strom-Schutzschalter *m* · earth-leakage circuit breaker

Fehl|gewicht *n* · underweight

~gut *n* [*Ist der Fehlaustrag bei der Sortierung*] · misplaced material

~korn *n* [*Ist der Fehlaustrag bei der Klassierung. Unter Fehlkorn sind Überkorn und Unterkorn zu verstehen*] · misplaced size, outsize

~kornbestimmung *f* [*Der prozentuale Gehalt an Fehlkorn wird durch Prüfsiebung bestimmt*] · misplaced size determination, outsize ~

~verlegung *f* · misplacement

Feierhof *m* · ceremonial courtyard

Feierlichkeit *f* **(des Stils)** · solemnity (of style)

Feilspäne *mpl* · turnings, filings

Fein|asbest *m* · fine asbestos

~ausfüller *m*, Fein(füll)spachtel(masse) *m*, (*f*) [*Siehe Anmerkung unter Spachtel(masse)*] · fine stopper, ~ stopping, ~ filler

~beton *m* · fine-grain(ed) concrete, fine (sand) ~

(~)Betonestrich *m* [*als verlegter Baustoff*] · (monolithic) (fine) concrete screed (topping)

(~)Betonestrich *m* [*als Baustoff*] · (monolithic) (fine) concrete screed (material)

(~)Beton(fuß)bodenestrich *m* [*als verlegter Baustoff*] · (monolithic) (fine) concrete floor screed (topping)

(~)Beton(fuß)bodenestrich *m* [*als Baustoff*] · (monolithic) (fine) concrete floor screed (material)

~betonschutzschicht *f* · protective layer of fine-grained concrete

~blech [< *3 mm*] · tagger

(Fein)Blech *n* · (metal) sheet, sheet metal

Feinblech *n* [*mehrmals gebeizt*] · full pickled sheet

~ [*über A_3 hinaus geglüht*] · full annealed sheet, true ~ ~

(Fein)Blech|abdeckung *f* · (metal) sheet cover(ing), sheet metal ~

~kasette *f* · (metal) sheet pan, (~) ~ coffer, (~) ~ waffle, (~) ~ casette

Feinbrech|kies *m*, Brechfeinkies · fine crushed gravel

~sand *m*, Brechfeinsand · fine manufactured sand, manufactured fine ~

Feindrahtgeflecht *n* · fine wire netting

feine Bürstenwaschbetonoberfläche *f* · fine scrubbed (concrete) surface, ~ ~ (~) finish

Feinegalisieren *n* · fine levelling (Brit.); ~ leveling (US)

feiner Perlit *m*, Feinperlit · fine(-grained) perlite

~ Staub *m* [*Staub nicht im Sinne von „Schmutz"*] · fine powder

feinfaserig · fine-fibrous

Fein(füll)spachtel(masse) *m*, (*f*), Feinausfüller *m* [*Siehe Anmerkung unter „Spachtel(masse)"*] · fine stopper, ~ stopping, ~ filler

fein|gemahlen · finely ground

~gemahlener Baryt *m*, Schwerspatmehl *n* · finely ground barytes (Brit.); ~ ~ barite (US)

~gemahlener Tuffstein *m* → Traß

Feingut *n*, Feinmaterial *n*, Feinstoffe *mpl*, Feinkorn *n* · fine particles, ~ grains, ~ material, ~ fraction, fines

Feinheit *f* · fineness [*A measure of particle-size distribution*]

Feinheits|bestimmung *f*, Feinheitsermitt(e)lung · determination of fineness

~ermitt(e)lung *f*, Feinheitsbestimmung · determination of fineness

~grad *m* · degree of fineness

~grenze *f* · fineness limit

~modul *m*, Körnungsmodul · fineness modulus [*An empirical factor obtained by adding the total percentages of an aggregate sample retained on each of a specified series of sieves, and dividing the sum by 100; in the United States the U.S. Standard sieve sizes are No. 100 (149 micron), No. 50 (297 micron), No. 30 (590 micron), No. 16 (1190 micron), No. 8 (2380 micron), and No. 4 (4760 micron), and 3/8 in. (9.52 mm), 3/4 in. (19.05 mm), $1^1/_2$ in. (38.1 mm), 3 in. (76,2 mm), and 6 in. (152.4 mm)*]

Feinkalk *m* · pulverized (quick)lime

Feinkeramik *f* · pottery

~ton *m* · purified clay

feinkeramische Industrie *f* · pottery industry

Feinkies *m* [*DIN 1179. Korngröße zwischen 7 mm und 30 mm Maschensieb*] · fine(-grained) gravel from 7 to 30 mm grain size

Feinkorn *n* [*als Teilchen*] · fine grain

~, Unterkorn · undersize

~, Feingut *n*, Feinstoffe *mpl*, Feinmaterial *n* · fine particles, ~ grains, ~ material, ~ fraction, fines

~abstufung *f* · fine (size) grading

~anteil *m*, Feinkorngehalt *m* · fines content, percentage of fines

Fein(korn)ausbringen *n*, Unterkornausbringen [*Siebdurchgang, Fehlkorn abgerechnet*] · fines output, true undersize recovery

Feinkorn|bereich *m* · fine fraction range

~gehalt *m*, Feinkornanteil *m* · fines content, percentage of fines

feinkörnig · fine(-grain(ed))

Feinkorn|linie *f*, Feinkornkurve *f* · fine fraction curve, ~ ~ line

~stahl *m* · fine-grained steel

Fein|leicht(beton)zuschlag(stoff) *m* · fine-grained light(weight) concrete aggregate

~linienfurnier *n*, Feinstreifenfurnier · fine-line compound veneer

~mahlen *n*, Feinmahlung *f* [*allgemein*] · final grinding

~mahlen *n*, Feinmahlung *f* [*Zement*] · finish grinding [*The final grinding of clinker into cement, with calcium sulphate in the form of gypsum or anhydrite generally being added*]

~mahlung *f*, Feinmahlen *n* [*allgemein*] · final grinding

~mahlung *f*, Feinmahlen *n* [*Zement*] · finish grinding [*The final grinding of clinker into cement, with calcium sulphate in the form of gypsum or anhydrite generally being added*]

fein|maschiger Rost *m* · close mesh grating

~maschiges Drahtgeflecht *n* · fine mesh wire netting

Fein|material *n*, Feinstoffe *mpl*, Feingut *n*, Feinkorn *n* · fine particles, ~ grains, ~ material, ~ fraction, fines

~mehl *n* · fine flour

~mörtel *m* · fine-grain(ed) mortar, fine (sand) ~

~perlit *m*, feiner Perlit · fine(-grained) perlite

~polieren *n*, Fertigen, Fertigung *f* [*Glas*] · fine polishing

~polieren *n* · fine polishing

~pore *f* · fine pore

feinporig · fine-pored

feinporiges Gipsgestein *n*, erdiges ~, erdiger Gips *m* · friable gypsum, earthy ~, gypsite

Feinpulver *n* · fine(-grained) powder

Feinputz *m*, Oberputz, Deckputz, Außen~ · (external) final rendering (Brit.); final coat stucco (US); final coat exterior plaster, final coat external plaster

~, Deckputz, Oberputz, Innen~ · final coat (mixed) plaster

~, Oberputz, ~schicht *f*, ~lage *f* [*Oberschicht des zweilagigen oder dreilagigen Putzes, die im besonderen Maße die ästhetische Wirkung des Putzes bestimmt. Bei Außenputzen muß sie witterungsbeständig sein*] · finish(ing) coat, setting ~, skim(ming) ~, final ~, face ~

~(lage) *m*, (*f*) → Feinputz

~masse *f*, Feinputzmörtel *m*, Oberputzmörtel, Oberputzmasse, Deckputzmörtel, Deckputzmasse, Außen~ · (external) final rendering stuff, (~) ~ ~ mix(ture) (Brit.); final coat stucco ~ (US); final coat exterior plaster ~, final coat external plaster ~

~masse *f*, Feinputzmörtel *m*, Oberputzmörtel, Oberputzmasse, Deckputzmörtel, Deckputzmasse, Innen~ · plaster stuff, ~ mix(ture)

~mörtel *m*, Feinputzmasse *f*, Oberputzmörtel, Oberputzmasse, Deckputzmörtel, Deckputzmasse, Außen~ · (external) final rendering stuff, (~) ~ ~ mix(ture) (Brit.); final coat exterior plaster ~, final coat external plaster ~

~mörtel *m*, Feinputzmasse *f*, Oberputzmörtel, Oberputzmasse, Deckputzmörtel, Deckputzmasse, Innen~ · plaster stuff, ~ mix(ture)

~(schicht) *m*, (*f*) → Feinputz

Fein|sand *m*, Staubsand [*Nach DIN 4022 0,2 bis 0,1 mm; nach DIN 1179 0,2–0,09 mm; nach Atterberg 0,2–0,02 mm; nach Fischer und Udluft (Jahr 1936) 0,2–0,02 mm (heißt hier „Silt")*] · fine(-grained) sand [*Division of Soil Survey (US) 0.25–0.05 mm; A.S.E.E. fraction 0.25 bis 0.074 mm; British Standard 0.2 bis 0.06 mm; fine sand and coarse silt (Brit.) 0.2–0.02 mm*]

~spachtel(masse) *m*, (*f*), Feinfüllspachtel(masse), Feinausfüller *m* [*Siehe Anmerkung unter „Spachtel(masse)"*] · fine stopper, ~ stopping, ~ filler

~spanplatte *f* · fine particle board, ~ chipboard

~splitt *m* · fine(-grained) chip(ping)s

Feinstblech *n* · light basis weight plate

feinster Staubsand *m*, Schluff *m* · silt

Feinstes *n*, Feinstgut *n*, Feinstkorn *n*, Aufschlämmbares *n*, aufschlämmbarer Stoff *m*, Feinstmaterial *n*, Feinststoffe *mpl* [< *0,02 mm*] · ultra-fine particles, ~ grains, ~ material, ~ fraction, finest ~, ultra-fines

feinstgemahlen · superfinely ground, super-ground

Feinst|gut *n* → Feinstes

~korn *n* → Feinstes

feinstkörnig · ultra fine-grained

Feinst|material *n* → Feinstes

~mehl *n* · superfine flour

Feinstoffe *mpl*, Feinmaterial *n*, Feingut *n*, Feinkorn *n* · fine particles, ~ grains, ~ material, ~ fraction, fines

Feinstpulver *n* · superfine powder

Fein|strahl *m*, Sand~ · fine (sand)blast

~streifenfurnier *n*, Feinlinienfurnier · fine-line compound veneer

~struktur *f* [*Putz*] · fine texture

feinstrukturiert [*Betonoberfläche*] · fine-textured

Feinstsand *m* · superfine sand, ultra-fine ~

feinstsandarm · containing too little superfine sand

Feinst|stoffe *mpl* → Feinstes

~teile *mpl*, *npl* **des (Beton)Zuschlages,** ~ ~ (Beton)Zuschlagstoffes · superfines

Feinteilchen *n* · fine particle

feinverteiltes Harz *n*, dispergiertes ~ · dispersed resin

Feinzink *n* [*Es hat mindestens 99,99% Zn*] · special high-grade zinc

Feinzuschlag|-Grobzuschlag-Verhältnis *n* · sand : coarse aggregate ratio [*Ratio of fine to coarse aggregate in a concrete, by weight or volume*]

~(stoff) *m*, Beton~ · fine (concrete) aggregate

Feld *n* · bay

~ [*von Träger(n) überspannt*] · span

~(brand)ofen *m*, Meiler *m* [*Ziegelherstellung*] · clamp (Brit.); scove kiln (US)

~fabrik *f* · site factory

~impedanz *f*, spezifische Schallimpedanz [*Quotient aus Schalldruck und Schallschnelle*] · specific acoustic impedance, unit-area ~

~last *f* · span load

~moment *n* [*Biegemoment eines Tragwerkes innerhalb einer Spannweite oder eines Plattenfeldes*] · moment of span

~spat *m* · fel(d)spar

feldspatreicher Sandstein *m*, Arkose *f*, Arkosesandstein · arkose (sandstone), arcosic grit, feldspathic sandstone

Felsen|dom *m*, Omarmoschee *f* · Dome of the Rock

~fassade *f* [*Von Beni-Hassan in Mittelägypten*] · open-fronted tomb

~garten *m*, Steingarten · rock garden

~grab *n* → Felsenkammergrab

~kammer *f* · rock-cut chamber, rock-hewn ~

~(kammer)grab *n* · rock-cut tomb, rock-hewn ~

~kirche *f*, Höhlenkirche [*In den anstehenden Fels gehauene Kirche aus frühchristlicher Zeit*] · rock-cut church, rock-hewn ~, cave ~

~tempel *m*, Höhlentempel, Grottentempel · cave temple, rock-hewn ~, rock(-cut) ~

(~)Tschaitya-Halle *f*, (Felsen)Gebetshalle, Höhlen-Tschaitya-Halle, Höhlen-Gebetshalle [*Indisches Höhlenheiligtum mit tonnengewölbtem Mittelschiff zwischen halbtonnengewölbten Seitenschiffen, die als Umgang eine halbrunde Apsis umschließen, in der ein Stupa steht*] · (rock-cut) chaitya hall, ~ assembly ~, cave ~ ~ [*See remark under 'Tschaitya'*]

Feltbase *n* · felt-base floor cover(ing) ~ floor(ing) (finish)

Fenster *n* · window

~(ab)dicht(ungs)leiste *f* · window seal(ing) fillet

~-(Ab)Dicht(ungs)profil *n*, Fenster-Selbstdichtung *f* · window gasket

(~)Anschlag *m* · (window) rebate, (~) rabbet; (~) check [*Scotland*]

~anstrich *m*, Fensteraufstrich · protective coat on window

~art *f* · type of window, window type

~aufstrich *m*, Fensteranstrich · protective coat on window

~band *n* [*Teil eines Fensterbeschlages*] · window hinge

~band *n*, Bandfenster *n* [*Eine Reihe nebeneinanderliegender Fenster*] · (continuous) strip windows

~bänder *npl* **aus Glasröhren** · glass-tube fenestration

~bank *f*, (Fenster)Sohlbank · (window) sill; (~) cill (Brit.)

~bankabdeckung *f*, (Fenster)Sohlbankabdeckung · (window) sill cover; (~) cill ~ (Brit.)

~bankblock(stein) *m*, Fensterbankstein, (Fenster)Sohlbankblock(stein), (Fenster)Sohlbankstein · (window) sill block, (~) ~ tile; (~) cill ~ (Brit.)

~bankhöhe *f* · (window) sill (head) height; (~) cill (~) ~ (Brit.) [*This height is the dimension from the top of the floor finish to the top of the sill which forms part of the wall*]

~bankplatte *f*, (Fenster)Sohlbankplatte · window sill slab; ~ cill ~ (Brit.)

~bankstein *m*, Fensterbankblock(stein) *m*, (Fenster)Sohlbankblock(stein), (Fenster)Sohlbankstein · (window) sill block, (~) ~ tile; (~) cill ~ (Brit.)

~baustoff *m* · window material

~belichtung *f*, Fenster-Tagesbelichtung [*Fehlnamen*]; Fenster-Tages(licht)beleuchtung · window-lighting, side-lighting

~beschlag *m* [*DIN 18270*] · window furniture, ~ fitting

~beschläge *mpl* [*DIN 18270*] · window hardware, ~ fittings

~(be- und -ent)lüftung *f* · window ventilation, ~ venting

~blei *n* · window lead

~blumenkasten *m* · window box

~bogen *m* · window arch

~brett *n*, Latteibrett, Simsbrett, Deckbrett · window board [*It is used to provide a finish at sill level on the inside*]

(~)Brüstung *f* · spandrel (wall), breast, apron, parapet; apron wall (US) [*The rectangular infilling in a multi-stor(e)y building between a window sill and the window head below*]

~dicht(ungs)leiste *f*, Fensterabdicht(ungs)leiste · window seal(ing) fillet

~dicht(ungs)profil *n*, Fensterabdicht(ungs)profil, Fenster-Selbstdichtung *f* · window gasket

~erker *m* · oriel with window

~erschütterung *f*, Fensterschwingung · window vibration, ~ oscillation

~faktor = f *m*, Senkrechtbeleuchtung *f* im Fenster (E_f), Vertikalbeleuchtung im Fenster (E_f) · window efficiency ratio, sky factor

~fernbedienungsgeräte *npl* · remote window control equipment

~fertigung *f*, Fensterherstellung · window making, ~ manufacture

(~)Feststeller *m*, (Fenster)Sperre *f* · casement stay

~fläche *f* · window area

(~)Flügel *m* · sash [*A frame, rebated and fitted with one or more panes of glass forming a window or part of a window. The word 'sash' is also used for the German term 'Schiebe(fenster)flügel'*]

~form *f* · shape of window, window shape

~formgebung *f* · window design, design of window(s)

fensterfrei, fensterlos · windowless

Fenster|gaden *m*, (Licht)Gaden, Obergaden [*Der über der Bogenstellung des Mittelschiffs einer Basilika sich erhebende Wandabschnitt mit den Hochschiffenstern*] · clerestor(e)y, clearstorey, over-story

~gewände *n* [*Schräg eingeschnittene, seitliche Begrenzung eines Fensters in Mauerdicke*] · window jamb

~gitter *n* · window grille

~glas *n*, Kalknatronglas, französisches Glas · lime-soda glass

~größe *f* · window size

~gußglas *n*, Gußfensterglas · rolled sheet glass, ~ window ~, cast ~ ~

~helligkeit *f* · window brightness

~herstellung *f*, Fensterfertigung · window making, ~ manufacture

~kämpfer *m* · window transom

(~)Kettelhaken *m*, (Fenster)Sturmhaken · window stay

~kitt *m*, Verglasungskitt, Glaserkitt [*DIN 1975*] · glazing putty, glazier's ~, sash ~

~klarglas *n*, Klarfensterglas · clear sheet glass, ~ window ~

~-Klimagerät *n* · window (air-conditioning) unit

~kreuz *n* [*Die von Setzholz und Querholz gebildete Fensterteilung*] · window cross

(~)Laden *m* · (window) shutter [*A ventilated or louvered panel usually hinged to cover a window. Also used as a decorative unit fastened to the outside wall adjacent to a window*]

~lehre *f* · window template, ~ templet

~leibung *f*, Fensterlaibung [*Seitliche Fensterbegrenzung im Inneren eines Raumes*] · window reveal

~loch *n*, Fensteröffnung *f* · window opening, ~ aperture

fenster|los, fensterfrei · windowless

~loses Gebäude *n*, fensterfreies ~ · windowless building, blackout ~

Fenster|lüftung *f*, Fensterbe- und -entlüftung · window ventilation, ~ venting

~maßwerk *n* · window tracery

~modul *m* · window module

~nische *f* · window niche, ~ recess

~nischenbogen *m* · window niche arch, ~ recess ~

~oberschwelle *f*, Fenstersturz *m* · window lintel; ~ lintol [*deprecated*]

~öffner *m* · window opening device, ~ opener

~öffnung *f*, Fensterloch *n* · window opening, ~ aperture

~pfeiler *m* · window pier

~pfosten *m* · mullion, munion, monial

~prüfkammer *f* · window test chamber

(~)Putzwagen *m*, (Fenster)Reinigungswagen · (window) cleaning cradle

~rahmen *m* · window frame [*A frame in which the lights of a window are fixed*]

~rahmendübel *m* · window frame dowel

~reinigung *f* · window washing, ~ cleaning

~reinigungsgerät *n* · window-washing equipment, (window-)cleaning ~

(~)Reinigungswagen *m*, (Fenster-)Putzwagen · (window) cleaning cradle

~riegel *m* · sash rail

(~)Rose *f*, Rosenfenster *n*, Maßwerkrose [*Mit Maßwerk geschmücktes gotisches Rundfenster*] · rose window

~säule *f*, Fensterständer *m*, Gewändepfosten *m* [*Fachwerkwand*] · window stud, ~ post

~scheibe *f* · window (glass) pane

~schräge *f*, Fensterausschrägung *f* · window splay

~schwingung *f*, Fenstererschütterung · window vibration, ~ oscillation

~-Selbstdichtung *f*, Fenster-(Ab)Dicht(ungs)profil *n* · window gasket

(~)Sohlbank *f*, Fensterbank · window sill; ~ cill (Brit.)

(~)Sohlbankabdeckung *f*, Fensterbankabdeckung · window sill cover; ~ cill ~ (Brit.)

(~)Sohlbankblock(stein) *m*, (Fenster-)Sohlbankstein, Fensterbankblock(stein), Fensterbankstein · window sill block, ~ ~ tile; ~ cill ~ (Brit.)

(~)Sohlbankplatte *f*, Fensterbankplatte · window sill slab; ~ cill ~ (Brit.)

(~)Sohlbankstein *m*, (Fenster)Sohlbankblock(stein) *m*, Fensterbankblock(stein), Fensterbankstein · window sill block, ~ ~ tile; ~ cill ~ (Brit.)

~sonnenblende *f*, Fenstersonnenschutzkonstruktion *f*, Fenstersonnenschutz(-anlage) *m*, (*f*) · window sunblind

(~)Sprosse *f* · sash bar, glazing ~, astragal; muntin (US) [*A rebated wood or metal bar which holds the panes of glass in a window. The particular term 'patent glazing bar' is often kept for roof lights or for patent plazing. Metal windows usually have no glazing bars and thus let in more light*]

~ständer *m*, Gewändepfosten *m*, Fenstersäule *f* [*Fachwerkwand*] · window stud, ~ post

~stift *m* · brad, glazing sprig, glazier's point

(~)Sturmhaken *m*, (Fenster)Kettelhaken · window stay

~sturz *m*, Fensteroberschwelle *f* · window lintel; ~ lintol [*deprecated*]

~tafel *f* · window panel

~-Tagesbeleuchtung *f*, Fenster-Tageslichtbeleuchtung; Fenster(-Tages)belichtung [*Fehlname*] · window-lighting, side-lighting

~(-Tages)belichtung *f* [*Fehlname*]; Fenster-Tages(licht)beleuchtung · window-lighting, side-lighting

~-Tages(licht)beleuchtung *f*; Fenster(-Tages)belichtung [*Fehlname*] · window-lighting, side-lighting

~tür *f* · French door

~ventilator *m* · window fan

~verglasung *f* · window glazing.

~verschluß *m* · sash fastener

~wand *f* · window wall

~zubehör *n* · window accessories

~zug(ab)dichtung *f* · window draughtproofing (Brit.); ~ draftproofing (US)

~zugdichtung *f*, Fensterzugabdichtung · window draughtproofing (Brit.); ~ draftproofing (US)

$FeO \cdot Al_2O_3$, Eisen-Tonerdespinell *m*, Hercynit *m* · hercynite; ferrous aluminium spinel (Brit.); ferrous aluminum spinel (US)

$FeO \cdot Cr_2O_3$, Chromit *m* · chromite [*The ferrous chrome spinel*]

$FeO \cdot TiO_2$, Eisentitanat *n*, Ilmenit *m* · ilmenite, ferrous titanate

Ferien|haus *n* · holiday house, vacation ~

~hotel *n* · holiday hotel

~kolonie *f* · holiday camp

~wohnheim *n* · holiday hostel

Fernbahnhof *m* · long-distance train station

Fernbedienung *f* · teleoperation

Ferngas *n* · grid gas

~gasleitung *f*, Gasfernleitung · gas transmission line

Fernheiz|kabel *n* [*Es wird direkt von der Trommel in die Erde verlegt*] · district heating cable

~kanal *m*, Fernheizungskanal · district heating duct

~leitung *f* · district heating line

Fern|heizung *f* · district heating [*District heating is the provision of heat to a large number of buildings covering a district or perhaps part of a town or a town centre from one central source by mains laid in ducts underground*]

~heiz(ungs)kanal *m* · district heating duct

~heizwerk *n* · district heating plant

~laster-Bahnhof *m*, LKW-Bahnhof · truck terminal, trucking ~ (US); lorry ~ (Brit.)

Fernmelde|kabel *n* · GPO cable (Brit.); post office ~, telecommunication ~

~leitung *f* · GPO line (Brit.); post office ~, telecommunication ~

~turm *m* · post office tower, telecommunication ~; GPO ~ (Brit.)

~zentrum *n* · telegraph and communications center (US); ~ ~ ~ centre (Brit.)

Fernschreibraum *m* · telex room, teleprinter ~

Fernseh|antenne *f* · television aerial, T.V. ~

~gebäude *n* · television building, T.V. ~

~raum *m* · television room, T.V. ~

~sendeturm *m* · T.V. tower, ~ torch, television ~

~studio *n* · television studio, T.V. ~

Fern|sprechanschluß *m* · (tele)phone point [*e.g. in a wall or floor*]

~sprecherinstallation *f* · telephone installation

(Fernsprech)Gebührenzähler *m* · (tele)phone meter

Fernsprech|kabelkanal *m* · (tele)phone duct

~leitung *f* · (tele)phone line

~(steck)dose *f* · (tele)phone socket

~zelle *f* · (tele)phone booth

Fernwärme *f* · long-distance heat

~(rohr)leitung *f* · long-distance heat supply pipeline

Fernwasser|versorgung *f* · long-distance water supply

~versorgungs(rohr)leitung *f* · long-distance water supply pipeline

Ferrarizement *m* · Ferrari cement

Ferrit *m* · ferrite

~gebiet *n* · ferrite region

ferritischer (rostfreier) Edelstahl *m* · ferritic stainless steel

~ Stahl *m* · ferritic steel

ferritisierend · ferritizing

Ferro|chlorid *n*, Eisenchlorür *n*, $FeCl_2 + 4H_2O$ · ferrous chlorid(e) (US); ~ chloride (Brit.)

~silizium *n* · silicon iron

~siliziumblech *n* · silicon iron sheet

Fertig|(anstrich)farbe *f* · ready-mix(ed) paint

~armierung *f*, Fertigbewehrung, Fertig(stahl)einlagen *fpl* · prefab(ricated) reinforcement

~außenrahmen *m* → Beton-Fertig(teil)-außenrahmen

~balken *m* → (Beton-)Fertig(teil)balken

~balkendecke *f*, Beton-~, Montage(-Beton)balkendecke, Fertig-Betonbalkendecke · (pre)cast (concrete) beam floor, prefab(ricated) ~ ~ ~

~balkon *m*, Beton~ · (pre)cast (concrete) balcony, prefab(ricated) ~ ~

Fertigbau *m* → Beton~

~, Fertigteilbau, Montagebau, Bauen *n* mit Fertigteilen; Elementbau [*Fehlname*] · prefab(ricated) construction, system ~, industrialized ~

~ → Fertig(teil)(hoch)bau

~abteilung *f* → Betonfertigteilbauabteilung

~platte *f* · prefab(ricated) building board, ~ ~ sheet

Fertig(bau)teil *m*, *n*, Montage(bau)teil [*Fehlname: Bauteil*] · prefab(ricated) compound unit

~ → Beton-~

Fertigbauweise *f*, Montagebauweise · prefab(ricated) construction method, industrialized ~ ~

~ → (Beton-)Montagebauweise

~ Camus, Montagebauweise ~ · Camus system

Fertigbauwerk *n*, Fertigteilbauwerk, Montagebauwerk · system-built structure

~, Montagebauwerk, Beton~, Fertig(teil)(-Beton)bauwerk · (pre)cast (concrete) structure, system-built (~) ~, prefab(ricated) ~ ~

Fertigbeton *m*, Transportbeton, Lieferbeton · ready-mix(ed) concrete

Fertig-Beton|balken *m* → Fertigteil-Betonbalken

~balkendecke *f*, Montage(-Beton)balkendecke, (Beton-)Fertigbalkendecke · (pre)cast (concrete) beam floor, prefab(ricated) ~ ~ ~

~bau *m*, Betonfertigbau, (Beton-)Fertigteilbau, (Beton)Montagebau · (pre-)cast (concrete) construction, prefab(ricated) ~ ~

Fertig(-Beton)bauwerk *n* → Fertigteil-Betonbauwerk

Fertig-Beton|dach *n*, (Beton-)Fertigdach · (pre)cast (concrete) roof, prefab(ricated) ~ ~

~decke *f*, (Beton-)Fertigdecke · (pre)cast (concrete) floor, prefab(ricated) ~ ~

~deckenplatte *f*, (Beton-)Fertigdeckenplatte · (pre)cast (concrete) floor slab, prefab(ricated) ~ ~ ~

~endblock *m*, (Beton-)Fertig-Endblock · (pre)cast (concrete) end-block, prefab(ricated) ~ ~

~fassade *f*, (Beton-)Fertigfassade · (pre)cast (concrete) façade, prefab(ricated) ~ ~

~fensterrahmen *m*, (Beton-)Fertigfensterrahmen · (pre)cast (concrete) window frame, prefab(ricated) ~ ~ ~

~garage *f*, (Beton-)Fertiggarage · (pre-)cast (concrete) garage, prefab(ricated) ~ ~

~gebäude *n*, (Beton-)Fertiggebäude · (pre)cast (concrete) building, ~ (~) block, prefab(ricated) ~ ~

~gewölbe *n*, (Beton-)Fertiggewölbe · (pre)cast (concrete) vault, prefab(ricated) ~ ~

~hochhaus *n*, (Beton-)Fertighochhaus · (pre)cast (concrete) tower block, ~ (~) ~ building, prefab(ricated) ~ ~ ~

~kuppel *f*, Fertigteil-Betonkuppel, (Beton-)Fertig(teil)kuppel · (pre)cast (concrete) dome, ~ (~) cupola, prefab(ricated) ~ ~

~lüftungskanal *m*, (Beton-)Fertiglüftungskanal · (pre)cast (concrete) vent(ilation) duct, ~ (~) ventilating ~, prefab(ricated ~ ~ ~

~nichtwohnungsbau *m*, (Beton-)Fertignichtwohn(ungs)bau · (pre)cast (concrete) non-housing construction, prefab(ricated) ~ ~ ~

Fertig(-Beton)oberschwelle *f* → Fertigsturz

Fertig-Beton|pfahl *m*, (Beton-)Fertigpfahl · (pre)cast (concrete) pile, prefab(ricated) ~ ~ [*A reinforced concrete pile manufactured in a casting plant or at the site but not in its final position*]

~pfette *f*, Fertigteil-Betonpfette, (Beton)-Fertig(teil)pfette · (pre)cast (concrete) purlin(e), prefab(ricated) ~ ~

~platte *f* → (Beton-)Fertig(teil)platte

~platte *f* **mit freigelegten Zuschlägen**, (Beton-)Fertigplatte ~ ~ ~ · (pre)cast (concrete) exposed aggregate slab, prefab(ricated) ~ ~ ~ ~

~plattendecke *f*, (Beton-)Fertigplattendecke · (pre)cast (concrete) slab floor, prefab(ricated) ~ ~ ~

~podest *n*, (Beton-)Fertig(teil)podest · (pre)cast (concrete) landing, prefab(ricated) ~ ~

~portalrahmen *m*, (Beton-)Fertig-Portalrahmen · (pre)cast (concrete) portal (frame), prefab(ricated) ~ ~ (~)

~rahmen *m*, (Beton-)Fertigrahmen · (pre)cast (concrete) (structural) frame, ~ (~) (~) framing, prefab(ricated) ~ (~) ~

~rippe *f*, (Beton-)Fertigrippe · (pre)cast (concrete) rib, prefab(ricated) ~ ~

~rohr *n*, (Beton-)Fertigrohr · (pre)cast (concrete) pipe, prefab(ricated) ~ ~

~schale *f*, (Beton-)Fertigschale · (pre-)cast (concrete) shell, prefab(ricated) ~ ~

~silo *m*, (Beton-)Fertigsilo · (pre)cast (concrete) silo, prefab(ricated) ~ ~

~skelett *n*, (Beton-)Fertigskelett · (pre-)cast (concrete) skeleton, prefab(ricated) ~ ~

~spitzbogen *m*, (Beton-)Fertigspitzbogen · (pre)cast (concrete) pointed arch, prefab(ricated) ~ ~ ~

~sturz *m*, (Beton-)Fertigsturz, Fertig-Betonoberschwelle *f*, (Beton-)Fertigoberschwelle · (pre)cast (concrete) lintel; ~ (~) lintol [*deprecated*]; prefab(ricated) ~ ~ [*B.S. 1239*]

~stütze *f*, (Beton-)Fertigstütze · (pre-)cast (concrete) column, prefab(ricated) ~ ~

~tafel *f* → (Beton-)Fertig(teil)tafel

~tafel *f* **mit bloßgelegten Zuschlägen**, ~ ~ freigelegten ~, (Beton-)Fertigtafel ~ ~ ~ · (pre)cast (concrete) exposed aggregate panel, prefab(ricated) ~ ~ ~ ~

Fertigbetonteil *m*, *n* → (Beton)Fertig(bau)teil

Fertig-Beton|träger *m*, (Beton-)Fertigträger · (pre)cast (concrete) girder, prefab(ricated) ~ ~

~treppe *f*, Beton-Fertigtreppe, Montage-Betontreppe, Beton-Montagetreppe · (pre)cast (concrete) stair(case), prefab(ricated) ~ ~

~treppenlauf *m*, (Beton-)Fertigtreppenlauf · (pre)cast (concrete) flight (of stairs), prefab(ricated) ~ ~ (~ ~), stair unit

~tritt(stufe) *m*, (*f*), (Beton-)Fertigtritt(stufe) · (pre)cast (concrete) tread, prefab(ricated) ~ ~

~türrahmen *m*, (Beton-)Fertigtürrahmen · (pre)cast (concrete) door frame, prefab(ricated) ~ ~ ~

~wand *f*, Betonmontagewand, (Beton-) Fertigwand · (pre)cast (concrete) (structural) wall, prefab(ricated) ~ (~) ~

~wand *f* → (Beton-)Elementwand

~wange *f*, (Beton-)Fertigwange · (pre-)cast (concrete) string (Brit.); ~ (~) stringer (US); prefab(ricated) ~ ~

~(wohn)haus *n*, (Beton-)Fertig(wohn)-haus · (pre)cast (concrete) home, prefab(ricated) ~ ~

~wohnungsbau *m*, (Beton-)Fertigwohn(ungs)bau · (pre)cast (concrete) housing construction, prefab(ricated) ~ ~ ~

Fertig|bewehrung *f*, Fertigarmierung, Fertig(stahl)einlagen *fpl* · prefab(ricated) reinforcement

~-Binder *m* → Fertigteil-Dachbinder

~brüstungsmauer *f*, Fertigteilbrüstungsmauer, Beton~ · (pre)cast (concrete) parapet, prefab(ricated) ~ ~

~büro *n* · prefab(ricated) office

~dach *n*, Beton~, Fertig-Betondach · (pre)cast (concrete) roof, prefab(ricated) ~ ~

~decke *f*, Fertigteildecke, Montagedecke · prefab(ricated) floor

~decke *f*, Fertigteildecke, Montagedecke Beton~ · (pre)cast (concrete) floor prefab(ricated) ~ ~

~deckenrippe *f*, Beton~ · (pre)cast (concrete) floor rib, prefab(ricated) ~ ~ ~

~einlagen *fpl*, Fertigstahleinlagen, Fertigbewehrung *f*, Fertigarmierung · prefab(ricated) reinforcement

~einsteigschacht *m* → Beton~

~(einstieg)schacht *m* → Beton~

fertigen, herstellen · to fabricate, to make, to manufacture

Fertigen *n*, Herstellen · manufacturing, fabricating, making

~, Fertigung *f*, Feinpolieren [*Glas*] · fine polishing

Fertig|-Endblock *m*, Beton-~, Fertig-Betonendblock · (pre)cast (concrete) end-block, prefab(ricated) ~ ~

~fabrikat *n* · ready-to-use material

~farbe *f*, Fertiganstrichfarbe · ready-mix(ed) paint

~fassade *f*, Beton-~, Fertig-Betonfassade · (pre)cast (concrete) façade, prefab(ricated) ~ ~

~fassade *f*, Montagefassade · prefab(ricated) façade

~fenster *n*, Montagefenster · prefab(ricated) window

~fensterrahmen *m*, Beton-~, Fertig-Betonfensterrahmen · (pre)cast (concrete) window frame, prefab(ricated) ~ ~ ~

~-Fliesentrennwand *f* · ready-made tiled partition [*It eliminates on-site tiling*]

~garage *f* · prefab(ricated) garage

~gebäude *n* → Fertig(teil)haus

fertiggeschliffenes Glas *n*, feingeschliffenes ~, savonniertes ~ · smoothed glass

Fertig|giebel *m*, Fertigteilgiebel · (pre-)cast (concrete) gable, prefab(ricated) ~ ~

~giebelbalken(träger) *m*, Beton-~ · (pre)cast (concrete) gable beam, prefab(ricated) ~ ~ ~

~gut *n* [*Beton; bituminöses Gemisch usw.*] · mixed product

~haus *n* → Fertigteilhaus

~haus *n* → Fertig(teil)(wohn)haus

~hausbau *m*, Beton~ · (pre)cast (concrete) home construction, prefab(ricated) ~ ~ ~

~hausbau *m* · prefab(ricated) home construction

~kehlrinne *f*, Beton-~ · (pre)cast (concrete) valley gutter, prefab(ricated) ~ ~ ~

~konstruktion(ssystem) *f*, (*n*) → Beton-Fertig(teil)konstruktion(ssystem)

~kuppel *f*, Beton-Fertigteilkuppel, Fertig(teil)betonkuppel · (pre)cast (concrete) dome, ~ (~) cupola, prefab(ricated) ~ ~

~leim *m*, gebrauchsfertiger Leim · (ready-)mixed glue [*Synthetic resin glue with an accelerator mixed with it in the pot*]

~lüftungskanal *m*, Beton-~, Fertig-Betonlüftungskanal · (pre)cast (concrete) vent(ilation) duct, ~ (~) ventilating ~, prefab(ricated) ~ ~ ~

~-Magerbeton *m*, Liefer-Magerbeton, Transport-Magerbeton · ready-mix(ed) lean concrete

~mannloch *n* → Beton-~

(~)Masse *f* [*Feuerfestindustrie. Angefeuchtete verformungsbereite Rohstoffmischung*] · body

~mörtel *m* → Trocken(putz)mörtel

~nichtwohn(ungs)bau *m*, Beton-~, Fertig-Betonnichtwohn(ungs)bau · (pre)cast (concrete) non-housing construction, prefab(ricated) ~ ~ ~

~oberschwelle *f* → (Beton-)Fertigteiloberschwelle

~parkett *n* · parquet(ry) composite

~paste *f* · ready-to-use paste

~pavillon *m* · prefab(ricated) pavilion

~pfahl *m*, Beton-~, Fertig-Betonpfahl · (pre)cast (concrete) pile, prefab(ricated) ~ ~ [*A reinforced concrete pile manufactured in a casting plant or at the site but not in its final position*]

~pfette *f*, Beton-Fertigteilpfette, Fertig(teil)-Betonpfette · (pre)cast (concrete) purlin(e), prefab(ricated) ~ ~

~putzmasse *f* → Trocken(putz)mörtel

~(putz)mörtel *m* → Trocken(putz)-mörtel

~rahmen *m* → Fertig(teil)skelett

~rahmen *m* → (Beton-)Fertig(teil)-rahmen

~randbalken(träger) *m*, Beton~ · (pre)cast (concrete) edge beam, ~ (~) boundary ~, prefab(ricated) ~ ~ ~

~revisionsschacht *m*, Beton-~ · (pre-)cast (concrete) inspection chamber, prefab(ricated) ~ ~ ~

~rinnenbalken(träger) *m*, Fertigrinnenträger, Beton-~ [*Shedrahmen*] · (pre-)cast (concrete) valley beam, prefab(ricated) ~ ~ ~

~rippendecke *f*, (Beton-)Fertigteilrippendecke, Rippendecke aus (Beton-) Fertig(bau)teilen · (pre)cast (concrete) rib(bed) floor, prefab(ricated) ~ ~ ~

~rippenplatte *f* → (Beton)Fertigteilrippenplatte

~rohr *n* · prefab(ricated) pipe

~rohr *n*, Beton-~, Fertig-Betonrohr · (pre)cast (concrete) pipe, prefab(ricated) ~ ~

~sand *m* · finished sand

~schacht *m* → Beton-Fertigeinstiegschacht

~schale *f*, Beton-~, Fertig-Betonschale · (pre)cast (concrete) shell, prefab(ricated) ~ ~

~schornstein *m* · factory-built chimney, prefab(ricated) ~

~silo *m* → Fertigteilsilo

~silo *m*, Beton-~, Fertig-Betonsilo · (pre)cast (concrete) silo, prefab(ricated) ~ ~

~sohlschale *f*, Beton~ · (pre)cast (concrete) gutter, prefab(ricated) ~ ~

~spitzbogen *m*, Beton-~, Fertig-Betonspitzbogen · (pre)cast (concrete) pointed arch, prefab(ricated) ~ ~ ~

~(stahl)einlagen *fpl*, Fertigbewehrung *f*, Fertigarmierung · prefab(ricated) reinforcement

~stellung *f* · completion

~strebe *f*, Beton-~ · (pre)cast (concrete) (raking) strut, prefab(ricated) ~ (~) ~

~stufe *f*, Fertigteilstufe, Beton~ · (pre-)cast (concrete) step, prefab(ricated) ~ ~

~sturz *m* → (Beton-)Fertig(teil)oberschwelle

~stütze *f* · prefab(ricated) column, ~ support

~stütze *f*, Beton-~, Fertig-Betonstütze · (pre)cast (concrete) column, ~ (~) support, prefab(ricated) ~ ~

~tafel *f* · prefab(ricated) panel

~tafel *f* → (Beton-)Fertig(teil)tafel

~tafel *f* **mit bloßgelegten Zuschlägen** → Beton-~ ~ ~ ~

Fertigteil *m, n*, Fertigbauteil, Montage(bau)teil [*Fehlname: Bauteil*] · prefab(ricated) compound unit

~ → (Beton-)Fertig(bau)teil

Fertig(teil)|-Auskleidung *f*, Fertig(teil)-Verkleidung, Fertig(teil)-Bekleidung · prefab(ricated) lining, ~ (sur)facing

~außenrahmen *m* → Beton-~

~balken *m* → Beton-~

~balkendecke *f*, Beton-~, Montage(-Beton)balkendecke, Fertig(teil)-Betonbalkendecke · (pre)cast (concrete) beam floor, prefab(ricated) ~ ~ ~

~bau *m*, Beton-~, (Beton-)Montagebau, Montagebetonbau, Fertig(teil)-Betonbau · (pre)cast (concrete) construction, prefab(ricated) ~ ~

~bau *m* → Fertig(teil)(hoch)bau

~bau *m*, Montagebau, Bauen *n* mit Fertigteilen · prefab(ricated) construction, system ~, industrialized ~

~bau *m*, Montagebau, Bauen *n* mit Fertigteilen, Elementbau · prefab(ricated) construction, system building, industrialized ~

Fertigteilbau *m*, Montagebau, ~werk *n* [*Bauwerk, das aus Fertigteilen zusammengefügt ist oder von dem Teile der Konstruktion, die nach Art und Zahl bedeutend sind, aus Fertigteilen bestehen*] · prefab(ricated) structure, system-built ~

Fertig(teil)bau|abteilung *f* → Beton~

~weise *f* → (Beton-)Montagebauweise

~(werk) *m*, (*n*), Montagebau(werk) [*Bauwerk, das aus Fertigteilen zusammengefügt ist oder von dem Teile der Konstruktion, die nach Art und Zahl bedeutend sind, aus Fertigteilen bestehen*] · prefab(ricated) structure

Fertig(teil)|bauwerk *n* → Fertigteil-Betonbauwerk

~bauwerk *n*, Montagebauwerk · system-built structure

~-Bekleidung *f*, Fertig(teil)-Verkleidung Fertig(teil)-Auskleidung · prefab(ricated) lining, ~ (sur)facing

Fertigteilbeton *m* · (pre)cast concrete prefab(ricated) ~ [*Concrete cast elsewhere than its final position in the structure*]

Fertig(teil)-Beton|balken *m*, Montage(-Beton)balken, (Beton-)Fertig(teil)-, balken · (pre)cast (concrete) beam, prefab(ricated) ~ ~

~balkendecke *f*, Montage(-Beton)balkendecke, (Beton-)Fertig(teil)balkendecke · (pre)cast (concrete) beam floor, prefab(ricated) ~ ~ ~

~balken(träger) *m*, (Beton-)Fertig(teil)-balken(träger) · (pre)cast (concrete) beam, prefab(ricated) ~ ~

~bau *m*, Montagebetonbau, (Beton-) Montagebau, (Beton-)Fertig(teil)bau · (pre)cast (concrete) construction, prefab(ricated) ~ ~

Fertig(teil)(-Beton)bauwerk *n*, (Beton)Montagebauwerk, (Beton)Fertigbauwerk · (pre)cast (concrete) structure, system-built ~ ~, prefab(ricated) ~ ~

Fertig(teil)-Beton|dach *n*, (Beton-)Fertig(teil)dach · (pre)cast (concrete) roof, prefab(ricated) ~ ~

~decke *f*, (Beton-)Fertig(teil)decke · (pre)cast (concrete) floor, prefab(ricated) ~ ~

~deckenplatte *f*, (Beton-)Fertig(teil)-deckenplatte · (pre)cast (concrete) floor slab, prefab(ricated) ~ ~ ~

~fassade *f*, (Beton-)Fertig(teil)fassade · (pre)cast (concrete) façade, prefab(ricated) ~ ~

~garage *f*, (Beton-)Fertig(teil)garage · (pre)cast (concrete) garage, prefab(ricated) ~ ~

~gebäude *n*, (Beton-)Fertig(teil)gebäude · (pre)cast (concrete) building, ~ (~) block, prefab(ricated) ~ ~

~gewölbe *n*, (Beton-)Fertig(teil)gewölbe · (pre)cast (concrete) vault, prefab(ricated) ~ ~

~hochhaus *n*, (Beton-)Fertig(teil)hochhaus · (pre)cast (concrete) tower block, ~ (~) ~ building, prefab(ricated) ~ ~ ~

~kuppel *f*, (Beton-)Fertig(teil)kuppel · (pre)cast (concrete) dome, ~ (~) cupola, prefab(ricated) ~ ~

~pfette *f*, (Beton-)Fertig(teil)pfette · (pre)cast (concrete) purlin(e), prefab(ricated) ~ ~

~platte *f* → (Beton-)Fertig(teil)platte

~platte *f* **mit freigelegten Zuschlägen**, (Beton-)Fertig(teil)platte ~ ~ ~ · (pre)cast (concrete) exposed aggregate slab, prefab(ricated) ~ ~ ~ ~

~plattendecke *f*, (Beton-)Fertig(teil)-plattendecke · (pre)cast (concrete) slab floor, prefab(ricated) ~ ~ ~

~podest *n*, (Beton-)Fertig(teil)podest · (pre)cast (concrete) landing, prefab(ricated) ~ ~

~portalrahmen *m*, (Beton-)Fertig(teil)-Portalrahmen · (pre)cast (concrete) portal (frame), prefab(ricated) ~ ~ (~)

~rippe *f*, (Beton-)Fertig(teil)rippe · (pre-)cast (concrete) rib, prefab(ricated) ~ ~

~schacht *m*, (Beton-)Fertig(teil)schacht · (pre)cast (concrete) manhole, ~ (~) manway, prefab(ricated) ~ ~

~schale *f*, (Beton-)Fertig(teil)schale · (pre)cast (concrete) shell, prefab(ricated) ~ ~

~schornstein *m*, (Beton-)Fertig(teil)-schornstein · (pre)cast (concrete) chimney, shell-cast (~) ~, prefab(ricated) ~ ~ [*The outer shell is a precast structure of high-density concrete; the inner shell is of insulating concrete*]

~silo *m*, (Beton-)Fertig(teil)silo · (pre-)cast (concrete) silo, prefab(ricated) ~ ~

~tafel *f* → (Beton-)Fertig(teil)tafel

~treppe *f*, Montage-Betontreppe, Beton-Fertig(teil)treppe · (pre)cast (concrete) stair(case), prefab(ricated) ~ ~

~(tür)schwelle *f*, Beton-Fertig(teil)-(tür)schwelle · (pre)cast (concrete) threshold, ~ (~) sill [*B.S. 1237*]

~wand *f*, Montagebetonwand, (Beton-) Fertig(teil)wand, (Beton-)Montagewand (Beton-)Elementwand · (pre)cast (concrete) wall, prefab(ricated) ~ ~

~wohn(ungs)bau *m*, (Beton-)Fertig(teil)wohn(ungs)bau, Beton-Montagewohn(ungs)bau · (pre)cast (concrete) housing (construction), prefab(ricated) ~ ~ (~)

Fertigteilbetrieb *m*, Fertigteilwerk *n*, Beton-~ · (pre)casting plant, ~ factory

Fertig(teil)|-Binder *m* → Fertig(teil)-Dachbinder

~brüstungsmauer *f*, Beton-~ · (pre-)cast (concrete) parapet, prefab(ricated) ~ ~

~dach *n*, Beton-~, Fertig(teil)-Betondach · (pre)cast (concrete) roof, prefab(ricated) ~ ~

~-(Dach)Binder *m*, Montage-(Dach-) Binder · prefab(ricated) (roof) truss (US) [*There is no all-embracing term for '(Dach)Binder' in the United Kingdom, since '(roof) truss' is defined there as a double-pitched triangulated structure as opposed to a roof frame which is a structure with continuity between vertical and spanning members*]

~decke *f*, Elementdecke, Montagedecke, Beton-~ · (pre)cast (concrete) floor, prefab(ricated) ~ ~

Fertigteildecken|(bau)system *n*, Fertigteildeckenkonstruktion(ssystem) *f*, (*n*), Beton~ · (pre)cast (concrete) floor(ing) system, ~ (~) ~ construction, prefab(ricated) ~ ~ ~

~konstruktion(ssystem) *f*, (*n*), Fertigteildecken(bau)sytem, Beton~ · (pre-)cast (concrete) floor(ing) system, ~ (~) ~ construction, prefab(ricated) ~ ~ ~

Fertig(teil)deckenplatte *f*, Beton-~, Fertig(teil)-Betondeckenplatte · (pre-)cast (concrete) floor slab, prefab(ricated) ~ ~ ~

Fertigteildeckensystem *n*, Fertigteildeckenbausystem, Fertigteildeckenkonstruktion(ssystem) *f*, (*n*), Beton~ · (pre)cast (concrete) floor(ing) system, ~ (~) ~ construction, prefab(ricated) ~ ~ ~

Fertig(teil)fassade *f*, Beton-~, Fertig-(teil)-Betonfassade · (pre)cast (concrete) façade, prefab(ricated) ~ ~

Fertigteilform *f* [*Betonsteinindustrie*] · mould for (pre)cast work (Brit.); mold ~ ~ ~ (US)

Fertig(teil)|garage *f*, Beton-~, Fertig-(teil)-Betongarage · (pre)cast (concrete) garage, prefab(ricated) ~ ~

~gebäude *n*, Fertig(teil)haus *n*, Elementgebäude, Elementhaus, Montagehaus, Montagegebäude · factory-made building, ~ block, unit-built ~, prefab(ricated) ~

~gebäude *n*, Beton-~, Fertig(teil)-Betongebäude · (pre)cast (concrete) building, ~ (~) block, prefab(ricated) ~ ~

~gewölbe *n*, Beton-~, Fertig(teil)-Betongewölbe · (pre)cast (concrete) vault, prefab(ricated) ~ ~

~giebel *m* · (pre)cast (concrete) gable, prefab(ricated) ~ ~

~haus *n*, Fertig(teil)gebäude *n*, Elementhaus, Elementgebäude, Montagehaus, Montagegebäude · factory-made building, ~ block, unit-built ~, prefab(ricated) ~, system-built ~

Fertigteilhersteller *m* · prefabricator ~, Beton~ · (pre)caster

Fertig(teil)|(hoch)bau *m*, Montage-(hoch)bau, Element(hoch)bau, System(hoch)bau · prefab(ricated) (building) construction, system ~ (~), industrialized (~) ~

~hochhaus *n*, Beton-~, Fertig(teil)-Betonhochhaus · (pre)cast (concrete) tower block, ~ (~) ~ building, prefab(-ricated) ~ ~ ~

Fertigteilindustrie *f* · prefab(ricated) materials industry

Fertigteil-Konstruktionsbeton *m* · (pre)cast structural concrete, prefab(ricated) ~ ~

Fertig(teil)|konstruktion(ssystem) *f*, (*n*) → Beton-~

~kuppel *f*, Beton-~, Fertig(teil)-Betonkuppel · (pre)cast (concrete) dome, ~ (~) cupola, prefab(ricated) ~ ~

Fertigteil|-Leichtzuschlag(stoff)-Spannbeton *m* · (pre)cast prestressed light(weight) aggregate concrete, prefab(ricated) ~ ~ ~ ~

~-Mehrfamilienhaus *n*, Beton~ · industrially-built block (of flats), industrialised ~ (~ ~), ~ flats (Brit.); industrialized apartment building (US)

~-(Natur)Bimsbeton *m* · (pre)cast pumice concrete, prefab(ricated) ~ ~ [*Pumice concrete cast elsewhere than its final position in the structure*]

Fertig(teil)-Nichtwohn|gebäude *n*, Beton-~ · (pre)cast (concrete) non-residential building, ~ (~) ~ block, prefab(ricated) ~ ~ ~

~(ungs)bau *m*, Beton~ · (pre)cast (concrete) non-housing construction, prefab(ricated) ~ ~

Fertig(teil)|oberschwelle *f* → Beton-~

~pfette *f*, Beton-~, Fertig(teil)-Betonpfette · (pre)cast (concrete) purlin(e), prefab(ricated) ~ ~

~platte *f* → Beton-~

~platte *f* **mit freigelegten Zuschlägen**, Beton-~ ~ ~ ~, Fertig(teil)-Betonplatte ~ ~ ~ · (pre)cast (concrete) exposed aggregate slab, prefab(ricated) ~ ~ ~ ~

~plattendecke *f*, Beton-~, Fertig(teil)-Betonplattendecke · (pre)cast (concrete) slab floor, prefab(ricated) ~ ~ ~

Fertigteilplatz *m*, Beton-~ · (pre)casting yard

Fertig(teil)podest *n*, Beton-~, Fertig(teil)-Betonpodest · (pre)cast (concrete) landing, prefab(ricated) ~ ~

Fertigteil-Porenbeton *m*, Poren-Fertigteilbeton · (pre)cast aerated concrete, prefab(ricated) ~ ~

Fertig(teil)|-Portalrahmen *m*, Beton-~, Fertig(teil)-Betonportalrahmen · (precast (concrete) portal (frame), prefab(ricated) ~ ~ (~)

~rahmen *m* → Beton-~

~rippe *f*, Beton-~, Fertig(teil)-Betonrippe · (pre)cast (concrete) rib, prefab(ricated) ~ ~

~rippendecke *f*, Beton-~, Rippendecke aus (Beton)Fertig(bau)teilen · (pre)cast (concrete) rib(bed) floor, prefab(ricated) ~ ~ ~

~rippenplatte *f* → Beton-~

~schacht *m*, Beton-~, Fertig(teil)-Betonschacht · (pre)cast (concrete) manhole, ~ (~) manway, prefab(ricated) ~ ~

~schale *f*, Beton-~, Fertig(teil)-Betonschale · (pre)cast (concrete) shell, prefab(ricated) ~ ~

~schale *f*, vorgefertigte Schale · prefab(ricated) shell

~schornstein *m*, Beton-~, Fertig(teil)-Betonschornstein · (pre)cast (concrete) chimney, shell-cast (~) ~, prefab(ricated) ~ ~ [*The outer shell is a precast structure of high-density concrete; the inner shell is of insulating concrete*]

~silo *m*, Beton-~, Fertig(teil)-Betonsilo · (pre)cast (concrete) silo, prefab(ricated) ~ ~

~stufe *f*, Beton~ · (pre)cast (concrete) step, prefab(ricated) ~ ~

~sturz *m* → (Beton-)Fertig(teil)oberschwelle

~tafel *f* → Beton-~

~terrazzo *m* · (pre)cast terrazzo, prefab(ricated) ~

~traufrinne *f* → Beton-~

~treppe *f* → Fertigtreppe

~-Verkleidung *f*, Fertig(teil)-Auskleidung, Fertig(teil)-Bekleidung · prefab(ricated) lining, ~ (sur)facing

~wand *f*, Montagewand, Elementwand, Beton-~, Fertig(teil)-Betonwand, Montagebetonwand · (pre)cast (concrete) wall, prefab(ricated) ~ ~

Fertigteil|werk *n*, Fertigteilbetrieb *m*, Beton-~ · (pre)casting plant, ~ factory

~wohnbau *m* → Fertigteilwohnungsbau

Fertig(teil)|(wohn)haus *n*, Beton-~ · (pre)cast (concrete) home, prefab(ricated) ~ ~

~-Wohnhochhaus *n* → (Beton-)Fertig(teil)-Hochwohnhaus

~-Wohnturm *m* → (Beton-)Fertig(teil)-Hochwohnhaus

Fertigteilwohn(ungs)bau *m*, Fertigwohn(ungs)bau, Montagewohn(ungs)bau · prefab(ricated) housing (construction)

Fertig(teil)wohn(ungs)bau *m*, Beton-~, Fertig(teil)-Betonwohn(ungs)bau, Beton-Montagewohn(ungs)bau · (pre-)cast (concrete) housing (construction), prefab(ricated) ~ ~ ~

Fertigterrazzo *m*, Fertigteilterrazzo · (pre)cast terrazzo, prefab(ricated) ~

Fertigträger *m*, Beton-~, Fertig-Betonträger · (pre)cast (concrete) girder, prefab(ricated) ~ ~

~, Montageträger · prefab(ricated) girder

~ I *m*, Doppel-T-Fertigträger, Doppel-T-Montageträger, Montageträger I · double T(ee) prefab(ricated) girder, ~ tee ~ ~

Fertig|traufrinne *f*, Fertigteiltraufrinne · (pre)cast (concrete) eave(s) gutter, ~ (~) ~ trough [*B.S. 2908*]

~trennwand *f*, Trennmontagewand, Trennfertigwand, Montagetrennwand · prefab(ricated) partition (wall)

~treppe *f*, Montagetreppe, Fertigteiltreppe · prefab(ricated) stair(case)

~treppenlauf *m*, Beton-~, Fertig-Betontreppenlauf · (pre)cast (concrete) flight (of stairs), prefab(ricated) ~ ~ (~ ~), stair unit

~tritt(stufe) *m*, (*f*), Beton-~, Fertig-Betontritt(stufe) · (pre)cast (concrete) tread, prefab(ricated) ~ ~

~tür *f* · stock (machine-made) door [*The large joinery firms produce such a wide range of designs in stock machine-made doors of good quality that many fan doors are now made on the job*]

~türelement *n* · stock (machine-made) door element

~türrahmen *m*, Beton-~, Fertig-Betontürrahmen · (pre)cast (concrete) door frame, prefab(ricated) ~ ~ ~

Fertigung *f*, Herstellung · manufacture, fabrication, making

~, Feinpolieren *n*, Fertigen [*Glas*] · fine polishing

~ im Spannbetonwerk, Herstellung ~ ~ · commercial prestress(ing)

~ von architektonischen Fertigteilen, Herstellung ~ ~ ~ · architectural modelling (Brit.); ~ modeling (US)

Fertigungs|abmessung *f*, Fertigungsmaß *n*, Herstellungsabmessung, Herstellungsmaß · manufacturing dimension, fabrication ~, fabricating ~

~art *f*, Herstellungsart · type of manufacture, ~ ~ fabrication

~betrieb *m* · manufacturing plant

~-Grundanstrichmittel *n*, Fertigungsgrundiermittel, Fertigungsgrund(ierung) *m*, (*f*), Werkgrund(ierung), Werkgrundiermittel, Werkgrundanstrichmittel · shop primer, factory ~

~grundieren *n*, Fertigungsgrundierung *f*, Werkgrundierung, Werkgrundieren · shop priming, factory ~

~grundiermittel *n*, Fertigungs-Grundanstrichmittel, Fertigungsgrund(ierung) *m*, (*f*), Werkgrund(ierung), Werkgrundiermittel, Werk-Grundanstrichmittel · shop primer, factory ~

~grundierung *f*, Fertigungsgrundieren *n*, Werkgrundieren, Werkgrundierung · shop priming, factory ~

~grund(ierung) *m*, (*f*), Fertigungsgrundiermittel *n*, Fertigungs-Grundanstrichmittel, Werkgrundiermittel, Werk-Grundanstrichmittel, Werkgrund(ierung) · shop primer, factory ~

~kosten *f*, Herstellungskosten · fabrication cost(s), manufacturing ~

~maß *n*, Herstellungsmaß, Fertigungsabmessung *f*, Herstellungsabmessung · manufacturing dimension, fabrication ~, fabricating ~

~ort *m*, Herstellungsort · point of manufacture, ~ ~ fabrication

~prozeß *m*, Herstellungsprozeß, Fertigungsvorgang *m*, Herstellungsvorgang, Fertigungsverlauf *m*, Herstellungsverlauf · manufacturing process, fabrication ~

~straße *f* · production line

~technik *f*, Herstellungstechnik · manufacturing technique, ~ technic, fabrication ~

~technologie *f*, Herstellungstechnologie, Produktionstechnologie · manufacturing technology, fabricating ~

~tisch *m*, Arbeitstisch [*Zur Herstellung von großformatigen Fertigteilen*] · casting table

~verfahren *n*, Herstellungsverfahren · method of manufacture, ~ ~ fabrication, manufacturing method, fabrication method

~verlauf *m*, Fertigungsprozeß *m*, Fertigungsvorgang *m*, Herstellungsverlauf, Herstellungsvorgang, Herstellungsprozeß · manufacturing process, fabrication ~

~vorgang *m*, Fertigungsverlauf *m*, Fertigungsprozeß *m*, Herstellungsprozeß, Herstellungsvorgang, Herstellungsverlauf · manufacturing process, fabrication ~

~werk *n*, Fertigungsbetrieb *m* · manufacturing plant

~zeichnung *f*, Herstellungszeichnung · fabrication drawing, manufacturing ~

~zyklus *m*, Herstellungszyklus · manufacturing cycle, fabrication ~

Fertigwand *f*, Beton-~, Betonmontagewand, Fertig-Betonwand · (pre)cast (concrete) (structural) wall

~, Montagewand · prefab(ricated) wall

~ → (Beton-)Elementwand

Fertig|wange *f*, Beton-~, Fertig-Betonwange · (pre)cast (concrete) string (Brit.); ~ (~) stringer (US)

~wohnbau *m* → Fertigwohnungsbau

~(wohn)haus *n*, Beton-~, Fertig-Beton(wohn)haus · (pre)cast (concrete) home

~wohn(ungs)bau *m*, Fertigteilwohn(ungs)bau, Montagewohn(ungs)bau · prefab(ricated) housing (construction)

Fes *m*, Steinholzestrich *m* · magnesium oxychloride floor(ing) (Brit.); ~ oxychlorid(e) ~ (US); magnesite ~

fest, beständig · proof, resistant

Festbeton *m*, erhärteter Beton · hardened concrete

Festbrennstoff|heizung *f* · solid fuel (central heating) system

~kessel *m* · solid-fuel boiler

~ofen *m* · solid-fuel stove

feste Einspannung *f* · immovable end-restraint

~ Harzbestandteile *mpl* [*Parkettstab*] · tight gum veins

fester Abfall(stoff) *m* · solid waste

(~) Betonhartstoff *m* → (~) Hart(beton)stoff

~ Emulgator *m*, unlöslicher ~ · colloidal emulsifier

(~) Hart(beton)stoff *m*, (fester) Betonhartstoff, Hartkornstoff, Härtezuschlagstoff, Härtemittel *n* [*DIN 1100*] · hard (granular) abrasive (material) for grano(lithic) (concrete) toppings (or overlays)

~ Stift *m* [*Einstemmband*] · fixed pin

festes Gelenk *n* · fixed hinge

Festhalle *f*, Banketthalle · civic auditorium, festival hall, grand hall, banquet(ing) hall

Festigkeit *f*, Material~ · (material(s)) strength

~, Widerstand *m*, Beständigkeit · resistance [*Ability to resist attacks*]

~ gegen Beschädigungen, Widerstand *m* ~ ~, Beständigkeit ~ ~ · damage resistance

Festigkeits|abfall *m*, Festigkeitsabnahme *f*, Festigkeitseinbuße *f*, Festigkeitsminderung *f* · strength reduction, ~ decrease

~abnahme *f*, Festigkeitsabfall *m*, Festigkeitseinbuße *f*, Festigkeitsminderung *f* · strength reduction, ~ decrease

~anforderung *f* · strength requirement

~aufgabe *f* · strength problem

~berechnung(en) *f(pl)* → (Bau)Statik

~bereich *m* · range of strength, strength range

~eigenschaft *f*, Festigkeitsvermögen *n*, Festigkeitsfähigkeit *f* · strength property, ~ capability, ~ power, ~ quality

~einbuße *f*, Festigkeitsabnahme *f*, Festigkeitsabfall *m*, Festigkeitsminderung *f* · strength reduction, ~ decrease

~einteilung *f* **von Betonrohren** · strength classification of concrete pipes

~entwick(e)lung *f* · development of strength, strength development

festigkeitserhöhend · strength-increasing

Festigkeits|erhöhung *f* → Festigkeitsgewinn

~erhöhungsdauer *f* → Festigkeitsgewinndauer

~fähigkeit *f*, Festigkeitsvermögen *n*, Festigkeitseigenschaft *f* · strength property, ~ capability, ~ power, ~ quality

~gewinn *m*, Festigkeitserhöhung *f*, Festigkeitszunahme *f*, Festigkeitszuwachs *m* · strength gain, ~ increase

~gewinndauer *f*, Festigkeitserhöhungsdauer, Festigkeitszunahmedauer, Festigkeitszuwachsdauer · strength-gaining time, ~ period, strength-increasing ~

~grad *m*, Widerstandsgrad, Beständigkeitsgrad · degree of resistance

~grenze *f* · strength limit

~größe *f* · amount of strength

~klasse *f* · strength class, ~ grade

~lehre *f* · strength theory

festigkeitsmäßig · as regards strength, strength-wise

Festigkeits|minderung *f*, Festigkeitseinbuße *f*, Festigkeitsabfall *m*, Festigkeitsabnahme *f* · strength reduction, ~ decrease

~probe *f*, Festigkeitsversuch *m*, Festigkeitsprüfung *f* · strength test

~prüfgerät *n* · strength tester

~prüfung *f*, Festigkeitsversuch *m*, Festigkeitsprobe *f* · strength test

~reserve *f* · reserve of strength, strength reserve

~/Rohdichte-Verhältnis *n* · strength/density ratio

~stadium *n* · stage of strength

festigkeitssteigernd · strength-increasing

Festigkeits|streuung *f* · scattering of strengths, dispersion in strength

~vermögen *n*, Festigkeitsfähigkeit *f*, Festigkeitseigenschaft *f* · strength property, ~ capability, ~ power, ~ quality

~versuch *m*, Festigkeitsprüfung *f*, Festigkeitsprobe *f* · strength test

~voraussage *f* · strength forecast

~wert *m* · strength value

~zunahme *f* → Festigkeitsgewinn

~zunahmedauer *f* → Festigkeitsgewinndauer

~zuwachs *m* → Festigkeitsgewinn

~zuwachsdauer *f* → Festigkeitsgewinndauer

Festkörper *m* · solid (body)

~mechanik *f* · solid (body) mechanics

festkörperreich, füllkräftig, füllstark [*Anstrichmittel*] · full-bodied, to have good build

Festmörtel *m*, erhärteter Mörtel · hardened mortar

Festpreis *m*, Festsumme *f*, Pauschalpreis, Pauschalsumme · fixed price, firm ~, lump sum

~angebot *n*, Pauschalpreisangebot · fixed-price tender, ~ offer (Brit.); ~ proposal, ~ bid (US); lump-sum ~, firm-price ~

~vertrag *m*, Pauschalpreisvertrag · fixed-price contract, firm-price ~, lump-sum ~

Festpunkt *m*, Rohr~ · pipe pier, ~ support, thrust block

~ [*Durchlaufträger*] · fixed point

Festraum *m* [*In einem Korngemisch*] · volume of grains, ~ ~ the (solid) particles

Festsaal *m*, Bankettsaal · grand chamber, banquet(ing) room, festival room

Festspielhaus *n* · festival theatre

fest(stehend)e Glaswand *f* · fixed glass wall

Fest|steller *m*, Fenster~ · casement stay

~stütze *f* · fixed column

~summe *f*, Festpreis *m*, Pauschalsumme, Pauschalpreis · fixed price, firm ~, lump sum

Festung *f* · fortress

Festungs|anlagen *f* · fortifications

~bau *m* · art of fortification

~brunnen *m* · fortress well

~gürtel *m* · belt of fortresses

festungshaft · fortress-like

Festungs|kapelle *f* · fortress-chapel

~kirche *f* · fortress-church

~mauer *f* · fortress wall

~mauerwerk *n* · fortress masonry

~verband *n*, Kornährenverband, (Fisch-) Grätenverband, Stromverband · herringbone (masonry) bond (Brit.); ~ (~) pattern (US)

Festverglasung *f* · fixed glazing

Fet *m*, Terrazoestrich *m* · monolithic terrazzo

fett [*Anstrichuntergrund*] · round

~ [*Anstrichfarbe*] · long oil [*A high ratio of oil to resin in a medium*]

Fett|abscheider *m*, Zentrifugal~ [*DIN 4040 für Baugrundsätze, 4041 für Einbau, Größe und Betrieb, 4042 für Prüfverfahren*] · (centrifugal) grease interceptor

~abscheider *m* → (Schwerkraft)Fettfänger

~alkohol *m* · fatty alcohol

~dichtung *f* · grease seal

fette Mischung *f*, fettes Gemisch *n* · rich mix(ture), fat ~ [*A mix(ture) with a high proportion of binder*]

fetter Beton *m* · fat concrete, rich ~

~ Mörtel *m*, Fettmörtel · rich mortar, fat ~

~ Öllack *m* · long oil varnish, ~ oleo-resinous ~

fettes Alkydharz *n*, langöliges ~ [*Ölgehalt 60%–70%*] · long-oil alkyd resin

~ Gemisch *n*, fette Mischung *f* · rich mix(ture), fat ~ [*A mix(ture) with a high proportion of binder*]

~ Öl *n* · fatty oil

fettfrei · grease-free

Fettkalk *m*, Weißkalk [*Fehlname: Marmorkalk*] · high-calcium lime, white (chalk) ~, rich ~, pure ~, fat ~, (lime)stone ~, chalk ~, mountain ~ [*A non-hydraulic lime having a high content of calcium oxide (when a quicklime) or of calcium hydroxide (when a hydrated lime). These limes are normally fat limes*]

~ [*Fehlname*]; Kalkbrei *m*, Breikalk, Kalkteig *m* · lime putty, ~ paste [*A stiff paste resulting from slaking quicklime or soaking hydrated lime in water*]

Fett|mörtel *m*, fetter Mörtel · rich mortar, fat ~

~pech *n* · candle pitch, fat ~, fatty-acid ~

~rückstand *m*, Fettrest *m* · grease residue

~säure *f* · fatty acid

fettverschmutzt · grease-polluted

Fettwasser *n* · greasy water

feucht nachbehandeln · to damp-cure

Feuchte *f*, Feuchtigkeit *f* · humidity, moisture

feuchte Schüttwichte *f*, feuchtes Schüttgewicht *n* · wet bulk density

Feuchte(ab)dicht(ungs)|haut *f* → Feuchtigkeitsisolierhaut

~mittel *n* · dampproofing product, ~ material

~schicht *f* → Feuchtigkeitssperrschicht

Feuchte|abgabe *f* → Feuchtigkeitsabgabe

~anteil *n*, Wasseranteil, Feuchtigkeitsanteil, Feuchtegehalt *m*, Feuchtigkeitsgehalt, Wassergehalt . moisture content, humidity ~

~beständigkeit *f*, Feuchtigkeitsbeständigkeit · resistance to moisture

~dicht(ungs)haut *f* → Feuchtigkeitsisolierhaut

~dicht(ungs)schicht *f* → Feuchtigkeitsisolierschicht

~eintritt *m*, Feuchtigkeitseintritt · moisture entry, humidity ~

feuchtefrei · moisture-free, humidity-free

Feuchte|gehalt *m*, Feuchtigkeitsgehalt, Wassergehalt, Feuchtigkeitsanteil *m*, Feuchteanteil, Wasseranteil · moisture content, humidity ~

~gleichgewicht *n*, Feuchtigkeitsgleichgewicht · moisture equilibrium, humidity ~

~grad *m* → relative (Luft)Feuchtigkeit

~grenze *f*, Feuchtigkeitsgrenze · humidity limit, moisture ~

~isolierhaut *f* → Feuchtigkeitsisolierhaut

~isolierung *f*, Feuchtigkeitsisolierung · dampproofing [*The prevention of moisture penetration by capillary action, in contrast to 'waterproofing' which prevents the actual flow of water through a wall, etc.*]

~menge *f* → Feuchtigkeitsmenge

~prozentsatz *m*, Feuchtigkeitsprozentsatz · percentage of moisture, ~ ~ humidity

~regelung *f*, Feuchtigkeitsregelung · moisture control, humidity ~

feuchtes Schüttgewicht *n*, feuchte Schüttwichte *f* · wet bulk density

Feuchte|schaden *m* → Feuchtigkeitsschaden

~schutz *m* → Feuchtigkeitsschutz

~sperre *f*, Feuchtigkeitssperre · humidity seal, ~ stop, ~ barrier, moisture ~

~sperrhaut *f* → Feuchtigkeitsisolierhaut

~sperrschicht *f* → Feuchtigkeitssperrschicht

~wanderung *f*, Feuchtigkeitswanderung · humidity migration, moisture ~

~zuwachs *m* → Feuchtigkeitszuwachs

Feuchtigkeit *f*, Feuchte *f* · humidity, moisture

Feuchtigkeits(ab)dichtung *f* [*Erzeugnis*] · weathering

~ [*von Fenstern und Türen*] · weatherproofing

Feuchtigkeits|abgabe *f*, Feuchteabgabe · release of humidity, ~ ~ moisture

~anteil *m*, Feuchteanteil, Wasseranteil, Feuchtigkeitsgehalt *m*, Feuchtegehalt, Wassergehalt · moisture content, humidity ~

~aufnahme *f* · moisture absorption, humidity ~

~beständigkeit *f*, Feuchtebeständigkeit · resistance to moisture

~dichtung *f*, Feuchtigkeitsabdichtung [*Erzeugnis*] · weathering

~dichtung *f*, Feuchtigkeitsabdichtung [*von Fenstern und Türen*] · weatherproofing

~durchgang *m*, Feuchtedurchgang · moisture passage, humidity ~

feuchtigkeitsdurchlässig · pervious to moisture, ~ ~ humidity

Feuchtigkeits|durchlässigkeit *f* · moisture permeability

~eintritt *m*, Feuchteeintritt · moisture entry

feuchtigkeitsempfindlich · susceptible to moisture

Feuchtigkeitsentzug *m*, Entfeuchtung *f*, Entfeuchten *n* · dehumidifying, dehumidification

feuchtigkeitsfest · resistant to moisture, ~ ~ humidity

Feuchtigkeits|festigkeit *f* · moisture resistance, humidity ~

~gehalt *m*, Feuchtegehalt, Wassergehalt, Feuchtigkeitsanteil *m*, Feuchteanteil, Wasseranteil · moisture content, humidity ~

~grad *m* → relative (Luft)Feuchtigkeit

~grenze *f*, Feuchtegrenze · humidity limit, moisture ~

~isolierhaut *f*, Feuchteisolierhaut, Feuchtigkeitssperrhaut, Feuchtesperrhaut, Feuchte(ab)dicht(ungs)haut · dampproof(ing) membrane, d.p.m. [*A damp-proof course within a floor or flat roof*]

~isolierschicht *f* → Feuchtigkeitssperrschicht

~isolierung *f*, Feuchteisolierung · dampproofing [*The prevention of moisture penetration by capillary action, in contrast to 'waterproofing' which prevents the actual flow of water through a wall, etc.*]

~korrosion *f* · aqueous corrosion

~menge *f*, Feuchtemenge · moisture quantity, humidity ~

~prozentsatz *m*, Feuchteprozentsatz · percentage of moisture, ~ ~ humidity

~regelung *f*, Feuchteregelung · moisture control, humidity ~

feuchtigkeitsregulierend · moisture(-)controlling, humidity(-)controlling (Brit.); moisture(-)controling, humidity(-)controling (US)

Feuchtigkeits|schaden *m*, Feuchteschaden · damage due to humidity, ~ ~ ~ moisture

~schutz *m*, Feuchteschutz · protection against moisture, ~ ~ humidity

~sperre *f*, Feuchtesperre · humidity seal, ~ stop, ~ barrier, moisture ~

~sperrhaut *f* → Feuchtigkeitsisolierhaut

~sperrschicht *f*, Feuchtesperrschicht, Feuchtigkeitsisolierschicht, Feuchte(ab)dicht(ungs)schicht · dampproof(-ing) course, dampcourse, d.p.c., dpc [*A layer or sheet of material placed within a wall, column, chimney stack or chimney shaft or similar construction to prevent passage of moisture*]

feuchtigkeitsunempfindlich · insusceptible to moisture

Feuchtigkeits|wanderung *f*, Feuchtewanderung · humidity migration, moisture ~

~zuwachs *m*, Feuchtezuwachs · humidity increase, moisture ~

Feucht|lagerversuch *m*, Feuchtlagerprobe *f*, Feuchtlagerprüfung *f* [*Korrosionsprüfung*] · high humidity and condensation test

~läufer *m*, erste Hänge *f* [*Dachpappenanlage*] · wet looper

~luft *f* · moisture-laden air, humid ~

~raum *m* · humid room, damp ~

~raumleuchte *f* · humid room luminaire (fixture), damp ~ ~ (~) (US); ~ ~ light fitting (Brit.); ~ ~ (light(ing)) fixture

~wetterperiode *f* · wet weather spell

Feuer *n*, Brand *m* · fire [*A process of combustion characterized by heat or smoke or flame or any combination of these*]

~altar *m* · towered fire-temple

~angriff *m* · fire attack

~anstrich *m* → Feuerschutzanstrich

~aufstrich *m* → Feuerschutzaufstrich

~ausbreitung *f*, Feuerausweitung, Brandausbreitung, Brandausweitung · fire spread, flame ~, spread of fire, spread of flame

~ausbruch *m*, Brandausbruch · fire outbreak, outbreak of fire

~ausweitung *f*, Feuerausbreitung, Brandausweitung, Brandausbreitung · fire spread, flame ~, spread of fire, spread of flame

~bekämpfungssystem *n*, Brandbekämpfungssystem · fire-fighting procedure

feuerbeständig · fire-resisting, fire-resistant

feuerbeständige (Bau)Einheit *f* [*Fehlname*] → feuerbeständiges (Bau-) Element

~ Decke *f*, Branddecke · compartment floor [*A fire-resisting floor used in dividing a building into separate compartments*]

~ Trennwand *f* · fire-resisting partition (wall), fire-resistant ~ (~) [*A partition (wall), either loadbearing or non-loadbearing, capable of satisfying for a stated period of time the criteria of fire resistance with respect to collapse, flame penetration and excessive temperature rise*]

feuerbeständiger (Bau)Körper *m* → feuerbeständiges (Bau)Element

~ Körper *m* → feuerbeständiges (Bau-) Element

feuerbeständiges (Bau)Element *n*, feuerbeständiger (Bau)Körper *m* [*Fehlname: feuerbeständige Baueinheit f*] · fire-resisting (building) member, ~ (~) unit, ~ (~) component, fire-resistant (~) ~

~ Dach *n* · fire-resisting roof, fire-resistant ~ [*A roof construction which, when subjected to conditions of internal fire, is capable of satisfying for a stated period of time the criteria of fire resistance with respect to collapse and flame penetration*]

Feuer|beständigkeit *f* → Feuerwiderstand(sfähigkeit)

~beton *m*, Feuerfestbeton, ff. Beton, feuerfester Beton [*Masse aus einem feuerfesten Gemenge und einem hitzebeständigen hydraulischen Zement*] · castable refractory concrete

feuerblank [*Fehlbezeichnung: feuerpoliert*] · fire polished, ~ finished [*Glass which has been surface polished by heating, for example in a flame*]

Feuer|blänke *f*, Feuerblankheit *f* [*Fehlname: Feuerpolitur f. Die sich bei Abkühlung des Glases natürlich bildende blanke Oberfläche*] · fire finish, ~ polish, glaze

~blankheit *f*, Feuerblänke *f* [*Fehlname: Feuerpolitur f. Die sich bei Abkühlung des Glases natürlich bildende blanke Oberfläche*] · fire finish, ~ polish, glaze

~braunkohle *f* · fuel brown coal [*Incorrectly termed 'non-bituminous brown coal'*]

~dauer *f*, Branddauer · fire duration

~einwirkung *f* · fire action

~fenster *n*, Feuerschutzfenster, Brand(schutz)fenster · fire window

~fenster *n*, Fluchtfenster, Notfenster · (fire) escape window, emergency ~

feuerfest, ff. [*Keramische Rohstoffe, Massen und Werkstoffe werden als "feuerfest" bezeichnet, wenn ihr Segerkegelfallpunkt, bestimmt nach DIN 51063, mindestens dem des kleinen Segerkegels 18/150°/h (mittlerer Fallpunkt 1520° C) entspricht. Begriffsbestimmung gemäß DIN 51060 Blatt 1*] · refractory

Feuerfestbeton *m* → Feuerbeton

feuerfeste Auskleidung *f*, ff. ~ · refractory lining

~ (keramische) Masse *f*, ff. (~) ~ · refractory composition

~ Masse *f*, ~ keramische ~, ff. (keramische) ~ · refractory composition

~ Stampf-, Flick- und Spritzmassen *fpl* [*Auf der Basis von Schamotte (fireclay), Sillimanit, Korund, Magnesit, Chrommagnesit, Chromerz, Siliziumkarbid*] · plastic refractories, castable ~

feuerfester Baustoff *m*, ff. ~ [*DIN 1061*]; feuerfestes Baumaterial *n*, ff. Baumaterial [*Schweiz*] · refractory building material, ~ structural ~, ~ construction(al) ~

~ Beton *m* → Feuerbeton

~ (Beton)Zuschlag(stoff) *m*, ff. ~ · refractory (concrete) aggregate

~ Dämmbeton *m*, ff. ~ · refractory insulating concrete [*Refractory concrete having low thermal conductivity*]

~ Fugenmörtel *m*, ff. ~ [*Feingemahlenes, meist angefeuchtetes feuerfestes Erzeugnis zum Ausfüllen von Fugen beim Zusammensetzen von Steinen. Der feuerfeste Mörtel muß in seiner Zusammensetzung den Steinen angepaßt sein*] · jointing refractory cement

~ (keramischer) Rohstoff *m*, ff. (~) ~ · refractory raw material

~ (keramischer) Werkstoff *m*, ff. (~) ~ · refractory (material) [*A non-metallic material (but not excluding those containing a proportion of metal) having a pyrometric cone equivalent corresponding to not less than 1,500° C*]

~ Leichtstein *m*, ff. ~ · light(weight) refractory brick

~ Mörtel *m*, ff. ~, ~ Zement *m*, Feuerzement [*Zum Einsetzen feuerfester Steine in Feuerungsanlagen u.ä.*] · refractory cement

~ Rohstoff *m*, ~ keramischer ~, ff. (~) ~ · refractory raw material

~ Stein *m*, ff. ~ · firebrick, fireclay refractory material, fireclay brick [*A refractory material that in the fired state consists essentially of alumino silicates and silica, and contains less than 78 per cent of silica and less than 38 per cent of alumina*]

~ Zement *m* → ~ Mörtel

~ Zuschlag(stoff) *m* → ~ (Beton)~

feuerfestes Baumaterial *n*, ff. ~ [*Schweiz*]; feuerfester Baustoff *m*, ff. Baustoff · refractory building material, ~ structural ~, ~ construction(-al) ~

~ Erzeugnis *n*, ~ keramisches ~, ff. (~) ~ · refractory (product) [*A nonmetallic product (but nor excluding those containing a proportion of metal) having a pyrometric cone equivalent corresponding to not less than 1,500 °C*]

~ (keramisches) Erzeugnis *n*, ff. (~) ~ · refractory (product) [*A nonmetallic product (but not excluding those containing a proportion of metal) having a pyrometric cone equivalent corresponding to not less than 1,500 °C*]

~ Leichterzeugnis *n*, ff. · light(weight) refractory (product), ~ ~ material [*A refractory material with low bulk density*]

~ schmelzgegossenes Erzeugnis *n*, ff. ~ ~ [*schmelzflüssig gegossenes feuerfestes Erzeugnis*] · fusion-cast refractory (product)

~ Siliziderzeugnis *n*, ff. ~ · silicid refractory (product)

Feuer|festigkeit *f* [*Charakteristische Eigenschaft eines ff. Erzeugnisses hohen Temperaturen standzuhalten*] · refractoriness

~festigkeit *f*, (Brenn)Kegelfallpunkt *m* · pyrometric cone equivalent

~festindustrie *f* · refractory (material) industry

~forschung *f*, Feuerschutzforschung, Brand(schutz)forschung · fire research

~forschungsanstalt *f*, Feuerschutzforschungsanstalt, Brand(schutz)forschungsanstalt · fire research station

~gefahr *f*, Brandgefahr · fire risk

~giebel *m*, Feuerschutzgiebel, Brand(schutz)giebel · fire gable

~heftigkeit *f*, Brandheftigkeit · severity of fire

feuer|hemmend · fire(-)retarding, fire(-) retardant

~hemmende Behandlung *f* · fire retardant treatment [*A treatment applied to a material to increase its resistance to destruction by fire*]

~hemmende Tür *f*, FT · fire(-)retarding door, fire(-)retardant ~

~hemmender (Innen)(Ver)Putz *m* · fire(-)retarding (mixed) plaster, fire(-) retardant (~) ~

~hemmendes Bauelement *n*, feuerhemmender (Bau)Körper [*DIN 4102. Fehlname: feuerhemmende Baueinheit f*] · fire(-)retarding (building) member, fire (-)retardant (~) ~, ~ (~) unit, ~ (~) component

Feuer|hemmstoff *m* · fire retardant [*A substance applied to a material to increase its resistance to destruction by fire*]

~-Hohlmauer *f*, Hohl-Feuermauer, Brandhohlmauer, Hohlbrandmauer, gemeinschaftliche Giebelhohlmauer · hollow party (masonry) wall, cavity ~ (~) ~

~knollen *m*, Flintknollen · flint pebble

~leiter *f*, Brandleiter, Notleiter · fire escape ladder

~löschen *n*, Brandbekämpfung *f* · fire fighting

(~)Löscher *m* · (fire) extinguisher

(~)Löscher-Halterung *f* · (fire) extinguisher bracket

(~)Löscherschrank *m* · (fire) extinguisher cabinet

~löschschaum *m* · fire (extinguishing) foam

(~)Löschschlauchschrank *m* · (fire) hose cabinet, FHC

~löschwasser *n*, Brandlöschwasser · firewater

(~)Löschwasserständer *m* [*DIN 14244*] · fire hydrant, fhy

Feuermauer *f*, Brandmauer, Kommunmauer, gemeinschaftliche Giebelmauer [*DIN 4102, Blatt 2*] · party (masonry) wall [*A (masonry) wall separating adjoining buildings. Its primary function is to prevent the spread of fire between adjoining buildings and to provide an adequate degree of sound insulation*]

~, Brandmauer [*DIN 4102 Blatt 2*] · fire division (masonry) wall, compartment ~ [*A (masonry) wall which divides up a building to resist the spread of fire. Unlike a division wall it does not necessarily rise through more than one storey*]

~konsole *f*, Brandmauerkonsole, Kommunmauerkonsole · party corbel [*A corbel projecting from the face of a building at the end of the party wall for decoration or to check the spread of fire*]

Feuermelde|anlage *f*, Brandmeldeanlage · fire alarm system

~automat *m*, Brandmeldeautomat, automatische Brandmeldeeinrichtung *f*, automatischer Brandmelder *m*, automatische Feuermeldeeinrichtung, automatischer Feuermelder · automatic fire warning device

~einrichtung *f* → Feuermelder

Feuer|melder *m*, Brandmelder, Feuermeldeeinrichtung *f*, Brandmeldeeinrichtung · fire warning device

~meldung *f*, Brandmeldung · fire warning

feuerpoliert [*Fehlbezeichnung*]; feuerblank · fire polished, ~ finished [*Glass which has been surface polished by heating, for example in a flame*]

Feuerpolitur *f* [*Fehlname*]; Feuerblänke *f*, Feuerblankheit *f* [*Die sich bei Abkühlung des Glases natürlich bildende blanke Oberfläche*] · fire finish, ~ polish, glaze

feuerpolizeiliche Vorschrift *f*, Brandvorschrift, Feuervorschrift · fire (prevention and fire proofing) regulation

Feuersbrunst *f* · actual fire of severe intensity

Feuerschaden *m*, Brandschaden · fire loss

Feuerschutz *m*, Brandschutz [*Maßnahmen, um Bauteile feuerbeständig zu machen*] · fireproofing

~, Brandschutz · fire protection, protection against fire

~abschluß *m*, Brandblende *f* · fire barrier, ~ stop [*A wall, floor or ceiling or other element so constructed as to delay the passage of fire from one part of a building to another*]

~anstrich *m*, Feuer(schutz)aufstrich, Brand(schutz)anstrich, Brand(schutz)-aufstrich, Feueranstrich · fireproof(ing) coat, fire-coat

~(anstrich)farbe *f*, Brandschutz(anstrich)farbe · fire-proof(ing) paint, fire-coat ~

~aufstrich *m*, Feuer(schutz)anstrich, Brand(schutz)anstrich, Brand(schutz)-aufstrich, Feueraufstrich · fire-proof(ing) coat, fire-coat

~(bau)platte *f*, Brandschutz(bau)platte · fire bat(t)

~-Beschichtung *f* → Brandschutzüberzug

~bestimmungen *fpl*, Brandschutzbestimmungen · fire regulations

~einrichtungen *fpl*, Brandschutzeinrichtungen · fire protection installations

~farbe *f*, Feuerschutzanstrichfarbe, Brandschutz(anstrich)farbe · fire-proof(ing) paint, fire-coat ~

~fenster *n*, Brandschutzfenster · fire window

~forschung *f*, Brand(schutz)forschung, Feuerforschung · fire research

~forschungsanstalt *f*, Brandschutzforschungsanstalt · fire research station

~giebel *m*, Brandschutzgiebel · fire gable

~(innen)(ver)putz *m*, Brandschutz(innen)(ver)putz [*DIN 4102*] · fireproof(ing) plaster

~isolierung *f*, Brandschutzisolierung · fireproofing

~maßnahme *f*, Brandschutzmaßnahme · precaution against fire

~mittel *n*, Brandschutzmittel · fireproof(ing) agent

~mörtel *m*, Brandschutzmörtel · fireproof(ing) mortar

~platte *f*, Feuerschutzbauplatte, Brandschutz(bau)platte · fire bat(t)

~putz *m* → Feuerschutzinnenputz

~schiebetür *f*, Brandschutzschiebetür · sliding fire door; ~ armor ~ (US); ~ armour ~ (Brit.)

~sperre *f* → Brandsperre

~tür *f* → Brand(schutz)tür

~überzug *m* → Brandschutzüberzug

~umhüllung *f* → Feuerschutzummantelung

~ummantelung *f*, Feuerschutzumhüllung, Brandschutzummantelung, Brandschutzumhüllung · fire protection encasement, ~ ~ haunching, ~ ~ sheath coat

~wand *f* → Brand(schutz)wand

feuersicher · fireproof

Feuer|sperre *f* → Brandsperre

~stätte *f*, Feuerung *f* · furnace, fire, burning appliance

~stein *m*, Flint(stein), Silex *m*, SiO_2 · flint [*A chalcedonic variety of quartz, found as nodules and nodular bands in chalk and as residual pebbles*]

~temperatur *f*, Brandtemperatur · fire temperatur

Feuerton *m* [*Durchsichtige Glasur über dichtender weißer Porzellanengobe oder farbiger Engobe auf gelbem, porösen, mit Schamotte gemagertem Scherben. Daher kein Verziehen beim Brand. Für große Stücke, z.B. Spültische geeignet*] · fireclay

~abwaschtisch *m*, Feuertonspültisch · fireclay sink unit [*Combined sink and drainer*]

~artikel *mpl*, Feuertongegenstände *mpl*, Feuertonerzeugnisse *npl*, Feuertonware(n) *f* · fireclay ware, ~ products, ~ goods, ~ articles

~(bade)wanne *f* · fireclay (bath)tub, ~ bath

~erzeugnisse *npl*, Feuertongegenstände *mpl*, Feuertonartikel *mpl*, Feuertonware(n) *f* · fireclay ware, ~ products, ~ goods, ~ articles

~gegenstände *mpl*, Feuertonerzeugnisse *npl*, Feuertonartikel *mpl*, Feuertonware(n) *f* · fireclay ware, ~ products, ~ goods, ~ articles

~spültisch *m*, Feuertonabwaschtisch · fireclay sink unit [*Combined sink and drainer*]

~wanne *f*, Feuertonbadewanne · fireclay (bath)tub, ~ bath

~ware(n) *f*, Feuertonartikel *mpl*, Feuertonerzeugnisse *npl*, Feuertongegenstände *mpl* · fireclay ware, ~ products, ~ goods, ~ articles

Feuertreppe *f*, Fluchttreppe, Nottreppe · (fire) escape stair(case), emergency ~

Feuertreppen|haus *n*, Nottreppenhaus, Fluchttreppenhaus · emergency stair(-case) well, (fire) escape ~ ~

~schacht *m*, Nottreppenschacht · fire tower (US) [*In tall buildings, a stair designed as a fire escape with entries at each floor, protected by fire doors so that smoke cannot enter the stair*]

Feuer|tür *f* → Brand(schutz)tür

~übergriff *m*, Brandübergriff · fire penetration

~umhüllung *f*, Feuerschutzumhüllung, Brand(schutz)umhüllung · fire protection of structural steelwork

Feuerung *f* · furnace

Feuerungs|anlage *f* · furnace installation

~asche *f* · clinker (Brit.); cinder (US) [*Sintered or fused ash from furnaces. It is sometimes mistakenly called 'breeze'*]

~rückstand *m* · furnace residue

~schlacke *f*, verklinkerte ~, (Verbrennungs)Schlacke, (Stein)Kohlenschlacke, Kesselschlacke [*Teilweise geschmolzene Aschen fester Brennstoffe, die auch noch unverbrannte Anteile enthalten können*] · (furnace) clinker (Brit.); (~) cinder (US) [*misnomer: breeze*]

~schlackenzuschlag(stoff) *m* → Kesselschlackenzuschlag(stoff)

Feuer|vergoldung *f* · mercury gilding

~verhalten *n*, Brandverhalten [*DIN 4102*] · behaviour under fire (Brit.); behavior ~ ~ (US)

~verhütung *f*, Brandverhütung · fire prevention

~verhütungsvorrichtung *f*, Brandverhütungsvorrichtung · fire preventive device, ~ ~ appliance

feuer|verzinkter Stahl *m* · hot-dip galvanized steel

~verzinktes Flußstahlfenster *n* · hot-dip galvanized mild steel window

Feuerverzinkung *f* · hot-dip galvanizing

(feuer)verzinntes Stahlfeinblech *n*, Weißblech [*DIN 1541*] · tinplate, tin-coated steel

Feuer|verzinnung *f* · hot-dip tinning

~vorschrift *f*, Brandvorschrift, feuerpolizeiliche Vorschrift · fire (prevention and fire proofing) regulation

~wache *f*, Brandwache · fire station

~wand *f* → Brand(schutz)wand

~weiß *n*, Hüttenrauch *m*, Kühlbeschlag *m* [*Glasherstellung*] · (sulphate) bloom (Brit.); (sulfate) ~ (US)

~widerstandsdauer *f*, Feuerwiderstandszeit *f* · fire-resistance period, fire-endurance ~

feuerwiderstandsfähig · fire-resistant

Feuer|widerstand(sfähigkeit) *m*, (*f*), Feuerbeständigkeit · fire resistance, ~ endurance [*It is defined as the ability of an element of building construction to fulfil its assigned function in the event of a fire. It is not the property of an individual material but the behavio(u)r of a recognizable constructional element which may consist of a single material or may be fabricated from a number of different materials*]

~klasse *f* · fire(-resistance) grading period

~zeit *f*, Feuerwiderstandsdauer *f* · fire-resistance period, fire-endurance ~

Feuerzement *m* → feuerfester Mörtel

Fez *m*, Zementestrich *m* · cement(/sand) screed

Fe_2O_3, Hämatit *m*, Roteisenstein *m* · ferric oxid(e) (US); ~ oxide (Brit.) [*chemical name*], hematite [*substance*]

ff. → feuerfest

ff. Auskleidung *f*, feuerfeste ~ · refractory lining

ff. Baumaterial *n* [*Schweiz*] → feuerfestes ~

ff. Baustoff *m* → feuerfester ~

ff. Beton *m* → Feuerbeton

ff. (Beton)Zuschlag(stoff) *m* → feuerfester ~

ff. Dämmbeton *m* → feuerfester ~

ff. Erzeugnis *n* → feuerfestes ~

ff. Fugenmörtel *m* → feuerfester ~

ff. (keramische) Masse *f* → feuerfeste (~) ~

ff. (keramischer) Rohstoff *m* → feuerfester (~) ~

ff. (keramischer) Werkstoff *m* → feuerfester (~) ~

ff. (keramisches) Erzeugnis *n* → feuerfestes (~) ~

ff. Leichterzeugnis *n* → feuerfestes ~

ff. Leichtstein *m* → feuerfester ~

ff. Masse *f* → feuerfeste ~

ff. Mörtel *m* → feuerfester ~

ff. schmelzgegossenes Erzeugnis *n* → feuerfestes ~ ~

ff. Siliziderzeugnis *n* → feuerfestes ~

ff. Stein *m* → feuerfester ~

ff. Zement *m* → feuerfester Mörtel

ff. Zuschlag(stoff) *m* → feuerfester (Beton)~

Fh *m* → Holz(fuß)boden(belag)

Fhb *m*, Buchenriemen(fuß)boden(belag) *m* · beech strip floor(ing) (finish), ~ ~ floor cover(ing)

Fhbp *n*, Buchenparkett *n* · beech parquet(ry)

Fhe *m*, Eichenriemen(fuß)boden(belag) *m* · oak strip floor(ing) (finish), ~ ~ floor cover(ing)

Fhep *n*, Eichenparkett *n* · oak parquet(ry)

Fhk *m*, Kiefernriemen(fuß)boden(belag) *m* · red fir strip floor(ing) (finish), ~ ~ ~ floor cover(ing), Scots ~ ~ ~ (~)

Fhp *m*, Pitchpineriemen(fuß)boden(belag) *m* · American pitch pine strip floor(ing) (finish), ~ ~ ~ ~ floor cover(ing)

Fhw *m*, Weichholz(fuß)boden(belag) *m* · soft-textured wood floor boarding

Fiale *f* · pinnacle

Fichtenschindel *f* · spruce shingle

Figuratives *n* · figurative character, ~ element

Figurenträger *m*, Zophoros *m*, Bildträger [*Bilderfries der attisch-ionischen (Säulen)Ordnung*] · zoophorus

figurierter Verband *m* · opus figuratum

figürlich · figural

figürlicher Wasserspeier *m* · gargoyle, carved waterspout

fiktive Ausmittigkeit *f*, ~ Ausmitte *f* · imaginary eccentricity, fictitious ~

~ Traglast *f* · imaginary (design) load factor, fictitious (~) ~ ~

~ Vorspannung *f* · imaginary (pre)stressing, fictitious ~, ~ stretching, ~ tensioning

Filigran|decke *f* [*Sie besteht aus dem Gitterträger aus Stahl mit angerüttelter Ziegelsplittbetonleiste und den Hohlkörpern aus Ziegelsplitt oder Bimsbeton*] · filigree floor

~ornament *n* · filigree ornament

~rippendecke *f* · filigree rib(bed) floor

~träger *m* · filigree girder

~wirkung *f* · filigree effect [*Such an effect can be created by fabricating a grille over all or part of a concrete panel surface*]

Film *m*, Membran(e) *f*, Haut *f*, Häutchen *n* · film, membrane, skin

film|beständig · film-proof

~bildend · film-forming

~bildender Bestandteil *m* · film-forming constituent, ~ ingredient

Film|bildner *m* [*Filmbildner sind diejenigen Bestandteile des Bindemittels, die für das Zustandekommen des Anstrichfilms wesentlich sind. Man unterscheidet selbständige und nichtselbständige Filmbildner: Selbständige Filmbildner sind solche, die allein, d.h. ohne Zusatz von weiteren Substanzen, mit oder ohne Sauerstoffeinfluß einen Anstrichfilm zu bilden vermögen. Nichtselbständige Filmbildner sind solche, die nur in geeigneten Gemischen einen Anstrichfilm zu bilden vermögen. Anmerkung: Man muß zwischen Filmbildner und Filmbestandteil unterscheiden. Auch Pigmente sind z.B. Filmbestandteile*] · film-forming medium, ~ agent, film-former

~bildung *f* · film formation

~dicke *f* [*Anstrichtechnik*] · film build

~leim *m* → Leimfilm

~palast *m* · movie palace

Filter|asche *f*, Flugasche [*DIN E 4209*] · pulverized fuel ash (US); pulverised ~ ~ (Brit.); fly ~, PFA

~beton *m* [*Poröser Beton für Dränrohre, Brunnenrohre, Wasserreinigung, Baumschulen usw.; Bereitung durch Zusatz von löslichen Salzen, Teer, Paraffin u.ä. oder als Einkornbeton*] · porous concrete

~hilfe *f* · filter(ing) aid [*Chemical added to slurry to facilitate filtration*]

~kies *m* [*Es gibt folgende Filterkiesarten: Flußkies, Quarzkies, Kristall-Quarzkies und Marmorkies*] · filter gravel

~rohr *n*, Brunnenrohr [*Es gibt Filterrohre aus Stahl, Kupfer, Hartporzellan und Steingut*] · filter pipe

~sand *m* · filter sand

~stein *m* · filter block [*A hollow vitrified clay block which may be salt glazed and is designed to carry a bacteria bed*]

Filterung *f* · filtration

Filtrierpapier *n* · filter paper

~scheibe *f* · filter paper disk (US); ~ ~ disc

Filtrosplatte *f* · filtros [*The trade name applied to an artificial porous stone made of carefully graded siliceous sand by molding, pressing, firing, annealing, and grinding. It is used as a filtering medium and for diffusing air in the activated-sludge process*]

Filz *m* · felt(ed fabric) [*A fabric built up by the interlocking of fibres by any suitable combination of mechanical work, moisture and heat without spinning, weaving or knitting*]

~(ab)dichtung *f* [*Erzeugnis*] · felt(ed fabric) seal

~(ab)dichtung *f* · felt(ed fabric) seal(-ing)

~bahn *f* · web of felt(ed fabric), felt(ed fabric) web

~band *n* · felt(ed fabric) strip

~dichtung *f*, Filzabdichtung [*Erzeugnis*] · felt(ed fabric) seal

~dichtung *f*, Filzabdichtung · felt(ed fabric) seal(ing)

~einlage *f* · felt(ed fabric) insert

~farbroller *m*, Filzrolle *f*, Filzwalze *f* [*Farbrollgerät*] · felt(ed fabric) cylinder

~-Farbrollgerät *n* · felt(ed fabric) roller

~folie *f* · felt(ed fabric) foil

~hinterlegung *f*, Filzrücklage *f*, Filzunterlage, Filzträger(schicht) *m*, (*f*) · felt(ed fabric) base, ~ (~) backing, ~ (~) underlay, underfelt

~-Isolierstreifen *m* · felt(ed fabric) insulating strip, ~ (~) insulation(-grade) ~

~leiste *f*, Filzstreifen *m* · felt(ed fabric) strip

~matte *f* · felt(ed fabric) mat, ~ (~) pad

~platte *f* · felt(ed fabric) board, ~ (~) sheet, board of felt(ed fabric), sheet of felt(ed fabric)

~rolle *f*, Filzfarbroller *m*, Filzwalze *f* [*Farbrollgerät*] · felt(ed fabric) cylinder

~rücklage *f*, Filzhinterlegung *f*, Filzunterlage, Filzträger(schicht) *m*, (*f*) · felt(ed fabric) base, ~ (~) backing, ~ (~) underlay, underfelt

~scheibe *f* · felt(ed fabric) disk (US); ~ (~) disc

~streifen *m*, Filzleiste *f* · felt(ed fabric) strip

~tafel *f* · felt(ed fabric) panel

~träger(schicht) *m*, (*f*), Filzhinterlegung *f*, Filzrücklage *f*, Filzunterlage · felt(ed fabric) base, ~ (~) backing, ~ (~) underlay, underfelt

~unterlage *f*, Filzhinterlegung *f*, Filzrücklage, Filzträger(schicht) *m*, (*f*) · felt(ed fabric) base, ~ (~) backing, ~ (~) underlay, underfelt

~unterlegscheibe *f* · felt(ed fabric) washer

~walze *f*, Filzfarbroller *m*, Filzrolle *f* [*Farbrollgerät*] · felt(ed fabric) cylinder

Finger(flugsteig) *m* · finger

~form *f* · finger layout

~kopf *m* · finger head

~system *n* · finger system

Finger|form *f*, Fingerflugsteigform · finger layout

~kopf *m*, Fingerflugsteigkopf · finger head

~nagelprobe *f*, Fingernagelprüfung *f*, Fingernagelversuch *m* · finger-nail indentation test

~system *n*, Fingerflugsteigsystem · finger system

Fireclay-Mineral *n* [*Tonmineral mit geringem Ordnungszustand der Kaolinitgruppe, das den Hauptbestand der ff. Tone bildet*] · fire-clay mineral

(Firmen)|Bauleiter *m* · contract manager, agent [*The contractor's representative on site*]

(~)Bauleitung *f*, Unternehmer-Bauleitung · contractor's site office

Firnis *m* [*Ein Öl, dessen Trocknungsfähigkeit durch Einverleiben von Sikkativen erhöht ist*] · oil to which siccatives have been added

First *m*, Firstlinie *f*, Dach~ · ridge [*The horizontal line formed by the junction of two sloping areas of a roof*]

~anfänger *m*, Walmanfänger [*Der Ausdruck „Walmanfänger" wird auch für den Gratanfänger verwendet*] · ridge starting tile, starting ridge ~

~ausbildung *f*, Firstgestaltung, Firstform *f* · ridge form

~balken(träger) *m* · ridge beam

~brett *n* · ridge board [*The board placed on edge at the ridge of the roof to support the upper ends of the rafters*]

~decken *n*, Firsteindecken, First(ein)deckung *f* · ridging [*Covering the ridge with tiles or other capping*]

~deckung *f*, Firsteindeckung, First(ein)decken *n* · ridging [*Covering the ridge with tiles or other capping*]

~ecke *f* · ridge corner tile

~(ein)decken *n*, First(ein)deckung *f* · ridging [*Covering the ridge with tiles or other capping*]

~(ein)deckung *f*, First(ein)decken *n* · ridging [*Covering the ridge with tiles or other capping*]

~(ent)lüfter *m* · ridge ventilator, ~ extractor, ~ extraction unit, ~ extract ventilation unit

~(ent)lüftung *f* · ridge extract ventilation

~faltung *f* · ridge folding

~form *f*, Firstgestaltung *f*, Firstausbildung · ridge form

~gestaltung *f*, Firstausbildung, Firstform *f* · ridge form

~haube *f*, Firstkappe *f* · ridge capping tile, ~ cover(ing) ~, ridging ~

~höhe *f* · ridge height

~kappe *f*, Firsthaube *f* · ridge capping tile, ~ cover(ing) ~, ridging ~

~laterne *f* · monitor (US); ~ roof (Brit.)

~linie *f*, First *m*, Dach~ · ridge [*The horizontal line formed by the junction of two sloping areas of a roof*]

~lüftung *f*, Firstentlüftung · ridge extract ventilation

~oberlicht *n* · ridge-type rooflight

~pfette *f*, Scheitelpfette · ridge purlin(e)

~pfettenauflager *n* · ridge purlin(e) support

~pfosten *m*, Firstsäule *f* [*Im Binder des Kehlbalkendachstuhls der Binderstiel, der die Firstpfette trägt*] · king post

~säule *f*, Firstpfosten *m* [*Im Binder des Kehlbalkendachstuhls der Binderstiel, der die Firstpfette trägt*] · king post

~schindel *f* · ridge shingle

~stein *m*, Kammstein, Dachkenner *m*, Walmstein [*Der Ausdruck „Walmstein" wird auch für den Gratstein verwendet*] · ridge tile

~stück *n* · ridge piece

~träger *m* · ridge girder

~ziegel *m*, Dachkenner *m*, Kammziegel, Walmziegel [*Der Ausdruck „Walmziegel" wird auch für den Gratziegel verwendet*] · (burnt) clay ridge tile

~-zu-First-Faltung *f* · ridge-to-ridge folding

~-zu-Kehle-Faltung *f* · ridge-to-valley folding

Fischband *n*, Fitsche *f*, Fitschband, Einstemmband · butt (hinge)

~ mit losem Stift, Fitschband ~ ~ ~, Einstemmband ~ ~ ~, Fitsche *f* ~ ~ ~ · loose-pin butt (hinge), pin ~ [*This hinge is similar to a butt (hinge) except that the pin is loose, and has a knob at each end*]

~lappen *m*, Fitschbandlappen, Einstemm-Fitschenlappen · let-in flap

~stift *m* · butt (hinge) pin

Fischbauch *m* · fish-belly [*The form taken by some girders, trusses of purlin(e)s where the bottom flange is convex downward*]

~pfette *f* · fish-bellied purlin(e), fish-belly ~

~träger *m*, Linsenträger, Pauliträger [*Vollwand- oder Fachwerkträger mit geradem Ober- und nach unten gebogenem Untergurt*] · fish-belly girder, fish-bellied ~

Fischblase *f*, Schneuß *m* · vesica piscis [*A pointed oval form like a bladder of a fish*]

Fischgefrierraum *m* · frozen fish store

(Fisch)Gräten|muster *n*, Kornährenmuster · herringbone pattern

~verband *m*, Stromverband, Kornährenverband, Festungsverband · herringbone (masonry) bond (Brit.); ~ (~) pattern (US)

Fisch|leim *m* [*Aus Fischabfällen gewonnener saurer Leim. Er wird als Klebstoff für Papier und Gewebe und als Kitt für Porzellan und Glas benutzt*] · fish glue, isinglass

~öl *n* [*Meist schlecht trocknendes Öl, welches mit Trockenstoff versetzt wird und hauptsächlich als Streckmittel zur Firnis- oder Lackherstellung Verwendung findet*] · fish oil

~schuppen-Fliesenbelag *m* · fish-scale tiling

Fi(t)schband *n*, Einstemmband, Fitsche *f* · butt (hinge)

~ mit losem Stift, Einstemmband ~ ~ ~, Fitsche *f* ~ ~ ~ · loose-pin butt (hinge), pin ~ [*This hinge is similar to a butt (hinge) except that the pin is loose, and has a knob at each end*]

~lappen *m*, Fitschenlappen, Einstemmlappen · let-in flap

~stift *m*, Rahmenstift [*DIN 1156*] · headless nail with one point

Fitsche *f*, Fi(t)schband *n*, Einstemmband, [*DIN 401 und DIN 402*] · butt (hinge)

~ mit losem Stift, Fi(t)schband *n* ~ ~ ~, Einstemmband ~ ~ ~ · loose-pin butt (hinge), pin ~ [*This hinge is similar to a butt (hinge) except that the pin is loose, and has a knob at each end*]

Fitschenlappen *m*, Einstemmlappen, Fi(t)schbandlappen · let-in flap

Fitting *m*, Formstück *n*, Rohr~ · pipe fitting [*Anything fitted to a pipe for jointing, connecting or changing the direction or bore of a pipe*]

~, Formstück *n* · fitting [*Either a pipe fitting or a water fitting*]

Fixiersalz *n*, Natriumthiosulfat *n*, $Na_2S_2O_3 \cdot 5\,H_2O$ · sodium thiosulfate, hypo

flach, scherbig, platt(ig) [*Korn*] · flaky

~ einfallendes Sonnenlicht *n* · low-angle sunlight

~ geneigte Verglasung *f* · low-pitched glazing

~ stapeln · to stack flat

~ übermessen · to measure flat overall

Flach|(ab)dichtung *f*, Manschetten(ab)dichtung, starre (Ab)Dichtung · gasket seal, static ~

~anbau *m* · single-storey annexe (Brit.); single-story annex (US)

~asbestplatte *f* · asbestos flat (building) sheet, ~ ~ (~) board

~asbestzementplatte *f*, Asbestzementflachplatte · asbestos-cement flat sheet, ~ ~ board; cement asbestos ~ ~ (US)

~bau *m*, Flachgebäude *n* · low building, ~ block, flat ~

~betondach *n*, Betonflachdach · flat concrete roof

~blech *n*, Flachfeinblech · flat sheet

~blech *n*, Flachgrobblech · flat (heavy) plate

~bleidach *n*, Bleiflachdach · lead flat (roof), ~ roof

Flachbogen *m*, Stichbogen, Segmentbogen, flacher Bogen · segmental arch, flat ~ [*An arch with low rise-to-span ratio*]

~ → ~träger

~dach *n*, Flachbogenträgerdach, Stichbogen(träger)dach · flat arch(ed girder) roof

~träger *m*, Stichbogenträger · flat arched girder, segmental ~ ~

~trägerdach *n*, Stichbogenträgerdach · flat arched girder roof, segmental ~ ~ ~

flachbogiges Kappengewölbe *n*, preußisches ~, preußische Kappe *f* · Prussian (cap) vault

Flachdach *n* · flat roof; platform ~ [*Scotland*] [*A roof the pitch of which is 10° or less to the horizontal*]

~ ohne Neigung zur Entwässerung · dead-level roof

(Flach)Dach|ablauf *m* · (flat) roof outlet

~abschluß(blende) *m*, (*f*) → (Flach-)Dach(rand)abschluß(blende)

Flachdach|anbau *m* · flat-roof(ed) annex (US); ~ annexe (Brit.)

~aufbau *m*, Flachdachsystem *n* · flat roof system

~ausbildung *f*, Flachdachgestaltung, Flachdachform *f* · flat roof form

~aussteigluke *f*, Flachdachausstieg *m* · flat roof hatch

~ausstieg *m*, Flachdachaussteigluke *f* · flat roof hatch

~bauwerk *n* · flat-roof(ed) structure

~(belag) *n*, (*m*), Flachdach(ein)deckung *f* · flat roof cladding, ~ ~ covering, ~ ~ sheathing, ~ roof(ing), roof deck [*Scotland: platform roof*]

~binder *m* → (Dach)Binder in Rahmenform

~blende *f* · flat roof fascia board

~dämmasse *f* · flat roof insulating compound, ~ ~ insulation(-grade) ~

~dämmelement *n* · flat roof insulation (-grade) unit, ~ ~ insulating ~

~dämmplatte *f* · flat roof insulating slab, ~ ~ insulation(-grade) ~

~dämmstoff *m* · flat roof insulating material, ~ ~ insulation(-grade) ~

~(ein)deckung *f*, Flachdach(belag) *n*, (*m*) · flat roof cladding, ~ ~ covering, ~ ~ sheathing, ~ roof(ing), roof deck [*Scotland: platform roof*]

~einfassung *f*, Flachdachrandeinfassung, Flachdachrand *m*, Dachrandprofil *n*, (Flach)Dach(rand)abschluß(blende) *m*, (*f*) · gravel stop

~einteilung *f* · classification of flat roofs

~element *n*, Flachdachplatte *f* · flat root slab

~entlüftungskanal *m* · flat roof extract ventilation duct, ~ ~ ~ venting ~

~entwässerung *f* · flat roof drainage

~form *f*, Flachdachgestaltung *f*, Flachdachausbildung · flat roof form

~gebäude *n*, Flachdachhaus *n* · flat-roof(ed) building, ~ block

~gestaltung *f*, Flachdachausbildung, Flachdachform *f* · flat roof form

~isolierung *f* · flat roof insulation

~lüfter *m* · flat roof ventilator

~platte *f*, Flachdachelement *n* · flat roof slab

~rand *m*, Dachrandprofil *n*, (Flach-) Dach(rand)abschluß(blende) *m*, (*f*), Flachdach(rand)einfassung *f*, Blende, Dachkantprofil · gravel stop

(Flach)Dach(rand)abschluß(blende) *m*, (*f*), Dachrandprofil *n*, Dachkantprofil, Flachdach(rand)einfassung *f*, Flachdachrand *m*, Blende · gravel stop

Flachdach|(rand)einfassung *f*, Flachdachrand *m*, Dachkantprofil *n*, Dachrandprofil *n*, (Flach)Dach(rand)abschluß(blende) *m*, (*f*), Blende · gravel stop

~rofen *m* [*Schweiz*]; Flachdachsparren *m* · roof joist

~sparren *m* [*Schweiz: Flachdachrofen m*] · roof joist

~system *n*, Flachdachaufbau *m* · flat roof system

~trakt *m* · flat roof(ed) unit

~ventilator *m* · flat roof fan

~verglasung *f* · flat roof glazing

~ziegel *m* [*Tonziegel für flachgeneigte Dächer*] · flat interlocking (clay) tile

Flach|decke *f* · flat ceiling

~decke *f* · flat plate floor [*The flat plate floor is a special type of flat slab construction in which column capitals and drop panels, as well as beams, are eliminated*]

~deckenplatte *f* · flat plate

~dichtung *f* → Flachabdichtung

~dichtung *f*, Dicht(ungs)manschette *f* · gasket

~draht *m* · flat wire

~drahtgewebe *n* · flat wire cloth, ~ ~ woven fabric; ~ ~ fabric [*misnomer*]

~drahtglas *n*, Drahtflachglas · flat wire(d) glass, wire(d) flat ~

~drahtlitze *f*, Flachlitze, Litze mit dreieckigem Querschnitt, Dreikantlitze · flattened strand

flache Faltung *f* · shallow folding

~ Kugelschale *f* · low-rise spherical shell

~ Lamelle *f* · flat slat

Flacheisen *n* · flat (rolled) iron, ~ (iron) bars, flat(s)

~gitterwerk *n*, Flacheisenvergitterung *f* · flat (rolled) iron lacing, ~ (iron) bars ~, flat(s) ~, lacing of flat bars

~kreuzung *f* · diagonal junction of flat bars, ~ ~ ~ flats

~stoß *m* · flat iron butt joint

~vergitterung *f*, Flacheisengitterwerk *n* · flat (rolled) iron lacing, ~ (iron) bars ~, flat(s) ~, lacing of flat bars

flächenaktives Tragsystem *n* · surface-active loadbearing system, ~ weight-carrying ~

Flächen|anziehung *f* → Haftfähigkeit

~aufteilungsplan *m*, Flächennutzungsplan, Wirtschaftsplan, Leitplan [*Er dient zur Darstellung der räumlichen und zeitlichen Entwick(e)lung eines Gemeindegebietes einschließlich Außengebiet. Maßstab 1:10000 bis 1:5000*] · zoning plan

~berechnung *f* · computation of area(s)

~fundament *n* · spread footing, ~ foundation [*A generally rectangular prism of concrete larger in lateral dimensions than the column or wall it supports, to distribute the load of a column or wall to the subgrade*]

~gewichtprüfung *f* · test for weight per unit area

~heizkörper *m* · radiant heating unit, panel ~ ~

~heizung *f*, Niedertemperatur-Strahlungsheizung [*Erwärmung des Raumes durch Wärmeabgabe beheizter Flächen, wie Decken, Wände und Fußböden. Heiz(ungs)mittel meistens Warmwasser*] · panel heating

~inhalt *m*, Oberflächen~, Flächenraum *m* · (surface) area, ~ content, superficial content

~kurve *f* · area curve

~last *f* · area load

~lehre *f*, Planimetrie *f*, Geometrie der Ebene, ebene Geometrie · plane geometry

~leim *m* · close-contact glue

~moment *n* · moment of area, area moment

~nutzung *f* · schedule of accommodation

~nutzungsgrad *m* · floor-space efficiency [*The relation of usable space to services and corridors*]

~nutzungsplan *m* → Flächenaufteilungsplan

~ornament *n* · surface decoration

~raster *m* · bay unit

~schmuck *m* · surface decoration

~senkrechte *f* · surface normal

~tragwerk *n* · area-covering structural element

~tragwerkbauwerk *n* · area-covering structure

~tür *f*, abgesperrte Tür, Sperrtür [*DIN 68706*] · flush door

flacher Bogen *m*, Segmentbogen, Stichbogen, Flachbogen · segmental arch, flat ~ [*An arch with low rise-to-span ratio*]

~ (zweiseitiger) Krallendübel *m*, flaches Krallenplattenpaar *n* · flate spike grid

flaches Korn *n*, plattes ~, scherbiges ~ [*Zuschlag(stoff)*] · flaky grain

~ Krallenband *n* · flat clamping plate

~ Krallenplattenpaar *n*, flacher (zweiseitiger) Krallendübel *m* · flat spike grid

~ Putzblech *n* · flat sheet metal lath(ing)

Flach|fassade *f* · flat façade

~(fein)blech *n* · flat sheet

~gaube *f*, Flachgaupe · flat dormer (window)

~gebäude *n*, Flachbau *m* · low building, ~ block, flat ~

~gelenk *n* · flat hinge

flachgeneigtes Dach *n* · low-pitch roof

Flachglas *n*, Tafelglas [*DIN 1249*] · sheet glass

~fehler *m*, Tafelglasfehler · sheet glass defect

Flach|(grob)blech *n* · flat (heavy) plate

~halle *f* · low hall

~hänger *m*, Flachhängeeisen *n* [*Hängedecke*] · flat hanger

~holzdach *n*, Holzflachdach · flat timber roof, ~ wood(en) ~

flächige Wandtextur *f* · textured wall(-ing) surface

flächiger Zusammenhang *m* · surface continuity

Flach|keil *m*, Keil mit flachem Anzug · flat key

~knopf *m*, Tür~ · flattened (door) knob

Flachkopf *m* · flat head

~nagel *m* · flat-headed nail

~niet *m* · flat-head rivet

~schraube *f* · flathead screw

Flach|kupfer *n* · flat copper

~kuppel *f*, Stichkugelgewölbe *n*, Kugelkappe *f* [*Der Pfeil ist geringer als der Halbmesser*] · flat dome, ~ cupola, shallow-rise ~

~lasche *f* · flat fishplate

~leuchte *f* · shallow luminaire (fixture) (US); ~ light fitting (Brit.); ~ (light(ing)) fixture

~litze *f*, Flachdrahtlitze, Litze mit dreieckigem Querschnitt, Dreikantlitze · flattened strand

~litzen(-Draht)seil *n*, Dreikantlitzen(-Draht)seil · flattened strand cable, ~ ~ rope

~messing *n* · flat brass

~nietkopf *m* · flattened rivet head

~parabel *f* · flat parabola

~parabolbogen(träger) *m* · flat parabola arch(ed girder)

~platte *f* → ebene Platte

~profil *n* · flat

~profilhandlauf *m*, Flachprofilhandleiste *f* · flat handrail section, ~ ~ shape, ~ ~ unit, ~ ~ trim, ~ ~ profile, ~ guard rail ~

~rampe *f* · slightly inclined ramp

~relief *n* · low relief, bas-relief [*It is very shallow, like the relief of a coin*]

~relieffries *m* · bas-relief frieze, low relief ~

~rippen-Streckmetall *n* · flat rib lath(-ing), ~ ~ expanded metal

~rohr *n*, Rechteckrohr, rechteckiges Rohr, Viereckrohr, Vierkantrohr, viereckiges Rohr, flaches Rohr · rectangular pipe, box-shaped ~

~ → Vierkantrohr

Flachs *m*, Leinpflanze *f* · flax

Flachschliff *m* [*Glas*] · intaglio [*A form of decoration in which the depth of cutting is intermediate between deep cutting and engraving*]

Flachs|(dach)pappe *f* · flax felt

~filz *m* · flax felt(ed fabric)

~grobgewebe *n* · flax sacking

Flachsilo *m* → (Grünfutter)Fahrsilo

~ mit aufgerichteten Wandplatten → (Grünfutter)Fahrsilo ~ ~ ~

Flachsplatte *f* → Flachsschäbenplatte

Flachspül|abort *m*, Auswaschabort, Flachspültoilette *f*, Auswaschtoilette, Flachspülklosett *n*, Auswaschklosett [*DIN 1381*] · shallow pan closet, ~ bowl ~, ~ ~ toilet

~becken *n*, Auswaschbecken [*(Spül-) Abortbecken*] · shallow pan, ~ bowl

~klosett *n* → Flachspülabort

~toilette *f* → Flachspülabort

Flachssackleinen *n* · flax hessian (Brit.); ~ burlap (US)

~bahn *f* · flax hessian mat (Brit.); ~ burlap ~ (US)

Flachs|samen *m*, Leinsaat *f* · flax-seed, linseed

~schäben *fpl* · flax shives

~schäbenplatte *f*, Flachs(span)platte · flax shive board, flaxboard [*Particle board made from flax shives, the residue from the flax plant after removal of flax fibres*]

~spanplatte *f*, Flachs(schäben)platte · flax shive board, flaxboard [*Particle board made from flax shives, the residue from the flax plant after removal flax fibres*]

Flach|stab *m* · flat bar

~stahl *m* · flat (rolled) steel, ~ (steel) bars, flat(s)

~stahldraht *m*, Stahlflachdraht · steel flat wire, flat steel ~

~stahlprofil *n* · flat-steel section

~stein *m*, Zungenstein, Dachblatt *n*, Ochsenzunge *f*, Dachtasche *f*, Dachplatte *f*, Flachwerk *n*, Plattenstein, Brettstein [*Dachstein in Form einer flachen Platte im Gegensatz zum Hohl- und Falzstein, z.B. Biberschwanz, Schwalbenschwanz mit Regenrinne und Turmstein*] · flat roof(ing) tile

~streckmetall *n* · flattened expanded (metal) mesh, ~ ~ metal, ~ XPM, ~ EM

~tafel *f*, ebene Tafel, Plantafel [*Gegenteil: Welltafel*] · flat (run) panel

~werden *n* · flattening

Flachwerk *n* → Flachstein

~ziegel *m* → Flachziegel

Flach|wulst(profil) *f*, (*n*) [*DIN 80291*] · bead flat

~ziegel *m*, Zungenziegel, Dachblattziegel, Ochsenzungenziegel, Dachtaschenziegel, Dachplattenziegel, Flachwerkziegel, Plattenziegel, Brettziegel [*Dachziegel in Form einer flachen Platte im Gegensatz zum Hohl- und Falzziegel, z.B. Biberschwanzziegel, Schwalbenschwanzziegel mit Regenrinne, Turmziegel*] · flat clay roof(ing) tile

Flaggenmast *m*, Fahnenmast · flagpole, flagstaff

Flakturm *m* · A.A. tower, anti-aircraft ~

Flamboyantmaßwerk *n*, Flamboyantstil *m*, Flamm(en)stil, Schneußmaßwerk, Flamboyantgotik *f* · flamboyant tracery, ~ style [*The bars of stonework form long wavy divisions like flames*]

flämischer Verband *m* · Flemish bond; Dutch ~ [*misnomer*]

Flamme *f*, Schneuß *m* · flamboyant [*Tracery in which the bars of stonework form long wavy divisions like flames*]

Flammenausbreitung *f* · spread of flame, flame spread

flammen|gespritzt · flame-sprayed

~hemmend · flame-retardant

Flammen|lötung *f* · flame soldering, torch ~

~photometrie *f* · flame photometry

~schutz *m* · flameproofing

~schutzwand *f* · flameproofing wall

~stil *m* → Flamboyantmaßwerk

~weg *m* · flame travel

Flammpunkt *m* · flash point

~prüfer *m* · flash point (testing) apparatus

~prüfer *m* **Abel geschl. Tiegel** · Abel c.c. testing apparatus

Flamm|ruß *m* · furnace (carbon) black

~strahlentrostung *f*, Flammstrahlreinigung · flame cleaning

flammstrahlreinigen, abbrennen · to burn off (paint)

Flammstrahl|reinigen *n* → Abbrennen

~reinigung *f*, Flammstrahlentrostung · flame cleaning

~reinigung *f*, Abbrennen *n* [*Entfernen von Anstrichen*] · burning off paint, paint burning

flamm|widrig · flameproof

~widriges Glas *n* · flameproof glass, flame-resistant ~, ovenproof ~, oven ware [*Glass which does not crack easily when exposed to heat or flames*]

Flanken|übertragung *f*, Schallängsleitung · flank(ing) transmission (of sound) [*The transmission of sound from one room to an adjacent room, via common walls, floors or ceilings, flanking a partition between the rooms, when airborne sound is generated in the first room. Note. The term may also be used to describe any indirect path of sound transmission*]

~übertragungsschall *m* · flanking sound

Flansch *m* · flange [*A projecting flat rim cast, screwed or welded on a pipe, fitting or vessel*]

~, Gurt(ung) *m*, (*f*) · chord, boom, flange

~aussteifung *f*, Flanschversteifung, Flanschverstärkung, Gurt(ungs)aussteifung, Gurt(ungs)versteifung, Gurt(ungs)verstärkung · boom stiffening, ~ bracing, chord ~, flange ~

~breite *f*, Gurt(ungs)breite · chord width, boom ~, flange ~

~einsteckende *n* → Flansch(en)(rohr)-einsteckende

Flansch(en)|dichtung *f* · flange(d) gasket

~doppelkrümmer *m* · flange(d) return bend

~druckrohr *n*, Druckflansch(en)rohr · flange(d) pressure pipe

~(form)stück *n* · flange(d) (pipe) fitting

~hosenstück *n* · flange(d) breech(es) fitting, ~ breeching ~

~knie(stück) *n* · flange(d) spring (bend)

~-Kreuzstück *n* · flange(d) cross

~krümmer *m* · flange(d) bend

~muffe *f*, Rohr~, geflanschte (Rohr-) Muffe · flange(d) (pipe) socket

~muffenkrümmer *m* · spigot and socket bend with flange

~rohr *n* · flange(d) pipe

~(rohr)einsteckende *n*, geflanschtes (Rohr)Einsteckende · flange(d) (pipe) spigot

~rohrverbindung *f*, Flansch(en)verbindung, Verflanschung · flange(d) connection, ~ union, ~ (pipe) joint

~-T-Stück *n* · flange(d) tee

~verbindung *f*, Verflanschung, Flansch(en)rohrverbindung · flange(d) connection, ~ union, ~ (pipe) joint

Flansch|neigung *f* · flange slope

~schraube *f* · flange bolt

~stück *n* → Flansch(en)(form)stück

~verbindung *f* → Flansch(en)verbindung

~verstärkung *f* → Flanschaussteifung

~versteifung *f* → Flanschaussteifung

Flaschenabfüll|anlage *f* · bottling plant, ~ installation

~halle *f* · bottling hall

Flaschen|abfüllung *f* · bottling

~bierlager *n* · bottle(d) beer store

~(geruch)verschluß *m* · bottle trap [*A compact form of trap in which the division between the inlet and outlet legs is formed by a dip tube or vane within the body of the trap. The lower part of the trap is removable for access*]

~gas *n* · bottle(d) gas

~keller *m* · bottle cellar

~lager *n* · bottle store

(~)Pyknometer *n* · (fruit jar) pycnometer, weighing bottle, density bottle

~spülanlage *f*, Flaschenwaschanlage · bottle-washing plant

~verschluß *m* → Flaschengeruchverschluß

Flaschner *m*, Blechner, Spengler, Klempner · plumber

~arbeiten *fpl*, Blechnerarbeiten, Klempnerarbeiten, Spenglerarbeiten [*DIN 18339*] · plumber's work

flavisches Amphitheater *n* **zu Rom**, Colosseum *n* · Colosseum at Rome, Flavian Amphitheatre

Flechten *n* **(von Bewehrung(en))**, Rödeln (~ ~), Bewehrungsflechten · binding (reinforcement), tying (~), reinforcement binding, reinforcement tying

Flechtwerk *n* · trellis [*An ornamental latticework designed to support vines*]

~mantel *m*, Mantelfläche *f* [*Kuppel*] · surface shell, trellis casing

Flechtzaun *m*, Hürdenzaun · wattle fence, hurdle ~

Fleck *m* · stain

Flecken|beseitigung *f* · stain removal

~bildung *f* [*Anstrichmittel*] · spotting, sheariness, mottling

Fleck(en)schiefer *m* · fleckschiefer, maculose rock, mottled schist, spotted schist

fleckensicher · stain proof

fleckig [*Putzfläche*] · patchy

Fledermaus|gaube *f*, Fledermausgaupe *f* · eye-brow

~luke *f*, Schwalbenschwanzfenster *n* · oval luthern

Flex|(belag)platte *f*, Pastellplatte, Vinylasbestfliese *f*, Flexfliese, Vinylasbest-(belag)platte [*DIN 16950*] · vinyl-asbestos tile, asbestos-vinyl ~, VAT

~-Boden(belag) *m*, Flex-Fußboden(belag) · vinyl-asbestos floor(ing) (finish), asbestos-vinyl ~ (~), ~ floor cover(-ing)

~-(Fuß)Boden(belag) *m* · vinyl-asbestos floor(ing) (finish), asbestos-vinyl ~ (~), ~ floor cover(ing)

(flexible) Gummi-Pendeltür *f* · flexible rubber (swing) door

(~) Industrie-Pendeltür *f* · flexible industrial (swing) door

(~) Kunststoff-Pendeltür *f* · flexible plastic (swing) door

(~) Neopren-Pendeltür *f* · flexible neoprene (swing) door

~ Pendeltür *f* · flexible (swing) door

(~) Polyvinylchlorid-Pendeltür *f*, (~) PVC-Pendeltür · flexible PVC (swing) door, ~ polyvinyl chloride (~) ~

(~) PVC-Pendeltür *f*, (~) Polyvinylchlorid-Pendeltür · flexible PVC (swing) door, ~ polyvinyl chloride (~) ~

Flick|arbeiten *fpl* · patch(ing) work

~beton *m* · patch(ing) concrete

~emulsion *f* · patch(ing) emulsion

Flicken *n* · patching

Flick|masse *f* · patch(ing) compound, ~ composition

~mörtel *m* · patch(ing) mortar

~putz *m*, Ausbesserungsputz · patching plaster [*A special plaster made for repairing plaster walls*]

Fliegen|draht *m* · fly wire

~gaze *f*, Fliegennetz *n* · insect (screening) cloth

~gazeschutz *m*, Fliegennetzschutz · insect screening [*of doors and windows*]

~gitter *n* · fly-proof screen

~netz *n*, Fliegengaze *f* · insect (screening) cloth

~netzschutz *m*, Fliegengazeschutz · insect screening [*of doors and windows*]

~schutz *m* · fly-proofing

Fliese *f*, (Belag)Platte *f* · tile [*A tile is a relatively small, nonstructural, surfacing unit which is thin in relation to its width and length*]

~ aus gepreßtem Marmorbruch, (Belag)Platte *f* ~ ~ ~ · reconstituted marble tile

~ zweiter Wahl, (Belag)Platte *f* ~ ~ · seconds-quality tile

fliesen, ver~ [*mit Fliesen belegen*] · to tile

Fliesen|belag *m*, Plattenbelag, Plattierung · tiling, tile finish, tilework

~bild *n*, Fliesenmuster *n*, (Belag)Plattenmuster, (Belag)Plattenbild · tile pattern

~boden(belag) *m*, Fliesenfußboden(belag), Platten(fuß)boden(belag) · tile floor(ing) (finish), ~ floor cover(ing)

~decke *f*, Plattendecke · tile ceiling

~formstück *n*, (Belag)Plattenformstück · tile fitting [*A unit produced in the same way as a tile but having one or more surfaces so glazed that, when used in combination with tiles those surfaces themselves change the plane of the glazed surface of the tiling*]

~fuge *f*, (Belag)Plattenfuge · tile joint

~fugenmasse *f*, (Belag)Plattenfugenmasse · tile jointing compound, ~ ~ composition, ~ ~ mass, ~ sealing ~, ~ sealant

~(fuß)boden(belag) *m*, Platten(fuß)boden(belag) · tile floor(ing) (finish), ~ floor cover(ing)

~glasur *f*, (Belag)Plattenglasur · tile glaze

~kleber *m* → (Belag)Plattenkleb(e)stoff

~legen *n*, Fliesenverlegen, Platten(ver)legen, Verfliesen · tile setting, ~ fixing

~leger *m*, Plattenleger · (tile) fixer, (floor-and-wall) tiler

~linoleum *n*, Bahnware *f* · sheet lino(leum) [*B.S. 810*]

~linoleum *n*, Linoleumfliesen *fpl* · lino(leum) tiles [*B.S. 810*]

~muster *n*, Fliesenbild *n*, (Belag)Plattenmuster, (Belag)Plattenbild · tile pattern

~reiniger *m*, Fliesenreinigungsmittel *n*, (Belag)Plattenreiniger, (Belag)Plattenreinigungsmittel · tile cleaning agent

~reinigungsmittel *n*, Fliesenreiniger *m*, (Belag)Plattenreiniger, (Belag)Plattenreinigungsmittel · tile cleaning agent

~scherben *m*, Keramik~ · tile (clay) body, ~ stone

~tafel *f*, (Belag)Plattentafel [*Zu einer Verlegeeinheit zusammengefaßte Fliesen*] · tile panel, prefabricated tiling

~trennwand *f* · tile partition (wall)

~treppe *f* · tiled stair(case)

~- und Plattenarbeiten *fpl* [*DIN 18352*] · floor and wall tiling work

~(ver)legen *n*, Platten(ver)legen, Verfliesen · tile setting, ~ fixing

Fließ(band)|fertigung *f* [*Zur Herstellung von Betonfertigteilen*] · series production

~verfahren *n* [*Zur Herstellung von Betonfertigteilen*] · series production method

Fließbereich *m, n* · flow range

fließende Konturen *fpl* · flowing contours, ~ lines

~ Raumdisposition *f* · flowing plan form

fließendes Maßwerk *n* [*Die im Decorated Style der englischen Gotik angewandte Form des Maßwerks*] · flowing tracery, curvilinear ~

Fließ|fähigkeitsmesser *m* **für kolloidalen Mörtel** · colloidal mortar visco(si)meter

~kegel *m* · flow cone [*For measuring the fluidity of the grout for prestressed concrete*]

~lehre *f*, Rheologie *f* [*Lehre vom Fließverhalten*] · rheology

~maß *n*, Konussenkung *f*, Sackmaß, Ausbreit(ungs)maß, Setzmaß [*Betonprüfung. DIN 1048*] · slump

~moment *n* · moment of flow

~neigung *f* · tendency to flow

~pressen *n* **von Stahl** · cold extrusion of steel

~spannung *f* · flow stress

~wert *m* **nach Marshall**, Marshall-Fließwert · Mashall flow value

~zustand *m* · flow state

Flint|knollen *m*, Feuerknollen · flint pebble

~papier *n* [*Schleifpapier mit Feuersteinpulverbelag, je nach Feinheit graduiert*] · flint paper

~(stein) *m*, Feuerstein, Silex *m*, SiO_2 · flint [*A chalcedonic variety of quartz, found as nodules and nodular bands in chalk and as residual pebbles*]

~-Ton *m* · flint clay

Flitterglas *n*, Schuppenglas · flake glass, frost, diamantini

Flockengips *m* [*für Schüttisolierungen*] · gypsum insulation, flocculent gypsum

florentinische Frührenaissance *f* · Early Florentine Renaissance (style)

Floricinöl *n* [*Durch Warmbehandlung öllöslich gemachtes Rizinusöl*] · Floricin oil

Fluat *n*, Fluorsilikat *n*, Silicofluorid *n*, Fluatierungsmittel *n* · fluosilicate, fluate

~anstrich *m*, Fluataufstrich · fluosilicate coat, fluate ~

~aufstrich *m*, Fluatanstrich · fluosilicate coat, fluate ~

Fluatieren *n*, Fluatierung *f* · fluosilicate treatment

Fluatierung *f*, Fluatieren *n* · fluosilicate treatment

Flucht *f*, Zimmer~ · suite

~fenster *n* · escape window

flüchtiges Lösemittel *n*, ~ Lösungsmittel · volatile solvent

Flucht|korridor *m* · escape corridor

~leiter *f*, Feuerleiter, Notleiter · escape ladder

~möglichkeit *f* · provision for escape of occupants, means of escape

~punkt *m* · vanishing point

~treppe *f*, Feuertreppe, Nottreppe, Brandtreppe · (fire) escape stair(case), emergency ~

~treppenhaus *n* → Feuertreppenhaus

Fluchtweg *m* · escape route

~-Dachlaufsteg *m* · escape roof (walk)way

Fluchtzeit *f* [*im Brandfall*] · time for escape

Flugasche *f*, Filterasche [*DIN E 4209*] · pulverized fuel ash (US); pulverised ~ ~ (Brit.); fly ~, PFA

Flugaschen|(beton)zuschlag(stoff) *m* · fly ash aggregate, PFA ~; pulverized fuel ash ~ (US); pulverised fuel ash aggregate (Brit.) [*The basic raw material is a product of the combustion of coal at extremely high temperatures. In processing, the material is formed into accurately sized particles and again subjected to intense heat. Thus the material is transformed into a ceramic product, basically composed of silica and alumina. It is strong, inert, very light in weight. It can be shaped, sized and processed to meet specific needs*]

~sinter(granulat) *m*, (*n*), Sinterflugasche *f* · sintered fly ash, ~ PFA; ~ pulverized fuel ash (US); ~ pulverised fuel ash (Brit.)

~zement *m* · (sintered) fly ash cement, (~) PFA ~; (~) pulverized fuel ash ~ (US); (~) pulverised fuel ash cement (Brit.)

Flügel *m*, Blatt *n*, Tür~ [*Beweglicher Verschluß der Öffnung einer Tür*] · (door) leaf

~, Haus~, Gebäude~, Erweiterungs~, Seitengebäude *n* · wing, limb

~, Fenster~ · sash [*A frame, rebated and fitted with one or more panes of glass forming a window or part of a window. The word 'sash' is also used for the German term 'Schiebe(fenster)flügel'*]

~mauer *f* · wing masonry wall

~(wasser)messer *m* · rotary (water) meter

~roß *n* · winged horse

~tür *f* · leaf door

~wand *f* · return wall, ~ end, returned corner [*A short length of wall perpendicular to an end of a longer wall*]

Fluggast|brücke *f* · passenger walkway

~raum *m* · passenger room

Flug|platz-Stahlmatte *f* · steel landing mat

~rost *m* · film rust

~schnee *m* · drifting snow

~staub *m*, Schwebestaub · airborne dust

~steig *m* · gate

Flugzeug|abstellhalle *f* · aircraft parking hangar

~halle *f* · aircraft hangar [*R.A.F. term*]; aeroplane ~ (Brit.); airplane ~ (US)

~hallentor *n* · aircraft hangar door

(~)Wartungshalle *f*, (Flugzeug)Werfthalle · technical (aircraft) hangar

(~)Werfthalle *f*, (Flugzeug)Wartungshalle · technical (aircraft) hangar

Fluor *n* [*Chemisches Element F, Atomgewicht 19*] · fluorine

Fluoreszenz-Indikator *m* · fluorescent indicator

fluoreszierendes Pigment *n* · fluorescent pigment

Fluorit *m*, Flußspat *m* · fluor spar, fluorite

Fluor|kohlenstoff *m* · fluorocarbon

~silikat *n*, Silicofluorid *n*, Fluat *n* · fluosilicate

~wasserstoffsäure *f*, Flußsäure · hydrofluoric acid, acidum hydrofluoricum

Flur *m*, Gang *m*, Korridor *m* · corridor [*A comparatively narrow enclosed thoroughfare within a building*]

~abschlußtür *f*, Korridorabschlußtür, Gangabschlußtür [*Hotelzimmer*] · room door

~beleuchtung *f*, Gangbeleuchtung, Korridorbeleuchtung · corridor lighting, ~ illumination

~kanal *m*, Gangkanal, Korridorkanal · corridor duct

flüssige Vaseline *f* · liquid petrolatum

~ Verarbeitungshilfe *f* [*Für Beton oder Mörtel*] · liquid plasticizing aid (US); ~ plasticising ~ (Brit.); ~ workability ~, ~ ~ agent

flüssiger (Ab)Dicht(ungs)stoff *m* → flüssiges Sperrmittel

~ Beschichtungsstoff *m*, Aufstrichmittel *n*, Aufstrich(stoff) *m*, Anstrich(stoff), Anstrichmittel · liquid coating (material), (surface) coating (medium)

~ Beton *m*, gießfähiger ~, Gußbeton, Rinnenbeton [*Dieser Beton ist so weich, daß er ohne Entmischung in Rinnen von etwa 25° Gefälle fließt. Der große Wasserzusatz zur Erzielung einer solchen Fähigkeit ergibt eine geringe Güte. Dieser Beton wird daher heute kaum noch verwendet*] · chuted concrete

~ Beton *m* · fluid concrete, wet ~, sloppy ~

~ Betonbeschichtungsstoff *m*, Betonanstrichstoff, Betonanstrich(mittel) *m*, (*n*), Betonaufstrich(stoff), Betonaufstrichmittel · liquid coating material for concrete, ~ ~ composition ~ ~

~ Betonhärter *m*, ~ Betonhärtungsstoff *m*, flüssiges Betonhärtungsmittel *n*, Betonhärtungsflüssigkeit *f*, Betonhärteflüssigkeit · liquid concrete floor hardener, ~ ~ ~ hardening agent

~ Betonwirkstoff *m*, ~ Betonzusatz(-stoff), flüssiges Betonzusatzmittel *n* · liquid concrete admix(ture), ~ ~ agent

~ Betonzusatz(stoff) *m*, ~ Betonwirkstoff, flüssiges Betonzusatzmittel *n* · liquid concrete admix(ture), ~ ~ agent

~ Dicht(ungs)stoff *m* → flüssiges Sperrmittel

~ Härter *m* → flüssiges Härtemittel

~ Härtestoff *m* → flüssiges Härtemittel

~ Härtungsstoff *m* → flüssiges Härtemittel

~ Heiz(ungs)stoff *m* · liquid heating fuel

~ kalter Beschichtungsstoff *m* → Kaltanstrichmittel

~ Kunststoff *m* **für Beschichtung und Isolierung,** Flüssigkunststoff ~ ~ ~ ~ · coating

~ Mehrzweckbeschichtungsstoff *m* → Mehrzweckanstrich(stoff)

~ Mörteldichter *m*, flüssiges Mörtel(ab)dicht(ungs)mittel *n* · liquid mortar densifying agent

~ Oberflächen-(Ab)Dicht(ungs)stoff *m* → flüssiges Oberflächen-Sperrmittel

~ Oberflächen-Sperrstoff *m* → flüssiges Oberflächen-Sperrmittel

~ Sperrstoff *m* → flüssiges Sperrmittel

~ Sperrzusatz(stoff) *m* → flüssiges Zusatz(ab)dicht(ungs)mittel

~ Vielzweckbeschichtungsstoff *m* → Vielzweckanstrich(stoff)

~ Zement *m*, Zementleim *m*, Zementpaste *f*, (frischer) Zementbrei *m*, Bindemittelleim [*Zement plus Wasser*] · cement paste, wet (~) ~

~ Zusatz(ab)dicht(ungs)stoff *m* → flüssiges Zusatz(ab)dicht(ungs)mittel

flüssiges (Ab)Beizmittel *n*, lösendes ~, neutrales ~, (Ab)Beizfluid *n*, (Ab-)Beizflüssigkeit *f* · solvent-based paint remover, ~ ~ stripper

~ (Ab)Dicht(ungs)mittel *n* → ~ Sperrmittel

~ Betonhärtungsmittel *n*, flüssiger Betonhärtungsstoff *m*, flüssiger Betonhärter *m*, Betonhärtungsflüssigkeit *f*, Betonhärteflüssigkeit · liquid concrete floor hardener, ~ ~ ~ hardening agent

~ Betonzusatzmittel *n*, flüssiger Betonzusatz(stoff) *m*, flüssiger Betonwirkstoff · liquid concrete admix(ture), ~ ~ agent

~ Dicht(ungs)mittel *n* → ~ Sperrmittel

~ DM *n* → ~ Sperrmittel

~ Härtemittel *n*, ~ Härtungsmittel, flüssiger Härtungsstoff *m*, flüssiger Härter *m*, flüssiger Härtestoff · liquid hardener, ~ hardening agent

~ Härtungsmittel *n* → ~ Härtemittel

~ Holz *n*, plastisches ~, künstliches ~, Holzkitt *m*, Kunstholz, Holzzement *m*, Lignozement [*Eine pastenartige Masse zum Ausbessern von Rissen im Holz, Ausfüllen von Astlöchern usw.*] · crack filler, plastic wood

~ Magnesium *n* · liquid magnesium

~ Mörtel(ab)dicht(ungs)mittel *n*, flüssiger Mörteldichter *m* · liquid mortar densifying agent

~ Mörteldicht(ungs)mittel *n*, ~ Mörtelabdicht(ungs)mittel, flüssiger Mörteldichter *m* · liquid mortar densifying agent

~ Oberflächen-(Ab)Dicht(ungs)mittel *n* → ~ Oberflächen-Sperrmittel

~ Oberflächen-DM *n* → ~ Oberflächen-Sperrmittel

~ Oberflächen-Sperrmittel *n*, flüssiger Oberflächen-Sperrstoff *m*, Oberflächen-Sperrflüssigkeit *f*, sperrende Oberflächen-Flüssigkeit, flüssiges Oberflächen-(Ab)Dicht(ungs)mittel, flüssiger Oberflächen-(Ab)Dicht(ungs)stoff, flüssiges Oberflächen-DM *n*, Oberflächen-DM-Flüssigkeit · liquid surface waterproofing agent, ~ ~ waterproofer, ~ ~ waterrepeller, ~ ~ water repelling agent, surface (water)proofing liquid

~ Sperrmittel *n*, flüssiger Sperrstoff *m*, Sperrflüssigkeit *f*, sperrende Flüssigkeit, flüssiges (Ab)Dicht(ungs)mittel, flüssiger (Ab)Dicht(ungs)stoff, flüssiges DM *n*, DM-Flüssigkeit *f* · liquid waterproofing agent, ~ waterproofer, ~ waterrepeller, ~ water repelling agent, (water)proofing liquid, (water)repellent liquid

~ Sperrzusatzmittel *n* → ~ Zusatz(ab)dicht(ungs)mittel

~ Wachs *n*, Flüssigwachs · liquid wax

~ Zusatz(ab)dicht(ungs)mittel *n*, ~ Sperrzusatzmittel, flüssiger Zusatz(ab)dicht(ungs)stoff *m*, flüssiger Sperrzusatz(stoff) *m*, sperrende Zusatzflüssigkeit *f*, Sperrzusatzflüssigkeit · liquid integral waterproofing agent, ~ ~ waterproofer, ~ ~ waterrepeller, ~ ~ water repelling agent, ~ densifying agent, ~ densifying admix(ture), ~ densifier, ~ water repellent admix(ture), integral (water)proofing liquid

Flüssigharz *n* · liquefied resin, liquid ~

flüssigkeitsdicht · liquid-tight

Flüssigkeits|eintritt *m* · ingress of liquid(s)

~zähler *m* · meter for liquids

Flüssig|kunststoff *m* **für Beschichtung und Isolierung,** flüssiger Kunststoff ~ ~ ~ ~ · coating

~polymer *n* · liquid polymer

~wachs *n*, flüssiges Wachs · liquid wax

Flüstergewölbe *n* · whispering vault

Flußfarbe *f* [*Sie wird durch die Einwirkung von Chlordämpfen im Brande auf die in der Glasurmasse des Steingutes enthaltenen Metalloxide erzielt, wodurch schwache, zarte Farbtönungen von eigenartiger Wirkung hervorgerufen werden*] · flowing colour (Brit.); ~ color (US)

Flußfeinsand *m* · fine stream sand

flußhemmendes Mittel *n* · anti-flux

Fluß|impedanz *f*, akustische Impedanz [*Quotient aus Schalldruck und Schallfluß*] · acoustic impedance [*Of a specified configuration or medium. The complex ratio of the sound pressure to the volume velocity through a chosen surface. Symbol* Z_a]

~kies *m* · stream gravel

~kieselsäure *f*, Kieselflußsäure, Kiesel(fluor)wasserstoffsäure · fluosilicic acid

Flußmittel *n* [*Vorhandene oder zugefügte Substanz, die selbst in geringen Mengen die Bildungstemperatur einer flüssigen Phase herabsetzt*] · flux

~ [*für Lötpaste*] · flux paste, paste flux

~ auf Phosphorsäurebasis · phosphoric acid-based flux

~rückstand *m* · flux residue

Fluß|säure *f*, Fluorwasserstoffsäure · hydrofluoric acid, acidum hydrofluoricum

~schwerspat *m*, Barytflußspat · fluorspar of baryte

~spat *m*, Fluorit *m* · fluor spar, fluorite

Flußstahl *m* [*Früher wurde dieser im flüssigen Zustand gewonnene Stahl im Gegensatz zum teigigen Schweißstahl auch Gußstahl genannt. Nur in der Drahtindustrie und bei Werkzeugstahl wird noch häufig von Gußstahl gesprochen. Gußstahl ist nicht zu verwechseln mit Stahlguß*] · mild steel, m.s.

~armierungsstab *m*, Flußstahl(bewehrungs)stab · mild steel (reinforcing) bar, ~ ~ (~) rod, m.s. (~) ~

~(bewehrungs)stab *m*, Flußstahlarmierungsstab · mild steel (reinforcing) bar, ~ ~ (~) rod, m.s. (~) ~

~draht *m* · mild steel wire, m.s. ~

~fenster *n* · mild steel window, m.s. ~

~flachprofil *n* · mild steel flat, m.s. ~

~hohlprofil *n* · mild steel hollow section, m.s. ~ ~

~-Konstruktionsrohr *n* · mild steel structural tube, ~ ~ ~ pipe, m.s. ~ ~

~platte *f* · mild steel plate, m.s. ~

~rohr *n* · mild steel pipe, m.s. ~

~stab *m*, Flußstahlbewehrungsstab, Flußstahlarmierungsstab · mild steel (reinforcing) bar, ~ ~ (~) rod, m.s. (~) ~

~walzprofil *n* · rolled mild steel section, ~ m. s. ~

~winkel *m* · mild steel angle, m.s. ~

Fluten *n* · flow coating [*The process of applying paint in which the paint is poured or is allowed to flow over the object to be painted, the excess, if any, being allowed to drain off*]

Flut|lackierung *f* · flow coating

~lichtanlage *f* · flood-lighting system

~lichtbeleuchtung *f* · floodlighting

~lichtstrahler *m* · flood-light

fluxen [*Durch Beigabe von Fluxmitteln wird der Erweichungspunkt bituminöser Stoffe erniedrigt*] · to flux

Fluxen *n* · fluxing

Flux|mittel *n* · flux

~öl *n* · flux-oil

F_m, Abramscher (Feinheits)Modul *m*, Abramscher Feinmodul · Abrams' fineness modulus, F.M.

Folie *f* · foil

Folien|abdeckung *f* · foil cover(ing)

~bahn *f* · foil sheet(ing)

~dämmung *f* · foil insulation

~einlage *f* · foil insert(ion)

~isolierung *f* · foil insulation

folienkaschierte Tapete *f* · foil (wall-) paper

Folien|mantel *m* · foil jacket

~oberflächendämmung *f*, Oberflächenfoliendämmung · foil surface insulation

Fond *m* [*(Papier)Tapete*] · (back)ground

~tapete *f* · (back)ground (wall)paper

Föpplsche Netzwerkkuppel *f* · Föppl network dome, ~ ~ cupola

Fordbecher *m* · ford cup [*A flow cup used for measuring the viscosity of paint, standardized in B. S. 1733*]

Forderung *f* [*Baustatik*] · requirement

Forellenstein *m* · troctolite

forensische Basilika *f* · basilica for public administration

Form *f*, Ausbildung *f*, Gestaltung · form

~ · mould (Brit.); mold (US)

~, Messing~ [*Streckbarkeitsmessung von Bitumen*] · ductility-test mould (Brit.); ~ mold (US)

~ → Gestaltungsfaktor

formaktive Kraftumlenkung *f* · form-active redirection of forces

formaktives Tragsystem *n* [*Die senkrechte Stütze und das senkrechte Hängeseil sind Prototypen der formaktiven Tragsysteme*] · form-active structure system

Formalismus *m* · formalism

Formänderung *f*, Verformung, Gestaltänderung · deformation

Formänderungs|arbeit *f*, Verformungsarbeit · deformation work, work of deformation

~auswirkung *f*, Verformungsauswirkung · deforming effect

~gesetz *n* · constitutive law

~instabilität *f* → Verformungsinstabilität

~modul *m*, Verformungsmodul · modulus of deformation, deformation modulus

~richtung *f*, Verformungsrichtung · deformation direction, direction of deformation

~theorie *f*, Verformungstheorie · deformation theory, theory of deformation

~winkel *m*, Verformungswinkel · angle of deformation

~wirkung *f*, Verformungswirkung · deforming action

~zustand *m*, Verformungszustand · state of deformation, deformation state

Format *n*, Größe *f* · format

~kurzzeichen *n* · format symbol

Formbarkeit *f* · formability

formbeständig · shape-retentive

Form|block(stein) *m*, Profilstein, Profilblock(stein), Formstein · purpose-made block, ~ tile, special (purpose) ~ [*See remark under 'Block'*]

~draht *m*, Profildraht, Dessindraht, Fassondraht, profilierter Draht · profil(ed) wire, indented ~, wire of irregular shape

~druck *m*, Form(geb)ungsdruck · forming pressure

~druck *m*, Form(geb)ungsdruck [*beim Formen in einer Form*] · moulding pressure (Brit.); molding ~ (US)

~eisen *n*, Fassoneisen, Eisenprofil *n*, Profileisen · section iron, iron section

Formenanpassungs|eigenschaft *f*, Formenanpassungsvermögen *n*, Formenanpassungsfähigkeit *f* · conformity to shaped surfaces

~fähigkeit *f*, Formenanpassungsvermögen *n*, Formenanpassungseigenschaft *f* · conformity to shaped surfaces

~vermögen *n*, Formenanpassungsfähigkeit *f*, Formenanpassungseigenschaft *f* · conformity to shaped surfaces

Formen|apparat *m* **des Stils** · accessories of style [*e.g. columns, pillars, pilasters, cornices, etc.*]

~bau *m* · mould construction (Brit.); mold ~ (US)

~-Bauteil *m, n*, Formen-Fertigbauteil, Formen-Fertigteil, Formen-Montageteil cast(ing) [*The finished product from the mo(u)ld*]

Form(en)entschalungsmittel *n* · mould release agent (Brit.); mold ~ ~ (US)

Formen|-(Fertig)Bauteil *m, n*, Formen-Fertigteil, Formen-Montageteil · cast(-ing) [*The finished product from the mo(u)ld*]

~-Fertigteil *m, n*, Formen-Montageteil, Formen-(Fertig)Bauteil · cast(ing) [*The finished product from the mo(u)ld*]

Form(en)|gefühl *n* · sense of design

~genauigkeit *f* · accuracy of shape

~gips *m* [*Zur Herstellung von Formen verwendet*] · casting plaster

~haltigkeit *f* · trueness of shape

~ideal *n* · perfect form

Formen|kanon *m* · idiom of form

Form(en)lehre *f* · theory of form and design

Formen-Montageteil *m, n*, Formen-Fertigteil, Formen-(Fertig)Bauteil · cast(ing) [*The finished product from the mo(u)ld*]

Form(en)|öl *n*, Beton~ · (concrete) mould (release) oil (Brit.); (~) mold (~) ~ (US)

~steifheit *f* · rigidity of form

Formen|symbolismus *m* · symbolism of form

~tisch *m*, Formtisch [*Herstellung von Montagebauteilen*] · table form

~- und Raumsprache *f* · formal and spatial concept, concept of form and space

~vokabular *n* · stylistic idiom

Form(geb)ung *f* · design

~ [*Bewehrungsstab*] · pattern of deformation

~ · forming

~ in Formen · moulding (Brit.); molding (US)

Form(geb)ungsdruck *m*, Formdruck · forming pressure

~, Formdruck [*beim Formen in einer Form*] · moulding pressure (Brit.); molding ~ (US)

Form|gefühl *n*, Formengefühl · sense o design

~genauigkeit *f*, Formengenauigkeit · accuracy of shape

~gips *m* → Formengips

~haltigkeit *f*, Formenhaltigkeit · trueness of shape

~ideal *n*, Formenideal · perfect form

~lehre *f*, Formenlehre · theory of form and design

Formling *m*, Grünling, Frischling, frischgeformtes Erzeugnis *n*, frischgeformtes Produkt *n*, frischgeformter Artikel *m* · green product, freshly-made ~, newly-made ~

~, grüner Ziegel *m*, Rohling · green brick

~ → Block(stein)frischling

Form|meister *m* · master-designer

~motiv *n* · architectural motif

~öffnung *f* · mold opening (US); mould ~ (Brit.)

~öl *n* → Formenöl

~sand *m*, Gießerei-~ · moulding sand (Brit.); molding ~ (US)

formschön · (a)esthetically pleasing

Formstahl *m*, Fassonstahl, Profilstahl, Stahlprofil *n* · section(al) steel, steel section

~, Beton~ · (twisted-type) deformed (concrete) (reinforcing) bars

~ der Betonstahlgruppe III b mit schrägen sichelförmigen Rippen, Beton~ ~ ~ ~ ~ ~ ~ ~ · (twisted-type) deformed (concrete) (reinforcing) bars grade III b with oblique sickle-shaped ribs

Form|steifheit *f*, Formensteifheit · rigidity of form

~stein *m*, Profilstein, Profilblock(stein) *m*, Formblock(stein) · purpose-made block, ~ tile, special (purpose) ~ [*See remark under 'Block'*]

Formstück *n*, Beton-~ · purpose-made concrete product, special (purpose) ~ ~

~, Fitting *m*, Rohr~ · pipe fitting [*Anything fitted to a pipe for jointing, connecting or changing the direction or bore of a pipe*]

~, Fitting *m* · fitting [*either a pipe fitting or a water fitting*]

~ für Hausschornstein(e) → Kamin(form)stein

Form|tisch *m* → Formentisch

~(ton)ziegel *m*, Profil(ton)ziegel, gebrannter Profilstein *m*, gebrannter Formstein · purpose-made brick, special (purpose) ~

formtreu · non-deformable

Formung *f*, Formgebung · design

~, Formgebung [*Bewehrungsstab*] · pattern of deformation

~, Formgebung · forming

~ in Formen, Formgebung ~ ~ · moulding (Brit.); molding (US)

Formungsdruck *m*, Formgebungsdruck, Formdruck [*beim Formen in einer Form*] · moulding pressure (Brit.); molding ~ (US)

~, Formgebungsdruck, Formdruck · forming pressure

Form|vollholz *n*, Biegeholz · bentwood

~vorstellung *f* · concept of form

Formylsäure *f*, Ameisensäure · formic acid

Formziegel *m*, Formtonziegel, Profil(ton)ziegel, gebrannter Formstein *m*, gebrannter Profilstein · purpose-made brick, special (purpose) ~

Forschungs|anstalt *f* · research institute

~labor(atorium) *n* · research lab(oratory)

Forsterit *m*, Magnesiumolivin *n* · forsterite

~erzeugnis *n* · forsterite refractory (product), ~ ~ material

~stein *m* · forsterite refractory brick

Fort *n* · fort

Fortluft *f* [*Diese Luft strömt ins Freie, sie wird also nicht wieder der Lüftungszentrale zugeführt*] · outgoing air, exit ~

~schornstein *m* · chimney for outgoing air, ~ ~ exit ~

~station *f* · outgoing air station, exit ~ ~

Fortpflanzung *f*, Ausbreitung, Schall~ · (sound) propagation [*The wave process whereby sound energy is transferred from one part of a medium to another*]

fortschreitende ebene Welle *f* [*Schalltechnik*] · progressive plane wave

Forum *n* [*Ein meist viereckiger Platz einer römischen Stadt*] · forum

fossiler Brennstoff *m* · fossil fuel

~ Kopal *m* · true copal, fossil ~

fossiles Harz *n* · fossil resin [*Any of the natural or earth type resins, which derive their characteristics through ag(e)ing in the ground*]

Fourcaultglas *n* · Fourcault glass

Fp *n* → Pflaster(decke)

Fpg *n*, Syenitsteinpflaster *n* · syenite sett paving

Fpg *n*, Granitsteinpflaster *n* · granite sett paving

Fph *n*, Holzpflaster *n* · wood(en) paving

Fps *n*, Eisenklinkerpflaster *n*, Schlackensteinpflaster · iron brick paving, blue ~ ~

Fpz *n*, Ziegelpflaster *n* · brick paving

Frachtgebäude *n* · cargo (handling) building

Fraktion *f*, Korn~, Korngruppe *f*, Kornklasse *f*, Kornspanne *f*, Körnung *f*, Korn(größen)bereich *m*, *n* [*DIN 1179*] · size range, ~ bracket, (~) fraction, grading ~, screening portion, range of grading, range of screening

Fraktionsgewicht *n*, Korn~, Korngruppengewicht, Kornklassengewicht, Körnungsgewicht · percentage weight of grading fraction

Frankfurterschwarz *n*, Samtschwarz · Frankfort black, German ~ [*A variety of bone black*]

Franziskanerkirche *f* · Franciscan church

französische Frühgotik *f* · early French Gothic style, Early French Gothic (~)

~ Gotik *f* · French Gothic (style)

~ Leiste *f* [*Metallbedachung*] · rib

~ Leistenverbindung *f* [*Metallbedachung*] · ribbed joint

~ Renaissance *f* · French Renaissance

~ Romanik *f*, ~ romanische Baukunst *f*, ~ romanische Architektur *f* · French Romanesque (style)

~ (Säulen)Ordnung *f* · French order

französischer Abort *m* → Hockabort

~ Ocker *m* · French ochre (Brit.); ~ ocher (US)

französisches Blatt *n*, schräges Hakenblatt [*Holzverbindung*] · French scarf (joint), oblique ~ (~)

~ Leistendach *n* · rib(bed) roof

~ Terpentinöl *n* · French (oil of) turpentine, ~ spirit ~ ~

Frauen|eis *n*, Marienglas, Frauenglas *n* [*perlmutterglänzender Gipsspat*] · satin spar

~empore *f* · women's gallery

~glas *n*, Fraueneis *n*, Marienglas [*perlmutterglänzender Gipsspat*] · satin spar

~seite *f*, Evangelienseite, Nordseite [*Die vom Westeingang aus linke (= nördliche, in frühchristlicher Zeit also den Heiden zugewandte) Seite der Kirche und des Altars, von der aus das Evangelium verlesen wird*] · gospel-side

~umkleide(raum) *f*, (*m*), Damenumkleide(raum) · women's changing room, ladies' ~ ~, female ~ ~

frei ausladender Träger *m* → vorkragender ~

~ Baustelle · free site, delivered ~ ~

~ gotisierende Auffassung *f* · freely adapted Gothic manner

freiaufliegend, freigelagert, einfach (auf)gelagert, einfach aufliegend · simply supported, freely ~, supported at both ends, simple

Frei|bad *n* · outdoor bath

~bewitterung *f* · outdoor weathering

frei|drehbar gelagert → einfach ~

~drehbare Lagerung *f* **auf starrer Auflage** · bearing allowing freedom of rotation on rigid support

freie Architekturschule *f* · free school of architecture

~ Auflagerung *f*, freies Auflager *n* · free support, ~ bearing [*See remark under 'Auflager(ung)'*]

~ (Be- und Ent)Lüftung *f* · free ventilation, ~ venting

~ Diffusion *f* · free diffusion [*The spreading of one gas into another*]

~ Gliederung *f* **der Massen** · free massing

~ Konvektion *f* · free convection

~ Lage *f* [*Gebäude*] · exposed position, ~ situation

~ Lüftung *f*, ~ Be- und Entlüftung · free ventilation, ~ venting

~ Torsion *f*, Saint-Venantsche ~ · (de) St. Venant's torsion, (de) Saint ~ ~

freier Kalk *m*, freies Kalkhydrat *n*, $Ca(OH)_2$ · free lime

~ Kohlenstoff *m* [*Fehlname*]; Unlösliches *n* · insoluble matter [*misnomer: free carbon*]

~ Rand *m* · free edge

~ Stil *m* · freely adapted style

~ Umriß *m* · free outline

~ Wettbewerb *m*, Ideenwettbewerb · ideas competition

freies Auflager *n*, freie Auflagerung *f* · free support, ~ bearing [*See remark under 'Auflager(ung)'*]

~ Biegemomentdiagramm *n* · free bending moment diagram

~ Kalkhydrat *n*, freier Kalk *m*, $Ca(OH)_2$ · free lime

~ Moment *n* · free moment

~ Muster *n* · free pattern

Frei|etage *f*, Freigeschoß *n*, Freistockwerk *n* · open floor; ~ story (US); ~ storey (Brit.)

~fläche *f* [*Fläche, die gemäß Bebauungsplan nicht bebaut werden darf*] · open area

frei|gelagert → einfach gelagert

~gelegte (Beton)Zuschlagstoffe *mpl*, ~ (Beton)Zuschläge · exposed-aggregate finish

Freigeschoß *n*, Freietage *f*, Freistockwerk *n* · open floor; ~ story (US); ~ storey (Brit.)

freigestaltete Dachkonstruktion *f* · free-form roof structure

freihändig bemalte Bildfliese *f*, ~ ~ Bild(belag)platte · hand-painted picture tile

freihändige Vergabe *f* · negotiated contract

Freihand|zeichnen *n* · freehand drawing

~zeichnung *f* · freehand drawing

Freiheit *f* **der Raumgestaltung** · flexible handling of space

Freiheits|denkmal *n* · freedom memorial, monument of liberty

~grad *m* · degree of freedom

Frei|lagerfläche *f* · outdoor storage area

~lagerplatz *m* · outdoor storage yard

~lagerung *f* · outdoor storage

~länge *f*, Kraglänge · cantilever(ed) length

~laufstall *m* · loose-housing shed

~legen *n* **der Zuschläge,** ~ ~ Zuschlagstoffe, Bloßlegen ~ ~ · aggregate exposure [*To obtain decorative effects*]

Freileitung *f* · aerial conductor [*A conductor conveying current from the main building to a garage, or to outhouses or farm buildings, suspended from posts or structures*]

~, Rohr~, freitragende (Rohr)Leitung · span (pipe)line

Freilicht|bühne *f* · open-air theatre, outdoor ~

~kino *n* · open-air cinema

freiliegende Rippe *f* · exposed rib

freiliegendes Zugband *n*, außenliegendes ~ · exterior tieback, external ~

Freiluft|bahn *f* [*Leichtathlethik*] · outdoor track

~bauwerk *n* · open-air structure

~becken *n* [*Badeanstalt*] · open-air pool

~schule *f* · open-air school

~schuppen *m* [*Ziegelindustrie*] · drying shed, open air corridors, permanent hack

~sportanlage*f* · outdoor sports facility, open-air ~ ~

Frei|pfeiler *m*, freistehender Pfeiler · pillar [*A free-standing upright member which, unlike a column, need not be cylindrical or conform with any of the orders*]

~raum *m* · open space

~säule *f* · free-standing column

freischaffender Architekt *m* · independent architect, free-lance ~, private ~

Freischwimmbad *n* · outdoor swimming pool

Freispannsystem *n* [*Senkrechtes Tragsystem. Punkte der Lastenbündelung in der Außenhaut*] · free-span system

~ mit Mittelunterstützung · free-span system with central support

Freispann- und Kragsystem *n* · free-span and cantilever(ed) system

Freisteh(bade)wanne *f*, freistehende (Bade)Wanne · free-standig (bath)tub, isolated ~, ~ bath

freistehend · free-standing, isolated

freistehende (Bade)Wanne *f*, Freisteh(bade)wanne · free-standing (bath)tub, isolated ~, ~ bath

~ Mauer *f* · free-standing masonry wall, isolated ~ ~

~ Wanne *f*, ~ Bade~, Freisteh(bade)-wanne · free-standing (bath)tub, isolated ~, ~ bath

freistehender Bau *m* → freistehendes Haus

~ Fahrsilo *m*, ~ Flachsilo, ~ Grünfutter~, ~ oberirdischer Grabensilo · horizontal (plank) free standing silo, free standing surface ~ [*As opposed to a horizontal (plank) silo in a portal framed structure = Portalrahmen-Fahrsilo*]

~ Flachsilo *m*, ~ Fahrsilo, ~ Grünfutter~, ~ oberirdischer Grabensilo · horizontal (plank) free standing silo, free standing surface ~ [*As opposed to a horizontal (plank) silo in a portal framed structure = Portalrahmen-Fahrsilo*]

~ Glockenturm *m*, Campanile *m*, Kampanile · isolated bell-tower, free-standing ~, campanile, belfry

~ Grenzgiebel *m* · boundary gable

~ Grünfutterfahrsilo *m*, ~ Grünfutterflachsilo, ~ oberirdischer Grabensilo · horizontal (plank) free standing silo, free standing surface ~ [*As opposed to a horizontal (plank) silo in a portal framed structure = Portalrahmen-Fahrsilo*]

~ Grünfutterflachsilo *m*, ~ Grünfutterfahrsilo, ~ oberirdischer Grabensilo · horizontal (plank) free standing silo, free standing surface ~ [*As opposed to a horizontal (plank) silo in a portal framed structure = Portalrahmen-Fahrsilo*]

~ oberirdischer Grabensilo *m*, ~ ~ Grünfutterflachsilo, ~ ~ Grünfutterfahrsilo · horizontal (plank) free standing silo, free standing surface ~ [*As opposed to a horizontal (plank) silo in a portal framed structure = Portalrahmen-Fahrsilo*]

~ Pfeiler *m*, Freipfeiler · pillar [*A free-standing upright member which, unlike a column, need not be cylindrical or conform with any of the orders*]

~ Schornstein *m*, Industrieschornstein, Esse *f*, Schlot *m* [*DIN 1056*] · big chimney, industrial ~, (industrial) stack

freistehendes Gebäude *n* → ~ Haus

~ Haus *n*, ~ Gebäude *n*, freistehender Bau *m*, Einzelhaus, Einzelbau, Einzelgebäude · free-standing house, isolated ~, detached ~, ~ block, ~ building (structure)

Freistehwanne *f*, Freistehbadewanne, freistehende (Bade)Wanne · free-standing (bath)tub, isolated ~, ~ bath

Freistockwerk *n*, Freietage *f*, Freigeschoß *n* · open floor; ~ story (US); ~ storey (Brit.)

freistrahlende Leuchte *f*, freistrahlender Beleuchtungskörper *m* · general diffuse luminaire (fixture) (US); ~ ~ light fitting (Brit.); ~ ~ (light(ing)) fixture

freistrahlender Beleuchtungskörper *m*, freistrahlende Leuchte *f* · general diffuse luminaire (fixture) (US); ~ ~ light fitting (Brit.); ~ ~ (light(ing)) fixture

Freitagsmoschee *f*, Mesdschid il-Dschuma · Friday mosque, congregational ~, Masjid-i-Juma [*As opposed to a tomb-mosque or mausoleum used only for private prayers*]

Freiterrasse *f* · open-air terrace

freitragend · self-supporting

freitragende Decke *f* · suspended floor

~ leichte Trennwand *f* [*Eine Innenwand, die ihr Eigengewicht als wandartiger Träger zwischen den Auflagern (as a slab spanning between supports) selbst trägt: sie muß waag(e)recht bewehrt sein*] · self-supporting partition (wall)

~ (Rohr)leitung *f*, (Rohr)Freileitung · · span (pipe)line

freitragendes Erdgeschoß *n* · suspended ground floor [*Ground floors of cold store and chill rooms are suspended to avoid the effects of low temperature on the subsoil*]

~ Pultdach *n* → halbes Satteldach

~ Rohr *n* · span [*Length of pipe crossing a gully or depression without additional support and usually carried at the same level as the bottom of the ditch on both banks of the gulley*]

Freiträger *m* → vorkragender Träger

~-Methode *f* [*Baustatik*] · cantilever method

Frei|treppe *f* → Hauseingangstreppe

~treppenpodest *n* · perron landing

~wange *f*, Lichtwange, Öffnungswange, Treppenlochwange, Außenwange · face string (Brit.); ~ stringer (US); outer ~, external ~, exterior ~, outside ~

~zeitwerkstatt *f*, Bastlerwerkstatt · hobby room

Fremdbrocken *m*, Fremdscherben *m* [*Glasgemenge*] · foreign cullet

Fremdenzimmer *n*, Gästezimmer, Gastzimmer · guest room

Fremd|scherben *m*, Fremdbrocken *m* [*Glasgemenge*] · foreign cullet

~stoff *m* · foreign matter, ~ substance

(Frequenz)|Bandbreite *f* [*Akustik*] · (frequency) bandwidth

~bereich *n, m* · frequency range

~gleichung *f* · frequency equation

~skala *f* · scale of frequencies

Freske *f* · fresco

Freskenmaler *m* · fresco painter

Freskenmalerei *f* · fresco-painting

Friedhof *m* · cemetery, graveyard

Friedhofs|basilika *f* · cemetery basilica [*As distinct from a basilica in the city used for ordinary services*]

~kapelle *f* · mortuary chapel, funeral ~, cemetery ~, graveyard ~

Fries *m* [*Wandstreifen oder -feld mit gemalten oder plastischen Ornamenten oder Figuren*] · frieze

friesartig · frieze-like

Frigidarium *n* · frigidarium [*A cooling-room or a cold-water swimming-bath in one of the Roman public baths*]

frisch eingebauter Beton *m* · newly-placed concrete

Frischbeton *m* · fresh(ly-mixed) concrete, green ~ [*Concrete which has set but not appreciably hardened*]

~-Raumgewicht *n*, Frischbeton-Wichte *f* · green concrete density

~-Wichte *f*, Frischbeton-Raumgewicht *n* · green concrete density

frische Farbe *f* [*Noch nicht getrocknete Farbe*] · wet paint [*Not yet dry paint*]

Frischen *n* [*Stahlerzeugung*] · oxidation

(frischer) Zementbrei *m*, Zementleim *m*, flüssiger Zement *m*, Zementpaste *f*, Bindemittelleim [*Zement plus Wasser*] · cement paste, wet (~) ~

~ Zustand *m*, grüner ~ · green state, fresh ~

frisch|geformte Platte *f*, Plattenformling *m*, Plattenfrischling, Plattengrünling · green slab

~geformter Artikel *m*, frischgeformtes Produkt *n*, frischgeformtes Erzeugnis *n*, Grünling *m*, Frischling, Formling · green product, freshly-made ~, newly-made ~

~geformtes Erzeugnis *n*, ~ Produkt *n*, frischgeformter Artikel *m*, Frischling *m*, Grünling, Formling · green product, freshly-made ~, newly-made ~

~geformtes Produkt *n*, ~ Erzeugnis *n*, frischgeformter Artikel *m*, Frischling *m*, Grünling, Formling · green product, freshly-made ~, newly-made ~

Frischling *m*, Formling, Grünling, frischgeformtes Erzeugnis *n*, frischgeformtes Produkt *n*, frischgeformter Artikel *m* · green product, freshly-made ~, newly-made ~

Frischluft *f* · fresh air

~(ansaug)schornstein *m* · (natural) (fresh-)air inlet stack, (~) ~ intake ~

~(ansaug)turm *m* · (natural) (fresh-)air inlet tower, (~) ~ intake ~

~betrieb *m* · fresh-air operation

~einlaß *m* · (natural) fresh air inlet

~-Heizgerät *n* · fresh-air heater

~heizung *f* · fresh-air heating

~kanal *m* · fresh-air duct

~umlauf *m*, Frischluftumwälzung *f* · fresh-air circulation

~umwälzung *f*, Frischluftumlauf *m* · fresh-air circulation

~zufuhr *f* · fresh-air supply

Frischmörtel *m* · green mortar, freshly-mixed ~

Frischwasser|einspeisung *f*, Frischwasserzufuhr *f* · fresh-water supply, ~ input

~leitung *f* · fresh-water line

~leitungsdruckrohr *n* · fresh-water line pressure pipe

~zufuhr *f*, Frischwassereinspeisung *f* · fresh-water supply, ~ input

Frisiersalon *m* · hairdressing salon

Frist *f* [*Fertigstellung von Bauarbeiten*] · target date

Fritte *f* · frit

Fritten *n* · fritting

Fronleichnamskirche *f* · church of Corpus Christi

Front(al)ansicht *f* · front view

Frontale *f* → Altarvorsatz

Frontalgesetz *n* · law of frontality

Front|gitter *n* · front grille [*See remark under 'Gitter'*]

~mauer *f*, Fassadenmauer · front masonry wall, façade ~ ~

~platte *f*, Sichtplatte · facing slab, face ~

~säule *f* · front(al) column, fronted ~

(~)Schürze *f*, vordere Schürze · apron flashing, chimney apron [*A one-piece flashing, such as is used at the lower side of a chimney penetrating a sloping roof*]

~wand *f*, Fassadenwand · front wall, façade ~

Frostangriff *m* · frost attack

frost|beständig, frostsicher, frostunempfindlich · frost(-)resisting, frost(-) resistant, frostproof, non-frost-active

~beständiger Ziegel *m*, Vormauerziegel, V · frost(-)resistant (clay) brick, frostproof (~) ~

Frost|beständigkeit *f*, Frostsicherheit, Frostunempfindlichkeit · frost resistance, frost-resisting property

~beständigkeitsprobe *f*, Frostbeständigkeitsprüfung *f*, Frostbeständigkeitsversuch *m* · frost resistance test

~beständigkeitsprüfung *f*, Frostbeständigkeitsprobe *f*, Frostbeständigkeitsversuch *m* · frost resistance test

~beständigkeitsversuch *m*, Frostbeständigkeitsprüfung *f*, Frostbeständigkeitsprobe *f* · frost resistance test

Frosteinwirkung *f* · frost action, action of frost

frostempfindlich · frost-susceptible

Frost|hilfe *f* [*Ein chloridfreies, hellgraues Pulver, das in der Betonmischung Reaktionswärme freisetzt und den Abbindeprozeß bei Frost in Gang hält*] · anti-freezing aid

~schaden *m* · frost damage

Frostschutz *m* · protection against frost

~lösung *f* · antifreeze solution

~mittel *n*, Gefrierschutzmittel · antifreeze agent, antifreezer, frost protective, frost-proofer, frost-protection agent, antifreeze (mix(ture))

~pulver *n* · antifreeze powder

frostsicher, frostunempfindlich, frostbeständig · frost(-)resisting, frost(-) resistant, frostproof, non-frost-active

Frost|sicherheit *f*, Frostunempfindlichkeit, Frostbeständigkeit · frost resistance, frost-resisting property

~-Tau-Wechsel *m*, Gefrier-und-Auftau-Folge *f* · freeze-thaw-cycling

frostunempfindlich, frostbeständig, frostsicher · frost(-)resisting, frost(-) resistant, frostproof, non-frost-active

Frostunempfindlichkeit *f*, Frostbeständigkeit, Frostsicherheit · frost resistance, frost-resisting property

Fruchtschiefer *m* · fruchtschiefer

Frühbelastung *f* · early loading

frühchristliche Bauten *fpl* · early Christian structures

~ Kirche *f* · early Christian church

~ (Kirchen)Architektur *f* · early Christian (church) architecture

frühe Romanik *f*, Frühromanik, frühromanische Architektur *f*, frühromanische Baukunst *f* · Early Romanesque (style), early Romanesque ~

frühfester Beton *m* · early-strength concrete

~ Zement *m*, hochwertiger ~ · early-strength cement

Früh|festigkeit *f* · early strength

~gotik *f* · Early Gothic, early Gothic style

~härtung *f*, Früherhärtung · early hardening

frühhochfest · high-early-strength

frühhochfester Portlandzement *m*, hochwertiger ~, Schnell(er)härter *m* [*In Deutschland Z 325 und Z 425*] · high early (or initial) strength Portland cement, rapid hardening Portland cement type III (US)

Früh|hochfestigkeit *f* · high early strength

~nachbehandlungszeit *f* · early curing period

~renaissance *f* · Early Renaissance, early Renaissance style

~romanik *f*, frühromanische Architektur *f*, frühromanische Baukunst *f*, frühe Romanik · Early Romanesque, early Romanesque style

früh|romanische Baukunst *f*, ~ Architektur *f*, Frühromanik *f*, frühe Romanik · Early Romanesque (style), early Romanesque ~

~standfester Beton *m* · concrete with high early stability

Frühstandfestigkeit *f* · early stability

Frühstücks|küche *f* · breakfast kitchen

~nische *f* · breakfast nook

~raum *m* [*Hotel*] · breakfast room

~stube *f* · breakfast room

frühtragfester Beton *m* · concrete with high early strength, high-early-strength concrete

Frühwerk *n* · early work

frühzeitige Rißbildung *f* · early-stage cracking

FT *f*, feuerhemmende Tür *f* · fire(-)retarding door, fire(-)retardant ~

Fuchs(kanal) *m*, Schornstein~ [*Waag(e)rechter oder mit leichter Steigung von der Heizanlage zum Schornstein führender Rauchkanal*] · main flue, up-take, breeching (US); flue connection to stack, flue connection to chimney

Fuge *f* · joint

Fugen|(ab)deckband *n* · (joint) masking tape

(~)(Ab)Dichten *n* [*Ausfüllen des freien Raumes einer Fuge*] · (joint) filling

~(ab)dichtung *f* · joint seal(ing)

Fugen(ab)dicht(ungs)|kitt *m* → plastische Fugen(ab)dicht(ungs)masse

~masse *f*, Fugenmasse, (Fugen)(Ver-)Füllmasse, (Fugen)(Ver)Füller *m* · (joint) seal(ing) compound, (~) filling ~, (~) sealant

~streifen *m* · joint seal(ing) strip

Fugen|armatur *f* · prefab(ricated) joint

~armierung *f*, Fugenbewehrung, Fugen(stahl)einlagen *fpl* · reinforcement across the joint(s)

~ausbildung *f* · joint design

~ausfüllung *f* · jointing

(~)Ausgußmasse *f*, (Fugen)Gießmasse, Fugen(verguß)masse, Vergußmasse · (joint) pouring compound

Fugenband *n* · waterstop, waterbar

~werkstoff *m* · waterstop material, waterbar ~

Fugen|bereich *m, n* · joint zone

~bewegung *f* · joint movement

~bewehrung *f*, Fugenarmierung, Fugen(stahl)einlagen *fpl* · reinforcement across the joint(s)

~bewehrungsstoff *m*, Fugenbewehrungsstreifen *m* [*Fugenbewehrungsstoffe sind Metallnetzstreifen, Lochmetallstreifen, Streckmetallstreifen oder ähnliche Putzträger, die auf die Fugen von Leichtbauplatten gebracht werden, um Rissebildung zu vermeiden*] · (crack-control) (metal) joint strip

~bewehrungsstreifen *m*, Fugenbewehrungsstoff *m* [*Fugenbewehrungsstoffe sind Metallnetzstreifen, Lochmetallstreifen, Streckmetallstreifen oder ähnliche Putzträger, die auf die Fugen von Leichtbauplatten gebracht werden, um Rissebildung zu vermeiden*] · (crack-control) (metal) joint strip

~breite *f* · joint width

~deckband *n*, Fugenabdeckband · (joint) masking tape

~deckleiste *f*, (Ab)Deckleiste · cover moulding (Brit.); ~ molding (US); batten [*A mo(u)lding planted to cover a joint on a flush surface*]

fugendicht · joint-tight

Fugendichtung *f*, Fugenabdichtung · joint seal(ing)

Fugendicht(ungs)|kitt *m* → plastische Fugen(ab)dicht(ungs)masse

~masse *f*, Fugenabdicht(ungs)masse, Fugenmasse, (Fugen)(Ver)Füllmasse, (Fugen)(Ver)Füller *m* · joint seal(ing) compound, ~ sealant

~streifen *m*, Fugenabdicht(ungs)streifen · joint seal(ing) strip

Fugen|dimensionierung *f* · dimensioning of joint(s)

~dübel *m* · joint dowel

~durchlässigkeit *f* · joint permeability, ~ perviousness

~einlage *f*, (fest) Einlage, Fugenstreifen *m* · (joint) sealing strip, (expansion) (joint) sealing filler, (expansion) joint(-ing) strip, premo(u)lded (strip joint) filler, strip of pre-formed filling material, (pre-formed) (joint) filler [*Material used to fill a joint to prevent the infiltration of debris*]

~festigkeit *f* · joint strength

fugenfüllender Leim *m* · gap-filling adhesive, ~ glue, gap filler

(Fugen)|Füller *m* → Fugen(ab)dicht(ungs)masse

(~)Füllmasse *f* → Fugen(ab)dicht(ungs)masse

~füllstreifen *m* · joint filler strip

(~)Gießmasse *f*, (Fugen)Ausgußmasse Fugen(verguß)masse, Vergußmasse · (joint) pouring compound

~glattstrich *m* · flush masonry jointing

~kaltleim *m* · gap-filling no-heat glue

(~)Kitt *m* → plastische Fugen(ab)dicht(ungs)masse

fugenloser (Fuß)Boden(belag) *m* · jointless floor(ing), seamless ~, composition ~, in-situ ~, ~ floor finish, ~ floor cover(ing) [*In spite of the name, many jointless floors are best laid with joints at about 8 ft. apart, particularly those containing cement, to allow for shrinkage*]

Fugen|masse *f*, Fugen(ab)dicht(ungs)masse, (Fugen)(Ver)Füllmasse, (Fugen-)(Ver)Füller *m* · (joint) seal(ing) compound, (~) filling ~, (~) sealant

(~)Mastix *m* → plastische Fugen(ab)dicht(ungs)masse

~material *n*, Fugenstoff *m* · jointing material

~mauerwerk *n* · unit masonry (work)

~mittenabstand *m* · joint centre (Brit.); ~ center (US)

~mörtel *m* → Ausfugmörtel

~mörtelzement *m*, Mauerwerkbinder *m*, Mauermörtelzement, Mauerwerkzement, PM-Binder, (Putz- und) Mauer(werk)binder · masonry cement, mortar ~, cementing material for masonry

~raster *m* · joint grid

~(stahl)einlagen *fpl*, Fugenarmierung *f*, Fugenbewehrung · reinforcement across the joint(s)

~stoff *m*, Fugenmaterial *n* · jointing material

~tiefe *f* · joint depth

~toleranz *f* · joint allowance

~überbrückung *f* · joint bridging

~überdeckung *f* · joint cover(ing)

(~)(Ver)Füller *m*, Fugenmasse *f*, (Fugen-)(Ver)Füllmasse, Fugen(ab)dicht(ungs)masse · (joint) seal(ing) compound, (~) filling ~, (~) sealant

(~)(Ver)Füllmasse *f*, Fugenmasse, (Fugen)(Ver)Füller *m*, Fugen(ab)dicht(ungs)masse · (joint) seal(ing) compound, (~) filling ~, (~) sealant

~verfüllung *f* · joint filling

~verguß *m* · joint pouring

~(verguß)masse *f*, (Fugen)Ausgußmasse, Vergußmasse, (Fugen)Gießmasse · (joint) pouring compound

(~)Versiegeln *n*, (Fugen)Absiegeln [*Abschließen einer Fuge nach außen zur Verhinderung des Eindringens von Wasser oder Feuchtigkeit*] · (joint) sealing

fugenzeigender (Fuß)Boden(belag) *m* · joint floor(ing) (finish), ~ floor cover(ing)

Fugenzement *m* [*Fugenmörtel aus weißem Portlandzement und weißem Steinmehl*] · white joint mortar, ~ masonry ~, ~ pointing ~

Fugmörtel *m* → Ausfugmörtel

Fugung *f* · jointing

Fug(ungs)mörtel *m* → Ausfugmörtel

fühlbare Wärme *f* · sensible heat

Fühler *m* · sensing element

Führer|aufzug *m* · attendant-controlled lift (Brit.); attendant-controled elevator (US)

~bedienung *f* [*Fahrstuhl*] · attendant-operated control

Führung *f* · guide

Führungs|rolle *f*, Leitrolle · guide roller

(~)Schiene *f* [*Türanlage*] · track, rail

Führungswinkel *m* · guide angle

Füllbeton *m*, Füllungsbeton, Hinter~ · backfill concrete

~, Magerbeton, Sparbeton, zementarmer Beton, magerer Beton · lean(-mixed) concrete

~, Füllungsbeton, Aus~, Ausfachungsbeton · infill(ing) concrete

~, (Hinter) Füllungsbeton, Unterbeton, Kernbeton [*Betonfertigplatte*] · core concrete, backing ~

~, Mantelbeton [*Beton, der ein Rohr umschließt*] · haunching (concrete)

Füllblock *m* → (Aus)Füll(ungs)block

~decke *f*, Füllblocksteindecke, Füllsteindecke, Block(stein)decke, Steindecke · soffit (filler) block floor, ~ (~) tile ~

~(stein) *m* → Füllkörper

~(stein)decke *f*, Füllsteindecke, Block(stein)decke, Steindecke · soffit (filler) block floor, ~ (~) tile ~

Füll-Decken|platte *f*, (Decken)Füllplatte, plattenförmiger Zwischenbauteil *m*, plattenförmiges Zwischenbauteil *n* · (floor) filler slab

~ziegel *m*, (Decken)Füllziegel · clay filler tile, (~) ~ brick

Füller *m* → (Mineral)~

~, Füllstoff *m* · filler, filling composition [*A composition used for filling fine cracks and indentations to obtain a smooth, even surface preparatory to painting. It may vary in consistency from a paint to a paste*]

~, Füllstoff *m* · filler, filling material

~, (Fugen)Ver~, (Fugen) (Ver)Füllmasse *f*, Fugenmasse, Fugen(ab)dicht(ungs)masse · (joint) seal(ing) compound (~) filling ~, (~) sealant

Fuller|erde *f*, Walkerde · fuller's earth

~kurve *f*, Fullerlinie *f* [*Die Sieblinie, aus der sich die Sieblinien A ..... F (DIN 1045) entwickelt haben. Sie hat den Nachteil, daß sie Zement und Zuschlagstoffe enthält und in Werte ohne Zement umgerechnet werden muß*] · Fuller's (best mix) curve, Fuller-Thompson ideal grading ~

~linie *f* → Fullerkurve

~parabel *f* [*Bindemittel ausgenommen*] · Fuller's parabola

Füllgrund *m*, Grundierfüller *m* · primer-surfacer, primer-sealer, primer-filler

Füllkitt *m* → plastische Fugen(ab)-dicht(ungs)masse

Füllkörper *m*, Füllstein *m*, Füllblock(-stein) *m*, (Rippen)Decken~ [*Ein Zwischenbauteil, der sich über die volle Höhe der Rohdecke erstreckt*] · (floor) filler block, (~) ~ tile [*See remark under 'Block'*]

~ → Betondeckenblock(stein)

~decke *f*, Rippendecke mit Füllkörpern [*DIN 4225*] · (precast) rib and filler block floor, (~) ~ ~ ~ tile ~, cast ~ ~ ~ ~ ~

Füllkraft *f* [*Die Eigenschaft eines Anstrichmittels, Rauhigkeiten des Untergrundes – besonders bei Putzuntergründen – durch stärkere Filmbildung auszugleichen*] · build

füllkräftig, füllstark, festkörperreich [*Anstrichmittel*] · full-bodied, to have good build

Füll|masse *f*, (Fugen)Verfüllmasse, (Fugen)(Ver)Füller *m*, Fugenmasse, Fugen(ab)dicht(ungs)masse · (joint) seal(ing) compound, (~) filling ~, (~) sealant

~masse *f*, Vergußmasse [*Zur Vermuffung von Rohren*] · joint cement, sewer joint(ing) compound, pipe joint(ing) compound

~mauerwerk *n* → (Aus)Füll(ungs)-mauerwerk

~mörtel *m*, magerer Mörtel, Magermörtel, Sparmörtel · lean(-mixed) mortar

~platte *f*, Decken~, Füll-Deckenplatte, plattenförmiger Zwischenbauteil *m*, plattenförmiges Zwischenbauteil *n* · (floor) filler slab

~platte *f* → Füllungsplatte

~pulver *n* · filling powder

(~)Spachtel(masse) *m*, (*f*) → Ausfüller

(~)Spachtelpulver *n*, Ausfüllerpulver · stopper powder, stopping ~, filler ~

~stab *m*, Füllungsstab, Gitterstab, Glied *n*, (Träger)Stab · member, bar, rod, element

füllstark, füllkräftig, festkörperreich [*Anstrichmittel*] · full-bodied, to have good build

Füllstein *m* → Füllkörper

~decke *f*, Block(stein)decke, Steindecke, Füllblock(stein)decke · soffit (filler) block floor, ~ (~) tile ~

Füllstoff *m* → (Mineral)Füller

~ → Füller

~, Füller *m* · filling material, filler

Füll|stück *n* · filler

~system *n* → Füll(ungs)system

~tafel *f* → (Aus)Füll(ungs)tafel

Füllung *f*, Tür~ · (door) panel

~ · fill(ing)

~, Aus~ [*Holzdecke*] · pugging

Füllungsausbildung *f*, Tür~ · (door) panel arrangement

Füll(ungs)beton *m*, Hinter~ · backfill concrete

~, Aus~, Ausfachungsbeton · infill(ing) concrete

~, Hinter~, Kernbeton, Unterbeton [*im Gegensatz zum Vorsatzbeton*] · core concrete, backing ~, hearting ~

Füll(ungs)|block *m* → Aus~

~mauerwerk *n* → Aus~

~platte *f*, Aus~, Ausfachungsplatte · (in)filler slab, infill(ing) ~

Füllungsrahmen *m* [*Tür*] · panelled framing (Brit.); paneled ~ (US) [*Framing consisting of stiles (vertical) with rails (horizontal) tenoned into them and, in wide frames, muntins (vertical) tenoned into the rails. The frames contain panels*]

Füll(ungs)|stab *m*, (Träger)Stab, Gitterstab, Glied *n* · member, bar, rod, element

~system *n*, Aus~ [*Träger*] · bracing system, system of bracing

~tafel *f*, Aus~, Ausfachungstafel · (in-)filler panel, infill(ing) ~

Füllungstür *f* · (framed and) panel(led) door (Brit.); (~ ~) panel(ed) ~ (US)

Füll(ungs)wand *f*, Aus~, Ausfachungswand · infill(ing) wall, (in)filler ~

~ziegel *m*, Aus~, Ausfachungsziegel · (in)filler brick, infill(ing) ~

Füllwand *f* → Füllungswand

Füllziegel *m*, Decken~, Füll-Deckenziegel · clay filler tile, (~) ~ brick

~ → Füllungsziegel

Fundament *n*, Gründung *f* · foundation

~beton *m*, Gründungsbeton · foundation concrete

~drän *m* · footing drain, foundation ~

Fundament(ierungs)ziegel *m*, Gründungsziegel · brick for foundations

Fundamentmauer *f*, Gründungsmauer, Grundmauer · masonry foundation wall, foundation masonry ~

~werk *n*, Gründungsmauerwerk, Grundmauerwerk · foundation masonry (work)

Fundament|plan *m* · foundation drawing

~schale *f*, Gründungsschale · foundation shell

~schraube *f* · holding-down bolt, foundation ~

~schwingung *f* · vibration of a foundation, oscillation ~ ~ ~

~tiefe *f*, Gründungstiefe · foundation depth, depth of foundation

~-Ziegelmauerwerk *n*, Gründungs-Ziegelmauerwerk · foundation brickwork, ~ brick masonry (work)

fünfbettig · five-bed

Fünfeck *n* · pentagon

~-Grundriß *m* · pentagonal (ground(-)) plan, ~ base

fünfeckiger Turm *m* · pentagonal tower

fünfflügeliges Faltschiebetor *n*, ~ Schiebefalttor · five-leaf sliding folding shutterdoor, ~ ~ ~ shutter door

~ Schiebefalttor *n*, ~ Faltschiebetor · five-leaf sliding folding shutter door, ~ ~ ~ shutterdoor

Fünf-Füllungstür *f* · five-panel(led) door (Brit.); five-panel(ed) ~ (US)

fünfjochig · five-bay

fünflagig, fünfschichtig [*Kleb(e)dach(-belag)*] · 5-ply, five-ply

Fünfmomentengleichung *f* · five(-) moment equation

Fünfpaß *m* [*gotisches Maßwerk*] · five-lobe tracery, cinquefoil

~bogen *m*, fünfteiliger Klee(blatt)bogen · cinquefoil (arch) [*In medieval architecture, an arch divided into five lobes or leaves by projecting 'cusps'*]

Fünfraumwohnung *f*, Fünfzimmerwohnung · five-room(ed) dwelling unit (US); ~ dwelling (Brit.)

fünfsäulig · pentastyle

Fünfschichtenaufbau *m*, Fünfschichtensystem *n* · five(-)coat system

fünfschichtig, fünflagig [*Kleb(e)dach(-belag)*] · 5-ply, five-ply

fünfteilig · quinquepartite

Fünfteldach *n* · roof with pitch of 1:5

45°(Rohr)Krümmer *m*, (Rohr)Krümmer 45°, Achtel(rohr)krümmer · (one-) eighth (pipe) bend, 45° (~) ~

fünfzackiger Stern *m* · five-pointed star

Fünfzimmerwohnung *f*, Fünfraumwohnung · five-room(ed) dwelling unit (US); ~ dwelling (Brit.)

fungizide (Anstrich)Farbe *f* · fungicidal paint

~ Wand(anstrich)farbe *f* · fungicidal wall paint

Funkenbildung *f* · spark formation

funken|frei, funkensicher · nonsparking, sparkproof, spark resistant [*e.g. a hardened concrete floor*]

~geschützt · protected against sparks

Funkenschutz *m* · spark arrester

~ [*Kamin*] · spark guard [*fireplace*]

funkensicher, funkenfrei · nonsparking, sparkproof, spark resistant [*e.g. a hardened concrete floor*]

Funk|entstörung *f* · radio suppression

~fernschreiber *m* · radio teleprinter

~mast *m* · radio mast

Funktionalismus *m* [*die Form folgt der Funktion*] · functionalism [*Form follows function*]

Funktionalist *m* · functionalist

Funktionalität *f* · functionality

funktionelle Baugesinnung *f* · functional concept of architecture

~ Differenzierung *f* · functional differentiation

~ Schönheit *f* · functional beauty

~ Stadt *f* · functional town

~ Veralterung *f* · obsolescence

funktioneller Entwurf *m* · functional design

funktionelles Gitter *n* · functional grille [*A functional openwork screen within an opening. Sometimes spelled 'grill'*]

Funktionsanalyse *f* · functional analysis

funktionsbedingte Differenzierung *f* · functional design

~ Zone *f* · functionally designated area

Funktionsbereich *m*, *n* · zone of function, sphere ~ ~, functional sphere, functional zone

funktionsbestimmt · functional

Funkturm *m* · radio tower

Funk- und F.M.-Station *f* · telecommunication station

Furanharz *n* · furane resin

Furnierbild *n* · matched veneer

Furnieren *n*, Über~ · veneering

Furnier|kaltleim *m* · no-heat glue for veneers

~kleber *m*, Furnierkleb(e)stoff *m*, Furnierkleb(e)mittel *n* · veneer (bonding) adhesive, ~ ~ agent, ~ ~ medium, ~ cement(ing agent)

furnierte Tafel *f* · veneered panel

~ Tür *f* · veneered door

furniertes Sperrholz *n*, über~ ~, beplanktes ~ · veneered plywood

Fürstenloge *f*, Maqsura *m* [*Moschee*] · maqsurah, enclosed space

Fuselölgasteer *m* · fusel-oil tar

Fuß *m*, Rohr~ · (pipe) base

~, Basis *f* [*Grundplatte, auf der eine Säule, ein Pilaster, eine Stütze oder ein Pfeiler ruht*] · base (plate)

~abstreicher *m*, Schuhabstreicher, Fußreiniger, Fußkratzer · foot scraper

~badewanne *f* · foot bath [*A bath for washing the feet, and generally of ceramic ware, fixed at a low level and provided with hot and cold water taps and a waste outlet*]

(Fuß)Boden *m* · floor(ing) [*A construction that provides the surface on which one walks in a building or structure*]

~ auf Grund · solid floor(ing) [*A floor laid direct on the ground or over a continuous filling*]

~ aus Gußeisenplatten · iron paving [*A nonskid surface of studded cast-iron blocks*]

~ablauf *m*, (Fuß)Bodeneinlauf · floor(ing) inlet, ~ outlet, ~ gull(e)y

~absieg()lung *f*, (Fuß)Bodenversieg(e)lung · floor(ing) seal(ing)

~absieg(e)lungsmittel *n* → (Fuß-)Bodensiegel

~anstrich *m*, (Fuß)Bodenaufstrich floor(ing) coat

~(anstrich)farbe *f* · floor(ing) paint

~arbeiten *fpl* → (Fuß)Boden(belag)-arbeiten

~aufstrich *m*, (Fuß)Bodenanstrich · floor(ing) coat

~baumaterial *n* [*Schweiz*] → (Fuß-)Bodenwerkstoff

~baustoff *m* → (Fuß)Bodenwerkstoff

(Fuß)Boden(belag) *m*, Fb · floor(ing) (finish), floor cover(ing) [*The upper layer of a floor providing a finished surface*]

~arbeiten *fpl* [*DIN 18365*] · floor(ing) (finish) work, floor cover(ing) ~

~art *f*, F *f* · type of floor(ing) (finish), ~ ~ floor cover(ing)

~kunststoff *m* · floor(ing) (finish) plastic, floor cover(ing) ~

~pappe *f* · floor(ing) (finish) felt, floor cover(ing) ~

~platte *f*, (Fuß)Bodenfliese *f* · floor(ing) (finish) tile, floor cover(ing) ~

~platte *f* **mit ebener Oberfläche,** (Fuß)Bodenfliese *f* ~ ~ ~ · plain floor(ing) (finish) tile, ~ floor cover(-ing) ~

~stoff *m* · floor(ing) (finish) material, floor cover(ing)

~-Verbundfliese *f*, (Fuß)Boden(belag)-Verbundplatte *f* [*Asphalt und Beton*] · composite floor(ing) (finish) tile, ~ floor cover(ing) ~

~-Verbundplatte *f*, (Fuß)Boden(belag)-Verbundfliese *f* [*Asphalt und Beton*] · composite floor(ing) (finish) tile, ~ floor cover(ing) ~

(Fuß)Boden|beschichtung *f* · floor(ing) (finish) coat, floor cover(ing) ~

~blech *n* · floorplate

~brett *n* · floor(ing) (finish) board, floor cover(ing) ~

~dämmung *f* · floor insulation

Fußbodendecke *f*, Decke auf Grund [*Im Erdgeschoß oder Keller eines Hauses*] · floor slab, ground floor [*A floor slab designed to transmit the whole of the building load to the ground becomes a 'raft' foundation*]

(Fuß)Boden|diele *f* · floor(ing) (finish) plank, floor cover(ing) ~

~emulsion *f* · floor(ing) (finish) emulsion, floor cover(ing) ~

~entwässerung *f* · floor drainage

~estrich *m* [*als Material*] · floor(ing) (finish) screed (material), floor cover(-ing) ~ (~)

~estrich *m* [*als verlegter Baustoff*] · floor(ing) (finish) screed (topping), floor cover(ing) ~ (~)

~farbe *f* · floor(ing) paint

(Fuß)Bodenfliese *f*, (Fuß)Boden(belag)platte · floor(ing) (finish) tile, floor cover(ing) ~

~ auf Kunstharz/Asbestbasis, (Fuß-)Bodenplatte ~ ~, (Asbest)Hartfliese · thermoplastic tile, asphalt ~ [*Asphalt tiles were originally so called because they contained mineral asphalt or products from the distillation of oil or coal. They have since come to be known as thermoplastic tiles because of the incorporation of plastics resins to obtain lighter colours than can be obtained with the dark pitch or petroleum bitumen base. B.S. 2592*]

~ mit ebener Oberfläche, (Fuß-)Boden(belag)platte *f* ~ ~ ~ · plain floor(ing) (finish) tile, ~ floor cover(ing) ~

(Fuß)Boden|fliesenbelag *m*, (Fuß-)Bodenplattenbelag · flooring tiling

~fuge *f* · floor(ing) joint

~führung *f* · floor(ing) guide

~härtemittel *n*, (Fuß)Bodenhärter *m*, (Fuß)Bodenhärtungsmittel, (Fuß)Bodenhärtungsstoff *m* · floor hardener, ~ hardening agent

~-Härteprüfgerät *n* · floor hardness tester

~härter *m*, (Fuß)Bodenhärtemittel *n*, (Fuß)Bodenhärtungsmittel, (Fuß)Bodenhärtungsstoff *m* · floor hardener, ~ hardening agent

~härtungsmittel *n*, (Fuß)Bodenhärtungsstoff *m*, (Fuß)Bodenhärter *m*, (Fuß)Bodenhärtemittel · floor hardener, ~ hardening agent

~härtungsstoff *m*, (Fuß)Bodenhärtungsmittel *n*, (Fuß)Bodenhärtemittel, (Fuß)Bodenhärter *m* · floor hardener, ~ hardening agent

~heizung *f*, FB-Heizung · (under)floor warming, ~ heating

~heiz(ungs)kabel *n*, Elektro-~, FB-Heiz(ungs)kabel · (electric) (under-)floor warming cable, (~) ~ heating ~

~holz *n* · floor wood, ~ timber

~kanal *m* · floor duct

~-Keramik(belag)platte *f*, (Fuß)Boden-Keramikfliese *f*, Keramik-(Fuß)Bodenfliese, Keramik-(Fuß)Boden(belag)-platte, keramische (Fuß)Bodenfliese, keramische (Fuß)Boden(belag)platte [*DIN 18155*] · ceramic flooring tile, clay ~ ~; (flooring) quarry (tile) [*A (flooring) quarry has a minimum thickness of $^5/_8$", while a ceramic flooring tile can be as little as $^3/_8$" in thickness. B.S. 1286*]

~-Keramikfliese *f* → (Fuß)Boden-Keramik(belag)platte

~kitt *m* [*Im Farbton des (Fuß)Bodens meist von Anstreichern selbst hergestellter Kitt zum Auskitten der Nagellöcher und Fugen des (Fuß)Bodens*] · floor(ing) mastic

~(klar)lack *m* · floor(ing) (clear) varnish

~kleber *m*, (Fuß)Bodenkleb(e)stoff *m*, (Fuß)Bodenkleb(e)mittel *n* · floor(ing) (bonding) adhesive, ~ ~ medium, ~ ~ agent, ~ cement(ing agent)

~klinker *m* · engineering brick for floor(ing)s

~korkfliese *f*, (Fuß)Bodenkorkplatte *f*, Kork(-Fuß)bodenplatte, Kork(-Fuß)bodenfliese · cork floor(ing) (finish) tile, ~ floor cover(ing) ~

~korkplatte *f*, (Fuß)Bodenkorkfliese *f*, Kork(-Fuß)bodenplatte, Kork(-Fuß)bodenfliese · cork floor(ing) (finish) tile, ~ floor cover(ing) ~

~kunststoffabsieg(e)lung *f*, (Fuß-)Bodenkunststoffversieg(e)lung · floor(-ing) plastic sealing

~kunststoffversieg(e)lung *f*, (Fuß-)Bodenkunststoffabsieg(e)lung · floor(-ing) plastic sealing

~lackemaille *f*, (Fuß)Bodenlackfarbe *f* · floor(ing) lacquer, pigmented floor(-ing) varnish

~lackfarbe *f*, (Fuß)Bodenlackemaille *f* · floor(ing) lacquer, pigmented floor(-ing) varnish

~laubholz *n* · floor hardwood (timber), ~ hdwd.

~leger *m* · floor(ing) layer

~leiste *f* [*Unter den (Fuß)Bodenbrettern*] · floor(ing) batten

~linoleum *n* · floor(ing) (finish) lino(-leum), floor cover(ing) ~

(Fußboden)Linoleumunterlage *f*, Linoleumunterboden *m*, Bodenlinoleumunterlage · sub-floor for lino(leum)

(Fuß)Boden|marmor *m* · floor(ing) marble

~material *n* [*Schweiz*] → (Fuß)Bodenwerkstoff

~mosaik *n* · floor(ing) mosaic

~mosaik *n* **in geometrischer Anordnung** [*in der Antike*] · opus alexandrinum [*Ornamental paving of coloured marbles arranged in geometrical patterns*]

~-Nadelholz *n* · floor(ing) softwood (timber)

~nutzschicht *f*, (Fuß)Bodennutzbelag *m*, Nutzbelag, Gehschicht, Deckschicht, Laufschicht, Nutzschicht · (flooring) wearing surface, (~) ~ layer

(Fuß)Bodenplatte *f* → (Fuß)Boden-(belag)platte

~ auf Grund · solid floor(ing) slab [*A slab forming the continuous loadbearing structure of a floor and laid direct on the ground or over a continuous filling*]

~ ~ Kunstharz/Asbestbasis, (Fuß)Bodenfliese ~ ~, (Asbest)Hartfliese · thermoplastic tile, asphalt ~ [*Asphalt tiles were originally so called because they contained mineral asphalt or products from the distillation of oil or coal. They have since come to be known as thermoplastic tiles because of the incorporation of plastic resins to obtain lighter colours than can be obtained with the dark pitch or petroleum bitumen base. B.S. 2592*]

(Fuß)Boden|plattenbelag *m*, (Fuß)Bodenfliesenbelag · floor(ing) tiling

~poliermittel *n* · floor(ing) polish

~reinigungsmittel *n* · floor(ing) cleaner

~rost *m* · floor(ing) grating

~schiefer *m* · floor(ing) slate

~schiene *f* [*Türanlage*] · floor(ing) track

~schutz(mittel) *m*, (*n*), (Fuß)Bodenschutzstoff *m* · floor(ing) protection agent

~schutzstoff *m*, (Fuß)Bodenschutz(-mittel) *m*, (*n*) · floor(ing) protection agent

~siegel *n*, (Fuß)Bodenversieg(e)lungsmittel *n*, (Fuß)Bodenabsieg(e)lungsmittel [*Fehlname: (Fuß)Bodenüberzug m*] · penetrating floor(ing) sealer [*This is a type of varnish that penetrates the wood instead of remaining as a film on the surface*]

~spachtel(masse) *m*, (*f*) · trowel applied (seamless) floor(ing) material, ~ ~ (~) ~ composition, ~ ~ (~) ~ compound

~(steck)dose *f* · floor(ing) (plug) socket, ~ power point

~strahlplattenheizung *f*, FB-Strahlplattenheizung · floor panel heating

~türpuffer *m* · floor(ing) door catch, ~ ~ stop

~überzug *m* [*Fehlname*] → (Fuß)Bodensiegel

~-Verbundbelag *m* · composition flooring

~verlegearbeiten *fpl* · flooring work

~versieg(e)lung *f*, (Fuß)Bodenabsieg(e)lung · floor(ing) seal(ing)

~versieg(e)lungsmittel *n* → (Fuß-) Bodensiegel

~vertiefung *f* · floor(ing) recess

~wachs *n* · floor(ing) wax

~werkstoff *m*, (Fuß)Bodenbaustoff; (Fuß)Boden(bau)material *n* [*Schweiz*] · floor(ing) material

~ziegel *m* · floor(ing) (clay) brick

Fußgänger|bereich *m, n*, Fußgängerbezirk *m* · pedestrian zone, ~ precinct

~bezirk *m*, Fußgängerbereich *m, n* · pedestrian zone, ~ precinct

~straße *f*, Gehstraße · pedestrian street

~treppe *f*, Massenverkehrstreppe · pedestrian stair(case)

~tunnel *m*, Gehwegtunnel · pedestrian tunnel, ~ underpass~

~tür *f* · pedestrian traffic door

Fuß|gelenk *n* · base hinge

~(ge)sims *m*, (*n*) · base moulding (Brit.); ~ molding (US) [*The mo(u)lding immediately above the plinth of a wall, column, etc.*]

~kratzer *m*, Fußreiniger, Schuhabstreicher, Fußabstreicher · foot scraper

~kreis *m* · base

~krümmer *m*, Fußrohrkrümmer · duckfoot (pipe) bend

~leiste *f*, Scheuerleiste, Sockelleiste sanitary cove, mopboard, washboard scrub board, base (board) (US); skirting (board) (Brit.); base plate [*Scotland*] [*Originally a wooden board set on edge round the foot of a wall to protect it from kicks. It may now be built of metal trim, asphalt, terrazzo, wall tiles, or other material which is more durable than wood*]

Fußleisten|heizer *m*, Sockelleistenheizer, Scheuerleistenheizer · base (board) heater, scrub board ~, mopboard ~, washboard ~, sanitary cove ~ (US); skirting (board) ~ (Brit.); base plate ~ [*Scotland*]

~heizung *f*, Scheuerleistenheizung, Sockelleistenheizung · base (board) heating, scrub board ~, mopboard ~, washboard ~, sanitary cove ~ (US); skirting (board) ~ (Brit.); base plate ~ [*Scotland*]

~-Radiator *m*, Sockelleisten-Radiator, Scheuerleisten-Radiator · base (board) radiator, scrub board ~, washboard ~, mopboard ~, sanitary cove ~ (US); skirting (board) ~ (Brit.); base plate ~ [*Scotland*]

~winkel *m*, Sockelleistenwinkel, Scheuerleistenwinkel · sanitary corner cast(ing)

Fuß|moment *n* · moment at foot, ~ ~ base, foot moment, base moment

~pfette *f*, Sparrenschwelle *f* · eave(s) plate [*A wall plate spanning between posts or pieces at eave(s). It carries the feet of the rafters when no wall is there to carry them*]

~punkt *m* · base point

~reiniger *m*, Fußkratzer, Schuhabstreicher, Fußabstreicher · foot scraper

~ring *m* · base ring

~(rohr)krümmer *m* · duckfoot (pipe) bend

~schalter *m* · foot switch

~schmiege *f* · horizontal cut (of jack rafter)

~sims *m* → Fußgesims

~steigplatte *f* → Bürgersteigplatte

~ventil *n* · foot valve

~walmdach *n* · gambrel roof (Brit.); half-hipped ~ [*A roof having a gablet near the ridge and the lower part hipped*]

~wärme *f* [*(Fuß)Boden(belag)*] · treading warmth, touching ~

~waschbecken *n* · foot-bath

Fußweg *m* · footway

~ mit Bordstein · kerbed footway (Brit.); curbed ~

~-Betonplatte *f* → Bürgersteig-Betonplatte

~kies *m* · path gravel, binding ~; hoggin (Brit.) [*Well graded gravel having enough natural clay binder to make it suitable, with consolidation, for forming light-duty roads or paths*]

~platte *f* → Bürgersteigplatte

~plattenbelag *m*, Gehsteigplattenbelag, Gehwegplattenbelag, Bürgersteigplattenbelag, Gehbahnplattenbelag · flagging

Futter *n* [*Fachwerkwand*] · packing piece

~(blech) *n* · filler (plate), fill ~

~gang *m* [*Stall*] · feeding passage

~hochsilo *m* · fodder tower

~silo *m* · fodder silo

~stufe *f*, Stoßfläche *f*, Setzstufe, Stoßtritt *m* [*wenn aus Holz = Futterbrett*] · riser [*The member forming the vertical face of a step*]

Futurismus *m* · Futurism [*A short-lived movement founded in Italy in 1909. It represented an extreme reaction against the past and approval of the speed and mechanical powers of the 20th century*]

futuristische Architektur *f*, ~ Baukunst *f* · Futurist architecture

~ Bewegung *f* · Futurist movement

G

GA *n* → Gußeisenabflußrohr

Gabbro *m* [*Fehlnamen: (schwedischer) schwarzer Granit m, schwarzer schwedischer Granit. Kristallines Tiefengestein mit den Hauptbestandteilen Kalknatronfeldspat und Diallag, dazu meist reichlich Eisenerz, öfters Olivin, auch wohl Augit oder Hornblende, selten Quarz*] · gabbro

~aplit *m* · beerbachite, gabbro aplite

~diorit *m* · gabbro diorite

~magma *n* · gabbro magma

~nelsonit *m* · gabbro nelsonite

~porphyrit *m* · gabbro porphyrite [*A porphyritic igneous rock with phenocrystals of augite and plagioclase in a crystalline base of similar materials*]

Gabel *f*, ~schmiege *f*, Geißfuß *m* [*Holzverbindung*] · birdsmouth

~abzweig(er) *m* [*Kanalisationssteinzeug*] · double junction, breech

~anker *m* [*Mauerwerk*] · forked tie

~holz *n*, Band *n* · forked wood

~probe *f*, Gabelprüfung *f*, Gabelversuch *m* [*Korrosionsprüfung*] · fork-test

~prüfung *f*, Gabelversuch *m*, Gabelprobe *f* [*Korrosionsprüfung*] · fork-test

~(schmiege) *f*, Geißfuß *m* [*Holzverbindung*] · birdsmouth

~versuch *m*, Gabelprüfung *f*, Gabelprobe *f* [*Korrosionsprüfung*] · fork-test

~zapfen *m*, Scher(en)zapfen · forked mortise and tenon joint, ~ mortice ~ ~ ~

Gaden *m*, Licht~, Fenster~, Ober~ [*Der über der Bogenstellung des Mittelschiffs einer Basilika sich erhebende Wandabschnitt mit den Hochschiff-Fenstern*] · clerestory, clearstory, overstory

Gaize *f*, Pseudokieselgur *m* · gaize

~zement *m*, Pseudokieselgurzement · gaize cement

Galenit *m*, PbS, Bleiglanz *m* · galena, lead glance, blue lead

Galerie *f*, Weg *m*, Gang *m* · gallery [*A covered space for walking in, with one side open*]

galliges Glas *n* [*Flachglasfehler*] · glass with grey blibe, ~ ~ gray ~

Galvanisation *f* → Galvanisieren

galvanische Metallabscheidung *f* → Galvanisieren

~ Vergoldung *f* · electro-gilding

galvanisches Überziehen *n* → Galvanisieren

Galvanisieren *n*, galvanische Metallabscheidung *f*, elektrolytische Metallabscheidung, elektrolytisches Überziehen *n*, Galvanisierung, Galvanisation *f*, Verzinken, Elektroplattierung, Galvanostegie, Galvanoplattierung, Galvanoplattieren, galvanische (Metall)Veredelung, Verzinkung · electroplating, galvanizing, zinc coating; galvanising (Brit.) [*Coating iron or steel with zinc*]

Galvanisierung *f* → Galvanisieren

Gammastrahlenabschirmung *f* · gamma ray shielding

Gang *m* [*In einem römischen Privathaus*] · fauces, passage

~, Galerie *f*, Weg *m* · gallery [*A covered space for walking in, with one side open*]

~, Flur *m*, Korridor *m* · corridor [*A comparatively narrow enclosed thoroughfare within a building*]

~, Passage *f* · mall [*A shaded walk*]

~ · walk

~, Zuschauerraum~ · aisle [*A passage in an auditorium sometimes between or beside seats and sometimes separated from the auditorium proper by a row of columns*]

~abschlußtür *f*, Flurabschlußtür, Korridorabschlußtür [*Hotelzimmer*] · room door

~beleuchtung *f*, Flurbeleuchtung, Korridorbeleuchtung · corridor lighting, ~ illumination

~grab *n* · gallery grave

~kanal *m*, Flurkanal, Korridorkanal · corridor duct

~linie *f*, Gehlinie, Teilungslinie, Lauflinie [*Treppe; DIN 18064*] · walking line, pitch ~

~spind *m* · corridor locker

Ganister *m*, Kohlensandstein *m* [*Festes, sehr feines feinkörniges und hochkieselsäurehaltiges Gestein der Karbonformation. In den USA meist gleichbedeutend mit Quarzit. Anmerkung: Im englischen Sprachgebrauch werden mit „ganister" auch kieselsäurereiche Flick- und Stampfmassen bezeichnet*] · ganister, carboniferous sandstone

Ganzalu(minium)|gebäude *n* · all-aluminium building (Brit.); all-aluminum ~ (US)

~tür *f*, Vollalu(minium)tür · all-aluminium door (Brit.); all-aluminum ~ (US)

~-Wandelement *n*, Vollalu(minium)-Wandelement · all-aluminium wall element (Brit.); all-aluminum ~ ~ (US)

ganzer Stein *m* [*Fehlname*]; Vierquartier *m*, ganzer Ziegel *m* · full (clay) brick

~ ~, ~ Block · whole block, ~ tile [*See remark under 'Block'*]

~ Vorreiber *m*, doppelter ~ · double casement fastener

~ Walm *m*, Ganzwalm [*Dach*] · whole hip

~ Ziegel *m*, Vierquartier *m*; ganzer Stein [*Fehlname*] · full (clay) brick

ganzgekapselt, vollgekapselt · totally enclosed

Ganzglas|baueinheit *f* [*Fehlname*]; Ganzglasbauteil *m*, *n*, Ganzglas(bau)-element *n*, Ganzglas(bau)körper *m* · all-glass (building) unit, ~ (~) member, ~ (~) component

~(bau)element *n*, Ganzglas(bau)körper *m*, Ganzglasbauteil *m*, *n* [*Fehlname: Ganzglasbaueinheit f*] · all-glass (building) unit, ~ (~) member, ~ (~) component

~(bau)körper *m*, Ganzglas(bau)element *n*, Ganzglasbauteil *m*, *n* [*Fehlname: Ganzglasbaueinheit f*] · all-glass (building) unit, ~ (~) member, ~ (~) component

~bausystem *n*, Ganzglas(konstruktions)system, Ganzglaskonstruktion *f* · all-glass construction, ~ (structural) system

~bauteil *m*, *n*, Ganzglas(bau)körper *m*, Ganzglas(bau)element *n* [*Fehlname: Ganzglasbaueinheit f*] · all-glass (building) unit, ~ (~) member, ~ (~) component

~element *n* → Ganzglasbauelement

~fassade *f* · all-glass façade

~konstruktion *f*, Ganzglas(konstruktions)system *n*, Ganzglasbausystem · all-glass construction, ~ (structural) system

~(konstruktions)system *n*, Ganzglasbausystem, Ganzglaskonstruktion *f* · all-glass construction, ~ (structural) system

~körper *m* → Ganzglasbaukörper

~-Schiebe(fenster)flügel *m* · all-glass sliding sash

~system *n*, Ganzglaskonstruktionssystem, Ganzglasbausystem, Ganzglaskonstruktion *f* · all-glass construction, ~ (structural) system

~tür *f* · all-glass door

~wand *f* · all-glass wall

~-Wolkenkratzer *m* · all-glass skyscraper

Ganzholz|balken(träger) *m* · whole beam

~tür *f* · all-timber door, all-wood ~

ganz|klimatisiert, vollklimatisiert · fully air-conditioned

~kristallin, holokristallin · holocrystalline

Ganzkunststoff|-Dreilagentafel *f*, Ganzkunststoff-Dreischichtentafel, Vollkunststoff-Dreilagentafel, Vollkunststoff-Dreischichtentafel · all-plastic sandwich panel

~-Dreischichtentafel *f*, Ganzkunststoff-Dreilagentafel, Vollkunststoff-Dreischichtentafel, Vollkunststoff-Dreilagentafel · all-plastic sandwich panel

Ganzkunststoffenster *n*, Vollkunststoff-fenster · all-plastic window

Ganzkunststoff|tragwerk *n*, Vollkunststofftragwerk · all-plastic (load)bearing structure

~tür *f*, Vollkunststofftür · all-plastic door

ganzlängig · full-length

Ganzmetall|fenster *n* · all-metal window

~gebäude *n* · all-metal building, ~ block

~tafel *f* · all-metal panel

Ganz|schweißstahlbauwerk *n* · all-welded steel structure

~stahltreppe *f* · all-steel stair(case)

ganzverglast, vollverglast · fully glazed

Ganz|verglasung *f*, Vollverglasung · floor-to-ceiling glazing

~walm *m*, ganzer Walm [*Dach*] · whole hip

ganzzahliges Vielfaches *n* · integral multiple

Ganzziegel *m* · four quarters, whole (clay) brick

~gebäude *n* · all-brick building, ~ block

Garage *f*, Auto~ · garage (building)

Garagen|anlage *f* · garaging facility

~bau *m* · garage construction

~(be)heizung *f* · garage heating, ~ warming

~boden(belag) *m* → Garagenfußboden(belag)

~dach *n* · garage roof

~drehtor *n* · hinged garage shutter door, ~ ~ shutterdoor

~einfahrt *f*, Garagenzufahrt · garage drive

~entwässerung *f* · garage drainage

~(fuß)boden(belag) *m* · garage floor(-ing) (finish), ~ floor cover(ing)

~gebäude *n* · garage building

~heizung *f*, Garagenbeheizung · garage heating, ~ warming

~hof *m* · garage forecourt, ~ yard

~-Kipptor *n*, Kipp-Garagentor, Garagen-Schwingtor, Schwing-Garagentor · up and over garage door

~rolltor *n* · garage rolling door

~-Schwingtor *n*, Schwing-Garagentor, Garagen-Kipptor, Kipp-Garagentor · up and over garage door

~tor *n* · garage door

~torantrieb(vorrichtung) *m*, (*f*) · garage door operator

~torblatt *n* · garage door leaf

~tor-Elektroantrieb(vorrichtung) *m*, (*f*) · electrical garage door operator

~weg *m* · garage drive

~zufahrt *f*, Garageneinfahrt · garage drive

Garantiezeit *f* · maintenance period, retention ~ [*The period, after completion of a contract, during which a contractor is required to make good at his own expense any work which needs repair*]

Garbrand *m* · maturing

~temperatur *f* · maturing temperature

Garderobe *f*, Kleiderablage *f* · cloakroom

Garderoben|-Einbauschrank *m*, Garderoben-Wandschrank · coat closet [*It is located near an entrance door*]

~raum *m* · coat room

~spind *m* · cloak-room locker

~vorraum *m* [*Hotelzimmer*] · antechamber with built-in wardrobe

~-Wandschrank *m*, Garderoben-Einbauschrank · coat closet [*It is located near an entrance door*]

Gardine *f*, Läufer *m* [*Fehler beim Verarbeiten von Lack oder Lackfarbe*] · run, sag, curtain [*An irregularity of a surface due to uneven flow, frequently due to application of a coat that is too heavy, and not brushed out well*]

Gardinen|bildung *f*, Läuferbildung [*Fehler beim Verarbeiten von Lack oder Lackfarbe*] · sagging, curtaining, running

~glas *n*, M(o)usselinglas · frosted glass with muslin pattern

garnieren, zusammensetzen [*Steinzeugrohrindustrie*] · to stick on

Garnieren *n*, Zusammensetzen [*Steinzeugrohrindustrie*] · sticking on

Garnitur *f* · set, unit

Garten|architekt *m*, Gartengestalter *m* · garden architect

~architektur *f*, Garten(bau)kunst *f* · garden architecture [*The architectural embellishments of gardens, e.g. garden-houses, pavilions, walls, piers, terraces, etc.*]

~bank *f* · garden bench

~(-Bau)element *n*, Garten(-Bau)körper *m* · garden (building) unit

~(bau)|kunst *f*, Gartenarchitektur *f* · garden architecture

~platte *f*, Garten(bau)stein *m*, Gartenwegplatte, Gartenwegstein · garden (path) (paving) flag(stone)

~stein *m*, Garten(bau)platte *f*, Gartenwegstein, Gartenwegplatte · garden (path) (paving) flag(stone)

(Garten)Blankglas *n*, Gartenglas, Gärtner(ei)glas [*DIN 11525*] · horticultural sheet glass, greenhouse ~

Garten|buntplatte *f*, farbige Gartenplatte · coloured garden tile (Brit.); colored ~ ~ (US)

~figur *f* · garden figure

~gebäude *n*, Gartenhaus *n* · garden house

~gestalter *m*, Gartenarchitekt *m* · garden architect

~glas *n*, Gärtner(ei)glas, (Garten)Blankglas [*DIN 11525*] · horticultural sheet glass, greenhouse ~

~haus *n*, Gartengebäude *n* · garden house

~hof *m*, Zierhof, Hofgarten *m* · garden court, court garden

~keramik *f* · garden ceramics

~kies *m* · gravel for garden paths

~klarglas *n*, genörpeltes ~ · horticultural cast glass, greenhouse ~ ~

~land *n* · garden ground

~mauer *f* · garden masonry wall

~pavillon *m* · pleasurehouse, summerhouse [*in a garden*]

~platte *f* → Gartenbauplatte

~rohglas *n* · plain rolled glass, horticultural ~

~schau *f* · flower show

~schuppen *m* · garden (tool) shed

~springbrunnen *m* · garden fountain

~stadt *f* [*Planmäßige Neugründung in sich geschlossener Sied(e)lung auf bodenreformerischer Grundlage*] · garden town

~stein *m* → Gartenwegplatte

~tempel *m* · garden temple

~terrasse *f* · garden terrace

~treppe *f* · garden stair(case)

~wand *f* · garden wall

Gartenweg *m* · garden path

~platte *f*, Gartenwegstein, Garten(bau)-stein *m*, Garten(bau)platte · garden (path) (paving) flag(stone)

~stein *m*, Gartenwegplatte *f*, Garten-(bau)stein, Garten(bau)platte · garden (path) (paving) flag(stone)

Garten|wohnung *f* · garden dwelling unit (US); ~ dwelling (Brit.)

~zaun *m* · garden fence

~ziegelmauer *f*, Ziegelgartenmauer · garden (clay) brick wall

~zimmer *n* · room facing the garden

Gärtnerei *f* · market-garden

~gebäude *n* · horticultural building

Gärtner(ei)glas *n*, Gartenglas, (Garten)Bankglas [*DIN 11525*] · horticultural sheet glass, greenhouse ~

gärtnerische Arbeiten *fpl* · garden work

Gasadsorption *f*, Gasanlagerung *f* · gas adsorption

Gasanlagerung *f*, Gasadsorption *f* · gas adsorption

Gasanstaltsteer *m*, Gas(werks)teer · gas-works coal-tar, gas-house ~

~pech *n* · gas-works coal-tar pitch

Gas-Aschen-Silikat-Beton *m*, Silikat-Aschen-Gasbeton, Aschen-Silikat-Gasbeton · gas-ash-silicate concrete

Gasbadeofen *m* · gas geyser

gasbefeuert · gas-fired

gasbeheizt, gasgeheizt · gas-heated

Gas(be)heizung *f*, Gasraumheizung [*1. Mit Gas beheizte Zentralheizungskessel. 2. In den Räumen aufgestellte Gasraumheizer mit Gaszuleitungen*] · gas (space) heating

Gasbeleuchtung *f* · gas lighting, ~ illumination

Gasbeton *m*, Blähbeton [*DIN 4164*] · gas concrete, expanded ~

~artikel *m* → Gasbetonerzeugnis

~-Beschichtung *f*, Blähbeton-Beschichtung, Blähbeton-Überzug *m*, Gasbeton-Überzug, Überziehen *n* von Blähbeton, Überziehen von Gasbeton, Beschichten von Blähbeton, Beschichten von Gasbeton · gas concrete coating

~block(stein) *m*, Gasbetonstein, Blähbetonstein, Blähbetonblock(stein) · gas concrete (building) block, expanded ~ (~) ~, ~ ~ (~) tile [*See remark under 'Block'*]

~dachplatte *f* **mit (Stahl)Einlagen**, Blähbetondachplatte ~ ~, bewehrte Gasbetondachplatte, armierte Gasbetondachplatte, bewehrte Blähbetondachplatte, armierte Blähbetondachplatte [*DIN 4223*] · reinforced gas concrete roof(ing) slab

~deckenplatte *f* **mit (Stahl)Einlagen**, Blähbetondeckenplatte ~ ~, bewehrte Gasbetondeckenplatte, bewehrte Blähbetondeckenplatte, armierte Gasbetondeckenplatte [*DIN 4223*] · reinforced gas concrete floor slab, ~ ~ ~ structural ~, ~ ~ ~ ~ panel

~erzeugnis *n*, Blähbetonerzeugnis, Gasbetongegenstand *m*, Blähbetongegenstand, Gasbetonartikel *m*, Blähbetonartikel · gas concrete product, ~ ~ article, expanded ~ ~

~fertig(bau)teil *m*, *n*, Blähbetonfertig-(bau)teil, Gasbetonmontage(bau)teil, Blähbetonmontage(bau)teil [*Fehlnamen: Gasbetonbauteil; Blähbetonbauteil*] · (pre)cast gas concrete compound unit, prefab(ricated) ~ ~ ~ ~

~-Formblock(stein) *m* → Gasbeton-Formstein

~-Formstein *m*, Gasbeton-Profilstein, Gasbeton-Profilblock(stein) *m*, Gasbeton-Formblock(stein), Blähbeton-Formstein, Blähbeton-Profilstein, Blähbeton-Profilblock(stein), Blähbeton-Formblock(stein) · gas concrete purpose-made block, expanded ~ ~ ~, ~ ~ ~ tile, ~ ~ ~ brick, ~ ~ special (purpose) ~ [*See remark under 'Block'*]

~gegenstand *m* → Gasbetonerzeugnis

~hohlblock(stein) *m*, Blähbetonhohlblock(stein), Gasbetonhohlstein, Blähbetonhohlstein · gas concrete hollow block, ~ ~ cavity ~, ~ ~ ~ tile, expanded ~ ~ ~, ~ ~ pot

~hohlstein *m*, Blähbetonhohlstein, Gasbetonhohlblock(stein) *m*, Blähbetonhohlblock(stein) · gas concrete hollow block, ~ ~ cavity ~, ~ ~ ~ tile, expanded ~ ~ ~, ~ ~ pot

~-Innenwand *f*, Blähbeton-Innenwand · gas concrete internal wall, ~ ~ interior ~, ~ ~ indoor ~, ~ ~ inside ~

~-Isolierblock(stein) *m*, Gasbeton-Isolierstein, Blähbeton-Isolierblock(stein), Blähbeton-Isolierstein · gas concrete insulating block, expanded ~ ~ ~, ~ ~ ~ brick, ~ ~ insulation(-grade) ~

~-Isolierplatte *f*, Blähbeton-Isolierplatte · gas concrete insulation(-grade) slab, ~ ~ insulating ~, expanded ~ ~ ~

~-Isolierstein *m*, Gasbeton-Isolierblock-(stein), Blähbeton-Isolierstein · gas concrete insulating block, expanded ~ ~ ~, ~ ~ insulation(-grade) ~

~montage(bau)teil *m*, *n* → Gasbetonfertig(bau)teil

~platte *f*, Blähbetonplatte · gas concrete slab, expanded ~ ~

~-Profilblock(stein) *m* → Gasbeton-Formstein

~-Profilstein *m* → Gasbeton-Formstein

~stein *m*, Gasbetonblock(stein) *m*, Blähbetonblock(stein), Blähbetonstein · gas concrete (building) block, expanded ~ (~) ~, ~ ~ (~) tile [*See remark under 'Block'*]

~-Überzug *m* → Gasbeton-Beschichtung

~wand(bau)block(stein) *m* → Gasbetonwand(bau)stein

~wand(bau)platte *f*, Blähbetonwand(bau)platte [*DIN 4166*] · gas concrete wall slab

~wand(bau)stein *m*, Gasbetonwand(bau)stein, Blähbetonwand(bau)block(stein) [*DIN 4165*] · gas concrete wall block, ~ ~ ~ tile [*See remark under 'Block'*]

~wandblock(stein) *m* → Gasbetonwand(bau)stein

~wandstein *m* → Gasbetonwandbaustein

~werk *n* · gas concrete plant

gasbildend, gasentwickelnd [*Gasbeton*] · gas-forming, generating bubbles of gas

(gasbildender) Treiber *m* → (Metall-)Treibmittel

Gasbildner *m* → (Metall)Treibmittel

Gasbildung *f*, Gasentwick(e)lung [*Gasbeton*] · gas formation, ~ generation, ~ development, formation of gas bubbles

Gas-Deckenstrahler *m* · gas(-fired) floor furnace [*See remark under 'floor furnace*]

gasdicht, gassicher · gastight

Gasdichtigkeit *f*, Gasdichtheit, Gasdurchlässigkeit [*Fehlname: Gasdichte f*] · imperviousness to gas, impermeability ~ ~, tightness ~ ~, gas impermeability, gas imperviousness, gastightness

Gas-Direktheizung *f*, Direkt-Gasheizung · direct gas heating

Gasdruck *m* · gas pressure

Gas-Durchlauf-Wasserheizer *m* → (Gas)Heiztherme

Gasentladungslampe *f* · electric discharge lamp, gas ~ ~

gasentwickelnd, gasbildend [*Gasbeton*] ·gas-forming, generating bubbles of gas

Gasentwick(e)lung *f*, Gasbildung [*Gasbeton*] · gas formation, ~ generation, ~ development, formation of gas bubbles

Gasentwickler *m* → (Metall)Treibmittel

gaserwärmte Luft *f* · gas warmed air

gaserzeugendes Mittel *n* → (Metall-)Treibmittel

Gasfernleitung *f*, Ferngasleitung · gas transmission line

Gasfeuerstätte *f* → Gasfeuerung

Gasfeuerung *f*, Gasfeuerstätte *f*, Feuerung für gasförmigen Brennstoff, Feuerstätte für gasförmigen Brennstoff, Gasgerät *n* · gas (burning) appliance, ~ fire, gas(-fired) furnace, gas(-fired) appliance

Gasflasche *f* · gas cylinder

Gasflaschenlagerraum *m* · gas-cylinder room

gasförmiger Brennstoff *m* [*DIN 51850*] · gaseous fuel

~ Heiz(ungs)stoff *m* [*DIN 51850*] · gaseous heating fuel

gasförmiges Chlor *n*, Chlorgas *n* · gaseous chlorine

gasgefeuert · gas-fired

gasgeheizt → gasbeheizt

Gasgenerator *m* · gas-producer

(Gas)Generator|asche *f* · (gas) generator ash

~schlacke *f* · (gas) generator cinder (US); (~) ~ clinker (Brit.)

Gasgerät *n* → Gasfeuerung

Gas(glieder)heizkörper *m*, Gasradiator *m* · gas radiator

Gasglühstrahler *m*, Infrarot-~, (Infrarot-)Hochtemperaturstrahler · gas heated panel

Gashahn *m*, Gasleitungshahn · plug tap, ~ cock

Gashauptleitung *f* · gas main

Gasheiz|gerät *n* · gas heating appliance

~kessel *m* · gas heating boiler

~körper *m*, Gasgliederheizkörper, Gasradiator *m* · gas radiator

(Gas)Heiztherme *f*, Umlauf-Gaswasserheizer *m*, Umwälz-Gaswasserheizer, Gas-Durchlauf-Wasserheizer [*Zum Erzeugen von Heizwasser für Umlauf-Gaswasserheizungen*] · gas (water) circulator, circulator

Gasheizung *f* → Gasraumheizung

Gasheiz(ungs)anlage *f* · gas(-fired) heating installation

Gasherd *m* · gas(-fired) range

Gasinstallateur *m* · gasfitter

Gasinstallation *f* · (internal) installation, gas ~ (Brit.) [*The gas pipes and appliances on the consumer's side of the control cock at the board's gas meter*]

Gasinstallations|arbeiten *fpl* · (internal) installation work (Brit.)

~rohr *n* · gas service pipe

Gaskessel *m* · gas fired boiler

Gaskocher *m* · gas cooker

Gaskochplatte *f* · gas hotplate

Gaskonstante *f* · gas constant

Gaskonvektor *m* · gas convector

Gaslaterne *f* · gas lantern

Gasleitung *f*, Gasrohrleitung · gas line

Gas(leitungs)|hahn *m* · plug tap, ~ cock

~netz *n*, Gasversorgungsnetz · gas grid

~rohr *n* [*Stumpfgeschweißtes Stahlrohr, vorwiegend für Gasleitungen nach DIN 2440*] · gas (line) pipe

Gasleitungswerkstoff *m* · gas line material

Gasleuchte *f* · gas luminaire (fixture) (US); ~ light fitting (Brit.); ~ (light(-ing)) fixture

Gasluft(be)heizung *f* · gas(-fired) warm air heating

Gas-Lufterhitzer *m* → Gas-(Warm)Lufterhitzer

Gas-Luftheizer *m* → Gas-(Warm)Lufterhitzer

Gas-Luftheizgerät *n* → Gas-(Warm-) Lufterhitzer

Gasluftheizung *f*, Gasluftbeheizung · gas(-fired) warm air heating

Gasmesser *m*, Gaszähler [*Gasuhr ist eine veraltete Bezeichnung und sollte nicht mehr verwendet werden*] · gas meter [*B.S. 4161*]

~haus *n*, Gaszählerhaus · gas meter house

~nische *f*, Gaszählernische · gas meter enclosure

Gas-Nachwärmer *m* · gas re-heater

Gasnetz *n*, Gasleitungsnetz, Gasversorgungsnetz · gas grid

Gasofen *m* · gas furnace [*For testing refractory bricks under load at high temperatures*]

~ · gas stove

Gasradiator *m*, Gas(glieder)heizkörper *m* · gas radiator

Gasraumheizung *f*, Gas(be)heizung [*1. Mit Gas beheizte Zentralheizungskessel. 2. In den Räumen aufgestellte Gasraumheizer mit Gaszuleitungen*] · gas(-fired) space heating, ~ (~) warming

Gasrohr *n*, Gasleitungsrohr [*Stumpfgeschweißtes Stahlrohr, vorwiegend für Gasleitungen nach DIN 2440*] · gas (line) pipe

Gasröhre *f* · gas tube

Gasrohr|gewinde *n* · gas pipe thread

~-Handlauf *m* [*Geländer*] · gas barrel handrail, ~ tubing ~, ~ tube ~

Gas(rohr)|leitung *f* · gas line

~netz *n* · gas pipe network, ~ ~ system

Gasruß(pigment) *m*, (*n*) · gas carbon black (pigment)

Gasschaum *m* · chemical foam

Gas-Schlacken-Silikat-Beton *m*, Silikat-Schlacken-Gasbeton, Schlacken-Silikat-Gasbeton · gas-slag-silicate concrete

Gasschlauch *m* · gas hose

Gasschmelzschweißung *f*, Autogenschweißung · autogenous welding

gassicher, gasdicht · gastight

Gas-Silikat-Beton *m*, Silikat-Gasbeton · gas-silicate concrete

Gassperre *f* · gas barrier

Gasspüranlage *f* · gas detector system

Gasstandrohr *n* · service riser [*A gas pipe which rises to supply an upper floor*]

Gasstelle *f* · gas point

Gasstrahlungserhitzer *m*, Gasstrahlungsheizgerät *n*, Gasstrahler · gas radiant heater, radiant gas ~

Gastarbeiter *m* · foreign labourer (Brit.); ~ laborer (US)

Gästebadezimmer *n* · guest bathroom

Gasteer *m*, Gaswerksteer, Gasanstaltsteer · gas-works coal-tar, gas-house ~

Gäste|haus *n* · guesthouse

~hütte *f* · guest cabin

~kühlschrank *m* · guest refrigerator

~pavillon *m* · guest-pavilion

~vorfahrt *f* [*Hotel*] · guest drive

~zimmer *n*, Fremdenzimmer, Gastzimmer · guest room

Gastzimmer *n*, Fremdenzimmer, Gästezimmer · guest room

Gas- und Wasserleitungsarbeiten *fpl* **im Erdreich** [*DIN 18307*] · work for buried gas and water pipework

Gasverbrauch *m* · gas consumption

Gasverbrauchsstelle *f* · gas outlet point

Gasversorgung *f* [*DIN 2425*] · gas supply

Gasversorgungsnetz *n*, Gas(leitungs)-netz · gas grid

Gasverteilung *f* · distribution of gas

Gasverteilungsanlage *f* [*DIN 19630*] · gas distribution installation

Gas-Wandluft|erhitzer *m*, Gas-Wandluftheizgerät *n*, Gas-Wandluftheizer · wall-mounted gas(-fired) (warm) air (unit) heater

~heizer *m*, Gas-Wandluftheizgerät *n*, Gas-Wandlufterhitzer · wall-mounted gas(-fired) (warm) air (unit) heater

~heizgerät *n*, Gas-Wandlufterhitzer *m*, Gas-Wandluftheizer · wall-mounted gas(-fired) (warm) air (unit) heater

Gas-(Warm)Luft|erhitzer *m*, Gas-(Warm)Luftheizgerät *n*, Gas-(Warm-) Luftheizer · gas(-fired) (warm) air (unit) heater

~heizer *m* → Gas-(Warm)Lufterhitzer

~heizgerät *n* → Gas-(Warm)Lufterhitzer

Gas-Wassererhitzer *m*, Gas-Wasserheizgerät *n*, Gas-Wassererwärmer, Gas-Wasserheizer · gas(-fired) (hot) water heater, ~ (~) ~ heating appliance

Gaswasser|heizer *m*, Durchlauf-~, Geyser · instantaneous gas water heater, non-storage ~ ~ ~, flow-type ~ ~ ~, ~ ~ ~ heating appliance

~heizung *f* · gas water heating

Gas-, Wasser- und Abwasser-Installationsarbeiten *fpl* [*DIN 18381*] · gas, water and sewage installation work

Gaswerk *n* · gas undertaking, gas-works

Gas(werks)teer *m*, Gasanstaltsteer · gas-works coal-tar, gas-house ~

Gaszähler *m*, Gasmesser [*Gasuhr ist eine veraltete Bezeichnung und sollte nicht mehr verwendet werden*] · gas meter [*B.S. 4161*]

~haus *n*, Gasmesserhaus · gas meter house

~nische *f*, Gasmessernische · gas meter enclosure

Gas-Zentralheizung *f* · gas(-fired) central heating

Gaube *f* → Lüfter~

~, Gaupe *f*, Dach~ · (roof) dormer

~ in Mansarden-Flachdachform, Gaupe ~ ~, Dach~ ~ ~ · deck dormer

Gauben|dach *n*, Gaupendach · dormer(-ed) roof

~deckung *f*, Gaupendeckung, Dach~ · (roof) dormer covering

~fenster *n*, Gaupenfenster, Dach~ · dormer window

~stein *m* → Lüftergaube

~wange *f*, Gaupenwange · dormer cheek

~ziegel *m* → Lüftergaube

Gaupe *f* → Lüftergaube

~, Gaube *f*, Dach~ · (roof) dormer

~ in Mansarden-Flachdachform, Gaube ~ ~, Dach~ ~ ~ · deck dormer

Gaupen|dach *n*, Gaubendach · dormer(-ed) roof

~deckung *f*, Gaubendeckung, Dach~ · (roof) dormer covering

~stein *m* → Lüftergaube

~wange *f*, Gaubenwange · dormer cheek

~ziegel *m* → Lüftergaube

Gaze *f* · cloth

Ge *n*, Gußeisen *n* · cast iron, C.I.

Geäder *n*, Äderung *f* [*Marmor*] · veining

geätztes Glas *n* · etched glass

Gebälk *n* · entablature [*The upper part of an order consisting of architrave, frieze and cornice*]

~, Balken(träger)lage *f*, Holz~ [*Der tragende Teil einer hölzernen Decke*] · system of (wood(en)) binders and joists, ~ ~ timber ~ ~ ~

~ ohne Fries · architrave-cornice [*An entablature from which the frieze is elided*]

~träger *m*, Atlant *m*, (Ge)Simsträger, Telamon *m* · atlante, male caryatid [*Carved male figure used instead of columns to support an entablature in classic architecture*]

Gebäude *n*, Haus *n*, Bau *m* [*Manchmal fälschlicherweise „Bauwerk" genannt*] · building (structure), block, house [*A structure or combination of structures erected where it is to stand and having as one of its main purposes the provision of shelter from the weather*]

~ für wissenschaftliche Zwecke, Haus *n* ~ ~ ~ · science building, ~ block, ~ house

~ in Hallenbauweise · hall-type building

~ mit gekrümmtem Grundriß, Haus *n* ~ ~ ~ · curved block, ~ building, ~ house

~ ~ geringer Stockwerkanzahl, Haus *n* ~ ~ ~ · low building, ~ block, ~ house

~ ~ Umfassungswänden, Haus *n* ~ ~ · enclosed building, ~ block, ~ house

~ ohne Umfassungswände, Haus *n* ~ ~ · open-sided building, ~ block, ~ house

(~)Abbrucharbeiter *m*, Hausabbrucharbeiter · wrecker, demolisher, mattock man, topman

(~)Anbau *m* · annex (US); annexe (Brit.)

Gebäudeanschluß *m*, Hausanschluß · branch to a building, ~ ~ ~ house

~kasten *m*, Hausanschlußkasten · branch box, sealing ~

~keller *m*, Hausanschlußkeller [*DIN 18012*] · cellar for branches

~(leitung) *m*, (*f*), Hausanschluß(leitung) · branch (line) (to a building), ~ (~) (~ ~ house)

~raum *m*, Hausanschlußraum · room for branches to a building, ~ ~ ~ ~ ~ house

Gebäude|art *f* · building type, block ~

~aufteilung *f* **(und Nutzung)** · schedule of accommodation

~ausrüstung *f*, Hausausrüstung · building equipment, block ~, house ~

~(be)heizung *f* · building heating

~brand *m*, Gebäudefeuer *n*, Hausbrand, Hausfeuer · building fire, block ~, house ~

(~)Dach *n*, Hausdach · (building) roof, block ~, house ~

(~)Decke *f*, Hochbaudecke, Geschoßdecke, Stockwerkdecke, Trenndecke, Etagendecke · (intermediate) floor

~ecke *f* · quoin, coign [*The external angle of a building*]

~eingang *m*, Hauseingang · building entrance, house ~

~eingangstür *f*, Hauseingangstür · building entrance door, house ~ ~

~entwässerung *f*, Hausentwässerung · drainage of a building, ~ ~ ~ house, house drainage, building drainage

~feuer *n*, Gebäudebrand *m*, Hausfeuer, Hausbrand · building fire, block ~, house ~

~flucht *f*, Bauflucht, Gebäude(flucht)-linie *f*, Bau(flucht)linie · building line

(Gebäude)Flügel *m*, Hausflügel, Erweiterungsflügel, Seitengebäude *n* · wing, limb

Gebäude|fundament *n*, Gebäude-Gründungskörper *m*, Hausfundament, Haus-Gründungskörper · building foundation (structure), house ~ (~), ~ substructure [*The part of a building below the surface of the ground. It bears directly on, and transmits the building load to, the supporting soil or rock*]

~funktion *f*, Hausfunktion · function of a building, ~ ~ ~ house

~fußgängerverkehr *m* · internal pedestrian traffic

~gestalt *f* · building shape

~-Gründungskörper *m*, Gebäudefundament *n*, Hausfundament, Haus-Gründungskörper · building foundation (structure), house ~ (~), ~ substructure [*The part of a building below the surface of the ground. It bears directly on, and transmits the building load to, the supporting soil or rock*]

~gruppe *f*, Hausgruppe · group of buildings, ~ ~ houses, ~ ~ blocks

~heizung *f*, Gebäudebeheizung · building heating

~heiz(ungs)anlage *f* · building heating installation

~höhe *f* · height of building [*The vertical distance from the ground to the top of the external wall including any parapet. The term has special statutory definitions*]

(~)Innenwand *f*, (Gebäude)Zwischenwand, Hausinnenwand, Hauszwischenwand · internal (dividing) wall, interior (~) ~, indoor (~) ~, inside (~) ~, inner (~) ~

~inneres *n* · building interior

~installation *f*, Hausinstallation · system of sanitation

~installation *f*, Hausinstallation · indoor installation

(~)Kern *m*, Betriebskern, Hochhauskern, (Stahl)Betonkern, Hauskern · service core, utility ~, building ~, mechanical ~, (reinforced) concrete ~, R.C. ~

~komplex *m*, Hauskomplex · building complex, block ~, house ~

~konstruktion(ssystem) *f*, (*n*), Hauskonstruktion(ssystem) · building construction, house ~, ~ (structural) system

~krone *f* [*z.B. beim Torre Velasca in Mailand*] · crown-like top

~lärm *m*, Hauslärm · internal noise

~last *f*, Hauslast · building load, house ~

~leitung *f*, Hausleitung · building line, house ~

~leitung(ssystem) *f*, (*n*), Hausleitung(ssystem) · service [*A system of pipes and fittings in any individual premises*]

~mauer *f*, Hausmauer · building masonry wall

~nummer *f*, Hausnummer · street number, building ~

~planung *f* · planning of buildings, ~ ~ blocks, ~ ~ a building, ~ ~ a block

~rahmen *m*, Hausrahmen · building frame, house ~

~reparatur *f* · building repair

(~)Rohbauarbeiten *fpl* · carcass work, fabric ~, carcassing; shell work [*Canada*] [*Constructing the carcass of a building*]

~schornstein *m*, Hausschornstein [*DIN 18160. Jeder Bauteil in oder an einem Gebäude, der dazu geeignet oder bestimmt ist, Rauch oder Abgase von Feuerstätten über Dach abzuführen*] · building chimney, domestic ~

~schutzmittel *n*, Hausschutzmittel · building preservative, house ~

~schwingung *f*, Hausschwingung · building vibration, house ~, ~ oscillation

~silhouette *f*, Haussilhouette · building silhouette, house ~

~-Spannbetondecke *f*, Hochbau-Spannbetondecke, Geschoß-Spannbetondekke, Stockwerk-Spannbetondecke, Etagen-Spannbetondecke, Spannbetondekke im Hochbau · prestressed floor

~stütze *f*, Hausstütze · building column, house ~

~teil *m*, *n*, Hausteil [*Räumlich und/oder funktionell abgegrenzter Teil eines Gebäudes. Beispiele: Treppenhaus; Aufzugschacht; Geschoß usw.*] · part of a building, building part

(~)Trakt *m*, Bautrakt · block, unit, accommodation, portion

~treppe *f*, Haustreppe · building stair(case)

~uhr *f*, Hausuhr · building clock, house ~

~umbau *m*, Hausumbau · building alteration, house ~

~unterhaltung *f* · building maintenance

~wand *f*, Hauswand · building wall

~zeile *f*, Hauszeile · row of buildings, ~ ~ blocks, ~ ~ houses

(~)Zufahrt *f*, Hauszufahrt · vehicular access, (entrance) drive(way)

(~)Zwischenwand *f*, (Gebäude)Innenwand, Hauszwischenwand, Hausinnenwand · internal (dividing) wall, interior (~) ~, indoor (~) ~, inside (~) ~; inner (~) ~

gebeizt [*Holz*] · stained

gebeizter Draht *m* · pickled wire

Gebets|kapelle *f* · meditation chapel

~nische *f* [*Moschee*] · mihrab, prayer-niche

Gebinde|bleiwinkel *m*, Bleigebindewinkel, winkelförmiger Bleilappen *m* · lead soaker

~winkel *m*, winkelförmiger Lappen *m* · soaker [*A small piece of flexible metal cut to shape by the plumber and laid by the slater to interlock with slates or tiles. It makes a watertight joint at a hip or valley or at an abutment between a roof and a wall. It is bent at right angles for an abutment or at an obtuse angle for a valley*]

gebläht, auf~, blasig aufgetrieben · bloated (Brit.); expanded

geblähter Backkork *m* **mit korkeigenem Harz gebunden**, expandierter ~ ~ ~ ~ ~ · expanded pure agglomerated cork, ~ ~ baked ~

~ ~ ~ nicht korkeigenem Bindemittel · expanded composition cork [*Composition cork made by a process that appreciably alters the suberous tissue*]

~ Kork(schrot) *m*, expandierter ~, expandiertes Korkschrot *n*, geblähtes Korkschrot, Blähkork, Exp.-Kork · expanded (granulated) cork

~ Schieferton *m*, auf~ ~, Blähschieferton · expanded shale (clay); bloating ~ (~), bloated ~ (~) (Brit.)

~ Ton *m*, auf~, Blähton · bloating clay, bloated ~ (Brit.); expanded ~

~ (Ton)Schiefer *m*, auf~ ~, Bläh(ton)-schiefer · expanded slate; bloating ~, bloated ~ (Brit.)

geblähtes Glas *n* · frothed glass

~ Korkschrot *n*, expandiertes ~, expandierter Kork(schrot) *m*, geblähter Kork(schrot), Blähkork, Exp.-Kork · expanded (granulated) cork

Gebläsebeton *m* → Spritzbeton

geblasenes Bitumen *n*, oxidiertes ~, Industriebitumen [*Geblasene Bitumen sind die durch Einblasen von Luft in geschmolzene, weiche Bitumen hergestellten hochschmelzenden Bitumen mit ausgeprägten plastischen und elastischen Eigenschaften*] · air-rectified (asphaltic) bitumen, air-blown (~) ~, oxidized (~) ~ (Brit.); ~ asphalt (US)

~ Leinöl *n* · blown linseed oil

~ Öl *n* · blown oil [*Vegetable oil which has been partially oxidized by blowing with a current of air whilst at an elevated temperature. The characteristics of the oil such as its increased viscosity and degree of oxidation can be controlled by the time, the temperature and the amount of air*]

~ Walzenglas *n*, ~ Zylinderglas · blown sheet (US); ~ cylinder glass

~ Zylinderglas *n*, ~ Walzenglas · blown sheet (US); ~ cylinder glass

Gebläsesand *m* · (sand) blast sand

gebleichter Schellack *m* · white (shel-)lac, bleached ~

gebleit · leaded

gebogen · bent

gebogene Deckenschiene *f* [*Türanlage*] · curved track

~ Lamelle *f* · curved slat

gebogener Binder *m*, Bogenbinder aus Holz, Holz-Bogenbinder · bowstring truss, Belfast ~ [*A bowstring design of girder fabricated entirely from timber components*]

~ Schichtholzbalken(träger) *m* · laminated curved beam

~ Träger *m* · bow girder

gebogenes Glas *n* · bent glass

geböschte Mauer *f*, ab~ ~ · sloping masonry wall

gebrannt, ofen~ · (kiln-)burnt, (kiln-) burned, (kiln-)fired

gebrannte (Terra di) Siena *f* · burnt sienna, burned ~, orange-red ~

~ Umbra *f* · burnt umber, burned ~

~ Ware *f* · burnt ware, burned ~, fired ~

gebrannter Allzweckstein *m*, Allzweck-(ton)ziegel *m* · general purpose (burnt) (clay) brick; ~ ~ burned (~) ~, ~ ~ fired (~) ~ [*See remark under 'Ziegel'*]

~ Baustein *m*, (künstlicher) ~, (gebrannter) Stein, (Ton)Ziegel *m* [*In den USA dürfen auf Grund einer Regierungsentscheidung nur solche Baustoffe als „Ziegel" (brick) bezeichnet werden, die aus Ton gebrannt sind. Die Bezeichnung anderer Baustoffe als „brick" ist nur in Verbindung mit näherer Charakterisierung gestattet, z.B. concrete brick = Betonblock*] · (burnt) (clay) brick, burned (~) ~, fired (~) ~ [*B.S. 3921*]

~ Block(stein) *m*, ~ Stein · quarry (tile), clay ~, clay block [*Burnt clay, flooring or wall-facing tiles of black, buff, or red colour. They are from 9 × 9 to 4 × 4 in. in size, unglazed, but not porous*]

~ (Decken)Füllkörper *m* · clay filler

~ Deckenstein *m*, Deckenziegel *m*; Deckenstein [*Fehlname*] [*DIN 4159 und DIN 4160*] · floor (clay) brick, ~ ~ block

~ Formstein *m*, ~ Profilstein, Profil-(ton)ziegel *m*, Form(ton)ziegel · purpose-made brick, special (purpose) ~

~ Füller *m*, ~ Füllstoff *m* [*Ziegelmehl; Schamottemehl*] · burned filler, ~ dust

~ Füllstoff *m*, ~ Füller *m* [*Ziegelmehl; Schamottemehl*] · burned filler, ~ dust

~ Gips *m*, Branntgips · calcined gypsum

~ Kalk *m*, Branntkalk, gedeihender Kalk, Branntkalk, CaO · calcium oxid(e) [*chemical name*], common lime, anhydrous lime, (quick)lime, calcined calcium carbonate, burnt lime, burned lime [*substance*]

~ Keilstein *m*, Keilziegel *m* · gauged (clay) brick (Brit.); gaged (~) ~ (US)

~ Magnesit *m* · calcined magnesite

(~) Mauer(werk)stein *m*, Mauer-(werk)ziegel *m* [*DIN 105. „Backstein" ist eine historische und volkstümliche Bezeichnung*] · (masonry) brick

(~) ~ für freistehende Schornsteine, (Mauer(werk)ziegel *m* ~ ~ ~ · masonry) brick for chimney shafts, (~) ~ ~ free-standing ~

~ Ocker *m* · burned ocher, burnt ~ (US); ~ ochre (Brit.)

~ Preßstein *m* → Preßziegel

~ Profilstein *m*, ~ Formstein, Profil-(ton)ziegel *m*, Form(ton)ziegel · purpose-made brick, special (purpose) ~

(~) Scherben *m* · stone, (clay) body

~ Schieferton *m* · fired shale

~ Sonderstein *m*, ~ Spezialstein, Sonder(ton)ziegel *m*, Spezial(ton)ziegel · special (duty) (burnt) (clay) brick, ~ (~) burned (~) ~, ~ (~) fired (~) ~, ~ purpose (~) (~) ~, purpose-made (~) (~) ~

~ Spezialstein *m*, ~ Sonderstein, Sonder(ton)ziegel *m*, Spezial(ton)ziegel · special (duty) (burnt) (clay) brick, ~ (~) burned (~) ~, ~ (~) fired (~) ~, ~ purpose (~) (~) ~, purpose-made (~) (~) ~

(~) Stein *m*, (Ton)Ziegel *m*, gebrannter Baustein, (künstlicher) Baustein [*In den USA dürfen auf Grund einer Regierungsentscheidung nur solche Baustoffe als „Ziegel" (brick) bezeichnet werden, die aus Ton gebrannt sind. Die Bezeichnung anderer Baustoffe als „Brick" ist nur in Verbindung mit näherer Charakterisierung gestattet, z.B. concrete brick = Betonblock*] · (burnt) (clay) brick, burned (~), ~, fired (~) ~ [*B.S. 3921*]

~ Ton · fired clay

~ Zustand *m* · fired state

gebranntes Gut *n*, Brenngut · burned product, fired ~, burnt ~

~ Rohr *n* · burnt pipe, burned ~, fired ~

~ Schieferton-Erzeugnis *n* · fired shale product

~ Schornsteinformstück *n* · (chimney) clay pot, clay chimney ~

(~) Tonerzeugnis *n* · (burnt) clay product, burned ~ ~, fired ~ ~

Gebrauchs(anstrich)farbe *f* · general service paint

gebrauchs|fertig, verarbeitungsfertig · ready-to-use

~fertige Farbe *f*, anstrichfertige ~, verarbeitungsfertige ~ · paint prepared for use, P.F.U. paint

~ Leim *m*, Fertigleim · (ready-)mixed glue [*Synthetic resin glue with an accelerator mixed with it in the pot*]

Gebrauchslast *f*, Nutzlast · use load, occupancy ~ [*The load of machinery, equipment, furniture and people on floors, corridors, balconies, stairs, etc.*]

~verfahren *n* · working stress design [*A method of proportioning structures or members for prescribed working loads at stresses well below the ultimate, and assuming linear distribution of flexural stresses*]

Gebrauchs|spannung *f* · working stress

~wasser *n*, Trinkwasser · drinking water, potable ~

~zustand *m* · service

gebremstes Schließen *n* [*Tür*] · delayed closing

gebrochen · crushed, broken

gebrochene rechtwinkelige Mauerecke *f*, kupierte ~ · bay quoin (of (masonry) wall)

~ Stückschlacke *f*, Betonschlacke · crushed lump slag, broken ~ ~

gebrochener Kalkstein *m* · crushed limestone, broken ~

~ ungesiebter Zuschlag(stoff) *m*, ungesiebter gebrochener ~ · crusher-run aggregate [*Aggregate that has been broken in a crusher and has not been subjeted to any subsequent screening process*]

~ Zuschlag(stoff) *m* · crushed aggregate, broken ~

gebrochenes Material *n*, ~ Gestein · crushed stone, broken ~, ~ rock [*The product resulting from the artificial crushing of rocks, boulders or large cobblestones, substantially all faces of which have resulted from the crushing operation*]

~ ~, Brech(er-Fertig)gut · crushed material, broken ~, ~ product

~ ungesiebtes Gestein *n*, ungesiebtes gebrochenes ~, Brechgut *n* · broken rock, ~ stone, crushed ~, crusher-run ~

~ ~ Material *n*, ungesiebtes gebrochenes ~, Brechgut *n* · broken material, crushed ~, crusher-run ~, ~ product

Gebühren|ordnung *f* **für Architekten**, Architektengebührenordnung · scale of professional charges, fee system

~zähler *m*, Fernsprech~ · (tele)phone meter

gebundene Wärme *f*, latente ~ · latent heat

gebundener Baustein *m* → Betonwerkstein

~ ~, (künstlicher) ~, Eisenklinker *m*, Schlackenstein, Eisen-Schmelz-Verblender · iron brick, blue ~

~ ~ → (künstlicher) Kalksandstein

~ Kalksandstein *m* → (künstlicher) ~

(~) Mauer(werk)block(stein) *m*, (~) Mauer(werk)stein · masonry (building) tile, ~ (~) block [*See remark under 'Block'*]

(~) Mauer(werk)stein *m* (~) Mauer(werk)block(stein) *m* · masonry (building) tile, ~ (~) block [*See remark under 'Block'*]

gedachter Punkt *m*, ideeller ~, imaginärer ~ · mathematical point

gedachtes Gelenk *n* · imaginary hinge

Gedächtnis|halle *f* · memorial hall

~kirche *f*, Memorienkirche, Memoria(lkirche) *f*, Martyria *f*, Coemetrialkirche, Denkmalkirche · memorial church, commemorative ~, martyrium

~mal *n*, Mahnmal · memorial

gedämpft [*Stil*] · restrained

gedämpfter (Brannt)Kalk *m*, trockengelöschter ~ [*Fehlname: nichttreibender Kalk*] · dry-slaked quicklime

gedeihender Kalk *m*, Brennkalk, gebrannter Kalk, Branntkalk, CaO · calcium oxid(e) [*chemical name*], common lime, anhydrous lime, (quick)lime, calcined calcium carbonate, burnt lime, burned lime [*substance*]

Gedenksäule *f* · monumental column

~ für einen Seesieg · rostral column [*A monumental Roman column erected to commemorate a naval victory and decorated with the figure-heads of captured vessels*]

Gedenkstein *m* · memorial stone

gedopt · doped

gedopte Emulsion *f*, Emulsion mit Haftanreger · doped emulsion

gedoptes Verschnittbitumen *n*, Verschnittbitumen mit Haftanreger · doped cutback, ~ ~ (asphaltic-)bitumen (Brit.); ~ asphalt(ic) cutback, ~ cutback (asphalt) (US)

gedrückte Diagonale *f*, ~ Schräge, Druckschräge, Druckdiagonale · compression diagonal, compressed ~, diagonal in compression

gedruckte (Papier)Tapete *f*, Druck(papier)tapete · printed (wall)paper

gedrückte Schräge *f*, ~ Diagonale, Druckschräge, Druckdiagonale · compression diagonal, compressed ~, diagonal in compression

~ Stütze *f*, Druckstütze · compression column, compressed ~

gedrückter Bauteil *m*, gedrücktes ~ *n* [*unter Druck stehend*] · component under compression

~ Beton *m*, Druckbeton · compression concrete, compressed ~

~ Rand *m*, Druckrand · compression edge, compressed ~

~ Ring *m*, Druckring · compression ring, compressed ~

~ Ringbalken(träger) *m*, Druckringbalken(träger) · compression ring beam, compressed ~ ~

~ Spitzbogen → Tudorbogen

~ Stab *m*, Druckstab, gedrücktes Glied *n*, Druckglied · compressed element, ~ rod, ~ member, ~ bar, compression ~

gedrücktes Glied *n*, Druckglied, Druckstab *m*, gedrückter Stab · compressed element, ~ rod, ~ member, ~ bar, compression ~

Gedrungenheit *f* · compactness (of proportion)

Gefahren|schlüssel *m* · emergency key

~zulage *f* · hazard bonus

Gefälle|beton *m* · sloping concrete

~dach *n* · sloping roof

~estrich *m* · sloping screed

~fuge *f* · sloping joint

~-Leichtdach *n* · sloping light(weight) roof

gefällelos · non-sloping

Gefallenendenkmal *n* · war memorial

Gefälle|richtung *f* · sloping direction

~schicht *f* · sloping layer, ~ course

gefällig [*im Aussehen*] · eye-pleasing

gefaltete Zylinderfläche *f* · folded cylindrical surface

gefalzte Dielung *f*, halb gespundete ~ · rebated (floor) boarding, ~ floor(ing) (finish), ~ floor cover(ing)

Gefängniszelle *f* · jail cell

gefärbte (Beton)Zuschlagstoffe *mpl*, ~ (Beton)Zuschläge · colour coated (concrete) aggregate (Brit.); color ~ (~) ~ (US) [*It has been found practicable to coat natural aggregates with resin in which suitable inorganic or organic pigments may be incorporated to produce an almost unlimited range of colour*]

~ Glasur *f* · coloured glaze (Brit.); colored ~ (US)

gefärbter (Außen)(Ver)Putz *m* · coloured (external) rendering (Brit.); colored stucco (US)

~ (Innen)(Ver)Putz *m* · coloured (mixed) plaster (Brit.); colored (~) ~ (US)

~ Putz *m*, ~ Außenverputz · coloured (external) rendering (Brit.); colored stucco (US)

~ ~, ~ Innenverputz · coloured (mixed) plaster (Brit.); colored (~) ~ (US)

~ (Ver)Putz *m*, ~ Außen~ · coloured (external) rendering (Brit.); colored stucco (US)

~ ~, ~ Innen~ · coloured (mixed) plaster (Brit.); colored (~) ~ (US)

gefärbtes Glas *n*, farbiges ~, Buntglas, Farbglas · tinted glass; coloured ~ (Brit.); colored ~ (US)

~ Gußrohglas *n*, ~ Rohgußglas · tinted rough rolled glass, stained ~ ~ ~

~ Rohgußglas *n*, ~ Gußrohglas · tinted rough rolled glass, stained ~ ~ ~

gefasert · fibrated

Gefäß *n* **ohne Deckel**, deckelloses Gefäß · open-topped vessel

~keramik *f* · pottery

gefederte Dielung *f* · tongued flooring

geflanschte Muffe *f*, ~ Rohrmuffe, (Rohr)Flanschenmuffe · flanged (pipe) socket

~ (Rohr)Muffe *f*, (Rohr)Flanschenmuffe · flanged (pipe) socket

geflanschtes Einsteckende *n*, ~ Rohreinsteckende, Flanschen(rohr)einsteckende · flanged (pipe) spigot

~ Krallenband *n* · flanged clamping plate

~ (Rohr)Einsteckende *n*, Flanschen(rohr)einsteckende · flanged (pipe) spigot

Geflecht *n* · netting

gefliest, plattiert · tiled

geflochtene Bewehrung *f*, ~ Armierung, ~ (Stahl)Einlagen *fpl* · bound reinforcement

Geflügelhalle *f* · poultry hall

geflügelter Löwe *m* · winged lion

gefluxtes Bitumen *n* · fluxed asphalt (US); ~ (asphaltic-)bitumen (Brit.) [*The flux used is a residual product*]

~ Trinidadbitumen *n* · fluxed Lake Asphalt

gefrieranfällig · to have a tendency to freeze

Gefrier|lagerhaus *n* · frozen food store

~punkt *m* · freezing point

~raum *m* · freezer (space), ~ room

~raumwand *f* · freezer (room) wall, ~ space ~

~schutzmittel *n*, Frostschutzmittel · antifreeze agent, antifreezer, frost protective, frost-proofer, frost-protection agent, antifreeze (mix(ture))

~schutzzusatz(mittel) *m*, (*n*) · antifrost additive

~truhe *f* · freezer case

~-und-Auftau-Folge *f*, Frost-Tau-Wechsel *m* · freeze-thaw-cycling

gefrittetes Glas *n*, Sinterglas · sintered glass, fritted ~ [*A porous glass made for filtration and other purposes by heating graded glass powder*]

Gefüge *n*, Struktur *f* · structure

~, Verband *m*, Mauerwerk~, Mauerverband, Mauergefüge · (masonry) bond

gefühlsbetontes Pathos *n* · emotionalism

gefüllert · fillerized

~ und pigmentierte bituminöse Lösung *f* → gefüllerter und pigmentierter bituminöser Lack

gefüllerter Binder *m* → gefüllertes Bindemittel

~ und pigmentierter bituminöser Lack *m*, pigmentierter und gefüllerter ~ ~, gefüllerte und pigmentierte bituminöse Lösung *f*, pigmentierte und gefüllerte bituminöse Lösung · bituminous lacquer, solvent paint [*Bituminous lacquers are composed of a bituminous base, a volatile solvent, with or without the addition of vegetable drying oils, resins, mineral fillers and pigments, and are intended to dry or set by the spontaneous evaporation of the solvent*]

gefüllertes Bindemittel *n*, gefüllerter Binder *m*, Bindemittel mit Füller, Binder mit Füller · fillerized binder

gefußter Bogen *m*, überhöhter ~, gestelzter ~, Stelzbogen · stilted arch [*It has its springing line raised by vertical piers above the impost level*]

Gegen|bogen *m*, Erdbogen, Grundbogen, Konterbogen, umgekehrter Bogen, verkehrter Bogen · inverted arch, reversed ~

~böschung *f* · counterscarp [*The face of the ditch of a fortress sloping towards the defender*]

~diagonale *f*, Gegenschräge *f*, Wechselstab *m* · counter diagonal

~drehung *f* · reverse rotation

~druck *m*, Auflagerdruck, Stützkraft *f*, Auflagerwiderstand *m*, Auflagerreaktion *f*, Stützreaktion, Auflagerkraft, Stützwiderstand, Stützdruck · reaction [*The upward resistance of a support such as a column or wall against the downward pressure of a loaded member such as a girder*]

~druck *m* · counter-pressure

~druckrolle *f* [*Dachpappenanlage*] · mandrel pressure roll

gegeneinander absetzen · to set each other off

~ betonieren [*Fertigteile*] · to cast in contact with each other

~ versetzt · staggered

~ versetzte Fassadenfluchten *fpl* · staggered perspectives

Gegengewicht *n* [*Senkrechtschiebe(flügel)fenster*] · sash weight

~, Ausgleichgewicht · counterbalance weight

Gegengewichts|-Deckentor *n* · counterweight vertical sliding shutterdoor, ~ vertically opening ~, ~ ~ ~ shutter door

~kasten *m* **aus Stahl** · steel (counterbalance) weight box

~tor *n* · counter-balanced shutter door ~ shutterdoor

gegenläufige Faltung *f* · opposite folding

~ Treppe *f* → gerade zweiläufige Treppe mit Richtungswechsel

Gegen|probe *f*, Gegenprüfung *f*, Gegenversuch *m* · duplicate test

~prüfung *f*, Gegenversuch *m*, Gegenprobe *f* · duplicate test

~schräge *f*, Gegendiagonale *f*, Wechselstab *m* · counter diagonal

~seil *n* · counter cable

~seite *f* · opposite side

~seitigkeit *f* **der Verrückungen** · reciprocity of displacements, reciprocal ~

gegensinnig gekrümmtes Schalensystem *n* · anticlastic shell system

~ ~ Seilnetz *n* · reversely curved cable net, cable net with opposite curvature

Gegenstand *m*, Erzeugnis *n*, Artikel *m* · article, product

Gegen|stände *mpl*, Artikel *mpl*, Ware(n) *f*, Erzeugnisse *mpl* · ware, goods, products, articles

~strebe *f* · counter brace

Gegenstrom|apparat *m* [*Er überträgt Dampfwärme oder Wasserwärme an Wasser*] · calorifier

~-(Heiz)Kessel *m* · counter-current boiler

~methode *f*, Gegenstromverfahren *n* · counter-current method, ~ system

~verfahren *n*, Gegenstrommethode *f* · counter-current method, ~ system

Gegenversuch *m*, Gegenprüfung *f*, Gegenprobe *f* · duplicate test

gegiebelt · gabled

geglätteter (Ver)Putz *m* → glatter ~

gegliederter Abakus *m* · multiform abacus

geglühte Magnesia *f* · heavy magnesia, dead-burned ~, dead-burnt ~

geglühter Draht *m* [*Zur Beseitigung der durch das Ziehen verursachten Härte und Sprödigkeit wird der Draht je nach dem Verwendungszweck schwarz (dunkel) oder unter Verhinderung von Luftzutritt blank geglüht*] · annealed wire

~ Magnesit *m* · dead-burned magnesite, dead-burnt ~

gegossener Blei-(Wasser)(Geruch-) Verschluß *m* · cast lead trap

gegossenes (Flach)Glas *n*, Gußglas · rolled glass [*B.S. 3447 and ASTM C 162–56*], cast ~ [*Flat glass, one surface of which bears a pattern or texture made by rolling either on a table or between rollers*]

~ Glas *n*, ~ Flachglas, Gußglas · rolled glass [*B.S. 3447 and ASTM C 162–56*], cast ~ [*Flat glass, one surface of which bears a pattern or texture made by rolling either on a table or between rollers*]

Gehalt *m*, Prozentsatz *m*, Anteil *m* · fraction, percentage, content

~ der Vorfertigung, Prozentsatz *m* ~ ~, Anteil *m* ~ ~ · factory content, prefabrication ~, ~ percentage, ~ fraction

gehämmert [*Oberflächenbehandlung*] · hammered

Gehänge *n*, Laufwerk *n*, Schiebetür-~ · hanger, sliding door gear

~ · festoon, swag [*A carved, modelled or painted garland of flowers, fruit or leaves, suspended in a curve between two points*]

gehärteter Stahl *m*, härtebehandelter ~ · hardened steel

gehärtetes Glas *n*, Hartglas [*Fehlnamen*]; vorgespanntes Glas, Einschicht-Sicherheitsglas, Einscheiben-Sicherheitsglas · toughened (safety) glass, tempered (~) ~, heat-treated (~) ~ [*The term 'hardened glass' is rarely used*]

Gehbahn|-Betonplatte *f* → Bürgersteig-Betonplatte

~platte *f* → Bürgersteigplatte

~plattenbelag *m*, Fußwegplattenbelag, Gehsteigplattenbelag, Gehwegplattenbelag, Bürgersteigplattenbelag · flagging

Gehbelag *m* · walked-on finish

~fliese *f*, Gehbelagplatte *f* · promenade tile

~platte *f*, Gehbelagfliese *f* · promenade tile

Geheimtür *f*, Tapetentür · jib door, gib ~ [*A door whose face is flush with the wall and decorated so as to be as little seen as possible*]

Gehentfernung *f* · walking distance

Gehfläche *f* · walking area

Gehgewohnheit *f* · walking habit

Gehilfe *m* · mate

Gehlinie *f*, Ganglinie, Teilungslinie, Lauflinie [*Treppe; DIN 18064*] · walking line, pitch ~

gehobelte (Beton)Schalung *f* · wrot (concrete) shuttering, wrought (~) ~, ~ (~) form(work), ~ (~) forms

Gehschicht *f* → Nutzschicht

gehsicher · non-slip, anti-slip, slip-resistant

gehsicherer Zuschlag(stoff) *m* · non-slip aggregate, anti-slip ~, slip-resistant ~ [*It is used on concrete surfaces where a non-slip finish is required. It bonds to the surface and becomes an integral part of the concrete*]

Gehsicherheit *f* [*(Fuß)Bodenbelag*] · sure-footed safety

Gehsteig|-Betonplatte *f* → Bürgersteig-Betonplatte

~platte *f* → Bürgersteigplatte

~plattenbelag *m*, Gehwegplattenbelag, Bürgersteigplattenbelag, Gehbahnplattenbelag, Fußwegplattenbelag · flagging

Gehstraße *f*, Fußgängerstraße · pedestrian street

Gehweg *m* · walk

~-Betonplatte *f* → Bürgersteig-Betonplatte

~platte *f* → Bürgersteigplatte

~plattenbelag *m*, Bürgersteigplattenbelag, Gehbahnplattenbelag, Fußwegplattenbelag, Gehsteigplattenbelag · flagging

~tunnel *m*, Fußgängertunnel · pedestrian tunnel, ~ underpass

Geigenharz *n*, Kolophonium *n* [*DIN 55935. Kolophonium ist das aus dem Rohbalsam der Koniferen (Balsamharz) oder dem Extrakt der Koniferenstubben (Wurzelharz) oder aus Tallöl (Tallharz) gewonnene Harzsäuregemisch, welches im wesentlichen aus Abietinsäure und ihren Isomeren besteht und dem keine anderen Stoffe, insbesondere Harze, harzartige oder harzbildende Stoffe, zugesetzt sind*] · rosin, resin, colophony

Geißfuß *m*, Gabel(schmiege) *f* [*Holzverbindung*] · birdsmouth

geknickte Platte *f*, Buckelblech *n* · dished (steel) plate, buckle(d) (~) ~

geknickter Polygonzug *m*, ~ Standlinienzug, geknicktes Polygon *n* · chain traverse

~ Ringträger *m* **auf Endstützen** · folded base ring on end supports

~ Standlinienzug *m*, ~ Polygonzug, geknicktes Polygon *n* · chain traverse

geknicktes Polygon *n*, geknickter Polygonzug *m*, geknickter Standlinienzug · chain traverse

geknüpfte Armierungsmatte *f*, ~ Bewehrungsmatte · woven-wire fabric reinforcement [*A prefabricated steel reinforcement composed of cold-drawn steel wires mechanically twisted together to form hexagonally shaped openings*]

gekochtes Leinöl *n* · boiled linseed oil

~ **Öl** *n* · boiled oil [*It is used to treat the surface of a mo(u)ld which enables the cast to be removed cleanly*]

Gekörn *n*, Körner *npl*, Korn *n* · grains, material, particles

gekörnte (Belag)Platte *f* → (gleitsichere) gekörnte Platte

~ **Fliese** *f* → (gleitsichere) gekörnte Platte

~ **Hochofenschlacke** *f*, granulierte ~, Hochofenschlackensand *m*, (künstlicher) Schlackensand, Hüttensand · (blastfurnace) slag sand (Brit.); cinder ~, granulated cinder ~ (US); granulated (blastfurnace) slag ~

gekratzter Putz *m*, Schabputz, Kratzputz, Stockputz [*Eine Außenputzart, die durch Abziehen der verriebenen, abgebundenen Putzfläche mit einer Ziehklinge oder einem Kratzbrett entsteht*] · scraped rendering (Brit.); ~ stucco (US)

gekreppt · creped

gekreuzt gerippt, kreuzgerippt · crossribbed

gekröpfter Aussteif(ungs)winkel *m* · crimped (web) stiffener

gekrümmte Auslucht *f* · bow window

~ **Decke** *f* · curved ceiling

~ **Fläche** *f* · curved area

~ **Flüssigkeitsoberfläche** *f* · curved surface of a liquid

~ **Gurtung** *f*, gekrümmter Gurt *m*, gekrümmter Flansch *m*, Bogengurt(ung), Bogenflansch · arch(ed) boom, ~ chord, ~ flange

~ **Platte** *f* · curved plate, ~ slab

~ **Rampe** *f* · curved ramp

~ **Schale** *f* · curved shell [*As opposed to a prismatic shell*]

gekrümmter (Brett)Lamellenträger *m*, ~ Schichtholzträger, Schichtholzbogen(träger) *m*, (Brett)Lamellenbogen(träger) · (glue(d)) laminated (timber) arch(ed girder); glulam (~) ~ (~) (US)

~ **Dreigelenkträger** *m*, Dreigelenkbogen(träger) *m* · three-hinge(d) arch(ed girder), three-pin(ned) ~ (~)

~ **Eingelenkparabelträger** *m*, Eingelenkparabelbogen(träger) *m* · one-hinged parabolic arch(ed girder), one-pin(ned) ~ ~ (~), single-hinged ~ ~ (~), single-pin(ned) ~ ~ (~)

~ **Eingelenkträger** *m*, Eingelenkbogen(träger) *m* · one-hinged arch(ed girder), one-pin(ned) ~ (~), single-hinged ~ (~), single-pin(ned) ~ (~)

~ **Fachwerkträger** *m*, gekrümmtes Fachwerk *n*, Fachwerkbogen(träger) *m* · trussed arch(ed girder)

~ **Flansch** *m*, ~ Gurt *m*, gekrümmte Gurtung *f*, Bogenflansch, Bogengurt(ung) · arch(ed) boom, ~ chord, ~ flange

~ **Gelenkträger** *m* → Gelenkbogen(träger)

~ **Gurt** *m*, ~ Flansch *m*, gekrümmte Gurtung *f*, Bogenflansch, Bogengurt(ung) · arch(ed) boom, ~ chord, ~ flange

~ **Lamellenträger** *m*, ~ Brett~, ~ Schichtholzträger, Schichtholzbogen(träger) *m*, (Brett)Lamellenbogen(träger) · (glue(d)) laminated (timber) arch(ed girder); glulam (~) ~ (~) (US)

~ **Schichtholzträger** *m*, ~ (Brett)Lamellenträger, Schichtholzbogen(träger) *m*, (Brett)Lamellenbogen(träger) · (glue(d)) laminated (timber) arch(ed girder); glulam (~) ~ (~) (US)

~ **Spannbetonträger** *m*, Spannbetonbogenträger · prestressed (concrete) arch(ed girder), ~ (~) arch ~

~ **Stab** *m*, gekrümmtes Glied *n* · curved bar, ~ member, ~ element, ~ rod

~ **Stahlbetonträger** *m*, Stahlbetonbogenträger · reinforced (concrete) arch(ed girder), ~ (~) arch ~, R.C. ~ ~

~ **Träger** *m*, Bogen(träger) *m* [*Träger, der bei senkrechten Lasten nach außen gerichtete Stützkräfte (inclined reactions) auf die Auflager überträgt*] · arch(ed girder), curved ~

~ ~ **mit Zugband**, Bogen(träger) *m* ~ ~, Zugband-Bogen(träger) · bowstring girder

~ **Zweifeldparabelträger** *m*, Zweifeldparabelbogen(träger) *m* · two-span parabolic arch(ed girder)

~ **Zweigelenkträger** *m* → Zweigelenkbogen(träger)

~ ~ **mit kreisförmiger Achse** → Zweigelenkbogen(träger) ~ ~ ~

~ ~ ~ **parabelförmiger Achse** → Zweigelenkbogen(träger) ~ ~ ~

gekrümmtes Dach *n* · curved roof

~ **Erkerfenster** *n* · bow window [*A window of which the frame encloses a projecting curve-sided bay*]

~ **Fachwerk** *n*, gekrümmter Fachwerkträger *m*, Fachwerkbogen(träger) *m* · trussed arch(ed girder)

~ **Glied** *n*, gekrümmter Stab *m* · curved bar, ~ member, ~ element, ~ rod

~ **Wellalu(minium)** *n* · curved corrugated aluminum (US); ~ ~ aluminium (Brit.)

gekuppte Bürgersteigplatte *f* [*Eine Bürgersteigplatte, deren Oberfläche zur besseren Trockenhaltung und zur sicheren Begehbarkeit kreuzweise mit Rillen durchzogen ist. Dadurch werden* *auf der Oberfläche Kuppen gebildet]* · cross-grooved flag(stone), ~ paving flag

~ (Fuß)Bodenplatte *f [Eine (Fuß)Bodenplatte deren Oberfläche zur besseren Trockenhaltung und zur sicheren Begehbarkeit kreuzweise mit Rillen durchzogen ist. Dadurch werden auf der Oberfläche Kuppen gebildet]* · cross-grooved floor(ing) (finish) tile, ~ floor cover(-ing) ~

gekurvte Ziegeldecke *f*, Ziegelgewölbe *n*, Gewölbe aus Ziegelmauerwerk · (clay) brick vault

Gel *n [Gallertartig erstarrte kolloidale Lösung]* · gel

Geländehöhe *f*, Niveau *n* · level of ground, ground level, grade

Geländer *n* · railing

~baustoff *m* · railing material

~fitting *m*, Geländerformstück *n*, Rohr~ · tube railing fitting, barrel ~ ~, tubing ~ ~, pipe ~ ~, tubular ~ ~

~formstück *n*, Geländerfitting *m*, Rohr~ · tube railing fitting, barrel ~ ~, tubing ~ ~, pipe ~ ~, tubular ~ ~

~höhe *f* · railing height

~pfosten *m*, Geländerstütze *f*, Geländerstab *m* · handrail standard

~rohr *n* · railing tube, ~ barrel, ~ tubing

~stab *m*, Geländerpfosten *m*, Geländerstütze *f* · handrail standard

~stütze *f*, Geländerstab *m*, Geländerpfosten *m* · handrail standard

gelartige Verbindung *f* · gel-like compound

Gelatine *f* · gelatin(e)

gelber Ocker *m* · yellow ochre (Brit.); ~ ocher (US)

gelbes organisches Pigment *n* · yellow organic pigment

Gelbildung *f* · gel formation, gelling

Gelbpigment *n*, gelbes Pigment · yellow pigment

Gelenk *n* · hinge

~blatt *n*, Pendelblech *n [Pendelgelenk]* · pendulum plate, ~ leaf

~bogen(träger) *m*, gekrümmter Gelenkträger · pin(ned) arch(ed girder), linked ~ (~), hinged ~ (~), articulated ~ (~), pin-jointed ~ (~)

~druck *m* · hinge pressure

~(ein)wirkung *f* · hinge action

gelenkig (gelagert) · hinged

~ verbunden · pin-jointed

gelenkige Verbindung *f* → Gelenkverbindung

gelenkiger Knoten(punkt) *m* → Gelenkverbindung

Gelenk|kette *f* · chain of hinges

~knoten(punkt) *m* → Gelenkverbindung

~lager *n* · hinge bearing

~leuchte *f* · swivel luminaire (US); ~ light fitting (Brit.)

gelenklos, eingespannt *[Bogen; Träger]* · hingeless, encastré, fixed, with fixed ends, without articulations, rigid, no-hinged

Gelenk|mechanismus *m* · hinge mechanism

~pfette *f* · hinged purlin(e), linked ~, articulated ~, pin(ned) ~, pin-jointed ~

~polygon *n*, Seilpolygon, Seil(viel)eck *n*, Seilzug *m*, Seilplan *m* · funicular polygon, string ~

~polygongleichung *f* → Seilpolygongleichung

~punkt *m* · hinge point

~rahmen *m* · hinged frame, linked ~, articulated ~, pin(ned) ~, pin-jointed ~

~stab *m* · hinged bar, linked ~, articulated ~, pin(ned) ~, pin-jointed ~

~stoß *m* → Gelenkverbindung

~system *n*, Gelenkwerk *n* · articulated system, hinged ~, linked ~, pin(ned) ~, pin-jointed ~

~träger *m*, Gerberträger · Gerber girder, hinged ~; slung span continuous beam (Brit.)

~verbindung *f*, gelenkige Verbindung, Gelenkknoten(punkt) *m*, gelenkiger Knoten(punkt), Gelenkstoß *m* · hinged joint, articulated ~, linked ~, pin(ned) ~, ~ connection

~werk *n*, Gelenksystem *n* · articulated system, hinged ~, linked ~, pin(ned) ~, pin-jointed ~

~wirkung *f*, Gelenkeinwirkung · hinge action

Gelfestigkeit *f* · gel strength

Gelieren *n* · gelatinizing, livering, gelatinization *[The coagulation of a finishing material into a viscous, rubber-like mass]*

gelocht, durchlocht · perforated

gelochte (Dach)Unterlagsbahn *f*, durchlochte ~, Loch-(Dach)Unterlagsbahn · perforated (roof(ing)) base sheeting, ~ (~) deck(ing), ~ (~) substructure, ~ (~) substrate

~ Gipsdeckenplatte *f*, durchlochte ~, Loch-Gipsdeckenplatte · perforated gypsum ceiling board

~ Gipsfaserplatte *f* → durchlochte ~

~ Hartfaserplatte *f*, durchlochte ~, Hartfaserlochplatte · perforated fiber hardboard (US); ~ fibre ~ (Brit.)

~ Hinterlegung *f* → gelochter Träger

~ Pappe *f*, durchlochte ~ ,Lochpappe · cored paper, perforated ~ *[See remark under 'Pappe']*

~ Platte *f*, durchlochte ~, Lochplatte · perforated sheet, ~ board

~ Rücklage *f* → gelochter Träger

~ Sichtschutzwand *f*, durchlochte ~, Loch-Sichtschutzwand · pierced screen (wall)

~ Tafel *f*, durchlochte ~, Lochtafel · perforated panel

~ Trägerschicht *f* → gelochter Träger

~ Unterlage *f* → gelochter Träger

~ Unterlagsbahn *f* → ~ Dach~

~ Untersicht *f*, durchlochte ~, Loch-Untersicht · perforated visible underface, ~ ~ underside, ~ ~ soffit

gelochter Putzträger *m*, durchlochter ~, Loch-Putzträger · perforated lath(-ing)

~ Träger *m*, durchlochter ~, gelochte Trägerschicht *f*, durchlochte Trägerschicht, gelochte Hinterlegung *f*, durchlochte Hinterlegung, gelochte Unterlage *f*, durchlochte Unterlage, gelochte Rücklage, durchlochte Rücklage · perforated base, ~ backing, ~ underlay, ~ substrate

gelochtes Blech *n*, durchlochtes ~, Lochblech · perforated plate

~ ~ für Prüfsiebe, durchlochtes ~ ~, Lochblech ~ ~ · perforated plate for test sieves

~ Putzblech *n*, durchlochtes ~, Loch-Putzblech, Putz-Lochblech · perforated sheet metal lath(ing)

~ Rohr *n*, durchlochtes ~, Lochrohr · perforated pipe

~ Wellblechrohr *n*, durchlochtes ~, Wellblechlochrohr · perforated corrugated metal pipe

gelöscht, naß~ [*Kalk*] · slaked, run to putty, hydrated

Gelpore *f* · gel pore

Gelstruktur *f* · gel structure

Gelteilchen *n* · gel particle

Geltungsbereich *m* [*Norm*] · scope

Gelwasser *n* · gel water

gemagert, mager · lean

gemahlen · ground

gemahlene Schamotte *f* · grog

gemahlener Branntkalk *m*, Mahlkalk, ungelöschter gemahlener Kalk [*Fehlname: treibender Kalk*] · unslaked and ground quicklime

~ Gips *m*, Gipsmehl *m*, Gipspulver *n* · ground gypsum, powder(ed) ~, gypsum powder

~ massiger Bimsstein *m* → Traß

~ (Natur)Stein *m* · ground (natural) stone

~ Stück(en)kalk *m* [*Fehlname*] → Löschkalk

gemahlenes Gestein *n*, ~ Natur~ · ground rock

~ (Natur)Gestein *n* · ground rock

~ Pulver *n* · ground powder

Gemäldegalerie *f* · picture gallery

gemauerte Bauten *f*, Mauerwerkbauten · masonry (work) structures

~ Feuerbrücke *f*, Mauerwerkfeuerbrücke [*Teil einer Feuerung*] · masonry (work) bridge

~ Kuppel *f*, Mauerwerkkuppel · masonry (work) dome, ~ (~) cupola

~ Scheibe *f*, Mauerwerkscheibe · masonry (work) diaphragm

~ Sichtblende *f*, Mauerwerk-Sichtblende · masonry (work) screen

~ Wand *f* [*Fehlname*]; Mauer *f* · masonry wall

(~) Ziegelwand *f* [*Fehlnamen*]; Ziegelmauer *f* · (clay) brick wall

gemauerter Bogen *m*, Mauerwerkbogen · masonry (work) arch

~ Schornstein *m*, Mauerwerkschornstein · masonry (work) chimney

~ Wasserturm *m*, Mauerwerk-Wasserturm · masonry (work) water tower

gemauertes Bauwerk *n*, Mauerwerkbauwerk · masonry (work) structure

~ Grab *n*, Mauerwerkgrab · masonry (work) tomb

Gemeinde|haus *n*, kirchliches ~ · parish house, parochial ~

~ordnung *f* · bylaw

~raum *m*, Gemeindesaal *m* [*Kirche*] · main body (of a church), principal ~ (~ ~ ~)

~zentrum *n* · community centre (Brit.); ~ center (US)

gemeines Seegras *n* · eel grass [*A sea plant (Zostera marina) whose dried leaves when loosely packed are very sound absorbent*]

gemeinsames Aufmaß *n* · joint measurement

gemeinschaftliche Giebelhohlmauer *f*, Hohl-Feuermauer, Feuer-Hohlmauer, Brandhohlmauer, Hohlbrandmauer · hollow party (masonry) wall, cavity ~ (~) ~

~ Giebelmauer *f*, Brandmauer, Kommunmauer, Feuermauer [*DIN 4102, Blatt 2*] · party (masonry) wall [*A (masonry) wall separating adjoining buildings. Its primary function is to prevent the spread of fire between adjoining buildings and to provide an adequate degree of sound insulation*]

Gemeinschafts|anlage *f* · commun consumer system

~antenne *f* · central receiving aerial

~arbeit *f* · joint venture work

~einrichtungen *fpl* · communal services

~fernsehantenne *f* · central receiving T.V. aerial

~garage *f* · communal garage, common ~

~küche *f* · communal kitchen, common ~

~leistung *f* · team(-work) achievement, ~ project

~raum *m* · common room, communal ~, ~ lounge

~raum *m* [*Hotel*] · multifunctional room

~rundfunkantenne *f* · central receiving radio aerial

~stand *m*, Gruppenstand [*Auf einer Messe oder Ausstellung*] · group stand

~waschraum *m* · communal washroom, common ~

~zentrum *n* · social centre (Brit.); ~ center (US); civic ~

gemeinnütziges Wohnungsunternehmen *n* · mutual benefit building society

Gemenge *n* [*Gesamtheit der in einem bestimmten Verhältnis gemischten Rohstoffe für die Herstellung eines Erzeugnisses*] · composition

~, Masseversatz *m* [*Steinzeugindustrie*] · batch

gemessert, vermessert [*Furnier*] · sliced, flat-cut, knife cut

Gemisch *n*, Mischung *f* · mix(ture)

~aufbau *m*, Mischungsaufbau, Gemischzusammensetzung *f*, Mischungszusammensetzung · mix(ture) composition

~bestandteil *m*, Mischungsbestandteil, Mischungskomponente *f*, Gemischkomponente · mix(ture) component, (~) ingredient

~dosierung *f*, Mischungsdosierung · mix(ture) proportioning

~komponente *f*, Mischungskomponente, Mischungsbestandteil *m*, Gemischbestandteil · mix(ture) component, (~) ingredient

gemischt mechanisch-chemisches Sedimentgestein *n*, gemischtes ~ · mixed sedimentary rock

gemischte Bebauung *f* · mixed development

~ Raumzellenbauweise *f* · composite building block module method

gemischter Kalk *m*, hydraulischer ~ [*DIN 1060. Fehlnamen: Zementkalk, Schwarzkalk*] · semi-hydraulic lime, grey(stone) ~ [*It contains a smaller proportion of silicates and aluminates than eminently hydraulic lime and is intermediate in properties between this and non-hydraulic lime*]

gemischtes Sedimentgestein *n*, gemischt mechanisch-chemisches ~ · mixed sedimentary rock

gemischtkörnig · mixed-grained

Gemischzusammensetzung *f*, Mischungszusammensetzung, Gemischaufbau *m*, Mischungsaufbau · mix(ture) composition

Gemüse|abwaschtisch *m*, Gemüsespültisch, Gemüsespülausguß *m* · vegetable sink (unit) [*A vegetable sink (unit) has a compartment for washing and one for rinsing*]

~garten *m* · vegetable garden

~keller *m* · vegetable cellar

~lager *n* · vegetable stor(ag)e

(~)Putzraum *m* · vegetable preparation room

~spülausguß *m*, Gemüsespültisch *m*, Gemüseabwaschtisch · vegetable sink (unit) [*A vegetable sink (unit) has a compartment for washing and one for rinsing*]

~spültisch *m*, Gemüsespülausguß *m*, Gemüseabwaschtisch · vegetable sink (unit) [*A vegetable sink (unit) has a compartment for washing and one for rinsing*]

gemusterte Tapete *f* · patterned wallpaper

gemusterter Außen(ver)putz *m* · pargetting [*Exterior plastering of a timber-framed building, usually modelled in designs, e.g., vine pattern, foliage and figures*]

genagelter Balken(träger) *m* · nailed beam

~ Träger *m* · nailed girder

genageltes Bauwerk *n* · nailed structure

Genaubreite *f* · exact width

genaue plastische Theorie *f*, nichtlineare ~ ~ [*Bestimmen der Grenzlast eines Tragwerkes nach der Theorie 2. Ordnung bzw. Verhalten im überkritischen Bereich, d.h. unter Berücksichtigung des Einflusses endlicher Verformungen*] · nonlinear plastic theory, exact ~ ~

Genauhöhe *f* · exact height

Genauigkeit *f* · accuracy

~, Empfindlichkeit [*Waage*] · weighing sensitivity, ~ sensitiveness

Genauigkeitsgrad *m*, Maßabweichung *f*, Abmaß *n* [*DIN 18201. Der Unterschied zwischen Grenz- und Nennmaß*] · off-size, margin, deviation

Genau|kurve *f* · exact curve

~länge *f* · exact length

~wert *m* · exact value

~werttabelle *f* · exact value table

genehmigte Pläne *mpl* · approved (deposited) plans, ~ (~) drawings

geneigter Steg *m* · inclined web

geneigtes Dach *n* · pitched roof [*A roof the pitch of which is greater than 10° to the horizontal*]

~ Fundament *n* · sloped footing, ~ foundation [*A footing having sloping top or side faces*]

Generalhauptschlüssel *m* · grandmaster key

~anlage *f* · grandmaster-keyed series, series of grandmaster-keyed locks

~schloß *n* · grandmaster-keyed lock

General|plan *m* · master plan

~unternehmer *m* · general contractor

~unternehmerauftrag *m* · general contractor's order

~unternehmer-Festpreis-Angebot *n* · general contractor's fixed price offer (Brit.); ~ ~ ~ ~ bid (US)

~verkehrsplan *m* · master traffic plan

Generator|asche *f*, Gas~ · (gas) generator ash

~raum *m* · generator room

~schlacke *f*, Gas~ · (gas) generator cinder (US); (~) ~ clinker (Brit.)

~teer *m* · producer-gas tar

~teerpech *n* · producer-gas tar pitch

Genesungsheim *n*, Sanatorium *n* · convalescent centre (Brit.); ~ center (US); ~ home

genieteter Behälter *m* · riveted tank

~ Träger *m*, Nietträger · riveted (plate) girder

genietetes Flußstahlrohr *n* · riveted mild steel pipe, ~ m.s..~

~ Stahlrohr *n* · riveted steel pipe

genormt · standardized

genormte Mindestfestigkeit *f*, Normenmindestfestigkeit · standard minimum strength

(genörpeltes) Gartenklarglas *n* · horticultural cast glass, greenhouse ~ ~

genutet, lang~, gerillt · grooved, keyed

~, quer~ · trenched

genutete Deckenschalung *f* · groove(d) match ceiling boarding

genuteter und gespundeter Unterboden *m* · matched sub-floor

genutetes und gespundetes Holz *n* · matched lumber, ~ timber, ~ wood

geodätische Kuppel *f* · geodesic dome, geodetic ~, ~ cupola

geodätisches Bauwerk *n* · geodesic structure

geographische Lage *f* · geographic Location

Geometrie *f* **der Ebene**, Flächenlehre *f*, ebene Geometrie, Planimetrie · plane geometry

geometrisch deuten · to interpret geometrically, ~ explain ~

~ gestufte (Sieb)Reihe *f*, geometrische Abstufung *f* der Maschenweiten · geometrically progressing series

geometrische Behandlung *f* **der Fläche** · handling of plane surfaces

~ Darstellung *f*, Nomographie *f* · nomography

~ Form *f* · geometrical shape

~ Seillinienform *f* · geometric funicular form

~ Verzierung *f* · geometric ornament

Geometrischer Dekorationsstil *m* · Geometrical Decorated style

geometrisches Mittel *n* · geometrical mean

~ Motiv *n* · geometrical motif

~ Muster *n* · geometric(al) pattern

~ Ornament *n* · geometrical ornament

Georgskirche *f* · church of St George

Gepäck|abfertigung *f* · baggage handling

~abfertigungsanlage *f* · baggage-handling facility

~ablage *f* · bag(gage) shelf [*In a counter for small handbags and so on*]

~aufzug *m* · baggage elevator (US); ~ lift (Brit.)

~ausgaberaum *m* · baggage claim area

~bahnsteig *m* · baggage platform

~durchlauf *m* · baggage flow

~durchlaufroute *f*, Gepäckweg *m* · baggage flow route

~eingang *m* · baggage entrance

~flur *m*, Gepäckgang *m*, Gepäckkorridor *m* · baggage corridor

~förderanlage *f* · baggage-conveyance system

~gang *m*, Gepäckflur *m*, Gepäckkorridor *m* · baggage corridor

~karussell *n* · baggage roundabout [*Colloquially: magic roundabout*]

~keller *m* [*Hotel*] · baggage cellar

~korridor *m*, Gepäckflur *m*, Gepäckgang *m* · baggage corridor

~raum *m* · baggage room

~schalter *m* · baggage-handling counter

~schuppen *m* · baggage shed

~tunnel *m* · baggage way

~weg *m*, Gepäckdurchlaufroute *f* · baggage flow route

gepanzerte Ecke *f*, ~ Kante *f* · armoured corner (Brit.); armored ~ (US)

~ Kante *f*, ~ Ecke *f* · armoured corner (Brit.); armored ~ (US)

geprägt · embossed

geprägte Alu(minium)folie *f* · embossed aluminium foil (Brit.); ~ aluminum ~ (US)

gepreßte Asbestzementtafel *f* · compressed asbestos-cement panel

gepreßter Marmorbruch *m* · reconstituted marble [*Lumps of marble, unsuitable for cutting into slabs, are stacked in large moulds, the interstices filled with chippings and the whole resin-bonded under pressure. After curing the resultant block of reconstituted marble can be treated similarly to natural marble, and sawn into slabs or tiles which are usually available in either bonded or polished finish, at much lower prices than natural marble*]

~ Nagel *m* · pressed nail

~ Rohling *m*, ~ Ziegel~ · pressed raw (clay) brick

~ (Ziegel)Rohling *m* · pressed raw (clay) brick

gepreßtes Profil *n*, Preßprofil · pressed section, ~ unit, ~ shape, ~ trim, ~ profile

gepulvert → pulv(e)rig

gepulverte Eibischwurzel *f* · powdered hibiscus root

gepulverter Schwefel *m* · powder(ed) sulfur (US); ~ sulphur (Brit.)

geputzt mit Stuck, verputzt ~ ~ · coated with stucco

geradarmige Treppe *f* → gerad(läufig)e ~

Geradbogen *m* → scheitrechter Bogen

gerade dreiläufige Treppe *f* **mit gleichsinnigem Richtungswechsel** · half-turn stair(case) with landing(s)

~ Rampe *f* · straight ramp

~ Treppe *f* → geradläufige ~

~ zweiläufige Treppe *f* **mit Richtungswechsel,** gegenläufige Treppe · dog-leg stair(case)

gerader Bogen *m* → scheitrechter ~

~ Bordstein *m* · straight curb; ~ kerb (Brit.)

~ Kastenbalken(träger) *m* · straight box beam

gerades Band *n,* Langband, Zungenband [*Baubeschlag*] · cross garnet, tee hinge [*It is intended for hinging components of ledged construction, such as ledged, braced and battened doors, or where weight must be distributed over a large area*]

~ Rohr *n* · straight pipe

~ Schiebetor *n* [*Im Gegensatz zum Rundlauftor*] · straight sliding shutter door, ~ ~ shutterdoor

~ Tonnengewölbe *n,* Kufengewölbe · straight barrel vault

gerad(läufig)e Treppe *f,* geradlinige ~, geradarmige ~, Treppe mit geradem Lauf, Treppe mit geradem Arm · straight-flight stair(case)

gerad(linig)e Erzeugende *f* · straight generator

~ Interpolierung *f* · linear interpolation

~ (Natur)Steinbearbeitung *f* · (natural) stone cutting, straight-line work

~ Treppe *f* → gerad(läufig)e ~

Gerät *n* **zur Bestimmung des W/Z-Faktors** · ratiometer, concrete mix electric testing apparatus

Geräte|lüftungskanal *m* · appliance ventilation duct

~raum *m,* Abstellraum, Putzraum · cleaning equipment room, store ~

~raum *m,* Apparateraum · equipment room

~schrank *m* · equipment cupboard

~schuppen *m* · implement shed [*farm building*]

geräumig · spacious, roomy

Geräumigkeit *f* · spaciousness

Geräusch *n,* Wohn~ · room noise

~-Meldeanlage *f* [*Einbruchschutz*] · sonic alarm system

gerautet · with diamond pattern, diamond-patterned

gerautetes Glas *n,* Rautenglas, rautenförmig gemustertes Glas · diamond-patterned glass; lozenge ~ (US)

Gerber|gelenk *n,* Gerbersches Gelenk · Gerber hinge

~pfette *f* · Gerber purlin(e)

Gerbersche Momentenfläche *f* · Gerber's diagram of moments

Gerbersches Gelenk *n,* Gerbergelenk · Gerber hinge

Gerberträger *m,* Gelenkträger · hinged girder, Gerber ~; slung span continuous beam (Brit.)

Gerbsäure *f* · tannic acid

gereinigter Stil *m* · purified style, stripped-down ~

~ Trinidad-Asphalt *m,* Trinidad-Epuré *m* · Trinidad refined asphalt, ~ épuré, parianite

Gerichtsgebäude *n* · courthouse

geriefte Asbestzementplatte *f* · asbestos-cement fluted sheet, ~ ~ board

geriffelt · chanelled (Brit.); chaneled (US); checkered

geriffelte Folie *f,* Riffelfolie · channelled foil (Brit.); channeled ~ (US); checker(ed) ~

geriffeltes Blech *n,* geripptes ~, Riffelblech · channeled plate (US); channelled ~ (Brit.); checker(ed) ~

gerillter (Stab)Dübel *m* · grooved dowel, keyed ~

Gerippe *n* [*DIN 4103*] · studding [*A series of comparatively slender vertical structural members which, when closely spaced, form the principal supporting elements*]

~, Skelett *n,* Trag~ · (structural) skeleton, (load)bearing ~, weight-carrying ~

~ [*Gerippewand; Gerippetrennwand*] · studs

~bau *m,* Skelettbau, Trag~ · (structural) skeleton construction, (load)bearing ~ ~, weight-carrying ~ ~

~bauart *f,* Skelettbauart, Trag~ [*Bei dieser Bauart werden die senkrechten und waag(e)rechten Lasten von einem Gerippe oder Skelett aus waag(e)rechten und lotrechten Tragteilen – Dekkenträger und Stützen oder Säulen – übernommen, die biegefest miteinander verbunden sind. Die Wände werden nicht zum Tragen herangezogen, sie haben nur Aufgaben des Raumabschlusses und soweit erforderlich des Wärme- und Schallschutzes zu erfüllen*] · skeleton type of construction, ~ construction type

~bauart *f* [*Trennwandbau. DIN 4103*] · studs type of construction, ~ construction type

~glied *n,* Skelettglied · (structural) skeleton member, (load)bearing ~ ~, weight-carrying ~ ~

~(trenn)wand *f* [*DIN 4103. Sie besteht aus einem Gerippe, das auf einer oder auf beiden Seiten mit Platten bekleidet ist*] · stud partition (wall), ~ wall

~wand *f* · stud wall

gerippt · ribbed

gerippter Ovaldraht *m* · ribbed oval wire

geripptes Blech *n* → geriffeltes ~

~ Glas *n*, gestreiftes ~, Rippenglas · ribbed glass

gerissen · cracked

gerissene (Holz)Schindel *f*, (hand)gespaltene ~ · hand cleft (wood) shingle, ~ split (~) ~, riven (~) ~, (wood) shake

~ (Holz)Wandschindel *f*, (hand)gespaltene ~ · hand cleft (wood) siding shingle, ~ split (~) ~ ~, riven (~) ~ ~, siding (wood) shake

gerollter Niet *m* · spun rivet

Geruch|bekämpfung *f* · odour control (Brit.); odor ~ (US)

~belästigung *f* · odour nuisance (Brit.); odor ~ (US)

~beseitigungsmittel *n* · deodorizing material

geruchlos, geruchfrei · inodorous; odor(-) free (US); odour(-)free (Brit.)

Geruchlosigkeit *f* · freedom from odour (Brit.); ~ ~ odor (US)

geruchmild · low-odour (Brit.); low-odor (US)

Geruch|sperre *f* · odour barrier (Brit.); odor ~ (US)

(~)Verschluß *m*, Wasser~ [*DIN 1209 und 1210. Fehlnamen: Siphon, Syphon, Traps*] · trap [*A fitting or part of an appliance or pipe arranged to retain water so as to prevent the passage of foul air*]

(~)Verschluß *m* **mit abnehmbarem Unterteil,** Wasser~ ~ ~ ~ · trap with removable lower part

(~)Verschluß *m* **mit großer (Wasser-) Verschlußhöhe,** Wasser~ ~ ~ ~ · deep seal trap [*A trap having a water seal 3 in. or more deep*]

gerundete Treppe *f*, gewundene ~ · geometrical stair(case)

Gerüst *n* [*einer Kathedrale*] · structural framework

~baupolier *m* · foreman scaffolder

~brett *n* · scaffold board

~monteur *m* · scaffold(ing) erector

~rahmen *m* · scaffold(ing) frame

~rohr *n* · scaffold(ing) tube

~system *n* [*einer Kathedrale*] · structural framework system

~turm *m*, Stahl~ · tubular steel tower

gesackter Zement *m*, ab~ ~, ein~ ~, Sackzement · bagged cement, sacked ~

gesägte Schindel *f*, geschnittene ~, Maschinenschindel · sawn shingle

Gesamt|abmessung *f*, Gesamtmaß *n* · overall dimension

~anzahl *f* · total number

~armierungsfläche *f*, Gesamtbewehrungsfläche, Gesamtstahl(einlagen)fläche, Gesamteinlagenfläche · total steel area, ~ reinforcement ~, ~ reinforcing ~

~auflagerdruck *m* → Gesamtstützkraft

~bauvolumen *n* · overall volume of construction, total ~ ~ ~, aggregate ~ ~ ~

~beimengung *f*, Gesamtverunreinigung · total impurities

~belastung *f* · total loading

~bewehrungsfläche *f*, Gesamtarmierungsfläche, Gesamtstahl(einlagen)fläche, Gesamteinlagenfläche · total steel area, ~ reinforcement ~, ~ reinforcing ~

~bruch *m* · total failure

~bruchfestigkeit *f* · total failure strength

~deckendicke *f* · overall floor depth

~dehnungsenergie *f* · total strain energy

~dicke *f* · overall thickness, total ~

~druck *m* · total pressure

~durchschnitt *m* · overall average, total ~

~einlagenfläche *f*, Gesamtstahl(einlagen)fläche, Gesamtbewehrungsfläche, Gesamtarmierungsfläche · total steel area, ~ reinforcement ~, ~ reinforcing ~

~energie *f* · total energy

~-Etagenfläche *f*, Gesamt-Stockwerkfläche, Gesamt-Geschoßfläche · total floor space, aggregate ~ ~

~festigkeit *f* · total strength, overall ~

~form *f* · overall form

~gemisch *n*, Gesamtmischung *f* · total mix(ture)

~-Geschoßfläche *f*, Gesamt-Stockwerkfläche, Gesamt-Etagenfläche · aggregate floor space, total ~ ~

~härte *f* · total hardness

~höhe *f*, Höhe über alles · total height, overall ~, aggregate ~

~kosten *f* · overall cost, total ~, aggregate ~

~länge *f*, Länge über alles · total length, overall ~, aggregate ~

~last *f* · total load

~luftgehalt *m* · total air content

~maß *n*, Gesamtabmessung *f* · overall dimension

~mischung *f*, Gesamtgemisch *n* · total mix(ture)

~moment *n* · total moment

~planung *f* · overall planning

~preis *m* · cover price, total (~)

~querschnittfläche *f* · gross sectional area

~raum *m* [*Er besteht in einem Korngemisch aus Festraum + Hohlraum*] · total volume (including the voids)

~schule *f* · comprehensive school

~schwefel *m* · total sulphur (Brit.); ~ sulfur (US)

~schwefelgehalt *m* · total sulphur content (Brit.); ~ sulfur ~ (US)

~stabilität *f* · overall stability

~stahl(einlagen)fläche *f*, Gesamteinlagenfläche, Gesamtbewehrungsfläche, Gesamtarmierungsfläche · total steel area, ~ reinforcement ~, ~ reinforcing ~

~stahlfläche *f*, Gesamtstahleinlagenfläche, Gesamteinlagenfläche, Gesamtarmierungsfläche, Gesamtbewehrungsfläche · total steel area, ~ reinforcement ~, ~ reinforcing ~

~steifigkeit *f* · overall stiffness

~-Stockwerkfläche *f*, Gesamt-Geschoßfläche, Gesamt-Etagenfläche · total floor space, aggregate ~ ~

~stützkraft *f*, Gesamt-Auflagerwiderstand *m*, Gesamt-Auflagerreaktion *f*, Gesamtstützreaktion, Gesamt-Auflagerkraft, Gesamtstützwiderstand, Gesamtstützdruck *m*, Gesamtgegendruck, Gesamt-Auflagerdruck · total reaction, ~ reactive force

~trocknungszeit *f* · total drying time

~übersicht *f*, Übersichtsplan *m* · layout, ~ plan

~verbrauch *m* · total consumption, cumulative ~

~verformung *f* · total deformation

~verunreinigung *f*, Gesamtbeimengung · total impurities

~wandfläche *f* · total wall area

~wärmebedarf *m* · total heat requirement

~zusammenbruch *m* · overall collapse

~zuschlag(stoff) *m*, Zuschlag(stoff)gemisch *n*, Zuschlag(stoff)gemenge *n* · combined (construction) aggregate, total (~) ~

gesättigt · saturated

gesäumter (Fuß)Boden(belag) *m* · square-edge (floor) boarding

Geschäfte|komplex *m*, Ladenkomplex, (Ein)Kaufkomplex · (retail) shopping complex, (~) business ~, shops

~straße *f*, Ladenstraße, (Ein)Kaufstraße · (retail) shopping street, (~) ~ parade, (~) business ~, shops street, shops parade

Geschäfts|gebäude *n*, Geschäftshaus *n* · commercial building, ~ block [*A building used principally for business or professional practice*]

~gebiet *n*, Innenstadt, *f*, Stadtkern *m*, Kerngebiet, Stadtzentrum *n* · business area, central ~, ~ district, nucleus, heart of the town, city (area); centre of the town (Brit.)

~straße *f* · business (local) street

~viertel *n*, Geschäftszentrum *n* · business centre (Brit.); ~ center (US)

~zentrum *n*, Geschäftsviertel *n* · business centre (Brit.); ~ center (US)

geschältes Furnier *n*, rund~ ~, (Rund-)Schälfurnier · rotary(-cut) veneer, peeled ~ [*Usually called 'commercial veneer'*]

geschäumt [*Kunststoff*] · foamed [*Foamed plastics are those produced from a liquid mix*]; [*Expanded plastics are those produced from a solid material and are usually of closed cell construction*]

geschäumte Hochofenschlacke *f*, schaumige ~, aufgeblähte ~, (Hochofen-)Schaumschlacke [*Die gebrochene geschäumte Hochofenschlacke wird „Hüttenbims" oder „Kunstbims" genannt*] · foamed (blastfurnace) slag [*B.S. 877*]; expanded cinder, (US); expanded slag, lightweight slag

geschichtetes Blockmauerwerk *n*, Schicht(en)-Blockmauerwerk · coursed blockwork, ~ block masonry (work)

~ Bruchsteinmauerwerk *n* · coursed rubble masonry (work), ~ ~ work [*Masonry (work) composed of roughly shaped stones fitting approximately on level beds and well bonded*]

~ Mauerwerk *n*, Schicht(en)mauerwerk · coursed masonry (work)

Geschirr|spülausguß *m*, Geschirrspültisch *m*, Geschirrabwaschtisch · wash-up sink (unit), dishwashing ~ (~) [*B.S. 1206. Wash-up sinks of large size for kitchens in hotels and large institutions are usually galvanized or stainless steel or, sometimes, they are made of teak in order to minimise breakage of crockery*]

(~)Spülraum *m*, Spülküche *f* · wash-up

Geschlechterturm *m*, Wohnturm [*Wohnturm des Adels in einer Stadt. Der Eingang lag oft wie beim Bergfried hoch, als Abschluß findet man häufig Zinnen. Geschlechtertürme kommen hauptsächlich in Italien (Florenz, S. Gimignano, Bologna, Pavia) vor und sind im deutschen Mittelalter selten*] · fortress-house tower

geschleifter Spitzbogen *m*, gedrückter ~ · four-centred arch (Brit.); four-centered ~ (US); depressed ~ [*A pointed arch of four arcs, the two outer and lower ones springing from centres on the springing line, the two inner and upper arcs from centres below the springing line*]

geschleudert [*Betonrohr; Betonmast*] · centrifugally cast, spun

geschliffen · ground

geschliffenes Hohlglas *n* · cut glass; deep cut [*This term should preferably not be used. Glass decorated by grinding figures or patterns on its surface over an abrasive wheel, followed by polishing*]

geschlitzt · slotted

geschlitzter Keilringdübel *m* · wedge (-type) split ring (connector)

~ Ringdübel *m* · split ring (connector)

geschlitztes Rohr *n*, Schlitzrohr · slotted pipe

geschlossen [*Wandfläche*] · plain [*wall surface*]

~ (abgestuft), dicht, hohlraumarm · dense(-graded)

~ abgestufte Mineralmasse *f*, ~ abgestuftes Mineralgemisch *n* · dense (-graded) (mineral) aggregate, close-graded (~) ~, DGA

~ abgestufter Asphaltbeton *m* · close-graded aggregate asphalt(ic) concrete

~ abgestuftes Mineralgemisch *n*, ~ abgestufte Mineralmasse *f* · dense(-graded) (mineral) aggregate, close-graded (~) ~, DGA

geschlossene Deckenscheiben *fpl* · monolithically assembled floor panels

~ Kante *f* · compact edge

~ Raumzelle *f* · closed building block module

~ Untersicht *f* → ebene ~

~ Wand *f* · blank wall

~ Zelle *f* · closed cell

(geschlossener) Kanal *m* · duct [*A tube or other provision for the passage of air, gas or services*]

Geschlossenheit *f* · self-containedness, unity

geschlossenzellig [*Kunststoffmasse*] · with closed cells

geschmeidig · resilient

geschmiedeter Nagel *m* · forged nail

~ Stahl *m* · forged steel, FST

geschmolzener Füller *m*, ~ Füllstoff *m* [*z.B. Glaspuder*] · molten filler, ~ dust

~ Füllstoff *m*, ~ Füller *m* [*z.B. Glaspuder*] · molten filler, ~ dust

geschmolzenes Lot *n* · molten solder

geschmückt, verziert · ornamented, adorned

geschnittene Kante *f*, Schnittkante · cut edge

~ Schindel *f*, gesägte ~, Maschinenschindel · sawn shingle

geschnittener Nagel *m*, Schnittnagel · cut (steel) nail [*B.S. 1202*]

Geschoß *n*, Etage *f*, Stockwerk *n* · story (US); storey (Brit.); floor

~bau *m* → Geschoßgebäude

~decke *f* → (Gebäude)Decke

~deckenunterzug *m* → Deckenunterzug

~ebene *f*, Etagenebene, Stockwerkebene · floor level; story ~ (US); storey ~ (Brit.)

~eigentum *n*, Etageneigentum Stockwerkeigentum · freehold flat

~fläche *f*, Stockwerkfläche, Etagenfläche · floor area

~flächenziffer *f*, Stockwerkflächenziffer, Etagenflächenziffer, GFZ · floor space index

~gebäude *n*, Geschoßhaus *n*, Geschoßbau *m*, Stockwerkgebäude, Stockwerkhaus, Stockwerkbau, Etagengebäude, Etagenhaus, Etagenbau · multi-story building (US); multi-storey ~ (Brit.); multi-floor ~

~grundriß *m*, Etagengrundriß, Stockwerkgrundriß · floor (ground(-))plan; story ~ (US); storey ~ (Brit.); ~ base

~haus *n* → Geschoßgebäude

~heizung *f*, Stockwerkheizung, Etagenheizung · single-storey heating system (Brit.); single-story ~ ~ (US); single-floor ~ ~

geschoßhoch, stockwerkhoch · of storey height (Brit.); ~ story ~ (US)

Geschoß|höhe *f*, Etagenhöhe, Stockwerkhöhe [*DIN 4171. Geschoßhöhen im Industriebau DIN 4171*] · story height (US); storey ~ (Brit.); floor ~ [*The height between the upper reference floor planes of adjacent zones, i.e. from the top of the floor finish in each case*]

~podest *n* → Geschoßtreppenpodest

~rahmen *m*, Stockwerkrahmen · story frame (US); storey ~ (Brit.)

~rampe *f* · ramp between stories, ~ ~ floors

~-Regelgrundriß *m*, Stockwerk-Regelgrundriß, Etagen-Regelgrundriß · typical floor plan, ~ ~ base, type-plan of floor, type-base of floor

~-Spannbetondecke *f* → Gebäude-Spannbetondecke

~treppe *f*, Etagentreppe, Stockwerktreppe · inter-floor stair(case)

~(treppen)podest *n*, Etagen(treppen)podest, Stockwerk(treppen)podest · floor landing; story ~ (US); storey ~ (Brit.)

~verkehr *m*, Stockwerkverkehr, Etagenverkehr · interfloor traffic

(~)Wohnung *f* **ohne Komfort,** Stockwerkwohnung ~ ~, Etagenwohnung ~ ~ · cold water flat, ~ ~ apartment (unit)

(~)Wohnung *f* → Etagenwohnung

(~)Wohn(ungs)fläche *f*, Stockwerkwohn(ungs)fläche, Etagenwohn(ungs)fläche · apartment (unit) floor space, flat ~ ~; living unit ~ ~ (US)

geschroteter Kork *m*, Korkschrot · granulated cork, granular ~

Geschützbronze *f* · gunmetal [*It contains 90 per cent copper and 10 per cent tin*]

geschützte Methode *f*, geschütztes Verfahren *n* · trademark system, ~ method

geschütztes Verfahren *n*, geschützte Methode *f* · trademark system, ~ method

geschweifter Giebel *m*, kurvenförmiger ~, Rundgiebel · curved gable

~ Kielbogen *m* → Eselsrücken

geschweiftes Dach *n*, Bohlen(sparren)-dach · curved plank roof

geschweißte Armierung *f*, ~ Bewehrung, ~ (Stahl)Einlagen *fpl* · welded reinforcement

~ Maschenmatte *f*, Schweißmaschenmatte · welded (metal) mesh, ~ wire ~

~ Schmelze *f*, ~ Schmelzung *f* [*Stahl*] · welded heat

~ Stahlhochbauten *fpl* [*DIN 4100*] · welded rising (steel) structures

~ zweiteilige Zwei-Fenstertafel *f*, zweiteilige geschweißte ~ · two-window welded sectional panel, ~ ~ two-piece ~

geschweißter Artikel *m*, ~ Gegenstand *m*, geschweißtes Erzeugnis *n*, Schweißerzeugnis, Schweißartikel, Schweißgegenstand · welded article, ~ product

geschweißter Behälter *m* · welded tank

~ Gegenstand *m*, ~ Artikel *m*, geschweißtes Erzeugnis *n*, Schweißartikel, Schweißerzeugnis, Schweißgegenstand · welded article, ~ product

~ Stahlhochbau *m*, geschweißtes Stahlhochbauwerk *n* · welded rising steel structure

~ Stoß *m*, Schweißverbindung *f* · welded joint

~ Trägeranschluß *m* · welded column-girder connection

geschweißtes Drahtgewebe *f*, ~ Rabitzgewebe · welded wire lath(ing)

~ Erzeugnis *n*, geschweißter Gegenstand *m*, geschweißter Artikel *m*, Schweißerzeugnis, Schweißartikel, Schweißgegenstand · welded article, ~ product

~ Rohr *n*, Schweißrohr · welded pipe

~ Spiralrohr *n* · spiral weld pipe

~ Stahlhochbauwerk *n*, geschweißter Stahlhochbau *m* · welded rising steel structure

~ Stahlrohr *n* · welded steel pipe

Geschwindgips *m* [*Ein besonders schnell abbindender Modellgips*] · rapid-setting moulding plaster (Brit.); ~ molding ~ (US)

geschwindigkeitsabhängig [*(Werk-) Stoffverhalten*] · rate sensitive

Geschwindigkeitsplan *m* [*Alle Punkte einer kinematischen Kette erfahren bei Verschiebung eines Punktes eine zwangläufige Richtung und Geschwindigkeit. Diese werden zeichnerisch mit dem Geschwindigkeitsplan bestimmt*] · diagram of velocities

Gesellschafts|raum *m*, Gesellschaftszimmer *n* [*Hotel*] · general public room

~zimmer *n*, Gesellschaftsraum *m* [*Hotel*] · general public room

Gesetze *npl* **von Raum und Farbe** · laws of space and colo(u)r

gesiebt, (korn)abgestuft [*Mineralmasse*] · graded, screened

gesiebter (Beton)Zuschlag(stoff) *m*, abgestufter ~ · graded (concrete) aggregate, screened (~) ~

(Ge)Sims *m*, (*n*) · cornice [*Any projecting ornamental moulding along the top of a building, wall, arch, etc., finishing or crowning it*]

~abdeckung *f* **aus Blech**, (Ge)Simsblech *n* · (flexible) metal cornice flashing (piece), sheet ~ ~ ~ (~)

~blech *n*, (Ge)Simsabdeckung *f* aus Blech · (flexible) metal cornice flashing (piece), sheet ~ ~ ~ (~)

~stein *m* · cornice stone

~träger *m*, Telamon *m*, Gebälkträger, Atlant *m* · atlante, male caryatid [*Carved male figure used instead of columns to support an entablature in classic architecture*]

gesintert · sintered

gesinterte Steinzeug(belag)platte *f*, ~ Steinzeugfliese *f* · sintered stoneware tile

gesinterter Betonzuschlag(stoff) *m* · sintered concrete aggregate

~ Ton *m*, Tonsinter *m*, Sinterton · sintered clay

~ Zuschlag(stoff) *m* · sintered (construction) aggregate

gesintertes Bindemittel *n* · sintered binder

~ Nylon *n* · sintered nylon

gespaltene (Holz)Schindel *f*, hand~ ~, gerissene ~ · hand cleft (wood) shingle, ~ split (~) ~, riven (~) ~, (wood) shake

gespaltenes Glas *n* · cleaved glass

gespannte Haut *f* · stressed skin

~ Membran(e) *f* · stressed membrane

gespannter Sattdampf *m* · high pressure live steam

gespeicherte Wärme *f* · stored heat, retained ~

Gespinst *n* · strand [*B.S. 3447 und ASTM C 162–56*], continuous ~ [*A plurality of glass filaments in parallel bonded with a size*]

gespitzt [*Werksteinbearbeitungsart*] · pointed

gesponnenes Glas *n*, Langfasern *fpl*, Glasgespinst *n* · long glass fibres (Brit.); ~ ~ fibers (US); (glass) silk, spun glass

gesprenkelt · speckled

gespritzt · spray-painted

gespritzte Metallschicht *f*, gespritzter Metallüberzug *m* · metallic sprayed coat(ing)

gespritzter Metallüberzug *m*, gespritzte Metallschicht *f* · metallic sprayed coat(ing)

gespundet · tongued and grooved (together), matched

gespundeter (Fuß)Boden(belag) *m* · tongued-and-grooved (floor) boarding, matched (~) ~

gestaffeltes Gebäude *n* · building of staggered design, block ~ ~ ~

Gestalt|änderung *f*, Verformung, Formänderung · deformation

~änderungsenergie *f* · deformation energy

~änderungsarbeit *f* · deformation work

~beiwert *m*, Beiwert von der Gestalt des Bauwerkes abhängig [*Windlast*] · shape coefficient

gestaltende Kunst *f* · constructive art

gestaltendes Strangpreßprofil *n*, ~ Strangpreßerzeugnis *n* · architectural extruded section, ~ ~ shape, ~ ~ unit, ~ ~ product, ~ ~ profile, ~ extrusion

gestalterische Einheit *f* · unity of composition, ~ ~ design

gestalterischer Baustoff *m* · creative design material

Gestalt|festigkeit *f* · stability of shape

~losigkeit *f* · shapelessness

Gestaltung *f*, Ausbildung, Form *f* · form

Gestaltungs|faktor *m*, Gestaltungselement *n*, Zug *m*, Stilelement, Stilfaktor, Form *f* · (architectural) feature, (~) device, (~) detail, (~) element, style ~

~frage *f* · design problem

gestauchter Nagel *m* · lost head nail

~ Stift *m* · panel pin

Gestein *n*, Natur~ · rock

Gesteins|art *f* · rock type, type of rock

~korn *n*, Partikelchen *n*, Körnchen, (Einzel)Korn, (Einzel)Teilchen [*Mineralmasse*] · grain, particle

~mehl *n* · rock flour

~probe *f*, Gesteinsprüfung *f*, Gesteinsversuch *m* · aggregate test, rock ~

~prüfung *f*, Gesteinsversuch *m*, Gesteinsprobe *f* · aggregate test, rock ~

~versuch *m*, Gesteinsprüfung *f*, Gesteinsprobe *f* · aggregate test, rock ~

Gesteinswolle *f*, Steinwolle · rock wool

~(bau)matte *f*, Steinwolle(bau)matte, Gesteinswolleisoliermatte, Steinwolleisoliermatte · rock wool (building) quilt [*It has a high density*]

~(bau)platte *f*, Steinwolle(bau)platte · rock wool (building) slab, ~ ~ (~) board, ~ ~ (~) sheet, ~ ~ sheeting board

~dämmaterial *n*, Steinwolledämmaterial, Gesteinswolledämmstoff *m*, Steinwolledämmstoff · rock wool insulation (-grade) material, ~ ~ insulating ~, ~ ~ insulator, ~ ~ insulant

~dämmatte *f*, Steinwolledämmatte, Steinwolle(bau)matte, Gesteinswolle(bau)matte · rock wool (building) mat [*It has a low density*]

~dämmplatte *f*, Steinwolledämmplatte · rock wool insulation(-grade) slab, ~ ~ insulating ~

~dämmstoff *m*, Steinwolledämmstoff, Gesteinswolledämmaterial *n*, Steinwolledämmaterial · rock wool insulation (-grade) material, ~ ~ insulating ~ ~ ~ insulator, ~ ~ insulant

~faser *f*, Steinwollefaser · rock wool fiber (US); ~ ~ fibre (Brit.)

~filz *m*, Steinwollefilz · rock wool felt

~isoliermatte *f*, Steinwolleisoliermatte, Steinwolle(bau)matte, Gesteinswolle(bau)matte · rock wool (building) quilt [*It has a high density*]

~matte *f*, Gesteinswollebaumatte, Steinwolle(bau)matte, Gesteinwolleisoliermatte, Steinwolleisoliermatte · rock wool (building) quilt [*It has a high density*]

~platte *f*, Gesteinswollebauplatte, Steinwolle(bau)platte · rock wool (building) slab, ~ ~ (~) board, ~ ~ (~) sheet, ~ ~ sheeting board

gestelzter Bogen *m*, gefußter ~, überhöhter ~, Stelzbogen · stilted arch [*It has its springing line raised by vertical piers above the impost level*]

gesteppt · stitched

gestockt, aufgespitzt · bush-hammered

gestockte Oberflächenbehandlung *f*, aufgespitzte ~ · bush hammer finish, bush-hammered ~

gestockter (Ver)Putz *m*, aufgespitzter ~ · bush-hammer(ed) plaster

gestoßen · butted

gestreckt [*mit Streckmittelzusatz*] · extended

gestreckter 90°-Krümmer *m* · sweep long quarter bend

gestreiftes Glas *n*, geripptes ~, Rippenglas · ribbed glass

gestrichelte Linie *f* · intermittent line

gestuftes Härten *n*, Warmbadhärten, Thermalhärten · martempering

gestülpte Holzdecke *f*, Stülpdecke · clincher-built (wood(en)) ceiling, ~ timber ~

gesunder fester Ast *m* [*Parkettstab*] · sound tight knot

Gesundheitsbehörde *f* · public health authority

gesundheitsschädliche (Gelände-) Auffüllung *f* · offensive fill(ing) of ground

Gesundheitstechnik *f* · sanitation engineering

gesundheitstechnische Anlagen *fpl* · sanitation equipment

geteert · tarred

geteilte Würfelform *f* · split-cube mould (Brit.); ~ mold (US)

geteiltes T-Stück *n* · split tee, ~ T

getont · toned

Getränkelager *n* · beverage store

getränkt, imprägniert · saturated, impregnated

getränkter Exp.-Korkstein *m*, imprägnierter ~ · impregnated expanded cork brick, saturated ~ ~ ~

getränktes Papier *n*, imprägniertes ~ · saturated paper, impregnated ~

Getreide|lagerung *f* · grain storage

~mühle *f*, (Mehl)Mühle · flour mill

~schuppen *m* · granary

~silo *m* · grain (storage) silo

~stärkekleister *m* · cereal starch paste

(~)Stroh *n* · straw

getrennte Bauweise *f* **mit Verbund** [*Estrichverlegung*] · separate construction [*Once the base has set and hardened, monolithic construction can no longer be used. It may however be possible to prepare the base in such a way that a good degree of bonding can be obtained*]

~ Entwässerung *f* · separate drainage

Gettaniagummi *m*, Gummi plasticum, Percha *n*, Guttapercha, Tubangummi · gutta-percha

Gewächshaus *n* [*DIN 11535 Bl. 1*] · greenhouse, glass-house

gewalzt · rolled

~ aus · roll formed from

gewalzter (Beton)Rundstahl *m* [*DIN 488*] · rolled round bars

~ Winkel *m*, gewalztes Winkelprofil *n*, Walz-Winkel(profil) · rolled angle (section), ~ ~ bar, ~ L-section

gewalztes Glas *n* · rolled glass [*A.S.T.M. C 162–56*]

~ Rohglas *n* · rough cast glass [*Rolled translucent glass, one surface of which has a definite texture, made by rolling molten glass either on a table or between rollers. B.S. 3447*]

~ U-Profil *n*, Walz-U-Profil · rolled channel (section), ~ U-shaped ~

~ Winkelprofil *n*, gewalzter Winkel *m*, Walz-Winkel(profil) · rolled angle (section), ~ ~ bar, ~ L-section

Gewände *n* · jamb, ingoing [*The vertical face inside an opening, to the full thickness of a wall*]

~aufstand *m* · jamb footing, ingoing ~

~block(stein) *m*, Gewändestein · jamb block, ~ tile, ingoing ~ [*See remark under 'Block'*]

~dübel *m* · jamb dowel, ingoing ~

~führung *f* [*Tor*] · jamb guide, ingoing ~

~-Führungsschiene *f* · jamb track, ingoing ~

Gewändeholz|auskleidung *f*, Gewändeholzverkleidung, Gewändeholzbekleidung · jamb lining, ingoing ~, casing [*Wood lining at the sides of door or window openings*]

~bekleidung *f*, Gewändeholzauskleidung, Gewändeholzverkleidung · jamb lining, ingoing ~, casing [*Wood lining at the sides of door or window openings*]

~verkleidung *f* → Gewändeholzauskleidung

Gewändepfosten *m* · jamb post, ingoing ~

~, Fenstersäule *f*, Fensterständer *m* [*Fach(werk)wand*] · window stud, ~ post

Gewände|stand(fläche) *m*, (*f*) · jamb support(ing area), ingoing ~ (~)

~stein *m*, Natur~ · (natural) jamb stone, (~) ingoing ~

~stein *m*, Gewändeblock(stein) *m* · jamb block, ~ tile, ingoing ~ [*See remark under 'Block'*]

gewaschener Kies *m*, Waschkies · washed gravel

~ Sand *m*, Waschsand · washed sand

Gewebe *n* · cloth, woven fabric; fabric [*misnomer*] [*A woven fabric of wool, cotton, rayon, wire, etc. The word 'fabric' has many meanings and there is no all-embracing equivalent in German for it. The word 'fabric' may mean 1. A woven, felted, or knitted material, as cloth felt, hosiery, or lace; also, the material used in its making. 2. Something that has been fabricated, constructed, or put together; any complex construction. 3. An edifice: St. Paul's, that noble fabric. 4. The manner of construction: workmanship; texture: cloth of a very intricate fabric. 5. The texture or structure of igneous rock. (Geol.)*]

~anschluß *m* · cloth flashing, membrane ~; fabric ~ [*misnomer*] [*See remark under 'Anschluß'*]

~anschluß(streifen) *m* · cloth flashing (piece), membrane ~ (~); fabric (~) ~ [*misnomer*]

~bahn *f* · cloth sheet(ing); fabric ~ [*misnomer*]

~bauplatte *f* [*Aus mehreren imprägnierten Jutelagen unter hydraulischem Druck gepreßte Platte*] · jute board, ~ sheet

~draht *m* · cloth wire; fabric ~ [*misnomer*] [*See remark under 'Gewebe'*]

~einlage *f* · cloth insert(ion); fabric ~ [*misnomer*]

~hinterlegung *f*, Gewebeunterlage *f*, Geweberücken *m*, Geweberücklage, Gewebeträger(schicht) *m*, (*f*) · cloth base, ~ backing, ~ underlay; fabric ~ [*misnomer*]

~-Kunstleder *n*, Wachstuch *n*, Ledertuch · coated cloth, leathercloth; coated fabric, leatherfabric [*misnomers*]

~lage *f* · cloth ply; fabric ~ [*misnomer*]

~rücken *m*, Geweberücklage *f*, Gewebeträger(schicht) *m*, (*f*), Gewebehinterlegung *f*, Gewebeunterlage · cloth base, ~ backing, ~ underlay; fabric ~ [*misnomer*]

~rücklage *f*, Gewebeträger(schicht) *m*, (*f*), Geweberücken *m*, Gewebeunterlage, Gewebehinterlegung *f* · cloth base, ~ backing, ~ underlay; fabric ~ [*misnomer*]

~träger(schicht) *m*, (*f*), Gewebehinterlegung *f*, Gewebeunterlage *f*, Geweberücken *m*, Geweberücklage · cloth base, ~ backing, ~ underlay; fabric ~ [*misnomer*]

~unterlage *f*, Gewebehinterlegung *f*, Geweberücken *m*, Geweberücklage, Gewebeträger(schicht) *m*, (*f*) · cloth base, ~ backing, ~ underlay; fabric ~ [*misnomer*]

gewebeverstärkt · cloth-reinforced, woven fabric-reinforced; fabric-reinforced [*misnomer*]

Gewehrschießstand *m* · rifle range

geweihter Tempelbezirk *m* → Altis

gewellte Akustiktafel *f*, ~ Schallschlucktafel, Wellakustiktafel, Wellschallschlucktafel · corrugated acoustic(al) panel, ~ sound-control ~, ~ (sound) absorbent ~, ~ (sound) absorbing ~

~ Asbestzementtafel *f*, Asbestzement-Welltafel, Wellasbestzementtafel [*DIN 274*] · asbestos-cement corrugated panel, corrugated asbestos-cement ~; cement asbestos corrugated ~, corrugated cement asbestos ~ (US)

~ Eternitplatte *f*, Well-Eternitplatte, Eternit-Wellplatte · Eternit corrugated sheet, ~ ~ board

~ Eternitplatten *fpl* → Eternit-Wellplatten

~ Kunststoffplatte *f*, Kunststoffwellplatte · plastic corrugated sheet, ~ ~ board

~ Schallschlucktafel *f*, ~ Akustiktafel, Wellakustiktafel, Wellschallschlucktafel · corrugated acoustic(al) panel, ~ sound-control ~, ~ (sound) absorbent ~, ~ (sound) absorbing ~

~ Tafel *f*, Welltafel · corrugated panel

~ Zementbedachung *f*, ~ Zementdach(ein)deckung, ~ Zement(ein)deckung, gewellter Zementdachbelag *m* · corrugated cement board roof cladding, ~ ~ sheet ~ ~, ~ ~ ~ ~ covering, ~ ~ ~ ~ sheathing, ~ ~ ~ roofing

gewellter Nagel *m*, Wellennagel · corrugated fastener

gewelltes Glas *n*, Well(en)glas · corrugated (rolled) glass

~ Tonnengewölbe *n*, gewellte Tonne *f* · corrugated barrel vault, ~ tunnel ~, ~ wagon ~

gewendelte Treppe *f*, Wendeltreppe · spiral stair(case)

~ ~ mit offener Spindel, Wendeltreppe ~ ~ ~ · helical stair(case), open well ~, open-newel ~

Gewerbelänge *f*, Länge der Scharnierrolle · knuckle length

gewerbliches Abwasser *n* · trade waste, ~ effluent [*The fluid discharge from any manufacturing process*]

~ Gebäude *n* · business building, ~ block

Gewerk *n* · trade

Gewicht *n* · weight

~ je Raumeinheit → Wichte

Gewichtsannahme *f* · weight assumption, ~ hypothesis

gewich(s)(ein)sparend · weight-saving

Gewichts|einsparung *f*, Gewichtsersparnis *f* · saving in weight

~ermitt(e)lung *f* · weight determination

~ersparnis *f*, Gewichtseinsparung *f* · saving in weight

~konstanz *f* · constant weight

~prozente *npl*, Gewichtsprozentsatz *m*, Gewichtsteile *mpl*, *npl* · percentage by weight

~prozentsatz *m*, Gewichtsprozente *npl*, Gewichtsteile *mpl*, *npl* · percentage by weight

~prüfer *m* · weighometer

gewicht(s)sparend, gewicht(s)einsparend · weight-saving

Gewichts|tabelle *f* · weight table

~teil *m*, *n*, Gwtl., GT · percent by weight

~teile *mpl*, *npl*, Gewichtsprozente *npl*, Gewichtsprozentsatz *m* · percentage by weight

Gewinde *n* · thread

~bolzen *m*, (Schrauben)Bolzen · (screwed) bolt

~flansch *m* [*DIN 2563–2569*] · thread(ed) flange

gewindelos · threadless

~nagel *m* · thread(ed) nail

~rohr *n* · thread(ed) pipe

gewindeschneidende Schraube *f* · self-tapping screw

Gewinde|stab *m* · thread(ed) rod

~verankerung *f* · threaded anchorage

gewöhnlicher Beton *m*, Normalbeton, Schwerbeton [*Rohdichten von 1,9 bis 2,5 kg/dm³*] · normal(-weight) concrete

~ Stahlbeton *m*, Normal-Stahlbeton, Schwer-Stahlbeton · normal(-weight) reinforced concrete, ~ R.C.

~ Syenit *m*, Kalkalkalisyenit · calc-alkali syenite

gewöhnliches Schloß *n* · non-safety lock

Gewölbe *n* · vault [*Vault is a structural covering for a space, generally of curved surface and employing the arch principle in construction. Also, the term is used loosely to designate any curved ceiling of a room regardless of construction. The word is also applied to a place especially built for protection of valuables and to a masonry enclosure for a tomb*]

~ aus Ziegelmauerwerk, Ziegelgewölbe, gekurvte Ziegeldecke *f* · (clay) brick vault

~(ab)deckung *f*, Abdeckung des Gewölbes · vault coping

~achse *f* · vault axis; ~ center line (US); ~ centre line (Brit.)

~anfänger *m*, Gewölbeanwölber, Gewölbeanfangsstein *m*, Gewölbekämpferstein · vault springer

~anfangsstein *m*, Gewölbekämpferstein, Gewölbeanfänger *m*, Gewölbeanwölber · vault springer

~anwölber *m*, Gewölbeanfänger, Gewölbekämpferstein *m*, Gewölbeanfangsstein · vault springer

~art *f* · type of vault

~ausbildung *f* · vaulting

~auskleidung *f*, Gewölbeverkleidung, Gewölbebekleidung · vault lining, ~ (sur)facing

~bau *m* · vault construction

~baumaterial *n* [*Schweiz*]; Gewölbebaustoff *m* · vault construction material

~baustoff *m*; Gewölbebaumaterial *n* [*Schweiz*] · vault construction material

~bau(werk) *m*, (*n*) · vault(ed) structure

~bekleidung *f*, Gewölbeauskleidung, Gewölbeverkleidung · vault lining, ~ (sur)facing

~beton *m* · vaulted concrete

~dach *n* · vault(ed) roof

~decke *f*, Deckengewölbe *n* · vault(ed) ceiling, concave ~

~deckung *f*, Gewölbeabdeckung, Abdeckung des Gewölbes · vault coping

~dicke *f* [*Fehlname: Gewölbestärke f. Höhe der vorderen Ansichtsfläche eines Gewölbes*] · vault depth, ~ thickness

~dienst *m* · vaulting shaft

~druck *m* · vault pressure

~feld *n* · severy [*A bay or compartment of a vault*]

~fläche *f* · vaulting surface

~gang *m* · vaulted corridor

(~)Grat *m* · groin [*The sharp edge formed by the intersection of vaulting surfaces*]

~höhe *f* → Gewölbepfeil(höhe)

(~)Joch *n* [*Einheit eines gewölbten Kirchenraumes zwischen zwei Hauptstützen*] · (vault) bay

(~)Joch(ein)teilung *f* · division into (vault) bays

~kammer *f* · vaulted chamber

Gewölbekämpfer *m* · vault impost

~stein *m*, Gewölbeanfangsstein, Gewölbeanfänger *m*, Gewölbeanwölber · vault springer

Gewölbekappe *f*, Rippen~ · cell, web [*One of the compartments of a rib(bed) vault*]

~, Tonnen(gewölbe)kappe [*Eines der vier Teilstücke des Kreuz(grat)gewölbes, das aus zwei sich rechtwinklig schneidenden Tonnengewölben gleichen Querschnittes entsteht*] · web, cell [*One of the compartments of a groin(ed) vault*]

Gewölbe|(keil)stein *m*, Wölbstein, Wölber *m* · vault (wedge(-shaped)) block

~linie *f*, Gewölbeprofil *n* · outline of vault

~malerei *f* · vault painting

~mauerwerk *n* · vaulting masonry (work)

~pfeil(höhe) *m*, (*f*), Gewölbestich(-höhe), Gewölbehöhe [*Höhe eines Gewölbes, gemessen als senkrechter Abstand zwischen Kämpferebene und Schlußstein*] · vault rise

~profil *n*, Gewölbelinie *f* · outline of vault

~raster *m* · vault grid

~rippe *f* · vault rib

~rücken *m* → Rücken

~schale *f*, Wölbung *f* [*Die massive Konstruktion in der ganzen Ausdehnung eines Gewölbefelds*] · vaulting

~scheitelstein *m*, Gewölbeschlußstein · vault apex block, ~ top ~, ~ vertex ~, ~ key ~, ~ crown ~

~schenkel *m* · vault haunch

~schlußstein *m* → Gewölbescheitelstein

~schub *m* · vault thrust

~spannweite *f* · vault span

~stärke *f* [*Fehlname*]; Gewölbedicke *f* [*Höhe der vorderen Ansichtsfläche eines Gewölbes*] · vault depth, ~ thickness

~stein *m*, Gewölbekeilstein, Wölber *m*, Wölbstein · vault (wedge(-shaped)) block

~stich(höhe) *m*, (*f*) → Gewölbepfeil(-höhe)

~theorie *f* · vault theory

~trägerdecke *f*, Schürmannsche Decke · Schürmann's ceiling, arched ~

~verband *m* · vault bond

~verkleidung *f*, Gewölbebekleidung, Gewölbeauskleidung · vault lining, ~ (sur)facing

~widerlager *n* · vault (a)butment

~wirkung *f* · vault action

~ziegel *m* ·vault brick

~zwickel *m* · vault spandrel

gewölbte Decke *f* · vaulted ceiling

~ Fläche *f* · vaulted area

(~) Kappe *f*, Kappengewölbe *n* · cap (vault)

~ Platte *f* · vaulted plate, ~ slab

gewölbter Gratziegel *m* · bonnet hip tile

gewölbtes Blech *n*, bombiertes ~ · metal plate curved in two planes

~ Dach *n* · vaulted roof

~ Glas *n*, bombiertes ~ · glass curved in two planes

~ Wellblech *n*, bombiertes ~ · corrugated sheet curved in two planes

gewundene Treppe *f*, gerundete ~ · geometrical stair(case)

gewundener Gurt(bogen) *m* · moulded transverse arch (Brit.); molded ~ ~ (US)

Geyser *m*, (Durchlauf-)Gaswasserheizer · instantaneous gas water heater, non-storage ~ ~ ~, flow-type ~ ~ ~, ~ ~ ~ heating appliance

gezahnter Spa(ch)tel *m* · serrated trowel

gezinnt, mit Zinnen (versehen), bezinnt, krenelliert · battlemented, with raised portions, with merlons, castellated, decorated with battlements, embattled, crenellated

gezogen · drawn

gezogene Diagonale *f* → Zugdiagonale

~ Schräge *f* → Zugdiagonale

gezogener Bauteil *m*, gezogenes ~ *n* [*unter Zug stehend*] · compound unit under tension

~ Blei-Geruchverschluß *m* · drawn lead trap [*B.S. 504*]

~ Draht *m* · drawn wire

~ Stab *m*, Zugstab, gezogenes Glied *n*, Zugglied · tension element, ~ member, ~ bar, ~ rod, tie

gezogenes Antikglas *n* · antique drawn glass

~ Blei *n* · drawn lead

~ Glied *n*, Zugglied, gezogener Stab *m*, Zugstab · tension element, ~ member, ~ bar, ~ rod, tie

~ Profil *n* · drawn section, ~ shape, ~ unit, ~ profile

~ Walzenglas *n*, ~ Zylinderglas · drawn cylinder glass

~ Zylinderglas *n*, ~ Walzenglas · drawn cylinder glass

GFK *m*, Glasfaserkunststoff *m*, Glasfaserschichtstoff, glasfaserverstärkter Kunststoff · glass reinforced laminate, fibrous glass reinforced plastic; glass fiber reinforced plastic (US); glass fibre reinforced plastic (Brit.); FRP, grp, GRP

GFK-Platte *f*, glasfaserverstärkte Kunststoffplatte · glass fibre(-reinforced) plastic sheet, ~ ~ ~ board (Brit.); ~ fiber(-reinforced) ~ ~ (US)

GFZ *f*, Geschoßflächenziffer *f*, Etagenflächenziffer, Stockwerkflächenziffer · floor space index

GGL, Grauguß *m* (mit Lamellengraphit), Gußeisen *n* mit Lamellengraphit · gray cast iron, grey ~ ~, ~ C. I.

Gibbsit *m*, Hydrargillit · hydrargillite, gibbsite [*1. A trihydrate of alumina, $Al_2O_3 \cdot 3H_2O$. 2. A rock containing a major proportion of this mineral*]

~erzeugnis *n* [*Vorwiegend aus Gibbsit hergestelltes feuerfestes Erzeugnis mit hohem Tonerdegehalt*] · gibbsite refractory (product), ~ ~ material

Gichtstaub *m* · blastfurnace flue dust

Giebel *m* · gable [*That portion of a wall contained between the slopes of a double-sloped roof or that portion contained between the slope of a single-sloped roof and a line projected horizontally through the lowest elevation of the roof construction*]

(~)Akroterion *n*, (Giebel)Akroterium *n* [*Bekrönendes Element, meist aufrechtstehende Giebelverzierung an Tempeln, Stelen usw. und zwar sowohl der Spitze als auch der seitlichen Ecken eines Giebeldreiecks*] · acroterion

~balken *m*, Ortbalken · top beam

~belüftung *f* · gable inlet ventilation, ~ ~ venting

Giebelchen *n* · gablet

Giebel|dach *n* · saddle roof, gable ~, double-pitch ~, ridge ~

~feld *n*, Tympanon *n* · tympanum [*The face of a pediment between the level and the raking mouldings; or the space between the lintel of a door and a relieving arch above it*]

~fenster *n* · gable window

~gaube *f*, Giebelgaupe, Dachhäuschen *n* · gable(d) (roof) dormer, gablet ~

~haus *n* · gable(d) house

~hausgrab *n* · sepulcher resembling a pitch-roofed house (US); sepulchre ~ ~ ~ ~ (Brit.)

~kreuz *n* · gable cross [*A decorative cross surmounting the gable of a church building*]

~malerei *f* · gable painting

~mauer *f* · gable masonry wall

~platte *f* · gable slab

~rahmen *m* · gable(d) frame

~schlußstein *m* · apex stone, saddle ~ [*The top stone in a gable end*]

~spitze *f* · gable peak

~stufe *f* · corbiestep, crow step [*One of a series of steps forming the roofs of certain gable(d) houses*]

~turm *m* · gable tower

~wand *f* · gable wall [*An end wall having a gable*]

~wand *f* [*Fehlname*]; Stirnwand · end wall, flank ~

~ziegel *m* · gable brick

Gießen *n*, Guß *m* · cast

Gießerei *f*, Gießhalle *f* · cast(ing) bay, ~ house

(~)Formsand *m* · moulding sand (Brit.); molding ~ (US)

~gebäude *n* · foundry building

~schlacke *f* · foundry slag

Gießer(ei)schwärze *f* · founder's black, facing, black(en)ing, blackwash

gießfähig · pourable

gießfähiger Beton *m*, flüssiger ~, Gußbeton, Rinnenbeton [*Dieser Beton ist so weich, daß er ohne Entmischung in Rinnen von etwa 25° Gefälle fließt. Der große Wasserzusatz zur Erzielung einer solchen Fähigkeit ergibt eine geringe Güte. Dieser Beton wird daher heute kaum noch verwendet*] · chuted concrete

Gieß|halle *f*, Gießerei *f* · cast(ing) bay, ~ house

~harz *n*, Schmelzharz · cast(ing) resin

~konsistenz *f*, Gießsteife *f* · pour(able) consistence, ~ consistency

~löffel *m* [*Maurerwerkzeug*] · ladle

~masse *f* [*allgemein*] · casting composition, ~ compound, ~ mass, ~ material

~masse *f*, Ausgußmasse, Fugen~, Fugen(verguß)masse, Vergußmasse · (joint) pouring compound

~ring *m* · casting ring

~schlicker *m* · casting-slip

~steife *f*, Gießkonsistenz *f* · pour(able) consistence, ~ consistency

~ton *m* · foundry clay, ladle ~

~verfahren *n* · casting process [*A process of shaping glass by pouring it into a mould or on to a table or passing it between rollers*]

Giftdusche *f* · decontamination shower

giftfrei · non-toxic

giftige (Anstrich)Farbe *f* · toxic paint

Giftschrank *m* · dangerous drug cupboard, poison ~

gilben, ver~ · to yellow

Gilben *n*, Ver~ · yellowing [*The development of a yellow colour on ageing; most noticeable in the dried films of white paints or clear varnishes*]

gilbend, ver~ · yellowing

Gilden|halle *f* · guild-hall

~haus *n* · guild-house

gilbungsfrei, ver~, nicht(ver)gilbend · non-yellowing

Gilsonitasphalt *m*, Uintait *m* · gilsonite, uintaite

Gips *m*, $CaSO_4 \cdot 2\,H_2O$ · gypsum [*It is a naturally occurring mineral composed of hydrous calcium sulphate with two molecules of combined water and having the chemical formula $CaSO_4 \cdot 2\,H_2O$. It is also formed as a by-product of the manufacture of phosphate fertilisers by the treatment of phosphate rock with sulphuric acid, and gypsum plasters are made from both the natural gypsum and this by-product*]

~(ab)binde(zeit)verzögerer *m*, Gipserstarrungs(zeit)verzögerer, Gips(er)härtungs(zeit)verzögerer · gypsum retarder, ~ retarding agent [*A substance which, when present in small quantities, delays the setting and hardening of gypsum in a controllable way*]

~akustikfliese *f*, Gipsakustikplatte *f*, Gipsschallschluckplatte, Gipsschallschluckfliese, Gipskartonschlitzplatte · slotted (gypsum) acoustic(al) plasterboard, ~ (~) sound-control ~, ~ (~) (sound) absorbent ~, ~ (~) (sound) absorbing ~, ~ (~) (sound) absorptive ~ [*In Scotland, a (gypsum) plasterboard is called 'plate'*]

~akustikplatte *f* → Gipsakustikfliese

~anreicherung *f* · benefication of low-grade gypsum

~art *f* · type of gypsum

~artikel *m*, Gipsgegenstand *m*, Gipserzeugnis *n* · gypsum product, ~ article

~(bau)einheit *f* [*Fehlname*] → Gips(bau)element

~element *n*, Gips(bau)körper *m*, Gipsmontageelement, Gipsmontagekörper, Gipsfertig(bau)element, Gipsfertig(bau)körper [*Fehlnamen: Gips(bau)einheit f; Gipsmontageeinheit*] · gypsum (building) unit, ~ (~) member, ~ (~) component

~körper *m* → Gips(bau)element

Gipsbau|material *n* [*Schweiz*]; Gipsbaustoff *m* · gypsum building material

~platte *f*, Gipsplatte, Bau-Gipsplatte · gypsum (building) board, ~ (~) sheet

Gips(bau)platten|decke *f*, Bau-Gipsplattendecke · gypsum (building) board ceiling, ~ (~) sheet ~

~trennwand *f*, Bau-Gipsplattentrennwand · gypsum (building) board partition, ~ (~) sheet ~

Gips|baustein *m*, Gipsblock *m*, Gips(block)stein · gypsum (building) block, ~ (~) tile [*See remark under 'Block'*]

~baustoff *m*; Gipsbaumaterial *n* [*Schweiz*] · gypsum building material

~bautafel *f* [*als Putzträger*] · gypsum lath, sheet of gypsum plasterboard

~beton *m* [*Estrichgips mit $^1/_1$ bis $^1/_3$ Rtl. Schlacken, Ziegelbruch u.a. (seltener mit Kiessand)*] · gypsum concrete

~betonblock(stein) *m*, Gipsbetonstein · gypsum concrete block, ~ ~ tile [*See remark under 'Block'*]

~betonstein *m*, Gipsbetonblock(stein) *m* · gypsum concrete block, ~ ~ tile [*See remark under 'Block'*]

~bett *n* [*Prüfung der Scheiteldrucklas- von Rohren*] · fillet of plaster of Paris

~bindezeitverzögerer *m* → Gipsabbinde(zeit)verzögerer

~block *m*, Gips(block)stein *m*, Gipsbaustein · gypsum (building) block, ~ (~) tile [*See remark under 'Block'*]

~block *m*, Gipssteinblock [*Naturstein*] · gypsum block

~(block)stein *m*, Gipsblock *m*, Gipsbaustein · gypsum (building) block, ~ (~) tile [*See remark under 'Block'*]

~bodenestrich *m*, Gipsfußbodenestrich, Feg *m* · plaster jointless floor(ing)

~brecher *m* · gypsum breaker, ~ crusher

~brei *m*, Gipspaste *f* · gypsum paste, ~ putty

~brennen *n* [*Erhitzen des Gipssteines über die Gluthöhe hinaus*] · high-temperature calcination of (raw) gypsum

~bruch *m* · gypsum quarry

Gipsdach|hohlstein *m* · hollow gypsum roof(ing) block, ~ ~ ~ tile

~platte *f* [*Eine Gipsplatte, die als Dachplatte an Stelle von Dachschalung, Pappe und Latten auf die Dachsparren genagelt wird und die Dachziegel trägt*] · gypsum roof(ing) board, ~ ~ slab

~stein *m* · gypsum roof(ing) block, ~ ~ tile

~vollstein *m* · solid gypsum roof(ing) block, ~ ~ ~ tile

Gips|decke *f*, Gips-Unterdecke · gypsum plaster ceiling

~deckenblock(stein) *m* → Gipsdeckenstein

~(decken)füllblock(stein) *m* → Gipsdeckenstein

Gips-Deckenhohl|block *m*, Gips-Deckenhohl(block)stein *m*, Gips-Hohldecken(block)stein, Gips-Hohldeckenblock · gypsum hollow floor tile, ~ floor pot [*See remark under 'Block'*]

~(block)stein *m*, Gips-Deckenhohlblock *m*, Gips-Hohldecken(block)stein, Gips-Hohldeckenblock · gypsum hollow floor tile, ~ floor pot [*See remark under 'Block'*]

Gipsdecken|platte *f*, Deckenplatte aus Gips [*DIN 18169*] · gypsum ceiling board

~stein *m*, Gipsdeckenblock(stein) *m*, Gips(decken)füllstein, Gips(decken)füllblock(stein) · gypsum filler (block), ~ ~ tile [*See remark under 'Block(stein)'*]

Gipsdiele *f* · gypsum plank; board lath (US) [*A gypsum plasterboard of a thickness greater than* $^1/_2$ *in. and made in widths of not more than 2 ft.*]

~ mit Schilfrohreinlage · gypsum plank with reed; board lath ~ ~ (US)

Gipselement *n* → Gips(bau)element

Gipserbeil *n* · lath hammer [*A tool with a serrated hammer face and a hatchet blade, the latter being provided with a V-shaped slot on one side for extracting nails*]

Gips|erde *f* · gypsum earth, gypsite [*A gypsum variety containing dirt and sand*]

~(er)härtungs(zeit)verzögerer *m*, Gipserstarrungs(zeit)verzögerer, Gips(ab)binde(zeit)verzögerer · gypsum retarder, ~ retarding agent [*A substance which, when present in small quantities, delays the setting* and *hardening of gypsum in a controllable way*]

Gipser|nagel *m* · lath(ing) nail

~raum *m* [*Krankenhaus*] · plaster room

Gips|erstarrungs(zeit)verzögerer *m*, Gips(ab)binde(zeit)verzögerer, Gips(er)härtungs(zeit)verzögerer · gypsum retarder, ~ retarding agent [*A substance which, when present in small quantities, delays the setting* and *hardening of gypsum in a controllable way*]

~erzeugnis *n*, Gipsartikel *m*, Gipsgegenstand *m* · gypsum product, ~ article

~estrich *m* · calcium sulphate plaster screed (Brit.); ~ sulfate ~ ~ (US)

~fels *m*, kompakter Gips *m*, dichter Gips · compact gypsum, gypseous solid rock

Gipsfertig|(bau)element *n* → Gips(bau)element

~(bau)körper *m* → Gips(bau)element

~mörtel *m*, Gipsfertigputzmörtel, Gipstrocken(putz)mörtel, Gipstrockenputzmasse *f*, Gipsfertigputzmasse · gypsum ready-mix(ed) plaster, ~ ~ stuff, ready-mix(ed) gypsum ~, prepared gypsum ~, premix(ed) gypsum ~, ready-mix(ed) light(weight) gypsum plaster, premix(ed) light(weight) gypsum plaster

~putzmasse *f*, Gipstrockenputzmasse, Gipstrocken(putz)mörtel *m*, Gipsfertig(putz)mörtel · gypsum ready-mix(ed) plaster, ~ ~ ~ stuff, ready-mix(ed) gypsum ~, prepared gypsum ~, premix(ed) gypsum ~, ready-mix(ed) light(weight) gypsum plaster, premix(ed) light(weight) gypsum plaster

~(putz)mörtel *m*, Gipstrocken(putz)mörtel, Gipstrockenputzmasse *f*, Gipsfertigputzmasse · gypsum ready-mix(ed) plaster, ~ ~ stuff, ready-mix(ed) gypsum ~, prepared gypsum ~, premix(ed) gypsum ~, ready-mix(ed) light(weight) gypsum plaster, premix(ed) light(weight) gypsum plaster,

Gipsfluat *n* [*Ein Silicofluorid als Gipshärtemittel*] · fluosilicate hardener for gypsum, fluate ~ ~ ~

Gipsform *f* · plaster mould (Brit.); ~ mold (US)

~stück *n* · (pre)cast gypsum product, prefab(ricated) ~ ~, gypsum (pre-)cast building unit, gypsum prefab(ricated) building unit

gipsfrei · gypsum-free, gypsum-less

Gips|füllblock(stein) *m* → Gipsdeckenstein

~(fuß)bodenestrich *m*, Feg *m* · plaster jointless floor(ing)

gipsgebunden · gypsum-bound

Gips|gegenstand *m*, Gipserzeugnis *n*, Gipsartikel *m* · gypsum product, ~ article

~gehalt *m* · gypsum content

~gestein *n* → Rohgips

~(ge)steinmehl *n*, Rohgipsmehl, Naturgipsmehl · gypsum meal

~glätt(innen)putz *m*, glatter Gips(innen)putz · smooth gypsum plaster

~glättputz *m*, Gipsglättinnenputz, glatter Gips(innen)putz · smooth gypsum plaster

~grob(ver)putz *m* → Innen~

~grundputz *m* → (Innen)Gipsgrundverputz

~grund(ver)putz *m* → Innen~

~haarkalkmörtel *m* · hair-fibered gypsum-lime mortar (US); hair-fibred ~ ~ (Brit.)

~haft(ver)putz *m* → Gips(innen)haftverputz

gipshaltig · gypsum based

gipshaltiger Mörtel *m* · gypsum based mortar

Gips|hängeplatte *f* · suspension gypsum slab

~härtemittel *n*, Gipshärter *m*, Gipshärtungsstoff *m*, Gipshärtungsmittel · hardener for gypsum, hardening agent ~ ~

~härter *m*, Gipshärtemittel *n*, Gipshärtungsstoff *m*, Gipshärtungsmittel · hardener for gypsum, hardening agent ~ ~

Gipshärtungs|mittel *n*, Gipshärtungsstoff *m*, Gipshärter *m*, Gipshärtemittel · hardener for gypsum, hardening agent ~ ~

~stoff *m*, Gipshärtungsmittel *n*, Gipshärtemittel, Gipshärter *m* · hardener for gypsum, hardening agent ~ ~

Gips-Hohl|baustein *m* → Gips-Hohlblock(stein)

~block(stein) *m*, Gips-Hohlstein, Hohl-Gips(block)stein, Hohl-Gipsblock, Hohl-Gipsbaustein, Gips-Hohlbaustein · hollow gypsum (building) block, ~ ~ (~) tile [*See remark under 'Block'*]

~decken(block)stein *m*, Gips-Hohldeckenblock *m*, Gips-Deckenhohl(block)stein, Gips-Deckenhohlblock · gypsum hollow floor tile, ~ floor pot [*See remark under 'Block'*]

~diele *f*, Hohlgipsdiele · hollow (-core) gypsum plank; ~ board lath (US)

~stein *m* → Gips-Hohlblock(stein)

~tafel *f*, Hohlgipstafel · hollow plaster panel

Gips|industrie *f* · gypsum industry

~(innen)haft(ver)putz *m* · gypsum bond(ing) plaster [*A specially formulated gypsum plaster designed as first coat application over smooth concrete and plasterboard*]

Gipskalk|(innen)(ver)putz *m* · gypsum-lime plaster

~mörtel *m* [*Der Gipsanteil ist größer als der Kalkanteil. Sonst Kalkgipsmörtel*] · gypsum-lime mortar

~putz *m* → Gipskalk(innen)verputz

~putzmasse *f*, Gipskalkputzmörtel *m* · gypsum-lime stuff, ~ mix(ture)

~putzmörtel *m*, Gipskalkputzmasse *f* · gypsum-lime stuff, ~ mix(ture)

~(ver)putz *m* → Gipskalk(innen)verputz

Gipskarton|-Bauplatte *f* [*Im Gegensatz zu der Gipskarton-Stuckplatte ist die Gipskarton-Bauplatte unverputzt*] · unplastered (gypsum) plasterboard, ~ ~ board; ~ plate [*Scotland*]

~-Bauplatten-Wand *f* · dry wall

~-Dämmplatte *f*, Dämm-Gipskartonplatte · insulating (gypsum) plasterboard, ~ ~ board; ~ plate [*Scotland*] [*A gypsum plasterboard (except perforated type) with a bright metal veneer of low emissivity on one or both sides*]

~-Deckenbauplatte *f* · unplastered (gypsum) ceiling plasterboard, ~ ~ ~ board; ~ ceiling plate [*Scotland*]

(Gipskarton-)Decken|putzträgerplatte *f* → (Gipskarton-)Deckenstuckplatte

~stuckplatte *f*, (Gipskarton-)Stuckdekkenplatte, (Gipskarton-)Deckenputzträgerplatte, (Gipskarton-)Putzträgerdekkenplatte · gypsum ceiling baseboard, ceiling gypsum ~

(Gipskarton-)Kleinstuckplatte *f*, (Gipskarton-)Kleinputzträgerplatte · gypsum lath; plaster ~ [*deprecated*] [*A gypsum plasterboard designed to receive gypsum plaster. It is produced in relatively small sheets and has a specially designed edge*]

Gipskartonlochplatte *f* → Gipsakustikfliese

Gipskartonplatte *f* [*DIN 18180 und 18181*] · (gypsum) plasterboard (sheet), ~ board; plate [*Scotland*] [*A building board composed of a core of set gypsum plaster or anhydrite plaster, enclosed between, and firmly bonded to, two sheets of heavy paper. The core may be solid or cellular gypsum or gypsum containing a small proportion of fibre. B.S. 1230*]

~ für Außenverwendung · (gypsum) sheathing plasterboard, ~ ~ board; sheathing plate [*Scotland*] [*A gypsum board usually tongued and grooved, covered with a weatherproof(ed) paper for use as exterior sheathing*]

~ mit Lochung → Gipsakustikfliese

Gipskartonplatten|decke *f* · dry ceiling (gypsum) plasterboard (sheet) ~, gypsum board ~; plate ~ [*Scotland*]

~trennwand *f* · (gypsum) plasterboard (sheet) partition (wall), ~ board ~ (~); plate ~ (~) [*Scotland*]

~wand *f* · (gypsum) plaster-board (sheet) wall, gypsum board ~; plate ~ [*Scotland*]

(Gipskarton-)Putzträger|deckenplatte *f* → (Gipskarton-)Deckenstuckplatte

~platte *f* → (Gipskarton-)Stuckplatte

~platte *f* **mit Lochung,** (Gipskarton-) Stuckplatte ~ ~ · perforated (gypsum) baseboard, ~ ~ board; ~ plate [*Scotland*] [*A gypsum baseboard or lath having equally spaced circular large perforations designed to provide a mechanical key for plaster*]

~plattenputz *m*, (Gipskarton-)Stuckplattenputz · board finish plaster [*It is used for single coat work on gypsum baseboard*]

~wandplatte *f* → (Gipskarton-)Stuckwandplatte

Gipskartonschlitzplatte *f* → Gipsakustikfliese

(Gipskarton-)Stuck|deckenplatte *f* → (Gipskarton-)Deckenstuckplatte

~platte *f*, (Gipskarton-)Putzträgerplatte · gypsum baseboard [*A gypsum plasterboard designed to receive gypsum plaster. For this purpose it has a suitable paper surface and normally square edges*]

~platte *f* **mit Lochung,** (Gipskarton-) Putzträgerplatte ~ ~ · perforated (gypsum) baseboard, ~ ~ board; ~ plate [*Scotland*] [*A gypsum baseboard or lath having equally spaced circular large perforations designed to provide a mechanical key for plaster*]

~plattenputz *m*, (Gipskarton-)Putzträgerplattenputz · board finish plaster [*It is used for single coat work on gypsum baseboard*]

~wandplatte *f*, (Gipskarton-)Wandstuckplatte, (Gipskarton-)Putzträgerwandplatte, (Gipskarton-)Wandputzträgerplatte · gypsum wall baseboard, wall gypsum ~

Gipskartontafel *f* · (gypsum) plasterboard panel, ~ board ~; plate ~ [*Scotland*]

~trennwand *f* · (gypsum) plasterboard panel partition (wall), ~ board ~ ~ (~); plate ~ ~ (~) [*Scotland*]

Gipskarton|-Verbundplatte *f* · (gypsum) composite plasterboard, ~ ~ board; composite plate [*Scotland*]

~-Wandbauplatte *f* · unplastered (gypsum) wall plasterboard, ~ ~ wallboard; ~ plate for walls [*Scotland*]

~-Wandplatte *f* · gypsum wallboard; plate for walls [*Scotland*] [*A gypsum plasterboard having its faces either self-finished or designed to receive decoration direct without first applying a plaster coat or coats. The surface of the back of the board is designed to receive gypsum plaster. The edges may be square or specially* shaped]

(Gipskarton-)Wand|putzträgerplatte *f* → (Gipskarton-)Stuckwandplatte

~Wandstuckplatte *f* → (Gipskarton-) Stuckwandplatte

Gips|kassettenplatte *f* · gypsum waffle slab, ~ coffer ~, ~ pan(el) ~, ~ casette ~

~kern *m* · gypsum core, core of gypsum

(~)Kessel *m* · (gypsum) pan

~kochen *n* [*Erhitzen des Gipssteines bei verhältnismäßig niedrigen Temperaturen. Bei diesem Erhitzen unterhalb der Gluthöhe entweicht das Wasser mit zischendem Geräusch, was sich wie das Sieden von Wasser anhört*] · low-temperature calcination of (raw) gypsum

~körper *m* → Gips(bau)element

~kuchen *m*, Probekuchen aus Gips · circular-domed pat of gypsum, gypsum pat

~lager *n* [*Krankenhaus*] · plaster store

~leicht(bau)stein *m*, Gipsleicht(bau)-block(stein) *m* · light(weight) gypsum partition tile

~leiste *f* · plaster screed [*A band of plaster carefully laid to the correct surface as a guide for the rule when plastering. The band is level with the final surface*]

~mehl *n*, gemahlener Gips *m*, Gipspulver *n* · ground gypsum, powder(ed) ~, gypsum powder

~mergel *m* · gypseous marl

~mörtel *m* [*Er hat nur Gips als Bindemittel und keine Zuschläge. Gips muß solange langsam in Wasser eingestreut werden, bis auf der Oberfläche trockene Flecken auftreten. Verzögerungsmittel mussen vorher im Wasser gelöst werden*] · gypsum mortar

~paste *f*, Gipsbrei *m* · gypsum paste, ~ putty

~platte *f*, Gipsbauplatte, Bau-Gipsplatte · gypsum (building) board, ~ (~) sheet

Gipsplatten|decke *f*, Gipsbauplattendecke, Bau-Gipsplattendecke · gypsum (building) board ceiling, ~ (~) sheet ~

~trennwand *f*, Gipsbauplattentrennwand, Bau-Gipsplattentrennwand · gypsum (building) board partition, ~ (~) sheet ~

Gips|pulver *n*, gemahlener Gips *m*, Gipsmehl *n* · ground gypsum, powder(ed) ~, gypsum powder

~punkt *m* · plaster dab [*A small lump of gypsum plaster which sticks to brickwork or lathing and is used as a fixing for wall tiles, marble facing, or joinery*]

~putz *m*, Gipsverputz [*Oberbegriff für Gipsinnen(ver)putz und Gipsaußen(ver)putz*] · gypsum finish

Gipsputzmasse *f* → Gipsputzmörtel

~ mit Portlandzementzusatz, Gipsputzmörtel *m* ~ ~ · gypsum cement [*A proportion of portland cement is added to the base coat*]

Gipsputzmörtel *m*, Gipsputzmasse *f* · gypsum stuff, ~ plastering mortar, (~) plaster (mix(ture)) [*A mix(ture) based on gypsum plaster, with or without the addition of aggregate, hair or other materials, which is applied while plastic to internal building surfaces and which hardens after application*]

~ mit Portlandzementzusatz, Gipsputzmasse *f* ~ ~ · gypsum cement [*A proportion of portland cement is added to the base coat*]

Gipsputzriß *m* · gypsum plaster crack

Gipssand *m* (Geol.) · gypsum sand, gypseous ~

~(innen)(ver)putz *m* · gypsum-sand plaster, sand-gypsum ~

~mörtel *m* · gypsum-sand mortar

~putz *m* → Gipssand(innen)verputz

~(ver)putz *m* → Gipssand(innen)verputz

Gipsschallschluck|fliese *f* → Gipsakustikfliese

~platte *f* → Gipsakustikfliese

Gips|schlackenzement *m*, Sulfathüttenzement, SHZ · supersulphated (slag) cement (Brit.); gypsum slag ~ (US)

~spat *m* · gypsum spar, gypseous ~

Gipsstein *m*, Gipsblockstein, Gipsblock *m*, Gipsbaustein · gypsum (building) block, ~ (~) tile [*See remark under 'Block'*]

~ → Rohgips

Gips|(stein)block *m* [*Naturstein*] · gypsum block

~tafel *f* · plaster panel

~tafel *f*, Gipsbautafel [*Putzträger*] · gypsum (board) lath(ing), sheet of gypsum plasterboard

~tonerdezement *m* · sulpho-aluminate cement (Brit.); sulfo-aluminate ~ (US)

~treiben *n* · expansion due to gypsum

~treiber *m* [*Zement mit einem zu hohen Gipsanteil*] · cement with excessive gypsum content

~trockenmörtel *m* → Gipstrockenputzmörtel

~trockenputzmasse *f* → Gipstrocken(putz)mörtel

~trocken(putz)mörtel *m*, Gipsfertig(putz)mörtel, Gipstrockenputzmasse *f*, Gipsfertigputzmasse · gypsum ready-mix(ed) plaster, ~ ~ stuff, ready-mix(ed) gypsum ~, prepared gypsum ~, premix(ed) gypsum stuff, ready-mix(ed) light(weight) gypsum plaster, premix(ed) light(weight) gypsum plaster

~(-Unter)decke *f* · gypsum plaster ceiling

~unterputz *m* → (Innen)Gipsunterverputz

~unter(ver)putz *m* → Innen~

~(ver)putz *m* [*Oberbegriff für Gipsinnen(ver)putz und Gipsaußen(ver)putz*] · gypsum finish

Gipswand|(bau)platte *f*, Wand(bau)platte aus Gips [*DIN 18163. Wandbauplatten aus Gips sind leichte Bauplatten, die aus Baugips (DIN 1168) oder Anhydritbinder (DIN 4208) mit oder ohne organische oder anorganische Zuschlagstoffe oder Füllstoffe oder unter Verwendung porenbildender Zusätze hergestellt werden. Die Platten sind mikroporig oder makroporig und dürfen Hohlräume haben*] · gypsum wallboard

~putz *m* · gypsum wall plaster

Gipswerk *n* · gypsum plant

Girlande *f* · garland

Gispe *f* · seed [*ASTM C 162–56*]; fine ~

Gispennest *n* · heavy seed

gispiges Glas *n* · seedy glass

Gitter *n*, Öffnungs~ · grille [*A functional or decorative openwork screen within an opening. Sometimes spelled 'grill'*]

~ · lattice

~, Zier~, Ornament~, Dekor(ations)~ · decorative grille, ornamental ~ [*A decorative openwork screen within an opening. Sometimes spelled 'grill'*]

~mast *m* · lattice(d) mast

Gittern *n*, Setzen [*Anordnen von Formlingen in einem Brennofen (Setzen, Einsetzen) oder Anordnen von Steinen in Ofenteilen (z.B. Gitterung in Regeneratoren)*] · setting

Gitter|pfette *f* · lattice(d) purlin(e)

~rost *m* (Fuß)Bodengitter *n* · area grating

~schale *f* · lattice(d) shell

~stab *m*, Füll(ungs)stab, Glied *n*, (Träger)Stab · member, bar, rod, element

~steg *m* · lattice(d) web

~stütze *f* · lattice(d) column

~träger *m* · lattice(d) girder

~ziegel *m*, Wabenziegel [*DIN 105. Langlochziegel mit gegeneinander versetzten sechseckigen bzw. rhombischen Löchern*] · honeycomb (clay) brick

Glanz *m* · gloss [*The degree to which a painted surface possesses the property of reflecting light in a mirror-like manner (specular reflection). The extent to which this property is developed depends mainly on the composition of the paint, surfaces ranging from dead flat to full gloss being obtainable*]

~anstrich *m*, Glanzaufstrich · gloss coat

~(anstrich)farbe *f* · gloss paint

~aufstrich *m*, Glanzanstrich · gloss coat

glanzbeständig · glossproof

glänzend · glossy

Glänzendwerden *n* · glossing up [*The undesirable development of gloss on a flat paint due to handling or polishing*]

Glanz|farbe *f*, Glanzanstrichfarbe · gloss paint

~glasur *f* · glossy glaze

~gold *n* · bright gold

~grad *m* · degree of glossiness

~(klar)lack *m* · gloss (clear) varnish

glanzlos (auf)trocknen · to dry without (a) gloss

Glanz|pech *n*, Maniak *n* · glance pitch

~poliermittel *n* · polish

~ruß *m* [*Er bildet sich auf den Schornsteininnenwandungen als schwarzglänzende Schicht aus Ruß in Mischung mit Flugasche und teerigen Bestandteilen unter Einwirkung von Feuchtigkeit*] · shining soot

~silber *n* · bright silver

~stein *m* → Betonstein

~stein *m* [*Fehlname*] → Kunstmarmor

~verchromung *f* → dekorative Verchromung

~verlust *m* · dulling

Glas *n* · glass [*An inorganic product of fusion which has cooled to a rigid condition without crystallizing*]

~ für Verglasung, Verglasungsglas · glass for glazing, glazing glass, GG [*B.S. 952*]

~ mit Fadenauflage, umsponnenes Glas · glass with applied threads

~abfall *m* · waste glass

~architektur *f*, Glasbaukunst *f* · glass architecture [*Architectural style in which glass predominates*]

glasartig erstarrtes vulkanisches Gestein *n*, vulkanisches Glas *n* · volcanic glass-like material

Glas|aussichtsfläche *f* · glass viewing area

~(bau)beschläge *mpl* · (builders') glass fittings, (~) ~ hardware

~baueinheit *f* [*Fehlname*] → Glas(bau)körper

Glas(bau)|element *n* → Glas(bau)körper

~körper *m*, Glas(bau)element *n* [*Fehlname: Glasbaueinheit f*] · glass (building) unit, ~ (~) component, ~ (~) member

Glasbaukunst *f*, Glasarchitektur *f* · glass architecture [*Architectural style in which glass predominates*]

Glas(bau)stein *m*; Glasziegel *m* [*Fehlname*] [*DIN 18175*] · glass block, ~ brick

~decke *f* [*Decke aus Glasprismen, zwischen denen Stahlbetonrippen angeordnet sind*] · glass-block floor, glass-brick ~

Glas(bau)|steine *mpl* · glass blocks, ~ bricks; structural glass (US)

Glas(bau)stein|mauerwerk *n* · glass-block masonry (work), glass-brick ~ (~)

~oberlicht *n* · glass block roof-light, ~ brick ~

~-Oberlichttafel *f* · glass block roof-light panel, ~ brick ~ ~

~tafel *f* · glass block panel, ~ brick ~; structural glass ~ (US)

~wand *f* [*DIN 4242*] · glass block partition (wall), ~ brick ~ (~)

Glas|bedachung *f*, Glaseindeckung, Glasdachdeckung, Glasdach(belag) *n*, (*m*), Glas(dachein)deckung · glass roof cladding, glazed ~ ~, ~ ~ covering, ~ ~ sheathing, ~ roof(ing)

~(belag)platte *f*, Glasfliese *f* [*DIN 18170. Fehlname: Glasprisma n*] · glass tile

~beschläge *mpl*, Glasbaubeschläge · (builders') glass fittings, (~) ~ hardware

Glasbeton *m* · translucent concrete, glass ~ [*A combination of glass and concrete used together in precast or prestressed panels*]

~decke *f* · translucent concrete floor

~fenster *n* · translucent concrete window

~stein *m* [*Gepreßter Glaskörper für den Einbau in Tragwerke aus Glasstahlbeton oder verglaste Stahlbetongerippe*] · glass-concrete block, ~ brick

Glasbiber(schwanz) *m* · plain glass roof(ing) tile, plane ~ ~ ~

glasbildendes Oxid *n* · glass forming oxide (Brit.); ~ ~ oxid(e) (US)

Glasbildner *m* · glass former

Glasboden(belag) *m*, Glasfußboden(-belag) · glass flooring

~platte *f*, Glasfußboden(belag)platte, Glas(fuß)bodenfliese *f* · glass flooring tile

Glasboden|fliese *f*, Glasfußbodenfliese, Glas(fuß)boden(belag)platte *f* · glass flooring tile

~platte *f*, Glasfußbodenbelagplatte, Glas(fuß)bodenfliese *f* · glass flooring tile

Glas|brocken *m*, (Glas)Scherben *m* · cullet, broken glass

~bruchstück *n* · glass fragment

~-Brüstungsplatte *f* · glass parapet slab

~buchstabe *m* · glass letter

Glasdach|(belag) *n*, (*m*), Glasbedachung, Glas(dachein)deckung, Glaseindeckung, Glasdachdeckung · glass roof cladding, glazed ~ ~, ~ ~ covering, ~ ~ sheathing, ~ roof(ing)

~deckung *f*, Glasdach(belag) *n*, (*m*), Glas(dachein)deckung, Glasbedachung, Glaseindeckung · glass roof cladding, glazed ~ ~, ~ ~ covering, ~ ~ sheathing, ~ roof(ing)

Glas|(dachein)deckung *f*, Glasbedachung, Glaseindeckung, Glasdachdekkung, Glasdach(belag) *n*, (*m*) · glass roof cladding, glazed ~ ~, ~ ~ covering, ~ ~ sheathing, ~ roof(ing)

~(-Dach)raupe *f* · glass skylight

~(dach)rinne *f*, Glasregenrinne · glass (roof) gutter, ~ rainwater ~

Glasdach|stein *m* [*Fehlname: Glasdachziegel m*] · glass (roof(ing) tile, ~ slate

~ziegel *m* [*Fehlname*]; Glasdachstein *m* · glass (roof(ing)) tile, ~ slate

Glas|eindeckung *f*, Glasdachdeckung, Glasdach(belag) *n*, (*m*), Glas(dachein)-deckung, Glasbedachung · glass roof cladding, glazed ~ ~, ~ ~ covering, ~ ~ sheathing, ~ roof(ing)

~einsatz *m* · glass insert

~element *n* → Glas(bau)körper

Glaser *m* · glazier

~arbeiten *fpl*, Verglasungsarbeiten [*DIN 18361*] · glazier's work, glazing ~

~blei *n* · glazier's lead

~diamant *m*, Diamantschneider *m* [*Werkzeug*] · glazier's diamond, cutting ~

~handwerk *n* · glazing trade

~kitt *m*, Verglasungskitt, Fensterkitt [*DIN 1975*] · glazing putty, glazier's ~, sash ~

Glasfalz *m*, Kittfalz · rebate for putty

Glasfaser *f* · glass fibre (Brit.); ~ fiber (US)

~-(Ab)Dicht(ungs)strick *m*, Glasfaserstrick · glass-fibre seal(ing) rope, ~ pouring ~, ~ joint runner (Brit.); glass-fiber ~ ~ (US)

~-Auskleidungselement *n*, Glasfaser-Verkleidungselement, Glasfaser-Bekleidungselement · glass fiber (sur-) facing unit, ~ ~ lining ~ (US); ~ fibre ~ ~ (Brit.)

~-Balkenform *f* · glass fibre beam mould (Brit.); ~ fibre beam mold (US)

~band *n* · glass fibre based strip (Brit.); ~ fiber ~ ~ (US)

~-Bekleidungselement *n*, Glasfaser-Auskleidungselement, Glasfaser-Verkleidungselement · glass fiber (sur-) facing unit, ~ ~ lining ~ (US); ~ fibre ~ ~ (Brit.)

~dämmstoff *m* · fibre glass insulation (material) (Brit.); fiber ~ ~ (~) (US)

~dämmung *f* · glass fibre insulation (Briz.); ~ fiber ~ (US)

~erzeugnis *n* · glass fibre product (Brit.); ~ fiber ~ (US)

~form *f* · glass fibre mould, reinforced ~ ~ ~ (Brit.); (reinforced) glass fiber mold (US)

~(innen)(ver)putz *m* · glass fibered plaster (US); ~ fibred ~ (Brit.)

~kunststoff *m*, GFK *m*, Glasfaserschichtstoff, glasfaserverstärkter Kunststoff · glass reinforced laminate, fibrous glass reinforced plastic; glass fiber reinforced plastic (US); glass fibre reinforced plastic (Brit.); FRP, grp, GRP

~platte *f* · glass fiber board, ~ ~ slab, ~ ~ sheet (US); ~ fibre ~ (Brit.)

~putz *m* → Glasfaser(innen)verputz

~schalung *f* · glass fibre formwork, ~ ~ shuttering, ~ ~ forms (Brit.); ~ fiber ~ (US)

~schichtstoff *m*, GFK *m*, Glasfaserkunststoff, glasfaserverstärkter Kunststoff · glass reinforced laminate, fibrous glass reinforced plastic; glass fiber reinforced plastic (US); glass fibre reinforced plastic (Brit.); FRP, grp, GRP

~stab *m*, Glasfaserstange *f* · glass fibre rod (Brit.); ~ fiber ~ (US); ~ ~ bar

~stange *f* → Glasfaserstab

~strick *m* · glass fiber rope (US); ~ fibre ~ (Brit.)

~technik *f* · glass fibre technique (Brit.); ~ fiber ~ (US)

~-Verkleidungselement *n*, Glasfaser-Auskleidungselement, Glasfaser-Bekleidungselement · glass fiber (sur-) facing unit, ~ ~ lining ~ (US); ~ fibre ~ ~ (Brit.)

~(verputz) *m* → Glasfaser(innen)verputz

glasfaser|verstärkte Kunststoffplatte *f*, GFK-Platte · glass fibre(-reinforced) plastic sheet, ~ ~ ~ board (Brit.); ~ fiber(-reinforced) ~ ~ (US); grp ~ ~, GRP ~ ~

glasfaserverstärkter Kunststoff *m*, Glasfaserschichtstoff, GFK *m*, Glasfaserkunststoff · glass reinforced laminate, fibrous glass reinforced plastic; glass fiber reinforced plastic (US); glass fibre reinforced plastic (Brit.); FRP, grp, GRP

~ Polyester *m*, glasfaserverstärktes Polyesterharz *n*, GP · glass fibre(-reinforced) polyester (Brit.); ~ fiber(-reinforced) ~ (US); GRP

glasfaserverstärktes Betonrohr *n* · glass fibre(-reinforced) concrete pipe (Brit.); ~ fiber(-reinforced) ~ ~ (US) [*It consists of a concrete pipe supported against hoop and beam stresses by an external coating of synthetic resin reinforced with glass fibres*]

~ Kunstharz *n* · glass fibre-reinforced (synthetic) resin (Brit.); ~ fiber-reinforced (~) ~ (US)

Glasfaser|verstärkung *f* · glass fibre reinforcement (Brit.); ~ fiber ~ (US)

~zement *m* · mix(ture) of glass fibres and cement and some additives (Brit.); ~ ~ ~ fibers ~ ~ ~ ~ ~ (US)

Glas|fassade *f* · glass façade, ~ front

~fassadengebäude *n* · glass-façade building, glass-fronted ~, ~ block

~fenster *n* · glass window

~fläche *f*, Lichtfläche, Scheibenfläche [*Fenster*] · (window) glass area

~fliese *f*, Glas(belag)platte *f* [*DIN 18170. Fehlname: Glasprisma n*] · glass tile

~flur *m*, Glasgang *m*, Glaskorridor *m* · glazed corridor, glass ~

~füllung *f* [*Tür*] · glass panel

~füllungstür *f* · glazed door, sash ~, half-glass ~ [*A door in which the upper half is glazed*]

Glas(fuß)boden(belag) *m* · glass flooring

~platte *f*, Glas(fuß)bodenfliese *f* · glass flooring tile

Glas|(fuß)bodenfliese *f*, Glas(fuß)boden(belag)platte *f* · glass flooring tile

~gang *m*, Glasflur *m*, Glaskorridor *m* · glazed corridor, glass ~

~gemenge *n*, Glasmischung *f*, Schmelzsatz *m* · batch, charge, glass ~, (batch) mix(ture)

~gerät *n* · glass appliance

Glasgespinst *n*, Langfasern *fpl*, gesponnenes Glas *n* · long glass fibres (Brit.); ~ ~ fibers (US); (glass) silk, spun glass

~-Wandauskleidung *f*, Glasgespinst-Wandverkleidung, Glasgespinst-Wandbelag *m*, Glasgespinst-Wandbekleidung · (glass) silk wall lining, (~) ~ ~ (surfacing, (~) ~ ~ cover(ing), spun glass ~ ~

Glasgewebe *n* [*Nicht verwechseln mit „Glasvlies"*] · glass tissue

~bahn *f* · glass tissue sheet(ing)

~-RUBEROID *n* · fibre glass cored bituminous felt RUBEROID (Brit.); fiber ~ ~ ~ ~ ~ (US)

Glas|grieß *m*, Krösel *m* · granulated glass, (finely) crushed ~

~haltering *m* [*Leuchte*] · globe retaining ring

~haus *n* [*von Bruno Taut*] · Glass House [*by Bruno Taut*]

„Glashaus" *n* · 'Glass House' [*Designed by Philip Johnson for himself in 1949, it is composed of a glass 'box', a brick 'box' and a pool diagonally opposed to one another and set in a park-like landscape*]

Glashohl(bau)stein *m*, Vakuum-Glas(bau)stein, Hohl-Glas(bau)stein, Glasvakuumstein, Beton-Hohlglas(bau)stein [*DIN 18175*] · hollow glass block, ~ ~ brick [*B.S. 1207*]

~decke *f* · hollow glass block floor

~tafel *f*, Glasvakuumsteintafel, Hohl-Glas(bau)steintafel, Vakuum-Glas(bau)steintafel · hollow glass block panel

~wand *f* · hollow glass block wall

Glasieren *n* · glazing

~ durch Begießen · glazing by spraying, spraying glazing

~ ~ Eintauchen, Tauchglasieren · glazing by dipping, dipping glazing

~ ~ Salzen, Salzglasieren · glazing by salting, salt glazing

~ ~ Versprühen · glazing by atomization, atomization glazing

glasiert · glazed

glasierte Irdengut-Wandfliese *f* → ~ Steingut-Wand(belag)platte

~ Steingut-Wand(belag)platte *f*, ~ Steingut-Wandfliese *f*, ~ Irdengut-Wand(belag)platte, ~ Irdengut-Wandfliese · glazed earthenware wall tile [*B.S. 1281*]

glasig · glassy

glasiges Gestein *n* · vitreous rock

Glas|-Isoliereinheit *f*, Isolier-Glaseinheit · (heat-)insulating glazing unit

~kassette *f* · glass core, ~ waffle, ~ pan(el), ~ coffer, ~ casette

~kasten *m* · glass box [*A frequent feature in houses designed by Mies van der Rohe*]

~kirche *f* · glass church

glasklar · glass clear

Glas|knopf *m*, Tür~ · (door) glass knob

~kolben *m* · glass flask

~konstruktion *f* · glass construction, ~ system

~körper *m* → Glasbaukörper

~kuppel *f*, Glaslichtkuppel · glass domed rooflight, ~ (saucer) dome, ~ dome(-light), ~ light cupola

~kuppel *f* · glass dome, ~ cupola

~lichtkuppel *f* · glass domed roof-light, ~ (saucer) dome, ~ dome(light), ~ light cupola

~lot *n*, Lötglas *n*, Zwischenglas, Einschmelzglas · solder glass, intermediate sealing ~

~maler *m* · glass painter

~malerei *f* · glass painting

~mehl *n*, Glasstaub *m*, Glaspulver *n*, Glaspuder *m* · powder(ed) glass, ground ~, glass powder

~mischung *f*, Glasgemenge *n*, Schmelzsatz *m* · batch, charge, glass ~, (batch) mix(ture)

~mosaik *n* [*Es wird aus farbig getrübten Glasflüssen hergestellt, die in kleine Würfel oder ähnliches gespalten werden*] · glass mosaic

„Glaspalast" *m* · 'Glass Palace' [*Department store in Helsinki designed by Revell and two associates*]

Glas|papier *n* [*Mit Glaspulver belegtes Schleifpapier in verschiedenen Graden von feinkörnig bis grobkörnig*] · glass (sand)paper, ~ sanding paper, ~ abrasive paper

~paste *f* · decorative sintered glass

~-Pendeltür *f*, Pendeltür aus Glas · glass swing door

~perle *f*, Reflexionsperle, Reflex(glas)-perle, reflektierende (Glas)Perle [*für Fahrbahnmarkierungen*] · reflective (glass) bead, reflecting (~) ~

~perlen-Markierungsstreifen *m* · beaded stripe

~plättchen *n* · glass flake

~platte *f*, Glasbelagplatte, Glasfliese *f* [*DIN 18170. Fehlname: Glasprisma n*] · glass tile

~platte *f* · glass plate, ~ slab

~prisma *n* [*Fehlname*]; Glasfliese *f*, Glas-(belag)platte *f* [*DIN 18170*] · glass tile

~puder *m* → Glaspulver

~pulver *n*, Glasmehl *n*, Glasstaub *m*, Glaspuder *n* · powder(ed) glass, ground ~, glass powder

~raupe *f*, Glasdachraupe · glass skylight

~regenrinne *f*, Glas(dach)rinne · glass (roof) gutter, ~ rainwater ~

~rinne *f*, Glasdachrinne, Glasregenrinne · glass (roof) gutter, ~ rainwater ~

~rohr *n* · glass pipe

~-Rolltreppe *f* · crystalator, glass-balustrade escalator

~rundturm *m*, Rundglasturm · circular glass tower

~sand *m*, Schmelzsand · glass(-making) sand

(~)Scheibe *f* · (glass) pane, pane of glass, square

(~)Scherben *m*, Glasbrocken *m* · cullet, broken glass

~schiebetür *f*, Schiebeglastür · sliding glass door, glass sliding ~

~schmelze *f* · glass melt

~schneiden *n* · cutting of glass

~schneider *m* · glass cutter

~seide *f* → gesponnenes Glas

~seidengarn *n* · continuous (filament) yarn

~seidenstrang *m* · roving

~seitenwand *f* [*Leuchte*] · glass side panel

~splitter *m* · glass splinter

~spülkasten *m* [*Abort*] · glass flushing tank, ~ ~ cistern, ~ water waste preventer

~stab *m* → Glasstange

Glasstahlbeton *m* [*DIN 4229*] · (reinforced) glass concrete

~bau *m* · (reinforced) glass concrete construction

~bauteil *m, n*, Glasstahlbetonfertig(bau)-teil, Glasstahlbetonmontage(bau)teil · (reinforced) glass concrete compound unit

~decke *f* · (reinforced) glass concrete floor

~diele *f* · (reinforced) glass concrete plank

~(fertig)bauteil *m, n*, Glasstahlbeton-montage(bau)teil, Glasstahlbetonfertig-teil · (reinforced) glass concrete compound unit

~fertigteil *m, n*, Glasstahlbetonmon-tage(bau)teil, Glasstahlbeton(fertig)-bauteil · (reinforced) glass concrete compound unit

~konstruktion *f* · (reinforced) glass concrete system

~montage(bau)teil *m, n*, Glasstahl-betonfertigteil, Glasstahlbeton(fertig)-bauteil · (reinforced) glass concrete compound unit

~oberlicht *n* · (reinforced) glass concrete roof-light

~-Tragwerk *n* [*DIN 4229*] · (reinforced) glass-concrete (load)bearing structure, (~) ~ (weight-carrying) ~, (~) ~ supporting ~

Glasstahlbimsbetondiele *f* · glass-pumice concrete plank

Glasstange *f*, Glasstab *m* [*Verwendung als Handtuchhalter, Haltestangen im Bad und Schutzstangen an Glastüren*] · glass bar, ~ rod

Glasstapelfaser *f*, Stapelglasfaser · fiber-glass staple fiber (US); fibreglass staple fibre (Brit.)

~garn *n* · glass staple fibre yarn (Brit.); ~ ~ fiber ~ (US)

Glas|stapelseide *f*, Stapelglasseide · chopped strands

~staub *m*, Glasmehl *n*, Glaspulver *n*, Glaspuder *n* · powder(ed) glass, ground ~, glass powder

Glasstein *m*, Glasbaustein; Glasziegel *m* [*Fehlname*] [*DIN 18175*] · glass block, ~ brick

~dach *n* · glass slate roof, ~ tile ~

~decke *f*, Glasbausteindecke [*Decke aus Glasprismen, zwischen denen Stahl-betonrippen angeordnet sind*] · glass-block floor, glass-brick ~

Glassteine *mpl*, Glasbausteine · glass blocks, ~ bricks; structural glass (US)

Glasstein|mauerwerk *n* · glass-block masonry (work), glass-brick ~ (~)

~oberlicht *n* → Glasbausteinoberlicht

~-Oberlichttafel *f* → Glasbaustein-Oberlichttafel

~tafel *f*, Glasbausteintafel · glass block panel, ~ brick ~; structural glass ~ (US)

~wand *f*, Glasbausteinwand [*DIN 4242*] · glass block partition (wall), ~ brick ~ (~)

Glas|tafel *f* · glass sheet

~technologie *f* · glass technology

~terrasse *f* · glazed terrace, glass ~, ~ patio

~-Terrazzoschiene *f*, Glas-Terrazzo-streifen *m* · glass strip for outlining patterns

~-Terrazzostreifen *m*, Glas-Terrazzo-schiene *f* · glass strip for outlining patterns

~tür *f* · glass door

~turm *m* · glass tower

glasumgeben, umglast · glass-enclosed

Glasur *f*, Beglasung *f* · glaze(d finish), glazing, glazed coat(ing) [*In the tiling trade the terms 'glaze' and 'enamel' have become practically synonymous, although, strictly speaking, glaze should only apply to a coating that is glassy, and presumably transparent, whilst enamel should apply to one that is opaque*]

~beton *m* · glazed concrete

~rißbildung *f* · glaze crazing

~verfahren *n* · glazing method

Glasvakuumstein *m* · Glashohl(bau)-stein

~tafel *f*, Glashohl(bau)steintafel, Hohl-Glas(bau)steintafel, Vakuum-Glas(bau)-steintafel · hollow glass block panel

Glas|veranda *f* · glazed veranda(h); sun parlor (US)

~verblendung *f* · glass facing, ~ face work

~vlies *n* [*DIN 52141*]; Glasvließ *n* [*Österreich*] · mat [*A glass fibre product having the texture of felt*]

~vliesbahn *f*; Glasvließbahn [*Österreich*] · mat sheet(ing)

~vlieslochbahn *f*; Glasvließlochbahn [*Österreich*] · perforated mat sheet(ing)

~vorhangwand *f* · glass curtain wall

Glaswand *f* · glass wall

~(belag)platte *f*, Glaswandfliese *f* · glass wall tile

~fliese *f*, Glaswand(belag)platte *f* · glass wall tile

~(-Konstruktions)system *n* · glass wall system

~tafel *f* · glass wall panel

Glaswatte *f* · glass wadding

Glaswolle *f* · glass wool, fibrous glass

~dämmung *f* · glass wool insulation, ~ ~ lagging, fibrous glass ~

~matte *f*, Glaswolle-Baumatte · glass wool mat (for building purposes), ~ ~ ~ ~ construction ~

~streifen *m* · glass wool strip, fibrous glass ~

Glas|zelle *f* · glass cell

~zement SH-10 *m* [*Markenname*] · SH-10 glass cement [*An adhesive which enables polished plate glass to be cemented together edge to edge to form glass enclosures for display shelves, shop fronts, porches, observation and control rooms, exhibition work, etc.; this cement must only be used by operatives who have been trained in its application*]

~ziegel *m* [*Fehlname*]; Glas(bau)stein *m* [*DIN 18175*] · glass block, ~ brick

~zuschlag(stoff) *m* · glass aggregate

glatt, ungelocht · unperforated, non-perforated

~ schleifen · to sandpaper smooth

Glattbeton *m* · smooth concrete

Glätte *f* · smoothness

glatte Oberflächengestaltung *f* · smooth (surface) finish

~ Platte *f* · plain (run) sheet, ~ (~) board [*A board or sheet devoid of ornamentation*]

~ Tafel *f* · plain (run) panel [*A panel devoid of ornamentation*]

~ überstehende Wanne *f* [*Leuchte*] · plane projecting diffuser

~ Untersicht *f* · smooth soffit, ~ visible under-face, ~ visible underside [*It can receive paint or distemper*]

~ Wanne *f* [*Leuchte*] · plane diffuser

glätten · to smooth

Glätten *n*, Glättung *f*, Ab~ · (surface) smoothing

Glätter *m* [*Putztechnik*] · float, spreader

glatter Armierungsstab *m*, ~ Bewehrungsstab · plain (steel) bar, ~ reinforcing ~, ~ reinforcement ~

~ Bewehrungsstab *m*, ~ Armierungsstab · plain (steel) bar, ~ reinforcing ~, ~ reinforcement ~

~ Fond *m* [*(Papier)Tapete*] · plain (back)ground

~ Gips(innen)putz *m*, Gipsglatt(innen)-putz · smooth gypsum plaster

~ (Innen)Kalkputz *m*, Kalk(innen)glätt-putz · smooth lime plaster

~ Putz *m* → ~ Ver~

~ Rundstab *m* · plain round bar

~ Rundstahl *m* · plain round bars

~ (Ver)Putz *m*, geglätteter ~, glattverriebener ~, Glätt(ver)putz [*Er wird nach dem Aufziehen mit dem Reibebrett geglättet und meist noch gefilzt*] · smooth finish

glattgerollt [*Dachpappe*] · smooth roll(ed)

Glättgold *n*, Poliergold, Mattgold · burnish(ing) gold

Glätt(innen)(ver)putz *m* · smooth (mixed) plaster

Glättkelle *f* · float, smoothing trowel, finishing trowel

Glättputz *m* → glatter (Ver)Putz

Glätt|schicht *f*, Ziehschicht [*Putztechnik*] · floated coat [*A plaster coat smoothed by a float*]

~silber *n*, Poliersilber, Mattsilber burnish(ing) silver

Glätt(ver)putz *m* → glatter (Ver)Putz

glattverriebener (Ver)Putz *m* → glatter ~

Glaubersalz *n*, schwefelsaures Natrium *n*, Natriumsulfat *n*, $Na_2SO_4 \cdot 10\,H_2O$ · sodium sulphate (Brit.); ~ sulfate (US); saltcake

Glaukonit *m* · glauconite [*A greenish silicate of iron and potassium, found in greensand*]

~kalkstein *m* · glauconitic limestone

~sandstein *m* · glauconitic sandstone

Gleichbelastung *f*, gleichförmige Belastung, gleichförmig verteilte Belastung, gleichmäßig verteilte Belastung · uniformly(-)distributed loading

gleich|bleibende Temperaturverhältnisse *f* · even-temperature conditions

~bleibender Querschnitt *m* · constant cross section

~bleibendes Trägheitsmoment *n* · constant moment of inertia

gleichförmig verteilte Belastung *f*, gleichmäßig ~ ~, gleichförmige ~, Gleichbelastung · uniformly(-)distributed loading

~ ~ Last *f* → Gleichlast

~ ~ statische Last *f*, gleichmäßig ~ ~ ~, gleichförmige ~ ~ · uniformly(-) distributed static load

gleichförmige Belastung *f*, Gleichbelastung, gleichförmig verteilte Belastung, gleichmäßig verteilte Belastung · uniformly(-)distributed loading

~ Last *f* → Gleichlast

~ statische Last *f*, gleichförmig verteilte ~ ~, gleichmäßig verteilte ~ ~ · uniformly(-)distributed static load

Gleichgewicht *n* · equilibrium, balance

Gleichgewichts|ansatz *m* · equilibrium approach

~aufgabe *f*, Gleichgewichtsproblem *n* · equilibrium problem

~bedingung *f* · condition of equilibrium, equilibrium condition

~feuchte *f* → Gleichgewichtsfeuchtigkeit

~feuchtigkeit *f*, Gleichgewichtsfeuchte *f* · equilibrium moisture

~gleichung *f* · equation of equilibrium, equilibrium equation

~polygon *n* · equilibrium polygon

~problem *n*, Gleichgewichtsaufgabe *f* · equilibrium problem

~temperatur *f* · equilibrium temperature

~wechsel *m* · equilibrium change, change of equilibrium

~zustand *m* · state of equilibrium

gleichkörnig, einkörnig · like-grained, uniform, single-sized, equigranular, even-grained

gleichkörniger Beton *m*, einkörniger ~, Einkornbeton [*DIN 4163*] · like-grained concrete, uniform ~, single-sized ~, short range aggregate ~

~ Mörtel *m*, einkörniger ~, Einkornmörtel · like-grained mortar, uniform ~, single-sized ~

~ Porenbeton *m*, einkörniger ~, Einkorn-Porenbeton · like-grained aerated concrete, uniform ~ ~, single-sized ~ ~, short range aggregate ~ ~

gleichkörniges Gut *n*, monodisperses ~ · grains of equal size, uniformly sized grains

Gleichlast *f*, gleichmäßig verteilte Last, gleichförmig verteilte Last, gleichförmige Last, gleichmäßige Last · uniformly(-)distributed load, uniform ~

gleichmäßig helles Himmelsgewölbe *n* [*Tageslichtberechnung*] · hemisphere of sky of uniform brightness

~ verteilte Belastung *f*, gleichförmig ~ ~, gleichförmige ~, Gleichbelastung · uniformly(-)distributed loading

~ ~ Last *f* → Gleichlast

~ ~ statische Last *f*, gleichförmig ~ ~ ~, gleichförmige ~ ~ · uniformly(-) distributed static load

gleichmäßige Helligkeit *f* · uniform brightness

~ Last *f* → Gleichlast

~ Setzung *f* · uniform settlement

~ Verjüngung *f* · uniform taper(ing)

gleichmäßiges Bruchsteinmauerwerk *n* · coursed rubble masonry (work) [*The masonry is levelled at specified heights or is laid in fairly regular courses*]

Gleichmäßigkeit g_1 und g_2 *f* [*Lichttechnik*] · uniformity of illumination

gleichschenk(e)liger Winkel *m*, gleichschenk(e)liges Winkelprofil *n* · equal (-leg) angle (section), ~ ~ bar, ~ L-section

~ Winkelstahl *m* [*DIN 1028*] · equal(-leg) angle steel

~ Wulststahl *m* · equal(-leg) bulb-angle

gleichschenk(e)liges Winkelprofil *n*, gleichschenk(e)liger Winkel *m* · equal (-leg) angle (section), ~ ~ bar, ~ L-section

gleichseitiger Spitzbogen *m* · equilateral (pointed) arch

Gleichung *f* **dritten Grades**, kubische Gleichung · third-order equation

~ ersten Grades, lineare Gleichung · first-order equation

~ vierten Grades · fourth-order equation

~ zweiten Grades, quadratische Gleichung · second-order equation

gleichwertige Korngröße *f*, äquivalente ~ · equivalent grain size, ~ particle ~

Gleisschotter *m*, Schienenschotter, (Eisen)Bahnschotter · (railway) ballast (Brit.); (railroad) ~ (US)

Gleit|fuge *f* · slip joint, sliding ~ [*A contraction joint between two adjoining sections of wall, or at the horizontal bearing of beams, concrete slabs and precast units, to allow slight movement in relation of one to the other*]

~kanal *m*, Hüllrohr *n*, Hülle *f*, Röhre *f*, Spannkanal · sheath(ing) [*prestressed concrete*]

~lager *n* · sliding bearing

~modul *G m* · shear(ing) modulus *G*

~schalung *f* · slipform

~schutz(anstrich)farbe *f*, gleitsichere (Anstrich)Farbe, trittsichere (Anstrich-) Farbe, rutschfeste (Anstrich)Farbe · anti-slip paint, non-slip(ping) ~, anti-skid ~, non-skid ~, skidproof ~, non-slippery ~

gleitsicher, rutschfest, trittsicher, rutschsicher, griffig · anti-skid, non-skid, skidproof, anti-slip, non-slip(ping), non-slippery

gleitsichere (Anstrich)Farbe *f*, trittsichere ~, rutschfeste ~, Gleitschutz-(anstrich)farbe · anti-slip paint, non-slip(ping) ~, anti-skid ~, non-skid ~, skidproof ~, non-slippery ~

(~) gekörnte Platte *f*, (~) ~ Belagplatte, (~) ~ Fliese *f*, trittsichere ~ ~, rutschfeste ~ ~ · (anti-slip) rib(bed) tile, non-skid ~ ~, skidproof ~ ~, non-slip(ping) ~ ~, anti-skid ~ ~, non-slippery ~ ~

Gleitwiderstand *m* [*Der Widerstand eines in Beton eingebetteten Bewehrungsstabes gegen Herausziehen*] · bond strength

Glied *n*, (Träger)Stab *m*, Gitterstab, Füll(ungs)stab · member, bar, rod, element

Glied *n* [*Gleichung; Matrix*] · term

~anschluß *m*, Stabanschluß [*Stabwerkkonstruktion*] · element connection, member ~, rod ~, bar ~

(Glieder)Heizkörper *m*, Radiator *m* · radiator [*The heating industry has accepted the definition of the term 'radiator' as a heating unit exposed to view within a room or space heated, although such units transfer heat by convection as well as radiation*]

~(-Absperr)ventil *n*, Radiator(-Absperr)ventil · radiator (shut-off) valve

~(anstrich)farbe *f*, Radiator(anstrich)-farbe · radiator paint

~gitter *n*, Radiatorgitter · radiator grille

~nische *f*, Radiatornische · radiator niche

~-Regelventil *n*, (Glieder)Heizkörper-Regulierventil, Radiator-Regelventil, Radiator-Regulierventil · radiator control valve

~-Regulierventil *n* → (Glieder)Heizkörper-Regelventil

~verkleidung *f*, Radiatorverkleidung · radiator guard

Gliederkessel *m* · sectional boiler

Gliederung *f* · division

Glied|feld *n*, Stabfeld [*Stabwerkkonstruktion*] · bar field, member ~, element ~, rod ~

~größe *f*, Stabgröße [*Stabwerkkonstruktion*] · bar size, member ~, rod ~, element ~

~kraft *f*, Stabkraft [*Stabwerkkonstruktion*] · member force, bar ~, rod ~, element ~

~querschnitt *m*, Stabquerschnitt [*Stabwerkkonstruktion*] · bar cross-section, member ~, rod ~, element ~

~spannung *f*, Stabspannung [*Stabwerkkonstruktion*] · bar stress, member ~, rod ~, element ~

~vertauschung *f*, Stabvertauschung [*Stabwerkkonstruktion*] · member transformation, ~ transposition, element ~, rod ~, bar ~

Glimmer *m* · mica

~ als Ausgangsstoff für Vermiculite · (raw) vermiculite, ripidolite [*Is a micaceous mineral and as such has laminar structure. When heated, it expands by delamination in much the same way as slate expands*]

~blättchen *n*, Glimmerschüppchen, Glimmerplättchen, Glimmerschuppe *f* · mica flake

~farbe *f* [*Fehlname*]; Rostschutzfarbe aus Eisenglimmer · micaceous iron oxid(e) paint (US); ~ ~ oxide ~ (Brit.); MIO ~

glimmer|führend, glimmer(halt)ig · micaceous

~(halt)ig, glimmerführend · micaceous

Glimmer|mehl *n*, Glimmerstaub *m*, Glimmerpulver *n* · mica flour

~pappe *f* · mica paper [*See remark under 'pappe'*]

~pigment *n* · mica pigment

~plättchen *n*, Glimmerblättchen, Glimmerschüppchen, Glimmerschuppe *f* · mica flake

~porphyr *m* · mica(ceous) porphyry

~pulver *n*, Glimmermehl *n*, Glimmerstaub *m* · mica flour

~sand *m* · mica(ceous) sand

~sandstein *m* · mica(ceous) sandstone

~schiefer *m* · mica(ceous) schist

~schüppchen *n*, Glimmerschuppe *f*, Glimmerplättchen, Glimmerblättchen · mica flake

~schuppe *f*, Glimmerschüppchen *n*, Glimmerblättchen, Glimmerplättchen · mica flake

~staub *m*, Glimmerpulver *n*, Glimmermehl *n* · mica flour

~-Verschlußklappe *f* · mica-flap valve [*A sheet of mica at a fresh air inlet, hinged to allow air to flow inwards only*]

Glocke *f* [*Sonderform des First- oder Gratziegels für Zeltdächer zur Abdeckung der am Firstpunkt zusammentreffenden Grate. Bei Bestellung ist Angabe der Dachneigungen erforderlich. Sehr mannigfaltige Formen, mitunter reich verziert, oft mit Spitzen bekrönt*] · cap

Glocken|bronze *f* · bell metal

~dach *n* · bell roof

~-Geruchverschluß *m*, Glocken-Wassergeruchverschluß, Glockenverschluß · bell(-type) trap

~kammer *f* → Glockenstube

~kuppel *f* · bell-shaped dome, ~ cupola

~muffe *f* · bell (US); socket, coupler (Brit.) [*The end of a pipe, or pipe fitting, having an enlarged bore for the reception of the plain or spigot end of another pipe, or pipe fitting, for the formation of a spigot and socket joint*]

Glockenmuffen|-Betonrohr *n*, Glokkenmuffen-Zementrohr, Beton-Glockenmuffenrohr, Zement-Glockenmuffenrohr, Betonrohr mit Glockenmuffenverbindung, Zementrohr mit Glockenmuffenverbindung · bell(-)and(-)spigot concrete pipe, B&S ~ ~ (US); spigot(-)and(-)socket ~ ~ (Brit.)

~presse *f* · bell press (US); socket ~ (Brit.)

~rohr *n* · bell(-)and(-)spigot pipe, B&S ~ (US); spigot(-)and(-)socket ~ (Brit.)

~verbindung *f* · bell(-)and(-)spigot joint, B&S ~ (US); spigot(-)and(-)socket ~ (Brit.)

~-Zementrohr *n*, Glockenmuffen-Betonrohr, Beton-Glockenmuffenrohr, Zement-Glockenmuffenrohr, Betonrohr mit Glockenmuffenverbindung, Zementrohr mit Glockenmuffenverbindung · bell(-)and(-)spigot concrete pipe, B&S ~ ~ (US); spigot(-)and(-)socket ~ ~ (Brit.)

Glocken|stube *f*, Glockenkammer *f* · bell chamber, ~ room, belfry [*The upper room in a tower or steeple of a church containing the bells and framing*]

~stuhl *m* · bell-cote

~turm *m* · belfry, bell-tower [*A tower in which bells are hung, whether it is attached to or stands separate from the main building*]

~verschluß *m*, Glocken-(Wasser)Geruchverschluß · bell(-type) trap

~-(Wasser)Geruchverschluß *m*, Glokkenverschluß · bell(-type) trap

Glühen *n* [*Stahl*] · annealing

Glüh|lampe *f* · glow lamp, incandescent ~

~verlust *m* · loss on ignition, ignition loss [*The percentage loss in weight of a sample ignited to constant weight at a specified temperature usually 900–1000° C*]

Glutflußgestein *n* → Magmagestein

Glutinleim *m*, tierischer Leim, Tierleim · animal glue, ~ adhesive, Scotch glue [*B.S. 745*]

Glycerin *n*, Glyzerin [*veraltete Benennung: Ölsüß n*] · glycerin(e) (US); glycerine (Brit.) [*The name in chemistry is 'glycerol'*]

Glykol *n*, zweiwertiger Alkohol *m* · glycol

Glyptalharz *n* · glyptal resin

Glyzerin *n*, Glycerin [*veraltete Benennung: Ölsüß n*] · glycerin(e) (US); glycerine (Brit.) [*The name in chemistry is 'glycerol'*]

Gnaden|kapelle *f*, Wallfahrtskapelle · pilgrimage chapel

~kirche *f*, Wallfahrtskirche · pilgrimage church

Gneis *m* [*Geschichtetes Gestein aus Quarz, Feldspat und Glimmer, durch Veränderung des Granits entstanden*] · gneiss

Goldarbeit *f* · gold-work

Goldbronze *f* · gold bronze [*A copper or copper alloy powder for bronzing*]

~farbe *f* · gold-bronze paint

~pulver *n* · gold bronze powder, powder(ed) gold bronze

Goldchlorid *n* · gold chloride (Brit.); ~ chlorid(e) (US)

Goldener Schnitt *m* · sectio aurea, Golden Mean, Golden Section

Gold|fischbecken *n* · goldfish pond

~grundöl *n*, Anlegeöl, Mixtion *n*, Goldlack *m* · gold size [*An oleo-resinous varnish which dries rapidly to a tacky condition, but which hardens off slowly. It is used chiefly as an adhesive for fixing gold leaf to a surface*]

~lack *m* → Goldgrundöl

~maske *f* · mask of beaten gold

Goochtiegel *m* · Gooch crucible

Gopura(m) *m* [*Torbau eines südindischen Tempelbezirkes*] · gopura(m)

Gotik *f* · Gothic (style)

gotische Architektur *f*, ~ Baukunst · Gothic architecture

~ Kirche *f* · Gothic church

~ Krypta *f* · Gothic crypt

~ (Säulen)Deckplatte *f*, ~ Kapitellplatte, gotischer Abakus *m* · Gothic abacus, ~ raised table

gotischer Baumeister *m* · Gothic master

~ Bogen *m*, Spitzbogen · Gothic arch, pointed ~, composite ~ [*The radius of the intrados equals the span, and the centres are therefore on the springing lines*]

~ (freistehender) Pfeiler *m* · Gothic pillar

~ Turm *m* · Gothic tower

gotisches Fenster *n* · Gothic window

~ Gewölbe *n* · Gothic vault

~ Maßwerk *n* · Gothic tracery

~ Profanbauwerk *n* · secular Gothic structure, ~ ~ building

gotisierend · Gothicist

Gotteshaus *n*, Verehrungsstätte *f*, Anbetungsstätte · place of worship

Gouachemalerei *f* · gouache [*The pigment is first mixed with a white zinc powder to make it opaque. It is than thinned to the proper consistency with water and is applied to the paper or other background; but it is sufficiently opaque to completely cover the surface, so that only the pigment shows*]

Grab *n* · tomb

~architektur *f*, Grabbaukunst *f* · tomb architecture, sepulchral ~

~bau *m* · tomb construction, ~ building

~baukunst *f*, Grabarchitektur *f* · sepulchral architecture, tomb ~

~einfassung *f* · grave surround

Gräberstadt *f*, Totenstadt, Nekropole *f* [*Friedhof mit architektonisch gestalteten Gräbern oder mit Grabbauten, die oft noch gruppiert oder um größere Grabbauten regelmäßig angeordnet sind*] · necropolis

Grab|hügel *m* · funerary mound, burial ~, tumulus

~(in)schrift *f*, Epitaph *n* · epitaph

~kammer *f*, Gruft *f* · burial chamber, tomb ~, sepulchral ~, chamber tomb

~mal *n*, Grabzeichen *n* · memorial tablet

~monument *n* · sepulchral monument

~moschee *f* · tomb-mosque

~platte *f* · grave slab, sepulchral ~, funerary ~, tomb ~

~stätte *f*, Begräbnisplatz *m* · burial place

~stein *m* · gravestone

Grad|stellung *f* [*Rohrabzweig*] · angle

~tag *m* · degree-day

Graffi(a)to *m* → Sgraffitoputz

Granatschellack *m* · garnet (shel)lac

Granit|beton *m* [*Steinschlagbeton mit Granit als Zuschlag(stoff). Nicht zu verwechseln mit „Betongranit", einer Art Betonwerkstein*] · granite ballast concrete

~block *m* · granite block

~bogen *m* · granite arch

~bordstein *m* · granite curb; ~ kerb [*B.S. 435*]

~-Brechsand *m* · granite crushed sand, ~ broken ~

granitene Platte *f*, Granitplatte · granite slab

Granit|estrich *m* · grano(lithic) [*A screed of cement, sand, and granite chippings floated over concrete floors to give a smooth, hard-wearing surface about 1¹/₂ in. thick*]

~grobzuschlag(stoff) *m* · granite coarse aggregate

granitiertes Linoleum *n*, Granit-Linoleum · granite lino(leum)

Granit|kies *m* · granite gravel

~-Linoleum *n*, granitiertes Linoleum · granite lino(leum)

~marmor *m* [*Fehlname*]; Aplit *m* · aplite

~marmor *m* · gray marble, grey ~

~mauerwerk *n*, Granitsteinmauerwerk · granite masonry (work)

~mehl *n* · granite dust

Granitoid-Gehwegplatte *f* [*Betonhartsteinplatte mit Granitkörnung in der Gehschicht. DIN 485*] · reconstructed granite paving slab

Granit|pflasterstein *m* [*DIN 18502*] · granite (paving) sett, pitcher [*B.S. 435*]

~platte *f*, granitene Platte · granite slab

~plattenboden(belag) *m*, Granitplattenfußboden(belag), Fbgr *m* · granite slab floor(ing) (finish), ~ ~ floor cover(ing)

~platten(fuß)boden(belag) *m*, Fbgr *m* · granite slab floor(ing) (finish), ~ ~ floor cover(ing)

~plattenverleger *m* · granite setter

~porphyr *m* · porphyroid granite, granite-porphyry

~quadermauerwerk *n*, Granitquaderverband *m* · isodomus of granite blocks, opus isodomum ~ ~ ~

~quaderverband *m*, Granitquadermauerwerk *n* · isodomus of granite blocks, opus isodomum ~ ~ ~

~sand *m* · granite sand

~säule *f* · granite column

~schotter *m* · broken granite, crushed ~

~sichtbetonoberfläche *f* · exposed granite aggregate finish, fair-faced ~ ~ ~

~splitt *m* · granite chip(ping)s

~(stein)mauerwerk *n* · granite masonry (work)

~steinpflaster *n*, Fpg *n* · granite sett paving

~stufe *f* · granite step

granitverkleidet, granitausgekleidet, granitbekleidet · granite-(sur)faced, granite-lined

Granit|verkleidung *f*, Granitauskleidung, Granitbekleidung · granite (sur)facing, ~ lining

~würfel *m* · granite cube

Granulation *f*, Körnungsverfahren *n*, Granulierung *f* · granulation (process)

Granulieren *n*, Zerkörnen · granulating

granulierte Hochofenschlacke *f*, gekörnte ~, Hüttensand *m*, (künstlicher) Schlackensand, Hochofenschlackensand · (blast-furnace) slag sand (Brit.); cinder ~, granulated cinder (US); granulated (blast-furnace) slag

Granulierung *f*, Körnungsverfahren *n*, Granulation *f* · granulation (process)

Granulometrie *f*, (Korn)Abstufung *f* · granulometry

graphische Analyse *f*, bildliche ~ · graphical analysis

~ Berechnung *f*, bildliche ~, bildliches Rechnen *n*, graphisches Rechnen · graphical calculation

~ Bestimmung *f*, ~ Lösung, zeichnerische ~ · graphical solution

~ Bogenstatik *f* · graphic arch analysis

~ Darstellung *f*, bildliche ~, Diagramm *n* · graphic representation, diagrammatic ~, graph, chart, diagram, plot

~ Gleichgewichtslehre *f*, bildliche ~, ~ Statik *f*, Graphostatik · graphical structural analysis, ~ statics, graphostatics

~ Integration *f*, zeichnerische ~ · graphical integration, visual ~

~ Lösung *f*, ~ Bestimmung, zeichnerische ~ · graphical solution

~ Statik *f*, bildliche ~, Gleichgewichtslehre *f*, bildliche Gleichgewichtslehre, Graphostatik, graphische Baustatik · graphical structural analysis, ~ statics, graphostatics

~ Technik *f* · graphic technique, ~ technic

~ Untersuchung *f*, bildliche ~ · graphical investigation

graphischer Nachweis *m* · graphical check

graphisches Rechnen *n*, bildliches ~, bildliche Berechnung *f*, graphische Berechnung · graphical calculation

~ Verfahren *n*, zeichnerisches ~ · graphical construction, ~ method, ~ procedure

Graphit *m* · graphite [*1. An allotropic crystalline form of carbon. 2. A rock containing a major proportion of this mineral*]

~erzeugnis *n* · graphite refractory (product)

~-Ton-Erzeugnis *n* · plumbago refractory (product)

~zement *m*, Metallkitt *m*, Eisenkitt · iron(-rust) cement

Graphostatik *f*, bildliche Gleichgewichtslehre *f*, graphische Gleichgewichtslehre, bildliche Statik, graphische Statik · graphical structural analysis, ~ statics, graphostatics

Grasstreifen *m* · grass strip

Grat *m*, ~linie *f* · arris

~, Gewölbe~ · groin [*The sharp edge formed by the intersection of vaulting surfaces*]

~anfänger *m*, Walmanfänger [*Der Ausdruck „Walmanfänger" wird auch für den Firstanfänger verwendet*] · hip starting tile, starting hip ~, hip starter

~balken *m*, Gratsparren *m* [*Er liegt unter dem Grat des Daches diagonal zu den Wänden und nimmt beiderseits die Gratstichbalken auf*] · hip rafter, angle ~, angle ridge

~blech *n* · hip sheet

Gräten|feld *n* [*Streckmetall*] · herringbone mesh opening

~muster *n*, Fisch~, Kornährenmuster · herringbone pattern

~struktur *f* [*Streckmetall*] · herringbone (pattern) mesh

~verband *m*, Fisch~, Stromverband, Kornährenverband, Festungsverband · herringbone (masonry) bond (Brit.); ~ (~) pattern (US)

Grat|gebindewinkel *m* · hip soaker

~gewölbe *n* · groin(ed) vault

~kappe *f* · hip capping

~(linie) *m*, (*f*) · arris

~rippe *f* · groin rib

~schifter *m* · hip jack (rafter)

~sparren *m* → Gratbalken

~stein *m*, Walmstein [*Der Ausdruck „Walmstein" wird auch für den Firststein verwendet*] · hip tile

~stichbalken *m*, Schiftsparren *m*, Schifter *m* · jack (rafter) [*A short rafter between hip rafter and eave(s) or between valley and ridge*]

~ziegel *m*, Walmziegel [*Der Ausdruck „Walmziegel" wird auch für den Firstziegel verwendet. DIN 52250*] · (burnt) clay hip tile, burned ~ ~ ~

grau werden · to turn grey, ~ ~ gray

Graubasalt *m* [*Fehlname*] → Grauwacke

grauer Granit *m* · gray granite, grey ~

graues Glas *n* → rauchiges ~

~ Gußeisen *n*, Grauguß(eisen) *m*, (*n*) [*DIN 1691 und DIN 17006*] · gray cast iron, grey ~ ~

Grauglas *n*, graues Glas · neutral tinted glass [*A dark grey glass*]

Grauguß *m* **mit (Lamellengraphit)**, Gußeisen *n* ~ ~, GGL · gray cast iron, grey ~ ~, ~ C. I.

~(bade)wanne *f* · gray cast iron (bath-) tub, ~ ~ ~ bath, grey ~ ~ ~, ~ C. I. ~

~(eisen) *m*, (*n*), graues Gußeisen [*DIN 1691 und DIN 17006*] · gray cast iron, grey ~ ~

~rohr *n* · grey cast iron pipe, gray ~ ~ ~, ~ C.I. ~

~wanne *f*, Graugußbadewanne · gray cast iron (bath)tub, ~ ~ ~ bath, grey ~ ~ ~, ~ C. I. ~

Grau|kalk *m*, Dolomitkalk, Magerkalk [*90% Kalksubstanz und mehr als 5% Magnesiumoxid*] · magnesian lime, dolomitic ~

~pappe *f* · news board, mill ~, grey ~, gray ~

~stein *m* · grey-stone

~wacke *f* [*Altes verfestigtes Sedimentgestein meist kulmischen Alters. Fehlname: Graubasalt*] · greywacke, graywacke

Grauwacken|kalk *m*, Übergangskalk · greywacke limestone, graywacke ~, transition-lime

~schiefer *m* · greywacke slate, graywacke ~

Gravieren *n* [*Glas*] · engraving [*Incising glass with abrasive applied by rotating copper wheels to produce a pattern*]

Greensche Funktion *f*, Einflußlinie *f* · line of influence, influence line

Grenz|belastung *f*, Bruchbelastung · ultimate loading, failure ~, collapse ~, breaking ~, rupture ~, limit ~

~biegemoment *n* · limit(ing) bending moment

~druck *m*, kritischer Druck · limit(ing) pressure

~festigkeit *f* [*(Beton)Leichtzuschlag(-stoff)*] · strength ceiling

~fläche *f* · interface

~flächenkraft *f* → Haftfähigkeit

~flächenspannung *f* · interfacial tension

~formänderung *f*, Grenzverformung · limit deformation

~gleichung *f* · limit(ing) equation

~größe *f* · limit size

~höhe *f* · limiting height

~korn(größe) *n*, (*f*), Siebgrenzgröße [*Das Korn, das annähernd die Größe der Maschenweite besitzt und sich daher am schwierigsten sieben läßt*] · limit screen size

~maß *n*, Grenzabmessung *f* · limit(ing) dimension

~schicht *f* · limit(ing) layer

~sieblinie *f*, Siebgrenze *f* · limiting (grading) curve, particle (distribution) limit, gradation limit, grading limit

Grenzstein *m* **aus Beton**, Beton-Grenzstein [*DIN 487*] · boundary concrete block

~ ~ Naturstein · boundary stone

Grenz|tragfähigkeit *f* · ultimate load-bearing capacity, ~ ~ power, ~ ~ quality, ~ ~ property, ~ weight-carrying ~

~verformung *f*, Grenzformänderung · limit deformation

~wert *m* · limiting value, limit ~, ultimate ~

~zustand *m* · limit state

Grey-Träger *m*, Differdinger Träger · Differdinge beam

griechisch-dorische (Säulen)Ordnung *f* · Greek Doric order

griechisch-dorisches Kapitell *n*, ~ Kapitäl · Greek Doric capital, Grecian ~ ~

griechische Architektur *f*, ~ Baukunst *f* · Grecian architecture, Greek ~

~ Ornamentik *f*, ~ Zierkunst *f* · Greek ornamental art, ~ decorating ~, ~ decoration ~, Grecian ~ ~

~ Zierkunst *f*, ~ Ornamentik · Greek ornamental art, ~ decorating ~, ~ decoration ~, Grecian ~ ~

griechisches Kreuz *n* [*mit vier gleichlangen Armen*] · Greek cross, St. George's ~, Grecian ~

griechisch-ionische (Säulen)Ordnung *f* · Greek Ionic order

Griff *m*, (Bade)Wannengriff · ((bath)tub) (hand)grip, bath ~

~, Tür~ · (door) pull (handle)

griffest [*Anstrichfarbe*] · dried to (the) touch, touch-dry

Griffhilfe *f*, Grifföffnung *f*, Griffloch *n* [*Ziegel; Block(stein)*] · handling device

griffig → gleitsicher

Griff|loch *n*, Griffhilfe *f*, Grifföffnung *f* [*Ziegel; Block(stein)*] · handling device

~öffnung *f*, Griffloch *n*, Griffhilfe *f* [*Ziegel; Block(stein)*] · handling device

~schlitz *m* · handling slot

~stange *f*, Stangengriff *m* · grab bar

Grillraum *m* · grill room

Grob|abstufung *f*, Grobkornabstufung · coarse (size) grading

~ausfüller *m*, Grob(füll)spachtel(masse) *m*, (*f*) [*Siehe Anmerkung unter „Spachtel(masse)"*] · coarse stopper, ~ stopping, ~ filler

grobbekiest · coarse gravel-surfaced

Grobbeton *m*, Grobkornbeton, grob(körnig)er Beton · coarse(-grained) concrete

(Grob)Blech *n* · (heavy) (metal) plate

~abdeckung *f* · plate cover(ing)

Grobbrechsand *m*, Brechgrobsand · coarse manufactured sand, manufactured coarse ~

grobe Bürstenwaschbetonoberfläche *f* · coarse scrubbed (concrete) surface, ~ ~ (~) finish

Grobegalisieren *n* · coarse levelling (Brit.); ~ leveling (US)

grober Beton *m*, grobkörniger ~, Grob(korn)beton · coarse(-grained) concrete

~ Granit *m*, grobkörniger ~, Pegmatit *m* · pegmatite

~ Leicht(beton)zuschlag(stoff) *m* → grobkörniger ~

~ Sandstein *m*, grobkörniger ~, Kristallsandstein · coarse(-grained) sandstone, gritstone

grobes Korkmehl *n* · cork granules

grobfaserig · coarse-fibrous

Grob|fraktion *f*, Grobkörnung *f*, Grobkorn *n* · coarse fraction

~füller *m* · coarse filler

~(füll)spachtel(masse) *m*, (*f*), Grobausfüller *m* [*Siehe Anmerkung unter „Spachtel(masse)"*] · coarse stopper, ~ stoping, ~ filler

grobgemahlen · coarse-ground

Grob|gewebe *n*, Sack~ · sacking

~(gut)korn *n*, Grobteilchen *n* · coarse grain, ~ particle

grobkeramischer Ofen *m* · heavy clay kiln

Grobkies *m* · coarse(-grained) gravel

Grobkorn *n*, Grobkörnung *f*, Grobfraktion *f* · coarse fraction

~, Grobteilchen *n*, Grobgutkorn · coarse particle, ~ grain

Grob(korn)|abstufung *f* · coarse (size) grading

~beton *m*, grob(körnig)er Beton · coarse (-grained) concrete

grob(körnig) · coarse(-grained)

grob(körnig)er Beton *m*, Grob(korn)-beton · coarse(-grained) concrete

~ Granit *m*, Pegmatit *m* · pegmatite

~ Leicht(beton)zuschlag(stoff) *m* · light(weight) coarse(-grained) (concrete) aggregate

~ Sandstein *m*, Kristallsandstein · coarse (-grained) sandstone, gritstone

Grob|kornstahl *m* [*Ein Stahl der kein ausgesprochen feinkörniges Gefüge hat, was für die meisten Anwendungsgebiete auch nicht notwendig ist. Allzu grobes Korn, wie es durch Überhitzen oder zu langes Glühen entstehen kann, oder wie es ungeglühter Stahlguß (Gußgefüge) aufweist, ist jedoch als Fehler anzusehen. Es verschlechtert die Festigkeitseigenschaften und die Kaltverformbarkeit unter Umständen erheblich*] · coarse(-grained) steel, open(-)grained ~

~körnung *f*, Grobkorn *n*, Grobfraktion *f* · coarse fraction

~leicht(beton)zuschlag(stoff) *m* · coarse(-grained) light(weight) concrete aggregate

~material *n* · coarse material

~mehl *n* · coarse flour

grobmineralische Abstreuung *f*, ~ Bestreuung, Grobmineralbestreuung, Grobmineralabstreuung [*Dachpappe*] · coarse mineral granules, ~ ~ surfacing

Grobmörtel *m* · coarse-grained mortar, coarse (sand) ~

grobporig · coarse-pored

Grobpulver *n* · coarse powder

Grobputz *m*, Grundputz, Unterputz, Außen~ · (external) undercoat rendering (Brit.); undercoat stucco (US); exterior undercoat plaster, external undercoat plaster

~, Grundputz, Unterputz, Innen~ · undercoat (mixed) plaster, basecoat (~) ~, coat (~) ~, backing (coat) (~) ~

Grobputzlage *f*, Grobputzschicht *f*, Unterputzlage, Unterputzschicht, Rauhwerk *n* · backing (coat), undercoat, basecoat [*A plastering or rendering coat other than the final coat*]

~ auf Putzträger → Unterputzschicht ~ ~

Grobputz|masse *f* → Unterputzmörtel

~mörtel *m* → Unterputzmörtel

~schicht *f*, Grobputzlage *f*, Unterputzschicht, Unterputzlage, Rauhwerk *n* · backing (coat), undercoat, basecoat [*A plastering or rendering coat other than the final coat*]

~schicht *f* **auf Putzträger** → Unterputzschicht ~ ~

Grob|sand *m*, Schottersand · coarse sand

~schluff *m* · coarse silt

~schotter *m* · coarse crushed stone

~spachtel(masse) *m*, (*f*), Grobfüllspachtel(masse), Grobausfüller *m* [*Siehe Anmerkung unter „Spachtel(masse)"*] · coarse stopper, ~ stopping, ~ filler

Grobspeckstein *m*, Grobtalk *m* · coarsely ground talc

~abstreuung *f*, Grobspecksteinbestreuung, Grobtalkabstreuung, Grobtalkbestreuung · coarsely ground talc (sur-)facing, ~ ~ ~ dusting finish

~bestreuung *f* → Grobspecksteinabstreuung

Grob|splitt *m* · coarse chip(ping)s

~strahl *m*, Sand~ · coarse (sand)blast

~struktur *f* [*Putz*] · rough texture

Grobtalk *m*, Grobspeckstein *m* · coarsely ground talc

~abstreuung *f*, Grobtalkbestreuung, Grobspecksteinabstreuung, Grobspecksteinbestreuung · coarsely ground talc (sur)facing, ~ ~ ~ dusting finish

~bestreuung *f* → Grobtalkabstreuung

Grobteilchen *n*, Grob(gut)korn *n* · coarse grain, ~ particle

Grob|ziegelmauerwerk *n* · rough work [*Brickwork, which will eventually be hidden by plaster, facing bricks, joinery, etc.*]

~zuschlag(stoff) *m* · coarse (concrete) aggregate

~zuschlag(stoff)packung *f* · prepacked coarse aggregate

Groß|(bau)platte *f* · large (building) slab

~-Betontafel *f* · large precast (concrete) panel

~block *m*, Groß(block)stein *m* · large (building) block, ~ (~) tile [*See remark under 'Block'*]

~(block)stein *m*, Großblock *m* · large (building) block, ~ (~) tile [*See remark under 'Block'*]

~brand *m*, Großfeuer *n* · serious fire, major ~

Größe *f*, Maß~ · size [*The magnitude of a dimension in terms of a defined unit*]

~, Format *n* · format

große Blase *f* · blister [*A large bubble within glass*]

großer Altar *m*, Riesenaltar, Altarbau *m* [*z.B. von Pergamon*] · great altar

großes Loch *n* [*Ziegel*] · hollow

Großfeuer *n*, Großbrand *m* · serious fire, major ~

Großflächenplatte *f* [*Stelcon*] · concrete raft [*A precision made reinforced concrete floor slab of the highest quality. It consists of a dense concrete base topped by a fully integrated wearing surface*]

~ für die Omnia-Vollbetondecke, Omnia-Großflächenplatte · Omnia wide slab

Großflächen|schalung *f* · large-panel formwork

~-Spiegelleuchte *f* · large-area specular reflector luminaire (US); ~ ~ ~ light fitting (Brit.)

Großformat *n* · large format

~decke *f* · floor composed of large units

~platte *f* · large format sheet, ~ ~ board

Groß|garage *f* · car park

~händler *m* · distributor

~(heiz)kessel *m* · large-capacity boiler

~kessel *m*, Großheizkessel · large-capacity boiler

~kornbeton *m* · concrete with large aggregate

~küche *f* · kitchen for large-scale catering

~luftschutzbunker *m* · large-capacity air raid shelter

~markt(halle) *m*, (*f*) · municipal market, wholesale ~

~pflasterstein *m* · large(-sized) (paving) sett

~platte *f*, Großbauplatte · large (building) slab

~probe *f*, Großversuch *m*, Großprüfung *f* · large scale test

~prüfung *f*, Großprobe *f*, Großversuch *m* · large scale test

Großraster *m* [*Leuchte*] · louver, louvre

~ mit Spiegeleffektlackierung · louver with specular enamel finish, louvre ~ ~ ~ ~

Großraum|abschluß *m* · shutter for large building(s) [*e.g. for an aircraft hangar*]

~büro *n*, Bürolandschaft *f* · (open) landscaped office space, ~ plan office, office landscape

~dach *n* · large-scale roof

Groß|rolltor *n* · large rolling shutterdoor, ~ ~ shutter door

~sied(e)lung *f* · large housing estate

Groß|städter *m* · large-town citizen

~stein *m*, Großblockstein, Großblock *m* · large (building) block, ~ (~) tile [*See remark under 'Block'*]

~stein *m*, Riesenstein, Megalith *m* · megalith [*A large hewn or unhewn stone such as is found in cyclopean masonry*]

~steingrab *n*, Riesensteingrab, Megalithgrab [*Volkstümliche Bezeichnungen sind „Hünengrab", „Hünenbett" n und „Opfertisch" m*] · megalithic burial chamber, ~ tomb ~, ~ sepulchral ~, ~ (chamber) tomb [*Megalithic (chamber) tombs are often colloquially called 'giants' graves', 'fairies' house' or 'hunsbeds'*]

Größt|abmessung *f*, Größtmaß *n* · maximum dimension

~abstand *m*, Höchstabstand · maximum spacing, ~ distance

Großtafel *f* · large panel; storey-height ~ (Brit.); story-height ~ (US)

~bau *m* · large panel construction; storey-height ~ ~ (Brit.); story-height ~ ~ (US)

~bausystem *n* → Großtafelbauweise

~bauweise *f*, Großtafelbausystem *n* · large panel wall system; storey-height ~ ~ ~ (Brit.); story-height ~ ~ ~ (US)

~bau(werk) *m*, (*n*) · large panelled structure

~gebäude *n* · large panel wall building, ~ ~ ~ structure, ~ ~ ~ block; storey-height ~ ~ ~ (Brit.); story-height ~ ~ ~ (US)

~wand *f* · large panel wall; storey-height ~ ~ (Brit.); story-height ~ ~ (US)

Größt|korn *n* · maximum grain (size)

~maß *n*, Größtabmessung *f*, Höchstmaß, Höchstabmessung · maximum dimension

~moment *n*, Höchstmoment · maximum moment

~momentbereich *m n*, Höchstmomentbereich · maximum moment region

Großtor *n* · large shutterdoor, ~ shutter door

Größt|spiel *n* · maximum clearance

~temperatur *f*, Höchsttemperatur · maximum temperature

~wert *m*, Höchstwert · maximum value

Groß|versuch *m*, Großprobe *f*, Großprüfung *f* · large scale test

~wand(beton)tafel *f* · (pre)cast (concrete) storey height wall panel (Brit.); ~ (~) story ~ ~ ~ (US); prefab(ricated) ~ ~ ~ ~ ~

~warenhaus *n* · full line department store

großzügig fließende Konturen *fpl* · generous flowing lines

Groteske *f* [*Ornament*] · grotesque

Grotte *f* · grotto

Grottensäule *f* · grotto column

Grübchen *n* [*Fehler im optischen Glas*] · dig, pit

~bildung *f* · pitting

~bildungswiderstand *m* · pitting resistance

Gruben|abdeckung *f* · pit covering

~deckel *m* · pit cover

~kalk *m*, Sumpfkalk, eingesumpfter Kalk · pit lime

~kies *m* · pit gravel

~material *n* · pit material

~sand *m* · pit sand

~schlacke *f* · pit-slag

Gruft *f*, Grabkammer *f*, Kammergrab *n* · tomb chamber, burial ~, sepulchral ~, chamber tomb

~, Krypta *f* · crypt, crowde

~gewölbe *n* · burial vault

grün, ungebrannt [*Zustand eines keramischen Erzeugnisses nach der Formgebung, aber vor dem Trocknen. In verschiedenen Ländern wird dieser Ausdruck auch für ein getrocknetes, nicht gebranntes Erzeugnis verwendet*] · green

Grund *m* → Grundierung

~ → Grund(ier)aufstrich

~, Unter~ · base (surface), (back)ground, backing (material)

~abmessung *f*, Grundmaß *n* · basic dimension, standard ~

~annahme *f* · basic assumption

~anstrich *m* → Grundierung

~anstrichmittel *n*, Grundierstoff *m*, Grundiermittel, Grundanstrichstoff, Grund(ierung) *m*, (*f*) · primer

~anstrichstoff *m*, Grundanstrichmittel *n*, Grundierstoff, Grundiermittel, Grund(ierung) *m*, (*f*) · primer

~aufstrich *m* → Grundierung.

~-Baumaterial *n* [*Schweiz*]; Grund-Baustoff *m* · basic building material, ~ construction(al) ~

~-Baustoff *m*; Grund-Baumaterial *n* [*Schweiz*] · basic building material, ~ construction(al) ~

~beton *m* [*Hartbetonplatte. Nicht verwechseln mit „Tragbeton"*] · subconcrete

~bitumen *n*, Ausgangsbitumen · base asphalt (US); ~ (asphaltic) bitumen (Brit.)

~bogen *m*, Konterbogen, Gegenbogen, Erdbogen, umgekehrter Bogen, verkehrter Bogen · inverted arch, reversed ~

~bogen *m* **aus Ziegelrollschicht** · brick-on-edge invert(ed) arch

~buch *n* → Kataster

~einlösung *f* [*Österreich*]; Grunderwerb *m*, Baulandbeschaffung · acquisition of land, purchase ~ ~, land purchase, land acquisition

~farbe *f* → Grundierfarbe

~frequenz *f* · fundamental frequency

~geschwindigkeit *f* · basic velocity

~glas *n*, Stammglas, Mutterglas · base glass, parent ~

~gleichung *f* · basic equation, fundamental ~

Grund(ier)anstrich *m*, Grund(ier)aufstrich, Grund(ierung) *m*, (*f*) [*Ein Grund(ier)anstrich besteht aus einer Anstrichschicht oder mehreren Anstrichschichten, die geeignet ist oder sind, als Verbindungsglied zwischen dem Untergrund und den auf den Grundanstrich aufgebrachten Anstrichschichten zu dienen. Er kann auch noch besondere Aufgaben ,wie Korrosionsschutz usw., erfüllen. Im heutigen Sprachgebrauch wird der Begriff „Grundierung" auch noch für den Anstrichstoff zum Grundieren verwendet*] · prime coat

Grundier(anstrich)farbe *f*, Grundfarbe · priming paint

Grund(ier)aufstrich *m*, Grundierung *f*, Grund(ier)anstrich, Grund *m* [*Ein Grund(ier)anstrich besteht aus einer Anstrichschicht oder mehreren Anstrichschichten, die geeignet ist oder sind, als Verbindungsglied zwischen dem Untergrund und den auf den Grundanstrich aufgebrachten Anstrichschichten zu dienen. Er kann auch noch besondere Aufgaben, wie Korrosionsschutz usw., erfüllen. Im heutigen Sprachgebrauch wird der Begriff „Grundierung" auch noch für den Anstrichstoff zum Grundieren verwendet*] · prime coat

Grundieremulsion *f* · priming emulsion

grundieren · to prime (coat)

Grundieren *n*, Vor(an)streichen · priming, prime coating

Grundier|farbe *f*, Grund(ieranstrich)-farbe · priming paint

~füller *m*, Füllgrund *m* · primer-surfacer, primer-sealer, primer-filler

~lösung *f* · priming solution

~mittel *n*, Grundanstrichstoff *m*, Grundanstrichmittel, Grundierstoff, Grund(ierung) *m*, (*f*) · primer

~schicht *f* · individual prime coat(ing), ~ priming (~)

~stoff *m*, Grund(ierung) *m*, (*f*), Grundanstrichmittel *n*, Grundanstrichstoff, Grundiermittel · primer

grundiert · primed

Grundierung *f*, Grund(ier)anstrich *m*, Grund(ier)aufstrich [*Ein Grund(ier)anstrich besteht aus einer Anstrichschicht oder mehreren Anstrichschichten, die geeignet ist oder sind, als Verbindungsglied zwischen dem Untergrund und den auf den Grundanstrich aufgebrachten Anstrichschichten zu dienen. Er kann auch noch besondere Aufgaben, wie Korrosionsschutz usw., erfüllen. Im heutigen Sprachgebrauch wird der Begriff „Grundierung" auch noch für den Anstrichstoff zum Grundieren verwendet*] · prime coat

~, Grundieren *n* · priming, prime coating

Grund(ierung) *m*, (*f*), Grundanstrichstoff *m*, Grundanstrichmittel *n*, Grundierstoff, Grundiermittel · primer

Grund|komponente *f*, Stammkomponente · basic component

~lage *f*, Basis *f* · base

~länge *f* · basic length

~last *f* · basic load

~linie *f* · base line

~masse *f*, Matrix *f* [*Substanz, in die Körner oder Kristalle eingebettet sind*] · matrix, ground mass

~maß *n*, Grundabmessung *f* · basic dimension, standard ~

~mauer *f*, Gründungsmauer, Fundamentmauer · masonry foundation wall, foundation masonry wall

~mauerwerk *n*, Gründungsmauerwerk, Fundamentmauerwerk · foundation masonry (work)

~metall *n*, unedles Metall · base metal [*Any metal as iron, lead, etc., which is altered by exposure to the air, etc., in contrast with the noble or precious metals*]

~modul M *m*, Modul von 10 cm, Modul von 4 Zoll · standard module, basic ~ [*It means a module with the dimension of 4 inches*]

~norm *f* · base standard

~platte *f* [*Rollenlager für Hoch- und Tiefbauten*] · bedplate

~platte *f* · baseplate

~putz *m*, Unterputz, Grobputz, Außen~ · (external) undercoat rendering (Brit.); undercoat stucco (US); exterior undercoat plaster, external undercoat plaster

~putz *m*, Unterputz, Grobputz, Innen~ · undercoat (mixed) plaster, basecoat (~) ~, backing (coat) (~) ~

~quadrat *n* [*Einheit aus Mosaikparkettstäben, die Kante an Kante zu einem Quadrat zusammengesetzt sind, dessen Seiten der Stablänge entsprechen*] · component square

Grundriß *m* · (ground(-))plan, base

~ der Volumen · (ground(-))plan of volumes, base ~ ~

~abmessung *f*, Grundrißmaß *n* · (ground(-))plan dimension, base ~

~anordnung *f* · layout (plan)

~fläche *f* · (ground(-))plan area, base ~

~form *f* · (ground(-))plan form, ~ shape, base ~

~geometrie *f* · (ground(-))plan geometry, base ~

~korrektur *f* · correction of the (ground(-))plan, ~ ~ ~ base

~krümmung *f* · curvature in (ground(-)) plan, ~ ~ base

~maß *n*, Grundrißabmessung *f* · (ground(-))plan dimension, base ~

~-Rastersystem *n* **für horizontale Lastenbündelung** · geometric grid system for bay-type horizontal load collection

Grund|schicht *f* → Grundierschicht

~schule *f* · elementary school, primary ~

~sorte *f* · basic grade

~spannung *f* · basic stress

~spannungszustand *m* · basic stress state

~stein *m* · foundation stone

Grundstück *n*, abgegrenzter Teil *m* der Erdoberfläche · parcel of lanced

~ · plot [*A parcel of land consisting of one or more lots or portions there of, which is described by reference to a recorded plat or by metes and bounds*]

Grundstücks|grenze *f* · property line, plot ~ [*A recorded boundary of a plot*]

~kläranlage *f*, Hauskläranlage, Kleinkläranlage [*DIN 4261*] · septic tank

~leitung *f*, Grundstücksstrang *m* · supply pipe [*That portion of the service pipe(s) lying within the consumers' premises*]

~makler *m*, Häusermakler · real estate agent (US); house ~ (Brit.)

~mauer *f* · boundary wall

~strang *m*, Grundstücksleitung *f* · supply pipe [*That portion of the service pipe(s) lying within the consumers' premises*]

Grund|toleranz *f* · basic tolerance

~toleranzentabelle *f* · basic tolerance table

~ton *m* → (einfacher) Ton

~type *f* · basic type

Gründung *f*, Fundament *n* · foundation

Gründungs|beton *m*, Fundamentbeton · foundation concrete

~mauer *f*, Grundmauer, Fundamentmauer · masonry foundation wall

~mauerwerk *n*, Grundmauerwerk, Fundamentmauerwerk · foundation masonry (work)

~mitglied *n* · founder-member

~schale *f*, Fundamentschale · foundation shell

~tiefe *f*, Fundamenttiefe · foundation depth, depth of foundation

~ziegel *m*, Fundament(ierungs)ziegel · brick for foundations

~-Ziegelmauerwerk *n*, Fundament-Ziegelmauerwerk · foundation brickwork, ~ brick masonry (work)

grundwasser|haltende (Ab)Dichtung(en) *f(pl)*, wasserdruckhaltende ~, (Ab)Dichtung(en) gegen drückendes Wasser, (Ab)Dichtung(en) gegen Grund- und Druckwasser [*DIN 18336*] · waterproofing

~schädlich, grundwasserangreifend · aggressive to(ward) groundwater

Grund|zapfen *m*, Keilzapfen · wedged tenon

~zustand *m* [*Baustatik*] · basic condition

grüne Ausblühung *f*, Vanadiumausblühung · green efflorescence

~ Erde *f* → Grünerde

Grüne Moschee *f* **von Isnik** [*Nicaea*] · Yesil Jami, Green Mosque

grüne organische Farbe *f* [*Fehlname*]; grünes organisches Pigment *n* · green organic pigment

grüner Beton *m*, Frischbeton · freshly-mixed concrete, green ~ [*Concrete which has set but not appreciably hardened*]

~ Marmor *m* [*Fehlname*]; Serpentinfels *m*, Serpentin(gestein) *m*, (*n*) · serpentine (rock), serpentinite [*A rock containing a major proportion of the mineral serpentine*]

~ Ziegel *m*, Rohling *m*, Formling · green brick

~ Zustand *m*, frischer ~ · green state, fresh ~

Grünerde *f*, grüne Erde [*Eine natürliche Erdfarbe. Sie besteht aus einer komplizierten Tonerde-Eisen-Verbindung der Kieselsäure und etwas Kalium*] · green earth (pigment), terre verte (~)

grünes organisches Pigment *n*; grüne organische Farbe *f* [*Fehlname*] · green organic pigment

~ Pigment *n*, Grünpigment · green pigment

Grün|festigkeit *f*, Trockenfestigkeit [*Die mechanische Festigkeit von getrockneten, aber nicht gebrannten Formlingen*] · dry strength, green ~

~fläche *f* · green area

~futterfahrsilo *m*, (Grünfutter)Flachsilo, oberirdischer Grabensilo, Fahrsilo · horizontal (plank) silo

~glas *n* · green glass

~gürtel *m*, Grünzug *m* · green belt

Grünling *m*, Frischling, Formling, frischgeformtes Erzeugnis *n*, frischgeformtes Produkt *n*, frischgeformter Artikel *m* · green product, freshly-made ~, newly-made ~

Grün|netz *n* · green network [*Formed by interconnected parks, rivers, lakes, etc.*]

~pigment *n*, grünes Pigment · green pigment

~schiefer *m* · green schist

~siegel *n* [*Betondichtungsmittel*] · green seal

~siegel *n* [*40% ZnS*] · green seal

~span *m* · verdigris, basic copper acetate [*It is the colo(u)ring ingredient of one type of patina on copper*]

~standfestigkeit *f* · green stability

~stein *m* · green stone [*altered diabase*]

~steintuff *m*, Diabastuff · diabasic tuff, greenstone ~

~terrasse *f* · landscaped terrace

~zug *m*, Grüngürtel *m* · green belt

Gruppe *f* [*Werkstoff*] · family

Gruppen|schaltung *f* [*Leuchten*] · group connection

~stand *m*, Gemeinschaftsstand [*auf einer Messe oder Ausstellung*] · group stand

gruppierter Pfeiler *m* · reinforced pier

GT, Gwtl., Gewichtsteil *m*, *n* · percent by weight

Gucker *m*, Spion *m*, Tür~ · judas, (door) viewer

Guillochierung *f* · guilloche [*A decorative border design in which two or more lines or bands are interwoven so as to make circular spaces between them*]

Gully *m* → Sinkkasten

~einfassung *f*, Sinkkasteneinfassung, Einlaufeinfassung, Ablaufeinfassung · inlet surround, gull(e)y ~

~öffnung *f*, Sinkkastenöffnung, Einlauföffnung, Ablauföffnung · inlet opening, gull(e)y ~

~rost *m* → Ablaufrost

Gummi *m*, Kautschuk *m*, Natur~ · (natural) rubber

~ plasticum, Percha *n*, Guttapercha, Tubangummi *m*, Gettaniagummi · gutta-percha

~(ab)dicht(ungs)profil *n*, Gummiselbstdichtung *f*, Kautschuk(ab)dicht(ungs)profil, Kautschukselbstdichtung · rubber (preformed) gasket, ~ sealing ~, ~ structural ~ [*See remark under 'Selbstdichtung'*]

~(ab)dicht(ungs)ring *m* · rubber seal(-ing) ring

gummiähnlich, kautschukähnlich · rubber-like, rubbery

Gummi|anschlag *m*, Kautschukanschlag · rubber stop

~arabikum *n* · gum arabic

~bahn *f*, Kautschukbahn · rubber sheet(-ing)

~bahnware *f*, Kautschukbahnware · sheet(ing) rubber

~(-Bau)profil *n*, Kautschuk(-Bau)profil · construction(al) rubber shape, ~ ~ section, ~ ~ trim, ~ ~ unit, ~ ~ profile, structural ~ ~

~(belag)platte *f*, Gummifliese *f*, Kautschuk(belag)platte, Kautschukfliese · rubber tile

gummibeschichtet · rubber-coated, rubber-(sur)faced

Gummi-Bitumen|-Emulsion *f* · rubber/(asphaltic-)bitumen emulsion (Brit.); rubber/asphalt ~ (US)

~-Masse *f*, Kautschuk-Bitumen-Masse · rubber-asphalt mass, ~ composition, ~ material, ~ compound (US); rubber-(asphaltic-)bitumen ~ (Brit.)

~-Streifen *m* · rubber/(asphaltic-) bitumen strip (Brit.); rubber/asphalt ~ (US)

Gummi|boden(belag) *m*, Gummifußboden(belag), Fbg *m* · rubber floor(-ing) (finish), ~ floor cover(ing)

~dämmplatte *f* · rubber insulating board, ~ insulation ~, ~ ~ sheet

~dichtung *f*, Gummiverbindung [*Rohrverbindung*] · rubber sealed flexible joint

~dicht(ungs)profil *n*, Gummiabdicht(ungs)profil, Gummiselbstdichtung *f*, Kautschuk(ab)dicht(ungs)profil, Kautschukselbstdichtung · rubber (preformed) gasket, ~ sealing ~, ~ structural ~ [*See remark under 'Selbstdichtung'*]

~dicht(ungs)ring *m*, Gummiabdicht(ungs)ring · rubber seal(ing) ring

~einlage *f*, Gummiträger *m* · rubber insert(ion)

~einlage *f*, Gummifugeneinlage · (cell) rubber (joint) filler

~filz *m* · rubber felt

~fliese *f*, Gummi(belag)platte *f*, Kautschukfliese, Kautschuk(belag)platte · rubber tile

~fliesenbelag *m*, Gummiplattenbelag, Kautschukfliesenbelag, Kautschukplattenbelag · rubber tiling

~folie *f* · rubber foil

~fugenband *n* · rubber waterstop, ~ waterbar

~(fugen)einlage *f* · (cell) rubber (joint) filler

~(fuß)boden(belag) *m*, Fbg *m* · rubber floor(ing) (finish), ~ floor cover(ing)

gummigekuppelt [*Rohrleitung*] · rubber-coupled

Gummi|harz *n* [*Natürliches Gemisch aus Gummi und Harz*] · gum resin [*misnomer: gum*]

~-Kunstharz-Gemisch *n*, Gummi-Kunstharz-Mischung *f* · rubber-synthetic resin mix(ture)

~kupplung *f*, Gummi-Rohrkupplung · rubber (pipe) coupling

~leim *m* · rubber glue

~lösung *f* · rubber solution

~mehl *n* → Natur~

~-Pendeltür *f*, flexible ~ · flexible rubber (swing) door

~platte *f*, Gummibelagplatte, Gummifliese *f*, Kautschukfliese, Kautschuk(belag)platte · rubber tile

~plattenbelag *m*, Gummifliesenbelag, Kautschukplattenbelag, Kautschukfliesenbelag · rubber tiling

~profil *n*, Gummi-Bauprofil, Kautschuk(-Bau)profil · construction(al) rubber shape, ~ ~ section, ~ ~ trim, ~ ~ unit, ~ ~ profile, structural ~ ~

~profil *n* **zur Verglasung** · rubber glazing channel

~puffer *m* · rubber buffer

~pulver *n* → (Natur)Gummimehl

~ring *m* · rubber ring

~rohr *n*, Kautschukrohr [*Hartgummirohr (in Rollen) zur Verlegung von Leitungen unter Putz*] · rubber conduit

~(-Rohr)kupplung *f* · rubber (pipe) coupling

~rolldichtung *f*, Rollgummidichtung · rolling rubber O-ring seal(ing)

~rollring *m*, Rollgummiring · rolling rubber O-ring gasket

~rollverbindung *f*, Rollgummiverbindung · rolling rubber O-ring joint

~schaum(stoff) *m*, Kautschukschaum(-stoff), Zellkautschuk *m*, Zellgummi *m* · expanded (natural) rubber

~schieber *m*, Gummischwabber · rubber squeegee

Gummischlauch *m* · rubber tube, ~ hose

~schalung *f* · deflatable rubber tube, inflatable ~ ~, ~ ~ core

~schalung *f* **mit schmiegsamen Diagonalgewebeeinlagen** · ductube

Gummi|schnur *f* · rubber cord

~schwabber *m*, Gummischieber · rubber squeegee

~selbstdichtung *f*, Gummi(ab)dicht(ungs)profil *n*, Kautschuk(ab)dicht(ungs)profil, Kautschukselbstdichtung · rubber (preformed) gasket, ~ sealing ~, ~ structural ~ [*See remark under 'Selbstdichtung'*]

~streifen *m* · rubber strip

~tafel *f* · rubber panel

~-Teer-Masse *f* · rubber/tar compound, ~ composition, ~ material, ~ mass

~träger *m*, Gummieinlage *f* · rubber insert(ion)

~tür *f* · rubber door

~türblatt *n* · rubber door leaf

~unterlage *f* · rubber underlay

~verbindung *f*, Gummidichtung [*Rohrverbindung*] · rubber sealed flexible joint

gummiverträglich · rubber-compatible

Gummiwachsdraht *m* [*Für feste Verlegung von Leitungen für Schwachstromanlagen*] · waxed rubber wire

GUP *m*, glasfaserverstärkter ungesättigter Polyester, glasfaserverstärktes ungesättigtes Polyesterharz *n* · glass fibre(-reinforced) unsaturated polyester (Brit.); glass fiber(-~) ~ ~ (US)

Gurt *m* → Querbogen

~, Band *n*, Aufzug~ [*Rolladen*] · tape

~ → Gurtung

~, Faszie *f* [*Einer der drei, manchmal auch zwei, übereinanderliegenden, von unten nach oben leicht vorspringenden Streifen, die den Architrav der ionischen und korinthischen (Säulen-) Ordnung waag(e)recht unterteilen*] · fa(s)cia

~aussteifung *f* → Gurtungsaussteifung

~(bogen) *m* → Querbogen

~breite *f*, Gurtungsbreite, Flanschbreite · chord width, boom ~, flange ~

~(ge)sims *m*, (*n*), Kordon(ge)sims, Stockwerk(ge)sims, · (ornamental) string (course), cordon

~gewölbe *n*, versetztes Gewölbe, Zonengewölbe · vault with dentated springing lines

~rippe *f* [*bei einem Kragstein oder einer Konsole*] · decorative rib, ornamental ~

Gurt(ung) *m*, (*f*), Flansch *m* · chord, boom, flange

Gurt(ungs)|aussteifung *f*, Gurt(ungs)versteifung, Gurt(ungs)verstärkung, Flanschaussteifung, Flanschversteifung, Flanschverstärkung · boom stiffening, ~ bracing, chord ~, flange ~

~blech *n* → Gurt(ungs)platte

~breite *f*, Flanschbreite · chord width, boom ~, flange ~

~ebene *f* · boom plane, chord ~, flange ~

~fläche *f* · flange area, boom ~, chord ~

~lamelle *f* → Gurt(ungs)platte

~platte *f*, Kopfplatte, Verstärkungsplatte, Gurt(ungs)blech *n*, Gurt(ungs)lamelle *f*, Lamelle · boom plate, chord ~, flange ~, angle iron of the chords, angle iron of the booms, angle iron of the flanges

~stab *m* · boom member, chord ~, flange ~, ~ bar, ~ rod, ~ element

~verstärkung *f* → Gurt(ungs)aussteifung

~versteifung *f* → Gurt(ungs)aussteifung

Gurt|verstärkung *f* → Gurt(ungs)aussteifung

~versteifung *f* → Gurt(ungs)aussteifung

Guß *m*, Gießen *n* · cast

Gußasphalt *m* [*Ein korngestuftes Mineralgemisch, das in heißem Zustand mit Straßenbaubitumen vermischt wird*] · bituminous mastic concrete (US); gußasphalt

~belag *m*, Gußasphaltdecke *f* · bituminous mastic concrete surfacing (US); gußasphalt ~

~bodenestrich *m* → Gußasphaltfußbodenestrich

~decke *f*, Gußasphaltbelag *m* · bituminous mastic concrete surfacing (US); gußasphalt ~

~estrich *m* [*als Baustoff*] · mastic asphalt for jointless floor(s), ~ ~ ~ ~ flooring(s)

~estrich *m* [*als verlegter Baustoff*] · mastic asphalt jointless floor(ing)

Gußbaueinheit *f* [*Fehlname*] → Guß(bau)körper

Guß(bau)|element *n* → Gau(bau)körper

~körper *m*, Guß(bau)element *n* [*Fehlname: Gußbaueinheit f*] · cast (building) unit, ~ (~) member, ~ (~) component

Guß|beton *m*, Rinnenbeton, gießfähiger Beton, flüssiger Beton [*Dieser Beton ist so weich, daß er ohne Entmischung in Rinnen von etwa 25° Gefälle fließt. Der große Wasserzusatz zur Erzielung einer solchen Fähigkeit ergibt eine geringe Güte. Dieser Beton wird daher heute kaum noch verwendet*] · chuted concrete

~bronze *f* · cast bronze

~drahtglas *n*, Drahtgußglas · rolled wire(d) glass

Gußeisen *n*, Ge · cast iron, C.I.

~ mit Kugelgraphit, Sphäroguß *m*, sphärolitisches Gußeisen [*Kurzbezeichnung GGG = gegossen – Gußeisen – globular. DIN 1963. Ein Eisen-Kohlenstoff-Gußwerkstoff, dessen als Graphit vorhandener Kohlenstoffanteil nahezu vollständig in weitgehend kugeliger Form vorliegt*] · nodular (graphite) cast iron, spheroidal (~) ~ ~, ductile ~ ~

~ ~ Lamellengraphit, Grauguß *m* ~ ~, GGL · gray cast iron, grey ~ ~, ~ C. I.

~ ~ Stahlschrottzusatz · semi-steel

~-(Ab)Deckplatte *f*, gußeiserne (Ab-)Deckplatte · cast-iron cover(ing) plate, C.I. ~ ~

~abfluß *m* [*Fehlname*] → Gußeisenabflußrohr

~abflußrohr *n*, Gußeisenablaufrohr, Gußeisendränrohr, Gußeisenentwässerungsrohr, gußeisernes Abflußrohr, gußeisernes Ablaufrohr, gußeisernes Dränrohr, gußeisernes Entwässerungsrohr, GA [*DIN 19500. Fehlnamen: gußeiserner Abfluß m, gußeiserner Ablauf m, Gußeisenabfluß, Gußeisenablauf*] · cast-iron drain(age) pipe, ~ draining ~, ~ discharge ~, ~ waste (~), C.I. ~ (~)

~ablauf *m* [*Fehlname*] → Gußeisenabflußrohr

~ablaufrohr *n* → Gußeisenabflußrohr

~-Abschirmwand *f*, gußeiserne Abschirmwand · cast-iron (biological) shielding wall, ~ radiation ~ ~, C.I. (~) ~ ~

~(bade)wanne *f*, gußeiserne (Bade-)Wanne · cast-iron (bath)tub, ~ bath, C.I. ~

~-Beleuchtungsmast *m*, gußeiserner Beleuchtungsmast, Gußeisen-Lichtmast, gußeiserner Lichtmast · cast-iron column for street lighting, C.I. ~ ~ ~ ~ [*B.S. 1249*]

~bodenplatte *f*, Gußeisenfußbodenplatte, gußeiserne (Fuß)Bodenplatte · cast-iron floor plate, C.I. ~ ~

~deckel *m*, gußeiserner Deckel · cast-iron cover, C.I. ~

~-Deckplatte *f*, Gußeisen-Abdeckplatte, gußeiserne (Ab)Deckplatte · cast-iron cover(ing) plate, C.I. ~ ~

~dränrohr *n* → Gußeisenabflußrohr

~-Druckrohr *n*, gußeisernes Druckrohr · cast-iron pressure pipe, C.I. ~ ~

~dübel *m*, gußeiserner Dübel [*Holzverbinder*] · cast-iron (timber) connector

~entwässerungsrohr *n* → Gußeisenabflußrohr

~-Fassade *f*, gußeiserne Fassade · cast-iron façade, C.I. ~

~fenster *n*, gußeisernes Fenster · cast-iron window, C.I. ~

~-Fischbauchträger *m*, gußeiserner Fischbauchträger · cast iron fish-bellied girder, C.I. ~ ~

~flansch *m*, gußeiserner Flansch [*DIN 2530–2535*] · cast iron flange, C.I. ~

~flansch(en)rohr *n*, gußeisernes Flansch(en)rohr [*DIN 2422*] · cast iron flanged pipe, C.I. ~ ~

~(-Form)stück *n*, gußeisernes (Form-)Stück · cast-iron (pipe) fitting, C.I. (~) ~

~(fuß)bodenplatte *f*, gußeiserne (Fuß-)Bodenplatte · cast-iron floor plate, C.I. ~ ~

~-Gliederbehälter *m*, gußeiserner Gliederbehälter · cast-iron sectional tank, C.I. ~ ~ [*B.S. 1563*]

~-(Glieder)Heizkörper *m* → gußeiserner (Glieder)Heizkörper

~-Gliederkessel *m*, gußeiserner Gliederkessel · cast-iron sectional boiler, C.I. ~ ~

~-Glockenmuffen-Abflußrohr *n*, Gußeisen-Glockenmuffen-Entwässerungsrohr, Gußeisen-Glockenmuffen-Ablaufrohr [*Fehlnamen: Gußeisen-Glockenmuffen-Abfluß m, Gußeisen-Glockenmuffen-Ablauf m*] · cast iron spigot and socket draining pipe, ~ ~ ~ ~ ~ drain(age) ~, ~ ~ ~ ~ ~ discharge ~, ~ ~ ~ ~ ~ waste (~) [*B.S. 437*]; ~ ~ bell(-)and(-)spigot ~ ~, ~ ~ B & S ~ ~, ~ ~ B & S waste (~) (US)

~griff *m*, Gußeisentürgriff, gußeiserner (Tür)Griff · cast-iron (door) pull (handle), C.I. (~) ~ (~)

~-Grundplatte *f*, gußeiserne Grundplatte · cast-iron bedplate, C.I. ~

~(-Heiz)kessel *m*, gußeiserner (Heiz-)Kessel · cast-iron boiler, C.I. ~ [*B.S. 779*]

~-Heizkörper *m* → gußeiserner (Glieder)Heizkörper

~hohlstütze *f*, gußeiserne Hohlstütze · hollow cast-iron column, ~ C.I. ~

~-Kasten(dach)rinne *f* → Gußeisen-Kastenregenrinne

~-Kastenregenrinne *f*, Gußeisen-Kasten(dach)rinne, gußeiserne Kastendachrinne, gußeiserne Kastenregenrinne · cast-iron box (roof) gutter, ~ ~ rainwater ~, C.I. ~ (~) ~

~-Kastenrinne *f* → Gußeisen-Kastenregenrinne

~kessel *m*, Gußeisen-Heizkessel, gußeiserner (Heiz)Kessel · cast-iron boiler, C.I. ~ [*B.S. 779*]

~-Konstruktionsrohr *n*, gußeisernes Konstruktionsrohr · cast-iron structural tube, ~ ~ pipe, C.I. ~ ~

~leitung *f*, Gußeisenrohrleitung, gußeiserne (Rohr)Leitung · cast-iron pipeline, C.I. ~

~-Lichtmast *m*, gußeiserner Lichtmast, Gußeisen-Beleuchtungsmast, gußeiserner Beleuchtungsmast · cast-iron column for street lighting, C.I. ~ ~ ~ ~ [*B.S. 1249*]

~mast *m*, gußeiserner Mast · cast-iron mast, C. I. ~

~platte *f*, gußeiserne Platte · cast-iron plate, C.I. ~

~plattenbelag *m* · (cast-)iron paving, C.I. ~

Guß(eisen)|-Radiator *m* → gußeiserner (Glieder)Heizkörper

~rohr *n*, gußeisernes Rohr · cast-iron pipe, C.I. ~, CIP

Gußeisen|(rohr)leitung *f*, gußeiserne (Rohr)Leitung · cast-iron pipeline, CrI. ~

~-Rohrstütze *f*, gußeiserne Rohrstütze · cast-iron tubular column, C.I. ~ ~

~schiene *f*, gußeiserne Schiene · cast-iron rail, C.I. ~

Gußeisenschleuder|druckrohr *n*, gußeisernes Schleuderdruckrohr · spun cast iron pressure pipe, ~ C.I. ~ ~

~rohr *n*, gußeisernes Schleuderrohr · spun cast iron pipe, ~ C. I. ~

Gußeisen|spülkasten *m*, gußeiserner Spülkasten [*Abort*] · cast-iron flushing tank, ~ ~ cistern, ~ water waste preventer, C. I. flushing tank, C. I. flushing cistern, C. I. water waste preventer

~stück *n*, Gußeisen-Formstück, gußeisernes (Form)Stück · cast-iron (pipe) fitting, C.I. (~) ~

~stütze *f*, gußeiserne Stütze · cast-iron column, C.I. ~

~träger *m*, gußeiserner Träger · cast-iron girder, C.I. ~

~(tür)griff *m*, gußeiserner (Tür)Griff · cast-iron (door) pull (handle), C.I. (~) ~ (~)

~wanne *f* → Gußeisenbadewanne

gußeiserne Abschirmwand *f*, Gußeisen-Abschirmwand · cast-iron (biological) shielding wall, ~ radiation ~ ~, C.I. (~) ~ ~

~ (Bade)Wanne *f* → Gußeisenbadewanne

~ Hohlstütze *f*, Gußeisenhohlstütze · hollow cast-iron column, ~ C.I. ~

~ Kasten(dach)rinne *f* → Gußeisen-Kastenregenrinne

~ Kastenregenrinne *f* → Gußeisen-Kastenregenrinne

~ Kastenrinne *f* → Gußeisen-Kastenregenrinne

~ Leitung *f*, ~ Rohr~, Gußeisen(rohr)leitung · cast-iron pipeline, C.I. ~

~ (Rohr)Leitung *f*, Gußeisen(rohr)leitung · cast-iron pipeline, C.I. ~

~ Rohrstütze *f*, Gußeisen-Rohrstütze · cast-iron tubular column, C.I. ~ ~

~ Schiene *f*, Gußeisenschiene · cast-iron rail, C.I. ~

~ Stütze *f*, Gußeisenstütze · cast-iron column, C.I. ~

~ Wanne *f* → Gußeisen(bade)wanne

gußeiserner Beleuchtungsmast *m*, Gußeisen-Beleuchtungsmast, Gußeisen-Lichtmast, gußeiserner Lichtmast · cast-iron column for street lighting, C.I. ~ ~ ~ ~ [*B.S. 1249*]

~ Dübel *m*, Gußeisendübel [*Holzverbinder*] · cast-iron (timber) connector

~ Gliederbehälter *m*, Gußeisen-Gliederbehälter · cast-iron sectional tank, C.I. ~ ~ [*B.S. 1563*]

~ (Glieder)Heizkörper *m*, ~ Radiator *m*, Gußeisen-(Glieder)Heizkörper, Guß(eisen)-Radiator · cast-iron radiator, C.I. ~

~ Gliederkessel *m*, Gußeisen-Gliederkessel · cast-iron sectional boiler, C.I. ~ ~

~ (Heiz)Kessel *m*, Gußeisen(-Heiz)kessel · cast-iron boiler, C.I. ~ [*B.S. 779*]

~ Heizkörper *m* → ~ Glieder~

~ Kessel *m*, ~ Heiz~, Gußeisen(-Heiz)-kessel · cast-iron boiler, C.I. ~ [*B.S. 779*]

~ Lichtmast *m*, Gußeisen-Lichtmast, Gußeisen-Beleuchtungsmast, gußeiserner Beleuchtungsmast · cast-iron column for street lighting, C.I. ~ ~ ~ ~ [*B.S. 1249*]

~ Mast *m*, Gußeisenmast · cast-iron mast, C.I. ~

~ Radiator *m* → ~ (Glieder)Heizkörper

gußeisernes Fenster *n*, Gußeisenfenster · cast-iron window, C.I. ~

~ Konstruktionsrohr *n*, Gußeisen-Konstruktionsrohr · cast-iron structural tube, ~ ~ pipe, C.I. ~ ~

Guß|element *n* → Guß(bau)körper

~fensterglas *n*, Fenstergußglas · rolled sheet glass, ~ window ~, cast ~ ~

~fitting *m*, Gußrohrfitting, Guß(rohr)-formstück *n* · cast pipe fitting

~flansch *m* · cast flange

~formstück *n*, Gußrohrformstück, Guß-(rohr)fitting *m* · cast pipe fitting

Gußglas *n*, gegossenes (Flach)Glas · rolled glass [*B.S. 3447 and ASTM C 162–56*], cast ~ [*Flat glass, one surface of which bears a pattern or texture made by rolling either on a table or between rollers*]

~balkonbrüstung *f* · rolled glass balcony parapet, cast ~ ~ ~

~trennwand *f* · rolled glass partition (wall), cast ~ ~ (~)

~tür *f*, Tür aus gegossenem (Flach)Glas · rolled glass door, cast ~ ~

~vordach *n*, Gußglasabdach, Gußglaswetter(schutz)dach · rolled glass canopy, cast ~ ~, ~ ~ roof overhang

Guß|körper *m* → Gußbaukörper

~legierung *f* [*DIN 1725*] · cast alloy

~messing *n* · cast brass, CB

~-Radiator *m* → gußeiserner (Glieder-)Heizkörper

~rohr *n*, Gußeisenrohr, gußeisernes Rohr · cast-iron pipe, C.I. ~, CIP

~(rohr)fitting *m*, Guß(rohr)formstück *n* · cast pipe fitting

~(rohr)formstück *n*, Guß(rohr)fitting *m* · cast pipe fitting

~stahl *m*, Flußstahl [*Gußstahl ist die nur noch selten gebrauchte Bezeichnung für Stahl, der in flüssigem Zustand gewonnen wurde, im Gegensatz zum teigigen Schweißstahl. Man nennt diesen Stahl jetzt Flußstahl. Nur in der Drahtindustrie und bei Werkzeugstahl wird noch häufig von Gußstahl gesprochen. Gußstahl ist nicht zu verwechseln mit Stahlguß*] · mild steel, m.s.

~stück *n* · casting

~wanne *f* → Gußeisenbadewanne

Güte|anforderung *f* · quality requirement

~bedingungen *fpl* · quality spec(ification)s

~bestimmungen *fpl* · quality regulations

~eigenschaft *f* · property, characteristic quality

~klasse *f*, Bauholz~ · structural timber grade, building ~ ~, construction(al) ~ ~, stress ~

~klasse *f* · (quality) grade

~klassebeschreibung *f* · (quality) grade description

~klausel *f* · quality clause

~merkmal *n* · quality characteristic

~nachweis *m* · quality check(ing)

~norm *f* · quality standard

~probe *f*, Güteprüfung *f*, Güteversuch *m* · quality test

~prüfung *f*, Güteprobe *f*, Güteversuch *m* · quality test

guterhalten · well-preserved

Güteschutz *m* · (registered) certification (trade)mark scheme

~zeichen *n*, Güteschutzmarke *f* · (registered) certification (trade)mark, ~ (trade)mark

Güte|seite *f* [*Die Fläche eines Parkettstabes, welche die Güte desselben bestimmt*] · face [*The surface of a parquet block on which the grade is determined*]

~sicherung *f*, Güteüberwachung · quality audit, ~ control, product performance evaluation, inspection, QC

~streuung *f* · dispersion in quality, scattering of qualities

~überwachung *f*, Gütesicherung · quality audit, ~ control, product performance evalution, inspection, QC

~überwachungspersonal *n* · quality-control staff

~überwachungstabelle *f* · (quality) control chart

~versuch *m*, Güteprobe *f*, Güteprüfung *f* · quality test

gut|gebrannt · well-fired, well-burnt, well-burned

~gelüftet · well-ventilated

Gutluft *f*, Reinluft · clean air, purified ~

Guttae *fpl* [*Tropfenartige Gebilde der Dorischen Ordnung, die in drei Gruppen zu sechs Tropfen an den Mutuli (= Dielenköpfen) und außerdem sechs Guttae in einer Reihe unter den Regulae angebracht sind*] · guttae

Guttapercha *n*, Tubangummi *m*, Gettaniagummi, Gummi plasticum, Percha · gutta-percha

gutverdünnt · well-thinned

Gwtl. *m, n*, GT, Gewichtsteil *m, n* · percent by weight

H

H *m*, Hohlraum *m*, Porenraum [*in einem Korngemisch*] · volume of voids

H *f*, Heimstätte *f* · homestead

Haar|fänger *m* · hair catcher

~filz *m* · hair felt(ed fabric)

haargenau · dead true

Haar|gips *m* · haired gypsum (Brit.); hair-fibered ~ (US); fibrous ~ [*The term 'fibrous gypsum' is also used for 'satin spar' = Fasergips*]

~kalkmörtel *m*, Kalkhaarmörtel · haired lime mortar (Brit.); hair-fibered ~ ~ (US); fibrous ~ ~

~kies *m*, Millerit *m*, NiS (Min.) · millerite, capillary pyrite

~mörtel *m* [*Haarmörtel sind Mörtel, denen Kälberhaare, Renntierhaare, Kuhhaare, Kaninchenhaare, Filzhaare, Kokosfasern, Flachsschäben oder ähnliche Stoffe beigemischt sind*] · haired mortar (Brit.); hair-fibered ~ (US); fibrous ~

~riß *m*, Wischer *m* [*Fehler im optischen Glas*] · sleek

~riß *m* · hair crack

~rißbildung *f* · hair-cracking [*In painting. Fine cracks which do not penetrate the top coat; they occur erratically and at random*]

~rißfestigkeit *f* · hair cracking resistance, resistance to hair cracking

~röhrchenkraft *f*, Kapillarkraft · capillary force

~röhrchenwasser *n*, Porensaugwasser, Kapillarwasser · capillary moisture, ~ water, water of capillarity, fringe water

~röhrchenwirkung *f* · capillary action

~zementmörtel *m*, Zementhaarmörtel · haired cement mortar (Brit.); hair-fibered ~ ~ (US)

hafenfertiges getrübtes Opalglas *n* · pot-opal glass

~ Rubinglas *n* · pot ruby

Hafen|ofen *m* [*Glasherstellung*] · pot furnace

~ton *m* [*Ton, der zur Herstellung von Glashäfen und Schmelztiegeln für die Stahlindustrie dient. Anmerkung: In Großbritannien bezeichnet man mit dem Ausdruck „pot clay" auch eine aus Hafenton und Schamottezusatz bestehende Masse, die zur Herstellung von Glashäfen und Schmelztiegeln für die Stahlindustrie dient*] · pot clay

Haft|anreger *m* → Adhäsionsverbesserer

~anregung *f*, Haftverbesserung [*von plastischen Bindemitteln am Gestein*] · doping of binders, promotion of binder adhesion

~beton *m* · bond(ing) concrete

~brücke *f*, Haftlage *f*, Haftschicht *f* · bond(ing) layer, ~ course [*A layer of mortar, usually ¹/₈ to ¹/₂ in. (3 to 13 cm) thick, which is spread on a moist and prepared, hardened concrete surface prior to placing fresh concrete*]

~brückenstoff *m* · bonding agent [*A substance applied to a suitable substrate to create a bond between a subsurface and a terrazzo topping or a succeeding plaster application*]

Hafte *f* · tack

Hafteigenschaft *f* → Haftfähigkeit

~ einer Oberfläche · key [*That property of a surface, inherent or introduced, that facilitates the bonding of another material to it*]

haften, mit Haftern befestigen [*Metallbedachung*] · to cleat

Haften *n* → Haftfähigkeit

Hafter *m* · (metal) cleat

~, Löt~ [*Metallbedachung*] · soldered (metal) cleat, cleat

Haft|ermüdung *f*, Verbundermüdung [*Beton*] · fatigue of bond

~fähigkeit *f*, Abreißwiderstand *m*, (An-) Haften *n*, (An)Haftung *f*, Adhäsion *f*, (scheinbare) Haftfestigkeit, Grenzflächenkraft *f*, Flächenanziehung, Verbund(wirkung) *m*, (*f*), Haftvermögen *n*, Hafteigenschaft *f* · adhesion (property), ~ power, ~ quality, ~ capacity, adhesiveness, bond (strength), interface strength, bonding property, bonding quality, bonding power, bonding capacity, adhesion(al) strength

~festigkeit *f* → Haftfähigkeit

~festigkeit *f*, Haftvermögen *n*, Haftung *f*, Haftverbund *m* [*Bewehrung an Beton*] · gripping, bonding

~festigkeitsverbesserer *m* → Adhäsionsverbesserer

~fläche *f*, Verbundfläche · bond(ing) area

~grund *m*, Aktivgrund, Haftgrundierung *f*, Haftgrund(ier)mittel *n* [*DIN 55945*] · etching primer, self etch ~, wash ~, pretreatment ~ [*A priming paint usually supplied as two separate components which require to be mixed immediately prior to use and thereafter is usaled for a limited period only. The mixed paint contains carefully balanced proportions of an inhibiting chromate pigment, phosphoric acid, and a synthetic resin binder in a mixed alcohol solvent. On clean light alloy or ferrous surfaces and on many non-ferrous surfaces such paints give excellent adhesion, partly due to chemical reaction with the substrate (hence the term 'etching primer'), and give a corrosion inhibiting film which is a very good basis for the application of subsequent coats of paint. Although these materials are referred to as primers, the films which they give are so thin that it is better to consider them as etching solutions and to follow them with an ordinary primer if maximum protection is required. These materials are also known as 'pretreatment primers', 'wash primers' and 'self etch primers'*]

~grundlösung *f*, Aktivgrundlösung · etching solution [*See remark under 'Haftgrund'*]

~lage *f* → Haftbrücke

~länge *f*, Verbundlänge, Einbindelänge · grip length, bond ~, transfer ~ [*reinforcing bar*]

~masse *f* [*zur Imprägnierung der Papierisolation von Hochspannungskabeln*] · non-draining compound

~mittel *n* → Adhäsionsverbesserer

~mörtel *m* · bond(ing) mortar

~probe *f* → Verbundprobe

~prüfung *f* → Verbundprobe

Haftputz *m*, Haftverputz [*Oberbegriff für Innen- und Außenhaft(ver)putz*] · bond(ing) finish

~ → Außenhaftverputz

~ → Innenhaftverputz

Haft|reibung *f*, Ruhereibung, statische Reibung · stiction (US); static friction (Brit.)

~rille *f*, Verbundrille · (mechanical) key groove, grip(ping) ~ [*e.g. on the back of an architectural panel*]

~schicht *f* [*aus Zement, Wasser und Sperrmittel*] · slush coat

~schicht *f* → Haftbrücke

haft|sichere Grundierung *f*, haftsicherer Grund(ier)anstrich *m*, haftsicherer Grund(ier)aufstrich · wash prime coat

~sicherer Grund(ier)anstrich *m* → haftsichere Grundierung

Haftspannung *f*, Verbundspannung · bond(ing) stress

Haftung *f*, Haftfestigkeit *f*, Haftvermögen *n*, Haftverbund *m* [*Bewehrung an Beton*] · gripping, bonding

~ → Haftfähigkeit

Haftungs|biegebruch *m*, Verbundbiegebruch · flexural bond failure, bending ~ ~

~bruch *m*, Verbundbruch · bond failure

Haftverankerung *f* [*Spannbeton*] · self-anchorage

haftverbessernd, verbundverbessernd · bond-improving

Haft|verbesserung *f*, Haftanregung [*Von plastischen Bindemitteln am Gestein*] · doping of binders, promotion of binder adhesion

~verbund *m*, Haftvermögen *n*, Haftfestigkeit *f*, Haftung *f* [*Bewehrung an Beton*] · gripping, bonding

~verhalten *n*, Verbundverhalten · bond(-ing) performance; ~ behavior (US); ~ behaviour (Brit.)

~verhinderungsmittel *n*, Antihaftmittel · bond breaker, ~ breaking agent

~vermögen *n* → Haftfähigkeit

~vermögen *n*, Haftung *f*, Haftfestigkeit *f*, Haftverbund *m* [*Bewehrung an Beton*] · gripping, bonding

Haft(ver)putz *m* [*Oberbegriff für Innen- und Außenhaft(ver)putz*] · bond(ing) finish

~ → Außen~

~ → Innen~

Haftversuch *m* → Verbundprobe

Hahnebaum *m*, Helmstange *f*, Kaiserstiel *m* [*Die mittlere Stuhlsäule eines Zelt- oder Helmdaches*] · broach post

Hahnenbalken *m* → Katzenbalken

~dach *n*, Katzenbalkendach, Spitzbalkendach, Hainbalkendach · top beam roof

Hahn|loch *n* · tap hole

~schmiere *f* · tap grease

Hainbalken *m* → Katzenbalken

~dach *n*, Hahnenbalkendach, Spitzbalkendach, Katzenbalkendach · top beam roof

Haken *m*, Nonne(nziegel) *f*, (*m*), Rinnenziegel · mission tile (US); concave ~, under-tile

~ und Öse *f* · hook and eye

~biegen *n* · hook bending

~blatt *n*, hakenförmige Überblattung *f* · hooklike halving

~falz *m* [*Metallbedachung*] · common lock seam, hook ~

hakenförmige Überblattung *f*, Hakenblatt *n* · hooklike halving

hakenkreuzförmiger Grundriß *m* · pinwheel plan

Haken|länge *f* · hook length

~schraube *f* · hook bolt

~stab *m* · hooked bar

~stein *m* · toed voussoir

~stift *m* [*DIN 1158. Drahtstift aus Flußstahl*] · hooked nail

~toleranz *f* · hook allowance

halb gespundete Dielung *f*, gefalzte ~ · rebated (floor) boarding, ~ floor(ing) (finish), ~ floor cover(ing)

Halb|absatz *m*, Halbtreppenabsatz, Halb(treppen)podest n, m · half-landing, half stair landing, half stair floor, half-space landing

~balken(träger) *m* Balken(träger)hälfte *f* · half-beam

~bastion *f* · demi-bastion

halbberuhigter Stahl *m* · semikilled steel, semistabilized ~

Halb|block(stein) *m*, Halbstein *m* · half tile, ~ block [*See remark under 'Block'*]

~bogen *m*, Bogenhälfte *f* · half-arch (Brit.); haunch (US)

~dach *n* → Pultdach

~dunkel *n* · semi-darkness

halbe Formänderung *f*, ~ Verformung · half deformation

~ Verformung *f*, ~ Formänderung · half deformation

Halb|ebene *f* · semi-plane, half-plane

~eisen *n* · half rounds

halbelastomer, halbgummiartig · semi-elastomer(ic)

halber Bindesparren *m*, ~ Hauptsparren, ~ Bundsparren · half-principal (rafter), half main ~ [*A rafter which does not reach the ridge*]

~ Bundsparren *m*, ~ Bindesparren, ~ Hauptsparren · half-principal (rafter), half main ~ [*A rafter which does not reach the ridge*]

~ Hauptsparren *m*, ~ Bundsparren, ~ Bindesparren · half-principal (rafter), half main ~ [*A rafter which does not reach the ridge*]

~ Kamin(form)stein *m*, halbes Schornsteinformstück *n* · split chimney block, half ~ ~

~ Stein *m* → ~ Ziegel

~ Walm *m*, Krüppelwalm, Schopfwalm · half hip, partial ~

~ Ziegel *m*, ~ Stein *m*, Halbstein, Halbziegel, Zweiquartier *m*, Kopf *m* · half bat, ~ brick, snap header, two quarters

halbes Satteldach *m*, Halb(sattel)dach, einhängiges Dach, freitragendes Pultdach · monopitch roof, single pitch ~, lean-to ~ [*A roof pitched in one plane only*]

~ Schornsteinformstück *n*, halber Kamin(form)stein *m* · split chimney block, half ~ ~

Halb|etage *f*, Halbgeschoß *n*, Beigeschoß, Zwischengeschoß, Mezzanin *n*, Halbstockwerk *n* · mezzanine, entresol

~fabrikat *n* · semi-product

halb|fett [*Anstrichfarbe*] · medium-oil

~flüssig · semi-liquid

Halbgasfeuerung *f* · half-gas fired furnace, semi-producer type ~

halb|gebrannter (Ton)Ziegel *m*, ~ Stein *m*, Blöckchen *n* · half-burnt (clay) brick, half-burned (~) ~, half-fired (~) ~

~gebrochen [*Zuschläge*] · half-crushed, half-broken

~gefasert · semi-fibrated

Halbgeschoß *n*, Beigeschoß, Zwischengeschoß, Mezzanin *n*, Halbstockwerk *n*, Halbetage *f* · mezzanine, entresol

~haus *n* [*z.B. an Berghängen*] · split-level house

halbgewendelte Treppe *f* · half-turn stair(case) with winders

Halbglanz *m* · semi-gloss

~(anstrich)farbe *f* · semi-gloss paint

~farbe *f*, Halbglanzanstrichfarbe · semi-gloss paint

halb|glasiert · semi-glazed

~graphisches Verfahren *n* · semi-graphical method

~hart, mittel-hart · semi-hard, medium-hard

~harte Faserplatte *f*, ~ Holz~, Halbhartplatte, HFH1/2 [*Rohwichte 480 bis 850 kg/m³*] · medium hardboard, semi-hardboard

~harte (Holz)Faserplatte *f*, Halbhartplatte, HFH1/2 [*Rohwichte 480 bis 850 kg/m³*] · medium hardboard, semi-hardboard

Halb|hartplatte *f*, halbharte (Holz)Faserplatte, HFH1/2 [*Rohwichte 480 bis 850 kg/m³*] · medium hardboard, semi-hardboard

~hohlprofilhandlauf *m* · semi-hollow handrail section, ~ ~ shape, ~ ~ unit, ~ ~ trim, ~ guard rail ~

Halbholz *n* · half-timber

~balken(träger) *m* · half-timber beam

Halbhydrat(putzgips) *n*, (*m*) · hemihydrate (gypsum-)plaster [*An intermediate phase in the dehydration of gypsum by heat wherein the amount of combined water corresponds approximately to the formula* $2\,CaSO_4 \cdot H_2O$, *calcium sulphate hemihydrate. The formula is often written* $CaSO_4 \cdot {}^1/_2 H_2O$, *hence the designation hemihydrate*]

halbiertes Roheisen *n*, meliertes ~ [*Eine Übergangsform zwischen grauem Roheisen und weißem Roheisen mit teils grauem, teils weißem Bruchbild*] · mottled pig iron

Halbkreis|apsis *f* · semicircular apse, ~ apsis

~bogen *m*, Rundbogen, Zirkelbogen, voller Bogen · semicircular arch, round ~

~(-Dach)rinne *f*, Halbkreis-Regenrinne · half round (roof) gutter, ~ ~ rainwater ~, H.R. (~) ~

halbkreis|förmig · semicircular

~förmige Tonne *f*, halbkreisförmiges Tonnengewölbe *n* · semicircular barrel vault, ~ tunnel ~, ~ wagon ~

~förmiges Tonnengewölbe *n*, halbkreisförmige Tonne *f* · semicircular barrel vault, ~ tunnel ~, ~ wagon ~

Halbkreis|nische *f* · semicircular niche

~querbogen *m*, Halbrundquerbogen · semicircular transverse arch

~-Regenrinne *f*, Halbkreis(-Dach)rinne · half round (roof) gutter, ~ ~ rainwater ~, H.R. (~) ~

~rinne *f*, Halbkreis-Dachrinne, Halbkreis-Regenrinne · half round (roof) gutter, ~ ~ rainwater ~, H.R. (~) ~

~rippe *f* · semicircular rib

Halbkristall(glas) *n* · semi-crystal (glass), half crystal (~)

halbkristallin, hypokristallin · hypocrystalline

Halbkugel *f* · hemisphere

Halbkuppel *f*, Konche *f* [*Sie hat viertelkreisförmigen Querschnitt über halbkreisförmigem Grundriß*] · concha

~, Kugelkuppel, Rundkuppel · spherical cupola, ~ dome

halbländliche Sied(e)lung *f* · semi-rural estate

Halb|last *f* · half-load

~lauf *m* [*Treppe*] · half flight

halbmatt · semi-matt

Halbmatt|glanz *m* · semi-matt gloss, semi-flat ~

~glasur *f* · semi-matt glaze, semi-flat ~

Halb|metall *n* · metalloid

~modul *m* · half module

halboffener Hof *m* · semi-court

Halb|ovaldraht *m* · half-oval wire

Halbparabelträger *m* · hog backed girder, semi-parabolic ~

~ mit abgeschrägten Enden · hog backed girder with sloping end posts, semi-parabolic ~ ~ ~ ~ ~

Halbparameter *m* · half parameter

Halbpfeiler *m* · half-pier

~ → Wandpfeiler

Halbpodest *n*, Halb(-Treppen)absatz *m*, Halb-Treppenpodest · half-landing, half stair landing, half floor, half-space landing

~treppe *f* · stair(case) with half landing

Halb|portal *n* · half-portal

~querschnitt *m* · half cross section

~rahmen *m*, einhüftiger Rahmen · half-frame

~raum *m* · semi-infinite mass, ~ solid, ~ space, halfspace

~relief *n* · demirelief

~rippe *f* · half rib

~(rohr)schale(nrinne) *f* · half split pipe (gutter), half section ~ (~), ~ ~ ~ duct, half(-round) section ~; center split pipe (~) (US); centre split pipe (~) (Brit.)

Halbrund|draht *m* · half-round wire

~eisen *n* · half-round iron

halbrundes Kehlreibebrett *n* [*Asphaltarbeiterwerkzeug*] · gutter-float

Halbrund|-Holzschraube *f* · half-round wood screw

~läufer *m* · half round stretcher

~niet *m* [*Der Setzkopf ist ein Halbrundkopf. DIN 123, 124, 660 und 663*] · half round rivet

~profil *n* · half round

~querbogen *m*, Halbkreisquerbogen · semicircular transverse arch

~stahl *m* · half-round steel

Halb(sattel)dach *n* → halbes Satteldach

Halbschale *f* → Halb(rohr)schale(nrinne)

~, Rundschale · spherical shell

~(nrinne) *f* → Halbrohrschale(nrinne)

halbschräger Dachraum *m*, Mansarde *f* [*Dachraum bei einem Mansard(en)dach*] · mansard

Halb|schwing(fuß)boden *m* · semi-sprung floor

~silikastein *m* · semi-silica brick

halb|stabil, mittelschnellbrechend [*Bitumenemulsion*] · normal-setting, medium-setting, semistable, medium-breaking, normal-breaking

~stabilisierter Stahl *m*, halbberuhigter ~ · semikilled steel, semistabilized ~ [*The evolution of gas is controlled by limited addition of deoxidizing agents such as silicon and alumin(i)um*]

Halbstahl *m*, Temperstahlguß *m* [*Fehlnamen*]; Temperguß, Te *m* · malleable cast iron

halb|starrer Rahmen *m*, halbsteifer ~ · semirigid frame

~steifer Rahmen *m*, halbstarrer ~ · semirigid frame

Halbstein *m*, Halbblock(stein) *m* · half block, ~ tile [*See remark under 'Block'*]

~ → halber Ziegel

halbstein|stark, halbziegelstark · half-brick thick

~starke Wand *f*, halbziegelstarke ~, Halbsteinwand, Halbziegelwand · half-brick wall

Halb|steinwand *f*, Halbziegelwand, halbsteinstarke Wand, halbziegelstarke Wand · half-brick wall

~stockwerk *n*, Halbetage *f*, Halbgeschoß *n*, Beigeschoß, Zwischengeschoß, Mezzanin *n* · mezzanine, entresol

~streifen *m* · semi-strip

~tombak *m*, MS 67, Ms 67, Lötmessing *n*, Messing 67 · brass with 67% copper content

~tonne *f* [*Tonnengewölbe mit viertelkreisförmigem Querschnitt*] · half-tunnel vault

~träger *m* · half span of the girder, half-girder

~(-Treppen)absatz *m*, Halbpodest *n*, Halb-Treppenpodest · half-landing, half-stair landing, half floor, half-space landing

~-Treppenpodest *n*, Halbpodest, Halb(-Treppen)absatz *m* · half-landing, half stair landing, half floor, half-space landing

(halb)trockene Formgebung *f*, Trockenpressen *n* [*Formgebung einer Masse durch hohen Druck. Die Masse enthält unterschiedliche Mengen an nichtplastischen Bestandteilen und hat einen so geringen Feuchtigkeitsgehalt, daß eine Formgebung in plastischem Zustand nicht möglich ist*] · (semi-)dry pressing

halb|trocknendes Öl *n* · semidrying oil

~umschlossen · semi-enclosed

~unendlich · semi-infinite

~unendliche Platte *f* · semi-infinite slab, ~ plate

~veredelter Werkstoff *m* · semi-precious material [*e.g. stainless steel, aluminium, nickel, etc.*]

Halbversenkniet *m* · half sunk rivet

halb|versenkt [*Niet*] · half sunk

~weicher Draht *m* [*Stahldraht, der nach Zwischenglühen mit stärkerer Abnahme gezogen wird*] · semi-soft wire

~weißes Glas *n* · glass tinted by impurities

Halbziegel *m* → halber Ziegel

halbziegelstark, halbsteinstark · half-brick thick

Halfafaser *f*, Alfafaser, Espartofaser [*Als Einlage für Gipsdielen, Faserbeton usw.*] · (h)alfa fiber (US); ~ fibre (Brit.): Spanish grass ~, esparto grass ~

Halfen|-Dübelschiene *f*, Halfen-Ankerschiene · Halfen anchor channel

~eisen *n* · Halfen (concrete) insert

Halle *f*, Eingangs~, Empfangs~ · (entrance) hall, reception ~ [*An entrance space, often containing a staircase*]

~, Markt~ · covered market, indoor ~, market hall

~ · hangar [*A shed for the shelter of aircraft or airship*]

~ · hall [*A large building devoted to public or semipublic business or entertainments. The term 'hall' is, however, also misused in such terms as 'machinery hall', etc.*]

~, Fabrikrahmen~, Fabrik~, Industrie(rahmen)~, (Werk)Rahmen~, Werk~ · factory (frame(d)) building, ~ (~) block, industrial (~) ~

~ der Abencerragen [*Alhambra*] · Hall of (the) Abencerrages

~ ~ Tuchmacher, Tuchhalle [*Ypern*] · Cloth Hall [*Ypres*]

~ ~ zwei Schwestern [*Alhambra*] · Hall of (the) Two Sisters

Hallen|bad *n*, Hallenschwimmbad, Hallenbadeanstalt *f* · indoor swimming pool, covered ~ ~, ~ ~ bath(s), bath building

~badeanstalt *f*, Hallen(schwimm)-bad *n* · indoor swimming pool, covered ~ ~, ~ ~ bath(s)

~bahn *f* [*Leichtathletik*] · indoor track

~bahnhof *m* · covered railway station (Brit.); ~ railroad ~ (US)

~bau *m* · hall construction

~bausystem *n* · hall construction system

~chor *m* · hall-choir, hall-quire

~dach *n* · hall roof

~(dach)binder *m* → Ingenieur(dach)-binder

~-Einbauschrank *m*, Hallen-Wandschrank · hall closet

~eis(lauf)bahn *f*, Eispalast *m* · covered skating rink, indoor ice ~, ice palace

~fläche *f* · hall ground area

~kirche *f* · hall church

~krypta *f* · undercroft

(~)Schiff *n* · bay, span

~(schwimm)bad *n*, Hallenbadeanstalt *f* · indoor swimming pool, covered ~ ~, ~ ~ bath(s)

~stadion *n* · indoor arena

~-Stahltor *n*, Stahl-Hallentor · steel hangar shutter door, ~ ~ shutterdoor

~tor *n* · hangar shutter door, ~ shutterdoor

(~)Vorfeld *n* [*Luftfahrtgelände*] · (hangar) apron

~-Wandschrank *m*, Hallen-Einbauschrank · hall closet

hallig, mit langer Nachhallzeit · of long reverberation time

Halloysit *m* [*Tonmineral der Kaolinit-Gruppe*] · halloysite

Halogen|kohlenwasserstoff *m* · halogenated hydrocarbon

~wasserstoffsäure *f* · hydrogen halide

Hals *m*, Säulen~, Unterhals, Hypotrachelion *n*, Epitrachelium *n* [*dorische Säule*] · hypotrachelion, hypotrachelium

~graben *m*, Burggraben · moat, fortress castle-ditch

Hals-, Nasen- und Ohrenklinik *f* · ear, nose and throat clinic

Halsring *m*, Säulen~ · necking-groove

haltbar · durable

Haltbarkeit *f*, Dauerhaftigkeit · durability

Halten *n* **der Höchsttemperatur** [*Dampfbehandlung von Beton*] · period of maximum temperature

Halter(ung) *m*, (*f*) · fastener, retainer

Halterung *f* [*z.B. für einen Feuerlöscher*] · mounting bracket

Haltevorrichtung *f* · holder [*A device for holding something*]

Haltigkeit *f* · trueness

Hämatit *m*, Roteisenstein *m*, Fe_2O_3 · ferric oxid(e) (US); ~ oxide (Brit.) [*chemical name*], hematite [*substance*]

hämmerbares Metall *n* · metal for hammering

hammerrechtes Schicht(en)mauerwerk *n* · hammer-dressed (stone) ashlar masonry (work), ~ (~) ashler ~ (~), ~ hewn stone ~ (~), block-in-course ~ (~) [*Squared stone masonry (work) laid in regular courses with the stones roughly squared with a hammer*]

Hammerschlag *m*, Zunder *m*, Abbrand *m*, Walzhaut *f* · scale

~ → Magneteisenerz

~lack *m* · hammertone enamel, hammer finish ~

hammerschlaglackiert · with hammer(-tone) finish

Hammerschlaglackierung *f* · hammer(-tone) finish [*A finish like hammered metal, produced by colo(u)red enamels containing metal powder applied with a spray gun*]

Hammer|schlagplatte *f* · hammertone hardboard

~schraube *f* [*Rohe Schraube aus Flußstahl mit hammerförmigem Kopf*] · T-head bolt, tee ~

handabgezogener Beton *m* · hand-finish concrete

Hand|(ab)siebung *f* · hand sieving

~amtsraum *m* [*Fernsprechzentrale*] · manual switchroom

hand|aufgetragener (Innen)Putz *m* · hand applied plaster

~ausgebildete Fuge *f*, Handfuge · hand-formed joint

Hand-Badebatterie *f* · manual (water) mixing valve, non-thermostatic (~) ~ ~, ~ (~) mixer (~), ~ (~) shower-mixer, ~ (~) blending mixer [*B.S. 1415. Such a valve is used to mix cold water with hot water*]

handbediente Feuerung *f* [*Feuerbett wird von Hand geschürt und entschlackt*] · manually operated furnace

Hand|bedienung *f*, Handbetätigung, Handbetrieb *m* · hand operation, manual ~

~betätigung *f*, Handbetrieb *m*, Handbedienung · hand operation, manual ~

~betrieb *m*, Handbetätigung *f*, Handbedienung · hand operation, manual ~

~brause *f*, Schlauchbrause · hand spray, mov(e)able ~

~druck *m* [*(Papier)Tapete*] · hand printing

~drucktapete *f*, Holzmodeltapete · hand-printed (wall)paper, hand-blocked ~

~dusche *f*, Schlauchdusche · hand shower, mov(e)able ~

Handels|asbest *m* · commercial asbestos [*A term which includes many fibrous heat-resisting minerals*]

~baustahl *m* [*„St.H.W.", DIN 1050 für Stahlhochbau. Nicht geschweißt. Zugfestigkeit 34 bis 50 kp/mm²*] · commercial structural steel

~branntkalk *m* · commercial (quick-) lime, calcium ~ [*It contains 75 to 90 per cent of calcium oxid(e)*]

~eisen *n* · commercial iron

~faser *f* · commercial fiber (US); ~ fibre (Brit.)

~flachglas *n* · commercial flat glass

~form *f* · commercial form

~guß(teil) *m*, (*n*, *m*) · casting of commerce

~güte *f* · commercial quality, ~ grad

~kalk *m* · commercial lime

~kork *m* · commercial cork

~kupfer *n* · commercial copper

~länge *f* · commercial length

~legierung *f* · commercial alloy

~rohr *n* · commercial pipe

~silber *n* · commercial silver

~sorte *f* · commercial sort

~stadt *f* · trading town

~stahl *m*, rostfreier ~ · commercial stainless steel

~stahl *m* · merchant bar(s), black ~, commercial grade steel

handelsübliche Bezeichnung *f* · commercial name

Händetrockner *m* · blown warm air hand dryer, ~ ~ ~ ~ drier

Hand|feuermelder *m* · manual(ly operated) fire alarm

~form *f* [*Ziegelherstellung*] · hand mould (Brit.); ~ mold (US)

~formstein *m*, Handformziegel *m*, Hand(strich)ziegel, Hand(strich)stein · hand-formed brick, handmade ~, struck ~; hand-moulded ~ (Brit.); hand-molded ~ (US)

~formung *f* [*Ziegelherstellung*] · hand-moulding (Brit.); hand-molding (US)

~formziegel *m*, Handformstein *m*, Hand(strich)ziegel, Hand(strich)stein · hand-formed brick, handmade ~, struck ~; hand-moulded ~ (Brit.); hand-molded ~ (US)

~fuge *f*, handausgebildete Fuge · hand-formed joint

hand|gefertigt · handmade

~gefertigte Schindel *f* · handmade shingle

~geformt · hand-moulded (Brit.); hand-molded (US)

~geformter Grauguß *m* · hand-moulded grey iron casting(s) (Brit.); hand-molded ~ ~ ~ (US); ~ gray ~ ~

Handgemisch *n*, Handmischung *f* · hand mix(ture)

handgemischter Beton *m* · hand-mixed concrete

Handgepäckaufbewahrung *f* · left-luggage office, cloakroom; check-room (US)

(hand)gespaltene (Holz)Schindel *f*, gerissene ~ · hand cleft (wood) shingle, ~ split (~) ~, riven (~) ~, (wood) shake

~ (Holz)Wandschindel *f*, gerissene ~ · hand cleft (wood) siding shingle, ~ split (~) ~ ~, riven (~) ~ ~, siding (wood) shake

handgestampftes Rohr *n* · hand-tamped pipe

Hand|habung *f* · manipulation

~(innen)(ver)putz *m* · hand applied (mixed) plaster

~kurbel *f* [*Raffjalousie*] · winding handle

Handlauf *m*, Handleiste *f* · handrail [*A rail forming the top of a balustrade on a balcony, bridge, stair, etc.*]

~eisen *n* [*Fehlname*]; Handlaufprofil *n*, Handleistenprofil · handrail section, ~ unit, ~ shape, ~ trim, ~ profile

~krümmling *m*, Handleistenkrümmling · wreath (at turn)

~profil *n*, Handleistenprofil [*Fehlname: Handlaufeisen n*] · handrail section, ~ shape, ~ unit, ~ trim, ~ profile

~schraube *f*, Handleistenschraube · handrail screw

~spirale *f*, Handleistenspirale · handrail scroll [*A spiral ending to a handrail*]

Handleiste *f*, Handlauf *m* · handrail [*A rail forming the top of a balustrade on a balcony, bridge, stair, etc.*]

Handleisten|krümmling *m*, Handlaufkrümmling · wreath (at turn)

~profil *n*, Handlaufprofil [*Fehlname: Handlaufeisen n*] · handrail section, ~ unit, ~ shape, ~ trim, ~ profile

~schraube *f*, Handlaufschraube · handrail screw

~spirale *f*, Handlaufspirale · handrail scroll [*A spiral ending to a handrail*]

Hand|mischen *n*, Handmischung *f* · hand mixing

~mischung *f*, Handgemisch *n* · hand mix(ture)

~mischung *f*, Handmischen *n* · hand mixing

~nieten *n*, Handnietung *f* [*Von Hand mit Handdöpper und Hammer geschlagene Nietung*] · hand riveting, manual ~, riveting by hand

~nietmaschine *f* · hand riveting machine, manual ~ ~

~nietung *f*, Handnieten *n* [*Von Hand mit Handdöpper und Hammer geschlagene Nietung*] · hand riveting, manual ~, riveting by hand

~pistole *f*, Handspritzpistole, Handspritze *f* · hand gun

~-Prüfsieb *n* · hand testing sieve

~-Prüfsiebung *f* · hand test sieving

~putz *m* → Hand(innen)(ver)putz

~putzen *n*, Handverputzen [*Außenputz*] · manual rendering

~putzen *n*, Handverputzen [*Innenputz*] · manual plastering

~schotter *m*, Schlagsteine *mpl*, Krotzen *f* [*handgeschlagener Schotter für den Straßenbau*] · hand-broken metal (Brit.); ~ stone (US)

~siebung *f*, Handabsiebung · hand sieving

handsortierter Stück(en)kalk *m* · best hand-picked (quick)lime [*(Quick)Lime in lump form selected by hand for a particular purpose*]

Hand|spritze *f*, Hand(spritz)pistole *f* · hand gun

~(spritz)pistole *f*, Handspritze *f* · hand gun

~stein *m*, Handstrichstein, Hand(strich)ziegel *m*, Handformziegel, Handformstein · hand-formed brick, hand-made ~, struck ~; hand-moulded ~ (Brit.); hand-molded ~ (US)

~(strich)stein *m*, Hand(strich)ziegel *m*, Handformziegel, Handformstein · hand-formed brick, hand-made ~, struck ~; hand-moulded ~ (Brit.); hand-molded ~ (US)

~(strich)ziegel *m*, Hand(strich)stein *m*, Handformziegel, Handformstein · hand-formed brick, hand-made ~, struck ~; hand-moulded ~ (Brit.); hand-molded ~ (US)

~stück *n* [*Gestein*] · hand specimen, ~ sample

Handtuch|haken *m* · towel hook

~halter *m* · towel holder

~schiene *f*, Handtuchstange *f* · towel rail, ~ bar

~schienenfitting *m* → Handtuchschienenformstück

~schienenformstück *n*, Handtuchstangenformstück, Handtuchschienenfitting *m*, Handtuchstangenfitting · towel rail fitting, ~ bar ~ [*A pipe fitting – either a tee or an elbow – which is used in the assembly of towel rails to be heated by hot water, and which, for the sake of appearance and ease of cleaning, is made with a bulbous shape*]

~schrank *m* · towel cabinet

~spender *m* · towel dispenser

~stange *f*, Handtuchschiene *f* · towel rail, ~ bar

~stangenfitting *m* → Handtuchschienenformstück

~stangenformstück *n* → Handtuchschienenformstück

Hand|verdichtung *f* · compacting by hand

~verlegung *f*, Handeinbau *m* · hand placement, ~ placing

~(ver)putz *m* → Hand(innen)verputz

~(ver)putzen *n* [*Außenputz*] · manual rendering

~(ver)putzen *n* [*Innenputz*] · manual plastering

(Hand)Waschbecken *n*, Waschtisch *m* · lavatory (basin), washbowl, wash basin, wash-handbasin [*The term 'lavatory' has now come to mean the room containing the wash basin (Waschraum) and by extension the room containing a WC (Spülklosettraum)*]

~ ohne Rückwand, Waschtisch *m* ~ ~ · flat-slab lavatory (basin), ~ washbowl, ~ wash basin, ~ wash-handbasin [*See remark under 'Waschbecken'*]

Handwerker|haus *n* · craft house, vernacular ~

~kolonne *f* · trade gang, ~ crew, ~ team, ~ party

Hand|zeitschalter *m* · manually reset time switch

~ziegel *m*, Handstrichziegel, Hand(strich)stein *m*, Handformziegel, Handformstein · hand-formed brick, handmade ~, struck ~; hand-moulded ~ (Brit.); hand-molded ~ (US)

Hanf *m* · hemp

~einlage *f*, Hanfkern *m*, Hanfseele *f* · hemp core

~faser *f* · hemp fibre (Brit.); ~ fiber (US)

~grobgewebe *n* · hemp sacking

~kern *m*, Hanfseele *f*, Hanfeinlage *f* · hemp core

~kordel *f* · hemp cord

~sackleinenbahn *f* · hemp hessian mat (Brit.); ~ burlap ~ (US)

~samenöl *n* · hemp-seed oil

~schäben *fpl* · hemp shives

~seele *f*, Hanfkern *m*, Hanfeinlage *f* · hemp core

~seil *n*, Hanfstrick *m* · hemp rope [*B.S. 2052*]

~strick *m*, Hanfseil *n* · hemp rope [*B.S. 2052*]

hanfumwickelt · hemp-wrapped

Hanfunterlegscheibe *f* · hemp washer

Hangarchitektur *f* · hillside architecture

Hänge|-Akustikdecke *f*, Hänge-Schallschluckdecke, Schallschluck-Hängedecke, Akustik-Hängedecke · (sound) absorbent suspended ceiling, (~) absorptive ~ ~, (~) absorbing ~ ~, acoustic(al) tile ~ ~, suspended acoustic(al) ~

~balken(träger) *m* · suspended beam

~band *n* · flat suspension rod

~bausystem *n*, Hänge(konstruktions)system, Hängekonstruktion *f* · suspension construction, ~ (structural) system

~bauwerk *n* · suspension structure

~beleuchtungskörper *m*, Hängeleuchte *f* · suspension luminaire (fixture) (US); ~ light fitting (Brit.); ~ (light(ing)) fixture

~bühne *f* [*Theater*] · suspension stage

~dach *n* → Seil(hänge)dach

~(-Dach)rinne *f*, Hänge-Regenrinne [*DIN 18460*] · hanging (roof) gutter, ~ rainwater ~

~decke *f*, abgehängte Decke, untergehängte Decke · suspended ceiling, hung ~, sc [*A ceiling hung at a distance from the floor or roof above and not bearing on the walls*]

~decke *f* **mit Leitungen** · suspended ceiling incorporating services, hung ~ ~ ~ [*Suspended ceilings incorporating services may be divided into four classes: 1. Ventilated suspended ceiling. 2. Illuminated suspended ceiling. 3. Heated suspended ceiling. 4. Combined serviced suspended ceiling*]

~decke *f* **ohne Leitungen** · unserviced suspended ceiling, ~ hung ~

~draht *m*, Ab~ · hanger wire

~eisen *n*, Hängestange *f* · suspension rod

~eisen *n* · U strap

~etage *f*, Hängestockwerk *n*, Hängegeschoß *n* · hanging floor, suspension ~, hung ~; ~ story (US); ~ storey (Brit.)

~führung *f* · suspended guide

~gebäude *n* · suspension(-structure) building, ~ block

~-Gegengewicht *n* · suspended counterweight

~gerüst *n* · suspended scaffold(ing), hung ~

~geschoß *n*, Hängeetage *f*, Hängestockwerk *n* · hanging floor, suspension ~, hung ~; ~ story (US); ~ storey (Brit.)

~glied *n*, (Ab)Hänger *m* [*Drahtputzdecke*] · hanger

~kegeldach *n* · conical suspension roof

~konsole *f* · hanging bracket

~konstruktion *f*, Hänge(konstruktions)-system *n*, Hängebausystem · suspension construction, ~ (structural) system

~konstruktion *f*, Hängesystem *n*, Ab~ [*Zwischendecke*] · suspension system

~(konstruktions)system *n*, Hängekonstruktion *f*, Hängebausystem · suspension construction, ~ (structural) system

~leuchte *f*, Hängebeleuchtungskörper *m* · suspension luminaire (fixture) (US); ~ light fitting (Brit.); ~ (light(ing)) fixture

~linie *f* [*Die „natürliche" Kräftelinie des formaktiven Zugsystems*] · funicular tension line

(hängende) Drahtputzdecke *f* [*DIN 4121*] · wire lath(ing) and plaster suspended ceiling, ~ ~ ~ ~ suspension ~

~ Verglasung *f* · suspension glazing, suspended ~

Hängenden Gärten *mpl* [*In Babylon*] · Hanging Gardens

hängendes Blechdach *n*, Blechhängedach · (heavy) (metal) plate suspension roof(ing)

Hänge|pfosten *m* · suspender, suspension post

~platte *f*, Mutulus *m* [*Fehlname: Dielenkopf m*] · mutule [*The projecting square block above the triglyph and on the soffit of a Doric cornice*]

~putzdecke *f*, Putzhängedecke, abgehängte Putzdecke, untergehängte Putzdecke · suspended plaster(ed) ceiling, hung ~ ~

Hänger *m*, Ab~, Hängeglied *n* [*Drahtputzdecke*] · hanger

Hänge|regal *n* · hanging shelf

~-Regenrinne *f*, Hänge(-Dach)rinne [*DIN 18460*] · hanging (roof) gutter, ~ rainwater ~

~rinne *f*, Hänge-Dachrinne, Hänge-Regenrinne [*DIN 18460*] · hanging (roof) gutter, ~ rainwater ~

~satteldach *n*, Sattelhängedach · cable roof with saddle shape, ~ saddle(-shaped) roof

~säule *f* · king post, broach ~, crown ~; joggle ~ (US) [*Of a king post truss*]

~säule *f* · queen post [*of a queen post truss*]

~schale *f* · suspended shell

~-Schallschluckdecke *f*, Hänge-Akustikdecke, Schallschluck-Hängedecke, Akustik-Hängedecke · (sound) absorbent suspended ceiling, (~) absorptive ~ ~, (~) absorbing ~ ~, acoustic(al) tile ~ ~, suspended acoustic(al) ~

~-Spannbetondach *n*, Spannbeton-Hängedach · prestressed (concrete) suspended roof, ~ (~) suspension ~

~sprengwerk *n*, vereinigtes Hänge- und Sprengwerk, zusammengesetztes Hängewerk · composite truss frame

~-Stahlbetondach *n*, Stahlbeton-Hängedach · reinforced (concrete) suspended roof, ~ (~) suspension ~, R.C. ~ ~, suspended reinforced (concrete) ~

~stange *f*, Hängeeisen *n* · suspension rod

~stange *f* · king bolt [*A bolt used in place of a post in a composite or king bolt roof truss*]

~stange *f* · king rod [*It is similar to a king bolt but in an all-steel king truss, hence the ends are riveted*]

~steckdose *f*, Kupp(e)lungssteckdose · hanging socket

~stockwerk *n*, Hängegeschoß *n*, Hängeetage *f* · hanging floor, suspension ~, hung ~; ~ story (US); ~ storey (Brit.)

~strebe *f* · suspension stay, ~ strut

~system *n*, Hängekonstruktion *f*, Ab~ [*Zwischendecke*] · suspension system

~system *n*, Hängekonstruktionssystem, Hängekonstruktion *f*, Hängebausystem · suspension construction, ~ (structural) system

~treppe *f* · suspended stair(case)

~werk *n* · hanging truss

~werkdach *n* · hanging truss roof

~zwickel *m*, Pendentif *n*, Teilgewölbe *n* [*Fehlname: Eckzwickel*] · pendentive

~zwickelkuppel *f*, Pendentifkuppel, byzantinische Kuppel · pendentive dome, ~ cupola

Harem *m* · women's quarter, harim, haram, hare(e)m

Harfen|masche *f*, Schlitzmasche · harp mesh

~sieb *n* · harp(-type) screen

~(sieb)gewebe *n* · harp mesh cloth, ~ ~ woven fabric; ~ ~ fabric [*misnomer*]

Harmonika|trennwand *f* → Akkordeontrennwand

~tür *f*, Zieh~, Akkordeontür · concertina door, accordion ~, bellow-framed ~

~türbeschlag *m*, Zieh~, Akkordeontürbeschlag · concertina door furniture, accordion ~ ~, bellow-framed ~ ~, ~ ~ fitting

harmonische Proportion *f* · harmonic proportion [*A system of proportions relating architecture to music*]

~ Schwingung *f* · harmonic oscillation, ~ vibration

harmonischer Ton *m*, Oberton · harmonic (tone)

Harnfleck *m* · urine stain

Harnstoff *m* · urea

~-Formaldehyd(harz) *n*, UF *n* [*Bindemittel für Spanplatten, Preßmassen, Schichtpreßstoffplatten; Schaumstoff für Wärme- und Schallschutz. Als Montageschaum auf der Baustelle erzeugt, zur Wärme- und Schalldämmung von Montageschlitzen für Versorgungsleitungen*] · urea formaldehyde (resin)

~-Formaldehyd(harz)leim, Harnstoffharzleim · urea (synthetic resin) adhesive, ~ (~ ~) glue, urea-formaldehyde ~

~-Formaldehyd(harz)schaum(stoff) *m* · foamed urea-formaldehyde, expanded ~, urea formaldehyde foam

Harnstoffharz *n* [*Durch Kondensation von Harnstoff und Formaldehyd hergestellter Kunststoff*] · urea resin

~lack *m* · urea resin varnish

~leim *m* → Harnstoff-Formaldehyd-(harz)leim

~-Preßmasse *f* · urea resin moulding compound (Brit.); ~ ~ molding ~ (US)

~schaum(stoff) *m* [*Mit tragbaren Spritzgeräten als Ortschaum in Rohrleitungsschächten oder Wandhohlräumen erzeugt (Isoschaum). Vorwiegend offenzellig, sprödhart, nicht belastbar; 10 kg/m³; wärmestandfest bis 120° C, schwer entflammbar*] · urea resin foam

~-Schichtstoff *m* · urea resin laminate(d) plastic

Harrisonkegel *m* · Harrison cone

Hartalabaster *m*, Marmorgips *m* [*Fehlname: Marmorzement m. Doppelt gebrannter, zwischen den beiden Brennvorgängen in geeigneter Weise entweder mit Borax oder Alaun getränkter Gips. DIN 1168*] · Keene's cement, ~ plaster, hard-finish plaster; class D (gypsum-)plaster, (gypsum-)plaster of Class D (Brit.) [*B.S. 1191*]

Hartasphalt *m*, Asphalten *n* [*Dieser Ausdruck für den unlöslichen Rückstand im Bitumen stammt aus der Zeit, in der Bitumen mit Asphalt bezeichnet wurde*] · asphaltene

~(estrich) *m* → Hartgußasphalt(estrich)

härtbar [*Legierung*] · hardenable

~, hitze~, duroplastisch [*Kunststoff*] · thermosetting

härtbares (Kunst)Harz *n*, hitze~ ~, Thermoharz · thermosetting (synthetic) resin

Hartbeton *m* · grano(lithic) concrete

~befestigung *f* [*Von Wegen, Plätzen und anderen Verkehrsflächen*] · grano(-lithic) (concrete) paving

~belag *m* [*DIN 1100*] [*Hartbetonbeläge werden auf den tragenden Unterlagen – Fußböden, Decken, Wege- und Platzbefestigungen, Treppenanlagen, Behälterauskleidungen aus Beton – zur Erhöhung des Verschleißwiderstandes der Oberfläche aufgebracht. Sie sind aus Beton, dessen Zuschlagstoffe in der Verschleißschicht aus Hartbetonstoffen bestehen. Hartbetonbeläge werden als Estriche oder als Platten verlegt. Fehlname: Hartbeton-Nutzschicht f*] · grano(lithic) (concrete) topping, ~ (~) overlay, granolithic

~belagplatte *f* → Hartbetonplatte

~boden(belag) *m*, Hartbetonfußboden(-belag) · grano(lithic) (concrete) floor(-ing), ~ (~) floor cover(ing), ~ (~) floor finish, ~ (~) floor topping, ~ (~) floor overlay

~bodenplatte *f*, Hartbetonfußbodenplatte · grano(lithic) (concrete) floor(-ing) tile, ~ (~) floor cover(ing) ~, ~ (~) floor finish ~

~bodenplattenbelag *m*, Hartbetonfußbodenplattenbelag · grano(lithic) (concrete) floor(ing) tiling, ~ (~) floor cover(ing) ~, ~ (~) floor finish ~

~estrich *m* · grano(lithic) (concrete) screed

~-Estrich(fuß)boden(belag) *m* · grano(lithic) (concrete) floor(ing) screed (topping), ~ (~) floor cover(-ing) ~ (~), ~ (~) floor finish ~ (~)

~fliese *f* → Hartbetonplatte

~(fuß)boden(belag) *m* · grano(lithic) (concrete) floor(ing), ~ (~) floor cover(ing), ~ (~) floor finish, ~ (~) floor topping, ~ (~) floor overlay

~(fuß)bodenplatte *f* · grano(lithic) (concrete) floor(ing) tile, ~ (~) floor cover(ing) ~, ~ (~) floor finish ~

~(fuß)bodenplattenbelag *m* · grano(-lithic) (concrete) floor(ing) tiling, ~ (~) floor cover(ing) ~, ~ (~) floor finish ~

~-Nutzschicht *f* [*Fehlname*] → Hartbetonbelag

~platte *f*, Hartbetonbelagplatte, Hartbetonfliese *f* [*Hartbetonplatten sind maschinell unter Rütteln und Pressen oder Schlagen hergestellte Betonplatten, die aus dem Grundbeton und der Hartbetonschicht bestehen, und in deren Verschleißschicht nur Hartbetonstoffe als Zuschlagstoffe verwendet werden*] · grano(lithic) (concrete) tile

~plattenbelag *m* · grano(lithic) (concrete) tiling

~schicht *f*, Hartbetonlage *f* [*Sie liegt über dem Grundbeton einer Hartbetonplatte*] · grano(lithic) (concrete) layer, ~ (~) course

Hart(beton)stoff *m* → fester ~

~-Gemisch *n*, Hart(beton)stoff-Mischung *f* [*DIN 1100. Für die Herstellung von Hartbetonstoff-Gemischen werden mehrere Ausgangsstoffe der drei Gruppen der Hartbetonstoffe gewählt, z..B Quarzsande, Korund, Siliziumkarbid, Schlacken (Schmelzen) oder metallische Beimengungen*] · mix(-ture) of hard (granular) abrasive materials (or abrasives) for grano(lithic) (concrete) toppings (or overlays)

Hartbeton-Tritt(stufe) *m* (*f*) · grano(-lithic) (concrete) tread

Hart(beton)zuschlag(stoff) *m* · grano(lithic) (concrete) aggregate

Hartbitumen *n*, Hochvakuumbitumen, HVB [*Hochvakuumbitumen sind die bei der Destillation unter Vakuum hergestellten harten Bitumen*] · high-vacuum asphalt (US); ~ (asphaltic) bitumen (Brit.)

Hartblei *n*, Antimonblei · antimonial lead, hard ~

~blech *n*, Dachdeckerblei *n*, Antimonbleiblech · antimonial lead sheet, hard ~ ~, roofing ~ ~

~druckrohr *n*, Antimonbleidruckrohr · hard lead pressure pipe, antimonial ~ ~ ~

~rohr *n*, Antimonbleirohr, Bleisparrohr [*DIN 8601*] · hard lead pipe, antimonial ~ ~

Hart(brand)|stein *m* → Hart(brand)ziegel

~ziegel *m*, Hart(brand)stein *m*, hartgebrannter (Ziegel)Stein, hartgebrannter Ziegel · hard(-burned) brick, well-burned ~, hard-burnt ~, well-burnt ~

Hartdämmaterial *n*, Hartdämmstoff *m* · rigid insulation(-grade) material, ~ insulating ~, ~ insulator, ~ insulant

Hartdämmschaum(stoff) *m*, Dämmhartschaum(stoff) · rigid insulating foam, ~ insulation(-grade) ~

~stoff *m*, Hartdämmaterial *n* · rigid insulation(-grade) material, ~ insulating ~, ~ insulator, ~ insulant

Härte *f* [*Widerstand, den ein Werkstoff gegen das Eindringen eines noch härteren Körpers leistet*] · hardness

harte Fuge *f* · monolithic joint, gap filled ~ [*It is made with in situ concrete, grout or synthetic resin*]

~ (Holz)Faserplatte *f*, HFH 1, Hart(faser)platte, (Holz)Faserhartplatte · [*DIN 68750*] · hardboard

~ ~ mit eingepreßtem Muster, HFH1 ~ ~ ~, Hart(faser)platte ~ ~ ~, (Holz)Faser-Hartplatte ~ ~ ~, Prägeplatte · embossed hardboard

Härteablauf *m* → (Er)Härtungsvorgang

härtebehandelter Stahl *m*, gehärteter ~ · hardened steel

Härte|bestimmung *f* · determination of hardness, hardness determination

~dauer *f*, Härtezeit *f*, (Er)Härtungsdauer, (Er)Härtungszeit, (Er)Härtungsfrist *f*, Härtefrist · hardening time, ~ period, period of hardening, time of hardening

~fluat *n*, Härtefluorsilikat *n* · surface-hardening fluosilicate

~fluorsilikat *n*, Härtefluat *n* · surface-hardening fluosilicate

~frist *f* → Härtedauer

~grad *m* · degree of hardness, hardness degree

~kammer *f* · hardening chamber

~kessel *m*, Dampf~, Druck~, Druckkessel, Autoklav *m*, Dampfdruckerhitzer *m* · autoclave, pressure vessel

~klasse *f* · class of hardness, hardness class

~messung *f* · measuring of hardness

~mittel *n*, Katalysator *m*, Härter *m*, (Reaktions)Beschleuniger · hardener, accelerator, catalyst, accelerating agent [*It promotes setting of synthetic resins for gluing*]

~mittel *n*, Härtungsmittel, Härtungsstoff *m*, Härter *m*, Härtestoff · hardener, hardening agent

~mittel *n* → (fester) Hart(beton)stoff

~mittelfüllstoff *m*, Härtungsmittelfüllstoff, Härtestofffüllstoff, Härtestofffüller *m* [*z.B. Korund, Siliziumkarbid*] · hardener filler, ~ dust

härten, er~ · to harden

~ [*Stahl*] · to quench

~ [*Grauguß*] · to chill

Härten *n*, Er~, (Er)Härtung *f* · hardening

~ [*Abkühlen von Stahl von Temperaturen oberhalb Umwandlungstemperaturen – z.B. 900° bei gewöhnlichem Stahl – mit solcher Geschwindigkeit, daß eine beträchtliche Steigerung der Härte eintritt. Abschrecken mit Wasser, Öl oder Luft*] · quench(ing)

~ [*Abkühlen von Grauguß von Temperaturen oberhalb Umwandlungstemperaturen mit solcher Geschwindigkeit, daß eine beträchtliche Steigerung der Härte eintritt. Abschrecken mit Wasser, Öl oder Luft*] · chilling

~ im Druck(härte)kessel, Behandlung *f* mit Hochdruckdampf, Dampf(druck)-härtung, Autoklavisierung, Autoklavbehandlung, Autoklavhärtung, Behandlung mit hochgespanntem Dampf · autoclaving, steam curing at high pressure, autoclave curing, high pressure steam curing

härtender Anstrich *m*, ~ Aufstrich · hardening coat

Härte|öl *n*, Vergüteöl · hardening oil, annealing ~

~probe *f*, Härteprüfung *f*, Härteversuch *m* · hardness test

~prozeß *m* → (Er)Härtungsvorgang

~prüfer *m*, Härteprüfgerät *n*, Härteprüfmaschine *f* · hardness testing machine, ~ tester

~prüfgerät *n*, Härteprüfer *m*, Härteprüfmaschine *f* · hardness testing machine, ~ tester

~prüfmaschine *f*, Härteprüfer *m*, Härteprüfgerät *n* · hardness testing machine, ~ tester

~prüfung *f*, Härteprobe *f*, Härteversuch *m* · hardness test

~pulver *n*, Härtungspulver, pulv(e)riges Härtungsmittel *n*, pulv(e)riges Härtemittel, pulv(e)riger Härtungsstoff *m*, pulv(e)riger Härter *m* · powder(ed) hardener, ~ hardening agent

Härter *m*, Katalysator *m*, Härtemittel *n*, (Reaktions)Beschleuniger · hardener, accelerator, catalyst, hardening agent [*It promotes setting of synthetic resins for gluing*]

~, Härtestoff *m*, Härtemittel *n*, Härtungsmittel, Härtungsstoff · hardener, hardening agent

Härteriß *m* · hardness crack

hartes Felsgestein *n*, Hartling *m*, Hart(ge)stein *m*, (*n*) · hard rock

~ Glas *n* → Hartglas

~ Wasser *n* · hard water

Härte|skala *f* **nach Mohs** · Mohs hardness scale

~stoff *m*, Härtungsstoff, Härtemittel *n*, Härtungsmittel, Härter *m* · hardener, hardening agent

~stofffüller *m*, Härtestofffüllstoff *m*, Härtungsmittelfüllstoff, Härtemittelfüllstoff [*z.B. Korund, Siliziumkarbid*] · hardener filler, ~ dust

~stofffüllstoff *m*, Härtestofffüller *m*, Härtemittelfüllstoff, Härtungsmittelfüllstoff [*z.B. Korund, Siliziumkarbid*] · hardener filler, ~ dust

~temperatur *f*, (Er)Härtungstemperatur · hardening temperature

~toleranz *f* · tolerance on hardness

~verlauf *m* → (Er)Härtungsvorgang

~verlust *m* · loss of hardness

~versuch *m*, Härteprobe *f*, Härteprüfung *f* · hardness test

~vorgang *m* → (Er)Härtungsvorgang

~zeit *f*, Härtedauer *f*, (Er)Härtungszeit, (Er)Härtungsdauer · hardening time, ~ period, period of hardening, time of hardening

~zuschlagstoff *m* → (fester) Hart(beton)stoff

Hartfaser *f* · hard fibre (Brit.); ~ fiber (US)

~bodenplatte *f*, Hartfaserfußbodenplatte · floor(ing) hardboard, floor cover(ing) ~, floor finish ~

~(fuß)bodenplatte *f* · floor(ing) hardboard, floor cover(ing) ~, floor finish ~

~lochplatte *f*, durchlochte Hartfaserplatte, gelochte Hartfaserplatte · perforated fiber hardboard (US); ~ fibre ~ (Brit.)

Hart(faser)|platte *f* → harte (Holz-) Faserplatte

~platten(fuß)boden(belag) *m* [*Insbesondere für Montagebauweisen sind trocken zu verlegende Konstruktionen entwickelt worden, bei denen über der Dämmschicht die druckverteilende Schicht aus Hartfaserplatten zusammengefügt ist. Darauf wird ein Bahnenbelag, z.B. Linoleum, verlegt*] · hardboard floor cover(ing)

~plattentür *f* · hardboard door

Hart|fliese *f*, Asbest~, (Fuß)Bodenplatte auf Kunstharz/Asbestbasis, (Fuß-) Bodenfliese auf Kunstharz/Asbestbasis · thermoplastic tile, asphalt ~ [*Asphalt tiles were originally so called because they contained mineral asphalt or products from the distillation of oil or coal. They have since come to be known as 'thermoplastic tiles' because of the incorporation of plastics resins to obtain lighter colours than can be obtained with the dark pitch or petroleum bitumen base. B.S. 2592*]

hart|gebrannt · hard-burnt, well-burnt, hard-burned, well-burned, hard-fired, well-fired

hartgebrannter Stein *m* → Hart(brand)ziegel

~ Ziegel *m* → Hart(brand)ziegel

~ (Ziegel)Stein *m* → Hart(brand)ziegel

hartgelötet · brazed, hard soldered

Hart(ge)stein *m*, (*n*), Hartling *m*, hartes Felsgestein · hard rock

~-Beton(belag)platte *f*, Hart(ge)stein-Betonfliese *f* [*Hartgestein als Zuschlag(stoff)*] · natural hard aggregate concrete tile

~-Betonfliese *f*, Hart(ge)stein-Beton(belag)platte *f* [*Hartgestein als Zuschlag(stoff)*] · natural hard aggregate concrete tile

~erzeugnis *n*, Hart(ge)steinartikel *m*, Hart(ge)steingegenstand *m* · hard rock product, ~ ~ article

~platte *f* · hard rock slab

hartgezogener Kupferdraht *m* · hard-drawn copper wire

Hartglanz *m* · hard gloss

~(anstrich)farbe *f* · hard gloss paint

~film *m* · hard glossy film

Hartglas *n*, gehärtetes Glas [*Fehlnamen*]; vorgespanntes Glas, Einscheiben-Sicherheitsglas, Einschicht-Sicherheitsglas · toughened (safety) glass, tempered (~) ~, heat-treated (~) ~ [*The term 'hardened glass' is rarely used*]

~, hartes Glas [*Eine Gruppe von Elektrogläsern, die auf das Einschmelzen von Molybdän- oder Wolframdrähten bezüglich ihres Wärmeausdehnungskoeffizienten abgestimmt sind*] · hard glass

Hart|glasur *f* · hard glaze

~gummi *m* · hard rubber

~guß *m* [*Erzeugnis*] · chill casting

~guß *m* [*Das weiße Bruchgefüge ist nicht nur in der Außenschicht wie beim Schalenguß vorhanden, sondern über den Querschnitt des Gußstückes verteilt*] · chilled (cast) iron

~(guß)asphalt(estrich) *m* · hand-laid stone-filled asphalt, hard mastic ~

~gußeisenschrot *m, n* · chilled (cast) iron shot, ~ C.I. ~

~gußeisenschrotbeton *m* · chilled (cast) iron (shot) concrete

~harz *n* [*Es wird durch Zusammenschmelzen von Kolophonium mit Kalkhydrat oder Zinkoxid bei hohen Temperaturen gewonnen*] · fused resin, ~ rosin, ~ colophony

Hartholz *n* · hard-textured wood

~faserbeton *m* · hard-textured wood fibre concrete (Brit); ~ ~ fiber ~ (US)

~spanbeton *m*, Hartholzspänebeton · hard-textured chipped wood concrete

~spänebeton *m*, Hartholzspanbeton · hard-textured chipped wood concrete

Hart|kalkstein *m* · hard limestone

~klinker *m* · highly resistant engineering brick

~kopal(harz) *m*, (*n*) · hard copal, fossil ~

~kornstoff *m* → (fester) Hart(beton)-stoff

Hartkunstharzschaum(stoff) *m*, Hartschaum(kunst)stoff, (Kunststoff)Hartschaum, Hartkunst(stoff)schaum(stoff), starrer Schaum · rigid foam plastic, ~ expanded ~, ~ (plastic) foam

~-Dämmplatte *f*, Hartschaum(kunst)-stoff-Dämmplatte, (Kunststoff-)Hartschaum-Dämmplatte, Hartkunst(stoff)-schaum(stoff)-Dämmplatte · rigid foam(ed) plastic insulating board, ~ ~ ~ ~ sheet, ~ ~ ~ insulation(-grade) ~, ~ expanded ~ ~ ~, ~ (plastic) foam ~ ~

~-Dämmstoff *m* → Hartschaum(kunst)-stoff-Dämmstoff

~-Deckenplatte *f*, Hartschaum(kunst)-stoff-Deckenplatte, (Kunststoff)Hartschaum-Deckenplatte, Hartkunst(stoff)-schaum(stoff)-Deckenplatte · rigid foam plastic ceiling board, ~ ~ ~ ~ sheet, ~ expanded ~ ~ ~, ~ (plastic) foam ~ ~

~-Dekor(ations)platte *f* → Hartschaum(kunst)stoff-Sichtplatte

~kern *m* → Hartschaum(kunst)stoffkern

~-Ornamentplatte *f* → Hartschaum-(kunst)stoff-Sichtplatte

~platte *f* → Hartschaum(kunst)stoff-platte

~-Sichtplatte *f* → Hartschaum(kunst)-stoff-Sichtplatte

~-Zierplatte *f* → Hartschaum(kunst)-stoff-Sichtplatte

Hartkunststoff *m* · rigid plastic

~-Dreilagenplatte *f*, Hartkunststoff-Dreischichtenplatte · rigid plastic sandwich panel

~-Dreischichtenplatte *f*, Hartkunststoff-Dreilagenplatte · rigid plastic sandwich panel

Hartkunst(stoff)schaum-Dämmstoff *m* → Hartschaum(kunst)stoff-Dämmstoff

Hartkunst(stoff)schaum(stoff) *m* → Hartkunstharzschaum(stoff)

~-Dämmplatte *f*, (Kunststoff-)Hartschaum-Dämmplatte, Hartkunstharzschaum(stoff)-Dämmplatte, Hartschaum(kunst)stoff-Dämmplatte · rigid foam(ed) plastic insulating board, ~ ~ ~ ~ sheet, ~ ~ ~ insulation (-grade) ~, ~ expanded ~ ~ ~, ~ (plastic) foam ~ ~

~-Deckenplatte *f*, Hartkunstharzschaum(stoff)-Deckenplatte, Hartschaum(kunst)stoff-Deckenplatte, (Kunststoff-)Hartschaum-Deckenplatte · rigid foam plastic çeiling board, ~ ~ ~ ~ sheet, ~ expanded ~ ~ ~, ~ (plastic) foam ~ ~

~-Dekor(ations)platte *f* → Hartschaum(kunst)stoff-Sichtplatte

~-Isolierplatte *f*, Kunstharzschaum(-stoff)-Isolierplatte, Hartschaum(stoff)-Isolier(bau)platte, (Kunststoff)Hartschaum-Isolierplatte · rigid foam plastic insulating board, ~ ~ ~ insulation(-grade) ~, ~ ~ ~ ~ sheet, ~ ~ ~ ~ slab, ~ expanded ~ ~ ~, ~ foam (building) ~ ~, ~ (plastic) foam ~ ~

~kern *m* → Hartschaum(kunst)stoffkern

~-Ornamentplatte *f* → Hartschaum-(kunst)stoff-Sichtplatte

~platte *f* → Hartschaum(kunst)stoff-platte

~-Sichtplatte *f* → Hartschaum(kunst)-stoff-Sichtplatte

~-Zierplatte *f* → Hartschaum(kunst)-stoff-Sichtplatte

Hartling *m*, Hart(ge)stein *m*, (*n*), hartes Felsgestein · hard rock

Hart|lot *n*, Schlaglot, Strenglot [*Es wird verwendet, wenn neben Abdichtung noch Festigkeit verlangt wird. Die Schmelzpunkte der Hartlote liegen mindestens 50 grd. unterhalb des niedrigsten Schmelzpunktes der Metallteile und oberhalb von rund 600° C. DIN 1733*] · hard solder, brazing ~, brazing alloy

~löten *n* · brazing, hard soldering

~lötung *f* · brazing, hard soldering

~mörtel *m* · hard mortar

~papier *n*, HP · laminated paper

~paraffin *n* · high melting wax, solid ~ ~

hartpechgebundene Platte *f*, Kältekorkplatte [*Der geblähte Korkschrot wird mit Hartpech gebunden. Die Platten sind wasser- und fäulnisfest sowie geruchlos*] · corkboard for cold lagging, ~ ~ ~ insulation, cork slab ~ ~ ~

Hartplatte *f*, (Holz)Faserhartplatte, harte (Holz)Faserplatte, HFH 1 [*DIN 68750*] · hardboard

~ mit eingepreßtem Muster, (Holz-) Faser-~ ~ ~ ~, harte (Holz)Faserplatte ~ ~ ~, HFH 1 ~ ~ ~, Prägeplatte · embossed hardboard

Hartplatten|(fuß)boden(belag) *m* → Hartfaserplatten(fuß)boden(belag)

~tür *f*, Hartfaserplattentür · hardboard door

~polyäthylen *n* · rigid polythene, ~ polyethylene

~polyurethanschaum(stoff) *m*, Polyurethanhartschaum(stoff), PUR-Hartschaum(stoff) · polyurethane rigid foam, rigid polyurethane ~, expanded rigid polyurethane

~-Polyvinylchlorid-Schaum(stoff) *m* → PVC-Hartschaum(stoff)

Hartporzellan *n* · hard paste

Hartputzgips *m*; Estrichputzgips [*Südwestdeutschland*] [*Ein Gips, der, verarbeitet, eine besonders hohe Widerstandsfähigkeit gegen Stoß und Schlag hat und eventuell wasserabweisend ist*] · hard (gypsum) plaster, cement ~; hardwall ~ [*deprecated*]

Hart-PVC *n* · rigid poly, ~ PVC, ~ vinyl

~-Abflußrohr *n*, Hart-PVC-Ablaufrohr, Hart-PVC-Entwässerungsrohr, Hart-PVC-Dränrohr [*Fehlnamen: Hart-PVC-Ablauf m, Hart-PVC-Abfluß m*] · rigid poly drain(age) pipe, ~ PVC ~ ~, ~ vinyl ~ ~, ~ ~ draining ~, ~ ~ discharge ~, ~ ~ waste (~)

~-Ablauf *m* [*Fehlname*] → Hart-PVC-Abflußrohr

~-Ablaufrohr *n* → Hart-PVC-Abflußrohr

~-Dränrohr *n* → Hart-PVC-Abflußrohr

~-Druckrohr *n* · rigid poly pressure pipe, ~ PVC ~ ~, ~ vinyl ~ ~

~-Entwässerungsrohr *n* → Hart-PVC-Abflußrohr

~-Fenster *n* · rigid PVC window, ~ poly ~, ~ vinyl ~

~-Fensterbeschlag *m* · rigid vinyl window furniture, ~ poly ~ ~, ~ PVC ~ ~, ~ ~ ~ fitting

~-Fensterbeschläge *mpl* · rigid vinyl window hardware, ~ poly ~ ~, ~ PVC ~ ~, ~ ~ ~ fittings

~-Fitting *m*, Hart-PVC-Rohrverbindungsstück *n*, Hart-PVC-(Rohr)Formstück [*DIN 19531*] · rigid poly (pipe) fitting, ~ PVC (~) ~, ~ vinyl (~) ~,

~-Fliese *f*, Hart-PVC-Platte · rigid vinyl tile, ~ poly ~, ~ PVC ~

~-Formstück *n*, Hart-PVC-Rohrformstück, Hart-PVC-Fitting *m*, Hart-PVC-Rohrverbindungsstück [*DIN 19531*] · rigid poly (pipe) fitting, ~ PVC (~) ~, ~ vinyl (~) ~

~-Gewändeauskleidung *f* · rigid vinyl jamb liner, ~ poly ~ ~, ~ PVC ~ ~

~-Lichtplatte *f* · rigid vinyl light-admitting board, ~ ~ ~ sheet, ~ poly ~ ~, ~ PVC ~ ~

~-Rohr *n* [*DIN 19531 für Abwasserleitungen innerhalb von Gebäuden und DIN 19532 für Trinkwasserversorung*] · rigid vinyl pipe, ~ poly ~, ~ PVC ~

~-(Rohr)Formstück *n*, Hart-PVC-Fitting *m*, Hart-PVC-Rohrverbindungsstück [*DIN 19531*] · rigid poly (pipe) fitting, ~ PVC (~) ~, ~ vinyl (~) ~

~-Rohrverbindungsstück *n*, Hart-PVC-Fitting *m*, Hart-PVC-(Rohr)Formstück [*DIN 19531*] · rigid poly (pipe) fitting, ~ PVC (~) ~, ~ vinyl (~) ~

~-Schaum(stoff) *m*, PVC-Hartschaum(-stoff) · expanded rigid PVC, foamed rigid ~, rigid expanded ~, rigid foamed ~, ~ ~ polyvinyl chloride, rigid PVC foam, rigid polyvinyl chloride foam

~-Strangprofil *n* · rigid vinyl extrusion, ~ PVC ~, ~ poly ~

~-Terrazzoschiene *f*, Hart-PVC-Terrazzostreifen *m* · rigid poly strip for outlining patterns, ~ PVC ~ ~ ~ ~, ~ vinyl ~ ~ ~ ~

~-Terrazzostreifen *m*, Hart-PVC-Terrazzoschiene *f* · rigid poly strip for outlining patterns, ~ PVC ~ ~ ~ ~, ~ vinyl ~ ~ ~ ~

~-Wandauskleidung *f*, Hart-PVC-Wandverkleidung, Hart-PVC-Wandbekleidung · rigid vinyl wall lining, ~ poly ~ ~, ~ PVC ~ ~, ~ ~ ~ (sur)facing

~-Wandbekleidung *f*, Hart-PVC-Wandauskleidung, Hart-PVC-Wandverkleidung · rigid vinyl wall lining, ~ poly ~ ~, ~ PVC ~ ~, ~ ~ ~ (sur)facing

~-Wandverkleidung *f*, Hart-PVC-Wandauskleidung, Hart-PVC-Wandbekleidung · rigid vinyl wall lining, ~ poly ~ ~, ~ PVC ~ ~, ~ ~ ~ (sur)facing

~-Wellbahn *f* · rigid vinyl corrugated sheet(ing), ~ poly ~ ~, ~ PVC ~ ~

Hartschaum *m* → Hartkunstharzschaum(stoff)

~baueinheit *f* [*Fehlname*] → Hartschaum(stoff)(bau)element

~bauelement *n* → Hartschaum(stoff)(bau)element

~-Dämmplatte *f*, Kunststoff-~, Hartkunst(stoff)schaum(stoff)-Dämmplatte, Hartkunstharzschaum(stoff)-Dämmplatte, Hartschaum(kunst)stoff-Dämmplatte · rigid foam(ed) plastic insulating board, ~ ~ ~ ~ sheet, ~ ~ ~ insulation (-grade) ~, ~ expanded ~ ~ ~, ~ (plastic) foam ~ ~

~-Dämmstoff *m* → Hartschaum(kunst)stoff-Dämmstoff

~-Deckenplatte *f* → Hartkunstharzschaum(stoff)-Deckenplatte

~-Dekor(ations)platte *f* → Hartschaum(kunst)stoff-Sichtplatte

~element *n* → Hartschaum(stoff)(bau)element

~-Isolier(bau)platte *f* → Hartkunst(stoff)schaum(stoff)-Isolierplatte

~kern *m* → Hartschaum(kunst)stoffkern

~kleb(e)stoff *m*, Hartschaumkleb(e)mittel *n*, Hartschaumkleber *m* · rigid foam (bonding) adhesive, ~ ~ ~ agent, ~ ~ ~ medium, ~ ~ cement(ing agent)

~körper *m* → Hartschaum(stoff)(bau)element

Hartschaum(kunst)stoff *m* → Hartkunstharzschaum(stoff)

~-Dämmplatte *f*, (Kunststoff-)Hartschaum-Dämmplatte, Hartkunst(stoff)schaum(stoff)-Dämmplatte, Hartkunstharzschaum(stoff)-Dämmplatte · rigid foam(ed) plastic insulating board, ~ ~ ~ ~ sheet, ~ ~ ~ insulation(-grade) ~, ~ expanded ~ ~ ~, ~ (plastic) foam ~ ~

~-Dämmstoff *m*, (Kunststoff)Hartschaum-Dämmstoff, Hartkunst(stoff)schaum-Dämmstoff, Hartkunstharzschaum(stoff)-Dämmstoff · rigid foam(ed) plastic insulating material, ~ ~ ~ insulation(-grade), ~ expanded ~ ~ ~, ~ ~ ~ insulator, ~ ~ ~ insulant, ~ (plastic) foam insulating material, ~ (plastic) foam insulation(-grade) material, ~ (plastic) foam insulator, ~ (plastic) foam insulant

~-Deckenplatte *f* → Hartkunstharzschaum(stoff)-Deckenplatte

~-Dekor(ations)platte *f* → Hartschaum(kunst)stoff-Sichtplatte

~-Isolierplatte *f*, Kunstharzschaum(stoff)-Isolierplatte, (Kunststoff)Hartschaum-Isolierplatte, Hartkunst(stoff)schaum(stoff)-Isolierplatte · rigid foam plastic insulating board, ~ ~ ~ ~ sheet, ~ expanded ~ ~ ~, ~ (plastic) foam ~ ~

~kern *m*, (Kunststoff)Hartschaumkern, Hartkunst(stoff)schaum(stoff)kern, Hartkunstharzschaum(stoff)kern · rigid foam plastic core, ~ expanded ~ ~, ~ (plastic) foam ~

~-Ornamentplatte *f* → Hartschaum(kunst)stoff-Sichtplatte

~platte *f*, (Kunststoff)Hartschaumplatte, Hartkunst(stoff)schaum(stoff)platte, Hartkunstharzschaum(stoff)platte · rigid foam(ed) plastic sheet, ~ ~ ~ board, ~ expanded ~ ~, ~ (plastic) foam ~

~-Sichtplatte *f*, (Kunststoff)Hartschaum-Sichtplatte, Hartkunst(stoff)schaum(stoff)-Sichtplatte, Hartkunstharzschaum(stoff)-Sichtplatte, Hartschaum(kunst)stoff-Zierplatte, Hartschaum(kunst)stoff-Ornamentplatte, Hartschaum(kunst)stoff-Dekor(ations)platte, (Kunststoff)Hartschaum-Zierplatte, (Kunststoff)Hartschaum-Ornamentplatte, (Kunststoff)Hartschaum-Dekor(ations)platte, Hartkunst(stoff)schaum(stoff)-Zierplatte, Hartkunst(stoff)schaum(stoff)-Ornamentplatte, Hartkunst(stoff)schaum(stoff)-Dekor(ations)platte, Hartkunstharzschaum(stoff)-Zierplatte, Hartkunstharzschaum(stoff)-Ornamentplatte, Hartkunstharzschaum(stoff)-Dekor(ations)platte · rigid foam plastic decorative board, ~ expanded ~ ~ ~, ~ ~ ~ ~ sheet, ~ ~ ~ ornamental ~, ~ (plastic) foam ~ ~

~-Zierplatte *f* → Hartschaum(kunst)-stoff-Sichtplatte

Hartschaum|-Ornamentplatte *f* → Hartschaum(kunst)stoff-Sichtplatte

~platte *f* → Hartschaum(kunst)stoffplatte

~-Schichtplatte *f*, Hartschaum(stoff)-Schichtplatte · rigid foam laminate(d) sheet, ~ ~ ~ board

~-Sichtplatte *f* → Hartschaum(kunst)-stoff-Sichtplatte

~stein *m* → Hartschaumstoffstein

~stoff *m* → Hartkunstharzschaum(stoff)

Hartschaum(stoff)(bau)|einheit *f* [*Fehlname*] → Hartschaum(stoff)(bau)-element

~element *n*, Hartschaum(stoff)(bau)körper *m*, [*Fehlnamen: Hartschaum (stoff)-(bau)einheit f*] · rigid foam (building) unit, ~ ~ (~) component, ~ ~ (~) member

~körper *m* → Hartschaum(stoff)(bau)-element

Hartschaum(stoff)|block(stein) *m*, Hartschaum(stoff)stein · rigid foam block, ~ ~ tile [*See remark under 'Block'*]

~-Dach(Isolier)platte *f* · rigid foam (insulation(-grade)) roof(ing) board, ~ ~ (insulating) ~ ~, ~ ~ (~) ~ sheet

~-Dämmaterial *n*, Hartschaum(stoff)-Dämmstoff *m* · rigid foam insulation (-grade) material, ~ ~ insulating ~, ~ ~ insulator, ~ ~ insulant

~-Dämmplatte *f*, Hartkunststoff-Dämmplatte, Hartkunstharzschaum(stoff)-Dämmplatte, Hartkunst(stoff)schaum-(stoff-)Dämmplatte, Kunststoff-Hartschaum-Dämmplatte · rigid foam(ed) plastic insulating board, ~ ~ ~ ~ sheet, ~ ~ ~ insulation(-grade) ~, ~ expanded ~ ~ ~, ~ (plastic) foam ~ ~

~-Dämmstoff *m* → Hartschaum(kunst)-stoff-Dämmstoff

~-Deckenplatte *f*, Hartschaumkunststoff-Deckenplatte, (Kunststoff)Hartschaum-Deckenplatte, Hartkunst(stoff)-schaum(stoff)-Deckenplatte, Hartkunstharzschaum(stoff)-Deckenplatte · rigid foam plastic ceiling board, ~ ~ ~ ~ sheet, ~ expanded ~ ~ ~, ~ (plastic) foam ~ ~

~-Dekor(ations)platte *f* → Hartschaum(kunst)stoff-Sichtplatte

~einheit *f* [*Fehlname*] → Hartschaum-(stoff)(bau)element

~element *n* → Hartschaum(stoff)bau-element

~-Füllung *f* · rigid foam fill(ing)

~-Isolier(bau)platte *f* → Hartkunst-(stoff)schaum(stoff)-Isolierplatte

~kern → Hartschaumkunststoffkern

~körper *m* → Hartschaum(stoff)(bau)-element

~-Ornamentplatte *f* → Hartschaum-(kunst)stoff-Sichtplatte

~platte *f* → Hartschaumkunststoffplatte

~-Schichtplatte *f*, Hartschaum-Schichtplatte · rigid foam laminate(d) sheet, ~ ~ ~ board

~-Sichtplatte *f* → Hartschaumkunst-stoff-Sichtplatte

~stein *m*, Hartschaum(stoff)block(stein) *m* · rigid foam block, ~ ~ tile [*See remark under 'Block'*]

~-Wand(bau)platte *f* · rigid foam wall-board

~-Zierplatte *f* → Hartschaum(kunst)-stoff-Sichtplatte

Hartschaum-Wand(bau)platte *f* → Hartschaumstoff-Wand(bau)platte

Hart|schiefer *m* · hard schist

~schotter *m* [*Schotter aus Hart(ge)-stein*] · crushed hard rock, broken ~ ~

~siegel *m* [*Für nachträgliche Festigung einer Betonoberfläche*] · hardening seal(er)

~spachtel(masse) *m*, (*f*), Expreßspachtel(masse) · hard stopping, ~ stopper [*A material in stiff paste form, which is usually applied by means of a knife, to fill deep indentations in a surface and which dries hard throughout. It should not be confused with glazing putty which is of a different consistency and which hardens more slowly*]

~spat *m*, Andalusit *m*, Al_2SiO_5 · andalusite

~splitt *m* [*Splitt aus Hart(ge)stein*] · hard rock chip(ping)s

Hartstahl *m* · high-carbon steel

~grobblech *n* · high carbon steel plate

Hartstein *m*, Hartgestein *n*, Hartling *m* hartes Felsgestein · hard rock

~ → Hart(brand)ziegel

~-Beton(belag)platte *f* → Hartgestein-Betonbelagplatte

~-Betonfliese *f* → Hart(ge)stein-Betonplatte

Hartstoff *m* → (fester) Hartbetonstoff

~-Gemisch *n* → Hartbetonstoff-Gemisch

~-Mischung *f* → Hart(beton)stoff-Gemisch

Härtung *f*, Er~, (Er)Härten *n* [*Mörtel; Beton; Zementpaste; Gips. Siehe Anmerkung unter „Abbinden"*] · final set(ting), hardening

~, Er~, (Er)Härten *n* · hardening

~ · hardening treatment

Härtungs|ablauf *m* → (Er)Härtungsvorgang

~alter *n*, Er~ · age of hardening, hardening age

~beschleuniger *m* → Härtungszeitbeschleuniger

~beschleunigung *f* **durch Hitze,** Er~ ~ ~ · acceleration of hardening by heat

~-Biegeprobe *f* → Abschreck-Biegeversuch

~-Biegeprüfung *f* → Abschreck-Biegeversuch

~-Biegeversuch *m* → Abschreck-Biegeversuch

~dauer *f*, Er~, (Er)Härtungszeit *f*, Härtezeit, Härtedauer · hardening time, ~ period, period of hardening, time of hardening

~energie *f*, Er~ · hardening energy, energy of hardening

~flüssigkeit *f*, Beton~, flüssiges (Beton)Härtungsmittel *n*, flüssiger (Beton-)Härtungsstoff *m* · liquid (concrete) floor hardener

~frist *f* → Härtungszeit

~geschwindigkeit *f*, Er~ · hardening rate, rate of hardening

~grad *m*, Er~ · degree of hardening, hardening degree

~kurve *f*, Er~ [*Mörtel; Beton; Zementpaste; Gips. Siehe Anmerkung unter „Abbinden"*] · curve of hardening, hardening curve

~mittel *n*, Härtemittel, Härtungsstoff *m*, Härter *m*, Härtestoff · hardener, hardening agent

~mittelfüllstoff *m*, Härtemittelfüllstoff, Härtestofffüllstoff, Härtestofffüller *m* [*z.B. Korund, Siliziumkarbid*] · hardener filler, ~ dust

~probe *f*, Er~, (Er)Härtungsprüfung *f*, (Er)Härtungsversuch *m* · hardening test

~prozeß *m* → (Er)Härtungsvorgang

~prüfung *f*, Er~, (Er)Härtungsversuch *m*, (Er)Härtungsprobe *f* · hardening test

~pulver *n*, Härtepulver, pulv(e)riges Härtungsmittel *n*, pulv(e)riges Härtemittel, pulv(e)riger Härtungsstoff *m*, pulv(e)riger Härter *m* · powder(ed) hardener, ~ hardening agent

~spannung *f*, Er~ · hardening stress

~stoff *m*, Härter *m*, Härtestoff, Härtungsmittel *n*, Härtemittel · hardener, hardening agent

~temperatur *f*, Er~, Härtetemperatur · hardening temperature

~verhalten *n*, Er~ · hardening behaviour (Brit.); ~ behavior (US)

~verlauf *m* → (Er)Härtungsvorgang

~versuch *m*, Er~, (Er)Härtungsprüfung *f*, (Er)Härtungsprobe *f* · hardening test

~verzögerer *m* → (Ab)Binde(zeit)verzögerer

~vorgang *m* → Erhärtungsvorgang

~zeit *f*, Er~, (Er)Härtungsdauer *f*, Härtezeit, Härtedauer, (Er)Härtungsfrist *f*, Härtefrist · hardening time, ~ period, period of hardening, time of hardening

Härtungs(zeit)beschleuniger *m*, Er~, Schnell(er)härter · hardening accelerator, ~ accelerating agent, ~ acceleration promotor, accelerator for hardening, rapid hardener, quick hardener

~ für hydraulische Bindemittel, Er~ ~ ~ ~, Schnell(er)härter ~ ~ ~ · accelerating additive for hardening

~ ~ ~ Gemische, ~ ~ ~ Mischungen, Schnell(er)härter ~ ~ ~ · accelerating admix(ture) for hardening

Härtungs(zeit)|regler *m*, Er~, (Ab-)Binde(zeit)regler, Erstarrungs(zeit)regler [*für hydraulische Bindemittel und hydraulische Mischungen*] · setting and hardening control(l)ing agent [*A substance which, when present in small quantities, controls the setting and hardening of a cementitious material*]

~verzögerer *m* → (Ab)Binde(zeit)verzögerer

hartverchromt · hard-chromed, hard chromium-plated

Hart|verchromung *f* · hard chromium-plating

~wachs *n* · hard wax

~ziegel *m* → Hartbrandziegel

~zuschlag(stoff) *m*, Hartbetonzuschlag(stoff) · grano(lithic) (concrete) aggregate

Harz *n* → Kolophonium

~ · resin

~, Natur~ [*Aus Pflanzensäften stammend; Kohlenstoffverbindungen; erhärten durch Polymerisation; Grundstoff für Lacke und Firnisse*] · natural resin

~alkohol *m* · resin alcohol

~anstrich *m*, Harzaufstrich · resin coat

~basis *f*, Harzgrundlage *f* · resin base

~bestandteil *m* · resin constituent, ~ component

~emulsion *f* · resin emulsion

~ester *m* [*Durch Umsetzung von Kolophonium mit Glycerin veredeltes Naturharz, wobei sich aus Harzsäure und Glycerin Ester bildet*] · resin ester

harz|gebunden · resin-bound, bound with resinous material

~geleimt · resin bonded [*Glued with synthetic resin, therefore usually moisture-resistant*]

~getränkt · resin impregnated, ~ saturated

Harzgrundlage *f*, Harzbasis *f* · resin base

harzhaltig · resin based

harzig · resinous

Harz|kitt *m* · resin(ous) cement, ~ putty, resin-base(d) ~

~lack *m* · resin varnish

~lösung *f* · resin solution

~mörtel *m* · resin grout

~seife *f* · resin soap

~system *n* · resin system

Haselnuß(zaun)hürde *f* · hazel (wattle) hurdle, ~ wattle

Haspe *f*, Hespe *f*, Angel *f*, Kloben *m* [*Drehzapfen an Fenster- oder Türbändern*] · pin

Haspen *m* **und Krampe** *f*, Überwurf *m* · hasp and staple

Hathor|kapitell *n*, Hathorkapitäl · Hathor (-headed) capital

~kopf *m* · Hathor head

~maske *f* · Hathor mask

~säule *f*, Sistrumsäule [*Säule mit blockförmigem Aufsatz über einem Hathorkapitell*] · Hathor column

~tempel *m* · Hathor temple

Hauben|dach *n*, Kuppeldach, Dachhaube *f* [*Dach mit geschweifter Kontur*] · dome(-shape)d roof, domic(al) ~

~stein *m* → Lüftergaube

~ziegel *m* → Lüftergaube

Hauchbildung *f* [*Anstrichmangel*] · hazing

hauchdünn verchromen · to flash chrome plate

Häufigkeits|diagramm *n* · frequency diagram

~kurve *f* · frequency curve

Haufwerk *n*, Siebgut *n*, Einlaufgut, Aufgabegut [*Siebtechnik*] · head, screen ~, (screen) feed, material to be screened

Haufwerksporigkeit *f* · internal porosity of the aggregate particles

Haupt *n*, Kopffläche *f*, Kopfseite *f*, Außenfläche, Stirn(fläche) *f* [*Die Sichtfläche der Steine beim Naturwerkstein-Mauerwerk*] · face

~abmessung *f*, Hauptmaß *n* · main dimension

~abside *f*, Hauptapside, Hauptapsis · main apse, ~ apsis, principal ~

~abwasserleitung *f*, Hauptsammler *m* · main sewer, principal ~, ~ collector

~, Stirn *f* [*Die vordere Ansichtsfläche eines Bogens, eines offenen Gewölbes, eines Trägers, usw.*] · face

~altar *m* · main altar, principal ~

~apside *f*, Hauptabside, Hauptapsis · main apse, ~ apsis, principal ~

~apsis *f*, Hauptabside *f*, Hauptapside · main apse, ~ apsis, principal ~

~armierung *f*, Hauptbewehrung, Haupt(stahl)einlagen *fpl* · main reinforcement, principal ~

~bahnhof *m* · central station, main ~, principal ~

~balken *m* [*Eines doppelten Hängewerkes*] · main beam, principal ~

~balken *m*, Zugbalken, Spannbalken, Trambalken [*Eines einsäuligen Hängewerkes*] · tie beam, main ~, principal ~

~balken(träger) *m* · main beam, principal ~ [*A beam supporting the ends of secondary beams, which may in turn support the ends of tertiary beams*]

~baustoff *m*, (Bau)Hauptstoff; (Bau-)Hauptmaterial *n*, Hauptbaumaterial [*Schweiz*] · direct material [*A material which is physically incorporated in the work(s)*]

~bau(werk) *m*, (*n*) · main structure, principal ~

~bestandteil *m* · main constituent, principal ~

~bewehrung *f*, Hauptarmierung, Haupt(stahl)einlagen *fpl* · main reinforcement, principal ~

~bühne *f* · main stage, principal ~

~büro *n* · main office, principal ~

~chor *m* · main choir, principal ~, ~ quire

~daten *f* · main data, principal ~

~deckenbalken(träger) *m* · main floor beam, principal ~ ~

~dehnung *f* · main strain, principal ~

~diagonale *f*, Hauptschräge *f* · principal diagonal, main ~

~diagonalrippe *f* · main diagonal rib, principal ~ ~

~druckspannung *f* · principal compressive stress, main ~ ~

~ebene *f* [*Baustatik*] · principal plane, main ~

~eingang *m* · main entrance, principal ~

~eingangshalle *f* · main entrance hall

~einlagen *fpl*, Hauptstahleinlagen, Hauptarmierung *f*, Hauptbewehrung · main reinforcement, principal ~

~etage *f* → Hauptgeschoß

~fassade *f* · main façade, principal ~

~fußgängerbereich *m* · main pedestrian zone, principal ~ ~

~gebäude *n* · main building, principal ~, ~ block

~gehweg *m* · main walk, principal ~

~geschoß *n*, Hauptstockwerk *n*, Hauptetage *f* [*Geschoß in Wohnhäusern und öffentlichen Gebäuden mit den Haupträumen des Hauses, früher oft durch größere Geschoßhöhe gekennzeichnet*] · main floor, principal ~; ~ storey (Brit.); ~ story (US)

~(ge)sims *m*, (*n*) · principal cornice, main ~ [*Also loosely called 'principal mo(u)lding' or 'main mo(u)lding'*]

~hahn *m* · main cock, principal ~

~halle *f* · main hall, principal ~

~kabel *n* · main cable, principal ~

~kapelle *f* [*In spanischen Kirchen der Altarraum im mittleren Teil des Chores, vom Chorumgang und dem Gemeinderaum durch hohe steinerne Schranken getrennt, die meist mit reichem plastischen Schmuck ausgestattet sind*] · capilla mayor

~kapelle *f* · main chapel, principal ~

~kehle *f* [*Dach*] · main valley, principal ~

~krümmung *f* · principal curvature, main ~

~krümmungslinie *f* · line of principal curvature, ~ ~ main ~, principal curvature line, main curvature line

~küche *f* · main kitchen, principal ~

~kuppel *f* · main cupola, ~ dome, principal ~

~last *f* · principal load, main ~

~lastabtragung *f* · major load transfer

~lastfall *m* · main loading case, principal loading ~, ~ case of loading

~legierungsbestandteil *m* · main alloying constituent, principal ~ ~

~leitung *f* · main [*The supply authority's pipe or cable*]

~magazin *n* · general store

~maß *n*, Hauptabmessung *f* · main dimension, principal ~

~material *n*, Bau~, Hauptbaumaterial [*Schweiz*]; (Bau)Hauptstoff *m*, Hauptbaustoff · direct material [*A material which is physically incorporated in the work(s)*]

~mauer *f* · principal masonry wall, main ~ ~

~moment *n* · principal moment, main ~

~normale *f* · principal normal, main ~

~portal *n* · principal portal, main ~

~postamt *n* · General Post Office

~querschiff *n*, Hauptquerhaus *n* · main transept, principal ~

~rahmen *m* · main frame, principal ~

~revisionsschacht *m* · main inspection chamber, principal ~ ~ [*See remark under 'Revisionsschacht'*]

~richtung *f* · principal direction, main ~

~rohr *n* · main pipe, principal ~

~rücklauf *m*, Erstrücklauf · primary return

~(rund)stab *m*, Längs(rund)stab [*Betonstahlmatte*] · main (round) bar, principal (~) ~

~sammler *m*, Hauptabwasserleitung *f* [*Der größte Leitungsstrang eines Entwässerungsnetzes*] · main collector, principal ~, ~ sewer

~schaltraum *m* · main switchroom, principal ~

~schiff *n*, Mittelschiff, Langschiff · middle vessel, (church) nave

~schiffarkade *f*, Mittelschiffarkade, Langschiffarkade · nave arcade

~schiffpfeiler *m*, Mittelschiffpfeiler, Langschiffpfeiler · nave pier

~schlafzimmer *n* · master bedroom

~schlüssel *m* · master key

~schlüsselanlage *f* · master-keyed series, series of master-keyed locks

~schlüsselschloß *n* · master-keyed lock

~schräge *f*, Hauptdiagonale *f* · principal diagonal, main ~

~schubspannung *f* · main shear(ing) stress, principal ~ ~

~(schwimm)becken *n* · major (swimming) pool

~sicherung *f* · main fuse, company's ~

~sims *m*, Hauptgesims *n* · principal cornice, main ~ [*Also loosely called 'principal mo(u)lding' or 'main mo(u)lding'*]

~spannung *f* · principal stress, main ~

~spannungslinie *f* · line of principal stress, ~ ~ main ~, principal stress line, main stress line, isostatic line

~spannungsrichtung *f* · direction of principal stress, ~ ~ main ~

~sparren *m*, Bundsparren, Bindesparren · principal (rafter), main ~, blade

~sparren *mpl*, Bindesparren *mpl*, Bundsparren *mpl*, Bundgespärre *n*, Bindegespärre · principal rafters, main ~, principals [*Those raffers in the roof truss which carry the purlin(e)s on which the common rafters are laid*]

~speisesaal *m* [*Hotel*] · main restaurant, principal ~

~stab *m*, Längs(rund)stab, Hauptrundstab [*Betonstahlmatte*] · main (round) bar, principal (~) ~

~(stahl)einlagen *fpl*, Hauptarmierung *f*, Hauptbewehrung · main reinforcement, principal ~

~steigleitung *f* · rising main

~stockwerk *n* → Hauptgeschoß

~stoff *m*, Bau~, Hauptbaustoff; (Bau-)Hauptmaterial *n*, Hauptbaumaterial [*Schweiz*] · direct material [*A material which is physically incorporated in the work(s)*]

~stupa *m* · main stupa(-mound), principal ~, major ~, ~ tope(-mound)

~stütze *f* · main column, principal ~

~stützenfundament *n* · main-column foundation, principal-column ~

~tempel *m* · principal temple, main ~

~träger *m* · main girder, principal ~

~trägheitsachse *f*, Hauptträgheitsmittellinie *f*, Trägheitshauptachse, Trägheitshauptmittellinie · principal axis of inertia, main ~ ~ ~, ~ centre line ~ ~ (Brit.); ~ center line ~ ~ (US)

~trägheitsmittellinie *f*, Hauptträgheitsachse *f*, Trägheitshauptachse, Trägheitshauptmittellinie · principal axis of inertia, main ~ ~ ~, ~ centre line ~ ~ (Brit.); ~ center line ~ ~ (US)

~trägheitsmoment *n* · main moment of inertia, principal ~ ~ ~

~tragwerk *n* · main (load)bearing structure, principal ~ ~, ~ (weight-carrying) ~

~treppe *f* · main stair(case), principal ~

~uhr *f* · master clock

~-Umlauf-Gaswasserheizer *m*, Haupt-(Gas)Heiztherme *f* · primary gas (water) circulator, ~ circulator

~verteilungsleitung *f* · main distribution line, principal ~ ~

~verwaltungsgebäude *n* · headquarter building, ~ block, head office ~

~windrichtung *f* · main wind direction, principal ~ ~

~wohnzone *f* · main living area, principal ~ ~

~zeichen *n* [*Baustatik*] · main symbol, principal ~

~zentrum *n* · main centre (Brit.); ~ center (US); principal ~

~zugarmierung *f*, Hauptzugbewehrung, Hauptzug(stahl)einlagen *fpl* · main tensile reinforcement, principal ~ ~

~zugeinlagen *fpl*, Hauptzugstahleinlagen, Hauptzugbewehrung *f*, Hauptzugarmierung · main tensile reinforcement, principal ~ ~

~zugspannung *f* · main tensile stress, principal ~ ~

~zug(stahl)einlagen *fpl*, Hauptzugbewehrung *f*, Hauptzugarmierung · main tensile reinforcement, principal ~ ~

Haus *n*, Bau *m*, Gebäude *n* [*Manchmal fälschlicherweise „Bauwerk" genannt*] · building (structure), block, house [*A structure or combination of structures erected where it is to stand and having as one of its main purposes the provision of shelter from the weather*]

„Haus *n* **der Nationen"** [*Tokio*] · International House

„Haus *n* **der Zukunft"** · 'House of the Future' [*Designed by Jacobsen and Lassen for an exhibition in 1929. Circular in shape, it had a helicopter landing-place on the roof*]

„Haus *n* **des Himmels"** · 'Sky House' [*Experimental house designed by Kiyonori Kikutake for himself*]

Haus *n* **des Pansa zu Pompeji** · House of Pansa at Pompeii

~ für wissenschaftliche Zwecke, Gebäude *n* ~ ~ ~ · science building, ~ block, ~ house

~ mit gekrümmtem Grundriß, Gebäude *n* ~ ~ ~ · curved block, ~ building, ~ house

~ ~ geringer Stockwerkanzahl, Gebäude *n* ~ ~ ~ · low building, ~ block, ~ house

~ ~ Umfassungswänden, Gebäude *n* ~ ~ · enclosed building, ~ block, ~ house

~ ohne Umfassungswände, Gebäude *n* ~ ~ · open-sided building, ~ block, ~ house

~abbrucharbeiter *m*, (Gebäude)Abbrucharbeiter · wrecker, demolisher, mattock man, topman

~abflußrohr *n*, Gebäudeabflußrohr, Hausablaufrohr, Gebäudeablaufrohr-Hausdränrohr, Gebäudedränrohr, Hausentwässerungsrohr, Gebäudeentwässerungsrohr · soil-waste pipe [*A pipe for conveying both soil and waste water*]

~ablaufrohr *n* → Hausabflußrohr

~abwasser *n*, Gebäudeabwasser · house sewage, sanitary ~, soil-sewage [*The sewage from water-closets, slop sinks and urinals*]

Hausanschluß *m* → ~leitung

~kasten *m*, Gebäudeanschlußkasten · branch box, sealing ~

~keller *m*, Gebäudeanschlußkeller [*DIN 18012*] · cellar for branches

~(leitung) *m*, (*f*), Gebäudeanschluß(-leitung) · branch (line) (to a building), ~ (~) (~ ~ house)

~raum *m*, Gebäudeanschlußraum · room for branches to a building, ~ ~ ~ ~ ~ house

Haus|ausrüstung *f*, Gebäudeausrüstung · building equipment, block ~, house ~

~bestand *m* · number of house properties

~brand *m* · fuel for household use

~brand *m*, Hausfeuer *n*, Gebäudebrand, Gebäudefeuer · building fire, block ~, house ~

~briefkasten *m* · private letter-box

~dach *n*, (Gebäude)Dach · (building) roof, block ~, house ~

~dränrohr *n* → Hausabflußrohr

~eingang *m*, Gebäudeeingang · building entrance, house ~, block ~

~eingangstreppe *f*, Freitreppe · perron

~(eingangs)tür *f*, Gebäude(eingangs)-tür · building entrance door, house ~ ~, block ~ ~

~entwässerung *f*, Gebäudeentwässerung · drainage of a building, ~ ~ ~ house, house drainage, building drainage

~entwässerungsrohr *n* → Hausabflußrohr

Häuser|block *m* · clump of houses (US)

~fabrik *f*, Gebäudefabrik, Beton~ · factory for precast (concrete) buildings, ~ ~ ~ (~) blocks

~gruppe *f* · group of houses

~makler *m*, Grundstücksmakler · house agent (Brit.); real estate ~ (US)

Hauserweiterung *f*, Gebäudeerweiterung · building extension, block ~

Hausfernsprecher *m* · internal telephone, inter-communicating ~

~anlage *f* **im Hausflur** · porter system [*With such a system in the hall, tenants can speak to callers, order from tradesmen, deal with casual callers, etc.*]

Haus|feuerlöschanlage *f* · internal fire-extinguishing system

~filter *m, n,* Kleinfilter · domestic filter

(~)Flügel *m,* Gebäude-Flügel, Seitengebäude *n,* Erweiterungsflügel · wing, limb

~fundament *n,* Haus-Gründungskörper *m,* Gebäudefundament, Haus-Gründungskörper · building foundation (structure), house ~ (~), ~ substructure [*The part of a building below the surface of the ground. It bears directly on, and transmits the building load to the supporting soil or rock*]

~funktion *f,* Gebäudefunktion · function of a building, ~ ~ ~ house

~gang *m,* Hausflur *m* [*zwischen Hauseingangstür und Treppenhaus*] · hall(-way)

~garage *f* · domestic garage

~garten *m* · back garden

~gaszähler *m* · domestic gas meter

~-Gründungskörper *m,* Hausfundament *n,* Gebäudefundament, Gebäude-Gründungskörper · building foundation (structure), house ~ (~), ~ substructure [*The part of a building below the surface of the ground. It bears directly on, and transmits the building load to, the supporting soil or rock*]

~gruppe *f,* Gebäudegruppe · group of buildings, ~ ~ houses, ~ ~ blocks

Haushalt|abwasser *n* · household sewage, domestic ~

~chemikalie *f* · household chemical

Haushalt-Elektro-Wasser|erhitzer *m,* Haushalt-Elektro-Wasserheizer, Haushalt-Elektro-Wasserheizgerät *n,* Haushalt-Elektro-Wassererwärmer · domestic electric water heater, ~ ~ ~ heating appliance

~erwärmer *m,* Haushalt-Elektro-Wassererhitzer, Haushalt-Elektro-Wasserheizgerät *n,* Haushalt-Elektro-Wasserheizer · domestic electric water heater, ~ ~ ~ heating appliance

~heizer *m,* Haushalt-Elektro-Wassererhitzer, Haushalt-Elektro-Wasserheizgerät *n,* Haushalt-Elektro-Wassererwärmer · domestic electric water heater, ~ ~ ~ heating appliance

~heizgerät *n,* Haushalt-Elektro-Wassererwärmer *m,* Haushalt-Elektro-Wassererhitzer, Haushalt-Elektro-Wasserheizer · domestic electric water heater, ~ ~ ~ heating appliance

Haushalt|-Gasgerät *n* · domestic gas (burning) appliance

~gerät *n* · domestic appliance

~gerätestromkreis *m* · domestic appliance circuit

~-Heißwasser *n* · domestic hot water

~-Heißwasserbereitung *f* · domestic hot water heating

~(heiz)kessel *m* · domestic boiler, boiler for domestic use

~(heiz)kessel *m* **für feste Brennstoffe** · domestic solid fuel boiler, solid fuel domestic ~

~heizöl *n* · home heating oil

~herd *m* · domestic range

~kessel *m,* Haushaltheizkessel · domestic boiler, boiler for domestic use

~kessel *m* **für feste Brennstoffe,** Haushaltheizkessel ~ ~ ~ · domestic solid fuel boiler, solid fuel domestic ~

~küche *f,* häusliche Küche, Wohnungsküche · domestic kitchen

Haus(halt)müll *m* · house(hold) refuse, domestic ~

(Haushalt)Ofen *m,* Heizofen · (domestic) stove, solid fuel room heater [*The second designation is now universally accepted to emphasize the development away from the traditional conception of the stove to sophisticated heating units which may incorporate boilers for the provision of hot water or for room heating via a radiator system or both*]

~anschluß *m* · (domestic) stove connection

~größe *f* · (domestic) stove size

~rohr *n* · (domestic) stove pipe

~rohrfutter *n* · (domestic) stove pipe casing

Haushalt|pumpe *f* · domestic pump

~-Reinigungsmittel *n* · household detergent

~schlacke *f* · household cinder (US); ~ clinker (Brit.)

~schmutzwasser *n* **ohne Abortspülwasser,** häusliches Abwasser ~ ~ · (liquid) waste, domestic ~ [*Used water from baths, lavatory basins, sinks and similar appliances, which does not contain human or animal excreta*]

~verbrauch *m,* Hausverbrauch [*Wasser*] · domestic consumption

~wasser *n* · house(hold) water, domestic ~

~wasserleitungssystem *n* · domestic water piping system, household ~ ~ ~

~wasserrohr *n* · domestic water pipe, household ~ ~

~zähler *m* · domestic meter

(Haus)Innenwand *f* (Haus)Zwischenwand, Gebäudeinnenwand, Gebäudezwischenwand · internal (dividing) wall, interior (~) ~, indoor (~) ~, inside (~) ~, inner (~) ~

~installation *f*, Gebäudeinstallation · indoor installation

~isolierung *f*, Gebäudeisolierung · building insulation

~kapelle *f*, private Kapelle · private chapel

~kern *m*, (Stahl)Betonkern, (Gebäude-) Kern, Betriebskern, Hochhauskern · service core utility ~, building ~, mechanical ~, (reinforced) concrete ~, R.C. ~

~kläranlage *f*, Kleinkläranlage, Grundstückskläranlage [*DIN 4261*] · septic tank

~komplex *m*, Gebäudekomplex · building complex, block ~, house ~

~konstruktion(ssystem) *f*, (*n*), Gebäudekonstruktion(ssystem) · building construction, house ~, ~ (structural) system

~lage *f*, Gebäudelage · building orientation

~lärm *m*, Gebäudelärm · internal noise

~last *f*, Gebäudelast · building load, house ~

~laube *f* → Loggia

~leitung *f*, Gebäudeleitung · building line, house ~

~leitung(ssystem) *f*, (*n*), Gebäudeleitung(ssystem) · service [*A system of pipes and fittings in any individual premises*]

häusliche Küche *f*, Wohnungsküche, Haushaltküche · domestic kitchen

häusliches Abwasser *n* **ohne Abortspülwasser**, Haushaltschmutzwasser · (liquid) waste, domestic ~ [*Used water from baths, lavatory basins, sinks and similar appliances, which does not contain human or animal excreta*]

(Haus)|Mädchenzimmer *n* · maid's room

~marke *f*, Hauszeichen *n* [*Figürliches oder geometrisches Symbol zur Kennzeichnung eines Hauses, früher meist am Schlußstein der Eingangstür angebracht. Nach der Hausmarke wurden früher die Häuser benannt (Hausname z.B. „zum Schwanen"), auch wenn es keine Gasthäuser waren. Die Hausmarke ersetzte die moderne Ordnungsnummer*] · signboard

~mauer *f*, Gebäudemauer · building masonry wall

Hausmeister *m* · caretaker, porter

~-(Geschoß)Wohnung *f*, Hausmeister-Etagenwohnung, Hausmeister-Stockwerkwohnung · caretaker's flat, porter's ~, ~ apartment (unit)

Hausmüll *m*, Haushaltmüll · house(hold) refuse, domestic ~

~beseitigung *f* · domestic refuse disposal, house(hold) ~ ~

Haus|nummer *f*, Gebäudenummer · building number, street ~

~rahmen *m*, Gebäuderahmen · building frame, house ~

~rohbau *m*, Gebäuderohbau · building carcass, ~ fabric; ~ shell [*Canada*]; ~ carcasse [*deprecated*]

~-Rohrleitung *f*, Gebäude-Rohrleitung · pipe run

~schornstein *m*, Gebäudeschornstein [*DIN 18160. Jeder Bauteil in oder an einem Gebäude, der dazu geeignet oder bestimmt ist, Rauch oder Abgase von Feuerstätten über Dach abzuführen*] · building chimney, domestic ~

~schutzmittel *n*, Gebäudeschutzmittel · building preservative, house ~

~schwimmbecken *n* · residential swimming pool [*Any constructed pool which is used, or intended to be used, as a swimming pool in connection with a single family residence*]

~schwingung *f*, Gebäudeschwingung · building vibration, house ~

~silhouette *f*, Gebäudesilhouette · building silhouette, house ~

~stütze *f*, Gebäudestütze · building column, house ~

~technik *f* · engineering of services and technical equipment of buildings

~technikanlagen *fpl* → Installation(en)

haustechnische Anlagen *fpl* → Installation(en)

Hausteil *m*, *n*, Gebäudeteil [*Räumlich und/oder funktionell abgegrenzter Teil eines Gebäudes. Beispiele: Treppenhaus; Aufzugschacht; Geschoß usw*] · part of a building, building part

Haustein *m*, (Natur)Werkstein [*Der nach einem Versatzplan mit bestimmtem Fugenschnitt bearbeitete Haustein. Als Parallelepiped „Quader(stein)" genannt*] · (stone) ashlar, (~) ashler; hewn stone (US)

~mauerwerk *n* · (stone) ashlar masonry (work), (~) ashler ~ (~); hewn stone ~ (~) (US)

~verlegung *f* · half-plain work [*The labour of laying ashlar*]

Haus|treppe *f*, Gebäudetreppe · building stair(case)

~tür *f*, Hauseingangstür, Gebäude(eingangs)tür · building entrance door, house ~ ~

~türtelefon *n* · intercom(munication system), front door telephone [*The installation in houses to facilitate answering the door*]

~türüberdachung *f* · front door canopy

~type *f*, Gebäudetype · type of building (structure), ~ ~ block, ~ ~ house

~uhr *f*, Gebäudeuhr · building clock, house ~

~umbau *m*, Gebäudeumbau · building alteration, house ~

~- und Grundstücksentwässerung *f* · sanitation of buildings (and premises)

~verbrauch *m*, Haushaltverbrauch [*Wasser*] · domestic consumption

~wand *f*, Gebäudewand · building wall

~waschküche *f* · wash-house

~wasserenthärter *m* · home water softener

~wasserheizung *f* · domestic water heating

~wasserversorgung *f* · water supply to buildings, ~ distribution ~ ~

~wasserzähler *m* · domestic water meter

~wirtschaftswasser *n* · water for domestic use

~zeichen *n* → Hausmarke

~zeile *f*, Gebäudezeile · row of buildings

(~)Zufahrt *f*, Gebäudezufahrt · vehicular access, (entrance) drive(way)

(~)Zwischenwand *f*, (Haus)Innenwand, Gebäudezwischenwand, Gebäudeinnenwand · internal (dividing) wall, interior (~) ~, indoor (~) ~, inside (~) ~, inner (~) ~

Haut *f*, Häutchen *n*, Membran(e) *f*, Film *m* · film, membrane, skin

~(ab)dichtung *f* · dampproof membrane

hautbildend · skin-forming

Hautbildung *f* · skinning [*The formation of a surface skin on paints or varnishes in the container*]

Häutchen *n*, Membran(e) *f*, Film *m*, Haut *f* · film, membrane, skin

Haut|dichtung *f*, Hautabdichtung · dampproof membrane

~klinik *f* · skin clinic

~leim *m* [*genormtes Kurzzeichen: H*] · skin glue, ~ adhesive

HB *f*, Druckhärte *f* von Metallen, Brinellhärte, Metalldruckhärte · Brinell hardness

Hbl *m* → Leicht(beton)-Hohlstein

Hebefenster *n* [*Ein Schiebefenster, dessen beweglicher Flügel gegen einen meist feststehenden oberen Teil gehoben und festgestellt wird*] · lifting window

~beschlag *m* · lifting window furniture, ~ ~ fitting

~beschläge *mpl* · lifting window hardware, ~ ~ fittings

Hebel|arm *m* **der inneren Kräfte** · moment arm of the internal forces

~griff *m* · lever handle

~mechanismus *m* · lever mechanism

~probe *f*, Hebelprüfung *f*, Hebelversuch *m* [*Korrosionsprüfung*] · lever-test

~prüfung *f*, Hebelprobe *f*, Hebelversuch *m* [*Korrosionsprüfung*] · lever-test

~versuch *m*, Hebelprüfung *f*, Hebelprobe *f* [*Korrosionsprüfung*] · lever-test

Hebemechanismus *m* · lifting mechanism

Heberwirkung *f* · siphonic action

Hebeschiebe|fenster *n*, Schiebehebefenster · lifting sliding window

~tür *f*, Schiebehebetür · lifting sliding door, sliding lifting ~

~türbeschlag *m*, Schiebehebetürbeschlag · lifting sliding door furniture, ~ ~ ~ fitting

~türbeschläge *mpl*, Schiebehebetürbeschläge · lifting sliding door hardware, ~ ~ ~ fittings

Hebetür *f* · lifting door [*It is moved by a lifting appliance*]

~beschlag *m* · lifting door furniture, ~ ~ fitting

~beschläge *mpl* · lifting door hardware, ~ ~ fittings

Heften *n*, An~ [*mit Klammern*] · stapling

Heft|glas *n*, Nabelscherben *f* · moil [*1. The glass remaining on a punty or blowing iron after the gather has been blown and severed. 2. The glass originally in contact with the blowing mechanism or head, which becomes cullet after the desired article is severed from it*]

~niet *m* · tack rivet, stitch ~ [*Rivet introduced merely to hold two or more thicknesses of plate together, as distinct from a load-taking rivet*]

~nieten *n* · tack riveting, stitch ~

~schraube *f* · tack bolt

~schweißen *n*, Heftschweißung *f* · tack welding, positional ~

~(schweiß)naht *f* · tack weld

Heidentempel *m* · pagan temple

heilige Geburtsstätte *f*, Mammisi *m* · Birth House, Mammisi temple [*Such a structure often stood in the outer enclosure of a large Egyptian temple and was subsidiary to it*]

Heiligengrab *n* · saint's tomb

Heiliger Fels *m* [*Jerusalem*] · Sacred Rock

~ Hain *m* **von Olympia** · sacred grove at Olympia

Heiliges Grab *n* **in Jerusalem** · Holy Sepulchre at Jerusalem

Heiliggeistkirche *f* · church of the Holy Spirit

Heiligkreuzkirche *f* · Holy Cross church

Heiligtum *n* · sanctuary [*A holy place; building or place set aside for worship of a god or gods or God*]

~ des Baal zu Palmyra, ~ ~ Bel ~ ~ · Temple of Bel at Palmyra, ~ ~ Baal ~ ~

Heil- und Pflegeanstalt *f* · mental institution

Heimatstil *m* · native style, local ~

Heimfernsprechanlage *f* · internal telephone system

Heimstätte *f*, H · homestead

Heimstättenrecht *n* · homestead exemption law

heiß vergießen [*Rohrmuffe*] · to pour in a hot state

Heißasphalt *m* · hot-rolled asphalt

~beton *m* · hot asphalt(ic) concrete (US); ~ (asphaltic-)bitumen ~ (Brit.)

~kies *m*, Heißbitu(men)kies · hot asphalt-coated gravel (US); ~ (asphaltic-)bitumen-coated ~ (Brit.)

~mörtel *m*, Heißbitumenmörtel [*Aus Bitumen und Sand*] · hot asphalt(ic) mortar (US); ~ (asphaltic-)bitumen ~ (Brit.)

~sand *m*, Heißbitu(men)sand · hot asphalt-coated sand (US); ~ (ashaltic-)bitumen-coated ~ (Brit.)

Heiß|ausgußmasse *f* → Heiß(fugen)gießmasse

~biegen *n* · hot bending

~bindemittel *n*, Heißbinder *m* · hot binder

~binder *m*, Heißbindemittel *n* · hot binder

Heißbitumen *n* · 'penetration-grade' (asphaltic) bitumen, refinery (asphaltic) bitumen of penetration-grade, hot (asphaltic-)bitumen (Brit.); penetration-grade asphalt, hot asphalt (US)

~(ab)dicht(ungs)lage *f* → Bitumenheißaufstrich

~(ab)dicht(ungs)schicht *f* → Bitumenheißaufstrich

~anstrich *m* → Bitumenheißaufstrich

~aufstrich *m* → Bitumenheißaufstrich

~dicht(ungs)lage *f* → Bitumenheißaufstrich

~dicht(ungs)schicht *f* → Bitumenheißaufstrich

Heiß|bitu(men)kies *m*, Heißasphaltkies · hot asphalt-coated gravel (US); ~ (asphaltic-)bitumen-coated ~ (Brit.)

~-Bitumenkleb(e)masse *f*, Bitumen-Heißkleb(e)masse, heißflüssige Bitumenkleb(e)masse · hot (asphaltic-)bitumen adhesive composition, ~ ~ ~ compound, ~ ~ bonding ~, ~ ~ cementing ~ (Brit.); ~ asphalt(ic) ~ ~ (US); ~ ~ cement

Heißbitumen|lage *f* → Bitumenheißaufstrich

~mörtel *m*, Heißasphaltmörtel *m* [*Aus Bitumen und Sand*] · hot asphalt(ic) mortar (US); ~ (asphaltic-)bitumen ~ (Brit.)

Heiß|bitu(men)sand *m*, Heißasphaltsand · hot asphalt-coated sand (US); ~ (asphaltic-)bitumen-coated ~ (Brit.)

~bitumenschicht *f* → Bitumenheißaufstrich

~bitumentränkung *f* · hot asphalt impregnation, ~ ~ saturation (US); ~ (asphaltic-)bitumen ~ (Brit.)

~dachkleb(e)masse *f*, Heiß(dach)spachtel(masse) *m*, (*f*) · hot dressing compound, ~ ~ composition

~(dach)spachtel(masse) *m*, (*f*), Heißdachkleb(e)masse · hot dressing compound, ~ ~ composition

~dampf *m*, überhitzter Dampf · superheated steam

~dampfbetrieb *m* · superheated steam operation

~draht *m* · heating wire

Heißeinbau *m* [*Straßenbau*] · hot laying

~gemisch *n* · hot-laid mix(ture)

~-Terrfeinbeton *m* · hot-laid fine tar concrete

~-Teergrobbeton *m* · hot-laid coarse tar concrete

„heißes Labor(atorium)" *n* [*Atomanlage*] · hot-cell lab(oratory)

Heißflurtrocknung *f* [*Ziegel*] · hot-floor drying

heißflüssige Bitumenkleb(e)masse *f* → Heiß-Bitumenkleb(e)masse

~ Einbettmasse *f*, ~ Kies~ · hot (gravel-)bonding roofing cement

~ ~, ~ Splitt~ · hot chip(ping)s-bonding roofing cement

~ (Kies)Einbettmasse *f* · hot (gravel-) bonding roofing cement

~ (Splitt)Einbettmasse *f* · hot chip(-pings-)bonding roofing cement

Heiß|(fugen)ausgußmasse *f* → Heiß(fugen)gießmasse

~(fugen)gießmasse *f*, Heißvergußmasse, Heiß(fugen)ausgußmasse, Heißfugen(verguß)masse · hot (joint) pouring compound, ~ (~) sealing ~, ~ applied (~) ~ ~ [*B.S. 2499*]

~gasanlage *f* · hot gas plant

~gasleitung *f* · hot gas main

~gemisch *n*, Heißmischung *f*, Heißmischgut *n* [*Straßenbau*] · hot mix(ture)

~gießmasse *f*, Heißfugengießmasse, Heißvergußmasse, Heiß(fugen)ausgußmasse, Heißfugen(verguß)masse · hot (joint) pouring compound, ~ (~) sealing ~, ~ applied (~) ~ ~ [*B.S. 2499*]

~gut *n* · hot material

~kleb(e)masse *f* · hot adhesive composition, ~ ~ compound, ~ bonding ~, ~ cement(ing ~)

~kleben *n*, Heißverkleben · hot bonding

~klebung *f*, Heißverklebung · hot bonding

~leimen *n*, Heißverleimen · hot gluing

~leimung *f*, Heißverleimung · hot gluing

Heißluft *f* · hot air

~behandlung *f* [*Beton*] · hot-air treatment

~erzeuger *m* · hot air generator

~kanal *m* · hot-air duct

~verfahren *n* [*Schädlingsbekämpfung*] · sterilization with dry heat

Heiß|makadam *m*, Heißmischmakadam · hot-mix(ed) macadam

~mischgut *n*, Heißgemisch *n*, Heißmischung *f* [*Straßenbau*] · hot mix(ture)

~(misch)makadam *m* · hot-mix(ed) macadam

~mischung *f*, Heißmischgut *n*, Heißgemisch *n* [*Straßenbau*] · hot mix(ture)

~paste *f* · hot paste

~schmelze *f* · hot melt

~schornstein *m* · high-temperature chimney

~spachtel(masse) *m*, (*f*), Heißdachspachtel(masse), Heißdachkleb(e)masse · hot dressing compound, ~ ~ composition

~spritzen *n* [*Arbeitstemperaturen von 60° C bis 80° C*] · hot spraying

~tauchen *n* · hot dipping

~teer *m* · hot tar, TH

~teerung *f* · hot tarring

heißverarbeitbar · workable in hot state

Heißverarbeitung *f* · hot working

heißvergießbar · hot pourable

Heiß|verarbeitbarkeit *f* · hot workability

~vergießen *n*, Heißverguß *m* · hot-pouring

heißvergossen · hot poured

Heißverguß *m*, Heißvergießen *n* · hot-pouring

~masse *f* → Heiß(fugen)gießmasse

Heiß(ver)|kleben *n* · hot bonding

~klebung *f* · hot bonding

~leimen *n* · hot gluing

~leimung *f* · hot gluing

Heißwalzasphalt *m* · hot-laid rolled asphalt

Heißwasser *n* [*Heiz(ungs)wasser mit Temperaturen über Siedepunkt*] · superheated water

~heizung *f* · superheated water heating

~heiz(ungs)anlage *f* · superheated water heating installation, ~ ~ ~ system

~netz *n* · superheated water network

Heiz|anlage *f*, Heizung(sanlage) *f*, Heiz(ungs)installation *f* · heating system, ~ installation, ~ plant

~band *n* · heating tape

~batterie *f* · heating battery [*The heating surface of a calorifier*]

~berechnung *f*, Heizungsberechnung · heating calculation

~dampf *m*, Heizungsdampf · heating steam

~decke *f*, Heizungsdecke · heating ceiling, heated ~

~drahtverfahren *n*, Heizdrahtmethode *f* · heating wire method, ~ ~ system

~element *n* · heating element [*That part of an electric heater which consists of a wire which is heated by an electric current*]

Heizer *m* → Heiz(ungs)gerät

Heiz|fachmann *m*, Heizungsfachmann · heating expert

~fläche *f*, Heizungsfläche · heating surface

~gas *n*, technisches Gas · heating gas

~gerät *n* → Heizungsgerät

~gitter *n* · heating grid

~gradtag *m* [*Eine Zahl, die sich aus der Multiplikation des Temperaturunterschiedes zwischen Innen- und mittlerer Außentemperatur mit der Zahl der Heiztage ergibt*] · degree-day

~hängedecke *f*, Elektro~ · (electrically) heated suspended ceiling

~ingenieur *m*, Heizungsingenieur · heating engineer

~installation *f*, Heizung(sinstallation) *f*, Heiz(ungs)anlage *f* · heating system, ~ installation, ~ plant

~kabel *n* · heating cable

~kanal *m*, Heizungskanal · heating duct

~keller *m*, Heizungskeller · basement boiler room

~kellergeschoß *n*, Heizungskellergeschoß · heating basement

~kessel *m*, Heizungskessel, Kessel · (heating) boiler

Heizkörper *m* [*Zur Raumerwärmung dienende Heizfläche einer Heizungsanlage, z.B. Radiator, Konvektor usw.*] · heat-transfer element

~, Glieder~, Radiator *m* · radiator [*The heating industry has accepted the definition of the term 'radiator' as a heating unit exposed to view within a room or space heated, although such units transfer heat by convection as well as radiation*]

~(-Absperr)ventil *n*, Glieder~, Radiator(-Absperr)ventil · radiator (shut-off) valve

~(anstrich)farbe *f*, Glieder~, Radiator(anstrich)farbe · radiator paint

~gitter *n*, Glieder~, Radiatorgitter · radiator grille

~nische *f*, Glieder~, Radiatornische · radiator niche

~-Regelventil *n* → (Glieder)Heizkörper-Regelventil

~-Regulierventil *n* → (Glieder)Heizkörper-Regelventil

~verkleidung *f*, Glieder~, Radiatorverkleidung · radiator guard

Heiz|kreis *m* · heating circuit

~last *f* · heating load

~leiste *f*, Raum~ · (room) heating strip

~leistung *f* · heating output

~leitung *f*, Heizungsleitung · heating line

~luft *f*, Heizungsluft · heating air

~mantel *m* · heating mantle, ~ jacket

~mittel *n* · heating medium

Heizöl *n* · fuel oil, heating ~

~ EL *n*, extra leichtflüssiges Heizöl · gas oil [*35 seconds*]

~ L, leichtflüssiges Heizöl · light fuel oil [*200 seconds*]

~ M, mittelflüssiges Heizöl · heavy fuel oil, medium ~ ~ [*950 seconds*]

~ S, schwerflüssiges Heizöl · extra heavy fuel oil [*3500 seconds*]

~abscheider *m* [*DIN 4043*] · fuel oil interceptor

(Heiz)Ölbehälter *m*, (Heiz)Öl(lager)-tank *m* · (fuel) oil (storage) tank, heating ~ (~) ~

heizöl|beständig, heizölfest · fuel oil-resistant

~dicht · fuel oil-tight

~fest, heizölbeständig · fuel oil-resistant

Heizöllagerbehälter *m* · fuel oil storage tank

(Heiz)Öllagerraum *m* · (fuel) oil store, heating ~ ~

(Heiz)Öl(lager)tank *m*, (Heiz)Ölbehälter *m* · (fuel) oil (storage) tank, heating ~ (~) ~

Heizöllagerung *f* · fuel oil storage

(Heiz)Öl-Zentralheizung *f* · (fuel) oil-fired central heating

Heiz|platte *f*, Heizungsplatte · heating panel, ~ plate

~raum *m*, Heizungsraum · heating plant room

~register *n* [*Strahlungsheizung*] · heating grid

~rohr *n*, Heizungsrohr · heating pipe

~saison *f*, Heizungssaison · heating season

~schlange *f*, Erhitzerschlange, Wärmeschlange · heating coil

~sonne *f* · bowl-fire

~stoff *m*, Heizungsstoff · heating fuel

~system *n*, Heizungssystem · heating system

~technik *f*, Heizungstechnik · heating engineering

~therme *f* → Gas~

~umwälzpumpe *f*, Heizungsumwälzpumpe · heating circulating pump

Heizung *f*, Be~ · heating, warming

~, Heiz(ungs)anlage *f*, Heiz(ungs)installation *f* · heating system, ~ installation, ~ plant

~ und Lüftung, Be~ ~ ~ · heating and ventilating

Heiz(ungs)|anlage *f*, Heiz(ungs)installation *f*, Heizung *f* · heating system, ~ installation, ~ plant

~berechnung *f* · heating calculation

~dampf *m* · heating steam

~decke *f* · heating ceiling, heated ~

~fachmann *m* · heating expert

Heizungsfirma *f* · heating firm

Heiz(ungs)|fläche *f* · heating surface

~gerät *n*, Heizer *m*, Erhitzer · heating appliance, ~ unit, ~ device, warming ~, heater, fire, warmer

Heizungsindustrie *f* · heating industry

Heiz(ungs)|ingenieur *m* · heating engineer

~installation *f*, Heiz(ungs)anlage *f*, Heizung *f* · heating system, ~ installation, ~ plant

~kabel *n* **im (Fuß)Boden verlegt** · embedded electric heating cable

~kanal *m* · heating duct

~keller *m* · basement boiler room

~kellergeschoß *n* · heating basement

~kessel *m*, Kessel · (heating) boiler

~leitung *f* · heating line

~luft *f* · heating air

~platte *f* · heating panel, ~ plate

Heizungspumpe *f* · heating pump

Heiz(ungs)raum *m* · heating plant room

Heiz(ungs)|rohr *n* · heating pipe

~saison *f* · heating season

~stoff *m* · heating fuel

~system *n* · heating system

~technik *f* · heating engineering

~techniker *m* · heating technician

heiz(ungs)technische Forderung *f* · heating engineering requirement

Heiz(ungs)umwälzpumpe *f* · heating circulating pump

Heizungsunternehmer *m* · heating contractor

Heiz(ungs)wärme *f* · heating heat

~bedarf *m* · heating heat requirement

~menge *f* · heating heat capacity

Heiz(ungs)|wasser *n* · heating water

~zubehör *n* · heating accessories

Heizwärme *f*, Heizungswärme · heating heat

~bedarf *m*, Heizungswärmebedarf · heating heat requirement

~menge *f*, Heizungswärmemenge · heating heat capacity

Heizwert *m*, Brennwert, Verbrennungswärme *f* [*Anzahl der Kalorien, der bei völliger Verbrennung von Brennstoff je Mengeneinheit (1 kg fest oder flüssig, 1 m³ gasförmig) des Brennstoffes freiwerdenden Wärme*] · calorific value, heating ~

~, unterer ~, H_u in kcal/Nm³ · lower calorific value, L. C. V.

Hekatompedon *n* [*Der ältere Parthenon auf der Akropolis*] · Hecatompedon

Helium-Leuchtröhre *f* · helium luminous tube light

Helix *m* [*Der zwischen Akanthusblättern des korinthischen Kapitells aus geriefelten Blatthülsen herauswachsende und in einer Volute endende Stengel*] · caulicole

hell · light, bright

~ erleuchtet · brightly lighted

hellblank gezogener Draht *m* · clean bright drawn wire

hellenische Architektur *f* · Hellenic architecture [*This principal phase of Greek Architecture lasted from 650–323 B.C.*]

hellenistische Architektur *f* · Hellenistic architecture [*This principal phase of Greek Architecture lasted from 323–30 B.C.*]

~ Basilika *f* · Hellenistic basilica, open-air (type) ~

hellenistischer Barock *m* · Hellenistic Baroque

hellenistisches Haus *n* · Hellenistic house

heller Glimmer *m*, Kaliglimmer, Muskovit *m* · common mica, potash ~, muscovy glass, muscovite

helles Bitumen *n*, Albinobitumen · albino (asphaltic) bitumen (Brit.); ~ asphalt (US)

hell|farbig · light-colored (US); light-coloured (Brit.)

~gestrichen · light-painted

Helligkeit *f* · brightness

Helligkeits|grad *m* · degree of brightness

~regelung *f*, Lichtsteuerung · light conditioning

~schwankung *f* · variation of brightness

Hell|ocker *m* · bright ochre (Brit.); ~ ocher (US)

~rottombak *m*, MS 80 *n*, Ms 80, Messing 80 · low brass

hellrot|warm · cherry-red

~warmer Zustand *m* · cherry-red heat

Hellstunde *f* · daylight hour

Helm *m*, pyramidenförmiger ~, Riese(n) *m*, Ryse *m* [*Pyramidenförmiger, krabbenbesetzter und in einer Kreuzblume endigender Helm einer Fiale*] · pyramidion

~(dach) *m*, (*n*), Dachhelm *m*, Turmhelm, Zeltdach über vieleckigem Grundriß, Zeltdach über polygonalem Grundriß · polygonal spire

~dach *n*, Rhombendach, Rautendach · helm roof [*It has four inclined faces joined at the top, with a gable at the foot of each*]

~stange *f*, Kaiserstiel *m*, Hahnebaum *m* [*Mittlere Stuhlsäule eines Zelt- oder Helmdaches*] · broach post

Hemicyclium *n* · hemicycle [*A half-circle; a semicircular structure, as an apse-like recess, etc.*]

Hemmer *m*, Tür~, (Tür)Hemmvorrichtung *f* · door check, ~ stop, device for checking, checking device, check mechanism

Hemm|stoff *m* · inhibitor

~vorrichtung *f*, Tür~, (Tür)Hemmer *m* · door check, ~ stop, device for checking, checking device, check mechanism

~wirkung *f* [*Tür*] · check action

Hennebergsche Methode *f*, Hennebergsches Verfahren *n*, (Henneberg-)Ersatzstabverfahren [*ebenes Fachwerk*] · Henneberg's method

Herabsetzung *f*, Minderung · reduction

Herabsetzungs|beiwert *m*, Herabsetzungszahl *f*, Minderungsbeiwert, Minderungszahl · reduction coefficient, coefficient of reduction

~zahl *f* → Herabsetzungsbeiwert

Heraion *n*, Hera-Tempel *m* · heraeum, temple of Hera

Hera-Tempel *m*, Heraion *n* · heraeum, temple of Hera

Herberge *f* · inn

Hercynit *m*, Eisen-Tonerdespinell *m*, $FeO \cdot Al_2O_3$ · hercynite; ferrous aluminium spinel (Brit.); ferrous aluminum spinel (US)

Herd *m*, Küchen~ · (kitchen) range

~ [*In einem griechischen Haus der Antike*] · fire-hearth

~frischen *n* · hearth refining

~platte *f* · coving

~steckdose *f* · range socket

herkömmliche Bauweise *f* · conventional construction method, classic ~ ~, orthodox ~ ~

Herme *f* · herm, term(inal figure)

Herren|salon *m* · barber's shop

~toilette *f* · male toilet, men's ~

~umkleide(raum) *f*, (*m*), Männerumkleide(raum) · men's changing room

~zimmer *n*, Arbeitszimmer · study

Herrscher|grab *n*, Königsgrab · royal tomb, king's ~

~mastaba *f*, Königsmastaba [*altägyptische Grabform*] · royal mastaba(h)t omb

~palast *m* · royal palace

herstellen, erzeugen, aufbereiten [*Beton; Mörtel; Schwarz(decken)mischgut*] · to fabricate, to prepare [*sometimes incorrectly called 'to mix'*]

~, fertigen · to fabricate, to make, to manufacture

Herstellen *n*, Fertigen · manufacturing, fabricating, making

Hersteller *m*, Erzeuger, Fabrikant *m* · manufacturer, fabricator, producer, maker

~ von Spannbetonerzeugnissen · prestress fabricator

~anweisungen *fpl* · manufacturer's instructions, maker's ~

~verzeichnis *n* · list of manufacturers

~zeichen *n* · manufacturer's mark, maker's ~

~zeugnis *n* · manufacturer's certificate, maker's ~

Herstellung *f*, Erzeugung, Aufbereitung [*Beton; Mörtel; Schwarz(decken)-mischgut*] · fabrication, preparation [*sometimes incorrectly called 'mixing'*]

~, Fertigung · manufacture, fabrication, making

~ im Spannbetonwerk, Fertigung ~ ~ · commercial prestress(ing)

~ ~ Werk [*Im Gegensatz zur Herstellung auf der Baustelle*] · off-site fabrication

~ von architektonischen Fertigteilen, Fertigung ~ ~ ~ · architectural modelling (Brit.); ~ modeling (US)

Herstellungs|abmessung *f*, Fertigungsabmessung, Herstellungsmaß *n*, Fertigungsmaß · manufacturing dimension, fabrication ~, fabricating ~

~art *f*, Fertigungsart · type of manufacture, ~ ~ fabrication

~kosten *f*, Fertigungskosten · fabrication cost(s), manufacturing ~

~maß *n*, Fertigungsmaß, Herstellungsabmessung *f*, Fertigungsabmessung · manufacturing dimension, fabrication ~, fabricating ~

~ort *m*, Fertigungsort · point of manufacture, ~ ~ fabrication

~prozeß *m*, Herstellungsvorgang *m*, Herstellungsverlauf *m*, Fertigungsprozeß, Fertigungsvorgang, Fertigungsverlauf · manufacturing process, fabrication ~

~technik *f*, Fertigungstechnik · manufacturing technique, ~ technic, fabrication ~

~technologie *f*, Fertigungstechnologie, Produktionstechnologie · manufacturing technology, fabricating ~

~verfahren *n*, Fertigungsverfahren · method of manufacture, ~ ~ fabrication, manufacturing method, fabrication method

~verlauf *m*, Herstellungsvorgang *m*, Herstellungsprozeß *m*, Fertigungsvorgang, Fertigungsverlauf, Fertigungsprozeß · manufacturing process, fabrication ~

~vorgang *m*, Herstellungsverlauf *m*, Herstellungsprozeß *m*, Fertigungsvorgang, Fertigungsprozeß, Fertigungsverlauf · manufacturing process, fabrication ~

~zeichnung *f*, Fertigungszeichnung · fabrication drawing, manufacturing ~

~zyklus *m*, Fertigungszyklus · manufacturing cycle, fabrication ~

Herz|brett *n*, Kernbrett · heart plank

~schnitt *m* [*Destillatfraktion eines Erdölerzeugnisses mit engen Siedegrenzen*] · heart cut

Hespe *f*, Angel *f*, Kloben *m*, Haspe *f* [*Drehzapfen an Fenster- oder Türbändern*] · pin

Hessian *n*, Juteleinen *n* · (jute) hessian (Brit.); (~) burlap (US)

Heuschuppen *m* · hay shed

hexagonaler (Grund)Riß *m* · hexagonal (ground-)plan, ~ base

Hexakalziumaluminat *n* · hexacalcium aluminate

Hexastylos *m* · hexastyle [*A portico, temple or porch having a row of six front(ed) columns*]

~tempel *m* [*Tempel mit sechs Säulen an der Giebelseite*] · hexastyle temple

~vorhalle *f* · hexastyle porch

HF *n*, Hochformat *n* · high format

H-Fassadenrahmen *m* · façade H frame

HFD *f* → Dämmplatte

HFH$^1/_2$ *f*, Halbhartplatte *f*, halbharte (Holz)Faserplatte [*Rohwichte 480 bis 850 kg/m³*] · medium hardboard, semi-hardboard

HFH1 *f*, Hartplatte *f*, (Holz)Faserhartplatte, harte (Holz)Faserplatte [*DIN 68750*] · hardboard

~ mit eingepreßtem Muster, Hartplatte ~ ~ ~, (Holz)Faser-Hartplatte ~ ~ ~, harte (Holz)Faserplatte ~ ~ ~, Prägeplatte · embossed hardboard

HFH2 *f*, Extrahartplatte *f*, extraharte (Holz)Faserplatte [*Rohwichte über 950 kg/m³*] · tempered hardboard

$HgCl_2$, Quecksilberchlorid *n*, Sublimat *n* · mercuric chlorid(e) (US); ~ chloride (Brit.); corrosive sublimate [*It is a white crystalline solid, sparingly soluble in cold, more easily in hot, water*]

HHS *m* → Hüttenhartstein

Hilfe *f*, Hilfsmittel *n* · aid

Hilfs|armierung *f*, Hilfsbewehrung, Hilfs(stahl)einlagen *fpl* · auxiliary reinforcement, ~ steel [*In a prestressed member, any reinforcement in addition to that participating in the prestressing function*]

~baustoff *m*, (Bau)Hilfsstoff; (Bau-)Hilfsmaterial *n*, Hilfsbaumaterial [*Schweiz*] · indirect material [*A material which is not physically incorporated into the work(s)*]

~bewehrung *f*, Hilfsarmierung, Hilfs(stahl)einlagen *fpl* · auxiliary reinforcement, ~ steel [*In a prestressed member, any reinforcement in addition to that participating in the prestressing function*]

~kesselhaus *n* · auxiliary boiler house

~kraft *f* [*Statik*] · auxiliary force

~material *n*, Bau~, Hilfsbaumaterial [*Schweiz*]; (Bau)Hilfsstoff *m*, Hilfsbaustoff · indirect material [*A material which is not physically incorporated into the work(s)*]

~mittel *n*, Hilfe *f* · aid

~schule *f* · school for feeble minded

~(stahl)einlagen *fpl*, Hilfsbewehrung *f*, Hilfsarmierung · auxiliary reinforcement, ~ steel [*In a prestressed member, any reinforcement in addition to that participating in the prestressing function*]

~stoff *m*, Bau~, Hilfsbaustoff; (Bau-) Hilfsmaterial *n*, Hilfsbaumaterial [*Schweiz*] · indirect material [*A material which is not physically incorporated into the work(s)*]

~stoff *m* · aid

~vorspannung *f* · auxiliary prestressing

Himmelfahrtsdom *m* **zu Vladimir** · Cathedral of the Assumption at Vladimir [*It dates from 1158 and is probably the finest ecclesiastical building in Russia*]

Himmels|ausschnitt *m* [*Tageslichtberechnung*] · patch of sky

~gewölbe *n* · sky-vault

~helligkeit *f* · brightness of sky

~lage *f*, Orientierung *f* [*Bauwerk*] · orientation

~lichtblendung *f* · sky-glare

~richtung *f* · cardinal point

hinausblasen [*z.B. eine Wand durch eine Explosion*] · to blow away

Hindernisbahn *f* [*Pferderennbahn*] · steeplechase course

hinduistische Baukunst *f*, ~ Architektur · Hindu architecture, Hindoo ~

Hindutempel *m* · Hindoo temple, Hindu ~

Hinter|ansicht *f*, Rückansicht · rear view

~eingang *m* · postern [*A small secondary entrance, usually at the rear of a building*]

hinterfangen [*Die klassischen Formmotive Säule, Gebälk und Bogen sind von geschlossenen Wandflächen hinterfangen*] · to set off by [*The classical motifs of column, entablature and arch are set off by plain wall(ing) surfaces*]

Hinter|front *f*, Hinterseite *f*, Hoffront, Hofseite · elevation facing yard, back elevation

(~)Füll(ungs)beton *m* · backfill concrete

(~)Füll(ungs)beton *m*, Unterbeton, Kernbeton [*Im Gegensatz zum Vorsatzbeton*] · core concrete, backing ~, hearting ~

~hof *m* · backyard, rear yard

~legung *f*, Unterlage *f*, Rücklage, Träger(schicht) *m*, (*f*), Rücken *m* · base, backing, underlay, substrate

hinterlüftet [*Vorhangwand*] · ventilated [*curtain wall*]

Hinter|lüftung *f* [*Vorhangwand*] · ventilation [*curtain wall*]

~mauerblock(stein) *m*, Hintermauerungsblock(stein), Hintermauer(ungs)-stein, Hintermaurer *m* · back-up block, ~ tile [*See remark under 'Block'*]

~mauerkalksandstein *m*, Kalksandhintermauerstein · backing sand-lime brick, ~ lime-sand ~, ~ calcium silicate ~

hintermauern · to back-up

Hintermauerstein *m*, Hintermauerungsstein, Hintermauer(ungs)block(stein) *m* · back-up block, ~ tile [*See remark under 'Block'*]

hintermauertes Mauerwerk *n* · backed-up masonry (work)

Hinter|mauerung *f*, Hintermauerwerk *n* · backing (masonry), back-up (~), masonry back-up

Hintermauer(ungs)|block(stein) *m*, Hintermauer(ungs)stein, Hintermaurer *m* · back-up block, ~ tile [*See remark under 'Block'*]

~material *n* · backing [*Is the material between the facing and the back*]

~stein *m*, Hintermauer(ungs)block(stein) *m*, Hintermaurer *m* · back-up block, ~ tile [*See remark under 'Block'*]

~ziegel *m*, Hintermaurer *m* · backing brick, back-up ~, common (stock) ~

Hinter|mauerwerk *n*, Hintermauerung *f* · backing (masonry), back-up (~), masonry back-up

~mauerziegel *m*, Hintermauerungsziegel, Hintermaurer *m* · backing brick, back-up ~, common (stock) ~

~maurer *m*, Hintermauer(ungs)ziegel *m* · backing brick, back-up ~, common (stock) ~

~maurer *m* → Hintermauer(ungs)stein

~raum *m*, Opisthodomos *m* · rear portico, opisthodomos [*The enclosed section at the rear of a Greek temple, sometimes used as a treasury*]

~seite *f*, Hinterfront *f*, Hoffront, Hofseite · elevation facing yard, back elevation

~terrasse *f* · back terrace, ~ patio

~treppe *f* · back (stair)case

~türklingel *f* · back door bell

~wohngebäude *n*, Hinterwohnhaus *n* · back residential building, ~ residence ~, ~ ~ block, ~ dwelling-house, ~ dwelling-building

~wohnhaus *n*, Hinterwohngebäude *n* · back residential building, ~ residence ~, ~ ~ block, ~ dwelling-house, ~ dwelling-building

~zugang *m* · rear access

Hin- und Her-Biegeversuch *m*, Hin- und Her-Biegeprüfung *f*, Hin- und Her-Biegeprobe *f* · alternating bending test, ~ flexure ~, test by bending in opposite directions, to-and fro bending test, to-and fro flexure test

hinzufügen [*Kraft*] · to add [*force*]

Hinzufügung *f* **von Kräften** · addition of forces

Hippodrom *n* · hippodrome

Hirnholz(pflaster)block *m* [*Schweiz: Stirnholz(pflaster)block*] · end-grain (wood) (paving) block

historischer Stil *m* · period style

historisches Erbe *n* · historic heritage

~ Gebäude *n* · building of historic interest, historic building

~ Wahrzeichen *n*, Kulturdenkmal *n* · ancient monument, historic landmark

historisierend · historicising, non-revivalist

Historismus *m* · historicism

hitze|abwehrend · heat-repelling

~abweisendes Glas *n* · heat-rejecting glass

Hitzebelästigung *f* · heat nuisance

hitze|beständig, hitzefest · heat-resistant, heat-resisting, heatproof

~beständige (Anstrich)Farbe *f* · heat-resisting paint [*A paint with improved resistance to heat. The term is used in a comparative sense but is of little value unless it is referred to some standard of performance under specified conditions*]

~beständige Farbe *f*, ~ Anstrichfarbe · heat-resisting paint [*A paint with improved resistance to heat. The term is used in a comparative sense but is of little value unless it is referred to some standard of performance under specified conditions*]

~beständiges Glas *n*, Hitzeschutzglas · heat-resisting glass [*A glass able to withstand high thermal shock, generally because of a low coefficient of thermal expansion*]

hitze|fest, hitzebeständig · heat-resistant, heat-resisting, heatproof

(~)härtbar, duroplastisch [*Kunststoff*] · thermosetting

(~)härtbarer Kunststoff *m*, Duroplast *m* · thermosetting plastic

(~)härtbares (Kunst)Harz *n*, Thermoharz · thermosetting (synthetic) resin

Hitze|melder *m*, Hitzemeldeautomat *m* [*Brandschutz*] · (automatic) heat detector

~schutzglas *n* → hitzebeständiges Glas

HK 25 *m* → hydraulischer Kalk

HK 30 *m* → hochhydraulischer Kalk

H-Linie *f*, Einflußlinie des Bogenschubs · line of horizontal stress

HLp *f*, Hochloch-Leichtziegelplatte *f* [*DIN 18505*] · vertical coring light(-weight) prefab(ricated) brick panel (unit)

HLz *m*, Hochlochziegel *m* [*Mauerziegel nach DIN 105 der senkrecht zur Lagerfläche durchlocht ist*] · vertical coring (clay) brick

~, Hochloch-Leichtziegel *m* [*DIN 18505*] · vertical coring (clay) light(weight) brick

HLzA *m*, Hochlochziegel (mit der Lochung) A · (clay) brick with vertical coring type A

HLzB *m*, Hochlochziegel (mit der Lochung) B · (clay) brick with vertical coring type B

H_0 *m*, oberer Heizwert *m*, Verbrennungswärme V *f* · H.C.V., higher calorific value

hoch [*Kuppel; Gewölbe*] · lofty

~abreibefest, hochabriebfest · highly abrasion(-)resistant, ~ abrasion-proof

~abriebfest, hochabreibefest · highly abrasion(-)resistant, ~ abrasion-proof

Hochaltar *m* · High Altar, high altar

hoch|aufgehendes Bauwerk *n* · tall structure

~barocke Wirkung *f* · high Baroque effect

Hochbau *m* [*als Bauweise*] · building (construction), ~ design and ~

~ [*als Baukonstruktion*] · rising structure

~abteilung *f* · building (construction) department

~amt *n* · municipal building (construction) department

~arbeiten *fpl* · building (construction) work

~arbeiter *m* · building (construction) worker

~-Arbeitskräfte *fpl* · building (construction) labour (Brit.); ~ (~) labor (US)

~-Bauplatz *m*, Hochbaugrundstück *n* · building construction site; ~ ~ lot (US) [*Land which is used or to be used for building construction*]

~-Baustelle *f* · building (construction) site

~-Baustelleneinrichtung *f* · building (construction) site installation

~bestimmung *f*, Hochbauvorschrift *f* · building (construction) regulation, ~ (~) control

~beton *m* · building (construction) concrete

~(-Beton)fertig(bau)teil *m, n*, Hochbau(-Beton)montage(bau)teil · (pre-)cast (concrete) compound unit for building construction, prefab(ricated) ~ ~ ~ ~ ~ ~

~(-Beton)montage(bau)teil *m, n* → Hochbau(-Beton)fertig(bau)teil

~betrieb *m*, Hochbaufirma *f*, Hochbauunternehmung *f* · building (construction) firm

~betrieb *m* · building (construction) operations

~büro *n* · building (construction) office

~decke *f* → (Gebäude)Decke

~fachmann *m* · building (construction) expert

~fertig(bau)teil *m, n* → Hochbau-Betonfertig(bau)teil

~firma *f*, Hochbaubetrieb *m*, Hochbauunternehmung *f* · building (construction firm

~forschung *f* · building (construction) research

~gelände *n* · building (construction) ground

~gesetzgebung *f* · building (construction) legislation

~grundstück *n*, Hochbau-Bauplatz *m* · building construction site; ~ ~ lot (US) [*Land which is used or to be used for building construction*]

~industrie *f* · building (construction) industry

~ingenieur *m* · building (construction) engineer

~klinker *m*, Fassadenklinker, Verblendklinker, KMz [*DIN 105*] · facing engineering brick, façade ~ ~

~konstruktion(ssystem) *f, (n)*, Hochbausystem · building (construction) system, ~ structural ~

~kosten *f* · cost(s) of building (construction) work, building (construction) cost(s)

~kunststoff *m* · building (construction) plastic

~material *n* [*Schweiz*]; Hochbaustoff *m* · building (construction) material

~(montage)element *n*, Hochbau-(montage)körper *m*, Hochbaufertigelement, Hochbaufertigkörper [*Fehlnamen: Hochbau(montage)einheit f*] · (prefab(ricated)) building construction unit, (~) ~ ~ member, (~) ~ ~ component

~montageteil *m, n* → Hochbau(-Beton)fertig(bau)teil

~norm *f* · building (construction) standard (spec(ification))

~passung *f* · building fit

~plan *m*, Hochbauzeichnung *f* · building (construction) plan

~preis *m* · building (construction) price

~preisindex *m* · building (construction) price index

~programm *n* · building (construction) programme (Brit.); ~ (~) program (US)

~schaden *m* · building failure

~sektor *m* · building (construction) field

~-Spannbeton *m* · prestressed concrete for buildings

~-Spannbetondecke *f* → Gebäude-Spannbetondecke

~stadium *n* · building (construction) phase

~stahl *m* [*DIN 1050*] · steel for building (construction)

~stoff *m*, Hochbaumaterial *n* [*Schweiz*] · building (construction) material

~system *n*, Hochbaukonstruktion(ssystem) *f, (n)* · building (construction) system, ~ structural ~

~tafel *f* · building (construction) panel

~tätigkeit *f* · building (construction) activity

~techniker *m* · building (construction) technician

~tempo *n* · building (construction) speed

Hochbauten *f* [*als Baukonstruktionen*] · rising structures

Hochbau|unternehmung *f*, Hochbaubetrieb *m*, Hochbaufirma *f* · building (construction) firm

~vertrag *m* · building (construction) contract

~verwaltung *f* · building (construction) administration

~vorgang *m* · building (construction) operation

~vorschrift *f*, Hochbaubestimmung *f* · building (construction) regulation, ~ (~) control

~zeichnen *n* · building (construction) drawing

~zeichnung *f*, Hochbauplan *m* · building (construction) plan

hochbeansprucht · highly stressed

Hochbehälter *m*, Turmbehälter · elevated storage tank

hochbildsam, hochplastisch · highly plastic

Hoch|brause *f* · overhead spray

~druckanlage *f* [*Heizung*] · high-pressure system, ~ installation

Hochdruck-Asphalt|(belag)platte *f*, Hochdruck-Asphaltfliese, Stampfasphalt-(belag)platte, Stampfasphaltfliese [*Hergestellt aus Naturasphaltrohmehl oder gemahlenem Naturstein und Bitumen als Bindemittel*] · highly compressed asphalt(ic) tile

~fliese *f*, Hochdruck-Asphalt(belag)-platte, Stampfasphalt(belag)platte, Stampfasphaltfliese [*Hergestellt aus Naturasphaltrohmehl oder gemahlenem Naturgestein und Bitumen als Bindemittel*] · highly compressed asphalt(ic) tile

~platte *f*, Hochdruck-Asphaltbelagplatte, Hochdruck-Asphaltfliese, Stampfasphalt-(belag)platte, Stampfasphaltfliese [*Hergestellt aus Naturasphaltrohmehl oder gemahlenem Naturstein und Bitumen als Bindemittel*] · highly compressed asphalt(ic) tile

Hochdruckdampf *m* · high-pressure steam

~anlage *f* · high-pressure steam plant, ~ ~ installation

~heizung *f* · high-pressure steam heating

~kessel *m* · high-pressure steam boiler

~leitung *f* · high-pressure steam line

Hochdruck|-Gas(rohr)leitung *f* · high-pressure gas pipe line

~-Heißdampf *m* · high-pressure superheated steam

~heizung *f* · high-pressure heating

(~-)Induktionsgerät *n* · induction unit

~kaltwasser *n* · high-pressure cold water

~kessel *m* · high-pressure boiler

~klimaanlage *f* · high-pressure air-conditioning system

~rohr *n*, robustes Rohr · high-pressure pipe, solid ~

Hochdruck-Sonder-Asphalt|(belag)-platte *f*, Hochdruck-Sonder-Asphalt-fliese, Hochdruck-Spezial-Asphalt(belag)platte, Hochdruck-Spezial-Asphalt-fliese, Spezial-Stampfasphalt(belag)-platte, Spezial-Stampfasphaltfliese, Sonder-Stampfasphalt(belag)platte, Sonder-Stampfasphaltfliese · highly compressed special asphalt(ic) tile

~fliese *f*, Hochdruck-Sonder-Asphalt-(belag)platte, Hochdruck-Spezial-Asphalt(belag)platte, Hochdruck-Spezial-Asphaltfliese, Spezial-Stampfasphalt(belag)platte, Spezial-Stampfasphaltfliese, Sonder-Stampfasphalt(belag)platte, Sonder-Stampfasphaltfliese · highly compressed special asphalt(ic) tile

~platte *f* → Hochdruck-Sonder-Asphalt(belag)platte

Hochdruck-Spezial-Asphalt|(belag)-platte *f*, Hochdruck-Spezial-Asphalt-fliese, Hochdruck-Sonder-Asphalt(belag)platte, Hochdruck-Sonder-Asphalt-fliese, Spezial-Stampfasphalt(belag)-platte, Spezial-Stampfasphaltfliese, Sonder-Stampfasphalt(belag)platte, Sonder-Stampfasphaltfliese · highly compressed special asphalt(ic) tile

~fliese *f*, Hochdruck-Spezial-Asphalt-(belag)patte, Hochdruck-Sonder-Asphalt-(belag)platte, Hochdruck-Sonder-Asphaltfliese, Spezial-Stampfasphalt(belag)platte, Spezial-Stampfasphaltfliese, Sonder-Stampfasphalt(belag)platte, Sonder-Stampfasphaltfliese · highly compressed special asphalt(ic) tile

~platte *f* → Hochdruck-Spezial-Asphalt-(belag)platte

Hochdruck|spritzen *n* · hot-pressure spraying

~ventilator *m* · high-pressure fan

~warmwasserheizung *f* · high pressure hot water heating

~wasserleitung *f* · high-pressure water main

~wasserschlauch *m* · high-pressure water hose

Hoch|(durch)lochung *f* [*Mauerziegel*] · vertical coring

~dusche *f* · overhead shower

hoch|elastisch · highly elastic

~empfindlich · highly sensitive

Hochfenster *n* · high window

hoch|fest · high-strength

~feste Schraube *f* · high-strength screw

hochfester Beton *m* · high-strength concrete

~ Mörtel *m* · high-strength mortar

~ Niet *m* · high-strength rivet

~ Zement *m* · high-strength cement, HSC

hochfestes (Beton)Rohr *n* · extra strength (concrete) pipe

~ Rohr *n*, ~ Beton~ · extra strength (concrete) pipe

Hochfestigkeit *f* · high strength

hochfeuer|beständig [*Bauteile*] · highly fire-resistant

~fest [*Keramische Rohstoffe, Massen und Werkstoffe werden als „hochfeuerfest" bezeichnet, wenn ihr Segerkegelfallpunkt, bestimmt nach DIN 51063, mindestens dem des kleinen Segerkegels 37/150°/h (mittlerer Fallpunkt 1830° C) entspricht. Begriffsbestimmung nach DIN 51060 Blatt 1*] · high-refractory

~gefährlich · high-fire-risk

Hochformat *n*, HF *n* · high format

~-Hochlochstein *m*, Hochformat-Hochlochblock(stein) *m* · high format vertical coring block, ~ ~ ~ ~ tile [*See remark under 'Block'*]

~ziegel *m* · high format (clay) brick

hochfrequenzgerüttelter Beton *m* · high-frequency vibrated concrete

Hoch|frequenz-Schallschutz *m* · high-frequency sound insulation, ~ ~ protection

~garage *f* · multi-storey garage (Brit.); multi-story ~ (US)

hochgepreßt · highly-(com)pressed

Hochgeschwindigkeits-Klimaanlage *f* · high velocity air conditioning system

hochgewölbt · high-vaulted

Hochglanz *m* · high gloss, full ~

~(anstrich)farbe *f* · high gloss paint

~blech *n* · high mirror finished sheet

~wandplatte *f* [*aus Beton*] · high gloss wall slab

hoch|glänzend · high-gloss

~glanzpolierbar · capable of taking a high luster polish

Hoch|glanzpolieren *n* · high luster polishing

~gotik *f* [*Die Zeit vom 1194 begonnenen Wiederaufbau der Kathedrale von Chartres bis zum Ende des 13. Jahrhunderts (Kathedralen von Chartres, Soissons, Reims, Amiens, Beauvais, Köln)*] · High Gothic, high Gothic style

hochgotische englische Kirche *f* · Early English church, E. E. ~

hochgotischer englischer Kathedral-stil *m*, bischöflicher Stil · Early English cathedral style, E. E. ~ ~

hochhängender Spülkasten *m* · high level (W.C.) (flushing) cistern, ~ ~ (~ ~) ~ tank, ~ ~ (~ ~) water waste preventer

Hochhaus *n*, Turmgebäude *n*, Turmhaus · tower (block), ~ building, tall ~, high-rise ~

~ in Y-Grundriß, Turmgebäude *n* ~ ~, Turmhaus ~ ~ · trefoil-shaped tower (block), ~ ~ building, ~ tall ~, ~ high-rise ~

~bau *m* · tower block building, ~ ~ construction, tall ~ ~, high-rise ~ ~

~fassade *f* · tower (block) façade, ~ building ~, tall ~ ~, high-rise ~ ~

~kern *m*, (Stahl)Betonkern, Hauskern, Betriebskern, (Gebäude)Kern · service core, utility ~, building ~, mechanical ~, (reinforced) concrete ~, R. C. ~

~-Steigleitung *f*, Turmhaus-Steigleitung, Turmgebäude-Steigleitung · tower (block) rising line, ~ building ~ ~, tall ~ ~ ~, high-rise ~ ~ ~

hochhaustauglich [*z. B. Fenster*] · apt for use in high-rise buildings

Hochhauswohnung *f* · high apartment (unit), ~ flat; ~ living unit (US)

hochhitzebeständiger Anstrich *m*, ~ Aufstrich, hochhitzebeständige ~schicht *f* · high-heat coat(ing)

~ Aufstrich *m*, ~ Anstrich, hochhitzebeständige ~schicht *f* · high-heat coat(ing)

hochhydraulischer Kalk *m*, Edelkalk, HK 50 [*DIN 1060. Fehlnamen: Zementkalk, höchsthydraulischer Kalk*] · eminently hydraulic lime

~ Kalkmörtel *m*, Edelkalkmörtel · eminently hydraulic lime mortar

hoch|isolierend · highly insulating

~kant · edgewise

~kanten, aufkanten, abkanten nach oben, umlegen nach oben · to fold up(wards), to tip ~

~kantiges Ziegelpflaster *n*, Hochkantziegelpflaster · edgewise (clay) brick paving

Hoch|kantstellen *n* · edgewise placing

~keller *m* · semi-buried cellar

~kreuz *n* · High Cross

Hochloch *n* [*Mauerziegel*] · vertical core, ~ cavity, ~ cell

~block(stein) *m*, Hochlochstein · vertical coring block, ~ ~ tile [*See remark under 'Block'*]

~klinker *m*, KHLz *m* [*DIN 105*] · vertical coring engineering brick

~-Leichtziegel *m*, HLz [*DIN 18505*] · vertical coring (clay) light(weight) brick

~-Leichtziegelplatte *f*, HLp [*DIN 18505*] · vertical coring light(weight) prefab(ricated) brick panel (unit)

~stein *m*, Hochlochblock(stein) *m* · vertical coring block, ~ ~ tile [*See remark under 'Block'*]

~tafel *f* · vertical coring (clay) brick panel

Hochlochziegel *m*, HLz *m* [*Mauerziegel nach DIN 105, der senkrecht zur Lagerfläche durchlocht ist*] · vertical coring (clay) brick

~ (mit der Lochung) A, HLzA · (clay) brick with vertical coring type A

~ (mit der Lochung) B, HLzB · (clay) brick with vertical coring type B

~-Mauerwerk *n* · masonry (work) of vertical coring (clay) bricks

hochmolekulare Kohlenstoffverbindung *f* · mix(ture) of hydrocarbons of high molecular weight

Hochmotte *f* · motte-top

Hochmottenburg *f* · motte-top castle

Hochofen|koks *m* · blastfurnace coke

(~)Schaumschlacke *f*, aufgeblähte Hochofenschlacke, schaumige Hochofenschlacke, geschäumte Hochofenschlacke [*Die gebrochene geschäumte Hochofenschlacke wird „Hüttenbims" oder „Kunstbims" genannt*] · foamed (iron) (blastfurnace) slag [*B.S. 877*]; expanded cinder (US); expanded slag, lightweight slag

(Hochofen)Schaumschlackenbeton *m*, (Kunst)Bimsbeton, Hüttenbimsbeton · foamed (iron) (blastfurnace) slag concrete (Brit.); expanded cinder ~ (US); expanded slag ~, lightweight slag ~

~block(stein) *m*, (Hochofen)Schaumschlackenbetonstein · foamed (iron) (blastfurnace) slag (concrete) (building) block, ~ (~) (~) ~ (~) (~)tile (Brit.); expanded cinder (~) (~) ~ (US); expanded slag (~) (~) ~, light weight slag (~) (~) ~

~stein *m*, (Hochofen)Schaumschlackenbetonblock(stein) *m* · foamed (iron) (blastfurnace) slag (concrete) (building) block, ~ (~) (~) ~ (~) (~) tile (Brit.); expanded cinder (~) (~) ~ (US); expanded slag (~) (~) ~, lightweight slag (~) (~) ~

(Hochofen)|Schaumschlackenzuschlag(stoff) *m* · foamed (blastfurnace) slag aggregate [*B.S. 877*]; lightweight slag ~ (US)

(~)Schlacke *f*, HOS · (iron) (blastfurnace) slag (Brit.); cinder (US) [*The US term embodies both a slag, especially that produced from making pig iron in blast furnaces (Hochofenschlacke), and ordinarily the residue of burnt coal, being the impurities thereof fused together to form lumps (Feuerungsschlacke)*]

(Hochofen)Schlacken|(auf)füllung *f*, (Hochofen)Schlackenschüttung · (blastfurnace) slag fill(ing) (Brit.); cinder ~ (US)

~beton *m* · (blastfurnace) slag concrete (Brit.); cinder ~ (US)

~faser *f* · (blastfurnace) slag fibre (Brit.); cinder fiber (US)

~füller *m*, (Hochofen)Schlackenfüllstoff *m* · (blastfurnace) slag filler, (~) ~ dust (Brit.); cinder ~ (US)

~füllstoff *m*, (Hochofen)Schlackenfüller *m* · (blastfurnace) slag filler, (~) ~ dust (Brit.); cinder ~ (US)

~-Grobzuschlag(stoff) *m* · (blastfurnace) slag coarse aggregate (Brit.); cinder ~ ~ (US) [*B.S. 1047*]

~pflasterstein *m* · (blastfurnace) slag (paving) sett (Brit.); cinder (~) ~ (US)

~sand *m*, Hüttensand, (künstlicher) Schlackensand, granulierte Hochofenschlacke *f*, gekörnte Hochofenschlacke · (iron) (blastfurnace) slag sand (Brit.); cinder ~, granulated cinder (US); granulated (blastfurnace) slag

~sandbeton *m*, Hüttensandbeton · (iron) (blast-furnace) slag sand concrete, granulated (blastfurnace) slag ~ (Brit.); cinder sand ~, granulated cinder ~ (US)

~schüttung *f*, (Hochofen)Schlacken(auf)füllung · (blastfurnace) slag fill(ing) (Brit.); cinder ~ (US)

~stein *m* [*Fehlname*]; Hütten(mauer)stein, Zechenstein, HS [*DIN 398*] · slag sand block, ~ ~ tile, granulated slag ~ (Brit.); cinder sand ~, granulated cinder ~ (US) [*See remark under 'Block(stein)'*]

~zuschlag(stoff) *m* · (iron) (blastfurnace) slag aggregate (Brit.); cinder ~ (US)

(Hochofen)|Schmelzschlacke *f* · molten (blastfurnace) slag

~schwemmstein *m* [*Fehlname*] → Hüttenbimsstein

~schwemmstein-Bauplatte *f*, (Hütten)Schwemmstein-Bauplatte [*Fehlnamen*]; Hüttenbims(beton)-Bauplatte, Kunstbims(beton)-Bauplatte · foamed slag (concrete) slab (Brit.); expanded cinder (~) ~ (US)

~stück(en)schlacke *f* · blastfurnace lump slag (Brit.); lump cinder (US) [*See remark under '(Hochofen)Schlakke'*]

~teer *m* · blastfurnace coal-tar

~teerpech *n* · blastfurnace coal-tar pitch

~zement *m*, HOZ; Montanzement [*Süddeutschland*] [*DIN 1164*] · portland blastfurnace slag cement

hoch|pigmentiert · highly pigmented

~plastisch, hochbildsam · highly plastic

~plastischer Bindeton *m* · ball clay

Hochplattform *f* · elevated platform

hoch|polierbar · highly polishable

~porös · highly porous

Hoch|punkt *m* · high point

~regallager *n* · high bay warehouse

~relief *n* · full relief, high ~ [*It is cut so deeply that the foreground figures may stand entirely free of the stone*]

~renaissance *f* · High Renaissance, high Renaissance style

~romantik *f* · High Romanesque, high Romanesque style

hoch|säurefest · highly resistant to acid(s)

~saures Schamotteerzeugnis *n* · silicious refractory (product)

~schiebbare Treppe *f*, Einschiebtreppe, Schiebetreppe; Aufzugtreppe [*Schweiz*] · folding stair, ~ ladder, loft ~, disappearing ~

~schlagfest · highly shock resistant

Hochschule *f* **für Bildende Kunst** · College of Fine Arts

~ ~ Gestaltung · College of Design

Hochschulgelände *n* · campus, university grounds

hochsiedendes Lösungsbenzin *n* · heavy petroleum spirit

Hoch|silo *m*, Turmsilo [*landwirtschaftlicher Silo*] · tower (type) silo

hochsitzendes Fenster *n* · high-placed window

Hochspannungs|(frei)leitung *f* · high-voltage (overhead) transmission line

~-Porenprüfgerät *n* · high-tension porosity tester

~(-Oberland)mast *m* · high-voltage transmission mast

Hoch|spülkasten *m* [*Abort*] · high level flushing tank, ~ ~ ~ cistern, ~ ~ water waste preventer

~spülkastenaborteinrichtung *f*, Hochspülkastenklosetteinrichtung · high-level suite

~spülkastenklosetteinrichtung *f*, Hochspülkastenaborteinrichtung · high-level suite

hochstabil [*Bitumenemulsion*] · fully-stable

Höchst|abmessung *f*, Höchstmaß *n*, Größtabmessung, Größtmaß · maximum dimension

~abstand *m*, Größtabstand · maximum spacing, ~ distance

~(an)gebot *n* · highest offer, ~ tender (Brit.); ~ bid, ~ proposal (US)

~bedarf *m* · maximum demand

~biegemoment *n*, Höchstbiegungsmoment · maximum bending moment

~biegespannung *f* · maximum bending stress

~biegungsmoment *n*, Höchstbiegemoment · maximum bending moment

~breite *f* · maximum width

~dichte *f* · maximum density

~dicke *f* · maximum thickness

~drucklinie *f*, Größtdrucklinie · line of maximum pressure, maximum pressure line

hochstegig [*Träger*] · deep webbed

Höchst|festigkeit *f* · maximum strength

~gebot *n*, Höchstangebot · highest offer, ~ tender (Brit.); ~ bid, ~ proposal (US)

~geschwindigkeit *f* · top speed

~glanz *m* · super gloss [*The higest grade of gloss*]

höchsthydraulischer Kalk *m*, Zementkalk [*Fehlnamen*]; Edelkalk, hochhydraulischer Kalk [*DIN 1060*] · eminently hydraulic lime

Höchst|last *f*, Spitzenlast · peak load, maximum ~

~maß *n*, Höchstabmessung *f*, Größtmaß, Größtabmessung · maximum dimension

~moment *n*, Größtmoment, Maximalmoment · maximum moment

~momentenbereich *m*, *n*, Größtmomentbereich · maximum moment region

~rißbreite *f*, Größtrißbreite · maximal crack width

~spannung *f*, Größtspannung · maximum stress

Höchsttemperatur *f*, Größttemperatur · maximum temperature

~-Strahlungsheizer *m*, Infrarotheizer · infrared heating appliance, ~ ~ unit, ~ heater

~-Strahlungsheizung *f*, Infrarotheizung · infrared heating

Höchst|wert *m*, Größtwert · maximum value

~windgeschwindigkeit *f*, Windhöchstgeschwindigkeit · maximum wind velocity

hochsulfatbeständig · highly sulfate-resistant, ~ sulfate-resisting (US); ~ sulphate-resistant, ~ sulphate-resisting (Brit.)

Hochtempel *m*, Wohntempel [*Ein auf einem Stufenberg stehender Hochtempel Mesopotamiens, der als Wohnung einer Gottheit galt*] · temple on top of a ziggurat

Hochtemperatur|pech *n* · high-temperature pitch

~strahler *m*, Gasglühstrahler, Infrarot~, Infrarotstrahler · gas heated panel

~-Strahlungsheizung *f*, Strahlplattenheizung · radiant panel heating

~teer *m* · high-temperature coal tar

~versprödung *f* · high temperature embrittlement

hochtonerdehaltiges feuerfestes Erzeugnis *n*, tonerdereiches ~ ~, tonerdereiches ff. ~ · high-alumina refractory (product), aluminous ~ (~)

Hochtonsummer *m* · high-pitched buzzer

Hoch|- und Tiefbauindustrie *f* · building and construction industry

~vakuumbitumen *n*, Hartbitumen, HVO [*Hochvakuumbitumen sind die bei der Destillation unter Vakuum hergestellten harten Bitumen*] · high-vacuum asphalt (US); ~ (asphaltic) bitumen (Brit.)

hoch|verdichtet · highly-(com)pressed

~verdrillte Schraube *f* · high-torqued bolt

~verschleißfest · highly wear-resistant

~viskos, zähflüssig · of high viscosity

~viskoses Verschnittbitumen *n*, zähflüssiges ~, VB 500 *n* · high-viscosity asphalt(ic) cutback, ~ cutback (asphalt) (US); ~ cutback (asphaltic-)bitumen, ~ cutback (Brit.)

~wertig · high-grade

hochwertiger Armierungsstahl *m*, ~ Betonstahl · high-grade reinforcing steel

~ Baustahl *m* · high-grade structural steel, ~ construction(al) ~

~ Betonstahl *m*, ~ Armierungsstahl · high-grade reinforcing steel

~ Portlandzement *m*, frühhochfester ~, Schnell(er)härter *m* [*in Deutschland Z 325 und Z 425*] · high early (or initial) strength Portland cement, rapid hardening ~ ~; Portland cement type III (US)

~ Stahl *m* · high-grade steel

~ Zement *m*, frühfester ~ · early-strength cement

hochwetterbeständig · highly weather resistant

~wirksam · highly effective

Hochwohnhaus *n*, Wohnhochhaus, Wohnturm *m* · residence tower, residential ~, dwelling ~; high (rise) block (of flats), high (rise) flats, tall block (of flats), tall flats (Brit.); apartment tower (US)

„Hochzeitsturm" *m* · 'Wedding Tower' [*Designed by J.M. Olbrich, Darmstadt, 1907*]

hochzug|fest · high-tensile

~fester Baustahl *m* · high-tensile structural (grade) steel, ~ construction(al) (~) ~ [*B.S. 548*]

Hock|abort *m*, französischer Abort · squatting W.C. pan, Eastern ~ ~ ~; Asiatic ~ ~ ~, Lascar ~ ~ ~, Lascar closet ~ [*deprecated*] [*A W.C. pan with an elongated bowl for installing with its top edge at or near floor level so that the user has to adopt a squatting position*]

~platte *f* [*Hockabort*] · squatting plate [*A glazed ceramic surround, incorporating raised treads, for a squatting W.C. pan*]

Hof *m* · court, yard [*An unroofed space with access wholly or mainly enclosed by a building or buildings*]

~ der Alberca, ~ ~ Bäder, Myrthenhof [*Alhambra*] · Court of Alberca, Alberca court

~ablauf *m*, Hofeinlauf, Hofsinkkasten *m*, Hofgully *m* [*DIN 1236*] · yard gull(e)y, ~ inlet

~ablauf-Geruchverschluß *m* · yard trap

~architekt *m* · court architect

~balkon *m* · rear balcony

~baumeister *m* · king's master mason

~befestigung *f* · yard pavement, court ~

~eingang *m* · court entrance, yard ~

~einlauf *m*, Hofablauf, Hofsinkkasten *m*, Hofgully *m* [*DIN 1236*] · yard gull(e)y, ~ inlet

~entwässerungsanlage *f* · yard drainage system

Hoffmannscher Ringofen *m* · Hoffmann kiln

Hof|front *f*, Hofseite *f*, Hinterfront, Hinterseite · back elevation, elevation facing yard

~gully *m*, Hofsinkkasten *m*, Hofablauf *m*, Hofeinlauf [*DIN 1236*] · yard gull(e)y, ~ inlet

~haus *n* · house with courtyard

~kellerdecke *f* · yard cellar floor

~mauer *f* · yard masonry wall

~moschee *f* · courtyard mosque

~raum *m* · yard space

~raum *m*, Hofzimmer *n* · room facing a yard

~seite *f*, Hoffront *f*, Hinterfront, Hinterseite · back elevation, elevation facing yard

~sinkkasten *m*, Hofgully *m*, Hofablauf *m*, Hofeinlauf [*DIN 1236*] · yard gull(e)y, ~ inlet

~zimmer *n*, Hofraum *m* · room facing a yard

Höhe *f* **der Armierung,** ~ ~ Bewehrung, ~ ~ (Stahl)Einlagen · steel level, reinforcement ~

~ über alles, Gesamthöhe · overall height, total ~, aggregate ~

hohe Wohnbauten *f* · high-level housing

Höhen|abmessung *f* · height dimension

~beschränkung *f* · height restriction, restricted height

~burg *f* · castle sited on high-lying ground

~messung *f* [*Ziegel; Block*] · depth measurement

~wechsel *m* · change of levels

~zulage *f* · height money [*Additional pay for working more than 40 ft above the ground or above a building*]

hoher Balken(träger) *m* · deep beam

~ Gitterträger *m* · deep lattice(d) girder

~ Träger *m* · deep girder

~ Unterbau *m*, Podium *n* [*antike Baukunst*] · (masonry) podium, (~) platform

höhere Architektur *f* · advanced architecture

höheres Moment *n* · moment of a higher order

hohes Bauwerk *n* · tall structure, highrise ~

~ U-Profil *n* · deep channel

Höhe-zu-Breite-Verhältnis *n* · height-to-width ratio

Hohl|artikel *m*, Hohlerzeugnis *n*, Hohlgegenstand *m* · hollow product, ~ article

~balken *m* → ~träger

Hohlbalkendecke *f* · hollow beam floor

~ mit kreisförmigen Aussparungen · tube floor

Hohl|balken-Deckenelement *n* **mit kreisförmigen Aussparungen,** Viellochplatte *f*, Mehrlochplatte · tube floor slab

~balken(träger) *m*, Balken(träger) mit zwei Stegen, Hohlkasten(träger) *m*, Kasten(träger) mit zwei Stegen · hollow beam, box ~

~-Baueinheit *f* [*Fehlname*] → Hohl-(Bau)element

~(-Bau)element *n*, Hohl(-Bau)körper *m* [*Fehlname: Hohl-Baueinheit f*] · hollow (building) unit, ~ (~) member, ~ (~) component [*Hollow building material which is formed as a single article complete in itself but which is intended to be part of a compound unit or building or structure. Examples are hollow bricks, hollow blocks, hollow piles etc.*]

Hohlbeton|decke *f*, (Beton)Hohldecke · hollow (concrete) floor, concrete hollow ~

~fertigdecke *f*, (Beton)Hohlfertigdecke · (pre)cast hollow (concrete) floor, prefab(ricated) ~ ~ ~

Hohl(-Beton)tafel *f*, Betonhohltafel · hollow (concrete) panel, concrete hollow ~

Hohlblock *m* → Hohl(block)stein

~fertiger *m*, Hohl(block)steinfertiger · hollow-block making machine, hollow-tile ~ ~, cavity-block ~ ~, cavity-tile ~ ~, pot ~ ~

~fertigung *f* → (Beton)Hohlblock-(stein)fertigung

~form *f*, Hohl(block)steinform · hollow-block mould (Brit.); ~ mold (US); hollow-tile ~, cavity-block ~, cavity-tile ~, pot ~

~herstellung *f* → (Beton)Hohlblock-(stein)herstellung

~leichtbetonstein *m* → Leicht(beton)-Hohlstein

~mauer *f*, Hohl(block)steinmauer · hollow block masonry wall, cavity ~ ~ ~, ~ tile ~ ~, pot ~ ~ [*See remark under 'Block'*]

~mauerwerk *n*, Hohl(block)steinmauerwerk · hollow block masonry (work), cavity ~ ~ (~), ~ tile ~ (~), pot (~) ~ [*See remark under 'Block'*]

Hohl(block)stein *m*, Hohlblock *m* · hollow block, cavity ~, ~ tile, pot [*See remark under 'Block'*]

Hohlblock(stein) *m* → Beton~

~dach *n*, Hohlsteindach · hollow tile roof, ~ block ~, cavity ~ ~, pot ~ [*See remark under 'Block'*]

~decke *f*, Hohlsteindecke · hollow block floor, cavity ~ ~, ~ tile ~, pot ~ [*See remark under 'Block'*]

~fertiger *m*, Hohlblockfertiger · hollow-block making machine, hollow-tile ~ ~, cavity-block ~ ~, cavity-tile ~ ~, pot ~ ~

~fertigung *f* → Beton~

~form *f*, Hohlblockform · hollow-block mould (Brit.); ~ mold (US); hollow-tile ~, cavity-block ~, cavity-tile ~, pot ~

~herstellung *f* → Beton~

~mauer *f*, Hohlblockmauer · hollow block masonry wall, cavity ~ ~ ~, ~ tile ~ ~, pot ~ ~ [*See remark under 'Block'*]

~mauerwerk *n* → Hohlsteinmauerwerk

Hohl|blockwand *f*, Hohl(block)steinwand · hollow block wall, cavity ~ ~, ~ tile ~, pot ~ [*See remark under 'Block'*]

~brandmauer *f*, Brandhohlmauer, Hohl-Feuermauer, Feuer-Hohlmauer, gemeinschaftliche Giebelhohlmauer · hollow party (masonry) wall, cavity ~ (~) ~

~(-Dach)ziegel *m*, Dach-Hohlziegel, S-Ziegel [*Dachziegel mit stark gekrümmten Flächen im Gegensatz zu Flachziegeln mit ebenen Flächen. Hohlziegel sind: 1. Firstziegel, 2. Gratziegel, 3. Mönch(ziegel), 4. Nonne(nziegel), 5. Hohlpfanne und 6. Krempziegel*] · (burnt) clay curved roof(ing) tile, burned ~ ~ ~ ~

~decke *f* → Hohlkörperdecke

~decke *f* → Hohlbetondecke

~decken(bau)system *n* → Hohlkörperdecken(bau)system

~deckenblock(stein) *m* → (Decken-)Hohlkörper

~-(Decken)Füllblock(stein) *m* → (Decken)Hohlkörper

~-(Decken)Füllstein *m* → (Decken-)Hohlkörper

~-(Decken)Füllziegel *m*, Hohldeckenziegel, Deckenhohlziegel · hollow filler brick

Hohldecken|konstruktion(ssystem) *f*, (*n*) → Hohlkörperdeckenkonstruktion(ssystem)

~platte *f*, Deckenhohlplatte · hollow (core) floor slab (unit)

~platte *f* → Beton~

~stein *m* → (Decken)Hohlkörper

~system *n* → Hohlkörperdeckenbausystem

~ziegel *m*, Deckenhohlziegel, Hohl-(Decken)Füllziegel · hollow filler brick

Hohl|diele *f*, Steg(zement)diele · hollow (-core) plank

Höhle *f* · cave

Hohlelement *n* → Hohl(-Bau)element

Höhlen|architektur *f*, Felsarchitektur, Höhlenbaukunst *f*, Felsbaukunst · cave architecture, rock-cut ~

~-Gebetshalle *f* → (Felsen-)Tschaitya-Halle

~heiligtum *n*, Felsheiligtum · cave sanctuary, rock-cut ~

~kirche *f*, Felsenkirche [*In den anstehenden Fels gehauene Kirche aus frühchristlicher Zeit*] · cave church, rock-cut ~

~kloster *n*, Felsenkloster, buddhistisches ~, Vihara *m* · cave monastery, rock-cut ~, vihara

~tempel *m* → Felsentempel

~-Tschaitya-Halle → (Felsen-)Tschaitya-Halle

~wohnung *f* · cave dwelling

Hohl|erzeugnis *n*, Hohlgegenstand *m*, Hohlartikel *m* · hollow product, ~ article

~-Feuermauer *f*, Feuer-Hohlmauer, Hohlbrandmauer, Brandhohlmauer, gemeinschaftliche Giebelhohlmauer · hollow party (masonry) wall, cavity ~ (~) ~

~form *f* · hollow mould (Brit.); ~ mold (US)

~-Freipfeiler *m*, Hohlpfeiler · hollow pillar [*A free-standing hollow column which does not necessarily accord with the proportions of classic architecture*]

~fuge *f* [*Unausgefüllter Zwischenraum zweier zusammenstoßender fester Bauteile oder Baustoffe, z.B. bei Trockenmauerwerk*] · keyed joint, open ~

~-Füllblock(stein) *m* → (Decken-)Hohlkörper

~-Füllstein *m* → (Decken)Hohlkörper

~-Füllziegel *m*, Hohl-Deckenfüllziegel, Hohldeckenziegel · hollow filler brick

~gegenstand *m*, Hohlartikel *m*, Hohlerzeugnis *n* · hollow product, ~ article

~gewölbe *n*, aufgelöstes Gewölbe, Spargewölbe · hollow vault

~-Gipsbaustein *m* → Gips-Hohlblock(stein)

~-Gipsblock *m* → Gips-Hohlblock(stein)

~-Gips(block)stein *m* → Gips-Hohlblock(stein)

~gipsdiele *f*, Gipshohldiele · hollow(-core) gypsum plank; ~ board lath (US)

~-Gipsstein *m* → Gips-Hohlblock(stein)

~gipstafel *f*, Gipshohltafel · hollow plaster panel

~glas *n* · hollow glass

~-Glas(bau)stein *m* → Glashohl(bau)stein

~-Glas(bau)steintafel *f*, Vakuum-Glas(bau)steintafel, Glasvakuumsteintafel, Glashohl(bau)steintafel · hollow glass block panel

~-Glasstein *m* → Glashohl(bau)stein

~-Glassteintafel *f*, Hohl-Glasbausteintafel, Vakuum-Glas(bau)steintafel, Glasvakuumsteintafel, Glashohlsteintafel · hollow glass block panel

~großblockziegel *m* · cellular block [*Holes closed at one end exceed 20 per cent of the volume of the block. B.S. 3921*]

~kasten(träger) *m*, Hohlbalken(träger), Kasten(träger) mit zwei Stegen, Balken(träger) mit zwei Stegen · hollow beam, box ~

~kegel *m* · hollow cone, female ~

(~)Kehle *f*, (Ge)Sims~ · concave moulding (Brit.); ~ molding (US)

(~)Kehle *f* → einfache ~

~kehle *f* · scotia [*A small concave mo(u)lding between the two tori in the base of a column It throws a deep shadow*]

~kern *m* · hollow core

~kern-Dreischichtentafel *f*, Hohlkern-Dreilagentafel · hollow core sandwich panel, ~ ~ three-layer(ed) ~

Hohlkörper *m* → Hohl(-Bau)element

~, Decken~ · hollow (floor) filler

Hohl(körper)|decke *f*, Montagehohlkörperdecke, Hohlkörpermontagedecke [*Rippendecke, in welche zur Herstellung der Schalung meist zur Erzielung einer ebenen Deckenuntersicht Formsteine eingelegt werden*] · hollow filler block floor, ~ ~ (tile) ~, rib and tile ~, rib and block ~ [*See remark under 'Block'*]

~decken(bau)system *n*, Hohl(körper)-deckenkonstruktion(ssystem) *f*, (*n*) · rib and tile floor(ing) system, ~ ~ block ~ ~, hollow filler block ~, hollow filler (tile) ~ [*See remark under 'Block'*]

~deckenkonstruktion(ssystem) *f*, (*n*), Hohl(körper)decken(bau)system · rib and tile floor(ing) system, ~ ~ block ~ ~, hollow filler block ~, hollow filler (tile) ~ [*See remark under 'Block'*]

Hohl|körpermontagedecke *f* → Hohl(körper)decke

~-Kunststoffplatte *f*, Kunststoff-Hohlplatte · hollow plastic sheet, ~ ~ board

~mast *m* · hollow mast, ~ pole

~mast *m*, Beton~, Hohl-Betonmast · (concrete) hollow mast, (~) ~ pole, hollow concrete ~

Hohlmauer *f*, (Zwei)Schalenmauer, Luftschichtmauer; Hohlwand *f*, (Zwei)Schalenwand, Luftschichtwand [*Fehlnamen*] · hollow (masonry) wall; cavity (~) ~ [*Strictly speaking, the cavity (masonry) wall is a hollow (masonry) wall in which the headers used in the rolock wall and the bonded hollow wall are replaced with metal ties*]

~bau *m* · cavity construction [*This type of construction is now almost a universal feature of external walling. Besides being, in certain circumstances, the surest form of protection against damp penetration it offers other advantages, such as enhanced thermal insulation*]

~werk *n*, Luftschichtmauerwerk, (Zwei-)Schalenmauerwerk · cavity masonry (work), hollow ~ (~)

Hohlnutenstein *m* → Tonhohl(stein)-platte

~ für Installationsleitungen → Tonhohl(stein)platte ~ ~

~decke *f* → Tonhohl(stein)plattendecke

Hohl|oberschwelle *f*, Hohlsturz *m* · hollow lintel; ~ lintol [*deprecated*]

~pfahl *m* · hollow pile

~pfanne *f*, Dachpfanne, (S-)Pfanne, holländische Pfanne · pantile [*A single-lap tile shaped like an S laid horizontally – thus ∽. Each tile overlaps its neighbour on the right (looking at the roof from the ground in front of the house) and is overlapped by its neighbour on the left*]

(Hohl)Pfannen|bedachung *f* → (S-)Pfannendach(belag)

~dach(belag) *n*, (*m*) → (S-)Pfannendach(belag)

~(dach)(ein)deckung → (S-)Pfannendach(belag)

Hohlpfannenziegel *m*, Dachpfannenziegel, (S-)Pfannenziegel, holländischer Pfannenziegel [*DIN 52250*] · clay pantile

(Hohl)Pfannenziegel|bedachung *f* → (Hohl)Pfannenziegel(dach)(ein)deckung

~dach(belag) *n*, (*m*) → (Hohl)Pfannenziegel(dach)(ein)deckung

~(dach)(ein)deckung *f*, (Hohl)Pfannenziegeldach(belag) *n*, (*m*), (Hohl-)Pfannenziegelbedachung · clay pantile roof cladding, ~ ~ ~ covering, ~ ~ ~ sheathing, ~ ~ roof(ing)

Hohl|pfeiler *m*, Hohl-Freipfeiler · hollow pillar [*A free-standing hollow column which does not necessarily accord with the proportions of classic architecture*]

~pfette *f* · hollow purlin(e)

Hohlplatte *f* · hollow board, ~ sheet

~, Beton~ · (concrete) hollow slab

~, Stahlbeton-~ · (reinforced concrete) hollow slab, R.C. ~ ~

Hohlplatten|decke *f*, Stahlbeton-~ · (reinforced (concrete)) hollow slab floor, R.C. ~ ~ ~

~decken(konstruktions)system *n*, Hohlplattendeckenkonstruktion *f*, Stahlbeton-~ · (reinforced (concrete)) hollow slab floor(ing) system, (~ ~) ~ ~ ~ construction, R.C. ~ ~ ~ ~

Hohlprofil *n* · hollow section, ~ shape, ~ unit, ~ trim [*structural steel section. B.S. 4*]

~ [*als Form*] · hollow section

~träger *m* · hollow section girder

Hohl|pyramide *f* · hollow pyramid

~querschnitt *m* · hollow cross section

~querwand *f* · cavity cross-wall

~rahmenprofil *n* · hollow frame section

Hohlraum *m*, Kammer *f*, Loch *n* [*Ziegel; Block(stein)*] · cell, cavity, core hole; core (US)

~, Porenraum, H [*In einem Korngemisch*] · volume of voids

~, Pore *f* · pore, void, interstice [*The space in a material occupied by air or water, or both air and water*]

~ [*Tonhohlplatte*] · longitudinal cavity

~ [*z.B. über einer Hängedecke*] · void, cavity

~ mit verdünnter Luft [*Glasbaustein*] · cavity with rarefied air

~anteil *m*, Hohlraumprozentsatz *m*, Hohlraumgehalt *m* [*Das Verhältnis zwischen dem Hohlraum und dem aus Festraum + Hohlraum bestehenden Gesamtraum in einem Korngemisch*] · porosity, percentage of voids, content of voids, voids content [*The ratio, usually expressed as a percentage, of the volume of voids in a material to the total volume of the material, including the voids*]

hohlraumarm, dicht, geschlossen (abgestuft) · dense(-graded)

~ abgestufter Zuschlag(stoff) *m* · well-graded aggregate [*Aggregate having a particle size distribution which will produce maximum density, i.e., minimum void space*]

Hohlräume *mpl* [*Blockstein*] · core area

Hohlraum|gehalt *m* → Hohlraumanteil

~prozentsatz *m* → Hohlraumanteil

~verhältnis *n*, Porenziffer *f* [*Das Verhältnis des im Korngemisch enthaltenen Hohlraumes H zum Festraum aller im Gemisch enthaltenen Körner S:h*] · pore ratio, void ~

~volumen *n* · volume of voids

~-Zement-Verhältnis *n* · void-cement ratio [*Volumetric ratio of air plus water to cement*]

Hohlrippe *f* · hollow rib

hohlrund, konkav · concave

Hohl|rundstütze *f*, Rundhohlstütze · hollow round column

~säule *f* · hollow column

~schaft *m* · hollow shaft

~schraube *f* · banjo bolt

~spindel *f* → (Treppen)Auge

Hohlstein *m*, Hohlblock(stein) *m* · hollow block, cavity ~, ~ tile, pot [*See remark under 'Block'*]

~ → Beton~

~ aus gebranntem Ton → Tonhohl(stein)platte

~dach *n*, Hohlblock(stein)dach · hollow block roof, ~ tile ~, cavity ~ ~, pot ~ [*See remark under 'Block'*]

~decke *f*, Hohlblock(stein)decke · hollow block floor, cavity ~ ~, ~ tile ~, pot ~ [*See remark under 'Block'*]

~fertiger *m*, Hohlblocksteinfertiger, Hohlblockfertiger · hollow-block making machine, hollow-tile ~ ~, cavity-block ~ ~, cavity-tile ~ ~, pot ~ ~

~fertigung *f* → Beton~

~form *f*, Hohlblocksteinform, Hohlblockform · hollow-block mould (Brit.); ~ mold (US); hollow-tile ~, cavity-block ~, cavity-tile ~, pot ~

~herstellung *f* → Beton~

~mauer *f*, Hohlblocksteinmauer, Hohlblockmauer · hollow block masonry wall, cavity ~ ~ ~, ~ tile ~ ~, pot ~ ~ [*See remark under 'Block'*]

~mauerwerk *n*, Hohlblock(stein)mauerwerk · hollow block masonry (work), cavity ~ ~ (~), ~ tile ~ (~), pot ~ (~)

~wand *f*, Hohlblock(stein)wand · hollow block wall, cavity ~ ~, ~ tile ~, pot ~

Hohl|stufe *f* · hollow step

~sturz *m*, Hohloberschwelle *f* · hollow lintel; ~ lintol [*deprecated*]

~stütze *f* · hollow column

~tafel *f* · hollow panel, cavity ~

~tafelwand *f* · hollow panel wall, cavity ~ ~

~träger *m* · hollow girder

~trennwand *f*, Trennhohlwand · hollow partition (wall), double ~ (~) [*Hollow partitions are those formed of clay, terracotta, or breeze hollow blocks for lightness or for sound insulation. They may also be formed by staggering the studs*]

~-Trennwandblock *m* → Trennwand-Hohl(block)stein

~-Trennwandplatte *f*, Trennwandhohlplatte · hollow partition (wall) slab

~treppe *f*, Wendeltreppe mit offener Spindel, gewendelte Treppe mit offener Spindel · helical stair(case), open well ~, open-newel ~

~verbundplatte *f*, Verbundhohlplatte · hollow composite slab

~wand *f*, (Zwei)Schalenwand, Luftschichtwand [*Fehlnamen*]; Hohlmauer *f*, (Zwei)Schalenmauer, Luftschichtmauer · hollow (masonry) wall; cavity (~) ~ [*Strictly speaking, the cavity (masonry) wall is a hollow (masonry) wall in which the headers used in the rolock wall and the bonded hollow wall are replaced with metal ties*]

~-Wandblock *m*, Hohl-Wand(block)stein *m*, Wand-Hohlblock, Wand-Hohl(block)stein · hollow block for walls, cavity ~ ~ ~, ~ tile ~ ~, pot ~ ~, wall pot [*See remark under 'Block'*]

~-Wand(block)stein *m*, Hohl-Wandblock *m*, Wand-Hohlblock, Wand-Hohl(block)stein · hollow block for walls, cavity ~ ~ ~, ~ tile ~ ~, pot ~ ~, wall pot [*See remark under 'Block'*]

~wanddämmung *f* · hollow wall insulation, cavity ~ ~

Hohlziegel *m*, Hohl-Dachziegel, Dach-Hohlziegel, S-Ziegel [*Dachziegel mit stark gekrümmten Flächen im Gegensatz zu Flachziegeln mit ebenen Flächen. Hohlziegel sind: 1. Firstziegel, 2. Gratziegel, 3. Mönch(ziegel), 4. Nonne(nziegel), 5. Hohlpfanne und 6. Krempziegel*] · (burnt) clay curved roof(ing) tile, burned ~ ~ ~ ~

~ · hollow brick, cavity ~

~dach *n*, S-Ziegeldach · (burnt) clay curved tile roof, burned ~ ~ ~ ~, fired ~ ~ ~ ~

~mauer *f* · hollow (clay) brick(work) wall; cavity (~) ~ ~ [*See remark under 'Hohlmauer'*]

~mauerwerk *n* · hollow (clay) brick masonry (work), ~ (~) brickwork; cavity (clay) brick masonry (work), cavity (clay) brickwork [*See remark under 'Hohlmauer'*]

~wand *f* · hollow (clay) brick(work) wall; cavity (~) ~ ~ [*See remark under 'Hohlwand'*]

holländisch-barocke Peter-Pauls-Kathedrale *f* **zu Petersburg** · Dutch Baroque Cathedral of St Peter and St Paul

holländische Betonpfanne *f*, Beton-(S-)Pfanne, Beton-Hohlpfanne, Beton-Dachpfanne [*DIN 1118*] · concrete pantile

~ Pfanne *f*, (S-)Pfanne, Hohlpfanne, Dachpfanne · pantile [*A single-lap tile shaped like an S laid horizontally – thus ∽. Each tile overlaps its neighbour on the right (looking at the roof from the ground in front of the house) and is overlapped by its neighbour on the left*]

~ Stahlpfanne *f* → Stahldachpfanne

holländischer Pfannenziegel *m*, (S-)Pfannenziegel, Hohlpfannenziegel, Dachpfannenziegel [*DIN 52250*] · clay pantile

~ Renaissancestil *m* · Dutch Renaissance

~Verband *m* · English cross bond; Dutch ~ [*misnomer*]

holländisches Verfahren *n* [*Bleiweißherstellung*] · old Dutch process

Höllenstein *m*, Silbernitrat *n*, $AgNO_3$ · lunar caustic

Hollocast-Decke *f* · Hollocast floor [*The cavity in this type of floor is created by using cages of expanded metal, which constitute the cavity and are allowed to remain in position as a reinforcement and as a means of securing the primary tensile reinforcement. Where a smooth undersurface is not required, the cavity can be allowed to remain open, which will not affect the strength of the floor*]

Holm *m*, Geländer~ · cross beam

holokristallin, ganzkristallin · holocrystalline

Holz|abfallteer *m* · wood waste tar

~abmessung *f* · timber dimension

~abschluß *m* · timber shutter, wood(en) ~

~-Abschlußdecke *f* **gegen die Außenluft**, Holz-Dachdecke · wood(en) roof floor, timber ~ ~

~anstrich *m*, Holzaufstrich · protective coat on wood, ~ ~ ~ timber

~architektur *f* · timber architecture

~asbest *m* [*Eine faserige und nicht brennbare Hornblendeart. Er wird für feuerbeständige Konstruktionen verwendet*] · mountain wood

~asche *f* · wood ash

~aufstrich *m*, Holzanstrich · protective coat on wood, ~ ~ ~ timber

~auskleidung *f*, Holzverkleidung, Holzbekleidung · timber lining, wood(en) ~, ~ (sur)facing

~balken(träger) *m* · timber beam, wood(en) ~

~balken(träger)decke *f* [*DIN 104*] · single timber floor, timber joist ~, wood(en) joist ~

(~)Balken(träger)lage *f*, (Holz)Gebälk *n* [*Der tragende Teil einer hölzernen Decke*] · system of (wood(en)) binders and joists, ~ ~ timber ~ ~ ~

~baracke *f* · wood(en) hut, timber ~

~bau *m* · wood construction, timber ~

~bauwerk *n* [*DIN 1052*] · timber structure, wood(en) ~

(Holz)Beize *f* · (wood) stain

~ für Außenverwendung · exterior (wood) stain

~ ~ Innenverwendung · interior (wood) stain

(Holz)|Beizen *n* · (wood) staining

~bekleidung *f*, Holzverkleidung, Holzauskleidung · timber lining, wood(en) ~, ~ (sur)facing

Holzbeton *m* [*Holzbetone werden mit Holzspänen, Sägemehl, Holzabfällen oder Holzfasern als Zuschlagstoffe und mit Normenzementen als Bindemittel hergestellt*] · wood concrete

~block(stein) *m*, Holzbetonstein · (precast) wood concrete block, (~) ~ ~ tile [*See remark under 'Block(stein)'*]

~dachplatte *f* · wood concrete roof(ing) slab

~deckenbaustein *m* → Holzbeton-Deckenstein

~-Deckenblock(stein) *m* → Holzbeton-Deckenstein

~-(Decken)Füllblock(stein) *m* → Holzbeton-Deckenstein

~(decken)füllstein *m* → Holzbeton-Deckenstein

~-Deckenstein *m*, Holzbeton-Deckenblock(stein) *m*, Holzbeton-(Decken-)Füllblock(stein), Holzbeton(decken)-füllstein, Holzbetondeckenbaustein · wood concrete soffit (floor filler) block, ~ ~ ~ (~ ~) tile, ~ ~ filler [*See remark under 'Block(stein)'*]

~-Füllblock(stein) *m* → Holzbeton-Deckenstein

~füllstein *m* → Holzbeton-Deckenstein

~platte *f* · wood concrete slab

~stein *m*, Holzbetonblock(stein) *m* · (precast) wood concrete block, (~) ~ ~ tile [*See remark under 'Block(-stein)'*]

Holzbinder *m*, Holzdachbinder · wood(-en) roof frame, timber ~ ~, ~ ~ framing

~balken *m*, Holzbundbalken · wood(-en) binding beam, timber ~ ~, ~ ~ joist, ~ binder

Holz|blättchen *n*, Holzlamelle *f* [*Jalousie*] · wood(en) slat

~boden(belag) *m*, Holzfußboden(belag), Fh · wood(en) floor cover(ing), timber ~ ~, ~ floor(ing) (finish)

~boden(belag) *m* **auf Lagerhölzern mit Dämmstreifen-Unterlagen** → Holzfußboden(belag) ~ ~ ~ ~

~bogen *m* · wood(en) arch, timber ~

~bundbalken *m*, Holzbinderbalken · wood(en) binding beam, timber ~ ~, ~ ~ joist, ~ binder

~-Bundstiel *m* · wood(en) stud, timber ~, ~ principal post

~dach *n* · wood(en) roof, timber ~

~dachbasilika *f* · wood-roofed basilica

~(dach)binder *m* · wood(en) roof frame, timber ~ ~, ~ ~ framing

~-Dachdecke *f*, Holz-Abschlußdecke gegen die Außenluft · wood(en) roof floor, timber ~ ~

~dach(ein)deckung *f*, Holz(ein)dekkung, Holzdachbelag *m* [*aus Holzschindeln*] · wood(en) roof cladding, timber ~ ~, ~ ~ covering, ~ ~ sheathing, ~ roofing

~-Dachfaltwerk *n*, Holz-Falt(werk)dach · wood(en) folded plate roof, timber ~ ~ ~, ~ ~ slab ~, ~ prismatic shell ~; ~ hipped-plate ~, ~ tilted-slab ~ (US)

~(-Dach)pfette *f* · timber purlin(e), wood(en) ~

~-Dachreiter *m* · timber roof spire, wood(en) ~ ~

~(-Dach)rinne *f*, Holz-Regenrinne · wood(en) (roof) gutter, ~ rainwater ~, ~ R.W. ~

~(-Dach)sparren *m* [*Schweiz: Holzrofen*] · wood(en) rafter, timber ~

~daubenrohr *n* · machine-banded pipe, continuous stave-pipe, wood-stave pipe [*A pipe made of wooden staves. The assembly is held together in a machine and tightly wrapped with wire. The pipe is made in definite lengths and joined in the field by couplings. Such pipe is rarely made larger than 24 in. in diameter*]

~decke *f*, Holz-Gebäudedecke, Holz-Etagendecke, Holz-Stockwerkdecke, Holz-Geschoßdecke, Holz-Trenndecke, Holz-Hochbaudecke · wood(en) floor, timber ~

~deckenbalken *m* · common joist, boarding ~, wood(en) ~, timber ~ [*A wood beam directly supporting a floor*]

~destillieranlage *f* · wood-distilling plant

~dicke *f* · timber thickness

~dollen *m*, Stab-Holzdübel *m*, Holz-(stab)dübel · wood(en) dowel, timber ~

~drehtür *f* · wood(en) revolving door, timber ~ ~

~dübel *m*, Holzstabdübel, Holzdollen *m*, Stab-Holzdübel · wood(en) dowel, timber ~

(~)Dübel *m* [*Die Kraft wird durch Lochleibungsdruck übertragen*] · (timber) connector, wood ~; modern ~ (US) [*These connectors are metal rings, plates, and disks embedded in the contact surfaces of two members. B.S. 1579*]

~einfassung *f* · timber surround, wood(-en) ~

~einschubdecke *f* → hölzerne Einschubdecke

~einschubdecke *f* **mit geraden Fugen** · sound-boarded floor with straight joints

~einschubdecke *f* **mit schrägen Fugen** · sound-boarded floor with slanting joints

~einzäunung *f*, Holzumzäunung · timber fencing, wood(en) ~

~elementbau *m* [*Fehlname*] → Bauen mit Holzfertigteilen

~-Erdgeschoß(fuß)boden *m* · timber ground floor, wood(en) ~ ~

hölzerne Einschubdecke *f*, ~ Zwischendecke, Holzeinschubdecke, Holzzwischendecke, Einschubdecke aus Brettern, Zwischendecke aus Brettern · boarded false ceiling

hölzernes Gewölbe *n*, Holzgewölbe · timber vault, wood(en) ~

Holz|-Etagendecke *f* → Holzdecke

~fachwerk *n* · wood(en) framework, timber ~

~fachwerkbinder *m*, Holzfachwerkdachbinder · timber roof truss, wood(en) ~ ~

~fachwerk(dach)binder *m* · timber (roof) truss, wood(en) (~) ~

(~)Fachwerkhaus *n* · framework building, timber ~, wood(en) ~, frame(d) ~ [*In the historical periods, a building constructed of timber posts and beams,* *filled in with wattle-and-daub or with brickwork, and sometimes plastered or boarded over*]

~fachwerk(träger) *n,* (*m*) · timber truss(ed girder), wood(en) ~ (~)

~falttür *f* · wood(en) folding door, timber ~ ~

~-Falt(werk)dach *n,* Holz-Dachfaltwerk · wood(en) folded plate roof, timber ~ ~ ~, ~ ~ slab ~, ~ prismatic shell ~; ~ hipped-plate ~, ~ tilted-slab ~ (US)

Holzfaser|-Akustikplatte *f,* Holzfaser-Schallschluckplatte, Akustik-Holzfaserplatte, Schallschluck-Holzfaserplatte · acoustic(al) wood fibre board (Brit.); ~ ~ fiber ~ (US); (sound) absorbent ~ ~ ~, (sound) absorbing ~ ~ ~, sound-control ~ ~ ~, (sound) absorptive ~ ~ ~

~beton *m* · wood fibre concrete (Brit.); ~ fiber ~ (US)

(~-)Bitumenplatte *f* [*Dem Faserbrei werden bis zu 25% Bitumen beigemischt*] · (asphaltic-)bitumen-type wood fibre board (Brit.); asphalt-type wood fiber ~ (US)

(Holz)|Faser-Dämmplatte *f* → Dämmplatte

~faser-Gipsputz *m* · gypsum wood-fibered plaster (US); ~ wood-fibred ~ (Brit.) [*It is a gypsum plaster in which wood fiber (US) / fibre (Brit.) is used as an aggregate*]

(Holz)Faserhartplatte *f,* harte (Holz-) Faserplatte, HFH 1, Hartplatte [*DIN 68750*] · hardboard

~ mit eingepreßtem Muster, harte (Holz)Faserplatte ~ ~ ~, HFH 1 ~ ~ ~, Hartplatte ~ ~ ~, Prägeplatte · embossed hardboard

Holz|faser(innen)(ver)putz *m* · wood-fiber(ed) plaster (US); wood-fibre(d) ~ (Brit.)

(~)Faserplatte *f* [*DIN 68750*] · (wood) fibreboard (Brit.); (~) fiberboard (US)

Holzfaser(platten)|-Akustikdecke *f,* Holzfaser(platten)-Schallschluckdecke · wood fibre board acoustic(al) ceiling (Brit.); ~ fiber ~ ~ ~ (US); ~ ~ ~ sound-control ~, ~ ~ ~ (sound) absorbent ~, ~ ~ ~ (sound) absorbing ~, ~ ~ ~ (sound) absorptive ~, ~ ~ ~ acoustic tiled ~

~-Schallschluckdecke *f,* Holzfaser(platten)-Akustikdecke · wood fibre board acoustic(al) ceiling (Brit.); ~ fiber ~ ~ ~ (US); ~ ~ ~ sound-control ~, ~ ~ ~ (sound) absorbent ~, ~ ~ ~ (sound) absorbing ~, ~ ~ ~ (sound) absorptive ~, ~ ~ ~ acoustic tiled ~

Holzfaser|putz *m* → Holzfaserinnen(ver)putz

~-Putzträgerplatte *f,* Putzträgerplatte aus Holzfasern · wood fiber plaster baseboard (US); ~ fibre ~ ~ (Brit.)

~-Schallschluckplatte *f,* Holzfaser-Akustikplatte, Schallschluck-Holzfaserplatte, Akustik-Holzfaserplatte · acoustic(al) wood fibre board (Brit.); ~ ~ fiber ~ (US); (sound) absorbent ~ ~ ~, (sound) absorbing ~ ~ ~, sound-control ~ ~ ~, (sound) absorptive ~ ~ ~

~verkieselung *f* · wood fibre silicification (Brit.); ~ fiber ~ (US)

Holz|fenster *n* · wood(en) window timber ~ [*B.S. 644*]

~(fenster)flügel *m* · wood(en) sash, timber ~ [*See remark under '(Fenster-) Flügel'*]

~-(Fenster)Laden *m* · wood(en) (window) shutter, timber (~) ~

~fertigbau *m,* Holzmontagebau, Bauen *n* mit Holzfertigteilen; Holzelementbau [*Fehlname*] · wood(en) prefab(ricated) construction, timber ~ ~, ~ system ~

~-Fertighaus *n* · prefab(ricated) wood(-en) house, ~ timber ~

~festigkeit *f* · wood strength, timber ~

~flachdach *n,* Flachholzdach · flat timber roof, ~ wood(en) ~

~flügel *m,* Holzfensterflügel · wood(en) sash, timber ~ [*See remark under '(Fenster)Flügel'*]

~form *f* · timber mould (Brit.); ~ mold (US); wood(en) ~

~-Fugendeckleiste *f* · wood(en) batten, timber ~

~(fuß)boden(belag) *m,* Fh · wood(en) floor cover(ing), timber ~ ~, ~ floor(ing) (finish)

~(fuß)boden(belag) *m* **auf Lagerhölzern mit Dämmstreifen-Unterlagen,** schwimmender Holz(fuß)boden(belag) · wood(en) floating floor(-ing) (finish), ~ ~ floor cover(ing), timber ~ ~ (~)

~fußleiste *f,* Holzsockelleiste, Holzscheuerleiste [*DIN 68125*] · wood(en) sanitary cove, timber ~ ~, ~ mopboard, ~ washboard, ~ scrub board, ~ base (board) (US); ~ skirting (board) (Brit.); ~ base plate [*Scotland*]

(~)Gebälk *n,* (Holz)Balken(träger)lage *f* [*Der tragende Teil einer hölzernen Decke*] · system of (wood(en)) binders and joists, ~ ~ timber ~ ~ ~

~gebäude *n* · timber building, wood(en) ~

~-Gebäudedecke *f* → Holzdecke

~gerippe *n* [*Leichte Trennwand. DIN 4103*] · wood(en) studs, timber ~

~gerippe(trenn)wand *f* [*DIN 4103*] · wood(en) stud partition (wall), timber ~ ~ (~)

~gerippewand *f* · wood-stud wall, timber-stud ~

~-Geschoßdecke *f* → Holzdecke

~gewölbe *n,* hölzernes Gewölbe · timber vault, wood(en) ~

~gitter *n* · timber grille, wood(en) ~ [*See remark under 'Gitter'*]

~gitterträger *m* · timber lattice girder, wood(en) ~ ~

~grund *m*, Holzuntergrund · wood(en) base, ~ ground, timber ~

~grundplatte *f* · timber baseplate, wood(en) ~

holzhaltiges Erzeugnis *n* · wood-based product

Holz|handlauf *m*, Holzhandleiste *f* · wood(en) handrail, timber ~

~handleiste *f*, Holzhandlauf *m* · wood(en) handrail, timber ~

~helm *m*, Holzturmhelm · timber spire, wood(en) ~

~-Hochbaudecke *f* → Holzdecke

~hohlkörper *m* [*Montagedecke*] · wood(en) hollow (floor) filler, timber ~ (~) ~

~-Holz-Verbindung *f* · wood-to-wood connection, ~ joint, timber-to-timber ~

(~)Imprägnier(ungs)mittel *n* → (Holz-) Konservierungsmittel

~kamm *m* · wood(en) comb

~kanzel *f* · wood(en) pulpit, timber ~

~kehlrinne *f*, Kehlholzrinne · timber valley gutter, wood(en) ~ ~

~kern *m* [*Durch Drücken der Bleiblechkante über einem Holzkern wird der Holzwulst gebildet*] · wood roll

~kipptor *n*, Holzschwingtor · wood(en) up and over door, timber ~ ~ ~ ~

~kirche *f* · wood(en) church, timber ~

~kitt *m*, Kunstholz *n*, Holzzement *m*, flüssiges Holz · crack filler, plastic wood

~kohle *f* · burnt wood, burned ~, charcoal

~konservierung *f* · wood preservation

(~)Konservierungsmittel *n*, (Holz-) Schutzmittel, (Holz)Imprägnier(ungs)-mittel [*DIN 52163/64. Grundsätzlich unterscheidet man zwei Gruppen von Holzschutzmitteln: 1. Die wasserlöslichen Mittel, 2. Die öligen, ölartigen und öllöslichen Mittel*] · (wood) preservative, (~) preserver [*B.S. 1282*]

~konstruktion *f* · wood(en) construction, timber ~

~konstruktion(ssystem) *f*, (*n*) · wood(-en) (structural) system, timber (~) ~, ~ construction

~kuppel *f* · timber dome, wood(en) ~, ~ cupola

~lack *m* · wood(-finishing) lacquer

~-Laden *m*, Holz-Fensterladen · wood(-en) (window) shutter, timber (~) ~

~lamelle *f*, Holzblättchen *n* [*Jalousie*] · wood(en) slat

~lamellenkuppel *f* · wood(en) lamella dome, ~ ~ cupola, ~ lattice ~, timber ~ ~

~latte *f* · wood(en) batten, timber ~

~latten-Putzträger *m* · wood laths for plastering [*B.S. 1317*]

~leim *m* **für tragende Bauteile**, Leim für tragende Holzbauteile · adhesive for structural timber elements

(~)Leimbau *m* · glued wood construction, bonded ~ ~

~leiste *f* · wood(en) batten, timber ~ [*For slating and tiling. B.S. 1318*]

~mast *m* · timber mast, wood(en) ~

~mehl *n* · wood flour

~-Metall-Verbindung *f* · timber-to-metal joint, ~ connection, wood-to-metal ~

~model *n* [*für Tapetenhanddruck*] · wood block

~modeltapete *f*, Handdrucktapete · hand-printed wallpaper, hand-blocked ~

~montagebau *m*, Holzfertigbau, Bauen *n* mit Holzfertigteilen; Holzelementbau [*Fehlname*] · wood(en) prefab(ricated) construction, timber ~ ~, ~ system ~

~mosaikboden(belag) *m*, Holzmosaik-fußboden(belag) · wood mosaic floor(-ing), ~ ~ floor finish, ~ ~ floor cover(ing) [*B.S. 4050*]

~mosaik(fuß)boden(belag) *m* · wood mosaic floor(ing), ~ ~ floor finish, ~ ~ floor cover(ing) [*B.S. 4050*]

~nagel *m* · tre(e)nail [*Sometimes called a 'drawbore pin', but this term is best reserved for the steel pin which pulls the holes into line before the tre(e)nail is inserted*]

~nagelstreifen *m* · wood nailing strip

~-Oberschwelle *f*, Holzsturz *m* · wood(-en) lintel, timber ~; ~ lintol [*deprecated*]

~öl *n*, Tungöl [*DIN 55936. Das Produkt, das durch Auspressen oder Extrahieren von Samen des Tungbaumes gewonnen wird; es muß frei von Beimischungen anderer Öle und Fette sein*] · tung oil, (China) wood ~

~öllack *m*, Tungöllack · tung oil varnish, (China) wood ~ ~

~palisadenzaun *m* · wood(en) palisade fence

~pech *n* · wood pitch

~-Pendeltür *f*, Pendeltür aus Holz · wood(en) swing door, timber ~ ~

~pfette *f*, Holz-Dachpfette · timber purlin(e), wood(en) ~

~pflaster *n*, Fph *n* · wood(en) paving

~pflasterarbeiten *fpl* [*DIN 18367*] · wood(en) paving work, timber ~ ~

~pflaster(decke) *n*, (*f*), Stöckelpflaster(decke) · wood(en) block paving, ~ ~ pavement

~pflasterer *m* · wood pavior

(~)Pflasterklotz *m*, Holzstöckel *m*, (Holz)Pflasterstöckel [*DIN 68701*] · wood(en) (paving) block

(~)Pflasterstöckel *m*, (Holz)Pflasterklotz *m*, Holzstöckel [*DIN 68701*] wood(en) (paving) block

~pfosten *m*, Holzzaunpfosten, Holzzaunpfahl *m* · wood(en) (fence) post, timber (~) ~

~pfosten *m* · wood(en) post, timber ~

~putz(mörtel)träger *m* · wood(en) lath(ing) (for plastering) [*B.S. 1317*]

~raffjalousie *f*, Holzzugjalousie · wooden (slatted) Venetian (blind)

~rahmen *m* · timber frame, wood(en) ~

~rahmenfassade *f* · timber-frame(d) façade, wood-frame(d) ~

~rahmenspiegel *m* · wood-frame(d) mirror

~-Raumtragwerk *n* · wood(en) space (load)bearing structure, ~ three-dimensional ~ ~, ~ spatial ~ ~, timber ~ ~ ~, ~ ~ (weight-carrying) ~

~(raum)zelle *f* · timber building block module, wood(en) ~ ~ ~, ~ unitized unit

~-Regenrinne *f*, Holz(-Dach)rinne · wood(en) (roof) gutter, ~ rainwater ~, ~ R.W. ~

(~)Riegel *m* · nog, nogging (piece) [*Horizontal short timbers which stiffen the studs of a stud partition (wall)*]

~riegel *m*, Fachwerk~ · (framework) timber rail, (~) wood(en) ~

~rinne *f*, Holz-Dachrinne, Holz-Regenrinne · wood(en) (roof) gutter, ~ rainwater ~, ~ R.W. ~

~-Rippenkuppel *f* · rib(bed) timber dome, ~ ~ cupola, ~ wood(en) ~

~rofen *m* [*Schweiz*]; Holz(-Dach)sparren · wood(en) rafter, timber ~

~rohbau *m* · carpentry [*Permanent or temporary carcassing timber*]

~rollabschluß *m* · wood(en) rolling shutter, timber ~ ~, ~ roller ~

~säule *f* · timber column, wood(en) ~

~säulenordnung *f* · wooden (column) Order

~schale *f* · timber shell, wood(en) ~

~schale *f* → Dachschalung

~schale *f*, Holz(ver)schalung *f* · timber sheathing, wood(en) ~

~schalendach *n* · timber shell roof, wood(en) ~ ~

~schalenkuppel *f* · timber shell dome, ~ ~ cupola, wood(en) ~ ~

~schalung *f* → Dachschalung

~scheuerleiste *f*, Holzsockelleiste, Holzfußleiste [*DIN 68125*] · wood(en) sanitary cove, timber ~ ~, ~ mopboard, ~ washboard, ~ scrub board, ~ base (board) (US); ~ skirting (board) (Brit.); ~ base plate [*Scotland*]

(~)Schindel *f*, Spitzbrett *n* · shingle, wood ~ [*A short thin rectangular piece of timber, usually tapering in thickness along the grain, used in the same way as tiles for covering the roofs and sides of buildings*]

~schnitzerei *f* · wood-carving

~schonschild *m* [*Baubeschlag*] · wood(-en) finger plate

~schopf *m* [*Schuppen ohne Umfassungswände*] · open wood shed

~schraube *f* · wood screw

(~)Schutzmittel *n* → (Holz)Konservierungsmittel

(~)Schutzsalz *n* · (wood-)protecting salt, salt-type (wood) preservative, (wood) preservative salt

~schwelle *f* → (Tür)Schwelle

(~)Schwelle *f* [*Beim Holzfachwerk der untere waag(e)rechte Balken der Riegelwand*] · abutment piece (US); sill, sole plate (Brit.); cill [*deprecated*] (Brit.) [*The lowest horizontal member of a framed partition, or frame construction*]

~schwingtor *n*, Holzkipptor · wood(en) up and over door, timber ~ ~ ~ ~

~sitz *m* · wood(en) seat, timber ~

~skulptur *f* · wood(en) sculpture

~sockelleiste *f*, Holzfußleiste, Holzscheuerleiste [*DIN 68125*] · wood(en) sanitary cove, timber ~ ~, ~ mopboard, ~ washboard, ~ scrub board, ~ base (board) (US); ~ skirting (board) (Brit.); ~ base plate [*Scotland*]

(~)Span-Akustikdeckenplatte *f*, (Holz-)Span-Schallschluckdeckenplatte, Leichtspanplatte, leichte (Holz)Spandeckenplatte · wood particle (or chip) acoustic(al) ceiling board, ~ ~ (~ ~) ~ ~ tile (US)

~spanbeton *m*, Holzspänebeton (chipped) wood concrete

~späne *mpl*, zerspantes Holz *n* · chipped wood

~spänebeton *m*, Holzspanbeton · (chipped) wood concrete

~spanplatte *f*, Spanholzplatte [*DIN 68761*] · wood(en) particle board, ~ chipboard

(~)Span-Schallschluckdeckenplatte *f*, (Holz)Span-Akustikdeckenplatte, Leichtspanplatte, leichte (Holz)Spandeckenplatte · wood particle (or chip) acoustic(al) ceiling board, ~ ~ (~ ~) ~ ~ tile

~spanwerkstoff *m*, HSW *m* · chipped wood material, wood particle ~

~sprengwerk *n* · wood(en) truss frame, timber ~ ~

~sprosse *f* [*kittlose Verglasung*] · wood(-en) patent glazing bar, ~ puttyless ~ ~, timber ~ ~ ~

~stab *m* [*als Putzträger*] · wood lath (for plastering) [*B.S. 1317*]

~(stab)dübel *m*, Holzdollen *m*, Stab-Holzdübel · wood(en) dowel, timber ~

(~)Stabgewebe *n* [*Putzträger*] · wood lath(ing) (for plastering) [*B.S. 1317*]

~steifrahmen *m*, starrer Holzrahmen · wood(en) rigid frame, timber ~ ~

~stöckel *m*, (Holz)Pflasterstöckel, (Holz-)Pflasterklotz *m* [*DIN 68701*] · wood(en) (paving) block

~-Stockwerkdecke *f* → Holzdecke

~stufe *f*, Holztreppenstufe · wood(en) step, timber ~

~sturz *m*, Holz-Oberschwelle *f* · wood(-en) lintel, timber ~; ~ lintol [*deprecated*]

~stütze *f* · wood(en) column, timber ~; ~ stanchion (Brit.)

~tafel *f* · wood(en) panel, timber ~

~teer *m* · wood tar, Stockholm ~, Archangel ~

~teerpech *n* · wood-tar pitch

Holzterpentinöl *n*, Wurzelterpentinöl · wood turpentine [*It is obtained by the distillation of scrap wood such as sawdust and tree stumps containing resin instead of the balsam from the living trees*]

~ durch trockene Destillation gewonnen, Wurzelterpentinöl ~ ~ ~ ~ · destructively distilled wood turpentine

~ ~ Wasserdampf gewonnen, Wurzelterpentinöl ~ ~ ~ · steam distilled wood turpentine

Holz|träger *m* · wood(en) girder, timber ~

~tragwerk *n* [*Ein materielles System von Holzbauelementen bzw. Holzträgern*] · wood(en) (load)bearing structure, timber ~ ~, ~ (weight-carrying) ~, ~ supporting ~

~traufrinne *f* · wood(en) eave(s) gutter, ~ ~ trough, timber ~ ~

~-Trenndecke *f* → Holzdecke

~trennwand *f* · timber partition (wall), wood(en) ~ (~)

~treppe *f* · wood(en) stair(case), timber ~ [*B.S. 585*]

~treppenbauer *m* · wood(en) stair(-case) builder, timber ~ ~

~treppenstufe *f*, Holzstufe · wood(en) step, timber ~

~tritt(stufe) *m*, (*f*) · timber tread, wood(en) ~

~tür *f* · wood(en) door, timber ~

~(turm)helm *m* · timber spire, wood(en) ~

~(tür)schwelle *f* · timber (door) threshold, wood(en) (~) ~

~umzäunung *f*, Holzeinzäunung · timber fencing, wood(en) ~

~unterboden *m*, Blendboden, Blindboden [*Bretterlage über der Deckenkonstruktion als Unterlage für Riemen- oder Parkett(fuß)böden*] · wood(en) sub-floor, timber ~; rough floor (US)

~unterboden *m* **mit Unterzügen** · joisted timber sub-floor, ~ wood(en) ~

~unterdecke *f*, Holzuntersicht *f*. wood(-en) soffit, timber ~

~(unter)grund *m* · wood(en) base, ~ ground, timber ~

~untersicht *f*, Holzunterdecke *f* · wood(-en) soffit, timber ~

(~)Verbinder *m*, (Holz)Verbindungsmittel *n* [*Dübel, Bolzen, Nägel, Klammern und Schrauben, die die Holzverbindungen dauerhaft und für den jeweilig beabsichtigten Zweck geeignet machen*] · (wood) fastener, timber ~

~verbindung *f* · wood joint, timber ~, ~ connection

(~)Verbindungsmittel *n*, (Holz)Verbinder *m* [*Dübel, Bolzen, Nägel, Klammern und Schrauben, die die Holzverbindungen dauerhaft und für den jeweilig beabsichtigten Zweck geeignet machen*] · (wood) fastener, timber ~

~verkleidung *f*, Holzauskleidung, Holzbekleidung · timber lining, wood(-en) ~, ~ (sur)facing

~-Vollwandbalken(träger) *m* · timber plain web beam, ~ solid ~ ~

~-Vollwandträger *m* · timber plain web girder, wood(en) ~ ~ ~, ~ solid ~ ~

~wand *f* · timber wall, wood(en) ~

~-Wandschindel *f*, Wand-Holzschindel · wood siding shingle

~wange *f* · wood(en) string (Brit.); ~ stringer (US); timber ~

~wechsel(balken) *m*, Wechselholz *n* · wood(en) header, timber ~ [*A wood(-en) beam which carries the ends of beams which are cut off in framing around an opening*]

~wendeltreppe *f* · timber spiral stair(-case), wood(en) ~ ~

Holzwolle *f* [*DIN 4077*] · wood wool (Brit.); (~) excelsior (US)

~(ab)dämmung *f* · wood wool insulation (Brit.); (~) excelsior ~ (US)

~-Akustikplatte *f*, Holzwolle-Schallschluckplatte · wood wool acoustic(al) board, ~ ~ ~ sheet, ~ ~ sound-control ~ (Brit.); (~) excelsior ~ ~, (~) excelsior absorbent board, (~) excelsior absorbent sheet (US); ~ wool absorbent board, ~ wool absorbent sheet (Brit.)

~beton *m* · wood wool concrete (Brit.); (~) excelsior ~ (US)

~betonplatte *f* · wood wool cement slab [*B.S. 1105*]; (~) excelsior concrete ~ (US)

~dämmung *f*, Holzwolleabdämmung · wood wool insulation (Brit.); (~) excelsior ~ (US)

~-(Decken)Hohlkörper *m* · wood wool hollow filler (Brit.); (~) excelsior ~ ~ (US)

~(-Leichtbau)platte *f* [*DIN 1101 und 1102. Genormtes Kurzzeichen nach DIN 4076: HWP*] · wood wool (building) slab [*B.S. 1105*]; (~) excelsior (~) ~ (US)

~-Leichtbauplatten-Trennwand *f* wood wool slab partition (wall) (Brit.); (~) excelsior ~ ~ (~) (US)

~-Schallschluckplatte *f*, Holzwolle-Akustikplatte · wood wool acoustic(al) board, ~ ~ ~ sheet, ~ ~ sound-control ~ (Brit.); (~) excelsior ~ ~, (~) excelsior absorbent board, (~) excelsior absorbent sheet (US); ~ wool absorbent board, ~ wool absorbent sheet (Brit.)

~schnur *f* [*für Dämm- und Isolierzwecke*] · wood wool covering cord (Brit.); (~) excelsior ~ ~ (US)

~seil *n* [*für Dämm- und Isolierzwecke*] · wood wool covering rope (Brit.); (~) excelsior ~ ~ (US)

Holzwurm *m* · timber worm [*A term loosely used for any organism, chiefly insect larvae, that is associated with any excavation in timber*]

Holzzaun *m* · timber fence, wood(en) ~

~pfahl *m*, Holz(zaun)pfosten *m* · wood(-en) (fence) post, timber (~) ~

Holz|(zaun)pfosten *m*, Holzzaunpfahl *m* · wood(en) (fence) post, timber (~) ~

~zelle *f*, Holzraumzelle · timber building block module, wood(en) ~ ~ ~, ~ unitized unit

Holzzement *m* → flüssiges Holz

~ [*für Holzzementdach*] · dressing compound for Häusler (type) roof(ing)

~dach *n* [*Der Erfinder des Holzzementdaches, Häusler, wählte für die Deckung 4 Lagen Holzzementpapier. Neuerdings wird für die unterste Lage Dachpappe und die übrigen drei Holzzementpapier verwendet. Der Holzzement als Klebemasse ist eine Mischung aus 60 Teilen wasserfreiem Steinkohlenteer, 15 Teilen Asphalt und 25 Teilen Schwefel oder 70% destilliertem Steinkohlenteer, 10% Schmieröl und 20% amerikanischem Harz*] · Häusler type roof cladding, ~ ~ ~ covering, ~ ~ ~ sheathing, ~ ~ roof(ing)

~papier *n* · paper for Häusler (type) roof(ing)

Holz|-Ziegel-Haus *n* · wood and brick-clad home, timber ~ ~ ~

~zisterne *f* · wood(en) cistern, timber ~

~zugjalousie *f*, Holzraffjalousie · wooden (slatted) Venetian (blind)

~zwischendecke *f* → hölzerne Einschubdecke

Homogen(belag)platte *f*, Homogenfliese, ölfeste Hochdruck-Asphalt(belag)platte, Steinkohlenteerpechplatte, Steinkohlenteerpechfliese [*DIN 18354*] [*Diese Platten sind mit Steinkohlenteerweichpech gebunden. Die Bezeichnungen „Homogenasphaltplatte" und „Homogenasphaltfliese" sind daher irreführend*] · soft pitch tile

homogener Belag *m*, Einschichtbelag · homogenous cover(ing)

~ Polyvinylchloridbelag *m*, Einschicht-Polyvinylchlorid-Belag, Polyvinylchlorid-Einschichtbelag, PVC-Einschichtbelag, Einschicht-PVC-Belag, homogener PVC-Belag · homogenous PVC cover(ing), ~ polyvinyl chloride ~

~ PVC-Belag *m*, Einschicht-PVC-Belag, PVC-Einschichtbelag, Polyvinylchlorid-Einschichtbelag, Einschicht-Polyvinylchlorid-Belag, homogener Polyvinylchloridbelag · homogeneous PVC cover(ing), ~ polyvinyl chloride ~

~ Spannungszustand *m* · homogeneous state of stress

Homogen|fliese *f*, Homogen(belag)platte, ölfeste Hochdruck-Asphalt(belag)-platte, Steinkohlenteerpechplatte [*DIN 18354*] [*Diese Platten sind mit Steinkohlenteerweichpech gebunden. Die Bezeichnungen „Homogenasphaltplatte" und „Homogenasphaltfliese" sind daher irreführend*] · soft pitch tile

~platte *f* → Homogenfliese

Honigstein *m*, Melilith *m* · mell(il)ite

Hookesches Gesetz *n*, Elastizitätsgesetz · Hooke's law, law of elasticity

hörbar · audible

Hörbarkeit *f*, Hörsamkeit · audibility

Hör(barkeits)bereich *m*, *n*, Hörsamkeitsbereich · audible range, audibility ~, range of audibility

Hordengestell *n* [*Betonsteinherstellung*] · curing rack, rack for curing concrete blocks

Hörempfindung *f* · auditory sensation

Hörempfindungsbereich *m*, *n* · auditory sensation area [*The region enclosed by the curves defining the threshold of pain and the threshold of hearing as a function of frequency*]

Horizontal|belastung *f* · horizontal loading

~beleuchtung *f*, Waag(e)rechtbeleuchtung · horizontal lighting, ~ illumination

~bogen *m* → scheitrechter Bogen

horizontale Wand(bau)platte *f*, waag(e)rechte ~ · horizontal wall slab

~ Wandplatte *f*, ~ Wandbauplatte, waag(e)rechte ~ · horizontal wall slab

Horizontal|fuge *f* · horizontal joint

~komponente *f*, waag(e)rechte Teilkraft *f* · horizontal component

~kraft *f* · horizontal force

~last *f*, waag(e)rechte Last · horizontal load

~montage *f*, Horizontalzusammenbau *m* [*Ein Geschoß wird auf der ganzen Grundrißfläche fertig montiert*] · horizontal erection, ~ assembly

~projektion *f* · horizontal projection

~rahmen *m* · horizontal frame

~-Retortenteer *m* · horizontal-retort tar

~-Schiebefenster *n*, Horizontal-Schiebeflügelfenster, Waag(e)recht-Schiebe-(flügel)fenster · horizontal(ly) sliding sash window

~-Schiebe(fenster)flügel *m*, Waag(e)-recht-Schiebe(fenster)flügel · horizontal(ly) sliding sash

~-Schiebe(flügel)fenster *n*, Waag(e)-recht-Schiebe(flügel)fenster · horizontal(ly) sliding sash window

~schiebetür *f*, Waag(e)rechtschiebetür · horizontal slide door, ~ sliding ~

~schnitt *m* · horizontal section, sectional plan

~schub *m* · horizontal thrust

~steife *f* · horizontal stiffener

~träger *m* · horizontal girder

~verglasung *f*, Waag(e)rechtverglasung · horizontal glazing

~zusammenbau *m* → Horizontalmontage

Hornantenne *f* · horn aerial

Hornblende *f* · hornblende

~asbest *m*, Amphibolasbest · amphibole asbestos

~gneis *m* · amphibolic gneiss, hornblende-gneiss

~granit *m* · hornblende-granite

~schiefer *m* · horn(blende)-schist, schistous amphibolite [*A foliated metamorphic rock, consisting of hornblende, with various proportions of feldspar, biotite, etc.*]

Hornfels *m* · hornfels [*A hard, compact and granular metamorphic rock, formed by the action of intense heat on clayey rocks as in contact metamorphism*]

Horologium *n* **des Andronikos von Kyrrhe,** Turm *m* der Winde [*in Athen*] · Horologium of Andronikos Cyrrhestes, Tower of the Winds

Hörsaal *m* [*Universität*] · auditorium, lecture hall, lecture theatre

Hörsamkeit *f*, Hörbarkeit · audibility

Hörsamkeitsbereich *m*, *n* → Hör(barkeits)bereich

Hörschall *m*, Schall im engeren Sinne [*Schall im Frequenzbereich des menschlichen Hörens; Hörbereich etwa 16 Hz bis 16 kHz*] · sound [*Mechanical disturbance, propagated in an elastic medium, of such character as to be capable of exciting the sensation of hearing*]

Hörschwelle *f* · threshold of hearing; ~ ~ audibility [*deprecated*]

Hörsignal *n*, akustisches Signal · audible signal, sound ~, acoustic(al) ~

Horustempel *m* · Temple of Horus [*at Edfu*]

Hörverhältnisse *f* · aural conditions

HOS *f* → (Hochofen)Schlacke

Hosenstück *n* · breech(es) fitting, breeching ~ [*A symmetrical pipe fitting in which two parallel pipes unite into one pipe. The flow may be in either direction according to the purpose for which the fitting is used*]

Hostienbäckerei *f* · host bakery

Hotel garni *n* · residential type hotel, apartment ~ ~

~ in Stadtmitte · city-centre hotel (Brit.); city-center ~ (US)

~bau *m* · hotel construction

~eingang *m* · hotel entrance

~foyer *n* · hotel foyer

~gebäude *n* · hotel building

~halle *f* · reception lounge

~heizung *f* · hotel heating

~-Hochhaus *n* · multi-storey hotel (Brit.); multi-story ~ (US)

~restaurant *n* · hotel restaurant

~schloß *n* · hotel lock

~schwimmbad *n* · hotel swimming poo

~speiseraum *m* · hotel dining room

H(o)urdi *m* → Tonhohl(stein)platte

~ für Installationsleitungen → Tonhohl(stein)platte ~ ~

~decke *f* → Tonhohl(stein)plattendecke

Hoyer|-Balken(träger) *m*, (Stahl)Saitenbeton-Balken(träger) · Hoyer beam

~(-Decken)hohlkörper *m* · Hoyer hollow filler

~-Platte *f*, (Stahl)Saitenbetonplatte Hoyer slab

~wirkung *f* · Hoyer effect [*In prestressed concrete, frictional forces which result from the diameter which they had before they were stressed*]

HOZ *m*, Hochofenzement; Montanzement [*Süddeutschland*] [*DIN 1164*] · portland blast-furnace slag cement

HP *n*, Hartpapier *n* · laminated paper

~, hyperbolisches Paraboloid *n* · hyperbolic paraboloid

HP-Dach *n*, hyperbolisches Paraboloiddach, HP-Schalendach · hyperbolic paraboloid concrete shell roof

H-Profil *n* · H section

~-Flügel *m* · 'H' section sash

HP-Schale *f*, hyperbolische Paraboloidschale, hyperbolisch-paraboloidische Schale · hypar shell, hyperbolic-paraboloid(al) ~

HP-(Schalen)Dach *n*, hyperbolisches Paraboloiddach · hyperbolic paraboloid concrete shell roof

HP-Shed(rahmen)halle *f* · north-light hypar shell frame(d) building, ~ ~ ~ ~ block, saw-tooth ~ ~ ~ ~

H-Rahmen *m* · H frame

HS *m* Hütten(mauer)stein *m*, Zechenstein [*Fehlname: Hochofen-Schlackenstein. DIN 398*] · slag sand block, ~ ~ tile, granulated slag ~ (Brit.); cinder sand ~, granulated cinder ~ (US) [*See remark under 'Block(stein)'*]

HSL *m* → Hütten-Lochstein

H-Stütze *f* · H section column

HSV *m* → Hütten-Vollstein

HSW *m*, Holzspanwerkstoff *m* · chipped wood material, wood particle ~

H-Träger *m* · H-girder

H_u m in kcal/Nm³, (unterer) Heizwert *m* · lower calorific value, L. C. V.

Hub(-Beton)|decke *f* · lift slab concrete floor

~deckenverfahren *n* · lift-slab method

Hubdecke *f*, Hub-Betondecke · lift-slab concrete floor

Hubdeckenbau *m* · lift-slab construction

~(weise) *m*, *(f)* → Hubdeckenverfahren

~werk *n* · lift-slab structure

Hub(decken)|platte *f* · lift-slab

~plattenweite *f* · lift-slab span

Hub|deckenverfahren *n*, Hubplattenverfahren, Hubplattenbau(weise) *m*, *(f)*, Hubdeckenbau(weise) · lift-slab method (of construction), ~ construction [*This method of construction is associated with flat slab design. It consists of casting the upper floors and roof of a building around the columns at ground level, using the ground floor slab as the initial soffit form and subsequently lifting them by means of hydraulic jacks to their correct positions, where they are permanently connected to the columns. A separating medium is incorporated between each slab*]

~einlage *f* · lifting insert [*of a panel*]

Hubose *f* · lifting eye, ~ lug

Hubplatte *f*, Hubdeckenplatte · lift-slab

Hubplatten|bau(weise) *m*, *(f)* → Hubdeckenverfahren

~decke *f* · lift-slab floor, lift-plate ~

~verfahren *n* → Hubdeckenverfahren

Hubschrauber|-Dachflugplatz *m* · roof (-top) heliport, elevated ~, ~ helicopter airport

~platz *m* · helicopter ground

Hub-Stahlbetonplatte *f* · reinforced concrete lift slab, R.C. ~ ~

Hubstange *f*, Zugstange [*Hubdeckenverfahren*] · pull rod

Hubstangenabstand *m*, Zugstangenabstand [*Hubdeckenverfahren*] · pull-rod spacing

Hubtechnik *f* [*Hubdeckenverfahren*] · lifting construction technique, ~ ~ technic

Hubtor *n* · lift away shutter door, ~ ~ shutterdoor

Hufeisen|bogen *m*, Dreiviertelkreisbogen, Überhalbkreisbogen [*Dieser Bogen ist unten eingezogen, da ihm der Dreiviertelkreis zugrunde liegt. Er kommt auch in spitzer Form vor*] · (Moorish) horseshoe arch

~spitzbogen *m*, spitzer Hufeisenbogen · horseshoe pointed arch

Hügel|grab *n* · grave-mound, barrow

~stadt *f* · hill-city

Hühnerdrahtgeflecht *n* · poultry netting

Hülle *f*, Röhre *f*, Hüllrohr *n*, Gleitkanal *m*, Spannkanal · sheath(ing) [*prestressed concrete*]

Hüllrohr *n*, Hülle *f*, Röhre *f*, Spannkanal *m*, Gleitkanal · sheath(ing) [*prestressed concrete*]

Hülse *f*, Manschette *f* · sleeve [*For services passing through walls or partitions*]

Hülsenfundament *n* · socket-type footing

Humussäure *f* [*Allgemeine Bezeichnung für die verschiedenen meist noch wenig bekannten Huminsäuren*] · humic acid

Hundertsäulenhalle *f* · Hall of the Hundred Columns [*Persepolis*]

Hundezahnornament *n*, Hundezahnverzierung *f*, Hundszahn *m*, Hundezahn · dog-tooth (ornament) [*Stonework decoration typical of late Norman and Early English architecture, i.e. about the end of the 12th and beginning of the 13th century. Generally found round door openings and in the archivolts of the arches*]

Hürde *f*, Zaun~ · (fence) hurdle

Hürdenzaun *m*, Flechtzaun · wattle fence, hurdle ~

Hurdi *m* → Tonhohl(stein)platte

Huthaken *m* · hat hook

Hüttenbims *m*, Kunstbims [*Gebrochene geschäumte Hochofenschlacke. Die Struktur dieses Baustoffes ähnelt der des Naturbimses und beim technischen Schäumvorgang laufen im Prinzip verwandte Vorgänge ab wie beim Naturbims*] · crushed foamed (blast-furnace) slag, broken ~ (~) ~ (Brit.); ~ expanded cinder (US)

~beton *m* → (Hochofen)Schaumschlakkenbeton

Hüttenbims(beton)|-Bauplatte *f*, Kunstbims(beton)-Bauplatte [*Fehlnamen: (Hütten)Schwemmstein-Bauplatte, Hochofenschwemmstein-Bauplatte*] · foamed slag (concrete) slab (Brit.); expanded cinder (~) ~ (US)

~-Hohlblock(stein) *m*, Hüttenbims(beton)-Hohlstein, Kunstbims(beton)-Hohlblock(stein), Kunstbims(beton)-Hohlstein [*DIN 18151*] · foamed slag concrete hollow block, ~ ~ ~ cavity ~, ~ ~ ~ ~ tile, ~ ~ ~ ~ brick (Brit.); expanded cinder ~ ~ ~ (US); ~ ~ ~ pot

~-Wand(bau)platte *f*, Kunstbims(beton)-Wand(bau)platte · foamed slag (concrete) wall slab (Brit.); expanded cinder (~) ~ ~ (US)

Hüttenbims|block(stein) *m* → Hüttenbimsstein

~hohlblock *m*, Hüttenbimshohl(block)-stein *m* · hollow foamed slag concrete block, ~ ~ ~ ~ tile (Brit.); ~ expanded cinder ~ ~ (US) [*See remark under 'Block(stein)'*]

~hohl(block)stein *m*, Hüttenbimshohlblock · hollow foamed slag concrete block, ~ ~ ~ ~ tile (Brit.); ~ expanded cinder ~ ~ (US) [*See remark under 'Block(stein)'*]

~hohlstein *m*, Hüttenbimshohlblockstein, Hüttenbimshohlblock *m* · hollow foamed slag concrete block, ~ ~ ~ ~ tile (Brit.); ~ expanded cinder ~ ~ (US) [*See remark under 'Block(stein)'*]

~mehl *n*, (Kunst)Bimsmehl · foamed (blast-furnace) slag powder (Brit.); expanded cinder ~ (US)

~stein *m*, Hüttenbimsblock(stein) *m*, Leichtbetonblock(stein) mit Hüttenbims als Zuschlag(stoff), Leichtbetonstein mit Hüttenbims als Zuschlag(stoff) [*Fehlnamen: (Hütten)Schwemmstein, Hochofenschwemmstein*] · foamed slag concrete block, ~ ~ ~ tile (Brit.); expanded cinder ~ ~ (US) [*See remark under 'Block(stein)'*]

~vollblock(stein) *m*, Hüttenbimsvollstein · solid foamed slag concrete block, ~ ~ ~ ~ tile (Brit.); ~ expanded cinder ~ ~ (US) [*See remark under 'Block-(stein)'*]

~-Wand(bau)platte *f* → Hüttenbimsbeton-Wand(bau)platte

Hütten|Brechsand *m*, Schlackenbrechsand · crushed (blast-furnace) slag sand, broken (~) ~ ~, ~ granulated (blast-furnace) slag (Brit.); ~ cinder sand, ~ granulated cinder (US)

~hartstein *m*, HHS [*mittlere Druckfestigkeit 250 kp/cm², Mindestdruckfestigkeit 200 kp/cm². DIN 398*] · high-strength slag sand block, ~ ~ ~ tile, ~ granulated slag ~ (Brit.); ~ cinder sand ~, ~ granulated cinder ~ (US) [*See remark under 'Block(stein)'*]

~koks *m* · metallurgical coke

~-Lochstein *m*, HSL [*DIN 398*] · slag sand cored block, granulated slag ~ ~ (Brit.); cinder sand ~ ~, granulated cinder ~ ~ (US)

~(mauer)stein *m*, Zechenstein, HS [*Fehlname: Hochofen-Schlackenstein. DIN 398*] · slag sand block, ~ ~ tile, granulated slag ~ (Brit.); cinder sand ~, granulated cinder ~ (US) [*See remark under 'Block(stein)'*]

~rauch *m*, Kühlbeschlag *m*, Feuerweiß *n* [*Glasherstellung*] · (sulphate) bloom (Brit.); (sulfate) ~ (US)

~sand *m*, granulierte Hochofenschlacke *f*, (künstlicher) Schlackensand, gekörnte Hochofenschlacke, Hochofenschlackensand · (blastfurnace) slag sand (Brit.); cinder ~, granulated cinder (US); granulated (blastfurnace) slag

~sandbeton *m*, (Hochofen)Schlackensandbeton · (blastfurnace) slag sand concrete, granulated (blastfurnace) slag ~ (Brit.); cinder sand ~, granulated cinder ~ (US)

~schlacke *f*, Eisen~, Metall(hütten)-schlacke · steel(-mill) slag

(~)Schwemmstein *m* [*Fehlname*] → Hüttenbimsstein

(~)Schwemmstein-Bauplatte *f*, Hochofenschwemmstein-Bauplatte [*Fehlnamen: Hüttenbims(beton)Bauplatte, Kunstbims(beton)-Bauplatte*] · foamed slag (concrete) slab (Brit.); expanded cinder (~) ~ (US)

~stein *m*, Hüttenmauerstein, Zechenstein, HS [*Fehlname: Hochofen-Schlackenstein. DIN 398*] · slag sand block, ~ ~ tile, granulated slag ~ (Brit.); cinder sand ~, granulated cinder ~ (US) [*See remark under 'Block(stein)'*]

~-Vollstein *m*, Hütten-Vollblock(stein) *m*, HSV [*DIN 398*] · slag sand solid block, ~ ~ ~ tile, granulated slag ~ ~ (Brit.); cinder sand ~ ~, granulated cinder ~ ~ (US) [*See remark under 'Block(stein)'*]

~wolle *f* [*Fehlname: Schlackenwolle*] · slag wool, silicate cotton

~wollefilz *m* [*Fehlname: Schlackenwollefilz*] · slag wool felt, silicate cotton ~

Hüttenzement *m* [*Ein Gemisch aus Portlandzement und Hochofenschlacke bestimmter Zusammensetzung*] · metallurgical cement

~putz *m* · metallurgical cement rendering

Hüttenzink *n* · roasted zinc

Hut- und Kleiderhaken *m* · hat and coat hook

HVB *n* → Hochvakuumbitumen

H_4SiO_4, Orthokieselsäure *f* · orthosilicic acid

HWP *f* → Holzwolle(-Leichtbau)platte

Hydrant *m* · hydrant

Hydranten|krümmer *m* · hydrant bend

~-T-Stück *n* · hydrant tee

Hydrargillit *m*, Gibbsit *m* · hydrargillite, gibbsite [*1. A trihydrate of alumina, $Al_2O_3 \cdot 3\,H_2O$. 2. A rock containing a major proportion of this mineral*]

Hydrat *n* · hydrate [*A chemical combination of water with another compound or an element*]

Hydra(ta)tion *f* · hydration [*Formation of a compound by the combining of water with some other substance, in concrete, the chemical reaction between cement and water*]

Hydra(ta)tions|chemie *f* · hydration chemistry

~geschwindigkeit *f* · rate of hydration, hydration rate

~grad *m* · degree of hydration, hydration degree

~temperatur *f* · hydration temperature, temperature of hydration

~vorgang *m*, Hydra(ta)tionsprozeß *m*, Hydra(ta)tionsablauf *m*, Hydra(ta)tionsverlauf *m* · hydration process, process of hydration [*The process of formation of a compound by the combining of water with some other substance, in concrete, the chemical reaction between cement and water*]

~wärme *f* · heat of hydration, hydration heat [*The heat given off by cement paste during the chemical combination of cement with water. An exothermic process*]

~wasser *n* · water of hydration, hydration water

hydratisiert · hydrated

Hydrat|pottasche *f*, $K_2CO_3 1^1/_2 H_2O$ · hydrated potash

~umwand(e)lung *f* · hydrate conversion

Hydraulefaktor *m*, Silikatbildner *m*, Wasserbildner · silicate-forming matter

hydraulisch, wasserbindend [*Bindemittel, die nach Zugabe von Wasser in sich, also auch unter Wasser, erhärten nennt man hydraulische Bindemittel*] · hydraulic

~ abbindende Masse *f* [*Schamotteindustrie*] · castable

~ erhärtender feuerfester Mörtel *m*, ~ ~ ff. ~ · hydraulic refractory cement, ~ ~ mortar

~ gepreßt · hydraulically pressed

hydraulische (Er)Härtung *f* · hydraulic hardening

~ Magnesia *f*, Magnesiazement *m* · magnesia cement

~ Mischung *f*, hydraulisches Gemisch *n* · hydraulic mix(ture)

~ Obenschließvorrichtung *f*, ~ Oben-Türschließvorrichtung, hydraulischer Oben(-Tür)schließer *m* · hydraulic overhead door closer, ~ ~ ~ closing device, ~ ~ device for closing, ~ ~ closing mechanism

~ Oben(-Tür)schließvorrichtung *f*, hydraulischer Oben(-Tür)schließer *m* · hydraulic overhead door closer, ~ ~ ~ closing device, ~ ~ device for closing, ~ ~ closing mechanism

~ Pressung *f* **von Tonpulver mit 5–6% Feuchtigkeit** [*Herstellung von (Fuß-) Bodenplatten*] · dust-pressed process

~ Torantriebvorrichtung *f*, hydraulischer Torantrieb *m* · hydraulic shutter door operator, ~ shutterdoor ~

~ Fensteröffner *m* · hydraulic window opening device

~ Index *m* · hydraulic index

~ Kalk *m*, gemischter ~, HK 25 [*DIN 1060. Fehlnamen: Zementkalk, Schwarzkalk*] · semi-hydraulic lime, grey(-stone) ~ [*It contains a smaller proportion of silicates and aluminates than eminently hydraulic lime and is intermediate in properties between this and non-hydraulic lime*]

~ Modul *m* [*Zement. Das Verhältnis von Kalk zu den Hydraulikfaktoren Kieselsäure, Tonerde und Eisenoxid. Dieser Modul sollte etwas über 2 liegen*] · hydraulic modulus

~ Mörtel *m*, Wassermörtel · hydraulic mortar

~ Obenschließer *m*, ~ Oben-Türschließer, hydraulische Oben(-Tür)schließvorrichtung *f* · hydraulic overhead door closer, ~ ~ ~ closing device, ~ ~ device for closing, ~ ~ closing mechanism

~ Oben(-Tür)schließer *m*, hydraulische Oben(-Tür)schließvorrichtung *f* · hydraulic overhead door closer, ~ ~ ~ closing device, ~ ~ device for closing, ~ ~ closing mechanism

~ Stoff *m* · hydraulic substance

~ Torantrieb *m*, hydraulische Torantriebvorrichtung *f* · hydraulic shutter door operator, ~ shutterdoor ~

~ Zusatz(stoff) *m*, wasserbindender ~, hydraulisches Zusatzmittel *n*, wasserbindendes Zusatzmittel, Hydraulit *m* [*Ein Stoff, der den Weißkalk befähigt auch unter Wasser zu erhärten*] · hydraulic additive, ~ agent, ~ admix(-ture)

~ Zuschlag *m*, Puzzolane *f* [*Plural: die Puzzolanen*] · pozzolan(ic material), pozz(u)olana [*A siliceous or siliceous and aluminous material, which in itself possesses little or no cementitious value but will in finely divided form and in the presence of moisture, chemically react with calcium hydroxide at ordinary temperatures to form compounds possessing cementitious properties*]

hydraulisches Bindemittel *n*, Mörtelbildner *m*, Mörtel(binde)stoff *m* [*Pulverförmiger Stoff, der beim Anrühren mit Wasser einen Brei, den Mörtel, liefert, der nach mehr oder minder langer Zeit, in der Regel nach einigen Stunden, unter Bindung von Wasser erstarrt, und der sich dann unter fortschreitender Erhärtung in ein steinartiges, in Wasser unlösliches und damit gegen den Angriff des Wassers beständiges Gebilde verwandelt. Der Ausdruck „hydraulisches Bindemittel" ist sprachlich kaum zu rechtfertigen; denn das Wort hydraulisch wird hier etwa in der Bedeutung „wasserfest" gebraucht, also in einem ganz anderen Sinne wie in der Physik*] · hydraulic cementing material, ~ cementitious ~, ~ ~ agent, ~ binder, ~ binding medium, ~ matrix

~ Gemisch *n*, hydraulische Mischung *f* · hydraulic mix(ture)

~ Zusatzmittel *n*, wasserbindendes ~, hydraulischer Zusatz(stoff) *m*, wasserbindender Zusatz(stoff), Hydraulit *m* [*Ein Stoff, der den Weißkalk befähigt auch unter Wasser zu erhärten*] · hydraulic additive, ~ agent, ~ admix(-ture)

Hydraulit *m*, hydraulischer Zusatz(stoff) *m*, wasserbindender Zusatz(stoff), hydraulisches Zusatzmittel *n*, wasserbindendes Zusatzmittel [*Ein Stoff, der den Weißkalk befähigt auch unter Wasser zu erhärten*] · hydraulic additive, ~ agent, ~ admix(ture)

Hydraulizität *f* · hydraulicity

Hydrazin *n*, NH_2NH_2 [*Waseranziehende alkalische Flüssigkeit; rauchend, giftig; als Treibmittel für Porengips und Porenbeton verwendet*] · hydrazin(e)

in beiden Richtungen durchlaufend · continuous in both directions

in einer Richtung durchlaufend · continuous in one direction

inaktives Pigment *n* · inert pigment

Inbetriebnahme *f* · commissioning

Indigo *n* · indigo [*A deep blue, originally obtained from plants. Now artificially made on a large scale from coal-tar*]

Indikator *m* [*Ein Farbstoff, der anzeigt, ob eine Lösung sauer oder basisch reagiert. Nachweis freier Säuren und Lösungen, z.B. aggressiver Kohlensäure. Die häufigsten Indikatoren sind Lackmus, Phenolphthalein, Methylorange und Methylrot*] · indicator

~färbung *f* · indicator coloring (US); ~ colouring (Brit.)

~papier *n* · indicator paper

indirekte Beleuchtung *f* · indirect lighting, concealed ~, ~ illumination

indirekter Beleuchtungsanteil *m* · indirect lighting component

Indischrot *n* · Indian red [*Red iron oxid(e)*]

Individualistenkunst *f* · individual form of art, art of the individual

Induktions|gerät *n*, Hochdruck-~ · induction unit

~härtung *f* · induction hardening

~lötung *f* · h.f. induction soldering, high frequency ~ ~

induktive Beeinflussung *f* [*Sieb*] · inductive effect [*screen*]

~ Erwärmung *f* · induction heating

industrialisiert · industrialized

Industrialisierung *f* **des Bauwesens** · industrialization of building and civil engineering, ~ ~ construction industry

Industrie|abwasser *n*, Industrieabwässer *npl*, industrielles Abwasser, industrielle Abwässer · industrial sewage

~anlage *f* · industrial plant

~architekt *m* · industrial architect

~architektur *f*, Industriebaukunst *f* · industrial architecture

~atmosphäre *f*, Industrieluft *f* · industrial vapours (Brit.); ~ vapors (US); ~ atmosphere

~bau *m* · industrial construction

~baukunst *f*, Industriearchitektur *f* · industrial architecture

~baumaterial *n*, Kunstbaumaterial [*Schweiz*]; Kunstbaustoff *m*, Industriebaustoff · man-made construction material, ~ building ~, ~ structural ~

~(-Bau)platte *f*, Bauplatte für den Industriebau · building board for industrial construction, ~ sheet ~ ~ ~

~baustelle *f* · industrial construction site

~baustoff *m*, Kunstbaustoff; Kunstbaumaterial *n*, Industriebaumaterial [*Schweiz*] · man-made construction material, ~ building ~, ~ structural ~

~bauten *f* · industrial buildings and structures

~bauvorhaben *n*, Industriebauprojekt *n* · industrial construction project

~bauwerk *n* · industrial structure

~(belag)platte *f*, Industriefliese · industrial tile

~bitumen *n*, oxidiertes Bitumen, geblasenes Bitumen [*Geblasene Bitumen sind die durch Einblasen von Luft in geschmolzene, weiche Bitumen hergestellten hochschmelzenden Bitumen mit ausgeprägten plastischen und elastischen Eigenschaften*] · air-rectified (asphaltic) bitumen, air-blown (~) ~, oxidized (~) ~ (Brit.); ~ asphalt (US)

~boden(belag) *m* → Industriefußboden(belag)

~chemikalie *f* · industrial chemical

~dach *n* · industrial roof

~decke *f*, Industriestockwerkdecke, Industrietrenndecke, Industrieetagendekke, Industriegebäudedecke, Industriegeschoßdecke · industrial floor

~entballung *f* · industrial decentralization

~(ent)lüfter *m* · industrial fan, extractor, ~ extract ventilation unit, ~ extraction unit

~etagendecke *f* → Industriedecke

~fenster *n* · industrial window

~fliese *f*, Industrie(belag)platte · industrial tile

~(fuß)boden(belag) *m*, Betriebs(fuß)boden(belag), Werk(fuß)boden(belag), Fabrik(fuß)boden(belag) · industrial floor(ing) (finish), ~ floor cover(ing)

~(fuß)bodenfliese *f*, Industrie(fuß)bodenplatte, Werk(fuß)bodenplatte, Fabrik(fuß)bodenplatte, Betriebs(fuß)bodenfliese · industrial floor(ing) tile

~(fuß)bodenplatte *f*, Industrie(fuß)bodenfliese, Werk(fuß)bodenplatte, Fabrik(fuß)bodenplatte, Betriebs(fuß)bodenfliese · industrial floor(ing) tile

~garage *f* · industrial garage

~gebäude *n*, Werkgebäude, Fabrikgebäude · factory building, ~ block, industrial ~

~gebäudedecke *f* → Industriedecke

~gelände *n* · industrial ground

~geschoßdecke *f* → Industriedecke

~geschoßgebäude *n* · industrial storied building, ~ ~ block

~glas *n* · industrial glass

~halle *f*, Industrierahmenhalle, (Fabrikrahmen)Halle, Fabrikhalle, (Werk)Rahmenhalle, Werkhalle · factory (frame(d)) building, ~ (~) block, industrial (~) ~

~heizung *f* · industrial heating

~heiz(ungs)anlage *f* · industrial heating system

~hygiene *f*, Arbeitshygiene · industrial hygiene, factory ~

~kalk *m* · industrial lime

~lack *m* · industrial varnish

~lärm *m* · industrial noise

~leim *m* · industrial glue

industriell gefertigtes Haus *n* · factory-built house, industrially manufactured ~

industrielle Abwässer *npl* → Industrieabwasser

~Bebauung *f* · nonresidential development

industrielle Form(geb)ung *f* · industrial design

industrielles Abwasser *n* → Industrieabwasser

Industrie|luft *f* · industrial atmosphere

~lüfter *m*, Industrieentlüfter · industrial fan, ~ extractor, ~ extract ventilation unit, ~ extraction unit

~-Pendeltür *f*, flexible ~ · flexible industrial swing door

~platte *f*, Industriebelagplatte, Industriefliese · industrial tile

~(rahmen)halle *f*, Werkhalle, (Werk-)Rahmenhalle, Fabrikhalle, (Fabrikrahmen)Halle · factory (frame(d)) building, ~ (~) block, industrial (~) ~

~raumheizung *f* · industrial space-heating

~rohr *n* · industrial pipe

~säure *f* · industrial acid

~schornstein *m* → freistehender Schornstein

~stadt *f* · manufacturing town, industrial quarter, cité industrielle [*Planned by Tony Garnier*]

~-Stahlfenster *n* · steel window for industrial building [*B.S. 1787*]

~standort *m* · industrial site

~stockwerkdecke *f* → Industriedecke

~tor *n* · industrial shutter door, ~ shutter-door

~trenndecke *f* → Industriedecke

~treppe *f* · industrial stair(case)

~verglasung *f* · industrial glazing

~-Vorhangwand *f* · industrial(-type) curtain wall

~-Wand(belag)platte *f*, Industrie-Wandfliese *f* [*Glasierte keramische Wandfliese, deren Scherben weiß oder elfenbeinfarbig bis gelb getönt sein kann und meist etwas gemahlene Schamotte enthält*] · industrial wall tile

~wärme *f* · industrial heat

~zähler *m* · industrial meter

Ineinanderfließen *n* **von Innenraum und Außenraum** · merging of interior and exterior

Infirmeria *f*, Krankenhaus *n* [*Teil eines Klosters*] · (in)firmary

Informationsstand *m* · information counter

(Infrarot-)Gasglühstrahler *m*, (Infrarot-)Hochtemperaturstrahler, Infrarotstrahler · gas heated panel

Infrarot|heizer *m*, Höchsttemperatur-Strahlungsheizer · infrared heating appliance, ~ ~ unit, ~ heater

~heizung *f*, Höchsttemperatur-Strahlungsheizung · infrared heating

(Infrarot-)Hochtemperaturstrahler *m*, (Infrarot-)Glasglühstrahler, Infrarotstrahler · gas heated panel

Infrarot|-Spektroskopie *f* · infrared spectroscopy [*Use of spectrophotometer for determination of infrared absorption spectra (2.5 to 18 micron wave lengths) of materials. Used for detection, determination, and identification of organic materials and the reaction between organic admixture and concrete components*]

~strahlung *f* · infrared radiation

~trocknung *f* · infrared drying, ~ stoving, radiant heat ~ [*A stoving treatment in which heat is transferred to the paint surface mainly by radiation from a hot surface, e.g. electric lamps or gas heated panels*]

Infraschall *m* · infrasonics

Infusorienerde *f* · infusorial earth

Ingenieurbau|klinker *m* → (Tiefbau-)Klinker

~baumaterial *n* [*Schweiz*]; Ingenieurbaustoff *m* · civil engineering material

~stoff *m*; Ingenieurbaumaterial *n* [*Schweiz*] · civil engineering material

Ingenieurdiplom *n* · engineering diploma

Inhaltsstoff *m* · ingredient

inhomogener plastischer Körper *m* · non-homogeneous plastic body

Injektions|arbeiten *fpl*, Auspreßarbeiten, Einpreßarbeiten, Verpreßarbeiten [*DIN 18309*] · grouting work

~gut *n*, Auspreßgut, Einpreßgut, Verpreßgut, Injiziergut · injection material

~harz *n*, Einpreßharz, Auspreßharz, Verpreßharz, Injizierharz [*Zum monolithischen Verbund von Rissen in Beton, Betonfertigteilen und Zementestrichen*] · grouting resin, injection ~

~hilfe *f*, Einpreßhilfe, Auspreßhilfe, Verpreßhilfe, EH [*Verminderung des Absetzens des Zementmörtels im Spannkanal bzw. mäßiges Quellen. Verbesserung des Fließens des Mörtels beim Einpressen und Verminderung des Wasseranspruchs des Mörtels*] · grouting aid, ~ agent, injection ~

~hohlraum *m* → Einpreßhohlraum

~mörtel *m* → Einpreßmörtel

~mörtelloch *n*, Eindringmörtelloch, Injiziermörtelloch · grout(ing) hole

~pistole *f* → Injektionsspritzpistole

~spritze *f* → Injektions(spritz)pistole

~(spritz)pistole *f*, Einpreß(spritz)pistole, Injektionsspritze *f*, Einpreßspritze, Auspreß(spritz)pistole Verpreß(spritz)pistole, Auspreßspritze, Verpreßspritze, Injizier(spritz)pistole, Injizierspritze · grouting gun, injection ~

~suspension *f*, Ausspreßsuspension, Einpreßsuspension, Verpreßsuspension · grouting suspension

~verfahren *n*, Einpreßverfahren, Verpreßverfahren, Auspreßverfahren, Injizierverfahren · injection method

~zement *m*, Verpreßzement, Einpreßzement, Auspreßzement, Injizierzement · grouting cement, injection ~

Injizier|gut *n*, Injektionsgut, Auspreßgut Einpreßgut, Verpreßgut · injection material

~harz *n* → Injektionsharz

~hohlraum *m* → Einpreßhohlraum

~mörtel *m* → Einpreßmörtel

~mörtelloch *n*, Injektionsmörtelloch, Eindringmörtelloch · grout(ing) hole

~pistole *f* → Injektions(spritz)pistole

~spritze *f* → Injektions(spritz)pistole

~(spritz)pistole *f* → Injektions(spritz)-pistole

~verfahren *n*, Injektionsverfahren, Einpreßverfahren, Auspreßverfahren, Verpreßverfahren · injection method

~zement *m*, Injektionszement, Einpreßzement, Auspreßzement, Verpreßzement · grouting cement, injection ~

Inkrustation *f*, Einlegearbeit *f* · inlay [*Inlay is a method of enrichment by the insertion, or inlaying, of one material into another in order to provide a decorative contrast*]

Inlaidlinoleum *n* · inlaid lino(leum) [*The pattern is produced by pigments in the composition and does not wear off. It was introduced in 1880*]

Inland|marmor *m*, einheimischer Marmor · domestic marble

~passagier *m* · domestic passenger

~warteraum *m* [*Flughafen*] · domestic waiting room

Innen|(ab)dichtung *f* [*Rohr*] · internal seal(ing), interior ~, inner ~, inside ~

~abmessung *f*, Innenmaß *n* · internal dimension, interior ~, inner ~, inside ~, clear ~

~ansicht *f* · interior view

~anstrich *m*, Innenaufstrich · interior coat, internal ~, inside ~, inner ~

~(anstrich)farbe *f* · interior paint, internal ~, inside ~, inner ~

~arbeiten *fpl*, Innenausbauarbeiten, Innenausbau *m* · interior work, internal ~, inner ~, inside ~

~architekt *m*, Raumgestalter *m* · interior decorator, internal ~, ~ designer

~architektur *f*, Raumgestaltung *f* · interior decoration, ~ design

~aufstrich *m*, Innenanstrich · interior coat, internal ~, inside ~, inner ~

~ausbau *m* · interior fixtures, internal ~, inner ~, inside ~

~(ausbau)arbeiten *fpl*, Innenausbau *m* · interior work, internal ~, inner ~, inside ~

(~)Ausbaugewerk *n* · trade for interior work, ~ ~ finishing ~, ~ ~ inside ~, ~ ~ inner ~, ~ ~ indoor ~

~auskleidung *f*, Innenverkleidung, Innenbekleidung · inner lining, ~ (sur-) facing, internal ~, inside ~, interior ~

~baukunststoff *m* · construction plastic for internal use, building ~ ~ ~ ~, ~ ~ ~ inside ~, ~ ~ ~ interior ~, ~ ~ ~ indoor ~

~(bau)platte *f* · interior building board, ~ ~ sheet, internal ~ ~, inner ~ ~, inside ~ ~, indoor ~ ~

~(bau)tafel *f* · interior building panel, internal ~ ~, inner ~ ~, inside ~ ~, indoor ~ ~

~bauteil *m*, *n* **eines Gebäudes** · internal part of a building

~behälter *m* [*Heißwasserspeicher*] · container

~bekleidung *f*, Innenauskleidung, Innenverkleidung · inner lining, ~ (sur)facing, internal ~, inside ~, interior ~

~(belag)platte *f*, Innenfliese · internal tile, interior ~, indoor ~, inside ~, inner ~

~beleuchtung *f*, Innenraumbeleuchtung · indoor lighting, ~ illumination

~beleuchtung *f* **mit Tageslicht** → Innenraumbeleuchtung ~ ~

~beschichtung *f*, Innenüberzug *m* [*als Schicht*] · interior coating, internal ~, inside ~, inner ~

~betonstütze *f* · interior concrete column

~bogen *m* · interior arch, internal ~, inner ~, inside ~

~-Chlorkautschukfarbe *f* · internal chlorinated rubber paint, interior ~ ~ ~, inside ~ ~ ~, inner ~ ~ ~, indoor ~ ~ ~

~dämmung *f* · inside insulation, internal ~, interior ~, inner ~

~deck(anstrich)farbe *f* · interior finish(-ing) paint, inside ~ ~, inner ~ ~, internal ~ ~, indoor ~ ~

~deckfarbe *f*, Innendeckanstrichfarbe · interior finish(ing) paint, inside ~ ~, inner ~ ~, internal ~ ~, indoor ~ ~

(~)Deckputz *m*, (Innen)Feinputz, (Innen)Oberputz · final coat (mixed) plaster

(~)Deckputzmasse *f*, (Innen)Deckputzmörtel *m*, (Innen)Oberputzmörtel, (Innen)Oberputzmasse, (Innen)Feinputzmörtel, (Innen)Feinputzmasse · plaster stuff, ~ mix(ture)

(~)Deckputzmörtel *m*, (Innen)Deckputzmasse *f*, (Innen)Oberputzmörtel, (Innen)Oberputzmasse, (Innen)Feinputzmörtel, (Innen)Feinputzmasse · plaster stuff, ~ mix(ture)

~druck *m* [*Rohrleitung*] · internal pressure

~druckpneusystem *n* **mit innen gelegenen Abspannpunkten** · inside pressure pneumatic system with interior anchor points

~durchmesser *m*, lichter Durchmesser · internal diameter

~ecke *f* · internal corner, interior ~, inner ~, inside ~

~-Emulsionsfarbe *f* · interior emulsion paint, internal ~ ~, inside ~ ~, inner ~ ~, indoor ~ ~

~farbanstrich *m*, Innenfarbaufstrich · interior paint coat, internal ~ ~, inside ~ ~, inner ~ ~, ~ coat of paint

~farbaufstrich *m*, Innenfarbanstrich · interior paint coat, internal ~ ~, inside ~ ~, inner ~ ~, ~ coat of paint

~farbe *f*, Innenanstrichfarbe · interior paint, internal ~, inside ~, inner ~

(~)Feinputz *m*, (Innen)Oberputz, (Innen)Deckputz · final coat (mixed) plaster

(~)Feinputzmasse *f*, (Innen)Feinputzmörtel *m*, (Innen)Oberputzmasse, (Innen)Oberputzmörtel, (Innen)Deckputzmasse, (Innen)Deckputzmörtel · plaster stuff, ~ mix(ture)

(~) Feinputzmörtel *m*, (Innen)Feinputzmasse *f*, (Innen)Oberputzmörtel, (Innen)Oberputzmasse, (Innen)Deckputzmörtel (Innen)Deckputzmasse · plaster stuff, ~ mix(ture)

~fenster *n* [*Bei einem Doppelfenster*] · inner window, interior ~, inside ~, internal ~

~fenster *n* · borrowed light [*A window in an internal wall or partition*]

~-Fensterbank *f*, Innen(fenster)sohlbank · interior window sill; ~ ~ cill (Brit.); internal ~ ~ inside ~ ~, inner ~ ~, indoor ~ ~

~fensterrahmen *m* · inner window frame, interior ~ ~, inside ~ ~, internal ~ ~

~(fenster)sohlbank *f*, Innen-Fensterbank · interior window sill; ~ ~ cill (Brit.); internal ~ ~, inside ~ ~, inner ~ ~, indoor ~ ~

~feuchte *f*, Innenfeuchtigkeit *f*, Raumfeuchte, Raumfeuchtigkeit · indoor moisture, ~ humidity

~feuchtigkeit *f* → Innenfeuchte

~fläche *f* [*Rohr*] · internal surface

~fliese *f*, Innen(belag)platte · internal tile, interior ~, indoor ~, inside ~, indoor ~

Innenganghaus *n* · interior-corridor type block

~ mit eingeschossigen Wohnungen [*Ein Innengang in jedem Geschoß erschließt den Zugang zu an ihm beiderseits aufgereihten Wohnungen*] · interior-corridor type block with single-stor(e)y flats, ~ ~ building ~ ~ ~, ~ ~ ~ ~ ~ apartments; ~ ~ ~ ~ ~ living units (US)

~ ~ mehrgeschossigen Wohnungen [*Der gemeinsame Innengang ist nur in jedem zweiten oder dritten Geschoß. Er erschließt an beiden Gangseiten Wohnungen, die jeweils mit einer internen Treppe in das darüberliegende oder das darunterliegende Geschoß übergreifen, in einem dieser Geschosse meist die ganze Haustiefe einnehmend*] · interior-corridor type block with multi-stor(e)y flats, ~ ~ building ~ ~ ~, ~ ~ ~ ~ ~ apartments, ~ ~ ~ ~ ~ apartment units; ~ ~ ~ ~ ~ living units (US)

Innen|geräusch *n* · internal noise, inside ~ interior ~, inner ~

~gestalten *n*, Innengestaltung *f* · interior decorating, inside ~, inner ~, internal ~, indoor ~

~gestaltung *f* [*Als Ergebnis des Innengestaltens*] · interior decor, inside ~, inner ~, internal ~, indoor ~

~gestaltung *f*, Innengestalten *n* · interior decorating, inside ~, inner ~, internal ~, indoor ~

(~)Gipsgrob(ver)putz *m*, (Innen)Gipsgrund(ver)putz, (Innen)Gipsunter(ver)putz · gypsum basecoat (mixed) plaster, ~ undercoat (~) ~, ~ backing (coat) (~) ~

(~)Gipsgrund(ver)putz *m*, (Innen-)Gipsunter(ver)putz, (Innen)Gipsgrob(ver)putz · gypsum basecoat (mixed) plaster, ~ undercoat (~) ~, ~ backing (coat) (~) ~

(~)Gipsunter(ver)putz *m*, (Innen)Gipsgrund(ver)putz, (Innen)Gipsgrob(ver)putz · gypsum basecoat (mixed) plaster, ~ undercoat (~) ~, ~ backing (coat) (~) ~

~-Glanz(klar)lack *m* · interior gloss (clear) varnish, inside ~ (~) ~, internal ~ (~) ~, inner ~ (~) ~, indoor ~ (~) ~

~glastür *f* · interior glass door, inner ~ ~, internal ~ ~, inside ~ ~, indoor ~ ~

~griff *m* · inside handle [*door*]

(~)Grobputz *m*, (Innen)Grundputz, (Innen)Unterputz · undercoat (mixed) plaster, basecoat (~) ~, backing (coat) (~) ~

~-Grundanstrichmittel *n*, Innen-Grundanstrichstoff *m*, Innen-Grundiermittel, Innen-Grundierstoff, Innen-Grund(ierung) *m*, (*f*) · interior primer, internal ~, inner ~, inside ~

~-Grundanstrichstoff *m* Innen-Grundanstrichmittel *n*, Innen-Grundiermittel, Innen-Grundierstoff, Innen-Grund(ierung) *m*, (*f*) · interior primer, internal ~, inner ~, inside ~

~-Grundiermittel *n*, Innen-Grundierstoff *m*, Innen-Grund(ierung) *m*, (*f*), Innen-Grundanstrichmittel, Innen-Grundanstrichstoff · interior primer, internal ~ inner ~, inside ~

~-Grundierstoff *m*, Innen-Grund(ierung) *m*, (*f*), Innen-Grundiermittel *n*, Innen-Grundanstrichmittel, Innen-Grundanstrichstoff · interior primer, internal ~, inner ~, inside ~

~-Grund(ierung) *m*, (*f*), Innen-Grundierstoff *m*, Innen-Grundiermittel *n*, Innen-Grundanstrichmittel, Innen-Grundanstrichstoff · interior primer, internal ~, inner ~, inside ~

(~)Grundputz *m*, (Innen)Grobputz, (Innen)Unterputz · undercoat (mixed) plaster, basecoat (~) ~, backing (coat) (~) ~

(~)Haftputz *m* → Gips~

(~)Haft(ver)putz *m* · bond(ing) plaster

~handlauf *m*, Innenhandleiste *f* [*Treppe*] · internal handrail, inside ~, interior ~, inner ~, ~ stairrail

~haut *f* · inner skin

~hof *m* · inner court, inside ~, interior ~, internal ~, central ~

~-Holzeinbauten *f* · internal joinery, inner ~, inside ~, interior ~

~hydrant *m* · hydrant inside a building

~isolierung *f* · interior insulation, internal ~, inner ~, inside ~

~jalousie *f* · inside slatted blind, inner ~ ~, interior ~ ~, internal ~ ~, indoor ~ ~

~kalkputzmasse *f*, Innenkalkputzmörtel *m* · plastering mix(ture) based on lime, plaster ~ ~ ~

~kalkputzmörtel *m*, Innenkalkputzmasse *f* · plastering mix(ture) based on lime, plaster ~ ~ ~

~kern *m* · inside core, inner ~, internal ~, interior ~

(~)Kessel *m* [*Heißwasserspeicher*] · (storage) cylinder

~klarlack *m*, (farbloser) Innenlack · indoor (clear) varnish

~klima *n*, Raumklima · indoor climate, interior ~, internal ~, inside ~, room ~

~korridor *m* · interior corridor, inner ~, inside ~, internal ~

~korrosion *f* · internal corrosion, interior ~

~kraft *f* · internal force, interior ~ · indoor (clear) varnish

~lack *m*, farbloser ~, Innen(klar)lack ·

~lackemaille *f*, Innenlackfarbe *f*, pigmentierter Innen(klar)lack *m* · indoor lacquer, ~ pigmented varnish

~lackfarbe *f*, Innenlackemaille *f*, pigmentierter Innen(klar)lack *m* · indoor lacquer, ~ pigmented varnish

~lärm *m* · ambient noise, internal ~, inside ~, inner ~, interior ~, indoor ~

~-Laubengang *m* · inside gallery, interior ~, inner ~, internal ~

~(-Lauben)ganghaus *n* · inside gallery apartment building, interior ~ ~ ~, internal ~ ~ ~, inner ~ ~ ~

~leibung *f* · inner reveal, inside ~, internal ~, interior ~

~leitung *f* · supply piping [*The portion lying within the consumers' premises*]

~leuchte *f* · indoor luminaire (fixture) (US); ~ light fitting (Brit.); ~ (light(ing)) fixture

~luft *f* · inside air, indoor ~

~marmor *m*, Marmor für Innenverkleidungen · interior marble, inside ~, indoor ~, inner ~, internal ~

~maß *n*, Innenabmessung *f* · internal dimension, interior ~, inner ~, inside ~, clear ~

~moment *n* · internal moment

(~)Oberputz *m*, (Innen)Deckputz, (Innen)Feinputz · final coat (mixed) plaster

(~)Oberputzmasse *f*, (Innen)Oberputzmörtel *m*, (Innen)Deckputzmörtel, (Innen)Deckputzmasse, (Innen)Feinputzmörtel, (Innen)Feinputzmasse · plaster stuff, ~ mix(ture)

(~)Oberputzmörtel *m*, (Innen)Oberputzmasse *f*, (Innen)Deckputzmörtel, (Innen)Deckputzmasse, (Innen)Feinputzmörtel, (Innen)Feinputzmasse · plaster stuff, ~ mix(ture)

~pfosten *m* [*Fachwerkwand*] · inner stud, interior ~, inside ~, internal ~

~platte *f*, Innenbauplatte · interior building board, ~ ~ sheet, internal ~ ~, inner ~ ~, inside ~ ~, indoor ~ ~

~platte *f*, Innenbelagplatte, Innenfliese *f* · internal tile, interior ~, indoor ~, inside ~, inner ~

~putz *m* → (Innen)(Ver)Putz

~putzarbeit *f*, Innen(ver)putzen *n* · (internal) plastering [*The range of operations involved in the application of plaster to internal surfaces*]

(~)Putzaufbau *m*, (Innen)Putzsystem *n* · plaster scheme, ~ system

(~)Putz(bau)stoff *m* · plastering material

(~)Putzbestandteil *m*, (Innen)Putzkomponente *f* · plaster ingredient

(~)Putzecke *f* · plaster corner

(~)(Putz)Eck(schutz)leiste *f*, (Innen-)Putzkantenschützer *m* · corner bead [*Angle bead for protecting exposed plaster corners and assisting the plasterer in forming a true corner*]

~putzen *n*, Innenverputzen, Innenputzarbeit *f* · (internal) plastering [*The range of operations involved in the application of plaster to internal surfaces*]

(Innen)Putz|fläche *f* · plaster area

~fleck *m* · plaster stain

~grund *m* → (Innen)Putzuntergrund

~kantenschützer *m*, (Innen)(Putz)Eck(schutz)leiste *f* · corner bead [*Angle bead for protecting exposed plaster corners and assisting the plasterer in forming a true corner*]

~komponente *f*, (Innen)Putzbestandteil *m* · plaster ingredient

~lage *f*, (Innen)Putzschicht *f* · plaster(ing) coat

Innenputz|masse *f*, Innenputzmörtel *m* · plastering mix(ture), plaster [*A mix based on lime, cement, organic binder or gypsum plaster, with or without the addition of aggregate, hair or other materials, which is applied while plastic to internal building surfaces and which hardens after application*]

~mörtel *m*, Innenputzmasse *f* · plastering mix(ture), plaster [*A mix based on lime, cement, organic binder or gypsum plaster, with or without the addition of aggregate, hair or other materials, which is applied while plastic to internal building surfaces and which hardens after application*]

(Innen)Putz|sand *m* · plastering sand

~schicht *f*, (Innen)Putzlage *f* · plaster(-ing) coat

~stoff *m* → (Innen)Putzbaustoff

~system *n*, (Innen)Putzaufbau *m* · plaster scheme, ~ system

~(unter)grund *m* · plaster base

~verfahren *n*, (Innen)Putzweise *f* · plastering method

~weise *f*, (Innen)Putzverfahren *n* · plastering method

Innenraum *m*, geschlossener Raum · interior

~aufteilung *f*, Innenraumeinteilung · interior layout, internal ~

Innen(raum)beleuchtung *f* · indoor lighting, ~ illumination

~ mit künstlichem Licht [*DIN 5035*] · artificial indoor lighting, ~ ~ illumination

~ ~ Tageslicht, Tages(licht)beleuchtung, [*Fehlname: (Tages)Belichtung. DIN 5034*] · daylighting, daylight illumination, natural lighting

Innen|raumeinteilung *f*, Innenraumaufteilung · interior layout, internal ~

~renovierung *f* · interior redecoration, internal ~, inside ~, inner ~

~rohrleitung *f* · interior piping, indoor ~, internal ~, inner ~, inside ~

~säule *f* · inner column, internal ~, inside ~, interior ~

~schaft *m* [*Schornstein*] · internal shaft [*chimney shaft*]

~schale *f* [*Hohlwand; Hohlmauer*] · internal leaf, ~ wythe, ~ withe, ~ skin, ~ tier, ~ shell, ~ layer, interior ~, inner ~, inside ~

~schalenfertigteil *m*, *n* [*Fertigteil-Betonschornstein*] · inner shell unit

~schall *m* · internal sound, inner ~, inside ~, interior ~

~scheibe *f* [*Glas*] · inner-pane

~scheitel *m* · crown [*The inside top of a pipe*]

~schmuck *m*, Innenverzierung *f* · internal decorative finish, ~ ~ feature, ~ ornamental ~, ~ decoration, ~ enrichment

~schwimmbecken *n* · inside swimming pool, interior ~ ~, internal ~ ~, inner ~ ~, indoor ~ ~

~-Sichtbehaglichkeit *f* · indoor visual comfort

~sohlbank *f*, Innenfenster(sohl)bank · interior window sill; ~ ~ cill (Brit.); internal ~ ~, inside ~ ~, inner ~ ~, indoor ~ ~

~spachtel(masse) *m*, (*f*) [*Anstrichtechnik*] · stopper for interior use, ~ ~ internal ~

~spannung *f* · internal stress

~sperrholz *n* · interior plywood, inner ~, internal ~, inside ~, indoor ~

~spritz(ver)putz *m*, Spritz(innen)(ver)-putz, Maschinen(innen)(ver)putz, maschinell aufgetragener (Innen)(Ver-)Putz · machine applied (mixed) plaster, spray (~) ~

~stadt *f*, Geschäftsgebiet *n*, Stadtkern *m*, Kerngebiet *n*, Stadtzentrum *n* · business area, central ~, ~ district, nucleus, heart of the town, city (area); centre of the town (Brit.)

~-Stahlstütze *f* · internal stanchion, ~ stancheon, interior ~, indoor ~, inside ~, inner ~

~stütze *f* · interior column, internal ~, indoor ~, inner ~, inside ~

~stützenabstand *m* · internal column spacing

~tafel *f*, Innenbautafel · interior building panel, internal ~ ~, inner ~ ~, inside ~ ~, indoor ~ ~

~temperatur *f* · indoor temperature, interior ~ [*Ambient temperature in enclosed buildings*]

~temperatursteuerung *f*, Raumtemperatursteuerung · interior temperature control, room ~ ~, indoor ~ ~, internal ~ ~, inner ~ ~

~träger *m* · inner girder, interior ~

~tränkung(straßen)teer *m* · penetration construction (road) tar

~treppe *f* · interior stair(case), internal ~, indoor ~, inner ~, inside ~

~tür *f* · internal door, interior ~, inside ~, inner ~

~überzug *m*, Innenbeschichtung *f* [*als Schicht*] · interior coating, internal ~, inside ~

(~)Unterputz *m*, (Innen)Grundputz, (Innen)Grobputz · undercoat (mixed) plaster, basecoat (~) ~, backing (coat) (~) ~

~verglasung *f*, Inneneinglasung · internal glazing

~verkehr *m* · internal traffic

~verkleidung *f*, Innenbekleidung, Innenauskleidung · inner lining, ~ (sur)facing, internal ~, inside ~, interior ~

(Innen)(Ver)Putz *m* [*DIN 18550*] · (mixed) plaster [*1. A mix based on lime, cement or gypsum plaster, with or without the addition of aggregate, hair or other materials, which is applied while plastic to internal building surfaces and which hardens after application. 2. This material in its hardened form*]

~ auf Metallputzträger · plaster on metal (lath(ing))

~auftrag *m* · (mixed) plaster application

Innen|(ver)putzen *n*, Innenputzarbeit *f* · (internal) plastering [*The range of operations involved in the application of plaster to internal surfaces*]

~verwendung *f* · internal use, interior ~, inner ~, inside ~, indoor ~

~verzierung *f*, Innenschmuck *m* · internal decorative finish, ~ ~ feature, ~ ornamental ~, ~ decoration, ~ enrichment

~vorlack *m* · internal undercoat(er), interior ~, indoor ~, inside ~, inner ~

~vorspannung *f* · inner prestress

Innenwand *f*, Zwischenwand, Gebäude~, Haus~ · internal (dividing) wall, interior (~) ~, indoor (~) ~, inside (~) ~, inner (~) ~

~farbe *f* · internal wall paint, interior ~ ~, indoor ~ ~, inside ~ ~, inner ~ ~

~fenster *n* · borrowed light [*A glazed opening in an internal wall designed to admit light*]

~putz *m* · internal wall plaster, interior ~ ~, indoor ~ ~, inside ~ ~, inner ~ ~

~tafel *f* · interior wall panel

~ziegel *m* · internal wall (clay) brick, inside ~ (~) ~, inner ~ (~) ~, interior ~ (~) ~, indoor ~ (~) ~

Innen|wärmegewinn *m* · internal heat gain

~zementputzmasse *f*, Innenzementputzmörtel *m* · plastering mix(ture) based on cement, plaster ~ ~ ~

~zementputzmörtel *m*, Innenzementputzmasse *f* · plastering mix(ture) based on cement, plaster ~ ~ ~

innere Bodenplatte *f* [*Unterkellerung*] · loading coat, ~ slab [*A concrete slab laid over asphalt tanking, to ensure that it is not pushed upwards by water pressure below it*]

~ Bogenfläche *f*, (Bogen)Leibung *f* · (arch) intrados, inner surface of arch, soffit of arch, underside of arch [*The inner line or surface of the concave side of an arch*]

~ Kraft *f* · internal force

~ Unbekannte *f* · internal unknown

~ Wärmeübergangszahl *f* · inside film coefficient [*BTU/h sqft. F*]

inneres Biegemoment *n* · internal bending moment, interior ~ ~, inner ~ ~

~ Drillmoment *n*, ~ Torsionsmoment ~ Verdrehungsmoment, ~ Verwindungsmoment · internal twist(ing) moment, ~ torsion(al) ~, ~ torque ~

~ Produkt *n*, skalares ~ · scalar product [*of two vectors*]

~ Torsionsmoment *n*, ~ Drillmoment, ~ Verdrehungsmoment, ~ Verwindungsmoment · internal twist(ing) moment, ~ torsion(al) ~, ~ torque ~

~ Verdrehungsmoment *n*, ~ Verwindungsmoment, ~ Torsionsmoment, ~ Drillmoment · internal twist(ing) moment, ~ torsion(al) ~, ~ torque ~

~ Verwindungsmoment *n*, ~ Verdrehungsmoment, ~ Torsionsmoment, ~ Drillmoment · internal twist(ing) moment, ~ torsion(al) ~, ~ torque ~

Insasse *m*, Raum~, Bewohner *m*, Wohnungsinsasse, (Wohnungs)Benutzer, Raumbenutzer · (apartment) dweller, resident, (room) occupant, user

Inschrift *f*, Beschriftung *f* · inscription, lettering

Insektenbefall *m* · infestation (US); insect outbreak, insect attack

insekten|beständig, insektenfest · insect proof

~fest, insektenbeständig · insect proof

~widriges Holzschutzmittel *n* · insecticide for wood, ~ ~ timber

Inselbahn|hof *m* · island station

~steig *m* · island platform

Instabilität *f* · instability

Installateur *m* · fitter, installer

Installation(en) *f*, haustechnische Anlagen *fpl*, Haustechnikanlagen · service(s) (and technical equipment), installation(s) [*Installation(s) for (1) the introduction into and distribution within a building or structure of water, air, gas, liquid fuel, electricity, heat or other source of energy, (2) the disposal of waste from a building or structure or (3) firefighting within a building or structure. The term does not apply to lifts, escalators or similar mechanical equipment*]

Installationsarbeiten *fpl* [*ausgenommen Elektroinstallationsarbeiten*] · plumbing (work) [*Fitting out the sanitation, hot- and cold-water services, and heating of a building*]

~ · installation work, work for installing the building equipment

Installationsblock *m*, Installationszelle *f*, (Raum)Zelle · building block module, unitized unit

~bauweise *f* → (Raum)Zellenbauweise

Installations|boden *m*, Installationshohlboden · steel (sub-)floor with an in-built system of underfloor wiring

~(hohl)boden *m* · steel (sub-)floor with an in-built system of underfloor wiring

~material *n* [*Für Wasser- und Gasleitungen*] · material for services

~material *n*, Elektro~ · material **for** electrical installations, ~ ~ ~ **systems**

~rohr *n* [*Für die Hausinstallation von Wasser- und Gasleitungen*] · service pipe

~rohr *n* · installation pipe [*This term refers to any pipe between the primary meter and gas appliances*]

~schacht *m*, Leitungsschacht · shaft with (installed) services

~schalter *m* [*Installationsschalter sind kleine, hauptsächlich für Lichtanlagen verwendete Schalter, je nach Betätigung Dreh-, Kipp-, Druckknopf- und Zugschalter, für Montage auf oder unter Putz, in normaler Ausführung für trokkene Räume oder in wasserdichter und stoßfester Ausführung für feuchte Räume*] · wiring switch, branch ~

~stütze *f* · column with services

~wand *f* **mit einbetonierten Leitungen,** nasse Wand ~ ~ ~ [*Mit kürzesten Leitungen können an ihr alle erforderlichen sanitären Objekte installiert werden*] · precast (concrete) wall with pre-installed services

~zelle *f*, Installationsblock *m*, (Raum-)Zelle · building block module, unitized unit

~zellenbauweise *f* → (Raum)Zellenbauweise

Instandhaltung *f*, Unterhaltung, Wartung · upkeep, maintenance

Instandhaltungspflicht *f* · maintenance obligation, upkeep ~

instandsetzen, reparieren, ausbessern · to make good, to repair

Instandsetzung *f*, Reparatur *f*, Ausbesserung · repair, making good

Instandsetzungsarbeiten *fpl*, Reparaturarbeiten · repair work

Institut *n* **für Bauforschung,** Bauforschungszentrum *n* · building research institute, ~ ~ station

Intarsia *f* · (in)tarsia

Integrationskonstante *f* · constant of integration, integration constant

Intercolumnium *n*, Interkolumnium, Säulenabstand *m* [*Der in Säulendurchmessern angegebene Säulenabstand von Achse zu Achse. Vitruvius hat für diesen Abstand fünf Maße festgelegt: 1. pyknostylos = engsäulig mit $1^1/_2$ Säulendurchmessern; 2. systylos = gedehnt mit 2 Durchmessern; 3. eustylos = schönsäulig mit $2^1/_4$ Durchmessern; 4. diastylos = weitsäulig mit 3 Durchmessern und 5. aräostylos = lichtsäulig mit $3^1/_2$ bis 4 Durchmessern; von diesen ist der Eustylos am gebräuchlichsten*] · intercolumniation

Interkolumnium *n* → Intercolumnium

interkristalline Korrosion *f*, transkristalline ~, Kornzerfall *m*, Korngrenzenkorrosion · intergranular attack, ~ corrosion, intercrystalline ~, transcrystalline ~

interkristalliner Martensit *m* · intergranular martensite

~ Riß *m*, Korngrenzenriß [*Sich entlang einer Korngrenze auslösender Spannungsriß, der durch das Schweißgut verläuft*] · intercrystalline crack

intermetallisch · intermetallic

Internationaler Bausparkassenverband *m* · International Union of Building Societies and Savings and Loan Associations

~ Stil *m* [*Ein in Amerika durch das 1932 in New York erschienene Buch 'The International Style, Architecture since 1922' von Henry-Russel Hitchcock und Philip Johnson geprägter Begriff, der den neuen Architekturstil des 2. Viertels des 20. Jhs. bezeichnet*] · International Modern

Internats|kindergarten *m* · residential kindergarten

~schule *f* · residential school

interne Vorspannung *f* · internal prestress

Interpolation *f*, Einschaltung *f* · interpolation

Interpolationsformel *f* · interpolation formula

Intrusivgestein *n*, Tiefengestein, älteres Eruptivgestein, Plutonit *m*, abyssisches Gestein, subkrustales Gestein, plutonisches Gestein · intrusive rock, (igneous) plutonic ~, abyssal ~, abysmal ~

Invalidendom *m* [*Paris*] · Dome of the Invalides

Invarstahl *m* [*Nickelstahl mit 36% Nickel. Die Bezeichnung Invarstahl kommt von invariabilis = unveränderlich*] · invar (metal)

inventarisieren · to inventory

I. O. *f*, ionische (Säulen)Ordnung *f* · Ionic order

Ionen|austausch *m* · ion exchange

~austauscher *m* · ion exchanger

ionische Architektur *f* · Ionic architecture

~ Kolonnade *f* · Ionic colonnade

~ Säule *f* · Ionic column

~ (Säulen)Ordnung *f*, I. O. · Ionic order

~ Volute *f*, Schneckenlinie *f*, Spirale *f*, Schneckenverzierung *f* · Ionic volute

ionischer Pilaster *m* · Ionic pilaster

~ Stil *m* · Ionic style

~ Tempel *m* · Ionic temple

ionisches Gebälk *n* · Ionic entablature

ionisierende Strahlung *f* · ionizing radiation (US); ionising ~ (Brit.)

I-Profil *n* → Doppel-T-Stahl

iranische Baukunst *f*, ~ Architektur *f* · Persian architecture

(iranischer) Feuertempel *m* · fire temple

Irdengut *n*, Steingut [*Glasur über weißer, dichtender Porzellanengobe auf hellem, porösen, nicht durchscheinenden Scherben. Wasseraufnahme über 15%.*

Mit Quarzmehl und Kreide gemagert (Kalksteingut). Steingut neigt zu Glasurrissen] · earthenware

~(belag)platte *f*, Irdengutfliese, Steingutfliese, Steingut(belag)platte · earthenware tile

~brunnenrohr *n*, Irdengutfilterrohr, Steingutfilterrohr, Steingutbrunnenrohr · earthenware filter pipe

~filterrohr *n*, Irdengutbrunnenrohr, Steingutfilterrohr, Steingutbrunnenrohr · earthenware filter pipe

~fliese *f*, Irdengut(belag)platte, Steingutfliese, Steingut(belag)platte · earthenware tile

~glasur *f*, Steingutglasur · earthenware glaze

~-Kleinmosaik *n*, Steingut-Kleinmosaik · earthenware small(-sized) mosaic

~mosaik *n*, Steingutmosaik · earthenware mosaic

~platte *f*, Irdengutbelagplatte, Irdengutfliese, Steingut(belag)platte, Steingutfliese · earthenware tile

~-Wand(belag)platte *f*, Irdengut-Wandfliese *f*, Steingut-Wand(belag)-platte, Steingut-Wandfliese · earthenware wall tile

~-Wandfliese *f*, Irdengut-Wand(belag)-platte *f*, Steingut-Wand(belag)platte, Steingut-Wandfliese · earthenware wall tile

~-Wandplatte *f*, Irdengut-Wandbelag-platte, Irdengut-Wandfliese *f*, Steingut-Wand(belag)platte, Steingut-Wandfliese · earthenware wall tile

irische Architektur *f* · Irish architecture

irisch-romanischer Stil *m* · Hiberno-Romanesque style

irländisches Moos *n*, Perlmoos, Knorpeltang *m* · Irish moss, carragheen [*A seaweed of the Atlantic found on the coasts of Ireland and America. It varies from purple to green in colour, is used as a food and a jelly and by painters to make size*]

IRMA-Dachaufbau *m*, wärmegedämmte Feuchtigkeits(ab)dichtung *f* · IRMA, insulated roof member assembly [*Manufactured by Dow Chemical*]

Isistempel *m* · Temple of Isis

islamische Architektur *f*, mohammedanische ~, ~ Baukunst · Muslim architecture, Arab(ian) ~, Mohammadan ~, Mohammedan ~, Mahometan ~, Moslem ~, Islamic ~, Saracenic ~, Muslem ~

Isolier|anstrich *m*, Zwischenanstrich [*Um ein Durchschlagen von Farbe zu verhindern*] · sealer

~bahn *f* · insulating sheet(ing), insulation (-grade) ~

~band *n* · rubber tape

~band *n*, Rohr~ · (pipe) covering tape

~baumaterial *n*, Bauisoliermateria [*Schweiz*]; Isolierbaustoff *m*, Bauisolierstoff · insulating construction(al) material, insulation(-grade) ~ ~, ~ building ~, ~ structural ~

~baupapier *n*, Isoliersperrpapier, Bauisolierpapier, Bausperrpapier · waterproof(ing) building paper [*See remark under 'Pappe'*]

~baupappe *f*, Isoliersperrpappe, Bauisolierpappe, Bausperrpappe · waterproof(ing) building paper [*See remark under 'Pappe'*]

~baustoff *m*, Bauisolierstoff; Isolierbaumaterial *n*, Bauisoliermaterial [*Schweiz*] · insulating construction(al) material, insulation(-grade) ~ ~, ~ building ~, ~ structural ~

~beton *m* · insulating concrete, insulation

~beton *m* · insulating concrete, insulation(-grade) ~

(~)Binde *f* · insulating jacket, insulation (-grade) ~

~dachmaterial *n*, Dachisoliermaterial · roof insulation(-grade) material, ~ insulating ~

~dachplatte *f*, Dachisolierplatte · roof insulation(-grade) slab, ~ insulating ~

~decke *f* · insulation(-grade) ceiling, insulating ~

~einlage *f* · insulating insert(ion), insulation(-grade) ~

~element *n* · insulating unit, insulation (-grade) ~

~emulsion *f* [*Sperranstrichmittel in Form einer Emulsion*] · surface waterproofing emulsion, ~ water repelling ~

isolieren, beschichten [*Rohr*] · to coat and wrap, to dope

Isolieren *n* [*Die Sicherung der Baukonstruktionen gegen das Eindringen von (Boden)Feuchtigkeit und Grundwasser. Der Schutz gegen Wärme- und Schalldurchgang heißt „Dämmung"*] · dampproofing (against (soil) moisture); waterproofing (against ground water)

~ [*allgemein*] · insulation, insulating

Isolier|estrich *m* [*Schicht*] · insulation (-grade) screed, insulating ~

~estrich *m* [*Baustoff*] · insulation (-grade) screed material, insulating ~ ~

~folie *f* · insulation(-grade) foil, insulating ~

~glas *n*, Doppelglas, Dämmglas · insulating glass, double ~, insulation (-grade) ~

~glasur *f* · insulation(-grade) glaze, insulating ~

~kitt *m* · electrical insulating putty

~kleb(e)masse *f* [*Kleb(e)masse zur Herstellung von Dichtungen mit Isolierbahnen*] · insulation(-grade) compound, insulating ~

~-Konstruktionstafel *f* · insulation (-grade) structural panel, insulating ~ ~

~lack *m* · insulating varnish [*A varnish specifically designed for insulation of electrical appliances formulated to have a high resistance to electrical passage*]

~masse *f* · insulating compound, insulation(-grade) ~

Isolier|masse *f* **zum Isolieren von Restfeuchtigkeit in Estrichen und Wandflächen sowie kapillarer Feuchtigkeit in nicht unterkellerten Räumen** · damp-resistant compound

~matte *f*, (Bau)Matte · (building) quilt [*It has a high density*]

~mittel *n* [*Fehlname*] → Absperrmittel [*DIN 55945*]

~öl *n* · electrical oil, insulating ~

~papier *n*, Sperrpapier · waterproof(ing) paper [*See remark under 'Pappe'*]

~pappe *f*, Sperrpappe · waterproof(ing) paper [*See remark under 'Pappe'*]

~platte *f* · insulation(-grade) board, ~ slab, ~ sheet, insulating ~

~preßstoff-Beleuchtungskörper *m*, Isolierpreßstoffleuchte *f* · molded plastic luminaire (fixture) (US); moulded plastic light fitting (Brit.); ~ ~ light(ing)) fixture

~preßstoffleuchte *f*, Isolierpreßstoff-Beleuchtungskörper *m* · molded plastic luminaire (fixture) (US); moulded plastic light fitting (Brit.); ~ ~ (light(ing)) fixture

~putz *m*, Sperrputz, wassersperrender Putz · waterproof(ing) plaster, ~ finish

~rohrung *f* → (Schilf)Rohrmatte

~(schilf)rohrmatte *f* → Rohrung

~schüttmaterial *n* → (Isolier)Füllstoff für Schüttisolierungen

~sperrpapier *n*, Isolierbaupapier, Bauisolierpapier, Bausperrpapier · waterproof(ing) building paper [*See remark under 'Pappe'*]

~sperrpappe *f*, Isolierbaupappe, Bauisolierpappe, Bausperrpappe · waterproof(ing) building paper [*See remark under 'Pappe'*]

~stein *m* · insulating refractory, insulation(-grade) ~ [*A good grade of refractory fireclay brick with a large percentage of open pore space. This open pore space may be about 70–75 percent as compared to approximately 20 percent for high-duty firecley brick*]

~stein *m*, Isolierziegel *m* · insulating brick, insulation(-grade) ~

~stoff *m* · insulation(-grade) material, insulating ~

~tafel *f* · insulating panel, insulation (-grade) ~

~tapete *f* · insulating wallpaper, insulation(-grade) ~

isolierter Heizleiter *m* **aus Widerstandsdraht** [*Elektrofußbodenheizung*] · insulated heater wire

Isolierung *f* [*gegen Feuchtigkeit*] · insulation

isolierverglast · thermopane-glazed

Isolier|(ver)putz *m* → Isolier(innen)verputz

~wanne *f* [*Sie wird bei hohem Grundwasserstand vorgesehen*] · tanking

~wert *m* · insulation value, ~ figure

~ziegel *m*, Isolierstein *m* · insulating brick, insulation(-grade) ~

Isometrie *f* · isometric projection

ISO-Passung *f* · ISO fit

Isotopenraum *m* · isotope room

isotrop · isotropic [*Having the same physical properties in all directions*]

isotrope Platte *f* · isotropic plate, ~ slab

~ Stoffverfestigung *f*, ~ (Werkstoff-) Verfestigung · isotropic hardening

~ Verfestigung *f*, ~ Werkstoff~, ~ Stoffverfestigung · isotropic hardening

~ (Werkstoff)Verfestigung *f*, ~ Stoffverfestigung · isotropic hardening

isotroper Körper *m* · isotropic body

~ Stoff *m*, ~ Werk~ · isotropic material

~ (Werk)Stoff *m* · isotropic material

isotropes kreiszylindrisches Schalendach *n* · isotropic cylindrical shell roof

Istabmaß *n*, tatsächliches Abmaß · actual allowance, real ~

Istabmessung *f*, Istmaß *n*, tatsächliche Abmessung, tatsächliches Abmaß · actual dimension, real ~

I-Stahl *m* → Doppel-T-Stahl

Istbauzeit *f*, tatsächliche Bauzeit · actual construction time, real ~ ~

Isteg|bewehrung *f*, Istegarmierung, Isteg-(stahl)einlagen *fpl* [*Sie besteht aus zwei nebeneinanderliegenden und mit ortsfesten Enden verbundenen Rundeisen*] · reinforcement of twin-twisted round bars

~decke *f* · floor reinforced with twin-twisted round bars

~stahl *m* · twin-twisted round bars

Istgröße *f*, tatsächliche Größe · actual size, real ~

Istlinie *f*, Sieblinie des Rohmaterials · actual grading curve

Istmaß *n*, Istabmessung *f*, tatsächliche Abmessung, tatsächliches Maß · actual dimension, real ~

Istpersonalbestand *m*, tatsächlicher Personalbestand · actual personnel, real ~, ~ staff

Istquerschnitt *m*, tatsächlicher Querschnitt · actual cross-section, real ~

Istwert *m*, tatsächlicher Wert · actual value, real ~

Istzeit *f*, tatsächliche Zeit · actual time, real ~

italienische Architektur *f* · Italian architecture

~ Gotik *f* · Italian Gothic

~ Renaissance *f* · Italian Renaissance

~ Romanik *f*, ~ romanische Architektur *f* · Italian Romanesque

italienischer Jugendstil *m* · Italian Art Nouveau, ~ Modern Style

Iterations|folge *f* · iteration sequence, iterative ~

~lösung *f* · iteration solution, iterative ~

~verfahren *n* · iteration method, iterative ~

~vorschrift *f* · iterative process, iteration ~

I-Träger *m* → Doppel-T-Stahl

Iwan *m* → (L)Iwan

J

Jagdhütte *f* · hunting-lodge

Jahresplansoll *n* [*Bausektor*] · annual target

Jahrhunderthalle *f* **in Breslau** · Centenary Hall at Breslau, Centennial ~ ~ ~

jainistischer Tempel *m* · Jain temple

Jalousie *f* · slatted blind, jalousie, louvres [*A screen of spaced parallel slats*]

~fenster *n* · jalousie window, slatted blind ~

(~)Lamelle *f*, (Jalousie)Stäbchen *n* · (blind) slat

(~)Stäbchen *n*, (Jalousie)Lamelle *f* · (blind) slat

~tür *f* · jalousie door, slatted blind ~

Janusbogen *m* · Arch of Janus Quadrifrones

japanische Architektur *f* · Japanese architecture

japanischer Lack *m* · Japanese lacquer [*A glossy lacquer obtained by tapping the sap from the Japanese varnish tree or sumach*]

Japanlack *m* [*Bezeichnung für fette Holzöl-Kombinations-Harzlacke. Hat mit japanischen Lacken nichts zu tun*] · black japan [*A black material, akin to normal oil varnish, containing a drying oil and gilsonite or other asphaltic material. It dries by oxidation to a hard glossy film in which the gilsonite may be regarded as replacing the copal resin in a normal varnish. A good black japan can be varnished over without bleeding of the gilsonite*]

Jaspé|bahn *f* · length of jaspe sheet

~(linoleum) *n* [*Eine Art von Walton-linoleum mit fein geäderter Musterung*] · jaspe lino(leum)

jaspiert · marbleized

Jauche|grube *f* · liquid manure pit

~rinne *f* · liquid manure gutter

Jesuitenkirche *f* · Jesuit church

Joch *n*, Gewölbe~ [*Einheit eines gewölbten Kirchenraumes zwischen zwei Hauptstützen*] · (vault) bay

~ [*In der Antike bezeichnet „Joch" den Säulenabstand von Achse zu Achse*] · bay-span

~(ein)teilung *f*, Gewölbe~ · division into (vault) bays

~säule *f* [*Holzbau*] · stud

~teilung *f*, Jocheinteilung, Gewölbe~ · division into (vault) bays

Johanniterkreuz *n*, Malteserkreuz · Maltese cross

Jómon-Stil *m* · Jomon style [*A traditional Japanese style of architecture*]

Jubiläumsausstellung *f* · anniversary exhibition, jubilee ~

Judenpech *n* · Jew's pitch, bitumen judaicum, Dead Sea asphalt

Jugend|heim *n* · youth hostel

~stätte *f* · youth centre (Brit.); ~ center (US)

~stil *m* · Art Nouveau, Modern Style

~stilfayence *f* · Art Nouveau faience

Junggesellen|heim *n* · bachelor's hoste

~küche *f* · bachelor's kitchen

~wohnung *f*, Ledigenwohnung · bachelor's dwelling unit, bachelors' ~ ~ (US); ~ dwelling (Brit.)

Jupiter|säule *f* · Column of Jupiter

~tempel *m* · Temple of Jupiter

~ zu Baalbek, Tempel des Jupiter Heliopolitanus von Heliopolis · Temple of Jupiter Heliopolitanus at Baalbek

Jura|kalk(stein) *m* · Jurassic limestone

~sandstein *m* · Jurrassic sandstone

Justieren *n* [*Fertigteile*] · adjusting

Jute *f*, ~faser *f* [*Jute ist die Bastfaser der in Ostindien wachsenden Pflanzen Corchorus capsularis und Corchorus oliotorius. Die gegen Feuchtigkeit widerstandsfähigen Fasern, die infolge ihrer Verholzung brüchig und nur mäßig zerreißfest sind, werden zu Geweben für Linoleum, Bitumengewebebahnen, Fugendeckstreifen und Bespannstoffen (Juteleinen, Hessian, Rupfen) für Wände verarbeitet*] · jute (fiber) (US); ~ (fibre) (Brit.)

~abfall *m* · jute waste

~bahn *f* · jute sheet(ing)

~bandage *f*, Juteumwick(e)lung *f* · jute wrap(ping)

~einlage *f* · jute insert(ion)

~fabrik *f*, Jutewerk *n* · jute mill, ~ works, ~ plant, ~ factory

~(faser) *f* [*Jute ist die Bastfaser der in Ostindien wachsenden Pflanzen Corchorus capsularis und Corchorus oliotorius. Die gegen Feuchtigkeit widerstandsfähigen Fasern, die infolge ihrer Verholzung brüchig und nur mäßig zer-*

reißfest sind, werden zu Geweben für Linoleum, Bitumengewebebahnen, Fugendeckstreifen und Bespannstoffen (Juteleinen, Hessian, Rupfen) für Wände verarbeitet] · jute (fiber) (US); ~ (fibre) (Brit.)

~filz *m* · felted jute

~gewebe *n* · jute webbing

~grobgewebe *n* · jute sacking

~kaschierung *f* · jute lamination

~leinen *n*, Hessian *n* · (jute) hessian (Brit.); (~) burlap (US)

~leinenbahn *f* · jute hessian mat (Brit.); ~ burlap ~ (US)

~schnur *f* · jute twine

~umwick(e)lung *f*, Jutebandage *f* · jute wrap(ping)

~unterlage *f* · jute backing

Juwelierladen *m* · jeweller's shop

K

Kabel *n*, Elektro~, Elt-~, elektrisches (Leitungs)Kabel · electric(al) cable

~, Draht~, Drahtseil *n*, Stahl(draht)seil · wire rope, ~ cable

~abdeckstein *m* · cable cover [*B.S. 2484*]

~abstandhalter *m*, Draht~, Stahl(draht)seilabstandhalter, Drahtseilabstandhalter · wire cable spacer

~ausgußmasse *f*, Kabelvergußmasse · electrical compound for cable isolations, ~ filling compound

~auslegerdach *n* → Kabelkragdach

~dach *n* → Seil(hänge)dach

~durchhang *m*, Seildurchhang · sag of cable, cable sag

~einbau *m*, Kabelverlegung *f* · placing of cables, laying ~ ~, cable laying, cable placing

~einführung *f* · cable entry

~fett *n*, Draht~, Drahtseilfett, Stahl(draht)seilfett · wire cable grease, ~ rope ~

~formstein *m* → Kabelkanalformstein

~formstück *n* → Kabel(kanal)formstein

~graben *m* · cable trench

~(hänge)dach *n* → Seil(hänge)dach

~hängeflachdach *n*, Seilhängeflachdach · cable(-suspended) flat roof, rope(-suspended) ~ ~

~höhe *f*, Draht~, Drahtseilhöhe, Stahl(draht)seilhöhe · wire cable level, ~ rope ~

~kanal *m* · cable duct

~(kanal)formstein *m*, Kabelformstück *n* [*DIN 457 und DIN 1049*] · cable duct, ~ conduit, ~ subway, CD; conduit tile (US)

~klemme *f*, Draht~, Drahtseilklemme, Stahl(draht)seilklemme · wire cable clamp, ~ rope ~

~kragdach *n*, Kabelauslegerdach, Seilkragdach, Seilauslegerdach · cable-suspended cantilever(ed) roof, ~ cantilevering ~, rope-suspended ~ ~

~machart *f*, Draht~, Drahtseilmachart Stahl(draht)seilmachart · wire cable construction, ~ rope ~

~merkstein *m* · cable marker

~netz *n* · cable network

~-Rohrleitung *f* · cable piping

~schacht *m* · cable shaft

~schale *f* · cable trough

~schelle *f* · cable clip

~schmiermittel *n*, Draht~, Stahl(draht)seilschmiermittel, Drahtseilschmiermittel · wire cable lubricant, ~ rope ~

~schutzhaube *f* [*DIN 279*] · cable tile

~schutzrohr *n* · (electric) cable pipe

~schutzverkleidung *f*, Draht~, Stahl(draht)seilschutzverkleidung, Drahtseilschutzverkleidung · wire cable guard, ~ rope ~

~stahl *m* · cable steel

~verankerung *f*, Draht~, Drahtseilverankerung, Stahl(draht)seilverankerung · wire cable anchorage, ~ rope ~

~vergußmasse *f*, Kabelausgußmasse · electrical compound for cable isolations, ~ filling compound

~verlegung *f*, Kabeleinbau *m* · placing of cables, laying ~ ~, cable laying, cable placing

~verteilerkasten *m* · cable distribution box

~verzweigung *f* · cable branch(ing)

~wandern *n*, Draht~, Drahtseilwandern, Stahl(draht)seilwandern · wire cable wander, ~ rope ~

~wirkung *f*, Seilwirkung · cable action, rope ~

Kabine *f*, Zelle *f* [*sehr kleiner Raum*] cubicle

Kachel *f* · Dutch tile

~ofen *m* · tiled stove, Dutch ~

Kadmium *n*, Cd · cadmium

~beschichten *n*, Kadmiumüberziehen, Kadmiumbeschichtung *f*, Kadmiumüberzug *m* [*als Tätigkeit*] · cadmium coating

~beschichtung *f*, Kadmiumüberzug *m* [*als Schicht*] · cadmium coat(ing), ~ finish [*B.S. 1706*]

~beschichtung *f*, Kadmiumüberzug *m*, Kadmiumüberziehen *n*, Kadmiumbeschichten [*als Tätigkeit*] · cadmium coating

~gelb(pigment) *n* · cadmium yellow (pigment) [*Cadmium sulphide, manufactured since 1846. Pale varieties prone to fading; susceptible to damp as watercolour, neither compatible with Prussian blue nor, according to some authorities, with several other pigments*]

~(pigment) *n* · cadmium (pigment)

~rot(pigment) *n* · cadmium red (pigment) [*It is precipitated cadmium sulphoselenide; manufactured since 1910; not permanent in thin washes and sunlight, not compatible with malachite green*]

~überziehen *n*, Kadmiumbeschichten, Kadmiumbeschichtung *f*, Kadmiumüberzug *m* [*als Tätigkeit*] · cadmium coating

~überzug *m*, Kadmiumbeschichtung *f*, Kadmiumüberziehen *n*, Kadmiumbeschichten [*als Tätigkeit*] · cadmium coating

~überzug *m*, Kadmiumbeschichtung *f* [*als Schicht*] · cadmium coat(ing), ~ finish [*B.S. 1706*]

Kaffeestube *f*, Kaffeerestaurant *n* · coffee shop

Kaffenster *n*, Kappfenster [*Dachluke, die von einem Kaffziegel mit halbkreisförmiger Öffnung überdeckt wird*] · clay dormer-ventilator opening

Kaff|gesims *n* → Kranzleiste

~stein *m* → Lüftergaube

~ziegel *m* → Lüftergaube

Kaiser|dach *n*, Zwiebeldach, Zwiebelhaube *f*, welsche Haube · imperial roof

~decke *f* · Kaiser floor

~dom *m* · imperial cathedral

~kuppel *f* · Kaiser dome, ~ cupola

kaiserliche Gemächer *npl* · Imperial apartments [*Palace of Diocletian at Spalato*]

Kaiser|palast *m* · palace of the emperor, imperial palace

~paläste *mpl* **zu Rom** · Palaces of the Emperors at Rome

~stiel *m*, Helmstange *f*, Hahnebaum *m* [*Mittlere Stuhlsäule eines Zelt- oder Helmdaches*] · broach post

Kalfatern *n*, Verstemmen · fullering, ca(u)lking

Kali|glas *n* · potash glass, potassium carbonate ~

~glimmer *m*, heller Glimmer, Muskovit *m* · common mica, potash ~, muscovy glass, muscovite

~salpeter *m*, Kaliumnitrat *n*, KNO_3 · potassium nitrate, niter, saltpeter

~seife *f*, Schmierseife · potash soap

Kalium|bromid *n*, Bromkali *n*, KBr · potassium bromide

~chlorat *n*, $KClO_3$ *n* · potassium chlorate

~chlorid *n* · potassium chloride (Brit.); ~ chlorid(e) (US)

~fluat *n* · potassium fluosilicate

~hydrat *n*, KOH, Ätzkali *n*, Kaliumhydroxid *n* · caustic potash, potassium hydrate; potassium hydroxide (Brit.); potassium hydroxid(e) (US)

~hydroxid *n*, Kaliumhydrat *n*, Ätzkali *n*, KOH · caustic potash, potassium hydrate; potassium hydroxide (Brit.); potassium hydroxid(e) (US)

~karbonat *n*, Pottasche *f*, kohlensaures Kalium *n*, K_2CO_3 · potash, potassium carbonate

~nitrat *n*, Kalisalpeter *m*, KNO_3 · potassium nitrate, niter, saltpeter

~permanganat *n*, $KMnO_4$ · potassium permanganate

~silikat *n*, Kaliwasserglas *n*, K_2SiO_3 · potassium silicate

~sulfat *n* · potassium sulfate (US); ~ sulphate (Brit.)

~zyanid *n*, Zyankali *n*, KCN · potassium cyanide

Kaliwasserglas *n*, Kaliumsilikat *n*, K_2SiO_3 · potassium silicate

Kalk *m* · lime [*B.S. 890*]

~alabaster *m* · calcareous alabaster

~alkaligestein *n*, Alkalikalkgestein · calc-alkali rock

~alkaligranit *m* · calc-alkali granite

~alkalisyenit *m*, gewöhnlicher Syenit calc-alkali syenite

~anstrich *m*, Kalkaufstrich · whitewash coat, limewash ~, whitening ~, milk of lime ~

~anteil *m*, Kalkgehalt *m* · lime content

kalkarm · containing too little lime

Kalk|art *f* · lime type, type of lime

~aschen(block)stein *m*, Kalkaschenblock *m* [*Dampfgehärteter Leicht(block)stein (1,8 kg/cbdm) aus Asche mit 10% Kalk als Binder*] · ash-lime block ~ tile [*See remark under 'Block'*]

~aufstrich *m*, Kalkanstrich · whitewash coat, limewash ~, whitening ~, milk of lime ~

~außenputz *m* → Kalk(außen)(ver)putz

~außenputzmasse *f* → Kalkaußenputzmörtel

~außenputzmörtel *m*, Kalkaußenputzmasse *f* · lime (external) rendering stuff, ~ (~) ~ mix(ture) (Brit.); ~ stucco ~ (US); ~ exterior plaster ~, ~ external plaster ~

~(außen)(ver)putz *m* · lime (external) rendering (Brit.); ~ stucco (US); ~ exterior plaster, ~ external plaster

~basis *f*, Kalkgrundlage *f* [*z.B. Mauermörtel auf Kalkbasis*] · lime base

~beigabe *f*, Kalkzugabe, Kalkzusatz *m* · addition of lime, lime addition

kalkbeständig, kalkfest, kalkunempfindlich · lime(-)proof, lime(-)resisting, lime(-)resistant

Kalk|beständigkeit *f* · lime resistance, resistance to lime

~beton *m* [*Beton aus herkömmlichen Zuschlägen mit hochhydraulischem Kalk als Bindemittel. Seit der Herstellung der Zemente ist der Kalkbeton technisch und wirtschaftlich überholt*] · lime concrete

~blau *n* [*Aus basischem Teerfarbstoff durch Verlackung auf Grünerde hergestellte Pigmentfarbe*] · lime blue

~brei *m*, Breikalk *m*, Kalkteig *m*, Schlämpe *f*, Schlempe [*Fehlname: Fettkalk*] · lime putty, ~ paste [*A stiff paste resulting from slaking quicklime or soaking hydrated lime in water*]

~brennen *n* · lime burning

~brennerei *f*, Kalkwerk *n*, Kalkfabrik *f* · lime burning plant

~(brenn)ofen *m* · lime kiln

~(brenn)ofen *m* **für das Fließverfahren** · fluidizing calciner

~(brenn)ofen *m* **für das Fließverfahren** · Dorr Fluo-Solide Reactor [*Trademark*]

~brühe *f*, Kalkmilch *f*, Tünche *f*, Weiße *f* · whitewash, limewash, whitening, milk of lime [*A suspension of slaked lime in water resulting from slaking lime with excess water*]

~brüheanstrich *m* → Kalkmilchanstrich

~brüheaufstrich *m* → Kalkmilchanstrich

~drehofen *m*, Kalkrotierofen · rotary lime kiln

kalk|echt [*Kalkecht, d.h. gegen Basen widerstandsfähig sind nur Farben, die sich, in Kalkmilch oder Kalkwasser erhitzt, nicht verändern*] · fast to lime, limefast

~echte Farbe *f* [*Solche Farben müssen beständig gegen gelöschten Kalk und Zement sein und dürfen ihre Nuance nicht verlieren. Hierzu gehören gebrannter Ocker, Grünerde, Oxide, Ultramarin und Kobalt*] · limefast pigment

Kalk|echtheit *f* · lime fastness, fastness to lime

~einschluß *m* · lime pocket

~eisengranat *m* · andradite garnet

~eisensilikat *n* · calcium iron silicate

~eisenstein *m* · calcareous iron- tone, ferruginous limestone

~emulsion *f* · lime emulsion

kalken, tünchen, schlämmen, weißen · to whitewash, to whiten, to limewash, to limewhite

Kalken *n*, Tünchen, Weißen, Schlämmen · whitewashing, whitening, limewashing, limewhiting

Kalk|erzeugnis *n* · lime product

~estrich *m*, russischer Mörtelestrich · lime mortar flooring

~fabrik *f*, Kalkbrennerei *f*, Kalkwerk *n* · lime burning plant

~faktor *m* · lime factor

~farbe *f* [*Kalkecht lichtbeständige Zementfarbe*] · limefast cement pigment; ~ ~ colour, ~ colour for incorporating in cement, ~ pigment for colouring cement

~farbe *f* [*Nicht kalkechtes Gemisch von Teerfarbstoff mit Mineralmehl*] · non-limefast mix(ture) of coal tar dyes with mineral powder

~feinsplitt *m*, Kalksteinfeinsplitt · fine limestone chip(ping)s

~feldspat *m*, Anorthit *m*, $CaAl_2Si_2O_8$ · anorthite, lime-fel(d)spar

kalkfest, kalkbeständig, kalkunempfindlich · lime(-)proof, lime(-)resisting, lime(-)resistant

Kalk|fett *n*, Kalkseifenfett, kalkverseiftes Fett · lime base grease, calcium ~

~flugaschen(block)stein *m*, Kalkflugaschenblock *m* [*Dampfgehärteter Leicht(block)stein (1 kg/cbdm) aus Flugasche mit 10% Kalk als Binder*] · fly ash-lime block, ~ ~ tile, PFA-lime ~, pulverized fuel ash-lime ~ [*See remark under 'Block'*]

kalkgebunden · lime-bound

kalkgebundener (Bau)körper *m*, kalkgebundenes (Bau)Element *n*, [*Fehlname: kalkgebundene Baueinheit f*] · lime-bound (building) unit, ~ (~) member, ~ (~) component

~ Dinasstein *m* · English dinas

~ Gasbeton *m* · lime-bound gas concrete

Kalkgehalt *m*, Kalkanteil *m* · lime content

kalkgesättigt · lime-saturated

Kalkgips|(innen)(ver)putz *m* · lime gypsum plaster

~mörtel *m* [*Der Kalkanteil ist größer als der Gipsanteil. Sonst Gipskalkmörtel*] · lime-gypsum mortar

~putz *m* → Kalkgips(innen)verputz

~putzmasse *f*, Kalkgipsputzmörtel *m* · lime-gypsum stuff, ~ plaster mix, ~ plastering mortar

~putzmörtel *m*, Kalkgipsputzmasse *f* · lime-gypsum stuff, ~ plaster mix, ~ plastering mortar

~(ver)putz *m* → Kalkgips(innen)verputz

Kalk|glas *n* · lime glass

~glattputz *m*, Kalkinnenglattputz, glatter (Innen)Kalkputz · smooth lime plaster

~grobsplitt *m*, Kalksteingrobsplitt · coarse limestone chip(ping)s

~grube *f*, Löschgrube · lime pit

~grün *n* [*Aus basischem Teerfarbstoff durch Verlackung auf Grünerde hergestellte Pigmentfarbe*] · lime green

~grundlage *f*, Kalkbasis *f* [*z.B. Mauermörtel auf Kalkbasis*] · lime base

~haarmörtel *m*, Haarkalkmörtel · haired lime mortar (Brit.); hair-fibered ~ ~ (US); fibrous ~ ~

kalk|haltig [*Ein Stoff ist kalkhaltig, wenn ihm Kalk in irgendeiner Form künstlich beigegeben wurde. Gegensatz: Kalk(halt)ig, wenn ein Stoff von Natur aus Kalk enthält*] · lime based

~(halt)ig · calcareous, limy [*Of, like, or containing calcium carbonate, calcium, or lime*]

~(halt)iger Sandstein *m*, Kalksandstein · calcareous sandstone, lime (-cemented) ~

~(halt)iges Wasser *n*, Kalkwasser · lime water [*1. A saturated solution of lime in water. 2. Water in which slaked lime has been dissolved*]

Kalk|harz *n* [*Durch Zusammenschmelzen von Kolophonium mit Kalkhydrat gewonnen*] · limed rosin

~hydrat *n* → Löschkalk

~hydrosilikat *n*, Kalksilikathydrat *n* · hydrated calcium silicate, ~ lime ~

kalkig, kalkhaltig · calcareous, limy [*Of, like, or containing calcium carbonate, calcium, or lime*]

kalkiger Sandstein *m*, kalkhaltiger ~, Kalksandstein · calcareous sandstone, lime(-cemented) ~

kalkiges Wasser *n*, kalkhaltiges ~, Kalkwasser · lime water [*1. A saturated solution of lime in water. 2. Water in which slaked lime has been dissolved*]

Kalk|industrie *f*, Kalksteinindustrie · lime(stone) industry

~(innen)glättputz *m*, glatter (Innen-) Kalkputz · smooth lime plaster

~innenputz *m* → Kalk(innen)(ver)putz

~innenputzmasse *f*, Kalkinnenputzmörtel *m* · lime (mixed) plaster, ~ plaster mix(ture)

~innenputzmörtel *m*, Kalkinnenputzmasse *f* · lime (mixed) plaster, ~ plaster mix(ture)

~(innen)(ver)putz *m* · lime (mixed) plaster

~isolierputz *m* · lime insulating plaster, ~ insulation(-grade) ~

~kasein *n* · casein mixed with slaked lime and borax

~kern *m*, Fehlbrand *m*, (Kalk)Krebs *m* · unburned lime, unburnt ~, core

~kies *m* · calcareous gravel, limy ~

~kitt *m*, Kalksteinmastix *m* · limestone mastic

~konkretion *f* · calcareous concretion, concretion of lime

~korn *n*, Kalkteilchen *n* · lime particle, ~ grain

(~)Krebs *m*, Kalkkern *m*, Fehlbrand *m* · unburned lime, unburnt ~, core

~krücke *f*, Kalkrührer *m* · lime raker, ~ stirrer

~kuchen *m*, Probekuchen aus Kalk · circular-domed pat of lime, lime pat

~leichtbeton *m*, Leichtkalkbeton [*Dampfgehärteter, kalkgebundener Porenbeton*] · lime-bound aerated concrete light(-weight) lime ~

~leichtbetonblock(stein) *m*, Kalkleichtbetonstein, Leichtkalkbetonblock(stein), Leichtkalkbetonstein · lime-bound aerated concrete block, ~ ~ ~ tile, light(weight) lime ~ ~ [*See remark under 'Block(stein)'*]

~leichtbetonstein *m*, Kalkleichtbetonblock(stein) *m*, Leichtkalkbetonstein, Leichtkalkbetonblock(stein) · lime-bound aerated concrete block, ~ ~ ~ tile, light(weight) lime ~ ~ [*See remark under 'Block(stein)'*]

(~)Löschbank *f* · (lime) slaking trough

(Kalk)Lösch|gefäß *n* · (lime)slaking vessel

~grube *f* · (lime) slaking pit

~maschine *f* · (lime) slaking machine, ~ hydrating ~, hydrator

~trommel *f*, (Kalk-)Trommel-Löscher *m* · (lime) slaking drum

~vorgang *m* · (lime) slaking process

Kalk|manganspat *m* · manganocalcite

~marmor *m* · calcitic marble, limestone ~, crystalline limestone

Kalkmehl *n*, Kalksteinmehl · pulverized limestone, powder(ed) ~, limestone dust, limestone powder, flour lime

~füller *m*, Kalksteinfüller · limestone filler

Kalkmergel *m* [*In Deutschland 75%–90% $CaCO_3$*] · lime marl, calcareous ~

Kalkmilch *f*, Tünche *f*, Weiße *f*, Kalkbrühe *f* · whitewash, limewash, whitening, milk of lime [*A suspension of slaked lime in water resulting from slaking lime with excess water*]

~anstrich *m*, Tüncheanstrich, Weißeanstrich, Kalkbrüheanstrich, Kalkmilchaufstrich, Tüncheaufstrich, Weißeaufstrich, Kalkbrüheaufstrich · whitewash coat, limewash ~, whitening ~, milk of lime ~

~aufstrich *m* → Kalkmilchanstrich

Kalk|modul *m* · modulus of lime, lime modulus

~mörtel *m* · lime mortar, L.M.

(~)Nachlöschbunker *m* · (lime) caving bin

(~)Nachlöschen *n* · (lime) caving

~oberschicht *f* · lime finish coat [*Lime finish coats are made from the same ingredients as lime basecoats except that finer sand is used as aggregate*]

~ofen *m*, Kalkbrennofen · lime kiln

~onyx *m*, Onyx(marmor) *m* · onyx marble

~phyllit *m* · limestone phyllite

~pisée *m* · rammed lime

~-Portlandzement-Gemisch *n*, Kalk-Portlandzement-Mischung *f* · lime-portland cement mix(ture)

~-Portlandzement-Mischung *f*, Kalk-Portlandzement-Gemisch *n* · lime-portland cement mix(ture)

~putz *m*, Kalkverputz [*Oberbegriff für Kalkinnen- und Kalkaußen(ver)putz*] · lime finish

~putz *m* → Kalk(außen)(ver)putz

~putz *m* → Kalk(innen)verputz

kalkreich · lime-rich

Kalk|rot *n* [*Aus basischem Teerfarbstoff durch Verlackung auf Grünerde hergestellte Pigmentfarbe*] · lime red

~rotierofen *m*, Kalkdrehofen · rotary lime kiln

~rührer *m*, Kalkkrücke *f* · lime raker, ~ stirrer

~rührwerk *n* · lime agitator

~salpeter *m*, Kalziumnitrat *n*, salpetersaurer Kalk *m*, salpetersaures Kalzium *n*, $Ca(NO_3)_2$ · nitrate of lime, lime nitrate

Kalksand *m* · calcareous sand, lime ~

~beton *m*, Silikatbeton · silicate concrete

Kalk-Sand-Gemisch *n*, Kalk-Sand-Mischung *f* · lime-sand mix(ture)

Kalksand|hartstein *m*, KSH [*Fehlname: Klinker*] · highly resistant sand-lime brick, ~ ~ lime-sand ~, ~ ~ calcium silicate ~

~hintermauerstein *m*, Hintermauerkalksandstein · backing sand-lime brick, ~ lime-sand ~, ~ calcium silicate ~

~hohl(block)stein *m*, KSHBl [*Großformatiger Zweihandmauerstein mit fünfseitig geschlossenen Hohlräumen senkrecht zur Lagerfläche. DIN 106*] · hollow sand-lime brick, ~ lime-sand ~, ~ calcium silicate ~

~(innen)(ver)putz *m* · lime-sand (mixed) plaster [*1. A mix based on lime and sand, which is applied while plastic to internal building surfaces and which hardens after application. 2. This material in its hardened form*]

~leichtstein *m*, Leichtkalksandstein · light(weight) sand-lime brick, ~ lime-sand ~, ~ calcium silicate ~

~lochplatte *f*, Lochkalksandplatte · cored sand-lime slab, ~ lime-sand ~, ~ calcium silicate ~

~lochstein *m*, Lochkalksandstein, KSL [*DIN 106*] · cored sand-lime brick, ~ lime-sand ~, ~ calcium silicate ~

~mörtel *m* · lime-sand mortar, lime:sand ~, coarse stuff

~stein *m*, kalk(halt)iger Sandstein · calcareous sandstone, lime(-cemented) ~

~stein *m* → künstlicher ~

~steinmaschine *f* · lime-sand brick machine, sand-lime ~ ~

~steinoberschwelle *f*, Kalksandsteinsturz *m*, Kasa-Oberschwelle, Kasa-Sturz · sand-lime brick lintel; ~ ~ lintol [*deprecated*]; lime-sand ~, calcium silicate ~

~steinsturz *m*, Kalksandsteinoberschwelle *f*, Kasa-Sturz, Kasa-Oberschwelle · sand-lime brick lintel; ~ ~ lintol [*deprecated*]; lime-sand ~, calcium silicate ~

~verblender *m*, Kalksandverblendstein *m* · sand-lime facing brick, lime-sand ~ ~, calcium-silicate ~ ~

~verblendstein *m*, Kalksandverblender *m* · sand-lime facing brick, lime-sand ~ ~, calcium-silicate ~ ~

Kalk-Sand-Verhältnis *n* · lime-sand ratio

Kalksand|vollstein *m*, KSV [*Der Querschnitt darf durch Lochung senkrecht zur Lagerfläche bis zu 25% gemindert sein. DIN 106*] · solid sand-lime brick, ~ lime-sand ~, ~ calcium silicate ~

~vormauerstein *m*, Vormauerkalksandstein, VKS · frost resistant sand-lime brick, ~ lime-sand ~, ~ calcium silicate ~

~vormauervollstein *m*, Vormauerkalksandvollstein, VKSV [*Der Querschnitt darf durch Lochung senkrecht zur Lagerfläche bis zu 25% gemindert sein*] · frost-resistant solid sand-lime brick, ~ ~ lime-sand ~, ~ ~ calcium silicate ~

Kalk|sättigung *f* · lime saturation

~sättigungsgrad *m* · degree of lime saturation

~schachtofen *m* · vertical lime kiln, shaft ~ ~

~schiefer *m*, Plattenkalk(stein) *m* · laminated limestone, platy ~, slabby ~

~(seifen)fett *n*, verseiftes Kalkfett · lime base grease, calcium ~

~silikat *n* · calcium silicate, lime ~

~silikatbildung *f* · formation of calcium silicate, ~ ~ lime ~

~silikathydrat *n*, Kalkhydrosilikat *n* · hydrated calcium silicate, ~ lime ~

~silo *m* · lime silo

~sinter *m* · calcareous sinter, calc-sinter

~sorte *f* · sort of lime

~spat *m*, Kalzit *m*, Kanonenspat, $CaCO_3$ [*Fehlname: Weiß Carrara m*] [*Rhomboedrisch kristallisierte Form des Kalziumkarbonates, gesteinsbildend*] · calcite, calcspar

~spat-Kalkstein *m* · calcitic limestone

Kalkstein *m*, $CaCO_3$ [*Sedimentationsgestein mit dem Hauptbestandteil Kalziumkarbonat in dicht und körnig kristalliner Form*] · limestone; cauk, cawk [*Scotland*]

~beton *m* · limestone concrete

~(beton)zuschlag(stoff) *m* · limestone (concrete) aggregate

~block *m* · limestone block

~-Brechsand *m* · crushed limestone sand, broken ~ ~

~bruch *m* · limestone quarry

Kalk|(stein)feinsplitt *m* · fine limestone chip(ping)s

~steinfüller *m*, Kalkmehlfüller · limestone filler

Kalk(stein)|grobsplitt *m* · coarse limestone chip(ping)s

~industrie *f* · lime(stone) industry

Kalkstein|kies *m* · limestone gravel

~mastix *m*, Kalkkitt *m* · limestone mastic

~mauer *f* · limestone masonry wall

~mauerwerk *n* · limestone masonry (work)

Kalk|(stein)mehl *n* · pulverized limestone, powder(ed) ~, limestone dust, limestone powder, flour lime

~steinmonument *n* · monument of limestone, limestone monument

~steinplatten(fuß)boden(belag) *m*, Fbka *m* · limestone slab floor(ing) (finish), ~ ~ floor cover(ing)

Kalkstein|pulver *n* · ground limestone, powder(ed) ~, limestone powder

~roterde *f* · limestone red earth

~schotter *m* · crushed limestone, broken ~

~splitt *m* · limestone chip(ping)s

~stütze *f* · limestone column

~tafel *f* · limestone panel

~teermakadam *m* · limestone tarmacadam

~waschmaschine *f*, Kalksteinwäsche *f* · limestone washer, ~ washing machine

~zuschlag(stoff) *m* → Kalksteinbetonzuschlag(stoff)

Kalk|stück *n* · lime lump

~suspension *f* · lime suspension

~teig *m*, Kalkbrei *m*, Breikalk *m*, Schlämpe *f*, Schlempe [*Fehlname: Fettkalk*] · lime putty, ~ paste [*A stiff paste resulting from slaking quicklime or soaking hydrated lime in water*]

~teilchen *n*, Kalkkorn *n* · lime particle, ~ grain

Kalkton *m* · calcareous clay, lime ~

~erdegestein *n* · cement rock

~erdesulfat *n*, Kalziumsulfoaluminat *n* · calcium sulfoaluminate

~schiefer *m* · limestone slate, calcareous ~

~stein *m* · calcilutyte, lime mud rock

Kalk|traßmörtel *m* · lime-trass mortar

~treiben *n* · expansion due to free lime

~treiber *m* · cement with more than 65% of lime

(~-)Trommel-Löscher *m*, (Kalk-)Löschtrommel *f* · (lime) slaking drum

~tuff *m*, Tuffkalk *m* · tufaceous limestone, (calcareous) tufa, calc tufa [*A porous calcareous deposit sometimes formed near lime-rich springs*]

~überschuß *m* · excess of lime

Kalkulation *f*, Kosten~ · costing, pricing

Kalkulations|büro *n*, Kalkulationsabteilung *f* · costing department, pricing ~

~vordruck *m* · (calculation) work sheet

kalkunempfindlich → kalkfest

Kalk|unterschicht *f* · lime basecoat [*Lime basecoats are mixed using lime putty, sand, and water. Gaging plaster, which may be gypsum, gaging plaster, Keene's cement, or portland cement, is often added to produce early strength and counteract possible shrinkage in setting*]

~uranglimmer *m*, Autunit *m* · autunite, lime uranite

kalkverseiftes Fett *n*, Kalk(seifen)fett · lime base grease, calcium ~

Kalk|(ver)putz *m* [*Oberbegriff für Kalkinnen- und Kalkaußen(ver)putz*] · lime finish

~verputz *m* → Kalk(außen)(ver)putz

~(ver)putz *m* → Kalk(innen)verputz

~wasser *n*, kalk(halt)iges Wasser · lime water [*1. A saturated solution of lime in water. 2. Water in which slaked lime has been dissolved*]

~werk *n*, Kalkbrennerei *f*, Kalkfabrik *f* · lime burning plant

Kalkzement *m* · lime cement

~(außen)(ver)putz *m* · lime-cement (external) rendering (Brit.); ~ stucco (US); ~ exterior plaster, ~ external plaster

~(innen)(ver)putz *m* · lime-cement (mixed) plaster

~mörtel *m*, verlängerter Zementmörtel, Zementkalkmörtel · compo (mortar), cement/lime/sand ~

~putz *m* → Kalkzement(außen)verputz

~putz *m* → Kalkzement(innen)verputz

~putzmasse *f*, Kalkzementputzmörtel *m* · lime-cement stuff, ~ mix(ture)

~putzmörtel *m*, Kalkzementputzmasse *f* · lime-cement stuff, ~ mix(ture)

~(ver)putz *m* → Kalkzement(außen)verputz

~(ver)putz *m* → Kalkzement(innen)verputz

Kalk|zerfall *m* · lime disintegration

~zugabe *f*, Kalkbeigabe, Kalkzusatz *m* · addition of lime, lime addition

~zusatz *m*, Kalkbeigabe, Kalkzugabe *f* · addition of lime, lime addition

Kalorimeter *m* · calorimeter [*An instrument for measuring heat exchange during a chemical reaction such as the quantities of heat liberated by the combustion of a fuel or hydration of a cement*]

~ ohne Wärmeabfluß, adiabatischer Kalorimeter · adiabatic calorimeter, calorimeter without heat transmission

Kalorimetrie *f*, Wärmemengenmessung(en) *f(pl)* · measurement(s) of heat (capacities), calorimetry, calorimetric measurement(s)

kalorisiert, alitiert · calorized

Kalorisierung *f*, Alitierung · calorizing (heat treatment)

Kalotte *f*, Kugelsegment *n*, Kugelabschnitt *m* · spherical segment

kalottenförmig geriffeltes Blech *n* · dimpled plate

kalottenförmige Riffelung *f* · dimpling

Kalt|-(Ab)Dicht(ungs)masse *f* · cold application sealing compound, ~ ~ ~ composition, ~ ~ sealant

~anstreichen *n* → Kaltanstrich

~anstreicherarbeiten *fpl* → Kaltanstrich

~anstrich *m*, Kaltaufstrich, Kaltanstreicherarbeiten *fpl*, Kaltanstreichen *n*, Kaltanstricharbeiten, Kaltaufstricharbeiten · cold coating (work)

~anstrich *m*, Kaltaufstrich [*Siehe Anmerkung unter „Anstrich"*] · cold coat

~anstricharbeiten *fpl* → Kaltanstrich

~anstrichmittel *n*, Kaltaufstrichmittel, Kaltanstrich(stoff) *m*, Kaltaufstrich(stoff), kalter flüssiger Beschichtungsstoff, flüssiger kalter Beschichtungsstoff · cold liquid coating (material)

~anstrich(stoff) *m* → Kaltanstrichmittel

~asphalt *m* → (Straßenbau) Bitumenemulsion

~aufbringung *f* · cold application

Kaltaufstrich *m* → Kaltanstrich

~, Kaltanstrich [*Siehe Anmerkung unter „Anstrich"*] · cold coat

~arbeiten *fpl* → Kaltanstrich

~mittel *n* → Kaltanstrichmittel

~(stoff) *m* → Kaltanstrichmittel

Kalt|aufweiten *n* [*Rohr*] · cold expanding

~ausbesserungs(straßen)teer *m* · cutback (road) tar for cold repairs

~band *n* [*kaltgewalzter Bandstahl, bis 5 mm dick und 630 mm breit*] · cold-rolled strip

kaltbereiteter Leinölfirnis *m* · bunghole oil

Kaltbeton *m* [*Bei Temperaturen unter 0° C abbindender Beton*] · concrete setting below 0° Centigrade

kaltbiegen · to cold bend

Kaltbiegen *n* · cold bending

Kaltbiege|probe *f* → Faltversuch

~prüfung *f* → Faltversuch

~versuch *m* → Faltversuch

Kalt|bindemittel *n* → (Straßenbau-) Bitumenemulsion

~binder *m* → (Straßenbau) Bitumenemulsion

Kaltbitumen *n* [*Es besteht aus Straßenbaubitumen B 200 oder B 80, das durch Zusatz leicht flüchtiger Lösungsmittel in seiner Zähigkeit erniedrigt wird, was eine Verarbeitung in unerwärmtem Zustand gestattet*] · cold asphalt (US); ~ (asphaltic) bitumen (Brit.)

~-Industrie(fuß)boden(belag) *m*, Bitumenemulsions-Industrie(fuß)boden(-belag) · industrial mastic floor(ing) (or floor finish, or floor cover(ing)) containing (asphaltic) bitumen (Brit.) (or asphalt (US)) emulsion [*It is laid cold and provides a tough and durable surface capable of resisting extremely severe impact as well as heavy point loads and continuous traffic wear*]

~mörtel *m* [*Aus Bitumen, Sand und Lösungsmittel*] · cold asphalt(ic) mortar (US); ~ (asphaltic-)bitumen ~ (Brit.)

Kalt|brause *f* · cold spray

~brüchigkeit *f* [*Stahl mit hohem Phosphorgehalt*] · cold shortness

~dach *n*, zweischaliges Flachdach, durchlüftetes Flachdach [*Es hat zwischen oberster Geschoßdecke und dem Dach einen durchlüfteten Raum*] · ventilated (flat) roof, (flat) roof with air circulation

~dusche *f* · cold shower

Kälte *f* · cold

~(ab)dämmung *f* · cold insulation [*The property that opposes the transmission of cold from one side to the other*]

~anlage *f*, Gefrieranlage · refrigerant system

~bedarf *m* · cold requirement

kältebeständig · resistant to cold

Kälte|beständigkeit *f* · resistance to cold

~brücke *f* · cold bridge

~dämmaterial *n* → Kältedämmstoff

~dämmstoff *m*, Kältedämmaterial *n* · cold insulating material, ~ insulation (-grade) ~, ~ insulator, ~ insulant

~dämmung *f*, Kälteabdämmung · cold insulation [*The property that opposes the transmission of cold from one side to the other*]

~flüssigkeit *f*, Kälteträger *m*, Kältemittel *n* [*DIN 8962*] · refrigerant

kalteinbaufähiger Asphaltbeton *m* · cold-laid asphalt(ic) concrete

~ Asphaltfeinbeton *m* · cold-laid fine asphalt(ic) concrete

~ Asphaltgrobbeton *m* · cold-laid coarse asphalt(ic) concrete

~ Teerfeinbeton *m* · cold-laid fine tar concrete

~ Teergrobbeton *m* · cold-laid coarse tar concrete

Kältekork *m*, Korkstein *m* für den Kälteschutz · cork block for cold insulation, ~ ~ ~ ~ lagging

~platte *f*, hartpechgebundene Platte [*Der geblähte Korkschrot wird mit Hartpech gebunden. Die Platten sind wasser- und fäulnisfest sowie geruchlos*] · corkboard for cold lagging, ~ ~ ~ insulation, cork slab ~ ~ ~

~(stein) *m*, Kälteschutzkork(stein) · cork (block) for cold lagging, ~ (~) ~ ~ insulation

Kälte|kreislauf *m*, Kältemittelkreislauf · refrigeration cycle

~maschine *f*, Gefriermaschine · refrigeration unit

~mittel *n*, Kälteflüssigkeit *f*, Kälteträger *m* [*DIN 8962*] · refrigerant

~(mittel)kreislauf *m* · refrigeration cycle

kalter flüssiger Beschichtungsstoff *m* → Kaltanstrichmittel

Kälte|schutz *m* · cold insulation [*Means taken to reduce the transmission of cold*]

~(schutz)kork(stein) *m* · cork (block) for cold lagging

~träger *m*, Kälteflüssigkeit *f*, Kältemittel *n* [*DIN 8962*] · refrigerant

~- und Wärmeschutz *m*, Wärme- und Kälteschutz · thermal insulation [*Means taken to reduce the transmission of cold or heat*]

Kalt|extraktion *f* · cold extraction

~feuchtbiegen *n* · cold moist bending

kaltgebundener Block(stein) *m*, ~ Stein · unburnt block, ~ tile, unburned ~ [*See remark under 'Block'*]

~ Stein *m*, ~ Block(stein) *m* · unburnt block, ~ tile, unburned ~ [*See remark under 'Block'*]

Kaltgemisch *n*, Kaltmischung *f*, Kaltmischgut *n* [*Straßenbau*] · cold mix(-ture)

kalt|gepilgertes Rohr *n* · rocked pipe, cold pilgered ~

~gereckt [*Betonstahl*] · cold-worked, cold-strained

~gewalzt · cold-rolled, c.r.

kaltgewalzter Balken(träger) *m* · cold-rolled beam, c.r. ~

~ Bandstahl *m* · cold-rolled strip steel, c.r. ~ ~

~ Stahl *m*, Kaltwalzstahl · cold-rolled steel, c. r. ~

kaltgewalztes Gewinde *n* · cold-rolled thread

~ U-Eisen *n* · cold-rolled channel, c.r. ~

kaltgezogener Draht *m* · cold-drawn wire [*Wire made from the rods hot rolled from billets and then cold-drawn through dies*]

~ Stahl *m*, Blankstahl · cold-drawn steel, bright ~

kaltglasiert · cold-glazed

Kaltglasur *f* → Kaltkeramik

~(belag)platte *f*, Kaltglasurfliese *f* [*Betonwand(belag)platte mit Kaltglasur(überzug)*] · cold-glazed concrete wall tile

~fliese *f*, Kaltglasur(belag)platte *f* [*Betonwand(belag)platte mit Kaltglasur(-überzug)*] · cold-glazed concrete wall tile

~platte *f*, Kaltglasurbelagplatte, Kaltglasurfliese *f* [*Betonwand(belag)platte mit Kaltglasur(überzug)*] · cold-glazed concrete wall tile

~(überzug) *f*, (*m*), Wand~, Kalt-Wandglasur(überzug), Kaltglasur-Wandverkleidung *f*, Kaltkeramik *f* · cold-glaze(d wall coat(ing)), vitreous surfacing

~(überzug) *f*, (*m*) **aus Zement und Kunststoff**, Wand~ ~ ~ ~ ~, Kalt-Wandglasur(überzug) ~ ~ ~ ~, Kaltglasur-Wandverkleidung *f* ~ ~ ~ ~ · cement-plastic cold-glaze(d wall coat(-ing)), plastic-cement ~ (~ ~)

~-Wandverkleidung *f*, (Wand)Kaltglasur(überzug) *f*, (*m*), Kalt-Wandglasur(überzug), Kaltkeramik *f* · cold-glaze(d wall coat(ing)), vitreous surfacing

~-Wandverkleidung *f* **aus Zement und Kunststoff**, (Wand)Kaltglasur(überzug) *f*, (*m*) ~ ~ ~ ~, Kalt-Wandglasur(überzug) ~ ~ ~ ~ · cement-plastic cold-glaze(d wall coat(ing)), plastic-cement ~ (~ ~)

kalthämmern · to peen

Kalthämmern *n* · peening

kalt|härtend [*Leim*] · cold-setting

~härtender Lack *m*, Additionslack, Komponentenlack, Reaktionslack · cold-cured material, ~ paint [*The cold-curing is induced by adding chemical agents, known as activators or catalysts, the most widely used coatings of this type are based on epoxy and polyurethane resins*]

Kalt|härtung *f* [*Lack*] · cold-curing

~haus *n*, unbeheiztes Gewächshaus, ungeheiztes Gewächshaus [*DIN 11535 Bl. 1*] · unheated greenhouse

Kalt|keramik *f*, (Wand)Kaltglasur(überzug) *f*, (*m*), Kalt-Wandglasur(überzug), Kaltglasur-Wandverkleidung *f* · cold-glaze(d wall coat(ing)), vitreous surfacing

~kleb(e)masse *f* · cold adhesive composition, ~ ~ compound, ~ bonding ~, ~ cement(ing ~)

~kleben *n*, Kaltverkleben · cold bonding

~kleber *m*, Kaltkleb(e)mittel *n*, Kaltkleb(e)stoff *m* · cold bonding agent, ~ ~ medium, ~ (~) adhesive, ~ cement(ing agent)

~klebung *f*, Kaltverklebung · cold bonding

~leim *m* · no-heat glue

~leimen *n*, Kaltverleimen · cold gluing

~leimung *f*, Kaltverleimung · cold gluing

Kaltluft *f* · cold air

~gebläse *n* · cold air blower

~kanal *m* · cold air duct

~tür *f* · cold air curtain door

Kalt|mastix *m* · cold mastic

~mischgut *n*, Kaltmischung *f*, Kaltgemisch *n* [*Straßenbau*] · cold mix(ture)

~mischung *f*, Kaltmischgut *n*, Kaltgemisch *n* [*Straßenbau*] · cold mix(ture)

~nieten *n* · cold riveting

~pressung *f*, Kaltpreßverfahren *n* [*Leinöl*] · cold-pressed process

~preßleim *m* · glue for cold pressing

~recken *n* [*Betonstahl*] · cold working, ~ straining

~schornstein *m* · low-temperature chimney

~schüren *n*, Abstehen [*Glasschmelze*] · cooling-down period, taking-down ~, standing-off ~

~sprung *m*, Riß *m*, Peture *f* [*Flachglasfehler*] · surface crack, check

kalt|streichbar · brushable in cold condition, ~ ~ ~ state

~streichbare Bitumenkleb(e)masse *f* · asphalt sealing compound (US); (asphaltic-)bitumen ~ ~ (Brit.)

Kalt|teer *m* [*Steinkohlenteer mit flüchtigen organischen Lösungsmitteln, im allgemeinen Benzol*] · cold tar, TC

~umformung *f*, Kaltverformung [*Baustahl. Sie erfolgt durch Kaltwalzen, Kaltziehen, Kaltschlagen, Kaltpressen, Kaltbiegen, Kaltbördeln und Kaltrichten*] · cold forming

kaltverarbeitbar · workable in cold state

Kaltverarbeitung *f* · cold working

kalt|verfestigt · strengthened by cold working, strainhardened

~verformter verwundener Sonderbetonstahl *m* **III der Gruppe IIIb DIN 1045** · cold worked twisted special reinforcing bars grade III of grade IIIb DIN 1045

Kaltverformung *f*, Kaltumformung [*Baustahl. Sie erfolgt durch Kaltwalzen, Kaltziehen, Kaltschlagen, Kaltpressen, Kaltbiegen, Kaltbördeln und Kaltrichten*] · cold forming

kalt|vergießbar · cold pourable

~vergossen · cold poured

Kalt|(ver)kleben *n* · cold bonding

~(ver)klebung *f* · cold bonding

kaltverlegt · cold-laid

Kalt|verlegung *f* · cold laying

~(ver)leimen *n* · cold gluing

~(ver)leimung *f* · cold gluing

kaltverwunden · cold twisted

Kalt|walzen *n* · cold rolling

~walzstahl *m*, kaltgewalzter Stahl · cold rolled steel

~-Wandglasur(überzug) *f*, (*m*), (Wand)Kaltglasur(überzug), Kaltglasur-Wandkeramik *f*, Kaltkeramik · cold-glaze(d wall coat(ing)), vitreous surfacing

~-Wandglasur(überzug) *f*, (*m*) **aus Zement und Kunststoff**, (Wand-)Kaltglasur(überzug) ~ ~ ~ ~, Kaltglasur-Wandverkleidung *f* ~ ~ ~ ~ · cement-plastic cold-glaze(d wall coat(-ing)), plastic-cement ~ (~ ~)

Kaltwasser *n*, KW · cold water

~behälter *m*, Kaltwasserlagerbehälter, KW-(Lager)Behälter · cold water storage tank

~-Druckrohr *n*, KW-Druckrohr · cold water pressure pipe

~hahn *m*, KW-Hahn · cold water tap

~(lager)behälter *m*, KW-(Lager)Behälter · cold water storage tank

~leitung *f*, KW-Leitung · cold water line

~netz *n*, KW-Netz · cold water system

~probe *f*, Kaltwasserprüfung *f*, Kaltwasserversuch *m* [*Prüfung von Zement auf Raumbeständigkeit; DIN 1164*] · soundness test by immersion in cold water

~probe *f*, Kaltwasserprüfung *f*, Kaltwasserversuch *m* · cold water test

~prüfung *f*, Kaltwasserprobe *f*, Kaltwasserversuch *m* [*Prüfung von Zement auf Raumbeständigkeit; DIN 1164*] · soundness test by immersion in cold water

~prüfung *f*, Kaltwasserversuch *m*, Kaltwasserprobe *f* · cold water test

~ringleitung *f*, KW-Ringleitung · cold water circuit

~speisebehälter *m*, KW-Speisebehälter · cold water feed tank

~uhr *f*, KW-Uhr [*Fehlnamen*]; Kaltwasserzähler *m*, KW-Zähler · cold water meter

~verbrauch *m*, KW-Verbrauch · cold water consumption

~versorgung *f*, KW-Versorgung · cold water supply

~versuch *m*, Kaltwasserprobe *f*, Kaltwasserprüfung *f* [*Prüfung von Zement auf Raumbeständigkeit; DIN 1164*] · soundness test by immersion in cold water

~versuch *m*, Kaltwasserprüfung *f*, Kaltwasserprobe *f* · cold water test

~zähler *m*, KW-Zähler [*Fehlnamen: Kaltwasseruhr f, KW-Uhr*] · cold water meter

~zisterne *f*, KW-Zisterne · cold water (storage) cistern

~zufluß *m*, KW-Zufluß · cold water feed

Kalt|wetterschutz *m* · cold weather protection

~zinkfarbe *f*, zinkstaubreiche (Anstrich-)Farbe, (Zinkstaub-)Werkstattgrund(ierung) *m*, (*f*), Zinkstaubgrund(ier)farbe · zinc-rich paint, cold galvanising ~, zinc dust shop primer [*A paint, the pigment of which is zinc powder. It is used as a primer and as a special protection for steel*]

Kalzinieranlage *f* · calcining plant, calcination ~, ~ installation

kalzinieren · to calcine [*To alter composition or physical state by heating below the temperature of fusion*]

Kalzinieren *n* [*Austreiben des Kristallwassers durch Erhitzen*] · calcination, calcining

kalzinierte Tonerde *f* · calcined alumina

Kalzit *m*, Kalkspat *m*, Kanonenspat, $CaCO_3$ [*Rhomboedrisch kristallisierte Form des Kalziumkarbonates, gesteinsbildend. Fehlname: Weiß Carrara m*] · calcite, calcspar

Kalzium *n*, Ca [*Erdalkalimetall*] · calcium

~aluminat *n* · calcium aluminate

~aluminatsulfathydrat *n* · calcium sulphoaluminate hydrate

~aluminatferrit *n* · calcium alumino-ferrite

~bisulfit *n*, doppelschwefligsaures Kalzium *n*, Kalziumhydrogensulfit, saurer schwefligsaurer Kalk *m* · bisulfite of lime (US); bisulphite ~ ~ (Brit.)

~chlorid *n*, $CaCl_2$, Chlorkalzium *n* [*Ein Abbinde(zeit)beschleuniger. Die Abbindezeit läßt sich je nach dem Kalziumchloridanteil im Anmach(e)wasser auf Minuten oder sogar Sekunden verkürzen*] · calcium chlorid(e) (US); ~ chloride (Brit.)

~fluorid *n*, CaF_2 · calcium fluoride (Brit.); ~ fluorid(e) (US)

~-Harzseife *f* · calcium rosinate

~hydrogensulfit *n*, saurer schwefligsaurer Kalk *m*, Kalziumbisulfit, doppelschwefligsaures Kalzium *n* · bisulfite of lime (US); bisulphite ~ ~ (Brit.)

~hydrosilikat *n* · hydrated calcium silicate

~hydroxid *n*, $Ca(OH)_2$ [*Molekulargewicht 74,10; es besteht aus 75,7% Kalziumoxid und 24,3% Wasser*] · calcium hydroxid(e) (US); ~ hydroxide (Brit.)

~karbid *n*, CaC_2 [*Durch Zusammenschmelzen von Branntkalk und Kohle gewonnenes Ausgangserzeugnis für Azetylen*] · calcium carbide

~karbidpulver *n* · powder(ed) calcium carbide, calcium carbide powder

~karbonat *n*, $CaCO_3$ [*Hauptbestandteil des Kalksteins und der Kreide*] · calcium carbonate [*chemical name*], carbonate of lime [*substance*]

~ligninsulfonat *n* · calciumlignosulphonate

~nitrat *n*, Kalksalpeter *m*, salpetersaurer Kalk *m*, salpetersaures Kalzium *n*, $Ca(No_3)_2$ · nitrate of lime, lime nitrate

~ölseife *f* · calcium oleate

~oxid *n*, CaO · calcium oxid(e) (US); ~ oxide (Brit.)

~oxychlorid *n* → Chlorkalk

~salz *n* · calcium salt

~seife *f* · calcium soap

~silikat *n*, KS, $CaSiO_3$ · calcium silicate

~silikathydrat *n* · calcium silicate hydrate, hydrous calcium silicate [*Any of the various reaction products of calcium silicate and water, often produced by autoclave curing*]

~stearat *n* · calcium stearate

~sulfat *n*, $CaSO_4$ · calcium sulphate (Brit.) [*chemical name*]; ~ sulfate (US) [*chemical name*]; sulphate of lime (Brit.) [*substance*]; sulfate of lime (US) [*substance*]

~verbindung *f* · calcium compound

Kamelhaarpinsel *m* · camel-hair pencil brush

Kamin *m*, Schornstein *m* · chimney [*A construction containing one or more flues*]

~einfassung *f* · mantel piece, chimney-piece [*The wood, brick, stone, or marble frame surrounding a fireplace, frequently including an overmantel or mirror above*]

~(form)stein *m*, Formstück *n* für Hausschornstein(e), Schornsteinformstück, Kaminformstück, Schornsteinformstein, rundes Beton-Kaminformstück · chimney block (US); round concrete flue

~formstück *n* → Kamin(form)stein

~mündung *f*, Schornsteinmündung, Kaminöffnung, Schornsteinöffnung · chimney outlet

~nische *f* · fireplace recess

~öffnung *f*, Schornsteinöffnung, Kaminmündung, Schornsteinmündung · chimney outlet

~platz *m* · fireplace lounge, fireside ~

~rahmen *m* · chimney-piece, mantel(-piece)

~stein *m* → Kamin(form)stein

~tür *f*, Reinigungstür, Putztür · soot door (Brit.); ash pit ~, cleanout ~ (US)

~vorsprung *m* · chimney breast [*A part of a chimney which projects from the surface of an adjoining wall*]

~wirkung *f* · chimney effect

Kamm *m* [*Putztechnik*] · comb

Kämmen *n* [*Außenputz*] · combing

Kammer *f*, Loch *n*, Hohlraum *m* [*Block(-stein); Ziegel*] · cell, cavity, core hole; core (US)

~ · (wall) pocket [*A chase, recess, or hole left in a wall to receive a beam or to form a tie for an abutting wall or partition*]

~bleiweiß *n* · basic carbonate white lead manufactured by the old Dutch process $2\,PbCO_3 \cdot Pb(OH)_2$

~grab *n* · chamber tomb

~musikraum *m* · chamber music room

~ofen *m*, Gips~ · (gypsum) kettle

~ofengips *m* · gypsum heated in kettle(s)

~verfahren *n* [*Bleiweißherstellung*] · Euston process

Kammkies *m*, Speerkies, Markasit *m*, FeS_2 · marcasite, white iron pyrites

~putz *m* · comb (external) rendering (Brit.); ~ stucco (US); ~ exterior plaster, ~ external plaster

~stein *m*, Dachkenner *m*, Walmstein, Firststein [*Der Ausdruck „Walmstein" wird auch für den Gratstein verwendet*] · ridge tile

Kämmung *f* [*Flachglasfehler*] · piano lines, drawing ~, line

Kammziegel *m*, Walmziegel, Firstziegel, Dachkenner *m* [*Der Ausdruck „Walmziegel" wird auch für den Gratziegel verwendet*] · (burnt) clay ridge tile

Kampanile *m*, Campanile, freistehender Glockenturm *m* · isolated bell-tower, free-standing ~, campanile, belfry

Kämpfer *m* → ~riegel

~ [*Fehlname: Kämpferpunkt m. Der Anfangspunkt eines Gewölbes oder Bogens*] · impost

~druck *m* [*Druck eines Bogens oder Gewölbes auf die Kämpfer*] · pressure on impost(s)

~fläche *f* · springing [*The surface at either end of an arch from which the arch springs*]

~fuge *f* · impost joint

~gelenk *n* · impost hinge

~(ge)sims *m*, (*n*) · impost in the form of a bracket-like moulding (Brit.); ~ ~ ~ ~ ~ ~ ~ molding (US)

~höhe *f* [*Höhe des Kämpfers über dem Boden*] · impost level

~holz *n*, Losholz [*Querholz zur Unterteilung eines Fensters oder einer Tür*] · wood(en) transom, timber ~

~linie *f* · springing line

~punkt *m* [*Fehlname*]; Kämpfer *m* [*Der Anfangspunkt eines Gewölbes oder Bogens*] · impost

~(riegel) *m* [*Waag(e)rechtes feststehendes Zwischenstück eines Fensters oder einer Tür*] · transome [*An intermediate horizontal member in a window or door opening*]

~(riegel)oberlicht *n* · transome light [*A glazed light above a transome*]

~schnitt *m* · impost section

~sims *m*, Kämpfergesims *n* · impost in the form of a bracket-like moulding (Brit.); ~ ~ ~ ~ ~ ~ ~ molding (US)

~stein *m*, Anfangsstein Anfänger *m*, Anwölber [*Der erste Stein über dem Kämpfer eines Bogens oder Gewölbes*] · springer [*The bottom stone of an arch or vault resting on an impost*]

~stein *m* [*Steinerne Ausführung eines Fensterkämpfers*] · stone transom

Kanadaasbest *m*, Chrysotilasbest · Canadian asbestos, chrysotile ~

kanadisches Terpentinöl *n* · Canadian (oil of) turpentine, ~ spirit ~ ~

Kanal *m*, geschlossener ~ · duct [*A tube or other provision for the passage of air, gas or services*]

~bau *m* [*Für öffentliche Versorgungsleitungen*] · duct construction

~bemessung *f*, Luft~ · (air) duct design

~deckel *m* · duct cover

kanalerzeugtes Geräusch *n* [*Klimaanlage*] · duct-generated noise

Kanal|gas *n* · foul air

~graben *m* · duct trench

~guß *m* · cast iron products for sewerage (systems), C.I. ~ ~ ~ (~)

Kanalisation *f*, Ortsentwässerung *f* · system of sewerage, ~ ~ sewers, sewerage (system) [*A collecting system of sewers and appurtenances*]

Kanalisationsartikel *m* · sewer article, ~ product

~ *mpl* · sewer articles, ~ products, ~ goods

Kanalisationskarte *f* · map of sewers

Kanal(isations)|netz *n* → Schwemmkanalisation

~rohr *n*, Abwasserrohr · sewer pipe, sewage ~, foul water ~, refuse water ~

~rohrleitung *f*, Abwasserrohrleitung · sewer pipe line, sewage ~ ~, foul water ~ ~, refuse water ~ ~

~steinzeug *n*, Abwasserrohrsteinzeug · stoneware for sewer pipes

kanalisierte Warmluft *f* · ducted warm air

kanalisiertes Gebiet *n* · area with main services

Kanal|keilklinker *m* · wedge(-type) sewer brick

~klinker *m* [*DIN 4051*] · sewer brick [*It is a clay or shale brick used for sewerage, industrial waste, and storm water conduits*]

~kühlofen *m*, Tunnelkühlofen, Kühlbahn *f* [*Glasherstellung*] · lehr, leer, lier, lear

~netz *n* → Schwemmkanalisation

~rohr *n*, Kanalisationsrohr, Abwasserrohr · sewer pipe, sewage ~, foul water ~, refuse water ~

~schacht *m* · sewer manhole, ~ manway

~schachtklinker *m* · manhole sewer brick, manway ~ ~

~stein *m* [*Fehlname*] → Kanalziegel

~steinzeug *n* → Kanalisationssteinzeug

~system *n* · ductwork

~warmluft *f* · ducted warm air

~ziegel *m*; Kanalstein *m* [*Fehlname*] · sewer brick

Kanariengelb *n* · canary yellow

Kandelaber *m* · candelabrum

Kandelstein *m*, Grenzstein, Begrenzungsstein · boundary stone

Kanephore *f*, Korbträgerin *f* · canephora [*A sculptured female figure carrying a basket on her head*]

Kani-Verfahren *n* · Kani('s) method

kannelieren · to flute [*To make long, rounded grooves in a column, etc.*]

kanneliert · fluted

kannelierte Kupferröhre *f*, kanneliertes Kupferrohr *n* [*Hauptsächlich für elektrische Leuchten und Treppengeländer verwendet*] · fluted copper tube

~ Messingröhre *f*, kanneliertes Messingrohr *n* [*Hauptsächlich für elektrische Leuchten und Treppengeländer verwendet*] · fluted brass tube

kanneliertes Kupferrohr *n*, kannelierte Kupferröhre *f* [*Hauptsächlich für elektrische Leuchten und Treppengeländer verwendet*] · fluted copper tube

~ Messingrohr *n*, kannelierte Messingröhre *f* [*Hauptsächlich für elektrische Leuchten und Treppengeländer verwendet*] · fluted brass tube

Kannelierung *f*, Riefelung · fluting

Kannelur(e) *f*, Riefe *f* [*Lotrechte Vertiefung am Säulenschaft*] · flute

Kanon *m* [*Zur Bestimmung von Reihenfolge und Größenordnung*] · canon

Kanonen|ofen *m*, Eisenofen, eiserner Ofen · iron stove

~spat *m*, Kalkspat, Kalzit *m*, $CaCO_3$ [*Rhomboedrisch kristallisierte Form des Kalziumkarbonates, gesteinsbildend. Fehlname: Weiß Carrara*] · calcite, calcspar

Kante *f*, Faltwerk~ · quoin

~ · arris [*The line at the intersection of two planes as distinct from an edge which is a measurable area*]

Kanten|beanspruchung *f* · edge stress

~bearbeitung *f* · edge preparation

~blume *f* → Knolle

kantenblumenverziert, kriechblumenverziert, steinblumenverziert, krabbenverziert, knollenverziert · crocketed

Kanten|(dach)stein *m*, Bordstein, Saumstein · marginal tile (for gables)

~(dach)ziegel *m*, Saumziegel, Bordziegel · marginal (clay) tile (for gables)

~festigkeit *f* · edge-holding power

~länge *f* · edge length

~pressung *f* [*Fehlname*]; Randpressung · edge compression

~riegel *m* · flush bolt

~rundstab *m* · staff bead

~schlag *m* **mit 45°** · chamfered edge

~schlag *m*, Randschlag [*Die zugerichtete Kante eines Quadersteins*] · recessed margin

~schoner *m*, Kantenschützer, Kantenschutzwinkel *m* · (angle) bead

~schutz *m*, Eckenschutz · corner guard

~schutz *m* [*als Maßnahme*] · arris protection

~schützer *m*, Kantenschoner, Kantenschutzwinkel *m* · (angle) bead

~schutzwinkel *m*, Kantenschoner *m*, Kantenschützer · (angle) bead

~spannung *f* · edge stress

~stein *m*, Kantendachstein, Saumstein, Bordstein · marginal tile (for gables)

~viertelstab *m* · ovolo

~ziegel *m*, Kantendachziegel, Saumziegel, Bordziegel · marginal (clay) tile (for gables)

kantiger (Beton)Zuschlag(stoff) *m* · angular (concrete) aggregate [*Aggregate, the particles of which possess well-defined edges formed at the intersection of roughly planar faces*]

~ Verbandstift *m* [*DIN 1156*] · multiple-sided dowel pin

kantiges Korn *n* · angular grain, ~ particle

Kantine *f* · canteen

Kantinen|gebäude *n* · canteen building

~lager *n* · canteen store

~tresen *m* · canteen counter

Kanzel *f* · pulpit

~deckel *m*, Schalldeckel · sounding board, ~ tester

~kapitäl *n*, Kanzelkapitell · pulpit capital

Kaolin *m*, *n*, Porzellanerde *f*, Weißerde, Porzellanton *m* [*Wenig plastischer, weißbrennender, aus verhältnismäßig grobkristallinem Kaolinit bestehender Ton aus primären oder sekundären Lagerstätten. Man unterscheidet den Rohkaolin, der noch Reste des Muttergesteins enthält, und den Reinkaolin (aus sekundärer Lagerstätte oder abgewaschener Rohkaolin)*] · kaolin, china clay, porcelain clay, porcelain earth

Kaolinisierung *f* · kaolinisation

Kaolinit *m* [*Tonmineral der Kaolinitgruppe; Hauptbestandteil des Kaolins*] · kaolinite

~-Gruppe *f* · kaolinite group

kaolinitischer Ton *m*, Kaolinton · kaolinitic clay

Kaolin|sand *m* · kaolin sand

~ton *m*, kaolinitischer Ton · kaolinitic clay

Kapasbest *m*, Blauasbest · blue asbestos, Cape ~, crocidolite

Kapazitätenplan *m* [*Hotel; Krankenhaus*] · schedule of accommodation

Kapelle *f* · chapel

Kapellen|bauer *m* · chapel-builder

~kranz *m*, Kapellenreigen *m* [*Radial auf einen Mittelpunkt bezogene Kapellen, an einem halbrunden oder polygonalen Chor bzw. Chorumgang*] · surrounding chapels, encircling ~

Kapillar|anstieg *m*, kapillarer Anstieg [*Anstieg einer Flüssigkeit unter dem Einfluß der Kapillarspannung*] · capillary rise, ~ flow

~attraktion *f*, Rohrsaugkraft *f*, Porensaugwirkung *f* [*Folge des Unterdruckes, welcher durch die molekularen Anziehungskräfte in der Grenzfläche der Bodenteilchen gegen Wasser entsteht*] · capillary attraction

~bewegung *f*, Kapillarität *f* · capillary movement, ~ motion, capillarity [*The movement of a liquid in the interstices of soil or other porous material due to surface tension*]

kapillarbrechend · anti-capillary

kapillardicht · capillaryproof

Kapillardruck *m*, Krümmungsdruck [*Formelzeichen: P_K. Resultierende der Kapillarspannungen in Richtung der Normalen zur Oberfläche, bezogen auf die Flächeneinheit*] · capillary pressure

Kapillare *f* · capillary

kapillare Aufsaugung *f* · capillary absorption

~ Druckhöhe *f* · capillary head

~ Heberwirkung *f* · capillary siphoning

~ Sättigung *f* · capillary saturation

kapillarer Anstieg *m*, Kapillaranstieg [*Anstieg einer Flüssigkeit unter dem Einfluß der Kapillarspannung*] · capillary rise, ~ flow

kapillares Gleichgewicht *n* · capillary equilibrium

Kapillar|fähigkeit *f*, Kapillarwirkung *f* · capillary action

~feuchte *f*, Kapillarfeuchtigkeit *f* · capillary moisture

~feuchtigkeit *f*, Kapillarfeuchte *f* · capillary moisture

~halbmesser *m* · capillary radius

Kapillarimeter *n* · capillary apparatus, capillarimeter

Kapillarität *f*, Kapillarbewegung *f* · capillary movement, ~ motion, capillarity [*The movement of a liquid in the interstices of soil or other poraus material due to surface tension*]

Kapillaritätskonstante *f*, Koeffizient *m* der Oberflächenspannung, Oberflächenspannung *f* · surface tension

Kapillar|kondensation *f* · capillary condensation

~kraft *f*, Haarröhrchenkraft · capillary force

~pore *f* · capillary pore

~potential *n* · capillary potential

~rohr *n*, Haarrohr, Kapillarröhrchen *n*, Haarröhrchen · capillary (tube)

~röhrchen *n*, Haarröhrchen, Kapillarrohr *n*, Haarrohr · capillary (tube)

~saum *f*, Saugsaum, Kapillarzone *f*, Saugraum *m* [*Der Grundwasseroberfläche aufliegender Raum, in welchem der Wasserdruck von unten nach oben noch abnimmt*] · capillary fringe

~spannung *f*, Haarröhrchenspannung · capillary tension

~sperre *f*, Kapillarbremse *f* · capillary groove, ~ break

~-Viskosimeter *n* · capillary visco(si)-meter

~wasser *n*, Porensaugwasser, Haarröhrchenwasser [*Wasser, welches der Porensaugwirkung gefolgt ist*] · capillary water, ~ moisture, water of capillarity, fringe water

~wirkung *f*, Kapillarfähigkeit *f* · capillary action

~zone *f* → Kapillarsaum

Kapitelhaus *n* · chapter-house

~gewölbe *n* · chapter-house vault

Kapitell *n*, Kapitäl · capital

~platte *f*, Abakus *m*, (Säulen)Deckplatte · raised table, abacus, padstone [*The slab between the lintel and the supporting column, designed to concentrate the load. In the Greek Doric order the abacus is a simple square block; in the Roman orders it is thinner and moulded*]

Kapitelsaal *m* · chapter-room

Kapokgewebe *n* · kapok cloth; ~ fabric [*misnomer*]

Kappanschluß *m*, Überhanganschluß · cap flashing, counter ~ [*See remark under 'Anschluß'*]

Kappe *f* · capping

~ [*Metallbedachung*] · cap

~ · (blank) cap [*A pipe fitting fixed over the spigot end of a pipe or fitting to close it*]

~, gewölbte ~, Kappengewölbe *n* · cap (vault)

Kappen|gewölbe *n*, (gewölbte) Kappe *f* · cap (vault)

~schale *f* [*Eine durch senkrechte Bandträger, z.B. Bögen mit Zugband, gestützte, doppelt gekrümmte kuppelartige Schale*] · domelike shell

Kapp|fenster *n*, Kaffenster [*Dachluke, die von einem Kaffziegel mit halbkreisförmiger Öffnung überdeckt wird*] · clay dormer-ventilator opening

~leiste *f*, Kappstreifen *m*, Überhangleiste, Überhangstreifen · cap flashing (piece), counter ~ (~) [*See remark under 'Anschluß'*]

~stein *m* → Lüftergaube

~streifen *m*, Kappleiste *f*, Überhangstreifen, Überhangleiste · cap flashing (piece), counter ~ (~) [*See remark under 'Anschluß'*]

~ziegel *m* → Lüftergaube

Karabinerhaken *m* · snap hook, spring ~

Karawanenstadt *f* · caravan city

Karawanserei *f*, Konak *m*, (C)Han *m*, karawan serail *m* · khān, caravanserai; caravansary (US)

Karbamid *n* · carbamide

~harz *n* · carbamide resin

Karbid|erzeugnis *n* · carbide refractory (product)

~kalk *m* [*DIN 1060*] · by-product lime, carbide ~, hydrated ~ [*It is formed as a by-product in the manufacture of acetylene gas by treating calcium carbide with water. This by-product may be in the form of a putty or a dry hydrate*]

~kalkhydrat *n*, Karbidtrockenkalk *m* · dry-hydrate(-type) by-product lime, ~ carbide ~

~kalkteig *m*, Karbidkalkbrei *m* · by-product lime putty, carbide ~ ~

~trockenkalk *m*, Karbidkalkhydrat *n* · dry-hydrate(-type) by-product lime, ~ carbide ~

Karbolineum *n* [*Der Begriff Karbolineum, den heute die Mehrheit auch der Bau- und Holzfachwelt für alle möglichen Mittel verwendet, wurde von Avenarius geschaffen, womit er eine ganz bestimmte Qualität eines hochwertigen Teeröls festlegte*] · carbolineum, peterlineum

Karbol|pech *n*, Kresolharz *n*, Phenolpech · cresol pitch

~säure *f*, Phenol *n*, Steinkohlenteerkreosot *n*, Phenylalkohol *m*, C_6H_5OH, Kohlenölsäure · phenol, carbolic acid, coal tar creosote [*B.S. 144*]

Karbonat|(er)härtung *f* [*Luftkalk*] · hardening by drying out and slowly combining with the carbon-dioxid(e) in the air

~gestein *n*, karbonatisches Gestein · carbonate rock

~härte *f*, vorübergehende Härte [*Wasser*] · temporary hardness, carbonate ~

karbonatisches Gestein *n*, Karbonatgestein · carbonate rock

karbonatisieren · to carbonate

Karbonatisieren *n* · artificial carbonation, carbonation treatment

Karbonatisierung *f* · carbonation [*Reaction between carbon dioxide and calcium compounds, especially in cement paste, mortar, or concrete, to produce calcium carbonate*]

~ in eingebautem Zustand · in-service carbonation

karbonisches Gestein *n* · carbon rock

Karbonitrierung *f* · carbonitriding

Karborund *n*, Siliziumkarbid *n*, Siliziumkohlenstoff *m*, SiC [*Synthetisches Erzeugnis mit der Formel SiC. Das industriell hergestellte Produkt kann Verunreinigungen enthalten*] · silicon carbide, carbide of silicon, carbon silicide

~mörtel *m* → Siliziumkarbidmörtel

~platte *f* → Silizimkarbidplatte

~stein *m* → Siliziumkarbidstein

Karls|brücke *f* **zu Prag** · (Gothic) Charles Bridge at Prague

~universität *f* **zu Prag** · Charles University at Prague

(Karmansche) Wirbelstraße *f* · (von Karman) vortex trail, (~ ~) eddy ~

Karmeliterkirche *f* · Carmelite church

Karmin(pigment) *n* · carmine (pigment)

Karnaubawachs *n* · carnauba (wax)

Karner *m*, Beinhaus *n* [*Eine meist zweigeschossige Friedhofskapelle. Der Karner ist meist ein Zentralbau mit kleiner Ostapsis. Im Untergeschoß wurden ausgegrabene Gebeine aufbewahrt, im Obergeschoß ist ein Altarraum für Totenmessen*] · carnary, charnel-house

Karnies *n* [*In Österreich: Karniese f*] · O.G., ogee [*A double-curved line made up of a convex and a concave part (s or inverted s)*]

karniesförmige Traufrinne *f* · ogee eave(s) gutter, O. G. ~ ~

karolingische Architektur *f* · Carolingian architecture

~ Basilika(kirche) *f* · Carolingian basilica(n church)

Kartause *f*, Kartäuserkloster *n* · Carthusian monastery

Kartäuserhaus *n* · charterhouse, priory

Karte *f* **der Erdbebengebiete** · earthquake zone map

Kartenhalle *f*, Fahr~ · ticket hall

Kartoffel|keller *m* · potatoe cellar

~mehl *n* · potatoe meal

~stärke *f* · potatoe starch

~stärkekleister *m* · potatoe starch paste

Karton *m* · heavy paper

~röhre *f*, Pappröhre, Kartonrohr *n*, Papprohr · paper tube [*Used as cores to form holes in concrete for the accommodation of bolts, etc.*]

~ummantelung *f* [*Gipskartonplatte*] · two sheets of heavy paper

Kartusche *f* · cartouche [*A conventionalized shield or ovoid form used as an ornament, often enclosed with wreaths, garlands, or scroll-like forms*]

~ · cartridge

Karyatide *f*, Kore *f* · caryatid [*A sculptured female figure used as a column. The term is also applied loosely to various other columns and pillars carved wholly or partly in the form of human figures*]

Karyatidenhalle *f* **vom Erechtheion,** Korenhalle ~ ~ · Caryatid porch, southern ~

Kasa|-Oberschwelle *f* → Kalksandsteinoberschwelle

~-Sturz *m* → Kalksandsteinsturz

Kaschieren *n* · laminating

Kaschiermasse *f* · laminating composition

kaschiert · laminated

kaschierte Hartplatte *f*, kunststoff~ ~, einfache Verbundplatte, einfache VBP · plastic laminated hardboard, ~ (laminate) (sur)faced ~, ~ coated ~

kaschiertes Papier *n* · laminated paper, duplexed ~

Kaschierung *f* · lamination

Kasein *n*, Käsestoff *m*, Käseeiweiß *n* der Milch, CS · casein

~emulsion *f* · casein emulsion

~farbe *f* · casein(-bound) distemper, washable ~; casein (glue-)bound water paint [*Australia*]

~formaldehydharz *n* · casein plastic, casein-formaldehyde resin

~leim *m* [*Eiweißleim aus Milchkasein, der durch chemische Umsetzung wasserunlöslich wird*] · casein glue

~lösung *f*, Kaseinwasser *n* · casein size, ~ sizing material

~pulver *n* · casein powder, powder(ed) casein

~wasser *n*, Kaseinlösung *f* · casein size, ~ sizing material

Kasematte *f*, Wallgewölbe *n* · casemate, basement area

Kaserne *f* · barracks

Kasernen|bau *m* · construction of barracks

~gebäude *n* · barracks building, ~ block

~stube *f* · barracks room

Käse|eiweiß *n* **der Milch**, Kasein *n*, Käsestoff *m*, CS · casein

~stoff *m*, Kasein *n*, Käseeiweiß *n* der Milch, CS · casein

Kasino *n*, Spiel~ · casino [*A building for gambling*]

Kasse *f* [*Theater; Kino*] · ticket booth

Kasseler|braun *n* · Cassel brown, ~ earth

~gelb *n* · Cassel yellow

Kassen|halle *f*, Schalterhalle, Kassensaal *m*, Schaltersaal · bank(ing) hall

~raum *m*, Schalterraum · bank(ing) room

~saal *m*, Schaltersaal, Kassenhalle *f*, Schalterhalle · bank(ing) hall

Kassette *f*, Decken~ · pan, coffer, waffle, casette, caisson [*A recessed panel in a concrete, metal or timber soffit*]

Kassetten|decke *f*, kassettierte Decke · waffle ceiling, casette ~, coffer(ed) ~, pan ~, cored ~, rectangular grid ~, caisson ~

~-Deckenkörper *m* · cored-out floor unit

~(decken)platte *f* · waffle (floor) slab, casette (~) ~, coffer(ed) (~) ~, cored (~) ~, pan (~) ~, ~ (~) plate, ~ (~) panel, rectangular grid (~) ~

~geschoßdecke *f*, kassettierte Geschoßdecke · waffle (slab) floor, casette (~) ~, coffer(ed) (~) ~, pan (~) ~, caisson (~) ~, cored (~) ~, ~ plate ~, ~ panel ~. rectangular grid (~) ~

~muster *n* · waffle pattern, ~ design, casette ~, coffer(ed) ~, pan ~, rectangular grid ~, caisson

~platte *f* → Kassettendeckenplatte

~untersicht *f*, kassettierte Untersicht · waffle soffit, casette ~, coffer(ed) ~, pan ~, rectangular grid ~, caisson ~

kassettierte Untersicht *f* → Kassettenuntersicht

kassettiertes Segmentgewölbe *n* · coffered segmental vault

Kassettierung *f* **in Wabenmuster** · honeycomb coffering

Kassiterit *m*, Zinnstein *m*, SnO_2 · cassiterite, tinstone, black tin

Kastell *n* · castrum

Kästelmauer *f*, durchbrochene Mauer · honeycomb (masonry) wall, pigeonholed (~) ~, pierced (~) ~, (open) trellis (~) ~ [*A half-brick wall built of stretchers with gaps between, so that they are only held by bed joints at their ends, above and below*]

~werk *n*, durchbrochenes Mauerwerk · pierced masonry (work), (open) trellis ~ (~)

~verband *m* · pierced bond, (open) trellis ~

~wand *f*, durchbrochene Wand · pierced wall, ~ screen

Kasten *m*, ~träger *m* · hollow-web girder, box (section) ~

~, Schloß~ · (lock) case

„Kästen *mpl* **auf Stelzen"** · 'boxes on stilts' [*Frank Lloyd Wright's scornful description of the new architecture in the late 1920s*]

Kasten|balken(träger) *m* · box beam

~blechträger *m*, Blechkastenträger · box plate girder

~(dach)binder *m* [*Shedhalle*] · gutter beam of U section

~(dach)rinne *f*, Kastenregenrinne, Stand(regen)rinne, Standdachrinne · box (roof) gutter, ~ rainwater ~ [*Such a gutter is of box section with parallel sides. It may be used as a parallel parapet gutter or as a valley gutter between identical slopes of two adjacent roofs*]

~fenster *n*, Winterfenster [*Ein doppeltes Fenster. Die Fensterflügel haben einen Abstand von 9 cm; das die beiden Blendrahmen verbindende Holz bildet den „Kasten"*] · winter window

~form *f* · box mold (US); ~ mould (Brit.)

kastenförmiges Spannbetonbauwerk *n* · box-shaped prestressed (concrete) structure

Kasten|profil *n* · box profile

~querschnitt *m* · box section

~regenrinne *f* → Kastenrinne

~(riegel)schloß *n*, Aufsatzschloß, aufliegendes Schloß · rim lock

~rinne *f*, Kastendachrinne, Kastenregenrinne, Stand(regen)rinne, Standdachrinne · box (roof) gutter, ~ rainwater ~ [*Such a gutter is of box section with parallel sides. It may be used as a parallel parapet gutter or as a valley gutter between identical slopes of two adjacent roofs*]

~rippenprofil *n* · box rib profile

~schloß *n*, Kastenriegelschloß, Aufsatzschloß, aufliegendes Schloß · rim lock

~stütze *f* · box-shaped column

~(träger) *m* · hollow-web girder, box (section) ~

~(träger) *m* **mit zwei Stegen**, Balken(-träger) ~ ~ ~, Hohlbalken(träger), Hohlkasten(träger) · hollow beam, box ~

~(treppen)wange *f* · box (section) string (Brit.); ~ (~) stringer (US)

Katafalk *m* · hearse

Katakombe *f*, unterirdischer Friedhof *m* · catacomb, underground cemetery

Katalysator *m* · catalyst [*Strictly speaking a substance which increases the rate of a chemical reaction, but which remains itself chemically unchanged at the end of the reaction*]

~, Härtemittel *n*, (Reaktions)Beschleuniger *m*, Härter · hardener ,accelerator, catalyst, hardening agent [*It promotes setting of synthetic resins for gluing*]

Kataster *m*, *n*, Grundbuch *n* [*Register, bestehend aus einem Katasterkartenwerk und den Katasterbüchern, in denen alle Grundstücke und grundstücksgleichen Rechte nachgewiesen sind*] · plat (US); land-register, register of real estates (Brit.) [*A map, plan or chart of a city, town, section or subdivision indicating the location and boundaries of individual properties*]

~karte *f* · cadastral map

(~)Parzelle *f* · lot [*A parcel of land that is described by reference to a recorded plat or by metes and bounds*]

~vermessung *f* · cadastral survey

Katechubeize *f* · catechu mordant

Kathedra *f* [*Bischofsstuhl in der frühchristlichen Basilika*] · cathedra

Kathedralbücherei *f*, Kathedralbibliothek *f* · cathedral library

Kathedrale *f*, Dom *m* · dome, cathedral (church) [*These terms designate the episcopal church of the diocese*]

~ von Reims · Rheims Cathedral

Kathedral|glas *n* · cathedral glass, ~ sheet

~gotik *f* · Gothic cathedral style

Kationenaustauscher *m* · cation exchanger

kationische Emulsion *f*, saure ~ · cationic emulsion, acid ~

Katzen|balken *m*, Spitzbalken, kurzer Kehlbalken, Hainbalken, Hahnenbalken [*Im Kehlbalkendach bei großer Sparrenlänge oft noch über dem Kehlgebälk in der Nähe des Firstes waagerecht in die Sparren eingezapfter Querriegel zur Versteifung der Sparrengebinde*] top beam

~kopf *m*, Kopfstein *m* [*Pflasterstein*] · nigger head, cobble (stone)

Kaufebene *f*, Ein~, Ladenebene · shopping level

Kaufhaus *n*, Warenhaus · department(al) store

~-Fahrstuhl *m*, Warenhaus-Fahrstuhl, Warenhaus-Personenaufzug *m*, Kaufhaus-Personenaufzug · department(al) store passenger lift (Brit.); ~ ~ ~ elevator (US)

~-Personenaufzug *m*, Warenhaus-Personenaufzug, Warenhaus-Fahrstuhl *m*, Kaufhaus-Fahrstuhl · department(al) store passenger lift (Brit.); ~ ~ ~ elevator (US)

Kauf|komplex *m*, Ein~, Ladenkomplex, Geschäftekomplex · (retail) shopping complex, (~) business ~, shops

~straße *f*, Ein~, Ladenstraße, Geschäftestraße · (retail) shopping street, (~) ~ parade, (~) business ~, shops street, shops parade

~zentrum *n*, Ein~, Ladenzentrum · shopping centre (Brit.); ~ center (US); block of grouped shops

~zone *f*, Ein~, Ladenzone · shopping area

Kaurikopal *m* · Kauri copal

Kauritleim *m* [*Deutschland*]; Melocol [*Schweiz*] [*Genormtes Kurzzeichen in Deutschland: K*] · beetle cement [*Great Britain*]; urac [*USA*]

Kaustifizierung *f* · caustification

kaustisch gebrannter Magnesit *m* · caustic magnesite

kaustisches Magnesia *f* [*DIN 273 Bl. 1*] · caustic magnesia

~ Soda *f*, kaustisches Soda *n*, Ätznatron *n*, Natriumhydroxid *n*, NaOH · caustic soda

kaustisches Soda *n*, Ätznatron *n*, kaustische Soda *f*, Natriumhydroxid *n*, NaOH · caustic soda

Kautschuk *m*, Gummi *m*, Natur~ · (natural) rubber

~abdeckfuge *f* · rubber gasket joint

~(ab)dicht(ungs)profil *n*, Kautschukselbstdichtung *f*, Gummi(ab)dicht(ungs)-profil, Gummiselbstdichtung · rubber (preformed) gasket, ~ sealing ~, ~ structural ~ [*See remark under 'Selbstdichtung'*]

kautschukähnlich, gummiähnlich · rubber-like, rubbery

Kautschukanschlag *m*, Gummianschlag · rubber stop

kautschukartiges Silicon *n*, Siliconkautschuk *m*, Silicongummi *n*, *m* · silicone rubber

Kautschukbahn *f*, Gummibahn · rubber sheet(ing)

~ware *f*, Gummibahnware · sheet(ing) rubber

Kautschuk|(-Bau)profil *n*, Gummi-(-Bau)profil · construction(al) rubber shape, ~ ~ section, ~ ~ trim, ~ ~ unit, structural ~ ~

~(belag)platte *f*, Kautschukfliese *f* Gummi(belag)platte, Gummifliese · rubber tile

~-Bitumen-Masse *f*, Gummi-Bitumen-Masse · rubber-asphalt mass, ~ composition, ~ material, ~ compound (US); rubber-(asphaltic-)bitumen ~ (Brit.)

~dicht(ungs)profil *n*, Kautschukabdicht(ungs)profil, Kautschukselbstdichtung *f*, Gummi(ab)dicht(ungs)profil, Gummiselbstdichtung · rubber (preformed) gasket, ~ sealing ~, ~ structural ~ [*See remark under 'Selbstdichtung'*]

~emulsion *f*, Gummiemulsion, Natur~ · (natural) rubber emulsion

~fliese *f*, Kautschuk(belag)platte *f*, Gummi(belag)platte, Gummifliese · rubber tile

~fliesenbelag *m*, Kautschukplattenbelag, Gummifliesenbelag, Gummiplattenbelag · rubber tiling

~kitt *m* · rubber (building) mastic

~mehl *n* → (Natur)Gummimehl

~platte *f*, Kautschukbelagplatte, Kautschukfliese *f*, Gummi(belag)platte, Gummifliese · rubber tile

~plattenbelag *m*, Kautschukfliesenbelag, Gummifliesenbelag, Gummiplattenbelag · rubber tiling

~profil *n*, Kautschuk-Bauprofil, Gummi-(Bau)profil · construction(al) rubber shape, ~ ~ section, ~ ~ trim, ~ ~ unit, structural ~ ~

~pulver *n* → (Natur)Gummimehl

~rohr *n* → Gummirohr

~schaum(stoff) *m*, Zellkautschuk *m*, Zellgummi *m*, Gummischaum(stoff) · expanded (natural) rubber

~selbstdichtung *f*, Kautschuk(ab)-dicht(ungs)profil *n*, Gummi(ab)dicht-(ungs)profil, Gummiselbstdichtung · rubber (preformed) gasket, ~ sealing ~, ~ structural ~ [*See remark under 'Selbstdichtung'*]

KBr *n*, Bromkali *n*, Kaliumbromid *n* · potassium bromide

$KClO_3$ *n*, Kaliumchlorat *n* · potassium chlorate

KCN *n*, Zyankali *n*, Kaliumzyanid *n* · potassium cyanide

Kegel *m*, Konus *m* · cone

~, Brenn~ [*Pyrometer aus Tonerdesilikaten zur Bestimmung der Wärmegrade in keramischen Brennöfen*] · (pyrometric) cone

~dach *n*, Kegelhelm *m* [*Turmdach mit kreisförmigem Grundriß und rundum aufsteigender Dachfläche*] · conical spire

Kegeleindring(ungs)|probe *f*, Kegeleindring(ungs)prüfung *f*, Kegeleindring-(ungs)versuch *m* · deep penetration test, cone ~ ~

~prüfung *f*, Kegeleindring(ungs)versuch *m*, Kegeleindring(ungs)probe *f* · deep penetration test, cone ~ ~

~versuch *m*, Kegeleindring(ungs)probe *f*, Kegeleindring(ungs)prüfung *f* · cone penetration test, deep ~ ~

Kegelfallpunkt *m*, Feuerfestigkeit *f* · pyrometric cone equivalent

kegelförmige Fiale *f* · pinnacle terminating in conic(al) form

kegelförmiges Fundament *n* · cone (-type) foundation, conical ~

~ Seilnetz *n*, cone(-shaped) cable net, conical ~ ~

Kegel|gewinde *n*, kegeliges Gewinde · taper thread

~gewölbe *n* [*Bei dieser Gewölbeart verringert sich die Spannweite der Zylinder-Erzeugenden in der Achsenrichtung*] · conical vault, cone(-type) ~

~helm *m*, Kegeldach *n* [*Turmdach mit kreisförmigem Grundriß und rundum aufsteigender Dachfläche*] · conical spire

kegelig machen, verjüngen · to taper

Kegeligkeit *f* → Kegelneigung

Kegel|keil *m*, Konuskeil · conical wedge

~kuppel *f* · conical dome, cone ~

~neigung *f*, Verjüngung, Verjüngungsverhältnis *n* beim Kegel, Kegelverhältnis, Kegelsteigung, Kegeligkeit *f*, Konizität *f* · taper(ing)

~schale *f* · cone shell, conical ~

~schalenfundament *n* · cone shell foundation, conical ~ ~

~steigung *f* → Kegelneigung

~verankerung *f*, Konusverankerung · cone anchorage

~verfahren *n*, Viertelung *f*, Quadrantenverfahren [*DIN 51701*] · coning and quartering

~verhältnis *n* → Kegelneigung

~viskosimeter *n* · cone viscosimeter

~walm *m* · conical hip(ped end), cone ~ ~

Kehlanschluß *m* · valley flashing [*See remark under 'Anschluß'*]

~(streifen) *m* · valley flashing (piece)

Kehlbalken *m* [*Der beim Kehlbalkendach in die Sparren eingezapfte Balken, auch Querriegel genannt. Darüber hinaus alle oberhalb des Dachgebälks im Dachraum liegenden Balken (= Kehlgebälk) in Quer- und Längsrichtung des Daches*] · collar beam, span piece

~dach *n* · collar-beam roof [*Common rafters, jointed halfway up their length by a horizontal tie-beam. This roof gives more headroom in the centre of the room than a close-couple roof*]

Kehl|blechrinne *f*, Blechkehlrinne · sheet metal valley gutter

~brett *n* · valley board

Kehle *f*, Dach~, (Dach)Kehlung *f*, Einkehle · (roof) valley

~ → Hohl~

Kehlen|dach *n*, Dach mit Wiederkehr, Wiederkehrdach · intersecting roof, intersection ~, roof with valley, valley roof [*A pitched roof with a V-shaped cross-section*]

~stütze *f*, Dach~ [*mehrschiffige Halle*] · (roof) valley post

Kehl|gebälk *n* · system of collar beams, ~ ~ span pieces

~gebindewinkel *m* · valley soaker

~gratbalken *m* · valley rafter

~(grat)sparren *m* · valley rafter [*A rafter that forms the intersection of an internal roof angle*]

~gratstichbalken *m* · valley jack (rafter)

~halt *m* [*Im Early English und wieder in viktorianischer Zeit gebräuchlicher Abschluß einer Fase, wobei die Ecke des abgefasten Baustückes wieder auf den rechten Winkel zurückgeführt wird; auch in der kontinentalen Neugotik gebräuchlich*] · stop chamfer

~holzrinne *f*, Holzkehlrinne · timber valley gutter, wood(en) ~ ~

~linie *f* · valley line

~platte *f* · valley slab

~rinne *f* · valley gutter [*A gutter formed at a valley, having sloping sides and exposed to view*]

~rinnenuntersicht *f* · valley soffit

~schifter *m*, Wechselsparren *m* · valley jack (rafter)

~schindel *f* · valley shingle

~sparren *m*, Kehlgratsparren · valley rafter [*A rafter that forms the intersection of an internal roof angle*]

~stein *m* · (roof) valley tile, valley roof(ing) ~

~stoß *m* [*Zimmerei*] · balection moulding, bolection ~ (Brit.); bilection molding (US) [*A mo(u)lding fixed round the edge of a panel and projecting beyond the surface of the framing in which the panel is held*]

Kehlung *f*, Dach~, (Dach)Kehle *f*, Einkehlung · (roof) valley

Kehl|ziegel *m*, Schwenkziegel, Rinnenkehlziegel · valley clay roof(ing) tile, ~ roof(ing) clay ~, (roof) valley clay ~

~zinkrinne *f*, Zinkkehlrinne · zinc valley gutter

Kehrbrocken *m*, Kehrscherben *m* [*Glasgemenge*] · return cullet

Kehrscherben *m*, Kehrbrocken *m* [*Glasgemenge*] · return cullet

Keil *m* · wedge

~ mit flachem Anzug, Flachkeil · flat key

~block(stein) *m*, Keilstein · wedge (-shaped) block, ~ tile [*See remark under 'Block'*]

~dübel *m* · wedge(-type) connector

~fuge *f* · wedge-shaped (mortar) joint

Keil-Naturstein *m*, Wölb-Naturstein · voussoir

Keil|platte *f* [*Spannverfahren Magnel*] · sandwich plate

~profildraht *m* · wedge-wire

~profildrahtgewebe *n* · wedge-wire cloth

~stein *m*, Keilblock(stein) *m* · wedge (-shaped) block, ~ tile [*See remark under 'Block'*]

~stufe *f*, Dreieckstufe · spandrel step

~verankerung *f* [*Spannbeton*] · wedge anchorage

~zapfen *m*, Grundzapfen [*Holzverbindung*] · wedged tenon

Keilziegel *m*, gebrannter Keilstein *m* · gauged (clay) brick (Brit.); gaged (~) ~ (US)

keim|frei · germ-free

~tötend · germicidal

Kelchkapitäl *n*, Kelchkapitell · bell capital, vase ~

kellen(ge)recht [*Mörtel oder Putz sind kellen(ge)recht, wenn sie ohne zu kleben gut von der Kelle fließen*] · trowelable

Kellenglatt|streichen *n* · trowelling (Brit.); troweling (US) [*Smoothing with a trowel*]

~strich *m* · trowel finish(ing)

Kellen|konsistenz *f* · trowel((l)ing) consistency

~lage *f*, Kellenschicht *f* · trowel coat

~schicht *f*, Kellenlage *f* · trowel coat

Keller *m* · cellar [*A space within a building or structure and below ground level, designed for storage, boiler room, etc.*]

~ablauf *m* · cellar outlet, ~ (inlet) gull(e)y

~ausguß *m* · cellar sink

~außenwand *f* · external cellar wall

~boden(belag) *m*, Kellerfußboden(belag) · cellar floor(ing) (finish), ~ floor cover(ing)

~decke *f* · cellar floor

~eingang *m* · cellar entrance, entrance to a cellar

~eingangstür *f* · cellar entrance door

~entwässerung *f* · cellar drainage

~etage *f* → Kellergeschoß

~etagengarage *f*, Kellergeschoßgarage, Kellerstockwerkgarage · basement (level) garage

~fenster *n* · cellar window

~(fuß)boden(belag) *m* · cellar floor(ing) (finish), ~ floor cover(ing)

~garage *f* · car park basement

Kellergeschoß *n*, Kelleretage *f*, Kellerstockwerk *n*, Untergeschoß, Unteretage, Unterstockwerk · basement (level); ~ story (US); ~ storey (Brit.) [*A stor(e)y wholly or mainly below ground level*]

~decke *f* · basement floor

~eingang *m* · basement entrance, entrance to a basement

~entwässerung *f* · basement drainage

~fenster *n* · basement window

~garage *f*, Kellerstockwerkgarage, Kelleretagengarage · basement (level) garage

~gewölbe *n* · basement vault

~großgarage *f* · basement car park

~halle *f* [*Beim Satellitsystem. Flughafen*] · basement concourse

~küche *f* · basement kitchen

~lichtschacht *m* · basement light well, ~ air shaft

~mauer *f* · basement wall

~mauerwerk *n* · basement masonry (work)

~platte *f* · basement slab

~raum *m* · basement room

~-Stahlfenster *n* · steel basement window

~treppe *f* · basement stair(case)

~tür *f* · basement door

~wand *f* · basement wall

~wohnung *f*, Souterrainwohnung · basement dwelling (Brit.); ~ ~ unit (US)

Keller|gewölbe *n* · cellar vault

~gitter *n* · cellar grating

~hals *m*, außenliegende Kellertreppe *f*, Außen-Kellertreppe · outdoor cellar stair(case), external ~ ~, exterior ~ ~

~innenwand *f* · inside cellar wall

~lichtschacht *m* · pavement light [*A means of admitting air or light to premises under or abutting on the street*]

kellerlos, nichtunterkellert · cellarless

Kellermauer *f* · cellar masonry wall

~werk *n* · cellar masonry (work)

Keller|nische *f* · cellar recess, ~ niche

~oberlicht *n* · pavement light, vault ~ [*A light formed of solid glass blocks cast into concrete or set in a cast-iron frame over a basement so as to let in daylight*]

~oberlicht-Glasbaustein *m* · pavement prism [*A glass block fitted in a pavement light*]

~platte *f* · cellar slab

~raum *m* · cellar room

~stockwerk *n* → Kellergeschoß

~stockwerkgarage *f*, Kellergeschoßgarage, Kelleretagengarage · basement (level) garage

~treppe *f* · cellar stair(case)

~tür *f* · cellar door

~vorhof *m* · areaway [*An open subsurface space adjacent to a building used to admit light or air or as a means of access to a basement or cellar*]

~wand *f* · cellar wall

~wohnung *f*, Souterrainwoh ung · cellar dwelling (Brit.); ~ ~ unit (US)

keltische Architektur *f*, ~ Baukunst *f* · Celtic architecture

~ Ornamentik *f* · Celtic ornamentation

keltisches Kreuz *n* · Celtic cross, Runic ~

Kenn|farbe *f* · identification colour (Brit.); ~ color (US)

~impedanz *f* [*Impedanz in einer eben fortschreitenden Welle. Anmerkung: Die Kennimpedanz dient in erster Linie zur Kennzeichnung der Übertragungseigenschaften eines Schallmediums. Ist das Medium verlustfrei, so wird die Kennimpedanz reell, sie wird dann auch als Wellenwiderstand bezeichnet. Bei der Feldimpedanz ist diese Impedanz eine spezifische Größe im Sinne von DIN 5490*] · characteristic impedance

~zeichen *n* [*Baustoff*] · mark

~zeichnung *f* · marking

Kenotaph *n*, Zenotaph, Scheingrab *n* · cenotaph

KER, keramischer Isolierstoff *m*, Keramikisolierstoff · ceramic isolation material, ~ isolating ~

Keramik *f* · ceramics

~(ab)dichtung *f*, keramische (Ab)Dichtung · ceramic seal(ing)

~-Akustikstein *m* → (keramischer) Schallschluckstein

~artikel *m*, Keramikerzeugnis *n*, Keramikgegenstand *m*, keramisches Erzeugnis, keramischer Artikel, keramischer Gegenstand · ceramic product, ~ article

~auskleidung *f*, Keramikverkleidung, Keramikbekleidung · ceramic lining, ~ (sur)facing

~(bau)element *n* → keramisches (Bau-) Element

~baukörper *m* → keramisches (Bau-) Element

~(bau)tafel *f* · ceramic panel

~bekleidung *f*, Keramikverkleidung, Keramikauskleidung · ceramic lining, ~ (sur)facing

~(belag)platte *f*, Keramikfliese, keramische (Belag)Platte, keramische Fliese, Ton(belag)platte, Tonfliese · ceramic tile, clay ~

~(belag)plattenkleber *m* → Keramikfliesenkleber

~(belag)plattentafel *f*, Keramikfliesentafel, Tafel aus keramischen Fliesen, Tafel aus keramischen (Belag)Platten, Tafel aus Keramikfliesen, Tafel aus Keramik(belag)platten [*Zu einer Verlegeeinheit zusammengefaßte Keramikfliesen*] · ceramic tile panel, prefabricated ceramic tiling

~-Boden(belag) *m* → Keramik-Fußboden(belag)

~-Boden(belag)platte *f* → (Fuß)Boden-Keramik(belag)platte

~-Bodenfliese *f* → (Fuß)Boden-Keramik(belag)platte

~-Bodenplatte *f* → (Fuß)Boden-Keramik(belag)platte

~-Brausetasse *f*, Keramik-Brausewanne [*DIN 4486*] · ceramic spray shower tray

~-Brausewanne *f*, Keramik-Brausetasse [*DIN 4486*] · ceramic spray shower tray

~decken(belag)platte *f*, Keramikdeckenfliese, Tondecken(belag)platte, Tondeckenfliese *f*, keramische Decken(belag)platte, keramische Deckenfliese · ceramic ceiling tile, clay ~ ~

~deckenfliese *f*, Keramikdecken(belag)platte, Tondecken(belag)platte, Tondeckenfliese, keramische Decken(belag)platte, keramische Deckenfliese · ceramic ceiling tile, clay ~ ~

~deckenplatte *f*, Keramikdeckenbelagplatte, Tondecken(belag)platte, Tondeckenfliese *f*, keramische Decken(belag)platte, keramische Deckenfliese, Keramikdeckenfliese · ceramic ceiling tile, clay ~ ~

~dichtung *f*, Keramikabdichtung, keramische (Ab)Dichtung · ceramic seal(ing)

~einlegetafel *f*, keramische Einlegetafel · ceramic lay-in panel, clay ~ ~

~element *n* → keramisches (Bau)Element

~erzeugnis *n*, Keramikartikel *m*, Keramikgegenstand *m*, keramisches Erzeugnis, keramischer Artikel, keramischer Gegenstand · ceramic product, ~ article

~fabrik *f*, Keramikwerk *n*, keramischer Betrieb *m* · ceramics factory, ~ plant, ~ works

~fensterbank *f*, keramische Fensterbank · clay window sill, ceramic ~ ~; ~ ~ cill (Brit.)

~fliese *f*, Keramik(belag)platte, Ton(belag)platte, Tonfliese, keramische (Belag)Platte, keramische Fliese · ceramic tile, clay ~

~fliesenkleber *m*, Keramikfliesenkleb(e)mittel *n*, Keramikfliesenkleb(e)stoff *m*, Tonfliesenkleber, Tonfliesenkleb(e)mittel, Tonfliesenkleb(e)stoff, Keramik(belag)plattenkleber, Keramik(belag)plattenkleb(e)stoff, Keramik(belag)plattenkleb(e)mittel, Ton(belag)plattenkleber, Ton(belag)plattenkleb(e)mittel, Ton(belag)plattenkleb(e)stoff · ceramic tile (bonding) adhesive, clay ~ (~) ~, ~ ~ ~ agent, ~ ~ ~ medium, ~ ~ cement(ing agent)

(~)Fliesenscherben *m* · tile (clay) body, ~ stone

~fliesentafel *f*, Keramik(belag)plattentafel, Tafel aus keramischen Fliesen, Tafel aus keramischen (Belag)Platten, Tafel aus Keramikfliesen, Tafel aus Keramik(belag)platten [*Zu einer Verlegeeinheit zusammengefaßte Keramikfliesen*] · ceramic tile panel, prefabricated ceramic tiling

~-(Fuß)Boden(belag) *m*, keramischer (Fuß)Boden(belag) · ceramic (tile) floor(ing) (finish), ~ (~) floor cover(-ing)

~-(Fuß)Boden(belag)platte *f* → (Fuß-)Boden-Keramik(belag)platte

~-(Fuß)Bodenfliese *f* → (Fuß)Boden-Keramik(belag)platte

~gegenstand *m*, Keramikartikel *m*, Keramikerzeugnis *n*, keramischer Gegenstand, keramischer Artikel, keramisches Erzeugnis · ceramic product, ~ article

~isolierstoff *m*, keramischer Isolierstoff, KER · ceramic isolation material, ~ isolating ~

~knopf *m*, Keramiktürknopf, keramischer (Tür)Knopf · ceramic (door) knob

~mauerwerk *n*, keramisches Mauerwerk · ceramic masonry (work)

~mosaik *n*, keramisches Mosaik · ceramic mosaic

~mosaik(belag)platte *f*, Keramikmosaikfliese *f*, keramische Mosaik(belag)platte, keramische Mosaikfliese · ceramic mosaic tile, mosaic clay ~

~mosaikfliese *f*, Keramikmosaik(belag)platte *f*, keramische Mosaik(belag)platte, keramische Mosaikfliese · ceramic mosaic tile, mosaic clay ~

~-Mosaik(fuß)boden(belag) *m*, keramischer Mosaik(fuß)boden(belag) · ceramic mosaic floor(ing) (finish), ~ ~ floor cover(ing)

~mosaikplatte *f*, Keramikmosaikbelagplatte, Keramikmosaikfliese *f*, keramische Mosaik(belag)platte, keramische Mosaikfliese · ceramic mosaic tile, mosaic clay ~

~platte *f*, Keramikbelagplatte, Keramikfliese, keramische (Belag)Platte, keramische Fliese · ceramic tile, clay ~

~plattenkleber *m* → Keramikfliesenkleber

~-Rohstoff *m*, keramischer Rohstoff · ceramic raw material

~-Schallschluckstein *m* → (keramischer) Schallschluckstein

~tafel *f*, Keramikbautafel · ceramic panel

~(tür)knopf *m*, keramischer (Tür)Knopf · ceramic (door) knob

~verkleidung *f*, Keramikauskleidung, Keramikbekleidung · ceramic lining, ~ (sur)facing

~-Wand(belag)platte *f*, Keramik-Wandfliese, Wand-Keramikfliese, Wand-Keramik(belag)platte, keramische Wandfliese, keramische Wand(belag)platte · ceramic wall tile, clay ~ ~

~-Wandfliese *f*, Keramik-Wand(belag)platte, Wand-Keramikfliese, Wand-Keramik(belag)platte, keramische Wandfliese, keramische Wand(belag)platte · ceramic wall tile, clay ~ ~

~wandfliesenbelag *m*, Keramikwandplattenbelag · ceramic wall tiling, ~ vertical ~, ~ ~ tilework

~-Wandplatte *f*, Keramik-Wandbelagplatte, Keramik-Wandfliese, Wand-Keramik(belag)platte, Wand-Keramikfliese, keramische Wandfliese, keramische Wand(belag)platte · ceramic wall tile, clay ~ ~

~werk *n*, Keramikfabrik *f*, keramischer Betrieb *m* · ceramics factory, ~ plant, ~ works

~-Werkstoff *m*, keramischer Werkstoff · ceramic material

keramisch · ceramic

keramische (Ab)Dichtung *f*, Keramik(ab)dichtung · ceramic seal(ing)

~ (Belag)Platte *f*, ~ Fliese, Keramikfliese, Keramik(belag)platte, Ton(belag)platte, Tonfliese · ceramic tile, clay ~

~ Bindung *f* [*Geschmolzene (glasige) oder kristalline Silikate, die sich beim Brennen einer keramischen Masse bilden* *und den Zusammenhalt und die mechanische Festigkeit des gebrannten Erzeugnisses ergeben*] · ceramic bond

~ Boden(belag)platte *f* → (Fuß)Boden-Keramik(belag)platte

~ Bodenfliese *f* → (Fuß)Boden-Keramik(belag)platte

~ Bodenplatte *f* → (Fuß)Boden-Keramik(belag)platte

~ Decken(belag)platte *f*, ~ Deckenfliese *f*, Tondecken(belag)platte, Tondeckenfliese, Keramikdecken(belag)platte, Keramikdeckenfliese · ceramic ceiling tile, clay ~ ~

~ Deckenfliese *f*, ~ Decken(belag)platte *f*, Tondecken(belag)platte, Tondeckenfliese, Keramikdecken(belag)platte, Keramikdeckenfliese · ceramic ceiling tile, clay ~ ~

~ Deckenplatte *f*, ~ Deckenbelagplatte, ~ Deckenfliese *f*, Tondecken(belag)platte, Tondeckenfliese, Keramikdecken(belag)platte, Keramikdeckenfliese · ceramic ceiling tile, clay ~ ~

~ Dichtung *f*, ~ Ab~, Keramik(ab)dichtung · ceramic seal(ing)

~ Einlegetafel *f*, Keramikeinlegetafel · ceramic lay-in panel, clay ~ ~

~ Erzeugnisse *npl* **mit Zellenbildung,** keramische Leichterzeugnisse · cellulated ceramics

~ Fensterbank *f*, Keramikfensterbank · clay window sill, ceramic ~ ~; ~ ~ cill (Brit.)

~ Fliese *f*, ~ (Belag)Platte, Keramikfliese, Keramik(belag)platte, Ton(belag)platte, Tonfliese · ceramic tile, clay ~

~ (Fuß)Boden(belag)platte *f* → (Fuß-)Boden-Keramik(belag)platte

~ (Fuß)Bodenfliese *f* → (Fuß)Boden-Keramik(belag)platte

~ Glasur *f* · ceramic glaze

~ Leichterzeugnisse *npl*, keramische Erzeugnisse mit Zellenbildung · cellulated ceramics

~ Masse *f* · ceramic composition

~ Mosaik(belag)platte *f*, ~ Mosaikfliese *f*, Keramikmosaik(belag)platte, Keramikmosaikfliese · ceramic mosaic tile, mosaic clay ~

~ Mosaikfliese *f*, ~ Mosaik(belag)platte *f*, Keramikmosaik(belag)platte, Keramikmosaikfliese · ceramic mosaic tile, mosaic clay ~

~ Mosaikplatte *f*, ~ Mosaikbelagplatte, ~ Mosaikfliese *f*, Keramik(belag)platte, Keramikmosaikfliese · ceramic mosaic tile, mosaic clay ~

~ Platte *f*, ~ Belagplatte, ~ Fliese, Keramikfliese, Keramik(belag)platte, Ton(belag)platte, Tonfliese · ceramic tile, clay ~

~ Strangpresse *f* · ceramic extrusion machine

~ Wand(belag)platte *f*, keramische Wandfliese, Keramik-Wandfliese, Keramik-Wand(belag)platte, Wand-Keramikfliese, Wand-Keramik(belag)platte [*DIN 18155*] · ceramic wall tile, clay ~ ~

(keramischer) Akustikstein *m* → (~) Schallschluckstein

~ Artikel *m*, ~ Gegenstand *m*, keramisches Erzeugnis *n*, Keramikerzeugnis, Keramikartikel, Keramikgegenstand · ceramic product, ~ article

~ (Bau)Körper *m* → keramisches (Bau)Element

~ Baustoff *m*; keramisches Baumaterial *n* [*Schweiz*] · ceramic construction(al) material, ~ building ~, ~ structural ~, clay ~ ~

~ Bestandteil *m* · ceramic constituent

~ Betrieb *m*, Keramikwerk *n*, Keramikfabrik *f* · ceramics factory, ~ plant, ~ works

~ Boden(belag) *m* → ~ Fußboden(belag)

~ (Fuß)Boden(belag) *m*, Keramik-(Fuß)Boden(belag) · ceramic (tile) floor(ing) (finish), ~ (~) floor cover(ing)

~ Gegenstand *m*, ~ Artikel, keramisches Erzeugnis *n*, Keramikerzeugnis, Keramikartikel, Keramikgegenstand · ceramic product, ~ article

~ Isolierstoff *m*, Keramikisolierstoff, KER · ceramic isolation material, ~ isolating ~

~ Knopf *m*, ~ Tür~, Keramik(tür)knopf · ceramic (door) knob

~ Körper *m* → keramisches (Bau)Element

~ Leichtbauartikel *m* → keramisches Leichtbauerzeugnis

~ Leichtbaugegenstand *m* → keramisches Leichtbauerzeugnis

~ Mosaik(fuß)boden(belag) *m*, Keramik-Mosaik(fuß)boden(belag) · ceramic mosaic floor(ing) (finish), ~ ~ floor cover(ing)

~ Rohstoff *m*, Keramik-Rohstoff · ceramic raw material

(~) Schallschluckstein *m*, (~) Akustikstein, Keramik-Schallschluckstein, Keramik-Akustikstein · (ceramic) acoustic(al) brick, (~) sound-control ~, (~) (sound) absorbent ~, (~) (sound) absorbing ~

~ Scherben *m* · white-ware

~ Trennwandblock(stein) *m*, ~ Trennwandstein [*DIN 18167*] · ceramic partition (wall) tile, ~ ~ (~) block [*See remark under 'Block'*]

~ (Tür)Knopf *m*, Keramik(tür)knopf · ceramic (door) knob

~ Werkstoff *m*, Keramik-Werkstoff · ceramic material

~ Zellenwandblock(stein) *m*, ~ Zellenwandstein · ceramic cellular block for walls, ~ ~ tile ~ ~ [*See remark under 'Block'*]

keramisches (Bau)Element *n*, keramischer Baukörper *m*, Keramik(bau)-element, Keramikbaukörper [*Fehlnamen: Keramik-Baueinheit f, keramische Baueinheit*] · ceramic (building) unit, ~ (~) component, ~ (~) member, clay (~) ~

~ Baumaterial *n* [*Schweiz*]; keramischer Baustoff *m* · ceramic construction(al) material, ~ building ~, ~ structural ~, clay ~ ~

~ Bauteil *n* → ~ (Bau)Element

~ Element *n* → ~ (Bau)Element

~ Erzeugnis *n*, keramischer Artikel *m*, keramischer Gegenstand *m*, Keramikerzeugnis, Keramikartikel, Keramikgegenstand · ceramic product, ~ article

~ Futter *n* **in Sulfitzellstoffkochern** · ceramic digester linings in sulfide pulp mills (US); ~ ~ ~ ~ sulphide ~ ~ (Brit.)

~ Leichtbauerzeugnis *n*, keramischer Leichtbauartikel *m*, keramischer Leichtbaugegenstand *m* · light(weight) structural clay product

~ Mauerwerk *n*, Keramikmauerwerk · ceramic masonry (work)

~ Mosaik *n*, Keramikmosaik · ceramic mosaic

~ (Mosaik)Steinchen *n* · ceramic (mosaic) tessera

Keramsitbeton *m* · Keramzite concrete [*A type of expanded-clay-aggregate concrete in the USSR*]

Keratophyr *m* · keratophyre [*An alkali trachyte with albite; an old extrusive rock in which the alteration is so severe as to obliterate the original nature of the coloured minerals*]

Kerbbereich *m, n* · notched area

kerbempfindlich · notch sensitive

Kerb|empfindlichkeit *f* · notch sensitivity

~wirkung *f* · notch effect

~zinne *f*, Schwalbenschwanzzinne · dovetail(ed) merlon

Kern *m* → Querschnitt~

~, ~schicht *f* · core

~ · dumpling [*Unexcavated ground surrounded by an excavation*]

~, Gebäude~, Betriebs~, Hochhaus~, (Stahl)Beton~, Haus~ · service core, utility ~, building ~, mechanical ~, (reinforced) concrete ~, R.C. ~

~ [*Holz*] · heart

~, Seele *f*, Einlage *f* [*Drahtseil*] · core

~bauwerk *n* · building with service core, ~ ~ ~ tower, ~ ~ mechanical ~

~beton *m*, Unterbeton, (Hinter-) Füll(ungs)beton [*Im Gegensatz zum Vorsatzbeton*] · core concrete, backing ~, hearting ~

~brett *n*, Herzbrett · heart plank

~fäule *f* [*Holz*] · heart rot [*A decay characteristically confined to the heartwood, it usually originates in the living tree*]

~festigkeit *f* [*umschnürte Betonstütze*] · kern strength, core ~

kernförmiges Fundament *n* · core foundation

Kern|füllung *f* **einer Wand** · hearting [*The infilling of a wall faced on one or both sides with better-looking material*]

~gebiet *n*, Geschäftsgebiet, Stadtkern *m*· Innenstadt *f*, Stadtzentrum *n* · business area, central ~, ~ district, nucleus, heart of the town, city (area); centre of the town (Brit.)

~grenze *f* · kern limit

~linie *f* [*Querschnitt*] · kern line

~material *n* · core material

~moment *n*, Kernpunktmoment [*Biegemoment, bezogen auf die Kernpunkte eines Querschnitts*] · kern point moment

~punkt *m* [*Grenzpunkt der Kernfläche in einer Hauptachse des Querschnittes*] kern point

~(punkt)moment *n* [*Biegemoment, bezogen auf die Kernpunkte eines Querschnittes*] · kern point moment

~querschnitt *m* [*umschnürte Stahlbetonstütze*] · kern cross-section, core ~

kernrissiges Holz *n* · heart-shaken wood, ~ timber

Kern|riß *m* [*Holz*] · heart shake

~rohr *n*, Rohrkern *m* [*Teil eines Betonrohres*] · pipe core, core pipe

~(schicht) *m*, (*f*) · core

~spirale *f* [*Verfahren Freyssinet*] · helical spring

~stab *m* [*Spannbeton*] · central tube

~wand *f* · core wall

~werkstoff *m* · core material

kerosingefluxt · kerosine-fluxed

Kerosinzahl *f* · kerosine number [*The kerosine number of roofing and roofing felt is calculated from the maximum weight of a kerosine oil, of known specific gravity, retained by the felt after displacement of all the air from the interior voids*]

Kerzen|beleuchtung *f* · candle lighting, ~ illumination

~fabrik *f* · candle works

Kessel *m*, Heiz~, Heizungskessel · (heating) boiler

~, Gips~ · (gypsum) pan

~, Innen~ [*Heißwasserspeicher*] · (storage) cylinder

~ für Verfeuerung von festen Brennstoffen · solid fuel boiler

~ mit einem Dampfraum, Einfachdampfraumkessel · boiler with single steam space

(~)Abzugskrümmer *m* · breeching

~anlage *f* · boiler plant

~ausrüstung *f* · boiler equipment

~-Automatik *f* · auto(matic) system for boiler operation

~batterie *f*, zusammenarbeitende Kesselreihe *f* · battery of boilers

(~)Beheizung *f* · firing

~blech *n* · boiler plate

~brennstoff *m* · boiler fuel

~folgeschaltung *f* · boiler sequence control

~fundament *n* · boiler foundation

~gips *m* · gypsum heated in pan(s)

~hahn *m* · boiler cock

~haus *n* · boiler house, BH

~heizfläche *f* · heating area of boiler

~raum *m* · boiler room, BR

~rohr *n* · boiler tube

~schlacke *f*, (Stein)Kohlenschlacke, (verklinkerte) Feuerungsschlacke, (Verbrennungs)Schlacke [*Teilweise geschmolzene Aschen fester Brennstoffe, die auch noch unverbrannte Anteile enthalten können*] · (furnace) clinker (Brit.); (~) cinder (US) [*misnomer: breeze*]

~schlackenzuschlag(stoff) *m*, (Stein-) Kohlenschlackenzuschlag(stoff), (verklinkerter) Feuerungsschlackenzuschlag(stoff), (Verbrennungs)Schlackenzuschlag(stoff) · (furnace) clinker aggregate [*B.S. 1165*]; (~) cinder ~ (US) [*misnomer: breeze aggregate*]

~speisewasser *n* · boiler feed water

~stahl *m* · boiler steel

~thermostat *m* · boiler thermostat

~turm *m*, Kesselhaus *n* in Turmform · boiler tower

~zentrale *f* · central boiler installation, ~ ~ plant

Kettelhaken *m*, Sturmhaken, Fenster~ · window stay

~, Sturmhaken [*Aus Draht oder Rundstahl hergestellte Vorrichtung zum Festhalten von geöffneten Türen und Fenstern*] · stay

Ketten|absperrung *f* · chain barrier

~aufhänger *m* · chain hanger

~häuser *npl* · row of houses 'linked' together

~nietung *f*, Parallelnietung · chain riveting

KF *f*, Korrosionsfestigkeit *f*, Korrosionswiderstand *m*, Korrosionsbeständigkeit · corrosion resistance, stainlessness

kgl. Baumeister *m*, königlicher ~ · king's master mason

~ Gartenbaumeister *m*, königlicher ~ · royal gardener

KHLz *m*, Hochlochklinker *m* [*DIN 105*] · vertical coring engineering brick

Khmerarchitektur *f*, Khmerbaukunst *f* · Khmer architecture

Kiefern|riemen(fuß)boden(belag) *m*, Fhk *m* · red fir strip floor(ing) (finish), ~ ~ ~ floor cover(ing), Scots ~ ~ ~ (~)

~schindel *f* · pine shingle

~wurzelharz *n* [*Luftporenbildner*] · Vinsol Resin [*Trademark*]

Kielbogen *m* · ogee arch, O.G. ~, s ~ [*The ogee arch is pointed and usually of four arcs, the centres of two inside the arch, of the other two outside; this produces a compound curve of two parts, one convex above and the other concave below*]

Kies *m* [*DIN 1179. Korngröße von 7 mm bis 70 mm Maschensieb; Feinkies 7–30 mm. Grobkies 30–70 mm*] · gravel

~asphalt *m*, Kieswalzasphalt, Bitukies *m* · gravel asphalt; bitumen macadam with gravel aggregate [*B.S. 2040*] [*Dense hot-rolled asphalt with gravel as aggregate*]

~(auf)schüttung *f* · gravel fill(ing)

~beton *m* · gravel (aggregate) concrete

~betonwand(bau)tafel *f* · gravel (aggregate) concrete wall panel

~(beton)zuschlag(stoff) *m* · gravel (concrete) aggregate

~bett *n* · gravel bed

~(dach)-Einbettmasse *f* [*Fehlname: Kiesdach-Kleb(e)masse*] · gravel flood coat

Kiesel|chlorid *n* · silicon chloride (Brit.); ~ chlorid(e) (US)

~fluormagnesium *n* · magnesium fluosilicate

~(fluor)wasserstoffsäure *f*, Flußkieselsäure, Kieselflußsäure, H_2SiF_6 · fluosilicic acid

~flußsäure *f*, Kiesel(fluor)wasserstoffsäure, Flußkieselsäure, H_2SiF_6 · fluosilicic acid

~gel *n*, Kieselsäuregel, Silika-Gel, aktive Kieselsäure *f* · silica gel

~glas *n* → Kieselsäureglas

Kieselgur *f* [*Kieselige Rückstände aus der organischen Natur. Sie bestehen entweder aus den Skeletten einfacher Pflanzen, der Diatomeen, oder sie sind tierischen Ursprungs und aus den Schalen von Radiolarien aufgebaut*] · kieselguhr, Tripoli-powder

~beton *m* [*Leichtbeton und Dämmstoff; zement- oder kalkgebunden (Zusatz: Sägespäne). Im Dampfdruck gehärtet (6 bis 8 atü). Festigkeit bis 150 kg/qcm, für Dämmstoffe (ohne statische Beanspruchung) = 10 bis 20 kg/qcm. Bedingt frost- und feuerbeständig. Mischung (Gur: Späne) = 1:0,5 bis 4; (Binder: Zuschlag) = 1:6 bis 8. Formung: Wasserdruckpresse. Härtung: Kessel oder Kammer (12 Stunden) Bewehrung: Holzstäbe, Drillwulststahl, Wärmeleitzahl: durchschnittlich 0,12*] · kieselguhr concrete, Tripoli-powder ~

~platte *f* · kieselguhr slab, Tripoli-powder ~

~schale *f* · preformed kieselguhr (pipe insulation) section, ~ ~ pipe ~, ~ Tripoli-powder (~ ~) ~

~schnur *f* [*für Dämm- und Isolierzwecke*] · kieselguhr covering cord, Tripoli-powder ~ ~

~stein *m* [*Er wird aus Kieselgur, Ton und Ausbrennstoff durch Brennen hergestellt*] · kieselguhr brick, Tripoli-powder ~

kiesel|(halt)ig · siliceous, silicious

~(halt)iger Sandstein *m* · siliceous sandstone, silicious ~

kieselig, kieselhaltig · siliceous, silicious

kieseliger Sandstein *m*, kieselhaltiger ~ · siliceous sandstone, silicious ~

Kiesel|kalk(stein) *m*, kieseliger Kalk(-stein), verkieselter Kalk(stein) · siliceous limestone, silicious ~

~sand *m* · siliceous sand, silicious ~, silica ~

kieselsauer · silicic

Kiesel(säure)|gel *n*, Silikagel, aktive Kieselsäure *f* · silica gel

~glas *n* [*Fehlname: Quarzglas*] · vitreous silica, fused ~, quartz glass, silica glass [*A vitreous material consisting almost entirely of silica, made in translucent and transparent forms. The former has minute gas bubbles disseminated in it*]

kieselsäurehaltiger (Beton)Zuschlag(stoff) *m* · siliceous (concrete) aggregate, silicious (~) ~

~ Sand *m* · siliceous sand, silica ~, silicious ~

~ Zement *m* [*Bindemittel beim Quarzit*] · silica cement

Kiesel|schwamm *m* · siliceous sponge, silicious ~

(~)Sinter *m* · (siliceous) sinter, silicious ~, geyserite

~(stein) *m* · pebble [*A roundish rock fragment between 4 and 64 mm in diameter*]

Kieserit *m* · kieserite [*Hydrated magnesium sulphate, $MgSO_4 \cdot H_2O$. A white mineral occurring in saline residues*]

Kies|gewinnung *f* · gravel extraction

~gewinnung und -aufbereitung *f* · gravel extraction and preparation

~gewinnungsanlage *f* · gravel extraction plant, ~ ~ installation

~grube *f* · gravel pit

kiesig · gravelly

Kieskleb(e)|dach(belag) *n*, (*m*), Kieskleb(e)(dach)(ein)deckung *f*, Kieskleb(e)bedachung, Kiesspachteldach(belag), Kiesspachtel(dach)(ein)deckung, Kiesspachtelbedachung · gravel built-up roof cladding, ~ ~ ~ covering, ~ ~ ~ sheathing, ~ ~ roof(ing)

~(dach)(ein)deckung *f* → Kieskleb(e)-dach(belag)

Kies|körnung *f* · gravel grading fraction

~lage *f*, Kiesschicht *f* · gravel layer

~leiste *f* [*Dachdeckung*] · gravel stop

~nest *n* · gravel pocket

~preßdach(belag) *n*, (*m*) · felt-and-gravel roof

~sand *m* [*Natürliches Gemisch aus Sand und Kies; Betonkiessand < 70 mm. Mittelkiessand < 30 mm*] · gravelly sand, sandy gravel

~schicht *f*, Kieslage *f* · gravel layer

~schüttung *f*, Kiesaufschüttung · gravel fill(ing)

~schüttungs-Flachdach *n* · gravel roof

~siebung *f* · gravel screening

Kiesspachtel|bedachung *f* → Kieskleb(e)dach(belag)

~dach(belag) *n*, (*m*) → Kieskleb(e)-dach(belag)

~(dach)(ein)deckung *f* → Kieskleb(e)-dach(belag)

Kies|splitt *m* · gravel chip(ping)s

~vorkommen *n*, Kieslager(stätte) *n*, (*f*), Kiesfundstätte, Kiesvorkommnis *n* · gravel deposit

~(walz)asphalt *m*, Bitukies *m* · gravel asphalt; bitumen macadam with gravel aggregate [*B.S. 2040*] [*Dense hot-rolled asphalt with gravel as aggregate*]

~weg *m* · gravel-walk

~zuschlag(stoff) *m* → Kiesbetonzuschlag(stoff)

Kilometerstein *m* · kilometre post

Kilowattstundenzähler *m* · kilowatt-hour meter [*B.S. 37*]

Kinder|bad *n* · children's bath, infant's ~

~(bade)wanne *f* · infant's (bath)tub, children's ~, ~ bath

~bücherei *f* · childrens' library

~garten *m* · kindergarten

~genesungsheim *n* · convalescent home for children

~labyrinth *n* · children's maze

~schlafzimmer *n* · childrens' bedroom

(~)Spielplatz *m* · childrens' playground, games area

(~)Spielwiese *f* · grass playground (for children), outdoor grass play area

(~)Spielzimmer *n* · playroom

~tagesstätte *f* [*Nach dem Alter der aufzunehmenden Kinder werden unterschieden: Säuglingsheime (Kinder von 6 Wochen bis zu 1/2 Jahr), Kleinstkinderheime („Krabbelkinder", d.h. von 1/2 bis etwa 3 Jahren), Kindergarten (im engeren Sinne, für Kinder von 3 bis 6 Jahren) und Jugendhort (schulpflichtige Kinder bis zu etwa 12 Jahren)*] · day nursery

~wanne *f*, Kinderbadewanne · infant's (bath)tub, children's ~, ~ bath

~wohnheim *n* · children's hostel

~zimmer *n* · nursery

kinematische Ähnlichkeit *f* · kinematic similarity, ~ similitude

~ Lösung *f* · upper bound solution, kinematic ~

~ Viskosität *f* · kinematic viscosity

kinematischer Satz *m* · upper bound theorem, kinematic ~

Kino *n*, Lichtspielhaus *n*, Lichtspieltheater *n* · motion picture theatre, cinema

~heizung *f* · cinema heating

Kippen *n*, Um~ [*Bauwerk*] · overturning

Kipp|-Fahnenmast *m*, Kipp-Flaggenmast · tilting flagpole

~fenster *n*, Kippflügelfenster · bottom-hinged sash window, hopper ~ ~

~(fenster)flügel *m* · bottom-hinged sash, hopper ~

~flügel *m*, Kippfensterflügel · bottom-hinged sash, hopper ~

~(flügel)fenster *n* · bottom-hinged sash window, hopper ~ ~

~-Garagentor *n*, Garagen-Kipptor, Garagen-Schwingtor, Schwing-Garagentor · up and over garage door

~kraft *f* [*Kippen eines Bauwerkes*] · overturning force

~moment *n*, Umsturzmoment · overturning moment

~sicherheit *f* · safety against overturning

~-Stahltor *n*, Stahl-Kipptor, Schwing-Stahltor, Stahl-Schwingtor · up and over steel door

~stellung *f* · fitting position

Kipptor *n*, Schwingtor · up and over door

~ mit einteiligem Torblatt, Schwingtor ~ ~ ~, einteiliges Schwingtor, einteiliges Kipptor · one-part up and over door

~ ~ zweiteiligem Torblatt, Schwingtor ~ ~ ~, zweiteiliges Schwingtor, zweiteiliges Kipptor · two-part up and over door

Kippung *f* **von Trägern** · lateral buckling of girders

Kippwirkung *f* · overturning effect [*Of wind pressure or wind suction*]

Kirche *f* **der Wundertätigen Jungfrau** · Church of the Miraculous Virgin [*in Mexico City*]

~ des Heiligen Grabes zu Jerusalem, ~ vom Heiligen Grab ~ ~ · Church of the Holy Sepulchre at Jerusalem

~ mit kreuzförmigem Grundriß · cruciform church

~ von Qualb-Luzeh · Church at Qalb Louzeh

Kirchen|akustik *f* · acoustics of churches

~architekt *m* · church architect

~architektur *f*, Kirchenbaukunst *f*, kirchliche Baukunst, kirchliche Architektur · church architecture

~bau *m* · church building, ecclesiastical ~

~bauer *m* · church builder

~baukunst *f*, Kirchenarchitektur *f*, kirchliche Baukunst, kirchliche Architektur · church architecture

kirchenbaulich · ecclesiologic(al)

Kirchen|beleuchtung *f* · church lighting, ~ illumination

~burg *f*, Wehrkirche *f* · fortified church

~dach *n* · church roof

~decke *f* · church ceiling

~fassade *f* · church façade

~fenster *n* · church window

~freske *f* · church fresco

~gebäude *n* · church building, ecclesiastical ~

~glocke *f* · church bell

~grundriß *m* · church (ground-)plan, ~ base

~heizung *f* · church heating

~kreuz *n* · church cross

~portal *n* · church portal

(~)Schiff *n* [*Im Englischen gibt es keinen Oberbegriff für die beiden deutschen Ausdrücke „Hauptschiff" und „Seitenschiff"*] → Hauptschiff

(~)Schiff *n* [*Im Englischen gibt es keinen Oberbegriff für die beiden deutschen Ausdrücke „Hauptschiff" und „Seitenschiff"*] → Seitenschiff

~schrank *m* · a(u)mbry [*A cupboard or recess in a church to contain sacred vessels*]

(~)Vorschiff *n* · antenave

~zentrum *n* · church centre (Brit); ~ center (US)

Kirchhof *m* · churchyard

Kirchhoffsche Theorie *f* · Kirchhoff('s) theory

Kirchhof|kreuz *n* · churchyard cross

~weg *m* · churchyard path

kirchliche Architektur *f*, ~ Baukunst *f*, Kirchenbaukunst, Kirchenarchitektur, Sakralbaukunst, Sakralarchitektur · religious architecture, ecclesiastical ~, church ~

(kirchlicher) Gemeinderaum *m* · parish hall, ~ room, church hall

(kirchliches) Gemeindehaus *n* · parish house, parochial ~

Kirchturm *m* · church tower

kirschrot · cherry red

Kissensystem *n*, Doppelmembran(e)-Pneusystem · double membrane pneumatic system

Kitt *m* → plastische Fugen(ab)dicht(ungs)-masse

~ · cement, putty

~leiste *f*, Scheibenleiste [*Glasfüllungstür*] · glazing bar

kittlose Dachverglasung *f* · puttyless roof glazing, patent ~ ~, dry ~ ~

~ Verglasung *f*, kittloses Verglasen *n* · puttyless glazing, patent ~, dry ~

kittloses Glasdach *n* · patent glazing roof, puttyless ~ ~, dry ~ ~

~ Verglasen *n*, kittlose Verglasung *f* · puttyless glazing, patent ~, dry ~

Kitt|messer *n* · spattle

~pistole *f*, Kittspritzpistole, Kittspritze *f* · caulking gun (Brit.); calking ~ (US)

~spritze *f*, Kitt(spritz)pistole *f* · caulking gun (Brit.); calking ~ (US)

~(spritz)pistole *f*, Kittspritze *f* · caulking gun (Brit.); calking ~ (US)

~stoff *m* · cementitious material

~streifen *m* · tape mastic [*It is a preformed strip or ribbon of a fairly stiff material and protected until immediately before use by a nonadherent wrapping. To develop satisfactory adhesion it normally requires appreciable pressure or the use of a primer*]

~verglasung *f* · putty glazing

Klaffer *m* [*Verbundglas*] · delamination

Klagemauer *f* [*in Jerusalem*] · Wailing Wall

Klammer|lasche *f* · fishplate

~laschenstoß *m* · fished joint

klammern [*zwei Mauerschalen*] · to bond

Klang *m* · musical sound

~farbe *f* [*Musikinstrument*] · timbre

~fehlerhaftigkeit *f* [*Ziegel*] · dunting

klapper|frei, klappersicher · rattle free, ~ proof

~sicher, klapperfrei · rattle proof, ~ free

Klapp|fenster *n*, Klappflügelfenster · top-hinged sash window, awning ~ ~

~(fenster)flügel *m* · top-hinged sash, awning ~

~(fenster)laden *m* · folding shutter, boxing ~

~flügel *m*, Klappfensterflügel · top-hinged sash, awning ~

~(flügel)fenster *n* · top-hinged sash window, awning ~ ~

~laden *m*, Klappfensterladen · folding shutter, boxing ~

~luke *f* · hinged hatch

~ringmuschel *f* [*Türbeschlag*] · flush handle [*This term is also used for the 'Klappringschild'*]

~ringschild *n* [*Türbeschlag*] · flush handle [*This term is also used for the 'Klappringmuschel'*]

~schraube *f* [*Fehlname*]; Augenschraube [*DIN 444*] · closed eye bolt

~stiel *m*, Wandstiel [*Fachwerkwand*] · stud behind the face frame

~tür *f* · trap door

klar begrenzter Baukörper *m*, ~ ~ Raumkörper · clearly defined massing

~ (durchsichtig), farblos [*Glas*] · clear; colorless (US); colourless (Brit.)

Klar|anstrich *m*, Klaraufstrich · clear coat

~ätzen *n*, Blankätzen [*Glas*] · clear etching, bright ~

~bernstein *m* · clear amber

~fensterglas *n*, Fensterklarglas · clear sheet glass, ~ window ~

~glas *n*, durchsichtiges Glas · transparent glass, clear ~

~lack *m*, (farbloser) Lack [*Lacktechniker verstehen unter der Bezeichnung „Lack" nur den Klarlack. Ein pigmentierter Klarlack wird als Lackfarbe, verschiedentlich auch als Lackemaille, bezeichnet*] · (clear) varnish [*A liquid coating material, containing no pigment, which flows out to a smooth coat when applied and dries to a smooth, glossy, relatively hard, permanent solid when exposed in a thin film to the air. Some materials possessing the other characteristics dry without the usual gloss and are termed 'flat varnish'. B.S. 256*]

(~)Lack-Bindemittellösung *f* · (clear) varnish vehicle, (~) ~ medium

~sichtschlauch *m* · transparent hose

Klassen|baracke *f*, Klassenraumbaracke, Klassenzimmerbaracke · classroom hut

(~)Einteilung *f*, Klassifizierung · classification

~raum *m*, Klassenzimmer *n* · classroom

~(raum)baracke *f*, Klassenzimmerbaracke · classroom hut

~raumtrakt *m*, Klassen(zimmer)trakt · classroom unit

~trakt *m*, Klassenzimmertrakt, Klassenraumtrakt · classroom unit

~zimmer *n*, Klassenraum *m* · classroom

~zimmerbaracke *f*, Klassen(raum)baracke · classroom hut

~(zimmer)gebäude *n*, Klassenraumgebäude · classroom building, ~ block

~(zimmer)trakt *m*, Klassenraumtrakt · classroom unit

~(zimmer)tür *f*, Klassenraumtür · classroom door

klassifiziertes Straßennetz *n* · classified road network, ~ highway ~

Klassifizierung *f*, (Klassen)Einteilung · classification

klassig · classic [*A term applying to a work of art of the first class or rank, or an established standard and acknowledged excellence*]

klassisch · classical [*A term referring to the arts of Greece and Rome or any work based on such forms*]

~ kühle Architectur *f* · severely classical architecture

klassische Architektur *f*, ~ Baukunst *f* · classical architecture

~ Baugesinnung *f* · classical theory of architecture

~ Elastizität *f*, linearisierte ~ · linear elasticity

~ Form *f* · classical form

~ Klarheit *f* · classical purity

~ Konzeption *f* · classical conception

klassischer Barock *m* · Classical Baroque

klassisches korinthisches Kapitell *n*, ~ ~ Kapitäl · caulicoli capital

~ Motiv *n* · classical motif

Klassizismus *m* · classicism [*A style imitating, or inspired by, ancient Greece or Rome or by the classical trend in C16 Italy*]

~ der Goethezeit · Classic Revival

klassizistisch · classicizing

klassizistische Architektur *f* · Classic Revival style

~ Dekorationsform *f* · Classic Revival form of decoration

~ Strenge *f* · classic restraint, ~ severity

klassizistisch-symmetrisch · classically symmetrical

klastischer Kalktuff *m* · clastic (lime) tuff, detrital (~) ~

klastisches Eruptivgestein *n* · clastic eruptive rock

~ Gestein *n* · clastic rock

~ Sediment(gestein) *n*, mechanisches ~, Trümmersediment(gestein), Bruchstückgestein, Trümmergestein · clastic (sedimentary) rock, mechanically deposited (~) ~

Klaue *f*, Teufels~ · spur, griffe [*An ornament, usually of foliage, on the corner of a square plinth surmounted by a circular pier*]

Klauen|schiftung *f*, Aufschiftung · birdsmouth joint; foot cut (US) [*A cut into the end of a timber to fit it over a cross timber, particularly the cut in a rafter to fit it over a wall plate*]

~schraube *f*, Steinschraube · stone bolt, rag ~

~sparren *m*, Reitersparren · dormer rafter

Klausur *f*, Mönchszelle *f* · clauster, monastic cell

Klavierband *n* · piano hingo

KLB-Steln *m*, Klimaleichtstein, Klimaleichtblock(stein) *m* [*(Natur)Bims(beton)hohlblock(stein) mit sehr großer Wärme(ab)dämmung*] · pumice concrete block with very high heat insulation, ~ ~ hollow tile ~ ~ ~ ~ ~, ~ ~ cavity tile ~ ~ ~ ~ ~, ~ ~ pot ~ ~ ~ ~ ~ [*See remark under 'Block'*]

Kleb(e)|anker *m* · adhesibe anchor, ~ tie, bonding ~

~aufstrich *m*, Kleb(e)anstrich · adhesive coat, bonding ~

~aufstrich *m*, Kleb(e)anstrich · adhesive coat, bonding ~

~band *n* · adhesive tape, bonding ~

~bedachung *f* → Kleb(e)dach(belag)

Kleb(e)dach(belag) *n*, (*m*), Kleb(e)-(dach)(ein)deckung *f*, Kleb(e)bedachung, Spachteldach(belag), Spachtel(dach)-(ein)deckung, Spachtelbedachung · built-up roof cladding, ~ ~ covering, ~ ~ sheathing, ~ roof(ing)

~, Schlacken~ · (blastfurnace) slag built-up roof(ing)

~ mit vier Einlagen → Spachtel(dach)-(ein)deckung ~ ~ ~

Kleb(e)|(dach)(ein)deckung *f* → Kleb(e)dach(belag)

~deckung *f* → Kleb(e)dach(belag)

~dispersion *f* · adhesive dispersion, bonding ~

~eigenschaft *f*, Kleb(e)fähigkeit *f*, Kleb(e)vermögen *n* · adhesive property, ~ capacity, ~ power, ~ quality, bonding ~, cementing ~

~(ein)deckung *f* → Kleb(e)dach(belag)

~emulsion *f* · adhesive emulsion, bonding ~

~fähigkeit *f*, Kleb(e)vermögen *n*, Kleb(e)-eigenschaft *f* · adhesive property, ~ capacity, ~ power, ~ quality, bonding ~, cementing ~

~festigkeit *f* · adhesive strength, bonding ~, cementing ~

~film *m*, Kleb(e)folie *f* · film glue

~flüssigkeit *f* · liquid adhesive

~folie *f*, Kleb(e)film *m* · film glue

~freiheit *f* · non-tackiness, non-stickiness

~gummi *m* · adhesive rubber, bonding ~, cementing ~

~haftung *f* · adhesive bond

~kitt *m* [*Bei Normaltemperaturen plastisch verformbarer Kleb(e)stoff, der kein oder nur ein flüchtiges Lösungsmittel enthält*] · adhesive cement, bonding ~

~konstruktion *f* · adhesive system, bonding ~, cementing ~

~lage *f*, Kleb(e)schicht *f* · cementing layer, adhesive ~, bonding ~

~masse *f* · adhesive composition, ~ compound, bonding ~, cement(ing ~)

~mittel *n*, Kleb(e)stoff *m*, Kleber *m* · bonding agent, ~ medium, (~) adhesive, cement(ing agent)

~mörtel *m* · bonding mortar, cementing ~, adhesive ~

Kleben *n* [*Anstrichtechnik*] · sweat-back

~, Ver~ · bonding, cementing

Kleb(e)|papier *n* · adhesive paper, bonding ~, cementing ~

~paste *f* · adhesive paste, bonding ~, cementing ~

~pfosten *m* [*Fehlnamen: Kleb(e)säule f, Wandsäule*] · wall stud

~prüfung *f*, Kleb(e)probe *f*, Kleb(e)-versuch *m* · bond test

Kleber *m*, Kleb(e)mittel *n*, Kleb(e)stoff *m* · bonding agent, ~ medium, (~) adhesive, cement(ing agent)

~ für Innenverwendung, Kleb(e)mittel *n* ~ ~, Kleb(e)stoff *m* ~ ~ · interior bonding agent, ~ ~ medium, ~ (~) adhesive, ~ cement(ing agent)

kleb(e)rig · sticky

~ [*Anstrichmittel*] · sticky, gummy

Kleb(e)rigkeit *f* · stickiness

Kleb(e)|säule *f*, Wandsäule [*Fehlnamen*]; Kleb(e)pfosten *m* · wall stud

~schicht *f*, Kleb(e)lage *f* · cementing layer, adhesive ~, bonding ~

~schmiege *f*, Wangenschmiege, Backenschmiege · bevelling cut of jack rafter (Brit.); beveling ~ ~ ~ ~ (US)

~stoff *m*, Kleber *m*, Kleb(e)mittel *n* · bonding agent, ~ medium, (~) adhesive, cement(ing agent)

~stoff *m* **auf (Stein)Kohlenteerbasis**, Kleber *m* ~ ~, Kleb(e)mittel *n* ~ ~ · (bonding) adhesive based on coal tar, ~ medium ~ ~ ~ ~, ~ agent ~ ~ ~ ~, cement(ing agent) ~ ~ ~ ~ [*B.S. 3940*]

~streifen *m* · adhesive(-backed) tape

~suspension *f* · adhesive suspension, bonding ~

~technik *f* · bonding technique, ~ technic

~verbindung *f* · glue(d) joint

~verfahren *n*, Dünnbettverfahren [*Ansetzen von Fliesen*] · thin bed method, glue fixing ~, (tile) cement fixing ~

~vermögen *n*, Kleb(e)eigenschaft *f*, Kleb(e)fähigkeit *f* · adhesive property, ~ capacity, ~ quality, ~ power, bonding ~, cementing ~

klebfrei, nichtkleb(e)rig · tack-free, stick-free

Klebung *f*, Ver~ · bonding, cementing

Klee(blatt)|bogen *m*, gewöhnlicher ~, Dreipaßbogen · trefoil arch

~spitzbogen *m*, Spitzkleeblattbogen, Dreipaßspitzbogen, Spitzdreipaßbogen · pointed trefoil arch

Kleider|ablage *f*, Garderobe *f* · cloakroom

~-Einbauschrank *m*, Kleider-Wandschrank · clothes closet

~haken *m* · coat hook, cloak ~, robe ~

~spind *m* · dressing locker, clothes ~

~spindraum *m* · dressing-locker room, clothes-locker ~

~-Wandschrank *m*, Kleider-Einbauschrank · clothes closet

Kleinbaracke *f* · small-sized hut

kleine Latte *f* · batten [*A general term applied to timber of small section, such as that used for fixing larhs or sheet lining to walls and for fixing slates and tiles*]

Kleinedecke *f*, Kleinesche (Steineisen-) Decke · Kleine (hollow) floor [*It is made up of hollow clay blocks in rows, but not cemented together, spaces being left between them. Into these spaces the reinforcement is introduced, and then the entire assembly is enclosed in a tine quality of concrete, so producing a uniform slab*]

Kleineisen|waren *fpl*, Baueisenwaren, Kleineisen(zeug) *n* · builder's iron supplies, builders' ~ ~, ~ ironmongery [*Also loosely called 'hardware'*]

~(zeug) *n*, Baueisenwaren *fpl*, Kleineisenwaren · builder's iron supplies, builders' ~ ~, ~ ironmongery [*Also loosely called 'hardware'*]

kleiner (Gewölbe)Schlußstein *m* · knot

~ Operationssaal *m* · minor-operation theatre, minor operating ~

~ Polygonalturm *m*, ~ Vieleckturm Polygonaltürmchen *n*, Vielecktürmchen Mehrecktürmchen · polygonal diminutive tower, multiangular ~ ~, ~ small ~, ~ turret

kleiner Segerkegel *m*, Labor(atoriums)-kegel · Seger cone for lab(oratory) use, ~ ~ 30 mm high

kleines Bauholz *n*, Sparrholz, Ablängreste *mpl* · ends, offcuts, trim [*Short pieces trimmed from round or rough-sawn timber when cutting them to length*]

~ Loch *n* [*Ziegel*] · perforation

Kleinesche (Steineisen)Decke *f*, Kleinedecke · Kleine (hollow) floor [*It is made up of hollow clay blocks in rows, but not cemented together, spaces being left between them. Into these spaces the reinforcement is introduced, and then the entire assembly is enclosed in a fine quality of concrete, so producing a uniform slab*]

Kleinescher (Decken)Ziegel *m*; ~ (Decken)Stein *m* [*Fehlname*] · Kleine hollow floor (clay) brick, ~ ~ ~ (~) block

Klein|filter *m*, *n*, Hausfilter · domestic filter

~format *n* · small format

klein|formatig · small-sized, of small format

~formatige Platte *f* · small-sized slab, slab of small format

Klein|garage *f* · small (motor) garage

~garten *m*, Schrebergarten · allotment

~gerät *n*, Kleinhaushaltgerät · small (domestic) appliance

kleinglied(e)rige Raumstruktur *f* · space frame composed of small individual members

Klein|güteraufzug *m* · small goods lift (Brit.); ~ ~ elevator (US)

~haushaltgerät *n*, Kleingerät · small (domestic) appliance

~kinder-Einbauschrank *m*, Kleinkinder-Wandschrank · closet for infants

~kinderspielplatz *m* · pre-school children's playground

~kläranlage *f*, Hauskläranlage, Grundstückskläranlage [*DIN 4261*] · septic tank

~klima *n* · local climate

kleinkörnig · small-grained

Klein|küche *f* · small-sized kitchen

~lochung *f* [*Ziegel*] · small coring

~mosaik *n* [*Es besteht aus farbigen keramischen Mosaiksteinchen in verschiedener Ausführung*] · small(-sized) mosaic

~parkett *n*, Mosaikparkett, Dünnparkett, Sparparkett, Lamellenparkett · mosaic parquet(ry), (~) fingers

~parkettplatte *f*, Mosaikparkettplatte, Dünnparkettplatte, Sparparkettplatte, Lamellenparkettplatte · mosaic parquet(ry) sheet

~parkettstab *m*, Mosaikparkettstab, Dünnparkettstab, Sparparkettstab, Lamelle(nparkettstab) *f*, (*m*) · finger

~pflaster(decke) *n*, (*f*) · small(-sized) sett paving

~pflasterstein *m* · small(-sized) (paving) sett

~preisgeschäft *n* · variety store

~putzträgerplatte *f* → (Gipskarton-) Kleinstuckplatte

~rohr *n* · small bore pipe

Kleinschlag *m* · hardcore

~ aus Beton(brocken), Betonpacklage *f*, Betonschotter *m*, Betonsteinschlag · broken concrete, aggregate of ~ ~, concrete hardcore, crushed concrete

~ ~ Ziegelbrocken, Ziegelschotter *m*, Ziegelbruch *m* · (clay) brick hardcore

Kleinst|abmessung *f*, Mindestabmessung, Kleinstmaß *n*, Mindestmaß · minimum dimension, least ~

~abstand *m*, Mindestabstand · least distance, minimum ~

~badezimmer *n* · minimum-sized bathroom

kleinste Grundrißabmessung *f* · least dimension on plan, minimum ~ ~ ~

kleinster gemeinsamer Nenner *m* · least common denominator, lcd

~ Trägheitshalbmesser *m* · least radius of gyration, minimum ~ ~ ~

kleinstes gemeinschaftliches Vielfaches *n* · least common multiple, lcm

Kleinst|-Etagenwohnung *f* → Kleinst-(-Geschoß)wohnung

~(-Geschoß)wohnung *f*, Kleinst-Etagenwohnung, Kleinst-Stockwerkwohnung · minimum-sized flat, ~ apartment (unit) [*A minimum-sized self-contained dwelling on one stor(e)y in a larger building*]

~korn *n*, Mindestkorn · minimum grain size, least ~ ~

~küche *f*, Kochnische *f* · kitchenet(te)

~last *f*, Mindestlast · minimum load, least ~

~maß *n*, Mindestmaß, Kleinstabmessung *f*, Mindestabmessung · minimum dimension, least ~

~querschnitt *m*, Mindestquerschnitt · minimum cross-section, least ~

~-Stockwerkwohnung *f* → Kleinst-(-Geschoß)wohnung

Kleinstuckplatte *f* → Gipskarton-~

Kleinstwohnung *f* → Kleinst-Geschoßwohnung

Kleintafel *f* · small panel

~bau *m* · small panel construction

Klein|trennwand *f* · dwarf partition (wall)

~warenhaus *n* · junior department store

~wohnung *f* · small(-sized) dwelling unit (US); ~ dwelling (Brit.)

Kleister *m* · paste

~durchschlag *m* · paste spot

kleistern, mit Kleister bestreichen · to paste

Kleistern *n*, Bestreichen mit Kleister · pasting

Kleister|rest *m*, Kleisterrückstand *m* · paste residue

~rückstand *m*, Kleisterrest *m* · paste residue

Klemmleim *m*, WHK-Leim [*Nach dem Erfinder Klemm benannter Kaltleim*] · Klemm glue

Klempner *m*, Flaschner, Blechner, Spengler · plumber

~arbeiten *fpl*, Spenglerarbeiten, Flaschnerarbeiten, Blechnerarbeiten [*DIN 18339*] · plumber's work

Klettereisen *n*, Steigeisen · step iron, hand ~, foot ~, access hook

~schalung *f* · climbing form(work), ~ forms, ~ shuttering

Klima|änderung *f* · climatic variation, ~ fluctuation

~anlage *f*, Klimatisierungsanlage [*DIN 1946*] · (air) conditioning system, (~) ~ plant, (~) ~ installation

Klimaanlagen|raum *m* · (air) conditioning equipment room

~rohr *n* · (air) conditioning system pipe

~turm *m* · (air) conditioning tower

Klima|decke *f* · (air-)conditioned ceiling

~gerät *n* · unit (air) conditioner

klima|geregelt, klimatisiert · (air-) conditioned

~geregelte Luft *f*, klimatisierte ~ · conditioned air

~geregelter Raum *m*, klimatisierter ~ · (air-)conditioned space

Klima|kanal *m* · (air) conditioning duct

~karte *f* [*Zur Bemessung von Heizungs- und Klimaanlagen*] · design temperature map

~konvektor *m*, Düsenkonvektor, Lüftungskonvektor · fan convector

klimaregeln, klimatisieren · to (air-) condition

Klima|regelung *f,* Klimatisierung · (air) conditioning [*The simultaneous control of all, or at least the first three, of those factors affecting both the physical and chemical conditions of the atmosphere within any structure. These factors include temperature, humidity, motion, distribution, dust, bacteria, odo(u)r, and toxic gases*]

~station *f* · (air) conditioning substation

klimatisieren, klimaregeln · to (air-) condition

klimatisiert, klimageregelt · (air-)conditioned

klimatisierter Raum *m,* klimageregelter ~ · (air-)conditioned space

Klimatisierung *f,* Klimaregelung · (air) conditioning [*The simultaneous control of all, or at least the first three, of those factors affecting both the physical and chemical conditions of the atmosphere within any structure. These factors include temperature, humidity, motion, distribution, dust, bacteria, odo(u)r, and toxic gases*]

Klima(tisierungs)anlage *f* [*DIN 1946*] · (air) conditioning system, (~) ~ plant, (~) ~ installation

~ ohne Wasserrücknahme · unconserved (air) conditioning plant, ~ (~) ~ system, ~ (~) ~ installation

Klima(tisierungs)|anlagenraum *m* · (air) conditioning equipment room

~kanal *m* · (air) conditioning duct

~kanalschacht *m* · (air) conditioning duct shaft

~station *f* · central (air-)conditioning plant, ~ ~ installation, (air) conditioning station

Klingstein *m* Phonolith *m* [*Fehlname: Porphyrschiefer m*] · phonolite, clinkstone

Klingel *f* · bell

~anlage *f* · bell system, ~ installation

~draht *m* · ringing wire

~knopf *m* · bell button

~platte *f* · bell push

~schnur *f* · bell cord

~trafo *m* · bell transformer

Klingstein *m,* Phonolith *m* · phonolite, clinkstone

Klinik *f* · clinic

Klinke *f,* Drücker *m,* Tür~ [*DIN 18255*] door handle, lever (~)

Klinkenbeschläge *mpl,* Drückerbeschläge, Tür~ · door handle fittings, ~ ~ hardware, lever (~) ~

Klinker *m,* Zement~ [*Der Name „Klinker" stammt noch aus der Zeit, als man das Rohmehl in ziegelartigen Rohlingen formte und diese wie Mauerklinker brannte*] · (cement) clinker

~, ~ziegel *m,* Tonklinker · engineering brick

~ [*Fehlname*] → Schwerbetonblock(-stein)

~ [*Fehlname*] → Kalksandhartstein

~ → Tiefbau~

~bildung *f,* Klinkerisierung · clinker formation

~boden(belag) *m,* Klinker(ziegel)fußboden(belag), Fbk *m* · engineering brick floor(ing) (finish), ~ ~ floor cover(ing)

~brennen *n,* Zement~ · burning to (cement) clinker, firing ~ (~) ~

~(fuß)boden(belag) *m,* Klinkerziegel(fuß)boden(belag), Fbk *m* · engineering brick floor(ing) (finish), ~ ~ floor cover(ing)

Klinkerisierung *f,* Klinkerbildung · clinker formation

Klinker|korn *n,* Klinkerteilchen *n,* Zement~ · (cement) clinker grain

~mauerwerk *n* · engineering brick masonry (work)

~mineral *n,* Zement~ · (cement) clinker mineral

~pflaster(decke) *n,* (*f*) · engineering brick paving, paving of engineering bricks

~pflasterstein *m* · engineering brick for paving (purposes)

~phase *f,* Zement~ · (cement) clinker phase

~teilchen *n,* Klinkerkorn *n,* Zement~ · (cement) clinker grain

Klinkerung *f,* Teilverglasung [*Entsteht durch thermische Behandlung eines Stoffes oder einer Mischung, wobei sich eine gewisse Menge an Schmelz- oder Glasphase bildet, die einen niedrigen Anteil offener Poren ergibt*] · partial vitrification

Klinker|verblendung *f* · engineering brick facing, ~ ~ face work

~wand *f* [*Fehlname*];Klinkermauer *f* · engineering brick masonry wall

~(ziegel) *m,* Tonklinker *m* · engineering brick

~(ziegel)(fuß)boden(belag) *m,* Fbk *m* · engineering brick floor(ing) (finish), ~ ~ floor cover(ing)

~zusammensetzung *f,* Zement~ · (cement) clinker composition

Kloben *m,* Haspe *f,* Hespe *f,* Angel *f* [*Drehzapfen an Fenster- oder Türbändern*] · pin

Klopfer *m,* Tür~ · (door) knocker

Klosett *n,* Abtritt *m,* Abort *m,* Toilette *f* · closet, toilet [*The term 'lavatory' is also used as a euphemism for 'toilet' or 'closet'*]

~abwasser *n,* Toilettenabwasser, Abort(ab)wasser · closet waste water, toilet ~ ~; soil (Brit.) [*The discharge from water closets and urinals*]

~(abwasser)rohr *n*, Toiletten(abwasser)rohr, Abort(fall)rohr, Abfallrohr für Aborte · soil pipe [*A pipe collecting from W.C.s and urinals*]

~anlage *f*, Toilettenanlage, Abortanlage · closet facility, toilet ~

~becken *n*, (Spül)Becken, Sitzbecken, (Spül)Abortbecken, Toilettenbecken · bowl, pan, (water)closet ~, lavatory ~, toilet ~, WC ~, wc ~

~deckel *m*, Toilettendeckel, (Abort)Deckel · (toilet) seat lid, closet ~ ~, lavatory ~ ~

~druckspüler *m*, (Abort)Druckspüler, Toilettendruckspüler [*DIN 3265*] · flush(ing) valve (Brit.); flushometer

~kabine *f* → Abortkabine

(~)Muschel *f* **ohne Brille**, Abortmuschel ~ ~, Toilettenmuschel ~ ~ · pedestal

~papierhalter *m*, Toilettenpapierhalter · toilet paper holder, ~ roll ~

~papierspender *m*, Toilettenpapierspender · toilet paper dispenser

~rohr *n*, Klosettabwasserrohr, Abort(fall)rohr, Toiletten(abwasser)rohr · soil pipe [*A pipe collecting from W.C.s and urinals*]

~sitz *m*, (Abort)Sitz, Toilettensitz · (lavatory) seat, toilet ~, closet ~, W.C. ~ [*B.S. 1254*]

(~)Spülkasten *m*, Abortspülkasten, Toilettenspülkasten · flush(ing) cistern

(~)Spülrohr *n*, Toilettenspülrohr, Abortspülrohr · (lavatory) flush(ing) pipe, toilet ~ ~, closet ~ ~ [*B.S. 1125*]

~spülung *f*, Toilettenspülung, (Abort-)Spülung · flush(ing), lavatory ~, toilet ~, closet ~

~spülwasser *n*, (Abort)Spülwasser, Toilettenspülwasser · (lavatory) flush(ing) water, toilet ~ ~, closet ~ ~

~ventilator *m*, Abortventilator, Toilettenventilator · toilet fan, closet ~, lavatory ~

~zelle *f* → Abortzelle

Kloster *n* · convent, religious house [*A religious house of monks is called a 'monastery', and one of nuns a 'nunnery', and both monasteries and nunneries may have the title of 'abbey' or 'priory'. The distinction here is one of status, an abbey being presided over by an abbot in the case of monks, or an abbess in the case of nuns, whilst a priory has no resident abbot or abbess, is presided over by a prior or prioress, and is usually an offshoot from, and dependent upon, an abbey*]

~gebäude *n* · monastic building, conventual ~

~gewölbe *n* [*Gewölbeform, die nur aus Wangen zusammengesetzt ist, die auf den Umfassungsmauern polygonaler Bauten ruhen, und im Gegensatz zur formal verwandten Kuppel eine gebrochene Laibung hat*] · polygonal cloister vault (US); ~ domical ~ (Brit.)

~haus *n* · monastic house

~kirche *f* · monastic church, conventual ~

~küche *f* · monastic kitchen, conventual ~

~pfanne *f*, Klosterziegel *m*, Tiefmuldenziegel · Spanish (clay) tile

~schlafsaal *m*, Dormitorium *n* · dorter, dormitory

~ziegel *m*, Klosterpfanne *f*, Tiefmuldenziegel · Spanish (clay) tile

Klotz|schlacke *f*, Stück(en)schlacke [*Stück(en)- und Klotzschlacke sind in der Verwendungsart gleich. Die Stückschlacke wird durch Aufbaggern und Brechen der in Beeten erkalteten Hochofenschlacke gewonnen, während die Klotzschlacke in der Schlackenpfanne erkaltet, gekippt, gebrochen und klassiert wird*] · lump slag

~stufe *f*, Blockstufe, Massivstufe [*Stufe mit rechteckigem Querschnitt*] · solid rectangular step, flyer

Klub|gebäude *n*, Klubhaus *n* · club building, ~ block

~haus *n*, Klubgebäude *n* · club building, ~ block

~raum *m*, Klubzimmer *n* · club room

~zimmer *n*, Klubraum *m* · club room

Klumpenbildung *f* [*Zement*] · formation of lumps, lump formation

klumpenfrei, klumpenlos · lump-free

$KMnO_4$ *n*, Kaliumpermanganat *n* · potassium permanganate

KMz *m*, Fassadenklinker *m*, Verblendklinker, Hochbauklinker [*DIN 105*] · facing engineering brick, façade ~ ~

KN *m*, Knochenleim *m* · bone glue

Knabenturnhalle *f* · boys' gymnasium

Knagge *f*, Auflage~ · (angle) cleat [*A small bracket of angle section fixed in a horizontal position, normally to a wall or stanchion, to support or to locate a structural member*]

Knappheit *f*, Mangel *m*, Fehlbestand *m* · shortage

Knauf *m* → Bosse

(~-)Bellrockplatte *f* · Bellrock hollow plaster slab [*It consists of two gypsum plaster sheets bonded to a honeycomb core of gypsum plaster. One form is plain plaster on both faces, for conventional interior decoration. An alternative form has a waterproof bitumen emulsion treated face for external use*]

Knet|aufbereitung *f* [*Mechanische Bearbeitung von feuchtem Ton (mit oder ohne Magermittel) zur Verbesserung seiner Verarbeitbarkeit*] · tempering

~legierung *f* [*DIN 1725*] · wrought alloy

Knick *m*, Dach~, Dachbruch *m* [*Jene Linie des Daches, an der die steilere Neigung der Hauptdachfläche in weichem Übergang in die sanfter geneigte*

Dachfläche an der Traufe durch den Aufschiebling übergeleitet wird] · (roof) curb

~aufgabe *f*, Knickproblem *n* · buckling problem

~aussteifung *f* · stiffening against buckling

~bedingung *f* · buckling condition

~beiwert *m*, Knickzahl *f* · buckling coefficient

~belastung *f* · buckling loading

~berechnung *f* · buckling analysis

~bruch *m* · failure in buckling, buckling failure

knicken, aus~, ein~ · to buckle

Knicken *n*, Aus~, Ein~ · buckling

Knick|ermüdung *f* · buckling fatigue

~fall *m* · buckling case

~festigkeit *f*, Knickwiderstand *m* · buckling strength, ~ resistance, ~ stability, ultimate column ~

~figur *f* · buckling configuration

~formel *f* · buckling formula

~gefahr *f* · risk of buckling, buckling risk

~kraft *f* · buckling force

~kriterium *n* · buckling criterion

~labilität *f* · buckling instability

~länge *f* · buckling length, effective ~, ~ height

~last *f* · buckling load

~modul *m* · buckling modulus

~probe *f*, Knickprüfung *f*, Knickversuch *m* · buckling test

~problem *n*, Knickaufgabe *f* · buckling problem

~prüfung *f*, Knickversuch *m*, Knickprobe *f* · buckling test

~punkt *m* [*Baustatik*] · buckling point

~pyramide *f* · bent pyramide [*There is a change of angle in the sloping sides*]

knicksicher · safe against buckling

Knick|sicherheit *f* · buckling safety

~spannung *f* · buckling stress

~stabilität *f* · buckling stability

~steifigkeit *f* · buckling stiffness

~untersuchung *f* · buckling investigation

~verhalten *n* · buckling behaviour (Brit.); ~ behavior (US)

~versuch *m*, Knickprobe *f*, Knickprüfung *f* · buckling test

~wert *m* · buckling value

~widerstand *m*, Knickfestigkeit *f* · buckling strength, ~ resistance, ~ stability, ultimate column ~

~zahl *f*, Knickbeiwert *m* · buckling coefficient

Knie|(geruch)verschluß *m* → S-förmiger (Geruch)Verschluß

~stock *m* → Drempel

~(stück) *n*, Rohr~ · spring (bend) [*A pipe fitting being an obtuse bend formed of steel tube*]

~verschluß *m* → S-förmiger (Geruch-) Verschluß

~-Wassergeruchverschluß *m* → S-förmiger (Geruch)Verschluß

knirsch stoßen [*Mauerwerk*] · to be laid touching

Knirschfuge *f*, Trockenfuge · non-bonded joint, dry ~

knochenförmige Säule *f* · bone-shaped column

Knochen|kohle *f* · charred bones, carbonized ~

~leim *m* [*genormtes Kurzzeichen: KN*] · bone glue

~öl *n* · bone oil, Dippels ~

~säure *f*, Phosphorsäure · phosphoric acid

~schwarz(pigment) *n* [*Es wird durch Verkohlen von Knochen, Klauen, Häuten und ähnlichen tierischen Abfällen unter Luftabschluß hergestellt. Nach der Trokkendestillation erfolgt die Weiterbehandlung mit Säuren, durch Auswaschen, Trocknen und nochmaliges Erhitzen*] · bone black (pigment), drop ~ (~)

~teer *m* · bone tar [*It is produced by the destructive distillation of bones*]

~teerpech *n* · bone-tar pitch

knochentrocken [*Bezeichnung für ein Tonerzeugnis, das so trocken ist, daß die Oberfläche dadurch heller wurde*] · white hard

KNO_3 *n*, Kaliumnitrat *n*, Kalisalpeter *m* · potassium nitrate, niter, saltpeter

Knolle *f*, Steinblume *f*, Krabbe *f*, Kriechblume, Kantenblume · crocket [*A decorative feature carved in various leaf shapes and projecting at regular intervals from the angles of spires, pinnacles, canopies, gables, etc., in Gothic architecture*]

Knollen *m* · nodule

knollen|artiger Streifen *m* · nodular band

~frei · lump(-)free

Knollenkapitell *n*, Knollenkapitäl, Knospenkapitell, Knospenkapitäl · bud capital

knollenverziert, krabbenverziert, kantenblumenverziert, kriechblumenverziert, steinblumenverziert · crocketed

Knopf *m*, Tür~ · (door) knob

~beschlag *m*, Knopftürbeschlag, Türknopfbeschlag · knob (door) fitting, ~ (~) furniture, (door) knob ~

~beschläge *mpl*, Knopftürbeschläge, Türknopfbeschläge · (door) knob fittings, (~) ~ hardware, knob (door) ~

~-Stützringschild *n* [*Türbeschlag*] · plate and knob

~(tür)beschlag *m*, Türknopfbeschlag · knob (door) fitting, ~ (~) furniture, (door) knob ~

~(tür)beschläge *mpl*, Türknopfbeschläge · (door) knob fittings, (~) ~ hardware, knob (door) ~

~(tür)schloß *n* · knk ob (door) oc

~(zylinder)schloß *n*, Knopftürschloß · (key-in-)knob (door) lock

Knorpeltang *m*, irländisches Moos *n*, Perlmoos · Irish moss, carragheen [*A seaweed of the Atlantic found on the coasts of Ireland and America. It varies from purple to green in colour, is used as a food and a jelly and by painters to make size*]

Knospenkapitell *n*, Knospenkapitäl, Knollenkapitell, Knollenkapitäl · bud capital

Knoten *m* → ~punkt

~bewegung *f*, Knotenpunktbewegung · joint movement

Knotenblech *n* → Eckblech

~anschluß *m*, Knotenblechverbindung *f* · gusseted joint, ~ connection

~verbindung *f*, Knotenblechanschluß *m* · gusseted joint, ~ connection

Knoten|drehung *f* → Knotenpunktdrehung

~eisen *n* → Eckblech

~gelenk *n* → Knotenpunktgelenk

~geschwindigkeit *f*, Knotenpunktgeschwindigkeit · joint velocity

~gleichgewicht *n*, Knotenpunktgleichgewicht · joint equilibrium

~last *f* → Knotenpunktlast

~moment *n* → Knotenpunktmoment

Knoten(punkt) *m* · joint

~belastung *f* · joint loading

~bewegung *f* · joint movement

~drehung *f* · joint rotation

~drehwinkel *m* · joint rotation angle

~festigkeit *f* · joint strength

~gelenk *n* · tie-bar joint, multiple ~

~geschwindigkeit *f* · joint velocity

~gleichgewicht *n* · joint equilibrium

~last *f* · joint load

~mechanismus *m* · joint mechanism

~moment *n* · joint moment

~verbindung *f* · joint connection

~verrückung *f* · joint displacement

~verschieblichkeit *f* · joint mobility

~verschiebung *f* · joint translation

~weg *m* · joint trajectory

Knoten|verbindung *f*, Knotenpunktverbindung · joint connection

~verschieblichkeit *f*, Knotenpunktverschieblichkeit · joint mobility

~weg *m*, Knotenpunktweg · joint trajectory

Knüpf|punkt *m*, Knüpfstelle *f* [*Bewehrung*] · tying point

~stelle *f*, Knüpfpunkt *m* [*Bewehrung*] · tying point

Knüppel *m*, Barren *m*, Walzblock *m* · billet [*A semi-finished rolled or forged product intended for re-rolling or forging, usually square with chamfered or radiused corners and with a cross-sectional area generally not more than 25 sq. in.*]

Koagulation *f* · flocculation

Koagulierungsmittel *n* · flocculant

Kobalt *m*, Co · cobalt

~aluminat *n* · cobalt aluminate

~arsenat *n* · cobalt arsenate

~blau(pigment) *n* · cobalt blue (pigment), Thenards' ~ (~) [*A blue pigment composed of the oxides of alumin(i)um and cobalt*]

~chlorid *n* · cobalt chloride (Brit.); ~ chlorid(e) (US)

~gelb(pigment) *n* · Fischer's yellow (pigment)

~grün(pigment) *n* · cobalt green (pigment)

~phosphat *n* · cobalt phosphate

~salz *n* · cobalt salt

~seife *f* · cobalt soap

~stannat *n* · cobaltous stannate

~violett(pigment) *n* · cobalt violet (pigment)

Kochen *n* [*Austreiben des Kristallwassers aus dem Gipsstein in Kesseln*] · heating ground gypsum in pan(s)

Kochendwasserbereitung *f* · boiling water preparation

Kocher *m*, Kessel *m*, Gips~ · pan, kettle

Köcherfundament *n* · hole footing

Kocherhahn *m* · cooker cock

kochfest, kochendwasserfest · boilproof

~ verleimt boilproof-glued

~ verleimtes Sperrholz *n* · plywood with boilproof glue line(s)

Kochnische *f*, Kleinstküche *f* · kitchenet(te)

Kochprobe *f*, Kochprüfung *f*, Kochversuch *m* [*Prüfung von Zement auf Raumbeständigkeit. DIN 1048*] · boiling test, soundness test by immersion in boiling water

~, Kochprüfung *f*, Kochversuch *m* · corrosion test in boiling liquids

Kochprüfung *f*, Kochversuch *m*, Kochprobe *f* [*Prüfung von Zement auf Raumbeständigkeit. DIN 1048*] · boiling test, soundness test by immersion in boiling water

~, Kochversuch *m*, Kochprobe *f* · corrosion test in boiling liquids

Koch|salz *n*, Natriumchlorid *n*, NaCl, Chlornatrium *n* · sodium chlorid(e) (US); ~ chloride (Brit.)

~stelle *f* · cooking place

~temperatur *f* [*Mastix*] · cooking temperature

Kochversuch *m*, Kochprobe *f*, Kochprüfung *f* [*Prüfung von Zement auf Raumbeständigkeit. DIN 1048*] · boiling test, soundness test by immersion in boiling water

~, Kochprüfung *f*, Kochprobe *f* · corrosion test in boiling liquids

Koeffizient *m* **der Oberflächenspannung**, Kapillaritätskonstante *f*, Oberflächenspannung *f* · surface tension

Koenen|blech *n*, Rippendecken-Schalblech · Koenen plate

Koenen-Decke *f*, Koenensche Plandecke, Plandecke von Koenen · Koenen floor

Koffer|bock *m* [*im Hotelzimmer*] · baggage rack

~raum *m* [*in einer Wohnung*] · luggage store

KOH *n*, Kaliumhydroxid *n*, Ätzkali *n*, Kaliumhydrat *n* · caustic potash, potassium hydrate; potassium hydroxide (Brit.); potassium hydroxid(e) (US)

Kohle|herd *m* · coal-fired range

~kessel *m* · coal-fired boiler

Kohlen|ascheschlacke *f* · coal-ash slag

~bergbaustadt *f* · coal-mining town

~dioxid *n*, CO_2 · carbon dioxid(e) (US); ~ dioxide (Brit.)

~kalk(stein) *m*, Kulmkalk *m* [*Fehlname: belgischer Granit. Ein dunkelfarbiger Kalkstein, der zu Platten verarbeitet und als Werkstein verwendet wird*] · carboniferous limestone

~keller *m* · coal cellar

~lager(platz) *n*, (*m*) · coal (stor(ag)e) yard

~ölsäure *f* → Karbolsäure

~sandstein *m*, Ganister *m* [*Festes, sehr feinkörniges und hochkieselsäurehaltiges Gestein der Karbonformation. In den USA meist gleichbedeutend mit Quarzit. Anmerkung: Im englischen Sprachgebrauch werden mit „ganister" auch kieselsäurereiche Flick- und Stampfmassen bezeichnet*] · ganister, carboniferous sandstone

kohlensaures Kalium *n*, Pottasche *f*, Kaliumkarbonat *n*, K_2OC_3 · potash, potassium carbonate

Kohlen|schiefer *m*, Brennschiefer, Brandschiefer · carbonaceous shale

~schlacke *f*, Stein~, Kesselschlacke, (verklinkerte) Feuerungsschlacke, (Verbrennungs)Schlacke [*Teilweise geschmolzene Aschen fester Brennstoffe, die auch noch unverbrannte Anteile enthalten können*] · (furnace) clinker (Brit.); (~) cinder (US) [*misnomer: breeze*]

~schlackenzuschlag(stoff) *m* → (Kessel)Schlackenzuschlag(stoff)

~schuppen *m* · coal-shed

~schwarz *n* → Kohlenstoffschwarz

~staub *m* · pulverised coal (Brit.); pulverized ~ (US); powdered ~

Kohlenstoff *m* · carbon

~anteil *m*, Kohlenstoffgehalt *m* · percentage of carbon, carbon content

~baustahl *m* · carbon structural (grade) steel, ~ construction(al) (~) ~

~gehalt *m*, Kohlenstoffanteil *m* · percentage of carbon, carbon content

~nietstahl *m* · carbon rivet steel

~pigment *n* · carbon black (pigment)

Kohlen(stoff)schwarz *n* · carbon black [*A finely divided amorphous carbon used to colour cement, produced by burning natural gas in supply of air insufficient for complete combustion; characterized by a high oil absorption and a low specific gravity*]

Kohlenstoffstahl *m*, einfacher ~, unlegierter ~ · carbon steel

~-Vorhangwand *f* · carbon steel curtain wall

Kohlen|stoffstein *m* · carbon brick

~turm *m* · coal storage tower

~wassergasteer *m* · dehydrated watergas tar

~wasserstoff *m* · hydrocarbon

~wasserstoffbindemittelbeton *m*, bituminöser Beton, Schwarzbeton · bituminous concrete

kohlenwasserstofflöslicher Farbstoff *m* · hydrocarbon-soluble dyestuff

Kohlenwasserstoff|lösungsmittel *n*, Kohlenwasserstofflösemittel · hydrocarbon solvent

~verbindung *f* · hydrocarbon compound

Kohle|ofen *m* · coal-fired stove

~pulver *n* · powder(ed) coal, coal powder

Kokereiteer *m* · coke-oven tar

Kokosfaser *f* · coir [*The prepared fibre of the husks of coconuts, used to make rope, etc.*]

~dämmatte *f*, Kokosfaser(bau)matte · coir (building) mat [*It has a low density*]

~dämmbahn *f* · coir insulating sheet(-ing), ~ insulation(-grade) ~

~dämmstoff *m* · coir (insulating) material, ~ insulation(-grade) ~

~dämmstreifen *m* · coir insulating strip, ~ insulation(-grade) ~

Kokos(faser)|diele *f* [*Gipsdiele, bei der zur Erhöhung der Bruchfestigkeit Kokosfasern dem Stuckgips beigemengt sind*] · coir-type gypsum plank; ~ board lath (US)

~matte *f* · coir door mat [*B.S. 4037*]

~strick *m* · coir rope [*B.S. 2052*]

~wandplatte *f* [*DIN 4105*] · coir wallboard

Koksfeuerung *f* · coke furnace

koksgefeuert · coke-fired

Koks|grus *m* · (coke) breeze [*It is produced by screening coke at both the coke plant and blast furnaces, is utilized as a fuel in steel-plant boiler houses to generate steam and in ore-agglomerating plants. When used as boiler fuel, coke breeze is burned on chain-grate stokers*]

~kessel *m* · coke-fired boiler

~lösche *f* · coke dust

Koksofen *m* [*Raumheizung*] · coke-fired stove

~ · coke oven

~stein *m* · coke-oven silica brick, ~ acid firebrick, ~ gannister brick (Brit.); ~ ganister brick (US)

Koksofenteer *m* · coke-oven coal-tar

~pech *n* · coke-oven coal-tar pitch

Kollaudierung *f* [*Schweiz*]; (Bau)Abnahme *f* [*Die Übernahme des Bauwerkes oder Gebäudes nach Fertigstellung*] · acceptance, ~ of (the) work

Kollegiatkirche *f*, Kollegienkirche, Stiftskirche · collegiate church

Kollektivwohnbau *m* · collective dwellings

Kollodiumwolle *f*, lösliche Schießbaumwolle · collodion cotton

Kolloid *n* · colloid [*1. The finely divided suspended matter which will not settle and the apparently dissolved matter which may be transformed into suspended matter by contact with solid surfaces or precipitated by chemical treatment. 2. Substance which is soluble as judged by ordinary physical tests but will not pass through a parchment membrane*]

Kolloid(al)beton *m*, kolloid(al)er Beton · grouted concrete, colloidal ~ [*e.g. Colcrete*]

kolloid(al)e Aufschwemmung *f*, ~ Aufschlämmung, ~ Suspension *f* · colloidal suspension

~ Eiweißlösung *f* · colloidal albumin solution; ~ albumen ~ [*misnomer*]

~ Festsubstanz *f* · solid colloidal substance, colloidal solid ~

~ Lösung *f*, Kolloid(al)lösung, kolloiddisperses System *n* · colloidal dispersion

~ Suspension *f*, ~ Aufschlämmung *f*, ~ Aufschwemmung · colloidal suspension

Kolloid(al)emulsion *f*, kolloid(al)e Emulsion · colloidal emulsion

kolloid(al)er Beton *m*, Kolloid(al)beton · grouted concrete, colloidal ~ [*e.g. Colcrete*]

~ Mörtel *m*, Kolloid(al)mörtel · colloidal mortar

~ Stoff *m*, Kolloid(al)stoff · colloidal matter

~ Ton *m*, Kolloidton · colloidal clay

kolloid(al)es Gel *n*, Kolloid(al)gel · colloidal gel

~ System *n*, Kolloid(al)system · colloidal system

Kolloid(al)|gel *n*, kolloid(al)es Gel · colloidal gel

~lösung *f*, kolloid(al)e Lösung, kolloiddisperses System *n* · colloidal dispersion

~mörtel *m*, kolloid(al)er Mörtel · colloidal mortar

~schlämme *f*, kolloid(al)e Schlämme colloidal grout

~stoff *m*, kolloid(al)er Stoff · colloidal matter

~system *n*, kolloid(al)es System · colloidal system

~zustand *m*, kolloid(al)er Zustand · colloidal state

Kolloidchemie *f*, Kolloidik *f*, Kolloidlehre *f* · colloidal chemistry

kolloiddisperses System *n*, kolloid(al)e Lösung *f*, Kolloid(al)lösung · colloidal dispersion

kolloide Lösung *f*→ kolloidale ~

Kolloidgel *n*, kolloid(al)es Gel, Kolloidalgel · colloidal gel

Kolloidik *f*, Kolloidlehre *f*, Kolloidchemie *f* · colloidal chemistry

Kolloid|lehre *f*, Kolloidchemie *f*, Kolloidik *f* · colloidal chemistry

~lösung *f*→ Kolloidallösung

~ton *m*, kolloid(al)er Ton · colloidal clay

Kolonialarchitektur *f*, Kolonialbaukunst *f* · colonial architecture

Kolonnade *f* [*Säulengang mit geradem Gebälk*] · colonnade

~ mit 4 Säulen · tetrastyle colonnade

Kolophonium *n*, Geigenharz *n* [*DIN 55935. Kolophonium ist das aus dem Rohbalsam der Koniferen (Balsamharz) oder dem Extrakt der Koniferenstubben (Wurzelharz) oder aus Tallöl (Tallharz) gewonnene Harzsäuregemisch, welches im wesentlichen aus Abietinsäure und ihren Isomeren besteht und dem keine anderen Stoffe, insbesondere Harze, harzartige oder harzbildende Stoffe, zugesetzt sind*] · rosin, resin, colophony

Kolossal|ordnung *f*, Riesenordnung, große Ordnung [*Eine Säulenordnung, bei der die Pilaster oder Säulen über mehrere Geschosse reichen und sie somit zusammenfassen*] · colossal order, grand ~, giant ~

~statue *f* · colossal statue

Kolosseum *n*, Flavisches Amphitheater *n* · Colosseum, Flavian Amphitheatre

Koloß *m* **von Rhodos** · Colossus of Rhodes

Kolumbarium *n* · columbarium [*Building with tiers of niches for reception of cinerary urns*]

~, Taubenhaus *n* · columbarium, dovecote, pigeon-cote, pigeon-house, culverhouse [*A number of historical examples still exist in England, some with nests for over a thousand birds each*]

Kombi(nations)|herd *m* · combination range

~schloß *n*, Ringschloß · combination lock, dial ~

~spachtel(masse) *m*, (*f*) [*Anstrichtechnik*] · combination stopper

~-Vorhängeschloß *n*, Ring-Vorhängeschloß, Vexier-Vorhängeschloß · combination padlock, dial ~

Kombinatorik *f* · combinatorial analysis

kombinierte Sieb- und Schlämmanalyse *f* · combined sieve and sedimentation test, mechanical analysis

kombinierter Direktheizer *m*, ~ Direkterhitzer, kombiniertes Direktheiz(ungs)gerät *n* · convector/radiant heating appliance, ~ ~ unit, ~ heater

Kommerellprüfung *f*, Kommerellversuch *m*, Kommerellprobe *f*, Aufschweißbiegeversuch nach Kommerell, Aufschweißbiegeprüfung nach Kommerelll, Aufschweißbiegeprobe nach Kommerell [*Baustahl. DIN 17100 und Ö Norm M 3052*] · Kommerell bead bend test

kommerzielle Architektur *f*, ~ Baukunst *f* · commercial architecture

Kommunalgebäude *n* · communal building

Kommunmauer *f*, Feuermauer, Brandmauer, gemeinschaftliche Giebelmauer [*DIN 4102, Blatt 2*] · party (masonry) wall [*A (masonry) wall separating adjoining buildings. Its primary function is to prevent the spread of fire between adjoining buildings and to provide an adequate degree of sound insulation*]

~konsole *f*, Feuermauerkonsole, Brandmauerkonsole · party corbel [*A corbel projecting from the face of a building at the end of the party wall for decoration or to check the spread of fire*]

kompakter Gips *m*, dichter ~, festgelagerter ~, Gipsfels *m* · compact gypsum, gypseous solid rock

Kompensator *m* → (Dehnungs)Ausgleicher

kompensiert [*Leuchtstofflampe*] · p.f. cor., ~ ~ corrected

komplementäre Hydra(ta)tion *f* · complementary hydration

Komplementärfarbe *f*, Ergänzungsfarbe [*Eine sich auf dem Wege der optischen Farbenmischung zu Weiß ergänzende Farbe*] · complementary colour (Brit.); ~ color (US)

Komplex *m* · complex

komplexer Rahmen *m* · complex frame

komplexes Verhältnis *n* · complex ratio

komplizierter Querschnitt *m* · intricate (cross) section, complicated (~) ~

Komponente *f*, Seitenkraft *f*, Zweigkraft, Teilkraft [*Baustatik*] · component

Komponenten|gleichung *f*, Seitenkraftgleichung, Zweigkraftgleichung, Teilkraftgleichung · equation connecting the components

~lack *m*, Reaktionslack, Additionslack, kalthärtender Lack · cold-cured material, ~ paint [*The cold-curing is induced by adding chemical agents, known as activators or catalysts, the most widely used coatings of this type are based on epoxy and polyurethane resins*]

~zerlegung *f* · decomposition

Komposition *f* · composition

Komposit|-Kapitell *n*, Composit-Kapitell, römisches Kapitell, römisches Kapitäl, Komposit-Kapitäl, Composit-Kapitäl, composite capital

~-(Säulen)Ordnung *f* · composite order

Kompressions-Kältemaschine *f* · refrigeration compressor

Kompromißarchitektur *f*, Kompromißbaukunst *f* · compromise (form of) architecture

Konak *m* → Karawanserei

Koncha *f*, Konche *f*, Halbkuppel *f* [*Sie hat viertelkreisförmigen Querschnitt über halbkreisförmigem Grundriß*] · concha, semi-dome, semi-cupola, half-dome, half-cupola

Konche *f*, Halbkuppel *f*, Koncha *f* [*Sie hat viertelkreisförmigen Querschnitt über halbkreisförmigem Grundriß*] · concha, semi-dome, semi-cupola, half-dome, half-cupola

Kondensat *n* → Kondenswasser

~abführung *f* → Kondenswasserabführung

~bildung *f*, Kondenswasserbildung, Schwitzwasserbildung, Tauwasserbildung [*Niederschlag der Luftfeuchtigkeit, z.B. auf Wänden und Decken, an Glasscheiben oder Rohrleitungen, wenn durch die Abkühlung die Feuchtigkeitsaufnahmefähigkeit der Luft sinkt und infolge zu geringer Porigkeit des Untergrundes die Feuchtigkeit nicht aufgesaugt wird*] · (surface) condensate sweating

~entwässerung *f*, Kondenswasserentwässerung, Schwitzwasserentwässerung, Tauwasserentwässerung · condensation drainage

~farbe *f*, Kondenswasserfarbe, Tauwasserfarbe, Schwitzwasserfarbe · anti-condensation paint [*A paint designed to minimize the effects of condensation of moisture under intermittently dry and humid conditions. Such a material normally has a matt textured finish and frequently contains cork or some other heat-insulating material as a filler*]

Kondensations|erzeugnis *n* · condensation product

~harz *n* · condensation resin

~wärme *f* · heat of condensation, condensation heat

Kondensat|isolierung *f*, Kondenswasserisolierung, Schwitzwasserisolierung, Tauwasserisolierung · condensation dampproofing

~leitung *f* · condensate pipework

Kondensator *m* [*Heizungstechnik*] · condenser

Kondensat|rille *f*, Kondenswasserrille, Schwitzwasserrille, Tauwasserrille · condensation groove

~rinne *f*, Kondenswasserrinne, Schwitzwasserrinne, Tauwasserrinne · condensation gutter, ~ sinking, ~ channel

~rücklaufleitung *f* · condensate return pipework

~schale *f*, Kondenswasserschale, Tauwasserschale, Schwitzwasserschale · condensation tray

~schutz *m*, Tauwasserschutz, Kondenswasserschutz, Schwitzwasserschutz · protection against condensation

~verhütungsputz *m*, Kondenswasserverhütungsputz, Schwitzwasserverhütungsputz, Tauwasserverhütungsputz · anti-condensation plaster

Kondensmilchfabrik *f* · condensery

Kondenswasser *n*, Schwitzwasser, Tauwasser, Kondensat *n* · condens(at)ing water, condensed ~, dripping moisture, condensate, condensation moisture

~abführung *f*, Schwitzwasserabführung, Tauwasserabführung, Kondensatabführung · condensate drainage

~bildung *f*, Kondensatbildung, Schwitzwasserbildung, Tauwasserbildung [*Niederschlag der Luftfeuchtigkeit, z.B. auf Wänden und Decken, an Glasscheiben oder Rohrleitungen, wenn durch die Abkühlung die Feuchtigkeitsaufnahmefähigkeit der Luft sinkt und infolge zu geringer Porigkeit des Untergrundes die Feuchtigkeit nicht aufgesaugt wird*] · (surface) condensation, sweating

~decke *f*, Tauwasserdecke, Schwitzwasserdecke, Schutzdecke · anti-condensation ceiling

~entwässerung *f*, Kondensatentwässerung, Tauwasserentwässerung, Schwitzwasserentwässerung · condensate drainage

~farbe *f*, Kondensatfarbe, Schwitzwasserfarbe, Tauwasserfarbe · anti-condensation paint [*A paint designed to minimize the effects of condensation of moisture under intermittently dry and humid conditions. Such a material normally has a matt textured finish and frequently contains cork or some other heat-insulating material as a filler*]

~isolierung *f*, Kondensatisolierung, Tauwasserisolierung, Schwitzwasserisolierung · condensation dampproofing

~rille *f*, Kondensatrille, Schwitzwasserrille, Tauwasserrille · condensation groove

~rinne *f*, Kondensatrinne, Schwitzwasserrinne, Tauwasserrinne · condensation gutter, ~ sinking, ~ channel

~schale *f*, Kondensatschale, Tauwasserschale, Schwitzwasserschale · condensation tray

~verhütungsputz *m*, Kondensatverhütungsputz, Tauwasserverhütungsputz, Schwitzwasserverhütungsputz · anti-condensation plaster

Konditionsraum *m* [*in einer Sportanlage*] · weight training room

Konferenz|saal *m*, Sitzungssaal · conference hall, ~ theatre

~trakt *m*, Sitzungstrakt · conference block, ~ unit

~zimmer *n*, Konferenzraum *m*, Sitzungszimmer, Sitzungsraum · conference room

Konfessio *f*, Confessio, Heiligengrabraum *m* unter dem Altar · confessio

Konglomerat *n*, „Naturbeton" *m* · conglomerate [*A rock consisting of round pebbles held together by a natural cement*]

konglomeratischer Sandstein *m* · conglomeratic sandstone

Kongokopal *m* · Congo copal [*This varnish resin originates from several species of Copaifera and the Congo copals mainly used are hard fossil types which are infusible and insoluble in their natural state*]

Königinnenkammer *f* · queen's chamber

königlicher Baumeister *m*, kgl. ~ · king's master mason

~ Garten *m* · royal garden

~ Gartenbaumeister *m*, kgl. ~ · royal gardener

königliches Schloß *n* · royal palace

Königs|burg *f* **des Cyprus zu Pasargadae** · Palace of Cyprus the Great at Pasargadae

~galerie *f* [*Kathedrale zu Reims*] · tabernacled statues of the Kings of France

~galerie *f* [*Notre Dame in Paris*] · band of statues of the Kings of France

~grab *n*, Herrschergrab · royal tomb, king's ~

~kammer *f* · king's chamber

~mastaba *f*, Herrschermastaba [*altägyptische Grabform*] · royal mastaba tomb

~palast *m* · royal palace

~pyramide *f* · royal pyramid

~suite *f* · royal suite

konische Aussparung *f* **als Nut** [*Spannverfahren Magnel*] · wedge-shaped groove

~ Faltung *f* · conical folding

~ Schale *f* · conical shell

~ Stütze *f* · taper(ed) column, tapering ~

~ Wellplatte *f* · tapered corrugated sheet, corrugated tapered ~

konischer Balken(träger) *m* · tapering beam, taper(ed) ~

~ Biberschwanz *m*, ~ Biber(schwanzziegel) [*Biber mit schrägem Zuschnitt der Langseiten, zum Kopfende hin verjüngt, zur Eindeckung kegelförmiger Dächer*] · tapered plain clay roof(ing) tile, ~ plane ~ ~ ~

~ Bolzen *m*, Bolzen mit Anzug · conical bolt

~ Kehlziegel *m* · tapered valley clay roof(ing) tile, ~ ~ roof(ing) clay ~, ~ (roof) valley clay ~

~ Krümmer *m*, Übergangskrümmer · taper bend

~ Rundturm *m* · tapering round tower

~ Schaft *m* · taper(ed) shaft, tapering ~

~ Turm *m* · taper(ed) tower, tapering ~

konisches Loch *n* · grout box [*A concial box formed of expanded metal, cast into concrete, and having an anchor plate at its foot to receive a foundation bolt*]

~ Rohr *n*, Übergangsrohr · taper(ed) pipe

Konizität *f* → Kegelneigung

konjugierte Ebene *f*, zugeordnete ~ · conjugate plane

~ Gerade *f*, zugeordnete ~ · conjugate line

~ Richtung *f*, zugeordnete ~ · conjugate direction

konjugierter Druck *m*, zugeordneter ~ · conjugate pressure

~ Durchmesser *m*, zugeordneter ~ · conjugate diameter

konkav, hohlrund · concave

konkave Ecke *f* · concave corner

~ Schale *f* · concave shell

Konkurrenzwerkstoff *m* · candidate material

Konoid|form *f* · conoidal form

~schale *f*, konoidische Schale · conoidal shell

konoidische Schale *f*, Konoidschale · conoidal shell

Konservatorium *n* · music conservatory

Konservierung *f*, Haltbarmachung · preservation

Konservierungs|anstrich *m*, Konservierungsaufstrich · preservation coat

~aufstrich *m*, Konservierungsanstrich · preservation coat

~mittel *n* → Holz~

~mittel *n*, Schutzmittel, Konservierungsstoff *m*, Schutzstoff · protective agent, protecting ~, preservative, preserver

Konsistenz *f*, Steife *f* · consistency, consistence

~beiwert *m*, Steifebeiwert · consistency coefficient, consistence ~, coefficient of consistency, coefficient of consistence

~bereich *m*, *n*, Steifebereich · consistency range, consistence ~

~faktor *m* · consistency factor [*A measure of grout fluidity roughly analogous to viscosity, which describes the ease with which grout may be pumped into pores or fissures; usually a laboratory measurement in which consistency is reported in degrees of rotation of torque viscosimeter in a specimen of grout*]

~grad *m*, Steifegrad · consistence degree, consistency ~

~messer *m*, Steifemesser · consistency meter, consistometer

~messung *f*, Steifemessung · measurement of consistency

~meßverfahren *n* · consistency measurement method

~probe *f* → Konsistenzprüfung

~prüfung *f*, Konsistenzprobe *f*, Konsistenzversuch *m*, Steifeprüfung, Steifeversuch, Steifeprobe, Setzprüfung, Setzprobe, Setzversuch, Ausbreit(ungs)probe, Ausbreit(ungs)versuch, Ausbreit(ungs)prüfung [*Betonprüfung. DIN 1048*] · slump test (for consistency), consistency test

~versuch *m* → Konsistenzprüfung

Konsistometer|probe *f* → Konsistenzprobe

~prüfung *f* → Konsistenzprobe

~versuch *m* → Konsistenzprobe

Konsolbogen *m*, Schulterbogen, Kragsturzbogen · shouldered arch

Konsole *f* · bracket, corbel, shoulder [*A flat-topped underprop which projects from a wall or pier and forms a support for a beam or architectural member above it*]

~, Mauerwerk~ · (masonry) corbel, (~) bracket, (~) shoulder [*A cantilevered bracket generally formed by one or more courses of masonry projecting to form a bearing for supporting a load*]

~, (Natur)Stein~, Tragstein *m*, Kragstein, steinerner Konsolträger *m*, Konsol *m*, Kraftstein, Notstein, Balkenstein · (natural) stone corbel, (~) ~ bracket, (~) ~ shoulder, console [*A small supporting piece of stone, often formed of scrolls or volutes, to carry a projecting weight*]

~ · console, ancon, truss [*A scrolled bracket*]

Konsol|(ge)sims *m*, (*n*) [*Dieses Gesims ist wegen seiner großen Auskragung von Konsolen gestützt*] · console cornice

~sims *n*, Konsolgesims [*Dieses (Ge)Sims ist wegen seiner großen Auskragung von Konsolen gestützt*] · console cornice

~träger *m* → vorkragender Träger

konstant, unveränderlich · constant

Konstante *f* · constant

konstante Last *f*, unveränderliche ~ · constant load

konstantinisches Kreuz *n* [*Christusmonogramm aus den griechischen Buchstaben X (= Chi) und P (= Rho), den Anfangsbuchstaben des Wortes Christus*] · chrismon

Konstantinsbogen *m* **zu Rom** · Arch of Constantine at Rome

Konstrukteur *m*, Entwerfer *m*, Entwurfsverfasser · designer

Konstruktion *f*, (Konstruktions)System *n*, Bausystem · construction, (structural) system

„Konstruktion *f* **im Raum"** · "Construction in Space" [*Immense structure by Naum Gabo, located in Rotterdam*]

Konstruktions|abteilung *f*, Konstruktionsbüro *n* · design department, ~ office

~achse *f* · structural axis

~alu(minium) *n* · structural aluminum (US); ~ aluminium (Brit.)

~-Aufbeton *m* [*Decke*] · structural in situ topping, ~ concrete ~, in situ concrete structural ~

~-Aufbeton *m* **mit (Stahl)Einlagen,** bewehrter Konstruktions-Aufbeton, armierter Konstruktions-Aufbeton · reinforced concrete structural topping

~beton *m*, Bauwerkbeton [*Gegensatz: Isolierbeton*] · structural concrete

~-Betonplatte *f*, konstruktive Betonplatte · concrete structural slab, structural concrete ~

~blech *n*, Konstruktionsfeinblech, Bau(fein)blech · construction sheet metal, ~ metal sheet

~blech *n*, Konstruktionsgrobblech, Bau(grob)blech · construction plate metal, ~ metal plate

~blei *n*, Baublei · construction lead

~büro *n*, Konstruktionsabteilung *f* · design department, ~ office

~dübel *m*, Baudübel · structural dowel

~(fein)blech *n*, Bau(fein)blech · construction sheet metal, ~ metal sheet

~-Fertigteilbeton *m*, konstruktiver Fertigteilbeton · structural precast concrete, precast structural ~

~form *f* · structural form, ~ design

~glied *n* · structural member

~(grob)blech *n*, Bau(grob)blech · construction plate metal, ~ metal plate

~höhe *f*, Bauhöhe, Dicke *f* [*Träger; Decke; Platte*] · depth

~höhe *f* **am Scheitel** · depth at crown

~höhen-Spannweiten-Verhältnis *n* · depth-to-span ratio

~hohlprofil *n*, konstruktives Hohlprofil · structural hollow section, hollow structural ~

~holz *n* · carcassing timber [*Timber in a building or structure that performs a structural function*]

~kleb(e)stoff *m*, Konstruktionskleb(e)mittel *n*, Konstruktionskleber *m* · structural (bonding) adhesive, ~ ~ medium, ~ ~ agent, ~ cement(ing agent) [*This adhesive is capable of joining structural elements and maintaining the same resistance to specific stresses as the material itself. The joint thus becomes an integral part of the total structure*]

~leichtbeton *m*, konstruktiver Leichtbeton · light(weight) structural concrete, structural light(weight) ~

~-Leichtzuschlag(stoff)beton *m*, Leichtzuschlag(stoff)-Konstruktionsbeton · structural light(weight) aggregate concrete

~lösung *f* · structural solution

~merkmal *n* · structural characteristic

~-Ortbeton *m* · structural in(-)situ cast concrete, ~ (cast-)in-situ ~, ~ (cast-) insitu ~, ~ cast-in-place ~, ~ site-placed ~, ~ field ~, ~ poured-in-place ~

~raster *m* → Raster

~rippe *f* · structural rib

~rohr *n* [*Ein Rohr, das nicht zum Fortleiten eines Gutes dient, sondern als Konstruktionselement verwendet wird*] · structural tube, ~ pipe

~stahl *m*, Baustahl · structural steel

~-Strangpreßerzeugnis *n*, Konstruktions-Strangpreßprofil *n*, konstruktives Strangpreßprofil, konstruktives Strangpreßerzeugnis · structural extruded section, ~ ~ shape, ~ ~ unit, ~ ~ product, ~ extrusion ~

~-Strangpreßprofil *n*, Konstruktions-Strangpreßerzeugnis *n*, konstruktives Strangpreßerzeugnis, konstruktives Strangpreßprofil · structural extruded section, ~ ~ shape, ~ ~ unit, ~ ~ product, ~ extrusion ~

(~)System *n*, Konstruktion *f*, Bausystem · construction, (structural) system

konstruktionstechnische Verwendung *f* **von (Beton)Fertigteilen** · structural use of (pre)cast concrete

Konstruktions|tafel *f* · structural panel

~teil *m*, *n* · structural part

~- und Baufirma *f* · design and construct firm

~-U-Profil *n*, konstruktives U-Profil structural channel

~verbindung *f*, konstruktive Verbindung · structural connection

~wand *f* · structural wall [*A wall essential to the structure as supporting or bracing element*]

konstruktive Ausmittigkeit *f* · structural eccentricity

~ Betonplatte *f*, Konstruktions-Betonplatte · concrete structural slab, structural concrete ~

~ Durchbildung *f* · structural system

~ Durchführbarkeit *f* · structural feasibility

~ keramische Baueinheit *f* [*Fehlname*]; konstruktiver keramischer (Bau-) Körper *m*, konstruktiver keramischer Bauteil *m*, konstruktives keramisches (Bau)Element *n*, konstruktives keramisches Bauteil *n* · structural ceramic (building) unit, ~ ~ (~) member, ~ ~ (~) component

~ Verbindung *f* · structural connection

~ Verschönerung *f* · structural enrichment

~ (Beton-)Fertig(bau)teil *m*, konstruktives ~ *n*, ~ (Beton)Montage(bau)teil, ~ Fertigbeton(bau)teil, ~ Montagebeton(bau)teil [*Fehlname: ~ Beton(bau)teil*] · (pre)cast structural (concrete) compound unit, prefab(ricated) ~ (~) ~ ~

~ Betonkern *m* · structural concrete core

~ Fertigteil *m*, ~ Beton-~, konstruktives (Beton-)Fertigteil *n*, Konstruktions(beton)fertigteil · precast structural (concrete) member, ~ ~ (~) unit, structural precast (~) ~

~ Fertigteilbeton *m*, Konstruktions-Fertigteilbeton · structural precast concrete, precast structural ~

~ Grundsatz *m* · constructional principle

~ keramischer Körper *m* → ~ ~ Bau~

~ ~ (Bau)Körper *m*, konstruktives keramisches (Bau)Element *n*, [*Fehlname: konstruktive keramische Baueinheit f*] · structural ceramic (building) unit, ~ ~ (~) member, ~ ~ (~) component

~ Leichtbeton *m*, Konstruktionsleichtbeton · light(weight) structural concrete, structural light(weight) ~

konstruktives (Beton-)Fertigteil *n*, konstruktiver ~ *m*, Konstruktions(beton)fertigteil · (pre)cast structural (concrete) member, ~ ~ (~) unit, structural (pre)cast (~) ~

~ Fertigteil *n*, ~ Beton-~, konstruktiver (Beton-)Fertigteil *m*, Konstruktions(beton)fertigteil · (pre)cast structural (concrete) member, ~ ~ (~) unit, structural (pre)cast (~) ~

~ Hohlprofil *n*, Konstruktionshohlprofil · structural hollow section, hollow structural ~

~ keramisches (Bau)Element *n*, konstruktiver keramischer (Bau)Körper *m* [*Fehlname: konstruktive keramische Baueinheit f*] · structural ceramic (building) unit, ~ ~ (~) member, ~ ~ (~) component

~ ~ Element *n* → ~ ~ Bau~

~ Strangpreßerzeugnis *n*, ~ Strangpreßprofil *n*, Konstruktions-Strangpreßerzeugnis, Konstruktions-Strangpreßprofil · structural extruded section, ~ ~ shape, ~ ~ unit, ~ ~ product, ~ extrusion ~

~ Strangpreßprofil *n*, ~ Strangpreßerzeugnis *n*, Konstruktions-Strangpreßerzeugnis, Konstruktions-Strangpreßprofil · structural extruded section, ~ ~ shape, ~ ~ unit, ~ ~ product, ~ extrusion ~

~ U-Profil *n*, Konstruktions-U-Profil · structural channel

Konstruktivismus *m* · Constructivism [*Principally a Russian movement, covering hanging and relief constructions, abstract in conception, and made of a variety of materials*]

konstruktivistische Bewegung Constructivist movement

~ Plastik *f* · Constructivist sculpture

Kontakt|fläche *f*, Berührungsfläche · contact(ing) area, ~ surface

~ kleb(e)stoff *m*, Kontaktkleb(e)mittel *n*, Kontaktkleber *m* · contact adhesive, ~ cement(ing agent), ~ bonding agent, ~ bonding medium

~lösung *f* · contact solution

~paste *f* · contact paste

~teppich *m* [*Eine vollautomatische Schiebetür öffnet sich beim Betreten des Kontaktteppiches*] · sensitised mat (Brit.); sensitized ~ (US)

~trocknung *f* · direct-heat drying

Konterbogen *m*, umgekehrter Bogen, Gegenbogen, Erdbogen, Grundbogen, verkehrter Bogen · inverted arch, reversed ~

kontinuierliche Kornabstufung *f*, stetige ~, Kornzusammensetzung ohne Ausfallkörnung · continuous grading

kontinuierliches Verfahren *n*, Zweibadverfahren [*Dachpappenherstellung*] · two-bath method

Kontinuität *f*, Stetigkeit *f* · continuity

Kontinuitäts|bedingung *f*, Stetigkeitsbedingung · continuity condition

~gleichung *f*, Stetigkeitsgleichung · continuity equation

Kontinuum *n* [*Die idealisierte (fiktive) Vorstellung von einem materiellen Körper (Baustoff), der in Gestalt unendlich vieler, kleiner Massenelemente, zusammenhängend (kontinuierlich) über das Körpervolumen verteilt, angenommen wird. Das Kontinuum ist das Gegenteil des starren Körpers*] · continuum

Kontinuumsmechanik *f* · continuum mechanics, mechanics of continua

Kontraktorbeton *m* · tremie concrete

Kontrolle *f* · check

Kontrollgrund *m* [*Anstrichtechnik*] · guide coat

kontrollieren, nachprüfen · to check

Kontrollmessung *f* · check measurement

Konus *m*, Kegel *m* · cone

~keil *m*, Kegelkeil · conical wedge

~rohr *n* · tapered pipe

~senkung *f*, Ausbreit(ungs)maß *n*, Setzmaß, Sackmaß, Fließmaß [*Betonprüfung. DIN 1048*] · slump

~verankerung *f*, Kegelverankerung · cone anchorage

Konvektion *f*, Wärmemitführung *f* · convection (of heat) [*Transfer of heat in or by a liquid or a gas by the movement of the medium*]

Konvektions|erhitzer *m* → Konvektionsheiz(ungs)gerät

~heizer *m* → Konvektionsheiz(ungs)-gerät

~heizung *f* · convection heating

~heiz(ungs)gerät *n*, Konvektionsheizer *m*, Konvektionserhitzer, Konvektor *m* [*Direktheizgerät*] · (heating) convector, convector heater

~luft *f* · convected air

~strom *m* · convection current

~trocknung *f* · convection oven stoving [*A stoving treatment in which heat is transferred to the paint surface largely, although not entirely, by convection*]

~wärme *f* · convective heat, convection ~, convected ~

~wärmeverlust *m* · convective heat loss, convection ~ ~, convected ~ ~

Konvektor *m* → Konvektionsheiz(ungs)-gerät

~platte *f* · convector panel

Konventflügel *m* · convent limb

Konverterstein *m* · Bessemer matte

konvexer Fries *m* · pulvinated frieze

konvexes Element *n*, Stab *m* [*Karnies*] · convex part

Konzentrat *n* · concentrate

konzentrisches Übergangsrohr *n*, konzentrischer Übergang *m* · concentric taper pipe

~ Übergangsstück *n*, konzentrischer Übergang *m* · concentric taper fitting, ~ reducer

Konzert|halle *f*, Konzerthaus *n*, Tonhalle · concert hall, music ~

~haus *n*, Tonhalle *f*, Konzerthalle · concert hall, music ~

~pavillon *m*, Musikpavillon · bandstand

Koordinaten|achse *f* · coordinate axis

~kreuz *n*, Achsenkreuz, Koordinatensystem *n*, Achsensystem · coordinate system (of axes)

~papier *n* · coordinate paper, quadrille ~

~system *n*, Koordinatenkreuz *n*, Achsensystem, Achsenkreuz · coordinate system (of axes)

~ursprung *m* · coordinate origin

Kopalester *m* · copal ester

Kopal(harz) *m*, (*n*) · copal (resin)

~kitt *m* · copal (resin) seal(ing) compound, ~ (~) (bulk) ~, ~ (~) caulking (~), ~ (~) mastic

~kleber *m*, Kopal(harz)kleb(e)mittel *n*, Kopal(harz)kleb(e)stoff *m* · copal (resin) bonding agent, ~ (~) ~ medium, ~ (~) (~) adhesive, ~ (~) cement(ing agent)

Kopal|lack *m* · copal varnish

~spachtel(masse) *m*, (*f*) [*Anstrichtechnik*] · copal stopper

Köpergewebe *n* · twilled weave

Kopf *m* → halber Ziegel

~anker *m*, Schlauder *f*, Balken(träger)-anker · beam tie

~ausbildung *f* [*Säule; Stütze*] · head attachment, ~ construction

~bahnhof *m*, Sackbahnhof · dead-end (railway) station (Brit.); ~ (railroad) ~ (US)

~band *n* → Bandholz

~biege *f* → Bandholz

köpfen [*Anstrichtechnik*] · to apply a header coat

Kopf|ende *n* · head-end

~falz *m* [*(Dach)Falzstein*] · head groove

~fläche *f*, Kopfseite *f*, Haupt *n*, Außenfläche, Stirn(fläche) *f* [*Die Sichtfläche der Steine beim Naturwerkstein-Mauerwerk*] · face

~höhe *f*, Durchgangshöhe [*Lichter Abstand von Vorderkante Trittstufe bis Unterseite einer darüberliegenden Treppe*] · headroom, headway

kopf|lastig · top-heavy

~loser Nagel *m* · headless nail

~loser Niet *m* · headless rivet

Kopf|mauerwerk *n* · stone faced rubble masonry

~moment *n* · moment at head, head moment

~platte *f* [*Säule*] · head slab

~platte *f*, Gurt(ungs)platte, Verstärkungsplatte, Gurt(ungs)bloch *n*, Gurt-(ungs)lamelle *f*, Lamelle · boom plate, chord ~, flange ~, angle iron of the chords, angle iron of the flanges, angle iron of the booms

~platte *f* [*Spannbeton*] · head plate

~seite *f*, Kopffläche *f*, Haupt *n*, Außenfläche, Stirn(fläche) *f* [*Die Sichtfläche der Steine beim Naturwerkstein-Mauerwerk*] · face

~stein *m*, Katzenkopf *m* [*Pflasterstein*] · nigger head, cobble (stone)

~verband *m*, Binderverband, Streckerverband [*Die Steine liegen mit Längsseite senkrecht zur Mauerfläche; die Schichten sind zueinander um 1/4 Stein verschoben*] · heading bond, header ~

~waschbrause *f* · shampoo spray

Kopiergerät *n*, Photo~ · (photo)copy machine

Koppe *f*, Zwecke *f* · tack

koptische Architektur *f*, ~ Baukunst · Coptic architecture

koptisches Kloster *n* · Coptic monastery

Korallen|(beton)zuschlag(stoff) *m* · coral (concrete) aggregate

~sand *m* · coral sand

Korb|bogen *m*, Korbhenkelbogen · more-centered arch (US); more-centred ~ (Brit.); compound ~, basket ~, anse de panier [*An arch whose curve resembles that of the handle of a basket. It is formed by a segment of a large circle continued left and right by two segments of much smaller circles*]

~henkelbogen *m*→ Korbbogen

~trägerin *f*, Kanephore *f* · canephora [*A sculptured female figure carrying a basket on her head*]

Kordel(ab)dichtung *f* [*Sprosse für kittlose Verglasung*] · cord seal(ing)

Kord|festigkeit *f* · cord strength

~gehalt *m* · cord content

~gewebe *n* · cord cloth, ~ woven fabric; ~ fabic [*misnomer*]

Kore *f*→ Karyatide

Korenhalle *f* **vom Erechtheion**, Karyatidenhalle ~ ~ · Caryatid porch, southern ~

korinthische Säule *f* · Corinthian column

~ (Säulen)Ordnung *f* · Corinthian(-esque) order (of architecture)

korinthischer Peripteraltempel *m* · Corinthian(esque) peripteral temple

~ Portikus *m* · Corinthian portico

korinthisches Kapitell *n*, ~ Kapitäl · Corinthian capital

Kork *m* · cork

~artikel *m*, Korkgegenstand *m*, Korkerzeugnis *n* · cork product, ~ article

~bahn *f* · cork sheet(ing)

~belag *m* [*Preßkorkplatten aus Korkschrot mit Kunstharzbindemitteln werden vorwiegend als wärme- und schalldämmende Korkment-Unterlagen für Linoleum- und PVC-Beläge gebraucht. Korkparkett mit hellen und dunklen 4 bis 10 mm dicken Fliesen ist wenig strapazierfähig*] · cork cover(ing)

~(belag)platte *f*, Korkfliese *f* · cork tile [*Cork tiles are made from pure cork shavings compressed in mo(u)lds to a thickness of about ½ in., and baked. Cork tiles are used for wall coverings as well as for flooring*]

korkbestreut · covered with granulated cork

Korkbeton *m* · concrete with cork aggregate

Korkboden|(belag) *m*, Korkfußboden(belag) · cork floor(ing), ~ floor finish, ~ floor cover(ing)

~fliese *f*, Kork-Fußbodenfliese, Kork(-Fuß)bodenplatte *f*, (Fuß)Bodenkorkplatte, (Fuß)Bodenkorkfliese · cork floor(ing) (finish) tile, ~ floor cover(ing) ~

~platte *f*, Kork-Fußbodenplatte, Kork(-Fuß)bodenfliese *f*, (Fuß)Bodenkorkfliese, (Fuß)Bodenkorkplatte · cork floor(ing) (finish) tile, ~ floor cover(ing) ~

Kork|dachplatte *f*, Dach-Korkplatte · corkboard for roof(ing)s, cork slab ~ ~

~dämmbahn *f*, Dämmkorkbahn · insulation(-grade) cork sheet(ing), insulating ~ ~

~dämmplatte *f*, Dämmkorkplatte · insulation(-grade) corkboard, insulating ~, ~ cork slab

~dämmung *f* · cork lagging

~deckenplatte *f*, Decken-Korkplatte · corkboard for ceilings, cork slab ~ ~

~einlage *f*, Korkfugeneinlage · cork (joint) filler

Korkenzieherregel *f* · corkscrew rule

Kork|erzeugnis *n*, Korkartikel *m*, Korkgegenstand *m* · cork product, ~ article

~filz *m* · felt(ed fabric) with cork

~filzmatte *f* · felt(ed fabric) mat with cork, ~ (~) pad ~ ~

~fliese *f*, Kork(belag)platte *f* · cork tile [*Cork tiles are made from pure cork shavings compressed in mo(u)lds to a thickness of about ½ in., and baked. Cork tiles are used for wall coverings as well as for flooring*]

~(fugen)einlage *f* · cork (joint) filler

~(-Fuß)bodenfliese *f*, Kork(-Fuß)bodenplatte *f*, (Fuß)Bodenkorkplatte, (Fuß-)Bodenkorkfliese · cork floor(ing) (finish) tile, ~ floor cover(ing) ~

~(-Fuß)bodenplatte *f*, Kork(-Fuß)bodenfließe *f*, (Fuß)Bodenkorkplatte, (Fuß-)Bodenkorkfliese · cork floor(ing) (finish) tile, ~ floor cover(ing) ~

korkgedämmt · cork-lagged

Korkgegenstand *m*, Korkartikel *m*, Korkerzeugnis *n* · cork product, ~ article

korkhaltig · cork based

Kork|harz *n*, Suberin *n* · suberin(e)

~hinterlegung *f*, Korkunterlage *f*, Korkrücklage, Korkträger(schicht) *m*, (*f*) · cork base, ~ backing, ~ underlay

~linoleum *n* [*DIN 18172*] · cork carpet [*B.S. 810*]

~mehl *n* · ground cork, powder(ed) ~, cork powder, cork flour

~pflasterstein *m* · cork (paving) sett

~platte *f* · corkboard, cork slab

~platte *f*, Korkbelagplatte, Korkfliese *f* · cork tile [*Cork tiles are made from pure cork shavings compressed in mo(u)lds to a thickness of about ½ in., and baked. Cork tiles are used for wall coverings as well as for flooring*]

~rücklage *f*, Korkhinterlegung *f*, Korkunterlage, Korkträger(schicht) *m*, (*f*) · cork base, ~ backing, ~ underlay

~schale *f* · preformed cork (pipe insulating) section, cork pipe ~

~schale *f* **für Kälteschutz**, Kältekorkschale · preformed (pipe insulation) section for cold protection, ~ (pipe) ~ ~ ~ ~; lagging ~ ~ ~ ~ (Brit.)

~schale *f* **für Wärmeschutz**, Wärmekorkschale · preformed (pipe insulation) section for heat protection, ~ (pipe) ~ ~ ~ ~; lagging ~ ~ ~ ~ (Brit.)

Korkschnur *f* [*für Dämm- und Isolierzwecke*] · cork covering cord

~schrot *m, n,* geschroteter Kork *m,* geschrotetes Kork *n* · granulated cork, granular ~

~schrotabstreuung *f,* Korkschrotbestreuung [*Dachpappe*] · granulated cork surfacing, granular ~ ~

korkschrotbestreut · surfaced with granulated cork, ~ ~ granular ~

Korkschüttung *f* [*unter Fußböden*] · cork fill(ing)

Korkstein *m* · cork block

~ für den Wärmeschutz, Wärme(schutz)kork(stein) · cork (block) for heat lagging

~platte *f* · cork block board, ~ ~ slab, ~ ~ sheet

Kork|(stein)wand *f* · cork (block) wall

~teer *m* · cork tar

~träger *m,* ~schicht *f,* Korkrücklage *f,* Korkhinterlegung *f,* Korkunterlage · cork base, ~ backing, ~ underlay

~träger(schicht) *m,* (*f*), Korkrücklage *f,* Korkhinterlegung *f,* Korkunterlage · cork base, ~ backing, ~ underlay

~tritt(stufe) *m,* (*f*) · cork (stair) tread

~unterboden *m* · cork subfloor

~unterlage *f,* Korkhinterlegung *f,* Korkrücklage, Korkträger(schicht) *m,* (*f*) · cork base, ~ backing, ~ underlay

~wand *f,* Korksteinwand · cork (block) wall

~-Wand(belag)platte *f,* Kork-Wandfliese *f,* Wand-Kork(belag)platte, Wand-Korkfliese · cork wall tile

~-Wandfliese *f,* Kork-Wand(belag)platte *f,* Wand-Korkfliese, Wand-Kork(belag)-platte · cork wall tile

~-Wandplatte *f,* Kork-Wandbelagplatte, Kork-Wandfliese *f,* Wand-Kork(belag)-platte, Wand-Korkfliese · cork wall tile

~wandplatte *f,* Wand-Korkplatte · corkboard for walls, cork slab ~ ~

~wolle *f* · cork wool [*Very thin cork ribbons used principally in packaging and to fill mattresses*]

Korn *n,* Einzel~, Gesteinskorn, Partikelchen *n,* (Einzel)Teilchen, Körnchen [*Mineralmasse*] · grain, particle

~, Körner *npl,* Gekörn *n* · grains, material, particles

(~)Abstufung *f,* Granulometrie *f* · granulometry

~ährenmuster *n,* (Fisch)Grätenmuster · herringbone pattern

~ährenverband *m,* Festungsverband, (Fisch)Grätenverband, Stromverband · herringbone (masonry) bond (Brit.); ~ (~) pattern (US)

~analyse *f* · particle-size analysis, grain-size ~, grading ~, test for grading [*The process of determining the proportions of different particle sizes in a granular material by sieving, sedimentation, elutriation or other means*]

~aufbau *m,* Kornzusammensetzung *f,* Korn(größen)verteilung · grading, granulometric composition, texture, grain-size distribution, particle-size distribution

~aufbau *m* **der Zuschläge nach unstetigen Sieblinien** → unstetige Kornabstufung

~bereich *m, n,* Korngrößenbereich, Kornklasse *f,* (Korn)Fraktion *f,* Korngruppe *f,* Kornspanne *f,* Körnung *f* [*DIN 1179*] · size range, ~ bracket, (~) fraction, grading ~, screening portion, range of grading, range of screening

Körnchen *n,* Partikelchen, Gesteinskorn *n,* (Einzel)Korn, (Einzel)Teilchen [*Mineralmasse*] · grain, particle

Korn|durchmesser *m* · grain diameter

~eigenporigkeit *f* · grain porosity, particle ~, porosity of the grains, porosity of the particles

Körner *npl,* Gekörn *n,* Korn *n* · grains, material, particles

~gemenge *n* → Kornmasse

~gemisch *n* → Kornmasse

~kollektiv *n* · collective (body of) grains

~lack *m,* Körnerschellack · lac without sticks, seedlac

~leim *m* · grain glue

~mischung *f* → Kornmasse

~(schel)lack *m* · lac without sticks, seedlac

Korn|feinheit *f* · particle fineness, grain ~

~festigkeit *f* · particle strength, grain ~

~folge *f* · sequence of grain sizes, ~ ~ particle ~

Kornform *f,* Korngestalt *f* · particle shape, grain ~

~faktor *m,* Korngestaltfaktor · particle shape factor, grain ~ ~

~probe *f,* Kornformversuch *m,* Kornformprüfung *f* · particle shape test, grain ~ ~

~prüfung *f,* Kornformprobe *f,* Kornformversuch *m* · particle shape test, grain ~ ~

~versuch *m,* Kornformprobe *f,* Kornformprüfung *f* · particle shape test, grain ~ ~

(Korn)|Fraktion *f,* Korngruppe *f,* Kornspanne *f,* Kornklasse *f,* Korn(größen)bereich *m, n,* Körnung *f* [*DIN 1179*] · size range, ~ bracket, (~) fraction, grading ~, screening portion, range of grading, range of screening

(~)Fraktionsgewicht *n,* Korngruppengewicht, Kornklassengewicht, Körnungsgewicht · percentage weight of grading fraction

~gattierung *f* [*Die Mischung von Kornklassen, um ein gewünschtes Korngefüge zu erhalten*] · blending, grading

~gemenge *n* → Kornmasse

~gemisch *n* → Kornmasse

korngerecht · correct(ly sized), of standard particle size distribution, exactly conform to the nominal size

Korn|gerüst *n* · granular skeleton

~gestalt *f*, Kornform *f* · particle shape, grain ~

~gestaltfaktor *m*, Kornformfaktor · particle shape factor, grain ~ ~

~grenze *f* · grain-size limit, particle-size ~

~grenzenkorrosion *f*, Kornzerfall *m*, interkristalline Korrosion, transkristalline Korrosion · intergranular attack, ~ corrosion, intercrystalline ~, transcrystalline ~

~grenzenöffnung *f* · limiting screen aperture

~grenzenriß *m*, interkristalliner Riß [*Sich entlang einer Korngrenze auslösender Spannungsriß, der durch das Schweißgut verläuft*] · intercrystalline crack

~größe *f* [*Größenbezeichnung für ein Korn in mm oder µm. Das Meßverfahren ist anzugeben. Ist kein Meßverfahren angeführt, dann gilt die Loch- bzw. Maschenweite nach DIN 1170 bzw. 4188*] · grain size, particle ~

~(größen)analyse *f* [*Ermitt(e)lung des Anteils bestimmter Kornklassen durch Sieben, Abschlämmen usw.*] · grain-size analysis, particle-size ~, grading ~, test for grading

~(größen)bereich *m, n*, Kornklasse *f*, (Korn)Fraktion *f*, Korngruppe *f*, Kornspanne *f*, Körnung *f* [*DIN 1179*] · size range, ~ bracket, (~) fraction, grading ~, screening portion, range of grading, range of screening

~größenbestimmung *f* · grain-size determination, particle-size ~

~(größen)verteilung *f*, Kornaufbau *m*, Kornzusammensetzung · grading, granulometric composition, texture, grain-size distribution, particle-size distribution

~gruppe *f*, Korn(größen)bereich *m, n*, Kornspanne *f*, (Korn)Fraktion *f*, Kornklasse *f*, Körnung *f* [*DIN 1179*] · size range, ~ bracket, (~) fraction, grading ~, screening portion, range of grading, range of screening

~gruppengewicht *n*, Kornklassengewicht, (Korn)Fraktionsgewicht, Körnungsgewicht · percentage weight of grading fraction

körnig · granular

körniger (Bau)Dämmstoff *m*, körniges (Bau)Dämmaterial *n* [*Gegen Kälte, Wärme oder Schall*] · granular insulating material, ~ insulation(-grade) ~, ~ insulator, ~ insulant

~ Kalkstein *m*, Massenkalkstein · granular limestone

körniges (Bau)Dämmaterial *n*, körniger (Bau)Dämmstoff *m* [*gegen Kälte, Wärme oder Schall*] · granular insulating material, ~ insulation(-grade) ~, ~ insulator, ~ insulant

~ Gut *n*, ~ Material *n* · granular product, ~ material

~ Pulver *n*, Kornpulver · granular powder

körnig-kristalliner Gips *m* · granular crystalline gypsum

Korn|klasse *f*, (Korn)Fraktion *f*, Korngruppe *f*, Kornspanne *f*, Korn(größen)-bereich *m, n*, Körnung [*DIN 1179*] · size range, ~ bracket, (~) fraction, grading ~, screening portion, range of grading, range for screening

~klassengewicht *n*, Korngruppengewicht, (Korn)Fraktionsgewicht, Körnungsgewicht · percentage weight of grading fraction

~masse *f*, Körnungsgemisch *n*, Korngemisch, Körnergemisch, Körnung *f*, Körnungsmischung, Körnermischung, Körnungsgemenge *n*, Körnergemenge, Korngemenge, Kornmischung · mixed grains, mix(ture) of grains, grain mix(ture), aggregate mix(ture)

~mischung *f* → Kornmasse

~oberfläche *f* · grain surface, particle ~

~pulver *n*, körniges Pulver · granular powder

~schüttung *f* · heap of granular material, grains in bulk

~spanne *f*, Korn(größen)bereich *m, n*, Korngruppe *f*, (Korn)Fraktion *f*, Kornklasse *f*, Körnung *f* [*DIN 1179*] · size range, ~ bracket, (~) fraction, grading ~, screening portion, range of grading, range of screening

~stein *m* [*Fehlname*] → Muschelkalkstein

Körnung *f* [*DIN 1179*] → Korngruppe

~ [*Schleifpapier*] · grit

~ → Kornmasse

Körnungs|gemenge *n* → Kornmasse

~gemisch *n* → Kornmasse

~gewicht *n*, Korngruppengewicht, Kornklassengewicht, (Korn)Fraktionsgewicht · percentage weight of grading fraction

~kurve *f*, Körnungslinie *f*, Siebkurve, Sieblinie · (aggregate) grading curve, particle-size distribution ~, grain-size distribution ~, sieve ~

~lehre *f*, Lehre vom Kornaufbau · grading

~linie *f*, Körnungskurve *f*, Sieblinie, Siebkurve · (aggregate) grading curve, particle size distribution ~, grain-size distribution ~, sieve ~

~mischung *f* → Kornmasse

~modul *m* → Feinheitsmodul

~netz *n*, RRB-Netz · (grain) size distribution diagram, system of coordinates for representation of (grain) size distribution curves R. R. B.

~verfahren *n*, Granulierung *f*, Granulation *f* · granulation (process)

Kornverteilung *f*, Korngrößenverteilung, Kornaufbau *m*, Kornzusammensetzung · grading, granulometric composition, texture, grain-size distribution, particle-size distribution

Kornverteilungs|gesetz *n,* Exponentialgesetz der Kornverteilung nach Rosin-Rammler-Sperling · law of particle size distribution according to R.R.S.

~kennzahl n *f* [*R.R.B.*] · size distribution factor *n* [*R.R.B. diagram*]

~kurve *f* → Siebkurve

~linie → Siebkurve

~messer *m* · air siltometer [*An appliance in which an air current separates the particles of a sample of sediment into different sizes and measures the weight or volume of the different grades so separated*]

Korn|zerfall *m,* Korngrenzenkorrosion *f,* interkristalline Korrosion, transkristalline Korrosion · intergranular attack, ~ corrosion, intercrystalline ~, transcrystalline ~

~zusammensetzung *f* Kornaufbau *m,* Korn(größen)verteilung · grading, granulometric composition, texture, grain-size distribution, particle-size distribution

~zusammensetzung *f* **ohne Ausfallkörnung,** stetige Kornabstufung, kontinuierliche Kornabstufung · continuous grading

Körper *m* → (Bau)Element

~farbe *f,* Farbkörper *m* [*Fehlnamen*]; Pigment *n* · pigment

Körperliches *n* · solid character, ~ element

Körperlichkeit *f* · shape

körperlose Farbe *f,* Spektralfarbe spectral colour (Brit.); ~ color (US)

Körperschall *m* [*Schall, der sich in festen Stoffen fortpflanzt (Erschütterungen sind Körperschall)*] · impact sound, structure-borne ~, 'contact noise'

~(ab)dämmstoff *m* · impact sound insulation material, structure-borne ~ ~

~(ab)dämmung *f* · impact (sound) insulation, structure-borne ~ ~, structural sound ~, sound-insulation against structure-borne sounds

~anregung *f* · creation of impact sound, ~ ~ structure-borne ~

~dämmplatte *f* · impact sound insulation tile, structure-borne ~ ~ ~

~dämmstoff *m,* Körperschallabdämmstoff · impact sound insulation material, structure-borne ~ ~ ~

~dämmung *f* → Körperschallabdämmung

~pegel *m* · impact sound transmission level, structure-borne ~ ~ ~ [*In a given octave band, between two rooms. The average octave band pressure level, throughout one room, produced by impacts delivered to the structure of the other room by a standard tapping machine*]

~schutz *m* → Körperschall(ab)dämmung

~stärke *f* · impact sound intensity, structure-borne ~ ~

~übertragung *f* · impact sound transmission, structure-borne ~ ~

Korridor *m,* Gang *m,* Flur *m* · corridor [*A comparatively narrow enclosed thoroughfare within a building*]

~abschlußtür *f,* Flurabschlußtür, Gangabschlußtür [*Hotelzimmer*] · room door

~beleuchtung *f,* Gangbeleuchtung, Flurbeleuchtung · corridor lighting

~etage *f,* Korridorstockwerk *n,* Korridorgeschoß *n* · corridor floor; ~ story (US); ~ storey (Brit.)

~geschoß *n,* Korridoretage *f,* Korridorstockwerk *n* · corridor floor; ~ story (US); ~ storey (Brit.)

~kanal *m,* Gangkanal, Flurkanal · corridor duct

~stockwerk *n,* Korridoretage *f,* Korridorgeschoß *n* · corridor floor; ~ story (US); ~ storey (Brit.)

korrodieren, anfressen · to corrode

korrodierend, korrosiv · corrosive

Korrosion *f,* Angriff *m,* Angreifen *n,* Anfressen, Anfressung *f* [*Zernagung durch Rostbildung*] · corrosion

~ unter gleichzeitiger mechanischer Beanspruchung · corrosion under mechanical stress

Korrosionsbekämpfung *f* · corrosion control

korrosions|beständig, korrosionsfest · corrosion-resistant, corrosion-resisting

~beständige Schutzschicht *f* [*Aluminiumveredelung*] · corrosion-resistant anodic coating, corrosion-resisting ~ ~

Korrosions|beständigkeit *f,* Korrosionswiderstand *m,* Korrosionsfestigkeit, KF *f* · corrosion resistance, stainlessness

~(ein)wirkung *f* · corrosive effect, ~ action

~empfindlichkeit *f* · corrosion sensitivity

~ermüdung *f* · corrosion fatigue

korrosionsfest, korrosionsbeständig · corrosion-resistant, corrosion-resisting

Korrosionsfestigkeit *f,* Korrosionsbeständigkeit, Korrosionswiderstand *m,* KF *f* · corrosion resistance, stainlessness

korrosionsfördernd · corrosion-promoting

Korrosions|freiheit *f* · freedom from corrosion

~geschwindigkeit *f* · corrosion rate

korrosionshemmend · corrosion inhibiting

Korrosions|hemmstoff *m* · corrosion inhibitor

~neigung *f* · corrosion tendency

~probe *f,* Korrosionsversuch *m,* Korrosionsprüfung *f* · corrosion test

~prüfkammer *f* · corrosive-attack chamber

~prüfung *f,* Korrosionsprobe *f,* Korrosionsversuch *m* · corrosion test

~schadstoff *m* · corrosive agent

Korrosionsschutz *m* · corrosion protection

~anstrich *m*, Korrosionsschutzaufstrich · anti-corrosive coat, corrosion protection ~, anti-corrosion ~

~aufstrich *m*, Korrosionsschutzanstrich · anti-corrosive coat, corrosion protection ~, anti-corrosion ~

~farbe *f* · anti-corrosive paint, anti-corrosion ~, corrosion protection ~

~folie *f* · anti-corrosive foil, anti-corrosion ~, corrosion protection ~

~grundierung *f*, Korrosionsschutzgrund(ier)anstrich *m*, Korrosionsschutzgrund(ier)aufstrich · anti-corrosive prime coat, anti-corrosion ~ ~, corrosion protection ~ ~

~grund(ierung) *m*, (*f*), Korrosionsschutzgrundiermittel *n*, Korrosionsschutzgrundanstrichstoff *m*, Korrosionsschutzgrundanstrichmittel Korrosionsschutzgrundierstoff · anti-corrosive primer, anti-corrosion ~, corrosion protection ~

~mittel *n* · anticorrosive agent, anticorrosion ~, corrosion protection ~, corrosion protective ~

~mörtel *m* · anti-corrosive mortar, anticorrosion ~, corrosion protection ~

~pigment *n* · anti-corrosive pigment, anti-corrosion ~, corrosion protection ~

~schicht *f* · anti-corrosive coat(ing), anti-corrosion ~, corrosion protection ~

~schlämme *f* · anti-corrosive slurry, anticorrosion ~, ~ grout, corrosion protection ~

korrosionssicher · corrosion-proof

Korrosions|verhütung *f* · corrosion prevention, anti-corrosion

~verlust *m* · corrosion loss

~versuch *m*, Korrosionsprüfung *f*, Korrosionsprobe *f* · corrosion test

~widerstand *m*, Korrosionsbeständigkeit *f*, Korrosionsfestigkeit, KF *f* · corrosion resistance, stainlessness

~wirkung *f*, Korrosionseinwirkung · corrosive effect, ~ action

korrosiv, korrodierend · corrosive

Korso *m*, Passage *f*, Gang *m* · mall [*A shaded walk*]

Korund *m*, Alpha-Tonerde *f*, α-Tonerde, Al_2O_3 · corundum, α-alumina [*The form of alumina stable at temperatures above about 1,000° C*]

~artikel *m*, Korunderzeugnis *n*, Korundgegenstand *m* · corundum refractory (product)

~erzeugnis *n*, Korundartikel *m*, Korundgegenstand *m* · corundum refractory (product)

~gegenstand *m*, Korundartikel *m*, Korunderzeugnis *n* · corundum refractory (product)

~mehl *n* · corundum powder, powder(-ed) corundum

~stein *m* · corundum refractory brick

Kosmetikraum *m* [*Hotel*] · powder room

kostbarer Baustoff *m*; kostbares Baumaterial *n* [*Schweiz*] · fine material

kostbares Baumaterial *n* [*Schweiz*]; kostbarer Baustoff *m* · fine material

Kosten *f* **für den umbauten Raum** volume cost

~ je EG [*Wasserversorgung*] · cost per person served

~anschlag *m*, Kostenvoranschlag [*DIN 276*] · cost estimate

~aufschlüsselung *f*, Kostengliederung · cost breakdown

~gliederung *f*, Kostenaufschlüsselung · cost breakdown

~grenze *f* · cost limit

(~)Kalkulation *f* · costing, pricing

~planung *f* · cost planning

~schätzung *f*, Kostenüberschlag *m* · estimating of cost

~überschlag *m*, Kostenschätzung *f* · estimating of cost

~untersuchung *f* · cost investigation

~vergleich *m* · cost comparison

~(vor)anschlag *m* [*DIN 276*] · cost estimate

Krabbe *f*, Steinblume *f*, Knolle *f*, Kriechblume, Kantenblume · crocket [*A decorative feature carved in various leaf shapes and projecting at regular intervals from the angles of spires, pinnacles, canopies, gables, etc., in Gothic architecture*]

Krabbenkapitell *n* → Kriechblumenkapitell

krabbenverziert, knollenverziert, kantenblumenverziert, steinblumenverziert, kriechblumenverziert · crocketed

Kraft *f* · force

~anbringung *f*, Anbringen *n* einer Kraft, (Kraft)Angriff *m* · force application

(~)Angriff *m*, Kraftanbringung *f*, Anbringen *n* einer Kraft · force application

(~)Angriffspunkt *m*, (Kraft)Angriffsstelle *f* · point of application of a force

(~)Angriffsrichtung *f* · direction of the applied force, ~ ~ force application

(~)Angriffsstelle *f*, (Kraft)Angriffspunkt *m* · point of application of a force

~-Be- und Entlüftung *f*, Zwangs-Be- und Entlüftung, Zwangslüftung, Kraftlüftung · forced ventilation, ~ venting

Kräfte *fpl* **im Raum** · forces in space

~ in der Ebene · forces in plane

Kraft|eck *n*, Kräftevieleck, Kräftepolygon *n*, Kräftezug *m* · polygon of forces, ~ ~ force vectors, force polygon

~eck *n*, Kräftedreieck · force triangle, triangle of forces

Kräfte|diagramm *n* · force diagram

~dreieck *n*, Krafteck · force triangle, triangle of forces

~feld *n* → Kraftfeld

~fluß *m* · distribution of forces, flow ~ ~

~folge *f* · sequence of forces

~gleichgewicht *n* · equilibrium of forces

~gleichung *f* · equation of forces

~gruppe *f* · system of forces

~moment *n* · moment of a force

~paar *n* · couple

~parallelogramm *n*, Parallelogramm der Kräfte · parallelogram of forces, force parallelogram

~plan *m* **nach Cremona**, Cremonascher Kräfteplan [*Zeichnerisches Verfahren zur Ermitt(e)lung der Stabkräfte eines Fachwerkträgers*] · Cremona's polygon of forces

~polygon *n*, Kräftevieleck *n*, Krafteck, Kräftezug *m* · polygon of forces, ~ ~ force vectors, force polygon

~spiel *n* · (inter)play of forces

~symbolik *f* · symbolism of forces

~system *n* → Kraftsystem

~übertragung *f* · transfer of forces

~-Verformungs-Diagramm *n* · force-deformation diagram

~vieleck *n*, Kräftepolygon *n*, Krafteck, Kräftezug *m* · polygon of forces, ~ ~ force vectors, force polygon

~zerlegung *f* · decomposition of forces

Kraft|fahrerraum *m* · chauffeur's room

~feld *n*, Kräftefeld · force field, field of forces

~(größen)methode *f* Kraft(größen)verfahren *n* · flexibility matrix method, (Argyris) force ~

~(größen)verfahren *n*, Kraft(größen)-methode *f* · flexibility matrix method, (Argyris) force ~

~komponente *f* · force component

~linie *f* · line of force

~lüftung *f*, Zwangslüftung, Zwangs-Be- und Entlüftung, Kraft-Be- und Entlüftung · forced ventilation, ~ venting

~methode *f*, Kraftgrößenmethode, Kraft-(größen)verfahren *n* · flexibility matrix method, (Argyris) force ~

~moment *n* · force moment

~-Momenten-Diagramm *n* · force-moment diagram

~papier *n* · kraft paper

~papierfolie *f* · kraft paper foil

~richtung *f* · direction of force, force direction

~steckdose *f*, Starkstrom-Steckdose · receptacle, power socket

~stein *m* → Kragstein

~stromleitung *f*, Starkstromleitung [*DIN 18382*] · fixed equipment circuit [*This is a type of circuit in domestic installations. Apparatus with a rating of 3 kilowatts and above should be fused independently and requires separate circuits. This range includes immersion heaters, cookers and fixed electric fires*]

~system *n*, Kräftesystem · force(s) system, system of forces

~umlenkung *f* · redirection of forces

~verfahren *n*, Kraftgrößenverfahren, Kraft(größen)methode *f* · flexibility matrix method, (Argyris) force ~

~verteilung *f* · force distribution

~zerlegung *f* · resolving of a force

Krag|arm *m* → Auslegerarm

~(arm)balken(träger) *m*, Auslegerbalken(träger), vorkragender Balken(-träger), auskragender Balken(träger) · cantilever(ed) beam, cantilevering ~; outrigger (US)

~balken(träger) *m* → Kragarmbalken-(träger)

~balkon *m* → vorkragender Balkon

~blockstufe *f*, Auslegerblockstufe, auskragende Blockstufe, vorkragende Blockstufe · solid rectangular cantilever(ed) step, ~ ~ cantilevering ~, ~ ~ flyer

~bogen(träger) *m*, Auslegerbogen(träger), auskragender Bogen(träger), vorkragender Bogen(träger) · cantilver(-ed) arch(ed) girder, cantilevering ~ ~, corbel ~ ~, false ~ ~

~dach *n*, Auslegerdach, vorkragendes Dach, auskragendes Dach · cantilever(-ed) roof, cantilevering ~

~dachplatte *f*, Auslegerdachplatte, auskragende Dachplatte, vorkragende Dachplatte · cantilever(ed) roof slab, cantilevering ~ ~

~(dach)sparren *m* · overhanging rafter

~decke *f*, Auslegerdecke, vorkragende Decke, auskragende Decke · cantilever(-ed) floor, cantilevering ~

~deckenplatte *f* → auskragende Dekkenplatte

~dreieckstufe *f*, Auslegerdreieckstufe, auskragende Dreieckstufe, vorkragende Dreieckstufe · spandrel cantilever(ed) step, ~ cantilevering ~

Kragen *m*, Stahl~, Decken~ [*Hubdekkenverfahren*] · (lift-)slab collar, steel lifting ~, shear ~

Kragende *n*, Auslegerende · cantilever(-ed) end, cantilevering ~

Kragensteckdose *f* · socket with shrouded contacts

Krag|faltwerkdach *n*, Auslegerfaltwerkdach, auskragendes Faltwerkdach, vorkragendes Faltwerkdach · cantilever(ed) folded plate roof, ~ ~ slab ~, ~ prismatic shell ~, cantilevering ~ ~ ~; ~ hipped-plate ~, ~ tilted-slab (US)

~gewölbe *n*, Auslegergewölbe, auskragendes Gewölbe, vorkragendes Gewölbe · corbel vault, false ~, cantilever(ed) ~, cantilevering ~

~kuppel *f*, Auslegerkuppel · corbel dome, ~ cupola, false ~, cantilever(ed) ~, cantilevering ~

~länge *f*, Auslegerlänge, Freilänge · cantilever(ed) length, cantilevering ~

~last *f*, Auslegerlast · cantilever(ed) load, cantilevering ~

~mauerwerk *n*, Auslegermauerwerk, auskragendes Mauerwerk, vorkragendes Mauerwerk · corbel masonry (work)

~moment *n* · cantilever moment

~platte *f*, Auslegerplatte, auskragende Platte, vorkragende Platte · cantilever(-ed) slab, cantilevering ~, ~ plate

~podest *n* · cantilever(ed) landing

~rahmen *m* · cantilever frame

~rofen *m* [*Schweiz*]; Krag(dach)sparren · overhanging rafter

~schale *f*, Auslegerschale, vorkragende Schale, auskragende Schale · cantilever(ed) shell, cantilevering ~

~scheibe *f*, auskragende Scheibe, Auslegerscheibe, vorkragende Scheibe · cantilever(ed) sheet, cantilevering ~, ~ disc; ~ disk (US)

~segment *n*, Auslegersegment · cantilever(ed) segment, cantilevering ~

~sparren *m*, Kragdachsparren · overhanging rafter

~stein *m*, Konsole *f*, steinerner Konsolträger *m*, Tragstein, (Natur)Steinkonsole, Kraftstein, Notstein, Balkenstein · (natural) stone corbel, (~) ~ bracket, (~) ~ shoulder, console, corbel [*A small supporting piece of stone, often of scrolls or volutes, to carry a projecting weight*]

~-Steinstufe *f* · cantilever(ed) stone step, cantilevering ~ ~

~stufe *f*, Auslegerstufe, vorkragende Stufe, auskragende Stufe · cantilever(-ed) step, cantilevering ~

~sturzbogen *m*, Schulterbogen, Konsolbogen · shouldered arch

~system *n* [*Senkrechtes Tragsystem. Punkte der Lastenbündelung in der Mitte*] · cantilever(ed) system, cantilevering ~

~terrasse *f*, Auslegerterrasse, auskragende Terrasse, vorkragende Terrasse · cantilever(ed) terrace, ~ patio, cantilevering ~

~träger *m* → vorkragender Träger

~treppe *f*, Auslegertreppe, auskragende Treppe, vorkragende Treppe · can ilever(ed) stair(case), cantilevering ~

~wirkung *f* · cantilever effect

~ziegel *m*, Auslegerziegel, auskragender Ziegel, vorkragender Ziegel · corbel brick

Krakelierlack *m*, Reißlack · crackle lacquer, alligatoring ~

krakeliertes Glas *n*, Krokodilglas · crackle(d) glassware [*Glassware, the surface of which has been intentionally cracked by water immersion and partially heated by reheating before final shaping*]

Krallen|band *n* · clamping plate

~dübel *m*, zweiseitiger ~, Krallenplattenpaar *n* · spike grid

~platte *f*, einseitiger Krallendübel *m* · claw plate, bulldog ~, ~ connector; ~ connecter (US)

~plattenpaar *n*, (zweiseitiger) Krallendübel *m* · spike grid

~ringdübel *m* · circular spike plate

Krampe *f*, Draht~ · (wire) staple

~, Kramme *f* · cramp

Krampstein *m* → Krempstein

Krampziegel *m*, Krempziegel, Blattziegel, Breitziegel, Kremper *m* [*Auf Stempelpresse hergesteller Dachziegel. Er besteht aus einer Platte, an deren linker Seite eine konische Krempe ist*] · clay flap tile

~bedachung *f* → Krempziegel(dach)(ein)deckung

~dach(belag) *n*, (*m*) → Krempziegel(dach)(ein)deckung

~(dach)(ein)deckung *f* → Krempziegel(dach)(ein)deckung

Kranbahn *f* · crane runway, craneway

Kran(bahn)|kragträger *m* · cantilever(-ed) crane (runway) girder, cantilevering ~ (~) ~

~träger *m* · crane (runway) girder

Kran|balken(träger) *m* · crane beam

~gang *m* · crane aisle

~halle *f* · crane bay

Krankenhaus *n*; Spital *n* [*Schweiz*] · hospital

~, Infirmeria *f* [*Teil eines Klosters*] · (in-)firmary

~bau *m*; Spitalbau [*Schweiz*] · hospital construction

~bauten *f* · hospital structures

~(belag)platte *f*, Krankenhausfliese *f* · hospital tile

~-Betriebsanlage *f* · hospital service system [*For instance an internal drainage pipework*]

~fliese *f*, Krankenhaus(belag)platte hospital tile

~gebäude *n* · hospital building, ~ block

~gelände *n* · hospital grounds

~-Wandleuchte *f* · wall(-mounted) hospital luminaire (fixture) (US); ~ ~ light fitting (Brit.); ~ ~ (light(ing)) fixture

Kranken|raum *m*, Krankenzimmer *n*, Bettenraum, Bettenzimmer · sickroom, ward, patient's room

~tragenlager *n* · stretcher store

Krankenzimmer *n*, Krankenraum *m*, Bettenzimmer, Bettenraum · sickroom, ward patient's room

~etage *f*, Krankenzimmerstockwerk *n*, Krankenzimmergeschoß *n* · ward floor; ~ story (US); ~ storey (Brit.)

~gebäude *n*, Krankenzimmerhaus *n*, Bettenhaus, Bettengebäude · ward block

~geschoß *n*, Krankenzimmeretage *f*, Krankenzimmerstockwerk *n* · ward floor; ~ story (US); ~ storey (Brit.)

~haus *n*, Krankenzimmergebäude *n*, Bettenhaus, Bettengebäude · ward block

~stockwerk *n*, Krankenzimmergeschoß *n*, Krankenzimmeretage *f* · ward floor; ~ story (US); ~ storey (Brit.)

Kran|kragträger *m*, Kranbahnkragträger · cantilever(ed) crane (runway) girder, cantilevering ~ (~) ~

~schiff *n* [*Industriehalle*] · crane bay

~träger *m*, Kranbahnträger · crane (runway) girder

Kranz|bogen *m* · annular arch

~leiste *f*, Wasserschlag *m*, Kaffgesims *n* · hood-mould(ing) (Brit.); hood-mold(-ing) (US); dripstone, label [*A projecting mo(u)lding to throw off the rain, on the face of a wall above an arch, doorway, or window*]

Krapp *m*, Färberröte *f* · madder plant

~lack *m*, Krapprot *n* · madder lake

~rot *n*, Krapplack *m* · madder lake

Kraterbildung *f* [*Anstrich*] · cratering

kratzbeständig → kratzfest

Kratzeisen *n*, Aus~, (Aus)Kratzer *m* · scraper

Kratzer *m*, Aus~, (Aus)Kratzeisen *n* · scraper

~, Schramme *f* [*Fehler im optischen Glas*] · cut, scratch, graze

kratzfest, kratzbeständig, ritzfest, ritzbeständig · scratchproof, scratch(-) resistant, scratch(-)resisting

Kratzgrund *m*, Sgraffitoputz *m*, Graffi(a)to *m* · (s)graffito, scratch work [*A plaster surface decorated by scoring a pattern on it while it is soft, and exposing a lower coat of a different colour. The upper layer is often white, the lower layer black or dark red. More than two colours can be used if required*]

~material *n*, Sgraffito(putz)material, Graffi(a)tomaterial · (s)graffito material, material for scratch work

Kratzputz *m*, gekratzter Putz, Stockputz, Schabputz [*Eine Außenputzart, die durch Abziehen der verriebenen, abgebundenen Putzfläche mit einer Ziehklinge oder einem Kratzbrett entsteht*] · scraped rendering (Brit.); ~ stucco (US)

~ →Sgraffito(putz)

Kräuseln *n* [*Anstrich*] · crinkling, wrinkling, (sh)rivelling

Krebs *m*, Kalk~, Kalkkern *m*, Fehlbrand *m* · unburned lime, unburnt ~, core

Kreide *f* [*DIN 1280*] · chalk; cauk, cawk [*Scotland*]

~mergel *m* · chalk marl

kreiden, ab~, aus~, abfärben [*Anstrich*] · to chalk

Kreiden *n* → (Ab)~

Kreidezeichnung *f* · chalk drawing

kreidungsbeständig, ab~, auskreidungsbeständig, abfärbbeständig chalkproof

Kreisabschnitt *m*, Kreissegment *n* · segment of a circle

Kreisbogen *m* · circular arch

~(träger) *m* · circular arch(ed girder)

Kreisdach *n*, Runddach · circular roof, round ~

~faltwerk *n* → Rundfalt(werk)dach

Kreis|(decken)oberlicht *n*, Rund(decken)oberlicht · circular roof-light, round ~

~etage *f*, Rundetage, Kreisgeschoß *n*, Rundgeschoß, Kreisstockwerk *n*, Rundstockwerk · round floor, circular ~; ~ story (US); ~ storey (Brit.)

~faltdach → Rundfalt(werk)dach

~fenster *n*, Rundfenster · circular window, round ~

kreisförmig gekrümmter Balken *m* · circular curved beam

kreisförmige Aussparung *f* [*Mehrlochplatte*] · tube

~ Platte *f*, Kreisplatte · circular plate round ~, ~ slab

~ Röhre *f* → Kreisröhre

kreisförmiger Grundriß *m*, runder ~ circular (ground(~))plan, round ~, ~ base

~ Kastenbalken(träger) *m* · circular box girder, ~ ~ beam

kreisförmiges Betonrohr *n* → Betonrohr mit kreisförmigem Abflußquerschnitt

~ Rohr *n*, rundes ~, Kreisrohr, Rundrohr, Zylinderrohr · cylindrical pipe, circular ~, round ~

~ Zementrohr *n* → Betonrohr mit kreisförmigem Abflußquerschnitt

Kreis|fundament *n*, Rundfundament · circular foundation, round ~

~funktion *f* · circular function

~geschoß *n*, Rundgeschoß, Kreisetage *f*, Rundetage, Kreisstockwerk *n*, Rundstockwerk · round floor, circular ~; ~ story (US); ~ storey (Brit.)

~gewölbe *n* · circular vault

~kuppel *f* · circular dome, ~ cupola

~last *f* · circular load

~linienlast *f* · circular linear load

~loch *n*, Rundloch · circular hole, round ~

~membran(e) *f* · circular membrane

~oberlicht *n* → Kreisdeckenoberlicht

~pfeiler *m* → Rundpfeiler

~platte *f*, Rundplatte · circular plate, ~ slab

~profil *n*, Rundprofil · circular profile

~querschnitt *m*, Rundquerschnitt · circular cross-section, round ~

~ringplatte *f* · annular plate, ~ slab, circular ring(-shaped) ~

~ringträger *m* · annular girder

~rohr *n*, Rundrohr, kreisförmiges Rohr, rundes Rohr, Zylinderrohr · cylindrical pipe, circular ~, round ~

~röhre *f*, Rundröhre, kreisförmige Röhre, runde Röhre, Zylinderröhre · round tube, circular ~, cylindrical ~

kreisrunde Wendeltreppe *f* · circular stair(case)

Kreis|schuppen *m*, Rundschuppen · circular shed

~segment *n*, Kreisabschnitt *m* · segment of a circle

~silo *m*, Rundsilo · circular silo

~stockwerk *n*, Rundstockwerk, Kreisgeschoß *n*, Rundgeschoß, Rundetage *f*, Kreisetage · round floor, circular ~; ~ story (US); ~ storey (Brit.)

~zylinder *m* · circular cylinder

~zylinderschale *f* · circular cylindrical shell

~zylinder-Shedschale *f* · circular cylindrical northlight roof shell

Kreml *m* [*Mit Mauer und Wall umgebener befestigter Stadtteil. Am bekanntesten ist der Kreml in Moskau (14. bis 19. Jh.)*] · kremlin

Krempblech *n*, Kümpelblech, Bördelblech · flange(d) plate

Krempe *f* [*Dachziegel*] · flap

Kremper *m* → Krempstein

~ → Krempziegel

~bedachung *f* → Krempziegel(dach)-(ein)deckung

~dach(belag) *n*, (*m*) → Krempziegel-(dach)(ein)deckung

~(dach)(ein)deckung *f* → Krempziegel-(dach)(ein)deckung

~deckung *f* → Krempziegel(dach)(ein)-deckung

~(ein)deckung *f* → Krempziegel(dach)-(ein)deckung

Krempstein *m*, Blattstein, Breitstein, Krampstein, Kremper *m* [*Dachstein*] · flap tile

Krempziegel *m*, Blattziegel, Breitziegel, Krampziegel, Kremper *m* [*Auf Stempelpresse hergestellter Dachziegel. Er besteht aus einer Platte, an deren linker Seite eine konische Krempe ist*] · clay flap tile

~bedachung *f* → Krempziegel(dach)-(ein)deckung

~dach(belag) *n*, (*m*) → Krempziegel-(dach)(ein)deckung

~(dach)(ein)deckung *f*, Blattziegel-(dach)(ein)deckung, Breitziegel(dach)-(ein)deckung, Krampziegel(dach)(ein)-deckung, Kremper(dach)(ein)deckung, Krempziegeldach(belag) *n*, *m*, Blattziegeldach(belag), Breitziegeldach(belag), Krampziegeldach(belag), Kremperdach-(belag), Krempziegelbedachung, Blattziegelbedachung, Breitziegelbedachung Krampziegelbedachung, Kremperbedachung, · clay flap tile roof cladding, ~ ~ ~ ~ covering, ~ ~ ~ ~ sheathing, ~ ~ ~ roof(ing)

~deckung *f* → Krempziegel(dach)(ein)-deckung

~(ein)deckung *f* → Krempziegel(dach)-(ein)deckung

Kremserweiß *n* [*Bleiweißsorte feinster Art, nur als Malfarbe gebräuchlich*] · Kremnitz white

kreneliert → mit Zinnen (versehen)

Kreosol *n*, C_7H_8O · creosol [*Any of three isomeric, colo(u)rless, oily liquids or solids, prepared by the fractional distillation of coal tar and used in the preparation of disinfectants, fumigating compounds, and dyestuffs*]

Kreosot *n* · creosote [*A transparent, oily liquid with a pungent odo(u)r, obtained by the distillation of wood tar or coal tar; it is used as an antiseptic and as a preservative for wood*]

kreosotieren · to creosote [*To treat (wood, etc.) with creosote*]

kreosotiert · creosoted

Kreosotierung *f* · impregnation with creosote

Kreosotöl *n*, Imprägnier(ungs)öl · creosote oil

Krepidoma *n*, Krepsis *m*, Stufenunterbau *m* · crepidoma [*The stepped base of a classic structure, especially of a Doric temple*]

Krepis *m* → Krepidoma

Kreppapier *n* · crepe(d) paper, crêpe ~, crape ~ [*A thin paper crinkled like crepe*]

Kreppbaumwolle *f* · crepe cotton, crêpe ~, crape ~

kreppen · to crepe

Kreppen *n* · creping (treatment)

Krepp|gummi *m* · crepe(d) rubber, crêpe ~, crape ~

~kraftpapier *n* · crepe grade kraft paper

~wolle *f* · crepe wool, crêpe ~, crape ~

Kresolharz *n*, Karbolpech *n*, Phenolpech · cresol pitch

kretische Baukunst *f*, ~ Architektur *f* · Cretan architecture

~ Säule *f* · Cretan column

Kreuz *n* [*Kirche*] · cross, rood

~arm *m*, Kreuzflügel *m*, Querhausarm [*Der über das Langhaus vorspringende Teil des Querhauses*] · cross arm

kreuzarmiert, kreuzbewehrt, mit kreuzweisen (Stahl)Einlagen, kreuzweise bewehrt, kreuzweise armiert · two-way reinforced

Kreuz|armierung *f*, Kreuzbewehrung, Kreuz(stahl)einlagen *fpl* · two-way reinforcement

~band *n* [*Beschlag*] · T(ee)-hinge strap

~bau *m* · cruciform building

kreuzbewehrt, kreuzarmiert, mit kreuzweisen (Stahl)Einlagen, kreuzweise bewehrt, kreuzweise armiert · two-way reinforced

Kreuz|bewehrung *f*, Kreuzarmierung, Kreuz(stahl)einlagen *fpl* · two-way reinforcement

~blume *f*, Blätterknauf *m* · finial

~bogen *m* [*Diagonalbogen eines Gewölbes*] · groin(ed) arch, cross ~

~einlagen *fpl*, Kreuzstahleinlagen, Kreuzarmierung *f*, Kreuzbewehrung · two-way reinforcement

~eisen *n* · cross iron, ~ section bar

~fahrerarchitektur *f* · crusader architecture

~fahrerkirche *f* · Crusader (type) church

~flügel *m* → Kreuzarm

kreuz|förmig gespanntes Netzsystem *n* · cruciform network

~förmige Baumasse *f*, Baumasse mit kreuzförmigem Grundriß · cruciform mass (of a building)

~förmige Stütze *f* · cross-(shaped) column

~förmige Wirkung *f* · cruciform effect

~förmige zentrale Anlage *f*, kreuzförmiger Zentralbau *m* · cruciform centralized church (US); ~ centralised ~ (Brit.); ~ centrally-planned ,~ church with central space

~förmiger Grundriß *m* · cross(-shaped) (ground(-)) plan, cruciform ~, ~ base

~förmiger Kern *m* · cruciform core, cross(-shaped) ~

~förmiger Querschnitt *m* · cruciform cross-section

Kreuzgang *m*, Ambitus *m* [*Um den Rechteckhof einer Klausur angelegter Gang, in welchem Prozessionen mit einem Kreuz abgehalten werden. Der Kreuzgang bildet mit der Kirche das Kernstück eines Klosters*] · cloister (walk)

~friedhof *m*, Ambitusfriedhof · cloister cemetery, paradise

~hof *m*, Rechteckhof, Ambitushof · paradise, open court of a quadrangle

Kreuzgebälk *n*, Andreaskreuz *n*, Kreuzstreben *fpl*, Abkreuzung *f* · diagonal struts, St. Andrew's cross

kreuz|gefaltet · cross-folded

~gerippt · cross-ribbed

Kreuz|(ge)sims *m*, (*n*) · table, tabling

~gewölbe *n*, Kreuzkappengewölbe · intersecting vault, cross ~

kreuzgittervernetzt · cross-linked, CL

Kreuz|gittervernetzung *f* · cross-linking

~gruft *f*, Kreuzkrypta *f* · cruciform crypt

~grundriß *m* · cross(-shaped) (ground(-) plan, ~ base, cruciform ~

kreuzgrundrißförmig · cruciform in plan

Kreuz|kamm *m* [*Holzverbindung*] · cross cogging, ~ corking, ~ cocking

~kirche *f* [*Kirche mit kreuzförmigem Grundriß*] · cruciform church

~krypta *f*, Kreuzgruft *f* · cruciform crypt

~kuppelkirche *f* · Greek cross-plan church [*The plan may have a central dome only or in addition to it a dome over each arm of the cross*]

~pfeiler *m* · cruciform pier, cross(-shaped) ~

~rippe *f* → Diagonalrippe

~rippen *fpl* [*Rippendecke*] · cross ribs

~rippengewölbe *n* · cross-rib(bed) vault

~ritterburg *f* · crusader castle

~säule *f* · cruciform column

~sims *m*, Kreuzgesims *n* · table, tabling

~(stahl)einlagen *fpl*, Kreuzbewehrung *f*, Kreuzarmierung · two-way reinforcement

(~)Stake *f*, (Kreuz)Stakholz *n* · herringbone strut

(~)Stakholz *n*, (Kreuz)Stake *f* · herringbone strut

(~)Stakung *f* [*Abkreuzung von Balken durch kreuzweise angeordnete Stakhölzer*] · herringbone strutting

~strebe *f* · diagonal strut

~streben *fpl*, Abkreuzung *f*, Kreuzgebälk *n*, Andreaskreuz *n* · diagonal struts, St. Andrew's cross

~(stück) *n*, Rohr~ · (pipe) cross

~symmetrie *f* · cruciform symmetry

~tür *f*, Vierfüllungstür · (framed and) four-panel(led) door (Brit.); (~ ~) four-panel(ed) ~ (US)

~verband *m* [*Mauerwerk*] · cross bond

~verband *m* · cross bracing

kreuzweise armiert, ~ bewehrt, mit kreuzweisen (Stahl)Einlagen, kreuzarmiert, kreuzbewehrt · two-way reinforced

~ armierte Plattendecke *f*, ~ bewehrte ~, ~ ~ Voll(beton)decke · two-way solid slab floor

~ ~ Voll(beton)decke *f*, ~ bewehrte ~, ~ ~ Plattendecke · two-way solid slab floor

~ Aussteifung *f* **der diagonalen Prismenschnitte** · crosswise trussing of diagonal prism sections

~ bewehrt, ~ armiert, mit kreuzweisen (Stahl)Einlagen, kreuzbewehrt, kreuzarmiert · two-way reinforced

~ bewehrte Plattendecke *f*, ~ armierte ~, ~ ~ Voll(beton)decke · two-way solid slab floor

~ ~ Voll(beton)decke *f*, ~ armierte ~, ~ ~ Plattendecke · two-way solid slab floor

~ (Stahl)Einlagen *fpl*, ~ Bewehrung *f*, ~ Armierung · two-way reinforcement [*Reinforcement arranged in bands of bars at right angles to each other*]

~ vorgespannte Platte *f* · two-way prestressed (concrete) slab

Kriech|beiwert *m* · coefficient of creep

~blume *f*, Steinblume, Krabbe *f*, Knolle *f*, Kantenblume · crocket [*A decorative feature carved in various leaf shapes and projecting at regular intervals from the angles of spires, pinnacles, canopies, gables, etc., in Gothic architecture*]

~blumenkapitell *n*, Steinblumenkapitell, Krabbenkapitell, Kriechblumenkapitäl, Steinblumenkapitäl, Krabbenkapitäl · crocket capital [*An Early Gothic form, consisting of stylized leaves with endings rolled over similar to small volutes*]

kriechblumenverziert, steinblumenverziert, krabbenverziert, knollenverziert, kantenblumenverziert · crocketed

Kriech|dehnung *f* · inelastic strain, creep ~

~durchbiegung *f*, Kriechdurchsenkung · creep deflexion, ~ deflection, inelastic ~

~, Abrollen · crawling [*A cracking in glass-finish topcoats containing drying oils which shrink and reveal a ground. It may be caused by grease on the ground. Cissing is mild crawling*]

~ → plastische Verformung

Kriecherhöhung *f*, Kriechzunahme *f*, Kriechsteigerung · creep growth, ~ increase

kriechfest · creep-resisting, creep(-) resistant

Kriech|formänderung *f*, Kriechverformung · creep deformation

~freiheit *f* · freedom of creep

~geschwindigkeit *f* · creep rate, rate of creep [*The slope of the creep-time curve at a given time*]

~grenze *f* · creep limit

~größe *f*, Kriechmaß *n* · magnitude of creep

~keller *m* → Kriechraum

~maß *n*, Kriechgröße *f* · magnitude of creep

~mechanismus *m* · creep mechanism, mechanism of creep

~modul *m* [*Baustoffkonstante, die zur Berechnung der Kriechverformung von Beton dient*] · creep modulus, modulus of creep

~probe *f*, Kriechprüfung *f*, Kriechversuch *m* · creep test

~prüfmaschine *f* · creep test machine

~prüfung *f*, Kriechversuch *m*, Kriechprobe *f* · creep test

~raum *m*, Bekriechungsraum, Kriechkeller *m* · crawl space, crawlway [*An underfloor space providing access to ducts, pipes and other services hung or laid therein and of a height sufficient for crawling*]

~riß *m* · creep crack

~schwankung *f* · creep variation

~spannung *f* · creep stress

~steigerung *f*, Kriechzunahme *f*, Kriecherhöhung · creep growth, ~ increase

~theorie *f* · theory of creep, creep theory

~verformung *f*, Kriechformänderung · creep deformation

~verhalten *n* · creep behaviour (Brit.); ~ behavior (US)

~verlust *m* · loss due to creep

~versuch *m*, Kriechprobe *f*, Kriechprüfung *f* · creep test

~vorgang *m* · creep process

~wert *m* · creep value

~zahl *f*, Kriechbeiwert *m* · coefficient of creep

~zunahme *f*, Kriechsteigerung *f*, Kriecherhöhung · creep growth, ~ increase

Kristallglas *n* · crystal glass [*A colourless, highly transparent glass of high refractive index, frequently used for tableware*]

kristalliner Gips *m* · crystalline gypsum

~ Kalkstein *m* · crystalline limestone

~ Schiefer *m* · (crystalline) schist

kristallines Gestein *n* · crystalline rock

~ Tiefengestein *n* · crystalline plutonic rock

Kristallisationsdruck *m* · crystallization pressure

kristallisch geschnittene Architektur *f* des rechten Winkels · clear-cut rectilinear architecture

kristallisierbar · crystallizable

Kristall|-Kronleuchter *m* · crystal chandelier

~palast *m* · Crystal Palace

~porzellan *n*, Diamantporzellan · vitreous china

~sandstein *m*, grob(körnig)er Sandstein · coarse(-grained) sandstone, gritstone

(~)Spiegelglas *n* [*Die Bezeichnung „Spiegelglas" stammt von der Herstellung der Spiegel. Heute ist sie eine übliche Kurzbezeichnung für „Kristallspiegelglas"*] · (polished) plate (glass) [*Transparent glass, the two surfaces of which have been ground and polished to make them flat and parallel, so as to provide clear, undistorted through-vision and reflection*]

~wasser *n* [*Wasser, das in Kristallen chemisch gebunden ist*] · combined water, water of crystallization

kritische Abkühl(ungs)geschwindigkeit *f* [*Die Geschwindigkeit, mit der ein Werkstück aus Härtetemperatur abgekühlt werden muß, damit Martensitbildung eintritt*] · critical cooling-off rate

~ Ebene *f* · critical plane

~ Frequenz *f* · critical frequency

~ Last *f* · critical load

~ Windgeschwindigkeit *f* · critical wind velocity

kritischer Bereich *m*, kritisches ~ · critical range

Krokodilglas *n*, krakeliertes Glas · crackle(d) glassware [*Glassware, the surface of which has been intentionally cracked by water immersion and partially heated by reheating before final shaping*]

Krone *f* · crest

kröneln · to tool with the tooth ax(e), ~ ~ ~ ~ crandall, ~ ~ ~ ~ roughing hammer, ~ ~ ~ ~ patent pick, ~ ~ ~ ~ patent ax(e) [*The crandall is used to produce rough-textured surfaces somewhat resembling a pointed face where a much finer and more evenly tooled finish is desired that can be secured by pointing; the tooth ax(e) produces a coarser effect than that of the crandall, though similar*]

Kronen|dach *n*, Ritterdach · high-pitched roof

~punktlast *f* · point load at the crown

Kronglas *n* · crown glass [*A transparent glass made in disk form by blowing and spinning. Crown glass has a natural fire-finished surface, but it is of varying thickness with a slight convexity and so gives a marked degree of distortion of vision and reflection*]

Krönungs|kammer *f* · coronation chamber

~kirche *f* · coronation church

Kröpfling *m* → Krümmling

Kropfstück *n* → Krümmling

Krösel *m*, Glasgrieß *m* · granulated glass, (finely) crushed ~

Krotzen *f*, Handschotter *m*, Schlagsteine *mpl* [*Handgeschlagener Schotter für den Straßenbau*] · hand-broken metal (Brit.); ~ stone (US)

krumme Platte *f*, schwach gekrümmte ~, flache Schale *f* · shallow shell

Krümmer *m*, Rohr~ · (pipe) bend

~ 45°, Rohr~ ~, 45°-(Rohr)Krümmer, Achtel(rohr)krümmer · (one-)eighth (pipe) bend, 45° (~) ~

Krümmling *m*, Kropfstück *n*, Kröpfling [*Gewundenes Verbindungsstück zweier Treppenwangen*] · string wreath

krummlinig, kurvenförmig · curvilinear

Krümmungs|druck *m*, Kapillardruck [*Formelzeichen: P_k. Resultierende der Kapillarspannungen in Richtung der Normalen zur Oberfläche, bezogen auf die Flächeneinheit*] · capillary pressure

~halbmesser *m* · radius of curvature

~linie *f* · curvature line, line of curvature

Krüppelwalm *m*, Schopfwalm, halber Walm · half hip, partial ~

~dach *n*, Schopfwalmdach · gambrel roof, half-hipped ~ [*A roof hipped for part of its height and terminated by a gablet*]

Krustenbildung *f*, Verkrustung · incrustation, incrusting

Kruzifix *n* · rood, crucifix

Kryolith *m*, Eisstein *m* · cryolite

Krypta *f*, Gruft *f* · crypt

kryptokristallin · crypto-crystalline [*Having a crystalline structure consisting, however, of crystals too small to be seen even with a microscope*]

Kryptoportikus *m* · cryptoporticus [*In Roman architecture, an enclosed gallery having walls with openings instead of columns; also a covered or subterranean passage*]

KS *m* → (künstlicher) Kalksandstein

~, Kalziumsilikat *n*, $CaSiO_3$ · calcium silicate

KS-Erweichungs|punkt *m* → Erweichungspunkt Krämer-Sarnow

~temperatur *f* → Erweichungspunkt Krämer-Sarnow

KSH *m*, Kalksandhartstein *m* [*Fehlname: Klinker*] · highly resistant sand-lime brick, ~ ~ lime-sand ~, ~ ~ calcium silicate ~

KSHBl *m*, Kalksandhohl(block)stein *m* [*Großformatiger Zweihandmauerstein mit fünfseitig geschlossenen Hohlräumen senkrecht zur Lagerfläche. DIN 106*] · hollow sand-lime brick, ~ lime-sand ~, ~ calcium silicate ~

KSL *m*, Kalksandlochstein *m*, Lochkalksandstein [*DIN 106*] · perforated sand-lime brick, ~ lime-sand ~, ~ calcium silicate ~

KSV *m*, Kalksandvollstein *m* [*Der Querschnitt darf durch Lochung senkrecht zur Lagerfläche bis zu 25% gemindert sein. DIN 106*] · solid sand-lime brick, ~ lime-sand ~, ~ calcium silicate ~

Kubik|inhalt *m* · cubic content

~maßeinheit *f* · cubic measure

~umrechnung *f* · cubic conversion

kubisch · cubical

kubische Baumasse *f* · cubical mass (of a building)

~ Formsprache *f* · cubist style

~ Gleichung *f*, Gleichung dritten Grades · third-order equation

~ Parabel *f* · cubic parabola

kubischer Splitt *m* · cubical chip(ping)s

~ Zuschlag(stoff) *m* · cubial aggregate [*Angular aggregate most of whose particles have length, breadth, and thickness approximately equal*]

kubisches Endkorn *n*, ~ Endprodukt [*Hartzerkleinerung*] · cubical product

~ Formbild *n* · cubic form

Kubismus *m* · Cubism

Kubooktaeder *n* · cuboctahedron

Kubuselement *n* [*Betonfertigteil*] · cubical element

Kuchen *m* **(aus Zement)**, Probe~ (~ ~), Zementkuchen · circular-domed pat of cement, cement pat, pat of cement-water paste, soundness test pat

Küchen|abfall *m*, Küchenabfälle *mpl* · garbage

~abwasser *n*, Ausgußwasser, Küchenspülwasser · slop water, sink ~, kitchen waste, sink waste, dishwater [*liquid culinary waste*]

~anlage *f*, Kücheninstallation *f* · kitchen installation, ~ system

~block *m* → Kücheninstallationsblock

~-Einbauschrank *m*, Küchen-Wandschrank · kitchen closet

~einrichtung *f*, Küchenanlage *f* · kitchen installation, ~ system

~fallrohr *n* [*Aus Steinzeugrohren hergestellt*] · kitchen waste disposal pipe

~fallschacht *m* [*Aus Formsteinen hergestellt*] · kitchen waste disposal shaft

~garten *m* · kitchen garden

~geschoß *n*, Küchenstockwerk *n*, Küchenetage *f* · kitchen floor; ~ story (US); ~ storey (Brit.)

(~)Herd *m* · (kitchen) range

~hof *m* · kitchen yard, ~ court

~(installations)block *m*, Küchen(installations)zelle *f* · kitchen building block module, unitized kitchen unit

~(installations)zelle *f*, Küchen(installations)block *m* · kitchen building block module, unitized kitchen unit

~müll *m* · kitchen waste

~spülwasser *n*, Küchenabwasser, Ausgußwasser · slop water, sink ~, kitchen waste, sink waste, dishwater [*liquid culinary waste*]

~-Wandschrank *m*, Küchen-Einbauschrank · kitchen closet

~zelle *f* → Kücheninstallationszelle

Kufengewölbe *n*, gerades Tonnengewölbe, gerade Tonne *f* · straight barrel vault

kufische Inschrift *f* · Kufic lettering, ~ inscription

Kugel|abschnitt *m*, Kalotte *f*, Kugelsegment *n* · spherical segment

~ausschnitt *m*, Kugelsektor *m* · spherical sector

~behälter *m* · spherical tank

Kügelchen *n* · oolith [*An ellipsoidal or spherical body, commonly less than 1 mm in diameter, and composed of concentric layers of calcite, aragonite or iron carbonate; typical of oolitic limestone*]

Kugeldruckhärte *f* · hardness given by the dynamic indentation test

~probe *f*, Kugeldruckhärteversuch *m*, Kugeldruckhärteprüfung *f* · dynamic indentation ball test

~prüfung *f*, Kugeldruckhärteversuch *m*, Kugeldruckhärteprobe *f* · dynamic indentation ball test

~versuch *m*, Kugeldruckhärteprüfung *f*, Kugeldruckhärteprobe *f* · dynamic indentation ball test

Kugel|druckprüfung *f* **nach Brinell**, Kugeldruckversuch *m* ~ ~, Kugeldruckprobe *f* ~ ~, Brinell(härte)probe, Brinell(härte)prüfung, Brinell(härte)versuch [*DIN 50351*] · Brinell (hardness) test

~fallprobe *f* · dropping-ball (penetration) test

~fallversuch *m* Kugelfallprobe *f*, Kugelfallprüfung *f* · falling ball test

~fläche *f* · spherical plane

~flechtwerk *n* [*Kuppel*] · trellis dome work

~gehäuse *n* · spherical housing, globe ~

~graphit *m* · nodular graphite

~hahn *m* · ball cock

~härteprüfer *m* · indentation machine

~härteprüfung *f*, Kugelhärteprobe *f*, Kugelhärteversuch *m* · ball hardness test

~haube *f*, Kugelmütze *f*, Kugelkalotte *f* · spherical cap

~-Ikosaeder *n* · spherical icosahedron

~kalotte *f*, Kugelhaube *f*, Kugelmütze *f* · spherical cap

~kappe *f*, Flachkuppel *f*, Stichkugelgewölbe *n* [*Der Pfeil ist geringer als der Halbmesser*] · flat dome, ~ cupola, shallow-rise ~

~knopf *m*, Kugeltürknopf · ball (door) knob

~mütze *f*, Kugelhaube *f*, Kugelkalotte *f* · spherical cap

~pech *n*, Perlpech · pellet(ed) pitch

~ring *m* · sphere ring

~schale *f*, sphärische Schale · spherical shell

Kugelschlag *m* · ball impact, sphere ~

~gerät *n*, Kugelschlaghärteprüfer *m* · (dynamic) ball(-impact) tester

~härteprüfer *m*, Kugelschlaggerät *n* · (dynamic) ball(-impact) tester

~probe *f*, Kugelschlagversuch *m*, Kugelschlagprüfung *f* [*Nach DIN 4240 (für Beton mit dichtem Gefüge) und DIN 4241 (für Gas- und Schaumbeton) genormte Verfahren zur Prüfung der Elastizität von Beton, um daraus auf dessen Festigkeit zu schließen*] · ball test dynamic ball-impact ~

~prüfung *f*, Kugelschlagversuch *m*, Kugelschlagprobe *f* [*Nach DIN 4240 (für Beton mit dichtem Gefüge) und DIN 4241 (für Gas- und Schaumbeton) genormte Verfahren zur Prüfung der Elastizität von Beton, um daraus auf dessen Festigkeit zu schließen*] · ball test, dynamic ball-impact ~

~versuch *m*, Kugelschlagprobe *f*, Kugelschlagprüfung *f* [*Nach DIN 4240 (für Beton mit dichtem Gefüge) und DIN 4241 (für Gas- und Schaumbeton) genormte Verfahren zur Prüfung der Elastizität von Beton, um daraus auf dessen Festigkeit zu schließen*] · ball test, dynamic ball-impact ~

Kugel|segment *n*, Kugelabschnitt *m*, Kalotte *f* · spherical segment

~sektor *m*, Kugelausschnitt *m* · spherical sector

kugelsicher, schußsicher · bullet-resisting, bullet-resistant, bulletproof

kugelsicheres Glas *n*, schußsicheres ~, Panzerglas · bulletproof glass, bullet-resisting ~, bullet-resistant ~

Kugel|streifen *m* · spherical strip

~tensor *m* · spherical tensor

~-Trübglas *n* [*Leuchte*] · spherical depolished glass globe

~(tür)knopf *m* · ball (door) knob

~walm *m* · spherical hip(ped end)

~zweieck *n* · spherical lune

Kuhhaar *n* · cow hair

Kühl|bad *n* · cooling bath

~bahn *f*, Kanalkühlofen *m*, Tunnelkühlofen [*Glasherstellung*] · lehr, leer, lier, lear

~becken *n*, Kühlteich *m* · cooling pond, spray ~

~beschlag *m*, Hüttenrauch *m*, Feuerweiß *n* [*Glasherstellung*] · (sulphate) bloom (Brit.); (sulfate) ~ (US)

~hänge *f* [*Dachpappenanlage*] · cooling looper

~haus *n* · chill(ing) building, ~ block

~last *f*, trockene ~ [*Die abzuführende fühlbare Wärmemenge, um in zu kühlenden Räumen die gewünschte Lufttemperatur aufrecht zu erhalten. Die (trockene) Kühllast ist gleich der Wärmeabgabe aller Wärmequellen, die diese Temperatur zu erhöhen trachtet*] · cooling load

~partie *f* [*Dachpappenmaschine*] · water coolers

~raum *m* · cold store

~raumwand *f* · cold store wall

~register *n* · cooling grid

~risse *mpl*, Aufheizrisse [*Durch verschiedene Ausdehnung hervorgerufene Rißbildung oder Bruch eines ff. Erzeugnisses, die bei einem Temperaturstoß durch ein zu großes Temperaturgefälle oder durch eine kristalline Umwandlung entstehen*] · spalling

~rohr *n* · cooling pipe

~schacht *m* [*Abkühlen von Trink- und Brauchwasser*] · cooling shaft

~tafel *f* · cooling panel

~tonnage *f* · cooling tonnage

Kühlturm *m*, Kühlwerk *n* · cooling tower

(~)Steigschacht *m*, Zuflußsteigschacht · (cooling tower) chimney

~tasse *f* · cooling tower saucer

Kühlumlaufwasser *n* · circulating cooling water

Kühl- und Gefrierraumbau *m* · low-temperature construction

Kühlung *f* · cooling

Kühlwasser *n* · cooling water

~anlage *f* · cooling water plant, ~ ~ installation

~auslaß *m* · cooling water outfall, ~ ~ outlet

~einlauf(bauwerk) *m*, (*n*) · cooling water intake (structure)

~einlaufkanal *m* · cooling water inlet duct

~kreislauf *m* · cooling water cycle, ~ ~ circuit

~pumpenhaus *n* · cooling water pump(-ing) station, ~ ~ ~ plant

~rücklaufpumpwerk *n* · cooling water return pump(ing) plant, ~ ~ ~ ~ station

~umlauf *m* · cooling water circulation

~umwälzrohr *n* · circulating pipe for cooling water

Kühl|wirkung *f* · cooling effect

~zement *m*, Bauxitlandzement · Kühl cement

Külbel *n* · parison, blank [*A preliminary shape or blank from which a glass article is to be formed*]

Kulmkalk *m*, Kohlenkalk(stein) *m* [*Fehlname: belgischer Granit. Ein dunkelfarbiger Kalkstein, der zu Platten verarbeitet und als Werkstein verwendet wird*] · carboniferous limestone

Kult|bild *n* · cult image

~nische *f* · niche containing the cult statue, blocked doorway

~raum *m* · cult room

~standbild *n* · cult statue

~tempel *m* · cult temple

Kultur|- und Geschäftsbereich *m*, *n* cultural and commercial zone

~bewegung *f* · cultural movement

~denkmal *n*, historisches Wahrzeichen *n* · ancient monument, historic landmark

~haus *n*, Kulturzentrum *n* · cultural centre (Brit.); ~ center (US); community ~

~zentrum *n*, Kulturhaus *n* · cultural centre (Brit.); ~ center (US); community ~

Kumaronharz *n* · cumarone resin

Kümpelblech *n*, Bördelblech, Krempblech · flange(d) plate

(Kunden)|Schalter *m* · teller, counter

~verkehr *m* · customer circulation

Kunstbau|material *n*, Industriebaumaterial [*Schweiz*]; Kunstbaustoff *m*, Industriebaustoff · man-made construction material, ~ building ~, ~ structural ~

~stoff *m*, Industriebaustoff; Kunstbaumaterial *n*, Industriebaumaterial [*Schweiz*] · man-made construction material, ~ building ~, ~ structural ~

Kunstbernstein *m* · impure amber, imperfect ~, bastard ~

Kunstbims *m*, Hüttenbims [*Gebrochene geschäumte Hochofenschlacke. Die Struktur dieses Baustoffes ähnelt der des Naturbimses und beim technischen Schäumvorgang laufen im Prinzip verwandte Vorgänge wie beim Naturbims ab*] · crushed foamed (blast-furnace) slag, broken ~ (~) ~ (Brit.); ~ expanded cinder (US)

(Kunst)Bimsbeton *m* → (Hochofen-) Schaumschlackenbeton

Kunstbims (beton)| -Bauplatte, *f*, Hüttenbims(beton)-Bauplatte, [*Fehlnamen: (Hütten)Schwemmstein-Bauplatte, Hochofenschwemmstein-Bauplatte*] · foamed slag (concrete) slab (Brit.); expanded cinder (~) ~ (US)

~diele *f*, Hüttenbims(beton)diele · foamed slag concrete plank (Brit.); expanded ~ ~ ~ (US)

~-Hohlblock(stein) *m*, Kunstbims(beton-)Hohlstein *m*, Hüttenbims(beton)-Hohlblock(stein), Hüttenbims(beton)-Hohlstein [*DIN 1851*] · foamed slag concrete hollow block, ~ ~ ~ cavity ~, ~ ~ ~ ~ tile, ~ ~ ~ ~ brick (Brit.); expanded cinder ~ ~ ~ (US); ~ ~ ~ pot

~-Wand(bau)platte *f*, Hüttenbims(beton)-Wand(bau)platte · foamed slag (concrete) wall slab (Brit.); expanded cinder (~) ~ ~ (US)

(Kunst)|Bimsmehl *n*, Hüttenbimsmehl · foamed (iron) (blastfurnace) slag powder (Brit.); expanded cinder ~ (US)

~denkmal *n* · artistic monument

~eis(lauf)bahn *f*, Spritzeis(lauf)bahn · artificial skating rink, ~ ice ~

Kunstfaser *f*, Chemiefaser · man-made fibre (Brit.); ~ fiber (US); synthetic ~

~gewebe *n* · man-made fibre fabric (Brit.); ~ fiber ~ (US) ; synthetic ~ ~

~stoff *m* · man-made fibre material (Brit.); ~ fiber ~ (US); synthetic ~ ~

Kunst|feinkorn *n* [*Siebtechnik*] · finely ground grain, artificial fine ~

~form *f* · art form

~freund *m*, Kunstliebhaber *m* · art-lover, (art) connoisseur

~galerie *f* · art gallery

~gewerbeausstellung *f* · exhibition of applied arts

~gewerbeschule *f* · college of applied art, school ~ ~ ~

kunstgewerbliches Metallgitter *n* handicraft-type metal grille [*sometimes spelled 'grill'*]

Kunst|granitbordstein *m* **mit weißem Quarzitkorn** · precast kerb of white granite aggregate (Brit.); ~ curb ~ ~ ~ ~

~gummi *m*, Synthesegummi, Kunstkautschuk *m*, Synthesekautschuk, synthetischer Kautschuk, synthetischer Gummi · synthetic rubber, man-made ~, manufactured ~

~gummikontaktkleber *m*, Kunstgummikontaktkleb(e)stoff *m*, Kunstgummikontaktkleb(e)mittel *n* · synthetic rubber contact (bonding) adhesive, ~ ~ ~ ~ medium, ~ ~ ~ ~ agent, ~ ~ ~ cement(ing agent)

~halle *f* · arts centre (Brit.); ~ center (US)

~handwerker *m* · artist-craftsman

Kunstharz *n*, synthetisches Harz · synthetic resin, manufactured ~, manmade ~, artificial ~ [*Strictly speaking, these terms are misnomers, as the substances in question are not natural resins artificially produced, but are different both in composition and properties*]

~anstrich *m*, Kunstharzaufstrich · synthetic resin coat

~(anstrich)farbe *f* · synthetic resin paint

~artikel *m*, Kunstharzerzeugnis *n*, Kunstharzgegenstand *m* · synthetic resin product, ~ ~ article

~-Asbestplatte *f* [*DIN 16950*] · synthetic resin asbestos board, ~ ~ ~ sheet

~-Außenanstrich *m*, Kunstharz-Außenaufstrich · synthetic resin exterior coat, ~ ~ external ~, ~ ~ outside ~, ~ ~ outer ~

~-Außenaufstrich *m*, Kunstharz-Außenanstrich · synthetic resin exterior coat, ~ ~ external ~, ~ ~ outside ~, ~ ~ outer ~

~basis *f*, Kunstharzgrundlage *f* · synthetic resin base

~beschichtung *f*, Kunstharzüberzug *m* [*als Schicht*] · synthetic resin coat

~beton *m*, Plastbeton, kunststofflegierter Beton [*Er besteht aus Zement, Zuschlagstoffen und Wasser, dem eine wäßrige Kunststoffdispersion zugesetzt wird*] · concrete with synthetic resin dispersion

~dispersion *f*, Plastdispersion [*Eine beständige, sahneartige Aufschwemmung von Kunstharzteilchen mit 0,002 bis 0,0002 mm Durchmesser in Wasser, meist mit etwa 50% Feststoffgehalt*] · synthetic resin dispersion

~dispersionsbasis *f*, Kunstharzdispersionsgrundlage *f* · synthetic resin dispersion base

~dispersionsgrundlage *f*, Kunstharzdispersionsbasis *f* · synthetic resin dispersion base

~-Dispersionskleb(e)stoff *m*, Kunstharz-Dispersionskleb(e)mittel *n*, Kunstharz-Dispersionskleber *m* · dispersion-based synthetic resin (bonding) adhesive, ~ ~ ~ ~ medium, ~ ~ ~ ~ agent, ~ ~ ~ cement(ing) agent

~emulsion *f* · synthetic resin emulsion

~emulsions(anstrich)farbe *f* · synthetic resin emulsion paint

~erzeugnis *n*, Kunstharzgegenstand *m*, Kunstharzartikel *m* · synthetic resin product, ~ ~ article

~farbe *f*, Kunstharzanstrichfarbe · synthetic resin paint

~-Feinmörtel *m*, Plast-Feinmörtel · fine-grained mortar with synthetic resion dispersion

~-Feinputz *m*, Putzfüller *m* · ready-mix(-ed) wet paste, premix(ed) ~ ~

~fuge *f* · synthetic resin joint

~-Fugen(ab)dicht(ungs)kitt *m* → Kunstharz(fugen)mastix

~-Fugendicht(ungs)kitt *m* → Kunstharz(fugen)mastix

~(fugen)kitt *m* → Kunstharz(fugen)-mastix

~(fugen)mastix *m*, Kunstharz(fugen)-kitt *m*, Kunstharz(ver)füllkitt, Kunstharz-Fugen(ab)dicht(ungs)kitt, plastische Kunstharz-Fugen(ab)dicht(ungs)masse *f*, plastische Kunstharz-Fugenmasse, plastische Kunstharz-(Fugen)(Ver)Füllmasse, plastischer Kunstharz-(Fugen-)(Ver)Füller · synthetic resin (building) mastic, ~ ~ mastic joint sealer

~füllkitt *m* → Kunstharz(fugen)mastix

~(fuß)boden(belag) *m* · synthetic resin floor(ing), ~ ~ floor finish, ~ ~ floor cover(ing)

kunstharzgebunden · synthetic resin-bound, bound with synthetic resinous material

Kunstharzgegenstand *m*, Kunstharzartikel *m*, Kunstharzerzeugnis *n* · synthetic resin product, ~ ~ article

kunstharz|geleimt · synthetic resin-bonded, bonded with synthetic resinous material

~getränkt · synthetic resin impregnated, ~ ~ saturated

Kunstharz|-Grobmörtel *m*, Plast-Grobmörtel · coarse-grained mortar with synthetic resin dispersion

~grundlage *f*, Kunstharzbasis *f* · synthetic resin base

~-Gummi-Gemisch *n*, Kunstharz-Gummi-Mischung *f* · rubber-synthetic resin mix(ture)

kunstharzhaltig · synthetic resin based

Kunstharz|-Hartschaum(stoff) *m* · synthetic resin rigid foam

~hinterlegung *f*, Kunstharzunterlage *f*, Kunstharzrücken *m*, Kunstharzrücklage *f*, Kunstharzträger(schicht) *m*, *(f)* · synthetic resin base, ~ ~ backing, ~ ~ underlay, ~ ~ substrate

~-Imprägnierabsiegelungsmittel *n*, Kunstharz-Imprägniersiegel *m*, Kunstharz-Imprägnierversiegelungsmittel, Kunstharz-Imprägnierüberzug *m* · synthetic resin impregnating seal(ing) material, ~ ~ ~ sealant, ~ ~ ~ seal(-er)

~-Imprägniersiegel *m*, Kunstharz-Imprägnierüberzug *m*, Kunstharz-Imprägnierversiegelungsmittel *n*, Kunstharz-Imprägnierabsiegelungsmittel · synthetic resin impregnating seal(ing) material, ~ ~ ~ sealant, ~ ~ ~ seal(er)

~-Imprägnierüberzug *m*, Kunstharz-Imprägniersiegel *m*, Kunstharz-Imprägnierabsiegelungsmittel *n*, Kunstharz-Imprägnierversiegelungsmittel · synthetic resin impregnating seal(ing) material, ~ ~ ~ sealant, ~ ~ ~ seal(er)

~-Imprägnierversiegelungsmittel *n*, Kunstharz-Imprägniersiegel *m*, Kunstharz-Imprägnierabsiegelungsmittel, Kunstharz-Imprägnierüberzug *m* · synthetic resin impregnating seal(ing) material, ~ ~ ~ sealant, ~ ~ ~ seal(-er)

~-Imprägnierung *f*, Kunstharz-Wetterschutz *m*, Kunstharz-Imprägnier(ungs)-mittel *n*, Kunstharz-Imprägnier(ungs)-anstrichstoff *m*, Kunstharz-Imprägnier(ungs)anstrich(mittel) *m*, *(n)* · synthetic resin waterproofing (compound), ~ ~ coating (material), ~ ~ penetrating sealer, ~ ~ water repellent, ~ ~ penetrating aid, ~ ~ waterproof coating (material)

~-Imprägnier(ungs)anstrich(mittel) *m*, *(n)*, Kunstharz-Wetterschutz *m*, Kunstharz-Imprägnier(ungs)mittel *n*, Kunstharz-Imprägnierung *f*, Kunstharz-Imprägnier(ungs)anstrichstoff *m* · synthetic resin waterproofing (compound), ~ ~ coating (material), ~ ~ penetrating sealer, ~ ~ water repellent, ~ ~ penetrating aid, ~ ~ waterproof coating (material)

~-Imprägnier(ungs)anstrichstoff *m*, Kunstharz-Imprägnier(ungs)anstrichmittel *n*, Kunstharz-Imprägnier(ungs)mittel, Kunstharz-Imprägnierung *f*, Kunstharz-Wetterschutz *m* · synthetic resin waterproofing (compound), ~ ~ coating (material), ~ ~ penetrating sealer, ~ ~ water repellent, ~ ~ penetrating aid, ~ ~ waterproof coating (material)

~-Imprägnier(ungs)mittel *n*, Kunstharz-Imprägnierung *f*, Kunstharz-Wetterschutz *m*, Kunstharz-Imprägnier(ungs)-anstrichstoff *m*, Kunstharz-Imprägnier(ungs)anstrich(mittel) *m*, *(n)* · synthetic resin waterproofing (compound), ~ ~ coating (material), ~ ~ penetrating sealer, ~ ~ water repellent, ~ ~ penetrating aid, ~ ~ waterproof coating (material)

~industrie *f* · resin industry

~kautschukdispersion *f* · synthetic rubber dispersion

~kautschukkontaktlösung *f* · synthetic rubber contact solution

~kitt *m* → Kunstharz(fugen)mastix

~kleb(e)stoff *m*, Kunstharzkleb(e)mittel *n*, Kunstharzkleber *m*, Kunstharzleim *m* · synthetic (resin(-based)) (bonding) adhesive, ~ (~) ~ medium, ~ (~) ~ agent, ~ (~) cement(ing agent), ~ (~) glue

~lack *m* **auf Alkydharzbasis**, schlagfester Lack, Schlagfestlack, Alkydharzlack · alkyd-resin (clear) varnish

~leim *m* → Kunstharzkleb(e)stoff

~lösung *f* · synthetic resin solution

~mastix *m* → Kunstharzfugenmastix

~-Matt(anstrich)farbe *f* · synthetic resin flat paint, ~ ~ matt(-finish) ~

~mörtel *m*, Plastmörtel, kunststofflegierter Mörtel [*Dem Anmachewasser wird eine wäßrige Kunststoffdispersion zugesetzt*] · mortar with synthetic resin dispersion

~oberfläche *f* · synthetic resin surface

~putz *m* · synthetic resin plaster

~rücken *m*, Kunstharzunterlage *f*, Kunstharzhinterlegung *f*, Kunstharzrücklage *f*, Kunstharzträger(schicht) *m*, (*f*) · synthetic resin base, ~ ~ backing, ~ ~ underlay, ~ ~ substrate

~schaum(stoff)-Isolierplatte *f* → Hartkunst(stoff)schaum(stoff)-Isolierplatte

~-Sperranstrichstoff *m*, Kunstharz-Sperranstrich(mittel) *m*, (*n*), Kunstharz-Sperraufstrich(mittel), Kunstharz-Sperraufstrichstoff · synthetic resin surface waterproofing agent, ~ ~ ~ waterproofer, ~ ~ ~ waterrepeller, ~ ~ ~ water repelling agent

~träger(schicht) *m*, (*f*), Kunstharzrücklage *f*, Kunstharzhinterlegung *f*, Kunstharzunterlage *f*, Kunstharzrücken *m* · synthetic resin base, ~ ~ backing, ~ ~ underlay, ~ ~ substrate

~überzug *m*, Kunstharzbeschichtung *f* [*als Schicht*] · synthetic resin coat

~unterlage *f*, Kunstharzrücken *m*, Kunstharzhinterlegung *f*, Kunstharzrücklage *f*, Kunstharzträger(schicht) *m*, (*f*) · synthetic resin base, ~ ~ backing, ~ ~ underlay

~(ver)füllkitt *m* → Kunstharz(fugen)-mastix

kunstharzvergütet · synthetic resin-modified

Kunstharz-Wetterschutz *m*, Kunstharz-Imprägnier(ungs)mittel *n*, Kunstharz-Imprägnier(ungs)anstrichstoff *m*, Kunstharz-Imprägnierung *f*, Kunstharz-Imprägnier(ungs)anstrich(mittel) *m*, (*n*) · synthetic resin waterproofing (compound), ~ ~ coating (material), ~ ~ penetrating sealer, ~ ~ water repellent, ~ ~ penetrating aid, ~ ~ waterproof coating (material)

Kunstholz *n* → flüssiges Holz

Kunstkautschuk *m*, Synthesekautschuk, synthetischer Kautschuk, Synthesegummi *m*, Kunstgummi, synthetischer Gummi · synthetic rubber, man-made ~, manufactured ~

~emulsion *f* · synthetic rubber (based) emulsion

~kitt *m* · synthetic rubber (building) mastic

~latex *m* · synthetic rubber latex

Kunst|leder *n* · artificial leather

~ledertapete *f* · artificial leather hanging

Künstler|atelier *n* ·artist's studio

~garderobe *f*, Künstlerumkleide(raum) *f* (*m*) · dressing room

künstlerische Ausdrucksweise *f* · artistic (form of) expression

~ Gestaltung *f* · artistic design

~ Reife *f* · artistic maturity

künstlerischer Berater *m* · artistic adviser

Künstler|kreis *m* · artistic circle, cultural ~

~umkleide(raum) *f*, (*m*), Künstlergarderobe *f* · dressing room

künstlich altern · to age artificially

~ (aus)gefällter Kalzit *m* · artificially precipitated calcite

künstliche Alterung *f*, künstliches Altern *n* · artificial ag(e)ing

~ Beleuchtung *f* · artificial lighting, ~ illumination

~ Be- und Entlüftung *f*, ~ Lüftung · artificial venting, ~ ventilation

(~) Bewitterung *f* · artificial weathering, accelerated ~ [*Laboratory tests designed to simulate but at the same time to intensify and accelerate the destructive action of natural outdoor weathering on paint films. The tests involve exposure to artificially produced components of natural weather, e.g. light, heat, cold, water vapour, rain, etc., which are arranged and repeated in a given cycle. There is no universally accepted test and different investigators use different cycles*]

~ Bitumen-Mineral-Mischung *f*, künstliches Bitumen-Mineral-Gemisch *n*, Asphalt *m* · (artificial) asphalt, man-made ~ (Brit.); (~) asphalt-aggregate mix(ture) (US)

~ Lüftung *f*, ~ Be- und Entlüftung · artificial venting, ~ ventilation

~ Puzzolane *f*, künstlicher hydraulischer Zuschlag *m* · artificial pozzolan(ic material), man-made ~ (~), ~ pozz(u)olana [*See remark under 'hydraulischer Zuschlag'*]

~ Strahlung *f* · artificial radiation

künstlicher Anhydrit *m* · synthetic anhydrite, chemical ~, by-product ~

~ Asbest *m* · artificial asbestos, man-made ~

(~) Baustein *m* → (~) Kalksandstein

(~) ~, gebundener ~, Eisenklinker *m*, Schlackenstein, Eisen-Schmelz-Verblender · iron brick, blue ~

(~) ~, gebrannter ~, (gebrannter) Stein, (Ton)Ziegel *m* [*In den USA dürfen auf Grund einer Regierungsentscheidung nur solche Baustoffe als „Ziegel" (brick) bezeichnet werden, die aus Ton gebrannt sind. Die Bezeichnung anderer Baustoffe als „brick" ist nur in Verbindung mit näherer Charakterisieruhg ge-*

stattet, z. B. concrete brick = Betonblock] · (burnt) (clay) brick, burned (~) ~ fired (~) ~ [*B.S. 3921*]

(~) ~ [*Fehlname*] → Betonwerkstein

~ (Beton)Feinzuschlag(stoff) *m* · artificial fine aggregate, man-made ~ ~

~ (Beton)Grobzuschlag(stoff) *m* · artificial coarse aggregate, man-made ~ ~

~ (Beton)Zuschlag(stoff) *m* · artificial (concrete) aggregate, man-made (~) ~

~ Bimsstein *m*, ~ Schleifstein [*Nicht verwechseln mit „Kunstbims"*] · artificial grindstone [*It is made of artificial abrasives bound together with ceramic bonds*]

~ Farbstoff *m* · synthetic dyestuff

~ Feinzuschlag(stoff) *m*, ~ Beton~ · artificial fine (concrete) aggregate, man made ~ (~) ~

~ Grobzuschlag(stoff) *m*, ~ Beton~ · artificial coarse (concrete) aggregate, man-made ~ (~) ~

~ hydraulischer Zuschlag *m*, künstliche Puzzolane *f* · artificial pozzolan(ic material), man-made ~ (~), ~ pozz(u)olana [*See remark under 'hydraulischer Zuschlag'*]

~ Indigo *m* · synthetic indigo

(~) Kalksandstein *m*, (künstlicher) Baustein, gebundener Baustein, weißer Mauerstein, KS, gebundener Kalksandstein [*DIN 106*] · sand-lime brick, limesand ~, calcium silicate ~ [*B.S. 187*]

~ Marmor *m* [*Fehlname*] → Kunstmarmor

~ Mauer(bau)stein *m*, Wand(bau)stein [*Betonbaustein; Mauerziegel; Kalksandstein*] · artificial masonry unit, man-made ~ ~

~ organischer Farbstoff *m* · inorganic synthetic dye (stuff)

(~) Schlackensand *m*, Hüttensand, granulierte Hochofenschlacke *f*, gekörnte Hochofenschlacke, Hochofenschlackensand · (blast-furnace) slag sand (Brit.); cinder ~, granulated cinder (US); granulated (blast-furnace) slag

~ Schleifstein *m*, ~ Bimsstein [*Nicht verwechseln mit „Kunstbims"*] · artificial grindstone [*It is made of artificial abrasives bound together with ceramic bonds*]

~ Wand(bau)stein *m*, ~ Mauer(bau)stein [*Betonbaustein; Mauerziegel; Kalksandstein*] · artificial masonry unit, man-made ~ ~

~ Zug *m* · artificial draught (Brit.); ~ draft (US)

~ Zuschlag(stoff) *m*, ~ Beton~ · artificial (concrete) aggregate, man-made (~) ~

künstliches Altern *n*, künstliche Alterung *f* · artificial ag(e)ing

~ anorganisches Pigment *n*, Mineralpigment [*Fehlname: Mineralfarbe f*] · synthetic ionorganic pigment

~ Bitumen-Mineral-Gemisch *n*, künstliche Bitumen-Mineral-Mischung *f*, Asphalt *m* · (artificial) asphalt, man-made ~ (Brit.); (~) asphalt-aggergate mix(ture) (US)

~ Holz *n* → flüssiges ~

~ Terpentinöl *n* → Testbenzin

Kunst|marmor *m*; künstlicher Marmor, Glanzstein *m* [*Fehlnamen*] · imitation marble, man-made ~, manufactured ~, artificial ~

~preßstoff *m* · molded plastic (US); moulded ~ (Brit.)

~sammlung *f* · art collection

~schatz *m* · art treasure

~schaumdämmung *f*, Kunststoffschaumdämmung, Schaum(stoff)dämmung, Schaumkunststoffdämmung · foam(ed) (plastic) insulation, expanded ~ ~, plastic foam ~

Kunstschaum(stoff) *m* → Kunststoffschaum(stoff)

~(ab)dichtung *f*, Schaumkunststoff(ab)dichtung, Kunststoffschaum(ab)dichtung, Schaum(stoff)(ab)dichtung · foam(ed) (plastic) seal(ing), expanded ~ ~, plastic foam ~

~(ab)dichtung *f*, Schaumkunststoff(ab)dichtung, Kunstschaumstoff(ab)dichtung, Schaum(stoff)(ab)dichtung [*Erzeugnis*] · foam(ed) (plastic) seal, expanded ~ ~, plastic foam ~

~dämmung *f*, Schaum(stoff)dämmung, Kunststoffschaumdämmung, Schaumkunststoffdämmung · foam(ed) (plastic) insulation, expanded ~ ~, plastic foam ~

(Kunst)|Schichtstoffplatte *f* · (paper) laminate, all-paper ~

~schiefer *m* [*Fehlname*]; Asbestzement *m* [*DIN 274*] · asbestos cement

~schmiedearbeit(en) *f(pl)* · ornamental ironwork, decorative ~

~schmiedetechnik *f* · ornamental iron work technique, ~ ~ technic, decorative ~ ~

~schule *f* · art school, ~ college

Kunststein *m* [*Fehlname*] → Betonwerkstein

~arbeiten *fpl* [*Fehlname*] → Betonwerksteinarbeiten

~betrieb *n* [*Fehlname*] → Betonwerksteinbetrieb

~platte *f* [*Fehlname*]; Betonwerksteinplatte · cast stone tile, reconstructed ~ ~, patent ~ ~; artificial ~ ~ [*deprecated*]

~platten(fuß)boden(belag) *m* [*Fehlname*] → Betonwerksteinplatten(fuß)boden(belag)

~verblendung *f* [*Fehlname*]; Betonwerksteinverblendung · cast stone skin, reconstructed ~ ~, patent ~ ~; artificial ~ ~ [*deprecated*]

~veredler *m* [*Fehlname*]; Betonwerksteinveredler [*Zur Herstellung von wasserdichten Betonwerksteinen*] · cast stone waterproofer, reconstructed ~ ~, patent ~ ~; artificial ~ ~ [*deprecated*]

~werkstätte *f* [*Fehlname*] → Betonwerksteinbetrieb

Kunststoff *m* · plastic (material)

~ auf natürlicher Basis, natürlicher Kunststoff · natural plastic (material)

~ ~ synthetischer Basis, synthetischer Kunststoff · synthetic plastic (material), man-made ~ (~), manufactured ~ (~)

~abdeckfuge *f* · plastic (preformed) gasket joint, ~ sealing ~ ~, ~ structural ~ ~

~-(Ab)Dichtung *f* · plastic seal(ing)

~-(Ab)Dichtung *f* [*Erzeugnis*] · plastic seal

~-(Ab)Dicht(ungs)bahn *f* · plastic seal(ing) sheet(ing)

Kunststoff(ab)dicht(ungs)|mittel *n*, Kunststoff(ab)dicht(ungs)stoff *m* · plastic seal(ing) material, ~ sealer, ~ sealant

~profil *n*, Kunststoffselbstdichtung *f* · plastic (preformed) gasket, ~ sealing ~

Kunststoff|-Abschirmwand *f* · plastic (biological) shielding wall, ~ radiation ~ ~

~abschluß *m* · plastic shutter

~absieg(e)lung *f*, Kunststoffversieg(e)lung · plastic seal(ing)

~anschluß(streifen) *m* · plastic flashing (piece) [*See remark under 'Anschluß'*]

~anstrich *m*, Kunststoffaufstrich · plastic coat

~artikel *m*, Kunststoffgegenstand *m*, Kunststofferzeugnis *n* · plastic product, ~ article

Kunststoffassade *f*, Kunststoff-Fassade · plastic façade

Kunststoff|aufstrich *m*, Kunststoffanstrich · plastic coat

~(-Aufzug)band *n* [*Raffjalousie*] · plastic tape

~ausfüller *m*, Kunststoffspachtel(masse) *m*, (*f*) [*Siehe Anmerkung unter „Ausfüller"*] · plastic stopper, ~ stopping, ~ filler

~auskleidung *f*, Kunststoffverkleidung, Kunststoffbekleidung · plastic lining, ~ (sur)facing

~-Badablauf *m* · plastic bathroom outlet, ~ ~ (inlet) gull(e)y

~(bade)wanne *f* · plastic (bath)tub, ~ bath

~bahn *f* · plastic sheet(ing), sheet(ing) plastic

Kunststoffband *n*, Kunststoff-Aufzugband [*Raffjalousie*] · plastic tape

~, Kunststoffugenband · plastic waterstop, ~ waterbar

~ · plastic tape

Kunststoff|basis *f*, Kunststoffgrundlage *f* · plastic base

~baueinheit *f* [*Fehlname*] → Kunststoff(bau)element

~(bau)element *n*, Kunststoff(bau)körper *m* [*Fehlname: Kunststoffbaueinheit f*] · plastic (building) unit, ~ (~) member, ~ (~) component [*A plastic building material which is formed as a single article complete in itself but which is intended to be part of a compound unit or building or structure. Examples are tile, section gutter, dome(light)*]

~(bau)körper *m* → Kunststoff(bau)element

~(bau)profil *n* · (construction(al)) plastic shape, (~) ~ section, (~) ~ trim, (~) ~ unit, structural ~ ~, (~) ~ profile

~bausystem *n*, Kunststoff(konstruktions)system, Kunststoffkonstruktion *f* · plastic construction, ~ (structural) system

~bedachung *f* → Kunststoffdach(ein)deckung

~beigabe *f*, Kunststoffzusatz *m* · addition of plastic

~bekleidung *f*, Kunststoffauskleidung, Kunststoffverkleidung · plastic lining, ~ (sur)facing

~belag *m* · plastic cover(ing)

~(belag)platte *f*, Kunststofffliese *f* · plastic tile

kunststoffbeschichtet, kunststoffüberzogen · plastic-coated, plastic-(sur-)faced

Kunststoff|beschichtung *f*, Kunststoffüberzug *m* [*als Schicht*] · plastic coat

~-Betonabstandhalter *m*, Kunststoff-Stahlbetonabstandhalter, (Stahl)Betonabstandhalter aus Kunststoff · plastic reinforcement spacer, ~ ~ distance piece

~binderfarbe *f*, Kunststoffdispersionsbinder *m*, Kunststoffdispersionsfarbe · plastic (cold-)water paint, ~ distemper ~

~boden(belag) *m*, Kunststofffußboden(-belag) · plastic floor(ing) (finish), ~ floor cover(ing)

~bodenmaterial *n*, Kunsstoffußbodenmaterial · plastic(-based) floor(ing) (finish) material, ~ floor cover(ing) ~

~-Brunnenbecken *n*, Kunststoff-Springbrunnenbecken · plastic fountain basin

~buchstabe *m* · plastic letter

~dachbahn *f*, Kunststoffdachbelagbahn · roof(ing) membrane sheet(ing)

~dach(belag) *n*, (*m*) → Kunststoffdach(ein)deckung

~dach(belag)bahn *f* · roof(ing) membrane sheet(ing)

~dachdeckung *f* → Kunststoffdacheindeckung

~dach(ein)deckung *f*, Kunststoff(ein)-deckung, Kunststoffbedachung, Kunststoffdach(belag) *n*, (*m*) · roof(ing) membrane [*Roof(ing) membranes are applied to a substrate as sprayed or brushed finish or as sheet(ing)*]

~-Dachfarbe *f* · plastic dressing paint

~-Dachfolie *f* · plastic film for roofing, ~ sheeting ~ ~

~(dach)oberlicht *n* · plastic roof-light [*A plastic lantern-light or skylight*]

~(dach)rinne *f*, Kunststoffregenrinne · plastic (roof) gutter, ~ rainwater ~

~-Dachzubehör *n* · plastic rainwater goods, ~ ~ products, ~ ~ articles

~-Deckenhohlkörper *m*, Kunststoff-Hohlkörper für Decken · plastic hollow (floor) filler

~-Deckenlichtkuppel *f* · plastic ceiling dome(light), ~ ~ saucer dome, ~ ~ light cupola

~-Deckenputz *m* · plastic ceiling plaster

~deckung *f* → Kunststoffdach(ein)deckung

Kunststoffdekor(ations)|leiste *f*, Kunststoffornamentleiste, Kunststoff-(zier)leiste · plastic molding (US); ~ moulding (Brit.)

~platte *f*, Kunststoffzierplatte, Kunststoffornamentplatte, (dekorative) Kunststoffsichtplatte · ornamental plastic board, decorative ~ ~, ~ ~ sheet

Kunststoff|-Dichtung *f*, Kunststoff-Abdichtung [*Erzeugnis*] · plastic seal

~-Dicht(ungs)bahn *f*, Kunststoff-Abdicht(ungs)bahn · plastic seal(ing) sheet(ing)

~dicht(ungs)profil *n*, Kunststoffabdicht(ungs)profil, Kunststoffselbstdichtung *f* · plastic (preformed) gasket, ~ sealing ~

~dispersion *f* · plastic dispersion

Kunststoffdispersions|binder *m*, Kunststoffdispersionsfarbe *f*, Kunststoffbinderfarbe · plastic (cold-)water paint, ~ distemper ~

~farbe *f*, Kunststoffbinderfarbe, Kunststoffdispersionsbinder *m* · plastic (cold-) water paint, ~ distemper ~

~kleb(e)stoff *m*, Kunststoffdispersionskleb(e)mittel *n*, Kunststoffdispersionskleber *m* · dispersions-based plastic (bonding) adhesive, ~ ~ ~ medium, ~ ~ ~ agent, ~ ~ cement(ing agent)

Kunststoff|drän(age)rohr *n* · plastic drainage pipe

~-Dreilagenkonstruktion *f*, Kunststoff-Dreischichtenkonstruktion · plastic sandwich system

~-Dreischichtenkonstruktion *f*, Kunststoff-Dreilagenkonstruktion · plastic sandwich system

~eimer *m* · plastic pail

~(ein)deckung *f* → Kunststoffdach-(ein)deckung

~-Einlegetafel *f* · plastic lay-in panel

~element *n* → Kunststoffbauelement

~emulsion *f* · plastic emulsion

Kunststoffenster *n* · plastic window

~dichtung *f* → Kunststoffensterabdichtung

~(ab)dichtung *f*, Kunststoffenster(ab)-dicht(ungs)profil *n* · plastic window gasket

~(ab)dicht(ungs)profil *n*, Kunststofffenster(ab)dichtung *f* · plastic window gasket

~dicht(ungs)profil *n* → Kunststofffensterabdicht(ungs)profil

~profil *n* · plastic window section, ~ ~ unit, ~ ~ shape, ~ ~ trim

~rahmen *m* · plastic window frame

Kunststoff|erzeugnis *n*, Kunststoffartikel *m*, Kunststoffgegenstand *m* · plastic product, ~ article

~estrich *m* · plastic resin(-based) jointless cover(ing)

~-Gebäudetür *f*, Kunststoff-Haustür · building entrance plastic door

kunststoffgebunden · plastic bound

Kunststoffgegenstand *m*, Kunststofferzeugnis *n*, Kunststoffartikel *m* · plastic product, ~ article

kunststoffgetränkt, kunststoffimprägniert · plastic-saturated, plastic-impregnated

Kunststoff|glas *n*, organisches Glas [*Die Bezeichnung „Glas" ist nicht ganz zutreffend, weil unter „Glas" Silikatglas verstanden wird. Die Verwendung dieses Wortes ist auf die lichtdurchlässige Plattenform zurückzuführen*] · light-admitting plastic (material)

~glaswanne *f* [*Leuchte*] · translucent diffuser

~gleitkanal *m*, Kunststoffspannkanal, Kunststoffhüllrohr *n*, Kunststoffhülle *f*, Kunststoffröhre *f* · plastic sheath(ing) [*prestressed concrete*]

~glied *n*, Kunststoffstab *m* [*Teil einer Stabwerkkonstruktion*] · plastic element, ~ member, ~ bar, ~ rod

~gras *n* · plastic grass

~griff *m*, Kunststofftürgriff · plastic (door) pull (handle)

~grundlage *f*, Kunststoffbasis *f* · plastic base

~-Haftemulsion *f*, Kunststoff-Verbundemulsion · plastic bonding emulsion

kunststoffhaltig · plastic based

Kunststoffhand|lauf *m*, Kunststoff-Treppenhandlauf, Kunststoff(-Treppen)-handleiste *f* · plastic handrail, ~ guard rail, ~ stairrail

~leiste *f*, Kunststoff-Treppenhandleiste, Kunststoff(-Treppen)handlauf *m* · plastic handrail, ~ guard rail, ~ stairrail

(Kunststoff)Hartschaum *m*, Hartkunst-(stoff)schaum(stoff) *m*, Hartkunstharzschaum(stoff), Hartschaum(kunst)stoff, starrer Schaum · rigid foam plastic, ~ expanded ~, ~ (plastic) foam

~-Dämmplatte *f*, Hartkunst(stoff)-schaum(stoff)-Dämmplatte, Hartkunstharzschaum(stoff)-Dämmplatte, Hartschaum(kunst)stoff-Dämmplatte · rigid foam(ed) plastic insulating board, ~ ~ ~ ~ sheet, ~ ~ ~ insulation(-grade) ~, ~ expanded ~ ~ ~ ,~ (plastic) foam ~ ~

~-Dämmstoff *m* → Hartschaum(kunst)-stoff-Dämmstoff

~-Deckenplatte *f*, Hartkunst(stoff)-schaum(stoff)-Deckenplatte, Hartkunstharzschaum(stoff)-Deckenplatte, Hartschaum(kunst)stoff-Deckenplatte · rigid foam plastic ceiling board, ~ ~ ~ ~ sheet, ~ expanded ~ ~ ~, ~ (plastic) foam ~ ~

~-Dekor(ations)platte *f* → Hartschaum(kunst)stoff-Sichtplatte

~-Isolierplatte *f* → Hartkunst(stoff)-schaum(stoff)-Isolierplatte

~kern *m* → Hartschaum(kunst)stoffkern

~-Ornamentplatte *f* → Hartschaum-(kunst)stoff-Sichtplatte

~platte *f* → Hartschaum(kunst)stoffplatte

~-Sichtplatte *f* → Hartschaum(kunst)-stoff-Sichtplatte

~-Zierplatte *f* → Hartschaum(kunst)-stoff-Sichtplatte

Kunststoff|-Haustür *f*, Kunststoff-Gebäudetür · building entrance plastic door

~-Hohlkörper *m* **für Decken**, Kunststoff-Deckenhohlkörper · plastic hollow (floor) filler

~-Hohlplatte *f*, Hohl-Kunststoffplatte · hollow plastic board, ~ ~ sheet

~hülle *f*, Kunststoffröhre *f*, Kunststoff-spannkanal *m*, Kunststoffgleitkanal, Kunststoffhüllrohr *n* · plastic sheath(-ing) [*prestressed ocncrete*]

~hüllrohr *n*, Kunststoffröhre *f*, Kunststoffhülle *f*, Kunststoffspannkanal *m*, Kunststoffgleitkanal · plastic sheath(-ing) [*prestressed concrete*]

kunststoffimprägniert, kunststoffgetränkt · plastic-saturated, plastic-impregnated

Kunststoffisolierröhre *f* · plastic insulating tube, ~ insulation(-grade) ~

Kunststoffitting *m*, Kunststofformstück *n* · plastic fitting

Kunststoffkabel *n* · plastic cable

~schelle *f* · plastic cable clip

Kunststoff|-Kaltglasur(überzug) *f*, (*m*), Kunststoff-Wandkaltglasur(überzug) · all-plastic cold-glaze(d wall coat(ing))

~kaltkleber *m*, Kunststoffkaltkleb(e)-mittel *n*, Kunststoffkaltkleb(e)stoff *m* · plastic cold bonding agent, ~ ~ ~ medium, ~ ~ (~) adhesive, ~ ~ cement(ing agent)

~kanal *m*, Kunststoffhülle *f* [*für Spannbetonkabel*] · plastic sheath(ing)

kunststoff|kaschierte Hartplatte *f*, einfache Verbundplatte, einfache VBP · plastic laminated hardboard, ~ (laminate) (sur)faced ~, ~ coated ~

~kaschiertes Sperrholz *n* · plastic laminated plywood

Kunststoff|kaschierung *f* **von Stahl** plastic laminating of steel

~kern *m* · plastic core

~kipptor *n*, Kunststoffschwingtor · plastic up and over door

~kitt *m* · plastic cement

~kleb(e)stoff *m*, Kunststoffkleb(e)-mittel *n*, Kunststoffkleber *m* · plastic (bonding) adhesive, ~ ~ agent, ~ ~ medium, ~ cement(ing agent)

~konstruktion *f*, Kunststoff(konstruktions)system *n*, Kunststoffbausystem · plastic construction, ~ (structural) system

~(konstruktions)system *n*, Kunststoffbausystem, Kunststoffkonstruktion *f* · plastic construction, ~ (structural) system

~körper *m* → Kunststoff(bau)element

~kuppel *f* · plastic dome, ~ cupola

kunststofflegierter Beton *m*, Plastbeton, Kunstharzbeton [*Er besteht aus Zement, Zuschlagstoffen und Wasser, dem eine wäßrige Kunststoffdispersion zugesetzt wird*] · concrete with synthetic resin dispersion

~ Mörtel *m*, Plastmörtel, Kunstharzmörtel [*Dem Anmachewasser wird eine wäßrige Kunststoffdispersion zugesetzt*] · mortar with synthetic resin dispersion

Kunststoff|-Leichtbeton *m*, Leichtbeton auf Kunststoffbasis [*1. Aus Polystyrolschaumkugeln mit hydraulischen Bindemitteln (= Styroporbeton). 2. Aus Blähbeton und Blähglaskugeln mit in örtlicher Reaktion gebildetem PUR- und UP-Hartschaum abgebunden*] · foam(-ed) (plastic) (light(weight)) concrete, expanded ~ (~) ~, plastic foam (~) ~

~leiste *f*, Kunststoffzierleiste, Kunststoffornamentleiste, Kunststoffdekor(ations)leiste · plastic molding (US); ~ moulding (Brit.)

~leuchte *f* · plastic (light(ing)) fixture; ~ luminaire (~) (US); ~ light fitting (Brit.)

(~)Lichtbahn *f* · light-admitting plastic sheet(ing), ~ sheet(ing) plastic

~-Lichtkuppel *f* · plastic domed rooflight, ~ dome(light), ~ saucer dome, ~ light cupola

~lösung *f* · plastic solution

~masse *f* · plastic compound, ~ composition, ~ mass, ~ material

~membran(e) *f* · plastic membrane

~-Montageschiene *f* [*für Lichtbandanordnung*] · plastic mounting channel

~oberlicht *n*, Kunststoffdachoberlicht · plastic roof-light [*A plastic lantern-light or skylight*]

Kunststoffolie *f* · plastic film, ~ sheeting

Kunststoff|ornamentleiste *f*, Kunststoff(zier)leiste, Kunststoffdekor(ations)leiste · plastic molding (US); ~ moulding (Brit.)

~ornamentplatte *f*, Kunststoffzierplatte, Kunststoffdekor(ations)platte, (dekorative) Kunststoffsichtplatte · ornamental plastic board, decorative ~ ~, ~ ~ sheet

~-Pendeltür *f*, flexible ~ · flexible plastic (swing) door

~platte *f* · plastic board, ~ sheet

~platte *f*, Kunststoffbelagplatte, Kunststoff-Fliese *f* · plastic tile

~profil *n*, Kunststoffbauprofil · (construction(al)) plastic shape, (~) ~ section, (~) ~ trim, (~) ~ unit, structural ~ ~, (~) ~ profile

~prüfmaschine *f* · plastic testing machine

~putz *m* → Kunststoffverputz

~pyramide *f*, Kunststoffspitzsäule *f* · plastic pyramid

~regenrinne *f*, Kunststoff(dach)rinne · plastic (roof) gutter, ~ rainwater ~

~-Regen(wasser)ablauf *m* · plastic rainwater outlet, ~ ~ (inlet) gull(e)y

~rinne *f*, Kunststoffdachrinne, Kunststoffregenrinne · plastic (roof) gutter, ~ rainwater ~, ~ R. W. ~

~rohr *n* · plastic pipe

~röhre *f*, Kunststoffhülle *f*, Kunststoffhüllrohr *n*, Kunststoffspannkanal *m*, Kunststoffgleitkanal · plastic sheath(ing) [*prestressed concrete*]

~-Rollabschluß *m* · plastic roller shutter, ~ rolling ~

~rolladen *m*, Kunststoffrolljalousie *f* · plastic slatted roller blind

~-Rolltor *n* · rolling plastic shutter door, plastic rolling ~ ~, ~ ~ shutterdoor

~rosette *f* · plastic rose

~schale *f* · plastic shell

~schalung *f* · plastic form(work), ~ forms, ~ shuttering

Kunststoffschaum *m* → Kunststoffschaumstoff

~(ab)dichtung *f*, Schaumkunststoff(ab)dichtung, Schaum(stoff)(ab)dichtung, Kunstschaum(stoff)(ab)dichtung · foam(ed) (plastic) seal(ing), expanded ~ ~, plastic foam ~

~(ab)dichtung *f*, Schaumkunststoff(ab)dichtung, Schaum(stoff)(ab)dichtung, Kunstschaum(stoff)(ab)dichtung [*Erzeugnis*] · foam(ed) (plastic) seal, expanded ~ ~, plastic foam ~

~dämmung *f*, Schaumkunststoffdämmung, Schaum(stoff)dämmung, Kunstschaum(stoff)dämmung · foam(ed) (plastic) insulation, expanded ~ ~, plastic foam ~

~kuppel, *f* Schaumkunststoffkuppel, Schaum(stoff)kuppel · plastic foam cupola, foam(ed) (plastic) ~, expanded plastic ~

~platte *f*, Schaum(kunst)stoffplatte foam(ed) (plastic) board, ~ ~ sheet expanded ~ ~, plastic foam ~

~-Putzträgerplatte *f*, Putzträgerplatte aus Kunststoffschaum, Schaum(kunst)stoff-Putzträgerplatte · foam(ed) (plastic) plaster baseboard, expanded ~ ~ ~, plastic foam ~ ~

~(stoff) *m*, Schaumkunststoff *m*, Schaum(stoff), Kunstschaum(stoff) [*Genau genommen ist „Schaum(kunst)stoff" der technisch richtige Ausdruck, denn Schäume, z.B. Seifenschaum, sind nicht beständig und vergehen, während Schaumstoffe beständig sind. Die Kurzform „Schaum" für „Schaum(kunst)stoff" ist allerdings üblich. Das gleiche gilt für den englischen Begriff*] · foam(ed) plastic, expanded ~ (plastic) foam

Kunststoff|schelle *f* · plastic clip

~schiene *f* · plastic rail

~schlauch *m* · plastic hose

~-Schloßfalle *f*, Kunststoffalle · plastic latch

~schonschild *m* [*Baubeschlag*] · plastic finger plate

~schuppe *f* · plastic flake

~schwimmbecken *n* · plastic swimming pool

~schwingtor *n*, Kunststoffkipptor · plastic up and over door

~selbstdichtung *f*, Kunststoff(ab)dicht(ungs)profil *n* · plastic (preformed) gasket, ~ sealing ~

~sichtplatte *f*, dekorative ~, Kunststoffzierplatte, Kunststoffornamentplatte, Kunststoffdekor(ations)platte · ornamental plastic board, decorative ~ ~, ~ ~ sheet

~spachtel(masse) *m*, (*f*), Kunststoffausfüller *m* [*Siehe Anmerkung unter „Ausfüller"*] · plastic stopper, ~ stopping, ~ filler

~spannkanal *m*, Kunststoffgleitkanal, Kunststoffhüllrohr *n*, Kunststoffhülle *f*, Kunststoffröhre *f* · plastic sheath(ing) [*prestressed concrete*]

~spitzsäule *f*, Kunststoffpyramide *f* · plastic pyramid

~-(Spring)Brunnenbecken *n* · plastic fountain basin

~spritzputz *m*, Spritzkunststoffputz · spray plastic finish

~stab *m*, Kunststoffglied *n* [*Teil einer Stabwerkkonstruktion*] · plastic element, ~ member, ~ bar, ~ rod

~-(Stahl)Betonabstandhalter *m*, (Stahl)Betonabstandhalter aus Kunststoff · plastic reinforcement spacer, ~ ~ distance piece

~suspension *f* · plastic suspension

~system *n*, Kunststoffkonstruktionssystem, Kunststoffkonstruktion *f*, Kunststoffbausystem · plastic construction, ~ (structural) system

~tafel *f* · plastic panel

~-Terrazzostreifen *m*, Kunststoff-Terrazzo(trenn)schiene *f* · plastic divider strip

~-Terrazzo(trenn)schiene *f*, Kunststoff-Terrazzostreifen *m* · plastic divider strip

~-Trägerfolie *f* · base plastic film, ~ ~ sheeting

~tragwerk *n* [*Ein materielles System von Kunststoffbauelementen*] · plastic (load)bearing structure, ~ (weight-) carrying ~

~trennwand *f* · plastic partition (wall)

~(-Treppen)handlauf *m*, Kunststoff-(Treppen)handleiste *f* · plastic handrail, ~ guard rail, ~ stairrail

~(-Treppen)handleiste *f*, Kunststoff-(Treppen)handlauf *m* · plastic handrail, ~ guard rail, ~ stairrail

~tür *f* · plastic door

~türblatt *n* · plastic door leaf

~(tür)griff *m* · plastic (door) pull (handle)

kunststoffüberzogen, kunststoffbeschichtet · plastic-coated, plastic-(sur-) faced

Kunststoffüberzug *m*, Kunststoffbeschichtung *f* [*als Schicht*] · plastic coat

Kunststoff(ugen)band *n* · plastic waterstop, ~ waterbar

Kunststoff|umleimer *m* · plastic lip(-ping)

~-U-Profil *n* · plastic channel (section)

Kunststoff(uß)boden|(belag) *m* · plastic floor(ing) (finish), ~ floor cover(ing)

~material *n* · plastic(-based) floor(ing) (finish) material, ~ floor cover(ing) ~

Kunststoff|ventilator *m* · plastic fan

~-Verbundemulsion *f*, Kunststoff-Haftemulsion · plastic bonding emulsion

~verglasung *f* [*Siehe Anmerkung unter „Kunststoffglas"*] · glazing with light-admitting plastic (material)

kunststoffvergütet · plastic-modified

Kunststoff|verkleidung *f*, Kunststoffauskleidung, Kunststoffbekleidung · plastic lining, ~ (sur)facing

~(ver)putz *m* [*Kunststoff(ver)putze sind mit Kunststoffgranulaten verschiedener Färbung oder farbigen mineralischen Splittern gefüllte Dispersionen für dickschichtige Anstriche auf Mauerwerk*] · plastic finish

~versieg(e)lung *f*, Kunststoffabsieg(e)lung · plastic seal(ing)

Kunststoffwand|belag *m* · plastic wall cover(ing)

~(belag)platte *f*, Kunststoffwandfliese *f* · plastic wall tile

~fliese *f*, Kunststoffwand(belag)platte *f* · plastic wall tile

Kunststoff-(Wand)Kaltglasur(überzug) *f*, (*m*) · all-plastic cold-glaze(d wall coat(ing))

Kunststoff|wandplatte *f*, Kunststoffwandbelagplatte, Kunststoffwandfliese *f* · plastic wall tile

~-Wandputz *m* · plastic wall plaster

~wanne *f*, Kunststoffbadewanne · plastic (bath)tub, ~ bath

~-Wasser(leitungs)rohr *n* · plastic water pipe

(~)Weichschaum *m*, Weichkunststoffschaum, Weichschaum(kunst)stoff *m* · flexible foam(ed) plastic, ~ expanded ~, ~ (plastic) foam

~wellbahn *f* · plastic corrugated sheeting

~wellfolie *f* · corrugated plastic film, ~ ~ sheeting, plastic corrugated ~

~wellplatte *f*, gewellte Kunststoffplatte · plastic corrugated sheet, ~ ~ board

~werk *n* · plastic factory

~wirkstoff *m*, Kunststoffzusatz(mittel) *m*, (*n*) [*Zur Herstellung von elastischem Beton, Vorsatzbeton, Haftschichten, Ausgleichestrichen, Nivellierschichten, Spachtelmassen und Fugenmörtel*] · plastic admix(ture), ~ agent

~zaun *m* · plastic fence

~(zier)leiste *f*, Kunststoffdekor(ations)-leiste, Kunststoffornamentleiste · plastic molding (US); ~ moulding (Brit.)

~zierplatte *f*, Kunststoffornamentplatte, Kunststoffdekor(ations)platte, (dekorative) Kunststoffsichtplatte · ornamental plastic board, decorative ~ ~, ~ ~ sheet

~ziffer *f* · plastic numeral

~zisterne *f* · plastic cistern

~zusatz *m*, Kunststoffbeigabe *f* · addition of plastic

~zusatz(mittel) *m*, (*n*), Kunststoffwirkstoff *m* [*Zur Herstellung von elastischem Beton, Vorsatzbeton, Haftschichten, Ausgleichestrichen, Nivellierschichten, Spachtelmassen und Fugenmörtel*] · plastic admix(ture), ~ agent

Kunst|travertin *m* · imitation travertine

~- und Gewerbeschule *f*, Kunstgewerbeschule *f* · arts and crafts college, ~ ~ ~ school

~zentrum *n* · art centre (Brit.); ~ center (US)

Kupfer|(ab)dicht(ungs)streifen *m* · copper sealing strip, ~ water stop

~abflußrohr *n*, Kupferablaufrohr, Kupferentwässerungsrohr, Kupferdränrohr [*Fehlnamen: Kupferablauf m, Kupferabfluß m*] · copper discharge pipe, ~ drain(age) ~, ~ draining ~, ~ waste (~)

~ablaufrohr *n* → Kupferabflußrohr

~anker *m* · copper tie, ~ anchor

~anschluß(streifen) *m*, Kupferblechanschluß(streifen) · copper flashing (piece) [*See remark under 'Anschluß'*]

~auskleidung *f*, Kupferverkleidung, Kupferbekleidung · copper lining, ~ (sur-) facing

~band *n* · copper strip, stripp copper

~barren *m* · copper billet

~bedachung *f*, Kupferdachbelag *m*, Kupfer(ein)deckung, Kupferdach(ein)-deckung, Kupferdach *n* · copper roof cladding, ~ ~ covering, ~ ~ sheathing, ~ roof(ing)

~bekleidung *f*, Kupferauskleidung, Kupferverkleidung · copper lining, ~ (sur-)facing

kupferbeschichtete Pappe *f* · copper-coated paper [*See remark under 'Pappe'*]

Kupfer|blech *n*, Kupferfeinblech · copper sheet, sheet copper [*B.S. 1569*]

~(blech)anschluß(streifen) *m* · copper flashing (piece) [*See remark under 'Anschluß'*]

~block *m* · copper ingot

~bogen *m*, Kupferrohrbogen · copper (pipe) elbow

~bronze *f* · copper flakes, ~ bronze

~bronzefarbe *f* · copper-bronze paint

~brunnenrohr *n*, Kupferfilterrohr · copper filter pipe

~chlorid *n* · copper chloride (Brit.); ~ chlorid(e) (US)

~dachbelag *m*, Kupfer(ein)deckung *f*, Kupferdach(ein)deckung, Kupferdach *n*, Kupferbedachung · copper roof cladding, ~ ~ covering, ~ ~ sheathing, ~ roof(ing)

~dachdeckung *f* → Kupfer(ein)deckung

~dach(deckungs)element *n* · copper tile

~dach(ein)deckung *f*, Kupferdach *n*, Kupferbedachung, Kupferdachbelag *m*, Kupfer(ein)deckung · copper roof cladding, ~ ~ covering, ~ ~ sheathing, ~ roof(ing)

~(dach)(ein)deckungstechnik *f* · copper roofing practice

~dachelement *n*, Kupferdachdeckungselement · copper tile

~(dach)rinne *f*, Kupferregenrinne · copper (roof) gutter, ~ rainwater ~

~deckung *f* → Kupferdach(ein)deckung

~deckungstechnik *f* → Kupfer(dach)-eindeckungstechnik

~draht *m* · copper wire

~dränrohr *n* → Kupferabflußrohr

~(ein)deckung *f* → Kupferdachbelag

~(ein)deckungstechnik *f* → Kupfer-(dach)eindeckungstechnik

~einrohr *n* [*Zentralheizung*] · copper one-pipe

~entwässerungsrohr *n* → Kupferabflußrohr

~(fein)blech *n* · copper sheet, sheet copper

~-Feuchtesperrschicht *f* · copper dampproof(ing) course, ~ damp-course, ~ d.p.c., ~ dpc

~filterrohr *n*, Kupferbrunnenrohr · copper filter pipe

~fitting *m*, Kupferformstück *n*, Kupferverbindungsstück · copper fitting [*Bends, couplings, crosses, elbows, unions, etc.*]

~fleck *m* · copper stain

~fluat *n* · copper fluosilicate

~folie *f* · copper foil

~folieneinlage *f* · copper foil insert(-ion)

~formstück *n*, Kupferfitting *m*, Kupferverbindungsstück · copper fitting [*Bends, couplings, crosses, elbows, unions, etc.*]

~giebeldach *n* · copper-clad pitched roof

~guß *m* · copper casting

~hafte *f* · copper tack

~hafter *m*, Kupferlöthafter [*Metallbedachung*] · (soldered) copper cleat

~hydroxid *n* · copper hydroxid(e) (US); ~ hydroxide (Brit.)

~kabel *n*, Kupfermantelkabel · copper sheathed cable [*B.S. 3207*]

~-Kasten(dach)rinne *f* · copper box (roof) gutter, ~ ~ rainwater ~

~kehlrinne *f* · copper valley gutter

~keil *m* · copper wedge

~kern *m* · copper core

~-Knetlegierung *f* [*DIN 17666*] · copper wrought alloy

~kreuz(stück) *n*, Kupferrohrkreuz(stück) · copper (pipe) cross

~krümmer *m*, Kupferrohrkrümmer · copper (pipe) bend

~kupp(e)lung *f*, Kupferrohrkupp(e)lung · copper (pipe) coupling

~lamelle *f* · copper fin

~lamellenrohr *n* · copper fin(ned) pipe

~lasur *f* · hydrated basic carbonate of copper

~legierung *f* · copper alloy

~löslichkeit *f* · copper solubility

~(löt)hafter *m* [*Metallbedachung*] · (soldered) copper cleat

~(mantel)kabel *n* · copper sheathed cable [*B.S. 3207*]

~nagel *m* · copper nail

~nickel *n*, Kupfer-Nickel-Legierung *f* · copper(-)nickel (alloy)

~niet *m* · copper rivet

~platte *f* · copper slab

~plattierung *f*, Verkupferung · copper plating, coppering

~profil *n* · copper shape, ~ section, ~ unit, ~ trim, ~ profile

~regenrinne *f*, Kupfer(dach)rinne · copper (roof) gutter, ~ rainwater ~

kupferreiche Legierung *f* · copper-rich alloy

Kupfer|ring-Einrohrsystem *n*, waag(e)rechte Kupfereinrohrheizung *f* copper one-pipe ring system

~rinne *f*, Kupferdachrinne, Kupferregenrinne · copper (roof) gutter, ~ rainwater ~

Kupferrohr *n* · copper pipe

~ für Abwasserleitungen · copper pipe for sewage disposal

~ ~ Gasleitungen · copper pipe for gas lines

~ ~ Kaltwasserleitungen · copper pipe for cold water lines

~ ~ Radiatorenheizung · copper pipe for radiator heating

~ ~ Strahlungsheizung · copper pipe for radiant heating (systems)

~ ~ Warmwasserleitung · copper pipe for hot water lines

~ ~ Wasserleitungen · copper pipe for water lines

~ ~ Zentralheiz(ungs)anlagen · copper pipe for central heating (systems)

Kupfer|(rohr)bogen *m* · copper (pipe) elbow

~röhre *f* **für allgemeine Zwecke** · copper tube for general purposes [*B.S. 2017*]

Kupfer(rohr)|kreuz(stück) *n* · copper (pipe) cross

~krümmer *m* · copper (pipe) bend

~kupp(e)lung *f* · copper (pipe) coupling

Kupfer|rohrverbinder *m* · copper pipe union

~salz *n* · copper salt

~schalenprüfung *f*, Kupferschalenprobe *f*, Kupferschalenversuch *m* · copper dish test

~scheibe *f*, Kupferunterlegscheibe · copper washer

~schindel *f* · copper shingle

~schlacke *f* [*Ein bei der Erzeugung von Kupfer anfallendes Nebenerzeugnis. Es besteht vorwiegend aus Kieselsäure, Kalk und Tonerde, geringen Mengen von Magnesia, Eisenoxidul und Alkalien, sowie Spuren von Kupfer und Schwefel*] · cast slag, copper ~

Kupferschlacken|block(stein) *m*, Kupferschlackenstein · copper slag block, cast ~ ~, ~ ~ tile [*See remark under 'Block'*]

~(pflaster)stein *m* · copper slag sett, cast ~ ~

~stein *m*, Kupferschlackenblock(stein) *m* · copper slag block, cast ~ ~, ~ ~ tile [*See remark under 'Block'*]

Kupfer|schrot *m*, *n* · copper shot, Cu ~

~seide *f* [*Dieser Begriff ist veraltet*]; Cupra(faser) *f* · cuprammonium rayon

~seife *f* · copper soap

~steg *m* [*Elektroglas*] · copper strip

~streifen *m* · copper strip [*B.S. 1569*]

~streifenkorrosion *f* · copper strip corrosion

~stück *n* [*Lötkolben*] · copper block

~sulfat *n* · copper sulfate (US); ~ sulphate (Brit.)

~tafel *f* · copper panel

kupferummanteltes Kabel *n* · copper-sheathed cable

Kupfer|(unterleg)scheibe *f* · copper washer

~verbindung *f* · copper compound

~verbindungsstück *n*, Kupferformstück, Kupferfitting *m* · copper fitting [*Bends, couplings, crosses, elbows, unions, etc.*]

~verglasung *f* · copper glazing [*Assembled in a similar manner to lead glazing, this is far stronger, and lighter sections may be used if desired. Cames are either of a patent interlocking type or are electrically welded. It is used for all classes of decorative glazing, laylights and furniture; for fire-resisting construction; and for elevator doors and surrounds*]

kupferverkleidete Zisterne *f* · copper-lined cistern

Kupfer|verkleidung *f*, Kupferauskleidung, Kupferbekleidung · copper lining, ~ (sur)facing

~vitriol *n*, Kupfer(II)-sulfat-Pentahydrat *n*, $CuSO_4 \cdot 5\,H_2O$ · blue vitriol

~vollprofil *n* · copper solid section, ~ ~ unit, ~ ~ shape, ~ ~ trim, ~ ~ profile

~wellblech *n* · corrugated copper sheet

~winkel *m* · copper angle (section)

~-Zinn-Legierung *f* · copper-tin alloy

~zisterne *f* · copper cistern

~(II)-sulfat-Pentahydrat *n*, Kupfervitriol *n*, $CuSO_4 \cdot 5\,H_2O$ · blue vitriol

kupierte Mauerecke *f*, gebrochene rechtwinkelige ~ · bay quoin (of (masonry) wall)

Kupolofenschlacke *f* · cupola slag

Kuppel *f* · dome, cupola

~ auf Tambour, ~ ~ Trommel, Tambourkuppel, Trommelkuppel · pendentive dome, ~ cupola

~ mit Pendentifs, Pendentifkuppel, byzantinische Kuppel · dome on pendentives, cupola ~ ~

~ über einem Viereck · dome above a square, cupola ~ ~ ~

~art *f* · type of dome, ~ ~ cupola

(~)Auge *n* → Opäum

~bau *m* · domed structure

~boden *m* [*Behälter*] · dome(-shape)d floor, ~ bottom, domic(al) ~

~dach *n*, Haubendach, Dachhaube *f* [*Dach mit geschweifter Kontur*] · dome(-shape)d roof, domic(al) ~

~form *f* · dome(-shape)d form, domic(al) ~

~gewölbe *n*, Domikalgewölbe · cloister vault (US); domical ~ (Brit.) [*A vault rising direct on a square or polygonal base, the curved surfaces separated by groins*]

~grab *n* · 'tholos' type of tomb [*It is a subterranean stone-vaulted construction shaped like an old-fashioned skip beehive*]

(~)Grab *n* **des Agamemnon,** Schatzhaus *n* des Atreus [*in Mykene 14.–13. Jh. v. Chr.*] · Treasury of Atreus, Tomb of Agamemnon

~halle *f* · domed hall

~kapelle *f* · domed chape

~kirche *f* · domed church

(~)Laterne *f* · lantern

~moschee *f* · domed mosque

Kuppeln *n* **von Rohren,** Rohrkuppeln · (pipe) joint assembly, ~ coupling, coupling of pipes

Kuppel|oberfläche *f* · dome surface, cupola ~

~pavillon *m* · domed pavilion

~platte *f* · dome(-shape)d slab, domic(al) ~

~saal *m* · domed hall

~schale *f* · dome(-shape)d shell, domic(al) ~

~scheitel *m* · dome vertex, ~ apex, ~ key, ~ top, ~ crown, cupola ~

~segment *n* · dome segment, cupola ~

~spannung *f* · dome stress, cupola ~

~spure *f* · hollow space in cupola, ~ ~ ~ dome

~stab *m* · dome bar, cupola ~

~stil *m* · domed style

~türmchen *n* · domed turret, ~ diminutive tower

Kupp(e)lungssteckdose *f*, Hängesteckdose · hanging socket

Kuppelunterbau *m*, Tambour *m*, Trommel *f* · tambour, drum [*A vertical wall supporting a dome or cupola; it may be circular, square, or polygonal in plan*]

kurfürstliches Schloß *n* · electoral castle

Kur|garten *m*, Kurpark *m* · health resort garden, ~ ~ park

~hotel *n* · health resort hotel, spa ~

~ort *m* · health, spa

~park *m*, Kurgarten *m* · health resort park, ~ ~ garden

~promenade *f* · health resort promenade, spa ~

Kurvenfluß *m* · flow of curves, undulating flow

kurven|förmig, krummlinig · curvilinear

~förmiger Giebel *m*, geschweifter ~ · curved gable

Kurven|konsistenzmesser *m* · curved-trough flow-device

~lineal *n* · curve(d ruler)

Kurz|alterung *f*, Schnellalterung, abgekürzte Alterung · accelerated ag(e)ing

~(bade)wanne *f* · short (bath)tub, ~ bath

~bewitterung *f*, Schnellbewitterung, abgekürzte Bewitterung · accelerated weathering

kurzer Kehlbalken *m* → Katzenbalken

kurzes Glas *n* · quick-setting glass, shor ~, fast-setting ~

kurz|faserig · short fibred (Brit.); ~ fibered (US)

~fristig lieferbar · available for prompt delivery

~fristige statische Last *f* · short-time static load

~lebiger Werkstoff *m* · short-lived material

Kurz|methode *f*, Schnellmethode, abgekürzte Methode, Kurzverfahren *n*, Schnellverfahren, abgekürztes Verfahren · accelerated method

~probe *f*, Kurzversuch *m*, Kurzprüfung *f*, Schnellversuch, Schnellprüfung, Schnellprobe, abgekürzter Versuch, abgekürzte Probe, abgekürzte Prüfung · accelerated test

~prüfung *f*, Kurzversuch *m*, Kurzprobe *f*, Schnellversuch, Schnellprobe, Schnellprüfung, abgekürzter Versuch, abgekürzte Prüfung, abgekürzte Probe · accelerated test

~spanndach *n* · short-span roof

~spanntonnengewölbe *n* · short-span barrel vault, ~ tunnel ~, ~ wagon ~

~spannweitenbauwerk *n* · short-span structure

~spleiß *m* · short splice

~verfahren *n*, Schnellverfahren, abgekürztes Verfahren, abgekürzte Methode *f*, Schnellmethode, Kurzmethode · accelerated method

~versuch *m*, Kurzprüfung *f*, Kurzprobe *f*, Schnellversuch, Schnellprobe, Schnellprüfung, abgekürzter Versuch, abgekürzte Prüfung, abgekürzte Probe · accelerated test

~wanne *f*, Kurzbadewanne · short (bath-)tub, ~ bath

~wellplatte *f*, Berliner Welle *f*, KW-Platte [*Eine Asbestzementplatte für die Eindeckung von Wohnhäusern von 625 mm Länge*] · asbestos-cement sheet 625 mm long, ~ board ~ ~ ~; cement asbestos ~ ~ ~ ~ (US)

~zeichen *n* · symbol

~zeitlast *f* · short-term load

~zeitverhalten *n* · short term behaviour (Brit.); ~ ~ behavior (US); short-continued ~

Kutschenlack *m* · coach varnish

KW *n*, Kaltwasser · cold water

KW-Behälter *m*, KW-Lagerbehälter, Kaltwasser(lager)behälter · cold water storage tank

KW-Druckrohr *n*, Kaltwasser-Druckrohr · cold water pressure pipe

k-Wert *m* → Wärmedurchgangszahl k

KW-Hahn *m*, Kaltwasserhahn · cold water tap

KW-(Lager)Behälter *m*, Kaltwasser(lager)behälter · cold water storage tank

KW-Leitung *f*, Kaltwasserleitung · cold water line

KW-Netz *n*, Kaltwassernetz · cold water system

KW-Platte *f* → Kurzwellplatte

KW-Ringleitung *f*, Kaltwasserringleitung · cold water circuit

KW-Speisebehälter *m*, Kaltwasserspeisebehälter · cold water feed tank

KW-Uhr *f*, Kaltwasseruhr [*Fehlnamen*]; Kaltwasserzähler *m*, KW-Zähler · cold water meter

KW-Verbrauch *m*, Kaltwasserverbrauch · cold water consumption

KW-Versorgung *f*, Kaltwasserversorgung · cold water supply

KW-Zähler *m*, Kaltwasserzähler [*Fehlnamen: Kaltwasseruhr f, KW-Uhr*] · cold water meter

KW-Zisterne *f*, Kaltwasserzisterne · cold-water (storage) cistern

KW-Zufluß *m*, Kaltwasserzufluß · cold water feed

Kyma(tion) *n* · cyma(tium)

K_2CO_3, kohlensaures Kalium *n*, Pottasche *f*, Kaliumkarbonat *n* · potash, potassium carbonate

$K_2CO_3 1½H_2O$, Hydratpottasche *f* · hydrated potash

K_2SiO_3, Kaliumsilikat *n*, Kaliwasserglas *n* · potassium silicate

L

L, Lederleim *m* · leather glue, ~ cement, ~ adhesive

labil, unstabil, schnellbrechend [*Bitumenemulsion*] · labile, quick-breaking, rapid-setting

labiles Netz *n*, bewegliches ~ [*ebenes Fachwerk*] · instable frame, unstable ~

Labilität *f*, Instabilität · instability, lability

~ durch Gleiten · instability due to sliding, lability ~ ~ ~

~ ~ schiefe Setzung · instability due to uneven settlement lability ~ ~ ~ ~ [*e.g. Leaning Tower of Pisa*]

Labilitäts|wirkung *f* · instability effect

~zahl *f* · lability coefficient, instability ~, ~ number

Laboratorium *n* **für Hygiene** · hygiene research centre

Labor(atoriums)|fliese *f* · lab(oratory) tile

~kegel *m*, kleiner Segerkegel · Seger cone for lab(oratory) use, ~ ~ 30 mm high

~schnellprobe *f*, Labor(atoriums)schnellversuch *m*, Labor(atoriums)schnellprüfung *f* · accelerated lab(oratory) test

~tischfliese *f* [*DIN 12912*] · lab(oratory) bench tile

~turm *m* · lab(oratory) tower

Labyrinthfugenband *n* · labyrinth waterstop, ~ waterbar

Lachenbildung *f*, Wasser~, Wasseransammlung · ponding [*The formation of shallow pools of water on a surface*]

Lack *m*, farbloser ~, Klarlack [*Lacktechniker verstehen unter der Bezeichnung „Lack" nur den Klarlack. Ein pigmentierter Klarlack wird als Lackfarbe, verschiedentlich auch als Lackemaille, bezeichnet*] · (clear) varnish [*A liquid coating material, containing no pigment, which flows out to a smooth coat when applied and dries to a smooth, glossy, relatively hard, permanent solid when exposed in a thin film to the air. Some materials possessing the other characteristics dry without the usual gloss and are termed 'flat varnish'. B.S. 256*]

~anstrich *m*, Lackaufstrich, Lacküberzug *m*, Lackbeschichtung *f* · varnish coat(-ing), ~ finish

~aufstrich *m*, Lackanstrich, Lacküberzug *m*, Lackbeschichtung *f* · varnish coat(-ing), ~ finish

~beize *f*, Acklöser *m*, Abbeizer, Ablaugemittel *n*, (Ab)Beizmittel, Farbenlöser, Farbenentferner [*vom Anstreicher kurz „Lauge" genannt*] · (paint) remover, (~) stripper

~benzin *n* → Testbenzin

~beschichtung *f*, Lacküberzug *m*, Lackanstrich *m*, Lackaufstrich · varnish coat(ing), ~ finish

~-Bindemittellösung *f* → Klar~

~draht *m* · enamelled wire (Brit.); enameled ~ (US)

~emaille *f*, Lackfarbe *f*, pigmentierter Klarlack *m* · lacquer, pigmented varnish

~farbe *f* · lacquer

~film *m* · varnish film

~harz *n* · varnish resin, lacquer-grade ~

~hersteller *m* · varnish maker

~herstellung *f* · varnish manufacture

Lackieren *n* · varnishing

Lackierpinsel *m* · varnishing brush

lackierte Hartplatte *f*, ~ harte Holzfaserplatte, Lackplatte · lacquered hardboard

Lack|leinöl *n* · refined linseed oil

~löser *m*, Lackbeize *f*, Abbeizer, Ablaugemittel *n*, (Ab)Beizmittel, Farbenlöser, Farbenentferner [*vom Anstreicher kurz „Lauge" genannt*] · (paint) remover, (~) stripper

Lackmus *n* · litmus

~papier *n* · litmus paper

Lack|naturharz *n*, Naturlackharz · natural varnish resin

~papierdraht *m* [*Für feste Verlegung von Leitungen für Schwachstromanlagen*] · paper insulated enamelled wire (Brit.); ~ ~ enameled ~ (US)

~platte *f*, lackierte Hartplatte, lackierte harte Holzfaserplatte · lacquered hardboard

(~)Reifen *n* · maturing [*The process by which clarity, brightness, working properties etc. are improved by storing the varnish in tanks*]

~rohstoff *m* · varnish raw material

~schliffarbeiten *fpl* · rubbing varnish work

~überzug *m*, Lackbeschichtung *f*, Lackanstrich *m*, Lackaufstrich · varnish coat(ing), ~ finish

Laden *m*, Einkaufstätte *f* · shop

~, Fenster~ · (window) shutter [*A ventilated or louvered panel usually hinged to cover a window. Also used as a decorative unit fastened to the outside wall adjacent to a window*]

~arkade *f* → Ladengang

~bau *m* · shop fitting

~ebene *f*, (Ein)Kaufebene · shopping level

~eingangstür *f* · shop entrance door

~fenster *n*, Schaufenster · display window, show ~, shop ~

~front *f*, Schaufensterfront · shop front, store ~

~gang *m*, Ladenpassage *f*, Ladenarkade *f*, Ladenkorso *m*, Geschäftsarkade, Geschäftskorso, Geschäftspassage · (shopping) arcade, ~ mall, arcade of shops, mall of shops

~gasse *f* · shopping lane

~gebäude *n* · shopping building, ~ block

~geschoß *n*, Ladenetage *f*, Ladenstockwerk *n* · shop storey (Brit.); ~ story (US); ~ floor

~komplex *m*, Geschäftekomplex, (Ein-)Kaufkomplex · (retail) shopping complex, (~) business ~, shops

~lokal *n* · shop premise

~passage *f* → Ladengang

~platz *m* · shopping square

~straße *f*, Geschäftestraße, (Ein)Kaufstraße · (retail) shopping street, (~) ~ parade, (~) business ~, shops street, shops parade

~zeile *f* · row of stores

~zeile *f* **von der Straßenfront zurückverlegt und mit dazwischen liegenden Parkplätzen** · strip center (US)

~zentrum *n*, (Ein)Kaufzentrum · shopping centre (Brit.); ~ center (US); block of grouped shops

~zone *f*, (Ein)Kaufzone · shopping area

Laderampe *f*, Ver~ · loading and unloading ramp

Ladung *f* [*Waggonladung; LKW-Ladung usw.*] · load, shipment

Lage *f*, Schicht *f* · layer, coat

~, Standort *m* · site

Lagen|dicke *f*, Schichtdicke · layer thickness, coat ~

~gneis *m*, Bändergneis · banded gneiss, ribbon ~

~höhe *f*, Schichthöhe [*Mauerwerk*] · course depth

Lageplan *m* · location plan

Lager *n* [*Die untere oder obere Fläche eines Werksteines*] · bed

~, Magazin *n* · store

~-Auflager *n* · roller support

~dauer *f*, Lagerzeit *f* · storage period

lagerfähiges Mischgut *n* [*Straßenbau*] · pre-mix(ed) material

Lager|fläche *f* · storage area

~fries *m* [*Fußboden*] · border

~fuge *f* [*Mauerwerk*] · horizontal joint, bed ~, course ~

~fugenmörtel *m* · bed (joint) mortar

~fugenschablone *f* · joint rule, pointing template

~gebäude *n* · warehouse (building)

~gebäude *n* **mit Einrichtungen für Geschäftstätigkeiten** · wholesale warehouse (building) [*A building designed both for the storage of goods and the transaction of business, other than retail business related to such goods*]

~größe *f* [*Die Größe eines auf Lager vorrätigen Erzeugnisses*] · stock size

~gut *n* · stored material

lagerhaftes Bruchsteinmauerwerk *n* · coursed rubble masonry (work)

Lager|halter *m*, Magazinhalter, Lagerverwalter, Magazinverwalter · storekeeper

~haltung *f* · stock-keeping

~haus *n* → eingeschossiges Lagergebäude

~hof *m* · storage yard

~holz *n* [*schwimmender Holz(fuß)boden(belag)*] · (raft) batten

~hölzer *npl* **auf Dämmstreifen(unterlagen) und Balken** · (raft) battens on resilient (quilt) strips and beams

~hölzer *npl* **in der Auffüllung** · (raft) battens in the fill(ing)

~keller *m*, Vorratskeller · storage cellar

~kissen *n* · bearing pad

lagern, ein~ · to store

Lagern *n*, Lagerung *f*, Ein~ · storage

Lager|platz *m* · storage yard

~(raum) *n*, (*m*), Vorratsraum · stor(ag)e room

~raum *m* · storage space

~schicht *f* [*Lage flach gelegter Mauerziegel im Gegensatz zur Rollschicht*] · course with bricks laid on bed

~schuppen *m* · store shed

~trakt *m* · store block, ~ unit

Lagerung *f*, Lagern *n*, Ein~ · storage

Lagerungsverhalten *n* · behaviour on storage (Brit.); behavior ~ ~ (US)

Lagerzeit *f*, Lagerdauer *f* · storage period

~ · shelf life [*The time that a paint will keep in good condition when stored in the original sealed containers under normal storage conditions on the shelves of a shop or stock room*]

Lagrangescher Multiplikator *m* · Lagrange's multiplier

Laien|krankenhaus *n*, Laieninfirmeria *f* · (in)firmary for lay brethren

~refektorium *n* [*Refektorium der Laienbrüder in einem Kloster des Zisterzienserordens*] · frater for lay brethren, refectory ~ ~ ~, dining hall ~ ~ ~

Lakunar *n* · lacunar [*A ceiling made up of sunken panels*]

„Lambda"-System *n* [*Dieses System mit „T"- und „L"-förmigen Stützen und in den Momentennullpunkten gelenkig angeschlossenem Riegel wird bei geneigtem Dach und bei kurzen, steifen Stielen ausgeführt*] · 'Lambda' system

Lamberie *f*, Lambris *m*, Sockeltäfelung *f* · wainscot

Lambris *m*, Lamberie *f*, Sockeltäfelung *f* · wainscot

Lamelle *f*, Jalousie~, (Jalousie)Stäbchen *n* · (blind) slat

~ → Gurt(ungs)platte

~, Abschluß~ · (curtain) slat, (~) lath, shutter ~

Lamellen|abschluß *m* · slat shutter, lath ~

~balken(träger) *m*, Brett~, Schichtholzrandbalken(träger) · (glue(d)) laminated (timber) edge beam; glulam (~) ~ ~ (US)

~bogen(träger) *m*, Brett~, Schichtholzbogen(träger), gekrümmter Schichtholzträger, gekrümmter (Brett)Lamellenträger · (glue(d)) laminated (timber) arch(ed girder); glulam (~) ~ (~) (US)

~dach *n* · lamella roof

~graphit *m* · flake graphite

~heizkörper *m*, berippter Heizkörper, Rippenheizkörper · strip heater, fin(ned) ~ ~, rib(bed) ~, g(r)illed ~

~heizrohr *n*, Rippenheizrohr, beripptes Heizrohr · (fin(ned)) strip heating tube, rib(bed) ~ ~, g(r)illed ~ ~

~-Hubtor *n* · slat lift shutter door, ~ ~ shutterdoor

~kuppel *f* · lamella dome, ~ cupola, lattice ~

~parkett *n*, Kleinparkett, Mosaikparkett, Dünnparkett, Sparparkett · mosaic parquet(ry), (~) fingers

~parkettplatte *f*, Kleinparkettplatte, Mosaikparkettplatte, Dünnparkettplatte, Sparparkettplatte · mosaic parquet(ry) sheet

Lamelle(nparkettstab) *f*, (*m*), Kleinparkettstab, Mosaikparkettstab, Dünnparkettstab, Sparparkettstab · finger

Lamellen|-Portalrahmen *m*, Brett~, Schichtholzportalrahmen · (glue(d)) laminated (timber) portal frame; glulam (~) ~ ~ (US)

~rahmen *m*, Brett~, Schichtholzrahmen · (glue(d)) laminated (timber) frame; glulam (~) ~ (US)

~raster *m* [*Leuchte*] · cross louver shielding, ~ louvre ~

~rohr *n*, Rippenrohr, beripptes Rohr · g(r)illed tube, fin(ned) ~, ribbed ~

~-Rollabschluß *m* · slat rolling shutter, ~ roller ~

~schalendach *n*, Brett~, Schichtholzschalendach · (glue(d)) laminated (timber) shell roof; glulam (~) ~ ~ (US)

~schaum *m* · foam with interconnecting cells

~schluß *m*, Stäbchenschluß [*Jalousie*] · slat closure

~sparren *m*, Brett~, Schichtholzsparren · (glue(d)) laminated (timber) rafter; glulam (~) ~ (US)

~strebe *f*, Brett~, Schichtholzstrebe · (glue(d)) laminated (timber) (raking) strut; glulam (~) (~) ~ (US)

~system *n* [*Kuppel*] · lattice system, lamella ~

~träger *m*, Brett~, Schichtholzträger · (glue(d)) laminated (timber) girder; glulam (~) ~ (US)

~winkel *m*, Winkelstellung *f* einer Lamelle · slat angle

lamelliertes Holz *n*, Schichtholz, SCH · (glue(d)) laminated wood, (~) ~ timber; (Brit.); glulam (~) (US)

Lamellierung *f* [*Jalousie*] · slatting

Lamell-Matte *f* [*Rockwool-Erzeugnis; patentrechtlich geschützt*] · lamella mat

Lammfell|farbrollgerät *n* · lamb's(-) wool roller

~rolle *f*, Lammfellwalze *f*, Lammfellroller *m* [*Farbrollgerät*] · lamb's(-)wool cylinder

Lampe *f* · lamp

(Lampen)|Fassung *f* · lampholder

(~)Fassungsoberteil *m*, *n* · lampholder top member

~raum *m* · lamp compartment

~ruß(pigment) *m*, (*n*) · lampblack (pigment)

~sockel *m* · lamp cap [*B.S. 495. Lamp caps and lampholders for double-capped tubular lamps; B.S. 841. Lamp caps and lampholders for architectural lamps for voltages exceeding 250 volts*]

Landasphalt *m* [*Trinidad*] · land asphalt, ~ pitch, shore asphalt

Landes|ausstellung *f* · provincial exhibition, regional ~

~planung *f* · regional planning

~planungsverband *m* · regional planning association

Land|gestaltung *f*, Landschaftsgestaltung · landscape design, ~ treatment, ~ development, landscaping

~krankenhaus *n* · rural hospital

ländlich gestalten · to landscape

ländliche Architektur *f*, ~ Baukunst *f* · rural architecture

Landschaft *f* · landscape

landschaftliches Anpassungsvermögen *n* · adaptability to natural surroundings

Landschafts|architekt *m* · landscape architect

~garten *m*, englischer ~ · English landscape garden

~gärtner *m* · landscape gardener

landschaftsgärtnerische Arbeiten *fpl* [*DIN 18320*] · landscape work, landscaping ~

Landschafts|gestaltung *f*, Landgestaltung · landscape design, ~ treatment, ~ development, landscaping

~park *m* · landscape park

~pflege *f* · landscape preservation

~schutz *m* · landscape protection

Landsitz *m* · country manison, manor house

landwirtschaftliche Abwasserverwertung *f* · utilization of refuse water for agricultural purposes, ~ ~ ~ foul ~ ~ ~, ~ ~ ~ sewage ~ ~ ~

landwirtschaftliches Betongebäude *n* · concrete farm building

Landwirtschaftsgebäude *n* · farm building, agricultural ~

Lang|band *n*, gerades Band, Zungenband [*Baubeschlag*] · cross garnet, tee hinge [*It is intended for hinging components of ledged construction, such as ledged, braced and battened doors, or where weight must be distributed over a large area*]

~bau(werk) *m*, (*n*), Longitudinalbau(-werk) [*Bei einem Langbau dominiert die Längsachse*] · structure built on the axial principle, long structure

~durchlochung *f* [*Mauerziegel*] · horizontal coring

Länge *f* **der Position** [*Stahlliste*] · length of each bar

~ ~ Scharnierrolle, Rollenlänge, Gewerbelänge · knuckle length

lange Schale *f* · long shell

~ Stütze *f* · strut [*The generic term for a long column of timber or metal*]

Längen|abmessung *f* · length dimension

~änderung *f* · length change, change in length

~ausdehnungsbeiwert *m* · coefficient of expansion

~messung *f* · length measurement

Längerwerden *n* · elongation, lengthening

langes Glas *n* · slow-setting glass, long ~

langfaserig · long fibred (Brit.); ~ fibered (US)

Langfasern *fpl* → gesponnenes Glas

langfristige Festigkeit *f* · long-term strength

~ Versuche *mpl* **über Betriebsverhalten** · long-time service testing

(lang)genutet · grooved

Lang|gewinde *n* · long thread

~haus *n* [*Teil einer Kirche zwischen Fassade und Querhaus, bzw. Chor*] · main building

~hausbau *m* [*Kirchenbaukunst. Gegensatz „Zentralbau"*] · church built on the axial principle

langlebig · long lacting

länglich · oblong

Langloch *n* [*Mauerziegel*] · horizontal core, ~ cavity, ~ cell

~ für Schwalbenschwanz · dovetail slot

~block(stein) *m*, Langlochstein [*Er ist gleichlaufend zur Lagerfläche durchlocht*] · horizontal coring block, ~ ~ tile [*See remark under 'Block'*]

~-Leichtziegel *m*, LLz [*DIN 18505*] · horizontal coring (clay) light(weight) brick

~-Leichtziegelplatte *f*, LLp [*DIN 18505*] · horizontal coring light(weight) prefab(ricated) brick panel (unit)

~stein *m*, Langlochblock(stein) *m* [*Er ist gleichlaufend zur Lagerfläche durchlocht*] · horizontal coring block, ~ ~ tile [*See remark under 'Block'*]

Lang|lochung *f* · horizontal coring

~lochziegel *m*, LLz [*Mauerziegel nach DIN 105, der gleichlaufend zur Lagerfläche durchlocht ist*] · horizontal coring (clay) brick

langöliges Alkydharz *n*, fettes ~ [*Ölgehalt 60%–70%*] · long-oil alkyd resin

Längs(ab)dichtung *f* · longitudinal seal(-ing)

längsabgesteift, längsverstärkt, längsversteift längsausgesteift · longitudinally stiffened, ~ braced, ~ reinforced

Längs|abstand *m* · longitudinal interval, ~ spacing

~absteifung *f*, Längsaussteifung, Längsversteifung, Längsverstärkung · longitudinal stiffening, ~ bracing, ~ reinforcing

langsam|(ab)bindend [*hydraulisches Bindemittel*] · slow-setting

~(ab)bindender Zement *m*, Langsambinder(zement) *m* · slow-setting cement

Langsambinder(zement) *m*, langsam(ab)bindender Zement · slow-setting cement

langsambrechend, stabil [*Bitumenemulsion*] · stable, slow-breaking, slowsetting

langsame Umwandlung *f* [*Langsame und nicht unmittelbar reversible Kristallumwandlung durch Temperaturänderung*] · conversion

langsam|(er)härtend · slow-hardening

~erstarrend [*hydraulisches Bindemittel*] · initially slow-setting

~trocknend · slow-drying

Längs|arbeitsfuge *f* · longitudinal construction joint

~armierung *f*, Längsbewehrung, Längs(stahl)einlagen *fpl* · longitudinal reinforcement

~armierungsanteil *m*, Längsbewehrungsanteil · ratio of longitudinal reinforcement

längs|aufgeteilte offene Raumzelle *f*, längsoffene ~ · open building block module with longitudinal subdivisions

~ausgesteift, längsabgesteift, längsversteift, längsverstärkt · longitudinally stiffened, ~ braced, ~ reinforced

Längs|aussteifung *f*, Längsversteifung, Längsabsteifung, Längsverstärkung · longitudinal reinforcing, ~ bracing, ~ stiffening

~bewehrung *f*, Längsarmierung, Längs(stahl)einlagen *fpl* · longitudinal reinforcement

~biegefestigkeit *f* · longitudinal bending strength

~biegespannung *f* · longitudinal bending stress

~biegung *f* · longitudinal bending

Lang|schiff *n*, Hauptschiff, Mittelschiff · (church) nave, middle vessel

~schiffarkade *f*, Hauptschiffarkade, Mittelschiffarkade · nave arcade

~schiffpfeiler *m*, Hauptschiffpfeiler, Mittelschiffpfeiler · nave pier

~schild *n* [*Türbeschlag*] · backplate

Längs|dichtung *f*, Längsabdichtung · longitudinal seal(ing)

~einlagen *fpl*, Längsstahleinlagen, Längsarmierung *f*, Längsbewehrung · longitudinal reinforcement

Langseitenschifter *m* · longitudinal jack rafter

Längs|entlüfter *m* · streamline ventilator, continuous ~, ~ extractor, ~ extract ventilation unit, ~ extraction unit

~falte *f* · longitudinal fold

längs|gespannte Platte *f* · slab spanning in the longitudinal direction

~gewellt · longitudinally corrugated

Längs|hohlraum *m* · longitudinal cavity

~kante *f* [*Die schmale Fläche eines Parkettstabes, wo die Faser mehr oder weniger parallel zur Achse des Parkettstabes verläuft*] · edge [*The narrow surface of a parquet block where the grain runs more or less parallel to the longitudinal axis of the block*]

~kirche *f*, sakraler Längsbau *m* · longitudinally-planned church

~kraft *f* · longitudinal force

~last *f* · longitudinal load

~laufträger *m* · longitudinal running girder

~lochblock(stein) *m*, Längslochstein · side-construction tile [*The cells are placed horizontally*]

~mittelfuge *f*, Mittellängsfuge · longitudinal centre joint (Brit.); ~ center ~ (US)

~moment *n* · longitudinal moment

~rahmen *m* · longitudinal frame

~rand *m* · longitudinal edge

~richtung *f* · longitudinal direction

~rippe *f* · longitudinal rib

~riß *m* [*Holz*] · check

~(rund)stab *m*, Haupt(rund)stab [*Betonstahlmatte*] · main (round) bar

~scheitelrippe *f* · longitudinal ridgerib

~seite *f* [*Block(stein); Stein; Ziegel; Platte; usw.*] · long side

~seite *f* **eines Läufer(stein)s** · long face, stretcher ~

~spannkraft *f*, Längsvorspannkraft · longitudinal prestress(ing) force, ~ stretching ~, ~ tensioning ~

~spannung *f* [*Spannung, welche einen Balken(träger) oder Träger in der Längsachse beansprucht*] · longitudinal stress

~stab *m*, Haupt(rund)stab, Längsrundstab [*Betonstahlmatte*] · main (round) bar

~(stahl)einlagen *fpl*, Längsarmierung *f*, Längsbewehrung · longitudinal reinforcement

~stange *f*, Streichstange [*Holzgerüst*] · ledger [*A horizontal pole, parallel to the wall in wooden scaffolding, lashed to the standards and carrying the putlogs. In tubular scaffolding similar terms are used, but different fixings*]

~steife *f* · longitudinal stiffener

~steifigkeit *f* · longitudinal stiffness, ~ rigidity

längstragend · (load)bearing in longitudinal direction, weight-carrying ~ ~

Längs|träger *m* · longitudinal girder

~überdeckung *f*, Längsüberlappung · longitudinal overlap(ping)

~verformung *f* · longitudinal deformation

längsverstärkt, längsversteift, längsausgesteift, längsabgesteift · longitudinally stiffened, ~ braced, ~ reinforced

Längsverstärkung *f*, Längsversteifung, Längsaussteifung, Längsabsteifung · longitudinal stiffening, ~ bracing, ~ reinforcing

längsversteift, längsausgesteift, längsverstärkt, längsabgesteift · longitudinally stiffened, ~ braced, ~ reinforced

Längs|versteifung *f*, Längsverstärkung Längsaussteifung, Längsabsteifung · longitudinal stiffening, ~ bracing, ~ reinforcing

~(vor)spannkraft *f* · longitudinal prestress(ing) force, ~ stretching ~, ~ tensioning ~

~vorspannung *f* · longitudinal prestress(-ing)

~wand *f* · longitudinal wall

~wandbau *m* · longitudinal wall construction

~welle *f*, Longitudinalwelle · longitudinal wave

~wirkung *f* · longitudinal action

~zugspannung *f* · longitudinal tension stress

Lang- und Kurzwerk *n* [*In der englischen Baukunst die Eckquader des Mauerwerks eines Turmes, die abwechselnd mit der längeren bzw. kürzeren Seite einbinden*] · long-and-short technique, ~ technic, ~ work, ~ quoining

Längung *f*, Dehnung [*positiv*] · extension

Langzeit|last *f* · long term load, long-continued ~

~verhalten *n* · long term behaviour (Brit.); ~ ~ behavior (US); long-continued ~

Lanzet(t)bogen *m* lanzet(t)förmiger Bogen, überhöhter Spitzbogen · lancet arch [*A sharp pointed arch, resembling a lancet, chiefly in use during the early English Period*]

Lanzet(t)(bogen)fenster *n* · lancet window [*A narrow, sharply pointed window without tracery, set in a lancet arch*]

Lappen *m*, Band~ · (hinge) flap

~ [*Ösenteil eines Scharniers*] · loop

Lärchenschindel *f* · larch shingle

Lärm *m* [*Hörschall, der die Stille oder eine gewollte Schallaufnahme stört oder auch Hörschall, der zu Belästigung oder Gesundheitsstörung führt*] · noise [*Sound which is undesired by the recipient. Undesired electrical disturbances in a transmission channel or device may also be termed 'noise', in which case the qualification 'electrical' should be included unless it is self-evident*]

~abwehr *f*, Lärmbekämpfung *f* · noise control, ~ suppression

lärmarm · noise-reduced

Lärm|bekämpfung *f*, Lärmabwehr *f* · noise control, ~ suppression

~belästigung *f*, Lärmstörung · noise nuisance

~bereich *m, n* . noise range, range of noises

~dämpfer *m* · noise abatement device

~dämpfung *f* · noise abatement

~entwicklung *f* · noise development

~forschung *f* · noise research

~messung *f* · noise measurement

~minderung *f* · noise abatement, ~ reduction

~pegel *m* · noise level

~physik *f* · noise physics

~quelle *f* · noise source

lärmreich · noisy

Lärm|schluckung *f* · noise absorption

~schranke *f*, Lärmsperre *f* · noise barrier

~schutz *m* · noise insulation

~sperre *f*, Lärmschranke *f* · noise barrier

~störung *f*, Lärmbelästigung · noise nuisance

~übertragung *f* · noise transmission

Larssenbohle *f*, Larssenprofil *n*, Larssen-Spundwandeisen *n* [*Ist ein nach seinem Erfinder Larssen genanntes Spundwandstahlprofil*] · Larssen sheetpile, ~ section

Lasche *f* [*Dach*] · ridge gusset plate

~ · butt strap

Laschen|sicherung *f*, Laschenverbindung, Laschenstoß *m* · butt strap(ped) joint

~stoß *m*, Laschensicherung *f*, Laschenverbindung · butt strap(ped) joint

~verbindung *f*, Laschenstoß *m*, Laschensicherung · butt strap(ped) joint

lasieren · to scumble

Lasieren *n* [*Anfärben von Flächen durch Auftragen einer transparenten Farblösung (Lasurfarbe), welche den Untergrund nicht abdeckt, sondern in einer anderen Farbtonwirkung erstehen läßt*] · scumbling

Last *f* · load [*The force acting on a structure or a member*]

~ aus Erddruck, Erddrucklast · active soil (pressure) load, ~ earth (~) ~

~ ~ Wasserdruck, Wasserdrucklast · water (pressure) load

~abfall *m* · load drop

(~)Ableitung *f*, (Last)Abtragung, (Last-)Übertragung · (load) transfer, (~) transmission

(~)Abtragung *f*, (Last)Ableitung, (Last-)Übertragung · (load) transfer, (~) transmission

~angriff *m*, Lastaufbringung *f*, Belasten *n* · load application, application of load, loading

Lastangriffs|punkt *m* · point of load application

~richtung *f* · direction of the applied load

Last|annahme *f*, rechnerisch vorgesehene Last *f*, angenommene Last, Belastungsannahme, Entwurfslast, Bemessungslast · design load, assumed ~

~annahmen *fpl* **für Bauten** [*DIN 1055*] · design loads for structures

~äquivalent *n* · load equivalent

~aufbringung *f*, Lastangriff *m*, Belasten *n* · load application, application of load, loading

~ausgleich *m* · load compensation

~ausmittigkeit *f* · eccentricity of load

~beanspruchung *f* · load stress

~bedingung *f* · load condition

~beiwert *m*, Lastzahl *f* · load coefficient

~bereich *m*, *n* · load range

~-Dehnungskurve *f* · load-strain curve

~diagramm *n* · load diagram

~dreieck *n* · load triangle

~-Durchbiegungs-Diagramm *n*, Last-Durchsenkungs-Diagramm · load-deflection diagram, load-deflexion ~

~einwirkung *f* · load action

Lastenaufzug *m*, Materialaufzug · goods lift, freight ~, trunk ~ (Brit.); ~ elevator (US)

~ mit Personalbegleitung, Materialaufzug ~ ~ · attendant-operated goods lift, ~ freight ~, ~ trunk ~ (Brit.); ~ ~ elevator

Lasten|bündelung *f* · load collection

~gruppe *f* · group of loads

~schema *n*, Lastenanordnung *f* · loading diagram

~summe *f* · sum of loads

~verkehr *m* · goods' traffic

Last|ermittlung *f* · load determination

~faktor *m* · load factor

~fall *m*, Belastungsfall · load(ing) case

~feld *n* · area of loading, loaded area, field of load

~fläche *f*, Lastfeld *n*, belastetes Feld, belastete Fläche · area of loading, loaded area, field of load

~formänderung *f*, Lastverformung · deformation under load

~-Formänderungs-Beziehung *f*, Last-Verformungs-Beziehung · load-deformation relation

~freiheit *f* · absence of load

~gleichwert *m* · load equivalent

~glied *n*, Belastungsglied · load(ing) term

~grenze *f* · load limit

~größe *f* · load magnitude

~komponente *f* · load component

~kurve *f* · load curve

~linie *f* · load line [*In graphic statics, the line of a force polygon on which the loads are laid off*]

lastmindernder Einfluß *m* · load-reducing influence

Last|minderung *f* · load reduction

~moment *n* · load moment

~scheide *f* · load separation point

~schwankung *f* · load variation

Lastsetzungs|diagramm *n* · load-settlement diagram

~kurve *f*, Lastsetzungslinie *f* · load-settlement curve

~linie *f*, Lastsetzungskurve *f* · load-settlement curve

Last|spannung *f* · load stress

~spiel *n*, Belastungsspiel · load(ing) cycle

~stärke *f* · intensity of load, load intensity

~stärkediagramm *n* · load intensity diagram

~stellung *f* · position of load, load position

~stoß *m*, Belastungsstoß · load(ing) shock

~streifen *m* · load strip

~stufe *f*, Belastungsstufe · load increment ,~ stage

~system *n* · system of loads, load system

~tabelle *f*, Lasttafel *f* · load table

~tafel *f*, Lasttabelle *f* · load table

(last)tragend, belastet · (load)bearing, weight-carrying, load-carrying, suporting, loaded

(last)tragender Deckenziegel *m*, ~ Deckenstein *m*, statisch mitwirkender ~ [*DIN 4159*] · loadbearing floor (clay) brick, ~ ~ (~) block

~ Ziegel *m*, statisch mitwirkender ~ · loadbearing brick

(last)tragendes Mauerwerk *n*, Auflagermauerwerk · (load)bearing masonry (work)

~ System *n*, Tragsystem [*Das aus einer Konstruktion bzw. aus einem Tragwerk abstrahierte gedankliche Gebilde, das man mit den Methoden der Baustatik untersuchen kann*] · (load)bearing system, structure ~, weight-carrying ~

(Last)|Übertragung *f*, (Last)Ableitung, (Last)Abtragung · (load) transfer, (~) transmission

~vektor *m* · load vector

~verformung *f*, Lastformänderung · deformation under load

~-Verformungs-Beziehung *f*, Last-Formänderungs-Beziehung · load-deformation relation

~-Verformungs-Diagramm *n* · load-deformation diagram

~verformungskurve *f* · load deformation curve

~verlust *m* · load loss

lastverteilend · load-spreading, load-distributing

Lastverteilung *f* · distribution of load, load distribution

Lastverteilungs|fläche *f* · area of load distribution

~kurve *f* · load-distribution curve, load-distributing ~

~vermögen *n* · load spreading ability

~winkel *m* · angle of load distribution

Last|wegnahme *f* · load removal, removal of load

~zahl *f*, Lastbeiwert *m* · load coefficient

~zone *f* · load zone

~zunahme *f*, Lastzuwachs *m*, Laststeigerung *f* · load(ing) increase

~zusammenstellung *f* · load compilation

~zustand *m*, Belastungszustand · load(-ing) state

~zuwachs *m*, Lastzunahme *f*, Laststeigerung · load(ing) increase

Lasur *f*, Farb~ · scumble

~technik *f* · scumbling technique, ~ technic [*A technique of painting in which portions of the last colour coat are removed or textured whilst still wet, in order to expose part of the colour underneath; used to achieve a variety of broken colour effects*]

~farbe *f* · scumble glaze [*A transparent preparation used in the scumbling process*]

lateinisches Kreuz *n* · Latin cross, crux immissa

latent hydraulischer Stoff *m* · latent hydraulic substance

latente Energie *f*, potentielle ~, Energie der Lage, Potential *n* · potential energy, position ~, energy of position, geodetic head [*It is the energy possessed by a body in virtue of its position relative to some zero position*]

~ Wärme *f*, verborgene ~, gebundene ~ · latent heat

Laterit|kies *m* · lateritic gravel

~splitt *m* · laterite chip(ping)s

Laterne *f* → Dach~

~, Cimborio *m* · cimborio, lantern tower

~, Kuppel~ · lantern

~ · lantern [*The room containing the lamp at the top of a lighthouse*]

~ [*Beleuchtungskörper*] · lantern

Laternen|dach *n* · lantern (light) roof

~öffnung *f* → Opäum

~pfahl *m* · lamp post

~ring *m* · lantern ring

~träger *m* · lantern girder

Latex *m* · latex [*The general meaning of the term is milky sap exuded from rubber trees and is the source of natural rubber. In the plastics industry, latex means an aqueous emulsion of synthetic resins*]

~artikel *m*, Latexgegenstand *m*, Latexerzeugnis *n* · latex product, ~ article

~basis *f*, Latexgrundlage *f* · latex base

~boden(anstrich)farbe *f* → Latexfußboden(anstrich)farbe

~erzeugnis *n*, Latexgegenstand *m*, Latexartikel *m* · latex product, ~ article

~farbe *f* · latex paint [*A paint based on a pigmented emulsion of synthetic resin*]

~(fuß)boden(anstrich)farbe *f* · latex floor(ing) (finish) paint, ~ floor cover(-ing) ~

latexgebunden · latex-bound

Latex|gegenstand *m*, Latexerzeugnis *n*, Latexartikel *m* · latex product, ~ article

~grundlage *f*, Latexbasis *f* · latex base

~schaum(stoff) *m*, Schaum(stoff)latex *m* · foam(ed) latex, latex foam

~wand(anstrich)farbe *f* · latex wall paint

Latte *f* · lath

Latteibrett *n*, Simsbrett, Deckbrett Fensterbrett · window board

Lattung *f*, Dach~, Ziegel~ · (roof) battens, ~ lathing

Laube *f* [*Offener, meist gewölbter Bogengang als Teil des Erdgeschosses, besonders von Wohn- und Rathäusern der deutschen Renaissance, auch dem Erdgeschoß vorgelagert*] · covered walk

Laubengang *m*, offener Gang · access gallery, ~ balcony, exterior corridor, outside corridor, outdoor corridor, external corridor [*A balcony intended to give access to a number of separate dwellings above the first stor(e)y*]

~haus *n*, Außenganghaus konventioneller Form [*An einer Längsseite, meist der Nordseite des Hauses, zieht sich ein offener Gang entlang, auf den sich die Wohnungseingangstüren öffnen und der seinerseits den Verkehrsschacht oder die beiden Verkehrsschächte erreicht*] · block with external access galleries of the conventional type, conventional (external-)balcony-access type of block

~wohnung *f* · balcony-access flat, ~ apartment (unit)

Lauben|garten *m* · allotment

~hof *m*, Bogenganghof, Arkadenhof · arcaded court

Laubfries *m* · foliage frieze

Laubholzteer *m* · hardwood tar

~pech *n* · hardwood-tar pitch

Laubwerk *n*, Blattwerk · foliage, leaves

~kapitell *n*, Laubwerkkapitäl · foliated capital

Lauf *m*, Flucht *f*, Arm *m*, Treppen~ · flight (of stairs), stair flight

~bohle *f*, Karrbohle · walk plank, run(-way) ~

~breite *f*, Treppen~ · flight width

laufende Fertigung *f*, ~ Herstellung, ~ Produktion *f*, Massenherstellung, Massenanfertigung, Massenproduktion · mass production, ~ fabrication, day-to-day ~

laufender Fuß *m* [*Längenmaß*] · foot run, feet ~, lineal foot

~ Hund *m* · running dog, Vitruvian scroll [*A classical ornament often used in a frieze, similar to the wave ornament*]

Läufer *m* · stretcher [*A masonry unit laid with its length horizontal and parallel with the face of a wall or other masonry member*]

~, Gardine *f* [*Fehler beim Verarbeiten von Lack oder Lackfarbe*] · run, sag, curtain [*An irregularity of a surface due to uneven flow, frequently due to application of a coat that is too heavy, and not brushed out well*]

~bildung *f*, Gardinenbildung [*Fehler beim Verarbeiten von Lack oder Lackfarbe*] · sagging curtaining, running

~lage *f* Läuferschicht *f* · stretcher course, stretching ~

~verband *m*, Schornsteinverband, mittiger (Mauerwerk)Verband, mittiger Mauerverband, mittiges (Mauerwerk)Gefüge *n*, mittiges Mauergefüge [*DIN 18151. Die Stoßfugen sind um ½ Steinlänge gegeneinander versetzt*] · (conventional) running (masonry) bond, stretching (~) ~, stretcher (~) ~, chimney (~) ~ [*The vertical joints are centered on the stretchers above and below*]

~ziegel *m* · stretcher brick

Lauf|gang *m* [*z.B. in einer Kapelle*] · wall-passage [*e.g. in a chapel*]

~länge *f* [*Treppe*] · flight length

~linie *f*, Teilungslinie, Ganglinie, Gehlinie [*Treppe; DIN 18064*] · walking line, pitch ~

~planke *f* · gangplank (US); gang-board (Brit.)

~rolle *f* [*Schiebetor*] · trolley

~schicht *f* → Nutzschicht

~schiene *f* · running rail

~schiene *f* [*Tor*] · (trolley) track, overhead ~

~steg *m* · (walk)way, runway

~stegkonsole *f* · (walk)way bracket, runway ~

~träger *m* · running girder

~treppe *f*, Diensttreppe [*Für den Personal- und Dienstverkehr innerhalb eines Gebäudes*] · service stair(case)

~werk *n*, Gehänge *n*, Schiebetür-~ · hanger, sliding door gear

Lauge *f*, Ablaugemittel *n*, (Ab)Beizmittel, Farbentferner *m*, Acklöser, Lackbeize *f*, Abbeizer · (paint) remover, (~) stripper

~ [*Die wäßrige Lösung einer Base, z.B. Kalilauge*] · lye

~ [*Ein Lösungsgemisch, das viele Bestandteile haben kann, z.B. Sulfitablauge*] · liquor

~, Chlormagnesium~, Magnesiumchloridlauge [*Fehlnamen*]; Magnesiumchloridlösung *f*, $MgCl_2$-Lösung · liquid magnesium chlorid(e), magnesium chlorid(e) solution (US); liquid magnesium chloride, magnesium chloride solution (Brit.)

laugensalzig, alkalisch · alkaline

Läuterungsmittel *n* [*Glasherstellung*] · (re)fining agent, plaining ~

Läutewerk *n* · chime unit

Lautheit *f*, Schallempfindung *f*, Lautstärke *f* [*Maß für die Stärke der Wahrnehmung, bei welchem eine Verdoppelung des Zahlenwertes einer Verdoppelung der Stärke der Wahrnehmung entspricht. Zum Unterschied von dem in phon angegebenen Lautstärkepegel wird hinter den Zahlenwert der Lautheit „sone" gesetzt (siehe DIN 45630 Blatt 1). Anmerkung: Die Beziehung zwischen der Lautheit und dem Lautstärkepegel ist so festgelegt, daß ein Schall mit dem Lautstärkepegel 40 phon die Lautheit 1 sone hat und daß eine Verdoppelung der Lautheit im Bereich von 20 bis 120 phon eine Zunahme des Lautstärkepegels um 10 phon ergibt (siehe DIN 45630 Blatt 1 und ISO-Empfehlung R 131)*] · loudness [*An observer's auditory impression of the strength of a sound*]

Lautsprecheranlage *f* · (public-address) loud speaker system, ~ system

Lautstärke *f* → Lautheit

~pegel *m* [*Der Lautstärkepegel eines Schallsignals ist gleich dem in dB angegebenen Schalldruckpegel des als gleichlaut beurteilten Normschalles. Um den Lautstärkepegel vom Schalldruckpegel des Schallsignals zu unterscheiden, ersetzt man dB bei Angabe des Lautstärkepegels durch „phon". Anmerkung: Der Zahlenwert des Lautstärkepegels ist kein direktes Maß für die Stärke der Wahrnehmung. Der Vorteil der Verwendung einer logarithmierten Verhältnisgröße (db, phon) besteht darin, daß die sehr unterschiedlichen Schalldrücke im Hörbereich (Schalldrücke im Verhältnis bis zu $1:10^7$ zwischen Hörschwelle und Schmerzschwelle) durch relativ kleine Zahlenwerte (0 bis 140) beschrieben werden können und daß näherungsweise 1 phon einem eben erkennbaren Schritt für Zu- und Abnahme der Stärke der Schallempfindung entspricht*] · loudness level

Lava|beton *m* → Lavaschlackenbeton

~(beton)-Wand(bau)platte *f*, Schaum-~ · scoria(ceous lava) (concrete) wall slab, foamed ~ (~) ~ ~

~kies *m* → Lavaschlacke

~kiesbeton *m* → Lavaschlackenbeton

~krotze *f*, Schaumlava *f*, vulkanische Schlacke *f*, poröse Lava, Lavaschlacke, Lungstein *m*, Basaltlava, Basaltschlakke, Lavakies *m* [*Basaltische feinporige bis blasige vulkanische Auswurfmasse. „Lavalit" ist ein geschützter Handelsname für gebrochene Lavaschlacke, die in verschiedenen Körnungen aufbereitet ist*] · scoria(ceous lava), foamed lava

~schlacke *f*, Lungstein *m*, Lavakrotze *f*, Schaumlava *f*, vulkanische Schlacke, poröse Lava *f*, Basaltlava, Basaltschlakke, Lavakies [*Basaltische feinporige bis blasige vulkanische Auswurfmasse. „Lavalit" ist ein geschützter Handelsname für gebrochene Lavaschlacke, die in verschiedenen Körnungen aufbereitet ist*] · scoria(ceous lava), foamed lava

~schlackenbeton *m*, (Schaum)Lavabeton, Basaltlavabeton, Basaltschlackenbeton, Lavakiesbeton · scoria(ceous lava) concrete, foamed ~ ~

Lazarett *n* · military hospital

L-Balken(träger) *m* · ell-beam

L-Block(stein) *m*, L-Stein [*Plattenförmiger Block(stein) aus Leicht- oder Schwerbeton in L-Form*] · L-shaped block, ~ tile [*See remark under Block'*]

LBV-Wirkstoff *m* → luftporenbildender (Beton)Verflüssiger

LBV-Zusatz(mittel) *m*, (*n*) → luftporenbildender (Beton)Verflüssiger

LBV-(Zusatz)Stoff *m* → luftporenbildender (Beton)Verflüssiger

LD-Stahlwerkhalle *f* · LD steel-making bay

lebendiger Entwurf *m* · lively design

Lebens|erwartung *f* · life expectancy

~fähigkeit *f* · viability

lebensgroß · life-size

Leca *n* · light(weight) expanded clay aggregate

~-Block(stein) *m*, Leca-Stein · Leca block, ~ tile [*Leca = lightweight expanded clay aggregate. See remark under 'Block'*]

Leck|stellen(ab)dichtung *f* · leak plugging

~wasserablauf *m* · leakage water outlet

Leder(ab)dicht(ungs)|ring *m*, Lederunterlegscheibe *f* · leather seal(ing) ring, ~ packing ~, ~ washer

~streifen *m* · leather seal(ing) strip, ~ packing ~

lederähnlich · leather-like

Lederdicht(ungs)|ring *m*, Lederabdicht(ungs)ring, Lederunterlegscheibe *f* · leather seal(ing) ring, ~ packing ~, ~ washer

~streifen *m*, Lederabdicht(ungs)streifen · leather seal(ing) strip, ~ packing ~

Lederfett *n* · leather dubbing

lederhart [*Zustand eines nicht vollständig getrockneten Tonerzeugnisses*] · leather-hard

Leder|härte *f* [*Steinzeugindustrie*] · leather-hardness

~hartverputzen *n* [*Steinzeugindustrie*] · fettling

~lack *m* · leather varnish

~leim *m*, L · leather glue, ~ cement, ~ adhesive

~mehl *n* [*Organischer Füllstoff für Steinholzestriche, schalldämmend und elastisch. Kunstlederfreie Raspelabfälle aus Schuhfabriken werden in Mengen bis zu 20% der Steinholzmasse zugesetzt*] · leather powder, powder(ed) leather

~membran(e) *f* · leather diaphragm

~tapete *f* · Spanish leather

~teer *m* · leather tar

~tuch *n*, Wachstuch, Gewebe-Kunstleder *n* · coated cloth, leathercloth; coated fabric, leatherfabric [*misnomers*]

~tür *f* · leather door

~unterlegscheibe *f*, Leder(ab)-dicht(ungs)ring *m* · leather seal(ing) ring, ~ packing ~, ~ washer

Ledigen(wohn)heim *n*, Junggesellen(-wohn)heim · bachelor's hostel, bachelors ~

(leeres) Ehrengrabmal *n* · cenotaph [*A monument to a person or persons buried elsewhere*]

Leer|flaschenlager *n* · empty bottle store

~gebinde *n*, Leergespärre, Leersparren *mpl*, Zwischensparren · intermediate rafters

~rohr *n*, Elt~, Elektro~ · (wiring) conduit

~rohrleitung *f*, Elt~ Elektro~ · (wiring) conduit line

~rohrnetz *n*, Elt~, Elektro~ · (wiring) conduit network

~schrank *m* [*Elektrotechnik*] · unequipped board

~sparren *mpl*, Zwischensparren, Leergespärre *n*, Leergebinde · intermediate rafters

Legende *f*, Zeichenerklärung *f*, Zeichenschlüssel *m* · key, (coding) legend

~schild *n*, Zeichenerklärungsschild, Zeichenschlüsselschild · legend plate, key ~

Legieren *n* · alloying

legierter Baustahl *m*, Legierungsbaustahl · special structural steel, alloy ~ ~

~ Betonstahl *m*, Legierungsbetonstahl · alloy reinforcing steel, special ~ ~

~ Stahl *m*, Legierungsstahl · alloy steel, special ~

Legierungs|baustahl *m*, legierter Baustahl · special structural steel, alloy ~ ~

~betonstahl *m*, legierter Betonstahl · alloy reinforcing steel, special ~ ~

~lage *f*, Legierungsschicht *f* · alloy layer

~schicht *f*, Legierungslage *f* · alloy layer

~stahl *m*, legierter Stahl · alloy steel, special ~

~zusatz *m* · alloying addition

Lehm *m* [*DIN 1169. Er besteht aus Ton, Feinsand und stark verwitterten steinigen Bestandteilen*] · loam

~auffüllung *f* · loam filling

~(außen)(ver)putz *m* · loam rendering (Brit.); ~ stucco (US)

~bau *m* · loam construction

~bauten *fpl* · loam structures

~beton *m* [*Aus handweichem Lehm und Zement*] · loam concrete

~estrich *m* · dirt flooring (US); loam ~ (Brit.)

~kies *m* · loamy gravel

~körperchen *n*, Lehmstückchen, Lehmkreuzchen [*Fehlnamen*]; Tonkörperchen, Tonstückchen, Tonkreuzchen [*Staußziegelgewebe*] · clay pellet, ~ cross

~kreuzchen *n*, Lehmkörperchen, Lehmstückchen [*Fehlnamen*]; Tonkörperchen, Tonkreuzchen, Tonstückchen [*Staußziegelgewebe*] · clay pellet, ~ cross

~mergel *m* · loamy marl

~mörtel *m* [*Ohne Sandzusatz, mit Häcksel und Tierhaaren. Nicht wetterbeständig*] · loam mortar

~putz *m* → Lehm(außen)verputz

Lehmschindel *f* · loam shingle

~bedachung *f* → Lehmschindeldach(-belag)

~dach(belag) *n*, (*m*), Lehmschindel(dach)(ein)deckung *f*, Lehmschindelbedachung · loam shingle roof covering, ~ ~ ~ sheathing, ~ ~ ~ cladding, ~ ~ roof(ing)

~(ein)deckung *f* → Lehmschindeldach(belag)

Lehm|schlamm *m* · mud

~schornstein *m*, Schornstein aus Lehm · cat-and-clay chimney, catted ~ (US)

~stampfbau *m* · rammed-loam construction, rammed-earth ~, pisé (de terre) ~, cob ~

~stampfwand *f*, Piseewand · cob wall

~stein *m* → Schlamm(bau)stein

~steinmauer *f* [*Fehlname: Lehmsteinwand f*] · adobe brick (masonry) wall, mud ~ (~) ~, sun-dried ~ (~) ~

~steinwand *f* [*Fehlname*] → Lehmsteinmauer

~stückchen *n*, Lehmkreuzchen, Lehmkörperchen [*Fehlnamen*]; Tonkörperchen, Tonstückchen, Tonkreuzchen [*Staußziegelgewebe*] · clay pellet, ~ cross

~(ver)putz *m* → Lehm(außen)verputz

~wand *f* · loam wall

~ziegel *m* [*Fehlname*] → Schlamm(bau)-stein

~ziegelmauer *f* · mud-brick wall

Lehranstalt|bau *m*, Bau von Lehranstalten · educational building

~gebäude *n* · educational building, ~ block

Lehrbecken *n*, Lehrschwimmbecken, Nichtschwimmerbecken, LSB · teaching pool, learner's ~

~ im Freien, Lehrschwimmbecken ~ ~, LSB ~ ~ · outdoor teaching pool, ~ learner's ~

~ ~ Hallenbad, Lehrschwimmbecken ~ ~, LSB ~ ~ · indoor teaching pool, ~ learner's ~

Lehre *f*, Blech~ · (sheet) gauge system

~ vom Kornaufbau, Körnungslehre · grading

Lehrennummer *f*, Blech~ · (sheet) gauge (No.), (~) ~ number

Lehrerzimmer *n* · teacher room

Lehr|gebäude *n* · teaching building

~gespärre *n* · guiding rafters

~kopf *m* · dot

~küche *f* · training kitchen

~labor(atorium) *n* · teaching lab(oratory)

Lehr(schwimm)becken *n*, LSB, Nichtschwimmerbecken · teaching pool, learner's ~

~ im Freien, LSB ~ ~ · outdoor teaching pool, ~ learner's ~

~ ~ Hallenbad, LSB ~ ~ · indoor teaching pool, ~ learner's ~

Lehr|sparren *m* · guiding rafter

~stuhl *m* **für Architektur** · chair of architecture

~trakt *m* · teaching block, ~ unit

~werkstatt *f* · instructional (work)shop

Leibung *f*, Bogen~, innere Bogenfläche *f* · (arch) intrados, inner surface of arch, soffit of arch, underside of arch [*The inner line or surface of the concave side of an arch*]

~ · reveal [*The vertical face revealed in the thickness of an opening or the depth of a recess*]

leicht bearbeitbares Glas *n* · sweet glass, easily workable ~

Leicht|(außen)(ver)putz *m*, Leichtaußenwandverputz · light(weight) (external) rendering (Brit.); ~ stucco (US); ~ exterior plaster, ~ external plaster [*See remark under 'Putz'*]

~balken(träger) *m* · light(weight) beam

~bau *m* · light(weight) construction

~(bau)dach *n* · light(weight) roof

~baueinheit *f* [*Fehlname*] → Leicht(bau)element

~(bau)element *n*, Leicht(bau)körper *m* [*Fehlname: Leichtbaueinheit f*] · light(weight) (building) unit, ~ (~) member, ~ (~) component [*See remark under '(Bau)Element'*]

~-Baufilz *m* · light(weight) building felt

~(bau)körper *m* → Leicht(bau)element

Leicht(bau)platte *f* · light(weight) building board, ~ ~ sheet

~, Beton~, Leichtbetonplatte [*DIN 18162*] · light(weight) concrete slab

Leichtbau|stoff *m* · light(weight) building material, ~ construction ~

~träger *m* [*Breit- und parallelflanschiger Doppel-T-Stahl mit dünnem Steg, der mit Höhen von 100, 120, 140 150 und 160 mm gewalzt und als LB I bis V bezeichnet wird*] · light(weight) girder

~weise *f* · light construction method

leichtbelastet · lightly loaded

Leichtbeton *m* [*Beton mit einem Trokkenraumgewicht von weniger als 1800 kg/m³*] · light(weight) concrete

~ auf Kunststoffbasis, Kunststoff-Leichtbeton [*1. Aus Polystyrolschaumkugeln mit hydraulischen Bindemitteln (= Styroporbeton). 2. Aus Blähton- und Blähglaskugeln mit in örtlicher Reaktion gebildetem PUR- und UP-Hartschaum abgebunden*] · foam(ed) (plastic) (light(weight)) concrete, expanded ~ (~) ~, plastic foam (~) ~

~ mit künstlichen Zuschlägen, ~ ~ ~ Zuschlagstoffen · synthetic aggregate light(weight) concrete

~ ~ natürlichen Zuschlägen, ~ ~ ~ Zuschlagstoffen · natural aggregate light(weight) concrete

~-Ausfachungsplatte *f*, Leichtbeton-Ausfüllungsplatte · light(weight) concrete (in)filler slab, ~ ~ infill(ing) ~

~-Ausfüllungsplatte *f*, Leichtbeton-Ausfachungsplatte · light(weight) concrete (in)filler slab, ~ ~ infill(ing) ~

~balken(träger) *m* · light(weight) concrete beam

~baueinheit *f* [*Fehlname*] → Leichtbeton(bau)element

~(bau)element *n*, Leichtbeton(bau)-körper *m*, Leichtbetonmontageelement, Leichtbetonmontagekörper, Leichtbetonfertig(bau)element, Leichtbetonfertig(bau)körper [*Fehlnamen: Leichtbeton(bau)einheit f, Leichtbetonmontageeinheit*] · (pre)cast light(weight) (concrete) (building) unit, ~ ~ (~) (~) member, ~ ~ (~) (~) component, prefab(ricated) ~ ~ (~) ~, light(-weight) (concrete) cast(ing)

~(bau)körper *m* → Leichtbeton(bau)-element

~bauteil *m, n* [*Fehlname*] → Leicht(beton)fertig(bau)teil

~-Bedachungselement *n* → Leichtbeton-Dachplatte

~-Bedachungsplatte *f* → Leichtbeton-Dachplatte

~beschichtung *f*, Leichtbetonüberzug *m* · coat on light(weight) concrete

Leicht(beton)block(stein) *m*, Leicht(beton)stein [*DIN 18152 für Leicht(beton)vollsteine und DIN 18151 für Leicht(beton)hohlsteine*] · light(weight) (structural) (concrete) building block, ~ (~) (~) ~ tile [*B.S. 2028*] [*See remark under 'Block'*]

Leichtbeton|block(stein) *m* **mit Hüttenbims als Zuschlag(stoff)** → Hüttenbimsstein

~-Dachdeck(ungs)element *n* → Leichtbeton-Dachplatte

~-Dach(ein)deck(ungs)element *n* → Leichtbeton-Dachplatte

~-Dachelement *n* → Leichtbeton-Dachplatte

~-Dachplatte *f*, Leichtbeton-Bedachungselement *n*, Leichtbeton-Bedachungsplatte, Leichtbeton-Dachelement, Leichtbeton-Dach(ein)deck(ungs)element · light(weight) concrete roof(ing) slab

~decke *f* · light(weight) concrete floor

Leicht(beton)-(Decken)Füll|block(-stein) *m* → Leicht(beton)-(Decken-)Füllkörper

~körper *m*, Leicht(beton)-(Decken)Füllstein *m*, Leicht(beton)-(Decken)Füllblock(stein) *m* [*DIN 4158. Ein Leicht(beton)-Zwischenbauteil, der sich über die volle Höhe der Rohdecke erstreckt*] · light(weight) (concrete) (floor) filler block, ~ (~) (~) ~ tile

~stein *m* → Leicht(beton)-(Decken)Füllkörper

Leicht(beton)|-(Decken)Hohlkörper *m* [*DIN 4158*] · light(weight) (concrete) hollow (floor) filler

~deckenplatte *f* · light(weight) (concrete) floor slab

~diele *f* · light(weight) (concrete) plank

Leichtbetondruck|platte *f*, Leichtbetondruckschicht *f* · light(weight) concrete topping (slab) [*The light(weight) concrete laid to form the compression flange of the T-beams which it makes with the ribs. It is usually about 2 in. thick*]

~schicht *f*, Leichtbetondruckplatte *f* · light(weight) concrete topping (slab) [*The light(weight) concrete laid to form the compression flange of the T-beams which it makes with the ribs. It is usually about 2 in. thick*]

Leichtbeton|element *n* → Leichtbeton-bauelement

~erzeugnis *n*, Leichtbetonstein *m* [*Siehe Anmerkung unter „Betonstein"*] · light(weight) (pre)cast (concrete) product, ~ concrete ~, ~ precast concrete [*Light(-weight) concrete which is cast in separate units before being placed in position in a structure*]

~estrich *m* [*als Baustoff*] · light(weight) concrete screed (material)

~estrich *m* [*als verlegter Baustoff*] · light(weight) concrete screed (topping)

~fassade *f* · light(weight) concrete façade

Leicht(beton)fertig(bau)teil *m, n*, Leichtfertig(beton)bauteil, Leicht(beton)montage(bau)teil, Leichtmontage-(beton)bauteil [*Fehlname: Leichtbetonbauteil*] · light(weight) (pre)cast (concrete) compound unit, ~ prefab(-ricated) ~ ~ ~

Leicht(beton)-Füll|block(stein) *m* → Leicht(beton)-(Decken)Füllkörper

~körper *m* → Leicht(beton)-Deckenfüllkörper

~stein *m* → Leicht(beton)-(Decken-)Füllkörper

Leichtbeton|garage *f* · light(weight) concrete garage

~gebäude *n* · light(weight) concrete building

~-Hochbauelement *n* · light(weight) concrete building (construction) element

Leicht(beton)-Hohl|block(stein) *m*, Leicht(beton)-Hohlstein, Hbl [*DIN 18151*] · light(weight) (concrete) hollow block, ~ (~) cavity ~, ~ (~) ~ tile, ~ (~) pot [*See remark under 'Block'*]

~körper *m* → Leicht(beton)-Deckenhohlkörper

~stein *m*, Leicht(beton)-Hohlblock(stein) *m*, Hbl, Hohlblockleichtbetonstein [*DIN 18151*] · light(weight) (concrete) hollow block, ~ (~) cavity ~, ~ (~) ~ tile, ~ (~) pot [*See remark under 'Block'*]

Leichtbeton|kern *m* · light(weight) concrete core

~körper *m* → Leichtbeton(bau)element

Leicht-(Beton)Montage(bau)teil *m, n* → Leicht(beton)fertig(bau)teil

Leichtbeton|oberschwelle *f*, Leichtbetonsturz *m* · light(weight) concrete lintel; ~ ~ lintol [*deprecated*] [*A light(weight) concrete beam spanning an opening*]

~platte *f*, (Beton)Leicht(bau)platte [*DIN 18162*] · light(weight) concrete slab

~rahmen *m* · light(weight) concrete frame

~-Schornstein *m* · light(weight) concrete chimney

~stein *m*, Leichtbetonerzeugnis *n* [*Siehe Anmerkung unter „Betonstein"*] · light(weight) precast (concrete) product, ~ concrete ~, ~ precast concrete [*Light(weight) concrete which is cast in separate units before being placed in position in a structure*]

Leicht(beton)stein *m*, Leicht(beton)block(stein) *m* [*DIN 18152 für Leicht(beton)vollsteine und DIN 18151 für Leicht(beton)hohlsteine*] · light(weight) (structural) (concrete) building block, ~ (~) (~) ~ tile [*B.S. 2028*] [*See remark under 'Block'*]

Leichtbeton|stein *m* **mit Hüttenbims als Zuschlag(stoff)** → Hüttenbimsstein

~(stein)werk *n* · precast light(weight) concrete factory

~sturz *m*, Leichtbetonoberschwelle *f* · light(weight) concrete lintel; ~ ~ lintol [*deprecated*] [*A light(weight) concrete beam spanning an opening*]

~stütze *f* · light(weight) concrete column

~tafel *f* · light(weight) concrete panel

~-Tiefbauelement *n* · light(weight) concrete construction engineering element

~träger *m* · light(weight) concrete girder

~überzug *m*, Leichtbetonbeschichtung *f* · coat on light(weight) concrete

Leicht|(beton)vollblock(stein) *m*, Leicht(beton)vollstein [*DIN 18152*] · light(weight) (concrete) solid block, ~ (~) ~ tile [*See remark under 'Block'*]

~betonvolldecke *f* · light(weight) concrete solid floor

~(beton)vollstein *m*, Leicht(beton)vollblock(stein) *m* [*DIN 18152*] · light(weight) (concrete) solid block, ~ (~) ~ tile [*See remark under 'Block'*]

Leichtbeton|wand *f* · light(weight) concrete wall

~-Wandbaueinheit *f* [*Fehlname*]; Leichtbeton-Wand(bau)körper *m*, Leichtbeton-Wand(bau)element · light(weight) concrete wall(ing) (building) unit, ~ ~ ~ (~) member, ~ ~ ~ (~) component

~-Wand(bau)|element *n*, Leichtbeton-Wand(bau)körper *m* [*Fehlname: Leichtbeton-Wandbaueinheit f*] · light(weight) concrete wall(ing) (building) unit, ~ ~ ~ (~) member, ~ ~ ~ (~) component

~körper *m*, Leichtbeton-Wand(bau)element *n* [*Fehlname: Leichtbeton-Wandbaueinheit f*] · light(weight) concrete wall(ing) (building) unit, ~ ~ ~ (~) member, ~ ~ ~ (~) component

~platte *f* [*DIN 18162*] · light(weight) (concrete) wall slab, ~ precast ~ ~

Leichtbeton-Wand|element *n*, Leichtbeton-Wandbauelement, Leichtbeton-Wand(bau)körper *m* [*Fehlname: Leichtbeton-Wandbaueinheit f*] · light(weight) concrete wall(ing) (building) unit, ~ ~ ~ (~) member, ~ ~ ~ (~) component

~körper *m*, Leichtbeton-Wandbaukörper, Leichtbeton-Wand(bau)element *n* [*Fehlname: Leichtbeton-Wandbaueinheit f*] · light(weight) concrete wall(ing) (building) unit, ~ ~ ~ (~) member, ~ ~ ~ (~) component

Leichtbeton|ware(n) *f*, Leichtbetonzeug *n* · (mass-produced) light(weight) precast (concrete) ware

~werk *n*, Leichtbetonsteinwerk · (pre-)cast light(weight) concrete factory

~zeug *n*, Leichtbetonware(n) *f* · (mass-produced) light(weight) (pre)cast (concrete) ware

Leicht(beton)zuschlag(stoff) *m*, (Beton)Leichtzuschlag(stoff) · light(weight) (concrete) aggregate

~werk *n* · light(weight) (concrete) aggregate works, ~ (~) ~ plant

Leicht(beton)-Zwischenbauteil *m, n* [*Rippendecke*] · light(weight) (concrete) (floor) filler

Leichtblock(stein) *m* → Leicht(beton)-block(stein)

~mauerwerk *n*, Leichtsteinmauerwerk · light(weight) block masonry (work), ~ tile ~ (~) [*See remark under 'Block'*]

~wand *f*, Leichtsteinwand [*Leichte Trennwand. DIN 4103*] · light(weight) block partition (wall), ~ tile ~ (~) [*See remark under 'Block'*]

Leichtdach *n*, Leichtbaudach · light(-weight) roof

~stein *m* · light(weight) roof(ing) tile

Leicht-(Dach)Unterlage *f* [*zur Aufnahme der Dachhaut*] · light(weight) deck(ing) (system), ~ substructure (~), ~ base (~), ~ substrate (~)

Leichtdämmbeton *m* · light(weight) insulating concrete, ~ insulation ~

Leicht-Dämmestrich *m* [*Schicht*] · light(weight) insulating screed, ~ insulation(-grade) ~

~ [*Baustoff*] · light(weight) insulating screed material, ~ insulation(-grade) ~

Leichtdecke *f* · light(weight) floor

Leicht-(Decken)Füll|block(stein) *m* → Leicht(beton)-(Decken)Füllkörper

~körper *m* → Leicht(beton)-(Decken-) Füllkörper

~platte *f*, (Decken)Leichtplatte, Leichtdeckenplatte, Leicht-Füll-Deckenplatte · light(weight) (floor) filler slab

~stein *m* → Leicht(beton)-(Decken-) Füllkörper

Leicht-(Decken)Hohlkörper *m* → Leichtbeton-(Decken)Hohlkörper

Leichtdeckenplatte *f*, Leicht-Füll-Deckenplatte, Leicht-(Decken)Füllplatte, (Decken)Leichtplatte · light(weight) filler slab

~, Leichtbetondeckenplatte · light(-weight) (concrete) floor slab

Leicht|diele *f*, Leichtbetondiele · light(-weight) (concrete) plank

~dinasstein *m* [*veraltete Bezeichnung*] → Silikaleichtstein

leichte Abbrucharbeiten *fpl* · light demolition work

~ Feinstoffe *mpl* [*Zuschlag(stoff)*] · light(weight) fines

~ flexible Pendeltür *f* · light duty flexible (swing) door

~ (Glas)Musterung *f*, ~ (Glas)Ornamentierung · shallow (glass) pattern

~ (Glas)Ornamentierung *f*, ~ (Glas-) Musterung · shallow (glass) pattern

~ (Holz)Spandeckenplatte *f*, (Holz-) Span-Akustikdeckenplatte, (Holz-) Span-Schallschluckdeckenplatte, Leichtspanplatte · wood particle (or chip) acoustic(al) ceiling board, ~ ~ (~ ~) ~ ~ tile

~ Trennwand *f* [*DIN 4103*] · non-(load)bearing partition (wall), light(-weight) ~ (~)

~ Vorfertigung *f* · light prefabrication

Leichtelement *n* → Leichtbauelement

leichter Gitterdeckenbalken *m*, leichter Stahl~ · open-web steel joist, ~ ~ floor beam

~ (Stahl)Gitterdeckenbalken *m* · open-web steel joist, ~ ~ floor beam

~ (Stahl)Gitterträger *m* · open-web steel girder

leichtes Normalabflußrohr *n*, LNA-Rohr [*DIN 1172 bis 1178*] · light(-weight) normal cast-iron drain(age) pipe, ~ ~ ~ draining ~, ~ ~ ~ discharge ~, ~ ~ C.I. ~ ~

~ Teeröl *n* · light tar oil

Leicht|estrich *m* · light(weight) screed

~fassade *f* · light(weight) façade

Leichtfertig|(bau)teil *m, n* → Leicht-(beton)fertig(bau)teil

~(beton)bauteil *m, n*, Leicht-(Beton-) Fertig(bau)teil, Leicht-(Beton)Montage(bau)teil, Leicht-Montage(beton)-bauteil · light(weight) (pre)cast (concrete) compound unit, ~ prefab(ricated) ~ ~ ~

leichtflüssiges Heizöl *n*, Heizöl L · light fuel oil [*200 seconds*]

Leicht-Füll|block(stein) *m* → Leicht-(beton)-(Decken)Füllkörper

~-Deckenplatte *f*, Leichtdeckenplatte, Leicht-(Decken)Füllplatte, (Decken-) Leichtplatte · light(weight) (floor) filler slab

~körper *m* → Leicht(beton)-(Decken-) Füllkörper

~platte *f*, Leicht-Deckenfüllplatte, Leichtdeckenplatte, Leicht-Füll-Deckenplatte, (Decken)Leichtplatte · light(weight) (floor) filler slab

~stein *m* → Leicht(beton)-(Decken-) Füllkörper

Leicht|füllstoff *m* Leichtfüller *m* · light(-weight) filler, ~ filling material

~gerüst *n*, Leichtrüstung *f* · light(weight) scaffold(ing)

~gewölbe *n* · light(weight) vault

Leichtgips *m*, Porengips [*Er entsteht durch Zusätze von Treibmitteln, z.B. Wasserstoffsuperoxid oder Kalkpulver mit verdünnter Salzsäure*] · aerated gypsum

~kern *m*, Porengipskern · aerated gypsum core

~platte *f*, Porengipsplatte · aerated gypsum board, ~ ~ sheet

~putz *m* · light(weight) (mixed) gypsum (building) plaster (Brit.); (~) (calcined) gypsum ~ (US); ~ gypsum based ~

Leicht|grobzuschlag(stoff) *m* · light(-weight) (concrete) coarse aggregate

~hochlochziegel *m* [*DIN 18505*] · light(weight) vertical coring (clay) brick

Leicht-Hohl|block(stein) *m* → Leichtbeton-Hohlblock(stein)

~körper *m* → Leicht(beton)-(Decken-)Hohlkörper

~stein *m* → Leichtbeton-Hohlstein

Leichtisolier|bauplatte *f* · light(weight) building insulation(-grade) board, ~ ~ ~ sheet, ~ ~ insulating ~

~platte *f* · light(weight) insulation (-grade) board, ~ ~ sheet, ~ insulating ~

Leichtkalkbeton *m*, Kalkleichtbeton [*dampfgehärteter, kalkgebundener Porenbeton*] · lime-bound aerated concrete, light(weight) lime ~

~block(stein) *m*, Leichtkalkbetonstein, Kalkleichtbetonblock(stein), Kalkleichtbetonstein · lime-bound aerated concrete block, ~ ~ ~ tile, light(weight) lime ~ ~ [*See remark under 'Block(-stein)'*]

~stein *m*, Leichtkalkbetonblock(stein) *m*, Kalkleichtbetonblock(stein), Kalkleichtbetonstein · lime-bound aerated concrete block, ~ ~ ~ tile, light(-weight) lime ~ ~ [*See remark under 'Block(stein)'*]

Leicht|kalksandstein *m*, Kalksandleichtstein · light(weight) sand-lime brick, ~ lime-sand ~, ~ calcium silicate ~

~-Kassetten-Decke *f*, LKD *f* · light(-weight) cored-out floor

~-Kassetten-Deckenkörper *m*, LKD-Körper *m* · light(weight) cored-out floor unit

~-Kassetten-Kunststoff-Deckenkörper *m*, LKD-K-Körper · light(weight) cored-out plastic floor unit

~kern(schicht) *m*, (*f*) · light(weight) core

~körper *m* → Leicht(bau)element

~-(Kunst)Schaum(stoff) *m*, Leicht-Kunststoffschaum(stoff), Leicht-Schaumkunststoff · light(weight) foam(-ed) (plastic), ~ expanded ~, ~ plastic foam

~-Kunststoffschaum(stoff) *m*, Leicht-Schaumkunststoff, Leicht-(Kunst-)Schaum(stoff) · light(weight) foam(ed) (plastic), ~ expanded ~, ~ plastic foam

~kupferrohr *n* · light-gauge copper tube [*B.S. 659*]

~last *f* · light-weight load

~legierung *f*, Leichtmetallegierung · light-metal alloy, light(weight) metal ~

~lehm *m* · light(weight) loam

~lehmplatte *f* · light(weight) loam slab

~lehmstein *m* [*Raumgewicht 600 bis 1400 kg/m³*] · light(weight) adobe brick, ~ mud ~, ~ sun-dried ~

~lehmwand *f* · light(weight) loam wall

~mauerwerk *n* · light(weight) masonry (work)

~metall *n* · light(weight) metal

~metallamelle *f*, Leichtmetallstäbchen *n* [*Jalousie*] · light-metal (blind) slat, light(weight) metal (~) ~

Leichtmetall|arbeiten *fpl* · light-metal work

~bau *m* · light-metal construction, light(-weight) metal ~

~(bau)beschlag *m* · light-metal (builder's) furniture, ~ (~) fitting, light(-weight) metal (~) ~

~(bau)beschläge *mpl* · light-metal (builders') hardware, ~ (~) fittings, light(weight) metal (~) ~

~-Bauprofil *n* · light-metal construction section, ~ ~ shape, ~ ~ unit, ~ structural ~, ~ ~ profile, light(weight) metal ~ ~

~bau(technik) *m*, (*f*) · light-metal structural engineering, light(weight) metal ~ ~

~bedachung *f* → Leichtmetalldach(belag)

~beschlag *m*, Leichtmetallbaubeschlag · light-metal (builders') furniture, ~ (~) fitting, light(weight) metal (~) ~

~beschläge *mpl*, Leichtmetallbaubeschläge · light-metal (builders') hardware, ~ (~) fittings, light(weight) metal (~) ~

~blättchen *n*, Leichtmetallamelle *f* [*Jalousie*] · light-metal slat, light(-weight) metal ~

~dach(belag) *n*, (*m*), Leichtmetall-(dach)(ein)deckung *f*, Leichtmetallbedachung · light-metal roof cladding, ~ ~ covering, ~ ~ sheathing, lightweight metal ~ ~, light-metal roof(ing), lightweight metal roof(ing)

~(dach)(ein)deckung *f* → Leichtmetalldach(belag)

~deckung *f* → Leichtmetalldach(belag)

~diele *f* · light(weight) metal plank

~(ein)deckung *f* → Leichtmetalldach(-belag)

~-Fachwerk(dach)binder *m* · light-metal roof truss, ~ (lattice) ~, light(-weight) metal (~) ~

~-Fachwerk(träger) *n*, (*m*) · light-metal truss(ed girder), light(weight) metal ~ (~)

~fassade *f* · light-metal façade, light(-weight) metal ~

~fenster *n* · light-metal window, light(-weight) metal ~

~-(Fenster)Sohlbank *f*, Leichtmetall-Fensterbank · light-metal window sill; ~ ~ cill (Brit.); light(weight) metal ~ ~

~gitterträger *m* · light-metal lattice girder, light(weight) metal ~ ~

~profil *n* · light(weight) metal section, ~ ~ unit, ~ ~ shape, ~ ~ trim, ~ ~ profile, light-metal ~

~rahmen *m* · light-metal frame, light(-weight) metal ~

~-Raumtragwerk *n* · light-metal space (load)bearing structure, ~ three-dimensional ~ ~, ~ spatial ~ ~, ~ ~ (weight-carrying) ~, light(weight) metal ~ (~) ~

~rohr *n* **für Schalungsträger** · light-metal tube, light(weight) metal ~

~rohrgerüst *n*, Leichtmetallrohrrüstung *f* · light(weight) metal tubular scaffold(-ing)

~rohrrüstung *f*, Leichtmetallrohrgerüst *n* · light(weight) metal tubular scaffold(-ing)

~rolljalousie *f*, Leichtmetallrolladen *m* · light-metal slatted roller blind, light(-weight) metal ~ ~ ~

~-Rolltor *n* · light metal rolling door, rolling light metal ~

~-Sohlbank *f*, Leichtmetall-Fenstersohlbank, Leichtmetall-Fensterbank · light-metal window sill; ~ ~ cill (Brit.); light(weight) metal ~ ~

~stäbchen *n*, Leichtmetallamelle *f* [*Jalousie*] · light-metal (blind) slat, light(-weight) metal (~) ~

~tor *n* · light metal shutter door, ~ ~ shutterdoor

~trennwand *f* · light-metal partition (wall)

~tür *f* · light(weight) metal door, light-metal ~

~-Türdrücker *m* · light(weight) metal lever handle, light-metal ~ ~

~-Türschließer *m*, Leichtmetall-Türschließvorrichtung *f* · light(weight) metal door closer, ~ ~ ~ closing device, ~ ~ ~ closing mechanism, light-metal door closer, light-metal door closing device, light-metal door closing mechanism

~-Türschließvorrichtung *f*, Leichtmetall-Türschließer *m* · light(weight) metal door closer, ~ ~ ~ closing device, ~ ~ ~ closing mechanism, light-metal door closer, light-metal door closing device, light-metal door closing mechanism

~-Vollwandbalken(träger) *m* · light-metal plain web beam, ~ solid ~ ~, light(weight) metal ~ ~ ~

~-Vollwandträger *m* · light-metal plain web girder, ~ solid ~ ~, light(weight) metal ~ ~ ~

Leichtmontage(bau)teil *m, n* → Leicht(beton)fertig(bau)teil

Leichtmontage(beton)bauteil *m, n* → Leicht(beton)fertig(bau)teil

Leicht|oberschwelle *f*, Leichtsturz *m* · light(weight) lintel; ~ lintol [*deprecated*]

~-Ortbeton *m*, Ortleichtbeton · in(-) situ (cast) light(weight) concrete, cast(-)in(-)situ ~ ~, cast-in-place ~ ~, site-placed ~ ~, field ~ ~, poured(-in-place) ~ ~

~perlit-Vorhangwand *f* · light(weight) pe(a)rlite curtain wall

~platte *f*, Decken~, Leicht-(Decken-) Füllplatte, Leichtdeckenplatte, Leicht-Füll-Deckenplatte · light(weight) filler slab

~platte *f*, Leichtbauplatte · light(weight) building board, ~ ~ sheet

~profil *n* · light(weight) section, ~ trim, ~ unit, ~ shape, ~ profile

~putz *m* → Leicht(außen)verputz

~quarzitstein *m* → Silikaleichtstein

~quarzkalkziegel *m* → Silikaleichtstein

leichtrauh(ig) · slightly rough

Leicht|rohr *n* · light(weight) pipe

~rüstung *f*, Leichtgerüst *n* · light(weight) scaffold(ing)

~sand *m* · light(weight) sand

~schamottestein *m*, Leichtschamotteziegel *m*, Schamotteleichtstein, Schamotteleichtziegel · light(weight) chamotte brick

~schamotteziegel *m*, Leichtschamottestein *m*, Schamotteleichtziegel, Schamotteleichtstein · light(weight) chamotte brick

~-Schaumkunststoff *m*, Leicht-Kunststoffschaum(stoff) *m*, Leicht-(Kunst)Schaum(stoff) · light(weight) foam(ed) (plastic), ~ expanded ~, ~ plastic foam

~-Schaum(stoff) *m*, Leicht-Kunstschaum(stoff), Leicht-Schaumkunststoff, Leicht-Kunststoffschaum(stoff) · light(weight) foam(ed) (plastic), ~ expanded ~, ~ plastic foam

~schlacke *f* · light(weight) slag

leichtschmelzende Legierung *f* · fusible alloy

Leicht|silikastein *m* → Silikaleichtstein

~-Spachtel(masse) *m*, (*f*) [*Anstrichtechnik*] · light(weight) stopper, ~ stopping

Leichtspannbeton *m*, vorgespannter Leichtbeton · light(weight) prestressed concrete, prestressed light(weight) ~

~-Dachplatte *f* · prestressed light(-weight) concrete roof(ing) slab

~element *n* · prestressed light(weight) concrete member, light(weight) prestressed ~ ~, ~ ~ ~ unit

Leichtspanplatte *f*, (Holz)Span-Schallschluckdeckenplatte, (Holz)Span-Akustikdeckenplatte, leichte (Holz-) Spandeckenplatte · wood particle (or chip) acoustic(al) ceiling board, ~ ~ (~ ~) ~ ~ tile

Leichtstahl|balken(träger) *m* · light(-weight) steel beam

~beton *m*, Stahlleichtbeton · reinforced light(weight) concrete, light(weight) reinforced ~, light(weight) R.C.

~rahmen *m*, Stahlleichtrahmen · light(-weight) steel frame

~-Sanitär(installations)block *m* → Leichtstahl-Sanitär(raum)zelle

~-Sanitärinstallationszelle *f* → Leichtstahl-Sanitär(raum)zelle

~-Sanitär(raum)block *m* → Leichtstahl-Sanitär(raum)zelle

~-Sanitär(raum)zelle *f*, Leichtstahl-Sanitär(raum)block *m*, Leichtstahl-Sanitärinstallationszelle, Leichtstahl-Sanitärinstallationsblock · light(weight) steel sanitary building block module, ~ ~ ~ unitized unit

~träger *m* · light(weight) steel girder

~trägerdecke *f* · light(weight) steel girder floor

Leichtstein *m*, Leichtblock(stein) *m* · light(weight) block, ~ tile [*See remark under 'Block'*]

~ → Leichtbetonstein

~ [*Fehlname*] → Leichtziegel

~mauerwerk *n*, Leichtblock(stein)mauerwerk · light(weight) block masonry (work), ~ tile ~ (~) [*See remark under 'Block'*]

~platte *f* [*Fehlname*] → Leichtziegelplatte

~wand *f*, Leichtblock(stein)wand [*Leichte Trennwand. DIN 4103*] · light(weight) block partition (wall), ~ tile ~ (~) [*See remark under 'Block'*]

Leicht|stoffbeton *m* → Leichtzuschlag-(stoff)beton

~strangpreßteil *m*, *n* · lightweight extrusion

~sturz *m*, Leichtoberschwelle *f* · light(-weight) lintel; ~ lintol [*deprecated*]

~tafel *f* · light(weight) panel

~-Unterlage *f*, Leicht-Dachunterlage [*zur Aufnahme der Dachhaut*] · light(-weight) deck(ing) (system), ~ substructure (~), ~ base (~), ~ substrate (~)

~(ver)putz *m* → Leicht(außen)verputz

~vollblock(stein) *m*, Leichtbetonvollblock(stein), Leicht(beton)vollstein · light(weight) (concrete) solid block, ~ (~) ~ tile [*See remark under 'Block'*]

~vollstein *m*, Leichtbetonvollstein, Leicht(beton)vollblock(stein) *m* · light(-weight) (concrete) solid block, ~ (~) ~ tile [*See remark under 'Block'*]

Leichtwand *f* · light(weight) wall

~platte *f* · light(weight) wall slab

Leichtziegel *m* [*Fehlname: Leichtstein m. DIN 18505*] · light(weight) (clay) brick

~platte *f* [*DIN 18505. Fehlname: Leichtsteinplatte*] · light(weight) prefab(-ricated) brick panel (unit)

Leichtzuschlagbeton *m* → Leichtzuschlagstoffbeton

~wand *f* · light(weight) aggregate (concrete) wall

Leichtzuschlag(stoff) *m*, Beton~, Leichtbetonzuschlag(stoff) · light(-weight) (concrete) aggregate [*B.S. 3797*]

~beton *m*, Leichtstoffbeton · light(-weight) aggregate concrete

~-Konstruktionsbeton *m*, Konstruktions-Leichtzuschlag(stoff)beton · structural light(weight) aggregate concrete

~-Spannbeton *m* · prestressed light(-weight) aggregate concrete

Leicht-Zwischenbauteil *m*, *n*, Leichtbeton-Zwischenbauteil [*Rippendecke*] · light(weight) (concrete) (floor) filler

Leier *f* [*zum Einwölben*] · rotating templet

Leihbücherei *f* · lending library

Leim *m* [*DIN 16921. Ein in Wasser löslicher Kleb(e)stoff, der nach der Trocknung bzw. Aushärtung die Eigenschaften von Kleb(e)stoffen hat*] · glue, adhesive

Leimbarkeit *f* → Ver~

Leim|bau *m* → Holz~

~bindemittel *n* [*Anstrichtechnik*] · glue binder, ~ (binding) medium

Leimen *n*, Ver~ · gluing, bonding

Leim|fähigkeit *f* → (Ver)Leimbarkeit

~farbe *f* · (glue(-bound)) distemper

~film *m*, Leimfolie *f*, Filmleim *m* · sheet glue, film ~, ~ adhesive, adhesive in film form, glue in film form

~folie *f* → Leimfilm

~fuge *f* · glue line

~pulver *n*, Trockenleim *m*, Pulverleim [*Leim in Pulverform, meist Pflanzenleim oder Zelluloseleim*] · glue powder, adhesive ~ powder(ed) glue, powder(-ed) adhesive

Leimung *f*, Leimen *n*, Ver~ · glu(e)ing

Leimvermögen *n* → (Ver)Leimbarkeit

Leinenbandmaß *n* · linen tape

Leinkuchen *m*, Ölkuchen · linseed cake oil ~

Leinöl *n* · linseed oil [*Oil derived from the seed of flax*]

~alkyd *n* · linseed oil alkyd

~(anstrich)farbe *f* · linseed oil paint

~basis *f*, Leinölgrundlage *f* · linseed oil base,

~emulsion *f* · linseed oil emulsion,

~ersatz *m* · linseed oil substitute,

~farbe *f*, Leinölanstrichfarbe · linseed oil paint

~-Fettsäure *f*, destillierte Fettsäure des Leinöls [*DIN 55960*] · distilled linsed fatty acid

(~)Firnis *m* · kettle boiled oil, boiled linseed ~ [*Refined linseed oil which has been boiled with driers such as manganese dioxid(e). The drying time of boiled linseed oil is 1–2 days*]

~grundieren *n*, Leinölgrundierung *f* · priming with linsed oil

~-Grundiermittel *n* → Leinöl-Grundierungsmittel

~grundierung *f*, Leinölgrundieren *n* · priming with linseed oil

~-Grundier(ungs)mittel *n* · linseed oil primer, ~ ~ priming agent

~grundlage *f*, Leinölbasis *f* · linseed oil base

leinölhaltig · linseed oil-bearing

Leinöl-Holzöl-Standöl *n* · linseed oil wood oil stand oil

Leinölkitt *m* · linseed oil putty [*B.S. 544*] [*A type of cement usually made of whiting and boiled linseed oil, beaten or kneaded to the consistency of dough and used in sealing glass in sash, filling small holes and crevices in wood, and for similar purposes*]

Leinöl-Standöl *n* · linseed oil stand oil [*Refined linseed oil which has been polymerised by being heated to 250–300° C for 7–10 h. The drying time is 8–12 h. Stand oil is used for enamels and gloss paints*]

Lein|pflanze *f*, Flachs *m* · flax

~saat *f*, Flachssamen *m* · flax-seed, linseed

Leiste *f*, Zier~, Ornament~, Dekor(ations)~ · molding (US); moulding (Brit.)

~ · strip

~ [*Metallbedachung*] · batten

~ [*Deckenziegel*] · lip

Leisten|bedachung *f* → Leistendach(belag)

~dach(belag) *n*, (*m*), Leisten(dach)(ein)deckung *f*, Leistenbedachung, Leistensystem *n* · batten seam roof cladding, rib(bed) ~ ~ ~, ~ ~ ~ covering, ~ ~ ~ sheathing, ~ ~ roof(ing)

~(dach)(ein)deckung *f* → Leistendach(belag)

~deckung *f* → Leistendach(belag)

~(ein)deckung *f* → Leistendach(belag)

~falz *m* [*Metallbedachung*] · batten seam, ribbed ~

~hafter *m* [*Metallbedachung. Für den seitlichen Halt*] · side (metal) cleat

~system *n* → Leistendach(belag)

Leistungs|umfang *m* · scope of work

~verzeichnis *n*, L.V., LV · bill of quantities

Leitebene *f* → Bezugsebene

leitender Architekt *m*, ausführender ~ · architect-in-charge

Leiter|(auf)gang *m* [*Der aus Leitern bestehende (Auf)Gang zu Standgerüsten*] · ladder access

~gerüst *n* [*DIN 4411*] · ladder scaffold(-ing)

~haken *m* · ladder hook

~kordel *f* [*Jalousie*] · ladder web

~rahmen *m* · ladder frame

(~)Sprosse *f* · rung

~treppe *f*, eingeschobene Treppe [*Die Stufen werden in Nuten oder Wangen eingeschoben*] · stair(case) with treads inserted between strings (Brit.); ~ ~ ~ ~ ~ stringers (US) [*There are no risers*]

Leit|fähigkeit *f* → (Wärme)Leitvermögen

~kupfer *n* [*Für elektrotechnische Zwekke*] · high conductivity copper

~kurve *f*, Leitlinie *f*, Direktrix *f* · directrix

~linie *f*, Leitkurve *f*, Direktrix *f* · directrix

~motiv *n* · principal motif

~pflock *m*, Leitpfosten *m* [*Straße*] · delineator

~pfosten *m*, Leitpflock *m* [*Straße*] · delineator

~plan *m* → Flächenaufteilungsplan

~rolle *f*, Führungsrolle · guide roller

Leitung *f* **auf Isolatoren** · line installed on insulators

~ ~ Putz · line installed on plaster

~ in Putz · line installed in plaster

Leitungs|falz *m* [*Hourdi für Installationsleitungen*] · conduit groove

~kanal *m*, Betriebskanal · duct (for services), service duct, mains subway

~rohr *n* · conduit pipe, line ~

~schacht *m*, Installationsschacht · shaft with (installed) services

~schutzschalter *m* · line-protection breaker

~wasser *n* · mains water, tap ~

LEOBA-Spannglied *n* · LEOBA stressing apparatus [*Trademark*]

Lesbarkeit *f* · legibility

Lesbarkeitsweite *f* · legibility distance

lesbisches Kyma(tion) *n* · Lesbian cyma(tium), cyma(tium) reversa

Lesene *f* → Lisene

Lese|nische *f* · carrel, carol [*A niche in a cloister where a monk might sit and work or read; sometimes applied to a bay window*]

~pult *n* · reading desk

~raum *m* · reading room

~saal *m* · reading hall

Lettner *m* [*Trennwand zwischen Chor und Mittelschiff*] · rood-screen, jubé, jube

~balken *m* [*Das Kreuz tragender Balken über dem Chor einer Kirche*] · rood beam

~empore *f*, Empore über dem Lettner · jube rood-loft, jubé [*A loft or gallery over the rood screen in a church*]

~mittelbogen *m* [*Mittelbogen in einem Lettner, auf dem das Kreuz angebracht ist*] · rood arch

Letze *f* → Wehrgang

letzte Setzstufe *f*, oberste ~ · top riser

Leucht|band *n* → Leuchtenband

~decke *f*, Lichtdecke · luminous ceiling, illuminated ~, light diffusing ~

~deckenkonstruktion *f*, Lichtdeckenkonstruktion · luminous ceiling system, illuminated ~ ~, light diffusing ~ ~

Leuchte *f*, Beleuchtungskörper *m* · luminaire (fixture) (US); light fitting (Brit.); (light(ing)) fixture

Leucht(en)band *n*, Lichtband · strip-line (light(ing)) fixtures; ~ luminaires (US); ~ light fittings (Brit.); continuous row (light(ing)) fixtures; continuous row luminaires (US); continuous row light fittings (Brit.); lighting row

Leuchtenmast *m*, Beleuchtungsmast, Lichtmast [*DIN 49778 und DIN 49779*] · lighting mast

Leucht|farbe *f*, Leuchtanstrichfarbe, Lumineszenzfarbe · luminous paint, luminescent ~

~folie *f*· luminous foil, luminescent ~

~röhre *f*, Leuchtstoffröhre · luminous tube, luminescent ~

Leuchtstoff|lampe *f* [*DIN 49862*] · fluorescent lamp, cold-cathode ~ [*B.S. 1853*]

~leuchte *f* · luminous (light(ing)) fixture; ~ luminaire (~) (US); ~ light fitting (Brit.)

~röhre *f* · luminescent tube

Leuchttastschalter *m* · luminous momentary-contact push button

Leuchtturm *m* **zu Alexandria** · Pharos lighthouse at Alexandria

Leuzit *m* · leucite

~basalt *m* · leucite-basalt

~basanit *m* · leucite basanite [*A basaltic rock containing olivine, leucite, pyroxene, iron ore and plagioclase*]

~tephrit *m* · leucite tephrite [*A leucite basanite with little or no olivine*]

~tuff *m* · leucitic tuff

Lias|sandstein *m* · Lias(sic) sandstone

~ton *m* · Lias(sic) clay

Libbey-Owens-Glas *n* · Libbey Owens glass

Licht|anlage *f* · light plant

~bahn *f*, Kunststoff~ · light-admitting plastic sheet(ing), ~ sheet(ing) plastic

~band *n*, Leucht(en)band · strip-line (light(ing)) fixtures; ~ luminaires (US); ~light fittings (Brit.); continuous row (light(ing)) fixtures; continuous row luminaires (US); continuous row light fittings (Brit.); lighting row

~baueinheit *f* **auf Kunststoffbasis** [*Fehlname*] → Lichtbauelement ~ ~

~bauelement *n* **auf Kunststoffbasis,** ~ ~ Kunststoffgrundlage, Lichtbaukörper *m* ~ ~ [*Fehlname: Lichtbaueinheit f auf Kunststoffbasis*] · transparent plastic (building) unit, ~ ~ (~) member, ~ ~ (~) component

~baukörper *m* **auf Kunststoffbasis** → Lichtbauelement ~ ~

~(bau)system *n* · luminous system, illuminated ~

lichtbeständig, lichtecht · lightfast, fast to light [*The description of a paint, pigment or dyestuff which retains its original colour on exposure to light under defined conditions*]

Lichtbeständigkeit *f*, Lichtechtheit · lightfastness

lichtbogengeschweißt · arc welded

Licht|dach(belag) *n*, (*m*) **auf Kunststoffbasis,** ~ ~ Kunststoffgrundlage, Licht(dach)(ein)deckung *f* · transparent plastic roof cover(ing), ~ ~ ~ sheathing, ~ ~ roof(ing)

~(dach)(ein)deckung *f* **auf Kunststoffbasis** → Lichtdach(belag) ~ ~

~decke *f*, Leuchtdecke · luminous ceiling, illuminated ~, light diffusing ~

~deckenkonstruktion *f*, Leuchtdeckenkonstruktion · luminous ceiling system, illuminated ~ ~, light diffusing ~ ~

~deckung *f* **auf Kunststoffbasis** → Lichtdach(belag) ~ ~

~diffusionsmuster *n* [*Glas*] · pattern for diffusion

~durchgang *m* [*Fenster*] · illumination

lichtdurchlässig · light-admitting, light-passing

Lichtdurchlässigkeit *f* · light transmittance, ~ permeability

lichte Abmessung *f*, lichtes Maß *n* · clear dimension

~ Bogenweite *f*, Bogen(spann)weite, Bogenlichtweite · clear span of arch, ~ arch span

~ Deckenhöhe *f* → Deckenhöhe

lichtecht, lichtbeständig · lightfast, fast to light [*The description of a paint, pigment or dyestuff which retains its original colour on exposure to light under defined conditions*]

Licht|echtheit *f*, Lichtbeständigkeit · lightfastness

~(ein)deckung *f* **auf Kunststoffbasis** → Lichtdach(belag) ~ ~

~einfall *m* · incidence of light

~einfallwinkel *m* · light angle, incidence ~, angle of light, angle of incidence

lichtempfindliches Glas *n* · photosensitive glass [*A glass made with constituents which cause it to change colour on exposure to light and, in some cases, subsequent heating*]

lichter Durchgang *m*, Türloch *n*, Türöffnung *f* · door opening, ~ aperture

~ ~, Toröffnung *f* · shutterdoor opening, shutter door ~

~ Durchmesser *m*, Innendurchmesser · internal diameter

~ Querschnitt *m* · clear cross section

~ Raum *m*, Lichtraum · clearance

~ Rippenabstand *m* · clear rib spacing, ~ ~ interval

~ Rohrdurchmesser *m*, (Rohr)Nennweite *f*, NW · nominal internal diameter (of pipe), ~ bore

lichtes Maß *n*, lichte Abmessung *f* · clear dimension

Licht|filtration *f* · light filtration

~fläche *f*, Scheibenfläche, Glasfläche [*Fenster*] · (window) glass area

~fühler *m* · light-sensitive device

(~)Gaden *m*, Fenstergaden, Obergaden [*Der über der Bogenstellung des Mittelschiffs einer Basilika sich erhebende Wandabschnitt mit den Hochschiff-Fenstern*] · clerestory, clearstory, overstory

~gitter *n* · light-admitting grille

~graben *m* [*Um Licht und Luft ins Kellergeschoß zu bekommen, kann man den Garten vor den Kellerfenstern als Lichtgraben mit schräger Böschung versehen*] · light ditch, air ~

~hof *m* · patio [*A courtyard or inner area open to the sky*]

~hofmauer *f* · patio masonry wall

~installation *f* · lighting system

~kabel *n* · cable for lighting(s), ~ ~ illumination(s)

~kuppel *f*, Dach~, Ober~ · dome(-light), saucer dome, light cupola, domed roof-light

~leiste *f* · batten luminaire (US); ~ light fitting (Brit.)

~leistung *f* · light output

~leitung *f* [*im Haus*] · lighting line

lichtlenkend · light-directing

Licht|mast *m*, Beleuchtungsmast, Leuchtenmast [*DIN 49778 und DIN 49779*] · lighting mast

~messung *f*, Lichtstärkemessung · photometry

~öffnung *f* · light opening

(~)Pause *f* · print, tracing

~platte *f* · light-admitting board, ~ sheet

~quelle *f* · illuminant

~rasterdecke *f* · luminaire grid suspension ceiling

~rasterdeckensystem *n* · luminaire grid suspension (ceiling) system

~raum *m* · lunette [*Semicircular or crescent-shaped space where a vault intersects a wall or another vault, often occupied by a window*]

~raum *m*, lichter Raum · clearance

~regler *m*, Bühnen~ · dimmer

licht|richtend [*Glas(bau)stein*] · light-directing

~säulig [*Ein Tempel ist lichtsäulig, wenn bei seiner Säulenstellung das Interkolumnium 3½ untere Säulendurchmesser beträgt*] · araeostyle

~säuliger Tempel *m*, Aräostylostempel [*Ein Tempel, bei dessen Säulenstellung das Interkolumnium 3½ untere Säulendurchmesser beträgt. Der Ausdruck stammt von Vitruv*] · araeostyle temple

Licht|schacht *m* · air shaft, light well [*An unroofed space within a large building which admits some light and a little bad air to windows facing on it. These light wells should be avoided by open planning*]

~schalter *m* · light switch

~spielhaus *n*, Lichtspieltheater *n*, Kino *n* · motion picture theatre, cinema

~spielsaal *m* · cinema auditorium

~spieltheater *n*, Lichtspielhaus *n*, Kino *n* · motion picture theatre, cinema

~spindel *f* → (Treppen)Auge

~(stärke)messung *f* · photometry

~stelle *f* · light point

~steuerung *f*, Helligkeitsregelung · light conditioning

~strahl *m* · light beam

~streuelement *n* · lighting diffuser, light-diffusing unit

licht|streuende Tafel *f* · (light-)diffusing panel

~streuendes Glas *n*, Lichtstreu(er)glas [*Gußglas zur Aufhellung dunkler oder ungenügend befensterter Räume. Es hat ein sägeblattartiges Profil, dessen Tiefe und Schärfe etwa in der Mitte zwischen Wellenglas und Prismenglas liegt*] · (light-)diffusing glass

Licht|streu(er)glas *n*, lichtstreuendes Glas [*Gußglas zur Aufhellung dunkler oder ungenügend befensterter Räume. Es hat ein sägeblattartiges Profil, dessen Tiefe und Schärfe etwa in der Mitte zwischen Wellenglas und Prismenglas liegt*] · (light-)diffusing glass

~streugerät *n* · dimmer unit

~streuung *f* · light diffusion

Lichtstrom *m* · (light) luminous flux (F)

~ · lighting current

~kabel *n* · lighting cable

~kreis *m* · lighting circuit

Licht- und Schattenmuster *n* · pattern of light and shade

lichtundurchlässig · light-tight

Licht|verhältnisse *f* · light conditions

~verlust *m* · light loss

~verteilung *f* · light distribution

~wand *f* · luminous wall, illuminated ~, light diffusing ~

~wange *f* → Freiwange

~weite *f*, Rohr~ · internal diameter (of pipe)

Lichtwell|platte *f* · corrugated light-admitting board, ~ ~ sheet

~plattendeckung *f* · corrugated light-admitting board roofing, ~ ~ sheet ~

Lichtzutritt *m* · admission of light

Lieferant *m*, Lieferer *m* · supplier

Lieferanten|eingang *m* [*Hotel*] · goods entrance

~rampe *f*, Anlieferungsrampe · delivery ramp

~verzeichnis *n* · suppliers' catalogue

lieferbar · available

Lieferbeton *m*, Transportbeton, Fertigbeton · ready-mix(ed) concrete

Lieferer *m*, Lieferant *m* · supplier

Liefer|etage *f* → Lieferstockwerk

~gang *m* · supply passage

~geschoß *n* → Lieferstockwerk

~-Magerbeton *m*, Fertig-Magerbeton, Transport-Magerbeton · ready-mix(ed) lean concrete

~menge *f* · quantity of shipment

Liefern *n*, Lieferung *f* · shipment, shipping [*Abbreviated: shpt. The shipping or transporting of goods; consignment for transportation*]

liefern und ein(zu)bauen · furnish and install, F & I

Liefer|stockwerk *n*, Lieferetage *f*, Liefergeschoß *n*, Anlieferungsstockwerk, Anlieferungsetage, Anlieferungsgeschoß · supply floor, delivery ~; ~ story (US); ~ storey (Brit.)

~tag *m* · day of shipment, ~ ~ shipping

~termin *m* · shipping date, date of shipment

~umfang *m* · scope of supply

Lieferung *f*, Liefern *n* · shipment, shipping [*Abbreviated: shpt. The shipping or transporting of goods; consignment for transportation*]

~ · shipment [*Abbreviated: shpt. Goods shipped or consigned*]

Lieferungszeichnung *f* · shipment drawing

liegende Leitung *f* · horizontal line

~ Verzahnung *f*, Abtreppung [*Mauerwerkbau*] · stepping-off

liegender Zylinderbehälter *m* · horizontal cylindrical tank

liegendes (Dach)Oberlicht *n*, (Dach-)Raupe *f* · skylight [*A glazed opening in the plane of a roof, designed to admit light to the space below*]

Liegewiese *f* · grass-covered ground for sunbathing or resting

Lierne *f* · lierne rib [*A rib which does not originate either from a main springer or a central boss, and is employed as a decorative link between the main ribs and tiercerons*]

Liernengewölbe *n* · lierne vault [*A ribbed vault to which liernes, which do not spring from the wall supports, are added to link the main ribs and tiercerons*]

Lignin *n* · lignin

~paste *f* · lignin paste

~sulfonat *n* · lignin sulphonate (Brit.); ~ sulfonate (US)

Lignit *m* [*Jüngere Braunkohle; zeigt in großen Stücken noch die Struktur des Holzes*] · lignite

Lignitteer *m* · lignite tar

~pech *n* · lignite-tar pitch

Lignozement *m* → flüssiges Holz

Lilie *f*, Bourbonische ~ · lily-flower, fleur-de-lis

Limes *m* · Limes (Germanicus) [*A system of fortifications built by the Romans under Vespasian and Trajan to protect the provinces of southern Germany and Rhaetia against the Germans. It was about 336 miles long*]

linear · linear

~ veränderliche Dehnung *f* · linearly varying strain

lineare Ausdehnung *f* · linear expansion

~ Beziehung *f* · linear relation

~ Biegetheorie *f* · linear bending theory

~ Funktion *f* · linear function

~ Gleichung *f*, Gleichung ersten Grades · first-order equation

~ Luftverteilung *f* · linear air distribution

~ Ornamentik *f* · linear style of ornamentation

~ plastische Theorie *f* → (Spannungs-)Theorie 1. Ordnung

~ Schalentheorie *f* · linear shell theory

~ Schwindung *f* · linear shrinkage

~ Spannungsverteilung *f* · linear stress distribution

~ Stadt *f*, Bandstadt [*Das Rückgrat dieser Stadtform ist ein Verkehrsband an das sich hintereinander gestaffelt die Zonen der menschlichen Betätigung reihen. Die Theorie stammt von dem Spanier Soria y Mala aus dem Jahre 1882*] · linear town

lineare Verrückung *f* · linear displacement

~Verschiebung *f* · linear translation

~ Verteilung *f* · linear distribution

~ Vorspannung *f* · linear (pre)stressing, ~ tensioning, ~ stretching [*(Pre)Stressing as applied to linear members, such as beams, columns, etc.*]

linearer Ausdehnungsbeiwert *m* · coefficient of linear expansion

~ Spannungszustand *m*, einachsiger ~ · one-dimensional state of stress, linear ~ ~ ~, ~ stress state

~ Verlauf *m* **der Kräfte** · linear progression of stresses

lineares Moment *n* · linear moment

~ Raumfachwerk *n* · linear space truss

~ Tragsystem *n* · linear structure system

linearisierte Elastizität *f*, klassische ~ · linear elasticity

~ Verformungstheorie *f*, (Spannungs-)Theorie 2. Ordnung · second-order theory, deformation ~ [*Initial deformations are taken into account*]

Linearität *f* · linearity

Linien|art *f* · type of line

~belastung *f* · linear loading

~integral *n* [*Vektor*] · line integral

~last *f*, Streckenlast, Schneidenlast · (col)linear load, line ~, strip ~, knife edge ~ [*Forces on a long narrow member, e.g. a beam*]

~muster *n* · linear pattern

~spiel *n* · flowing lines

Links|band *n* [*Beschlag für Fenster und Türen*] · left-hand hinge

~bezeichnung *f* · left-hand designation

linkseinschlagende Tür *f*, Linkstür · left-hand door

Linkstreppe *f* · left stair(case)

Linoleat *n* · linoleate

Linoleum *n* [*DIN 18171*] · lino(leum)

~ auf Filzhinterlegung, ~ ~ Filzunterlage, ~ ~ Filzrücklage, ~ ~ Filzträger(schicht) · felt-backed lino(leum), lino(leum) calendered on to a bitumen impregnated paper felt [*B.S. 1863*]

~ ~ Filzrücklage, ~ ~ Filzunterlage, ~ ~ Filzhinterlegung, ~ ~ Filzträger(schicht) · felt-backed lino(leum), lino(leum) calendered on to a bitumen impregnated paper felt [*B.S. 1863*]

~ ~ Filzträger(schicht), ~ ~ Filzunterlage, ~ ~ Filzrücklage, ~ ~ Filzhinterlegung · felt-backed lino(leum), lino(leum) calendered on to a bitumen impregnated paper felt [*B.S. 1863*]

~ ~ Filzunterlage, ~ ~ Filzrücklage, ~ ~ Filzhinterlegung, ~ ~ Filzträger(schicht) · felt-backed lino(leum), lino(leum) calendered on to a bitumen impregnated paper felt [*B.S. 1863*]

~arbeiten *fpl* · lino(leum) work

~belag *m* · lino(leum) cover

~boden(belag) *m*, Linoleumfußboden(-belag), Fbl *m* · lino(leum) floor(ing) (finish), ~ floor cover(ing)

~fliese *f* · lino(leum) tile [*B.S. 810*]

~fliesen *fpl*, Fliesenlinoleum *n* · lino(-leum) tiles [*B.S. 810*]

~(fuß)boden(belag) *m*, Fbl *m* · lino(leum) floor(ing) (finish), ~ floor cover(ing)

~grundmasse *f* · lino(leum) mass, plastic ~

~kitt *m* [*Fehlname*] → Linoleumkleber

~kleber *m*, Linoleumkleb(e)stoff *m*, Linoleumkleb(e)mittel *n* [*Fehlname: Linoleumkitt m*] · lino(leum) (bonding) adhesive, ~ cement(ing agent), ~ bonding agent, ~ bonding medium

~teer *m* · lino(leum) tar

~unterboden *m*, Bodenlinoleumunterlage *f*, (Fußboden)Linoleumunterlage · sub-floor for lino(leum)

~verlegung *f* · lino(leum)-laying

Linoxyn *n* · linoxyn [*Linseed oil which has dried or oxidized*]

Linsenträger *m*, Pauliträger, Fischbauchträger [*Vollwand- oder Fachwerkträger mit geradem Ober- und nach unten gebogenem Untergurt*] · fish-belly girder, fish-bellied ~

Lippen|dicht(ungs)ring *m* · lip seal(ing) ring

~fuge *f* · (weather-)struck joint, struck-joint pointing

Lisene *f*, Lesene · lesene, pilaster-strip [*A pilaster without a base and capital*]

Listenbauholz *n*, Bauholz nach Liste · cutting-list structural timber, ~ building ~, ~ construction(al) ~

Litfaßsäulenkiosk *m*, Anschlagsäulenkiosk · advertising kiosk

Lithographiekalk(stein) *m*, Lithographenkalk(stein), Lithographenstein, Lithographiestein · lithograph stone

Lithol|gelb *n* · lithol yellow

~rot *n* · lithol red [*An aniline pigment used in printing inks as well as paints*]

Lithopone *f* [*Fehlname: Deckweiß n*] · lithopone [*It is a fairly modern pigment, discovered by a Scottish chemist, John B. Orr, in the 1860s, and sometimes called Orr's zinc white after him*]

Litze *f*, (Draht)(Seil)~ · strand [*A prestressing tendon composed of a number of wires most of which are twisted about a center wire or core*]

~ mit dreieckigem Querschnitt, Dreikantlitze, Flachdrahtlitze, Flachlitze · flattened strand

(Litzen)|Anhebeverfahren *n* [*Spannbeton*] · deflected-strand technique, raised-strand ~, deflected-cable ~, raised-cable ~, ~ technic

~anhebung *f*, Anheben *n* der Litzen [*Spannbeton*] · deflecting of strands, bending up cables

~durchmesser *m* · strand diameter

~greifer *m* · strand grip [*A device used to anchor strands*]

~querschnitt *m* · strand cross-section

(L)Iwan *m* [*Die überwölbte Halle des altarabischen Wohnhauses, die sich zum Hof hin öffnet. Die prinzipiell gleichartige Grundform findet sich im islamischen Kultbau als Eingangs-Liwan (persisch auch Pishtak), sowie im Vierhallenschema der traditionellen Hofanlage (mit Innenhof). Bei der Medrese dagegen nimmt der große Bogen des Liwan nicht die gesamte Breite der je-*

weiligen Hoffassade ein, sondern wird von den in mehreren Etagen angelegten Wohnzellen der Studenten flankiert] · liwan

LKD *f*, Leicht-Kassetten-Decke *f* · light(-weight) cored-out floor

LKD-K-Körper *m*, Leicht-Kassetten-Kunststoff-Deckenkörper · light(weight) cored-out plastic floor unit

LKD-Körper *m*, Leicht-Kassetten-Deckenkörper · light(weight) cored-out floor unit

LKW-Bahnhof *m*, Fernlaster-Bahnhof · truck terminal, trucking ~ (US); lorry ~ (Brit.)

LLp *f*, Langloch-Leichtziegelplatte *f* [*DIN 18505*] · horizontal coring light(weight) prefab(ricated) brick panel (unit)

LLz *m*, Langlochziegel [*Mauerziegel nach DIN 105, der gleichlaufend zur Lagerfläche durchlocht ist*] · horizontal coring (clay) brick

~, Langloch-Leichtziegel *m* [*DIN 18505*] · horizontal coring (clay) light(weight) brick

LNA-Etagenbogen *m*, LNA-S-Stück *n*, LNA-Schwanenhals *m*, LNA-Sprungrohr *n* · light(weight) normal cast-iron offset, ~ ~ ~ swanneck

LNA-Paßstück *n*, LNA-Übergangsstück · light(weight) normal cast-iron adapter (US); ~ ~ ~ adaptor, ~ ~ ~ reducing fitting

LNA-Rohr *n*, leichtes Normalabflußrohr [*DIN 1172 bis 1178*] · light(weight) normal cast-iron drain(age) pipe, ~ ~ ~ draining ~, ~ ~ ~ discharge ~, ~ ~ C.I. ~ ~

LNA-Schwanenhals *m*, LNA-Sprungrohr *n*, LNA-Etagenbogen *m*, LNA-S-Stück *n* · light(weight) normal cast-iron offset, ~ ~ ~ swanneck

LNA-Sprungrohr *n*, LNA-Schwanenhals *m*, LNA-Etagenbogen *m*, LNA-S-Stück *n* · light(weight) normal cast-iron offset, ~ ~ ~ swanneck

LNA-S-Stück *n*, LNA-Sprungrohr *n*, LNA-Schwanenhals *m*, LNA-Etagenbogen *m* · light(weight) normal cast-iron offset, ~ ~ ~ swanneck

LNA-Übergangsstück *n*, LNA-Paßstück · light(weight) normal cast-iron adapter (US); ~ ~ ~ adaptor, ~ ~ ~ reducing fitting

Loch *n*, Kammer *f*, Hohlraum *m* [*Ziegel; Block(stein)*] · core (US); cavity, cell, core hole

~bahn *f* · perforated sheet(ing)

~-Baugipsplatte *f* → Loch-Gips(bau)-platte

~(belag)platte *f*, Lochfliese *f* · cored tile

~-Betonrohr *n*, Beton-Lochrohr · perforated concrete pipe

~bild *n* · perforation pattern

Lochblech *n*, gelochtes Blech, durchlochtes Blech · perforated plate

~ für Prüfsiebe, gelochtes Blech ~ ~, durchlochtes Blech ~ ~ · perforated plate for test sieves

Loch|(blech)sieb *n* · hole screen, perforated ~

~blockmauerwerk *n*, Lochblocksteinmauerwerk, Lochsteinmauerwerk · cored block masonry (work), ~ tile ~ (~) [*See remark under 'Block'*]

~block(stein) *m*, Lochstein · cored tile, ~ block [*See remark under 'Block'*]

~block(stein)mauerwerk *n*, Lochsteinmauerwerk · cored block masonry (work), ~ tile ~ (~) [*See remark under 'Block'*]

~-(Dach)Unterlagsbahn *f*, durchlochte (Dach)Unterlagsbahn, gelochte (Dach-) Unterlagsbahn · perforated (roof(ing)) base sheeting, ~ (~) deck(ing), ~ (~) substructure, ~ (~) substrate

~durchmesser *m* · hole diameter

~fassade *f* · punctuated façade [*A façade with units pierced for openings*]

~fliese *f*, Loch(belag)platte *f* · cored tile

~fraß *m* · breakthrough pitting

~-Gips(bau)platte *f*, Loch-Baugipsplatte, gelochte Gips(bau)platte, gelochte Baugipsplatte, durchlochte Gips(bau)platte, durchlochte Baugipsplatte, Lüftungsplatte aus Gips, Gips-Lüftungsplatte · perforated gypsum (building) board, ~ ~ (~) sheet

~-Gipsdeckenplatte *f*, gelochte Gipsdeckenplatte, durchlochte Gipsdeckenplatte, Lüftungsdeckenplatte aus Gips · perforated gypsum ceiling board

~-Gipsfaserplatte *f* → durchlochte Gipsfaserplatte

~-Gipsplatte *f* → Loch-Gipsbauplatte

~großblockziegel *m* **mit großen Hohlräumen** · hollow block [*Holes passing through the block exceed 25 per cent of its volume, and the holes are not small. B.S. 3921*]

~großblockziegel *m* **mit kleinen Hohlräumen** · perforated block [*Holes passing through the block exceed 25 per cent of its volume, but the holes are small. For the purpose of this definition, a small hole is a hole less than ¾ in wide of less than 0.8 in² in areas. Up to three larger holes, not exceeding 5 in² each, may be incorporated as aids to handling, within the total of 25 per cent. B.S. 3921*]

~hüttenbimsstein *m*, Lochhüttenbimsblock(stein) *m* [*Fehlname: Lochschwemmblock(stein)*] · cored foamed slag concrete block, ~ ~ ~ ~ brick (Brit.); ~ expaned cinder ~ ~ (US)

~kalksandplatte *f*, Kalksandlochplatte · cored sand-lime slab, ~ lime-sand ~, ~ calcium silicate ~

~kalksandstein *m*, Kalksandlochstein, KSL [*DIN 106*] · cored sand-lime brick, ~ lime-sand ~, ~ calcium silicate ~

~metall *n* · perforated metal

~-Metallrohr *n* · perforated metal pipe

~metallstreifen *m* · perforated metal strip

~pappe *f*, durchlochte Pappe, gelochte Pappe · cored paper, perforated ~ [*See remark under 'Pappe'*]

~platte *f*, Lochbelagplatte, Lochfliese *f* · cored tile

~platte *f*, durchlochte Platte, gelochte Platte · perforated sheet, ~ board

~-Putzblech *n*, Putz-Lochblech, gelochtes Putzblech, durchlochtes Putzblech · perforated sheet metal lath(ing)

~-Putzträger *m*, durchlochter Putzträger, gelochter Putzträger · perforated lath(ing)

~reihe *f* · line of holes

~reihe *f* [*Mauerziegel*] · coring row, row of coring

~rohr *n*, gelochtes Rohr, durchlochtes Rohr · perforated pipe

~schwemmblock(stein) *m* [*Fehlname*] → Lochhüttenbimsstein

~-Sichtschutzwand *f*, gelochte Sichtschutzwand, durchlochte Sichtschutzwand · pierced screen (wall)

~sieb *n*, Lochblechsieb · hole screen, perforated ~

Lochstein *m*, Lochblock(stein) *m* · cored block, ~ tile [*See remark under 'Block'*]

~mauerwerk *n*, Lochblock(stein)mauerwerk · cored block masonry (work), ~ tile ~ (~) [*See remark under 'Block'*]

~mauerwerk *n* [*Fehlname*] → Lochziegelmauerwerk

Loch|tafel *f*, gelochte Tafel, durchlochte Tafel · perforated panel

~teilung *f* [*Siebtechnik*] · hole pitch

Lochung *f* · perforation

~ [*Ziegel; Block(stein)*] · coring

~ [*Fassade*] · punctuation [*It is achieved in a façade by ranges of windows*]

Loch|-Unterlagsbahn *f* → Loch-Dachunterlagsbahn

~-Untersicht *f*, gelochte Untersicht, durchlochte Untersicht · perforated visible under-face, ~ ~ underside, ~ ~ soffit

~-Wellalu(minium) *n*, Well-Lochalu(minium) · perforated corrugated aluminium (Brit.); ~ ~ aluminum (US)

Lochziegel *m* [*DIN 105*] · perforated brick, cored ~ [*Holes passing through the brick exceed 25 per cent of its volume, but the holes are small. For the purpose of this definition, a small hole is a hole less than 3/4 in wide or less than 0.8 in.² in area. Up to three larger holes, not exceeding 5 in.² each, may be incorporated as aids to handling, within the total of 25 per cent. B.S. 3921*]

~mauerwerk *n* [*Fehlname: Lochsteinmauerwerk*] · perforated brick masonry (work), cored ~ ~ (~)

lockere Anlage *f* · open layout

Löffelbinder *m*, Stopfbinder [*In ca. 3 Minuten abbindender Zement*] · flash-setting cement

~, Stopfbinder [*Tonerdezement, mit Kalkhydrat oder mit Portlandzement gemischt und mit Wasser angemacht*] · flash-setting alumina cement

~, Stopfbinder [*Besonders schnell abbindender Gips*] · flash-setting gypsum

Löffelhahn *m* [*In Toiletten, anstelle der Zugkette für die Wasserspülung*] · rabbit-ear faucet (US)

logarithmische Siebliniendarstellung *f*, Siebliniendarstellung im logarithmischen Maßstab [*Die Lochdurchmesser der Siebe sind auf der Waag(e)rechten im logarithmischen Maßstab aufgetragen*] · log grading curve, log-diagram

Logeion *n* [*griechische Theaterbaukunst*] · logeion, speaking-place

Loggia *f*, Hauslaube *f* [*Offene, gewölbte Bogenhalle in oder vor einem Gebäude. Die Loggia ist der Laube verwandt, kann aber auch als eigenständige Bogenhalle (Loggia dei Lanzi in Florenz) bestehen. Die Loggia ist ein häufiger Bestandteil des italienischen Palastbaues der Renaissance. Im heutigen Wohnungsbau bezeichnet eine Loggia einen Freiraum, der im Gegensatz zum Balkon innerhalb der Bauflucht liegt*] · loggia

Logierhaus *n*, Pension *f* · boarding house, rooming ~, lodging ~, tourist ~

Lohn|abteilung *f*, Lohnbüro *n* · wages office, ~ department

~büro *n*, Lohnabteilung *f* · wages office, ~ department

~tag *m*, Zahltag · pay day

Lokalelement *n* [*elektrochemische Korrosion*] · local cell

Lokomotivschlacke *f* · loco(motive) clinker (Brit.); ~ cinder (US)

Lok(omotiv)schuppen *m* · engine shed

lombardischer Rundbogenstil *m* · style of round arches of Lombardy

Longitudinalwelle *f*, Längswelle · longitudinal wave

lösbare Verbindung *f* · dismountable joint, ~ connection

Löschbank *f*, Kalk~ · (lime) slaking trough

löschen, naß~, ab~ [*Kalk*] · to slake, to run to putty, to hydrate [*To treat quicklime with an excess of water*]

Löschen *n*, Ab~, Naß~ · slaking, running to putty, hydrating

Löscher *m*, Feuer~ · (fire) extinguisher

~-Halterung *f*, Feuer~ · (fire) extinguisher bracket

~schrank *m*, Feuer~ · (fire) extinguisher cabinet

Lösch|gefäß *n*, Kalk~ · (lime) slaking vessel

~grube *f*, Kalk~ · (lime) slaking pit

~kalk *m*, Kalkhydrat *n*, Feinkalk, $Ca(OH)_2$; (Ver)Putzkalk, Pulverkalk, Mauerkalk, (Bau)Ätzkalk, Sackkalk, (Bau)Sichtkalk, gemahlener Stück(en)kalk [*Fehlnamen*] · (dry) hydrated lime, ~ hydrate

~maschine *f*, Kalk~ · (lime) slaking machine, ~ hydrating ~, hydrator

~schlauchschrank *m*, Feuer~ · (fire) hose cabinet, FHC

~trommel *f*, Kalk~, Kalk-Trommel-Löscher *m* · (lime) slaking drum

~vorgang *m*, Kalk~ · (lime) slaking process

~wasserständer *m*, Feuer~ [*DIN 14244*] · fire hydrant, fhy

lose (Ab)Dämmung *f*, ~ Schütt(ab-)dämmung · fill insulation

~ Dämmung *f*, ~ Ab~, ~ Schütt-(ab)dämmung · fill insulation

~ Schütt(ab)dämmung *f*, ~ (Ab-)Dämmung · fill insulation

~ Wolle *f* · loose wool

Lösemittel *n*, Lösungsmittel, Löser *m* · solvent

lösemittelbeständig, lösemittelfest, lösungsmittelfest, lösungsmittelbeständig · solvent(-)proof

Lösemitteldämpfe *mpl*, Lösungsmitteldämpfe · solvent vapours (Brit.); ~ vapors (US)

lösemittel|empfindlich, lösungsmittelempfindlich · solvent(-)susceptible, sensitive to solvent(s)

~fest, lösemittelbeständig, lösungsmittelfest, lösungsmittelbeständig · solvent(-)proof

~frei, lösungsmittelfrei · solvent(-)free

Lösemittelfreiheit *f*, Lösungsmittelfreiheit · absence of solvent(s)

lösemittel|gesättigt, lösungsmittelgesättigt · solvent(-)saturated

~haltig, lösungsmittelhaltig · solvent based

lösendes (Ab)Beizmittel *n*, neutrales ~, flüssiges ~, (Ab)Beizfluid *n*, (Ab)Beizflüssigkeit *f* · solvent-based paint remover, ~ ~ stripper

Löser *m* → Lösemittel

loser Feinkalk *m*, ~ (Lösch)Kalk, loses Kalkhydrat *n* · bulk (hydrated) lime

~ Füllstoff *m* → (Isolier)Schüttmaterial für Schüttisolierungen

~ Kalk *m*, ~ Lösch~, ~ Feinkalk, loses Kalkhydrat *n* · bulk (hydrated) lime

~ (Lösch)Kalk *m*, ~ Feinkalk, loses Kalkhydrat *n* · bulk (hydrated) lime

~ Zement *m*, unverpackter ~, ungesackter ~, Behälterzement, Silozement · bulk cement

loses Kalkhydrat *n*, loser Feinkalk *m*, loser (Lösch)Kalk · bulk (hydrated) lime

~ Material *n* · loose material

Lösevermögen *n*, Lösungsvermögen · solvent power

Losholz *n*, Kämpferholz [*Querholz zur Unterteilung eines Fensters oder einer Tür*] · wood(en) transom, timber ~

löslich in CS_2 · soluble in carbon disulfide (US); ~ ~ ~ disulphide (Brit.)

lösliche Schießbaumwolle *f*, Kollodiumwolle · collodion cotton

löslicher Anhydrit *m*, β-Anhydrit III, β-$CaSO_4$ *n*, entwässertes Halbhydrat *n* [*Ofengipsart*] · hard-burned plaster, hard-burnt ~

lösliches Salz *n* · soluble salt

Löslichkeit *f*, Auflösbarkeit · solubility

Löslichkeits|probe *f*, Löslichkeitsversuch *m*, Löslichkeitsprüfung *f* · solubility test

~prüfung *f*, Löslichkeitsversuch *m*, Löslichkeitsprobe *f* · solubility test

~versuch *m*, Löslichkeitsprüfung *f*, Löslichkeitsprobe *f* · solubility test

losschrauben, lösen, auseinanderschrauben, abschrauben · to unscrew, to screw off

Lösung *f*, Auf~ · solution

Lösungs|beispiel *n* · example of solution

~benzol *n* · industrial grade benzene

~kalorimeter *n* · solution calorimeter [*The materials are allowed to react in the dissolved state inside an insulated vessel*]

~mittel *n*, Lösemittel, Löser *m* · solvent

~mittelanstrich *m*, Lösungsmittelaufstrich · solvent coat(ing)

lösungsmittelarm · of low solvent content

Lösungsmittel|aufstrich *m*, Lösungsmittelanstrich · solvent coat

~basis *f*, Lösungsmittelgrundlage *f* · solvent base

lösungsmittelbeständig, lösungsmittelfest, lösemittelbeständig, lösemittelfest · solvent(-)proof

Lösungsmitteldämpfe *mpl*, Lösemitteldämpfe · solvent vapours (Brit.); ~ vapors (US)

lösungsmittelempfindlich, lösemittelempfindlich · solvent(-)susceptible, sensitive to solvent(s)

Lösungsmittelextraktion *f* · solvent extraction

lösungsmittel|fest, lösungsmittelbeständig, lösemittelfest, lösemittelbeständig · solvent(-)proof

~frei, lösemittelfrei · solvent-free

Lösungsmittelfreiheit *f*, Lösemittelfreiheit · absence of solvent(s)

lösungsmittelgesättigt, lösemittelgesättigt · solvent(-)saturated

Lösungsmittelgrundlage *f*, Lösungsmittelbasis *f* · solvent base

lösungsmittelhaltig, lösemittelhaltig · solvent based

Lösungs|verfahren *n* · solution procedure

~vermögen *n*, Lösevermögen · solvent power

~wärme *f* · heat of solution [*Heat evolved by the solution of a material in a solvent*]

~wärmemesser *m* · calorimeter

Lösungswärmeverfahren *n* [*Bestimmung der Hydratationswärme von Zement. Die Hydratationswärme wird aus dem Unterschied der Lösungswärme des angelieferten (nichthydratisierten) Zements und der hydratisierten Proben im Alter von 7 oder 28 Tagen errechnet. BSS 1370 und ASTM C 186*] — **heat of solution method**

Ablesung *f*	reading
Ausrührperiode *f*	final raking period
Beckmannsches Thermometer *n*	Beckmann type differential thermometer
Eingabe *f*, Zugabe [*von Zinkoxid*]	introduction
Endtemperatur *f*	final temperature
Fluorwasserstoffsäure *f*	hydrofluoric acid
5min-Intervall *n*	5-min. interval
Gesamtgewicht *n*	total weight
Geschwindigkeitsregler *m*	geared speed reducer
Glasflasche *f*	glass vial
Glasrührer *m*	glass stirrer
glühen [*Zinkoxid*]	to heat
Hydratationswärme *f*	heat of hydration
hydratisierter Zement *m*	hydrated cement
Kalorimeter *n*	calorimeter
Korkstopfen *m*	cork stopper
korrigierter Temperaturanstieg *m*	corrected temperatur rise
Lösungsperiode *f*	solution period [*The period from the time the introduction of the ZnO is started to the time the rate of temperature change becomes constant is termed the solution period and should last not longer than 30 min.*]
Lösungswärme *f*	heat of solution
Lupe *f*	reading lens
nichthydratisierter Zement *m*, angelieferter Zement	dry cement
Paraffinwachs *n*	paraffin wax
Raumtemperatur *f*	room temperature
Rührer *m*	stirrer
Rührmotor *m*	stirring motor
Rührschaufel *f*	stirrer blade
Rührwärme *f*	heat of stirring
säurebeständiger Überzug *m*	acid-resistant coating
Säuremischung *f*	acid mix(ture)
Temperaturauf *f* 0,001 °C genau ablesen	to read off to the nearest 0.001 °C
Temperaturänderung *f*	temperature change
Trichter *m*	funnel
Wärmehaltungsvermögen *n*	thermal leakage into or out of the calorimeter
Wärmekapazität *f*	heat capacity
Zementbrei *m*	cement paste
Zinkoxid *n*	zinc oxide, ZnO
Zinkoxid in gleichmäßigen Gaben quantitativ durch den Trichter in die Säuremischung geben	to introduce the prepared ZnO through the funnel at a uniform rate
2n-Salpetersäure *f*	nitric acid (2.00 N), 2.00 *N* HNO_3

Löß *m* · loess

Lot *n*, Senk~, Schnur~, Senkel *m* · plumb

Lötbad *n* · bath of molten solder

Lot(blei) *n*, Bleigewicht *n* · hand lead

Lötbrenner *m*, Lötrohr *n* · soldering torch

Lötdraht *m* · solder wire

löten · to solder

Löten *n* · soldering [*The term 'soldering' is also used for 'soft soldering' = Weichlöten*]

Lötfitting *m* → Lötrohrfitting

Lötflansch *m* [*DIN 2570*] · soldered flange

Lötflußmittel *n* · soldering flux

Lötformstück *n* → Löt(rohr)fitting

Lötglas *n*, Glaslot *n*, Zwischenglas, Einschmelzglas · solder glass, intermediate sealing ~

(Löt)Hafter *m* [*Metallbedachung*] · soldered (metal) cleat, cleat

Lothaltigkeit *f* · verticality

lothringisches Kreuz *n*, Patriarchenkreuz · Patriarchal cross, Lorraine ~

Lötkolben *m* · soldering iron, ~ bolt, copper bit

Lötlampe *f* · soldering lamp, blowlamp, blowpipe lamp (Brit.); blowtorch (US)

Lötlappen *m* · brazing flap

Lötlegierung *f* · solder alloy

Lötmessing *n*, Halbtombak *m*, MS 67, Ms 67, Messing 67 · brass with 67% copper content

Lot(metall) *n* · solder

Lötmethode *f*, Lötverfahren *n* · soldering method

Lötofen *m* · soldering oven

Lotos|blatt *n* · lotos leaf, lotus ~

~blume *f* · lotos flower, lotus ~

~knospe *f* · lotos bud, lotus ~

~ornament *n* · lotos ornament, lotus ~

~säule *f* · lotos column, lotus ~

lotrecht, senkrecht, vertikal · plumb, vertical

lotrechte Seitenkraft *f*, senkrechte ~, winkelrechte ~, Vertikalkomponente *f* · vertical component

Löt(rohr)|fitting *m*, Löt(rohr)formstück *n* [*Aus Rotguß oder Kupfer*] · bronze-on pipe fitting [*Fittings for light-gauge copper tube, many of them not made of copper, but of brass or gunmetal*]

~formstück *n* → Löt(rohr)fitting

Lotschmiege *f* · perpendicular cut (of jack rafter)

Löttemperatur *f* · soldering temperature

Lötung *f* · soldering [*The term 'soldering' is also used for 'soft soldering' = Weichlötung*]

Lötverbindung *f* · solder(ed) joint [*A joint in which the parts are united with molten solder*]

Lötverfahren *n*, Lötmethode *f* · soldering method

Lötwasser *n*, wässerige Zinkchloridlösung *f* · killed spirits

Lötzange *f* · soldering tongs, soldering-tweezers, hawk-bill (pliers), brazing tongs

Lötzinn *n* [*DIN 1707*] · tinman's solder [*Tin 62, lead 38 per cent. by weight*]

Löwen|fries *m* · lion frieze

~grab *n* · Lion Tomb [*at Cnidos*]

~hof *m* [*Alhambra*] · Court of (the) Lions

~maske *f* · lion mask

~tor *n* · Lion Gate, Gate of Lions [*Mycenae*]

LP *m* → Lufteinschlußmittel

LP-(Beton)Wirkstoff *m* → Lufteinschlußmittel

LP-Messer *m* → (Beton)Luftmengenmesser

LP-Stoff *m* → Luftporenbildner

LPV *m* → luftporenbildender (Beton)Verflüssiger

L.P.-Zement *m* → Luftporenzement

LP-(Zusatz)Stoff *m* → Luftporenbildner

L-Rahmen *m* · L-shaped frame

LSB *n*, Nichtschwimmerbecken *n*, Lehr(schwimm)becken · teaching pool, learner's ~

~ im Freien, Lehr(schwimm)becken ~ ~ · outdoor teaching pool, ~ learner's ~

~ ~ Hallenbad, Lehr(schwimm)becken ~ ~ · indoor teaching pool, ~ learner's ~

LSM *n* → Luftschalldämm-Maß

LS-Raum *m*, Bombenschutzraum, (Luft-)Schutzraum · air-raid shelter, bomb ~

~ mit Garage, (Luft)Schutzraum ~ ~, Bombenschutzraum ~ ~ · bomb shelter-garage, air-raid ~

L-Stein *m*, L-Block(stein) *m* [*Plattenförmiger Block(stein) aus Leicht- oder Schwerbeton in L-Form*] · L-shaped block, ~ tile [*See remark under 'Block'*]

L-Stufe *f* · L-shaped step

L-Träger *m* · ell-girder

Lückenbau *m* [*Ein Gebäude, welches in eine Baulücke zwischen Häusern gebaut wird*] · lock-up

Lüdersdehnung *f* · Lüders strain

Ludowici-Falzziegel *m*, Muldenfalzziegel, Doppelfalzziegel · Ludowici tile, French ~, Marseilles pattern ~

luftabbindend · air-setting

(Luft)|Anfeuchter *m*, (Luft)Befeuchter · humidifier, air ~ [*A device designed to discharge water vapo(u)r into a confined space for the purpose of increasing or maintaining the relative humidity in an enclosure*]

~anfeuchtung *f*, Luftbefeuchtung · air humidification

~(ansaug)schornstein *m* → Frisch~

~anteil *m*, Luftgehalt *m* · air content

~auslaß *m* · air outlet

~austrittrost *m*, Luftaustrittgitter *n* · exhaust grille [*Sometimes spelled 'grill'*]

~automat *m*, Luftheizautomat · auto(-matic) air heater

~bedarf *m* · air demand, ~ requirement

(~)Befeuchter *m*, (Luft)Anfeuchter · humidifier, air ~ [*A device designed to discharge water vapo(u)r into a confined space for the purpose of increasing or maintaining the relative humidity in an enclosure*]

~befeuchtung *f*, Luftanfeuchtung · air humidification

~behandlung *f* · air treatment

~behandlungsanlage *f* · air treatment plant

~(be)heizung *f* [*Warmluft wird mit oder ohne Ventilator in die zu beheizenden Räume geführt*] · air heating, plenum ~

~(be)heiz(ungs)anlage *f* · (warm) air heating system, (~) ~ ~ installation, warm-air ~ ~, plenum ~ ~ [*It is a system which circulates warm air for heating*]

~bewegung *f* · air motion, ~ movement

~blase *f* [*Fehler im optischen Glas*] · air bell

~boden(be)heizung *f* → Luftfußboden-(be)heizung

luft|dicht · airtight

~dichter Abschluß *m* · air-tight seal

(Luft)|Diffusor *m* · (air) diffuser

(~)Diffusoren *mpl* · (air) diffusors, (~) diffusers, (~) diffusion equipment

~druckprobe *f* [*Abdrücken einer Rohrleitung*] · pneumatic test

~durchgang *m* · passage of air

luftdurchlässig · permeable to air, pervious ~ ~

Luft|durchlässigkeit *f* · permeability to air, perviousness ~ ~

~durchlässigkeitsverfahren *n* · air permeability test [*A method for measuring the fineness of powdered materials such as portland cement*]

luft|einführend, luftporenbildend · air-entraining

~einführender (Beton)Verfüssiger *m* → luftporenbildender ~

Luft|einführung *f*, Belüftung, Lufteinschluß *m*, Belüften *n* · entrainment of air, entrapping ~ ~, air entrainment [*The occlusion of air in the form of minute bubbles (generally smaller than 1 mm) during the mixing of concrete or mortar*]

~einführungsvermögen *n* · air entraining [*The capability of a material or process to develop a system of minute bubbles of air in cement paste, mortar, or concrete*]

~einlaß *m* · air inlet

~einlaß *m* [*Fehlname*]; Abluftdurchlaß, Abluftöffnung *f*, Schlechtluftdurchlaß, Schlechtluftöffnung [*Eine Öffnung in einer Raumbegrenzungsfläche, durch die Raumluft (Abluft) in den Abluftkanal oder als Fortluft ins Freie abgesaugt oder gedrückt wird*] · foul air hole, ~ ~ opening, vitiated ~ ~

~einschluß *m* → Lufteinführung

~einschlußmittel *n* → Luftporenbildner

lüften, be- und ent~ · to ventilate [*To circulate fresh air in a room, etc., driving out foul air*]

Luftentfeuchtung *f* · dehydration of air, dehydrating ~ ~

Lüfter *m* → Siebstein

~ → Lüftergaube

~gaube *f*, Lüftergaupe, Lüftungsgaube, Lüftungsgaupe, (Dach)Gaupe, (Dach-)Gaube, (Dach)Lüfter *m*, (Dach-)Lüftungsstein *m*, Gaupenstein, Gaubenstein, Lukenstein, Haubenstein, Kaffstein, Kappstein [*Dachstein, zu Flach-, Hohl- oder Falzsteinen passend mit einem meist halbkegelförmigen Aufbau zum Einlaß von Licht und Luft in einem Dachraum*] · dormer-ventilator

~gaube *f*, Lüftergaupe, Lüftungsgaube, Lüftungsgaupe, (Dach)Gaupe, (Dach-)Gaube, (Dach)Lüfter *m*, (Dach)Lüftungsziegel *m*, Gaupenziegel, Gaubenziegel, Kaffziegel, Lukenziegel, Haubenziegel, Kappziegel [*Dachziegel, zu Flach-, Hohl- oder Falzziegeln passend mit einem meist halbkegelförmigen Aufbau zum Einlaß von Licht und Luft in einen Dachraum*] · clay dormer-ventilator

~gaupe *f* → Lüftergaube

luft(er)härtend · air-hardening

Luft|erhitzer *m* → Warm~

~feuchte *f*, Luftfeuchtigkeit *f* · air moisture, ~ humidity

~feuchte-Behaglichkeitskurve *f* · air humidity comfort curve, ~ moisture ~ ~

~feuchtigkeit *f*, Luftfeuchte *f* · air moisture, ~ humidity

~frachthalle *f* · air freight building

~führung *f* · air circulation

~(fuß)boden(be)heizung *f* [*Die Warmluft wird durch einen Hohlraum unter den (Fuß)Boden geleitet. Im (Fuß-)Boden befindet sich keine Wärmespeicherung*] · floor heating by air, air floor heating

~gehalt *m*, Luftanteil *m* · air content

~gehaltprüfer *m* → (Beton)Luftmengenmesser

luft|gehärtet [*Betonstein*] · air-cured

~gelöscht [*Kalk*] · air-slaked

Luftgeschwindigkeit *f* · air velocity

luft|gestützte Halle *f*, Traglufthalle, luftgestütztes System *n*, Pneusystem, luftgetragene Halle · air-inflated structure, ~ building, inflatable ~, air-supported ~

~gestütztes System *n*, Pneusystem, luftgetragene Halle *f*, luftgestützte Halle, Traglufthalle · air-inflated structure, ~ building, inflatable ~, air-supported ~

~getragene Halle *f*, luftgestützte ~, Traglufthalle, luftgestütztes System *n*, Pneusystem · air-inflated structure, ~ building, inflatable ~, air-supported ~

~getrocknet [*Lehmstein*] · sun-baked, sun-dried, air-dried

Luftgitter *n*, Warm~ [*Lufttür*] · air grating

~, Luftrost *m* · grille, ventilator grate [*A grating or screen through which air passes usually into a ventilating duct rather than from it. A grille has no damper and connects to a return air duct, unlike a register*]

luft|härtbar [*Legierung*] · air-hardenable

~härtend, lufterhärtend · air-hardening

Luft|heizanlage *f* → Luft(be)heiz(ungs)-anlage

~(heiz)automat *m* · auto(matic) air heater

~heizer *m* → (Warm)Lufterhitzer

~heizgerät *n* → (Warm)Lufterhitzer

~heizung *f*, Luftbeheizung [*Warmluft wird mit oder ohne Ventilator in die zu beheizenden Räume geführt*] · air heating, plenum ~

~heiz(ungs)anlage *f* → Luftbeheiz(ungs)anlage

~hohlraum *m* · air cavity

~infiltration *f* · air infiltration

~isolierung *f* · air insulation

~kalk *m* [*DIN 1060. Ein Baukalk, der nach dem Anmachen mit Wasser vorwiegend durch Aufnahme von Kohlensäure aus der Luft erhärtet (= Karbonat(er)härtung). Er verfestigt sich nur an der Luft, nicht unter Wasser*] · non-hydraulic lime, air-slaked ~

Luftkanal *m* [*Pyramide*] · air passage

~ → Luftverteilungskanal

(Luft)|Kanalbemessung *f* · (air) duct design

~(klar)lack *m* · air-drying (clear) varnish

~kohlensäure *f* · air carbon dioxide (Brit.); ~ ~ dioxid(e) (US)

~kühler *m* · air cooler

~kühlung *f* · air cooling

~lack *m*, Luftklarlack · air-drying (clear) varnish

~lagerung *f* [*Probe(körper)*] · air storage

~lärm *m* · airborne noise

~leistung *f* · air(-handling) capacity

~lenkeinrichtung *f* [*Diffusor*] · air deflector

~loch *n*, Zugloch · air hole, ~ vent, port

~löschen *n* · air slaking

luftloses Farbspritzen *n* · airless paint spraying

Luft|menge *f* · air volume, ~ quantity

~mengenmesser *m* → Beton~

~messer *m* → Luftmengenmesser

~meßgerät *n* → (Beton)Luftmengenmesser

~mörtel *m* · air-setting mortar, non-hydraulic ~

~nest *n* · air pocket [*An air space which accidentally occurs in concrete work*]

~öffnung *f*, Lüftungsöffnung · vent(ilating) opening, ventilation ~

~patentieren *n* · O.P. patenting, old process ~, air ~

~pfropfen *m* [*Resonator*] · mass of air [*The frequency of resonance is determined by the mass of air in the neck resonating in conjunction with the compliance of the air in the cavity*]

~polster *m, n* · air cushion

~pore *f* · air void

~porenbeton *m*, Bläschenbeton, belüfteter Beton, AEA-Beton · air-entrained concrete, air-entraining ~, air entrainment ~

luftporen|bildend, lufteinführend · air-entraining

~bildender (Beton)Verflüssiger *m*, lufteinführender ~, LBV-(Zusatz)Stoff *m*, LBV-Wirkstoff, LBV-Zusatz(mittel) *m*, (*n*), LPV · air-entraining workability agent

~bildender Zusatz(stoff) *m* → Lufteinschlußmittel

~bildendes (Beton)Zusatzmittel *n* → Lufteinschlußmittel

Luftporenbildner *m*, Lufteinschlußmittel *n*, LP-(Zusatz)Stoff *m*, LP-Wirkstoff, Belüfter, Belüftungsmittel · air-entraining agent, air entrainer

~lösung *f* · air-entraining solution

Luftporen|erzeuger *m* → Lufteinschlußmittel

~leichtbeton *m* · air entrained light(-weight) concrete

~messer *m* → (Beton)Luftmengenmesser

~meßgerät *n* → Luft(mengen)messer

~minderer *m* · air-detraining agent, air-reducing ~

~mittel *n* → Luftporenerzeuger

Luftporenmörtel *m*, Bläschenmörtel, AEA-Mörtel, belüfteter Mörtel · air-entraining mortar, air-entrained ~

~ aus Brechsand, Bläschenmörtel ~ ~, AEA-Mörtel ~ ~, belüfteter Mörtel ~ ~ · entrained stone sand mortar

Luftporen|prüfer *m* → (Beton)Luftmengenmesser

~prüfgerät *n* → (Beton)Luftmengenmesser

~system *n* · system of air voids, air void system

~verteilung *f* · air-void spacing

~zement *m*, L.P.-Zement · air-entraining (hydraulic) cement [*Hydraulic cement containing an air-entraining addition in such amount as to cause the product to entrain air in mortar or concrete within specified limits*]

Luft|raum *m*, Luftschicht *f* · air space [*A cavity or space in walls or between various structural elements*]

~recht *n* [*Es regelt die Überbauung von Eisenbahnen, Straßen, Strömen, usw.*] · air right

~regler *m* · register

~reinheit *f* · air cleanliness, ~ purity

~reiniger *m* · air cleaner

~reinigung *f* · air purification

~rohr *n*, Lüftungsrohr · ventilation pipe, vent(ilating) ~

~rost *m*, Luftgitter *n* · grille, ventilator grate [*A grating or screen through which air passes usually into a ventilating duct rather than from it. A grille has no damper and connects to a return air duct, unlike a register*]

(~)Runddiffusor *m* · round (air) diffuser, ~ (~) diffusor

~säule *f* · column of air

~schacht *m*, (Be- und Ent)Lüftungsschacht · vent(ilating) shaft, ventilation ~, air(-handling) ~, venting ~

Luftschall *m* [*Sich in der Luft ausbreitender Schall*] · airborne sound

~(ab)dämmstoff *m* · airborne sound insulation material

~(ab)dämmung *f* · airborne sound insulation

~anregung *f* · creation of airborne sound

~dämmaß *n*, Luftschalldämmzahl *f*, Luftschallschutzmaß, LSM · airborne sound reduction index (Brit.); ~ ~ transmission loss (US); ~ ~ reduction factor [*deprecated*] [*See remark under 'Schalldämmaß'*]

~dämmstoff *m*, Luftschallabdämmstoff · airborne sound insulation material

~dämmung *f*, Luftschallabdämmung · airborne sound insulation

~pegel *m* · airborne sound level

~schutz *m* · airborne sound insulation [*Means taken to reduce the transmission of airborne sound*]

~schutzmaß *n* → Luftschalldämmaß

~stärke *f* · airborne sound intensity

~übertragung *f* · airborne sound transmission

~welle *f* · air-borne sound wave

Luftschicht *f*, Luft(zwischen)raum *m* · air space [*A cavity or space in walls or between various structural elements*]

~anker *m* · cavity-wall tie, ~ anchor

~mauer *f* → Hohlwand [*Fehlname*]

~mauerwerk *n*, Hohlmauerwerk, (Zwei-)Schalenmauerwerk · cavity masonry (work), hollow ~ (~)

~wand *f* [*Fehlname*] → Hohlwand

Luft|schiffhalle *f* · airship hangar

~schleier *m*, Warm~ · air curtain

~schleieranlage *f*, Warm~ · air-curtain doorway installation

~schleuse *f* · air lock [*Enclosed passage with two sets of doorways connecting two spaces maintained at different air pressures; designed to prevent the loss of pressure between the two spaces*]

(~)Schlitzdiffusor *m* · slot (air) diffuser, ~ (~) diffusor

~schütz *n* · air-break contactor

Luftschutz *m* · civil defense against air raids (US); ~ defence ~ ~ ~ (Brit.)

~beton *m* · concrete for civil defence structures (Brit.); ~ ~ ~ defense ~ (US)

(Luft)Schutz|bunker *m*, Bombenschutzbunker · air raid sheltering bunker, bomb shelter

~raum *m*, Bombenschutzraum, LS-Raum · air-raid shelter, bomb ~

~raum *m* **mit Garage**, Bombenschutzraum ~ ~, LS-Raum ~ ~ · bomb shelter-garage, air-raid ~

~tür *f* · air-raid shelter door, bomb ~ ~

Luft|stein *m* [*Fehlname*] → Schlamm(bau)stein

~sterilisation *f* · air sterilization

~stoßschutzbauten *f* · blast-resistant civil defense structures (US); ~ ~ defence ~ (Brit.)

~strom *m* · air current

lufttechnische Anlagen *fpl* · ventilation and air conditioning equipment

Lufttemperaturgefälle *n* · air temperature gradient

lufttrocken · air-dry

Lufttrocknen *n*, Lufttrocknung *f* · air drying [*The drying process takes place during exposure to air at normal temperatures*]

lufttrocknend · air-drying

Luft|trocknung *f*, Lufttrocknen *n* · air drying [*The drying process takes place during exposure to air at normal temperatures*]

~tür *f*, Warm~ · air-curtain door(way)

~türmchen *n* · flèche [*A ventilating turret or spire placed astride a roof and forming a dominant architectural feature*]

~umschichtung *f*, Luftumwälzung · air circulation

~umwälzung *f*, Luftumschichtung · air circulation

luftundurchlässig · airtight

Luftundurchlässigkeit *f* · airtightness

Lüftung *f*, Be- und Ent~ [*DIN 18017 und 18610*] · ventilation, vent(ilat)ing, air-handling

Lüftungs|akustikdecke *f*, Akustiklüftungsdecke, Lüftungsschallschluckdekke, Schallschlucklüftungsdecke · ventilating acoustical ceiling, vent(ilation) ~ ~, acoustical ventilating ~, acoustical ventilation ~

~anlage *f*, Be- und Ent~ · ventilation system, vent(ilating) ~, air-handling ~

~anlagenraum *m* · vent(ilation) plant room, ventilating ~ ~, air-handling ~ ~

~anschluß *m* · vent(ilation) connection, ventilating ~

~-Asbestzementrohr *n*, Asbestzementlüftungsrohr · asbestos-cement vent(ilating) pipe [*B. S. 582*]; cement asbestos ~ ~ (US)

~block(stein) *m* → Siebstein

~daube *f* [*Betonsilo*] · ventilation stave, vent(ilating) ~

~decke *f* · vent(ilation) ceiling, ventilated ~, ventilating ~

~deckenplatte *f* · ventilating ceiling board, ~ ~ sheet, vent(ilation) ~ ~

~deckenplatte *f* **aus Gips** → Loch-Gipsdeckenplatte

~einlegedecke *f* · ventilating lay-in ceiling, vent(ilation) ~ ~, ventilated ~ ~

~fenster *n* · ventilating window, vent(ilation) ~

~first *m* · ventilating ridge, vent(ilation) ~

~flügel *m* · window vent, ventilator

~flügelfenster *n* · projected window

~gaube *f* → Lüftergaube

~gaupe *f* → Lüftergaube

~geräte *npl* · ventilation equipment

~-Gipsfaserplatte *f* → Loch-Gipsfaserplatte

~gitter *n* · ventilating grille, ventilation ~

~haube *f* · ventilating capping, vent(ilation) ~, cowl

~kamin *m*, Lüftungsschornstein *m* · vent(ilation) stack, ventilating ~

~kanal *m* · vent(ilation) duct, ventilating ~

~konvektor *m*, Klimakonvektor, Düsenkonvektor · fan convector

~leitung *f* · vent(ilation) line, ventilating ~

~leuchte *f* · air-handling luminaire (fixture), ventilating ~ (~), vent(ilation) ~ (~) (US); ~ light fitting (Brit.); ~ (light(ing)) fixture

~luft *f* · ventilating air, ventilation ~

~öffnung *f*, Luftöffnung · ventilation opening, vent(ilating) ~

~platte *f* **aus Gips** → Loch-Gips(bau)-platte

~rohr *n*, Luftrohr · ventilation pipe, vent(ilating) ~

~rohranschluß *m* · vent (pipe) flashing, flashing of a vent (pipe) [*See remark under 'Anschluß'*]

~rohreinfassung *f* · vent(ilating) (pipe) tray, ventilation (~) ~

~schacht *m*, Be- und Ent~, Luftschacht · vent(ilating) shaft, ventilation ~, air(-handling) ~, venting ~

~schacht *m*, Luftschacht · air shaft [*The vertical portion of an air duct*]

~schallschluckdecke *f*, Schallschluck-lüftungsdecke, Lüftungsakustikdecke, Akustiklüftungsdecke · ventilating acoustical ceiling, vent(ilation) ~ ~, acous tical ventilating ~, acoustical ventilation ~

~schiebefenster *n* · vent(ilation) sliding window, ventilating ~ ~

~schiene *f* · air (distribution) bar

~schlitz *m* · vent(ilation) cavity, ventilating ~

~schornstein *m*, Lüftungskamin *m* · vent(ilation) stack, ventilating ~

~stein *m* → Lüftergaube

~stein *m* → Siebstein

~stellung *f* · vent(ilation) position, ventilating ~

~stück *n* · vent(ilating) piece, ventilation ~

~system *n* · ventilation system, vent(ilating) ~

~tafel *f* · ventilating panel, vent(ilation) ~

~technik *f*, Be- und Ent~ · ventilation engineering

lüftungstechnische Anlagen *fpl* · ventilation equipment

Lüftungsziegel *m* → Lüftergaube

~ → Luftziegel

Luft|verschlechterung *f* · air vitiation

~verteilung *f* · air distribution

~verteilungsanlage *f*, Luftverteilungssystem *n* · air-distribution system

~verteilungsdeckensystem *n* · air diffusing ceiling suspension system

~(verteilungs)kanal *m*, Lüftungskanal · air(-handling) duct, vent(ilating) ~, ventilation ~, airway [*An air passage, usually formed in sheet metal, plastic, etc. for ventilating a building*]

Luftverteilungs|leitung *f* · air-distribution line

~system *n*, Luftverteilungsanlage *f* · air-distribution system

Luftvorwärmer *m*, Luvo *m* · air preheater

Luft|wärme *f* · air heat

~wäscher *m* · air washer [*In air conditioning, a chamber through which air passes in to water sprays or over wet plates*]

~wechsel *m* · air change, change of air

~wechsel(an)zahl *f* · number of air changes

~-Zentralheizung → Warmluft-Zentralheizung mit Ventilatoren

~ziegel *m*, Lüftungsziegel · vent(ilating) brick, ventilation ~, air ~ [*A brick which has been cored to provide an air passage for ventilating purposes*]

~ziegel *m* [*Fehlname*] → Schlamm(-bau)stein

~zirkulationsraum *m* · airway [*A space between roof insulation and roof boards for movement of air*]

~zufuhr *f*, Luftzuführung *f*, Belüften *n*, Belüftung · air input, aeration

~zuführung *f* → Luftzufuhr

~(zwischen)raum *m*, Luftschicht *f* · air space [*A cavity or space in walls or between various structural elements*]

Lukarne *f* [*Dacherker bzw. Zwerchhaus, meist mit reicher Fensterrahmung und Giebelkontur*] · lucarne

Luke *f* · hatch(way) [*A small opening in a ceiling, roof or wall*]

Luken|stein *m* → Lüftergaube

~ziegel *m* → Lüftergaube

Lumen *n* · lumen [*The unit of light flux in terms of which the output of a light source is expressed*]

Lumpen *mpl* · rags

~faser *f* · rag fiber (US); ~ fibre (Brit.)

Lunette *f*, Lünette [*Bogenfeld über einer Tür oder einem Fenster, das oft dekoriert ist und hauptsächlich in der Barockbaukunst vorkommt*] · lunette

Lungstein *m*, Lavakrotze *f*, Schaumlava *f*, vulkanische Schlacke *f*, poröse Lava, Lavaschlacke, Basaltlava, Basaltschlakke [*Basaltische feinporige bis blasige vulkanische Auswurfmasse. „Lavalit" ist ein geschützter Handelsname für gebrochene Lavaschlacke, die in verschiedenen Körnungen aufbereitet ist*] · scoria(ceous lava), foamed lava

Lunker *m* **im erstarrten Stahlblock** · pipe

~freiheit *f* · absence of pipes

Luppe *f* · ball [*The spongy mass, weighing about 1¼ cwt, produced by aggregating iron particles in the puddling furnace*]

Lust|garten *m* · pleasure garden

~schloß *n* · palace of delights [*e.g. La Zisa, Palermo*]

Luvo *m*, Luftvorwärmer *m* · air preheater

Luxus|(bade)wanne *f* [*In Feuerton oder Marmor*] · luxury bath (tub), ~ bath

~boden(belag) *m*, Luxusfußboden(belag) · luxury floor(ing) (finish), ~ floor cover(ing)

~dusche *f* · de-luxe shower

~-Etagenwohnung *f*, Luxus-Stockwerkwohnung, Luxus-(Geschoß)Wohnung · luxury flat, ~ apartment (unit)

~(fuß)boden(belag) *m* · luxury floor(ing) (finish), ~ floor cover(ing)

~-(Geschoß)Wohnung *f*, Luxus-Etagenwohnung, Luxus-Stockwerkwohnung · luxury flat, ~ apartment (unit)

~hotel *n* · (international) de luxe type hotel, luxury ~

~-Stockwerkwohnung *f*, Luxus-(Geschoß)Wohnung, Luxus-Etagenwohnung · luxury flat, ~ apartment (unit)

~-Wohnung *f*, Luxus-Geschoßwohnung, Luxus-Etagenwohnung, Luxus-Stockwerkwohnung · luxury flat, ~ apartment (unit)

L.V. *n*, LV, Leistungsverzeichnis · bill of quantities

lyophiles Kolloid *n* · lyophile colloid

~ Schutzkolloid *n* · lyophile protective colloid

lyophobes Kolloid *n* · lyophobe colloid

Lysikratisches Monument *n* · Choragic Monument

M

ma., mittelalterlich · medi(a)eval

Mäander(fries) *m* · key(-pattern) (frieze), maeander (~) ~

Mädchen|turnhalle *f* · girls' gymnasium

~zimmer *n*, Haus~ · maid's room

Madrasa *f* → Medersa

Magazin *n*, Lager *n* · store

~halter *m*, Lagerhalter, Magazinverwalter, Lagerverwalter · storekeeper

mager [*Anstrichfarbe*] · short-oil [*A low ratio of oil to resin in a medium*]

~, gemagert · lean

Magerbeton *m*, Füllbeton, Sparbeton zementarmer Beton, magerer Beton · lean(-mixed) concrete

~(probe)würfel *m*, Magerbetonprüfwürfel · lean concrete (test) cube

~probezylinder *m*, Magerbeton(prüf)-zylinder · lean concrete (test) cylinder

~prüfwürfel *m*, Magerbeton(probe)-würfel · lean concrete (test) cube

~(prüf)zylinder *m*, Magerbetonprobezylinder · lean concrete (test) cylinder

~würfel *m*, Magerbetonprobewürfel, Magerbetonprüfwürfel · lean concrete (test) cube

~zylinder *m*, Magerbetonprüfzylinder, Magerbetonprobezylinder · lean concrete (test) cylinder

magerer Beton *m*, zementarmer ~, Magerbeton, Füllbeton, Sparbeton · lean (-mixed) concrete

~ Mörtel *m*, Magermörtel, Sparmörtel Füllmörtel · lean(-mixed) mortar

~ Öllack *m* · short oil varnish, ~ oleoresinous ~

Mager|gemisch *n*, Magermischung *f*, Spargemisch, Sparmischung · lean mix(ture) [*A mix(ture) with a high proportion of aggregate*]

Mager|kalk *m*, Graukalk, Dolomitkalk [*90% Kalksubstanz und mehr als 5% Magnesiumoxid*] · magnesium lime, dolomitic ~

~mischung *f*, Magergemisch *n*, Spargemisch, Sparmischung · lean mix(ture) [*A mix(ture) with a high proportion of aggregate*]

~mittel *n*, Magerungsmittel [*Die gekörnten, nicht plastischen Bestandteile einer ff. Mischung*] · non-plastic material

~mörtel *m*, Sparmörtel, Füllmörtel, magerer Mörtel · lean(-mixed) mortar

~mörtel *m*, Kalkzementmörtel, Zementkalkmörtel, verlängerter Zementmörtel · compo (mortar), cement/lime/sand ~

magern · to make lean by adding sand

Magern *n*, Magerung *f* [*Von Mörteln und Tonen durch Beigabe von Sand*] · making lean by adding sand

Magerton *m*, sandiger Ton, magerer Ton · lean clay

Magerung *f*, Magern *n* [*Von Mörteln und Tonen durch Beigabe von Sand*] · making lean by adding sand

Magerungsmittel *n* → Magermittel

Magerwalzbeton *m* · lean rolled concrete, dry ~ ~

Magmagestein *n*, Glutflußgestein, Erstarrungsgestein, Massengestein, Magmatit *m*, massiges Gestein; älteres Eruptivgestein [*im weiteren Sinne*] · primary rock, igneous ~

Magmatit *m* → Magmagestein

Magnel-Verankerung *f* [*Spannbeton*] · Magnel anchoring system, ~ anchorage ~

Magnesia *f*, Magnesiumoxid *n*, MgO · magnesium oxide (Brit.); ~ oxid(e) (US); magnesia

~ alba · magnesia alba

~binder *m* [*DIN 273. Fehlnamen: Sorelzement, Sorelscher Zement*] · (magnesium) oxychlorid(e) cement, ~ oxychlorid(e) (US); (~) oxychloride cement, ~ oxychloride (Brit.); Sorel('s) cement

~-Chrom(it)-Erzeugnis *n* [*Erzeugnis aus einer Mischung von Sintermagnesit und Chromerz, bei welchem Magnesia überwiegt*] · magnesite-chrom(it)e refractory (product)

~estrich *m* → magnesiagebundener Estrich

magnesiagebundener Belag *m*, ~ Boden(belag), ~ Industriefußboden(-belag) · magnesium oxychloride (industrial) floor(ing) (Brit.); ~ oxychlorid(e) (~) ~ (US)

~ Estrich *m*, Estrich aus Magnesiamörtel, Magnesiaestrich, Steinholzestrich, Magnesitestrich [*als verlegter Baustoff. DIN 273*] · magnesium oxychlorid(e) screed (topping), ~ ~ jointless floor(-ing) (US); ~ oxychloride ~ (~) (Brit.)

~ ~ → Steinholzestrich

Magnesia|härte *f* · magnesia hardness

~kalkstein *m* · magnesian limestone [*It contains magnesium carbonate*]

~mörtel *m*, Sorelzement *m*, Sorelmörtel, Magnesitbinder *m* [*Fehlnamen: Magnesiazement, Magnesitzement*] [*Magnesiamörtel bestehen aus gebranntem Magnesit, Magnesiumchloridlösung (eine Salzlösung, die meistens „Lauge" genannt wird) oder Magnesiumsulfatlösung und Zuschlagstoffen, die meist organischer Art sind. Magnesiamörtel werden verwendet zur Herstellung von Bauplatten, meist Holzwolleplatten, von Estrichen, die Steinholz genannt werden, und Fußbodenplatten. Magnesiamörtel wird auch als Putzmörtel verwendet, der auch auf Holz ohne Putzträger haftet*] · magnesium oxychloride (composition) (Brit.); ~ oxychlorid(e) (~), oxychloric cement (US); Sorel's cement

~treiben *n* · expansion tendency due to magnesia, action of ~

~wasserkalk *m*, Magnesitwasserkalk [*Fehlnamen*]; dolomitischer Wasserkalk mit mehr als 5 Gew-% MgO · magnesian semi-hydraulic lime

~zement *m*, hydraulische Magnesia *f* · magnesia cement

~zement *m* [*Fehlname*] → Magnesiamörtel

~ziegel *m*, Magnesitstein *m* · magnesite brick, magnesia ~, ~ refractory

Magnesit *m*, Bitterspat *m*, $MgCO_3$ (Min.) · magnesite, bitter spar

~-Bauplatte *f* [*DIN 1101*] · magnesite (building) board, ~ (~) sheet

~binder *m* → Magnesiamörtel

~-Chrom-Erzeugnis *n* · magnesite-chrome refractory (product), ~ ~ material [*A refractory material made from a mix(ture) of dead-burned magnesite and chrome ore, the magnesite preponderating*]

~erzeugnis *n* [*Vorwiegend aus Magnesia bestehendes feuerfestes Erzeugnis*] · magnesite refractory (product), ~ ~ material

~estrich *m* → Steinholzestrich

magnesitgebunden · magnesite-bound

Magnesit|gestein *n* · magnesite rock

~stein *m*, Magnesiaziegel *m* · magnesite brick, magnesia ~, ~ refractory

~wasserkalk *m*, Magnesiawasserkalk [*Fehlnamen*]; dolomitischer Wasserkalk mit mehr als 5 Gew-% MgO · magnesian semi-hydraulic lime

~zement *m* [*Fehlname*] → Magnesiamörtel

Magnesium *n*, Mg [*DIN 17800*] · magnesium

~aluminat *n* · magnesium aluminate

Magnesiumchlorid *n*, $MgCl_2$ [*DIN 273 Bl. 2*] · magnesium chloride (Brit.); ~ (chlorid(e) (US)

~lauge *f*, (Chlormagnesium)Lauge [*Fehlnamen*]; Magnesiumchloridlösung *f*, $MgCl_2$-Lösung · liquid magnesium chlorid(e), magnesium chlorid(e) solution (US); liquid magnesium chloride, magnesium chloride solution (Brit.)

~lösung *f*, $MgCl_2$-Lösung [*Fehlnamen: (Chlormagnesium)Lauge f, Magnesiumchloridlauge*] · liquid magnesium chlorid(e), magnesium chlorid(e) solution (US); liquid magnesium chloride, magnesium chloride solution (Brit.)

Magnesium|fluat *n*, Mg-Fluat · magnesium fluosilicate

~gußlegierung *f* · magnesium casting alloy

~hydroxid *n* · magnesium hydroxid(e) (US); ~ hydroxide (Brit.) [*The product of slaking magnesium oxid(e)*]

~karbonat *n*, $MgCO_3$ · magnesium carbonate

~legierung *f*. magnesium alloy

~lösung *f* · magnesium solution

~olivin *n*, Forsterit *m* · forsterite

~oxid *n*, Magnesia *f*, MgO · magnesium oxide (Brit.); ~ oxid(e) (US); magnesia

~oxidzement *m* · magnesium oxide cement (Brit.); ~ oxid(e) ~ (US); magnesia ~

~salz *n* · magnesium salt

~silikat *n*, 3 $SiO_3Mg \cdot SH_2O$ · magnesium silicate, silicate of magnesium

~silikatpigment *n* · magnesium silicate pigment

~stearat *n* · magnesium stearate

~sulfat *n* · magnesium sulfate (US); ~ sulphate (Brit.)

~verbindung *f* · magnesium compound

Magnet|(ab)dichtung *f* · magnetic seal(ing)

~dichtung *f*, Magnetabdichtung · magnetic seal(ing)

~eisenerz *n*, Hammerschlag *m*, Magneteisenstein *m*, Magnetit *m*, Fe_3O_4 [*Rohdichte 4,6–5,1 kg/dm³. Sand und Grobkorn sind besonders gute (Beton)Zuschlagstoffe*] · magnetite

~eisenstein *m* → Magneteisenerz

Magnetit *m* → Magneteisenerz

~beton *m* · magnetite concrete

~(beton)zuschlag(stoff) *m* · magnetite (concrete) aggregate

Magnet|probe *f*, Magnetversuch *m*, Magnetprüfung *f* [*zerstörungsfreie Werkstoffprüfung*] · magnetic test

~prüfung *f*, Magnetprobe *f*, Magnetversuch *m* [*zerstörungsfreie Werkstoffprüfung*] · magnetic test

~versuch *m*, Magnetprüfung *f*, Magnetprobe *f* [*zerstörungsfreie Werkstoffprüfung*] · magnetic test

mahagoniverkleidet · mahogany-faced

Mahlbarkeit *f* [*Stoffeigenschaft, bezogen auf ein Prüfmahlverfahren (Kugelmühlenversuch oder Mahlbarkeitsprüfer). Kennzeichnung durch den Verlauf der Mahl(barkeits)kurve*] · grindability

Mahl(barkeits)|kurve *f* [*Graphische Darstellung des spezifischen Arbeitsbedarfes in kWh/t bei fortschreitender Zerkleinerung, bezogen auf % Siebdurchgang oder spez. Oberfläche*] · grindability curve

~prüfer *m* · grindability tester

mahlen · to grind

Mahlen *n*, Mahlung *f* [*Herstellen von feinkörnigem oder mehlartigem Gut*] · grinding

Mahl|feinheit *f* · fineness of grinding

~kalk *m*, ungelöschter gemahlener Kalk, gemahlener Branntkalk [*Fehlname: Treibender Kalk*] · unslaked and ground quicklime

~kurve *f* → Mahlbarkeitskurve

~prüfer *m* → Mahlbarkeitsprüfer

Mahlung *f*, Mahlen *n* [*Herstellen von feinkörnigem oder mehlartigem Gut*] · grinding

Mahnmal *n*, Gedächtnismal · memorial

Mailänder Dom *m* · Milan Cathedral

Maison *f* **carrée zu Nîmes** · Maison carrée at Nîmes

Maisonnette *f*, Außenganghaus *n* [*1. Jeder Außengang bedient die Wohnungen mehrerer (2 oder 3) Vollgeschosse. Außengang also nur in jedem zweiten oder dritten Vollgeschoß. 2. Jeder Außengang bedient Wohnungen, die in sich mehrgeschossig sind. Außengang in jedem 2. Vollgeschoß*] · maisonnette

Maisstärke *f* · corn starch

Majolika *f* [*Tonware; nach der Insel Majorka genannt*] · majolica, maiolica

~glasur *f* · majolica glaze, maiolica ~

Majolikamosaik *n* · majolica mosaic, maiolica ~

~-Wand(belag)platte *f*, Majolikamosaik-Wandfliese *f* · mojolica mosaic wall tile, maiolica ~ ~ ~

Majolika|-Wand(belag)platte *f*, Majolika-Wandfliese *f* · mojolica wall tile, maiolica ~ ~

Makadam *m* · macadam

Makulatur *f* · lining paper

makulieren · to cover with lining paper

maleinsäuremodifiziertes Esterharz *n* · maleic ester resin

malen [*Fehlname*]; (an)streichen · to paint, to coat

Maler *m*, Anstreicher · (house) painter

~arbeiten *fpl*, Anstreicherarbeiten, Anstricharbeiten [*DIN 18363*] · painting (work)

malerfertig · ready-to-paint

Malergeselle *m*, Anstreichergeselle · journeyman painter [*One who has had at least three years' experience and schooling as an apprentice*]

malerische Romantik *f* · picturesque Romantic style

malerischer Schmuck *m*, malerisches Ornament *n* · painted ornament

malerisches Ornament *n*, malerischer Schmuck *m* · painted ornament

Malerkitt *m* · painters' putty

Malteserkreuz *n*, Johanniterkreuz · Maltese cross

Mammisi *m*, heilige Geburtsstätte *f* · Birth House, Mammisi temple [*Such a structure often stood in the outer enclosure of a large Egyptian temple and was subsidiary to it*]

Mandapa *m* [*Eine Halle vor dem Kultsymbol eines indischen Tempels*] · mandapam, mantapam

Mandara *m* · mandarah [*Reception room of a Moslem house*]

Mangan *n*, Mn *n* · manganese

~-Alu(minium)-Legierung *f* · aluminium-manganese alloy (Brit.); aluminum-manganese ~ (US)

~blau(pigment) *n* · manganese blue (pigment)

~bronze *f* [*Zweistofflegierung des Kupfers mit 0,5 bis 1% Mangan und mit 13 bis 15% Mangan. Als höherlegierte Mehrstofflegierung mit 13 bis 15% Mangan enthalten sie Zusätze von Nickel und Aluminium*] · copper-manganese alloy

~bronze *f* [*Im englischsprechenden Ausland versteht man unter „Manganbronze" manganhaltige Messing-Knet- und Gußlegierungen, die etwa den manganhaltigen Sondermessingen entsprechen*] · high tensile brass; manganese bronze [*deprecated*]

~farbe *f* · manganese cement pigment, ~ ~ colo(u)r, ~ colo(u)r for incorporating in cement, ~ pigment for colo(u)ring cement

~linoleat *n* · linoleate of manganese

~resinat *n* · resinate of manganese

~salz *n* · manganese salt

~schwarz(pigment) *n* · manganese black (pigment)

~seife *f* · manganese soap

~violett(pigment) *n* · manganese violet (pigment)

~zement *m* · manganese cement

Mangel *m*, Fehlbestand *m*, Knappheit *f* · shortage

~, Fehler *m* · defect

Mängel|behebung *f* · rectification

~freiheit *f* · soundness [*The freedom of a solid from cracks, flaws or fissures. The freedom of a solid from variations from an accepted standard*]

mangelhaft, schadhaft, fehlerhaft · faulty, defective, unsound

Mangelhaftigkeit *f* · unsoundness

Maniak *n*, Glanzpech *n* · glance pitch

manieriert · mannered

Manierismus *m* · Mannerism, Mannerist architecture [*Term developed in the present century to describe the artistic manifestations, principally Italian, of the period c. 1520–1600. It is a deliberate flouting of the rules deduced from classical art and established during the Renaissance*]

manieristischer Zug *m* · Mannerist trait

manieristisches Element *n* · Mannerist device

Manil(l)a|hanf *m*, Abakahanf, Musahanf, Bananenhanf · Manil(l)a hemp

~(-Hanf)seil *n* · Manil(l)a hawser, ~ rope; grass rope (US) [*B.S. 2052*]

~kopal *m* · Manil(l)a copal

Manneinsteigloch *n*, Mannloch, Einsteigschacht *m*, (Einstieg)Schacht, Manneinstieg(loch) *m*, (*n*) · manhole, manway [*A chamber with or without access shaft, constructed over a sewer or principal drain to permit inspection and access for cleaning and maintenance*]

~ mit unveränderlichem Querschnitt → Mannloch ~ ~ ~

Manneinstieg(loch) *m*, (*n*), Mannloch, Manneinsteigloch, Einsteigschacht *m*, (Einstieg)Schacht · manhole, manway [*A chamber with or without access shaft, constructed over a sewer or principal drain to permit inspection and access for cleaning and maintenance*]

~ mit unveränderlichem Querschnitt → Mannloch ~ ~ ~

Männer|seite *f*, Epistelseite [*Die vom Westeingang aus rechte (=südliche) Seite der Kirche und des Altars, weil auf dieser Seite die Epistel verlesen wird*] · epistle-side

~umkleide(raum) *f*, (*m*), Herrenumkleide(raum) · men's changing room

Mannloch *n*, Manneinstieg(loch) *m*, (*n*), Manneinsteigloch, Einsteigschacht *m*, (Einstieg)Schacht · manhole, manway [*A chamber with or without access shaft, constructed over a sewer or principal drain to permit inspection and access for cleaning and maintenance*]

~abdeckung *f*, Schachtabdeckung · manhole covering, manway ~

~deckel *m*, Schachtdeckel · manhole cover, manway ~

~hals *m*, Schachthals · vertical shaft

~klinker *m*, Schachtklinker · engineering brick for manholes, ~ ~ ~ manways

~klinker *m* **für runde Schächte**, Schachtklinker ~ ~ ~ · arch brick for manholes, ~ ~ ~ manways

~mauerwerk *n*, Schachtmauerwerk · manhole masonry (work), manway ~ (~)

~rahmen *m*, Schachtrahmen · manhole frame, manway ~

Mansarde *f*, halbschräger Dachraum *m* [*Dachraum bei einem Mansard(en)dach*] · mansard

~ [*Dachraum im ausgebauten Teil eines Daches, der jedoch nicht die Form eines Mansard(en)daches haben muß*] · garret, attic

Mansard(en)binder *m* · mansard (roof) truss

Mansard(en)dach *n* [*Nach dem französischen Architekten J. H. Mansart (1648–1708) benannt. Geknicktes Dach mit steiler Neigung im unteren Teil. Es ermöglicht halbschräge Dachräume = Mansarden*] · mansard (roof) [*A roof with two pitches on each side of the ridge, the steeper commencing at the eaves and intersecting with a flatter pitch finishing at the ridge*]

~ in Pultform · lean-to mansard roof

~ mit abgesprengter Firstsäule · mansard (roof) with braced king post resting on collar

~ ~ durchgehender Firstsäule · mansard (roof) with king post resting on tie beam

~ ~ liegendem Stuhl und Versenkung · mansard (roof) with slanted struts and wind filling

~ ~ stehendem Stuhl und Versenkung · mansard (roof) with post and parapet

~fenster *n* [*Bei einem halbschrägem Dachraum*] · mansard dormer window

~fenster *n* [*Bei einem nicht halbschrägen Dachraum*] · garret window, attic ~

Mansard(en)|flachdach *n* · deck roof (US); mansard flat ~ (Brit.) [*It slopes in four directions, but has a deck at the top*]

~(ge)sims *n* · mansard cornice moulding (Brit.); ~ ~ molding (US)

~pultdach *n* · lean-to mansard (roof)

~sims *m*, Mansardengesims *n* · mansard cornice moulding (Brit.); ~ ~ molding (US)

~walmdach *n*, abgewalmtes Mansard(en)dach · hipped mansard (roof) (Brit.); curb ~, mansard ~ (US) [*It slopes in four directions, but there is a break on each slope*]

Manschette *f*, Hülse *f* · sleeve [*For services passing through walls or partitions*]

~ [*für Aufputz-Verteilungsschrank*] · masking frame

Manschetten|(ab)dichtung *f*, Flach(ab)dichtung, starre (Ab)Dichtung · gasket seal, static ~

~dichtung *f* → Manschettenabdichtung

Mantel *m* · jacket

~bauweise *f* [*Wandkonstruktion mit innerer und äußerer Wärmedämmschicht*] · wall construction method with heat insulating layer on each side

~beton *m*, Füllbeton [*Beton, der ein Rohr umschließt*] · haunching (concrete)

~fläche *f*, Flechtwerkmantel *m* [*Kuppel*] · trellis casing, surface shell

~rohr *n*, Blei~ [*Zinnrohr mit Außenbleimantel*] · tin pipe with lead jacket

manueli(ni)scher Stil *m*, Emanuelstil [*Baustil zur Regierungszeit König Emanuels des Glücklichen (1495–1521) in Portugal*] · Manueline style

Maqsura *m* [*Ein abgeschlossener Betplatz in einer Moschee*] · maqsurah

Märchen|bildertapete *f* · storytelling wallpaper

~gotik *f* · fairy-tale Gothic (style)

Marezzomarmor *m* [*Ein dem Stuckmarmor ähnlicher aus Hartalabaster bestehender Kunstmarmor. Die Masse wird auf Gipsplatten gegossen und die Aderung mittels durchgezogener Wollfäden hervorgerufen*] · marezzo marble

Marienglas *n* → Fraueneis

~, Mikanit *m* [*Kunststoff auf der Basis von Kunstharzen und Glimmer. Verwendung zur hochhitzefesten Elektroisolation*] · micanite, reconstructed mica

Marienkapelle *f*, Scheitelkapelle, Muttergotteskapelle · Lady Chapel [*A chapel dedicated to the Virgin, usually built east of the chancel and forming a projection from the main building, in the U.K. it is normally rectangular in plan*]

Marineleim *m* · marine glue

Markasit *m*, Speerkies *m*, Kammkies, FeS_2 · marcasite, white iron pyrites

Marke *f*, Schutz~ [*Fehlnamen*]; Warenzeichen *n* · trademark

Marken(bau)|material *n* [*Schweiz*]; Marken(bau)stoff *m* · proprietary (construction(al)) material, ~ building ~, ~ structural ~

~stoff *m*; Marken(bau)material *n* [*Schweiz*] · proprietary (construction(al)) material, ~ building ~, ~ structural ~

Marken|bezeichnung *f*, Markenname *m* · proprietary name, brand ~

~erzeugnis *n*, Markenfabrikat *n* · proprietary product, marque

~fabrikat *n*, Markenerzeugnis *n* · proprietary product, marque

~name *m*, Markenbezeichnung *f* · proprietary name, brand ~

Marketerie *f* · marquetry

Markierungs|beton *m* · concrete for carriageway markings

~farbe *f*, Straßen~ · (road) marking paint

~masse *f*, Straßen~ [*Fehlname: weißer (Guß)Asphalt m*] · (road) marking compound, (~) ~ composition

~stoff *m* · marking material

Markise *f* · outside awning blind, marquise

Marknußharz *n*, Acajounußharz · cashew nut resin [*This resin is produced from the brown liquid which occurs between the shell and the kernel of the cashew nut. This resin, when mixed with a filler and a catalyst, sets to form a flexible cement which resists all acids except concentrated nitric and sulphuric and fairly concentrated alkali*]

Markt|flecken *m* · market town

~gebäude *n* · market building

(~)Halle *f* · covered market, market hall, indoor market

~(platz) *m*, Agora *f* [*Platz der griechischen Stadt im Altertum, auf dem Versammlungen und Märkte abgehalten wurden*] · town square, agora, market place

~platz *m* · market place

Markusplatz *m* [*Venedig*] · St. Mark's Square

Marmor *m* · marble [*The term strictly applies to a granular crystalline limestone, but in a loose sense it includes any calcareous or other rock of similar hardness that can be polished for decorative purposes*]

~ für Außenverkleidungen, Außenmarmor · outside marble, outer ~, outdoor ~, exterior ~, external ~

~ ~ Innenverkleidungen, Innenmarmor · interior marble, inside ~, indoor ~, inner ~

~arbeiten *fpl* · marble work

~art *f* · type of marble

~auskleidung *f* → Marmorverkleidung

~baldachin *m* · marble balda(c)chino

~balken(träger) *m* · marble beam

~bank *f* · marble bench

~bauwerk *n* · marble structure

~bearbeitung *f* · marble dressing

~bekleidung *f* → Marmorverkleidung

~(belag)platte *f*, Marmorfliese *f* · marble tile

~beton *m*, Betonmarmor *m* · imitation marble, man-made ~, artificial ~, manufactured ~

~boden(belag) *m* → Marmor(platten)-(fuß)boden(belag)

~bruch *m* · marble quarry

~bruch *m* · lumps of marble

~dach *n* · marble roof

~dachplatte *f* · marble roof(ing) slab

~dachstein *m* · marble roof(ing) tile

~dienst *m* · marble shaft

~einlage *f* · marble inlay

~einlegearbeit *f* · marble inlay

~fassade *f* · marble façade

~feinstes *n* · superfine powdered marble

~fensterbank *f*, Marmorsohlbank marble window sill; ~ ~ cill (Brit.)

~figur *f* · marble

~-Filterkies *m* · marble filter gravel

~fliese *f*, Marmor(belag)platte · marble tile

~fries *m* · marble frieze

~(fuß)boden(belag) *m* → Marmor-platten(fuß)boden(belag)

~gebäude *n* · marble building

~gips *m* → Hartalabaster

marmorieren · to marble

Marmorieren *n* · marbling

marmoriert · marbled

Marmorierung *f* · marble(d) texture, ~ effect, ~ pattern

Marmorkalk *m* [*Fehlname*] → Weißkalk

~stein *m*, technischer Marmor *m*, polierbarer dichter Kalkstein · compact polishable limestone

Marmor|kamin *m* · marble fireplace

~kandelaber *m* · marble candelabrum

~kies *m* · marble gravel

~körnergemisch *n*, Marmorkorngemisch, Marmorkörnung *f* · marble grain mix(ture), mixed marble grains, mix(ture) of marble grains

~korngemisch *n*, Marmorkörnergemisch, Marmorkörnung *f* · marble grain mix(ture), mixed marble grains, mix(ture) of marble grains

~körnung *f*, Marmorkorngemisch *n*, Marmorkörnergemisch · marble grain mix(-ture), mixed marble grains, mix(ture) of marble grains

~körnungen *fpl*, Terrazzo-Körnungen aus Marmorvorkommen, Marmorsplitt *m* · marble chip(ping)s

~kreuz *n* · marble cross

~krypta *f* · marble crypt

~leger *m*, Marmorverleger · marble-setter

~linoleum *n* · marbled lino(leum), marbleized ~ [*One or more of the colo(u)rs is supplied in multi-sized pellets to the background mix*]

~lochplatte *f*, Lochmarmorplatte pierced slab of marble, ~ marble slab

~mauerwerk *n* · marble masonry (work)

~mehl *n*, Marmorstaub *m*, Marmorpulver *n* · marble flour, ~ dust, ~ powder, powder(ed) marble

~mosaik *n* [*Es besteht aus geschliffenen Marmorstückchen*] · marble mosaic

~musterung *f* · marble pattern

~palast *m* **in Leningrad** · Marble Palace at Leningrad

~platte *f*, Marmorbelagplatte, Marmorfliese · marble tile

~platte *f* · marble slab, ~ plate

~(platten)(fuß)boden(belag) *m*, Fbm *m* · marble floor(ing) (finish), ~ floor cover(ing), ~ pavement

~plattenpflaster *n* · marble pavement

~poliermaschine *f* · marble polishing machine

~poliermittel *n* · marble polishing material

~pulver *n*, Marmormehl *n*, Marmorstaub *m* · marble flour, ~ dust, ~ powder powder(ed) marble

~putz *m* · marble plaster, mixed ~ ~

~sägewerk *n*, Marmorsägerei *f* · marble sawing plant

~sarkophag *m* · marble sarcophagus

~schaft *m* · marble shaft

~schmuck *m*, Marmorverzierung *f* · marble decorative finish, ~ ~ feature, ~ ornamental ~, ~ decoration, ~ enrichment

~-Sonnen(schutz)blende *f* · marble sunblind, ~ sunbreaker

~säule *f* · marble column

~sohlbank *f* → Marmorfensterbank

~splitt *m*, Marmorkörnungen *fpl*, Terrazzo-Körnungen aus Marmorvorkommen · marble chip(ping)s

~statue *f* · marble statue

~staub *m*, Marmorpulver *n*, Marmormehl *n* · marble flour ~ dust, ~ powder, powder(ed) marble

~stuck(putz) *m*, Stuccolustro *m*, Stuckmarmor *m* [*Flächenstuck, der polierten Marmor nachahmt. Er besteht aus Weißkalk, Marmorstaub, Alabaster und Gips*] · stuccolustro, marble stucco

~tabernakel *n* · marble tabernacle

~tafel *f* · marble panel

~thron *m* · marble throne

~tritt(stufe) *m*, (*f*) · marble slab (stair) tread

~tür *f* · marble door

~verkleidung *f*, Marmorauskleidung, Marmorbekleidung · marble lining, ~ (sur)facing; ~ panelling (Brit.); ~ paneling (US)

~(ver)leger *m* · marble-setter

~verzierung *f*, Marmorschmuck *m* · marble decorative finish, ~ ~ feature, ~ ornamental ~, ~ decoration, ~ enrichment

~wand *f* · marble wall

~zement *m* [*Fehlname*] → Hartalabaster

~zuschlag(stoff) *m* · marble aggregate

Marshall|-Fließwert *m*, Fließwert nach Marshall · Marshall flow value

~-Probekörper *m* · Marshall test specimen

~-Prüfpresse *f* · Marshall (cylindrical) test-head

~-Prüfung *f*, Marshall-Probe *f*, Marshall-Versuch *m* · Marshall test

~-Stabilität *f* · Marshall stability

Marstall *m* · mews [*A row of stables with living accommodation above, built at the back of a town house, especially in London. They are now nearly all coverted into houses or 'men's flats'*]

martensitische Struktur *f*, martensitischer Aufbau *m*, martensitisches Gefüge *n* · martensitic structure

martensitischer Aufbau *m*, martensitisches Gefüge *n*, martensitische Struktur *f* · martensitic structure

~ Bestandteil *m* · martensitic component, ~ constituent

~ Edelstahl *m* · martensitic stainless steel

~ Stahl *m* · martensitic steel

martensitisches Gefüge *n*, martensitischer Aufbau *m*, martensitische Struktur *f* · martensitic structure

Martyria *f*, Memoria(lkirche) *f*, Coemetrialkirche, Denkmalkirche, Gedächtniskirche, Memorienkirche [*Kirche auf oder in einem Coemeterium, meist nahe oder über einem Märtyrergrab*] · memorial church, commemorative ~, martyrium

Maschen|draht *m* · mesh wire

~gleichheit *f* · equal-sized meshes

~matte *f* · mesh [*Mesh is made by three methods: by weaving or twisting metal wires; by welding metal wires; and by piercing sheet metal and then stretching or expanding it*]

Maschikulis *f*, Pechnasenkranz *m* [*Ausgußöffnungen für heißes Pech und Öl im Boden der an Burgmauern und -türmen auf Konsolen vorkragenden Wehrgänge; als erkerartiger Ausguß, meist über dem Burgtor*] · machicolation

maschinell aufgetragener (Innen-)(Ver)Putz *m*, Spritz(innen)(ver)putz, Innenspritz(ver)putz, Maschinen(innen)(ver)putz · machine applied (mixed) plaster, spray (~) ~

~ gefertigt, maschinengefertigt · machine-made

~ gemischter Beton *m*, Mischerbeton · machine-mixed concrete, machine-made ~

~ ~ (Innen)Putz *m* · machine mixed plaster

~ ~ Mörtel *m*, Mischermörtel · machine-made mortar, machine-mixed ~

maschinelle Behandlung *f* [*Betonsichtfläche*] · mechanical treatment

~ Mischung *f*, maschinelles Mischen *n* · mechanical mixing

maschineller Anstrich *m*, maschinelles Anstreichen *n* · mechanical painting (work)

~ Einbau *m* **von Gußasphalt** · machine casting

~ Mörtelauftrag *m* · mechanical rendering (US); ~ application of mortar

maschinelles Mischen *n*, maschinelle Mischung *f* · mechanical mixing

~ Putzen *n*, ~ Ver~ [*Außenputz*] · mechanical rendering

~ ~, ~ Ver~ [*Innenputz*] · mechanical plastering

~ (Ver)Putzen *n* [*Außenputz*] · mechanical rendering

~ ~ [*Innenputz*] · mechanical plastering

Maschinen|ästhetik *f* · 'machine' aesthetisicm [*Appreciation of machine forms such as cylinders, cones, cubes, etc.*]

~druck(papier)tapete *f* · machine-printed (wall)paper

~erschütterung *f* [*Erschütterungsschutz*] · machinery vibration

~flur *n* [*Krafthaus*] · generator floor

~fundament *n* · machinery foundation, ~ base

~gebäude *n*, Maschinenhaus *n*, Maschinenhalle *f* · machinery building, ~ block [*Sometimes erroneously called 'machine(ry) hall'*]

maschinengefertigt, maschinell gefertigt · machine-made

Maschinengemisch *n*, Maschinenmischung *f* · plant-mix(ture)

maschinen|gemischt · plant-mix(ed)

~gemischte bituminöse Mischung *f*, maschinengemischtes bituminöses Gemisch *n* · plant-mix(ed) bituminous mix(ture)

~gemischter Mörtel *m* · mill-run mortar, plant-mix(ed) ~

~gemischtes bituminöses Gemisch *n*, maschinengemischte bituminöse Mischung *f* · plant-mix(ed) bituminous mix(ture)

Maschinen|halle *f*, Maschinenhaus *n*, Maschinengebäude *n* · machinery building, ~ block [*Sometimes erroneously called 'machine(ry) hall'*]

~haus *n*, Maschinengebäude *n*, Maschinenhalle *f* · machinery building, ~ block [*Sometimes erroneously called 'machine(ry) hall'*]

~(innen)(ver)putz *m*, Innenspritz(ver)putz, Spritz(innen)(ver)putz, maschinell aufgetragener (Innen)(Ver)Putz · machine applied (mixed) plaster, spray (~) ~

~lärm *m* · machinery noise

~mischen *n* · plant mixing, mechanical ~

~mischung *f*, Maschinengemisch *n* · plant-mix(ture)

~putz *m* → Maschinen(innen)verputz

~raum *m* · machine(ry) room, mechanical ~, (mechanical) equipment ~, plant ~

~schindel *f*, gesägte Schindel, geschnittene Schindel · sawn shingle

~schotter *m* · machine-broken metal (Brit.); ~ stone (US)

~torf *m* · machine-cut peat

~(ver)putz *m* → Maschinen(innen)verputz

~zentrale *f* · machinery station, mechanical ~, (mechanical) equipment ~, plant ~

~ziegel *m* · machine-made brick

Maserfurnier *n* · figured veneer, rare ~, fancy ~, patterned ~

Masonit-Platte *f* · Masonite board

Massageraum *m* · massage room

Masse *f*, Fertig~ [*Feuerfestindustrie. Angefeuchtete verformungsbereite Rohstoffmischung*] · body

~ [*Erzeugnis*] · composition, compound, mass, material

~ [*Gasbetonherstellung*] · slurry

massenaktives Tragsystem *n* · bulk-active (load)bearing system, ~ weight-carrying ~

Massen|bauzement *m*, Portlandzement mit sehr geringer Abbindewärme · low heat (of hydration) cement, slow hardening ~; Portland cement Type IV (US)

~beton *m* · mass(ive) concrete, bulk ~, concrete-in-mass

~betonbauwerk *n* · mass(ive) concrete structure, bulk ~ ~, concrete-in-mass ~

~dusche *f* · shower room without cubicles

~fertigung *f* → laufende Fertigung

~geschmack *m*, Massengeist *m* · popular taste

~gesetz *n* · mass law

~gestein *n* → Magmagestein

~herstellung *f* → laufende Fertigung

~kallstein *m*, körniger Kalkstein · granular limestone

~produktion *f* → laufende Fertigung

~punkt *m* · mass element, ~ point

~rüttelbeton *m*, Rüttelmassenbeton vibrated mass concrete, ~ bulk ~

~verkehrstreppe *f*, Fußgängertreppe pedestrian stair(case)

Masseversatz *m*, Gemenge *n* [*Steinzeugindustrie*] · batch

massiges Gestein *n* → Magmagestein

massiv gruppiert · massively grouped

Massivbalken *m*, Stein(eisen)balken, Stahlsteinbalken [*Herstellung von Steineisendecken*] · reinforced block beam

Massivbau *m* · (nonmetallic) fireproof construction, noncombustible ~

~material *n* [*Schweiz*] → Massivbaustoff

~stoff *m*; Massivbaumaterial *n* [*Schweiz*] [*Massivbaustoffe sind die Baustoffe auf der Grundlage der Steine und Erden*] · (nonmetallic) fireproof construction(al) material, (~) ~ building ~, (~) ~ structural ~, noncombustible ~ ~

Massiv|dach *n* [*Massivdächer sind solche Dächer, deren tragende Teile ganz oder überwiegend aus Stahlbeton, Hohlblocksteinen, Ziegeln oder ähnlichem bestehen und ein monolithisches Gefüge haben. Ihre Vorteile sind Feuerbeständigkeit und vereinfachte Wärmedämmung*] · monolithic roof

~-Dachdecke *f* · (nonmetallic) fireproof roof floor, noncombustible ~ ~

Massivdecke *f* · (nonmetallic) fireproof floor, noncombustibie ~

~ mit untergehängter Decke, zweischalige Massivdecke · (nonmetallic) fireproof floor with suspended ceiling, (~) ~ ~ ~ hung ~, noncombustible ~ ~ ~ ~

massive Rohdecke *f*, Massivrohdecke [*DIN 4237. Achs(en)maße*] · (nonmetallic) fireproof uncovered floor, noncombustible ~ ~

~ Schwere *f* · solidness

~ Spindel *f*, (geschlossene) ~ [*Wendeltreppe*] · newel [*A solid central post in which the narrow ends of the steps of a circular staircase are supported*]

Massiv|-Etagendecke *f* → Massivtrenndecke

~-Fertig(bau)teil *m*, *n* · (nonmetallic) fireproof prefab(ricated) (building) element, (~) ~ ~ (~) member, (~) ~ ~ (~) unit, noncombustible ~ (~) ~

~-Geschoßdecke *f* → Massivtrenndecke

~plattendecke *f* · (nonmetallic) fireproof slab floor, noncombustible ~ ~

~rohdecke *f*, massive Rohdecke [*DIN 4237. Achs(en)maße*] · (nonmetallic) fireproof uncovered floor, noncombustible ~ ~

~-Stockwerkdecke *f* → Massivtrenndecke

~trenndecke *f*, Massiv-Etagendecke, Massiv-Stockwerkdecke, Massiv-Geschoßdecke · (nonmetallic) fireproof (intermediate) floor, noncombustible (~) ~

~treppe *f* · (nonmetallic) fireproof stair(-case), noncombustible ~

Mast *m* · mast

Mastaba *f* · mastaba(h) (tomb), ~ mound [*An ancient Egyptian rectangular, flat-topped, funerary mound, with battered sides, covering a burial chamber below ground. As royal tombs, mastabas preceded the great pyramids of the third to sixth dynasties*]

(Mast)|Ansatzleuchte *f* · side-entry luminaire (fixture) (US); ~ light fitting (Brit.); ~ (light(ing)) fixture

(~)Aufsatzleuchte *f* · post-top luminaire (US); ~ light fitting (Brit.); ~ (light(ing)) fixture

~ausleger *m* · column bracket (Brit.); mast arm (US)

~-Betonrammpfahl *m*, Betonrammpfahl System Mast · Mast (impact-)driven concrete pile

Mast(en)form *f* · mast mold (US); ~ mould (Brit.)

Mastenkirche *f*, Stabkirche · stave church [*A timber-framed and timber-walled church; the walls are of upright planks with corner-post columns*]

Mastix *m* → plastische Fugen(ab)-dicht(ungs)masse

~ · mastic [*The aromatic resin obtained from the small Mediterranean mastic tree (Pistacia lentiscus), used as a varnish*]

~absieg(e)lung *f*, Mastixversieg(e)lung · mastic seal(ing)

~ausfugung *f* · mastic jointing, ~ pointing

~brot *n*, Asphalt~, Asphaltbrot, Naturasphalt-Mastixbrot · mastic block

~fuge *f* · mastic joint

~fugenausfüllung *f* · mastic pointing

~haut *f* · mastic membrane

~vergußmasse *f* · mastic filler

~versieg(e)lung *f*, Mastixabsieg(e)lung · mastic seal(ing)

~zement *m* · mastic cement

Mast|schuß *m* · mast section

~verlängerung *f* · mast extension

Maß *n*, Abmessung *f*, Bau~ · (building) dimension

~abweichung *f*, Abmaß *n*, Genauigkeitsgrad *m* [*DIN 18201. Der Unterschied zwischen Grenz- und Nennmaß*] · off-size, margin, deviation

~änderung *f* · dimensional change

~begrenzung *f* · dimensional limitation

~bereich *m, n* · dimensional range

maßbeständig, maßhaltig · dimensionally stable

Maß|beständigkeit *f*, Maßhaltigkeit dimensional stability

~einheit *f* · dimensional unit

maßgenau, maßgerecht · dimensionally accurate

Maßgenauigkeit *f* · dimensional accuracy

maßgeordnet · dimensionally co-ordinated

maßgerecht, maßgenau · dimensionally accurate

maßhaltig, maßbeständig · dimensionally stable

Maßhaltigkeit *f*, Maßbeständigkeit · dimensional stability

mäßiger Gipsschlackenzement *m*, ~ Sulfathüttenzement · moderate sulphate resisting cement, ~ heat of hydration ~; Portland cement Type II (US)

Maß|linie *f* · dimensional line

~nehmen *n* · measurement, measuring

~norm *f* · dimensional standard (specification)

~ordnung *f* · dimensional co-ordination [*The application of a range of related dimensions to the sizing of building components and assemblies and the buildings incorporating them*]

~ordnungsbreite *f*, Modulbreite · modular width

maßordnungsgerecht · according to modular coordination

Maßordnungslänge *f*, Modullänge · modular length

Maßschwankung *f* · dimensional variation

Maßstab *m* · scale

~ 1:1 *m* · natural scale

~effekt *m* · scale effect

maß|stäblich · according to scale

~stabgerechte Zeichnung *f* · scale drawing

Maß|system *n* **(gegenseitig zusammenhängender Maße)** · modular (measure) system, dimensional framework

~toleranz *f* [*DIN 18201*] · dimensional tolerance

~verhältnis *n*, Proportion *f* · proportion, ratio

Maßwerk *n* · tracery

~blende *f* · traceried opening

~fenster *n* · tracery window, traceried ~

~füllung *f* · tracery filling

~rippe *f* · stone rib

~rose *f*, (Fenster)Rose, Rosenfenster *n* [*Mit Maßwerk geschmücktes gotisches Rundfenster*] · rose window

~stab *n* · stone bar

Material *n*, (Werk)Stoff *m* · material

~ höchster Warmfestigkeit, (Werk-)Stoff *m* ~ ~ · high-temperature (engineering) material

(~)Aufbereitung *f*, (Werk)Stoffaufbereitung · (materials) processing, (~) dressing, (~) preparation

~aufzug *m*, Lastenaufzug · goods lift, freight ~, trunk ~ (Brit.); ~ elevator (US)

~aufzug *m* **mit Personalbegleitung**, Lastenaufzug ~ ~ · attendant-operated goods lift, ~ freight ~, ~ trunk ~ (Brit.); ~ ~ elevator (US)

~bedarf *m*, (Werk)Stoffbedarf · material(s) requirement

~bezeichnung *f*, (Werk)Stoffbezeichnung · material designation

~dicke *f*, (Werk)Stoffdicke · material thickness

~einheitspreis *m*, (Werk)Stoffeinheitspreis · material unit price, ~ ~ rate

~einsparung *f* · economy of materials

~fehler *m*, (Werk)Stoffehler · material defect, ~ flaw

(~)Festigkeit *f*, (Werk)Stoffestigkeit · (material(s)) strength

~güte *f* · quality of material(s)

~halde *f*, (Vorrats)Halde · stock pile, (storage) ~, ~ heap

~kennwert *m*, (Werk)Stoffkennwert · material constant

~knappheit *f*, Materialverknappung *f*, (Werk)Stoffknappheit, (Werk)Stoffverknappung · material(s) shortage

~kunst *f* · artistic use of materials

~liste *f*, Stoffliste · material list, ML, bill of material(s) [*A list of the various portions of material for a construction, either proposed or completed, giving dimension and weights or other quantitative measurements*]

~menge *f* · material(s) quantity

~preisgleitklausel *f*, (Werk)Stoffpreisgleitklausel · materials fluctuation clause, ~ variation ~

~prüfmaschine *f*, (Werk)Stoffprüfmaschine · material(s) testing machine

(~)Prüf(ungs)anstalt *f*, MPA · materials testing institute

~technik *f*, (Werk)Stofftechnik · materials engineering

~verbrauch *m* · material(s) consumption

~verfestigung *f*, (Werk)Stoffverfestigung · hardening

~verfestigungsregel *n*, (Werk)Stoffverfestigungsregel · hardening rule

~verhalten *n*, (Werk)Stoffverhalten · material behaviour (Brit.); ~ behavior (US)

~verknappung *f*, Materialknappheit *f*, (Werk)Stoffverknappung, (Werk)Stoffknappheit · material(s) shortage

~wahl *f*, (Werk)Stoffwahl · selection of material(s)

materieller Punkt *m* · material point

mathematische Elastizitätstheorie *f* · mathematical theory of elasticity

~ Figur *f* · geometrical pattern

Matrix *f*, Grundmasse *f* [*Substanz, in die Körner oder Kristalle eingebettet sind*] · matrix, ground mass

~ · matrix

Matrizen|methode *f*, Matrizenverfahren *n* · matrix method

~rechnung *f* · matrix algebra

~summe *f* · sum of matrices

~verfahren *n*, Matrizenmethode *f* · matrix method

matt · flat, matt [*The description of a painted surface which scatters or absorbs the light falling on it, so as to be substantially free from gloss or sheen*]

~ auftrocknen · to dry flat

Matt|(anstrich)farbe *f* · flat paint

~ätzen *n*, Säuremattieren · acid-embossing [*It is a highly decorative process of obscuring the surface of glass by means of hydrofluoric acid. The amout of obscuration can be controlled and varying degrees obtained*]

~-Drahtglas *n*, Draht-Mattglas · obscure wire(d) glass

Matte *f* [*allgemein*] · mat, pad

~, Bau~, Dämmatte · (building) mat [*It has a low density*]

~, Bau~, Isoliermatte · (building) quilt [*It has a high density*]

Matten|belag *m* · matting

~isolierung *f* · flexible insulation

~unterlagekontakt *m* · floor pad [*For the actuation of a door mechanism*]

mattes Aussehen *n* · mat finish [*A term applied to surfaces free from gloss or polish*]

Mattfarbe *f*, Mattanstrichfarbe · flat paint

Mattglanz *m* · flat gloss, mat ~ [*Practically free from sheen even when viewed from oblique angles*]

mattglasiert · mat-glazed, flat-glazed

Mattgold *n*, Glättgold, Poliergold · burnish(ing) gold

mattieren · to rub down

Mattieren *n* [*Glas*] · obscuring

~ · flatting down, ~ (operation), matting operation

Mattierung *f* [*Glas*] · obscuring

Matt(ierungs)mittel *n* · matting agent, flatting ~ [*A material incorporated in a paint, varnish or other coating material to reduce the gloss of the dried film*]

Matt|lack *m*, Hart~ · flatting varnish

~mittel *n*, Mattierungsmittel · matting agent, flatting ~ [*A material incorporated in a paint, varnish or other coating material to reduce the gloss of the dried film*]

~polieren *n* · dull polishing

~salz *n* [*Glasbehandlung*] · mat-etching salt [*Usually ammonium fluoride*]

~schliff *m* [*Hohlglas*] · mat cutting

~schmelzemaille *f*, Schmelzmattemaille · mat vitreous enamel, ~ porcelain ~

~silber *n*, Poliersilber, Glättsilber · burnish(ing) silver

~wand(anstrich)farbe *f* · flat wall paint

Mauer *f* [*Fehlname: gemauerte Wand f*] · masonry wall

~(ab)deckplatte *f* [*DIN 455*] · masonry wall coping slab, ~ ~ capping ~

~abdeckung *f*, Mauerabwässerung · masonry wall coping, ~ ~ capping [*A construction designed to protect the top of a masonry wall, usually overhanging the surface below*]

~abdeckung *f* **aus Blech,** Mauerblech *n* · (flexible) metal masonry wall flashing (piece), sheet ~ ~ ~ ~ (~) [*See remark under Anschluß'*]

~-Abdeckziegel *m* · masonry wall coping brick, ~ ~ capping ~

~absatz *m* · offset

~achse *f* · masonry wall center line (US); ~ ~ centre ~ (Brit.)

(~)Anker *m*, Mauerhaken *m* · (masonry) (wall) tie, (~) (~) anchor

~anker *m*, Mauerhaken *m*, Deckenanker [*Verbindungsglied der Deckenbalken mit der Außenmauer*] · wall hook

~anschluß *m* · base flashing, masonry wall ~ [*See remark under 'Anschluß'*]

~anschluß *m* · masonry wall junction, junction of masonry walls

~anschluß(streifen) *m* . base flashing (piece), masonry wall ~ (~)

~außenecke *f* · coi(g)n, (angle-)quoin, coillon

Mauer|(bau)stein *m*, Mauer(bau)-block(stein) *m*; Wand(bau)stein, Wand-(bau)block(stein) [*Fehlnamen*] · (masonry) wall (building) block, (~) ~ (~) tile [*See remark under 'Block'*]

~baustoff *m* · masonry wall material

~binder *m*, Mauermörtelzement *m*, Mauerwerkzement · masonry cement

~bitumen *n* · asphalt for dampproof coatings (US); (asphaltic-)bitumen ~ ~ ~ (Brit.)

~blech *n* → Mauerabdeckung aus Blech

(~)Blende *f* → Blende

~block(stein) *m* → Mauer(bau)stein

~dicke *f* [*Fehlname: Mauerstärke*] · masonry wall thickness

~einputzrahmen *m* · flush-mounting frame, ~ ~ framing

~element *n* · masonry wall element

~flucht *f* · masonry wall line

~flügel *m* · masonry wall wing

~fraß *m*, Mauersalpeter *m* [*Durch Salpeter auf Mauerwerk hervorgerufene Ausblühung*] · building bloom

~fuggerät *n* · masonry wall-pointing machine

~fuß *m* · masonry wall base

~gefüge *n*, Mauerverband *m*, (Mauerwerk)Verband, (Mauerwerk)Gefüge · (masonry) bond

~haken *m*, (Mauer)Anker *m* · (masonry) (wall) tie, (~) (~) anchor

~haken *m*, Maueranker *m*, Deckenanker [*Verbindungsglied der Deckenbalken mit der Außenmauer*] · wall hook

~kalk *m* [*Fehlname*] → Löschkalk

~kantenschoner *m*, Mauerkantenschützer, Mauerkantenschutzwinkel *m* · masonry (work) (angle) bead

~kantenschützer *m*, Mauerkantenschoner, Mauerkantenschutzwinkel *m* · masonry (work) (angle) bead

~kantenschutzwinkel *m*, Mauerkantenschoner *m*, Mauerkantenschützer · masonry (work) (angle) bead

~kopf *m* · masonry wall head

~kreuzung *f* · masonry wall crossing, crossing of masonry walls

~krone *f* · masonry wall crown, ~ ~ top

~lage *f*, Mauerschicht *f* · masonry wall course

~länge *f* · masonry wall length

~latte *f*, Streifbalken *m*, Streichbalken · wall plate

~lattenkranz *m* · circle of wall plates

~mörtel *m* → Ausfugmörtel

~mörtelzement *m*, Mauerwerkzement Mauerwerkbinder *m*, PM-Binder, (Putz- und) Mauer(werk)binder, Fugenmörtelzement · masonry cement, mortar ~, cementing material for masonry

mauern, auf~ [*mit Ziegeln*] · to brick up

Mauern *fpl* · masonry walls

Mauern *n* **mit Ziegeln,** Vermauern von ~, Ziegelmauern · (clay) brick laying, (~) ~ setting, laying (clay) bricks, setting (clay) bricks, bricking

Mauer|nagel *m* · masonry nail

~nische *f* · masonry wall niche

~öffnung *f* · masonry wall opening

~pfeiler *m* [*Im Luftraum unter Erdgeschoßfußboden*] · honeycomb wall, sleeper ~

~ring *m*, Ringmauer *f*, Bering *m*, Zingel *m* [*Mit Verteidigungseinrichtungen ausgerüstete starke Mauer rings um eine Burg*] · ring-work

~riß *m* · masonry wall crack

~rosette *f* [*Kohlenherd*] · wall rosace

~salpeter *m*, Mauerfraß *m* [*Durch Salpeter auf Mauerwerk hervorgerufene Ausblühung*] · building bloom

~sand *m*, Maurersand · masonry sand

~schale *f* → Mauerwerkschale

~schicht *f*, Mauerlage *f* · masonry wall course

~schlitz *m* [*Mauerschlitze dienen der Aufnahme von Regen(fall)rohren oder Versorgungsleitungen*] · masonry wall slot

~speise *f* → Ausfugmörtel

~stärke *f* [*Fehlname*]; Mauerdicke · masonry wall thickness

Mauerstein *m* → gebrannter Mauerwerkstein

~ → Mauerbaustein

~ für freistehende Schornsteine, gebrannter Mauerwerkstein ~ ~ ~, Mauer(werk)ziegel *m* ~ ~ ~ · (masonry) brick for chimney shafts, (~) ~ ~ free-standing ~

Mauer|tafel *f* · vertically cast brick panel, ~ ~ brickwork

~teer *m* [*Zum schützenden Anstrich von Grundmauern, Mauern und Wänden gegen eindringende und aufsteigende Feuchtigkeit*] · goudron

~turm *m* · masonry wall tower

~verband *m*, Mauergefüge *n*, (Mauerwerk)Verband, (Mauerwerk)Gefüge · (masonry) bond

(~)Verbandsart *f* · type of (masonry) bond, (masonry) bond type

~versatzung *f* · skew notch on masonry wall

~vertiefung *f* · masonry wall recess, ~ ~ hollow

~vorlage *f*, Mauervorsprung *m* [*Ein einer Mauer vorgelegtes Bauglied wie Dienst, Lisene oder Pilaster*] · projection from a masonry wall, attachment to ~ ~ ~

Mauerwerk *n* [*DIN 1053*] · masonry (work)

~ aus gebrannten Steinen · (burnt) clay masonry (work), burned ~ ~ (~)

~ im Erdreich, ~ unter Geländeoberkante · below-ground masonry (work), below-grade ~ (~)

~ über Geländeoberkante, aufgehendes ~ ~ ~ · above-grade masonry (work), above-ground ~ (~), surface ~ (~)

~ unter Geländeoberkante, ~ im Erdreich · below-ground masonry (work), below-grade ~ (~)

~anker *m* · masonry anchor

~(anstrich)farbe *f* · masonry paint

~armierung *f*, Mauerwerkbewehrung, Mauerwerk(stahl)einlagen *fpl* · masonry (work) reinforcement, ~ (~) reinforcing

~art *f* · type of masonry (work)

~ausfachung *f*, Mauerwerkausfüllung, (Aus)Füll(ungs)mauerwerk *n*, (Fachwerk)Ausmauerung, Ausfachungsmauerwerk · in-fill(ing) masonry (work), (in)filler ~ (~)

~ausfüllung *f*, (Aus)Füll(ungs)mauerwerk *n*, (Fachwerk)Ausmauerung, Ausfachungsmauerwerk, Mauerwerkausfachung · in-fill(ing) masonry (work), (in)filler ~ (~)

~auskleidung *f*, Mauerwerkverkleidung, Mauerwerkbekleidung · masonry (work) lining, ~ (~) (sur)facing

~bau *m* · masonry (work) construction

~baueinheit *f* [*Fehlname*] → Mauerwerk(bau)element

~(bau)element *n*, Mauerwerk(bau)körper *m* [*Fehlname: Mauerwerkbaueinheit f*] · (structural) masonry (building) unit, (~) ~ (~) member, (~) ~ (~) component [*See remark under '(Bau)Element'*]

~(bau)körper *m* → Mauerwerk(bau)element

~bauten *f*, gemauerte Bauten · masonry (work) structures

~bauwerk *n*, gemauertes Bauwerk · masonry (work) structure

~-Befestigungsmittel *n* · masonry fixing, ~ fastener

~behandlung *f* · masonry (work) treatment

~bekleidung *f*, Mauerwerkverkleidung, Mauerwerkauskleidung · masonry (work) lining, ~ (~) (sur)facing

~bewehrung *f*, Mauerwerkarmierung, Mauerwerk(stahl)einlagen *fpl* · masonry (work) reinforcement, ~ (~) reinforcing

~binder *m*, Mauermörtelzement *m*, Mauerwerkzement, PM-Binder, (Putz- und) Mauer(werk)binder, Fugenmörtelzement · masonry cement, mortar ~, cementing material for masonry

Mauer(werk)block(stein) *m*, gebundener ~, (gebundener) Mauer(werk)stein · masonry (building) tile, ~ (~) block [*See remark under 'Block'*]

Mauerwerk|bogen *m*, gemauerter Bogen · masonry (work) arch

~bohrer *m* · masonry drill

~bruchprobe *f*, Mauerwerkbruchprüfung *f*, Mauerwerkbruchversuch *m* · masonry (work) failure test

~bruchprüfung *f*, Mauerwerkbruchversuch *m*, Mauerwerkbruchprobe *f* · masonry (work) failure test

~bruchversuch *m*, Mauerwerkbruchprüfung *f*, Mauerwerkbruchprobe *f* · masonry (work) failure test

~dübel *m*, Steindübel · masonry dowel

~einlagen *fpl*, Mauerwerkstahleinlagen, Mauerwerkarmierung *f*, Mauerwerkbewehrung · masonry (work) reinforcement, ~ (~) reinforcing

~element *n* → Mauerwerkbauelement

~farbe *f*, Mauerwerkanstrichfarbe · masonry paint

~festigkeit *f* · masonry (work) strength

~feuerbrücke *f*, gemauerte Feuerbrücke [*Teil einer Feuerung*] · masonry (work) bridge

~gebäude *n* · masonry (work) building, ~ (~) block

(~)Gefüge *n*, (Mauerwerk)Verband *m*, Mauerverband, Mauergefüge · (masonry) bond

~grab *n*, gemauertes Grab · masonry (work) tomb

~-Hochwohnhaus *n* → Mauerwerk-Wohnhochhaus

~kanal *m* [*Luftanlage; Klimaanlage*] · masonry (work) duct

(~)Konsole *f* · (masonry) corbel, (~) bracket, (~) shoulder [*A cantilevered bracket generally formed by one or more courses of masonry projecting to form a bearing for supporting a load*]

~konstruktion(ssystem) *f*, (*n*) · masonry (structural) system, ~ construction

~körper *m* → Mauerwerk(bau)element

~kuppel *f*, gemauerte Kuppel · masonry (work) dome, ~ (~) cupola

~lage *f*, Mauerwerkschicht *f* · masonry (work) course

~öffnung *f* · masonry (work) opening

~pfeiler *m*, gemauerter Pfeiler · masonry (work) pier

~reinigung *f* · masonry (work) cleaning

~reinigungsmittel *n* · masonry cleaner, cleanser for masonry

Mauer(werk)schale *f* · masonry (work) layer, ~ (~) leaf, ~ (~) wythe, ~ (~) withe, ~ (~) tier, ~ (~) shell, ~ (~) skin [*Each continuous vertical section of a masonry wall one masonry unit in thickness*]

Mauerwerk|scheibe *f*, gemauerte Scheibe · masonry (work) diaphragm

~schicht *f*, Mauerwerklage *f* · masonry (work) course

~schornstein *m*, gemauerter Schornstein · masonry (work) chimney

~-Sichtblende *f*, gemauerte Sichtblende · masonry (work) screen

~silo *m*, gemauerter Silo · masonry (work) silo

~(stahl)einlagen *fpl*, Mauerwerkarmierung *f*, Mauerwerkbewehrung · masonry (work) reinforcement, ~ (~) reinforcing

Mauer(werk)stein *m* → gebrannter ~

~, gebrannter ~, Mauer(werk)ziegel *m* [*DIN 105*] · (masonry) brick

~ für freistehende Schornsteine, gebrannter ~ ~ ~ ~, Mauer(werk)ziegel *m* ~ ~ ~ · (masonry) brick for chimney shafts, (~) ~ ~ free-standing ~

Mauerwerk|stil *m* · masonry (work) style

~stoff *m* · masonry material

~sturz *m* **mit (Stahl)Einlagen**, bewehrter Mauerwerksturz, armierter Mauerwerksturz · reinforced masonry lintel; ~ ~ lintol [*deprecated*]

~technik *f* · masonry (work) technique ~ (~) technic

~trümmer *f* · masonry (work) ruins

(~)Verband *m*, (Mauerwerk)Gefüge *n*, Mauerverband, Mauergefüge · (masonry) bond

~verblendmaterial *n* · masonry facing material, ~ lining ~

~verkleidung *f*, Mauerwerkauskleidung, Mauerwerkbekleidung · masonry (work) lining, ~ (~) (sur)facing

~-Wasserturm *m*, gemauerter Wasserturm · masonry (work) water tower

~-Wohnhochhaus *n*, gemauertes Wohnhochhaus, Mauerwerk-Hochwohnhaus, gemauertes Hochwohnhaus, Mauerwerk-Wohnturm *m*, gemauerter Wohnturm · masonry (work) residence tower, ~ (~) residential ~, ~ (~) dwelling ~; ~ (~) high (rise) block (of flats), ~ (~) high (rise) flats, ~ (~) tall block (of flats), ~ (~) tall flats (Brit.); ~ (~) apartment tower (US)

~-Wohnturm *m* → Mauerwerk-Wohnhochhaus

~zement *m*, Mauerwerkbinder, Mauermörtelzement, PM-Binder *m*, (Putz- und) Mauer(werk)binder, Fugenmörtelzement · masonry cement, mortar ~, cementing material for masonry

Mauer(werk)ziegel *m*, (gebrannter) Mauer(werk)stein *m* [*DIN 105. „Backstein" ist eine historische und volkstümliche Bezeichnung*] · (masonry) (wall) brick

~ für freistehende Schornsteine, (gebrannter) Mauer(werk)stein *m* ~ ~ ~ · (masonry) brick for chimney shafts, (~) ~ ~ free-standing ~

~verband *m* · brick bond

Mauerziegel *m* → Mauerwerkziegel

Maukanlage *f*, Sumpfanlage · tempering plant, souring ~

Mauken *n*, Einsumpfen [*Verbesserung der Plastizität einer Masse durch längeres feuchtes Lagern im Haufen oder in der Sumpfgrube*] · souring, tempering

Mauk|haus *n*, Sumpfhaus · souring house, tempering ~

~turm *m*, Sumpfturm · tempering tower, souring ~

Maurer *m* · bricklayer; (brick) mason (US)

~arbeiten *fpl* [*DIN 18330*] · masonry work

~gerüst *n*, Maurerrüstung *f* · bricklayer's scaffold(ing)

~hammer *m* [*DIN 5108*] · bricklayer's hammer, brick axe (Brit.); ax (hammer) (US)

~handwerk *n* · handicraft of the bricklayer, bricklaying craft

~kelle *f* · brick trowel

~polier *m* · bricklayer charge hand

~rüstung *f*, Maurergerüst *n* · bricklayer's scaffold(ing)

~sand *m*, Mauersand · masonry sand

~schnur *f*, Fluchtschnur · bricklayer's line

~werkzeug *n* · bricklayer's tool

maurische Architektur *f*, ~ Baukunst *f* · Moorish architecture

maurischer Bogen *m* → Hufeisenbogen

~ Palast *m* · Moorish palace

maurisches Minarett *n*, nordafrikanisch~ ~ · Moghrebin minaret, Moorish ~

mäusesicher · mouseproof

Mausoleum *n* · mausoleum

~ Theoderichs zu Ravenna · Mausoleum of Theoderic at Ravenna

~ zu Halikarnass · Mausoleum at Halicarnassos, Halicarnassos Mausoleum

Maximal|amplitude *f* · maximum sway

~moment *n*, Höchstmoment, Größtmoment · maximum moment

maximieren · to maximize

Maximumprinzip *n* · maximum principle

Maxwellscher Kräfteplan *m* · Maxwell's polygon of forces

~ Satz *m*, Satz von Maxwell [*Spezialfall des allgemeinen Bettischen Satzes und die Grundlage zur Ermittlung der Einflußlinien*] · Maxwell's theorem

Maya|architektur *f*, Mayabaukunst *f* · Mayan architecture

~baukunst *f*, Mayaarchitektur *f* · Mayan architecture

MBV(-Behandlung) *n*, (*f*), modifiziertes Bauer-Vogel-Verfahren *n* · modified Bauer-Vogel process, M. B. V. ~

MD *m*, Mörtel-DM *n*, Mörteldichter *m*, Mörtel(ab)dicht(ungs)mittel, Mörtel(ab)dicht(ungs)stoff *m* · mortar densifying agent, ~ ~ admix(ture), ~ densifier, ~ integral waterproofer, ~ integral waterproof(ing) agent, ~ integral waterrepeller, ~ integral water repellent admix(ture), ~ integral water repelling agent

MD *f*, mittlere Dicke *f* [*Tafelglas*] · demi-double thickness; ~ strength (US)

mechanisch bearbeitete Oberfläche *f* [*Betonwerkstein*] · tooled finish, ~ surface

~ geblasen [*Glas*] · mechanically blown

mechanische (Ab)Dichtung *f*, ~ Sperrung, physikalische ~ · physical waterproofing

~ Eigenschaft *f* · mechanical property

~ Festigkeit *f* · mechanical strength

~ Haftung *f*, mechanischer Verbund *m*, mechanisches Haften *n* [*Haftung ohne Bindemittel oder Kleb(e)stoff*] · (mechanical) key, ~ bond, grip(ping)

~ Handhabung *f* · mechanical manipulation

~ Impedanz *f* [*Akustik. Quotient aus Kraft und Schnelle*] · mechanical impedance [*Of a mechanical system, at a point or at a surface which is vibrating with uniform amplitude and phase. The complex ratio of the force acting in the direction of motion to the velocity at the point or the surface. Symbol* Z_m]

~ Korntrennung *f* · mechanical classification

~ Korrosion *f* · mechanical corrosion

~ Sperrung *f*, ~ (Ab)Dichtung, physikalische ~ · physical waterproofing

mechanischer Dach(ent)lüfter *m* · mechanical roof extractor, ~ ~ extraction unit, ~ ~ ventilator, ~ ~ extract ventilation unit [*It has a fan for positive air flow*]

~ (Ent)Lüfter *m* · mechanical extractor, ~ extraction unit, ~ ventilator, ~ extract ventilation unit [*It has a fan for positive air flow*]

~ Lüfter *m*, ~ Entlüfter · mechanical extractor, ~ extraction unit, ~ ventilator, ~ extract ventilation unit [*It has a fan for positive air flow*]

~ Mörtelstoff *m* [*Zu den mechanischen Mörtelstoffen gehören: Naturasphalt, Bitumen, Teer, Pech, Naturharz, Kunstharz, Fett, Öl, Gummi, Gelatine, Dextrin (diese Stoffe wirken durch Verharzung); Ton, Lehm, Wasserglas, Schwefel (diese Stoffe wirken durch Trocknung und Schrumpfung); Magnesia + Chlormagnesium, Kupfer, Quecksilber, Blei, Zink u. a. (diese Stoffe wirken durch Umwandlung*] · nonhydraulic mortar cementing agent

~ Putzauftrag *m*, mechanisches (Ver-)Putzen *n* [*Innenputz*] · mechanical internal plastering

~ Verbund *m*, mechanisches Haften *n*, mechanische Haftung *f* [*Haftung ohne Bindemittel oder Kleb(e)stoff*] · (mechanical) key, ~ bond, grip(ping)

~ Widerstand *m* · mechanical resistance

mechanisches Aufrauhen *n* **für den (Ver)Putz** · mechanical keying

~ Befestigungsmittel *n* · mechanical fastener

~ Entspannen *n* **durch Wärmedehnung**, autogenes Entspannen [*Baustahl*] · acetylene removal of stress, ~ stress relieving

~ Haften *n*, mechanische Haftung *f*, mechanischer Verbund *m* [*Haftung ohne Bindemittel oder Kleb(e)stoff*] · (mechanical) key, ~ bond, grip(ping)

~ Hammergerät *n* [*Zerstörungsfreie Prüfung von Beton*] · hammer-blow type pulse-velocity measuring device

~ Ordnungsprinzip *n* · mechanical concept of order

~ Polieren *n* [*Fehlname: zerspanende Bearbeitung f*] · mechanical polishing

~ Putzen *n*, ~ Ver~, mechanischer Putzauftrag *m* [*Innenputz*] · mechanical internal plastering

~ Sediment(gestein) *n*, klastisches ~, Trümmersediment(gestein), Trümmergestein, Bruchstückgestein · clastic (sedimentary) rock, mechanically deposited (~) ~

~ (Ver)Putzen *n*, mechanischer Putzauftrag *m* [*Innenputz*] · mechanical internal plastering

Mechanismus *m* · mechanism

mechanochemische Reaktion *f* · mechano-chemical reaction

Medaillon *n* · medallion [*A circular or oval frame having within it an ornamental motif*]

Medersa *f*, Medres(s)e *f*, Moscheehochschule *f*, Madrasa *f*, Medressa *f* [*Um einen Hof gruppierte Sonderform einer Moschee, die als Schule dient*] · madrasah, collegiate mosque, medressa

Medikamentenlagergebäude *n* · storage building for medical supplies

Mediumteil *m, n* [*Akustik*] · part of a medium

Medressa *f* → Medersa

Medres(s)e *f* → Medersa

Medschid *m*, Alltagsmoschee *f* · congregational mosque, jami masjid

Meer(es)|atmosphäte *f* · marine atmosphere

~kies *m* · marine gravel

~sand *m*, Seesand · sea-sand

~ton *m* · marine clay

~wasser *n*, Seewasser · seawater

meer(es)wasserbeständig, salzwasserbeständig · salt water-resistant

Meer(es)wasser|beton *m*, Seewasserbeton · seawater concrete

~schwimmbad *n*, Seewasserschwimmbad · sea-water swimming bath

Megalith *m*, Großstein *m*, Riesenstein · megalith [*A large hewn or unhewn stone such as is found in cyclopean masonry*]

~bauwerk *n* · megalithic monument

~grab *n*, Großsteingrab, Riesensteingrab [*Volkstümliche Bezeichnungen sind „Hünengrab", „Hünenbett" n und „Opfertisch" m*] · megalithic burial chamber, ~ tomb ~, ~ sepulchral ~, ~ (chamber) tomb [*Megalithic (chamber) tombs are often colloquially called "giants' graves", "fairies' houses" or "hunsbeds"*]

~mauerwerk *n* · megalithic masonry [*Masonry in very large stones so exactly hewn that a knife blade cannot be inserted in the joints*]

Megaron *n*, Herrenhaus *n* · megaron

~tempel *m*, Tempel mit Anten, Antentempel · in antis temple, templum in antis

Mehl|kleister *m* · flour paste

(~)Mühle *f*, Getreidemühle · flour mill

mehrarmige Treppe *f* → mehrläufige ~

Mehrbelastung *f*, Zusatzbelastung · additional loading

Mehrblatt|-Kipptor *n*, Mehrblatt-Schwingtor, Vielblatt-Schwingtor, Vielblatt-Kipptor · multi-leaf up and over door

~-Schwingtor *n*, Mehrblatt-Kipptor, Vielblatt-Schwingtor, Vielblatt-Kipptor · multi-leaf up and over door

Mehrblattür *f*, Vielblattür · multi-leaf door

mehrbogig, vielbogig · multiarched

mehrere Schiffe *npl* [*Halle*] · multiple spans

Mehretagensystem *n* **aus Dreigelenkrahmen**, Mehrgeschoßsystem ~ ~, Mehrstockwerksystem ~ ~ · multi-storey system composed of three-hinge(d) frames (Brit.); multi-story ~ ~ ~ ~ ~ (US); multi-floor ~ ~ ~ ~ ~

mehretagig, vielstöckig, vielgeschossig, vieletagig, mehrgeschossig, mehrstöckig · multistoried; multistoreyed (Brit.)

mehretagige Wohnung *f* → mehrstöckige ~

mehretagiges Lagergebäude *n* → mehrstöckiges ~

~ Parkgebäude *n* → mehrgeschossiges ~

Mehrfach-(Draht)Ziehbank *f* · multiple reduction (wire-)drawing machine

Mehrfaches *n* · multiple

Mehrfach|glas *n*, Mehrscheiben(sicherheits)glas, Mehrschichten(sicherheits)-glas, Verbund(sicherheits)glas · laminated safety glass

~(glas)scheibe *f* · multiple glazing unit, ~ pane ~

~mauer *f* · multiple masonry wall

~portalrahmen *m* · multi(ple)-portal frame

~-Steckdose *f* · multiple socket

~verglasung *f*, Vielfachverglasung · multiple glazing

~wand *f* · multiple wall

~-Ziehbank *f*, Mehrfach-Drahtziehbank · multiple reduction (wire-)drawing machine

Mehrfamilien|bauten *f*, Mehrfamilienwohnbauten · multifamily housing, apartment ~

~behausung *f* · multifamily habitation

~(wohn)bauten *f* · multifamily housing, apartment ~

~(wohn)haus *n* **mit Wohnungszugängen vom Treppenhaus** [*Im Gegensatz zum Laubenganghaus*] · staircase-access block (of flats), ~ flats, ~ building with dwelling units (Brit.); ~ apartment building, ~ apartment house, ~ multifamily house, ~ apartment block, ~ multiple dwelling, ~ multi-family building, ~ multi-fanilly block, ~ multi-family dwelling (US)

Mehrfarben|system *n* · multi-coloured system (Brit.); multi-colored ~ (US) [*e.g. of a mosaic walling*]

~wirkung *f* · multicolour effect (Brit.); multicolor ~ (US)

~ziegel *m* · polychrome brick

mehrfarbig, vielfarbig · polychrome

Mehrfeld|bogen *m,* Durchlaufbogen · continuous arch

~platte *f,* Durchlaufplatte, durchgehende Platte, durchlaufende Platte · continuous slab, ~ plate

~portalrahmen *m* · multiple portal frame, multi(ple)-bay ~ ~

~rahmen *m* · multiple frame, multi(ple)-bay ~

~rahmen-Abfangträger *m* · multi-bay frame as spandrel beam

mehrfeldrige kreuzweise bewehrte Platte *f,* ~ ~ armierte ~ · continuous two-way slab

~ Zylinderschale *f* **mit flachen und breiten Querrippenbändern,** rippenlose Zylinderschale · multiple ribless shell

mehrfeldriger Giebelrahmen *m* · multi(ple)-span gabled frame

Mehrfeldträger *m,* Vielfeldträger · multi-span girder

mehr|flügelige Tür *f* · multiple wing door

~flügeliges Fenster *n,* Mehrflügelfenster [*Siehe Anmerkung unter „Flügel"*] · multiple-sash window (US)

Mehrfüllungstür *f* · (framed and) multiple-panel door

mehrgeschossig → mehretagig

mehrgeschossige Wohnung *f* → mehrstöckige ~

mehrgeschossiges Lagergebäude *n* → mehrstöckiges ~

~ Parkgebäude *n,* mehrstöckiges ~, mehretagiges ~, vielgeschossiges ~, vielstöckiges ~, vieletagiges ~, ~ Parkhaus *n* · multi-floor parking building; multi-story ~ ~ (US); multi-storey ~ ~ (Brit.); ~ ~ facility

Mehrgeschoß|haus *n,* Mehrgeschoßgebäude *n* · multi-storey building (Brit.); multi-story ~ (US); multi-floor ~

~system *n* **aus Dreigelenkrahmen,** Mehretagensystem ~ ~ Mehrstockwerksystem ~ ~ · multi-storey system composed of three-hinge(d) frames (Brit.); multi-story ~ ~ ~ ~ (US); multi-floor ~ ~ ~ ~

Mehrkomponentenerzeugnis *n* · multi-component product

Mehrlagen|(ab)dichtung *f,* Viellagen-(ab)dichtung, Mehrlagensperrung, Viellagensperrung [*gegen Feuchtigkeit*] · multiple-layer(ed) waterproofing

~(ab)dichtung *f,* Viellagen(ab)dichtung · multiple-layer(ed) seal(ing)

~dachpappe *f,* Mehrschichtendachpappe · multiple-layered (prepared) roofing, ~ ready ~, ~ composition ~

~dichtung *f,* Mehrlagenabdichtung, Viellagen(ab)dichtung, Mehrlagensperrung, Viellagensperrung [*gegen Feuchtigkeit*] · multiple-layer(ed) waterproofing

~dichtung *f,* Mehrlagenabdichtung, Viellagen(ab)dichtung · multiple-layer(ed) seal(ing)

~isolierung *f,* Viellagenisolierung multiple-layer(ed) insulation

~-Roh(dach)pappe *f,* Mehrschichten-Roh(dach)pappe · multiple-layer(ed) (roofing) fabric, laminated (~) ~, ~ fabric for roofing

~sperrung *f,* Viellagensperrung, Mehrlagen(ab)dichtung, Viellagen(ab)dichtung [*gegen Feuchtigkeit*] · multiple-layer(ed) waterproofing

mehrlagig, viellagig, mehrschichtig, vielschichtig · multi-layered, laminated

mehrlagige Konstruktion *f,* mehrschichtige ~ · multilayer system

~ Tafel *f,* mehrschichtige ~ · multi(ple)-layer panel

mehrläufige Treppe *f,* mehrarmige ~, vielläufige ~, vielarmige ~ · multiflight stair(case)

Mehrleiter|anschluß *m* [*Elektrotechnik*] · multi-wire connection

~-Verteilerschacht *m* [*Robertson-Stahlzellendecke*] · rising connector

Mehr|lochplatte *f,* Viellochplatte, Hohlbalken-Deckenelement *n* mit kreisförmigen Aussparungen · tube floor slab

~paßbogen *m,* Vielpaßbogen, Fächerbogen, Zackenbogen · multifoil arch

Mehrraum|gebäude *n* · multi(ple)-room building, ~ block

~heizung *f,* (Warm)Luft-Zentralheizung [*Die Warmluft wird mit Ventilatoren in die zu beheizenden Räume gedrückt*] · fan-assisted warm air heating

~wohnung *f* · multi(ple)-room dwelling unit (US); ~ dwelling (Brit.)

mehrsäulig, vielsäulig, säulenreich many columned polystyle

mehrschalig [*Wand; Mauer*] · multi(ple)-leaf, multi(ple)-wythe, multi(ple)-withe (Brit.); multi(ple)-tier (US)

~ [*Decke*] · multi(ple)-layer

Mehrscheiben|-Architekturglas *n* · architectural laminated glass

~isolierglas *n* · laminated insulating glass, ~ insulation ~

~-Isolierverglasung *f* · laminated insulation glazing, ~ insulating ~

~(sicherheits)glas *n*, Mehrschichten(sicherheits)glas, Mehrfachglas, Verbund(sicherheits)glas · laminated safety glass

Mehrschichten|belag *m* · laminated cover(ing)

~(belag)platte *f*, Mehrschichtenfliese *f* · multi(ple)-layer tile

~dachpappe *f*, Mehrlagendachpappe · multiple-layered (prepared) roofing, ~ ready ~, ~ composition ~

~fliese *f*, Mehrschichten(belag)platte *f* · multi(ple)-layer tile

~glas *n* → Mehrschichtensicherheitsglas

~leichtbauplatte *f* · laminated light (-weight) building slab

~papier *n* · laminated paper

~platte *f*, mehrschichtige Platte · laminated board, ~ sheet

~platte *f*, Mehrschichtenbelagplatte, Mehrschichtenfliese *f* · multi(ple)-layer tile

~-Polyvinylchloridbelag *m*, Polyvinylchlorid-Mehrschichtenbelag, PVC-Mehrschichtenbelag, Mehrschichten–PVC–Belag · laminated PVC cover(ing), ~ polyvinyl chloride ~

~-PVC-Belag *m*, PVC-Mehrschichtenbelag, Polyvinylchlorid-Mehrschichtenbelag, Mehrschichten-Polyvinylchloridbelag · laminated PVC cover(ing), ~ polyvinyl chloride ~

~-Roh(dach)pappe *f*, Mehrlagen-Roh(dach)pappe · multiple-layer(ed) (roofing) fabric, laminated (~) ~, ~ fabric for roofing

~-Rohpappe *f*, Mehrschichten-Rohdachpappe, Mehrlagen-Roh(dach)pappe · multiple-layer(ed) (roofing) fabric, laminated (~) ~, ~ fabric for roofing

~-Schal(ungs)platte *f* · laminated form(work) board, ~ forms ~, ~ shuttering ~, ~ ~ sheet

~(sicherheits)glas *n*, Mehrscheiben(sicherheits)glas, Mehrfachglas, Verbund(sicherheits)glas · laminated safety glass

~überzug *m* · laminated overlay, ~ topping

~wand *f* · multi-layer wall

mehrschichtig, vielschichtig, mehrlagig, viellagig · multi-layered, laminated

mehrschichtige einschalige Mauer *f*, ~ monolithische ~ · monolithic multilayer wall, multilayer monolithic ~

mehrschichtige Konstruktion *f*, mehrlagige ~ · multilayer system

~ Platte *f*, Mehrschichtenplatte, Schichtplatte · laminated board, ~ sheet

~ Tafel *f*, mehrlagige ~ · multi(ple)-layer panel

mehrschiffig [*Kirche*] · multi(ple)-nave, multi(ple)-aisle

~ [*Halle*] · multi(ple)-bay, multi(ple)-span

mehrstegiger Plattenbalken(träger) *m*, Plattenrippenwerk *n* · multi-web (-bed) T-beam

mehrstieliger Portalrahmen *m*, durchlaufender ~, Durchlaufportalrahmen · multi-legged portal frame

mehrstöckig, mehrgeschossig, mehretagig, vielstöckig, vielgeschossig, vieletagig · multistoried; multistoreyed Brit.)

mehrstöckige Wohnung *f*, mehrgeschossige ~, mehretagige ~, vielstöckige ~, vielgeschossige ~, vieletagig · multistoried; multistoreyed (Brit.)

mehrstöckiger schirmartiger Aufbau *m*, Chattra [*Stupa*] · tiered stone 'umbrella'

mehrstöckiges Lagergebäude *n*, mehretagiges ~, mehrgeschossiges ~, Speicher *m* · multi(ple)-storey warehouse (Brit.); multi(ple)-story ~ (~) (US); multi(ple)-floor ~ (~)

~ Parkgebäude *n* → mehrgeschossiges ~

~ Parkhaus *n* → mehrgeschossiges Parkgebäude

Mehrstockwerk|system *n* **aus Dreigelenkrahmen**, Mehretagensystem ~ ~, Mehrgeschoßsystem ~ ~ · multistorey system composed of three-hinge(d) frames (Brit.); multi-story ~ ~ ~ ~ ~ (US); multi-floor ~ ~ ~ ~ ~

Mehrstoffbronze *f* · multi-compound bronze

mehr|teilig, vielteilig · multipartite

~teilige Tür *f* · multi-part door

mehrteiliger Druckstab *m* · composite compressive member, ~ compression ~

~ Querschnitt *m* · composite cross-section

(mehrteiliges) Deckentor *n* · vertical sliding shutterdoor, vertically opening ~, ~ ~ shutter door [*The panels slide vertically and stack above and behind the opening*]

mehrwertiger Alkohol *m*, vielwertiger ~ · polyhydric alcohol, polyalcohol

Mehrzimmerheizung *f* · multi(ple)-room heating

mehrzügig [*Schornstein*] · multi-flue

mehrzügiger Kabel(kanal)formstein *m*, mehrzügiges Kabelformstück *n* · multi(ple)-way cable duct, ~ ~ conduit, ~ ~ subway, ~ CD; ~ conduit tile (US)

mehrzügiges Kabelformstück *n*, mehrzügiger Kabel(kanal)formstein *m* · multi(ple)-way cable duct, ~ ~ conduit, ~ ~ subway, ~ CD; ~ conduit tile (US)

Mehrzweckanstrich|mittel *n* → Mehrzweckanstrich(stoff)

~(stoff) *m*, Mehrzweckanstrichmittel *n*, Mehrzweckaufstrich(stoff), Mehrzweckaufstrichmittel, flüssiger Mehrzweckbeschichtungsstoff, Vielzweckanstrich (-stoff), Vielzweckanstrichmittel, Vielzweckaufstrichmittel, Vielzweckaufstrich (-stoff), flüssiger Vielzweckbeschichtungsstoff · multi-purpose liquid coating (material), multi(ple-)use ~ ~ (~)

Mehrzweckaufstrich|mittel *n* → Mehrzweckanstrich(stoff)

~(stoff) *m* → Mehrzweckanstrich(stoff)

Mehrzweck|bühne *f* · multi-purpose stage, multi(ple-)use ~

~gebäude *n* · multi(ple-)use building, multi-purpose ~

~halle *f* · multi(ple-)use hall, multi-purpose ~

~hochhaus *n* · multi(ple-)use high rise building, multi-purpose ~ ~ ~

~(innen)(ver)putz *m* · multi-purpose (mixed) plaster, multi(ple-)use (~) ~ [*It is designed for application to all backgrounds*]

~kleb(e)stoff *m*, Mehrzweckkleber *m*, Mehrzweckkleb(e)mittel *n*, Vielzweckkleb(e)stoff, Vielzweckkleber, Vielzweckkleb(e)mittel · multi-purpose adhesive, multi(ple-)use ~, ~ cement(ing agent), ~ bonding agent, ~ bonding medium, ~ bonding adhesive

~raum *m*, Vielzweckraum · family room, all-purpose ~

~schloß *n* · multi-purpose lock, multi(ple-)use ~

~stadion *n* · multi-purpose stadium, multi(ple-)use ~

~stein *m*, Vielzweckstein, Mehrzweckblock(stein) *m*, Vielzweckblock(stein) · multi-purpose (building) block, ~ (~) tile, multi(ple-)use (~) ~ [*See remark under 'Block'*]

~tür *f*, Vielzwecktür · multi-purpose door, multi(ple-)use ~

~verwendung *f* · multi-purpose use, multi(ple-)use

Meidan-Platz *m* · Maidan-i-Shāh, 'Royal Square' [*Isfahan*]

Meiler *m*, Feld(brand)ofen *m* [*Ziegelherstellung*] · clamp (Brit.); scove kiln (US)

Meister *m* **der kgl. Bauhütte von Schloß Windsor** · Master of the King's Masons to Windsor Castle

~quartier *m*, Riemen(stein) *m* · soap (brick), furring (~)

~werk *n* · masterpiece

Melamin|formaldehydharz *n*, MF *n* · melamine-formaldehyde resin

~harz *n* · melamine resin

melaminharzbeschichtet · melamine-(sur)faced, melamine-coated

Melaminharz-Dekor(ations)folie *f*, Melaminharz-Zierfolie, Melaminharz-Ornamentfolie · melamine resin decorative plastic film, ~ ~ ~ ~ sheeting, ~ ~ ornamental ~ ~

melaminharzgetränkt · melamine impregnated, ~ saturated

Melaminharz|kunststoff *m* · melamine resin plastic

~lack *m* · melamine resin varnish

~leim *m* · melamine resin glue

~-Ornamentfolie *f*, Melaminharz-Zierfolie, Melaminharz-Dekor(ations)folie · melamine resin decorative plastic film, ~ ~ ~ ~ sheeting, ~ ~ ornamental ~ ~

~-Schichtstoffplatte *f* · laminated melamine resin board

~-Zierfolie *f*, Melaminharz-Ornamentfolie, Melaminharz-Dekor(ations)folie · melamine resin decorative plastic film, ~ ~ ~ ~ sheeting, ~ ~ ornamental ~ ~

Melanterit *m* · melanterite, green vitriol copperas

Melaphyr *m*, schwarzer Porphyr [*DIN 52100*] · black porphyry, melaphyre

~porphyr *m* · porphyric melaphyre

Melasse *f* [*Abfallprodukt der Zuckerindustrie, das unplastischen oder wenig plastischen Erzeugnissen als Bindemittel zugesetzt wird*] · molasses

Meldeeinrichtung *f*, Melder *m* · warning device

Melder *m*, Meldevorrichtung *f* · warning device

meliertes Roheisen *n*, halbiertes ~ mottled pig iron

Melilith *m*, Honigstein *m* · mell(il)ite

Melioration *f* **des Grundbesitzes** · betterments

Melocol [*Schweiz*]; Kauritleim *m* [*Deutschland*] [*Genormtes Kurzzeichen in Deutschland: K*] · beetle cement [*Great Britain*]; urac [*USA*]

Membran(e) *f* · membrane [*A membrane is a sheet of material so thin that, to all practical purposes, it cannot resist compression, bending, or shear, but only tension*]

~, Haut *f*, Häutchen *n*, Film *m* · film membrane, skin

~analogie *f* · membrane analogy

~analogie *f* → Seifenhautgleichnis

~berechnung *f* · membrane analysis

~gleichnis *n* → Seifenhautgleichnis

~kraft *f* · membrane force

~-Längswirkung *f* · longitudinal membrane action

~rippe *f* · membrane rib

~schale *f* · thin shell [*A thin shell is a curved membrane thin enough to develop negligible bending stresses over most of its surface, but thick enough not to buckle under small compressive stresses, as an ideal membrane would*]

~schubkraft *f* · membrane shear(ing) force

~spannung *f* · membrane stress

~spannungszustand *m* · membrane state of stress

~theorie *f* · membrane theory

~verrückung *f* · membrane displacement

~verschiebung *f* · membrane translation

~wirkung *f* · membrane action

Memoria(lkirche) *f*, Martyria *f*, Coemetrialkirche, Denkmalkirche, Gedächtniskirche, Memorienkirche [*Kirche auf oder in einem Coemeterium, meist nahe oder über einem Märtyrergrab*] · memorial church, commemorative ~, martyrium

Memorienbasilika *f*, Gedächtnisbasilika, Memoria(lbasilika), Märtyrerbasilika, Coemetrialbasilika, Martyria *f*, Denkmalbasilika · commemorative basilica, memorial ~, martyrium

Mengenänderung *f* · quantity change, ~ variation

Menhadenöl *n* · menhaden oil

Menhir *m* [*Vorgeschichtliches Totenmal in Form eines großen aufrechtstehenden Steines*] · menhir, monolith

Mennige *f*, Blei~, Pb_3O_4 [*DIN 55916. Österreich: Minium n*] · red lead, minium [*substance*], red lead oxid(e) [*chemical name*]

~kitt *m*, Blei~ [*Bleimennige + Leinöl oder (Leinöl)Firnis*] · red lead-based (building) mastic, minium-based (~) ~

Mensa *f* · hall, commons

~ · mensa [*The top, or the top slab, of an altar*]

menschliche Erschütterungsempfindlichkeit *f*, ~ Schwingungsempfindlichkeit · human sensitivity of vibration

~ Sied(e)lung *f* · community, agglomeration

Mergel *m* · marl

~kalk(stein) *m*, morg(e)liger Kalk(stein) [*90–96% $CaCO_3$*] · marly limestone

~sandstein *m* · marly sandstone

~ton *m* [*4–10% $CaCO_3$*] · marly clay

Meridian¦richtung *f* · meridional direction

~rippe *f* · meridian rib

~seil *n* · meridional cable

~spannung *f* · meridional stress

Merkblatt *n* · code of practice

Merkmal *n* · characteristic feature

Mesdschid il-Dschuma *f*, Freitagsmoschee *f* · Friday mosque, congregational ~, Masjid-i-Juma [*As opposed to a tomb-mosque or mausoleum used only for private prayers*]

Messegelände *n* · fair ground

messende Farbenlehre *f* · colour measurements (Brit.); color ~ (US)

Messer *m* → Zähler

~auftrag *m*, Auftrag(en) *m*, (*n*) mit Messer · knife application

~furnier *n* [*DIN 68330*] · sliced veneer, knife-cut ~ [*Veneer made by slicing a log, bolt, or flitch, moved against the knife*]

~spachtel(masse) *m*, (*f*), Ziehspachtel (-masse) · knifing filler, ~ stopper, ~ stopping; ~ Swedish putty, ~ spactling compound (US) [*A filling composition suitable for application with a filling knife as distinct from one made for brush application*]

Messing *n* [*DIN 17660*] · brass

~ 56 *n*, MS 56, Ms 56, Profilmessing · architectural bronze

~ 58, Standardmessing für Bohr- und Drehqualität, Ms 58, MS 58 · manganese bronze [*It has 58% copper content*]

~ 60 Pb *n*, Schmiedemessing, Ms 60 Pb, MS 60 PB · forging brass

~ 63 *n*, Druckmessing, MS 63, Ms 63 · brass with 63% copper content

~ 67, Ms 67, MS 67, Lötmessing, Halbtombak *m* · brass with 67% copper content

~ 70 *n*, MS 70, Ms 70 · cartridge brass

~ 80 *n*, Hellrottombak *m*, Ms 80, MS 80 · low brass

~ 90 *n*, Rottombak *m*, MS 90, Ms 90 · commercial bronze

~band *n* · brass strip

~band *n* [*Baubeschlag*] · brass hinge

~(bau)beschlag *m* · brass furniture, ~ fitting

~(bau)beschläge *mpl* · brass hardware, ~ fittings

~beschlag *m*, Messingbaubeschlag · brass furniture, ~ fitting

~beschläge *mpl*, Messingbaubeschläge · brass hardware, ~ fittings

~blech *n* · brass sheet

~dorn *m* · brass drift

~draht *m* · brass wire

~dübel *m* · brass dowel

~-Eckventil *n* · brass right-angled valve

(~)Form *f* [*Streckbarkeitsmessung von Bitumen*] · ductility-test mould (Brit.); ~ mold (US)

~lot *n* · brass solder

~rohr *n* · brass pipe

~röhre *f* · brass tube

~stab *m* · brass bar

~streifen *m* · brass strip

~strangpreßprofil *n*, Messingstrangpreßerzeugnis *n* · extruded brass section, ~ ~ shape, ~ ~ unit, ~ ~ product, brass extrusion

~-Terrazzostreifen *m*, Messing-Terrazzo(trenn)schiene *f* · brass divider strip

~-Terrazzo(trenn)schiene *f*, Messing-Terrazzostreifen *m* · brass divider strip

~-U-Profil *n* · brass channel (section)

~walzdraht *m* · brass (wire) rod

meßbar · measurable

Meß|bereich *m, n* · measurement range

~daten *fpl* · measurement data

~länge *f* · measurement length

Metall|(ab)dichtung *f* · metallic seal (-ing)

~akustikdecke *f,* Akustikmetalldecke, Metallschallschluckdecke, Schallschluckmetalldecke · acoustic(al) metal ceiling, sound-control ~ ~, (sound) absorbent ~ ~, (sound) absorbing ~ ~, (sound) absorptive ~ ~

~anker *m* · metal tie, ~ anchor

~anstrich *m,* Metallaufstrich · protective coat on metal

~aufdampfen *n* · vacuum coating, sputtering

~-(auf-)Metall-Dichtung *f* · metal-to-metal seal(ing)

~aufstrich *m,* Metallanstrich · protective coat on metal

metall|ausgekleidete Tür *f,* metallverkleidete ~, metallbekleidete ~ · metal-covered door, metal-(sur)faced ~, metal-clad ~

~ausgekleidetes Fenster *n,* metallverkleidetes ~, metallbekleidetes ~ · metal-covered window, metal-(sur)faced ~, metal-clad ~

Metall|auskleidung *f,* Metallverkleidung, Metallbekleidung · metal lining, ~ (sur)facing, ~ cladding

~-(Außen)Versteifungswand *f* · metal cladding

~-(Außenwand)Versteifungsplatte *f* · metal cladding sheet

~band *n* [*Baubeschlag*] · metal hinge

Metallbau *m* · metal construction

~arbeiten *fpl* [*DIN 18360*] · metal work

Metall(bau)|beschlag *m* · metal (builders') furniture, ~ (~) fitting

~beschläge *mpl* · metal (builders') hardware, ~ (~) fittings

Metall|baumaterial *n* [*Schweiz*]; Metallbaustoff *m* · metal building material, ~ structural ~, ~ construction(al) ~

~(bau)profil *n* · metal section, ~ shape, ~ unit, ~ trim, ~ profile

~baustoff *m;* Metallbaumaterial *n* [*Schweiz*] · metal building material, ~ structural ~, ~ construction(al) ~

~(bau)tafel *f* · metal (building) panel

~bedachung *f* → Blech(dach)eindekkung

~beizen *n* · metal pickling

metall|bekleidete Tür *f,* metallverkleidete ~, metallausgekleidete ~ · metal-covered door, metal-(sur)faced ~, metal-clad ~

~bekleidetes Fenster *n,* metallausgekleidetes ~, metallverkleidetes ~ · metal-covered window, metal-(sur-)faced ~, metal-clad ~

Metall|bekleidung *f,* Metallverkleidung, Metallauskleidung · metal lining, ~ (sur)facing, ~ cladding

~(belag)platte *f,* Metallfliese *f* · metal tile

~beschichten *n,* Metallüberziehen, Metallbeschichtung *f,* Metallüberzug *m* [*als Tätigkeit*] · metal coating

metallbeschichtete Pappe *f* · metal-coated paper [*See remark under 'Pappe'*]

Metallbeschichtung *f,* Metallüberzug *m,* Metallbeschichten *n,* Metallüberziehen [*als Tätigkeit*] · metal coating

~, Metallüberzug *m* [*als Schicht*] · metal coat(ing), ~ finish

~, Metallüberzug *m,* metallische Beschichtung, metallischer Überzug [*als Rostschutzschicht*] · (anti-rust) metal coat(ing), (~) ~ finish

Metall|beschlag *m* → Metallbaubeschlag

~beschläge *mpl* → Metallbaubeschläge

~boden(belag) *m,* Metallfußboden(belag) · metal floor(ing) (finish), ~ floor cover(ing)

(~)Bronze *f* [*Metalleffektpigment*] · metallic bronze

~-Bundstiel *m,* Metall-Bundsäule *f,* Metall-Bundständer *m,* Metall-Bundpfosten *m* · metal stud, ~ principal post

~-Dachbahn *f* · metal roof(ing) sheet(ing)

~dach(belag) *n,* (*m*) → Blech(dach)-eindeckung

Metall(dach)|deckung *f* → Blech-(dach)eindeckung

~eindeckung *f* → Blech(dach)eindekkung

~eindeckung *f* **aus ebenen Blechen,** Blech(dach)eindeckung ~ ~ ~, Metall(dach)deckung ~ ~ ~, Blech-(dach)deckung ~ ~ ~, Metalldachbelag *m* ~ ~ ~, Blechdachbelag ~ ~ ~, Metallbedachung ~ ~ ~, Blechbedachung ~ ~ ~, Metalldach *n* ~ ~ ~, Blechdach ~ ~ ~ · flexible metal sheet roof(ing)

~kehle *f* · metal valley [*A valley gutter lined with lead, zinc, copper, or alumin(i)um*]

~oberlicht *n* · metal roof-light

Metall|-(Dach)Unterlage *f* · metal deck(ing) (system), ~ substructure (~), ~ base (~), ~ substrate (~)

~dampflampe *f* · metal vapor lamp (US); ~ vapour ~ (Brit.)

~decke *f* · metal ceiling

~(decken)kassette *f* · metal pan(el), ~ coffer, ~ waffle, ~ casette

~deckentafel *f* · metal ceiling panel

~deckleiste *f* · metal cover strip

~deckung *f* → Blech(dach)eindeckung

~dichtung *f*, Metallabdichtung · metallic seal(ing)

~Draht *m* · (metal) wire

~-Drehtür *f* · metal revolving door

~druckhärte *f*, Brinellhärte, Druckhärte von Metallen, HB · Brinell hardness

~dübel *m* [*Holzverbinder*] · metal (timber) connector

~effektlackierung *f* · metallic finish

~effektpigment *n*, Metallpulver *n* [*nicht verwechseln mit Metallpigment*] · metallic flakes, ~ powder, ~ pigment

~eindeckung *f* → Blech(dach)eindekkung

~einlage *f* · metal insert(ion)

~ermüdung *f* · metal fatigue

~-Fachwerk(trenn)wand *f*, Metall-Riegel(trenn)wand · metal framed partition (wall)

~fassade *f* · metal façade

~fenster *n* · metal window

~fensterbank *f*, Metall(fenster)sohlbank · metal window sill; ~ ~ cill (Brit.)

~(fenster)flügel *m* · metal (window) sash

~fensterkitt *m* [*Kitt für Metallfensterverglasung*] · metal sash putty

~-Fensterladen *m*, Metalladen · metal (window) shutter

~fensterrahmen *m* · metal window frame

~(fenster)sohlbank *f*, Metallfensterbank · metal window sill; ~ ~ cill (Brit.)

~fenstersprosse *f* · metal glazing bar, ~ sash ~, ~ astragal

~flachrelief *n* · metal low relief, ~ bas-relief

~flaggenmast *m*, Metallfahnenmast · metal flagpole

~fliese *f*, Metall(belag)platte *f* · metal tile

~flügel *m*, Metallfensterflügel · metal (window) sash

~folie *f*, Blechfolie · metal foil

Metallfolien|anschluß *m*, Blechfolienanschluß · metal foil flashing [*See remark under 'Anschluß'*]

~anschluß(streifen) *m*, Blechfolienanschluß(streifen) · metal foil flashing (piece)

~einlage *f*, Blechfolieneinlage · metal foil insert(ion)

~lage *f*, Metallfolienschicht *f*, Blechfolienlage, Blechfolienschicht · metal foil layer

~schicht *f*, Metallfolienlage *f*, Blechfolienschicht, Blechfolienlage · metal foil layer

Metall|form *f* · metal mould (Brit.); ~ mold (US)

~fries *m* · metal frieze

~fugenband *n* · metal waterstop, ~ waterbar

~-Fugendeckleiste *f* · metal batten

~(fuß)boden(belag) *m* · metal floor (-ing) (finish), ~ floor cover(ing)

~fußleiste *f* → Metallscheuerleiste

~gebäude *n* · metal building, ~ block

~-Gebäudetür *f*, Metall-Haustür · metal building entrance door

~geländer *n* · metal railing

~gerippe *n*, Metallskelett *n* [*Leichte Trennwand. DIN 4103*] · metal studs

~gerippewand *f*, Metallskelettwand [*DIN 4103*] · metal stud partition (wall)

~gerüstbauer *m* · rigger [*A man who erects tubular or other metal scaffolding*]

metallgespritzt · metal-sprayed

Metall|gewebe *n* **als Putzträger** → Metallnetz ~ ~

~gitter *n* · metal grille

~glanz *m* · metallic lustre

~griff *m* · metal handle

~grundierung *f* · metal priming

~grundier(ungs)mittel *n* · metal primer [*A paint containing a pigment which inhibits corrosion, such as powdered zinc, red lead or zinc chromate as well as heat-treated oil, and thinned with turpentine*]

~gummi *m*, Metallkautschuk *m* · metal-faced rubber

~hänger *m* · metal hanger

~-Hart(beton)stoff *m* · metallic grit, ~ hardener [*Dressing for a cement-based floor*]

~-Haustür *f*, Metall-Gebäudetür · metal building entrance door

~heizhängedecke *f*, Elektro~ · (electrically) heated metal suspended ceiling

~holz *n*, Metallschichtholz, Panzerholz · armorply (US); armourply (Brit.) [*Plywood with one or more layers consisting of metal sheeting*]

~(hütten)schlacke *f*, (Eisen)Hüttenschlacke · steel(-mill) slag

metallisch blank sandgestrahlt · sandblasted to sound metal

metallische Beschichtung *f* → Metallbeschichtung

metallischer Baustoff *m*; metallisches Baumaterial *n* [*Schweiz*] · metallic construction material, ~ building ~

~ Bestandteil *m* [*Hartbetonbelag*] metallic constituent

~ Glanz *m* · metallic luster

~ Überzug *m* → Metallüberzug

metallisches Baumaterial *n* [*Schweiz*]; metallischer Baustoff *m* · metallic construction material, ~ building ~

~ Pigment *n*, (Metall)Bronze *f* [*Bronzen sind feinverteilte Metallflitter aus Aluminium, Kupfer oder Kupferlegierungen. Sie werden aus den geschmolzenen Metallen bzw. Legierungen durch Stampfen, Sieben, Polieren, Reiben oder aus feinverteilten Metallen durch Mahlen in Kugelmühlen gewonnen. Aus naturfarbenen Bronzen können durch Anlauf- oder Beizenfärbung Farbbronzen hergestellt werden: Anlaufbronzen und Patentbronzen*] · metallic flakes, ~ bronze

Metallisieren *n* · metallizing

(Metallisierungs-)(Spritz)Pistole *f* · (metal) spraying gun

Metallkanal *m* · metal (air) duct

Metall-Kanten|schoner *m*, Metall-Kantenschützer, Metall-Kantenschutzwinkel *m* · metal (angle) bead

~schützer *m*, Metall-Kantenschoner, Metall-Kantenschutzwinkel *m* · metal (angle) bead

~schutzwinkel *m*, Metall-Kantenschoner *m*, Metall-Kantenschützer · metal (angle) bead

Metall|kassette *f*, Metalldeckenkassette · metal pan(el), ~ coffer, ~ waffle, ~ casette

~kassetten-Akustikdecke *f*, Metallkassetten-Schallschluckdecke · metal waffle type ceiling, ~ coffer ~ ~, ~ casette ~ ~, ~ pan(el) ~ ~

~kautschuk *m*, Metallgummi *m* · metal-faced rubber

~kehle *f*, Metall-Dachkehle · metal valley [*A valley gutter lined with lead, zinc, copper, or alumin(i)um*]

metallkeramischer Kleber *m*, ~ Kleb(e)stoff *m*, metallkeramisches Kleb(e)mittel *n* · ceramic adhesive

Metall|kern *m* · metal core

~kitt *m*, Eisenkitt, Graphitzement *m*, Metallzement [*Kleb(e)- und Vergußmasse aus leicht schmelzenden Metallverbindungen mit Schwefel und Graphit. Also kein Zement*] · iron(-rust) cement

~-Klebedach(belag) *n*, (*m*), Metall-Klebe(dach)(ein)deckung *f* [*Dünnes Aluminium- oder AlMn-Blech (Alcuta) von mindestens 0,5 mm Dicke wird auf Beton- oder Holzunterlage in eine bituminöse Sonder-Kleb(e)masse (Heku-Kleb(e)masse) eingelegt*] · aluminium bonded roof cover(ing), ~ ~ ~ sheathing (Brit.); aluminum ~ ~ ~ (US); ~ ~ roof(ing)

~-Klebe(dach)(ein)deckung *f* → Metall-Klebedach(belag)

~kleben *n* → Metallverkleben

~kleber *m*, Metallkleb(e)stoff *m*, Metallkleb(e)mittel *n* · metal adhesive [*A synthetic resin adhesive which is capable of bonding metals*]

~klebung *f* → Metallverklebung

~kuppel *f* · metal dome, ~ cupola

~maschenmatte *f* · metal mesh

~maueranker *m* · metal masonry wall tie [*B.S. 1243*]

~netz *n* **als Putzträger**, Metallgewebe *n* ~ ~, Metallputz(mörtel)träger · metal(lic) lath(ing) (for plastering) [*B.S. 1369*]

~oberlicht *n*, Metalldachoberlicht · metal roof-light

~oberschwelle *f*, Metallsturz *m* · metal lintel; ~ lintol [*deprecated*] [*A metal beam spanning an opening*]

~-Papier-Anschluß *m* · metal-and-paper flashing [*See remark under 'Anschluß'*]

~-Papier-Anschluß(streifen) *m* · metal-and-paper flashing (piece)

~pfahl *m*, Metallzaunpfahl, Metall(zaun)pfosten *m* · metal (fence) stake, ~ (~) picket, ~ (~) post, ~ fencing ~

~pfosten *m*, Metallzaunpfosten, Metall(zaun)pfahl *m* · metal (fence) stake, ~ (~) picket, ~ (~) post, ~ fencing ~

~pigment *n* [*nicht verwechseln mit Metalleffektpigment*] · chemically-prepared inorganic pigment

~platte *f*, Blechplatte · metal(lic) plate

~platte *f*, Metallbelagplatte, Metallfliese *f* · metal tile

~profil *n*, Metallbauprofil · metal section, ~ shape, ~ unit, ~ trim

~pulver *n*, Metalleffektpigment *n* [*nicht verwechseln mit Metallpigment*] metallic flakes, ~ powder, ~ pigment

~pulver *n* · powder(ed) metal, metal(lic) powder

~putz(mörtel)träger *m*, Metallnetz *n* als Putzträger, Metallgewebe *n* als Putzträger · metal lath(ing) (for plastering) [*B.S. 1369*]

~rahmen *m* · metal framing, ~ frame

~rahmenfenster *n* · metal frame(d) window

~raster *m* [*Leuchte*] · metal louver

~riegel *m* · metal rail

~-Riegel(trenn)wand *f*, Metall-Fachwerk(trenn)wand · metal framed partition (wall)

~rohr *n* · metal(lic) pipe

~rohrkonstruktion *f* · tubular metal construction

~-Rollgitter *n* · metal rolling grille, ~ roller ~ [*See remark under 'Gitter'*]

~salz *n* · metallic salt

~salzbeize *f*, chemische (Holz)Beize · acid stain, chemical ~ [*The acid stains include many materials which are not acids*]

metallschädlich · aggressive toward metal(s)

Metall|schallschluckdecke *f*, Schallschluckmetalldecke, Metallakustikdekke, Akustikmetalldecke · acoustic(al) metal ceiling, sound-control ~ ~, (sound) absorbent ~ ~, (sound) absorbing ~ ~, (sound) absorptive ~ ~

~schalung *f* · metal form(work), ~ forms, ~ shuttering

~scheuerleiste *f*, Metallfußleiste, Metallsockelleiste · metal skirting [*B.S. 1246*]; ~ sanitary cove (US); ~ base plate [*Scotland*]

~(schicht)holz *n*, Panzerholz · armourply (Brit.); armorply (US); plymetal [*Plywood with one or more layers consisting of metal sheeting*]

~schiene *f* · metal rail

~schindel *f* · metal shingle

~schlauch *m*, Panzerschlauch · metal (reinforced) hose, flexible (metallic) tube

~schornstein *m* · metal chimney

~schutz *m* · metal protection

~schweißen *n* · metal welding

~seife *f* · metal(lic) soap

~silo *m* · metal silo

~skelett *n*, Metallgerippe *n* [*Leichte Trennwand. DIN 4103*] · metal studs

~skelettwand *f*, Metallgerippewand [*DIN 4103*] · metal stud partition (wall)

~sockelleiste *f* → Metallscheuerleiste

~sohlbank *f*, Metallfenstersohlbank, Metallfensterbank · metal window sill; ~ ~ cill (Brit.)

~spindel *f*, Metall-Treppenspindel · metal newel(-post)

~sprosse *f* · metal rung

~stab *m* · metal rod, ~ bar

~streifen *m* · metal strip

~streifenverstärker *m* · metal strip stiffener [*e.g. in a wall*]

~sturz *m*, Metalloberschwelle *f* · metal lintel; ~ lintol [*deprecated*] [*A metal beam spanning an opening*]

~stütze *f* · metal column

~tafel *f*, Metallbautafel · metal (building) panel

~tafeldecke *f* · metal panel ceiling

~träger(innen)(ver)putz *m* · metal lath(ing) plaster

~traufrinne *f* · metal eave(s) gutter, ~ ~ trough [*A shallow metal channel or conduit set below and along the eave(s) of a house to catch and carry off rainwater from the roof*]

(~)Treibmittel *n*, gaserzeugendes Mittel, Blähmittel, Gasentwickler *m*, Gasbildner, (gasbildender) Treiber [*z.B. Alu(minium)pulver*] · gas-forming agent, aerating ~, ~ chemical, metallic additive

~treppe *f* · metal stair(case)

~(-Treppen)spindel *f* · metal newel(-post)

~tür *f* · metal door

~türenfabrik *f*, Metalltürenwerk *n* · metal door factory

~türenwerk *n*, Metalltürenfabrik *f* · metal door factory

~türrahmen *m* · metal door frame [*B.S. 1245*]

~überziehen *n*, Metallbeschichten, Metallbeschichtung *f*, Metallüberzug *m* [*als Tätigkeit*] · metal coating

metallüberzogen · metal-faced

Metallüberzug *m*, Metallbeschichtung *f*, Metallbeschichten *n*, Metallüberziehen [*als Tätigkeit*] · metal coating

~, Metallbeschichtung *f*, metallischer Überzug, metallische Beschichtung [*als Rostschutzschicht*] · (anti-rust) metal coat(ing), (~) ~ finish

~spritzen *n* · metallic spraying

Metall|-Unterkonstruktion *f* [*Putztechnik*] · metal furring, ~ firring

~-Unterlage *f*, Metall-Dachunterlage · metal deck(ing) (system), ~ substructure (~), ~ base (~), ~ substrate (~)

~-U-Profil *n* · (U-shaped) metal channel

~verbundrand-Verglasungseinheit *f* · metal edge sealed glazing unit [*The two sheets of glass, which enclose an air space are hermetically sealed at their edges with a permanent metal-to-glass bond*]

~(ver)kleben *n*, Metall(ver)klebung *f* · metal bonding, bonding of metal(s)

~(ver)klebung *f*, Metall(ver)kleben *n* · metal bonding, bonding of metal(s)

metall|verkleidete Tür *f*, metallbekleidete ~, metallausgekleidete ~ · metal-covered door, metal-(sur)faced ~, metal-clad ~

~verkleidetes Fenster *n*, metallausgekleidetes ~, metallbekleidetes ~ · metal-covered window, metal-(sur-) faced ~, metal-clad ~

Metall|verkleidung *f*, Metallauskleidung, Metallbekleidung · metal lining, ~ (sur)facing, ~ cladding

~-Versteifungswand *f*, Metall-Außenversteifungswand · metal cladding

~vorhangwand *f* · metal curtain wall

~-Vorhangwandtafel *f* · metal curtain wall panel

~wand *f* · metal wall

~wandanker *m* · metal wall tie [*B.S. 1243*]

~-Wand(belag)platte *f*, Metall-Wandfliese *f* · metal wall tile

~-Wandfliese *f*, Metall-Wand(belag)-platte *f* · metal wall tile

~-Wandplatte *f*, Metall-Wandbelagplatte, Metall-Wandfliese · metal wall tile

~wandtafel *f* · metal wall panel

~winkel *m* · metal angle

~wolle *f* · metal wool

~(zaun)pfahl *m*, Metall(zaun)pfosten *m* · metal (fence) stake, ~ (~) picket, ~ (~) post, ~ fencing ~

~(zaun)pfosten *m*, Metall(zaun)pfahl *m* · metal (fence) stake, ~ (~) picket, ~ (~) post, ~ fencing ~

~zement *m*, Graphitzement, Eisenkitt *m*, Metallkitt [*Kleb(e)- und Vergußmasse aus leicht schmelzenden Metallverbindungen mit Schwefel und Graphit. Also kein Zement*] · iron(-rust) cement

~zuschlag(stoff) *m* · metallic aggregate

metamorpher Schiefer *m* · metamorphosed schist, metamorphic ~, transformed ~

metamorphes Gestein *n*, Umwandlungsgestein, Umprägungsgestein · metamorphic rock, transformed ~, metamorphosed ~

Metazentrum *n* · metacenter (US); metacentre (Brit.)

Methacrylat-Zweikomponentenmasse *f* · two-component methacrylate compound, ~~ composition, ~~ mass, ~ ~ material, twin-component ~ ~, twin-pack ~ ~, two-pack ~ ~, twin-part ~ ~, two-part ~ ~

Methanol *n*, Methylalkohol *m*, CH_3OH · methyl alcohol, wood ~, methanol [*B.S. 506*]

Methode *f* **der Lastaufnahme durch die Umlenkkräfte**, Verfahren *n* ~ ~ ~ ~ ~ · load balancing method

Methyl|alkohol *m*, Methanol *n*, CH_3OH · methyl alcohol, wood ~, methanol [*B.S. 506*]

~orange *n* · methyl orange [*An azo dyestuff used chiefly as an indicator in alkalimetry*]

~rot *n* · methyl red

~zellulose *f* · methyl cellulose

~zelluloseleim *m* · methyl cellulose glue

Metope *f*, Zwischenfeld *n* · metope [*The square space between two triglyphs in the frieze of a Doric order; it may be carved or left plain*]

metrische Mutter *f* · metric nut

~ Reihe *f* · metric series

~ Schraube *f* · metric screw

metrisches Gewinde *n* · metric thread

~ (Maß)System *n* · metric system, metrication

Mexiko(-Asphalt)bitumen *n* · Mexico asphalt (US); ~ (asphaltic-)bitumen (Brit.)

Mezzanin *n*, Halbstockwerk *n*, Halbetage *f*, Halbgeschoß *n*, Beigeschoß, Zwischengeschoß · mezzanine, entresol

MF *n*, Melaminformaldehydharz *n* · melamine-formaldehyde resin

MF *m*, flüssiger MD *m*, flüssiger Mörteldichter, flüssiges Mörtelsperrmittel *n*, flüssiges Mörteldicht(ungs)mittel, flüssiges DM · liquid mortar densifier, ~ ~ waterproofing agent, ~ ~ waterproofer, ~ ~ waterrepeller, ~ ~ water repellent admix(ture), ~ ~ densifying agent

MF-Decke *f*, Mineralfaser(platten)decke · mineral fibre board ceiling (Brit.); ~ fiber ~ ~ (US); ~ ~ sheet ~

Mg *n*, Magnesium *n* [*DIN 17800*] · magnesium

$MgCl_2$ *n*, Chlormagnesium *n*, Magnesiumchlorid *n* [*DIN 273. Bl. 2*] · magnesium chlorid(e) (US); ~ chloride (Brit.)

$MgCl_2$-Lösung *f*, Magnesiumschloridlösung [*Fehlnamen: (Chlormagnesium-) Lauge f, Magnesiumchloridlauge*] · liquid magnesium chlorid(e), magnesium chlorid(e) solution (US); liquid magnesium chloride, magnesium chloride solution (Brit.)

$MgCO_3$ *m*, Magnesit *m*, Bitterspat *m* (Min.) · magnesite, bitter spar

$MgCO_3$ *n*, Magnesiumkarbonat *n* · magnesium carbonate

Mg-Fluat *n*, Magnesiumfluat · magnesium fluosilicate

MgO *f, n*, Magnesia *f*, Magnesiumoxid *n* · magnesium oxide (Brit.); ~ oxid(e) (US); magnesia

Mieter *m* · tenant

Miet|fläche *f* · rental area, rentable ~, ~ space

~gebäude *n*, Miethaus *n* · tenement building, ~ block

~reihenhaus *n* · rental row house, ~ town ~

Mietwohnbauten *f* · rental (residential) housing

Mihrab *m* [*Die nach Mekka weisende Gebetsnische in einer Moschee oder ihr Abbild auf orientalischen Gebetsteppichen*] · mihrab, praying niche

Mikanit *m*, Marienglas *n* [*Kunststoff auf der Basis von Kunstharzen und Glimmer. Verwendung zur hochhitzefesten Elektroisolation*] · micanite, reconstructed mica

Mikro|granit *m* · microgranite

~härte *f* · microhardness

~härteprüfer *m* · microhardness tester

~pegmatit *m* · micropegmatite

~pore *f*, Feinstpore · micro(scopic) void, ~ pore

~riß *m* · microcrack

~rißbildung *f*, Mikrorissebildung · microcracking

mikroskopische Untersuchung *f* · microscopic examination

Mikrozugfestigkeit *f* · microtensile strength

Milch|bar *f* · milk-bar

~drahtglas *n* · wire(d) opaque white glass, ~ milk-glass

~glas *n* [*Ein in der Masse oder in der Überfangschicht durchgefärbtes Glas, das am Tage in der Ansicht porzellanweiß erscheint, bei Beleuchtung aber noch 20% bis 30% Licht durchläßt*] · milk glass

~raum *m* [*Bestandteil einer Kuhstall-Anlage*] · milk parlour (Brit.); ~ parlor (US)

~säure *f* [*Sie hat eine betonzerstörende Wirkung. Der freie Kalk des Zementes wird in leicht löslichen und kristallisierenden milchsauren Kalk umgewandelt*] · lactic acid

~verarbeitungsbetrieb *m* · milk-processing plant

Militär|architektur *f* · Militärbaukunst *f* · military architecture

~bau *m* · military construction

~hochbauwesen *n* · military building construction

Millefleursteppich *m* · millefleurs garden tapestry

Millerit *m*, Haarkies *m*, NiS (Min.) · millerite, capillary pyrite

Milori|blau(pigment) *n* · Milori blue (pigment)

~grün(pigment) *n* · Milori green (pigment)

Mimbar *m* [*Kanzel für die Freitagspredigt in einer großen Moschee*] · mimbar, minbar, pulpit

Minarett *n*, Gebetsturm *m* · minaret

minarettähnlich, gebetsturmähnlich · minaret-like

Minarettpaar *n*, Gebetsturmpaar · pair of minarets

Minder|durchfluß *m*, Minderfließen *n* · underflow

~fließen *n*, Minderdurchfluß *m* · underflow

~größe *f*, Untergröße · undersize

Minderung *f*, Herabsetzung · reduction

Minderungs|beiwert *m*, Minderungszahl *f*, Herabsetzungsbeiwert, Herabsetzungszahl · reduction coefficient, coefficient of reduction

~zahl *f* → Minderungsbeiwert

Mindest|abmessung *f*, Kleinstabmessung, Mindestmaß *n*, Kleinstmaß · minimum dimension, least ~

~abstand *m*, Kleinstabstand · least distance, minimum ~

~armierung *f*, Mindestbewehrung, Mindest(stahl)einlagen *fpl* · minimum reinforcement

~belastung *f* · minimum loading

~(beton)deckung *f* [*Mindestmaß der Überdeckung der Bewehrung mit Beton*] · minimum (concrete) cover

~bewehrung *f*, Mindestarmierung, Mindest(stahl)einlagen *fpl* · minimum reinforcement

~biegezugfestigkeit *f* · minimum bending tension strength, ~ ~ tensile ~

~breite *f* · minimum width

~bruchfestigkeit *f* · minimum failure strength

~dachneigung *f* · minimum roof slope, ~ ~ pitch

~deckung *f* → Mindestbetondeckung

~dicke *f* · minimum thickness

~druckfestigkeit *f* · minimum compressive strength

~drucklinie *f* · line of least pressure, ~ ~ minimum ~

~einlagen *fpl*, Mindeststahleinlagen, Mindestbewehrung *f*, Mindestarmierung · minimum reinforcement

~fenstergröße *f* · minimum window size

~festigkeit *f* · minimum strength

~fläche *f* · minimum area

~gehalt *m* · minimum content

~korn *n*, Kleinstkorn · minimum grain size, least ~ ~

~länge *f* · minimum length

~längsvorspannung *f* · minimum longitudinal (pre)stressing, ~ ~ stretching, ~ ~ tensioning

~last *f*, Kleinstlast · minimum load, least ~

~maß *n*, Kleinstmaß, Mindestabmessung *f*, Kleinstabmessung · minimum dimension, least ~

~mittelwert *m* · minimum average value

~querschnitt *m*, Kleinstquerschnitt [*Der aus Gründen der Einhaltung zulässiger Spannungen, aus Stabilitätsgründen, aus Korrosionsgründen und aus fertigungstechnischen Gründen mindestens erforderliche Querschnitt eines Bauteiles bzw. der Anschlußquerschnitt einer Verbindung*] · minimum cross-section, least ~

~quervorspannung *f* · minimum transverse (pre)stressing, ~ ~ stretching, ~ ~ tensioning

~rippenbreite *f* · minimum rib width

~schallschutz *m* [*DIN 4109*] · minimum sound insulation

~(stahl)einlagen *fpl*, Mindestbewehrung *f*, Mindestarmierung · minimum reinforcement

~streckgrenze *f* · minimum yield point

~tragfähigkeit *f*, Kleinsttragfähigkeit · minimum load-carrying capacity, ~ ~ power, ~ ~ property, ~ ~ quality, ~ bearing ~, ~ structural strength

~trägheitshalbmesser *m* · minimum radius of inertia

~traglast *f* · minimum (design) load factor

~verkehrslast *f* · minimum live load, ~ variable ~

~wanddicke *f*, Wandmindestdicke minimum wall thickness

~wärme(ab)dämmung *f* · minimum heat insulation [*See remark under 'Wärmedämmung'*]

~wärmedämmwert *m* · minimum heat insulation value

~wärmeschutz *m* [*DIN 4108*] · minimum heat insulation [*See remark under 'Wärmeschutz'*]

~wasserbedarf *m* · minimum water requirement

~würfel(druck)festigkeit *f* · minimum cube strength

~zementgehalt *m*, Mindestzementmenge *f* · minimum cement content

mineralabgestreut, mineralbestreut [*Dachpappe*] · mineral-(sur)faced

Mineral|abstreuung *f*, Mineralbestreuung, (mineralische) Bestreuung, (mineralische) Abstreuung [*Dachpappe*] · mineral surfacing, ~ granules

~beständigkeitszahl *f* [*Bitumenemulsion*] · mineral stability number

mineralbestreut, mineralabgestreut [*Dachpappe*] · mineral-(sur)faced

Mineral|bestreuung *f*, Mineralabstreuung, (mineralische) Bestreuung, (mineralische) Abstreuung [*Dachpappe*] · mineral surfacing, ~ granules

~bildner *m* → Mineralisator

~farbe *f* [*Fehlname*]; Mineralpigment *n*, künstliches anorganisches Pigment · synthetic inorganic pigment

~farbe *f*, Wasserglasfarbe, Silikatfarbe · water glass paint, silicate ~

Mineralfaser *f*, mineralische Faser · mineral fibre (Brit.); ~ fiber (US)

~-Akustikfliese *f*, Mineralfaser-Schallschluckfliese, Mineralfaser-Schallschluckplatte *f*, Mineralfaser-Akustikplatte · mineral fiber acoustic(al) tile (US); ~ fibre ~ ~ (Brit.); ~ ~ sound-control ~, ~ ~ (sound) absorbent ~, ~ ~ (sound) absorbing ~

~-Akustikplatte *f*, Mineralfaser-Schallschluckplatte, Mineralfaser-Schallschluckfliese *f*, Mineralfaser-Akustikfliese · mineral fiber acoustic(al) tile (US); ~ fibre ~ ~ (Brit.); ~ ~ sound-control ~, ~ ~ (sound) absorbent ~, ~ ~ (sound) absorbing ~

~decke *f*, Mineralfaserplattendecke, MF-Decke · mineral fibre board ceiling (Brit.); ~ fiber ~ ~ (US); ~ ~ sheet ~

~matte *f* · mineral fibre mat (Brit.); ~ fiber ~ (US)

~platte *f* · mineral fibre board (Brit.); ~ fiber ~ (US)

~(platten)-Akustikdecke *f*, Mineralfaser(platten)-Schallschluckdecke · mineral fibre board acoustic(al) ceiling (Brit.); ~ fiber ~ ~ ~ (US); ~ ~ ~ sound-control ~, ~ ~ ~ (sound) absorbent ~, ~ ~ ~ (sound) absorbing ~, ~ ~ ~ (sound) absorptive ~, ~ ~ ~ acoustic tiled ~

~(platten)decke *f*, MF-Decke · mineral fibre board ceiling (Brit.); ~ fiber ~ ~ (US); ~ ~ sheet ~

~(platten)-Schallschluckdecke *f*, Mineralfaser(platten)-Akustikdecke · mineral fibre board acoustic(al) ceiling (Brit.); ~ fiber ~ ~ ~ (US); ~ ~ ~ sound-control ~, ~ ~ ~ (sound) absorbent ~, ~ ~ ~ (sound) absorbing ~, ~ ~ ~ (sound) absorptive ~, ~ ~ ~ acoustic tiled ~

~-Schallschluckfliese *f*, Mineralfaser-Akustikfliese, Mineralfaser-Schallschluckplatte *f*, Mineralfaser-Akustikplatte · mineral fiber acoustic(al) tile (US); ~ fibre ~ ~ (Brit.); ~ ~ sound-control ~, ~ ~ (sound) absorbent ~, ~ ~ (sound) absorbing ~, ~ ~ (sound) absorptive ~

~schnur *f* · mineral fiber cord (US); ~ fibre ~ (Brit.)

~-Zement-Leichtbauplatte *f* · cement-bound mineral fibre lightweight building slab (Brit.); ~ ~ fiber ~ ~ ~ (US)

(Mineral)|Füller *m*, (Mineral)Füllstoff *m*, mineralischer Füller, mineralischer Füllstoff [*Feines Gesteinsmehl, im Straßenbau und bei der Herstellung bituminöser Massen zur Versteifung des Bindemittels und Erzielung des Hohlraumminimums verwendet*] · (mineral) filler, ~ dust, granular ~

~gehalt *m* [*z.B. beim Naturasphalt*] · mineral content

~gemenge *n* → Mineral(korn)masse

~gemisch *n* → Mineral(korn)masse

~härte *f* → Ritzhärte

~härteprobe *f*, Mineralhärteprüfung *f*, Mineralhärteversuch *m*, Ritzprobe, Ritzprüfung, Ritzversuch · scratch test

~härteprüfung *f*, Mineralhärteprobe *f*, Mineralhärteversuch *m*, Ritzprobe, Ritzversuch, Ritzprüfung · scratch test

~härteversuch *m*, Mineralhärteprobe *f*, Mineralhärteprüfung *f*, Ritzversuch, Ritzprüfung, Ritzprobe · scratch test

Mineralisator *m*, Mineralbildner *m* · mineralizer [*A substance which in small quantities encourages, during firing, the formation and/or crystallization of certain compounds*]

mineralisch gebunden · mineral bound

(mineralische) Abstreuung *f*, (~) Bestreuung, Mineralbestreuung, Mineralabstreuung [*Dachpappe*] · mineral surfacing, ~ granules

(~) Bestreuung *f*, (~) Abstreuung, Mineralbestreuung, Mineralabstreuung [*Dachpappe*] · mineral surfacing, ~ granules

~ Faser *f* → Mineralfaser

~ Holzkohle *f* · mineral charcoal, mother of coal, fusain, motherham

~ Stoffe *mpl* [*im Abwasser*] · mineral matter

mineralischer Anstrich(unter)grund *m*, ~ Aufstrich(unter)grund, mineralische Anstrichfläche *f*, mineralische Aufstrichfläche [*Betonfläche; Putzfläche; Kunststeinfläche; zementhaltige Bauplattenfläche; Natursteinfläche*] · mineral substrate; ~ ground (Brit.)

~ Baustoff *m*; mineralisches Baumaterial *n* [*Schweiz*] · mineral construction(al) material, ~ building ~, ~ structural ~

~ (Beton)Zuschlag(stoff) *m*, (Beton)Zuschlag(stoff) aus Gestein · mineral (concrete) aggregate, stone (~) ~

~ Binder *m*, mineralisches Bindemittel *n* · mineral binder

~ Faserdämmstoff *m* · mineral fiber insulation (material), ~ ~ insulating ~ (US); ~ fibre ~ (~) (Brit.)

~ Füller *m* → (Mineral)Füller

~ Leim *m* → Wasserglas

~ Füllstoff *m* → (Mineral)Füller

~ Gummi *m* · mineral rubber

~ Rohstoff *m* · mineral raw material

~ Zuschlag(stoff) *m*, ~ Beton~, (Beton)Zuschlag(stoff) aus Gestein · mineral (concrete) aggregate, stone (~) ~

mineralisches Baumaterial *n* [*Schweiz*]; mineralischer Baustoff *m* · mineral construction(al) material, ~ building ~, ~ structural ~

~ Bindemittel *n*, mineralischer Binder *m* · mineral binder

Mineral|kolloid *n* · mineral colloid

~korn *n* · mineral grain

~(korn)gemenge *n* → Mineral(korn)-masse

~(korn)gemisch *n* → Mineral(korn)-masse

~(korn)masse *f*, Mineral(korn)gemisch *n*, Gesteins(korn)masse, Gesteins(korn)-gemisch, Gesteins(korn)gemenge *n*, Mineral(korn)gemenge, Mineral(korn)-mischung *f*, Gesteins(korn)mischung, Mineralkörnung · mineral (grain) mix (-ture), mixed mineral grains, mix(ture) of mineral grains, mineral aggregate mix (-ture)

~(korn)mischung *f* → Mineral(korn)-masse

~körnung *f* → Mineral(korn)masse

~masse *f* → Mineralkornmasse

~mehl *n*, Mineralpulver *n* · powder(ed) mineral, mineral powder

~mischung *f* → Mineral(korn)masse

mineralogische Zusammensetzung *f* · mineralogical composition

Mineralöl *n* · mineral oil

mineralölbeständige Asphaltplatte *f* → ölfeste Hochdruck-Asphalt(belag)-platte

Mineralölkonzentrat *n* · mineral oil concentrate

Mineral|pigment *n*, künstliches anorganisches Pigment [*Fehlname: Mineralfarbe f*] · synthetic inorganic pigment

~pulver *n*, Mineralmehl *n* · powder(ed) mineral, mineral powder

~schwarz *n* · mineral black [*A natural black pigment based on graphite. In Great Britain, the name 'bideford black' has almost attained the status of a generic term in place of the description 'mineral black'*]

~stoff *m* · mineral matter

Mineralwolle *f* · mineral wool [*Wool-like material of mineral composition. The term would include rock wool, slag wool and glass wool. All of these are used as thermal insulators*]

~(ab)dämmung *f* · mineral wool insulation

~dämmatte *f*, Mineralwollematte · mineral wool insulation(-grade) mat, ~ ~ insulating ~, ~ ~ ~ blanket, ~ ~ (~) quilt; ~ ~ (~) bat(t) (US)

~filz *m* · mineral wool felt

~isolierung *f* · mineral wool insulation

~matte *f*, Mineralwolledämmatte · mineral wool insulation(-grade) mat, ~ ~ insulating ~, ~ ~ ~ blanket, ~ ~ (~) quilt; ~ ~ (~) bat(t) (US)

~platte *f* · mineral wool board, ~ ~ sheet

~schale *f* · (preformed) mineral wool (pipe insulation) section

~tafel *f* · mineral wool panel

Minervatempel *m* · Temple of Minerva

Minimalenergieprinzip *n*, Prinzip der minimalen Gesamtpotentialenergie · minimum energy principle

Ministerium *n* **für Arbeit und Sozialfürsorge** · Ministry of Labour and Social Welfare

~ ~ Wohnungsbau und öffentliche Arbeiten · Ministry of Housing and Public Works

~ ~ Wohnungs- und Städtebau der USA · US Department of Housing and Urban Development

Minium *n* [*Österreich*]; (Blei)Mennige *f*, Pb_3O_4 [*DIN 55916*] · red lead, minium [*substance*], red lead oxid(e) [*chemical name*]

minoische Architektur *f*, ~ Baukunst *f* · Minoan architecture

Minustemperatur *f* · sub-zero temperature

Mischanilinpunkt *m* [*Kohlenwasserstoff-Lösungsmittel*] · mixed anilin point

mischbar · miscible

Misch|barkeit *f* · miscibility

~barkeitsprobe *f* **mit Wasser**, Mischbarkeitsversuch *m* ~ ~, Mischbarkeitsprüfung *f* ~ ~ · miscibility with water test

~batterie *f* · bath-mixer

~bauweise *f* · mixed development

~bebauung *f*, gemischte Bebauung, Mischbauweise *f* · mixed (housing) development

~binder *m* · hydraulic binder manufactured according to DIN 4207

~dauer *f* · mixing time

mischen, anmachen · to mix

Mischen *n*, Mischung *f*, Anmachen mixing

~ auf der Baustelle · site mixing, on-the-job ~

Mischentwässerung *f*, Mischsystem *n*, Mischkanalisation *f* · combined system (of sewerage), ~ ~ ~ sewers, ~ sewerage (system), ~ drainage [*A system of sewers, in which sewage and storm water are carried*]

Mischer *m* **für farbige Streumittel** [*Dachpappenanlage*] · baffled mixer

~beton *m*, maschinell gemischer Beton · machine-mixed concrete, machine-made ~

~mörtel *m*, maschinell gemischter Mörtel · machine-made mortar, machine-mixed ~

Misch|ester *m*, ölmodifiziertes Alkydharz *n*, Ölalkyd *n* · oil(-modified) alkyd (resin)

~farbe *f*, Abtönfarbe · tinter; tinting color (US) [*Coloured pigments ground n media compatible with paint vehicles, added in relatively small proportions to already prepared paints to modify their colour. With the introduction of latex paints of many types, tinters have been developed which can be used both with organic solvent-thinned paints and with water-thinned paints. Such dual-purpose tinters are known as 'universal tinters'*]

mischfertig · ready-to-mix, ready for mixing

Misch|flüssigkeit *f*, Anmach(e)wasser *n*, Anmengwasser, Anmach(e)flüssigkeit, Mischwasser · mix(ing) water; gauging ~ (Brit.); gaging ~ (US)

~gas *n*, Stadtgas, Dowsongas · town gas

~gebiet *n* [*Ein Gebiet im Bebauungsplan, das dem Wohnen dient und in dem Gewerbebetriebe untergebracht werden können, die das Wohnen nicht wesentlich stören*] · mixed development area, ~ ~ zone

~hartharz *n* · mixed fused resin, ~ ~ rosin, ~ ~ colophony

~hilfe *f* · mixing aid

~kanal *m* · sewer for combined foul and surface water

~kanalisation *f*, Mischsystem *n*, Mischentwässerung *f* · combined system (of sewerage), ~ ~ ~ sewers, ~ sewerage (system), ~ drainage [*A system of sewers, in which sewage and storm water are carried*]

~kies *m*, umhüllter Kies · coated gravel

~lack *m* · mixing varnish [*A varnish designed to add luster or hardness to paints*]

~makadam *m* · plant-mix(ed) macadam

Mischmauerwerk *n* · lined masonry (work), faced ~ (~)

~ mit Betonwerksteinverblendung, ~ ~ Betonwerksteinen · cast stone-lined masonry (work), cast stone-faced ~ (~), reconstructed stone-lined ~ (~), reconstructed stone-faced ~ (~), patent stone-lined ~ (~), patent stone-faced ~ (~), artificial stone-lined ~ (~), artificial stone-faced ~ (~)

~ ~ Natursteinverblendung, ~ ~ Natursteinen · cut stone-lined masonry (work), ~ stone-faced ~ (~)

~ ~ Vormauerziegelverblendung, ~ ~ Vormauerziegeln · brick-lined masonry (work), brick-faced ~ (~)

Misch|öl *n* · liquid air-entraining agent

~pigment *n* · composite pigment

~polymerisat *n*, MP *n* · copolymer

~polymerisat-Emulsionsfarbe *f* · copolymer emulsion paint

~sammler *m*, Mischwassersammler · combined system intercepting sewer

~splitt *m*, umhüllter Splitt · coated chip(ping)s

~stadium *n* · mixing stage

~standöl *n* [*Es ist aus mehreren Ölarten hergestellt, z.B. Leinöl-Holzöl-Standöl 80:20 usw.*] · mixed stand oil

~stil *m* · combined style, composite ~

~system *n*, Mischkanalisation *f*, Mischentwässerung *f* · combined system (of sewerage), ~ ~ ~ sewers, ~ sewerage (system), ~ drainage [*A system of sewers, in which sewage and storm water are carried*]

~teer *m* · mixed tar

Mischung *f*, Gemisch *n* · mix(ture)

~, Mischen *n*, Anmachen · mixing

Mischungs|aufbau *m*, Gemischaufbau, Gemischzusammensetzung *f*, Mischungszusammensetzung · mix(ture) composition

~bestandteil *m*, Gemischbestandteil, Mischungskomponente *f*, Gemischkomponente · mix(ture) component, (~) ingredient

~dosierung *f*, Gemischdosierung · mix(ture) proportioning

~formel *f* · formulation

~komponente *f*, Gemischkomponente, Mischungsbestandteil *m*, Gemischbestandteil · mix(ture) component, (~) ingredient

Misch(ungs)verhältnis *n* · mix proportions, ~ ratio [*The ratio of cement (or binder) to aggregate*]

Mischungszusammensetzung *f*, Gemischzusammensetzung, Mischungsaufbau *m*, Gemischaufbau · mix(ture) composition

Misch|unterlage *f* · banker [*A platform on which concrete is mixed by hand*]

~ventil *n* · (water) mixing (valve), (~) mixer (~) [*Such a valve is used to mix cold water with hot water, or less commonly with steam, to give delivered water of an intermediate temperature*]

~verhältnis *n*, Mischungsverhältnis · mix proportions, ~ ratio [*The ratio of cement (or binder) to aggregate*]

~vorgang *m* · mixing operation

Mischwasser *n*, Anmach(e)flüssigkeit *f*, Mischflüssigkeit, Anmach(e)wasser, Anmengwasser · mix(ing) water; gauging ~ (Brit.); gaging ~ (US)

~ [*Schmutzwasser + Niederschlagswasser*] · combined sewage

Misch|(wasser)sammler *m* · combined system intercepting sewer

~zement *m* · blended cement [*A product consisting of a mixture of portland cement and other material such as granulated blastfurnace slag, pozzolan, hydrated lime, etc., combined either during the finish grinding of the cement at the mill or by the blending of the materials after grinding*]

Mißfärbung *f*, Verfärbung · discoloration (US); discolouration (Brit.)

mit Anschluß(streifen) versehen · to flash

~ beiderseitiger Bitumendeckschicht [*Bitumenpappe*] · coated with oxidized asphalt on each side (US); ~ ~ ~ (asphaltic) bitumen ~ ~ ~ (Brit.)

~ doppelten (Stahl)Einlagen, doppelt armiert, doppelt bewehrt · doubly reinforced

~ dorischen Säulen versehen · Doric-columned

~ einfachen (Stahl)Einlagen, einfach bewehrt, einfach armiert [*Gegenteil: kreuzbewehrt*] · one-way reinforced

~ flacher Decke (versehen) · flat-topped

~ Geruchverschluß · trapped [*street gully*]

~ Haftern befestigen, haften [*Metallbedachung*] · to cleat

~ Kappleiste versehen, ~ Kappstreifen ~, ~ Überhangleiste ~, ~ Überhangstreifen ~ · to cap-flash

~ Kappstreifen versehen, ~ Kappleiste ~, ~ Überhangstreifen ~, ~ Überhangleiste ~ · to cap-flash

~ Kleister bestreichen, kleistern · to paste

~ kreuzweisen (Stahl)Einlagen, kreuzweise bewehrt, kreuzweise armiert, kreuzbewehrt, kreuzarmiert · two-way reinforced

~ Sandstrahl überblasen, sandstrahlen · to sandblast

~ schlaffen (Stahl)Einlagen, schlaff armiert, schlaff bewehrt · nonprestressed, untensioned

~ (Stahl)Einlagen (versehen), bewehrt, armiert · (steel-)reinforced

~ ~ ~, armieren, bewehren · to (steel-) reinforce

~ Überhangleiste versehen, ~ Überhangstreifen ~, ~ Kappleiste ~, ~ Kappstreifen ~ · to cap-flash

~ ~ ~, armieren, bewehren · to (steel-) reinforce

~ Überhangstreifen versehen, ~ Kappleiste ~, ~ Kappstreifen ~, ~ Überhangleiste ~ · to cap-flash

~ U-Eisen verstärkt · channel reinforced

~ Zinnen (versehen), gezinnt, bezinnt, krenelliert · battlemented, with raised portions with merlons, castellated, decorated with battlements, embattled, crenellated

~ zu wenig Feinzuschlägen · undersanded [*With respect to concrete, containing an insufficient proportion of fine aggregate to produce optimum properties in the fresh mix(ture), especially workability and finishing characteristics*]

Miterbauer *m* · joint architect

Mittel *n* · average, mean

~, Stoff *m*, Substanz *f* [*z.B. für Sperranstriche*] · agent, matter, substance

~abmessung *f*, Mittelmaß *n* · medium dimension

~allee *f* · central avenue

~altar *m* · central altar

mittel|alterlich, ma. · medi(a)eval

~alterliche Stadtmauer *f* · medi(a)eval city wall

Mittel|bau(werk) *m*, (*n*) · central structure

~blech *n* · jobbing sheet, medium ~, light plate, medium plate

~bogen *m* · central arch

~brandziegel *m* · medium baked brick

~brechen *n*, Zwischenbrechen · intermediate crushing, ~ breaking [*discharge at sizes 1/2 or 3/8 inch*]

~dämpfungslage *f*, Mitteldämpfungsschicht *f* · constrained damping layer, ~ ~ course [*It is sandwiched between two non-damping layers as opposed to an unconstrained damping layer which is placed over the surface of a panel*]

~ebene *f* [*Platte*] · (neutral) middle plane

~fläche *f* [*Platte*] · middle surface

~flur *m*, Mittelkorridor *m*, Mittelgang *m* · central corridor; centre ~ (Brit.); center ~ (US)

mittelflüssiges Heizöl *n*, Heizöl M · heavy fuel oil, medium ~ ~ [*950 seconds*]

Mittel|format *n* · medium-size(d) format

~frequenz-Schallschutz *m* · medium-frequency sound insulation, ~ ~ protection

Mittelgang *m*, Mittelflur *m*, Mittelkorridor *m* · central corridor; centre ~ (Brit.); center ~ (US)

~, Mittelkriechgang [*In einem Kriechkeller*] · central crawlway

~ [*Kirche*] · broad aisle (US)

~(wohn)gebäude *n* → Mittelgang(wohn)haus

~(wohn)haus *n*, Mittelgang(wohn)gebäude *n* · central-corridor residential building, ~ ~ block, ~ domestic ~, ~ residence ~, ~ multiple dwelling ~

Mittel|gewölbe *n* · central vault; centre ~ (Brit.); center ~ (US)

~giebel *m* · central gable

~grobsand *m* · medium coarse sand

~halle *f* · central hall(-way)

mittelhart, halbhart · semi-hard, medium-hard

Mittel|hartpech *n*, mittelhartes Steinkohlenteerpech · medium-hard coal-tar pitch, semi-hard ~ ~

~hof *m*, Atrium *n* · atrium, central (open) court(yard)

~kapelle *f*, Zentralkapelle · central chapel

~kaschierung *f* [*Lichtleiste*] · intermediate cap

~kern *m* · central core

~kies *m* [*6–20 mm*] · medium-grained gravel, middle-sized ~

~kiessand *m* [*< 30 mm*] · medium-grained sandy gravel, ~ gravelly sand, middle-sized ~ ~

~korn *n*, Mittelkörner *npl* · middle-sized particles, ~ grains, ~ material

mittel|körnig · medium-grained

~körniger Sandstein *m* · medium-grained sandstone

Mittelkorridor *m*, Mittelgang *m*, Mittelflur *m* · central corridor; centre ~ (Brit.); center ~ (US)

Mittelkraft *f*, Resultierende *f*, Ersatzkraft, Resultante *f* · resultant (force)

~linie *f*, Drucklinie, Stützlinie [*Die „natürliche" Kräftelinie des formaktiven Drucksystems*] · (funicular) pressure line

~linienbogen *m*, Drucklinienbogen, Stützlinienbogen · (funicular) pressure line arch

~liniengewölbe *n*, Druckliniengewölbe, Stützliniengewölbe · (funicular) pressure line vault

~linienverfahren *n*, Drucklinienverfahren, Stützlinienverfahren · (funicular) pressure line method

Mittel|(kriech)gang *m* [*In einem Kriechkeller*] · central crawlway

~kuppel *f* · central dome, ~ cupola

~lage *f* · central position

~last *f* · medium-weight load

~maß *n*, Mittelabmessung *f* · medium dimension

mittelmäßig · second-rate

Mittelmosaik *n* · medium(-sized) mosaic

~(belag)platte *f*, Mittelmosaikfliese *f* · medium(-sized) mosaic tile

~tafel *f* · medium(-sized) mosaic panel

Mittel|öffnung *f* · central opening

~pfeiler *m* [*In der Mitte eines Raumes stehender Freipfeiler*] · central pillar

~pfette *f*, Zwischenpfette · central purlin(e), middle ~

~pfettenanschluß *m*, Zwischenpfettenanschluß · central purlin(e) connection, middle ~ ~

~pflasterstein *m* · medium-sized (paving) sett

~pfosten *m* → → Zwischenpfosten

~portal *n* · central portal

~putzschicht *f*, Zwischenputzschicht [*dreilagiger Putz*] · brown coat, second ~

~rahmen *m* · central frame

~sand *m* [*0,2–0,6 mm*] · medium-grained sand, middle-sized ~

~säule *f* · central column; center ~ (US); centre ~ (Brit.)

~schale *f* · central shell

~schiff *n*, Hauptschiff, Langschiff middle vessel, (church) nave

~schiff *n* [*Halle*] · centre span (Brit.); center ~ (US)

~schiffarkade *f*, Hauptschiffarkade, Langschiffarkade · nave arcade

~schiffpfeiler *m*, Hauptschiffpfeiler, Langschiffpfeiler · nave pier

~schifter *m* · intermediate jack rafter

~schlauch *m* [*Fugenband*] · center hose (US); centre ~ (Brit.)

~schluff *m* [*0,006–0,02 mm*] · medium-grained silt, middle-sized ~

mittelschnell|abbindendes Verschnittbitumen *n* · medium curing cutback, MC [*An asphalt cement cut back with kerosene. MC–0 to MC–5*]

~(ab)löschend [*Kalk*] · medium-slaking

~brechend, halbstabil [*Bitumenemulsion*] · normal-setting, medium-setting, semistable, medium-breaking, normal-breaking

mittelschwere flexible Pendeltür *f* medium duty flexible (swing) door

Mittel|spanndach *n* · medium-span roof

~splitt *m* · medium-sized chip(ping)s

~steg *m*, Mittelwulst *m*, *f* [*Fugenband*] · center bulb (US); centre ~ (Brit.)

~stiel *m* [*Zweifeldrahmen*] · center support (US); centre ~ (Brit.)

~streifen *m* · middle strip, central ~; centre ~ (Brit.); center ~ (US)

~stütze *f* · central support; center ~ (US); centre ~ (Brit.)

~teil *m*, *n* [*Bauwerk*] · central section, ~ portion, ~ part; centre-piece (Brit.); center-piece (US)

~temperatur *f* · mean temperature, average ~

~tür *f* · central door

~turm *m*, Zentralturm · central tower

~wand *f* · center wall (US); centre ~ (Brit.)

~wert *m* · normal [*A mean or average value established from a series of observations, for purposes of comparison; for example, the normal for annual precipitation as used by the United States Weather Bureau is the average of at least 10 yr. or record and is changed only at 10–yr. intervals*]

~wulst *m*, *f*, Mittelsteg *m* [*Fugenband*] · center bulb (US); centre ~ (Brit.)

Mittenabstand *m* · centre spacing (Brit.); center ~ (US)

mittig gelagertes Drehtor *n* · centrally hung swing shutterdoor, ~ ~ ~ shutter door

mittige Belastung *f* · central loading

~ Drucklast *f* · central point load

mittiger Druck *m*, Axialdruck · axial pressure

~ (Mauerwerk)Verband *m*, ~ Mauerverband, mittiges (Mauerwerk)Gefüge *n*, mittiges Mauergefüge, Läuferverband, Schornsteinverband [*DIN 18151. Die Stoßfugen sind um 1/2 Steinlänge gegeneinander versetzt*] · (conventional) running (masonry) bond, stretching (~) ~, stretcher (~) ~, chimney (~) ~ [*The vertical joints are centered on the stretchers above and below*]

~ Zug *m*, Axialzug · axial tension

mittiges (Mauerwerk)Gefüge *n*, ~ Mauergefüge, mittiger (Mauerwerk-) Verband *m*, mittiger Mauerverband, Läuferverband, Schornsteinverband [*DIN 18151. Die Stoßfugen sind um 1/2 Steinlänge gegeneinander versetzt*] · (conventional) running (masonry) bond, stretching (~) ~, stretcher (~) ~, chimney (~) ~ [*The vertical joints are centered on the stretchers above and below*]

mittlere; mittlerer; mittleres; Mittel.... · mean [*Intermediate as to position occupied; half-way between extremes; equidistant from given limits*]

~ Dicke *f* [*Fehlname: mittlere Stärke f*] · mean thickness, average ~

~ ~, MD *f* [*Tafelglas*] · demi-double thickness; ~ strength (US)

~ Druckfestigkeit *f* · average compressive strength, ~ compression ~

~ Festigkeit *f* · mean strength, average ~

~ quadratische Abweichung *f*, mittlerer Fehler *m*, mittlere Streuung, Standardabweichung · standard deviation

~ Stärke *f* [*Fehlname*]; ~ Dicke *f* · mean thickness, average ~

~ Streuung *f*, Standardabweichung, mittlere quadratische Abweichnug, mittlerer Fehler *m* · standard deviation

~ Zugfestigkeit *f* · mean tensile strength, average ~ ~

mittlerer Fehler *m*, mittlere Streuung *f*, mittlere quadratische Abweichung, Standardabweichung · standard deviation

~ Korndurchmesser *m*, durchschnittlicher ~ · average grain diameter, ~ particle ~, mean ~ ~

~ Rückstrahlungsgrad *m* [*Tageslichtberechnung*] · average reflectance

~ (Tür)Riegel *m* · lock (door) rail

mittleres Kornvolumen *n* · average volume of grain, ~ ~ ~ particle, mean ~ ~ ~

mittragend, mitwirkend [*z.B. Plattenbreite bei Plattenbalken*] · effective

mitwirkend, mittragend [*z.B. Plattenbreite bei Plattenbalken*] · effective

mitwirkende Plattenbreite *f* · effective width of slab [*That part of the width of a slab taken into account when designing T- or L-beams*]

MMB *f*, Montage-Massiv-Bauweise *f* · system building [*Prefab(ricated) construction method with (non-metallic) fireproof members*]

Mn *n*, Mangan *n* · manganese

Möbel|lack *m* · furniture varnish

~speicher *m* · furniture warehouse

MO-Beton *m* [*Beton mit Magnesiumoxidzement*] · magnesium oxide cement concrete (Brit.); ~ oxid(e) ~ ~ (US); magnesia ~ ~

mobil, beweglich · unstable, instable [*A description of a structure which is liable to fail as a whole, generally by overturning or sliding*]

mobile Glaswand *f*, bewegliche ~ · mov(e)able glass wall

Modearchitekt *m* **des Louis-Seize** · fashionable Louis XVI architect

Modell *n* **in Ausführungsgröße** · full-scale model

~aufnahme *f* · model photo

~aufsicht *f* · model top view

~bauwerk *n* · model structure

~betonschale *f*, Betonmodellschale · model concrete shell

~gips *m* [*Ein sehr fein gemahlener, niedrig gebrannter Stuckgips (DIN 1168, Bl. 1). Er dehnt sich beim Erhärten stark aus, wird zum Gießen gebracht, bei keramischen und Bildhauerarbeiten verwendet*] · moulding plaster (Brit.); molding ~ (US)

Modellösung *f* [*Korrosionsprüfungsflüssigkeit*] · standardized test solution

Modell|probe *f*, Modellversuch *m*, Modellprüfung *f* · model test

~prüfung *f*, Modellprobe *f*, Modellversuch *m* · model test

~statik *f* · model (structural) analysis

~versuch *m*, Modellprüfung *f*, Modellprobe *f* · model test

Modernismus *m* · modernism

Modernität *f* · modernity, modernness

modifiziertes Bauer-Vogel-Verfahren *n*, MBV(-Behandlung) *n*, (*f*) · modified Bauer-Vogel process, M.B.V. ~

Modul *m* [*Eine am Bau abgeleitete Maßeinheit, die als Grundlage für die Abmessungen aller Bauteile dient*] · module

~ von 4 Zoll, Modul von 10 cm, Grundmodul M · standard module, basic ~ [*It means a module with the dimension of 4 inches*]

~ ~ 10 cm, Modul von 4 Zoll, Grundmodul M · standard module, basic ~ [*It means a module with the dimension of 4 inches*]

~abmessung *f*, Modulmaß *n* · modular dimension [*A dimension that is a full multiple of the basic module*]

~baueinheit *f* [*Fehlname*]; Modul(bau)-element *n*, Modul(bau)körper *m* · modular (building) unit, ~ (~) member, ~ (~) component [*A component that*

has coordinating dimensions (i.e. the dimensions that affect the size of adjoining components) in whole multiples of the 4" basic module]

~(bau)element *n*, Modul(bau)körper *m* [*Fehlname: Modulbaueinheit f*] · modular (building) unit, ~ (~) member, ~ (~) component [*A component that has coordinating dimensions (i.e. the dimensions that affect the size of adjoining components) in whole multiples of the 4" basic module*]

~(bau)körper *m*, Modul(bau)element *n* [*Fehlname: Modulbaueinheit f*] · modular (building) unit, ~ (~) member, ~ (~) component [*A component that has coordinating dimensions (i.e. the dimensions that affect the size of adjoining components) in whole multiples of the 4" basic module*]

~bauweise *f* · modular construction (method)

~(belag)platte *f*, Modulfliese *f* · modular tile

~bereich *m*, Modulzone *f* · modular zone [*A zone between modular planes*]

~breite *f*, Maßordnungsbreite · modular width

~ebene *f* · modular plane [*A plane of a modular reference system*]

~element *n*, Modulbauelement, Modul(bau)körper *m* [*Fehlname: Modulbaueinheit f*] · modular (building) unit, ~ (~) member, ~ (~) component [*A component that has coordinating dimensions (i.e. the dimensions that affect the size of adjoining components) in whole multiples of the 4" basic module*]

~fliese *f*, Modul(belag)platte *f* · modular tile

~format *n* · modular format

~gebäude *n* · module-built block, ~ building

modulgerecht, maßordnungsgerecht · according to modular coordination

Modul|größe *f* · modular size

~körper *m*, Modulbaukörper, Modul(bau)element *n* [*Fehlname: Modulbaueinheit f*] · modular (building) unit, ~ (~) member, ~ (~) component [*A component that has coordinating dimensions (i.e. the dimensions that affect the size of adjoining components) in whole multiples of the 4" basic module*]

~länge *f*, Maßordnungslänge · modular length

~linie *f* · modular line [*A line of a modular reference system*]

~maß *n*, Modulabmessung *f* · modular dimension [*A dimension that is a full multiple of the basic module*]

Modulor *m* → Proportionsskala

Modul|ordnung *f* · modular co-ordination [*Dimensional co-ordination using the international basic module, multimodules, sub-modules and a modular reference system*]

~platte *f*, Modulbelagplatte, Modulfliese · modular tile

~punkt *m* · modular point [*A point of a modular reference system*]

~raum *m* · modular space [*A space bounded by modular planes*]

~system *n* · modular reference system [*A reference system in which the distance between adjacent parallel planes or lines is the international basic module or a multiple thereof*]

~zone *f*, Modulbereich *m*, *n* · modular zone [*A zone between modular planes*]

Mogulbaukunst *f*, Mogularchitektur *f* · Mogul architecture

mohammedanische Architektur *f*, islamische ~, ~ Baukunst *f* · Muslim architecture, Arab(ian) ~, Muhammadan ~, Mohammedan ~, Mahometan ~, Moslem ~, Islamic ~, Saracenic ~

Mohn(samen)öl *n* · poppyseed oil

Mohrsche Biegelinie *f* [*Die nach dem Mohrschen Verfahren zeichnerisch ermittelte elastische Linie*] · Mohr's bending curve

Mohrscher Spannungskreis *m* [*Er gibt den Zusammenhang zwischen den Normal- und Schubspannungen bei einem ebenen Spannungszustand wieder*] · Mohr's circle of stress

Mohrsches Verfahren *n*, Seileckverfahren · Mohr's correction method

Mohs-Härte *f* · Mohs' hardness

~reihe *f*, Mohs-Härteskala *f*, Mohssche Härteskala, Mohssche Härtereihe

[*1 Talk*	*6 Orthoklas*
2 Steinsalz oder Gips	*7 Quarz*
3 Kalkspat	*8 Topas*
4 Flußspat	*9 Korund*
5 Apatit	*10 Diamant*]

· Mohs scale of hardness, ~ hardness scale

Moiré|linoleum *n* · moiré (lino(leum)), moiré (~)

~seide *f* · watered silk

Molasse(sandstein) *f*, (*m*) · molasse [*A soft coherent greenish sandstone of Miocene age, especially that found between the Alps and the Jura*]

Molekular|gewicht (M) *n* · molecular weight

~struktur *f* · molecular structure

Mol|erde *f* [*Diatomeenerde gemischt mit 10% Ton, von den dänischen Inseln Mors und Fuer*] · moler

~splitt *m* [*Gebrannte Molererde oder zerkleinerte Molersteine als Leichtbetonzuschlag(stoff) und Füllstoff für Decken*] · moler chip(ping)s

~stein *m* [*Aus einer marinen Ablagerung des Tertiärs, der Molererde, hergestellt. Er hat großes Dämmvermögen und manche Sorten sind auch feuerfest*] · moler brick

~zement *m* [*Ein Zement, dem Molererde zugemahlen ist. Seine Festigkeit ist etwas geringer als die des Portlandzements, seine Salzwasserbeständigkeit ist größer*] · moler cement

Molkereigebäude *n* · dairy building, ~ block

Molybdän|-Einschmelzglas *n*, Molybdän-Lötglas, Molybdän-Glaslot *n*, Molybdän-Zwischenglas · molybdenum solder glass, ~ (intermediate) sealing ~

~glanz *m*, Molybdänit *m*, MoS_2 *m* · molybdenite

~-Glaslot *n*, Molybdän-Zwischenglas *n*, Molybdän-Einschmelzglas, Molybdän-Lötglas · molybdenum solder glass, ~ (intermediate) sealing ~

molybdänhaltiger Austenitstahl *m* · molybdenum bearing austenitic steel

Molybdänit *m*, Molybdänglanz *m*, MoS_2 *m* · molybdenite

Molybdän|-Lötglas *n*, Molybdän-Glaslot *n*, Molybdän-Zwischenglas, Molybdän-Einschmelzglas · molybdenum solder glass, ~ (intermediate) sealing ~

~-Zwischenglas *n*, Molybdän-Einschmelzglas, Molybdän-Lötglas, Molybdän-Glaslot *n* · molybdenum solder glass, ~ (intermediate) sealing ~

Molybdatrot(pigment) *n* · molybdate red (pigment)

Moment *n* · moment

~ aus Zusatzkräften, Zusatzmoment · transient moment

~ der inneren Kräfte · moment of resistance, resisting moment

Momenten|abminderung *f* · reduction of moments

~achse *f*, Momentennullinie *f*, Momentenmittellinie, Drehachse · moment axis; ~ center line (US); ~ centre line (Brit.)

~anschluß *m* · moment connection

~ausgleich *m* · moment balancing

~ausgleichsverfahren *n*, Näherungsrechnung *f* nach Cross, Cross-Verfahren, Cross-Methode *f* [*Rechnungsverfahren zur Ermitt(e)lung der Momente von Rahmen und Durchlaufträgern. Ein Iterationsverfahren mit schrittweiser Verbesserung der Ergebnisse*] · Cross (moment distribution) method, moment-blance ~, moment distribution ~

~bedingung *f* · moment condition

~deckung *f* · moment allowance

~diagramm *n*, Momentenschaubild *n* · moment diagram

~drehpunkt *m* · fulcum of moment; center ~ ~ (US); centre ~ ~ (Brit.)

~dreieck *n* · moment triangle, triangle of moments

Momenteneinfluß *m* · moment influence

~linie *f* · moment influence line

~ordinate *f* · moment influence ordinate

Momenten|ermitt(e)lung *f* · moment determination

~fläche *f* [*Fläche zwischen Momentenlinie und Bezugslinie. Die Momentenfläche gibt einen Überblick der Krümmungen der Tragwerke und lenkt die Aufmerksamkeit auf die meistbeanspruchten Querschnitte*] · moment area

~flächenverfahren *n* · moment-area method

momentenfrei, momentenlos · momentless, moment-free, having zero moment

Momenten|freiheit *f* · absence of moments

~gleichgewicht *n* · moment equilibrium

~gleichsetzen *n* · equating the moments

~gleichung *f* · moment equation, equation of moments

~knickung *f* · moment buckling

~kurve *f*, Momentenlinie *f* · moment curve

~last *f* · applied moment

~linie *f*, Momentenkurve *f* · moment curve

momentenlos, momentenfrei · momentless, moment-free, having zero moment

Momenten|maßstab *m* · scale of moments

~methode *f*, Momentenverfahren *n* [*Müller-Breslau*] · moment method

~mittellinie *f*, Drehachse *f*, Momentennullinie, Momentenachse · moment axis; ~ center line (US); ~ centre line (Brit.)

~nachweis *m* · moment check(ing)

~nullinie *f*, Momentenachse *f*, Momentenmittellinie, Drehachse · moment axis; ~ center line (US); ~ centre line (Brit.)

~nullpunkt *m* · zero point of moments, point of zero moment

~ordinate *f* · moment ordinate

~pol *m* → Drehpunkt

~punkt *m* → Drehpunkt

~schaubild *n*, Momentendiagramm *n* · moment diagram

~tabelle *f* · moment table

~überlagerung *f* · superposition of moments

~übertragung *f* · transfer of moment(s)

~umkehr *f* · moment reversal, reversal of moment(s)

~umlagerung *f* · redistribution of moment(s), moment redistribution

~vektor *m*, freier Vektor · momental vector

~verfahren *n*, Momentenmethode *f* [*Müller-Breslau*] · moment method

~verlauf *m* · moment curvature, shape of the moment diagram

~vermögen *n* · moment capacity

~verteilung *f* · moment distribution

Mönch *m* → ~ziegel

~ [*Bei Wendeltreppen die innere volle Spindel*] · solid newel (post)

~-Nonne-Ziegel(dach)(ein)deckung *f*, Mönch-Nonnen-Dach(ein)deckung, Mönch-Nonnen-Dach *n*, Priependach · mission tiling (US); over-tile and under-tile roof(ing) (Brit.)

Mönchs|chor *m* · monastic choir, monks' ~

~kloster *n* · monastery [*A monastery may have the title of 'abbey' or 'priory'. The distinction here is one of status, an abbey being presided over by an abbot, whilst a priory has no resident abbot, is presided over by a prior, and is usually an offshoot from, and dependent upon, an abbey*]

~klosterfriedhof *m* · monastery cemetery, paradise

~klostergarten *m* · monastery garden, paradise

~zelle *f*, Klausur *f* · clauster, monastic cell

Mönch(ziegel) *m*, Deckziegel, Preiße *f* · mission tile (US); convex ~, over-tile

Mond|glas *n* · crown glass

~pyramide *f* [*in Teotihuacan*] · Pyramid of the Moon

Monel|-Anschluß *m* · Monel flashing [*See remark under 'Anschluß'*]

~-Anschluß(streifen) *m* · Monel flashing (piece)

~(metall) *n* [*Eingetragene Schutzmarke; natürliche Legierung aus 67% Nickel, 28% Kupfer, 5% Mangan und Eisen*] · Monel metal

Monierkies *m*, Betonkiessand *m* [< *70 mm*] · gravelly sand (concrete) aggregate, sandy gravel (~) ~

mono|disperses Gut *n*, gleichkörniges ~ · grains of equal size, uniformly sized grains

~funktional · mono-functional

Monolith|bau *m* · monolithic construction

~beton *m* · monolithic concrete [*Concrete cast with no joints other than construction joints*]

~decke *f*, monolithische Decke · monolithic floor

monolithisch, ungegliedert · monolithic [*Formed of a single stone, or cast to form a structurally continuous mass*]

monolithische Bauweise *f* [*Estrichverlegung*] · monolithic construction [*When a screed is laid on an in situ concrete base before it has set, complete bonding is obtained*]

~ ~ · monolithic construction (method)

~ Betonmauer *f* · monolithic concrete masonry wall

~ Betontafelwand *f* · monolithic concrete panel wall

~ Decke *f*, Monolithdecke · monolithic floor

~ Konstruktion *f* · monolithic construction

~ Massivdecke *f* [*Decken, die auf Schalung monolithisch hergestellt sind: 1. Stahlsteindecke, 2. Stahlbetonplattendecke, 3. Stahlbetonplattenbalkendecke, 4. Stahlbetonrippendecke*] · monolithic (non-metallic) fireproof floor, ~ noncombustible ~

~ Mauer *f* · monolithic masonry wall

~ Platte *f*, Monolithplatte · monolithic slab

monolithischer Balken(träger) *m* · monolithic beam

~ Stahlbeton *m* · monolithic reinforced concrete, ~ R. C.

~ Werkstoff *m* · monolithic material

monolithisches Bauen *n* · monolithic construction, ~ constructing

~ Futter *n* [*gestampfte oder gegossene fugenlose Auskleidung*] · monolithic

~ Massivdach *n* · monolithic solid roof

Monolithplatte *f* → monolithische Platte

monomineralisches Gestein *n* · monomineral rock

Monopteros *m* [*Ein Rundtempel mit Säulenkranz, jedoch ohne Cella. Im Barock und Klassizismus als Gartentempel verwendet*] · monopteral temple

monotheistische Sakralarchitektur *f*, ~ Sakralbaukunst *f* · monotheistic religious architecture

Montage *f*, Zusammenbau *m* · erection, assembly

~, Aufbau *m*, Aufstellen *n*, Aufstellung *f*, Aufbauen, Montieren · erection, fitting, setting (up)

~anweisung *f* · instructions for erection (work)

~arbeiten *fpl*, Zusammenbauarbeiten · erection work, assembling ~

~armierung *f* → Montagebewehrung

~balken *m* → Montage-Betonbalken

~balkendecke *f*, Montage-Betonbalkendecke, Fertig-Betonbalkendecke, (Beton-)Fertigbalkendecke · (pre)cast (concrete) beam floor

Montagebau *m*, Beton-~, (Beton-)Fertig(teil)bau, Montagebetonbau, Fertig(teil)-Betonbau · (pre)cast (concrete) construction

~, Fertig(teil)bau, Bauen *n* mit Fertigteilen; Elementbau [*Fehlname*] · prefab(ricated) construction, system construction, industrialized ~

~, Fertigteilbau, ~werk *n* [*Bauwerk, das aus Fertigteilen zusammengefügt ist oder von dem Teile der Konstruktion, die nach Art und Zahl bedeutend sind, aus Fertigteilen bestehen*] · prefab(ricated) structure, system-built ~

~bau *m* → Fertig(teil)(hoch)bau

~arbeiter *m* · erector

~stelle *f* · erection site, assembling ~

~(bau)teil *m, n*, Fertig(bau)teil [*Fehlname: Bauteil*] · prefab(ricated) compound unit

~(bau)teil *m, n* → (Beton-)Fertig(bau)teil

~teil *m, n* → (Beton)Fertig(bau)teil

Montagebauweise *f* → Beton-~

~ Camus, Fertigbauweise ~ · Camus system

Montage|bau(werk) *m, (n)*, Fertigteilbau(werk) [*Bauwerk, das aus Fertigteilen zusammengefügt ist oder von dem Teile der Konstruktion, die nach Art und Zahl bedeutend sind, aus Fertigteilen bestehen*] · prefab(ricated) structure, system-built ~

~bauwerk *n*, Fertigbauwerk, Beton~, Fertig(teil)(-Beton)bauwerk · (pre)cast (concrete) structure, system-built (~) ~

Montage(-Beton)balken *m*, Fertig(teil)-Betonbalken, (Beton-)Fertig(teil)balken · (pre)cast (concrete) beam, prefab(ricated) ~ ~

~decke *f*, (Beton-)Fertig(teil)balkendecke, Fertig(teil)-Betonbalkendecke · precast (concrete) beam floor

Montagebeton|bau *m*, Fertig(teil)-Betonbau, (Beton-)Montagebau, (Beton-)Fertig(teil)bau · (pre)cast (concrete) construction

~teil *m, n* → (Beton)Fertig(bau)teil

~treppe *f*, Beton-Montagetreppe, Beton-Fertigtreppe, Fertig-Betontreppe · (pre)cast (concrete) stair(case)

~wand *f*, Fertig(teil)-Betonwand, (Beton-)Fertig(teil)wand, (Beton)Montagewand, (Beton-)Elementwand · (pre-)cast (concrete) wall, prefab(ricated) ~ ~

Montage|bewehrung *f*, Montagearmierung, Montage(stahl)einlagen *fpl*, Montageeisen *npl* · erection reinforcement, reinforcement for stresses in erection

~-Binder *m* → Montage-Dachbinder

~bolzen *m* · erection bolt

~bühne *f*, Arbeitsbühne, Montageplattform *f*, Arbeitsplattform · erecting platform, ~ deck

~-(Dach)Binder *m*, Fertig(teil)-(Dach-)Binder · prefab(ricated) (roof) truss (US) [*There is no all-embracing term for '(Dach)Binder' in the United Kingdom, since '(roof) truss' is defined there as a double-pitched triangulated structure as opposed to a roof frame which is a structure with continuity between vertical and spanning members*]

~decke *f*, Fertig(teil)decke, Elementdecke, Beton-~ · precast (concrete) floor

~dienst *m* · erection service

~einheit *f* [*Fehlname*] → (Bau)Element

~einlagen *fpl* → Montagebewehrung

~eisen *npl* → Montagebewehrung

~exzentrizität *f*, Aufbauexzentrizität · inaccuracy of erection

~fassade *f*, Fertigfassade · prefab(ricated) façade

~fenster *n*, Fertigfenster · prefab(ricated) window

montagefertig, aufbaufertig · ready-to-erect

Montage|folge *f*, Aufbaufolge, Aufstellfolge · erection sequence, setting (up) ~, fitting ~

~fortschritt *m*, Zusammenbaufortschritt · speed of erection, assembling speed

~gebäude *n* → Fertig(teil)haus

~gelenk *n* · erection hinge

~gerüst *n*, Montagerüstung *f* · erection scaffold(ing)

~gewicht *n* · erection weight

~haus *n* → Fertig(teil)haus

~hilfe *f* · erection aid

~hohlkörperdecke *f* → Hohl(körper)-decke

~ingenieur *m* · engineer for erection (work)

~kolonne *f*, Montagetrupp *m*, Montagemannschaft *f* · erection crew, ~ gang, ~ party, ~ team

~konstruktion(ssystem) *f, (n)*, Fertig(teil)konstruktion(ssystem) · prefab(ricated) (structural) system, ~ construction

~konstruktion(ssystem) *f, (n)* → Beton-~

~liste *f* · erecting bill [*A bill for material for a bridge, etc., so arranged as to facilitate the finding and placing of members during erection*]

~mannschaft *f* → Montagekolonne

~methode *f* → Montageweise

~phase *f*, Montagestadium *n*, Zusammenbauphase, Zusammenbaustadium · erection stage, assembly ~

~plan *m*, Zusammenbauplan · erection schedule, assembly ~

~plattform *f* → Montagebühne

~-Massiv-Bauweise *f*, MMB *f* · system building [*Prefab(ricated) construction method with (non-metallic) fireproof members*]

~-Rundtreppe *f*, Fertig-Rundtreppe · prefab(ricated) circular stair(case)

~rüstung *f*, Montagegerüst *n* · erection scaffold(ing)

~schiene *f* [*Deckenleuchte*] · mounting channel

~-Spannbetondecke *f*, Spannbeton-Montagedecke, Spannbeton-Fertig(teil)decke · (pre)cast prestressed (concrete) floor, prestressed (pre)cast (~) ~

~spannbetonwand *f*, Spannbeton-Montagewand, Spannbeton-Fertig(teil)wand · (pre)cast prestressed (concrete) wall, prestressed (pre)cast (~) ~

~spannung *f*, Anfangsspannung · erection stress, assembly ~

~spannweite *f* · span during erection until hardening of the cast-in-situ concrete

~-Stahlbetondecke *f*, Stahlbeton-Montagedecke, Stahlbeton-Fertig(teil)dekke · reinforced (concrete) (pre)cast floor, R.C. ~ ~, (pre)cast R.C. ~, precast reinforced (concrete) ~

~stahlbetonwand *f*, Stahlbetonmontagewand, Stahlbetonfertig(teil)wand · prefab(ricated) reinforced (concrete) wall, (pre)cast ~ (~) ~, ~ R.C. ~

~(stahl)einlagen *fpl* → Montagebewehrung

~stoß *m* · erection joint

~stütze *f* · erection column, temporary ~

~teil *m, n*, Montagebauteil, Fertig(bau)teil [*Fehlname: Bauteil*] · prefab(ricated) compound unit

~teil *m, n* → (Beton-)Fertig(bau)teil

~(teil)bau *m* → Bauen mit Fertigteilen

~tempo *n*, Zusammenbautempo · rate of erection, ~ ~ assembly, erection rate, assembly rate

~träger *m*, Fertigträger · prefab(ricated) girder, factory-built ~

~träger I *m*, Doppel-T-Montageträger, Fertigträger I, Doppel-T-Fertigträger · double T prefab(ricated) girder, ~ tee ~ ~

~tragfähigkeit *f* · (load-)bearing capacity of beam(s) without cast-in-situ concrete

~trennwand *f*, Trennfertigwand, Fertigtrennwand, Trennmontagewand · prefab(ricated) partition (wall)

~treppe *f*, Fertigtreppe · prefab(ricated) stair(case)

~trupp *m* → Montagekolonne

~verbindung *f* · field connection, site ~

~verfahren *n* → Montageweise

~vertrag *m* · erection contract

~vorgang *m*, Aufbauvorgang, Aufsetz(ungs)vorgang · erection procedure, setting (up) ~, fitting ~

~wand *f*, Fertigwand · prefab(ricated) wall

~wand *f*, Elementwand, Fertig(teil)wand, Beton-~, Fertig(teil)-Betonwand, Montagebetonwand · (pre)cast (concrete) wall, prefab(ricated) ~ ~

~-Wangentreppe *f* · prefab(ricated) string stair(case) (Brit.); ~ stringer ~ (US)

~weise *f*, Montageverfahren *n*, Montagemethode *f*, Zusammenbauweise, Zusammenbauverfahren, Zusammenbaumethode · method of erection, assembling method

~werkstatt *f*, Aufbauwerkstatt, Aufstell(ungs)werkstatt · erecting shop, setting (up) ~, fitting ~ [*A large open workshop or yard where steel frames are joined up after fabrication to make sure that they fit before sent to the site*]

~wohn(ungs)bau *m*, Fertigwohn(ungs)bau, Fertigteilwoh(nungs)bau · prefab(ricated) housing (construction)

~zeichnung *f* · erection drawing

~zustand *m* · erection state

Montan|pech *n* · montan pitch

~zement *m* [*Süddeutschland*]; Hochofenzement, HOZ [*DIN 1164*] · portland blast-furnace slag cement

Monteur *m* · rigger [*A man who erects and maintains lifting tackle, hand-operated derricks, ropes, slings, cradles and other scaffolding*]

~gerüst *n*, Monteurrüstung *f* · rigger's scaffold(ing)

~rüstung *f*, Monteurgerüst *n* · rigger's scaffold(ing)

Monticellit *m* [*Kalzium-Magnesium-ortho-Silikat*] · monticellite

montieren, zusammenbauen · to erect, to assemble

~, aufbauen, aufstellen · to erect, to set (up), to fit

Montieren *n*, Zusammenbauen · erecting, assembling

~, Montage *f*, Aufbauen, Aufbau *m* Aufstellung, Aufstellen · erection, fitting, setting (up)

Montier|maschine *f* [*für Scharniere*] · assembling machine, assembler

~- und doppelseitige Scharnierstift-Nietwalzmaschine *f* · auto(matic) hinge assembling and double-sided hinge pin spinning machine

Montmorillonit *m* [*Ein Tonmineral; Hauptbestandteil der Bentonite*] · montmorillonite

montmorillonitischer Ton *m* · montmorillonitic clay

Monument *n*, (Bau)Denkmal *n* · monument

~ der Secundiner zu Igel bei Trier · Igel Monument near Trèves

Monumental|architektur *f*, Monumentalbaukunst *f* · monumental architecture

~bau *m* · monumental structure

~baukunst *f*, Monumentalarchitektur *f* · monumental architecture

~bogen *m* · monumental arch

monumentale Skulptur *f* · monumental sculpture

~ Wirkung *f* · monumental effect

Monumental|eingang *m* · monumental entrance

~fassade *f* · monumental façade

~gebäude *n* · monumental building

~hof *m* · monumental courtyard

Monumentalität *f* · monumentality, monumentalism

Monumental|stil *m* · monumental style

~tor *n* · monumental gateway

~treppe *f* · monumental stairway

Moorwasser *n* [*Die betonzerstörende Wirkung von Moorwasser wird meist fälschlich der Humussäure zugeschrieben, über deren Aufbau und Wirkung noch keine Klarheit herrscht*] · bog water

Moosmauer *f* · dry stone wall with moss-filled joints, ~ masonry ~ ~ ~ ~

Moräne(n)|kies *m* · morainal gravel

~sand *m* · morainal sand

Mörser *m*, Reibschale *f* [*DIN 12906*] · porcelain mortar

Mörtel *m* [*DIN 1053*] · mortar

~ aus gemischtem Kalk, ~ ~ hydraulischem ~ · semi-hydraulic lime mortar

~ ~ hydraulischem Kalk, ~ ~ gemischtem ~ · semi-hydraulic lime mortar

~(ab)dichtung *f* · mortar seal(ing)

~(ab)dicht(ungs)mittel *n* → Mörteldichter

~anmach(e)wasser *n* → Mörtelanmengwasser

~anmengwasser *n*, Mörtelmischwasser, Mörtelanmach(e)wasser, Mörtelanmach(e)flüssigkeit *f*, Mörtelmischflüssigkeit · mortar mix(ing) water, ~ gauging ~ (Brit.); ~ gaging ~ (US)

~anteil *m*, Mörtelprozentsatz *m*, Mörtelgehalt *m* · mortar fraction, ~ content, ~ percentage

~art *f* · type of mortar

~(auf)bereitung *f*, Mörtelherstellung, Mörtelerzeugung · mortar fabrication, ~ preparation

~auftrag *m* · rendering (US); application of mortar [*The application, by means of a trowel or float, or mechanically of a coat of mortar*]

~auftrag *m* **von Hand** · manual rendering (US); ~ application of mortar

~auspressung *f*, Mörteleinpressung, Mörtelverpressung, Mörtelinjektion *f* · grout injection

~auspreßloch *n*, Mörteleinpreßloch, Mörtelverpreßloch, Mörtelinjektionsloch · grout hole

~bedarf *m* · quantity of mortar required

~belüfter *m*, Mörtelbelüftungsmittel *n* · air-entraining agent for mortar, air entrainer ~ ~

~bereitung *f*, Mörtelaufbereitung, Mörtelherstellung, Mörtelerzeugung · mortar fabrication, ~ preparation

~bestandteil *m*, Mörtelkomponente *f* · mortar ingredient, ~ material

~betrieb *m*, Mörtelwerk *n* · mortar plant, ~ works, ~ factory

~bett *n* · underbed [*The base mortar usually horizontal*]

~bildner *m* → hydraulisches Bindemittel

~(binde)stoff *m* → hydraulisches Bindemittel

~block(stein) *m*, Mörtelstein [*Lufterhärteter Mauerstein, gebunden mit Kalk, Gips oder Magnesit. Er hat geringe Festigkeit und Tragfähigkeit*] · air-hardened block, ~ tile [*See remark under 'Block'*]

~deckung *f* · mortar cover

~dichter *m*, Mörtel-DM *n*, MD *m* Mörtel(ab)dicht(ungs)mittel *n*, Mörtel(ab)-dicht(ungs)stoff *m* · mortar densifying agent, ~ ~ admix(ture), ~ densifier, ~ integral waterproofer, ~ integral waterproof(ing) agent, ~ integral waterrepeller, ~ integral water-repellent admix(ture), ~ integral water repelling agent

~dichter *m*, Mörtelsperrpulver *n* · mortar waterproofer, ~ waterproofing powder [*It is incorporated in the dry mix*]

~dichtung *f*, Mörtelabdichtung · mortar seal(ing)

~dicht(ungs)mittel *n* → Mörteldichter

(~)Druckplatte *f*, (Mörtel)Druckschicht *f* · (structural mortar) topping (slab), (in-situ) structural topping (mortar)

(~)Druckschicht *f*, (Mörtel)Druckplatte *f* · (structural mortar) topping (slab), (in-situ) structural topping (mortar)

~einpressung *f*, Mörtelauspressung, Mörtelverpressung, Mörtelinjektion *f* · grout injection

~einpreßloch *n*, Mörtelverpreßloch, Mörtelauspreßloch, Mörtelinjektionsloch · grout hole

~erzeugung *f*, Mörtelherstellung, Mörtel(auf)bereitung · mortar fabrication ~ preparation

~festigkeit *f* · mortar strength

~fleck *m* · mortar stain

mörtelfrei, mörtellos, trocken · mortarless, dry

Mörtel|fuge *f* · abreuvoir, mortar joint

~fugenrohr *n* · mortar joint pipe

~fugenbewehrung *f*, Mörtelfugenarmierung, Mörtelfugen(stahl)einlagen *fpl* · mortar joint reinforcement

~füllung *f* · mortar fill(ing)

~gehalt *m*, Mörtelanteil *m*, Mörtelprozentsatz *m* · mortar fraction, ~ content, ~ percentage

~gemisch *n*, Mörtelmischung *f* · mortar mix(ture)

~gips *m* [*Ein verzögerter, plastifizierter Gips mit Erstarrungszeiten von zwei Stunden und mehr, der sich sehr gut verarbeiten läßt, einen geringen Wasserbedarf hat und daher sehr schnell trocknet. DIN 1168*] · retarded plasticized plaster (US); ~ plasticised ~ (Brit.)

~gruppe *f* · class of mortar

~haftung *f* · mortar bond

~haut *f* · skin of mortar, mortar skin

~herstellung *f*, Mörtelerzeugung, Mörtel(auf)bereitung · mortar fabrication, ~ preparation

~hilfe *f*, Mörtelhilfsmittel *n* · mortar aid

~hilfsmittel *n* → Mörtelhilfe

~injektion *f*, Mörteleinpressung *f*, Mörtelauspressung, Mörtelverpressung · grout injection

~injektionsloch *n*, Mörteleinpreßloch, Mörtelverpreßloch, Mörtelauspreßloch · grout hole

~komponente *f*, Mörtelbestandteil *m* · mortar ingredient, ~ material

~konsistenz *f*, Mörtelsteife *f* · mortar consistency, ~ consistence

~kriechen *n* · mortar creep, creep of mortar

~kruste *f* · mortar droppings

~lage *f*, Mörtelschicht *f* · mortar layer

mörtellos, mörtelfrei, trocken · mortarless, dry

Mörtel|makadam *m*, Asphalt-~, Bitumen-Mörtelmakadam [*Die Hohlräume einer abgewalzten Schotterschicht werden durch Einbringen eines bituminösen Mörtels verfüllt*] · grouted macadam

~mauerwerk *n* · mortar masonry (work)

~mischflüssigkeit *f* → Mörtelanmengwasser

~mischhilfe *f* · mortar mixing aid

~mischung *f*, Mörtelgemisch *n* · mortar mix(ture)

~mischungsverhältnis *n* · mortar mix(ing) ratio

~mischungsverhältnis *n* · mortar mix(-ing) ratio

~mischwasser *n* → Mörtelanmengwasser

~pfropfen *m* · mortar plug

~plastifizierungsmittel *n*, Mörtelverflüssiger *m*, Mörtelweichmacher, Mörtelverarbeitungshilfe *f* · mortar workability agent, ~ plasticizing ~, ~ water-reducing ~, ~ workability aid, ~ plasticizer; ~ wetting agent (Brit.)

~prisma *n* · mortar prism

~probe *f*, Mörtelprobekörper *m* · mortar specimen

~probekörper *m*, Mörtelprobe *f* · mortar specimen

~prozentsatz *m*, Mörtelanteil *m*, Mörtelgehalt *m* · mortar fraction, ~ content, ~ percentage

(~)Punkt *m* · (mortar) dab

~putzleiste *f*, Putzleiste aus Mörtel [*Ein schmales Mörtelband an Decken und Wänden, nach der Sollage der Putzoberfläche hergestellt*] · mortar screed (for plastering)

~rest *m*, Mörtelspritzer *m* · mortar dropping, ~ splashing

~sand *m* · mortar sand, sand for mortar [*B.S. 1200*]

~schicht *f*, Mörtellage *f* · mortar layer

mörtelsparend · mortar reducing

Mörtel|sperrpulver *n*, Mörteldichter *m* · mortar waterproofer, ~ waterproofing powder [*It is incorporated in the dry mix*]

~spritzer *m*, Mörtelrest *m* · mortar splashing, ~ dropping

~steife *f*, Mörtelkonsistenz *f* · mortar consistency, ~ consistence

~stein *m*, Mörtelblock(stein) *m* [*Lufterhärteter Mauerstein, gebunden mit Kalk, Gips oder Magnesit. Er hat geringe Festigkeit und Tragfähigkeit*] · air-hardened block, ~ tile [*See remark under 'Block'*]

~stoff *m* → hydraulisches Bindemittel

~streifen *m* · mortar strip

~strich *m*, Querschlag *m* [*Doppeldach*] · mortar strip

~unterlage *f* · mortar-base course, mortar base

~verarbeitungshilfe *f*, Mörtelplastifizierungsmittel *n*, Mörtelweichmacher *m*, Mörtelverflüssiger · mortar workability agent, ~ plasticizing ~, ~ water-reducing ~, ~ workability aid, ~ plasticizer; ~ wetting agent (Brit.)

~verbrauch *m* · mortar consumption

~verflüssiger *m*, Mörtelweichmacher, Mörtelverarbeitungshilfe *f*, Mörtelplastifizierungsmittel *n* · mortar workability agent, ~ plasticizing ~, ~ water-reducing ~, ~ workability aid, ~ plasticizer; ~ wetting agent (Brit.)

~verguß *m* · mortar filling

~verpressung *f*, Mörteleinpressung, Mörtelauspressung, Mörtelinjektion *f* · grout injection

~verpreßloch *n*, Mörteleinpreßloch, Mörtelauspreßloch, Mörtelinjektionsloch · grout hole

~wand *f*, Rabitzwand · Rabitz (type) wall

~weichmacher *m*, Mörtelverarbeitungshilfe *f*, Mörtelplastifizierungsmittel *n*, Mörtelverflüssiger · mortar workability agent, ~ plasticizing ~, ~ water-reducing ~, ~ workability aid, ~ plasticizer; ~ wetting agent (Brit.)

~werk *n*, Mörtelbetrieb *m* · mortar plant, ~ works, ~ factory

~wirkstoff *m*, Mörtelzusatzstoff, Mörtelzusatz(mittel) *m*, (*n*) [*DIN 18550*] · mortar admix(ture), ~ agent [*A material, other than aggregate, cementitious*

material or water, added in small quantities to the mortar mix(ture) to produce some desired modifications to the properties of the mix(ture) or of the hardened product]

~wirkstoffpulver *n*, Mörtelzusatzpulver · powder additive for mortar

~würfel *m* · mortar cube

~zusammensetzung *f* · mortar composition

~zusatz(mittel) *m*, (*n*) → Mörtelwirkstoff

~zusatzpulver *n*, Mörtelwirkstoffpulver · powder additive for mortar

~zusatzstoff *m* → Mörtelwirkstoff

~zuschlag(stoff) *m* · mortar aggregate

~zylinder *m* · mortar cylinder

Mosaik *n* · mosaic

~arbeiten *fpl* · mosaic work

mosaikausgekleidet, mosaikbekleidet, mosaikverkleidet · mosaic-(sur)faced, mosaic-lined, mosaic-clad

Mosaikaußenhaut *f* · external mosaic finish, exterior ~ ~, outer ~ ~, outdoor ~ ~, mosaic external ~, mosaic exterior ~, mosaic outer ~, mosaic outdoor ~

mosaikbekleidet, mosaikverkleidet, mosaikausgekleidet · mosaic-(sur)faced, mosaic-lined, mosaic-clad

Mosaik|belag *m* · mosaic cover(ing)

~(belag)platte *f*, Mosaikfliese · mosaic tile

~bild *n*, Mosaikmuster *n* · mosaic pattern

~boden(belag) *m*, Mosaikfußboden(-belag) · mosaic floor(ing) (finish), ~ floor cover(ing)

~fassade *f* · mosaic façade

~fenster *n* · mosaic window

~fliese *f*, Mosaik(belag)platte · mosaic tile

~(fuß)boden(belag) *m* · mosaic floor(ing) (finish), ~ floor cover(ing)

~gewölbe *n* · mosaic vault

~künstler *m* · mosaic artist

~muster *n*, Mosaikbild *n* · mosaic pattern

~parkett *n*, Dünnparkett, Sparparkett, Lamellenparkett, Kleinparkett · mosaic parquet(ry), (~) fingers

~parkettplatte *f*, Dünnparkettplatte, Sparparkettplatte, Lamellenparkettplatte, Kleinparkettplatte · mosaic parquet(ry) sheet

~parkettstab *m*, Dünnparkettstab, Sparparkettstab, Lamelle(nparkettstab) *f*, (*m*), Kleinparkettstab · finger

~pflaster(decke) *n*, (*f*) [*Pflaster aus Natursteinen, die die kleinsten Abmessungen haben; nach DIN 481 4cm × 6 cm Grundfläche und 5 cm Höhe. Schweiz: Bogenpflaster*] · mosaic (sett) paving

~pflasterstein *m* [*Schweiz: Bogenpflasterstein*] · mosaic (paving) sett

~platte *f*, Mosaikbelagplatte, Mosaikfliese · mosaic tile

~schmuck *m*, Mosaikverzierung *f* · mosaic decorative finish, ~ ~ feature, ~ ornamental ~, ~ decoration, ~ enrichment

(~)Steinchen *n* · (mosaic) tessera

~tafel *f* · mosaic panel

~terrazzo *n* · mosaic terrazzo

~treppe *f* · mosaic stair(case)

mosaikverkleidet, mosaikausgekleidet, mosaikbekleidet · mosaic-(sur)faced, mosaic-lined, mosaic-clad

Mosaikverzierung *f*, Mosaikschmuck *m* · mosaic decorative finish, ~ ~ feature, ~ ornamental ~, decoration, ~ enrichment

Mosaikwand|(belag)platte *f*, Mosaikwandfliese · mosaic wall tile

~fliese *f*, Mosaikwand(belag)platte mosaic wall tile

~platte *f*, Mosaikwandbelagplatte, Mosaikwandfliese · mosaic wall tile

Mosaikwürfel *m* · mosaic cube

Moschee *f* · mosque

~ el Aksa zu Jerusalem · Mosque of al-Agsá at Jerusalem

~ Ibn Tūlūn zu Kairo · Mosque of Ibn Tūlūn at Cairo

~ampel *f* · hanging lamp

~hochschule *f* → Medersa

Moscheenarchitektur *f*, Moscheenbaukunst *f* · mosque architecture

MoS_2 *m*, Molybdänit *m*, Molybdänglanz *m* · molybdenite

Motiv *n* · motif

~objekt *n* · subject for a motif

Motorenraum *m* [*Aufzug*] · motor chamber

Motte *f* · motte

Mottenbeständigkeit *f*, Mottenfestigkeit · mothproofness

mottenecht, mottensicher · mothproof

Mottenfestigkeit *f*, Mottenbeständigkeit · mothproofness

mottensicher, mottenecht · mothproof

~ machen · to mothproof

M(o)usselinglas *n*, Gardinenglas frosted glass with muslin pattern

MP *n*, Mischpolymerisat *n* · copolymer

MPA *f*, (Material)Prüf(ungs)anstalt *f* materials testing institute

MPA *n*, (Material)Prüf(ungs)amt *n* official materials testing institute

MS 56 *n*, Ms 56, Messing 56 *n*, Profilmessing · architectural bronze

MS 58 *n*, Ms 58, Messing 58, Standardmessing *n* für Bohr- und Drehqualität · mangenese bronze [*It has 58% copper content*]

MS 60 *n*, Ms 60, Muntzmetall *n* · Muntz metal [*It contains 60 per cent copper and 40 per cent zinc*]

MS 60 Pb *n*, Ms 60 Pb, Messing 60 Pb *n*, Schmiedemessing · forging brass

MS 63 *n*, Ms 63, Messing 63 *n*, Druckmessing · brass with 63% copper content

MS 67 *n*, Ms 67, Messing 67 *n*, Lötmessing, Halbtombak *m* · brass with 67% copper content

MS 70 *n*, Ms 70, Messing 70 *n* · cartridge brass

MS 80 *n*, Ms 80, Messing 80 *n*, Hellrottombak *m* · low brass

MS 90 *n*, Ms 90, Messing 90 *n*, Rottombak *m* · commercial bronze

Mudéjarstil *m* [*Vermischung maurischer mit gotischen Stilelementen bzw. Renaissanceformen in Spanien*] · mudéjar style

Muffe *f*, Glocken~ · socket, coupler (Brit.); bell (US) [*The end of a pipe, or pipe fitting, having an enlarged bore for the reception of the plain or spigot end of another pipe, or pipe fitting, for the formation of a spigot and socket joint*]

Muffen|stoßverfahren *n* · sleeve method of splicing reinforcing bars

~verbindung *f* **(mit Stemmdichtung)** · tailpiece, ferrule, sleeve [*A hard metal sleeve, one end of which is for jointing to the end of a soft metal pipe and the other end of which is for insertion into a socket to enable a caulked joint to be made*]

muhamedanische Baukunst *f*, ~ Architektur *f*, maurische ~ · Moorish arcnitecture

Mühle *f*, Mehl~, Getreide~ · flour mill

Mühlen|-Fertiggut *n* · ground product

~gebäude *n* [*Zementwerk*] · grinding mill block, ~ ~ building

Mulden|block(stein) *m*, Muldenstein · trough(ed) block, ~ tile [*See remark under 'Block'*]

~falzziegel *m* → (Dach)Falzziegel

~gewölbe *n* · trough vault

Mulde *f*, Vertiefung *f*, Austiefung, Aushöhlung [*in einer Ziegelfläche*] · frog

Mulden|block *m* → Muldenstein

~falzziegel *m*, Ludowici-Falzziegel, Doppelfalzziegel · Ludowici tile, French ~, Marseilles pattern ~

~profil *n* · troughed profile

~stein *m*, Muldenblock(stein) *m* · trough(ed) block, ~ tile [*See remark under 'Block'*]

Müll *m*, Abfall(stoff) *m* · refuse, waste; rubbish (US) [*Combustible and non-combustible waste materials, except garbage, and the term shall include the residue from the burning of wood, coal, coke, and other combustible materials, paper, rags, cartons, boxes, wood, excelsior, rubber, leather, tree branches, yard trimmings, tin cans, metals, mineral matter, glass, crockery and dust and other similar materials*]

~abfuhr *f*, Abfall(stoff)abfuhr · refuse cartage, ~ collection, waste ~

~ablagerungsplatz *m* → Müllkippe

~abwurfanlage *f* → Müllschlucker

~(abwurf)schacht *m* → Müllschlucker

~behälter *m*, Abfallbehälter · refuse container

~beseitigung *f*, Abfall(stoff)beseitigung · refuse disposal, waste ~, disposal of refuse, disposal of waste

~halde *f* → Müllkippe

~haufen *m*, Abfall(stoff)haufen · refuse heap, waste ~, midden waste

Mullit *m* [*Aluminiumsilikat mit der theoretischen Formel 3* $Al_2O_3 \cdot 2\,SiO_2$] · mullite

~erzeugnis *n* · mullite refractory (product), ~ ~ material [*A high-alumina refractory material made from mullite*]

~stein *m* · mullite firebrick

Müll|kasten *m*, Abfall(stoff)kasten · refuse box, waste ~; rubbisch ~ (US)

~kippe *f*, Müllhalde *f*, Müllablagerungsplatz *m*, Abfallkippe, Abfallhalde, Abfallablagerungsplatz · refuse tip

Müllkübel *m*, Abfall(stoff)kübel · dustbin

~-schrank *m*, Abfall(stoff)kübelschrank · dustbin chamber

Müll|sammelraum *m*, Abfall(stoff)sammelraum · (refuse) collecting chamber, (~) storage ~, waste ~ ~

~schlacke *f* [*Sie wird durch Verbrennen von Müll in Verbrennungsöfen gewonnen*] · refuse (furnace) clinker (Brit.); rubbish (furnace) cinder (US)

~schlackenblock(stein) *m*, Müllschlackenstein · refuse (furnace) clinker block, ~ (~) ~ tile (Brit.); rubbish (furnace) cinder ~ (US)

~schlucker *m*, Müll(abwurf)schacht *m*, Abwurfschacht für Müll, Müllabwurfanlage *f*, Abfallschlucker, Abfallschacht, Schüttkammer *f* · dispose-all (US); garbage disposer, waste disposer, garbage disposal shaft, waste disposal shaft, garbage disposal chute, waste disposal chute (Brit.); refuse chute, refuse shaft, rubbish chute [*B.S. 1703*]

(~)Verbrennen *n*, (Müll)Verbrennung *f*, Abfall(stoff)verbrennen, Abfall(stoff)-verbrennung · (waste) incineration, refuse ~

~verbrennungsofen *m*, Abfall(stoff)-verbrennungsofen · refuse incinerator, waste ~

~wolf *m*, Müllzerkleinerer *m*, Abfall(stoff)vernichter, Abfall(stoff)zerkleinerer [*Er zerkleinert die Haus- und Küchenabfälle unter Wasserzufluß und spült sie über einen Geruchverschluß in die Kanalisation*] · (mechanical) refuse grinder, (~) waste ~; (~) rubbish ~ (US)

~zerkleinerer *m* → Müllwolf

Multifunktionalität *f* · multi-functional concept

Mumienkammer *f* · mummy chamber

Mundbecherhalter *m* · tumbler holder

Münster *n* · minster

~ zu Aachen, Palastkapelle *f* ~ ~, Kaiserkapelle ~ ~, Pfalzkapelle ~ ~ · Aix-la-Chapelle cathedral

Muntzmetall *n*, MS 60, Ms 60 · Muntz metal [*It contains 60 per cent copper and 40 per cent zinc*]

Münz|fernsprecher *m* · public (tele-) phone coin box, pay station, call box, coin-box (tele)phone

~gaszähler *m* · prepayment gas meter

~wäschetrockner *m* · coin-operated dryer (Brit.); ~ drier (US)

~waschmaschine *f* · coin-operated (automatic) washer

~zähler *m* · prepayment meter [*B.S. 37*]

Muqarnas *m*, Stalaktit *m* [*Zellenartiges Schmuckelement der islamischen Baukunst*] · stalactite

Musahanf *m*, Bananenhanf, Manil(l)ahanf, Abakahanf · Manil(l)a hemp

Muschel *f* **ohne Brille,** Klosett~ ~ ~, Abortmuschel ~ ~, Toilettenmuschel ~ ~ · pedestal

~beton *m*, Muschelschalenbeton, Schillbeton · oyster-shell concrete; tabby (US)

~kalkstein *m*, Muschelmarmor *m* [*Er entstammt der Triasformation II (mittlere Abteilung), welche die älteste mesozoische Formation darstellt. Fälschlich auch „Kornstein" genannt*] · choll(y) limestone, coquina, oyster shell lime

~marmor *m* → Muschelkalkstein

~sandstein *m* · beach rock, shell(y) sandstone

~schale *f* · oyster-shell

~(schalen)beton *m*, Schillbeton · oyster-shell concrete; tabby (US)

~werk *n*, Rocaille *n*, *f* · rocaille, scrollwork [*A graceful design of delicate scroll and counter-scroll outline, varying in form yet maintaining everywhere its characteristic asymmetrical harmony*]

Museum *n* **für bildende Künste** · Museum of Visual Arts

~ ~ Moderne Kunst · Museum of Modern Art

Museums|architekt *m* · museum architect

~gestaltung *f* · museum design and planning

Musik|bücherei *f*, Musikbibliothek *f* · music library

~pavillon *m*, Konzertpavillon · bandstand

~wasserspiele *npl*, Musikspringbrunnen *m* · musical waterworks, ~ waters

~zimmer *n*, Musikraum *m* · music room

Muskovit *m*, heller Glimmer *m*, Kaliglimmer · common mica, potash ~, muscovy glass, muscovite

Musselinglas *n*, Mousselinglas, Gardinenglas · frosted glass with muslin pattern

Muster *n* → Dekor

mustern [*Linoleum*] · to pattern

~, ornamentieren · to pattern, to give a decorative finish

Muster(ung) *n*, (*f*) → Dekor

Musterverband *m* · pattern bond

Mutterboden|abtrag *m* · topsoil stripping

~andeckung *f* · topsoil replacement

Mutter|form *f* [*Ziegelindustrie*] · master mould, upper ~ (Brit.); ~ mold (US)

~glas *n*, Grundglas, Stammglas · base glass, parent ~

~gotteskapelle *f* → Marienkapelle

~gotteskirche *f* **zu Bethlehem** · Church of the Nativity at Bethlehem

~pause *f* · negative transparency, transparent positive original

Mutulus *m*, Hängeplatte *f* [*Fehlname: Dielenkopf m*] · mutule [*The projecting square block above the triglyph and on the soffit of a Doric cornice*]

mykenische Baukunst *f*, ~ Architektur · Mycenaean architecture

Myrthenhof *m*, Hof der Alberca, Hof der Bäder [*Alhambra*] · Court of Alberca, Alberca court

Mysterienhalle *f* **von Eleusis,** Telesterion *n* · Telesterion, Hall of Mysteries at Eleusis

N

Nabel *m* → Opäum

~scherben *f*, Heftglas *n* · moil [*1. The glass remaining on a punty or blowing iron after the gather has been blown and severed. 2. The glass originally in contact with the blowing mechanism or head, which becomes cullet after the desired article is severed from it*]

nach außen schlagend, ~ ~ öffnend [*Fenster*] · out-swinging

~ innen schlagend, ~ ~ öffnend [*Fenster*] · in-swinging

~ Maß bearbeiten, regelmäßig behauen [*Quader(stein)*] · to square

Nach|(ab)dichten *n* · resealing

~ahmung *f* **von Naturformen** · copying of natural forms

nacharbeiten von Mörtelfugen · to joint

Nach|(an)streichen *n* · repainting

~anstrich *m*, Nachaufstrich · repainting coat

~arbeit *f* · rework

~aufstrich *m*, Nachanstrich · repainting coat

Nachbar|bebauung *f* · adjacent buildings, ~ blocks; neighbouring ~ (Brit.); neighboring ~ (US)

~feld *n* · neighbouring span, ~ opening (Brit.); neighboring ~ (US); adjacent ~

~grenze *f* · boundary separating property from the neighbo(u)ring property

~grundstück *n* · neighbouring property (Brit.); adjacent ~; neighboring ~ (US)

~öffnung *f* · adjacent opening; neighbouring ~ (Brit.); neighboring ~ (US)

~raum *m* · neighbouring room (Brit.); neighboring ~ (US); adjacent ~, adjoining ~

Nachbarschaft *f* · neighbourhood unit (Brit.); neighborhood ~ (US)

Nachbehandlungsmittel *n* → Beton~

Nachbearbeitung *f* · finishing

nachbehandeln [*Beton*] · to cure

~ mit Feuchtigkeit [*Beton*] · to moist-cure

~ ~ Heißluft · to heat cure

Nachbehandlung *f*, Beton~ · (concrete) curing

~ · after-treatment

~ ohne Feuchthaltung · dry curing, ~ after-treatment [*concrete*]

~ mit Hochdruckdampf → Beton~ ~ ~

Nachbehandlungs|film *m*, Beton~ · (concrete) curing membrane

~lösung *f*, Beton~ · (concrete) curing solution

~mittel *n* → Beton~

~ auf Harzbasis, Beton~ ~ ~ · resin base (concrete) curing compound, ~ ~ (~) ~ agent, ~ ~ (liquid) membrane (~) ~ ~

~ ~ Kunstharzbasis, Beton~ ~ ~ · synthetic resin base (concrete) curing compound, ~ ~ ~ (~) ~ agent, ~ ~ ~ (liquid) membrane (~) ~ ~

~ ~ Naturharzbasis, Beton~ ~ ~ · natural resin base (concrete) curing compound, ~ ~ ~ (~) ~ agent, ~ ~ ~ (liquid) membrane (~) ~ ~

~ ~ Paraffinbasis, Beton~ ~ ~ · paraffin(e) base (concrete) curing compound, ~ ~ (~) ~ agent, ~ ~ (liquid) membrane (~) ~ ~

Nachbehandlungs|papier *n*, Beton~, Abdeckungspapier · (concrete-)curing paper, overlay ~

~platz *m*, Beton~ · (concrete) curing yard

~raum *m*, Beton~ · curing room, ~ chamber, concrete ~ ~

~tunnelofen *m*, Beton~ · tunnel curing kiln

~- und -absiegelungsmittel *n*, Beton~ ~ ~ · combination concrete curing and sealing compound

~vorrichtung *f*, Beton~ · (concrete) curing fixture

~wasser *n*, Beton~ · (concrete) curing water

Nachbelastung *f* · reloading

nachbenetzbar · re-wettable

Nachbessern *n* · touching up [*e.g. factory-applied coats on site*]

Nachbildung *f* · replica

nachbohnern · to re-buff

Nach|brechen *n* · recrushing

~(dach)eindeckung *f* · re-roofing

~dichten *n*, Nachabdichten · resealing

~(er)härtung *f* · re-hardening

~fall *m* [*Anstrich*] · sinkage

~filtern *n* · refiltration

~filterung *f* · refiltration

nach|gemischter Beton *m* · shrink-mixed concrete [*Ready-mixed concrete mixed partially in a stationary mixer and then mixed in a truck mixer*]

~gepreßter Ziegel *m* · repressed brick

~geschliffen · reground

~giebig · yielding, flexible

~giebiger Untergrund *m* · subsiding ground

Nach|giebigkeit *f* · yield, flexibility

~giebigkeitsmatrix *f* · flexibility matrix

Nachhall *m* · reverberation [*In an enclosure. The persistence of sound due to repeated reflections at the boundaries*]

~dauer T *f* → Nachhallzeit T

nachhallend · reverberant

Nachhallfeld *n* · reverberant (sound) field [*A sound field resulting from the superposition of many sound waves due to repeated reflections at the boundaries*]

nachhallfreier Raum *m* · anechoic room, nonreverberant ~

nachhallig · reverberant

Nachhall|merkmal *n* · reverberation characteristic

~raum *m* · reverberant room, reverberation ~ [*A room specially designed to facilitate the production of approximately diffuse sound fields*]

~regelung *f* · reverberation control

~schall *m* · reverberant sound, multi-reflected ~

~-Schluckbeiwert *m* · reverberant (sound) absorption coefficient

~zeit T *f*, Nachhalldauer T *f* · reverberation (sound) time [*Of an enclosure, for sound of a given frequency. The period of time required for the mean square sound pressure in the enclosure, initially in a steady state, to decrease, after the source is stopped, to one-millionth of its initial value, i.e. by 60 dB. The unit is the second*]

Nach|härtung *f*, Nacherhärtung · re-hardening

~hydra(ta)tion *f* · rehydration

~imprägnieren *n*, Nachtränken · resaturating, reimpregnating

~imprägnierung *f*, Nachtränkung · reimpregnation, resaturation

~impressionismus *m* · Post-Impressionism [*Term applied to the movement which developed in reaction against Impressionism and Neo-Impressionism. Its chief aim was either a return to a more formal conception of art or a new stress on the importance of the subject*]

~installation *f* · subsequent installation

~kalkulation *f* · cost control

~kriegsarchitektur *f* · post-war architecture

~kühlen *n* · postcooling

~kühler *m* · aftercooler

~lassen *n* [*Spannbeton*] · releasing the pull

~löschbunker *m*, Kalk~ · (lime) caving bin

~löschen *n*, Kalk~ · (lime) caving

~mahlen *n* · regrinding

~mischen *n*, Rühren [*Transportbeton*] · stirring, agitation, agitating

nach|mittelalterlich · post-medieval

~normannisch · post-Norman

Nach|pressen *n* [*Formgebungsverfahren, bei dem ein Rohling seine endgültige Form erhält*] · repressing

~probe *f*, Nachprüfung *f*, Nachversuch *m* · re-test

nachprüfen [*Einen Nachversuch durchführen*] · to retest

~, kontrollieren · to check

Nach|prüfung *f*, Nachprobe *f*, Nachversuch *m* · re-test

~rechnen *n*, Nachweis *m* · check calculation

Nachrechnung *f*, Rechenkontrolle *f*, Nachrechnen *n*, Nachweis *m* · check calculation

~ruttlung *f* · revibration [*One application or more applications of vibration to concrete after completion of placing and initial compaction but preceding initial setting of the concrete*]

~schaltheizfläche *f* [*Kessel*] · convection (heating) surface

~schlagebücherei *f*, Nachschlagebibliothek *f* · reference library

~schleifen *n* · regrinding

~schwinden *n*, NS *n* · post-shrinkage

~sieben *n* · re-screening

~sintern *n*, Selbstdichtung *f* [*Wie an Stahlbetondruckrohren nachgewiesen wurde, können durch Nachsintern (Selbstdichtung) sogar durchgehende Risse geschlossen werden, wenn die Rohre gefüllt und unter Druck gehalten werden*] · autogenous healing

nachstreichbar · repaintable

Nachstreichen *n*, Nachanstreichen · repainting

nachtapezieren · to repaper

Nacht|asyl *n* **der Heilsarmee** · Salvation Army hostel

~aufheizzeit *f* · night charging, off peak ~

~aufheizzeit *f* **mit Tagesnachheizzeit** · night charging with supplementary day heating, off peak ~ ~ ~ ~ ~

~beleuchtung *f* · night lighting, ~ illumination

Nach|teeren *n* · retarring

~teerung *f* · retarring

Nachtenergie *f*, Nachtstrom *m* · off-peak electric current, ~ electricity

nachtönen, nuancieren · to tint [*To adjust the colour to match a pattern*]

Nach|tränken *n*, Nachimprägnieren · resaturating, reimpregnating

~tränkung *f*, Nachimprägnierung · reimpregnation, resaturation

Nacht|riegel *m* · night latch [*The night latch has a spring bolt which is operated by a key from the outside and a knob inside. This is a type used on doors which are more conveniently closed by slamming, the domestic front door being the obvious example, whereas to open the lock from outside requires a key. Night latches have a thumb slide, push button, or the equivalent to hold the bolt in, or alternatively to hold it in or out to choice*]

~speicherofen *m* → Nachtstrom-Speicherofen

Nachtstrom *m*, Nachtenergie *f* · off-peak electric current, ~ electricity

~speicherheizung *f* · off-peak electricity heating

~-Speicherofen *m*, Elektrowärme-Speicherofen, Nacht(strom)-Wärmespeicher *m*, Elektrowärmeofen, (Nacht)Speicherofen · block storage heater, night ~ ~, electric ~ ~ ~

~-Speicherwassererhitzung *f*, Nachtstrom-Speicherwassererwärmung · off-peak storage water heating

~-Speicherwassererwärmung *f*, Nachtstrom-Speicherwassererhitzung · off-peak storage water heating

~tarif *m* · night-only tariff, off-peak ~

~-Wärmespeicher *m* → Nachtstrom-Speicherofen

~-Wassererhitzer *m*, Nachtstrom-Wasserheizer, Nachtstrom-Wasserheizgerät *n*, Nachtstrom-Wassererwärmer · off-peak (hot) water heater, ~ (~) ~ heating appliance, night storage (hot) water heater, night storage heater, night storage (hot) water heating appliance, night storage heating appliance

~-Wassererwärmer *m*, Nachtstrom-Wasserheizer, Nachtstrom-Wassererhitzer, Nachtstrom-Wasserheizgerät *n* · off-peak (hot) water heater, ~ (~) ~ heating appliance, night storage (hot) water heater, night storage heater, night storage (hot) water heating appliance, night storage heating appliance

~-Wasserheizer *m*, Nachtstrom-Wassererhitzer, Nachtstrom-Wasserheizgerät *n*, Nachtstrom-Wassererwärmer · off-peak (hot) water heater, ~ (~) ~ heating appliance, night storage (hot) water heater, night storage heater, night storage (hot) water heating appliance, night storage heating appliance

~-Wasserheizgerät *n*, Nachtstrom-Wassererhitzer *m*, Nachtstrom-Wasserheizer, Nachtstrom-Wassererwärmer · off-peak (hot) water heater, ~ (~) ~ heating appliance, night storage (hot) water heater, night storage heater, night storage (hot) water heating appliance, night storage heating appliance

Nacht|tisch *m* · bedside table

~tresor *m* · night safe

Nach|unternehmer *m*, Nebenunternehmer · subcontractor

~verarbeitung *f* · post-fabrication

~verdrahtung *f* · electrical rewiring

nachverglasen · to reglaze

Nach|versuch *m*, Nachprobe *f*, Nachprüfung *f* · retest

~waage *f* · checkweigher

~wachsen *n* [*Steinzeugindustrie*] · after-expansion

~wärmen *n* · reheating [*Raising iron to a uniform temperature in readiness for hot working*]

~wärmer *m* · reheater

~wärmung *f* · reheating

Nachweis *m* · (confirmatory) check(ing)

~, Nachrechnen *n* · check calculation

~ der Güte, Gütenachweis · quality check(ing)

~ ~ räumlichen Steifigkeit → Standsicherheitsnachweis

nachweisen · to check

Nachweisen *n* **der Rißsicherung** · check(ing) (up) of the safety against cracking

nachwiegen · to reweigh

nackte Bitumenpappe *f* [*DIN 52129. Mit Tränkmasse durchtränkte Wollfilzpappe*] · uncoated asphalt rag felt, un(sur)faced ~ ~ ~, saturated ~ ~ ~, impregnated ~ ~ ~, ~ ~ wool ~ (US); ~ (asphaltic-)bitumen ~ ~ (Brit.)

~ Teerpappe *f* [*DIN 52122*] · uncoated tar(red) rag felt, un(sur)faced ~ ~ ~, saturated ~ ~ ~, impregnated ~ ~ ~, ~ ~ wool ~

nackter Schweißdraht *m* · bare filler rod

NaCl *n*, Natriumchlorid *n*, Kochsalz *n*, Chlornatrium *n* · sodium chlorid(e) (US); ~ chloride (Brit.)

Nadelgerät *n* **nach Gillmore** · Gillmore apparatus, ~ needles [*A pair of weighted, flat-ended needles of different cross section for determining initial and final setting times of hydraulic cements*]

Nadelholz|balsam *m* · oleoresin from conifers

~teer *m* · pine tar

~teerpech *n* · pine-tar pitch

Nagara *m*, Sikhara *m* [*Turm über der Cella eines nordindischen Tempels*] · (spire-shaped) sikhara

Nagelabstand *m* · distance between nails

nagelbar, nagelfest · nailable

nagelbarer Beton *m*, nagelfester ~ · nailable concrete, fixing ~

~ Block *m*, nagelfester ~ · anchor block (US); fixing ~, nailable ~

Nagel|barkeit *f*, Nagelfestigkeit · nailability

~bausystem *n*, Nagelkonstruktion *f*, Nagel(konstruktions)system · nailing construction, ~ (structural) system

~binder *m*, Brettbinder · nailed roof framing, ~ ~ frame

nagelfest, nagelbar · nailable

nagelfester Beton *m*, nagelbarer ~ · nailable concrete, fixing ~

~ Block *m* → nagelbarer ~

~ H(o)urdi *m* → nagelbarer ~

Nagel|festigkeit *f*, Nagelbarkeit · nailability

~fluh *f* · puddingstone

~holzbau *m* → Nagelbausystem

~konstruktion *f*, Nagelbausystem *n*, Nagel(konstruktions)system · nailing construction, ~ (structural) system

~(konstruktions)system *n*, Nagelbausystem, Nagelkonstruktion *f* · nailing construction, ~ (structural) system

~kopf *m* [*Verzierung mit Diamantierung, hauptsächlich in der romanischen Ornamentik*] · nailhead (ornament)

~leiste *f* · nailing batten

nageln · to nail

Nageln *n* · nailing

Nagel|streifen *m* · nailing strip

~system *n*, Nagelkonstruktionssystem, Nagelkonstruktion *f*, Nagelbausystem · nailing construction, ~ (structural) system

Nagelung *f* · nailing

Nagelungsmuster *n* · nailing pattern

Nagel|verbindung *f* · nailed connection

~werkstoff *m* · nail material

nagetierfest · rodent-proof

Nagetiersperre *f* · rodent barrier

Nahansicht *f* · close-up (view)

nähern, an~ · to approximate

Näherung *f*, An~ · approximation

Näherungs|(auf)lösung *f*, An~, angenäherte (Auf)Lösung · approximate solution

~rechnung *f* **nach Cross,** Momentenausgleichsverfahren *n*, Cross-Verfahren, Cross-Methode *f* [*Rechnungsverfahren zur Ermitt(e)lung der Momente von Rahmen und Durchlaufträgern. Ein Iterationsverfahren mit schrittweiser Verbesserung der Ergebnisse*] · Cross(-moment distribution) method, moment-balance ~, moment distribution ~

~theorie *f* · approximation theory

~wert *m*, An~, Rundwert · approximate value

Nahrungsmittel|abfälle *mpl* · waste food

~betrieb *m* · food processing plant

~lagerraum *m* · food room

Naht *f*, Blase *f* · blister [*Local separation of a layer of iron causing a protuberance on the surface, underneath which is a cavity*]

nahtlos · seamless

nahtlose Dachhaut *f* · seamless roof skin

nahtloses Flußstahlrohr *n* · seamless mild steel pipe, ~ m.s. ~

~ Rohr *n* · seamless pipe

~ Stahlrohr *n*, Siederohr · seamless steel pipe

Naht|überdeckung *f* · lap joint

~verkleben *n* · seam bonding

Nähzimmer *n* · sewing room

Namenschildausschnitt *m* · card-holder

NaOH *n*, Natriumhydroxid *n*, Ätznatron *n*, kaustische Soda *f*, kaustisches Soda *n* · caustic soda

Naos *n* · naos, statue chamber [*The principal chamber in a Greek temple, containing the statue of the deity*]

Naphthalin *n* · naphthalene, naphthalin(e)

NA-Rohr *n*, Normal-Abflußrohr [*DIN 364*] · normal cast-iron drain(age) pipe, ~ ~ draining ~, ~ ~ discharge ~, ~ ~ waste (~), ~ C. I. ~ ~, ~ C. I. waste

Narthex *m*, Vorhalle *f*, Paradies *n*, Galiläa *f* · narthex, galilee

~überwölbung *f*, Vorhallenüberwölbung · narthex vaulting

Nase *f*, Wasser~, Unterschneidung *f* · throat(ing), weather groove, (water) drip

~, Aufhänge~ [*Dachziegel*] · cog, nib

~ [*gotisches Maßwerk*] · cusp

Nasen|bildung *f* [*gotisches Maßwerk*] · cusping

~schwung *m* [*gotisches Maßwerk*] · foil [*Foils are small arches inside Gothic (window) tracery and intersecting as cusps*]

Nässe *f* · wetness

nasse Vergoldung *f* · immersion gilding

~ Wand *f* **mit einbetonierten Leitungen,** Installationswand ~ ~ ~ [*Mit kürzesten Leitungen können an ihr alle erforderlichen sanitären Objekte installiert werden*] · precast (concrete) wall with pre-installed services

Nässebeständigkeit *f* · resistance to dampness, ~ ~ wetness

Nässen *n*, Benässung *f* · wetting

Nässer *m* [*Naturstein, der Wasser ansaugt und darum zum Zerfrieren neigt*] · water-absorbing (natural) stone

nasser Gaszähler *m* · drum(-type) gas meter

naß · wet

~blank gezogener Draht *m* · wet-drawn wire

Naß|block *m* → Naß(installations)block

~festigkeit *f* · wet strength

~film *m* · wet film

(naß)gelöscht [*Kalk*] · slaked, run to putty, hydrated

Naß|gewicht *n* · soaked weight

~guß *m* [*Sandguß von Stahlguß oder Gußeisen. Die Form wird in nur lufttrockenem Zustand verwendet*] · air-dry sand casting

~-in-Naß-Beschichtung *f* · wet-on-wet coating

~-in-Naß-Verfahren *n* · wet-on-wet method

~(installations)block *m* → Naß(installations)zelle

~(installations)zelle *f*, Naß(installations)block *m*, Bade(zimmer)zelle, Bade(zimmer)block · bathroom building block module, (unitized) bathroom (and lavatory) unit

~kies *m* · wet gravel

~kühlung *f* · wet cooling

~lagerung *f* · wet storage

~läufer *m* [*Bei diesem Wassermesser befinden sich Zähler und Zählwerk im gleichen Gehäuse. Es läuft also das ganze Werk dauernd im Wasser und macht zur Bedingung, daß nur reines, nicht absetzendes Wasser vorhanden ist. Der Wasserdruck wird durch eine dicke Glasscheibe aufgenommen*] · immersion (-type) rotary (water) meter

(naß)löschen, ablöschen [*Kalk*] · to slake, to run to putty, to hydrate [*To treat quicklime with an excess of water*]

(Naß)Löschen *n*, Ablöschen [*Kalk*] · (lime) slaking, running to putty, hydrating

naßmahlen · to wet-grind

Naß|ofen *m* · wet process kiln

~raum *m* [*Küche; Bad; W.C. u.ä.*] · wet room, moist ~

~raumtrennwand *f* · wet room partition (wall), moist ~ ~ (~)

(~)Schlamm *m* [*Straßenentwässerung*] · mud

(~)Schlammeimer *m* [*Straßenentwässerung*] · mud bucket

~spitzbeton *m* · wet-mix shotcrete

~verfahren *n* [*Betonrohrherstellung*] wet cast process, ~ ~ method

~verfahren *n* [*Zementherstellung; Schlakkenaufbereitung*] · wet process, ~ method

~zelle *f* → Naßinstallationszelle

~ziehen *n* [*Draht*] · wet drawing

Nationalromantik *f* · National Romantic style [*Finnish version of Art Nouveau*]

Natrium *n* · sodium

~alginat *n* · sodium alginate

~aluminat *n*, Tonerdenatron *n* · sodium aluminate

~-Aluminiumfluorid *n* · fluoride of alumin(i)um and sodium, Na_3ALF_6

~-Aluminium-Silikat *n* · sodium aluminium silicate (Brit.); ~ aluminum ~ (US)

~-Benzoesalz *n* · sodium benzoate

~borat *n*, borsaures Natron *n*, Borax *n*, $Na_2B_4O_7$ [*Salz der Tetraborsäure*] · borax

~chlorid *n*, Kochsalz *n*, NaCl, Chlornatrium *n* · sodium chlorid(e) (US); ~ chloride (Brit.)

~(dampf)lampe *f* · sodium vapour lamp (Brit.); ~ vapor ~ (US)

~hydroxid *n*, Ätznatron *n*, kaustische Soda *f*, kaustisches Soda *n*, NaOH · caustic soda

~hypochloritlauge *f* · sodium hypochlorite solution

~oxid *n*, Na_2O · sodium oxide (Brit.); ~ oxid(e) (US); soda

~silikat *n*, Natronwasserglas *n*, Na_2SiO_3 · sodium silicate, silicate of soda

natriumsilikatgebundener Sand *m*, wasserglasgebundener ~ · sodium silicate bonded sand

Natrium|sulfat *n*, Glaubersalz *n*, schwefelsaures Natrium *n*, $Na_2SO_4 \cdot 10\,H_2O$ · sodium sulphate (Brit.); ~ sulfate (US); saltcake

~thiosulfat *n*, Fixiersalz *n*, $Na_2S_2O_3 \cdot 5\,H_2O$ · sodium thiosulfate, hypo

~verbindung *f* · sodium compound

Natron|-Doppelpechpapier *n* · double pitch sodium paper

~glas *n* · soda glass

~lauge *f* [*Wäßrige Lösung des Natriumhydroxids*] · acquous solution of caustic soda

~wasserglas *n*, Natriumsilikat *n*, Na_2SiO_3 · sodium silicate, silicate of soda

(Natur)|(Ab)Deckstein *m* · coping stone, cope ~, capping ~ [*A top stone, generally slightly projecting, to shelter the masonry from the weather, or to distribute the pressure from exterior loading. A projecting covering stone of a wall*]

~anhydrit *m*, natürlicher Anhydrit · natural anhydrite

(~)Asphalt *m*, natürliches Bitumen-Mineralgemisch *n*, natürliche Bitumen-Mineralmischung *f* [*Das natürlich vorkommende Bitumen mit seinem Begleitgestein*] · (natural) asphalt (Brit.); rock ~ (US)

Naturasphalt|(belag)platte *f*, Naturasphaltfliese *f* · natural asphalt tile (US); ~ (asphaltic-)bitumen ~ (Brit.)

~fliese *f*, Naturasphalt(belag)platte *f* · natural asphalt tile (US); ~ (asphaltic-) bitumen ~ (Brit.)

~kalkstein *m* · limestone impregnated with asphaltic bitumen (Brit.); ~ ~ ~ asphalt (US)

~mastix *m* · powder(ed) (natural rock) asphalt mastic

~-Mastixbrot *n*, Asphaltbrot, (Asphalt-) Mastixbrot · mastic block

~platte *f*, Naturasphaltbelagplatte, Naturasphaltfliese *f* · natural asphalt tile (US); ~ (asphaltic-)bitumen ~ (Brit.)

(Natur)Asphalt(roh)mehl *n* [*Gemahlener Naturasphalt mit mindestens 4 Gewichts-% natürlichem Bitumen und mindestens 40 Gewichts-% Füller – Körnung unter 0,09 mm – bezogen auf das bitumenfreie Mehl*] · powder(ed) (natural rock) asphalt

Naturasphaltsandstein *m* · sandstone impregnated with asphaltic bitumen (Brit.); ~ ~ ~ asphalt (US)

Naturbaryt *m*, Bariumsulfaterz *n* · barite ore (US); barytes ~ (Brit.)

~(beton)zuschlag(stoff) *m* · barite ore (concrete) aggregate (US); barytes ~ (~) ~ (Brit.)

Natur|-Bausand *m* · building sand from natural sources [*B.S. 1198–1200*]

(~)Baustein *m*, natürlicher Baustein · building stone

~beton *m*, Konglomerat *n* · conglomerate [*A rock consisting of round pebbles held together by a natural cement*]

(Natur)Bims *m*, Bimsstein *m* [*schaumig aufgeblähte vulkanische Lava*] · pumice (stone)

~baumaterial *n* [*Schweiz*]; (Natur-) Bimsbaustoff *m* · pumice building material, ~ construction(al) ~, ~ structural ~

~baustoff *m*; (Natur)Bimsbaumaterial *n* [*Schweiz*] · pumice building material, ~ construction(al) ~, ~ structural ~

~baustoffwerk *n* · pumice building materials factory, ~ construction ~ ~, ~ ~ ~ plant

~beton *m* · pumice concrete

(Natur)Bims(beton)(bau)|einheit *f* [*Fehlname*] → (Natur)Bims(beton)-(bau)element

~element *n*, (Natur)Bims(beton)(bau)-körper *m*, (Natur)Bims(beton)montageelement, (Natur)Bims(beton)montagekörper, (Natur)Bims(beton)fertig-(bau)element, (Natur)Bims(beton)-fertig(bau)körper [*Fehlnamen: (Natur)Bims(beton)(bau)einheit; (Natur) Bims(beton)montageeinheit*] · (pre-) cast pumice (concrete) (building) member, ~ ~ (~) (~) unit, ~ ~ (~) (~) component, pumice (concrete) cast(ing)

(Natur)Bims(beton)|(bau)körper *m* → (Natur)Bims(beton)(bau)element

~dachplatte *f* · pumice concrete roof(ing) slab

~decke *f* · pumice concrete floor

(Natur)Bims(beton)decken(bau)|element *n*, (Natur)Bims(beton)decken(bau)körper *m* · pumice concrete floor (building) unit

~körper *m*, (Natur)Bims(beton)decken(bau)element *n* · pumice concrete floor (building) unit

(Natur)Bims(beton)|deckenblock(stein) *m*, (Natur)Bims(beton)deckenstein · pumice concrete floor block, ~ ~ ~ tile [*See remark under 'Block'*]

~(decken)füllkörper *m*, (Natur)Bims(beton)(decken)füllstein *m* [*Ein Bims(beton)zwischenbauteil, der sich über die volle Höhe der Rohdecke erstreckt*] · pumice concrete (floor) filler block, ~ ~ (~) ~ tile

~(decken)füllstein *m* → (Natur-)Bims(beton)(decken)füllkörper

~(decken)hohlkörper *m*, (Natur)Bims(beton)-Hohl-(Decken)Füllstein *m*, (Natur)Bims(beton)-Hohl-(Decken-)Füllblock(stein) *m* [*DIN 4158*] · pumice concrete hollow filler (block), ~ ~ ~ ~ tile [*See remark under 'Block'*]

(Natur)Bims(beton)decken|platte *f* [*DIN 4028*] · pumice concrete floor slab

~stein *m* (Natur)Bims(beton)deckenblock(stein) *m* · pumice concrete floor block, ~ ~ ~ tile [*See remark under 'Block'*]

(Natur)Bims(beton)|diele *f* [*DIN 18162*] · (reinforced) pumice concrete plank

~einheit *f* [*Fehlname*] → (Natur)Bims(beton)(bau)element

~element *n* → (Natur)Bims(beton)(bau)element

~fertig(bau)element *n* → (Natur-)Bims(beton)(bau)element

~fertig(bau)körper *m* → (Natur)Bims(beton)(bau)element

~fertigelement *n* → (Natur)Bims(beton)(bau)element

~fertigkörper *m* → (Natur)Bims(beton)(bau)element

(Natur)Bims(beton)hohl|balken(träger) *m* · (reinforced) pumice concrete hollow beam

~(bau)körper *m*, (Natur)Bims(beton)hohl(bau)element *n* · pumice concrete hollow (building) unit

~block *m*, (Natur)Bims(beton)hohl(block)stein *m* [*DIN 18151*] · pumice concrete hollow block, ~ ~ ~ tile, ~ ~ cavity ~, ~ ~ pot [*See remark under 'Block'*]

~blockmauerwerk *n*, (Natur)Bims(beton)hohl(block)steinmauerwerk · pumice concrete hollow block masonry (work), ~ ~ ~ tile ~ (~), ~ ~ cavity ~ ~ (~), ~ ~ pot ~ (~)

~(block)stein *m*, (Natur)Bims(beton)hohlblock *m* [*DIN 18151*] · pumice concrete hollow block, ~ ~ ~ tile, ~ ~ cavity ~, ~ ~ pot [*See remark under 'Block'*]

~(block)steinmauerwerk *n*, (Natur-)Bims(beton)hohlblockmauerwerk · pumice concrete hollow block masonry (work), ~ ~ ~ tile ~ (~), ~ ~ cavity ~ ~ (~), ~ ~ pot ~ (~)

~diele *f*, (Natur)Bims(beton)stegdiele [*DIN 4028*] · (reinforced) pumice concrete hollow(-core) plank

~diele *f* **für Dächer**, (Natur)Bims(beton)stegdiele ~ ~ [*DIN 4027*] · (reinforced) pumice concrete hollow(-core) roof(ing) plank

~platte *f* · pumice concrete hollow slab

~stein *m*, (Natur)Bims(beton)hohlblock(stein) *m* [*DIN 18151*] · pumice concrete hollow block, ~ ~ ~ tile [*See remark under 'Block'*]

(Natur)Bims(beton)|oberschwelle *f*, (Natur)Bims(beton)sturz *m* · pumice concrete lintel; ~ ~ lintol [*deprecated*]

~platte *f* [*Fehlname: Schwemmstein-Bauplatte (aus (Natur)Bimsbeton)*] · (reinforced) pumice concrete slab

~rolladenkasten *m*, (Natur)Bims(beton)rolljalousiekasten · pumice concrete roller box

~rolljalousiekasten *m*, (Natur)Bims(beton)rolladenkasten · pumice concrete roller box

~stegdiele *f*, (Natur)Bims(beton)hohldiele [*DIN 4028*] · (reinforced) pumice concrete hollow(-core) plank

~stegdiele *f* **für Dächer**, (Natur)Bims(beton)hohldiele ~ ~ [*DIN 4027*] · (reinforced) pumice concrete hollow(-core) roof(ing) plank

~stein *m*, (Natur)Bims(beton)block(stein) *m*, Bimsbaustein [*Fehlname: Schwemmstein (aus (Natur)Bimsbeton). Siehe Anmerkung unter „Betonblock(stein)"*] · pumice concrete building unit

~sturz *m*, (Natur)Bims(beton)oberschwelle *f* · pumice concrete lintel; ~ ~ lintol [*deprecated*]

~-T-Block(stein) *m*, (Natur)Bims(beton)-T-Stein · T-shaped pumice concrete block, ~ ~ ~ tile [*See remark under 'Block(stein)'*]

~trägerdecke *f* · pumice concrete girder floor

~-T-Stein *m*, (Natur)Bims(beton)-T-Block(stein) *m* · T-shaped pumice concrete block, ~ ~ ~ tile [*See remark under 'Block(stein)'*]

~-U-Block(stein) *m*, (Natur)Bims(beton)-U-Stein · U-shaped pumice concrete block, ~ ~ ~ tile [*See remark under 'Block(stein)'*]

~-U-Stein *m*, (Natur)Bims(beton)-U-Block(stein) *m* · U-shaped pumice concrete block, ~ ~ ~ tile [*See remark under 'Block(stein)'*]

~vollblock *m*, (Natur)Bims(beton)vollblock(stein) *m* [*DIN 18152*] · pumice concrete solid block, ~ ~ ~ tile [*See remark under 'Block(stein)'*]

~vollplatte *f* · pumice concrete solid slab

~vollstein *m*, (Natur)Bims(beton)vollblock(stein) *m* [*DIN 18152*] · pumice concrete solid block, ~ ~ ~ tile [*See remark under 'Block(stein)'*]

~-Wand(bau)platte *f* · pumice (concrete) wall slab

~zuschlag(stoff) *m* · pumice (concrete) aggregate

(Natur)Bims|kies *m* [*Bims mit mehr als 7 mm Korndurchmesser*] · pumice gravel

~kiesschüttung *f* · pumice gravel fill(ing)

~korn *n* · pumice grain, ~ particle

~mehl *n* → Naturbims(stein)mehl

~sand *m* [*Bims mit 0–7 mm Korndurchmesser*] · pumice sand

~splitt *m* · pumice chip(ping)s

~-Stahlbetonhohldiele *f*, (Natur)Bims-Stahlbetonstegdiele · reinforced pumice concrete hollow(-core) plank

~-Stahlbetonstegdiele *f*, (Natur)Bims-Stahlbetonhohldiele · reinforced pumice concrete hollow(-core) plank

~(stein)mehl *n* [*Pulverisierter Bimskies, der neben seiner Anwendung als Schleif- und Poliermittel (Wasser- und Ölschliff) in der Metall-, Elfenbein- und Holzindustrie, in der Bautechnik auf Grund der auf dem Gehalt an freier Kieselsäure und der eigenartigen Beschaffenheit der Doppelsilikate beruhenden hydraulischen Eigenschaft als Zusatz bei der Steinholzherstellung verwendet wird. Es wird auch als Substrat zu Kaseinkalkfarben und zur Seifenherstellung verwendet*] · pumice meal, ~ dust, ~ powder, ~ flour, powder(ed) pumice (stone)

~-Wand(bau)platte *f* → Bims(beton)-Wand(bau)platte

~zementdiele *f* [*Eine unarmierte Bimsbetonplatte aus Bimskies und Zement. Die Dielen sind der Länge nach meist mit Nut und Feder versehen*] · pumice concrete plank

Natur|denkmal *n* · natural monument

~eckstein *m* Naturwinkelstein · perpend (stone), perpent [*A (natural) stone header extending through a wall so that one end appears on each side of it*]

~entlüftungsanlage *f* · natural draught ventilation unit (Brit.); ~ draft ~ ~ (US)

~erzeugnis *n* · natural product

~farbe *f* · natural colour (Brit.); ~ color (US)

naturfarbig · natural-coloured (Brit.); natural-colored (US)

~ [*Hochdruck-Asphaltplatte*] · of natural asphalt colour (Brit.); ~ ~ ~ color (US)

Natur|feinkorn *n* · natural fine grain

~feinsand *m* · natural fine sand

~garten *m* · natural garden

(~)Gestein *n* · rock

(~)Gewändestein *m* · (natural) jamb stone

~gips *m* → Rohgips

naturgrau · natural grey, ~ gray

Natur|grobsand *m* · natural coarse sand

~größe *f* · natural size

(~)Gummi *m*, (Natur)Kautschuk *m* · (natural) rubber

(~)Gummiemulsion *f*, (Natur)Kautschukemulsion · (natural) rubber emulsion

(~)Gummimehl *n*, (Natur)Gummipulver *n*, Kautschukmehl, Kautschukpulver · powdered (natural) rubber, (natural) rubber powder, flocculated latex crumb

~härte *f* [*z.B. bei Betonstahl. Sie wird im Gegensatz zur Härtung durch Kaltverfestigen (Ziehen, Verwinden) durch Zugabe von Legierungsbestandteilen bei der Stahlherstellung erreicht*] · 'natural hardness'

naturharter Stahl *m* · 'naturally hard' steel [*Its high strength is due, first, to a comparatively high carbon content, and second, to certain alloying elements*]

Natur|harz *n* · plant resin, natural ~ [*Although natural resins are still referred to commercially as gums, they should be distinguished from the true gums, such as gum arabic, which are generally soluble in water but insoluble in aromatic solvents, which do not melt but char on heating, and which have a structure related to the carbohydrates*]

~harzkitt *m* · plant resin-base(d) mastic

(~)Kautschuk *m*, (Natur)Gummi *m*, *n* · (natural) rubber

(~)Kautschukemulsion *f*, (Natur)Gummiemulsion · (natural) rubber emulsion

~kies *m* · bank gravel [*Gravel found in natural deposits, usually more or less intermixed with fine material, such as sand or clay or combinations thereof*]

~kiessand *m* · bank gravel-sand mix(ture)

~kork *m* · natural cork [*As opposed to composition cork*]

~kork-Dämmplatte *f* · natural cork insulating board, ~ ~ ~ slab, ~ ~ ~ sheet, ~ ~ insulation(-grade) ~

~lackharz *n*, Lacknaturharz · natural varnish resin

natürlich dargestelltes Blattwerk *n*, ~ ~ Laubwerk · natural foliage

natürliche Be- und Entlüftung *f*, ~ Lüftung · natural ventilation, ~ venting

~ Bewitterung *f* · natural weathering

~ Bitumen-Mineralmischung *f*, natürliches Bitumen-Mineralgemisch *n*, (Natur)Asphalt *m* [*Das natürlich vorkom-*

mende Bitumen mit seinem Begleitgestein] · (natural) asphalt (Brit.); rock ~ (US)

~ Heizung *f* · natural heating

~ Lüftung *f*, ~ Be- und Entlüftung · natural ventilation, ~ venting

~ Puzzolane *f*, natürlicher hydraulischer Zuschlag *m*, Naturpuzzolane · natural pozz(u)olana, ~ pozzolan(ic material) [*See remark under 'Puzzolane'*]

~ Verwitterungsprobe *f*, ~ Verwitterungsprüfung *f*, natürlicher Verwitterungsversuch *m* · natural (outdoor) weathering test

~ Verwitterungsprüfung *f*, ~ Verwitterungsprobe *f*, natürlicher Verwitterungsversuch *m* · natural (outdoor) weathering test

natürlicher Anhydrit *m*, natürliches ~ *n*, Naturanhydrit · natural anhydrite

~ Bausand *m* · natural building sand, building sand from natural sources [*B.S. 1200*]

~ Baustein *m*, (Natur)Baustein · building stone

~ (Beton)Leichtzuschlag(stoff) *m* · natural light(weight) (concrete) aggregate

~ (Beton)Zuschlag(stoff) *m*, (Natur-) Steinzuschlag(stoff) [*DIN 4226*] · natural (concrete) aggregate, concrete aggregate from natural sources [*B.S. 882; B.S. 1201*]

~ Farbstoff *m* [*z.B. Cochenille; Blauholzextrakt; Kreuzbeerenextrakt*] · natural dyestuff

~ hydraulischer Zuschlag *m*, natürliche Puzzolane *f*, Naturpuzzolane · natural pozz(u)olana, ~ pozzolan(ic material) [*See remark under 'Puzzolane'*]

~ Kleb(e)stoff *m*, ~ Kleber *m*, natürliches Kleb(e)mittel *n* · natural (bonding) adhesive, ~ ~ agent, ~ ~ medium, ~ cement(ing agent) [*Natural adhesives are animal glues, blood albumen glues, casein glues, starch derivative adhesives and vegetable derivative adhesives*]

~ Kunststoff *m*, Kunststoff auf natürlicher Basis · natural plastic (material)

~ Leichtzuschlag(stoff) *m* → ~ Betonleichtzuschlag(stoff)

~ Leim *m* · natural glue

(~) Mauer(werk)stein *m* · masonry stone

~ organischer Farbstoff *m* · natural organic dye

~ Stein *m* → (Natur)Stein

~ Stoff *m* · natural material

~ Ton *m* · real clay

~ Verwitterungsversuch *m*, natürliche Verwitterungsprüfung *f*, natürliche Verwitterungsprobe *f* · natural (outdoor) weathering test

~ Zug *m* · natural draught (Brit.); ~ draft (US)

~ Zuschlag(stoff) *m* → ~ Beton~

natürliches anorganisches Pigment *n*, Erdpigment; Erdfarbe *f* [*Fehlname*] · natural earth, earth pigment [*Many of the colo(u)r pigments are natural earths consisting of earthy substances such as sand and clay mixed with such materials as the oxides of iron and manganese which provide the colo(u)r*]

~ Bitumen-Mineralgemisch *n*, natürliche Bitumen-Mineralmischung *f*, (Natur)Asphalt *m* [*Das natürlich vorkommende Bitumen mit seinem Begleitgestein*] · (natural) asphalt (Brit.); rock ~ (US)

~ Lager *n*, Bruchlager [*(Natur)Stein*] · natural bed

~ organisches Pigment *n;* natürliche organische Farbe *f* [*Fehlname*] · natural organic pigment

~ Pigment *n* · natural pigment

~ Ultramarin *n* · natural ultramarine

~ ungesiebtes Material *n*, ungesiebtes natürliches ~ · all-in-ballast [*Aggregate containing a substantial proportion of all sizes (including sand) below a stated maximum as obtained from a pit, riverbed, or sea shore*]

Natur|marmor *m* · natural marble

~mittelsand *m* · natural medium sand

naturnahe Form *f* · naturalistic form

Natur|park *m*, Naturschutzpark · nature reserve

~pflasterstein *m* · natural (paving) sett

~probe *f*, Naturversuch *m*, Naturprüfung *f* [*Korrosionsversuch*] · field test

~prüfung *f*, Naturprobe *f*, Naturversuch *m* [*Korrosionsversuch*] · field test

~puzzolane *f* → natürliche Puzzolane

~sand *m* · natural sand

~sandzuschlag(stoff) *m* · natural sand aggregate [*It is the fine granular material resulting from the natural disintegration of rock or from the crushing of friable sandstone*]

~(schutz)park *m* · nature reserve

(Natur)Stein *m*, natürlicher Stein [*DIN 52100 bis DIN 52112*] · (natural) stone [*B.S. 1232*]

~(ab)deckplatte *f*, (Ab)Deckplatte aus Naturstein · (natural) stone coping slab, (~) ~ capping ~

~abflußrinne *f*, (Natur)Steinentwässerungsrinne, (Natur)Steinablaufrinne (natural) stone drain(age) gutter, (~) ~ draining ~, (~) ~ discharge ~

~ablaufrinne *f*, (Natur)Steinabflußrinne, (Natur)Steinentwässerungsrinne · (natural) stone drain(age) gutter, (~) ~ draining ~, (~) ~ discharge ~

(natur)steinähnlich · (natural) stonelike

(Natur)Stein|altaraufsatz *m* → (Natur)Steinretabel

~altarretabel *n* → (Natur)Steinretabel

~arkade *f* · (natural) stone arcade

~auskleidung *f*, (Natur)Steinverkleidung, (Natur)Steinbekleidung · (natural) stone (sur)facing, (~) ~ lining

Naturstein(außen)(ver)putz *m*, Naturstein-Kunststoff(außen)(ver)putz · natural stone (external) rendering (Brit.); ~ ~ stucco (US); ~ ~ exterior plaster, ~ ~ external plaster

(Natur)Stein|balken(träger) *m* · (natural) stone beam

~balkon *m* · (natural) stone balcony

~bank *f* · (natural) stone bench

~baumaterial *n* [*Schweiz*]; (Natur-) Steinbaustoff *m* · (natural) stone building material

~baustoff *m* [*Schweiz: (Natur)Steinbaumaterial n*] · (natural) stone building material

~bau(weise) *m*, (*f*) · (natural) stone construction method

~bau(werk) *m*, (*n*) · (natural) stone structure

~bearbeitung *f* · milling, dressing [*The converting of quarried blocks of stone into the finished product. It includes such operations as sawing the blocks into slabs of the desired thickness with gang saws or circular saws, planing them to improve the surface finish or cut mo(u)ldings on their surfaces; turning columns, balusters, etc., in lathes; milling recesses, patterns, and lettering on the faces of stones by means of a milling machine; carving the stone into various forms with hand tools, or with pneumatic tools operated by hand; and finishing the surface. Some confusion exists in the application of the term 'milling'. This word is used in a general way to cover all mill processes, such as sawing, planing, cutting, or carving, and is also applied to a particular type of equipment known as a milling machine. Cutting is usually defined as straight-line work and carving as curved work*]

~bekleidung *f*, (Natur)Steinauskleidung, (Natur)Steinverkleidung · (natural) stone (sur)facing, (~) ~ lining

~(belag)platte *f*, (Natur)Steinfliese *f* · (natural) stone tile

~belfried *m*, (Natur)Steinbergfried · (natural) stone keep

~bergfried *m*, (Natur)Steinbelfried · (natural) stone keep

~boden(belag) *m* → (Natur)Steinfußboden(belag)

~bogen *m* · (natural) stone arch

~bordschwelle *f* · wide natural stone curb; ~ ~ ~ kerb (Brit.)

~bordstein *m* [*DIN 482*] · natural stone curb; ~ ~ kerb (Brit.)

~-Bürgersteigplatte *f*, (Natur)Stein-Gehbahnplatte, (Natur)Stein-Gehwegplatte, (Natur)Stein-Fußsteigplatte, (Natur)Stein-Fußwegplatte, (Natur)Stein-Gehsteigplatte [*DIN 484*] · (natural) stone sidewalk (paving) flag (US); (~) ~ footpath (~) ~ (Brit.); (~) sidewalk flagstone, (~) footpath flagstone

~dach *n* · (natural) stone roof, roof of (natural) stone

~-Dachreiter *m* · (natural) stone roof spire

~entwässerungsrinne *f*, (Natur)Steinablaufrinne, (Natur)Steinabflußrinne · (natural) stone drain(age) gutter, (~) ~ draining ~, (~) ~ discharge ~

~fassade *f* · (natural) stone façade

~(fenster)sohlbank *f*, (Natur)Steinfensterbank · (natural) stone window sill; (~) ~ ~ cill (Brit.) [*B.S. 1230*]

~festigkeit *f* · (natural) stone strength

~fliese *f*, (Natur)Stein(belag)platte *f* · (natural) stone tile

~freipfeiler *m* · (natural) stone pillar

~fries *m* · (natural) stone frieze

~füller *m*, (Natur)Steinfüllstoff *m* · (natural) stone filler, (~) ~ dust

~füllstoff *m*, (Natur)Steinfüller *m* (natural) stone filler, (~) ~ dust

~fundament *n* · (natural) stone foundation

~(fuß)boden(belag) *m* · (natural) stone floor cover(ing), (~) ~ ~ finish, (~) ~ floor(ing)

~-Fußsteigplatte *f* → (Natur)Stein-Bürgersteigplatte

~-Fußwegplatte *f* → (Natur)Stein-Bürgersteigplatte

~gebäude *n*, (Natur)Steinhaus *n* · (natural) stone building, (~) ~ house

~-Gehbahnplatte *f* → (Natur)Stein-Bürgersteigplatte

~-Gehsteigplatte *f* → (Natur)Stein-Bürgersteigplatte

~-Gehwegplatte *f* → (Natur)Stein-Bürgersteigplatte

~geländer *n* · (natural) stone railing

~gelenk *n* · (natural) stone hinge

~gewölbe *n* · (natural) stone vault

~gewölbedecke *f* · (natural) stone-vaulted ceiling

~gitter *n* · (natural) stone grille

Natursteingranulat *n* [*Buntsteinputz*] · natural rock aggregate

(Natur)Stein|-Grundstückmauer *f* · (natural) stone boundary wall

~haus *n*, (Natur)Steingebäude *n* · (natural) stone building, (~) ~ house

Naturstein(innen)(ver)putz *m*, Naturstein-Kunststoff(innen)(ver)putz · natural stone plaster

(Natur)Stein|kanzel *f* · (natural) stone pulpit

~kirche *f* · (natural) stone church

~konsole *f* → Kragstein

~körnungen *fpl* · (natural) stone chip(ping)s

Naturstein-Kunststoff|(außen)(ver)-putz *m*, Naturstein(außen)(ver)putz · natural stone (external) rendering (Brit.); ~ ~ stucco (US); ~ ~ exterior plaster, ~ ~ external plaster

~(innen)(ver)putz *m*, Naturstein(innen)(ver)putz · natural stone plaster

~putz *m* → Naturstein-Kunststoff-(außen)verputz

~putz *m* → Naturstein-Kunststoff(innen)verputz

~(verputz) *m* → Naturstein-Kunststoff-(außen)verputz

~(ver)putz *m* → Naturstein-Kunststoff-(innen)verputz

Naturstein-(Kunststoff)Wandputz *m* · natural stone wall plaster

(Natur)Stein|lage *f*, (Natur)Steinschicht *f* · (natural) stone course, (~) ~ layer

~matte *f* · (natural) stone matting

~mauer *f*, Steinblockmauer · (natural) stone wall

~-Mauerabdeckung *f* · (natural) stone coping, (~) ~ capping

~mauerwerk *n*, Steinblockmauerwerk [*DIN 1053*] · (natural) stone masonry (work), stone block ~ (~), (natural) stone blockwork

~mauerwerkmörtel *m*, Steinblockmauerwerkmörtel · mortar for (natural) stone masonry (work), ~ ~ stone block ~ (~), ~ ~ (natural) stone block ~

~mosaik *n* · (natural) stone mosaic

~nachbearbeitung *f* · (natural) stone finishing

~oberschwelle *f*, (Natur)Steinsturz *m* · (natural) stone lintel; (~) ~ lintol [*deprecated*] [*B.S. 1240*]

~pfeiler *m* · (natural) stone pier

~pflaster *n* · (natural) stone (sett) paving

~pflasterstein *m* [*DIN 18502*] · (natural) stone (paving) sett

~plastik *f* · sculpture in (natural) stone, (natural) stone sculpture

~platte *f* · (natural) stone slab

(Natur)Stein(platten)|altar *m* · (natural) stone table altar

~auskleidung *f*, (Natur)Stein(platten)-verkleidung, (Natur)Stein(platten)bekleidung, (Natur)Stein(platten)verblendung · (natural) stone (slab) (sur)facing, (~) ~ (~) lining, (~) ~ (~) veneer, (~) ~ (~) cladding

~bekleidung *f* → (Natur)Stein(platten)-auskleidung

~dach(belag) *n*, (*m*) → (Natur)Stein(-platten)(dach)(ein)deckung

~(dach)(ein)deckung *f*, (Natur)Stein(-platten)dach(belag) *n*, (*m*) · (natural) stone slab roof(ing), (~) ~ ~ roof cover(ing)

(Naturstein)Platten(fuß)boden(belag *m*, Stein(fuß)boden(belag) · stone slab floor(ing) (finish), (~) ~ floor cover(ing), natural ~ ~ ~ (~)

(NaturâSteinplattenpflaster *n* · (natural) stone-block paving

(Natur)Stein(platten)|verblendung → (Natur)Stein(platten)auskleidung

~verkleidung *f* → (Natur)Stein(platten)-auskleidung

(Natur)Steinportal *n* · (natural) stone portal

Natursteinputz *m* → Naturstein(außen)-verputz

~ → Naturstein(innen)verputz

(Natur)Stein|retabel *n*, (Natur)Steinaltarretabel, (Natur)Steinaltaraufsatz *m* [*Siehe Anmerkung unter „Altaraufsatz"*] · (natural) stone altar screen, (~) ~ ~ piece, (~) ~ ~ retable, (~) ~ ~ reredos

~riemchen *n* · (natural) stone of one-quarter brick size

~rippengewölbe *n* · (natural) stone-ribbed vault

~rippenkuppel *f* · (natural) stone rib(-bed) cupola, (~) ~ ~ dome

~säule *f* · (natural) stone column

~säulenordnung *f* · (natural) stone Order

~schicht *f*, (Natur)Steinlage *f* · (natural) stone course, (~) ~ layer

~schmuck *m*, (Natur)Steinverzierung *f* · stonework decorative finish, ~ ~ feature, ~ ornamental ~, ~ decoration, ~ enrichment

~schutz(mittel) *m*, (*n*), (Natur)Steinschutzstoff *m* · (natural) stone-preservative

~schutzstoff *m*, (Natur)Steinschutz(-mittel) *m*, (*n*) · (natural) stone-preservative

~schwelle *f* · (natural) stone threshold

~splitt *m* · (natural) stone chip(ping)s

~stadttor *n* · (natural) stone city gateway

~stufe *f* · (natural) stone step

~sturz *m*, (Natur)Steinoberschwelle *f* · (natural) stone lintel; (~) ~ lintol [*deprecated*] [*B.S. 1240*]

~tempel *m* · (natural) stone temple

~thron *m* · (natural) stone throne

~treppe *f* · (natural) stone stair(case)

~(tür)schwelle *f* · (natural) stone (door) threshold

~überwölbung *f* · (natural) stone vaulting

~verband *m* · (natural) stone bond

(natur)steinverkleidet · dressed with (natural) stone

(Natur)Steinverkleidung *f*, (Natur-) Steinauskleidung, (Natur)Steinbekleidung · (natural) stone (sur)facing, (~) ~ lining

Naturstein(ver)putz *m* → Naturstein(außen)verputz

~ → Naturstein(innen)verputz

(Natur)Stein|verzierung *f*, (Natur-)Steinschmuck *m* · stonework decorative finish, ~ ~ feature, ~ ornamental ~, ~ decoration, ~ enrichment

~wand(belag)platte *f*, (Natur)Steinwandfliese *f* · (natural) stone wall tile

Naturstein-Wandputz *m*, Naturstein-Kunststoffwandputz · natural stone wall plaster

(Natur)Steinzuschlag(stoff) *m*, natürlicher (Beton)Zuschlag(stoff) [*DIN 4226*] · natural (concrete) aggregate, concrete aggregate from natural sources [*B.S. 882; B.S. 1201*]

Natur|ton *m* · natural finish

~-Umlaufkessel *m* · gravity feed type boiler

~versuch *m*, Naturprüfung *f*, Naturprobe *f* [*Korrosionsversuch*] · field test

~vorbild *n* · example derived from nature

(~)Wandbaustein *m* · (natural) walling stone

(Natur)Werkstein *m*, Haustein [*Der nach einem Versatzplan mit bestimmtem Fugenschnitt gearbeitete Haustein. Als Parallelepiped "Quader(stein)" genannt*] . (stone) ashlar, (~) ashler; hewn stone (US)

~auskleidung *f*, (Natur)Werksteinverkleidung, (Natur)Werksteinbekleidung, Hausteinauskleidung, Hausteinverkleidung, Hausteinbekleidung · squared stone lining, ~ ~ (sur)facing

~bekleidung *f* → (Natur)Werksteinauskleidung

~gewölbe *n*, Hausteingewölbe · (stone) ashlar vault, (~) ashler ~; hewn stone ~ (US)

~mauerwerk *n*, Hau(stein)mauerwerk · (stone) ashlar masonry (work), (~) ashler ~ (~); hewn stone ~ (~) (US)

~platte *f*, Hausteinplatte · (stone) ashlar slab, (~) ashler ~; hewn stone ~ (US)

~verband *m*, Hausteinverband · (stone) ashlar bond, (~) ashler ~; hewn stone ~ (US)

~verkleidung *f* → (Natur)Werksteinauskleidung

Natur|winkelstein *m*, Natureckstein · perpend (stone), perpent [*A (natural) stone header extending through a wall so that one end appears on each side of it*]

~zement *m*, Romanzement [*In den USA werden Naturzemente durch Brennen unterhalb der Sintergrenze gewonnen, sie sind also nach deutscher Auffassung hydraulische Kalke*] · natural cement

~zugschornstein *m* · natural draught chimney (Brit.); ~ draft ~ (US)

Naumachie *f* [*Mit Wasser gefüllte Kampfbahn der Römer, in der Bootskämpfe und Seeschlachten stattfanden*] · naumachy

Naviersche Theorie *f* · Navier's hypothesis

$Na_2B_4O_7$ *n*, Borax *n*, Natriumborat *n*, borsaures Natron *n* [*Salz der Tetraborsäure*] · borax

Na_2O *n*, Natriumoxid *n* · sodium oxide (Brit.); ~ oxid(e) (US); soda

Na_2O_3 *n*, Natriumkarbonat *n* · sodium carbonate

Na_2SiO_3 *n*, Natriumsilikar *n*, Natronwasserglas *n* · sodium silicate, silicate of soda

$Na_2SO_4 \cdot 10\,H_2O$ *n*, schwefelsaures Natrium *n*, Natriumsulfat *n*, Glaubersalz *n* · sodium sulphate (Brit.); ~ sulfate (US); saltcake

$Na_2S_2O_3 \cdot H5_2O$ *n*, Fixiersalz *n*, Natriumthiosulfat *n* · sodium thiosulfate, hypo

Nb-stabilisiert [*rostfreier Stahl*] · niobium stabilized

Neapelgelb *n*, Bleiantimongelb · Naples yellow

Neben|altar *m*, Seitenaltar [*Altar neben dem Hochaltar, meist zu beiden Seiten des Langhausabschlusses oder am Ostende der Seitenschiffe*] · side altar

~anschluß *m*, Zweitanschluß [*z.B. bei einer Warmwasserversorgungsanlage*] · secondary connection

~arbeiten *fpl* · secondary work

~armierung *f* → Zulage(stahl)einlagen

~balken(träger) *m* · secondary beam

~becken *n*, Nebenschwimmbecken · minor (swimming) pool

~bewehrung *f* → Zulage(stahl)einlagen

~biegespannung *f* · secondary bending stress

~eingang *m* · side entrance

~eingang *m*, Dienstboteneingang · service entrance

~einlagen *fpl* → Zulage(stahl)einlagen

~erzeugnis *n* · by-product

~gebäude *n* · ancillary building, ~ block, dependent ~, subordinate ~, acessory ~

~gehweg *m* · secondary walk

~kern *m* · secondary core

~korso *m* · secondary mall

~leistungen *fpl* · necessary work auxiliary to the accomplishment of the contract

~raum *m* · secondary room

~raum *m* [*Basilika*] · subsidiary chamber

~rücklauf *m*, Zweitrücklauf · secondary return

~rücklaufrohr *n*, Zweitrücklaufrohr · secondary return pipe

~(schwimm)becken *n* · minor (swimming) pool

~spannung *f*, Nebenbeanspruchung · secondary stress

~spannung *f*, Zusatzspannung · secondary stress

~(stahl)einlagen *fpl* → Zulage(stahl)-einlagen

~straße *f*, Seitenstraße · side street

~tempel *m* · subsidiary temple

~träger *m* · secondary girder

~tragwerk *n* · secondary load-bearing system, ~ weight-carrying ~

~treppe *f* · secondary stair(case)

~treppe *f*, Dienstbotentreppe · service stair(case)

~uhr *f* · slave clock

~umlauf *m*, Zweitumlauf [*z.B. bei einer Warmwasserversorgung*] · secondary circulation

~unternehmer *m*, Nachunternehmer · sub-contractor

~vorlauf *m*, Zweitvorlauf [*z.B. bei einer Warmwasserversorgung*] · secondary flow

~vorlaufrohr *n*, Zweitvorlaufrohr [*z.B. bei einer Warmwasserversorgung*] · secondary flow pipe

~weg *m*, akustischer ~ · indirect path of sound transmission

~wirkung *f* · side effect

~zentrum *n* · satellite centre (Brit.); ~ center (US)

Neftgil *n* → Ozokerlt

negative Biegung *f*, negatives Biegen *n* · negative bending

~ Einflußfläche *f* · negative area of influence

~ Steifigkeit *f* · negative stiffness, ~ rigidity

negatives Biegemoment *n* · negative bending moment

~ Biegen *n*, negative Biegung *f* · negative bending

~ Maßwerk *n* · plate tracery

~ Moment *n* · negative moment, support ~

~Zusatzmoment *n*, Umlagerungsmoment, umgelagertes Moment · secondary (bending) moment, redistributed ~

nehmen von Proben · to take samples, to sample

Neigungswinkel *m* **zur Horizontalen** · pitch [*The angle of a slope to the horizontal*]

Nekropole *f*, Totenstadt *f*, Gräberstadt [*Friedhof mit architektonisch gestalteten Gräbern oder mit Grabbauten, die oft noch gruppiert oder um größere Grabbauten regelmäßig angeordnetsind*] · necropolis

NE-Metall *n*, Nichteisenmetall · non-ferrous metal

Nenn|abmessung *f*, Nennmaß *n* [*DIN 18201*] · nominal dimension

~dicke *f* · nominal thickness

~höhe *f* · nominal height

~maß *n*, Nennabmessung *f* [*DIN 18201*] · nominal dimension

~maßbereich *m*, *n*, Nennabmessungsbereich · nominal dimension range

~probe *f*, Nennprüfung *f*, Nennversuch *m* · rating test

~prüfung *f*, Nennprobe *f*, Nennversuch *m* · rating test

~querschnitt *m* · nominal cross section

~steifigkeit *f* · nominal stiffness, ~ rigidity

~weite *f*, NW *f*, (Rohr)Innendurchmesser *m*, lichter Durchmesser · bore

neo-akademistischer Formalismus *m* · neo-Academic formalism

Neobarock *m*, Neubarock · neo-Baroque

Neobitumen *n* [*Bitumen mit Steinmehl; tauglich für Betonrohrauskleidungen*] · asphaltic-bitumen with rock flour (Brit.); asphalt ~ ~ ~ (US)

Neogotik *f*, Neugotik, posthume Gotik · Gothic Revival, revived Gothic style

neo-gotisch, neu-gotisch · neo-Gothic

neoklassisch · neo-Classical

Neoklassizismus *m* · neo-classicism [*Movement which originated in Rome in the middle of the 18th century partly as a reaction to the Baroque and Rococo and partly from a genuine desire to recreate the art of Greece and Rome*]

Neoliberty-Stil *m* · neo-Liberty [*Reversion of post-war Italian architects to Art Nouveau forms*]

neo-mittelalterlich, neo-ma. · neo-medieval

Neomudéjarstil *m* · Neo-mudéjar style [*A perpetuation of revival of features of the style in the Colonial phase (sixteenth-nineteenth century) in Latin America*]

Neon-Argon-Leuchtröhre *f* · neon argon luminous tube light

Neo-Neoplastizismus *m* · neo-neo-plasticism [*Term used by artists and architects of De Stijl, protagonists of clear, geometric order*]

Neon|lampe *f* · neon lamp

~(-Leucht)röhre *f* · neon tube light

Neo-Palladianismus *m* · neo-Palladianism

Neoplastizismus *m* · neoplasticism [*Term used by Piet Mondrian to describe his own painting, developed from Cubist prototypes. The clear geometric order of N. was adopted by the artists and architects of De Stijl*]

neoplastizistische Malerei *f* · neoplasticist painting

Neopren *n* [*Amerikanischer Chloropren-Polymerisat-Kunstkautschuk*] · neoprene (synthetic rubber), ~ rubber

~(ab)dicht(ungs)profil *n*, Neoprenselbstdichtung *f* · neoprene (preformed) gasket, ~ sealing ~, ~ structural ~

~(ab)hänger *m*, Neoprenhängeglied *n* [*Drahtputzdecke*] · neoprene hanger

~basis *f*, Neoprengrundlage *f* · neoprene base

~(ab)dicht(ungs)profil *n*, Neoprenselbstdichtung *f* · (preformed) neoprene gasket

~(ab)dicht(ungs)ring *m* · neoprene seal(ing) ring

~-Dehnprofil(-Übergangs)konstruktion *f* · neoprene section expansion joint

~dicht(ungs)profil *n*, Neoprenabdicht(ungs)profil, Neoprenselbstdichtung *f* · (preformed) neoprene gasket

~dicht(ungs)ring *m*, Neoprenabdicht(ungs)ring · neoprene seal(ing) ring

~einlage *f* · neoprene insert(ion)

~farbe *f* · neoprene paint

~fugenband *n* · neoprene waterstop, ~ waterbar

~grundlage *f*, Neoprenbasis *f* · neoprene base

~hängeglied *n*, Neopren(ab)hänger *m* [*Drahtputzdecke*] · neoprene hanger

~hänger *m*, Neoprenabhänger, Neoprenhängeglied *n* [*Drahtputzdecke*] · neoprene hanger

~lager *n* · neoprene bearing

~lagerkissen *n* · neoprene (bearing) pad

~-Pendeltür *f*, flexible ~ · flexible neoprene (swing) door

~platten(-Übergangs)konstruktion *f* · neoprene sheet expansion joint

~schaum(stoff) *m* · expanded neoprene, foamed ~, neoprene foam

~selbstdichtung *f*, Neopren(ab)dicht(ungs)profil *n* · (preformed) neoprene gasket

~topflager *n* · neoprene pot bearing

~(unterleg)scheibe *f* · neoprene washer

~-U-Profil *n* · neoprene channel

~verglasung *f* · neoprene glazing

Nephelinbasalt *m* · nepheline basalt

neptunisches Gestein *n* → Schichtgestein

Nereiden-Denkmal *n* [*zu Xanthos*] · Nereid Monument

Nerothermen *fpl* · Thermae of Nero

Nesterbildung *f* [*Beton*] · formation of pockets

Netto|geschoßfläche *f*, Nettostockwerkfläche, Nettoetagenfläche · net floor area [*The area of a floor or floors exclusive of all walls, staircases, landings, chimneys, built-in cupboards and service areas ancillary to the user of the building*]

~querschnittfläche *f* · net sectional area

Netzadern *fpl* · checking [*Defect in a coat of paint*]

netzarmiert, netzbewehrt · mesh-reinforced

Netzarmierung *f*, Netzbewehrung, Netz(stahl)einlagen *fpl* · mesh reinforcement

netz|artige Äderung *f*, netzartiges Geäder *n* [*Marmor*] · broad veining

~artiges Geäder *n*, netzartige Äderung *f* [*Marmor*] · broad veining

~bewehrt, netzarmiert · mesh-reinforced

Netz|bewehrung *f*, Netzarmierung, Netz(stahl)einlagen *fpl* · mesh reinforcement

~einlagen *fpl*, Netzstahleinlagen, Netzarmierung *f*, Netzbewehrung · mesh reinforcement

~gewölbe *n*, Rautengewölbe, Netzrippengewölbe · net vault, diamond ~

~(haft)mittel *n* → Adhäsionsverbesserer

~linie *f*, Systemlinie [*Träger*] · system line

~maßwerk *n* · reticulated tracery

~mittel *n* → Adhäsionsverbesserer

~(stahl)einlagen *fpl*, Netzarmierung *f*, Netzbewehrung · mesh reinforcement

~verband *m* · opus reticulatum [*Roman walling of concrete faced with squared stones arranged diagonally like the meshes of a net*]

Netz(werk) *n* · network

Netzwerk *n* · lacework

~bildner *m* [*Glasherstellung*] · network former

~kuppel *f* · network dome, ~ cupola

Netzwerkplanung *f* **im Baubetrieb**	**network planning in the construction industry**
Ablaufplanung *f* mit einem Netzwerk	work procedure by means of a network
Anfangsfeld *n*	starting event field
Balkendiagramm *n*	bar chart
Bauzeitkontrolle *f*	check of construction time
Bedingung *f*	requirement
Berechnungen *fpl* am Netzwerk	analysis of the network
Bereitstellungsvorgang *m*	supply operation
Blattübergang *m*	continuing the network over several sheets of paper
CPM	Critical Path Method

Durchführungsplanung *f*	planning
Endfeld *n*	finishing event field
Ereignisfeld *n*	event field
Ereignisfeldnummer *f*	event field number
Ereignis-Kantensystem *n*	event sided system
Ereignisnummer *f*	event field number
Ereignisspiel *n*	event slack
Feststellung *f* des frühesten Arbeitsbeginns und der Gesamtdauer	establishment of the earliest start and total duration of activities
Fertigstellungstermin *m*	completion date
geschlossener Kreis *m*, Schleife *f*	calculation recycling loop
gestaffelt	staggered
Kettenspiel *n*	total slack
kritischer Weg *m*	critical path
Leistungspfeil *m*	activity arrow
Linienschaubild *n*	line chart
Netzplantechnik *f*	network planning technique, ~ ~ technic
Netzwerk *n*	network
Netzwerkdarstellung *f* im Zeitmaßstab	presenting the network in the form of a bar chart
Netzwerkpfeil *m*	network arrow
Netzwerkplan *m*	network plan
Nullverbinder *m*	dummy
Optimierung *f*	optimizing
parallellaufende Vorgänge *mpl* im Netzwerk	parallel activities in the network
PERT	Program Evaluation and Review Technique
Pfeilschwanz *m*	arrow tail
Pfeilspitze *f*	arrow-head
Potentialbegrenzung *f*	limitation of resources
Potentialmethode *f*	potential method
Produktionspotential *n*	production resources
Prozeßkennzeichnung *f* in Netzwerken	process identification in networks
Prozeßkette *f*	activity chain
Schleife *f*, geschlossener Kreis *m*	calculation recycling loop
Tätigkeits-Kantensystem *n*	activity sided system
Teilfeld *n* eines Ereignisfeldes	section of an event field
Teilprozeß *m*	activity
Teilprozeßbindung *f*	connecting activities
Teilprozeßgröße *f*	size of activity
Teilprozeßkennzeichnung *f*	identification of activities
Teilprozeßliste *f*	list of activities
Teilprozeßspiel *n*	activity float
Teilprozeßzeit *f*	activity time
Übertragung *f* in einen üblichen Bauzeitenplan	transferring to a conventional construction schedule plan
Unterscheidungsbuchstabe *m*	distinctive letter
unverändertes Netzwerk *n*	unalterated network, unchanged ~
verändertes Netzwerk *n*	alterated network, changed ~
Vorlaufpfeil *m*	waiting-time arrow, head-start ~
Vorlaufprozeß *m*	head-start
Zeitdauer *f* der Teilprozesse	activity duration
Zeitplanung *f*	scheduling

Netzwerkwandler *m* [*Glasherstellung*] · network modifier

Neubarock *m*, Neobarock · neo-Baroque

Neubau *m* · new building, ~ block

~gebiet *n* · developing area

Neue Sachlichkeit *f* · new objectivity, neo-objectivity [*Following reaction against Expressionism in Germany in the early twenties, this term was coined to denote a new attention to realistic representation of actual objects in a detailed way*]

~ Wache *f* **in Berlin** · New Guard House at Berlin

Neueinteilung *f* **von Räumen** · rearrangement of (interior) partitioning

Neuer Brutalismus *m* · New Brutalism

~ Empirismus *m* · New Empiricism [*Scandinavian style of the 1940s*]

~ Formalismus *m* · New Formalism [*Term used to describe the rediscovery of classical traditions in architecture*]

Neugelb(pigment) *n* [*Ein Chromgelbersatz aus auf ein Substrat gefällter Teerfarbe*] · new yellow (pigment)

Neugotik *f*, Neogotik, posthume Gotik · Gothic Revival, revived Gothic style

neu-gotisch, neo-gotisch · neo-Gothic

neunsäulig · enneastyle

90°-(Rohr)Krümmer *m* · 90° (pipe) bend, (one-)quarter (~) ~

Neurenaissance *f* · neo-Renaissance

Neusilber *n* · nickel silver, German ~ [*Not be to confused with nickel silver (US) = Nickelbronze*]

Neustadt *f* · New Town [*Township designed to relieve pressure on major cities. In contrast to the satellite town, it is also intended to attract various types of industry away from the cities*]

neutrale Achse *f*, ~ Linie *f*, Nullachse, Nullinie · neutral axis, zero line

~ Faser *f*, spannungslose ~ · neutral fibre (Brit.); ~ fiber (US)

~ Linie *f* → ~ Achse

~ Lösung *f* · neutral solution

neutrales (Ab)Beizmittel *n*, flüssiges ~, lösendes ~, (Ab)Beizfluid *n*, (Ab-)Beizflüssigkeit *f* · solvent-based paint remover, ~ ~ stripper

~ feuerfestes Erzeugnis *n*, ~ ff. ~, ~ Feuerfesterzeugnis [*Feuerfestes Erzeugnis bei dem keine nennenswerte Reaktion mit sauren oder basischen feuerfesten Massen erfolgt*] · neutral refractory (product)

Neutral|fett *n* · neutral fat

~glas *n* · neutral glass [*A glass of high chemical durability*]

Neuweiß(pigment) *n* · new white (pigment)

Neuwiedergrün *n* · Neuwied green

Newton-Metall *n* · Newton's alloy

NF *n*, Normalformat · normal format

n-fach statisch unbestimmtes Tragwerk *n* · structure indeterminate to the *n*th degree

n-freies Verfahren *n*, *n*-freie Berechnungsweise *f*, *n*-freie Bemessung *f*, Bruchtheorie *f*, Bruchsicherungsnachweis *m* · ultimate (strength) design (method, (load-factor ~ (~)

NH_4Cl *n*, Chlorammonium *n*, Ammoniumchlorid *n*, Salmiak *m* · ammonium chloride (Brit.); ~ chlorid(e) (US)

NH_2NH_2 *n*, Hydrazin *n* [*Wasseranziehende alkalische Flüssigkeit; rauchend, giftig; als Treibmittel für Porengips und Porenbeton verwendet*] · hydrazin(e)

nicht normengerecht · not up to Standard

~ warm ausgehärtet [*Alu(minium)legierung*] · non-heat-treated

~ ~ aushärtbar [*Alu(minium)legierung*] · non-heat-treatable

nicht|abgedeckt [*Baumatte*] · unfaced, plain

~(ab)kreidend, nichtauskreidend [*Farbanstrich*] · nonchalking

Nichtabnahme *f*, Abnahmeverweigerung *f* · nonacceptance, rejection

nicht|(ab)staubend · nondusting

~abwaschbar [*Fehlbezeichnung*]; nichtwaschfest · nonwashable, nonscrubbable

~armiert, unbewehrt, nichtbewehrt, unarmiert · plain, unreinforced

~atmend · nonbreathing

Nicht-Ausblühen *n* · nonefflorescence

nicht|ausgeschmolzen [*Kopal*] · unrun, un-fused

~auskreidend, nicht(ab)kreidend [*Farbanstrich*] · nonchalking

~betonumhüllt, nichtbetonummantelt · uncased

~betonummantelt, nichtbetonumhüllt · uncased

~bewehrt, unbewehrt, nichtarmiert, unarmiert · plain, unreinforced

~brennbar, unbrennbar [*DIN 4102*] noncombustible, incombustible

Nichtbrennbarkeit *f*, Unbrennbarkeit [*DIN 4102*] · noncombustibility, incombustibility

nicht|deckend, durchsichtig [*Lasurfarbe*] · transparent

~drückendes Wasser *n* · moisture, humidity

~durchlüftetes Flachdach *n*, Warmdach, einschaliges Flachdach [*Bei diesem Dach bildet die Dachdecke die oberste Geschoßdecke. Sie hat auf der Oberseite einen trittfesten Wärmedämmbelag von ausreichendem Wärmedurchlaßwiderstand*] · nonventilated flat roof

~eingedicktes Öl *n* · unbodied oil

~eingespanntes Ende *n* · free end [*The end of a beam in a condition of hinge*]

Nicht|einhaltung *f* [*Norm; Bestimmung; Vorschrift usw.*] · noncompliance

~eisenmetall *n*, NE-Metall · non-ferrous metal

nichtelastischer Bereich *m*, unelastischer ~, nichtelastisches ~ *n*, unelastisches ~ · inelastic range, nonelastic ~

nichtexpandierter Backkork *m* **mit korkeigenem Harz gebunden**, nichtgeblähter ~ ~ ~ ~ ~ · unexpanded pure agglomerated cork, ~ ~ baked ~ [*Agglomerated cork made by a process that does not appreciably alter the suberous tissue*]

~ ~ ~ nicht korkeigenem Bindemittel, nichtgeblähter ~ ~ ~ ~ ~ · unexpanded composition cork [*Composition cork made by a process that does not appreciably alter the suberous tissue*]

nicht|faserarmiert → ohne Faserzusatz

~federbelastet · non-spring loaded

~flüchtiger Anteil *m*, ~ Gehalt · nonvolatile portion, ~ content

~flüchtiger Bestandteil *m* [*Anstrichstoff*] · non-volatile component

~flüchtiger Gehalt *m*, ~ Anteil · nonvolatile portion, ~ content

~frostbeständig · non-frost proof

nichtgeblähter Backkork *m* **mit korkeigenem Harz gebunden,** nichtexpandierter ~ ~ ~ ~ ~ · unexpanded pure agglomerated cork, ~ ~ baked ~ [*Agglomerated cork made by a process that does not appreciably alter the suberous tissue*]

~ ~ ~ nicht korkeigenem Bindemittel, nichtexpandierter ~ ~ ~ ~ ~ · unexpanded composition cork [*Composition cork made by a process that does not appreciably alter the suberous tissue*]

nicht|gebrochen, ungebrochen · uncrushed, unbroken

~gedämmt · uninsulated

~gefasert → ohne Faserzusatz

~geformter feuerfester Stoff *m*, ~ ff. ~, nichtgeformtes feuerfestes Erzeugnis *n*, nichtgeformtes ff. Erzeugnis · unshaped refractory (product), ~ ~ material

~geformtes feuerfestes Erzeugnis *n*, ~ ff. ~, nichtgeformter feuerfester Stoff *m*, nichtgeformter ff. Stoff · unshaped refractory (product), ~ ~ material

~gefüllert, ungefüllert · without filler(s)

~genormtes Profil *n* · non-standard shape, ~ section, ~ unit

~gradlinige (Natur)Steinbearbeitung *f* · (natural) stone carving, curved work

~gesintert, ungesintert · unsintered

~gilbend, nichtvergilbend,, (ver)gilbungsfrei · nonyellowing

~glasiert, unglasiert · unglazed

~grundiert · unprimed

~härtend, dauerplastisch · (permanently) nonhardening, ~ plastic

~historischer Stil *m* · anti-period style

~homogener Spannungszustand *m* · nonhomogeneous state of stress

~hydraulisch, unhydraulisch · nonhydraulic

~isoliert · unisolated

~keramische (Belag)Platte *f*, ~ Fliese · non-ceramic tile

~keramische Fliese *f*, ~ (Belag)Platte · non-ceramic tile

~keramische Platte *f*, ~ Belagplatte, ~ Fliese · non-ceramic tile

~klassische Schalenaufgabe *f* · nonclassical shell problem

~klebend · nonadhesive

~kleb(e)rig, klebfrei · tack-free, stickfree

~konservative Aufgabe *f*, nichtkonservatives Problem *n* · nonconservative problem, inelastic ~

~konservatives Problem *n*, nichtkonservative Aufgabe *f* · nonconservative problem inelastic ~

~konservatives System *n* · inelastic system, nonconservative ~

Nicht-Konstruktionskleber *m*, Nicht-Konstruktionskleb(e)mittel *n*, Nicht-Konstruktionskleb(e)stoff *m* · nonstructural (bonding) adhesive, ~ ~ medium, ~ ~ agent, ~ cement(ing agent)

nicht|kreidend, nichtabkreidend, nichtauskreidend [*Farbanstrich*] · nonchalking

~kritische Windgeschwindigkeit *f* · noncritical wind velocity

~(last)tragend, statisch nicht mitwirkend · non(load)bearing, non-weight-carrying, nonsupporting

nicht(last)tragende Außenwand *f* [*Skelettbauweise*] · inclosure wall [*An exterior non-bearing wall in skeleton construction, anchored to columns, piers, or floors, but not necessarily built between columns or piers*]

~ Mauerverkleidung *f* · veneer [*A masonry facing which is attached to the backup but not so bonded as to act with it under load*]

~ Tafel *f* · non(load)bearing panel

nicht(last)tragender Deckenstein *m*, ~ Deckenziegel *m*, statisch nicht mitwirkender ~ [*DIN 4160*] · non(load)-bearing floor (clay) brick, ~ ~ (~) block, non-weight-carrying ~ (~) ~, nonsupporting ~ (~) ~

nichtlineare Elastizität *f* · nonlinear elasticity

~ Elastizitätstheorie *f* · nonlinear theory of elasticity

~ Gleichung *f* · nonlinear equation

~ plastische Theorie *f*, genaue ~ ~ [*Bestimmen der Grenzlast eines Tragwerkes nach der Theorie 2. Ordnung bzw. Verhalten im überkritischen Bereich, d.h. unter Berücksichtigung des Einflusses endlicher Verformungen*] · nonlinear plastic theory, exact ~ ~

~ Theorie *f* · nonlinear theory

~ Verteilung *f* · nonlinear distribution

nichtlineares elastisches Bauwerk *n* · nonlinearly elastic structure

Nichtlinearität *f* · nonlinearity

nichtlufteinführend, nichtluftporenbildend · non-air entraining

Nicht-Luftporenbeton *m* · non-air-entrained concrete

nichtluftporenbildend, nichtlufteinführend · non-air entraining

nichtmetallisches Element *n* · nonmetallic element

~ Mineral *n* · nonmetallic mineral

Nichtmetall|oxid *n* · oxide of non-metal (Brit.); oxid(e) ~ ~ (US)

~rohr *n* · nonmetallic pipe

Nichtmietfläche *f* · nonrental area, nonrentable ~, ~ space

nicht|nagelbar, unnagelbar · nonnailable

~normengerechtes Rohr *n* · junk pipe, sub-standard ~

~ölig · nonoily

~porös · nonporous

~prismatischer Stab *m* · nonprismatic member

~rostender Stahl *m* → Chrom-Nickel-Stahl

~saugende Fläche *f* · nonabsorbing surface, nonabsorbent ~

~schmelzbar, unschmelzbar · infusible

Nichtschwimmerbecken *n,* LSB *n,* Lehr(schwimm)becken · teaching pool, learner's ~

nicht|standsicher · unstable

~starr, schmiegsam · flexible, nonrigid

~staubend, nichtabstaubend · nondusting

~steigend · non-rising

~tragend, nichtlasttragend, statisch nicht mitwirkend · non(load)bearing, nonweight-carrying, nonsupporting

~tragende Außenwand *f* → nichtlasttragende ~

~tragende Decke *f,* Scheindecke · false ceiling

~treibender Kalk *m* [*Fehlname*]*;* trokkengelöschter (Brannt)Kalk, gedämpfter (Brannt)Kalk · dry slaked quicklime

~trocknend · nondrying

~trocknendes Öl *n* · nondrying oil [*An oil which undergoes little or no oxidation when exposed to air and therefore has no film-forming properties*]

~überdacht, offen · unroofed, uncovered, open

~umkehrbares Kriechen *n* · irreversible creep

~unterkellert · cellarless

~unterstützt · unsupported

~verblassend · nonfading

~(ver)gilbend, (ver)gilbungsfrei · nonyellowing

~verseifbar · non-saponifiable

~waschfest [*Fehlbezeichnung: nichtabwaschbar*] · non-washable, nonscrubbable

Nicht|wohngebäude *n* · nonresidential building, ~ block

~wohn(ungs)bau *m* · nonhousing construction, nonresidential ~, nondomestic ~

~wohn(ungs)bausektor *m* · nondomestic sector, nonhousing ~, nonresidential ~

nichtzwängungsfreies Spannglied *n* · nonconcordant cable

Nickel *n* · nickel

~(bau)stahl *m* [*Er wird aus Gründen der Festigkeit, insbesondere in der Kälte, und zur Gewichtsverminderung verwendet. Im Gegensatz zu anderen Stählen nimmt bei tiefen Temperaturen die Dehnung nicht ab, d.h. die Stähle werden nicht kaltspröde*] · (structural) nickel steel

~-Bleibronze *f* · nickel leaded bronze

~bronze *f* · nickel bronze, silver ~; ~ silver (US) [*Not to be confused with nickel silver = Neusilber*]

~stahl *m* → Nickelbaustahl

Niederburg *f* · castle sited on low-lying ground

Niederdruck|anlage *f* [*Heizung*] · atmospheric-pressure system, ~ installation, low-pressure ~

~dampfbehandlung *f* **von Beton** · atmospheric-pressure steam curing of concrete, low-pressure ~ ~ ~ ~

~-Dampfheizung *f* · low-pressure steam heating, atmospheric-pressure ~ ~

~(dampf)kessel *m* · low-pressure (steam) boiler, atmospheric-pressure (~) ~

~dampfrohr *n* · low-pressure steam pipe, atmospheric-pressure ~ ~

~gasanlage *f* · low-pressure gas system, atmospheric-pressure ~ ~

~gerät *n* · low-pressure equipment, atmospheric-pressure ~

~heizung *f* · low-pressure heating, atmospheric-pressure ~

~kesselzentrale *f* · central low-pressure boiler station, ~ atmospheric-pressure ~ ~

~spritzen *n* · low-pressure spraying, atmospheric-pressure ~

~-Warmwasserheizung *f,* Einrohrheizung, Einrohrsystem *n* · one-pipe (heating) system, single-pipe (~) ~

Niederfrequenz-Schallschutz *m* · low-frequency sound insulation, ~ ~ protection

nieder|gebrannt, ausgebrannt, abgebrannt · (fire)-gutted, ruined by fire, burnt down, burned down, destroyed by fire

~gespannter Naßdampf *m* · low-pressure saturated steam, ~ wet ~, atmospheric-pressure ~ ~

Niederschlags|feuchtigkeit *f,* Niederschlagsfeuchte *f* · precipitation moisture

~verfahren *n,* Fällungsverfahren [*Bleiweißherstellung*] · electrolytic process, Sperry ~

~wasser *n* · precipitation water

Nieder|spannungs-Hauptverteilung *f* · low-tension main distribution station

~spülabort *m* · low down suite, ~ ~ closet

~temperatur-Strahlungsheizung *f,* Flächenheizung [*Erwärmung des Raumes durch Wärmeabgabe beheizter Flächen, wie Decken, Wände und Fußböden. Heiz(ungs)mittel meistens Warmwasser*] · panel heating

niedrige (Ab)Bindewärme *f* · low heat of hydration (US); ~ ~ ~ setting (Brit.); ~ ~ generated while taking initial set

~ Wohnbauten *f* · low-rise residential buildings, ~ ~ blocks

niedriges Gebäude *n* · low-rise building, ~ block

~ Giebeldach *n* · low pitched gable roof, slightly ~ ~ ~, low-pitch ~ ~

niedrig|legierter Stahl *m* · low-alloy steel

~viskos, dünnflüssig · of low viscosity

Niet *m* · rivet

~abstand *m* · distance between rivets, rivet interval

~behälter *m* · riveted tank

~berechnung *f* · rivet calculation

~draht *m* · rivet wire

~flansch *m* [*DIN 2600–2613*] · riveted flange

~kolonne *f*, Niettrupp *m*, Nietmannschaft *f* · riveting crew, ~ gang, ~ team, ~ party

~loch *n* · rivet hole

~mannschaft *f*, Nietkolonne *f*, Niettrupp *m* · riveting crew, ~ gang, ~ team, ~ party

~querschnitt *m* · rivet cross-section

~schornstein *m*, genieteter Schornstein · riveted chimney, ~ stack

~stahl *m* · rivet steel

~träger *m*, genieteter Träger · riveted (plate) girder

~trupp *m*, Nietmannschaft *f*, Nietkolonne *f* · riveting crew, ~ gang, ~ team, ~ party

~versenkung *f* · countersinking of rivet(s)

~walzen *n* [*Scharnier*] · locking the wire in place

~werkstoff *m* · rivet material

~zeichen *n* · rivet symbol

Niketempel *m* **zu Athen** · Temple of Nike Apteros at Athens

Nikolaikirche *f* · S. Nicholas' church

NiS *m*, Haarkies *m*, Millerit *m* (Min.) · millerite, capillary pyrite

Nische *f* · niche, blocked doorway [*A small recess in a wall, not extending to the floor*]

~ · nook [*A small recess or secluded spot, as, for instance, a bed nook*]

~ für eine antike Marmorfigur · niche for an antique marble

Nischen(bade)wanne *f* · recessed (bath)tub, ~ bath

~ mit breitem Rand · recessed wide-ledge (bath)tub, ~ ~ bath

Nischenbogen *m*, Schildbogen, Blendbogen, Bogenblende *f* [*Mauerbogen, der flache Nischen, die nicht durch die ganze Mauerdicke hindurchgehen, überdeckt*] · blind arch

Nischenwanne *f*, Nischenbadewanne · recessed (bath)tub, ~ bath

~ mit breitem Rand, Nischenbadewanne ~ ~ ~ · recessed wide-ledge (bath)tub, ~ ~ bath

Nitrid *n* · nitride

Nitrieren *n*, Nitrierhärtung *f*, Stickstoffhärtung · nitriding (process)

Nitrier|härtung *f*, Nitrieren *n*, Stickstoffhärtung · nitriding (process)

~stahl *m* · nitriding steel, nitrided ~

nitriert · nitrided

nitrierte Oberfläche *f* · nitrided surface

Nitriertemperatur *f* · nitriding temperature

Nitriterzeugnis *n* · nitride refractory (product)

Nitro|ausfüller *m* [*Anstrichtechnik*] · cellulose stopper, ~ stopping, ~ filler

~benzol *n* · nitrobenzene

Nitrocellulose *f*, Nitrozellulose [*Fehlnamen. Diese Bezeichnungen sind falsch, weil es sich nicht um einen Nitrokörper, sondern um einen Salpetersäureester handelt*]; Zellulosenitrat *n*, Cellulosenitrat · cellulose nitrate, nitrocellulose

Nitro(cellulose)|lack *m*, Celluloselack, Zelluloselack, Nitrozelluloselack · nitrocellulose lacquer cellulose nitrate ~, pyroxylin ~

~spachtel(masse) *m*, (*f*), Nitrozellulosespachtel(masse) · nitrocellulose stopper, cellulose nitrate ~, pyroxylin ~

Nitrofarbe *f* · nitrocellulose paint, cellulose nitrate ~, pyroxilin ~

nitrofest · resistant to the penetration by cellulose solvents

Nitro|lack *m*, Nitrocelluloselack, Celluloselack, Zelluloselack, Nitrozelluloselack · nitrocellulose lacquer, cellulose nitrate ~, pyroxylin ~

~spachtel(masse) *m*, (*f*) → Nitro(cellulose)spachtel(masse)

Nitrozellulose *f*, Nitrocellulose [*Fehlnamen. Diese Bezeichnungen sind falsch, weil es sich nicht um einen Nitrokörper, sondern um einen Salpetersäureester handelt*]; Zellulosenitrat *n*, Cellulosenitrat · cellulose nitrate, nitrocellulose, pyroxylin

~lack *m*, Celluloselack, Zelluloselack, Nitro(cellulose)lack · nitrocellulose lacquer, cellulose nitrate ~, pyroxylin ~

~spachtel(masse) *m*, (*f*), Nitro(cellulose)spachtel(masse) · nitrocellulose stopper, cellulose nitrate ~, pyroxylin ~

Niveau *n*, Geländehöhe *f* · level of ground, ground level

~schalter *m* · level switch

Nivellierarbeiten *fpl*, Ausgleicharbeiten · levelling work (Brit.); leveling ~ (US)

nivellieren, einebenen, egalisieren, (aus-) ebnen, ausgleichen · to level

Nivellieren *n,* Ausgleichen, Einebnen, Egalisieren, (Aus)Ebnen · levelling (Brit.); leveling (US)

Nivellierestrich *m,* Ausgleichestrich [*als verlegter Baustoff*] · levelling screed (topping) (Brit.); leveling ~ (~) (US)

~, Ausgleichestrich [*als Baustoff*] · levelling screed (material) (Brit.); leveling ~ (~) (US)

Nivellier(instrument) *n* **mit Kippschraube** · tilting level

~ ~ paralleler Platte · self-adjusting level

Nivellier|lage *f,* Nivellierschicht *f,* Ausgleichschicht, Ausgleichlage · levelling layer (Brit.); leveling ~ (US); ~ course

~masse *f* → Nivelliermittel

~mittel *n,* Ausebnungsmittel, Ausebnungsmasse *f,* Ausgleichmittel, Ausgleichspachtel(masse) *m,* (*f*), Nivellierspachtel(masse), Egalisierspachtel(-masse), Ausgleichmasse, Nivelliermasse, Egalisiermittel, Egalisiermasse [*Zum Ebnen unregelmäßiger Fußbodenflächen*] · levelling composition, ~ compound, ~ mass, ~ material (Brit.); leveling ~ (US)

~mörtel *m,* Ausgleichmörtel, Ausebnungsmörtel, Egalisiermörtel · levelling mortar (Brit.); leveling ~ (US)

~schicht *f,* Ausgleichlage *f,* Nivellierlage, Ausgleichsschicht · levelling layer (Brit.); leveling ~ (US); ~ course

~spachtel(masse) *m,* (*f*), Ausgleichspachtel(masse), Ausebnungsmasse, Ausgleichmittel *n,* Ausebnungsmittel, Nivelliermittel, Egalisierspachtel(masse), Ausgleichmasse, Nivelliermasse, Egalisiermittel, Egalisiermasse [*Zum Ebnen unregelmäßiger Fußbodenflächen*] · levelling composition, ~ compound, ~ mass, ~ material (Brit.); leveling ~ (US)

Nivellierung *f,* Ausgleichung · levelling off (a surface) (Brit.); leveling ~ (~ ~) (US)

Nocken|(belag)platte *f,* Nockenfliese · studded tile

~fliese *f,* Nocken(belag)platte · studded tile

~platte *f,* Nockenbelagplatte, Nockenfliese · studded tile

~rippenstab *m,* Nori-Stab · indented ribbed bar, ribbed indented ~

~rippenstahl *m,* Nori-Stahl [*Mit schrägen Rippen; 8 bis 26 mm ø*] · indented ribbed bars, ~ ~ rounds, ribbed indented ~

~stab *m* [*Bewehrung*] · indented bar

~stahl *m,* NO-Stahl [*Betonstahl gemäß DIN 488; 8 bis 20 mm ø*] · indented bars, ~ rounds

Nomographie *f,* geometrische Darstellung *f* · nomography

Nonne *f* → Nonnenziege

Nonnen|chor *m* · nun's choir, ~ quire

~kirche *f* · nunnery church

~kloster *n* · nunnery [*A nunnery may have the title of 'abbey' or 'priory'. The distinction here is one of status, an abbey being presided over by an abbess, whilst a priory has no resident abbess, is presided over by a prioress, and is usually an offshoot from, and dependent upon, an abbey*]

Nonne(nziegel) *f,* (*m*), Rinnenziegel, Haken *m* · mission tile (US); concave ~, under-tile

nordafrikanisch-maurische Architektur *f,* ~ Baukunst *f* · Moghrebin architecture

nordafrikanisch-maurisches Minarett *n* · Moghrebin minaret

Nord|belichtung *f* · north lighting

~fenster *n* · north-facing window

nordischer Granit *m* [*Fehlname*] → Syenit

Nord|lichtkuppel *f* [*Sie hat den Lichteffekt eines Sheddaches*] · north-light (saucer) dome, ~ (~) cupola, ~ domed rooflight, ~ domelight

~orientierung *f* · north orientation

~querschiff *n,* Nordquerhaus *n* · north transept

~seite *f* → Frauenseite

~wand *f* · north(-facing) wall

Nori|-Stab *m* → Nockenrippenstab

~-Stahl *m* → Nockenrippenstahl

Normabmessung *f,* Normmaß *n* · standard dimension

normal(ab)bindend [*hydraulisches Bindemittel*] · normal-setting

Normal|-Abflußrohr *n,* NA-Rohr [*DIN 364*] · normal cast-iron drain(age) pipe, ~ ~ draining ~, ~ ~ discharge ~, ~ ~ waste (~), ~ C.I. ~ ~, ~ C.I. waste

~abmessung *f,* Normalmaß *n* · norma dimension

~bauweise *f,* Standardbauweise, Regelbauweise · standard construction method

Normalbeton *m,* Schwerbeton, gewöhnlicher Beton [*Rohdichten von 1,9 bis 2,5 kg/dm³*] · normal(-weight) concrete

~block(stein) *m,* Normalbetonstein, Schwerbetonstein, Schwerbetonblock(-stein) [*Fehlname: Klinker m*] · normal(-weight) (precast) concrete block, ~ (~) ~ tile

~-Deckenhohlblock *m* → Normalbeton(decken)hohlkörper

~-Deckenhohl(block)stein *m* → Normalbeton(decken)hohlkörper

~(decken)hohlkörper *m,* Schwerbeton(decken)hohlkörper, Normalbeton-Hohl(Decken)Füllstein *m,* Schwerbeton-Hohl-(Decken)Füllstein, Normalbeton-Hohl-(Decken)Füllblock(stein) *m,* Schwerbeton-Hohl-(Decken)Füllblock(-stein), Normalbeton-Hohldeckenblock(-stein), Schwerbeton-Hohldeckenblock(-stein), Normalbeton-Hohldeckenstein, Schwerbeton-Hohldeckenstein, Normalbeton-Deckenhohl(block)stein, Schwerbeton-Deckenhohl(block)stein, Normalbeton-Deckenhohlblock, Schwerbeton-Deckenhohlblock, Normalbeton-Hohldeckenblock, Schwerbeton-Hohldeckenblock · normal(-weight) hollow filler block, ~ ~ ~ tile [*See remark under 'Block'*]

~-Deckenhohlstein *m* → Normalbeton-(decken)hohlkörper

~erzeugnis *n*, Normalbetonstein *m*, Schwerbetonerzeugnis, Schwerbetonstein [*Siehe Anmerkung unter „Betonstein"*] · normal(-weight) precast (concrete) product, ~ concrete ~, ~ precast concrete [*Normal(-weight) concrete which is cast in separate units before being placed in position in a structure*]

~fertig(bau)teil *m, n*, Normalbetonmontage(bau)teil, Schwerbetonfertig(bau)teil, Schwerbetonmontage(bau)teil [*Fehlnamen: Normalbetonbauteil; Schwerbetonbauteil*] · (pre)cast normal-weight (concrete) compound unit, (prefab(ricated)) ~ ~ ~ ~

~-Hochbau(montage)element *n*, Schwerbeton-Hochbau(montage)element, Normalbeton-Hochbau(montage)körper *m*, Schwerbeton-Hochbau(montage)körper, Normalbeton-Hochbaufertigelement, Schwerbeton-Hochbaufertigelement, Normalbeton-Hochbaufertigkörper, Schwerbeton-Hochbaufertigkörper [*Fehlnamen: Normalbeton-Hochbau(montage)einheit f*] · normal(-weight) (pre)cast (concrete) building construction unit, ~ ~ (~) ~ ~ member, ~ ~ (~) ~ ~ component, ~ prefab(ricated) ~ ~ ~ ~

~hohlblock(stein) *m*, Schwerbetonhohlblock(stein), Normalbetonhohlstein, Schwerbetonhohlstein · normal(-weight) (precast) (concrete) hollow block, ~ (~) (~) ~ tile, ~ (~) hollow concrete ~

~-Hohldeckenblock(stein) *m* → Normalbeton(decken)hohlkörper

~-Hohl-(Decken)Füllblock(stein) *m* → Normalbeton(decken)hohlkörper

~-Hohl-(Decken)Füllstein *m* → Normalbeton(decken)hohlkörper

~-Hohldeckenstein *m* → Normalbeton-(decken)hohlkörper

~-Hohl-Füllblock(stein) *m* → Normalbeton(decken)hohlkörper

~hohlkörper *m* → Normalbetondeckenhohlkörper

~hohlstein *m*, Schwerbetonhohlstein, Normalbetonhohlblock(stein) *m*, Schwerbetonhohlblock(stein) · normal(-weight) (precast) (concrete) hollow block, ~ (~) (~) ~ tile, ~ (~) hollow concrete ~

~montage(bau)teil *m, n* → Normalbetonfertig(bau)teil

~oberschwelle *f*, Normalbetonsturz *m*, Schwerbetonoberschwelle, Schwerbetonsturz · normal(-weight) concrete lintel; ~ ~ lintol [*deprecated*] [*A normal(-weight) concrete beam spanning an opening*]

~rohr *n*, Schwerbetonrohr · normal(-weight) concrete pipe

~stein *m*, Normalbetonerzeugnis *n*, Schwerbetonstein, Schwerbetonerzeugnis [*Siehe Anmerkung unter „Betonstein"*] · normal(-weight) (pre)cast (concrete) product, ~ concrete ~, ~ (pre)cast concrete [*Normal(-weight) concrete which is cast in separate units before being placed in position in a structure*]

~stein *m*, Normalbetonblock(stein) *m*, Schwerbetonblock(stein), Schwerbetonstein [*Fehlname: Klinker m*] · normal(-weight) (precast) concrete block, ~ (~) ~ tile

~sturz *m*, Normalbetonoberschwelle *f*, Schwerbetonsturz, Schwerbetonoberschwelle · normal(-weight) concrete lintel; ~ ~ lintol [*deprecated*] [*A normal(-weight) concrete beam spanning an opening*]

~-Tiefbauelement *n*, Schwerbeton-Tiefbauelement · normal(-weight) concrete construction engineering element

~wand *f*, Schwerbetonwand · normal(-weight) concrete wall

~ware(n) *f*, Schwerbetonware(n) · normal(-weight) (pre)cast (concrete) ware

~werk *n*, Normalbetonsteinwerk, Schwerbeton(stein)werk · (pre)cast normal(-weight) concrete factory

normalbindend, normalabbindend [*hydraulisches Bindemittel*] · normal-setting

Normal|binder(zement) *m* · normal-setting cement

~block(stein) *m*, Normalstein · normal block, ~ tile [*See remark under 'Block'*]

~breite *f*, Regelbreite · typical width, ~ breadth

normale Atmosphäre *f* · normal atmosphere

normaler Portlandzement *m* · ordinary portland cement, ~ Portland ~, OPC [*A hydraulic cement, normally understood to be a cement complying with B.S. 12, made by heating to a high temperature a mix(ture) of calcareous and argillaceous materials and grinding the resultant clinker with gypsum to a fine powder*]

Normalerhärter(zement) *m* · normal-hardening cement

normales Scharnier *n* · butt hinge

Normal|etage *f*, Normalstockwerk *n*, Normalgeschoß *n* · standard floor; ~ story (US); ~ storey (Brit.)

~feuchte *f*, Normalfeuchtigkeit *f* · normal humidity, ~ moisture

~feuchtigkeit *f*, Normalfeuchte *f* · normal humidity, ~ moisture

~format *n*, NF · normal format

~geschoß *n*, Normaletage *f*, Normalstockwerk *n* · standard floor; ~ story (US); ~ storey (Brit.)

~glühen *n*, Normalisieren [*Baustahl*] · normalizing

~größe *f* · standard size

~hohlblock(stein) *m*, Normalbeton-hohlblock(stein), Schwer(beton)hohlblock(stein) · normal(-weight) (concrete) block

Normalisieren *n*, Normalglühen [*Baustahl*] · normalizing

Normal|kegel *m* · Seger cone 60 mm high

~klima *n* · normal climate

~komponente *f* · normal component

~korn *n* [*In die richtige Kornklasse gelangter Kornanteil*] · correct(ly sized) product

~kraft *f* · normal force

~krümmer *m*, Normalrohrkrümmer · standard (pipe) bend

~last *f* · normal load

~maß *n*, Normalabmessung *f* · normal dimension

~mörtel *m* · normal mortar

~öffnungshöhe *f* [*Tor*] · standard opening height

~profil *n* [*Formstahl; Walzträger*] · normal section

~querschnitt *m*, Regelquerschnitt · typical cross-section

~raum *m* [*im Gegensatz zum Naßraum*] · non-wet room

~rohr *n* · standard pipe

~(rohr)krümmer *m* · standard (pipe) bend

~spannung *f* · normal stress

~stahl *m* · ordinary-strength steel

~-Stahlbeton *m*, Schwer-Stahlbeton, gewöhnlicher Stahlbeton · normal(-weight) reinforced concrete, ~ R.C.

~stein *m*, Normalblock(stein) *m* · normal block, ~ tile [*See remark under 'Block'*]

~stockwerk *n*, Normalgeschoß *n*, Normaletage *f* · standard floor; ~ story (US); ~ storey (Brit.)

~tonhöhe *f* [*Sie liegt zwischen 100 und 3200 Hz*] · pitch between 100 and 3,200 Hz

~versuch *m* **mit der Raupe im Zug**, Biegeprobe *f*, Faltversuch [*Die Raupe liegt im Zug. „R. i. Z."*] · face bend test, normal ~ ~

~würfel *m*, Regelwürfel · typical (test) cube, normal (~) ~

~zement *m* [*Zement von der Güteklasse Z 225. Gegensatz: Hoch- und höherwertiger Zement*] · ordinary cement

~ziegel *m* · standard brick, common ~

normannisch · Norman

normannische Architektur *f*, ~ Baukunst · Norman architecture [*The architecture of Britain from the Norman conquest or just before to the advent of the Gothic style, i.e. Romanesque architecture in Britain*]

~ Gotik *f* · Norman Gothic style

~ Krypta *f* · Norman crypt

normannisches Gewölbe *n* · Norman vault

Norm|bitumen *n* → Normenbitumen

~block(stein) *m* → Normenblock(stein)

~breite *f* · standard width

~dicke *f* · standard thickness

Norm(en)|basalt *m* · standard basalt

~bitumen *n* [*DIN 1995*] · standard asphaltic bitumen (Brit.); ~ asphalt (US)

~block(stein) *m*, Norm(en)stein · standard (building) block, ~ (~) tile [*See remark under 'Block'*]

Normenbrand *m* · standard fire

~klassenkurve *f* · standard fire rating curve

~probe *f*, Normenbrandversuch *m*, Normenbrandprüfung *f* · standard fire test

~prüfung *f*, Normenbrandversuch *m*, Normenbrandprobe *f* · standard fire test

~versuch *m*, Normenbrandprobe *f*, Normenbrandprüfung *f* · standard fire test

Normendruckfestigkeit *f* · standard compression strength, ~ crushing ~

Norm(en)emulsion *f* · standard emulsion

Normenentwurf *m*, Vornorm *f* · tentative standard

Norm(en)fenster *n* · standard window

Normen|festigkeit *f* · standard strength

~format *n* · standard specification format

Norm(en)|haken *m* · standard hook [*A hook at the end of a reinforcing bar made in accordance with a standard*]

~kalk *m* · standard lime

~konsistenz *f*, Normensteife *f* · standard consistence, ~ consistency

~körper *m*, Normenprobekörper, Normenprobe(stück) *f*, (*n*) · standard test specimen

~mindestfestigkeit *f*, genormte Mindestfestigkeit · standard minimum strength

Norm(en)mörtel *m* · standard mortar

Normen|nachbehandlung *f* · standard curing [*Exposure of concrete test specimens to specified conditions of moisture or humidity of temperature*]

Norm(en)-Portlandzement *m* · standard portland cement, ~ Portland ~

Normen|probe *f*, Normenprüfung *f*, Normenversuch *m* · standard test

~(probe)körper *m*, Normenprobe(stück) *f*, (*n*) · standard test specimen

Norm(en)profil *n* · standard section, ~ shape, ~ unit, ~ trim, ~ profile

Normen|prüfzylinder *m* · standard cylinder [*for compression testing*]

~prüfung *f*, Normenversuch *m*, Normenprobe *f* · standard test

~reihe *f* · series of standards

Norm(en)|rohr *n* · standard pipe

~sand *m* [*DIN 1164*] · cement testing sand, standard ~

Normensteife *f*, Normenkonsistenz *f* · standard consistence, ~ consistency

Norm(en)|stein *m*, Norm(en)block(-stein) *m* · standard (building) block, ~ (~) tile [*See remark under 'Block'*]

~straßenteer *m* · standard road tar

~-U-Stahl *m* · standard channels

~verschnittbitumen *n* · standard cut-back ((asphaltic) bitumen) (Brit.); ~ ~ (asphalt) (US)

Normen|versuch *m*, Normenprüfung *f*, Normenprobe *f* · standard test

~verzeichnis *n* · list of standard spec(ification)s

Norm(en)walzprofil *n* · standard rolled section, ~ ~ unit, ~ ~ shape, ~ ~ trim, ~ ~ profile

Normen|wert *m* · standard value

~würfel *m* · standard test cube

~zeichnung *f* · standard drawing

Norm(en)zement *m* [*In Deutschland sind folgende Zementarten genormt: Portlandzemente (DIN 1164), Eisenportlandzemente (DIN 1164), Hochofenzemente (DIN 1164), Traßzemente (DIN 1167), Mischbinder (DIN 4207) und Sulfathüttenzemente (DIN 4210)*] · standard cement

~mörtelwürfel *m* · standard cement mortar cube

Norm(en)ziegel *m* · standard brick

Norm|farbtafel *f* [*Das international übliche x-y-Diagramm. CIE = Comission Internationale de l'Eclairage = Internationale Beleuchtungskommission*] · CIE diagram

~format *n* · standard format

~größe *f* · standard size

~körperschallpegel *m* · normalized impact sound transmission level [*The impact sound transmission level corresponding to a stated reference value of the total equivalent absorption or the reverberation time in the receiving room*]

~maß *n*, Normabmessung *f* · standard dimension

Norm|schallpegeldifferenz *f* · normalized level difference [*The level difference corresponding to a reference value of the total equivalent absorption, or the reverberation time, in the receiving room*]

~stein *m* → Norm(en)stein

~-Stimmton *m* [*Ton der Frequenz 440 Hz*] · standard musical pitch [*A standard musical tuning frequency of 440 Hz for A in the treble stave*]

~trittschallpegel *m* [*DIN 52211 und DIN 4109*] · normalized footstep sound transmission level

Normung *f* · standardization

norwegische Stabkirche, ~ Mastenkirche, Reiswerkkirche · Norwegian stave church [*See remark under 'Stabkirche'*]

NO-Stahl *m* → Nockenstahl

Not|aufnahmestation *f* [*Krankenhaus*] · emergency and accident department

~ausgang *m* · emergency exit

~ausstiegfenster *n* · emergency exit window

~beleuchtung *f* · emergency lighting, ~ illumination

~dusche *f*, Branddusche · emergency shower

~fernsprechanlage *f* · emergency (tele-) phone system

~kirche *f* · emergency church

~leiter *f*, Feuerleiter, Brandleiter · fire escape ladder

~reparatur *f* · emergency repair

Notruf|anlage *f* · emergency call system

~fernsprecher *m* · emergency telephone

~kabel *n* · emergency telephone cable

Not|stein *m* m Kragstein

~stromversorgung *f* · emergency power supply

~stütze *f* [*Nach dem Ausschalen von Stahlbetondecken und Unterzügen erfolgt für eine gewisse Zeit eine Unterstützung bis zur restlosen Erhärtung des Betons durch Notstützen*] · temporary column

~treppe *f*, Fluchttreppe, Feuertreppe, Brandtreppe · emergency stair(case), (fire) escape ~

~treppenhaus *n*, Feuertreppenhaus, Fluchttreppenhaus, Brandtreppenhaus · emergency stair(case) well, (fire) escape ~ ~

~treppenschacht *m* → Feuertreppenschacht

~tür *f* · emergency door

~-Überlaufleitung *f* · emergency overflow pipe

~unterkunft *f* · emergency accommodation

~verkehr *m* [*Arzt, Polizei usw.*]. emergency traffic

~versorgungsleitung *f* · emergency service (line)

~wohnung *f* · emergency dwelling (unit) (US); ~ dwelling (Brit.)

NS *n*, Nachschwinden *n* · post-shrinkage

n-stieliger Rahmen *m* · frame with n-column

nuancieren, nachtönen · to tint [*To adjust the colour to match a pattern*]

Nuancierung *f* **der Linien und Schatten** · nuance of line and shadow

nüchtern → schmucklos

Nudelstil *m* · noodle style [*French term for Art Nouveau*]

Nullachse *f* → neutrale Achse

Nullage *f*, Nullstellung *f* · zero position

Nullfeuchtigkeitsindex *m*, Nullfeuchteindex · zero moisture index, ~ humidity ~

Nullinie *f* → neutrale Achse

Null|moment *n* · zero moment

~punkt *m* · neutral point

~schub *m* · zero shear(ing)

~spannung *f* · zero stress

~steifigkeit *f* · zero stiffness

~stellung *f*, Nullage *f* · zero position

Nullung *f* : protective multiple earthing

Nullwert *m* · zero value

numerische Berechnung *f* · numerical calculation

~ Integration *f* · numerical integration

~ Methode *f*, numerisches Verfahren *n* · numerical method

~ Theorie *f* · numerical theory

numerisches Verfahren *n*, numerische Methode *f* · numerical method

Nurag(h)e *m* · nurag(h)e, noraghe [*One of a class of prehistoric stone structures numerous in Sardinia*]

Nur|-Drehbeschlag *m* [*Drehkippfenster*] · side fitting, ~ hardware item

~-Drehflügel *m* [*Drehkippfenster*] · side hung sash

~glas-Deckenleuchte *f* · all-glas ceiling(-mounted) luminaire (fixture) (US); ~ ~ light fitting (Brit.); ~ ~ (light(ing)) fixture

~-Kippbeschlag *m* [*Drehkippfenster*] · bottom fitting, ~ furniture

~-Kippflügel *m* [*Drehkippfenster*] · bottom hung sash

~-Lagergebäude *n* · storage warehouse (building) [*As opposed to a wholesale warehouse (building)*]

Nußband *n* · counter-flap hinge [*It is made in three parts and has two pins. It presents a flat surface on top when the flap is in position, and yet allows 180-degree opening*]

Nut *f*, Wand~ · chase in wall, wall chase

~ · groove

~ und Feder *f*, Schlitz *m* [*Tuchscherer-Dübel*] · split

Nuten *n* **und Spunden** · match(board)ing

Nut- und Spund|brett *n* · matchboard

~verbindung *f* · matched joint

nutzbare Geschoßfläche *f*, ~ Etagenfläche, ~ Stockwerkfläche · usable floor area [*Net floor area less service areas such as corridors, lobbies, cloakrooms, lavatories, canteens, rest-rooms and care-takers quarters*]

nutzbarer Querschnitt *m*, Nutzquerschnitt · useful cross-section

Nutz|belag *m* → Nutzschicht

~breite *f* · useful width

~fläche *f* [*Gebäude*] · floors

~form *f* · functional form, ~ shape

~gestein *n* · useful rock

~höhe *f* · useful height

~länge *f* · useful length

~last *f*, Gebrauchslast · use load, occupancy ~ [*The load of machinery, equipment, furniture and people on floors, corridors, balconies, stairs, etc.*]

Nützlichkeitselement *n* · utilitarian element

Nutzquerschnitt *m*, nutzbarer Querschnitt · useful cross-section

Nutzraum *m* · utility room

Nutzschicht *f*, Nutzbelag *m*, (Fuß-) Boden~, Gehschicht, Deckschicht, Laufschicht · (flooring) wearing surface, (~) ~ layer

~, Oberestrich *m*, Oberschicht, Verschleißschicht, Widerstandsschicht [*Die oberste Schicht des mehrschichtigen Betons. Sie heißt Hartbetonbelag, wenn sie DIN 1100 entspricht*] · concrete wearing course

nutzungs|bereit [*Gebäude*] · ready for occupation

~neutrales Stadtsystem *n* · urban multi-purpose system

Nutzungswert *m* **von Gebäuden** · efficiency of buildings, ~ ~ blocks

𝔫-Verfahren *n* *m*-method, *m*-design, modular ratio ~

𝔫-wert *m*, (Beiwert) *n m*, modular ratio *(m)* [*The ratio of the modulus of elasticity of steel to that of concrete* -E_s/E_c]

NW *f*, Nennweite *f*, lichter Durchmesser *m*, (Rohr)Innendurchmesser · bore

Nylongitter *n* · nylon grille [*See remark under 'Gitter'*]

Nymphäum *n* · nymphaeum [*Hellenistic wall fountain and public washing-place*]

O

OB *f*, Oberflächenbehandlung *f* · surface treatment

Obdachlosenheim *n* · home for the homeless

Obelisk *m*, Denkpfeiler *m* · obelisk, monolithic pillar

oben laufend [*Schiebefalttor*] · top-hung

Oben|beleuchtung *f* · overhead lighting, ~ illumination

~schließer *m*, Oben-Türschließer, Oben(-Tür)schließvorrichtung *f* · overhead door closer, ~ ~ closing device, ~ ~ closing mechanism, ~ device for closing

~schließvorrichtung *f*, Oben-Türschließvorrichtung, Oben(-Tür)schließer *m* · overhead door closer, ~ ~ closing device, ~ ~ closing mechanism, ~ device for closing

~(-Tür)schließer *m*, Oben(-Tür)schließvorrichtung *f* · overhead door closer, ~ ~ closing device, ~ ~ closing mechanism, ~ device for closing

~(-Tür)schließvorrichtung *f*, Oben(-Tür)schließer *m* · overhead door closer, ~ ~ closing device, ~ ~ closing mechanism, ~ device for closing

~verglasung *f* · overhead glazing

Oberbau *m*, Überbau, aufgehender Bau [*Alle Gebäudeteile über Geländehöhe*] · superstructure

~leiter *m* · superintendent

Oberbeton(schicht) *m* (*f*) → (Beton-) Druckplatte

~chor *m* · upper choir, raised ~, coro alto

~decke *f* [*Alle auf einer Rohdecke aufgebrachten Schichten*] · topping

obere Führung *f* · top guide

~ Laufschiene *f* [*Tor*] · top track

oberer Flügel *m* [*Tor*] · top leaf

~ Heizwert *m*, Verbrennungswärme V *f*, H_o *m* · H.C.V., higher calorific value

~ (Tür)Riegel *m* · top (door) rail

obererdig, oberirdisch, Überflur..., Oberflächen... · above-ground, above-grade, surface...

obererdige (Rohr)Leitung *f*, oberirdische ~, Überflur(rohr)leitung · surface (pipe)line, above-ground ~, above-grade ~, AG ~

obererdiger Hydrant *m* → Überflurhydrant

oberes Kellergeschoß *n* · upper basement

Ober|estrich *m* → Nutzschicht

~fläche *f* **aller Körner** · total grain surface

~fläche *f* **(Fuß)Boden**, OFF · top of floor cover(ing), ~ ~ floor(ing) (finish)

~fläche *f* **nach Blaine** · Blaine surface area

~flächen..., Überflur..., obererdig, oberirdisch · above-grade, above-ground, surface...

(Oberflächen)Abschluß *m* · (surface) finish

~ [*Anstrichtechnik*] · skinning over

oberflächenaktiver Stoff *m*, Tensid *n* · surface-active agent

Oberflächen|behandlung *f*, OB *f* · surface treatment

~dämpfungslage *f*, Oberflächendämpfungsschicht *f* · unconstrained damping layer, ~ ~ course [*It is placed over the surface of a panel as opposed to a contrained damping layer sandwiched between two non-damping layers*]

~-DM-Flüssigkeit *f* → flüssiges Oberflächen-Sperrmittel

~eigenschaft *f*, Oberflächenvermögen *n*, Oberflächenfähigkeit *f* · surface property, ~ capacity, ~ quality, ~ power, ~ capability

~fähigkeit *f*, Oberflächenvermögen *n*, Oberflächeneigenschaft *f* · surface property, ~ capacity, ~ quality, ~ power, ~ capability

~fehler *m* · surface defect

~feuchtigkeit *f*, Oberflächenfeuchte *f* · surface moisture, ~ humidity

~foliendämmung *f*, Folienoberflächendämmung · foil surface insulation

~gestaltung *f* · surface modulation

~gestaltung *f* · (architectural) finish(ing)

~haftung *f* · surface bond

~härte *f* · surface hardness

~härtemittel *n*, Oberflächenhärter *m*, Oberflächenhärtungsmittel Oberflächenhärtungsstoff *m* · surface hardener, ~ hardening agent

~härten *n* [*Vorgang zum Härten einer Oberfläche*] · surface hardening

~härteprüfung *f* **mit einer Diamant-Pyramide**, Oberflächenhärteprobe *f* ~ ~ ~, Oberflächenhärteversuch *m* ~ ~ ~ · diamond pyramid hardness test

~härter *m*, Oberflächenhärtemittel *n*, Oberflächenhärtungsmittel, Oberflächenhärtungsstoff *m* · surface hardener, ~ hardening agent

~härtung *f* [*Ergebnis des Oberflächenhärtens*] · surface hardening

~härtungsmittel *n*, Oberflächenhärtemittel, Oberflächenhärter *m*, Oberflächenhärtungsstoff *m* · surface hardener, ~ hardening agent

~härtungsstoff *m*, Oberflächenhärtungsmittel *n*, Oberflächenhärtemittel, Oberflächenhärter *m* · surface hardener, ~ hardening agent

~hydrant *m* → Überflurhydrant

~inhalt *m* · surface area

~kraft *f* · surface force

(Ober)Flächenmuster(ung) *n*, (*f*), (Ober)Flächenschmuck *m*, (Ober-) Flächenverzierung, (Ober)Flächenornament(ierung) *n*, (*f*), (Ober)Flächendekor(ation) *m*, (*f*) · surface decoration ~ decorative finish, ~ ornamental finish, ~ decorative feature, ~ ornament(al feature), ~ enrichment, ~ pattern

Oberflächen|passivierung *f* · surface passivasion

~pore *f* · surface pore

~schutz *m* · surface protection

~spannung *f*, Koeffizient *m* der ~, Kapillaritätskonstante *f* · surface tension

~-Sperrflüssigkeit *f* → flüssiges Oberflächen-Sperrmittel

~sperrzusatz(mittel) *m*, (*n*), Oberflächensperrzusatzstoff *m* · surface water repellent admix(ture), ~ water repelling ~

~struktur *f* → Struktur

~teerung *f* · surface tarring

~temperatur *f* · surface temperature

oberflächentrocken · surface dry, sand ~ [*When the paint it dry on the surface but is soft and tacky underneath*]

Oberflächenverbesserung *f* · surface improvement, ~ modification

oberflächenvergütet · surface-improved

Oberflächen|vermögen *n*, Oberflächenfähigkeit *f*, Oberflächeneigenschaft *f* · surface property, ~ capacity, ~ quality, ~ power, ~ capability

~wasser *n*, Tagwasser · surface water

oberflächenwasserdicht, tagwasserdicht · impermeable to surface water

Oberflächen|wasserdrän *m*, Tagwasserdrän · surface water drain

~zustand *m* · state of surface, surface state

Oberflansch *m*, Obergurt(ung) *m*, (*f*) · top boom, ~ chord, ~ flange, upper ~

~knotenblech *n*, Obergurt(ungs)knotenblech · top boom junction plate, upper ~ ~ ~, ~ flange ~ ~, ~ chord ~ ~

Ober|flügel *m* [*Senkrecht-Schiebe(flügel)fenster*] · top sash, upper ~ [*It slides on the outside*]

~gaden *m*, (Licht)Gaden, Fenstergaden [*Der über der Bogenstellung des Mittelschiffs einer Basilika sich erhebende Wandabschnitt mit den Hochschiff-Fenstern*] · clerestory, clearstory, overstory

Obergeschoß *n*, OG · upper floor; ~ story (US); ~ storey (Brit.)

(~)Erker *m* [*Vor die Fassade vorspringender Ausbau in den Obergeschossen als Erweiterung des anschließenden Raumes*] · oriel

(~)Erkerfenster *n* · oriel window

(~)Fenstererker *m* · oriel with window

~-Holzbalkendecke *f* · single upper timber floor, timber joist upper ~, wood(en) joist upper ~

~-Regelrohbauplan *m* · typical upper floor plan

~rohbauplan *m* · upper floor plan

~wand *f* · upper story wall (US); ~ storey ~ (Brit.); ~ floor ~

Ober|gurtknotenblech *n*, Obergurtungsknotenblech, Oberflanschknotenblech · top boom junction plate, upper ~ ~ ~ flange ~ ~, ~ chord ~ ~

~gurt(ung) *m*, (*f*), Oberflansch *m* · top boom, ~ chord, ~ flange, upper ~

~gurt(ungs)knotenblech *n*, Oberflanschknotenblech · top boom junction plate, upper ~ ~ ~, ~ flange ~ ~, ~ chord ~ ~

oberirdisch, obererdig, Überflur..., Oberflächen... · above-ground, above-grade, surface...

oberirdischer Grabensilo *m* → (Grünfutter)Fahrsilo

~ Hydrant *m* → Überflurhydrant

Ober|kante *f* **(Fuß)Boden(belag)**, OKF · level of floor(ing) (finish), ~ ~ floor cover(ing)

~kirche *f* [*Obergeschoß einer Doppelkirche*] · upper church

Oberlicht *n*, Dach~ · roof-light [*A lantern-light or skylight*]

~, Tür~ · fanlight [*An area of glazing above a door*]

~beleuchtung *f*, Dach~ · lighting by roof-light(s)

~beschlag *m*, Dach~ · roof-light furniture, ~ fitting

~konstruktion *f*, Oberlichtsystem *n*, Dach~ · roof-light system

~kuppel *f*, (Dach)Lichtkuppel · dome(-light), saucer dome, light cupola, domed roof-light

~öffner *m*, Dach~ · roof-light opener

~öffner *m*, Tür~ · fanlight opener

~öffnung *f*, Dach~ · roof-light opening

~streifen *m*, Dach~ · continuous roof-light

~system *n*, Oberlichtkonstruktion *f*, Dach~ · roof-light system

Oberpolier *m*, Oberschachtmeister *m* · general foreman [*He has control over all the workmen, or charge hands, who have control over groups of tradesmen*]

Oberputz *m*, Feinputz, ~schicht *f*, ~lage *f* [*Oberschicht des zweilagigen oder dreilagigen Putzes, die im besonderen Maße die ästhetische Wirkung des Putzes bestimmt. Bei Außenputzen muß sie witterungsbeständig sein*] · finish(ing) coat (plaster), setting ~ (~), skim(ming) ~ (~), final ~ (~), face ~ (~)

~, Deckputz, Feinputz, Außen~ · (external) final rendering (Brit.); final coat stucco (US); final coat exterior plaster, final coat external plaster

~, Feinputz, Deckputz, Innen~ · final coat (mixed) plaster

~(lage) *m*, (*f*) → Oberputz

~masse *f*, Oberputzmörtel *m*, Deckputzmörtel, Deckputzmasse, Feinputzmörtel, Feinputzmasse, Außen~ · (external) final rendering stuff, (~) ~ ~ mix(ture) (Brit.); final coat stucco ~ (US); final coat exterior plaster ~, final coat external plaster ~

~masse *f*, Oberputzmörtel *m*, Deckputzmörtel, Deckputzmasse, Feinputzmörtel, Feinputzmasse, Innen~ · plaster stuff, ~ mix(ture)

~mörtel *m*, Oberputzmasse *f*, Deckputzmörtel, Deckputzmasse, Feinputzmörtel, Feinputzmasse, Außen~ · (external) final rendering stuff, (~) ~ ~ mix(ture) (Brit.); final coat stucco ~ (US); final coat exterior plaster ~, final coat external plaster ~

~mörtel *m*, Oberputzmasse *f*, Deckputzmörtel, Deckputzmasse, Feinputzmörtel, Feinputzmasse, Innen~ · plaster stuff, ~ mix(ture)

~(schicht) *m*, (*f*) → Oberputz

Ober|schachtmeister *m*, Oberpolier *m* · general foreman [*He has control over all the workmen, or charge hands, who have control over groups of tradesmen*]

~schicht *f* → Nutzschicht

~schwelle *f*, Bundbalken *m*, Rähm *n*, Rahmholz *n* [*Oberer Abschlußbalken, der auf den Ständern eines Fachwerkes ruht*] · head (rail)

~schwelle *f*, Sturz(balken) *m* · lintel; lintol [*deprecated*] [*A beam spanning an opening*]

oberste Dachhautlage *f* · cap sheet [*The top layer of mineral surfaced bitumen felt when employed in built-up roof(ing)*]

~ Plintheziegelschicht *f* · plinth course [*The top course of a brick plinth*]

~ Setzstufe *f*, letzte ~ · top riser

oberster Abschnitt *m* [*Turm*] · excelsior

oberster Grenzwert *m*, absolutes Maximum *n* · absolute maximum

Oberton *m*, harmonischer Ton · harmonic (tone)

~skala *f* · harmonic scale

Objektivierung *f* · objectivization

Obstgarten *m* · fruit garden

Ochsen|auge *n* · bull's-eye window, oxeye ~ [*A round or oval window, usually with glazing bars radiating from a circular centre*]

~auge *n* [*Das verdickte, nabelförmige Mittelstück der Mondglasscheibe*] · bull's-eye

~schädel *m* · ox-skull

~zunge *f* → Flachstein

~zungenziegel *m* → Flachziegel

Ocker *m* · ochre (Brit.); ocher (US)

Ocratbeton *m*, Okratbeton · concrete treated with SiF_4, ocrated concrete

Ocratieren *n* → Okratieren

Odeion *n*, Odeum *n* [*Das antike Konzerthaus, das dem römischen Theater verwandt, aber häufig ganz oder teilweise überdeckt war*] · ode(i)on, odeum

Odeum *n* → Odeion

Oecus *m* · oecus [*1. Hellenic house. 2. Principal apartment in a Hellenic house. 3. principal living-room in a Roman house*]

Ofen *m* → Haushalt~

~, Brenn~ [*keramische Industrie und Zementindustrie*] · (burning) kiln

~abhitze *f* · kiln waste heat

~anschluß *m*, Haushalt~ · (domestic) stove connection

~austrag *m* · kiln discharge

~emaille *f*, Einbrennemaille · baking (industrial) enamel, stoving (~) ~

ofen|emailliert · stove-enamelled (Brit.); stove-enameled (US)

~frischer Ziegel *m* · kiln-fresh brick

(~)gebrannt · (kiln-)burnt, (kiln-)burned, (kiln-)fired

~getrocknet · stove dried

Ofengröße *f*, Haushalt~ · (domestic) stove size

~ · kiln size

Ofen|halle *f* · kiln building

~hartlöten *n*, Ofenhartlötung *f* · furnace brazing, ~ hard soldering

~heizung *f* [*Raumheizung*] · stove heating

~isolierung *f* · kiln insulation

~löten *n* [*Löten im Topf- oder Muffelofen, vorwiegend jedoch im Durchlaufofen unter Schutzgas, wobei ein endloses Band die Werkstücke durch die Erwärm-, die Löt- und die Abkühlzone des Ofens führt*] · oven soldering

~rohr *n*, Haushalt~ · (domestic) stove pipe

~rohrfutter *n*, Haushalt~ · (domestic) stove pipe casing

ofen|trocken · oven-dry

~trockenes Gewicht *n* · oven-dry weight

~trocknender Lack *m* · baking varnish, stoving ~

Ofen|trocknung *f*, Einbrennen *n* · stoving baking [*The process of drying and hardening a paint coating by heating, usually at a temperature above 150° F*]

~- und Herdarbeiten *fpl* [*DIN 18362*] · stove and range work

~wagen *m* · kiln cart

OFF *f*, Oberfläche *f* (Fuß)Boden · top of floor cover(ing), ~ ~ floor(ing) (finish)

offen, nicht überdacht · open, unroofed, uncovered

offene Form *f* · open (architectural) form

~ Fuge *f* · open joint

~ Kehle *f* · open valley

~ Stütze *f* · open column

~ (Treppen)Spindel *f* · open newel

offener Baumischbelag *m*, Baumischbelag nach Art des Makadam · macadam aggregate type road mix surfacing, ~ ~ ~ ~ ~ pavement

~ Bogenzwickel *m* · open spandrel

~ Gang *m*, Laubengang · access gallery, ~ balcony, exterior corridor, outside corridor, outdoor corridor, external corridor [*A balcony intended to give access to a number of separate dwellings above the first story*]

~ Schuppen *m* · open shed

~ (Träger)Steg *m* · open web, ~ stalk

offenes Dach *n* · open roof

~ Parkgebäude *n*, ~ Parkhaus · open-deck car park, ~ garage, open-sided multi-stor(e)y car park, open-sided multi-stor(e)y garage

~ Triforium *n*, durchfenstertes ~ · transparent triforium

Offenstellung *f* · open position

öffentlich gefördert [*Wohn(ungs)bau*] · publicly assisted

~ geförderte Wohnung *f*, Wohnung des sozialen Wohnungsbaues, Sozialwohnung · publicly assisted dwelling unit, low-rent ~ ~, local authority ~ ~, public authority ~ ~ (US); publicly-assisted dwelling, low-rent dwelling, subsidized dwelling, local authority dwelling, public authority dwelling (Brit.)

öffentliche Abwasserleitung *f* · public sewer

(~) Bedürfnisanstalt *f* · public (sanitary) convenience, ~ toilet

~ Bücherei *f*, ~ Bibliothek *f* · public library

~ Mittel *npl* · public funds

(~) Versorgungsleitung *f* [*DIN 1998*] service (line)

(~) Versorgungsrohrleitung *f* · service pipeline

~ Wasserversorgung *f*, allgemeine ~ · public water supply

öffentlicher Abwasserkanal *m* · public conduit-type sewer

~ Fernsprecher *m* · public (tele)phone

~ Flur *m*, ~ Gang *m*, ~ Korridor *m* [*Im Gegensatz zum Privatflur*] · public corridor

~ Gang *m*, ~ Flur *m*, ~ Korridor *m* [*Im Gegensatz zum Privatflur*] · public corridor

~ Garten *m* · public garden

~ Korridor *m*, ~ Flur *m*, ~ Gang *m* [*Im Gegensatz zum Privatflur*] · public corridor

~ (Luft)Schutzraum *m* · public (air-raid) shelter, ~ bomb ~

~ Park *m* · public park

~ Raum *m*, Publikumsraum [*Hotel*] · public room

~ Versorgungsbetrieb *m* · public utility (undertaking)

~ Wasserverbrauch *m*, allgemeiner ~ · public water consumption

~ Wohn(ungs)bau *m* · public housing (construction), ~ dwelling ~ ·

öffentliches Gebäude *n*, Behördengebäude · public block, ~ building

~ Grün *n* · public green zone, ~ ~ area

~ (Strom)Netz *n* · public (electric current) grid

(~) Versorgungsnetz *n* · service (line) network

(~) Versorgungsrohr *n* · service pipe

offenzellig [*Kunststoffmasse*] · with interconnecting cells

öffnen mit Dietrich · to pick

Öffnen *n* **mit einem Dietrich** · picking [*Opening a lock with a device other than a key*]

Öffnung *f* · opening

Öffnungs|bewegung *f* · opening movement

~breite *f* · opening width

~gitter *n*, Gitter · grille [*A functional or decorative openwork screen within an opening. Sometimes spelled 'grill'*]

~höhe *f* [*Tor*] · opening height

~stellung *f* · opening position

~wange *f* → Freiwange

OFHC-Kupfer *n* · oxygen free high conductivity copper

OG *n* → Obergeschoß

ohne Faserzusatz, ~ ohne Fasern, ungefasert, faserfrei, faserlos, nichtgefasert, nichtfaserarmiert, nichtfaserverstärkt · nonfibered, unfibered (US); nonfibred, unfibred (Brit.); nonfibrated, unfibrated

~ Geruchverschluß · untrapped [*street gull(e)y*]

~ Giebelfeld [*ionischer Portikus*] · unpedimented

~ Kellergeschoß · basementless

~ Kristallisationswasser, wasserfrei, anhydrisch · anhydrous

~ Verbund · unbonded

Oiticicaöl *n* · oiticica oil

OKF *f*, Oberkante *f* (Fuß)Boden(belag) · level of floor(ing) (finish), ~ ~ floor cover(ing)

Okratbeton *m*, Ocratbeton · concrete treated with SiF_4, ocrated concrete

Okratieren *n*, Ocratieren [*Es dient zur Erhöhung der Festigkeit und chemischen Widerstandsfähigkeit von Beton. Er wird in Druckkammern mit Siliziumtetrafluoridgas (SiF_4) behandelt, die Umwandlung erfolgt nach der Gleichung: $2\,Ca(OH)_2 + SiF_4 \rightarrow 2\,CaF_2 + SiO_2 \cdot 2\,H_2O$. Durch Zeit- und Druckveränderungen können beliebige Eindringtiefen des Gases in den Beton erreicht werden. Das Verfahren wird nur in der Betonfertigteilindustrie angewendet*] · ocrating

Oktastylos *m* · octastyle [*A portico having a row of eight front(ed) columns*]

~tempel *m* [*Griechischer Tempel mit acht Säulen an der Giebelseite*] · octastyle temple

Öl(anstrich)farbe *f* · oil (based) paint

Ölauf|fangwanne *f* · oil sump

~nahme *f* · oil absorption

Ölbasis *f*, Ölgrundlage *f* [*Bindemittellösung einer Anstrichfarbe*] · oil base

Ölbehälter *m*, Heiz~, (Heiz)Öl(lager)-tank *m* · (fuel) oil (storage) tank, heating ~ (~) ~

Öl(be)heizung *f* · oil(-fired) heating, oil-burning ~

Ölbeigabe *f*, Ölzusatz *m* · oil addition

Ölbeize *f* · oil(-base(d)) stain, oil-type ~ [*A transparent solution of a dye powder soluble in aromatic hydrocarbons*]

Ölbohrzement *m*, Tiefbohrzement, Erdölzement · oil-well cement [*Hydraulic cement suitable for use under high pressure and temperature in sealing water and gas pockets and setting casing during the drilling and repair of oil wells; often contains retarders to meet the requirements of use*]

Ölbrenner *m* · oil(-fired) burner, oil-burning ~

öldicht · oil-tight

ölempfindlich · oil-susceptible

Ölen *n*, Ein~ · oiling

Ölfarbe *f*, Ölanstrichfarbe · oil (based) paint

Ölfarben|anstrich *m*, Ölfarbenaufstrich · oil(-base(d)) paint coat

~aufstrich *m*, Ölfarbenanstrich · oil(-base(d)) paint coat

ölfeste Asphaltfeinbeton(belag)platte *f*, ~ Asphaltfeinbetonfliese [*Diese Platten sind mit Steinkohlenteerweichpech gebunden*] · soft pitch concrete tile

~ Asphaltfeinbetonfliese *f*, ~ Asphaltfeinbeton(belag)platte [*Diese Platten sind mit Steinkohlenteerweichpech gebunden*] · soft pitch concrete tile

~ Hochdruck-Asphalt(belag)platte *f*, Steinkohlenteerpechplatte, Homogenfliese, Homogen(belag)platte, Homogen-Asphaltplatte, mineralölbeständige Asphaltplatte [*DIN 18354*] [*Diese Platten sind mit Steinkohlenteerweichpech gebunden. Die Bezeichnungen „Homogenasphaltplatte" und „Homogenasphaltfliese" sind daher irreführend*] · soft pitch tile

Ölfeuerstätte *f*, Ölfeuerung *f* · oil-burning appliance, ~ fire, ~ furnace, oil(-fired) ~

Öl(feuerungs)kessel *m*, ölgefeuerter (Heiz)Kessel · oil-fired boiler, oil-burning ~

Ölfleck *m* · oil stain

Ölfraktion *f* [*Herstellung präparierten Teeres*] · distillate fraction, oil ~ ~, tar distillation ~, tar-oil ~

Ölfrei, öllos · oil-free, oilless

Ölfugen(ab)dicht(ungs)kitt *m* → Öl(fugen)mastix

Öl(fugen)|kitt *m* → Öl(fugen)mastix

~mastix *m*, Öl(fugen)kitt *m*, Öl(ver)-füllkitt, Ölfugen(ab)dicht(ungs)kitt, plastische Öl-Fugen(ab)dicht(ungs)masse *f*, plastische Öl-Fugenmasse, plastische Öl-(Fugen)(Ver)Füllmasse, plastischer Öl-(Fugen)(Ver)Füller *m* · oil-base(d) (building) mastic, oil-type (~) ~, ~ mastic joint sealer

Ölfüllkitt *m* → Öl(fugen)mastix

Ölgasteer *m* · oil-gas tar

~pech *n* · oil-gas tar pitch

ölgefeuert · oil-burning, oil-fired

ölgefeuerter (Heiz)Kessel *m*, Öl(feuerungs)kessel · oil-fired boiler, oil-burning ~

ölgehärtete Hartplatte *f* · oil-tempered hardboard

Ölglanz(anstrich)farbe *f* · oil gloss paint

Ölgrundlage *f*, Ölbasis *f* [*Bindemittellösung einer Anstrichfarbe*] · oil base

Ölhärtung *f* · oil hardening [*The process of quenching red-hot steel in oil in order to harden it*]

Öl-Harz|-Gemisch *n*, Öl-Harz-Mischung *f* · oleo-resinous mix(ture)

~-Mischung *f*, Öl-Harz-Gemisch *n* · oleo-resinous mix(ture)

Ölheizung *f*, Ölbeheizung · oil(-fired) heating, oil-burning ~

Ölheizung(sanlage) *f* · oil(-fired) heating system, oil-burning ~ ~

ölig · oily

öliges Silicon *n*, Siliconöl *n* · silicone fluid

Öl-in-Wasser-Emulsion *f* · oil-in-water emulsion

Olivgrün(pigment) *n* · olive green (pigment)

Olivin *m* · olivine

~basalt *m* · olivine basalt

~erzeugnis *n* · olivine refractory (product), ~ ~ material [*A forsterite refractory material made from olivine*]

~stein *m* · olivine brick

Ölkeller *m* · oil storage cellar

Ölkessel *m*, Ölfeuerungskessel, ölgefeuerter (Heiz)Kessel · oil-fired boiler, oil-burning ~

Ölkitt *m* → Öl(fugen)mastix

Ölkuchen *m*, Leinkuchen · linseed cake, oil ~

Öllack *m* [*Öllacke sind Verkochungen von Natur- oder Kunstharzen mit fetten Ölen und Lösungen in Terpentinöl oder Testbenzin unter Zusatz von Trocknungsmitteln*] · oleoresinous varnish, oil ~

Öllagerraum *m*, Heiz~ · (fuel) oil store, heating ~ ~

Öl(lager)tank *m*, Heiz~, (Heiz)Ölbehälter *m* · (fuel) oil (storage) tank, heating ~ (~) ~

Öllasur(farbe) *f* · oil based scumble glaze

öllos, ölfrei · oil-free, oilless

öllöslich · oil-soluble

Öl-Luft|erhitzer *m*, Öl-Warmlufterhitzer, Öl-(Warm)Luftheizgerät *n* · oil(-fired) warm air heater, oil-burning ~ ~ ~

Ölmastix *m* → Ölfugenmastix

ölmodifiziert · oil-modified

ölmodifiziertes Alkydharz *n* · oil-modified alkyd resin

Ölpapier *n* · oil-impregnated paper

Ölpaste *f* [*Bleiweiß mit 10% bis 12% Leinöl*] · paste-in-oil (white lead), ~ basic lead carbonate

Ölschiefer *m* · oil shale [*It yields oil when heated in a retort*]

~schlacke *f* · oil shale slag

~teer *m* · oil shale tar

~zement *m* [*Er besteht aus mindestens 70% Portlandzementklinkern und höchstens 30% in besonderen Ofenanlagen getemperten Ölschiefermineralien*] · oil shale cement

Ölschleifpapier *n* · waterproof abrasive paper

(öl)schlußvergüteter Kohlenstoffstahl *m* · high-carbon steel

Ölschmutzwasser *n* · oily waste

Ölstrick *m* [*Ölgetränkter Hanfstrick als Rohrmuffendichtung*] · oil-saturated hemp rope

Öltank *m*, Heizöllagertank, (Heiz)Ölbehälter *m* · (fuel) oil (storage) tank, heating ~ (~) ~

ölundurchlässig · impervious to oil

Öl(ver)füllkitt *m* → Öl(fugen)mastix

Ölvorwärmung *f* · pre-heating of oil

Öl-(Warm)Luft|erhitzer *m*, Öl-(Warm-)Luftheizgerät *n* · oil(-fired) warm air heater, oil-burning ~ ~ ~

Ölzähler *m* · oil meter

Öl-Zentralheizung *f* Heiz~ · (fuel) oil-fired central heating

Ölzusatz *m*, Ölbeigabe *f* · oil addition

Omarmoschee *f*, Felsendom *m* · Dome of the Rock

Omnia|dach *n* · Omnia roof

~-Decke *f*, Verbundgitterträgerdecke, Omnia-Betondecke · Omnia (concrete) floor [*It is a composite floor consisting of lightweight precast planks with reinforcement accurately located in the planks under factory conditions, mass produced hollow concrete blocks, and in-situ concrete*]

~-Deckenplatte *f* · Omnia (floor) slab

~-Gitterträger *m* · Omnia lattice

~-Großflächenplatte *f*, Großflächenplatte für die Omnia-Vollbetondecke · Omnia wide slab

~-Rippendecke *f* [*Mit Leichtbetonhohlkörpern. Druckplatte mindestens 5 cm; ein- und zweischalig*] · Omnia rib(bed) floor

~-Vollbetonplatte *f*, schmale ~ · Omnia (concrete) plank

~-Wechselvollbetonplatte *f*, schmale ~ · Omnia trimmer (concrete) plank, ~ trimming (~) ~ [*These planks incorporate precast upstands of structural floor depth and provide permanent shuttering for openings such as stairwells, chimneys, skylights, etc.*]

Onyx(marmor) *m*, Kalkonyx *m* · onyx marble

Oolith(en)|kalk(stein) *m* → Rogen-(kalk)stein

~sand *m* · oolitic sand

Opaeum *n* → Opäum

Opaion *n* → Opäum

opak · opaque

opake Glasur *f*, Email(glasur) *n*, (*f*), Emaille *f* · enamel (glaze), opaque ~

opakes Glas *n*, Opakglas · opaque glass

Opakglas *n*, opakes Glas · opaque glass

Opal *m* · opal [*An amorphous form of hydrated silica*]

Opaleszentglas *n*, Opaleszenzglas [*Gegossenes oder geblasenes Zierglas, nicht klar durchsichtig und mit einer etwas unebenen Oberfläche, ähnlich wie Kathedralglas*] · opalescent glass

Opal|glas *n* · opal glass [*Glass which is white or coloured and varies from translucent to completely opaque. If it is completely opaque it is called 'Opakglas' in German*]

~überfang(hohl)glas *n* · ply glass [*Glassware having a layer of opal glass covered on one or both sides with coloured or colourless transparent glass, normally used for illuminated globes and lighting shades*]

~überfang(tafel)glas *n* · flashed opal (glass) [*blown sheet*]

Opäum *n*, Opaion *n*, Opaeum *n*, Rauchloch *n*, (Kuppe)Auge *n*, Nabel *m*, Scheitelöffnung, Laternenöffnung *f* · opaion, eye

Operationssaal *m* [*Krankenhaus*] · operation theatre, operating ~

Opferschale *f*, Patera *f* · patera [*A small, flat, circular or oval ornament in classical architecture, often decorated with acanthus leaves or rose petals*]

Opisthodomos *m*, Hinterraum *m* · rear portico, opisthodomos [*The enclosed section at the rear of a Greek temple, sometimes used as a treasury*]

optimale Festigkeit *f* · optimum strength

Optimierungsverfahren *n* · optimizing method

optische Lotung *f* · instrument plumbing

optischer Maßstab *m* · visual scale

Opus *n* [*Sammelbezeichnung für die Arbeitstechniken der römischen Antike auf den Gebieten Mauerwerk, Mauerverband, Verputz, Verkleidung und (Fuß)Boden(belag)*] · opus

~ Alexandrinum [*Ornamentales Fußbodenmosaik aus farbigen, zu geometrischen Mustern geordneten Marmorsteinen, besonders in Verbindung von Mosaik und Opus sectile*] · Alexandrinum work, opus Alexandrinum

~ incertum [*Ein römisches Mauerwerk, bei dem der Raum zwischen zwei Mauerschalen mit einem Gemisch aus Bruchstein und Gußmörtel gefüllt wird*] · opus incertum

~ listatum, ~ mixtum [*Römisches Mauerwerk, bei welchem Schichten kleiner Natursteinblöcke mit Ziegelsteinen wechseln*] · opus mixtum

~ mixtum, ~ listatum [*Römisches Mauerwerk, bei welchem Schichten kleiner Natursteinblöcke mit Ziegelsteinen wechseln*] · opus mixtum

~ quadratum [*Römisches Quadermauerwerk*] · opus quadratum

~ reticulatum [*Ein römisches Gußmauerwerk, das mit pyramidenförmig zugeschnittenen Steinen mit der quadratischen Seite nach außen verblendet ist; die Fugen laufen diagonal*] · opus reticulatum

~ sectile [*Eine Wandbekleidung oder ein Fußbodenbelag aus kleinen Marmorplatten, die in geometrischen oder anderen Formen geschnitten sind*] · opus sectile

~ spicatum [*Römisches Mauerwerk, bei dem die Steine ein Ähren- oder Fischgrätmuster bilden*] · opus spicatum

~ tesselatum [*Römisches (Fuß)Bodenmosaik aus verschiedenfarbigen Steinwürfeln*] · opus tesselatum

Orangenschalen|anschein *m*, Apfelsinenschalenanschein [*Fehler im optischen Glas*] · greyness

~effekt *m* → Apfelsinenschaleneffekt

Orangerie *f* · orangery

Orangeschellack *m* · orange shellac

Oratorium *n* · oratory

Orchester|graben *m* · orchestra pit

~stand *m* · orchestra floor

Orchestra *f* [*Der kreisförmige Tanzplatz im Zentrum eines griechischen Theaters*] · orchestra

ordnende Wirkung *f* **der Symmetrie** orderly effect of symmetry

Ordnung *f*, Säulen~ · order (of architecture) [*A column together with its entablature, which is the beam and other horizontal members resting upon it*]

Ordnungszahl *f* · atomic number

organhaftes Bauen *n* · organic building [*Based on the principle that the shape or form of a building should be derived from its function*]

organische Architektur · organic architecture [*It is based on the theory that architecture should, in its appearance, have a character similar to a natural organism and give the same impression of unity*]

~ Architekturtheorie *f* · organic theory of architecture

~ Beimengung *f*, ausglühbarer Bestandteil *m* · organic impurity, ~ matter, ~ substance

~ Chemie *f* · organic chemistry

~ Chemikalie *f* · organic chemical

~ Farbe *f* [*Fehlname*]; organisches Pigment *n* · organic pigment [*B.S. 3599*]

~ Faser *f* · organic fibre (Brit); ~ fiber (US)

~ Naturform *f* · organic form of nature

~ Säure *f* · organic acid

~ Verbindung *f* · organic system

~ Verunreinigung *f* · organic impurity

organischer (Beton)Zuschlag(stoff) *m* · organic (concrete) aggregate

~ Dämmstoff *m*, organisches Dämmmaterial *n* · organic insulating material, ~ insulation(-grade) ~, ~ insulator, ~ insulant

~ Füllstoff *m* · organic filler

~ Staub *m* · organic dust

~ Wärmedämmstoff *m*, organisches Wärmedämmaterial *n* · organic heat insulating material, ~ ~ insulation(-grade) ~, ~ ~ insulator, ~ ~ insulant

organisches Dämmaterial *n*, organischer Dämmstoff *m* · organic insulating material, ~ insulation(-grade) ~, ~ insulator, ~ insulant

~ Glas *n*, Kunststoffglas [*Die Bezeichnung „Glas" ist nicht ganz zutreffend, weil unter „Glas" Silikatglas verstanden wird Die Verwendung dieses Wortes ist auf die lichtdurchlässige Plattenform zurückzuführen*] · light-admitting plastic (material)

~ Pigment *n*; organische Farbe *f* [*Fehlname*] · organic pigment [*B.S. 3599*]

Organosol *n* · organosol [*A dispersion of finely divided resin particles in an organic liquid which may be wholly or partly volatile. After application the coating is heated and the resin particles with any non-volatile portions of the carrier are fused to a continuous film*]

Organsin *n* · organzine, thrown-silk

Orgelempore *f* · organ loft, ~ gallery

orgelförmige Fassade *f* · organ-shaped façade

orientalische Kuppel *f* · oriental dome, ~ cupola

Orientierung *f*, Himmelslage *f* [*Bauwerk*] · orientation

~, Ostung [*Ausrichtung der Bauachse einer Kirche nach Osten*] · orientation

Ornament *n*, Zierelement *n*, Zierglied *n*, Dekor(ations)element, Dekor(ations)-glied, Schmuckglied, Schmuckelement, Verzierung *f* · ornament, decorative fixture, enrichment

~ → Dekor(ation)

(ornamentaler) Stirnziegel *m*, Zierstirnziegel, Antefix *m*, dekorativer Stirnziegel · antefix (tile) [*Antefixes or antefixa are ornamental blocks, fixed vertically at regular intervals along the lower edge of a roof, to cover the ends of tiles*]

Ornament|aluminium *n*, Dekor(ations)-aluminium, Zieraluminium · decorative aluminum, ornamental ~ (US); ~ aluminium (Brit)

~band *n*, Schmuckband, Bandornament *n*, Bandschmuck *m*, Zierband, Dekor(ations)band · decorative band, ornamental ~, continuous ornament

~becken *n*, Zierbecken, Dekor(ations)-becken · ornamental pool, decorative ~

~beschichtung *f*, Ornamentüberzug *m*, Dekor(ations)beschichtung, Dekor(ations)überzug, Zierbeschichtung, Zierüberzug [*als Schicht*] · decorative coat(ing), ~ finish, ornamental ~

~beschläge *mpl*, Zierbeschläge, Dekor(ations)beschläge · decorative hardware, ornamental ~, ~ fittings

~beton *m*, Zierbeton, Dekor(ations)beton · ornamental concrete, decorative ~

~-Betonerzeugnis *n*, Ornament-Betonstein *m*, dekoratives Betonerzeugnis, dekorativer Betonstein · decorative (pre)cast (concrete) product, ornamental ~ (~) ~, ~ concrete ~

~-Betonstein *m*, Ornament-Betonerzeugnis *n*, dekorativer Betonstein, dekoratives Betonerzeugnis · decorative (pre)cast (concrete) product, ornamental ~ (~) ~, ~ concrete ~

~-Betonwerkstein *m*, dekorativer Betonwerkstein [*Fehlnamen: Ornament-Kunststein, dekorativer Kunststein*] · decorative cast stone, ~ reconstructed ~, ~ patent ~, ~ artificial ~, ornamental ~ ~

~block(stein) *m*, Ornamentstein, Zierblock(stein), Zierstein, Schmuckblock(-stein), Schmuckstein, Dekor(ations)-stein, Dekor(ations)block(stein) · sculptural (type) block, ~ (~) tile [*See remark under 'Block'*]

~bogen *m*, Schmuckbogen, Zierbogen, Dekor(ations)bogen · decorative arch, ornamental ~

~bronze *f*, Zierbronze, Dekor(ations)-bronze · ornamental bronze

~decke *f*, Dekor(ations)decke, Zierdecke · decorative ceiling, ornamental ~

~deckenplatte *f*, Zierdeckenplatte, Dekkenzierplatte, Dekor(ations)deckenplatte, Dekorativdeckenplatte · decorative ceiling sheet, ornamental ~ ~, ~ ~ board

~drahtglas *n* → Drahtornamentglas

~eisen *n*, Ziereisen, Dekor(ations)eisen · ornamental iron, decorative ~

~element *n*, Zierelement, Dekor(ations)-element · decorative feature, ornamenta ~

Ornamentenstil *m* · ornamental style

Ornament|fenster *n*, Zierfenster, Dekor(ations)fenster · decorative window, ornamental ~

~filz *m*, Dekor(ations)filz, Zierfilz · decorative felt(ed fabric), ornamental ~ (~)

~fliese *f*, Ornamentplatte *f*, Zierfliese Zierplatte, Dekor(ations)fliese, Deko-r(ations)platte · ornamental tile, decorative ~

~folie *f*, Zierfolie, Dekor(ations)folie · decorative foil, ornamental ~

~folie *f* **aus Kunststoff**, Zierfolie ~ ~, Dekor(ations)folie ~ ~ · decorative plastic film, ~ ~ sheeting, ornamental ~ ~

~form *f*, Schmuckform, Verzierungsform · ornamental form

~(-Form)block(stein) *m*, Ornament-(-Form)stein, Dekor(ations)(-Form)-stein, Dekor(ations)(-Form)block-(stein), Ornament-Profilstein, Ornament-Profilblock(stein), Dekor(ations)-Profilstein, Dekor(ations)-Profilblock(-stein) · purpose-made ornamental block, ~ ~ tile, special ~ ~, ~ decorative ~ [*See remark under 'Block'*]

~fuge *f*, Zierfuge, Dekor(ations)fuge · ornamental joint, decorative ~

~geländer *n*, Ziergeländer, Dekor(ations)geländer · ornamental railing, decorative ~

~gewoge *n* · riotous welter of ornament

~gitter *n*, Ziergitter, Dekor(ations)gitter, Gitter · decorative grille, ornamental ~ [*A decorative openwork screen within an opening. Sometimes spelled 'grill'*]

~glas *n*, Zierglas, Dekor(ations)glas, ornamentiertes Glas · pattern(ed) glass (US); ornamental ~, decorative ~; figured rolled ~ [*B S 3447*]; figured ~ [*ASTM C 162*]

~glas Nr. 521, Regentropfenglas, Tautropfenglas · dewdrop glass, waterdrop ~

~glas Nr. 552, Pyramidal-mittel *n* · pyramid glass

~glas Nr. 597, Pyramidal-fein *n* · small pyramid glass

~-Glas(bau)stein *m*, Dekor(ations)-Glas(bau)stein, Zier-Glas(bau)stein, Schmuck-Glas(bau)stein · sculptural faced glass block, ~ ~ ~ brick

~glied *n*, Zierglied, Dekor(ations)glied [*Fries; Stab; Karnies usw.*] · decorative element, ornamental ~

ornamentieren, mustern · to pattern, to give a decorative finish

ornamentierte Archivolte *f* · decorated archivolt, ornamental ~

Ornament(ierung) *n*, (*f*) → Dekor(-ation)

Ornamentik *f*, Zierkunst *f* · ornamental art, decorating ~, decoration ~

Ornament|konsole *f* → Ornament-wandkonsole

~-Kunststein *m*, dekorativer Kunststein [*Fehlnamen*]; dekorativer Betonwerkstein, Ornament-Betonwerkstein · decorative cast stone, ~ reconstructed ~ ~ patent ~, ~ artificial ~, ornamental ~ ~

~leiste *f*, (Zier)Leiste, Dekor(ations)-leiste · molding (US); moulding (Brit.)

~leuchte *f*, Zierleuchte, Dekor(ations)-leuchte · decorative luminaire (fixture), ornamental ~ (~) (US); ~ light fitting (Brit.); ~ (light(ing)) fixture

~metall *n*, Dekor(ations)metall, Ziermetall · ornamental metal, decorative ~

~motiv *n*, Schmuckmotiv, Dekor(ations)motiv, Ziermotiv · decorative motif, ornamental ~

~motiv *n* **aus der Natur**, Schmuckmotiv ~ ~ ~, Ziermotiv ~ ~ ~, Dekor(ations)motiv ~ ~ ~ · decorative motif taken from nature, ornamental ~ ~ ~ ~

~muster *n*, Ziermuster, Dekor(ations)-muster, Schmuckmuster · decorative pattern, ornamental ~

~oberfläche *f*, Zieroberfläche, Dekor(ations)oberfläche · ornamental surface, decorative ~

~pflaster(decke) *n*, (*f*), Zierpflaster(-decke), Dekor(ations)pflaster(decke) · ornamental (sett) paving, decorative (~) ~

~platte *f*, Zierplatte, Dekor(ations)platte, (dekorative) Sichtplatte · decorative board, ~ sheet, ornamental ~

~platte *f*, Ornamentfliese *f*, Zierplatte, Zierfliese, Dekor(ations)platte, Dekor(ations)fliese · ornamental tile, decorative ~

~profil *n*, Zierprofil, Dekor(ations)profil · moulding (Brit.); molding (US)

~-Profilblock(stein) *m*, Ornament-Profilstein, Dekor(ations)-Profilstein, Dekor(ations)-Profilblock(stein), Ornament(-Form)stein, Ornament(-Form)-block(stein), Dekor(ations)(-Form)-stein, Dekor(ations)(-Form)block(stein) · purpose-made ornamental block, ~ ~ tile, special ~ ~, ~ decorative ~ [*See remark under 'Block'*]

~~-Profilstein *m*, Ornament-Profilblock stein) *m*, Dekor(ations)-Profilstein, Dekor(ations)-Profilblock(stein), Ornament(-Form)stein, Ornament(-Form)-block(stein), Dekor(ations)(-Form)-stein, Dekor(ations)(-Form)block(stein) · purpose-made ornamental block, ~ ~ tile, special ~ ~, ~ decorative ~ [*See remark under 'Block'*]

~putz *m* → Effekt(ver)putz

~-Schichtpreßstoffplatte *f*, Dekor(ations)Schichtpreßstoffplatte, Zier-Schichtpreßstoffplatte, Schmuck-Schichtpreßstoffplatte · decorative laminate(d) sheet, ~ ~ board, ornamental ~ ~

~-Spachtel(fuß)boden *m*, Zier-Spachtel(fuß)boden, Dekor(ations)-Spachtel(fuß)boden · decorative jointless floor(ing), ~ in-situ ~, ~ composition ~, ~ seamless ~, ~ ~ floor cover(ing), ~ ~ floor finish

~stahl *m*, Dekor(ations)stahl, Zierstahl · ornamental steel, decorative ~

~stein *m* → Ornament(-Form)block(-stein)

~stein *m*, Schmuckstein, Zierstein, Dekor(ations)stein · dressing [*A stone worked to a finished face, whether smooth or moulded, and used around an angle, window, or any feature*]

~stein → Ornamentblock(stein)

~stil *m* · style of ornamentation

~stütze *f*, Schmuckstütze, Dekor(ations)stütze, Zierstütze · decorative column, ornamental ~

~tafel *f*, Ziertafel, Dekor(ations)tafel · ornamental panel, decorative ~

~tür *f*. Dekor(ations)tür Ziertür · decorative door, ornamental ~

~überzug *m*, Ornamentbeschichtung *f*, Dekor(ations)überzug, Dekor(ations)-beschichtung, Zierbeschichtung, Zierüberzug [*als Schicht*] · decorative coat(ing), ~ finish, ornamental ~

~verband *m*, Schmuckverband, Zierverband, Dekor(ations)verband [*Mauerwerk*] · ornamental (masonry) bond, decorative (~) ~

~verchromung *f* → dekorative Verchromung

~(ver)putz *m* → Effekt(ver)putz

~wand *f*, Zierwand, Schmuckwand, Dekor(ations)wand · decorative wall, ornamental ~

~(wand)konsole *f*, Dekor(ations)-(wand)konsole, Schmuck(wand)konsole, Zier(wand)konsole · ornamental (wall) bracket, decorative (~) ~

~ziegel *m*, Dekor(ations)ziegel, Zierziegel · ornamental brick, decorative ~

~ziegelmauerwerk *n*, Zierziegelmauerwerk, Dekor(ations)ziegelmauerwerk · (ornamental) pattern brickwork, decorative ~; ~ brick masonry (work), (~) pattern brick masonry (work) (US)

Ort *m* → ~gang

~balken *m*, Giebelbalken · top beam

~bau *m* · in(-)situ construction, insitu ~, in-place ~

~bauverfahren *n* · in(-)situ construction method, insitu ~ ~, in-place ~ ~

Ortbeton *m* [*DIN 1045*] · in(-)situ (cast) concrete, cast(-)in(-)situ ~, cast-in-place ~, site-placed ~, field, ~ poured(-in-place) ~

~balkon *m* · in(-)situ (cast) (concrete) balcony, cast(-)in(-)situ (~) ~, cast-in-place (~) ~, site-placed (~) ~, field ~ ~, poured(-in-place) (~) ~

~bauwerk *n* · in(-)situ (cast) (concrete) structure, cast(-)in(-)situ (~) ~, cast-in-place (~) ~, site-placed (~) ~, field ~ ~, poured(-in-place) (~) ~

~decke *f* · in(-)situ (cast) (concrete) floor, cast(-)in(-)situ (~) ~, cast-in-place (~) ~, site-placed (~) ~, field ~ ~, poured(-in-place) (~) ~

(Ortbeton-)|Druckplatte *f*, (Ortbeton-) Druckschicht *f* · in situ structural topping of concrete

(~)Druckschicht *f*, (Ortbeton-)Druckplatte *f* · in situ structural topping of concrete

~füllung *f* · in(-)situ (cast) (concrete) filling, cast(-)in(-)situ (~) ~, cast-in-place (~) ~, site-placed (~) ~, field ~ ~, poured(-in-place) (~) ~

ortbetoniert · cast-in-place, poured-in-place, cast-in-situ

Ortbeton|kabelkanal *m* · in(-)situ (cast) (concrete) cable duct, cast(-) in(-)situ (~) ~ ~, cast-in-place (~) ~ ~, site-placed (~) ~ ~, field (~) ~ ~, poured(-in-place) (~) ~ ~

~rahmen *m* · in(-)situ (cast) (concrete) frame, ~ (~) (~) framing, cast(-) in(-)situ (~) ~, cast-in-place (~) ~, site-placed (~) ~, field ~ ~, poured(-in-place) (~) ~

~-Rippendecke *f* · in(-)situ (cast) (concrete) rib(bed) floor, cast(-)in(-) situ (~) ~ ~, cast-in-place (~) ~ ~, site-placed (~) ~ ~, field (~) ~ ~, poured(-in-place) (~) ~ ~

~schale *f* · in(-)situ (cast) (concrete) shell, cast(-)in(-)situ (~) ~, cast-in-place (~) ~, site-placed (~) ~, field ~ ~, poured(-in-place) (~) ~

~-Traufenteil *m, n* · in(-)situ (cast) concrete eave(s) unit, cast(-)in(-)situ ~ ~ ~, cast-in-place ~ ~ ~, site-placed ~ ~ ~, field ~ ~ ~, poured(-in-place) ~ ~ ~

~treppe *f* · in(-)situ (cast) (concrete) stair(case), cast(-)in(-)situ (~) ~, cast-in-place (~) ~, site-placed (~) ~, field ~ ~, poured(-in-place) (~) ~

Ort(gang) *m* [*Dachabschluß an der Giebelseite eines Sattel-, Shed- oder Pultdaches*] · verge

orthodoxe Kirche *f* · Byzantine church

orthogonal anisotrope Platte *f* · orthogonal anisotropic plate, ~ ~ slab

Orthogonal|armierung *f*, Orthogonalbewehrung, Orthogonal(stahl)einlagen *fpl* · orthogonal reinforcement

~bewehrung *f*, Orthogonalarmierung, Orthogonal(stahl)einlagen *fpl* · orthogonal reinforcement

orthogonale Geometrie *f* · orthogonal geometry

Orthogonal|einlagen *fpl*, Orthogonalstahleinlagen, Orthogonalbewehrung *f*, Orthogonalarmierung · orthogonal reinforcement

~(stahl)einlagen *fpl*, Orthogonalbewehrung *f*, Orthogonalarmierung · orthogonal reinforcement

Orthokieselsäure *f*, H_4SiO_4 · orthosilicic acid

Orthoklas *m* · orthoclase

Orthophyr *m*, Porphyr [*DIN 52100. Die Bezeichnung Orthophyr (= Orthoklasporphyr) ist sprachlich besser, da die Bezeichnung „Porphyr" für die Struktur gilt*] · porphyry

Ort(innen)(ver)putz *m* · solid (mixed) plaster [*Plaster with a solid core which is formed in place, not in the shop, like fibrous plaster*]

Ortleichtbeton *m*, Leicht-Ortbeton · in(-)situ (cast) light(weight) concrete, cast(-)in(-)situ ~ ~, cast-in-place ~ ~, site-placed ~ ~, field ~ ~, poured(-in-place) ~ ~

örtliche Beanspruchung *f* · local stress

~ Spannung *f* · local stress

~ Vorfertigung *f* · prefabrication on site

örtlicher Bruch *m* · local failure

örtliches Knicken *n* · local buckling

~ Material *n* · local material, near-by ~

Ortmörtel *m* · in(-)situ (cast) mortar, cast(-)in(-)situ ~, cast-in-place ~, site-placed ~, field ~, poured(-in place) ~

Ortonkegel *m* · Orton cone [*The standard pyrometric cone used in the United States of America*]

Ortputz *m* → Ort(innen)verputz

Orts|behörde *f* · local authority

~behördeningenieur *m* · local-authority engineer

Ortschaum *m* · in-situ foam

Ortsentwässerung *f*, Kanalisation *f* · system of sewerage, ~ ~ sewers, sewerage (system) [*A collecting system of sewers and appurtenances*]

ortsfeste Asphaltkochanlage *f*, stationäre ~, Gußasphaltkocherei *f* · stationary mastic cooking plant

~ (Bade)Wanne *f* · fixed (bath)tub, stationary ~, ~ bath

~ Fabrik *f*, stationäre ~ · centralized factory

~ Wanne *f*, ~ Bade~ · fixed (bath)tub, stationary ~, ~ bath

ortsfestes Gewächshaus *n* [*DIN 11535 Bl. 1*] · stationary greenhouse

Ort-Sichtbeton *m* · fair-faced in(-)situ (cast) concrete, ~ cast(-)in(-)situ ~, ~ cast-in-place ~, ~ site-placed ~, ~ field ~, ~ poured(in-place) ~

Ort-Spannbetonpfahl *m* · in(-)situ prestressed concrete pile

Ort-Stahlbeton *m*, Stahlortbeton · in(-)situ (cast) reinforced concrete, ~ (~) R.C., cast(-)in(-)situ ~ ~, cast-in-place ~ ~, site-placed ~ ~, field ~ ~, poured(-in-place) ~ ~

Ortstahlbetondecke *f*, Stahlortbetondecke · in(-)situ (cast) reinforced concrete floor, ~ (~) R.C. ~, cast(-)in(-)situ ~ ~ ~, cast-in-place ~ ~ ~, site-placed ~ ~ ~, field ~ ~ ~, poured(-in-place) ~ ~ ~

Ort-Stahlbeton|-Oberschwelle *f*, Ort-Stahlbetonsturz *m* · in(-)situ reinforced concrete lintel, ~ R.C. ~, reinforced in(-)situ concrete ~ [*deplecated: lintol*]

~sturz *m* Ort-Stahlbeton-Oberschwelle *f* · in(-)situ reinforced concrete lintel, ~ R.C. ~, reinforced in(-)situ concrete ~ [*deprecated: lintol*]

Ortstein *m* · verge roof(ing) tile

~, Giebelstein · gable slate

Ort(ver)putz *m* → Ort(innen)verputz

Ortziegel *m* · verge roof(ing) (clay) brick

Ort-Ziegelmauerwerk *n* · in-situ brickwork [*As opposed to brick panels*]

Ösenbolzen *m*, Schrauböse *f*, Ringbolzen, Ösenschraube *f*, Schraubenbolzen mit Ring, Aug(en)bolzen · eye bolt

Osirispfeiler *m* · Osiris pillar

osmanische Architectur *f*, ~ Baukunst · Ottoman architecture

Osmoseverfahren *n*, Osmosemethode *f* · osmotic method

osmotischer Druck *m* · osmotic pressure

ostafrikanischer Kopal *m* · East African copal

Ostapside *f*, Ostapsis *f* · east(ern) apsis, ~ apse

Ostapsis *f*, Ostapside *f* · east(ern) apsis, ~ apse

Ostfenster *n* · east-(ern) window

Ostgiebel *m* [*Parthenon*] · east(ern) pediment [*It represents the birth of Athena*]

Ostjoch *n* · eastern bay

Ostkapelle *f* · east chapel

Ostorientierung *f* · east orientation

Ostung *f*, Orientierung [*Ausrichtung der Bauachse einer Kirche nach Osten*] · orientation

Ostwaldscher Farbenkegel *m*, Farbenkegel nach Ostwald · Ostwald system, ~ double-cone

Ostwald-Viskosimeter *n*, U-Rohr-Viskosimeter · U-tube visco(si)meter

Ostwand *f* · east(-facing) wall

ottonische Architektur *f*, ~ Baukunst *f* · Ottonian architecture

~ Kirche *f* · Ottonian church

~ Kirchenarchitektur *f* · Ottonian ecclesiastical architecture, ~ church ~

~ Renaissance *f* · Ottonian Renaissance

Ovaldraht *m* · oval wire

ovalgerippter Draht *m* · oval ribbed wire

Ovalknopf *m*, Ovaltürknopf · oval (door) knob

~garnitur *f*, Ovaltürknopfgarnitur · oval knob door furniture, ~ ~ ~ set [*B.S. 1331*]

Oval|platte *f* · oval plate, ~ slab

~stütze *f* · oval column

~(tür)knopf *m* · oval (door) knob

~(tür)knopfgarnitur *f* · oval knob door furniture, ~ ~ ~ set [*B.S. 1331*]

Oxalsäure *f*, Kleesäure [*Die einzige Säure welche Beton nicht angreift, sondern festigt*] · oxalic acid

Oxidations|bremse *f* [*Stoff, der die Oxidation hemmt*] · antioxidant

~mittel *n* · oxidizing agent

oxidative Trocknung *f*, oxidatives Trocknen *n* [*Trocknung durch Aufnahme von Luftsauerstoff*] · drying by oxidation

Oxid|braun(pigment) *n*, Eisen~, Eisenbraun(pigment) · brown (iron) oxid(e) (pigment), ~ oxid(e) of iron (~), iron (oxid(e)) brown (~) (US); brown (iron) oxide (~), brown oxide of iron (~), iron (oxide) brown (~) (Brit.)

~gelb(pigment) *n*, Eisen~, Eisengelb(pigment) · yellow (iron) oxid(e) (pigment), ~ oxid(e) of iron (~), iron (oxid(e)) yellow (~) (US); yellow (iron) oxide (~), yellow oxide of iron (~), iron (oxide) yellow (~) (Brit.)

~haut *f*, Oxidschicht *f*, Eloxalschicht, Eloxierhaut *f* · anodic film, ~ coating, ~ finish

oxidiertes Bitumen *n*, geblasenes ~, Industriebitumen [*Geblasene Bitumen sind die durch Einblasen von Luft in geschmolzene, weiche Bitumen hergegestellten hochschmelzenden Bitumen mit ausgeprägten plastischen und elastischen Eigenschaften*] · air-rectified (asphaltic) bitumen, air-blown (~) ~, oxidized (~) ~ (Brit.); ~ asphalt (US)

~ Leinöl *n* · oxidized linseed oil

Oxid|pigment *n*, Eisen~, Eisenoxid(-pigment) *n* · iron oxid(e) (pigment) (US); ~ oxide (~) (Brit.)

~(pigment) *n*, Eisen~, Eisenrot(pigment) · red (iron) oxid(e) (pigment), ~ oxid(e) of iron (~), iron (oxid(e)) red (~) (US); red (iron) oxide (~), red oxide of iron (~), iron (oxide) red (~) (Brit.)

~schicht *f*, Oxidhaut *f*, Eloxalschicht, Eloxierhaut · anodic film, ~ coating, ~ finish

~schwarz(pigment) *n*, Eisen~, Eisenschwarz(pigment) · black (iron) oxid(e) (pigment), ~ oxid(e) of iron (~), iron (oxid(e)) black (~) (US); black (iron) oxide (~), black oxide of iron (~), iron (oxide) black (~) (Brit.)

Oxysäure *f* · oxy acid

Ozokerit *m* Erdwachs *n*, Neftgil *n* Bergtalg *m*, Bergwachs *n*, Montanwachs · ozokerit(e) (Brit.); ozocerite, native paraffin, mineral tallow, mineral wax

~pech *n* · ozokerit(e) pitch (Brit.); ozocerite ~

P

PA *n*, Polyamidharz *n* · polyamide resin

paarweise vorgespannt [*Spanndrähte*] · tensioned in pairs, stretched ~ ~, prestressed ~ ~

~ Vorspannung *f* [*Spanndrähte*] · stretching wires in pairs, tensioning ~ ~ ~, prestressing ~ ~ ~

Packerei *f* [*Zementfabrik*] · bag-packing department, bagging ~

Pädagogische Hochschule *f* · Teachers' Training College

Pagode *f* · pagod(a)

Paket *n* · pack

Palais *n* · palatial house

Palast *m* **der Künste** · Palace of the Arts [*Brasilia*]

~ ~ Morgenröte · Palace of the Dawn [*Presidential palace in Brasilia*]

~ ~ Nationen · Palace of Nation s [*Brasilia*]

~ ~ Staaten · Palace of States [*Brasilia*]

~ des Diocletian zu Spalato · Diocletian's palace at Spalato, Palace of Diocletian ~ ~

~ ~ Minotauros auf Kreta · labyrinth of Crete

~ von Bischapur [*in den Bergen des Südiran*] · Palace of Shapur I at Bishapur

~ ~ Firuz-Abad · Palace at Feruz-Abad

~ ~ Knossos · Palace of King Minos at Knossos

~ ~ Persepolis · Palace of Persepolis [*It was begun in 518 B.C. by Darius I, was mostly executed by Xerxes I (486–465 B.C) and finished by Artaxerxes I about 460 B.C.*]

~ ~ Whitehall · Palace of Whitehall

~ zu Ktesiphon · (Sassanian) Palace at Ctesiphon

~ ~ Sarbistan · Palace of Sarvistan

~(anlage) *m*, (*f*) **von Khorsabad** · Palace of Sargon

~architektur *f*, Palastbaukunst *f* · palace architecture

~baukunst *f*, Palastarchitektur *f* · palace architecture

~gebäude *n* · palace building

~kapelle *f* **zu Aachen** → Münster ~ ~

~komplex *m* · palace complex

Palier *m* → Parlier

Palisadenzaun *m* · palisade fence [*B.S. 1722. A neat fencing allowing a view through at the same time as acting as an efficient barrier. It is particularly attractive when painted white, as is the usual tradition*]

palla|dianisch · Palladian

~dianischer Klassizismus *f* · Palladian Classicism

Palladianismus *m* [*Auf den it. Baumeister Andrea Palladio (1508–1580) zurückgehende Sonderform der Spätrenaissance und des Barock. Schließt sich besonders eng an die römische Antike an, reduziert darum die Fassadendekoration und sucht klare, strenge Proportionen. Seine Besonderheit ist die Kolossalordnung. Der Palladianismus beherrscht seit etwa 1600 die englische Baukunst völlig, hat seit etwa 1650 starke Einflüsse auf Frankreich und das übrige Europa*] · Palladianism

Palladiomotiv *n*, venezianisches Fenster *n* · Venetian window, Palladian ~, Serlian(a) ~, Serlian(a) motif (~), Palladian motif (~) [*A tripartite window, the central opening being arched and wider than the side openings, which have flat heads*]

Palmenblatt|kapitell *n*, Palmenblattkapitäl · palm capital

~ornament *n* · palm leaf ornament

Palmen|fächergewölbe *n*, Fächerpalmengewölbe · fan-palm vault [*A hybrid of the palm and the fan types of vault*]

~gewölbe *n*, Strahlengewölbe · palm vault

~säule *f* [*Säule der ägyptischen Baukunst mit einem Palm(en)blattkapitell*] · palm shaft column

Palmettenfries *m* [*Fries aus fortlaufend gereihten Palmetten*] · palmette frieze

Palmette(nornament) *f*, (*n*) [*Symmetrische Abstraktion eines Palmenwipfels als Grundform der Ornamentik*] · palmette (ornament)

Paneel *n* · strip

Panorama|fenster *n* · panoramic window

~straße *f*, Aussichtsstraße [*Straße, die auf der Talseite nicht bebaut werden kann, weil der Hang zu steil ist. Sie bietet Aussicht in das Tal und auf die gegenüberliegenden Hänge*] · scenic highway, ~ road

Pantheon *m* **in Rom** · Pantheon at Rome

Panzer *m* [*Rolltor*] · shutter curtain

~beton *m* → Panzerhartbeton

~blech *n* · armour plate (Brit.); armor ~ (US)

~fenster *n* [*Ein Fenster mit doppelter Verglasung*] · double-glazed window

~glas *n*, kugelsicheres Glas, schußsicheres Glas · bulletproof glass, bullet-resisting ~, bullet-resistant ~

~(hart)beton *m* [*Beim Panzerhartbeton als Platten oder Estrich sind auf die Gehschicht ausgestanzte, gelochte oder gewarzte Stahlplatten aufbetoniert*] · armoured concrete (Brit.); armored ~ (US)

~(-Hart)beton(belag)platte *f*, Panzer-Hartbetonfliese *f* [*Mit metallischer Deckschicht für Industrie(fuß)böden*] · armoured paving tile, ~ ~ flag, ~ concrete ~ (Brit.); armored ~ ~ (US)

~(hart)betonestrich *m* · armoured concrete screed (Brit.); armored ~ ~ (US)

~holz *n*, Metall(schicht)holz · armourply (Brit.); armorply (US); plymetal [*Plywood with one or more layers consisting of metal sheeting*]

~kabel *n*, bewehrtes Kabel, armiertes Kabel · armoured cable (Brit.); armored ~ (US)

~platte *f* [*Furnier- oder Tischlerplatte mit Decklagen aus Metallfolien oder dünnen Blechen*] · metal-(sur)faced board

~schlauch *m*, Metallschlauch · metal (reinforced) hose, flexible (metallic) tube

~tür *f* · armoured (fire(proof)) door (Brit.); armored (~) ~ (US)

Papier *n* · paper [*See remark under 'Pappe'*]

papierabgedeckt [*Baumatte*] · paper-faced

Papier|abklebung *f* [*Preßstroh-Dämmplatte*] · card (paper) liner

~abwurfanlage *f*, Papier(abwurf)schacht *m*, Papierschlucker *m*, Abwurfschacht für Papier, Abwurfanlage für Papier · paper (disposal) shaft, ~ (~) chute, ~ disposer

~(abwurf)schacht *m*, Papierschlucker *m*, Abwurfschacht für Papier, Papierabwurfanlage *f*, Abwurfanlage für Papier · paper (disposal) shaft, ~ (~) chute, ~ disposer

~bahn *f* · paper sheet(ing)

~band *n* · paper tape

papierbeschichtet · paper-covered

Papier|bleikabel *n* · paper-insulated lead-covered cable

~einlage *f* · paper insert(ion)

~festigkeit *f* · paper strength

~gewebe *n* · tissue paper

~handtuchspender *m* · paper towel dispenser

papierisoliertes Kabel *n*, Papierkabel · paper-insulated cable [*B.S. 480*]

Papierkabel *n*, papierisoliertes Kabel · paper-insulated cable [*B.S. 480*]

papierkaschiertes Furnier *n* · paper-covered veneer

Papier|lage *f*, Papierschicht *f* · paper layer

~mehl *n* · paper meal

~modell *n* · paper model

~rohr *n* · paper tube

~schacht *m*, Papierabwurfschacht, Papierschlucker *m*, Abwurfschacht für Papier, Papierabwurfanlage *f*, Abwurfanlage für Papier · paper (disposal) shaft, ~ (~) chute, ~ disposer

~schicht *f*, Papierlage *f* · paper layer

~schlucker *m*, Papier(abwurf)schacht *m*, Papierabwurfanlage *f*, Abwurfschacht für Papier, Abwurfanlage für Papier · paper (disposal) shaft, ~ (~) chute, ~ disposer

~stuck *m*, Steinpappe *f* · carton pierre [*A mix(ture) of paper-pulp, whiting and size used for casting from reverse mo(u)lds*]

~tapete *f* → Wand~

(Papier)Tapete *f* **aus beschichtetem Papier**, Wand~ ~ ~ ~ · surface-coated (wall)paper

~ mit bildhaften Darstellungen, Wand~ ~ ~ ~ · scenic (wall)paper

~ ~ Darstellung von Landschaften, Wand~ ~ ~ ~ ~ · panoramic (wall-) paper

~ ~ Stilmotiven, Wand~ ~ ~ · subject (wall)paper

(Papier)Tapeten|bahn *f*, Wand~ · (wall)paper sheet(ing)

~fabrik *f*, Wand~ · (wall)paper factory

Papiertapeten|kleb(e)stoff *m* → Tapetenkleb(e)stoff

~kleister *m* → Wand~

~leiste *f* → Tapetenleiste

(Papier)Tapetenrolle *f*, Wand~ · (wall-) paper roll

Papier|tapetenschneider *n*, Wand~, Tapetenschneider · (wall)paper trimmer

~unterlage *f*, (Autobahn-)Unterlagspapier *n*, Straßenbaupapier · concrete subgrade paper, concreting ~, underlay ~, subsoil ~, road lining (~)

Papp|bedachung *f* → Pappdach(belag)

~dach(belag) *n*, (*m*), Papp(dach)eindeckung *f*, Pappbedachung · roof cladding with roll roofing, ~ ~ ~ ready ~ ~ ~ ~ composition ~, ~ ~ ~ prepared ~, ~ ~ ~ rolled-strip ~, ~ covering ~ ~ ~, ~ sheathing ~ ~ ~

~(dach)(ein)deckung *f* → Pappdach(-belag)

Pappe *f* · paper [*The word 'paper' also covers the German word 'Papier', since paper is defined as being available in sheets, rolls and boards in a wide diversity of types ranging from facial tissues to thick, spongy insulating boards and from fine, thin printing papers to high-density building boards. Paper may be smooth or creped single or laminated, cored, corrugated, uncoated or finished and sized in a wide variety of surfaces and textures*]

Pappeindeckung *f* → Pappdach(belag)

Pappen|platte *f* · sheet of paper, board ~ ~, paper sheet, paper board

~rolle *f* · paper roll

Papp(en)|unterlage *f* [*(Fuß)Bodenbelag*] · felt back, paper ~

~wabenkern *m* · honeycomb paper core

Papp|nagel *m*, Pappstift *m* · clout nail [*A nail with a large flat head for fixing felt*]

~röhre *f*, Kartonröhre, Papprohr *n*, Kartonrohr · paper tube [*Used as cores to form holes in concrete for the accommodation of bolts, etc.*]

~schindel *f*, (Dach)Schindel aus Dachpappe, Bitumen(dach)schindel, Asphalt(dach)schindel · prepared-roofing shingle, ready-roofing ~, composition-roofing ~; asphalt ~ (US); (asphaltic-) bitumen ~ (Brit.)

~stift *m*, Pappnagel *m* · clout nail [*A nail with a large flat head for fixing felt*]

~unterlage *f*, Pappenunterlage [*(Fuß-) Bodenbelag*] · paper back

päpstliches Kreuz *n* · Papal cross

Papyrus|knospenkapitell *n*, Papyrusknospenkapitäl · papyrus-bud capital

~säule *f* [*Die nach einem Vorbild der Papyruspflanze ausgebildete ägyptische Säule. Ihr Schaft ist unten eingezogen und wächst aus Kelchblättern heraus*] · papyrus column

Parabel *f* **dritten Grades** · third-degree parabola

~ vierten Grades · fourth-degree parabola

~ zweiten Grades · second-degree parabola

~belastung *f* · parabolic loading

~bogen *m* · parabolic arch

~bogen(träger) *m* · parabolic arch(ed girder)

~(fachwerk)(dach)binder *m* · parabolic roof truss, ~ (lattice) ~

~form *f* · parabolic form

~gewölbe *n* · parabolic vault

~gleichung *f* · parabola equation

~kuppel *f* · parabolic dome, ~ cupola

~träger *m* · parabolic girder

parabolische Konoidschale *f* · parabolic conoid shell

~ Last *f* · parabolic load

~ Schale *f* · parabolic shell

parabolisches Gewölbe *n* · parabolic vault

Paraboloid *n* · paraboloid

~dach *n* · paraboloid roof

~-Regenschirmschalendach *n* · paraboloid umbrella roof of folded shell, ~ ~ shell roof

~schale *f* · paraboloid shell

Paradies *n*, Atrium *n*, Vorhof *m* (vor dem Narthex einer Basilika) · ceremonial forcecourt, atrium, paradise, parvis(e) [*An open court surrounded by porticos in front of a church (some medieval writers gave this name to the atrium of Old St Peter's)*]

~ → Narthex

Paraffin *n* [*Gemisch fester Kohlenwasserstoffe*] · paraffin

~-Abschirmwand *f* · paraffin (biological) shielding wall, ~ radiation ~ ~

paraffinbasisches (Erd)Öl *n* · paraffinic-base (crude) petroleum, ~ crude

Paraffinöl *n*, dunkles ~ · paraffin oil

~ aus Erdöl hergestellt, paraffinum liquidum · paraffin oil (Brit.); kerosine (US)

paraffinum liquidum, Paraffinöl *n* aus Erdöl hergestellt · paraffin oil (Brit.); kerosine (US)

Parallelenzug *m* · parallel trace of lines

Parallelgitter|kuppel *f* · parallel lattice dome, ~ ~ cupola

~träger *m* · parallel lattice girder

parallelgurtig · with parallel flanges, ~ ~ booms, ~ ~ chords

Parallel(gurt)träger *m* · parallel-chord truss

Parallelität *f* · parallelism

Parallelnietung *f*, Kettennietung · chain riveting

Parallelogramm *n* **der Kräfte**, Kräfteparallelogramm · parallelogram of forces, force parallelogram

~platte *f* · parallelogram plate, ~ slab

Parallelperspektive *f*, Axonometrie *f*, Parallelprojektion *f*, Parallelriß *m*, parallele Projektion · axiometrie projection, parallel ~

Parallelträger *m*, Parallelgurtträger · parallel-chord truss

~ mit abgeschrägten Enden, Trapezträger · Warren lattice girder, trapezoidal ~

Parian|alabaster *m*, Parianzement *m*, Boraxgips *m* · Parian plaster

~zement *m*, Parianalabaster *m*, Boraxgips *m* · Parian plaster

parischer Marmor *m* · Parian marble

Pariser|blau *n* · Paris blue (pigment)

~gelb *n* · Paris yellow (pigment)

~leiste *f*, Putzleiste aus Stuckgips · screed of plaster of Paris

~schwarz *n* · Paris black (pigment)

Park *m* · park

~anlage *f* · (off-street) parking facility

~architektur *f*, Parkbaukunst *f* · park architecture

~bank *f* · park bench

Parkbau *m*, Parkhaus *n*, Parkgebäude *n*, Parkgarage *f* [*Ein ein- oder mehrgeschossiges ober- oder unterirdisches Gebäude, das dem Parken dient*] · parking building

~ mit Selbstparkbetrieb → Parkhaus ~ ~

~ ~ versetzten Haupt- und Podestgeschossen → Parkhaus ~ ~ ~ ~ ~

~kunst *f*, Parkarchitektur *f* · park architecture

~werk *n* · parking structure

Park|boxe *f* · vehicular stall

~dach *n* · (car) parking roof

~dauer *f* · parking time

~deck *n*, Parkplatte *f* · parking deck

~ebene *f* · parking level

Parken *n* **im Geschäftsviertel** · downtown parking

~ mit Bedienungspersonal · attendant parking

~ zu ebener Erde · surface parking

Parkern *n*, Parker-Rostschutzverfahren Parkerizing

Parkerzement *m* [*Fehlname*] → Romankalk

Parketage *f*, Parkstockwerk *n*, Parkgeschoß *n* · parking floor; ~ story (US); ~ storey (Brit.)

Parkett *n* · parquet(ry)

~arbeiten *fpl* [*DIN 18356*] · parquet(ry) work

~(fuß)boden(belag) *m* · parquet(ry) floor(ing) (finish), ~ floor cover(ing)

~holz *n* · parquet(ry) timber, ~ wood

~stab *m* [*DIN 280*] · parquet(ry) block

~stab *m* **für gewerbliche Räume** [*DIN 280*] · industrial parquet(ry) block, ~ grade ~

~stab *m* **für Wohnräume und Räume mit nur Fußgängerverkehr** [*DIN 280*] · domestic parquet(ry) block, ~ grade ~

Park|fassungsvermögen *n* · parking capacity

~fläche *f*, Parkplatz *m* · parking area

Parkgarage *f* → Parkhaus

~ mit Selbstparkbetrieb → Parkhaus ~ ~

~ ~ versetzten Haupt- und Podestgeschossen → Parkhaus ~ ~ ~ ~ ~

Parkgebäude *n*, Parkhaus *n*, Parkbau *m*, Parkgarage *f* [*Ein ein- oder mehrgeschossiges ober- oder unterirdisches Gebäude, das dem Parken dient*] · parking building

~ mit Selbstparkbetrieb → Parkhaus ~ ~

~ ~ versetzen Haupt- und Podestgeschossen → Parkhaus ~ ~ ~ ~ ~

Park|geschoß *n*, Parketage *f*, Parkstockwerk *n* · parking floor; ~ story (US); ~ storey (Brit.)

~halle *f* · parking shed

Parkhaus *n*, Parkgebäude *n*, Parkbau *m*, Parkgarage *f* [*Ein ein- oder mehrgeschossiges ober- oder unterirdisches Gebäude, das dem Parken dient*] · parking building

~ mit Selbstparkbetrieb, Parkgebäude *n* ~ ~, Parkbau *m* ~ ~, Parkgarage *f* ~ ~, Selbstparkhaus, Selbstparkgebäude, Selbstparkbau, Selbstparkgarage · driver parking building, customer ~ ~

~ ~ versetzten Haupt- und Podestgeschossen, Parkgebäude ~ ~ ~ ~ ~, Parkbau *m* ~ ~ ~ ~ ~, Parkgarage *f* ~ ~ ~ ~ ~ · parking building with staggered main floors and intermediate levels

Park|hochhaus *n* · high-rise parking building

~leistungsfähigkeit *f* · parking capacity

~platte *f* · parking deck

~platz *m*, Parkfläche *f* · parking area

~rampe *f* · parking ramp

~raum *m* **(pro PKW)** · parking space (per car)

~scheinautomat *m*, automatischer Parkscheinspender *m* · automatic parking ticket issuing machine

~spur *f*, Parkstreifen *m* · parking lane

~stand *m*, Standplatz *m*, Einstellplatz [*Die zum Aufstellen eines Fahrzeuges bestimmte Fläche; sie setzt sich zusammen aus der Stellfläche, den Zwischenräumen, dem Abstand sowie gegebenenfalls einem Schutzstreifen*] · car place

~stockwerk *n*, Parkgeschoß *n*, Parketage *f* · parking floor; ~ story (US); ~ storey (Brit.)

~straße *f* [*Ausschließlich dem parkenden Verkehr vorbehaltene Stadtstraße*] · parking street

~streifen *m*, Parkspur *f* · parking lane

~turm *m*, Autosilo *m* · pidgeonhole (parking structure), parking tower, autostacker

~weg *m* · park path

Parlamentsgebäude *n* · parliament building, ~ block

Parlatorium *n* · parlatory, convent parlour

Pa(r)lier *m*, Polier [*Ursprünglich der „Sprecher" in den mittelalterlichen Bauhütten. Heute der Vorarbeiter bei den Zimmerleuten und Maurern*] · charge hand

Parterre *n* · ground storey (Brit.); ~ story (US) [*The space in a building between ground floor and first floor*]

Parthenon|fries *m*, Fries des Parthenon · panathenaic frieze

~giebel *m* · Parthenon pediment

Partherarchitektur *f*, Partherbaukunst *f* · Parthian architecture

partielle Integration *f*, teilweise ~ · partial integration

Partikelchen *n*, (Einzel)Teilchen, (Einzel)Korn *n*, Gesteinskorn, Körnchen [*Mineralmasse*] · grain, particle

Parzelle *f*, Kataster~ · lot [*A parcel of land that is decsribed by reference to a recorded plat or by metes and bounds*]

Passage *f*, Durchgang *m* · passage(way); areaway (US)

~, Gang *m* · mall [*A shaded walk*]

Passagier(abfertigungs)|anlage *f*, Fahrgast(abfertigungs)anlage · passenger(-handling) facility, ~ installation

~gebäude *n*, Fahrgast(abfertigungs)gebäude · passenger(-handling) building, ~ block

Passagierschalter *m*, Fahrgastschalter · passenger(-handling) counter

Passivieren *n* · passivating, immunizing

passivierend · passivating, immunizing

passivierender und phosphatierender Haftgrund *m* · phosphate/chromate etch primer

Passivierung *f* · passivation

Passivierungs|anstrich *m* Passivierungsaufstrich · passivating coat, immunizing ~

Passung *f* [*Der Grad der Bewegungsfähigkeit zwischen zwei zusammengefügten Teilen. Die Passung wird von dem Unterschied der Anschlußmaße der beiden Teile bestimmt*] · fit

Paste *f* · paste

Pastell|farbe *f* · pastel colour (Brit); ~ color (US)

~platte *f*, Flexfliese *f*, Vinylasbestfliese, Flex(belag)platte, Vinylasbest(belag)-platte [*DIN 16950*] · vinyl-asbestos tile, asbestos-vinyl ~, VAT

~ton *m* · pastel shade

pastenartiges (Ab)Beizmittel *n*, (Ab-)Beizpaste *f* · paint remover in paste form, ~ stripper ~ ~ ~, paste-type paint remover, paste-type paint stripper

Pastenbleiweiß *n*, Bleiweißpaste *f* · paste white lead

pastenförmig, pastös · pasty, paste-like

pastenförmiger (Ab)Dicht(ungs)stoff *m* → Sperrpaste

~ Dicht(ungs)stoff *m* → Sperrpaste

~ Sperrzusatz(stoff) *m* → Sperrpaste

pastenförmiges (Ab)Dicht(ungs)mittel *n* → Sperrpaste

~ Dicht(ungs)mittel *n* → Sperrpaste

~ DM *n* → Sperrpaste

~ Sperrzusatzmittel *n* → Sperrpaste

Pastenharz *n* · paste resin

pastös, pastenförmig · pasty, paste-like

Paß *m*, Nasenschwung *m* [*gotisches Maßwerk*] · foil, lobe [*Foils are small arches inside Gothic (window) tracery and intersecting as cusps*]

~stück *n*, Übergangsstück · reducing fitting, adaptor; adapter (US) [*A pipe fitting for connecting together two or more pipes where one or more of the pipes differs in diameter from the others*]

Patentdecke *f* · patented floor

Patentieren *n* [*Draht*] · patenting [*Patenting is a heat treatment applied to rods and wire having a carbon content of 0,40 per cent and higher, the term being peculiar to the wire industry. The object of patenting is to obtain a structure which combines high tensile strength with the high ductliity and thus impart to the wire the ability to withstand heavy drafting to produce the desired finished sizes possessing a combination of high tensile strength and good toughness*]

patentierter Draht *m* · patented wire

Patera *f*, Opferschale *f* · patera [*A small, flat, circular or oval ornament in classical architecture, often decorated with acanthus leaves or rose petals*]

Paternoster(-Aufzug) *m*, Elevator *m*, Umlaufaufzug · paternoster (lift)

Patienten|badezimmer *n* · patient's bathroom

~-Garten *m* · patient's garden

Patina *f*, Edelrost *m* · (greenish) patina [*The thin, stable film of oxide or other metallic compounds which forms on metal surfaces on exposure to air*]

~-Betondachstein *m* [*Betondachstein mit künstlich erzeugter Patina*] · pre-patinated concrete roof(ing) tile

~(dach)ziegel *m*, Patina-Tondachstein *m* [*Dachziegel mit künstlich erzeugter Patina*] · pre-patinated roof(ing) clay tile, ~ clay roof(ing) ~

~-Tondachstein *m*, Patina(dach)ziegel *m* [*Dachziegel mit künstlich erzeugter Patina*] · pre-patinated roof(ing) clay tile, ~ clay roof(ing) ~

patinieren · to pre-patinate

Patinieren *n* [*Künstliche Erzeugung von Patina*] · pre-patinating

Patinier|farbe *f* · pre-patinating paint

~mittel *n* · pre-patinating agent

Patio *m* · patio [*In Spanish and Spanish American architecture, an inner courtyard open to the sky*]

Patriarchenkreuz *n*, lothringisches Kreuz · Patriarchal cross, Lorraine ~

Pauliträger *m*, Linsenträger, Fischbauchträger [*Vollwand- oder Fachwerkträger mit geradem Ober- und nach unten gebogenem Untergurt*] · fish-belly girder, fish-bellied ~

Paulskirche *f* **vor den Mauern Roms** · Church S. Paolo fuori le Mura, Rome

Pauschal|auftrag *m* · lump sum contract

~preis *m*, Pauschalsumme *f*, Festpreis, Festsumme · fixed price, firm ~, lump sum

~preisangebot *n*, Festpreisangebot · fixed-price tender, ~ offer (Brit); ~ proposal, ~ bid (US); lump-sum ~, firm-price ~

~preisvertrag *m*, Festpreisvertrag · fixed-price contract, firm-price ~, lump-sum ~

~summe *f*, Pauschalpreis *m*, Festpreis, Festsumme · fixed price, firm ~, lump sum

Pause *f*, Licht~ · print tracing

Pausen *n* · tracing, duplicating

Paus(en)raum *m* · duplicating room, tracing ~

Pavillon *m* · pavilion

~ [*Als Vorbau eines Barockschlosses*] · façade pavilion

pavillonähnlich · pavilion-like

Pavillon|-Bauwerk *n* · pavilion(-type) structure

~klasse *f* · pavilon(-type) classroom

~schule *f* · pavilion school

Pavimentum *n* · pavimentum [*A classical pavement formed by pieces of tile, marble, stone, flints, or other material set in cement and consolidated by beating down with a rammer*]

Paxton-Rinne *f* · Paxton gutter [*Structural member designed by Joseph Paxton for collecting both internal and external moisture in conservatories and greenhouses*]

Pb *n*, Blei *n* [*DIN 1719*] · lead

Pb *m* → Porenbeton

$PbCO_3$ *n*, Bleikarbonat *n* · lead carbonate

Pb_3O_4 *f*, (Blei)Mennige *f* [*DIN 55916, Österreich: Minium n*] · red lead, minium [*substance*], red lead oxid(e) [*chemical name*]

PbO *n*, Bleioxid *n*, Bleiglätte *f* · lead monoxid(e) (US); ~ monoxide (Brit.) [*chemical name*], litharge [*substance*]

PbS *m*, Galenit *m*, Bleiglanz *m* · galena, lead glance, blue lead

$PbSO_4$ *n*, Bleisulfat *n* · lead sulfate (US); ~ sulphate (Brit.)

PC *n*, Polycarbonat *n* · polycarbonate

PE *n*, Polyäthylen *n* · polythene, polyethylene

PE weich *n*, Weichpolyäthylen *n* · flexible polythene, ~ polyethylene

PE-Badablauf *m*, Polyäthylen-Badablauf, PE-Badeinlauf, Polyäthylen-Badeinlauf · polythene bathroom outlet, polyethylene ~ ~, ~ ~ inlet, ~ ~ gull(e)y

PE-Bahn *f* → Polyäthylenbahn

~-Feuchtigkeitssperrschicht *f*, Polyäthylenbahn-Feuchtigkeitssperrschicht · polythene sheet(ing) dampproof(ing) course, polyethylene ~ ~ ~, ~ ~ dampcourse, ~ ~ d.p.c., ~ ~ dpc

Pech *n*, Säureharzasphalt *m* · pitch

~harz *n* · pitch resin

~koks *m* · pitch coke

~nase *f* · machicolation [*An opening between the corbels which support a projecting parapet, or in the floor of a gallery or the roof of a portal, through which combustibles, molten lead, stones, etc., were dropped upon assailants. Also, a projecting structure containing such openings*]

~nasenkranz *m*, Maschikulis *f* [*Ausgußöffnungen für heißes Pech und Öl im Boden der an Burgmauern und -türmen auf Konsolen vorkragenden Wehrgänge; als erkerartiger Ausguß, meist über dem Burgtor*] · machicolation

~torf *m*, fetter Torf · pitch peat

PE-Druckrohr *n* → Polyäthylendruckrohr

PE-Feuchtesperrschicht *f* · Polyäthylen-Feuchtesperrschicht

PE-Folie *f* → Polyäthylenfolie

Pegel *m* · level

Pegmatit *m*, grob(körnig)er Granit *m* · pegmatite

Peitschenschlag-Stil *m* · whiplash style [*Belgian term for Art Nouveau*]

Pelletier-Schachtofen *m* · pelletizing shaft furnace

Pendel|beleuchtungskörper *m*, Pendelleuchte *f* · pendant luminaire (fixture) (US); ~ light fitting (Brit.); ~ (light(-ing)) fixture

~blech *n*, Gelenkblatt *n* [*Pendelgelenk*] · pendulum plate, ~ leaf

~lager *n* · pendulum bearing, tumbler ~

~leuchte *f*, Pendelbeleuchtungskörper *m* · pendant luminaire (fixture) (US); ~ light fitting (Brit.); ~ (light(ing)) fixture

~-Montageschiene *f* [*Deckenleuchte*] · pendant mounting channel

~stab *m* [*Der an seinem Ende gelenkig gelagerte Stab eines Tragwerks, der nur von Normalkräften (Zug und Druck) beansprucht wird*] · socketed member, rocker ~, ~ rod, ~ bar

~stütze *f* · socketed column, rocker ~

Pendeltür *f*, Schwingflügeltür [*Tür mit nach beiden Seiten ausschwingenden Türblättern*] · swing door

~ aus Alu(minium), Alu(minium)-Pendeltür · aluminium swing door (Brit.); aluminum ~ ~ (US)

~ ~ Bronze, Bronze-Pendeltür · bronze swing door

~ ~ Glas, Glas-Pendeltür · glass swing door

~ ~ Holz, Holz-Pendeltür · wood(en) swing door, timber ~ ~

~ ~ Stahl, Stahl-Pendeltür · steel swing door

~band *n*, Federband · helical hinge [*A hinge for a swing door which is hung from its frame*]

~beschlag *m* · swing door fitting, ~ ~ furniture

~beschläge *mpl* · swing door hardware, ~ ~ fittings

~griff *m* **aus Rundrohr,** (Pendeltür-) Rohrgriff · (swing door) tubular grip handle

~hemmer *m*, Pendeltürhemmvorrichtung *f* · swing door check, ~ ~ checking device, ~ ~ stop, ~ ~ check mechanism, device for checking swing doors

(~)Rohrgriff *m*, Pendeltürgriff aus Rundrohr · (swing door) tubular grip handle

~schließer *m*, Pendeltürschließvorrichtung *f* · swing door closer, ~ ~ closing device, ~ ~ device for closing, ~ ~ closing mechanism

~schließer *m* **und -hemmer,** Pendeltürschließ- und -hemmvorrichtung *f* · swing door closing and checking device, device for swing door closing and checking

~schließvorrichtung *f*, Pendeltürschließer *m* · swing door closer, ~ ~ closing device, ~ ~ device for closing, ~ ~ closing mechanism

(~)Stoßgriff *m*, Pendeltürgriff · (swing door) grip handle, (~ ~) push ~

Pendentif *n*, Hängezwickel *m*, Teilgewölbe *n* [*Fehlname: Eckzwickel*] · pendentive

Penetration *f*, Eindringung *f* · penetration

Pension *f*, Logierhaus *n* · boarding house, rooming ~, lodging ~, tourist ~

Penta|erythrit *m* · pentaerythritol

~gramm *n*, Drudenfuß *m* · pentagram

~stylos *m* · pentastyle [*A portico or colonnade having five columns in a row*]

~stylostempel *m* · pentastyle temple

pentelischer Marmor *m* · Pentelic marble

Peptisation *f* [*Feste Verunreinigungen, z.B. Staub, werden in einer Flüssigkeit verteilt*] · peptizing

Peptisierungsmittel *n* · peptizing agent

Percha *n*, Guttapercha, Tubangummi *m*, Gettaniagummi, Gummi plasticum · gutta-percha

perfekte Einspannung *f* · perfect restraint

perfekter Rahmen *m* · perfect frame

Perfoanker *m*, Schlitzkeilanker · slot-and-wedge bolt, split-and wede (type) ~

perforiertes Tondränagerohr *n* · land tile [*A porous clay pipe with open (butt) joints*]

Pergamon|altar *m*, (Großer) Altar von Pergamon · Altar of Zeus at Pergamon

~fries *m* · Pergamum frieze

Pergola *f* [*Laubengang in einer Gartenanlage. Die Unterzüge liegen auf Stützen und tragen ein von Pflanzen umranktes Gebälk*] · pergola

Peribolos *m* · peribolus, peribolos [*The enclosing wall or colonnade surrounding a temenos or sacred enclosure, and hence sometimes applied to the enclosure itself*]

~ → Altis

Periklas *m* [*kristallisiertes Magnesiumoxid*] · periclase

Perimeterstütze *f* · perimeter column

Peripheriekern *m* · peripheral core

peripteral · peripteral [*Having a single peristyle or row of pillars surrounding it, as a Greek temple*]

Peripteraltempel *m*, Peripteros *m* [*Tempel mit von einem Pteron umgebener Cella*] · peripteral temple

Peripteros *m*, Peripteraltempel *m* · peripteral temple

Peristyl *m*, Peripteralkolonnade *f* · peristyle

~decke *f* · peristyle ceiling

~hof *m* [*Von einem Peristyl umgebener Hof*] · peristyle court, open ~ ~

~säule *f* · peristyle column

Perl(en)leim *m* · Scotch glue in pearl form, ~ ~ ~ bead ~, pearl glue, bead glue

Perlenmoschee *f* **in der Feste Agra** · Pearl Mosque at Agra, Moti Masjid

Perlit *m* [*Gefügebestandteil des langsam abgekühlten Kohlenstoffstahls*] · pearlite

Perlite *n*, Roh~ · (crude) pe(a)rlite (rock), pe(a)rlite ore [*The petrographic terms for a naturally occurring siliceous volcanic rock*]

~(ab)dämmung *f* · pe(a)rlite insulation

~-Akustikdecke *f* → Perlite-Schallschluckdecke

~beton *m*, Perlitedämmbeton · pe(a)rlite (insulating) concrete

~betondach *n* · pe(a)rlite concrete roof

~betondachplatte *f*, Perlitedämmbetondachplatte · pe(a)rlite (insulating) concrete roof slab

~betonplatte *f* · pe(a)rlite concrete slab

~-Bitumen-Dämmschicht *f* [*Markenname in Deutschland: Thermoperl*] · pe(a)rlite/asphalt concrete (US); pe(a)rlite/(asphaltic-)bitumen ~ (Brit.) [*A monolithic insulating fill made with pe(a)rlite aggregate and asphalt (US)/(asphaltic-)bitumen (Brit.) to form an insulating roofing material*]

~(dämm)beton *m* · pe(a)rlite (insulating) concrete

~(dämm)betondachplatte *f* · pe(a)rlite (insulating) concrete roof slab

~dämmung *f*, Perlite(ab)dämmung · pe(a)rlite insulation

~(innen)(ver)putz *m* · pe(a)rlite plaster

~kies *m* · pe(a)rlite gravel

~putz *m* → Perlit(innen)verputz

~-Schallabsorptionsdecke *f* → Perlite-Schallschluckdecke

~-Schallschluckdecke *f*, Perlite-Akustikdecke, Perlite-Schallabsorptionsdecke · pe(a)rlite acoustic(al) ceiling, ~ sound-control ~, ~ (sound) absorbent ~, ~ (sound) absorbing ~, ~ (sound) absorptive ~, ~ acoustic tiled ~

~schütt(ab)dämmung *f* · pe(a)rlite loose fill insulation

~schüttdämmung *f*, Perliteschüttabdämmung · pe(a)rlite loose fill insulation

~schüttung *f* · pe(a)rllite loose fill

~(ver)putz *m* → Perlit(innen)verputz

~wand *f* · pe(a)rlite wall

~zuschlag(stoff) *m* · pe(a)rlite aggregate

perlitischer Stahl *m* · pearlite steel

Perl|leim *m*, Perlenleim · Scotch glue in pearl form, ~ ~ ~ bead ~, pearl glue, bead glue

~moos *n*, Knorpeltang *m*, irländisches Moos · Irish moss, carragheen [*A seaweed of the Atlantic found on the coasts of Ireland and America. It varies from purple to green in colour, is used as a food and a jelly and by painters to make size*]

~-Moschee *f* · Pearl Mosque, Masjid Moti

~pech *n*, Kugelpech · pellet(ed) pitch

~stab *m* [*Als Perlenschnur gebildeter Stab*] · bead and reel (enrichment), reel and bead (~) [*In classical architecture, a mo(u)lding enriched with alternating 'beads' and 'reels'*]

Permanent|blau *n* · permanent blue (pigment)

~gelb *n* · permanent yellow (pigment) [*barium yellow*]

~grün *n* · permanent green (pigment)

~rot *n* · permanent red (pigment)

~weiß *n*, Blanc fixe *n* · precipitated barium sulphate (Brit.); ~ ~ sulfate (US); blanc fixe, permanent white (pigment)

Peroxid *n* · peroxide; peroxid(e) (US)

Perpendikular-Kathedrale *f* · Perpendicular cathedral

PE-Rohr *n* → Polyäthylenrohr

persische Säule *f* · Persian column

Personal|eingang *m* · staff entrance, personnel ~

~gang *m* · staff aisle, personnel ~

~gebäude *n*, Sozialgebäude, Belegschaftsgebäude · staff building, personnel ~

~kantine *f* · staff canteen, personnel ~

~raum *m*, Sozialraum · staff room, personnel ~

~-Speiseraum *m* · staff dining room, personnel ~ ~

~toilette *f* · staff toilet, personnel ~

~umkleide(raum) *f*, (*m*) · staff changing room, personnel ~ ~

~verkehr *m* · staff traffic, personnel ~

~wohntrakt *m* · staff accommodation portion, personnel ~ ~

(Personen)Aufzug *m*, Fahrstuhl *m* [*DIN 15301 und DIN 15302*] · (passenger) lift (Brit.); (~) elevator (US)

~anlage *f*, Fahrstuhlanlage · (passenger) lift installation (Brit.); (~) elevator ~ (US)

~kern *m*, (Personen)Aufzugschacht *m*, Fahr(stuhl)schacht, Fahrstuhlkern · (passenger) lift shaft(way), (~) ~ hatch, (~) ~ well, (~) ~ core, (~) ~ pit, (~) ~ tower (Brit.); (~) elevator ~ (US) [*The fireproof enclosure for the elevator car, counterweight, cables, guide rails etc.*]

~schacht *m* → (Personen)Aufzugkern

~tür *f*, Fahrstuhltür · (passenger) lift door (Brit.); (~) elevator ~ (US)

Personen|bahnhof *m* · passenger railway station (Brit.); ~ railroad ~ (US)

~bahnsteig *m* · passenger platform

Personenverkehrs|fläche *f* [*Gebäude*] · circulation area, ~ space

~schacht *m* [*Gebäude*] · circulation tower

Personenwärme *f* · heat generated by people

Perspektivansicht *f*, perspektivische Ansicht · perspective view

PE-Schaum(stoff) *m* → Polyäthylenschaum(stoff)

PE-Schutzfolie *f*, Polyäthylen-Schutzfolie · polythene protective film, polyethylene ~ ~, ~ ~ sheeting, ~ protection ~

Petroleum-Beton *m* [*Durch Zusatz von Petroleum oder Ölrückständen zum angemachten Zement soll die Dichte gesteigert werden. Erfolg ist zweifelhaft*] · concrete with oil addition

Peture *f*, Kaltsprung *m*, Riß *m* [*Flachglasfehler*] · surface crack, check

PF, Phenolformaldehydharz *n* · phenol formaldehyde resin

Pfahl *m* Pfosten *m* Zaun~ · (fence) stake, (~) picket, (~) post, fencing ~

~, Pfosten *m* · post, pole

~dorf *n* · lake-village

~gebäude *n* → Pfahlzentrum

~gründung *f* · pile foundation

~zentrum *n*, Pfahlgebäude *n* [*Es dient als Versammlungsgebäude für einen Pfahl, der aus mehreren Gemeinden der Kirche Jesu Christi der Heiligen der Letzten Tage besteht, die Bischöfen unterstellt sind. Normalerweise besteht es aus einem Andachtsraum, einem Unterhaltungssaal, Klassenzimmern, Büros, Garderobenräumen, einer Bücherei und einer Küche*] · stake center (US); ~ centre (Brit.); ~ building [*(It serves as meeting-place for a stake, consisting of several wards of The Church of Jesu Christ of Latter-day Saints which are presided over by bishops. It normally consists of a chapel, a cultural hall, class-rooms, offices, wardrobes, a library, and a kitchen*]

Pfalzkapelle *f* **zu Aachen** → Münster ~ ~

Pfanne *f*, S-~, Hohl,~ Dach~, holländische ~ · pantile [*A single-lap tile shaped like an S laid horizontally – thus* **m**. *Each tile overlaps its neighbour on the right (looking at the roof from the ground in front of the house) and is overlapped by its neighbour on the left*]

Pfannen|bedachung *f* → (S-)Pfannendach(belag)

~dach(belag) *n* (*m*) → (S-)~

~(dach)(ein)deckung *f* → (S-)Pfannendach(belag)

~gips *m* · pan-calcined gypsum

Pfannenziegel *m*, S-~, Hohl~, Dach~, holländischer ~ [*DIN 52250*] · clay pantile

~bedachung *f* → (Hohl)Pfannenziegel(dach)(ein)deckung

Pfarr|haus *n* · priests's house, parsonage (building)

~kirche *f* · parish church

~wohnung *f* · parsonage

Pfeife *f* · reed

Pfeifen *fpl* · reeding, reeds [*A series of convex mo(u)ldings of equal width, side by side: the inverse of fluting. The fluting of the lower third of column shafts was sometimes infilled with reeds to strengthen them against damage*]

~kapitell *n*, Pfeifenkapitäl, Faltenkapitell, Faltenkapitäl · scalloped capital [*A development of the block or cushion capital in which the single lunette on each face is elaborated into on or more truncated cones*]

Pfeiler *m* [*Er kann Basis und Kapitell haben*] · pier [*1. The mass between doors, windows, and other openings in buildings; 2. A support as distinct from a column; 3. A name often given to Romanesque and Gothic pillars varying from a square to a composite section*]

~basilika *f* · pier(-type) basilica

~basis *f*, Pfeilerfuß *m* · pier base (plate)

~fuß *m*, Pfeilerbasis *f* · pier base (plate)

~kapitäl *n*, Pfeilerkapitell · pier capital

pfeilerlos · astylar

Pfeiler|mauerwerk *n* · pier masonry (work)

~reihe *f* · row of piers

~schaft *m* · pier shaft

~verband *m* [*Ein Mauerwerkverband bei welchem unter Beibehaltung eines quadratischen Grundrisses jede zweite Schicht um 90 Grad versetzt ist*] · pier (masonry) bond

~vorlage *f* → Wandpfeiler

~wand *f* [*Nicht verwechseln mit „Wand zwischen Pfeilern"*] · wall of pier construction

Pfeil|(höhe) *m*, (*f*), Stich(höhe) · rise

~verhältnis *n* · rise-span ratio

Pfennigabsatz *m* · stiletto heel, spike ~

Pferderennbahntribüne *f*, Rennplatztribüne · racecourse (grand)stand, race-track ~, turf ~

Pfette *f*, Dach~ · binding rafter, purlin(e)

Pfetten|abstand *m* · purlin(e) spacing

~anordnung *f*, Dach~ · purlin(e) arrangement

~anschluß *m*, Dach~ · purlin(e) connection

Pfettendach *n* · purlin(e) roof, double ~ [*Where the span of the rafters would be excessive for economic construction a secondary member called purlin(e) is introduced to provide intermediate support to the rafters, the purlin(e) being strutted of suitable partitions or walls below*]

~ mit doppelt stehendem Stuhl · purlin(e) roof with queen post

~ ~ ~ ~ ~ und Versenkung · purlin(e) roof with queen post and wind filling

~ ~ dreifach stehendem Stuhl · purlin(e) roof with three posts

~ ~ ~ ~ ~ und Versenkung · purlin(e) roof with three posts and wind filling

~ ~ einfach stehendem Stuhl · purlin(e) roof with king post

~ ~ ~ ~ ~ und Versenkung · purlin(e) roof with king post and wind filling

~ ~ Mitteltrennwand · purlin(e) roof with centre partition (wall) (Brit.); ~ ~ ~ center ~ (~) (US)

~ ~ Quertrennwänden · purlin(e) roof with cross partitions, ~ ~ ~ ~ partition walls

~ ~ Trennwand · purlin(e) roof with partition (wall)

Pfetten|ebene *f* · purlin(e) level

~gelenk *n*, Dach~ · purlin(e) hinge

~kopf *m*, Dach~ · purlin(e) head

~last *f*, Dach~ · purlin(e) load

~nagel *m*, Dach~ · purlin(e) nail

~plan *m*, Dach~ · purlin(e) layout

~stoß *m*, Dach~ · purlin(e) joint

~überstand *m*, Dach~ · purlin(e) projection

~verankerung *f*, Dach~ · purlin(e) anchoring

~walmdach *n* · hip(ped) purlin(e) roof

Pflanzen|dekor *m* · floral surface decoration

~faser *f* · vegetable fibre (Brit.); ~ fiber (US)

~faserstoff *m* · vegetable fibre material (Brit.); ~ fiber ~ (US)

~fett *n* · vegetable fat

~kübel *m* · plant tub

~leim *m* · vegetable glue

~motiv *n* · plant motif

~öl *n*, pflanzliches Öl · vegetable oil

~ornament *n* · plant ornament

~säule *f* · plant column

~schale *f* · plant bowl

~schwarz *n* · vegetable black

~trog *m* · plant trough

pflanzliche Fasern *fpl* **in Matten** · compressed vegetable fibres (Brit.); ~ ~ fibres (US)

~ ~ lose · uncompressed vegetable fibres (Brit.); ~ ~ fibres (US); loose ~ ~

pflanzlicher Faserdämmstoff *m* · vegetable fiber insulation (material), ~ ~ insulating ~ (US); ~ fibre ~ ~ (Brit.); ~ ~ insulator

~ Füller *m*, ~ Füllstoff *m* [*z.B. Weichholzmehl, Korkmehl*] · vegetable filler, ~ filling material

~ (Leichtbeton)Zuschlag(stoff) *m* [*z. B. Holzspäne*] · organic (concrete) aggregate

Pflaster(decke) *n*, (*f*), Steinpflaster, Pflasterung *f*, Fp [*Schweiz: Pflästerung*] · paving, sett ~

Pflasterer *m*, Steinsetzer · pavior

Pflaster(fugen)|kitt *m* · sett paving mastic (joint sealer)

~vergußmasse *f* · sett paving (joint) pouring compound

Pflaster|kies *m* · gravel for sett paving(s)

~kitt *m*, Pflasterfugenkitt · sett paving mastic (joint sealer)

~klinker *m*, Pflasterziegel *m*, Straßen(bau)klinker, Straßen(bau)ziegel · paving clinker, ~ (~) brick

~klotz *m*, Holz~, Holzstöckel *m*, (Holz-)Pflasterstöckel [*DIN 68701*] · wood(en) (paving) block

~platte *f* · flag(stone)

~sand *m* · sand for sett paving(s)

~stein *m* · (paving) sett

~stein *m* **aus Naturstein** · (natural) stone (paving) sett

~stöckel *m* Holz~, Holzstöckel, (Holz-)Pflasterklotz *m* [*DIN 68701*] · wood(en) (paving) block

Pflasterung *f* → Pflaster(decke)

Pflästerung *f* [*Schweiz*] → Pflaster(-decke)

Pflaster|vergußmasse *f* → Pflaster(fugen)vergußmasse

~würfel *m*, Würfel(pflaster)stein *m* · cube (paving) sett

~ziegel *m*, Pflasterklinker *m*, Straßen(bau)klinker, Straßen(bau)ziegel · paving clinker, ~ (~) brick

Pflege *f* · care

~anstrich *m* [*Dachpappe*] · weather-coating renewal, repainting

Pforte *f* [*antike Baukunst*] · gate(way)

Pförtner *m* · gatekeeper, porter, doorkeeper

~haus *n* Wache *f* · porter's lodge, ~ house, gatekeeper's ~, doorkeeper's ~

~raum *m* · porter's room, doorkeeper's ~, gatekeeper's ~

Pfosten *m* · mullion, munnion, monial [*A vertical dividing member of a frame between the lights of a door or window, each of which may be further subdivided into panes by glazing bars*]

~, Pfahl *m* · post, pole

~, Stiel *m*, Rahmen~, Rahmenstütze *f* · (framing) post, (~) leg, ~ column, vertical (member), supporting member, frame leg, frame post, frame column

~ [*Fachwerk(träger)*] · vertical (strut)

~, Säule *f*, Ständer *m*, Stiel *m* [*Senkrechtes Holz beim Fachwerk-, Stab-, Ständer- und Dachstuhlbau*] · post

~, Pfahl *m*, Zaun~ · (fence) stake, (~) picket, (~) post, fencing ~

~fachwerk(träger) *n*, (*m*) [*Ein Fachwerk(träger), dessen Füllstäbe nur z.T. zu den Gurten geneigt sind, z.T. jedoch senkrecht zu den Gurten verlaufen*] · vertical strut truss

~haus *n*, Ständerbauhaus · post and beam house

~reihe *f* · row of posts

Pfropfen *m*, Stopfen, Verschluß *m*, Rohr~ · (pipe) plug, (~) stopper, seal(ing) ~

P-Grenze *f*, Proportionalitätsgrenze · limit of proportionality, proportional limit

phantastische Architektur *f*, ~ Baukunst · phantastic architecture

Phasen|diagramm *n* · phase diagram

~-Gleichgewichts-Diagramm *n* · phase-equilibrium diagram

~konstante *f*, Phasenkoeffizient *m*, Kreiswellenzahl *f* [*Phasenmaß dividiert durch den Abstand der in Richtung der Schallausbreitung hintereinanderliegenden Punkte*] · phase constant, phase-change coefficient, wavelength coefficient, wavelength constant [*The imaginary part of the propagation coefficient. The phase-change coefficient* β *is* $2\pi/\lambda$]

Phenol *n*, Karbolsäure *f*, Steinkohlenteerkreosot *n*, Phenylalkohol *m*, C_6H_5OH · phenol ,carbolic acid, coal tar creosote [*B.S. 144*]

~-Anilinharz *n* · phenol(ic) aniline resin

~formaldehydharz *n*, PF · phenol formaldehyde resin

Phenolharz *n* · phenol(ic) resin [*A synthetic resin made from phenols and aldehydes*]

~-Bindemitellösung *f* [*Anstrichfarbe*] · phenol(ic) (resin) vehicle, ~ (~) medium

~hartschaum(stoff) *m*, starrer Phenolharzschaum(stoff) · rigid foam(ed) phenol(ic) resin, ~ expanded ~ ~, ~ phenol(ic) resin foam

~kleber *m*, Phenolharzkleb(e)mittel *n*, Phenolharzkleb(e)stoff *m* [*Fehlname: Phenolharzleim m*] · phenol(ic) (resin) (bonding) adhesive, ~ (~) ~ agent, ~ (~) ~ medium, ~ (~) cement(ing agent)

~kunststoff *m* · phenol(ic) (resin) plastic

~lack *m* · phenol(ic) (resin) varnish

~schaum(stoff) *m* · phenol(ic) (resin) foam

Phenol|pech *n*, Karbolpech, Kresolharz *n* · cresol pitch

~phthalein *n* · phenolphthalein [*A whitish or yellowish-white crystalline compound,* $C_{20}H_{14}O_4$, *obtained by treating phenol with phthalic anhydride. Because its brilliant red alkaline solutions are readily decolorized by acid, it is valuable as an indicator in acid-base titrations*]

Phenoxyharz *n* · phenoxy resin

Phenylalkohol *m*, Phenol *n*, Karbolsäure *f*, Steinkohlenteerkreosot *n*, C_6H_5OH · phenol, carbolic acid, coal tar creosote [*B.S. 144*]

Philharmonie *f* · philharmonic hall

Phonolith *m*, Klingstein *m* [*Fehlname: Porphyrschiefer m*] · phonolite, clinkstone

Phosphatbehandlung *f*, Phosphatieren *n* [*Behandeln von Eisenoberflächen mit speziellen Phosphorsalzlösungen in der Wärme oder in der Kälte, um dünne Rostschutzschichten zu erzielen*] · phosphating

Phosphatieren *n*, Phosphatbehandlung *f* [*Behandeln von Eisenoberflächen mit speziellen Phosphorsaizlösungen in der Wärme oder in der Kälte, um dünne Rostschutzschichten zu erzielen*] · phosphating

Phosphatierungsmittel *n* · phosphating agent

Phosphatlösung *f* · phosphate(-base) solution

Phosphor|bronze *f* · phosphor-bronze

~|lot *n* [*Hartlot nach DIN 1733*] · phosphor-solder

~pentoxid *n*, Phosphorsäureanhydrid *n*, wasserfreie Phosphorsäure *f*, P_2O_5 · anhydrous phosphoric acid

~säure *f*, Knochensäure · phosphoric acid

~säureanhydrid *n*, wasserfreie Phosphorsäure *f*, Phosphorpentoxid *n*, P_2O_5 · anhydrous phosphoric acid

Photokopieren *n* · photostat printing

(Photo)Kopiergerät *n* · (photo)copy machine

Phthalocyanin|blau *n* · phthalocyanine blue

~farbstoff *m* · phthalocyanine dyestuff [*Any of a group of organic dyestuffs related to porphyrin and yielding blue and green pigments*]

~grün *n* · phthalocyanine green

Phthalsäure *f* · phthalic acid [*One of three aromatic crystalline compounds,* $C_8H_6O_4$, *derived variously, as by oxidation of naphthalene: formerly called alizaric acid, naphthalic acid*]

pH-Wert *m*, ph-Zahl *f*, Wasserstoffzahl H pH-value

Phyllit *m* · phyllite [*A dark-grey or greenish metamorphic rock derived from clayey deposits; usually foliated with a glossy sheen on surfaces of splitting. The rock is easily cleared into a weak form of slate; used locally for roofing purpose*]

physikalische (Ab)Dichtung *f*, ~ Sperrung, mechanische ~ · physical waterproofing

~ Eigenschaft *f* · physical property

~ Konstante *f* · physical constant

~ Sperrung *f*, ~ (Ab)Dichtung, mechanische ~ · physical waterproofing

~ Trocknung *f*, physikalisches Trocknen *n* [*Trocknung durch Verdunsten der Lösungsmittel*] · drying by evaporation

physikalisches Verhalten *n* · physical behaviour (Brit.); ~ behavior (US)

Physikgebäude *n* · physics building, ~ block

physiologische Schmerzschwelle *f* [*Lautstärke*] · painfully loud sound

ph-Zahl *f*, pH-Wert *m*, Wasserstoffzahl H · pH-value

Piano Nobile, Beletage *f* · piano nobile [*The first floor of an Italian palazzo, containing the principal rooms*]

PIB *n*, Polyisobutylen *n* · polyisobutylene

PIB-Folie *f*, Polyisobutylenfolie · poli-isobutylene sheeting, ~ film

Pigment *n* [*Fehlnamen: Körperfarbe f, Farbkörper m*] · pigment

~ pflanzlichen Ursprungs · vegetable pigment

~ tierischen Ursprungs · animal pigment

~-Bindemittel-System *n* · pigment-binder system

~/Bindemittel-Verhältnis *n* · pigment: binder ratio, pigment/binder ~ [*The ratio of total pigment (white and/or coloured pigment plus extender) to binder in a paint, preferably expressed as a ratio by volume*]

Pigment|dispergierungsverfahren *n* **durch Phasenwechsel** · flushing method

~farbstoff *m* [*Durch Synthese direkt erzeugtes organisches Pigment*] · pigment dyestuff

~feinheit *f* · pigment fineness

Pigmentieren *n* · pigmenting

pigmentiert, eingefärbt, durchgefärbt, pigmenthaltig · integrally colored (US); ~ coloured (Brit.); pigmented

pigmentierte und gefüllerte bituminöse Lösung *f* → gefüllerter und pigmentierter bituminöser Lack

pigmentierter Innenklarlack *m*, Innenlackfarbe *f*, Innenlackemaille *f* · indoor lacquer, ~ pigmented varnish

~ Klarlack *m*, Lackfarbe *f*, Lackemaille *f* · lacquer, pigmented varnish

~ und gefüllerter bituminöser Lack *m* → gefüllerter und pigmentierter ~ ~

Pigmentierung *f* · pigmentation

Pigmentteilchen *n* · pigment grain, ~ particle

~größe *f* · pigmentary size

Pigment|verträglichkeit *f* · pigment compatibility

~volumen *n* · pigment volume, PV

Pikrolith *m*, Bastardasbest *m* · picrolite

Pilaster *m* → Wandpfeiler

~(beton)block(stein) *m*, Wandpfeiler-(beton)block(stein), Pilaster(beton)-stein, Wandpfeiler(beton)stein · (pre-) cast (concrete) pilaster block, (~) (~) ~ tile, prefab(ricated) ~ ~ ~ [*See remark under 'Block'*]

~fassade *f*, Halbpfeilerfassade, Wandpfeilerfassade · pilastered façade

~kapitäl *n* → Wandpfeilerkapitell

~kapitell *n* → Wandpfeilerkapitell

Pilchardöl *n* · pilchard oil

Pilgerkirche *f* → Wallfahrtskirche

Pilotis *f* [*Pfeiler oder Stützen, die ein Bauwerk tragen, das dadurch erst in Höhe des ersten Stockes beginnt, wobei das Erdgeschoß offen bleibt. Hauptvertreter einer solchen Bauweise war Le Corbusier*] · pilotis

~gebäude *n* · pilotis building [*A building, often of many stor(e)ys, which stands upon rows of widely spaced reinforced concrete columns, thus leaving the whole of the ground-floor space available for car-parking and other purposes*]

Pilz|befall *m* · fungus attack

~decke *f* · mushroom floor, flat slab ~

~deckenplatte *f* · mushroom floor slab, flat ~

~(decken)stütze *f* [*Fehlnamen: Tragsäule f, Pilzsäule*] · mushroom (head) column flared ~ ~, flaring ~ ~

Pilzkopf *m*, Stützenkopf · flared head, column ~, mushroom ~, flaring ~, support ~, flared haunch [*In flat slab construction. An enlargement at the top of a column supporting a flat slab, designed and constructed to act monolithically with the column and with the flat slab*]

~platte *f*, Pilzkopfverstärkung *f*, Deckplatte, Verstärkung(splatte) [*Zwischen Pilzkopf und Pilzdecke*] · drop (panel), thickened portion of the slab [*These drop panels are formed at columns to provide increased cross-sectional area and depth to resist negative moments and shears*]

~verstärkung *f*, Deckplatte *f*, Pilzkopfplatte, Verstärkung(splatte) [*Zwischen Pilzkopf und Pilzdecke*] · drop (panel), thickened portion of the slab [*These drop panels are formed at columns to provide increased cross-sectional area and depth to resist negative moments and shears*]

Pilz|säule *f*, Tragsäule [*Fehlnamen*]; Pilz(decken)stütze *f* · mushroom (head) column, flared ~ ~, flaring ~ ~

~stütze *f*, Pilzdeckenstütze [*Fehlnamen: Tragsäule f, Pilzsäule*] · mushroom (head) column, flared ~ ~, flaring ~ ~

pilzwidrige Farbe *f*, Antipilzfarbe · fungicidal paint [*A paint which discourages the growth of fungi on its dry applied film. The fungicidal properties are normally conferred by the addition of special additives, although certain pigments such as zinc oxide, commonly used in paints, may themselves contribute to the fungicidal properties of the paint*]

Pinakothek *f* · pinacotheca [*A building to contain painted pictures*]

Pinienzapfen *m* · pine cone

Pinsel|anstrich *m*, Pinselaufstrich · brush coat

~auftrag *m* · brush painting

~ausfüller *m* → Streich(füll)spachtel(masse)

~spachtel(masse) *m*, (*f*), Pinselfüllspachtel(masse), Streich(füll)spachtel(-masse), Streichausfüller *m*, Pinselausfüller · brushable stopper, ~ stopping, ~ filler

Pisee *m* · pisé (de terre), cob [*A mix(-ture) of stiff clay and chopped straw, well kneaded, used for building the walls of cottages, etc.*]

~stein *m* [*Kalkmörtelstein aus Branntkalk und Sand (1:8) gestampft*] · lime-sand brick 1:8, sand-lime ~ ~

Pisolith *m*, Erbsenstein *m* · pisolite, pisolitic limestone

Pistole *f*, Spritz~, Spritze *f* · gun

~, Spritz~, Metallisierungs-~ · (metal) spraying gun

~ für das Drahtspritzverfahren, Spritz~ ~ ~ ~ [*Spritzmetallisierung*] · wire gun

~ ~ ~ Pulverspritzverfahren, Spritz-~ ~ ~ ~ [*Spritzmetallisierung*] · powder gun

pistolengespritzt · gun-applied

Pistolen|kitt *m* · gun(-grade) cement, ~ putty [*It is generally a soft material which is forced by hand or air pressure through a variety of nozzles*]

~schießstand *m* · pistol range

Pitchpineriemen(fuß)boden(belag) *m* Fhp *m* · American pitch pine strip floor(ing) (finish), ~ ~ ~ ~ floor cover(ing)

PKW-Boxe *f* · car stall

PKW-Rampe *f* · car ramp

PKW-Waschplatz *n*, Waschplatz für PKW · car wash(down) (yard)

Plaggenrasen *m*, Sodenrasen · lining turf

plan [*Platte. Im Gegensatz zu gewellt*] · flat

Plan *m*, Zeichnung *f* [*Im Sinne als Zeichnungsarbeit eine Darstellung, die angibt, wie Gegenstände in ihrer Lage und Funktion zusammengehören*] · drawing

„Plan der Künstler" von 1797 [*Pariser Stadtbild. Lange, gerade Boulevards, die in runden Plätzen sternartig zusammentreffen sind das Leitmotiv*] · Artists' Plan of 1797

Plandecke *f* **von Koenen**, Koenen-Decke, Koenensche Plandecke · Koenen floor

(Plan)Ebenheit *f*, Ebenflächigkeit · accuracy of level(s), evenness; surface smoothness (US)

Planetarium *n* · planetarium

Planimetrie *f*, ebene Geometrie, Geometrie der Ebene, Flächenlehre *f* · plane geometry

Planke *f*, Brett(er)zaun *m* · board(ed) fence, boarding, fence of boards

planlose Bebauung *f* · sporadic development

planparallele Platte *f* · slab of constant depth, plate ~ ~ ~

Planplatte *f* → ebene Platte

Planschbecken *n* · paddling pool, children's ~, wading ~

Planschleifen *n*, Verkollern [*Hohlglas*] · flatting operation

Plantafel *f*, ebene Tafel, Flachtafel [*Gegenteil: Welltafel*] · flat (run) panel

Plantagenhaus *n* · plantation house

Planungs|anpassungsfähigkeit *f* · planning flexibility

~arbeit *f*, Planungstätigkeit *f* · planning work

~beschränkung *f* · planning restriction

~büro *n* · planning office

~gesetzgebung *f* · planning legislation

~gruppe *f* · planning group, ~ team

~ingenieur *m* · planning engineer

~tätigkeit *f*, Planungsarbeit *f* · planning work

~unterlagen *fpl* · planning documents

~verband *m* · planning board

~wettbewerb *m* · planning competition

Plast|beton *m*, kunststofflegierter Beton, Kunstharzbeton [*Er besteht aus Zement, Zuschlagstoffen und Wasser, dem eine wäßrige Kunststoffdispersion zugesetzt wird*] · concrete with synthetic resin dispersion

~dispersion *f*, Kunstharzdispersion [*Eine beständige, sahneartige Aufschwemmung von Kunstharzteilchen mit 0,002 bis 0,0002 mm Durchmesser in Wasser, meist mit etwa 50 % Feststoffgehalt*] · synthetic resin dispersion

~feinmörtel *m*, Kunstharz-Feinmörtel · fine-grained mortar with synthetic resin dispersion

~grobmörtel *m*, Kunstharz-Grobmörtel · coarse-grained mortar with synthetic resin dispersion

plastifizieren · to plasticise US); to plasticise (Brit.)

plastifizierende Wirkung *f* · plasticizing action (US); plasticising ~ (Brit.)

plastifizierendes (Betonzusatz)Mittel *n* → (Beton)Verflüssiger

~ Frostschutzmittel *n* · plasticizing frost protection agent (Brit.); plasticizing ~ ~ ~ (US)

~ Mittel *n* → (Beton)Verflüssiger

Plastifizierer *m* → (Beton)Verflüssiger

plastifiziert · plasticised (Brit.); plastcized (US)

plastifizierter Mörtel *m* · plasticised mortar (Brit.); plasticized ~ (US)

Plastifizierung *f* · plasicizing, plasticization (US); plasticising, plasticisation (Brit.)

Plastifizierungsmittel *n* → (Beton-)Verflüssiger

~ · plasticizing agent (US); plasticising ~ (Brit.)

Plastik *f* · art of sculpture

~fries *m* → Skulpturfries

~material *n,* Plastik(werk)stoff *m* · material of sculpture

~methode *f,* Plastikverfahren *n* · method of sculpture

~stoff *m,* Plastikwerkstoff, Plastikmaterial *n* · material of sculpture

~verfahren *n,* Plastikmethode *f* · method of sculpture

~(werk)stoff *m,* Plastikmaterial *n* · material of sculpture

plastisch konzipiert · plastically conceived

plastische Balkenbiegung *f,* ~ Balkenträgerbiegung · plastic beam bending

~ Balken(träger)biegung *f* · plastic beam bending

~ Berechnung *f* · plastic calculation

~ Bitumenfugen(ab)dicht(ungs)masse *f,* ~ Bitumenfugenmasse, plastische Bitumen(fugen)(ver)füllmasse, plastischer Bitumen(fugen)(ver)füller *m,* Bitumenfugen(ab)dicht(ungs)kitt *m,* Bitumen(ver)füllkitt, Bitumen(fugen)kitt, Bitumen(fugen)mastix *m* · asphalt-based building mastic, ~ mastic joint sealer (US); (asphaltic-)bitumen-based building mastic, (asphaltic-)bitumen-based mastic joint sealer (Brit.)

~ Bitumen(fugen)(ver)füllmasse *f* → ~ Bitumenfugen(ab)dicht(ungs)masse

~ Butylkautschukdicht(ungs)masse *f* → Butylkautschuk(fugen)mastix

~ Butylkautschuk-Fugen(ab)dicht(ungs)masse *f* → Butylkautschuk(fugen)mastix

~ Butylkautschuk-Fugenmasse → · Butylkautschuk(fugen)mastix

~ Butylkautschuk-(Fugen)(Ver-)Füllmasse *f* → Butylkautschuk(fugen)mastix

~ Butylkautschuk-Füllmasse *f* → Butylkautschuk(fugen)mastix

~ Butylkautschuk-(Ver)Füllmasse *f* → Butylkautschuk(fugen)mastix

~ Deformation *f* → ~ Verformung

~ Differenzierung *f* · three-dimensional modelling (Brit.); ~ modeling (US)

~ Drehung *f* · plastic rotation

~Du rchbildung *f* · three-dimensional treatment

~ Dynamik *f* · plastic dynamism

~ Einheit *f* · plastic unity

~ feuerfeste Masse *f,* ~ ff. ~, plastischer feuerfester Stoff *m,* plastischer ff. Stoff [*Verarbeitungsfertige, plastische Masse, die ungeformt oder vorgeformt geliefert wird; sie kann chemische Stoffe enthalten, die die Erhärtung bei niedrigen Temperaturen bewirken. Ihre Verarbeitung erfolgt durch Verformung von Hand oder mit einem geeigneten Stampfgerät*] · mo(u)ldable refractory (material)

~ ff. Masse *f* → ~ feuerfeste ~

~ Formänderung *f* → ~ Verformung

~ Fugen(ab)dicht(ungs)masse *f,* ~ Fugenmasse, ~ (Fugen)(Ver)Füllmasse, plastischer (Fugen)(Ver)Füller *m,* Fugen(ab)dicht(ungs)kitt *m,* (Ver)Füllkitt, (Fugen)Kitt (Fugen)Mastix *m,* (Ab)Dicht(ungs)mastix · (building) mastix, mastic joint sealer

~ Grenzlast *f* · plastic limit load

~ Kunstharz-Fugen(ab)dicht(ungs)-masse *f* → Kunstharz(fugen)mastix

~ Öl-Fugen(ab)dicht(ungs)masse *f* → Öl(fugen)mastix

~ Öl-(Fugen)(Ver)Füllmasse *f* → Öl(-fugen)mastix

~ Schale *f* · plastic shell

~ Spannungsverteilung *f* · plastic stress distribution

~ Stabilitätstheorie *f* · plastic stability theory

(~) Stuckverzierung *f,* Stukkatur *f,* Stuckplastik *f* · ornamental modelled stuccowork (Brit.); ~ modeled ~ ~ (US)

~ Theorie *f,* Plastizitätstheorie · plastic theory, theory of plasticity

~ Verformung *f* [*Formgebung einer Masse, die ausreichende Mengen Wasser enthält, sodaß ein Strang vorgezogen oder die Formgebung von Hand so maschinell durchgeführt werden kann. Die Masse ist dementsprechend verschieden steif*] · plastic making

~ ~, ~ Deformation *f,* ~ Formänderung, bleibende ~, bildsame ~, Kriechen *n* · (plastic) flow, creep, time yield, plastic yield [*Time-dependent deformation due to load*]

~ (Ver)Füllmasse *f* → Fugen(ab)dicht(-ungs)masse

~ Verzierung *f* → plastischer Schmuck

~ Zone *f* → Plastizitätsbereich

plastisch-elastisch · plastoelastic

plastischer Bereich *m* → Plastizitätsbereich

~ Beton *m* [*Fehlname*] → Weichbeton

~ Bitumen(fugen)(ver)füller *m* → plastische Bitumenfugen(ab)dicht(-ungs)masse

~ Butylkautschuk-(Fugen)(Ver)Füller *m* → · Butylkautschuk(fugen)mastix

~ Dynamismus *m,* plastische Dynamik *f* · plastic dynamism [*The basis of Futurism signifying a breakaway from traditional architecture*]

~ feuerfester Stoff *m,* ~ ff. ~, plastische feuerfeste Masse *f,* plastische ff. Masse [*Verarbeitungsfertige, plastische Masse, die ungeformt oder vorgeformt geliefert wird; sie kann chemische Stoffe enthalten, die die Erhärtung bei niedrigen Temperaturen bewirken. Ihre Verarbeitung erfolgt durch Verformung von Hand oder mit einem geeigneten Stampfgerät*] · mo(u)ldable refractory (material)

~ ff. Stoff *m* → ~ feuerfester ~

~ (Fugen)(Ver)Füller *m* → plastische Fugen(ab)dicht(ungs)masse

~ Füller *m* → plastische Fugen(ab)-dicht(ungs)masse

~ Kitt *m* · plastic cement, ~ putty

~ Körper *m* · plastic body

~ Kunstharz-(Fugen)(Ver)Füller *m* → · Kunstharz(fugen)mastix

~ Öl-(Fugen)(Ver)Füller *m* → · Öl-(fugen)mastix

~ Stil *m* · sculptural style, carved ~

~ Schmuck *m*, plastische Verzierung *f* · carved decorative finish, sculptural ~ ~, ~ ~ feature, ~ ornamental ~, ~ decoration, ~ enrichment

~ Spannungsbereich *m* · plastic range of stress

~ Ton *m*, Letten *m*, Ballton, Töpferton · potter's clay, plastic ~, ball ~

~ Verformungsbereich *m* · plastic deformation zone

~ (Ver)Füller *m* → plastische Fugen-(ab)dicht(ungs)masse

~ Zustand *m*, bildsamer ~, Plastizitätszustand, Bildsamkeitszustand · plastic state

plastisches Bauwerk *n* · plastic structure

~ Biegemoment *n*, ~ Biegungsmoment · plastic bending moment

~ Biegungsmoment *n*, ~ Biegemoment · plastic bending moment

~ Bindemittel *n*, plastischer Binder *m* · plastic binder

~ Detail *n* · sculptural detail

~ Fließen *n* → plastische Verformung

~ Gelenk *n*, Fließgelenk · plastic hinge

~ Gleichgewicht *n* · plastic equilibrium

~ Holz *n* → flüssiges ~

~ Knicken *n* · plastic buckling

~ Moment *n* · plastic moment

~ Schwinden *n* · plastic shrinkage

~ Spannungs-Dehnungsverhältnis *n* · plastic stress-strain relation

~ Verfahren *n*, plastische Methode *f* · plastic method

~ Verhalten *n* · inelastic behaviour (Brit.); ~ behavior (US) [*Deformation that does not disappear on removal of the force that produced it*]

Plastisol *n* · plastisol [*Dispersions of finely divided resin particles (often polyvinyl chloride or copolymer) in a plasticizer or mixture of plasticizers. After application, the coating is heated and the platicizer diffuses into and softens the resin particles which fuse to a continuous film without significant loss of volatile matter*]

Plastizität *f* · plasticity

Plastizitäts|bedingung *f* · plasticity condition

~bereich *m*, *n*, Bildsamkeitsbereich, Plastizitätszone *f*, Bildsamkeitszone, plastischer Bereich, bildsamer Bereich, plastische Zone, bildsame Zone · plasticity range

~gesetz *n* · plasticity law

~messer *m* · plasticimeter

~theorie *f*, plastische Theorie · theory of plasticity, plastic theory

~theorie *f* **in der Baustatik** · plastic methods of structural analysis

~zone *f* → Plastizitätsbereich

~zustand *m*, Bildsamkeitszustand, plastischer Zustand, bildsamer Zustand · plastic state

Plastmörtel *m*, kunststofflegierter Mörtel, Kunstharzmörtel [*Dem Anmachewasser wird eine wäßrige Kunststoffdispersion zugesetzt*] · mortar with synthetic resin dispersion

plastoelastische Masse *f* · plastoelastic compound, ~ composition, ~ mass, ~ material

Platereskenstil *m*, Platerostil [*Ein im 16. Jahrhundert in Spanien beliebter überladener Baustil*] · Plateresque style

Platerostil *m* → Platereskenstil

Platindraht *m* · platinum wire

Platine *f*, Vorblech *n* · sheet bar [*A semi-finished hot rolled iron product of approximately rectangular section, sheared to length and used to produce a hot rolled sheet by cross rolling*]

Platte *f* · board, sheet

~ [*Ebenes Flächentragwerk. Es ist durch normal zur Mittelebene wirkende Belastung belastet und dadurch auf Biegung und Drillung beansprucht*] · slab, plate

~, Belag~, Fliese *f* · tile [*A tile is a relatively small, non-structural, surfacing unit which is thin in relation to its width and length*]

~, Bau~ · building board, ~ sheet

~ auf Drahtgeflecht gesteppt [*aus Mineralwolle*] · wired mat

~ aus ausgepreßtem Zuckerrohr, Bagasseplatte · bagasse board, ~ sheet, cane trash ~

~ ~ gepreßtem Marmorbruch, Belag~ ~ ~ ~, Fliese *f* ~ ~ ~ · reconstituted marble tile

~ in ihrer Ebene belastet · plate loaded in its own plane, slab ~ ~ ~ ~ ~

~ mit Randbalken, randausgesteifte Platte, randversteifte Platte · slab with edge beam, plate ~ ~ ~

~ ~ (Stahl)Einlagen → Beton~ ~ ~

~ zweiter Wahl, Belag~ ~ ~, Fliese *f* ~ ~ · seconds-quality tile

Platten *fpl* · sheeting, sheets, boards

~arbeiten *fpl*, Fliesenarbeiten, Platten-(ver)legen, Verfliesen, Fliesen(ver)legen · tile setting, ~ fixing, tiling work,

~armierung *f*, Plattenbewehrung, Platten(stahl)einlagen *fpl* · slab reinforcement

~art *f* · type of board, ~ ~ sheet

~aufgabe *f*, Plattenproblem *n* · slab problem, plate ~

~auskleidung *f*, Plattenverkleidung, Plattenbekleidung · slab (sur)facing, ~ lining

~balkendecke *f* · T-beam floor, Tee beam ~, slab-and-beam ~, tee-beam ~

~balkenrippe *f* · T-beam rib, Tee beam ~, slab-and-beam ~, tee-beam ~

~balken(träger) *m*, Balken(träger) mit T-Querschnitt [*Betonkonstruktion, die beim gemeinsamen Betonieren von Balken und Platten entsteht; bei Biegung des Balkens wird ein Teil der Platte als Druckgurt statisch mitverwendet*] · slab-and-beam, T-beam, Tee beam

~basalt *m* · laminated basalt

~bau *m* · slab construction

~bedachung *f*, Platten(dach)eindeckung, Platten(dach)deckung, Plattendach(belag) *n*, (*m*) · sheet roof(ing) [*This term includes metal sheet roofing, compound sheet roofing and thermoplastic sheet roofing*]

~bekleidung *f*, Plattenverkleidung, Plattenauskleidung · slab (sur)facing, ~ lining

~belag *m*, Fliesenbelag, Plattierung *f* · tiling, tile finish, tilework

~betonieren *n* · slab concreting, ~ pour(ing)

~bewehrung *f*, Plattenarmierung, Platten(stahl)einlagen *fpl* · slab reinforcement

~biegung *f* · plate bending, slab ~

~bild *n*, Belag~, (Belag)Plattenmuster *n*, Fliesenmuster, Fliesenbild · tile pattern

Plattenboden(belag) *m*, Plattenfußboden(belag) [*Die Bezeichnung „Platten(fuß)boden(belag)" wird auch für einen Fliesen(fuß)boden(belag) verwendet*] · slab floor(ing) (finish), ~ floor cover(ing)

~ → Platten(fuß)boden(belag)

~ → (Naturstein)Platten(fuß)boden(belag)

Plattenbreite *f* · plate witdh, slab ~

Plattendach *n* · slab roof

~(belag) *n*, (*m*), Plattenbedachung *f*, Platten(dach)eindeckung, Platten(dach)deckung · sheet roof(ing) [*This term includes metal sheet roofing, compound sheet roofing and thermoplastic sheet roofing*]

Platten(dach)|deckung *f*, Plattenbedachung, Plattendach(belag) *n*, (*m*), Platten(dach)eindeckung · sheet roof(ing) [*This term includes metal sheet roofing, compound sheet roofing and thermoplastic sheet roofing*]

~eindeckung *f*, Plattendach(belag) *n*, (*m*), Plattenbedachung, Platten(dach)deckung · sheet roof(ing) [*This term includes metal sheet roofing, compound sheet roofing and thermoplastic sheet roofing*]

Plattendecke *f*, Fliesendecke · tile ceiling

~ · slab floor

~, Voll(beton)decke [*Sie wird auf geschlossener Schalung mit vollem Querschnitt örtlich betoniert*] · solid slab floor

~ mit Hauptbewehrung in (nur) einer Richtung, Voll(beton)decke ~ ~ ~ (~) ~ ~ · one-way solid slab floor

~ ~ nichttragenden Füllkörpern · T-beam floor with non-structural fillers, Tee beam ~ ~ ~ ~, slab-and-beam ~ ~ ~ ~, tee-beam ~ ~ ~ ~

~ ohne Füllkörper · T-beam floor without fillers, Tee beam ~ ~ ~, slab-and-beam ~ ~ ~, tee-beam ~ ~ ~

~ zwischen Trägern, Trägerdecke · [*Geeignete Bauplatten für Trägerdecken sind Hourdiplatten, bewehrte Schwerbetonplatten und bewehrte Leichtbetonplatten*] · girder floor

Platten|dicke *f* [*Fehlname: Plattenstärke*] slab depth, plate ~

~drehung *f* · plate rotation, slab ~

~druckfestigkeit *f*, Beton~ · (concrete) slab compressive strength, (~) ~ crushing ~

~einlagen *fpl*, Plattenstahleinlagen, Plattenbewehrung *f*, Plattenarmierung · slab reinforcement

~einschalung *f* · slab forming

~element *n* → (Beton-)Fertig(teil)platte

~ende *n* · slab end

~erder *m*, Erdungsplatte *f* · ground(ing) plate, earth(ing) ~

~faltwerk *n* · folded plate (structure), ~ slab (~), prismatic shell (~); hipped-plate (~), tilted-slab (~) (US) [*It is an approximation to the curved shell made by panels*]

~fassade *f* · slab façade

~feld *n* · plate span, slab ~

~festigkeit *f* · plate strength, slab ~

plattenförmiger Balken *m* · slab band [*A wide and shallow beam*]

~ Probekörper *m* · flat test specimen

~ Silofertigteil *m*, plattenförmiges ~ *n*, Betondaube *f* · (pre)cast (concrete) stave [*B.S. 2810*]

~ Zwischenbauteil *m*, plattenförmiges ~ *n*, (Decken)Füllplatte *f*, Füll-Deckenplatte · (floor) filler slab

plattenförmiges Silofertigteil *n*, plattenförmiger ~ *m*, Betondaube *f* · (pre-) cast (concrete) stave [*B.S. 2810*]

~ Zwischenbauteil *n*, plattenförmiger ~ *m*, (Decken)Füllplatte *f*, Füll-Deckenplatte · (floor) filler slab

Platten|formling *m*, Plattengrünling, Plattenfrischling, frischgeformte Platte *f* · green slab

~formstück *n*, Belag~, Fliesenformstück · tile fitting [*A unit produced in the same way as a tile but having one or more surfaces so glazed that, when used in combination with tiles, those surfaces themselves change the plane of the glazed surface of the tiling*]

~frischling *m*, Plattenformling, Plattengrünling, frischgeformte Platte *f* · green slab

~fuge *f*, Belagplattenfuge, Fliesenfuge · tile joint

~fuge *f* · slab joint

~fugenmasse *f*, Belag~, Fliesenfugenmasse · tile jointing compound, ~ ~ composition, ~ ~ mass, ~ sealing ~, ~ sealant

~fundament *n*, Plattengründung *f* · raft foundation

Platten(fuß)boden(belag) *m*, Fliesen(-fuß)boden(belag), Stein(fuß)boden(belag) [*Er besteht aus Kunststeinplatten*] · tile floor(ing) (finish), ~ floor cover(-ing)

~ → Naturstein~

plattengepreßte Spanplatte *f* · platen-pressed particle board, ~ chipboard [*Particle board made by pressing between platens. The process may be batch or continuous. The particles lie mainly with their larger dimensions parallel with the plane of the board*]

Platten|glasur *f*, Belag~, Fliesenglasur · tile glaze

~glimmer *m* · book mica, sheet ~

~gründung *f*, Plattenfundament *n* · raft foundation

~grünling *n*, Plattenformling, Plattenfrischling, frischgeformte Platte *f* · green slab

~heizkörper *m* · panel radiator

~isolierung *f* · board insulation, rigid ~

~kalk(stein) *m*, Kalkschiefer *m* · laminated limestone, platy ~, slabby ~

~kern *m* · slab core, board ~

~kleber *m*, Plattenkleb(e)stoff *m*, Plattenkleb(e)mittel *n* · sheet (bonding) adhesive, board (~) ~, ~ ~ agent, ~ ~ medium, ~ cement(ing agent)

~kleb(e)stoff *m* → (Belag)~

~lager *n*, Belag~, Fliesenlager · tile store

~last *f* · plate load, slab ~

~legen *n*, Plattenverlegen, Fliesen(ver)-legen, Verfliesen, Plattenarbeiten *fpl*, Fliesenarbeiten · tile setting, ~ fixing

~leger *m*, Fliesenleger · (tile) fixer, (floor-and-wall) tiler

~-Luftverteiler *m* · plaque

~mauer *f* · slab wall

~moment *n* · plate moment, slab ~

~muster *n*, Belag~, (Belag)Plattenbild *n*, Fliesenmuster, Fliesenbild · tile pattern

~papier *n*, Beton~ · slab paper

~pflasterung *f* · slab paving

~problem *n*, Plattenaufgabe *f* · slab problem, plate ~

~querschnitt *m* · slab cross-section, plate ~

~rand *m* · plate edge, slab ~

~ring *m* [*in Mykene*] · circular enclosure

~reiniger *m*, Plattenreinigungsmittel *n*, Belag~, Fliesenreiniger, Fliesenreinigungsmittel · tile cleaning agent

~reinigungsmittel *n*, Plattenreiniger *m*, Belag~, Fliesenreinigungsmittel, Fliesenreiniger · tile cleaning agent

~rippenwerk *n*, mehrstegiger Plattenbalken(träger) *m* · multi-web(bed) T-beam

~rostdecke *f* · slab-on-grade floor

~schalung *f* · slab form(work), ~ shuttering, ~ forms

~schleifautomat *m* · auto(matic) slab and tile grinder

~seitenverhältnis *n* · ratio of slab edge lengths, ~ ~ plate ~ ~

~(stahl)einlagen *fpl*, Plattenarmierung *f*, Plattenbewehrung · slab reinforcement

~stärke *f* [*Fehlname*]; Plattendicke *f* · slab depth, plate ~

~steifigkeit *f* · slab stiffness, plate ~

~stein *m* → Flachstein

~stoß *m* · slab joint

~stufe *f* · slab step

~tafel *f*, Belagplattentafel, Fliesentafel [*Zu einer Verlegeeinheit zusammengefaßte Fliesen*] · tile panel, prefabricated tiling

~teilbelastung *f* · loading on part of area

~theorie *f* · plate theory, slab ~

~tragwerk *n* · plate (load)bearing structure, slab ~ ~, ~ weight-carrying ~

~trennwand *f* · slab partition (wall)

~untersicht *f* · slab soffit

~verblendmauer *f* · panel masonry wall [*A masonry wall faced with (stone) facing slabs*]

~verkleidung *f*, Plattenauskleidung, Plattenbekleidung · slab (sur)facing, ~ lining

~(ver)legen *n*, Fliesen(ver)legen, Verfliesen, Plattenarbeiten *fpl*, Fliesenarbeiten · tile setting, ~ fixing

~versagen *n* · plate failure, slab ~

~verschiebung *f* · slab translation, plate ~

~verstärkung *f* · slab thickening, plate ~

~vollast *f* · load over the entire area

~vollbelastung *f* · loading over the entire area

Plattenwand *f* [*Leichte Trennwand. DIN 4103*] · slab partition (wall)

~ · slab wall

Platten|wirkung *f* · plate action, slab ~

~ziegel *m* → Flachziegel

Plätte|raum *m* → Plättezimmer

~zimmer *n*, Plätteraum *m*, Bügelraum, Bügelzimmer · ironing room

plattes Korn *n*, flaches ~, scherbiges ~ [*Zuschlag(stoff)*] · flaky grain

Plattform *f*, Bühne *f* · platform

plattieren · to plate

Plattieren *n* **durch Aufwalzen** · cladding

~ ~ Elektrolyse, elektrolytisches Plattieren · plating

plattiert, gefliest · tiled

plattiertes Band *n* [*durch Aufwalzen hergestellt*] · cladded strip

~ Blech *n* [*durch Aufwalzen hergestellt*] · cladded plate

~ Glas *n* [*Dieser Ausdruck wird selten gebraucht*], Überfangglas · flashed glass, cased ~ [*The term 'flash is rarely used*]

~ Stahlblech *n* [*durch Aufwalzen hergestellt*] · cladded steel plate

Plattierung *f* · tiling

Plattierungsarbeiten *fpl* · tiling work

platt(ig), flach, scherbig [*Korn*] · flaky

Plattnagel *m* · clout nail

Plattung *f*, Blattung, Über~, Blatt *n* [*Holzverbindung*] · halving, halved joint [*Halving consists of cutting the ends of each piece to half the depth and securing with either bolts, nails, screws, or wooden pegs*]

Platz(anlage) *m*, (*f*) [*Nichtbebaute Grundfläche in einer Stadt, deren Umbauung architektonisch gestaltet ist oder die eine besondere Aufgabe zu erfüllen hat*] · square, plaza

Plenarsaal *m* · main assembly hall

Plewarohr *n* · [*Ein Ton-Entlüftungsrohr aus scharf gebranntem, unglasierten Ziegelton oder aus Schamotte*] · Plewa vent(ing) duct

Plexiglas *n* [*Warenzeichen für glasartig durchsichtigen Kunststoff aus Polymethacrylsäureestern. Zugfestigkeit etwa 700 kg/cm²*] · plexiglass (US); perspex (Brit.)

Plinthe *f*, Sockel *m* · plinth [*A distinct feature forming the lowest part of a masonry column or wall. It usually projects from the surface above and may be of a more durable material. Definition from British Standard 3589*]

~(belag)platte *f*, Plinthefliese *f*, Sockel(belag)platte, Sockelfliese · plinth tile

~fliese *f*, Plinthe(belag)platte *f*, Sockel(belag)platte, Sockelfliese · plinth tile

~mauer *f*, Sockelmauer · plinth masonry wall

~mauerwerk *n*, Sockelmauerwerk · plinth masonry (work)

~platte *f*, Plinthebelagplatte, Plinthefliese *f*, Sockel(belag)platte, Sockelfliese · plinth tile

~ziegel *m*, Sockelziegel · plinth brick

plombierbare Sichthaube *f* · sealable transparent cover(ing)

plötzliche Belastung *f* · instantaneous loading, sudden ~

Plumbago *m*, Rohgraphit *m* [*natürlicher unreiner Graphit*] · plumbago

plutonisches Gestein *n*, subkrustales ~, abyssisches ~, Tiefengestein, Plutonit *m*, älteres Eruptivgestein, Intrusivgestein · intrusive rock, (igneous) plutonic ~, abyssal ~, absymal ~

Plutonit *m*, älteres Eruptivgestein *n*, Intrusivgestein, Tiefengestein, abyssisches Gestein · intrusive rock, (igneous) plutonic ~, abyssal ~, absymal~

PM-Binder *m*, (Putz- und) Mauer(werk)-binder, Fugenmörtelzement *m*, Mauerwerkbinder, Mauermörtelzement, Mauerwerkzement · masonry cement, mortar ~, cementing material for masonry

PMz *m*, Poren(mauer)ziegel *m* [*DIN 105. Mauerziegel mit vielen kleinen Poren, hervorgerufen durch Einmischen von Luft, Holzspänen oder Kohleteilchen in den Ton vor dem Brennen*] · porous brick

pneumatisch aufgetragener Mörtel *m* · pneumatic mortar

pneumatischer Schiebetürantrieb *m*, Druckluft Schiebetürantrieb, Preßluftschiebetürantrieb · pneumatic sliding door drive, (compressed-)air ~ ~ ~

Pneusystem *n*, luftgetragene Halle *f*, luftgestützte Halle, Traglufthalle, luftgestütztes System · air-inflated structure, ~ building, inflatable ~, air-supported ~

Pochkies *m*, Quetschkies · stamp gravel

Pochsand *m*, Splittsand, Quetschsand · stamp sand

Podest *n*, Absatz *m*, Treppen~ · (stair(-case)) floor, (~) landing [*Resting space usually arranged at the top of any flight of stairs*]

~balken(träger) *m* → Treppen~

~breite *f*, Absatzbreite, Treppen~ · stair(case)) landing width, (~) floor ~

~höhe *f*, Absatzhöhe, Treppen ~ [*DIN 18202*] · (stair(case)) landing level, (~) floor ~

~länge *f*, Absatzlänge, Treppen~ · (stair(case)) landing length, (~) floor ~

~pfosten *m*, Absatzpfosten, Treppen~ (stair(case)) landing post, (~) floor ~

~platte *f*, Absatzplatte, Treppen~ · (stair(case)) landing slab, (~) floor ~

~stufe *f*, Durchgänger *m*, Austritt(stufe) *m*, (*f*) · last step, top ~

~träger *m* → Treppen~

~treppe *f*, Absatztreppe · stair(case) with landing

~unterzug *m*, Absatzunterzug, Treppen~ · (stair(case)) landing binder, (~) floor ~, (~) ~ ceiling joist, (~) ~ (binding) joist

~wechsel(balken) *m*, Absatzwechsel(balken), Treppen~ · (stair(case)) landing header, (~) floor ~

Podientempel *m*, Podiumtempel [*Frontseitig ausgerichteter Tempel auf hohem Unterbau*] · (masonry) podium temple, (~) platform ~

Podium *n*, hoher Unterbau *m* [*antike Baukunst*] · (masonry) podium, (~) platform

Podiumtempel *m*, Podientempel [*Frontseitig ausgerichteter Tempel auf hohem Unterbau*] · (masonry) podium temple, (~) platform ~

poetische Architektur *f*, ~ Baukunst *f* · poetic (style of) architecture

polares Trägheitsmoment *n* · polar moment of inertia, ~ second moment (of area) [*of a section*]

Polier *m*, Pa(r)lier [*Ursprünglich der „Sprecher" in den mittelalterlichen Bauhütten. Heute der Vorarbeiter bei den Zimmerleuten und Maurern*] · charge hand

polierbar, polierfähig · polishable

polierbarer dichter Kalkstein *m*, technischer Marmor *m*, Marmorkalkstein · compact polishable limestone

Polieren *n* · polishing

polierfähig, polierbar · polishable

Polier|flüssigkeit *f* · liquid polishing agent

~gold *n*, Mattgold, Glättgold · burnish(-ing) gold

~lack *m* [*Es gibt Polierlacke aus Schellack, spritlöslichen Kunstharzen oder Nitrozellulose-Harz-Kombinationen*] · polishing varnish

~masse *f* · polishing compound

~mittel *n* [*Ein Mittel mit dessen Hilfe sich eine Lackfläche auf Hochglanz polieren läßt. Als Poliermittel kommen Schellackpolitur und Poliermassen in Betracht*] · polishing agent

~papier *n* · polishing paper

~paste *f* · paste polish

~schicht *f* · polish layer

~schiefer *m*, Tripel *m* · tripoli

~silber *n*, Mattsilber, Glättsilber · burnish(ing) silver

poliert · polished

Polierwachs *n* · polishing(-type) wax

Politur *f* [*Beschaffenheit einer Oberfläche*] · polish

Polizei|heim *n* · police hostel

~wache *f* · police station

Pollinie *f*, Polstrahl *m*, Seilstrahl, Seillinie · funicular line, polar ~

polnischer Verband *m* · double Flemish bond

Polonceau|binder *m*, Wiegmannbinder, Polonceauträger · Polonceau (roof) truss, Wiegmann (~) ~

~-Dach *n* [*Dach mit Polonceaubinder*] · Polonceau truss roof

~träger *m*, Polonceaubinder, Wiegmannbinder · Polonceau (roof) truss, Wiegmann (~) ~

Polster|material *n* · upholstery material

~sitz *m* · upholstered seat

~tür *f* · padded door

Polstrahl *m*, Pollinie *f*, Seilstrahl, Seillinie · funicular line, polar ~

Polyacrylat *n* · polyacrylate

Polyamid *n*, PA · polyamide

Polyäthylen *n*, PE *n* · polythene, polyethylene

~-Badablauf *m*, PE-Badablauf, Polyäthylen-Badeinlauf, PE-Badeinlauf · polyethene bathroom outlet, polyethylene ~ ~, ~ ~ inlet, ~ ~ gull(e)y

~bahn *f*, PE-Bahn · polythene sheet(ing), polyethylene ~

~bahn-Feuchtigkeitssperrschicht *f*, PE-Bahn-Feuchtigkeitssperrschicht · polythene sheet(ing) dampproof(ing) course, polyethylene ~ ~ ~, ~ ~ dampcourse, ~ ~ d.p.c., ~ ~ dpc

~-Druckrohr *n*, PE-Druckrohr · polythene pressure pipe, polyethylene ~ ~

~-Feuchtesperrschicht *f*, PE-Feuchtesperrschicht · polythene dampproof(ing) course, polyethylene ~ ~, ~ dampcourse, ~ d.p.c., ~ dpc

~folie *f*, PE-Folie · polythene film, polyethylene ~, ~ sheeting

~rohr *n*, PE-Rohr · polythene pipe, polyethylene ~

~schaum(stoff) *m*, PE-Schaum(stoff) · expanded polythene, ~ polyethylene, foamed ~, polythene foam, polyethylene foam

~-Schutzfolie *f*, PE-Schutzfolie · polythene protective film, polyethylene ~ ~, ~ ~ sheeting, ~ protection ~

~stab *m*, PE-Stab · polythene rod polyethylene ~

Polybeton *m* → Polyester(harz)beton

Polycarbonat *n*, PC · polycarbonate

polychrome Schwelgerei *f* · polychromatic opulence

Polychromie *f*, Vielfarbigkeit *f* · polychromy

polyesterbeschichtet, polyesterharzbeschichtet · polyester resin-coated, ~ resin-(sur)faced

Polyester|beschichtung *f* → Polyesterharzbeschichtung

~beton *m* → Polyesterharzbeton

~betontafel *f*, Polyesterharzbetontafel · polyester 'concrete' panel

~faser *f* · polyester fibre (Brit.); ~ fiber (US)

~fenster *n*, Polyesterharzfenster · polyester (resin) window

~folie *f*, Polyesterharzfolie · polyester (resin) sheeting, ~ (~) film

~gießharz *n*, Polyesterschmelzharz · polyester cast(ing) resin

~hartschaum(stoff) *m* · rigid polyester foam, ~ expanded polyester, ~ foam(ed) polyester

~harz *n* [*Polyesterharze sind Lösungen von ungesättigtem Polyester in Styrol oder anderen Monomeren. Sie härten durch Polymerisation unter Zusatz von Katalysatoren und Beschleunigern*] · polyester resin

polyester(harz)beschichtet · polyester resin-coated, ~ resin-(sur)faced

Polyester(harz)|beschichtung *f*, Polyester(harz)überzug *m* [*als Schicht*] · polyester (resin) coat(ing), ~ (~) finish

~beton *m*, Polybeton · polyester 'concrete' [*It comprises a binder or matrix of portland cement chemically cross-linked, in the presence of water, with polyester resin*]

~betontafel *f* · polyester 'concrete' panel

~fenster *n* · polyester (resin) window

~folie *f* · polyester (resin) sheeting, ~ (~) film

~kleb(e)stoff *m*, Polyester(harz)kleb(e)mittel *n*, Polyester(harz)kleber *m* · polyester (bonding) adhesive, ~ ~ agent, ~ ~ medium, ~ cement(ing agent)

~-Lichtplatte *f* · polyester (resin) light-admitting board, ~ (~) ~ sheet

~-Lichtwellplatte *f* · polyester (resin) corrugated light-admitting board, ~ (~) ~ ~ sheet

~mörtel *m* · polyester (resin) mortar

~platte *f* · polyester (resin) board, ~ (~) sheet

~überzug *m*, Polyester(harz)beschichtung *f* [*als Schicht*] · polyester (resin) coat(ing), ~ (~) finish

~wellplatte *f* · corrugated polyester (resin) board, ~ ~ (~) sheet

Polyester|-Kleb(e)|stoff) *m*, Polyester-Kleb(e)mittel *n*, Polyester-Kleber *m* · polyester (bonding) adhesive, ~ ~ agent, ~ ~ medium, ~ cement(ing agent)

~schmelzharz *n*, Polyestergießharz · polyester cast(ing) resin

~überzug *m* → Polyesterharzüberzug

~verbindung *f* · polyester compound

~-Wellbahn *f* · polyester corrugated sheet(ing), corrugated polyester ~

Polygon *n*, Vieleck *n* · polygon

~ im Uhrzeigersinn, Vieleck *n* ~ ~ · clockwise polygon

polygonal, vieleckig · polygonal, multiangular

Polygonal|apsis *f*, Vieleckapsis · polygonal apse, ~ apsis, multiangular ~

~chor *m*, Vieleckchor [*Chor mit vieleckigem Schluß, meist in der Gotik*] · polygonal choir, multiangular ~, ~ quire

~dach *n*, Ardandsches Dach, Vieleckdach · Ardand (type) polygonal roof, hammerbeam (type) ~ [*An open timber roof structure. This style was frequently used in churches and halls during the 15th and 16th centuries*]

~dachfaltwerk *n* → Polygonalfalt(werk)dach

polygonale Trommel *f*, polygonaler Kuppelunterbau *m* · polygonal drum, multiangular ~

~ zentrale Anlage *f*, vieleckige ~ ~, mehreckige ~ ~, polygonaler Zentralbau *m*, vieleckiger Zentralbau, mehreckiger Zentralbau · polygonal centralized church, ~ centrally-planned ~, ~ church with central space

polygonaler (Ab)schluß *m*, vieleckiger ~ · polygonal termination, multiangular ~

~ Bergfried *m*, ~ Berchfrit, ~ Belfried, ~ Donjon, vieleckiger ~ · polygonal keep, multiangular ~, ~ donjon, ~ dungeon

~ Kuppelunterbau *m*, polygonale Trommel *f* · polygonal drum, multiangular ~

~ Schluß *m*, vieleckiger ~, ~ Ab~ · polygonal termination, multiangular ~

~ Zentralbau *m*, vieleckiger ~, mehreckiger ~, polygonale zentrale Anlage *f*, vieleckige zentrale Anlage, mehreckige zentrale Anlage · polygonal centralized church, ~ centrally-planned ~, ~ church with central space

polygonales Erkerfenster *n* · cant-bay window [*A window in which the sides are not at right angles to the wall*]

Polygonal|falt(werk)dach *n*, Polygonaldachfaltwerk *n*, Vieleckfalt(werk)-dach, Vieleckdachfaltwerk · polygonal folded plate roof, ~ ~ slab ~, ~ prismatic shell ~; ~ hipped-plate ~, ~ tilted-slab ~ (US)

~gebäude *n*, Vieleckgebäude · polygonal building, ~ block, multiangular ~

~gewölbe *n*, Vieleckgewölbe · polygonal vault, multiangular ~

~grundriß *m*, Vieleckgrundriß · polygonal (ground(-))plan, ~ base, multiangular ~

~hallenchor *m*, Vieleckhallenchor · polygonal hall-choir, multiangular ~, ~ hall-quire

~kirche *f*, Vieleckkirche · polygonal church, multiangular ~

~kuppel *f*, Vieleckkuppel · polygonal dome, multiangular ~, dome of polygonal plan, dome of multiangular plan

~mauerwerk *n* → Vieleckmauerwerk

~ornament *n*, Vieleckornament [*Ornament aus viereckigen Platten*] · polygonal ornament, multiangular ~

~pflaster(decke) *n*, (*f*) · polygonal sett paving, multiangular ~ ~

~platte *f*, Vieleckplatte · polygonal plate, ~ slab, multiangular ~

~rahmen *m*, Vieleckrahmen · polygonal frame, multiangular ~

~säule *f*, Vielecksäule · polygonal column, multiangular ~

~seite *f* **des Kräftezuges**, Vieleckseite ~ ~, Krafteckseite · side of force polygon

~sichtbetonstütze *f*, Vielecksichtbetonstütze · polygonal fair-faced concrete column, multiangular ~ ~ ~, ~ exposed ~ ~

~sprengwerk *n*, Vielecksprengwerk · polygonal truss, multiangular ~

~stab *m*, Vieleckstab · polygonal bar, ~ rod, multiangular ~

~stütze *f*, Vieleckstütze · polygonal column, multiangular ~

~turm *m*, Vieleckturm, Mehreckturm · polygonal tower, multiangular ~

~türmchen *n*, Vielecktürmchen, kleiner Polygonalturm *m*, kleiner Vieleckturm · polygonal diminutive tower, multiangular ~ ~, ~ small ~, ~ turret

~verband *m*, Vieleckverband · polygonal bond, multiangular ~

Polygon|dach *n* → Vieleckdach

~hohlstein *m*, Polygonhohlblock(stein) *m*, Vieleckhohlstein, Vieleckhohlblock(stein) · polygonal hollow block, multiangular ~ ~, ~ ~ tile, ~ cavity ~, ~ pot [*See remark under 'Block*']

Polyisobutylen *n*, PIB · polyisobutylene

~folie *f*, PIB-Folie · polyisobutylene sheeting, ~ film

Polykondensationsharz *n* · polycondensation resin

Polymer|beton *m* · concrete/polymer composite

~emulsion *f* · polymer emulsion

polymerer Viskositätsindex-Verbesserer *m* · polymeric viscosity modifier

Polymerholz *n* · wood/polymer composite

Polymer(isat) *n* · polymer [*A substance, the molecules of which consists of one or more structural units repeated any number of times; vinyl resins are examples of true polymers. The name is also frequently applied to large molecules produced by any chemical process, e.g. condensation in which water or other products are produced; alkyd resins are examples of these. Homo-polymer. Polymer of which the molecules consist of one kind of structural unit repeated any number of times; polyvinyl chloride and polyvinyl acetate are examples.*
Copolymer. Polymer of which the molecules consist of more than one kind of structural unit derived from more than one monomer; polyvinyl chloride-acetate, or polyvinyl acetate-acryl copolymers are examples]

Polymerisation *f* · polymerization

Polymerisat(ions)harz *n* · polymerization resin

polymerisieren · to harden by polymerization

polymerisiert · polymerized

Polymeröl *n* · polymer modified oil

Polypropylen *n*, PP *n* · polypropylene

~folie *f*, PP-Folie · polypropylene sheeting, ~ film

Polystyrol *n*, PS *n* · polystyrene

~(belag)platte *f*, Polystyrolfliese *f*, PS-(Belag)Platte, PS-Fliese · polystyrene tile [*B.S. 3932*[

~(belag)plattenkleber *m*, Polystyrolfliesenkleber, PS-(Belag)Plattenkleber, PS-Fliesenkleber · polystyrene tile adhesive

~fliese *f*, Polystyrol(belag)platte *f*, PS-Fliese, PS-(Belag)Platte · polystyrene tile [*B.S. 3932*]

~fliesenkleber *m*, Polystyrol(belag)-Plattenkleber, PS-Fliesenkleber · polystyrene tile adhesive

~folie *f*, PS-Folie · polystyrene sheeting, ~ film

~-Hartschaum(stoff) *m* · rigid foam(ed) polystyrene, ~ polystyrene foam

~platte *f*, Polystyrolbelagplatte, Polystyrolfliese *f*, PS-(Belag)Platte, PS-Fliese · polystyrene tile [*B.S. 3932*]

~plattenkleber *m*, Polystyrolbelagplattenkleber, Polystyrolfliesenkleber, PS-(Belag)Plattenkleber, PS-Fliesenkleber · polystyrene tile adhesive

~profil *n*, PS-Profil · polystyrene section, ~ unit, ~ shape, ~ trim, ~ profile [*B.S. 3932*]

~schaum(stoff) *m*, Schaum(stoff)-polystyrol *n*, PS-Schaum(stoff) · foam(-ed) polystyrene, expanded ~, polystyrene foam

~schaum(stoff)(belag)platte *f*, Polystyrolschaum(stoff)fliese *f* · foam(ed) polystyrene tile, expanded ~ ~, polystyrene foam ~

~stab *m*, PS-Stab · polystyrene rod

Polysulfid|kautschuk *m* · polysulphide(-based) rubber (Brit.); polysulfide(-based) ~ (US)

~-Kautschukkitt *m* · polysulphide(-based) rubber (building) mastic (Brit.); polysulfide(-based) ~ (~) ~ (US)

~masse *f* · polysulphide(-based) compound, ~ composition, ~ mass, ~ ~ material (Brit.); polysulfide(-based) ~ (US)

~polymer *n* · polysulfide polymer (US); polysulphide ~ (Brit.)

Polytetrafluoräthylen *n*, PTFE *n* · polytetrafluorethylene

Polytrifluorchlortähylen *n*, PTFCE *n* · polytrifluoro chloro ethylene

Polyurethan *n*, PUR *n* · polyurethane

~(anstrich)farbe *f*, PUR-(Anstrich-) Farbe · polyurethane paint

~band *n* · polyurethane strip

~basis *f*, Polyurethangrundlage *f*, PUR-Basis, PUR-Grundlage · polyurethane base

~-Bodensiegel *m*, Polyurethan-Fußbodensiegel, Polyurethansiegel, PUR(-Fuß)Bodensiegel, PUR-Siegel · polyurethane (floor(ing)) seal(ing) material, ~ (~) sealant, ~ (~) seal(er)

~dämmstoff *m*, PUR-Dämmstoff · polyurethane insulator, ~ insulant, ~ insulating material, ~ insulation(-grade) material

~farbe *f*, Polyurethananstrichfarbe, PUR(-Anstrich)Farbe · polyurethane paint

~(Fuß)Bodensiegel *m*, Polyurethansiegel, PUR-(Fuß)Bodensiegel, PUR-Siegel · polyurethane (floor(ing)) seal(-ing) material, ~ (~) sealant, ~ (~) seal(er)

~grundlage *f*, Polyurethanbasis *f*, PUR-Grundlage, PUR-Basis · polyurethane base

~-Hartschaum(bau)platte *f*, PUR-Hartschaum(bau)platte · polyurethane rigid foam (building) board, ~ ~ ~ (~) sheet

~-Hartschaumschichtstoff(bau)-platte *f*, PUR-Hartschaumschichtstoff-(bau)platte · polyurethane rigid foam laminated (building) board, ~ ~ ~ ~ (~) sheet

~hartschaum(stoff) *m*, Hartpolyurethanschaum(stoff), PUR-Hartschaum(stoff) · polyurethane rigid foam, rigid polyurethane ~, expanded rigid polyurethane

~harz *n* [*Polyurethanharze werden durch Polyaddition von Polyisocyanaten und Polyhydroxilverbindungen hergestellt*] · polyurethane resin

~-Isolierkern *m* · polyurethane insulating core

~kitt *m* · polyurethane cement, ~ putty

~-Kleb(e)stoff *m*, Polyurethan-Kleber *m*, PUR-Kleber, Polyurethan-Kleb(e)-mittel · polyurethane (bonding) adhesive, ~ ~ agent, ~ ~ medium, ~ cement(ing agent)

~masse *f*, PUR-Masse · polyurethane compound, ~ composition, ~ mass, ~ material

~schaum *m* → Polyurethanschaumstoff

~schaumband *n*, PUR-Schaumband · foamed polyurethane strip, expanded ~ ~, polyurethane foam ~

~schaumplatte *f*, PUR-Schaumplatte · expanded polyurethane sheet, ~ ~ board, polyurethane foam ~

~schaum(stoff) *m*, PUR-Schaum(stoff) · expanded polyurethane, foamed ~, polyurethane foam

~siegel *m*, Polyurethan-(Fuß)Bodensiegel, PUR-(Fuß)Bodensiegel, PUR-Siegel · polyurethane (floor(ing)) seal(-ing) material, ~ (~) sealant, ~ (~) seal(er)

~Weichschaum(stoff) *m*, PUR-Weichschaum(stoff) · flexible foam(ed) polyurethane

~-Zweikomponentenkleber *m* · polyurethane two-part (bonding) adhesive

Polyvinylacetal *n* · polyvinyl acetal

Polyvinylacetat *n*, PVA(C) *n* · polyvinyl acetate, pva, PVA, p.v.a.

~beton *m* → Polyvinylacetat-Plastbeton

~emulsion *f*, PVA(C)-Emulsion · polyvinyl acetate emulsion, PVA ~, pva ~, p.v.a. ~

~emulsionsfarbe *f*, PVA(C)-Emulsionsfarbe · PVA emulsion paint, pva ~ ~ polyvinyl acetate ~ ~, p.v.a. ~ ~

~leim *m*, PVA(C)-Leim · PVA glue, pva ~, polyvinyl acetate ~, p.v.a. ~

~-Plastbeton *m*, PVA(C)-Plastbeton [*Siehe Anmerkung unter „Plastbeton"*] · cement-polyvinyl acetate emulsion concrete

~-Plastmörtel *m*, PVA(C)-Plastmörtel · cement-polyvinyl acetate emulsion mortar

Polyvinylbutyral *n* · polyvinyl butyral

Polyvinylchlorid *n*, PVC · polyvinyl chloride (resin), PVC (~)

~-(Ab)Dichtprofil *n* → PVC-(Ab-) Dicht(ungs)profil

~-(Ab)Dichtung *f*, PVC-(Ab)Dichtung · PVC seal(ing), polyvinyl chloride ~

~-(Ab)Dicht(ungs)folie *f*, PVC-(Ab-) Dicht(ungs)folie · PVC seal(ing) film, ~ ~ sheeting, polyvinyl chloride ~ ~

~-(Ab)Dicht(ungs)profil *n* → PVC-(Ab)Dicht(ungs)profil

~acetat *n* · polyvinyl chlorid(e) acetate (US); ~ chloride ~ (Brit.)

~-Bahn *f*, PVC-Bahn · PVC sheet(ing), polyvinyl chloride ~

~-Basis *f*, Polyvinylchlorid-Grundlage *f*, PVC-Basis, PVC-Grundlage · PVC base, polyvinyl chloride ~

~-Bauplatte *f*, PVC-Bauplatte · PVC building board, ~ ~ sheet, ~ ~ slab, ~ sheeting board, polyvinyl chloride ~ ~

~-Bauprofil *n*, PVC-Bauprofil · PVC construction shape, ~ ~ profile, ~ ~ section, ~ ~ unit, ~ structural ~, polyvinyl chloride ~ ~

~belag *m*, PVC-Belag · PVC cover(ing), polyvinyl chloride ~

~(belag)platte *f*, Polyvinylchloridfliese *f*, PVC-(Belag)Platte, PVC-Fliese · PVC tile, polyvinyl chloride ~

~beschichtung *f*, PVC-Beschichtung · PVC coating, polyvinyl chloride ~

~-Blumenkasten *m*, PVC-Blumenkasten · PVC flower box, polyvinyl chloride ~ ~

~-Blumentrog *m*, PVC-Blumentrog · PVC flower through, polyvinyl chloride ~ ~

~-Bodenbahn *f* **auf Träger(schicht)**, Polyvinylchlorid-Fußbodenbahn ~ ~, PVC-(Fuß)Bodenbahn ~ ~ · flexible PVC sheet(ing), ~ polyvinyl chloride ~

~-Bodenbelag *m*, Polyvinylchlorid-Fußboden(belag), PVC-(Fuß)Boden(belag) · PVC floor finish, ~ ~ cover(ing), polyvinyl chloride ~ ~, PVC floor(ing), polyvinyl chloride floor(ing)

~-Boden(belag) *m* **auf Träger(-schicht)**, Polyvinylchlorid-Fußboden(-belag) ~ ~, PVC-(Fuß)Boden(belag) ~ ~ · flexible PVC floor(ing), ~ ~ floor cover(ing), ~ ~ floor finish [*B.S. 3261*]

~-Dachplatte *f*, PVC-Dachplatte · PVC roof tile, polyvinyl chloride ~ ~

~-Dachzubehör(teile) *m*, (*mpl, npl*), PVC-Dachzubehör(teile) · polyvinyl chloride rainwater goods, ~ ~ ~ products, ~ ~ ~ articles, PVC ~ ~

~decke *f*, PVC-Decke · PVC ceiling, polyvinyl chloride ~

~-Deckenprofil *n*, PVC-Deckenprofil · PVC ceiling shape, ~ ~ section, ~ ~ unit, ~ ~ trim, ~ ~ profile, polyvinyl chloride ~ ~

~-Dichtprofil *n* → PVC-(Ab)Dicht(-ungs)profil

~-Dichtung *f*, Polyvinylchlorid-Abdichtung, PVC-(Ab)Dichtung · PVC seal(ing), polyvinyl chloride ~

~-Dicht(ungs)folie *f*, Polyvinylchlorid-Abdicht(ungs)folie, PVC-(Ab)Dicht-(ungs)folie · PVC seal(ing) film, ~ ~ sheeting, polyvinyl chloride ~ ~

~-Dicht(ungs)profil *n* → PVC-(Ab-)Dicht(ungs)profil

~-Druckrohr *n*, PVC-Druckrohr · PVC pressure pipe, polyvinyl chloride ~ ~

~-Einschichtbelag *m*, Einschicht-Polyvinylchlorid-Belag, homogener Polyvinylchloridbelag, PVC-Einschichtbelag, Einschicht-PVC-Belag, homogener PVC-Belag · homogeneous PVC cover(ing), ~ polyvinyl chloride ~

~-Einschicht-Boden(belag) *m*, Polyvinylchlorid-Einschicht-Fußboden(-belag), PVC-Einschicht-(Fuß)Boden(-belag) · PVC homogeneous floor cover(ing), ~ ~ ~ finish, ~ ~ floor(ing)

~-Einschicht-(Fuß)Boden(belag *m*, PVC-Einschicht-(Fuß)Boden(belag) · PVC homogeneous floor cover(ing), ~ ~ ~ finish, ~ ~ floor(ing)

~-Fassadenbeschichtung *f*, PVC-Fassadenbeschichtung · façade PVC coat, ~ polyvinyl chloride ~

~-Fensterprofil *n*, PVC-Fensterprofil · PVC window section, ~ ~ unit, ~ ~ shape, ~ ~ trim, ~ ~ profile, polyvinyl chloride ~ ~

~-Firsthaube *f* → PVC-Firstkappe

~fliese *f*, Polyvinylchlorid(belag)platte *f*, PVC-(Belag)Platte, PVC-Fliese · PVC tile, polyvinyl chloride ~

~folie *f*, PVC-Folie · PVC film, ~ sheeting, polyvinyl chloride ~

~-Fugenband *n*, PVC-Fugenband · PVC waterstop, ~ waterbar, polyvinyl chloride ~

~-(Fuß)Bodenbahn *f* **auf Träger(-schicht)**, PVC-(Fuß)Bodenbahn ~ ~ · flexible PVC sheet(ing)

~-(Fuß)Boden(belag) *m*, PVC-(Fuß-)Boden(belag) · PVC floor finish, ~ ~ cover(ing), polyvinyl chlorid(e) ~ ~, PVC floor(ing), polyvinyl chloride floor(ing)

~-(Fuß)Boden(belag) *m* **auf Träger(-schicht)**, PVC-(Fuß)Boden(belag) ~ ~ · flexible PVC floor(ing), ~ ~ floor cover(ing), ~ ~ floor finish [*B.S. 3261*]

~-(Fuß)Bodenfliese *f* **auf Träger(-schicht)**, Polyvinylchlorid-(Fuß)Bodenplatte ~ ~, PVC-(Fuß)Bodenplatte ~ ~, PVC-(Fuß)Bodenfliese ~ ~ · flexible PVC tile, ~ polyvinyl chloride ~

~-(Fuß)Bodenplatte *f* **auf Träger(-schicht)**, Polyvinylchlorid-(Fuß)Bodenfliese ~ ~, PVC-(Fuß)Bodenplatte ~ ~, PVC-(Fuß)Bodenfliese ~ ~ · flexible PVC tile, ~ polyvinyl chloride ~

~-Fußleiste *f* → PVC-Sockelleiste

polyvinylchloridgebunden, pvc-gebunden · PVC based, polyvinyl chloride ~

Polyvinylchlorid|-Grundlage *f*, Polyvinylchlorid-Basis *f*, PVC-Basis, PVC-Grundlage · PVC base, polyvinyl chloride ~

~hartschaum(stoff) *m* → PVC-Hartschaum(stoff)

~-Hohlprofil *n*, PVC-Hohlprofil · PVC hollow section, ~ ~ shape, ~ ~ unit, ~ ~ trim, ~ ~ profile, polyvinyl chloride ~ ~

~isolierfolie *f*, PVC-Isolierfolie · PVC insulating film, ~ ~ sheeting, ~ insulation(-grade) ~, polyvinyl chloride ~ ~

~-Mehrschichtenbelag *m*, Mehrschichten-Polyvinylchloridbelag, Mehrschichten-PVC-Belag, PVC-Mehrschichtebelag · laminated PVC cover(ing), ~ polyvinyl chloride ~

~-Pendeltür *f*, PVC-Pendeltür, flexible ~ · flexible PVC (swing) door, ~ polyvinyl chloride (~) ~

~platte *f*, Polyvinylchloridbelagplatte, Polyvinylchloridfliese *f*, PVC-(Belag-)Platte, PVC-Fliese · PVC tile, polyvinyl chloride ~

~plattenbelag *m*, PVC-Plattenbelag · PVC tiling

~profil *n*, PVC Profil · PVC section, ~ shape, ~ unit, ~ profile, ~ trim, polyvinyl chloride ~

~-Regenablaufkonstruktion *f*, PVC-Regenablaufkonstruktion [*PVC-Regenrine + PVC-Regenfallrohr + PVC-Zubehör*] · PVC rainwater system, polyvinyl chloride ~ ~

~rohr *n*, PVC-Rohr · PVC pipe, polyvinyl chloride ~

~schaum(stoff) *m*, PVC-Schaum(stoff) · PVC foam, polyvinyl chloride ~, foam(ed) PVC, foam(ed) polyvinyl chloride, expanded PVC, expanded polyvinyl chloride

~-Scheuerleiste *f* → PVC-Sockelleiste

~-Selbstdichtung *f* → PVC-(Ab)Dicht(ungs)profil

~-Sockelleiste *f* → PVC-Sockelleiste

~-Teer-Gemisch *n*, Polyvinylchlorid-Teer(-Mischung) *m*, (*f*), PVC-Teer-Mischung · PVC-tar (mix(ture)), polyvinyl chloride-tar (~)

~-Teer(-Mischung) *m*, (*f*), Polyvinylchlorid-Teer-Gemisch *n*, PVC-Teer-Mischung, PVC-Teer(-Gemisch) · PVC-tar (mix(ture)), polyvinyl chloride-tar (~)

~wandplatte *f*, PVC-Wandplatte · PVC wall board, ~ ~ sheet, polyvinyl chloride ~ ~

~weichfolie *f*, Weichpolyvinylchloridfolie, Weich-PVC-Folie, PVC-Weichfolie · flexible PVC film ~ polyvinyl chloride ~

~-Wellbahn *f*, PVC-Wellbahn · PVC corrugated sheet(ing), polyvinyl chloride ~ ~

~-Wellfolie *f*, PVC-Wellfolie · corrugated polyvinyl chloride film, ~ ~ ~ sheeting, ~ PVC ~

~-Wellplatte *f*, PVC-Wellplatte · PVC corrugated board, ~ ~ sheet, polyvinyl chloride ~ ~

Polyvinylharz *n* · polyvinyl resin [*General name given to a series of resins formed by the polymerization of monomers containing the vinyl group (CHs : CH–)*]

Polyvinylidenchlorid *n*, PVDC *n* · polyvinylidene chloride; ~ chlorid(e) (US)

Polyvinylkleber *m*, Polyvinylkleb(e)stoff *m*, Polyvinylkleb(e)mittel *n* · polyvinyl (bonding) adhesive, ~ ~ agent, ~ ~ medium, ~ cement(ing agent) [*A synthetic adhesive made from polyvinyl resins*]

pompejanische Baukunst *f*, ~ Architektur · Pompeian architecture

Pore *f*, Hohlraum *m* · pore, void, interstice [*The space in a material occupied by air or water, or both air and water*]

Poren(ab)|dichtung *f* · pore seal(ing)

~dichtungspräparat *n* · pore seal(ing) preparation

Poren|anteil *m*, Porengehalt *m*, Porigkeit *f* · pore content

~art *f* · pore type

~baumaterial *n* [*Schweiz*] → Porenbaustoff

~baustoff *m*, porosierter Baustoff; Porenbaumaterial *n*, porosiertes Baumaterial [*Schweiz*] · porous construction(al) material, ~ building ~

Porenbeton *m*, poriger Beton, Pb *m* [*DIN 4164*] · aerated concrete

~(bau)platte *f* · aerated concrete (building) slab

Poren(beton)|blockmauerwerk *n* → Poren(beton)steinmauerwerk

~block(stein) *m*, Poren(beton)stein · aerated (concrete) (building) block, ~ (~) (~) tile [*B. S. 1364. See remark under 'Block(stein)'*]

~block(stein)mauerwerk *n* → Poren(beton)steinmauerwerk

Porenbeton|dachplatte *f* · aerated concrete roof(ing) slab

~estrich *m* [*Baustoff zur Herstellung von Porenbeton-Estrich(fuß)böden*] · aerated concrete type screed material

~estrich(fuß)boden(belag) *m* · aerated concrete (floor) screed

~-Fenstertafel *f* · aerated concrete window panel

~mauerwerk *n* [*Fehlname*] → Poren(beton)steinmauerwerk

~platte *f* · aerated concrete slab

~rippenplatte *f* · aerated concrete rib(bed) slab

Poren(beton)stein *m*, Poren(beton)block(stein) *m* · aerated (concrete) (building) block, ~ (~) (~) tile [*B.S. 1364. See remark under 'Block(stein)'*]

~mauerwerk *n*, Poren(beton)block(stein)mauerwerk [*Fehlname: Porenbetonmauerwerk*] · aerated concrete blockwork, ~ ~ block masonry (work)

Porenbeton|tafel *f* · aerated concrete panel

~wand(bau)platte *f* · (pre)cast aerated concrete wall slab, prefab(ricated) ~ ~ ~ ~

~wand(bau)tafel *f* · (pre)cast aerated concrete wall panel, prefab(ricated) ~ ~ ~ ~

~werk *n* · (pre)cast aerated concrete works, prefab(ricated) ~ ~ ~

porenbildender (chemischer) Zusatz(stoff) *m* → Lufteinschlußmittel

Poren|bildung *f* · pore formation

~block(stein) *m* → Porenbetonblock(stein)

~dichtung *f*, Porenabdichtung · pore seal(ing)

~dichtungspräparat *n* → Porenabdichtungspräparat

~durchmesser *m* · pore diameter

~estrich *m* [*Zementestrich, der durch porenbildende Zusätze ein poriges Gefüge erhält*] · aerated cement screed

~-Fertigteilbeton *m*, Fertigteil-Porenbeton · (pre)cast aerated concrete, prefab(ricated) ~ ~

porenfrei, porenlos, nichtporös · non-porous

Poren|füllung *f*, Porenverschluß *m* · pore filling

~gefüge *n* · aerated structure

~gehalt *m*, Porenanteil *m*, Porigkeit *f* · pore content

~gestalt *f* · pore shape

Porengips *m*, Leichtgips [*Er entsteht durch Zusätze von Treibmitteln, z.B. Wasserstoffsuperoxid oder Kalkpulver mit verdünnter Salzsäure*] · aerated gypsum

~kern *m*, Leichtgipskern · aerated gypsum core

~platte *f*, Leichtgipsplatte · aerated gypsum board, ~ ~ sheet

porenlos, porenfrei, nichtporös · non-porous

Poren|mauerwerk *n* → Porenbetonsteinmauerwerk

~(mauer)ziegel *m*, PMz *m* [*DIN 105. Mauerziegel mit vielen kleinen Poren, hervorgerufen durch Einmischen von Luft, Holzspänen oder Kohleteilchen in den Ton vor dem Brennen*] · porous brick

~merkmal *n* · pore characteristic

~mörtel *m* · aerated mortar

~raum *m*, Hohlraum, H [*in einem Korngemisch*] · volume of voids

~saugwasser *n*, Haarröhrchenwasser, Kapillarwasser [*Wasser, welches der Porensaugwirkung gefolgt ist*] · capillary water, ~ moisture, water of capillarity, fringe water

~saugwirkung *f*, Rohrsaugkraft *f*, Kapillarattraktion *f* [*Folge des Unterdruckes, welcher durch die molekularen Anziehungskräfte in der Grenzfläche der Bodenteilchen gegen Wasser entsteht*] · capillary attraction

porenschließend · pore-filling

Poren|schlußemulsion *f* · seal(ing) coat emulsion

~sinter *m* [*Aufgeblähter Leichtbetonzuschlag(stoff) über Sintergrenze gewonnen*] · aerated sintered (concrete) aggregate, sintered aerated (~) ~

~spannbeton *m* · prestressed aerated concrete, aerated prestressed ~

~stahlbeton *m*, Stahlporenbeton · aerated reinforced concrete, ~ R.C., reinforced aerated concrete

~stein *m* → Porenbetonstein

~verschluß *m*, Porenfüllung *f* · pore filling

~verteilung *f* · pore distribution, distribution of pores

~volumen *n* · pore volume

~ziegel *m*, Porenmauerziegel, PMz *m* [*DIN 105. Mauerziegel mit vielen kleinen Poren, hervorgerufen durch Einmischen von Luft, Holzspänen oder Kohleteilchen in den Ton vor dem Brennen*] · porous brick

~ziffer *f*, Hohlraumverhältnis *n* [*Das Verhältnis des im Korngemisch enthaltenen Hohlraumes H zum Festraum aller im Gemisch enthaltenen Körner S:h*] · pore ratio, void ~

porige Holzfaserplatte *f* → Dämmplatte

poriger Beton *m*, Porenbeton, Pb *m* [*DIN 4164*] · aerated concrete

poriges Glas *n*, Schaumglas, Vielzellenglas [*Es besteht aus meist hermetisch geschlossenen Mikroglaszellen und hat deshalb keine kapillare Wirkung*] · foam(ed) glass, (multi)cellular ~

Porigkeit *f*, Porosität *f* · porosity [*The ratio, usually expressed as a percentage, of the volume of voids in a material to the total volume of the material, including the voids*]

~ → Hohlraumanteil

poröse Holzfaserplatte *f* → Dämmplatte

~ Lava *f*, Lavaschlacke *f*, Lungstein *m*, Lavakrotze *f*, Schaumlava, vulkanische Lava, Basaltlava, Basaltschlacke [*Basaltische feinporige bis blasige vulkanische Auswurfmasse. "Lavalit" ist ein geschützter Handelsname für gebrochene Lavaschlacke, die in verschiedenen Körnungen aufbereitet ist*] · scoria(ceous lava), foamed ~

poröser (Natur)Stein *m* · porous (natural) stone

~ (Schall)Absorber *m*, ~ Schallschlucker · porous absorbent material, ~ ~ system, ~ absorber

~ Scherben *m* [*Keramik*] · porous (clay) body, ~ stone

porosierter Baustoff *m* → Porenbaustoff

porosiertes Baumaterial *n* [*Schweiz*] → Porenbaustoff

Porosität *f*, Porigkeit *f* · porosity [*The ratio, usually expressed as a percentage, of the volume of voids in a material to the total volume of the material, including the voids*]

~ → Hohlraumanteil

Porösplatte *f* → Dämmplatte

Porphyr *m*, Orthophyr [*DIN 52100. Die Bezeichnung „Arthophyr" (= Arthoklasporphyr) ist sprachlich besser, da die Bezeichnung „Porphyr" für die Struktur gilt*] · porphyry

~füller *m*, Orthophyrfüller · porphyric filler

porphyrisches Gefüge *n* · porphyritic texture

Porphyrit *m* · porphyrite

Porphyr|pflasterstein *m*, Orthophyrpflasterstein · porphyric (paving) sett

~sand *m*, Orthophyrsand · porphyric sand

~schiefer *m* [*Fehlname*]; Phonolith *m*, Klingstein *m* · phonolite, clinkstone

~tuff *m*, Orthophyrtuff · porphyric tuff

Porta Nigra *f* [*Trier*] · Black Gate

Portal *n*, Prunktor *n* · portal

~bogen *m* · portal arch

~-Methode *f* [*Baustatik*] · portal method

~pfosten *m*, Portalstiel *m* · portal leg

Portalrahmen *m* · portal frame

~ mit Pultanbau · portal frame with lean-to

~balken(träger) *m* · portal frame beam

~-Fahrsilo *m*, Portalrahmen-Flachsilo · horizontal (plank) silo in a portal framed structure

~fertigteil *m*, *n* · portal frame compound unit

~-Flachsilo *m*, Portalrahmen-Fahrsilo · horizontal (plank) silo in a portal framed structure

~halle *f* · portal frame building, ~ ~ block

~schiff *n* · portal frame span

Portal|stiel *m*, Portalpfosten *m* · portal leg

~träger *m* · portal girder

~typenrahmen *m*, Typenportalrahmen · standard portal frame

~wirkung *f* · portal effect

Portikus *m* [*Eine von Säulen, seltener von Pfeilern getragene Vorhalle vor der Hauptfront eines Gebäudes, die besonders häufig in der klassizistischen Architektur vorkommt. Portikus ist auch eine Säulenhalle mit geschlossener Rückwand, ähnlich einer Stoa*] · portico

Portlandstein *m* · Portland stone [*oolitic freestone*]

Portlandzement *m*, PZ *m* [*DIN 1164*] · portland cement, Portland ~ [*B. S. 12*]

~ 325 · rapid-hardening Portland cement

~ mit geringer (Ab)Bindewärme · low heat portland cement [*B. S. 1370*]

~ ~ Puzzolanzuschlag · portland-pozzolan cement

~ ~ sehr geringer Abbindewärme, Massenbauzement · low heat (of hydration) cement, slow hardening ~; Portland cement Type IV (US)

~ 425 · high-strength Portland cement

~ 225 · normal Portland cement

~(außen)(ver)putz *m* · portland-cement (mortar) stucco (US); ~ (external) rendering (Brit.); ~ exterior plaster, ~ external plaster [*See remark under '(Außen)(Ver)Putz'*]

~beton *m* · portland cement concrete, Portland ~ ~, P.C.C.

~(beton)tafel *f* · portland cement panel, Portland ~ ~

~glasur *f* · portland cement (based) glaze, Portland ~ (~) ~

~-Grobmörtel *m* · coarse-grained Portland cement mortar, ~ portland ~ ~

~klinker *m*, PZ-Klinker · portland cement clinker, Portland ~ ~

~mörtel *m* · portland cement mortar, Portland ~ ~

~putz *m* → Portlandzement(außen)verputz

~schlämme *f* · Portland cement grout(-ing compound), portland ~ ~ ~, ~ ~ slurry

~tafel *f*, Portlandzementbetontafel · portland cement panel, Portland ~ ~

~(ver)putz *m* → Portlandzement(außen)verputz

Porzellan|abflußrohr *n*, Porzellanablaufrohr, Porzellandränrohr, Porzellanentwässerungsrohr [*Fehlnamen: Porzellanablauf m, Porzellanabfluß*] · porcelain drain(age) pipe, ~ draining ~, ~ discharge ~, ~ waste (~)

~ablauf *m* [*Fehlname*] → Porzellanabflußrohr

~ablaufrohr *n* → Porzellanabflußrohr

~(bade)wanne *f* · porcelain (bath)tub, ~ bath

~(belag)platte *f*, Porzellanfliese *f* · porcelain tile

~dränrohr *n* → Porzellanabflußrohr

~entwässerungsrohr *n* → Porzellanabflußrohr

~erde *f* → Kaolin

~fliese *f*, Porzellan(belag)platte *f* · porcelain tile

~-Leuchte *f* · porcelain luminaire (US); ~ light fitting (Brit.)

~ton *m* → Kaolin

~wanne *f*, Porzellanbadewanne · porcelain (bath)tub, ~ bath

Poseidontempel *m* · Temple of Poseidon

~ zu Paestum · Temple of Poseidon at Paestum

Position *f* · item

Positionsnummer *f* [*zum Einbau von großformatigen Fertigteilen*] · placement number

positiv gekrümmte Schale *f*, Schale positiver Krümmung · shell of positive curvature

positive Biegung *f*, positives Biegen *n* · positive bending [*It occurs at a section when the deflected form of the beam is concave upwards at the section. Under such bending, tension occurs in the lower fibres of the beam*]

~ Drehung *f* · positive rotation

~ Einflußfläche *f* · positive area of influence

~ Starrheit *f*, ~ Steifigkeit · positive stiffness, ~ rigidity

~ Steifigkeit *f*, ~ Starrheit · positive stiffness, ~ rigidity

positiver Schub *m* · positive shear(ing)

positives Biegemoment *n* · positive bending moment

~ Biegen *n* → positive Biegung

~ Größtbiegemoment *n*, ~ Höchstbiegemoment · maximum positive bending moment

~ Höchstbiegemoment *n*, ~ Größtbiegemoment · maximum positive bending moment

~ Moment *n* · positive moment

Postament *n* → Sockel

posthume Gotik *f*, Neugotik, Neogotik · Gothic Revival, revived Gothic style

Posticum *n* · posticum [*The Latin term for the rear porch of a temple*]

~ [*in einem altrömischen Privathaus*] · posticum

Postsparkassenamt *n* **zu Wien** · Vienna Postal Savings Bank

Poststelle *f* [*In einem großen Bürogebäude*] · mailing facilities, ~ facility

Potential *n*, Energie *f* der Lage, potentielle Energie, latente Energie · potential energy, position ~, energy of position, geodetic head [*It is the energy possessed by a body in virtue of its position relative to some zero position*]

~ der Schallschnelle, Schnellepotential [*Funktion, deren Gradient die Schallschnelle ist*] · velocity potential [*Of a sound field in an isotropic fluid medium at rest or in a state of irrotational flow. A scalar potential function, the gradient of which is the negative of the particle velocity at a point in the field. Symbol ø*]

~gleichung *f* · potential equation

potentielle Energie *f*, latente ~, Energie der Lage, Potential *n* · potential energy, position ~, energy of position, geodetic head [*It is the energy possessed by a body in virtue of its position relative to some zero position*]

Pottasche *f*, kohlensaures Kalium *n*, Kaliumkarbonat *n*, K_2CO_3 · potash, potassium carbonate

PP *n*, Polypropylen *n* · polypropylene

PP-Folie *f*, Polypropylenfolie · polypropylene sheeting, ~ film

Pracht|kirche *f* · stately church

~straße *f* · boulevard

~treppe *f* · stately stairway

präfunktionalistisches Gebäude *n* · pre-functionalist building

Präge|(belag)platte *f*, Prägefliese · embossed tile

~fliese *f*, Präge(belag)platte · embossed tile

~muster *n* · embossed pattern, ~ design

prägen · to emboss

Prägeplatte *f*, Prägebelagplatte, Prägefliese · embossed tile

~, Hartplatte mit eingepreßtem Muster · embossed (hard)board

Präge|struktur *f* · embossed texture

~tafel *f* · embossed panel

~tapete *f* · embossed (wall)paper

praktisch unlöslich [*z.B. ein Pigment*] · substantially insoluble

pralle Sonne *f* · direct sun rays

Prämientermin *m* · bonus target date

Präparat *n* · preparation

Präparationslack *m*, Schleiflack · rubbing varnish [*A hard-drying varnish which may be rubbed with an abrasive and water or oil to a uniform level(l)ed surface*]

präparierter Straßenteer *m* · road tar produced by blending with distillate fractions

präraphaelitischer Kreis *m* · Pre-Raphaelite Brotherhood [*Creation of W. Holman Hunt, D. G. Rossetti and others. Its aim was a reaction against current art traditions and a return to the earnest spirit of art found in Raphael's precursors*]

Prärie|haus *n* · prairie house [*Frank Lloyd Wright's earliest major contribution to modern architecture. Characterised by X, L and T-shaped plans*]

~stil *m* · Prairie style [*Evolved by Frank Lloyd Wright*]

Präsidenten|palast *m* · president's palace

~suite *f* · suite for presidents

Pratt(-Dach)binder *m* · Pratt (roof) truss (US); Linville (~) ~, N-truss

Predella *f*, (Altar)Staffel *f* · predella

Preflexträger *m*, Preflex-Verbundträger, Preflexbalken(träger) *m*, vorgebogener Balken(träger) · Preflex beam

preisgekrönt · prize-winning, award-winning

Preis|gericht *n* · panel of judges, adjudicating panel

~klasse *f* · price group

Preiße *m*, Mönch(ziegel) *m*, Deckziegel · mission tile (US); convex ~, over-tile

Prellstein *m*, Abweisstein, (Rad)Abweiser *m*, Radabstoßer · spur stone

Prepaktbeton *m*, Ausgußbeton, vorgepackter Beton, Skelettbeton, Schlämmbeton · prepacked (aggregate) concrete [*Concrete produced by placing coarse aggregate in a form and later injecting a portland cement-sand grout, usually with admixtures, to fill the voids*]

Presbyterium *n* · presbytery [*The part of the church which lies east of the choir and where the high altar is placed*]

Presse *f* [*Maschine zur Verformung von Werkstoffen*] · press

~ · jack(ing device) [*The device used to stress the tendons for prestressed concrete; also, a device for raising a vertical slipform*]

~kabine *f* · press box

Pressen *n* · pressing

~kraft *f* · jacking force [*Temporary force exerted by the device which introduces tension into prestressing tendons; also, the force exerted by a device for raising a vertical slipform*]

~spannung *f*, Spann~ · jacking stress [*The maximum stress occurring in a prestressed tendon during stressing*]

Preß|(belag)platte *f*, Preßfliese *f* · pressed tile

~-Blasverfahren *n* [*Glasherstellung*] · press-and-blow process

~blech *n* · pressed (sheet) steel

~dachziegel *m* [*Ein auf einer Stempelpresse – Revolver- oder Handpresse – hergestellter Dachziegel. DIN 456*] · pressed clay roof(ing) tile, ~ roof(ing) clay ~

~fliese *f*, Preß(belag)platte *f* · pressed tile

~fuge *f* · joint which does not allow expansion

~glas *n* · pressed glass, ~ ware; press-ware (US) [*These terms embrace pavement lights, decorative moulded panels, certain types of glass tile, etc.*]

~holz *n* · pressed wood

~klinker *m* [*Nach einem patentierten Trockenpreßverfahren, dem Laun-Spengler-Verfahren, hergestellt und meist in Tunnelöfen gebrannt*] · dry-pressed engineering brick

~kopf *m* [*Betonrohrpresse*] · concrete pipe press head

Preßkork *m* · compressed cork

~platte *f* [*Korkmehl stark gepreßt zu Blöcken, von denen verschiedene Dikken, ab 4 mm, abgesägt werden*] · compressed corkboard, ~ cork slab

~werk *n*, Preßkorkfabrik *f* · compressed cork factory

preßluftgeförderter Beton *m*, druckluftgeförderter ~ · pneumatically placed concrete, air-placed ~

Preßluft|pistole *f*, Preßluftspritzpistole, Druckluft(spritz)pistole, Preßluftspritze *f*, Druckluftspritze · (compressed-)air gun, pneumatic ~

~-Schiebetürantrieb *m*, Druckluft-Schiebetürantrieb, pneumatischer Schiebetürantrieb · pneumatic sliding door drive, (compressed-)air ~ ~ ~

~spritze *f*, Druckluftspritze, Preßluft(spritz)pistole *f*, Druckluft(spritz)pistole · (compressed-)air gun, pneumatic ~

~(spritz)pistole *f*, Druckluft(spritz)-pistole, Preßluftspritze *f*, Druckluftspritze · (compresses-)air gun, pneumatic ~

Preß|masse *f*, Preßstoff *m* · moulding compound (Brit.); molding ~ (US)

~metall *n* · pressed metal

~platte *f*, Preßbelagplatte, Preßfliese *f* · pressed tile

~profil *n*, gepreßtes Profil · pressed section, ~ unit, ~ shape, ~ trim, ~ profile

~schraube *f*, Treibschraube · forcing screw

~sperrholz *n*, PSP *n*, verdichtetes Sperrholz [*Es entsteht durch Warmpressen dünner Furniere mit dazwischenliegenden härtbaren Kunstharzen*] · high density plywood, superpressed ~, densified ~

Preßstahl *m* · pressed steel

~-Gliederbehälter *m* · pressed steel sectional tank [*B. S. 1564*]

~kanal *m* · pressed steel duct

~kehlrinne *f* · pressed steel valley gutter

~mannlochdeckel *m*, Preßstahlschachtdeckel · pressed steel manhole cover, ~ ~ manway ~

~oberschwelle *f*, Preßstahlsturz *m* · pressed steel lintel; ~ ~ lintol [*deprecated*]

~-Regen(wasser)rohr *n* · pressed steel rainwater pipe

~rinne *f* · pressed steel gutter [*B. S. 1091*]

~rohr *n* · pressed steel pipe [*B. S. 1091*]

~schachtdeckel *m*, Preßstahlmannlochdeckel · pressed steel manhole cover, ~ ~ manway ~

~sturz *m*, Preßstahloberschwelle *f* · pressed steel lintel; ~ ~ lintol [*deprecated*]

~traufrinne *f* · pressed steel eave(s) gutter, ~ ~ ~ trough

~trennwand *f* · pressed steel partition (wall)

~treppe *f* · pressed steel stair(case)

~(treppen)wange *f* · pressed steel string (Brit.); ~ ~ stringer (US)

~wange *f*, Preßstahltreppenwange · pressed steel string (Brit.); ~ ~ stringer (US)

Preß|stein *m* [*Fehlname*] → Preßziegel

~stoff *m*, Preßmasse *f* · moulding compound (Brit.); molding ~ (US)

Preßstroh *n* · compressed straw

~(-Bau)platte *f*, Strohpreßplatte [*Schall- und wärmedämmende Leichtbauplatte aus gepreßtem Stroh, die verputzt werden kann. Nach dem Putz muß für schnelle und gründliche Austrocknung gesorgt werden, damit die Platte nicht fault*] · compressed straw slab

~(-Bau)tafel *f*, Strohpreßtafel · compressed straw panel

~-Dachplatte *f*, Strohpreß-Dachplatte · compressed straw roof(ing) slab

~platte *f*, Preßstrohbauplatte, Strohpreßplatte [*Schall- und wärmedämmende Leichtbauplatte aus gepreßtem Stroh, die verputzt werden kann. Nach dem Putz muß für schnelle und gründliche Austrocknung gesorgt werden, damit die Platte nicht fault*] · compressed straw slab

~tafel *f*, Preßstroh-Bautafel, Strohpreßtafel · compressed straw panel

Preßtorf *m* · compressed peat

Preßvollholz *n,* PVH · densified wood

~tür *f,* Vollholz-Preßtür · densified wood door

Preß|walze *f* [*Dachpappenanlage*] · press(ure) roll

~ziegel *m,* gebrannter Preßstein *m*; Preßstein [*Fehlname*] · pressed (clay) brick [*The process of manufacture for pressed bricks depends upon the consistency of clay which is used. Stiff plastic or semi-dry pressed bricks have a characteristic frog on one or both sides. They are produced by mechanical process, the clay being confined in steel moulds*]

Preußischblau *n* · Prussian blue (pigment) [*Apart from being a generic term, Prussian blue usually refers to the same type as a pure bronze blue, i.e. both are strong, deep shades with a reddish or violet-blue undertone*]

preußische Kappe *f,* preußisches Kappengewölbe *n,* flachbogiges Kappengewölbe · Prussian (cap) vault

preußisches Kappengewölbe *n,* flachbogige Kappe *f* · Prussian (cap) vault

Priependach *n* → Mönch-Nonne-Ziegel(dach)(ein)deckung

Priesterchor *m* · priests' choir

Prinzip *n* → ~ der virtuellen Verschiebungen

~ der minimalen Gesamtpotentialenergie, Minimalenergieprinzip · minimum energy principle

~ ~ virtuellen Arbeit · theorem of virtual work, law ~ ~ ~, principle ~ ~ ~, virtual-work theory, virtual-work principle, virtual-work law

~ ~ ~ Kräfte · principle of virtual forces, ~ ~ complementary virtual work [*It states that the increment of complementary strain energy is equal to the increment of the complementary work done by the virtual forces acting through the real displacements*]

~ ~ ~ Verrückungen · theorem of virtual displacements, law ~ ~ ~, principle ~ ~ ~, virtual-displacement theorem, virtual-displacement principle, virtual-dosplacement law

~ vom Minimum der potentiellen Energie · law of minimum potential energy, principle ~ ~ ~ ~, theorem ~ ~ ~ ~

~ von Castigliano → Castiglianoscher Satz

~ ~ Müller-Breslau · Müller-Breslau principle [*An unknown internal force can be expressed in terms of a known external force. This gives the Müller-Breslau principle for finding influence lines in linearly elastic redundant structures*]

Prisma *n* [*Zementprüfung*] · standard briquette

~ zur Ermitt(e)lung der Biegefestigkeit, Biegekörper *m* · bending test specimen

prismatischer Balken(träger) *m,* Rechteckbalken(träger), Balken(träger) mit gleichbleibendem Querschnitt · prismatic beam, rectangular (cross-sectional) ~

prismatisches Dach *n* · prismatic roof

~ Faltwerk *n* · prismatic (pitched-slab) structure

~ Glas *n,* Prismenglas · prismatic glass

~ Raumfachwerk *n* · prismatic space truss

Prismen|-Biegeprobe *f,* Prismen-Biegeversuch *m,* Prismen-Biegeprüfung *f* · prismatic beam bending test

~druckfestigkeit *f* · prismatic beam crushing strength

Prismenfestigkeit *f,* Biegekörperfestigkeit · bending test specimen strength

~ [*Zementprüfung*] · standard briquette strength

Prismenform *f* [*Herstellung von Prismen zur Zementprüfung*] · standard briquette mould (Brit.); ~ ~ mold (US)

prismenförmig · prismatic

Prismen|glas *n,* prismatisches Glas · prismatic glass

~kuppel *f* · prismatic dome, ~ cupola

~tragwerk *n* · prismatic (load)bearing structure, ~ (weight-carrying) ~, ~ supporting ~

~wanne *f* [*Leuchte*] · prismatic diffuser

Privat|architekt *m* · architect in private practice

~brunnen *m* · private well

private Abwasserleitung *f* · private sewer

~ Kapelle *f,* Hauskapelle · private chapel

privater Abwasserkanal *m* · private conduit-type sewer

~ Wohn(ungs)bau *m* · private housing

Privat|flur *m,* Privatgang *m,* Privatkorridor *m* [*Im Gegensatz zum öffentlichen Flur*] · private corridor

~gang *m,* Privatkorridor *m,* Privatflur *m* [*Im Gegensatz zum öffentlichen Flur*] · private corridor

~garage *f* · private garage

~gelände *n* · private ground

~haus *n* · private house

~kapelle *f* · private chapel

~korridor *m,* Privatgang *m,* Privatflur *m* [*Im Gegensatz zum öffentlichen Flur*] · private corridor

~krankenhaus *n* · proprietary hospital

~speiseraum *m* [*Hotel*] · private dining-room

~weg *m* · private path

~wohnhaus *n* · private dwelling house

~zufahrt *f* · private access; drive (Brit.); driveway (US)

Probe *f* → ~körper

~, Prüfung *f*, Versuch *m* · test

~anstrich *m*, Probeaufstrich · trial coat

~aufstrich *m*, Probeanstrich · trial coat

~auftrag *m* [*Bautenschutzmittel; Farbe*] · test application

~balken *m*, Biegebalken, Prüfbalken, (Biege)Versuchsbalken · flexure test beam, bending ~ ~

~belastung *f*, Versuchsbelastung, Prüfbelastung · test loading

~dauer *f* → Versuchsdauer

~druck *m*, Versuchsdruck, Prüfdruck · test pressure

~(ent)nahme *f* · sampling

~gemisch *n* → Probemischung

~(körper) *f*, (*m*), Prüfkörper, Prüfling *m*, Probestück *n*, Prüfstück, Versuchskörper, Versuchsstück · (test) sample

~körperform *f*, Prüfkörperform, Versuchskörperform · (test) sample mould (Brit.); (~) ~ mold (US)

~kuchen *m* **aus Gips**, Gipskuchen · circular-domed pat of gypsum, gypsum pat

~kuchen *m* **aus Kalk**, Kalkkuchen · circular-domed pat of lime, lime pat

(~)Kuchen *m* **(aus Zement)**, Zementkuchen · circular-domed pat of cement, cement pat, pat of cement-water paste, soundness test pat

~last *f*, Prüflast, Versuchslast · test load

~mischung *f*, Probegemisch *n*, Prüfmischung, Prüfgemisch, Versuchsmischung, Versuchsgemisch · trial mix(-ture)

Probenahme *f*, Probeentnahme · sampling

~ und Prüfung von Leichtzuschlägen, ~ ~ ~ ~ Leichtzuschlagstoffen, Probeentnahme ~ ~ ~ ~ · sampling and testing of light-weight aggregates for concrete [*B. S. 3681*]

~rohr *n* · sampling tube

~termin *m*, Probenahmedatum *n* · date of sampling, sampling date

~verfahren *n* · sampling method, method of taking samples

~vorschrift *f* · sample specification [*A description of the sampling procedure, such as location, size, time, and how the sample must be handled and preserved*]

Proben|halter *m* · sample holder

~lagerung *f* · storage of samples

Probe|stück *n* → Probe(körper)

~würfel *m* → (Beton)Würfel

~würfel *m* **für Druckprobe**, ~ ~ Druckprüfung, ~ ~ Druckversuch [*Mauerziegel. DIN 105*] · brick cube for compression test

(~)Würfelform *f*, Prüfwürfelform · (test) cube mould (Brit.); (~) ~ mold (US)

~zeit *f* → Versuchsdauer

~zylinder *m* → Beton~

Problem *n*, Aufgabe *f* · problem

Produktions|ausfall *m* · interrupted production

~betrieb *m* · manufacturing plant

~technologie *f*, Herstellungstechnologie, · manufacturing technology, fabricating ~

Profan|architektur *f* → Profananbau(-kunst)

~bau(kunst) *m*, (*f*), Profanarchitektur *f*, weltliche Architektur, weltliche Baukunst · secular architecture, civic ~, profane ~, nonecclesiastical ~

~bauten *f*, Profangebäude *npl* · secular structures, profane ~, civic ~, non-ecclesiastical ~

~bau(werk) *m*, (*n*), Profangebäude *n* · secular structure, profane ~, civic ~, non-ecclesiastical ~, ~ building

~gebäude *n*, Profanbau(werk) *m*, (*n*) · secular structure, profane ~, civic ~ non-ecclesiastical ~, ~ building

~gebäude *npl*, Profanbauten *f* · secular structures, profane ~, civic ~, non-ecclesiastical ~

~gotik *f*, weltliche Gotik · non-ecclesiastical Gothic (style), civic ~ (~), secular ~ (~), profane ~ (~)

~monument *n* · civic monument, profane ~, secular ~, non-ecclesiastical ~

Profil *n* · shape, section, unit, trim, profile

~, Schnitt *m* [*Umrißlinie eines durchschnittenen Körpers*] · section, profile

~-Asbestzementplatte *f*, Asbestzementprofilplatte · asbestos-cement profile(d) sheet, ~ ~ board; cement asbestos ~ ~ (US)

~bahn *f* · profile(d) sheet(ing)

~betontafel *f* · (pre)cast (concrete) profile(d) panel, profile(d) (pre)cast (concrete) ~

~blech *n* · profile(d) sheet, formed ~

~block(stein) *m*, Profilstein, Formstein, Formblock(stein) · purpose-made block, ~ tile, special (purpose) ~ [*See remark under 'Block'*]

~bordstein *m* · profile(d) kerb (Brit.); ~ curb

~brett *n* · matchboard

~bretter *npl* · matchboarding

~draht *m*, Formdraht, Dessindraht, Fassondraht, profilierter Draht · profile(d) wire, indented ~, wire of irregular shape

~einlagen *fpl*, Profilstahleinlagen, Profilstahlbewehrung *f*, Profilstahlarmierung · section reinforcement, ~ steel

~eisen *n*, Formeisen, Eisenprofil *n*, Fassoneisen · section iron, iron section

~eisen *n*, Trägereisen [*Fehlnamen*]; Stahlprofil *n*, Trägerstahl *m*, Profilstahl, Stahlträger *m* [*Von den Walzwerken hergestellter Formstahl mit I-, IP- und U-Querschnitt, der als Träger für Bauzwecke verwendet wird*] · steel section, ~ girder

Profilhersteller *m* · shape maker, section ~, unit ~, trim ~, ~ fabricator

profilieren [*Glas(bau)stein*] · to texture

profiliert [*Glas(bau)stein*] · textured [*Glas blocks are textured with various ribbings and patterns*]

profilierte Boden(belag)platte *f*, ~ Fuß~, ~ (Fuß)Bodenfliese *f* [*Die Oberfläche einer solchen Fliese ist zwecks Gleitsicherheit genarbt, gekörnt, geriffelt, gerippt oder mit scharfkantigen Nocken versehen*] · patterned floor(ing) tile

~ Bodenfliese *f*, ~ Fuß~, ~ (Fuß)Boden(belag)platte *f* [*Die Oberfläche einer solchen Fliese ist zwecks Gleitsicherheit genarbt, gekörnt, geriffelt, gerippt oder mit scharfkantigen Nocken versehen*] · patterned floor(ing) tile

~ Deckleiste *f* · bolection moulding (Brit.); ~ molding (US)

~ (Fuß)Boden(belag)platte *f*, ~ (Fuß)Bodenfliese *f* [*Die Oberfläche einer solchen Fliese ist zwecks Gleitsicherheit genarbt, gekörnt, geriffelt, gerippt oder mit scharfkantigen Nocken versehen*] · patterned floor(ing) tile

~ (Fuß)Bodenfliese *f*, ~ (Fuß)Boden(belag)platte *f* [*Die Oberfläche einer solchen Fliese ist zwecks Gleitsicherheit genarbt, gekörnt, geriffelt, gerippt oder mit scharfkantigen Nocken versehen*] · patterned floor(ing) tile

~ Oberfläche *f* [*Im Gegensatz zu einer ebenen Oberfläche*] · profile(d) surface

profilierter Draht *m*, Fassondraht, Dessindraht, Formdraht, Profildraht · profile(d) wire, indented ~, wire of irregular shape

profiliertes Feinblech *n* · formed sheet

~ Grobblech *n* · formed plate

~ Mauerwerk *n* · moulded masonry (work) (Brit.); molded ~ (~) (US)

~ Rohr *n* [*Rohr von nicht kreisförmigem Querschnitt*] · profile(d) pipe

Profilierung *f* [*Durchgestaltung der Umrißlinie*] · profiling

Profil|leichtstahl *m* → Stahlleichtprofil

~leiste *f* · profile(d) strip

~messing *n*, MS 56 *n*, Ms 56, Messing 56 · architectural bronze

~platte *f* · profile(d) sheet, ~ board

~rippe *f* · profile(d) rib

~stahl *m*, Stahlprofil *n*, Fassonstahl, Formstahl · section(al) steel, steel section

~stahl *m*, Stahlträger *m*, Stahlprofil *n*, Trägerstahl [*Fehlnamen: Trägereisen, Profileisen. Von den Walzwerken hergestellter Formstahl mit I-, IP- und U-Querschnitt, der als Träger für Bauzwecke verwendet wird*] · steel section, ~ girder

~(stahl)einlagen *fpl*, Profilstahlbewehrung *f*, Profilstahlarmierung · section reinforcement, ~ steel

~stahlwange *f* · steel section string (Brit.); ~ ~ stringer (US)

~stein *m*, Formstein, Profilblock(stein) *m*, Formblock(stein) · purpose-made block, ~ tile, special (purpose) ~ [*See remark under 'Block'*]

~stufe *f* · special (purpose) step, purpose-made ~

~tafel *f* · profile(d) panel

~tafel *f*, Zellenprofil *n* [*Robertson-Stahlzellendecke*] · (cellular steel) Q-floor unit, ~ section

~tapete *f*, Relief(druck)tapete · three-dimensional wallpaper [*It has a relief surface*]

~(ton)ziegel *m*, Form(ton)ziegel, gebrannter Profilstein *m*, gebrannter Formstein · purpose-made brick, special (purpose) ~

~verglasung *f*, Verglasung mit (Ab-)Dicht(ungs)profilen · gasket glazing

~ziegel *m*, Profiltonziegel, Form(ton)-ziegel, gebrannter Formstein *m*, gebrannter Profilstein · purpose-made brick, special (purpose) ~

Projekt *n* · project, scheme

„Projekt *n* auf der grünen Wiese" · 'grass roots project', '~ ~ scheme'

Projektfinanzierungsplanung *f* · planning of project finance

projektieren · to plan and design

Projektierungsbüro *n* · planning and design office

Projektion *f*, Riß *m* · projection

Projektions|ebene *f* → Projektionstafel

~kuppel *f* · projection dome, ~ cupola [*e. g. in a planetarium*]

~tafel *f*, Rißtafel, Rißebene *f*, Bildtafel, Bildebene, Projektionsebene · plane of projection, projection plane

~verfahren *n*, Rißverfahren · projection method

Pronaos *m*, Vorhalle *f* [*griechische Baukunst*] · pronaos [*The part of a temple in front of the naos, often synonymous with portico*]

Proportion *f*, Maßverhältnis *n* · proportion, ratio

Proportionalität *f* · proportionality

Proportionalitätsgrenze *f*, P-Grenze · limit of proportionality, proportional limit

Proportions|gefühl *n* · sense of proportion

~gesetz *n* · law of proportionality

Proportions|skala *f*, Modulor *m* · scale of proportions [*Laid down by Le Corbusier and his colleagues, this is also known as the Modulor. Le C. describes it as a 'harmonious measure to the human scale, universally applicable to architecture and mechanics'*]

~theorie *f* · theory of proportion

Propyl(ai)on *n*, Eingangshalle *f*, Torbau *m* · propylaeum, propyl(ai)on, monumental gateway

Propylenglykol *n* · propylene glycol

Prospekt *m* [*Die naturgetreue Wiedergabe eines Bauwerks, einer Baugruppe oder Stadtansicht in Kupferstichtechnik oder Malerei*] · prospect

Prostylos *m* · prostyle [*An open portico of columns standing in front of a building*]

~tempel *m* · prostyle temple

Proszenium *n*, Proskenion · proscenium

~bühne *f*, Proskenionbühne · proscenium (type) stage

Proteinleim *m* · protein glue

Prothesis *f* [*Nebenraum byzantinischer und frühchristlicher Kirchenbauten zur Vorbereitung des Meßopfers. Die Prothesis lag symmetrisch zum Diakonikon neben der Apsis. Beide sind die Pastophorien*] · prothesis

Protobarock(architektur) *m*, (*f*), Protobarockbaukunst *f* · Proto-Baroque architecture

protodorische Säule *f* · Proto-Doric column

Protorenaissancearchitektur *f*, Protorenaissancebaukunst *f* · Proto-Renaissance architecture

Proustit *m*, Arsensilberblende *f*, lichtes Rotgültigerz *n* · light-red silver ore, proustite

Provinzialverwaltungsgebäude *n* · provincial administration building

Provinzbaumeister *m* · country builder

prozentmäßiger Anteil *m* · content expressed in percentage

Prozentsatz *m*, Anteil *m*, Gehalt *m* · fraction, percentage, content

~ der Vorfertigung, Anteil *m* ~ ~, Gehalt *m* ~ ~ · factory content, prefabrication ~, ~ percentage, ~ fraction

Prozessions|kirche *f*, Gnadenkirche, Wallfahrtskirche, Pilgerkirche [*Wallfahrtskirche, deren Kapellen durch einen Umgang mit dem Hauptraum verbunden sind*] · pilgrimage church

~weg *m* [*in einem Tempel*] · processional circuit

Prozeß *m*, Vorgang *m*, Verlauf *m*, Ablauf *m* · process

Prüf|amt *n*, Materialprüf(ungs)amt, MPA · official materials testing institute

~anstalt *f*, (Material)Prüfungsanstalt, MPA · materials testing institute

~apparat *m* · test apparatus

~aufzeichnung *f* · test record

~balken *m*, Biegebalken, Probebalken, (Biege)Versuchsbalken · flexure test beam, bending ~ ~

~belastung *f*, Probebelastung, Versuchsbelastung · test loading

~bericht *m* · test report

~bescheid *m*, Prüfzeugnis *n*, Prüfniederschrift *f* · test certificate

~dauer *f*, Prüfungsdauer, Probedauer, Versuchsdauer · duration of test, test duration

~druck *m*, Probedruck, Versuchsdruck test pressure

Prüfen *n*, Prüfung *f* · testing

~ der Kornzusammensetzung durch Siebversuch, Siebanalyse *f*, Siebversuch *m*, Siebprobe *f* · sieve analysis

Prüf|ergebnis *n*, Prüfungsergebnis, Versuchsergebnis · experimental finding, ~ result, test ~

~gemisch *n* → Prüfmischung

Prüfgerät *n* · tester, test(ing) apparatus

~ für die Siedeanalyse von Verschnittbitumen · cut-back (asphaltic) bitumen distillation apparatus (Brit.); ~ asphalt ~ ~ (US)

prüfgerecht · fit for testing

Prüf|grundsatz *m* · testing principle

~kabine *f* · test(ing) cab(in)

~körper *m* → Probe(körper)

~körperform *f*, Probekörperform, Versuchskörperform · (test) sample mould (Brit.); (~) ~ mold (US)

~labor(atorium) *n* · test lab(oratory)

~last *f*, Versuchslast, Probelast · test load

Prüfling *m* → Probe(körper)

Prüf|mischung *f*, Prüfgemisch *n*, Probemischung, Probegemisch, Versuchsmischung, Versuchsgemisch · trial mix(-ture)

~mörtel *m* · test(ing) mortar

~niederschrift *f*, Prüfbescheid *m*, Prüfzeugnis *n* · test certificate

~probe *f* → Prüfungsprobe

~raum *m* · test room

~reihe *f*, Versuchsreihe · test series

~sieb *n* · test sieve

(~)Streuung *f* [*Versuchsergebnis*] scattering (of test(s))

~stück *n* → Probe(körper)

~tag *m* · day of test(ing)

Prüfung *f*, Probe *f*, Versuch *m* · test

~, Prüfen *n* · testing

Prüf(ungs)|alter *n* · age at test

~amt *n*, Material~, MPA · official materials testing institute

~anordnung *m* · assembly, set-up [*for tests*]

~anstalt *f*, Material~, MPA · materials testing institute

~ausschuß *m* · testing committee

~bestimmungen *fpl*, Prüf(ungs)vorschriften *fpl* · test(ing) regulations

~dauer *f*, Probedauer, Versuchsdauer, Prüf(ungs)zeit *f* · duration of test, test duration

~druck *m* · test(ing) pressure

~ergebnis *n*, Versuchsergebnis · experimental finding, ~ result, test ~

~norm *f* · test(ing) method standard

~probe *f*, Prüf(ungs)versuch *m* · check test

~verfahren *n* · test(ing) method

~versuch *m*, Prüf(ungs)probe *f* · check test

~vorschriften *fpl*, Prüf(ungs)bestimmungen *fpl* · test(ing) regulations

~zeit *f* → Prüf(ungs)dauer

Prüf|versuch *m* → Prüfungsversuch

~wasser *n*, Abdrückwasser [*Rohrleitungsprüfung*] · test water

~wert *m* · test value

~würfel *m* → (Beton)Würfel

(~)Würfelform *f*, Probewürfelform · (test) cube mould (Brit.); (~) ~ mold (US)

~zeit *f* → Prüf(ungs)dauer

~zeugnis *n*, Prüfbescheid *m*, Prüfniederschrift *f* · test certificate

~sieb *n* · test sieve [*B. S. 410*]

~zylinder *m* → (Beton)Probezylinder

Prunk|decke *f* · stucco ceiling

~tor *n*, Portal *n* · portal

~villa *f* · wealthy villa

~zimmer *n*, Staatsgemach *n* · state room

Prüß-Wand *f* [*Eine kreuzweise bewehrte Steinmauer*] · Prüß reinforced (masonry) block partition (wall)

Prytaneion *n* · prytaneum, prytaneion [*The public hall of a Greek state or city, in which the sacred fire was kept burning; especially in ancient Athens, the hall in which distinguished citizens, foreign ambassadors, and the successive presidents of the senats were entertained at the public charge*]

PS *n*, Polystyrol *n* · polystyrene

Psammit *m* · arenaceous deposit, psammite

PS-(Belag)|Platte *f*, PS-Fliese *f*, Polystyrol(belag)platte, Polystyrolfliese · polystyrene tile [*B. S. 3932*]

~Plattenkleber *m*, PS-Fliesenkleber, Pol ystyrol(belag)plattenkleber, Polystyrolfliesenkleber · poystyrene tile adhesive

pseudo-antik, pseudo-klassisch pseudo-classical

Pseudo|basilika *f*, Staffelhalle *f* [*Mehrschiffiger Raum mit erhöhtem Mittelschiff, jedoch ohne Fenster im Obergaden*] · pseudo-basilica (church)

~dipteros(tempel) *m*, falscher Dipteros(tempel) [*1. Tempel mit Wandsäulen und umgebendem Säulenkranz. 2. Tempel mit doppelt breitem Pteron, jedoch ohne die innere Stützenreihe eines Dipteros*] · pseudo-dipteral temple, false double-winged ~

Pseudokieselgur *f*, Gaize *f* · gaize

~zement *m*, Gaizezement · gaize cement

pseudo|-klassisch, pseudo-antik · pseudo-classical

~-kreuzförmig · pseudo-cruciform

Pseudo|peripteros(tempel) *m*, falscher Peripteros(tempel) · pseudoperipteral temple, false(ly) peripteral ~, pseudoperipteros (~)

~prostylos(tempel) *m*, falscher Prostylos(tempel) [*Tempel mit Wandsäulen anstelle der Säulen an den Stirnseiten*] · pseudoprostyle temple, false(ly) prostyle ~

~schnecke *f*, Pseudovolute *f* · pseudovolute, pseudo-scroll

pseudo|sechsteilig · pseudo-sexpartite

~sechsteiliges Gewölbe *n* · pseudosexpartite vault

Pseudo|stil *m* · pseudo-style

~-Tudor *m* · make-believe Tudor imitations

~volute *f*, Pseudoschnecke *f* · pseudovolute, pseudo-scroll

PS-Fliese *f*, PS-(Belag)Platte *f*, Polystyrol(belag)platte, Polystyrolfliese · polystyrene tile [*B.S. 3932*]

PS-Fliesenkleber *m*, PS-(Belag)Plattenkleber, Polystyrol(belag)plattenkleber, Polystyrolfliesenkleber · polystyrene tile adhesive

PS-Folie *f*, Polystyrolfolie · polystyrene sheeting, ~ film

Psilomelan *m*, schwarzer Glaskopf *m*, Hartmanganerz *n* · black iron ore, psilomelane

PSP *n*, Preßsperrholz *n*, verdichtetes Sperrholz [*Es entsteht durch Warmpressen dünner Furniere mit dazwischenliegenden härtbaren Kunstharzen*] · high density plywood, superpressed ~, densified ~

PS-Platte *f*, PS-Belagplatte, PS-Fliese *f*, Polystyrol(belag)platte, Polystyrolfliese · polystyrene tile [*B.S. 3932*]

PS-Plattenkleber *m*, PS-Belagplattenkleber, PF-Fliesenkleber, Polystyrol(belag)plattenkleber, Polystyrolfliesenkleber · polystyrene tile adhesive

PS-Profil *n*, Polystyrolprofil · polystyrene section, ~ unit, ~ shape, ~ trim, ~ profile [*B.S. 3932*]

PS-Schaum(stoff) *m* → Polystyrolschaum(stoff)

PS-Stab *m*, Polystyrolstab · polystyrene rod

Pteroma *n* → Pteron

Pteron *n*, Pteroma *n* [*Fläche zwischen Cella und Säulenkranz des griechischen Tempels*] · pteron, pteroma [*The space between the lateral walls of the naos of a temple and the peristyle columns*]

PTFCE *n*, Polytrifluorchlorethylen *n* · polytrifluoro chloro ethylene

PTFE *n*, Polytetrafluoräthylen *n* · polytetrafluorethylene

Ptolemäertempel *m* · Ptolemaic temple

Publikumsraum *m*, öffentlicher Raum [*Hotel*] · public room

Puddel|luppe *f*, Rohschiene *f* · muck bar [*A semi-finished bar produced in the forge*]

~stahl *m* · muck

Puddingstein *m* · puddingstone [*A conglomerate in which the pebbles are well rounded*]

Pudergold *n*, Staubgold · powder(ed) gold, gold powder

Puffdecke *f* [*Unter einer Massivdecke zur Schalldämmung an Leisten aufgehängte geputzte Scheindecke*] · sound-insulating plastered hung ceiling

Pulpitum *n* [*1. Rednertribüne. 2. Mittelteil des Proszeniums des antiken Theaters*] · pulpitum

~ · pulpitum [*A screen, usually of stone, supporting a gallery between the nave and ritual choir of a cathedral or greater church. It might support the rood and frequently the organ for singers. The west face would form a reredos for the parochial altar in the nave*]

Pult|anbau *m* · lean-to

~dach *n*, Flugdach, Halb(sattel)dach, Schleppdach, einhängiges Dach, halbes Satteldach · pent(house) roof, shed ~, pen ~ [*A roof with a slope on one side only. It differs from a lean-to-roof (freitragendes Pultdach) in that it covers the highor wall*]

pultförmiges (Dach)Oberlicht *n* · single-pitch roof-light

pulverartig → pulv(e)rig

pulverförmig → pulv(e)rig

~ angelieferter Baukalk *m* [*Fehlname: Sackkalk*] · hydrated lime powder supplied in bags, bagged lime

pulverförmiger Löschkalk *m*, pulv(e)riger ~, Staubkalkhydrat *n* · hydrated lime powder

pulv(e)rig, pulverförmig, gepulvert, pulverartig, pulverisiert · powdered, in powder form, powdery, pulverized (US); pulverised (Brit.)

pulv(e)riger Betonhärtungsstoff *m*, ~ Betonhärter *m*, pulv(e)riges Betonhärtungsmittel *n*, pulv(e)riges Betonhärtemittel, Betonhärtepulver *n*, Betonhärtungspulver · powder(ed) concrete hardener, ~ ~ hardening agent

~ Härtungsstoff *m*, ~ Härter *m*, pulv(e)riges Härtungsmittel *n*, pulv(e)riges Härtemittel, Härtepulver *n*, Härtungspulver · powder(ed) hardener, ~ hardening agent

~ Löschkalk *m*, pulverförmiger ~, Staubkalkhydrat *n* · hydrated lime powder

pulv(e)riges (Ab)Beizmittel *n*, Ablaugpulver *n*, (Ab)Beizpulver · powder(ed) paint remover, ~ ~ stripper, paint remover in powder form, paint stripper in powder form

~ (Ab)Dicht(ungs)mittel *n*, ~ Sperrzusatzmittel, pulv(e)riger (Ab)Dicht-t(ungs)stoff *m*, pulv(e)riges DM, DM-Pulver *n*, Sperrpulver, pulv(e)riger Sperrzusatz(stoff) *m*, sperrendes Pulver · powder(ed) integral waterproofing agent, ~ ~ waterproofer, ~ ~ water-repeller, ~ ~ water repellent admix(-ture), ~ ~ water repelling agent, ~ densifying agent, ~ densifying admix(ture), ~ densifier

~ Betonhärtemittel *n*, ~ Betonhärtungsmittel, pulv(e)riger Betonhärtungsstoff *m*, pulv(e)riger Betonhärter *m*, Betonhärtepulver *n*, Betonhärtungspulver · powder(ed) concrete hardener, ~ ~ hardening agent

~ Härtungsmittel *n*, ~ Härtemittel, pulv(e)riger Härtungsstoff *m*, pulv(e)riger Härter *m*, Härtepulver *n*, Härtungspulver · powder(ed) hardener, ~ hardening agent

pulverisiert → pulv(e)rig

pulverisiertes Lot *n*, ~ Lötzinn *n* · pulverized solder (US); pulverised ~ (Brit.); powder(ed) ~

Pulver|isolierung *f* · powder insulation

~kalk *m* [*Fehlname*] → Löschkalk

~leim *m*, Leimpulver *n*, Trockenleim [*Leim in Pulverform, meist Pflanzenleim oder Zelluloseleim*] · powder(ed) glue, glue powder

~metallurgie *f* · powder metallurgy

~reiniger *m* · powder(ed) clean(s)ing agent, clean(s)ing powder

~silber *n*, Silberpulver *n* · silver powder

~spritzverfahren *n* [*Spritzmetallisierung. Durch Injektorwirkung wird Pulver aus einem Behälter abgesaugt und durch den Preßluftstrom aufgespritzt*] · powder spray(ing) system, ~ ~ method, metal powder ~

~verzögerer *m* · powder(ed) retarder

Pulvinus *m* · pulvin [*In Byzantine architecture, a dosseret above the capital supporting the arch above*]

~fries *m* · pulvinated frieze, swelled ~, cushioned ~ [*A frieze with a convex face*]

Pumpbeton *m* · pumped concrete

~einbringung *f*, Betonverpumpen *n* · pumping of concrete, concrete pumping

Pumpen|-Einrohrheizung *f*, Einrohr-Pumpenheizung · pump(-type) one-pipe heating, one-pipe pump(-type) ~

~heizung *f* · pumped heating

~heiz(ungs)anlage *f* · pumped circulation heating system, ~ ~ ~ installation

~raum *m* · pump room

~-Umlaufheizung *f* · forced-circulation central heating

~-Warmwasserheizung *f* · pump(-type) hot water (central) heating

Pump|fähigkeit *f* · pumpability

~hilfe *f* [*Pumpbeton*] · pumping aid

Punkt|belastung *f* · point loading

~gebäude *n*, Punkthaus *n* · point block, ~ building

punkt|geschweißt · spot welded

~geschweißte Armierungsmatte *f*, ~ Bewehrungsmatte · welded-wire fabric (reinforcement) [*Welded-wire fabric is either sheets or rolls, used to reinforce concrete*]

Punkt|haus *n*, Punktgebäude *n* · point block, ~ building

~klebung *f*, Punktverklebung · spot fixing, ~ bonding, ~ gluing

~kraft *f* · point force

~last *f* · point load

~lastspannung *f* · point-load stress

punktschweißen · to spot weld, ~ s/w

Punkt|schweißfarbe *f* · spot-welding primer

~schweißung *f* · spot welding

punkverklebt · spot-glued

Punkt(ver)klebung *f*, punktweise (Ver-)Klebung · spot fixing, ~ bonding, ~ gluing

punkt|verschweißte Rundstähle *mpl* · spot-welded round bars

~weise gestützt [*Platte*] · supported pointwise

~weiser Anschluß *m* · pointwise connection

~weises Aufbringen *n* [*z.B. eines Klebers*] · spot application

PUR *n*, Polyurethan *n* · polyurethane

PUR-(Anstrich)Farbe *f*, Polyurethan-(anstrich)farbe · polyurethane paint

PUR-Basis *f*, PUR-Grundlage *f*, Polyurethanbasis, Polyurethangrundlage · polyurethane base

Purbeckmarmor *m* · Purbeck marble

PUR-Bodensiegel *m*, PUR-Fußbodensiegel, PUR-Siegel, Polyurethansiegel, Polyurethan-(Fuß)Bodensiegel · polyurethane (floor(ing)) seal(ing) material, ~ (~) sealant, ~ (~) seal(er)

PUR-Dämmstoff *m*, Polyurethandämmstoff · polyurethane insulator, ~ insulant, ~ insulating material, ~ insulation(-grade) material

PUR-Farbe *f*, PUR-Anstrichfarbe, Polyurethan(anstrich)farbe · polyurethane paint

PUR-(Fuß)Bodensiegel *m*, PUR-Siegel Polyurethan-(Fuß)Bodensiegel, Polyurethansiegel · polyurethane (floor(ing)) seal(ing) material, ~ (~) sealant, ~ (~) seal(er)

PUR-Grundlage *f*, PUR-Basis *f*, Polyurethangrundlage, Polyurethanbasis · polyurethane base

PUR-Hartschaum(bau)platte *f*, Polyurethan-Hartschaum(bau)platte · polyurethane rigid foam (building) board, ~ ~ ~ (~) sheet

PUR-Hartschaumschichtstoff(bau)-platte *f*, Polyurethan-Hartschaum-schichtstoff(bau)platte · polyurethane rigid foam laminated (building) board, ~ ~ ~ ~ (~) sheet

PUR-Hartschaum(stoff) *m*, Polyurethanhartschaum(stoff), Hartpolyurethanschaum(stoff) · polyurethane rigid foam, rigid polyurethane ~, expanded rigid polyurethane

purifizierter Stil *m* · pure style

Purismus *m* · Purism [*Form of art invented by Ozenfant and Le Corbusier. It was to be unsullied by decoration, fantasy or individuality, and inspired by the machine*]

puritanisches Haus *n* [*z.B. das Haus Steiner in Wien*] · purist house [*e.g. the Steiner House in Vienna*]

PUR-Kleber *m*, PUR-Kleb(e)stoff *m*, PUR-Kleb(e)mittel *n*, Polyurethan-Kleber, Polyurethan-Kleb(e)stoff, Polyurethan-Kleb(e)mittel · polyurethane (bonding) adhesive, ~ ~ agent, ~ ~ medium, ~ cement(ing agent)

PUR-Masse *f*, Polyurethanmasse · polyurethane compound, ~ composition, ~ mass, ~ material

Purpur *m* [*Aus Purpurschnecken gewonnene natürliche Farbe*] · purple

~pigment *n* · purple pigment

PUR-Schaumband *n*, Polyurethanschaumband · foamed polyurethane strip, expanded ~ ~, polyurethane foam ~

PUR-Schaumplatte *f*, Polyurethanschaumplatte · expanded polyurethane sheet, ~ ~ board, polyurethane foam ~

PUR-Schaum(stoff) *m*, Polyurethanschaum(stoff) · expanded polyurethane, foamed ~, polyurethane foam

PUR-Siegel *m*, PUR-(Fuß)Bodensiegel, Polyurethane-(Fuß)Bodensiegel, Polyurethansiegel · polyurethane (floor(ing)) seal(ing) material, ~ (~) sealant, ~ (~) seal(er)

PUR-Weichschaum(stoff) *m*, Polyurethan-Weichschaum(stoff) · flexible foam(ed) polyurethane

Putte *f* · putto [*Small angel or cherub in the form of a plump, chubby-faced, curly-headed child, often winged, and always of symbolic significance*]

Putz *m*, Ver~ [*Oberbegriff für Innen- und Außen(ver)putz. DIN 18550*] · finish

~, (Außen)(Ver)~, Außenwand~ [*DIN 18550*] · (external) rendering (Brit.); stucco (US); exterior plaster, external plaster [*1. A mix based on cement and/or lime or organic binder with the addition of sand or other aggregates, which is applied while plastic to external building surfaces and which hardens after application. 2. This material in its hardened form*]

~, (Innen)(Ver)~ [*DIN 18550*] · (mixed) plaster [*1. A mix based on lime, cement organic binder or gypsum plaster, with or without the addition of aggregate, hair or other materials, which is applied while plastic to internal building surfaces and which hardens after application. 2. This material in its hardened form*]

~ auf Gipsdielen, (Innen)Ver~ ~ ~ · plaster on plasterboards

~ ~ Holzstabgewebe, (Innen)Ver~ ~ ~ · plaster on wood(en) lath(ing)

~ ~ Metallputzträger, (Innen)Ver~ ~ ~ · plaster on metal (lath(ing))

~arbeiten *fpl* [*DIN 18550*] · rendering and plastering work (Brit.); stucco and plaster ~ (US)

~architektur *f* [*Landschaftlich begrenzte Ausbildung der Oberfläche der Bauwerke in Putz als klimatisch bedingter Schutzüberzug über Backsteinmauerwerk oder Fachwerk. Die Putzarchitektur variierte oft die Architekturformen des Steinbaues und entwickelte als eigene materialgerechte Schmuckform das plastische und frei modellierte Stuckwerk (Stuckatur) und das flächige und farbige Sgraffito*] · stucco architecture

~art *f*, Putzsorte *f*, Ver~ · type of finish

~aufbau *m*, Putzsystem *n*, Außen~ · (external) rendering scheme, (~) ~ system (Brit.); stucco ~ (US); exterior plaster ~, external plaster ~

~aufbau *m*, Putzsystem *n*, Innen~ · plaster scheme, ~ system

~auftrag *m* → Innenverputzauftrag

~(bau)stoff *m*, Innen~ · plastering material

~bau(werk) *m*, (*n*) [*Bauwerk mit verputzten Außenflächen im Gegensatz zu unverputzten Bauwerken*] · rendered structure

~bestandteil *m*, Putzkomponente *f*, Innen~ · plaster ingredient

~blech *n* · (sheet metal) integral lath(ing), ~ ~ lath(ing)

~decke *f* · plaster(ed) ceiling

~deckel *m*, Reinigungsdeckel · inspection cover, ~ plate, cleanout ~, rodding ~

~dicke *f* → Ver~

~diele *f*, Putzträgerdiele · plank lath(ing)

~drahtgeflecht *n*, Putzträgerdrahtgeflecht · wire netting lath(ing)

~ecke *f*, Innen~ · plaster corner

(~)Eck(schutz)leiste *f*, Putzkantenschützer *m*, Innen~ · corner bead [*Angle bead for protecting exposed plaster corners and assisting the plasterer in forming a true corner*]

putzen, (innen)(ver)~ · to plaster

~, (außen)(ver)~ · to render (Brit.); to stucco (US)

Putzen *n*, (Außen)(Ver)~, Außenputzarbeit *f* · (external) rendering, ~ plastering (Brit.); stuccowork (US)

~, (Innen)Ver~ · plastering

Putzer *m* · plasterer

~gerüst *n*, Putzerrüstung *f*, Ver~ plasterer's scaffold(ing)

~rüstung *f*, Putzergerüst *n*, Ver~ · plasterer's scaffold(ing)

Putz|fassade *f* · exterior plaster façade; stucco ~ (US)

~fläche *f*, Innen~ · plaster area

~fleck *m*, Innen~ · plaster stain

~formstück *n*, Reinigungsformstück · inspection fitting, cleanout ~, rodding ~

~fries *m* · plaster frieze

~füller *m*, Kunstharz-Feinputz *m* · ready-mix(ed) wet paste, premix(ed) ~ ~

~gebäude *n* [*Gebäude mit verputzten Außenflächen im Gegensatz zu unverputzten Gebäuden*] · rendered building, ~ block (Brit.); exterior plaster ~; stucco ~ (US)

~geflecht *n*, Putzträgergeflecht · netting lath(ing)

~gewebe *n*, Putzträgergewebe · cloth lath(ing), woven fabric ~; fabric ~ [*misnomer*]

~gips *m* [*DIN 1168*] · anhydrous (gypsum-)plaster; Class C ~, (gypsum-) plaster of Class C (Brit.); [*B.S. 1191*]

~grund *m* → Putzuntergrund

~haftung *f* · plaster bond

~hängedecke *f*, Hängeputzdecke, abgehängte Putzdecke, untergehängte Putzdecke · suspended plaster(ed) ceiling, hung ~ ~

~haut *f*, Putzüberzug *m*, Putzschicht *f*, Putzlage *f*, Innen~ · plaster(ing) coat

~haut *f*, Putzüberzug *m*, Putzlage *f*, Putzschicht *f*, Außen~ · (external) rendering coat (Brit.); stucco ~ (US); exterior plaster(ing) ~, external plaster(ing) ~

Putzkalk *m* [*Fehlname*] → Löschkalk

~ · finishing lime [*It is used as base and finish coats*]

Putz|kantenschützer *m*, (Putz)Eck(schutz)leiste *f*, Innen~ · corner bead [*Angle bead for protecting exposed plaster corners and assisting the plasterer in forming a true corner*]

~komponente *f*, Putzbestandteil *m*, Innen~ · plaster ingredient

~lage *f*, Putzschicht *f*, Putzhaut *f*, Putzüberzug *m*, Außen~ · (external) rendering coat (Brit.); stucco ~ (US); exterior plaster(ing) ~, external plaster(ing) ~

~lage *f*, Putzschicht *f*, Putzhaut *f*, Putzüberzug *m*, Innen~ · plaster(ing) coat

~leder *n*, Waschleder · washleather

~lederverglasung *f*, Waschlederverglasung · glazing bedded in washleather, washleather glazing

Putzleiste *f* [*Ein Hilfsmittel zur Erreichung einer ebenen Wandfläche. Bei Deckenausführungen kann im allgemeinen auf Putzleisten verzichtet werden, Rabitzdecken jedoch sind ohne Putzleisten schlecht zu ebnen. Putzleisten fertigt man entweder aus dem zu verarbeitenden Putzmörtel an, bei besserer Ausführung aus Gips (Pariserleiste) oder aus Holz*] · screed (for plastering)

~ aus Mörtel, Mörtelputzleiste [*Ein schmales Mörtelband an Decken und Wänden, nach der Sollage der Putzoberfläche vor dem Verputzen als Richtfläche hergestellt*] · mortar screed (for plastering)

~ ~ Stuckgips, Pariserleiste · screed of plaster of Paris

Putz|-Lochblech *n*, Loch-Putzblech, gelochtes Putzblech, durchlochtes Putzblech · perforated sheet metal lath(ing)

~masse *f*, Putzmörtel *m* · stuff, mix(ture)

~matte *f* → Rohrung

~mörtel *m*, Putzmasse *f* · mix(ture), stuff

~(mörtel)träger *m* · lath(ing)

~öffnung *f*, Reinigungsöffnung · cleanout opening, ~ eye, rodding ~, cleaning ~, access ~

~raum *m*, Geräteraum, Abstellraum · cleaning equipment room, store ~

~raum *m*, Gemüse~ · vegetable preparation room

~riß *m* · plaster crack

~rohr *n*, Reinigungsrohr [*Formstück in Abflußleitungen zur Reinigung derselben. DIN 1986*] · inspection tube, cleanout ~, rodding ~

~sand *m*, Außen~ · sand for (external) rendering [*B.S. 1199*]; ~ ~ stucco (US)

~sand *m*, Innen~ · plastering sand

~schicht *f*, Putzlage *f*, Putzhaut *f*, Putzüberzug *m*, Außen~ · (external) rendering coat (Brit.); stucco ~ (US); exterior plaster(ing) ~, external plaster(ing) ~

~schicht *f*, Putzlage *f*, Putzhaut *f*, Putzüberzug *m*, Innen~ · plaster(ing) coat

~schicht *f*, Putzlage *f*, Innen~ · plaster(-ing) coat

~schraube *f*, Reinigungsschraube, Reinigungsstopfen *m*, Putzstopfen · cleaning plug, cleanout ~, ~ screw

~sorte *f*, Putzart *f*, Ver~ · type of finish

~stärke *f* [*Fehlname*] → (Ver)Putzdicke

~stoff *m* → Putzbaustoff

~stopfen *m*, Reinigungsstopfen, Reinigungsschraube *f*, Putzschraube · cleaning plug, cleanout ~, ~ screw

~struktur *f* → Struktur

~stutzen *m*, Reinigungsstutzen · cleanout tube, cleaning ~

~system *n*, Putzaufbau *m*, Außen~ · (external) rendering scheme, (~) ~ system (Brit.); stucco ~ (US); exterior plaster ~, external plaster ~

~system *n*, Putzaufbau *m*, Innen~ · plaster scheme, ~ system

Putzträger *m*, Putzmörtelträger · lath(ing)

~ aus Stahlblech, Stahlblech-Putzträger · steel plate lath(ing)

~dämmatte *f* · lath(ing) insulation (-grade) mat, ~ insulating ~

~decke *f*, · lath(ing) ceiling

~deckenplatte *f* → (Gipskarton-)Dekkenstuckplatte

Putz(träger)|diele *f* · plank lath(ing)

~drahtgeflecht *n* · wire netting lath(ing)

~geflecht *n* · netting lath(ing)

~gewebe *n* · cloth lath(ing), woven fabric ~; fabric ~ [*misnomer*]

~matte *f* → Rohrung

Putzträgerplatte *f* → (Gipskarton-)Stuckplatte

~ · plaster baseboard, baseboard for plaster

~ aus Kunststoffschaum, Kunststoffschaum-Putzträgerplatte, Schaum(kunst)stoff-Putzträgerplatte · foam(ed) plastic plaster baseboard, expanded ~ ~ ~, plastic foam ~ ~

~ ~ Holzfasern, Holzfaser-Putzträgerplatte · wood fiber plaster baseboard (US); ~ fibre ~ ~ (Brit.)

~ mit Lochung → Gipskarton-~ ~ ~

Putzträger|plattenputz *m*, Gipskarton-~, (Gipskarton-)Stuckplattenputz · board finish plaster [*It is used for single coat work on gypsum baseboard*]

(~)Rohrgewebe *n*, (Schilf)Rohrgewebe-Putzträger *m* · reed lath(ing)

~wandplatte *f* → (Gipskarton-)Stuckwandplatte

Putz|tür *f* → Kamintür

~überzug *m*, Putzhaut *f*, Putzlage *f*, Putzschicht *f*, Außen~ · (external) rendering coat (Brit.); stucco ~ (US); exterior plaster(ing) ~, external plaster(ing) ~

~überzug *m*, Putzlage *f*, Putzschicht *f*, Putzhaut *f*, Innen~ · plaster(ing) coat

(Putz- und) Mauer(werk)binder *m*, Fugenmörtelzement *m*, Mauerwerkbinder, Mauermörtelzement, Mauerwerkzement, PM-Binder · masonry cement, mortar ~, cementing material for masonry

Putz(unter)grund *m*, Außen~ · (external) rendering base (Brit.); stucco ~ (US); exterior plaster ~, external plaster ~

~, Innen~ · plaster base

Putz|untersicht *f* · plaster soffit

~verfahren *n*, Putzweise *f*, Innen~ · · plastering method

~wagen *m*, Fenster~, (Fenster)Reinigungswagen · (window) cleaning cradle, (~) cradle machine [*Motorized carriage running vertically on rails let into the window frames*]

~wand *f* · plaster(ed) wall [*The opposite of a dry wall*]

~weise *f*, Putzverfahren *n*, Innen~ · plastering method

Puzzolane *f*, hydraulischer Zuschlag *m* [*Plural: die Puzzolanen*] · pozzolan(ic material), pozz(u)olana [*A siliceous or siliceous and aluminous material, which in itself possesses little or no cementitious value but will, in finely divided form and in the presence of moisture, chemically react with calcium hydroxide at ordinary temperatures to form compounds possessing cementitious properties*]

Puzzolan(er)erde *f* · volcanic earth from Puzzuoli

puzzolanische Fähigkeit *f*, ~ Eigenschaft, puzzolanisches Vermögen *n* · puzzolanic power, ~ quality, ~ property, ~ capacity, ~ capability

puzzolanisches Vermögen *n*, puzzolanische Fähigkeit *f*, puzzolanische Eigenschaft *f* · puzzolanic power, ~ quality, ~ property, ~ capacity, ~ capability

Puzzolan|mörtel *m* · pozzolanic mortar

~portlandzement *m* · Portland pozzolanic cement, portland ~ ~ [*It is made of a mix(ture) of portland cement clinker and pozzolan, a siliceous material which will react with lime in the presence of water. The pozzolan may be a natural material or artificial product such as blastfurnace slag*]

Puzzolanzement *m* · pozzolanic cement [*Not to be confused with Portland pozzolanic cement*]

~ aus Hochofenschlacke, Schlackenpuzzolanzement · slag pozzolanic cement

~ ~ künstlicher Puzzolane · pozzolanic cement of artificial pozzolan(ic material)

~ ~ natürlicher Puzzolane · pozzolanic cement of natural pozzolan(ic material)

~zuschlag(stoff) *m* · pozzolanic aggregate

PVA(C) *n*, Polyvinylacetat *n* · polyvinyl acetate, pva, PVA, p.v.a.

~-Beton *m* → PVA(C)-Plastbeton

~-Emulsion *f*, Polyvinylacetatemulsion · polyvinyl acetate emulsion, PVA ~, pva ~, p.v.a. ~

~-Emulsionsfarbe *f*, Polyvinylacetatemulsionsfarbe · PVA emulsion paint, pva ~ ~, polyvinyl acetate ~ ~, p.v.a. ~ ~

~-Leim *m*, Polyvinylacetatleim · PVA glue, pva ~, polyvinyl acetate ~, p.v.a. ~

~-Plastbeton *m*, Polyvinylacetat-Plastbeton [*Siehe Anmerkung unter „Plastbeton"*] · cement-polyvinyl acetate emulsion concrete

~-Plastmörtel *m*, Polyvinylacetat-Plastmörtel · cement-polyvinyl acetate emulsion mortar

PVC *n*, Polyvinylchlorid · polyvinyl chloride (resin), PVC (~)

PVC-(Ab)Dichtprofil *n* → PVC-(Ab-)Dichtungsprofil

PVC-(Ab)Dichtung *f*, Polyvinylchlorid-(Ab)Dichtung · PVC seal(ing), polyvinyl chloride ~

PVC-(Ab)Dicht(ungs)|folie *f*, Polyvinylchlorid-(Ab)Dicht(ungs)folie · PVC seal(ing) film, ~ ~ sheeting, polyvinyl chloride ~ ~

~profil *n*, PVC-Selbstdichtung *f*, Polyvinylchlorid-(Ab)Dicht(ungs)profil, Polyvinylchlorid-Selbstdichtung · PVC (preformed) gasket, ~ sealing ~, ~ structural ~, polyvinyl chloride (~) [*See remark under 'Dicht(ungs)profil'*]

PVC-Bahn *f*, Polyvinylchlorid-Bahn · PVC sheet(ing), polyvinyl chloride ~

PVC-Basis *f*, PVC-Grundlage *f*, Polyvinylchlorid-Basis, Polyvinylchlorid-Grundlage · PVC base, polyvinyl chloride ~

PVC-Bauplatte *f*, Polyvinylchlorid-Bauplatte · PVC building board, ~ ~ sheet, ~ ~ slab, ~ sheeting board, polyvinyl chloride ~ ~

PVC-Bauprofil *n*, Polyvinylchlorid-Bauprofil · PVC construction shape, ~ ~ profile, ~ ~ section, ~ ~ unit, ~ structural ~, polyvinyl chloride ~ ~

PVC-Belag *m*, Polyvinylchloridbelag · PVC cover(ing), polyvinyl chloride ~

PVC-(Belag)Platte *f*, PVC-Fliese *f*, Polyvinylchlorid(belag)platte, Polyvinylchloridfliese · PVC tile, polyvinyl chloride ~

pvc-beschichtet · pvc-(sur)faced, pvc-coated

PVC-Beschichtung *f*, Polyvinylchloridbeschichtung · PVC coating, polyvinyl chloride ~

PVC-Blumenkasten *m*, Polyvinylchlorid-Blumenkasten · PVC flower box, polyvinyl chloride ~ ~

PVC-Blumentrog *m*, Polyvinylchlorid-Blumentrog · PVC flower trough, polyvinyl chloride ~ ~

PVC-Bodenbahn *f* **auf Träger(schicht)**, PVC-Fußbodenbahn ~ ~, Polyvinylchlorid-(Fuß)Bodenbahn ~ ~ · flexible PVC sheet(ing)

PVC-Boden(belag) *m*, PVC-Fußboden(belag), Polyvinylchlorid-(Fuß-)Boden(belag) · PVC floor finish, ~ ~ cover(ing), polyvinyl chloride ~ ~, PVC floor(ing), polyvinyl chloride floor(ing)

~ auf Träger(schicht), PVC-Fußboden(belag) ~ ~, Polyvinylchlorid-(Fuß)Boden(belag) ~ ~ · flexible PVC floor(ing), ~ ~ floor cover(ing), ~ ~ floor finish [*B. S. 3261*]

PVC-Bodenfliese *f* **auf Träger(-schicht)**, PVC-Fußbodenfliese ~ ~, Polyvinylchlorid-(Fuß)Bodenplatte ~ ~, Polyvinylchlorid-(Fuß)Bodenfliese ~ ~ · flexible PVC tile, ~ polyvinyl chloride ~

PVC-Bodenplatte *f* **auf Träger(-schicht)**, PVC-Fußbodenplatte ~ ~, PVC-(Fuß)Bodenfliese ~ ~, Polyvinylchlorid-(Fuß)Bodenplatte ~ ~, Polyvinylchlorid-(Fuß)Bodenfliese ~ ~ · flexible PVC tile, ~ polyvinyl chloride ~

PVC-Dachplatte *f*, Polyvinylchlorid-Dachplatte · PVC roof tile, polyvinyl chloride ~ ~

PVC-(Dach)Rinne *f*, PVC-Regenrinne · PVC (roof) gutter, ~ rainwater ~, polyvinyl chloride (~) ~, PVC R.W. ~, polyvinyl chloride R.W. ~

PVC-Decke *f*, Polyvinylchloriddecke · PVC ceiling, polyvinyl chloride ~

PVC-Deckenprofil *n*, Polyvinylchlorid-Deckenprofil · PVC ceiling shape, ~ ~ section, ~ ~ unit, ~ ~ trim, polyvinyl chloride ~ ~

PVC-Dichtprofil *n* → PVC-Abdicht(ungs)profil

PVC-Dichtung *f*, PVC-Abdichtung, Polyvinylchlorid-(Ab)Dichtung · PVC seal(-ing), polyvinyl chloride ~

PVC-Dicht(ungs)|folie *f*, PVC-Ab~, Polyvinylchlorid-(Ab)Dicht(ungs)folie · PVC seal(ing) film, ~ ~ sheeting, polyvinyl chloride ~ ~

~profil *n* → PVC-Abdicht(ungs)profil

PVC-Druckrohr *n*, Polyvinylchlorid-Druckrohr · PVC pressure pipe, polyvinyl chloride ~ ~

PVC-Einschichtbelag *m*, Einschicht-PVC-Belag, homogener PVC-Belag, Polyvinylchlorid-Einschichtbelag, Einschicht-Polyvinylchlorid-Belag, homogener Polyvinylchloridbelag · homogenous PVC cover(ing), ~ polyvinyl chloride ~

PVC-Einschicht-Boden(belag) *m*, PVC-Einschicht-Fußboden(belag), Polyvinylchlorid-Einschicht-(Fuß)Boden(belag) · PVC homogenous floor cover(ing), ~ ~ ~ finish, ~ ~ floor(-ing)

PVC-Einschicht-(Fuß)Boden(belag) *m*, Polyvinylchlorid-Einschicht-(Fuß-)Boden(belag) · PVC homogenous floor cover(ing), ~ ~ ~ finish, ~ ~ floor(-ing)

PVC-Fassadenbeschichtung *f*, Polyvinylchlorid-Fassadenbeschichtung · façade PVC coat, ~ polyvinyl chloride ~

PVC-Fensterprofil *n*, Polyvinylchlorid-Fensterprofil · PVC window section, ~ ~ unit, ~ ~ shape, ~ ~ trim, polyvinyl chloride ~ ~

PVC-Firsthaube *f* → PVC-Firstkappe

PVC-Firstkappe *f*, PVC-Firsthaube *f*, Polyvinylchlorid-Firstkappe, Polyvinylchlorid-Firsthaube · PVC ridge capping tile, ~ ~ cover(ing) ~, polyvinyl chloride ~ ~ ~

PVC-Fliese *f*, PVC-(Belag)Platte *f*, Polyvinylchlorid(belag)platte, Polyvinylchloridfliese · PVC tile, polyvinyl chloride ~

PVC-Folie *f*, Polyvinylchloridfolie · PVC film, ~ sheeting, polyvinyl chloride ~

PVC-Fugenband *n*, Polyvinylchlorid-Fugenband · PVC waterstop, ~ waterbar, polyvinyl chloride ~

PVC-(Fuß)Bodenbahn *f* **auf Träger(-schicht)**, Polyvinylchlorid-(Fuß)-Bodenbahn ~ ~ · flexible PVC sheet(ing)

PVC-(Fuß)Boden(belag) *m*, Polyvinylchlorid-(Fuß)Boden(belag) · PVC floor finish, ~ ~ cover(ing) polyvinyl chloride ~ ~, PVC floor(ing), polyvinyl chloride floor(ing)

~ auf Träger(schicht), Polyvinylchlorid-(Fuß)Boden(belag) ~ ~ · flexible PVC floor(ing), ~ ~ floor cover(ing), ~ ~ floor finish [*B. S. 3261*]

PVC-(Fuß)Bodenfliese *f* **auf Träger(-schicht)**, PVC-(Fuß)Bodenplatte ~ ~, Polyvinylchlorid-(Fuß)Bodenplatte ~ ~, Polyvinylchlorid-(Fuß)Bodenfliese ~ ~ · flexible PVC tile, ~ polyvinyl chloride ~

PVC-(Fuß)Bodenplatte *f* **auf Träger(-schicht)**, PVC-(Fuß)Bodenfliese ~ ~, Polyvinylchlorid-(Fuß)Bodenplatte ~ ~, Polyvinylchlorid-(Fuß)Bodenfliese ~ ~ · flexible PVC tile, ~ polyvinyl chloride ~

PVC-Fußleiste *f* → PVC-Sockelleiste

pvc-gebunden, polyvinylchloridgebunden · PVC based, polyvinylchloride ~

PVC-Grundlage *f*, PVC-Basis *f*, Polyvinylchlorid-Basis, Polyvinylchlorid-Grundlage · PVC base, polyvinyl chloride ~

PVC-Hartschaum(stoff) *m*, Hart-PVC-Schaum(stoff), Polyvinylchloridhartschaum(stoff), Hart-Polyvinylchlorid-Schaum(stoff) · expanded rigid PVC, foamed rigid ~, rigid expanded ~, rigid foamed ~, ~ ~ polyvinyl chloride, rigid PVC foam, rigid polyvinyl chloride foam, rigid expanded polyvinyl chloride

PVC-Hohlprofil *n*, Polyvinylchlorid-Hohlprofil · PVC hollow section, ~ ~ shape, ~ ~ unit, ~ ~ trim, ~ ~ profile, polyvinyl chloride ~ ~

PVC-Isolierfolie *f*, Polyvinylchloridisolierfolie · PVC insulating film, ~ ~ sheeting ~ insulation(-grade) ~, polyvinyl chloride ~ ~

PVC-Mehrschichtenbelag *m*, Mehrschichten-PVC-Belag, Polyvinylchlorid-Mehrschichtenbelag, Mehrschichten-Polyvinylchloridbelag · laminated PVC cover(ing), ~ polyvinyl chloride ~

PVC-Pendeltür *f*, Polyvinylchlorid-Pendeltür, flexible ~ · flexible PVC (swing) door, ~ polyvinyl chloride (~) ~

PVC-Platte *f*, PVC-Belagplatte, PVC-Fliese *f*, Polyvinylchlorid(belag)platte, Polyvinylchloridfliese · PVC tile, polyvinyl chloride ~

PVC-Plattenbelag *m*, Polyvinylchloridplattenbelag · PVC tiling

PVC-Profil *n*, Polyvinylchloridprofil · PVC section, ~ shape, ~ unit, polyvinyl chloride ~

PVC-Regenablaufkonstruktion *f*, Polyvinylchlorid-Regenablaufkonstruktion [*PVC-Regenrinne + PVC-Regenabfallrohr + PVC-Zubehör*] · PVC rainwater system, polyvinyl chloride ~ ~

PVC-Regenrinne *f*, PVC-(Dach)Rinne · PVC (roof) gutter, ~ rainwater ~, polyvinyl chloride (~) ~

PVC-Rinne *f*, PVC-Dachrinne, PVC-Regenrinne · PVC (roof) gutter, ~ rainwater ~, polyvinyl chloride (~) ~

PVC-Rohr *n*, Polyvinylchloridrohr · PVC pipe, polyvinyl chloride ~

PVC-Schaum(stoff) *m*, Polyvinylchloridschaum(stoff) · PVC foam, polyvinyl chloride ~, foam(ed) PVC, foam(ed) polyvinyl chloride, expanded PVC, expanded polyvinyl chloride

PVC-Scheuerleiste *f* → PVC-Sockelleiste

PVC-Selbstdichtung *f* → PVC-(Ab-)Dicht(ungs)profil

PVC-Sockelleiste *f*, PVC-Scheuerleiste, PVC-Fußleiste, Polyvinylchlorid-Fußleiste, Polyvinylchlorid-Scheuerleiste, Polyvinylchlorid-Sockelleiste · polyvinyl chloride mopboard, ~ ~ washboard, ~ ~ sanitary cove, ~ ~ scrub board, ~ ~ base (board), PVC mopboard, PVC washboard, PVC sanitary cove, PVC scrub board, PVC base (board) (US); polyvinyl chloride skirting (board), PVC skirting (board) (Brit.); polyvinyl chloride base plate, PVC base plate [*Scotland*]

PVC-Teer(-Gemisch) *m*, (*n*), PVC-Teer-Mischung *f*, Polyvinylchlorid-Teer(-Mischung), Polyvinylchlorid-Teer-Gemisch · PVC-tar (mix(ture)), polyvinyl cloride-tar (~)

PVC-Teer-Mischung *f*, PVC-Teer(-Gemisch) *m*, (*n*), Polyvinylchlorid-Teer(-Mischung), Polyvinylchlorid-Teer-Gemisch · PVC-tar (mix(ture)), polyvinyl chloride-tar (~)

PVC-Wandplatte *f*, Polyvinylchloridwandplatte · PVC wall board, ~ ~ sheet, polyvinyl chloride ~ ~

PVC-Weichfolie *f*, Weich-PVC-Folie, Polyvinylchloridweichfolie, Weichpolyvinylchloridfolie · flexible PVC film, ~ ~ sheeting, ~ polyvinyl chloride ~

PVC-Wellbahn *f*, Polyvinylchlorid-Wellbahn · PVC corrugated sheet(ing), polyvinyl chloride ~ ~

PVC-Wellfolie *f*, Polyvinylchlorid-Wellfolie · PVC corrugated film, ~ ~ sheeting, polyvinyl chloride ~ ~

PVC-Wellplatte *f*, Polyvinylchlorid-Wellplatte · PVC corrugated board, ~ ~ sheet, polyvinyl chloride ~ ~

PVDC *n*, Polyvinylidenchlorid *n* · polyvinylidene chloride; ~ chlorid(e) (US)

PVH *n*, Preß-Vollholz · densified wood

Pyknometer *n*, Flaschen~ · (fruit jar) pycnometer, density bottle, weighing bottle

pyknostylos, dichtsäulig, engsäulig · pycnostyle [*A term given when the space between two columns is 1½ bottom diameters*]

Pylon *m* · pylon, gateway [*The mass of masonry with central opening, forming a monumental entrance to Egyptian temples*]

Pylonenpaar *n* · pair of pylons, ~ ~ gateways

Pyramidal-fein *n*, Ornamentglas Nr. 597 · small pyramid glass

Pyramidal-mittel *n*, Ornamentglas Nr. 553 · pyramid glass

Pyramide *f*, Spitzsäule *f* [*Ein Körper, der von einem Vieleck als Grundfläche und von einer nach der Zahl der Ecken sich richtenden Anzahl von Dreiecken als Seitenflächen, die alle eine gemeinsmae Spitze haben, begrenzt wird*] · pyramid

Pyramiden|anlage *f* · pyramid complex

~bau *m* · pyramid building, ~ construction

~bauer *m* · pyramid builder

~dach *n*, Dachpyramide *f*, Zeltdach über quadratischem Grundriß · pyramidal roof

~flechtwerk *n* · lattice(d) steeple

~form *f*, Pyramidengestalt *f* · pyramidal shape

pyramidenförmige Fiale *f* · pinnacle terminating in pyramidal form

~ Krone *f* **aus (Natur)Steinplatten** · pyramidal crown of stone slabs

(pyramidenförmiger) Helm *m*, Ryse *m*, Riese(n) *m* [*Pyramidenförmiger, krabbenbesetzter und in einer Kreuzblume endigender Helm einer Fiale*] · pyramidion

Pyramiden|gestalt *f*, Pyramidenform *f* · pyramidal shape

~grab *n* · pyramidal tomb

~stumpf *m*, Spitzsäulenstumpf · truncated pyramid

pyramidisch gefaltete Platte *f* · pyramidal folded plate

pyramidisches Faltwerksystem *n* · pyramidal folded structure system

~ Raumfachwerk *n* · pyramidal space truss

Pyridin-Unlösliches *n* · pyridine-insoluble matter

Pyrit *m* · pyrite

Pyrophyllit *m* [*Hydratisiertes Alumosilikat. In Erweiterung dient dieser Ausdruck auch zur Bezeichnung des Gesteins (Rohstoffs)*] · pyrophyllite

PZ *m*, Portlandzment *m* [*DIN 1164*] · portland cement [*B. S. 12*]

PZ-Klinker *m*, Portlandzementklinker · portland cement clinker

P_2O_5 *n*, Phosphorsäureanhydrid *n*, wasserfreie Phosphorsäure *f*, Phosphorpentoxid *n* · anhydrous phosphoric acid

Q

Quader(stein) *m*, Parallelepiped *n* · parallelepipedal cut stone

Quadrantenverfahren *n*, Viertelung *f*, Kegelverfahren [*DIN 41701*] · coning and quartering

Quadrat|(band)lappen *m* · square (hinge) flap

~(dach)oberlicht *n* · square roof-light

~draht *m* · square wire

~grundriß *m* · square (ground-)plan, ~ base

quadratisch · square

quadratische Gleichung *f*, Gleichung zweiten Grades · second-order equation

~ Nischen(bade)wanne *f* · square recessed (bath)tub, ~ ~ bath

~ Platte *f*, Quadratplatte · square slab, ~ plate

~ Pyramide *f*, ~ Spitzsäule · square pyramid

~ Spitzsäule *f*, ~ Pyramide · square pyramid

~ Spundung *f* · straight tongueing and grooving

~ Stütze *f* · square column

~ Unterlegscheibe *f* · square washer

~ Vierung *f* · square crossing

quadratischer Grundriß *m* · square (ground(-))plan, ~ base

~ Pfeiler *m* · square pier

~ Turm *m* · square tower

~ Vollstab *m* · solid square bar

~ Zahndübel *m* [*Holzdübel*] · square toothed plate

quadratisches Drahtgeflecht *n* · square wire netting

~ Joch *n* · square bay

~ Moment *n* · square moment

~ Rippengewölbe *n* · square rib-vault

Quadratloch *n* [*Sieb*] · square mesh

~öffnung *f* [*Siebtechnik*] · square aperture, ~ punching

~sieb *n* · square-mesh sieve

Quadrat|masche *f* · square mesh

~maschengewebe *n* · square mesh screening cloth, ~ opening wire cloth

~metergewichtsprüfung *f* · test for weight per square metre

~öffnung *f* · square hole, ~ opening

~platte *f* · square plate, ~ slab

~profil *n* · square

~querschnitt *m* · square cross section

~raster *m*, Quadratzeichenraster · square structural grid, ~ planning ~

~rohr *n* · square pipe

~röhre *f* · square tube

~rohrprofil *n* · square tube, ~ tubing

~schornstein *m* · square chimney

~stahl *m* [*Flußstahl, gewalzt nach DIN 1014*] · square steel

~turm *m* · square tower

Quadratur *f* · quadratura

~maler *m* · quadratura painter

Quadrat(zeichen)raster *m* · square structural grid, ~ planning ~

Quadriga *f*, Viergespann *n* · quadriga, four-horse(d) chariot [*A sculpture, often surmounting a monument*]

Qualitätsbeton *m*, hochfester Beton [*B 300–B 600*] · high-grade concrete

Quartier *m* → Viertelziegel

~schule *f* · district school

~stück *n* → Viertelziegel

~(stück)verband *m* → Viertelziegelverband

Quarz *m* [*allotrope Modifikation der Kieselsäure*] · quartz

~(beton)zuschlag(stoff) *m* · quartz (concrete) aggregate

~diorit *m* · quartz-diorite

~feinsand *m* · silica sand fines, ~ fine sand

quarzfreier Diorit *m* · true diorite, quartz-free ~

~ Porphyr *m* · quartz-free porphyry

Quarzglas *n* [*Fehlname*]; Kiesel(säure)-glas · vitreous silica, fused ~, quartz glass, silica glass [*A vitreous material consisting almost entirely of silica, made in translucent and transparent forms. The former has minute gas bubbles disseminated in it*]

Quarzit *m* [*Gestein, das durch Umwandlung eines kieselsäurehaltigen Sandsteins entstanden ist, wobei das Wachsen der Körner auf Kosten des kieselsäurehaltigen Zements erfolgte. Man unterscheidet Felsquarzite (ohne Zement) und Zementquarzite (oft auch Findlingsquarzite genannt)*] · quartzite

~leichtstein *m* → Silikaleichtstein

~platte *f* · quartzite slab

~schiefer *m* · quartzite-schist

~stein *m*, Quarzkalkziegel *m*, Silikastein; Dinasstein [*veraltete Bezeichnung*] · silica brick, acid firebrick, ganister brick (Brit.); ganister brick (US)

Quarzkalk|leichtziegel *m* → Silikaleichtstein

~ziegel *m*, Silikastein *m*, Quarzitstein; Dinasstein [*veraltete Bezeichnung*] · silica brick, acid firebrick, gannister brick (Brit.); ganister brick (US)

Quarz|keratophyr *m* · quartz keratophyre

~kies *m* · quartz pebbles

~mehl *n*, Quarzstaub *m*, Quarzpulver *n* · silica dust, siliceous ~, silicious ~

~porphyr *m* [*DIN 52100*] · quartzporphyry

~pulver *n*, Quarzstaub *m*, Quarzmehl *n* · silica dust, siliceous ~, silicious ~

~sand *m* · siliceous sand, silicious ~

~sandstein *m* · silica sandstone

~schamottestein *m* [*DIN 1089*] · semi-silica refractory brick

~schiefer *m* [*Kieselsäurehaltiges Gestein, das nur gesägt wird und ohne weitere Verarbeitung zur Auskleidung von Öfen dient*] · firestone, quartzschist

~schmelze *f* · siliceous melt, silicious ~

~splitt *m* · quartz chip(ping)s

~staub *m*, Quarzpulver *n*, Quarzmehl *n* · silica dust, siliceous ~, silicious ~

~syenit *m* · quartz-syenite

~trachyt *m* · quartz-trachyte

~wolle *f* · quartz wool

~zement *m* · quartz cement

~zement *m* [*Sonderzement mit hohem Quarzgehalt, teilweise an Stelle von Tonerde*] · quartz cement

~zuschlag(stoff) *m*, Quarzbetonzuschlag(stoff) · quartz (concrete) aggregate

Quattrocento *m* · vestigially period, North Italian Quattrocentro

Quecksilber|chlorid *n*, Sublimat *n*, $HgCl_2$ · morcuric chlorid(e) (US); ~ chloride (Brit.); corrosive sublimate [*It is a white crystalline solid, sparingly soluble in cold, more easily in hot, water*]

~dampflampe *f* · mercury vapour lamp (Brit.); ~ vapor ~ (US); ~ discharge ~

~dampf-Niederdruck-Leuchtstofflampe *f* · color-corrected mercury lamp (US); colour-corrected ~ ~ (Brit.)

~-Jod-Lampe *f* · mercury iodine lamp

~oxydulsalz *n* · mercurous salt

~pigment *n* · mercury pigment

Quellen *n*, Quellung *f* [*Vorgang des Quellens*] · swelling

~, Quellung *f* · swelling [*A paint fault*]

quellfest · resistant to swelling

Quell|festigkeit *f* · swelling resistance

~gummi *m* · expansive rubber, expanding ~, swelling ~

~maß *n* [*Manche Werkstoffe quellen bei Wasseraufnahme. Die Größe des Quellens heißt Quellmaß und wird in mm/m ausgedrückt. Das Quellmaß hängt von Temperatur, Feuchtigkeit der umgebenden Luft und Einwirkungsdauer ab*] · swelling value

~mittel *n*, Quellstoff *m* · swelling agent, expanding ~, expansive ~

~schlämme *f* · expansive grout, expanding ~, swelling ~

~stoff *m*, Quellmittel *n* · swelling agent, expanding ~, expansive ~

Quellung *f*, Quellen *n* [*Vorgang des Quellens*] · swelling

~ [*Ergebnis des Quellens*] · swelling

~, Quellen *n* · swelling [*A paint fault*]

Quellwasser *n* · spring water

Quellzement *m*, Eypansivzement, Schwellzement, Dehnzement · high-expansion cement, expanding ~, expansive ~

~beton *m*, Schwellzementbeton, Dehnzementbeton, Expansivzementbeton · high-expansion cement concrete, expansive ~ ~, expanding ~ ~

~mörtel *m*, Schwellzementmörtel, Dehnzementmörtel, Expansivzementmörtel · high-expansion cement mortar, expansive ~ ~, expanding ~ ~

~schlämme *f*, Schwellzementschlämme, Dehnzementschlämme, Expansivzementschlämme · high-expansion cement slurry, expansive ~ ~, expanding ~ ~, ~ ~ grout(ing compound)

quer belasteter Druckstab *m* · beam column

Quer|abmessung *f*, Quermaß *n* [*z.B. einer Stütze*] · lateral dimension

~abstand *m* · transverse interval, ~ spacing

~achse *f*, Quermittellinie *f* · transverse axis; ~ centre line (Brit.); ~ center line (US)

~arbeitsfuge *f* · transverse construction joint

Querarmierung *f*, Querbewehrung, Quer(stahl)einlagen *fpl* · transverse reinforcement, cross ~ [*Reinforcement at right angles to the main reinforcement*]

~ nach der Schraubenlinie → Spiralarmierung

queraufgeteilte offene Raumzelle *f*, queroffene ~ · open building block module with transverse subdivisions

Querbalken(träger) *m* · transverse beam

querbelastet · transversely loaded, laterally ~

Quer|belastung *f* · lateral loading, transverse ~

~bewehrung *f*, Querarmierung, Quer(stahl)einlagen *fpl* · transverse reinforcement, cross ~ [*Reinforcement at right angles to the main reinforcement*]

~bewehrung *f* **nach der Schraubenlinie,** Spiralbewehrung, Spiralarmierung, Spiral(stahl)einlagen *fpl*, Umschnürung · helical reinforcement, lateral ~, transverse ~, helical binding, helix

Querbiege|festigkeit *f* · transverse strength, lateral ~, flexural ~, modulus of rupture [*The strength of a specimen tested in transverse bending; normally synonymous with "modulus of rupture" but also used to refer to breaking load (see B. S. 340, 368, 550 and 2028)*]

~moment *n*, Querbiegungsmoment · transverse bending moment

Querbiegen *n*, Querbiegung *f* · transverse bending

Querbiege|probe *f*, Querbiegeversuch *m*, Querbiegeprüfung *f* · transverse bending test

~prüfung *f*, Querbiegeversuch *m*, Querbiegeprobe *f* · transverse bending test

~steifigkeit *f* · transverse bending stiffness, ~ ~ rigidity

~wirkung *f* · transverse bending action

Quer|biegung *f* → Querbiegen

~bogen *m*, Quergurt *m*, Transversalbogen, Transversalgurt [*Gewölbegurt von einer Schiffseite zur anderen*] · transverse arch

~dach *n*, Zwerchdach [*Ein Dach mit quer zum First des Hauptdaches verlaufendem First*] · transverse roof

~dehnung *f* · lateral strain, transverse ~

~dehnungsmoment *n* · transverse strain moment, lateral ~ ~

~einlagen *fpl* → Querstahleinlagen

~falz *m* [*Metallbedachung*] · cross welt(ed seam) [*A seam between adjacent sheets of sheet roofing, usually parallel to the ridge or gutter*]

~festigkeit *f* · transverse strength

~formänderung *f*, Querverformung · transverse deformation

~fries *m* [*Senkrecht-Schiebe(flügel)-fenster*] · meeting rail

~fuge *f* · transverse joint

~fugenrand *m* · transverse joint edge

~gebäude *n* · cross building, ~ block

quer|gelüftet · cross-ventilated

(~)genutet · trenched

~gerippt · transverse-ribbed

~gerippter Betonformstahl *m*, Queri *m*, (Beton)Rippenstahl, Querrippenstahl [*Die gleichmäßig auf die ganze Stablänge verteilten Querrippen stehen rechtwink(e)lig zur Stabachse und erstrekken sich über den ganzen Stabumfang*] · ribbed (re-)bars, ~ (steel reinforcing) bars, ~ steel (reinforcing) rods

~gespannte Platte *f* · slab spanning in the transverse direction

~gestellter Rahmen *m* · transversely arranged frame

quergewellt · transversely corrugated

Quer|gurt *m*, Querbogen *m*, Transversalgurt, Transversalbogen [*Gewölbegurt von einer Schiffseite zur anderen*] · transverse arch

~halle *f*, Querraum *m*, Quersaal *m* [*Ein Saal oder Raum dessen längere Achse quer zur Hauptachse verläuft. Beispiele sind die Säulensäle ägyptischer Tempel*] · transverse hall

~haupt *n* [*Prüfmaschine*] · cross head

Querhaus *n*, Querschiff *n* · transept [*The part of a cruciform church, projecting at right angles to the main building*]

~abside *f* → Querhausapside

~apside *f*, Querhausapsis *f*, Querschiffapside, Querschiffapsis, Querhausabside, Querschiffabside [*Die Apsis, die sich im Osten an die Querschiffe legt und zu diesen geöffnet ist*] · transept apsis, ~ apse

~apsis *f* → Querhausapside

~arm *m* → Kreuzarm

~basilika *f*, Querschiffbasilika, Transeptbasilika · transeptal basilica

~decke *f*, Querschiffdecke · transept ceiling

~fenster *n*, Transeptfenster, Querschiffenster · transept window

~front *f*, Querschiffront · transept front

~gewölbe *n*, Querschiffgewölbe · transept wall

~giebel *m*, Querschiffgiebel · transept gable

~kapelle *f* · transeptal chapel

~konche *f*, Querschiffkonche · transept concha

querhauslos, querschifflos · transeptless

Querhaus|portal *n*, Querschiffportal transept portal

~rundfenster *n*, Querschiffrundfenster · transept circular window

~turm *m*, Querschiffturm · transept tower

~wand *f*, Querschiffwand · transept wall

Queri *m* → quergerippter Betonformstahl

Quer|komponente *f* · transverse component

~kraft *f* · transverse force

~kraftermitt(e)lung *f* · transverse force determination

~krümmung *f* · transverse curvature

~last *f* · transverse load

querlaufendes Stabilisierungsseil *n* · transverse stabilization cable

Querleiste *f*, Tür~ [*Brettertür*] · (door) ledge

Querloch|block(stein) *m*, Querlochstein · end-construction tile [*The cells are placed vertically*]

~stein *m*, Querlochblock(stein) *m* · end-construction tile [*The cells are placed vertically*]

Quer|lüftung *f* [*An den gegenüberliegenden Wänden sind Zu- und Abluftöffnungen angeordnet*] · cross ventilation

~maß *n*, Querabmessung *f* [*z.B. einer Stütze*] · lateral dimension

~mittellinie *f*, Querachse *f* · transverse axis; ~ centre line (Brit.); ~ center ~ (US)

~moment *n* · transverse moment

~ovalkuppel *f* · transverse oval dome, ~ ~ cupola

~rahmen *m* · bent [*A structural frame which is self-supporting in two dimensions. It has at least two legs and is generally at right angles ot the length of the structure which it supports*]

~raum *m*, Querhalle *f*, Quersaal *m* [*Ein Saal oder Raum dessen längere Achse quer zur Hauptachse verläuft. Beispiele sind die Säulensäle ägyptischer Tempel*] · transverse hall

~riegel *m* [*Dach*] · (horizontal) tie-beam

~riegel *m*, auvergnatischer ~ [*Besonders betont ausgebildetes Querschiff romanischer Kirchen in der Auvergne*] · Auvergne(-type) transept

~riegeldach *n* · tie-beam roof [*The tie-beam roof is found in connection both with steeply-pitched and low pitched roofs. In early use the tie-beam represents a 'baulk-tie' which joined the wall-posts of timber buildings, and in stone buildings was often haphazardly placed to prevent the wall plates from spreading. It came to serve, usually cambered upwards, to carry an ornamental or plain crown-post, which in its turn and with the aid of struts sustained a collar-purlin, linking the collars and giving rigidity to a roof otherwise of the trussed-rafter class*]

~rippe *f* · transverse rib, cross ~

~rippe *f* **im sechsteiligen Gewölbe parallel zu den Gurten** · intermediate arch

~rippenstahl *m* → quergerippter Betonformstahl

~riß *m* · transverse crack

~rißbildung *f* · transverse cracking

~(rund)stab *m* [*Betonstahlmatte*] · transverse (round) bar

~saal *m*, Querraum *m*, Querhalle *f* [*Ein Saal oder Raum dessen längere Achse quer zur Hauptachse verläuft. Beispiele sind die Säulensäle ägyptischer Tempel*] · transverse hall

~scheibe *f* · transverse diaphragm

~scheitel *m* [*Gewölbe*] · transverse ridge

~scheitelrippe *f* · transverse ridge-rib

Querschiff *n*, Querhaus *n* · transept [*The part of a cruciform church, projecting at right angles to the main building*]

~abside *f* → Querhausapside

~apside *f* → Querhausapside

~apsis *f* → Querhausapside

~basilika *f*, Querhausbasilika, Transeptbasilika · transeptal basilica

~decke *f*, Querhausdecke · transept ceiling

Querschiffenster *n*, Querhausfenster, Transeptfenster · transept window

Querschiff|gewölbe *n*, Querhausgewölbe · transept vault

~giebel *m*, Querhausgiebel · transept gable

~konche *f*, Querhauskonche · transept concha

querschifflos, querhauslos · transeptless

Querschiff|portal *n*, Querhausportal transept portal

~rundfenster *n*, Querhausrundfenster transept circular window

~turm *m*, Querhausturm · transept tower

~wand *f*, Querhauswand · transept wall

Querschlag *m*, Mörtelestrich *m* [*Doppeldach*] · mortar strip

Querschnitt *m* · cross section

~eigenschaft *f*, Querschnittfähigkeit *f*, Querschnittvermögen *n* · cross-section(-al) property, ~ power, ~ capacity, ~ quality

~fähigkeit *f*, Querschnittvermögen *n*, Querschnitteigenschaft *f* · cross-section(al) property, ~ power, ~ capacity, ~ quality

~fläche *f* · cross-section(al) area

~form *f* · cross-section(al) shape

(~)Kern *m*, Kernfläche *f* [*Bereich eines Stabquerschnittes innerhalb dessen eine Normalkraft, z.B. eine Druckkraft, angreifen kann, ohne daß irgendwo Biegezugspannungen entstehen*] · kern

~vergrößerung *f* · increase of cross-section

~(ver)minderung *f* · reduction of cross-section

~vermögen *n*, Querschnitteigenschaft *f*, Querschnittfähigkeit *f* · cross-section(al) property, ~ power, ~ capacity, ~ quality

Quer|schräge *f* · lateral diagonal

~schub *m* · transverse shear

~spannglied *n* · transverse tendon

~spannung *f* · transverse stress

~(stahl)einlagen *fpl*, Querarmierung *f*, Querbewehrung · transverse reinforcement, cross ~ [*Reinforcement at right angles to the main reinforcement*]

~steg *m* [*Hohlblock(stein)*] · transverse web

~steifigkeit *f*, Quersteife *f*, Quersteifheit *f* · transverse rigidity

~strebeapparat *m*, Querstrebesystem *n*, Querstrebewerk *n* · transvesre abutment system

~strebesystem *n*, Querstrebewerk *n*, Querstrebeapparat *m* · transverse abutment system

~strebewerk *n*, Querstrebeapparat *m*, Querstrebesystem *n* · transverse abutment system

~stück *n*, Riegel *m* · rail, cross member, horizontal member [*A horizontal bar of wood or metal extending from one post or support to another, as a guard or barrier in a fence, balustrade, staircase, etc.*]

~tonne(ngewölbe) *f*, (*n*) [*Im Gegensatz zur Längstonne verläuft die Scheitellinie der Quertonne quer zur Hauptachse eines Raumes*] · transverse barrel vault, ~ tunnel ~, ~ wagon ~

quertragend · (load)bearing in transverse direction, weight-carrying ~ ~ ~

Quer|trennwand *f* · cross partition (wall)

~verformung *f*, Querformänderung · transverse deformation

~versteifung *f* [*von Decken aus Fertigbauteilen*] · transverse bracing

~verteilung *f* · transverse distribution

~vorspannung *f* · transverse (pre)stressing, ~ stretching, ~ tensioning

Querwand *f* · crosswall [*A wall that gives lateral support to another and which runs across a building*]

~art *f* · type of crosswall

~bau *m* · crosswall construction

~tafel *f* · crosswall panel

Querwelle *f* · transverse wave, shear ~, rotational ~ [*A sound wave in which the particle displacement at each point of the medium is perpendicular to the wave normal. Note. The term 'transverse wave' is also applied to the type of wave which may be propagated in thin solid rods or plates (bending or torsional waves) or in streched strings in which the displacement is mainly perpendicular to the direction of propagation. The term 'transverse wave' is also sometimes loosely used to describe the propagation of sound in wave guide modes. The term is deprecated in this sense.*]

Quetschgrenze *f* [*Baustahl*] · compressive yield point

Quetschgummi|(ab)dicht(ungs)profil *n* → Schlitzgummi(selbstdichtung)

~(selbstdichtung) *m*, (*f*) → Schlitzgummi(selbstdichtung)

Quetsch|kies *m*, Pochkies · stamp gravel

~sand *m*, Splittsand, Pochsand · stamp sand

Quotient *m* · ratio

R

R 350 *m*, Radialklinker *m*, Ringklinker · compass engineering brick, radial ~ ~, radiating ~ ~ [*It tapers in at least one direction*]

R 450 *m*, Radialhartklinker *m*, Ringhartklinker · highly resistant compass engineering brick, ~ ~ radial ~ ~, ~ ~ radiating ~ ~

Rabitz|arbeiten *fpl* · Rabitz (type) work,

~auskleidung *f*, Rabitzverkleidung, Rabitzbekleidung · Rabitz (type) lining, ~ (~) (sur)facing

~bauart *f* [*Ein- oder doppelseitiger Kalk-, Gips- oder Zementmörtelbewurf auf Drahtgeflecht aus verzinktem Stahldraht von 2 cm Maschenweite und etwa 1 mm Dicke*] · Rabitz type

~bekleidung *f*, Rabitzauskleidung, Rabitzverkleidung · Rabitz (type) lining, ~ (~) (sur)facing

~decke *f*, Drahtgewebedecke · Rabitz (type) suspended ceiling, ~ (~) suspension ~, ~ (~) hung ~

~deckenputz *m*, Drahtgewebedeckenputz · Rabitz (type) ceiling plaster

~draht *m* [*Gewebter oder geschweißter Putzträger*] · Rabitz (type) wire lath(-ing)

~(ge)sims *m*, (*n*) · Rabitz (type) cornice

~gewebe *n* [*Drahtgewebe, das als Putzträger verwendet wird. Es besteht aus 0,6 bis 1,1 mm dicken rohen oder verzinkten Drähten mit 8, 10, 15 oder 20 mm Maschenweite*] · Rabitz (type) (wire) cloth lath(ing), ~ (~) woven (wire) fabric ~; ~ (~) (wire) fabric ~ [*misnomer*]

~gewölbe *n* · Rabitz (type) vault

~gips *m* · Rabitz (type) gypsum

~haken *m* [*DIN 1158*] · hooked lath(ing) nail

~kanal *m* [*Luftanlage; Klimaanlage*] · Rabitz type duct

~kasten *m* · Rabitz (type) box

~mantel *m* [*Umkleidung von Stahlstützen, Trägern, Rohrkanalwänden und Luftkanalwänden aus Gipsmörtel, mit Rabitzgewebe armiert*] · Rabitz (type) casing

~matte *f*, Rabitzrohrmatte, Rabitzrohrgewebe *n* [*Putzträger aus Rabitzgewebe und Rohrgewebe. Gewicht etwa 1 kg/m²*] · combined Rabitz (type) wire cloth and reed lath(ing), ~ ~ (~) woven wire fabric ~ ~ ~; ~ ~ (~) wire fabric ~ ~ ~ [*misnomer*]

~mörtel *m* [*Er besteht meistens aus 1 Bauteil Stuckgips, 1 Raumteil Weißkalk, 3 Raumteilen Sand sowie Tierhaaren und Leimbrei*] · Rabitz (type) mortar

~platte *f* · Rabitz (type) sheet, ~ (~) board

~rohrgewebe *n*, Rabitz(rohr)matte *f* [*Putzträger aus Rabitzgewebe und Rohrgewebe. Gewicht etwa 1 kg/m²*] · combined Rabitz (type) wire cloth and reed lath(ing), ~ ~ (~) woven wire fabric ~ ~ ~; ~ ~ (~) wire fabric ~ ~ ~ [*misnomer*]

~(rohr)matte *f*, Rabitzrohrgewebe *n* [*Putzträger aus Rabitzgewebe und Rohrgewebe. Gewicht etwa 1 kg/m²*] · compined Rabitz (type) wire cloth and reed lath(ing), ~ ~ (~) woven wire fabric ~ ~ ~; ~ ~ (~) wire fabric ~ ~ ~ [*misnomer*]

~sims *m* → Rabitzgesims

~streifengewebe *n* [*12, 16, 20, 24, 30, 40 und 50 cm breit*] · Rabitz strip(-type (wire) cloth lath(ing), ~ ~ woven (wire) fabric; ~ ~ (wire) fabric ~ [*misnomer*]

~verkleidung *f*, Rabitzauskleidung, Rabitzbekleidung · Rabitz (type) lining, ~ (~) (sur)facing

~wand *f*, Mörtelwand · Rabitz (type) wall

Rad|abstoßer *m*, (Rad)Abweiser, Abweisstein *m*, Prellstein, Radstoßer · spur stone

(~)Abweiser *m*, Radabstoßer, Abweisstein *m*, Prellstein, Radstoßer · spur stone

~fenster *n* [*Rundfenster mit speichenartiger Unterteilung*] · wheel window

Radial|anlage *f* [*Städtebau*] · radial system

~balken(träger) *m* · radial beam

~biegemoment *n* · radial bending moment

~biegespannung *f* · radial bending stress

~block(stein) *m*, Radialstein, Ringblock(stein), Ringstein · compass block, ~ tile, radial ~, radiating ~ [*See remark under 'Block'*]

~bogendach *n* · radial-arch roof

~-Dachlüfter *m* · radial roof fan

~dehnung *f* · radial strain

~druck *m* · radial pressure

radiale Kapellen *fpl*, radiante ~ [*Kapellenkranz eines Chors*] · radiating chapels

~ Kraft *f* · radial force

~ Richtung *f* · radial direction

Radial|format *n* · compass format, radial ~, radiating ~

~furnier *n* · cone-cut veneer

~hart(brand)ziegel *m*, Ringhart(brand)-ziegel, Rz 250 [*DIN 1057*] · compass hard brick, ~ well-burned ~, ~ well-burnt ~, radial ~ ~, radiating ~ ~

~hartklinker *m*, Ringhartklinker, R 450 [*DIN 1057*] · highly resistant compass engineering brick, ~ ~ radial ~ ~, ~ ~ radiating ~ ~

~kalksandhartstein *m*, Ringkalksandhartstein, Rs 250 [*DIN 1057*] · highly resistant compass sand-lime brick, ~ ~ lime-sand ~, ~ ~ radial ~ ~, ~ ~ radiating ~ ~, ~ ~ ~ calcium silicate ~

~kapelle *f* · radiant chapel

~klinker *m*, Ringklinker, R 350 [*DIN 1057*] · compass engineering brick, radial ~ ~, radiating ~ ~ [*It tapers in at least one direction*]

~last *f* · radial load

~lastkomponente *f* · radial component of load

~läufer *m* · radial stretcher, radiating ~, compass ~

~linie *f* · radial line

~mauerziegel *m*, Ringmauerziegel, Radialvollziegel, Rz 150 · compass solid brick, radial ~ ~, radiating ~ ~

~netz *n* [*Fehlname*] → Verästelungsnetz

~richtung *f* · radial direction

~rippe *f* · radial rib

~schub *m* · radial shear

~spannung *f* · radial stress

~stein *m*, Radialblock(stein) *m*, Ringstein, Ringblock(stein) [*DIN 1057*] · compass block, ~ tile, radial ~, radiating ~ [*See remark under 'Block'*]

~strebe *f* · radial strut

~strecker *m*, Radialbinder(stein) *m* · radial (bonding) header, compass (~) ~, radiating (~) ~, ~ bonder, ~ bondstone

~system *n* [*Fehlname*] → Verästelungsnetz

~träger *m* · radial girder

~ventilator *m*, Schleuderventilator, Fliehkraftventilator, Zentrifugalventilator · centrifugal fan

~vollblock(stein) *m*, Radialvollstein, Ringvollblock(stein), Ringvollstein, Rs 150 · compass solid block, radial ~ ~, radiating ~ ~, ~ ~ tile [*See remark under 'Block'*]

~vollstein *m*, Radialvollblock(stein) *m*, Ringvollblock(stein), Ringvollstein, Rs 150 [*DIN 1057*] · compass solid block, radial ~ ~, radiating ~ ~, ~ ~ tile [*See remark under 'Block'*]

~vollziegel *m*, Ringmauerziegel, Radialmauerziegel, Rz 150 [*DIN 1057*] · compass solid brick, radial ~ ~, radiating ~ ~

~ziegel *m*, Ringziegel, Rz · compass brick, radial ~, radiating ~ [*A brick the two end faces of which are parts of concentric cylinders*]

~zugspannung *f* · tensile radial stress

Radiant *m*, Bogeneinheit *f*, Einheit im Bogenmaß · radian, ~ unit

radiante Kapellen *fpl*, radiale ~ [*Kapellenkranz eines Chors*] · radiating chapels

Radiator *m*, (Glieder)Heizkörper *m* · radiator [*The heating industry has accepted the definition of the term 'radiator' as a heating unit exposed to view within a room or space heated, although such units transfer heat by convection as well as radiation*]

~(-Absperr)ventil *n*, (Glieder)Heizkörper(-Absperr)ventil radiator (shut-off) valve

~(anstrich)farbe *f*, (Glieder)Heizkörper(anstrich)farbe · radiator paint

Radiatoren|glied *n* · radiator section

~heizung *f* · radiator heating

Radiator|gitter *n*, (Glieder)Heizkörpergitter · radiator grille

~nische *f*, (Glieder)Heizkörpernische · radiator niche

~-Regelventil *n*, Radiator-Regulierventil, (Glieder)Heizkörper-Regelventil, (Glieder)Heizkörper-Regulierventil · radiator control valve

~-Regulierventil *n* → Radiator-Regelventil

~verkleidung *f*, (Glieder)Heizkörperverkleidung · radiator guard

radioaktive Leuchtfarbe *f* · self-luminous paint, radioactive ~

Radstößer *m* → (Rad)Abweiser

Radwegkante *f* [*Erzeugnis der Betonsteinindustrie*] · cycle path edging

Raffinadekupfer *n* · refined copper

Raffjalousie *f*, Zugjalousie · Venetian (blind)

Rähm *n*, Bundbalken *m*, Rahmholz *n*, Oberschwelle *f* [*Oberer Abschlußbalken, der auf den Ständern eines Fachwerkes ruht*] · head (rail)

Rahmen *m*, Trag~ · (structural) frame, (load)bearing ~, weight-carrying ~, supporting ~, load-carrying ~

~ [*zweidimensional*] · frame, framing

~aufgabe *f* · frame problem

~bau *m*, Trag~ · frame(d) construction

~bauwerk *n*, Trag~ · framed structure

~belastung *f* · frame loading

~dach *n* · fram(ed) roof

~(dach)binder *m* → (Dach)Binder in Rahmenform

~doppeltür *f* · framed door [*Framed doors consist of slides, rails, and muntins, which are framed together, the enclosed areas being filled with panels*]

~ebene *f* · frame plane

~ecke *f* · frame corner

~fachwerkbinder *m*, Fachwerkrahmenbinder · frame roof truss, ~ (lattice) ~

~form *f*, Rahmengestalt *f* · frame shape

~formel *f* · frame formula

~-Füllungstür *f* · panelled door (Brit·); paneled ~ (US) [*A door built of a framed surround with the spaces between the framing members filled with panels of thinner material*]

~gelenk *n* · frame hinge

~gestalt *f*, Rahmenform *f* · frame shape

~glied *n*, Rahmenstab *m* · frame member, ~ bar, ~ rod

~halle *f*, Werk~, Werkhalle, Industrie(rahmen)halle, (Fabrikrahmen)Halle, Fabrikhalle · factory (frame(d)) building, ~ (~) block, industrial (~) ~

~-Holztür *f* · fram(ed) wood(en) door, ~ timber ~

~kennwert *m* · frame constant

~konstruktion *f*, Rahmensystem *n* · frame construction, ~ system

~labilität *f* · frame instability

rahmenlos · frameless

(Rahmen)|Pfosten *m*, (Rahmen)Stiel *m*, Rahmenstütze *f* · (framing) post, (~) leg, ~ column, vertical (member), supporting member, frame leg, frame post, frame column

~profil *n* · frame section

~riegel *m* · horizontal member

~schenkel *m* · frame leg

~schiff *n* · frame span, ~ bay

~sockel *m* · frame(d) dado

~stab *m*, Rahmenglied *n* · frame rod, ~ bar, ~ member

~statik *f* · frame analysis

~steifigkeit *f* · frame rigidity

(~)Stiel *m*, (Rahmen)Pfosten *m*, Rahmenstütze *f* · (framing) post, (~) leg, ~ column, vertical (member), supporting member, frame leg, frame post, frame column

~stift *m*, Fi(t)schbandstift [*DIN 1156*] · headless nail with one point

~stütze *f*, (Rahmen)Pfosten *m*, (Rahmen)Stiel *m* · (framing) post, (~) leg, ~ column, vertical (member), supporting member, frame leg, frame post, frame column

~stützweite *f* · frame span

~system *n*, Rahmenkonstruktion *f* · frame system, ~ construction

~träger *m* · frame girder

~tragwerk *n* · frame (load)bearing structure, ~ (weight-carrying) ~, ~ supporting ~

~verbiegung *f* · frame crippling

~verbindung *f* · frame connection

~verzerrung *f* · frame distortion

~wirkung *f* · frame action

~zellendecke *f* · framed cellular floor

Rahmholz *n*, Rähm *n*, Bundbalken *m*, Oberschwelle *f* [*Oberer Abschlußbalken, der auf den Ständern eines Fachwerkes ruht*] · head (rail)

Ramm|arbeiten *fpl* [*DIN 18304*] · (pile and sheetpile) driving work

~pfahl *m* · pile for driving

Rampe *f* [*Glasschmelzfehler*] · (heavy) cord

~ · ramp

~ vor Empfangsgebäude, ~ ~ Abfertigungsgebäude [*Flughafen*] · passenger loading apron, ramp

Rampen|-Parkhaus *n*, Rampen(-Park)-garage *f*, Rampen-Parkbau *m* · ramp-type garage, ~ parking structure

~schräge *f* · ramp incline

rampiges Glas *n* · glass with (heavy) cords

Rand *m*, (Rand)Einfassung *f*, (Rand)Abschluß *m* · surround

~(ab)dichtung *f* · edge seal(ing)

(~)Abschluß *m*, (Rand)Einfassung *f*, Rand *m* · surround

~abschlußprofil *n* · surround shape, ~ section, ~ unit, ~ trim, ~ profile

~abstand *m* · edge-to-edge-distance

~armierung *f*, Randbewehrung, Rand(stahl)einlagen *fpl* · edge reinforcement

~ausbildung *f* · edge design

rand|ausgesteift, randversteift · edge-stiffened

~ausgesteifte Platte *f*, randversteifte ~, Platte mit Randbalken · slab with edge beam, plate ~ ~ ~

Rand|aussteifung *f*, Randversteifung · edge stiffening

~balken(träger) *m* · edge beam, boundary ~

~bedingung *f* · marginal condition, fringe ~, edge ~, boundary ~

randbelastet · edge loaded

Rand|belastung *f* · edge loading

~bewehrung *f*, Rand(stahl)einlagen *fpl*, Randarmierung · edge reinforcement

~bezirk *m* · suburb

~bogen *m* · boundary arch

~dichtung *f*, Randabdichtung · edge seal(ing)

~drehung *f* · edge rotation

~drillmoment *n*, Randtorsionsmoment, Randverdrehungsmoment, Randverwindungsmoment · marginal torsion(al) moment, ~ twist(ing) ~, ~ torque ~, fringe ~ ~, edge ~ ~, boundary ~ ~

~druckkraft *f* · compressive edge force

(~)Einfassung *f*, (Rand)Abschluß *m*, Rand *m* · surround

~einlagen *fpl*, Randstahleinlagen, Randbewehrung *f*, Randarmierung · edge reinforcement

~einspannung *f* · edge restraint

~faser *f* · extreme fibre (Brit.); ~ fiber (US)

~fuge *f* · edge joint

~glied *n* [*Baustatik*] · boundary member, ~ element, edge ~

~integral *n* · boundary integral

~kraft *f* · boundary force, edge ~

~last *f* · edge load

~moment *n* · boundary moment

~pfette *f* · edge purlin(e)

~platte *f* · edge slab, ~ plate

~pressung *f* [*Fehlname: Kantenpressung*] · edge compression

~riegel *m* · edge rail, ~ cross member, ~ horizontal member

~säule *f* · edge column

~schlag *m*, Kantenschlag [*Die zugerichtete Kante eines Quadersteins*] · recessed margin

~schlaufe *f* [*Fugenband*] · end loop

~spannung *f* · (edge stress of) extreme fibre stress (Brit.); (~ ~ ~) ~ fiber ~ (US); edge ~

~stab *m* [*Gitterrost*] · edging (strip)

~(stahl)einlagen *fpl*, Randarmierung *f*, Randbewehrung · edge reinforcement

~steg *m*, Randwulst *m*, *f* [*Fugenband*] · end bulb, ~ web

~störung *f*, Biegespannungszustand [*Membran(e)theorie*] · boundary disturbance

~streifen *m* · edge strip

~stütze *f* · edge column

~torsionsmoment *n*, Randverdrehungsmoment, Randdrillmoment, Randverwindungsmoment · marginal torsion(al) moment, ~ twist(ing) ~, ~ torque ~, fringe ~ ~, edge ~ ~, boundary ~ ~

~träger *m* · edge girder

~verdrehungsmoment *n*, Randverwindungsmoment, Randtorsionsmoment, Randdrillmoment · marginal torsion(al) moment, ~ twist(ing) ~, ~ torque ~, fringe ~ ~, edge ~ ~, boundary ~ ~

~verklebetechnik *f* · perimeter bonding technique, ~ ~ technic

randverstärkte Platte *f* · thickened edge slab, ~ ~ plate

Randverstärkung *f* · edge thickening

rand|versteift, randausgesteift · edge-stiffened

~versteifte Platte *f*, randausgesteifte ~, Platte mit Randbalken · slab with edge beam, plate ~ ~ ~

Rand|versteifung *f*, Randaussteifung · edge stiffening

~verwindungsmoment *n*, Randverdrehungsmoment, Randtorsionsmoment, Randdrillmoment · marginal torsion(al) moment, ~ twist(ing) ~, ~ torque ~, fringe ~ ~, edge ~ ~, boundary ~ ~

~wert *m* · boundary value

~wertdiagramm *n* · boundary value diagram

~wertproblem *n*, Randwertaufgabe *f* · boundary value problem

~wirkung *f* · boundary action

~wulst *m*, (*f*), Randsteg *m* [*Fugenband*] · end bulb, ~ web

~zone *f* · boundary zone, edge ~

Rang *m* [*z.B. ein Architekt von Rang*] · distinction [*e.g. an architect of distinction*]

Rapport *m*, Wiederkehr *f* des Musters [*(Papier)Tapete*] · repeat design

~, Wiederkehr der Form [*Dekoration, z.B. Fries*] · repeat design

Raps(samen)öl *n*, Rüböl · rape seed oil

Rasensodenandeckung *f*, Ansoden *n* · sodding, turfing by ~, planting sod(s)

Rasierersteckdose *f*, Elektro~ · razor socket

Raspel *f* **für konkave Flächen** · riffler [*A rasp bent for abrading concave surfaces*]

Raster *m*, Entwurfs~, Zeichen~, Konstruktions~ [*Beim architektonischen Entwerfen legt ein Raster ein im Grundriß oder Aufriß stets wiederkehrendes Grundmaß, z.B. die Knotenpunkte einer Skelettkonstruktion, fest*] · (planning) grid, structural ~ [*Not to be confused with a grid plan = Rasterplan*]

~abmessung *f*, Rastermaß *n* · grid dimension

~-Bündelung *f* [*Lastübertragungssystem*] · bay-type collection

~decke *f* · grid ceiling

~deckensystem *n* · grid suspension (ceiling) system

~fassade *f* · grid(-pattern) façade

~lage *f* · grid location, ~ position [*e.g. of walls, floors, openings, etc.*]

~linie *f* · setting-out line, grid ~

~maß *n*, Rasterabmessung *f* · grid dimension

~netz *n* · grid plan, reference grid [*A plan in which setting-out lines called 'grid lines' coincide with the most important wall and other building components. Prefabricated buildings are usually designed to fit a grid plan. A grid plan is not a plannung grid = Raster*]

~platte *f* · grid slab, ~ plate

~stadt *f* · grid(-pattern) town

~system *n* [*Senkrechtes Tragsystem. Punkte der Lastenbündelung gleichmäßig verteilt*] · bay system

~system *n* · grid system

~- und Kragsystem *n* · bay and cantilever system

Rasthaus *n* · motorway restaurant

Rasthof *m* · motel

Rathaus *n* · city hall (US); town ~ (Brit.)

~komplex *m* · town hall complex (Brit); city ~ ~ (US)

rationale Architektur *f*, ~ Baukunst *f* · rationalist architecture

rationalistische Epoche *f* · rationalist period

rattensicher · rat-proof

Rattensperrvorrichtung *f* [*Zur Bekämpfung der Rattenplage in Grundstücksentwässerungsanlagen*] · rat barrier

Rauch *m* · smoke

~abgabe *f* · emission of smoke

rauchabgebende Industrie *f* · smoke-emanating industry

Rauch|absperrung *f* · smoke-stop

~abzug *m* · smoke outlet; ~ extract [*deprecated*] [*An opening, or a fire-resisting shaft or duct, provided in a building to act as an outlet for smoke and other gases produced by an outbreak of fire*]

~ausbreitung *f* · spread of smoke

~belästigung *f* · smoke nuisance

rauchdicht · smoke-tight

Räucherbetrieb *m* · smoke house

Raucher|-Entziehungsheim *n* · smoking withdrawal clinic

~foyer *n* · foyer where smoking is permitted

rauch|frei, rauchlos · smokeless

Rauchgas *n*, Feuergas, Verbrennungsgas · flue gas

~analyse *f*, Feuergasanalyse, Verbrennungsgasanalyse · fuel gas analysis

~kanal *m*, Rauchkanal · flue [*A duct designed to convey the products of combustion from a fire to the open air*]

Rauchglas *n*, rauchiges Glas, beschlagenes Glas · smoked glass [*ASTM C 162-56*]

rauchiges Glas *n*, beschlagenes ~, Rauchglas · smoked glass [*ASTM C 162-56*]

Rauch|kamin *m*, Rauchschornstein *m* [*Für mit flüssigen oder festen Brennstoffen betriebene Feuerstellen*] · smoke chimney

~kanal *m* → Rauchgaskanal

~last *f* · smoking load [*of a room*]

~loch *n* → Opäum

rauchlos, rauchfrei · smokeless

Rauch|melder *m*, Rauchmeldeautomat *m* [*Brandschutz*] · (automatic) smoke detector

~probe *f*, Rauchprüfung *f*, Rauchversuch *m* · smoke test [*A test for the efficiency of drains carried out with smoke*]

~prüfung *f*, Rauchprobe *f*, Rauchversuch *m* · smoke test [*A test for the efficiency of drains carried out with smoke*]

~rohr *n* [*Als Kesselbauteil zur Wärmeübertragung von heißen Rauchgasen durch Wandungen von Stahlrohren an umgebendes Kesselwasser*] · smoke pipe, ~ tube

~rohr *n* · chimney connector, smoke pipe, smoke tube

~rohrbündel *n* · nest of smoke pipes, ~ ~ ~ tubes

~rohrkessel *m* · smoke pipe boiler, ~ tube ~

~schornstein *m*, Rauchkamin *m* [*Für mit flüssigen oder festen Brennstoffen betriebene Feuerstellen*] · smoke chimney

~sperrtür *f* · smoke stop door

~spürer *m* · smoke detector

rauchspürerbetrieben · smoke detector actuated

Rauch|verhütung *f* · smoke prevention

~versuch *m*, Rauchprobe *f*, Rauchprüfung *f* · smoke test [*A test for the efficiency of drains carried out with smoke*]

~zimmer *n* · smoking-room

Rauhbeton *m* · rough concrete

rauhe Untersicht *f*, aufgerauhte ~ · keyed soffit [*For plaster finish*]

Rauhfaser(tapete) *f* · ingrain wallpaper, engrain ~

Rauhigkeit *f* · roughness

Rauh|putz *m*, Berapp *m* [*Bei diesem groben Außenputz wird die Fläche zweimal mit Mörtel und Sand beworfen, denen beim zweiten Bewurf Kiesel oder zerquetschte Steine zugemischt sind*] · rough cast, pebble-dash; harling, harl(e) [*Scotland*]

~schalung *f* · rough shuttering, ~ forms, ~ form(work)

~scheibe *f* [*Putzerwerkzeug*] · rough float

~spund(bretter) *m*, (*fpl*) · rough tongued and grooved boarding, ~ T ~ G ~

~stampfasphalt *m* · compressed (natural) rock asphalt with coarse surface

~werk *n*, Unterputzschicht *f*, Unterputzlage *f*, Grobputzschicht, Grobputzlage · backing (coat), undercoat, basecoat [*A plastering or rendering coat other than the final coat*]

~werk *n*, Grobputzlage *f*, Grobputzschicht *f*, Unterputzlage, Unterputzschicht · scratch coat, render(ing) ~ [*It consists of mortar of lime, sand, and considerable hair*]

~werk *n* **auf Putzträger** → Unterputzschicht ~ ~

~werkmasse *f* → Unterputzmörtel

~werkmörtel *m* → Unterputzmörtel

Raum *m*, Volum(en) *n* · volume

~ · room

~ · space

~ für Mutter und Kind [*Flughafen*] · nursery for passengers with small children

raumabschließende Wand *f* · space enclosing wall

~ Wirkung *f* · enclosing design function

Raum|abschluß *m* · enclosure of space

(~)Abschluß *m* · shutter [*e.g. a rolling shutter*]

~akustik *f* · room acoustics

~änderung *f*, Volumenänderung · volume change

~anschauung *f* · conception of space

~aufteilen *n*, Raumaufteilung *f* · making fullest use of available space

~aufteilungstechnik *f* · spacemanship [*The art of making fullest use of available space; overcoming waste of space while enhancing its appearance in commercial, industrial, institutional and residential buildings*]

~ausnutzung *f* · space utilization

~bausystem *n*, Raumkonstruktion *f*, Raum(konstruktions)system · spatial (structural) system, ~ construction

~bau(werk) *m*, (*n*), räumliches Bauwerk, dreidimensionales Bauwerk, räumlicher Bau, dreidimensionaler Bau · space structure, spatial ~, three-dimensional ~

~bedarf *m* · space requirement

~begrenzung *f* · limitation of space

~begrenzungsfläche *f* · room enclosing area

~begriff *m* · conception of space

~beleuchtung *f* · indoor illumination, ~ lighting, room ~

~benutzer *m*, (Wohnungs)Benutzer, (Raum)Insasse *m*, Wohnungsinsasse, Bewohner · (apartment) dweller, resident, (room) occupant, user

~beschränkung *f* · limitation of space

raumbeständig · volumetrically stable

Raumbeständigkeit *f*, Raumkonstanz *f* · constancy of volume, stability ~ ~, volume stability, volume constancy

~ [*Zement*] · soundness

Raumbeständigkeitsprüfung *f*, Raumbeständigkeitsprobe *f*, Raumbeständigkeitsversuch *m* [*Zement*] · soundness test

Raumbe- und -entlüftung *f*, Raumlüftung · room venting, ~ ventilation

Raum|bild *n* · spatial image, space ~, three-dimensional ~

~bildung *f* **mit einer Kugelfläche** · defining space with one spherical surface

(~)Decke → sichtbare Decke

~disposition *f* · three-dimensional design, ~ ~ layout, space ~, spatial ~

~durchdringung *f* · (inter)penetration of spaces

raumdynamische Komposition *f* · spatio-dynamic composition

Raumeinheit *f* [*räumliches Fachwerksystem*] · space unit

~ · unit volume

Raum|einsparung *f*, Raumersparnis *f* · space saving

~einteilung *f*, Einteilung von Räumen · (interior) partitioning

~element *n*, dreidimensionales Element, räumliches Element · spatial unit, three-dimensional ~, space ~

~ersparnis *f*, Raumeinsparung *f* · space saving

~erwärmung *f* · room warming, ~ heating, space ~

~fachwerk *n*, räumliches Fachwerk, dreidimensionales Fachwerk · grid structure, ~ frame(work), lattice plate, space frame(work), three-dimensional frame(-work), spatial frame(work) [*Grid structures, apart from single layer flat grids, are three-dimensional structures. Unlike shells or folded slabs, however, they* *are constructed not with solid membranes but with lattice or grid frameworks. In some systems, however, the grid is formed by the edge junctions of bent or folded sheet panels of suitable material in which the skin strength of the sheet element forms a very large proportion of the total strength of the structure*]

~fachwerkkuppel *f* · space-frame dome, ~ cupola

~fenster *n* · room window

~feuchte *f*, Raumfeuchtigkeit *f*, Innenfeuchte, Innenfeuchtigkeit · indoor moisture, ~ humidity

~feuchtigkeit *f* → Raumfeuchte

~figur *f* · spatial configuration, three-dimensional ~, space ~

~fläche *f* · room area [*The net floor area of a room*]

~flucht *f*, (Zimmer)Flucht · suite (of rooms)

~form *f* · spatial form

raumfressend · space-consuming

Raumfuge *f*, Trenn(ungs)fuge, (Aus-)Dehn(ungs)fuge · expansion joint [*A separation between adjoining parts of a concrete structure which is provided to allow small relative movements such as those caused by thermal changes to occur independently*]

Raumfugen|band *n*, Dehn(ungs)fugenband · expansion joint waterstop, ~ ~ waterbar

~dichtung *f*, Dehn(ungs)fugendichtung · expansion joint seal(ing)

~einlage *f* · expansion joint filler

~kitt *m*, Dehn(ungs)fugenkitt · expansion joint mastic (sealer)

~profil *n*, Dehn(ungs)fugenprofil · expansion joint section, ~ ~ unit, ~ ~ shape

Raum|gerade *f* · line of space

~gestalter *m*, Innenarchitekt *m* · interior decorator, internal ~, ~ designer

~gestaltung *f*, Innenarchitektur *f* · interior decoration, ~ design

~gewicht *n* → Wichte

~ der Volumeneinheit → (Roh)Dichte

~gewinn *m* · gain in space, space gain

~gliederung *f* · spatial division

~grenze *f* · limit of space

raumgroß · room-sized

Raum|größe *f* · room size

~heizgerät *n*, Raumheizer *m* · room heater, ~ warmer, ~ heating appliance, ~ warming appliance

(~)Heizleiste *f* · (room) heating strip

~heizung *f* · space heating, room ~

~heiz(ungs)anlage *f* · space heating plant, room ~ ~

~helligkeit *f* · room brightness

raumhoch · room-high

Raumhoch-Tafel *f* · room-high panel

Raumhöhe *f* · room height

raumhohe Trennwand *f* **mit (eingebauter) Tür** · floor-ceiling partition (wall) with (built-in) door

~ Verglasung *f* · floor-ceiling glazing

raumhohes Fenster *n* · room-high window, full-height ~, floor-to-ceiling ~

Raum|höhle *f* · 'space cavern' [*Term applied to the monumental buildings designed by Hans Poelzig, e.g. Berlin's Grand Theatre*]

~hülle *f* · enclosure of space

~inhalt *m* · cubage

(~)Insasse *m*, Wohnungsinsasse, Bewohner *m*, (Wohnungs)Benutzer, Raumbenutzer · (apartment) dweller, resident, (room) occupant, user

~klima *n*, Innenklima · indoor climate, interior ~, internal ~, inside ~, room ~

~klimaanlage *f* · room air conditioning system

~klimagerät *n* · room unit air conditioner

~komposition *f* · spatial composition

~konstruktion *f*, Raum(konstruktions)-system *n*, Raumbausystem · spatial (structural) system, ~ construction

~kontinuität *f* · continuity of space

~konstanz *f*, Raumbeständigkeit *f* · constancy of volume, stability ~ ~, volume stability, volume constancy

~(konstruktions)system *n*, Raumbausystem, Raumkonstruktion *f* · spatial (structural) system, ~ construction

~körper *m*, Baukörper · massing

~kühlgerät *n* · room-cooling unit

~kühlung *f* · room cooling, space ~

~kurve *f*, räumliche Kurve, dreidimensionale Kurve · three-dimensional curve, curve in space

räumlich, dreidimensional, stereometrisch · spatial, three-dimensional, stereometric, 3-D

räumliche Durchschluchtung *f*, dreidimensionale ~ · spatial interpenetration, three-dimensional ~

~ elastische Steifigkeit *f* → elastische Stabilität

~ Formänderung *f*, ~ Verformung · three-dimensional deformation, spatial ~

~ Kräfteverteilung *f*, dreidimensionale ~ · spatial distribution of forces, three-dimensional ~ ~ ~

~ Kurve *f*, dreidimensionale ~, Raumkurve · three-dimensional curve, curve in space

~ Pfette *f*, dreidimensionale ~ · space purlin(e), spatial ~, three-dimensional ~

~ Steifigkeit *f*, Stabilität *f*, Standsicherheit, Standfestigkeit · (structural) stability

~ Verformung *f*, ~ Formänderung · three-dimensional deformation, spatial ~

räumlicher Bau *m* → Raumbau(werk)

~ Entwurf *m*, dreidimensionaler ~ · spatial design, three-dimensional ~, space ~

~ Rahmen *m*, dreidimensionaler ~ · space frame, spatial ~, three-dimensional ~

~ Spannungszustand *m*, allgemeiner ~, dreiachsiger ~ · three-dimensional state of stress

~ Stab *m*, dreidimensionaler ~ · space rod, spatial ~, three-dimensional ~

~ Vier-Säulen-Rahmen *m* **als Achtecktträger** · octagonal girder four columns space frame

~ Zusammenhang *m*, dreidimensionaler ~ · spatial continuity, three-dimensional ~, space ~

räumliches Bauwerk *n* → Raumbau(-werk)

~ Element *n*, dreidimensionales ~, Raumelement · spatial unit, three-dimensional ~, space ~

~ Fachwerk *n* → Raumfachwerk

~ Rahmentragwerk *n*, dreidimensionales ~, Raumrahmentragwerk · spatial frame(d) supporting structure, ~ ~ (load)bearing ~, ~ ~ (weight-carrying) ~, three-dimensional ~ ~

~ Tragwerk *n*, dreidimensionales ~, Raumtragwerk · space (load)bearing structure, three-dimensional ~ ~, spatial ~ ~, ~ (weight-carrying) ~

~ (Ver)Täfelungsmuster *n*, dreidimensionales ~ · three-dimensional panelling pattern (Brit.); ~ paneling ~ (US); spatial ~ ~, space ~ ~

~ (Vor)Spannen *n*, dreidimensionales ~ · three-dimensional (pre)stressing, ~ stretching, ~ tensioning, spatial ~

Raumluft *f*, Zimmerluft · room air, inside ~

~feuchte *f*, Raumluftfeuchtigkeit *f* · internal relative humidity, ~ ~ moisture

Raum|-Luftkanal *m* · air flue [*A small duct, built to withdraw bad air from a room*]

~luftkühler *m* · room air cooler, inside ~ ~

~lüftung *f*, Raumbe- und -entlüftung · room venting, ~ ventilation

~luftzustand *m* · state of room air, ~ ~ inside ~

~luxus *m* · spatial luxury

~mindesthöhe *f*, Mindestraumhöhe · minimum room height

~modell *n* · spatial model

~nutzung *f* · space utilization

~ordnung *f*, Raumplanung · regional planning

~pflanze *f* · indoor plant

~planung *f*, Raumordnung · regional planning

~prozent *n*, Volumenprozent · volume percent, vol %

~rahmentragwerk *n*, räumliches Rahmentragwerk, dreidimensionales Rahmentragwerk · spatial frame(d) supporting structure, ~ ~ (load)bearing ~, ~ ~ (weight-carrying) ~, three-dimensional ~ ~

raumschaffende Fläche *f* · space-creating plane

Raumschall *m* · room sound

~(ab)dämmung *f* · room sound insulation

~dämpfung *f* · room sound attenuation

Raumschutzanlage *f*, Alarmanlage · alarm system

raum|sparend · space-saving, economical of space

~sparende Tür *f* · space-saver door

Raum|spiel *n* · 'space game', playful use of space

~system *n*, Raumkonstruktionssystem, Raumkonstruktion *f*, Raumbausystem · spatial (structural) system, ~ construction

„Raumstadt" *f* · town in which housing blocks are separated by parks, etc.

Raum|teil *m*, *n*, Rtl. · percent by volume

~teile *mpl*, *npl*, Rtl. · percentage by volume

~teiler *m* · division element, (room) divide

Raumtemperatur *f*, Zimmertemperatur · room temperature

~-Behaglichkeitskurve *f* · room temperature comfort curve

~fühler *m*, Raumtemperaturregler, Raumthermostat *m* · room thermostat [*B. S. 3955*]

~regler *m*, Raumtemperaturfühler, Raumthermostat *m* · room thermostat [*B. S. 3955*]

~steuerung *f*, Innentemperatursteuerung · interior temperature control, room ~ ~, indoor ~ ~, internal ~ ~, inner ~ ~

Raum|thermostat *m*, Raumtemperaturfühler *m*, Raumtemperaturregler · room thermostat [*B. S. 3955*]

~tiefe *f* · depth of a room

~tragwerk *n*, räumliches Tragwerk, dreidimensionales Tragwerk · space (load-)bearing structure, three-dimensional ~ ~, spatial ~ ~, ~ (weight-carrying) ~

~tragwerkbausystem *n*, Raumtragwerkkonstruktion *f*, Raumtragwerk(konstruktions)system · three-dimensional construction, spatial ~, space ~, ~ (structural) system

~tragwerkkonstruktion *f*, Raumtragwerkbausystem *n*, Raumtragwerk(konstruktions)system · three-dimensional construction, spatial ~, space ~, ~ (structural) system

raumtrennend · room-dividing

Raum|trennung *f* [*als Brandschutzmaßnahme*] · space separation

~tür *f*, Zimmertür · room door, chamber ~

~überspannung *f* · space spanning

raumumschließendes Bauwerk *n* · space enclosing structure

Raumunbeständigkeit *f* · inconstancy of volume

Räumungserlaß *m* [*Haus*] · closing order

Raum|verringerung *f*, Volumenverringerung · decrease in volume

~wand *f* · room wall

(raum)wandgroß · (room-)wall sized

Raumwärme *f* · room heat, interior ~

raumweise · room-by-room

Raum|wirkung *f* · three-dimensional effect

(~)Zelle *f*, Installationszelle, Installationsblock *m* · building block module, unitized unit

(~)Zellenbauweise *f*, Installationszellenbauweise, Installationsblockbauweise, Bauen *n* mit Raumzellen · (building block) module method, unitized unit ~; modular housing (US)

~zunahme *f*, Volumenzunahme · volume increase, increase in volume

Raupe *f*, Dach~, liegendes (Dach)Oberlicht *n* · skylight

Rauschrot *n*, Rotrauschgelb *n*, Realgar *m* (Min.) · realgar

Raute *f* · lozenge, diamond (shape)

Rauten|blech *n* · diamond plate

~dach *n*, Helmdach, Rhombendach · helm roof [*It has four inclined faces joined at the top, with a gable at the foot of each*]

~fachwerk(träger) *n*, (*m*), Rhombenfachwerk(träger), Rautenträger [*Träger mit doppeltem Diagonalenzug ohne Vertikalen, also Träger aus einer Aufeinanderfolge von zwischen den beiden Gurten auf der Spitze stehenden Vierecken*] · diamond girder

rauten|förmig · diamond-shaped, lozenge-shaped

~förmig gemustertes Glas *n*, gerautetes Glas, Rautenglas · diamond-patterned glass; lozenge ~ (US)

~förmiger Grundriß *m* · lozenge(-shaped) (ground-)plan, diamond(-shaped) ~, ~ base

~förmiger Kern *m* · lozenge(-shaped) core, diamond(-shaped) ~

~förmiger Purpurstein *m*, Rhombenporphyr m · rhomb porphyry

Rauten|fries *m* · diamond frieze, lozenge ~

~gewebe *n*, Rautenmaschengewebe · diamond cloth, lozenge ~, ~ woven fabric; ~ fabic [*misnomer*] [*See remark under 'Gewebe'*]

~gewölbe *n*, Netz(rippen)gewölbe · net vault

~glas *n*, gerautetes Glas, rautenförmig gemustertes Glas · diamond-patterned glass; lozenge ~ (US)

~(grob)blech *n* · diamond plate, lozenge ~

~masche *f* · diamond mesh, lozenge ~

~(maschen)gewebe *n* · diamond cloth, lozenge ~, ~ woven fabric; ~ fabric [*misnomer*] [*See remark under 'Gewebe'*]

~motiv *n* · diamond(-shaped) motif, lozenge ~

~muster *n* · diamond pattern

~netz(werk) *n* · lozenge net(work)

~streckmetall *n* · diamond expanded metal, lozenge ~ ~

~träger *m* → Rautenfachwerk(träger)

Ravelin *m* · ravelin [*In military architecture, an outwork formed of two faces of a salient angle and constructed beyond the main ditch and in front of the curtain wall*]

Reaktanz *f* [*Akustik. Der Imaginärteil der Impedanz*] · reactance

Reaktion *f* · reaction

(Reaktions)|Beschleuniger *m* → Härtemittel

~eigenschaft *f*, Reaktionsvermögen *n*, Reaktionsfähigkeit *f* · reaction property, ~ capacity, ~ quality, ~ power

~fähigkeit *f*, Reaktionseigenschaft *f*, Reaktionsvermögen *n* · reaction property, ~ capacity, ~ quality, ~ power

reaktionsfrei, reaktionslos · unreactive, nonreactive

Reaktions|geschwindigkeit *f* · rate of reaction, reaction rate

~harz *n* · cold-cured resin, cold-curing ~

~kleber *m*, Reaktionskleb(e)stoff *m* · cold-setting adhesive

~kraft *f* · reaction force, reactive ~

~lack *m*, Komponentenlack, Additionslack, kalthärtender Lack · cold-cured material, ~ paint [*The cold-curing is induced by adding chemical agents, known as activators or catalysts; the most widely used coatings of this type are based on epoxy and polyurethane resins*]

reaktionslos, reaktionsfrei · unreactive, nonreactive

Reaktionstemperatur *f* · reaction temperature, temperature of reaction

reaktionsträge · comparatively unreactive

Reaktions|vermögen *n*, Reaktionsfähigkeit *f*, Reaktionseigenschaft *f* · reaction property, ~ capacity, ~ quality, ~ power

~wärme *f* · heat of reaction

Reaktor|abschirmung *f* · reactor shielding

~abschirmwand *f*, Abschirmwand eines Reaktors, (biologischer) Schirm *m* · (bulk) shield

~beton *m* · reactor shielding concrete

~gebäude *n* · reactor building, ~ block

~kuppel *f* · reactor dome, ~ cupola

~schale *f* · containment

Realgar *m*, Rotrauschgelb *n*, Rauschrot *n* (Min.) · realgar

Realteil *m, n* [*Akustik*] · real part

Rebenblatt *n* · vine leaf

Reb(en)schwarz *n* [*Es besteht aus Kohlenstoff und mineralischen Beimengungen. Es wurde früher durch Verkohlen von pflanzlichen Abfällen, wie Weinreben, Melasse, Nußschalen und dergleichen, unter Luftabschluß hergestellt. In neuerer Zeit wird vielfach Grudekoks in Naß- und Trockenmühlen fein gemahlen*] · vine black (pigment)

Rebpfahl *m* · vineyard pole

Rechen|annahme *f*, Berechnungsannahme · calculation assumption

~arbeit *f*, Berechnungsarbeit · computational labour (Brit.); ~ labor (US)

~beispiel *n*, Berechnungsbeispiel · example of calculation, worked example

~fehler *m*, Berechnungsfehler · calculation error

~formel *f*, Berechnungsformel · calculation formula

~gang *m*, Berechnungsgang [*Baustatik*] · calculating operation, calculation ~

~größe *f* · calculable value, computable ~

~grundlage *f*, Berechnungsgrundlage · calculation basis, calculating ~, basis of calculation

~hilfsmittel *n* · calculation aid

~kontrolle *f*, Nachrechnung *f* · check calculation

Rechenschieber *m* · slide-rule

~arbeit *f* · slide-rule computational work

Rechen|tafel *f* → Berechnungstafel

~verfahren *n*, Berechnungsverfahren, rechnerisches Verfahren · calculation method, calculating ~, method of calculation

~vorteil *m* · short method, ~ cut [*In an arithmetical operation*]

~zentrum *n*, Rechenzentrale *f* · computer centre (Brit.); ~ center (US)

Rechner-Architektur *f* · computer architecture

rechnerisch ermittelt, errechnet · calculated

~ vorgegebene Last *f* → Lastannahme

rechnerische Höchstlast *f*, ~ Größtlast · computed maximum load

rechnerischer Anfangspunkt *m* **der Momentendeckung** · calculated point of origin for moment allowance

rechnerisches Verfahren *n*, Rechenverfahren, Berechnungsverfahren · calculation method, calculating ~, method of calculation

Rechnernachweis *m* · computer check

Rechteck *n* · rectangle

~abside *f*, Rechteckapside, Rechteckapsis *f* · rectangular apsis, ~ apse

~apside *f*, Rechteckabside, Rechteckapsis *f* · rectangular apsis, ~ apse

~apsis *f*, Rechteckapside, Rechteckabside *f* · rectangular apsis, ~ apse

~balken(träger) *m*, prismatischer Balken(träger), Balken(träger) mit gleichbleibendem Querschnitt · prismatic beam, rectangular (cross-section(al)) ~

~bau(werk) *m*, (*n*) · rectangular structure

~(beleg)platte *f*, Rechteckfliese · rectangular tile

~chor *m* · rectangular choir, ~ quire

~(decken)oberlicht *n* · rectangular roof-light

~dollen *m*, Rechteck(stab)dübel *m*, eckiger (Stab)Dübel, eckiger Dollen · rectangular dowel

~draht *m*, rechteckiger Draht · rectangular wire

~-Drahtmaschenmatte *f* · rectangular wire mesh

~dübel *m*, Rechteckstabdübel, Rechteckdollen *m*, eckiger (Stab)Dübel, eckiger Dollen · rectangular dowel

~(einstieg)schacht *m*, Rechteckeinsteigschacht, Rechteckmannloch *n* · rectangular manhole, ~ manway

~fenster *n*, rechteckiges Fenster · rectangular window

~fläche *f* · rectangular area

~fliese *f*, Rechteck(belag)platte *f* · rectangular tile

~(gewölbe)joch *n* · rectangular (vault) bay

~gitterrost *m* · rectangular area grating

~grab *n* **mit Auslegerkuppel**, ~ ~ Kragkuppel · tomb with false (or corbel, or cantilever(ed), or cantilevering) dome (or cupola) over a rectangular chamber

~hof *m*, Ambitushof, Kreuzganghof · paradise, open court of a quadrangle [*A square yard enclosed by principal monastic buildings*]

rechteckig · rectangular

rechteckige Platte *f* → Rechteckplatte

~ Stütze *f* → Rechteckstütze

~ Tafel *f* → Rechtecktafel

rechteckiger Draht *m* → Rechteckdraht

~ Pfeiler *m* → Rechteckpfeiler

~ Stab *m* → Rechteckstab

~ Stahl *m* → Rechteckstahl

~ Walzdraht *m* → Rechteckwalzdraht

rechteckiges Fenster *n* → Rechteckfenster

~ hyperbolisches Paraboloid *n* · rectangular hyperbolic paraboloid

~ Kupfer *n* → Rechteckkupfer

~ Messing *n* → Rechteckmessing

~ Rohr *n* → Flachrohr

Rechteck|joch *n*, Rechteckgewölbejoch · rectangular (vault) bay

~kantenfliese *f*, Rechteckkanten(belag)platte *f* · square-edge tile

~kapelle *f* · rectangular chapel

~kupfer *n*, rechteckiges Kupfer · rectangular copper

~mannloch *n*, Rechteckeinsteigschacht *m*, Rechteck(einstieg)schacht · rectangular manhole, ~ manway

~membran(e) *f* · rectangular membrane

~messing *n*, rechteckiges Messing · rectangular brass

~oberlicht *n*, Rechteckdeckenoberlicht · rectangular roof-light

~pfeiler *m*, rechteckiger Pfeiler · rectangular pier

~platte *f*, Rechteckbelagplatte, Rechteckfliese · rectangular tile

~platte *f*, rechteckige Platte · rectangular plate, ~ slab

~profil *n*, Rechteckschnitt *m* [*Rechteckige Umrißlinie eines durchschnittenen Körpers*] · rectangular section, ~ profile

~pyramide *f*, Rechteckspitzsäule *f* · rectangular pyramid

~querschnitt *m* · rectangular cross section

~rahmen *m* · rectangular frame, ~ framing

~raster *m* · rectangular grid

~rippe *f* · rectangular rib

~rohr *n* → Flachrohr

~schacht *m*, Rechteckeinstiegschacht, Rechteckeinsteigschacht, Rechteckmannloch *n* · rectangular manhole, ~ manway

~schnitt *m*, Rechteckprofil *n* [*Rechteckige Umrißlinie eines durchschnittenen Körpers*] · rectangular section, ~ profile

~spitzsäule *f*, Rechteckpyramide *f* · rectangular pyramid

~stab *m*, rechteckiger Stab · rectangular bar, ~ rod

~stahl *m*, rechteckiger Stahl · rectangular steel

~stein *m* [*Fehlname*]; Rechteckziegel *m* · rectangular (clay) brick

~stütze *f*, rechteckige Stütze · rectangular column

~tafel *f*, rechteckige Tafel · rectangular panel

~tempel *m*, rechteckiger Tempel · rectangular temple

~vorhof *m*, rechteckiger Vorhof · rectangular forecourt

~walzdraht *m*, rechteckiger Walzdraht · rectangular wire rod

~ziegel *m* [*Fehlname: Rechteckstein m*] · rectangular (clay) brick

rechtkantig · square-edged

rechts abfallende Parabelbelastung *f* · parabolic loading diminishing from left to right

~ ansteigende Parabelbelastung *f* · parabolic loading increasing from left to right

Rechts|band *n* [*Beschlag für Fenster und Türen*] · right-hand hinge

~bezeichnung *f* · right-hand designation

~geländer *n* · right-hand handrail

~schloß *n* · right-hand lock

~treppe *f* · right stair(case)

~tür *f*, rechts aufschlagende Tür · right-hand door

rechtwink(e)lige Mauerecke *f* · rectangular masonry corner

~ Mauerkreuzung *f* · rectangular masonry wall crossing, ~ crossing of masonry walls

rechtwink(e)liger Fitting *m* · ell [*A pipe shaped like an L*]

~ Maueranschluß *m*, (~) Mauerstoß *m* · rectangular masonry wall junction, ~ junction of masonry walls

rechtwink(e)liges Achsenkreuz *n* rectangular (system of) axes

Rechtwink(e)ligkeit *f* · squareness

Redan *m* [*Ein kleiner Ravelin*] · redan

Rednertribüne *f* · dais, speaker's platform

Redoute *f* · redoubt

Reduktions|gotik *f* · reduction Gothic (style)

~kreuzstück *n*, Reduzierkreuzstück · reducing cross [*A double branch in the form of a reducing fitting*]

~muffe *f* → Reduktionsstück

~satz *m* · theorem of reduction, reduction theorem

~stück *n*, Reduktionsmuffe *f*, Reduzierstück, Reduziermuffe · reducing fitting, reducer [*A pipe fitting for connecting together two or more pipes where one or more of the pipes differ in diameter from the others*]

Reduzier|kreuzstück *n*, Reduktionskreuzstück · reducing cross [*A double branch in the form of a reducing fitting*]

~muffe *f* → Reduktionsmuffe

~stück *n* → Reduktionsstück

reduzierte Belastungslinie *f* · reduced loading line, ~ line of loading

reduziertes Moment *n* · reduced moment

Reduzier|-T-Stück *n*, Reduktions-T-Stück · reducing tee, ~ T(ee)

~ventil *n*, Druckminderventil · reducing pressure valve

Redwood-Viskosimeter II *n* · Admiralty visco(si)meter

reemulgieren · to become reemulsified

Refektorium *n*, Klosterspeisesaal *m*, Speisesaal im Kloster · frater, refectory [*The communal dining-hall in a monastic hall convent*]

reflektierende (Anstrich)Farbe *f*, Reflex(ions)(anstrich)farbe · reflective paint, reflecting ~

~ (Glas)Perle *f*, Reflex(glas)perle, Glasperle, Reflexionsperle [*für Fahrbahnmarkierungen*] · reflective (glass) bead, reflecting (~) ~

~ Markierungsfarbe *f*, ~ Verkehrsfarbe, Reflexfarbe · reflect(oriz)ing traffic paint, reflective ~ ~

~ Perle *f*, ~ Glas~, Reflex(glas)perle, Glasperle, Reflexionsperle [*für Fahrbahnmarkierungen*] · reflective (glass) bead, reflecting (~) ~

~ Verkehrsfarbe *f*, ~ Markierungsfarbe, Reflexfarbe · reflect(oriz)ing traffic paint, reflective ~ ~

Reflektions-Wasserstandanzeiger *m* · reflecting type water level indicator

Reflexfarbe *f*, reflektierende Verkehrsfarbe, reflektierende Markierungsfarbe · reflect(oriz)ing traffic paint, reflective ~ ~

~ → reflektierende (Anstrich)Farbe

reflexfreies Glas *n* · non-reflecting glass, non-reflective ~

Reflex(glas)perle *f*, Glasperle, Reflexionsperle, reflektierende (Glas)Perle [*für Fahrbahnmarkierungen*] · reflective (glass) bead, reflecting (~) ~

Reflexionsperle *f*, Glasperle, Reflex(glas)perle, reflektierende (Glas)Perle [*für Fahrbahnmarkierungen*] · reflective (glass) bead, reflecting (~) ~

Reflex|perle *f*, Reflexglasperle, reflektierende (Glas)Perle, Reflexionsperle, Glasperle [*für Fahrbahnmarkierungen*] · reflective (glass) bead, reflecting (~) ~

~schichtlampe *f* · reflector-layer lamp

Regalkonsole *f* · shelf bracket, shelving ~

Regattastrecke *f* · regatta course

Regel *f* · rule

~bauweise *f*, Standardbauweise, Normalbauweise · standard construction method

~breite *f* · typical width

~fläche *f* · ruled surface

~-Geschoßgrundriß *m*, Regel-Etagengrundriß, Regel-Stockwerkgrundriß, Regelrohbauplan *m* · typical floor (ground(-))plan, ~ ~ base

~größe *f*, Normalgröße · standard size

~grundriß *m* · typical (ground(-))plan, ~ base, type-(ground(-))plan, type-base

~länge *f* · typical length

~last *f* · typical load

regellose Bebauung *f*, sporadische ~, wilde ~ · sporadic building, haphazard ~

Regellösung *f* · typical solution

regelmäßig bebauen, nach Maß bearbeiten [*Quader(stein)*] · to square

~ gelocht · regularly perforated

regelmäßiger Kreuzpfeiler *m* · symmetrical cruciform pier

regelmäßiges Schichtenmauerwerk *n* · range masonry (work) [*The stones are laid in courses, each course being uniform in thickness throughout its length. All courses, however, need not to be of the same thickness*]

regeln [*Abbinden*] · to control set(ting)

Regeln *fpl* **für die Bemessung** · dimensioning rules

Regel|profil *n* · typical profile

~querschnitt *m*, Normalquerschnitt · typical cross-section

~rohbauplan *m* → Regel-Geschoß-Grundriß

~schale *f* · typical shell

~thermostat *m*, Regeltemperaturfühler *m* · thermostatic regulator

~traßzement *m* · trass cement with 70 parts by weight of portland cement clinker and 30 parts by weight of trass

~ventilverteiler *m* · control valve manifold

~verband *m* · typical (masonry) bond, normal (~) ~

~würfel *m*, Normalwürfel · typical (test) cube, normal (~) ~

Regen|abführung *f* → Regenwasserabführung

~ablauf *m* → Sinkkasten

~ablauf *m*, Regenwasserablauf [*am Dach*] · rainwater outlet, R. W. ~

~ablauffläche *f* · weathering [*A sloped upper surface designed to shed rainwater*]

~ablaufkonstruktion *f* [*Regenrinne + Regenfallrohr + Zubehör*] · rainwater system, R. W. ~

(~)Ablaufrohr *n* → Fallrohr

regenabweisend · rain-repelling

Regen|-Asbestzementrinne *f*, Dach-Asbestzementrinne, Asbestzementregenrinne, Asbestzement(dach)rinne · asbestos-cement (roof) gutter, ~ rainwater ~; cement asbestos (~) ~ (US)

~(auffang)becken *n* → Regen(wasser)-(auffang)becken

~behälter *m* → Regenwasserbehälter

regendicht · rainproof

Regen|dichte *f* [*Fehlname*] → Regendichtheit

~dichte *f*, Regenintensität *f*, Regenhöhe *f* in der Minute · rainfall intensity

~dichtheit *f*, Regendichtigkeit, Regenundurchlässigkeit [*Fehlname: Regendichte f*] · imperviousness to rain, impermeability ~ ~, rain impermeability, rain imperviousness, raintightness

~dichtigkeit *f* → Regendichtheit

~durchschlag *m* · rain penetration

~einlauf *m* → Sinkkasten

~entwässerung *f* → Regenwasserentwässerung

regenerieren · to revitalize

regenerierte Faser *f* · regenerated fibre (Brit.); ~ fiber (US) [*'Regenerated' means made into better form. Such fibres include acetate, casein, glass, soybean and viscous rayon*]

regenerierter Gummi *m*, aufgearbeiteter ~, Altgummi · reclaim(ed) rubber

Regenfallrohr *n* → Fallrohr

regenfest · rain-proof

Regen|fleckigkeit *f* · rain spotting [*The particular case of 'water spotting' caused by rain*]

~höhe *f* **in der Minute**, Regenintensität *f*, Regendichte *f* · rainfall intensity

~intensität *f*, Regendichte *f*, Regenhöhe *f* in der Minute · rainfall intensity

~karte *f* [*Karte mit Verbindungslinien von Orten gleicher Regenmenge*] · rainfall map

~maschine *f* [*Zur Durchführung künstlicher Bewitterungsversuche*] · rain water machine, raining ~

~rinne *f*, (Dach)Rinne [*DIN 18460*] · (roof) gutter, rainwater ~, R. W. ~

Regenrinnen|beheizung *f*, (Dach)Rinnenbeheizung · (roof) gutter heating, rainwater ~ ~, R. W. ~ ~

~blech *n*, (Dach)Rinnenblech · (roof) gutter sheet

~brett *n*, (Dach)Rinnenbrett · (roof) gutter board

(Regen)|Rinnenbügel *m* → (Dach-) Rinnenbügel

(~)Rinn(en)eisen *n*, (Dach)Rinn(en)eisen [*Aus verzinktem Bandstahl 30/5 oder 40/4 mm hergestellt*] · (roof) gutter steel bearer, (~) ~ ~ hanger

(~)Rinnenhalter *m* → (Dach)Rinnenbügel

(~)Rinnenhänger *m* → (Dach)Rinnenbügel

~rinn(en)kasten *m*, Regenrinn(en)kessel *m*, (Dach)Rinn(en)kasten, (Dach)Rinn(en)kessel · leader head, conductor ~, cistern ~ (US); rainwater ~ (Brit.) [*The enlarged entrance at the head of a downpipe. It collects the water from the gutters*]

~rinn(en)kessel *m*, Regenrinn(en)kasten *m*, (Dach)Rinn(en)kasten, (Dach-) Rinn(en)kessel · leader head, conductor ~, cistern ~ (US); rainwater ~, R.W. ~ (Brit.) [*The enlarged entrance at the head of a downpipe. It collects the water from the gutters*]

(~)Rinnenträger *m* → (Dach)Rinnenbügel

~rohr *n*, Regenwasserrohr · rainwater pipe, R. W. ~

~rohrschelle *f*, Regenwasserrohrschelle · rainwater pipe hanger, R. W. ~ ~

Regensburger Dom *m* · Ratisbon Cathedral

Regen|schirmschale *f* · umbrella shell

~schirmschalendach *n* · umbrella roof of folded shell, ~ shell roof

~schutz *m* · protection against rain

~schutzhaube *f*, Überdachung *f* [*Schornsteinkopf*] · (slab) cap(ping)

~schutzmauer *f* [*Fehlname: Regenschutzwand f. In Gegenden mit starkem Schlagregen wird oft eine ½-Stein dicke Mauerschale als Regenschutzmauer vor eine bereits genügend wärmedichte Außenmauer im Abstand vorgesetzt*] · rainproof masonry wall

~schutzwand *f* [*Fehlname*] → Regenschutzmauer

regensicher · rainproof

Regen|sperre *f*, Regenwassersperre · rain (water) barrier, R. W. ~

~tropfenglas *n*, Tautropfenglas, Ornamentglas BN 5.21 · derwdrop glass, waterdrop ~

~undurchlässigkeit *f* → Regendichtheit

Regenwasser *n* · rainwater, R. W.

Regen(wasser)|abführung *f* · removal of rainwater

~ablauf *m* → Sinkkasten

~ablauf *m* [*am Dach*] · rainwater outlet, R. W. ~

~(auffang)becken *n* · rainwater tank, R. W. ~

~becken *n*, Regen(wasser)auffangbekken · rainwater tank, R. W. ~

~behälter *m* · rainwater tank, R. W. ~

~einlauf *m* → Sinkkasten

~entwässerung *f* · storm drain system

~rohr *n* · rainwater pipe, R. W. ~

~rohrschelle *f* · rainwater pipe hanger, R. W. ~ ~

~sperre *f* · rain (water) barrier, R. W. ~

~zisterne *f* · rainwater cistern, R. W. ~

Regen|widerstand *m* · rain resistance

~zisterne *f*, Regenwasserzisterne · rainwater cistern, R. W. ~

Regiearbeiten *fpl* · force(-)account construction, ~ work

Regierungs|gebäude *n* · government building, ~ block

~palast *m* · government palace

Regionalplanung *f* · regional planning

Registerrohr *n* [*Strahlungsheizung*] · grid pipe

Regressionsberechnung *f* · regression analysis

Regula *f* → Regulus

Regulus *m,* Regula *f* · regulus, regula [*The short band, under the triglyphs, beneath the t(a)enia of the Doric entablature, and to which the guttae are attached*]

Reib(e)brett *n* [*Brett mit Handgriff zum Verreiben des Putzes*] · plasterer's float

Reiberhahn *m* · plug valve

Reib|funkenbildung *f* · friction-sparking

~korrosion *f,* Reiboxydation [*Korrosion unter gleichzeitiger mechanischer Beanspruchung. DIN 50900*] · fretting corrosion [*Corrosion under mechanical stress*]

~oxydation *f,* Reibkorrosion [*Korrosion unter gleichzeitiger mechanischer Beanspruchung. DIN 50900*] · fretting corrosion [*Corrosion under mechanical stress*]

~schale *f,* Mörser *m* [*DIN 12906*] · porcelain mortar

reibungsarmer Betrieb *m* · low friction operation

reib(ungs)behinderte Fuge *f* · sliding joint [*A joint designed to allow relative movement in the plane of the joint between two portions of a structure*]

Reib(ungs)beiwert *m* **bei Spanngliedern mit gekrümmtem Verlauf** · wobble coefficient [*A coefficient used in determining the friction loss occurring in post-tensioning, which is assumed to account for the secondary curvature of the tendons*]

reib(ungs)empfindlich · sensitive to friction

reibungsfreies Gelenk *n* · frictionless hinge

Reib(ungs)|kennwert *m* · friction constant

~verankerung *f* · anchorage by friction, anchoring ~ ~, friction-type anchorage, friction-type anchoring

~verbund *m* · friction bond

~verlust *m* · friction loss

~verschleiß *m* · friction-caused wear

~wärmeverlust *m* · frictional heat loss

Reibverlust *m,* Reibungsverlust · friction loss

reich an Silika, silikareich, sauer [*Gestein*] · acid(ic)

~ geziert, ~ geschmückt, ~ verziert · richly ornamented, highly ~, ~ decorated

reiche Renaissance *f* · opulent Renaissance

Reichtum *m* **an plastischem Schmuck** · abundance of carving

reif · mature

Reifen *n* [*Zement*] · maturing

~, Lack~ · maturing [*The process by which clarity, brightness, working properties, etc., are improved by storing the varnish in tanks*]

Reihen|bau(weise) *m,* (*f*) [*Die Hausreihen laufen mit den Straßen gleich. Die Vorderfronten liegen in einer Flucht oder sind gleichmäßig gestaffelt*] · row construction (method)

~dusche *f* · gang showers

~entwicklungsverfahren *n* · method of expansion into series

~familienhaus *n,* eingebautes Familienhaus · row home

~folge *f* **der Arbeitsvorgänge** · sequence of operations

~form *f* · gang mould (Brit.); ~ mold (US) [*A mo(u)ld in which several similar concrete components may be cast at the same time*]

~garage *f* **für Sied(e)lungen** · estate battery garage

~garagen *fpl* · battery garages

~haus *n,* eingebautes Haus · row house

~hauswohnung *f* · row-house-type dwelling unit (US); ~ dwelling (Brit.)

~pflaster(decke) *n,* (*f*), Reihensteinpflaster(decke), Großpflaster(decke) in Reihenform · coursed paving, paving in rows

~(stein)pflaster(decke) *n,* (*f*), Großpflaster(decke) in Reihenform · coursed paving, paving in rows

~stück *n* [*Waschreihe*] · range (lavatory) basin

~-Vergleichsversuche *mpl,* Vergleichsversuchsreihe *f* · comparison test series, comparative ~ ~

~waschanlage *f,* Waschreihe *f* · (lavatory basin) range, basins in range

~waschtisch *m* · range lavatory basin

rein · pure

~ plastischer Zustand *m* · purely plastic state

reine Biegung *f* · pure bending, ~ flexure, direct ~

~ Last *f* · direct load, pure ~

Reineisendraht *m,* Weicheisendraht · soft iron wire

reiner Druck *m* · direct compression, pure ~

~ Gipsputz *m* · gypsum neat plaster

~ Kubus *m* · plain cube

~ Membran(e)spannungszustand *m* · state of pure membrane stress

(~) Ton *m,* einfacher ~ [*Sinusförmige Schallschwingung im Hörbereich. Anmerkung: Die in der Musik übliche Bestimmung des Begriffes Ton weicht im allgemeinen von der in der Akustik üblichen ab. Der Musiker nennt das Schallergebnis, das einer einzelnen Note entspricht, Ton, während es sich nach der Terminologie der Akustik in den meisten Fällen – wegen der Obertöne – um einen Klang handelt*] · pure tone [*A sound in which the sound pressure varies sinusoidally with time. The waveform may be represented by sin ωt*]

~ ~, Edelton · pure clay

~ Zementklinker *m* · pure cement clinker

~ Zug *m* · pure tension, direct ~

reines Chromgelb *n* · chemically pure chrome yellow

Reinheit *f* · purity

Reinheitsgrad *m* · degree of purity

Reinigen *n* **(der Arbeitsgeräte)** · (equipment) clean-up

Reiniger *m*, Reinigungsmittel *n*, Reinigungsstoff *m* · clean(s)ing agent, cleaner

Reinigung *f* · clean(s)ing

~ von Kühlanlagen während des Betriebs · on-stream desludging of cooling systems

Reinigungs|anstalt *f* [*für Bekleidung*] · dry cleaning shop

~deckel *m*, Putzdeckel · inspection cover, ~ plate, cleanout ~, rodding ~

~emulsion *f* · clean(s)ing emulsion

~formstück *n*, Putzformstück · inspection fitting, cleanout ~, rodding ~

~geräte-Einbauschrank *m*, Reinigungsgeräte-Wandschrank · cleaning (equipment) closet, closet for cleaning equipment

~klappe *f* [*Lüftung*] · access door

~lösung *f* · clean(s)ing solution

~mittel *n*, Reinigungsstoff *m*, Reiniger *m* · clean(s)ing agent, cleaner

~öffnung *f*, Putzöffnung · cleanout opening, ~ eye, rodding ~, cleaning ~, access ~

~paste *f* · clean(s)ing paste

~pulver *n* · powder(ed) cleaner, clean(s)ing powder

~rohr *n*, Putzrohr [*Formstück in Abflußleitungen zur Reinigung derselben. DIN 1986*] · inspection tube, cleanout ~, rodding ~

~schacht *m* · cleaning chamber

~schraube *f*, Putzschraube, Reinigungsstopfen *m*, Putzstopfen · cleaning plug, cleanout ~, ~ screw

~stoff *m*, Reinigungsmittel *n*, Reiniger *m* · clean(s)ing agent, cleaner

~stopfen *m*, Putzstopfen, Reinigungsschraube *f*, Putzschraube · cleaning plug, cleanout ~, ~ screw

~stutzen *m*, Putzstutzen · cleanout tube, cleaning ~

~tür *f* → Kamintür

~ und Revisionsschacht *m* · inspection chamber

~wagen *m*, Fenster~, (Fenster)Putzwagen · (window) cleaning cradle

Rein|luft *f*, Gutluft · clean air, purified ~

~metall *n* · pure metal

~nickel *n* · pure nickel

Reinstaluminium *n* · super-purity aluminium (Brit.); ~ aluminum (US)

Reinwasserbehälter *m* · clear-water basin

Reinwichte *f*, echtes spezifisches Gewicht *n* [*DIN 1306*] · absolute specific gravity [*Ratio of the mass of a given volume of a solid or liquid, referred to a vacuum, at a stated temperature to the mass, referred to a vacuum, of an equal volume of gas-free distilled water at a stated temperature*]

Reisehotel *n* · transient hotel

Reisschale *f* · rice husk [*Rice husks are used as a lightweight aggregate*]

Reisstärke *f* · rice starch

~kleister *m* · rice starch paste

Reiswerkkirche *f*, norwegische Stabkirche · Norvegian stave church [*See remark under 'Stabkirche'*]

Reißen *n*, Zu~, An~, Anzeichnen, Anriß *m* [*Werkstücke*] · marking out, scribing

~ von Estrichen · screed cracking

Reiß|lack *m*, Krakelierlack · alligatoring lacquer, crackle ~

~lackieren *n* [*Eine Lackierungsart, bei der bewußt die Rißbildung herbeigeführt wird*] · alligatoring

Reiter|bild *n* · equestrian picture

~denkmal *n* · equestrian monument

~sparren *m*, Klauensparren · dormer rafter

~statue *f* · equestrian statue

Reizschwelle *f* · threshold of discomfort

Reklame|schild *n*, Werbeschild · advertising sign

~wand *f*, Werbewand · advertising wall

Rekristallisation *f*, Alterung *f* [*Schraube; Niet*] · crystallization

Rektorat *n* · house of the provost

relative Durchlässigkeit *f* · relative permeability, ~ perviousness

~ (Luft)Feuchtigkeit *f*, ~ (Luft-) Feuchte *f*, Feuchtigkeitsgrad *m*, Feuchtegrad [*Das Verhältnis der absoluten Feuchtigkeit zur größtmöglichen, d. h. zum gesättigten Zustand; es wird in Prozenten angegeben, 100% sind der gesättigte Zustand*] · relative humidity

relativer Wasserdampfleitwiderstand *m* · relative resistance to water vapour conductance (Brit.); ~ ~ ~ ~ vapor ~ (US)

Relaxation *f*, Spannungsabfall *m* bei gleichbleibender Dehnung [*Spannbeton*] · relaxation

Relaxations|tabelle *f* · relaxation table

~verfahren *n* · relaxation method

Relief *n* · relief

~bronzetür *f* · relief bronze door

~fries *m* · relief frieze

~(druck)tapete *f*, Profiltapete · three-dimensional wallpaper [*It has a relief surface*]

~orthostat *m* · relief orthostat

~stil *m* · relief style

~tapete *f*, Reliefdrucktapete, Profiltapete · three-dimensional wallpaper [*It has a relief surface*]

Religionsinstitut *n* · religion institute

Reliquiar *n* · reliquary [*A light portable receptacle for sacred relics*]

Reliquienhügel *m*, Stupa *m* · stupa(-mound), tope(-mound), domical mound [*A mound forming a Buddhist sacred monument*]

Remter *m* [*Speisesaal einer Ordensburg des Deutschritterordens*] · refectory

Remydecke *f* [*Warenzeichen. Stahlbetonrippendecke unter Verwendung von (Natur)Bimsbetonhohlkörpern*] · Remy floor

Renaissance *f* [*Wiederaufleben antiker Formen am Ende des Mittelalters. Als Stil vom Barock abgelöst*] · Renaissance

~-Akanthusblatt *n*, Renaissance-Bärenklaublatt · Renaissance acanthus leaf

~architekt *m* · Renaissance architect

~architektur *f*, Renaissancebaukunst *f* · Renaissance architecture

~brücke *f* · Renaissance bridge

~dom *m* · Renaissance dome

~form *f* · Renaissance form

~gebäude *n* · Renaissance building

~kirche *f* · Renaissance church

~ornament *n* · Renaissance ornament

~palast *m* · Renaissance palace

Rennplatztribüne *f*, Pferderennbahntribüne · racecourse (grand)stand, racetrack ~, turf ~

renovieren, verschönern · to redecorate, to renovate, to embellish

Renovierung *f*, Verschönerung · redecoration, renovation, embellishment

Renovierungsarbeiten *fpl*, Verschönerungsarbeiten · redecoration work, renovation ~, embellishment ~

Reparatur *f*, Instandsetzung *f*, Ausbesserung · making good, repair

~arbeiten *fpl*, Instandsetzungsarbeiten · repair work

~haken *m*, Dachhaken, Dachknappe *m*, Ausbesserungshaken [*DIN 18480*] · roof hook

~hochbauarbeiter *m* · jobber, builder's handyman [*A semi-skilled man who can do any sort of repair to small houses*]

~masse *f*, Flickmasse, Ausbesserungsmasse · patch(ing) compound, ~ composition, repair ~

~mörtel *m* · repair mortar

~- und Baumassen *fpl*, Bau- und Reparaturmassen [*Feuerfestindustrie. Mit diesen Erzeugnissen kann man monolithische Teile oder Auskleidungen in der notwendigen Schichtdicke herstellen. Die feuerfeste Masse hat einen der Verwendung angepaßten Körnungsaufbau; sie kann gestampft oder gespritzt werden*] · refractory products for monolithic construction, ~ materials ~ ~ ~

~werkstatt *f* · repair (work)shop

reparieren, instandsetzen, ausbessern · to make good, to repair

Repräsentationsgebäude *n* · prestige building

repräsentative Antike *f* · distinguished antique (style), noble ~ (~)

Reproduzierbarkeit *f* · reproducibility

Reservebestuhlung *f* · overflow seating

Resinat *n* · resinate

Resistanz *f*, Widerstand *m* [*Akustik. Der Realteil der Impedanz*] · acoustic resistance [*The real component of an acoustic impedance. Symbol R_a*]

Resonanz|frequenz *f* · resonance frequency, frequency of resonance

~last *f* · resonant load

~-(Schall)Absorber *m*, Resonanz-Schallschlucker · resonant absorber, ~ absorbent material, ~ absorbent system [*An absorber operating by virtue of the physical resonance of some part of its structure or the air associated with it. The commonest form consists of a panel or a flexible membrane which vibrates and absorbs sound*]

~schwingung *f* · resonant vibration, ~ oscillation

~wirkung *f* · resonance action

Resonator *m* [*Schallabsorption*] · resonator

~wand *f* · resonator wall

Resorzin|(-Formaldehyd)harz *n* · resorcinol formaldehyde resin

~(harz)leim *m*, Resorzin-Formaldehyd-(harz)leim · resorcinol formaldehyde glue, ~ ~ adhesive

Restaurantgeschoß *n*, Restaurantstockwerk *n*, Restaurantetage *f* · restaurant floor, ~ level; ~ story (US); ~ storey (Brit.)

Restaurationsküche *f* · restaurant kitchen

Restaurator *m* · restorer

Restaurierung *f* · restoration

Restaurierungsarbeiten *fpl* · restoration work

Rest|dehnung *f* · residual strain

~dicke *f* [*Fehlname: Reststärke f*] · residual thickness

~fehler *m* · residual error

~festigkeit *f* · residual strength

~feuchte *f* → Restfeuchtigkeit

~feuchtigkeit *f*, Restfeuchte · residual humidity, ~ moisture

~härte *f* [*Die nach der Enthärtung im Wasser noch vorhandene Härte*] · residual hardness

~kalk *m* · residual lime

~kiesel *m* · residual pebble

~momentenvermögen *n* · residual moment capacity

~rost *m* · residual rust

~sauerstoff *m* · residual oxygen

~spannung *f* · residual stress

~stärke *f* [*Fehlname*]; Restdicke *f* · residual thickness

~vorspannkraft *f* · residual (pre)stressing force, ~ stretching ~, ~ tensioning ~

~wasserdampf *m* · residual water vapour (Brit.); ~ ~ vapor (US)

Resultante *f* → Mittelkraft

Resultierende *f* → Mittelkraft

resultierende Last *f* · resultant load

resultierender Druck *m* · resultant pressure

Retabel *n*, Altar~, Altaraufsatz *m* [*Im Deutschen oft nur „Altar" genannt. Eine entweder auf die Mensa des katholischen Altars aufgesetzte, auf einem Zwischenstück (Predella) oder hinter diesem auf einem Unterbau stehende Schauwand, die im Mittelalter aufkam*] · altar screen, ~ piece, retable, reredos

Ret(h) *n*, Ried *n*, (Schilf)Rohr *n* · reed

~ für Dach(ein)deckungszwecke, Ried *n* ~ ~ [*Norddeutschland*]; (Schilf)Rohr *n* ~ ~ · reed thatch

~dach *n* [*Norddeutschland*] → Rohr(dach)(ein)deckung

~(dach)(ein)deckung *f* [*Norddeutschland*] → Rohr(dach)(ein)deckung

Retorten|lignit *m* · retort lignite

~verfahren *n* · retort process

Retrochor *m* · retro-choir, retro-quire [*The part of a major church which lies beyond the presbytery, i.e. east of the high altar (but not including the Lady Chapel)*]

Revisions|schacht *m* · inspection chamber [*A chamber constructed over a subsidiary sewer or drain of not more than 9 in. diameters to permit inspection and access for rodding*]

~-Zeichnung *f*, Abnahme-Zeichnung [*Zeichnung mit Kennzeichnung der für die Revision (Abnahme) wichtigen Maße*] · acceptance drawing

rezentes Harz *n* [*Aus lebenden Pflanzen gewonnenes Harz, z.B. Kolophonium, im Gegensatz zum (rezent) fossilen Harz, z.B. Bernstein*] · tapped resin

Rezept *n*, Versatzformel *f*, Rezeptur *f* [*Steinzeugindustrie*] · mix(ture) composition

rezeptieren · to formulate

Rezept(ur) *n*, (*f*) · formulation

~, Versatzformel *f* [*Steinzeugindustrie*] mix(ture) composition

reziproker Kräfteplan *m*, Bowscher ~ [*ebenes Fachwerk*] · Bow's polygon, reciprocal force ~

~ Wert *m*, Kehrwert · reciprocal value

Reziprozitätssatz *m* · reciprocal theorem

Rg *m* → Rotguß

rheinische Architektur *f* Rhenish architecture

Rheologie *f*, Fließlehre *f* [*Lehre vom Fließverhalten*] · rheology

rheologische Eigenschaft *f* · rheological property

Rheopexie *f* · rheopexy [*The property because of which certain materials exhibit dilatancy under small shearing stress followed by thixotropy under greater stress*]

Rhomben|dach *n*, Rautendach, Helmdach · helm roof [*It has four inclined faces joined at the top, with a gable at the foot of each*]

~dodekaeder *m* · rhombic dodecahedron

~fachwerk(träger) *n*, (*m*) → Rautenfachwerk(träger)

~porphyr *m*, rautenförmiger Purpurstein *m* · rhomb porphyry

Rhyolit *m* · rhyolite [*A volcanic rock of acid composition generally having crystals of quartz and orthoclase set in a glassy or fine-grained felsitic groundmass*]

~tuff *m* · rhyolitic tuff

Richtauf|bauweise *f*, Aufkippbauweise · tilt-up construction, ~ method

~betontafel *f*, Aufkippbetontafel · tilt-up concrete panel

~tafel *f*, Aufkipptafel · tilt-up panel

~wand *f*, Aufkippwand · tilt-up wall

Richten *n* · mangling [*Flattening of plates, hot or cold, by passing through a multi-roll straightening machine*]

Richt|fest *n* · builder's treat, topping-out ceremony

~leiste *f* · screed [*A strip, usually of wood or metal, used as a guide for striking off or finishing a surface*]

~linie *f* · guide(line spec(ification))

Richtungsfaktor *m* [*Schalltechnik*] directivity factor

richtungslos · devoid of directionality, nondirectional

Richtungswechsel *m* · change of direction

Richt|wert *m*, Richtzahl *f* · approximate value

~zahl *f*, Richtwert *m* · approximate value

Ricinenöl *n*, dehydratisiertes Ricinusöl · dehydrated castor oil

Ricinusöl *n* · castor oil

Ried *n*, Ret(h) *n*, (Schilf)Rohr *n* · reed

~ für Dach(ein)deckungszwecke, Ret(h) *n* ~ ~ [*Norddeutschland*]; (Schilf)Rohr *n* ~ ~ · reed thatch

~dach *n* [*Norddeutschland*] → Rohr(dach)(ein)deckung

~(dach)(ein)deckung *f* [*Norddeutschland*] → Rohr(dach)(ein)deckung

Riefe *f*, Kannelur(e) *f* [*Lotrechte Vertiefung am Säulenschaft*] · flute

Riefelung *f*, Kannelierung · fluting

Riegel *m*, Tür~ · (door) rail

~, Schloß~, Schließriegel · (dead) bolt, lock ~

~, Fachwerk~ · (framework) rail

~, Holz~ · nogging (piece), nog [*Horizontal short timbers which stiffen the studs of a stud partition (wall)*]

~, Querstück *n* · rail, cross member, horizontal member [*A horizontal bar of wood or metal extending from one post or support to another as a guard or barrier in a fence, balustrade, staircase, etc.*]

riegelartige (Feder)Falle *f* · deadlocking latch bolt

Riegel|gesperre *n* [*Buntbartschloß*] · warded (locking) mechanism

~schloß *n* · (dead) bolt lock

~sperre *f* [*Buntbartschloß*] · ward

~trennwand *f*, Fachwerktrennwand · frame(d) partition (wall), truss(ed) ~ (~) [*A partition (wall) built up on its own frame of timber or less commonly of other material such as reinforced concrete or metal*]

~wand *f*, Fach(werk)wand · frame(d) wall

Riemchen *n*, (Ein)Quartier *m*, Viertelziegel *m*, Viertelstein *m*, Viertelstück *n*, Quartierstück · one-quarter brick

~ [*am dorischen Kapitell*] · annulet

~verband *m* → Viertelziegelverband

Riemen|(fuß)boden *m*, Schiffußboden, (Wiener) Stab(fuß)boden, Bandparkett *n* · inlaid-strip flooring, (wood-)strip ~

~(stein) *m*, Meisterquartier *m* · soap (brick), furring (~)

Rieppelträger *m*, dreiwandiger Träger · Rieppel girder

Riese(n) *m*, (pyramidenförmiger) Helm *m*, Ryse *m* [*Pyramidenförmiger, krabbenbesetzter und in einer Kreuzblume endigender Helm einer Fiale*] · pyramidion

Riesen|altar *m*, großer Altar, Altarbau *m* [*z.B. von Pergamon*] · great altar

~stadt *f* · metropolis

~stein *m*, Großstein, Megalith *m* · megalith [*A large hewn or unhewn stone such as is found in cyclopean masonry*]

~steingrab *n*, Megalithgrab, Großsteingrab [*Volkstümliche Bezeichnungen sind „Hünengrab", „Hünenbett" n und „Opfertisch" m*] · megalithic burial chamber, ~ tomb ~, ~ sepulchral ~, ~ (chamber) tomb [*Megalithic (chamber) tombs are often colloquially called 'giants', graves', 'fairies' houses' or 'hunsbeds'*]

riesiger Kopf *m* · giant head

Riffel|blech *n*, geriffeltes Blech, geripptes Blech · channeled plate (US); channelled ~ (Brit.); checker(ed) ~

~folie *f*, geriffelte Folie · channelled foil (Brit.); chaneled ~ (US); checker(ed) ~

Rigolstein *m* [*Naturbruchstein für Entwässerung von Dämmen u.a.; als Pakkung eingebracht*] · rip-rap stone

Rillen|(belag)platte *f*, Rillenfliese *f* · grooved tile

~fliese *f*, Rillen(belag)platte *f* · grooved tile

~platte *f*, Rillenbelagplatte, Rillenfliese *f* · grooved tile

~putzgeflecht *n* [*In das Geflecht sind Rillen eingepreßt, welche auf dem Putzgrund aufliegen, sodaß der Putzträger in der Mitte der Putzschicht liegt*] · corrugated lath(ing)

Ring|analyse *f* · interlaboratory study, ~ test

~analysendaten *f* · interlaboratory test data, ~ study ~

~anker *m* [*Die Hohlkörper bei Hohlkörperdecken werden nur soweit gelegt, wie die Schalung reicht, also bis vor die tragenden Wände. Die Bewehrung dagegen ragt mit ihren zu Haken umgebogenen Enden bis über die tragenden Wände hin und wird dort vom Beton aufgenommen. Nach dem Erhärten bildet dann dieser Beton den Ring, in dem die Bewehrung verankert ist*] · peripheral tie beam

ringarmierte Säule *f*, ringbewehrte ~ · hoopd column

Ring|armierung *f*, Ringbewehrung, Ring(stahl)einlagen *fpl* · hoops, binders, lateral reinforcement [*Binders in the form of rings (other than helical) round the main reinforcement in columns or piles*]

~aufbausystem *n* [*Seilsystem*] · system with ring-type buildup

~aufbausystem *n* **mit zentraler Überhöhung** [*Seilsystem*] · system with ring-type buildup rising toward centre

~aussteifung *f* · ring stiffening

~balken(träger) *m* · circular beam, ring(-shaped) ~

ringbewehrte Säule *f*, ringarmierte ~ · hooped column

Ring|bewehrung *f*, Ringarmierung, Ring(stahl)einlagen *fpl* · hoops, binders, lateral reinforcement [*Binders in the form of rings (other than helical) round the main reinforcement in columns or piles*]

~block(stein) *m*, Ringstein, Radialblock(stein), Radialstein · compass block, ~ tile, radial ~, radiating ~ [*See remark under 'Block'*]

~bolzen *m*, Ösenbolzen Schrauböse *f*, Ösenschraube *f*, Schraubenbolzen mit Ring, Aug(en)bolzen · eye bolt

~dehnung *f* · annular strain

~druckverfahren *n* [*Für die Bemessung biegbarer stählerner Tunnelauskleidungen und dünnwandiger Rohre aus Stahlblech*] · ring compression theory

~dübel *m* · joint ring [*Metal ring used to strengthen structural timber joints*]

~einlagen *fpl* → Ringstahleinlagen

ringförmiges Tonnengewölbe *n* · circular barrel vault, ~ tunnel ~, ~ wagon ~

Ring|förmigkeit *f* · annularity

~fuge *f* · ring joint

~fundament *n* · ring foundation

~hallentempel *m*, Peripteralrundtempel · round peripteral temple, circular ~ ~

~hart(brand)ziegel *m*, Radialhart(brand)ziegel, Rz 250 · compass hard brick, ~ well-burned ~, ~ well-burnt ~, radial ~ ~, radiating ~ ~

~hartklinker *m*, Radialhartklinker, R 450 · highly resistant compass engineering brick, ~ ~ radial ~ ~, ~ ~ radiating ~ ~

~kalksandhartstein *m*, Radialkalksandhartstein, Rs 250 · highly resistant compass sand-lime brick, ~ ~ ~ lime-sand ~, ~ ~ radial ~ ~, ~ ~ radiating ~ ~, ~ ~ ~ calcium silicate ~

~klinker *m*, Radialklinker, R 350 · compass engineering brick, radial ~ ~, radiating ~ ~ [*It tapers in at least one direction*]

~konsole *f* · perimeter bracket

~längskraft *f* · annular longitudinal force

~leitung *f* · circuit

~mauer *f*, Mauerring *m*, Bering *m*, Zingel *m* [*Mit Verteidigungseinrichtungen ausgerüstete starke Mauer rings um eine Burg*] · ring work

~mauerburg *f* · ring-work castle

~mauerziegel *m*, Radialmauerziegel, Radialvollziegel, Rz 150 · compass solid brick, radial ~ ~, radiating ~ ~

~membran(e) *f* · annular membrane

~netz *n* [*Elektrotechnik*] · ring main system

~ofen *m* · circular kiln

~pfad *m* [*Stupa*] · processional path

~platte *f* · ring slab, ~ plate

~pultdach *n* [*Es liegt ringförmig um einen höheren, zentralen Baukörper, z.B. einem Chor*] · lean-to ring roof

~querschnitt *m* · annular cross-section

~raum *m* · annular space

~säule *f*, Bundsäule [*Säule mit durch ringförmige Zwischenglieder unterteiltem Schaft*] · column with shaft-rings, ~ ~ annulets

~schale *f* · toroid shell

~schloß *n*, Kombi(nations)schloß, Vexierschloß · combination lock, dial ~, puzzle ~

~schuppen *m* [*Lok(omotiv)schuppen*] · roundhouse

~seil *n* · ring cable

~spannung *f* · ring stress, hoop ~

~stab *m* [*Raumfachwerk*] · ring bar, ~ member

~(stahl)einlagen *fpl*, Ringarmierung *f*, Ringbewehrung · hoops, binders, lateral reinforcement [*Binders in the form of rings (other than helical) round the main reinforcement in columns or piles*]

~stein *m*, Ringblock(stein) *m*, Radialstein, Radialblock(stein) · compass block, ~ tile, radial ~, radiating ~ [*See remark under 'Block'*]

~träger *m* · ring(-shape) girder, circular ~

~verformung *f* · hoop deflection, ~ deflexion

ringversteift · ring-stiffened

Ring|vollblock(stein) *m*, Ringvollstein, Radialvollblock(stein), Radialstein, Rs 150 · compass solid block, radial ~ ~, radiating ~ ~, ~ ~ tile [*See remark under 'Block'*]

~vollstein *m*, Ringvollblock(stein) *m*, Radialvollstein, Radialvollblock(stein), Rs 150 · compass solid block, radial ~ ~, radiating ~ ~, ~ ~ tile [*See remark under 'Block'*]

~-Vorhängeschloß *n*, Kombi(nations)-Vorhängeschloß, Vexier-Vorhängeschloß · combination padlock, dial ~

~wasserleitung *f* · ring water main

~zellenbauweise *f* · annular cell construction method

~ziegel *m*, Radialziegel, Schachtziegel, Brunnenziegel, Rz · compass brick, radial ~, radiating ~ [*A brick the two end faces of which are parts of concentric cylinders*]

~zone *f* · annular zone

Rinne *f*, Dach~, Regen~ [*DIN 18460*] · (roof) gutter, rainwater ~

~, (Rohr)Schale *f*, (auf)gespaltenes Rohr *n* · split pipe, ~ duct, channel (stone)

Rinnen|balken(träger) *m*, Rinnenträger [*Shedrahmen*] · valley beam, ~ girder

~beheizung *f*, Dach~, Regen~ · (roof) gutter heating, rainwater ~ ~

~(belag)platte *f*, Rinnenfliese *f* · gutter tile

~beton *m*, Gußbeton, gießfähiger Beton, flüssiger Beton [*Dieser Beton ist so weich, daß er ohne Entmischung in Rinnen von etwa 25° Gefälle fließt. Der große Wasserzusatz zur Erzielung einer solchen Fähigkeit ergibt eine geringe Güte. Dieser Beton wird daher heute kaum noch verwendet*] · chuted concrete

~blech *n*, Dach~, Regen~ · (roof) gutter sheet

~brett *n*, Dach~, Regen~ · (roof) gutter board

~bügel *m* → Dach~

Rinn(en)eisen *n*, Regen~, Dach~ [*Aus verzinktem Bandstahl 30/5 oder 40/4 mm hergestellt*] · (roof) gutter steel bearer, (~) ~ ~ hanger

Rinnen|fliese *f*, Rinnen(belag)platte *f* · gutter tile

~halter *m* → Rinn(en)eisen

~ → (Dach)Rinnenbügel

Rinnenhänger *m* → (Dach)Rinnenbügel

Rinn(en)kasten *m*, Dach~, Regen~, (Dach)Rinn(en)kessel *m*, Wasserfangkasten · leader head, conductor ~, cistern ~ (US); rainwater ~ (Brit.) [*The enlarged entrance at the head of a downpipe. It collects the water from the gutters*]

Rinnenkehlziegel *m*, Schwenkziegel, Kehlziegel · valley clay roof(ing) tile, ~ roof(ing) clay ~, (roof) valley clay ~

Rinn(en)kessel *m*, Dach~, Regen~, (Dach)Rinn(en)kasten *m*, Wasserfangkasten · leader head, conductor ~, cistern ~ (US); rainwater ~ (Brit.) [*The enlarged entrance at the head of a downpipe. It collects the water from the gutters*]

Rinnen|platte *f*, Rinnenbelagplatte, Rinnenfliese *f* · gutter tile

~schacht *m*, Straßen~, Straßenablauf *m*, Straßeneinlauf, Straßengully *m*, Straßensinkkasten *m* [*DIN 4052*] · road gull(e)y, ~ inlet, street ~

~schelle *f* · gutter bracket

~sprosse *f*, U-Sprosse [*kittlose Verglasung*] · U-shaped patent glazing bar, ~ puttyless ~ ~

~stahl *m*, trogförmiger Formstahl · trough section, troughing

~stein *m* [*Straßenbau*] · gutter (paving) sett

~träger *m*, Rinnenbalken(träger) *m* [*Shedrahmen*] · valley beam, ~ girder

~träger *m* → (Dach)Rinnenbügel

~ziegel *m*, Nonne(nziegel) *f*, (*m*), Haken *m* · mission tile (US); concave ~, under-tile

Rippe *f* · rib

Rippen|abstand *m* · rib spacing, ~ interval, distance between ribs

~armierung *f*, Rippenbewehrung, Rippen(stahl)einlagen *fpl* · reinforcement in ribs, steel ~ ~ ~

~balken(träger) *m* · rib(ed) beam

~belastung *f* · rib loading

~bewehrung *f*, Rippenarmierung, Rippen(stahl)einlagen *fpl* · reinforcement in ribs, steel ~ ~ ~

~blech *n*, Rippenfeinblech · ripple metal sheet

~blech *n*, Rippengrobblech · ribbed (heavy) plate

~bogen *m* · ribbed arch

Rippendecke *f* [*In Rippen aufgelöstes System einer Betondecke; die Rippen werden an der Oberseite durch eine Druckplatte miteinander verbunden*] · rib(bed) floor

~ aus (Beton)Fertig(bau)teilen, (Beton-)Fertig(teil)rippendecke · (pre)cast (concrete) rib(bed) floor, prefab(ricated) ~ ~ ~

~ ~ Fertig(bau)teilen, ~ ~ Beton~, (Beton-)Fertig(teil)rippendecke · (pre-) cast (concrete) rib(bed) floor, prefab(ricated) ~ ~ ~

~ mit Füllkörpern, Füllkörperdecke [*DIN 4225*] · (pre)cast rib and filler block floor, (~) ~ ~ ~ tile ~

~ ~ Füllplatten, ~ ~ plattenförmigen Zwischenbauteilen [*DIN 4225*] · rib(bed) floor with slabs [*The slabs fill the spaces between the ribs*]

~ ~ Ortbeton(druck)platte [*DIN 422. Decke aus Stahlbeton-Fertigbalken im Mittenabstand von höchstens 1,25 m, deren Druckplatte am Ort auf Schalung oder Zwischenbauteilen betoniert wird*] · rib(bed) floor with in(-)situ (cast) structural topping

~ ~ Ortbetonrippen [*DIN 4225. Eine Decke, deren Rippen im Mittenabstand von höchstens 1,25 m am Ort betoniert sind, während die Druckplatte aus Zwischenbauteilen besteht*] · rib(bed) floor with in(-)situ (cast) ribs

~ ~ plattenförmigen Zwischenbauteilen, ~ ~ Füllplatten [*DIN 4225*] · rib(bed) floor with slabs [*The slabs fill the spaces between the ribs*]

~ ~ Zwischenbauteilen [*DIN 4225. Eine Decke mit Stahlbeton-Fertigbalken im Mittenabstand von höchstens 1,25 m und Zwischenbauteilen, deren Mitwirkung für die Tragfähigkeit der Balkenrippen in Rechnung gestellt wird*] · (pre)cast rib and filler floor

(Rippen)Deckenfüll|block(stein) *m* → Füllkörper

~körper *m* → Füllkörper

~stein *m* → Füllkörper

Rippendecken|platte *f* · rib(bed) floor slab

~-Schalblech *n*, Koenenblech · Koenen plate

~schalung *f* · rib-span formwork, ~ shuttering, ~ forms

(Rippen)Deckenzwischenbauteil *m, n* → Zwischenbauteil

Rippendeck|plättchen *n*, Rippenhohlkörper *m*, Rippendeckplatte · (clay) slip tile [*(Clay) slip tiles, grooved like the blocks, can be laid between the blocks to cover the soffit of the ribs and give a uniform key for plaster. They also increase the fire resistance of the floor*]

~platte *f* → Rippendeckplättchen

Rippen|einlagen *fpl*, Rippenstahleinlagen, Rippenbewehrung *f*, Rippenarmierung · reinforcement in ribs, steel ~ ~ ~

~(fein)blech *n* · ripple metal sheet

rippenfrei, rippenlos · ribless

Rippen|fundament *n*, Bogen~ · (arch) rib footing

~gewölbe *n* · rib vault

(Rippen)Gewölbekappe *f* · web, cell [*One of the compartments of a rib(-bed) vault*]

Rippen|gewölbekirche *f* · rib-vaulted church

~glas *n*, geripptes Glas, gestreiftes Glas · ribbed glass

~(grob)blech *n* · ribbed (heavy) plate

~-Gummi(fuß)boden(belag) *m* · ribbed rubber flooring

~heizkörper *m*, berippter Heizkörper, Lamellenheizkörper · strip heater, fin(ned) ~ ~, rib(bed) ~, g(r)illed ~

~heizrohr *n*, Lamellenheizrohr, beripptes Heizrohr (fin(ned)) strip heating tube, rib(bed) ~ ~, g(r)illed ~ ~

~heizrohr *n*, Lamellenheizrohr, beripptes Heizrohr · fin(ned) heating pipe, rib(bed) ~ ~, g(r)illed ~ ~

~höhe *f* · rib depth

~hohlkörper *m* → Rippendeckplättchen

~hohlnutenstein *m*, Rippenh(o)urdi *m*, Rippentonhohlplatte *f*, Tonhohlrippenplatte, Rippenziegelhohlplatte · hollow clay (building) block with keyed underside [*The key provided for plaster or rendering is of dovetail form*]

~h(o)urdi *m*, Rippentonhohlplatte *f*, Tonhohlrippenplatte, Rippenziegelhohlplatte, Rippenhohlnutenstein *m* · hollow clay (building) block with keyed underside [*The key provided for plaster or rendering is of dovetail form*]

~kehle *f* · rib valley

~konstruktion *f* · ribbing

~kuppel *f* · rib(bed) dome, ~ cupola

~lochmetall *n* · ribbed perforated metal

rippen|los, rippenfrei · ribless

~lose Zylinderschale *f*, mehrfeld(e)rige Zylinderscheibe mit flachen und breiten Querrippenbändern · multiple ribless shell

Rippen|metallwand *f* · rib(bed) metal wall

~neigung *f* · rip slope

~netz *n*, Rippensystem *n*, Rippenwerk *n* · rib system

~oberfläche *f*, gerippte Oberfläche · ribbed surface

~paar *n* · pair of ribs

~pappe *f*, Rippenwollfilzpappe · ribbed rag felt, ~ wool ~

~platte *f* · T(ee)-beam slab, rib(bed) ~, ~ plate

~platte *f* **mit hohen Rippen** · deep-ribbed slab, T(ee)-beam slab with deep ribs

~plattengewölbe *n* · rib and panel vault [*A framework of ribs supports thin stone panels*]

~profil *n* · rib-profile, profile of rib

~profil *n* [*als Erzeugnis*] · rib section, ~ trim, ~ unit, ~ shape

~putzträger *m* · metal rib lath(ing) rib(bed) (metal) ~

~querschnitt *m* · rib cross section

~rohr *n*, Lamellenrohr, beripptes Rohr · g(r)illed tube, fin(ned) ~, ribbed ~

~rohrheizkörper *m* · g(r)illed tube heater, fin(ned) ~ ~, ribbed ~ ~, ~ ~ radiator

~schalung *f* · rib forms, ~ form(work), ~ shuttering

~schnittpunkt *m* · rib-intersection

~stab *m* · ribbed bar, ~ rod

Rippenstahl *m*, Beton~, quergerippter Betonformstahl [*Die gleichmäßig auf die ganze Stablänge verteilten Querrippen stehen rechtwink(e)lig zur Stabachse und erstrecken sich über den ganzen Stabumfang*] · ribbed (re-)bars, ~ (steel reinforcing) bars, ~ steel (reinforcing) rods

~ der Betonstahlgruppe IIIb, Beton~ ~ ~ ~ · (twisted-type) deformed (concrete) (reinforcing) bars grade IIIb

~dachpfanne *f* · ribbed steel pantile

Rippen(stahl)einlagen *fpl*, Rippenbewehrung *f*, Rippenarmierung · reinforcement in ribs, steel ~ ~ ~

Rippenstreckmetall *n* · ribbed expanded (metal) mesh, ~ ~ metal, ~ XPM, ~ EM

~ als Putzträger · ribbed (expanded) (metal) lath(ing)

~bewehrung *f*, Rippenstreckmetallarmierung · ribbed expanded metal reinforcement

~decke *f* · ribbed expanded (metal) mesh ceiling, ~ ~ metal ~, ~ XPM ~, ~ EM ~

Rippen|system *n*, Rippennetz *n*, Rippenwerk *n* · rib system

~tafel *f* [*Ziegelmontagebau*] · ribbed (clay) brick panel

~tonhohlplatte *f*, Rippenhourdi *m*, Tonhohlrippenplatte, Rippenziegelhohlplatte, Rippenhohlnutenstein *m* · hollow clay (building) block with keyed underside [*The key provided for plaster or rendering is of dovetail form*]

~-Torstahl *m* · (twisted-type) deformed Tor-Steel

~träger *m* · rib(bed) girder

rippen|verstärktes Innendruckpneusystem *n* · inside pressure pneumatic system reinforced by membrane ribs

~versteift · rib-strengthened

Rippen|werk *n*, Rippensystem *n*, Rippennetz *n* · rib system

~(wollfilz)pappe *f* · ribbed rag felt, ~ wool ~

~ziegelhohlplatte *f*, Rippenhohlnutenstein *m*, Rippenhourdi *m*, Rippentonhohlplatte, Tonhohlrippenplatte · hollow clay (building) block with keyed underside [*The key provided for plaster or rendering is of dovetail form*]

Rippung *f* · ribbing

risse|fester Beton *m*, rißfester ~ · crack-resistant concrete

~frei → rißfrei

Rissefreiheit *f*, Rißfreiheit · freedom from cracking (and crazing), absence of cracks and crazes

risselos → rißfrei

rissiger Ziegel *m* **ohne Klang** · shuff

Riß *m*, Peture *f*, Kaltsprung *m* [*Flachglasfehler*] · surface crack, check

~, Projektion *f* · projection

~ · crack

~absieg(e)lung *f*, Rißversieg(e)lung · crack seal(ing)

~abstand *m* · crack spacing, ~ interval

~armierung *f*, Rißbewehrung, Riß(stahl)einlagen *fpl* · anti-crack steel, ~ reinforcement

~ausbreitungskraft *f* · crack extension force

~auspressung *f*, Rißeinpressung, Rißverpressung · crack injection

~beherrschung *f* · crack control

~bewehrung *f*, Rißarmierung, Riß(stahl)einlagen *fpl* · anti-crack steel, ~ reinforcement

~bildung *f* · cracking

~bildungszustand *m* · state of cracking

~breite *f* · crack width

~breitenmesser *m* · crack-measuring ga(u)ge

~ebene *f*, Bildtafel *f*, Bildebene, Rißtafel, Projektionstafel · plane of projection

riß|fest · crack-resistant

~fester Beton *m*, rissefester ~ · crack-resistant concrete

Riß|festigkeit *f* · extensibility, resistance to cracking, cracking strength

~flanke *f*, Rißwand(ung) *f* · crack wall

~formel *f* · crack formula

rißfrei, rissefrei, rißlos, risselos · crack-free, free of cracks

Riß|freiheit *f*, Rissefreiheit · freedom from cracking (and crazing), absence of cracks and crazes

~gefahr *f* · cracking risk

~geometrie *f* · crack geometry

~kante *f* · crack edge

~last *f* · cracking load

rißlos → rißfrei

Riß|moment *n* · cracking moment

~neigung *f* · tendency to cracking

~schärfe *f* · crack sharpness

rißsicher · crack-proof

Riß|sicherheit *f* · safety against cracking

~sicherheitsbeiwert *m* · coefficient of safety against cracking

~spannung *f* · crack(ing) stress

~(stahl)einlagen *fpl*, Rißarmierung *f*, Rißbewehrung · anti-crack steel, ~ reinforcement

~tafel *f*, Bildtafel, Rißebene *f*, Bildebene, Projektionstafel · plane of projection

(~)Überbrückung *f* · (crack) bridging

~ursprung *m* · crack starter

~verfahren *n*, Projektionsverfahren · projection method

~verhütung *f* · avoidance of cracking

~versieg(e)lung *f*, Rißabsieg(e)lung · crack seal(ing)

~wand(ung) *f*, Rißflanke *f* · crack wall

~weite *f* · crack width

Ritterdach *n*, Kronendach [*Geringste Dachneigung 35°, am Aufschiebling ≧ 30°*] · high-pitched roof

Rittersche Momentengleichung *f* · Ritter's equation of moments

Ritterscher Schnitt *m* · Ritter's dissection

Ritterscher Schnittverfahren *n*, Rittersche Schnittmethode *f* [*Der von Ritter angegebene Weg zur Ermitt(e)lung der Stabkräfte eines innerlich statisch bestimmten Fachwerkträgers*] · Ritter's method of dissection

Ritzbarkeit *f* · scratchability

Ritzbeseitigung *f* · scratch removal

ritzbeständig → ritzfest

Ritzbeständigkeit *f* · scratch resistance

ritzfest, ritzbeständig, kratzfest, kratzbeständig · scratchproof, scratch(-)resistant, scratch(-)resisting

Ritz|härte *f*, Mineralhärte [*Der Widerstand, den Mineralien der Trennung ihrer kleinsten Teilchen beim Ritzen entgegensetzen. Sie wird nach der Mohs'schen Härteskala bestimmt, die 10 Härtegrade erfaßt. Beginnend mit dem weichsten Mineral 1 umfaßt die Skala folgende Mineralien*:
1 Talk
2 Steinsalz oder Gips
3 Kalkspat
4 Flußspat
5 Apatit
6 Orthoklas
7 Quarz
8 Topas
9 Korund
10 Diamant
Jedes dieser Mineralien ritzt einen Körper vom vorausgehenden Härtegrad] · scratch hardness

~probe *f*, Ritzprüfung *f*, Ritzversuch *m*, Mineralhärteversuch, Mineralhärteprüfung, Mineralhärteprobe · scratch test

~prüfung *f*, Ritzprobe *f*, Ritzversuch *m*, Mineralhärteversuch, Mineralhärteprüfung, Mineralhärteprobe · scratch test

~versuch *m*, Ritzprüfung *f*, Ritzprobe *f*, Mineralhärteversuch, Mineralhärteprüfung, Mineralhärteprobe · scratch test

Rizinusöl *n* · castor oil [*A nondrying oil obtained from the castor bean. It may be converted to a drying oil by chemical treatment, and is then known as dehydrated castor oil*]

robustes Rohr *n*, Hochdruckrohr · high-pressure pipe, solid ~

Rocaille *n, f*, Muschelwerk *n* · rocaille, scroll-work [*A graceful design of delicate scroll and counter-scroll outline, varying in form yet maintaining everywhere its characteristic asymmetrical harmony*]

Rockwellhärte *f* · Rockwell hardness, Rh

~-B-Skala *f* · Rockwell hardness B-scale, RB

~-C-Skala *f* · Rockwell hardness C-scale, RC

~prüfung *f*, Rockwellhärteprobe *f*, Rockwellhärteversuch *m* · Rockwell hardness test

~skala *f* · Rockwell hardness scale

Rödeldraht *m*, Bindedraht · binding wire, lashing ~, annealed ~, iron ~, tying ~ [*Soft steel wire used for binding reinforcement*]

Rödeln *n* **(von Bewehrung(en))**, Rödelung *f* (~ ~), Flechten (~ ~), Bewehrungsflechten · binding (reinforcement), tying (~), reinforcement binding, reinforcement tying

Rogen(kalk)stein *m*, Bernburger Grauwacke *f* · roestone

Roggen|mehlkleister *m* · rye paste

~stärke *f* · rye starch

~stroh *n* · rye straw

roh [*Straßenbaugestein ohne Bindemittelumhüllung*] · dry, uncoated

~, unverputzt · unplastered

~ [*ohne (Farb)Anstrich*] · unpainted [*abbreviated: unpntd*]

Rohasbest *m* · raw asbestos

Rohbau *m* · carcass, fabric; shell [*Canada*]; carcase [*deprecated*] [*A building or structure that is structurally complete but otherwise unfinished*]

~abnahme *f* · acceptance of the carcass, ~ ~ ~ fabric; ~ ~ ~ shell [*Canada*]

~arbeiten *fpl*, Gebäude~ · carcass work, fabric ~, carcassing; shell work [*Canada*] [*Constructing the carcass of a building*]

~holz *n*, Zimmereiholz · carcassing timber

Roh|bearbeitung *f* · knobb(l)ing, skiffling [*Dressing stones roughly in the quarry by removing protruding humps*]

~(dach)pappe *f* · (roofing) fabric, fabric for roofing

~(dach)pappenfaser *f* · (roofing) fabric fiber (US); (~) ~ fibre (Brit.)

~decke *f* · uncovered floor

(~)Dichte *f*, Raumgewicht *n* der Volumeneinheit, Rohwichte *f* · apparent specific gravity [*The ratio of the mass in air of a unit volume of a material at a stated temperature to the mass in air at equal density of an equal volume of gas-free distilled water at a stated temperature. If the material is a solid, the volume is that of the impermeable portion*]

~eisen *n* · pig-iron

(rohes) Holzöl *n*, (~) Tungöl · (raw) (China) wood oil, (~) tung ~

~ Tallöl *n* · crude tall oil

Rohfilz|pappe *f*, Rohfilz *m* [*Oberbegriff für „Roh(dach)pappe" und „Wollfilzpappe". DIN 52117*] · dry felt, (~) felt(ed fabric) for roofing

~pappenbahn *f* · web of dry felt, dry felt web

~pappenherstellung *f* · dry felt manufacture

Roh|fliese *f* · (tile) body

~gemisch *n*, Rohmischung *f* [*Zementerzeugung*] · raw mix(ture)

~gestein *n* · raw stone [*lime industry*]

~gewicht *n*, Bruttogewicht · gross weight

~gips *m*, Naturgips, Gipsstein *m*, Gipsgestein, $CaSO_4 \cdot 2H_2O$ · (massive) gypsum, natural ~, raw ~; gypsum rock, plaster rock, plaster stone, potter's stone (Brit.)

~graphit *m*, Plumbago *m* [*natürlicher unreiner Graphit*] · plumbago

~gummi *m*, Rohkautschuk *m* · crude rubber

~gußglas *n*, Gußrohglas · rough rolled glass

~kautschuk *m*, Rohgummi *m* · crude rubber

~kies *m* · raw gravel

~kopal *m* · raw copal

~kord *m* · raw cord

~kork *m* · raw cork [*Cork having undergone no treatment whatsoever after stripping*]

~kreide *f* · natural chalk

~leinöl *n* · raw linseed oil

Rohling *m*, Batzen *m* [*Feuerfestindustrie. Zur endgültigen Formgebung oder zum Brennen der Rohstoffe aufbereitete vorgeformte Masse*] · clot

~, Formling, grüner Ziegel *m*, Grünling · green brick

~ → Block(stein)frischling

Rohmaterial *n*, Rohstoff *m* · raw material

~lagerung *f*, Rohstofflagerung · raw materials storage

~mahlung *f* [*Zementerzeugung*] · raw material grinding

~vorkommen *n*, Rohstoffvorkommen [*Steine- und Erden-Industrie*] · raw material deposit

Rohmehl *n* [*Zementherstellung*] · raw meal

~mahlanlage *f* [*Zementherstellung*] · raw mill

~mischanlage *f* [*Zementwerk*] · raw meal mixing plant

~silo *m* · raw meal silo

Roh|mischung *f*, Rohgemisch *n* [*Zementerzeugung*] · raw mix(ture)

~pappe *f*, Rohdachpappe · (roofing) fabric, fabric for roofing

Rohpappen|ausgleichvorrichtung *f* [*Dachpappenanlage*] · splicing looper (for the dry felt)

~bahn *f* · web of fabric, fabric web

~bock *m*, Abwickelbock für Rohfilzpappe [*Dachpappenanlage*] · unwinder, dry felt jumbo roll

~faser *f*, Rohdachpappenfaser · (roofing) fabric fiber (US); (~) ~ fibre (Brit.)

~vorrateinrichtung *f* [*Dachpappenanlage*] · dry looper

(Roh)Perlite *n* · (crude) pe(a)rlite (rock), pe(a)rlite ore [*The petrographic terms for a naturally occurring siliceous volcanic rock*]

Rohr *n*, Schilf~, Ried *n*, Ret(h) *n* · reed

~ · pipe

~ für Abort-, Bad- und Küchenabwasser · soil and waste pipe

~ ~ Dach(ein)deckungszwecke, Schilf~ ~ ~; Ried *n* ~ ~, Ret(h) *n* ~ ~ [*Norddeutschland*] · reed thatch

~ mit (Ab)Dicht(ungs)profil, ~ ~ Selbstdichtung · gasketed pipe

~ ~ Putzöffnung · inspection pipe

~ ~ Selbstdichtung, ~ ~ (Ab-)Dicht(ungs)profil · gasketed pipe

~ ~ Überschiebmuffe · sleeved tube, ~ pipe

~(ab)schneider *m* · pipe cutter

(~)Abzweig *m* (Rohr)Zulauf *m* · (pipe) junction, (~) inlet, (~) branch

~ansatz *m*, (Rohr)Stutzen *m* · flanged socket; ~ nozzle (US); 90° (pipe) junction (piece)

~armierung *f*, Rohrbewehrung, Rohr(stahl)einlagen *fpl* · pipe steel reinforcement [*Hoops, either hooked, butt or lap welded, or a continuous helix or fabric suitably welded, longitudinals or some other method being adopted to control spacing and shape, and to permit safe handling*]

~aufhängung *f* · pipe suspension

~außendurchmesser *m* · pipe outside diameter, ~ O. D.

(~)Bandisolierung *f* · (pipe) tape covering

~(bau)platte *f* → Schilfrohrleichtbauplatte

~-Bausystem *n*, Rohrkonstruktion(ssystem) *f*, (*n*) · tubular construction, ~ (structure) system

~befestigung *f* · pipe fixing

~belüfter *m* [*Fehlname: Rohrunterbrecher. DIN 3266*] · anti-siphoning device, anti-siphonage ~, backsiphonage preventer

~bemessung *f* · pipe sizing

~beton *m* · pipe concrete

~be- und -entlüfter *m* · anti-siphonage device with leakage water fitting, anti-siphoning ~ ~ ~ ~ ~, backsiphonage preventer ~ ~ ~ ~

~bewehrung *f*, Rohrarmierung, Rohr(stahl)einlagen *fpl* · pipe steel reinforcement [*Hoops, either hooked, butt or lap welded, or a continuous helix or fabric suitably welded, longitudinals or some other method being adopted to control spacing and shape, and to permit safe handling*]

(~)Bogen *m* [*DIN 19502*] · elbow [*A pipe fitting for providing a sharp change of direction in a pipeline*]

Rohrbruch *m* · pipe burst

~sicherung *f*, Selbstschlußventil *n*, Rohrbruchwächter *m*, Rohrbruchventil · isolation valve, isolating ~ [*Any valve fixed for the purpose of shutting off part of a pipe system from the remainder in the case of a pipe burst*]

~ventil *n*, Rohrbruchwächter *m*, Selbstschlußventil, Rohrbruchsicherung *f* · isolation valve, isolating ~ [*Any valve fixed for the purpose of shutting off part of a pipe system from the remainder in the case of a pipe burst*]

~wächter *m*, Rohrbruchventil *n*, Rohrbruchsicherung *f*, Selbstschlußventil · isolation valve, isolating ~ [*Any valve fixed for the purpose of shutting off part of a pipe system from the remainder in the case of a pipe burst*]

Rohr|brücke *f* · pipe bridge

(~)Bügel *m* · hanger, pipe ~

~(dach)(ein)deckung *f*, Rohrdach *n*, Schilf(rohr)(dach)(ein)deckung, Schilf(rohr)dach [*Norddeutschland: Ried(dach)(ein)deckung, Ret(h)(dach)(ein)deckung, Rieddach, Ret(h)dach*] · (reed) thatch(ing), ~ roof(ing)

~dämmung *f* · pipe insulation; ~ lagging (Brit.)

(~)Deckel *m* · (pipe) cap

~deckenputz *m* · ceiling plaster on reed lath(ing)

~deckung *f* → Rohr(dach)(ein)deckung

~diagonale *f* · diagonal tube

(~)Doppelkrümmer *m* · (pipe) return bend

~draht *m* [*Elektroleitung*] · sheathed wire

~dübel *m* [*Metallrohr-Holzverbinder, der ähnlich wie Schraubenbolzen in die zu verbindenden Hölzer eingebaut wird*] · tube connector, ~ connecter

~durchführung *f* · passing a pipe through a wall

~durchmesser *m* · pipe diameter

Röhre *f* · tube

~, Hülle *f*, Hüllrohr *n*, Gleitkanal *m*, Spannkanal · sheath(ing) [*prestressed concrete*]

Rohr|(ein)deckung *f* → Rohr(dach)-eindeckung

~einlagen *fpl*, Rohrstahleinlagen, Rohrbewehrung *f*, Rohrarmierung · pipe steel reinforcement [*Hoops, either hooked, butt or lap welded, or a continuous helix or fabric suitably welded, longitudinals or some other method being adopted to control spacing and shape, and to permit safe handling*]

(~)Einsteckende *n* , (Rohr)Spitzende, Falz *m* · spigot (end), pipe spigot

Röhren|destillationsanlage *f* · pipe still

~federmanometer *n* · Bourdon tube pressure ga(u)ge

röhren|förmiger Artikel *m*, röhrenförmiges Erzeugnis *n* · tubular product

~förmiges Erzeugnis *n*, röhrenförmiger Artikel *m* · tubular product

Röhren|haus *n* · tubular-shaped house

~lampe *f*, Soffittenlampe · tubular lamp [*B. S. 1853*]

Röhrenlötzinn *n* **mit Flußmittel gefüllt** · flux-cored solder wire

~ ~ Kolophonium gefüllt, ~ ~ Geigenharz ~ · rosin-cored solder wire [*B. S. 441*]

~ ~ Stearin gefüllt · stearin(e)-cored solder wire

Röhren|platte *f*, Röhrenspanplatte · tubular particle board, ~ chipboard, board with tubular holes [*Particle board, usually extruded, having a series of holes running lengthwise through it*]

~radiator *m* · column radiator

~(span)platte *f* · tubular particle board, ~ chipboard, board with tubular holes [*Particle board, usually extruded, having a series of holes running lengthwise through it*]

Rohr|(ent)lüfter *m* [*auf einem Dach*] · tubular ventilator, ~ extractor, ~ extraction unit, ~ extract ventilation unit

~erdung *f* [*Blitzschutz*] · pipe earthing

~(fern)leitungsbauer *m* · (pipe)line installer

~fertigung *f*, Rohrherstellung · pipemaking

~fertigungsanlage *f* · pipe plant

(~)Festpunkt *m* · pipe pier, ~ support, thrust block

(~)Fitting *m*, (Rohr)Formstück *n* · pipe fitting [*Anything fitted to a pipe for jointing, connecting or changing the direction or bore of a pipe*]

~flansch *m*, Rohrleitungsflansch · pipe(-line) flange

(~)Flansch(en)muffe *f*, geflanschte (Rohr)Muffe · flanged (pipe) socket

~form *f*, Beton~, Zement~ · (concrete) pipe mould (Brit.); (~) ~ mold (US)

~form *f*, Rohrgestalt *f* · pipe shape

(~)Formstück *n*, (Rohr)Fitting *m* · pipe fitting [*Anything fitted to a pipe for jointing, connecting or changing the direction or bore of a pipe*]

(~)Freileitung *f*, freitragende (Rohr-)Leitung · span (pipe)line

~führung *f* · piperun

(~)Fuß *m* · (pipe) base

~futter *n* [*(Haushalt)Ofen*] · (domestic) stove pipe casing

~geflecht *n* [*Fehlname*] → (Schilf-)Rohrmatte

~geländer *n* · tube railing, barrel ~, tubing ~, pipe ~, tubular ~

(~)Geländerfitting *m*, (Rohr)Geländerformstück *n* · tube railing fitting, barrel ~ ~, tubing ~ ~, pipe ~ ~, tubular ~ ~

(~)Geländeformstück *n*, (Rohr)Geländerfitting *m* · tube railing fitting, barrel ~ ~, tubing ~ ~, pipe ~ ~, tubular ~ ~

~gerät *n* **nach Nycander** [*Prüfung von Frischbeton*] · mobility tester

~geräusch *n*, Rohrleitungsgeräusch · pipe(line) noise

~gerippe *n*, Rohrskelett *n* · tube skeleton, pipe ~, tubular ~

~gerüst *n* → Stahl~

~gestalt *f*, Rohrform *f* · pipe shape

~gewebe *n*, Schilf~, (Schilf)Rohrmatte *f*, (Isolier)Rohrung *f* [*Fehlname: Rohrgeflecht n. Die Rohrstengel sind durch die Drähte verwebt, nicht verflochten*] · isolation reed mat

~gewebe *n*, Putzträger-~, (Schilf-)Rohrgewebe-Putzträger *m* · reed lath(-ing)

~gewebeputz *m* · reed lath(ing) plaster

~gewebe-Putzträger *m*, Schilf~, (Putzträger-)Rohrgewebe *n* · reed lath(ing)

~gewinde *n* · pipe thread [*B. S. 21*]

~gittermast *m* · tubular lattice(d) mast

~graben *m* · pipe trench

~griff *m*, Pendeltür-~, Pendeltürgriff aus Rundrohr · (swing door) tubular grip handle

~guß *m* · pipe casting

~handlauf *m* · tubular handrail, tube ~, tubing ~, barrel ~, pipe ~

~heizkörper *m*, elektrischer ~ · (electric) tubular heater

~herstellung *f*, Rohrfertigung · pipemaking

~innenseite *f* · pipe back, ~ bore side

~installation *f* · pipe installation

(~)Isolierband *n* · (pipe) covering tape

~isolierung *f* · pipe insulation; ~ lagging (Brit.)

~kanal *m* · pipe duct

~kappe *f* · pipe cap

~keller *m*, Rohrleitungskeller · pipework cellar

~kellergeschoß *n*, Rohrleitungskellergeschoß · pipework basement

~kennzeichnung *f*, Farbkennzeichnung von Rohrleitungen [*DIN 2403*] · pipe marking; colour ~ (Brit.); color ~ (US)

~kern *m*, Kernrohr *n* [*Teil eines Betonrohres*] · pipe core, core pipe

~kitt *m* · pipe cement

~kleber *m*, Rohrkleb(e)mittel *n*, Rohrkleb(e)stoff *m* · pipe bonding agent, ~ ~ medium, ~ (~) adhesive, ~ cement(ing agent)

(~)Knie(stück) *n* · spring (bend) [*A pipe fitting being an obtuse bend formed of steel tube*]

~konstruktion(ssystem) *f*, (*n*), Rohr-Bausystem · tubular construction, ~ (structure) system

~-Kreisrippe *f* · annular fin

(~)Kreuz(stück) *n* · (pipe) cross

(~)Krümmer *m* · (pipe) bend

(~)Krümmer *m* **45°**, 45°-(Rohr)Krümmer, Achtel(rohr)krümmer · (one-) eighth (pipe) bend, 45° (~) ~

~kunststoff *m* · pipe plastic

~kuppeln *n*, Kuppeln von Rohren · (pipe) joint assembly, ~ coupling, coupling of pipes

~kupplung *f* · (pipe) coupling [*A (pipe) fitting used for connecting together pipes or fittings*]

~(leicht)(bau)platte *f* → Schilf~

~leitung *f* · piping

~leitungsbauer *m*, Rohrfernleitungsbauer · (pipe)line installer

~(leitungs)flansch *m* · pipe(line) flange

~(leitungs)geräusch *n* · pipe(line) noise

~leitungs-Isoliersystem *n* · preformed duct insulation

Rohr(leitungs)|keller *m* · pipework cellar

~kellergeschoß *n* · pipework basement

~netz *n* · network of piping, pipe network

~system *n* · pipework system

~teile *mpl*, *npl* · pipeline parts, piping ~, pipe network ~

(Rohr)|Lichtweite *f* · internal diameter (of pipe)

~lüfter *m* → Rohrentlüfter

~mast *m* · tubular mast

~material *n*, Rohrwerkstoff *m* · pipe material

~matte *f* → Schilf~

~mattenwerk *n*, Schilf~ · reed mat factory

~muffe *f* · pipe sleeve

~nagel *m*, Schilf~ · nail for reed

(~)Nennweite *f*, lichter Rohrdurchmesser *m*, NW · nominal internal diameter (of pipe), ~ bore

~netz *n*, Rohrleitungsnetz · network of piping, pipe network

~nippel *m* · pipe connector, ~ nipple

~pfahl *m* · pipe pile

~pfette *f*, Dach~ · tubular purlin(e)

(~)Pfropfen *m*, (Rohr)Stopfen, (Rohr-)Verschluß *m* · (pipe) plug, (~) stopper, seal(ing) ~

~platte *f*, Schilf~ · reed board, ~ sheet

~post *f* · pneumatic tube installation, ~ ~ system, ~ tubes, (carrier) air tube system

~profil *n* · tube, tubing

~profil *n*, Rohrschnitt *m* · pipe section, ~ profile

~pumpe *f*, Druckverstärkerpumpe · booster pump

~putz *m* [*Putz auf Rohrgewebe*] · plaster on reed lath(ing)

~querschnitt *m* · pipe cross-section

~rahmen *m* · tube frame, pipe ~, tubular ~

~rahmenschloß *n* · tubular lock

~register *n* [*Strahlungsheizung*] · pipe grid

~register *n*, Rohrschlange *f* · heating coil

~reinigungsmittel *n* · pipe cleaning agent

~rüstung *f* → (Stahl)Rohrgerüst

~saugkraft *f*, Porensaugwirkung *f*, Kapillarattraktion *f* [*Folge des Unterdruckes, welcher durch die molekularen Anziehungskräfte in der Grenzfläche der Bodenteilchen gegen Wasser entsteht*] · capillary attraction

~schacht *m* · pipe shaft

(~)Schaft *m* · (pipe) barrel [*It is that portion of a pipe throughout which the internal diameter and thickness of wall remain uniform*]

(~)Schale *f*, aufgespaltenes Rohr *n*, Rinne *f* · split pipe, ~ duct, channel (stone)

~schale *f* [*Für Isolier- oder Dämmzwecke*] · pipe section; ~ lagging ~ (Brit.)

~scheitel *m* · pipe top

(~)Scheitelabzweig *m* → (Rohr-)Scheitelzulauf

(~)Scheiteleinlaßstück *n* → (Rohr-)Scheitelzulauf

(~)Scheitelzulauf *m*, (Rohr)Scheitelabzweig *m*, (Rohr)Scheiteleinlaßstück *n* · top (pipe) junction, ~ (~) inlet, ~ (~) branch

(~)Schelle *f* · pipe hanger

~schlange *f*, Rohrregister *n* · heating coil

~(schloß)kasten *m* · tubular (lock) case

~schneider *m*, Rohrabschneider · pipe cutter

~schnitt *m*, Rohrprofil *n* · pipe section, ~ profile

~schuß *m* · individual section of pipe, pipe section

~schüttdämmung *f* · pipe lagging loose fill (Brit.); ~ insulation ~ ~

~schutz *m* [*Schutz von Rohren gegen Korrosion*] · pipe protection against corrosion

(~)Seitenabzweig *m*, (Rohr)Seitenzulauf *m*, einfach schräger (Rohr)Abzweig, einfach schräger (Rohr)Zulauf · oblique-angled (pipe) junction, side (~) ~, ~ (~) inlet, ~ (~) branch

(~)Seitenzulauf *m*, (Rohr)Seitenabzweig *m*, einfach schräger (Rohr)Abzweig, einfach schräger (Rohr)Zulauf · oblique-angled (pipe) junction, side (~) ~, ~ (~) inlet, ~ (~) branch

~selbstdichtung *f* · pipe gasket

~skelett *n*, Rohrgerippe *n* · tube skeleton, pipe ~, tubular ~

~sorte *f* · grade of pipe

~untersuchung *f* · pipe stress analysis

~spindel *f*, Treppen~ · pipe newel

(~)Spitzende *n*, (Rohr)Einsteckende, Falz *m* · spigot (end), pipe spigot

~(stahl)einlagen *fpl*, Rohrarmierung *f*, Rohrbewehrung · pipe steel reinforcement [*Hoops, either hooked, butted or lap welded, or a continuous helix or fabric suitably welded, longitudinals or some other method being adopted to control spacing and shape, and to permit safe handling*]

~-Stegverbindungsstück *n* · pipe separator [*for steel beams*]

~stirnfläche *f*, Stirnfläche eines Rohres · end of a pipe, pipe end

(~)Stopfen *m*, (Rohr)Pfropfen, (Rohr-)Verschluß *m* · (pipe) plug, (~) stopper, seal(ing) ~

(~)Stoßdichtung *f* **mit Zementmörtel** · (pipe) joint set in cement mortar

~stütze *f* · tubular column, pipe ~

(~)Stutzen *m*, Rohransatz *m* · flanged socket; ~ nozzle (US); 90° (pipe) junction (piece)

~system *n*, Rohrleitungssystem · pipework, pipe system

~teile *mpl*, *npl*, Rohrleitungsteile · pipeline parts, piping ~, pipe network ~

~tragwerk *n* [*z. B. für Krane und Kranbahnen*] · tubular (load)bearing structure, ~ (weight-carrying) ~

(~)Übergang *m* · taper fitting, increaser

Rohrung *f* → (Schilf)Rohrmatte

Rohr|unterbrecher *m* [*Fehlname*]; Rohrbelüfter [*DIN 3266*] · anti-siphoning device, anti-siphonage ~, backsiphonage preventer

~verbindung *f* [*Rohrverbindungsarten sind: Schweißverbindung, Lötverbindung, Muffenverbindung, Flanschverbindung, Verschraubung und Klammerverbindung*] · pipe connection

~verbundplatte *f*, Schilf~ · composite reed board, ~ ~ sheet

~vergußmasse *f* · pipe joint seal(ing) compound

~verkrustung *f* · pipe incrustation

(~)Verschluß *m*, (Rohr)Stopfen *m*, (Rohr)Pfropfen · (pipe) plug, (~) stopper, seal(ing) ~

~verzweigung *f* · pipe branching

(~)Wand(ung) *f* · (pipe) wall

~werk *n* · pipe works

~werkstoff *m* · pipe material

(~)Zulauf *m*, (Rohr)Abzweig *m* · (pipe) junction, (~) inlet, (~) branch

~zwischenstütze *f* · tubular intermediate column, intermediate tubular ~

Roh|sand *m* · raw sand

~schiefer *m* · slate in natural cleft surface

~schiene *f*, Puddelluppe *f* · muck bar [*A semi-finished bar produced in the forge*]

~schlacke *f* · raw slag

~schlamm *m* [*Zementherstellung*] · raw slurry

~schlammischer *m* [*Zementherstellung*] · raw slurry mixer

~spiegelglas *n*, Spiegelrohglas · rough plate glass (US); ~ cast plate (~)

~splitt *m* · dry chip(ping)s, uncoated ~

~stoff *m*, Rohmaterial *n* · raw material

~stofflagerung *f*, Rohmateriallagerung · raw materials storage

~stoffvorkommen *n*, Rohmaterialvorkommen [*Steine- und Erden-Industrie*] · raw material deposit

~teer *m* · crude tar [*deprecated: green tar*]

(~)Ton *m* [*< 0,002 mm*] · (raw) clay

~ton *m*, ungebrannter Ton · unfired clay, unburned ~, unburnt ~

~umbra *f*, ungebrannte Umbra, Umbra natur · raw umber

~wasser *n* · raw water

~wichte *f*; Schüttgewicht *n* · bulk density, ~ specific gravity

Rokokoarchitektur *f* · Rococo architecture [*The Rococo is not a style in its own right, like the Baroque, but the last phase of the Baroque*]

Rolandsäule *f* [*Vom 14. bis 18. Jahrhundert etwa zwischen Weser und Oder verbreitete Bildsäule aus Holz oder Stein auf dem städtischen Hauptplatz. Sie stellt einen Ritter, im Barock einen römischen Krieger mit blankem, aufrecht gehaltenen Schwert dar. Sie ist vermutlich das Symbol der städtischen Gerechtsame*] · statue of Roland

Roll|abdeckung *f* [*z. B. für Schwimmbäder*] · rolling shutter, roller ~

~abschluß *m* · roller shutter, rolling ~

Rolladen *m*, Rolljalousie *f* [*Er besteht aus schmalen Stäbchen, die durch Gurtbänder, Metallketten usw. gelenkig miteinander verbunden sind und auf einer Welle hinter dem Fenstersturz mit Hilfe eines Gurtes aufgerollt werden*] · slatted roller blind

~arbeiten *fpl* [*DIN 18358*] · slatted roller blind work

~kasten *m*, Rolljalousiekasten · slatted roller blind housing

~oberschwelle *f*, Rolladensturz *m*, Rolljalousiesturz, Rolljalousieoberschwelle · slatted roller blind lintel; ~ ~ ~ lintol [*deprecated*]

~profil *n*, Rolljalousieprofil · slatted roller blind section, ~ ~ ~ shape, ~ ~ ~ unit, ~ ~ ~ trim

~sturz *m*, Rolladenoberschwelle *f*, Rolljalousiesturz, Rolljalousieoberschwelle · slatted roller blind lintel; ~ ~ ~ lintol [*deprecated*]

~tor *n* · slatted roller blind gate

Roll|bandfilter *m, n* [*Lüftungszentrale*] · roller curtain type filter, continuous roll type ~

~bogen *m*, Einzelbogen [*Ziegelbogen*] · one-row brick-on-edge arch

~dach *n* · rolling roof

~dichtung *f*, Rollverbindung · rolling O-ring joint

Rolle *f* [*z. B. Dachpappenrolle*] · roll

~, Ballen *m* [*Rohfilzpappe*] · roll

~, Walze *f*, Farbroller *m* [*Farbrollgerät*] · cylinder

~, Kartusche *f* · cartouche

Rollen *n* [*Anstrichtechnik*] · roller application

~-Bitumendachpappe *f*, Bitumendachpappe in Rollenform · asphalt roll(ed-strip) roofing (US); (asphaltic-)bitumen ~ ~ (Brit.)

~dachpappe *f*, Dachpappe in Rollenform · roll(ed-strip) roofing (paper), ~ ~ felt [*Prepared roofing wound up in rolls*]

rollender Bürgersteig *m*, ~ Gehsteig · pedestrian conveyor; ~ conveyer (US); moving pavement [*A continuous horizontal belt set in a pavement*]

Rollen|fries *m* · (roll) billet (frieze) [*It consists of several bands of raised short cylinders placed at regular intervals*]

~gewebe *n*, Drahtziegelgewebe, Ziegel(draht)gewebe, Tondrahtgewebe, Ziegelputzträger *m* [*Auf jeden Kreuzungspunkt des Gewebes ist ein Tonkörperchen gepreßt. Die Saugfähigkeit der Tonkörperchen gewährleistet ein gutes Haften des Putzmörtels*] · clay (pellet) lath(ing) [*B. S. 2705*]

~länge *f* · length of roll, roll length

~länge *f*, Gewebelänge, Länge der Scharnierrolle · knuckle length

~lappen *m*, Teilung *f* [*Scharnier*] · joint section

~-Teerdachpappe *f*, Teerdachpappe in Rollenform · tar(red) roll(ed-strip) roofing (felt) (US); fluxed pitch ~ ~ (~) (Brit.)

~tor *n* · slatted shutterdoor, ~ shutter door

Roll|feldbelagplatte *f* · pierced steel plank, PSP

~gerüst *n*, Rollrüstung *f* · rolling scaffold(ing)

~(gewächs)haus *n* · rolling greenhouse

~gitter *n* · rolling grille, roller ~ [*See remark under 'Gitter'*]

Rollgummi *m* [*Rohrverbindung*] · rolling rubber

~dichtung *f*, Gummirolldichtung · rolling-rubber O-ring seal(ing)

~ring *m*, Gummirollring · rolling rubber O-ring gasket

~verbindung *f*, Gummirollverbindung · rolling rubber O-ring joint

Rollhaus *n*, Rollgewächshaus · rolling greenhouse

rolliger (Beton)Zuschlag(stoff) *m*, rund(lich)er ~ · round (concrete) aggregate, rounded (~) ~ [*An aggregate the particles of which are fully water-worn or completely shaped by attrition*]

Rolljalousie *f*, Rolladen *m* [*Er besteht aus schmalen Stäbchen, die durch Gurtbänder, Metallketten usw. gelenkig miteinander verbunden und auf einer Welle hinter dem Fenstersturz mit Hilfe eines Gurtes aufgerollt werden*] · slatted roller blind

~kasten *m*, Rolladenkasten · slatted roller blind housing

~oberschwelle *f*, Rolljalousiesturz *m*, Rolladensturz, Rolladenoberschwelle · slatted roller blind lintel; ~ ~ ~ lintol [*deprecated*]

~profil *n* → Rolladenprofil

~sturz *m*, Rolljalousieoberschwelle *f*, Rolladensturz, Rolladenoberschwelle · slatted roller blind lintel; ~ ~ ~ lintol [*deprecated*]

Rollo *n*, Verdunkelungs~, Verdunkelung(sblende) *f* · lighttight blind, black(out) ~, dark ~

Roll|reibung *f* · rolling friction

~ring *m* · rolling (O-ring) gasket

~rüstung *f*, Rollgerüst *n* · rolling scaffold(ing)

~schar *f*, Rollschicht *f* · rowlock, rolock [*A brick-on-edge course*]

~scharpflaster *n*, Rollschichtpflaster · rowlock paving, rolock ~

~scharpflaster *n* **im Läuferverband,** Rollschichtpflaster ~ ~ · stretcher-bond type rowlock paving, ~ ~ rolock ~

~schicht *f*, Rollschar *f* · rowlock, rolock [*A brick-on-edge course*]

~schichtpflaster *n*, Rollscharpflaster · rowlock paving, rolock ~

~schichtpflaster *n* **im Läuferverband**, Rollscharpflaster ~ ~ · stretcher-bond type rowlock paving, ~ ~ rolock ~

~stahltor *n*, Stahlrolltor · rolling steel door

~stein *m*, Rollstück *n* [*Auf Schmalseite stehend vermauerter Ziegel*] · upright brick

~stück *n*, Rollstein *m* [*Auf Schmalseite stehend vermauerter Ziegel*] · upright brick

rollstuhlfest, rollstuhlbeständig · resistant to wheel-chairs

Roll|stuhllager *n* [*Krankenhaus*] · wheelchair store

~tor *n* · rolling shutter door, ~ shutter-door

~trennwand *f* · rolling partition (wall)

~treppe *f*, Fahrtreppe, Treppenaufzug *m* · moving stair(case), motorstair, escalator

Rolltreppen|abdeckung *f*, Fahrtreppenabdeckung, Treppenaufzugabdeckung · escalator shutter, motorstair ~, moving stair(case) ~

~schrägschacht *m*, Fahrtreppenschrägschacht, Treppenaufzugschrägschacht · inclined escalator shaft

Roll|tür *f* · rolling door

~verbindung *f*, Rolldichtung · rolling O-ring joint

~wand *f* · roller partition

Romanik *f*, romanische Baukunst *f*, romanische Architektur *f*, romanischer Stil *m* · Romanesque (style), ~ architecture [*The name given to the style of architecture, founded on Roman architecture, and prevalent in Western Europe from the ninth to the twelfth century*]

romanische Architektur *f* → Romanik

~ Basis *f* · Romanesque base

~ Baukunst *f* → Romanik

~ Kirche *f* · Romanesque church

~ Plastik *f* · Romanesque sculpture

romanischer Spitzbogenstil *m* · Romanesque pointed arch style

~ Stil *m* → Romanik

romanisches Blattwerk *n* → ~ Laubwerk

~ Gewölbesystem *n* · Romanesque vault(ing) system

~ Laubwerk *n*, ~ Blattwerk · Romanesque foliage, ~ leaves

~ Querhaus *n*, ~ Querschiff *n* · Romanesque transept

~ Querschiff *n*, ~ Querhaus *n* · Romanesque transept

Romankalk *m* [*DIN 1060. Aus Tonmergel unterhalb der Sintergrenze gebrannt. Fehlnamen: Romanzement, römischer Zement, Parkerzement, schwarzer Zement*] · Roman cement, Parker's ~

romantisch-nationale Formensprache *f*, romantisch-nationaler Stil *m*, Nationalromantik *f* · National-romantic Style [*Finnish version of Art Nouveau*]

Romantizismus *m* · Romanticism

Romanzement *m* [*Fehlname*] → Romankalk

~ → Naturzement

Römer(bau)werk *n* · Roman structure

römisch-antik · ancient Roman

römisch-dorische (Säulen)Ordnung *f* · Roman Doric order

römisch-dorischer Tempel *m* · Roman Doric temple

römisch-dorisches Kapitäl *n*, ~ Kapitell · Roman Doric capital

(römische) Basilika *f* → (~) Zivilbasilika

~ Festung *f* · Roman fort

~ Hochrenaissance *f* · Roman High Renaissance

~ Säule *f* · Roman column

~ (Säulen)Ordnung *f* · Roman order

~ Stadtmauer *f* · Roman city wall

~ Thermenanlage *f* · Roman bath(s)

(~) (Zivil)Basilika *f* · (civic) basilica, pagan ~, imperial ~, secular ~, Roman ~, Roman hall of justice

römischer Hochbarock *m* · High Baroque Rome

~ Ocker *m* · Italian ochre (Brit.); ~ ocher (US)

~ Palastbaustil *m* · Roman palazzo style

~ Schwitzraum *m* · sudatorium [*The sweating room in a Roman bath building*]

~ Triumphbogen *m* · Roman triumphal arch

~ Zement *m* [*Fehlname*] → Romankalk

~ Ziegel *m*, Verblender *m*, Verblendstein *m* · Roman brick

römisches Amphitheater *n* · Roman amphitheatre

~ Akanthusblatt *n*, ~ Bärenklaublatt · Roman (type) acanthus leaf

~ Hallenbad *n* · Roman bath building

~ Herrenhaus *n* · Roman gentlemen's house

~ Kapitell *n*, ~ Kapitäl, Komposit-Kapitell, Composit-Kapitäl, Komposit-Kapitäl, Composit-Kapitell · composite capital

~ Kreuzgewölbe *n* · Roman cross-vault

~ Ornament *n* · Roman ornament

~ Privathaus *n* · domus, family mansion

~ Schwitzbad *n* · caldarium [*The hot-room in a Roman bath*]

römisch-ionische (Säulen)Ordnung *f* · Roman Ionic order

römisch-ionisches Kapitell *n*, ~ Kapitäl · Roman Ionic capital

römisch-korinthische (Säulen)Ordnung *f* · Roman Corinthian order

römisch-korinthisches Kapitell *n*, ~ Kapitäl · Roman Corinthian capital

Romulustempel *m* · Temple of Romulus

Rondengang *m* → Wehrgang

Röntgenraum *m* · X-ray room

Röntgen(strahlen)schutz *m* · X-ray protection, ~ shielding

~beton *m* · X-ray protective concrete, ~ shielding ~, concrete for X-ray rooms

~glas *n* · X-ray protective glass, ~ shielding ~, glass for X-ray rooms [*Glass which contains a high percentage of lead and sometimes also barium and which has a high degree of opacity to X-rays. The opacity is usually expressed in terms of the thickness of metallic lead which would give equal absorption of X-rays of stated wavelength*]

~putz *m* · X-ray (protective) plaster, ~ shielding ~, plaster for X-ray rooms [*A plaster containing barium sulphate as the aggregate*]

Rosalinglas *n* · pink glass

Rose *f*, Fenster~, Rosenfenster *n*, Maßwerkrose [*Mit Maßwerk geschmücktes gotisches Rundfenster*] · rose window

Röseler-Decke *f* · Röseler reinforced block floor

Rose-Metall *n* · Rose's alloy

Rosen|fenster *n*, (Fenster)Rose *f*, Maßwerkrose [*Mit Maßwerk geschmücktes gotisches Rundfenster*] · rose window

~laube *f* · rose-arbour

~muster *n* · rose pattern

~glas *n* · rose-patterned glass

Rosette *f* · rosette [*Any conventional ornament carved or modelled to resemble a rose*]

~, Stützring~, (Tür)Drücker~ [*DIN 18258*] · rose

Rost *m*, Kreuzwerk *n*, Träger~ · girder grill(ag)e, ~ grid

~ [*Durch Korrosion von Eisen und Stahl entstehende Oxidschicht*] · rust

~balken(träger) *m* · grill(ag)e beam, grid ~ [*A steel beam of* I *section, used in broad foundations on yielding soil, where the central load must be distributed*]

~(bau)system *n* → Rostkonstruktion(ssystem)

~beseitigungsmittel *n*, Rostentfernungsmittel, Entrostungsmittel · derusting agent

rost|beständig, rostsicher · rustproof

~beständiger Stahl *m* → Chrom-Nikkel-Stahl

Rost|beständigkeit *f*, Rostsicherheit · resistance against rust

~beständigkeitsprüfung *f*, Rostbeständigkeitsprobe *f*, Rostbeständigkeitsversuch *m*, Rostsicherheitsprüfung Rostsicherheitsversuch, Rostsicherheitsprobe · rust resistance test

rostbildend · rust-forming

Rostbildung *f*, Rosten *n* · formation of rust, rust formation, rusting

Rostboden *m*, Spaltenboden · slatted floor [*e. g. for cattle*]

Rosten *n*, Rostbildung *f* · formation of rust, rust formation, rusting

Rost|entfernungsmittel *n*, Rostbeseitigungsmittel, Entrostungsmittel · derusting agent

~fleck *m* · rust stain

rostfrei · stainless

(rostfreier) Handelsstahl *m* · commercial stainless steel

rostfreies Eisen *n* · stainless iron

Rost|gefahr *f* · risk of rusting

~grad *m* · degree of rusting

rosthemmend · rust(ing)-inhibiting

Rostkonstruktion(ssystem) *f*, (*n*), Rost(bau)system · grid construction, ~ (structural) system

Röstplatte *f*, Darre *f* · hot plate

Rostrum *n* · rostrum [*This term denotes the raised tribune in the Forum Romanum, from which orators addressed the people, and was so called because decorated with the prows of ships taken in war as were rostral columns*]

Rostschutz *m* [*DIN 50942*] · rust protection, ~ prevention

~anstrich *m*, Rostschutzaufstrich · rust protection coat, ~ prevention ~, ~ protective ~

~aufstrich *m*, Rostschutzanstrich · rust protection coat, ~ prevention ~, ~ protective ~

~farbe *f* · rust inhibitive paint, ~ protection ~, ~ preventive ~, antirust ~

~farbe *f* **aus Eisenglimmer** [*Fehlname: Glimmerfarbe*] · micaceous iron oxid(e) paint (US); ~ ~ oxide ~ (Brit.); MIO ~

~lackfarbe *f* [*Fehlname: Rostschutzlack*] · rust inhibitive enamel, ~ preventive ~, ~ protection ~, ~ ~ hard gloss paint, anti-rust enamel, antirust hard gloss paint

~lösung *f* · rust preventive solution, ~ inhibitive ~, ~ protection ~, antirust ~

~mittel *n*, Rostschutzstoff *m* · rust inhibitive agent, ~ preventive ~, ~ protection ~, antirust ~

~öl *n* · rust preventive oil, ~ inhibitive ~, ~ protection ~, anti-rust ~

~pigment *n* · rust inhibitive pigment, ~ protection ~, ~ preventive ~, antirust ~

~schicht *f*, Rostschutzüberzug *m* · rust inhibitive coat, ~ protection ~, ~ preventive ~, antirust ~

~stoff *m* → Rostschutzmittel

~überzug *m*, Rostschutzschicht *f* · rust inhibitive coat, ~ protection ~, ~ preventive ~, antirust ~

~wirkung *f* · rust inhibitive action, ~ preventive ~, ~ protection ~, antirust ~

rost|sicher, rostbeständig · rustproof

~sicherer Stahl *m* → Chrom-Nickel-Stahl

Rost|sicherheit *f*, Rostbeständigkeit · resistance against rust

~sicherheitsprüfung *f*, Rostsicherheitsversuch *m*, Rostsicherheitsprobe *f*, Rostbeständigkeitsprüfung, Rostbeständigkeitsversuch, Rostbeständigkeitsprobe · rust resistance test

~stelle *f* · rust spot

~system *n* → Rostkonstruktion(ssystem)

~umwandler *m* · rust-converting primer, RCP

~(ver)hinderung *f*, Rosthemmung · rust prevention, ~ inhibition

~wirkung *f* · grid action

Rotations|drucktapete *f* · roller-printed (wall)paper

~ellipsoid *n* [*Ein durch die Umdrehung einer halben Ellipse und ihre (große oder kleine) Achse entstandener Körper, dessen ebene Schnitte Ellipsen oder Kreise sind*] · ellipsoid of revolution, spheroid

~hyperboloid *n*, Drehhyperboloid, drehsymmetrisches Hyperboloid · hyperboloid of revolution (subjected to loads of rotational symmetry), ~ ~ rotational symmetry

~kuppel *f*, Drehkuppel, drehsymmetrische Kuppel · dome of revolution (subjected to loads of rotational symmetry), cupola ~ ~ (~ ~ ~ ~ ~ ~), ~ ~ rotational symmetry

~paraboloidschale *f*, Drehparaboloidschale, drehsymmetrische Paraboloidschale · paraboloid shell of revolution (subjected to loads of rotational symmetry), ~ ~ ~ rotational symmetry

~schale *f*, Drehschale, drehsymmetrische Schale · shell of revolution (subjected to loads of rotational symmetry), ~ ~ rotational symmetry, rotational shell

rotationssymmetrisch, drehsymmetrisch · rotationally symmetric, axisymmetric

(rotbraun) aufgelegt [*Hochdruck-Asphaltplatte*] · with red-brown top layer, ~ ~ ~ course [*This layer is from 8 mm to 10 mm thick*]

Rotbrennen *n* [*Glas*] · third firing

Roteisenstein *m*, Hämatit *m*, Fe_2O_3 · ferric oxid(e) (US); ~ oxide (Brit.) [*chemical names*], hematite [*substance*]

rotes Lackmuspapier *n* · red litmus paper

~ organisches Pigment *n* · red organic pigment

~ Pigment *n* → Rotpigment

Rotguß *m*, Rg [*DIN 1705. Eine Kupfer-Zinn-Zink-Bleilegierung mit Gehalten von 4–10% Sn, 2–7% Zn, 1–4% Pb, Rest Cu. Goldgelb bis rötlich. Gut gießbar, polierfähig, hart lötbar*] · red brass

Rotierofenzement *m*, Drehofenzement · rotary kiln cement

rötlich-braun · reddish-brown

Rotpigment *n*, rotes Pigment [*Rotpigmente sind: Eisenoxidrot, Kadmiumrot, Chromrot, Molybdatrot, Zinnober, Signalrot und Kalkrot*] · red pigment

Rotrauschgelb *n*, Realgar *m*, Rauschrot *n* (Min.) · realgar

Rotsandstein *m* · red sandstone

Rotsiegel *n* [*pulverförmiges Mörteldichtungsmittel*] · red seal

~ [*30% ZnS*] · red seal

Rottombak *m*, Ms 90 *n*, MS 90, Messing 90 · commercial bronze

Rotunde *f* [*kleiner Rundbau*] · rotonda, rotunda

Rotundenbogen *m* · rotunda arch, rotonda ~

Routineunterhaltung *f*, laufende Unterhaltung · planned maintenance

RRB-Netz *n*, Körnungsnetz · (grain) size distribution diagram, system of coordinates for representation of (grain) size distribution curves R.R.B.

Rs 150 *m*, Radialvollblock(stein) *m*, Radialstein, Ringvollblock(stein), Ringstein · compass solid block, radial ~ ~, radiating ~ ~, ~ ~ tile [*See remark under 'Block'*]

Rs 250 *m*, Ringkalksandhartstein *m*, Radialkalksandhartstein · highly resistant compass sand-lime brick, ~ ~ ~ limesand ~, ~ ~ radial ~ ~, ~ ~ radiating ~ ~, ~ ~ ~ calcium silicate ~

Rtl. *m*, *n*, Raumteil · percent by volume

~ *npl*, *mpl*, Raumteile · percentage by volume

Ruberoid|(dach)(ein)deckung *f* · Ruberoid roofing

~-Dachpappe *f* · Ruberoid roofing felt

~-Schindel *f* · Ruberoid slate

Rubinglas *n* · ruby glass [*Glass coloured red by colloidal suspensions of elemental gold, copper or selenium*]

Rüböl *n*, Raps(samen)öl · rape seed oil

Rückansicht *f*, Hinteransicht · rear view

rückbiegen · to rebend

Rückbiegen *n* · rebending

Rückbiege|probe *f*, Rückbiegeprüfung *f*, Rückbiegeversuch *m* · rebending test

~prüfung *f*, Rückbiegeprobe *f*, Rückbiegeversuch *m* · rebending test

~versuch *m*, Rückbiegeprobe *f*, Rückbiegeprüfung *f* · rebending test

Rücken *m* → Rücklage

~, Bogen~, äußere Bogenfläche *f* · (arch) extrados, (~) back, upper surface or arch, extrados of arch, back of arch [*The outer line or surface of the convex side of an arch*]

~, Gewölbe~, äußere Gewölbefläche *f* · (vault) extrados, (~) back, upper surface of vault, extrados of vault, back of vault

~schutz *m* [*Schornstein.; Turmdrehkran; Turm*] · (enclosing) (safety) cage

Rückflußverhinderer *m*, Rückstauverhinderer · backflow preventer

Rückfront *f* · back

Rückhaltesystem *n* **für Parallel-Tragseil** · restraining system for parallel suspension cable

Rücklage *f*, Hinterlegung *f*, Unterlage, Träger(schicht) *m*,(*f*), Rücken *m* · base, backing, underlay, substrate, substratum

Rücklauf *m* · return

rückläufige Heberwirkung *f* · backsiphonage, anti-siphonage

Rücklauf|kanal *m* · return duct

~leitung *f* · return line

~rohr *n* · return pipe

~schrott *m*, Umlaufschrott · home scrap, revert ~

~seite *f* · return side [*heat exchanger*]

~temperatur *f* · return temperature

~wasser *n* · return water

Rückluft *f* · return air

~anlage *f* · return air system

~kanal *m* · return air duct

~rost *m* · return air grille [*Sometimes spelled 'grill'*]

Rückprall *m* · rebound

~hammer *m*, Betonprüfhammer, Betonschlaghammer, Rückprall-Härteprüfer · concrete test hammer, rebound tester, scleroscope [*A tester indexing the compressive strength of concrete by the height of elastic rebound*]

~härte *f* · scleroscope hardness

~(härte)probe *f* **nach Shore**, Rückprall(härte)versuch *m* ~ ~, Rückprall(härte)prüfung *f* ~ ~, Fallhärteprüfung ~ ~, Fallhärteversuch ~ ~, Fallhärteprobe ~ ~ · Shore (hardness) test

~-Härteprüfer *m*, Rückprallhammer, Betonprüfhammer, Betonschlaghammer, Rückprall-Härteprüfgerät *n* · concrete test hammer, rebound tester, scleroscope [*A tester indexing the compressive strength of concrete by the height of the elastic rebound*]

~härteprüfung *f*, Rückprallhärteversuch *m*, Rückprallhärteprobe *f* · scleroscope hardness test, rebound ~

Rückseite *f* · reverse side, back

Rücksprung *m* · return, setting back [*The side or part which falls away, usually at right angles, from the front or direct line of a structure*]

~härte *f* · hardness given by the rebound height

~härte *f* **nach Shore**, Skleroskophärte · Shore hardness

~höhe *f* · rebound height

Rückstand *m* Überlauf *m*, Überkorn *n*, Sieb~ [*Prüfsieb*] · oversize, sieve residue

~, Überkorn *n*, Überlauf *m*, Sieb~ [*Betriebssieb*] · oversize, screen residue

~ in %, Sieb~ ~ ~ · percentage residue, % ~

Rückstanderzeugnis *n* · residual product

Rückstau *m* · backflow [*Flow in a direction contrary to the natural or intended direction of flow*]

~druck *m* · back pressure

~verhinderer *m*, Rückflußverhinderer · backflow preventer

Rückwand *f* · rear wall, back ~

~, Spritzwand · splashback [*An independent area of impervious material used to protect the wall surface in the vicinity of a wash basin, sink or bath*]

Rufanlage *f* · call system

Ruf- und Signalanlage *f* · call and signalling system (Brit.); ~ ~ signaling ~ (US)

Ruhe|bank *f* · rest bench

~druck *m* · pressure at rest

ruhende Belastung *f*, statische ~, Standbelastung · static loading

~ Last *f*, ständige ~, dauernde ~, Dauerlast [*Die Summe der unveränderlichen Lasten, also das Gewicht der tragenden oder stützenden Bauteile und der unveränderlichen, von den tragenden Bauteilen dauernd aufzunehmenden Lasten, z.B. (Fuß)Bodenbeläge, (Auf)Füllungen, Putz usw.*] · permanent load

~ ~, statische ~, Standlast · static load

ruhender Verkehr *m* · standing traffic

Ruhe|platz *m* · resting place [*e.g. a stair(case) landing*]

~raum *m* · rest room

~reibung *f*, statische Reibung, Haftreibung · stiction (US); static friction (Brit.)

~zustand *m* · state of rest

ruhiger Raum *m* · quiet room

Rühr|dauer *f* · stirring period, ~ time

~werk *n* · stirrer, agitator

Ruine *f* · ruin

Rumpelkammer *f* · loft [*A storage space entirely within the roof space of a building*]

Rumpf *m*, Schaft *m*, Säulen~ · (column) shaft, fust

Rund|abakus *m*, Rundkapitellplatte *f*, Rundkapitälplatte, Rund(säulen)deckplatte · circular abacus, ~ raised table

~apsis *f*, Rundapside *f*, Rundabside · round apsis, ~ apse

~arkatur *f*, Rundbogenlaube *f*, Rundbogengang *f*, Rundbogenreihe *f*, Rundarkade *f* · circular arcade, round ~

~balken(träger) *m* · round beam

~bergfried *m*, Rundbelfried · circular keep

~betonrohr *n* · cylindrical concrete pipe

Rundbogen *m*, Zirkelbogen, Halbkreisbogen, voller Bogen · semicircular arch, round ~

~arkade *f* · round-arched arcade

~fenster *n* · round-arched window

~gang *m* → Rundarkatur

~laube *f* → Rundarkatur

~reihe *f* → Rundarkatur

~stil *m* · style of round arches

~zinne *f* · round arch merlon

rund|bogig · round-arched

~bogige Öffnung *f* · round-arched opening

~bogiges Tonnengewölbe *n*, rundbogige Tonne *f* · round-arched barrel vault, ~ tunnel ~, ~ wagon ~

Rund|bolzen *m* · collar stud, shoulder ~

~-Bürogebäude *n*, Büro-Rundgebäude · round office building, ~ ~ block

~dach *n*, Kreisdach · circular roof, round ~

~dachfaltwerk *n* → Rundfalt(werk)dach

~(decken)oberlicht *n*, Kreis(decken)-oberlicht · circular roof-light, round ~

~deckplatte *f* → Rundabakus

~diffusor *m*, Luft~ · round (air) diffuser, ~ (~) diffusor

~dollen *m*, Runddübel *m*, runder (Stab-) Dübel, runder Dollen · round dowel

~draht *m* · round wire, cylindrical ~

~dreipaßbogen *m* → Dreipaßrundbogen

~dübel *m*, Runddollen *m*, runder (Stab)Dübel, runder Dollen · round dowel

runde Flansch(en)scheibe *f* [*Holzverbinder*] · shear plate [*A round steel plate with a flange at the outer edge, used for timber-to-metal joints, or back to back – like single toothed plates – for timber-to-timber connection*]

~ ~ aus Preßstahl [*Holzverbinder*] · pressed steel flange(d) shear plate

~ Röhre *f* → Rundröhre

Rundeisen *npl*, Beton~ [*Fehlnamen*]; (Beton)Rund(stab)stahl *m*, (Beton-) Rundstäbe *mpl* · round (reinforcing) bars, ~ reinforcement ~, rounds

~stab *m*, Beton~ [*Fehlnamen*]; (Beton-) Rund(stahl)stab · round (reinforcing) bar, ~ reinforcement ~, ~ ~ rod, circular (~) ~, cylindrical (~) ~

Rund(ent)lüfter *m* **mit Ventilator** · vertical ventilator with fan, ~ extractor ~ ~, ~ extract ventilation unit ~ ~, ~ extraction unit ~ ~

runder (Beton)Zuschlag(stoff) *m*, rundlicher ~, rolliger ~ · round (concrete) aggregate, rounded (~) ~ [*An aggregate the particles of which are fully water-worn or completely shaped by attrition*]

~ Dollen *m*, ~ (Stab)Dübel *m*, Runddübel, Runddollen · round dowel

~ Drahtnagel *m* **mit Senkkopf**, ~ Drahtstift *m* ~ ~ · casing (wire) nail

~ ~ ~ Stauchkopf, ~ Drahtstift *m* ~ ~ · finish(ing) (wire) nail

~ Drahtstift *m* **mit glattem Flachkopf**, ~ Drahtnagel *m* ~ ~ ~ · common (wire) nail

~ Dübel *m*, ~ Stab~, ~ Dollen *m*, Runddübel, Runddollen · round dowel

(~) Eckpfosten *m*, (~) Eckstab *m* [*Stabbau*] · corner-post column

~ freistehender Glockenturm *m* · circular campanile, round ~, cylindrical ~

~ Grundriß *m*, kreisförmiger ~ · circular (ground(-))plan, round (~) ~, ~ base

~ Hufeisenbogen *m* · round horseshoe arch, circular ~ ~

~ Kleeblattbogen *m* · round trefoil arch

~ (Stab)Dübel *m*, ~ Dollen *m*, Runddübel, Runddollen · round dowel

~ Verbandstift *m* [*DIN 1156*] · round dowel pin

~ Zahndübel *m*, Zahnringdübel [*Holzdübel*] · round toothed plate

~ Zuschlag(stoff) *m* → ~ Beton~

rundes Beton-Kaminformstück *n* → Kamin(form)stein

~ Betonrohr *n* → Betonrohr mit kreisförmigem Abflußquerschnitt

~ Erkerfenster *n*, ~ Obergeschoß~ · compass window [*An oriel window circular in plan*]

~ Falzrohr *n* · round interlocking pipe, cylindrical ~ ~, circular ~ ~

~ Korn *n*, abgerundetes ~, Rundkorn · round grain, ~ particle

~ Rohr *n*, kreisförmiges Rohr, Rundrohr, Kreisrohr, Zylinderrohr · cylindrical pipe, circular ~

~ Zementrohr *n* → Betonrohr mit kreisförmigem Abflußquerschnitt

Rund|etage *f*, Kreisetage, Rundstockwerk *n*, Kreisstockwerk, Rundgeschoß *n*, Kreisgeschoß · round floor, circular ~; ~ story (US); ~ storey (Brit.)

~falt(werk)dach *n*, Runddachfaltwerk *n*, Kreisfalt(werk)dach, Kreisdachfaltwerk · circular folded plate roof, round ~ ~ ~, ~ ~ slab ~; ~ hipped-plate ~, ~ tilted-slab ~ (US)

~fassade *f* · round façade

~fenster *n*, Kreisfenster · round window, circular ~

~flugschalter *m* · sightseeing flight-ticket counter

~fundament *n*, Kreisfundament · circular foundation, round ~

~funkleitung *f* · radio line

(Rundfunk)Senderaum *m*, Rundfunkstudio *n* · broadcasting room, ~ studio

Rund|funkstudio *n*, (Rundfunk)Senderaum *m* · broadcasting room, ~ studio

~gang *m* · circular corridor

(rund)geschältes Furnier *n*, (Rund-)Schälfurnier · rotary(-cut) veneer, peeled ~ [*Usually called 'commercial veneer'*]

Rund|geschoß *n*, Rundetage *f*, Rundstockwerk *n*, Kreisgeschoß, Kreisstockwerk, Kreisetage · round floor, circular ~; ~ story (US); ~ storey (Brit.)

~giebel *m* [*Er ist halbkreisförmig im Umriß*] · curved gable

~glasturm *m*, Glasrundturm · circular glass tower, round ~ ~, cylindrical ~ ~

~hänger *m*, Rundhängeeisen *n* [*Hängedecke*] · round hanger

~haus *n* · round house, circular ~

~hohlstütze *f*, Hohlrundstütze · hollow round column, ~ circular ~, ~ cylindrical ~

~holz *n* · timber in the round, round timber, roundwood [*logs and bolts*]

~kant(belag)platte *f*, Rundkantfliese *f* · rounded-edge tile, round-edged ~

~kantfliese *f*, Rundkant(belag)platte *f* · rounded-edge tile, round-edged ~

rundkantig · round-edged

Rund|kantplatte *f*, Rundkantbelagplatte, Rundkantfliese · rounded-edge tile, round-edged ~

~kapelle *f* · round chapel

~kapitell *n*, Rundkapitäl · circular capital, round ~

~kapitell *n*, Rundkapitäl · circular capital, round ~

~kapitellplatte *f* → Rundabakus

~kern *m* [*Hochhaus*] · circular core, round ~, cylindrical ~

~kies *m* · shingle [*Rounded or water-worn stones (as occurring in open beach formation) and subsequently free from sand, now used to describe any water-worn gravel*]

~kirche *f* · circular church, round ~

~knopf *m*, Rundtürknopf · round (door) knob

~knopfgarnitur *f*, Rundtürknopfgarnitur · round knob door furniture, ~ ~ ~ set [*B.S. 1331*]

~korn *n*, abgerundetes Korn, rundes Korn · round grain, ~ particle

~lauftor *n* · around(-the)-corner sliding shutter door, ~ ~ shutterdoor

rund(lich)er (Beton)Zuschlag(stoff) *m*, rolliger ~ · round (concrete) aggregate, rounded (~) ~ [*An aggregate the particles of which are fully water-worn or completely shaped by attrition*]

Rundling *m* **mit angekegeltem Kopf** [*Zaun*] · pale [*A pointed stake*]

Rundlingszaun *m* · pale fence

Rundloch *n*, Kreisloch · round hole, circular ~

~ [*Sieb*] · round mesh

~-Feinsieb *n* · round mesh sieve

~-Grobsieb *n* · round mesh screen

~(-Prüf)sieb *n* · round mesh test sieve

Rund|lüfter *m* **mit Ventilator**, Rundentlüfter ~ ~ · vertical ventilator with fan, ~ extractor ~ ~, ~ extract ventilation unit ~ ~, ~ extraction unit ~ ~

~messer *n* **zur Aufteilung in Längsrichtung** [*Dachpappenanlage*] · circular roll with knife

~oberlicht *n* → Runddeckenoberlicht

~pfeiler *m*, Kreispfeiler [*Er hat kreisrunden Grundriß, jedoch keine Verjüngung und keine Entasis wie die Säule*] · round pier, cylinder

~platte *f*, Kreisplatte · circular plate, ~ slab

~profil *n* · round

~profil *n*, Kreisprofil · circular profile, round ~

~profilhandlauf *m* · round handrail section, ~ ~ shape, ~ ~ unit, ~ ~ trim, ~ guard rail ~

~querschnitt *m*, Kreisquerschnitt · circular cross-section, round ~

~rohr *n*, Kreisrohr, kreisförmiges Rohr, rundes Rohr, Zylinderrohr · cylindrical pipe, circular ~, round ~

~röhre *f*, Kreisröhre, runde Röhre, kreisförmige Röhre, Zylinderröhre · round tube, circular ~, cylindrical ~

~sand *m* · round sand

~säule *f* · circular column, round ~, cylindrical ~

~(säulen)deckplatte *f* → Rundabakus

~schacht *m*, Kreisschacht · circular manhole, cylindrical ~, round ~, ~ manway

~schaft *m*, Kreisschaft · circular shaft, round ~

~schale *f*, Halbschale · spherical shell

~schale *f* [*Blumenschale; Pflanzenschale*] · circular bowl

(~)Schälfurnier *n*, (rund)geschältes Furnier · rotary(-cut) veneer, peeled ~ [*Usually called 'commercial veneer'*]

~schornstein *m* · circular chimney, round ~, cylindrical ~

~schuppen *m*, Kreisschuppen · circular shed

~silo *m*, Kreissilo · circular silo

Rundstab *m*, Rundstahlstab, Beton~; (Beton)Rundeisenstab [*Fehlnamen*] · round (reinforcing) bar, ~ reinforcement ~, ~ ~ rod, circular (~) ~, cylindrical (~) ~

~ [*Stabförmiger zylindrischer Bauteil, hauptsächlich bei Profilen, Rippen, Fen-*

ster- und Portalgewänden der Gotik. Ein Dreiviertelstab ist ein Rundstab mit Dreiviertelkreisquerschnitt] · circular moulding (Brit.); ~ molding (US)

~armierungsmatte *f* → Baustahlmatte aus Rundstäben

~baustahlmatte *f* → Baustahlmatte aus Rundstäben

~bewehrungsmatte *f* → Baustahlmatte aus Rundstäben

Rund|stäbe *mpl*, Rund(stab)stahl *m*, Beton~ [*Fehlnamen: (Beton)Rundeisen npl*] · round (reinforcing) bars, ~ reinforcement ~, rounds

~(stab)stahl *m*, Rundstäbe *mpl*, Beton~ [*Fehlnamen: (Beton)Rundeisen npl. DIN 488*] · round (reinforcing) bars, ~ reinforcement ~, rounds

~stabsteg *m* · round bar web, ~ rod ~, cylindrical ~ ~, circular ~ ~

Rundstahl *m*, Rundstabstahl, Rundstäbe *mpl*, Beton~ [*Fehlnamen: (Beton-) Rundeisen npl. DIN 488*] · round (reinforcing) bars, ~ reinforcement ~, rounds

~bewehrung *f*, Rundstahlarmierung, Rund(stahl)einlagen *fpl* · round bar reinforcement, ~ ~ steel

(Rund)|Stahlliste *f*, Armierungsliste, Bewehrungsliste · bar schedule, rod ~

~(stahl)stab *m*, Beton~; (Beton)Rundeisenstab [*Fehlnamen*] · round (reinforcing) bar, ~ reinforcement ~, ~ ~ rod, circular (~) ~, cylindrical (~) ~

~stahlstütze *f*, Stahlrundstütze · round steel column, cylindrical ~ ~, circular ~ ~

~steueranlage *f* [*Speicheröfenheizung*] · time switches

~steuerempfänger *m* · tariff-rate changeover impulse receiver [*electric storage heating*]

~stütze *f* · circular column, round ~, cylindrical ~

~tempel *m* · circular temple, round ~

~träger *m* · round girder

~treppe *f* · circular stair(case), round ~

~(tür)knopf *m* · round (door) knob

~(tür)knopfgarnitur *f* · round knob door furniture, ~ ~ ~ set [*B.S. 1331*]

~turm *m* · circular tower, round ~

~türmchen *n*, kleiner Rundturm *m* · round diminutive tower, ~ small ~, ~ turret

Rundungs(belag)platte *f*, Rundungsfliese · round edge tile fitting

Rund|walzdraht *m* · round wire rod

~wert *m*, (An)Näherungswert · approximate value

~zaunpfahl *m*, Rundzaunpfosten *m* · round fence post, ~ ~ picket, ~ ~ stake, ~ fencing ~

~zaunpfosten *m*, Rundzaunpfahl *m* · round fence post, ~ ~ picket, ~ ~ stake, ~ fencing ~

russischer Mörtelestrich *m*, Kalkestrich · lime mortar flooring

russisches Terpentinöl *n* · Russian (oil of) turpentine, ~ spirit ~ ~

Rustika *f* → ~mauerwerk

~fuge *f* · rustic joint [*A joint sunk back from the surface of stone, seen in rusticated ashlar*]

rustikale Hütte *f* · rustic cabin [*A term coined by Marc-Antoine Laugier (1713–1769)*]

Rustika|eckstein *m*, Rustikawinkelstein · rustic (angle-)quoin

~(mauerwerk) *f*, (*n*) · rusticated ashlar, ~ ashler, rustication [*Ashlar on which the face is left rough and stands out from the joints, the stones being cut back at the edges by bevelling or rebating. In other types of rustication (e.g. rustic quoins), alternate stones project about one inch beyond the others*]

~säule *f* · rusticated column

~verband *m*, Buckelquaderverband, Bossenquaderverband, Bossenwerk *n* · opus rusticum

~winkelstein *m*, Rustikaeckstein · rustic (angle-)quoin

~ziegel *m* · rustic brick [*A brick with a surface which has been roughened by covering it with sand, by impressing it with a pattern, or by other means*]

Rustizierung *f* · rusticity

Ruß *m* → ~pigment

~ [*Reiner Kohlenstoff, der sich bei der Verfeuerung gasreicher Brennstoffe aus den Verbrennungsgasen ausscheidet, wenn die Verbrennung infolge ungenügender Sauerstoffzufuhr oder infolge zu starker Abkühlung der brennbaren Gase an kalten Flächen unvollständig erfolgt*] · soot

~absperrer *m* · soot barrier

~bildung *f* · soot formation

~fleck *m* · soot stain

~gebläse *n* · soot blower, SB

~(pigment) *m*, (*n*) · carbon black (pigment)

~tür *f* · soot door [*B.S. 1294*]

Rutil *m*, TiO_2 · rutile

~pigment *n* · rutile pigment

~-Titandioxid *n* · rutile titanium dioxid(e)

Rutsche *f* · chute

Rutschen *n*, Aus~ · slipping

rutschfest → gleitsicher

rutschfeste (Anstrich)Farbe *f*, trittsichere ~, gleitsichere ~, Gleitschutz(anstrich)farbe · anti-slip paint, nonslip(ping) ~, anti-skid ~, non-skid ~, skidproof ~, non-slippery ~

~ gekörnte Fliese *f* → (gleitsichere) gekörnte Platte

Rutschgefahr *f* · slip-hazard

rutschig · slippery

rutschsicher → gleitsicher

Rutschung *f* **der Verankerung**, Ankerschlupf *m*, Verankerungsschlupf · anchorage deformation, ~ slip

Rüttel|-Auflastverfahren *n* [*Beton*] · compacting concrete by surface vibrator(s)

~beton *m*, Vibrationsbeton · vibrated concrete

~betonrohr *n* · vibrated concrete pipe

~druckverdichtung *f*, Ein~ [*Beton*] · compacting concrete by vibration and compression, compaction of ~ ~ ~ ~ ~

~grobbeton *m* · coarse vibrated concrete

~massenbeton *m*, Massenrüttelbeton · vibrated mass concrete, ~ bulk ~

Rütteln *n*, Ein~ [*Beton*] · compacting concrete by vibration

Rüttel|preßbetonrohr *n* · vibrated and pressed concrete pipe

~verdichtung *f* · vibro-compaction

~verfahren *n*, Ein~ [*Beton*] · vibratory method of compaction

~verformung *f* [*Formgebung, bei der die Form mit der Masse einer Reihe von Stößen ausgesetzt wird, wobei von oben ein zusätzlicher Druck ausgeübt werden kann*] · jolt moulding (Brit.); ~ molding (US)

Ryse *m*, (pyramidenförmiger) Helm *m*, Riese(n) *m* [*Pyramidenförmiger, krabbenbesetzter und in einer Kreuzblume endigender Helm einer Fiale*] · pyramidion

Rz *m*, Radialziegel *m*, Ringziegel · compass brick, radial ~, radiating ~ [*A brick the two end faces of which are parts of concentric cylinders*]

Rz 150 *m*, Radialmauerziegel *m*, Ringmauerziegel, Radialvollziegel · compass solid brick, radial ~ ~, radiating ~ ~

Rz 250 *m*, Ringhart(brand)ziegel *m*, Radialhart(brand)ziegel · compass hard brick, ~ well burned ~, ~ well-burnt ~, radial ~ ~, radiating ~ ~

S

S. Aposteln zu Köln · Church of the Apostles at Cologne

S. Georg auf dem Hradschin zu Prag · Romanesque basilica of St. George on the Hradcany Hill at Prague

Saal *m* · hall [*A large room devoted to public or semipublic business or entertainments*]

~ der Gesandten [*Alhambra*] · Hall of Ambassadors

~ des Gerichts [*Alhambra*] · Hall of Judg(e)ment

Saal|bau *m* [*Ein Gebäude, das im Hauptgeschoß – außer kleinen Nebenräumen – nur einen Saal enthält*] · hall building

~kirche *f* [*Eine Kirche ohne Seitenschiff(e)*] · (side) aisle-less church

Sabinesche Formel *f* · P.E. Sabine formula

Sabinescher Absorptionsgrad *m*, ~ Schluckgrad [*Die auf 1 m² bezogene äquivalente Schallschluckfläche*] · P.E. Sabine absorption coefficient

Sach|verständigenausschuß *m* · expert committee

~verständiger *m*, Fachmann *m* · expert

~wortregister *n* · subject index

Sack|bahnhof *m*, Kopfbahnhof · dead-end (railway) station (Brit.); ~ (railroad) ~ (US)

~beton *m* · bagged concrete

~dämmung *f* · insulation in bags

~gips *m* · bagged gypsum

(~)Grobgewebe *n* · sacking

~kalk *m* [*Fehlname*] → Löschkalk

sackloser Zementversand *m*, ~ Versand von Zement · bulk shipping of cement

Sack|maß *n*, Fließmaß, Konussenkung *f*, Setzmaß, Ausbreit(ungs)maß [*Betonprüfung. DIN 1048*] · slump

~zement *m*, eingesackter Zement, (ab-)gesackter Zement · bagged cement, sacked ~

~zufahrt *f* · closed-end driveway

Safe *n* · safe

Saf(f)loröl *n* · safflower oil

Sägedach *n* → Sheddach

~binder *m*, Shed(dach)binder · saw-tooth roof truss, north(-light) ~ ~ [*See remark under 'Binder'*]

~fenster *n*, Sägezahndachfenster, Shed(dach)fenster · north-light

~halle *f* → Sägezahndach(rahmen)halle

~oberlicht *n* → Sägezahndachoberlicht

~rahmen *m* → Sägezahndachrahmen

~(rahmen)halle *f* → Sägezahndach(rahmen)halle

~(regen)rinne *f* → Sägezahndach(regen)rinne

~rinne *f* → Sägezahndach(regen)rinne

~rippe *f* → Sägezahndachrippe

~schale *f* → Sägezahndachschale

~schiff *n* → Sägezahndachschiff

~verglasung *f* → Sägezahndachverglasung

~zylinderschale *f* → Sägezahndachzylinderschale

sägeförmiges Dach *n* → Sheddach

Säge|fries *m*, Sägezahnfries · toothed frieze

~furnier *n* · sawn veneer, sawed ~, sawcut ~

~schalendach *n* → Sägezahnschalendach

~spänebeton *m* · sawdust concrete

Säge(zahn)dach *n* → Sheddach

~fenster *n*, Shed(dach)fenster · north-light

~halle *f* → Säge(zahn)dachrahmenhalle

~oberlicht *n*, Shed(dach)oberlicht · north(-light) roof roof-light, saw-tooth ~ ~

~rahmen *m*, Shed(dach)rahmen · north (-light) roof frame, saw-tooth ~ ~

~(rahmen)halle *f*, Shed(rahmen)halle · north(-light) roof frame(d) building, ~ ~ ~ block, saw-tooth ~ ~ ~

~(regen)rinne *f*, Shed(dach)(regen)rinne · north(-light) roof gutter, ~ rain-water ~, saw-tooth ~ ~, ~ R.W. ~

~rinne *f* → Säge(zahn)dachregenrinne

~rippe *f*, Shed(dach)rippe · north(-light) roof rib, saw-tooth ~ ~

~schale *f*, Shed(dach)schale · north (-light) shell, saw-tooth ~

~schiff *n*, Shed(dach)schiff · north (-light) roof span, ~ ~ bay, saw-tooth ~ ~

~verglasung *f*, Shed(dach)verglasung · north(-light) roof glazing, saw-tooth ~ ~

~zylinderschale *f*, Zylindersäge(zahn)-dachschale, Shed(dach)zylinderschale, Zylindershed(dach)schale · north (-light) cylindrical shell, saw-tooth ~ ~

säge(zahn)förmiges Dach *n* → Sheddach

Säge(zahn)|fries *m* · toothed frieze

~schalendach *n*, Shedschalendach · saw-tooth shell roof, north(-light) ~ ~

~verzierung *f* · toothed ornament

Saint-Venantsche Torsion *f*, freie ~ · (de) St. Venant('s) torsion, (de) Saint ~ ~

Saint-Venantsches Prinzip *n* · (de) Saint Venant('s) principle (of elasticity), (~) St. ~ ~ (~ ~)

Saitenbeton *m*, Stahl~, Bauweise *f* Hoyer · prestressed concrete with thin wires, Hoyer method

~-Balken(träger) *m*, Stahl~, Hoyer-Balken(träger) · Hoyer beam

~platte *f*, Stahl~, Hoyer-Platte · Hoyer slab

~träger *m*, Stahl~, Hoyer-Träger · Hoyer girder

Sakral|architektur *f*, Sakralbaukunst *f*, kirchliche Architektur, kirchliche Baukunst . religious architecture, ecclesiasfical ~

~baugotik *f* · religious Gothic (style)

~baukunst *f* → Sakralarchitektur

~bau(werk) *m*, (*n*) · religious structure

~denkmal *n*, Sakralmonument *n* · religious monument

sakraler Längsbau *m*, Längskirche *f* · longitudinally-planned church

~ Zentralbau *m*, Zentralkirche *f* · centralized church; centralised ~ (Brit.); centrally-planned ~, church with central space

~ ~ mit innerem Säulenkranz, Zentralkirche *f* ~ ~ ~ · church with central space encircled by columns

Sakral|gebäude *n*, · religious building, ecclesiastical ~

~monument *n*, Sakraldenkmal *n* · religious monument, ecclesiastical ~

Sakramentskapelle *f* · sacrament chapel

Sakristei *f* [*Der Priesterraum und meistens auch der Aufbewahrungsort für den Schatz der Kirche*] · vestry, sacristy

Sala *m* [*Versammlungshalle buddhistischer Klöster*] · sala

Salmiak *m*, Ammoniumchlorid *n*, Chlorammonium *n*, NH/Cl · ammonium chloride (Brit.); ~ chlorid(e) (US)

~geist *m* NH_4OH · volatile alkali

Salon *m* → Empfangszimmer

~ · salon [*Post-mediaeval successor of a great hall*]

Salpetersäure *f*, Stickstoffsäure, HNO_3 · nitric acid

salpetersaurer Kalk *m*, Kalksalpeter *m*, Kalziumnitrat *n*, salpetersaures Kalzium *n*, $Ca(NO_3)_2$ · nitrate of lime, lime nitrate

salpetersaures Kalzium *n*, salpetersaurer Kalk *m* Kalksalpeter *m*, Kalziumnitrat *n*, $Ca(NO_3)_2$ · nitrate of lime, lime nitrate

~ Silberoxid *n*, Silbernitrat *n*, Höllenstein *m*, $AgNO_3$ *n* · lunar caustic

salpetrige Säure *f* · nitrous acid

Salz|ausblühung *f* · efflorescence of salt, flower ~ ~, salt efflorescence

~bad *n* · salt bath

~beglasen *n*, Salzglasieren, Glasieren durch Salzen, Beglasen durch Salzen · salt glazing, glazing by salting

~beglasung *f*, Salzglasur *f* · salt glaze(d finish)

~beständigkeit *f* · salt resistance

salzfrei, salzlos · salt-free

Salz|gehalt *m* · salt content

~gestein *n*, Steinsalz *n* [*als (Beton)Zuschlagstoff*] · rock salt, common ~, halite

~glasieren *n*, Salzbeglasen, Glasieren durch Salzen, Beglasen durch Salzen · salt glazing, glazing by salting

~glasur *f*, Salzbeglasung *f* · salt glaze(d finish)

salzglasiertes Rohr *n* · salt-glazed (ware) pipe [*B.S. 65*]

Salzglasur *f* [*Sie entsteht durch Zusatz von Kochsalz zum Brande: NaCl wird durch die Hitze aufgespalten; Cl entweicht gasförmig, Na bildet mit dem Al-Silikat des Tones an der Oberfläche einen glasartigen Schmelzfluß*] · salt glaze

salzhaltig · salt-containing

Salz|kristall *n* · salt crystal

~lagerhalle *f* · salt store

salzlos, salzfrei · salt-free

Salz|lösung *f* · salt solution

~luft *f* · salt(-laden) atmosphere, ~ air

~säure *f* · muriatic acid

salzsaure Kupferchlorürlösung *f*, $Cu_2Cl_2 + HCl + aq$ · hydrochloric solution of cuprous chloride (Brit.); ~ ~ ~ ~ chlorid(e) (US)

Salzstaub *m* · salt dust

salzwasserbeständig, meer(es)wasserbeständig · salt water-resistant

Sammel|heizung *f* [*Fehlname*]; Zentralheizung · central heating

~heizung *f* **mit Kleinstrohrweiten** [*Fehlname*]; Zentralheizung ~ ~ · minibore central heating

~heizung(sanlage) *f* [*Fehlname*]; Zentralheizung(sanlage) [*DIN 18380*] · central heating installation, ~ ~ system, ~ ~ plant

~kanal *m* · intercepting conduit-type sewer

~leitung *f* · collecting line

~schacht(anlage) *m*, (*f*) [*Lüftung*] · vent stack

~schiene *f*, Stromschiene · busbar [*B. S. 159*]

~steuerung *f* [*Aufzug*] · collective control [*This is an improved form of automatic control in which calls from the liftcar and lift-landings are registered, and are answered by the lift-car stopping in floor sequence at each lift-landing for which a call has been registered, until all calls have had attention*]

~wasserversorgung *f* [*Die öffentliche Wasserversorgung eines Ortes, Ortsteiles oder mehrerer Orte im Gegensatz zur Eigenwasserversorgung*] · central water supply

Samt|schwarz *n*, Frankfurterschwarz · Frankfort black, German ~ [*A variety of bone black*]

~tapete *f*, Velourstapete · (velvety) flock paper

Sanatorium *n*, Genesungsheim *n* · convalescent centre (Brit.); ~ center (US); ~ home

„Sand" *m*, (Trocken)Schlamm *m* [*Straßenentwässerung*] · grit [*The heavy mineral matter contained in sewage, such as sand, gravel, cinders, etc.*]

Sand|abstreuung *f*, Sandbestreuung [*Dachpappe*] · sand surfacing

~anteil *m*, Sangehalt *m* · sand content

~asphalt *m* · sand asphalt

~asphalt *m* **mit eingewalztem Grobsplitt** · hot-rolled asphalt

~auffüllung *f*, Sand(auf)schüttung · sand fill(ing)

~(auf)schüttung *f*, Sandauffüllung · sand fill(ing)

~beigabe *f*, Sandzusatz *m* · addition of sand

~-Betonit-Schlämme *f* · sand-bentonite slurry

~bestreuung *f*, Sandabstreuung [*Dachpappe*] · sand surfacing

sanddicht · sandtight

Sandeln *n*, Sandstrahlen, Abblasen, Abstrahlen mit Sandstrahlgebläse · sandblasting, sand blast

sandfarben · sand-coloured (Brit.); sand-colored (US)

(Sand)|Feinstrahl *m* · fine (sand)blast

~form *f* · sand-lined mould (Brit.); ~ mold (US)

~(form)ziegel *m*, Sandstrichziegel · sand-faced brick [*A facing brick coated with sand to give it an attractive rough surface*]

~gehalt *m*, Sandanteil *m* · sand content

sand|gestrahlt · sandblasted

~gestrahltes Glas *n* · sandblasted glass

(Sand)Grobstrahl *m* · coarse (sand)blast

Sandguß *m* [*Von Gußeisen oder Stahlguß*] · sand casting

~(eisen)rohr *n* · static-cast pipe, sand-cast ~

~form *f* · sand mould (Brit.); ~ mold (US)

~rohr *n*, Sandgußeisenrohr · static-cast pipe, sand-cast ~

Sand|-Kalk-Gemisch *n*, Sand-Kalk-Mischung *f* · sand-lime mix(ture)

~-Kalksteinbeton *m* · sand-limestone concrete

~kasten *m*, Sandspielkasten · sand-pit

~-Kies-Beton *m* · sand-gravel concrete

~korn *n*, Sandkörnchen *n*, Sandteilchen · sand grain

~körnchen *n*, Sandkorn *n*, Sandteilchen · sand grain

~mörtel *m* · sand mortar

~probe *f*, Sandversuch *m*, Sandprüfung *f* · sand test

~prüfung *f*, Sandprobe *f*, Sandversuch *m* · sand test

~schiefer *m* · arenaceous shale, schistous sandstone, foliated grit(-stone)

~schlämme *f* · sand slurry

~schüttung *f*, Sandaufschüttung, Sandauffüllung · sand fill(ing)

~(spiel)kasten *m* · sand-pit

Sandstein *m* · sandstone

~beton *m* · sandstone concrete

~bordstein *m* · sandstone curb; ~ kerb [*B. S. 706*]

~-Bruchstein *m* · sandstone rubble

~mehl *n* · sandstone powder, powder(-ed) sandstone

~pflasterstein *m* · sandstone (paving) sett [*B. S. 706*]

~platte *f* · sandstone slab

~platten(fuß)boden(belag) *m*, Fbsa *m* · sandstone slab floor(ing) (finish), ~ ~ floor cover(ing)

~treppe *f* · sandstone stair(case)

(Sand)Strahl *m* · (sand)blast

sandstrahlen, mit Sandstrahl überblasen · to sandblast

Sandstrahlen *n,* Sandeln, Abblasen, Abstrahlen mit Sandstrahlgebläse · sandblasting, sand blast

sandstrahlmattiert [*Glas*] · sandblasted

Sand|strahlmattierung *f* [*Glas*] · sandblast decorative finish

~strahlprobe *f,* Sandstrahlprüfung *f,* Sandstrahlversuch *m* · sandblasting test

~strahlprüfung *f,* Sandstrahlprobe *f,* Sandstrahlversuch *m* · sandblasting test

~strahlversuch *m,* Sandstrahlprüfung *f,* Sandstrahlprobe *f* · sandblasting test

~strichziegel *m,* Sand(form)ziegel · sand-faced brick [*A facing brick coated with sand to give it an attractive rough surface*]

~teilchen *n,* Sandkörnchen, Sandkorn *n* · sand grain

~versuch *m,* Sandprüfung *f,* Sandprobe *f* · sand test

Sandwich|-Platte *f* [*Spannbeton*] · locking plate, sandwich ~

~platte *f* [*Fehlname*] → Sandwichtafel

~tafel *f* [*Fehlname: Sandwichplatte f. Bautafel für Außen- und Innenverkleidung bei Rahmenkonstruktionen; kreuzweise bewehrt, dazwischen Glaswolleschicht von etwa 5 cm*] · sandwich panel

Sand|-Zement-Schlämme *f,* Sand-Zement-Schlämpe, Sand-Zementschlempe · sand-cement grout, cement-sand ~

~ziegel *m,* Sand(form)ziegel, Sandstrichziegel · sand-faced brick [*A facing brick coated with sand to give it an attractive rough surface*]

~zumeßkasten *m* · sand gauging box (Brit.); ~ gaging ~ (US); ~ measuring ~, ~ proportioning ~

~zusatz *m,* Sandbeigabe *f* · addition of sand

~zuschlag(stoff) *m* · sand aggregate

Sänger|empore *f,* Sängergalerie *f,* Chorempore, Chorgalerie, Sängerbühne *f* · choir loft, ~ gallery

Sanidin *m* · sanidine [*A glassy grey and very fresh variety of orthoclase*]

~feldspat *m* · sanidine fel(d)spar

~trachyt *m* · sanidine-trachyte [*A trachyte containing porphyritic crystals of sanidine. A glassy and very fresh variety of orthoclase*]

Sanierung *f,* Stadt~, Stadterneuerung(smaßnahmen) *f(pl)* [*1. Verbesserung und Neugestaltung von Gebäuden und der Nachbarschaft. 2. Abriß von Gebäuden und/oder Entfernen von Verkehrsanlagen bzw. Freiflächen aller Art um Raum für neue Einrichtungen zu schaffen*] · redevelopment, urban renewal

Sanierungsgebiet *n* [*Städtebau*] · redevelopment area, urban renewal ~

Sanitär|anlagen *fpl* → sanitäre (Gebäude)Installation

~armatur *f* · sanitary fitting

~artikel *mpl,* Sanitärgegenstände *mpl,* Sanitärware(n) *f,* Sanitärerzeugnisse *npl* · sanitary ware, ~ goods, ~ articles, ~ products

~block *m* → Sanitärraumblock

sanitäre Anlagen *fpl* → ~ (Gebäude-) Installation

~ Ausrüstung *f* · sanitary equipment

~ Einrichtung *f* → ~ (Gebäude)Installation

~ (Gebäude)Installation *f,* ~ Hausinstallation, ~ Einrichtung *f,* ~ Anlagen *fpl,* Sanitärinstallation, Sanitäreinrichtung, Sanitäranlagen · (sanitary) plumbing (system), system of sanitation, sanitation system

~ Hausinstallation *f* → ~ (Gebäude-) Installation

~ Installation *f* → ~ Gebäude~

Sanitär|einrichtung *f* → sanitäre (Gebäude)Installation

~erzeugnisse *npl,* Sanitärgegenstände *mpl,* Sanitärartikel *mpl,* Sanitärware(n) *f* · sanitary ware, ~ goods, ~ articles, ~ products

sanitäres Steinzeug *n,* weißes ~, Sanitärsteinzeug [*Durchsichtige Glasur auf fast weißem, dichten, durchgesinterten Scherben*] · sanitary stoneware

Sanitärfeuer|beton *m* · sanitary castable refractory concrete

~ton *m* · sanitary fireclay

Sanitär|gegenstände *mpl,* Sanitärartikel *mpl,* Sanitärerzeugnisse *npl,* Sanitärware(n) *f* · sanitary ware, ~ goods, ~ articles, ~ products

~gußartikel *mpl* → Sanitärgußware(n)

~gußerzeugnisse *npl* → Sanitärgußware(n)

~gußgegenstände *mpl* → Sanitärgußware(n)

~gußware(n) *f,* Sanitärgußerzeugnisse *npl,* Sanitärgußgegenstände *mpl,* Sanitärgußartikel *mpl* · cast-iron sanitary ware, ~ ~ articles, ~ ~ products, C. I. ~ ~

~installation *f* → sanitäre (Gebäude-) Installation

~installationsblock *m,* Sanitärinstallationszelle *f,* Sanitär(raum)block, Sanitär(raum)zelle · sanitary building block module, ~ unitized unit

~installationszelle *f,* Sanitärinstallationsblock *m,* Sanitär(raum)zelle, Sanitär(raum)block · sanitary building block module, ~ unitized unit

~irdengut *n,* Sanitärsteingut · sanitary earthenware

~keramik *f,* sanitäre Keramik · (china) sanitary ware [*Wash tubs, sinks, tanks, and ordinary bathroom equipment formed of clay, baked and glazed*]

~porzellan(ware) *n,* (*f*) · porcelain ware

~(raum)block *m*, Sanitär(raum)zelle *f*, Sanitärinstallationszelle, Sanitärinstallationsblock, sanitärtechnischer Block, sanitärtechnische Zelle · sanitary building block module, ~ unitized unit

~(raum)zelle *f*, Sanitär(raum)block *m*, Sanitärinstallationszelle, Sanitärinstallationsblock, sanitärtechnischer Block, sanitärtechnische Zelle · sanitary building block module, ~ unitized unit

~rohr *n* · plumbing pipe

~steingut *n*, Sanitärirdengut · sanitary earthenware

~steinzeug *n*, weißes Steinzeug, sanitäres Steinzeug [*Durchsichtige Glasur auf fast weißem, dichten, durchgesinterten Scherben*] · sanitary stoneware

~technik *f* · sanitation, sanitary engineering in the wider sense, public health engineering

sanitär|technische Zelle *f* → Sanitär(raum)zelle

~technischer Block *m* → Sanitär(raum)block

Sanitär|verbrenner *m* · sanitary incinerator

~ware(n) *f*, Sanitärartikel *mpl*, Sanitärerzeugnisse *npl*, Sanitärgegenstände *mpl* · sanitary ware, ~ goods, ~ articles, ~ products

~zelle *f* → Sanitärraumzelle

Sanitätsdienstzimmer *n*, Verbandsraum *m* · first aid room

Sanktuarium *n*, Allerheiligstes *n* [*Der Platz des Altars in altchristlichen Kirchen*] · sanctuary, innermost part

Sansibarkopal *m* · Zanzibar copal

Santorin(er)erde *f* [*Schlackenartige Erde vulkanischen Ursprungs, als hydraulischer Zuschlag(stoff) zu Luftmörtel verwendet. Nach der griechischen Insel Santorin benannt*] · santorin earth

Saponin *n* [*Ein Pflanzenextrakt, dessen wäßrige Lösung stark schäumt. Verwendung für Gas- und Schaumbeton*] · saponin

Sarkophag *m* · sarcophagus

~altar *m* · altar over sarcophagus

~kanzel *f* · pulpit over sarcophagus

sassanidische Architektur *f*, ~ Baukunst *f* · Sassanian architecture

Satellitenstadt *f*, Trabantenstadt · satellite town

satiniertes Glas *n*, seidenmattes ~, Atlasglas, Seidentonglas · satin finish glass, velvet ~ ~

Satinweiß *n* · satin white

satte Auflagerung *f*, sattes Auflager *n* · full bearing, ~ support

Sattelbogen *m*, Eselsrücken *m*, geschweifter Kielbogen · saddle(-shaped) arch

Satteldach *n* · saddleback roof [*This is a normal pitched roof. The term is most usual for roofs of towers*]

~ [*Aneinandergereihte Satteldächer, deren beide Dachseiten gleiche Neigung haben. Gegenteil: Sheddach, dessen beide Dachseiten ungleiche Neigung haben*] · shed (type) roof

Sattel|fläche *f* · saddle surface

~form *f* · saddle-shaped form

sattelförmige Kappleiste *f*, ~ Überhangleiste, sattelförmiger Kappstreifen *m*, sattelförmiger Überhangstreifen · saddle cap flashing (piece), cricket ~ ~ (~), ~ counter ~ (~) [*See remark under ‚Anschluß'*]

~ Überhangleiste *f*, ~ Kappleiste, sattelförmiger Überhangstreifen *m*, sattelförmiger Kappstreifen · saddle cap flashing (piece), cricket ~ ~ (~), ~ counter ~ (~) [*See remark under 'Anschluß'*]

sattelförmiger Kappanschluß *m*, ~ Überhanganschluß · saddle cap flashing, cricket ~ ~, ~ counter ~ [*See remark under 'Anschluß'*]

~ Kappstreifen *m*, ~ Überhangstreifen, sattelförmige Überhangleiste *f*, sattelförmige Kappleiste · saddle cap flashing (piece), cricket ~ ~ (~), ~ counter ~ (~) [*See remark under 'Anschluß'*]

~ Überhanganschluß *m*, ~ Kappanschluß · saddle cap flashing, cricket ~ ~, ~ counter ~ [*See remark under 'Anschluß'*]

~ Überhangstreifen *m*, ~ Kappstreifen, sattelförmige Überhangleiste *f*, sattelförmige Kappleiste · saddle cap flashing (piece), cricket ~ ~ (~), ~ counter ~ (~) [*See remark under 'Anschluß'*]

Sattel|hängedach *n*, Hängesatteldach · cable roof with saddle shape, ~ saddle(-shaped) roof

~holz *n* · head tree, crown plate, saddle, bolster, corbel piece [*A short timber cap over a post to increase the bearing area under a beam*]

~laterne *f* · saddle-type lantern-light

~raupe *f* · saddle-type skylight

~schale *f* · saddle shell

~schwelle *f*, Saumschwelle, Brustschwelle · girt [*A rail or intermediate beam in wooden-framed buildings, often carrying floor joists*]

~segment *n* · saddle-shaped segment

~turm *m* [*Turm mit einem Satteldach*] · saddleback roof tower

Sättigung *f* · saturation

Sättigungs|dampfdruck *m* · saturation water vapour pressure (Brit.); ~ ~ vapor ~ (US)

~druck *m* · saturation pressure, pressure of saturation

~grad *m* · degree of saturation, saturation degree

~koeffizient *m* · coefficient of saturation, saturation coefficient

~wert *m* · saturation value

Saturntempel *m* · Temple of Saturn

Satz *m* [*Baustatik*] · theorem

~ von Maxwell, Maxwellscher Satz [*Spezialfall des allgemeinen Bettischen Satzes und die Grundlage zur Ermittlung der Einflußlinien*] · Maxwell's theorem

sauer, silikareich, reich an Silika [*Gestein*] · acid(ic)

Sauerstoff|-Azetylen-Schweißen *n* **von Flußstahl** · oxy-acetylene welding of mild steel [*B. S. 693*]

~-Gas-Flamme *f* · oxy-gas flame, ~ cone

Saug|beton *m*, Vakuumbeton, Unterdruckbeton · vacuum concrete

~betonrohr *n*, Unterdruckbetonrohr, Vakuumbetonrohr · vacuum concrete pipe

saugend · sucking

Saug|fähigkeit *f*, Saugvermögen *n* · suction quality, ~ property, ~ capacity, ~ power

~leitung *f*, Saugrohrleitung · suction (pipe)line

Säuglingsflügel *m*, Säuglingstrakt *m*, Säuglingsheim *n* · baby-care unit, ~ block, ~ accommodation

Saug|lüftung *f* · suction ventilation, ~ venting

~matte *f*, Vakuum(an)heber *m*, Saugvorrichtung *f* zum Fertigteiltransport · suction pad

~raum *m* → Kapillarsaum

~(rohr)leitung *f* · suction (pipe)line

~saum *m* → Kapillarsaum

~vermögen *n*, Saugfähigkeit *f* · suction quality, ~ property, ~ capacity, ~ power

~vorrichtung *f* **zum Fertigteiltransport,** Vakuum(an)heber *m*, Saugmatte *f* · suction pad

~zone *f* · suction zone

(~)Zugregler *m* · suction type draught regulator (Brit.); ~ ~ draft ~ (US)

~zugschornstein *m* · ejector chimney [*Induced draught is provided by means of a high-pressure blower discharging into a venturi and producing suction*]

~zugventilator *m* · induced draft fan (US); ~ draught ~ (Brit.); exhaust(-ing) ~, extract ~

~zugwasserkühler *m* · induced draught water cooler (Brit.); ~ draft ~ ~ (US)

Säulchen *n* · colonnette [*A small column*]

Säule *f* · column [*Round upright member, including the base and capital. The proportions vary according to the style or order*]

~, Stiel *m* [*Pfettendach*] · strut

~, Pfosten *m*, Ständer *m*, Stiel *m* [*Senkrechtes Holz beim Fachwerk-, Stab-, Ständer- und Dachstuhlbau*] · post

säulenähnlicher Pfeiler *m* · column-like pier

Säulen|architektur *f*, Säulenbaukunst *f* · column architecture

~arkade *f*, Säulenarkatur *f*, Säulenbogenlaube *f*, Säulenbogengang *m*, Säulenbogenreihe *f* · arcade of columns

~ausstattung *f*, Ausstattung mit Säulen · columnar decoration

~basilika *f* · column(-type) basilica

(~)Basis *f*, (Säulen)Fuß *m* · (column) base (plate) [*The projecting member between the shaft of a column and its plinth*]

~bogengang *m* → Säulenarkade

~bogenlaube *f* → Säulenarkade

~bogenreihe *f* → Säulenarkade

~brunnen *m* · floor-mounted drinking fountain, pedestal-type ~ ~

~bündel *n*, Bündelsäule *f* [*Fehlname: Bündelpfeiler*] · clustered column

(~)Deckplatte *f*, Abakus *m*, Kapitellplatte · raised table, abacus, padstone [*The slab between the lintel and the supporting column, designed to concentrate the load. In the Greek Doric order the abacus is a simple square block; in the Roman orders it is thinner and moulded*]

~fassade *f* · stylar façade

~form *f* · column shape

säulen|förmig · columnar

~frei, säulenlos · astylar [*A term applied to classical façades which have no columns*]

~freie Rückfront *f*, säulenlose ~ · astylar back

Säulen|fundament *n* · column foundation

(~)Fuß *m* → (Säulen)Basis

~galerie *f* · arcaded gallery

~gang *m*, Säulenumgang, Säulenportikus *m* · portico of columns

~gebäude *n* · columnar building

~halle *f*, Säulenraum *m*, Säulensaal *m* · columned hall, hall of columns, columnar interior

~hallenhof *m* · stoa-surrounded court

(~)Hals *m*, Hypotrachelion *n*, Epitrachelium, Unterhals, Epitrachelion *n* [*dorische Säule*] · hypotrachelion, hypotrachelium

~haus *n* [*Das Wesen des griechischen Tempels wird durch den Begriff „Säulenhaus" ausgedrückt*] · columned Greek temple

~hof *m* · colonnaded court

~kranz *m* · peristyle columns

säulen|los, säulenfrei · astylar

~lose Rückfront *f*, säulenfreie ~ · astylar back

(Säulen)|Ordnung *f* · order (of architecture) [*A column together with its entablature, which is the beam and other horizontal members resting upon it*]

~ornament *n* · columnar ornament

~paar *n* · paired columns, pair of columns

~pfette *f* · queen post purlin(e)

~portal *n* [*In der abgetreppten Portalleibung sind Säulen eingesetzt*] · columnar portal

~portikus *m* · portico of columns

~querschnitt *m* · column cross section

~raum *m*, Säulenhalle *f*, Säulensaal *m* · columned hall, hall of columns, columnar interior

säulenreich · many-columned

Säulen|reihe *f* · row of columns

~rippe *f* · rib of column

(~)Rumpf *m*, (Säulen)Schaft *m* · (column) shaft, fust

~rundbau *m*, Tholos *m* [*Tempelform. Runde Cella mit rundem Säulenumgang*] · tholus, circular hut

~saal *m*, Säulenhalle *f*, Säulenraum *m* · columned hall, hall of columns, columnar interior

~saalmoschee *f* [*Ihr Hauptraum ist durch Säulen unterteilt*] · congregational mosque with antique columns [*e.g. the Great Mosque at Cordova*]

(~)Schaft *m*, (Säulen)Rumpf *m* · (column) shaft, fust

~schlankheitsgrad *m* · slenderness degree of column

(~)Sockel *m*, (Säulen)Unterbau *m* · column pedestal

~stil *m* · columnar style

~stuhl *m* → Stylobat

(~)Trommel *f* · (column) drum

~(um)gang *m* · portico of columns

(~)Unterbau *m*, (Säulen)Sockel *m* · column pedestal

„Säulenwald" *m* · forest of columns

Säulenweite *f* [*Abstand von Säulenachse zu Säulenachse*] · centre-to-centre distance of columns (Brit.); center-to-center~ ~ ~ (US)

säuliger Basalt *m*, Säulenbasalt · columnar basalt

Saum|lade *f*, Saumlatte *f* · chantlate, eave(s) lath

~latte *f*, Saumlade *f* · chantlate, eave(s) lath

~schwelle *f*, Brustschwelle, Sattelschwelle · girt [*A rail or intermediate beam in wooden-framed buildings, often carrying floor joists*]

~stein *m*, Bordstein, Kanten(dach)stein · marginal tile (for gables)

~winkel *m*, Eckwinkel · corner angle

~ziegel *m*, Bordziegel, Kanten(dach)-ziegel · marginal (clay) tile (for gables)

Sauna|bad *n*, Sauna(anlage) *f* · sauna installation, ~ bath

~-Blockhaus *n*, Blockhaussauna *f* log(-walled) sauna hut

~ofen *m* · sauna stove

saure Emulsion *f*, kationische ~ · cationic emulsion, acid ~

säureabweisend · acid-repelling

Säure|angriff *m* · acid attack

~bad *n*, saures Bad · acid bath [*electrogalvanizing*]

~behandlung *f*, Säuern *n* · acid treatment

säure|beständig, säurefest · acid-resisting, acid-resistant, acidproof, AP, AR

~beständiger Stahl *m* → Chrom-Nikkel-Stahl

Säure|beständigkeit *f*, Säurefestigkeit · acid resistance, acid-fastness

~beständigkeitsmittel *n*, Säurefestigkeitsmittel · acid-proofing agent

~beständigkeitsprobe *f* → Säurebeständigkeitsprüfung

~beständigkeitsprüfung *f*, Säurebeständigkeitsprobe *f*, Säurebeständigkeitsversuch *m*, Säurefestigkeitsprüfung, Säurefestigkeitsprobe, Säurefestigkeitsversuch · acid resistance test, acid-fastness ~

~beständigkeitsversuch *m* → Säurebeständigkeitsprüfung

~bildner *m* · acidifier, acid former

~dämpfe *mpl* · acid fumes

säure|echt [*Farbe*] · fast to acid

~fest, säurebeständig · acid-resisting, acid-resistant, acidproof, AP, AR

~fester Kitt *m*, Säurekitt [*Fehlname: Säurezement m*] · acid-resisting mastic, acid-resistant ~, acidproof ~

Säure|festigkeit *f*, Säurebeständigkeit · acid resistance, acid-fastness

~festigkeitsmittel *n*, Säurebeständigkeitsmittel · acid-proofing agent

~festigkeitsprobe *f* → Säurebeständigkeitsprüfung

~festigkeitsprüfung *f* → Säurebeständigkeitsprüfung

~festigkeitsversuch *m* → Säurebeständigkeitsprüfung

~fuge *f* · acid-resisting joint

~harzasphalt *m*, Pech *n* · pitch

~index *m* · index of acidity

~kitt *m*, säurefester Kitt [*Fehlname: Säurezement m*] · acid-resisting mastic, acid-resistant ~, acidproof ~

~-Lagerbehälter *m* · acid storage tank

Säure|lösung *f* · acid solution

~mattieren *n*, Mattätzen · acid-embossing [*It is a highly decorative process of obscuring the surface of glass by means of hydrofluoric acid. The amout of obscuration can be controlled and varying degrees obtained*]

~mauerwerk *n* · acidproof masonry (work), acid-resistant ~ (~), acid-resisting ~ (~)

~messer *m* · acidimeter

~messung *f* · acidimetry

~polieren *n* · acid polishing

saurer schwefligsaurer Kalk *m*, Kalziumbisulfit *n*, doppelschwefligsaures Kalzium *n*, Kalziumhydrogensulfit · bisulfite of lime (US); bisulphite ~ ~ (Brit.)

Säure|rest *m*, Säurerückstand *m* · acid residue

~rückstand *m*, Säurerest *m* · acid residue

saures Gestein *n* · acid rock [*An igneous rock containing more than 66 per cent silica*]

Säurezement *m* [*Fehlname*]; Säurekitt *m*, säurefester Kitt · acid-resisting mastic, acid-resistant ~, acidproof ~

Savonnieren *n*, Feinschleifen, Fertigschleifen [*Glas*] · smoothing

savonniertes Glas *n* · smoothed glass

Scagliola *f* [*Eine aus feinem Gips, gepulvertem Gipsspat und Leimwasser, letzteres als Gipshärtemittel, zusammengesetzte Gießmasse für die Herstellung von Gipsornamenten*] · scagliola (compound)

~ [*künstlicher Marmor*] · scagliola (marble)

SCH *n*, Schichtholz, lamelliertes Holz · (glue(d)) laminated wood, (~) ~ timber (Brit.); glulam (~) (US)

Schäbe *f*, Schebe *f*, Schewe *f*, Agel *f*, Achel *f*, Anne *f* [*Holziger, beim Brechen des Flachses oder Hanfs anfallender Stengelteil. Acheln werden zur Herstellung von Bauplatten und als Füllstoffe für Leichtbauplatten und Gipsdielen verwendet*] · shive

Schablone *f* · templet [*A thin wood or metal plate, used as a pattern in carrying out some form of detail in construction or decoration*]

~ · diagonal tile

Schabputz *m*, Stockputz, Kratzputz, gekratzter Putz [*Eine Außenputzart, die durch Abziehen der verriebenen, abgebundenen Putzfläche mit einer Ziehklinge oder einem Kratzbrett entsteht*] · scraped rendering (Brit.); ~ stucco (US)

Schachbrett|fries *m*, Würfelfries [*Fries mit vor- und zurückspringenden Elementen*] · (square) billet (frieze) [*It consists of several bands of raised square pieces placed at regular intervals*]

~muster *n* · chequer-work [*A method of decorating walls or pavements with alternating squares of contrasting materials (e.g. stone, brick, flint) to produce a chessboard effect*]

~verband *m* · checkerboard bond

Schacht *m*, Einstieg~, Mannloch *n*, Einsteigschacht, Manneinsteigloch, Manneinstieg(loch) *m*, (*n*) · manhole, manway [*A chamber with or without access shaft, constructed over a sewer or principal drain to permit inspection and access for cleaning and maintenance*]

~abdeckung *f*, Mannlochabdeckung [*DIN 1229*] · manhole covering, manway ~

Schachtdeckel *m*, Mannlochdeckel · manhole cover, manway ~, manlid

~ mit Lüftungsöffnungen für befahrbare Gehbahnen öffentlicher Verkehrswege [*DIN 4273*] · manhole ventilating cover for public footways accessible to wheeled and tracked vehicles

~ ~ ~ ~ Gehbahnen öffentlicher Verkehrswege [*DIN 1229*] · manhole ventilating cover for public footways inaccessible to wheeled and tracked vehicles

~ ~ ~ ~ Straßen mit Durchgangsvekehr [*DIN 4292*] · manhole ventilating cover for carriageways with through traffic

~ ~ ~ ~ ~ ohne Durchgangsverkehr [*DIN 4292*] · manhole ventilating cover for carriageways without through traffic

~ und -rahmen *m* · manhole head, manway ~ [*The cast-iron fixture surmounting a manhole. It is made up of two parts: a frame, which rests on the masonry of the shaft, and a removable cover. Frames are either fixed or adjustable in height. Covers are 'tight', 'ventilated', or 'anti-rattling'*]

Schacht|grab *n* · shaft grave

~hals *m*, Mannlochhals · vertical shaft

~kabelkasten *m* · manhole junction box, manway ~ ~

~klinker *m*, Mannlochklinker · engineering brick for manholes, ~ ~ ~ manways

~klinker *m* **für runde Schächte**, Mannlochklinker ~ ~ ~ · arch brick for manholes, ~ ~ ~ manways

~mastaba *f* · shaft mastaba

~mauerwerk *n*, Mannlochmauerwerk · manhole masonry (work), manway ~ (~)

~mauerwerk *n* · shaft masonry (work)

~meister *m* · charge hand

~ofen *m* · vertical kiln, shaft ~

~ofenkalk *m* · vertical kiln lime, shaft ~ ~

~ofenklinker *m* · vertical kiln clinker, shaft ~ ~

~ofenzement *m* · vertical kiln cement, shaft ~ ~

~rahmen *m*, Mannlochrahmen · manhole frame, manway ~

~ring *m*; Zwischenring [*Fehlname*] [*DIN 4034*] · manhole ring, manway ~

~treppe *f*, Schlauchtreppe · shaft stair(case)

Schaden *m* **durch Eindrücke scharfkantiger Absätze** · heel damage

Schadensverhütung *f* · prevention of damage

schadhaft, fehlerhaft, mangelhaft · faulty, defective, unsound

schädlicher Stoff *m* → Schadstoff

Schädlings|befall *m* · parasitic infestation, pest ~

~bekämpfung *f* · pest control

Schad|stoff *m,* angreifender Stoff, schädlicher Stoff · aggressive matter, ~ substance, deleterious ~

~wasser *n,* angreifendes Wasser, aggressives Wasser · aggressive water, deleterious ~

Schäfer-Decke *f* · Schäfer floor

Schaft *m,* Rohr~ · (pipe) barrel [*It is that portion of a pipe throughout which the internal diameter and thickness of wall remain uniform*]

~, Rumpf *m,* Säulen~ · (column) shaft, fust

~ [*Nagel; Schraube*] · shank

~ring *m,* Bund *m,* Wirtel *m* [*Ringförmige Verstärkung am Säulenschaft. Der Schaftring ist technisch gesehen ein Binder = Zungenstein, der Wandsäulen mit dem Mauerwerk verbindet. Es gibt aber auch Schaftringe an freistehenden Säulen*] · shaft-ring, annulet, band

~schale *f* · hollow shaft

Schal|auskleidung *f* → Schalungsauskleidung

~bekleidung *f* → Schal(ungs)auskleidung

~blech *n* → Schalungsblech

~brett *n,* Schalungsbrett · shuttering board, form(work) ~, forms ~

~druck *m* → Schalungsdruck

Schale *f,* Rohr~, (auf)gespaltenes Rohr *n,* Rinne *f* · split pipe, ~ duct, channel (stone)

~ · shell

~ [*Fließgrenzengerät nach A. Casagrande*] · cup, (brass) dish

~ · curve plate, shell ~

~, Wand~ [*Hohlwand*] · layer, leaf, wythe, withe, tier, shell, skin [*cavity wall*]

~ [*für Isolier- und Dämmzwecke*] · preformed (pipe insulation) section, (pipe) ~; lagging ~ (Brit.)

~ negativer Krümmung, negativ gekrümmte Schale · shell of negative curvature

~ positiver Krümmung, positiv gekrümmte Schale · shell of positive curvature

Schalen|achse *f,* Schalenmittellinie *f* · shell axis; ~ centre line (Brit.); ~ center line (US)

~analogie *f* · shell analogy

~aufgabe *f* · shell problem

~bau *m* · shell construction

~baustoff *m,* Schalenwerkstoff · shell material

~bau(weise) *m,* (*f*) · shell construction (method)

~bauwerk *n* · shell structure

~bauwerkart *f* · type of shell structure

~bauwerkform · form of shell structure

~belastung *f* · shell loading

~berechnung *f,* Schalenstatik *f* · shell analysis

~beton *m* · sheel concrete

~betondach *n,* Betonschalendach · shell concrete roof, concrete shell ~

~beulung *f* · shell buckling

~bewehrung *f,* Schalenarmierung, Schalen(stahl)einlagen *fpl* · shell reinforcement

~biegetheorie *f* · shell bending theory

~breite *f* · shell width

~brenner *m,* Verdampfungsbrenner · evaporation burner

~dach *m* · shell roof [*A roof formed of a thin curved structural slab*]

~durchbiegung *f* · shell deflection, ~ deflexion

~faser *f* · shell fiber (US); ~ fibre (Brit.)

~form *f,* Schalengestalt *f* · shell shape

~formel *f* · shell formula

~forschung *f* · shell research

~fundament *n* · shell foundation

~geometrie *f* · geometry of shells

~gestalt *f,* Schalenform *f* · shell shape

~gewölbe *n* · shell vault

~gleichung *f* · shell equation

~halbmesser *m* · shell radius

~konstruktion *f* → Schalensystem

~kraft *f* · shell force

~krümmung *f* · shell curvature

~kuppel *f* · shell dome, ~ cupola

~last *f* · shell load

~mauer *f* → Hohlwand [*Fehlname*]

~mauerwerk *n,* Zwei~, Luftschichtmauerwerk, Hohlmauerwerk · cavity masonry (work), hollow ~ (~)

~membran(e) *f* · shell membrane

~mittellinie *f,* Schalenachse *f* · shell axis; ~ centre line (Brit.); ~ center line (US)

~modell *n* · shell model

~moment *n* · shell moment

~neigung *f* · shell slope

~normale *f* · shell normal

~oberfläche *f* · shell surface

~problem *n* **über die klassische Theorie hinaus** · non-classical shell problem

~punkt *m* · shell point

~querschnitt *m* · shell cross section

~rand *m* · shell edge, ~ boundary

~randspannungsresultierende *f* · shell-boundary stress resultant

~scheitel *m* · shell apex

~schwingung *f* · shell vibration, ~ oscillation

~segment *n* · shell segment

~sektor *m* · shell sector

~spannungsbild *n* · shell stress pattern

~statik *f*, Statik der Schalen [*Gegensatz: Dynamik der Schalen*] · statics of shells

~statik *f*, Schalenberechnung *f* · shell analysis

~stein *m* [*Schweiz*] · gutter block

~system *n*, Schalentragwerk *n*, Schalenkonstruktion *f* · shell (load)bearing system, ~ (weight-)carrying ~

~system *n* **zusammengesetzt aus mehreren bogenförmig begrenzten hp-Flächen** · shell system composed of several hypar surfaces with curved edges

~theorie *f* · shell theory

~totlast *f*, Schaleneigenlast · shell dead load

~tragwerk *n*, Schalensystem *n*, Schalenkonstruktion *f* · shell (load)bearing system, ~ (weight-)carrying ~, ~ load-carrying ~, ~ supporting ~, ~ structural ~, ~ construction

~turm *m*, Halb(kreis)turm [*Nach außen aus der Mauer vorspringender, nach innen jedoch offener Turm*] · half-round tower, D-shaped ~, semicircular ~

~wand *f* [*Fehlname*] → Hohlwand

~wirkung *f* · shell effect

Schalfrist *f*, Schalungsfrist · stripping time

Schälfurnier *n*, Rund~, (rund)geschältes Furnier · rotary(-cut) veneer, peeled ~ [*Usually called 'commercial veneer'*]

Schal|hilfsmittel *n* → Schalungshilfsmittel

~kolonne *f* → Schalungskolonne

Schall *m* [*Mechanische Schwingung oder Wellenbewegung der Teilchen eines elastischen Mediums*] · sound [*1. Mechanical disturbance, propagated in an elastic medium, of such character as to be capable of exciting the sensation of hearing.*
By extension the term 'sound' is sometimes applied to any disturbance, irrespective of frequency, which may be propagated as a wave motion in an elastic medium. Disturbances of frequency too high to be capable of exciting the sensation of hearing are described as 'ultrasonic'. 'Hypersonics' is the name given to ultrasonic disturbances in a medium, whose wavelength is comparable with the intermolecular spacing. Disturbances of frequency too low to be capable of exciting the sensation of hearing are described as 'infrasonic'. 2. The sensation of hearing excited by mechanical disturbance]

~ im engeren Sinne, Hörschall [*Schall im Frequenzbereich des menschlichen Hörens; Hörbereich etwa 16 Hz bis 16 kHz*] · round [*Mechanical disturbance, propagated in an elastic medium, of such character as to be capable of exciting the sensation of hearing*]

~(ab)dämmaterial *n*, Schall(ab)dämmstoff *m* · sound insulation material

schall(ab)dämmend · sound-insulating

Schall(ab)dämm|fenster *n* · sound insulation window

~glas *n* · sound insulation glass

~lage *f*, Schall(ab)dämmschicht *f* · sound insulation layer

~platte *f* · sound insulation board, ~ ~ sheet

~schicht *f*, Schall(ab)dämmlage *f* · sound insulation layer

~stoff *m*, Schall(ab)dämmaterial *n* · sound insulation material

Schall|(ab)dämmung *f* · sound insulation [*Of a partition or wall. The property that opposes the transmission of sound from one side to the other*]

~abnahme *f* · decay of sound

(~)Absorber *m*, Schallschlucker, Schallschluckkonstruktion *f*, Schallabsorptionskonstruktion · (sound) absorbent unit, (~) ~ system, (~) absorptive ~, (~) absorbing ~, (~) absorber

(~)Absorption *f*, (Schall)Schluckung *f* [*Abschwächung der Luftschall-Reflektion in geschlossenen Räumen durch schallschluckende Wand- oder Deckenverkleidungen, die in halligen Räumen die Nachhallzeit verkürzen und eine Senkung des Schallpegels bewirken*] · (sound) absorption, absorption of sound

Schallabsorptions|auskleidung *f* → Schallschluckauskleidung

~baustoff *m* → Schallschluckbaustoff

~bauweise *f* → Schallschluckbauweise

~behandlung *f* → Schallschluckbehandlung

~bekleidung *f* → Schallschluckauskleidung

~belag *m* → Schallschluckauskleidung

~decke *f* → Schallschluckdecke

~decken(anstrich)farbe *f* → Schallschluckdecken(anstrich)farbe

~deckenplatte *f* → Schallschluckdeckenplatte

~deckensystem *n* → Schallschluckdeckensystem

~einheit *f* → (Schall)Schluckeinheit

~element *n* → Schallschluckelement

(Schall)Absorptionsfähigkeit *f*, (Schall)Schluckfähigkeit, (Schall)Absorptionsvermögen *n*, (Schall)Schluckvermögen · (sound) absorption property [*The property possessed by materials, objects or media of absorbing sound energy*]

Schallabsorptions|farbe *f* → Schallschluckfarbe

~faserplatte *f* → Schallschluckfaserplatte

~filz *m* → Schallschluckfilz

~filzdecke *f* → Schallschluckfilzdecke

~fliese *f* → Schallschluckfliese

~fliesendecke *f* → Schallschluckfliesendecke

~folie *f* → Schallschluckfolie

~glas *n* → Schallschluckglas

(Schall)Absorptionsgrad *m*, (Schall-)Schluckgrad · sound absorption coefficient [*Of a surface or material at a given frequency and under specified conditions. The complement of the sound energy reflection coefficient under those conditions, i.e. it is equal to 1 minus the sound energy reflection coefficient of the surface or material*]

Schallabsorptions|-Hängedecke *f* → Schallschluck-Hängedecke

~-Hinterfüllung *f* → Schallschluck-Hinterfüllung

~-Holzfaserplatte *f* → Schallschluck-Holzfaserplatte

~kammer *f* → Schallschluckkammer

~-Kassette *f* → Schallschluck-Kassette

~konstruktion *f* → (Schall)Absorber

~lüftungsdecke *f* → Schallschlucklüftungsdecke

~material *n* → Schallschluckmaterial

~matte *f* → Schallschluckmatte

~mauer *f* → Schallschluckmauer

~metalldecke *f* → Schallschluckmetalldecke

~mittel *n* → Schallschluckmittel

~platte *f* → Schallschluckfliese

~plattendecke *f* → Schallschluckfliesendecke

~putz *m* → Schallschluckputz

~putzdecke *f* → Schallschluckputzdecke

~putzzuschlag(stoff) *m* → Schallschluckputzzuschlag(stoff)

~spritzputz *m* → Schallschluckspritzputz

~stoff *m* → Schallschluckmaterial

~tafel *f* → Schallschlucktafel

~tapete *f* → Schallschlucktapete

~verkleidung *f* → Schallschluckauskleidung

(Schall)Absorptionsvermögen *n* → (Schall)Absorptionsfähigkeit

Schallabsorptionswand *f* → Schallschluckwand

~block(stein) *m* → Schallschluckwandblock(stein)

~fliese *f* → Schallschluckwandplatte

~platte *f* → Schallschluckwandplatte

~ziegel *m* → Schallschluckwandziegel

Schall|absorptionsziegel *m* → Schallschluckziegel

~alarmanlage *f* · sound warning system

schallarm · sound-reduced

Schall|art *f* [*Man unterscheidet Körper-, Tritt- und Luftschall*] · type of sound, sound type

(~)Ausbreitung *f*, (Schall)Fortpflanzung · (sound) propagation [*The wave process whereby sound energy is transferred from one part of a medium to another*]

~dämmaß *n*, Schalldämmzahl *f*, Schallschutzmaß · sound reduction index (Brit.); ~ transmission loss (US); ~ reduction factor [*deprecated*] [*Of a surface, partition or device at a given frequency and under specified conditions. Ten times the logarithm to the base of 10 of the reciprocal of the sound transmission coefficient under these conditions. Symbol R. The unit is the decibel (dB).*
Note 1. Unless otherwise specified, the sound fields on both sides of the surface, partition or device are assumed to be reverberant.
Note 2. In American usage, this term is called 'sound transmission loss']

~dämmaterial *n*, Schallabdämmaterial, Schall(ab)dämmstoff *m* · sound insulation material

~dämmeigenschaft *f*, Schalldämmfähigkeit *f*, Schalldämmvermögen *n* · sound-insulation property, ~ power, ~ capacity, ~ capability, ~ quality, sound-insulating ~

schalldämmend, schallabdämmend · sound-insulating

Schalldämm|fähigkeit *f*, Schalldämmvermögen *n*, Schalldämmeigenschaft *f* · sound-insulating property, ~ power, ~ capacity, ~ capability, ~ quality, sound-insulation ~

~fenster *n*, Schallabdämmfenster · sound insulation window

~glas *n*, Schallabdämmglas · sound insulation glass

~lage *f*, Schallabdämmlage, Schall(ab)dämmschicht *f* · sound insulation layer

~platte *f*, Schallabdämmplatte · sound insulation board, ~ ~ sheet

~schicht *f*, Schallabdämmschicht, Schall(ab)dämmlage *f* · sound insulation layer

~stoff *m*, Schallabdämmstoff, Schall(ab)dämmaterial *n* · sound insulation material

Schall|dämmung *f*, Schallabdämmung · sound insulation [*Of a partition or wall. The property that opposes the transmission of sound from one side to the other*]

~dämmvermögen *n*, Schalldämmfähigkeit *f*, Schalldämmeigenschaft *f* · sound-insulating property, ~ power, ~ capacity, ~ capability, ~ quality, sound-insulation ~

~dämmzahl *f* → Schalldämmaß

~dämpfung *f* · sound attenuation

~dämpfungskanal *m* · sound attenuation duct

~deckel *m*, Kanzeldeckel · sounding-board, tester [*A board or screen, fixed behind or above a pulpit, in order to reflect the preacher's voice towards the congregation*]

schalldicht, schallundurchlässig · impervious to sound(s), impermeable ~ ~

Schalldichte *f* [*Fehlname*] → Schalldichtheit

schalldichter Raum *m* **für Mutter und Kind** · cry room

Schall|dichtheit *f*, Schalldichtigkeit, Schallundurchlässigkeit [*Fehlname: Schalldichte f*] · imperviousness to sound(s), impermeability ~ ~, sound impermeability, sound imperviousness, soundtightness

~dichtigkeit *f* → Schalldichtheit

~druck *m* [*Durch die Schallschwingung hervorgerufener Wechseldruck*] · sound pressure [*At a point in a sound field. The alternating component of the pressure at the point. The unit is the newton/square metre. Note. The term 'sound pressure' may be qualified by the terms 'instantaneous', 'peak', 'maximum', 'r.m.s.', etc. The unqualified term 'sound pressure', symbol p, is frequently taken to imply r.m.s. value*]

~druckpegel *m* · sound pressure level [*The sound pressure level of a sound, in decibels, is equal to 20 times the logarithm to the base 10 of the ratio of the r.m.s. sound pressure to the reference sound pressure. In case of doubt, the reference sound pressure should be stated.*
In the absence of any statement to the contrary, the reference sound pressure in air is taken to be 2×10^{-5} N/m² and in water 0.1 N/m².
Note. The use of the micropascal (1×10^{-6} N/m²) has been suggested as the reference level for sound pressure in underwater work which would have the practical advantage of generally avoiding the use of negative values in expressing sound levels]

Schalleiste *f* → Schalungsleiste

Schalleiter *m* · conductor of sound, sound conductor

Schall|empfindung *f*, Lautheit *f*, Lautstärke *f* [*Maß für die Stärke der Wahrnehmung, bei welchem eine Verdoppelung des Zahlenwertes einer Verdoppelung der Stärke der Wahrnehmung entspricht. Zum Unterschied von dem in phon angegebenen Lautstärkepegel wird hinter den Zahlenwert der Lautheit "sone" gesetzt (siehe DIN 45630 Blatt 1). Anmerkung: Die Beziehung zwischen der Lautheit und dem Lautstärkepegel ist so festgelegt, daß ein Schall mit dem Lautstärkepegel 40 phon die Lautheit 1 sone hat und daß eine Verdoppelung der Lautheit im Bereich von 20 bis 120 phon eine Zunahme des Lautstärkepegels um 10 phon ergibt (siehe DIN 45630 Blatt 1 und ISO-Empfehlung R 131)*] · loudness [*An observer's auditory impression of the strength of a sound*]

~energie *f*, akustische Energie [*In einem Mediumteil. Kinetische und potentielle Energie des Schalles*] · sound energy [*Of a part of a medium. The total energy in this part of the medium less the energy that would exist with no sound waves present*]

~energiedichte *f* [*Quotient aus Schallenergie und zugehörigem Volumen. Räumliche Dichte der Schallenergie*] · sound energy density [*At a point in a sound field. The sound energy in an infinitesimal part of the medium surrounding the point divided by the volume of that part of the medium. Symbol E.*
Note: The term 'sound energy density' may be qualified by the terms 'instantaneous', 'maximum', 'peak', 'average', etc. When the term 'average' is used this may refer to time average (at a point) or, by extension, to the space average (at an instant)]

~energiefluß *m* · sound energy flux [*In a specified direction. The average rate of flow of sound energy for one period through a specified area normal to that direction. Symbol P.*
Note 1. In an isotropic medium of density p for a plane or spherical free progressive wave having a phase velocity c, the sound energy flux through an area S is (p^2S/pc) cos θ, where p is the r.m.s. sound pressure and θ the angle between the direction of propagation and the normal to S.
Note 2. For an individual wave it is customary to define the area S parallel to the wave front]

~erzeugung *f*, Schallentstehung · sound generation

~feld *n* · sound field

~flankenübertragung *f* · flanking of sound

~fluß *m* [*Produkt aus Schallschnelle und Querschnittsfläche senkrecht zur Schwingungsrichtung*] · volume velocity through a chosen surface

(~)Fortpflanzung *f*, (Schall)Ausbreitung · (sound) propagation [*The wave process whereby sound energy is transferred from one part of a medium to another*]

~frequenz *f* · frequency of sound

~geschwindigkeit *f* · sound velocity

schallhart · sound-reflecting

Schall|intensität *f* [*Quotient aus Schallleistung und der zur Richtung des Energietransportes senkrechten Fläche. Produkt aus Schalldruck und Schallschnelle*] · sound intensity [*In a specified direction. The sound energy flux through unit area, normal to that direction. Symbol I. Note. It is customary to define the area parallel to the wave front, in which case $I = p^2/pc$ for a plane or spherical free progressive wave, where p is the density*]

~-Kennimpedanz *f* · characteristic impedance

~-Längsleitung *f* → Flankenübertragung

~messung *f* · sound measurement

~pegel L *m* [*Bei einer Frequenz oder in einem Frequenzbereich: Logarithmiertes Verhältnis einer Schall-Feldgröße oder einer Schall-Energiegröße zu einer gleichartigen Bezugsgröße. Der Wert der Bezugsgröße ist gegebenenfalls anzugeben. Anmerkung: Schallpegel werden im allgemeinen in dB angegeben. Wenn nichts anderes angegeben, ist im Zähler unter der Schall-Feldgröße der Effektivwert dieser Größe und unter der Schall-Energiegröße der zeitlich gemittelte Wert dieser Größe zu verstehen. Der Frequenzbereich ist gegebenenfalls durch Wortzusätze (z.B. Oktavpegel, Terzpegel, Pegel in der Bandbreite 1 Hz) anzugeben*] · sound level [*A weighted value of the sound pressure level as determined by a sound level meter*]

~pegeldifferenz D *f* [*Maß: dB. Unterschied zwischen dem Schallpegel im Senderaum (L_1) und dem Schallpegel im Empfangsraum (L_2).*
$D = L_1 - L_2$.
Diese Differenz wird bei der Prüfung der Luftschalldämmung von Wänden und Decken bestimmt. Sie ist auch vom Schallschluckvermögen des Empfangsraumes abhängig] · (equivalent sound pressure) level difference, sound reduction, sound level difference

~pegelmesser *m*, Schallpegelmeßgerät *n* · sound level meter [*An instrument designed to measure a frequency-weighted value of the sound pressure level. It consists of a microphone, amplifier and indicating instrument having a declared performance in respect of directivity, frequency response, rectification characteristic and ballistic response*]

~pegelmeßgerät *n* → Schallpegelmesser

~plattenbar *f* · discotheque

~quelle *f* · sound source

~reflektion *f*, Schallreflexion · sound reflection

~-Reflexionsfaktor *m*, Schall-Reflektionsfaktor · sound (pressure) reflection coefficient, pressure ~ ~ [*Of a surface or material at a given frequency and under specified conditions. The ratio which the reflected sound pressure from a surface or material bears to the incident sound pressure under those conditions; in general a complex number*]

~-Reflexionsgrad *m*, Schall-Reflektionsgrad · sound energy reflection coefficient [*Of a surface or material at a given frequency and under specified conditions. The ratio which the sound energy reflected from the surface or material bears to that incident upon it under those conditions*]

~richtung *f* · direction of sound, sound direction

Schallschluck|auskleidung *f*, Akustikverkleidung, Akustikauskleidung, Schallschluckbekleidung, Akustikbekleidung, Schallschluckverkleidung, Akustikbelag *m*, Schallschluckbelag, Schallabsorptionsauskleidung, Schallabsorptionsverkleidung, Schallabsorptionsbekleidung, Schallabsorptionsbelag · acoustic(al) lining, ~ (sur)facing, ~ cover(ing), sound-control ~, (sound) absorbent ~, (sound) absorbing ~, (sound) absorptive ~

~baustoff *m*, Akustikbaustoff, Schallabsorptionsbaustoff · acoustic(al) construction material, (sound) absorbent ~ ~, (sound) absorbing ~ ~, (sound) absorptive ~ ~

~bauweise *f*, Akustikbauweise, Schallabsorptionsbauweise · acoustic(al) construction (method), (sound) absorbent ~ (~), (sound) absorbing ~ (~), (sound) absorptive ~ (~)

~behandlung *f*, Schallabsorptionsbehandlung · sound-absorbing treatment

~bekleidung *f* → Schallschluckauskleidung

~belag *m* → Schallschluckauskleidung

~decke *f*, Akustikdecke, Schallabsorptionsdecke · acoustic(al) ceiling, sound-control ~, (sound) absorbent ~, (sound) absorbing ~, (sound) absorptive ~

~decken(anstrich)farbe *f*, Akustikdecken(anstrich)farbe, Schallabsorptionsdecken(anstrich)farbe · acoustic(al) ceiling paint, sound-control ~ ~, (sound) absorbent ~ ~, (sound) absorbing ~ ~, (sound) absorptive ~ ~

~deckenplatte *f*, Akustikdeckenplatte, Deckenschallschluckplatte, Deckenakustikplatte, Schallabsorptionsdeckenplatte · acoustic(al) ceiling board, (sound) absorbent ~ ~, sound-control ~ ~, (sound) absorbing ~ ~, (sound) absorptive ~ ~

~deckensystem *n*, Akustikdeckensystem, Schallabsorptionsdeckensystem · acoustic(al) ceiling system, sound-control ~ ~, (sound) absorbent ~ ~, (sound) absorbing ~ ~, acoustic tiled ~ ~

(Schall)|Schluckeinheit *f*, (Schall)Absorptionseinheit · absorption unit [*Is absorption equal to that of a square foot of an open window which is considered as 100 per cent efficient in absorbing sound, although it really transmits the sound outward instead of absorbing it*]

~schluckelement *n*, Akustikelement, Schallabsorptionselement · acoustic(al) (building) unit, sound-control (~) ~, (sound) absorbent (~) ~, (sound) absorbing (~) ~, (sound) absorptive (~) ~

schallschluckend · sound-absorbing, sound-absorptive, acoustical

Schall|schlucker *m* → (Schall)Absorber

(~)Schluckfähigkeit *f*, (Schall)Absorptionsfähigkeit, (Schall)Schluckvermögen *n*, (Schall)Absorptionsvermögen · (sound) absorption property [*The property possessed by materials, object or media of absorbing sound energy*]

Schallschluck|farbe *f*, Akustikfarbe, Schallabsorptionsfarbe · acoustic(al) paint, sound-control ~, (sound) absorbent ~, (sound) absorbing ~

~faserplatte *f*, Akustikfaserplatte, Faserschallschluckplatte, Faserakustikplatte, Schallabsorptionsfaserplatte · acoustic(al) fibre board (Brit.); ~ fiber ~ (US); (sound) absorbent ~ ~, (sound) absorbing ~ ~, sound-control ~ ~, (sound) (absorptive) ~ ~

~filz *m*, Akustikfilz, Schallabsorptionsfilz · sound-control felt(ed fabric), acoustic(al) ~ (~), (sound) absorbent ~ (~), (sound) absorbing ~ (~), (sound) absorptive ~ (~)

~filzdecke *f*, Akustikfilzdecke, Schallabsorptionsfilzdecke · sound-control felt(ed fabric) ceiling, acoustic(al) ~ (~) ~, (sound) absorbent ~ (~) ~, (sound) absorbing ~ (~) ~, (sound) absorptive ~ (~) ~

~fliese *f*, Akustikfliese, Schallschluckplatte *f*, Akustikplatte, Schallabsorptionsfliese, Schallabsorptionsplatte · acoustic(al) tile, sound-control ~, (sound) absorbent ~, (sound) absorbing ~, (sound) absorptive ~, AT.

~fliesendecke *f*, Schallschluckplattendecke, Akustikfliesendecke Akustikplattendecke, Schallabsorptionsfliesendekke, Schallabsorptionsplattendecke · acoustic(al) tile ceiling, sound-control ~ ~, (sound) absorbent ~ ~, (sound) absorbing ~ ~, (sound) absorptive ~ ~, ATC

~fliesenkleb(e)mittel *n* → Akustikplattenkleber

~fliesenkleber *m* → Akustikplattenkleber

~fliesenkleb(e)stoff *m* → Akustikplattenkleber

~folie *f*, Akustikfolie, Schallabsorptionsfolie · acoustic(al) foil, sound-control ~, (sound) absorbing ~, (sound) absorbent ~, (sound) absorptive ~

~glas *n*, Akustikglas, Schallabsorptionsglas · (sound) absorbent (control) glass, (~) absorbing (~) ~, (~) absorptive (~) ~, sound-control ~, acoustic(al) (control) ~

(Schall)Schluckgrad *m*, (Schall)Absorptionsgrad · sound absorption coefficient [*Of a surface or material at a given frequency and under specified conditions. The complement of the sound energy reflection coefficient under those conditions, i.e. it is equal to 1 minus the sound energy reflection coefficient of the surface or material*]

Schallschluck|-Hängedecke *f* → Hänge-Akustikdecke

~-Hinterfüllung *f*, Akustik-Hinterfüllung, Schallabsorptions-Hinterfüllung [*Gips-Akustikplatte*] · sound-control backing, acoustic(al) ~, (sound) absorbent ~, (sound) absorbing ~, (sound) absorptive ~

~-Holzfaserplatte *f*, Akustik-Holzfaserplatte, Holzfaser-Schallschluckplatte, Holzfaser-Akustikplatte, Schallabsorptionsplatte · acoustic(al) wood fibre board (Brit.); ~ ~ fiber ~ (US); (sound) absorbent ~ ~ ~, (sound) absorbing ~ ~ ~, sound-control ~ ~ ~, (sound) absorptive ~ ~ ~

~kammer *f*, Schallabsorptionskammer · (sound) absorbing chamber, (~) absorbent ~, (~) absorptive ~

~-Kassette *f*, Akustikkassette, Schallabsorptions-Kassette · (sound) absorbent pan(el), (~) ~ coffer, (~) ~ waffle, (~) ~ casette, (~) absorbing ~, acoustic(al) ~, sound-control ~, (sound) absorptive ~

~konstruktion *f* → (Schall)Absorber

~lüftungsdecke *f*, Lüftungsschallschluckdecke, Lüftungsakustikdecke, Akustiklüftungsdecke, Schallabsorptionslüftungsdecke, Lüftungsschallabsorptionsdecke · ventilating acoustical ceiling, vent(ilation) ~ ~, acoustical ventilating ~, acoustical ventilation ~

~material *n*, Akustikmaterial, Schallabsorptionsmaterial, Schallschluckstoff *m*, Akustikstoff, Schallabsorptionsstoff · acoustic(al) material, sound-control ~, (sound) absorbent ~, (sound) absorbing ~, (sound) absorptive ~

~matte *f*, Akustikmatte, Schallabsorptionsmatte · acoustic(al) blanket, ~ pad, sound-control ~, (sound) absorbent ~, (sound) absorbing ~, (sound) absorptive ~

~mauer *f*, Akustikmauer, Schallabsorptionsmauer · acoustic(al) masonry wall, sound-control ~ ~, (sound) absorbent ~ ~, (sound) absorbing ~ ~, (sound) absorptive ~ ~

~metalldecke *f*, Akustikmetalldecke, Metallakustikdecke, Metallschallschluckdecke, Schallabsorptionsmetalldecke, Metallschallabsorptionsdekke · acoustic(al) metal ceiling, sound-control ~ ~, (sound) absorbent ~ ~, (sound) absorbing ~ ~, (sound) absorptive ~ ~

~mittel *n*, Schallabsorptionsmittel [*Tafel; Platte; Folie; Putz; Farbe*] · sound absorber

~platte *f*, Akustikplatte, Schallschluckfliese *f*, Akustikfliese, Schallabsorptionsplatte, Schallabsorptionsfliese · acoustic(al) tile, sound-control ~, (sound) absorbent ~, (sound) absorbing ~, (sound) absorptive ~, AT

~platte *f*, Akustikplatte, Schallabsorptionsplatte [*DIN 4109*] · acoustic(al) board, ~ sheet, sound-control ~, (sound) absorbent ~, (sound) absorbing ~, (sound) absorptive ~

~plattendecke *f*, Schallschluckfliesendecke, Akustikplattendecke, Akustikfliesendecke, Schallabsorptionsplattendecke, Schallabsorptionsfliesendecke ·

acoustic(al) tile ceiling, sound-control ~ ~, (sound) absorbent ~ ~, (sound) absorbing ~ ~, (sound) absorptive ~ ~, ATC

~plattenkleb(e)mittel *n* → Akustikplattenkleber

~plattenkleber *m* → Akustikplattenkleber

~plattenkleb(e)stoff *m* → Akustikplattenkleber

~putz *m*, Akustikputz, Schallabsorptionsputz · sound-control plaster, acoustic(al) ~, (sound) absorbent ~, (sound) absorbing ~, (sound) absorptive ~

~putzdecke *f*, Akustikputzdecke, Schallabsorptionsputzdecke · sound-control plaster ceiling, acoustic(al ~ ~, (sound) absorbent ~ ~, (sound) absorbing ~ ~, (sound) absorptive ~ ~, APC

~putzzuschlag(stoff) *m*, Akustikputzzuschlag(stoff), Schallabsorptionsputzzuschlag(stoff) · acoustic(al) plaster aggregate, sound-control ~ ~, (sound) absorbent ~ ~, (sound) absorbing ~ ~, (sound) absorptive ~ ~

~spritzputz *m*, Akustikspritzputz, Schallabsorptionsspritzputz · sound-control sprayed-on plaster, acoustic(al) ~ ~, (sound) absorbent ~ ~, (sound) absorbing ~ ~, (sound) absorptive ~ ~

~stein *m* → keramischer ~

~stoff *m* → Schallschluckmaterial

~tafel *f*, Akustiktafel, Schallabsorptionstafel · sound-control panel, acoustic(al) ~, (sound) absorbing ~, (sound) absorptive ~

~tapete *f*, Akustiktapete, Schallabsorptionstapete · sound-control wallpaper, acoustic(al) ~, (sound) absorbent ~, (sound) absorbing ~, (sound) absorptive ~

(Schall)Schluckung *f*, (Schall)Absorption *f* [*Abschwächung der Luftschall-Reflektion in geschlossenen Räumen durch schallschluckende Wand- oder Deckenverkleidungen, die in halligen Räumen die Nachhallzeit verkürzen und eine Senkung des Schallpegels bewirken*] · (sound) absorption

Schallschluckverkleidung *f* → Schallschluckauskleidung

(Schall)Schluckvermögen *n* → (Schall)Schluckfähigkeit

~ eines Raumes, (Schall)Schluckfähigkeit *f* ~ ~ [*Es wird als äquivalente Schallschluckfläche (Schallabsorptionsfläche) A angegeben. Es ist dies die Fläche mit vollkommener Schluckung, die den gleichen Anteil an Schallenergie schlucken würde wie die gesamte Oberfläche des Raumes und die in ihm befindlichen Gegenstände und Personen tatsächlich schlucken*] · total absorbing power of the walls and materials in a room

Schallschluckwand *f*, Akustikwand, Schallabsorptionswand · acoustic(al) wall, sound-control ~, (sound) absorbent ~, (sound) absorbing ~, (sound) absorptive ~

~block(stein) *m*, Schallschluckwandstein, Akustikwandstein, Akustikwandblock(stein), Schallabsorptionswandstein · acoustic(al) wall tile, ~ ~ block, sound-control ~ ~, (sound) absorbent ~ ~, (sound) absorbing ~ ~, (sound) absorptive ~ ~ [*See remark under 'Block'*]

~fliese *f* → Schallschluckwandplatte

~platte *f*, Akustikwandplatte, Wandakustikplatte, Wandschallschluckplatte, Schallabsorptionswandplatte, Wandschallabsorptionsplatte, Schallschluckwandfliese *f*, Akustikwandfliese, Wandakustikfliese, Wandschallabsorptionsfliese, Schallabsorptionswandfliese, Wandschallschluckfliese · sound-control wall tile, acoustic(al) ~ ~, (sound) absorbent ~ ~, (sound) absorbing ~ ~, (sound) absorptive ~ ~

~stein *m*, Schallschluckwandblock(stein) *m*, Akustikwandblock(stein), Akustikwandstein, Schallabsorptionswandstein, Schallabsorptionswandblock(stein) · acoustic(al) wall tile, ~ ~ block, sound-control ~ ~, (sound) absorbent ~ ~, (sound) absorbing ~ ~, (sound) absorptive ~ ~ [*See remark under 'Block'*]

~ziegel *m*, Akustikwandziegel, Schallabsorptionswandziegel · acoustic(al) wall brick, sound-control ~ ~, (sound) absorbent ~ ~, (sound) absorbing ~ ~, (sound) absorptive ~ ~

Schall|schluckziegel *m*, Akustikziegel, Schallabsorptionsziegel [*hochkantvermauerter unverputzter Hochlochziegel*] · acoustic(al) brick, sound-control ~, (sound) absorbent ~, (sound) absorbing ~, (sound) absorptive ~

~schnelle *f* [*Wechselgeschwindigkeit eines schwingenden Teilchens. Anmerkung: In der Akustik wird die Wechselgeschwindigkeit als „Schnelle" bezeichnet, um Verwechslungen mit der Ausbreitungsgeschwindigkeit zu vermeiden*] · particle velocity [*At a point in a sound field. The alternating component of the total velocity of movement of the medium at the point, i.e. the total velocity minus the velocity (if any) which is not due to sound. Symbol u. The unit is the metre per second. Note. The term 'particle velocity' may be qualified by the terms 'instantaneous', 'maximum', r.m.s.' etc. The unqualified term 'particle velocity' is frequently taken to imply r.m.s. value*]

Schallschutz *m* [*DIN 4109*] · sound insulation [*Means taken to reduce the transmission of sound, usually by enclosure*]

~-Kork(stein) *m* · cork (block) for sound insulation

~maß *n* → Schalldämmaß

~messung *f* · sound insulation measurement

Schall|schwingung *f* · sound vibration ~ oscillation

~spektrum *n* · sound spectrum

~sperre *f* · sound barrier

~strahlung *f* · sound wave radiation

~-Strahlungsdruck *m* [*Gleichdruck auf einer Trennfläche durch die Schallwelle infolge nicht-linearer Effekte*] · radiation pressure (of a sound wave) [*The unidirectional thrust per unit area exerted by the sound wave at a point on an obstacle. Forces due to streaming are excluded*]

~technik *f* [*Die Schalltechnik umfaßt die technischen Probleme der Entstehung und Ausbreitung von Schwingungsvorgängen in gasförmigen, flüssigen oder festen Stoffen oder schwingungsfähigen Systemen (Luft-, Wasser- und Körperschall). Schall und Erschütterungen breiten sich in Form von Längs-, Quer- und Biegewellen aus und gehen aus einem Medium in ein anderes nach ähnlichen Gesetzen wie in der Optik über*] · sound engineering

~übertragung *f* · sound transmission [*The transfer of sound energy from one medium to another*]

~übertragungsgrad *m* · sound transmission coefficient [*Of a surface, partition or device at a given frequency and under specified conditions. The ratio which the sound energy transmitted through and beyond the surface, partition or device bears to that incident upon it*]

schallundurchlässig, schalldicht · impervious to sound(s), impermeable ~ ~

Schall|undurchlässigkeit *f* → Schalldichtheit

~weg *m* · sound path

~welle *f* · sound wave

~zerstreuung *f* · diffusion, diffusivity [*Of a reverberant sound field. The degree to which the directions of propagation of waves are random from point to point*]

Schal|mannschaft *f* → Schal(ungs)kolonne

~mittel *n* → Schalungsmittel

~öl *n*, Schalungsöl, Ent~ · formwork lube, shuttering ~, forms ~, release ~

~paste *f* → Schalungspaste

~platte *f* → Schalungsplatte

Schälriß *m* [*Furnier*] · lathe-check

~bildung *f* [*Furnier*] · lathe-checking

Schal|rohr *n* [*Als Baurohr für Betonstützen, Fundamentschalungen und Schalgründungen*] · casing pipe

~tafel *f* → Schalungstafel

Schalter *m*, Kunden~ · teller counter

~halle *f* [*Bahnhof*] · booking hall

~halle *f*, Kassenhalle, Schaltersaal *m*, Kassensaal · bank(ing) hall

~raum *m*, Kassenraum · bank(ing) room

~saal *m*, Kassensaal, Kassenhalle *f*, Schalterhalle · bank(ing) hall

Schalt|gebäude *n*, Schalthaus *n* [*Kraftwerk*] · control building

~haus *n*, Schaltgebäude *n* [*Kraftwerk*] · control building

Schaltträger *m* → Schalungsträger

Schaltraum *m* · switchroom

Schaltrupp *m* → Schal(ungs)kolonne

Schalt|uhr *f* · switch clock

~warte *f* · control room

Schalung *f*, Beton~ · (concrete) shuttering, (~) form(work), (~) forms

Schal(ungs)|anker *m* · (form(work)) tie, forms ~, shuttering ~, tie rod

~auskleidung *f*, Schal(ungs)bekleidung, Schal(ungs)verkleidung · shuttering lining, form(work) ~, forms ~, ~ (sur)facing [*The material forming the contact face of forms*[

~bekleidung *f* → Schal(ungs)auskleidung

~blech *n* · form(work) plate, forms ~, shuttering ~

~brett *n* · shuttering board, form(work) ~, forms ~

~druck *m* · pressure on formwork, ~ ~ shuttering, ~ ~ forms

~folie *f* **aus Kunststoff** · form(work) sheet(ing), shuttering ~, forms ~

schalungsfrei, schalungslos · formworkless, shutteringless

Schal(ungs)|frist *f* · stripping time

~hilfsmittel *n* · form(work) aid, forms ~, shuttering ~

~kolonne *f*, Schal(ungs)mannschaft *f*, Schal(ungs)trupp *m* · forming crew, ~ gang, ~ party, ~ team

~leiste *f* · ribbon [*A narrow strip of wood or other material used in formwork*]

schalungslos, schalungsfrei · formworkless, shutteringless

Schal(ungs)|mittel *n*, Ent~ · release agent, form(work) ~, forms ~, shuttering ~

~öl *n*, Ent~ · formwork lube, shuttering ~, forms ~, release ~

~paste *f*, Ent~ · release paste, form(work) ~, forms ~, shuttering ~

~platte *f* · form(work) board, forms ~, shuttering ~, ~ sheet

schalungsrauh · rough-shuttered, board marked, natural

Schal(ungs)|tafel *f* · form(work) panel, forms ~, shuttering ~

~träger *m* · horizontal form(work) support, ~ forms ~, ~ shuttering ~

~verkleidung *f* → Schal(ungs)auskleidung

~wachs *n*, Ent~ · release wax, form(work) ~, forms ~, shuttering ~

Schalverkleidung *f* → Schal(ungs)auskleidung

Schamotte *f* [*Die Schamotte wird durch Brennen von reinen flußmittelarmen Tonen, Schiefertonen oder Kaolinen und durch anschließendes Mahlen auf bestimmte Korngrößen gewonnen. Bei feinerer Mahlung erhält man Schamottemehl*] · chamotte

~auskleidung *f*, Schamottefutter *n*, Schamotteverkleidung, Schamottebekleidung · chamotte lining, ~ (sur)facing

~bekleidung *f*, Schamotteverkleidung, Schamotteauskleidung, Schamottefutter *n* · chamotte lining, ~ (sur)facing

~beton *m* · chamotte concrete

~brennen *n* · chamotte burning

~drehofen *m*, Schamotterotierofen · chamotte rotary kiln

~-Entlüftungsrohr *n* · chamotte vent pipe

~erzeugnis *n*, Schamottekörper *m* · chamotte product

~futter *n*, Schamottebekleidung *f*, Schamotteverkleidung, Schamotteauskleidung · chamotte lining, ~ (sur)facing

~körper *m* Schamotteerzeugnis *n* · chamotte product

~leichtstein *m*, Schamotteleichtziegel *m*, Leichtschamotteziegel, Leichtschamottestein · light(weight) chamotte brick

~leichtziegel *m*, Schamotteleichtstein *m*, Leichtschamotteziegel, Leichtschamottestein · light(weight) chamotte brick

~mehl *n* · chamotte flour

~mörtel *m* [*Er wird aus feuerfestem Ton, Schamottemehl und Wasser gemacht*] · chamotte mortar

~-Normalstein *m* · standard chamotte brick, common ~ ~

~rohr *n* · chamotte pipe

~rotierofen *m*, Schamottedrehofen · chamotte rotary kiln

~stein *m*, Schamotteziegel *m* · chamotte brick

~verkleidung *f*, Schamotteauskleidung, Schamottebekleidung, Schamottefutter *n* · chamotte lining, ~ (sur)facing

~wand(belag)platte *f*, Schamottewandfliese *f* · chamotte wall tile

~wandfliese *f*, Schamottewand(belag)platte *f* · chamotte wall tile

~wandplatte *f*, Schamottewandbelagplatte, Schamottewandfliese *f* · chamotte wall tile

~ware *f* · chamotte ware

~ziegel *m*, Schamottestein *m* · chamotte brick

Schanktheke *f* · bar

Schar *f* [*Baustatik*] · sheaf

~, Schicht *f* [*Die in derselben Reihe liegenden Steine eines Mauerverbandes*] · course

~ zugeordneter Achsen · sheaf of coordinate axes

scharfe Kante *f* · arris [*A sharp edge produced by the meeting of two surfaces*]

scharfkantiges Winkelprofil *n*, scharfkantiger Winkel *m* · angle with sharp corners

Scharlachzinnober(pigment) *m*, (*n*)· scarlet vermilion (pigment)

Scharnier *n* · hinge

~band *n* · flap hinge

~-Brand(schutz)tür *f* · hinged fire door

~rolle *f* · hinge knuckle

~rollenlappen *m* · hinge joint section

~stift *m* · hinge pin, pin of a hinge, pintle

~tür *f* · hinge(d) door

~verkleidung *f* · hinge cover

Scharriereisen *n* · drove (chisel) [*Scotland; USA*]; boaster

scharrieren · to drove [*Scotland; USA*]; to boast [*To finish stone with a drove chisel*]

Scharrieren *n* · droving [*Scotland; USA*]; boasting

Scharrierung *f* [*Furchung der Oberfläche eines Steines*] · drove work [*Scotland; USA*]; boasted surface [*The grooved surface of finished (natural) stone*]

Schattigkeit *f* · shadowiness

Schatzhaus *n*, Thesauros *m*, Thesaurus *m* [*Ein kleines Gebäude zur Aufbewahrung von Weihegaben einer Stadt oder eines Landes im Temenos griechischer Kultstätten*] · thesaurus, treasure-house, treasury

~ des Atreus, (Kuppel)Grab *n* des Agamemnon in Mykene [*14.–13. Jh. v. Chr.*] · Treasury of Atreus (at Mycenae), Tomb of Agamemnon

Schaufenster *n*, Ladenfenster · display window, show ~, shop ~

~brüstung *f* · stallboard riser [*A vertical infilling between the pavement level and the bottom of a shop window*]

~front *f*, Ladenfront · shop front, store ~

Schau|haus *n* [*Ein dem öffentlichen Verkehr zugängliches Gewächshaus. DIN 11535 Bl. 1*] · conservatory

~kasten *m*, Vitrine *f* · show case, display ~

Schaum *m* · foam

~ → ~stoff

~(ab)dicht(ungs)streifen *m* → Schaumstoff(ab)dicht(ungs)streifen

~-Aschen-Silikat-Beton *m*, Silikat-Aschen-Schaumbeton, Aschen-Silikat-Schaumbeton · foam-ash-silicate concrete

~band *n*, Schaumstoffband [*Mit Bitumen getränktes Fugenband zur Abdichtung von Dehnungsfugen und Anschlüssen*] · foam(ed) (plastic) waterbar, ~ (~) waterstop

Schaumbeton *m* [*DIN 4164*] · foam(ed) concrete, concrete aerated with foam [*Concrete made very light and cellular by the addition of a prepared foam*]

~ → Kunststoff-Leichtbeton

~block(stein) *m*, Schaumbetonstein · foam(ed) concrete (building) block, ~ ~ (~) tile [*See remark under 'Betonblock(stein)'*]

~dachplatte *f* **mit (Stahl)Einlagen,** bewehrte Schaumbetondachplatte, armierte Schaumbetondachplatte [*DIN 4223*] · reinforced foam(ed) concrete roof(ing) slab

~(-Decken)füllkörper *m*, Schaumbeton-Deckenkörper · foam(ed) concrete filler

~deckenplatte *f* **mit (Stahl)Einlagen,** bewehrte Schaumbetondeckenplatte, armierte Schaumbetondeckenplatte [*DIN 4223*] · reinforced foam(ed) concrete floor slab, ~ ~ ~ structural ~, ~ ~ ~ ~ panel

~estrich *m* · foam(ed) concrete screed

~füllkörper *m*, Schaumbeton-Deckenfüllkörper, Schaumbeton-Deckenkörper · foam(ed) concrete filler

~platte *f* · foam(ed) concrete slab

~stein *m*, Schaumbetonblock(stein) *m* · foam(ed) concrete (building) block, ~ ~ (~) tile [*See remark under 'Betonblock(stein)'*]

~wand(bau)platte *f* [*DIN 4166*] · foam(ed) concrete wall slab

~wand(bau)stein *m*, Schaumbetonwand(bau)block(stein) *m* [*DIN 4165*] · foamed concrete wall (building) block, ~ ~ ~ (~) tile [*See remark under 'Block'*]

schaumbildender Zusatz *m* → Schaumbildner

Schaum|bildner *m*, Treibmittel *n*, Schaumstoff *m*, Schaummittel, schaumbildender Zusatz *m* [*Betonherstellung*] · foaming agent, ~ chemical, expanding ~

~bildung *f*, Schäumen *n* · foaming, froth formation, frothing

~blase *f* · foam bubble

~dämmstoff *m*, Dämmschaum(stoff) *m* · insulating foam, insulation(-grade) ~

~dämm(stoff)platte *f*, Dämmschaum(stoff)platte · insulating foam board, ~ ~ sheet, insulation(-grade) ~ ~

~dämmung *f*, Schaumstoffdämmung, Kunstschaum(stoff)dämmung, Kunststoffschaumdämmung, Schaumkunststoffdämmung · foam(ed) (plastic) insulation, expanded ~ ~, plastic ~

~dämpfer *m*, Schaumverhütungsmittel *n*, Antischaummittel · antifoam agent, ~ aid, defoamant, antifoam(ing agent)

~dicht(ungs)streifen *m* → Schaum(stoff)(ab)dicht(ungs)streifen

Schäumen *n*, Schaumbildung *f* · foaming, froth formation, frothing

schäumende Wirkung *f* · foaming action

Schaum|estrich *m* [*Zementestrich, der durch schaumbildende Zusätze ein schaumiges Gefüge erhält*] · foam(ed) cement screed

~-Gasbeton *m*, Gas-Schaumbeton [*Kombination von Gas- und Schaumbeton*] · gas-foam concrete, foam-gas ~

Schaumglas *n*, Vielzellenglas, poriges Glas [*Es besteht aus meist hermetisch geschlossenen Mikroglaszellen und hat deshalb keine kapillare Wirkung*] · foam(ed) glass, (multi)cellular ~

~block(stein) *m*, Vielzellenglasblock(stein), Schaumglasstein · foam(ed) glass block, (multi)cellular ~ ~

schaumig · foamy

schaumige Hochofenschlacke *f*, geschäumte ~, aufgeblähte ~, (Hochofen)Schaumschlacke [*Die gebrochene geschäumte Hochofenschlacke wird „Hüttenbims" oder „Kunstbims" genannt*] · foamed (iron) (blastfurnace) slag [*B. S. 877*]; expanded cinder, (US); expanded slag, lightweight slag

Schaum|kalk(stein) *m*, Wellenkalk(stein) · aragonitic lime(stone)

~kleber *m*, Schaumkleb(e)stoff *m*, Schaumkleb(e)mittel *n* · foam glue [*A glue made into foam with a gas to increase the area covered by a given amount of glue*]

Schaum(kunst)stoff *m*, Kunststoffschaum(stoff), Schaumkunstschaum(stoff) [*Genau genommen ist „Schaum(kunst)stoff" der technisch richtige Ausdruck, denn Schäume, z.B. Seifenschaum, sind nicht beständig und vergehen, während Schaumstoffe beständig sind. Die Kurzform „Schaum" für „Schaum(kunst)stoff" ist allerdings üblich. Das gleiche gilt für den englischen Begriff*] · foam(ed) (plastic), expanded ~, plastic foam

~(ab)dichtung *f*, Kunststoffschaum(ab)dichtung, Kunstschaum(stoff)(ab)dichtung, Schaum(ab)dichtung · foam(ed) (plastic) seal(ing), expanded ~ ~, plastic foam ~

~(ab)dichtung *f*, Kunststoffschaum(ab)dichtung, Schaum(ab)dichtung, Kunstschaum(stoff)(ab)dichtung [*Erzeugnis*] · foam(ed) (plastic) seal, expanded ~ ~ plastic foam ~

~dämmung *f*, Kunststoffschaumdämmung, Schaumdämmung, Kunstschaum(stoff)dämmung · foam(ed) (plastic) insulation, expanded ~ ~, plastic foam ~

~kuppel *f*, (Kunststoff)Schaumkuppel · plastic foam cupola, ~ ~ dome, foam(ed) plastic ~, expanded plastic ~

~platte *f*, Kunststoffschaumplatte foam(ed) plastic board, ~ ~ sheet, expanded ~ ~, plastic foam ~

~-Putzträgerplatte *f*, Kunststoffschaum-Putzträgerplatte, Putzträgerplatte aus Kunststoffschaum · foam(ed) plastic plaster baseboard, expanded ~ ~ ~, plastic foam ~ ~

Schaumlage *f*, Schaumschicht *f* · foam layer, layer of foam

Schaum|latex *m*, Latexschaum *m* · foam(ed) latex, latex foam

~lava *f*, vulkanische Schlacke *f*, poröse Lava, Lavaschlacke, Lungstein *m*, Lavakrotze *f*, Basaltlava, Basaltschlakke [*Basaltische feinporige bis blasige vulkanische Auswurfmasse. „Lavalit" ist ein geschützter Handelsname für gebrochene Lavaschlacke, die in verschiedenen Körnungen aufbereitet ist*] · scoria(ceous lava), foamed ~

(~)Lavabeton *m* → Lavaschlackenbeton

(~)Lava(beton)-Wand(bau)platte *f* · scoria(ceous lava) (concrete) wall slab, foamed ~ (~) ~ ~

~mittel *n*, Schaumstoff *m*, Schaumbildner *m*, Treibmittel [*Betonherstellung*] · foaming agent, ~ chemical, expanding ~

~mörtel *m* · foam(ed) mortar, mortar aerated with foam

~platte *f*, Schaumstoffplatte · foam(ed) (plastic) sheet, ~ (~) board

~polystyrol *n*, Schaumstoffpolystyrol, Polystyrolschaum(stoff) *m* · foam(ed) polystyrene, expanded ~, polystyrene foam

~regulierungsmittel *n* · foam control agent

~schicht *f*, Schaumlage *f* · foam layer, layer of foam

schaumschichtbildendes Feuerschutzmittel *n*, ~ Brandschutzmittel · foam-forming fire retardant agent

Schaumschlacke *f*, Hochofen~, aufgeblähte Hochofenschlacke, schaumige Hochofenschlacke, geschäumte Hochofenschlacke [*Die gebrochene geschäumte Hochofenschlacke wird „Hüttenbims" oder „Kunstbims" genannt*] · foamed (iron) (blastfurnace) slag [*B.S. 877*]; expanded cinder, (US); expanded slag, light(weight) slag

Schaumschlackenbeton *m* → Hochofen~

~block(stein) *m*, Schaumschlackenbetonstein, Hochofen~ · foamed (blastfurnace) slag (concrete) (building) block, ~ (~) ~ (~) (~) tile (Brit.); expanded cinder (~) (~) ~, expanded slag (~) (~) ~, light(weight) slag (~) (~) ~ (US)

~stein *m*, Schaumschlackenbetonblock(-stein) *m*, Hochofen~ · foamed (blastfurnace) slag (concrete) (building) block, ~ (~) ~ (~) (~) tile (Brit.); expanded cinder (~) (~) ~, expanded slag (~) (~) ~, light(weight) slag (~) (~) ~ (US)

Schaum|-Schlacken-Silikat-Beton *m*, Schlacken-Silikat-Schaumbeton, Silikat-Schlacken-Schaumbeton · foam-slag silicate concrete

~schlackenzuschlag(stoff) *m*, Hochofen~ · foamed (blastfurnace) slag aggregate [*B. S. 877*]; expanded cinder ~, expanded slag ~, light(weight) slag ~ (US)

~silikat *n* · foam-silicate

~-Silikat-Beton *m*, Silikat-Schaumbeton · foam-silicate concrete

~silikatbetonplatte *f* · foam-silicate concrete slab

~stahlbeton *m*, Stahlschaumbeton · reinforced foam(ed) concrete, ~ concrete aerated with foam

Schaumstoff *m*, Schaumbildner *m*, Schaummittel *n*, Treibmittel [*Betonherstellung*] · foaming agent, ~ chemical, expanding ~

~(ab)dichtung *f*, Kunstschaum(stoff)-(ab)dichtung, Schaumkunststoff(ab)-dichtung, Kunststoffschaum(ab)dichtung · foam(ed) (plastic) seal(ing), expanded ~ ~, plastic foam ~

~(ab)dichtung *f*, Kunstschaum(stoff)-(ab)dichtung, Schaumkunststoff(ab)-dichtung, Kunststoffschaum(ab)dichtung [*Erzeugnis*] · foam(ed) (plastic) seal, expanded ~ ~, plastic foam ~

~(ab)dicht(ungs)streifen *m* · foam(-ed) plastic seal(ing) strip

Schaumstoffarbroller *m*, Schaumstoffwalze *f*, Schaumstoffrolle *f* · foam(ed) plastic cylinder

Schaumstoffarbrollgerät *n* · foam(ed) plastic roller

Schaum(stoff)|band *n* [*Mit Bitumen getränktes Fugenband zur Abdichtung von Dehnungsfugen und Anschlüssen*] · foam(ed) (plastic) waterbar, ~ (~) waterstop

~dämmstoff *m*, Schaumkunststoffdämmstoff, Kunststoffschaumdämmstoff · plastic foam insulator, ~ ~ insulant, ~ ~ insulation(-grade) material, ~ ~ insulating material

~dämmung *f*, Kunstschaum(stoff)dämmung, Kunststoffschaumdämmung, Schaumkunststoffdämmung · foam(ed) (plastic) insulation, expanded ~ ~, plastic foam ~

~dicht(ungs)streifen *m* → Schaum(stoff)abdicht(ungs)streifen

Schaum(stoff)|kuppel *f*, Schaumkunststoffkuppel, Kunststoffschaumkuppel · plastic foam cupola, ~ ~ dome, foam(-ed) plastic ~, expanded plastic ~

~latex *m*, Latexschaum(stoff) *m* · foam(ed) latex, latex foam

~platte *f* · foam(ed) (plastic) sheet, ~ (~) board

~polystyrol *n*, Polystyrolschaum(stoff) *m*, PS-Schaum(stoff) · foam(ed) polystyrene, expanded ~, polystyrene foam

Schaumstoff|rolle *f*, Schaumstoffwalze *f*, Schaumstoffarbroller *m* · foam(-ed) plastic cylinder

~walze *f*, Schaumstoffrolle *f*, Schaumstoffarbroller *m* · foamed plastic cylinder

Schaumton *m* · foamclay

Schäumungs|beginn *m* · onset of foaming

~verhütungsmittel *n*, Antischaummittel, Schaumdämpfer *m* · antifoam agent, ~ aid, defoamant, antifoam(ing agent)

Schaum|zelle *f* · foam cell

~zwischenlage *f*, Schaumzwischenschicht *f* · sandwich foam layer, intermediate ~ ~

~zwischenschicht *f*, Schaumzwischenlage *f* · sandwich foam layer, intermediate ~ ~

Schau|spielhaus *n* · playhouse

~wand *f* [*z.B. ein Retabel*] · ornamental screen

Schebe *f*, Schewe *f*, Achel *f*, Agel *f*, Anne *f*, Schäbe *f* [*Holziger, beim Brechen des Flachses oder Hanfs anfallender Stengelteil. Acheln werden zur Herstellung von Bauplatten und als Füllstoffe für Leichtbauplatten und Gipsdielen verwendet*] · shive

scheckiger Ziegel *m*, gescheckter ~, gestreifter ~ · brindled brick [*A brick which has a striped surface and is therefore unsuitable for facing but is otherwise perfect*]

Scheibe *f*, Glas~ · (glass) pane, pane of glass

~, Unterleg~, Unterlag~ · washer, whsr

~ [*Ein Flächentragwerk, das nur durch Kräfte belastet ist, die in seiner Ebene wirken*] · sheet, disc; disk (US)

~, Wand~ · shear wall, cross ~ [*A wall which in its own plane carries shear resulting from wind, blast, or earthquake forces. It relieves the floors and columns of the necessity of resisting lateral loads and, in addition, it is useful architecturally*]

~, Einzel~, Faltwerk~ · ~ folded plate segment

~, Fenster~ ·(window) pane, ~ glass ~

Scheiben|bauart *f* [*In der Regel ist es technisch und wirtschaftlich vorteilhafter die waag(e)rechten Lasten, z.B. Windlasten, durch waag(e)rechte Scheiben in der Regel durch die Decken auf lotrechte Scheiben und diese in den Baugrund zu übertragen. Die Stützen werden dann als Pendelstützen ohne biegefeste Verbindung mit den Dekkenträgern gerechnet. Die lotrechten Scheiben müssen ebenfalls in etwa rechtwinklig zueinanderstehenden Ebenen angeordnet werden. Sie können ebenso wie die waag(e)rechten Scheiben vollwandig, z.B. aus Stahlbeton oder als Dreieckfachwerk z.B. bei Stahlgerippebauten ausgebildet werden*] · plate construction type, ~ type of construction

~fläche *f*, Lichtfläche, Glasfläche [*Fenster*] · (window) glass area

~fries *m* · disc frieze (Brit.); disk ~ (US)

~haus *n* · straight-line building, ~ block, slab(-type) ~

~leiste *f*, Kittleiste [*Glasfüllungstür*] · glazing bar

~theorie *f* [*Die Lehre von den Scheiben. Scheiben sind Platten, bei denen die äußere Last in der Ebene der Mittelfläche wirkt. Die Scheibentheorie führt zur Airyschen Spannungsfunktion. Oft ist das Beulen wichtiger als die statische Beanspruchung. Ist das nicht der Fall, dann ist die Formänderung eine Verzerrung und von etwaigen kleinen Ausbiegungen der Scheibe senkrecht zur Mittelfläche unabhängig. Freigelagerte Scheiben bilden einen wandartigenTräger*] · theory of sheets; ~ ~ discs; ~ ~ disks (US)

~wirkung *f* · sheet action; disc ~; disk ~ (US)

Scheidbogen *m* [*Ein Bogen, der das Mittelschiff vom Seitenschiff trennt*] · (church) nave arch, midelle vessel ~

Scheidemauer *f* · internal masonry wall separating two occupancies

Scheider *m*, Ab~ [*Grundstückentwässerung*] · separator

Scheidewand *f* · internal wall separating two occupancies

Schein|architektur *f*, Scheinbaukunst *f* [*Durch Malerei vorgetäuschte Architekturteile an Wänden oder Decken, die den Innenraum illusionistisch erweitern*] · mock architecture

~arkade *f* · mock arcade

scheinbare (Beton)Zuschlag(stoff)-rohdichte *f* · specific gravity factor

(~) Haftfestigkeit *f* → Haftfähigkeit

~ Porigkeit *f*, ~ Porosität *f* · apparent porosity

~ Porosität *f*, ~ Porigkeit *f* · apparent porosity

~ Zuschlag(stoff)rohdichte *f*, ~ Beton~ · specific gravity factor

Schein|baukunst *f* → Scheinarchitektur

~decke *f*, nichttragende Decke · false ceiling

~ecke *f*, Winkel *m* [*Baubeschlag*] · sash angle

~gewölbe *n* · blind vault

~grab *n*, Kenotaph *n*, Zenotaph · cenotaph

~tür *f*, Blendtür [*Im letzten Raum einer Mastaba, meist mit der Statue des Toten geschmückt*] · false door

~verbrauchszähler *m* · volt-ampere hour meter [*B.S. 37*]

Scheitel *m*, ~punkt *m* · vertex, apex, key, top, crown

~, ~linie *f* · vertex, apex, key, top, crown

~abzweig *m* → (Rohr)Scheitelzulauf

~bruchlast *f* [*Rohr*] · crushing load

~druck *m* [*Rohr*] · external pressure

~druck-Biegefestigkeit *f* [*Rohr*] · transverse flexural strength

~druckfestigkeit *f*, Wiederstandsfähigkeit gegen Scheiteldruck [*Rohr. DIN 52150*] · crushing strength

~druckprüfung *f*, Scheiteldruckprobe *f*, Scheiteldruckversuch *m* [*Rohr*] · crushing (proof) test

~einlaßstück *n* → (Rohr)Scheitelzulauf

~form *f* [*Betonsteinindustrie*] · apex mould (Brit.); ~ mold (US)

~fuge *f* [*Fuge am höchsten Gewölbepunkt oder Bogenpunkt, wenn kein Scheitelstein vorhanden ist*] · crown joint, top ~, key ~, apex ~, vertex ~

~gelenk *n* · crown hinge, top ~, key ~, apex ~, vertex ~

~gelenkbogen *m*, Bogen mit Scheitelgelenk · arch with top hinge, ~ ~ apex ~, ~ ~ vertex ~, ~ ~ key ~, ~ ~ crown ~

~kapelle *f* → Marienkapelle

~(linie) *m*, (*f*) · vertex, apex, key, top, crown

~mitte *f* · centre of crown, ~ ~ vertex, ~ ~ key, ~ ~ top, ~ ~ apex (Brit.); center ~ ~ (US)

~pfette *f*, Firstpfette, Firstbaum *m* · ridge purlin(e)

~(punkt) *m* · apex, vertex, key, top, crown

~rippe *f* [*Sie verläuft entlang der Scheitellinie eines Gewölbes. Die Scheitelrippe kommt meistens beim Fächergewölbe, Strahlengewölbe und Palmengewölbe der englischen Baukunst vor*] · ridge-rib, axial rib

~senkung *f* · crown sag, top ~, key ~, apex ~, vertex ~

~stein *m*, Schlußstein · apex block, top ~, vertex ~, key ~, crown ~, closer

~stein *m* **aus Naturstein**, Schlußstein ~ ~ · apex stone, top ~, vertex ~, crown ~, keystone [*The central stone of an arch or a vault; sometimes carved*]

~überhöhung *f* · crown hog, top ~, key ~, apex ~, vertex ~

~zulauf *m* → Rohr~

scheitrechter Bogen *m*, gerader ~, Geradbogen, scheitrechter Sturz *m*, Sturzbogen, Horizontalbogen, Scheitrechtsturz [*Trotz waag(e)rechter Untersicht ein echter Bogen, d.h. die Fugen weisen zu einem angenommenen gemeinsamen Mittelpunkt*] · straight arch, flat ~, camber ~, jack ~; floor ~ (US)

~ Sturz *m* → ~ Bogen

scheitrechtes Gewölbe *n*, gerades ~ Geradgewölbe, Sturzgewölbe, Horizontalgewölbe · straight vault, flat ~, jack ~; floor ~ (US)

~ Kappengewölbe *n* · straight cap vault

Scheitrecht|sturz *m* → scheitrechter Bogen

~ziegeloberschwelle *f* → Scheitrechtziegelsturz

~ziegelsturz *m*, Geradziegelsturz, Scheitrechtziegeloberschwelle *f*, Geradziegeloberschwelle · straight (clay) brick lintel; ~ (~) ~ lintol [*deprecated*]

Schellack *m* · shellac

~kleber *m* · shellac-based adhesive

~lack *m* · shellac varnish

Schelle *f* · clip

~, Rohr~ · pipe hanger

Schema *n*, Bildmuster *n* · pattern

schematische Darstellung *f* · schematic representation

Schematismus *m* · schematism

Schemazeichnung *f* · schematic illustration

Schenkel *m* [*Winkelstahl*] · leg

~, Bogen~ [*Die Bogenhälfte zwischen Kämpfer und Scheitel*] · haunch

Scherben *m*, gebrannter ~ · stone, (clay) body

~, Glas~, Glasbrocken *m* · cullet, broken glass

~dichte *f*, Scherbenrohdichte, Scherbenrohwichte · apparent specific gravity of the (clay) body, ~ ~ ~ ~ ~ stone [*See remark under '(Roh)Dichte'*]

~druckfestigkeit *f* · (clay) body crushing strength, stone ~ ~

~glas *n* · glass melted from cullet

~index *m* [*Kies*] flakiness index

~(roh)dichte *f*, Scherbenrohwichte · apparent specific gravity of the (clay) body, ~ ~ ~ ~ ~ stone [*See remark under '(Roh)Dichte'*]

scherbig, flach, platt(ig) [*Korn*] · flaky

scheren, ab~ · to shear (off)

Scheren *n*, Ab~ · shear(ing) (off)

Scheren|hubtisch *m* · scissor lift

~spreizer *m* [*In Büros werden manchmal Fernsprecher an der Wand mit Scherenspreizern befestigt*] · swing concertina arm

Scher(en)zapfen *m*, Gabelzapfen [*Holzverbindung*] · forked mortice and tenon joint, ~ mortise ~ ~ ~

Scher|festigkeit *f*, Ab~ · shear(ing) strength

~probe *f*, Scherprüfung *f*, Scherversuch *m*, Ab~ [*Ein Versuch, der die Probe durch (Ab)Scheren beansprucht*] · shear(ing) test

~prüfung *f* → Scherprobe

~spannung *f* [*Siehe Anmerkung unter „Schubspannung"*] · shear(ing) stress

~versuch *m* → Scherprobe

~zapfen *m*, Scherenzapfen, Gabelzapfen [*Holzverbindung*] · forked mortice and tenon joint, ~ mortise ~ ~ ~

scheuer|bar [*Fehlbezeichnung*]; scheuerfest · scrubbable

~fest [*Fehlbezeichnung: scheuerbar*] · scrubbable

Scheuerleiste *f* → Fußleiste

Scheuerleisten|heizer *m*, Fußleistenheizer, Sockelleistenheizer · base (board) heater, scrub board ~, mopboard ~, washboard ~, sanitary cove ~ (US); skirting (board) ~ (Brit.); base plate ~ [*Scotland*]

~heizung *f*, Fußleistenheizung, Sockelleistenheizung · base (board) heating, scrub board ~, mopboard ~, washboard ~, sanitary cove ~ (US); skirting (board) ~ (Brit.); base plate ~ [*Scotland*]

~-Radiator *m*, Sockelleisten-Radiator, Fußleisten-Radiator · base (board) radiator, scrub board ~, sanitary cove ~ (US); skirting (board) ~ (Brit.); base plate ~ [*Scotland*]

~-Wand(bau)stein *m*, Scheuerleisten-Wand(bau)block(stein) *m* · base (board) unit, ~ (~) member, ~ (~) component, scrub ~ ~, mopboard ~, washboard ~, sanitary cove ~ (US); skirting (board) ~ (Brit.); base plate ~ [*Scotland*]

~winkel *m*, Sockelleistenwinkel, Fußleistenwinkel · sanitary corner casting

Scheuerpulver *n* · scouring powder

Schewe *f*, Achel *f*, Agel *f*, Anne *f*, Schäbe *f*, Schebe *f* [*Holziger, beim Brechen des Flachses oder Hanfs anfallender Stengelteil. Acheln werden zur Herstellung von Bauplatten und als Füllstoffe für Leichtbauplatten und Gipsdielen verwendet*] · shive

Schicht *f*, Lage *f* · layer, coat

~, Schar *f* [*Die in derselben Reihe liegenden Steine eines Mauerverbandes*] · course

~bildung *f* [*Keramikindustrie*] → Schichtenbildung

~dicke *f*, Lagendicke · layer thickness, coat ~

Schicht(en)|anordnung *f* [*Mauerwerk*] · coursing

~bildung *f*, Blättrigkeit *f* [*Keramikindustrie*] · lamination

~-Blockmauerwerk *n*, geschichtetes Blockmauerwerk · coursed blockwork, ~ block masonry (work)

~mauerwerk *n*, geschichtetes Mauerwerk · coursed masonry (work)

Schicht|faserwandplatte *f*, Schichtwandfaserplatte · laminated fiber wallboard (US); ~ fibre ~ (Brit.)

~folie *f* [*Kunststoff*] · laminating sheeting, ~ film

~gestein *n*, Absatzgestein, Sedimentgestein, Ablagerungsgestein, Absetzgestein, Bodensatzgestein, neptunisches Gestein · sedimentary rock [*A rock produced by the weathering and denudation of pre-existing rocks and the deposition of the sediment in water or on land. On the basis of origin, a sedimentary rock may be mechanically, chemically, or organically formed*]

~höhe *f*, Lagenhöhe [*Mauerwerk*] · course depth

Schichtholz *n*, SCH, lamelliertes Holz · (glue(d)) laminated wood, (~) ~ timber (Brit.); glulam (~) (US)

~balken(träger *m*, (Brett)Lamellenbalken(träger) · (glue(d)) laminated (timber) beam; glulam (~) ~ (US)

~bogen(träger) *m*, (Brett)Lamellenbogen(träger), gekrümmter Schichtholzträger, gekrümmter (Brett)Lamellenträger · (glue(d)) laminated (timber) arch(ed girder); glulam (~) ~ (~) (US)

~fachwerk(träger) *n*, (*m*), verleimtes geschichtetes Fachwerk *n*, verleimter geschichteter Fachwerkträger *m* · (glue(d)) laminated (timber) truss(ed girder); glulam (~) ~ (~) (US)

~gitterträger *m*, verleimter geschichteter Gitterträger · (glue(d)) laminated (timber) lattice girder; glulam (~) ~ ~ (US)

~portalrahmen *m*, (Brett)Lamellen-Portalrahmen · (glue(d)) laminated (timber) portal frame; glulam (~) ~ ~ (US)

~rahmen *m*, (Brett)Lamellenrahmen · (glue(d)) laminated (timber) frame; glulam (~) ~ (US)

~randbalken(träger) *m*, (Brett)Lamellenrandbalken(träger) · (glue(d)) laminated (timber) edge beam; glulam (~) ~ ~ (US)

~schalendach *n*, (Brett)Lamellenschalendach · (glue(d)) laminated (timber) shell roof; glulam (~) ~ ~ (US)

~sparren *m*, (Brett)Lamellensparren · (glue(d)) laminated (timber) rafter; glulam (~) ~ (US)

~strebe *f*, (Brett)Lamellenstrebe · (glue(d)) laminated (timber) (raking) strut; glulam (~) (~) ~ (US)

~träger *m*, (Brett)Lamellenträger · (glue(d)) laminated (timber) girder; glulam (~) ~ (US)

Schicht|korrosion *f* · layer-corrosion

~kunststoffe *mpl* **als Wärmeschutz** · plastic laminate heat shields

~mauerwerk *n* → Schichtenmauerwerk

~pappe *f* · laminated paper [*See remark under 'Pappe'*]

~platte *f* · laminate(d) sheet, ~ board

~silikat *n* → Tonmineral

Schichtstoff *m* · laminated plastic, ~ material

~artikel *m*, Schichtstoffgegenstand *m*, Schichtstofferzeugnis *n* · laminated article, ~ product

~erzeugnis *n*, Schichtstoffartikel *m*, Schichtstoffgegenstand *m* · laminated article, ~ product

~gegenstand *m*, Schichtstoffartikel *m*, Schichtstofferzeugnis *n* · laminated article, ~ product

~platte *f* · laminated plastic board

~platte *f* **mit Papierbahn(en)** · paper-base(d) laminated sheet, ~ ~ board

~tafel *f* · laminated plastic panel

Schichtung *f* · stratification [*The separation of overwet or overvibrated concrete into horizontal layers with increasingly lighter material toward the top; laitance, mortar, and coarse aggregate will tend to occupy successively lower positions in that order; a layered structure in concrete resulting from placing of successive batches that differ in appearance*]

Schichtwandfaserplatte *f*, Schichtfaserwandplatte · laminated fiber wallboard (US); ~ fibre ~ (Brit.)

Schiebe|abschluß *m* · sliding shutter

~decke *f*, verschiebliche Decke, verschiebbare Decke · sliding ceiling

Schiebefalt|abschluß *m*, Faltschiebeabschluß · sliding folding shutter

~gitter *n*, Faltschiebegitter · sliding folding grille [*See remark under 'Gitter'*]

~tor *n*, Faltschiebetor · sliding folding shutter door, ~ ~ shutterdoor

~tür *f*, Faltschiebetür · sliding folding door

Schiebe|fenster *n*, Schiebeflügelfenster · sash window

~(fenster)flügel *m* · sash

~fenstergriff *m* · sliding window handle

~flügel *m*, Schiebefensterflügel · sash

~(flügel)fenster *n* · sash window

~glastür *f*, Glasschiebetür · sliding glass door, glass sliding ~

~hebefenster *n*, Hebeschiebefenster · lifting sliding window

Schiebehebetür *f*, Hebeschiebetür · lifting sliding door, sliding lifting ~

~beschlag *m*, Hebeschiebetürbeschlag · lifting sliding door furniture, ~ ~ ~ fitting

~beschläge *mpl*, Hebeschiebetürbeschläge · lifting sliding door hardware, ~ ~ ~ fittings

Schiebe|laden *m* · sliding shutter

~luke *f* · sliding hatch(way)

~-Norm(en)-Fenster *n* · sliding standard window

Schieber *m*, Schwabber · squeegee

Schiebe|tafel *f* · sliding panel

Schiebe|tor *n* · sliding shutter door, ~ shutterdoor

~treppe *f*, Einschiebtreppe, hochschiebbare Treppe; Aufzugtreppe [*Schweiz*] · folding stair, ~ ladder, loft ~, disappearing ~

Schiebetür *f* · slide door, sliding ~

~ mit einem Flügel, einflügelige Schiebetür, Einfach-Schiebetür · single sliding door

~ ~ zwei Flügeln, Doppel-Schiebetür, zweiflügelige Schiebetür, doppelflügelige Schiebetür · double sliding door

~anlage *f* **mit zwei Flügeln**, Doppelschiebetüranlage, zweiflügelige Schiebetüranlage, doppelflügelige Schiebetüranlage · double sliding door installation

~beschlag *m* · sliding door fitting, ~ ~ furniture

~beschläge *mpl* · sliding door hardware, ~ ~ fittings

(~)Gehänge *n*, (Schiebetür)Laufwerk *n* · hanger, sliding door gear

(~)Laufwerk *n*, (Schiebetür)Gehänge *n* · hanger, sliding door gear

~schiene *f* · sliding door track

~schloß *n* · sliding door lock

Schiebewand *f*, verschiebbare Wand, verschiebliche Wand · sliding wall, ~ partition (wall)

schiefe Biegung *f* · skew bending

~ Platte *f* · skew(ed) plate, ~ slab

~ Schale *f* · skew(ed) shell

Schiefer *m*, Dach~ [*Die bautechnische und geologische Bezeichnung für sich als Dachdeckungsstoff eignenden Tonschiefer. DIN 52201–52206*] · (roof(ing)) slate [*B.S. 680*]

schiefer Rahmen *m* · skew(ed) frame ·

~ Turm *m* · leaning tower

Schiefer Turm *m* **von Pisa** · Leaning Tower of Pisa

Schiefer|abstreuung *f*, Schieferbestreuung [*Dachpappe*] · granulated slate surfacing

~bedachung *f* → Schieferdach(belag)

~bestreuung *f*, Schieferabstreuung [*Dachpappe*] · granulated slate surfacing

~boden(belag) *m*, Schieferfußboden(belag) · slate floor(ing) (finish), ~ floor cover(ing)

~dacharbeiten *fpl* · slating

~dach(belag) *n*, (*m*), Schiefer(dach)-(ein)deckung *f*, Schieferbedachung · slate roof covering, ~ ~ cladding, ~ ~ sheathing, ~ roof(ing)

~(dach)(ein)decken *n*, Schiefer(dach)-(ein)deckungsarbeiten *fpl* · slating (work)

~(dach)(ein)deckung *f* → Schieferdach(belag)

~(dach)kehle *f* · slate valley

~(ein)deckung *f* → Schieferdach(belag)

~(fuß)boden(belag) *m* · slate floor(ing) (finish), ~ floor cover(ing)

~gips *m* · foliated gypsum

~grau *n* [*Gemahlener, grauer Schiefer. Er dient hauptsächlich zur Bereitung von Ölspachtelmasse. Er wird mit Bleiweiß, etwas Halböl und Harttrockenöl gemischt und ergibt eine Masse, die sich zum Spachteln von Maschinen und Fahrzeugen eignet. Als Pigment wird Schiefergrau nicht verwendet*] · filling up

schieferige Grauwacke *f* · greywacke schist, graywacke ~

Schiefer|kehle *f* · slate valley

~kreide *f* · graphitic clay

~letten *m* [*unreiner Schieferton*] · impure (clay-)shale

~marmor *m* · hard calcareous slate

~mehl *n* · slate powder, ~ dust

~nagel *m* · slate-fixing nail

~öl *n* · (crude) shale oil

~platte *f* [*Dach(ein)deckung*] · slate

~platte *f* · slate slab

~schlacke *f* [*Aus Schwelöfen oder Destillation von Öl- oder Tonschiefer;*

schiefrig und mürbe, gelb bis braun; fällt selten an; Gewicht 800 bis 1200 kg/m³; für Leichtbeton tauglich] · slate slag

~schneider *m*, Dach~ · slate cutter

~splitt *m* [*Zur Bestreuung von Dachpappe*] · broken slate, crushed ~

~tafel *f* · slate panel

~talk *m* · indurated talc

~teer *m* · shale tar

~teerpech *n* · shale-tar pitch

~ton *m* · shale (clay) [*In Scotland, the dialect word 'blaes' is in common use for shale. Shale tipped in waste heaps known in Scotland as 'bing' appears to be regarded in some quarters as special material. It must be made clear, however, that the 'bing' brick is merely a variety of shale-brick*]

~tonziegel *m* · shale (clay) brick, bing ~, blaes ~, cliff ~ [*B.S. 3921*]

~wandtafel *f* · slate wall panel

schiefes Tonnengewölbe *n*, schiefliegendes ~ · inclined barrel vault (Brit.); (skewed) arch barrel, (skewed) barrel arch (US)

schief(liegend)es Tonnengewölbe *n* · inclined barrel vault (Brit.); (skewed) arch barrel, (skewed) barrel arch (US)

schiefwink(e)lig · skew

schiefwink(e)lige Durchdringung *f* **von Mauern**, ~ Mauerkreuzung · skew penetration of (masonry) walls

~ isotrope Durchlaufplatte *f* · isotropic continuous skew(ed) plate, ~ ~ ~ slab

~ ~ Platte *f* · isotropic skew(ed) plate, ~ ~ slab

~ Mauerkreuzung *f*, ~ Durchdringung von Mauern · skew(ed) penetration of (masonry) walls

~ orthotrope Platte *f* · orthotropic skew(ed) plate, ~ ~ slab

~ Parallelogrammplatte *f* · skew(ed) parallelogram plate, ~ ~ slab

schiefwink(e)liger Maueranschluß *m* · skew(ed) junction of (masonry) walls

schiefwink(e)liges Achsenkreuz *n* · oblique (system of) axes

Schiene *f*, Falzleiste *f* [*kittlose Verglasung*] · glazing bar

~, Führungs~ [*Türanlage*] · track, rail

Schienen|beleuchtungskörper *m*, Schienenleuchte *f* · luminaire (fixture) with integral mounting rail (US); light fitting ~ ~ ~ ~ (Brit.); (light(ing)) fixture ~ ~ ~ ~

~leuchte *f*, Schienenbeleuchtungskörper *m* · luminaire (fixture) with integral mounting rail (US); light fitting ~ ~ ~ ~ (Brit.); (light(ing)) fixture ~ ~ ~ ~

~schotter *m*, Gleisschotter, (Eisen)Bahnschotter · (railway) ballast (Brit.); (railroad) ~ (US)

Schießstand *m* · range

Schiff *n*, Kirchen~ [*Im Englischen gibt es keinen Oberbegriff für die beiden deutschen Ausdrücke „Hauptschiff" und „Seitenschiff"*] → Hauptschiff

Schiff *n*, Seiten~, Abseite *f* · (side) aisle, nave ~ [*A lateral division parallel with the nave in a basilica or church*]

~, Hallen~ · bay, span

Schiffahrtsgebäude *n* · marine terminus building

Schiff|dach *n*, Seiten~ · (side) aisle roof

~empore *f*, Seiten~ · (side) aisle gallery

Schiffenster *n*, Seiten~ · (side) aisle (wall) window

Schiff|gang *m*, Seiten~ · (side) aisle passage

~halle *f*, Seiten~ · aisled hall

~joch *n*, Seiten~ · (side) aisle bay

schifflos, seiten~ · aisleless

Schiffs|boden *m* → Riemen(fuß)boden

~bodenfarbe *f* · antifouling paint

~farbe *f* · marine paint

~kanzel *f* · ship pulpit

Schiffußboden → Riemen(fuß)boden

Schiffwand *f*, Seiten~ · (side) aisle wall

Schifter *m* → Schiftsparren

Schiftsparren *m*, Schifter *m*, Gratstichbalken *m* · jack (rafter), creeping ~ [*A short rafter between hip after and eave(s) or between valley and ridge*]

Schild *m*, Schlüssel~, Schlüssellochdeckel *m* · keyhole plate, (e)scutcheon

~bogen *m*, Nischenbogen, Blendbogen, Bogenblende *f* [*Mauerbogen, der flache Nischen, die nicht durch die ganze Mauerdicke hindurchgehen, überdeckt*] · blind arch, wall ~

Schildmauer *f* [*Die verbleibende durchgehende Mauer einer Mauernische*] · rear masonry wall of a niche

~ [*Die verbleibende durchgehende Mauer eines Mauerschlitzes*] · rear masonry wall of a slot

~, Stirnmauer [*Mauer unter einem Schildbogen*] · face masonry wall

Schildpatt *n* · tortoiseshell

Schilf|dach *n* → Rohr(dach)(ein)dekkung

~(dach)(ein)deckung *f* → Rohr(dach)(ein)deckung

~matte *f* → (Schilf)Rohrgewebe

(~)Rohr *n*, Ried *n*, Ret(h) *n* · reed

~ für Dach(ein)deckungszwecke, Ried *n* ~ ~, Ret(h) *n* ~ ~ · reed thatch

Schilf(rohr)|dach *n* → Rohr(dach)(ein)deckung

~(dach)(ein)deckung *f* → Rohr(dach)(ein)deckung

(Schilf)Rohr|geflecht *n* [*Fehlname*] → (Schilf)Rohrmatte

~gewebe *n*, (Schilf)Rohrmatte *f*, (Isolier)Rohrung *f*, Schilfmatte [*Fehlname: Rohrgeflecht n. Die Rohrstengel sind durch die Drähte verwebt, nicht verflochten*] · isolation reed mat

Schilfrohrgewebe *n*, Rohrgewebe (aus Schilfrohr) [*Putzträger*] · reed lath(ing)

(Schilf)Rohr|gewebe-Putzträger *m*, (Putzträger-)Rohrgewebe *n* · reed lath(ing)

~(leicht)(bau)platte *f* [*Drahtgebundene Platte, bei der das Schilfrohr bündelweise mit Klammern zwischen Leitdrähten gepreßt wird*] · reed building board, ~ ~ sheet

~matte *f*, (Schilf)Rohrgewebe *n*, (Isolier)Rohrung *f* [*Fehlname: (Schilf)Rohrgeflecht. Die Rohrstengel sind durch Drähte verwebt, nicht verflochten*] · insulation reed mat

~mattenwerk *n* · reed mat factory

~platte *f* · reed board, ~ sheet

~verbundplatte *f* · composite reed board, ~ ~ sheet

Schill *m* · oyster shells

~beton *m*, Muschel(schalen)beton · oyster-shell concrete; tabby (US)

Schillerspat *m*, Bastit *m* · bastite, schiller-spar

Schimmelbildung *f* · mould formation (Brit.); mold ~ (US)

Schindel *f* · shingle

~, Dach~ · roof(ing) shingle

~, Holz~ · shingle, wood ~

~ aus Dachpappe, Pappschindel, Dachschindel aus Dachpappe, Bitumen(dach)schindel, Asphalt(dach)schindel · prepared-roofing shingle, ready-roofing ~, composition-roofing ~; asphalt ~ (US); (asphaltic-)bitumen ~ (Brit.)

~ mit Selbstklebestreifen, ~ ~ Selbstkleber · self-sealing strip shingle

~ ohne Selbstklebestreifen, ~ ~ Selbstkleber · plain strip shingle

~bedachung *f* → Schindel(dach)(ein)-deckung

~beize *f* · shingle stain [*It preserves and colo(u)rs shingles but does not bring out the grain. Shingle stains are usually oil or spirit stains with creosote oil added as a preservative*]

~dach(belag) *n*, (*m*) → Schindel-(dach)(ein)deckung

~(dach)(ein)deckung *f*, Schindeldach(belag) *n*, (*m*), Schindelbedachung · shingle(d) roof cladding, ~ ~ covering, ~ ~ sheathing, ~ roof(ing)

~deckung *f* → Schindel(dach)eindekkung

~(ein)deckung *f* → Schindel(dach)eindeckung

~leger *m* · shingle applicator

~nagel *m* · shingle nail

~platte *f*, Schindelreihe *f*, Schindelstreifen *m* [*aus Pappschindeln*] · strip-shingle, multiple shingle-strip

~reihe *f*, Schindelplatte *f*, Schindelstreifen *m* [*aus Pappschindeln*] · strip-shingle, multiple shingle-strip

~schneider *m* [*Dachpappenanlage*] · shingle cutter, ~ cutting machine

~stil *m* [*Amerikanischer Begriff für den Stil der in den 1870er und 1880er Jahren erbauten Landhäuser*] · shingle style

~streifen *m* → Schindelreihe

Schippenband *n* · hinge strap

Schirm *m* → Abschirm(ungs)wand eines Reaktors

~beleuchtungskörper *m*, Schirmleuchte *f* · reflector luminaire (fixture) (US); ~ light fitting (Brit.); ~ (light(ing)) fixture

~blech *n*, Ventilatorhaube *f* · fan shroud

~form *f* · umbrella form [*hyperbolic paraboloid*]

~gewölbe *n* · umbrella vault, parachute ~

~leuchte *f*, Schirmbeleuchtungskörper *m* · reflector luminaire (fixture) (US); ~ light fitting (Brit.); ~ (light(ing)) fixture

~ständer *m* · umbrella stand

Schlacht|halle *f*, Schlachthaus *n* · slaughter hall

~hof *m* · slaughterhouse, abattoir, slaughter establishment

schlachtschiffgrau · battleship gray, ~ grey

Schlacke *f* [*Nichtmetallische ungeschmolzene Substanz, die sich bei der Verarbeitung oder Reinigung eines Metalles oder beim chemischen Angriff auf ff. Erzeugnisse bildet*] · slag

~, Hochofen~, HOS · (iron) (blastfurnace) slag (Brit.); cinder (US) [*The US term embodies both a slag, especially that produced from making pig iron in blast furnaces (Hochofenschlacke), and ordinarily the residue of burnt coal, being the impurities thereof fused together to form lumps (Feuerungsschlakke)*]

~, Verbrennungs~, (verklinkerte) Feuerungsschlacke, (Stein)Kohlenschlacke, Kesselschlacke [*Teilweise geschmolzene Aschen fester Brennstoffe, die auch noch unverbrannte Anteile enthalten können*] · (furnace) clinker (Brit.), (~) cindor (US) [*misnomer: breeze*]

Schlacken|art *f* · type of slag

~(auf)füllung *f*, Schlackenschüttung, Hochofen~ · (blastfurnace) slag fill(ing) (Brit.); cinder ~ (US)

~beton *m* [*Leichtbeton aus Zement, Wasser, Sand und Feuerungsschlacke*] · clinker concrete (Brit.); cinder ~ (US)

~beton *m*, Hochofen~ · (blastfurnace) slag concrete (Brit.); cinder ~ (US)

Schlacken(beton)|dachplatte *f* · clinker concrete roof(ing) slab (Brit.); cinder ~ ~ ~ (US)

~diele *f*, Schlacken(beton)platte *f* [*Mit Zement oder Gips gebunden*] · clinker slab (Brit.); cinder ~ (US)

~hohlblock(stein) *m*, Schlacken(beton)hohlstein · hollow clinker block, ~ ~ tile, clinker pot (Brit.); hollow cinder block, hollow cinder tile, cinder pot (US) [*See remark under 'Block'*]

~hohlstein *m*, Schlacken(beton)hohlblock(stein) *m* · hollow clinker block, ~ ~ tile, clinker pot (Brit.); hollow cinder block, hollow cinder tile, cinder pot (US) [*See remark under 'Block'*]

~platte *f*, Schlacken(beton)diele *f* [*Mit Zement oder Gips gebunden*] · clinker slab (Brit.); cinder ~ (US)

~stein *m*, Schlacken(beton)block(stein) *m* · clinker block (Brit.); cinder ~ (US); ~ tile [*See remark under 'Block'*]

~-Vollblock *m*, Schlacken(beton)-Voll(block)stein *m* · solid clinker block, ~ ~ tile (Brit.); ~cinder ~ (US) [*See remark under 'Block'*]

~-Voll(block)stein *m*, Schlacken(beton)-Vollblock *m* · solid clinker block, ~ ~ tile (Brit.); ~ cinder ~ (US) [*See remark under 'Block'*]

~-Wand(bau)platte *f* · clinker concrete wall slab (Brit.); cinder ~ ~ ~ (US)

Schlacken|binder *m*, Schlackenzement *m* [*Fehlname: Schwarzer Zement*] · slag cement [*Finely divided material consisting essentially of an intimate and uniform blend of granulated blastfurnace slag and hydrated lime in which the slag constituent makes up more than a specified minimum percentage*]

~brechsand *m*, Hüttenbrechsand · crushed (blast-furnace) slag sand, broken (~) ~ ~, ~ granulated (blast-furnace) slag (Brit.); ~ cinder sand, ~ granulated cinder (US)

~diele *f* [*gips- oder zementgebunden, voll oder hohl*] · slag plank

~faser *f*, Hochofen~ · (blastfurnace) slag fibre (Brit.); cinder fiber (US)

~füller *m*, Schlackenfüllstoff *m*, Hochofen~ · (blastfurnace) slag filler, (~) ~ dust (Brit.); cinder ~ (US)

~füllstoff *m*, Schlackenfüller *m*, Hochofen~ · (blastfurnace) slag filler, (~) ~ dust (Brit.); cinder ~ (US)

~füllung *f*, Schlackenauffüllung, Schlakkenschüttung, Hochofen~ · (blastfurnace) slag fill(ing) (Brit.); cinder ~ (US)

~-Grobzuschlag(stoff) *m*, Hochofen~ · (blastfurnace) slag coarse aggregate (Brit.); cinder ~ ~ (US) [*B.S. 1047*]

(~)Kleb(e)dach(belag) *n*, (*m*) · (iron) (blastfurnace) slag built-up roof(ing)

~mehl *n*, Thomasmehl, Thomasphosphat *n* · Thomal meal, slag flour, ground basic slag

~pflasterstein *m*, Hochofen~ · (blastfurnace) slag sett (Brit.); cinder ~ ~ (US)

~-Portland(zement) *m* [*Fehlname*]; Hüttenzement [*Ein Gemisch aus Portlandzement und Hochofenschlacke bestimmter Zusammensetzung*] · metallurgical cement

~puzzolanzement *m*, Puzzolanzement aus Hochofenschlacke · slag pozzolanic cement

~sand *m*, künstlicher ~, Hüttensand, granulierte Hochofenschlacke *f*, gekörnte Hochofenschlacke, Hochofenschlakkensand · (blast-furnace) slag sand (Brit.); cinder ~, granulated cinder (US); granulated (blast-furnace) slag

~sandbeton *m*, Hochofen~, Hüttensandbeton · (blastfurnace) slag sand concrete, granulated (blastfurnace) slag ~ (Brit.); cinder sand ~, granulated cinder ~ (US)

~schotter *m* · crushed blastfurnace slag 30/70 mm (Brit.); ~ cinder ~ ~ ~ (US)

~schüttung *f*, Schlacken(auf)füllung, Hochofen~ · (blastfurnace) slag fill(ing) (Brit.); cinder ~ (US)

~-Silikat-Gasbeton *m*, Silikat-Schlakken-Gasbeton, Gas-Schlacken-Silikat-Beton · gas-slag-silicate concrete

~-Silikat-Schaumbeton *m*, Silikat-Schlacken-Schaumbeton, Schaum-Schlacken-Silikat-Beton · foam-slag-silicate concrete

~sinter *m*, Sinterschlacke *f* · sintered slag (Brit.); ~ cinder (US)

~(sinter)-Wand(bau)platte *f*, Sinterbims-Wand(bau)platte · sintered clinker wall slab (Brit.); ~ cinder ~ ~ (US)

~splitt *m*, Hochofen~ · (iron) (blastfurnace) slag chip(ping)s (Brit.); cinder ~ (US)

~stein *m*, Eisenklinker *m*, (künstlicher) Baustein, gebundener Baustein, Eisen-Schmelz-Verblender · iron brick, blue ~

~steinpflaster *n*, Eisenklinkerpflaster, Fps *n* · iron brick paving, blue ~ ~

~-Wand(bau)platte *f* → Schlackensinter-Wand(bau)platte

Schlackenwolle *f* [*Fehlname*]; Hüttenwolle · slag wool, silicate cotton

~(ab)dämmung *f* [*Fehlname*]; Hüttenwolle(ab)dämmung · slag wool insulation, silicate cotton ~

~filz *m* [*Fehlname*]; Hüttenwollefilz · slag wool felt, silicate cotton ~

~schnur *f* [*Fehlname*]; Hüttenwolleschnur · slag wool covering cord, silicate cotton ~ ~

~stein *m* [*Fehlname*]; Hüttenwollestein · slag wool block, silicate cotton ~

Schlacken|zahl *f*, Schlackenziffer $\frac{CaO+MgO}{SiO_2}$ *f*, Basizitätsgrad *m*, Basengrad · basicity factor

~zement *m* → Schlackenbinder

~ziffer $\frac{CaO+MgO}{SiO_2}$ *f*, Schlackenzahl *f*, Basizitätsgrad *m*, Basengrad · basicity factor

~zinn *n* · prillion, tin extracted from slag

~zuschlag(stoff) *m*, Hochofen~ · (blastfurnace) slag aggregate (Brit.); cinder ~ (US)

~zuschlag(stoff) *m* → Kessel~

schlaff (armiert), ~ bewehrt, mit schlaffen (Stahl)Einlagen · nonprestressed, untensioned

~ werden · to go slack

schlaffe Armierung *f*, ~ Bewehrung, ~ (Stahl)Einlagen *fpl* · untensioned steel (reinforcement), ~ ~ reinforcing, mild ~ (~), ordinary ~ (~)

~ Bewehrung, ~ Armierung, ~ (Stahl-) Einlagen *fpl* · untensioned steel (reinforcement), ~ ~ reinforcing, mild ~ (~), ordinary ~ (~)

~ Bewehrung *f* **von Spannbetonbauteilen** · mild steel reinforcement of prestressed concrete elements, untensioned ~ ~ ~ ~ ~ ~

~ Hauptschräge *f*, ~ Hauptdiagonale · loose principal diagonal, ~ main ~

~ (Stahl)Einlagen *fpl*, ~ Bewehrung *f*, ~ Armierung · untensioned steel (reinforcement), ~ ~ reinforcing, mild ~ (~), ordinary ~ (~)

Schlafflügel *m*, Schlaftrakt *m* · dormitory block, ~ unit

Schlaffwerden *n* · slackening

Schlaf|gebäude *n*, Schlafhaus *n* · bedroom house, ~ building, ~ block

~koje *f* · sleeping bunk

~raum *m*, Bettenraum, Bettenzimmer *n* [*Hotel*] · (guest) bedroom, hotel ~

~raum *m* · sleeping-room

~raumgebäude *n*, Bettenzimmergebäude, Bettenraumgebäude [*Hotel*] · (guest) bedroom block, (~) ~ building

~saal *m* · dormitory

~stadt *f* · dormitory suburb, ~ sub.

~trakt *m*, Schlafflügel *m* · dormitory block, ~ unit

~turm *m* · bedroom tower

~zimmer *n* · bedroom

Schlafzimmer-Einbauschrank *m*, Schlafzimmer-Wandschrank · bedroom closet, wardrobe ~

~ für Frauen, Schlafzimmer-Wandschrank ~ ~ · bedroom closet for women, wardrobe ~ ~ ~

~ ~ Kinder, Schlafzimmer-Wandschrank ~ ~ · bedroom closet for children, wardrobe ~ ~ ~

~ ~ Männer, Schlafzimmer-Wandschrank ~ ~ · bedroom closet for men, wardrobe ~ ~ ~

Schlafzimmer|etage *f*, Schlafzimmergeschoß *n*, Schlafzimmerstockwerk *n* · bedrom floor; ~ story (US); ~ storey (Brit.)

~geschoß *n*, Schlafzimmerstockwerk *n*, Schlafzimmeretage *f* · bedroom floor; ~ story (US); ~ storey (Brit.)

~-Schrankwand *f* · bank of wardrobe(-type) closets, ~ ~ bedroom ~, bedroom closet bank, wardrobe(-type) closet bank

~stockwerk *n*, Schlafzimmergeschoß *n*, Schlafzimmeretage *f* · bedroom floor; ~ story (US); ~ storey (Brit.)

~tür *f* · bedroom door

Schlafzimmer-Wandschrank *m*, Schlafzimmer-Einbauschrank · bedroom closet, wardrobe ~

~ für Frauen, Schlafzimmer-Einbauschrank ~ ~ · bedroom closet for women, wardrobe ~ ~ ~

~ ~ Kinder, Schlafzimmer-Einbauschrank ~ ~ · bedroom closet for children, wardrobe ~ ~ ~

~ ~ Männer, Schlafzimmer-Einbauschrank ~ ~ · bedroom closet for men, wardrobe ~ ~ ~

Schlafzimmer|waschbecken *n* · bedroom basin

~-Wohnzimmer-Kombination *f* · bedsitting room

Schlag|anarbeiten *n* [*Werksteinbearbeitung*] · droving, angle dunting, batting, broad tooling

~beanspruchung *f* · impact stress

~biegefestigkeit *f* · impact bending strength

~biegeprobe *f*, Schlagbiegeversuch *m*, Schlagbiegeprüfung *f* · impact bending test

~eisen *n* · hammer-headed chisel [*Any mason's chisel with a flat conical steel head, which is struck by a hammer and not by a mallet*]

~eisen *n* **für Sandsteinbearbeitung** · batting tool, broad ~ [*A mason's chisel 3 to 4½ in. wide for surfacing sandstones*]

schlag|fest, (schlag)zäh · tough, impact-resistant, impact-resisting

~fester Lack *m* → Schlagfestlack

Schlag|festigkeit *f*, Stoßwiderstand *m*, (Schlag)Zähigkeit [*Widerstand eines Gesteins gegen Bruch unter Einwirkung von Stößen*] · resistance to impact, impact resistance, toughness

~festigkeitsprüfung *f*, Schlagfestigkeitsversuch *m*, Schlagfestigkeitsprobe *f*, Zähigkeitsprüfung, Zähigkeitsversuch, Zähigkeitsprobe · impact resistance test, toughness ~

~festlack *m*, Alkydharzlack, schlagfester Lack, Kunstharzlack auf Alkydharzbasis · alkyd-resin (clear) varnish

~härte *f* · impact hardness

~laden *m*, An~ [*Fenster*] · hinged (window) shutter

~leiste *f* [*Beim zweiflügeligen Fenster bzw. bei der zweiflügeligen Tür*] · rabbet ledge, rebate ~

~lot *n*, Strenglot, Hartlot [*Es wird verwendet, wenn neben Abdichtung noch Festigkeit verlangt wird. Die Schmelzpunkte der Hartlote liegen mindestens 50 grd. unterhalb des niedrigsten Schmelzpunktes der Metallteile und oberhalb von rund 600° C*] · hard solder, brazing ~, brazing alloy

~probe *f*, Schlagversuch *m*, Schlagprüfung *f* · impact test

~probe *f*, Schlagprüfung *f*, Schlagversuch *m* [*Straßenbaugestein*] · aggregate impact test

~prüfung *f*, Schlagprobe *f*, Schlagversuch *m* [*Straßenbaugestein*] · aggregate impact test

~prüfung *f*, Schlagversuch *m*, Schlagprobe *f* · impact test

~prüfungswert *m* [*Straßenbaugestein*] · aggregate impact value

~regen *m* [*Mit Regen verbundener Wind von mindestens Beaufortstärke 5*] · pelting rain, wind-driven ~, driving ~

~regenfeuchtigkeit *f* · pelting rain humidity

schlagregensicher · resistant to pelting rain

Schlag|regensicherheit *f*, Schlagregenwiderstand *m* · resistance against pelting rain

~regenwiderstand *m*, Schlagregensicherheit *f* · resistance against pelting rain

~steine *mpl*, Krotzen *f*, Handschotter *m* [*Handgeschlagener Schotter für den Straßenbau*] · hand-broken metal (Brit.); ~ stone (US)

~versuch *m*, Schlagprobe *f*, Schlagprüfung *f* [*Straßenbaugestein*] · aggregate impact test

~versuch *m*, Schlagprüfung *f*, Schlagprobe *f* · impact test

(schlag)zäh, schlagfest · tough, impact-resistant, impact-resisting

(Schlag)Zähigkeit *f*, Stoßwiderstand *m*, Schlagfestigkeit [*Widerstand eines Gesteins gegen Bruch unter Einwirkung von Stößen*] · resistance to impact, impact resistance, toughness

Schlamm *m*, Naß~ [*Straßenentwässerung*] · mud

~, Trocken~, „Sand" *m* [*Straßenentwässerung*] · grit [*The heavy mineral matter contained in sewage, such as sand, gravel, cinders, etc.*]

Schlämm|analyse *f* → Absetzversuch

~beton *m* → Prepaktbeton

Schlämme *f* · grout(ing compound), slurry [*A fluid mix(ture) of binder, sand and water or of binder and water*]

~anstrich *m*, Schlämmeaufstrich · grout coat, slurry ~

~aufstrich *m*, Schlämmeanstrich grout coat, slurry ~

~haut *f* · skin of grout, ~ ~ slurry

Schlammeimer *m*, Naß~ [*Straßenentwässerung*] · mud bucket

schlämmen, weißen, kalken, tünchen · to whitewash, to whiten, to limewash, to limewhite

~ [*Rohrgraben*] · to sprinkle with water

Schlämmen *n* [*Das Abscheiden von Sand aus Ton, der dadurch fetter wird*] · decanting, decantation

~, Kalken, Tünchen, Weißen · whitewashing, whitening, limewashing, limewhiting

Schlammfang *m* [*Ein Straßen- oder Hofablauf mit Rostabdeckung und aushebbarem Schlammeimer*] · grit trap, mud ~, ~ gull(e)y (trap)

~, Schmutzfang, Schlammfänger *m*, Schmutzfänger, Schlammfangeimer, Schmutzfangeimer · silt box, grit ~, mud ~, ~ bucket [*A loose iron box fitted in the bottom of a gulley for collecting deposited silt. It can be removed periodically for emptying and flushing*]

~, Schmutzfang *m* [*Straßenentwässerung*] · silt collection, grid ~, mud ~

~eimer *m* → Schlammfang

Schlammfänger *m* → Schlammfang

Schlämmkreide *f* [*Kreide ist eine natürliche Mineralfarbe. Sie besteht im wesentlichen aus kohlensaurem Kalk (= Kalziumkarbonat $CaCO_3$). Nach dem Schlämmverfahren wird sie Schlämmkreide genannt. Benennungen nach den Fundorten: Rügener Kreide, Champagnerkreide, schwedische Kreide, Bologneser Kreide*] · whiting, Paris white

Schlämpe *f* → Kalkbrei

~ → Zementbrei

Schlangenstein *m* → Serpentin(gestein)

schlank · slender

schlanke Form *f* · slender form

schlanker Balken(träger) *m* · slender beam [*A beam whose length between lateral restraints exceeds thirty times the breadth of its compression flange*]

Schlankheit *f* · slenderness

Schlankheits|grad *m* · degree of slenderness, slenderness degree

~grenze *f* · limit of slenderness

Schlauch|brause *f*, Handbrause · hand spray, mov(e)able ~

~dusche *f*, Handdusche · hand shower, mov(e)able ~

~gestell *n* · hose rack

~hahn *m* · hose tap [*A draw-off tap with a screw or union on the outlet for the attachment of the coupling of a hose*]

~haus *n* [*Es dient zur Aufbewahrung von Feuerwehrschläuchen*] · hose house, ~ building

~treppe *f*, Schachttreppe · shaft stair(-case)

~turm *m* · hose-drying tower

Schlauder *f* → Balken(träger)anker

Schlaufe *f* · loop

Schlaufen|ebene *f* · loop plane

~probe *f*, Schlaufenprüfung *f*, Schlaufenversuch *m* [*Korrosionsprüfung*] · loop-test bar

~prüfung *f*, Schlaufenprobe *f*, Schlaufenversuch *m* [*Korrosionsprüfung*] · loop-test bar

~stoß *m* · loop joint

~verankerung *f* · loop anchorage

~versuch *m*, Schlaufenprobe *f*, Schlaufenprüfung *f* [*Korrosionsprüfung*] · loop-test bar

schlecht beleuchtet · ill-lit

schlechtes Haften *n* · poor adhesion

Schlechtluft *f*, Abluft [*Ins Freie abströmende Abluft heißt „Fortluft" und ganz oder teilweise nach Filterung wieder der Lüftungszentrale zugeführte Abluft heißt „Umluft"*] · foul air, vitiated ~

~-Bodenkanal *m* → Schlechtluft-Fußbodenkanal

~durchlaß *m*, Schlechtluftöffnung *f*, Abluftöffnung, Abluftdurchlaß; Lufteinlaß [*Fehlname*] [*Eine Öffnung in einer Raumbegrenzungsfläche, durch die Raumluft (Abluft) in den Abluftkanal oder als Fortluft ins Freie abgesaugt oder gedrückt wird*] · foul air hole, ~ ~ opening, vitiated ~ ~

~-(Fuß)Bodenkanal *m*, Abluft-(Fuß-)Bodenkanal · foul air floor duct, vitiated ~ ~ ~

~kanal *m*, Abluftkanal · foul air duct, vitiated ~ ~

~öffnung *f*, Schlechtluftdurchlaß *m*, Abluftdurchlaß; Abluftöffnung; Lufteinlaß [*Fehlname*] [*Eine Öffnung in einer Raumbegrenzungsfläche, durch die Raumluft (Abluft) in den Abluftkanal oder als Fortluft ins Freie abgesaugt oder gedrückt wird*] · foul air hole, ~ ~ opening, vitiated ~ ~

~rohr *n*, Abluftrohr · foul air pipe, vitiated ~ ~

~schacht *m*, Abluftschacht [*DIN 18017*] · foul air shaft, vitiated ~ ~

~schornstein *m*, Abluftschornstein · foul air chimney, vitiated ~ ~

Schlechtwetter *n* · adverse weather

Schleichstrom *m* → Streustrom

Schleifen *n* [*Hohlglas*] · cutting

~ · grinding [*smoothing by friction*]

Schleiferei *f* · grinding department

Schleif|fläche *f* [*Prüfung von Naturstein und Beton auf Abriebfestigkeit*] · abrasion surface

~grund *m* · sand(paper)ing sealer [*A specially hard first coat which has the property of sealing or filling, but not obscuring, the grain of wood. The surface is then suitable for sanding*]

~härte *f*, Abriebhärte [*Gestein*] · attrition hardness, abrasion ~

~lack *m*, Präparationslack · rubbing varnish [*A hard-drying varnish which may be rubbed with an abrasive and water or oil to a uniform level(l)ed surface*]

~leinen *n* · abrasive cloth

~mittel *n* · abradant, abrasive

~papier *n* · abrasive paper

~pulver *n* · abrasive powder

~sand *m* · abrasive sand

~scheibe *f* · abrasive disc (Brit.); ~ disk (US)

~straße *f* · grinding line

~verschleiß *m* · grinding wear

~widerstand *m* · abrasive resistance

~wirkung *f*, Ab~, Abriebwirkung · abradability, abrasiveness [*e. g. of sand*]

Schleimstoffe *mpl* [*im Leinöl*] · foots

Schlempe *f* → Kalkbrei

~ → Zementbrei

Schlepp|dach *n* → Pultdach

~(dach)gaube *f*, Schlepp(dach)gaupe · dust-pan dormer

schleppender Mauerverband *m*, ~ (Mauerwerk)Verband, schleppendes Mauergefüge *n*, schleppendes (Mauerwerk)Gefüge, [*DIN 18151. Die Stoßfugen sind um ⅓ Steinlänge gegeneinander versetzt*] · one-third (masonry) bond [*The vertical joints occur at the third points of the units above and below*]

~ (Mauerwerk)Verband *m*, ~ Mauerverband, schleppendes Mauergefüge *n*, schleppendes (Mauerwerk)Gefüge [*DIN 18151. Die Stoßfugen sind um ⅓ Steinlänge gegeneinander versetzt*] · one-third (masonry) bond [*The vertical joints occur at the third points of the units above and below*]

schleppendes Gefüge *n*, ~ Mauerwerk~, ~ Mauergefüge, schleppender Mauerverband *m*, schleppender (Mauerwerk)Verband [*DIN 18151. Die Stoßfugen sind um ⅓ Steinlänge gegeneinander versetzt*] · one-third (masonry) bond [*The vertical joints occur at the third points of the units above and below*]

~ (Mauerwerk)Gefüge *n*, ~ Mauergefüge, schleppender (Mauerwerk-)Verband *m*, schleppender Mauerverband [*DIN 18151. Die Stoßfugen sind um ⅓ Steinlänge gegeneinander versetzt*] · one-third (masonry) bond [*The vertical joints occur at the third points of the units above and below*]

Schleppgaube *f* → Schleppdachgaube

schlesischer Verband *m* [*In allen Schichten wechseln je ein Kopf und drei Läufer einander ab. Es sind verschiedene Muster möglich*] · Silesian (masonry) bond

Schleuderbeton *m* · spun concrete, centrifugally cast ~

~anlage *f*, Betonschleuderanlage · installation for centrifugally cast concrete, ~ ~ spun ~

~dränrohr *n*, Betonschleuderdränrohr · spun concrete drain pipe, centrifugally cast ~ ~ ~

~druckrohr *n*, Betonschleuderdruckrohr · spun concrete pressure pipe, centrifugally cast ~ ~ ~

~mast *m,* Betonschleudermast [*DIN 4234*] · spun concrete mast, centrifugally cast ~ ~

~rohr *n,* Betonschleuderrohr · spun concrete pipe, centrifugally cast ~ ~

~rohrdrän *m,* Betonschleuderrohrdrän · spun concrete pipe drain, centrifugally cast ~ ~ ~

~rohrmaschine *f,* Betonrohrschleudermaschine, Zementrohrschleudermaschine, Schleuderzementrohrmaschine · concrete pipe spinning machine

~stütze *f,* Betonschleuderstütze · spun concrete column, centrifugally cast ~ ~

~vorspannrohr *n,* Betonschleudervorspannrohr · prestressed (concrete) spun pipe, ~ (~) centrifugally cast ~

Schleuderguß *m* · centrifugal casting

~rohr *n* · centrifugal cast-iron pipe, spun ~ ~, spun-iron ~

Schleudermast *m* · spun column (Brit.); ~ mast (US)

Schleudern *n,* Schleuderung *f* [*Herstellung von Rohren, Masten und Pfählen*] · centrifugal action, spinning

Schleuderrohr *n* · spun pipe

Schleuderstahlbeton|druckrohr *n,* Stahlbetonschleuderdruckrohr · centrifugally cast reinforced concrete pressure pipe, ~ ~ R. C. ~ ~, spun ~ ~ ~ ~

~rohr *n,* Stahlbetonschleuderrohr · reinforced (concrete) spun pipe, R. C. ~ ~

Schleuderung *f,* Schleudern *n* [*Herstellung von Rohren, Masten und Pfählen*] · centrifugal action, spinning

Schleuder|ventilator *m,* Fliehkraftventilator, Zentrifugalventilator, Radialventilator · centrifugal fan

~verfahren *n,* Beton~ · (concrete) spinning method

~verhalten *n* [*Material beim Schleuderverfahren*] · centrifugability

~zementrohrmaschine *f,* Zementrohrschleudermaschine, Betonrohrschleudermaschine, Schleuderbetonrohrmaschine · concrete pipe spinning machine

schlicht [*im Gegensatz zu profiliert*] · plain

Schlichtheit *f* · chastity

Schlicker *m* [*Im allgemeinen eine stabile Tonsuspension in Wasser, wobei gegebenenfalls Zusätze erfolgen können. Dieser Ausdruck kann auch andere stabile Suspensionen bezeichnen, z.B. Suspensionen von Tonerde*] · slip

schlickergegossen · slip-cast

Schlickergießen *n,* Schlickerguß *m* [*Formgebung durch Gießen eines Schlickers in eine flüssigkeitsabsaugende Form*] · slip casting

Schliere *f* · streak

~ [*Flachglasfehler*] · ream

Schlierenbildung *f* · streaking

~ durch Säureeinwirkung · acid streaking

schlieriges Glas *n* · glass with reams

Schließ|anlage *f* · closing system

~bereich *m, n* · closing range

~blech *n* [*DIN 18251*] · striking plate, keeper, strike (plate), lock front, fore-end

~druck *m* · closing pressure

Schließer *m,* Verschluß *m,* (Ver)Schließvorrichtung *f* · closer, device for closing, closing device, closing mechanism

Schließ|geräusch *n* · closing noise

~geschwindigkeit *f* · closing speed

~kontakt *m* · 'make' contact

~kraft *f* [*automatisches Schließen von Türen*] · closing force

~mechanismus *m* · locking mechanism

~riegel *m,* (Schloß)Riegel · (dead) bolt, lock ~

~stellung *f* · closed position

~- und Hemmwirkung *f* [*Tür*] · (combined) closing and check action

~vorrichtung *f,* Ver~, Schließer *m,* Verschluß *m* · closer, device for closing, closing device, closing mechanism

~wirkung *f* · closing action

Schliff *m* [*Hohlglas*] · cut

Schlitten *m* [*für Putzprofile*] · template

Schlittschuhverleih(raum) *m* · skate hire (room)

Schlitz *m,* Nut und Feder *f* [*Tuchscherer-Dübel*] · split

~ · slot

~anker *m* · slot anchor, ~ tie

~diffusor *m,* Luft~ · slot (air) diffuser, (~) diffuser

~fenster *n* · slit window

~gummi(ab)dicht(ungs)profil *n* → Schlitzgummi(selbstdichtung)

~gummi(selbstdichtung) *m,* (*f*), Schlitzgummi(ab)dicht(ungs)profil *n,* Quetschgummi(selbstdichtung), Quetschgummi(ab)dicht(ungs)profil · confined O-ring joint, contained ~ ~, ~ ~ rubber gasket, (preformed) rubber compression gasket

~masche *f,* Harfenmasche · harp mesh

~muster *n* · slot pattern

~rohr *n,* geschlitztes Rohr · slotted pipe

~schiene *f* · slotted rail

~stahlprofil *n,* Stahlschlitzprofil · slotted steel unit, ~ ~ section, ~ ~ shape, ~ ~ trim, ~ ~ profile

~wand *f* · diaphragm wall

~winkel *m* [*Geschlitztes Winkeleisen zum Verschrauben*] · slotted angle [*B. S. 4345*]

~zapfen *m* [*Holzverbindung*] · through-mortice, through-mortise

Schloß *n*, Tür~ · (door) lock

~, ~bau(werk) *m*, (*n*) [*Ursprünglich ein in sich abgeschlossener Verteidigungsbezirk. Die Benennungen „Schloß" und „Burg" überschneiden sich, wobei häufig Grenzfälle auftreten. Eine Burg ist immer befestigt, ein Schloß kann auch unbefestigt sein*] · castle

~architektur *f*, Schloßbaukunst *f* · castle architecture

~bau *m*, Schloßherstellung *f* · lockmaking

~baukunst *f*, Schloßarchitektur *f* · castle architecture

~bemessung *f* · dimensioning of locks [*The method of measuring and describing the length, height, thickness and size of locks and latches*]

~blech *n* · lock-plate

(~)Falle *f* · latch

~funktion *f* · lock function

~garnitur *f* · lockset

~herstellung *f*, Schloßbau *m* · lockmaking

~hof *m* · bailey, ward, castle-court

~kapelle *f* · castle-chapel

(~)Kasten *m* · (lock) case

~kirche *f* · castle church

~mauer *f* · castle-wall

(~)Riegel *m*, Schließriegel · (dead) bolt, lock ~

(~)Stulp(e) *m*, (*f*) [*Die Vorderseite des Schloßkastens aus der Riegel und Falle austreten*] · (lock) case front, (~) fore-end

~tor *n* · castle-gate

~turm *m* · castle-tower

Schlot *m*, Esse *f* · industrial chimney, ~ stack

Schlucht|straße *f* · canyon street

~wirkung *f* · canyon effect (of high buildings)

Schluck|einheit *f*, Schall~, Absorptionseinheit · absorption unit [*Is absorption equal to that of a square foot of an open window which is considered as 100 per cent efficient in absorbing sound, although it really transmits the sound outward instead of absorbing it*]

~fähigkeit *f* → Schall~

~grad *m* → Schall~

Schluckung *f* → Schall~

Schluckvermögen *n* → (Schall)Absorptionsfähigkeit

Schluff *m*, feinster Staubsand *m* · silt

Schlupf *m* · slippage, slip(ping) [*abbreviated: slpg*]

~länge *f* · slip(ping) length

~tür *f* · wicket [*A small gate; or, especially, a small door in a large gate, enabling a person to enter without opening the large gate*]

~verteilung *f* · distribution of slip

~weite *f* [*Mannloch*] · access dimension

Schlüssel|balken *m*, Trumpfbalken, Wechsel(balken) *m* · header [*A beam which carries the ends of beams which are cut off in framing around an opening*]

(~)Bart *m* · (key) bit

~brett *n* · key rack

schlüssel|fertig, ausbaufertig [*Der Bauzustand nach Fertigstellung des Ausbaues*] · turn-key

~fertige Übergabe *f*, ausbaufertige ~ · turn-key handover

Schlüssel|funktion *f* · key function

~kopf *m* · key head

~loch *n* · keyhole

~lochdeckel *m*, (Schlüssel)Schild *m* · keyhole plate, (e)scutcheon

schlüsselloser Verschluß *m* · keyless lock

(Schlüssel)|Schild *m*, Schlüssellochdeckel *m* · keyhole plate, (e)scutcheon

~verschluß *m* · key-operated lock

~wandschrank *m* · wall key cabinet

Schluß *m*, Ab~ · termination

~, Ab~ [*Kirchenarchitektur*] · terminal feature, termination

~abnahme *f* · final acceptance

~anstrich *m*, Schlußaufstrich · finish(ing coat), final coat [*painting system*]

~(anstrich)farbe *f* · final coat paint

~anstrichschicht *f*, Schlußaufstrichschicht, Endanstrichschicht, Endaufstrichschicht [*Die letzte (Anstrich-) Schicht des Anstrichsystems*] · final individual coat

~aufstrich *m*, Schlußanstrich · finish(ing coat), final coat [*painting system*]

~aufstrichschicht *f*, Schlußanstrichschicht, Endaufstrichschicht, Endanstrichschicht [*Die letzte (Anstrich-) Schicht des Anstrichsystems*] · final individual coat

~behandlung *f* · final treatment

~bogen *m* · end arch

~(dach)ziegel *m* · end tile, flap ~

~farbe *f*, Schlußanstrichfarbe · final coat paint

~linie *f* · closing line

~ring *m*, Steinkranz *m* [*Gewölbe*] · open cusp, soffit ~

~stein *m*, Scheitelstein · apex block, top ~, vertex ~, key ~, crown ~, closer

~stein *m* **aus Naturstein**, Scheitelstein ~ ~ · apex stone, top ~, vertex ~, crown ~, keystone [*The central stone of an arch or a vault; sometimes carved*]

~steinlage *f*, Schlußsteinschicht *f* · key course, keystone layer [*A course of stones instead of a keystone at the crown of a vault or wide arch*]

~steinschicht *f*, Schlußsteinlage *f* · key course, keystone layer [*A course of stones instead of a keystone at the crown of a vault or wide arch*]

schlußvergüteter Kohlenstoffstahl *m*, öl~ ~ · high-carbon steel

~ Stahldraht *m* · final-hardened and tempered steel wire

Schlußziegel *m*, Schlußdachziegel · end tile, flap ~

(schmale) Omnia-Vollbetonplatte *f* · Omnia (concrete) plank

(~) Omnia-Wechselvollbetonplatte *f* · Omnia trimmer (concrete) plank, ~ trimming (~) ~ [*These planks incorporate precast upstands of structural floor depth and provide permanent shuttering for openings such as stairwells, chimneys, skylights, etc.*]

schmalflanschig · narrow-flanged

Schmauchen *n*, Vorwärmung *f*, Durchwärmung [*Ziegelbrennen*] · initial dehydration, water-smoking

Schmelz|barkeit *f* · fusibility

~bereich *m*, *n* · melt point range

~beton *m*, Eisbeton · ice concrete [*A type of light(weight) cellular concrete in which the cells are formed by ice*]

Schmelze *f* · melt

~, Schmelzung *f* [*Stahl*] · heat

Schmelzemaille *f* vitreous enamel, porcelain ~

~überzug *m* · vitreous enamel finish, porcelain ~ ~

schmelzemaillierte (Bau)Tafel *f*, Schmelzemaille(bau)tafel · vitreous enamelled building panel (Brit.); ~ enameled ~ ~ (US); porcelain ~ ~ ~

schmelzemaillierter Stahl *m* · vitreous enamelled steel (Brit.); ~ enameled ~ (US)

schmelzgeschweißt · fusion-welded

Schmelz|gießen *n* [*Formgebungsverfahren, bei dem das geschmolzene Material in Formen gegossen wird*] · fusion casting

~harz *n*, Gießharz · cast(ing) resin

~kitt *m* · hot cement

~körper *m*, Temperaturkennkörper · fusible link

~magnesit *m*, Sintermagnesit [*hochfeuerfester bis zur beginnenden Schmelzung bei rund 1500° C gebrannter Magnesit*] · sintered magnesite

~mattemaille *f*, Mattschmelzemaille · matt vitreous enamel, ~ porcelain ~

~mittel *n* · flux

~sand *m*, Glassand · glass(-making) sand

~schlacke *f*, Hochofen~ · molten (blast-furnace) slag

~schweißen *n* · fusion welding

~schweißtechnik *f* · fusion welding technique, ~ ~ technic

~sintern *n*, Sinterung *f* mit flüssiger Phase, Sintern *n* mit flüssiger Phase · liquid phase sintering

~temperatur *f* · fusing temperature

Schmelzung *f*, Schmelze *f* [*Stahl*] · heat

Schmelz|viskosität *f* · melting viscosity

~wärme *f* · melting heat

~wasser *n* · melting water

Schmerzschwelle *f* · threshold of pain

Schmiedeeisen *n* · wrought iron, WI

~fenster *n*, schmiedeeisernes Fenster · wrought-iron window, WI ~

~fenstergitter *n*, schmiedeeisernes Fenstergitter · wrought-iron window grille, WI ~ ~

schmiedeeisernes Band *n*, Schmiedeeisenband · wrought-iron strap, WI ~ [*For fixing the ends of joists*]

~ Fenster *n*, Schmiedeeisenfenster · wrought-iron window, WI ~

~ Fenstergitter *n*, Schmiedeeisenfenstergitter · wrought-iron window grille, WI ~ ~ [*sometimes spelled 'grill'*]

Schmiede|messing *n*, MS 60 Pb *n*, Ms 60 Pb, Messing 60 Pb · forging brass

~stahl *m* [*Gegossener Flußstahl, der durch Schmieden oder Pressen weiterverarbeitet wird*] · forging steel

schmiegsam, nichtstarr · flexible, non-rigid

Schmierigkeit *f* · greasiness [*A greasy surface on a paint film, caused by lack of compatibility*]

Schmierseife *f*, Kaliseife · potash soap

Schmirgel *m* · emery

~leinwand *f* · emery cloth

~papier *n* · emery paper

~zuschlag(stoff) *m* · emery (construction) aggregate

Schmuck *m* → Dekor(ation)

~band *n*, Ornamentband, Zierband, Dekor(ations)band, Bandornament *n*, Bandschmuck *m* · decorative band, ornamental ~, continuous ornament

~block(stein) *m*, Schmuckstein, Ornamentstein, Ornamentblock(stein), Zierstein, Zierblock(stein), Dekor(ations)-block(stein), Dekor(ations)stein · sculptural (type) block, ~ (~) tile [*See remark under 'Block'*]

~bogen *m*, Ornamentbogen, Zierbogen, Dekor(ations)bogen · decorative arch, ornamental ~

~element *n*, Schmuckglied *n*, Ornament *n*, Zierelement, Zierglied, Dekor(ations)-element, Dekor(ations)glied, Verzierung *f* · ornament, decorative fixture, enrichment

~fläche *f*, Zierfläche, Ornamentfläche, Dekor(ations)fläche · decorated surface, ornamental ~, decorative ~

~form *f*, Ornamentform, Zierform, Dekor(ations)form · ornamental form decorative ~

~-Glas(bau)stein *m* Zier-Glas(bau)-stein, Ornament-Glas(bau)stein, Dekor(ations)-Glas(bau)stein · sculptural faced glass block, ~ ~ ~ brick

~glied *n* → Schmuckelement

~konsole *f* → Schmuckwandkonsole

~lage *f* → Zierschicht

schmucklos, zierlos, unverziert, ungeschmückt, nüchtern · unornamented, undecorated, unenriched, unadorned

Schmuck|losigkeit *f* · bareness

~malerei *f*, Verzierungsmalerei · ornamental painting, decorative ~

~motiv *n*, Ornamentmotiv, Dekor(ations)motiv, Ziermotiv · decorative motif, ornamental ~

~motiv *n* **aus der Natur,** Ornamentmotiv ~ ~ ~, Ziermotiv ~ ~ ~, Dekor(ations)motiv ~ ~ ~ · decorative motif taken from nature, ornamental ~ ~ ~ ~

~muster *n*, Ziermuster, Ornamentmuster, Dekor(ations)muster · decorative pattern, ornamental ~

~rippe *f*, Ornamentrippe, Zierrippe, Dekor(ations)rippe · decorative rib, ornamental ~

~schicht *f* → Zierschicht

Schmuckstein *m* → Schmuckblock(stein)

~, Ornamentstein, Zierstein, Dekor(ations)stein · dressing [*A stone worked to a finished face, whether smooth or moulded, and used around an angle, window, or any feature*]

Schmuck|stütze *f*, Ornamentstütze, Dekor(ations)stütze, Zierstütze · decorative column, ornamental ~

~verband *m*, Ornamentverband, Dekor(ations)verband, Zierverband [*Mauerwerk*] · ornamental (masonry) bond, decorative (~) ~

~wand *f*, Dekor(ations)wand, Zierwand, Ornamentwand · decorative wall, ornamental ~

~(wand)konsole *f*, Zier(wand)konsole, Ornament(wand)konsole, Dekor(ations)(wand)konsole · ornamental (wall) bracket, decorative (~) ~

~ziegelmauerwerk *n* → Dekor(ations)-ziegelmauerwerk

Schmutzablage *f* · griminess

schmutzabweisend · dirt-repellent

Schmutz|eintritt *m* · ingress of dirt

~fahne *f* [*An hellen Wand- und Deckenflächen infolge ungleichen Wärmeschutzes in den betreffenden Zonen*] · ghost marking

~fang *m* → Schlammfang

~fangeimer *m* → Schlammfang

~fänger *m* → Schlammfang

~filter *m, n* · dirt filter

(~)Wäscheabwurfanlage *f* (Schmutz-)Wäscherutsche *f* · clothes chute, laundry ~, (soiled) linen ~

(~)Wäscherutsche *f*, (Schmutz)Wäscheabwurfanlage *f* · clothes chute, laundry ~, (soiled) linen ~

Schmutzwasser *n* · sanitary sewage [*Sometimes loosely called 'discharge'*]

~kanal *m* · sanitary conduit-type sewer

~leitung *f* · sanitary sewer [*A sewer which carries sewage and excludes storm, surface and ground water*]

~netz *n* · sanitary sewer network

~rohr *n* · sanitary (sewage) pipe

Schmutzzulage *f*, Schmutzgeld *n* · dirty money, boot ~ [*Additional pay to a building worker for working in difficult or unusual conditions*]

Schnecke *f*, Spindel *f*, Wendeltreppe *f*, gewendelte Treppe · spiral stair(case)

~, Volute *f*, Spirale *f* · volute, (spiral) scroll

Schneckenauge *n* · centre of the Ionic volute (Brit.); center ~ ~ ~ ~ (US)

~ → (Treppen)Auge

schneckenförmig · voluted, scrolled, scroll-shaped

Schnecken|gewölbe *n*, schraubenförmig steigendes Tonnengewölbe, Spindelgewölbe, Spiralgewölbe · helical barrel vault

~giebel *m*, Volutengiebel [*Dieser Giebel ist seitlich von Voluten gerahmt*] · scroll(ed) gable, volute(d) ~, scroll-shaped ~

~kapitell *n*, Volutenkapitell, Schneckenkapitäl, Volutenkapitäl · volute(d) capital, scroll(ed) ~, scroll-shaped ~

~presse *f*, Extruder-Schnecke *f* · extrusion auger, auger-type extrusion unit, auger-type machine, extruder screw, screw-extruder

~linie *f*, ionische Volute *f*, Spirale *f*, Schneckenverzierung *f* · Ionic volute

~schmuck *m*, Schneckenverzierung *f*, Spiralschmuck, Spiralverzierung, Volutenschmuck, Volutenverzierung · volute ornament, (spiral) scroll

~verzierung *f* → Schneckenschmuck

~verzierung *f* → Schneckenlinie

Schnee|belastung *f* · snow loading

~fangziegel *m* · interlocking tile with snow rib

~last *f* [*DIN 1055 Bl. 5*] · snow load, SL

~lastwert *m* · value of snow load, snow load value

~verhältnisse *f* [*Winterbau*] · snow conditions

Schneeweiß *n*, Zinkweiß, ZnO *n* [*Pigment. Ein aus metallischem Zink hergestelltes reinweißes oder ganz schwach gelb- oder blaustichiges technisch reines Zinkoxid (ZnO). Mit absteigendem Feinheitsgrad unterscheidet man die Marken Weißsiegel, Grünsiegel und Rotsiegel; ZnO-Gehalt mindestens 99%*] · zinc white, Chinese ~

schneeweißverträglich, zinkweißverträglich, ZnO-verträglich · compatible with zinc white, ~ ~ Chinese ~

schneiden · to intersect

Schneidenlast *f*, Linienlast, Streckenlast · (col)linear load, line ~, strip ~, knife edge ~ [*Forces on a long narrow member, e.g. a beam*]

Schneiderei *f* · tailor's shop

Schneidtoleranz *f* [*Bewehrung*] · cutting tolerance

schnell|(ab)bindend [*hydraulisches Bindemittel*] · rapid-setting

~(ab)bindendes Verschnittbitumen *n* · rapid-curing cutback, RC [*An asphalt cement cut back with gasoline or naphtha. RC–O to RC–5*]

Schnell|abfahrtrampe *f* · express exit ramp

~alterung *f*, Kurzalterung · accelerated ag(e)ing

~anzapfstecker *m* **für Lampen** · prick-through type lampholder

Schnellastenaufzug *m* · express goods lift; ~ ~ elevator (US); high-speed ~ ~

Schnell|aufzug *m* · express lift; ~ elevator (US); high speed ~

~bauweise *f* → Schnellmontagebauweise

~befestigung *f* · rapid fixing, quick ~

Schnellbindemittel *n* **für hydraulische Bindemittel** → Erstarrungs(zeit)beschleuniger ~ ~ ~

~ ~ ~ Gemische → Erstarrungs(zeit)-beschleuniger ~ ~ ~

schnellbindend, schnellabbindend [*hydraulisches Bindemittel*] · rapid-setting

Schnellbinder *m* [*Fehlname*]; Schnellerstarrer [*Zement. DIN 1164*] · cement of rapid initial set(ting), rapid-setting cement

~ für hydraulische Bindemittel → Erstarrungs(zeit)beschleuniger ~ ~ ~

~ ~ ~ Gemische → Erstarrungs(zeit)-beschleuniger ~ ~ ~

schnellbrechend, labil, unstabil [*Bitumenemulsion*] · labile, quick-breaking, rapid-setting

Schnelle *f* · velocity

schnelle Umwandlung *f* [*Schnelle und reversible Kristallumwandlung durch Temperaturänderung*] · inversion

Schnellepotential *n*, Potential der Schallschnelle [*Funktion, deren Gradient die Schallschnelle ist*] · velocity potential [*Of a sound field in an isotropic fluid medium at rest or in a state of irrotational flow. A scalar potential function, the gradient of which is the negative of the particle velocity at a point in the field. Symbol Φ*]

Schnell(er)härten *n* · rapid hardening

schnell|(er)härtend · rapid-hardening

~(er)härtender Zement *m*, Schnellhärter(zement) · rapid-hardening cement, RHC

Schnell(er)härter *m*, hochwertiger Portlandzement *m*, frühhochfester Portlandzement [*in Dtschld. Z 325 und Z 425*] · high early (or initial) strength Portland cement; rapid hardening Portland cement type III (US)

~, (Er)Härtungs(zeit)beschleuniger · hardening accelerator, ~ accelerating agent, ~ acceleration promoter, accelerator for hardening, rapid hardener

~ für hydraulische Bindemittel, (Er-)Härtungs(zeit)beschleuniger ~ ~ ~ · accelerating additive for hardening

~ ~ ~ Gemische, (Er)Härtungs(zeit)-beschleuniger ~ ~ ~, ~ ~ ~ Mischungen · accelerating admix(ture) for hardening

Schnell|(er)härtung *f* · rapid hardening

~erstarrer *m*; Schnellbinder [*Fehlname*] [*Zement. DIN 1164*] · cement of rapid initial set(ting), rapid-setting cement

~fahrstuhl *m* · express passenger lift; ~ ~ elevator (US); high-speed ~ ~

~falttor *n* · quick-acting folding shutter door, rapid-acting ~ ~ ~

~gefrierraum *m* · quick freezer (space)

~härten *n*, Schnellerhärten · rapid hardening

schnellhärtend, schnellerhärtend · rapid-hardening

Schnellhärter *m*, Schnellerhärter, (Er-)Härtungs(zeit)beschleuniger · hardening accelerator, ~ accelerating agent, ~ acceleration promoter, accelerator for hardening, rapid hardener

~ für hydraulische Bindemittel, Schnellerhärter ~ ~ ~, (Er)Härtungs-(zeit)beschleuniger ~ ~ ~ · accelerating additive for hardening

~ ~ ~ Gemische, Schnellerhärter ~ ~ ~, (Er)Härtungs(zeit)beschleuniger ~ ~ ~, ~ ~ ~ Mischungen · accelerating admix(ture) for hardening

~(zement) *m*, schnell(er)härtender Zement · rapid-hardening cement, RHC

Schnell|härtung *f*, Schnellerhärtung · rapid hardening

~imbißgaststätte *f* · snack bar

~-Konsistenzprüfung *f*, Schnell-Konsistenzversuch *m*, Schnell-Konsistenzprobe *f*, Schnell-Steifeprüfung, Schnell-Steifeprobe, Schnell-Steifeversuch · accelerated consistency test

~korrosionsprobe *f*, Schnellkorrosionsprüfung *f*, Schnellkorrosionsversuch *m* · accelerated corrosion test

~kupplung *f* [*Rohr*] · quick coupling

~methode *f*, Kurzmethode, abgekürzte Methode, abgekürztes Verfahren *n*, Schnellverfahren, Kurzverfahren · accelerated method

~(montage)bauweise *f*, Schnell(montage)verfahren *n* · quick-erection method, rapid-erection ~, rapid-assembly ~, quick-assembly ~

~nachbehandlung *f* **von Betonprobewürfeln** · accelerated curing of concrete test cubes

~probe *f*, Schnellprüfung *f*, Schnellversuch *m*, Kurzprobe, Kurzprüfung, Kurzversuch, abgekürzte Probe, abgekürzte Prüfung, abgekürzter Versuch · accelerated test

~probe *f* **auf Haltbarkeit**, Schnellprüfung *f* ~ ~, Schnellversuch *m* ~ ~ · accelerated durability test

~prüfung *f*, Schnellversuch *m*, Schnellprobe *f*, Kurzprobe, Kurzversuch, Kurzprüfung, abgekürzte Probe, abgekürzte Prüfung, abgekürzter Versuch · accelerated test

~prüfung *f* **auf Haltbarkeit**, Schnellversuch *m* ~ ~, Schnellprobe *f* ~ ~ · accelerated durability test

~-Steifeprobe *f*, Schnell-Steifeversuch *m*, Schnell-Steifeprüfung *f*, Schnell-Konsistenzversuch, Schnell-Konsistenzprüfung, Schnell-Konsistenzprobe · accelerated consistency test

~straße *f*, Schnellverkehrsstraße, Schnellweg *m* · expressway

Schnellverfahren *n*, Kurzverfahren, abgekürztes Verfahren, abgekürzte Methode, *f* Schnellmethode, Kurzmethode · accelerated method

~ → Schnellmontageverfahren

Schnell|verkehr *m* [*öffentlicher Massenverkehr*] · rapid transit

~(verkehrs)straße *f*, Schnellweg *m* · expressway

~versuch *m*, Schnellprüfung *f*, Schnellprobe *f*, Kurzversuch, Kurzprobe, Kurzprüfung, abgekürzte Probe, abgekürzte Prüfung, abgekürzter Versuch · accelerated test

~versuch *m* **auf Haltbarkeit**, Schnellprüfung *f* ~ ~, Schnellprobe *f* ~ ~ · accelerated durability test

~vorfahrt *f* · express drive

~weg *m*, Schnell(verkehrs)straße *f* · expressway

Schneuß *m*, Fischblase *f* · vesica piscis [*A pointed oval form like a bladder of a fish*]

~, Flamme *f* · flamboyant [*Tracery in which the bars of stonework form long wavy divisions like flames*]

~maßwerk *n* → Flamboyantstil

Schnitt *m*, Profil *n* [*Umrißlinie eines durchschnittenen Körpers*] · section, profile

~bild *n* · cut away view

~fuge *f* · cut joint

~geschwindigkeit *f* [*z. B. bei der spanabhebenden Bearbeitung von Automatenstahl*] · cutting speed

~größe *f* · size of section

Schnittholz *n*, Schnittware *f* [*Erzeugnisse, die durch Aufschneiden des Rundholzes entstehen. Hierzu gehören Bretter, Bohlen, Kantholz, Balken, Latten usw.*] · sawn wood, ~ timber, sawed ~, converted ~, mill run; milled products [*Australia*]; lumber (US) [*All the timber produced in a mill without reference to grade. The term 'lumber' is sometimes reserved in the USA for the German terms 'Bretter and Bohlen' and the German terms 'Kantholz and Balken' are then called 'timbers'. Thus 'Schnittholz' may also be called in the USA 'lumber and timbers'*]

~ für Ingenieurholzbau, Bauschnittholz · sawn engineered timber, sawed ~ ~, cut ~ ~, wood in building sizes; construction lumber (US)

Schnittkante *f*, geschnittene Kante · cut edge

Schnittkraft *f* [*Biegemomente, Längs- und Querkräfte eines Tragsystems*] · internal force

~verfahren *n* · method of sections

~verlauf *m* · internal force distribution

Schnittling *m* [*halber Dachziegel*] · half (roof(ing)) tile

Schnitt|nagel *m*, geschnittener Nagel · cut (steel) nail [*B. S. 1202*]

~punkt *m* · point of intersection

~stein *m* [*Fehlname*] → Strang(preß)-ziegel

~ware *f* → Schnittholz

~zeichnung *f* · sectional drawing

~ziegel *m* → Strang(preß)ziegel

Schnitz|ornament *n* · carved ornament

~relief *n* · carved relief

Schnur *f* · cord

~ · line [*A cord used for setting out building work*]

~ [*für Dämm- und Isolierzwecke*] · cord covering

~klemme *f* · cord grip [*It is screwed on top of a lampholder*]

(~)Lot *n*, Senkel *m*, Senklot · plumb [*A line with a weight attached*]

~schlag *m* · lining out (by chalk line)

~stift *m* · line pin

~zug *m* [*Jalousie*] · cord control

schnurzugbedient [*Jalousie*] · cord operated

Schoberstein *m* · staddle stone [*A short mushroom-shaped stone post, which supports a stack or granary. Because of its shape, rats cannot climb up it. Now often used as garden ornament*]

Schockbeton *m*, Stoßbeton · concrete compacted by jolting

schocken · to jolt

Schocken *n*, schockende (Ein)Rütt(e)lung *f* · jolting

Schocktisch *m* · jolting table

Schoferkamin *m*, Verbundkamin, Schoferschornstein *m*, Verbundschornstein · (Schofer's) compound chimney

Schönheits|fehler *m* · blemish

~salon *m* · beauty parlor, ~ shop

Schonschild *m* [*Baubeschlag*] · finger plate

Schöpfblase *f*, Stichblase [*Glas*] · gathering bubble

Schopfwalm *m*, halber Walm, Krüppelwalm · half hip, partial ~

~dach *n*, Krüppelwalmdach · gambrel roof, half-hipped ~ [*A roof hipped for part of its height and terminated by a gablet*]

Schornstein *m*, Kamin *m* · chimney [*A construction containing one or more flues*]

~ aus Lehm, Lehmschornstein · cat-and-clay chimney, catted ~ (US)

~anschluß *m* · chimney junction

~anzug *m*, Schornsteindossierung *f* · chimney taper

~aufsatz *m* · chimney pot, ~ terminal [*It increases the height of a chimney to prevent down-draught*]

~auskleidung *f*, Schornsteinfutter *n* · chimney lining, ~ liner

~bau *m* · chimney construction

~bauer *m* · chimney builder

~baugerüst *n* · chimney construction scaffold(ing)

~baumaterial *n* [*Schweiz*]; Schornsteinbaustoff *m* · chimney construction material

~baustoff *m*; Schornsteinbaumaterial *n* [*Schweiz*] · chimney construction material

~bauteil *m*, *n*, Schornsteinelement *n* · chimney member, ~ unit, ~ component

~bemessung *f* · chimney design

~beton *m* · chimney concrete

~brand *m* · chimney fire

~bündel *n* [*Dicht nebeneinander stehende Schornsteine*] · clustered chimneys

~dossierung *f* Schornsteinanzug *m* · chimney taper

~einfassung *f* · chimney tray

~element *n*, Schornsteinbauteil *m*, *n* · chimney member, ~ unit, ~ component

~formstein *m* → Kamin(form)stein

~formstück *n* → Kamin(form)stein

(~)Fuchs(kanal) *m* [*Waag(e)rechter oder mit leichter Steigung von der Heizanlage zum Schornstein führender Rauchkanal*] · main flue, up-take, breeching (US); flue connection to stack, flue connection to chimney

~fundament *n* · chimney foundation

~fuß *m* · chimney base

~futter *n*, Schornsteinauskleidung *f* · chimney lining, ~ liner

~gas *n* · chimney gas

~gruppe *f* · group of chimneys, chimney group

~höhe *f* · height of chimney

~klettereisen *n*, Schornsteinsteigeisen · access hook for chimneys [*B. S. 3678*]

~-Leichtbetonformstück *n* · light(-weight) concrete chimey pot

~leiter *f* · chimney ladder, stack ~

~mantel *m* · chimney shell

~mauerwerk *n* · chimney masonry (work)

~(mauer)ziegel *m* · chimney brick

~mündung *f*, Kaminmündung, Schornsteinöffnung, Kaminöffnung · chimney outlet

~öffnung *f*, Kaminöffnung, Kaminmündung, Schornsteinmündung · chimney outlet

~querschnitt *m* · chimney cross-section

~reinigungsverschluß *m* → Kamintür

~rinne *f* · chimney gutter

~rohr *n* · chimney pipe

~schaft *m* · structural chimney, chimney shell, structural shell, chimney shaft [*It is protected by the lining*]

~steigeisen *n*, Schornsteinklettereisen · access hook for chimneys [*B. S. 3678*]

~ventilator *m* · chimney fan

~verband *m*, Läuferverband, mittiger (Mauerwerk)Verband, mittiger Mauerverband, mittiges (Mauerwerk)Gefüge *n*, mittiges Mauergefüge [*DIN 18151. Die Stoßfugen sind um ½ Steinlänge gegeneinander versetzt*] · (conventional) running (masonry) bond, stretching (~) ~, stretcher (~) ~, chimney (~) ~ [*The vertical joints are centered on the stretchers above and below*]

~wange *f* · chimney wall

~ziegel *m*, Schornsteinmauerziegel · chimney brick

~-Ziegelmauerwerk *n* · chimney brickwork

~zug *m*, Ziehen *n* der Schornsteine · chimney draught (Brit.); ~ draft (US)

~zug *m* · chimney flue [*The space or passage in a chimney through which smoke, gas, or fumes ascend*]

~zugregler *m* · chimney draught regulator (Brit.); ~ draft ~ (US)

~zunge *f* [*Trenn(ungs)mauer der Rauchkanäle*] · withe, mid feather

Schottenbauart *f* [*Eine Sonderheit der Kastenbauart ist die Schottenbauart. Bei ihr tragen die rechtwinklig zur Frontwand stehenden Querwände und die inneren Längswände, aber nicht die leichten Trennwände und die Außenwände der Gebäudelängsseiten*] · cross-wall type of construction, ~ construction type

Schotter *m*, Brech~, Steinschlag *m*, Straßen(bau)schotter · broken stone, ~ rock, crushed ~; (road-)metal (Brit.)

~beton *m*, Steinschlagbeton · ballast concrete

∼sand *m*, Grobsand · coarse sand

∼werk *n* · commercial stone-crushing plant

schraffieren · to hatch, to shade

Schraffieren *n* · hatching, shading

schraffierte Fläche *f* · shaded area, hatched ∼

Schraffur *f*, Schraffierung *f* · hatching, shade

Schräganschluß *m* · raking flashing [*See remark under 'Anschluß'*]

∼(streifen) *m* · raking flashing (piece)

Schräg|armierung *f* → Schräg(stahl)-einlagen

∼(armierungs)stab *m*, Schrägbewehrungsstab · bent-up bar

∼balken(träger) *m* · raker [*An inclined beam*]

∼bewehrung *f* → Schräg(stahl)einlagen

∼bewehrungsstab *m*, Schräg(armierungs)stab · bent-up bar

∼blatt *n*, schräges Blatt [*Holzverbindung*] · oblique halved joint with butt ends

∼bogen *m*, schräger Bogen · skew arch [*An arch with its axis oblique with its faces*]

∼brett *n* · angle board [*A board used as a gauge so as to plane a timber face to a definite angle*]

∼brett *n* [*Holzwand*] · angle board

∼bügel *m* · inclined stirrup

Schräge *f*, Ausschrägung *f* · splay

∼, Voute *f* · inclined haunch [*An overstress occurring in nonuniform beams may be eliminated by increasing the cross-section area towards the supports through inclined haunches*]

schräge Absteifung *f*, ∼ Aussteifung, ∼ Verstärkung, ∼ Versteifung, Verstrebung · strutting

∼ Aussteifung *f*, ∼ Absteifung, ∼ Verstärkung, ∼ Versteifung, Verstrebung · strutting

∼ Endverkämmung *f* [*Holzverbindung*] · bevelled end cogging, ∼ ∼ cocking, ∼ ∼ corking (Brit.); beveled ∼ ∼ (US); oblique ∼ ∼

∼ Verstärkung *f*, ∼ Versteifung, ∼ Aussteifung, ∼ Absteifung, Verstrebung · strutting

∼ Versteifung, ∼ Aussteifung, ∼ Verstärkung, ∼ Absteifung, Verstrebung · strutting

Schräg|einlagen *fpl* → Schrägstahleinlagen

∼eisen *n*, Schrägstab *m*, Schubeisen, Schubstab · bent-up bar, web ∼

schräger Bogen *m* → Schrägbogen

∼ Kamm *m* [*Holzverbindung*] · bevelled cogging, ∼ cocking, ∼ corking (Brit.); beveled ∼ (US); oblique ∼

∼ Parabelbogen *m* → schrägliegender ∼

∼ Stoß *m* [*Holzverbindung*] · bevelled joint (Brit.); beveled ∼ (US); oblique ∼

∼ Zapfen *m* [*Holzverbindung*] · tapered tenon

schräges Hakenblatt *n*, französisches Blatt [*Holzverbindung*] · French scarf (joint), oblique ∼ (∼)

∼ ∼ mit Keil [*Holzverbindung*] · oblique scarf (joint) with wedge, French ∼ (∼) ∼ ∼

Schräg|-Fahnenmast *m*, Schräg-Flaggenmast · outrigger (wall-mounted) flagpole, ∼ wall set ∼

∼festigkeit *f* · oblique strength

schräg(liegend)er Parabelbogen *m* · sloping parabolic arch

Schräg|mauer *f* → Mauer mit Anzug

∼nagelung *f* · skew-nailing

∼raster *m* · skew grid

∼rippe *f* · oblique rib

∼rissebildung *f*, Auftreten *n* von Schrägrissen · oblique cracking

∼rost *m* · skew grid

∼schar *f*, Schrägschicht *f* [*Eine Reihe schrägliegender Steine bei gewissen Mauer- oder Gewölbeverbänden*] · course with diagonally laid component units

∼schicht *f*, Schrägschar *f* [*Eine Reihe schrägliegender Steine bei gewissen Mauer- oder Gewölbeverbänden*] · course with diagonally laid component units

∼stab *m*, Schrägeisen *n*, Schubeisen, Schubstab · bent-up bar, web ∼

∼(stahl)einlagen *fpl*, Schrägbewehrung *f*, Schrägarmierung [*schräg aufgebogene Bewehrungsstäbe für Schubbewehrung*] · bent-up bars (for shear reinforcement)

∼stütze *f* · raking support

∼verglasung *f* · sloping glazing

∼wand *f*, Wand mit Anzug · battered wall, battering ∼

Schramme *f*, Kratzer *m* [*Fehler im optischen Glas*] · cut, scratch, graze

Schrank|dusche *f* · shower cubicle

∼wand *f* · bank of closets, closet bank, cupboard-wall

Schraubbeton *m* · screwcrete

Schrauben|abstand *m* · screw interval, distance between screws

∼anschluß *m*, Schraubenverbindung *f* · screw(ed) connection

∼bolzen *m* **mit Ring**, Ringbolzen, Ösenbolzen, Schrauböse *f*, Ösenschraube *f*, Aug(en)bolzen · eye bolt

∼draht *m*, Schraubenwalzdraht · wire rod for screws

schraubenförmig steigendes Tonnengewölbe *n*, Spindelgewölbe, Spiralgewölbe, Schneckengewölbe · helical barrel vault

Schrauben|kurve *f* · cochleoid

~loch *n* · screw hole

~rampe *f*, Wendelrampe, Spiralrampe · spiral ramp, helic(oid)al ~, circular ~, helicline, ramp tower

~verbindung *f*, Schraubenanschluß *m* · screw(ed) connection

~(walz)draht *m* · wire rod for screws

Schraub|flansch *m* · screwed flange

~(gewinde)glas *n* [*Leuchte*] · threaded glass globe

~haken *m* · screw hook

~muffe *f*, Schraubmuffenverbindung *f* · screwed coupling

~muffe Union *f* · union (coupling) [*A screwed coupling which facilitates dismantling*]

~muffenrohr *n* · screwed coupling pipe

~muffenverbindung *f*, Schraubmuffe *f* · screwed coupling

~öse *f*, Ösenschraube *f*, Ösenbolzen *m*, Ringbolzen, Schraubenbolzen mit Ring, Aug(en)bolzen · eye bolt

~verbindung *f* · screwed joint [*A joint between two concentric cylindrical surfaces upon which have been formed matching screw threads. The joint is made by engaging the threads and rotating one or both parts*]

Schrebergarten *m*, Kleingarten · allotment

Schreib|maschinenzimmer *n* · typists' room, typist's ~

~stube *f* · company office

Schrein *m* · shrine [*A sacred place or object, e. g. a receptacle for relics*]

Schreinerarbeiten *fpl*, Tischlerarbeiten, Bau~ [*DIN 18355*] · joinery work

Schreinhalle *f*, Shintoschrein *m* · Shinto shrine

Schrenz|papier *n* → (Ab)Deckpapier

~pappe *f* → (Ab)Deckpapier

Schrift|feld *n* · title block

~granit *m* · graphic granite

schrittweise Berechnung *f* **durchlaufender Träger**, ~ ~ von Durchlaufträgern · analysis of continuous girders by successive approximations

Schroppenpflasterstein *m*, Wildpflasterstein · irregular (paving) sett

Schrotbeton *m* · shot concrete

Schrüh|(belag)platte *f*, Schrühfliese · biscuit tile

~brand *m* [*Glasur*] · biscuit firing

~brandofen *m* · biscuit oven

~fliese *f*, Schrüh(belag)platte *f* · biscuit tile

Schrumpfen *n* · water-loss shrinkage, drying ~, [*Contracting caused by moisture loss*]

Schrumpf|grenze *f* · water-loss shrinkage limit, drying ~ ~

~kurve *f*, Schrumpflinie *f* · water-loss shrinkage curve, drying ~ ~

~maß *n*, Schrumpfwert *m* · water-loss shrinkage value, drying ~ ~

~riß *m* · water-loss shrinkage crack, drying ~ ~

~spannung *f* · water-loss shrinkage stress, drying ~ ~

Schrumpfung *f* · water-loss shrinkage, drying ~ [*Contraction caused by moisture loss*]

Schrumpf|verhalten *n* · water-loss shrinkage behaviour, drying ~ ~ (Brit.); ~ ~ behavior (US)

~wert *m*, Schrumpfmaß *n* · water-loss shrinkage value, drying ~ ~

Schub *m* · shear(ing)

~, Seiten~ [*Waag(e)rechte Resultierende einer Gewölbekraft*] · (side) thrust

~armierung *f* → Schubbewehrung

~bemessung *f* · shear(ing) design

~berechnung *f* · shear(ing) calculation

~bereich *m*, *n* · shear(ing) range

~bewehrung *f*, Schubarmierung, Schub(stahl)einlagen *fpl* · web reinforcement, shear ~ [*Reinforcement, usually in the form of stirrups and/or bent-up bars designed to resist shear and diagonal tension; dowels are not considered to be shear reinforcement*]

~biegebruch *m* · flexural shear failure

~biegeriß *m* · flexural shear crack

~bruch *m* · shear(ing) failure

~diagramm *n* · shear(ing) diagram

~druck *m* · shear(ing) compression

~einlagen *fpl* → Schubbewehrung

~eisen *n*, Schubstab *m*, Schrägeisen, Schrägstab · bent-up bar, web ~

~elastizität *f* · shear(ing) elasticity

~elastizitätsmodul *m* · modulus of rigidity, shear modulus, modulus of elasticity in shear [*The ratio of unit shearing stress to the corresponding unit shearing strain; referred to as 'shear modulus' and 'modulus of elasticity in shear'; denoted by the symbol G*]

schubfest · shear-resisting, shear-resistant

Schub|festigkeit *f* [*Spannung in kp/mm², die beim Trennen eines Körpers durch Abscheren senkrecht zur Längsachse zu überwinden ist. Siehe Anmerkung unter „Schubspannung"*] · shear(ing) strength

~festigkeitsprobe *f*, Schubfestigkeitsprüfung *f*, Schubfestigkeitsversuch *m* · shear(ing) strength test

~festigkeitsprüfung *f*, Schubfestigkeitsversuch *m*, Schubfestigkeitsprobe *f* · shear(ing) strength test

~festigkeitsversuch *m*, Schubfestigkeitsprüfung *f*, Schubfestigkeitsprobe *f* · shear(ing) strength test

~formänderung *f*, Schubverformung · shear(ing) deformation

~karrensteg *m* · run, barrow ~

Schubkraft *f* · shear(ing) force, S. F. [*The shear(ing) force at any section of a beam is the algebraic sum of all the normal external forces acting to one side of that section*]

~diagramm *n* · shear force diagram, S. F. D.

~übertragung *f* · shear(ing) force transmission, S. F. ~

~verformbarkeit *f* · deformability due to shear force(s)

~wechsel *m* · change in shear force

~wert *m* · shear(ing) force value

Schub|kurve *f* · shear(ing) curve

~last *f* · shear(ing) load

~mittelpunkt *m* · shear(ing) center (US); ~ centre (Brit.)

~nachweis *m*, Schubsicherung *f* [*Der Nachweis über die Aufnahme der aus den Querkräften entstehenden Zugspannungen im Beton mit Schrägeisen und Bügeln*] · shear(ing) check

~neigung *f* · tendency to shear(ing)

~querschnitt *m* · shear(ing) section

~riß *m* · shear(ing) crack

~sicherung *f*, Schubnachweis *m* [*Der Nachweis über die Aufnahme der aus den Querkräften entstehenden Zugspannungen im Beton mit Schrägeisen und Bügeln*] · shear(ing) check

~spannung *f* [*Eine Schubspannung kann man sich am Flächenelement in der Ebene wirkend vorstellen, während die dazugehörige Normalspannung in der Flächennormale zu dieser Ebene wirkt, also senkrecht zur Schubspannung angenommen werden muß. Stellt man sich z.B. einen belasteten Balken an einer Stelle geschnitten vor, so ergibt die Integration der Schubspannungen über alle Flächenelemente an einem Schnittufer die Querkraft, während die Integration der Normalspannungen über alle Flächenelemente an einem Schnittufer das Biegemoment an dieser Stelle ergibt. Ist außer einer Querkraft kein Biegemoment an einer Stelle des Balkens vorhanden, also an einem Balken auf zwei Stützen nur an den Auflagern, so kann man statt von Schubspannungen auch von Scherspannungen sprechen, die an den Flächenelementen dieser Stelle wirken, wobei die entsprechenden Normalspannungen nicht vorhanden sind. Dieser Fall tritt z.B. auch beim Abscheren eines Niets auf oder beim Schneiden eines Bleches unter einer Schere. Die Scherspannungen sind somit ein Sonderfall der Schubspannungen. Deshalb ist in DIN 1053 Abschnitt 8.1.3. das Wort „Scherspannungen" zu streichen. Auch in der Bodenmechanik ist der Begriff „Scherfestigkeit" (siehe Neufassung Oktober 1971 von DIN 4015 Nr. 1.54) genau genommen nicht zutreffend, da eigentlich die „Schubfestigkeit" gemeint ist. Hier liegt der Begriffsbildung der direkte Scherversuch im Rahmenschergerät zu Grunde, bei welchem eine Bodenprobe in zwei übereinander liegende Rahmen eingebaut und durch Festhalten des einen und Wegziehen des anderen Rahmens abgeschert wird. Leider haben sich in Deutschland im Gegensatz zum Ausland zwei Begriffe eingebürgert, die nicht der Klarheit und Logik dienen, sondern beim Übersetzen und Dolmetschen, z. B. bei Normen, unnötige Schwierigkeiten machen. Beim künftigen Überarbeiten der entsprechenden Normen sollten diese Gesichtspunkte berücksichtigt werden. Definitionsmäßig gesehen versteht man unter „Schubspannung" die tangentiale Komponente des Spannungsvektors auf eine Innenschnittfläche eines Körpers und unter „Scherspannung" die spezielle Schubspannung bei Erreichen der Festigkeitsgrenze, die durch eine Trennbruchfläche gekennzeichnet ist. Schubspannung ist der Oberbegriff und sollte in der Regel verwendet werden*] · shear(ing) stress

~spannungsdiagramm *n* · shear(ing) stress diagram

~spannungsverteilung *f* · shear(ing) stress distribution

~stab *m*, Schubeisen *n*, Schrägstab, Schrägeisen · bent-up bar, web ~

~(stahl)einlagen *fpl* → Schubbewehrung

~unterschied *m* · shear(ing) difference

~verbindung *f* · shear(ing) connection

~verformung *f*, Schubformänderung · shear(ing) deformation

~verformungswinkel *m* · shear(ing) deformation angle

~verhalten *n* · shear(ing) behaviour (Brit.); ~ behavior (US)

~widerstand *m* [*Siehe Anmerkung unter „Schubspannung"*] · shear(ing) resistance

~wirkung *f* · shear(ing) effect

schüchtern-modernistisch · tentatively modernistic

Schuhabstreicher *m*, Fußabstreicher, Fußreiniger, Fußkratzer · foot scraper

Schul|anlage *f* → Schulbau

~architektur *f*, Schulbaukunst *f* · school architecture

Schulbau *m*, Schulanlage *f* [*Alle Gebäude und Anlagen zusammen*] · school complex

~kunst *f* → Schularchitektur

~programm *n* · school building programme (Brit.); ~ ~ program (US)

Schul|bauten *fpl* · school structures, ~ buildings

~bau(wesen) *m*, (*n*) · school building, ~ construction

~dorf *n* · school village

Schule *f* **von Chicago** [*Diese Bezeichnung wird im allgemeinen auf eine Gruppe von Geschäfts- und Bürobauten angewandt, die im letzten Viertel des 19. Jahrhunderts im amerikanischen mittleren Westen und vor allem in Chicago entstanden*] · Chicago School

Schülerfassungsvermögen [*Schule*] · pupil capacity

Schul|gebäude *n* · school building, ~ block

~grundstück *n* · school site

~schwimmbecken *n* · school swimming pool

Schulterbogen *m*, Konsolbogen, Kragsturzbogen · shouldered arch

Schulturnhalle *f* · school gymnasium

Schuppen *m* · shed

schuppenartig gedecktes Dach *n* · imbricated roof

Schuppen|blech *n* · imbricated plate

~falzziegel *m* · scale gutter tile

schuppenförmige Verzierung *f* · imbricated ornament

Schuppen|glas *n*, Flitterglas · flake glass, frost, diamantini

~glimmer *m* · flake mica

~pigment *n* · flake pigment

~ziegel *m*, Turmziegel · steeple tile

Schürmannsche Decke *f*, Gewölbeträgerdecke · Schürmann's ceiling, arched ~

Schurwolle *f* · fleece-wool

Schürze *f*, Front~, vordere ~ · apron flashing, chimney apron [*A one piece flashing, such as is used at the lower side of a chimney penetrating a sloping roof*]

Schuß *m* [*Drahtgewebe*] · weft

~draht *m* · transverse wire of the cloth, weft wire

schuß|sicher, kugelsicher · bullet-resisting, bullet-resistant, bulletproof

~sicheres Glas *n*, kugelsicheres ~, Panzerglas · bulletproof glass, bullet-resisting ~, bullet-resistant ~

Schutt *m*, Abbruch~, Abbruchmaterial *n*, Abreißmaterial, Abreißschutt · demolition rubbish (US); ~ waste, ~ spoil, rubble (Brit.)

~beseitigung *f* → Abbruch~

Schüttabdämmung *f* → Schüttdämmung

Schüttbeton *m* [*DIN 4232*] · no-fines concrete [*A concrete mix(ture) containing little or no fine aggregate*]

~bauweise *f* · no-fines concrete construction method

~bau(werk) *m*, (*n*) · no-fines concrete structure

Schütt|dämmung *f*, Schüttabdämmung [*Wärme- und Schallschutz*] · (loose-)fill insulation

~gewicht *n*, Rohwichte *f* [*Dieser Begriff ist insofern ungenau, als es sich nicht um ein Gewicht (gemessen in kg) handelt, sondern um eine Art Raumgewicht (gemessen in kg/Ltr.). Man sollte also eigentlich ,,Schüttwichte" verwenden*] · bulk density, ~ specific gravity [*The weight of a material including solid particles and any contained water per unit volume including voids*]

~pack(lag)e *f*, verfestigte ~ · hardcore

~schalung *f* [*Holzbalkendecke*] · fill(ing) boarding

~sintern *n*, Sinterung *f* von losem Pulver, Sintern von losem Pulver · loose powder sintering, pressureless ~

Schüttung *f* · fill(ing)

Schütt|winkel *m* · dumping angle

~wolle *f*, Dämm~ · pouring wool

Schutz *m* [*z. B. Kantenschutz*] · guard

~, Sicht~, (Sicht)Blende *f* · (vision) screen(ing)

~anstrich *m*, Schutzaufstrich · protective coat

~anstrich *m* [*Aufbringen von Schutzanstrichen*] · protection painting (work)

~(anstrich)farbe *f* · protective paint

~anstrichmittel *n*, Schutzanstrich(-stoff) *m*, Schutzaufstrich(stoff), Schutzaufstrichmittel · protective coating (material)

~anstrich(stoff) *m*, Schutzanstrichmittel *n*, Schutzaufstrich(stoff), Schutzaufstrichmittel · protective coating (material)

~aufstrich *m*, Schutzanstrich · protective coat

~aufstrichmittel *n*, Schutzaufstrich(-stoff) *m*, Schutzanstrich(stoff), Schutzanstrichmittel · protective coating (material)

~aufstrich(stoff) *m*, Schutzaufstrichmittel *n*, Schutzanstrich(stoff), Schutzanstrichmittel · protective coating (material)

~bau *m*, bautechnischer Luftschutz *m*, baulicher Luftschutz · civil defense construction (US); ~ defence ~ (Brit.)

~bau(werk) *m*, (*n*) [*baulicher Luftschutz*] · civil defense structure (US); ~ defence ~ (Brit.)

~behandlung *f* · preservative treatment

~beschichten *n*, Schutzbeschichtung *f*, Schutzüberzug *m*, Schutzüberziehen [*als Tätigkeit*] · protective coating, ~ (sur)facing

~beschichtung *f*, Schutzbeschichten *n*, Schutzüberzug *m*, Schutzüberziehen [*als Tätigkeit*] · protective coating, ~ (sur)facing

~beschichtung *f*, Schutzüberzug *m* [*als Schicht*] · protective coat(ing), ~ finish

~beschichtungsmasse *f*, Schutzbeschichtungsstoff *m*, Schutzüberzugmasse, Schutzüberzugstoff · protective coating material, ~ ~ composition, ~ ~ compound, ~ ~ mass, ~ finish ~, ~ (sur)facing ~

~beschichtungsstoff *m*, Schutzbeschichtungsmasse *f*, Schutzüberzugmasse, Schutzüberzugstoff · protective coating material, ~ ~ composition, ~ ~ compound, ~ ~ mass, ~ finish ~, ~ (sur)facing ~

~bogen *m* · protective arch

~bunker *m*, Luft~, Bomben~ · air-raid sheltering bunker, bomb shelter

~chemikal *n* · preservative chemical

~dach *n*, Vordach · canopy

~dachkante *f*, Vordachkante · canopy lip

~decke *f*, Schwitzwasserdecke, Kondenswasserdecke, Tauwasserdecke · anti-condensation ceiling

(~)Erdung *f*, Erden *n*, Erdverbindung [*Elektrotechnik*] · earthing, earth connection, grounding

~estrich *m* · protective screed, protecting ~

~farbe *f*, Schutzanstrichfarbe · protective paint, protecting ~

~fluat *n*, Schutzfluorsilikat [*Gegen schädliche Einflüsse auf Beton, Putz und Mörtel*] · protective fluosilicate, protecting ~

~fluorsilikat *n*, Schutzfluat *n* [*Gegen schädliche Einflüsse auf Beton, Putz und Mörtel*] · protective fluosilicate, protecting ~

~folie *f*, Bauten~ · protective plastic film, ~ ~ sheeting, protection ~ ~, preservation ~ ~, protecting ~ ~

~geländer *n* · protective railing, safety ~, protecting ~

~gerüst *n*, Schutzrüstung *f* · protective scaffold(ing), safety ~, protecting ~

~grund(ierung) *m*, (*f*) · protective primer, protecting ~

~haut *f* · protective skin, protecting ~

~keller *m* [*baulicher Luftschutz*] · cellar shelter

~kellergeschoß *n* [*baulicher Luftschutz*] · basement shelter

~kolloid *n* · protective colloid

~kontaktstecker *m* · plug with earthing contact

~korb *m* [*Leuchte*] · basket guard

~kuppel *f* · outer dome, external ~, exterior ~, ~ cupola

~lack *m* · protective varnish, protecting ~

~lage *f*, Schutzschicht *f* · protective layer, protecting ~

~leiste *f* · chair-rail, dado-rail [*A mo(u)lding round a room to prevent chairs, when pushed back against the walls, from damaging their surface*]

(~)Marke *f* [*Fehlnamen*]; Warenzeichen *n* · trademark

~maßnahme *f* · protective measure, protecting ~

~maßnahmen *fpl* **bei Tauwasserbildung** · anti-condensation protective measures

~mauer *f* · protective masonry wall, protecting ~ ~

Schutzmittel *n*, Konservierungsmittel, Schutzstoff *m*, Konservierungsstoff · protective agent, protecting ~, preservative, preserver

~ → (Holz)Konservierungsmittel

~ gegen alkaliempfindliche (Beton-) Zuschlagstoffe, ~ ~ ~ (Beton)Zuschläge · alkali-aggregate expansion inhibitor

~lösung *f* · preservative solution, preserver ~

Schutz|pappe *f* · sheating paper [*See remark under 'Pappe'*]

~pigment *n* · protective pigment, protection ~

Schutzraum *m*, Luft~, Bomben~, LS-Raum · air-raid shelter, bomb ~

~ mit Garage, Luft~ ~ ~, Bomben~ ~ ~, LS-Raum ~ ~ · bomb shelter-garage, air-raid ~

~bau(werk) *m*, (*n*) · civil defense shelter (US); ~ defence ~ (Brit.)

~belüftung *f* · civil defense shelter inlet ventilation (US); ~ defence ~ ~ ~ (Brit.)

~lüftung *f* · civil defense shelter extract ventilation (US); ~ defence ~ ~ ~ (Brit.)

~fenster *n* · civil defense shelter window (US); ~ defence ~ ~ (Brit.)

~lüftung *f*, Schutzraumbe- und -entlüftung · civil defence shelter ventilation (US); ~ defence ~ ~ (Brit.)

~tür *f* · civil defense shelter door (US); ~ defence ~ ~ (Brit.)

~wand *f* · civil defense shelter wall (US); ~ defence ~ ~ (Brit.)

Schutz|rüstung *f*, Schutzgerüst *n* · protective scaffold(ing), safety ~, protecting ~

~salz *n*, Holz~ · (wood-)protecting salt, salt-type (wood) preservative, (wood) preservative salt

~schaltung *f* · protective circuit, protecting ~

~schicht *f*, Schutzlage *f* · protective layer, protecting ~

~stoff *m* → Schutzmittel

~tür *f*, Luft~ · air-raid shelter door, bomb ~ ~

~überziehen *n*, Schutzüberzug *m*, Schutzbeschichten, Schutzbeschichtung *f* [*als Tätigkeit*] · protective coating, ~ (sur)facing

Schutzüberzug *m*, Schutzbeschichtung *f* [*als Schicht*] · protective coat(ing), ~ finish

~, Schutzüberziehen *n*, Schutzbeschichtung *f*, Schutzbeschichten [*als Tätigkeit*] · protective coating, ~ (sur)facing

~masse *f*, Schutzüberzugstoff *m*, Schutzbeschichtungsmasse, Schutzbeschichtungsstoff · protective coating material, ~ ~ composition, ~ ~ compound, ~ ~ mass, ~ finish ~, ~ (surfacing ~

~stoff *m*, Schutzüberzugmasse *f*, Schutzbeschichtungsstoff, Schutzbeschichtungsmasse · protective coating material, ~ ~ composition, ~ ~ compound, ~ ~ mass, ~ finish ~, ~ (surfacing ~

Schutz|verpackung *f* · protective packing

~wand *f* · protective wall, protection ~

~wirkung *f* · protective action, ~ effect

~zaun *m*, Sicht~, (Sicht-)Blendenzaun · (vision) screen(ing) fence

Schwabber *m*, Schieber · squeegee

schwach gekrümmte Platte *f*, krumme ~, flache Schale *f* · shallow shell

~ geneigtes Dach *n* · slightly sloped roof

~ hydraulischer Kalk *m* · feebly hydraulic lime

Schwachbrand *m*, Biskuitbrand [*Ziegel*] · under-burning, under-firing

~ [*Zement*] · under-burning

~ziegel *m*, Schwachbrandstein *m* · place brick, callow [*Underburned soft brick, used only for walls that are to be plastered*]

schwache Säure *f* · weak acid

Schwächen *n* · weakening

schwach|hydraulischer Kalk *m* · feebly hydraulic lime

~saugender Untergrund *m* · low-suction backing

Schwachstrom|kabel *n* · weak-current cable

~leitung *f* · weak-current line

~-Papierbleikabel *n* · weak-current paper-insulated lead-covered cable

~relais *n* · weak-current relay

Schwächung *f* · weakening

Schwalbenschwanz *m* · dovetail, DVTL

~fenster *n*, Fledermausluke *f* · oval luthern

~(-Mauer)anker *m* · dovetail anchor, ~ tie

~rippe *f* · dovetail rib

~zinne *f*, Kerbzinne · dovetail(ed) merlon

Schwammgummi *m* [*Schwammgummi ist grundsätzlich ein Schaumgummi, dessen Kugel- und Wabenblasen durch Wringwalzen zerrissen und dadurch in ein in sich zusammenhängendes offenes Kapillarsystem mit elastischen Wänden übergeführt worden sind*] · sponge rubber

~hinterlegung *f*, Schwammgummirücklage *f*, Schwammgummiunterlage , Schwammgummiträger(schicht) *m*, (*f*) · sponge rubber backing, ~ ~ base, ~ ~ underlay

~rücklage *f*, Schwammgummihinterlegung *f*, Schwammgummiunterlage, Schwammgummiträger(schicht) *m*, (*f*) · sponge rubber backing, ~ ~ base, ~ ~ underlay

~träger(schicht) *m*, (*f*), Schwammgummiunterlage *f*, Schwammgummihinterlegung *f*, Schwammgummirücklage · sponge rubber backing, ~ ~ base, ~ ~ underlay

~unterlage *f*, Schwammgummiträger(schicht) *m*, (*f*), Schwammgummirücklage, Schwammgummihinterlegung *f* · sponge rubber backing, ~ ~ base, ~ ~ underlay

Schwamm|schale *f* · sponge holder, ~ tray

~- und Seifenschale *f* · combined sponge and soap holder, ~ ~ ~ ~ tray

Schwanenhals *m*, S-Stück *n*, Etagenbogen *m*, Sprungrohr *n* [*DIN 19506*] · offset, swan-neck [*A pipe fitting used to connect two pipes whose axes are parallel but not in line*]

~, einhüftiger Bogen *m* · rampant arch

~(geruch)verschluß *m* → S-förmiger (Geruch)Verschluß

~verschluß *m* → S-förmiger (Geruch-) Verschluß

Schwanz|ende *n* [*Rohr*] · plain tail

~endenrohr *n* · plain tail pipe

Schwarzbeton *m*, bituminöser Beton, Kohlenwasserstoffbindemittelbeton · bituminous concrete

(Schwarz)Bindemittel *n*, (Schwarz-) Binder *m*, bituminöses Bindemittel, bituminöser Binder · binder, hydrocarbon ~, bituminous ~ (Brit.); bitumen (binder) (US) [*Strictly the portion of bituminous matter completely soluble in carbon disulphide; used loosely as a term for tar and asphalt (US)/(asphaltic-)bitumen (Brit.)*]

~film *m* · bitumen film (US); hydrocarbon binder ~ (Brit.)

~-Füller-Gemisch *n* · bitumen-filler mix(ture) (US); hydrocarbon binder-filler ~ (Brit.)

(Schwarz)|Binder *m* → (Schwarz)Bindemittel

~blech *n* [*Fehlname: Eisenblech. Feinblech ohne Nachbehandlung durch Beizen, Kaltwalzen usw.*] · black plate

~brennen *n* [*Glas*] · second firing, reducing ~

~deckengemisch *n*, Schwarzdeckenmischung *f*, bituminöses Gemisch, bituminöse Mischung, bituminöses Mischgut *n* · bituminous material, ~ (plant) mix(ture) [*A combination of asphalt or tar, inert materials, and impurities, distillates, or emulsifiers*]

~deckenmischung *f* → Schwarzdeckengemisch

schwarze Farbe *f* → Schwarzpigment

~ ~ tierischen Ursprungs → schwarzes Pigment ~ ~

schwarzer Granit *m* [*Fehlname*] → Gabbro

~ ~ [*Fehlname*] → Diorit

~ Kern *m* [*Feuerfestindustrie*] · black core, ~ heart [*Dark central part of a fired product resulting from inadequate oxidation*]

~ Porphyr *m*, Melaphyr [*DIN 52100*] · black porphyry, melaphyre

~ Temperguß *m*, amerikanischer ~, Schwarzguß · black malleable casting

~ Zement *m* [*Fehlname*] → Romankalk

"schwarzes Brett" *n*, Anschlagtafel *f* · bulletin board

schwarzes Pigment *n* → Schwarzpigment

~ ~ tierischen Ursprungs, Schwarzpigment ~ ~, Schwarzfarbe *f* ~ ~, schwarze Farbe ~ ~ [*Siehe Anmerkung unter „Schwarzpigment"*] · animal black (pigment)

~ Steinchen *n* · black speck [*A black inclusion in glass due to chrome iron ore*]

Schwarz|farbe *f* → Schwarzpigment

~farbe *f* **tierischen Ursprungs** → schwarzes Pigment ~ ~

~guß *m*, amerikanischer Temperguß, schwarzer Temperguß · black malleable casting

Schwarzkalk *m*, Zementkalk [*Fehlnamen*]; gemischter Kalk, hydraulischer Kalk [*DIN 1060*] · semi-hydraulic lime, grey(stone) ~ [*It contains a smaller proportion of silicates and aluminates than eminently hydraulic lime and is intermediate in properties between this and non-hydraulic lime*]

~zementmörtel *m* · black mortar

Schwarzkupfer *n* · black copper

schwärzlich · blackish

Schwarzpaste *f* · black paste

Schwarzpigment *n*, Schwarzfarbe *f*, schwarzes Pigment, schwarze Farbe · black (pigment)

~ aus Kohlenstoff, Kohlenstoffpigment, Ruß(pigment) *m*, (*n*) · carbon black (pigment)

~ tierischen Ursprungs → schwarzes Pigment ~ ~

Schwebe|bogen *m* → Schwibbogen

~staub *m*, Flugstaub · airborne dust

(schwedischer) schwarzer Granit *m* [*Fehlname*] → Diorit

(~) ~ ~ [*Fehlname*] → Gabbro

Schwedlersche Kuppel *f*, Schwedlerkuppel · Schwedler('s) dome, ~ cupola

Schwedlerscher Träger *m*, Schwedlerträger · Schwedler('s) girder

Schwefel *m* · sulfur (US); sulphur (Brit.); brimstone, burning stone

~eisen *n*, Schwefelkies *m*, Eisenkies · (iron) pyrite(s), yellow ~, fool's gold, mundic

schwefelhaltig · sulphur-containing (Brit.); sulfur-containing (US)

Schwefel|kadmium *n* · cadmium sulphide; ~ sulfide (US)

~kies *m*, Schwefeleisen *n*, Eisenkies · (iron) pyrite(s), yellow ~, fool's gold, mundic

~kohlenstoff *m* · carbon bisulphide, ~ disulphide (Brit.); ~ bisulfid(e), ~ disulfid(e) (US)

Schwefelsäure *f* · sulphuric acid (Brit.); sulfuric ~ (US)

~anhydrid *n* · sulphuric anhydride (Brit.); sulfuric ~ (US)

~elektrolyt *m* · sulphuric acid electrolyte (Brit.); sulfuric ~ ~ (US)

~elektrolytverfahren *n* · sulphuric acid anodising process (Brit.); sulfuric acid anodizing ~ (US)

schwefelsaurer Kalk *m*, $CaSO_4$ · sulphate (Brit.); sulfate of lime, lime sulfate (US)

schwefelsaures Anilin *n*, Anilinsulfat *n* · aniline sulphate, anilic ~ (Brit.); ~ sulfate (US)

~ Barium *n*, $BaSO_4$, Bariumsulfat *n* · barium sulphate (Brit.); ~ sulfate (US)

~ Natrium *n*, Natriumsulfat *n*, Glaubersalz *n*, $Na_2SO_4 \cdot 10H_2O$ · sodium sulphate (Brit.); ~ sulfate (US); saltcake

Schwefel|trioxid *n* · sulphur trioxide

~vergußmasse *f* → Schwefelzement

~zement *m*, Schwefelvergußmasse [*Säurefester Kitt aus Asphalt, Schwefelblüte, Graphit und Eisenoxid*] · sulphur cement (Brit.); sulfur ~ (US)

Schweinfurtergrün *n* · Schweinfurt green

Schweiß|anschluß *m* · welded connection

~armierung *f*, Schweißbewehrung, Schweiß(stahl)einlagen *fpl* · welded reinforcement [*Reinforcement joined together by welding*]

~artikel *m*, Schweißgegenstand *m*, Schweißerzeugnis *n*, geschweißtes Erzeugnis, geschweißter Artikel, geschweißter Gegenstand · welded article, ~ product

~bahn *f*, Bitumen-~ · welded (asphaltic-) bitumen sheet(ing) (Brit.); ~ asphalt ~ (US) [*It is applied in two layers welded together by blow lamp after adhesion of the first layer to the structure*]

schweiß|bar · of welding quality, weldable

~barer Baustahl *m*, ~ Konstruktionsstahl · weldable structural steel [*B.S. 4360*]

~barer Konstruktionsstahl *m*, ~ Baustahl · weldable structural steel [*B.S. 4360*]

Schweiß|barkeit *f* · weldability

~behälter *m* · welded tank

~-Beleuchtungsmast *m*, Schweiß(-Licht)mast · (lantern) column of welded sheet construction

~bewehrung *f*, Schweißarmierung, Schweiß(stahl)einlagen *fpl* · welded reinforcement [*Reinforcement joined together by welding*]

~bogen *m* · welded arch

~draht *m* [*DIN 1913*] · welding wire, ~ rod, filler ~

Schweißen *n* · welding

~, Verschmelzen [*Glas*] · fusing, sealing, welding [*Joining a piece of glass to glass or another material by heating and pressing together; also applied to the fire finishing of ends of tubular glasses*]

Schweiß|erzeugnis *n*, Schweißartikel *m*, Schweißgegenstand *m*, geschweißtes Erzeugnis, geschweißter Artikel, geschweißter Gegenstand · welded article, ~ product

~farbe *f* · welding primer

~flachdach *n* · welded flat roof

~flansch *m* · welded flange

~gegenstand *m*, Schweißerzeugnis *n*, Schweißartikel *m*, geschweißtes Erzeugnis, geschweißter Gegenstand, geschweißter Artikel · welded article, ~ product

~gitterkonstruktion *f* · welded lattice construction

~gitterträger *m* · welded lattice girder

~güte *f* · welding quality

~(-Licht)mast *m*, Schweiß-Beleuchtungsmast · (lantern) column of welded sheet construction

~maschenmatte *f*, geschweißte Maschenmatte · welded (metal) mesh, ~ wire ~

~mast *m*, Schweiß-Lichtmast, Schweiß-Beleuchtungsmast · (lantern) column of welded sheet construction

~rohr *n*, geschweißtes Rohr · welded pipe

~(stahl)einlagen *fpl*, Schweißarmierung *f*, Schweißbewehrung · welded reinforcement [*Reinforcement joined together by welding*]

~stahlrahmen *m* · welded steel (structural) frame, ~ ~ (~) framing

~-Steifrahmen *m*, geschweißter starrer Rahmen · welded rigid frame, ~ ~ framing

~stoß *m*, Schweißverbindung *f*, geschweißte Verbindung, geschweißter Stoß · welded joint, ~ connection

~träger *m* · welded plate girder

~verbindung *f*, Schweißstoß *m*, geschweißter Stoß, geschweißte Verbindung · welded joint, ~ connection

~verfahren *n* · welding method

~zeichen *n* · welding symbol

Schweizer Parallelfalzziegel *m* · Swiss parallel gutter tile

~haus *n* · chalet [*A house built in the Swiss style*]

schweizerische Architektur *f*, ~ Baukunst · Swiss architecture

Schwelkohle *f* · distillation coal

Schwellast *f* · oscillatory load [*A load which increases and decreases in time periodically*]

Schwellbelastung *f* · oscillatory loading

Schwelle *f*, Holz~ [*Beim Holzfachwerk der untere waag(e)rechte Balken der Riegelwand*] · abutment piece (US); sill, sole plate (Brit.); cill [*deprecated*] (Brit.) [*The lowest horizontal member of a framed partition, or frame construction*]

~ [*Dachkonstruktion*] · pole plate

~ → Tür~

~ · threshold

Schwellenkranz *m* [*Dachkonstruktion*] · pole plate system

Schwell|fähigkeit *f*, Schwellvermögen *n* · expansibility

~vermögen *n*, Schwellfähigkeit *f* · expansibility

Schwellzement *m*, Dehnzement, Expansivzement, Quellzement · high-expansion cement, expanding ~, expansive ~

~beton *m*, Dehnzementbeton, Quellzementbeton, Expansivzementbeton · high-expansion cement concrete, expansive ~ ~, expanding ~ ~

~mörtel *m*, Dehnzementmörtel, Quellzementmörtel, Expansivzementmörtel · high-expansion cement mortar, expansive ~ ~, expanding ~ ~

~schlämme *f*, Dehnzementschlämme, Quellzementschlämme, Expansivzementschlämme · high-expansion cement slurry, expansive ~ ~, expanding ~ ~, ~ ~ grout(ing compound)

Schwelteer *m*, Steinkohlen~, Tieftemperaturteer, Urteer · low-temperature coal-tar

Schwemme *f*, Bierrestaurant *n* · beer shop

Schwemm|entwässerung *f* → Schwemmkanalisation

~kanalisation *f*, Abwessernetz *n*, Kanal(isations)netz, Schwemmentwässerung *f* [*Unterirdische Entwässerungsanlage. Sie leitet die aus den Aborten stammenden Fäkalien mit dem Spülwasser zusammen mit dem übrigen Schmutz- und Niederschlagswasser ab*] · sewer network

Schwemmstein *m* [*Fehlname*] → Hüttenbimsstein

~ (aus (Natur)Bimsbeton) [*Fehlname*]; (Natur)Bims(beton)stein, (Natur-)Bims(beton)block(stein) *m*, Bimsbaustein [*Siehe Anmerkung unter „Betonblock(stein)"*] · pumice concrete building unit

Schwemmstein-Bauplatte *f*, Hütten~, Hochofen~ [*Fehlnamen*]; Hüttenbims(beton)-Bauplatte, Kunstbims(beton)-Bauplatte · foamed slag (concrete) slab (Brit.); expanded cinder (~) ~ (US)

~ (aus (Natur)Bimsbeton) [*Fehlname*]; (Natur)Bims(beton)platte · (reinforced) pumice concrete slab

Schwemmverfahren *n* [*Hausmüllbeseitigung*] · water-carrier method

Schwenk|rosette *f* [*Dusche; Brause*] · swivelling head

~steinkehle *f* [*Sie wird mit konischen Kehlziegeln eingedeckt*] · swept valley

~ziegel *m*, Kehlziegel, Rinnenkehlziegel · valley clay roof(ing) tile, ~ roof(ing) clay ~, (roof) valley clay ~

schwer siebbares Gut, siebschwieriges ~ · hard-to-screen material, difficult-to-screen ~

~ zugänglich · hard-to-reach

Schwerbausystem *n* · heavy structural system

Schwerbeton *m*, Normalbeton, gewöhnlicher Beton [*Rohdichten von 1,9 bis 2,5 kg/dm³*] · normal(-weight) concrete

~block(stein) *m*, Schwerbetonstein' Normalbetonstein, Normalbetonblock(stein) [*Fehlname: Klinker m*] · normal(-weight) (precast) concrete block, ~ (~) ~ tile, ~ cast ~ ~

~decke *f*, Normalbetondecke · normal (-weight) concrete floor

~-Deckenhohlblock *m* → Normalbeton(decken)hohlkörper

~-Deckenhohl(block)stein *m* → Normalbeton(decken)hohlkörper

~(decken)hohlkörper *m* → Normalbeton(decken)hohlkörper

~-Deckenhohlstein *m* → Normalbeton(decken)hohlkörper

~erzeugnis *n*, Schwerbetonstein *m*, Normalbetonstein, Normalbetonerzeugnis [*Siehe Anmerkung unter „Betonstein"*] · normal(-weight) precast (concrete) product, ~ concrete ~, ~ precast concrete [*Normal(-weight) concrete which is cast in separate units before being placed in position in a structure*]

~fertigteil *m*, *n*, Schwerbetonmontage(bau)teil, Normalbetonfertig(bau)teil, Normalbetonmontage(bau)teil [*Fehlnamen: Schwerbetonbauteil, Normalbetonbauteil*] · normal(-weight) (pre)cast (concrete) compound unit, ~ prefab(ricated) ~ ~ ~

~-Hochbauelement *n*, Normalbeton-Hochbauelement · normal(-weight) concrete building (construction) unit

~hohlblock(stein) *m*, Normalbetonhohlblock(stein), Normalbetonhohlstein, Schwerbetonhohlstein · normal(-weight) (precast) (concrete) hollow block, ~ (~) (~) ~ tile, ~ (~) hollow concrete ~

~-Hohldeckenblock(stein) *m* → Normalbeton(decken)hohlkörper

~-Hohl-(Decken)Füllblockstein *m* → Normalbeton(decken)hohlkörper

~-Hohl-(Decken)Füllstein *m* → Normalbeton(decken)hohlkörper

~-Hohldeckenstein *m* → Normalbeton(decken)hohlkörper

~-Hohl-Füllblock(stein) *m* → Normalbeton(decken)hohlkörper

~-Hohl-Füllstein *m* → Normalbeton(decken)hohlkörper

~hohlkörper *m* → Normalbeton(decken)hohlkörper

~hohlstein *m*, Normalbetonhohlstein, Normalbetonhohlblock(stein) *m*, Schwerbetonhohlblock(stein) · normal (-weight) (precast) (concrete) hollow block, ~ (~) (~) ~ tile, ~ (~) hollow concrete ~

~oberschwelle *f*, Schwerbetonsturz *m*, Normalbetonsturz, Normalbetonoberschwelle · normal(-weight) concrete lintel; ~ ~ lintol [*deprecated*] [*A normal(-weight) concrete beam spanning an opening*]

~pfahl *m*, Normalbetonpfahl · normal (-weight) concrete pile

~platte *f*, Normalbetonplatte · normal (-weight) concrete slab

~rohr *n*, Normalbetonrohr · normal (-weight) concrete pipe

~stein *m*, Schwerbetonerzeugnis *n*, Normalbetonstein, Normalbetonerzeugnis [*Siehe Anmerkung unter „Betonstein"*] · normal(-weight) (pre)cast (concrete) product, ~ concrete ~, ~ (pre)cast concrete [*Normal(-weight) concrete which is cast in separate units before being placed in position in a structure*]

~stein *m*, Schwerbetonblock(stein) *m*, Normalbetonstein, Normalbetonblock(stein) [*Fehlname: Klinker*] · normal (-weight) (precast) concrete block, ~ (~) ~ tile

~sturz *m*, Schwerbetonoberschwelle *f*, Normalbetonsturz, Normalbetonoberschwelle · normal(-weight) concrete lintel; ~ ~ lintol [*deprecated*] [*A normal(-weight) concrete beam spanning an opening*]

~-Tiefbauelement *n*, Normalbeton-Tiefbauelement · normal(-weight) concrete construction engineering element

~wand *f*, Normalbetonwand · normal (-weight) concrete wall

~ware(n) *f*, Normalbetonware(n) · normal(-weight) (pre)cast (concrete) ware

~werk *n*, Schwerbetonsteinwerk, Normalbeton(stein)werk · (pre)cast normal(-weight) concrete factory

~zuschlag(stoff) *m*, Normalbetonzuschlag(stoff) · normal(-weight) (concrete) aggregate

schwere flexible Pendeltür *f* · heavy duty flexible (swing) door

~ Kupferröhre *f* **für allgemeine Zwecke** · heavy-gauge copper tube for general purposes [*B.S. 61*]

~ Romanik *f* · heavy Romanesque (style)

~ Vorfertigung *f* · heavy precasting

Schwerelement *n* · heavy element

schwerer Betriebs(fuß)boden(belag) *m*, ~ Industrie(fuß)boden(belag), ~ Fabrik(fuß)boden(belag), ~ Werk(fuß)boden(belag) · heavy duty industrial floor(ing), ~ ~ ~ floor finish, ~ ~ ~ floor cover(ing)

~ Fabrik(fuß)boden(belag) *m*, ~ Betriebs(fuß)boden(belag), ~ Werk(fuß)boden(belag), ~ Industrie(fuß)boden(belag) · heavy duty industrial floor(ing), ~ ~ ~ floor finish, ~ ~ ~ floor cover(ing)

~ gemachte Seide *f* · weighted silk [*It is weighted with metallic salts*]

~ Industrie(fuß)boden(belag) *m*, ~ Werk(fuß)boden(belag), ~ Fabrik(fuß)boden(belag), ~ Betriebs(fuß)boden(belag) · heavy duty industrial floor(ing), ~ ~ ~ floor finish, ~ ~ ~ floor cover(ing)

~ Schlagregen *m* [*Mit Regen verbundener Wind von mindestens Beaufortstärke 8*] · heavy pelting rain

~ Werk(fuß)boden(belag) *m*, ~ Industrie(fuß)boden(belag), ~ Fabrik(fuß)boden(belag) · heavy duty industrial floor(ing), ~ ~ ~ floor finish, ~ ~ ~ floor cover(ing)

schweres Gewinderohr *n*, Dampfrohr [*DIN 2441*] · steam pipe

~ Heizöl *n* → schwerflüssiges ~

~ Schloß *n* · heavy duty lock

~ Teeröl *n* · heavy tar oil

Schwerfeinbeton *m* · normal(-weight) fined(-grained) concrete

schwer(flüssig)es Heizöl *n*, Heizöl S · extra-heavy fuel oil [*3,500 seconds*]

Schwergewichts|absackung *f*, Schwergewichtseinsackung · bagging off by gravity

~einsackung *f*, Schwergewichtsabsackung · bagging off by gravity

~fluß-Abwasserleitung *f* · gravity sewer

~flußanlage *f* · gravity flow installation

~mauer *f* · gravity masonry wall

Schwerindustrielandschaft *f* · heavy industrial landscape

Schwerkraft|abscheider *m*, Schwerkraftfang *m*, Schwerkraftfänger · gravity interceptor

~-Einrohrheizung *f*, Einrohr-Schwerkraftheizung · gravify (-type) one-pipe heating, one-pipe gravity(-tvpe) ~

~fettabscheider *m* → Schwerkraftfettfänger

~fettfang *m* → Schwerkraftfettfänger

~fettfänger *m*, Schwerkraftfettabscheider, Schwerkraftfettfang *m* · grease interceptor [*A chamber, on the line of a drain or waste pipe, for preventing grease from passing into the drainage system. Grease collects and solidifies in the chamber and can be removed*]

~heizung *f* · gravity heating

~heiz(ungs)anlage *f* · gravity circulation heating system, ~ ~ ~ installation

~-Luft(be)heizung *f* [*Warmluft wird ohne Ventilator in die zu beheizenden Räume geführt*] · gravity air heating, ~ plenum ~

~lüftung *f* · gravity ventilation, ~ venting

~umlauf *m* · gravity circulation

~-Warmwasserheizung *f* · gravity (-type) hot water (central) heating

Schwer|last *f* · heavy(weight) load

~metall *n* · heavy metal

~öl *n* · heavy oil

~profil *n* · heavy section, ~ shape, ~ unit, ~ trim, ~ profile

schwerrostender (Bau)Stahl *m*, wetterfester ~, witterungsbeständiger ~ · weather-resistant (construction(al)) steel, weather-resisting (~) ~, weatherproof (~) ~, ~ structural ~, ~ ~ grade ~

Schwerspat *m*, Baryt *m*, BaO · barite, natural barium sulfate (US); barytes, natural barium sulphate (Brit.) [*A mineral used in pure or impure form as concrete aggregate primarily for the construction of high-density radiation shielding concrete*]

~beton *m*, Barytbeton · barite (aggregate) concrete (US); barytes (~) ~ (Brit.)

~brekzie *f* · barite breccia (US); barytes ~ (Brit.)

~mehl *n*, feingemahlener Baryt *m* · finely ground barytes (Brit.); ~ ~ barite (US

~zuschlag(stoff) *m*, Barytzuschlag(-stoff) · barytes aggregate (Brit.); barite ~ (US)

Schwer-Stahlbeton *m*, Normal-Stahlbeton, gewöhnlicher Stahlbeton · normal(-weight) reinforced concrete, ~ R. C.

Schwerst|beton *m* · heavy(weight) concrete, high density ~ [*Concrete of exceptionally high unit weight, usually obtained by use of heavyweight aggregates, used especially for radiation shielding*]

~zuschlag(stoff) *m* · heavy(weight) aggregate [*Aggregate of high specific gravity such as barite, magnetite, limonite, ilmenite, iron, or steel used to produce heavy concrete*]

Schwestern|lehrtrakt *m* · nurses' teaching block, ~ ~ unit, ~ ~ accommodation

~schule *f* · training school for nurses

~(wohn)heim *n* · nurses' hostel

Schwibbe *f*, Sturmlatte *f*, Windrispe *f*, Strebeschwarte *f*, Windlatte · sprocket (piece), cocking ~

Schwibbogen *m*, Schwebebogen [*Waag(e)rechter Strebebogen, der zur Verspannung zwischen zwei Gebäuden dient*] · horizontal flying buttress, ~ arch(ed) ~

Schwimmbad *n* · swimming bath

~belag *m* · swimming pool cover(ing)

~filter *m, n* · swimming pool filter

~heiz(ungs)anlage *f* · swimming pool heating system, ~ ~ ~ installation

Schwimm|becken *n* · swimming pool

~(becken)halle *f* · (swimming-)pool hall

~beckenwasser *n* · swimming-pool water

Schwimmen *n* · flooding [*An extreme case of floating in which pigment particles float in such a manner as to produce a colour which, though uniform over the whole surface, is markedly different from that of the newly applied wet film*]

schwimmender Boden(belag) *m*, ~ Fußboden(belag) · floating floor(ing) (finish), ~ floor cover(ing)

~ Dachestrich *m* · floating roof(ing) screed

~ Estrich *m* → ~ (Zement)Estrich-(fuß)boden(belag)

~ (Fuß)Boden(belag) *m* · floating floor(ing) (finish), ~ floor cover(ing)

~ Gipsestrich *m* · floating calcium sulphate plaster screed (Brit.); ~ ~ sulfate ~ ~ (US)

~ Holz(fuß)boden(belag) *m*, Holz-(fuß)boden(belag) auf Lagerhölzern mit Dämmstreifen-Unterlagen · wood(en) floating floor(ing) (finish), ~ ~ floor cover(ing), timber ~ ~ (~)

~ (Zement)Estrich(fuß)boden(belag) *m*, ~ (Zement)Estrich *m* · concrete-screed floating floor(ing) (finish), ~ ~ floor cover(ing), floating concrete screed

schwimmendes Parkett *n* · floating parquet(ry)

~ Wohnheim *n* · floating hostel

Schwimmer *m* · float [*A body lighter than water riding on a water surface and actuating a mechanism by its response to rise or fall of the surface*]

~becken *n* · swimming and diving pool

~pyrometer *n* · floating pyrometer

~ventil *n* · float(-operated) valve [*A valve, for controlling the flow into a cistern or other vessel, which is operated by the movement of a float riding on the surface of the water in the vessel*]

Schwimm|glas *n* · float glass

~halle *f*, Schwimmbeckenhalle · (swimming-)pool hall

~kugelventil *n* · floating globe valve

~-Lagerhaus *n* · floating warehouse [*Is used to increase docking facilities in crowded harbo(u)rs*]

~probe *f*, Schwimmversuch *m*, Schwimmprüfung *f* [*Kohlenwasserstoffbindemittel*] · float test

~prüfung *f*, Schwimmversuch *m*, Schwimmprobe *f* [*Kohlenwasserstoffbindemittel*] · float test

~versuch *m*, Schwimmprobe *f*, Schwimmprüfung *f* [*Kohlenwasserstoffbindemittel*] · float test

Schwindarmierung *f*, Schwindbewehrung, Schwind(stahl)einlagen *fpl* · shrinkage reinforcement

schwindausgleichend · shrinkage-compensating [*A characteristic of grout, mortar, or concrete made using an expansive cement in which volume increase if restrained, induces compressive stresses which are intended to approximately offset the tendency of drying shrinkage to induce tensile stresses*]

Schwind|beiwert *m* · shrinkage coefficient

~bewehrung *f*, Schwindarmierung, Schwind(stahl)einlagen *fpl* · shrinkage reinforcement

~einlagen *fpl* → Schwindbewehrung

Schwindelbau *m* · jerry building

Schwinden *n*, Schwindung *f* · shrinkage [*Volume decrease caused by drying and chemical changes; a function of time but not of temperature or of stress due to external load*]

schwindfest · shrink-proof

Schwindformänderung *f*, Schwindverformung · shrinkage deformation

schwindfrei · non-shrink

Schwind|freiheit *f* · non-shrinkage

~grenze *f* · shrinkage limit, SL

~index *m* · shrinkage ratio, SI

~kraft *f* · shrinkage force

~kurve *f* · shrinkage curve, ~ line

~neigung *f* · shrinkage tendency

~probe *f*, Schwindversuch *m*, Schwindprüfung *f* · shrinkage test

~prüfung *f* → Schwindprobe

~rissebildung *f* → Schwindrißbildung

schwindrissefrei → schwindrißfrei

Schwindriß *m* · shrinkage crack

~bildung *f*, Schwindrissebildung · shrinkage cracking

schwindrißfrei, schwindrissefrei · free of shrinkage crack(s)

Schwind|spannung *f* · shrinkage stress

~(stahl)einlagen *fpl*, Schwindarmierung *f*, Schwindbewehrung · shrinkage reinforcement

Schwindung *f* → Schwinden

schwindungsausgleichender Quellzement *m*, schwindungskompensierender ~, ~ Expansivzement, ~ Schwellzement, ~ Dehnzement · shrinkage-compensating cement

Schwind|unterschied *m* · differential shrinkage, shrinkage difference

~verankerung *f* · shrinkage anchoring

~verformung *f*, Schwindformänderung · shrinkage deformation

~verhalten *n* · shrinkage behaviour (Brit.); ~ behavior (US)

~verhältnis *n*, Schwindindex *m* · shrinkage ratio, SR, SI

~verkürzung *f* · shrinkage shortening

~versuch *m* → Schwindprobe

~zahl *f*, Schwindmaß *n* · shrinkage value

~zugspannung *f* · shrinkage tensile stress

Schwing|boden(belag) *m*, Schwingfußboden(belag) · sprung floor(ing) (finish), ~ floor cover(ing)

~breite *f* [*Stahlspannung*] · range of steel stress

~fenster *n* → Schwingflügelfenster

~(fenster)flügel *m* · center-hung sash (US); centre-hung ~ (Brit.)

~(flügel)fenster *n* · center-hung sash window (US); centre-hung ~ ~ (Brit.); horizontally pivoted ~ ~, pivot ~ ~

~flügeltür *f*, Pendeltür [*Tür mit nach beiden Seiten ausschwingenden Türblättern*] · swing door

~(fuß)boden(belag) *m* · sprung floor(-ing) (finish), ~ floor cover(ing)

~-Garagentor *n*, Garagen-Schwingtor, Garagen-Kipptor, Kipp-Garagentor · up and over garage door

~-Stahltor *n*, Stahl-Schwingtor, Stahl-Kipptor, Kipp-Stahltor · up and over steel door

Schwingtor *n*, Kipptor · up and over door

~ mit einteiligem Torblatt, Kipptor ~ ~ ~, einteiliges Schwingtor, einteiliges Kipptor · one-part up and over door

~ ~ zweiteiligem Torblatt, Kipptor ~ ~ ~, zweiteiliges Schwingtor, zweiteiliges Kipptor · two-part up and over door

Schwingung *f*, Erschütterung · oscillation, vibration

Schwingungs|dämmstoff *m* · vibration damping material, oscillation ~ ~

~dämpfer *m*, Erschütterungsdämpfer · vibration isolator, oscillation ~

~dämpfung *f*, Erschütterungsdämpfung · vibration damping, oscillation ~

~dauer *f*, Schwingungszeit *f*, Erschütterungsdauer, Erschütterungszeit · period of vibration, ~ ~ oscillation

~energie *f*, Erschütterungsenergie · vibration energy, oscillation ~

~festigkeit *f* · resistance to oscillation(s), ~ ~ vibration(s)

~-Flankenübertragung *f*, Erschütterungs-Flankenübertragung · vibration flanking transmission, oscillation ~ ~

schwingungsfrei, erschütterungsfrei · vibration-less, oscillation-less

Schwingungsgeschwindigkeit *f*, Erschütterungsgeschwindigkeit · rate of vibration, ~ ~ oscillation

schwingungsisolierte Aufstellung *f*, ~ Lagerung, erschütterungsisolierte ~ · resilient mounting

~ Lagerung *f*, ~ Aufstellung, erschütterungsisolierte ~ · resilient mounting

Schwingungs|isolierung *f*, Erschütterungsisolierung · vibration insulation, oscillation ~, insulation against vibration, insulation against oscillation

~nachweis *m*, Erschütterungsnachweis · vibration check (calculation), oscillation ~ (~)

~probe *f*, Schwingungsprüfung *f*, Schwingungsversuch *m*, Erschütterungsprobe, Erschütterungsprüfung, Erschütterungsversuch · oscillation test, vibration ~

~prüfung *f* → Schwingungsprobe

~quelle *f*, Erschütterungsquelle · vibration source, oscillation ~, source of vibration, source of oscillation

~schutz *m*, Erschütterungsschutz [*DIN 4150. Richtlinien für Bemessung und Ausführung von Bauten in deutschen Erdbebengebieten DIN 4149*] · protection against vibration(s), ~ ~ oscillation(s)

~stabilität *f*, Erschütterungsstabilität · stability against vibration(s), ~ ~ oscillation(s)

~stärke *f*, Erschütterungsstärke · intensity of vibration, ~ ~ oscillation

~übertragung *f*, Erschütterungsübertragung · vibration transmission, oscillation ~

~versuch *m* → Schwingungsprobe

~zeit *f*, Schwingungsdauer *f*, Erschütterungszeit, Erschütterungsdauer · period of vibration, ~ ~ oscillation

Schwitz|bad *n* · hot-room

~neigung *f* [*Beeinträchtigung der Atmungs- und Wasserdampfaufnahmefähigkeit*] · condensation tendency, sweating ~

~raum *m* · (dry) sweating room

~raum *m* **einer römischen Therme**, Sudatorium *n* · sudatorium, (dry) sweating room

Schwitzwasser *n* → Kondenswasser

~abführung *f* → Kondenswasserabführung

~bildung *f*, Tauwasserbildung, Kondenswasserbildung, Kondensatbildung [*Niederschlag der Luftfeuchtigkeit, z. B. auf Wänden und Decken, an Glasscheiben oder Rohrleitungen, wenn durch die Abkühlung die Feuchtigkeitsaufnahmefähigkeit der Luft sinkt und infolge zu geringer Porigkeit des Untergrundes die Feuchtigkeit nicht aufgesaugt wird*] · (surface) condensation, sweating

~decke *f*, Schutzdecke, Kondenswasserdecke, Tauwasserdecke · anti-condensation ceiling

~entwässerung *f*, Tauwasserentwässerung, Kondensatentwässerung, Kondenswasserentwässerung · condensate drainage

~farbe *f*, Tauwasserfarbe, Kondenswasserfarbe, Kondensatfarbe · anti-condensation paint [*A paint designed to*

minimize the effects of condensation of moisture under intermittently dry and humid conditions. Such a material normally has a matt textured finish and frequently contains cork or some other heat-insulating material as a filler]

~isolierung *f*, Tauwasserisolierung, Kondenswasserisolierung, Kondensatisolierung · condensation dampproofing

~regelung *f*, Kondenswasserregelung · condensation control

~rille *f*, Tauwasserrille, Kondenswasserrille, Kondensatrille · condensation groove

~rinne *f*, Tauwasserrinne, Kondenswasserrinne, Kondensatrinne · condensation gutter, ~ sinking, ~ channel

~schale *f*, Tauwasserschale, Kondenswasserschale, Kondensatschale · condensation tray

~schutz *m*, Tauwasserschutz, Kondenswasserschutz, Kondensatschutz · protection against condensation

~verhütungsputz *m*, Tauwasserverhütungsputz, Kondenswasserverhütungsputz, Kondensatverhütungsputz · anticondensation plaster, absorbent ~

sechsdrähtige Litze *f* · 6-wire strand

Sechseck *n* · hexagon

~(belag)platte *f*, Sechseckfliese *f*, Sechskant(belag)platte, Sechskantfliese · hexagon(al) tile

~eisen *n* [*Fehlname*] → Sechskantstahl

~fliese *f*, Sechseck(belag)platte *f*, Sechskant(belag)platte, Sechskantfliese · hexagon(al) tile

sechseckig, sechskantig · hexagon(al)

sechseckige Masche *f*, sechskantige ~ · hexagon(al) mesh

sechseckiger Vorhof *m*, sechskantiger ~ · hexagon(al) forecourt

sechseckiges Drahtgeflecht *n*, sechskantiges ~ · hexagon(al) wire netting

Sechseck|kopf *m*, Sechskantkopf · hexagon(al) head

~messing *n*, Sechskantmessing · hexagon(al) brass

~mosaikfliese *f*, Sechseckmosaikplatte, Sechskantmosaikfliese, Sechskantmosaikplatte, hexagon(al) mosaic tile

~mosaikplatte *f*, Sechseckmosaikfliese, Sechskantmosaikplatte, Sechskantmosaikfliese · hexagon(al) mosaic tile

~mutter *f*, Sechskantmutter · hexagon(al) nut

~(pflaster)stein *m*, Sechskantblock *m* · hexagon(al) (paving) sett

~platte *f*, Sechskantbelagplatte, Sechseckfliese *f*, Sechskantfliese, Sechskant(belag)platte · hexagon(al) tile

~profil *n*, Sechskantprofil · hexagon(al) shape, ~ section, ~ unit, ~ profile, ~ trim, hexagon

~pyramide *f*, Sechseckspitzsäule *f*, Sechskantpyramide, Sechskantspitzsäule · hexagon(al) pyramid

~rippe *f*, Sechskantrippe · hexagon(al) rib

~schornstein *m*, Sechskantschornstein · hexagon(al) chimney

~schraube *f*, Sechskantschraube · hexagon(al) bolt

~spitzsäule *f*, Sechseckpyramide *f*, Sechskantspitzsäule, Sechskantpyramide · hexagon(al) pyramid

~stab *m*, Sechskantstab · hexagon(al) bar

~stahl *m* → Sechskantstahl

~stein *m*, Sechseckpflasterstein, Sechskantblock · hexagon(al) (paving) sett

~türmchen *n*, Sechskanttürmchen · hexagon(al) turret

~-Vollstab *m*, Sechskant-Vollstab · hexagon(al) solid bar, ~ ~ rod

Sechsflach *n*, Sechsflächner *m* · hexahedron

sechsflächig · hexahedral

Sechsflächner *m*, Sechsflach *n* · hexahedron

sechsflügeliges Faltschiebetor *n*, ~ Schiebefalttor · six-leaf sliding folding shutterdoor, ~ ~ ~ shutter door

~ Schiebefalttor *n*, ~ Faltschiebetor · six-leaf sliding folding shutterdoor, ~ ~ ~ shutter door

Sechs-Füllungstür *f* · six-panel(led) door (Brit.); six-panel(ed) ~ (US)

Sechskant|(belag)platte *f*, Sechskantfliese *f*, Sechseck(belag)platte, Sechseckfliese · hexagon(al) tile

~block *m*, Sechseck(pflaster)stein *m* · hexagon(al) (paving) sett

~eisen *n* [*Fehlname*] → Sechskantstahl

~fliese *f*, Sechskant(belag)platte *f*, Sechseck(belag)platte, Sechseckfliese · hexagon(al) tile

sechskantig, sechseckig · hexagon(al)

sechskantige Masche *f*, sechseckige ~ · hexagon(al) mesh

sechskantiger Vorhof *m*, sechseckiger ~ · hexagon(al) forecourt

sechskantiges Drahtgeflecht *n*, sechseckiges ~ · hexagon(al) wire setting

Sechskant|kopf *m*, Sechseckkopf · hexagon(al) head

~messing *n*, Sechseckmessing · hexagon(al) brass

~mosaikfliese *f*, Sechskantmosaikplatte, Sechseckmosaikfliese, Sechseckmosaikplatte · hexagon(al) mosaic tile

~mosaikplatte *f*, Sechskantmosaikfliese, Sechseckmosaikplatte, Sechseckmosaikfliese · hexagon(al) mosaic tile

~mutter *f*, Sechseckmutter · hexagon(al) nut

~platte *f*, Sechskantbelagplatte, Sechskantfliese *f*, Sechseckfliese, Sechseck(belag)platte · hexagon(al) tile

~profil *n*, Sechseckprofil · hexagon(al) shape, ~ section, ~ unit, ~ profile, ~ trim, hexagon

~pyramide *f*, Sechskantspitzsäule *f*, Sechseckpyramide, Sechseckspitzsäule · hexagon(al) pyramid

~rippe *f*, Sechseckrippe · hexagon(al) rib

~schornstein *m*, Sechseckschornstein · hexagon(al) chimney

~schraube *f*, Sechseckschraube · hexagon(al) bolt

~spitzsäule *f*, Sechskantpyramide *f*, Sechseckspitzsäule, Sechseckpyramide · hexagon(al) pyramid

~stab *m*, Sechseckstab · hexagon(al) bar

~stahl *m*, Sechseckstahl; Sechskanteisen *n*, Sechseckeisen [*Fehlnamen*] [*DIN 1015*] · hexagon(al) steel

~türmchen *n*, Sechsecktürmchen · hexagon(al) turret

~-Vollstab *m*, Sechseck-Vollstab · hexagon(al) solid bar, ~ ~ rod

Sechs|momentengleichung *f* · six-moment equation

~paß *m* [*gotisches Maßwerk*] · six-lobe tracery

sechs|säulig · hexastyle

~säuliger Portikus *m* · hexastyle portico

Sechsschneuß *m* [*Eine aus sechs Schneußen zusammengesetzte Form des gotischen Maßwerks*] · six-vesica piscis tracery

sechszackiger Stern *m* · six-pointed star

Sedilia *f* · sedilia [*The seats for the priests, generally of masonry, formed in the wall on the south side of the chancel*]

Sedimentations|probe *f* → Absetzversuch

~prüfung *f* → Absetzversuch

~versuch *m* → Absetzversuch

Sedimentgestein *n* → Schichtgestein

Sedimentier|probe *f* → Absetzversuch

~prüfung *f* → Absetzversuch

~versuch *m* → Absetzversuch

Seeasphalt *m* · lake asphalt, ~ pitch [*In this type of naturally occurring asphalt the mineral matter is finely divided and dispersed through the (asphaltic) bitumen (Brit.)/asphalt (US) which is the major component*]

Seebad *n* · seaside resort

Seebau|beton *m*, Seewasserbeton, Meer(es)wasserbeton · marine concrete, sea-water ~

~holz *n* · marine timber

seefeste Verpackung *f*, seemäßige ~ · seaworthy packing

Seegras *n* · sea-grass [*Zostera marina*]

~dämmatte *f*, Seegras(bau)matte · sea-grass (building) mat [*It has a low density*]

~dämmstreifen *m* · sea-grass insulating strip, ~ insulation(-grade) ~

Seele *f*, Kern *m*, Einlage *f* [*Drahtseil*] · core

Seemannsheim *n* · hostel for seamen, seamen's hostel

seemäßige Verpackung *f*, seefeste ~ · seaworthy packing

Seesand *m*, Meer(es)sand · sea-sand

Seewasser *n*, Meer(es)wasser · sea-water

~beton *m*, Meer(es)wasserbeton, Seebaubeton · seawater concrete, marine ~

~magnesia *f* [*Aus dem Seewasser gewonnenes Magnesiumoxid*] · sea-water magnesia

~schwimmbad *n*, Meer(es)wasserschwimmbad · sea-water swimming bath

segelförmiges Dach *n* · sail(-shaped) roof

Segelgewölbe *n* · sail vault [*It resembles a sail with the four corners fixed and the wind blowing into it*]

Segerkegel *m*, SK [*Pyrometer aus Tonerdesilikaten zur Bestimmung der Wärmegrade in keramischen Brennöfen*] · Seger cone

~fallpunkt *m*, SK-Fallpunkt · (pyrometric) Seger cone equivalent

~tabelle *f*, SK-Tabelle · Seger cone chart

Segment *n* · segment [*Part of a circle smaller than a semicircle*]

Segmentbogen *m*, Flachbogen, Stichbogen, flacher Bogen · segmental arch, flat ~ [*An arch with low rise-to-span ratio*]

~, ~träger *m* · segmental arch(ed girder)

~dach *n*, Segmentbogenträgerdach · segmental arch(ed girder) roof

~träger *m*, Flachbogenträger, Stichbogenträger, flacher Bogenträger · segmental arched girder, flat ~ ~

~trägerdach *n* · segmental arch(ed) girder) roof

Segment|fenster *n* · segmental arch window

~giebel *m* · segmental pediment, curved ~

~platte *f* · segmental plate, ~ slab

~schale *f* · segmental shell

~träger *m*, Bogensehnenträger · polygonal bowstring girder, segmental ~ ~

~zylinderschale *f* · segmental cylindrical shell

Sehschärfe *f* · visual acuity

Seibert-Stinnes-Hohlbalkendecke *f* · Seibert Stinnes hollow beam floor

Seidelsches (Iterations)Verfahren *n* · Seidel iteration method, ~ iterative ~

Seiden|börse *f* **zu Valencia** · Lonja de la Seda at Valencia, silk exchange ~ ~

~gaze *f* · fine mesh silk, silk gauze

~glanz *m* · satin finish, luster of satin

~glanzlack *m* · satin finish varnish

~glimmer *m*, Serizit *m* · sericite

~glimmerschiefer *m*, Serizitschiefer · sericitic schist, sericite ~

seidenmattes Glas *n*, satiniertes ~, Atlasglas, Seidentonglas · satin finish glass, velvet ~ ~

Seiden|staub *m* [*Velourstapete*] · silk shavings

~tonglas *n*, Atlasglas, seidenmattes Glas, satiniertes Glas · satin finish glass, velvet ~ ~

seifenartig · soap-like

Seifen|beton *m* → Zellenbeton

~cremespender *m* · liquid soap dispenser

~halter *m* · soap holder

~haut *f* · soap bubble, membrane

~hautgleichnis *n*, Membran(e)gleichnis · soap bubble analogy, membrane ~

~kistenrennbahn *f* · soap-box race track

~lösung *f* · soap solution

~mulde *f*, Seifenschale *f* · soap tray, ~ dish

~muldenfliese *f*, Seifenschalenfliese · soap tray tile, ~ dish ~

~pulver *n* · soap powder, powder(ed) soap

~schale *f*, Seifenmulde *f* · soap tray, ~ dish

~schalenfliese *f*, Seifenmuldenfliese · soap tray tile, ~ dish ~

~wasser *n* · soapy water

Seigerung *f* · (e)liquation, segregation

Seil|auslegerdach *n* → Seilkragdach

~dach *n* → Seilhängedach

~draht *m* · rope wire

~durchhang *m*, Kabeldurchhang · sag of cable, cable sag

~eck *n*, Seilzug *m*, Seilplan *m*, Seilpolygon *n*, Gelenkpolygon, Seilvieleck · funicular polygon, string ~, funicular curve

~eckgleichung *f* → Seilpolygongleichung

~eckverfahren *n*, Mohrsches Verfahren · Mohr correction method

~(hänge)dach *n*, Kabel(hänge)dach, Hängedach · rope(-suspended) roof, cable(-suspended) ~, suspended ~, suspension ~

~hängeflachdach *n*, Kabelhängeflachdach · rope(-suspended) flat roof, cable(-suspended) ~ ~

~kraft *f* · funicular force

~kragdach *n*, Seilauslegerdach, Kabelkragdach, Kabelauslegerdach · cable-suspended cantilever(ed) roof, ~ cantilevering ~, rope-suspended ~ ~

~linie *f*, Seilstrahl *m*, Polstrahl, Pollinie · funicular line, polar ~

(~)Litze *f*, Draht~ · strand [*A prestressing tendon composed of a number of wires most of which are twisted about a center wire or core*]

~plan *m*, Seilpolygon *n*, Gelenkpolygon, Seil(viel)eck *n*, Seilzug *m* · funicular polygon, string ~, funicular curve

~plangleichung *f* → Seilpolygongleichung

~polygon *n*, Gelenkpolygon, Seil(viel)-eck *n*, Seilzug *m*, Seilplan *m* · funicular polygon, string ~

~polygongleichung *f*, Seil(viel)eckgleichung, Gelenkpolygongleichung, Seilzuggleichung, Seilplangleichung · funicular polygon equation, string ~ ~

~schar *f* · family of cables, ~ ~ ropes

~statik *f* · cable geometry, geometry of cables

~strahl *m*, Seillinie *f*, Polstrahl, Pollinie · funicular line, polar ~

~system *n* · cable system

seilverstärktes Innendruckpneusystem *n* · inside pressure pneumatic system reinforced by cables

Seil(viel)eck *n*, Seilpolygon *n*, Gelenkpolygon, Seilzug *m*, Seilplan *m* · funicular polygon, string ~, funicular curve

~gleichung *f* → Seilpolygongleichung

Seilwirkung *f*, Kabelwirkung · cable action, rope ~

Seilzug *m*, Seilplan *m*, Seilpolygon *n*, Gelenkpolygon, Seil(viel)eck *n* · funicular polygon, string ~, funicular curve

~ · come-along

~gleichung *f* → Seilpolygongleichung

Seiten|abmessung *f*, Seitenmaß *n* · lateral dimension

~abstützung *f* · lateral support

~abzweig *m*, Seitenablauf *m*, Rohr~, einfach schräger (Rohr)Abzweig, einfach schräger (Rohr)Zulauf · oblique-angled (pipe) junction, side (~) ~, ~ (~) inlet, ~ (~) branch

~altar *m*, Nebenaltar [*Altar neben dem Hochaltar, meist zu beiden Seiten des Langhausabschlusses oder am Ostende der Seitenschiffe*] · side altar

~ansicht *f* · side view

~aufriß *m* · side elevation

seitenbelastet, seitlich belastet · laterally loaded

Seiten|belichtung *f* [*Fehlname*]; Seitentages(licht)beleuchtung [*Tages(licht)beleuchtung durch Wandfenster*] · side (day)lighting, ~ daylight illumination, ~ natural lighting

~bogen *m* · lateral arch, side ~

~druck *m* · lateral pressure

~eingang *m* · lateral entrance

~einspannung *f* · lateral restraint

~empore *f*, Seitengalerie *f* · side gallery

~falz *m* [*(Dach)Falzstein*] · side groove

~fassade *f* · lateral façade

~fenster *n* · side window

~flügel *m*, Seitentrakt *m* · side wing

~flur *m*, Seitenkorridor *m*, Seitengang *m* · side corridor

~führungsschiene *f* · side track

~galerie *f*, Seitenempore *f* · side gallery

~gang *m*, Seitenflur *m*, Seitenkorridor *m* · side corridor

~gebäude *n*, (Haus)Flügel *m*, Gebäudeflügel, Erweiterungsflügel · wing, limb

~kapelle *f* · side chapel

~kolonnade *f* lateral colonnade

~korridor *m*, Seitengang *m*, Seitenflur *m* · side corridor

~kraft *f*, Zweigkraft, Teilkraft, Komponente *f* [*Baustatik*] · component

~kraftgleichung *f*, Komponentengleichung, Zweigkraftgleichung, Teilkraftgleichung · equation connecting the components

~last *f* · lateral load

~licht *n* · side light

~maß *n*, Seitenabmessung *f* · lateral dimension

~mauer *f* · flank masonry wall, side ~ ~, lateral ~ ~ [*As opposed to the front or rear enclosing masonry walls of a building*]

~portal *n* · side portal

~raum *m* · side chamber

~rippe *f* · nervure [*The side rib of vaulted roofs, to distinguish it from diagonal ribs*]

~riß *m* [*Seitenansicht eines Bauwerkes in Normalprojektion*] · side elevation

~scharnier *n* · side hinge

(Seiten)Schiff *n*, Abseite *f* · (side) aisle, nave ~ [*A lateral division parallel with the nave in a basilica or church*]

~dach *n* · (side) aisle roof

~empore *f* · (side) aisle gallery

(Seiten)Schiffenster *n* · (side) aisle (wall) window

(Seiten)Schiff|gang *m* · (side) aisle passage

~gewölbe *n* · (side) aisle-vault

~halle *f* · aisled hall

~joch *n* · (side) aisle bay

(seiten)schifflos · aisleless

(Seiten)|Schiffwand *f* · (side) aisle wall

(~)Schub *m* [*Waag(e)rechte Resultierende einer Gewölbekraft*] · side thrust, lateral ~

~stabilität *f*, Seitenstandfestigkeit *f* · lateral stability

~standfestigkeit *f*, Seitenstabilität *f* · lateral stability

~steifigkeit *f* · lateral rigidity, ~ stiffness

~straße *f*, Nebenstraße · side street

~stütze *f* · side column

~tagesbeleuchtung *f*, Seitentageslichtbeleuchtung; Seitenbelichtung [*Fehlname*] [*Tages(licht)beleuchtung durch Wandfenster*] · side (day)lighting, ~ daylight illumination, ~ natural lighting

~tages(licht)beleuchtung *f*; Seitenbelichtung [*Fehlname*] [*Tages(licht)beleuchtung durch Wandfenster*] · side (day)lighting, ~ daylight illumination, ~ natural lighting

~terrasse *f* · side terrace, ~ patio

~trakt *m*, Seitenflügel *m* · side wing

~tür *f* · side door

~turm *m* · side tower

~überdeckung *f*, seitliche Überdeckung · side lap

~überdeckung(sbreite) *f* [*Dachfalzstein*] · side lap (width)

~-U-Eisen *n* · side channel

~verhältnis *n* · side ratio

~verschiebung *f* · side shift(ing)

~wand *f* · side wall, flank ~, lateral ~ [*As opposed to the front or rear enclosing walls of a building*]

~winddruck *m* · lateral wind pressure

~zulauf *m*, Seitenabzweig *m*, Rohr~, einfach schräger (Rohr)Abzweig, einfach schräger (Rohr)Zulauf · oblique-angled (pipe) junction, side (~) ~, ~ (~) inlet, ~ (~) branch

seitlich angreifende Last *f* · sideways load

~ belastet, seitenbelastet · laterally loaded

seitliche Einspannung *f* · lateral restraint

~ Formänderung *f*, ~ Verformung · lateral deformation

~ Überdeckung *f*, Seitenüberdeckung · side lap

~ Verformung *f*, ~ Formänderung · lateral deformation

seitlicher Grenzabstand *m*, Bauwich *m* · distance between buildings

~ Kern *m* · side core, one-side ~

Sektor *m* [*Teil einer Industrie, z.B. Wohnungsbausektor*] · field

~platte *f* · sectorial plate, ~ slab

Sekundär|kanal *m* · secondary duct

~rippe *f*, Nebenrippe · secondary rib

Selbst|austrocknung *f* · self-desiccation [*The removal of free water by chemical reaction so as to leave insufficient water to cover the solid surfaces and to cause a decrease in the relative humidity of the system; applied to an effect occurring in sealed concretes, mortars, and pastes*]

~baugarage *f* · do-it-yourself garage

Selbstbedienungs|anlage *f* · self-service facility, ~ installation

~-Kaufhaus *n*, Selbstbedienungs-Warenhaus · self-service department(al) store

~laden *m* · self-service shop

~-Warenhaus *n*, Selbstbedienungs-Kaufhaus · self-service department(al) store

Selbstbohrdübel *m* · self drilling anchor, self-drill ~, rapid core drill ~

selbstdichtend · self-sealing

Selbstdichtung *f*, Nachsintern *n* [*Wie an Stahlbetondruckrohren nachgewiesen wurde, können durch Nachsintern (Selbstdichtung) sogar durchgehende Risse geschlossen werden, wenn die Rohre gefüllt und unter Druck gehalten werden*] · autogenous healing

~, (Ab)Dicht(ungs)profil *n* · (preformed) gasket, sealing ~ [*A gasket, unlike a wet seal, does not rely on adhesion but on the compressive forces acting on it to ensure the joint is sealed and the gasket is not released by subsequent movements*]

Selbst|(ent)zündung *f* · autoignition, self-ignition

~(ent)zündungstemperatur *f* · autoignition temperature, self-ignition ~

~fahrbetrieb *m* [*Aufzug*] · non-attendant service

~fahrer(aufzug) *m* · lift with automatic push-button control (Brit.); elevator ~ ~ ~ ~ (US)

selbstfärben · to self-color (US); to self-colour (Brit.)

Selbst|glanzwachs *n* · dry bright polish

~härtestahl *m* · self-hardening steel

~hilfehaus *n* · self-help house

~hilfe(-Wohn(ungs))(bau)plan *m* · self-help scheme; ~ housing programme (Brit.); ~ housing program (US)

~kleb(e)(belag)platte *f*, Selbstkleb(e)-fliese *f* · self-adhesive tile

~kleb(e)fliese *f* → Selbstkleb(e)(belag)platte

~kleb(e)folie *f* · self-adhesive film, self-bonding ~, ~ sheeting

selbstklebend · self adhesive, ~ bonding

Selbstkleb(e)platte *f* → Selbstkleb(e)-belagplatte

selbstleuchtend · self-luminous

Selbst|parkbau *m* → Parkhaus mit Selbstparkbetrieb

~parken *n* [*In einem Parkhaus. Gegenteil: Parken mit Bedienungspersonal*] · driver parking, customer ~

~parkgarage *f* → Parkhaus mit Selbstparkbetrieb

~parkgebäude *n* → Parkhaus mit Selbstparkbetrieb

~parkhaus *n* → Parkhaus mit Selbstparkbetrieb

selbst|reinigend · self-cleaning

~schalende Vollbetondecke *f* · shuttering poured-in-situ (solid) floor

~schließend · self-closing

Selbstschlußventil *n*, Rohrbruchwächter *m*, Rohrbruchventil, Rohrbruchsicherung *f* · isolation valve, isolating ~ [*Any valve fixed for the purpose of shutting off part of a pipe system from the remainder in the case of a pipe burst*]

selbst|spannender Quellzement *m*, ~ Expansivzement, ~ Schwellzement, ~ Dehnzement [*Er übt Vorspannkräfte auf die eingebettete Bewehrung aus*] · self-stressing cement

~tragend · self-supporting

Selbst|überwachung *f* · self-control

~verdunstung *f* · spontaneous evaporation

selbst|verlöschend · self-extinguishing

~vorspannender Beton *m* · self-stressed prestressed concrete

~vulkanisierend · self-vulcanizing

Selbst|wählzentrale *f* · auto(matic) telephone exchange

~zündung *f*, Selbstentzündung · autoignition, self-ignition

~zündungstemperatur *f*, Selbstentzündungstemperatur · autoignition temperature, self-ignition ~

Selenit *m* · selenite (gypsum) [*The transparent variety of gypsum which occurs in distinct crystals, often flattened parallel to the plane of symmetry*]

seltene Erde *f* · rare earth, RE

Seltene-Erden-Oxid *n* · rare-earth oxid(e) (US); ~ oxide (Brit.)

semilogarithmisches Netz *n* · semilogarithmic scale

Semionotussandstein *m*, Semionotensandstein · Semionotus sandstone

Senderaum *m* [*Bei der Bestimmung der Schallpegeldifferenz D*] · room containing the source

~, Rundfunk~, Rundfunkstudio *n* · broadcasting room, ~ studio

senkrecht, lotrecht, vertikal · plumb, vertical

Senkrecht|belastung *f* · vertical loading

~beleuchtung *f*, Vertikalbeleuchtung · vertical lighting

~beleuchtung *f* **im Fenster** (E_f), Vertikalbeleuchtung ~ ~ (~), Fensterfaktor = f *m* · window efficiency ratio, sky factor

~biegespannung *f* · vertical bending stress

~drän *m*, Standdrän · vertical drain

senkrechte Absteifung *f*, ~ Aussteifung, ~ Verstärkung, ~ Versteifung · vertical reinforcing, ~ bracing, ~ stiffening

~ Aussteifung *f*, ~ Versteifung, ~ Verstärkung, ~ Absteifung · vertica reinforcing, ~ bracing, ~ stiffening

~ (Außen)Versteifungswand *f* · vertical cladding

~ (Außenwand)Versteifungstafel *f* · vertical cladding panel; storey-height ~ ~ (Brit.); story-height ~ ~ (US) [*It spans vertically between floors from which it obtains support*]

~ Dachgaupenfläche *f*, ~ Dachgaubenfläche · dormer cheek [*The upright side of a dormer (window)*]

~ Drehachse *f* · vertical axis of revolution

~ Druckkomponente *f* · vertical component of pressure

~ Seitenkraft *f*, lotrechte ~, winkelrechte ~, Vertikalkomponente *f* · vertical component

~ Verstärkung *f*, ~ Versteifung, ~ Aussteifung, ~ Absteifung · vertical reinforcing, ~ bracing, ~ stiffening

~ Versteifung *f*, ~ Aussteifung, ~ Verstärkung, ~ Absteifung · vertical reinforcing, ~ bracing, ~ stiffening

~ Wand(bau)platte *f*, vertikale ~ · vertical wall slab

~ Wandplatte *f*, ~ Wandbauplatte, vertikale ~ · vertical wall slab

Senkrechtebene *f*, Vertikalebene · vertical plane

Senkrecht|fenster *n* · vertical window

~fuge *f* · vertical joint

~jalousie *f* · vertical slatted blind, ~ jalousie, ~ louvres

~(jalousie)lamelle *f*, Senkrecht(jalousie)stäbchen *n* · vertical (blind) slat

~last *f*, Vertikallast · vertical load

~montage *f*, Senkrechtzusammenbau *m* [*Montagebau*] · vertical erection, ~ assembly

~rohr *n*, Standrohr · vertical pipe, standpipe, SP

~-Schiebefenster *n*, Senkrecht-Schiebeflügelfenster, Vertikal-Schiebe(flügel)fenster · vertical(ly) sliding sash window

~-Schiebe(fenster)flügel *m*, Vertikal-Schiebe(fenster)flügel · vertical(ly) sliding sash

~-Schiebe(flügel)fenster *n*, Vertikal-Schiebe(flügel)fenster · vertical(ly) sliding sash window

~schiebetür *f* · vertical slide door, ~ sliding ~

~schlaufe *f* · vertical loop

~spannung *f* · vertical stress

~stab *m*, Vertikalstab [*Träger*] · vertical member, ~ rod, ~ bar

~steife *f* · vertical stiffener

~tafel *f*, Vertikaltafel · vertical panel

~transport *m*, Senkrechtverkehr *m* [*in einem Hochhaus*] · vertical transportation, ~ circulation, ~ traffic

~verkehr *m*, Senkrechttransport *m* [*in einem Hochhaus*] · vertical circulation, ~ transportation, ~ traffic

~-Wandfahnenmast *m*, Senkrecht-Wandflaggenmast · vertical wall-mounted flagpole, ~ wall set ~

~zusammenbau *m*, Senkrechtmontage *f* [*Montagebau*] · vertical erection, ~ assembly

Senkungs|schaden *m* · subsidence damage

~welle *f* · subsidence wave

Sepia *f* · sepia [*A dark-brown pigment prepared from the inky fluid secreted by cuttlefish*]

Serai(l) *n* · serai [*1. A caravanserai. 2. A Turkish palace*]

Serapeon *n* → Serapeum

Serapeum *n*, Serapeon *n* [*Heiligtum des Gottes Serapis, der später mit dem ägyptischen Apis-Stier gleichgesetzt wurde. Der Kult wurde von den Römern und Griechen übernommen*] · serapeum

Serdab *m* [*Unterirdischer Raum der ägyptischen Mastaba, in dem Statuen des Toten aufbewahrt wurden*] · serdab

Sergius- und Bacchus-Kirche *f* **in Konstantinopel** · SS. Sergius and Bacchus church at Constantinople

Serienbau *m*, Serienfertigung *f*, Serienherstellung · normal factory production

~bauteil *m*, *n* · factory-produced member, ~ unit

Serien|fertigung *f*, Serienherstellung, Serienbau *m* · normal factory production

~herstellung *f*, Serienbau *m*, Serienfertigung · normal factory production

~type *f* · stock type [*As opposed to a customer-tailored type*]

Serizit *m*, Seidenglimmer *m* · sericite

~schiefer *m*, Seidenglimmerschiefer · sericitic schist, sericite ~

Serpentin *n* [*Mineral*] · serpentine

~asbest *m* · serpentine asbestos

~fels *m*, Schlangenstein *m*, Serpentin(-gestein) *m*, (*n*) [*Fehlname: Grüner Marmor m*] · serpentine (rock), serpentinite [*A rock containing a major proportion of the mineral serpentine*]

~(gestein) *m*, (*n*), Serpentinfels *m*, Schlangenstein *m* [*Fehlname: Grüner Marmor m*] · serpentine (rock), serpentinite [*A rock containing a major proportion of the mineral serpentine*]

~platte *f* · serpentine (rock) slab, serpentinite ~

Sesquisol *n*, Sika 1 *n* · Sika-1

Setzbecher *m* [*Ausbreitversuch*] · conical shell, mould, slump cone; mold (US)

Setzen *n*, Gittern [*Anordnen von Formlingen in einem Brennofen (Setzen, Einsetzen) oder Anordnen von Steinen in Ofenteilen (z. B. Gitterung in Regeneratoren)*] · setting

Setz|holz *n*, Fensterpfosten *m* · window post

~maß *n*, Ausbreit(ungs)maß, Sackmaß, Fließmaß, Konussenkung *f* [*Betonprüfung. DIN 1048*] · slump

~packe *f*, Handpacke · hand-packed rubble, hand-placed ~, ~ hardcore

~packlagestein *m*, Vorlagestein, Stückstein · pitching stone, hand-packed ~, hand-placed ~, hand-pitched ~, pitcher, blockstone

~probe *f* → Setzprüfung

~prüfung *f*, Setzprobe *f*, Setzversuch *m*, Konsistenzprüfung, Konsistenzprobe, Konsistenzversuch, Steifeprüfung, Steifeversuch, Steifeprobe, Ausbreit(ungs)-prüfung, Ausbreit(ungs)versuch, Ausbreit(ungs)probe [*Betonprüfung. DIN 1048*] · slump test (for consistency), consistency test

~riß *m*, Setzungsriß · settlement crack

~stufe *f*, Stoßtritt *m*, Stoßfläche *f*, Futterstufe [*wenn aus Holz = Futterbrett*] riser [*The member forming the vertical face of a step*]

setzstufenlos · riserless

Setztisch *m* **mit Trichter**, Ausbreit(ungs)tisch ~ ~ [*Betonprüfung. DIN 1048*] · flow table (with cone)

Setzungs|beobachtung *f* · observation of settlement(s)

~bewegung *f* · settlement movement

setzungsempfindlich · liable to subsidence

Setzungs|fuge *f*, Bewegungsfuge [*Breite je nach Größe der zu erwartenden Setzungen, mindestens aber 15 mm*] · settlement joint

~herd *m* · seat of settlement [*The layer of soil beneath a loaded foundation, within which 75 per cent of any settlement takes place*]

~messung *f* · settlement measurement

Setz(ungs)riß *m* · settlement crack

Setzungsunterschied *m* · differential settlement

Setzversuch *m* → Setzprüfung

Seufzerbrücke *f* [*Venedig*] · Bridge of Sighs

Sezessionsstil *m* · 'Sezession' style [*Term for Art Nouveau used in Austria, derived from the Viennese 'Sezession' group*]

S Farbe *f*, Silikatfarbe · silicate paint [*Containing silicate of soda; may be made with aluminous cement, but not with portland cement*]

S-förmiger (Geruch)Verschluß *m*, ~ Wassergeruchverschluß, Syphon(geruch)verschluß, Syphonwassergeruchverschluß, Knie(geruch)verschluß, Schwanenhals(geruch)verschluß, Kniewassergeruchverschluß, Schwanenhalswassergeruchverschluß · 'S' trap

Sgraffito(putz) *m*, Kratzgrund *m*, Graffi(a)to *m*, Kratzputz · (s)graffito, scratch work [*A plaster surface decorated by scoring a pattern on it while it is soft, and exposing a lower coat of a different colour. The upper layer is often white, the lower layer black or dark red. More than two colours can be used if required*]

~material *n*, Kratzgrundmaterial, Graffi(a)tomaterial · (s)graffito material, material for scratch work

Shed|bau *m* → Sheddachbau

~binder *m*, Sheddachbinder, Sägedachbinder · saw-tooth roof truss, north(-light) ~ ~ (US) [*See remark under 'Binder'*]

Sheddach *n*, Säge(zahn)dach, säge(zahn)förmiges Dach [*Es besteht aus mehreren aneinandergereihten Satteldächern, deren beide Dachseiten ungleiche Neigung haben. Solche Dächer werden für Arbeitssäle in Industrie- und gewerblichen Anlagen ausgeführt. Die steileren, meistens nach Norden gerichteten Dachflächen sind mit Fenstern versehen*] · saw-tooth roof, north(-light) ~ [*A series of pitched roofs which have their northern pitches glazed and steeper than the others*]

Shed(dach)|bau *m*, Shed(dach)gebäude *n* · north(-light) roof building, saw-tooth ~ ~

~binder *m*, Sägedachbinder · saw-tooth roof truss, north(-light) ~ ~ (US) [*See remark under 'Binder'*]

~fenster *n*, Säge(zahn)dachfenster · north-light

~gebäude *n*, Shed(dach)bau *m* · north(-light) roof building, saw-tooth ~ ~

~oberlicht *n*, Säge(zahn)dachoberlicht · north(-light) roof roof-light, saw-tooth ~ ~

~rahmen *m*, Säge(zahn)dachrahmen · north(-light) roof frame, saw-tooth ~ ~

~(regen)rinne *f*, Säge(zahn)dach(regen)rinne · north(-light) roof gutter, ~ rainwater ~, saw-tooth ~ ~, ~ R. W. ~

~rinne *f* → Shed(dach)regenrinne

~rippe *f*, Säge(zahn)dachrippe · north(-light) roof rib, saw-tooth ~ ~

~schale *f*, Säge(zahn)dachschale · north(-light) shell, saw-tooth ~

~schiff *n*, Säge(zahn)dachschiff · north(-light) roof span, ~ ~ bay, saw-tooth ~ ~

~verglasung *f*, Säge(zahn)dachverglasung . north(-light) roof glazing, saw-tooth ~ ~

~zylinderschale *f*, Zylindershed(dach)-schale, Säge(zahn)zylinderdachschale, Zylindersäge(zahn)dachschale · north(-light) cylindrical shell, saw-tooth ~ ~

Shed|fenster *n*, Sheddachfenster, Säge(zahn)dachfenster · north-light

~gebäude *n* → Sheddachgebäude

~halle *f* → Shedrahmenhalle

~oberlicht *n* → Sheddachoberlicht

~rahmen *m* → Sheddachrahmen

~(rahmen)halle *f*, Säge(zahn)dach(rahmen)halle · north(-light) roof frame(d) building, ~ ~ ~ block, saw-tooth ~ ~ ~

~(regen)rinne *f* → Sheddach(regen)-rinne

~rinne *f* → Shed(dach)(regen)rinne

~rippe *f* → Sheddachrippe

~schale *f* → Sheddachschale

~schalendach *n*, Säge(zahn)schalendach · saw-tooth shell roof, north(-light) ~ ~

~schiff *n* → Sheddachschiff

~verglasung *f* → Sheddachverglasung

~zylinderschale *f* → Sheddachzylinderschale

Sherad(is)ieren *n* · sheradizing [*The article to be galvanized is exposed to powdered zinc near its melting point*]

Shikhara *f* [*Turm über der Cella eines nordindischen Tempels*] · sikhara

Shintoschrein *m*, Schreinhalle *f* · Shinto shrine

Shore|-Härteskala *f* · Shore hardness scale

~-Rücksprunghärteprüfer *m* · Shore scleroscope

~-Verfahren *n* · Shore hardness testing method

SHZ *m*, Sulfathüttenzement *m*, Gipsschlackenzement · supersulphated (slag) cement (Brit.); gypsum slag ~ (US)

Si *n*, Silizium *n* · silicon

SiC *n*, Karborund *n*, Siliziumkarbid *n*, Siliziumkohlenstoff *m* [*Synthetisches Erzeugnis mit der Formel SiC. Das industriell hergestellte Produkt kann Verunreinigungen enthalten*] · silicon carbide, carbide of silicon, carbon silicide

sich abtreten [*Inlaidlinoleum*] · to wear off

~ überdecken, ~ überschlagen [*Kraftecke*] · to overlap [*force polygons*]

~ überschlagen, ~ überdecken [*Kraftecke*] · to overlap [*force polygons*]

sichelförmige Schrägrippe *f* · sickle-shaped oblique rib

Sicherheit *f* **der Proportionen** · sureness of proportions

Sicherheitsaufschlag *m*, Sicherheitszuschlag, Sicherheitsspanne *f* · safety margin, ~ allowance

Sicherheits(bau)|beschlag *m* · safety (builders') furniture, ~ (~) fitting

~beschläge *mpl* · safety (builders') hardware, ~ (~) fittings

Sicherheits|beiwert *m*, Sicherheitsgrad *m*, Sicherheitszahl *f*, Sicherheitsfaktor *m* [*Baustoff*] · factor of safety, safety factor

~beleuchtung *f* · safety lighting, ~ illumination

~beschlag *m*, Sicherheitsbaubeschlag · safety (builders') furniture, ~ (~) fitting

~beschläge *mpl*, Sicherheitsbaubeschläge · safety (builders') hardware, ~ (~) fittings

~bordstein *m* · safety kerb (Brit.); ~ curb

~faktor *m* → Sicherheitsbeiwert

~fenster *n* · security window [*It prevents forcible entry*]

~fensterglas *n* · safety sheet glass, ~ window ~, shatterproof ~ ~

~gitter *n* · security grille [*Sometimes spelled 'grill'*]

~glas *n* · safety glass, shatterproof ~

~glas(licht)kuppel *f* · safety glass domelight, shatterproof ~ ~, ~ ~ light cupola, ~ ~ saucer dome

~glastür *f* · safety glass door, shatterproof ~

~grad *m* → Sicherheitsbeiwert

~leitung *f* · safety line

~netz *n* · safety net

~regeln *fpl* · safety rules

~rücklaufleitung *f* · safety return line

~schloß *n* · safety(-cylinder) lock, security(-cylinder) ~

~spanne *f*, Sicherheitszuschlag *m*, Sicherheitsaufschlag · safety margin, ~ allowance

~spiegelglas *n* · safety plate glass, shatterproof ~ ~

~temperaturbegrenzer *m* · temperature regulator

~thermostat *m* · safety thermostat

~verglasung *f* · security glazing

~vorlauf *m* · safety flow

~vorrichtung *f* · safety device

~zahl *f* → Sicherheitsbeiwert

~zaun *m* · safety fence

~zuschlag *m*, Sicherheitsaufschlag, Sicherheitsspanne *f* · safety margin, ~ allowance

Sicherungs|blech *n* [*Nach dem Festziehen der Verbindung formschlüssige Schraubensicherung. Sichert Schraube und Mutter gegen Lösen, insbesondere bei nicht erschütterungsfreier Belastung*] · locking plate

~tafel *f* · fuseboard [*B. S. 214*]

Sicht *f*, gerichtete Aussicht · vista

~arbeiten *fpl* · fair-faced work

~ausführung *f* · fair-faced work

sichtbare Decke *f*, Deckenuntersicht *f* · floor soffit, soffit of structural slab, ceiling

~ (Ver)Nagelung *f* · exposed nailing

sichtbarer Anschluß(streifen) *m* · exposed flashing (piece) [*See remark under 'Anschluß'*]

~ Himmelsausschnitt *m* [*Tageslichtberechnung*] · patch of visible sky

Sicht|baueinheit *f* [*Fehlname*] → Sicht(bau)körper

~(bau)element *n* → Sicht(bau)körper

~(bau)körper *m*, Sicht(bau)element *n* [*Fehlname: Sichtbaueinheit f*] · face (building) unit, ~ (~) member, ~ (~) component

~behaglichkeit *f* · visual comfort

~behinderung *f* · obstruction of vision

Sichtbeton *m*, Architekturbeton · fair-faced concrete, exposed ~

~balken(träger) *m* · fair-faced concrete beam, exposed ~ ~

~-(Ent)Schal(ungs)mittel *n* · release agent for fair face concrete

~-Fassaden(bau)körper *m*, Sichtbeton-Fassaden(bau)element *n*, [*Fehlname: Sichtbeton-Fassadenbaueinheit f*] · fair-faced concrete facade (building) unit, exposed ~ ~ (~) ~, ~ ~ ~ (~) member, ~ ~ ~ (~) component

~fertig(bau)teil *m, n*, Sicht(beton)montage(bau)teil, Sichtfertig(bau)teil, Sichtfertigbeton(bau)teil, Sichtmontagebeton(bau)teil [*Fehlname: Sichtbetonbauteil*] · fair-faced (pre)cast (concrete) compound unit, ~ prefab(ricated) ~ ~ ~, exposed ~ (~) ~ ~

~schalung *f* · fair-faced concrete form(-work), ~ ~ forms, ~ ~ shuttering, exposed ~ ~

~stütze *f* · fair-faced concrete column, exposed ~ ~

~tafel *f* · fair-faced concrete panel, exposed ~ ~

~treppe *f* · fair-faced concrete stair(-case), exposed ~ ~

~wand *f* · fair-faced concrete wall, exposed ~ ~

(Sicht)|Blende *f*, (Sicht)Schutz *m* · (vision) screen(ing)

~blende *f*, Sichtschutzwand *f* · screen (wall)

(~)Blendenzaun *m*, (Sicht)Schutzzaun · (vision) screen(ing) fence

~block *m*, Sichtstein *m* · fair-faced block, ~ tile [*See remark under 'Block'*]

~element *n* → Sicht(bau)körper

~fenster *n* [*Tor*] · see-through window, vision panel

~fläche *f* · fair face, (exposed sur)face

~flächenmaterial *n* · facing [*Is the material which forms the face*]

~hilfe *f* · visual aid, VA

~höhe *f*, Augenhöhe · eye level

~kalk *m* [*Fehlname*] → Löschkalk

~körper *m* → Sichtbaukörper

~leichtbeton *m*, Architekturleichtbeton · fair-faced light(weight) concrete, light(weight) fair-faced ~

~leichtbetonblock(stein) *m*, Architekturleichtbetonblock(stein) · fair-faced light(weight) concrete block, light(-weight) fair-faced ~ ~, ~ ~ ~ tile [*See remark under' Block'*]

~mauerwerk *n* · fair-faced masonry (work)

~(natur)stein *m* [*(Natur)Steinmauerwerk*] · (natural) face stone

~oberfläche *f* · face surface

~pendeltür *f* · transparent flexible (swing) door

~platte *f*, Frontplatte · facing slab (Brit.); face ~ (US)

~platte *f*, dekorative ~, Zierplatte, Ornamentplatte, Dekor(ations)platte · decorative board, ~ sheet, ornamental ~

~schlitz *m* · viewing slot

(~)Schutz *m*, (Sicht)Blende *f* · (vision) screen(ing)

~schutz *m* · screening

~schutzwand *f*, Sichtblende *f* · screen (wall)

(~)Schutzzaun *m*, (Sicht)Blendenzaun · (vision) screen(ing) fence

~seite *f* · visible face

~stahlbeton *m*, Stahlsichtbeton · reinforced fair-faced concrete, fair-faced R. C., fair-faced reinforced concrete

~stahlbeton(bau)teil *m, n* [*Fehlname*] → Stahlsichtbetonfertig(bau)teil

~stein *m*, Sichtnaturstein [*(Natur-) Steinmauerwerk*] · (natural) face stone

~stein *m*, Sichtblock *m* · fair-faced tile, ~ block [*See remark under 'Block'*]

~ziegelmauerwerk *n* · fair-faced brickwork, exposed ~

Sicke *f* · knuckle

Sicker|-Asbestzementrohr *n*, Asbestzementsickerrohr · perforated asbestos-cement pipe; ~ cement asbestos ~ (US)

~loch *n* · weephole

~packung *f* **aus Grobkies** · gravel filter layer

~rohr *n* · porous pipe

SiC|-Mörtel *m* → Siliziumkarbidmörtel

~-Platte *f* → Siliziumkarbidplatte

~-Stein *m* → Siliziumkarbidstein

Siderit *m* · siderite [*iron carbonate, $FeCO_3$*]

Sieb|analyse *f*, Siebversuch *m*, Siebprobe *f*, Prüfen *n* der Kornzusammensetzung durch Siebversuch · sieve analysis

~bereich *m, n* · envelope of grading, grading envelope

~block(stein) *m* → Siebstein

~druckgold *n* · squeegee gold

~drucktapete *f* · screen-printed wallpaper

~druck(verfahren) *m*, (*n*) · silkscreen process, ~ printing, ~ method [*Sometimes also called 'serigraphy'. A decorating process in which a design is printed on glass through a silk mesh or similar screen*]

Sieben Weltwunder *npl* **(des Altertums)** · Seven Wonders of Antiquity

siebendrähtige Litze *f* · 7-wire strand

Sieben|kuppel-Wallfahrtskirche *f* · seven-domed pilgrimage church

~momentengleichung *f* · seven-moment equation

~paß *m* [*Eine mittelalterliche Maßwerkfigur. Aus sieben Kreis- oder Spitzbogen gebildet*] · septenary foil

sieben|säulig · heptastyle

~türmig · seven-towered

Sieb|folge *f*, Siebreihe *f*, Siebskala *f* · mesh gage (US); ~ scale, screen scale, screen series

(~)Gewebenummer *f* · mesh number, sieve ~

~grenze *f*, Grenzsieblinie *f* · limiting (grading) curve, particle (distribution) limit, gradation limit, grading limit

~gut *n*, Einlaufgut, Haufwerk *n*, Aufgabegut [*Siebtechnik*] · head, screen ~, (screen) feed, material to be screened

~gut *n*, gesiebtes Gut · screened material

~kies *m* · graded gravel

~kiesgemenge *n*, Siebkiesmischung *f*, Siebkiesgemisch *n* · graded gravel mix(ture)

~kiesgemisch *n*, Siebkiesgemenge *n*, Siebkiesmischung *f* · graded gravel mix(ture)

~kiesmischung *f*, Siebkiesgemenge *n*, Siebkiesgemisch *n* · graded gravel mix(-ture)

~kurve *f*, Sieblinie *f*, Körnungskurve, Körnungslinie, Kornverteilungskurve, Kornverteilungslinie · (aggregate) grading curve, particle-size distribution ~, grain-size distribution ~, sieve ~

~linie *f*, Siebkurve *f*, Körnungskurve, Körnungslinie, Konverteilungskurve, Kornverteilungslinie · (aggregate) grading curve, particle-size distribution ~, grain-size distribution ~, sieve ~

~linie *f* **des Rohmaterials**, Istlinie · actual grading curve

Siebliniendarstellung *f* **im gewöhnlichen Maßstab** [*In einem Liniennetz sind im Abstand der Sieblochdurchmesser (in mm) senkrechte Linien gezogen, auf denen die entsprechenden Siebdurchgänge in Gew.-% aufgetragen werden*] · grading curve representation in normal scale

~ ~ logarithmischen Maßstab, logarithmische Siebliniendarstellung [*Die Lochdurchmesser der Siebe sind auf der Waag(e)rechten im logarithmischen Maßstab aufgetragen*] · log grading curve, log-diagram

~ ~ Wurzelmaßstab [*Auf der Waag(e)-rechten sind nicht die Korngrößen bzw. Sieblochdurchmesser aufgetragen, sondern die Wurzeln dieser Sieblochdurchmesser*] · root grading curve, root-diagram

Sieb|lochgröße *f* · sieve hole size

~lochung *f* · hole pattern, perforation of screen, punching of screen

~probe *f*, Siebversuch *m*, Siebanalyse *f*, Prüfen *n* der Kornzusammensetzung durch Siebversuch · sieve analysis

~prüfung *f*, Siebversuch *m*, Siebprobe *f* · sieve analysis

~reihe *f*, Siebskala *f*, Siebfolge *f* · mesh gage (US); ~ scale, screen scale, screen series

(~)Rückstand *m*, (Sieb)Überlauf *m*, (Sieb)Überkorn *n* [*Betriebssieb*] · oversize, screen residue

(~)Rückstand *m*, (Sieb)Überlauf *m*, (Sieb)Überkorn *n* [*Prüfsieb*] · oversize, sieve residue

~schlacke *f* · screened slag

siebschwieriges Gut *n*, schwer siebbares ~ · hard-to-screen material, difficult-to-screen ~

Sieb|skala *f*, Siebreihe *f*, Siebfolge *f* · mesh gage (US); ~ scale, screen scale, screen series

~stein *m*, Siebblock(stein) *m*, Lüftungsblock(stein), Lüftungsstein, Lüfter *m* [*Formstein in Umfassungswänden oder Dachhaut zur Lüftung von Räumen*] · vent(ilating) block, ~ tile, ventilator ~ [*See remark under 'Block'*]

(~)Überkorn *n*, (Sieb)Überlauf *m*, (Sieb)Rückstand *m* [*Betriebssieb*] · oversize, screen residue

(~)Überkorn *n*, (Sieb)Überlauf *m*, (Sieb)Rückstand *m* [*Prüfsieb*] · oversize, sieve residue

(~)Überlauf *m*, (Sieb)Überkorn *n*, (Sieb)Rückstand *m* [*Betriebssieb*] · oversize, screen residue

(~)Überlauf *m*, (Sieb)Überkorn *n*, (Sieb)Rückstand *m* [*Prüfsieb*] · oversize, sieve residue

~versuch *m*, Siebprobe *f*, Siebanalyse *f*, Prüfen *n* der Kornzusammensetzung durch Siebversuch · sieve analysis

~vorgang *m* · screening process, ~ operation

Sied(e)lung *f*, Wohn~, Wohnkolonie *f* · estate, housing ~; cottage community, nesting (US)

Sied(e)lungs|haus *n* · (housing) estate unit

~projekt *n* · (housing) estate development

~straße *f* · (housing) estate road

Siederohr *n*, nahtloses Stahlrohr · seamless steel pipe

Siegel *n*, Absiegelungsmittel *n*, Versiegelungsmittel, Überzug *m* · seal(ing) material, sealant, seal(er)

Sieges|denkmal *n* · victory memorial

~säule *f* · pillar of victory

~tor *n* · victory gateway

Siegwartdecke *f* · Siegwart floor [*This is made up of hollow (pre)cast reinforced concrete beams, set beside each other and formed into a single slab by grouting. A reinforcement is laid over the tops of the beams and covered with a thin layer of mortar. The sides of the beams have channels cut in them to serve as a key for the bonding mortar*]

Siemens-Martinstahl *m* · open-hearth steel

Sierra-Leone-Kopal *m* · Sierra Leone copal

Sigmaschweißung *f*, Sigmaschweißen *n* · shielded inert gas metal arc welding

Signalleitung *f* · signalling line

Signierkreide *f* · marking chalk

Sika 1 *n,* Sesquisol *n* · Sika-1

Sikhara *m,* Nagara *m* [*Turm über der Cella eines nordindischen Tempels*] · (spire-shaped) sikhara

Sikkativ *n,* Trockenstoff *m* in gelöster Form [*DIN 55901*] · soluble drier, siccative

Silben|reinheit *f* · articulation

~verwischung *f* [*Raumakustik*] · inarticulation

Silberdraht *m* · silver wire

~folie *f* · silver foil

silber|grau · silver gray, ~ grey

~haltiges Blei *n,* Werkblei · workable raw lead, argentiferous ~

~hell · silvery

Silber|kammer *f* · strongroom for valuables

~lot *n* [*Kupfer-Zink-Silberlegierung nach DIN 1710*] · silver solder

~nitrat *n,* Höllenstein *m,* salpetersaures Silberoxid *n,* $AgNO_3$ *n* · lunar caustic

~pulver *n,* Pulversilber *n* · silver powder

~sarkophag *m* · silver sarcophagus

~schrot *n, m* · silver shot

~stahl *m* · silver steel

~verbindung *f* · silver compound

~vitriol *n* · silver sulphate (Brit.); ~ sulfate (US)

silberweiß · silvery-white

Silcret *m* [*Quarzit. Bezeichnet insbesondere ein titanisches südafrikanisches Vorkommen*] · silcrete

Silex *m,* Feuerstein *m,* Flint(stein) *m,* SiO_2 · flint [*A chalcedonic variety of quartz, found as nodules and nodular bands in chalk and as residual pebbles*]

Silhouette *f* · skyline

Silicofluorid *n,* Fluorsilikat *n,* Fluorsilizium *n,* Siliziumtetrafluorid · fluosilicate

Silicon *n* · silicone [*Silicones are a group of synthetic, semi-organic polymers (polysiloxanes) composed of silicon, carbon, hydrogen and oxygen*]

~anstrich *m,* Siliconaufstrich · silicone coat

~(anstrich)farbe *f* · silicone paint

~aufstrich *m,* Siliconanstrich · silicone coat

~band *n* · silicone tape

~basis *f,* Silikongrundlage *f* · silicone base

~-Bautenschutz(mittel) *m,* (*n*), Silicon-Wetterschutz(mittel), Siliconimprägnier(ungs)mittel, Siliconimprägnierung *f,* Silicon-Fassadenimprägnier(ungs)mittel [*Farbloses Imprägnier(ungs)mittel für Stein- und Zementbauteile*] · silicone(-based) waterproof(ing) (compound), ~ ~ coating (material), ~ (water-)repellent (admix(ture)), ~ waterproofer, ~ waterproof(ing) agent, ~ waterrepeller, ~ (water-) repelling agent

~ester *m* · silicone ester

~farbe *f,* Siliconanstrichfarbe · silicone paint

~-Fassadenimprägnier(ungs)mittel *n* → Silicon-Bautenschutz(mittel)

~fett *n* · silicone grease

~grundanstrichmittel *n,* Silicongrundiermittel, Silicongrund(ierung) *m,* (*f*), Silicongrundanstrichstoff *m,* Silicongrundierstoff · silicone primer

~grundanstichstoff *m* → Silicongrundanstrichmittel

~grundiermittel *n* → Silicongrundanstrichmittel

~grundierstoff *m* → Silicongrundanstrichmittel

~grund(ierung) *m,* (*f*) → Silicongrundanstrichmittel

~grundlage *f,* Siliconbasis *f* · silicone base

~gummi *m, n,* Siliconkautschuk *m,* kautschukartiges Silicon *n* · silicone rubber

~harz *n* · silicone resin

~harzemulsion *f* · silicone resin emulsion

~harzlösung *f* · silicone resin solution

~imprägnier(ungs)mittel *n* → Silicon-Bautenschutzmittel

~kautschuk *m,* kautschukartiges Silicon *n,* Silicongummi *m, n* · silicone rubber

~kautschuk-(Ab)Dicht(ungs)masse *f* · silicone rubber seal(ing) compound, ~ ~ ~ mass, ~ ~ ~ composition, ~ ~ ~ material

~öl *n,* öliges Silicon *n* · silicone fluid

~paste *f* · silicone paste

~-Schutzmittel *n* · silicone proofer, ~ protective agent, ~ protection agent

~-Wetterschutz(mittel) *m,* (*n*), Siliconimprägnier(ungs)mittel, Siliconimprägnierung *f,* Silicon-Bautenschutz(mittel), Silicon-Fassadenimprägnier(ungs)mittel [*Farbloses Imprägnier(ungs)mittel für Stein- und Zementbauteile*] · silicone(-based) waterproof(ing) (compound), ~ ~ coating (material), ~ (water-)repellent (admix(ture)), ~ waterproofer, ~ waterproof(ing) agent, ~ waterrepeller, ~ (water-)repelling agent

Silika|erzeugnis *n* · silica refractory

~-Gel *n,* aktive Kieselsäure *f,* Kiesel(säure)gel · silica gel

~leichtstein *m*, Leichtsilikastein, Quarzitleichtstein, Leichtquarzitstein, Quarzkalkleichtziegel *m*, Leichtquarzkalkziegel; Dinasleichtstein, Leichtdinasstein [*veraltete Bezeichnungen*] · light(-weight) silica brick, ~ acid firebrick, ~ gannister brick (Brit.); ~ ganister brick (US)

~mörtel *m*, Silikazement *m* [*Ein Feuerzement zum Einsetzen feuerfester Steine in Feuerungsanlagen u. ä.*] · silica mortar, ~ cement

silikareich, reich an Silika, sauer [*Gestein*] · acid(ic)

Silika|stein *m*, Quarzitstein, Quarzkalkziegel *m*; Dinasstein [*veraltete Bezeichnung*] · silica brick, acid firebrick, gannister brick (Brit.); ganister brick (US)

~stoff *m* · silica material

Silikat *n*, Kieselsäuresalz *n*, H_2SiO_3 · silicate

~anstrich *m*, Silikataufstrich · silicate coat

~-Aschen-Gasbeton *m*, Aschen-Silikat-Gasbeton, Gas-Aschen-Silikat-Beton · gas-ash-silicate concrete

~-Aschen-Schaumbeton *m*, Aschen-Silikat-Schaumbeton, Schaum-Aschen-Silikat-Beton · foam-ash-silicate concrete

~aufstrich *m*, Silikatanstrich · silicate coat

~auspressung *f*, Silikatverpressung, Silikateinpressung, Silikatinjektion *f* · silicate injection

~basis *f*, Silikatgrundlage *f* · silicate base

~beton *m*, Kalksandbeton · silicate concrete

~bildner *m*, Wasserbildner, Hydraulefaktor *m* · silicate-forming matter

~einpressung *f*, Silikatauspressung, Silikatverpressung, Silikatinjektion *f* · silicate injection

~ester *m* · silicate ester

~farbe *f*, S-Farbe · silicate paint [*Containing silicate of soda; may be made with aluminous cement, but not with portland cement*]

~füller *m* · silicate filler

~-Gasbeton *m*, Gas-Silikat-Beton · gas-silicate concrete

~glas *n* · silicate glass

~grundlage *f*, Silikatbasis *f* · silicate base

~injektion *f*, Silikateinpressung *f*, Silikatauspressung, Silikatverpressung · silicate injection

~lösung *f* · silicate solution

~-Schaumbeton *m*, Schaum-Silikatbeton · foam-silicate concrete

~schlacke *f* · silicate slag

~-Schlacken-Gasbeton *m*, Schlacken-Silikat-Gasbeton, Gas-Schlacken-Silikat-Beton · gas-slag-silicate concrete

~-Schlacken-Schaumbeton *m*, Schlacken-Silikat-Schaumbeton, Schaum-Schlacken-Silikat-Beton · foam slag-silicate concrete

~schmelze *f* · silicate melt

~verpressung *f*, Silikateinpressung, Silikatauspressung, Silikatinjektion *f* · silicate injection

Silikazement *m*, Silikamörtel *m* [*Ein Feuerzement zum Einsetzen feuerfester Steine in Feuerungsanlagen u. ä.*] · silica mortar, ~ cement

Silikofluorid *n* · silicofluoride

Silizium *n*, Si *n* · silicon

~bronze *f* · silicon bronze

Siliziumkarbid *n*, Karborund *n*, Siliziumkohlenstoff *m*, SiC [*Synthetisches Erzeugnis mit der Formel SiC. Das industriell hergestellte Produkt kann Verunreinigungen enthalten*] · silicon carbide, carbide of silicon, carbon silicide

~erzeugnis *n* · silicon carbide refractory (product), carbon silicide ~ (~), ~ ~ ~ material

~mörtel *m*, Karborundmörtel, Siliziumkohlenstoffmörtel, SiC-Mörtel · silicon carbide mortar, carbon silicide ~, carbide of silicon ~

~platte *f*, Karborundplatte, Siliziumkohlenstoffplatte, SiC-Platte · silicon carbide slab, carbon silicide ~, carbide of silicon ~

~stein *m*, Karborundstein, Siliziumkohlenstoffstein, SiC-Stein · silicon carbide brick, carbon silicide ~, carbide of silicon ~

Siliziumkohlenstoff *m* → Siliziumkarbid

~mörtel *m* → Siliziumkarbidmörtel

~platte *f* → Siliziumkarbidplatte

~stein *m* → Siliziumkarbidstein

Siliziumoxynitridbindung *f* · nitride bond containing silicon oxynitride

Sillanmatte *f* · rock-wool blanket SILLAN

Sillimanit *m* [*Eines der drei Minerale, die die gleiche Formel $Al_2O_3 \cdot SiO_2$ haben, jedoch in ihrer Struktur verschieden sind. In Erweiterung dient dieser Ausdruck auch zur Bezeichnung des Gesteins (Rohstoffs)*] · sillimanite

~erzeugnis *n* · sillimanite refractory (product), ~ ~ material [*A refractory material made from one of the sillimanite group of minerals*]

~stein *m* · sillimanite brick

Silo *m* · silo

~abzugrinne *f* · silo drawing channel

~anlage *f* · silo plant, ~ installation

~auslauf *m* · silo outlet

~batterie *f* · battery of silos

~bau *m* · silo construction

~beheizung *f* · silo heating

~block(stein) *m*, Silostein · silo tile, ~ block [*See remark under 'Block'*]

~boden *m* · silo bottom

~entleerung *f* · silo discharge

~kunststoff *m* [*zur Innenbeschichtung von Silos*] · silo coating plastic

~lagerung *f* · silo storage

~tasche *f*, Silozelle *f*, Silotrichter *m*, Speicherzelle · silo compartment, ~ hopper, ~ bin

~transport *m* **von Zement** · cement transport in bulk transporters

~trichter *m*, Silotasche *f*, Silozelle *f*, Speicherzelle · silo compartment, ~ hopper, ~ bin

~wand *f* · silo wall

~zelle *f*, Speicherzelle, Silotrichter *m*, Silotasche *f* · silo compartment, ~ hopper, ~ bin

~zement *m*, Behälterzement, loser Zement, unverpackter Zement, ungesackter Zement · bulk cement

Simpsonsche Regel *f* · Simpson's parabolic rule

Sims *m*, Ge~ *n* · cornice [*Any projecting ornamental mo(u)lding along the top of a building, wall, arch, etc. finishing or crowning it*]

~abdeckung *f* **aus Blech**, Ge~ ~ ~, (Ge)Simsblech *n* · (flexible) metal cornice flashing (piece), sheet ~ ~ ~ (~)

~blech *n*, Ge~, (Ge)Simsabdeckung *f* aus Blech · (flexible) metal cornice flashing (piece), sheet ~ ~ ~ (~)

~brett *n*, Deckbrett, Fensterbrett, Latteibrett · window board [*It is used to provide a finish at sill level on the inside*]

~leiste *f*, Ge~ · cornice molding (US); ~ moulding (Brit.)

~stein *m*, Ge~ · cornice stone

~träger *m*, Ge~, Telamon *m*, Atlant *m*, Gebälkträger · atlante, male caryatid [*Carved male figure used instead of columns to support an entablature in classic architecture*]

Singklang *m*, Sington *m* · sound of the human singing voice, tone ~ ~ ~ ~ ~

Sinkkasten *m*, Regen(wasser)ablauf *m*, Regen(wasser)einlauf, Gully *m*, Ablauf, Einlauf · gull(e)y, inlet

~einfassung *f*, Einlaufeinfassung, Ablaufeinfassung, Gullyeinfassung · inlet surround, gull(e)y ~

~öffnung *f*, Gullyöffnung, Einlauföffnung, Ablauföffnung · inlet opening, gull(e)y ~

~rost *m* → Ablaufrost

Sinnbild *n*, Zeichen *n* [*DIN 1350*] · symbol

Sinter *m*, Kiesel~ · geyserite, (siliceous) sinter

~anlage *f* · sintering plant

~asche *f*, Aschensinter *m* · sintered ash

~band *n* · continuously moving hearth, sinter ~

~beton *m* · sintered clay concrete

Sinterbims *m*, Sinter-Leicht(beton)zuschlag(stoff) *m* [*Oberbegriff für Aschensinter und Schlackensinter*] · sintered light(weight) (concrete) aggregate

~beton *m* [*DIN 18151 und 18152*] · sintered light(weight) concrete

~-Wand(bau)platte *f*, Schlacken(sinter)-Wand(bau)platte · sintered clinker wall slab (Brit.); ~ cinder ~ ~ (US)

Sinterbläh|hochofenschlacke *f* · sintered expanded slag; ~ bloating ~ (Brit.)

~ton *m* · sintered expanded clay; ~ bloating ~ (Brit.)

Sinter|bronze *f* · sintered bronze

~dolomit *m* · sintered dolomite

~eisen *n* · sintered iron

~erzeugnis *n* · sintered product

~flugasche *f*, Flugaschensinter(granulat) *m*, (*n*) · sintered fly ash, ~ PFA, ~ p.f.a., ~ pulverized fuel ash

Sinter|gemisch *n*, Sintermischung *f* · sintering mix(ture)

~glas *n*, gefrittetes Glas · sintered glass, fritted ~ [*A porous glass made for filtration and other purposes by heating graded glass powder*]

~granulat *n*, Sinterzuschlag(stoff) *m* · sintered (concrete) aggregate

~grenze *f* · sintering limit

~karbid *n* · cemented carbide, sintered ~

~kies *m* · sintered gravel

~-Leichtzuschlag(stoff) *m*, Sinter-Leichtbetonzuschlag(stoff), Sinterbims *m* [*Oberbegriff für Aschensinter und Schlackensinter*] · sintered lightweight (concrete) aggregate

~magnesit *m*, Schmelzmagnesit [*Hochfeuerfester bis zur beginnenden Schmelzung bei rund 1500° C gebrannter Magnesit*] · sintered magnesite

~mischung *f*, Sintergemisch *n* · sintering mix(ture)

sintern · to sinter

Sintern *n*, Sinterung *f* [*Verfestigung pulverförmiger Stoffe durch Reaktion im festen Zustand bei einer Temperatur, die unter der Bildungstemperatur einer flüssigen Phase liegt. In der Praxis wird die Sintertemperatur manchmal durch Zusätze herabgesetzt, die eine geringe Menge an Schmelz- oder Glasphase ergeben*] · sintering

~ mit flüssiger Phase, Sinterung *f* ~ ~ ~, Schmelzsintern, Schmelzsinterung · liquid phase sintering

~ von losem Pulver, Sinterung *f* ~ ~ ~, Schüttsintern, Schüttsinterung · loose podwer sintering, pressureless ~

Sinter|ofen *m* · sintering furnace

~rost *m* · sintering grate

~schlacke *f*, Schlackensinter *m* · sintered slag (Brit.); ~ cinder (US)

~ton *m*, Tonsinter *m*, gesinterter Ton · sintered clay

~tonerde *f* · sintered alumina

~trommelofen *m*, Trommelsinterofen · rotary sintering kiln, rotating ~ ~

Sinterung *f* → Sintern

~ mit flüssiger Phase, Sintern *n* ~ ~ ~, Schmelzsintern, Schmelzsinterung · liquid phase sintering

~ von losem Pulver, Sintern *n* ~ ~ ~, Schüttsintern, Schüttsinterung · loose powder sintering, pressureless ~

Sinter|verfahren *n* · sintering method

~vorgang *m* · sintering operation

~ware(n) *f*, Sinterzeug *n* [*Durch Brennvorgang erzeugte Tonware(n), gebrannt bis zur Sinterung*] · (mass-produced) sintered ware

~zone *f* · sintering zone

~zuschlag(stoff) *m*, Sintergranulat *n* · sintered (concrete) aggregate

Sinus|bogen *m* · sinusoidal arch

~kurve *f*, Sinuslinie *f* · sine curve

~linie *f*, Sinuskurve *f* · sine curve

Sinusoidenlast *f* · sinusoidal load

SiO_2 *n*, Feuerstein *m*, Silex *m*, Flint(stein) *m* · flint [*A chalcedonic variety of quartz found as nodules and nodular bands in chalk and as residual pebbles*]

Siphon *m* [*Fehlname*] → (Wasser)(Geruch)Verschluß

~, Saugheber *m*, Heberrohr *n*, Flüssigkeitsheber, Syphon · siphon

Siporex|platte *f* · Siporex slab

~wand(bau)platte *f* · Siporex wall slab

Sisalfaser *f* · sisal fibre (Brit.); ~ fiber (US)

sisalfaserverstärkt · sisal reinforced

Sisal|hanf *m* · sisal hemp

~strick *m* · sisal rope [*B. S. 2052*]

~teppich(fuß)boden(belag) *m* · sisal carpeting

Sistrumsäule *f*, Hathorsäule [*Säule mit blockförmigem Aufsatz über einem Hathorkapitell*] · Hathor column

Sitz *m*, Abort~, Klosett~, Toiletten~ · (lavatory) seat, toilet ~, closet ~, W. C. ~ [*B. S. 1254*]

~ · seat

~abort *m*, Sitzklosett *n*, Sitztoilette *f*, Sitzabtritt *m* · commode-type closet, ~ toilet [*The term 'lavatory' is also used as a euphemism for 'toilet' or 'closet'*]

~abtritt *m*, Sitztoilette *f*, Sitzklosett *n*, Sitzabort *m* · commode-type closet, ~ toilet [*The term 'lavatory' is also used as a euphemism for 'toilet' or 'closet'*]

(~)Bank *f* · bench

~becken *n*, (Spül)Abortbecken, Toilettenbecken, Klosettbecken, (Spül)Bekken · bowl, pan, (water)closet ~, lavatory ~, toilet ~, WC ~, wc ~

sitzende Kolossalstatue *f*, ~ Riesenfigur *f* · seated colossal statue, ~ colossus

Sitz|klosett *n*, Sitztoilette *f*, Sitzabtritt *m*, Sitzabort *m* · commode-type closet, ~ toilet [*The term 'lavatory' is also used as a euphemism for 'toilet' or 'closet'*]

~platte *f* [*Stadionbau*] · seating slab

~plätzeanzahl *f* · seating capacity

(Sitzplatz)Tribüne *f* · grandstand

Sitz|reihe *f* · tier of seats, row ~ ~

~toilette *f*, Sitzabtritt *m*, Sitzklosett *n*, Sitzabort *m* · commode-type closet, ~ toilet [*The term 'lavatory' is also used as a euphemism for 'toilet' or 'closet'*]

Sitzungs|raum *m*, Konferenzraum · conference room

~saal *m*, Konferenzsaal · conference hall, ~ theatre

~trakt *m*, Konferenztrakt · conference block, ~ unit

~zimmer *n*, Konferenzzimmer, Sitzungsraum *m*, Konferenzraum · conference room

Sitzwaschbecken *n* · bidet

SK *m*, Segerkegel *m* [*Pyrometer aus Tonerdesilikaten zur Bestimmung der Wärmegrade in keramischen Brennöfen*] · Seger cone

skalare Ortsfunktion *f* · scalar position function

skalares Produkt *n*, inneres ~, Skalarprodukt · scalar product, inner ~

Skalarprodukt *n*, skalares Produkt, inneres Produkt · scalar product, inner ~

Skelett *n*, Gerippe *n*, Trag~ · (structural) skeleton, (load)bearing ~, weight-carrying ~

~bau *m*, Gerippebau, Trag~ · (structural) skeleton construction, (load)bearing ~ ~, weight-carrying ~ ~

~bauwerk *n*, Gerippebauwerk, Trag~ · (structural) skeleton structure, (load-) bearing ~ ~, weight-carrying ~ ~

~beton *m* → Prepaktbeton

~glied *n*, Gerippeglied, Trag~ · (structural) skeleton member, (load)bearing ~ ~, weight-carrying ~ ~

Skene *f* · scena [*A long building passing behind a stage of a hellenic theatre*]

SK-Fallpunkt *m*, Segerkegelfallpunkt · (pyrometric) Seger cone equivalent

Skihütte *f* · ski hut

Skeleroskophärte *f*, Rücksprunghärte nach Shore · Shore hardness

Skotie *f* · scotia [*The concave mo(u)lding between the two torus mo(u)ldings in the base of a column, throwing a deep shadow*]

SK-Tabelle *f*, Segerkegeltabelle · Seger cone chart

skulptieren, skulpturieren · to carve, to hew, to cut, to sculpture [*out of stone, in ivory, etc.*]

Skulptieren *n*, Skulptieren · carving, hewing, cutting, sculpturing [*out of stone, in ivory, etc.*]

Skulpturfries *m*, Plastikfries, skulptierter Fries, skulpturierter Fries · sculptured frieze

skulpt(ur)ieren · to carve, to hew, to cut, to sculpture [*out of stone, in ivory, etc.*]

Skulpt(ur)ieren *n* · carving, hewing, cutting, sculpturing [*out of stone, in ivory, etc.*]

skulpt(ur)iertes Blattwerk *n*, ~ Laubwerk, plastisch gestaltete Blätter *npl* · carved foliage, hewn ~, cut ~, sculptured ~

Slimline-Leuchtstoff|beleuchtungskörper *m*, Slimline-Leuchtstoffleuchte *f* · slimline-lamp fluorescent luminaire (fixture) (US); ~ ~ light fitting (Brit.); ~ ~ (light(ing)) fixture

~lampe *f* · slimline fluorescent lamp

Smaragdgrün *n* · emerald green

Smith-Decke *f* · Smith (fireproof) floor [*This is primarily designed for resistance to fire, and employs (pre)cast hollow blocks to form the lower surface, so reducing weight. Reinforcement is placed between the blocks, which are laid on a telescopic patent centring, and are therefore so well supported that it is possible for men to walk over them even when carrying materials. After the reinforcement has been placed in position, the entire assembly is grouted with a dense concrete*]

Sn *n*, Zinn *n* · tin

SnO_2, Kassiterit *m*, Zinnstein *m* · cassiterite, tinstone, black tin

Sockel *m* · dado [*Properly the portion of pedestal between its base and its cornice; thus the lower part of a wall when divided in the classical ratios. Often simply the lower part of a wall, differentiated by panelling or colour etc.*]

~, Plinthe *f* · plinth, ground course, base course [*A distinct feature forming the lowest part of a masonry column or wall. It usually projects from the surface above and may be of a more durable material. Definition from British Standard 3589*]

~, Untersatz *m* · socle [*A base or pedestal*]

~, Unterbau *m*, Postament *n*, Piedestal *n* · pedestal [*A support for a column, statue, urn, etc. When detailed according to the orders, it consists of a plinth (or base), a die (or dado), and a cap (or cornice)*]

~, Unterbau *m*, Säulen~ · column pedestal

~(belag)platte *f*, Sockelfliese *f* · dado tile

~(belag)platte *f*, Sockelfliese *f*, Plinthe(belag)platte, Plinthefliese · plinth tile

~blech *n*, Sockelplatte *f*, Stoßblech, Trittplatte, Stoßplatte · kick(ing) plate [*A metal plate placed along the lower edge of a door to prevent the marring of the finish by shoe marks*]

~brett *n* · wood(en) sanitary cove, ~ mopboard, ~ washboard, ~ scrub board, ~ base (board) (US); ~ skirting (board) (Brit.); ~ base plate [*Scotland*]

~brett *n* [*Bretterzaun*] · gravel board, ~ plank [*A horizontal board fixed to the underside of a close-boarded fence to prevent the vertical boards from reaching the ground. It is more easily replaced than a vertical board and is less easily rotted than is the end grain of the vertical boards*]

~fliese *f*, Sockel(belag)platte *f* · dado tile

~fliese *f*, Sockel(belag)platte *f*, Plinthefliese, Plinthe(belag) platte · plinth tile

~fries *m* · pedestal frieze

~geschoß *n* · basement

~geschoß *n* **mit Bossenwerk** · rusticated basement

~(ge)sims *n* · base moulding (Brit.); ~ molding (US)

~gründung *f* **in Ziegelmauerwerk** · brickwork (single) base, ~ individual ~

~leiste *f* → Fußleiste

Sockelleisten|heizer *m*, Fußleistenheizer, Scheuerleistenheizer · base (board) heater, scrub board ~, mopboard ~, washboard ~, sanitary cove ~ (US); skirting (board) ~ (Brit.); base plate ~ [*Scotland*]

~heizung *f*, Scheuerleistenheizung, Fußleistenheizung · base (board) heating, scrub board ~, mopboard ~, washboard ~, sanitary cove ~ (US); skirting (board) ~ (Brit.); base plate ~ [*Scotland*]

~-Radiator *m*, Scheuerleisten-Radiator, Fußleisten-Radiator · base (board) radiator, scrub board ~, mopboard ~, washboard ~, sanitary cove ~ (US); skirting (board) ~ (Brit.); base plate ~ [*Scotland*]

~winkel *m*, Scheuerleistenwinkel, Fußleistenwinkel · sanitary corner cast(ing)

Sockelmauer *f*, Plinthemauer · plinth masonry wall

~werk *n*, Plinthemauerwerk · plinth masonry

Sockel|platte *f*, Sockelbelagplatte, Sokkelfliese *f*, Plinthefliese, Plinthe(belag)-platte · plinth tile

~rahmen *m* · dado framing

~sims *m*, Sockelgesims *n* · base molding (US); ~ moulding (Brit.)

~tafelung *f*, Lambris *n*, Lamberie *f* · wainscot

~ziegel *m*, Plintheziegel · plinth brick

Soffittenlampe *f*, Röhrenlampe · tubular lamp [*B.S. 1853*]

Sofort|dehnung *f* · instantaneous strain

~programm *n* · crash program (US); ~ programme (Brit.)

Sog *m*, Wind~ · (wind) suction

~beiwert *m*, Wind~ · (wind) suction coefficient

~kraft *f*, Wind~ · (wind) suction force

~seite *f* · (wind) suction side

~wirkung *f*, Wind~ · (wind) suction effect

Sohlbank *f*, Fenster~, Fensterbank · (window) sill; (~) cill (Brit.)

~abdeckung *f*, Fenster~, Fensterbankabdeckung · (window) sill cover; (~) cill ~ (Brit.)

~block(stein) *m*, Sohlbankstein, Fenster~, Fensterbankblock(stein), Fensterbankstein · (window) sill block, (~) ~ tile; (~) cill ~ (Brit.)

~platte *f*, Fenster~, Fensterbankplatte · window sill slab; ~ cill ~ (Brit.)

~riegel *m*, Brustriegel [*Querverbindung unter einer Fensteröffnung im Fachwerk*] · (window) sill rail, (~) breast~; (~) cill ~ (Brit.)

~stein *m*, Sohlbankblock(stein) *m*, Fenster~, Fensterbankstein, Fensterbankblock(stein) · (window) sill block, (~) ~ tile; (~) cill ~ (Brit.)

Sohlschale *f* · gutter

Sojafaser *f* · soya bean fibre (Brit.); soybean fiber (US)

Sojaöl *n* · soybean oil (US); soya bean ~ (Brit.) [*A drying oil, extracted from the soya bean, which has interior drying properties to linseed oil but may be improved by suitable processing. Paints and varnishes containing soya bean oil are less prone to yellowing than those based on linseed oil*]

~-Standöl *n* · soybean oil stand oil (US); soya bean ~ ~ ~ (Brit.)

Solarium *n* [*Gegen Einsicht geschützte Sonnenterrasse*] · solarium [*A glazed enclosure used as a sun trap*]

Solarkonstante *f* [*Die von der Sonne senkrecht auf die obere Grenze der Erdatmosphäre gestrahlte Wärmemenge, die sogenannte S., beträgt rund 1200 kcal/m²h*] · solar constant

Soll|abmessung *f*, Sollmaß *n* · nominal dimension, theoretical ~

~bestand *m* · standard store, ~ stock

Solleistung *f* · target output

Söller *m* [*Sonnenterrasse auf einem Haus*] · roof-top sun terrace

Soll|form *f*, Sollgestalt *f* · theoretical shape

~gestalt *f*, Sollform *f* · theoretical shape

~größe *f* · theoretical size

~höhe *f* · nominal height, theoretical ~

~korngröße *f*, nominelle Korngröße · nominal grain size

~kurve *f* · nominal curve, ~ line

~kurve *f*, Sollsieblinie *f*, Idealkurve, Idealsieblinie [*Sieblinie des gewünschten Endproduktes*] · ideal grading curve, nominal ~ ~

~maß *n*, Sollabmessung *f* · nominal dimension, theoretical ~

~modul *m* · theoretical module

~raumgewicht *n* **der Volumeneinheit**, Sollrohdichte *f*, Sollrohwichte · ideal volume weight, ~ unit ~, ~ (bulk) density, ~ bulk specific gravity [*deprecated: ideal box weight*]

~rohdichte *f*, Sollrohwichte, Sollraumgewicht *n* der Volumeneinheit · ideal volume weight, ~ unit ~, ~ (bulk) density, ~ bulk specific gravity [*deprecated: ideal box weight*]

~rohwichte *f*, Sollrohdichte, Sollraumgewicht *n* der Volumeneinheit · ideal volume weight, ~ unit ~, ~ (bulk) density, ~ bulk specific gravity [*deprecated: ideal box weight*]

~sieblinie *f*, Sollkurve *f*, Idealkurve, Idealsieblinie [*Sieblinie des gewünschten Endproduktes*] · ideal grading curve, nominal ~ ~

~tiefe *f* · nominal depth

~wert *m* · nominal value

Sommer|betrieb *m* [*Heizung*] · summer service

~haus *n* · summer house

~-Klimaanlage *f* · summer air conditioning system

~kühllast *f* · summer cooling load

~palast *m* · summer palace

~residenz *f* · summer residence

~theater *n* · summer theatre [*Theatre with a sliding ceiling which allows the night sky to serve as a roof*]

~wärmegewinn *m* · summer heat gain

Sonder|(-Ab)deckfolie *f*, Sonderschutzfolie, Spezial(-Ab)deckfolie, Spezialschutzfolie · special (purpose) cover(ing) foil, ~ (~) protecting ~, purpose-made ~ ~

~armierung *f*, Sonderbewehrung, Spezialarmierung, Spezialbewehrung, Sonder(stahl)einlagen *fpl*, Spezial(stahl)einlagen · special (purpose) reinforcement, purpose-made ~

~artikel *m* → Spezialerzeugnis

~ausgußmasse *f* → Sonderfugen(verguß)masse

~(bau)beschlag *m*, Spezial(bau)beschlag · purpose-made (builders') furniture, ~ (~) fitting, special (purpose) (~) ~

~(bau)beschläge *mpl*, Spezial(bau)beschläge · purpose-made (builders') hardware, ~ (~) fittings, special (purpose) (~) ~

~-Baumaterial *n*, Spezial-Baumaterial [*Schweiz*]; Spezial-Baustoff *m*, Sonderbaustoff · purpose-made construction(al) material, ~ building ~, ~ structural ~, special (purpose) ~ ~

~-Bauprofil *n*, Spezial-Bauprofil · purpose-made structural shape, ~ ~ section, ~ ~ unit, ~ construction ~, special (purpose) ~ ~

~-Baustoff *m*, Spezial-Baustoff; Spezial-Baumaterial *n*, Sonder-Baumaterial [*Schweiz*] · purpose-made construction(al) material, ~ building ~, ~ structural ~, special (purpose) ~ ~

~bauweise *f*, Spezialbauweise · special building method

~(belag)platte *f*, Sonderfliese, Spezial(belag)platte, Spezialfliese · purpose-made tile, special (purpose) ~

~beschlag *m*, Sonderbaubeschlag, Spe(bau)beschlag · purpose-made (builders') furniture, ~ (~) fitting, special (purpose) (~) ~

~beschläge *mpl*, Sonderbaubeschläge, Spezial(bau)beschläge · purpose-made (builders') hardware, ~ (~) fittings, special (purpose) (~) ~

~beton *m*, Spezialbeton · purpose-made concrete, special (purpose) ~

Sonderbetonstahl *m*, Spezialbetonstahl · special (purpose) reinforcement steel, purpose-made ~ ~

~ III *m* · special reinforcing bars grade III

~ IIIb *m*, Torstahl 42, Tor-Rippenstahl [*Verwundener Rundstahl mit zwei schraubenförmig verlaufenden Längsrippen*] · Torsteel

Sonder|bewehrung *f*, Sonderarmierung, Spezialbewehrung, Spezialarmierung, Sonder(stahl)einlagen *fpl*, Spezial(stahl)einlagen · special (purpose) reinforcement, purpose-made ~

~block(stein) *m*, Sonderstein, Spezialblock(stein), Spezialstein · purpose-made block, ~ tile, special (purpose) ~ [*See remark under 'Block'*]

~draht *m*, Spezialdraht · special wire, purpose-made ~

~drahtglas *n*, Spezialdrahtglas · special wire(d) glass

~einlagen *fpl*, Sonderstahleinlagen, Spezialbewehrung *f*, Spezialarmierung, Spezial(stahl)einlagen, Sonderarmierung, Sonderbewehrung · special reinforcement

~entwurf *m*, Spezialentwurf · one-off design [*This term is used with reference to architectural designs for special purposes. For example, a design for a prestige building such as the British Petroleum Building in Moorfield, London. Other examples of one-off designs are concert halls, theatres, and so on, in fact any building built with specific purposes, to an original design which is not used for any other building*]

~erzeugnis *n* → Spezialerzeugnis

~fenster *n*, Spezialfenster · purpose-made window, special (purpose) ~, purpose-built ~

~fliese *f*, Sonder(belag)platte, Spezialfliese, Spezial(belag)platte · purpose-made tile, special (purpose) ~

~fluat *n*, Spezialfluat, Sonderfluorsilikat *n*, Spezialfluorsilikat · special fluosilicate

~fluorsilikat *n*, Spezialfluorsilikat, Spezialfluat *n*, Sonderfluat · special fluosilicate

~form *f*, Spezialform · special shape

~format *n*, Spezialformat · special format

~fugen(verguß)masse *f*, Sonder(fugen)ausgußmasse, Sondervergußmasse, Spezialfugen(verguß)masse, Spezial(fugen)ausgußmasse, Spezialvergußmasse · special (joint) pouring compound

~gegenstand *m* → Spezialerzeugnis

~glas *n*, Spezialglas · special glass

~gotik *f*, deutsche ~ · German Late Gothic (style), particularistic Gothic

~gußeisen *n* **Ni-Hard mit martensitisch-weißem Gefüge** · Ni-Hard martensitic white cast iron

~güte *f* · high grade

~-Holzfenster *n*, Spezial-Holzfenster · purpose-made timber window, ~ wood(en) ~

~hüttenbims *m*, Spezialhüttenbims · special crushed foamed (blast-furnace) slag, ~ broken ~ (~) ~ (Brit.); ~ ~ expanded cinder (US)

~kanal *m*, Spezialkanal · purpose-made duct, special (purpose) ~

~-Kasten(dach)rinne *f*, Spezial-Kasten(dach)rinne · purpose-made box (roof) gutter, ~ ~ rainwater ~, special (purpose) ~ (~) ~

~kehlrinne *f*, Spezialkehlrinne · purpose-made valley gutter, special (purpose) ~ ~

~kleb(e)masse *f*, Spezialkleb(e)masse · special adhesive composition, ~ ~ compound, ~ cementing ~

~kleb(e)stoff *m*, Sonderkleber *m*, Spezialkleb(e)stoff, Spezialkleber, Sonderkleb(e)mittel *n*, Spezialkleb(e)mittel · special (purpose) bonding agent, ~ (~) ~ medium, ~ (~) (~) adhesive, ~ (~) cement(ing agent), purpose-made (~) ~

~masse *f*, Spezialmasse · special (purpose) composition, ~ (~) compound, ~ (~) mass, ~ (~) material, purpose-made ~

~(mauerwerk)verband *m*, Spezial(mauerwerk)verband · special (masonry) bond

~messing *n* [*Fehlnamen: Baubronze f, Bronzeprofile npl*] · architectural bronze

~mörtel *m*, Spezialmörtel · special (purpose) mortar, purpose-made ~

~oberflächenbehandlung *f*, Spezialoberflächenbehandlung · special surface treatment

~(papier)tapete *f*, Spezial(papier)tapete · specific (wall)paper

~pappe *f*, Spezialpappe · special (purpose) paper, purpose-made ~ [*See remark under 'Pappe'*]

~pech *n*, Spezialpech · purpose-made pitch, special (purpose) ~

~platte *f*, Sonderbelagplatte, Sonderfliese *f*, Spezialfliese, Spezial(belag)platte · purpose-made tile, special (purpose) ~

~profil *n*, Spezialprofil · special (purpose) section, ~ (~) shape, ~ (~) unit, ~ (~) profile, ~ (~) trim, purpose-made ~

~putz *m*, Spezialputz · special (purpose) plaster, purpose-made ~

~-Rohrfitting *m*, Spezial-Rohrfitting · special [*Any fabricated metal pipe fitting wich is not in normal produktion*]

~-Rohrguß *m*, Spezial-Rohrguß · special casting [*Any metal pipe casting which is not in normal production and which requires the making of a new pattern*]

~schaum *m*, Spezialschaum [*Leichtbetonherstellung*] · pre-formed foam

~schlämme *f*, Spezialschlämme · special (purpose) grout, ~ (~) slurry, purpose-made ~

~schloß *n*, Spezialschloß · special-purpose) lock, purpose-made ~

~schutzfolie *f*, Sonder(-Ab)deckfolie, Spezial(-Ab)deckfolie, Spezialschutzfolie · special (purpose) cover(ing) foil, ~ (~) protecting ~, purpose-made ~ ~

~spachtel(masse) *m*, (*f*), Spezialspachtel(masse) · special filler, ~ stopper, ~ stopping; ~ Swedish putty, ~ spactling compound (US)

~(stahl)einlagen *fpl*, Spezialbewehrung *f*, Spezialarmierung, Spezial(stahl)einlagen, Sonderarmierung, Sonderbewehrung · special (purpose) reinforcement, purpose-made ~

~-Stahlfenster *n*, Spezial-Stahlfenster · purpose-made steel window, purpose-built ~ ~, special (purpose) ~ ~

~-Stampfasphalt(belag)platte *f*, Sonder-Stampfasphaltfliese, Spezial-Stampfasphalt(belag)platte, Spezial-Stampfasphaltfliese, Hochdruck-Sonder-Asphalt(belag)platte, Hochdruck-Sonder-Asphaltfliese, Hochdruck-Spezial-Asphalt(belag)platte, Hochdruck-Spezial-Asphaltfliese · highly compressed special asphalt(ic) tile

~-Stampfasphaltfliese *f*, Sonder-Stampfasphalt(belag)platte, Spezial-Stampfasphalt(belag)platte, Spezial-Stampfasphaltfliese, Hochdruck-Sonder-Asphalt(belag)platte, Hochdruck-Sonder-Asphaltfliese, Hochdruck-Spezial-Asphalt(belag)platte, Hochdruck-Spezial-Asphaltfliese · highly compressed special asphalt(ic) tile

~-Stampfasphaltplatte *f* → Sonder-Stampfasphalt(belag)platte

~stein *m*, Sonderblock(stein) *m*, Spezialstein, Spezialblock(stein) · purpose-made block, ~ tile, special (purpose) ~ [*See remark under 'Block'*]

~tapete *f*, Sonderpapiertapete, Spezial-(papier)tapete · specific (wall)paper

~(ton)ziegel *m*, Spezial(ton)ziegel, gebrannter Sonderstein *m*, gebrannter Spezialstein · special (duty) (burnt) (clay) brick, ~ (~) burned (~) ~, ~ (~) fired (~) ~, ~ purpose (~) (~) ~, purpose-made (~) (~) ~

~tor *n*, Spezialtor · purpose-made gate

~tür *f*, Spezialtür · purpose-built door, purpose-made ~, special (purpose) ~

~verband *m* → Sondermauerwerkverband

~-Verbund(belag)platte *f* → Spezial-Verbund(belag)platte

~-Verbundfliese *f* → Spezial-Verbund-(belag)platte

~-Verbundplatte *f* → Spezial-Verbund-(belag)platte

~vergußmasse *f* → Sonderfugen(verguß)masse

~walzprofil *n*, Spezialwalzprofil · special (purpose) rolled section, ~ (~) ~ unit, ~ (~) ~ shape ~ (~) ~ trim, ~ (~) ~ profile, purpose-made ~ ~

~weicheisen *n*, Spezialweicheisen · special soft iron

~zement *m*, Spezialzement · special (purpose) cement, purpose-made ~

~ziegel *m*, Sondertonziegel, Spezial-(ton)ziegel, gebrannter Sonderstein *m*, gebrannter Spezialstein · special (duty) (burnt) (clay) brick, ~ (~) burned (~) ~, ~ (~) fired (~) ~, ~ purpose (~) (~) ~, purpose-made (~) (~) ~

~zuschlag(stoff) *m*, Spezialzuschlag-(stoff) · special (construction) aggregate

Sonnen|bestrahlung *f* · insolation

~blende *f*, Sonnenschutzblende, Abschattungsvorrichtung *f*, Sonnenschutzkonstruktion *f*, Sonnenschutz(anlage) *m*, (*f*) · sunblind, sunbreaker, shading device

~dach *n* · sun-roof

~einfall *m*, einfallende Sonnenstrahlung *f*, Besonnung, Sonneneinstrahlung · insolation, sun(light) penetration, incoming solar irradiation, entry of direct sunshine

~einstrahlung *f* → Sonneneinfall

~energie-Wassererhitzer *m* · solar water heater

sonnen|fest, sonnenbeständig · sunproof

~gesteuerte Raffjalousie *f*, ~ Zugjalousie · solar controlled venetian (blind) [*It is coupled to a light-sensitive device*]

Sonnen|gewinn *m*, Sonnenwärmegewinn · solar (heat) gain

~heizung *f*, Sonnenheizung · solar heating

~licht *n* · sunlight

~lichtblendung *f* · sunlight glare

~lichtstrahlung *f* · solar light radiation

~lufttemperatur *f* · sol-air temperature

~pyramide *f* [*in Teotihuacan*] · Pyramid of the Sun

~reflexionsglas Calorex *n* · cast glass Calorex

Sonnenschutz *m*, Besonnungsschutz · sunshading, (solar)shading

~(anlage) *m*, (*f*), Sonnen(schutz)blende *f*, Abschattungsvorrichtung *f*, Sonnenschutzkonstruktion *f* · sunblind, sunbreaker, shading device

~arbeiten *fpl* · sun control work, ~ protection ~

Sonnen(schutz)blende *f*, Abschattungsvorrichtung *f*, Sonnenschutzkonstruktion *f*, Sonnenschutz(anlage) *m*, (*f*) · sunblind, sunbreaker, shading device

Sonnenschutz|glas *n* · antisun glass, solar ~

~konstruktion *f*, Sonnen(schutz)blende *f*, Abschattungsvorrichtung *f*, Sonnenschutz(anlage) *m*, (*f*) · sunblind, sunbreaker, shading device

~kragdach *n*, Sonnenschutzauslegedach · antisun cantilever roof

~scheibe *f* · polarized glass screen

~vorrichtung *f* · sun protective device, ~ control ~

~(zier)gitter *n* · solar grille

Sonnen|segel *n* · awning

~stand *m*, Stand der Sonne · location of the sun, position ~ ~ ~

~stein *m* · aventurine fel(d)spar, sunstone

(~)Strahlenweg *m* · sun path

~strahlung *f* · sun radiation, solar ~

~strahlungswärme *f* · solar load

~strahlungszeit *f* · suntime

~tempel *m* · Temple of the Sun

~terrasse *f* · sun(-bathing) terrace, ~ patio, solarium

~tor *n* **zu Tiahuanaco** · Gateway of the Sun at Tiahuanaco

~wärme *f* · solar heat

~(wärme)gewinn *m* · solar (heat) gain

~wärmestrahlung *f* · solar heat radiation

Sophienkirche *f* **zu Konstantinopel** · Church S. Sophia at Constantinople, Hagia Sophia ~ ~

Sopraporte *f* → Supraporte

Sorel|mörtel *m* → Magnesiamörtel

~zement *m* → Magnesiamörtel

Sorte *f* · grade

Sortierung *f* · sorting

Souterrainwohnung *f*, Kellergeschoßwohnung · basement dwelling unit (US); ~ dwelling (Brit.)

~, Kellerwohnung · cellar dwelling (Brit.); ~ ~ unit (US)

sozialer Wohn(ungs)bau *m*, ~ WBau · publicly assisted house-building, low-cost (municipal) housing, social housing [*Provision of flats or houses for low-income groups, partly financed with the aid of public funds. Financing includes certain tax and interest concessions*]

soziales Bauprogramm *m* · social building programme

Sozial|gebäude *n*, Personalgebäude, Belegschaftsgebäude · staff building, personnel ~

~raum *m* · staff room, personnel ~

~wohnbauten *f* · low-income (residential) housing, ~ residences

~wohnung *f* → öffentlich geförderte Wohnung

~wohnungen *fpl* · dwellings for low-income families (Brit.); dwelling units ~ ~ ~ (US)

Spachtel *m* → ~masse

~(ab)dichtung *f* · stopper seal(ing), stopping ~, filler ~

~bedachung *f* → Spachteldach(belag)

~biegeprüfer *m* · stopper bending tester

~dach(belag) *n*, (*m*), Spachtel(dach)-(ein)deckung *f*, Spachtelbedachung, Kleb(e)dach(belag), Kleb(e)(dach)-(ein)deckung, Kleb(e)bedachung · built-up roof cladding, ~ ~ covering, ~ ~ sheathing, ~ roof(ing)

~(dach)(ein)deckung *f* → Spachteldach(belag)

~(dach)(ein)deckung *f* **mit vier Einlagen**, Spachteldach(belag) *n*, (*m*) ~ ~ ~, Kleb(e)dach(belag) ~ ~ ~ · four-play (built-up) roof(ing), four-layer (~) ~

~deckung *f* → Spachteldach(belag)

~dichtung *f*, Spachtelabdichtung · stopper seal(ing), stopping ~, filler ~

~(ein)deckung *f* → Spachteldach(belag)

~gips *m* · stopper gypsum, stopping ~, filler ~

~lage *f*, Spachtelschicht *f*, Ausfüllerlage, Ausfüllerschicht · stopper coat, stopping ~, filler ~

~(masse) *m*, (*f*), Füll~, Ausfüller *m* [*Spachtel(masse) ist ein stark pigmentierter und/oder gefüllter Anstrichstoff, vorwiegend zum Ausgleichen von Unebenheiten des Untergrundes. Der Spachtel kann zieh-, streich- oder spritzbar eingestellt werden. Die getrocknete Spachtelschicht muß schleifbar sein.*
Nach der Zusammensetzung unterscheidet man z.B. Leimspachtel, Dispersionsspachtel, Ölspachtel, Lackspachtel, Nitrocellulosespachtel] · stopper, stopping, filler; Swedish putty, spactling compound (US)

~(masse) *m*, (*f*), Dach~, Dachkleb(e)-masse · dressing compound, ~ composition, cement

~(masse) *m*, (*f*) [*Zum Maschinenspachteln von Terrazzoplatten*] · filling compound, grouting ~

~messer *n* · [*DIN 7216*] · filling knife

spachteln [*Terrazzoplatten*] · to grout [*terrazzo tiles*]

Spachtel|pulver *n*, Füll~, Ausfüllerpulver · stopper powder, stopping ~, filler ~

~schicht *f*, Spachtellage *f*, Ausfüllerlage, Ausfüllerschicht · stopper coat, stopping ~, filler ~

Spalier *n* · lattice

~zaun *m*, Ästelzaun · lattice fence

Spaltenboden *m*, Rostboden · slatted floor [*e.g. for cattle*]

Spaltkorrosion *f* · crevice corrosion

spaltrauh, bruchrauh [*Schiefer*] · natura cleft, ~ split

Spaltung *f* **in Spalthütten** · hand method, shanty ~ [*Manufacture of roof(ing) slate*]

Spaltzug|armierung *f*, Spaltzugbewehrung, Spaltzug(stahl)einlagen *fpl* · reinforcement against tensile splitting

~versuch *m*, Spaltzugprobe *f*, Spaltzugprüfung *f* · indirect tensile test, splitting ~ ~

Span-Akustikdeckenplatte *f*, Holz~, (Holz)Span-Schallschluckdeckenplatte, Leichtspanplatte, leichte (Holz)Spandeckenplatte · wood particle (or chip) acoustic(al) ceiling board; ~ ~ (~ ~) ~ ~ tile (US)

Spandrille *f*, (Bogen)Zwickel *m* [*Die dreieckige, auf einer Spitze stehende Fläche zwischen Bogen und rechtwinkeliger Einfassung*] · spandrel, triangular panel [*The triangular space between the side of an arch, the horizontal drawn from the level of its apex, and the vertical of its springing*]

Spanholzplatte *f*, Holzspanplatte [*DIN 68761*] · wood(en) particle board, ~ chipboard

spanische Gotik *f* · Spanish (type of) Gothic

~ Hochgotik *f* · Spanish High Gothic (style)

spanisches Terpentinöl *n* · Spanish (oil of) turpentine, ~ spirit ~ ~

spanisch-maurische Architektur *f*, ~ Baukunst *f* · Hispano-Moresque architecture

Spann|armierung *f* → (Vor)Spann(stahl)einlagen

~bahn *f*, Spannbett *n* · (pre)stressing bed, ~ table, ~ line; ~ mold (US); ~ mould (Brit.)

~balken *m*, Hauptbalken, Zugbalken, Trambalken [*eines einsäuligen Hängewerkes*] · tie beam, main ~

Spannbeton *m* [*DIN 4227*] · prestressed concrete, P. S. [*Prestressing combines and enhances the inherent characteristics of two of the foremost construction materials – the compressive strength of concrete with the high tensile strength of stress-relieved cold drawn steel wire and strand*]

~-Abwasserrohr *n*, Spannbeton-Kanal(isations)rohr · prestressed (concrete) sewer pipe, ~ (~) sewage ~, ~ (~) foul water ~, ~ (~) refuse water ~

~arbeit(en) *f(pl)* · prestressed (concrete) work

~aufgabe *f* · prestressed (concrete) problem

~-Außenstütze *f* · exterior prestressed (concrete) column, external ~ (~) ~, perimeter ~ (~) ~

~balkendecke *f*, Spannbetonbalkenträgerdecke · prestressed (concrete) beam floor

~balken(träger) *m* · prestressed (concrete) beam

~balken(träger) *m* **in Vorspannung mit sofortigem Verbund** · pretensioned (prestressed) (concrete) beam

~balken(träger)decke *f* · prestressed (concrete) beam floor

~bau *m* · prestressed (concrete) construction

~(bau)einheit *f* [*Fehlname*] → Spannbeton(bau)element

~(bau)element *n*, Spannbeton(bau)körper *m*, Spannbetonmontageelement, Spannbetonmontagekörper, Spannbetonfertig(bau)körper. Spannbetonfertig(bau)element [*Fehlnamen: Spannbeton(bau)einheit f, Spannbetonmontageeinheit*] · (pre)cast prestressed (concrete) (building) unit, ~ ~ (~) (~) component, prefab(ricated) ~ ~ (~) ~, prestressed cast-concrete (~) ~, prestressed (concrete) cast(ing)

~(bau)körper *m* → Spannbeton(bau)element

~bauteil *m*, *n* [*Z. B. Spannbetonstütze; Spannbetonbinder usw*] · presstressed (concrete) compound unit

~bauteil *m*, *n* [*Fehlname*] → Spannbetonfertig(bau)teil

~bau(werk) *m*, (*n*) · prestressed (concrete) structure

~becken *n* · prestressed (concrete) reservoir

~bedachung *f* → Spannbetondach(belag)

~-Bedachungselement *n*, Spannbeton-Dachelement, Spannbeton-Bedachungsplatte *f*, Spannbeton-Dachplatte · prestressed (concrete) roof(ing) slab

~-Bedachungsplatte *f*, Spannbeton-Dachplatte, Spannbeton-Bedachungselement *n*, Spannbeton-Dachelement · prestressed (concrete) roof(ing) slab

~behälter *m* · prestressed (concrete) reservoir, ~ (~) tank

~-Beleuchtungsmast *m*, Spannbeton-Lichtmast, Spannbeton-Leuchtenmast · prestressed (concrete) lighting mast

~biegebalken *m*, Spannbetonprobebalken · prestressed (concrete) flexure test beam

~bogen *m* · prestressed (concrete) arch

~bogenträger *m*, gekrümmter Spannbetonträger · prestressed (concrete) arch(ed girder), ~ (~) arch ~

~dachbalken(träger) *m* · prestressed (concrete) roof beam

~dach(belag) *n*, (*m*), Spannbeton(dach)(ein)deckung *f*, Spannbetonbedachung · prestressed (concrete) roof cladding, ~ (~) ~ covering, ~ (~) ~ sheathing, ~ (~) roof(ing)

~(dach)(ein)deckung *f* → Spannbetondach(belag)

~-Dachelement *n*, Spannbeton-Bedachungselement, Spannbeton-Bedachungsplatte *f*, Spannbeton-Dachplatte · prestressed (concrete) roof(ing) slab

~dachfaltwerk *n*, Spannbetonfalt(werk)dach *n* · prestressed (concrete) folded plate roof, ~ (~) ~ slab ~, ~ (~) prismatic shell ~; ~ (~) hipped-plate ~, ~ (~) tilted-slab ~ (US)

~-Dachplatte *f*, Spannbeton-Bedachungselement *n*, Spannbeton-Dachelement, Spannbeton-Bedachungsplatte · prestressed (concrete) roof(ing) slab

~decke *f* → Gebäude~

~-Deckenbalken(träger) *m* · prestressed (concrete) floor beam

~decken(bau)system *n*, Spannbetondeckenkonstruktion(ssystem) *f*, (*n*) · prestressed (concrete) floor(ing) (structural) system, ~ (~) ~ construction

~deckenkonstruktion(ssystem) *f*, (*n*), Spannbetondecken(bau)system · prestressed (concrete) floor(ing) (structural) system, ~ (~) ~ construction

~deckenplatte *f* · prestressed (concrete) floor slab

~-Deckenplattenelement *n* · prestressed (concrete) floor-slab unit, ~ (~) ~ member

~deckensystem *n*, Spannbetondeckenbausystem, Stahlbetondeckenkonstruktion(ssystem) *f*, (*n*) · prestressed (concrete) floor(ing) (structural) system, ~ (~) ~ construction

~(decken)unterzug *m* · prestressed (concrete) (binding) joist, ~ (~) ceiling ~, ~ (~) binder ~, ~ (~) bearer

~deckung *f*, Spannbetondach(belag) *n*, (*m*), Spannbeton(dach)eindeckung, Spannbetonbedachung · prestressed (concrete) roof cladding, ~ (~) ~ covering, ~ (~) ~ sheathing, ~ (~) roof(ing)

~diele *f*, vorgespannte Diele · prestressed (concrete) plank (unit)

~dielendecke *f*, vorgespannte Dielendecke · prestressed (concrete) plank (unit) floor

~-Doppel-T-Träger *m*, Spannbeton-I-Träger · prestressed (concrete) I-beam

Spann(beton)draht *m* → (Vorspann-)Bündeldraht

Spannbeton|-Dreieckfachwerkträger *m* · prestressed (concrete) triangular truss

~-Druckbehälter *m* · prestressed (concrete) reactor vessel, PCRV

~druckgefäß *n* · prestressed (concrete) pressure vessel

~druckrohr *n* · prestressed (concrete) pressure pipe

~-Durchlaufbalken(träger) *m*, Durchlauf-Spannbetonbalken(träger), durchlaufender Spannbetonbalken(träger) · prestressed (concrete) continuous beam, continuous prestressed (concrete) ~

~-Durchlaufrahmen *m*, Durchlauf-Spannbetonrahmen, durchlaufender Spannbetonrahmen · prestressed (concrete) continuous frame, continuous prestressed (concrete) ~

~-Durchlaufträger *m*, Durchlauf-Spannbetonträger, durchlaufender Spannbetonträger · continuous prestressed (concrete) girder

~(ein)deckung *f* → Spannbetondach(-belag)

~element *n* → Spannbetonbauelement

~-Etagendecke *f* → (Gebäude)Spannbetondecke

~fachwerkbinder *m*, Spannbetonfachwerkdachbinder · prestressed (concrete) roof truss, ~ (~) (lattice) ~

~fachwerk(dach)binder *m* · prestressed (concrete) roof truss, ~ (~) (lattice) ~

~fachwerk(träger) *n*, (*m*) · prestressed (concrete) truss(ed girder)

~faltdach *n* → Spannbetondachfaltwerk

~-Faltwerk *n*, Spannbeton-Plattenfaltwerk · prestressed (concrete) folded plate (structure), ~ (~) ~ slab (~); ~ (~) hipped-plate (~) (US)

~falt(werk)dach *n* → Spannbetondachfaltwerk

~fensteroberschwelle *f*, Spannbetonfenstersturz *m* · prestressed (concrete) window lintel; ~ (~) ~ lintol [*deprecated*]

~fenstersturz *m*, Spannbetonfensteroberschwelle *f* · prestressed (concrete) window lintel; ~ (~) ~ lintol [*deprecated*]

~fertig(bau)teil *m*, *n*, Spannbetonmontage(bau)teil [*Fehlname: Spannbetonbauteil*] · (pre)cast prestressed (concrete) compound unit, prefab(ricated) ~ (~) ~ ~

~-Fertigdecke *f*, Spannbeton-Fertigteildecke, Spannbeton-Montagedecke, Montage-Spannbetondecke · (pre-)cast prestressed (concrete) floor, prestressed (pre)cast (~) ~

~-Fertig-Deckenplatte *f* · hollow (pre)cast prestressed (concrete) floor slab

~-Fertigkonstruktion(ssystem) *f*, (*n*), Spannbeton-Fertigteilkonstruktion(ssystem), Spannbeton-Montagekonstruktion(ssystem) · (pre)cast prestressed (concrete) construction, ~ ~ (~) (structural) system

~-Fertigoberschwelle *f*, Spannbeton-Fertigteiloberschwelle, vorgefertigte Spannbetonoberschwelle, vorgefertigter Spannbetonsturz *m*, Spannbeton-Fertig(teil)sturz · (pre)cast prestressed (concrete) lintel, prestressed (pre-)cast (~) ~; ~ ~ (~) lintol [*deprecated*]

~-Fertigplatte *f* · prestressed (pre-)cast (concrete) slab, (pre)cast prestressed (~) ~

~-Fertigsturz *m*, Spannbeton-Fertigteilsturz, Spannbeton-Fertig(teil)oberschwelle *f*, vorgefertigte Spannbetonoberschwelle, vorgefertigter Spannbetonsturz · (pre)cast prestressed (concrete) lintel, prestressed (pre)cast (~) ~; ~ ~ (~) lintol [*deprecated*]

~fertigtafel *f* · (pre)cast prestressed (concrete) panel, prestressed (pre)cast (~) ~

~fertigteil *m*, *n* → Spannbetonfertigbauteil

~-Fertigteilbau *m* → Bauen mit Spannbetonfertigteilen

~-Fertig(teil)decke *f*, Spannbeton-Montagedecke, Montage-Spannbetondecke · (pre)cast prestressed (concrete) floor, prestressed (pre)cast (~) ~

~-Fertig(teil)konstruktion(ssystem) *f*, (*n*), Spannbeton-Montagekonstruktion(ssystem) · (pre)cast prestressed (concrete) construction, ~ ~ (~) (structural) system

~-Fertig(teil)oberschwelle *f*, Spannbeton-Fertig(teil)sturz *m*, vorgefertigte Spannbetonoberschwelle, vorgefertigter Spannbetonsturz · (pre)cast prestressed (concrete) lintel, prestressed (pre)cast (~) ~; ~ ~ (~) lintol [*deprecated*]

~-Fertig(teil)sturz *m*, Spannbeton-Fertig(teil)oberschwelle *f*, vorgefertigte Spannbetonoberschwelle, vorgefertigter Spannbetonsturz · (pre)cast prestressed (concrete) lintel, prestressed (pre)cast (~) ~; ~ ~ (~) lintol [*deprecated*]

~-Fertig(teil)wand *f*, Montagespannbetonwand, Spannbeton-Montagewand · (pre)cast prestressed (concrete) wall, prestressed (pre)cast (~) ~

~-Fertig(teil)wange *f* · (pre)cast prestressed (concrete) string, prestressed (pre)cast (~) ~

~-Fertig-T-Profil *n* · prestressed (pre-)cast (concrete) tee-section, (pre-)cast prestressed (~) ~

~fertigträger *m* · prestressed (pre)cast (concrete) beam, (pre)cast prestressed (~) ~

~gebäude *n* · prestressed (concrete) building, ~ (~) block

~gerippe *n* → Spannbetonskelett

~-Geschoßdecke *f* → (Gebäude-)Spannbetondecke

~gewölbe *n* · prestressed (concrete) vault

~gitterträger *m* · prestressed (concrete) lattice girder

~(gleis)schwelle *f*, Spannbetonschienenschwelle · prestressed (concrete) railway sleeper (Brit.); ~ (~) railroad tie (US)

~-Hängedach *n*, Hänge-Spannbetondach · prestressed (concrete) suspended roof, ~ (~) suspension ~

~-Hochdruckrohr *n* · prestressed (concrete) high-pressure pipe

~-Hohlbalkendecke *f* · prestressed (concrete) hollow beam floor, hollow prestressed (concrete) ~ ~

~-Hohlblockträger *m*, Spannbeton-Hohlsteinträger · prestressed (concrete) block-beam

~hohldecke *f* → Spannbetonhohlplattendecke

~hohldiele *f*, Spannbetonstegdiele · prestressed (concrete) hollow(-core) plank

~hohldielendecke *f*, Spannbetonstegdielendecke · prestressed (concrete) hollow(-core) plank floor

~-Hohlpfahl *m* · prestressed (concrete) hollow pile

~hohlplatte *f* · hollow prestressed (concrete) slab

~hohl(platten)decke *f* · prestressed (concrete) hollow slab floor, hollow prestressed (concrete) ~ ~

~-Hub(decken)bau *m* · prestressed (concrete) lift-slab construction

~-Hub(decken)bauwerk *n* · prestressed (concrete) lift-slab structure

~-Hub(decken)platte *f* · prestressed (concrete) lift-slab

~-Hubplattenbauweise *f*, Spannbeton-Hubplattenverfahren *n* · prestressed (concrete) lift-slab construction method

Spann(beton)(kabel)draht *m* → (Vorspann)Bündeldraht

Spannbeton|-Kanal(isations)rohr *n*, Spannbeton-Abwasserrohr · prestressed (concrete) sewer pipe, ~ (~) sewage ~, ~ (~) foul water ~, ~ (~) refuse water ~

~kassettenplatte *f* · prestressed (concrete) waffle slab, ~ (~) pan(el) ~, ~ (~) coffer ~, ~ (~) cassette ~, ~ (~) ~ plate, ~ (~) rectangular grid

~kasten(träger) *m* · prestressed (concrete) box girder

~konsole *f* · prestressed (concrete) bracket

~körper *m* → Spannbeton(bau)element

~kuppel *f* · prestressed (concrete) dome, ~ (~) cupola

~lagertank *m*, Spannbetonlagerbehälter *m* · prestressed (concrete) storage tank

~lagerbehälter *m*, Spannbetonlagertank *m* · prestressed (concrete) storage tank

~-Leitungsmast *m* · prestressed (concrete) power pole, ~ (~) ~ mast

~-Leuchtenmast *m*, Spannbeton-Lichtmast, Spannbeton-Beleuchtungsmast · prestressed (concrete) lighting mast

~-Lichtmast *m*, Spannbeton-Leuchtenmast, Spannbeton-Beleuchtungsmast · prestressed (concrete) lighting mast

~mast *m* [*DIN 4228*] · prestressed (concrete) mast

~mauer *f* · prestressed (concrete) wall

~-Montagebau *m* → Bauen mit Spannbetonfertigteilen

~montage(bau)teil *m, n* → Spannbefertig(bau)teil

~-Montagedecke *f*, Montage-Spannbetondecke, Spannbeton-Fertig(teil)-decke · (pre)cast prestressed (concrete) floor, prestressed (pre)cast (~) ~

~-Montagekonstruktion(ssystem) *f*, (*n*), Spannbeton-Fertig(teil)konstruktion(ssystem) · (pre)cast prestressed (concrete) construction, ~ ~ (~) (structural) system

~montageteil *m, n* → Spannbetonfertig(bau)teil

~-Montagewand *f*, Montagespannbetonwand, Spannbeton-Fertig(teil)wand · (pre)cast prestressed (concrete) wall, prestressed (pre)cast (~) ~

~-Parallelfachwerkträger *m* · prestressed (concrete) parallel truss

~-Parkbauwerk *n* · prestressed (concrete) parking structure

~parkplatte *f* · prestressed (concrete) parking deck

~pfahl *m* · prestressed (concrete) pile

~pfette *f* · prestressed (concrete) purlin(e)

~platte *f* [*Ein Flächentragwerk aus Spannbeton bei dem die Kräfte quer zur Mittelebene angreifen*] · prestressed (concrete) slab, ~ (~) plate

~-Plattenbalken *m* · prestressed (concrete) T(ee)-beam, ~ (~) slab-and-beam, ~ (~) tee-beam

~-Plattenbalkendecke *f* · prestressed (concrete) T(ee)-beam floor, ~ ~ slab-and-beam ~, ~ (~) tee-beam ~

~plattendecke *f* · prestressed (concrete) slab floor

~-(Platten)Faltwerk *n* · prestressed (concrete) folded plate (structure), ~ (~) ~ slab (~); ~ (~) hipped-plate (~) (US)

~-Plattenfundament *n* · prestressed (concrete) slab base, ~ (~) ~ foundation

~portalrahmen *m* · prestressed (concrete) portal frame

Spann(beton)presse *f* · tensioning jack, (pre)stressing ~, stretching ~, jack(ing device) for prestressed concrete

Spannbeton|probebalken *m*, Spannbetonbiegebalken · prestressed (concrete) flexure test beam

~querschnitt *m* · prestressed (concrete) section

~querwand *f* · prestressed (concrete) cross-wall

~rahmen *m* · prestressed (concrete) frame

~-Raumtragwerk *n* · prestressed (concrete) space (load)bearing structure, ~ (~) three-dimensional ~ ~, ~ (~) spatial ~ ~, ~ (~) ~ weight-carrying ~

~rippe *f* · prestressed (concrete) rib

~rippendecke *f* · prestressed (concrete) ribbed floor

~rippenplatte *f* · prestressed (concrete) ribbed slab

~rohr *n* · prestressed (concrete) pipe

~rohrleitung *f* · prestressed (concrete) pipeline

~schale *f* · prestressed (concrete) shell

~schalenbau *m* · prestressed (concrete) shell construction

~schalendach *n* · prestressed (concrete) shell roof

~schienenschwelle *f*, Spannbeton(gleis)schwelle · prestressed (concrete) railway sleeper (Brit.); ~ (~) railroad tie (US)

~schirm *m* · prestressed (concrete) umbrella, ~ (~) parachute

~schleuderrohr *n*, Schleuderbetonvorspannrohr · prestressed (concrete) spun pipe

~schwelle *f*, Spannbetongleisschwelle, Spannbetonschienenschwelle · prestressed (concrete) railway sleeper (Brit.); ~ (~) railroad tie (US)

~shedschale *f* · northlight prestressed (concrete) shell

~silo *m* · prestressed (concrete) silo

~sitzplatte *f* [*Stadionbau*] · prestressed (concrete) seating slab

~skelett *n*, Spannbeton(trag)gerippe *n*, Spannbetontragskelett · prestressed (concrete) (structural) skeleton, ~ (~) (load)bearing ~, ~ (~) weight-carrying ~

Spann(beton)stahl *m* → (Vor)Spann(stahl)einlagen

Spannbetonsteg|diele *f*, Spannbetonhohldiele · prestressed (concrete) hollow(-core) plank

~dielendecke *f*, Spannbetonhohldielendecke · prestressed (concrete) hollow(-core) plank floor

Spannbeton|-Steifrahmen *m* · prestressed (concrete) rigid frame, rigid prestressed (concrete) ~

~-Stockwerkdecke *f* → (Gebäude-) Spannbetondecke

~streichdiele *f* [*Auswechs(e)lung*] · prestressed (concrete) trimmer plank (unit)

~stütze *f* · prestressed (concrete) column, ~ (~) support

~tafel *f* · prestressed (concrete) panel

~technik *f* · prestressed (concrete) design and construction, ~ (~) engineering

~teil *m, n* **mit gleitbehinderten Spanngliedern** · unbonded member

~-Tonne(ngewölbe) *f, (n)* · prestressed (concrete) barrel vault, ~ (~) tunnel ~, ~ (~) wagon ~

~-Tonnenschale *f* · prestressed (concrete) barrel-vault shell

~träger *m* · prestressed (concrete) girder

~träger *m* **mit sofortigem Verbund** · pretensioned prestressed (concrete) girder

~trägerdecke *f* · prestressed (concrete) girder floor

~-Tragsystem *n* · prestressed (concrete) structure system

~-Trenndecke *f* → (Gebäude)Spannbetondecke

~treppe *f* · prestressed (concrete) stair(-case)

~(treppen)wange *f* · prestressed (concrete) string (Brit.); ~ (~) stringer (US)

~türsturz *m* · prestressed (concrete) door lintel; ~ (~) ~ lintol [*deprecated*]

~unterzug *m*, Spannbetondeckenunterzug · prestressed (concrete) (binding) joist, ~ (~) ceiling ~, ~ (~) binder ~, ~ (~) bearer

~verfahren *n*, (Vor)Spann(ungs)verfahren · (pre)stressing method, ~ system, tensioning ~, stretching ~

~verfahren *n* **Magnel,** (Vor)Spann(ungs)verfahren ~ · Belgian (sandwich cable) method, sandwich-plate ~

Spannbeton|-Vierendeelträger *m*, Vierendeel-Spannbetonträger · prestressed (concrete) Vierendeel truss, ~ (~) ~ girder [*It does not satisfy the definition of a truss but is given that designation*]

~volldiele *f* · prestressed (concrete) solid plank

~vollplatte *f* · prestressed (concrete) solid slab

~-Vollwandbalken(träger) *m* · prestressed (concrete) plain web beam, ~ (~) solid ~ ~

~-Vollwandträger *m* · prestressed (concrete) plain web girder, ~ (~) solid ~ ~

~wand *f* · (monolithic) prestressed (concrete) wall, prestressed monolithic (~) ~

~-Wand(bau)platte *f* [*vorgefertigt*] · (pre)cast prestressed (concrete) wall slab, prestressed (pre)cast (~) ~ ~

~-Wandplatte *f*, Spannbeton-Wandbauplatte [*vorgefertigt*] · (pre)cast prestressed (concrete) wall slab, prestressed (pre)cast (~) ~ ~

~wandtafel *f* · prestressed (concrete) wall panel

~wange *f*, Spannbetontreppenwange · prestressed (concrete) string (Brit.); ~ (~) stringer (US)

~-Wasserturm *m* · prestressed water tower

~wechsel(balken) *m* · prestressed concrete header

~-Weitspannplatte *f*, Weitspannbetonplatte · prestressed (concrete) long-span slab, long-span prestressed (concrete) ~

Spannbetonwerk *n*, Vorspannwerk · (pre)stressing plant, ~ yard, ~ factory, tensioning ~, stretching ~

~ mit acht Spannbetten, Vorspannwerk ~ ~ ~ · eight-bed ((pre)stressing) yard, ~ (~) plant, ~ (~) factory, ~ tensioning ~

Spannbeton|zaun *m* · prestressed (concrete) fence

~zugband *n* · prestressed (concrete) (horizontal) tie(back), ~ (~) bowstring, ~ (~) tie-rod

~zylinderschale *f* · prestressed (concrete) cylindrical shell, cylindrical prestressed (~) ~

Spannbetrag *m*, Vor~ · amount of prestress

Spannbett *n*, Spannbahn *f* · (pre-)stressing bed, ~ table, ~ line; ~ mold (US); ~ mould (Brit.)

~ für Doppel-T-Träger · double-tee bed, double T ~

~ ~ Vorspannung mit sofortigem Verbund · pretensioning bed

Spann|bewehrung *f* → (Vor)Spann(stahl)einlagen

~block *m* [*Spannbeton*] · stretching block, (pre)stressing ~, tensioning ~

~bohle *f* [*Balkenverspreizung*] · strutting board

~draht *m* → (Vorspann)Bündeldraht

~einlagen *fpl* → (Vor)Spannstahleinlagen

~element *n* · tensioning element, (pre-)stressing ~, stretching ~

Spannen *n*, Vor~ · (pre)stressing, stretching, tensioning

spannen der Spannelemente vor dem Betonieren, vor~ ~ ~ ~ ~ ~ · to pretension

Spannen *n* **im erhärteten Beton,** Vor~ ~ ~ ~ · post-tensioning [*The tendons are tensioned after the concrete has hardened*]

~ ohne Verbund, Vor~ ~ ~ · no-bond tensioning, ~ stretching, ~ prestressing

Spann|ende *n* **eines Spannbettes** · jacking end of a bed

~folge *f*, Vor~ · stressing order, pre~ ~, stretching ~, tensioning ~

Spannglied *n*, Vor~ · tendon, (pre)stressing ~, tensioning ~, stretching ~ [*A stretched element used in a concrete member or structure to impart prestress to the concrete*]

~ für sofortigen Verbund, Vor~ ~ ~ ~ · pretensioning tendon

~ mit sofortigem Verbund, Vor~ ~ ~ ~ · pretensioned tendon

~führung *f*, Spanngliedverlauf *m*, Vor~ · tendon profile [*The path or trajectory of the prestressing tendon*]

~krümmungshalbmesser *m*, Vor~ · radius of curvature of tendon

~verlauf *m*, Spanngliedführung *f*, Vor~ · tendon profile [*The path or trajectory of the prestressing tendon*]

Spann|kabel *n* **mit parallel angeordneten Drähten** · parallel-wire cable

~(kabel)draht *m* → (Vorspann)Bündeldraht

~kanal *m*, Gleitkanal, Hüllrohr *n*, Hülle *f*, Röhre *f* · sheath(ing) [*prestressed concrete*]

~kegel *m*, Spannkonus *m* [*Spannbeton*] · (inter)locking cone

~keil *m* [*Spannbeton*] · (pre)stressing wedge, tensioning ~, stretching ~

~konus *m*, Spannkegel *m* [*Spannbeton*] · (inter)locking cone

Spannkraft *f*, Vor~ · tensioning force, stretching ~, (pre)stressing ~

~abfall *m*, Spannkraftverlust *m* · loss of prestress

~verlust *m*, Spannkraftabfall *m* · loss of prestress

~weg *m*, Vor~ · trajectory of (pre)stressing force, ~ ~ tensioning ~, ~ ~ stretching ~

Spann|lisene *f* · prestressing lesene, ~ pilaster-strip

~litze *f* → Vor~

~moment *n*, Vor~ · stressing moment, pre~ ~

~mörtel *m* · prestressed mortar

Spannpresse *f*, Spannbetonpresse · tensioning jack, (pre)stressing ~, stretching ~, jack(ing device) for prestressed concrete

~ für den Spannbetonbehälterbau · tank jack

~ ~ 2 Drähte · two-wire jack

~ ~ 12 Drähte · twelve-wire jack

(Spann)|Pressenspannung *f* · jacking stress [*The maximum stress occurring in a prestressed tendon during stressing*]

~richtung *f*, Decken~ · direction of (floor) span

~schloß *n* · turnbuckle

~stab *m*, Vor~ · (pre)stressing bar, tensioning ~, stretching ~, ~ rod

~stahl *m* → (Vor)Spann(stahl)einlagen

~(stahl)einlagen *fpl* → Vor~

Spannton *m*, Stahlton · Stahlton, prestressed clay

~balken(träger) *m* → (vorgespannter) Ziegelbalken(träger)

~brett *n*, Stahltonbrett, vorgespanntes Ziegelbrett · Stahlton (prestressed) plank, prestressed clay ~, plank in prestressed clay

~dach *n*, Stahltondach, vorgespanntes Ziegeldach · Stahlton (prestressed) roof, prestressed clay ~, roof in prestressed clay

~dachplatte *f*, Stahltondachplatte, vorgespannte Ziegeldachplatte · Stahlton (prestressed) roof slab, prestressed clay ~ ~, roof slab in prestressed clay

~decke *f*, Stahltondecke, vorgespannte Ziegeldecke · Stahlton (prestressed) floor, prestressed clay ~, floor in prestressed clay

~-Fensteroberschwelle *f* → Stahlton-Fenstersturz

~-Fenstersturz *m* → Stahlton-Fenstersturz

~-(Fertig)balken(träger) *m* → (vorgespannter) Ziegelbalken(träger)

~oberschwelle *f* → Stahltonsturz

~sturz *m* → Stahltonsturz

~-Türoberschwelle *f* → Stahlton-Türsturz

~-Türsturz *m* → Stahlton-Türsturz

~-Wandtafel *f*, Stahlton-Wandtafel, vorgespannte Ziegelwandtafel · Stahlton (prestressed) wall panel, prestressed clay ~ ~, wall panel in prestressed clay

~werk *n*, Stahltonwerk · Stahlton plant, ~ factory, prestressed clay ~

Spannung *f* · stress

Spannungsabfall *m* [*Er tritt ein wenn Umlagerungskräfte infolge plastischer Verformungen oder Kriechen und Schwinden die Spannungsspitze abbauen oder glätten*] · · drop of stress

~ bei gleichbleibender Dehnung, Relaxation *f* [*Spannbeton*] · relaxation

Spannungs|ableitung *f*, Spannungsabtragung, Spannungsübertragung · stress transfer, ~ transmission

~abschätzung *f* · stress estimation

~abtragung *f*, Spannungsableitung, Spannungsübertragung · stress transfer, ~ transmission

~achse *f* · stress axis

~analogie *f* · stress analogy

~analyse *f* · stress analysis

~anhäufung *f*, Spannungskonzentration *f* · stress concentration

~aufgabe *f*, Spannungsproblem *n* · stress problem

~(auf)teilung *f* · stress division [*e. g. of axial loads to concrete and steel*]

~ausgleich *m* · balancing of stresses

~bedingung *f* · stress condition

~berechnung *f* · stress calculation, ~ analysis

~bereich *m*, *n* · stress range

~bild *n* · stress pattern

Spannungs-Dehnungs|-Beziehung *f* · stress-strain relation

~-Diagramm *n* · stress-strain diagram

~-Linie *f* · stress-strain curve

~-Messung *f* · stress-strain measurement

Spannungs|diagramm *n* · stress diagram, diagram of stresses [*A skeleton drawing of a truss, upon which are written the stresses in the different members*]

~dreieck *n* · stress triangle

~ellipse *f* · stress ellipse, ellipse of stress(es)

~ellipsoid *n* · ellipsoid of stresses, stress ellipsoid

~fall *m* · stress case

~feld *n* · stress field

~/Festigkeits-Verhältnis *n* · stress to strength ratio

~fluß *m* · flow of stress(es)

spannungs|frei, entspannt · stress relieved, free of stress, SR

~freie 7-drähtige Litze *f*, entspannte ~ ~ · stress relieved 7-wire strand for prestressed concrete [*B. S. 3617*]

~freigeglüht · stress relief annealed, SRA [*steel*]

Spannungs|freiglühen *n* · stress-free annealing

~freimachen *n*, Entspannen · stress relieving, ~ removal, removal of stress

~funktion *f* · stress function

~gleichgewicht *n* · stress equilibrium

~grenze *f* · limit of stress, stress limit

~größe *f* · magnitude of stress

~höhe *f* · level of stress

~intensitätsfaktor *m* · stress-intensity factor

~intervall *n* · stress interval

~komponente *f*, Spannungsteilkraft *f* · stress component

~konzentration *f*, Spannungsanhäufung *f* · stress concentration

~korrosion *f* · stress corrosion

~korrosionsbruch *m* · stress corrosion failure

~kreis *m* · stress circle

spannungs|los · stress-less

~lose Faser *f*, neutrale ~ · neutral fibre (Brit.); ~ fiber (US)

Spannungs|moment *n* · stress moment

~nachweis *m* · checking (up) of the stresses, stress check (calculation)

~optik *f* · photoelasticity

spannungs|optisch · photoelastic

~optische Untersuchung *f* · photoelastic investigation

Spannungs|problem *n*, Spannungsaufgabe *f* · stress problem

~resultierende *f*, Spannungsresultante *f* · stress resultant

~riß *m* · stress crack

~rißkorrosion *f* · stress corrosion cracking

~rückgang *m* · decrease of stress

~schwankung *f* · stress variation

~spiel *n* · stress repetition

~spitze *f* · peak stress, stress riser

~stelle *f* · stress point

~system *n* · stress system

~teilkraft *f*, Spannungskomponente *f* · stress component

~teilung *f*, Spannungsaufteilung · stress division [*e. g. of axial loads to concrete and steel*]

~tensor *m* · stress tensor

~theorie *f* · stress theory

(Spannungs)Theorie *f* **3. Ordnung** · third-order theory

~ 1. Ordnung, einfache plastische Theorie, **lineare** plastische Theorie · first-order theory, linear plastic ~, simple plastic ~ [*The effect of deformations on the bending moments may be neglected and the principle of superposition will apply*]

~ 4. Ordnung · fourth-order theory

~ 2. Ordnung, linearisierte Verformungstheorie · second-order theory, deformation ~ [*Initial deformations are taken into account*]

Spannungs|trajektorie *f*, Spannungsweg *m* · stress trajectory, trajectory of stress

~übertragung *f*, Spannungsabtragung, Spannungsableitung · stress transfer, ~ transmission

~umkehr *f* · stress reversal

~umlagerung *f* · redistribution of stress(es), stress redistribution

Spann(ungs)|verankerung *f*, Vor~ jacking anchorage

~verfahren *n*, Vor~, Spannbetonverfahren · (pre)stressing method, ~ system, tensioning ~, stretching ~

~verfahren Magnel, Vor~ ~, Spannbetonverfahren ~ · Belgian (sandwich cable) method, sandwich-plate ~

Spannungs|verhalten *n* · stress behaviour (Brit.); ~ behavior (US)

~verhältnis *n* · stress ratio

~verlauf *m* · stress flow

~verlust *m* · stress loss

Spann(ungs)verlust *m* → Vor~

~ infolge Schwindens, Vor~ ~ ~ · shrinkage loss [*The loss of stress in the prestressing steel resulting from the shrinkage of the concrete*]

Spannungs|verminderungsfaktor *m* · stress reduction factor

~verteilung *f* · stress distribution

~weg *m*, Spannungstrajektorie *f* · stress trajectory, trajectory of stress

~wert *m* · stress value

Spann(ungs)|wert *m*, Vor~ · stretching value, tensioning ~, (pre)stressing ~

~wirkung *f* · stress effect

~zone *f*, Vor~ · tensioning zone, stretching ~, (pre)stressing ~, ~ area

Spannungs|zunahme *f* · stress increase

~zustand *m* · state of stress, stress state

Spann|verankerung *f*, Spannungsverankerung, Vor~ · jacking anchorage

~verbindung *f*, Vor~ · (pre)stressed connection, tensioned ~, stretched ~

Spannverfahren *n*, Spannungsverfahren, Vor~, Spannbetonverfahren · (pre)stressing method, ~ system, tensioning ~, stretching ~

~ Magnel, Spannungsverfahren ~, Vor~ ~, Spannbetonverfahren ~ · Belgian (sandwich cable) method, sandwich-plate ~

Spann|verlust *m* → (Vor)Spannungsverlust

~weite *f* · span

~weite/Last-Faktor *m* · load/span factor

Spannweiten|tabelle *f* · span table

~verhältnisse *fpl* · span conditions

~zwangspunkt *m* · span limit

Spann|wert *m*, Spannungswert, Vor~ · stretching value, tensioning ~, (pre-) stressing ~

~zone *f*, Spannunszone, Vor~ · tensioning zone, stretching ~, (pre)stressing ~, ~ area

Spanplatte *f* **nach dem Strangpreßverfahren erzeugt**, Strangpreßplatte, stranggepreßte Spanplatte · extruded particle board, ~ chipboard [*Particle board made by extrusion through a die. The particles lie with their larger dimensions mainly perpendicular to the direction of extrusion*]

Span-Schallschluckdeckenplatte *f*, Holz~, Leichtspanplatte, leichte (Holz-) Spandeckenplatte, (Holz)Span-Akustikdeckenplatte · wood particle (or chip) acoustic(al) ceiling board, ~ ~ (~ ~) ~ ~ tile

Sparbeize *f* [*Korrosion unter Wasserstoffentwicklung*] · pickling bath containing an inhibitor [*hydrogen-evolution type of corrosion*]

Sparbeizzusatz *m* [*Korrosion unter Wasserstoffentwicklung*] · pickling inhibitor [*hydrogen-evolution type of corrosion*]

Sparbeton *m*, Magerbeton, Füllbeton, zementarmer Beton, magerer Beton · lean(-mixed) concrete

Sparbronze *f*, Alu(minium)bronze [*DIN 1714. Sn ist ganz oder fast ganz durch Al ersetzt*] · aluminium flakes (Brit.); aluminum ~ (US); ~ bronze

~guß *m*, Alu(minium)bronzeguß · aluminium bronze casting (Brit.); aluminum ~ ~ (US)

Spar|flamme *f* · pilot light, continuous pilot [*A small gas flame which on some gas water heaters is left always burning so as to ignite the main gas burners immediately the tap is opened*]

~gemisch *n*, Sparmischung *f*, Magergemisch, Magermischung · lean mix(-ture) [*A mix(ture) with a high proportion of aggregate*]

~gewölbe *n*, Hohlgewölbe, aufgelöstes Gewölbe · hollow vault

~mischung *f*, Spargemisch *n*, Magermischung, Magergemisch · lean mix(-ture) [*A mix(ture) with a high proportion of aggregate*]

~mörtel *m*, Füllmörtel, Magermörtel, magerer Mörtel · lean(-mixed) mortar

Sparparkett *n*, Lamellenparkett, Kleinparkett, Mosaikparkett, Dünnparkett · mosaic parquet(ry), (~) fingers

~platte *f*, Lamellenparkettplatte, Kleinparkettplatte, Mosaikparkettplatte, Dünnparkettplatte · mosaic parquet(ry) sheet

~stab *m*, Lamelle(nparkettstab) *f*, (*m*), Kleinparkettstab, Mosaikparkettstab, Dünnparkettstab · finger

Sparren *m*, Dach~ · rafter, rftr. [*A sloping structural member extending from the eave(s) to the ridge of a roof. It may be a common rafter or a principal rafter*]

~abstand *m* · distance between rafters, rafter interval

~aufteilung *f*, Einteilung der Sparrenlänge · grouping of rafter(s) according to lengths

~halter *m* · rafter clench, ~ cleat

~kopf *m* · rafter head, ~ end

~lage *f* · rafter system, system of rafters

~nagel *m* · rafter nail

~neigung *f* · rafter slope

~pfette *f* · rafter-supporting purlin(e)

~querschnitt *m* · rafter cross-section

~schwelle *f*, Fußpfette *f* · eave(s) plate [*A wall plate spanning between posts or pieces at eave(s). It carries the feet of the rafters when no wall is there to carry them*]

~stoß *m*, Sparrenverbindung *f* · rafter connection

~verbindung *f*, Sparrenstoß *m* · rafter connection

~weite *f*, Dach~ · rafter span

~werk *n*, Gespärre *n* [*Alle Sparren eines Daches*] · rafters

Sparrholz *n*, Ablängreste *mpl*, kleines Bauholz · trim, offcuts, ends [*Short pieces trimmed from round or rough-sawn timber when cutting them to length*]

Spätbarock *m* · Late Baroque

~architekt *m* · Late Baroque architect

Spateisenstein *m* · spathic iron (ore)

später Jugendstil *m* · Late Art Noveau, ~ Modern Style

Spätfestigkeit *f* · late strength

spätfränkische Architektur *f*, ~ Baukunst *f* · late-Frankish architecture

Spätgispe *f*, Spätblase *f* [*Glas*] · reboil bubble

Spätgotik *f* · Late Gothic, late Gothic style

spätgotische Hallenkirche *f* [*z. B. Sandkirche in Breslau*] · Late Gothic hall-church

~ Königskapelle *f* · Late Gothic Royal Chapel

spätgotisches Bauwerk *n* · Late Gothic structure

spätiger Gips *m* → Fraueneis

spät|mittelalterlich · late(-)mediaeval

~mittelalterliche Architektur *f*, ~ Baukunst *f* · late-mediaeval architecture

Spätphase *f* **der englischen Gotik** [*Vertikalzug, besonders in der Fenster- und Wandgliederung*] · Perpendicular stype, ~ Gothic, ~ architecture

Spätrenaissance(architektur) *f*, Spätrenaissancebaukunst *f* · Late Renaissance architecture

Spätromanik *f* · Late Romanesque (style)

spätromanische Kirche *f* · Late Romanesque church

Spätstil *m* · late(r) style

Spätwerk *n* · late opus, ~ work

Speckstein *m*, Talk(erde) *m*, (*f*) · talc

~mehl *n* → Talkum

Speerkies *m*, Kammkies, Markasit *m*, FeS_2 · marcasite, white iron pyrites

speichenartige Unterteilung *f* [*Radfenster*] · radiating tracery, mullions radiating from the centre

Speicher *m* → mehrstöckiges Lagergebäude

~block *m* [*Nachtstromspeicherheizung*] · storage element, ~ block

~heizgerät *n* · storage heater

~heizung *f* · storage heating

~prinzip *n* · storage principle

~wärme *f* · stored heat

~-Warmwasserbereiter *m* · storage calorifier, ~ water heater, cylinder

~wassererhitzung *f*, Speicherwassererwärmung · storage water heating

~wassererwärmung *f*, Speicherwassererhitzung · storage water heating

~zelle *f*, Silotrichter *m*, Silotasche *f*, Silozelle · silo compartment, ~ hopper, ~ bin

Speis *m* [*Süddeutschland*] → Ausfugmörtel

Speisekammer *f* · larder

Speisenaufzug *m* · dumb waiter (US); service lift (Brit.)

Speise|raum *m*, Speisezimmer *n*, Eßzimmer, Eßraum · dining room

~saal *m* [*Hotel*] · dining hall

~saal *m*, Gemeinschafts-Speiseraum *m* · refectory [*The communal dining-hall in a college*]

~saal *m* **im Kloster,** Refektorium *n*, Klosterspeisesaal · frater, refectory, monastic hall [*The communal dining-hall in a convent*]

Speisewasser *n* · feed water

~aufbereitung *f* · feed water preparation

~erwärmer *m* · feedwater heater, FDW HTR

~gefäß *n* · feed water tank

~vorwärmer *m*, Ekonomiser · economiser

Speisezimmer *n*, Speiseraum *m*, Eßzimmer, Eßraum · dining room

spektralanalytisches Verfahren *n* · air spectrography [*Spectrographic identification of elements in a sample of material, heated to volatilization in an electric arc or spark*]

spektrale Intensitätsdichte *f* · spectral density

Spektralfarbe *f*, körperlose Farbe · spectral colour (Brit.); ~ color (US)

Spencemetall *n*, Eisenthiat *n* · Spence metal

Spengler *m*, Klempner, Flaschner, Blechner · plumber

~arbeiten *fpl*, Klempnerarbeiten, Flaschnerarbeiten, Blechnerarbeiten [*DIN 18339*] · plumber's work

Sperranstrich *m*, Sperraufstrich · waterproofer coat, waterproof(ing) ~, (water-)repellent ~, (water-)repelling ~

~(mittel) *m*, (*n*) Sperranstrichstoff *m*, Sperraufstrich(mittel) *m*, (*n*), Sperraufstrichstoff · surface waterproof(ing) agent, ~ waterproofer, ~ waterrepeller, ~ (water-)repelling agent

Sperrbahn *f* · barrier sheet(ing)

Sperrbeton *m* [*DIN 4117. Gegen Druckwasser und aufsteigende Erdfeuchtigkeit*] · (water-)repellent concrete, waterproof(ing) ~, (water-)repelling ~

~-Flachdach *n* · watertight concrete flat roof

~paste *f* → Sperrpaste

~pulver *n* → Sperrpulver

Sperre *f* · sandwich [*A waterproof layer interposed between two layers of concrete*]

~ → Sperrschicht

Sperremulsion *f* · waterproof(ing) emulsion, (water-)repellent ~, (water-)repelling ~

sperren, wasserdicht machen · to water(proof)

sperrende Flüssigkeit *f* → flüssiges Sperrmittel

~ Oberflächen-Flüssigkeit *f* → flüssiges Oberflächen-Sperrmittel

~ Paste *f* → Sperrpaste

~ Zusatzflüssigkeit *f* → flüssiges Zusatz(ab)dicht(ungs)mittel

sperrender Zusatz(stoff) *m* → (Ab-) Dicht(ungs)mittel

sperrendes Pulver *n* → pulveriges (Ab-) Dicht(ungs)mittel

~ Zusatzmittel *n* → (Ab)Dicht(ungs)-mittel

Sperr|estrich *m* [*DIN 4117*] · (water-) repellent screed, waterproof(ing) ~, (water-)repelling ~

~flüssigkeit *f* → flüssiges Sperrmittel

Sperrholz *n* **mit Naturleim verleimt** · wet-glued plywood [*Plywood made with natural glues as distinct from resin-bonded plywood employing synthetic adhesives*]

~-Flächentür *f*, Sperrholz-Sperrtür, abgesperrte Sperrholztür · plywood flush door

~füllung *f*, Sperrholztürfüllung · plywood (door) panel

~kastenbalken(träger) *m* · plywood box beam

~kern *m* · plywood core

~-Portalrahmen *m* · plywood portal frame

~portalrahmen *m* **in Kastenquerschnitt** · box-ply(wood) portal (frame)

~schalung *f* · plywood form(work), ~ forms, ~ shuttering

~schalungsbeschichtung *f* · plywood form(work) coating, ~ shuttering ~, ~ forms ~

~-Sperrtür *f*, Sperrholz-Flächentür, abgesperrte Sperrholztür · plywood flush door

~steg *m* · plywood web

~tafel *f* · plywood panel

~träger *m* · plywood girder

~tür *f* · plywood door

~(tür)füllung *f* · plywood (door) pane

~- und Türenfabrik *f*, Sperrholz- und Türenwerk *n* · plywood and door factory

~werk *n* · plywood plant, ~ factory

Sperr|korn *n*, Ausfallkorn, Auslaßkorn · omitted-size grain, ~ particle

~körnung *f*, Auslaßlörnung, Ausfallkörnung · omitted-size fraction

Sperrlage *f* → Sperrschicht

~ auf Teerbasis → Sperrschicht ~ ~

~ ~ Zementbasis, Sperrschicht *f* ~ ~, wasserdichter Überzug *m* ~ ~, Zementsperrschicht, Zementsperrlage · cement-base waterproof coating

Sperrmittel *n* → (Ab)Dicht(ungs)mittel

~ → Sperrstoff

~ aus Kunststoff, Sperrstoff *m* ~ ~ [*Eine thermoplastische Folie oder Bahn aus Kunststoff*] · plastic barrier material

Sperrmörtel *m* [*DIN 4117*] · (water-) repellent mortar, waterproof(ing) ~, (water-)repelling ~

~paste *f* → Sperrpaste

~pulver *n* → Sperrpulver

Sperr|papier *n*, Isolierpapier · waterproof(ing) paper, (water-)repellent ~, (water-)repelling ~ [*See remark under 'Pappe'*]

~pappe *f*, Isolierpappe · waterproof(ing) paper, (water-)repellent ~, (water-) repelling ~ [*See remark under 'Pappe'*]

~paste *f*, sperrende Paste, pastenförmiges (Ab)Dicht(ungs)mittel *n*, DM-Paste, (Ab)Dicht(ungs)paste, Sperrbetonpaste, Sperrmörtelpaste, pastenförmiger Sperrzusatz(stoff) *m*, pastenförmiges Sperrzusatzmittel, pastenförmiger (Ab-) Dicht(ungs)stoff, pastenförmiges DM · integral waterproofer in paste form, waterproof(ing) paste, (water-)repellent paste, (water-)repelling paste

~pulver *n*, sperrendes Pulver, pulv(e)riger Sperrzusatz(stoff) *m*, pulv(e)riges (Ab)Dicht(ungs)mittel *n*, pulv(e)riges Sperrzusatzmittel, pulv(e)riger (Ab-) Dicht(ungs)stoff, pulv(e)riges DM *n*, DM-Pulver, (Ab)Dicht(ungs)pulver *n*, Sperrbetonpulver, Sperrmörtelpulver · powder(ed) integral waterproofing agent, ~ (~) waterproofer, ~ ~ water-repeller, ~ ~ (water-)repellent admix(ture), ~ ~ (water-)repelling agent, ~ densifying agent, ~ densifying admix(ture), ~ densifier, waterproofing powder

~putz *m* → Sperrverputz

Sperrschicht *f*, Sperrlage *f*, (Ab)Dicht(ungs)schicht, (Ab)Dicht(ungs)lage · impervious course, ~ layer, impermeable ~, seal(ing) ~, barrier (membrane)

~ auf Teerbasis, Sperrlage *f* ~ ~, wasserdichter Überzug *m* ~ ~, Teersperrschicht, Teersperrlage · tar-base waterproof coating

~ ~ Zementbasis, Sperrlage *f* ~ ~, wasserdichter Überzug *m* ~ ~, Zementsperrschicht, Zementsperrlage · cement-base waterproof coating

Sperrschlämme *f* · waterproof(ing) grout(ing compound), (water-)repellent ~ (~), (water-)repelling ~ (~)

Sperrstoff *m*, Sperrmittel *n* [*Sperrstoffe schützen Bauwerke gegen Witterungseinflüsse, Feuchtigkeit, chemische Angriffe und Feuer. Sie werden in Sperrzusätze, Sperranstrichmittel/Frostschutzmittel, Feuerschutzmittel, und Holzschutzmittel unterteilt. Nach der Sprachregelung der DIN 4117 allerdings werden als Sperrstoffe nur Sperrbeton und Sperrmörtel, allenfalls mit diesen hergestellter Sperrputz und Sperrestrich bezeichnet*] · barrier material

~ aus Kunststoff, Sperrmittel *n* ~ ~ [*Eine thermoplastische Folie oder Bahn aus Kunststoff*] · plastic barrier material

~ gegen Feuchtigkeit · waterproof(ing) agent, (water-)repelling ~, waterproofer, waterrepeller, (water-)repellent (material

Sperrtür *f*, abgesperrte Tür, Flächentür [*DIN 68706*] · flush door

Sperrung *f*, (Ab)Dichtung [*Zur Verhinderung der Durchfeuchtung der Baustoffe und Bauteile werden diese durch geeignete Stoffe entweder selbst wasserundurchlässig gemacht oder mit einem wasser- und unter Umständen auch chemikalienbeständigen Überzug versehen*] · waterproofing [*The term 'waterproofing' is sometimes restricted to mean 'waterproofing against ground water' whereas the term 'dampproofing' means protection against any moisture. In spite of this, the term 'waterproofing' is generally applied, especially in combined words, as, for instance, 'waterproofing agent' etc.*]

Sperr|(ver)putz *m* [*DIN 4117*] · waterproof(ing) finish, (water-)repellent ~, (water-)repelling ~

~zeitenbetrieb *m* · intermittent operation [*heating system*]

~zement *m*, hydrophober Zement · hydrophobic cement [*A Portland cement having a waterrepellent agent added during the process of manufacture, with the intention of resisting the entry of water into the concrete, rendering or mortar*]

Sperrzusatz *m* → (Ab)Dicht(ungs)mittel

~flüssigkeit *f* → flüssiges Zusatz(ab)dicht(ungs)mittel

~(mittel) *m*, (*n*) → (Ab)Dicht(ungs)mittel

~(stoff) *m* → (Ab)Dicht(ungs)mittel

Spezial|(-Ab)deckfolie *f*, Spezialschutzfolie, Sonder(-Ab)deckfolie, Sonderschutzfolie · special (purpose) cover(ing) foil, ~ (~) protecting ~, purpose-made ~ ~

~anstrich *m*, Spezialaufstrich · special coat

~armierung *f*, Spezialbewehrung, Sonder(stahl)einlagen *fpl*, Spezial(stahl)einlagen, Sonderarmierung, Sonderbewehrung · special (purpose) reinforcement, purpose-made ~

~artikel *m* → Spezialerzeugnis

~aufstrich *m*, Spezialanstrich · special coat

~ausgußmasse *f* → Spezialfugen(verguß)masse

~(bau)beschlag *m*, Sonder(bau)beschlag · purpose-made (builders') furniture, ~ (~) fitting, special (purpose) (~) ~

~(bau)beschläge *mpl*, Sonder(bau)beschläge · purpose-made (builders') hardware, ~ (~) fittings, special (purpose) (~) ~

~-Baumaterial *n*, Sonder-Baumaterial [*Schweiz*]; Spezial-Baustoff *m*, Sonder-Baustoff · purpose-made construction(al) material, ~ building ~, ~ structural ~, special (purpose) ~ ~

~-Bauprofil *n*, Sonder-Bauprofil · purpose-made structural shape, ~ ~ section, ~ ~ unit, ~ construction ~, special (purpose) ~ ~

~-Baustoff *m*, Sonder-Baustoff; Spezial-Baumaterial *n*, Sonder-Baumaterial [*Schweiz*] · purpose-made construction(al) material, ~ building ~, ~ structural ~, special (purpose) ~ ~

~bauweise *f*, Sonderbauweise · special building method

~(belag)platte *f*, Spezialfliese, Sonderfliese, Sonder(belag)platte · purpose-made tile, special (purpose) ~

~beschlag *m*, Spezialbaubeschlag, Sonder(bau)beschlag · purpose-made (builders') furniture, ~ (~) fitting, special (purpose) (~) ~

~beschläge *mpl*, Spezialbaubeschläge, Sonder(bau)beschläge · purpose-made (builders') hardware, ~ (~) fittings, special (purpose) (~) ~

~beton *m*, Sonderbeton · purpose-made concrete, special (purpose) ~

~betonstahl *m*, Sonderbetonstahl · special (purpose) reinforcement steel, purpose-made ~ ~

~bewehrung *f*, Spezialarmierung, Sonder(stahl)einlagen *fpl*, Spezial(stahl)einlagen, Sonderarmierung, Sonderbewehrung · special (purpose) reinforcement, purpose-made ~

~block(stein) *m*, Spezialstein, Sonderblock(stein), Sonderstein · purpose-made block, ~ tile, special (purpose) ~ [*See remark under 'Block'*]

~draht *m*, Sonderdraht · special wire, purpose-made ~

~drahtglas *n*, Sonderdrahtglas · special wire(d) glass

~entwurf *m*, Sonderentwurf · one-off design [*This term is used with reference to architectural designs for special purposes. For example, a design for a prestige building such as the British Petroleum Building in Moorfield, London. Other examples of one-off designs are concert halls, theatres, and so on, in fact any building built with specific purposes, to an original design which is not used for any other building*]

~erzeugnis *n*, Spezialartikel *m*, Spezialgegenstand *m*, Sondererzeugnis, Sonderartikel, Sondergegenstand · special article, ~ product

~fenster *n*, Sonderfenster · purpose-made window, special (purpose) ~, purpose-built ~

~fliese *f*, Spezial(belag)platte, Sonderfliese, Sonder(belag)platte · purpose-made tile, special (purpose) ~

~fluat *n*, Sonderfluat, Spezialfluorsilikat *n*, Sonderfluorsilikat · special fluosilicate

~fluorsilikat *n*, Sonderfluorsilikat, Spezialfluat *n*, Sonderfluat · special fluosilicate

~form *f*, Sonderform · special shape

~format *n*, Sonderformat · special format

~(fugen)ausgußmasse *f* → Spezialfugen(verguß)masse

~fugenmasse *f* → Spezialfugenvergußmasse

~fugen(verguß)masse *f*, Spezial(fugen)ausgußmasse, Spezialvergußmasse, Sonderfugen(verguß)masse, Sonder(fugen)ausgußmasse, Sondervergußmasse · special (joint) pouring compound

~gegenstand *m* → Spezialerzeugnis

~glas *n*, Sonderglas · special glass

~-Holzfenster *n*, Sonder-Holzfenster · purpose-made timber window, ~ wood(en) ~

~hüttenbims *m*, Sonderhüttenbims · special crushed foamed (blast-furnace) slag, ~ broken ~ (~) ~ (Brit.); ~ ~ expanded cinder (US)

~kanal *m*, Sonderkanal · purpose-made duct, special (purpose) ~

~-Kasten(dach)rinne *f*, Sonder-Kasten(dach)rinne · purpose-made box (roof) gutter, special (purpose) ~ (~) ~, purpose-made box rainwater ~, special (purpose) box rainwater ~

~kehlrinne *f*, Sonderkehlrinne · purpose-made valley gutter, special (purpose) ~ ~

~kleb(e)masse *f*, Sonderkleb(e)masse · special adhesive composition, ~ ~ compound, ~ cementing ~

~kleb(e)stoff *m*, Spezialkleber *m*, Spezialkleb(e)mittel *n*, Sonderkleber, Sonderkleb(e)stoff, Sonderkleb(e)mittel · special (purpose) bonding agent, ~ (~) ~ medium, ~ (~) (~) adhesive, ~ (~) cement(ing agent), purpose-made (~) ~

~masse *f*, Sondermasse · special (purpose) composition, ~ (~) compound, ~ (~) mass, ~ (~) material, purpose-made ~

~(mauerwerk)verband *m*, Sonder(mauerwerk)verband · special (masonry) bond

~mörtel *m*, Sondermörtel · special (purpose) mortar, purpose-made ~

~oberflächenbehandlung *f*, Sonderoberflächenbehandlung · special surface treatment

~(papier)tapete *f*, Sonder(papier)tapete · specific (wall)paper

~pappe *f*, Sonderpappe · special (purpose) paper, purpose-made ~ [*See remark under 'Pappe'*]

~pech *n*, Sonderpech · purpose-made pitch, special (purpose) ~

~platte *f*, Spezialbelagplatte, Spezialfliese, Sonderfliese, Sonder(belag)platte · purpose-made tile, special (purpose) ~

~profil *n*, Sonderprofil · special (purpose) section, ~ (~) shape, ~ (~) unit, purpose-made ~

~putz *m*, Sonderputz · special (purpose) plaster, purpose-made ~

~-Rohrfitting *m*, Sonder-Rohrfitting · special [*Any fabricated metal pipe fitting which is not in normal production*]

~-Rohrguß *m*, Sonder-Rohrguß · special casting [*Any metal pipe casting which is not in normal production and which requires the making of a new pattern*]

~schaum *m*, Sonderschaum [*Leichtbetonherstellung*] · pre-formed foam

~schlämme *f*, Sonderschlämme · special (purpose) grout, ~ (~) slurry, purpose-made ~

~schloß *n*, Sonderschloß · special-purpose lock

~schutzfolie *f*, Spezial(-Ab)deckfolie, Sonder(-Ab)deckfolie, Sonderschutzfolie · special (purpose) cover(ing) foil, ~ (~) protecting ~, purpose-made ~ ~

~sorte *f*, Sondersorte · special grade

~spachtel(masse) *m*, (*f*), Sonderspachtel(masse) · special filler, ~ stopper, ~ stopping; ~ Swedish putty, ~ spactling compound (US)

~(stahl)einlagen *fpl*, Sonder(stahl)einlagen, Spezialarmierung *f*, Spezialbewehrung, Sonderarmierung, Sonderbewehrung · special (purpose) reinforcement, purpose-made ~

~-Stahlfenster *n*, Sonder-Stahlfenster · purpose-made steel window, purpose-built ~ ~, special (purpose) ~ ~

~Stampfasphalt(belag)platte *f*, Spezial-Stampfasphaltfliese, Hochdruck-Spezial-Asphalt(belag)platte, Hochdruck-Spezial-Asphaltfliese, Hochdruck-Sonder-Asphalt(belag)platte, Hochdruck-Sonder-Asphaltfliese, Sonder-Stampfasphalt(belag)platte, Sonder-Stampfasphaltfliese · higly compressed special asphalt(ic) tile

~-Stampfasphaltfliese *f*, Spezial-Stampfasphalt(belag)platte, Hochdruck-Spezial-Asphalt(belag)platte, Hochdruck-Spezial-Asphaltfliese, Hochdruck-Sonder-Asphalt(belag)platte, Hochdruck-Sonder-Asphaltfliese, Sonder-Stampfasphalt(belag)platte, Sonder-Stampfasphaltfliese · highly compressed special asphalt(ic) tile

~-Stampfasphaltplatte *f* → Spezial-Stampfasphalt(belag)platte

~stein *m*, Spezialblock(stein) *m*, Sonderstein, Sonderblock(stein) · purpose-made block, ~ tile, special (purpose) ~ [*See remark under 'Block'*]

~tapete *f*, Spezialpapiertapete, Sonder(papier)tapete · specific (wall)paper

~(ton)ziegel *m*, Sonder(ton)ziegel, gebrannter Sonderstein *m*, gebrannter Spezialstein · special (duty) (burnt) (clay) brick, ~ (~) burned (~) ~, ~ (~) fired (~) ~, ~ purpose (~) (~) ~, purpose-made (~) (~) ~

~tor *n*, Sondertor · purpose-made gate

~tür *f*, Sondertür · purpose-built door, purpose-made ~, special (purpose) ~

~unternehmen *n* · firm of specialists, specialist firm

~verband *m* → Spezialmauerwerkverband

~-Verbund(belag)platte *f*, Sonder-Verbund(belag)platte, Spezial-Verbundfliese *f*, Sonder-Verbundfliese [*z.B. eine*

Terrazzo-Asphaltplatte] · special composite tile

~-Verbundfliese *f* → Spezial-Verbund-(belag)platte

~-Verbundplatte *f* → Spezial-Verbundbelagplatte

~-Verbundplatte *f*, Sonder-Verbundplatte · special composite board, ~ ~ sheet

~vergußmasse → Spezialfugen(verguß)masse

~walzprofil *n*, Sonderwalzprofil · special (purpose) rolled section, ~ (~) ~ unit, ~ (~) ~ shape, purpose-made ~ ~

~weicheisen *n*, Sonderweicheisen · special soft iron

~zement *m*, Sonderzement · special (purpose) cement, purpose-made ~

~ziegel *m*, Spezialtonziegel, Sonder(ton)-ziegel, gebrannter Spezialstein *m*, gebrannter Sonderstein · special (duty) (burnt) (clay) brick, ~ (~) burned (~) ~, ~ (~) fired (~) ~, ~ purpose (~) (~) ~, purpose-made (~) (~) ~

~zuschlag(stoff) *m*, Sonderzuschlag(stoff) · special (construction) aggregate

spezifische Dehnung *f*, bezogene ~ · specific strain

~ Oberfläche *f* · specific surface [*The surface area of particles contained in a unit weight or absolute unit volume of a material*]

~ Schallimpedanz *f*, Feldimpedanz [*Quotient aus Schalldruck und Schallschnelle*] · specific acoustic impedance, unit-area ~

~ Wärme *f* · specific heat [*The amount of heat required per unit mass to cause a unit rise of temperature, over a small range of temperatures; for ordinary concrete and steel it is approximately 0.22 and 0.12 Btu/1 b/deg F (Cal/g/deg C), respectively*]

spezifischer Raum *m*, spezifisches Volum(en) *n* · specific volume

spezifisches Gewicht *n* → Wichte

~ Volum(en) *n*, spezifischer Raum *m* · specific volume

(S-)Pfanne *f*, Hohlpfanne, Dachpfanne, holländische Pfanne · pantile [*A single-lap tile shaped like an S laid horizontally – thus ~· Each tile overlaps its neighbour on the right (looking at the roof from the ground in front of the house) and is overlapped by its neighbour on the left*]

(S-)Pfannen|dach(belag) *n*, *(m)*, Hohlpfannendach(belag), (S-)Pfannen-(dach)(ein)deckung *f*, Hohlpfannen-(dach)(ein)deckung, (S-)Pfannenbedachung, Hohlpfannenbedachung · pantile roof sheathing, ~ ~ covering, ~ ~ cladding, ~ roof(ing)

~ziegel *m*, Hohlpfannenziegel, Dachpfannenziegel, holländischer Pfannenziegel [*DIN 52250*] · clay pantile

Sphalerit *m*, Zinkblende *f*, ZnS · (zinc) blende, sphalerite, black jack; zinc sulphide (Brit.); zinc sulfide (US)

sphärische Schale *f*, Kugelschale · spherical shell

sphärisches Dreieck *n* · spherical triangle

~ Polygon *n* · spherical polygon

~ Viereck *n* · spherical quadrangle, ~ quadrilateral

Sphäroguß *m*, sphärolitisches Gußeisen *n*, Gußeisen mit Kugelgraphit [*Kurzbezeichnung GGG = gegossen – Gußeisen – globular. DIN 1963. Ein Eisen-Kohlenstoff-Gußwerkstoff, dessen als Graphit vorhandener Kohlenstoffanteil nahezu vollständig in weitgehend kugeliger Form vorliegt*] · modular (graphite) cast iron, spheroidal (~) ~ ~, ductile ~ ~

sphärolitisches Gußeisen *n*, Gußeisen mit Kugelgraphit, Sphäroguß *m* [*Kurzbezeichnung GGG = gegossen – Gußeisen – globular. DIN 1963. Ein Eisen-Kohlenstoff-Gußwerkstoff, dessen als Graphit vorhandener Kohlenstoffanteil nahezu vollständig in weitgehend kugeliger Form vorliegt*] · modular (graphite) cast iron, spheroidal (~) ~ ~, ductile ~ ~

Sphinx|allee *f* · avenue of sphinxes

~torbau *m* · sphinx gate

Spiegelband *n* · full-length mirror

spiegel|bildlich · homologous, specular

~bildliches Verhältnis *n* · inverse relationship

Spiegeldrahtglas *n*, Drahtspiegelglas (flat) wire(d) (clear) (polished) plate (glass), polished wire(d) ~

~ mit punktgeschweißtem Netz, Drahtspiegelglas ~ ~ ~ · crosswelded (flat) wire(d) (clear) (polished) plate (glass), ~ polished wire(d) ~

Spiegel|effektlackierung *f* · specular enamel finish

~entfeuchter *m* · mirror dehumidifier

~gewölbe *n* [*Auseinandergezogenes Muldengewölbe mit waag(e)rechter Deckenfläche*] · cavetto vault

~glas *n*, Kristall~ [*Die Bezeichnung „Spiegelglas" stammt von der Herstellung der Spiegel. Heute ist sie eine übliche Kurzbezeichnung für „Kristallspiegelglas"*] · (polished) plate (glass) [*Transparent glass, the two surfaces of which have been ground and polished to make them flat and parallel, so as to provide clear, undistorted through-vision and reflection*]

spiegelgleiche Parabelbelastung *f*, symmetrische ~ · symmetrical parabolic loading

Spiegelrohglas *n*, Rohspiegelglas · rough plate glass (US); ~ cast plate (~)

Spiel *n* **von Licht und Schatten** · (inter-) play of light and shade

~feld *n* · playfield

~fläche *f* · (children's) play area

~geräteplatz *m* · playground with structural and mechanical equipment, play area ~ ~ ~ ~ ~, toy-lot

~halle *f* · gambling hall

(~)Kasino *n*, Spielhaus · (gambling) casino [*A building for gambling*]

~platz *m*, Kinder~ · children's playground, games area

~straße *f* · play street

~wiese *f*, Kinder~ · grass playground (for children), outdoor grass play area

~zimmer *n*, Kinder~ · playroom

~zimmer *n* [*nicht für Kinder*] · game room

Spina *f* [*Trennmauer zwischen den beiden Richtungsbahnen in der Arena eines römischen Zirkus*] · spina [*The spine wall down the centre of an ancient hippodrome or circus, around which the contestants turned*]

Spind *m* · locker

Spindel *f*, geschlossene ~, massive ~ [*Wendeltreppe*] · newel [*A solid central post in which the narrow ends of the steps of a circular staircase are supported*]

~, Schnecke *f*, Wendeltreppe *f*, gewendelte Treppe · spiral stair(case)

~ → (Treppen)Auge

~gewölbe *n*, Spiralgewölbe, Schneckengewölbe, schraubenförmig steigendes Tonnengewölbe · helical barrel vault

~kappe *f*, Treppen~ · newel cap

~öl *n* · spindle oil

~treppe *f* · newel(-type spiral) stair(case), spiral newel ~

Spindraum *m* · locker room

Spinell *m* [*Kubische Kristalle der allgemeinen Formel $R''O \cdot R_2'''O_3$, wobei R'' und R''' zwei- und dreiwertige Metalle sind. Dieser Ausdruck bezeichnet insbesondere den Magnesia-Tonerde-Spinell, $MgO \cdot Al_2O_3$*] · spinel

~erzeugnis *n* [*Vorwiegend aus Magnesiumaluminat bestehendes feuerfestes Erzeugnis*] · spinel refractory (product)

Spion *m*, Gucker *m*, Tür~ · (door) viewer, judas

~spiegel *m*, Einwegglas *n* · see-through mirror

Spiral|armierung *f*, Spiralbewehrung, Spiral(stahl)einlagen *fpl*, (Spiral)Umschnürung, Querbewehrung nach der Schraubenlinie, Querarmierung nach der Schraubenlinie · helical reinforcement, lateral ~, transverse ~, helical binding, helix

~bewehrung *f* → Spiralarmierung

Spirale *f*, Schnecke *f*, Volute *f* · volute, (spiral) scroll

~, ionische Volute *f*, Schneckenlinie *f*, Schneckenverzierung *f* · Ionic volute

spiral|förmiger Gebetsturm *m*, Spiralturm [*Ein zylindrischer Turm mit schraubenförmig gewundener Außenrampe, z.B. bei der Malwiyya-Moschee in Samarra*] · spiral minaret

~gerillt · spiral-fluted

~geschweißtes Rohr *n* · spiral-weld(ed) pipe

Spiral|gewindenagel *m* · helically threaded nail

~gewölbe *n*, Spindelgewölbe, Schneckengewölbe, schraubenförmig steigendes Tonnengewölbe, schraubenförmig steigende Tonne *f* · helical barrel vault

~haus *n* · spiral(-shaped) house

spiralig gekehlter Pfeiler *m* · spiral pier

Spiral|rampe *f*, Wendelrampe, Schraubenrampe · spiral ramp, helic(oid)al ~, circular ~, helicline, ramp tower

~schmuck *m* → Schneckenschmuck

~(stahl)einlagen *fpl*, Spiralarmierung *f*, Spiralbewehrung, Umschnürung, Querbewehrung nach der Schraubenlinie · helical reinforcement, lateral ~, transverse ~, helical binding, helix

~turm *m*, spiralförmiger Gebetsturm [*Ein zylindrischer Turm mit schraubenförmig gewundener Außenrampe, z.B. bei der Malwiyya-Moschee in Samarra*] · spiral minaret

spiral|umschnürte Stütze *f* · helically reinforced column

~schnürter Beton *m* · spirally bound concrete

(Spiral)|Umschnürung *f* → Spiralarmierung

~verzierung *f* → Schneckenschmuck

Spirituosenlager *n* · liquor store

Spiritus *m*, Sprit *m*, Äthylalkohol *m* · spirit [*In the paint industry, the term 'spirit' is used somewhat loosely but generally refers to commercial ethyl alcohol normally sold as industrial methylated spirit*]

~beize *f*, Spritbeize · spirit stain, penetrating ~

~(klar)lack *m*, Sprit(klar)lack · spirit varnish

~-Mattlack *m*, Sprit-Mattlack · spirit flat varnish, ~ matt(-finish) ~

Spital *n* [*Schweiz*]; Krankenhaus *n* · hospital

~bau *m* [*Schweiz*]; Krankenhausbau · hospital construction

Spitzbalken *m*, Katzenbalken, kurzer Kehlbalken, Hainbalken, Hahnenbalken [*Im Kehlbalkendach bei großer Sparrenlänge oft noch über dem Kehlgebälk in der Nähe des Firstes waagerecht in die Sparren eingezapfte Querriegel zur Versteifung der Sparrengebinde*] · top beam

Spitzbogen *m* · pointed arch

~halle *f* · pointed arch hall

Spitz|brett *n*, (Holz)Schindel *f* · shingle, wood-~ [*A short thin rectangular piece of timber, usually tapering in*

thickness along the grain, used in the same way as tiles for covering the roofs and sides of buildings]

~dreipaßbogen *m* → Dreipaßspitzbogen

spitze Trägerverbindung *f*, spitzer Trägeranschluß *m* · girder connection at an angle

Spitzende *n*, Einsteckende, Rohr~, Falz *m* · spigot (end), pipe spigot

Spitzen|energie *f*, Spitzenstrom *m* · peak current

~heizwerk *n* · peak demand heating plant

~last *f*, Höchstlast · peak load, maximum ~

~menge *f* · peak quantity

~moment *n* · peak moment

~periode *f*, Spitzenzeit *f* · peak period

~strom *m*, Spitzenenergie *f* · peak current

~zeit *f*, Spitzenperiode *f* · peak period

~zeitbahnhof *m* · rush-hour station

spitzer Dreipaßbogen *m* → Dreipaßspitzbogen

~ Hufeisenbogen *m*, Hufeisenspitzbogen · horseshoe pointed arch

~ Trägeranschluß *m*, spitze Trägerverbindung *f* · girder connection at an angle

Spitz|kelle *f* [*DIN 6441*] · pointed trowel

~klee(blatt)bogen *m* → Dreipaßspitzbogen

~körper *m* [*Siebtechnik*] · twilled herringbone weave

~kuppel *f* [*Eine Kuppel mit spitzbogigem Querschnitt*] · pointed dome, ~ cupola

~masche *f* [*Siebtechnik*] · long diamond mesh

~quertonne(ngewölbe) *f*, (*n*) · pointed transverse tunnel vault, ~ ~ barrel ~, ~ ~ wagon ~

~säule *f*, Pyramide *f* [*Ein Körper, der von einem Vieleck als Grundfläche und von einer nach der Zahl der Ecken sich richtenden Anzahl von Dreiecken als Seitenflächen, die alle eine gemeinsame Spitze haben, begrenzt wird*]

~säulenstumpf *m*, Pyramidenstumpf · truncated pyramid

~tonne *f* → Spitztonnengewölbe

~tonnengewölbe *n*, Spitztonne *f* · pointed tunnel vault, ~ barrel ~, ~ wagon ~

~turm *m* · steeple

spitzwink(e)lige Mauerecke *f* · squint quoin (of (masonry) wall)

Spließ *m* [*Holzstück, Zinkblechstreifen oder Dachpappenstreifen zur Dichtung der Längsfugen bei einfacher Dachdeckung*] · slip, splinter

splintholzkäferanfälliges Holz *n* · lyctus-susceptible wood

Splitt *m* · chip(ping)s, chipping, stone ~ [*deprecated: screening(s)*]

~abstreuung *f*, Splittbestreuung [*Dachpappe*] · chip(ping)s surfacing

~bestreuung *f*, Splittabstreuung [*Dachpappe*] · chip(ping)s surfacing

~beton *m* · chip(ping)s concrete, concrete made from natural and broken aggregates

~einbettmasse *f* [*Spachteldachbelag*] · flood coat for chip(ping)s

~gerüst *n* · chip(ping)s skeleton structure, ~ ~ framework

~sand *m*, Quetschsand, Pochsand · stamp sand

sporadische Bebauung *f*, regellose ~, wilde ~ · sporadic building, haphazard ~

Sporn *m* · spur

Sport|anlage *f* · sports facility

~bauten *f* · sports structures

~feld *n* · sports ground, ~ field

~fläche *f* · sports area

~gebäude *n* · sports building

~geräte-Einbauschrank *m*, Sportgeräte-Wandschrank · sports equipment closet

~halle *f* · sports hall

~palast *m* · sports palace

~platz *m* · sports ground

~platzpavillon *m* · sports ground pavilion

~zentrum *n* · sports centre (Brit.); ~ center (US); ~ ~ forum

Sprachlabor(atorium) *n* · language lab(oratory)

Spreiz|hülse *f* · expansion shell

~hülsenanker *m* · expansion-shell bolt

Sprengstrebe *f* · straining beam

Sprengwerk *n* [*Ein Tragwerk mit meist waag(e)rechtem Balken, der von unten durch geneigte, gegeneinander abgesteifte Streben unterstützt wird*] · strutted frame

~balken(träger) *m* · strut-framed beam

~dach *n* · strutted roof

Springbrunnen *m* · fountain

Spring|gewölbe *n* · jumping vault [*This constructional form is a regional speciality of the Silesians, and represents another decisive break with the High Gothic principle of regularity*]

~rohr *n* · offset

~rollo *n* · spring roller(-type) light-tight blind, ~ ~ black(out) ~, ~ ~ dark ~

Sprinkler|anlage *f* · sprinkler system

~automat *m* · automatic sprinkler

~düse *f* · sprinkler nozzle

~zentrale *f* · sprinkler station

Sprit *m* → Spiritus

~beize *f*, Spiritusbeize · spirit stain, penetrating ~

~(klar)lack *m,* Spiritus(klar)lack · spirit varnish

spritlöslich · spirit soluble

Sprit-Mattlack *m,* Spiritus-Mattlack · spirit flat varnish, ~ matt(-finish) ~

Spritz|(ab)dichtung *f* · sprayed-on seal(ing)

~akustikdecke *f,* Spritzschallschluckdecke · sprayed(-on) acoustic(al) ceiling, ~ sound-control ~, ~ (sound) absorbent ~, ~ (sound) absorbing ~, ~ (sound) absorptive ~

~anstrich *m,* Spritzaufstrich · spray(-ing) coat, sprayed(-on) ~, gunned ~

~asbest *m* · sprayed asbestos, sprayable ~; Limpet ~ [*The trade name of a composition of asbestos and a bonding agent applied by gun spraying for fire-protection, thermal insulation, and the prevention of condensation. It is produced by Turnel's Asbestos Cement Co. Ltd, Manchester and Limpet Spritzasbest GmbH., Frankfurt (M)*]

~asbestdämmung *f* · sprayed asbestos insulation [*B. S. 3590*]

~asphalt *m* · gunned asphalt

~aufstrich *m,* Spritzanstrich · spray(ing) coat, sprayed(-on) ~, gunned ~

~auftrag *m* [*Anstrichmittel*] · spray painting

~ausfüller *m* → Spritz(füll)spachtel(-masse)

~auskleidung *f,* Spritzverkleidung, Spritzbekleidung · sprayed lining, ~ (sur)facing

~(außen)putzen *n* → Spritz(außen)-verputzen

~(außen)(ver)putz *m* · sprayed(-on) (external) rendering, gun-grade (~) ~, spray(ing) (~) ~, gunned (~) ~ (Brit.); ~ stucco (US); pressure-gun type (external) rendering (Brit.); pressure-gun type stucco (US)

~(außen)(ver)putzen *n* · spray (external) rendering, ~ ~ plastering (Brit.); ~ stuccowork (US)

spritzbar, spritzfähig · gun-grade, spray-applied, sprayable

Spritzbarkeit *f,* Spritzfähigkeit · sprayability

Spritz|beglasen *n,* Spritzglasieren · spray glazing

~beglasung *f,* Spritzglasur *f* · sprayed glaze(d finish), ~ glazed coat(ing), ~ glazing

~bekleidung *f,* Spritzauskleidung, Spritzverkleidung · sprayed lining, ~ (sur-)facing

Spritzbeton *m,* Gebläsebeton · shotcrete, gunned concrete, pneumatically applied concrete [*Concrete conveyed through a hose and projected at high velocity onto a surface*]

~auskleidung *f,* Spritzbetonverkleidung, Spritzbetonbekleidung, Gebläsebetonauskleidung, Gebläsebetonverkleidung, Gebläsebetonbekleidung · shotcrete lining, ~ (surfacing)

~bekleidung *f* → Spritzbetonauskleidung

~betrieb *m,* Gebläsebetonbetrieb · shotcrete operation

~schlauch *m,* Betonspritzschlauch, Gebläsebetonschlauch · shotcrete hose

~verkleidung *f* → Spritzbetonauskleidung

spritzdicht · spraytight

Spritzdichtung *f,* Spritzabdichtung sprayed-on seal(ing)

Spritze *f,* (Spritz)Pistole *f* · gun

Spritzeis(lauf)bahn *f,* Kunsteis(lauf)-bahn · artificial skating rink, ~ ice ~

Spritzen *n* · spraying [*A method of application in which the liquid coating material is broken up into a fine mist which is directed on to the surface to be coated. This atomization process is usually, but not necessarily, effected by a compressed air jet*]

spritzfähig, spritzbar · gun-grade, spray-applied, sprayable

Spritzfähigkeit *f,* Spritzbarkeit · sprayability

Spritzfarb|anstrich *m,* Spritzfarbaufstrich · spray(ing) paint coat, sprayed(-on) ~ ~, gunned ~ ~, ~ coat of paint

~aufstrich *m,* Spritzfarbanstrich · spray(-ing) paint coat, sprayed(-on) ~ ~, gunned ~ ~, ~ coat of paint

spritzfertig · ready-to-spray

Spritz|film *m,* Spritzhaut *f* · sprayed(-on) membrane, ~ film, gunned ~, spray(ing) ~

~(füll)spachtel(masse) *m,* (*f*), Spritzausfüller *m* · gun-grade stopper, ~ stopping, ~ filler, spray-applied ~, sprayable ~; ~ Swedish putty, ~ spactling compound (US)

~gießen *n* · injection moulding (Brit.); ~ molding (US)

~glasieren *n,* Spritzbeglasen · spray glazing

~glasur *f,* Spritzbeglasung *f* · sprayed glaze(d finish), ~ glazed coat(ing), ~ glazing

~guß *m* · injection moulding (Brit.); ~ molding (US)

~hahn *m* · spray tap

~haut *f,* Spritzfilm *m* · sprayed(-on) membrane, ~ film, gunned ~, spray(-ing) ~

~(innen)putzen *n* → Spritz(innen)ver-putzen

~(innen)(ver)putz *m,* Innenspritz(ver)-putz, Maschinen(innen)(ver)putz, maschinell aufgetragener (Innen)(Ver-)Putz · machine applied (mixed) plaster, spray (~) ~

~(innen)(ver)putzen *n* · spray plastering

~isolierung *f* · sprayed(-on) isolation, gunned ~, spray(ing) ~

~kabine *f* · spray booth

~(klar)lack *m* · spray(ing) (clear) varnish, gun-grade (~) ~, sprayed(-on) (~) ~, gunned (~) ~, pressure-gun type (~) ~

~konsistenz *f*, Spritzsteife *f* · gun(-grade) consistency, ~ consistence

~kork *m* · gun-grade cork, gunned ~, spray(ing) ~, sprayed(-on) ~, pressure-gun type ~

~kunststoff *m* · sprayed(-on) plastic, spray(ing) ~, gun-grade ~, gunned ~, pressure-gun type ~

~-Kunststoffdach(belag) *n*, (*m*) · sprayed roof(ing) membrane

~kunststoffputz *m*, Kunststoffspritzputz · spray plastic finish

~lack *m* → Spritzklarlack

~masse *f* · gunned compound, ~ mass, ~ material, ~ composition, gun-grade ~, spray(ing) ~, sprayed(-on) ~, pressure-gun type ~

~mastix *m* · gunned mastic, gun-grade ~, spraying ~, sprayed(-on) ~, pressure-gun type ~

~metall *n* · sprayed metal

~metallisierung *f* · metal spraying

~metallisierungsverfahren *n* · metal spraying system

~metallüberzug *m* · sprayed metal coating

~mörtel *m*, Gebläsemörtel · shotcrete, air-blown mortar, pneumatically applied mortar, sprayed mortar [*Mortar conveyed through a hose and projected at high velocity onto a surface*]

(Spritz)Pistole *f*, Spritze *f* · gun

~, Metallisierungs-~ · (metal) spraying gun

~ für das Drahtspritzverfahren [*Spritzmetallisierung*] · wire gun

~ ~ ~ Pulverspritzverfahren [*Spritzmetallisierung*] · powder gun

Spritzputz *m* → Spritzaußenverputz

~ → Spritz(innen)verputz

Spritzputzen *n* → Spritz(innen)verputzen

~ → Spritz(außen)verputzen

Spritz|schallschluckdecke *f*, Spritzakustikdecke · sprayed(-on) acoustic(al) ceiling

~schaum *m* · sprayed(-on) foam, gunned ~, gun-grade ~, spray(ing) ~, pressure-gun type ~

~schicht *f* · sprayed coat(ing)

~schutz *m* [*Schornsteindichtung*] · splash lap

~spachtel(masse) *m*, (*f*) → Spritzfüllspachtel(masse)

~steife *f*, Spritzkonsistenz *f* · gun(-grade) consistency, ~ consistence

~- und Anstrichmassen *fpl*, Anstrich- und Spritzmassen [*Feuerfestindustrie. Feuerfester Versatz, dessen Eigenschaften denen des feuerfesten Mörtels entspricht und dessen Kornaufbau die Verwendung als Anstrich oder Oberflächenschutz ermöglicht*] · refractory coatings, ~ wash, ~ gunning materials

~verfahren *n* · spraying method

~verkleidung *f*, Spritzauskleidung, Spritzbekleidung · sprayed lining, ~ (sur)facing

~vermiculite *m* · gun-grade vermiculite, gunned ~, spray(ing) ~, sprayed(-on) ~, pressure-gun type ~

~(ver)putz *m* → Spritz(außen)verputz

~(ver)putz *m* → Spritz(innen)verputz

~(ver)putzen *n* → Spritz(außen)(ver)putzen

~(ver)putzen *n* → Spritz(innen)(ver)putzen

~wand *f*, Rückwand · splashback [*An independent area of impervious material used to protect the wall surface in the vicinity of a wash basin, sink or bath*]

spritzwasser|dicht, spritzwassergeschützt · splash-proof

~geschützt, spritzwasserdicht · splash-proof

Spritzzement(ver)putz *m*, Zementspritz(ver)putz · sprayed cement (external) rendering (Brit.); ~ ~ stucco (US); ~ ~ (exterior) plaster, ~ external plaster, ~ ~ finish

Sprödbruch *m* · brittle fracture

sprödbruchunempfindlich · tough

Sprödbruchunempfindlichkeit *f* · toughness

spröder Fels *m*, sprödes Gestein *n* · brittle rock

~ Film *m* · brittle film

~ Werkstoff *m* · brittle material

sprödes Gestein *n*, spröder Fels *m* · brittle rock

Sprödigkeit *f*, Sprödheit · brittleness

Sprosse *f*, Fenster~ · sash bar, glazing ~, astragal; muntin (US) [*A rebated wood or metal bar which holds the panes of glass in a window. The particular term 'patent glazing bar' is often kept for roof lights or for patent glazing. Metal windows usullay have no glazing bars and thus let in more light*]

~ [*Für kittlose Oberlichter und Glasdächer*] · patent glazing bar, puttyless ~ ~ [*A glazing bar of special type and profile designed for dry glazing, i. e. without the use of putty, mastic or like substances*]

~, Leiter~ · rung, tread, rundle

Sprossen|eisen *n* · iron glazing bar, ~ sash ~; ~ muntin (US)

~glasdach *n* · glass roof(ing) with patent glazing bars, ~ ~ ~ puttyless ~ ~

~leiter *f* · rung ladder

Sprühen *n*, Ver~, Versprühung *f*, Zerstäubung, Zerstäuben · mist-spraying, fog-spray(ing), atomization, atomizing

Sprüh|gerät *n* · fogger

~luft *f* · atomized air

Sprung *m* · return [*A change of direction of a wall or other member, usually at right angles*]

~becken *n* · diving pool

~brett *n* [*Schwimmbad*] · spring-board

~maß *n* · offset

~nippel *m* · offset conduit nipple

~rohr *n* → Schwanenhals

~stück *n* · offset unit

Spülabort *m*, Wasserabort, Spülklosett *n*, Wasserklosett · W. C., water closet, flush toilet, wc [*A room in which one or more W. C. pans are installed*]

~ mit Hochspülkasten, Wasserabort ~ ~, Spülklosett ~ ~, Wasserklosett ~ ~ · high-level water closet, ~ flush toilet, ~ type of W. C. [*A room in which one or more high-level water closet pans are installed*]

~ ~ Tiefspülkasten, Spülklosett *n* ~ ~, Wasserabort ~ ~, Wasserklosett ~ ~ · low-level water closet, ~ flush toilet, ~ type of W. C. [*A room in which one or more low-level water closet pans are installed*]

(Spül)|Abortbecken *n*, Sitzbecken, (Spül)Becken, Klosettbecken, Toilettenbecken · bowl, pan, (water) closet ~, lavatory ~, toilet ~, WC ~, wc ~

(~)Becken *n*, Sitzbecken, Klosettbekken, (Spül)Abortbecken, Toilettenbekken · bowl, pan, (water) closet ~, lavatory ~, toilet ~, WC ~, wc ~

~becken *n* · sink bowl

Spülkasten *m*, Abort~, Klosett~, Toiletten~ · flush(ing) cistern

~ · flush(ing) tank [*A tank from which water is discharged to flush a system of drains. Not to be confused with a 'flush(ing) cistern'*]

~glocke *f* · bell (type) flush(ing) cistern

~glocke *f* **aus Blei**, Bleiglocke · lead bell (type) flush(ing) cistern

Spülküche *f*, (Geschirr)Spülraum *m* · wash-up

Spülklosett *n*, Wasserklosett, Spülabort *m*, Wasserabort · W. C., water closet, flush toilet, wc [*A room in which one or more W. C. pans are installed*]

~ mit Hochspülkasten, Wasserklosett ~ ~, Spülabort *m* ~ ~, Wasserabort ~ ~ · high-level water closet, flush ~ toilet, ~ type of W. C. [*A room in which one or more high-level water closet pans are installed*]

~ ~ Tiefspülkasten, Spülabort *m* ~ ~, Wasserklosett ~ ~, Wasserabort ~ ~ · low-level water closet, ~ flush toilet, ~ type of W. C. [*A room in which one or more low-level water closet pans are installed*]

Spül|raum *m*, Geschirr~, Spülküche *f* · wash up

~rohr *n*, Klosett~, Abort~, Toiletten~ · (lavatory) flush(ing) pipe, toilet ~ ~, closet ~ ~ [*B. S. 1125*]

Spültisch *m*, **Abwaschtisch**	**sink unit** [*Combined sink and drainer*]
Ablaufverbindung *f*	waste connection
Abtropfbrett *n*, Ablaufbrett, Abstellbrett	draining board, drainboard, absolution board
Abtropffläche *f*, Ablauffläche, Abstellfläche, Abtropfplatte *f*, Ablaufplatte, Abstellplatte	drainer
Anschlußmaße *npl*	installation dimensions
Anschlußverschraubung *f*	screwed connection
Antidröhnbelag *m*	sound-deadening coat(ing)
Antidröhnmasse *f*	sound-deadening compound
Arbeitsfläche *f*	work top
Auslaufventil *n*	outlet
Beckenanordnung *f*	bowl arrangement
Doppelbecken *n*	twin bowls
Einloch-Standbatterie *f*	single-hole mixer
entdröhnt	sound-deadened
Entlüftungskiemen *m*	vent louvre
fugenloses Anformen *n* des Beckens am Spültisch	seamless forming of bowl on sink unit
gerillter Ablauf *m*	fluted drainer
Geschirrbrause *f*	dish spray
Geschirrspülkorb *m*	dishwashing basket

Groß-Spültisch *m*, Gewerbe-Spültisch, Groß-Abwaschtisch, Gewerbe-Abwaschtisch	sink unit for the trade
Herd-Spültisch-Kombination *f*, Herd-Abwaschtisch-Kombination	combination sink cabinet and cooker unit
hochglanzpoliert	mirror finished
Holzrahmen *m*	wood(en) underframe, timber ~
Innenbearbeitung *f*	finishing
Kelchplatte *f*	waste (fitting), recessed waste fitting
Klapprost *m*	hinged grid
Lötstutzen *m*	brazing socket
Prägen *n*	pressing
Reinigung *f* und Pflege *f*	cleaning and care
Rückleiste *f*, Stehbord *n*	back ledge
Schutzsieb *n*	perforated protector
schwenkbarer Auslauf *m*	swivel outlet head
Serien-Spültisch *m*, Serien-Abwaschtisch	quantity-produced sink unit, series-produced ~ ~
Siebeinsatz *m*	basket strainer waste (unit)
Spülbecken *n*	sink bowl
Spüle *f*	(kitchen) sink
Standbatterie *f*	sink mixer
Standrohr *n*	standpipe
Stopfenventil *n*	waste plug
Überlaufventil *n*	overflow
Umstellbrausekopf *m*	change-over spray head
Unterbau *m*, Unterschrank *m*	base unit
Volksspültisch *m*, Sied(e)lungsspültisch, Volksabwaschtisch, Sied(e)lungsabwaschtisch	popular sink unit, economy ~ ~
Wandanschlußprofil *n*	fillet trim
Wasserfleck *m*	water stain

Spülung *f*, Abort~ Klosett~, Toiletten~ · flush(ing), lavatory ~, toilet ~, closet ~

Spülwasser *n*, Abort~, Klosett~, Toiletten~ . (lavatory) flush(ing) water, toilet ~ ~, closet ~ ~

~rest *m* · after-flush [*The small quantity of water remaining in the cistern after a w. c. pan is flushed. It trickles slowly down and remakes the seal*]

Spundverbindung *f* · tongue-and-groove joint

Spur-Leucht-Nagel *m*, Verkehrs-Leucht-Nagel, Markierungs-Leuchtnagel, Straßen-Leucht-Nagel · reflectorizing traffic stud, ~ street marker, ~ road stud

SPZ *m* → sulfatbeständiger Portlandzement

S-Stück *n* → Schwanenhals

St. Nicolaus auf der Kleinseite in Prag · S. Nicholas at Prague

staatlicher Bauauftrag *m* · government commission

Staats|architektur *f* · 'national' architecture [*Term usually used to indicate a style of building approved by the State*]

~empfangsraum *m* · VIP reception room

~gemach *n*, Prunkzimmer *n* · state room

Stab *m*, konvexes Element *n* [*Karnies*] · convex part

~ [*Ein stabförmiges Zierglied oder Teile desselben*] · moulding (Brit.); molding (US)

~, Träger~, Gitter~, Füll(ungs)~, Glied *n* · member, bar, rod, element

~, Armierungs~, Bewehrungs~ · (rolled) (steel) bar, (~) (~) rod, reinforcing ~, reinforcement ~ [*B. S. 785*]

~ablenkung *f*, Gliedablenkung [*Rahmenträger*] · member slope, bar ~, rod ~, element ~

~achse *f*, Stabmittellinie *f*, Gliedachse, Gliedmittellinie · bar centre line (Brit.); ~ center ~ (US); rod ~ ~, element ~ ~, member ~ ~

~anschluß *m*, Gliedanschluß [*Stabwerkkonstruktion*] · element connection, member ~, bar ~, rod ~

~armierung *f* → Stab(stahl)einlagen

~art *f*, Eisenart, Stahlart [*Bewehrung*] · type of bar, bar type

~bau *m* [*Holzbau, dessen runde Eckstäbe zusammen mit den Grundschwellen und den Oberschwellen einen festen Rahmen bilden, in den senkrechte Bohlen eingespundet werden. Die besonders in Skandinavien verbreitete Bauweise erreichte bei den Stabkirchen ihre Vollendung*] · stave construction

~belastung *f*, Gliedbelastung · bar loading, rod ~, element ~, member ~

~bewehrung *f* → Stab(stahl)einlagen

~boden *m* → Riemen(fuß)boden

Stäbchen *n*, Jalousie~, (Jalousie)Lamelle *f* · (blind) slat

~platte *f*, Tischlerplatte mit Stäbchenmittellage · laminated board, laminboard (Brit.)

~schluß *m*, Lamellenschluß [*Jalousie*] · slat closure

Stabdrehwinkel *m*, Glieddrehwinkel, Stabverschwenkungswinkel, Gliedverschwenkungswinkel · rotation(al) angle of bar, ~ ~ ~ rod, ~ ~ ~ element, ~ ~ ~ member

(Stab)Dübel *m*, Döbel *m*, Dolle *f*, Dollen *m*; Dippel *m* [*Österreich*] · dowel

~ aus T-Stahl, Dolle *f* ~ ~, Dollen *m* ~ ~, Döbel *m* ~ ~; Dippel *m* ~ ~ [*Österreich*] · T(ee)-steel dowel, tee-steel ~

~schmiere *f* · dowel lubricant [*Lubricating material applied to bars in expansion joints to reduce bond with the concrete and promote unrestrained longitudinal movement*]

~verbindung *f* · dowel(led) connection

Stab|durchmesser *m*, Eisendurchmesser, Stahldurchmesser [*Bewehrung*] · bar diameter, rod ~, diameter of bar, diameter of rod

~ebene *f*, Gliedebene · plane of members, ~ ~ elements, ~ ~ bars, ~ ~ rods

~einlagen *fpl* → Stabstahleinlagen

Stabeisen *n* [*Fehlname*]; Stabstahl *m* [*DIN 59051*] · merchant bar, bar-steel, rod-steel

~armierung *f* [*Fehlname*] → Stab(stahl)einlagen

~bewehrung *f* [*Fehlname*] → Stab(stahl)einlagen

~einlagen *fpl* [*Fehlname*] → Stab(stahl)einlagen

Stab|erder *m*, Erdungsstab *m* · ground(-ing) rod, earth(ing) ~

~feld *n*, Gliedfeld [*Stabwerkkonstruktion*] · bar field, member ~, element ~, rod ~

~form *f*, Gliedform · bar shape, rod ~, element ~, member ~

~(fuß)boden *m* → Riemen(fuß)boden

~gewebe *n*, Holz~ [*Putzträger*] · wood lath(ing) (for plastering) [*B. S. 1317*]

~größe *f*, Gliedgröße [*Stabwerkkonstruktion*] · bar size, member ~, rod ~, element ~

~-Holzdübel *m*, Holz(stab)dübel, Holzdollen *m* · wood(en) dowel, timber ~

stabil, langsambrechend [*Bitumenemulsion*] · stable, slow-breaking, slow-setting

~ · stable

Stabilisator *m* → Emulgator

stabilisierte Legierung *f*, beruhigte ~ · stabilized alloy, dead ~, (fully) killed ~, quiet ~

stabilisierter Stahl *m*, beruhigter ~ · dead steel, (fully) killed ~, quiet ~, stabilized ~

stabilisiertes Dolomit-Erzeugnis *n* [*Feuerfestes Erzeugnis, das im wesentlichen aus totgebranntem Dolomit und einem stabilisierenden Mineral besteht, das den Kalk abgebunden hat. Anmerkung: Solche Erzeugnisse können gebrannt oder ungebrannt verwendet werden*] · stabilized dolomite refractory (product)

Stabilisierungs|kern *m* · central core of strength

~seil *n* · stabilization cable

Stabilität *f*, Beständigkeit *f* [*Emulsion*] · stability

~, Standfestigkeit *f*, Standsicherheit, räumliche Steifigkeit · stability

Stabilitäts|abfall *m* · stability drop

~bedingung *f* · stability condition

~berechnung *f* · stability calculation

~diagramm *n* · stability diagram

~fall *m* · stability case, case of stability

~funktion *f* · stability function

~gleichung *f* · stability equation

~grad *m*, Beständigkeitsgrad [*Emulsion*] · degree of stability, stability degree

~grenze *f* · stability limit, limit of stability

~nachweis *m* → Standsicherheitsnachweis

~theorie *f* · stability theory

~untersuchung *f* · stability investigation

~wechsel *m* · change of stability

Stab|kirche *f*, Mastenkirche · stave church [*A timber-framed and timber-walled church; the walls are of upright planks with corner-post columns*]

~knicken *n* → Stabknickung

~knickung *f*, Stabknicken *n*, Gliedknickung, Gliedknicken · bar buckling, member ~, rod ~, element ~

~kraft *f*, Gliedkraft [*Stabwerkkonstruktion*] · bar force, member ~, rod ~ element ~

~länge *f*, Gliedlänge · member length, element ~, bar ~, rod ~

~länge *f* [*Bewehrung*] · rod length, bar ~

~mittellinie *f*, Stabachse *f*, Gliedmittellinie, Gliedachse · bar centre line (Brit.); ~ center ~ (US); rod ~ ~, element ~ ~, member ~ ~

~moment *n*, Gliedmoment · member moment, bar ~, rod ~, element ~

~parkett *n* · (wood) block parquet(ry) (flooring), (~) ~ ~ floor (finish), (~) ~ ~ floor cover(ing)

~querschnitt *m*, Gliedquerschnitt [*Stabwerkkonstruktion*] · bar cross-section, member ~, rod ~, element ~

~reihe *f*, Gliedreihe · row of members, ~ ~ elements, ~ ~ rods, ~ ~ bars

~spannung *f*, Gliedspannung [*Stabwerkkonstruktion*] · bar stress, member ~, rod ~, element ~

~stahl *m*; Stabeisen *n* [*Fehlname*] [*DIN 59051*] · merchant bar, bar-steel, rod-steel

~(stahl)armierung *f* → Stab(stahl)einlagen

~(stahl)bewehrung *f* → Stab(stahl)-einlagen

~-Stahldübel *m*, Stahldollen *m*, Stahl-(stab)dübel · steel dowel

~(stahl)einlagen *fpl*, Stab(stahl)bewehrung *f*, Stab(stahl)armierung [*Fehlnamen: Stabeiseneinlagen, Stabeisenbewehrung, Stabeisenarmierung*] · bar reinforcement, rod ~, ~ reinforcing

~system *n* [*Fachwerk*] · member system, rod ~, bar ~

~verschwenkungswinkel *m*, Gliedverschwenkungswinkel, Stabdrehwinkel, Glieddrehwinkel · rotation(al) angle of bar, ~ ~ ~ rod, ~ ~ ~ element, ~ ~ ~ member

~vertauschung *f*, Gliedvertauschung [*Stabwerkkonstruktion*] · member transposition, ~ transformation, element ~, bar ~, rod ~

~werk *n* [*Senkrechte Stäbe zur Unterteilung der Glasfläche unter dem Maßwerk gotischer Fenster*] · mullions

~zahl *f*, Gliedzahl · number of bars, ~ ~ members, ~ ~ elements, ~ ~ rods

Stacheldraht *m* · barbed wire; bobwire (US)

~zaun *m* · barbed wire fence; bobwire ~ (US)

Stadion *n* · stadium

~anlagen *fpl* · stadium facilities

~bau *m* · stadium construction

~tribüne *f* · stadium grandstand

„Stadt *f* **auf einem Tafelberg"** · 'town on a table mountain' [*Project by Paolo Soleri*]

„Stadt *f* **der Zukunft"**, Citta Nuova · town of the future [*Designed by two Milan architects in 1914, it marked the beginning of Futurist architecture*]

~ in mehreren Ebenen · multistorey town (Brit.); multi-story ~ (US); multi-level ~

~abfall(stoff) *m*, Stadtmüll *m* · municipal refuse, ~ waste, town ~

~abfluß *m* [*Jener Teil des Niederschlages einer Stadt, der oberirdisch abfließt*] · urban run-off

~achse *f* · civic axis

~architekt *m* · town architect

~architektur *f*, Stadtbaukunst *f* · town architecture, urban ~, municipal ~; local ~ [*When referring to a specific city*]; civic design [*general term*]

~bad *n* · town swimming bath, municipal ~ ~, urban ~ ~, ~ pool

~bahn *f*, Stadtschnellbahn · metropolitan railway (Brit.); ~ railroad (US); urban rapid transit system

~bahngleis *n* · metropolitan railway track (Brit.); ~ railroad ~ (US)

~bahnhof *m* · (in-)town station, urban ~, municipal ~

~bahn-Station *f* · metropolitan railway station; ~ railroad ~ (US)

Stadtbau|arbeiten *fpl* · urban construction (work)

~kunst *f* → Stadtarchitektur

~lehre *f*, städtebauliche Lehre · town planning studies, urban ~ ~, municipal ~ ~

~meister *m* · town (master) mason

~system *n* · town planning system, municipal ~ ~, urban ~ ~

~technik *f*, Städtebautechnik · urban engineering, municipal ~, town ~

Stadt|befestigung *f* · town fortification

~bevölkerung *f* · urban population

~bibliothek *f*, Stadtbücherei *f* · municipal library, urban ~, town ~

~bild *n* · town picture

Städtchen *n* · small town

Städte|bau *m* · urban development, municipal ~, town ~

~bauausschuß *m* · urban development committee, municipal ~ ~, town ~ ~

~bauer *m* · town planner, municipal ~, urban ~

~bauinstitut *n* · town planning institute, urban ~ ~, municipal ~ ~

städtebauliche Lehre *f*, Stadtbaulehre · town planning studies, urban ~ ~, municipal ~ ~

~ Planung *f*, Stadtplanung, Städteplanung · town planning, municipal ~, urban ~

Städtebau|technik *f*, Stadtbautechnik · urban engineering, municipal ~, town ~

~theorie *f* · town planning theory, urban ~ ~, municipal ~ ~

Städtelandschaft *f* → Stadtlandschaft

Stadtentwick(e)lung *f* · town development, urban ~, municipal ~

Städte|planung *f*, Stadtplanung, städtebauliche Planung · planning, municipal ~, urban ~

~region *f* → Stadtregion

Stadt|erneuerung *f* · urban redevelopment

(~)Erneuerungsarbeit *n* · redevelopment area, ~ zone, ~ site

~erneuerung(smaßnahmen) *f* (*pl*), (Stadt)Sanierung *f* [*1. Verbesserung und Neugestaltung von Gebäuden und der Nachbarschaft. 2. Abriß von Gebäuden und/oder Entfernen von Verkehrsanlagen bzw. Freiflächen aller Art um Raum für neue Einrichtungen zu schaffen*] · redevelopment, urban renewal

~erweiterung *f* · town extension, municipal ~, urban ~

~figur *f* · urban configuration, municipal ~, town ~

~garten *m* · town garden, urban ~, municipal ~

Stadtgas *n*, Dowsongas, Mischgas · town gas

~heizung *f* · heating by town gas

~-Raumerhitzer *m*, Stadtgas-Raumheizgerät *n* · space heater burning town gas [*B. S. 3561*]

~-Raumheizgerät *n*, Stadtgas-Raumerhitzer *m* · space heater burning town gas [*B. S. 3561*]

Stadt|gebiet *n* · town area, urban ~, municipal ~

~halle *f* · municipal hall, urban ~

~haus *n* · town house [*As opposed to a house in the country*]

~heizung *f* · town heating, urban ~

~hotel *n* · town hotel, municipal ~, urban ~

städtische Abfall(stoff)verbrennungsanlage *f*, ~ Müllverbrennungsanlage · municipal destructor, ~ incineration plant

~ Verkehrsplanung *f* · urban traffic planning

~ Wasserversorgung *f* · municipal water supply

städtischer Lebensraum *m* · urban living-space, municipal ~, town ~

städtisches Straßenbahnnetz *n* · urban tramway network

~ Waisenhaus *n* · municipal orphanage, urban ~, town ~

Stadt|kapelle *f* · urban chapel, municipal ~, town ~

~kern *m*, Kerngebiet *n*, Geschäftsgebiet, Innenstadt *f*, Stadtzentrum *n* · business area, central ~, ~ district, nucleus, heart of the town, city (area); centre of the town (Brit.)

~kirche *f* · town church, urban ~, municipal ~ [*A church in a town*]

~kreis *m* · city

~krone *f* [*Kernzelle einer Stadt mit den wichtigsten Monumentalbauten und in stark hervortretender Lage, z. B. Akropolis, Kapitol usw.*] · upper city, citadel

~landschaft *f*, Städtelandschaft · townscape, urban landscape

~mauer *f* · town wall, urban ~, municipal ~

~mitte *f* · town centre (Brit.); ~ center (US); urban ~, municipal ~

~müll *m*, Stadtabfall(stoff) *m* · municipal refuse, ~ waste, town ~

~museum *n* · municipal museum, urban ~, town ~

~netz *n* · urban network

~palast *m* · town palace, urban ~, municipal ~

~park *m* · town park, municipal ~, urban ~

~planer *m*, Städteplaner, Städtebauer · town planner, municipal ~, urban ~

~planung *f*, Städteplanung, städtebauliche Planung · town planning, municipal ~, urban ~

~planungsbehörde *f* · town planning authority, urban ~ ~, municipal ~ ~

~rand *m* · outskirt

~region *f*, Städteregion · metropolitan area

(~)Sanierung *f*, Stadterneuerung(smaßnahmen) *f* (*pl*) [*1. Verbesserung und Neugestaltung von Gebäuden und der Nachbarschaft. 2. Abriß von Gebäuden und/oder Entfernen von Verkehrsanlagen bzw. Freiflächen aller Art um Raum für neue Einrichtungen zu schaffen*] · redevelopment

~-Sauna(bad) *f*, (*n*) · municipal sauna bath, urban ~ ~, town ~ ~

~(schnell)bahn *f* · metropolitan railway (Brit.); ~ railroad (US); urban rapid transit system

~schnellstraße *f* · urban expressway

~schwimmbad *n* · municipal swimming pool, urban ~ ~, town ~ ~

~straße *f* · urban road, town ~, municipal ~, (city) street, urban thoroughfare, city road, st

~straßenbrücke *f* · street bridge

~straßennetz *n* · street system, ~ network

~straßentunnel *m* · street tunnel

~straßenwaren *fpl* · street furniture

~theater *n* · municipal theatre, urban ~, town ~

~tor *n* · two-sided (town) gateway

~tunnel *m* · urban tunnel

~verkehr *m* · urban traffic

~versorgung *f* · (public) utilities

~versorgungsnetz *n* · urban supply network

~viertel *n* · town block, urban ~, municipal ~ [*A division of a city bounded by four streets*]

~villa *f* · urban villa

~waage *f* **in Haarlem** · Weigh House at Haarlem

~zentrum *n* → Stadtkern

Staffel *f*, Altar~, Predella *f* · predella

~basilika *f* · basilica with nave and aisles of different height

~chor *m* · Benedictine choir, ~ quire

~dach *n* · stepped roof

~giebel *m*, Treppengiebel, Stufengiebel, abgetreppter Giebel · crow-stepped gable, corbie ~

~halle *f*, Pseudobasilika *f* [*Mehrschiffiger Raum mit erhöhtem Mittelschiff, jedoch ohne Fenster im Obergaden*] · pseudo-basilica (church)

Stahl *m* **in Farbe** [*Mehrschicht-einbrennlackiertes Stahlband und Stahlblech*] · colour-coated steel (Brit.); color-coated ~ (US); CCS

~abfluß *m* [*Fehlname*] → Stahlabflußrohr

~abflußrohr *n*, Stahlablaufrohr, Stahldränrohr, Stahlentwässerungsrohr [*Fehlnamen: Stahlablauf m, Stahlabfluß*] · steel draining pipe, ~ drain(age) ~, ~ discharge ~, ~ waste (~)

~-Abgasrohr *n* · steel exit gas pipe

~ablauf *m* [*Fehlname*] → Stahlabflußrohr

~ablaufrohr *n* → Stahlabflußrohr

~-Abschirmwand *f* · steel (biological) shielding wall, ~ radiation ~ ~

~abschluß *m* · steel shutter

stahlangreifend · aggressive to steel

Stahl|ankerplatte *f* · steel anchor plate

~architektur *f*, Stahlbaukunst *f* · steel architecture

~art *f*, Eisenart, Stabart [*Bewehrung*] · type of bar, bar type

~artikel *m*, Stahlgegenstand *m*, Stahlerzeugnis *n* · steel article

~-Außen(wand)auskleidung *f*, Stahl-Außen(wand)verkleidung, Stahl-Außen(wand)bekleidung · side steel lining, vertical ~ ~, ~ ~ (sur)facing

Stahl|auszug *m* · cutting list, summary of reinforcement [*A list of steel bars showing diameters and lengths only, from which the reinforcement is ordered. This list is prepared by the contractor from the bending schedules issued by the reinforced concrete designer with his detail drawings*]

~(bade)wanne *f* · steel (bath)tub, ~ bath

~balken(träger) *m* · steel beam

~balken(träger)rost *m* · steel beam grillage

~band *n* · steel strip

~band *n* [*Baubeschlag*] · steel hinge

~barren *m* [*Hubdeckenverfahren*] · steel shear key

Stahlbau *m* · steel construction

~arbeiten *fpl* [*DIN 18335*] · steel (construction) work

Stahlbauer *m* · constructional engineer [*A fabricator or contractor working on steel frames*]

Stahlbau|firma *f* · steel construction firm

~hilfsarbeiter *m* · steel erector's mate; ~ ~ labourer (Brit.); ~ ~ laborer (US)

~-Hohlprofil *n* · structural steel hollow section, ~ ~ ~ unit, ~ ~ ~ trim, ~ ~ ~ shape, ~ ~ ~ profile

~industrie *f* · steel construction industry

~kunst *f* → Stahlarchitektur

~montage *f* · erection of steelwork, steel erection

~montagemeister *m* · foreman steel erector

~monteur *m* · steel erector, constructional fitter and erector

~technik *f* · steel construction engineering, ~ structural ~

~werk *n* · steel structure

~werkstatt *f* · steel contractor's shop, ~ workshop

Stahl|bedachung *f* → Stahldach(belag)

~bedarf *m* · steel requirement

~-Beleuchtungsmast *m* → Stahl(-Licht)mast

~bemessung *f*, Bemessung von Stahlbauten · steel design

Stahlbeton *m* · reinforced concrete, R.C.

~ Kleinlogel [*Markenbezeichnung für einen Hart(beton)stoff zur Herstellung von Stahlbetonbelägen*] · Kleinlogel metal(lic) aggregate, ~ ~ abrasive (material)

~ Schumann [*Stahlbetonbelag, hergestellt mit metallenen Spezialhärtematerialien in verschiedenen Körnungen, je nach Verwendungszweck und zwar Nr. 1 grob, Nr. 2 mittel, Nr. 3 fein. Mischung 1 kg Zement (Portland-, Hochofen- oder Spezialzement), 1 kg Härtematerial und 1 l Quarzsand unter 3 mm Korngröße*] · Schumann metal(lic)-aggregate mortar cover(ing)

(Stahl)Betonabstandhalter *m* **aus Beton** · (concrete) reinforcement spacer, (~) distance piece

~ aus Kunststoff, Kunststoff-(Stahl-)Betonabstandhalter · plastic (concrete) reinforcement spacer, ~ (~) ~ distance piece

Stahlbeton|-Abwasserrohr *n*, Stahlbeton-Kanal(isations)rohr · reinforced (concrete) sewer pipe, ~ (~) sewage ~, ~ (~) foul water ~, ~ (~) refuse water ~, R.C. sewer ~, R.C. sewage ~, R.C. foul water ~, R.C. refuse water ~

~arbeiten *fpl* [*DIN 18331*] · reinforced (concrete) work, R.C. ~

~aufgabe *f* · reinforced (concrete) problem, R.C. ~

~auskleidung *f*, Stahlbetonverkleidung, Stahlbetonbekleidung · reinforced (concrete) lining, ~ (~) (sur)facing, R.C. ~

~-Ausleger(licht)mast *m*, Stahlbeton-Auslegerbeleuchtungsmast, Stahlbeton-Auslegerleuchtenmast · reinforced (concrete) (lighting) column with bracket (Brit.); ~ (~) (~) mast with arm (US)

~-Außenstütze *f* · exterior reinforced (concrete) column, external ~ (~) ~, perimeter ~ (~) ~, ~ R.C. ~

~balken(träger) *m* · reinforced (concrete) beam, R.C. ~

~balken(träger)decke *f* · reinforced (concrete) beam floor R.C. ~ ~

~bau *m* [*DIN 1045*] · reinforced (concrete) construction, R.C. ~

~bauteil *m, n* [*z.B. Stütze; Wand; Binder usw.*] · reinforced concrete compound unit, R. C. ~ ~

~bauteil *m, n* [*Fehlname*] → Stahlbetonfertig(bau)teil

~bauwerk *n* [*DIN 1045*] · reinforced (concrete) structure, R.C. ~

~belag *m* [*Fehlname: Stahl(beton)estrich m. Ein solcher Belag wird hergestellt, indem der Hartbetonstoff Gruppe B nach DIN 1100, aus metallischem Material bestehend, mit Portlandzement zu Mörtel verarbeitet und als Hartbetonbelag aufgetragen wird*] · metal(ic)-aggregate mortar cover(ing)

~-Brüstung *f* → Stahlbeton-Fensterbrüstung

~bedachung *f*, Stahlbetondach(belag) *n*, (*m*), Stahlbeton(dach)(ein)deckung · reinforced (concrete) roof cladding, ~ (~) ~ covering, ~ (~) ~ sheathing, R. C. ~ ~, reinforced (concrete) roof(ing), R. C. roof(ing)

~-Bedachungselement *n* → Stahlbeton-Dachplatte

~-Bedachungsplatte *f* → · Stahlbeton-Dachplatte

~bekleidung *f*, Stahlbetonauskleidung, Stahlbetonverkleidung · reinforced (concrete) lining, ~ (~) (sur)facing, R.C. ~

~-Beleuchtungsmast *m*, Stahlbeton-Leuchtenmast, Stahlbeton-Lichtmast · reinforced (concrete) lighting mast, R.C. ~ ~

~bemessung *f*, Bemessung im Stahlbetonbau · R.C. design, reinforced concrete ~, design in reinforced concrete

~bestimmungen *fpl* · building code requirements for reinforced concrete

~binder *m* → Stahlbetondachbinder

~binder *m* **in Rahmenform** → Stahlbetondachbinder

~bogen *m* · reinforced (concrete) arch, R.C. ~

~bogenträger *m*, gekrümmter Stahlbetonträger · reinforced (concrete) arch(ed girder), ~ (~) arch ~, R.C. ~ ~

~bunker *m* · reinforced (concrete) bunker, R.C. ~

~dach *n* · reinforced (concrete) roof, R.C. ~

~dachbalken(träger) *m* · reinforced (concrete) roof beam, R.C. ~ ~

~dach(belag) *n*, (*m*), Stahlbeton(dach)(ein)deckung *f*, Stahlbetonbedachung · reinforced (concrete) roof cladding, ~ (~) ~ covering, ~ (~) ~ sheathing, R.C. ~ ~, reinforced (concrete) roof(ing), R.C. roof(ing)

~(dach)binder *m* · reinforced (concrete) (roof) truss, R.C. (~) ~ (US) [*There is no all-embracing term for (Dach)Binder' in the United Kingdom, since '(roof) truss' is defined there as a double-pitched triangulated structure as opposed to a roof frame which is a structure with continuity between vertical and spanning members*]

~(dach)binder *m* **in Rahmenform**, Stahlbeton-Rahmen(dach)binder, Stahlbeton-Fachwerk(dach)binder, Stahlbetonflachdachbinder · reinforced (concrete) roof frame, R.C. ~ ~ (Brit.); reinforced (concrete) flat roof truss, R.C. flat roof truss (US)

~(dach)(ein)deckung *f*, Stahlbetonbedachung, Stahlbetondach(belag) *n*, (*m*) · reinforced (concrete) roof cladding, ~ (~) ~ covering, ~ (~) ~ sheathing, R. C. ~ ~, reinforced (concrete) roof(ing), R. C. roof(ing)

~-Dachelement *n* → Stahlbeton-Dachplatte

~-Dachfaltwerk *n*, Stahlbeton-Falt(werk)dach *n* · reinforced (concrete) folded plate roof, ~ (~) ~ slab ~, R.C. ~ ~ ~ (Brit.); reinforced (concrete) hipped-plate ~, R.C. hipped-plate ~ (US)

~-Dachplatte *f*, Stahlbeton-Bedachungselement *n*, Stahlbeton-Dachelement, Stahlbeton-Bedachungsplatte · reinforced (concrete) roof(ing) slab, R.C. ~ ~

~decke *f*, Stahlbeton-Trenndecke, Stahlbeton-Etagendecke, Stahlbeton-Geschoßdecke, Stahlbeton-Stockwerkdecke · reinforced (concrete) (intermediate) floor, R. C. (~) ~

~deckenbalken(träger) *m* · reinforced (concrete) joist, ~ (~) floor beam, R.C. joist, R.C. floor beam

~decken(bau)system *n*, Stahlbetondeckenkonstruktion(ssystem) *f*, (*n*) · reinforced concrete floor(ing) (structural) system, R.C. ~ (~) ~, R.C. floor(ing) construction

~deckenkonstruktion(ssystem) *f*, (*n*), Stahlbetondecken(bau)system · reinforced concrete floor(ing) (structural) system, R.C. ~ (~) ~, R.C floor(ing) construction

~deckenplatte *f* · reinforced (concrete) floor slab, R.C. ~ ~

~-Deckenplattenelement *n* · reinforced (concrete) floor-slab unit, ~ (~) ~ member, R.C. ~ ~

~deckensystem *n*, Stahlbetondeckenbausystem Stahlbetondeckenkonstruktion(ssystem) *f*, (*n*) · reinforced concrete floor(ing) (structural) system, R.C. ~ (~) ~, R.C. floor(ing) construction

~diele *f*, Stahlbetonhohldiele, Steg(zement)diele [*DIN 4028*] · (reinforced) concrete hollow(-core) plank, R.C. ~ ~

~dielendach *n* → Stahlbetonhohldielendach

~dielendecke *f* → Stahlbetonhohldielendecke

~-Doppel-T-Träger *m*, Stahlbeton-I-Träger · reinforced (concrete) I-beam

~-Dreilagenplatte *f*, Stahlbeton-Sandwichplatte · reinforced (concrete) sandwich slab, R.C. ~ ~

~-Druckring *m* · reinforced (concrete) compression ring, R.C. ~ ~

~druckrohr *n* [*DIN 4036 Bedingungen für die Lieferung und Prüfung von Stahlbetondruckrohren und DIN 4037 R chtlinien für die Abnahme von Stahlbetondruckrohrleitungen*] · reinforced (concrete) pressure pipe, R.C. ~ ~

~-Druckschicht *f*, Stahlbeton-Druckplatte *f* · reinforced (concrete) topping, R.C. ~

~-Durchlaufbalken(träger) *m*, Durchlauf-Stahlbetonbalken(träger) , durchlaufender Stahlbetonbalken(träger) · continuous reinforced (concrete) beam, ~ R.C. ~

~-Durchlaufrahmen *m*, Durchlauf-Stahlbetonrahmen, durchlaufender Stahlbetonrahmen · reinforced (concrete) continuous frame, R.C. ~ ~

~-Durchlaufträger *m*, Durchlauf-Stahlbetonträger, durchlaufender Stahlbetonträger · continuous reinforced (concrete) girder, ~ R.C. ~

Stahl(beton)estrich *m* [*Fehlname*] → Stahlbetonbelag

Stahlbeton|-Etagendecke *f* → Stahlbetondecke

~-Fachwerk(dach)binder *m* → Stahlbeton(dach)binder in Rahmenform

~fachwerk(träger) *n*, (*m*) · reinforced (concrete) truss(ed girder), R.C. ~ (~)

~-Falt(werk)dach *n*, Stahlbeton-Dachfaltwerk *n* · reinforced (concrete) folded plate roof, ~ (~) ~ slab ~, R.C. ~ ~ ~ (Brit.); reinforced (concrete) hipped-plate ~, R.C. hipped-plate ~ (US)

(Stahl)Betonfenster *n* [*Fenster mit Stahlbetonrahmen*] · reinforced (concrete) window, R.C. ~

Stahlbeton|-(Fenster)Brüstung *f* · reinforced (concrete) spandrel (wall), R.C. ~ (~), ~ (~) breast, ~ (~) apron, ~ (~) parapet; ~ (~) apron wall (US) [*The rectangular R.C. infilling in a multi-stor(e)y building between a window sill and the window head below*]

~fensteroberschwelle *f*, Stahlbetonfenstersturz *m* · reinforced (concrete) window lintel; ~ (~) ~ lintol [*deprecated*]; R.C. ~ ~

(Stahl)Betonfensterrahmen *m* · reinforced (concrete) window frame, R.C. ~ ~

Stahlbeton|fenstersturz *m*, Sahltbetonfensteroberschwelle *f* · reinforced (concrete) window lintel; ~ (~) ~ lintol [*deprecated*]; R.C. ~ ~

~fertigbalken(träger) *m* · (pre)cast reinforced (concrete) beam, ~ R.C. ~

~fertigbalken(träger)decke *f* [*DIN 4233*] · (pre)cast reinforced (concrete) beam floor, ~ R.C. ~ ~

~fertig(bau)teil *m*, *n*, Stahlbetonmontage(bau)teil [*Fehlname' Stahlbetonbauteil*] · (pre)cast reinforced (concrete) compound unit, ~ R. C. ~ ~, prefab(ricated) ~ ~ ~ ~

~-Fertigdecke *f*, Stahlbeton-Fertigteildecke, Stahlbeton-Montagedecke, Montage-Stahlbetondecke · reinforced (concrete) (pre)cast floor, R. C. ~ ~, (pre)cast R. C. ~, (pre)cast reinforced (concrete) ~

~fertiggarage *f* → Stahlbetonfertigteilgarage

~-Fertigkonstruktion(ssystem) *f*, (*n*) → Stahlbeton-Fertigteilkonstruktion(ssystem)

~-Fertigoberschwelle *f* → Stahlbeton-Fertigteiloberschwelle

~-Fertigpfahl *m* · (pre)cast reinforced concrete pile, prefab(ricated) ~ ~ ~, ~ R.C. ~

~-Fertigplatte *f* · (pre)cast reinforced (concrete) slab, ~ R.C. ~

~-Fertigrahmen *m* · (pre)cast R.C. frame, ~ reinforced (concrete) ~, R. C. (pre)cast ~, reinforced (concrete) (pre)cast ~

~fertigrippe *f* · (pre)cast reinforced (concrete) rib, ~ R.C. ~

~-Fertigsturz *m* → Stahlbeton-Fertigteilsturz

~-Fertigstütze *f* → Stahlbeton-Fertig(teil)stütze

~fertigtafel *f* · (pre)cast reinforced (concrete) panel, ~ R.C. ~

~fertigteil *m*, *n* → Stahlbetonfertigbauteil

~-Fertigteilbau *m* → Bauen mit Stahlbetonfertigteilen

~-Fertig(teil)decke *f*, Stahlbeton-Montagedecke, Montage-Stahlbetondecke · reinforced (concrete) (pre)cast floor, R.C. ~ ~, (pre)cast R.C. ~, (pre)cast reinforced (concrete) ~

~fertig(teil)garage *f* · reinforced (concrete) (pre)cast garage, R.C. ~ ~, (pre)cast R.C. ~, (pre)cast reinforced (concrete) ~

~-Fertig(teil)konstruktion(ssystem) *f*, (*n*), Stahlbeton-Montagekonstruktion(ssystem) · (pre)cast reinforced (concrete) construction, ~ R.C. ~, ~ ~ (~) (structural) system

~-Fertig(teil)oberschwelle *f*, vorgefertigte Stahlbetonoberschwelle, vorgefertigter Stahlbetonsturz *m*, Stahlbeton-Fertig(teil)sturz · (pre)cast reinforced (concrete) lintel; ~ ~ (~) lintol [*deprecated*]

~-Fertig(teil)rahmen *m* · (pre)cast R.C. frame, ~ reinforced concrete ~

~-Fertig(teil)sturz *m*, vorgefertigter Stahlbetonsturz, vorgefertigter Stahlbetonoberschwelle *f*, Stahlbeton-Fertig(teil)oberschwelle · (pre)cast reinforced (concrete) lintel; ~ ~ (~) lintol [*deprecated*]

~-Fertig(teil)stütze *f* · reinforced (concrete) (pre)cast column, R.C. ~ ~; reinforced (concrete) stanchion, R.C. stanchion (Brit.)

~fertig(teil)wand *f*, Stahlbetonmontagewand, Montagestahlbetonwand · prefab(ricated) reinforced (concrete) wall, (pre)cast ~ (~) ~, ~ R.C. ~

~-Fertig(teil)wange *f* · (pre)cast reinforced (concrete) string (Brit.); ~ ~ (~) stringer (US); ~ R.C. ~

~fertigträger *m* [*DIN 4225*] · reinforced (pre)cast (concrete) girder, (pre)cast R. C. ~

~-Fertigwand *f*, Stahlbeton-Fertigteilwand, Stahlbeton-Montagewand, Montagestahlbetonwand · (pre)cast reinforced (concrete) wall, ~ R.C. ~

~-Fertigwange *f* → Stahlbeton-Fertigteilwange

~-Flachdachbinder *m* → Stahlbeton-(dach)binder in Rahmenform

~fundament *n* · reinforced concrete foundation, R.C. ~

~garage *f* · reinforced (concrete) garage, R.C. ~

~gebäude *n* · reinforced (concrete) building, ~ (~) block, R.C. ~

~gelenk *n* · reinforced (concrete) hinge, R.C. ~

~-Geschoßdecke *f* → Stahlbetondecke

~gewölbe *n* · reinforced (concrete) vault, R.C. ~

~gitterträger *m* · reinforced (concrete) lattice girder, R.C. ~ ~

~(gleis)schwelle *f*, Stahlbetonschienenschwelle · reinforced (concrete) railway sleeper (Brit.); ~ (~) railroad tie (US)

~-Hängedach *n*, Hänge-Stahlbetondach · reinforced (concrete) suspended roof, ~ (~) suspension ~, R.C. ~ ~, suspended reinforced (concrete) ~

~-Härtematerial *n* [*Fehlname*] → Stahlbeton-Härtemittel

~-Härtemittel *n*, Stahlbeton-Hartstoff *m* [*Fehlname: Stahlbeton-Härtematerial n. Ein metallischer Hart(beton)stoff, der meist einem Mörtel aus Quarzsand und Portlandzement beigemischt wird (Stahlbetonmörtel) zur Herstellung von Stahlbetonbelägen*] · metal(lic) aggregate, ~ abrasive (material)

~-Hartstoff *m* → Stahlbeton-Härtemittel

~-Hochdruckrohr *n* · reinforced (concrete) high-pressure pipe, R. C. ~ ~

~-Hohlbalkendecke *f* · reinforced (concrete) hollow beam floor, R. C. ~ ~ ~

~-Hohlbalken(träger) *m* · reinforced (concrete) hollow beam, R.C. ~ ~

~(hohl)dielendecke *f*, Steg(zement)-dielendecke · (reinforced) concrete hollow(-core) plank floor, R.C. ~ ~ ~

~(hohl)diele *f*, Steg(zement)diele [*DIN 4028*] · (reinforced) concrete hollow (-core) plank, R.C. ~ ~

~(hohl)dielendach *n*, Steg(zement)dielendach · (reinforced) concrete hollow (-core) plank roof, R.C. ~ ~ ~

~-Hohlpfahl *m* · reinforced (concrete) hollow pile, R.C. ~ ~

(~-)Hohlplatte *f* · (reinforced (concrete)) hollow slab, R.C. ~ ~

(~-)Hohlplattendecke *f* · (reinforced (concrete)) hollow slab floor, R. C. ~ ~ ~

(~-)Hohlplattendeckenkonstruktion *f*, (Stahlbeton-)Hohlplattendecken(konstruktions)system *n* · (reinforced (concrete)) hollow slab floor(ing) system, (~ ~) ~ ~ ~ construction, R.C. ~ ~ ~ ~

(~-)Hohlplattendeckensystem *n*, (Stahlbeton-)Hohlplattendeckenstruktion(ssystem) *f*, (*n*) · (reinforced (concrete)) hollow slab floor(ing) system, (~ ~) ~ ~ ~ construction, R.C. ~ ~ ~ ~

~-Hubbauwerk *n*, Stahlbeton-Hubdeckenbauwerk · reinforced (concrete) lift-slab structure, R.C. ~ ~

~-Hub(decken)bau *m* · reinforced (concrete) lift-slab construction, R.C. ~ ~

~-Hub(decken)bauwerk *n* · reinforced (concrete) lift-slab structure, R.C. ~ ~

~-Hub(decken)platte *f* · reinforced (concrete) lift-slab, R.C. ~

~-I-Träger *m*, Stahlbeton-Doppel-T-Träger · reinforced (concrete) I-beam

~-Kanal(isations)rohr *n*, Stahlbeton-Abflußrohr · reinforced (concrete) sewer pipe, ~ (~) sewage ~, ~ (~) oul water ~, ~ (~) refuse water ~, R.C. sewer ~, R.C. sewage ~, R.C. foul water ~, R.C. refuse water ~

~kasten(träger) *m* · reinforced (concrete) box girder, R.C. ~ ~

~-Kellerfenster *n* · reinforced (concrete) cellar window, R.C. ~ ~

(Stahl)Betonkern *m* → (Hoch)Hauskern

Stahlbeton|kirche *f* · reinforced (concrete) church

~konsole *f* · reinforced (concrete) bracket, R. C. ~

~kuppel *f* · reinforced (concrete) dome, ~ (~) cupola, R. C. ~

~-Lagerbehälter *m* · reinforced (concrete) storage tank, R. C. ~ ~

~-Leuchtenmast *m*, Stahlbeton-Beleuchtungsmast, Stahlbeton-Lichtmast · reinforced (concrete) lighting mast, R. C. ~ ~

~-Lichtmast *m*, Stahlbeton-Beleuchtungsmast, Stahlbeton-Leuchtenmast · reinforced (concrete) lighting mast, R. C. ~ ~

~mast *m* [*DIN 4234*] · reinforced (concrete) mast, R. C. ~

~mauer *f* · reinforced (concrete) wall, R. C. ~

~-Montagebau *m* → Bauen mit Stahlbetonfertigteilen

~-Montagedecke *f*, Montage-Stahlbetondecke, Stahlbeton-Fertig(teil)decke · reinforced (concrete) (pre)cast floor, R. C. ~ ~, (pre)cast R. C. ~, (pre)cast reinforced (concrete) ~

~-Montagekonstruktion(ssystem) *f*, (*n*), Stahlbeton-Fertig(teil)konstruktion(ssystem) · (pre)cast reinforced (concrete) construction, ~ R. C. ~, ~ ~ (~) (structural) system

~montageteil *m*, *n* → Stahlbetonfertig(bau)teil

~-Montagewand *f*, Montagestahlbetonwand, Stahlbeton-Fertig(teil)wand · (pre)cast reinforced (concrete) wall, ~ R. C. ~

~mörtel *m* [*Er wird nach verschiedenen Verfahren hergestellt. Grundlegend ist die Verwendung von zerkleinertem Metall und Portlandzement. Außer zerkleinertem Metall können auch andere Hartbetonstoffe, z. B. Quarz, dem Mörtel zugesetzt werden*] · mortar with metal(lic) aggregate, metal(lic)-aggregate mortar

~moschee *f* · reinforced (concrete) mosque, R. C. ~

~oberschwelle *f*, Stahlbetonsturz *m* · reinforced (concrete) lintel; ~ (~) lintol [*deprecated*]; R. C. ~ [*A reinforced (concrete) beam spanning an opening*]

~-Parallelfachwerkträger *m* · reinforced (concrete) parallel truss, R. C. ~ ~

~-Parkbauwerk *n* · reinforced (concrete) parking structure, R. C. ~ ~

~parkplatte *f* · reinforced (concrete) parking deck, R. C. ~ ~

~pfahl *m* · reinforced (concrete) pile, R. C. ~

~pfette *f* · reinforced (concrete) purlin(e), R. C. ~

~-Pilzdeckenplatte *f* · reinforced (concrete) flat slab, R. C. ~ ~

~platte *f* · reinforced (concrete) slab, ~ (~) plate, R. C. ~

~-Plattenbalken *m* · reinforced (concrete) beam and slab, ~ (~) T(ee)-beam, R. C. beam and slab, R. C. T(ee)-beam

~plattenbalkendecke *f* · reinforced (concrete) T(ee)-beam floor, R. C. ~ ~

~-Plattendecke *f* · reinforced (concrete) slab floor, ~ (~) plate ~, R. C. ~ ~

~-Plattenfundament *n* · reinforced (concrete) slab base, ~ (~) ~ foundation, R. C. ~ ~

~plattenschalung *f* [*Als verlorene Schalung bei Massivbeton*] · permanent shuttering of reinforced concrete slabs, ~ formwork ~ ~ ~ ~, ~ forms ~ ~ ~ ~, ~ ~ ~ R. C. ~

~portalrahmen *m* · reinforced (concrete) portal frame, R. C. ~ ~

~querschnitt *m* · reinforced (concrete) section, R. C. ~

~querwand *f* · reinforced (concrete) cross-wall, R. C. ~

~rahmen *m* · reinforced (concrete) frame, R. C. ~

~-Rahmen(dach)binder *m* → Stahlbeton(dach)binder in Rahmenform

~-Raumtragwerk *n* · reinforced (concrete) space (load)bearing structure, ~ (~) three-dimensional ~ ~, ~ (~) spatial ~ ~, ~ (~) ~ (weight-carrying) ~, R. C. ~ (~) ~

~riegel *m* · reinforced (concrete) rail, R. C. ~, ~ (~) cross member, ~ (~) horizontal member

~rippe *f* · reinforced (concrete) rib, R. C. ~

~rippendecke *f* [*DIN 1045*] · reinforced (concrete) rib(bed) floor, R. C. ~ ~

~rippenplatte *f* · reinforced (concrete) rib(bed) slab, R. C. ~ ~

~rohr *n* [*DIN 4035*] · reinforced (concrete) pipe, R. C. ~

~rohrleitung *f* · reinforced (concrete) pipeline, R. C. ~

~-Sandwichplatte *f*, Stahlbeton-Dreilagenplatte · reinforced (concrete) sandwich slab, R. C. ~ ~

~säule *f* · reinforced (concrete) column, R. C. ~

~schale *f* · reinforced (concrete) shell, R. C. ~

~schalenbau *m* · reinforced (concrete) shell construction, R. C. ~ ~

~schalendach *n* · reinforced (concrete) shell roof, R. C. ~ ~

~scheibe *f*, Stahlbetonwandscheibe · reinforced (concrete) shear wall, ~ (~) cross ~, R. C. ~ ~ [*See remark under '(Wand)Scheibe'*]

~schienenschwelle *f*, Stahlbeton-(gleis)schwelle · reinforced (concrete) railway sleeper (Brit.); ~ (~) railroad tie (US)

~schirm *m* · reinforced (concrete) umbrella, ~ (~) parachute, R. C. ~

~schleuderdruckrohr *n*, Schleuderstahlbetondruckrohr · centrifugally spun reinforced concrete pressure pipe, ~ ~ R. C. ~ ~

~schleuderrohr *n*, Schleuderstahlbetonrohr · reinforced (concrete) spun pipe, R. C. ~ ~

~schornstein *m* · reinforced (concrete) chimney, R. C. ~

~schornsteinschaft *m* · reinforced (concrete) chimney shaft, R. C. ~ ~

~schwelle *f*, Stahlbetongleisschwelle, Stahlbetonschienenschwelle · reinforced (concrete) railway sleeper (Brit.); ~ (~) railroad tie (US)

~shedschale *f* · northlight reinforced (concrete) shell, ~ R. C. ~, reinforced (concrete) northlight ~

~silo *m* · reinforced (concrete) silo, R. C. ~

~sonnenblende *f* · reinforced (concrete) sun shade, ~ (~) ~ screen, ~ (~) ~ breaker, R. C. ~ ~

~sparren *m* · reinforced (concrete) rafter, R. C. ~

~sprosse *f* [*kittlose Verglasung*] · reinforced (concrete) patent glazing bar, ~ (~) puttyless ~ ~, R. C. ~ ~ ~

~-Steifrahmen *m* · reinforced (concrete) rigid frame, R. C. ~ ~

~-Stockwerkdecke *f* → Stahlbetondecke

~streichdiele *f* [*Auswechs(e)lung*] · reinforced (concrete) trimmer plank (unit), R. C. ~ ~ (~)

~stufe *f* · reinforced (concrete) step, R. C. ~

~sturz *m*, Stahlbetonoberschwelle *f* · reinforced (concrete) lintel; ~ (~) lintol [*deprecated*]; R. C. ~ [*A reinforced (concrete) beam spanning an opening*]

~stütze *f* · reinforced (concrete) column, R. C. ~

~tafel *f* · reinforced (concrete) panel, R. C. ~

~tafelwand *f* · reinforced (concrete) panel wall, R. C. ~ ~

~technik *f* · reinforced (concrete) design and construction, R. C. ~ ~ ~, reinforced (concrete) engineering, R. C. engineering

~-Tonnengewölbe *n* · reinforced (concrete) barrel vault, ~ (~) tunnel ~, ~ (~) wagon ~, R. C. ~ ~

~-Tonnenschale *f* · R. C. barrel-vault shell, reinforced (concrete) ~ ~

~träger *m* · reinforced (concrete) girder, R. C. ~

~trägerdecke *f* · reinforced (concrete) girder floor, R. C. ~ ~

~-Tragsystem *n* · reinforced (concrete) structure system, R. C. ~ ~

~-Trenndecke *f* → Stahlbetondecke

~treppe *f* · reinforced (concrete) stair(case), R. C. ~

~(treppen)wange *f* · reinforced (concrete) string (Brit.); ~ (~) strnger (US); R. C. ~

~türsturz *m* · reinforced (concrete) door lintel; ~ (~) ~ lintol [*deprecated*]; R. C. ~ ~

~unterzug *m* · reinforced (concrete) binding joist, ~ (~) ceiling ~, R. C. ~ ~, reinforced (concrete) binder, reinforced (concrete) bearer, R. C. binder, R. C. bearer

Stahl-Beton-Verbundbalken(träger) *m*, Verbundbalken(träger) Stahl/Beton · composite beam (in steel and concrete)

Stahl/Beton-Verbunddecke *f* · (composite) steel-and-concrete floor [*This floor occurs in two common forms: the beam-and-slab floor, in which steel beams support concrete slabs, and the filler-joist floor, in which the steel beams are embedded in concrete*]

Stahl-Beton-Verbundträger *m*, Verbundträger Stahl/Beton · composite girder (in steel and concrete)

Stahlbetonverkleidung *f*, Stahlbetonauskleidung, Stahlbetonbekleidung · reinforced (concrete) lining, ~ (~) (sur)facing, R. C. ~

Stahlbetonvoll|decke *f* · reinforced (concrete) solid floor, R. C. ~ ~

~diele *f* · reinforced (concrete) solid plank, (unit), R. C. ~ ~ (~)

~platte *f* · reinforced (concrete) solid slab, R. C. ~ ~

Stahlbeton-Vollwand|balken(träger) *m* · reinforced (concrete) plain web beam, ~ (~) solid ~ ~, R. C. ~ ~ ~

~träger *m* · reinforced (concrete) plain web girder, ~ (~) solid ~ ~, R. C. ~ ~ ~

Stahlbeton-Vorfertigungsstelle *f*, bewegliches Montagestahlbetonwerk *n* · (pre)cast reinforced concrete manufacturing yard, ~ R. C. ~ ~

Stahlbetonwand *f* [*Leichte Trennwand. DIN 4103*] · reinforced (concrete) partition (wall), R. C. ~ (~)

~ · (monolithic) reinforced (concrete) wall, (~) R. C. ~

Stahlbeton|-Wand(bau)platte *f* [*vorgefertigt*] · (pre)cast reinforced (concrete) wall slab, ~ R. C. ~ ~

~(wand)scheibe *f* · reinforced (concrete) shear wall, ~ (~) cross ~, R. C. ~ ~ [*See remark under '(Wand)Scheibe'*]

~wandtafel *f* · reinforced (concrete) wall panel

~wange *f*, Stahlbetontreppenwange · reinforced (concrete) string (Brit.); ~ (~) stringer (US); R.C. ~

~wechsel(balken) *m* · reinforced (concrete) header, R.C. ~

~-Wolkenkratzer *m* · reinforced (concrete) skyscraper, R.C. ~

~zerrbalken *m*, Zerrstahlbetonbalken · reinforced (concrete) flexible foundation beam, R.C. ~ ~ ~, flexible reinforced (concrete) ~ ~

~zugglied *n* · reinforced (concrete) tension member, R.C. ~ ~

~-Zweigelenkbogen *m*, Zweigelenk-Stahlbetonbogen · reinforced (concrete) two-hinge(d) arch, ~ (~) two-pin(ned) ~, R.C. ~ ~, two-hinge(d) reinforced (concrete) ~, two-pin(ned) reinforced (concrete) ~

~zylinderschale *f* · cylindrical R.C. shell, ~ reinforced (concrete) ~, reinforced (concrete) cylindrical ~

Stahl|biegeplatz *m*, Bewehrungsbiegeplatz, Armierungsbiegeplatz · steel bending yard, reinforcement ~ ~

~binderbalken *m*, Stahlbundbalken · steel binding beam, ~ ~ joist, ~ binder

Stahlblech *n*, Stahlfeinblech [*DIN 1541*] · steel sheet, sheet steel

~, Stahlgrobblech [*DIN 1543*] · (heavy) steel plate

~auskleidung *f* → Stahlfeinblechauskleidung

~bedachung *f* → Stahlblechdach(belag)

~bekleidung *f* → Stahlfeinblechbekleidung

~dach(belag) *n*, (*m*), Stahlblech(dach-(ein)deckung *f*, Stahlblechbedachung · steel (sheet) roof covering, iron (~) ~ ~, ~ (~) ~ sheathing, ~ (~) ~ cladding, ~ (~) roof(ing)

~(dach)(ein)deckung *f* → Stahlblechdach(belag)

~deckung *f* → Stahlblechdach(belag)

~(ein)deckung *f* → Stahlblechdach(belag)

Stahl(blech)kastenträger *m* · steel (plate) box girder

Stahlblech|konstruktion *f* · steel plate system

~-Putzträger *m*, Putzträger aus Stahlblech · steel plate lath(ing)

Stahl(blech)|schalung *f*, Stahlplattenschalung · steel forms, ~ shuttering, ~ form(work)

~schornstein *m* · steel chimney, ~ stack

~silo *m* · steel plate silo

Stahl|blechtür *f* · steel plate door

~blechverkleidung *f* → Stahlfeinblechverkleidung

~boden(belag) *m*, Stahlfußboden(belag) · steel floor(ing) (finish), ~ floor cover(ing)

~bogen *m* · steel arch

~bogen(träger) *m* · steel arch(ed girder)

~brunnenrohr *n*, Stahlfilterrohr · steel filter pipe

~bühne *f*, Stahlplattform *f* · steel platform

~bundbalken *m*, Stahlbinderbalken · steel binding beam, ~ ~ joist, ~ binder

~bürste *f*, Stahldrahtbürste · steel wire brush

~dach(belag) *n*, (*m*), Stahl(dach)(ein)-deckung *f*, Stahlbedachung · steel roof decking, ~ deck roof

~(dach)binder *m* **in Rahmenform** → Stahlfachwerk(dach)binder

Stahldach|(deckungs)element *n* · steel tile

~element *n*, Stahldachdeckungselement · steel tile

~faltwerk *n*, Stahlfalt(werk)dach *n* · steel folded plate roof, ~ ~ slab ~, ~ prismatic shell ~; ~ hipped-plate ~, ~ tilted slab ~ (US)

~konstruktion *f*, Stahldachverband *m*, Stahldachrahmen *m*, Stahldachstuhl *m* · steel roof structure, ~ ~ system

~pfanne *f*, Stahlhohlpfanne, Stahl-Pfanne, holländische Stahlpfanne, Pfannenblech *n* [*Verzinktes profiliertes Stahlblech für Dachdeckungen*] · steel pantile [*See remark under 'Dachpfanne'*]

~pfannendeckung *f* → Stahlpfannendach(belag)

~platte *f* · steel deck unit

~profil *n* · steel roof shape, ~ ~ section, ~ ~ unit, ~ ~ trim, ~ ~ profile

~rahmen *m*, Stahldachstuhl *m*, Stahldachverband *m*, Stahldachkonstruktion *f* · steel roof structure, ~ ~ system

~stuhl *m*, Stahldachrahmen *m*, Stahldachkonstruktion *f*, Stahldachverband *m* · steel roof structure, ~ ~ system

~verband *m*, Stahldachstuhl *m*, Stahldachrahmen *m*, Stahldachkonstruktion *f* · steel roof structure, ~ ~ system

Stahl|decke *f* · steel floor

~deckenstütze *f* · steel slab prop

~deckung *f* → Stahldach(belag)

~dollen *m*, Stahl(stab)dübel *m*, Stab-Stahldübel · steel dowel

~draht *m* [*Fehlname: Eisendraht. In rundem Querschnitt aus Flußstahl hergestellt*] · steel wire

Stahl(draht)|bürste *f* · steel wire brush

~gewebe *n*, Drahtgewebe aus Stahl · steel wire cloth, woven steel wire fabric; steel wire fabric [*misnomer*] [*See remark under 'Gewebe'*]

~litze *f* · steel strand

~seil *n*, Drahtseil, (Draht)Kabel *n* · wire rope, ~ cable

~seilabstandhalter *m*, Drahtseilabstandhalter, (Draht)Kabelabstandhalter · wire spacer

(Stahl)Drahtseildach *n*, (Draht)Kabeldach, Stahlseildach · steel cable roof, ~ rope ~

Stahl(draht)seil|fett *n*, Drahtseilfett, (Draht)Kabelfett · wire cable grease, ~ rope ~

~höhe *f*, Drahtseilhöhe, (Draht)Kabelhöhe · wire cable level, ~ rope ~

~klemme *f*, Drahtseilklemme, (Draht)Kabelklemme · wire cable clamp, ~ rope ~

~machart *f*, Drahtseilmachart, (Draht-) Kabelmachart · wire cable construction, ~ rope ~

~schutzverkleidung *f*, (Draht)Kabelschutzverkleidung, Drahtseilschutzverkleidung · wire cable guard, ~ rope ~

~verankerung *f*, Drahtseilverankerung, (Draht)Kabelverankerung · wire cable anchorage, ~ rope ~

~wandern *n*, (Draht)Kabelwandern, Drahtseilwandern · wire cable wander, ~ rope ~

Stahldränrohr *n* → Stahlabflußrohr

Stahldreh|(fenster)flügel *m* · steel casement

~flügel *m*, Stahldrehfensterflügel · steel casement

~tor *n* · hinged steel shutter door, ~ ~ shutterdoor

~zapfen *m* · steel pivot pin

Stahl-Dreigelenkbogen *m* · three-hinged steel arch, three-pinned ~ ~

Stahldruck|ring *m* · steel compression ring

~spannung *f* · steel compressive stress

Stahl|dübel *m*, Stahlstabdübel, Stahldollen *m*, Stab-Stahldübel · steel dowel

~durchmesser *m*, Eisendurchmesser, Stabdurchmesser [*Bewehrung*] · bar diameter, rod ~, diameter of bar, diameter of rod

~(ein)deckung *f* → Stahldach(belag)

~einlage *f*, Stahlseele *f*, Stahlkern *m* [*Drahtseil*] · steel core

(Stahl)Einlagen *fpl* **gegen negative Biegemomente**, Bewehrung *f* ~ ~ ~, Armierung ~ ~ ~ · negative reinforcement [*Reinforcement placed in concrete to resist negative bending moments*]

~ ~ positive Biegemomente, Armierung *f* ~ ~ ~, Bewehrung ~ ~ ~ · positive reinforcement [*Reinforcement placed in concrete to resist positive bending moments*]

~plan *m* → Bewehrungsplan

~zeichnung *f* → Bewehrungsplan

Stahl|-Einrüststütze *f* · steel shore, ~ shoring column

~einrüstung *f* · steel shoring

~-Einstemmband *n*, Stahl-Fi(t)schband, Stahl-Fitsche *f* · steel butt (hinge)

Stahleisen *n*, Stahlroheisen [*Im Hochofen erschmolzenes Roheisen für die Weiterverarbeitung nach dem Siemens-Martin- oder LD-Verfahren*] · stahl-eisen, pig iron for steel making purposes

~schlacke *f*, Stahlroheisenschlacke, Stahlschlacke · stahl-eisen slag, slag from pig iron for steel making purposes

~entwässerungsrohr *n* → Stahlabflußrohr

stählerne Windscheibe *f* · steel shear wall

stählernes Rollen(auf)lager *n*, Stahlrollenlager [*für Hoch- und Tiefbauten*] · steel roller bearing

Stahl|ersparnis *f* · steel savings, savings in steel

~erzeuger *m* · steel producer, ~ maker

~erzeugnis *n*, Stahlartikel *m*, Stahlgegenstand *m* · steel article

~erzeugung *f* · steel production, ~ working

~estrich *m* [*Fehlname*] → Stahlbetonbelag

Stahlfachwerk *n* · steel framework

~binder *m* → Stahlfachwerkdachbinder

~(dach)binder *m*, Stahl(dach)binder in Rahmenform, Stahlrahmen(dach)binder, Stahlflachdachbinder · steel roof frame (Brit.); ~ flat roof truss (US)

~(träger) *n*, (*m*) · steel truss(ed girder)

Stahl|fadenverbundglas *n*, Drahtverbund(sicherheits)glas · laminated wire(d) glass, wire(d) laminated ~

~fahnenmast *m*, Stahlflaggenmast · steel flagpole

~-Fahrradstand *m* · steel (cycle) stand [*B. S. 1716*]

~faltdach *n*, Stahlfaltwerkdach, Stahldachfaltwerk *n* · steel folded plate roof, ~ ~ slab ~, ~ prismatic shell ~; ~ hipped-plate ~, ~ tilted slab ~ (US)

~-Faltschiebetor *n*, Stahl-Schiebefalttor · steel sliding folding shutter door, ~ ~ ~ shutterdoor

~falt(werk)dach *n*, Stahldachfaltwerk *n* · steel folded plate roof, ~ ~ slab ~, ~ prismatic shell ~; ~ hipped-plate ~, ~ tilted slab ~ (US)

~faserbeton *m* [*Er erhält eine Zugabe von 3 bis 4 cm langen Stahlfasern*] · steel fibre concrete (Brit.); ~ fiber ~ (US)

~fassade *f* · steel façade

~feder *f* · steel spring

~federisolator *m* · steel spring isolator

~fehler *m* · steel defect

~feilspäne *mpl*, Stahlpulver *n* · steel turnings, filings

~(fein)blech *n* [*DIN 1541*] · steel sheet, iron ~

~(fein)blechauskleidung *f*, Stahl(fein)-blechverkleidung, Stahl(fein)blechbekleidung · steel sheet lining, sheet steel ~, ~ ~ (sur)facing

Stahlfenster *n* · steel window

~ für landwirtschaftliche Gebäude · steel window for agricultural use [*B. S. 2503*]

Stahl(fenster)flügel *m* · steel sash [*See remark under '(Fenster)Flügel'*]

Stahlfensterkitt *m* [*Kitt für Stahlfensterverglasungen*] · steel sash putty

~ für Außenverwendung · steel sash putty of the exterior glazing type

~ ~ Innenverwendung · steel sash putty of the interior glazing type

Stahl|fensterrahmen *m* · steel window frame

~filterrohr *n*, Stahlbrunnenrohr · steel filter pipe

~firsthaube *f*, Stahlfirstkappe *f* · steel ridging, iron ~

~firstkappe *f*, Stahlfirsthaube *f* · steel ridging, iron ~

~-Fi(t)schband *n*, Stahl-Einstemmband, Stahl-Fitsche *f* · steel butt (hinge)

~fitting *m* → Stahlrohrfitting

~flachdachbinder *m* → Stahlfachwerk(dach)binder

~flachdraht *m*, Flachstahldraht · steel flat wire, flat steel ~

~flaggenmast *m*, Stahlfahnenmast · steel flagpole

~flansch *m* · steel flange

~flügel *m*, Stahlfensterflügel · steel sash [*See remark under '(Fenster)Flügel'*]

~flügel *m* [*Tor*] · steel leaf

~form *f*, Stahleinlagenform, Armierungsform, Bewehrungsform, Eisenform · bar shape, rod ~

~formguß *m* [*Fehlname*] → Stahlguß

~formstück *n* → Stahlrohrformstück

~füllkörper *m* → Stahlzelle

~(fuß)boden(belag) *m* · steel floor(-ing) (finish), ~ floor cover(ing)

~futter *n* [*Schornstein*] · steel plate lining

~garage *f*, Stahlblechgarage · steel plate garage

~-Garagentor *n*, Garagen-Stahltor · steel garage door, garage steel ~

~gebäude *n* · steel building

~geflecht *n* · steel netting

~gegenstand *m*, Stahlerzeugnis *n*, Stahlartikel *m* · steel article

~geländer *n* · steel railing

Stahlgelenk *n* · steel hinge

~pfette *f* · steel hinge purlin(e)

~verbindung *f* · steel hinge connection

Stahl|gerippe *n*, Stahlskelett *n*, Trag~ · steel (structural) skeleton, ~ (load-) bearing ~, ~ weight-carrying ~

~gerüst *n* → (Stahl)Rohrgerüst

(~)Gerüstturm *m* · tubular steel tower

Stahlgewebe *n*, Stahldrahtgewebe, Drahtgewebe aus Stahl · steel wire cloth, woven steel wire fabric; steel wire fabric [*misnomer*] [*See remark under 'Gewebe'*]

~armierung *f*, Stahlgewebebewehrung, Stahlgewebeeinlage *f* [*Eigenname: Baustahlgewebe*] · fabric (reinforcement), reinforcing fabric

~bewehrung *f*, Stahlgewebearmierung, Stahlgewebeeinlage *f* [*Eigenname: Baustahlgewebe*] · fabric (reinforcement), reinforcing fabric

~einlage *f*, Stahlgewebebewehrung *f*, Stahlgewebearmierung [*Eigenname: Baustahlgewebe*] · fabric (reinforcement), reinforcing fabric

~matte *f* · steel cloth sheet; ~ fabric ~ [*misnomer*]

Stahlgitter *n* · steel grille [*See remark under 'Gitter'*]

~mast *m* · lattice(d) steel mast, steel lattice(d) ~

~rost *m* · steel area grating

~stütze *f* · lattice-form steel column, steel lattice ~

~träger *m* · steel lattice girder

Stahl|glaskonstruktion(ssystem) *f*, (*n*) · steel-glass construction, ~ (structural) system

~glied *n*, Stahlradiatorglied · steel (radiator) section

~(glieder)heizkörper *m*, Stahlradiator *m* [*DIN 4722*] · steel radiator

~-Glockenmuffenrohr *n* · steel spigot and socket pipe (Brit.); ~ bell and spigot ~ (US)

~(grob)blech *n* [*DIN 1543*] · (heavy) steel plate

Stahlguß *m* [*Erzeugnis*] · steel cast(ing)

~, Stg [*Fehlname: Stahlformguß. Der Werkstoff von Stahlstücken, die ihre endgültige Gebrauchsform durch Gießen von Stahl in feuerfeste Formen unter Vermeidung von Schmieden, Hämmern, Walzen usw. erhalten*] · cast steel

~rohr *n* · cast steel pipe

~(rohr)flansch *m* [*DIN 2543–2553*] · cast steel pipe flange

~sorte *f* · cast steel grade

Stahl|güte *f* · steel quality

~haken *m* · steel hook

~-Hallentor *n*, Hallen-Stahltor · steel hangar shutter door, ~ ~ shutterdoor

~hauptträger *m* · main steel girder

~(heiz)kessel *m* · steel boiler

~heizkörper *m*, Stahlgliederheizkörper, Stahlradiator *m* [*DIN 4722*] · steel radiator

~hochbau *m* [*Bauweise. DIN 1000*] · steel building (construction), ~ ~ design and ~

~hochbauten *fpl* [*DIN 1000*] · rising steel structures

~hochbau(werk) *m,* (*n*) [*DIN 1000*] · rising steel structure

~hohlpfanne *f* → Stahldachpfanne

~hohlrahmen *m* · hollow steel frame

~hohlrahmenprofil *n* · steel hollow frame section

~hubtor *n* · vertical sliding steel shutter door, ~ ~ ~ shutterdoor

~installationsblock *m,* Stahlinstallationszelle *f,* Stahl(raum)zelle · steel building block module, ~ unitized unit

~installationszelle *f,* Stahlinstallationsblock *m,* Stahl(raum)zelle · steel building block module, ~ unitized unit

~kamm *m* · steel comb

~kammer *f* · steel chamber

~kanaldielen *fpl* · steel trench sheeting

~kassette *f* · steel pan

Stahlkasten *m* · steel box

~stütze *f* · boxed steel column

~träger *m,* Stahlblechkastenträger · steel (plate) box girder, ~ box

Stahl|keil *m* · steel wedge

~kelle *f* · steel trowel

~kellerfenster *n* · steel cellar window

~kern *m,* Stahleinlage *f,* Stahlseele *f* [*Drahtseil*] · steel core

~kessel *m,* Stahlheizkessel · steel boiler

~-Kipptor *n,* Kipp-Stahltor, Schwingstahltor, Stahl-Schwingtor · up and over steel door

~kirche *f* · steel church

~konsole *f* · steel bracket [*A horizontal steel projection from a vertical or near vertical surface to support a load*]

~konstruktion *f* · structural steelwork

~korn *n* · steel grain

stahlkorrosiv steel-corroding

(Stahl)|Kragen *m,* Deckenkragen [*Hubdeckenverfahren*] · (lift-)slab collar, steel lifting ~, shear ~

~kriechen *n* · steel creep

~kuppel *f* · steel dome, ~ cupola

~lager *n,* Bewehrungslager, Armierungslager · steel store, reinforcement ~

~lager *n* [*für Hoch- und Tiefbauten*] · steel bearing

~lagerbehälter *m* · steel storage tank

~lamelle *f* [*Rolltor*] · steel slat, ~ lath

~lamelle *f* · steel lamella

~lamellenkuppel *f* · steel lamella dome, ~ ~ cupola

~lamellen-Rollabschluß *m* · steel slat rolling shutter, ~ ~ roller ~

~längsträger *m* · steel stringer

Stahlleichtbau *m* [*DIN 4115*] · light(-weight) steel construction

~element *n* · steel light(weight) member, ~ ~ unit, ~ ~ component, light(weight) teel ~

Stahlleicht|bauten *fpl* · light(weight) steel structures, steel light(weight) ~

~beton *m,* Leichtstahlbeton · reinforced light(weight) concrete, light(weight) reinforced ~, light(weight) R. C.

~(beton)zuschlag(stoff) *m* · reinforced-concrete lightweight aggregate, R. C. ~ ~

~decke *f* · light(-weight) steel floor

~profil *n,* Leichtprofilstahl *m,* Leichtfassonstahl, Leichtformstahl, Formleichtstahl, Fassonleichtstahl, Profilleichtstahl, Leichtstahlprofil · light(weight) steel section, ~ section(al) steel

~rahmen *m,* Leichtstahlrahmen · light(-weight) steel frame

~träger *m* · light(-weight) steel girder

~trägerdecke *f* · light(-weight) steel girder floor

~trägerdecke *f* **mit Hohlkörpern** · lightweight composite floor of prefabricated steel lattice girders and hollow fillers

~zuschlag(stoff) *m,* Stahlleichtbetonzuschlag(stoff) · reinforced-concrete lightweight aggregate, R. C. ~ ~

Stahl|leiter *f* · steel ladder

~-Leuchtenmast *m* → Stahl(-Licht)-mast

~(-Licht)mast *m,* Stahl-Beleuchtungsmast, Stahl-(Straßen)Leuchtenmast · steel (lighting) column, ~ (~) mast

~liste *f,* Rund~, Armierungsliste, Bewehrungsliste · bar schedule, rod ~, ~ list

~litze *f,* Stahldrahtlitze · steel strand

~mantelrohr *n* [*Ein Bleirohr, das zur Erhöhung der Widerstandsfähigkeit gegen Innendruck, Durchbiegung usw. mit einem Stahlmantel versehen ist. Es wird mit Durchmessern von 100 bis 300 mm in Längen bis 4 m mit Flanschenverbindung, nebst Formstücken, hergestellt*] · steel-sheathed lead pipe

~-Markierungsknopf *m,* Stahl-Spurnagel *m,* Stahl-Verkehrsnagel, Stahl-Straßennagel · steel traffic stud, ~ streetmarker, ~ roadstud

~mast *m* · steel mast

~mast *m* → Stahl-Lichtmast

~mattenbelag *m* · Square Mesh Tracking, SMT [*Trademark*]

~-Mehrzwecktür *f,* Stahl-Vielzwecktür · multi-purpose steel door, multi(ple-)use ~ ~

~montage *f* · steel erection

~mörtel *m* · reinforced (cement) mortar [*developed by Prof. P. L. Nervi in Italy*]

~muffenrohr *n* · steel sleeve pipe

~nagel *m* · steel nail

~netz-Rabitz(gewebe) *n* [*Das Gewebe ist punktverschweißt*] · spot-welded Rabitz (type) wire fabric lath(ing)

~niet *m* · steel rivet

~oberschwelle *f*, Stahlsturz *m* · (structural) steel lintel; (~) ~ lintol [*deprecated*]

~ortbeton *m*, Ort-Stahlbeton · in(-)situ (cast) reinforced concrete, ~ (~) R. C., cast(-)in(-)situ ~ ~, cast-in-place ~ ~, site-placed ~ ~, field ~ ~, poured(-in-place) ~ ~

~ortbetondecke *f*, Ortstahlbetondecke · in(-)situ (cast) reinforced concrete floor, ~ (~) R. C. ~, cast(-)in(-)situ ~ ~ ~, cast-in-place ~ ~ ~, site-placed ~ ~ ~, field ~ ~ ~, poured(-in-place) ~ ~ ~

~panzerrohr *n* [*Elektroinstallation*] · steel conduit

~-Pendeltür *f*, Pendeltür aus Stahl · steel swing door

~pfahl *m*, Stahlrammpfahl · steel pile

~-Pfanne *f* → Stahldachpfanne

~pfannendach(belag) *n*, (*m*), Stahlpfannen(dach)(ein)deckung *f* [*Dachdeckung mit verzinkten Stahlpfannen. DIN 59231*] · steel pantiling

~pfette *f* · steel purlin(e)

~pfosten *m* · steel post

~platte *f* · steel plate, ~ (flat) slab [*Steel plates constitute the webs of plate-girders and deep beams used in bridges or other large structures*]

~plattenschalung *f*, Stahl(blech)schalung · steel forms, ~ shuttering, ~ form(-work)

~plattenunterboden *m* · steel plates sub-floor

~plattform *f*, Stahlbühne *f* · steel platform

~porenbeton *m*, Porenstahlbeton · aerated reinforced concrete, ~ R. C., reinforced aerated concrete

Stahlportalrahmen *m* · steel portal frame

~gebäude *n* · steel framed portal building

Stahl|-Position *f*, Eisen-Position [*Stahlliste*] · bar mark

~profil *n*, Trägerstahl *m*, Profilstahl, Stahlträger *m* [*Fehlnamen: Trägereisen, Profileisen. Von den Walzwerken hergestellter Formstahl mit I-, IP- und U-Querschnitt, der als Träger für Bauzwecke verwendet wird*] · steel section, ~ girder

~profil *n*, Profilstahl *m*, Formstahl, Fassonstahl · section(al) steel, steel section

~pulver *n*, Stahlfeilspäne *mpl* · steel turnings, ~ filings

~putz(mörtel)träger *m* · steel lath(-ing) (for plastering) [*B. S. 1369*]

~radiator *m*, Stahl(glieder)heizkörper *m* [*DIN 4722*] · steel radiator

~(radiator)glied *n* · steel (radiator) section

~rahmen *m* · steel frame

~(ramm)pfahl *m* · steel pile

~-Raumtragwerk *n* · steel space (load-) bearing structure, ~ three-dimensional ~ ~, ~ spatial ~ ~, ~ ~ (weight-carrying) ~

~(raum)zelle *f*, Stahlinstallationszelle, Stahlinstallationsblock *m* · steel building block module, ~ unitized unit

~regal *n* · steel shelf

~rippenkuppel *f* · steel-ribbed dome, ~ cupola

~(roh)eisen *n* [*Im Hochofen erschmolzenes Roheisen für die Weiterverarbeitung nach dem Siemens-Martin- oder LD-Verfahren*] · stahl-eisen, pig iron for steel making purposes

~(roh)eisenschlacke *f*, Stahlschlacke · stahl-eisen slag, slag from pig iron for steel making purposes

Stahlrohr *n* · steel pipe

~ für Durchlässe, ~ ~ Abzugkanäle · steel culvert

~-Ausleger(licht)mast *m*, Stahlrohr-Auslegerbeleuchtungsmast, Stahlrohr-Auslegerleuchtenmast · tubular steel (lighting) mast with arm (US); ~ ~ (~) column with bracket (Brit.)

~bau *m* [*DIN 4115*] · tubular steel construction

Stahl|röhre *f* · steel tube

~rohrfachwerkturm *m* [*Fehlname*]; Stahlrohrgitterturm · steel tubing lattice tower

~rohrfenster *n* · tubular steel window

~(rohr)fitting *m*, Stahl(rohr)formstück *n* [*DIN 2980/93*] · steel pipe fitting

~rohrflansch *m* · steel pipe flange

~(rohr)formstück *n*, Stahl(rohr)fitting *m* [*DIN 2980/93*] · steel pipe fitting

(~)Rohrgerüst *n*, (Stahl)Rohrrüstung *f*, Stahlgerüst, Stahlrüstung · tubular scaffold(ing)

Stahlrohr|gitterturm *m* [*Fehlname: Stahlrohrfachwerkturm*] · steel tubing lattice tower

~konstruktion *f* · tubular steel system

~leiter *f* · tubular steel ladder

~leitung *f* · steel pipe line

~mast *m* · tubular steel mast

~pfette *f* · tubular steel purlin(e)

~rahmen *m* · tubular steel frame

(Stahl)Rohrrüstung *f* → (Stahl)Rohrgerüst

Stahlrohr|stütze *f* · steel pipe column, ~ tube ~, tubular steel ~

~(treppen)wange *f* · tubular steel string, steel pipe ~ (Brit.); ~ ~ stringer (US)

Stahl|rollabschluß *m* · steel roller shutter, ~ rolling ~

~rolladen *m*, Stahlrolljalousie *f* · steel slatted roller blind

~rollenlager *n*, stählernes Rollen(auf)-lager [*für Hohc- und Tiefbauten*] · steel roller bearing

~-Rollgitter *n* · steel rolling grille [*See remark under 'Gitter'*]

~rolljalousie *f*, Stahlrolladen *m* · steel slatted roller blind

~rolltor *n*, Rollstahltor · rolling steel door

~rost *m* · steel grate, ~ grid

~rost(fuß)boden *m* · open steel floor(-ing)

~rundstütze *f*, Rundstahlstütze · round steel column, cylindrical ~ ~, circular ~ ~

~rüstung *f* → (Stahl)Rohrgerüst

~saite *f* · piano wire [*It is made of electric-furnace steel and used, among other purposes, in prestressed concrete*]

(Stahl)Saitenbeton *m*, Bauweise *f* Hoyer · prestressed concrete with thin wires, Hoyer method

~-Balken(träger) *m*, Hoyer-Balken(-träger) · Hoyer beam

~platte *f*, Hoyer-Platte · Hoyer slab

~träger *m*, Hoyer-Träger · Hoyer girder

Stahlschacht|abdeckung *f*, Stahl-schachtdeckel *m* · steel manhole cover, ~ ~ lid

~deckel *m*, Stahlschachtabdeckung *f* · steel manhole cover, ~ ~ lid

~rahmen *m* · steel manhole frame

Stahl|schale *f* · steel shell

~schalung *f*, Stahlblechschalung, Stahl-plattenschalung · steel forms, ~ shuttering, ~ form(work)

~scharnier *f* · steel hinge

~schaumbeton *m*, Schaumstahlbeton · reinforced foam(ed) concrete, ~ concrete aerated with foam

~-Schiebefalttor *n*, Stahl-Faltschiebetor · steel sliding folding shutter door, ~ ~ ~ shutterdoor

~schiebetür *f* · sliding steel door

~schiene *f* [*Türanlage*] · steel track

~schlacke *f*, Stahl(roh)eisenschlacke · stahl-eisen slag, slag from pig iron for steel making purposes

~schlaufe *f*, Beton~ · (concrete) reinforcement loop

~schlitzprofil *n*, Schlitzstahlprofil · slotted steel unit, ~ ~ section, ~ ~ shape, ~ ~ trim, ~ ~ profile

~schornstein *m*, Stahlblechschornstein · steel chimney, ~ stack

~schornsteinschaft *m* · steel chimney shaft

~schraube *f* · steel screw

~schraub(en)pfahl *m* · steel screw pile

~schrot *m, n* · steel grit, ~ shot

~schrotbeton *m* · steel shot concrete, ~ grit ~

~schrott *m* · scrap steel

~-Schwingtor *n*, Schwing-Stahltor, Stahl-Kipptor, Kipp-Stahltor · up and over steel door

~seele *f*, Stahlkern *m*, Stahleinlage *f* [*Drahtseil*] · steel core

Stahlseil *n*, Stahldrahtseil, (Draht)Kabel *n*, Drahtseil · wire rope, ~ cable

~abstandhalter *m*, Stahldrahtseilabstandhalter, (Draht)Kabelabstandhalter, Drahtseilabstandhalter · wire spacer

~dach *n*, (Stahl)Drahtseildach, (Draht-)Kabeldach · steel cable roof, ~ rope ~

~fett *n*, Stahldrahtseilfett, Drahtseilfett, (Draht)Kabelfett · wire cable grease, ~ rope ~

~höhe *f*, Stahldrahtseilhöhe, Drahtseilhöhe, (Draht)Kabelhöhe · wire cable level, ~ rope ~

~klemme *f*, Stahldrahtseilklemme, (Draht)Kabelklemme, Drahtseilklemme · wire cable clamp, ~ rope ~

~machart *f*, Stahldrahtseilmachart, Drahtseilmachart, (Draht)Kabelmachart · wire cable construction, ~ rope ~

~schmiermittel *n*, Stahldrahtseilschmiermittel, Drahtseilschmiermittel, (Draht)Kabelschmiermittel · wire cable lubricant, ~ rope ~

~schutzverkleidung *f*, Stahldrahtseilschutzverkleidung, (Draht)Kabelschutzverkleidung, Drahtseilschutzverkleidung · wire cable guard, ~ rope ~

~verankerung *f*, Stahldrahtseilverankerung, Drahtseilverankerung, (Draht)Kabelverankerung · wire cable anchorage, ~ rope ~

~wandern *n*, Stahldrahtseilwandern, Drahtseilwandern, (Draht)Kabelwandern · wire cable wander, ~ rope ~

Stahl|sichtbeton *m*, Sichtstahlbeton · reinforced fair-faced concrete, fair-faced R. C., fair-faced reinforced concrete

~sichtbeton-Fertig(bau)teil *m, n*, Sichtstahlbeton-Fertig(bau)teil · (pre-)cast reinforced fair-faced (concrete) compound unit, prefab(ricated) ~ ~ ~ ~ ~

~silo *m*, Stahlblechsilo · steel plate silo

Stahlskelett *n*, Stahlgerippe *n*, Trag~ · steel (structural) skeleton, ~ (load-) bearing ~, ~ weight-carrying ~

~bauwerk *n* → Stahlskelettgebäude

~bürogebäude *n*, Stahlgerippebürogebäude, Stahlrahmenbürogebäude · steel-framed office building, ~ ~ block, steel skeleton ~ ~

~gebäude *n*, Stahlgerippegebäude, Stahlrahmengebäude, Stahlrahmenbauwerk *n*, Stahlgerippebauwerk, Stahlskelettbauwerk · steel-framed building, ~ block, ~ structure, steel skeleton ~

Stahlsorte *f* · steel grade

~ und Durchmesser *m*, Eisensorte ~ ~ [*Stahlliste*] · type and size (of reinforcement)

Stahl|späne *mpl* · steel shavings

~spannglied *n* · steel tendon [*A stretched element of steel used in a concrete member or structure to impart prestress to the concrete*]

~spannung *f* · steel stress

~-(S-)Pfanne *f* → Stahldachpfanne

~spreizdübel *m* · steel expansion dowel

~sprengwerk *n* · steel truss frame

~sprosse *f* [*kittlose Verglasung*] · puttyless steel bar

~sprosse *f*, Stahlleitersprosse · steel tread, ~ rundle, ~ rung

~spundbohle *f* · steel sheetpile

~-Spurnagel *m*, Stahl-Straßennagel, Stahl-Markierungsknopf *m*, Stahl-Verkehrsnagel · steel traffic stud, ~ streetmarker, ~ roadstud

Stahlstab *m* [*Fachwerkträger*] · steel bar, ~ member

~ · steel bar, ~ rod

Stahl|(stab)dübel *m*, Stahldollen *m*, Stab-Stahldübel · steel dowel

~stacheldraht *m* · steel barbed wire; ~ bobwire (US)

Stahlstein|balken *m*, Massivbalken, Stein(eisen)balken [*Herstellung von Steineisendecken*] · reinforced block beam

~-Dachdecke *f*, Steineisen-Dachdecke · reinforced block roof floor

Stahlsteindecke *f*, Steineisendecke [*DIN 1046. Mit Stahl bewehrte Steindecke bei der die Steine zur Spannungsaufnahme herangezogen werden. Dazu müssen die Steine so untereinander verbunden sein, daß eine einwandfreie Übernahme der Kräfte gewährleistet ist*] · reinforced block floor

~ mit Lochsteinen, Steineisendecke ~ ~ [*DIN 1046*] · reinforced cored block floor

~ ~ Lochziegeln, Steineisendecke ~ ~ [*DIN 1046*] · reinforced perforated brick floor, ~ cored ~ ~

~ ~ Vollsteinen, Steineisendecke ~ ~ [*DIN 1046*] · reinforced solid block floor

Stahlstein|mauer *f*, Steineisenmauer [*Fehlnamen: Stahlsteinwand f, Steineisenwand*] · reinforced (masonry) block partition (wall)

~wand *f*, Steineisenwand [*Fehlnamen*]; Stahlsteinmauer *f*, Steineisenmauer · reinforced (masonry) block partition (wall)

Stahl|stift *m* · steel brad

~-(Straßen)Leuchtenmast *m* → Stahl(-Licht)mast

~-Straßennagel *m*, Stahl-Verkehrsnagel, Stahl-Spurnagel, Stahl-Markierungsknopf *m* · steel traffic stud, ~ streetmarker, ~ roadstud

~sturz *m*, Stahloberschwelle *f* · (structural) steel lintel; (~) ~ lintol [*deprecated*]

~stütze *f* · steel column, ~ support; stancheon, stanchion (Brit.)

Stahltafel *f*, Stahlblechtafel · steel panel

~schalung *f*, Stahl(blech)schalung · steel shuttering, ~ form(work), ~ forms

Stahlteil *m*, *n* · steel member

Stahlton *m*, Spannton · Stahlton, prestressed clay

~balken(träger) *m* → (vorgespannter) Ziegelbalken(träger)

~brett *n*, Spanntonbrett, vorgespanntes Ziegelbrett · Stahlton (prestressed) plank, prestressed clay ~, plank in prestressed clay

~dach *n*, Spanntondach, vorgespanntes Ziegeldach · Stahlton (prestressed) roof, prestressed clay ~, roof in prestressed clay

~dachplatte *f*, Spanntondachplatte, vorgespannte Ziegeldachplatte · Stahlton (prestressed) roof slab, prestressed clay ~ ~, roof slab in prestressed clay

~decke *f*, Spanntondecke, vorgespannte Ziegeldecke · Stahlton (prestressed) floor, prestressed clay ~, floor in prestressed clay

~-Fensteroberschwelle *f* → Stahlton-Fenstersturz

~-Fenstersturz *m*, Spannton-Fenstersturz, vorgespannter Ziegelfenstersturz, Stahlton-Fensteroberschwelle *f*, Spannton-Fensteroberschwelle, vorgespannte Ziegelfensteroberschwelle · Stahlton (prestressed) window lintel; ~ (~) ~ lintol [*deprecated*]; prestressed clay ~ ~, window lintel in prestressed clay; window lintol in prestressed clay [*deprecated*]

~(-Fertig)balken(träger) *m* → (vorgespannter) Ziegelbalken(träger)

~oberschwelle *f* → Stahltonsturz

~sturz *m*, Spanntonsturz, vorgespannter Ziegelsturz, Stahltonoberschwelle *f*, Spanntonoberschwelle, vorgespannte Ziegeloberschwelle · Stahlton (prestressed) lintel; ~ (~) lintol [*deprecated*]; prestressed clay ~, lintel in prestressed clay; lintol in prestressed clay [*deprecated*]

~-Türoberschwelle *f* → Stahlton-Türsturz

~-Türsturz *m*, Spannton-Türsturz, vorgespannter Ziegeltürsturz, Stahlton-Türoberschwelle *f*, Spannton-Türoberschwelle, vorgespannte Ziegeltüroberschwelle · Stahlton (prestressed) door lintel; ~ (~) ~ lintol [*deprecated*]; prestressed clay ~ ~, door lintel in prestressed clay; door lintol in prestressed clay [*deprecated*]

~-Wandtafel *f*, Spannton-Wandtafel, vorgespannte Ziegelwandtafel · Stahlton (prestressed) wall panel, prestressed clay ~ ~, wall panel in prestressed clay

~werk *n*, Spanntonwerk · Stahlton plant, ~ factory, prestressed clay ~

Stahltor *n* [*DIN 18112*] · steel shutter door, ~ shutterdoor

Stahlträger *m*, Stahlprofil *n*, Trägerstahl *m*, Profilstahl [*Fehlnamen: Trägereisen, Profileisen. Von den Walzwerken hergestellter Formstahl mit I-, IP- und U-Querschnitt, der als Träger für Bauzwecke verwendet wird*] · steel section, ~ girder

~decke *f* · steel girder floor

~stoß *m* · steel girder joint

~-Verbundkonstruktion *f* · compound steel beam structure

Stahl|tragwerk *n* [*Ein materielles System von Stahlbauelementen bzw. Stahlträgern*] · steel (load)bearing structure, ~ (weight-carrying) ~

~trennwand *f* · steel partition (wall)

~treppe *f* · steel stair(case)

~treppenbauer *m* · steel stair(case) builder

~(treppen)wange *f* · steel (plate) string (Brit.); ~ (~) stringer (US)

~trittstufe *m*, (*f*) · steel tread

Stahltür *f* [*DIN 18081, 18082, 18084, 18112, 18240*] · steel door

Stahlturm *m* · steel tower

Stahl|türrahmen *m* · steel door frame [*B.S. 1245*]

~untergrund *m* · steel base (surface)

~unterpfette *f* · steel sub-purlin(e)

~unterzug *m* · steel (binding) joist, ~ ceiling ~, ~ binder, ~ bearer

~-U-Profil *n*, U-Stahl(profil) *m*, (*n*) [*DIN 1026*] · steel channel (section)

~verbrauch *m* · steel consumption

~-Verkehrsnagel *m*, Stahl-Straßennagel, Stahl-Spurnagel, Stahl-Markierungsknopf *m* · steel traffic stud, ~ streetmarker, ~ roadstud

~-Vielzwecktür *f*, Stahl-Mehrzwecktür · multi-purpose steel door, multi(ple-)use ~ ~

~-Vollwandbalken(träger) *m* · steel plain web beam, ~ solid ~ ~

~vollwandträger *m* · steel plain web girder, ~ solid ~ ~

~-Vorhangwand *f* · steel curtain wall

~walzdraht *m* · steel wire rod

~walzprofil *n*, Walzstahlprofil · rolled-steel section

~wand *f* · steel wall

~wange *f*, Stahltreppenwange · steel (plate) string (Brit.); ~ (~) stringer (US)

~wangentreppe *f* · steel string stair(-case) (Brit.); ~ stringer ~ (US)

~wanne *f*, Stahlbadewanne · steel (bath)tub, ~ bath

~wasserrohr *n* · steel water pipe

Stahlwellblech *n* · corrugated sheet iron, ~ ~ steel

~ dessen beide Oberflächen durch Schichten von Asphalt, Asbestgeweben und Farbanstrichen geschützt sind · protected metal sheeting

Stahl|wellfeinblech *n* · corrugated iron (sheet), ~ steel (~)

~wendel *m* [*Spannbeton*] · steel helix

~wendeltreppe *f* · steel spiral stair(-case)

~wendeltreppe *f* **mit offener Spindel** · open well steel stair(case), helical ~ ~, open-newel ~ ~

~werkkesselhaus *n* · steel-plant boiler house

~windscheibe *f* · steel wind-bracing wall

Stahlwinkel *m* · steel angle

~oberschwelle *f*, Stahlwinkelsturz *m* · steel angle lintel; ~ ~ lintol [*deprecated*]

~sturz *m*, Stahlwinkeloberschwelle *f* · steel angle lintel; ~ ~ lintol [*deprecated*]

Stahl|wohnbauten *f* · steel (residential) housing, ~ residences

~wolkenkratzer *m* · steel skyscraper

~wolle *f* · steel wool [*It consists of fine shreds of steel matted together for use in the same manner as sandpaper. It is available in several grades of fineness*]

~-Zaunpfahl *m*, Stahl-Zaunpfosten *m* · steel fence post, ~ ~ picket, ~ ~ stake, ~ fencing ~

~-Zaunpfosten *m*, Stahl-Zaunpfahl *m* · steel fence post, ~ ~ picket, ~ ~ stake, ~ fencing ~

~zelle *f*, Stahlraumzelle, Stahlinstallationszelle, Stahlinstallationsblock *m* · steel building block module, ~ unitized unit

~zelle *f*, Decken~, Stahlfüllkörper *m* [*Deckenfüllkörper für Stahlbetonrippendecken, Längen 32,5, 65, 75 und 90 cm; Breiten 30, 40, 50, 60 und 75 cm; Höhen 10, 15, 20, 25, 30 und 35 cm. Die Füllkörper bestehen aus einem U-förmig gebogenen geriffelten Stahlblech. Sie werden vor dem Einbringen der Bewehrung auf dem Putzträger (z.B. Rippenstreckmetall) befestigt. Die Blech-Füllkörper verbleiben in der Decke. Der Deckenputz läuft auf einheitlichem Putzträger unter den Rippen und Hohlräumen durch*] · steel tray

~-Zellenbeton *m* · reinforced cellular concrete

~zellendecke *f* · cellular steel (sub-) floor

~zugband *n* · steel tie-rod, ~ bowstring, ~ (horizontal) tie(back)

~zugglied *n* · steel tension member

~-Zweigelenkbogen *m* · two-hinged steel arch, two-pin(ned) ~ ~

Stake *f*, Stakholz *n* · strut, wood(en) ~, timber ~

~, Stakholz *n*, Kreuz~ · herringbone strut

Staketenzaun *m* · slat fence, stake ~

Stakholz *n*, Stake *f*, Kreuz~ · herringbone strut

~, Stake *f* · strut, wood(en) ~, timber ~

Stakung *f*, Kreuz~ [*Abkreuzung von Balken durch kreuzweise angeordnete Stakhölzer*] · herringbone strutting

~ [*Die Ausfüllung von Balkengefachen bei Holzbalkendecken oder Fachwerkwänden mit Stakhölzern, die verflochten und mit Strohlehm umgeben sind*] · straw and loam pugging

Stalaktit *m*, Muqarnas *m* [*Zellenartiges Schmuckelement der islamischen Baukunst*] · stalactite

Stalaktiten|bogen *m*, Tropfsteinbogen · stalactite arch

~decke *f*, Tropfsteindecke · stalactite ceiling

~gewölbe *n*, Tropfsteingewölbe · stalactite vault

~kapitell *n*, Stalaktitenkapitäl, Tropfsteinkapitell, Tropfsteinkapitäl · stalactite capital

~kuppel *f*, Tropfsteinkuppel · stalactite dome, ~ cupola

~portal *n*, Tropfsteinportal [*Portal der islamischen Baukunst, das von Stalaktiten abgeschlossen wird*] · stalactite portal

Stall *m*, Tierunterkunft *f*, Stallung *f* · animal quarter, ~ shelter

~anbau *m* · animal quarter's annex (US); ~ ~ annexe (Brit.)

~bodenplatte *f* · (flooring) quarry (tile) for animal shelters, ceramic flooring ~ ~ ~ ~, clay flooring ~ ~ ~ ~

Ställe *mpl*, Stallungen *fpl*, Tierunterkünfte *fpl* · animal quarters, ~ shelters

Stall|fenster *n* · animal shelter window

~tür *f* · Dutch door

Stall(ung) *m*, (*f*), Tierunterkunft *f* · animal quarter, ~ shelter

Stambha *m* · stambha, lath [*A monumental pillar, standing free without any structural foundation. Inscriptions were carved on the shaft. The capital, which was usually persepolitan in form, was crowned with animal supporters bearing 'chakra' or 'wheel of the law'. The enblem of the Republic of India is the capital of the stambha at Sarnath*]

Stamm|glas *n*, Mutterglas, Grundglas · base glass, parent ~

~komponente *f*, Grundkomponente · basic component

Stampfasphalt *m* [*Er besteht aus erhitztem Naturasphalt(roh)mehl und Bitumen*] · compressed (natural) rock asphalt [*B.S. 348*]

~(belag)platte *f*, Stampfasphaltfliese, Hochdruck-Asphaltfliese, Hochdruck-Asphalt(belag)platte [*Hergestellt aus Naturasphaltrohmehl oder gemahlenem Naturgestein und Bitumen als Bindemittel*] · highly compressed asphalt(ic) tile

~fliese *f*, Stampfasphalt(belag)platte, Hochdruck-Asphaltfliese, Hochdruck-Asphalt(belag)platte [*Hergestellt aus Naturasphaltrohmehl oder gemahlenem Naturgestein und Bitumen als Bindemittel*] · highly compressed asphalt(ic) tile

~platte *f*, Stampfasphaltbelagplatte, Stampfasphaltfliese, Hochdruck-Asphaltfliese, Hochdruck-Asphalt(belag)platte [*Hergestellt aus Naturasphaltrohmehl oder gemahlenem Naturgestein und Bitumen als Bindemittel*] · highly compressed asphalt(ic) tile

Stampfbeton *m* · tamped concrete

~fundament *n* · tamped concrete foundation

~glockenmuffenrohr *n* · tamped concrete spigot and socket pipe

~rohr *n* · tamped concrete pipe

~wand *f* · tamped concrete wall

Stampfen *n* · tamping [*The operation of compacting freshly placed concrete by repeated blows*]

Stampf|gerät *n* **zur Herstellung von Probewürfeln** [*DIN 1996*] · compactor

~masse *f* [*Feuerfestindustrie. Körnige, feuerfeste Masse, die unter Einwirkung von Hitze durch keramische Bindung erhärtet. Die Masse wird durch Stampfen verarbeitet, nachdem sie gegebenenfalls mit einer geeigneten Flüssigkeit versetzt worden ist*] · refractory ramming material

~rütt(e)lung *f* · tamping vibration

~stange *f* · tamping rod, ~ bar

~verdichtung *f* · tamping [*The operation of compacting freshly placed concrete by repeated blows*]

Stand *m* **der Sonne**, Sonnenstand · location of the sun, position ~ ~ ~

Standard|abmessung *f* · standard dimension

~abweichung *f*, mittlere Streuung, mittlere quadratische Abweichung, mittlerer Fehler *m* · standard deviation

~(-Bau)system *n*, Standardkonstruktion(ssystem) *f*, (*n*) · standard construction, ~ (structural) system

~bauweise *f*, Normalbauweise, Regelbauweise · standard construction method

~breite *f* · standard width

~(dach)pfanne *f* · standard pantile

~dicke *f* · standard thickness

~-Edelstahlfenster *n* · stock stainless steel window, standard ~ ~ ~

~-Fassadenfertigteil *m*, *n* · basic façade unit

~form *f* [*gebogenes Glas*] · standard form

~format *n* · standard format

~holzfenster *n* · stock wood window, standard ~ ~

~konstruktion(ssystem) *f*, (*n*), Standard(-Bau)system · standard construction, ~ (structural) system

~länge *f* · standard length

~messing *n* **für Bohr- und Drehqualität,** MS 58, Ms 58, Messing 58 · manganese bronze [*It has 58% copper content*]

~pfanne *f*, Standarddachpfanne · standard pantile

~system *n*, Standard-Bausystem, Standardkonstruktion(ssystem) *f*, (*n*) · standard construction, ~ (structural) system

~tafel *f* · standard panel

~well(en)glas *n* · standard corrugated (rolled) glass

Stand|aschenbecher *m* · pedestal ashtray

~belastung *f*, statische Belastung, ruhende Belastung · static loading

~dachrinne *f* → Kastenrinne

~drän *m*, Senkrechtdrän · vertical drain

Ständer *m*, Stiel *m*, Säule *f*, Pfosten *m* [*Senkrechtes Holz beim Fachwerk-, Stab-, Ständer- und Dachstuhlbau*] · post

~bau *m* · post and beam construction; storey post and beams (Brit.); story post and beams (US)

~bauhaus *n*, Pfostenhaus · post and beam house

~fachwerk(träger) *n*, (*m*) · vertical truss

Stand|festigkeit *f*, Stabilität *f*, Standsicherheit, räumliche Steifigkeit · (structural) stability

~festigkeitsnachweis *m* → Standsicherheitsnachweis

~hahn *m* · pillar tap

standhalten · to resist

ständige Last *f* → ruhende ~

Stand|kessel *m* · vertical steam boiler

~last *f*, ruhende Last, statische Last · static load

~leitung *f*, Steig(e)leitung · riser

~leuchte *f*, Stehleuchte · floor standard, standard lamp

~-Luftheizgerät *n* · floor-mounted unit heater

Standöl *n* [*Standöl ist ein ausschließlich durch Erhitzen eingedicktes, trocknendes Öl. Anmerkung: Wird von Leinöl-Standöl, Holzöl-Standöl, Rizinenöl-Standöl, Sojaöl-Standöl und dgl. gesprochen, so darf es nur aus dem genannten Standöl bestehen. Als „Mischstandöle" gelten solche, die aus mehreren Ölarten hergestellt sind, z.B. Leinöl-Holzöl-Standöl 80:20 usw. Der Begriff „trocknendes Öl" ist nicht an einen Mindestwert der Jodzahl gebunden, umfaßt also auch die sog. „halbtrocknenden Öle", soweit sie sich zum Herstellen von Standöl eignen. Die Benennung Dicköl für Standöle im Sinne der obigen Begriffsbestimmung ist nicht zu verwenden*] · stand oil

~gehalt *m* · stand oil content

Stand|ort *m*, Lage *f* · site

~platz *m*, Einstellplatz, Parkstand *m* [*Die zum Aufstellen eines Fahrzeuges bestimmte Fläche; sie setzt sich zusammen aus der Stellfläche, den Zwischenräumen, dem Abstand sowie gegebenenfalls einem Schutzstreifen*] · car place

~(regen)rinne *f* → Kastenrinne

~rinne *f* → Kastenrinne

~rohr *n*, Senkrechtrohr · vertical pipe, standpipe, SP

~schalung *f* · ordinary form(work), fixed ~, ~ forms, ~ shuttering

standsicher · stable

Stand|sicherheit *f*, Stabilität *f*, Standfestigkeit, räumliche Steifigkeit · (structural) stability

~sicherheitsnachweis *m*, Standfestigkeitsnachweis, Stabilitätsnachweis, Nachweis der räumlichen Steifigkeit · stability check (calculation)

~urinal *n* · slab urinal

~-Wassererhitzer *m*, Stand-Wasserwärmer, Stand-Wasserheizgerät *n*, Stand-Wasserheizer · floor-mounted (hot) water heater, ~ (~) ~ heating appliance

~-Wassererwärmer *m*, Stand-Wassererhitzer, Stand-Wasserheizgerät *n*, Stand-Wasserheizer · floor-mounted (hot) water heater, ~ (~) ~ heating appliance

~-Wasserheizer *m*, Stand-Wassererwärmer, Stand-Wasserheizgerät *n*, Stand-Wassererhitzer · floor-mounted (hot) water heater, ~ (~) ~ heating appliance

~-Wasserheizgerät *n*, Stand-Wassererwärmer *m*, Stand-Wassererhitzer, Stand-Wasserheizer · floor-mounted (hot) water heater, ~ (~) ~ heating appliance

Stangen|griff *m*, Griffstange *f* · grab bar

~scharnier *n* · continuous hinge

~verschluß *m* [*Stangenverschlüsse nennt man Baubeschläge, welche das Fenster oder die Tür (z.B. Verandatüren) mit Hilfe durchgehender oder geteilter Stangen oben und unten verschließen. Meist erfolgt auch noch ein dritter Verschluß, und zwar an der Stelle, wo die Bewegung ausgeführt wird*] · bolt with handle

~wachs *n* · stick wax

~zinn *m* · bar tin

Stanniol *n*, Zinnfolie *f* · tinfoil

Stanze *f*, Lochstempel *m* · punch

Stanzen *n* · punching

Stapel *m* · stack

~faser *f* · staple fibre (Brit.); ~ fiber (US) [*A glass fibre of relatively short length, generally less than 17 in.*]

~glasfaser *f,* Glasstapelfaser · fiberglass staple fiber (US); fibreglass staple fibre (Brit.)

~glasseide *f,* Glasstapelseide · chopped strands

Stapeln *n* · stacking

Stapel|prüfung *f* **für Asbestspinnfaser** · array test for asbestos spinning fibre (Brit.)/fiber (US)

~stuhl *m* · stacking chair

stark verwittert · much-weathered

Stärke *f* [*Fehlname*]; Dicke *f* · thickness

~ · starch

~ [*Akustik*] · strength

starke Säure *f* · strong acid

Stärke|abscheider *m* · starch interceptor; ~ intercepter (US)

~kleister *m* · starch paste

~leim *m* · starch glue

~lösung *f* · starch solution [*A solution for starching newly painted walls so that they can be more easily washed*]

Stärken *n* · starching

starkes Absäuern *n* [*Betonwerkstein*] · etching [*A term almost synonymous with 'acid treatment' but generally assumed to be a rather more severe treatment producing a greater aggregate exposure*]

Starkstromleitung *f,* Kraftstromleitung [*DIN 18382*] · fixed equipment circuit [*This is a type of circuit in domestic installations. Apparatus with a rating of 3 kilowatts and above should be fused independently and requires separate circuits. This range includes immersion heaters, cookers and fixed electric fires*]

starr → (biege)steif

~ eingespannt · rigidly restrained

starre (Ab)Dichtung *f,* Flach(ab)dichtung, Manschetten(ab)dichtung · gasket seal, static ~

~ Auflagerung *f,* starres Auflagern *n* · rigid support, ~ bearing

~ Dichtung *f* → ~ Ab~

~ Einspannung *f* · rigid (end-)restraint

~ Kuppel *f* · rigidly jointed dome, ~ ~ cupola

~ Schale *f* · rigid shell

~ Verbindung *f* · rigid joint, stiff ~, fixity at the connection

starrer Einfeldrahmen *m,* Einfeld-Steifrahmen · single-bay rigid frame, ~ stiff(-jointed) ~

~ Holzrahmen *m,* Holzsteifrahmen · wood(en) rigid frame, timber ~ ~

~ Knoten(punkt) *m* · rigid joint

~ Phenolharzschaum(stoff) *m,* Phenolharzhartschaum(stoff) · rigid foam(-ed) phenol(ic) resin, ~ expanded ~ ~, ~ phenol(ic) resin foam

~ Rahmen *m,* Steifrahmen · rigid frame, stiff(-jointed) ~

~ Schaum *m* → Hartschaum(kunst)stoff

starres Auflager *n,* starre Auflagerung *f* · rigid support, ~ bearing

~ Bauwerk *n* · stiff structure, rigid ~

Starrheit *f,* Steifigkeit [*Statik*] · rigidity, stiffness

Starrheitsbedingung *f,* Steifigkeitsbedingung [*Statik*] · condition of rigidity, ~ ~ stiffness, rigidity condition, stiffness condition

Starrpunkt *m,* Brechpunkt [*Temperatur bituminöser Stoffe, bei der die Plastizität verschwindet und die Probe bei Biegebeanspruchung bricht. DIN 1995 – U 6*] · breaking point, brittle ~, shatter ~

Statik *f* → Bau~

~ der Schalen, Schalenstatik [*Gegensatz: Dynamik der Schalen*] · statics of shells

Statiker *m* · (structural) designer

Station *f* [*Krankenhaus*] · ward unit, nursing ~

stationär aufbereiteter Beton *m* · central-mixed concrete

stationäre Asphaltkochanlage *f,* ortsfeste ~, Gußasphaltkocherei *f* · stationary mastic cooking plant

~ Fabrik *f,* ortsfeste ~ · centralised factory (Brit.); centralized ~

statisch armierter Beton *m,* ~ bewehrter ~ · statically reinforced concrete

~ berechnen · to analyse

(~) bestimmbar · statically determinable

(~) bestimmt · statically determinate, ~ determined, isostatic, perfect

~ bewehrter Beton *m,* ~ armierter ~ · statically reinforced concrete

~ mitwirkender Deckenziegel *m,* ~ ~ Deckenstein *m,* lasttragender ~ [*DIN 4159*] · loadbearing floor (clay) brick, ~ ~ (~) block

~ ~ Ziegel *m,* lasttragender ~ · loadbearing brick

~ nicht mitwirkender Deckenstein *m,* ~ ~ ~ Deckenziegel *m,* nichtlasttragender ~ [*DIN 4160*] · non-loadbearing floor (clay) brick, ~ ~ (~) block

(~) unbestimmt · (statically) indeterminate, (~) indetermined, hyperstatic

(~) ~ dritten Grades · (statically) indetermined to the third degree, (~) indeterminate ~ ~ ~ ~, hyperstatic ~ ~ ~ ~

(~) ~ ersten Grades · (statically) indeterminate to the first degree, (~) indetermined ~ ~ ~ ~, hyperstatic ~ ~ ~ ~

(~) ~ *n*-ten Grades · (statically) indeterminate to the *n*-th degree, (~) indetermined ~ ~ ~ ~, hyperstatic ~ ~ ~ ~

(~) ~ zweiten Grades · (statically) indeterminate to the second degree, (~) indetermined ~ ~ ~ ~, hyperstatic ~ ~ ~ ~

(~) unbestimmter Rahmen *m* · statically-indeterminate frame, redundant ~

~ zulässig · statically admissible

statische Bedingungen *fpl*, ~ Gegebenheiten · conditions of statics

~ Belastung *f*, ruhende ~, Standbelastung · static loading

~ Berechnung *f* · static calculation

(~) Bestimmtheit *f* · statical determinacy

~ Bruchlast *f* · statical rupture load, ~ failure ~

~ Gegebenheiten *fpl*, ~ Bedingungen · conditions of statics

~ Gleichgewichtsgleichung *f* · equation of static equilibrium

~ Gleichung *f* · static equation

~ Last *f*, ruhende ~, Standlast · static load

~ Methode *f*, statisches Verfahren *n* · statical method

(~) Unbestimmtheit *f* · statical indeterminacy

~ Untersuchung *f* · statical investigation

statischer Druck *m* · static pressure, SP

~ Gleichgewichtszustand *m* · static equilibrium state

~ Satz *m* · lower bound theorem, static ~

statisches Flächenmoment *n* · statical moment of area

~ Gleichgewicht *n* · static equilibrium

~ Moment *n* · static moment

~ System *n* · stability system

~ Verfahren *n*, statische Methode *f* · statical method

~ Verhalten *n* · statical behaviour (Brit.); ~ behavior (US)

Stätte *f* · centre (Brit.); center (US)

Statue *f* **eines Toten** · statue of a deceased

Statuen|kranz *m* · ring of statues

~marmor *m*, Bildhauermarmor · statuary marble

~nische *f* · habitacle

Staub *m*, Gesteins~, Blume *f*, Steinmehl *n*, Gesteinsmehl · stone dust, rock ~, ~ flour

staubähnlich · dust-like

Staub|anteil *m* · percentage of dust

~bildung *f*, Abstauben *n* · dust formation, dustiness

~bindemittel *n* · dust-laying agent

staubbindende Lage *f*, ~ Schicht *f* · dustcoat

~ Schicht *f*, ~ Lage *f* · dustcoat

Staub|bindung *f* · dust-laying

~(brannt)kalk *m* · pulverized lime

~decke *f* · dustproof ceiling

~eindringung *f*, Staubeintritt *m* · dirt penetration

~eintritt *m*, Staubeindringung *f* · dirt penetration

Stauben *n* · dusting

staubend · dust-producing, dusty

staubfrei, staublos · dustless, dustfree

~ machen · to dustproof

Staub|freimachung *f* · dustproofing

~gehalt *m* · dust content

~gold *n*, Pudergold · powder(ed) gold, gold powder

staubig · dusty

Staubkalk *m*, Staubbranntkalk · pulverized lime

~hydrat *n*, pulverförmiger Löschkalk *m*, pulv(e)riger Löschkalk · hydrated lime powder

staublos, staubfrei · dustless, dustfree

Staub|sand *m*, Feinsand [*Nach DIN 4022 0,2 bis 0,1 mm; nach DIN 1179 0,2 bis 0,09 mm; nach Atterberg 0,2 bis 0,02 mm; nach Fischer und Udluft (Jahr 1936) 0,2 bis 0,02 mm (heißt hier „Silt")*] · fine(-grained) sand [*Division of Soil Survey (US) 0.25–0.05 mm; A.S.E.E. fraction 0.25 bis 0.074 mm; British Standard 0.2 bis 0.06 mm; fine sand and coarse silt (Brit.) 0.2–0.02 mm*]

~sauger(steck)dose *f* · power point for cleaners, (plug) socket ~ ~, socket outlet ~ ~

~schutzmittel *n* · dust preventer [*for concrete*]

~siegel *m* · dust-preventing seal(er)

staubtrocken [*Anstrich*] · dust-free, dust dry

Staub|- und Lärmfreiheit *f* · dust and noise abatement

~unreinheit *f* · dust impurity

~verhütung *f* · dust-prevention

Stauchnagel *m* · clinch nail

Stauchung *f* [*Verkürzung der äußersten Randfaser des Betons eines Biegebalkens infolge der Biegedruckspannung im Bruchzustand. Die Stauchung beträgt etwa 2‰*] · compressive strain

Stauß|matte *f*, Stauß-Ziegelgewebeplatte *f* [*1,00 × 2,50 m mit punktverschweißten Rundstählen ø 4,6 mm. Rundstahlabstand längs 20 cm, quer 30 cm*] · Stauß spot-welded round bar mesh

~ziegelgewebe *n* [*Markenname für ein quadratisches Drahtgeflecht von 2 cm Maschenweite mit an den Kreuzungspunkten aufgepreßten und gebrannten Tonkreuzchen*] · Stauß clay lath(ing)

Stearat *n* → Hydrophobierungsmittel

Stearin *n*, $C_3H_5(C_{18}H_{35}O_2)_3$ · stearin(e), glyceryl stearate, tristearin(e)

~säure *f* · stearic acid [*misnomer: stearin(e)*]

Steatit *m* · steatite [*compact talc*]

stechend [*Geruch*] · pungent

Stechschloß *n*, Yaleschloß · Yale lock

Steckdose *f* · socket

Steckeranschluß *m* · plug-in connection

Steck|mast *m* **aus Stahlblech** [*Ein Lichtmast, bei dem die konischen Schüsse von 1,50 m Länge ineinander gesteckt werden*] · (lantern) column of tapered sheet construction

~schlüssel *m*, Aufsatzschlüssel · socket spanner (Brit.); ~ wrench

Steg *m*, Wulst *m*, *f* [*Fugenband*] · bulb, web

~ [*Einstegsprosse*] · bulb tee

~ [*Verglasung*] · came [*An H-section strip of lead or soft copper, shaped to fix each piece of glass to the next one, in leaded lights or stained-glass windows*]

~, Träger~ [*Bei T- und I-förmigen Querschnitten der schmale hohe Teil im Gegensatz zum niedrigen und breiten Flansch oder den niedrigen und breiten Flanschen. Der Steg hat im allgemeinen große Schubkräfte aufzunehmen und wird deshalb mit Bügeln und Schrägeisen bewehrt*] · web, stalk

~ · runway [*Decking over area of concrete placement, usually of movable panels and supports, on which buggies of concrete travel to points of placement*]

~anschluß *m* · web connection, stalk ~

~armierung *f*, Stegbewehrung, Steg(stahl)einlagen *fpl* · web reinforcement, stalk ~

~aussteifung *f* · web stiffening, stalk ~

~bewehrung *f*, Stegarmierung, Steg(stahl)einlagen *fpl* · web reinforcement, stalk ~

Stegblech *n*, Stehblech · web plate, stalk ~ [*The vertical plate joining the flanges of a rolled-steel or extruded light-alloy joist or of a built-up girder or timber beam*]

~anschluß *m*, Stehblechanschluß · web plate connection, stalk ~ ~

~aussteifung *f*, Stehblechaussteifung · web plate stiffening, stalk ~ ~

~breite *f*, Stehblechbreite · web plate width, stalk ~ ~

~dicke *f*, Stehblechdicke · web plate thickness, stalk ~ ~

~moment *n*, Stehblechmoment · web plate moment, stalk ~ ~

~spannung *f*, Stehblechspannung · web plate stress, stalk ~ ~

~steife *f*, Stehblechsteife · web plate stiffener, ~ ~ stay, stalk ~ ~

~stoß *m*, Stehblechstoß · web plate joint, stalk ~ ~

Steg|diele *f*, Stegzementdiele, Stahlbeton(hohl)diele [*DIN 4028*] · (reinforced) concrete hollow(-core) plank, R. C. ~ ~

~dielendach *n* → Stegzementdielendach

~dielendecke *f* → Stegzementdielendecke

~druckbruch *m* · compressive web failure, ~ stalk ~

~einlagen *fpl*, Stegstahleinlagen, Stegarmierung *f*, Stegbewehrung · web reinforcement, stalk ~

~kassettenplatte *f* · hollow waffle plank, ~ coffer ~, ~ pan(el) ~, ~ casette ~, ~ core ~

~(Stahl)einlagen *fpl*, Stegarmierung *f*, Stegbewehrung · web reinforcement, stalk ~

~tafel *f* · web panel

~verbindungsstück *n* **aus Blech und Winkeln** · plate-and-angle separator [*for steel beams*]

~(zement)diele *f*, Stahlbeton(hohl)diele [*DIN 4028*] · (reinforced) concrete hollow(-core) plank, R.C. ~ ~

~(zement)dielendach *n*, Stahlbeton(hohl)dielendach · (reinforced) concrete hollow(-core) plank roof, R. C. ~ ~ ~

~(zement)dielendecke *f*, Stahlbeton(hohl)dielendecke · (reinforced) concrete hollow(-core) plank floor, R. C. ~ ~ ~

Stehblech *n*, Stegblech · web plate, stalk ~ [*The vertical plate joining the flanges of a rolled-steel or extruded light-alloy joist or of a built-up girder or timber beam*]

~anschluß *m*, Stegblechanschluß · web plate connection, stalk ~ ~

~aussteifung *f*, Stegblechaussteifung · web plate stiffening, stalk ~ ~

~breite *f*, Stegblechbreite · web plate width, stalk ~ ~

~dicke *f*, Stegblechdicke · web plate thickness, stalk ~ ~

~moment *n*, Stegblechmoment · web plate moment, stalk ~ ~

~spannung *f*, Stegblechspannung · web plate stress, stalk ~ ~

~steife *f*, Stegblechsteife · web plate stiffener, ~ ~ stay, stalk ~ ~

~stoß *m*, Stegblechstoß · web plate joint, stalk ~ ~

stehende Luft *f* · still air

~ Verzahnung *f*, Stockzahnung [*Mauerwerkbau*] · vertical denticulation

stehender Doppelfalz *m*, Doppelstehfalz [*Metallbedachung*] · double (welted) standing seam, ~ standing welt

~ Falz *m*, Stehfalz [*Metallbedachung*] · (welted) standing seam, standing welt [*The joint formed by turning up the edges of two adjacent sheets perpendicular to the surface and welting them together*]

~ Zylinderbehälter *m* · vertica cylindrical tank

stehendes (Dach)Oberlicht *n* → (Dach)Laterne

Stehfalz *m*, stehender Falz [*Metallbedachung*] · (welted) standing seam, standing welt [*The joint formed by turning up the edges of two adjacent sheets perpendicular to the surface and welting them together*]

~bedachung *f* → Stehfalz(dach)(ein)-deckung

~blech *n* [*Blech zur Herstellung von Stehfalzbedachungen*] · standing seam plate, plate for standing seams

~dach(belag) *n, m* → Stehfalz(dach)-(ein)deckung

~(dach)(ein)deckung *f*, Stehfalzbedachung, Stehfalz(belag) *m*, Stehfalzsystem *n* · standing seam roof cladding, ~ ~ ~ covering, ~ ~ ~ sheathing, ~ ~ roof(ing)

~system *n* → Stehfalz(dach)(ein)dekkung

Stehlager *n* · pedestal bearing

Stehleuchte *f*, Standleuchte · floor standard, standard lamp

(Stehplatz)Tribüne *f* · standing room

Stehverglasung *f* · vertical glazing

steif → biege~

Steife *f*, Konsistenz *f* · consistency, consistence

~, Versteifungsglied *n*, Verstärkungsglied, Aussteif(ungs)glied · brace, stiffener, bracing, stiffening member, bracing member

steife Verbindung *f*, steifer Anschluß *m* · rigid joint, ~ connection, stiff ~

Steife|beiwert *m*, Konsistenzbeiwert · consistency coefficient, consistence ~, coefficient of consistency, coefficient of consistence

~bereich *m, n*, Konsistenzbereich · consistency range, consistence ~

~grad *m*, Konsistenzgrad · consistency degree, consistence ~

~messer *m*, Konsistenzmesser · consistency meter, consistometer

~messung *f*, Konsistenzmessung · measurement of consistency

Steifenwinkelanschluß *m* **mit Futter** · filled stiffener

Steife|probe *f* → Steifeprüfung

~prüfung *f*, Steifeversuch *m*, Steifeprobe *f*, Konsistenzprüfung, Konsistenzversuch, Konsistenzprobe, Setzprüfung, Setzversuch, Setzprobe, Ausbreit(ungs)-versuch, Ausbreit(ungs)prüfung, Ausbreit(ungs)probe [*Betonprüfung. DIN 1048*] · slump test (for consistency), consistency test

steifer Anschluß *m*, steife Verbindung *f* · rigid joint, ~ connection ,stiff ~

~ Kern *m* · rigid core, stiff ~

Steifeversuch *m* → Steifeprüfung

Steifigkeit *f*, Starrheit [*Statik*] · rigidity, stiffness

~ ohne Zugbeanspruchung · no-tension stiffness, ~ rigidity

Steifigkeits|abnahme *f* · reduction of stiffness, ~ ~ rigidity

~bedingung *f*, Starrheitsbedingung [*Statik*] · condition of rigidity, ~ ~ stiffness, rigidity condition, stiffness condition

~faktor *m* · stiffness factor, rigidity ~

~matrix *f* · stiffness matrix, rigidity ~

~verlust *m* · loss of stiffness, ~ ~ rigidity, stiffness loss, rigidity loss

Steifknoten(punkt) *m*, biegesteifer Knoten(punkt) [*Die biegesteife Verbindung eines Stabes an einen zweiten oder an mehreren Stäben*] · rigid joint, stiff ~

steifknotig · rigid-jointed, stiff-jointed

steifplastische Verformung *f* [*Feuerfestindustrie. Dieses Verfahren wird nur in bestimmten Ländern angewendet. Der Wassergehalt der Massen ist so gering, daß man nur Rohlinge (Batzen) formen kann, die danach die endgültige Form erhalten und gegebenenfalls nachgepreßt werden*] · stiff-plastic making, semi-plastic ~

Steifrahmen *m*, starrer Rahmen · rigid frame, stiff(-jointed) ~

~platte *f* · rigid-frame slab, stiff-frame ~

Steigdruck *m* · incremental pressure

Steig(e)-Elektroleitung *f* · rising electrical main [*An electrical power supply cable which passes up through one or more storeys of a building*]

Steigeisen *n*, Klettereisen [*DIN 1211 (kurz), DIN 1212 (lang)*] · step iron, hand ~, foot ~, access hook

Steig(e)leitung *f* · riser

steigende Rohrleitung *f*, Steigrohrleitung · rising piping

~ Tonne *f*, steigendes Tonnengewölbe *n*, an~ · rising barrel vault, ~ tunnel ~, ~ wagon ~

steigender Bogen *m*, an~ ~ · rising arch

steigendes Einstemmband *n*, ~ Fi(t)schband, steigende Fitsche *f* · rising butt (hinge)

~ Gewölbe *n*, an~ ~ · rising vault

~ Karnies *n*; steigende Karniese *f* [*Österreich*] · reverse ogee moulding (Brit.); ~ ~ molding (US) [*A double-curved mo(u)lding, convex above and concave below*]

~ Riegelgesperre *n* [*Buntbartschloß*] · rising warded mechanism

~ Tonnengewölbe *n*, steigende Tonne *f*, an~ · rising barrel vault, ~ tunnel ~, ~ wagon ~

Steigleitung *f* [*Ein Hauptrohrstrang einer Verbrauchsleitung innerhalb eines Gebäudes*] · rising line, riser

~ [*Grundstücksentwässerung*] · soil stack

Steig|leitungsschacht *f* · shaft for rising line(s)

~rohr *n* · rising main [*A main gas pipe or water supply pipe which passes up through one or more storeys of a building*]

~rohrleitung *f*, steigende Rohrleitung · rising piping

~schacht *m*, Zufluß~, Kühlturm~ · (cooling tower) chimney

Steigung *f*, Treppen~ [*Lotrechtes Maß von der Trittfläche einer Stufe bis zur Trittfläche der folgenden Stufe. DIN 4174*] · rise

Steigungs|tabelle *f*, Treppen~ · rise table

~verhältnis *n*, Treppen~ [*Verhältnis von (Treppen)Steigung zu Auftrittbreite*] · rise/run ratio

steil geneigte Verglasung *f* · steeply-pitched glazing

Steil|bogen *m* · steep arch

~dach *n* · steep-pitched roof, high-peaked ~

steile Faltung *f* · steep folding

Steil|giebel *m* · steep gable

~parabel *f* · steep parabola

~parabelbogen(träger) *m* · steep parabolic arch(ed girder)

Stein *m*, Block~, Block *m* · (building) block, (~) tile [*The terms 'tile' and 'block' as used in the construction of walls, partitions and floors are synonymous, but the clay and gypsum products are commonly called 'tile' and the concrete and glass products are usually called 'block'*]

~, Natur~, natürlicher Stein [*DIN 52100 bis DIN 52112*] · (natural) stone [*B. S. 1232*]

~, gebrannter ~, gebrannter Baustein, (Ton)Ziegel *m*, (künstlicher) Baustein [*In den USA dürfen auf Grund einer Regierungsentscheidung nur solche Baustoffe als „Ziegel" (brick) bezeichnet werden, die aus Ton gebrannt sind. Die Bezeichnung anderer Baustoffe als „brick" ist nur in Verbindung mit näherer Charakterisierung gestattet, z.B. concrete brick = Betonblock*] · (burnt) (clay) brick, burned (~) ~, fired (~) ~ [*B. S. 3921*]

~ beim Prepaktbeton, Zyklopenbeton-Stein · displacer, plum

~(ab)Deckplatte *f*, Natur~, (Ab)Deckplatte aus Naturstein · (natural) stone coping slab, (~) ~ capping ~

~abflußrinne *f*, Natur~, (Natur)Steinentwässerungsrinne, (Natur)Steinablaufrinne · (natural) stone drain(age) gutter, (~) ~ draining ~, (~) ~ discharge ~

~ablaufrinne *f*, Natur~, (Natur)Steinabflußrinne, (Natur)Steinentwässerungsrinne · (natural) stone drain(age) gutter, (~) ~ draining ~, (~) ~ discharge ~

steinähnlich, natur~ · (natural) stone-like

Stein|altaraufsatz *m* → (Natur)Steinretabel

~altarretabel *n* → (Natur)Steinretabel

~arkade *f*, Natur~ · (natural) stone arcade

~auskleidung *f* → Natur~

~balken *m*, Steineisenbalken, Massivbalken, Stahlsteinbalken [*Herstellung von Steineisendecken*] · reinforced block beam

~balken(träger) *m*, Natur~ · (natural) stone beam

~balkon *m*, Natur~ · (natural) stone balcony

~bank *f*, Natur~ · (natural) stone bench

~baumaterial *n*, Natur~ [*Schweiz*]; (Natur)Steinbaustoff *m* · (natural) stone building material

~baustoff *m*, Natur~ [*Schweiz: (Natur)Steinbaumaterial*] · (natural) stone building material

~bau(weise) *m*, (*f*), Block~, Blockbau(weise) · block construction method, tile ~ ~ [*See remark under 'Block'*]

~bau(weise) *m*, (*f*), Natur~ · (natural) stone construction method

~bau(werk) *m*, (*n*), Natur~ · (natural) stone structure

~bearbeitung *f* → (Natur)~

~-Bedachung *f*, Stein-Dach(belag) *n*, (*m*), Stein-(Ein)Deckung, Stein-Dach(ein)deckung · tile roof cladding, ~ ~ covering, ~ ~ sheathing, ~ roof(ing)

~bekleidung *f* → Natur~

~(belag)platte *f*, Natur~, (Natur)Steinfliese *f* · (natural) stone tile

~belfried *m*, Steinbergfried, Natur~ · (natural) stone keep

~bergfried *m*, Steinbelfried, Natur~ · (natural) stone keep

~blockmauer *f*, (Natur)Steinmauer · (natural) stone wall(ing)

Steinblockmauerwerk *n*, (Natur)Steinmauerwerk [*DIN 1053*] · (natural) stone masonry (work), stone block ~ (~), (natural) stone blockwork

~mörtel *m*, (Natur)Steinmauerwerkmörtel · mortar for (natural) stone masonry (work), ~ ~ stone block ~ (~), ~ ~ (natural) stone block work

Stein|blume *f*, Knolle *f*, Kriechblume, Krabbe *f*, Kantenblume · crocket [*A decorative feature carved in various leaf shapes and projecting at regular intervals from the angles of spires, pinnacles, canopies, gables, etc., in Gothic architecture*]

~blumenkapitäl *n*→ Kriechblumenkapitell

steinblumenverziert, kriechblumenverziert, krabbenverziert, knollenverziert, kantenblumenverziert · crocketed

Stein|boden(belag) *m*, Steinfußboden(belag), Fliesen(fuß)boden(belag), Platten(fuß)boden(belag) [*Er besteht aus Kunststeinplatten*] · tile floor(ing) (finish), ~ floor cover(ing)

~, Steinfußboden(belag), (Naturstein-) Platten(fuß)boden(belag) · (natural) stone slab floor(ing) (finish), (~) ~ floor cover(ing)

Steinbogen *m*, Blockbogen · block arch, tile ~ [*See remark under 'Block'*]

~, Natur~ · (natural) stone arch

Steinbord|schwelle *f*, Natur~ · wide natural stone curb; ~ ~ ~ kerb (Brit.)

~stein *m*, Natur~ [*DIN 482*] · natural stone curb; ~ ~ kerb (Brit.)

Stein|bruchabfall *m*, Abfallsteine *mpl* · grout (US); quarry waste

~-Bürgersteigplatte *f*→ Natur~

Steinchen *n*, Mosaik~ · (mosaic) tessera

Stein(chen) *m*, (*n*) · stone [*A crystalline inclusion in glass*]

Stein|dach *n*, Natur~ · (natural) stone roof, roof of (natural) stone

~-Dach(belag) *n*, (*m*), Stein-(Ein)Dekkung *f*, Stein-Dach(ein)deckung, Stein-Bedachung · tile roof cladding, ~ ~ covering, ~ ~ sheathing, ~ roof(ing)

~dach(belag) *n*, (*m*), (Natur)Stein-(platten)(dach)(ein)deckung, (Natur-) Stein(platten)dach(belag) · (natural) stone slab roof(ing), (~) ~ ~ roof cover(ing)

~dachdeckung *f* → (Natur)Stein(platten)(dach)(ein)deckung

~-Dach(ein)deckung *f*, Stein-(Ein)Dekkung, Stein-Bedachung, Stein-Dach(belag) *n*, (*m*) · tile roof cladding, ~ ~ covering, ~ ~ sheathing, ~ roof(ing)

~(dach)(ein)deckung *f* → (Natur-) Stein(platten)(dach)(ein)deckung

~-Dachreiter *m*, Natur~ · (natural) stone roof spire

~decke *f*, Block(stein)decke, Füllblock-(stein)decke, Füllsteindecke · soffit (filler) block floor, ~ (~) tile ~

~deckplatte *f*, Natursteinabdeckplatte, (Ab)Deckplatte aus Naturstein · (natural) stone coping slab, (~) ~ capping ~

~deckung *f*, (Natur)Stein(platten)-(dach)(ein)deckung, (Natur)Stein(platten)dach(belag) *n*, (*m*) · (natural) stone slab roof(ing), (~) ~ ~ roof cover(ing)

Steindübel *m*, Mauerwerkdübel · masonry dowel

Steine *mpl*, Grobkies *m* · coarse (-grained) gravel

Stein|eindeckung *f* → (Natur)Stein-(platten)(dach)(ein)deckung

~-(Ein)Deckung *f*, Stein-Dach(ein)-deckung, Stein-Bedachung, Stein-Dach(belag) *n*, (*m*) · tile roof cladding, ~ ~ covering, ~ ~ sheathing, ~ roof(ing)

~(eisen)balken *m*, Massivbalken, Stahlsteinbalken [*Herstellung von Steineisendecken*] · reinforced block beam

~eisen-Dachdecke *f*, Stahlstein-Dachdecke · reinforced block roof floor

Steineisendecke *f*, Stahlsteindecke [*DIN 1946. Mit Stahl bewehrte Steindecke bei der die Steine zur Spannungsaufnahme herangezogen werden. Dazu müssen die Steine so untereinander verbunden sein, daß eine einwandfreie Übernahme der Kräfte gewährleistet ist*] · reinforced block floor

~ mit Lochsteinen, Stahlsteindecke ~ ~ [*DIN 1046*] · reinforced cored block floor

~ ~ Lochziegeln, Stahlsteindecke ~ ~ [*DIN 1046*] · reinforced perforated brick floor, ~ cored ~ ~

~ ~ Vollsteinen, Stahlsteindecke ~ ~ [*DIN 1046*] · reinforced solid block floor

Steineisen|mauer *f*, Stahlsteinmauer [*Fehlnamen: Stahlsteinwand f, Steineisenwand*] · reinforced (masonry) block partition (wall)

~wand *f*, Stahlsteinwand [*Fehlnamen: Stahlsteinmauer f, Steineisenmauer*] · reinforced (masonry) block partition (wall)

Stein|entwässerungsrinne *f*, Natur~, (Natur)Steinablaufrinne, (Natur)Steinabflußrinne · (natural) stone drain(age) gutter, (~) ~ draining ~, (~) ~ discharge ~

~erhaltungsmittel *n*, Steinschutzmittel, Steinschutz(stoff) *m*, Natur~ · (natural) stone preservative, (~) ~ preserving agent

steinerner Konsolträger *m*→ Kragstein

Steine|spalten *n* · coping [*Splitting stones by drilling them and driving in steel wedges along a line*]

~- und Erdenindustrie *f* · (nonmetallic) minerals industry, pit and quarry ~

Stein|faser *f* · rock fibre (Brit.); ~ fiber (US)

~fassade *f*, Natur~ · (natural) stone façade

~fensterbank *f*, Natur~, (Natur)Stein(fenster)sohlbank · (natural) stone window sill; (~) ~ ~ cill (Brit.)

~fertigung *f*, Steinherstellung, Block(stein)herstellung, Block(stein)fertigung · forming of blocks, ~ ~ tiles, block making, tile making [*See remark under 'Block'*]

~festigkeit *f*, Natur~ · (natural) stone strength

~figur *f*, Natur~ · (natural) stone figure

~fliese *f*, Natur~, (Natur)Stein(belag)platte *f* · (natural) stone tile

~format *n*, Block~, Blockformat · block format, tile ~ [*See remark under 'Block'*]

~freipfeiler *m*, Natur~ · (natural) stone pillar

~fries *m*, Natur~ · (natural) stone frieze

~frischling *m*, Block(stein)frischling · green block, ~ tile [*See remark under 'Block'*]

~füller *m*, Steinfüllstoff *m*, Natur~ · (natural) stone filler, (~) ~ dust

~füllstoff *m*, Steinfüller *m*, Natur~ · (natural) stone filler, (~) ~ dust

~fundament *n*, Natur~ · (natural) stone footing, (~) ~ foundation.

Stein(fuß)boden(belag) *m*, (Naturstein)Platten(fuß)boden(belag) · (natural) stone slab floor(ing) (finish), (~) ~ floor cover(ing)

~, Platten(fuß)boden(belag), Fliesen(fuß)boden(belag) [*Er besteht aus Kunststeinplatten*] · tile floor(ing) (finish), ~ floor cover(ing)

Stein|-Fußsteigplatte *f* → (Natur-)Stein-Bürgersteigplatte

~-Fußwegplatte *f* → (Natur-)Stein-Bürgersteigplatte

~garten *m*, Felsengarten · rock garden

~gebäude *n*, Steinhaus *n*, Natur~ · (natural) stone building, (~) ~ house

~-Gehbahnplatte *f* → (Natur)Stein-Bürgersteigplatte

~-Gehsteigplatte *f* → (Natur)Stein-Bürgersteigplatte

~-Gehwegplatte *f* → (Natur)Stein-Bürgersteigplatte

~geländer *n*, Natur~ · (natural) stone railing

~gelenk *n*, Natur~ · (natural) stone hinge

~gewölbe *n*, Natur~ · (natural) stone vault

~gewölbedach *n*, Natur~ · (natural) stone-vaulted roof

~gewölbedecke *f*, Natur~ · (natural) stone-vaulted ceiling

~gitter *n*, Natur~ · (natural) stone grille

~-Grundstückmauer *f*, Natur~ · (natural) stone boundary wall

Steingut *n*, Irdengut [*Glasur über weißer, dichtender Porzellanengobe auf hellem, porösen, nicht durchscheinenden Scherben. Wasseraufnahme über 15%. Mit Quarzmehl und Kreide gemagert (Kalksteingut). Steingut neigt zu Glasurrissen*] · earthenware

~(belag)platte *f*, Steingutfliese, Irdengutfliese, Irdengut(belag)platte · earthenware tile

~brunnenrohr *n*, Steingutfilterrohr, Irdengutfilterrohr, Irdengutbrunnenrohr · earthenware filter pipe

~filterrohr *n*, Steingutbrunnenrohr, Irdengutfilterrohr, Irdengutbrunnenrohr · earthenware filter pipe

~fliese *f*, Steingut(belag)platte, Irdengutfliese, Irdengut(belag)platte · earthenware tile

~glasur *f*, Irdengutglasur · earthenware glaze

~-Kleinmosaik *n*, Irdengut-Kleinmosaik · earthenware small(-sized) mosaic

~mosaik *n*, Irdengutmosaik · earthenware mosaic

~platte *f*, Steingutbelagplatte, Steingutfliese, Irdengutfliese, Irdengut(belag)platte · earthenware tile

~-Wand(belag)platte *f*, Steingut-Wandfliese *f*, Irdengut-Wand(belag)platte, Irdengut-Wandfliese · earthenware wall tile

~-Wandfliese *f*, Steingut-Wand(belag)platte *f*, Irdengut-Wand(belag)platte, Irdengut-Wandfliese · earthenware wall tile

~-Wandplatte *f*, Steingut-Wandbelagplatte, Steingut-Wandfliese *f*, Irdengut-Wand(belag)platte, Irdengut-Wandfliese · earthenware wall tile

Stein|härtemittel *n* [*Steinhärtemittel sind solche Sperranstrichmittel, die die Oberfläche von Naturstein, Kunststein und Beton(fuß)boden härten. Es sind meistens Silicofluoride*] · surface hardener, ~ hardening agent

~haus *n*, Steingebäude *n*, Natur~ · (natural) stone building, (~) ~ house, (~) stone-built ~

~helm *m*, Steinturmhelm · stone spire

~herstellung *f*, Steinfertigung, Block(stein)herstellung, Block(stein)fertigung · blockmaking

Steinholz *n* → ~estrich [*als Baustoff*]

~estrich *m*, Fes *m*, Steinholz(fuß)boden(belag) *m* . magnesium oxychloride floor(ing) (Brit.); ~ oxychlorid(e) ~ (US); magnesite ~

~estrich *m*, Magnesitestrich, Magensiaestrich, Estrich aus Magnesiamörtel, magnesiagebundener Estrich, Steinholz *n* [*als Baustoff*] · magnesium oxychloride composition (Brit.); ~ oxychlorid(e) ~ (US) [*It is made from a mix(ture) of magnesia, magnesium chlorid(e) solution, fillers and pigments*]

~(fuß)boden(belag) *m* → Steinholzestrich

~platte *f* · magnesium oxychloride floor(ing) tile (Brit.); ~ oxychlorid(e) ~ ~ (US); magnesite ~ ~

~platten(fuß)boden(belag) *m*, Fbsh *m* · magnesium oxychloride tile floor(ing) (finish), ~ ~ ~ floor cover(ing) (Brit.); ~ oxychlorid(e) ~ ~ (~) (US)

~unterboden *m*, Steinholz-Unterlage *f* · magnesium oxychloride subfloor (Brit.); magnesite ~

Stein|kammer *f* [*Eine vorgeschichtliche Grabkammer aus Steinen und darüber aufgeschüttetem Erdhügel*] · stone tomb

~kanzel *f*, Natur~ · (natural) stone pulpit

~kehle *f* [*Dach*] · tile valley

~kirche *f*, Natur~ · (natural) stone church

~kohlengeneratorteer *m*, Steinkohlenheizgeneratorteer · gas-producer coal tar, producer-gas ~ ~

~kohlen(heiz)generatorteer *m* · gas-producer coal tar, producer-gas ~ ~

(~)Kohlenschlacke *f*, Kesselschlacke, (verklinkerte) Feuerungsschlacke, (Verbrennungs)Schlacke [*Teilweise geschmolzene Aschen fester Brennstoffe, die auch noch unverbrannte Anteile enthalten können*] · (furnace) clinker (Brit.); (~) cinder (US) [*misnomer: breeze*]

(~)Kohlenschlackenzuschlag(stoff) *m* → Kesselschlackenzuschlag(stoff)

(Steinkohlen)Schwelteer *m*, Tieftemperaturteer, Urteer · low-temperature coal-tar

Steinkohlenteer *m* [*DIN 52136*] · coal tar

~kreosot *n*, Phenylalkohol *m*, Phenol *n*, Karbolsäure *f*, C_6H_5OH · phenol, carbolic acid, coal tar creosote [*B.S. 144*]

~lösung *f* · coal tar solution

~öl *n* · coal tar oil

Steinkohlenteerpech *n* [*DIN 55946*] · coat tar pitch, straight run coal tar [*B.S. 1210*]

~dispersion *f* · coal tar pitch dispersion, straight run coal tar ~

~emulsion *f* [*Sie besteht aus feinstverteiltem Steinkohlenteerweichpech und Wasser*] · coal tar pitch emulsion, straight run coal tar ~

~kitt *m* · coal tar pitch cement

~lösung *f* · coal tar pitch solution, straight run coal tar ~

~platte *f*, Homogenfliese, Homogen(belag)platte, ölfeste Hochdruck-Asphalt(belag)platte [*DIN 18354*] [*Diese Platten sind mit Steinkohlenteerweichpech gebunden. Die Bezeichnungen „Homogenasphaltplatte" und „Homogenasphaltfliese" sind daher irreführend*] · soft pitch tile

Stein|kohlenteersonderpech *n* · special coal tar pitch, ~ straight run coal tar

~konsole *f* → Kragstein

~körnungen *fpl*, Terrazzokörnungen, Terrazzomaterial *n* [*Das Wort „Terrazzosplitt" ist wenig gebräuchlich. In der Regel spricht man von „Terrazzokörnungen", die seit alters her meist in einem Kornbereich zwischen 0 und ca 12 mm liegen. (Unterstufen in etwa 0/1 mm, 1/2, 2/3, 3/4, 4/6, 6/9, 9/12 mm). Es sind dies die Korngrößen, die der Terrazzoleger bei der Herstellung von Böden an Ort und Stelle bevorzugt.*
Mit dem seit längeren Jahren zu beobachtenden Vordringen gröberer Körnungen (meist abgestuft in 0/7, 7/15, 15/30 mm und noch größer) hat sich die maschinelle Fertigung von Platten immer mehr durchgesetzt, die eben die Verwendung groben Kornes leichter zuläßt; diese Grobkorn-Arbeiten bezeichnet man üblicherweise als „Mosaik" und die hierzu verwendeten Splitte von weißem und buntem Marmor als „Mosaiksplitte".
Der Unterschied zwischen „Terrazzosplitt" und „Mosaiksplitt" ist streng genommen also eine Frage der Korngröße. Doch hat sich im Sprachgebrauch der Unterschied nicht scharf eingespielt, denn Mosaikplatten auch sehr groben Korns werden vielfach als „Terrazzoplatten" gehandelt und das hierzu verwendete Grobkorn einfach als „Terrazzokorn" oder „Terrazzosplitt" bezeichnet obwohl „Mosaiksplitt" richtiger wäre] · terrazzo aggregate, ~ chip(ping)s

~körnungen *fpl*, Natur~ · (natural) stone chip(ping)s

~kranz *m*, Schlußring *m* [*Gewölbe*] · soffit cusp, open ~

~kreis *m* · stone circle [*A megalithic monument*]

~lage *f*, Steinschicht *f*, Natur~ · (natural) stone course, (~) ~ layer

~matte *f*, Natur~ · (natural) stone matting

Steinmauer *f*, Natur~, Steinblockmauer · (natural) stone wall

~, Blockmauer · block wall

~ zur Befestigung, Natur~ ~ ~ · rampart, protective stone wall

Stein-Mauerabdeckung *f*, Natur~ · (natural) stone coping, (~) ~ capping

Steinmauerwerk *n*, Block~, Blockmauerwerk · blockwork, block masonry (work)

~, Natur~, Steinblockmauerwerk [*DIN 1053*] · (natural) stone masonry (work), stone block ~ (~), (natural) stone blockwork

~mörtel *m*, Natur~, Steinblockmauerwerkmörtel · mortar for (natural) stone masonry (work), ~ ~ stone block ~ (~), ~ ~ (natural) stone blockwork

Stein|mehl *n*, Gesteinsmehl, (Gesteins-)Staub *m*, Blume *f* · stone dust, rock ~, ~ flour

~metz *m* [*Handwerker, der Werksteine zurichtet*] · stone dresser, ~ cutter, scabbler, squarer, block chopper

~metzarbeit(en) *f(pl)* · stone dressing work

steinmetzmäßig bearbeiteter (Natur)Stein *m* · dressed (natural) stone

Steinmetzzeichen *n* · stonemason's mark

Stein|mosaik *n*, Natur~ · (natural) stone mosaic

~nachbearbeitung *f*, Natur~ · (natural) stone finishing

~oberschwelle *f*, Steinsturz *m*, Natur~ · (natural) stone lintel; (~) ~ lintol [*deprecated*] [*B.S. 1240*]

~paketieren *n* · cubing

~pappe *f*, Papierstuck *m* · carton pierre [*A mix(ture) of paper-pulp, whiting and size used for casting from reverse mo(u)lds*]

~pfeiler *m*, Natur~ · (natural) stone pier

Steinpflaster *n* → Pflaster(decke)

~ausgußmasse *f*, Steinpflastervergußmasse, Natur~ · (joint) pouring compound for (natural) stone sett paving

~platte *f*, Natur~ · natural (paving) flag(stone)

~stein *m*, Natur~ [*DIN 18502*] · (natural) stone (paving) sett

~vergußmasse *f*, Steinpflasterausgußmasse, Natur~ · (joint) pouring compound for (natural) stone sett paving

Stein|plastik *f*, Natur~ · sculpture in (natural) stone, (natural) stone sculpture

~platte *f*, Natursteinbelagplatte, (Natur)Steinfliese *f* · (natural) stone tile

~platte *f*, Natur~ · (natural) stone slab

Stein(platten)|altar *m*, Natur~ · (natural) stone table altar

~auskleidung *f* → Natur~

~bekleidung *f* → (Natur)Stein(platten)-auskleidung

~dach(belag) *n*, (*m*) → (Natur)Stein-(platten)(dach)(ein)deckung

~(dach)(ein)deckung *f* → Natur~

Steinplattenpflaster *n*, Natur~ · (natural) stone-block paving

Stein(platten)|verblendung *f* → (Natur)Stein(platten)auskleidung

~verkleidung *f* → (Natur)Stein(platten)-auskleidung

Steinportal *n*, Natur~ · (natural) stone portal

Steinputz *m*, Steinverputz · stone plaster, stuc

~masse *f*, Steinputzmörtel *m* · stuc stuff, ~ mix(ture), stone plaster ~

~mörtel *m*, Steinputzmasse *f* · stuc stuff, ~ mix(ture), stone plaster ~

Stein|raumgewicht SR *n* [*Fehlname*]; Steinrohwichte SR *f* [*Raumerfüllung von einem Hohlblockstein, Deckenstein oder ähnlichem Formkörper, welcher durch die Herstellungsmaschine ausgeformte Luftkammern besitzt*] · hollow block density, ~ tile ~

~reihe *f* · stone row; alignment (Brit.); alinement (US) [*A megalithic monument*]

~reinigungsmittel *n*, Steinreiniger *m* [*Zur Reinigung von Natur- und Betonwerkstein*] · cleaner for cast and natural stone, cleaning agent ~ ~ ~ ~ ~

~retabel *n* → Natur~

~riemchen *n*, Natur~ · (natural) stone of one-quarter brick size

~rippengewölbe *n*, Natur~ · (natural) stone-ribbed vault

~rippenkuppel *f*, Natur~ · (natural) stone rib(bed) cupola, (~) ~ ~ dome

~rohwichte SR *f* [*Fehlname: Steinraumgewicht SR n. Raumerfüllung von einem Hohlblockstein, Deckenstein oder ähnlichem Formkörper, welcher durch die Herstellungsmaschine ausgeformte Luftkammern besitzt*] · hollow block density, ~ tile ~

~salz *n*, Salzgestein *n* [*als (Beton)Zuschlagstoff*] · rock salt, common ~, halite

~sand *m*, Brechsand [*Er umfaßt in den USA den Kornstufenbereich 0–4,76 mm*] · (stone) screening(s), crusher ~, artificial sand, manufactured sand, stone sand, crushed stone sand

~säule *f*, Natur~ · (natural) stone column

~säulenordnung *f*, Natur~ · (natural) stone Order

~schale *f*, Block(stein)schale [*Hohlwand*] · block leaf, leaf of blocks

Steinscher Zement *m* [*Fehlname*]; Eisenportlandzement, EPZ [*Max. 30% Schlacke. DIN 1164*] · portland blast-furnace cement [*B.S. 146*]

Steinschicht *f*, Steinlage *f*, Natur~ · (natural) stone course, (~) ~ layer

Steinschlag *m*, (Brech)Schotter *m*, Straßen(bau)schotter · broken stone, ~ rock, crushed ~; (road-)metal (Brit.)

~beton *m*, Schotterbeton · ballast concrete

Stein|schmuck *m* → Natur~

~schornstein *m* · block chimney, ~ stack

~schraube *f*, Klauenschraube · rag bolt, stone ~

~schutzmittel *n*, Steinschutz(stoff) *m*, Steinerhaltungsmittel, Natur~ · (natural) stone preservative, (~) ~ preserving agent

~schutz(stoff) *m*, Steinschutzmittel *n*, Steinerhaltungsmittel, Natur~ · (natural) stone preservative, (~) ~ preserving agent

~schwelle *f* → Steintürschwelle

~schwelle *f*, Natur~ · (natural) stone threshold

~setzer *m*, Pflasterer · pavior

~sitzreihe *f* · sedilia [*Seats for the clergy, generally three (for priest, deacon, and subdeacon), and of masonry, in the wall on the south side of the chancel*]

~splitt *m*, Natur~ · (natural) stone chip(ping)s

~stadttor *n*, Natur~ · (natural) stone city gateway

~stufe *f*, Natur~ · (natural) stone step

~sturz *m*, Steinoberschwelle *f*, Natur~ · (natural) stone lintel; (~) ~ lintol [*deprecated*] [*B.S. 1240*]

~tempel *m*, Natur~ · (natural) stone temple

~thron *m*, Natur~ · (natural) stone throne

~tonne(ngewölbe) *f*, (*n*), Natur~ · (natural) stone barrel vault, (~) ~ tunnel ~, (~) ~ wagon ~

~treppe *f*, Natur~ · (natural) stone stair(case)

~(turm)helm *m* · stone spire

~(tür)schwelle *f*, Natur~ · (natural) stone (door) threshold

~überwölbung *f*, Natur~ · (natural) stone vaulting

~verband *m*, Natur~ · (natural) stone bond

~verblendung *f* → (Natur)Stein(platten)auskleidung

steinverkleidet, natur~ · dressed with (natural) stone

Stein|verkleidung *f* → Natur~

~(ver)putz *m* · stone plaster, stuc

~verzierung *f* → Natur~

Steinwand *f* [*Leichte Trennwand. DIN 4103. Aus Ziegeln oder Leichtsteinen gemauert*] · masonry partition (wall)

~(belag)platte *f*, Steinwandfliese *f*, Natur~ · (natural) stone wall tile

Steinwerk *n*, Block~, Blockwerk · (building) block plant, (~) tile ~, (~) ~ factory

Steinwolle *f*, Gesteinswolle [*Ein steiniger Faserstoff, der vorwiegend aus geschmolzenem Kalkstein und Mergel gewonnen wird. Er wird sowohl in Platten als auch Matten weiterverarbeitet*] · rock wool

~(bau)matte *f*, Gesteinswolle(bau)matte, Gesteinswolleisoliermatte, Steinwolleisoliermatte · rock wool (building) quilt [*It has a high density*]

~(bau)matte *f*, Gesteinswolle(bau)matte, Steinwolledämmatte, Gesteinswolledämmatte · rock wool (building) mat [*It has a low density*]

~(bau)platte *f*, Gesteinswolle(bau)platte · rock wool (building) slab, ~ ~ (~) board, ~ ~ (~) sheet, ~ ~ sheeting board

~dämmaterial *n*, Gesteinswolledämmaterial, Steinwolledämmstoff *m*, Gesteinswolledämmstoff · rock wool insulation(-grade) material, ~ ~ insulating ~, ~ ~ insulator, ~ ~ insulant

~dämmatte *f*, Gesteinswolledämmatte, Steinwolle(bau)matte, Gesteinswolle(bau)matte · rock wool (building) mat [*It has a low density*]

~dämmplatte *f*, Gesteinswolledämmplatte · rock wool insulation(-grade) slab, ~ ~ insulating ~

~dämmstoff *m*, Gesteinswolledämmstoff, Steinwolledämmaterial *n*, Gesteinswolledämmaterial · rock wool insulation(-grade) material, ~ ~ insulating ~, ~ ~ insulator, ~ ~ insulant

~faser *f*, Gesteinswollefaser · rock wool fiber (US); ~ ~ fibre (Brit.)

~filz *m*, Gesteinswollefilz · rock wool felt

~isoliermatte *f*, Gesteinswolleisoliermatte, Steinwolle(bau)matte, Gesteinswolle(bau)matte · rock wool (building) quilt [*It has a high density*]

~matte *f*, Steinwollebaumatte, Gesteinwolle(bau)matte, Gesteinswolleisoliermatte, Steinwolleisoliermatte · rock wool (building) quilt [*It has a high density*]

~matte *f*, Steinwollebaumatte, Gesteinswolle(bau)matte, Steinwolledämmatte, Gesteinswolledämmatte · rock wool (building) mat [*It has a low density*]

~platte *f*, Steinwollebauplatte, Gesteinswolle(bau)platte · rock wool (building) slab, ~ ~ (~) board, ~ ~ (~) sheet, ~ ~ sheeting board

~schale *f*, Gesteinswolleschale [*für Dämmzwecke*] · rock wool preformed (pipe insulation) section, ~ ~ (pipe) ~; ~ ~ lagging ~ (Brit.)

~schnur *f*, Gesteinswolleschnur · rock wool cord covering

Steinzeug *n* · stoneware [*A heavy ceramic ware, commonly used for chemical containers and conduits, consisting of a non-porous vitrified body with or without an impervious glaze which is usually transparent*]

~abflußrinne *f*, Steinzeugentwässerungsrinne, Steinzeugablaufrinne · stoneware drain(age) gutter, ~ draining ~, ~ discharge ~

~abflußrohr *n*, Steinzeugablaufrohr, Steinzeugentwässerungsrohr, Steinzeugdränrohr [*Fehlnamen: Steinzeugablauf m, Steinzeugabfluß m*] · stoneware drain(age) pipe, ~ draining ~, ~ discharge ~, ~ waste (~)

~ablauf *m* [*Fehlname*] → Steinzeugabflußrohr

~ablaufrinne *f*, Steinzeugentwässerungsrinne, Steinzeugabflußrinne · stoneware drain(age) gutter, ~ draining ~, ~ discharge ~

~ablaufrohr *n* → Steinzeugabflußrohr

~abzweig(er) *m*, Steinzeugabzweigung *f* · stoneware junction

~artikel *m*, Steinzeugerzeugnis *n*, Steinzeuggegenstand *m* · stoneware product, ~ article

~auskleidung *f*, Steinzeugverkleidung, Steinzeugbekleidung · stoneware lining, ~ (sur)facing

~behälter *m* · stoneware tank

~bekleidung *f*, Steinzeugauskleidung, Steinzeugverkleidung · stoneware lining, ~ (sur)facing

~(belag)platte *f*, Steinzeugfliese *f* [*DIN 1230*] · stoneware tile

~-Bodenfliese *f* → Steinzeug-Fußbodenfliese

~(dach)rinne *f*, Steinzeugregenrinne · stoneware (roof) gutter, ~ rainwater ~ deckenfliese *f* · stoneware ceiling tile

~deckenfliese *f*, Steinzeugdecken(belag)platte *f* · stoneware ceiling tile

~deckenplatte *f*, Steinzeugdeckenbelagplatte, Steinzeugdeckenfliese *f* · stoneware ceiling tile

~dränrohr *n* → Steinzeugabflußrohr

~entwässerungsrinne *f*, Steinzeugablaufrinne, Steinzeugabflußrinne · stoneware drain(age) gutter, ~ draining ~, ~ discharge ~

~entwässerungsrohr *n* → Steinzeugabflußrohr

~erzeugnis *n*, Steinzeuggegenstand *m*, Steinzeugartikel *m* · stoneware product, ~ article

~fabrik *f*, Steinzeugwerk *n* · stoneware factory, ~ plant

~filter *m*, *n* · stoneware filter

~fitting *m* → Steinzeugrohrfitting

~fliese *f*, Steinzeug(belag)platte [*DIN 1230*] · stoneware tile

~fliesen(fuß)boden(belag) *m*, Steinzeugplatten(fuß)boden(belag), Fbsz *m* · stoneware tile floor(ing) (finish), ~ ~ floor cover(ing)

~formstück *n* → Steinzeugrohrformstück

~-(Fuß)Bodenfliese *f*, Steinzeug-(Fuß)Bodenplatte *f* · stoneware floor(-ing) tile, ~ floor cover(ing) ~, ~ floor finish ~

~-(Fuß)Bodenplatte *f*, Steinzeug-(Fuß)Bodenfliese *f* · stoneware (floor(-ing) tile, ~ floor cover(ing) ~, ~ floor finish ~

~gegenstand *m*, Steinzeugartikel *m*, Steinzeugerzeugnis *n* · stoneware product, ~ article

~-Glockenmuffenrohr *n* · bell and spigot stoneware pipe

~-Kleinmosaik *n* · stoneware small(-sized) mosaic

~mosaik *n* · stoneware mosaic

~muffenrohr *n* [*DIN 4250*] · stoneware spigot and socket pipe

~platte *f*, Steinzeugbelagplatte, Steinzeugfliese *f* [*DIN 1230*] · stoneware tile

~platten(fuß)boden(belag) *m*, Steinzeugfliesen(fuß)boden(belag), Fbsz *m* · stoneware tile floor(ing) (finish), ~ ~ floor cover(ing)

~regenrinne *f*, Steinzeug(dach)rinne · stoneware (roof) gutter, ~ rainwater ~

~rinne *f*, Steinzeugdachrinne, Steinzeugregenrinne · stoneware (roof) gutter, ~ rainwater ~

~rohr *n* [*DIN 1230*] · stoneware pipe

~(rohr)fitting *m*, Steinzeug(rohr)formstück *n* [*DIN 1230*] · stoneware (pipe) fitting [*Anything fitted to a stoneware pipe for jointing, connecting or changing the direction or bore of a stoneware pipe*]

~(rohr)formstück *n*, Steinzeug(rohr)-fitting *m* [*DIN 1230*] · stoneware (pipe) fitting [*Anything fitted to a stoneware pipe for jointing, connecting or changing the direction or bore of a stoneware pipe*]

~rohr-Füllmasse *f*, Steinzeugrohr-Vergußmasse · stoneware pipe joint cement, ~ (sewer) joint(ing) compound

~rohr-Vergußmasse *f*, Steinzeugrohr-Füllmasse · stoneware pipe joint cement, ~ (sewer) joint(ing) compound

~sohlschale *f* [*DIN 1230*] · stoneware gutter

~verkleidung *f*, Steinzeugauskleidung, Steinzeugbekleidung · stoneware lining, ~ (sur)facing

~-Wand(belag)platte *f*, Steinzeug-Wandfliese *f* · stoneware wall tile

~ware(n) *f*(*pl*) · stoneware goods

~werk *n*, Steinzeugfabrik *f* · stoneware factory, ~ plant

Steinzuschlag(stoff) *m* → Natur~

Stelcon|-Großflächenplatte *f* · Stelcon concrete raft

~-Gußeisenplatte *f* · Stelcon cast iron plate, ~ C.I. ~

~-Industrie(fuß)boden(belag) *m* · Stelcon industrial floor(ing) (finish), ~ ~ floor cover(ing)

~-Panzerbetonbelag *m* · Stelcon armo(u)red concrete flag(stone) paving

~-Panzer-Hartbetonplatte *f* · Stelcon armo(u)red concrete flag(stone)

~-(Stahl)Ankerplatte *f* [*In Beton verlegte Stahlblechplatte*] · Stelcon (steel) anchor plate

Stele *f*, Grab~ · stela [*It consisted of a slab of stone placed upright in the ground, like a modern headstone, carved in bas-relief and generally terminated with floriated ornament*]

Stelzbogen *m*, gestelzter Bogen, gefußter Bogen, überhöhter Bogen · stilted arch [*It has its springing line raised by vertical piers above the impost level*]

Stelzung *f* [*Die kurze Weiterführung der Senkrechten zwischen Kämpfer(gesims) oder Kapitell und Bogen- oder Gewölbekrümmung*] · stilting

Stemmasse *f* · ca(u)lking compound

Stemmdichtung *f* · ca(u)lked joint, fullered ~

Stemmuffe *f* · ca(u)lked joint, fullered ~

Stempel *m* [*Zum Einschlagen von Löchern in Schieferdachplatten*] · punch

~ätzung *f* [*Glasbehandlung*] · acid etching, stamp ~, stamping

steppen, ver~ · to stitch

Steppen *n*, Ver~ · stitching

Steppung *f*, Ver~ · stitching

Stereobat *m* [*Der Stereobat ist der gesamte Unterbau des griechischen Tempels, einschließlich des in der Erde liegenden Fundaments und der Euthinterie; sein über der Erde liegender, meistens dreistufiger Teil heißt Krepis, dessen oberste Stufe, auf der sich die Säule erhebt, Stylobat*] · stereobate

stereometrisch, dreidimensional, räumlich · spatial, three-dimensional, stereometric, 3-D

Stereophonie *f* · stereophony [*A process designed to produce the illusion of a spatial distribution of sound sources, by the use of two or more channels of information*]

Sterilisierraum *m* · sterilizing room

Sternbalkenlage *f*, Sterngebälk *n* · system of beams and joists in star form

Sterndelrabitz *n*, Ziegelrabitz · Rabitz (type) clay (pellet) lath(ing)

Stern|dreieckschalter *m* · star-delta switch

~form *f* · star-shaped pattern

stern|förmige Rißbildung *f* · starring

~förmiger Grundriß *m*, Sterngrundriß · stellate base, ~ (ground(-))plan

Stern|gebälk *n*, Sternbalkenlage *f* · system of beams and joists in star form

~gewölbe *n* · stellar vault, star ~ [*Net vaults are not the same thing as star vaults with triradial figures. The terminology used in literature is extremely inexact, and there is no generally recognized definition of the differences. The essential thing in a star vault is that more than three ribs intersect on a common ridge, whereas the essential thing in a net-vault is that the ribs (not ridge-ribs) intersect at several points. Net vaults are not a variation of star vaults*]

~muster *n* · stellar pattern

~riß *m* [*Holz*] · star shake

~schanze *f* · hornwork [*An outwork, consisting of two demi-bastions connected by a curtain and joined to the main work by two parallel wings*]

stetige Belastung *f*, bleibende ~, Dauerbelastung · permanent loading

~ Kornabstufung *f*, kontinuierliche ~, Kornzusammensetzung ohne Ausfallkörnung · continuous grading

stetiger Kräftezug *m* · continuous line of forces

~ Umfahrungssinn *m* [*Baustatik*] · continuous sense of direction

Stetigkeit *f*, Kontinuität *f* · continuity

Stetigkeits|bedingung *f*, Kontinuitätsbedingung · continuity condition

~gleichung *f*, Kontinuitätsgleichung · continuity equation

Stg *m* → Stahlguß

Stich *m*, Überhöhung *f*, Aufwölbung · hog(ging), camber [*Girders and trusses may be built with hog to counteract their sag*]

Stichbalken *m* [*Auswechs(e)lung*] · tailbeam [*A beam which frames into a header instead of spanning the entire distance between supports*]

~ · dragon beam, ~ piece [*A horizontal timber into which the end of the hip rafter is framed. The outer end of it is carried on the corner of the building where the wall plates meet, the inner end at the angle tie*]

Stichblase *f*, Schöpfblase [*Glas*] · gathering bubble

Stichbogen *m*, Flachbogen, Segmentbogen, flacher Bogen · segmental arch, flat ~ [*An arch with low rise-to-span ratio*]

~dach *n*, Stichbogenträgerdach, Flachbogen(träger)dach · flat arch(ed girder) roof

~träger *m*, Flachbogenträger · flat arched girder

~trägerdach *n*, Flachbogenträgerdach · flat arched girder roof

Stich|(höhe) *m*,(*f*), Pfeil(höhe) *m*,(*f*) · rise

~kugelgewölbe *n*, Kugelkappe *f*, Flachkuppel *f* [*Der Pfeil ist geringer als der Halbmesser*] · flat dome, ~ cupola, shallow-rise ~

~probe *f* · spot check, random ~

~probe *f* · random sample

~probenahme *f* · random sampling

~(rohr)leitung *f* · spur (line), ~ pipeline

~-Spannweiten-Verhältnis *n* · rise-to-span ratio

~torf *m* · dug peat

Stickstoff|härtung *f*, Nitrierhärtung, Nitrieren *n* · nitriding (process)

~säure *f*, Salpetersäure, HNO_3 · nitric acid

Stiegenhaus *n*, Treppenhaus · stair(-case) well

Stiel *m*, Ständer *m*, Säule *f*, Pfosten *m*, [*Senkrechtes Holz beim Fachwerk-Stab-, Ständer- und Dachstuhlbau*] · post

~, Säule *f* [*Pfettendach*] · strut

~, Pfosten *m*, Rahmen~, Rahmenstütze · framing post, (~) leg, ~ column, vertical (member), supporting member, frame leg, frame post, frame column

~glätter *m* [*Putztechnik*] · long-handle float, ~ spreader

Stier|kampfarena *f* · bull-fighting arena

~kapitell *n*, Stierkapitäl · bull capital

~kopf *m* · ox-skull

~statue *f* · stone bull

Stift *m*, Draht~, Drahtnagel *m* · brad, wire nail [*A small headless nail. B.S. 1202*]

~ · pin

Stift(shaus) *n*, Domkapitel *n* · chapter-house

Stiftskirche *f*, Kollegienkirche, Kollegiatkirche · collegiate church

Stil *m*, Formensprache *f* · style

~ der römischen Kaiserzeit · Imperial Roman style

~ ~ Zeit Jakobs I · Jacobean style, Good King James's Gothic

~äußerung *f* · expression of style

~begriff *m* · concept of style, idea ~ ~

~charakter *m* · style character

~element *n* → Gestaltungsfaktor

~entwick(e)lung *f* · stylistic development, development of style

~epoche *f* · epoch of style

~faktor *m* → Gestaltungsfaktor

~form *f* · stylistic form

~formel *f* · stylistic formula

~geschichte *f* · stylistic history

~gesetz *n* · principle of style

~imitierung *f* · stylistic imitation, imitation of style

stilisiert, um~ [*z.B. Akanthusblatt*] · conventional(ized)

stilistische Bedeutung *f* · stylistic significance

~ Divergenz *f* · divergence of style

~ Einheit *f* · stylistic unity

~ Konzeption *f* · stylistic conception

~ Reinheit *f* · stylistic purity, purity of style

~ Vollendung *f* · stylistic perfection

stilistischer Vorläufer *m* · stylistic forerunner, ~ predecessor

Stilkonzeption *f* · notion of style, concept ~ ~

Stillegung *f* **im Winter** · winter shutdown

Stil|losigkeit *f* · absence of style, lack ~ ~

~merkmal *n* · style characteristic, stylistic feature

~mischung *f* · mix(ture) of styles

~mittel *n* · stylistic apparatus

~nachahmung *f* · stylistic imitation

~tendenz *f* · stylistic tendency

~wandel(ung) *m*, (*f*) · change of style

~zug *m* · feature (of style)

Stink|kalkstein *m*, Asphaltkalkstein, bituminöser Kalkstein [*Naturasphalt mit hohem Gehalt an Mineralstoffen*] · bituminous limestone, asphaltic ~

~mergel *m* · bituminous marl

Stippigkeit *f* [*Anstrichtechnik*] · bittiness

Stirn *f* [*Bei Zapfen oder Versatzungen die auf Druck beanspruchte Hirnholzfläche. Auch die sichtbare Hirnholzfläche am Ende von Balken, Sparren usw., im Traufgesims mit dem Stirnbrett verkleidet*] · end

~, Haupt *n* [*Die vordere Ansichtsfläche eines Bogens, eines offenen Gewölbes, eines Trägers, usw.*] · face

~band *n*, Tänia *f*, Taenia [*Vorspringende Leiste am Epistyl der dorischen Ordnung*] · t(a)enia [*The small mo(u)lding or fillet along the top of the architrave in the Doric order*]

~bogen *m*, Bogenhaupt *n* · face arch

~brett *n*, Taufbrett, Windbrett · eave(s) fa(s)cia, fa(s)cia (board) [*A board on edge nailed along the feet of the rafters. It often carries the eave(s) gutter and may also act as a tilting fillet*]

~fenster *n* · end window

~fläche *f* · face

~(fläche) *f*, Außenfläche, Haupt *n*, Kopffläche, Kopfseite *f* [*Die Sichtfläche der Steine beim Naturwerkstein-Mauerwerk*] · face

~fläche *f* **eines Rohres,** Rohrstirnfläche · end of a pipe, pipe end

~holz(pflaster)block *m* [*Schweiz*] Hirnholz(pflaster)block · end-grain (wood) (paving) block

~mauer *f*, Schildmauer [*Mauer unter einem Schildbogen*] · face masonry wall

~rahmen *m* · end frame

~seite *f* [*Die schmale Fläche eines Parkettstabes, wo die Faser mehr oder weniger rechtwinklig zur Achse des Parkettstabes durchtrennt ist*] · end [*The narrow surface of a parquet block where the grain is cut across more or less at right angles to the longitudinal axis of the block*]

~seite *f* **eines Bogens** · face of an arch

~tür *f* · end door

~versatz *m* **mit Schraube** [*Dach*] · bolted bridle joint

~wand *f* · flank wall, end ~

~wand *f* [*Zum Abschluß der Schienenenden je Lichtband*] · end plate

~ziegel *m*, ornamentaler ~, dekorativer Stirnziegel, Antefix *m*, Zierstirnziegel · antefix (tile) [*Antefixes or antefixa are ornamental blocks, fixed vertically at regular intervals along the lower edge of a roof, to cover the ends of tiles*]

Stoa *f* · stoa [*Long colonnaded portico of Hellenic days*]

~ König Attalos II. zu Athen · Stoa of Attalos II. on the Agora at Athens

stochern · to pun [*To ram wet concrete or earth with a punner so as to consolidate it by driving the air out*]

Stochern *n*, Stocherverdichtung *f* [*Beton*] · rodding (US); punning (Brit.); puddling, swording

Stocher|reinigung *f* · rodding

~verdichtung *f*, Stochern *n* [*Beton*] · rodding (US); punning (Brit.); puddling swording

Stock *m* → ~werk

Stocken *n*, Aufspitzen · bush hammering, granulating

~ [*Anstrichtechnik*] · livering

Stock|lack *m* [*Schellack*] · sticklac

~putz *m*, Kratzputz, gekratzter Putz, Schabputz [*Eine Außenputzart, die durch Abziehen der verriebenen, abgebundenen Putzfläche mit einer Ziehklinge oder einem Kratzbrett entsteht*] · scraped rendering (Brit); ~ stucco (US)

Stockwerk *n*, Geschoß *n*, Etage *f*, Stock *m* · story (US); storey (Brit.); floor

~balken(träger) *m*, Etagenbalken(träger), Geschoßbalken(träger) · (suspended) floor beam

~bau *m* → Geschoßgebäude

~decke *f*, Geschoßdecke, Etagendecke, Trenndecke, Hochbaudecke, (Gebäude)Decke · (intermediate) floor

~deckenunterzug *m* → Deckenunterzug

~ebene *f*, Etagenebene, Geschoßebene · floor level; story ~ (US); storey ~ (Brit.)

~eigentum *n*, Etageneigentum, Geschoßeigentum · freehold flat

~fläche *f*, Etagenfläche, Geschoßfläche · floor area

~flächenziffer *f*, Etagenflächenziffer, Geschoßflächenziffer, GFZ · floor space index

~garage *f*, Etagengarage, Geschoßgarage · multi-storey car park (Brit.); multistory ~ ~ (US); multi-floor ~ ~

~gebäude *n* → Geschoßgebäude

~grundriß *m*, Etagengrundriß, Geschoßgrundriß · floor (ground(-))plan; story ~ (US); storey ~ (Brit.); ~ base

~haus *n* → Geschoßgebäude

~heizung *f*, Etagenheizung, Geschoßheizung · single-storey heating system (Brit.); single-story ~ ~ (US); single-floor ~ ~

stockwerkhoch, geschoßhoch · of storey height (Brit.); ~ story ~ (US)

Stockwerk|höhe *f*, Etagenhöhe, Geschoßhöhe · storey height (Brit.); story ~ (US); floor ~ [*The vertical distance from a finished floor level to the next finished floor level*]

~leitung *f*, Etagenleitung, Geschoßleitung [*Die von einer Steigleitung innerhalb eines Stockwerkes abzweigende Verbrauchsleitung*[· storey branch (Brit.); story ~ (US); floor ~

~maßstab *m* (in der Fassadengestaltung) · scale imposed through dividing an elevation into storeys

~podest *n* → Stockwerktreppenpodest

~rahmen *m*, Geschoßrahmen, Etagenrahmen · story frame (US); storey ~ (Brit.)

~-Regelgrundriß *m*, Etagen-Regelgrundriß, Geschoß-Regelgrundriß · typical floor plan, ~ ~ base, type-plan of floor, type-base of floor

~-Spannbetondecke *f* → Gebäude-Spannbetondecke

~treppe *f*, Geschoßtreppe, Etagentreppe · inter-floor stair(case)

~(treppen)podest *n*, Etagen(treppen)podest, Geschoß(treppen)podest · floor landing; story ~ (US); storey ~ (Brit.)

~verkehr *m*, Geschoßverkehr, Etagenverkehr · interfloor traffic

~-Warmwasserheizung *f*, Etagen-Warmwasserheizung, Geschoß-Warmwasserheizung · single-storey hot water heating system (Brit.); single-story ~ ~ ~ ~ (US); single-floor ~ ~ ~ ~

~wohnung *f*, Etagenwohnung, (Geschoß)Wohnung · flat, apartment (unit); living unit (US) [*A self-contained dwelling on one stor(e)y in a multistor(e)y building*]

~wohnung *f* **ohne Komfort**, Etagenwohnung ~ ~, (Geschoß)Wohnung ~ ~ · cold water flat, ~ ~ apartment (unit); ~ ~ living unit (US)

~wohn(ungs)fläche *f*, Etagenwohn(ungs)fläche, (Geschoß)Wohn(ungs)fläche · flat floor space, apartment (unit) ~ ~; living unit ~ ~ (US)

Stockzahnung *f*, stehende Verzahnung [*Mauerwerkbau*] · vertical denticulation

Stoff *m*, Werk~, Material *n* · material

~, Mittel *n*, Substanz *f* [*z.B. für Sperranstriche*] · agent, matter, substance

~ höchster Warmfestigkeit, Werk~ ~, Material *n* ~ ~ · high-temperature (engineering) material

~aufbereitung *f*, Werk~, (Material-)Aufbereitung · (materials) processing, (~) dressing, (~) preparation

~bedarf *m*, Werk~, Materialbedarf · material(s) requirement

~bezeichnung *f*, Werk~, Materialbezeichnung · material designation

~dicke *f*, Werk~, Materialdicke · material thickness

Stoffehler *m*, Werk~, Materialfehler · material defect, ~ flaw

Stoffeinheitspreis *m*, Werk~, Materialeinheitspreis · material unit price, ~ ~ rate

Stoffestigkeit *f*, Werk~, Materialfestigkeit · (material(s)) strength

Stoff|kennwert *m*, Werk~, Materialkennwert · material constant

~knappheit *f*, Werk~, (Werk)Stoffverknappung *f*, Materialverknappung, Materialknappheit · material(s) shortage

~liste *f*, Materialliste · material list, ML, bill of material(s) [*A list of the various portions of material for a construction,* *either proposed or completed, giving dimension and weights or other quantitative measurements*]

~menge *f* · material quantity, quantity of material

~preisgleitklausel *f*, Werk~, Materialpreisgleitklausel · materials fluctuation clause, ~ variation ~

~prüfmaschine *f*, Werk~ Materialprüfmaschine · material(s) testing machine

~technik *f*, Werk~, Materialtechnik · materials engineering

~verfestigung *f*, Werk~, Materialverfestigung · hardening

~verfestigungsregel *n*, Werk~, Materialverfestigungsregel · hardening rule

~verhalten *n*, Werk~, Materialverhalten · material behaviour (Brit.); ~ behavior (US)

~verknappung *f*, Werk~, (Werk)Stoffknappheit *f*, Materialverknappung, Materialknappheit · material(s) shortage

~wahl *f*, Werk~, Materialwahl · selection of material(s)

Stokessches Gesetz *n* · Stokes' law, ~ formula

Stollenkrypta *f* [*Krypta aus sich schneidenden Kammern, die meist tonnengewölbt sind*] · gallery crypt

Stopfbinder *m*, Löffelbinder [*Besonders schnell abbindender Gips*] · flash-setting gypsum

~, Löffelbinder [*In ca. 3 Minuten abbindender Zement*] · flash-setting cement

~, Löffelbinder [*Tonerdezement, mit Kalkhydrat oder mit Portlandzement gemischt und mit Wasser angemacht*] · flash-setting alumina cement, ~ aluminous ~, ~ calcium-aluminate ~, ~ bauxitic ~

Stopfen *m*, Pfropfen, Verschluß *m*, Rohr~ · (pipe) plug, (~) stopper, seal(ing) ~

~walzen *n* [*von Rohren*] · plug rolling

Stopfmörtel *m* [*zum Verschließen von Wassereinbrüchen*] · sealing mortar

störendes Bauwerk *n* · alien structure

Störpegel *m* · level of background noises

Stoß *m* · impact

~ [*Verbindungsstelle zweier Konstruktionselemente*] · joint

~ mit Lasche, Überlaschung *f* · butt joint with cover, joint with butt strap

~belastung *f* · impulsive loading, impact ~

~beton *m*, Schockbeton · concrete compacted by jolting

~blech *n* [*Tür*] · kick(ing) plate

~blech *n* [*Stahlbau*] · splice plate

~dichtung *f* **mit Zementmörtel**, Rohr~ ~ ~ · (pipe) joint set in cement mortar

stoßen · to abut [*To join end to end; to touch at one end*]

stoßfest · shockproof

Stoß|festigkeit *f* · impact strength

~fläche *f*, Stoßtritt *m*, Setzstufe *f*, Futterstufe [*wenn aus Holz = Futterbrett*] · riser [*The member forming the vertical face of a step*]

~flügel *m*, Auf~ · push-up leaf

~fuge *f* · cross joint (Brit.); head ~ (US); vertical ~, perpendicular ~, side ~

~griff *m*, Pendeltür-~, Pendeltürgriff · (swing door) grip handle, (~ ~) push ~

~last *f* · impact load, impulsive ~ [*An imposed load whose effect is increased due to its sudden application*]

~leiste *f*, Trittleiste · kick(ing) strip [*A metal strip placed along the lower edge of a door to prevent the marring of the finish by shoe marks*]

~platte *f*, Trittplatte · kick(ing) plate [*A metal plate placed along the lower edge of a door to prevent the marring of the finish by shoe marks*]

~schaden *m* · impact damage

~schiene *f* · bumper rail [*It is used for protecting walls from damage by trucks or room contents*]

~tritt *m*, Setzstufe *f*, Stoßfläche *f*, Futterstufe [*wenn aus Holz = Futterbrett*] · riser [*The member forming the vertical face of a step*]

~tür *f*, Auf~ · push-up door

~untersuchungen *fpl* **an Betonbalken(trägern)** · impulsive testing of concrete beams

~widerstand *m*, (Schlag)Zähigkeit *f*, Schlagfestigkeit [*Widerstand eines Gesteins gegen Bruch unter Einwirkung von Stößen*] · resistance to impact, impact resistance, toughness

~zahl *f* [*Eine Verkehrslast ist mit einer Stoßzahl zu vervielfachen, wenn sie Stöße oder Schwingungen verursacht*] ·magnification factor

~zuschlag *m* · allowance for impact, impact allowance

Straf|anstaltsbau *m* · prison building, ~ construction

~(vollzugs)anstalt *f* · penal institution

Strahl *m*, Sand~ · (sand)blast

Strahlengewölbe *n* → Fächergewölbe

~, Palmengewölbe · palm vault

Strahlenschutz *m* → Strahlungsschutz

~(bau)material *n*, Abschirm(bau)material [*Schweiz*]; Strahlenschutz(bau)stoff *m*, Abschirm(bau)stoff · (radiation) shielding material, biological ~ ~

~(bau)stoff *m*, Abschirm(bau)stoff; Strahlenschutz(bau)material *n*, Abschirm(bau)material [*Schweiz*] · (radiation) shielding material, biological ~ ~

~beton *m*, Abschirmbeton [*zur Abschirmung von Gamma- und Neutronenstrahlen*] · (radiation) shielding concrete, biological ~ ~

~block(stein) *m*, Abschirmblock(stein), Abschirmstein, Strahlenschutzstein · (biological) shielding block, radiation ~ ~, (~) ~ tile [*See remark under 'Block'*]

~glas *n* · (biological) shield(ing) glass, radiation ~ ~

~material *n* → Strahlenschutzbaumaterial

~stein *m*, Abschirmstein, Abschirmblock(stein) *m*, Strahlenschutzblock(stein) · (biological) shielding block, radiation ~ ~, (~) ~ tile [*See remark under 'Block'*]

~stoff *m* → Strahlenschutzbaustoff

~tür *f*, Abschirm(ungs)tür · (radiation) shielding door, biological ~ ~

~wärme *f*, Abschirm(ungs)wärme · shielding heat

Strahlenweg *m*, Sonnen~ · sun path

strahlgereinigt · blast-cleaned

Strahl|platte *f*, Strahlungsplatte [*Flachheizkörper*] · radiant panel

~plattenheizung *f*, Hochtemperatur-Strahlungsheizung · radiant panel heating

~regler *m* · jet regulator

~reinigung *f* · blast-cleaning

~stahlschrot *m*, *n* · abrasive steel shot

strahlungsbeheizt · radiant-heated

Strahlungs|decke *f* · radiant floor

~element *n* · radiant element

~energie *f* · radiant energy

strahlungsheizende Glastafel *f* · radiant-heating glass panel, glass heating ~, electrically heated glass ~

Strahlungs|heizer *m* · radiant heater

~heizung *f* · radiant heating

~heizung(sanlage) *f* · radiant heating plant, ~ ~ installation, ~ ~ system

Strahl(ungs)platte *f* [*Flachheizkörper*] · radiant panel

Strahlungsschutz *m*, (Strahlungs)Abschirmung *f*, Strahlenschutz · (biological) shielding, radiation ~

~bauten *f* · civil defense structures for radiation protection (US); ~ defence ~ ~ ~ ~ (Brit.)

Strahlungs|temperatur *f* · radiation temperature

~verlust *m* · radiation loss

~wärme *f* [*Raumheizung*] · radiant warmth, ~ heat

Stramit|platte *f* · Stramit (slab)

~-Zwischenwand *f*, Stramit-Trennwand [*Zwischenwand aus Halmplankplatten aus gepreßtem Stroh, die allseitig mit Papier verkleidet sind*] · Stramit partition (wall) in timber framing

Strand|bad *n* · bathing beach

~boulevard *m* · esplanade

~kies *m* · beach gravel

~sand *m* · beach sand, shore ~

Strang|(dach)ziegel *m* [*DIN 456*] · extruded clay (roof(ing)) tile, extrusion ~ (~) ~, ~ roof(ing) clay ~

~falz(dach)ziegel *m* [*Ebener oder leicht profilierter Strang(dach)ziegel mit Falzen an den Längsseiten*] · extruded interlocking clay roof(ing) tile, extrusion ~ ~ ~ ~, ~ ~ roof(ing) clay ~

~falzziegel *m*, Strangfalzdachziegel [*DIN 456. Ebener oder leicht profilierter Strang(dach)ziegel mit Falzen an den Längsseiten*] · extruded interlocking clay roof(ing) tile, extrusion ~ ~ ~ ~, ~ ~ roof(ing) clay ~

~falzziegeldach(belag) *n*, (*m*), Strangfalzziegel(dach)(ein)deckung *f* · extruded interlocking clay tile roof cover(ing), ~ ~ ~ ~ ~ sheathing, extrusion ~ ~ ~ ~ ~, ~ ~ ~ ~ roof(-ing)

~fertigungsverfahren *n*, Strangpreßverfahren · extrusion method, ~ system

stranggepreßt · extruded

stranggepreßte (Fuß)Bodenfliese *f*, ~ (Fuß)Bodenplatte *f* · extruded floor tile, extrusion ~ ~

~ (Fuß)Bodenplatte *f*, ~ (Fuß)Bodenfliese *f* · extruded floor tile, extrusion ~ ~

~ Spanplatte *f*, Spanplatte nach dem Strangpreßverfahren erzeugt, Strangpreßplatte · extruded particle board, ~ chipboard [*Particle board made by extrusion through a die. The particles lie with their larger dimensions mainly perpendicular to the direction of extrusion*]

stranggepreßtes Rippenprofil *n* · extruded rib section, ~ ~ shape, ~ ~ unit, ~ ~ trim

Strang|presse *f* · extrusion press, extruding machine, extruder, extrusion machine, extruding press

~pressen *n* · extruding, extrusion

~pressenformung *f* **mit Nachpressung in halbtrockenem Zustand** · plastic process [*manufacture of flooring tile and wall tile*]

~preßalu(minium) *n* · extruded aluminium (Brit.); ~ aluminum (US)

~preßanlage *f* · extrusion plant

~preßartikel *m*, Strangpreßgegenstand *m*, Strangpreßerzeugnis *n*, Strangpreßprofil *n* · extruded section, ~ shape, ~ profile, ~ unit, ~ product, ~ trim, extrusion

Strangpreßbeton *m* [*International geschützte Markenbezeichnung: Pressolit m*] · extruded concrete

~-Profil *n* · extruded concrete section

~träger *m* · extruded concrete girder

Strangpreß|erzeugnis *n*, Strangpreßprofil *n*, Strangpreßartikel *m*, Strangpreßgegenstand *m* · extruded section, ~ shape, ~ profile, ~ unit, ~ product, ~ trim, extrusion

~gegenstand *m*, Strangpreßerzeugnis *n*, Strangpreßartikel *m*, Strangpreßprofil *n* · extruded section, ~ shape, ~ profile, ~ unit, ~ product, ~ trim, extrusion

~geländer *n* · extruded railing

~platte *f*, stranggepreßte Spanplatte, Spanplatte nach dem Strangpreßverfahren erzeugt · extruded particle board, ~ chipboard [*Particle board made by extrusion through a die. The particles lie with their larger dimensions mainly perpendicular to the direction of extrusion*]

~profil *n*, Strangpreßerzeugnis *n*, Strangpreßartikel *m*, Strangpreßgegenstand *m* · extruded section, ~ shape, ~ profile, ~ unit, ~ product, ~ trim, extrusion

~stein *m* [*Fehlname*] → Strang(preß)ziegel

~terrakotta *f* · (machine-)extruded terracotta

~verfahren *n*, Strangfertigungsverfahren · extrusion method, ~ system

~verfahren *n* [*Ziegelherstellung*] · wirecut brickmaking, stiff mud process

~-Vinyl(bau)beschlag *m* · extruded vinyl (builders') furniture, extrusion ~ (~) ~, ~ ~ (~) fitting

~-Vinyl(bau)beschläge *mpl* · extruded vinyl (builders') hardware, ~ ~ (~) fittings, extrusion ~ (~) ~

Strang|(preß)ziegel *m*, (Draht)Schnittziegel, Strang(preß)stein *m*, (Draht-)Schnittstein [*Fehlnamen*] · wire-cut (clay) brick, extruded (~) ~, extrusion (~) ~, plastic (machine-made) (~) ~

~stein *m* [*Fehlname*] → Strang(preß)ziegel

Strapazier|anstrich *m*, Strapazieraufstrich · hardwearing coat

~aufstrich *m*, Strapazieranstrich · hardwearing coat

strapazierfähig, strapazierbar, strapazierfest · hardwearing

Strapazier(fuß)boden(belag) *m* · hardwearing floor(ing), ~ floor cover(ing), ~ floor finish

Straßen|ablauf *m*, Straßeneinlauf, Straßengully *m*, Straßensinkkasten *m*, (Straßen)Rinnenschacht *m* [*DIN 4052*] · road gull(e)y, ~ inlet, street ~

~armierungsmatte *f*, Straßenbewehrungsmatte · road mesh, ~ fabric, ~ steel ~

Straßenbau|betonwaren *fpl* · (pre)cast (concrete) products for roads and streets

(~)Bindemittel *n*, (Straßenbau)Binder *m*, Straßenbauhilfsstoff *m* · highway binder, road ~

(~)Binder *m*, (Straßenbau)Bindemittel *n*, Straßenbauhilfsstoff *m* · highway binder, road ~

~bitumen *n* [*DIN 1995*] · (asphaltic-)bitumen for road purposes (Brit.) [*B.S. 3690*]; paving (grade) asphalt, A.C., asphalt cement (US)

(~)Bitumenemulsion *f*, emulgiertes Bitumen *n*, Asphaltemulsion, Kaltasphalt *m*, Kaltbindemittel *n*, Kaltbinder *m* [*Ein Gemenge aus Bitumen und Wasser, dessen Stabilität durch Zusatz von Emulgatoren über einen langen Zeitraum gewährleistet ist*] · asphaltic emulsion, emulsified (paving) asphalt, A. C. emulsion, asphalt cement emulsion (US); (asphaltic-)bitumen (road) emulsion, cold (bitumen) emulsion, cold asphaltic-bitumen emulsion (Brit.)

~emulsion *f* · emulsion for highway construction, ~ ~ road ~, road emulsion, highway emulsion

~hilfsstoff *m*, (Straßenbau)Binder *m*, (Straßenbau)Bindemittel *n* · highway binder, road ~

~kies *m* · road gravel, highway ~

Straßen|(bau)klinker *m*, Straßen(bau)-ziegel *m*, Pflasterklinker, Pflasterziegel · paving clinker, ~ (~) brick

~baupapier *n*, Papierunterlage *f*, (Autobahn-)Unterlagspapier · concrete subgrade paper, concreting ~, underlay ~, subsoil ~, road lining (~)

~(bau)schotter *m*, Steinschlag *m*, (Brech)Schotter · broken stone, ~ rock, crushed ~; (road-)metal (Brit.)

~bausplitt *m* · road chip(ping)s, highway ~, ~ chipping, ~ stone chips

~baustoff *m* · highway material, road ~

~bauzement *m* · cement for road and street construction

~(bau)ziegel *m*, Straßen(bau)klinker *m*, Pflasterklinker, Pflasterziegel · paving clinker, ~ (~) brick

~-Beleuchtungsmast *m*, Straßen-Leuchtenmast, Straßen-Lichtmast · highway lighting mast

Straßenbeton *m* · road concrete, highway ~

~sand *m* · road concrete sand, pavement ~ ~, highway ~ ~

Straßen|bewehrungsmatte *f*, Straßenarmierungsmatte · road mesh, ~ fabric, ~ steel ~

~bild *n* · street picture

~einlauf *m*, Straßenablauf, Straßengully *m*, Straßensinkkasten *m*, (Straßen)Rinnenschacht *m* [*DIN 4052*] · road gull(e)y, ~ inlet, street ~

~entwässerung *f* · street drainage

~fassade *f*, Straßenfront *f* · street façade

~front *f* · frontage [*The length of a site in contact with a road*]

~front *f*, Straßenfassade *f* · street façade

~führung *f* **in mehreren Ebenen** · multi-level road system

~gully *m*, Straßensinkkasten *m*, (Straßen)Rinnenschacht *m*, Straßenablauf *m*, Straßeneinlauf [*DIN 4052*] · road gull(e)y, ~ inlet, street ~

~höhe *f* · street level

~keller *m* · cellar under a street

~kiosk *m* · sidewalk kiosk

~klinker *m*, Straßenbauklinker, Straßen(bau)ziegel *m*, Pflasterklinker, Pflasterziegel · paving clinker, ~ (~) brick

~leuchte *f* · luminaire (fixture) (US); lantern, light fitting (Brit.); (light(ing)) fixture [*A complete lighting device consisting of a light source, together with its direct appurtenances, such as globe, reflector, refractor, housing, and such support as is integral with the housing. The mast or bracket is not considered a part of the luminaire*]

~-Leuchtenmast *m*, Straßen-Beleuchtungsmast, Straßen-Lichtmast · highway lighting mast

~-Leucht-Nagel *m*, Spur-Leucht-Nagel, Verkehrs-Leucht-Nagel, Markierungs-Leuchtnagel · reflectorizing traffic stud, ~ street marker, ~ road stud

~-Lichtmast *m*, Straßen-Beleuchtungsmast, Straßen-Leuchtenmast · highway lighting mast

(~)Markierungsfarbe *f* · (road) marking paint

(~)Markierungsmasse *f*; weißer (Guß-)Asphalt *m* [*Fehlname*] · (road) marking compound, (~) ~ composition

~namenschild *n* · street name-plate

~öl *n* [*Ein hochsiedendes Steinkohlenteeröl zur Wiederbelebung alter bituminöser Straßendecken als Behelfsmaßnahme*] · road oil, dust-laying ~

(~)Rinnenschacht *m*, Straßeneinlauf *m*, Straßenablauf, Straßensinkkasten *m*, Straßengully *m* [*DIN 4052*] · road gull(e)y, ~ inlet, street ~

~schotter *m*, Straßenbauschotter, Steinschlag *m*, (Brech)Schotter · broken stone, ~ rock, crushed ~; road-metal (Brit.)

~sinkkasten *m*, Straßengully *m*, Straßenablauf *m*, Straßeneinlauf, (Straßen-)Rinnenschacht *m* [*DIN 4052*] · road gull(e)y, ~ inlet, street ~

(Straßen)Teer *m*, T [*DIN 1995*] · (road) tar, tar for road purposes [*B.S. 76*]

~ für heiße Oberflächenteerung · hot surface treating (road) tar

~ ~ kalte Oberflächenteerung · cold surface treating (road) tar

~ ~ Kaltmischverfahren auf der Straße · mixed-in-place construction (road) tar

Straßenteer-Asphaltbitumen|-Gemisch *n*, Straßenteer-Asphaltbitumen-Mischung *f* · road tar-asphalt mix(ture) (US); ~ tar-(asphaltic-)bitumen ~ (Brit.)

~-Mischung *f*, Straßenteer-Asphaltbitumen-Gemisch *n* · road tar-asphalt mix(ture) (US); ~ tar-(asphaltic-)bitumen ~ (Brit.)

Straßenteer|emulsion *f* · emulsion of road tar, road tar emulsion

~viskosimeter *n* · road tar visco(si)meter

Straßen|-Terrassenrestaurant *n* · boulevard restaurant

~ware(n) *f(pl)* · road furniture, highway ~

~ziegel *m*, Straßenbauziegel, Straßen(bau)klinker *m*, Pflasterklinker, Pflasterziegel · paving clinker, ~ (~) brick

Strebe *f* · (raking) strut

~ [*Fachwerk(träger)*] · sloping member, diagonal ~

Strebe|apparat *m*, Strebewerk *n*, Strebesystem *n* [*Die Gesamtheit von Strebebögen und Strebepfeilern, wie sie vor allem die Gotik ausgebildet hat*] · system of buttresses and flying buttresses, abutment system

~bogen *m* · flying buttress, arch(ed) ~

~mauer *f* · abutment wall

Streben|band(holz) *n* → Bandholz

~fachwerk *n* [*Fachwerk mit nur geneigten Füllungsstäben, also ohne zum System gehörige Lotrechten außer gegebenenfalls den beiden Endpfosten. Als nicht zum System gehörig zählen Lotrechte zur Halbierung der Knicklänge von Gurtstreben oder zur Ermöglichung des Anschlusses von Querträgern*] · bracing of sloping members and without verticals forming part of the system

~fachwerk(träger) *n*, (*m*) · sloping member truss, diagonal ~ ~

streben|loser Fachwerkträger *m* · truss without diagonal members, ~ ~ sloping ~ [*It does not satisfy the definition of a truss but is given that designation*]

~loses Pfettendach *m* · non-strutted purlin(e) roof

Strebe|pfeiler *m* · buttress; buttressing pier [*deprecated*] [*A projecting construction built against a wall to resist a lateral thrust*]

~schwarte *f*, Schwibbe *f*, Sturmlatte *f*, Windrispe *f*, Windlatte · sprocket (piece), cocking ~

~system *n* → Strebeapparat

~werk *n*, Strebeapparat *m*, Strebesystem *n* [*Die Gesamtheit von Strebebögen und Strebepfeilern, wie sie vor allem die Gotik ausgebildet hat*] · system of buttresses and flying buttresses, abutment system

streckbar, dehnbar · ductile, extensible

Streckbarkeit *f*, Duktilität *f*, Dehnbarkeit · ductility, extensibility

Streckbarkeitsmesser *m*, Duktilometer *n* [*Bitumenmessung*] · ductilometer

strecken [*Streckmetall*] · to draw out, to stretch, to expand

Strecken *n* [*Tafelglasherstellung*] flattening, smoothing

~last *f*, Linienlast, Schneidenlast · (col-)linear load, line ~, strip ~, knife edge ~ [*Forces on a long narrow member, e.g. a beam*]

Strecker *m*, Binder(stein) *m* · bonder, (bonding) header, bondstone [*A masonry unit which ties two or more wythes of a wall together by overlapping*]

~, Binder(ziegel) *m* · bonder brick, header ~ [*A brick which ties two or more wythes of a wall together by overlapping*]

~kopf *m*, Binderkopf · head

~schicht *f*, Binderschicht · header course, heading ~, bonder ~, bondstone ~, bonding ~

~verband *m*, Kopfverband, Binderverband [*Die Steine liegen mit Längsseite senkrecht zur Mauerfläche; die Schichten sind zueinander um ¼ Stein verschoben*] · heading bond, header ~

Streck|flanschwinkeleisen *n*, Streckgurt(ungs)winkeleisen · horizontal boom angle iron, ~ chord ~ ~, ~ flange ~ ~

~grenze *f* [*Stahl*] · yield point, ~ stress, tension ~ ~, tensile ~ ~

~gurt(ungs)winkeleisen *n*, Streckflanschwinkeleisen · horizontal boom angle iron, ~ chord ~ ~, ~ flange ~ ~

Streckmetall *n* · expanded (metal) mesh, ~ metal, XPM, EM [*It is made by slitting sheet metal and stretching the strands so formed at right angles to the plane of the sheet thereby forming a diamond mesh. B.S. 405*]

~bewehrung *f*, Streckmetallarmierung, Streckmetalleinlagen *fpl* · expanded (metal) reinforcement

~putzblech *n* · expanded metal integral lath(ing)

~rost *m* · expanded metal grate, ~ ~ grid

~streifen *m* · expanded metal strip

~zaun *m* · expanded metal fence

Streck|mittel *n*, Streckzusatz *m*, Verschnittmittel für Pigmente, Streckungsmittel · (paint) extender, inert pigment, filler [*An inorganic material in powder form which has a low refractive index and consequently little obliterating power, but is used as a constituent of paints to adjust the properties of the paint, notably its working and film forming properties and to avoid settlement on storage*]

~ofen *m* [*Tafelglasherstellung*] · flattening kiln, smoothing ~

Streckung *f* [*Streckmetall*] · expansion

Streckungsmittel *n* → Streckmittel

Streckzusatz *m* → Streckmittel

~, Streckmittel *n* · extender [*A finely divided inert mineral added to provide economical bulk in paints, synthetic resins, adhesives, or other products*]

Streich|ausfüller *m* → Streich(füll)-spachtel(masse)

~balken *m* [*Auswechs(e)lung*] · trimmer [*A beam at the side of an opening and carrying one end of a header*]

~balken *m*, Streifbalken, Mauerlatte *f* [*Er liegt an der Mauer oder auf einem Mauerabsatz*] wall plate

streichbar, streichfähig, auf~ [*Anstrichmittel; Fläche*] brushable

Streich|barkeit *f*, Streichfähigkeit, Auf~ [*Anstrichmittel; Fläche*] brushability

~diele *f* [*Auswechs(e)lung*] · trimmer plank (unit)

Streichen *n* · brush application, application by brush

streichfähig, streichbar · brushable

Streichfähigketi *f*, Streichbarkeit brushability

streichfertige Ölfarbe *f* · ready-mix(ed) oil-base(d) paint

Streich|(füll)spachtel(masse) *m*, (*f*), Pinsel(füll)spachtel(masse), Streichausfüller *m*, Pinselausfüller · filler for brush application, stopper ~ ~ ~, stopping ~ ~ ~; Swedish putty ~ ~ ~, spactling compound ~ ~ ~ (US)

~güte *f* · brushing quality

~konsistenz *f* brushing consistency, ~ consistence

~matt *n* [*Glasbehandlung*] · mat(t)-etching paste

~spachtel(masse) *m*, (*f*) → Streichfüllspachtel(masse)

~stange *f* → Längsstange

~tief *n* [*Säurebehandlung von Glas*] · deep-etching paste

~verfahren *n* · brush application method

~zeit *f*, Verarbeitungszeit [*Die Zeitspanne vom Einstreuen des Gipses in Wasser bis zum Aufhören der Streich- und Glättfähigkeit*] · workability period, ~ time

Streif|balken *m*, Streichbalken, Mauerlatte *f* [*Er liegt an der Mauer oder auf einem Mauerabsatz*] · wall plate

~boden *m*, Fehlboden, (Decken)Einschub *m* · sound boarding [*Horizontal boards fitted closely between joists and resting on them in the thickness of the floor. They carry pugging, which increases the sound and heat insulation of the floor*]

Streifen *m* · strip

~bildung *f* · floating [*A defect which is sometimes apparent in coloured paints containing mixtures of different pigments. During drying or on storage one or more of the pigments separates, or floats apart from the others and concentrates in streaks or patches on the surface of the paint, producing a variegated effect*]

streifenförmiges Verkleben *n* · strip bonding

Streifen|fundament *n*, Gründungsstreifen *m*, Bankett *n* · strip footing, continuous ~, ~ foundation

~mosaik *n* · strip mosaic

~muster *n* · banded pattern

~platte *f*, Beton~ [*Omniavollbetondecke*] · ((pre)cast) (concrete) plank, prefab(ricated) ~ ~

streng [*Baustatik*] · rigorous

~ [*Theorie*] · exact

~ klassisch · strictly classical

~ symmetrischer Aufriß *m* · formal symmetrical elevation

Strenge *f* [*Stil*] · austerity, precision, severity (of style)

strenge (Auf)Lösung *f* · rigid solution

~ Theorie *f* · rigid theory

Strenglot *n*, Hartlot, Schlaglot [*Es wird verwendet, wenn neben Abdichtung noch Festigkeit verlangt wird. Die Schmelzpunkte der Hartlote liegen mindestens 50 grd. unterhalb des niedrigsten Schmelzpunktes der Metallteile und oberhalb von rund 600° C*] · hard solder, brazing ~, brazing alloy

Streu|bereich *m* [*Versuchsergebnisse*] · (range of) scatter

~decke *f*, Ein~ · dry penetration surfacing

Streuer *m* [*Dachpappenanlage*] · granule hopper

Streu|gut *n* [*Abstreuen von Verkehrsflächen*] · gritting material

~lichtphotometer *n* · light-scattering photometer

~makadam *m*, Ein~ · dry-bound macadam, dry process penetration ~

~schicht *f* [*Dachpappe*] · mineral surfacing

~strom *m*, vagabundierender (Erd)Strom, Irrstrom, Erdstrom, Schleichstrom · current from irregular source(s), stray current, leak(age) current

Streuung *f*, Prüf~ [*Versuchsergebnis*] · scattering (of test(s))

Strich|freiheit *f* [*Mischen von Zement und Wirkstoff*] · absence of streaks

~zeichnung *f* · line drawing

~zieher *m* [*Anstrichtechnik*] · striper

Strick *m* · rope

~(ab)dichtung *f* · sealing by rope, rope sealing

~faser *f* · rope fiber (US); ~ fibre (Brit.)

Stroh *n*, Getreide~ · straw

~(dach)(ein)deckung *f*, Strohdach(belag) *n*, (*m*), Strohbedachung · (straw) thatch(ing)

strohfarben · straw(-)coloured (Brit.); straw(-)colored (US)

Stroh|faser-Platte *f* [*Dämmplatte aus chemisch aufgeschlossenem Getreidestroh*] · straw fiber board (US); ~ fibre ~ (Brit.)

~-Lehm-Strick *m*, Windel(puppe) *f* Strohlehmwickel *m* · twisted straw

~-Lehm-Strickboden *m* → Windel(puppen)boden

~lehmwickel *m*, Windel(puppe) *f*, Stroh-Lehm-Strick *m* · twisted straw

~lehmwickelboden *m* → Windel(puppen)boden

~platte *f* [*Strohplatten werden aus Getreidestroh hergestellt und sind je nach Herstellung entweder Preßstroh-Bauplatten oder Strohfaser-Platten*] · strawboard

~plattentrennwand *f* · strawboard partition (wall)

Strohpreß|-Dachplatte *f*, Preßstroh-Dachplatte · compressed straw roof(ing) slab

~platte *f*, Preßstroh(-Bau)platte [*Schall- und wärmedämmende Leichtbauplatte aus gepreßtem Stroh, die verputzt werden kann. Nach dem Putz muß für schnelle und gründliche Austrocknung gesorgt werden, damit die Platte nicht fault*] · compressed straw slab

~tafel *f*, Preßstroh(-Bau)tafel · compressed straw panel

Strom|abnehmer *m* · (electrical) power consumer, electric current ~, electricity ~

~ausfall *m* · (electrical) power failure, electric current ~, electricity ~

strom|durchflossen [*Leitung*] · alive

~durchflossene Leitung *f* · live wire

Strom|form-Haus *n* · streamlined house

~kies *m* · river gravel

~kreis *m* · power circuit

~lage *f* → Stromschicht

stromloses Verfahren *n* [*Zur Herstellung von Überzügen auf Metalloberflächen*] · electroless plating

Strom|schicht *f*, Stromlage *f*, Kornährenschicht, Kornährenlage, (Fisch)Grätenschicht, (Fisch)Grätenlage, Festungsverbandschicht, Festungsverbandlage · herringbone (masonry) course, ~ (~) layer

~schiene *f*, Sammelschiene · busbar [*B.S. 159*]

~stoßschalter *m* · current-impulse switch

~tarif *m* · (electrical) power tariff, electric current ~, electricity ~

~tarifumschalter *m* · tariff change-over switch

~verband *m*, Kornährenverband, Festungsverband, (Fisch)Grätenverband · herringbone (masonry) bond (Brit.); ~ (~) pattern (US)

~versorgung *f* · (electric) power supply, electricity ~, electric current ~

~zähler *m*, Energiezähler · electricity meter, electric current ~ [*B.S. 37*]

Strontium|chromat *n* · strontium chromate [*B.S. 4313*]

~gelb *n* · strontium yellow

~weiß *n* · strontium white

~zement *m*, Edelzement · strontium cement

Strouhalsche Zahl *f* · Strouhal number

Struktur *f*, Gefüge *n* · structure

~, Oberflächen~, Putz~ · textured finish [*A finish having an ornamental patterned or textured surface produced by treatment of the freshly applied final coat with various tools. Ribbed, fan, torn, English cottage, stippled and ashlar are some of these textures*]

~(außen)(ver)putz *m* · textured (external) rendering (Brit.); ~ stucco (US); ~ exterior plaster, ~ external plaster

strukturiert, dessiniert · textured

Struktur|(innen)(ver)putz *m* · textured plaster

~putz *m* → Struktur(außen)(ver)putz

~putz *m* → Struktur(innen)(ver)putz

~(ver)putz *m* → Struktur(außen)(ver)-putz

~(ver)putz *m* → Struktur(innen)(ver)-putz

Stubentür *f* · domestic room door

Stuccolustro *m*, Stuckmarmor *m*, Marmorstuck(putz) *m* [*Flächenstuck, der polierten Marmor nachahmt. Er besteht aus Weißkalk, Marmorstaub, Alabaster und Gips*] · stuccolustro

Stuck *m* · stucco

~arbeiten *fpl*, Stuckgipsarbeiten · stuccowork

Stuckdeckenplatte *f* → (Gipskarton-) Deckenstuckplatte

Stück(en)|gips *m* · lump gypsum

~kalk *m*, stückiger Kalk [*DIN 1060. Gebrannter Kalk in stückiger Form*] · lump quicklime

~schlacke *f*, Klotzschlacke [*Stück(en)- und Klotzschlacke sind in der Verwendungsart gleich. Die Stückschlacke wird durch Aufbaggern und Brechen der in Beeten erkalteten Hochofenschlacke gewonnen, während die Klotzschlacke in der Schlackenpfanne erkaltet, gekippt, gebrochen und klassiert wird*] · lump slag

Stückgips *m*, Stückengips · lump gypsum

Stuck|gips *m* [*DIN 1168*] · plaster of Paris, unretarded hemihydrate (gypsum-plaster); class A plaster, (gypsum-)plaster of Class A (Brit.); stucco [*Scotland*] [*B.S. 1191*]

~gipsarbeiten *fpl* · stuccowork

~gipsmörtel *m* · plaster of Paris mortar

stückiger Kalk *m* → Stück(en)kalk

Stückigkeit *f*, Stückung *f* · fragmentation

Stückkalk *m* → Stückenkalk

Stuckmarmor *m*, Marmorstuck *m* · Stuccolustro

Stuckplastik *f*, Stukkatur *f*, (plastische) Stuckverzierung *f* · ornamental modelled stuccowork (Brit.); ~ modeled ~ (US)

Stuckplatte *f* → Gipskarton-~

~ mit Lochung → (Gipskarton-)Putzträgerplatte ~ ~

Stuck|plattenputz *m*, Gipskarton-~, (Gipskarton-)Putzträgerplattenputz · board finish plaster [*It is used for single coat work on gypsum baseboard*]

~putz *m*, Stuck(verputz) *m* · plaster of Paris finish

~rippe *f* · stucco rib

Stück|schlacke *f* → Stückenschlacke

~stein *m*, Setzpacklagestein, Vorlagestein · pitching stone, hand-packed ~, hand-placed ~, hand-pitched ~, pitcher, blockstone

Stückung *f*, Stückigkeit *f* · fragmentation

Stuck|(verputz) *m*, Stuckputz · plaster of Paris finish

~verzierung *f*, plastische ~, Stukkatur *f*, Stuckplastik *f* · ornamental modelled stuccowork (Brit.); ~ modeled ~ (US)

~wandplatte *f* → Gipskarton-~

~werk *n* · stucco work

Stückzählung *f* [*Lagerbestand*] · physical check

Studenten|heim *n*, Studentenwohnheim · students' hostel

~sied(e)lung *f* · students' quarters

~(wohn)heim *n* · students' hostel

~wohnung *f* · students' dwelling unit (US); ~ dwelling (Brit.)

Studienzentrum *n* · study centre (Brit.); ~ center (US)

Studiozimmer *n* [*Hotel*] · single (bed-) room with convertible cauch-bed

Stufe *f*, Treppen~ [*Bauteil zur Überwindung von Höhenunterschieden, der mit einem Schritt begangen werden kann und aus Trittstufe und Setzstufe besteht*] · step

stufenartig · step-like

Stufen|belag *m*, Tritt~, Treppenbelag, Trittbelag · (stair) tread cover(ing)

~(belag)platte *f*, Stufenfliese · step tile

~berg *m* [*Abgestufter Unterbau eines Hochtempels mit Freitreppen in Mesopotamien (Zikkur(r)at), in Hinterindien (Prang; Prasat) und in Altamerika*] · stepped artificial hill, temple tower

~breite *f* · width of step

~dicke *f* · thickness of step

~element *n*, Treppen~ · (stair(case)) step unit, (~) ~ member, (~) ~ component

~fliese *f*, Stufen(belag)platte · step tile

stufenförmige Kappleiste *f*, ~ Überhangleiste, stufenförmiger Kappstreifen *m*, stufenförmiger Überhangstreifen · step(ped) cap flashing (piece), ~ counter ~ (~) [*See remark under 'Anschluß'*]

~ Überhangleiste *f*, ~ Kappleiste, stufenförmiger Überhangstreifen *m*, stufenförmiger Kappstreifen · step(ped) cap flashing (piece), ~ counter ~ (~) [*See remark under 'Anschluß'*]

stufenförmiger Kappanschluß *m*, ~ Überhanganschluß · step(ped) cap flashing, ~ counter ~ [*See remark under 'Anschluß'*]

~ Kappstreifen *m*, ~ Überhangstreifen, stufenförmige Kappleiste *f*, stufenförmige Überhangleiste · step(ped) cap flashing (piece), ~ counter ~ (~) [*See remark under 'Anschluß'*]

~ Überhanganschluß *m*, ~ Kappanschluß · step(ped) cap flashing, ~ counter ~ [*See remark under 'Anschluß*]

~ Überhangstreifen *m*, ~ Kappstreifen, stufenförmige Überhangleiste *f*, stufenförmige Kappleiste · step(ped) cap flashing (piece), ~ counter ~ (~) [*See remark under 'Anschluß'*]

Stufen|giebel *m*, abgetreppter Giebel, Staffelgiebel, Treppengiebel · corbie gable, crow-stepped ~

~hof *m* · stepped court

~höhe *f* · height of step

~länge *f* · length of step

~leiter *f* · stepladder, step (type) ladder

~mastaba *f*, Stufenpyramide *f* · terraced mastaba(h), ~ pyramid, step(ped) ~, compound mastaba(h)

~profil *n* · step profile

~pyramide *f*, Stufenmastaba *f* · terraced pyramid, ~ mastaba(h), step(-ped) ~, compound mastaba(h)

~rampe *f* · stepped ramp

~terrasse *f* · stepped terrace

~(toten)tempel *m*, Terrassen(toten)-tempel · terraced mortuary temple, ~ funerary ~, step ~ ~

~unterbau *m*, Krepidoma *n*, Krepsis *f* · crepidoma [*The stepped base of a classic structure, especially of a Doric temple*]

~vorsprung *m*, Tritt~ · (stair) tread nosing

stufenweiser Lastangriff *m*, etappenweiser ~ · incremental load application, ~ application of load

~ Momentenausgleich *m* · moment distribution by successive approximations

stufenweises Verpressen *n*, ~ Auspressen, ~ Einpressen, ~ Injizieren, stufenweise Injektion *f* · stage grouting

Stufenzinne *f* · stepped merlon

Stuhl|lager(raum) *n*, (*m*) · chair store

~lagerung *f* · chair storage

~reihe *f* · row of chairs

~säule *f*, Dach~ · post

~säule *f*, Dach~ [*Kehlbalkendach*] · central post

Stukkateur *m* · stuccoist

Stülpdecke *f*, gestülpte Holzdecke · clincherbuilt (wood(en)) ceiling, ~ timber ~

Stulp(e) *m*, (*f*), Schloß~ [*Die Vorderseite des Schloßkastens aus der Riegel und Falle austreten*] · (lock) case front, (~) fore-end

stumpf [*Parkettstab*] · square-dressed

stumpfer Stoß *m*, Stumpfstoß · butt joint [*The junction where the ends of two members meet in a square joint*]

stumpf|geschweißt · butt-welded

~gestoßen · butt-jointed

Stumpfstoß *m*, stumpfer Stoß · butt joint [*The junction where the ends of two members meet in a square joint*]

stumpf|stoßen · to butt joint

~wink(e)lige Mauerecke *f* · birdsmouth quoin (of (masonry) wall), obtuse ~ (~ (~) ~)

Stupa *m*, Reliquienhügel *m*, Tope *m* · stupa(-mound), tope(-mound), domical mound [*A mound forming a Buddhist sacred monument*]

~ auf Ceylon, Tope *m* ~ ~ · dagoba

~schrein *m*, Topeschrein · stupa shrine, tope ~

~unterbau *m*, Topeunterbau · stupa (-mound) base, tope(-mound) ~

Sturmhaken *m*, Kettelhaken [*Aus Draht oder Rundstahl hergestellte Vorrichtung zum Festhalten von geöffneten Türen und Fenstern*] · stay

~, Kettelhaken, Fenster~ · window stay

Sturmlatte *f*, Windrispe *f*, Strebeschwarte *f*, Schwibbe *f*, Windlatte · sprocket (piece), cocking ~

Sturz|armierung *f*, Sturzbewehrung, Sturz(stahl)einlagen *fpl* · lintel reinforcement; lintol ~ [*deprecated*]

~(balken) *m*, Oberschwelle *f* · lintel, header; lintol [*deprecated*] [*The horizontal framing member over window or door openings*]

~bewehrung *f*, Sturzarmierung, Sturz(stahl)einlagen *fpl* · lintel reinforcement; lintol ~ [*deprecated*]

~block(stein) *m*, Sturzstein, Beton~ · (precast) (concrete) (beam) lintel block, (~) (~) (~) ~ tile; (~) (~) (~) lintol ~ [*deprecated*] [*See remark under 'Block'*]

~bogen *m* → scheitrechter Bogen

~einlagen *fpl*, Sturzstahleinlagen, Sturzbewehrung *f*, Sturzarmierung · lintel reinforcement; lintol ~ [*deprecated*]

~formziegel *m* · lintel brick; lintol ~ [*deprecated*]

~gewölbe *n* → scheitrechtes Gewölbe

~riegel *m* · cross timber, intertie [*framed partition*]

~-Schalungsblock *m* · lintel-falseblock; lintol-falseblock [*deprecated*]

~(stahl)einlagen *fpl*, Sturzbewehrung *f*, Sturzarmierung · lintel reinforcement; lintol ~ [*deprecated*]

~stein *m*, Sturzblock(stein) *m*, Beton~ · (precast) (concrete) (beam) lintel block, (~) (~) (~) ~ tile; (~) (~) (~) lintol ~ [*deprecated*] [*See remark under 'Block'*]

~träger *m*, Abfangträger [*DIN 1053*] holding girder

Stütz|bogen *m* · funicular arch

~druck *m*, Gegendruck, Auflagerdruck, Stützkraft *f*, Auflagerwiderstand *m*, Auflagerreaktion *f*, Stützreaktion, Auflagerkraft, Stützwiderstand · reaction, reactive force [*The upward resistance of a support such as a column or wall against the downward pressure of a loaded member such as a girder*]

Stütze *f* · column, support

~, Decken~ · (floor) support, (~) column

~ mit Bügelbewehrung · tied column, ~ support

~ ~ Spiralbewehrung, ~ ~ Spiralarmierung, ~ ~ Spiral(stahl)einlagen, umschnürte Stütze · helically reinforced column, ~ ~ support

Stutzen *m*, Rohr~, Rohransatz *m* · flanged socket; ~ nozzle (US); 90° (pipe) junction (piece)

Stützen|abmessung *f*, Stützenmaß *n* · column dimension, support ~

~abstand *m*, Stützenentfernung *f* · column spacing, support ~, ~ interval, spacing of columns, interval of columns, spacing of supports, interval of supports

~analogie *f* · column analogy, support ~

~anordnung *f* · column layout, support ~

~anschluß *m* · column connection, support ~

~auflagerung *f* · column bearing, support ~

~auskleidung *f*, Stützenverkleidung, Stützenbekleidung · column lining, ~ (sur)facing, support ~

(~)Basis *f* → (Stützen)Fuß

~bedingung *f* · column condition, support ~

~bekleidung *f*, Stützenauskleidung, Stützenverkleidung · column lining, ~ (sur)facing, support ~

~bemessung *f* · column design, support ~

~bereich *m* · column zone, support ~

~beton *m* · column concrete, support ~

~bewegung *f* · column movement, support ~

~bewehrung *f*, Stützenarmierung, Stützen(stahl)einlagen *fpl* · column reinforcement, support ~

~breite *f* · column width, support ~

~-Decken-Anschluß *m* → Stützen-Platten-Verbindung

~-Decken-Verbindung *f* → Stützen-Platten-Verbindung

~eckenschutz *m*, Stützenkantenschutz · column guard, support ~

~einschalen *n* · column forming, support ~

~endmoment *n* · column end moment, support ~ ~

~entfernung *f*, Stützenabstand *m* · column spacing, support ~, ~ interval, spacing of columns, interval of columns, spacing of supports, interval of supports

~festigkeit *f* · column strength, support ~

~flansch *m* · column flange, support ~

~folge *f* · sequence of columns, ~ ~ supports

~formel *f* · column formula, support ~

stützen|frei, stützenlos · clear, column-free, column-less, support-free, support-less

~freie Treppe *f*, stützenlose ~ · flying stair(case)

Stützen|fundament *n* · column footing, ~ foundation, support ~

~-Fundament-Verbindung *f* · column-to-footing connection, column-to-foundation ~, support-to-footing ~, support-to-foundation ~

(~)Fuß *m*, (Stützen)Basis *f* · (column) base (plate), support ~ (~)

~größe *f* · column size, support ~

~halbmesser *m* · column radius, support ~

~höhe *f* · column height, support ~

~kantenschutz *m*, Stützeneckenschutz · column guard, support ~

~kern *m* · column core, support ~

~konsole *f* · column bracket, support ~

~kopfplatte *f* · column cap, support ~

~konstruktion *f* **für rotierende Maschine** · supporting structure for rotating machine

~kopf *m* · column head

~kriechen *n* · column creep, support ~

~labilität *f* · column instability, support ~

~länge *f* · column length, support ~

~last *f* · column load, support ~

stützen|los, stützenfrei · clear, column-free, column-less, support-free, support-less

~lose Treppe *f*, stützenfreie ~ · flying stair(case)

Stützen|maß *n*, Stützenabmessung *f* · column dimension, support ~

~mittenabstand *m* · centre-to-centre distance between columns (Brit.); center-to-center ~ ~ ~ (US); ~ ~ ~ supports

~moment *n* [*Das Biegemoment über der Unterstützung eines Durchlaufträgers*] · moment at support, ~ ~ column

~momentabminderung *f*, Abminderung des Stützenmomentes · reduction of (the) moment of support, ~ ~ (~) ~ at column

~öffnung *f* · column opening, support ~

~paar *n* · column pair, support ~

~-Platten-Anschluß *m* → Stützen-Platten-Verbindung

~-Platten-Verbindung *f*, Stützen-Dekken-Verbindung, Stützen-Platten-Anschluß *m*, Stützen-Decken-Anschluß · column-to-slab connection, column-to-floor ~, support-to-floor ~, support-to slab ~

~profil *n*, Stützenquerschnitt *m* · column section, support ~

~-Querrahmen *m* · column bent, support ~ [*A bent composed of columns and bracing in contradistinction to 'pile bent'*]

~querschnitt *m*, Stützenprofil *n* · column section, support ~

~raster *m* [*Anordnung der Stützen im Rastersystem*] · column grid pattern, support ~ ~

~reaktion *f* · column reaction, support ~

~reihe *f* · line of columns, row ~ ~, ~ ~ supports

~schaft *m* · column shaft, support ~

~schalung *f* · column shuttering, ~ form(work), ~ forms, support ~

~seite *f* · column side, support ~

~senkung *f* · settlement of support(s), settling ~ ~, sagging ~ ~

~spannung *f* · column stress, support ~

~stab *m* [*Bewehrung*] · column bar, support ~

~steg *m* · column web, support ~

~steifigkeit *f* · column stiffness, ~ rigidity, support ~

~-Stützen-Verbindung *f* · column-to-column joint, support-to-support ~

~verankerung *f* · column anchorage, support ~

~verkleidung *f*, Stützenauskleidung, Stützenbekleidung · column lining, ~ (sur)facing, support ~

~wechsel *m* [*Regelmäßige Wechsel von Pfeiler und Säule oder Säulenpaar, in der römischen Basilika durch das gebundene System bedingt*] · system with alternating columns and piers

~wechselbasilika *f* · basilica with columns and piers

~zwinge *f* · column clamp, support ~

Stützkraft *f*, Auflagerwiderstand *m*, Auflagerreaktion *f*, Stützreaktion, Auflagerkraft, Stützwiderstand, Stützdruck *m*, Gegendruck, Auflagerdruck · reaction, reactive force [*The upward resistance of a support such as a column or wall against the downward pressure of a loaded member such as a girder*]

Stützlinie *f*, Mittelkraftlinie, Drucklinie [*Die „natürliche" Kräftelinie des formaktiven Drucksystems*] · (funicular) pressure line

Stützlinien|bogen *m*, Mittelkraftlinienbogen, Drucklinienbogen · (funicular) pressure line arch

~gewölbe *n*, Mittelkraftliniengewölbe, Druckliniengewölbe · (funicular) pressure line vault

~verfahren *n*, Drucklinienverfahren, Mittelkraftlinienverfahren · (funicular) pressure line method

Stütz|platte *f* [*Spannbeton*] · bearing plate

~querschnitt *m* · supporting section

~reaktion *f*, Auflagerkraft *f*, Stützwiderstand *m*, Stützdruck *m*, Gegendruck, Auflagerdruck, Stützkraft, Auflagerwiderstand, Auflagerreaktion · reaction, reactive force [*The upward resistance of a support such as a column or wall against the downward pressure of a loaded member such as a girder*]

~ring *m* · supporting ring

(Stützring)|Rosette *f*, (Tür)Drückerrosette [*DIN 18258*] · rose

~schild *n* [*(Tür)Drücker*] · (lever) handle-plate

Stützung *f* · support

Stütz|-U-Profil *n* · supporting channel

~weite *f* · effective span [*The distance between the centers of the supports of a beam or girder. This length·, which is larger than the clear span, is used in calculating the bending moment of a beam or girder*]

~weitenverhältnis *n* · effective span length ratio

~widerstand *m*, Stützdruck *m*, Gegendruck, Auflagerdruck, Stützkraft *f*, Auflagerwiderstand, Auflagerreaktion *f*, Stützreaktion, Auflagerkraft · reaction, reactive force [*The upward resistance of a support such as a column or wall against the downward pressure of a loaded member such as a girder*]

~winkel *m*, Aufsetzwinkel, Ansetzwinkel · angle bracket

Stylobat *m*, Säulenstuhl *m* · stylobate [*The top step of the crepidoma. The term 'stylobate' is also incorrectly applied to the substructure on which a colonnade stands*]

Styrolharz *n* · styrene resin

Suberin *n*, Korkharz *n* · suberin(e)

subkrustales Gestein *n*, plutonisches ~, abyssisches ~, Tiefengestein, Plutonit *m*, älteres Eruptivgestein, Intrusivgestein · intrusive rock, (igneous) plutonic ~, abyssal ~, abysmal ~

Sublimat *n*, Quecksilberchlorid *n*, $HgCl_2$ · mercuric chlorid(e) (US); ~ chloride (Brit.); corrosive sublimate [*It is a white crystalline solid, sparingly soluble in cold, more easily in hot, water*]

Sublimieren *n* · sublimation

Submissionsstadium *n* · bidding phase, negotiation ~

Substanz *f*, Mittel *n*, Stoff *m* [*z.B. für Sperranstriche*] · agent, matter, substance

substraktive Farbmischung *f* · subtractive mixing of primary pigment colors (US); ~ ~ ~ ~ ~ colours (Brit.)

Substrat *n* → Anstrichfläche

Sudatorium *n*, Schwitzraum *m* einer römischen Therme · sudatorium, (dry) sweating room

Süd|fenster *n* · south-facing window

~orientierung *f* · south orientation

~schiff *n*, Südhaus *n* · south(ern) transept

~wand *f* · south(-facing) wall

Sulfat|angriff *m* · sulphate attack (Brit.); sulfate ~ (US) [*Deterioration of concrete caused by sulphate salts in solution*]

~ausblühung *f* · sulphate efflorescence (Brit.); sulfate ~ (US)

sulfat|befallen · sulphate-attacked (Brit.); sulfate-attacked (US)

~beständig · sulphate-resistant (Brit.); sulfate-resistant (US)

~beständiger Portlandzement *m*, sulfatwiderstandsfähiger ~, SPZ · sulphate-resistant portland cement, ~ Portland ~ [*B.S. 4027. This is a portland cement in which the composition, particularly the tricalcium aluminate content, has been adjusted in order to increase its resistance to attack by sulphate-bearing water*]

Sulfat|beständigkeit *f*, Sulfatwiderstand *m* · sulphate resistance (Brit.); sulfate ~ (US)

~-Bleiweiß *n*, Sulfo-Bleiweiß · basis sulfate white lead (US); ~ sulphate ~ ~ (Brit.)

sulfathaltiges Wasser *n* · sulphate-laden water, sulphate-bearing ~ (Brit.); sulfate-laden ~, sulfate-bearing ~ (US)

sulfatische Korrosion *f* [*Beton*] · sulphate corrosion (Brit.); sulfate ~ (US)

sulfatischer Angriff *m* · sulfate attack (US); sulphate ~ (Brit.)

Sulfat|lösung *f* · sulphate solution (Brit.); sulfate ~ (US)

~treiben *n* · sulphate expansion (Brit.); sulfate ~ (US)

~widerstand *m*, Sulfatbeständigkeit *f* · sulphate resistance (Brit.); sulfate ~ (US)

sulfatwiderstandsfähig · sulphate-resisting, sulphate-resistant (Brit.); sulfate-resisting, sulfate-resistant (US)

Sulfit *n* · sulphite (Brit.); sulfite (US)

Sulfit(ab)lauge *f* · sulphite lye (Brit.); sulfite ~ (US) [*A waste product of the paper industry sometimes used as a binder for non-plastic and relatively non-plastic material*]

~kleber *m* · lignin adhesive; sulphite lye ~ (Brit.); sulfite-lye ~ (US)

Sulfo-Bleiweiß *n*, Sulfat-Bleiweiß · basis sulfate white lead (US); ~ sulphate ~ ~ (Brit.)

sumerische Architektur *f*, ~ Baukunst *f* · Sumerian architecture

Sumpf|anlage *f*, Maukanlage · tempering plant, souring ~

~grube *f* · lime pit

~haus *n*, Maukhaus · souring house, tempering ~

~kalk *m*, eingesumpfter Kalk, Grubenkalk · pit lime

~turm *m* Maukturm · tempering tower, souring ~

Super|markt *m* · supermarket

~oberflächenschluß *m* · ultra-smooth finish

~porte *f* → Supraporte

~positionsgesetz *n*, Überlagerungsgesetz · law of superposition, principle ~ ~, theorem ~ ~

~positionsgleichung *f*, Überlagerungsgleichung · superposition equation

~-Wolkenkratzer *m* · super-skyscraper, tower [*Planned by Le Corbusier*]

Supraporte *f*, Sopraporte, Superporte · sopraporte, overdoor [*A decorative painting or bas-relief placed above a door and usually forming part of the door-case*]

Suprematismus *m* · Suprematism [*Term coined by Kasimir Malevich for purely abstract art. He applied the simple elements of form in his painting to abstract architectonic compositions*]

suprematistische Architektur *f* · suprematist architecture

Suspension *f*, Aufschlämmung *f*, Aufschwemmung · suspension

Syenit *m* [*Fehlname: nordischer Granit m*] · syenite [*A coarse-grained plutonic rock composed of feldspar (orthoclase and subordinate plagioclase), biotite, hornblende, with little or no quartz. Colour: pink, grey, dark grey; S.G. 2.6–2.8; Cr. St. 21,000–35,000 lb/sq. in. Used in engineering construction and as a decorative stone. In Russia, some of the syenites are associated with valuable ore deposits*]

~steinpflaster *n*, Fpg *n* · syenite sett paving

symbolische Bedeutung *f* · symbolic significance

Symbolismus *m* · symbolism

Symmetrie *f*, Ebenmaß *n* · symmetry

~ebene *f* · plane of symmetry

symmetrisch angeordnet · symmetrically-placed

symmetrische Bogenstatik *f* · symmetrical arch analysis

~ Last *f* · symmetrical load

~ Matrix *f* · symmetrical matrix

~ Parabelbelastung *f*, spiegelgleiche ~ · symmetrical parabolic loading

symmetrischer Bogen *m* · symmetrical arch

~ zweistieliger Geschoßrahmen *m*, ~ ~ Etagenrahmen, ~ ~ Stockwerkrahmen · symmetrical two-legged story frame (US); ~ ~ storey ~ (Brit.)

Synagoge *f* · synagogue

Synchronuhr *f* · synchronous clock [*B.S. 472*]

Synthese|gummi *m*, Kunstgummi, Synthesekautschuk *m*, Kunstkautschuk, synthetischer Kautschuk, synthetischer Gummi · synthetic rubber, man-made ~, manufactured ~

~kautschuk *m*, synthetischer Kautschuk, Kunstkautschuk, Synthesegummi *m*, Kunstgummi, synthetischer Gummi · synthetic rubber, man-made ~, manufactured ~

synthetischer Baustoff *m*; synthetisches Baumaterial *n* [*Schweiz*] · manufactured construction(al) product, ~ building ~, ~ structural ~, synthetic ~ ~, man-made ~ ~ [*e.g. concrete, brick, tile, steel, panel, alumin(i)um, block, plaster, mortar, etc.*]

~ Gummi *m* → Synthesekautschuk

~ Kautschuk *m*, Synthesekautschuk, Kunstkautschuk, Synthesegummi *m*, Kunstgummi, synthetischer Gummi · synthetic rubber, man-made ~, manufactured ~

~ Kunststoff *m*, Kunststoff auf synthetischer Basis · synthetic plastic (material), man-made ~ (~), manufactured ~ (~)

~ Leim *m* · synthetic glue, man-made ~, manufactured ~

synthetisches Baumaterial *n* [*Schweiz*]; synthetischer Baustoff *m* · manufactured construction(al) product, ~ building ~, ~ structural ~, synthetic ~ ~, man-made ~ ~ [*e.g. concrete, brick, tile, steel, panel, alumin(i)um, block, plaster, mortar, etc.*]

~ Harz *n*, Kunstharz · synthetic resin, manufactured ~, man-made ~, artificial ~ [*Strictly speaking, these terms are misnomers, as the substances in question are not natural resins artificially produced, but are different both in composition and properties*]

Syphon *m* [*Fehlname*] → (Wasser)(Geruch)Verschluß

~, Flüssigkeitsheber *m*, Heberrohr *n*, Siphon, Saugheber · siphon

~(geruch)verschluß *m* → S-förmiger (Geruch)Verschluß

~verschluß *m* → S-förmiger (Geruch-) Verschluß

~wassergeruchverschluß *m* → S-förmiger (Geruch)Verschluß

System *n*, Konstruktions~, Bau~, Konstruktion *f* · construction, (structural) system

~, Aufbau *m* · system

~, Aufbau *m* · mastic system, ~ composition [*A finishing system for piping, comprising a primer, asphalt paint, mineral filler and whitewash*]

~, Anstrich~ [*Der fertig aufgebaute Anstrich*] · paint system, ~ scheme, multiple coat ~

~ Anstrich~ [*Das Rezept für einen Anstrichaufbau*] · paint formulation

~ der Betriebsplätze unmittelbar vor dem Abfertigungsgebäude [*Flughafen*] · frontal system

~ des offenen Vorfeldes [*Flughafen*] · open apron system

~ mehrerer Freiheitsgrade · multidegree-of-freedom system

~ mit einzelnem Freiheitsgrad · single-degree-of-freedom system

~ ~ querlaufenden Stabilisierungsbalken · system with transverse stabilization beams

~ ~ ~ Stabilisierungsseilen · system with transverse stabilization cables

~ ~ übereinandergesetzten Dreigelenkrahmen · system with stacked up three-hinged frames

Systematisierung *f* · systematization

Systemlinie *f*, Netzlinie [*Träger*] system line

Systylos *m* · systyle

szenisch aufgefaßter Entwurf *m* scenographic design

S-Ziegel *m* → Hohlziegel

~dach *n* → Hohlziegeldach

T

T *m*, (Straßen)Teer *m* [*DIN 1995*] (road) tar, tar for road purposes [*B.S. 76*]

Tabakspeicher *m* · tobacco warehouse

tabellenmäßig erfassen · to tabulate

Tabellenmaterial *n* · tabular data

Tablinum *n* · tablinum [*In Roman architecture, a room with one side open to the atrium or central courtyard*]

Taenia *f* → Stirnband

Tafel *f* · panel [*A distinct portion of a floor, roof slab or wall supported by a frame*]

~ aus keramischen Fliesen, ~ ~ ~ (Belag)Platten, ~ ~ Keramikfliesen, ~ ~ Keramik(belag)platten, Keramikfliesentafel, Keramik(belag)plattentafel [*Zu einer Verlegeeinheit zusammengefaßte Keramikfliesen*] · ceramic tile panel, prefabricated ceramic tiling

~ mit bloßgelegten Zuschlägen, ~ ~ ~ Zuschlagstoffen · exposed aggregate panel

~ ~ geringem Massenwiderstand [*Dieser Widerstand setzt sich der Erregung durch den Schalldruck entgegen*] · low-mass panel

~ ~ hohem Massenwiderstand [*Dieser Widerstand setzt sich der Erregung durch den Schalldruck entgegen*] · heavy panel

~(anstrich)farbe *f* · chalkboard paint [*It is made for use in schools and produces a mat surface, just sufficiently sharp to permit writing upon with chalk yet capable of being easily cleaned*]

~(bau)system *n*, Tafelkonstruktion(ssystem) *f*, (*n*) · panel construction, ~ (structural) system

~bauweise *f* · panel construction method

~blei *n*, Bleiblech *n*, Walzblei [*DIN 59610*] · sheet lead, milled ~, lead sheet [*Lead rolled into sheets from cast slabs*]

~dach *n* · panel roof

~farbe *f*, Tafelanstrichfarbe · chalkboard paint [*It is made for use in schools and produces a mat surface, just sufficiently sharp to permit writing upon with chalk yet capable of being easily cleaned*]

~fassade *f* · panel façade

~fläche *f* · panel area

~frischling *m* · green panel

~fuge *f* · panel joint

~glas *n* [*DIN 1249*] · sheet glass

~glas *n* [*Fensterglas im eigentlichen Sinne*] · window glass

~konstruktion(ssystem) *f*, (*n*), Tafel(bau)system · panel construction, ~ (structural) system

~leim *m* · animal glue in cake form, ~ adhesive ~ ~ ~

~rand *m* · panel edge

~resonator *m* [*Schallabsorption*] · panel-type of resonator

~schalung *f* · panel formwork, ~ forms, ~ shuttering

~system *n*, Tafelbausystem, Tafelkonstruktion(ssystem) *f*, (*n*) · panel (structural) system, ~ construction

Täfelung *f* → Täfelwerk

Tafelwand *f* · panel wall, filler ~, curtain ~ [*It is a non-bearing wall in skeleton construction, built between columns, posts or piers and wholly supported at each stor(e)y*]

Täfelwerk *n*, Täfelung *f*, Getäfel *n* [*Holzverkleidung von Decken und Wänden*] · wainscot; wood(en) panelling (Brit.); wood(en) paneling (US) [*abbreviated: wnsct*]

Tagelohnarbeit *f* · daywork

Tages|beleuchtung *f* → Tageslichtbeleuchtung

(~)Belichtung *f* [*Fehlname*]; Innen(raum)beleuchtung mit Tageslicht, Tages(licht)beleuchtung [*DIN 5034*] · daylighting, daylight illumination, natural lighting

~bereich *m* · day-time zone

~heim *n* · day-time home

~licht *n* [*DIN 5034*] · daylight, natural light

~(licht)beleuchtung *f*, Innen(raum)-beleuchtung mit Tageslicht [*Fehlnamen: (Tages)Belichtung. DIN 5034*] · daylighting, daylight illumination, natural lighting

Tageslicht|berechnung *f* · calculation of daylight

~helligkeit *f* · brightness of daylight

~messung *f* · measurement of daylight

~photometrie *f* · daylight photometry

~quelle *f* · daylight source

~quotient *m* [*DIN 5034*] · daylight factor [*The ratio of the light in the room to the light of the unobstructed sky*]

~stunde *f* · daylight hour

Tages|raum *m* · dayroom, common room

~sichtbarkeit *f* · day visibility

~stätte *f* · day-care center (US); ~ centre (Brit.); ~ facility

~- und Nachtbereich *m* · day-time area and night-time area [*Division of living space featured in houses designed by Marcel Breuer*]

~zeit *f* · time of day

Tagtresor *m* · day safe

Tagungsgebäude *n* · conference building

Tagwasser *n*, Oberflächenwasser · surface water

tagwasserdicht, oberflächenwasserdicht · impermeable to surface water

Tagwasserdrän *m*, Oberflächenwasserdrän · surface water drain

Takt|arbeit *f* · repetitive operations, repetition work

~verfahren *n* [*Planmäßige Aufteilung eines Produktionsverfahrens in einzelne Arbeitsabschnitte, die zeitlich so aufeinander abgestimmt sind, daß von den gleichen Arbeitskräften jeweils die gleichen oder ähnlichen Arbeiten in entsprechend zugeordneten Zeitmaßen ausgeführt werden*] · repetition (work) method

Talk|(erde) *m*, (*f*), Speckstein *m* · talc

~mehl *n* → Talkum

talkreiche keramische Masse *f* · high-talc body

Talkschiefer *m* · talc-schist [*A soft, greasy metamorphic rock composed of talc together with some mica*]

Talkum *n*, Federweiß *n*, Talkmehl *n*, Specksteinmehl, Glitschpulver *n* [*Ein sehr feines und weiches mineralisches und sich fettig anfühlendes Pulver*] · fine talc, powder(ed) ~, talc(um) powder, talcum, French chalk

~abstreuung *f*, Talkumbestreuung [*Dachpappe*] · talcum (powder) surfacing, powder(ed) talc ~, French chalk ~

talkumiert · talcumed

Tallharz *n* [*Aus Tallöl gewonnenes Harzsäuregemisch*] · tall oil rosin

Tallöl *n* · tall oil; liquid rosin [*misnomer*]

~ mit Glycerin verestert · glycerol ester

~ester *m* · tall oil ester

Taltempel *m* · valley temple

Tambour *m*, Trommel *f*, Kuppelunterbau *m* · tambour, drum [*A vertical wall supporting a dome or cupola; it may be circular, square, or polygonal in plan*]

~kuppel *f*, Trommelkuppel, Kuppel auf Tambour, Kuppel auf Trommel · dome on tambour, cupola ~ ~, ~ ~ drum

~säule *f*, Trommelsäule · drum-built column

Tangentenebene *f* · tangent plane [*Plane surface which makes contact with a curved surface*]

Tangential|beschleunigung *f* · tangential acceleration

~komponente *f* · tangential component

~schub *m* · tangential shear(ing)

~schubkraft *f* · tangential shear force

~spannung *f* · tangential stress

~verschiebung *f* · tangential translation

Tänia *f* → Stirnband

Tannenbergverband *m* [*Je eine Läuferschicht und eine Schicht des gotischen Verbandes wechseln sich ab. Entsprechend dem Ansetzen der Schichten ergeben sich verschiedene Muster*] · Tannenberg (masonry) bond

Tantal *n* · tantalum

Tanz|fläche *f*, Tanzboden *m* · dance floor

~(fuß)boden *m* · dance floor(ing), ~ floor finish, ~ floor cover(ing)

~pavillon *m* · dance pavilion

~saal *m* · dance hall

Tapete *f* · hanging

~, (Wand)Papiertapete · (wall)paper [*Formerly known as 'paper-hangings' and 'paper tapistry'*]

~ aus beschichtetem Papier, (Wand-)Papier~ ~ ~ ~ · surface-coated (wall-)paper

~ mit bildhaften Darstellungen, (Wand)Papier~ ~ ~ ~ · scenic (wall)paper

~ ~ Darstellung von Landschaften, (Wand)Papier~ ~ ~ ~ ~ · panoramic (wall)paper

~ ~ Stilmotiven, (Wand)Papier~ ~ ~ · subject (wall)paper

Tapeten|bahn *f*, (Wand)Papier~ · (wall)paper sheet(ing)

~fabrik *f*, (Wand)Papier~ · (wall-)paper factory

~kleb(e)stoff *m*, Tapetenkleb(e)mittel *n*, Tapetenkleber *m*, (Wand)Papier~ · (wall)paper(hanging) (bonding) adhesive, ~ ~ agent, ~ ~ medium, ~ cement(ing agent)

~kleister *m* → (Wand)Papiertapetenkleister

~leiste *f*, (Wand)Papier~ · (wall)paper cover moulding (Brit.); ~ ~ molding (US)

~rolle *f*, (Wand)Papier~ · (wall)paper roll

~schneider *m* (Wand)Papier~ · (wall-)paper trimmer

~tür *f*, Geheimtür · jib door, gib ~ [*A door whose face is flush with the wall and decorated so as to be as little seen as possible*]

Tapezierarbeiten *fpl* **mit (Wand)Papiertapete** · (wall)papering work

tapezieren mit (Wand)Papiertapete · to hang ((wall)paper)

Tapezieren *n* **mit (Wand)Papiertapete**, Tapezierung *f* ~ ~ · (wall)papering, (wall)paperhanging

Tapezierer *m* · (paper)hanger, (wall-)paperhanger

Tapezierkleister *m* → (Wand)Papiertapetenkleister

tapeziert mit (Wand)Papiertapete · (wall)papered

tapezierte Wand *f* · papered wall

Tapiokastärke *f* · tapioca starch

Tapisserie *f*, Wandteppich *m* · tapestry

Tarifschaltuhr *f* · tariff-rate changeover switch

Tarn|anstrich *m*, Tarnaufstrich · camouflage coat

~(anstrich)farbe *f* · camouflage paint

~aufstrich *m*, Tarnanstrich · camouflage coat

~lack *m* · camouflage lacquer

Tastschalter *m* · momentary-contact push button

tatsächliche Abmessung *f*, tatsächliches Maß *n*, Istabmessung, Istmaß · actual dimension, real ~

~ Bauzeit *f*, Istbauzeit · real construction time, actual ~ ~

~ Festigkeit *f*, erreichte ~, vorhandene ~ · actual strength

~ Größe *f*, Istgröße · actual size, real ~

~ Traglast *f* · real (design) load factor

~ Zeit *f*, Istzeit · actual time, real ~

tatsächlicher Personalbestand *m*, Istpersonalbestand · actual personnel, real ~, ~ staff

~ Querschnitt *m*, Istquerschnitt · actual cross-section, real ~

~ Wert *m*, Istwert · actual value, real ~

tatsächliches Abmaß *n*, Istabmaß · real allowance, actual ~

~ Maß *n* → tatsächliche Abmessung

tauartig gedreht [*Taustab*] · cabled

Taubenhaus *n*, Kolumbarium *n* · columbarium, dove-cote, pigeon-cote [*A number of historical examples still exist in England, some with nests for over a thousand birds each*]

Tauch|becken *n* [*Elektrotauchlackierung*] · tank

~beschichtung *f* · dip coating

Tauchen *n* · dipping [*The process of applying paints, etc., by immersing therein an object to be coated and allowing it to drain during and after removal*]

Tauch|engobe *f* · dipping engobe

~erhitzer *m* · immersion heater

~glasieren *n*, Glasieren durch Eintauchen · glazing by dipping, dipping glazing

tauchgrundiert · dip-primed

Tauch|heizer *m*, Tauchwasserheizer · immersion (water) heater, ~ (~) heating appliance, ~ hot water heater, ~ hot water heating appliance

~konsistenz *f*, Tauchsteife *f* [*(Anstrich-) Farbe*] · dipping consistency, ~ consistence

~lötung *f* · dip soldering

~patentieren *n* · double-lead process

~steife *f* → Tauchkonsistenz

~verfahren *n* · dipping method

~verzinken *n*, Tauchverzinkung *f* · dip galvanizing; ~ galvanising (Brit.)

~-Wassererwärmung *f* · immersion (water) heating, ~ hot ~ ~

~(wasser)heizer *m* · immersion (water) heater, ~ (~) heating appliance, ~ hot water heater, ~ hot water heating appliance

Tauf|becken *n* · font [*A basin to hold the water used in baptismal services*]

~kapelle *f* Baptisterium *n* · baptistery [*A building for baptismal rites containing the font; incorporated into the church*]

~kirche *f*, Baptisterium *n* · baptistery [*A building for baptismal rites containing the font; separate from the church*]

~raum *m* · baptismal room

Taufries *m* · twisted rope frieze

Taufstein *m* [*Norddeutschland: Fünte f*] · (natural) stone font [*A bowl of (natural) stone to hold the water used in baptismal services*]

Taukreuz *n*, Antoniuskreuz · crux commissa, Tau cross

Taupunkt *m*, Kondensationstemperatur *f* · dew point, saturation ~, condensation temperature, 100% relative humidity

~diagramm *n* · dew point diagram

Taustab *m* [*Tauartig gedrehter Stab als Schmuckglied der normannischen Baukunst*] · cable moulding (Brit.); ~ molding (US); rope ~

Tautropfenglas *n*, Regentropfenglas, Ornamentglas Nr. 521 · dewdrop glass, waterdrop ~

Tauwasser *n* → Kondenswasser

~abführung *f* → Kondenswasserabführung

~bildung *f*, Schwitzwasserbildung, Kondenswasserbildung, Kondensatbildung [*Niederschlag der Luftfeuchtigkeit, z.B. auf Wänden und Decken, an Glasscheiben oder Rohrleitungen, wenn durch die Abkühlung die Feuchtigkeitsaufnahmefähigkeit der Luft sinkt und infolge zu geringer Porigkeit des Untergrundes die Feuchtigkeit nicht aufgesaugt wird*] · (surface) condensation, sweating

~decke *f*, Kondenswasserdecke, Schwitzwasserdecke, Schutzdecke · anti-condensation ceiling

~entwässerung *f*, Schwitzwasserentwässerung, Kondenswasserentwässerung, Kondensatentwässerung · condensate drainage

~farbe *f*, Schwitzwasserfarbe, Kondenswasserfarbe, Kondensatfarbe · anti-condensation paint [*A paint designed to minimize the effects of condensation of moisture under intermittently dry and humid conditions. Such a material normally has a matt textured finish and frequently contains cork or some other heat-insulating material as a filler*]

~isolierung *f*, Schwitzwasserisolierung, Kondenswasserisolierung, Kondensatisolierung · condensation dampproofing

~rille *f*, Schwitzwasserrille, Kondenswasserrille · condensation groove

~rinne *f*, Schwitzwasserrinne, Kondenswasserrinne, Kondensatrinne · condensation gutter, ~ sinking, ~ channel

~schale *f*, Kondenswasserschale, Kondensatschale, Schwitzwasserschale · condensation tray

~schutz *m*, Kondensatschutz, Kondenwasserschutz, Schwitzwasserschutz · protection against condensation

~verhütungsputz *m*, Schwitzwasserverhütungsputz, Kondenswasserverhütungsputz, Kondensatverhütungsputz · anti-condensation plaster

Taylorlinoleum *n* · Taylor's lino(leum)

TB *n* → Teerbitumen

T-Balken(träger) *m* · T(ee)-beam [*A beam of cross-section in the shape of the letter T*]

T-(Bau)Element *n*, T-(Bau)Körper *m*, T-Montageelement, T-Montagekörper, T-Fertig(bau)element, T-Fertig(bau)körper [*Fehlname: T-(Bau)Einheit f, T-Montageeinheit*] · (prefab(ricated)) (single) T(ee) (building) unit, (~) (~) ~ (~) member, (~) (~) ~ (~) component

T-Block(stein) *m*, T-Stein · tee block, T(ee) ~, ~ tile [*See remark under 'Block'*]

T-Deckenelement *n*, T-Deckenplatte *f* · (single) T(ee) (floor) slab

T-Deckenplatte *f*, T-Deckenelement *n* · (single) T(ee) (floor) slab

Te *m*, Temperguß *m* [*Fehlnamen: Temperstahlguß, Halbstahl m*] · malleable cast iron

Teakfenster *n* · teak window

Technik *f* [*Als Wissenschaft, nicht als Anwendung*] · engineering

~ [*Als Anwendung, nicht als Wissenschaft*] · practice, technique, technic

~etage *f*, Technikstockwerk *n*, Technikgeschoß *n*, Betriebsstockwerk, Betriebsgeschoß, Betriebsetage [*Fernmeldeturm; Hochhaus; Stadion*] · apparatus floor; ~ story (US); ~ storey (Brit.)

~geschoß *n*, Technikstockwerk *n*, Techniketage *f*, Betriebsstockwerk, Betriebsetage, Betriebsgeschoß [*Fernmeldeturm; Hochhaus; Stadion*] · apparatus floor; ~ story (US); ~ storey (Brit.)

~raum *m* · mechanical service room

~stockwerk *n*, Techniketage *f*, Technikgeschoß *n*, Betriebsstockwerk, Betriebsgeschoß, Betriebsetage [*Fernmeldeturm; Hochhaus; Stadion*] · apparatus floor; ~ story (US); ~ storey (Brit.)

technische Anforderung *f* [*Leistung; Güte*] · technical requirement, specification ~

~ Angaben *fpl*, ~ Daten *fpl*, ~ Aufzählung *f* · technical data, engineering ~, spec(ifications)

~ Ästhetik *f* · 'machine-age' aestheticism

~ Eigenschaft *f* · engineering property

~ Einrichtungen *fpl*, Betriebseinrichtungen [*Hochhaus*] · mechanical equipment

~ Feuerung *f*, ~ Feuerstätte *f* · industrial furnace

~ Folie *f* · engineering foil

~ Schichtpreßstoffplatte *f* · industrial laminate(d) sheet, ~ ~ board

~ Spielgeräte *npl* · technical play equipment

~ und konstruktive und planerische Ausführungsbearbeitung *f* · handling of all technical and structural and planning details

technischer Berater *m* · technical consultant

~ Beratungsdienst *m* · engineering consultation service, ~ counsel ~

~ Marmor *m*, Marmorkalkstein *m*, polierbarer dichter Kalkstein · compact polishable limestone

~ Staub *m*, Industriestaub · industrial dust

technisches Gas *n*, Heizgas · heating gas

~ Gewerk *n* · mechanical trade [*e.g. plumbing trade*]

Technizismus *m* · technical form of expression

Technologie *f* **der Feuerfeststoffe** · refractory technology

Teegarten *m* · tea garden

Teehaus *n* · tea-house

Teeküche *f* · tea station, ~ kitchen

Teer *m*, Straßen~, T [*DIN 1995*] · (road) tar, tar for road purposes [*B. S. 76*]

~ [*Nach DIN 55946 durch zersetzende thermische Behandlung organischer Naturstoffe gewonnene flüssige bis halbfeste Erzeugnisse. In der Bautechnik wird unter Teer schlechthin der Steinkohlenteer verstanden*] · tar

~ für heiße Oberflächenteerung, Straßen~ ~ ~ ~ · hot surface treating (road) tar

~ ~ kalte Oberflächenteerung, Straßen~ ~ ~ ~ · cold surface treating (road) tar

~ ~ Kaltmischverfahren auf der Straße, Straßen~ ~ ~ ~ ~ ~ · mixed-in-place construction (road) tar

~anstrich *m*, Teeraufstrich · tar coat

~anstrichmittel *n* [*Kalt verarbeitbare Teeranstrichmittel werden durch Auflösen von Steinkohlenteerpech in leicht flüchtigen Lösungsmitteln hergestellt. Sie dienen als Schutzanstrichmittel für Beton, Mauerwerk und Eisen*] · tar paint [*B.S. 1070*]

~anstrichschicht *f*, Teeraufstrichschicht · individual tar coat

~art *f* · type of tar

~aufstrich *m*, Teeranstrich · tar coat

~aufstrichschicht *f*, Teeranstrichschicht · individual tar coat

~basis *f*, Teergrundlage *f* · tar base

~bedachung *f* → Teer(-Spachtel) dach(belag)

~beton *m* · tar concrete

~bitumen *n*, TB [*Straßenbaubitumen mit einem anzugebenden Zusatz von Straßenteer*] · paving asphalt with road tar addition, A.C. ~ ~ ~ ~, asphalt cement ~ ~ ~ ~ (US); (asphaltic-) bitumen for road purposes ~ ~ ~ ~ (Brit.)

~-Bitumen-Dachpappe *f* [*Diese Dachpappe ist hauptsächlich eine Teer-, keine Bitumendachpappe; sie unterscheidet sich von der Teer-Sonderdachpappe dadurch, daß der Tränkmasse und/oder der Deckmasse mindestens*

25 Gew.-% Bitumen zugemischt sind]. tar/asphalt ready roofing, ~ composition ~, ~ prepared ~, ~ roof(ing) felt (US); fluxed pitch/(asphaltic-)bitumen roof(ing) felt (Brit.)

~bitumenemulsion *f* · emulsion of tar/(asphaltic-)bitumen mix(ture) (Brit.); ~ ~ tar/asphalt ~ (US)

~bitumengemisch *n*, Teerbitumenmischung *f* · tar/(asphaltic-)bitumen mix(ture) (Brit.); tar/asphalt ~ (US)

~dach(belag) *n*, (*m*) → Teer-Spachteldach(belag)

~(dach)(ein)deckung *f* → Teer(-Spachtel)dach(belag)

Teerdachpappe *f* [*DIN 52121*] · tar(red) ready roofing, ~ composition ~, ~ prepared ~, roof(ing) felt (US); fluxed pitch roof(ing) felt (*B.S. 981*)

~ in Bahnenform, Bahnen-Teerdachpappe · tar(red) ready sheet roofing, ~ composition ~ ~, ~ prepared ~ ~, ~ sheet roof(ing) felt (US); fluxed pitch sheet roof(ing) felt (Brit.)

~ in Rollenform, Rollen-Teerdachpappe · tar(red) roll(ed-strip) roofing (felt) (US); fluxed pitch ~ ~ (~) (Brit.)

Teer|(dach)spachtelmasse *f*, Teerdeckaufstrichmittel *n*, Teerdeckmasse, Teerdeckanstrichmittel · roof(ing) pitch

~deckanstrichmittel *n*, Teerdeckaufstrichmittel, Teerdeckmasse *f*, Teer(dach)spachtelmasse · roof(ing) pitch

~deckaufstrichmittel *n*, Teerdeckmasse *f*, Teerdeckanstrichmittel, Teer(dach)spachtelmasse · roof(ing) pitch

~deckmasse *f*, Teerdeckanstrichmittel *n*, Teerdeckaufstrichmittel, Teer(dach)spachtelmasse · roof(ing) pitch

~deckung *f* → Teer(-Spachtel)dach(belag)

~dolomit(stein) *m* → teergebundener Dolomit(stein)

~(ein)deckung *f* → Teer(-Spachtel)dach(belag)

~emulsion *f* · tar emulsion

teeren · to tar

Teeren *n*, Teerung *f* · tarring, tarspraying

Teer-Erdölbitumen-|Gemisch *n*, Teer-Erdölbitumen-Mischung *f* · tar-petroleum asphalt mix(ture) (US); tar-(asphaltic-)bitumen ~ (Brit.)

~-Mischung *f*, Teer-Erdölbitumen-Gemisch *n* · tar-petroleum asphalt mix(ture) (US); tar-(asphaltic-)bitumen ~ (Brit.)

Teer|erzeugnis *n* · tar product

~farbstoff *m* · tar dyestuff

~feinbeton *m* · fine tar concrete

~feinsplitt *m* · tarred fine chip(ping)s

~filz(pappe) *m*, (*f*) · tar(red) felt(ed) fabric)

teer|freie Dachpappe *f* [*Fehlname*] → Bitumendachpappe

~gebunden · tar-bound, tarviated

~gebundener Dolomit(stein) *m*, Teer-Dolomit(stein) *m* [*Ungebranntes feuerfestes Erzeugnis, das im wesentlichen aus mit Teer, Öl usw. gebundenen, gebranntem Dolomit besteht. Die Bindemittel dienen als Schutz gegen die Luftfeuchtigkeit (manchmal werden diese feuerfesten Erzeugnisse bei niedrigen Temperaturen (unter 1000° C) teilweise vorgebrannt, um das Bindemittel zu verkracken und zu härten).*] · unfired semi-stable dolomite refractory brick

Teergeruch *m* · tarry smell

teer|getränkt · (coal-)tar-impregnated, (coal-)tar-saturated

~getränkter Dolomit(stein) *m* [*Gebranntes feuerfestes Erzeugnis, das vorwiegend aus gebranntem Dolomit ohne Zugabe von stabilisierenden Mineralien besteht, jedoch meist durch eine organische Flüssigkeit (wie z.B. Teer, Öl usw.) vor der Luftfeuchtigkeit geschützt ist*] · semi-stable refractory dolomite brick

Teer|grobbeton *m* · coarse tar concrete

~grobsplitt *m* · tarred coarse chip(ping)s

~grundlage *f*, Teerbasis *f* · tar base

teerhaltig · tar based

Teer|imprägnieren *n*, Teertränken · tar-saturating, ~ impregnating

~imprägnierung *f*, Teertränkung · tar impregnation, ~ saturation

~kalkstein *m* · tarred limestone, tar-coated ~

~-(Kies)Kleb(e)dach(belag) *n*, (*m*), Teer-(Kies)Kleb(e)(ein)deckung *f*, Teer-(Kies)kleb(e)dach(ein)deckung, Teer-(Kies)kleb(e)bedachung · tar-and-gravel roof covering, ~ ~ cladding, ~ ~ sheathing, ~ roof(ing)

~kleb(e)masse *f* · adhesive tar composition, ~ ~ compound, cementing ~ ~

~lack *m*, Teerlösung *f* · pitch varnish

~lösung *f*, Teerlack *m* · pitch varnish

~magnesit *m* · tar-bonded magnesite

~makadam *m* · tarmacadam [*B.S. 1241–1242*]

~masse *f* · tar(-based) compound, ~ composition

~mastix *m* · tar mastic

~mischmakadam *m* · plant-mix(ed) tarmacadam

~öl *n* · tar oil

~ölimprägnierung *f*, Teeröltränkung · tar oil impregnation, ~ ~ saturation

~öltränkung *f*, Teerölimprägnierung · tar oil impregnation, ~ ~ saturation

~-Pappbedachung *f* → Teer-Pappdach(belag)

~-Pappdach(belag) *n*, (*m*), Teer-Papp(ein)deckung *f*, Teer-Pappdach(ein)deckung, Teer-Pappbedachung · roof cover(ing) with tar(ed) ready roofing, ~ cladding ~ ~ ~ ~, ~ sheathing ~ ~ ~ ~, ~ ~ ~ ~ composition ~, ~ ~ ~ ~ prepared ~, ~ ~ ~ ~ roof(ing) felt (US); ~ ~ ~ fluxed pitch ~ ~ (Brit.)

~pappe *f* · tar(red) paper; fluxed pitch ~ (Brit.) [*See remark under 'Pappe'*]

~-Papp(ein)deckung *f* → Teer-Pappdach(belag)

~pech *n* [*Destillationsrückstand des Teeres*] · tar pitch

~platte *f* · tar tile

~plattenbelag *m* · tar tiling

~prüfgerät *n* · tar tester

~sand *m*, teerumhüllter Sand · tar(-coated) sand

~säure *f* · tar acid

~schlacke *f*, teerumhüllte Schlacke [*Ein mit Teer umhüllter Hochofenschlackensplitt*] · tar(-coated) (iron) (blast-furnace) slag chip(ping)s (Brit.); ~ cinder ~ (US)

~schlämme *f* · tar slurry

~schotter *m*, teerumhüllter Schotter · [*Ein mit Straßenteer umhüllter Schotter*] · tar(-coated) broken stone, ~ ~ rock, ~ crushed ~; ~ (road-)metal (Brit.)

~schutzanstrich *m* · tar protective coat(ing)

~-Sonderdachpappe *f* · special tar(red) ready roofing, ~ ~ composition ~, ~ ~ prepared ~, ~ ~ roof(ing) felt (US); ~ fluxed pitch ~ ~ (Brit.)

Teer(-Spachtel)|bedachung *f* → Teer(-Spachtel)dach(belag)

~dach(belag) *n*, (*m*), Teer(-Spachtel)-(dach)(ein)deckung *f*, Teer(-Spachtel)-bedachung · tar roof(ing), ~ roof cover(-ing) [*A built-up roof(ing) consisting of tarred-felt and coal-tar pitch*]

~(dach)(ein)deckung *f* → Teer(-Spachtel)dach(belag)

Teer|spachtelmasse *f*, Teerdachspachtelmasse, Teerdeckaufstrichmittel *n*, Teerdeckmasse, Teerdeckanstrichmittel · roof(ing) pitch

~sperrlage *f* → Sperrschicht auf Teerbasis

~sperrschicht *f* → Sperrschicht auf Teerbasis

~splitt *m*, teerumhüllter Splitt · chip(ping)s precoated with tar, tar-coated chip(ping)s, tarred chip(ping)s

Teerstreu|decke *f*, Teerstreumakadam *m* · tar dry penetration surfacing, ~ ~ process penetration macadam

~makadam *m*, Teerstreudecke *f* · tar dry penetration surfacing, ~ ~ process penetration macadam

Teer|strick *m* [*DIN 4038*] · tarred rope

~tränken *n*, Teerimprägnieren · tar saturating, ~ impregnating

~tränkmakadam *m* · tar-grouted stone (Brit.); tar penetration macadam, road tar type penetration macadam

~tränkpfanne *f* [*Dachpappenmaschine*] · tar saturator

~tränkung *f*, Teerimprägnierung · tar impregnation, ~ saturation

teerumhüllte Schlacke *f*, Teerschlacke [*Ein mit Teer umhüllter Hochofenschlackensplitt*] · tar(-coated) (iron) (blast-furnace) slag chip(ping)s (Brit.); ~ cinder ~ (US)

teerumhüllter Sand *m*, Teersand . tar(-coated) sand

~ Schotter *m*, Teerschotter [*Ein mit Straßenteer umhüllter Schotter*] · tar (-coated) broken stone, ~ ~ rock, ~ crushed ~; ~ (road-)metal (Brit.)

~ Splitt *m*, Teersplitt · chip(ping)s precoated with tar, tar-coated chip(ping)s, tarred chip(ping)s

Teerung *f* · tarring

Teer|untergrund *m* · tar base (surface)

~vorimprägnieren *n*, Teervortränken · tar pre-saturating, ~ pre-impregnating

~vorimprägnierung *f*, Teervortränkung · tar pre-impregnation, ~ pre-saturation

~vortränken *n*, Teervorimprägnieren · tar pre-saturating, ~ pre-impregnating

~vortränkung *f*, Teervorimprägnierung · tar pre-impregnation, ~ pre-saturation

Tego(-Leim)film *m* [*genormtes Kurzzeichen: T*] · Tego film

Teil *m*, *n* **einer belasteten Fläche** · element of a loaded area

Teil-Auflager|druck *m* → Teilstützdruck

~kraft *f* → Teilstützkraft

~reaktion *f* → Teilstützkraft

~widerstand *m* → Teilstützkraft

Teil|(belag)platte *f*, Teilfliese *f* · tile cut across

~belastung *f* · partial loading

~belastung *f*, Platten~ · loading on part of area

Teilchen *n*, Einzel~, Körnchen, (Einzel-)Korn *n*, Gesteinskorn, Partikelchen [*Mineralmasse*] · grain, particle

Teil|druck *m* · partial pressure

~einspannung *f* · partial fixity, ~ restraint

~einsturz *m* · partial collapse

teilentlüftet · partially vented

Teil|entlüftung *f* [*Grundstücksentwässerung*] · partial venting

~fliese *f*, Teil(belag)platte *f* · tile cut across

~gegendruck *m* → Teilstützkraft

~gewölbe *n*, Trichternische *f*, Trichtergewölbe, Trompe *f* · squinch (arch)

~gleichlast *f* · uniformly distributed partial load

~kanalisation *f*, Teilsystem *n* [*Sie führt nur Brauchwasser und feste und flüssige Fäkalien, vereinzelt auch Gewerbeabwasser ab, nicht aber Niederschlagswasser, welches von Hof- und Straßenflächen durch Rinnen abgeleitet wird und an geeigneter Stelle versinkt*] · partial system (of sewerage), ~ ~ ~ sewers, ~ sewerage (system)

~keller *m* · cellar covering part of the area of a building

teilklimatisiert · partially air-conditioned

Teil|klimatisierung *f* · partial air conditioning

~kostenberechnung *f* **bei der zwischen variablen und fixen Kosten unterschieden wird** · direct costing

~kraft *f*, Komponente *f*, Zweigkraft, Seitenkraft [*Baustatik*] · component

~kraft *f* **des Windes**, Windkomponente · wind component

~kraftgleichung *f*, Komponentengleichung, Seitenkraftgleichung, Zweigkraftgleichung · equation connecting the components

~last *f* · partial load

~lösung *f* · partial solution

~montagedecke *f* [*Die Decke erhält erst mit einer Ortbeton-Druckplatte das volle Tragvermögen*] · (pre)cast floor with in-situ structural topping of concrete

~platte *f*, Teilbelagplatte, Teilfliese *f* · tile cut across

~reinigung *f* [*Abwasser*] · partial purification

~sättigung *f* · partial saturation

~schubriß *m* · partial shear crack

~stein *m* **des NF**, ~ ~ Normalformats, Teilziegel *m* ~ ~ [*¹/₄-Stein; ¹/₂-Stein; ³/₄-Stein*] · brick cut across

~strahlungspyrometer *n* · optical pyrometer

~stützdruck *m* → Teilstützkraft

~stützkraft *f*, Teil-Auflagerwiderstand *m*, Teil-Auflagerreaktion *f*, Teilstützreaktion, Teil-Auflagerkraft, Teilstützwiderstand, Teilstützdruck *m*, Teilgegendruck, Teil-Auflagerdruck · partial reaction, ~ reactive force

~stützreaktion *f* → Teilstützkraft

~stützwiderstand *m* → Teilstützkraft

~system *n*, Teilkanalisation *f* [*Sie führt nur Brauchwasser und feste und flüssige Fäkalien, vereinzelt auch Gewerbeabwasser ab, nicht aber Niederschlagswasser, welches von Hof- und Straßenflächen durch Rinnen abgeleitet wird und an geeigneter Stelle versinkt*] · partial system (of sewerage), ~ ~ ~ sewers, ~ sewerage (system)

~system *n*, Untersystem [*Tragwerkberechnung*] · substructure

~ton *m* · partial [*A pure tone component of a complex tone*]

~umhüllung *f* **aus Beton**, Teilummantelung ~ ~ · partial (concrete) encasement, ~ (~) encasure, ~ (~) haunching, ~ (~) sheath coat, ~ (~) casing

~ummantelung *f* **aus Beton**, Teilumhüllung ~ ~ · partial (concrete) encasement, ~ (~) encasure, ~ (~) haunching, ~ (~) sheath coat, ~ (~) casing

Teilung *f*, Rollenlappen *m* [*Scharnier*] · joint section

Teilungslinie *f*, Lauflinie, Gehlinie, Ganglinie [*Treppe; DIN 18064*] · walking line, pitch ~

Teil|vakuumhohlraum *m* · partially-vacuumed cavity

~verglasung *f*, Klinkerung [*Entsteht durch thermische Behandlung eines Stoffes oder einer Mischung, wobei sich eine gewisse Menge an Schmelz- oder Glasphase bildet, die einen niedrigen Anteil offener Poren ergibt*] · partial vitrification

~vorfertigung *f* · partial prefabrication

~vorspannung *f* · partial (pre)stressing, ~ stretching, ~ tensioning

teilweise eingespannt · partially fixed, ~ restrained

~ Einspannung *f* · partial end-restraint

~ Integration *f*, partielle ~ · partial integration

~ vorgespannt, beschränkt ~ · partially (pre)stressed, ~ stretched, ~ tensioned

~ Vorspannung *f* · partial (pre)stressing, ~ stretching, ~ tensioning

Teilziegel *m* **des NF**, ~ ~ Normalformats, Teilstein *m* ~ ~ [*¼-Stein; ½-Stein; ¾-Stein*] · brick cut across

T-Eisen *n*, T-Stahl *m*, Einfach-~ · T(ee) (steel) section, tee (~) ~, ~ (~) bar

Tektonik *f* · tectonic

Tektonplatte *f* [*Zementgebundene Holzwolle-Leichtbauplatte. DIN 1101*] · Tekton cement-bound wood-wool building slab (Brit.); ~ ~ excelsior ~ ~ (US)

Telamon *m*, Gebälkträger *m*, Atlant *m*, (Ge)Simsträger · atlante, male caryatid [*Carved male figure used instead of columns to support an entablature in classic architecture*]

Telefonzentrale *f* · (tele)phone exchange

T-Element *n* → T-(Bau)Element

Telescheckanlage *f* · TV cheque monitoring system

teleskopartig · telescopic

Teleskop|-Einrüststütze *f* · telescoping shoring column, ~ shore

~fahnenmast *m*, Teleskopflaggenmast · telescopic flagpole

teleskopieren, aus(einander)ziehen · to telescope

Teleskop|schiebetor *n* · telescopic sliding shutter door, ~ ~ shutterdoor

~tür *f* · by-pass(ing) door

Telesterion *n*, Mysterienhalle *f* von Eleusis · Telesterion, Hall of Mysteries at Eleusis

Tellur *n* · tellurium

Tellurat *n* · tellurate

Tellur|blei *n* · tellurium lead

~dioxid *n* · tellurium dioxide

Temenos *n* → Altis

Tempel *m* **am Ilissos** · Temple on the Ilissus

~ der Aphaia in Ägina · Temple of Aphaia at Aegina

~ ~ Juno Lacinia zu Agrigent · Temple of Hera Lacinia at Agrigentum

~ ~ Nemesis zu Rhamnus · Temple of Nemesis at Rhamnus

~ ~ Pallas Polias, Erechtheion *n* · Erechtheion

~ ~ Venus und Roma zu Rom · Temple of Venus and Rome at Rome

~ des Apollo Didymaeos · Temple of Apollo Didymaeus

~ ~ Jupiter Heliopolitanus von Heliopolis, Jupitertempel zu Baalbek · Temple of Jupiter Heliopolitanus at Baalbek

~ ~ Sonnengottes zu Palmyra · Great Temple of the Sun at Palmyra

~ mit Anten, Antentempel, Megarontempel · in antis temple, templum in antis

~ zu Karnak, Ammontempel · Great Temple of Ammon at Karnak

~bau *m* · temple construction, ~ building

~bezirk *m* · temple precinct, ~ district, ~ enclosure

~fassade *f* · temple façade

~front *f,* Tempelvorderseite *f* · temple front

~grab *n* · temple-tomb

~grundriß *m* · temple-plan

~hof *m* · temple court

~kern *m* · temple nucleus

~portikus *m* · temple portico

~stadt *f* · temple-city

~tor *n* · temple gateway

~turm *m* · temple-tower

~turm von Tanjore · sikhara of the Great Temple at Tanjore

~vorderseite *f,* Tempelfront *f* · temple front

~vorhof *m* · temple forecourt

~wand *f* · temple wall

Tempera|farbe *f* · tempera colour (Brit.); ~ color (US)

~malerei *f* · tempera

temperaturabhängig [*(Werk)Stoffverhalten*] · temperature sensitive

Temperatur|abhängigkeit *f* · temperature dependence

~anstieg *m* → Temperaturzunahme

~ausgleich *m* · temperature balance

~auswirkung *f* · temperature effect

~bereich *m,* Temperaturspanne *f* · temperature range, ~ span

temperaturbeständig · temperature-resistant, temperature-proof

Temperatur|beständigkeit *f* · temperature-resistance

~dämmung *f* · temperature insulation

~dämmeigenschaft *f* · temperature insulation property

~dehnung *f* · temperature strain

~einfluß *m* · temperature influence

~empfindlichkeit *f* · temperature susceptibility

~erhöhung *f* → Temperaturzunahme

~-Feuchtigkeits-Index *m,* Temperatur-Feuchte-Index · temperature-humidity index, THI

(~)Fühler *m,* Thermostat *m,* Temperaturregler, Wärmeregler · thermostat, temperature sensing element

~gefälle *n* · temperature gradient

temperaturgesteuert · temperature-controlled

Temperatur|grad *m* · degree of temperature

~kurve *f* · temperature curve

~messung *f* · temperature measurement

~regler *m,* Thermostat *m,* (Temperatur-) Fühler, Wärmeregler · thermostat, temperature sensing element

~schock *m,* Temperaturstoß *m,* Thermoschock [*Plötzliche Temperaturveränderung, die zu einer Rißbildung führen kann*] · thermal shock

~schwankung *f* · temperature fluctuation

~spanne *f,* Temperaturbereich *m* · temperature span, ~ range

~spannung *f* · temperature stress [*Stress in a structure or a member due to changes or differentials in temperature in the structure or member*]

~steigerung *f* → Temperaturzunahme

~steuerung *f* · temperature control

~stoß *m* → Temperaturschock

~strahlung *f,* Wärmestrahlung, Wärmeübertragung durch Strahlung [*Man bezeichnet als Wärmestrahlung die in einem bestimmten Bereich der Wellenlängen und Temperaturen auftretende Energiestrahlung*] · temperature radiation, heat ~

~unterschied *m* · temperature difference

~verteilung *f* · temperature distribution

~wechselbeständigkeit *f* · resistance to temperature changes

~wirkung *f* · temperature effect

~zunahme *f,* Temperatursteigerung *f,* Temperaturerhöhung, Temperaturanstieg *m* · temperature rise, ~ increase [*The increase of temperature caused by absorption of heat or internal generation of heat, as by hydration of cement in concrete*]

Temperguß *m,* Te *m* [*Fehlnamen· Temperstahlguß, Halbstahl m*] · malleable cast iron

Temperierung *f* · thermal environment

Temperstahlguß *m,* Halbstahl *m* [*Fehlnamen*]; Temperguß, Te *m* · malleable cast iron

Templerkirche *f* **in London** · Templars' Church at London, Temple (~) (~ ~)

Tensid *n*, oberflächenaktiver Stoff *m* · surface-active agent

Tensorfunktion *f* · tensor function

Tentorstahl *m* [*Nach dem Walzen durch Zug- und Verdrehkräfte kalt verformt*] · Tentor reinforcing bars

Tepidarium *n* [*Der Raum mit einem Bassin mit lauwarmem Wasser in einer römischen Therme*] · tepidarium

Teppich|(fuß)boden(belag) *m*, Teppichbelag · wall-to-wall carpenting, fitted carpet

~klebestoff *m*, Teppichkleb(e)mittel *n*, Teppichkleber *m* · carpet bonding agent, ~ ~ medium, ~ (~) adhesive, ~ cement(ing agent)

teppichlos · carpetless

Teppichunterlage *f* · carpet base

Terebine *n* [*Ein dunkles Kobaltsikkativ*] · terebine

Termitenbefall *m* · infestation by termites

termitenbeständig, termitenfest · termite-proof

Termitenbeständigkeit *f*, Termitenfestigkeit · resistance to termite attack

termitenfest, termitenbeständig · termite-proof

Termiten|festigkeit *f*, Termitenbeständigkeit · resistance to termite attack

~schutzschild *m* · termite shield

Terpentin *n* [*Fichtenharz. Ausgangsstoff für Terpentinöl*] · gum turpentine

~beize *f* · terpentine stain

~ersatz *m* [*Fehlname*] → Testbenzin

~öl *n* · (oil of) turpentine

~(öl)ersatz *m* [*Fehlname*] → Testbenzin

(Terra di) Siena *f* **gebrannt**, gebrannte (Terra di) Siena · burnt sienna, burned ~, orange-red ~

(~ ~) ~ natur, ungebrannte (Terra di) Siena · raw sienna, natural ~

Terrakotta *f* · terra-cotta, TC [*Fired but unglazed clay, used mainly for wall covering and ornamentation as it can be fired in mo(u)lds*]

~architektur *f*, Terrakottabaukunst *f* · terra-cotta architecture

~auskleidung *f*, Terrakottaverkleidung, Terrakottabekleidung · terra-cotta (sur-)facing, ~ lining

~bekleidung *f*, Terrakottaauskleidung, Terrakottaverkleidung · terra-cotta (sur-)facing, ~ lining

~block(stein) *m*, Terrakottastein · terra-cotta block, ~ tile [*See remark under 'Block'*]

~dach(eindeckungs)stein *m* · terra-cotta roof(ing) tile

~-Ornament *n*, Terrakotta-Schmuckelement *n*, Terrakotta-Schmuckglied *n* · terra-cotta ornament, ~ decorative fixture

~rohr *n* · terra-cotta pipe

~schmuck *m*, Terrakottaverzierung *f* · terra-cotta decorative finish, ~ ~ feature, ~ ornamental ~, ~ decoration, ~ enrichment

~-Schmuckelement *n*, Terrakotta-Schmuckglied *n*, Terrakotta-Ornament *n* · terra-cotta ornament, ~ decorative fixture

~-Schmuckglied *n*, Terrakotta-Schmuckelement *n*, Terrakotta-Ornament *n* · terra-cotta ornament, ~ decorative fixture

~statue *f* · terra-cotta statue

~stein *m*, Terrakottablock(stein) *m* · terra-cotta block, ~ tile [*See remark under 'Block'*]

~tafel *f* · terra-cotta panel [*It consists of a terra-cotta facing with a light-weight concrete backing – including setting clips, etc. – and reinforcing*]

~verkleidung *f*, Terrakottaauskleidung, Terrakottabekleidung · terra-cotta (sur-)facing, ~ lining

~wand(belag)platte *f*, Terrakottawandfliese *f* · terra-cotta wall tile

~wandfliese *f*, Terrakottawand(belag)-platte *f* · terra-cotta wall tile

~wandplatte *f*, Terrakottawandbelagplatte, Terrakottawandfliese *f* · terra-cotta wall tile

~verzierung *f*, Terrakottaschmuck *m* · terra-cotta decorative finish, ~ ~ feature, ~ ornamental ~, ~ decoration, ~ enrichment

Terrasse *f* patio, terrace [*An unroofed, paved area immediately adjacent to a house and overlooking a lawn or garden. Abbreviated: ter*]

Terrassen|bebauung *f* · terraced dwellings

~(belag)platte *f*, Terrassenfliese *f* · terrace tile

~dach *n* · terrace roof, cut ~ [*A pitched roof terminated by a flat roof, thus having no ridge*]

~fliese *f*, Terrassen(belag)platte *f* · terrace tile

~garten *m* [*z.B. die Hängenden Gärten der Semiramis in Babylon*] · terraced garden [*e.g. the 'hanging gardens' at Babylon*]

~heizung *f* · terrace heating

~-Holzschiebetür *f* · sliding wood patio door, ~ ~ terrace ~

~-Holztür *f* · wood patio door, ~ terrace ~

~-Mehrfamilienhaus *n* · terrace-shaped block (of flats) (Brit.); ~ apartment building (US)

~platte *f*, Terrassenbelagplatte , Terrassenfliese *f* · terrace tile

~restaurant *n* · terrace restaurant

~-Schiebetür *f* · sliding patio door, ~ terrace ~

~(toten)tempel *m*, Stufen(toten)tempel · terraced mortuary temple, ~ funerary ~, step ~ ~

~tür *f* · patio door, terrace ~

~türbeschlag *m* · patio door hardware item, terrace ~ ~ ~, ~ ~ fitting

~türbeschläge *mpl* · patio door hardware, terrace ~ ~, ~ ~ fittings, ~ ~ furniture

~wohnung *f* · terrace dwelling (Brit.); ~ ~ unit (US)

~zugang *m* · terrace access

terrassiertes Grundstück *n* · multi-terraced site

Terrazzo *m* [*Gemisch aus Zement und fabigen schleiffähigen Zuschlägen aus Natursteinen. DIN 1965*] · terrazzo (concrete)

~ an Ort und Stelle ausgeführt · cast in situ terrazzo, ~ ~ place ~, terrazzo laid in situ, terrazzo cast in situ, terrazzo placed in situ

Terrazzo-|Abdeckung *f*, Terrazzo-Mauerabdeckung · terrazzo (wall) coping, ~ (~) cope, ~ (~) capping

~arbeit(en) *f(pl)* · terrazzo work

~-Asphalt(belag)platte *f*, Terrazzo-Asphaltfliese *f* [*Verbundplatte, deren Unterschicht aus Asphaltmaterial und deren Oberschicht aus Terrazzo besteht. Die beiden Schichten sind gleich dick*] · asphalt(ic) terrazzo tile

~-Asphaltfliese *f*, Terrazzo-Asphalt(belag)platte *f* [*Verbundplatte, deren Unterschicht aus Asphaltmaterial und deren Oberschicht aus Terrazzo besteht. Die beiden Schichten sind gleich dick*] · asphalt(ic) terrazzo tile

~(belag)platte *f*, Terrazzofliese *f* · terrazzo tile, (pre)cast terrazzo [*B.S. 4131*]

~betrieb *m*, Terrazzowerk *n* · terrazzo concrete plant

~boden(belag) *m*, Terrazzofußboden(belag) · terrazzo floor(ing) (finish), ~ floor cover(ing)

~boden(belag)platte *f*, Terrazzofußboden(belag)platte, Terrazzo(fuß)bodenfliese *f* · terrazzo floor(ing) tile

~bodenfliese *f*, Terrazzofußbodenfliese, Terrazzo(fuß)boden(belag)platte *f* · terrazzo floor(ing) tile

~bodenplatte *f*, Terrazzofußbodenbelagplatte, Terrazzo(fuß)bodenfliese *f* · terrazzo floor(ing) tile

~estrich *m*, Fet *m* · monolithic terrazzo

~fensterbank *f* · terrazzo window sill; ~ ~ cill (Brit.)

~fliese *f*, Terrazzo(belag)platte *f* · terrazzo tile, (pre)cast terrazzo [*B.S. 4131*]

~(fuß)boden(belag) *m* · terrazzo floor(ing) (finish), ~ floor cover(ing)

~(fuß)boden(belag)platte *f*, Terrazzo(fuß)bodenfliese *f* · terrazzo floor(ing) tile

~(fuß)bodenfließe *f*, Terrazzo(fuß)boden(belag)platte *f* · terrazzo floor(ing) tile

~fußleiste *f*, Terrazzoscheuerleiste · terrazzo skirting

~gemisch *n*, Terrazzomischung *f* · terrazzo mix(ture)

~korn *n* · terrazzo grain

~körnungen *fpl* → Steinkörnungen

~-Körnungen *fpl* **aus Marmorvorkommen**, Marmorsplitt *m*, Marmorkörnungen · marble chip(ping)s

~material *n* → Steinkörnungen

~-(Mauer)Abdeckung *f* · terrazzo (wall) coping, ~ (~) cope, ~ (~) capping

~platte *f*, Terrazzobelagplatte, Terrazzofliese *f* · terrazzo tile, (pre)cast terrazzo [*B.S. 4131*]

~scheuerleiste *f*, Terrazzofußleiste · terrazzo skirting

~sockel *m* · terrazzo dado

~spültisch *m* · terrazzo sink top

~streifen *m*, Terrazzo(trenn)schiene *f* · divider strip [*Divider strips are used to control and localize any shrinkage or flexure cracks. The strips also fulfill an important decorative purpose by creating scale and pattern and permitting changes of colour to be made with ease and accuracy*]

~(trenn)schiene *f*, Terrazzostreifen *m* · divider strip [*Divider strips are used to control and localize any shrinkage or flexure cracks. The strips also fulfill an important decorative purpose by creating scale and pattern and permitting changes of colour to be made with ease and accuracy*]

~tritt(stufe) *m*, (*f*) · terrazzo stair tread

~viertelstab *m* **Wand-Decke** · terrazzo cove, ~ coving [*A quadrant terrazzo moulding joining a wall to a ceiling*]

~wand(belag)platte *f*, Terrazzowandfliese *f* · terrazzo wall tile

~wandfliese *f*, Terrazzowand(belag)platte *f* · terrazzo wall tile

~wandplatte *f*, Terrazzowandbelagplatte, Terrazzowandfliese *f* · terrazzo wall tile

~ware(n) *f* · terrazzo ware

~werk *n*, Terrazzobetrieb *m* · terrazzo concrete plant

Tertiär|rippe *f* · tertiary rib, third ~, tierceron

~rippengewölbe *n* · tierceron vault

Terylene|(aufzug)band *n* [*Raffjalousie*] · terylene tape

~-Leiterkordel *f* [*Jalousie*] · terylene ladder web

Tessera *f* · tessera [*A small cube of stone, glass, or marble, used in making mosaics*]

Testbenzin *n*, Lackbenzin, künstliches Terpentinöl *n* [*Fehlname: Terpentin(öl)ersatz m*] · white spirit, mineral solvent for paints; turpentine substitute [*deprecated*] [*The most commonly used thinner for paints and varnishes*]

Tetra|chlorkohlenstoff *m*, CCl_4 · carbon tetrachloride

~kalziumaluminatferrit *n* [*4 CaO·Al_2O_3·Fe_2O_3, abgekürzt C_4AF*] · tetracalcium aluminoferrite

~stylos *m* · tetrastyle [*A portico having a row of four front columns*]

~stylostempel *m* [*Ein Tempel mit vier Frontsäulen*] · tetrastyle temple

(Teufels)Klaue *f* · spur, griffe [*An ornament, usually of foliage, on the corner of a square plinth surmounted by a circular pier*]

Textil|bandage *f*, Textilumwick(e)lung *f* · textile wrap(ping)

~faser *f* · textile fibre (Brit.); ~ fiber (US)

~kaufhaus *n* · textile department store

~umwick(e)lung *f*, Textilbandage *f* · textile wrap(ping)

Texturfehler *m* [*Feuerfestindustrie. 1) S-förmige Textur, S-Textur: Gerichtete Texturfehler, die zumeist beim Strangpressen entstehen, 2) Lagenbildung: Lagenförmige Textur, die manchmal beim Trockenpressen oder beim Nachpressen von Rohlingen (Batzen) auftritt*] · lamination

Theater *n*, Bühnen~ · (stage) theatre, living ~ ~

~ des Marcellus zu Rom · Theatre of Marcellus at Rome

~architektur *f*, Theaterbaukunst *f* · theatre architecture

~baukunst *f*, Theaterarchitektur *f* · theatre architecture

~heizung *f* · theatre heating

Theatinerkirche *f* [*München*] · St. Kajetan church

theoretische Elastizität *f* · theoretical elasticity

~ Grenzlast *f* · theoretical limit load

Theorie *f* **der Architektur** · theory of architecture

~ ~ dünnen Schalen · theory of thin shells

~ ~ Einfühlung · theory of empathy [*Formulated by Lipps in 1903*]

~ ~ elastisch eingespannten Balken(träger) · theory of elastically restrained beams

~ ~ flachen Schalen, ~ ~ krummen Platten · shallow-shell theory, theory of shallow shells

~ ~ krummen Platten, ~ ~ flachen Schalen · shallow-shell theory, theory of shallow shells

~ des plastischen Fließens · theory of plastic flow

~ 3. Ordnung, Spannungs~ ~ ~ · third-order theory

~ 1. Ordnung → Spannungs~ ~ ~

~ 4. Ordnung, Spannungs~ ~ ~ · fourth-order theory

~ 2. Ordnung, Spannungs~ ~ ~, linearisierte Verformungstheorie · second-order theory, deformation ~ [*Initial deformations are taken into account*]

Thermal|härten *n*, Warmhärten, gestuftes Härten · martempering

~quelle *f* · hot spa

Therme *f* · therma

Thermen *fpl* **des Caracalla** · Thermae of Caracalla

~fenster *n*, diokletianisches Fenster · thermal window, Diocletian ~ [*A semicircular window divided into three lights by two vertical mullions. It was used in the Thermae of Diocletian, Rome. Its use was revived in the C 16 especially by Palladio and is a feature of Palladianism*]

thermischer Stoß *m* · thermal shock

~ Wirkungsgrad *m*, Wärmeleistung *f* · heat output, thermal ~

Thermo|diffusion *f* · thermo-diffusion

~harz *n*, (hitze)härtbares (Kunst)Harz · thermosetting (synthetic) resin

~lux *n* [*Ein Mehrscheibenisolierglas, das aus zwei Glasscheiben mit dazwischen liegender 1–3 mm dicker Glasfaserschicht besteht, die durch einen Verbundrand eingeschlossen wird*] · Plyglass

~pane *n* [*Ein Mehrscheibenisolierglas, das beim Einfach-Thermopane aus zwei und einer Luftschicht und beim Doppel-Thermopane aus drei Scheiben und zwei Luftschichten besteht*] · Thermopane glass

~pane-Isoliereinheit *f* · Thermopane unit

~panescheibe *f* · Thermopane pane

~paneverglasung *f* · Thermopane glazing

~plast *m*, thermoplastischer Kunststoff *m* · thermoplastic

thermo|plastisch · thermoplastic [*Becoming soft when heated and hard when cooled*]

~plastische Folie *f* · thermoplastic film, ~ sheeting

~plastischer Kunststoff *m*, Thermoplast *m* · thermoplastic

Thermoschock *m* → Temperaturschock

Thermostat *m*, Temperaturregler *m*, (Temperatur)Fühler, Wärmeregler · thermostat

~-Badebatterie *f* · thermostatic (water) (mixing) valve, ~ (~) mixer (~), ~ (~) blending mixer [*Such a valve is used to mix cold water with hot water*]

thermostatgesteuert · thermostatically(-)controlled

thermostatisch · thermostatic

thermostatisches Heizkörperventil *n* · thermostatic radiator valve

~ Mischventil *n* · thermostat(ic) mixing valve

Thermostatsteuerung *f* · thermostat(ic) control

Thesauros *m* → Schatzhaus

Thiokol *n* · thiokol [*It is a mistake, in fact, to refer to the two-part rubber-base compounds as thiokols, since this name identifies not a material but the company which supplies the polysulfide liquid polymer used as the base ingredient in their manufacture*]

thixotrope (Anstrich)Farbe *f* · thixotropic paint [*The thixotropic paints are sometimes known as one-coat paints because a film of approximately one and a half times the thickness of a normal coat of paint can be achieved in one application. They are not popular for commercial application*]

~ Paste *f* · thixotropic paste

Thixotropie *f*, Wechselfestigkeit *f* [*Die Erscheinung, daß eine Suspension durch mechanische Einwirkung (z.B. Schütteln) verflüssigt und nach einer gewissen Zeit wieder ansteift. Dieser Vorgang ist wiederholbar*] · thixotropy

Tholos *m*, Säulenrundbau *m* [*Tempelform. Runde Cella mit rundem Säulenumgang*] · tholos, circular hut

~grab *n*, unterirdisches kuppelförmiges Rundgrab · tholos type of tomb, beehive ~ [*A subterranean stone-vaulted tomb shaped like an old-fashioned beehive*]

Thomas|mehl *n*, Schlackenmehl, Thomasphosphat *n* · Thomal meal, slag flour, ground basic slag

~phosphat *n*, Thomasmehl *n*, Schlakkenmehl · Thomal meal, slag flour, ground basic slag

~roheisen *n* · basic Bessemer pig iron, Thomas ~

~schlacke *f* · basic slag, Thomas ~

~stahl *m*, T St [*DIN 17006*] · basic converter steel, Thomas ~

Thoriumdioxid *n* · thoria

~erzeugnis *n* · thoria refractory (product)

Thron|himmel *m* · tester [*The canopy over a throne*]

~raum *m* · throne-room

~saal *m* · throne hall

Thymele *m* · thymele [*The altar of Dionysus in the centre of the orchestra in an ancient Greek theatre*]

Tibara *m*, Tibari *m* [*Säulenhalle des indischen Wohnhauses*] · tibari, tibara

Tibari *m*, Tibara *m* [*Säulenhalle des indischen Wohnhauses*] · tibari, tibara

Tiberiusbogen *m* **zu Orange** · Arch of Tiberius at Orange

tief gegliederter Beton *m* · deeply modelled concrete [*for the facades of buildings*]

Tief|ätze *f* [*Säurebehandlung von Glas*] · deep etching [*deprecated: rotting*]

~-Autospeicher *m* → Untergrund-Autospeicher

(Tiefbau)Klinker *m*, Ingenieurbauklinker [*Sammelbezeichnungen für Kanal-, Wasserbau-, Tunnel- und Straßenbauklinker*] · clinker [*(clay) engineering brick (for civil engineering work). B.S. 1301. Clinkers are over-burnt bricks, usually those near to the fire-holes of the kiln. They are hard. but their bad shape makes them useless for general building purposes*]

Tief|behälter *m* [*Ein Wasserbehälter ohne Einfluß auf den Versorgungsdruck*] · low-level water tank

~bohrzement *m*, Ölbohrzement, Erdölzement · oil-well cement [*Hydraulic cement suitable for use under high pressure and temperature in sealing water and gas pockets and setting casing during the drilling and repair of oil wells; often contains retarders to meet the requirements of use*]

~bord *m*, (Tief)Bordstein *m* · curb below ground, inverted curb, flush curb; kerb below ground, inverted kerb, flush kerb (Brit.)

(~)Bordstein *m*, Tiefbord *m* · curb below ground, inverted curb, flush curb; kerb below ground, inverted kerb, flush kerb (Brit.)

Tiefen|gestein *n*, Plutonit *m*, älteres Eruptivgestein, Intrusivgestein, abyssisches Gestein, subkrustales Gestein, plutonisches Gestein · intrusive rock, (igneous) plutonic ~, abyssal ~, abysmal ~

~reinigung *f* · deep cleaning

~wirkung *f* · depth effect

Tief|garage *f* → Untergrund-Autospeicher

~garten *m* · sunken garden

tief|gezogen · deep-drawn, DD

~hängender Spülkasten *m*, Tiefspülkasten · low level (W.C.) flushing tank, ~ ~ (~ ~) (~) cistern, ~ ~ (~ ~) water waste preventer

Tief|kellergeschoß *n*, zweites Kellergeschoß · sub-basement, lower basement [*The second storey below the ground, the storey below the basement*]

~kühltruhe *f* · freezer

tiefliegender Ausguß *m* · slop sink, housemaid's ~ [*A low sink, large enough to take a bucket under the tap, often installed in hospitals*]

Tief|muldenziegel *m*, Klosterziegel, Klosterpfanne *f* · Spanish (clay) tile

~parkanlage *f* → Untergrund-Autospeicher

~spülabort *m*, Tiefspülklosett *n* · washdown (type) (water) closet

~spülkasten *m* → tiefhängender Spülkasten

~spülkastenaborteinrichtung *f*, Tiefspülkastenklosetteinrichtung · low-level suite

~spülkastenklosetteinrichtung *f*, Tiefspülkastenaborteinrichtung · low-level suite

~spülklosett *n*, Tiefspülabort *m* · wash-down (type) (water) closet

~temperaturteer *m*, Urteer, (Steinkohlen)Schwelteer · low-temperature coal-tar

~ziehen *n* · deep drawing

~ziehgüte *f* · deep-drawing (quality), DD ~

Tiegelstahl *m* · crucible steel

Tier|fett *n* · animal fat

~fries *m* · animal frieze

tierische Faser *f* · animal fibre (Brit.); ~ fiber (US) [*e.g. silk*]

tierischer Leim *m*, Tierleim, Glutinleim [*DIN 53260*] · animal glue, ~ adhesive, Scotch glue [*B. S. 745*]

Tier|leim *m*, tierischer Leim, Glutinleim [*DIN 53260*] · animal glue, ~ adhesive, Scotch glue [*B.S. 745*]

~motiv *n* · animal motif

~ornament *n* · animal ornament

~plastik *f* · animal sculpture

~relief *n* · animal relief

~unterkunft *f*, Stall *m*, Stallung *f* · animal quarter, ~ shelter

~unterkünfte *fpl*, Ställe *mpl*, Stallungen *fpl* · animal quarters, ~ shelters

~wachs *n* · animal wax

TiO_2, Rutil *m* · rutile

~ Titanweiß *n* · titanium white

Tischaschenbecher *m* · table ashtray

Tischlerarbeiten *fpl*, Schreinerarbeiten, Bau~ [*DIN 18355*] · joinery work

Tischlereiwesen *n* · joinery [*Timber made into fittings and finishings or its preparation, assembly and fixing as distinct from carpentry*]

Tischler|holz *n* · joinery timber, ~ wood

~leim *m* · joiner's glue, ~ adhesive

~platte *f* [*DIN 68705*] · corebord (Brit.); CLV board

~platte *f* **mit Stäbchenmittellage**, Stäbchenplatte · laminated board, laminboard (Brit.)

~plattentür *f* · corebord door (Brit.); CLV board ~ (US)

Tischplatte *f* · table top

Ti-stabilisiert [*rostfreier Stahl*] · titanium stabilized

Titan *n* · titanium

titanberuhigter Stahl *m* · steel stabilized with titanium

Titan|dioxid(pigment) *n* · titanium dioxid(e) (pigment) (US); ~ dioxide (~) (Brit.)

~eisen *n* → Ilmenit

~karbid-Nickel-Cermet *n* · titanium carbide-nickel cermet

~pigment *n* · titanium pigment

~weiß *n*, TiO_2 · titanium white

~weißanstrich *m*, Titanweißaufstrich · titanium white coat

Titus|bogen *m* **zu Rom** · Arch of Titus at Rome

~thermen *fpl* · Thermae of Titus

T-Körper *m* → T-(Bau)Element

Tobermorit *m* · tobermorite [*A mineral found in Northern Ireland and elsewhere, having the approximate formula $Ca_4(Si_6O_{18}H_2) \cdot Ca \cdot 4H_2O$ identified approximately with the artificial product tobermorite (G) of Brunauer, a hydrated calcium silicate having a CaO/SiO_2 ratio in the range 1.39 to 1.75 and forming minute layered crystals that constitute the principal cementing medium in portland cement concrete; a mineral with 5 mols of lime to 6 mols of silica, usually occurring in plate-like crystals, which is easily synthesized at steam pressures of about 100 psig and higher, the binder in several properly autoclaved products*]

~gel *n* · tobermorite gel [*The binder of concrete cured moist or in atmospheric-pressure steam, a lime-rich gel-like solid containing 1.5 to 2.0 mols of lime per mol of silica*]

Toilette *f*, Abtritt *m*, Klosett *n*, Abort *m* · closet, toilet [*The term 'lavatory' is also used as a euphemism for 'toilet' or 'closet'*]

Toiletten|abwasser *n*, Klosettabwasser, Abort(ab)wasser · closet waste water, toilet ~ ~; soil (Brit.) [*The discharge from waterclosets and urinals*]

~(abwasser)rohr *n*, Abort(fall)rohr, Klosett(abwasser)rohr, Abfallrohr für Aborte · soil pipe [*A pipe collecting from W.C.s and urinals*]

~anlage *f*, Abortanlage, Klosettanlage · closet facility, toilet ~

~becken *n*, Klosettbecken, (Spül)Abortbecken, Sitzbecken, (Spül)Becken · bowl, pan, (water) closet ~, lavatory ~, toilet ~, WC ~, wc ~

~deckel *m*, Klosettdeckel, (Abort)Deckel · (toilet) seat lid, closet ~ ~, lavatory ~ ~

~druckspüler *m* → (Abort)Druckspüler

~kabine *f* → Abortkabine

~muschel *f* **ohne Brille**, (Klosett-)Muschel ~ ~, Abortmuschel ~ ~ · pedestal

~papierhalter *m*, Klosettpapierhalter · toilet paper holder, ~ roll ~

~papierspender *m*, Klosettpapierspender · toilet paper dispenser

~rohr *n*, Toilettenabwasserrohr, Klosett(abwasser)rohr, Abort(fall)rohr, Abfallrohr für Aborte · soil pipe [*A pipe collecting from W.C.s. and urinals*]

~sitz *m*, (Abort)Sitz, Klosettsitz · (lavatory) seat, toilet ~, closet ~, W.C. ~ [*B.S. 1254*]

~spülrohr *n*, (Klosett)Spülrohr, Abortspülrohr · (lavatory) flush(ing) pipe, toilet ~ ~, closet ~ ~ [*B.S. 1125*]

~spülung *f*, Klosettspülung, (Abort-) Spülung · flush(ing) ,lavatory ~, toilet ~, closet ~

~spülwasser *n*, Klosettspülwasser, (Abort)Spülwasser · (lavatory) flush(-ing) water, toilet ~ ~, closet ~ ~

~stand *m* · toilet stall

~trennwand *f* · toilet partition wall

~ventilator *m*, Abortventilator, Klosettventilator · toilet fan, closet ~, lavatory ~

~zelle *f* → Abortzelle

Toleranz *f* [*DIN 7182*] · tolerance

~prüfung *f*, Toleranzprobe *f*, Toleranzversuch *m* · tolerance test

~system *n* **(im Hochbau)** · system of tolerances for building (construction)

~zahlenfolge *f* · tolerance number sequence

Toluidinrot *n* · toluidine red [*Is aniline colour, one of the coal-tar derivatives*]

Toluol *n* · toluol [*The name given to the industrial quality of toluene. It is used as a solvent for cellulose ester lacquers*]

Tomba di Pitagora zu Cortona · Grotto of Pythagoras in Cartone

Tombak *m* [*Hochkupferhaltiges Messing mit 72% bis 90% Cu*] · brass with 72% to 90% copper content

Ton *m*, Roh~ [< *0,002 mm*] · (raw) clay

~→ einfacher ~

~anfeuchtung *f*, Tonbefeuchtung [*Ziegelindustrie*] · clay tempering

~anteil *m*, Tonfraktion *f*, Tongehalt *m*, Tonkomponente *f* · clay fraction, ~ content

~artikel *m*, Tongegenstand *m*, Tonerzeugnis *n* · clay article, ~ product

~ätzung *f* [*Säurebehandlung von Glas*] · French embossing, multi-tone etching

~(belag)platte *f*, Tonfliese, Keramik-(belag)platte, Keramikfliese, keramische (Belag)Platte, keramische Fliese · ceramic tile, clay ~

~(belag)plattenkleber *m* → Keramikfliesenkleber

~beton *m* [*Verbindung von Zement mit Tonpulver*] · concrete made of cement and clay powder

~beton *m* [*Straßenbau*] · clay concrete, clay-stabilized sand

~-Boden(belag)platte *f*, Ton-Fußboden(belag)platte, Ton-(Fuß)Bodenfliese *f* · clay floor(ing) (finish) tile, ~ floor cover(ing) ~

~-Bodenfliese *f*, Ton-Fußbodenfliese, Ton-(Fuß)Boden(belag)platte *f* · clay floor(ing) (finish) tile, ~ floor cover(ing) ~

~-Bodenplatte *f*, Ton-(Fuß)Bodenbelagplatte, Ton-(Fuß)Bodenfliese *f* · clay floor(ing) (finish) tile, ~ floor cover(ing) ~

~brei *m* [*Keramik*] · clay slip

~brennen *n* · clay burning

~brennkurve *f* · clay burning curve

~-Dachgartenstein *m*, Dachgartenziegel *m* · promenade clay roof(ing) tile, ~ roof(ing) clay ~ [*It is placed on a waterproof base to form the floor of roof gardens*]

~dachstein *m*, Dachziegel *m* [*DIN 456*] · clay roof(ing) tile, roof(ing) clay ~

~decken(belag)platte *f*, Tondeckenfliese *f*, Keramikdecken(belag)platte, Keramikdeckenfliese, keramische Dekken(belag)platte, keramische Deckenfliese · ceramic ceiling tile, clay ~ ~

~deckenfliese *f*, Tondecken(belag)platte *f*, Keramikdecken(belag)platte, Keramikdeckenfliese, keramische Dekken(belag)platte, keramische Deckenfliese · ceramic ceiling tile, clay ~ ~

~deckenplatte *f*, Tondeckenbelagplatte, Tondeckenfliese *f*, Keramikdecken(belag)platte, Keramikdeckenfliese, keramische Decken(belag)platte, keramische Deckenfliese · ceramic ceiling tile, clay ~ ~

~drahtgewebe *n*, Ziegeldrahtgewebe, Drahtziegelgewebe, Rollengewebe, Ziegelputzträger *m* [*Auf jeden Kreuzungspunkt des Gewebes ist ein Tonkörperchen gepreßt. Die Saugfähigkeit der Tonkörperchen gewährleistet ein gutes Haften des Putzmörtels*] · clay (pellet) lath(ing) [*B.S. 2705*]

~emulsion *f* · clay emulsion

~-Entlüftungsrohr *n* · clay vent pipe

~erde *f*, Alaunerde [*Aluminiumsesquioxid, das in mehreren Modifikationen auftritt. Die wichtigsten sind γ- und α-Tonerde (Korund). Die sogenannte β-Tonerde enthält geringe Mengen an Alkalioxiden*] · alumina

~erdefabrik *f*, Tonerdewerk *n* · alumina plant

tonerdehaltiger Schamottestein *m*, tonerdereicher ~ · aluminous firebrick, high-alumina ~, ~ fireclay brick

Tonerde|keramik *f* · alumina ceramics, ~ keramics

~klinker *m* · aluminous clinker

~klinkerzuschlag(stoff) *m* · aluminous aggregate of the clinker type

~modul *m* [*früher: Eisenmodul*] · iron-alumina ratio $\frac{Fe_2O_3}{Al_2O_3}$ [*It varies from plant to plant, depending on raw materials and type of cement being produced. At some plants the reciprocal is used for control*]

~mörtel *m* · alumina mortar

~-Nachbehandlungsmittel *n* · aluminized curing compound

~natron *n*, Natriumaluminat *n* · sodium aluminate

tonerde|reicher Schamottestein *m*, tonerdehaltiger ~ · aluminous firebrick, high-alumina ~, ~ fireclay brick

~reiches feuerfestes Erzeugnis *n*, hochtonerdehaltiges ~ ~, ~ ff. ~ · high-alumina refractory (product), aluminous ~ (~)

~reiches ff. Erzeugnis *n* → feuerfestes ~ ~

Ton|erdeschmelzzement *m* · high alumina cement

~erdeverbindung *f*, Aluminat *n* · aluminate

~erdezement *m*, Aluminozement, (Kalzium-)Aluminatzement, TZ · calcium-aluminate cement, aluminous ~, bauxilic ~, alumina ~

~erzeugnis *n* → Tongegenstand

~filmstudio *n* · sound film studio

~fliese *f*, Ton(belag)platte *f*, Keramikfliese, Keramik(belag)platte, keramische (Belag)Platte, keramische Fliese · ceramic tile, clay ~

~fliesenkleber *m* → Keramikfliesenkleber

~fraktion *f*, Tongehalt *m*, Tonanteil *m*, Tonkomponente *f* · clay fraction, ~ content

~-(Fuß)Boden(belag)platte *f*, Ton-(Fuß)Bodenfliese *f* · clay floor(ing) (finish) tile, ~ floor cover(ing) ~

~-(Fuß)Bodenfliese *f*, Ton-(Fuß)Boden(belag)platte *f*, clay floor(ing) (finish) tile, ~ floor cover(ing) ~

ton|gebrannter Hohlstein *m* **für Leicht(dach)decken**, Deckenhohlziegel *m*, Hohldeckenziegel, Hohl-(Dekken)Füllziegel [*DIN 4159*] · hollow filler brick

~gebunden · clay-bound

~gebundene Platte *f*, Wärmekorkplatte [*Der geblähte Korkschrot wird mit Tonmilch oder Tonpech gebunden*] · cork board for heat lagging, ~ ~ ~ ~ insulation

Ton|gegenstand *m*, Tonartikel *m*, Tonerzeugnis *n* · clay article, ~ product

~gehalt *m* → Tonfraktion

~gestein *n* · clay rock, argillaceous ~

~gips *m* · clayey gypsum, argillaceous ~

~grube *f* · clay pit

~halle *f*, Konzerthaus *n*, Konzerthalle · concert hall, music ~

ton|(halt)ig · argillaceous, clayey

~(halt)iger Kalk(stein) *m*, Tonkalk(-stein) · clayey limestone, argillaceous ~, argillocalcite

~(halt)iger Sand *m*, Tonsand · clayey sand, argillaceous ~

Ton|häutchen *n*, Tonüberzug *m* · clay film, ~ coat(ing)

~höhe *f* [*Zuordnung eines Tones oder Tongemisches zu einer bestimmten Skala zwischen tiefen und hohen Tönen. Anmerkung: Das Wort Tonhöhe entstammt der Musik. Allgemein ist die Tonhöhe ein psychologisches Merkmal des Hörereignisses. In der physikalischen Akustik wird die Tonhöhe durch die Frequenz gekennzeichnet*] · pitch [*That attribute of auditory sensation in terms of which sound may be ordered on a scale related primarily to frequency*]

~hohlkügelchen *n*, Tonhohlkugel *f* · clay bubble

Tonhohlplatte *f* → Tonhohlsteinplatte

~ für Installationsleitungen, Tonhohlsteinplatte ~ ~, Ho(u)rdi *m* ~ ~, Ziegelhohlplatte ~ ~, Hohlnutenstein *m* ~ ~ · conduit hollow clay (building) block, ~ clay pot

Tonhohl|plattendecke *f* → Tonhohlsteinplattendecke

~rippenplatte *f*, Rippenziegelhohlplatte, Rippenhohlnutenstein *m*, Rippenhourdi *m*, Rippentonhohlplatte · hollow clay (building) block with keyed underside, clay pot ~ ~ ~ [*The key provided for plaster or rendering is of dovetail form*]

~(stein)platte *f*, Ziegelhohlplatte, Hohlnutenstein *m*, Hohlstein aus gebranntem Ton, H(o)urdi *m* [*DIN 278 und 52501*] · hollow clay (building) block, clay pot [*B.S. 1190*]

~(stein)platte *f* **für Installationsleitungen**, H(o)urdi *m* ~ ~, Ziegelhohlplatte ~ ~, Hohlnutenstein *m* ~ ~ · conduit hollow clay (building) block, ~ clay pot

~(stein)plattendecke *f*, Ziegelhohlplattendecke, Hohlnutensteindecke, H(o)urdidecke · hollow clay (building) block floor, clay pot ~

tonig, tonhaltig · argillaceous, clayey

Ton|kalk(stein) *m*, ton(halt)iger Kalk(-stein) · clayey limestone, argillaceous ~, argillocalcite

~klumpen *m* · clay lump

~komponente *f*, Tonanteil *m*, Tonfraktion *f*, Tongehalt *m* · clay fraction, ~ content

~korn *n*, Tonteilchen *n* · clay grain, ~ particle

~körperchen *n*, Tonstückchen, Tonkreuzchen [*Fehlnamen: Lehmkörperchen, Lehmstückchen, Lehmkreuzchen*] [*Staußziegelgewebe*] · clay pellet, ~ cross

~kreide *f* · chalk containing clay

~kreuzchen *n*, Tonkörperchen, Tonstückchen [*Fehlnamen: Lehmkörperchen, Lehmstückchen, Lehmkreuzchen*] [*Staußziegelgewebe*] · clay pellet, ~ cross

~kügelchen *n* · clay ball

~mehl *n* · clay powder, powder(ed) clay, finely ground fire clay

~mergel *m* · clay marl

~mineral *n*, Schichtsilikat *n* [*Dieses Mineral – charakteristischer Bestandteil des Tones – ist hydratisiertes Alumosilikat, das geringe Mengen an Mg, Fe, K etc. eingebaut hat. Durch Mischen mit Wasser entsteht eine mehr oder minder plastische Masse, die beim Trocknen oder Brennen erhärtet*] · clay mineral, layer silicate

~mosaik *n* · pottery mosaic

Tonne *f* → Tonnengewölbe

Tonnen|blech *n* [*Tonnenbleche werden aus glatten Grobblechen in warmem Zustand durch hydraulische Pressen in ihre gebogene Form gebracht*] · arched plate

Tonne(ngewölbe) *f*, (*n*) [*Gewölbeform mit längs einer Achse gleichbleibendem viertelkreis-, halbkreis-, segmentbogen- oder spitzbogenförmigem Querschnitt*] · wagon vault, barrel ~, tunnel ~

Tonnengewölbe|dach *n* · barrel vault(-ed) roof, tunnel ~ ~, wagon ~ ~

Tonnen(gewölbe)kappe *f*, Gewölbekappe [*Eines der vier Teilstücke des Kreuz(grat)gewölbes, das aus zwei sich rechtwinklig schneidenden Tonnengewölben gleichen Querschnittes entsteht*] · cell, web [*One of the compartments of a groin(ed) vault*]

tonnengewölbt · tunnel-vaulted, barrel-vaulted, wagon-vaulted

Tonnen|kappe *f* → Tonnengewölbekappe

~schale *f* · barrel shell, cylinder segment, segment of cylinder

~(schalen)dach *n* · barrel shell roof, cylinder segment ~

~schalen-Sheddach *n* · north(-light) barrel vault shell roof, saw-tooth ~ ~ ~ ~

~theorie *f* · theory of barrels, barrel theory

Ton|oberfläche *f* · clay surface

~pellet *n* · clay pellet

~platte *f*, Tonbelagplatte, Tonfliese, keramische (Belag)Platte, keramische Fliese, Keramik(belag)platte, Keramikfliese · ceramic tile, clay ~

Tonplatten|(fuß)boden(belag) *m*, Fbt *m* · clay tile floor(ing) (finish), ~ ~ floor cover(ing)

~kleber *m* → Keramikfliesenkleber

Tonpulver *n* · clay powder, powder(ed) clay

Tonrohr *n*, Dränrohr [*DIN 1180*] · clay pipe, CP; (drain) tile, DT (US)

~dränage *f* · clay pipe drainage; tile ~ (US)

Ton|sand *m*, ton(halt)iger Sand · clayey sand, argillaceous ~

~-Sand-Kies-Gemisch *n*, Ton-Sand-Kies-Mischung *f* · clay-sand-gravel mix(ture)

~-Sand-Kies-Mischung *f*, Ton-Sand-Kies-Gemisch *n* · clay-sand-gravel mix(ture)

~sandstein *m* · clayey sandstone, argillaceous ~

(Ton)Scherbe(n) (*m*), gebrannte Scherben · (clay) body, stone

Tonschiefer *m* · (clay) slate, argillaceous ~ [*A rock derived from argillaceous sediments or fine-grained volcanic ashes by metamorphism, and characterized by cleavage along planes independent of the original bedding*]

~ mit viel Chlorit · chlorite slate

Ton|schlämme *f*, Tonschlempe · clay grout, ~ slurry

~schlempe *f*, Tonschlämme · clay grout, ~ slurry

~sinter *m*, Sinterton *m*, gesinterter Ton · sintered clay

~sinterverfahren *n* · clay sintering process

~skala *f* · musical scale

~splitt *m* · clay chip(ping)s

~splittbeton *m* [*Leichtbeton aus ungeformtem Ton oder Ziegelbruch und Zement*] · clay aggregate concrete

~strang *m* [*Ziegelherstellung*] · column of clay

~stückchen *n*, Tonkreuzchen, Tonkörperchen [*Fehlnamen: Lehmkörperchen, Lehmstückchen, Lehmkreuzchen*] [*Staußziegelgewebe*] · clay pellet, ~ cross

~suspension *f* · clay suspension

~teilchen *n*, Tonkorn *n* · clay grain, ~ particle

~überzug *m*, Tonhäutchen *n* · clay film, ~ coat(ing)

Tönung *f* · shade

Ton|verwischung *f* [*Raumakustik*] · blurring

~-Wandfliese *f*, Ton-Wandplatte *f*, Wand-Tonfliese, Wand-Tonplatte · clay wall tile

~-Wandplatte *f*, Ton-Wandfliese *f*, Wand-Tonfliese, Wand-Tonplatte · clay wall tile

~waren *fpl* · clayware

~-Wasser-Beziehung *f* · clay-water relationship

~zement *m* · clay-cement

~-Zement-Schlämme *f*, Zement-Ton-Schlämme · clay-cement grout, ~ slurry

(Ton)Ziegel *m*, (gebrannter) Stein *m*, gebrannter Baustein, (künstlicher) Baustein [*In den USA dürfen auf Grund einer*

Regierungsentscheidung nur solche Baustoffe als „Ziegel" (brick) bezeichnet werden, die aus Ton gebrannt sind. Die Bezeichnung anderer Baustoffe als „brick" ist nur in Verbindung mit näherer Charakterisierung gestattet, z.B. concrete brick = Betonblock] · (burnt) (clay) brick, burned (~) ~, fired (~) ~ [*B.S. 3921*]

Topas *m* [*fluorhaltiges Alumosilikat*] · topaz

Tope *m*, Stupa *m*, Reliquienhügel *m* · tope, stupa [*A mound forming a Buddhist sacred monument*]

~ auf Ceylon, Stupa *m* ~ ~ · dagoba

~schrein *m*, Stupaschrein · stupa shrine, tope ~

~unterbau *m*, Stupaunterbau · stupa(-mound) base, tope(-mound) ~

Töpferton *m*, Ballton · ball clay, potter's ~

Topf|lager *n* · pot bearing

~zeit *f*, Verarbeitungszeit · pot life [*The period after mixing the two packs of a two-pack paint during which the paint remains usable*]

Tor *n*, Außen~ · gate

~ · shutter door, shutterdoor

~antrieb(vorrichtung) *m*, (*f*) · shutter door operator, shutterdoor ~

~bau *m*, Eingangshalle *f*, Propyl(ai)on *n* · propylaeum, propyl(ai)on, monumental gateway

~bau *m* · gateway [*It is characteristic of Hindu architecture*]

~bedienung *f*, Torbetätigung, Torbetrieb *m* · shutterdoor operation, shutter door ~

~betätigung *f*, Torbetrieb *m*, Torbedienung · shutterdoor operation, shutter door ~

~betrieb *m*, Torbedienung *f*, Torbetätigung · shutterdoor operation, shutter door ~

~blatt *n*, Garagen~ · (garage) door leaf

~bogen *m* · gateway arch

Torf *m* [*DIN 4047*] · peat

~beton *m* · peat concrete

~faser *f* · peat fibre (Brit.); ~ fiber (US)

~(faser)dämmplatte *f*, Torf(faser)-platte, Dämm-Torf(faser)platte · peat insulating board, ~ insulation(-grade) ~, ~ ~ sheet

~faserschnur *f* · peat fibre cord (Brit.); ~ fiber ~ (US)

Torflügel *m* · shutter door leaf, shutterdoor ~

Torf|mehl *n*, Torfmull *m* · peat dust, ~ meal, ~ powder

~mull *m*, Torfmehl *n* · peat dust, ~ meal, ~ powder

~platte *f* → Torf(faser)dämmplatte

~schlacke *f* · peat cinder (US); ~ clinker (Brit.)

~schnur *f* [*für Dämm- und Isolierzwecke*] · peat cord covering

~stein *m* · peat brick

~teer *m* · peat tar

~teerpech *n* · peat-tar pitch

Torführung *f* · shutter door guide, shutterdoor ~

Torf|urteer *m* · low-temperature peat tar

~-Zwischenbauteil *m*, *n* [*Rippendecke*] · peat (floor) filler

Torhöhe *f* · shutterdoor height, shutter door ~

Torkretbeton *m* · dry-mix shotcrete [*Pneumatically conveyed shotcrete in which most of the mixing water is added at the nozzle. Trade name: Gunite*]

(Torkret)Beton-Spritzmaschine *f*, (Torkret-)Zement(mörtel)kanone *f*, Zementmörtel-Spritzapparat *m* nach dem Torkretverfahren, Tektor *m*, Torkretkanone · (cement concrete) gunite machine, ~ gun

Torkretieren *n* · placing of dry-mix shotcrete

Torkret(ier)hilfe *f* · guniting aid

Torkret|kanone *f*, Tektor *m*, Zementmörtel-Spritzapparat *m* nach dem Torkretverfahren, (Torkret)Beton-Spritzmaschine *f*, (Torkret-)Zement(mörtel)-kanone · (cement concrete) gunite machine, ~ gun

~mantel *m* · gunite jacket

~mörtel *m* · gunite mortar

~schicht *f* · gunite coating

~technik *f* · gunning technique, ~ technic

torkretummantelt · gunite-jacketed

Torkretverfahren *n*, Betonspritzverfahren · guniting, concrete-spraying, cement gun work [*A special process for placing concrete or mortar employing compressed air to convey the dry ingredients to a spraying nozzle where the water is added. This process and plant must not be confused with the concrete gun*]

(Torkret-)Zement(mörtel)kanone *f*, (Torkret)Beton-Spritzmaschine *f*, Zementmörtel-Spritzapparat *m* nach dem Torkretverfahren, Tektor *m*, Torkretkanone *f* · (cement concrete) gunite machine, ~ gun

Tor|öffnung *f*, lichter Durchgang *m*, Torloch *n* · shutter door opening, ~ ~ aperture

~pfeiler *m* · gate pier [*Stone, brick or reinforced concrete pier to which a gate is hung*]

~pfosten *m* · gate post [*Timber or metal post to which a gate is hung*]

~-Rippenstahl *m* → Torstahl 42

Torsion *f*, (Ver)Drillung *f*, Verwindung, Verdrehung · torsion, twist(ing)

Torsions|armierung *f* → Torsionsbewehrung

~aufgabe *f,* Drill(ungs)aufgabe, Verdrehungsaufgabe, Verwindungsaufgabe, Torsionsproblem *n,* Drill(ungs)-problem, Verdrehungsproblem, Verwindungsproblem · torsion(al) problem

~bewehrung *f,* Torsionsarmierung, Torsions(stahl)einlagen *fpl,* Drill(ungs)bewehrung, Drill(ungs)armierung, Drill(ungs)(stahl)einlagen, Verdrehungsbewehrung, Verdrehungsarmierung, Verdrehungs(stahl)einlagen, Verwindungsbewehrung, Verwindungsarmierung, Verwindungs(stahl)einlagen [*Zur Aufnahme von Zugkräften an den Außenflächen von Balken(trägern), die bei Torsion entstehen*] · torsion(al) reinforcement, ~ steel

~bruch *m,* Drill(ungs)bruch, Verdrehungsbruch, Verwindungsbruch · torsion(al) failure, twist(ing) ~

~drehung *f,* Verwindungsdrehung, Drill(ungs)drehung · rotation due to torsion

~einlagen *fpl* → Torsionsbewehrung

~elastizität *f,* Drill(ungs)elastizität, Verdrehungselastizität, Verwindungselastizität · torsional elasticity

~festigkeit *f,* Drill(ungs)festigkeit, Verwindungsfestigkeit, Verdreh(ungs)festigkeit, Drill(ungs)steifigkeit Torsionssteifigkeit, Drill(ungs)steife *f,* Torsionssteife, Verdreh(ungs)steife, Verdreh(ungs)steifigkeit [*Spannung in kp/mm², die senkrecht zur Längsachse eines auf Verdrehung beanspruchten Körpers bis zum Bruch aufzuwenden ist*] · torsion(al) strength, twist(ing) ~, ~ stiffness, ~ rigidity, stiffness in torsion, rigidity in torsion

torsionsfrei → torsionslos

Torsions|grad *m,* Drill(ungs)grad, Verdrehungsgrad, Verwindungsgrad · degree of twist(ing), ~ ~ torsion

~knicken *n* → Verdrehungsknicken

~knicklast *f,* Drill(ungs)knicklast, Verdrehungsknicklast, Verwindungsknicklast · torsion(al) buckling load, twist(-ing) ~ ~

~konstante *f,* Drill(ungs)konstante, Verdrehungskonstante, Verwindungskonstante · torsion(al) constant, twist(ing) ~

~labilität *f,* Drill(ungs)-Labilität, Verdrehungslabilität, Verwindungslabilität · torsion(al) instability, twist(ing) ~

torsionslos, drillos, verdrehungslos, verwindungslos, torsionsfrei, drill(ungs)-frei, verdrehungsfrei, verwindungsfrei, drillungslos · torsion-free, torsion-less, twist-free, twist-less

Torsions|moment *n,* Drill(ungs)moment, Verdrehungsmoment, Verwindungsmoment · torsion(al) moment, twist(ing) ~, torque

~probe *f,* Torsionsprüfung *f,* Torsionsversuch *m,* Verwindeprobe, Verwindeversuch, Verwindeprüfung, Drill(ungs)-probe, Drill(ungs)versuch, Drill(ungs)-prüfung, Verdrehungsprobe, Verdrehungsversuch, Verdrehungsprüfung · torsion(al) test

~problem *n,* Drill(ungs)problem, Verdrehungsproblem, Verwindungsproblem, Verwindungsaufgabe *f,* Drillaufgabe, Torsionsaufgabe, Verdrehungsaufgabe · torsion(al) problem

~prüfmaschine *f* · torsion testing machine, ~ tester

~prüfung *f* → Torsionsprobe

~schwingung *f,* Verdrehungsschwingung, Verwindungsschwingung, Drill(ungs)schwingung · torsion(al) vibration, ~ oscillation

~spannung *f,* Drill(ungs)spannung, Verdrehungsspannung, Verwindungsspannung · torsion(al) stress, twist(ing) ~

~stab *m,* Federstab · torsion bar, ~ rod

~(stahl)einlagen *fpl* → Torsionsbewehrung

torsionssteif, drill(ungs)steif, verdrehungssteif, verwindungssteif · torsionally stiff, ~ rigid

Torsions|steife *f* → Torsionsfestigkeit

~steifigkeit *f* → Torsionsfestigkeit

~theorie *f* · theory of torsion

~versuch *m* → Torsionsprobe

~viskosimeter *n* · torsion visco(si)-meter

~welle *f* [*Schalltechnik*] · torsional wave

~widerstand *m,* Drill(ungs)widerstand, Verdrehungswiderstand, Verwindungswiderstand · torsion(al) resistance

~winkel *m,* Verdrehungswinkel, Verwindungswinkel, Drill(ungs)winkel · torsion(al) angle

Torstahl 42 *m,* Tor-Rippenstahl, Sonderbetonstahl IIIb [*Verwundener Rundstahl mit zwei schraubenförmig verlaufenden Längsrippen*] · Torsteel

Torsturz *m* · shutterdoor lintel, shutter door ~

Torturm *m,* Burg~ · gate(way) tower

Torus *m,* Wulst *m, f* · torus [*A large convex moulding of semicircular profile, e.g., at the base of a column*]

~membran(e) *f* · toroidal membrane

~schale *f* · toroidal shell

~schalensegment *n* · toroidal shell segment

toskanische Säule *f* · Tuscan column

~ (Säulen)Ordnung *f,* tusk(an)ische ~ · Tuscan order

Totaltheater *n* · Total Theatre [*Designed by Walter Gropius in collaboration with Erwin Piscator; it was a theatre capable of being adapted to suit each type of play performed*]

Totbrennen *n* · dead burning

tote Leitung *f* [*Elektrotechnik*] · dead wire

Toten|haus *n* [*Krankenhaus*] · mortuary block

~kapelle *f*, Memorienkapelle, Gedächtniskapelle · memorial chapel, commemorative ~

~stadt *f*, Nekropole *f*, Gräberstadt [*Friedhof mit architektonisch gestalteten Gräbern oder mit Grabbauten, die oft noch gruppiert oder um größere Grabbauten regelmäßig angeordnet sind*] · necropolis

~tempel *m* · funerary temple, mortuary ~

totgebrannt [*Ein Stoff ist totgebrannt, wenn er durch eine bestimmte Wärmebehandlung möglichst reaktionsträge und raumbeständig geworden ist*] · dead burned, dead burnt

totgebrannter Gips *m*, Totgebranntes *n*, unlöslicher Anhydrit *m*, unlösliches Anhydrit *n*, Anhydrit II, $CaSO_4$ · dead-burnt gypsum, dead burned ~

Totgebranntes *n*, totgebrannter Gips *m*, unlöslicher Anhydrit *m*, unlösliches Anhydrit *n*, Anhydrit II, $CaSO_4$ · dead-burnt gypsum, dead burned ~

totgebranntes Erzeugnis *n* [*Feuerfestindustrie. In Großbritannien bezeichnet dieser Ausdruck „clinker" oft totgebrannten Dolomit*] · clinker

Totlast *f* · dead load, DL

T-Platte *f* · (single) T(ee) slab

T-Querschnitt *m* · T(ee) cross section

Trabantenstadt *f*, Satellitenstadt · satellite town

Trachyt *m* · trachyte [*A volcanic rock characterized by alkali-feldspar, without quartz but usually with biotite, augite, etc.*]

~tuff *m* · trachytic tuff

traditionelle Architektur *f*, ~ Baukunst *f*, überlieferte ~, überkommene ~ · traditional architecture

~ Bauform *f* , überkommene ~, überlieferte ~ · traditional form of building

~ Baukunst *f* → ~ Architektur

traditioneller Stil *m*, überlieferter ~, überkommener ~ · traditional style

traditionsgebunden · traditional

Traforaum *m* · transformer room

Trag|beton *m* [*Der Beton, dessen Oberfläche durch den Hartbelag verschleißfest gemacht wird. Nicht verwechseln mit „Grundbeton" einer Hartbetonplatte*] · base concrete

~ebene *f* · (load)bearing plane

Trageeisen *n* [*Hängedecke*] · runner

tragend, last~, belastet · (load)bearing, weight-carrying, load-carrying

tragende Unterlage *f* [*für einen Hartbetonbelag oder Zementestrich*] · base

tragendes Mauerwerk *n*, last~ ~, Auflagermauerwerk · (load)bearing masonry (work), supporting ~ (~), weight-carrying ~ (~)

~ System *n*, last~ ~, Tragsystem [*Das aus einer Konstruktion bzw. aus einem Tragwerk abstrahierte gedankliche Gebilde, das man mit den Methoden der Baustatik untersuchen kann*] · (load-) bearing system, structure ~, weight-carrying ~

Träger *m* [*Jeder Balken ist ein Träger, aber jeder Träger ist nicht notwendigerweise ein Balken; denn es gibt Balken(träger) und Bogen(träger)*] · girder

~ → Anstrichfläche

~, ~stoff *m*, Einlage *f* · insert(ion)

~, ~schicht *f*, Rücklage *f*, Hinterlegung *f*, Unterlage, Rücken *m* · base, backing, underlay, substrate, substratum

~ [*Kälte; Wärme*] · transfer medium

~ mit einem Steg, einwandiger Träger · single-web girder, single-stalk ~

~ ~ halber Vorspannung · half prestressed girder

~ ~ Sprengwerk und Hängestäben · trussed beam with diagonals and suspenders

~abstand *m* · girder interval, distance between girders

~auflager *n* · girder support

~bahn *m* · base sheet(ing), backing ~, underlay ~

~(bau)system *n*, Trägerkonstruktion(ssystem) *f*, (*n*) · girder construction, ~ (structural) system

~belastung *f* · girder loading

~bemessungsformel *f* · girder design formula

~dach *n* · girder roof

~decke *f*, Plattendecke zwischen Trägern [*Geeignete Bauplatten für Trägerdecken sind Hourdiplatten, bewehrte Schwerbetonplatten und bewehrte Leichtbetonplatten*] · girder floor

~drehung *f* · rotation of a girder, ~ ~ girders

~einspannungen *fpl* **durch Wände** · girder restraints provided by walls with openings

~eisen *n*, Profileisen [*Fehlnamen*]; Stahlprofil *n*, Trägerstahl *m*, Profilstahl, Stahlträger *m* [*Von den Walzwerken hergestellter Formstahl mit I-, IP- und U-Querschnitt, der als Träger für Bauzwecke verwendet wird*] · steel section, ~ girder

~element *n* · girder element

~feld *n*, Trägeröffnung *f* · girder span

~folie *f* · base foil

trägerfrei, trägerlos [*Bahn*] · without base, ~ backing

~, trägerlos · girderless

trägerfreie Decke *f*, trägerlose ~ [*Eine Pilzdecke mit oder ohne Stützenköpfe. Eine letztere heißt Flachdecke*] · girderless floor

Träger|gewebe *n* · base fabric

~gruppe *f* · class of girder

~herstellung *f* · girder manufacture

~höhe *f* · girder depth

~konstruktion(ssystem) *f*, (*n*), Träger(bau)system · girder construction, ~ (structural) system

(~)Kreuzwerk *n*, (Träger)Rost *m* · girder grill(ag)e, ~ grid

~lager *n* · girder bearing

~lastmoment *n* · girder load moment

trägerlos, trägerfrei · girderless

~, füllerlos [*Kunststoffolie*] · unsupported

~, trägerfrei [*Bahn*] · without base, ~ backing

trägerlose Decke *f*, trägerfreie ~ [*Eine Pilzdecke mit oder ohne Stützenköpfe. Eine letztere heißt Flachdecke*] · girderless floor

Träger|metall *n* · backing metal

~öffnung *f*, Trägerfeld *n* · girder span

~papier *n* · backing paper

~profil *n* · girder section

~querschnitt *m* · girder cross section

~raster *m* · girder grid

~rastersystem *n* · girder grid system

(~)Rost *m*, (Träger)Kreuzwerk *n* · girder grill(ag)e, ~ grid

~(schicht) *m*, (*f*), Rücklage *f*, Hinterlegung *f*, Unterlage, Rücken *m* · base, backing, underlay, substrate, substratum

(~)Stab *m*, Gitterstab, Füll(ungs)stab, Glied *n* · member, bar, rod, element

~stahl *m*, Profilstahl, Stahlträger *m*, Stahlprofil *n* [*Fehlnamen: Trägereisen n, Profileisen. Von den Walzwerken hergestellter Formstahl mit I-, IP- und U-Querschnitt, der als Träger für Bauzwecke verwendet wird*] · steel section, ~ girder

~steg *m* → Steg

(~)Stegschalung *f* · web form(work), ~ shuttering, ~ forms

~(stoff) *m*, Einlage *f* · insert(ion)

~stoß *m* · girder joint

~system *n*, Trägerbausystem, Trägerkonstruktion(ssystem) *f*, (*n*) · girder construction, ~ (structural) system

~ummantelung *f* · encasing of girder(s)

~ummantelungsstein *m*, Anfängerstein [*Steineisendecke*] · girder encasing block

~verbindung *f*, Trägeranschluß *m* · girder connection

~werkstoff *m* · girder material

~wirkung *f* · girder action

Trag(e)|schiene *f* · carrying rail

~-U-Profil *n*, U-Trag(e)profil · carrying channel

Tragfähigkeit *f*, Tragvermögen *n* · load-carrying capacity, ~ power, ~ property, ~ quality, (load)bearing ~, weight-carrying ~, structural strength

(Trag)Gerippe *n*, (Trag)Skelett *n* · (structural) skeleton, (load)bearing ~, weight-carrying ~

(~)Gerippebau *m*, (Trag)Skelettbau, · (structural) skeleton construction, (load)bearing ~ ~, weight-carrying ~ ~

(~)Gerippebauwerk *n*, (Trag)Skelettbauwerk · (structural) skeleton structure, (load)bearing ~ ~, weight-carrying ~ ~

~gerüst *n* [*Arten: Schalungs- oder Lehrgerüst, Montagegerüst, Lagergerüst*] · supporting scaffold(ing)

Trägheit *f* · inertia

Trägheits|achse *f*, Trägheitsmittellinie *f* · center line of inertia (US); centre ~ ~ ~ (Brit.); axis ~ ~

~ellipse *f* · ellipse of intertia

~ellipsoid *n* · ellipsoid of inertia

~halbmesser *m* · radius of inertia

~hauptachse *f*, Trägheitshauptmittellinie *f*, Hauptträgheitsachse, Hauptträgheitsmittellinie · principal axis of inertia, main ~ ~ ~; ~ centre line ~ ~ (Brit.); ~ center line ~ ~ (US)

~hauptmittellinie *f*, Trägheitshauptachse *f*, Hauptträgheitsmittellinie, Hauptträgheitsachse · principal axis of interta, main ~ ~ ~, ~ centre line ~ ~ (Brit.); ~ center line ~ ~ (US)

~kraft *f* · inertia force

~kreis *m* · circle of intertia

~mittellinie *f*, Trägheitsachse *f* · center line of inertia (US); centre ~ ~ ~ (Brit.); axis ~ ~

~modul *m* · module of inertia

~moment *n* · second moment (of area), moment of inertia [*of a section*]

~produkt *n* · product of inertia

Traglast *f* · limit load, plastic ~

~satz *m* · limit theorem, plastic ~

~verfahren *n* · limit design

Trag|lufthalle *f*, luftgestütztes System *n*, Pneusystem, luftgetragene Halle, luftgestützte Halle · air-inflated structure, ~ building, inflatable ~, air-supported ~

~mechanismus *m* · (load) bearing mechanism

~moment *n* · capacity moment

(~)Rahmen *m* · (structural) frame, (load)bearing ~, weight-carrying ~

(~)Rahmenbau *m* · frame(d) construction

(~)Rahmenbauwerk *n* · frame(d) structure

~rippe *f* · (load)bearing rib, weight-carrying ~

~säule *f*, Pilzsäule [*Fehlnamen*]; Pilz(decken)stütze *f* · mushroom (head) column, flared ~ ~, flaring ~ ~

~seil *n*, Hängeseil · suspension cable

(~)Skelett *n*, (Trag)Gerippe *n* · (structural) skeleton, (load)bearing ~, weight-carrying ~

(~)Skelettbau *m*, (Trag)Gerippebau, · (structural) skeleton construction, (load)bearing ~ ~, weight-carrying ~ ~

(~)Skelettbauwerk *n*, (Trag)Gerippebauwerk · (structural) skeleton structure, (load)bearing ~ ~, weight-carrying ~ ~

~spannung *f* · load factor stress

~stab *m* [*Tragstäbe liegen in der Zugzone. Sie haben Endhaken und werden als „gerade" Einlagen angeordnet, wenn die Zugkräfte nur unten (vollständig frei aufliegend) oder nur oben (auskragend) auftreten*] · non-bent-up reinforicng bar, ~ ~ rod, ~ reinforcement ~

~stein *m* → Kragstein

Tragsystem *n*, (last)tragendes System [*Das aus einer Konstruktion bzw. aus einem Tragwerk abstrahierte gedankliche Gebilde, das man mit den Methoden der Baustatik untersuchen kann*] · (load)bearing system, structure ~, weight-carrying ~

~ aus sich durchdringenden Faltflächen · structure system through interpenetration of folded surfaces

~ im Biegezustand · structure system in bending

~ ~ einfachen Spannungszustand · structure system in single stress condition

~ ~ Flächenspannungszustand · structure system in surface stress condition

~ ~ zusammenwirkenden Zug- und Druckzustand · structure system in coordinate tension and compression

Trag|wand *f* · (load)bearing wall

~werk *n* [*Ein materielles System von Bauelementen bzw. Trägern*] · (load-)bearing structure, (weight-carrying) ~, supporting ~

~werk *n* **mit veränderlichen Trägheitsmomenten** · non-uniform (load) bearing structure, ~ (weight-carrying) ~, ~ supporting ~

Trainingshalle *f*, Übungshalle · practice hall

Trajans|bogen *m* **zu Ancona** · Arch of Trajan at Ancona

~säule *f* · Trajan's column, column of Trajan

~thermen *fpl* · Thermae of Trajan

Trakt *m*, Gebäude~, Bau~ · block, unit, accommodation, portion

Trambalken *m*, Zugbalken, Hauptbalken, Spannbalken [*Eines einsäuligen Hängewerkes*] · main beam, tie ~

Tränenblech *n* · treadplate

Tränk|anlage *f*, Imprägnier(ungs)anlage · impregnation plant, impregnating ~, saturating ~, ~ installation

~bad *n*, Imprägnierbad · impregnation bath, saturation ~

tränkbar · saturable, impregnable

Tränk|barkeit *f* · saturability, impregnability

~bitumen *n*, Imprägnierbitumen · penetration-grade (asphaltic) bitumen (Brit.); ~ asphalt, saturating asphalt, impregnating asphalt (US)

tränken, imprägnieren · to impregnate, to saturate

Tränken *n*, Imprägnieren · saturating, impregnating

Tränk|gemisch *n*, Tränkmischung *f*, Imprägnier(ungs)mischung, Imprägnier(ungs)gemisch · saturating mix(ture), impregnating ~

~grad *m* · degree of impregnation, ~ ~ saturation

~harz *n* [*Schichtstoff*] · resin varnish

~makadam *m* · penetration macadam

~masse *f*, Tränkmittel *n*, Imprägnier(ungs)mittel, Imprägnier(ungs)masse · saturating composition, ~ agent, impregnating ~, saturant

~mischung *f*, Tränkgemisch *n*, Imprägnier(ungs)gemisch, Imprägnier(ungs)mischung · saturating mix(ture), impregnating ~

~mittel *n*, Tränkmasse *f*, Imprägnier(ungs)mittel, Imprägnier(ungs)masse · saturating composition, ~ agent, impregnating ~, saturant

~pfanne *f* [*Dachpappenmaschine*] · saturator

~teer *m*, Imprägnier(ungs)teer · tar saturant

~temperatur *f*, Imprägnier(ungs)temperatur · saturating temperature, impregnating ~

Tränkung *f*, Imprägnierung · impregnation, saturation

Tränkungs|geschwindigkeit *f*, Imprägnierungsgeschwindigkeit · speed of saturation, ~ ~ impregnation, saturation speed, impregnation speed

~probe *f* → Tränkungsversuch

~prüfung *f* → Tränkungsversuch

~versuch *m*, Tränkungsprobe *f*, Tränkungsprüfung *f*, Imprägnier(ungs)versuch, Imprägnier(ungs)prüfung, Imprägnier(ungs)probe · saturating test, impregnating ~

Tränkzeit *f* · impregnation period, saturation ~, ~ time

Transenna *m* [*Verschluß der Fensteröffnung mit durchbrochenen Stein- oder Holzplatten oder dünn geschliffenen Marmorplatten, vor Einführung der Fensterverglasung*] · transenna

Transept|basilika *f*, Querschiffbasilika, Querhausbasilika · transeptal basilica

~fenster *n*, Querhausfenster, Querschiff-Fenster · transept window

Transistor-Wechselrichter-Leuchte *f* · luminaire with transistorized inverter control gear (US); light fitting ~ ~ ~ ~ ~ (Brit.)

Transitschuppen *m* · transit shed

transkristalline Korrosion *f*, interkristalline ~, Kornzerfall *m*, Korngrenzenkorrosion · intergranular attack, ~ corrosion, intercrystalline ~, transcrystalline ~

Translations fläche *f* · translation(al) surface

~schale *f* · translation(al) shell

Transmissionswärmeverlust *m* · heat transmission loss

Transport *m* **auf der Baustelle,** ~ vor Ort · on-site handling

transportarmiert, transportbewehrt · reinforced for handling

Transport|armierung *f*, Transportbewehrung, Transport(stahl)einlagen *fpl* · handling reinforcement [*A material, such as mild steel rod, incorporated in cast stone solely for the purpose of permitting the unit to be handled without damage until it is built into its position on the site*]

Transportbeton *m*, Lieferbeton, Fertigbeton · ready-mix(ed) concrete [*B.S. 1926*]

~hersteller *m* · ready-mix(ed) concrete supplier, ~ ~ fabricator, ~ ~ plant operator

transportbewehrt, tansportarmiert · reinforced for handling

Transportbewehrung *f*, Transportarmierung, Transport(stahl)einlagen *fpl* · handling reinforcement [*A material, such as mild steel rod, incorporated in cast stone solely for the purpose of permitting the unit to be handled without damage until it is built into its position on the site*]

transportfähig, transportierbar · transportable

Transportfestigkeit *f* · handling strength

transportierbar, transportfähig · transportable

Transport|-Magerbeton *m*, Liefer-Magerbeton, Fertig-Magerbeton · ready-mix(ed) lean concrete

~mörtel *m* · ready-mix(ed) mortar [*Mortar, usually lime and sand, mixed before delivery to the site*]

~(stahl)einlagen *fpl*, Transportbewehrung *f*, Transportarmierung · handling reinforcement [*A material, such as mild steel rod, incorporated in cast stone solely for the purpose of permitting the unit to be handled without damage until it is built into its position on the site*]

Transversal|bogen *m* → Querbogen

~gurt *m* → Querbogen

~welle *f* [*Im Gegensatz zu Gasen und Flüssigkeiten können in festen Körpern jedoch auch Schubkräfte übertragen werden, so daß Körperschall hauptsächlich in Form von Transversalwellen auftritt, bei denen die Teilchen quer zur Ausbreitungsrichtung schwingen*] · transverse wave, shear ~, rotational ~

Trapez|belastung *f* · trapezoidal loading

~-Dreischichtentafel *f*, Trapez-Dreilagentafel, trapezförmige Dreischichtentafel, trapezförmige Dreilagentafel · trapezoid(al) sandwich panel, ~ three-layer(ed) ~

~feinblech *n*, trapezförmiges Feinblech, trapezprofiliertes Feinblech · trapezoi(dal) (metal) sheet

trapezförmige (Dach)Rinne *f*, trapezprofilierte ~, Trapez(dach)rinne · trapezoid(al) (eave(s)) gutter, ~ ~ trough, ~ ~ trow

~ Dreilagentafel *f* → Trapez-Dreischichtentafel

~ Platte *f*, trapezprofilierte ~, Trapezplatte · trapezoid(al) plate, ~ slab

Trapez|gewebe *n* [*Holzstabgewebe als Putzträger*] · trapezoid(al) wood lath(ing) (for plastering)

~(gewölbe)joch *n*, trapezförmiges (Gewölbe)Joch · trapezoid(al) (vault) bay

~grobblech *n*, trapezförmiges Grobblech, trapezprofiliertes Grobblech · trapezoi(dal) (metal) plate

~-Holzstabgewebe *n*, trapezförmiges Holzstabgewebe, trapezprofiliertes Holzstabgewebe [*Putzträger*] · trapezoid(al) wood lath(ing) (for plastering)

~joch *n*, Trapezgewölbejoch, trapezförmiges (Gewölbe)Joch · trapezoid(al) (vault) bay

~kapitell *n*, Trapezkapitäl · Byzantine capital

~körper *m*, Trapezstück *n*, trapezförmiger Nockenkörper, trapezprofilierter Nokkenkörper [*Hubdeckenverfahren*] · trapezoid(al) piece

~last *f* · trapezoidal load

~pfette *f*, trapezförmige Pfette, trapezprofilierte Pfette · trapezoid(al) purlin(e)

~platte *f*, trapezförmige Platte · trapezoid(al) slab, ~ plate

~profil *n*, trapezförmiges Profil · trapezoid(al) section, ~ shape, ~ unit, ~ trim

~querschnitt *m* · trapezoidal cross(-) section

~rahmen *m*, trapezförmiger Rahmen · trapezoid(al) frame

~sprengwerk *n* · trapezoidal truss frame

~träger *m*, Parallelträger mit abgeschrägten Enden · Warren lattice girder, trapezoidal ~

Trapptuff *m*, Basalttuff · basalt(ic) tuff, trapp ~

Traps *m* [*Fehlname*] → (Wasser)(Geruch)Verschluß

Traß *m*, feingemahlener (vulkanischer) Tuffstein *m*, gemahlener massiger Bimsstein [*DIN 51043 für Begriff, Eigenschaften, Prüfung und DIN 51044 für chemische Untersuchung*] · trass, Rhenish ~

~hochofenzement *m* [*DIN 1167; DIN 1164*] · blast-furnace trass cement

~kalk *m* [*Bindemittel aus Traß und Kalkteig oder Kalkpulver*] · trass-lime powder mix(ture), ~ putty

~kalkmörtel *m* · trass-lime mortar

~-Kalk-Zementmörtel *m*, Traß-Zement-Kalkmörtel, Zement-Kalk-Traßmörtel · trass-lime-cement mortar

~mehl *n* · trass powder, powder(ed) trass

~portlandzement *m* [*Fehlname*]; Traßzement, TrZ [*DIN 1164 und 1167*] · Portland trass cement, portland ~ ~

~zement *m*, TrZ; Traßportlandzement [*Fehlname*] [*DIN 1164 und 1167*] · Portland trass cement, portland ~ ~

~-Zement-Kalkmörtel *m*, Traß-Kalk-Zementmörtel, Zement-Kalk-Traßmörtel · trass-lime-cement mortar

~zementmörtel *m* [*Ein Mörtel, dessen Bindemittel aus Traß und Zement oder dem fabrikmäßig hergestellten Traßzement besteht*] · trass-cement mortar

Trauf|anschluß(streifen) *m* · eave(s) flashing (piece) [*A drop apron from an asphalt roof dressed into an eave(s) gutter*]

~brett *n*, Stirnbrett, Windbrett · eave(s) fa(s)cia, fa(s)cia (board) [*A board on edge nailed along the feet of the rafters. It often carries the eave(s) gutter and may also act as a tilting fillet*]

Traufe *f*, Dach~, Dachfuß *m* · eave(s) [*The overhanging part of a roof*]

Traufenhaus *n* [*Ein Haus mit der Traufe zur Straße hin*] · eave(s)-fronted house

Trauf(en)höhe *f* · eave(s) height

Traufenteil *m, n* · eave(s) unit

Trauf|kante *f* · eave(s) moulding (Brit.); ~ molding (US)

~lage *f*, Traufschicht *f* · eave(s) course [*A first course of plain tiles, slates, or shingles on a roof, including the course of plain tiles at eave(s) on which the first course of single-lap tiles is bedded*]

~rinne *f* · eave(s) gutter, ~ trough, ~ trow [*A shallow channel or conduit set below and along the eave(s) of a house to catch and carry off rainwater from the roof*]

~schicht *f*, Trauflage *f* · eave(s) course [*A first course of plain tiles, slates, or shingles on a roof, including the course of plain tiles at eave(s) on which the first course of single-lap tiles is bedded*]

~stein *m* [*Fehlname*] → Traufziegel

~verschalungsbrett *n* · soffit board, planceer piece, lining [*A horizontal board nailed to the underside of rafters, forming the soffit under an overhanging eave*]

~ziegel *m*; Traufstein *m* [*Fehlname*] · eave(s) tile [*A short tile about 7 in. long used in the eave(s) course, or under-eaves course, in plain tiling*]

Traverse *f*, Ausgleichgehänge *n* · spreader bar, yoke [*A stiff beam hanging from a crane hook having several ropes or chains hanging from different points along it. It is used for lifting long objects to prevent them breaking during lifting*]

~ · cross beam

Travertin *m* · travertine [*A variety of tufa, often porous, deposited from spring waters*]

~bekleidung *f*, Travertinauskleidung, Travertinverkleidung · travertine (sur-)facing, ~ lining

~platte *f* · travertine slab

Treibarbeit *f* **in Bronze** · incised decoration in bronze

Treiben *n* · increase in volume, expansion

treibender Kalk *m* [*Fehlname*]; Mahlkalk, gemahlener Branntkalk, ungelöschter gemahlener Kalk · unslaked and ground quicklime

Treiber *m* → (Metall)Treibmittel

~ [*Ein zum Treiben neigender Zement*] · cement tending to increase its volume

treibfrei · free from volume increase

Treib|haus *n*, beheiztes Gewächshaus [*DIN 11535 Bl. 1*] · hothouse

~mittel *n* → Metall~

~riß *m* · crack due to volume increase, ~ ~ ~ expansion

~schraube *f*, Preßschraube · forcing screw

treibstoffbeständig · fuel-resistant

Tremolit *m* (Min.) · Italian asbestos, tremolite (~)

Trenn|decke *f* → (Gebäude)Decke

~deckenplatte *f* · suspended floor slab, intermediate ~ ~ [*A slab forming the continuous loadbearing structure of a floor and spanning between supports*]

(~)Deckenunterzug *m*, Etagendeckenunterzug, Stockwerkdeckenunterzug, Geschoßdeckenunterzug · (intermediate) (floor) joist, ceiling ~

~entwässerung *f*, Trennsystem *n*, Trennkanalisation *f* · separate system (of sewerage), ~ ~ sewers, ~ sewerage (system) [*A system of sewers in which sewage and storm water are carried in separate conduits*]

~fertigwand *f*, Montagetrennwand, Fertigtrennwand, Trennmontagewand · prefab(ricated) partition (wall)

~film *m* · adhesion-preventing film

~fuge *f*, Raumfuge, (Aus)Dehn(ungs)-fuge [*absichtlich angelegte Fuge, um Ausdehnung der Baustoffe zu ermöglichen*] · expansion joint

~hohlwand *f*, Hohltrennwand · hollow partition (wall), double ~ (~) [*Hollow partions are those formed of clay, terracotta, or breeze hollow blocks for lightness or for sound insulation. They may also be formed by staggering the studs*]

~kanalisation *f*, Trennsystem *n*, Trennentwässerung *f* · separate system (of sewerage), ~ ~ ~ sewers, ~ sewerage (system) [*A system of sewers in which sewage and storm water are carried in separate conduits*]

~konstruktion *f* [*Wände und Decken*] · partition [*walls and floors*]

~korngröße *f* · effective separating size

~korngröße *f* **HP**, Ausgleichskorngröße nach Heidenreich-Paul · effective separating size of a screen using the Heidenreich-Paul method

~mauer *f*, Abschlußmauer · diaphragm

~membran(e) *f* · separation membrane

~mittel *n*, Antikleb(e)mittel, Antikleb(e)stoff *m*, Antikleber *m* · parting agent, ~ medium

~montagewand *f*, Fertigtrennwand, Montagetrennwand, Trennfertigwand · prefab(ricated) partition (wall)

~streifen *m* · separator strip

~system *n*, Trennentwässerung *f*, Trennkanalisation *f* · separate system (of sewerage), ~ ~ ~ sewers, ~ sewerage (system) [*A system of sewers in which sewage and storm water are carried in separate conduits*]

Trennung *f* **des Fußgängerverkehrs vom Fahrzeugverkehr** · pedestrian/vehicle separation

Trenn(ungs)|fuge *f*, Raumfuge, (Aus)Dehn(ungs)fuge · expansion joint [*A separation between adjoining parts of a concrete structure which is provided to allow small relative movements such as those caused by thermal changes to occur independently*]

Trennwand *f* · partition (wall),

~ in Trockenbauweise · dry partition (wall), ~ wall partition [*This term infers that the construction is ready for decoration without the application of a wet plaster skim coat*]

~baueinheit *f* [*Fehlname*] → Trennwand(bau)element

~(bau)element *n*, Trennwand(bau)körper *m* [*Fehlname: Trennwandbaueinheit f*] · partition (wall) (building) unit, ~ (~) (~) member, ~ (~) (~) component

~(bau)körper *m* → Trennwand(bau)element

~(belag)platte *f*, Trennwandfliese *f* · partition (wall) tile

~-Blockmauerwerk *n*, Trennwand-(Block)Steinmauerwerk · partition (wall) blockwork

~block(stein) *m*, Trennwandstein · partition (wall) tile, ~ (~) block [*See remark under 'Block'*]

~-(Block)Steinmauerwerk *n*, Trennwand-Blockmauerwerk · partition (wall) blockwork

~element *n* → Trennwandbauelement

~fenster *n* · borrowed light [*A glazed opening in a partition (wall) designed to admit light*]

~fliese *f*, Trennwand(belag)platte *f* · partition (wall) tile

~-Hohlblock *m* → Trennwand-Hohl(block)stein

~-Hohl(block)stein *m*, Trennwand-Hohlblock *m*, Hohl-Trennwandblock, Hohl-Trennwand(block)stein · hollow partition (wall) block, ~ ~ (~) tile, cavity ~ ~, partition (wall) pot, [*B.S. 728. See remark under 'Block'*]

~hohlplatte *f*, Hohl-Trennwandplatte · hollow partition (wall) slab

~-Hohlstein *m* → Trennwand-Hohlblockstein

~körper *m* → Trennwand(bau)element

~platte *f*, Trennwandbelagplatte, Trennwandfliese *f* · partition (wall) tile

~platte *f* · partition (wall) slab

~profil *n* · partition (wall) section, ~ (~) unit, ~ (~) shape, ~ (~) trim

~stein *m*, Trennwandblock(stein) *m* · partition (wall) tile, ~ (~) block [*See remark under 'Block'*]

~-Steinmauerwerk *n*, Trennwand-Block(stein)mauerwerk · partition (wall) blockwork

~system *n* · partition(ing) system, partition wall ~

~tafel *f* · partition (wall) panel

~verglasung *f* · partition(ing) glazing

~ziegel *m* · partition (wall) brick

Treppe *f* · stair(case) [*Is a number of steps leading from one floor to another*]

~ mit geradem Arm → gerad(läufig)e Treppe

~ ~ ~ Lauf → gerad(läufig)e Treppe

(Treppen)Absatz *m*, (Treppen)Podest *n* · (stair(case)) floor, (~) landing [*Resting space usually arranged at the top of any flight of stairs*]

~balken(träger) *m*, (Treppen)Absatzträger, (Treppen)Podestbalken(träger), (Treppen)Podestträger · (stair(case)) landing beam, (~) floor ~, (~) ~ girder, (~) ~ joist

~breite *f*, (Treppen)Podestbreite · (stair(case)) landing width, (~) floor ~

~höhe *f*, (Treppen)Podesthöhe [*DIN 18202*] · (stair(case)) landing level, (~) floor ~

~länge *f*, (Treppen)Podestlänge · (stair(case)) landing length, (~) floor ~

~pfosten *m*, (Treppen)Podestpfosten · (stair(case)) landing post, (~) floor ~

~platte *f*, (Treppen)Podestplatte · (stair-case)) landing slab, (~) floor ~

~träger *m*, (Treppen)Absatzbalken(träger) *m*, (Treppen)Podestbalken(träger), (Treppen)Podestträger · (stair-case)) landing beam, (~) floor ~, (~) ~ girder, (~) ~ joist

~unterzug *m*, (Treppen)Podestunterzug · (stair(case)) landing bearer, (~) ~ binder, (~) floor ~, (~) ~ ceiling joist, (~) ~ (binding) joist

~wechsel(balken) *m*, (Treppen)Podestwechsel(balken) · (stair(case)) landing header, (~) floor ~

Treppen|anlage *f* · stairs, stairway [*From the bottom floor to the top floor*]

(~)Arm *m*, (Treppen)Lauf *m*, (Treppen-)Flucht *f* · flight (of stairs), stair flight

~art *f* · stair type, type of stair

~aufzug *m*, Rolltreppe *f*, Fahrtreppe · moving stair(case), motorstair, elevator

~aufzugabdeckung *f*, Rolltreppenabdeckung, Fahrtreppenabdeckung · escalator shutter, motorstair ~, moving stair(case) ~

~-Aufzug-Schacht *m*, Aufzug-Treppen-Schacht · lift/stair(case) core, stair(case)/lift ~, ~ well (Brit.); elevator/stair(case) ~, stair(case)/elevator ~ (US)

~aufzugschrägschacht *m*, Rolltreppenschrägschacht, Fahrtreppenschrägschacht · inclined escalator shaft

(~)Auge *n*, Schneckenauge, (offene) (Treppen)Spindel *f*, Lichtspindel, Hohlspindel [*Wendeltreppe*] · round (stair(case)) well

~bau *m* · construction of stair(case)s, stair(case) construction

~bauer *m* · stair(case) builder

~belag *m*, Trittbelag, (Tritt)Stufenbelag · (stair) tread cover(ing)

~(belag)platte *f*, Treppenfliese · stair tile

~beleuchtung *f* · stair lighting, ~ illumination

~fliese *f*, Treppen(belag)platte · stair tile

(~)Flucht *f*, (Treppen)Arm *m*, (Treppen-)Lauf *m* · flight (of stairs), stair flight

~form *f* · stair(case) shape

treppen|förmige Untersicht *f* [*Treppe*] · stepped soffit

~förmiges Fundament *m*, abgetrepptes ~ · stepped foundation, benched ~ [*A stepped construction to spread the load at the foot of a wall or column*]

Treppen|geländer *n* · stair(case) railing

~gestaltung *f* · stair(case) layout

~giebel *n*, Staffelgiebel, Stufengiebel, abgetreppter Giebel · corbie gable, crows stepped ~

~grab *n* · stairway tomb

~halle *f* · stair(case) hall

Treppenhandlauf *m*, Treppenhandleiste *f* · stairrail

~profil *n*, Treppenhandleistenporfil · stairrail section, ~ unit, ~ shape, ~ trim

~spirale *f*, Treppenhandleistenspirale · stairrail scroll

Treppenhandleiste *f*, Treppenhandlauf *m* · stairrail

Treppenhandleisten|profil *n*, Treppenhandlaufprofil · stairrail section, ~ unit, ~ shape, ~ trim

~spirale *f*, Treppenhandlaufspirale · stairrail scroll

Treppenhaus *n*, Stiegenhaus · stair(case) well

~abstand *m* · distance between stair(case) wells

~automat *m* · time switch for automatic stair(case) well lighting

~beleuchtung *f* · stair(case) well lighting, ~ ~ illumination

~brüstung *f* · stair(case) well spandrel

~schalter *m* · stair(case) well switch

~turm *m* · stair(case) tower

~verglasung *f* · stair(case) well glazing

~wand *f* · stair(case) well wall

Treppen|kante *f* [*Profil*] · stair nosing

(~)Lauf *m*, (Treppen)Flucht *f*, (Treppen-)Arm *m* · flight (of stairs), stair flight

(~)Laufbreite *f* · flight width

~loch *n*, Treppenöffnung *f* [*Die Öffnung einer Geschoßdecke oder Balkenlage, durch die eine Treppe führt. Auch die Öffnung zwischen den Lichtwangen der mehrläufigen Treppe*] · (stair(case)) well

~lochwange *f* → Freiwange

~mastaba *f* · stairway mastaba

~mündung *f* · vomitory [*In Roman amphitheatres, etc., any of the entrances leading to the tiers of seats*]

~öffnung *f*, Treppenloch *n* [*Die Öffnung einer Geschoßdecke oder Balkenlage, durch die eine Treppe führt. Auch die Öffnung zwischen den Lichtwangen der mehrläufigen Treppe*] · (stair(case)) well

~platte *f*, Treppenbelagplatte, Treppenfliese · stair tile

(Treppen)Podest *n*, (Treppen)Absatz *m* · (stair(case)) floor, (~) landing [*Resting space usually arranged at the top of any flight of stairs*]

~balken(träger) *m*, (Treppen)Podestträger, (Treppen)Absatzbalken(träger), (Treppen)Absatzträger · (stair(case)) landing beam, (~) floor ~, (~) ~ girder, (~) ~ joist

~breite *f*, (Treppen)Absatzbreite · (stair(-case)) landing width, (~) floor ~

~höhe *f*, (Treppen)Absatzhöhe [*DIN 18202*] · (stair(case)) landing level, (~) floor ~

~länge *f*, (Treppen)Absatzlänge · (stair(-case)) landing length, (~) floor ~

~pfosten *m*, (Treppen)Absatzpfosten · (stair(case)) landing post, (~) floor ~

~platte *f*, (Treppen)Absatzplatte · (stair(-case)) landing slab, (~) floor ~

~träger *m*, (Treppen)Podestbalken(träger) *m*, (Treppen)Absatzbalken(träger), (Treppen)Absatzträger · (stair(case)) landing beam, (~) floor ~, (~) ~ girder, (~) ~ joist

~unterzug *m*, (Treppen)Absatzunterzug · (stair(case)) landing bearer, (~) ~ binder, (~) floor ~, (~) ~ ceiling joist, (~) ~ (binding) joist

~wechsel(balken) *m*, (Treppen)Absatzwechsel(balken) · (stair(case)) landing header, (~) floor ~

(Treppen)|Rohrspindel *f* · pipe newel

~schacht *m* · stair(case) shaft

~schutzleiste *f*, Treppenstoßkante *f*, Treppenschutzschiene *f* · stair nosing

~schutzschiene *f* → Treppenschutzleiste

(~)Spindel *f* → (Treppen)Auge

(~)Spindelkappe *f* · newel cap

~steigen *n* · walk-up

(~)Steigung *f* [*Lotrechtes Maß von der Trittfläche einer Stufe bis zur Trittfläche der folgenden Stufe. DIN 4174*] · rise

(~)Steigungstabelle *f* · rise table

(~)Steigungsverhältnis *n* [*Verhältnis von (Treppen)Steigung zu Auftrittbreite*] · rise/run ratio

~stoßkante *f*, Treppenschutzleiste *f*, Treppenschutzschiene *f* · stair nosing

(~)Stufe *f* [*Bauteil zur Überwindung von Höhenunterschieden, der mit einem Schritt begangen werden kann und aus Trittstufe und Setzstufe besteht*] · step

(~)Stufenelement *n* · (stair(case)) step unit, (~) ~ member, (~) ~ component

~turm *m* · stair(case) tower

~turm *m*, Wendelstein *m* [*Gebäudeteil in dessen Innern eine Wendeltreppe liegt. Beispiel: Albrechtsburg in Meißen*] · spiral stair(case) tower

~türmchen *n* · stair(case) turret

(~)Wange *f* · (stair) stringer, ss (US); (~) string (Brit.)

(~)Wangenrahmen *m* · string frame (Brit.); stringer ~ (US)

~wohngebäude *n*, Treppenwohnhaus *n* walk-up residential building, ~ residence ~, ~ domestic ~, ~ ~ block; ~ dwelling (US)

~wohnhaus *n*, Treppenwohngebäude *n* · walk-up residential building, ~ residence ~, ~ domestic ~, ~ ~ block; ~ dwelling (US)

Tresorraum *m* · strong room

~-(Ent)Lüfter *m* · strong room ventilator, ~ ~ extractor, ~ ~ extract ventilation unit, ~ ~ extraction unit [*It consists of outer and inner gratings connected together by a continuous cast iron or steel frame which may be offset horizontally or vertically. The opening is as safe as the wall it ventilates and possesses flame baffling qualities*]

~tür *f* · strong-room door

Tressengewebe *n* · corduroy cloth, ~ woven fabric; ~ fabric [*misnomer*]

Triangulatur *f* [*Benutzung des rechtwink(e)ligen oder gleichschenkeligen Dreiecks zur Festlegung von Gliederungspunkten im Bauwerk*] · triangulation

Triaxialversuch *m*, Dreiachsenversuch, Dreiaxialversuch · triaxial test [*A test in which a specimen is subjected simultaneously to lateral and axial loads*]

Tribuna *f* · tribune [*The apse of a basilica or basilica church*]

Tribüne *f* · tribune [*A raised platform or rostrum*]

~ · tribune [*A gallery in a church*]

~ · spectator's stand

~, Stehplatz~ · standing room

~, Sitzplatz~ · grandstand

Tribünensitz *m* · grandstand-type seat

Trichter *m* [*Zur Ermittlung des Setzmaßes von Beton*] · mould (Brit.); mold (US)

~ · rainwater hopper [*A hopper-shaped rainwater head, sometimes also used in the middle of a long downpipe*]

~gewölbe *n*, Teilgewölbe, Trichternische *f*, Trompe *f* · squinch (arch)

~nische *f*, Trichtergewölbe *n*, Trompe *f*, Teilgewölbe · squinch (arch)

Tridymit *m* [*Allotrope Modifikation der Kieselsäure*] · tridymite

Triforium *n*, Dreibogenöffnung *f* · triforium (gallery), ~ arcade

~bogen *m* · trifora arch

~maßwerk *n* · triforium tracery

Triglyphe *f*, Dreischlitz *m* · triglyph; channelled block (Brit.) [*In architecture, a block applied on the Doric frieze and carved with two full glyphs and two half glyphs. It is the most striking characteristic of the Doric order*]

Triglyphenfries *m*, Dreischlitzfries · frieze of the Greek Doric Order, triglyph frieze

Trikalzium|aluminattrisulfathydrat *n*, Kalziumsulfoaluminat *n*, $3CaO \cdot Al_2O_3 \cdot 3CaSO_4 \cdot 30\text{–}32H_2O$ · calcium sulfoaluminate

~silikat *n*, C_3S · tricalcium silicate [*A compound having the composition $3CaO \cdot SiO_2$, abbreviated C_3S, an impure form of which alite is a main constituent of portland cement*]

Triklinium *n* [*1. Speisezimmer des altrömischen Hauses; 2. Speiseraum der Pilger im Kloster*] · triclinium

Trikonchos *m* [*Dreiapsidialer Abschluß einer Kirche*] · triconch

Trilith *m*, Dreistein *m* · trilithon [*Megalithic feature comprising pair of orthostats supporting lintel*]

Trinidad|-Asphalt *m* → Trinidad-Rohasphalt

~bitumen *n* · Trinidad asphalt, T asph (US); Trinidad (asphaltic-)bitumen (Brit.)

~-Epuré *m*, gereinigter Trinidad-Asphalt *m* · Trinidad refined asphalt, ~ épuré, parianite

~pulver *n* [*Wird der Trinidad-Epuré unter Zusatz von Kalksteinmehl oder anderen Steinmehlen gemahlen, so bezeichnet man dieses Material als Trinidadpulver*] · ground Trinidad épuré with rock flour, ~ ~ ~ ~ ~ dust (US); ~ ~ ~ ~ stone ~ (Brit.)

~-(Roh)Asphalt *m* · (crude) Trinidad Lake asphalt

Trink|brunnen *m* · drinking fountain, DF

~halle *f* · refreshment room

~halle [*Heilbad*] · pump-room

Trinkwasser *n* · drinking water, potable ~

~behälter *m* · potable water reservoir, drinking ~ ~, ~ ~ tank

trinkwasserberührte Fläche *f* · surface in contact with drinking water, ~ ~ ~ ~ potable ~

Trinkwasser|leitungsanlagen *fpl* **in Grundstücken** [*DIN 1988*] · potable water pipework for buildings

~netz *n* · drinking water network, potable ~ ~

~-Stahlrohrleitung *f* [*DIN 4279*] · potable water steel pipe line

~versorgung *f* · drinking water supply, potable ~ ~

Tripel *m*, Polierschiefer *m* · tripoli

~wellblech *n*, Dreifachwellblech · triple corrugated (sheet) iron

Triptychon *n* · triptych

Tritt|belag *m*, Treppenbelag, (Tritt-)Stufenbelag · (stair) tread cover(ing)

~blech *n* · tread plate

~fläche *f*, Auf~, Auftritt *m* · (stair) tread [*The horizontal top surface of a step*]

~leiste *f*, Stoßleiste · kick(ing) strip [*A metal strip placed along the lower edge of a door to prevent the marring of the finish by shoe marks*]

~platte *f*, Stoßplatte · kick(ing) plate [*A metal plate placed along the lower edge of a door to prevent the marring of the finish by shoe marks*]

Trittschall *m* [*Schall, der beim Begehen einer Decke entsteht, als Körperschall weitergeleitet und teilweise als Luftschall abgestrahlt wird*] · footstep sound

~(ab)dämmfilz *m* · footstep sound insulation felt(ed fabric)

~(ab)dämmplatte *f* · footstep sound insulation board, ~ ~ ~ sheet

~(ab)dämmstoff *m* · footstep sound insulation material

~(ab)dämmung *f* · footstep sound insulation

~anregung *f* · creation of footstep sound

~dämmaß *n*, Trittschalldämmzahl *f*, Trittschallschutzmaß, TSM · footstep sound reduction index (Brit.); ~ ~ transmission loss (US); ~ ~ reduction factor [*deprecated*]

~dämmplatte *f*, Trittschallabdämmplatte · footstep sound insulation board, ~ ~ sheet

~dämmstoff *m*, Trittschallabdämmstoff · footstep sound insulation material

~dämmung *f*, Trittschallabdämmung · footstep sound insulation

~messung *f* · footstep sound measurement

~pegel *m* · footstep sound level

~schutz *m* · footstep sound insulation [*Means taken to reduce the transmission of footstep sound*]

~schutzmaß *n* → Trittschalldämmaß

~stärke *f* · footstep sound intensity

~übertragung *f* · footstep sound transmission

trittsicher → gleitsicher

trittsichere (Anstrich)Farbe *f*, gleitsichere ~, rutschfeste ~, Gleitschutz-(anstrich)farbe · anti-slip paint, non-slip(ping) ~, anti-skid ~, non-skid ~, skidproof ~, non-slippery ~

~ gekörnte Platte *f* → (gleitsichere) ~ ~

Tritt(stufe) *m*, (*f*), Auf~, Auflagestufe · (stair)tread [*The member forming the horizontal top surface of a step*]

(Tritt)Stufen|belag *m*, Trittbelag, Treppenbelag · (stair) tread cover(ing)

~vorsprung *m* · (stair) tread nosing

Trittverkehr *m* · foot traffic

Triumphbogen *m* · triumphal arch, arch of triumph

~ des Septimus Severus in Rom · Arch of Septimus Severus at Rome

Triumph|säule *f* · triumphal column, column of triumph

~tor *n* · triumphal gateway, gateway of triumph

Trochilos *m* [*Hohlkehle der attischen (Säulen)Basis*] · trochilus

Trochitenkalkstein *m* · entrochal limestone

trocken, mörtelfrei, mörtellos · mortarless, dry

Trocken|(ab)bürsten *n* · dry brushing

~abort *m* · earth closet

~abortgefäß *n* · earth closet receptacle

~aufbereitung *f* [*Zement*] · dry manufacture

~ausfugmörtel *m,* Trockenfug(ungs)-mörtel, Trockenfugenmörtel, Trocken(mauer)mörtel · ready-mix(ed) (masonry) mortar, ~ pointing ~, ~ joint(ing) ~

~bautechnik *f,* Trockenbauweise *f* [*Verlegung von Platten anstelle von Verputzen*] · dry (technique of) construction, ~ system ~ ~

~bauweise *f,* Trockenbautechnik *f,* [*Verlegung von Platten anstelle von Verputzen*] · dry (technique of) construction, ~ system ~ ~

~bestandteil *m* [*Beton*] · dry ingredient

~beton *m* [*Korngemisch ohne Wasser*] · batched aggregate, ~ materials, dry-~ ~, dry-batch ~, matched ~, recombined ~

~beton-Mischungsverhältnis *n* · cement aggregate ratio

~boden *m,* Darre *f* · hot floor

~charge *f* [*Beton*] · dry batch

trockene Destillation *f,* Entgasung *f,* Zersetzungsdestillation · destructive distillation, dry ~ [*Sometimes referred to as 'pyrolysis'*]

~ Formgebung *f,* halb~ ~, Trockenpressen *n* [*Formgebung einer Masse durch hohen Druck. Die Masse enthält unterschiedliche Mengen an nichtplastischen Bestandteilen und hat einen so geringen Feuchtigkeitsgehalt, daß eine Formgebung in plastischem Zustand nicht möglich ist*] · (semi-)dry pressing

(~) Kühllast *f* [*Die abzuführende fühlbare Wärmemenge, um in zu kühlenden Räumen die gewünschte Lufttemperatur aufrecht zu erhalten. Die (trockene) Kühllast ist gleich der Wärmeabgabe aller Wärmequellen, die diese Temperatur zu erhöhen trachtet*] · cooling load

Trockeneinbau *m* · dry installation

trockener Raum *m* · dry room

trockenes Betongemisch *n* · dry ingredients, ~ mixed materials

~ Pulver *n* · dry powder

~ Vormischen *n* [*Betonbereitung*] · dry pre-mixing

Trocken|festigkeit *f,* Grünfestigkeit [*Die mechanische Festigkeit von getrockneten, aber nicht gebrannten Formlingen*] · dry strength, green ~

~filmdicke *f* [*Anstrichtechnik*] · dry-film build, ~ thickness

~fuge *f,* Knirschfuge · non-bonded joint, dry ~

~fug(ungs)mörtel *m,* Trockenfugenmörtel, Trockenausfugmörtel, Trocken(mauer)mörtel · ready-mix(ed) (masonry) mortar, ~ pointing ~, ~ joint(ing) ~

trocken|gelöscht [*Kalk*] · dry-slaked

~gelöschter (Brannt)Kalk *m,* gedämpfter ~ [*Fehlname: nichttreibender Kalk*] · dry-slaked quicklime

Trocken|gemisch *n,* Trockenmischung *f* · dry mix(ture)

~gewicht *n* · dry weight

~(gips)(ver)putzen *n* · dry lining [*The technique of applying plasterboard sheets direct to the wall. A level surface is first obtained by fixing impregnated fibreboard dots on the uneven wall surface. The plasterboard sheets are then fixed on plaster dabs set in the spaces between the dots*]

~guß *m* [*Sandguß von Gußeisen oder Stahlguß. Die Form wird vor dem Guß im Ofen bei 200°–400° C getrocknet*] · dry-sand casting

~haftfestigkeit *f* · dry bonding strength

~halten *n* · keeping dry

~kaltbiegen *n* · dry cold bending

~lagerung *f* · dry storage

~läufer *m* [*Bei diesem Wassermesser befindet sich das Zählwerk im Wasser, das darüber liegende Zeigerwerk läuft „trocken"*] · semi-immersion(-type) rotary (water) meter

~legen *n* **von Mauerwerk** · waterproofing and dampproofing of masonry (work)

~leim *m,* Leimpulver *n,* Pulverleim [*Leim in Pulverform, meist Pflanzenleim oder Zelluloseleim*] · powder(ed) glue, glue powder

trockenmahlen · to ground dry

Trocken|mauer *f,* Trockensteinmauer · dry masonry wall, ~ stone ~ [*Wall built without mortar*]

~(mauer)mörtel *m,* Trockenfug(ungs)-mörtel, Trockenfugenmörtel, Trockenausfugmörtel · ready-mix(ed) (masonry) mortar, ~ pointing ~, ~ joint(ing) ~

~mauerwerk *n,* Trockensteinmauerwerk · dry (stone) masonry (work)

~mischung *f,* Trockengemisch *n* · dry mix(ture)

~mörtel *m,* Trockenmauermörtel, Trockenausfugmörtel, Trockenfugenmörtel, Trockenfug(ungs)mörtel · ready-mix(ed) (masonry) mortar, ~ pointing ~, ~ joint(ing) ~

~mörtel *m* → Trockenputzmörtel

~platz *m* [*Betonwerk*] · curing area

~polieren *n* · dry polishing

~pressen *n*, (halb)trockene Formgebung *f* [*Formgebung einer Masse durch hohen Druck. Die Masse enthält unterschiedliche Mengen an nichtplastischen Bestandteilen und hat einen so geringen Feuchtigkeitsgehalt, daß eine Formgebung in plastischem Zustand nicht möglich ist*] · (semi-)dry pressing

~preßverfahren *n* · dry press method

~preßziegel *m* · dry pressed (machine-made) brick

~putzen *n* → Trocken(gips)(ver)putzen

~putzmasse *f* → Trocken(putz)mörtel

~(putz)mörtel *m*, Fertig(putz)mörtel, Trockenputzmasse *f*, Fertigputzmasse · ready-mix(ed) stuff, premix(ed) ~, ~ plaster

~raum *m* [*Fehlname*]; Trocknungsraum · drying room

~raumgewicht *n* **der Volumeneinheit,** Trockenrohdichte *f*, Trockenrohwichte · dry volume weight, ~ unit ~, ~ (bulk) density, ~ bulk specific gravity [*deprecated: dry box weight*]

~rohdichte *f*, Trockenrohwichte, Trokkenraumgewicht *n* der Volumeneinheit · dry volume weight, ~ unit ~, ~ (bulk) density, ~ bulk specific gravity [*deprecated: dry box weight*]

~rohwichte *f*, Trockenrohdichte, Trokkenraumgewicht *n* der Volumeneinheit · dry volume weight, ~ unit ~, ~ (bulk) density, ~ bulk specific gravity [*deprecated: dry box weight*]

(~)Schlamm *m*, „Sand" *m* [*Straßenentwässerung*] · grit [*The heavy mineral matter contained in sewage, such as sand, gravel, cinders, etc.*]

~schüttung *f* · loose fill

~(stein)mauer *f* · dry masonry wall, ~ stone ~ [*Wall built without mortar*]

~(stein)mauerwerk *n* · dry (stone) masonry (work)

Trockenstoff *m* · drier, dryer

~ in fester Form [*DIN 55901*] · paste drier, patent ~ [*Driers made by grinding suitable compounds of lead and manganese with a small amount of water, linseed oil and Paris white, with or without other mineral extenders, to form a stiff paste. They are still sometimes used by painters when mixing their own linseed oil paints, but are now largely superseded by soluble and liquid driers*]

~ in flüssiger Form · liquid drier [*A solution of a soluble drier in a volatile organic solvent, usually hydrocarbon*]

~ ~ gelöster Form [*DIN 55901*] · soluble drier, siccative [*Driers which are more or less readily soluble at ordinary temperatures in drying oils, hydrocarbon solvents and the like. Usually they consist essentially of metallic salts of organic acids such as the resinates, linoleates or naphthenates of lead, manganese or cobalt*]

Trockenverfahren *n* [*Zementherstellung*] · dry process

~ [*Betonrohrherstellung*] · dry cast process, ~ ~ method

trockenverlegt [*Bauplatte*] · dry-fixed

Trocken(ver)putzen *n* → Trocken(gips)-verputzen

Trocknen *n*, Trocknung *f*, Aus~ · drying(-out), dry-out

trocknendes Öl *n* **pflanzlichen Ursprungs (für Anstrichzwecke)** · vegetable drying oil

~ ~ tierischen Ursprungs (für Anstrichzwecke) · animal drying oil

trockner Abfall(stoff) *m* [*Kehricht; Küchenabfall; Asche usw.*] · dry waste

Trocknung *f*, Trocknen *n*, Aus~ · drying(-out), dry-out

~ durch Gasglühstrahler, ~ ~ Hochtemperaturstrahler, Trocknen *n* ~ ~ · infrared drying by gas heated panels, ~ stoving ~ ~ ~ ~, radiant heat ~ ~ ~ ~ ~

~ ~ Hellstrahler, Trocknen *n* ~ ~ · infrared drying by electric lamps, ~ stoving ~ ~ ~, radiant ~ ~ ~ ~

~ ~ Hochtemperaturstrahler, ~ ~ Gasglühstrahler, Trocknen *n* ~ ~ · infrared drying by gas heated panels, ~ stoving ~ ~ ~ ~, radiant heat ~ ~ ~ ~ ~

Trocknungs|dauer *f* → Aus~

~fähigkeit *f* [*Fehlname: Trockenfähigkeit*] · drying porperty [*The property of a coat of paint or varnish to dry by evaporation of the vehicle or chemical change (usually oxidation) or the two together*]

~frist *f* → Aus~

~geschwindigkeit *f* · drying rate, rate of drying

~gestell *n* · drying rack

~raum *m* [*Fehlname: Trockenraum*] · drying room

~schrank *m*, Wäsche~ [*In einer Wohnung*] · (enclosed) cabinet for drying washing, (clothes-)drying cabinet

~temperatur *f* · · drying temperature

~vorgang *m* · drying process

~wirkung *f* · drying action

~zeit *f* → Aus~

Trog *m* · trough

~block(stein) *m*, Trogstein, U-Block(-stein), U-Stein · channel tile, ~ block [*See remark under 'Block'*]

trogförmiger Formstahl *m*, Rinnenstahl · troughing, trough section

Trogisolierung *f* → Wannen(ab)dichtung

Trogplatte *f*, Belageisen *n*, Belagstahl *m*, Zoreseisen [*DIN 1023*] · trough plate

~, U-Platte, Beton-~ · (concrete) channel (unit), (~) trough slab

Trogstein *m*, Trockblock(stein) *m*, U-Block(stein), U-Stein · channel tile, ~ block [*See remark under 'Block'*]

Trommel *f*, Kuppelunterbau *m*, Tambour *m* · tambour, drum [*A vertical wall supporting a dome or cupola; it may be circular, square, or polygonal in plan*]

~, Säulen~ · (column) drum

~kuppel *f*, Tambourkuppel, Kuppel auf Tambour, Kuppel auf Trommel · dome on tambour, cupola ~ ~, ~ ~ drum

~lackieren *n* · rumbling, tumbling [*A process by which paint is applied to small articles such as hairpins, children's building bricks, etc., which are unsuitable for coating by any of the normal methods. The articles are placed in a drum together with a little more paint than will be sufficient to cover the total surface of all the articles and the drum is rotated until the paint is evenly distributed. The articles are then emptied from the drum, generally on to wire trays, and the coating air-dired or stoved*]

~-Löscher *m*, Kalk-~, Kalklöschtrommel *f* · (lime) slaking drum

~säule *f*, Tamboursäule · drum-built column

~sinterofen *m*, Sintertrommelofen · rotary sintering kiln, rotating ~ ~

Trompe *f*, Trichtergewölbe *n*, Trichternische *f*, Teilgewölbe · squinch (arch)

tropenfeste Verpackung *f* · tropicalized packing

Tropenkrankenhaus *n* · tropical hospital

Tropfen(schliere) *m*, (*f*) · knot [*A localized glassy inclusion in glass*]

tropffreie (Anstrich)Farbe *f* · non-drip paint

Tropfpunkt *m* · drop(ping) point

tropfsicher · dropproof

Tropfstein|bogen *m*, Stalaktitenbogen · stalactite arch

~decke *f*, Stalaktitendecke · stalactite ceiling

~gewölbe *n*, Stalaktitengewölbe · stalactite vault

~kapitell *n*, Tropfsteinkapitäl, Stalaktitenkapitell, Stalaktitenkapitäl · stalactite capital

~kuppel *f*, Stalaktitenkuppel · stalactite dome, ~ cupola

~portal *n*, Stalaktitenportal [*Portal der islamischen Baukunst, das von Stalaktiten abgeschlossen wird*] · stalactite portal

Trophäenvitrine *f* · trophy case

Trosse *f*, Abspannseil *n* · guy

Trossen|schornstein *m*, abgespannter Schornstein · guyed chimney

~turm *m*, abgespannter Turm · guyed tower

Trübglas *n* [*Sammelbezeichnung für alle durch bestimmte Gemengezuschläge und mit oder ohne Zusatz von Farbstoffen absichtlich getrübten, d.h. undurchsichtig gemachten Gläser*] · obscure(d) glass, vision-proof ~

Trübungs|beiwert *m* · coefficient of turbidity, turbidity coefficient

~mittel *n* · opacifier [*A mineral or chemical compound used in the batch to produce opal glass*]

Trumeau *m*, Pfeilerspiegel *m* · trumeau [*A French term designating a vertical stone member or mullion supporting the tympanum of a doorway*]

Trümmer|beseitigung *f* · removal of ruins

~beton *m*, Ziegelsplittbeton [*DIN 4163. Trotz des Namens „Ziegelsplittbeton" enthält dieser Beton die Körnungen 0/3, (0/7), 3/7 mm = Ziegelsand; 7/15, 15/30 = Ziegelsplitt und 30/70 mm = Ziegelschotter*] · crushed brick concrete, broken ~ ~

~beton-Deckenblock(stein) *m*, Trümmerbeton-Deckenstein, Ziegelsplittbeton-Deckenblock(stein), Ziegelsplittbeton-Deckenstein · crushed brick concrete filler block, ~ ~ ~ ~ tile, broken ~ ~ ~ ~

~beton-Wand(bau)platte *f*, Ziegelsplittbeton-Wand(bau)platte · crushed brick concrete wall slab, broken ~ ~ ~ ~

~gestein *n*, Bruchstückgestein, klastisches Sediment(gestein) *n*, Trümmersediment(gestein), mechanisches Sediment(gestein) · clastic (sedimentary) rock, mechanically deposited (~) ~

~grundstück *n* · bomb-damaged site

~last *f* **einer Wand**, Wandtrümmerlast · debris load of a wall

~sediment(gestein) *n*, klastisches Sediment(gestein), Bruchstückgestein, Trümmergestein, mechanisches Sediment(gestein) · clastic (sedimentary) rock, mechanically deposited (~) ~

~splitt *m*, Ziegelsplitt · manufactured (clay) brick chip(ping)s

Trumpfbalken *m*, Schlüsselbalken, Wechsel(balken) *m* · header [*A beam which carries the ends of beams which are cut off in framing around an opening*]

TrZ *m*, Traßzement; Traßportlandzement [*Fehlname*] [*DIN 1164 und 1167*] · Portland trass cement, portland ~ ~

Tschaitya *f* [*1. Stupa; 2. Heiligtum in Indien, in Hinterindien auch Tsedi (Chedi) genannt, in dem ein Stupa steht*] · chaitya [*No free-standing chaityas of any importance remain, but rock-cut examples at Bhaja, Nasik, Karli, Ellora and Ajanta*]

~-Halle *f* → Felsen~

TSM *n* → Trittschalldämmaß

T St *m*, Thomasstahl [*DIN 17006*] · basic converter steel, Thomas ~

T-Stahl *m*, T-Eisen *n*, Einfach-~ · T(ee) (steel) section, tee (~) ~, ~ (~) bar

T-Stein *m*, T-Block(stein) *m* · tee block, T(ee) ~, ~ tile [*See remark under 'Block'*]

T-Stück *n* · tee, T(ee), tee-piece

~, Doppelabzweig(er) 90° *m* [*Rohrformstück*] · double square junction, tee ~, T(ee) ~

T-Tafel *f* · (single) T(ee) panel, (~) tee ~

T-T-Deckenelement *n*, T-T-Deckenplatte *f*, Doppel-T-Deckenelement, Doppel-T-Deckenplatte · double T(ee) (floor slab), ~ tee (~ ~)

T-T-Platte *f*, Doppel-T-Platte · double T(ee) slab, ~ ~ plate, ~ tee ~

T-Träger *m* · T(ee) girder, tee ~

T-Tragschiene *f* [*Hängedecke*] · T(ee) bar, tee ~

T-T-Rahmen *m*, Doppel-T-Rahmen · double T(ee) frame, ~ tee ~

Tubangummi *m*, Guttapercha *n*, Gettaniagummi, Gummi plasticum, Percha · gutta-percha

Tuchhalle *f*, Halle der Tuchmacher [*Ypern*] · Cloth Hall [*Ypres*]

Tuchscherer(-Ring)dübel *m* · Tuchscherer connector, Voss ~

Tudor|architektur *f*, Tudorbaukunst *f* · Tudor architecture [*It covers the period from 1500 to 1600 in England and thus includes Elizabethan architecture*]

~baukunst *f* → Tudorarchitektur

~blatt *n*, Tudorblume *f* · Tudor leaf, ~ flower [*A conventional(ized) leaf form, much used as an ornament, especially in rows as a cresting to screens in churches*]

~blume *f*, Tudorblatt *n* · Tudor leaf, ~ flower [*A conventional(ized) leaf form, much used as an ornament, especially in rows as a cresting to screens in churches*]

~bogen *m*, flacher Spitzbogen, gedrückter Spitzbogen [*Er ist aus vier Kreisbögen zusammengesetzt*] · Tudor arch; four-centred ~ (Brit.); four-centered ~ (US)

~decke *f* · Tudor ceiling

~ornament *n* · Tudor ornament

~rose *f* · Tudor rose [*A conventional(-ized) rose much used in Tudor architecture, not to be confused with the Tudor flower*]

~stil *m* [*1485–1603*] · Tudor (style)

Tuff|gestein *n*, vulkanisches ~, (vulkanischer) Tuff(stein) *m*, Feuerbergtuff, Durchbruchsgesteintuff · (volcanic) tuff

~kalk *m*, Kalktuff *m* · tufaceous limestone, (calcareous) tufa, calc tufa [*A porous calcareous deposit sometimes formed near lime-rich springs*]

~(stein) *m* [*Sammelbegriff für Weichgesteine aus vulkanischem Auswurfmaterial (vulkanischer Tuff) und aus Quellabsätzen (Kalktuff)*]· There is no all-embracing term for „Tuffstein" in English. [*'Vulkanischer Tuff' is '(volcanic) tuff' and 'Kalktuff' is 'tufa'*]

~(stein) *m*, vulkanischer ~, Feuerbergtuff, Durchbruchsgesteintuff, (vulkanisches) Tuffgestein *n* · (volcanic) tuff

Tuftingteppich *m* · tufted carpet

Tummelplatz *m* · playground

Tumulusgrab *n* · monumental tomb

Tünche *f*, Weiße *f*, Kalkbrühe *f*, Kalkmilch *f* · whitewash, limewash, whitening, milk of lime [*A suspension of slaked lime in water resulting from slaking lime with excess water*]

~anstrich *m* → Kalkmilchanstrich

~aufstrich *m* → Kalkmilchanstrich

tünchen, schlämmen, weißen, kalken · to whitewash, to whiten, to limewash, to limewhite

Tünchen *n*, Weißen, Schlämmen, Kalken · whitewashing, whitening, limewashing, limewhiting

Tung|baumsamen *m* · tung seed

~öl *n*, Holzöl [*DIN 55936. Das Produkt, das durch Auspressen oder Extrahieren von Samen des Tungbaumes gewonnen wird; es muß frei von Beimischungen anderer Öle und Fette sein*] · tung oil, China wood ~

~öllack *m* · (China) wood oil varnish, tung ~ ~

~öl-Standöl *n*, Holzöl-Standöl · (China) wood oil stand oil, tung ~ ~ ~

Tunnel|(bau)klinker *m* · tunnel clinker

~kühlofen *m*, Kühlbahn *f*, Kanalkühlofen [*Glasherstellung*] · lehr, leer, lier, lear

~ofen *m* · tunnel kiln

~ofenanlage *f* · tunnel kiln plant

Tüpfelmuster *n* · stippled pattern

Tür *f* · door [*B.S. 459*]

~ aus gegossenem (Flach)Glas, Gußglastür · rolled glass door, cast ~ ~

~(ab)dichtung *f*, Tür(ab)dicht(ungs)-profil *n* · door gasket

~(ab)dicht(ungs)leiste *f* · door seal(-ing) fillet

~(ab)dicht(ungs)profil *n*, Tür(ab)dichtung *f* · door gasket

~abmessung *f*, Türmaß *n* · door dimension

~achse *f* · door centre line (Brit.); ~ center ~ (US); ~ axis

~anlage *f* · door installation, ~ system

~anschlag *m* [*Eine Fläche gegen welche die Tür schlägt*] · door stop, doorstop, D ST

~antrieb(vorrichtung) *m*, (*f*) → Türenantrieb(vorrichtung)

~band *n* · door hinge

~beschlag *m* · door furniture, ~ fitting [*Any functional or decorative fitting, excluding the lock and hinges, for a door*]

Turbinen|halle *f* · turbine hall

~zähler *m* · inferential meter

(Tür)|Blatt *n*, (Tür)Flügel *m* [*Beweglicher Verschluß der Öffnung einer Tür*] · (door) leaf

~bogen *m* · door arch

~dichtung *f*, Türabdichtung, Tür(ab)-dicht(ungs)profil *n* · door gasket

~dicht(ungs)leiste *f*, Türabdicht(ungs)leiste · door seal(ing) fillet

~dicht(ungs)profil *n*, Türabdicht(ungs)profil, Tür(ab)dichtung *f* · door gasket

(~)Drücker *m*, (Tür)Klinke *f* [*DIN 18255*] · door handle, lever (~)

~drückerbeschläge *mpl* → Drückerbeschläge

(~)Drückerrosette *f*, (Stützring)Rosette [*DIN 18258*] · rose

~durchgang *m* · doorway [*An opening provided with a door for access through a wall*]

Tür(en)antrieb(vorrichtung) *m*, (*f*) · door drive (system), ~ ~ operator

Türenfabrik *f*, Türenwerk *n* · door factory

Tür(en)glas *n* · door glass

Türen|hersteller *m* · door manufacturer

~profil *n* · door section, ~ unit, ~ shape, ~ trim

~werk *n*, Türenfabrik *f* · door factory

Tür|feder *f* · door spring

~fenster *n* · door window

~feststeller *m* · door stay

(~)Flachknopf *m* · flattened (door) knob

(~)Flügel *m*, (Tür)Blatt *n* [*Beweglicher Verschluß der Öffnung einer Tür*] · (door) leaf

(~)Füllung *f* · (door) panel

~gewände *n* · (interior) doorjamb

~gewändeblock(stein) *m*, Türgewändestein · (interior) doorjamb block, (~) ~ tile [*See remark under 'Block'*]

~gitter *n* [*Ein Baubeschlag, der vorzugsweise an Haus- und Korridortüren angebracht wird, wenn diese Glasscheiben enthalten*] · door grille [*sometimes spelled 'grill'*]

~glas *n*, Türenglas · door glass

(~)Glasknopf *m* · (door) glass knob

(~)Griff *m* · (door) pull (handle)

~größe *f* · door size

(~)Gucker *m*, (Tür)Spion *m* · (door) viewer, judas

~halter *m* · door holder

(~)Hemmer *m*, (Tür)Hemmvorrichtung *f* · door check, ~ stop, device for checking, checking device, check mechanism

(~)Hemmvorrichtung *f*, (Tür)Hemmer *m* · door check, ~ stop, device for checking, checking device, check mechanism

~höhe *f* · height of door

~kettelhaken *m*, Türsturmhaken · door stay

türkische Architektur *f*, ~ Baukunst *f* · Turkish architecture

~ Moschee *f* · Turkish (type) mosque

türkisches Minarett *n* · Turkish minaret

Tür|klingel *f* · door bell

(~)Klinke *f*, (Tür)Drücker *m* [*DIN 18255*] · door handle, lever (~)

~klinkenbeschläge *mpl* → Klinkenbeschläge

(~)Klopfer *m* · (door) knocker

(~)Knopf *m* · (door) knob

~knopfbeschlag *m*, Knopf(tür)beschlag · knob (door) fitting, ~ (~) furniture, (door) knob ~

~knopfbeschläge *mpl*, Knopf(tür)beschläge · (door) knob fittings, (~) ~ hardware, knob (door) ~

~leibung *f* · door reveal

~loch *n*, Türöffnung *f*, lichter Durchgang *m* · door opening, ~ aperture

Turm *m* · tower, twr

~ der Winde, Horologium *n* des Andronikos von Kyrrhe [*in Athen*] · Tower of the Winds, Horologium of Andronikos Cyrrhestes

~ im Baustil der Spätphase der englischen Gothik · Perpendicular tower

~ mit gleichmäßigem Anzug · tower with constant batter

~ ~ Türmchenaufbau · turreted tower

Turmalin *m* · tourmaline

Tür|maß *n*, Türabmessung *f* · door dimension

~matte, Abtretmatte · door mat

Turm|balkenlage *f* · system of (wood(-en)) binders and joists for a tower, ~ ~ timber ~ ~ ~ ~ ~ ~

~bau *m* · tower building, ~ construction

~bauer *m* · tower-builder

~behälter *m*, Hochbehälter · elevated storage tank

~biber(schwanz) *m* · steeple plain (roof(ing)) tile, ~ plane (~) ~

~bogen *m* · tower arch

Türmchen *n*, kleiner Turm *m* · diminutive tower, small ~, turret

~paar *n* · pair of diminutive towers, ~ ~ small ~, ~ ~ turrets

Turmdach *n* · tower roof

Türmechanismus *m* · door mechanism, ~ gear

Turm|etage *f*, Turmstockwerk *n*, Turmgeschoß *n* · tower storey (Brit.); ~ story (US); ~ floor

~falzziegel *m* · tower gutter tile

~fassade *f* [*Fassade mit einem Turm oder mehreren Türmen*] · tower(ed) façade

~gaststätte *f* · tower restaurant

~gebäude *n*, Turmhaus *n*, Hochhaus · tower (block), ~ building, tall ~, high-rise ~

~gebäude *n* **in Y-Grundriß**, Turmhaus *n* ~ ~, Hochhaus ~ ~ · trefoil-shaped tower (block), ~ ~ building, ~ tall ~, ~ high-rise ~

~gebäude-Steigleitung *f*, Hochhaus-Steigleitung, Turmhaus-Steigleitung · tower (block) rising line, ~ building ~ ~, tall ~ ~ ~, high-rise ~ ~ ~

~geschoß *n*, Turmstockwerk *n*, Turmetage *f* · tower storey (Brit.); ~ story (US); ~ floor

~grab *n* · high tomb

Turmhaus *n*, Hochhaus, Turmgebäude *n* · tower (block), ~ building, tall ~, high-rise ~

~ in Y-Grundriß, Turmgebäude *n* ~ ~, Hochhaus ~ ~ · trefoil-shaped tower (block), ~ ~ building, ~ tall ~, ~ high-rise ~

~-Steigleitung *f*, Hochhaus-Steigleitung, Turmgebäude-Steigleitung · tower (block) rising line, ~ building ~ ~, tall ~ ~ ~, high-rise ~ ~ ~

Turm|helm *m*, Dachhelm, Helm(dach) *m*, (*n*), Zeltdach über vieleckigem Grundriß, Zeltdach über polygonalem Grundriß · polygonal spire

~mauer *f* · tower masonry wall

~paar *n* · pair of towers

~silo *m*, Hochsilo [*landwirtschaftlicher Silo*] · tower (type) silo

~stockwerk *n*, Turmgeschoß *n*, Turmetage *f* · tower storey (Brit.); ~ story (US); ~ floor

~treppe *f* · tower stair(case)

~uhr *f* · tower clock

~ziegel *m*, Schuppenziegel · steeple tile

Turnhalle *f* · gym(nasium)

Turnhallen|geräte *npl* · gym(nasium) equipment [*B. S. 1892*]

~spind *m* · gym(nasium) locker

Tür|nischenbogen *m* · door niche arch

(~)Oberlicht *n* · fanlight [*An area of glazing above a door*]

(~)Oberlichtöffner *m* · fanlight opener

~oberschwelle *f*, Türsturz *m* · door lintel; ~ lintol [*deprecated*]

~öffner *m* · door opener

~öffneranlage *f* · door-opening system

~öffnung *f*, Türloch *n*, lichter Durchgang *m* · door opening, ~ aperture

~öffnungsgriff *m* · door opening handle

~pfeiler *m* · door pier

~pfosten *m*, Türständer *m*, Türsäule *f* [*Fach(werk)wand*] · door stud, ~ post

~profil *n* · door section, ~ profile, ~ trim, ~ shape, ~ unit

~puffer *m* · door catch, ~ stop [*A catch to hold a door open or to prevent it opening too far*]

(~)Querleiste *f* [*Brettertür*] · (door) ledge

~rahmen *m*, Türstock *m* · door frame

~rahmen *m* **mit Giebel**, Türstock *m* ~ ~ · pedimented door frame

(~)Riegel *m* · (door) rail

~säule *f*, Türständer *m*, Türpfosten *m* [*Fach(werk)wand*] · door stud, ~ post

~schalter *m* · door switch, DSW

~scharnier *n* · door hinge

~schild *n* · door plate [*A metal plate on the door of a house or apartment carrying the name of the occupant*]

~schließautomat *m*, automatischer Türschließer *m* · auto(matic) door closer, ~ ~ closing device, ~ ~ closing mechanism

~schließer *m*, Türzuwerfer, Türschließvorrichtung *f* · door closer, ~ closing device, ~ closing mechanism, DC

~schließvorrichtung *f*, Türschließer *m*, Türzuwerfer · door closer, ~ closing device, ~ closing mechanism, DC

~schlitz *m* · door pocket [*sliding door*]

~schloß *n* [*DIN 18251*] · door lock

(~)Schwelle *f*, Holz~ · (door) threshold; (~) sill; saddle (US) [*A horizontal timber at the foot of an outside door*]

(~)Schwelle *f* · (door) threshold

(~)Spion *m*, (Tür)Gucker *m* · (door) viewer, judas

~ständer *m*, Türpfosten *m*, Türsäule *f* [*Fach(werk)wand*] · door stud, ~ post

~stock *m*, Türrahmen *m* · door frame

~stock *m* **mit Giebel**, Türrahmen *m* ~ ~ · pedimented door frame

~stufe *f* · door step

~sturmhaken *m*, Türkettelhaken · door stay

~sturz *m*, Türoberschwelle *f* · door lintel; ~ lintol [*deprecated*]

~wand *f* [*Eine Wand mit Tür(en)*] · wall with door(s)

~wand *f*, bewegliche Trennwand · mov(e)able partition (wall)

~-Wetter(schutz)dach *n* · door hood

~zarge *f* · door case

~zubehör *n* · door accessories, ~ equipment

~-Zugluftschützer *m* · door draught excluder, ~ ~ seal (Brit.); ~ draft ~ (US)

~zuwerfer *m*, Türschließer, Türschließvorrichtung *f* · door closer, ~ closing device, ~ closing mechanism, DC

(~)Zwischenriegel *m* · intermediate (door) rail

tusk(an)ische (Säulen)Ordnung *f* → toskanische ~

Tussahseide *f* · Tussah (wild) silk

T-Wandtafel *f* · T-panel (unit)

Twinglas *n* · twin ground plate (glass)

Tympanon *n*, Bogenfeld *n* [*Das Bogenfeld über einem mittelalterlichen Portal mit oder ohne Bauplastik*] · tympanum

~, Giebelfeld *n* [*Das Giebelfeld eines antiken Tempels mit oder ohne Bauplastik*] · tympanum

Typen|abmessung *f*, Typenmaß *n* · standard dimension

~decke *f* · standard floor

~einschränkung *f* · limitation of types, reduction ~ ~

~fabrik *f* · standard factory

~größe *f* · standard size

~halle *f*, Typenrahmenhalle · standard frame(d) building, ~ ~ block

~maß *n*, Typenabmessung *f* · standard dimension

~portalrahmen *m*, Portaltypenrahmen · standard portal frame

~pultanbau *m* · standard lean-to

~rahmen *m* · standard frame

~(rahmen)halle *f* · standard frame(d) building, ~ ~ block

~wohnung *f* · standard dwelling unit (US); ~ dwelling (Brit.)

Typ(isier)ung *f* · typo standardization

U

Über|alterung *f* **von Material** · physical deterioration

~anstrich *m*, Überaufstrich · topcoat(-ing)

überarmiert, überbewehrt · overreinforced

Über|aufstrich *m*, Überanstrich · topcoat(ing)

~bau *m*, Oberbau, aufgehender Bau [*Alle Gebäudeteile über Geländehöhe*] · superstructure

überbeanspruchen · to overstress (and overstrain)

Über|beanspruchung *f* · overstress(-ing) (and overstraining)

~belastung *f* · overloading

~belegung *f* [*Wohnung*] · overcrowding

~beton *m* [*Nicht am Tragvermögen einer Decke beteiligt*] · non-structural top screed

überbewehrt, überarmiert · overreinforced

Überblasen *n* **mit Sandstrahl,** Sandstrahlen, Sandstrahlung *f* · sandblasting

(Über)Blattung *f*, (Über)Plattung, Blatt *n* [*Holzverbindung*] · halving, halved joint [*Halving consists of cutting the ends of each piece to half the depth and securing with either bolts, nails, screws, or wooden pegs*]

Überbrand *m* [*zu hoher Brand*] · overfiring

überbrücken · to bridge

Überbrückung *f*, Riß~ · (crack) bridging

Überdach *n* → (Dach)Laterne

überdachen · to roof (over)

Überdachen *n* · roofing (over)

über|dacht · roofed, covered

~dachte Halle *f*, Vorbau *m*, Vorhalle [*Kirche; Tempel*] · porch

~dachter Gang *m* · covered way, roofed ~, ~ walk

~dachter Markt(platz) *m* · covered market (place), roofed ~ (~)

~dachtes Heiligtum *n* · roofed shrine, covered ~

Überdachung *f*, Regenschutzhaube *f* [*Schornsteinkopf*] · (slab) cap(ping)

~ · roofing (over)

überdecken [*Dachziegel*] · to (over)lap

~ · to cover

Überdecken *n*, Überdeckung *f* · covering-over

überdeckte Basilika *f* · covered (type) of basilica

Überdeckung *f* [*kittlose Verglasung*] · lap [*The distance by which successive tiers of glazing lap one over the other*]

~ [*Dachziegel*] · (over)lap

~, Überlappung · (over)lap(ping)

~, Überdecken *n* · covering-over

~, Überschüttung [*erdverlegte Leitung*] · earth cover(ing), fill

Überdeckung(sbreite) *f* [*Dachfalzstein*] · lap (width)

Überdeckungs|länge *f* · allowance for length of moment

~stoß *m* · joint for allowance

über|dickes Glas *n*, extradickes ~ · extra-thick sheet (glass); extra-heavy ~ (~) (US)

(~)drehen [*Steinzeugindustrie*] · to jigger

(Über)|Drehen *n* [*Steinzeugindustrie*] · jiggering

~-Eck-Schiebetür *f* · curved sliding door

Überfang|bogen *m*, Entlastungsbogen · discharging arch, relieving ~, rough ~, safety ~

~glas *n* [*Der Ausdruck „plattiertes Glas" wird selten gebraucht*] · flashed glass, cased ~ [*The term 'flash' is rarely used*]

Überflur..., Oberflächen..., obererdig, oberirdisch · above-ground, above-grade, surface...

~hydrant *m*, Oberflächenhydrant, oberirdischer Hydrant, obererdiger Hydrant · above-ground hydrant, above-grade ~, pillar ~, surface ~

überflüssig, überzählig [*Baustatik*] · redundant

~ zweiten Grades, überzählig ~ ~ · redundant to the second degree

(Über)Furnieren *n* · veneering

(über)furniertes Sperrholz *n*, beplanktes ~ · veneered plywood

Übergabe *f* · handing over, transfer, handover

~termin *m* · handing over date

Übergang *m*, Rohr~ · increaser, taper fitting

~ zwischen Außen und Innen · transition from exterior to interior

Übergangs|architektur *f*, Übergangsbaukunst *f* · transitional architecture

~baukunst *f* → Übergangsarchitektur

~bauten *f* · transitional style structures, ~ architecture ~

~bogen *m*, Übergangsrohrbogen · taper(ed) elbow

~bogen *m* · transition arch

~heizperiode *f* · between-season heating period

~kalk *m*, Grauwackenkalk · greywacke limestone, graywacke ~, transition-lime

~krümmer *m*, konischer Krümmer · taper(ed) bend

~matrix *f* · transformation matrix

~periode *f*, Übergangszeit *f*, Übergangsphase *f* [*von einem Stil zum anderen*] · transitional phase, ~ period, period of transition, phase of transition

~phase *f*, Übergangszeit *f*, Übergangsperiode *f* [*von einem Stil zum anderen*] · transitional phase, ~ period, period of transition, phase of transition

~rohr *n*, konisches Rohr · taper(ed) pipe

~(rohr)bogen *m* · taper(ed) elbow

~stil *m* · transitional style

~stück *n* → Reduktionsstück

~zeit *f*, Übergangsperiode *f*, Übergangsphase *f* [*von einem Stil zum anderen*] · transitional phase, ~ period, period of transition, phase of transition

über|geflossene Schlacke *f*, Abzugsschlacke · boilings [*The cinder which overflows from the puddling furnace during the boil*]

~gehen · to spread into [*e.g. an apophyge is the concave curve where the end of a column spreads into its base or capital*]

~geordnete Planung *f* · overall planning (scheme)

~groß, übermäßig groß · oversize, overlarge

Überhang *m* · overhang

~anschluß *m*, Kappanschluß · cap flashing, counter ~ [*See remark under 'Anschluß'*]

überhängende Wand *f*, Überhangwand · overhanging wall

Überhang|leiste *f*, Überhangstreifen *m*, Kappleiste, Kappstreifen · cap flashing (piece), counter ~ (~) [*See remark under 'Anschluß'*]

~streifen *m*, Überhangleiste *f*, Kappstreifen, Kappleiste · cap flashing (piece), counter ~ (~) [*See remark under 'Anschluß'*]

~wand *f*, überhängende Wand · overhanging wall

Überheizung *f* · over-heating

überhitzter Dampf *m*, Heißdampf · superheated steam

Überhitzung *f* · superheating

über|hobene Füllung *f* · raised panel, fielded ~ [*A door panel which is thicker at the centre than at the edges*]

~höhter Bogen *m*, gestelzter ~, gefußter ~, Stelzbogen · stilted arch [*It has its springing line raised by vertical piers above the impost level*]

~höhter Spitzbogen *m*, lanzet(t)-förmiger Bogen, Lanzet(t)bogen · lancet arch [*A sharp pointed arch, resembling a lancet, chiefly in use during the early English Period*]

Überhöhung *f*, Aufwölbung, Stich *m* · hog(ing), camber [*Girders and trusses may be built with hog to counteract their sag*]

überkommene Architektur *f*, ~ Baukunst *f*, überlieferte ~, traditionelle ~ · traditional architecture

~ Bauform *f*, überlieferte ~, traditionelle ~ · traditional form of building

überkommener Stil *m*, traditioneller ~, überlieferter ~ · traditional style

Überkopf|brause *f* · overhead spray

~dusche *f* · overhead shower

~fuge *f* · overhead joint

Überkorn *n*, Überlauf *m*, Rückstand *m*, Sieb~ [*Betriebssieb*] · oversize, screen residue

~, Rückstand *m*, Überlauf *m*, Sieb~ [*Prüfsieb*] · oversize, sieve residue

~anteil *m* · oversize percentage

Über|kragung *f* [*Gewölbe*] · projection

~kreuznagelung *f* [*Waagerecht und senkrecht eingeschlagene Nägel kreuzen sich im Holz aneinander vorbei*] · cross nailing

~kreuzung *f* **der Pfetten und Sparren** · crossing of purlin(e)s and rafters

über|kritisches Knicken *n* · post-buckling

~kuppeln · to dome

~kuppelt · domed

Überlackierbarkeit *f* · recoatability

überladen [*mit Verzierungen*] · overdecorated, over-ornamented

Über|lagerung *f* · superposition

~lagerungsgesetz *n*, Superpositionsgesetz · law of superposition, principle ~ ~, theorem ~ ~

~lagerungsgleichung *f*, Superpositionsgleichung · superposition equation

~lagsholz *n* [*Entlastungsbogen*] · wood lintel; ~ lintol [*deprecated*]

über|lang · over-long

~lappen · to lap

~lapptgeschweißtes Stahlrohr *n*, wassergas-~ ~ · overlap-welded steel pipe

Überlappung *f*, Überdeckung (over-) lap(ping)

Überlappungslänge *f* · (over)lap length

Überlapp(ungs)stoß *m* · overlap(ping) joint, lap ~

Überlaschung *f*, Stoß *m* mit Lasche · butt joint with cover, joint with butt strap

Überlastbedingung *f* · overload condition

überlastig, kopflastig, oberlastig · top-heavy

Überlauf *m*, Überkorn *n*, Rückstand *m*, Sieb~ [*Betriebssieb*] · oversize, screen residue

~, Überkorn *n*, Rückstand *m*, Sieb~ [*Prüfsieb*] · oversize, sieve residue

~anschluß *m* · overflow connection

~leitung *f* · overflow line

~loch *n* [*Waschbecken; Badewanne*] · overflow hole

~rohr *n* · overflow pipe

~speicher *m* · overflow water heater

überlebensgroß · larger than life size

Überleitung *f* **der Kräfte** · transfer of forces

überlieferte Architektur *f*, ~ Baukunst *f*, traditionelle ~, überkommene ~ · traditional architecture

~ Bauform *f*, traditionelle ~, überkommene ~ · traditional form of building

~ Baukunst *f* → ~ Architektur

überlieferter Stil *m*, überkommener ~, traditioneller ~ · traditional style

Überlieger *m*, Deckstein *m* [*Megalithgrab*] · capstone

übermäßig groß, übergroß · oversize, over-large

~ verdünnen · to over-thin

über|messen · to measure overall

~messene Öffnung *f* · non-deducted opening

~meßbare Öffnung *f* · non-deductible opening

Über|mittelungsanlage *f* · communication system

~pigmentierung *f* · over-pigmentation

(~)Plattung *f*, (Über)Blattung, Blatt *n* [*Holzverbindung*] · halving, halved joint [*Halving consists of cutting the ends of each piece to half the depth and securing with either bolts, nails, screws, or wooden pegs*]

~putzkabel *n* · surface cable

~putzsteckdose *f* · surface socket

~putzverdrahtung *f* · open wiring [*Electrical wiring held on porcelain insulators away from the wall*]

überreich geschmückt, ~ verziert, ~ geziert · profusely enriched, lavishly ~, ~ decorated, ~ ornamented

~ geziert, ~ verziert, ~ geschmückt · profusely enriched, lavishly ~, ~ decorated, ~ ornamented

~ vergoldet · lavishly gilt, profusely ~

~ verziert, ~ geziert, ~ geschmückt · profusely enriched, lavishly ~, ~ decorated, ~ ornamented

übersättigt · supersaturated

Über|sättigung *f* · supersaturation

~schiebmuffe *f*, Überwurfverschraubung *f* · socket, coupler [*A pipe fitting in the form of a short cylindrical pipe, threaded on its inner surface, used for jointing together two pipes with externally threaded ends*]

überschläglich ermittelte Mengen *fpl* · approximate quantities

Überschneidung *f* · intersection

~ [*Holzbau*] · notching

überschobene Füllung *f* · raised panel, fielded ~ [*A door panel which is thicker at the centre than at the edges*]

Überschuß|feuchtigkeit *f*, Überschußfeuchte *f* · excess moisture, ~ humidity

~gebiet *n* · overspill area [*This term refers to population in a given area*]

~wasser *n* · excess water

Über|schüttung *f*, Überdeckung [*erdverlegte Leitung*] · earth cover(ing), fill

~sichtsplan *m*, Gesamtübersicht *f*, Übersichtszeichnung *f* · lay-out (plan)

~sichtszeichnung *f*, Übersichtsplan *m*, Gesamtübersicht *f* · lay-out (plan)

übersintert · oversintered

überspannen · to span

~ [*Spannbeton*] · to overstress

Überspannen *n* [*Spannbeton*] · overstressing

Überspannungsableiter *m* · surge arrester

über|spitzbar [*Anstrich*] · dry to recoat by spraying

~spritzen · to overspray

Überstand *m* [*Sonnenschutz*] · (horizontal) overhang

über|starr · over-rigid

~stehende Wanne *f* [*Leuchte*] · projecting diffuser

~streichbar [*Anstrich*] · dry to recoat by brushing

~streichen · to topcoat, to overpaint [*A primer with a paint*]

Über|streichen *n* · topcoating

~strich *m* · topcoat(ing)

~strom-Schutzschalter *m* · overcurrent protective breaker

übertragen, abtragen, ableiten · to transmit, to transfer

Übertragung *f*, Abtragung, Ableitung, Last~ · (load) transfer, (~) transmission

Übertragungs|festigkeit *f* · transfer strength [*The concrete strength required before stress is transferred from the stressing mechanism to the concrete*]

~matrize *f* · transfer matrix

~moment *n* [*Momentenausgleichverfahren*] · carry-over moment

~verlust *m* · transmission loss

übervorgespannt · overprestressed

Über|wachung *f*, Überwachen *n* · supervision

~wasser *n* [*Zur Bedarfsdeckung nicht benötigtes und auch nicht aufspeicherbares Wasser*] · excess water

überwölben · to vault

Überwölben *n* · vaulting

überwölbt · vault(-cover)ed

Über|wölbung *f* · vaulting

~wurf *m*, Haspen *m* und Krampe *f* · hasp and staple

~wurfverschraubung *f*, Überschiebemuffe *f* · socket, coupler [*A pipe fitting in the form of a short cylindrical pipe, threaded on its inner surface, used for jointing together two pipes with externally threaded ends*]

überzählig, überflüssig [*Baustatik*] · redundant

~ zweiten Grades, überflüssig ~ ~ · redundant to the second degree

Überzählige *f* · redundant

überzählige Kraft *f* · redundant force

überzähliger Stab *m* [*Fachwerk*] · redundant member, ~ bar, ~ rod

überzähliges Moment *n* · redundant moment

Über|zähligkeit *f* · redundancy

~zähligkeitsgrad *m* · degree of redundancy

~, beschichten · to coat, to (sur)face

Überziehen *n*, Überzug *m*, Beschichten, Beschichtung *f* [*als Tätigkeit*] · coating, (sur)facing

~ von Blähbeton → Blähbeton-Beschichtung

~ ~ Gasbeton → Gasbeton-Beschichtung

über|zogen, beschichtet [*(Dach)Pappe*] · (sur)faced, coated

überzogener Draht *m* · coated wire

~ Stahl *m* · coated steel

Überzug *m* · suspender beam

~, Deckschicht *f* [*(Dach)Pappe*] · (surface) coat(ing)

~, Siegel *n*, Absiegelungsmittel *n*, Versiegelungsmittel · seal(ing) material, sealant, seal(er)

~, Überziehen *n*, Beschichtung *f*, Beschichten [*als Tätigkeit*] · coating, (sur-)facing

~, Beschichtung *f* [*als Schicht*] · coat(-ing), finish

~, ~schicht *f* · topping, overlay

~masse *f*, Überzugstoff *m*, Beschichtungsmasse, Beschichtungsstoff · coating material, ~ composition, ~ compound, ~ mass, finish ~, (sur)facing ~

~(schicht) *m*, (*f*) · topping, overlay

~stoff *m*, Überzugmasse *f*, Beschichtungsstoff, Beschichtungsmasse · coating material, ~ composition, ~ compound, ~ mass, finish ~, (sur)facing ~

U-Block(stein) *m*, U-Block, Trogblock(-stein), Trogstein · channel tile, ~ block [*See remark under 'Block'*]

Übungshalle *f*, Trainingshalle · practice hall

U-Eisen *n* · channel (iron), iron channel

~-Pfette *f* · steel channel purlin(e), channel iron ~

~-Rahmen *m* · channel iron frame, CIF

„U"-Element *n* · channel slab

Uhren|fabrik *f* · watch (and clock) factory

~raum *m* [*Kirchturm*] · clock chamber

Uhr(en)|steuerung *f* [*Steuerung durch Uhr(en)*] · clock control

~turm *m* · clock tower

Uhrwerk *n* · clockwork

uhrzeigersinnmäßig · clockwise

Uintait *m*, Gilsonitasphalt *m* · gilsonite, uintaite

Ultramarin|blau *n*, blaues Ultramarin *n* [*Es wird durch Zusammenschmelzen von Schwefel, Soda, Quarz und Kohle erhalten*] · blue ultramarine

~grün *n*, grünes Ultramarin · green ultramarine

~(pigment) *n*, Ultramarinfarbe *f* · ultramarine pigment [*B.S. 314*]

~rot *n*, rotes Ultramarin · red ultramarine

~violett *n*, violettes Ultramarin *n* · violet ultramarine

ultra|rote Strahlung *f* · ultrared radiation

~violettes Licht *n*, UV-Licht · ultraviolet light

Umbau *m*, Bauveränderung *f*, bauliche Veränderung · (structural) alteration, (~) conversion

~arbeiten *fpl* · (structural) conversion work, (~) alteration ~

~architektur *f* · architecture adaptable to conversions

umbauter Raum *m* · enclosed space, space enclosed, cube, (cubic(al)) content, cubic capacity [*The space contained within the external surfaces of the walls and roof and the upper surface of the lowest floor*]

Umbra *f*, braunes Erdpigment *n*, braunes natürliches anorganisches Pigment; braune Erdfarbe *f* [*Fehlname*] · umber

~ gebrannt · burnt umber, burned ~

~ natur · raw umber

Umbuchungsbüro *n* · ticket-transfer office

Umdrehungskörper *m* · solid of revolution

Umfangsspannung *f* · circumferential stress

Umfassungsmauer *f* · curtain (masonry) wall [*In medieval architecture the outer wall of a castle, surrounding it and usually punctuated by towers or bastions*]

~, Außenmauer [*Mauer, die ein Gebäude nach außen abschließt. Sie kann eine Decke tragen oder deckenunbelastet sein*] · exterior masonry wall, external ~ ~, outside ~ ~, perimeter ~ ~, outer ~ ~, enclosing ~ ~

~auskleidung *f* → Umfassungsmauerbekleidung

~bekleidung *f*, Umfassungsmauerverkleidung, Umfassungsmauerauskleidung, Außen(mauer)bekleidung, Außen(mauer)verkleidung, Außen(mauer)auskleidung · exterior masonry wall lining, ~ ~ ~ (sur)facing, external ~ ~ ~, outside ~ ~ ~, enclosing ~ ~ ~, perimeter ~ ~ ~, outer ~ ~ ~

~stütze *f*, Außenmauerstütze · exterior masonry wall column, external ~ ~ ~, outside ~ ~ ~, perimeter ~ ~ ~, outer ~ ~ ~, enclosing ~ ~ ~

~verkleidung *f* → Umfassungsmauerbekleidung

~werk *n*, Außenmauerwerk · exterior masonry (work), external ~ (~), enclosing ~ (~), outside ~ (~), perimeter ~ (~), outer ~ (~)

Umfassungswand *f*, Außenwand [*Wand die ein Gebäude nach außen abschließt. Sie kann eine Decke tragen oder deckenunbelastet sein*] · exterior wall, external ~, outside ~, perimeter ~, outer ~, ~, enclosing ~

~auskleidung *f* → Umfassungswandbekleidung

~bekleidung *f*, Umfassungswandverkleidung, Umfassungswandauskleidung, Außen(wand)bekleidung, Außen(wand)auskleidung, Außen(wand)verkleidung · exterior wall lining, ~ ~ (sur)facing, external ~ ~, outside ~ ~, enclosing ~ ~, perimeter ~ ~, outer ~~

~verkleidung *f* → Umfassungswandbekleidung

Umformbarkeit *f*, Verformbarkeit · formability

Umführung *f* · by-pass [*An alternative path for diverting the flow of liquid past instead of through a fitting or appliance*]

Umgang *m*, Deambulatorium *n* · (de)ambulatory

~ · periapsidial aisle

umgeben, umschließen · to enclose

umgekehrte Emulsion *f*, Wasser-in-Öl-Emulsion · water-in-oil emulsion

~ Kettenlinie *f* · inverted catenary

~ Parabel *f* · inverted parabola

~ Pyramide *f* · inverted pyramid

umgekehrter doppelter Hängebock *m*, umgekehrtes doppeltes Hängewerk *n* · inverted queen (post) truss, trussed beam [*Is used for short spans in connection with wood construction*]

~ einfacher Hängebock *m*, ~ einsäuliger ~, umgekehrtes einsäuliges Hängewerk *n*, umgekehrtes einfaches Hängewerk · inverted king (post) truss, single-strut trussed beam [*Is used for short spans in connection with wood construction*]

~ einsäuliger Hängebock *m*, ~ einfacher ~, umgekehrtes einsäuliges Hängewerk *n*, umgekehrtes einfaches Hängewerk · inverted king (post) truss, single-strut trussed beam [*Is used for short spans in connection with wood construction*]

~ Gurtbogen *m*, Konterbogen, Gegenbogen, Erdbogen, Grundbogen · inverted arch

~ T-Querschnitt *m*, T-Querschnitt · inverted T(ee) section, ~ tee ~

umgekehrtes doppeltes Hängewerk *n* → umgekehrter doppelter Hängebock

~ einsäuliges Hängewerk *n*, ~ einfaches ~, umgekehrter einfacher Hängebock *m*, umgekehrter einsäuliger Hängebock · inverted king (post) truss, single-strut trussed beam [*Is used for short spans in connection with wood construction*]

~ Gewölbe *n* · inverted vault

~ Vorzeichen *n* · opposite sign

umgelagertes Moment *n*, negatives Zusatzmoment, Umlagerungsmoment · redistributed moment, secondary (bending) ~

umglast · glass-enclosed

Umgriff *m*, Eindring(ungs)tiefe *f* [*Elektrotauchverfahren*] · throwing power

umhüllen, benetzen [*mit Bindemittel*] · to coat, to wet

Umhüllen *n*, Benetzung *f*, Benetzen, (Bindemittel)Umhüllung · coating, wetting; wet mixing (US)

umhüllt, ummantelt, beton~ · (concrete-) encased, (concrete-)haunched

umhüllter Kies *m*, Mischkies · coated gravel

~ Splitt *m*, Mischsplitt · coated chip(ing)s

Umhüllung *f*, Bindemittel~, Umhüllen *n*, Benetzung, Benetzen · coating, wetting; wet mixing (US)

~, Ummantelung, Beton~ · (concrete) encasement, (~) encasure, (~) haunching, (~) sheath coat, (~) casing

Umkehr|form *f* [*Zweigelenkrahmen*] · reverse form

~system *n* · reversed system

(Um)Kippen *n* [*Bauwerk*] · overturning

Umkleide|kabine *f*, Aus- und Ankleidekabine, Aus- und Ankleidezelle *f*, Umkleidezelle, Aus- und Anziehkabine, Aus- und Anziehzelle · (un)dressing cab(in), changing ~, ~ cubicle

~(raum) *f*, (*m*), Aus- und Ankleide(raum) · (un)dressing room, changing ~

~(raum) *f*, (*m*) **für (Haus)Mädchen** [*Hotel*] · maid's changing room

~(raum) *f*, (*m*) **für Vereine** · club changing room

~zelle *f*, Aus- und Ankleidezelle, Aus- und Ankleidekabine *f*, Umkleidekabine, Aus- und Anziehkabine, Aus- und Anziehzelle · (un)dressing cab(in), changing ~, ~ cubicle

umkränztes Kreisfenster *n*, ~ Rundfenster · garlanded circular window, ~ round ~

Umlagerung *f* [*Baustatik*] · redistribution

Umlagerungsmoment *n*, umgelagertes Moment, negatives Zusatzmoment · redistributed moment, secondary (bending) ~

Umlauf *m*, Umwälzung *f* · circulation

~anlage *f*, Umwälzanlage · circulating equipment

~aufzug *m*, Elevator *m*, Paternoster(-Aufzug) *m* · paternoster (lift)

~behälter *m*, Umwälzbehälter · circulating tank

~-Gaswasserheizer *m*, (Gas)Heiztherme *f*, Umwälz-Gaswasserheizer [*Zum Erzeugen von Heizwasser für Umlauf-Gaswasserheizungen*] · gas (water) circulator, circulator

~-Gaswasserheizung *f*, Umwälz-Gaswasserheizung · gas (water) circulation heating

~-Heizanlage *f* → Umlauf-Heizungsanlage

~heizung *f*, Umwälzheizung · circulation heating

~-Heiz(ungs)anlage *f*, Umwälz-Heiz(ungs)anlage · circulating heating system, ~ ~ installation

~leitung *f*, Umlaufrohrleitung, Umwälz(rohr)leitung · (pipe) circulation line

~-Luftheizung *f*, Umwälz-Luftheizung · forced (warm) air heating [*The air circulation is by means of a fan*]

~(rohr)leitung *f*, Umwälz(rohr)leitung · (pipe) circulation line

~rohrnetz *n*, Umwälzrohrnetz · pipe circulationg system, ~ circulation ~, circulation pipework

~schrott *m*, Rücklaufschrott · home scrap, revert ~

~wasser *n*, Umwälzwasser · circulating water

~wasserpumpe *f*, Umwälzwasserpumpe · circulating water pump

umlegen nach oben, abkanten ~ ~, aufkanten, hochkanten · to fold up(wards), to tip ~

Umleimer *m* · lip(ping)

Umlenkkraft *f* [*Treppe*] · force developed at an re-entrant angle

Umlenkungssystem *n* **für Windkräfte** · structure system for redirection of wind forces

Umluft *f* [*Abluft, die nach Filterung und meistens nach Mischen mit Außenluft den zu belüftenden Räumen wieder zugeführt wird*] · recirculated air

~betrieb *m* · recirculated air operation

~heizung *f* · heating with recirculated air

~kanal *m* · recirculation duct

ummantelt, umhüllt, beton~ · (concrete-)encased, (concrete-)haunched

Ummantelung *f*, Umhüllung, Beton~ · (concrete) encasement, (~) encasure, (~) haunching, (~) sheath coat, (~) casing

ummauern [*Rohrstöße im Erdreich abdichten*] · to haunch by masonry (work)

~ · to enclose by masonry walls

Ummauern *n* · enclosing by masonry walls

ummauerter Garten *m* · walled garden

Ummauerung *f* [*Abdichten von Rohrstößen im Erdreich*] · · masonry (work) haunching

~ · masonry wall enclosure

Umpflanzen *n* **halbreifer Bäume** · transplanting semi-mature trees

Umplanung *f* · replanning

Umprägungsgestein *n*, Umwandlungsgestein, metamorphoses Gestein · metamorphic rock, transformed ~, metamorphosed ~

Umrahmung *f* · framing

umrechnen [*auf Einheitswerte beziehen*] · to reduce [*to unit basis*]

Umrißlinie *f* · outline

umschließen, umgeben · to enclose

Umschmelz|aluminium *n* · secondary aluminium (Brit.); ~ aluminum (US)

~zink *n* · remelt zinc

umschnürte Stütze *f* → Stütze mit Spiralbewehrung

Umschnürung *f*, Querbewehrung nach der Schraubenlinie, Spiralarmierung, Spiralbewehrung, Spiral(stahl)einlagen *fpl* · helical reinforcement, lateral ~, transverse ~, helical binding, helix

Umsetzung *f*, chemische ~ · (chemical) change

umsponnenes Glas *n*, Glas mit Fadenauflage · glass with applied threads

(um)stilisiert [*z.B. Akanthusblatt*] · conventional(ized)

Umsturzmoment *n*, Kippmoment · overturning moment

Umwälz|anlage *f*, Umlaufanlage · circulating equipment

~behälter *m*, Umlaufbehälter · circulating tank

umwälzen · to circulate

Umwälz-Gaswasser|heizer *m*, Umlauf-Gaswasserheizer, (Gas)Heiztherme *f* [*Zum Erzeugen von Heizwasser für Umlauf-Gaswasserheizungen*] · gas (water) circulator, circulator

~heizung *f*, Umlauf-Gaswasserheizung · gas (water) circulation heating

Umwälz|-Heizanlage *f* → Umwälz-Heizungsanlage

~heizung *f*, Umlaufheizung · circulation heating

~-Heiz(ungs)anlage *f*, Umlauf-Heiz(ungs)anlage · circulating heating system, ~ ~ installation

~leitung *f*, Umwälzrohrleitung, Umlauf(rohr)leitung · (pipe) circulation line

~-Luftheizung *f*, Umlauf-Luftheizung · forced (warm) air heating [*The air circulation is by means of a fan*]

~(rohr)leitung *f*, Umlauf(rohr)leitung · (pipe) circulation line

~rohrnetz *n*, Umlaufrohrnetz · pipe circulating system, ~ circulation ~, circulation pipework

Umwälzung *f*, Umlauf *m* · circulation

Umwälzverlust *m* · circulation loss

Umwälzwasser *n*, Umlaufwasser · circulating water

~pumpe *f*, Umlaufwasserpumpe · circulating water pump

Umwandlungs|gestein *n*, Umprägungsgestein, metamorphoses Gestein · metamorphic rock, transformed ~, metamorphosed ~

~punkt *m* [*Anlassen von Eisen oder Stahl*] · change-point

~temperatur *f* [*Temperatur, bei der eine schnelle Umwandlung erfolgt*] · inversion point

Umwelt|bedingungen *fpl* · environmental conditions

~gestaltung *f* · environmental design

~temperatur *f* · ambient temperature

~verhältnisse *f* · environment(s)

Umzäunen *n*, Einzäunen, Abzäunen · fencing [*The action of putting up fences or enclosing with a fence*]

Umzäunung *f*, Einzäunung · fencing [*fences collectively*]

unabgebundener Beton *m* · unset concrete

unabhängige Stahlseele *f* · IWRC, independant wire rope core

unarmiert, nichtarmiert, unbewehrt, nichtbewehrt · plain, unreinforced

unaufgebläht · unexpanded [*vermiculite*]

unaufgeschlossener Rückstand *m* · insoluble residue

unbearbeiteter Betonwerkstein *m* · plain cast stone, ~ reconstructed ~, ~ patent ~; ~ artificial ~ [*deprecated*]

unbebaut · not built upon

unbebaute Fläche *f* **eines Baugrundstückes** · part of a site not covered by a building

unbedampfter Beton *m* · unsteamed concrete

unbefestigt [*Straße*] · unpaved

~ · unfortified

unbeglast, nichtbeglast, unglasiert, nichtglasiert · unglazed

Unbehaglichkeitsschwelle *f* · threshold of discomfort

unbeheizt, ungeheizt · unheated

unbeheiztes Gewächshaus *n*, ungeheiztes ~, Kalthaus [*DIN 11535 Bl. 1*] · unheated greenhouse

Unbekannte *f* · unknown

unbekannte Größe *f* · unknown quantity

unbelastet · unloaded

unbelegt, unversilbert, unverspiegelt [*Glas*] · nonsilvered

unbeleuchtet · unlighted, unlit [*abbreviated: unltd.*]

unbesetzt, unbemannt · unmanned, unattended

unbestimmt, statisch ~ · (statically) indeterminate, (~) indetermined, hyperstatic

~ dritten Grades, statisch ~ ~ ~ · (statically) indeterminate to the third degree, (~) indetermined ~ ~ ~ ~, hyperstatic ~ ~ ~ ~

~ ersten Grades, statisch ~ ~ ~ · (statically) indeterminate to the first degree, (~) indetermined ~ ~ ~ ~, hyperstatic ~ ~ ~ ~

~ n-ten Grades, statisch ~ ~ ~ · (statically) indeterminate to the *n*-th degree, (~) indetermined ~ ~ ~ ~, hyperstatic ~ ~ ~ ~

~ zweiten Grades, statisch ~ ~ ~ · (statically) indeterminate to the second degree, (~) indetermined ~ ~ ~ ~, hyperstatic ~ ~ ~ ~

unbestimmter Rahmen *m*, statisch ~ ~ · statically-indeterminate frame, redundant ~

unbestimmtes Integral *n* · indefinite integral

Unbestimmtheit *f*, statische ~ · (statical) indeterminacy

Unbestimmtheitsgrad *m* · degree of indeterminacy

unbewegliche Trennwand *f* · permanent partition (wall), [*Any permanent wall in the interior of a building*]

unbewehrt, nichtbewehrt, unarmiert, nichtarmiert · plain, unreinforced

unbewohnbar · not habitable, ~ fit to live in, uninhabitable, unfit for human habitation

Unbrauchbarkeit *f* · unserviceability

unbrennbar, nichtbrennbar [*DIN 4102*] · noncombustible, incombustible

Unbrennbarkeit *f*, Nichtbrennbarkeit [*DIN 4102*] · noncombustibility, incombustibility

unbunt, ungefärbt · plain [*As opposed to 'colo(u)red'*]

unbunte Beglasung *f*, ungefärbte ~, ~ Glasur *f* · plain glaze(d finish), ~ glazing, ~ glazed coat(ing) [*See remark under 'Glasur'*]

~ Glasur *f*, ungefärbte ~, ~ Beglasung *f* · plain glaze(d finish), ~ glazing, ~ glazed coat(ing) [*See remark under 'Glasur'*]

unbuntes Pigment *n* · white pigment [*In Great Britain, black pigments are considered to have colo(u)r, whereas white pigments are considered to have none. In Germany, however, white pigments, black pigments and all gray pigments are considered to have no colo(u)r*]

Undichtheit *f*, Undichtigkeit, Durchlässigkeit · permeability, perviousness

Undichtheitsgrad *m* → Undichtigkeitsgrad

Undichtigkeit *f*, Undichtheit, Durchlässigkeit · permeability, perviousness

Undichtigkeitsgrad *m*, Undichtheitsgrad, Durchlässigkeitsgrad, wahre Porosität *f*, Gesamtporosität · total porosity, true ~

undurchlässig, dicht · tight, impermeable, impervious

~ machen, (ab)dichten, dicht machen · to seal

Undurchlässigkeit *f*, Dichtigkeit, Dichtheit · tightness, impermeability

uneben, unregelmäßig [*Oberfläche*] · irregular, uneven

Unebenheit *f*, Unregelmäßigkeit · irregularity

unedles Metall *n*, Grundmetall · base metal [*Any metal as iron, lead, etc., which is altered by exposure to the air, etc., in contrast with the noble or precious metals*]

unelastischer Bereich *m*, nichtelastischer ~ · inelastic range, non-elastic ~

unempfindlich · unsusceptible

Unempfindlichkeit *f* · unsusceptibility

unendlich · infinitely

unendliche Anzahl *f* · infinite number

~ Platte *f* · infinite plate, ~ slab

unendlicher Streifen *m* · infinite strip

Unfall|ambulanzstation *f* · accident ambulance station

~station *f* · casualty station

Unfallverhütungsvorschriften *fpl* · accident prevention regulations

unfaulbar → fäulnisbeständig

ungarische Architektur *f*, ~ Baukunst · Hungarian architecture

ungebleit · unleaded

ungebrannt, grün [*Zustand eines keramischen Erzeugnisses nach der Formgebung, aber vor dem Trocknen. In verschiedenen Ländern wird dieser Ausdruck auch für ein getrocknetes, nicht gebranntes Erzeugnis verwendet*] · green

ungebrannte (Terra di Siena) *f* · raw-sienna

~ Umbra *f* · raw umber

ungebrannter Baustein *m* · non-clay block

~ Lehmstein *m* · unbaked brick

~ Ton *m*, Rohton · unfired clay, unburned ~, unburnt ~

Ungefähr|breite *f* · approximate width

~höhe *f* · approximate height

~länge *f* · approximate length

ungefärbt, unbunt · plain [*As opposed to 'colo(u)red'*]

ungefärbte Beglasung *f*, unbunte ~, Glasur *f* · plain gaze(d finish), ~ glazing, ~ glazed coat(ing) [*See remark under 'Glasur'*]

~ Glasur *f*, unbunte ~, ~ Beglasung *f* · plain glaze(d finish), ~ glazing, ~ glazed coat(ing) [*See remark under 'Glasur'*]

ungefasert, faserfrei, faserlos, ohne Faserzusatz, ohne Fasern, nichtgefasert · nonfibered (US); non-fibred (Brit.); nonfibrated, unfibrated

ungefrierbar · incongealable

ungefüllert, nichtgefüllert · without filler(s)

ungegliedert, monolithisch · monolithic [*Formed of a single stone, or cast to form a structurally continuous mass*]

~ [*Abakus*] · simple [*abacus*]

ungegliederter Pfeiler *m* · massive pier

ungehärtet, nichtgehärtet · unhardened, nonhardened

ungeheizt, unbeheizt · unheated

ungeheiztes Gewächshaus *n*, unbeheiztes ~, Kalthaus [*DIN 11535 Bl. 1*] · unheated greenhouse

ungehinderte Aussicht *f* [*Fenster*] · unobstructed view

~ Durchsicht *f* [*Glas*] · clear vision, unobstructed ~

ungehinderter Zugang *m* · unobstructed access

ungekreppt · uncreped

ungelocht, glatt · unperforated, non-perforated

ungelochter Ziegel *m* · uncored brick

ungelöscht [*Kalk*] · unslaked

ungelöschter gemahlener Kalk *m,* Mahlkalk, gemahlener Branntkalk [*Fehlname: Treibender Kalk*] · unslaked and ground quicklime

Ungenauigkeit *f* · inaccuracy

ungenügende Anmach(e)wasserhaltung *f,* Wasserabstoßen *n,* Wasserabsonderung, Abscheidung von Wasser, Abscheiden von Wasser, Bluten · bleeding, sweating, water gain [*The separation of water from an unhardened mix(ture)*]

ungepreßte (Holz)faserplatte *f* → Dämmplatte

ungeregelte Lüftung *f* · uncontrolled ventilation

ungesackter Zement *m,* unverpackter ~, loser ~, Behälterzement, Silozement · bulk cement

ungesättigt · unsaturated [*abbreviated: unsatd.*]

ungesättigte Verbindung *f* · unsaturated compound

ungeschichtetes Bruchsteinmauerwerk *n,* unregelmäßiges ~ · uncoursed rubble masonry (work), random ~ ~ (~) [*Masonry composed of roughly shaped stone laid without regularity of coursing, but filled together to form wel-defined joints*]

~ ~ *n,* unregelmäßiges ~ · random (range) masonry (work) [*In random (range) masonry (work) no attempt is made to form courses*]

ungeschmückt → schmucklos

ungesiebter gebrochener Zuschlag(stoff) *m,* gebrochener ungesiebter ~ · crusher-run aggregate [*Aggregate that has been broken in a crusher and has not been subjected to any subsequent screening process*]

~ Grubenkies *m,* ~ Wandkies · pit-run gravel

~ Grubenzuschlag(stoff) *m* · bank-run aggregate

~ und ungewaschener Kies *m* · as-raised gravel

ungesiebtes gebrochenes Material *n,* gebrochenes ungesiebtes ~, Brechgut *n* · broken material, crushed ~, crusher-run ~, ~ product

~ ~ (Natur)Gestein *n* · crusher-run rock

~ natürliches Material *n,* natürliches ungesiebtes ~ · all-in-ballast [*Aggregate containing a substantial proportion of all sizes (including sand) below a stated maximum, as obtained from a pit, river-bed, or sea shore*]

ungesintert, nichtgesintert · unsintered

ungestoßene Stützen *fpl* · continuous columns

ungestrichen · unpainted

ungeteilter Raum *m* · uninterrupted space

ungewöhnliche Belastung *f* · abnormal loading

ungewöhnlicher Verschleiß *m* · abnormal wear

ungewölbt · unvaulted

Ungeziefer *n* · vermin

ungeziefer|fest, ungeziefersicher, ungezieferbeständig · vermin-proof, vermin-resistant

~sicher, ungezieferfest, ungezieferbeständig · vermin-proof, vermin-resistant

Ungeziefersicherheit *f* · vermin resistance

ungiftig · non-toxic

unglasiert, nichtglasiert, unbeglast, nichtbeglast · unglazed

ungleich|förmiger Sand *m* · non-uniform sand

~mäßig verteilt · unequally distributed

Ungleichmäßigkeit *f* · non-uniformity

ungleichschenk(e)liger L-Stahl *m,* ~ Winkelstahl [*DIN 1029*] · unequal(-leg) angle steel

~ Wulststahl *m* · unequal(-leg) bulb-angle

ungleichschenk(e)liges Winkelprofil *n,* ungleichschenk(e)liger Winkel *m* · unequal(-leg) angle (section), ~ ~ bar, ~ L-section

ungünstigste Laststellung *f* · worst possible position of load

unhärtbar · unhardenable

unhydraulisch, nichthydraulisch [*z.B. Luftkalk*] · non-hydraulic

Unifarbe *f* [*Im Gegensatz zur Metalleffektfarbe*] · conventional paint

Unilinoleum *n,* einfarbiges Linoleum, Waltonlinoleum · plain lino(leum), Walton's ~

Uni-Tapete *f,* Eintontapete [*Diese Tapete hat keine Musterung, sondern nur eine Grundfarbe*] · plain (wall)paper

Universal|-Abtönfarbe *f,* Universal-Mischfarbe · universal tinter; ~ tinting color (US)

~eisen *n,* Breitflacheisen [*Fehlnamen*]; Breitflachstahl, [*DIN 1612*] · (rolled) non-standard section, (~) ~ unit, 'Universal' ~, universal (mill) plate

~grund(ierung) *m,* (*f*), Universalgrundiermittel *n,* Universalgrundanstrichmittel · all(-)purpose primer

~-Kleb(e)masse *f* · universal compound

~kleb(e)stoff *m,* Universalkleb(e)mittel *n,* Universalkleber *m* · universal (bonding) adhesive, ~ ~ agent, ~ ~ medium, ~ cement(ing agent)

~-Mischfarbe *f*, Universal-Abtönfarbe · universal tinter; ~ tinting color (US)

~schutzanstrichmittel *n*, Universal-schutzanstrich(stoff) *m* · all-purpose protective coating (material)

~schutzanstrich(stoff) *m*, Universal-schutzanstrichmittel *n* · all-purpose protective coating (material)

~-Walzstütze *f* · 'Universal' column (section)

~-Walzträger *m* · 'Universal' beam (section)

unkanneliert, nichtkanneliert · unfluted

unkompensiert [*Leuchtstofflampe*] · p.f. uncor., ~ ~ uncorrected

unkostendeckende Miete *f* · cost rent

Unkrautbekämpfungsmittel *n* · weed killer

(unlegierter) Kohlenstoffstahl *m*, einfacher ~ · carbon steel

~ Stahl *m* · unalloyed steel

unlöslich · insoluble

~, fest [*Emulgator*] · colloidal

~ in CS_2 · insoluble in carbon disulfide (US); ~ ~ ~ disulphide (Brit.)

unlöslicher Anhydrit *m*, unlösliches ~ *n*, Anhydrit II, Totgebranntes *n*, totgebrannter Gips, $CaSO_4$ · dead (~) burnt gypsum, dead (~) burned ~

~ Rückstand *m* · insoluble residue [*The material remaining after cement is treated successively with hydrochloric acid and sodium hydroxide solutions of specific concentrations for designated periods of time*]

Unlösliches *n* [*Fehlname: freier Kohlenstoff m*] · insoluble matter [*misnomer: free carbon*]

unlösliches Anhydrit *n*, unlöslicher ~ *m*, Anhydrit II, Totgebranntes *n*, totgebrannter Gips *m*, $CaSO_4$ · dead (~) burnt gypsum, dead (~) burned ~

~ Pigment *n* · insoluble pigment

unmanieriert · unmannered

unmittelbare (Schall)Übertragung *f* · direct (sound) transmission

~ Übertragung *f*, ~ Schall~ · direct (sound) transmission

unnagelbar, nichtnagelbar · non-nailable

UNO-Hauptquartier *n* [*in New York*] · United Nations Secretariat Building

unpigmentiert · unpigmented

unporig · non-porous

unregelmäßig, uneben [*Oberfläche*] · irregular, uneven

~ gelocht · random perforated

unregelmäßiger Grundriß *m* · free form (ground-)plan, ~ ~ base

~ Kreuzpfeiler *m* · unsymmetrical cruciform pier

unregelmäßiges Bruchsteinmauerwerk *n*, ungeschichtetes ~ · uncoursed rubble masonry (work), random ~ ~ (~) [*Masonry composed of roughly shaped stone laid without regularity of coursing, but filled together to form well-defined joints*]

~ Mauerwerk *n*, ungeschichtetes ~ · random (range) masonry (work) [*In random (range) masonry (work) no attempt is made to form courses*]

~ Schichtenmauerwerk *n* · broken range masonry (work) [*The stones are laid in courses but the courses are continuous for short distances only*]

Unregelmäßigkeit *f* · jog (US) [*An offset or change in the direction of a line or a surface*]

~, Unebenheit · irregularity

unreines (Werk)Blei *n* · base bullion

unschmelzbar, nichtschmelzbar · infusible

unsichtbar machen [*Fuge*] · to mask

unsichtbare Strahlung *f* · invisible radiation

unstabil, labil, schnellbrechend [*Bitumenemulsion*] · labile, quick-breaking, rapid-setting

unsteif · nonrigid

unstetig abgestufte Mineralmasse *f*, diskontinuierlich ~ ~ · gap-graded aggregate, discontinuously-graded ~

~ abgestufter Beton *m*, diskontinuierlich ~ ~ · gap-graded concrete, discontinuously-graded ~

unstetige Kornabstufung *f*, diskontinuierliche ~, Kornaufbau *m* der Zuschläge nach unstetigen Sieblinien [*Fehlen in den Zuschlagstoffen einzelne Korngruppen, so ergeben sich unstetige Sieblinien*] · gap grading, discontinuous ~, discontinuous granulometry

unstilisiertes Akanthusblatt *n* · natural acanthus leaf

unsymmetrisch angeordnet · asymmetrically-placed

unsymmetrische Belastung *f* · non-symmetrical loading

unsymmetrisches Dach *n* · unsymmetric(al) roof

unterarmiert, unterbewehrt · underreinforced

Unterbau *m* [*Alle Gebäudeteile unter Geländehöhe*] · substructure

~, Sockel *m*, Säulen~ · column pedestal

~ → Sockel *m*

~, Piedestal *n*, Postament *n* [*Sockel von Stützgliedern oder Statuen*] · pedestal

~-Kühlschrank *m* · undercounter refrigerator

unterbemessen, unterdimensionieren · to underdesign

Unterbeton *m* · sub-concrete

~, Kernbeton, (Hinter)Füll(ungs)beton [*Im Gegensatz zum Vorsatzbeton*] · core concrete, backing ~, hearting ~

unterbewehrt, unterarmiert · under-reinforced

Unterbieten *n* · undercutting

Unterboden *m* · subfloor, underfloor [*abbreviations: undfl, subfl*]

~ auf Unterzügen · joisted sub-floor, ~ underfloor

~-Ausfüller *m,* Unterboden-Spachtel(masse) *m,* (*f*) [*Zum Vorbehandeln von Unterböden, die mit Bahnen- und Plattenbelägen, Spannteppichen, Parkett usw. belegt werden*] · sub-floor stopper, ~ stopping, ~ filler, underfloor ~

~-Spachtel(masse) *m,* (*f*), Unterboden-Ausfüller *m* [*Zum Vorbehandeln von Unterböden, die mit Bahnen- und Plattenbelägen, Spannteppichen, Parkett usw. belegt werden*] · sub-floor stopper, ~ stopping, ~ filler, underfloor ~

unterbrochene Untersicht *f* · open soffit [*As opposed to the flush soffit*]

unterbrochener Balken(träger) *m,* Einzelbalken(träger) · discontinuous beam

Unterdecke *f* · counter ceiling [*A ceiling fixed independently on its own framework below a structural floor or flat roof*]

unterdimensionieren, unterbemessen · to underdesign

Unterdruck *m,* Luftleere *f,* Vakuum *n* · vacuum

~beton *m,* Saugbeton, Vakuumbeton · vacuum concrete

~betonrohr *n,* Saugbetonrohr, Vakuumbetonrohr · vacuum concrete pipe

untere Führung *f* · bottom guide, lower ~

~ Führungsschiene *f* [*Tor*] · bottom guide track, lower ~ ~

~ Grenze *f* **der dynamischen Knicklast** · astatic buckling load

untereinander verbinden [*Pigmentteilchen durch Bindemittel*] · to bind the pigment particles together, ~ cement ~ ~ ~ ~

unterer Flügel *m* [*Tor*] · bottom leaf

(~) Heizwert *m,* Hu *m* in kcal/Nm³ · lower calorific value, L. C. V.

Unteretage *f* → Untergeschoß

unterfangen · to underpin

Unter|fangen *n* · underpinning [*Underpinning is the provision of permanent support for a structure, or portion of a structure, inserted from below, to prevent subsidence and damage, especially during construction work beneath*]

~flügel *m* [*Senkrecht-Schiebe(flügel)-fenster*] · bottom sash, lower ~ [*It slides on the inside*]

~flurhydrant *m* · underground hydrant

~flur(steck)dose *f* · underfloor socket

~fütterung *f* [*Rohr in einem Graben*] · bed

untergehängte Decke *f,* abgehängte ~, Hängedecke · suspended ceiling, hung ~, SC [*A ceiling hung of a distance from the floor or roof above and not bearing on the walls*]

~ Putzdecke *f,* abgehängte ~, Putzhängedecke, Hängeputzdecke · suspended plaster(ed) ceiling, hung ~ ~

Unter|geschoß *n,* Unteretage *f,* Unterstockwerk *n,* Kellergeschoß, Kelleretage, Kellerstockwerk · basement (level); ~ story (US); ~ storey (Brit.); [*A stor(e)y wholly or mainly below ground level*]

~größe *f,* Mindergröße · undersize

~grund *m,* Baugrund · subgrade [*The natural ground below a structure*]

(~)Grund *m* · base (surface), (back-)ground, backing (material)

~grund-Autospeicher *m,* Tiefgarage *f,* Tiefparkanlage *f,* Untergrundgarage, Tief-Autospeicher, Untergrund-Parkanlage · underground car park

~grundgarage *f* → Untergrund-Autospeicher

~grund-Parkanlage *f* → Untergrund-Autospeicher

~gurtknotenblech *n* · bottom boom junction plate, ~ flange ~ ~, ~ chord ~ ~, lower ~ ~ ~

~gurtlängsstab *m* · lower chord longitudinal bar, ~ boom ~ ~, ~ flange ~ ~, bottom ~ ~ ~

~gurtstab *m* · lower chord bar, ~ boom ~, ~ flange ~, bottom ~ ~

~gurt(ung) *m,* (*f*) · bottom boom, ~ flange, ~ chord, lower ~

~hals *m,* (Säulen)Hals, Hypotrachelion *n,* Epitrachelium *n* [*dorische Säule*] · hypotrachelion, hypotrachelium

Unterhaltungs|anstreicherarbeiten *fpl,* Unterhaltungsanstricharbeiten, Unterhaltungsmalerarbeiten [*DIN 18363*] · maintenance painting (work)

~anstricharbeiten *fpl,* Unterhaltungsanstreicherarbeiten, Unterhaltungsmalerarbeiten [*DIN 18363*] · maintenance painting (work)

~aufwand *m* · maintenance requirement

~gerüst *n* · scaffold for maintenance (work)

~halle *f* [*Mit Bühne und Zuschauerraum, die aber auch als Sporthalle dienen kann*] · cultural hall

~klausel *f* · maintenance clause

~malerarbeiten *fpl,* Unterhaltungsanstricharbeiten, Unterhaltungsanstreicherarbeiten [*DIN 18363*] · maintenance painting (work)

~personal *n* · maintenance staff, ~ personnel

~werkstatt *f* · maintenance (work)shop

unterirdische Basilika *f* [*Lourdes*] · underground basilica

~ Grabkammer *f* · sepulchral pit

~ Kammer *f* · subterranean chamber, underground ~

unterirdischer Außen(ver)putz *m* · underground external plaster(work) (Brit.); ~ stucco (US)

~ Friedhof *m*, Katakombe *f* · catacomb, underground cemetery

unterirdisches Gebäude *n* · underground building

Unter|kante *f* · botton edge

~kapelle *f* · lower chapel

~kirche *f* [*Erdgeschoß einer Doppelkirche*] · lower church

~konstruktion *f* [*Putztechnik*] · furring, firring; strapping [*Scotland*] [*Light wooden battens or metal sections fixed to solid backgrounds, for subsequent attachment of lath(ing) or sheet materials*]

~konstruktionspappe *f* [*Dach(ein)dekkung*] · roof sheathing paper [*Sheathing paper under roofing. See remark under 'Pappe'*]

~korn *n*, Feinkorn · undersize

~kornausbringen *n*, Fein(korn)ausbringen [*Siebdurchgang, Fehlkorn abgerechnet*] · fines output, true undersize recovery

Unterkunft *f* · accommodation

~ bei Bauten, Baustellenunterkunft · site accommodation

Unterkunftsgelände *n* · accommodation area

Unterlage *f*, Dach~, Dachhautträger *m* [*Zur Aufnahme der Dachhaut*] · (roof(-ing)) substructure (system), (~) deck(ing) (~), (~) base (~), (~) substrate (~)

~, Hinterlegung *f*, Rücklage, Träger(schicht) *m*, (*f*), Rücken *m* · base, backing, underlay, substrate, substratum

~, Träger *m*, Farb~, Substrat *n* · base, substratum (Brit.); ground (US)

~, Unterschicht *f* [*(Fuß)Boden*] · lower layer

Unterlags|bahn *f*, Dach~ · (roof(ing)) base sheeting, (~) deck(ing) ~, (~) substructure ~, (~) substrate ~, (~) substratum ~

~filz *m* · base felt

~papier *n*, Autobahn-~, Straßenbaupapier, Papierunterlage *f* · concrete subgrade paper, concreting ~, underlay ~, sub-soil ~, road lining (~)

~platte *f* [*Aus Stahl oder Gußeisen als Druckverteiler beim Verlegen von Trägern und Stahlbetonstürzen*] · base plate

~platte *f* **für Fußbodenlinoleumverlegung** · sub-floor tile for lino(leum)

~scheibe *f*, (Unterleg)Scheibe · washer, whsr

(Unterleg)Scheibe *f*, Unterlagsscheibe · washer, whsr

Unter|muffe *f* [*Betonrohr*] · bottom socket

~muffen-Reinigungsmaschine *f* · cleaning machine for bottom sockets

~nehmensforschung *f* · operations research

Unternehmer *m* · contractor

~-Bauleitung *f*, (Firmen)Bauleitung · contractor's site office

Unter|pfette *f* · sub-purlin(e)

~pfettendämmung *f* · under-purlin(e) insulation

Unterplatte *f*, Anschraubplatte [*Türbeschlag*] · back plate

~ mit Schlüsselloch, Anschraubplatte ~ ~ [*Türbeschlag*] · keyholed back plate

Unterputz *m*, Grobputz, Grundputz, Außen~ · (external) undercoat rendering (Brit.); undercoat stucco (US); exterior undercoat plaster, external undercoat plaster

~, Grobputz, Grundputz, Innen~ · undercoat (mixed) plaster, basecoat (~) ~, backing (coat) (~) ~

~einbau *m*, Unterputzverlegung *f* [*Zähler-Verteilungsschrank; Zählertafelschrank*] · flush mounting

~installation *f* · concealed installation

~kabel *n* · concealed cable

~lage *f* → Unterputzschicht

~lage *f* **auf Putzträger** → Unterputzschicht ~ ~

~leerrohr *n* → Unterputzleitung

~leitung *f*, Unterputzleerrohr *n* [*Elektrotechnik*] · concealed conduit, conduit embedded in plaster

~masse *f* → Unterputzmörtel

~mörtel *m*, Grobputzmörtel, Rauhwerkmörtel, Unterputzmasse *f*, Grobputzmasse, Rauhwerkmasse · backing (coat) mix(ture), ~ (~) stuff, ~ (~) plaster, undercoat ~, basecoat ~

~rohr *n* · concealed pipe

~schalter *m* · flush switch

Unterputzschicht *f*, Unterputzlage *f*, Grobputzschicht, Grobputzlage, Rauhwerk *n* · backing (coat), undercoat, basecoat [*A plastering or rendering coat other than the final coat*]

~, Unterputzlage *f*, Grobputzschicht, Grobputzlage, Rauhwerk *n* · scratch coat, render(ing) ~ [*It consists of mortar of lime, sand and considerable hair*]

~, Unterputzlage *f*, Grobputzschicht, Grobputzlage, Rauhwerk *n* [*Beim zweilagigen Innenputz*] · floating coat, straightening ~

~ auf Putzträger, Unterputzlage *f* ~ ~, Grobputzschicht ~ ~, Grobputzlage ~ ~, Rauhwerk *n* ~ ~ · pricking-up coat [*The first undercoat of three-coat work on lath(ing)*]

Unterputz|steckdose *f* · flush socket

~ventil *n* · concealed valve

~verlegung *f*, Unterputzeinbau *m* [*Zähler-Verteilungsschrank; Zählertafelschrank*] · flush mounting

Unter|rosten *n* · rust creep

~rostung *f* [*Rostbildung unter dem Anstrichfilm*] · under-rusting

~satz *m*, Sockel *m* · socle [*A base or pedestal*]

~schicht *f*, Unterlage *f* [*(Fuß)Boden*] · lower layer

~schiebling *m* [*Dach*] · footing piece

~schneidung *f*, (Wasser)Nase *f* · throat(ing), weather groove, (water) drip

~seite *f* · underside

~sicht *f* · visible under-face, ~ underside

~station *f* [*Stromversorgung*] · substation

~stellen *n* [*von Fahrzeugen*] · housing

unterster Grenzwert *m*, absolutes Minimum *n* · absolute minimum

Unterstockwerk *n* → Untergeschoß

unterstützen [*(Dach)Pfette*] · to strut

unterstützt [*(Dach)Pfette*] · strutted

Unterstützung *f* [*Dach)Pfette*] · strutting

Untersuchungskabine *f*, Untersuchungszelle *f* [*Krankenhaus*] · examination cubicle

Untersystem *n*, Teilsystem [*Tragwerkberechnung*] · substructure

Unterteil *m, n* · lower part

unterteilbare Fläche *f* · subdivisible area

unterteilen · to subdivide

Unterton *m* [*Farbe*] · color undertone (US); colour ~ (Brit.)

untervorgespannt · underprestressed

Unterwasser|anstrich *m*, Unterwasseraufstrich · underwater coat

~fenster *n* [*Hallen(schwimm)bad*] · underwater window [*To assist swimming instruction and television facilities*]

~garage *f* · underwater garage

~-Parkhaus *n* · underwater parking building

Unterweisung *f* **des Bedienungspersonals** · personel training, staff ~

Unterzug *m* · joist [*One of a series of parallel beams, especially when forming part of a floor, ceiling or roof*]

unübersteigbar · unclimbable

unveränderlich, konstant · constant

unveränderliche Last *f*, konstante ~ · constant load

unveränderliches Moment *n*, konstantes ~ · constant moment

unverdünnt · unthinned

unverformbar, formtreu · undeformable, non-deformable, indeformable

unverformt, formtreu · undeformed

unverkleidet · unlined, exposed

unverpackter Zement *m*, ungesackter ~, loser ~, Silozement, Behälterzement · bulk cement

unverputzt, roh · unplastered

unverrottbar → fäulnisbeständig

unverschieblich, fest · fixed, immovable

Unverschieblichkeit *f* · fixity, immovability

unverseifbar · unsaponifiable

unversilbert, unverspiegelt, unbelegt [*Glas*] · nonsilvered

unverspiegelt, unversilbert, unbelegt [*Glas*] · nonsilvered

unversteift · unstiffened

Unverträglichkeit *f* · incompatibility

unverwunden · non-twisted

unverziert → schmucklos

unzerbrechliches Glas *n* · nonbreakable glass, unbreakable ~

unzerstörbare Haftung *f* · unbreakable bond, nonbreakable ~

U-Pfette *f* · channel purlin(e)

U-Platte *f*, Trogplatte, Beton~ · (concrete) channel (unit), (~) trough slab

üppig · sumptuous

U-Profil *n* · channel (section), ~ profile

~-Ring *m* · channel ring

~-Wange *f* · channel string (Brit.); ~ stringer (US)

U-Rahmentor *n* · channel frame shutter door, ~ ~ shutterdoor

Urbanität *f* · urbanity

Urethan|(anstrich)farbe *f* · urethane paint

~schaum(stoff) *m* · urethane foam, expanded urethane

Urfestigkeit *f* · fundamental strength (of concrete) [*Is understood as a stage of concrete loading representing the limit the structure can whithstand under given conditions and still perform its given function*]

urgeschichtliche Architektur *f*, vorgeschichtliche ~, ~ Baukunst · prehistoric architecture

urinabstoßend · urine-repelling, urine-repellent

Urinal *n* · urinal

~anlage *f* · urinal (installation)

~becken *n*, Pißbecken · wall-hung urinal

~rinne *f*, Pißrinne · urinal trough

~stand *m*, Pißstand · urinal stall

~standreihe *f*, Pißstandreihe · range of urinal stalls

Urne *f*, Aschen~ · (cremation) urn, cinerary~

Urnengrab *n*, Aschen~, Brandgrab · (cinerary) urn pit, cremation ~ ~

urologische Klinik *f* · urological clinic

ursprüngliche Schichtung *f* [*Tonschiefer*] · original bedding

Ursprungsfestigkeit *f* · original strength

Urteer *m,* Tieftemperaturteer, (Steinkohlen)Schwelteer · low-temperature coal-tar

Usonienhäuser *npl* · 'Usonian Houses' [*'Usonina' was a term coined by Frank Lloyd Wright to describe something ultra-American*]

U-Sprosse *f,* Rinnensprosse [*kittlose Verglasung*] · U-shaped patent glazing bar, ~ puttyless ~ ~

U-Stahl(profil) *m,* (*n*), Stahl-U-Profil [*DIN 1026*] · steel channel (section), ~ ~ profile

U-Stein *m,* U-Block(stein) *m,* Trogblock(stein), Trogstein · channel tile, ~ block [*See remark under 'Block'*]

Utilitarismus *m* · utilitarianism

utilitaristischer Klassizismus *m* · utilitarian classicism

U-Trag(e)profil *n,* Trag(e)-U-Profil · carrying channel

UV-Licht *n,* ultraviolettes Licht · ultraviolet light

V

V *m,* frostbeständiger Ziegel *m,* Vormauerziegel · frost(-)resistant (clay) brick, frostproof (~) ~, frost(-)resisting (~) ~, non-frost-active (~) ~, antifreezing (~) ~

vagabundierender (Erd)Strom *m* → Streustrom

Vakuum *n,* Luftleere *f,* Unterdruck *m* · vacuum

~(an)heber *m,* Saugmatte *f,* Saugvorrichtung *f* zum Fertigteiltransport · suction pad

Vakuumbeton *m,* Unterdruckbeton, Saugbeton · vacuum concrete

~rohr *n,* Saugbetonrohr, Unterdruckbetonrohr · vacuum concrete pipe

Vakuum|bitumen *n* · vacuum asphalt (US); ~ (asphaltic) bitumen (Brit.)

~dampfheizung *f* · vacuum steam heating

~-Glas(bau)stein *m,* Glashohlstein, Glasvakuumstein, Hohl-Glas(bau)stein [*DIN 18175*] · hollow glass block [*B.S. 1207*]

~-Glas(bau)steintafel *f,* Hohl-Glas(bau)steintafel, Glashohl(bau)steintafel, Glasvakuumsteintafel · hollow glass block panel

~-Glasstein *m,* Vakuum-Glasbaustein, Glashohl(bau)stein, Glasvakuumstein, Hohl-Glas(bau)stein [*DIN 18175*] · hollow glass block [*B.S. 1207*]

~-Glassteintafel *f,* Vakuum-Glasbausteintafel, Hohl-Glas(bau)steintafel, Glashohl(bau)steintafel, Glasvakuumsteintafel · hollow glass block panel

~heben *n* · vacuum lifting [*Lifting by a crane fitted with a suction pad, employed for such items as precast concrete elements, etc.*]

~heber *m,* Vakuumanheber, Saugvorrichtung *f* zum Fertigteiltransport, Saugmatte *f* · suction pad

~-Tiefziehen *n* · vacuum deep drawing

Vanadiumausblühung *f,* grüne Ausblühung · green efflorescence

Vandyckbraun *n* · Van Dyck brown

VB 500 *n,* zähflüssiges Verschnittbitumen *n,* hochviskoses Verschnittbitumen · high-viscosity asphalt(ic) cutback, ~ cutback (asphalt) (US); ~ cutback (asphaltic-)bitumen, ~ cutback (Brit.)

Vebe-Konsistenzmesser *m* · Vebe apparatus

Vektoraddition *f* · vector addition

vektoraktives Tragsystem *n* [*Kennzeichen der vektoraktiven Tragsysteme ist der Dreiecksverband*] · vector-active structure system

Vektor|mechanismus *m* · vecto mechanism

~produkt *n,* äußeres Produkt · vector product, cross ~, outer ~

~spaltung *f* · vector separation

~spannung *f* · vector stress

~summe *f,* vektorielle Summe · vector sum

~wirkung *f* · vector action

Velourstapete *f,* Samttapete · (velvety) flock paper

venezianisch-byzantinischer Stil *m* · Veneto-Byzantine style

venezianisches Fenster *n* → Palladiomotiv

Ventilator *m* · fan

~ zum Absaugen von Rauchgasen und Dämpfen · fire ventilator [*It opens automatically at a predetermined temperature, releasing smoke, heat and fumes, keeping the fire localized*]

~antrieb *m* · fan drive

~betrieb *m* [*Luft(be)heizung*] · fan-assisted operation

ventilatorgekühlt · fan-cooled

Ventilator|geräusch *n* · fan sound

~haube *f,* Schirmblech *n* · fan shroud

~kühlung *f* · fan cooling

~lüftung *f,* Drucklüftung [*Die Frischluft wird mit Ventilatoren in einen Raum gedrückt, wodurch im Raum ein Überdruck entsteht*] · fan(-assisted) ventilation, ~ venting

~schutzkorb *m* · fan guard

~technik *f* · fan engineering

Venustempel *m* · temple of Venus

Verallgemeinern *n* · generalizing

Verallgemeinerung *f* · generalization

Veranda *f* · verandah

veränderliche Deckenlast *f*, wechselnde ~, bewegliche ~, Decken-Verkehrslast, Verkehrs-Deckenlast · imposed floor load, variable ~ ~, floor live ~

~ Last *f*, bewegliche ~, Wanderlast · moving load, rolling ~

~ Trägheit *f* · variable inertia

veränderlicher Querschnitt *m* · variable cross-section

veränderliches Trägheitsmoment *n* · variable moment of inertia

Veränderlichkeit *f* · variability

Verankern *n* · anchoring, tying

verankerte Wand *f* · anchored wall, tied ~

Verankerung *f* [*Zugfeste Verbindung zweier Bauteile mit Ankern*] · anchorage, tying

~ mit Metallanker · metal anchorage, ~ tying

Verankerungs|art *f* [*Spannbeton*] · type of anchorage

(~)Barren *m* [*Hubdeckenverfahren*] · (steel) shear key

~block *m* **aus Beton**, Ankerblock ~ ~ · concrete anchor block

~kraft *f* · anchorage force

~platte *f*, Ankerplatte [*Spannbeton*] · locking plate

~schiene *f*, Ankerschiene · anchor(ing) rail

~schlupf *m*, Ankerschlupf, Rutschung *f* der Verankerung · anchorage deformation, ~ slip

~schraube *f*, Ankerschraube · anchor bolt

~system *n*, Verankerungsverfahren *n* · method of anchoring, system ~ ~, anchoring method, anchoring system

~verfahren *n*, Verankerungssystem *n* · method of anchoring, system ~ ~, anchoring method, anchoring system

Veranschlagen *n* · estimating, estimation

Veranschlagung *f* · estimation

verarbeitbar, verarbeitungsfähig · workable

Verarbeitbarkeit *f*, Verarbeitungsfähigkeit · workability

~, Beton~ · workability of concrete, concrete workability

Verarbeitbarkeits|probe *f* → Verarbeitbarkeitsprüfung

~prüfung *f*, Verarbeitbarkeitsprobe *f*, Verarbeitbarkeitsversuch *m* · workability test

~versuch *m* → Verarbeitbarkeitsprüfung

verarbeiten, einbauen, einbringen [*Baustoff*] · to place

~ [*Beton*] · to work

Verarbeiten *n*, Einbauen, Einbringen [*Baustoff*] · placing

Verarbeiter *m* [*Werkstoff*] · fabricator

Verarbeitung *f* [*Beton*] · working

Verarbeitungs|anleitung *f* · specifications for applications

~eigenschaft *f* [*Beton; Mörtel; Putz u.ä.*] · working property

verarbeitungsfähig, verarbeitbar · workable

Verarbeitungsfähigkeit *f*, Verarbeitbarkeit · workability

verarbeitungs|fertig, gebrauchsfertig · ready-to-use

~fertige Farbe *f*, anstrichfertige ~, gebrauchsfertige ~ · paint prepared for use, P.F.U. paint

Verarbeitungs|güte *f* [*Beton; Mörtel; Putz u.ä.*] · working quality

~hilfe *f*, Weichmacher *m*, Verflüssiger, Plastifizierungsmittel *n* · workability agent, water-reducing ~, workability aid; wetting agent, plasticising agent (Brit.); plasticizing agent (US)

~konsistenz *f*, Verarbeitungssteife *f* · application consistency

~richtlinien *fpl* · directions of use

~steife *f*, Verarbeitungskonsistenz *f* · application consistency

~vorgang *m* [*Stahl*] · fabrication operation

~zeit *f*, Topfzeit · pot life [*The period after mixing the two packs of a two-pack paint during which the paint remains usable*]

~zeit *f*, Streichzeit [*Die Zeitspanne vom Einstreuen des Gipses in Wasser bis zum Aufhören der Streich- und Glättfähigkeit*] · workability period, ~ time

Verästelungsnetz *n* [*Stadtentwässerung. Fehlnamen: Radialnetz, Radialsystem n, Fächernetz*] · radial sewer network

veräthern · to alkoxylate

Verband *m*, Gefüge *n*, Mauerwerk~, Mauerverband, Mauergefüge · (masonry) bond

~, Verlegemuster *n* [*Plattenverlegung*] · laying pattern

Verbands|art *f*, Mauer~ · type of (masonry) bond, (masonry) bond type

~haus *n* · association headquarters

~raum *m*, Sanitätsdienstzimmer *n* · first aid room

~regeln *fpl* · (masonry) bond principles

Verbandstift *m* [*DIN 1156*] · dowel pin [*A short wire nail pointed at both ends*]

Verbau *m* **der Rohrgräben in unfallsicherer Ausführung** · reliable trench sheeting and bracing

Verbauungswinkel *m* [*Tageslichtberechnung*] · angle of obstruction

~grad *m* [*Tageslichtberechnung*] · degree of angle of obstruction

Verbesserung *f* **der Putzhaftung** · improvement of plaster bond

~ der Wohnverhältnisse · housing betterment

Verbiegung *f* [*Rahmen*] · crippling [*frame*]

verbinden · to join

Verbinden *n* · joining

~ durch Vorspannung, Zusammenspannen von (Beton)Fertigteilen · stressing together of precast units, tensioning ~ ~ ~ ~, jointing precast units by prestressing

Verbinder *m* → Holz~

Verbindung *f* · splice [*Connection of one reinforcing bar to another by overlapping, welding, mechanical end connectors, or other means*]

~, chemische ~ · (chemical) system, (~) compound

~ · connection

~ mit Kleb(e)eigenschaft, chemische ~ ~ ~ · (chemical) bonding system, (~) adhesive ~, (~) ~ compound

~ von Bewehrungsstählen mit Gießharz zur Kraftübertragung · glued joint of steel reinforcement

Verbindungs|art *f* [*Rohr*] · type of joint

~bauwerk *n* · connecting structure

~gang *m* [*zwischen Flugsteigkopf und Empfangsgebäude*] · finger

~gang *m* · linkway, connecting corridor

~mittel *n* · connecting means

~mittel *n* → Holz~

~schlaufe *f* · connecting loop

~schnur *f*, (Geräte)Anschlußschnur · flexible cord [*B.S. 7*]

~stelle *f* [*Zur biegefesten Verbindung von (Außen)Versteifungswand mit der Skelettkonstruktion*] · point of support

~system *n*, Verbindungsverfahren *n* · method of jointing, system ~ ~, jointing method, jointing system

~trakt *m* · link unit

~verfahren *n*, Verbindungssystem *n* · method of jointing, system ~ ~, jointing method, jointing system

Verblassen *n*, Verbleichen · fading [*Bleaching of a colo(u)r by ag(e)ing or weathering. Chalking looks like fading, but the colo(u)r can be restored by a coat of varnish*]

verblaßt, verblichen [*Farbe*] · faded

Verbleichen *n*, Verblassen · fading [*Bleaching of a colo(u)r by ag(e)ing or weathering. Chalking looks like fading, but the colo(u)r can be restored by a coat of varnish*]

verbleit · leaded

Verblend|(belag)platte *f*, Verblendfliese *f* · facing tile

~block(stein) *m*, Verblendstein · facing block, ~ tile [*See remark under 'Block'*]

verblenden · to face

Verblenden *n* · facing

~ · (wall) veneering

Verblender *m*, Ziegel~, Verblendziegel *m*, Fassadenziegel · facing (clay) brick

~verband *f* · facing (clay) brick bond

Verblend|fliese *f*, Verblend(belag)platte *f* · facing tile

~klinker *m*, Hochbauklinker, Fassadenklinker, KMz [*DIN 105*] · facing engineering brick

~mauerwerk *n* · facing masonry (work)

~platte *f*, Verblendbelagplatte, Verblendfliese · facing tile

~platte *f* · (stone) facing slab [*Stone facing slabs may be of natural, precast or artificial stone*]

~schicht *f* · facing layer

~stein *m*, Verblendblock(stein) *m* · facing block, ~ tile [*See remark under 'Block'*]

~stein *m* [*Fehlname*] → Verblendziegel

~stoff *m*, Verblendwerkstoff · facing material

~system *n*, Verblendverfahren *n* · facing method, ~ system, method of facing, system of facing

~tafel *f* · facing panel

Verblendung *f* · face work, facing [*A finishing which requires a continuous 'background' structure to give the necessary support and fixing facilities for the materials forming the external face of the building. In no case, except in ashlar work, will the facing materials take loads other than their own weight*]

Verblend|verfahren *n*, Verblendsystem *n* · facing method, ~ system, method of facing, system of facing

~(werk)stoff *m* · facing material

~ziegel *m*, Fassadenziegel, (Ziegel-)Verblender *m* [*Fehlname: Verblendstein m*] · facing (clay) brick

~ziegel *m* **mit Sandschicht,** Fassadenziegel ~ ~, Ziegelverblender *m* ~ ~ [*Fehlname: Verblendstein m ~ ~*] · sand-faced (clay) brick [*A facing brick coated with sand to give it an attractive rough surface*]

verblichen, verblaßt [*Farbe*] · faded

verborgene Symmetrie *f* · concealed symmetry

~ Wärme *f*, latente ~, gebundene ~ · latent heat

verborgenes Achsensystem *n* · concealed system of axes

Verbrauchsstelle *f*, Abnehmer *m* [*Wasser; Strom; Gas; Dampf; Druckluft*] · demand point, point of consumption

Verbrennen *n*, Verbrennung *f* · burn(ing) [*combustion of fuel*]

~ → Müll~

Verbrenner *m*, Müll~, Abfall(stoff)~ · (waste) incinerator, refuse ~; rubbish ~ (US)

Verbrennung *f* → (Müll)Verbrennen

~, Verbrennen *n* · burn(ing) [*combustion of fuel*]

Verbrennungs|anlage *f*, Müll~, Abfall(stoff)verbrennungsanlage · (refuse) incinerator plant, (~) incineration ~, (~) ~ installation, waste ~ ~

~gas *n*, Rauchgas, Feuergas · flue gas

~gasanalyse *f*, Rauchgasanalyse, Feuergasanalyse · flue gas analysis

~luft *f* · combustion air

(~)Schlacke *f*, (verklinkerte) Feuerungsschlacke, (Stein)Kohlenschlacke, Kesselschlacke [*Teilweise geschmolzene Aschen fester Brennstoffe, die auch noch unverbrannte Anteile enthalten können*] · (furnace) clinker (Brit.); (~) cinder (US) [*misnomer: breeze*]

(~)Schlackenzuschlag(stoff) *m* → Kesselschlackenzuschlag(stoff)

~wärme *f* → Heizwert

~wärme V *f*, oberer Heizwert *m*, H_o *m* · H.C.V., higher calorific value

Verbrühungsschutz *m* [*Badebatterie*] · antiscald device

Verbund *m* → Haftfähigkeit

~balken(träger) *m* **Stahl/Beton**, Stahl-Beton-Verbundbalken(träger) · composite beam (in steel and concrete)

~baueinheit *f* [*Fehlname*] → Verbund(-Bau)element

~(-Bau)element *n*, Verbund(-Bau)körper *m*, Verbundfertig(bau)element, Verbundfertig(bau)körper [*Fehlname: Verbundbaueinheit f*] · composite (building) unit, ~ (~) member, ~ (~) component

~(-Bau)körper *m*, Verbund(-Bau)element *n* [*Fehlname: Verbundbaueinheit f*] · composite (building) unit, ~ (~) member, ~ (~) component

~bauplatte *f* · composite building board, ~ ~ sheet, ~ ~ slab, ~ sheeting board

~bauteil *m, n* [*z.B. Stütze; Wand; Binder; Deckenplatte usw.*] · composite compound unit

~bau(weise) *m, (f)* · composite construction (method)

~bauwerk *n* **Stahl/Beton** · composite structure in steel and concrete

~belag *m* · composition cover(ing)

~(belag)platte *f*, Verbundfliese, Asphalt-Terrazzo(belag)platte, Asphalt-Terrazzofliese [*Sie besteht aus einer Stampfasphaltplatte als dämmende Unterschicht und einer zementgebundenen geschliffenen Terrazzooberschicht*] · compressed (natural) rock asphalt(ic) tile with terrazzo wearing course

~biegebruch *m*, Haftungsbiegebruch · flexural bond failure, bending ~ ~

~bruch *m*, Haftungsbruch · bond failure

~dachplatte *f* · composite roof(ing) slab

~decke *f*, Verbund-Geschoßdecke, Verbund-Etagendecke, Verbund-Stockwerkdecke · composite (intermediate) floor

~deckenplatte *f* · composite floor panel, ~ ~ slab

~deckensystem *n* · composite floor system

~eigenschaft *f* → Haftvermögen

~einheit *f* [*Fehlname*] → Verbund(-Bau)element

~element *n* → Verbund-Bauelement

~ermüdung *f*, Haftermüdung [*Beton*] · fatigue of bond

~-Etagendecke *f*, Verbund-Stockwerkdecke, Verbund(-Geschoß)decke · composite (intermediate) floor

~fähigkeit *f* → Haftvermögen

~faltwerk *n* **Fertigteile/Oberbeton** · composite folded slab

~farbglas *n*, Farbverbundglas · tinted laminated glass; coloured ~ ~ (Brit.); colored ~ ~ (US)

~fertig(bau)element *n* → Verbund(-Bau)element

~fertig(bau)körper *m* → Verbund(-Bau)element

~festigkeit *f*, Haftfestigkeit · bond(ing) strength

~fläche *f*, Haftfläche · bond(ing) area

~fliese *f*, Verbund(belag)platte, Asphalt-Terrazzo(belag)platte, Asphalt-Terrazzofliese [*Sie besteht aus einer Stampfasphaltplatte als dämmende Unterschicht und einer zementgebundenen geschliffenen Terrazzooberschicht*] · compressed (natural) rock asphalt(ic) tile with terrazzo wearing course

~gebäude *n* **Stahl/Beton** · composite building (in steel and concrete)

~(-Geschoß)decke *f*, Verbund-Etagendecke, Verbund-Stockwerkdecke · composite (intermediate) floor

~gitterträgerdecke *f* → Omnia(beton)-decke

~glas *n* → Mehrscheiben(sicherheits)glas

~glaskitt *m* [*Spezialkitt für Verbundglas*] · putty for laminated glass

~hohlplatte *f*, Hohlverbundplatte · hollow composite slab

~kamin *m*, Schoferkamin, Verbundschornstein *m*, Schoferschornstein · (Schofer's) compound chimney

~körper *m* → Verbund(-Bau)körper

~länge *f*, Einbindelänge, Haftlänge · grip length, bond ~, transfer ~ [*reinforcing bar*]

verbundlose Bauweise *f* [*Estrichverlegung*] · unbonded construction [*There are many bases with which it is impossible to achieve a bond. These include materials such as mastic asphalt, damp-proof membranes, layers of material for sound and thermal insulation, timber, ceramic tiles, metal and concrete that has been impregnated with oil and grease or contains a water repellent admixture. Because there is no bond it is necessary to have a screed at least 50 mm thick*]

Verbund|-Massivtragwerk *n* · composite solid structure

~pfahl *m* · composite pile [*A pile made up of different materials, usually concrete and wood, or steel fastened together end to end, to form a single pile*]

~platte *f*, Verbundbelagplatte, Verbundfliese, Asphalt-Terrazzo(belag)platte, Asphalt-Terrazzofliese [*Sie besteht aus einer Stampfasphaltplatte als dämmende Unterschicht und einer zementgebundenen geschliffenen Terrazzooberschicht*] · compressed (natural) rock asphalt(ic) tile with terrazzo wearing course

~platte *f* · composite board, ~ sheet

~probe *f*, Verbundprüfung *f*, Verbundversuch *m*, Haftprüfung, Haftprobe, Haftversuch · bond(ing) test

~prüfung *f* → Verbundprobe

~querschnitt *m* · built-up cross section

~-Rahmentragwerk *n* · composite framed structure

~rand *m* [*wärmedämmendes Isolierglas*] · hermetically sealed edge

~rand-Verglasungseinheit *f* · sealed glazing unit

~rille *f*, Haftrille · (mechanical) key groove, grip(ping) ~ [*e.g. on the back of an architectural panel*]

~schornstein *m*, Schoferschornstein, Verbundkamin *m*, Schoferkamin · (Schofer's) compound chimney

~(sicherheits)glas *n* → Mehrscheiben-(sicherheits)glas

~spannung *f*, Haftspannung · bond(ing) stress

~-Stockwerkdecke *f*, Verbund-Etagendecke, Verbund(-Geschoß)decke · composite (intermediate) floor

~stoff *m* → Verbundwerkstoff

~tafel *f* · composite panel

~-Terrazzo(trenn)schiene *f*, Verbund-Terrazzostreifen *m* · composition divider strip

~träger *m* **Stahl/Beton**, Stahl-Beton-Verbundträger · composite girder (in steel and concrete)

~tragwerk *n* · composite (load)bearing structure, ~ (weight-carrying) ~, ~ supporting ~

verbundverbessernd, haftverbessernd · bond-improving

Verbund|verhalten *n*, Haftverhalten · bond(ing) performance; ~ behavior (US); ~ behaviour (Brit.)

~vermögen *n* → Haftvermögen

~versuch *m* → Verbundprobe

~(werk)stoff *m* · composite (material) [*The several constituents of a composite (material) are combined to provide synergistic behaviour unattainable by the constituents acting alone*]

~(wirkung) *m*, (*f*) → Haftfähigkeit

~zustand *m* [*Verbundträger*] · composite state

(~-)Zwischenschicht *f* [*Verbund-Sicherheitsglas*] · interlayer

Verchromung *f* · chromium plating

Verdachung *f* [*Ein vorspringendes Bauglied über einer Maueröffnung*] · projecting cover

~ [*bei einer Flügeltür*] · pediment

Verdampfen *n* [*(Kalk)Löschen*] · steaming

verdeckt · concealed, secret, hidden

~ vernagelt · secret nailed

verdeckte Hafte *f* · secret tack, concealed ~, hidden ~

~ Kehle *f* · secret valley, hidden ~, concealed ~

~ Nagelung *f* · blind nailing, secret ~

~ Rinne *f* · secret gutter, hidden ~, concealed ~

~ Türschließvorrichtung *f*, verdeckter Türschließer *m* · concealed door closer, ~ ~ closing device, ~ ~ closing mechanism

~ verzahnte Fuge *f* [*Mauerwerkbau*] · secret joggled joint

~ Verzahnung *f* [*Mauerwerkbau*] · secret joggle

verdeckter Anschluß(streifen) *m* · concealed flashing (piece) [*See remark under 'Anschluß'*]

~ Schwalbenschwanz *m* · blind dovetail, secret ~

~ Türschließer *m*, verdeckte Türschließvorrichtung *f* · concealed door closer, ~ ~ closing device, ~ ~ closing mechanism

verdecktliegend · concealed, hidden, secret

verdichtetes Sperrholz *n*, Preßsperrholz, PSP *n* [*Es entsteht durch Warmpressen dünner Furniere mit dazwischenliegenden härtbaren Kunstharzen*] · high density plywood, superpressed ~, densified ~

Verdichtungs|faktor *m* · compacting factor

~poren *fpl* · entrapped air, accidental ~ [*Air voids in concrete which are not purposely entrained*]

~quotient *m* [*Beton*] · compacting factor

~quotientenprüfung *f*, Verdichtungsquotientenprobe *f*, Verdichtungsquotientenversuch *m* [*Beton*] · compacting factor test

Verdrahtung *f* · (electric(al)) wiring

Verdrahtungs|kanal *m* · duct for electric wiring

~kanäle *mpl* · ducting for electric wiring

Verdrehen *n*, Verwinden, Verdrillen · twisting

Verdreh|festigkeit *f* → Torsionsfestigkeit

~steife *f* → Torsionsfestigkeit

~steifigkeit *f* → Torsionsfestigkeit

verdreht, verwunden, verdrillt · twisted

Verdrehung *f*, Verwindung, Torsion *f*, (Ver)Drillung · torsion, twist(ing)

Verdrehungs|armierung *f* → Torsionsbewehrung

~aufgabe *f* → Torsionsaufgabe

~bewehrung *f* → Torsionsbewehrung

~bruch *m*, Verwindungsbruch, Torsionsbruch, Drillbruch · torsion(al) failure, twist(ing) ~

~einlagen *fpl* → Torsionsbewehrung

~elastizität *f*, Verwindungselastizität, Drill(ungs)elastizität, Torsionselastizität · torsional elasticity

Verdreh(ungs)festigkeit *f* → Torsionsfestigkeit

verdrehungsfrei → torsionslos

Verdrehungs|grad *m*, Drill(ungs)grad, Verwindungsgrad, Torsionsgrad · degree of twist(ing), ~ ~ torsion

~knicken *n*, Drillknicken, Torsionsknikken, Verwindungsknicken [*Es ist bei geraden Druckstäben mit dünnwandigen, offenen Querschnitten dann vorhanden, wenn der Schubmittelpunkt T und der Schwerpunkt S dieser Querschnitte nicht zusammenfallen. Die in T angreifende innere Schubkraft bildet mit der in S angreifenden äußeren Schubkraft ein Drehmoment*] · torsion(al) buckling, twist(ing) ~

~knicklast *f*, Verwindungsknicklast, Torsionsknicklast, Drillknicklast · torsion(al) buckling load, twist(ing) ~ ~

~konstante *f* → Torsionskonstante

~labilität *f* → Torsionslabilität

verdrehungslos → torsionslos

Verdrehungs|moment *n*, Verwindungsmoment, Torsionsmoment, Drill(ungs)moment · torsion(al) moment, twist(ing) ~, torque

~probe *f*, Verdrehungsversuch *m*, Verdrehungsprüfung *f*, Drillprobe, Drillversuch, Drillprüfung, Verwindungsversuch, Verwindungsprüfung, Verwindungsprobe, Torsionsprobe, Torsionsversuch, Torsionsprüfung · torsion(al) test, twist(ing) ~

~problem *n* → Torsionsproblem

~prüfung *f* → Verdrehungsprobe

~schwingung *f*, Verwindungsschwingung, Drill(ungs)schwingung, Torsionsschwingung · torsion(al) vibration, ~ oscillation

~spannung *f*, Verwindungsspannung, Drillspannung, Torsionsspannung · torsion(al) stress, twist(ing) ~

~(stahl)einlagen *fpl* → Torsionsbewehrung

verdrehungssteif, verwindungssteif, torsionssteif, drillsteif · torsionally stiff, ~ rigid

Verdreh(ungs)|steife *f* → Torsionsfestigkeit

~steifigkeit *f* → Torsionsfestigkeit

Verdrehungs|versuch *m* → Verdrehungsprobe

~widerstand *m*, Verwindungswiderstand, Drillwiderstand, Torsionswiderstand · torsion(al) resistance, twist(ing) ~

~winkel *m*, Verwindungswinkel, Drill(ungs)winkel, Torsionswinkel · torsion(al) angle

Verdrillen *n*, Verdrehen, Verwinden · twisting

verdrillt, verwunden, verdreht · twisted

verdrillte Elektrode *f* · stranded electrode (Brit.); ~ welding wire (US)

verdrilltes Kabel *n* [*Spannbeton*] · stranded cable

(Ver)Drillung *f*, Verdrehung, Verwindung, Torsion *f* · torsion, twist(ing)

Verdrücken *n* **der Bewehrung**, ~ ~ (Stahl)Einlagen, ~ ~ Armierung · misplacement of the reinforcement, ~ ~ reinforcing

Verdübeln *n* · dowelling (Brit.); doweling (US)

verdübelt · dowelled (Brit.); doweled (US)

Verdübelung *f* · dowelled joint (Brit.); doweled ~ (US)

Verdunkelung *f* · blackout

Verdunkelung|(sanlage) *f*, Verdunkelungseinrichtung *f* · blackout installation, ~ system, light-tight ~, dark ~

Verdunkelung(sblende) *f*, (Verdunkelungs)Rollo *n* · light-tight blind, black(-out) ~, dark ~

Verdunkelungs|fenster *n* · blackout window, BOW

~jalousie *f* · light-tight slatted blind, blackout ~ ~, dark ~ ~

(~)Rollo *n*, Verdunkelung(sblende) *f* · light-tight blind, black(out) ~, dark ~

~tür *f* · blackout door, BOD

verdünnen · to thin

Verdünnen *n* · thinning

Verdünner *m* → Verdünnungsmittel

verdünnte Mineralsäure *f* · diluted mineral acid

Verdünnung *f* · thinning

Verdünnungsmittel *n*, Verdünner *m* · thinner [*Volatile liquids added to paints and varnishes to facilitate application and to aid penetration by lowering the viscosity. They should be completely miscible with the paint or varnish at ordinary temperatures and should not cause precipitation of the non-volatile portion either in the container or in the film during drying. For some purposes, thinners containing a small proportion of non-volatile material may be used*]

Verdunsten *n* **des Lösungsmittels,** Verdunstung *f* ~ ~ · evaporation of the solvent

Verehrungsstätte *f*, Gotteshaus *n*, Anbetungsstätte · place of worship, worshipping place

vereinfachende Annahme *f* · simplifying assumption, ~ hypothesis

vereinfachte Gleichung *f* · simplified equation

vereinigtes Hänge- und Sprengwerk *n*, zusammengesetztes Hängewerk, Hängesprengwerk · composite truss frame

Vereinigung *f* **für Landesplanung** · Town and Country Planning Association

verestern · to esterify

verestert · esterified

Veresterung *f*, Verestern *n*, Esterbildung · esterification

Verfahren *n* · method, system

~ der endlichen Elemente · finite element method

~ ~ Lastaufnahme durch die Umlenkkräfte, Methode *f* ~ ~ ~ ~ ~ · load balancing method

~ ~ virtuellen Arbeit · method of virtual work

~ mit Innenkabeln [*Spannbetonbehälterbau*] · internal cable method

verfahren mit Japanern · to buggy away [*concrete*]

Verfahren *n* **mit Japanern,** Japanertransport *m* [*Beton*] · buggying

Verfalzung *f* · interlocking joint

Verfärbung *f*, Mißfärbung · discoloration (US); discolouration (Brit.)

Verfeinerung *f* · refinement

verfestigen, abbinden [*erstarren + erhärten. Mörtel; Beton; Zementpaste; Gips*] · to set

Verfestigen *n* → Abbinden

(verfestigte) Schüttpack(lag)e *f* · hardcore

Verfestigung *f* → Abbinden

~, (Werk)Stoff~ · hardening

Verfestigungs|kurve *f*, (Ab)Bindekurve · set(ting) curve, curve of set(ting)

~mechanismus *m*, (Ab)Bindemechanismus · mechanism of set(ting), set(ting) mechanism

~regel *f*, (Werk)Stoff~ · hardening rule

verfettet · grease(-)polluted

Verfilzbarkeit *f* · felting property

verfilzen · to felt

Verfilzungsstoff *m*, Verfilzungsmaterial *n* [*Asbestfasern, Pflanzenfasern und Tierhaare. Sie werden unter anderem für Wärmeschutzmassen verwendet*] · felting material

Verflanschung *f*, Flansch(en)rohrverbindung Flansch(en)verbindung · flange(d) connection, ~ union, ~ (pipe) joint

(ver)fliesen [*mit Fliesen belegen*] · to tile

verfliesen [*Fliesen legen*] · to set tiles

Verfliesen *n*, Plattenarbeiten *fpl*, Fliesenarbeiten, Platten(ver)legen, Fliesen(ver)legen · tile setting, ~ fixing

verflochtenes Drahtgewebe *n*, ~ Rabitzgewebe · woven wire lath(ing)

verflüssigen, aufschließen [*Steinzeugindustrie*] · to dissolve, to disintegrate, to deflocculate

Verflüssiger *m* → Verarbeitungshilfe

Verflüssigung *f*, Aufschließung, Aufschluß *m* [*Steinzeugindustrie*] · deflocculation, disintegration, dissolving

Verflüssigungsmittel *n*, Aufschlußmittel [*Steinzeugindustrie*] · deflocculant

verformbar, umformbar · deformable

Verformbarkeit *f*, Umformbarkeit · formability

Verformen *n* **von Kunststoffen,** Verformung *f* ~ ~ · shaping of plastics

Verformung *f*, Gestaltänderung, Formänderung · deformation

~ von Kunststoffen, Verformen *n* ~ ~ · shaping of plastics

Verformungs|arbeit *f*, Formänderungsarbeit · work of deformation, deformation work

~auswirkung *f*, Formänderungsauswirkung · deforming effect

~instabilität *f*, Formänderungsinstabilität [*Unter der Wirkung aufeinander folgender Wanderlasten können sich plastische Verformungen wiederholen und durch Speichern bewirken, daß der Träger unbrauchbar wird*] · shake-down

~modul *m*, Formänderungsmodul · modulus of deformation, deformation modulus

~moment *n* · moment of deformation

~richtung *f*, Formänderungsrichtung · direction of deformation, deformation direction

~theorie *f*, Formänderungstheorie · deformation theory, theory of deformation

~widerstand *m* · resistance to deformation

~winkel *m*, Formänderungswinkel · angle of deformation, deformation angle

~wirkung *f*, Formänderungswirkung · deforming action

~zustand *m*, Formänderungszustand · state of deformation, deformation state

Verfug|masse *f*, Ausfugmasse · pointing compound, joint(ing) ~

~mörtel *m* → Ausfugmörtel

Verfugen *n*, Ausfugen [*Mauerwerk*] · jointing, pointing

Verfugung *f*, Ausfugung [*Mauerwerk*] · jointing, pointing

(Ver)Füller *m* → (Fugen)(Ver)Füllmasse

(Ver)Füll|kitt *m* → plastische Fugen(ab)dicht(ungs)masse

~masse *f* → Fugen~

Vergabe *f*, Auftragerteilung *f* · contract letting, letting of the order

~ an Nachunternehmer · sub-letting

vergelt · gel-like

vergießbar · pourable

vergifteter Anstrich *m*, ~ Aufstrich, anwuchsverhindernder Schiffsbodenanstrich, anwuchsverhindernder Schiffsbodenaufstrich · anti-fouling

(ver)gilben · to yellow

(Ver)Gilben *n* · yellowing [*The development of a yellow colour on ag(e)ing; most noticeable in the dried films of white paints or clear varnishes*]

(ver)gilbend · yellowing

(ver)gilbungsfrei, nicht(ver)gilbend · non-yellowing

verglasen · to glaze

~ [*Keramikindustrie*] · to vitrify

Verglasen *n* [*als Vorgang*] · glazing

verglast · glazed

~ [*Feuerfestindustrie*] · vitrified

verglaste Aussichtsplattform *f* · glassed-in observation deck, ~ viewing ~, ~ look-out ~, ~ ~ platform

~ Fläche *f*, eingeglaste ~ · glazed area

~ Holztür *f* · glazed wood(en) door, ~ timber ~ [*B.S. 459, Part I*]

verglastes Triforium *n* · glazed triforium

Verglasung *f* [*Ergebnis des Verglasens*] · glazing

~ [*Bildung erheblicher Mengen von Schmelze oder Glas beim Brennen eines ff. Erzeugnisses, wodurch die offene Porosität fast verschwindet*] · vitrification

~ mit (Ab)Dicht(ungs)profilen, Profilverglasung · gasket glazing

Verglasungs|(ab)dicht(ungs)profil *n* → Verglasungsselbstdichtung

~anleitung *f* · glazing instructions

~arbeiten *fpl*, Glaserarbeiten [*DIN 18361*] · glazier's work, glazing ~

~dicht(ungs)profil *n* → Verglasungsselbstdichtung

~einheit *f* [*Fehlname*]; Verglasungselement *n*, Verglasungskörper *m* · glazing unit

~element *n*, Verglasungskörper *m* [*Fehlname: Verglasungseinheit f*] · glazing unit

~erzeugnis *n* · glazing product

~fläche *f* · area of glazing

~glas *n*, Glas für Verglasung · glass for glazing, glazing glass, GG [*B.S. 952*]

~größe *f* · glazing size

~kitt *m*, Glaserkitt, Fensterkitt [*DIN 1975*] · glazing putty, glazier's ~, sash ~

~körper *m*, Verglasungselement *n* [*Fehlname: Verglasungseinheit f*] · glazing unit

~maß *n* · glazing dimension

~material *n* · glazing material

~pfette *f* · glazing purlin(e)

~profil *n* · glazing section, ~ trim, ~ shape, ~ unit

~selbstdichtung *f*, Verglasungs(ab)dicht(ungs)profil *n* · glazing gasket

~-Spritzkitt *m* · gunned putty, gungrade ~, spray(ing) ~, sprayed(-on) ~, pressure-gun type ~

~tafel *f* · square of glass [*A piece of glass, of any shape, cut to size ready for glazing*]

~technik *f* · glazing technique

Vergleichmäßigung *f* · blending [*Combining the contents of two or more bins, tanks or silos of raw materials or cement to adjust the analysis of the final product*]

Vergleichs|beton *m* [*Normal erhärtende Probekörper bei warmbehandeltem Beton*] · comparison concrete, comparative ~

~festigkeit *f* · comparison strength, comparative ~

~größe *f* · comparative size

~konstruktion *f* · check design (for comparison), ~ version (~ ~)

~last *f* · equivalent load

~probekörper *m* · control specimen

~schlankheit *f* · comparison slenderness

~spannung *f* · comparison stress

~-Streubereich *m* [*Verschiedene Beobachter (englisch: analysts) an verschiedenen Meßgeräten*] · reproducibility range

~temperatur *f* · temperature of comparison

~versuch *m* · comparison test, comparative ~

~versuchsreihe *f*, Reihen-Vergleichsversuche *mpl* · comparison test series, comparative ~ ~

~zement *m* · control cement

Vergnügungs|halle *n* · amusement hall; ~ centre (Brit.); ~ center (US)

~park *m* · amusement park, fun fair

Vergolden *n* · gilding

Vergoldung *f* · gilding

Vergrößerung *f*, Ausbau *m*, Erweiterung [*einer bestehenden Anlage*] · expansion, development

Vergußfuge *f* · poured joint

Vergußmasse *f*, Füllmasse [*Zur Vermuffung von Rohren*] · joint cement, sewer joint(ing) compound, pipe joint(ing) compound

~, Fugen(verguß)masse, (Fugen)Ausgußmasse, (Fugen)Gießmasse · (joint) puring compound

Vergußquerschnitt *m* [*zwischen Deckenplatten*] · grouting cross-section [*between floor slabs*]

vergüten · to improve, to modify

Vergüteöl *n*, Härteöl · hardening oil, annealing ~

vergütet · modified, improved

vergüteter Gummi *m* · modified rubber, improved ~

vergütetes Vollholz *n*, ~ Massivholz · modified solid wood, improved ~ ~

Vergütung *f* [*Beton*] · improvement, modification

Vergütungsmittel *n*, Vergüter *m* · improver, modifier, modifying agent

~, Vergüter *m* [*Zement*] · functional addition [*A material that is interground or blended in limited amounts into a hydraulic cement during manufacture to modify the use properties of the finished product*]

Vergütungsstahl *m* · heat-treatable steel, quenched and subsequently tempered ~

Verhaltensmerkmal *n* · performance characteristic

Verhältnis *n* **Anthrazenöl II: Anthrazenöl I** · Anhtracene II/Anthracene I ratio

~ der E-Module · modular ratio [*The ratio between the elastic moduli of concrete and steel*]

~ Stahlspannung/Betonspannung · ratio of steel stress to concrete stress

~ zwischen dem Elastizitätsmodul der Bewehrung und des Betons, es wird im allgemeinen n = 15 gesetzt · modular ratio

Verhütung *f* prevention

verjüngen, kegelig machen · to taper

Verjüngung *f* → Kegelneigung

Verjüngungsverhältnis *n* **beim Kegel** → Kegelneigung

Verkalken *n* · liming-up

verkalkt · lime encrusted

Verkarrung *f* [*Aushubmaterial*] · cartage

Verkaufs|automat *m* · vending machine

~büro *n* · sales office

~lager *n* · sales depot

~raum *m* · sales room

Verkehr *m* **von Büro zu Büro** [*Bürogebäude*] · interoffice traffic

Verkehrs|-Deckenlast *f* → veränderliche Deckenlast

~erschütterung *f* [*Erschütterungsschutz*] · traffic vibration

~lärm *m* · traffic noise

~last *f* **aus Wind,** Windlast [*DIN 1055 Bl. 4*] · wind load, WL [*The force exerted by wind on a structure or part of a structure*]

~lastmoment *n* · live load moment

~-Leucht-Nagel *m*, Markierungs-Leuchtnagel, Straßen-Leucht-Nagel, Spur-Leucht-Nagel · reflectorizing traffic stud, ~ street marker, ~ road stud

~(markierungs)farbe *f* · traffic (marking) paint

~turm *m* · traffic tower

~übungsplatz *m* · driver-training field

~weg *m* [*z.B. auf einer Abfertigungsebene eines Flughafen-Abfertigungsgebäudes*] · traffic route

~zone *f* [*Gebäude*] · pedestrian traffic zone

verkehrtsteigendes Karnies *n* · inverted s

Verkeilen *n* · wedging

verkeilt · wedged

verkieseln · to silicify

verkieselt · silicified [*Converted into silica*]

Verkieselung *f* · silicification [*The process of becoming silicified, conversion into silica*]

Verkitten *n* · caulking

(Ver)Kleben *n* · bonding

verkleben (mit) · to bond down, to cement ~, to glue ~, ~ ~ to

verklebt, angeklebt adhesive bonded

(Ver)Klebung *f* · bonding

verkleiden, auskleiden, bekleiden · to line, to (sur)face

Verkleiden *f*, Auskleiden, Bekleidung · lining, (sur)facing

~ gegen Kondens(ations)wasserbildung → Auskleidung gegen Schwitzwasserbildung

~ ~ Schwitzwasserbildung → Auskleidung ~ ~

~ ~ Tauwasserbildung → Auskleidung gegen Schwitzwasserbildung

Verkleidungs|-Asbestzementplatte *f* → Asbestzement-Bekleidungsplatte

~beton *m*, Auskleidungsbeton, Bekleidungsbeton · lining concrete

~element *n*, Auskleidungselement, Bekleidungselement · lining unit, (sur-)facing ~, cladding ~

~fertigteil *m, n*, Auskleidungsfertigteil, Bekleidungsfertigteil · prefab(ricated) lining member, ~ ~ component, ~ ~ unit

Verkleidungs|fliese *f*, Verkleidungsplatte *f* [*Für Wände und Decken, aber nicht für (Fuß)Böden*] · facing tile

~folie *f*, Auskleidungsfolie, Bekleidungsfolie · lining foil, (sur)facing ~

~platte *f*, Auskleidungsplatte, Bekleidungsplatte · lining board, ~ sheet, (sur)facing ~

~platte *f*, Verkleidungsfliese *f* [*Für Wände und Decken, aber nicht für (Fuß)Böden*] · facing tile

~platte *f* **aus Beton**, Auskleidungsplatte ~ ~, Bekleidungsplatte ~ ~ · lining concrete slab

~steinzeug *n*, Auskleidungssteinzeug, Bekleidungssteinzeug · (sur)facing stoneware, lining ~

~stoff *m*, Belagstoff, Bekleidungsstoff, Auskleidungsstoff [*Baustoff,der zur Erhöhung der Lebensdauer oder zur Verschönerung eines Bauwerkes dient*] · lining material, (sur)facing ~, covering ~

~tafel *f*, Auskleidungstafel, Bekleidungstafel · lining panel, (sur)facing ~

(verklinkerte) Feuerungsschlacke *f*, (Verbrennungs)Schlacke, (Stein)Kohlenschlacke, Kesselschlacke [*Teilweise, geschmolzene Aschen fester Brennstoffe die auch noch unverbrannte Anteile ent; halten können*] · (furnace) clinker (Brit.) (~) cinder (US) [*misnomer: breeze*]

(verklinkerter) Feuerungsschlackenzuschlag(stoff) *m* → Kesselschlackenzuschlag(stoff)

Verkochung *f* [*Öllack*] · cooked mix(ture)

Verkollern *n*, Planschleifen [*Hohlglas*] · flatting operation

Verkröpfen *n*, Verkröpfung *f* · offsetting, cranking

Verkröpfung *f* → Verkröpfen

Verkrümmung *f* **in der Länge** [*Tonhohlplatte*] · winding in the length dimenslon, bowing ~ ~ ~ ~

Verkrustung *f*, Krustenbildung · incrustation, incrusting

verkupfern · to copper, to coat with copper, to copper plate

verkupfert · coppered

verkupferter Draht *m* [*Stahldraht, der vor dem letzten Zug in ungesäuerter Kupfersulfatlösung verkupfert wird*] · coppered wire

Verkupferung *f*, Kupferplattierung · copper plating, coppering

Verkupferungsflüssigkeit *f* · copper plating liquid, coppering ~

Verkupp(e)lung *f* · separator [*for wood beams*]

Verkürzung *f*, Dehnung [*negativ*] · shortening, negative elongation

(Ver)Laderampe *f* · loading and unloading ramp

Verlagerung *f* **von Verkehrsquellen** · redirection of traffic sources

verlängerter Zementmörtel *m*, Kalkzementmörtel, Zementkalkmörtel, Magermörtel · compo (mortar), cement/lime/sand ~

verlangsamen · to slow up

Verlauf *m*, Ablauf *m*, Vorgang *m*, Prozeß *m* · process

Verlege|anleitung *f* · directions for laying, spec(ification)s ~ ~

~arbeiten *fpl* → Versetzen

~arbeiten *fpl*, Verlegung *f*, Verlegen *n* [*allgemein*] · laying (work)

~kleber *m*, Verlegekleb(e)mittel *n*, Verlegekleb(e)stoff *m* · bonding agent for laying, ~ medium ~ ~, (~) adhesive ~ ~, cement(ing agent) ~ ~

~masse *f* · bedding compound, ~ composition

~material *n* · laying material

~mörtel *m*, Bettungsmörtel, Ansetzmörtel · bed(ding course) mortar, bedding ~

~muster *n*, Verband *m* [*Plattenverlegung*] · laying pattern

Verlegen *n* → Versetzen

~, Verlegung *f*, Verlegearbeiten *fpl* [*allgemein*] · laying (work)

Verlege|plan *m*, Verlegezeichnung *f* · setting drawing [*e.g. for terra-cotta units*]

~temperatur *f* · temperature during setting [*e.g. setting of terra-cotta units*]

~weise *f* · method of laying

~zeichnung *f*, Verlegeplan *m* · setting drawing [*e.g. for terra-cotta units*]

Verlegung *f* → Versetzen

~, Verlegung *f* Verlegearbeiten *fpl* [*allgemein*] · laying (work)

~ in Isolierrohr · drawn-in system [*A wiring system in conduits. The cables can be pulled in and replaced when required*]

(Ver)Leimbarkeit *f*, (Ver)Leimfähigkeit, (Ver)Leimvermögen *n* · glueability

(Ver)Leimen *n* · glueing, bonding

verleimt · glued, bonded

verleimte Bretter *npl* · glued boarding, ~ boards

~ zweiteilige Porenbetontafel *f*, zweiteilige verleimte ~ · sectional glue(-jointe)d aerated concrete panel, two-piece ~ ~ ~ ~

~ ~ Tafel *f*, zweiteilige verleimte ~ · glue(-jointe)d sectional panel, ~ two-piece ~, sectional glue(-jointe)d ~, two-piece glue(-jointe)d ~

~ ~ Zwei-Fenstertafel *f*, zweiteilige verleimte ~ · two-window glue(-jointe)d sectional panel, ~ ~ two-piece ~ [*A silicate or resin adhesive is used for gluing*]

verleimter geschichteter Fachwerkträger *m*, verleimtes geschichtetes Fachwerk *n*, Schichtholzfachwerk(träger) · (glue(d)) laminated (timber) truss(ed girder); glulam (~) ~ (~) (US)

~ ~ Gitterträger *m*, Schichtholzgitterträger · (glue(d)) laminated (timber) lattice girder; glulam (~) ~ ~ (US)

verleimtes geschichtetes Fachwerk *n*, verleimter geschichteter Fachwerkträger *m*, Schichtholzfachwerk(träger) · (glue(d)) laminated (timber) truss(ed girder); glulam (~) ~ (~) (US)

verlorene Schalung *f*, Dauerschalung · permanent shuttering, ~ form(work), ~ forms

vermahlen · to intergrind

~ · interground

Vermahlen *n* · intergrinding

Vermahlung *f* · intergrinding

Vermatten *n* [*Anstrich*] · turning matt, becoming ~

Vermattung *f* · dullness, mattness

Vermattungsgrad *m* · degree of dullness, ~ ~ mattness

Vermauern *n* [*Blocksteine*] · laying blocks, ~ tiles, block laying, tile laying [*See remark under 'Block'*]

~ von Ziegeln, Mauern mit ~, Ziegelmauern · (clay) brick laying, (~) ~ setting, laying (clay) bricks, setting (clay) bricks, bricking

Vermauerungsmörtel *m* → Ausfugmörtel

vermessert, gemessert [*Furnier*] · sliced, flat-cut, knife cut

vermessingen · to (coat with) brass, to brass plate

Vermiculite *m*, Blähglimmer *m*, aufgeblähter Glimmer [*Ein Wärme- und Schalldämmstoff aus durch Erhitzen auf ca. 1200° C aufgeblähtem Glimmer*] · vermiculite, exfoliated ~

~-Akustikputz *m*, Vermiculite-Schallschluckputz, Blähglimmer-Schallschluckputz, Blähglimmer-Akustikputz · (exfoliated) vermiculite sound-control plaster, (~) ~ acoustic(al) ~, (~) ~ (sound) absorbent ~, (~) ~ (sound) absorbing ~

~beton *m*, Blähglimmerbeton · (exfoliated) vermiculite concrete

~(beton)stein *m*, Blähglimmer(beton)-stein · (exfoliated) vermiculite brick

~estrich *m*, Blähglimmerestrich · (exfoliated) vermiculite concrete screed

~gipsputz *m*, Blähglimmergipsputz · (exfoliated) vermiculite-gypsum plaster

~platte *f*, Blähglimmerplatte · (exfoliated) vermiculite slab

~putz *m* → Vermiculiteverputz

~-Sack(ab)dämmung *f*, Blähglimmer-Sack(ab)dämmung · (exfoliated) vermiculite insulation in bags

~-Schallschluckputz *m*, Vermiculite-Akustikputz, Blähglimmer-Schallschluckputz, Blähglimmer-Akustikputz · (exfoliated) vermiculite sound-control plaster, (~) ~ acoustic(al) ~, (~) ~ (sound) absorbent ~, (~) ~ (sound) absorbing ~

~stein *m* → Vermiculitebetonstein

~(ver)putz *m*, Blähglimmer(ver)putz · (exfoliated) vermiculite plaster

~zuschlag(stoff) *m*, Blähglimmerzuschlag(stoff) · (exfoliated) vermiculite aggregate [*A light(weight) aggregate produced from vermiculite when exfoliated by heat*]

vermietbar · lettable, rentable

vermischbar · intermixable, blendable

vermischen · to intermix, to blend

Vermischen *n* [*als Tätigkeit*] · intermixing, blending

Vermischung *f* [*als Ergebnis der Tätigkeit*] · intermixing, blending

Vermögen *n*, Fähigkeit *f*, Eigenschaft *f* · property, capacity, quality, power, capability

vernachlässigbar · negligible

Vernichtungsmittel *n* [*z.B. gegen Schimmel, Bakterien, Insekten, Algen usw.*] · destroying substance, killing ~

verölt · oil(-)polluted

Veroneser Marmor *m* · Verona marble

Veroneser|braun *n* · Verona brown

~gelb *n* · Verona yellow

~grün *n*, Veronesererde *f* · Verona green (earth) (pigment)

Verpreß|arbeiten *fpl*, Einpreßarbeiten, Auspreßarbeiten, Injektionsarbeiten [*DIN 18309*] · grouting work

~gut *n*, Einpreßgut, Auspreßgut, Injektionsgut, Injiziergut · injection material

~harz *n* → Injektionsharz

~hilfe *f*, Auspreßhilfe, Einpreßhilfe, Injektionshilfe, EH [*Verminderung des Absetzens des Zementmörtels im Spannkanal bzw. mäßiges Quellen. Verbesserung des Fließens des Mörtels beim Einpressen und Verminderung des Wasseranspruchs des Mörtels*] · grouting aid, ~ agent, injection ~

~hohlraum *m* → Einpreßhohlraum

~mörtel *m* → Einpreßmörtel

~pistole *f* → Injektions(spritz)pistole

~spritze *f* → Injektions(spritz)pistole

~(spritz)pistole *f* → Injektions(spritz)-pistole

~suspension *f*, Auspreßsuspension, Einpreßsuspension, Injektionssuspension · grouting suspension

~verfahren *n*, Auspreßverfahren, Einpreßverfahren, Injektionsverfahren, Injizierverfahren · injection method

~zement *m*, Einpreßzement, Auspreßzement, Injizierzement, Injektionszement · grouting cement, injection ~

(Ver)Putz *m* [*Oberbegriff für Innen- und Außen(ver)putz. DIN 18550*] · finish

~, (Außen)~, Außenwandputz · (external) rendering (Brit.); stucco (US); external plaster, exterior plaster [*1. A mix based on cement and/or lime with the addition of sand or other aggregates,* *which is applied while plastic to external building surfaces and which hardens after application. 2. This material in its hardened form*]

~, (Innen)~ · (mixed) plaster [*1. A mix based on lime, cement or gypsum plaster, with or without the addition of aggregate, hair or other materials, which is applied while plastic to internal building surfaces and which hardens after application. 2. This material in its hardened form*]

~ auf Gipsdielen, Innen~ ~ ~ · plaster on plasterboards

~ ~ Holzstabgewebe, Innen~ ~ ~ · plaster on wood(en) lath(ing)

~ ~ Metallputzträger, Innen~ ~ ~ · plaster on metal (lath(ing)).

~art *f,* (Ver)Putzsorte *f* · type of finish

~auftrag *m* → Innen~

~dicke *f* [*Fehlname: (Ver)Putzstärke f*] · thickness of finish

verputzen [*Steinzeugrohrindustrie*] · to turn

(ver)putzen, außen ~ · to render (Brit.); to stucco (US)

~, innen ~ · to plaster

(Ver)Putzen *n,* Außen~, Außenputzarbeit *f* · (external) rendering, ~ plastering (Brit.); stuccowork (US)

~, Innen~ · plastering

Verputzen *n* **im trockenen Zustand** [*Steinzeugrohrindustrie*] · towing, fettling

~ mit dem Schwamm [*Steinzeugindustrie*] · sponging

(Ver)Putzerrüstung *f,* (Ver)Putzergerüst *n* · plasterer's scaffold(ing)

(Ver)Putz|kalk *m* [*Fehlname*] → Löschkalk

~sorte *f,* (Ver)Putzart *f* · type of finish

~stärke *f* [*Fehlname*] → (Ver)Putzdicke

verputzt, außen ~ · stuccoed (US); rendered (Brit.)

~ [*innen*] · plastered

~ mit Stuck, geputzt ~ ~ · coated with stucco

verrahmen · to frame

Verriegeln *n* · locking

verriegelte Stellung *f* · locked position

Verriegelung *f* · locking

Verriegelung(ssystem) *f,* (*n*) · locking system

verrohren · to pipe

Verrohrung *f* · piping

Verrostung *f* · rustiness [*Rusty quality or state*]

verrottungs|beständig → fäulnisbeständig

~fest → fäulnisbeständig

~widrig → fäulnisbeständig

Verrückung *f* · displacement

versagen [*Konstruktion*] · to fail, to collapse [*structure*]

Versagen *n* [*Konstruktion*] · failure, collapse

Versammlungs|halle *f,* Versammlungssaal *m* · meeting hall, assembly ~

~raum *m* · meeting room, assembly ~

~stätte *f* · assembly place, meeting ~

Versand *m,* Auslieferung *f* · shipping

~ort *m* · point of shipment delivery

Versatz *m,* einfacher Stirn~ [*Holzkonstruktion*] · skew notch

Versatzung *f* [*Holzbau*] · skew notch

verschiebbar, verschieblich [*Knoten(-punkt)*] · mov(e)able

verschiebbare Decke *f,* verschiebliche ~, Schiebedecke · sliding ceiling

~ Wand *f,* verschiebliche ~, Schiebewand · sliding wall, ~ partition (wall)

verschiebliche Decke *f,* verschiebbare ~, Schiebedecke · sliding ceiling

~ Wand *f,* verschiebbare ~, Schiebewand · sliding wall, ~ partition (wall)

Verschieblichkeit *f* **des Knotenpunktes,** ~ ~ Knotens · movability of the point of intersection

Verschiebung *f* · translation

Verschiebungs|komponente *f* · translation component

~moment *n* [*Momentenausgleichverfahren*] · distributed moment

~plan *m* [*Zeichnerische Bestimmung der Verschiebung von Knotenpunkten kinematischer Ketten mit Hilfe der um 90° gedrehten Geschwindigkeiten*] · plane of transposition

~steifigkeit *f* · translational stiffness

~vektor *m* · translation vector

~wert *m* · translation value

Verschleiß *m,* Abnutzung *f* (durch mechanische Einwirkung) · wear(ing)

~beständigkeit *f* → Verschleißwiderstand

~dicke *f* [*Fehlname: Verschleißstärke*] · wearing thickness

~eigenschaft *f* · wear(ing) quality, ~ property, ~ power, ~ capacity

verschleißfest · hardwearing

~ machen · to wear-proof

Verschleißfestigkeit *f* → Verschleißwiderstand

~ → Abriebfestigkeit

Verschleiß|freiheit *f* · absence of wear(-ing)

~hemmstoff *m* · wear(ing) inhibitor, ~ inhibiter

~lage *f,* Verschleißschicht *f* · wear(ing) course, ~ layer

~oberfläche *f* · wear(ing) surface

~probe *f*, Verschleißversuch *m*, Verschleißprüfung *f*, Abnutz(ungs)probe, Abnutz(ungs)versuch, Abnutz(ungs)-prüfung · wear(ing) test

~schicht *f* → Nutzschicht

~schicht *f*, Verschleißlage *f* · wear(ing) course, ~ layer

~stärke *f* [*Fehlname*]; Verschleißdicke · wearing thickness

~tiefe *f* · wear(ing) depth

~widerstand *m*, Verschleißfestigkeit *f*, Verschleißbeständigkeit, Abnutzungswiderstand, Abnutzungsfestigkeit, Abnutzungsbeständigkeit · resistance to wear(ing), wear(ing) resistance

verschließbar · lockable, lockfast

(Ver)Schließvorrichtung *f*, Schließer *m*, Verschluß *m* · closer, device for closing, closing device, closing mechanism

verschlungene Zykloide *f* · prolate cycloid, ~ trochoid

Verschluß *m*, Stopfen *m*, Pfropfen, Rohr~ · (pipe) plug, (~) stopper, seal(ing) ~

~, Schließer *m*, (Ver)Schließvorrichtung *f* · closer, device for closing, closing device, closing mechanism

~ [*Tür; Tor*] · locking device

~ → (Wasser)Geruch~

~ mit abnehmbarem Unterteil → Geruch~ ~ ~ ~

~ ~ großer (Wasser)Verschlußhöhe → Geruch~ ~ ~ ~

~höhe *f*, Wasser~ [*Geruchverschluß*] · depth of (water) seal, ~ ~ trap ~

~klappe *f* · flap valve [*A sheet at a fresh air inlet, hinged to allow air to flow inwards only*]

~stellung *f* · closure position

~system *n* · closure system

Verschmelzen *n*, Schweißen [*Glas*] · fusing, sealing, welding [*Joining a piece of glass to glass or another material by heating and pressing together; also applied to the fire finishing of ends of tubular glasses*]

Verschmutzung *f*, Verseuchung, Verunreinigung · pollution

Verschneiden *n* · cutting back, thinning

Verschneidung *f* · intersection

Verschnitt *m* · offcut

Verschnittbitumen *n* · asphalt(ic) cutback, cutback (asphalt) (US); cutback (asphaltic-)bitumen, cutback (Brit.)

~ mit Haftanreger, gedoptes Verschnittbitumen · doped cutback, ~ ~ (asphaltic-)bitumen (Brit.); ~ asphalt(ic) cutback, ~ cutback (asphalt) (US)

~ *npl* **und Straßenöle** *npl* · liquid asphalts, ~ asphalt(ic) (road) materials (US) [*Products so soft that their consistency cannot be measured by the normal penetration test (such as road oils or asphaltic cutbacks)*]

~emulsion *f* · cut-back (asphaltic) bitumen-emulsion (Brit.); ~ asphalt emulsion (US)

Verschnittmittel *n* **für Lösungsmittel** · diluent

~ ~ Pigmente, Streck(ungs)mittel *n*, Streckzusatz *m* · extender, inert pigment, filler [*An inorganic material in powder form which has a low refractive index and consequently little obliterating power, but is used as a constituent of the paint, notably its working and film forming properties and to avoid settlement on storage*]

Verschnittstraßenteer *m* · cut-back road tar

verschoben [*z.B. die Mauerwerkschichten sind um* 1/4 *Stein zueinander verschoben*] · staggered

verschönern, renovieren · to redecorate, to renovate, to embellish

Verschönerung *f*, Renovierung · redecoration, renovation, embellishment

Verschönerungsarbeiten *fpl*, Renovierungsarbeiten · redecoration work, renovation ~, embellishment ~

Verschränkung *f* [*Holzbau*] · tabled joint

Verschraubung *f* · screw(ed) connection

Versehrtenstätte *f* · handicapped persons's centre (Brit.); ~ ~ center (US)

verseifbar · saponifiable

verseifen · to saponify

Verseifen *n* [*Spaltung der Fette in Glyzerin und Seifen durch Kochen in Alkalien*] · saponification

verseift · saponified

Verseifung *f* · saponification

verseifungsbeständig, verseifungsfest · resistant to saponification

Verseifungsbeständigkeit *f*, Verseifungsfestigkeit · saponification resistance

verseifungsfest, verseifungsbeständig · resistant to saponification

Verseifungs|festigkeit *f*, Verseifungsbeständigkeit · saponification resistance

~gefahr *f* · saponification risk

~zahl *f*, VZ *f* · saponification number

Versenkfenster *n* · drop window

Versenksäule *f* **für die Versenkungswand**, ~ ~ ~ Kniestockwand [*Dach*] · little jamb

Versetzarbeiten *fpl* → Versetzen

versetzbare Trennwand *f* · demountable partition

~ Trennwände *fpl* · dismountable partitioning

versetzen · to stagger

Versetzen *n*, Versetzarbeiten *fpl*, Verlegen, Verlegung *f*, Versetzung, Verlegearbeiten · laying (work), setting (~) [*The placing of building stone in position in a structure*]

~ der Fugen · staggering of joints

versetzte Anordnung *f* · staggered arrangement

~ Etagen *fpl*, ~ Geschosse *npl*, ~ Stockwerke *npl* · staggered stories, ~ floors

~ Fugen *fpl* · staggered joints

~ Geschosse *npl*, ~ Etagen *fpl*, ~ Stockwerke *npl* · staggered stories, ~ floors

~ Stockwerke *npl*, ~ Geschosse *npl*, ~ Etagen *fpl* · staggered stories, ~ floors

versetztes Gewölbe *n*, Gurtgewölbe, Zonengewölbe · vault with dentated springing lines

~ Parallelsystem *n* [*Seilsystem*] · spatial parallel system

Versetzung *f* → Versetzen

Verseuchung *f*, Verschmutzung, Verunreinigung · pollution

Versiegeler *m*, Siegel *m*, Versiegelung(smittel) *f*, (*n*), Absiegelung(smittel) · seal(er), sealing agent, sealant

Versiegeln *n*, Absiegeln, Fugen~ [*Abschließen einer Fuge nach außen zur Verhinderung des Eindringens von Wasser oder Feuchtigkeit*] · (joint) sealing

~, Absiegeln, Versieg(e)lung *f*, Absieg(e)lung · sealing

Versieg(e)lung *f*, Absieg(e)lung · seal(ing)

~, Absieg(e)lung, Versiegeln *n*, Absiegeln · sealing

Versieg(e)lungs|masse *f*, Absieg(e)lungsmasse · seal(ing) compound, ~ composition, sealant, sealer

~mittel *n*, Absieg(e)lungsmittel, Siegel *m*, Überzug *m* · seal(ing) material, sealant, seal(er)

~schicht *f*, Absieg(e)lungsschicht · seal(ing) coat, sealer

Versilberung *f*, Verspiegeln *n*, Belegen · silvering [*The application by chemical or other methods of a film of silver to a glass surface*]

versorgen · to supply

Versorgung *f* · supply

Versorgungs|anlage *f* · supply installation, ~ plant

~betrieb *m* · supply undertaking, utility ~

~einrichtung *f* · service plant, utility

~gebiet *n*, Belieferungsgebiet, Versorgungsraum *m*, Belieferungsraum · supply area, ~ zone, service ~

~kabel *n* · service cable

~kanal *m* · supply duct

~leitung *f* · supply line

~leitung *f*, öffentliche ~ [*DIN 1998*] · service (line)

~netz *n* · supply network

~netz *n*, öffentliches ~ · service (line) network

~raum *m* → Versorgungsgebiet

~rohr *n*, öffentliches ~ · service pipe

~rohr *n* **von einem Wasserbehälter aus** · distributing pipe [*A pipe conveying water from a cistern, and under pressure from that cistern*]

~rohrleitung *f*, öffentliche ~ [*DIN 1998*] · service pipeline

~schacht *m* · supply shaft

~steigrohr *n* · rising service pipe, vertical ~ ~

~stelle *f* [*Wasser; Strom; Gas; Dampf; Druckluft*] · supply point

Verspachteln *n* · trowel application

Verspannung *f*, Ineinandergreifen *n* [*Schüttsteine; Zuschläge; Mineralmasse*] · interlock(ing)

~ mit bodenverankerten Querseilen · fastening with transverse cables anchored to ground

~ ~ gegensinnig gekrümmtem Seil · spreading against cable with opposite curvature

versperrter Schacht *m* [*Mastaba*] · unconnected shaft

Verspiegeln *n*, Versilberung *f*, Belegen · silvering [*The application by chemical or other methods of a film of silver to a glass surface*]

Verspreizung *f* · strutting

verspritzbar [*Masse*] · gunnable

verspröden · to become brittle

Verspröden *n* · embrittling

Versprödung *f* · embrittlement

~ von Metallen durch Wasserstoffgas · hydrogen-embrittlement of metals

Versprödungs|neigung *f* · embrittlement tendency

~temperatur *f* · embrittlement temperature

(Ver)Sprühen *n*, Versprühung *f*, Zerstäubung, Zerstäuben · mist-spraying, fog spray(ing); atomization, atomizing

Versprühung *f*, Zerstäubung, Zerstäuben *n*, (Ver)Sprühen · mist-spraying, fog spray(ing); atomization, atomizing

verstäbte Kannelierung *f* · cabled fluting

verstärken · to reinforce

Verstärken *n*, Absteifen, Aussteifen, Versteifen · bracing, stiffening, reinforcing [*The act of inserting braces into a structure*]

verstärkt · reinforced

~, versteift, ausgesteift · stiffened, braced

~ durch U-Profil · channel reinforced

verstärkter Kunststoff *m* · reinforced plastic

Verstärkung *f*, Absteifung, Aussteifung, Versteifung · reinforcing, stiffening, bracing [*The result of the act of inserting braces into a structure or gap site*]

~ · haunch [*An overstress occurring in nonuniform beams may be eliminated by increasing the cross-section area towards the supports through haunches*]

~ · reinforcement

Verstärkungs|balken(träger) *m*, Versteifungsbalken(träger), Aussteif(ungs)-balken(träger) · reinforcing beam, stiffening ~, bracing ~

~blech *n*, Aussteif(ungs)blech, Versteifungsblech · stiffening plate, reinforcing ~, bracing ~

~eisen *n*, Versteifungseisen, Aussteif(ungs)eisen · stiffening iron, reinforcing ~, bracing ~

~element *n*, Aussteif(ungs)element, Versteifungselement · stay, stiffener

~glied *n*, Versteifungsglied, Aussteif(ungs)glied, Steife *f* · brace, stiffener, bracing, stiffening member, bracing member

~platte *f* → Gurt(ungs)platte

Verstärkung(splatte) *f*, Deckplatte, Pilzkopfverstärkung, Pilzkopfplatte [*Zwischen Pilzkopf und Pilzdecke*] · drop (panel), thickened portion of the slab [*These drop panels are formed at columns to provide increased cross-sectional area and depth to resist negative moments and shears*]

Verstärkungs|rahmen *m*, Versteifungsrahmen, Aussteif(ungs)rahmen · stiffening frame, reinforcing ~, bracing ~

~ring *m*, Versteifungsring, Aussteif(ungs)ring · reinforcing ring, stiffening ~, bracing ~

~rippe *f*, Versteifungsrippe, Aussteif(ungs)rippe · reinforcing rib, stiffening ~, bracing ~

~scheibe *f*, Versteifungsscheibe, Aussteif(ungs)scheibe · reinforcing diaphragm, stiffening ~, bracing ~

~träger *m*, Versteifungsträger, Aussteif(ungs)träger · bracing girder, reinforcing ~, stiffening ~

~wand *f*, Versteifungswand, Aussteif(ungs)wand · stiffening wall, renforcing ~, bracing ~

~werkstoff *m* [*z.B. Glasfasern*] · reinforcing material

~winkel *m*, Versteifungswinkel, Aussteif(ungs)winkel · bracing angle, reinforcing ~, stiffening ~

Versteifen *n*, Aussteifen, Verstärken, Absteifen · bracing, stiffening, reinforcing [*The act of inserting braces into a structure*]

versteifende Pfette *f*, aussteifende ~, verstärkende ~ · reinforcing purlin(e), bracing ~, stiffening ~

versteift, verstärkt ausgesteift · braced, stiffened

Versteifung *f*, Verstärkung, Aussteifung, Absteifung · reinforcing, stiffening, bracing [*The result of the act of inserting braces into a structure or gap site*]

Versteifungs|balken(träger) *m*, Verstärkungsbalken(träger), Aussteif(fungs)balkenträger) · reinforcing beam, stiffening ~, bracing ~

~blech *n*, Verstärkungsblech, Aussteif(ungs)blech · stiffening plate, reinforcing ~, bracing ~

~eisen *n*, Verstärkungseisen, Aussteif(ungs)eisen · stiffening iron, reinforcing ~, bracing ~

~element *n*, Aussteif(ungs)element, Verstärkungselement · stay, stiffener

~element *n*, Außenwand~ · cladding element

~glied *n*, Verstärkungsglied, Aussteif(ungs)glied, Steife *f* · brace, stiffener, bracing, stiffening member, bracing member

~platte *f*, Außenwand~ · cladding slab

~rahmen *n*, Verstärkungsrahmen, Aussteif(ungs)rahmen · stiffening frame, reinforcing ~, bracing ~

~ring *m*, Aussteifungsring, Verstärkungsring · reinforcing ring, stiffening ~, bracing ~

~rippe *f*, Aussteif(ungs)rippe, Verstärkungsrippe · reinforcing rib, stiffening ~, bracing ~

~scheibe *f*, Aussteif(ungs)scheibe, Verstärkungsscheibe · reinforcing diaphragm, stiffening ~, bracing ~

~tafel *f*, Außenwand~ · cladding panel

~träger *m*, Aussteif(ungs)träger, Verstärkungsträger · reinforcing girder, stiffening ~, bracing ~

~wand *f* → Aussteif(ungs)wand

~winkel *m*, Aussteif(ungs)winkel, Verstärkungswinkel · stiffening angle, reinforcing ~, bracing ~

Versteigerungshalle *f*, Auktionshalle · auction hall

Verstein(er)ungsmittel *n* · petrifaction agent, petrification ~

verstellbarer Lüfter *m* · reversible fan

Verstemmen *n*, Kalfatern · fullering, ca(u)lking

(ver)steppen · to stitch

(Ver)Steppen *n* · stitching

versteppte (Bau)Matte *f*, ~ Dämmmatte · stitched (building) mat, sewn (~) ~

~ ~, ~ Isoliermatte · stitched (building) quilt, sewn (~) ~

~ Dämmatte *f*, ~ (Bau)Matte · stitched (building) mat, sewn (~) ~

~ Isoliermatte *f*, ~ (Bau)Matte · stitched (building) quilt, sewn (~) ~

(Ver)Steppung *f* · stitching

Verstopfen *n* [*Sieb*] · blinding [*The filling or plugging of the openings in a screen by the material being separated*]

Verstrebung *f*, schräge Absteifung, schräge Versteifung, schräge Aussteifung, schräge Verstärkung · strutting

verstreichen, aufspachteln · to float

Versuch *m*, Probe *f*, Prüfung *f* · test, trial

Versuchs|abschnitt *m*, Prüfstrecke *f*, Probestrecke, Versuchsstrecke, Probeabschnitt, Prüfabschnitt · test section, trial ~

~anstalt *f* · testing institute

~aufbau *m* · test arrangement

~balken *m*, Biege~, Prüfbalken, Probebalken, Biegebalken · flexure test beam, bending ~ ~

~bauten *f* · test structures

~bauvorhaben *n*, Versuchsprojekt *n* · test development, ~ project

~belastung *f*, Prüfbelastung, Probebelastung · test loading

~betrieb *m*, Probebetrieb · test run, ~ operation

~dauer *f*, Versuchszeit *f*, Prüf(ungs)zeit, Prüf(ungs)dauer, Probedauer, Probezeit · test(ing) time, ~ period, duration of test

~druck *m*, Probedruck, Prüfdruck · test pressure

~ergebnis *n*, Prüf(ungs)ergebnis · experimental finding, ~ result, test ~

~feld *n*, Versuchsgelände *n*, Prüffeld, Prüfgelände · test ground, proving ~, testing ~

~gelände *n*, Versuchsfeld *n*, Prüffeld, Prüfgelände · test ground, proving ~, testing ~

~gemisch *n* → Versuchsmischung

~haus *n* [*des Bauhauses*] · experimental building [*of the Bauhaus*]

~-Isolieranstrich *m* · isolating test coating [*Is a paint coating to which certain outdoor conditions by a nearby chemical plant, or blast furnace(s), or cement factory etc. are admitted under observation, so that the effect of destroying the pigments (also by atomic fall-out) may be studied*]

~körper *m* → Probe(körper)

~körperform *f*, Prüfkörperform, Probekörperform · (test) sample mould (Brit.); (~) ~ mold (US)

~laborant *m* · analyst, operator

~last *f*, Probelast, Prüflast · test load

~lösung *f* · trial solution

~methode *f*, Prüfmethode, Versuchsverfahren *n*, Prüfverfahren · test method, testing ~

~mischung *f*, Versuchsgemisch *n*, Probemischung, Probegemisch, Prüfmischung, Prüfgemisch · trial mix(ture)

~projekt *n*, Versuchsbauvorhaben *n* · test project, ~ development, ~ scheme

~regen *m* · test rain

~regentemperatur *f* · test rain temperature

~reihe *f*, Prüfreihe · test series

~schule *f* · experimental school

~schüttung *f*, Probeschüttung · test fill(ing), trial ~

~sied(e)lung *f* · experimental estate

~strecke *f*, Probestrecke, Versuchsabschnitt *m*, Prüfstrecke, Probeabschnitt, Prüfabschnitt · test section, trial ~

~stück *n* → Probe(körper)

~verfahren *n*, Prüfverfahren, Prüfmethode *f*, Versuchsmethode · test method, testing ~

~wand *f* · experimental wall, test ~

~würfel *m* → Druckwürfel

~zeit *f* → Versuchsdauer

~zylinder *m* → (Beton)Probezylinder

Verteerungszahl *f*, VTZ *f* · tar value

Verteidigungs|mauer *f* · defensive (masonry) wall, battlemented (~) ~

~turm *m* · battlemented tower, defensive ~

Verteiler *m*, Verteilung *f* [*Elektroinstallation*] · distribution board

~armierung *f*, Verteilerbewehrung, Verteiler(stahl)einlagen *fpl*, Verteilerstähle *mpl* [*Fehlnamen: Verteilereisen npl, Verteilungseisen*] · distribution steel

~eisen *n*, Verteilungseisen [*Fehlnamen*]; Verteilerstab *m*, Verteilungsstab · distribution bar, ~ rod

~eisen *npl*, Verteilungseisen [*Fehlnamen*]; Verteiler(stahl)einlagen *fpl*, Verteilerarmierung *f*, Verteilerbewehrung · distribution steel

~etage *f*, Verteilergeschoß *n*, Verteilerstockwerk *n* · distributing story (US); ~ storey (Brit.); ~ floor

~geschoß *n*, Verteilerstockwerk *n*, Verteileretage *f* · distributing story (US); ~ storey (Brit.); ~ floor

~kasten *m* → Anschlußkasten

~netz *n*, Verteilungsnetz · distribution network

~schrank *m* → Anschlußkasten

~stab *m*, Verteilungsstab [*Fehlname: Verteilereisen n, Verteilungseisen*] · distribution bar, ~ rod

~(stahl)einlagen *fpl*, Verteilerarmierung *f*, Verteilerbewehrung, Verteilerstähle *mpl* [*Fehlnamen: Verteilereisen npl, Verteilungseisen*] · distribution steel

~stockwerk *n*, Verteileretage *f*, Verteilergeschoß *n* · distribution story (US); ~ storey (Brit.); ~ floor

verteilte Last *f* · distributed load

Verteilung *f* · distribution

~ [*Bewehrung*] · lacing [*The distribution of steel of a R.C. slab*]

~, Verteiler *m* [*Elektroinstallation*] · distribution board

Verteilungs|einsatz *m* [*in einem Verteilungsschrank*] · distribution assembly

~eisen *n*, Verteilereisen [*Fehlnamen*]; Verteilerstab *m*, Verteilungsstab · distribution bar, ~ rod

~eisen *npl*, Verteilereisen [*Fehlnamen*]; Verteiler(stahl)einlagen *fpl*, Verteilerbewehrung *f*, Verteilerarmierung · distribution steel

~figur *f* · distribution pattern

~kasten *m* → Anschlußkasten

~leitung *f* · distribution line, distributing ~

~netz *n*, Verteilernetz · distribution network

~stab *m*. Verteilerstab [*Fehlnamen: Verteilereisen n, Verteilungseisen*] · distribution bar, ~ rod

~system *n* · distribution system

~zahl *f* [*Momentenausgleichverfahren*] · distribution factor

(Ver)Teilungszahl *f* [*Siebtechnik*] · partition ratio

vertiefte Fuge *f* · recessed joint

Vertiefung *f*, Mulde *f*, Austiefung, Aushöhlung [*in einer Ziegelfläche*] · frog

~ · tuck [*A recesss in a horizontal mortar joint made in tuck pointing*]

vertikal, lotrecht, senkrecht · plumb, vertical

Vertikalbeleuchtung *f*, Senkrechtbeleuchtung · vertical lighting

~ im Fenster (E_f), Senkrechtbeleuchtung ~ ~ (~), Fensterfaktor = f *m* · window efficiency ratio, sky factor

Vertikale *f* · vertical

vertikale Wand(bau)platte *f*, senkrechte ~ · vertical wall slab

~ Wandplatte *f*, ~Wandbauplatte, senkrechte ~ · vertical wall slab

Vertikalebene *f*, Senkrechtebene · vertical plane

Vertikalismus *m* · vertical scale, ~ fusion, verticality, verticalism

Vertikal|komponente *f*, senkrechte Seitenkraft *f*, lotrechte Seitenkraft, winkelrechte Seitenkraft · vertical component

~last *f*, Senkrechtlast · vertical load

~-Schiebe(fenster)flügel *m*, Senkrecht-Schiebe(fenster)flügel · vertical(ly) sliding sash

~-Schiebe(flügel)fenster *n*, Senkrecht-Schiebe(flügel)fenster · vertical(ly) sliding sash window

~stab *m*, Senkrechtstab [*Träger*] · vertical member, ~ rod, ~ bar

~tafel *f*, Senkrechttafel · vertical panel

verträglich · compatible

Verträglichkeit *f* · compatibility

Verträglichkeits|bedingung *f* · compatibility condition

~gesetz *n* [*Jedes Bauwerk wird durch die Einwirkung der äußeren Kräfte verformt. Die Verformung wächst solange an, bis der hierdurch hervorgerufene Widerstand der inneren Kräfte mit den äußeren Kräften im Gleichgewicht ist. Das Verträglichkeitsgesetz besagt, daß die Verformungen der Einzelelemente eines Bauwerkes zueinander passen müssen, sich also miteinander vertragen*] · law of compatibility, compatibility law

~gleichung *f* · equation of compatibility

Vertrags|unterlagen *fpl* · contract particulars [*Drawings, specification and form of contract, also the quantities where they form part of the contract*]

~zeichnung *f* · contract drawing

vertrocknet, ausgetrocknet · dried out

verunreinigtes Wasser *n*, verseuchtes ~ · polluted water

Verunreinigung *f*, Beimengung · impurity

~, Verseuchung, Verschmutzung · pollution

Verwaltungsgebäude *n*, Verwaltungstrakt *m* · administration block, ~ unit, ~ building

~, Verwaltungstrakt *m* [*einer Firma*] · company's administration block, ~ ~ unit, ~ ~ building

Verwaltungshochhaus *n* · administration tower

~ [*einer Firma*] · company's administration tower

Verwaltungskomplex *m* · administration complex

Verwaltungstrakt *m* → Verwaltungsgebäude

~, Verwaltungsgebäude *n* [*einer Firma*] · company's administration block, ~ ~ unit, ~ ~ building

verwandter Stoff *m* · allied substance

Verwerfungsfreiheit *f* · freedom from warpage

(Ver)Wiegen *n*, Wägung *f* · weighing

Verwinden *n*, Verdrillen, Verdrehen · twisting

Verwinde|probe *f*, Verwindeversuch *m*, Verwindeprüfung *f*, Drill(ungs)versuch, Drill(ungs)probe, Drill(ungs)prüfung, Verdrehungsprobe, Verdrehungsversuch, Verdrehungsprüfung, Torsionsprobe, Torsionsversuch, Torsionsprüfung · torsion(al) test

~prüfung *f* → Verwindeprobe

~versuch *m* → Verwindeprobe

Verwindung *f*, Verdrehung, Torsion *f*, (Ver)Drillung · torsion, twist(ing)

Verwindungs|armierung *f* → Torsionsbewehrung

~aufgabe *f* → Torsionsaufgabe

~bewehrung *f* → Torsionsbewehrung

~bruch *m*, Verdrehungsbruch, Torsionsbruch, Drill(ungs)bruch · torsion(al) failure, twist(ing) ~

~drehung *f* → Torsionsdrehung

~elastizität *f*, Torsionselastizität, Drill(ungs)elastizität, Verdrehungselastizität · torsional elasticity

~festigkeit *f* → Torsionsfestigkeit

verwindungsfrei → torsionslos

Verwindungs|grad *m*, Torsionsgrad, Drill(ungs)grad, Verdrehungsgrad · degree of twist(ing), ~ ~ torsion

~knicken *n* → Verdrehungsknicken

~knicklast *f*, Verdrehungsknicklast, Torsionsknicklast, Drill(ungs)knicklast · torsion(al) buckling load, twist(ing) ~ ~

~konstante *f* → Torsionskonstante

~labilität *f* → Torsionslabilität

verwindungslos → torsionslos

Verwindungs|moment *n*, Drill(ungs)-moment, Verdrehungsmoment, Torsionsmoment · torsion(al) moment, twist(ing) ~, torque

~problem *n* → Torsionsproblem

~schwingung *f*, Drill(ungs)schwingung, Verdrehungsschwingung, Torsionsschwingung · torsion(al) vibration, ~ oscillation

~spannung *f*, Verdrehungsspannung, Torsionsspannung, Drill(ungs)spannung · torsion(al) stress, twist(ing) ~

~(stahl)einlagen *fpl* → Torsionsbewehrung

verwindungssteif, verdrehungssteif, torsionssteif, drill(ungs)steif · torsionally stiff, ~ rigid

Verwindungs|steifigkeit *f*, Verdrehungssteifigkeit, Drill(ungs)steifigkeit, Torsionssteifigkeit · torsion(al) rigidity, twist(ing) ~

~widerstand *m*, Verdrehungswiderstand, Drill(ungs)widerstand, Torsionswiderstand · torsion(al) resistance

~winkel *m*, Verdrehungswinkel, Drill(-ungs)winkel, Torsionswinkel · torsion(-al) angle

verwittern, altern, „wettern" [*Steinzeugindustrie*] · to store, to age

Verwitterung *f* · weathering

Verwitterungsbeständigkeit *f* · weathering-fastness

Verwölbung *f* · projecting curvature, curved projection

verwunden, verdreht, verdrillt · twisted

Verzahnung *f* [*Holzbau*] · indented joint

~ [*Gezahnte Anschlußstelle für eine später hochzuführende Mauer*] · denticulation

(Ver)Zapfung *f*, Zapfenverbindung, Zapfenfuge *f* [*Holzverbindung*] · mortise and tenon joint, mortice ~ ~ ~, tenon jointing

Verzerrung *f* · distortion

Verziehen *n*, Werfen, Durchbiegung *f* [*Die während der Herstellung manchmal entstehende geometrische Abweichung eines ff. Steines von seiner Sollform*] · warpage, warping

~ im Feuer, Brandverzug *m* [*Keramik*] · deformation during burning

verziert, geschmückt, geziert · decorated, enriched, ornamented, adorned

Verzierung *f* → Schmuckelement
~ → Dekor(ation)

verzierungsgemalt · ornamentally-painted

Verzierungsmalerei *f*, Schmuckmalerei · ornamental painting, decorative ~

verzinken · to galvanize; to galvanise (Brit.); to zinc coat

Verzinken *n* · galvanizing; galvanising (Brit.); zinc coating [*The application of a coating of zinc to iron or steel sheet, strip, wire and prefabricated metal products for protection against many types of corrosion*]

verzinkt · galvanized; alvanised (Brit.); zinc coated

verzinkter Draht *m* galvanized wire; galvanised ~ (Brit. ; zinc coated ~

verzinktes Stahldach(deckungs)element *n* · galvanized-steel tile; galvanised-steel ~ (Brit.); zinc coated steel ~

Verzinken *f* · galvanizing; galvanising (Brit.); zinc coat

verzinnt · tin-clad, tinned, TC, td

verzinntes Stahlfeinblech *n*, feuer~ ~, Weißblech [*DIN 1541*] · tinplate

Verzinnung *f* · tinning

Verzögerer *m* → (Ab)Binde(zeit)verzögerer

verzögern [*Das Abbinden bzw. das Erhärten eines Gemisches mit einem hydraulischen Binder*] · to retard

verzögertes Halbhydrat *n*, verzögerter Halbhydratputzgips *m* · retarded hemihydrate (gypsum-)plaster; Class B ~, (gypsum-)plaster of Class B (Brit.) [*B.S. 1191*]

Verzögerung *f* · retardation

Verzögerungs|dauer *f* · retardation time

~papier *n*, Einlegepapier [*Betonsteinindustrie*] · slab paper

Verzugsbrett *n* · breastboard

Verzunderung *f* · high-temperature scaling

Verzweigungs|punkt *m* · branching point

~rohr *n*, Abgangsrohr, Abzweigrohr [*In Rohrleitung eingebautes Formstück um Durchflußmenge selbsttätig auf zwei Stränge unter verschiedenen Winkeln zu verteilen oder Seitenzufluß aufzunehmen*] · branch pipe, take-off ~

Vespasiantempel *m* · Temple of Vespasian

Vesta-Tempel *m* **zu Rom** · Temple of Vesta at Rome

~ ~ Tivoli · Temple of Vesta at Tivoli

Veste *f* · fortalice, fortilage [*Mediaeval terms for a small fortified stronghold*]

Vestibül *n*, Vorraum *m* · anteroom, vestibule, vest.

VHLz *m*, Vormauerhochlochziegel [*DIN 105*] · frost(-)resistant vertical coring (clay) brick, frostproof ~ ~ (~) ~

Vibrationsbeton *m*, Rüttelbeton · vibrated concrete

Vicat-Gerät *n* · Vicat apparatus [*A penetration device used in the testing of hydraulic cements and similar materials*]

Vicat-Nadel *f* · Vicat needle [*A weighted needle for determining setting time of hydraulic cements*]

Vickers-|Härte *f* · Vickers hardness

~-Härteprüfer *m* · Vickers' diamond hardness tester

~-Härtezahl *f* · Vickers hardness number, Vhn

Viehhof *m* · stockyard

Viehzaun *m* · farm stock fence [*B.S. 3854*]

vielarmige Treppe *f* → mehrläufige ~

Vielbildigkeit *f* · multiplicity of images

Vielblatt|-Kipptor *n*, Vielblatt-Schwingtor, Mehrblatt-Schwingtor, Mehrblatt-Kipptor · multi-leaf up and over door

~-Schwingtor *n*, Vielblatt-Kipptor, Mehrblatt-Schwingtor, Mehrblatt-Kipptor · multi-leaf up and over door

~-Tür *f*, Mehrblatt-Tür · multi-leaf door

vielbogig, mehrbogig · multiarched

Vieleck *n*, Polygon *n* · polygon

~ im Uhrzeigersinn, Polygon *n* ~ ~ · clockwise polygon

~apsis *f* → Polygonalapsis

~chor *m*, Polygonalchor [*Chor mit vieleckigem Schluß, meist in der Gotik*] · polygonal choir, multiangular ~

~dach *n*, Polygonaldach, Ardandsches Dach · Ardand (type) polygonal roof, hammer-beam ~ [*It consists of a series of trusses, repeated at intervals, to support the intermediate purlins and rafters, and its object is to transmit the weight and thrust of the roof as low down as possible in the supporting wall*]

~dachfaltwerk *n* → Polygonalfalt(werk)dach

~falt(werk)dach *n* → Polygonalfalt(werk)dach

~gebäude *n*, Polygonalgebäude · polygonal building, ~ block

~gewölbe *n*, Polygonalgewölbe · polygonal vault

~grundriß *m*, Polygonalgrundriß, Mehreckgrundriß · polygonal (ground(-)) plan, ~ base, multiangular ~

~hallenchor *m*, Polygonalhallenchor · polygonal hall-choir, multiangular ~, ~ hall-quire

~hohlblock(stein) *m*, Vieleckhohlstein, Polygonhohlstein, Polygonhohlblock(stein) · polygonal hollow block, ~ ~ tile, ~ cavity ~, ~ pot [*See remark under 'Block'*]

vieleckig, polygonal, mehreckig · polygonal, multiangular

vieleckige zentrale Anlage *f* → polygonale ~ ~

vieleckiger (Ab)Schluß *m*, polygonaler ~, mehreckiger ~ · polygonal termination, multiangular ~

~ Grundriß *m*, polygonaler ~ · polygonal (ground) plan, ~ base

~ Schluß *m*, polygonaler ~, ~ Ab~ · polygonal termination, multiangular ~

~ Zentralbau *m* → polygonale zentrale Anlage

Vieleck|kirche *f*, Polygonalkirche · polygonal church, multiangular ~

~kuppel *f*, Polygonalkuppel · polygonal dome, multiangular ~, dome of polygonal plan, dome of multiangular plan

~mauerwerk *n*, Polygonalmauerwerk, Zyklopenmauerwerk mit netzartigen Fugen, zyklopisches Mauerwerk mit netzartigen Fugen · polygonal (random rubble) masonry (work), mosaic (~ ~) ~ (~), cobweb (~ ~) ~ (~) [*The stones are irregular in shape without parallel edges and are shaped to fit the spaces they are to occupy, the joints being more or less uniform in thickness*]

~ornament *n*, Polygonalornament [*Ornament aus vieleckigen Platten*] · polygonal ornament, multiangular ~

~platte *f*, Polygonalplatte · polygonal plate, ~ slab, multiangular ~

~rahmen *m*, Polygonalrahmen · polygonal frame, multiangular ~

~säule *f*, Polygonalsäule · polygonal column, multiangular ~

~seite *f* **des Kräftezuges**, Polygonalseite ~ ~, Krafteckseite · side of force polygon

~sichtbetonstütze *f*, Polygonalsichtbetonstütze · polygonal fair-faced concrete column, multiangular ~ ~ ~, ~ exposed ~ ~

~sprengwerk *n*, Polygonalsprengwerk · polygonal truss, multiangular ~

~stab *m*, Polygonalstab · polygonal bar, ~ rod, multiangular ~

~stütze *f*, Polygonalstütze · polygonal column, multiangular ~

~turm *m*, Polygonalturm · polygonal tower, multiangular ~

~türmchen *n*, Polygonaltürmchen, kleiner Vielecktum *m*, kleiner Polygonalturm · polygonal diminutive tower, ~ small ~, ~ turret

~verband *m*, Polygonalverband · polygonal bond, multiangular ~

viel|etagig, mehrstöckig, mehrgeschossig, mehretagig, vielstöckig, vielgeschossig · multi-storey (Brit.); multistory (US); multi-level, multi-floor

~etagige Wohnung *f* → mehrstöckige ~

~etagiges Parkgebäude *n* → mehrgeschossiges ~

~etagiges Parkhaus *n* → vielgeschossiges Parkgebäude

Vielfachverglasung *f*, Mehrfachverglasung · multiple glazing

vielfarbig, mehrfarbig · polychrome

Viel|farbigkeit *f*, Polychromie *f* · polychromy

~feldträger *m*, Mehrfeldträger · multispan girder

vielgeschossig, vieletagig, vielstöckig, mehrstöckig, mehrgeschossig, mehretagig · multi-storey (Brit.); multistory (US); multi-level, multi-floor

vielgeschossige Wohnung *f* → mehrstöckige ~

vielgeschossiges Parkgebäude *n* → mehrgeschossiges ~

~ Parkhaus *n* → ~ Parkgebäude

vielgestaltig · complex

Viel|gestaltigkeit *f* **der Planung** · flexibility in planning

~giebelstil *m* · many-gabled style

~gliedrigkeit *f* · multiformity

Viellagen(ab)dichtung *f*, Mehrlagen(ab)dichtung · multiple-layer(ed) seal(-ing)

~, Mehrlagen(ab)dichtung, Mehrlagensperrung, Viellagensperrung [*gegen Feuchtigkeit*] · multiple-layer(ed) waterproofing

Viellagendichtung *f*, Viellagenabdichtung, Mehrlagen(ab)dichtung · multiple-layer(ed) seal(ing)

~, Viellagenabdichtung, Mehrlagen(ab)-dichtung, Mehrlagensperrung, Viellagensperrung [*gegen Feuchtigkeit*] · multiple-layer(ed) waterproofing

Viellagen|isolierung *f*, Mehrlagenisolierung · multiple-layer(ed) insulation

~sperrung *f*, Mehrlagensperrung, Mehrlagen(ab)dichtung, Viellagen(ab)dichtung [*gegen Feuchtigkeit*] · multiple-layer(ed) waterproofing

viel|lagig, mehrlagig, vielschichtig, mehrschichtig · multi-layered, laminated

~läufige Treppe *f* → mehrläufige ~

Vielloch|platte *f*, Mehrlochplatte, Hohlbalken-Deckenelement *n* mit kreisförmigen Aussparungen · tube floor slab

~stein *m* [*Fehlname*]; Viellochziegel *m* [*Hohllochziegel A nach DIN 105 mit mindestens 13 Löchern auf 100 cm²*] · perforated (clay) brick

~stein *m* [*aus Beton*] · perforated concrete brick, ~ ~ block, ~ ~ tile [*See remark under 'Block'*]

~ziegel *m*; Viellochstein *m* [*Fehlname*] [*Hochlochziegel A nach DIN 105 mit mindestens 13 Löchern auf 100 cm²*] · perforated (clay) brick

Vielnasenschwung *m* [*gotisches Maßwerk*] · multifoil

Vielpaß *m* [*gotisches Maßwerk*] · multi(ple)-lobe tracery

~bogen *m*, Zackenbogen, Fächerbogen, Mehrpaßbogen · multifoil arch

Vielrippendecke *f* · multi-ribbed floor

vielsäulig, mehrsäulig · many-columned

vielschichtig, mehrschichtig, viellagig, mehrlagig · multi-layered, laminated

Vielschicht-Wellpappe *f* · multi-layer corrugated paper [*See remark under 'Pappe'*]

viel|stöckig, vieletagig, vielgeschossig, mehrstöckig, mehrgeschossig, mehretagig · multi-storey (Brit.); multi-story (US); multi-level, multi-floor

~stöckige Wohnung *f* → mehrstöckige ~

~stöckiges Parkgebäude *n* → mehrgeschossiges ~

~stöckiges Parkhaus *n* → vielgeschossiges Parkgebäude

~teilig, mehrteilig · multipartite

~teiliges Gewölbe *n* · multipartite vault

Vielwegehahn *m* · multi(ple)-way cock

vielwertiger Alkohol *m*, mehrwertiger ~ · polyhydric alcohol, polyalcohol

Vielzellenglas *n*, Schaumglas, poriges Glas [*Es besteht aus meist hermetisch geschlossenen Mikroglaszellen und hat deshalb keine kapillare Wirkung*] · foam(ed) glass, (multi)cellular ~

~block(stein) *m*, Schaumglasblock(-stein), Schaumglasstein · foam(ed) glass block, (multi)cellular ~ ~

Vielzweckanstrich|mittel *n* → Vielzweckanstrich(stoff)

~(stoff) *m*, Vielzweckanstrichmittel *n*, Vielzweckaufstrich(stoff), Vielzweckaufstrichmittel, flüssiger Vielzweckbeschichtungsstoff, Mehrzweckanstrich(-stoff), Mehrzweckanstrichmittel, Mehrzweckaufstrich(stoff), Mehrzweckaufstrichmittel, flüssiger Mehrzweckbeschichtungsstoff · multi-purpose liquid coating (material), multi(ple-)use ~ ~ (~)

Vielzweckaufstrich|mittel *n* → Vielzweckanstrich(stoff)

~(stoff) *m* → Vielzweckanstrich(stoff)

Vielzweck|block(stein) *m* → Mehrzweckstein

~kleb(e)stoff *m* → Mehrzweckkleb(e)-stoff

~stein *m* → Mehrzweckstein

~tür *f*, Mehrzwecktür · multi-purpose door, multi(ple-)use ~

vier|armige Treppe *f*, vierläufige ~ · four-flight stair(case)

~bettig · four-bed

Vier|bettkrankenzimmer *n* · 4-bed ward

~blatt *n* [*gotisches Maßwerk*] · tracery with four leaf-shaped curves, quatrefoil, four-leaved tracery

Viereck *n* · quadrangle, quadrilateral

~draht *m* → Vierkantdraht

~drahtgeflecht *n*, Vierkantdrahtgeflecht, vierkantiges Drahtgeflecht, viereckiges Drahtgeflecht · four-cornered mesh wire netting, four-sided ~ ~ ~

viereckig, vierkantig, vierseitig · four-cornered, four-sided

viereckige Mosaik(belag)platte *f* → Viereckmosaik(belag)platte

~ Mosaikfliese *f* → Viereckmosaik(belag)platte

~ Platte *f* → Viereckplatte

~ Stütze *f* → Vierkantstütze

~ Tafel *f* → Vierkanttafel

viereckiger Draht *m* → Vierkantdraht

~ Pfeiler *m* → Viereckpfeiler

~ Stab *m* → Vierkantstab

~ Stahl *m* → Vierkantstahl

~ Turm *m* → Vierkantturm

viereckiges Drahtgeflecht *n*, vierkantiges ~, Vierkantdrahtgeflecht, Viereckdrahtgeflecht · four-cornered mesh wire netting, four-sided ~ ~ ~

~ Kupfer *n* → Vierkantkupfer

~ Rohr *n* → Vierkantrohr

~ Messing *n* → Vierkantmessing

Viereck|kupfer *n* → Vierkantkupfer

~messing *n* → Vierkantmessing

~mosaik(belag)platte *f*, Viereckmosaikfliese *f*, viereckige Mosaik(belag)-platte, viereckige Mosaikfliese, vierseitige Mosaik(belag)platte, vierseitige Mosaikfliese, Vierkant-Mosaik(belag)-platte, Vierkant-Mosaikfliese · four-cornered mosaic tile, four-sided ~ ~

~mosaikfliese *f* → Viereckmosaik(belag)platte

~pfeiler *m*, viereckiger Pfeiler, Vierkantpfeiler, vierkantiger Pfeiler, vierseitiger Pfeiler [*Ein quadratischer oder rechteckiger Pfeiler*] · four cornered pier, four-sided ~

~platte *f*, viereckige Platte, vierkantige Platte, vierseitige Platte, Vierkantplatte · four-cornered plate, ~ slab, four-sided ~

~rohr *n* → Vierkantrohr

~stab *m* → Vierkantstab

~stahl *m* → Vierkantstahl

~stütze *f* → Vierkantstütze

~tafel *f* → Vierkanttafel

~turm *m* → Vierkantturm

Vierendeel|-Spannbetonträger *m*, Spannbeton-Vierendeelträger · prestressed (concrete) Vierendeel truss, ~ (~) ~ girder [*It does not satisfy the definition of a truss but is given that designation*]

~stahlträger *m* · Vierendeel steel truss, ~ ~ girder

~träger *m* · Vierendeel truss, ~ girder [*It does not satisfy the definition of a truss but is given that designation*]

vierflügelige Drehtür *f* · four-compartment revolving door

vierflügeliges Faltschiebetor *n*, ~ Schiebefalttor · four-leaf sliding folding shutterdoor, ~ ~ ~ shutter door

~ Falttor *n* · four-leaf folding shutter door, ~ ~ shutterdoor

~ Rundlauftor *n* · four-leaf around(-the-)corner sliding shutter door, ~ ~ ~ shutterdoor

~ Schiebefalttor *n*, ~ Faltschiebetor · four-leaf sliding folding shutterdoor, ~ ~ ~ shutter door

Vier|füllungstür *f*, Kreuztür · (framed and) four-panel(led) door (Brit..); (~ ~) four-panel(ed) ~ (US)

~fußblock *m* · tetrapod [*An equiangular figure in the form of a tripod, having a fourth leg, engaging from the intersection of the other three. Solid tetrapods weighing 15 tons, made of concrete, were used successfully to form a breakwater at Casablanca*]

~gespann *n*, Quadriga *f* · quadriga, four-horse(d) chariot [*A sculpture, often surmounting a monument*]

~giebelform *f* · four gable form [*hyperbolic paraboloid*]

vierjochig four-bay

Vierkantdraht *m*, Viereckdraht, vierkantiger Draht, viereckiger Draht, vierseitiger Draht · four-cornered wire, four-sided ~

~geflecht *n*, Viereckdrahtgeflecht, vierkantiges Drahtgeflecht, viereckiges Drahtgeflecht · four-cornered mesh wire netting, four-sided ~ ~ ~

vierkantig, viereckig, vierseitig · four-cornered, four-sided

vierkantige Platte *f* → Viereckplatte

~ Stütze *f* → Vierkantstütze

~ Tafel *f* → Vierkanttafel

vierkantiger Draht *m* → Vierkantdraht

~ Pfeiler *m* → Viereckpfeiler

~ Stab *m* → Vierkantstab

~ Stahl *m* → Vierkantstahl

~ Turm *m* → Vierkantturm

vierkantiges Drahtgeflecht *n*, viereckiges ~, Vierkantdrahtgeflecht, Viereckdrahtgeflecht · four-cornered mesh wire netting, four-sided ~ ~ ~

~ Kupfer *n* → Vierkantkupfer

~ Messing *n* → Vierkantmessing

~ Rohr *n* → Vierkantrohr

Vierkant|kupfer *n*, Viereckkupfer, vierkantiges Kupfer, viereckiges Kupfer, vierseitiges Kupfer · four-cornered copper, four-sided ~

~messing *n*, Viereckmessing, vierkantiges Messing, viereckiges Messing, vierseitiges Messing · four-cornered brass, four-sided ~

~-Mosaik(belag)platte *f* → Viereckmosaik(belag)platte

~-Mosaikfliese *f* → Viereckmosaik(belag)platte

~pfeiler *m*, Viereckpfeiler, vierkantige Pfeiler, viereckiger Pfeiler, vierseitiger Pfeiler [*Ein quadratischer oder rechteckiger Pfeiler*] · four-cornered pier, four-sided ~

~platte *f* → Viereckplatte

~rohr *n*, Viereckrohr, Flachrohr, viereckiges Rohr, vierkantiges Rohr, vierseitiges Rohr · box-shaped pipe, four-cornered ~, four-sided ~

~stab *m*, Viereckstab, vierkantiger Stab, viereckiger Stab, vierseitiger Stab · four-cornered rod, ~ bar, four-sided ~

~stahl *m*, Viereckstahl, vierkantiger Stahl, viereckiger Stahl, vierseitiger Stahl · four-cornered steel, four-sided ~

~stütze *f*, Viereckstütze, vierkantige Stütze, viereckige Stütze, vierseitige Stütze · four-cornered column, four-sided ~

~tafel *f*, viereckige Tafel, vierkantige Tafel, vierseitige Tafel, Vierecktafel · four-cornered panel, four-sided ~

~turm *m*, vierkantiger Turm, Viereckturm, viereckiger Turm, vierseitiger Turm · four-cornered tower, four-sided ~

vierlagige Spachtel(dach)deckung *f*, vierschichtige ~, vierlagiger Spachteldachbelag *m*, vierschichtiger Spachteldachbelag · four-ply built-up roof(ing), ~ ~ roof cover(ing)

~ Teerspachtel(dach)deckung *f* **mit Kiesabstreuung** → vierlagiger Teerspachteldachbelag ~ ~

vierlagiger Spachteldachbelag *m*, vierschichtiger ~, vierlagige Spachtel(dach)deckung *f*, vierschichtige Spachtel(dach)deckung · four ply built-up roof(ing), ~ ~ roof cover(ing)

~ Teerspachteldachbelag *m* **mit Kiesabstreuung**, ~ ~ ~ Kiesbestreuung, vierschichtiger ~ ~ ~, vierlagige Teerspachtel(dach)deckung ~ ~, vierschichtige Teerspachtel(dach)deckung ~ ~ · four-ply tar and gravel-type (built-up) roof(ing), ~ ~ ~ ~ (~) roof cover(ing)

Vierlampenleuchte *f* · 4 lamp (light(-ing)) fixture; ~ ~ luminaire (~) (US); ~ ~ light fitting (Brit.)

vierläufige Treppe *f*, vierarmige ~ · four-flight stair(case)

Vier|-Momente-Gleichung *f*, Viermomentengleichung · four-moment equation

~-Momente-Lehrsatz *m*, Viermomentenlehrsatz · four-moment theorem

~paß *m* [*gotisches Maßwerk*] · four-lobe tracery, quatrefoil

~paßokulusfenster *n* · quatrefoil oculus window

~punktaufhängung *f* · four-point suspension mounting

~quartier *m*, ganzer Ziegel *m*; ganzer Stein *m* [*Fehlname*] · full (clay) brick

~randauflagerung *f* · four-edge support

~raumwohnung *f*, Vierzimmerwohnung · four-room(ed) dwelling unit (US); ~ dwelling (Brit.)

~-Rohr-System *n* · four-pipe system

vier|säulig · tetrastyle

~säuliger Amphiprostylostempel *m* · amphiprostyle tetrastyle temple

Vierscheibenhaus *n*, Vierscheibengebäude *n* · quadripartite narrow multistorey block, ~ ~ ~ building (Brit.); ~ ~ multi-story ~ (US)

vierschichtige Spachtel(dach)dekkung *f*, vierlagige ~, vierlagiger Spachteldachbelag *m*, vierschichtiger Spachteldachbelag · four-ply built-up roof(-ing), ~ ~ roof cover(ing)

~ Teerspachteldeckung *f* **mit Kiesbestreuung** → vierlagiger Teerspachteldachbelag mit Kiesabstreuung

vierschichtiger Spachteldachbelag *m*, vierlagiger ~, vierlagige Spachtel(dach)deckung · four-ply built-up roof(-ing), ~ ~ roof cover(ing)

~ Teerspachteldachbelag *m* **mit Kiesabstreuung** → vierlagiger ~ ~ ~

vierschiffig [*Rahmenhalle*] · four-span, four-bay

vierseitig, viereckig, vierkantig · four-cornered, four-sided

~ auskragende Platte *f* · slab cantilevering in all directions

vierseitige Mosaik(belag)platte *f* → Viereckmosaik(belag)platte

~ Mosaikfliese *f* → Viereckmosaik(belag)platte

~ Platte *f* → Viereckplatte

~ Stütze *f* → Vierkantstütze

~ Tafel *f* → Vierkanttafel

vierseitiger Draht *m* → Vierkantdraht

~ Pfeiler *m* → Viereckpfeiler

~ Stab *m* → Vierkantstab

~ Stahl *m* → Vierkantstahl

~ Turm *m* → Vierkantturm

vierseitiger Kupfer *n* → Vierkantkupfer

~ Messing *n* → Vierkantmessing

~ Rohr *n* → Vierkantrohr

Vierspänner *m* [*Von jedem Stockwerkpodest aus sind vier Wohnungen zugänglich*] · building (or block) with four staircase-access dwellings (Brit.)/dwelling units (US) per floor

Vierstufenpyramide *f* · four-stepped pyramid

vierteilig · quadripartite, four-part

vierteilige Laufrolle *f* [*Schiebetor*] · 4-wheeled trolley

vierteiliger (Raum)Abschluß *m* · four-part shutter, quadripartite ~

vierteiliges Gewölbe *n* · quadripartite vault, four-part ~

~ Kreuzrippengewölbe *n* · quadripartite cross-rib(bed) vault, four-part (~) ~

~ Maßwerk *n* · quadripartite tracery

Vierteilung *f* · quartering

Viertel|dach *n* · roof with pitch of 1 : 4

~fuge *f* · quarter joint

viertelgewendelte Treppe *f*, ein~ ~ · quarter-turn stair(case) with winders

Viertel|kehle *f* · cavetto moulding (Brit.); ~ molding (US) [*A hollow mo(u)lding, about a quarter of a circle in section*]

~kreis *m* · quadrant, 1/4 circle, quarter-circle

~podest *n*, Eckpodest · quarter-landing; quarter-space landing [*deprecated*]

~punkt *m* · quarter point

~punktmoment *n* · quarter point moment

~säule *f* · quarter-column

~stab *m* · ovolo moulding (Brit.); ~ molding (US); quarter-round ~

~stab *m* **Wand-Decke** · cove, coving [*A quadrant moulding joining a wall to a ceiling*]

~stein *m* [*Fehlname*] → Viertelziegel

~steinverband *m* [*Fehlname*] → Viertelziegelverband

~stück *n* → Viertelziegel

~stückverband *m* → Viertelziegelverband

Viertelung *f*, Quadrantenverfahren *n*, Kegelverfahren [*DIN 51701*] · coning and quartering

Viertel|wend(e)lung *f*, Ein~ [*Treppe*] · quarter turn

~ziegel *m*, (Ein)Quartier *m*, Riemchen *n*, Quartierstück *n*, Viertelstück; Viertelstein *m* [*Fehlname*] · one-quarter (clay) brick

~ziegelverband *m*, (Ein)Quartierverband, Riemchenverband, Quartierstückverband, Viertelstückverband [*Fehlname: Viertelsteinverband*] · one-quarter (clay) brick (masonry) bond

Vierung *f* [*Der Raumteil einer Kirche, der aus der Durchdringung von Langhaus und Querhaus entsteht*] · crossing

Vierungs|gewölbe *n* · crossing vault

~joch *n* · crossing bay

~kuppel *f* · crossing-cupola, crossing-dome

~pfeiler *m*, Eckpfeiler · crossing pier

~quadrat *n* [*Es ergibt sich aus der Durchdringung von Langhaus und Querhaus bei gleichen Breiten*] · crossing square, square of crossing

~turm *m* · crossing-tower

Vierzimmerwohnung *f*, Vierraumwohnung · four-room(ed) dwelling unit (US); ~ dwelling (Brit.)

Vihara *m*, (buddhistisches) Felsenkloster *n*, (buddhistisches) Höhlenkloster · cave monastery, rock-cut ~, vihara

viktorianischer Stil *m* [*ca. 1840–1900*] · Victorian style

Villa *f* · villa

~ des Kaisers Hadrian in Tivoli, Hadrian-Villa · Hadrian's Villa at Tivoli

Villen|garten *m* · villa garden

~-Hochhaus *n* · multi-storey villa (Brit.), multi-story ~ (US)

~kolonie *f*, Villenviertel *n* · high-class residential area

Vinyl *n*, ~harz *n* · vinyl (resin)

~abklebung *f* [*(Preß)Stroh(dämm)platte*] · vinyl liner

~asbest *n* · vinyl asbestos

~asbest(belag)platte *f*, Vinylasbestfliese *f*, Flex(belag)platte, Flexfliese, Pastellplatte [*DIN 16950*] · vinyl-asbestos tile, asbestos-vinyl ~, VAT

~asbestfliese *f*, Flexfliese, Flex(belag)platte *f*, Pastellplatte, Vinylasbest(belag)platte [*DIN 16950*] · vinyl-asbestos tile, asbestos-vinyl ~, VAT

~-Asbest-Masse *f*, Asbest-Vinyl-Masse · vinyl-asbestos composition, ~ compound, ~ mass, ~ material, asbestos-vinyl ~

~asbestplatte *f*, Vinylasbestbelagplatte, Vinylasbestfliese *f*, Flexfliese, Flex(belag)platte, Pastellplatte [*DIN 16950*] · vinyl-asbestos tile, asbestos-vinyl ~, VAT

~azetat *n* · vinyl acetate

~bahn *f* · vinyl sheet(ing)

~(belag)platte *f*, Vinylfliese *f* · vinyl-plastic tile, VPT

vinylbeschichtet · vinyl coated

Vinyl|boden(belag) *m*, Vinylfußboden(-belag) · vinyl floor(ing) (finish), ~ floor cover(ing)

~chlorid *n* · vinyl chlorid(e) (US); ~ chloride (Brit.)

~einlage *f* · vinyl insert(ion)

~farbe *f* · vinyl paint

~fliese *f*, Vinyl(belag)platte *f* · vinyl-plastic tile, VPT

~fliesen(fuß)boden(belag) *m*, Vinylplatten(fuß)boden(belag) · vinyl-plastic tile floor cover(ing), ~ ~ floor(-ing) (finish), VPT ~ (~)

~folie *f* · vinyl sheeting, ~ film

~(fuß)boden(belag) *m* · vinyl floor(-ing) (finish), ~ floor cover(ing)

Vinyl(harz) *n* · vinyl (resin)

~-Bindemittellösung *f* [*Anstrichfarbe*] · vinyl (resin) vehicle, ~ (~) medium

Vinyl|kleb(e)stoff *m*, Vinylkleber *m*, Vinylkleb(e)mittel *n* · vinyl (bonding) adhesive, ~ ~ agent, ~ ~ medium, ~ cement(ing agent)

~latexbasis *f*, Vinyllatexgrundlage *f* · vinyl latex base

~lösung *f* · vinyl solution

~platte *f*, Vinylbelagplatte, Vinylfliese *f* · vinyl-plastic tile, VPT

~platten(fuß)boden(belag) *m*, Vinylfliesen(fuß)boden(belag) · vinyl-plastic tile floor cover(ing), ~ ~ floor(ing) (finish), VPT ~ (~)

~rohr *n* · vinyl pipe

~schaum(stoff) *m* · vinyl foam

~strangpreßprofil *n*, Vinylstrangpreßerzeugnis *n* · extruded vinyl section, ~ ~ shape, ~ ~ unit, ~ ~ product, ~ ~ trim, vinyl extrusion

~tafel *f* · vinyl panel

~wandauskleidung *f*, Vinylwandverkleidung, Vinylwandbekleidung · vinyl wall lining, ~ ~ (sur)facing

~wandbekleidung *f*, Vinylwandauskleidung, Vinylwandverkleidung · vinyl wall lining, ~ ~ (surf)acing

~wandverkleidung *f*, Vinylwandauskleidung, Vinylwandbekleidung · vinyl wall lining, ~ ~ (sur)facing

~würfel *m* · vinyl cube

Violettpigment *n*, violettes Pigment · violet pigment

virtuelle Arbeit *f*, gedachte ~ [*Einflußlinien*] · virtual work

~ Belastung *f* · virtual loading

~ Formänderung *f*, ~ Verformung · virtual deformation

~ Kraft *f* · virtual force

~ Verformung *f*, ~ Formänderung · virtual deformation

~ Verrückung *f* · virtual displacement

~ Verschiebung *f* · virtual translation

viskos · viscous [*abbreviated: visc.*]

Viskosimeter *n* · visco(si)meter

Viskosität *f*, Zähigkeit *f*, Dickigkeit · viscosity

Viskositäts|beiwert *m* · coefficient of viscosity

~bereich *m* · viscosity range, range of viscosity

~index *m* · viscosity index, VI

~messung *f* · measuring of viscosity

~rückgang *m*, Zähigkeitsrückgang · fall of viscosity, lowering ~ ~

Vitrine *f*, Schaukasten *m* · showcase, display ~

Vitrit *m*, Glanzkohle *f* · pure coal, vitrain

Vivianit *m*, Blaueisenerz *n*, Blauerde *f* · blue-iron earth, vivianite

VKS *m*, Vormauerkalksandstein *m*, Kalksandvormauerstein · frost-resistant sand-lime brick, ~ lime-sand ~, ~ calcium silicate ~

VKSV *m*, Vormauerkalksandvollstein *m*, Kalksandvormauervollstein [*Der Querschnitt darf durch Lochung senkrecht zur Lagerfläche bis zu 25% gemindert sein*] · frost-resistant solid sand-lime brick, ~ ~ lime-sand ~ ~ ~ calcium silicate ~

VL *f*, Vorlagerung *f* [*Dampfbehandlung von Beton*] · holding, delay

VLLz *m*, Vormauerlanglochziegel · frost(-)resistant horizontal coring (clay) brick, frostproof ~ ~ (~) ~

VMz, Vormauervollziegel *m* · frost(-)resistant solid (clay) brick, frostproof ~ (~) ~

Vogelhaus *n* [*Zoo*] · aviary

Völkerbundpalast *m* [*in Genf*] · League of Nations Building, ~ ~ ~ Palace

Volks|festarena *f* · pageant arena

~kunstmuseum *n* · Museum of Folk Art

~pensionsanstalt *f* · public boarding school

~wohnungen *fpl* · mass housing

voll · solid [*As opposed to 'hollow' and 'cellular'*]

~ eingespannter Bogen *m* · rigid arch [*A continuous arch which is fully fixed throughout*]

~ vorgespannt · full-scale pretensioned

Voll|alu(minium)tür *f*, Ganzalu(minium)tür · all-aluminium door (Brit.); all-aluminum ~ (US)

~alu(minium)-Wandelement *n*, Ganzalu(minium)-Wandelement · all-aluminium wall element (Brit.); all-aluminum ~ ~ (US)

Vollast *f*, Platten~ · load over the entire area

vollautomatische Fernsteuerung *f* · fully automatic telecontrol

~ Schiebetüranlage *f* · fully automatic sliding door installation

Voll|balken(träger) *m* · solid beam

~bausystem *n*, Vollkonstruktion *f*, Voll(konstruktions)system · solid construction, ~ (structural) system [*e.g. a solid (concrete) floor*]

~belastung *f*, Platten~ · loading over the entire area

~belastung *f* · full loading

Voll(beton)decke *f*, (Vollbeton)Plattendecke [*Sie wird auf geschlossener Schalung mit vollem Querschnitt örtlich betoniert*] · solid slab floor

~ mit Hauptbewehrung in (nur) einer Richtung, (Vollbeton)Plattendecke ~ ~ ~ (~) ~ ~ · one-way solid slab floor

Voll|betonplatte *f* · solid concrete slab

~block(stein) *m*, Vollstein · solid block, ~ tile [*See remark under 'Block'*]

~boden *m* **auf dem Erdreich**, Vollfußboden ~ ~ ~ · solid ground floor, ~ floor on the ground

~decke *f*, Vollbetondecke, Plattendecke [*Sie wird auf geschlossener Schalung mit vollem Querschnitt örtlich betoniert*] · solid slab floor

volle Betonummantelung *f* [*Rohr*] · (integral and monolithic concrete masonry) encasement

volleingespannt · fully fixed, ~ restrained

Volleinspannung *f* · full restraint, ~ fixity

vollentlüftet · fully vented

Voll|entsalzung *f* [*Wasser*] · (practically) absolute demineralization

~entwässerung *f*, Vollsystem *n*, Vollkanalisation *f* [*Die Vollkanalisation umfaßt zwei Arten: 1. Misch- oder Schwemmkanalisation und 2. Trennkanalisation*] · full system (of sewerage), ~ ~ ~ sewers, ~ sewerage (system)

voller Bogen *m*, Halbkreisbogen, Rundbogen, Zirkelbogen · semicircular arch, round ~

~ Winddruck *m* · full wind pressure

Vollerschließung *f* · full development

vollerschlossen, bebaubar [*Hochbaugrundstück*] · fully developed

Voll|etage *f* → Vollgeschoß

~-Etagendecke *f* → Volltrenndecke

~flachdecke *f* · solid flat plate floor

vollflächige Mauer *f* · dead masonry wall, blank ~ ~ [*A masonry wall without openings*]

~ Wand *f* · dead wall, blank ~ [*A wall without openings*]

vollflächiges (Ver)Kleben *n*, Vollverkleben · full bonding

Vollfuge *f* · flush joint

vollfugig · solidly filled, flush-jointed

Voll(fuß)boden *m* **auf dem Erdreich** · solid floor on the ground, ~ ground floor

vollgekapselt, ganzgekapselt · totally enclosed, TE

~ und unbelüftet, ganzgekapselt ~ ~ · totally-enclosed nonventilated, TENV

~ ~ ventilatorgekühlt, ganzgekapselt ~ ~ · totally-enclosed fan-cooled, TEFC

~ ~ wassergekühlt, ganzgekapselt ~ ~ · totally-enclosed water-cooled, TEWC

Voll|geschoß *n*, Vollstockwerk *n*, Volletage *f* [*Vollgeschosse sind Geschosse, die vollständig über der festgelegten Geländeoberfläche liegen und über mindestens zwei Drittel ihrer Grundfläche die für Aufenthaltsräume erforderliche lichte Höhe haben. Auf die Zahl der Vollgeschosse sind anzurechnen: 1. Geschosse mit einer lichten Höhe von mehr als 1,80 m unterhalb der Traufenoberkante, 2. Kellergeschosse, die im Mittel mehr als 1,40 m und 3. Garagengeschosse, die im Mittel mehr als 2 m über die festgelegte Geländeoberfläche hinausragen*] · full floor; ~ story (US); ~ storey (Brit.)

~-Geschoßdecke *f* → Volltrenndecke

~gewölbe *n*, volles Gewölbe · solid vault

~glanz *m* · full gloss [*Smooth and almost mirror-like surface when viewed from all angles*]

~glanzfarbe *f* · full gloss paint

~gummi *m* · solid rubber

~gummikantenschutz *m* · edge protection with rubber

~gummiring *m* [*Rohrverbindung*] · (rubber) O-ring

~holz-Preßtür *f*, Preß-Vollholztür · densified wood door

~kanalisation *f*, Vollsystem *n*, Vollentwässerung *f* [*Die Vollkanalisation umfaßt zwei Arten: 1. Misch- oder Schwemmkanalisation und 2. Trennkanalisation*] · full system (of sewerage), ~ ~ ~ sewers, ~ sewerage (system)

~keller *m* · cellar covering the whole area of a building

voll|klimatisiert, ganzklimatisiert · fully air-conditioned

~kommene Vorspannung *f* · perfect (pre)stressing, ~ stretching, ~ tensioning

Voll|(konstruktions)system *n*, Vollkonstruktion *f*, Vollbausystem · solid construction, ~ (structural) system [*e.g. a solid (concrete) floor*]

~kunststoff-Dreilagentafel *f*, Vollkunststoff-Dreischichtentafel, Ganzkunststoff-Dreilagentafel, Ganzkunststoff-Dreischichtentafel · all-plastic sandwich panel

~kunststoff-Dreischichtentafel *f*, Vollkunststoff-Dreilagentafel, Ganzkunststoff-Dreischichtentafel, Ganzkunststoff-Dreilagentafel · all-plastic sandwich panel

~kunststoffenster *n*, Ganzkunststofffenster · all-plastic window

~kunststofftragwerk *n*, Ganzkunststofftragwerk [*Ein materielles System von Kunststoffbauelementen*] · all-plastic (load)bearing structure, ~ (weight-carrying) ~, ~ supporting ~

~kunststofftür *f*, Ganzkunststofftür · all-plastic door

~-Leichtziegel *m* · solid light(weight) (clay) brick

~mauer *f* · solid masonry wall

~mauerwerk *n* · solid masonry (work)

~montagedecke *f* [*Alle Deckenbauteile sind ohne Ortbeton-Druckplatte voll tragfähig*] · precast floor without in-situ structural topping of concrete [*A non-structural top screed may be provided*]

~platte *f* · solid slab

~plattendecke *f*, Vollplatten-Stockwerkdecke, Vollplatten-Etagendecke, Vollplatten-Geschoßdecke · solid slab (intermediate) floor

~querschnitt *m* · solid cross-section

~scheibe *f*, Vollwandscheibe · solid shear wall, ~ cross ~

~schutz *m* **des Holzes** · full protection of wood

~schwingboden *m* · fully sprung floor

voll|ständige Durchsicht *f* [*Glas*] · clear (through-)vision

~ständige Einspannung *f* [*Baustatik*] · complete (end-)restraint

~ständiges Trennen *n* · complete separation

Vollsteg *m* · solid web, plain ~

~träger *m* · solid-web girder, plain-web ~

Vollsteifrahmen *m* [*Rahmen mit ausschließlich biegesteifen Knoten*] · fully rigid frame

Vollstein *m*, Vollblock(stein) *m* · solid block, ~ tile [*See remark under 'Block'*]

~ [*Fehlname*]; Vollziegel *m* [*DIN 105*] · solid (clay) brick

~mauer *f* [*Fehlname*] → Vollziegelmauer

~mauerwerk *n* [*Fehlname*]; Vollziegelmauerwerk · solid (clay) brickwork, ~ (~) brick masonry (work)

~schornstein *m* [*Fehlname*]; Vollziegelschornstein · solid (clay) brick chimney

~wand *f* [*Fehlname*] → Vollziegelmauer

Voll|stockwerk *n* → Vollgeschoß

~-Stockwerkdecke *f* → Volltrenndecke

~system *n*, Vollentwässerung *f*, Vollkanalisation *f* [*Die Vollkanalisation umfaßt zwei Arten: 1. Misch- oder Schwemmkanalisation und 2. Trennkanalisation*] · full system (of sewerage), ~ ~ ~ sewers, ~ sewerage (system)

~system *n*, Vollkonstruktionssystem, Vollkonstruktion *f*, Vollbausystem · solid construction, ~ (structural) system [*e.g. a solid (concrete) floor*]

~tafel *f* · solid panel

~tonfarbe *f* · full-strength colour (Brit.); ~ color (US)

voll|überdeckt · totally buried

~verglast, ganzverglast · fully glazed

Voll|verglasung *f*, Ganzverglasung · floor-to-ceiling glazing

~verkleben *n*, vollflächiges (Ver)Kleben · full bonding

Vollwand *f* · solid wall

~balken(träger) *m*, vollwandiger Balken(träger) · plain web beam, solid ~ ~

~(bau)platte *f* · solid wall slab

~bauweise *f*, Vollwandbauart *f* · solid wall construction method

~bogen(träger) *m*, Vollwandträger in Bogenform · plain web arch(ed girder), solid ~ ~ (~)

~-Dreigelenkbogen(träger) *m*, Vollwand-Dreigelenkträger in Bogenform · plain web three-hinge(d) arch(ed girder), solid ~ ~ ~ (~)

~-Dreigelenkträger *m* **in Bogenform**, Vollwand-Dreigelenkbogen(träger) · plain web three-hinge(d) arch(ed girder), solid ~ ~ ~ (~)

vollwandig [*Träger*] · plain-webbed, solid-webbed

vollwandiger Balken(träger) *m*, Vollwandbalken(träger) · plain web beam, solid ~ ~

~ Träger *m*, Vollwandträger · plain web girder, solid ~ ~

Voll|wandkonstruktion *f* · solid wall construction

~(wand)scheibe *f* · solid shear wall, ~ cross ~

~wandträger *m*, vollwandiger Träger · plain web girder, solid ~ ~

~wandträger *m* **in Bogenform**, Vollwandbogen(träger) · plain web arch(ed girder), solid ~ ~ (~)

~wandtragwerk *n* [*Ein Tragwerk, dessen tragende Elemente Vollwandträger sind*] · (load)bearing structure of plain web girders, ~ ~ ~ solid ~ ~, (weight-carrying) ~ ~ ~ ~ ~, supporting ~ ~ ~ ~ ~

~wärmeschutz *m* full heat protection

Vollziegel *m*; Vollstein *m* [*Fehlname*] [*DIN 105*] · solid (clay) brick

~mauer *f*; Vollziegelwand *f*, Vollsteinmauer, Vollsteinwand [*Fehlnamen*] · solid (clay) brick wall

~mauerwerk *n*; Vollsteinmauerwerk [*Fehlname*] · solid (clay) brickwork, ~ (~) brick masonry (work)

~schornstein *m*; Vollsteinschornstein [*Fehlname*] · solid (clay) brick chimney

~wand *f* [*Fehlname*] → Vollziegelmauer

Volum(en) *n*, Raum *m* · volume

Volumen|änderung *f*, Raumänderung · volue change

~prozent *n*, Raumprozent · volume percent, vol %

~verringerung *f*, Raumverringerung · decrease in volume, volume decrease

~zunahme *f*, Raumzunahme · volume increase, increase in volume

Volute *f*, Spirale *f*, Schnecke *f* · volute, (spiral) scroll

Voluten|giebel *m*, Schneckengiebel [*Dieser Giebel ist seitlich von Voluten gerahmt*] · scroll(ed) gable, volute(d) ~, scroll-shaped ~

~kapitell *n*, Schneckenkapitell, Volutenkapitäl, Schneckenkapitäl · volute(d) capital, scroll(ed) ~, scroll-shaped ~

~schmuck *m* → Schneckenschmuck

~verzierung *f* → Schneckenschmuck

Vorabsiebung *f* · prescreening

Voranstrich *m*, Voraufstrich · precoat

~masse *f*, Voraufstrichmasse, Voranstrichmittel *n*, Voraufstrichmittel · precoating material, ~ composition, ~ compound, ~ mass, undercoating (material)

~mittel *n*, Voraufstrichmittel, Voranstrichmasse *f*, Voraufstrichmasse · precoating material, ~ composition, ~ compound, ~ mass, undercoating (material)

Vorarbeit(en) *f(pl)* · preliminary work

Vorarbeiter *m* · ganger

Vorarlberger Schema *n*, ~ Schule *f* [*Ein Bauschema, das aus Vorarlberg stammende Meister – Thumb, Beer, Moosbrugger – bei ihren Kirchenbauten oft angewendet haben. Das Schema zeigt ein tonnengewölbtes Langhaus zwischen Kapellennischen und darüberliegenden Emporen. Das Querhaus ladet meist nur wenig aus und ist schmaler als das Mittelschiff des Langhauses. In dem etwas eingezogenen Chor setzt sich das Langhaussystem modifiziert fort.*] · Vorarlberg School, ~ plan, ~ church scheme

Voraufstrich *m*, Voranstrich · precoat

~masse *f*, Voranstrichmasse, Voraufstrichmittel *n*, Voranstrichmittel · precoating material, ~ composition, ~ compound, ~ mass, undercoating (material)

~mittel *n*, Voranstrichmittel, Voraufstrichmasse *f*, Voranstrichmasse · precoating material, ~ composition, ~ compound, ~ mass, undercoating (material)

vorausschauende Planung *f* · advance planning

Vorbarockarchitektur *f*, Vorbarockbaukunst *f* · Proto-Baroque architecture

Vorbau *m*, überdachte Halle *f*, Vorhalle [*Kirche; Tempel*] · porch

~, vorspringender Bau · projection, forebuilding

vorbehandeln · to pre-treat

Vorbehandlung *f* · preparatory treatment, preliminary ~, pre-treatment, preparation

Vorbehandlungsmittel *n* · pre-treatment agent

vorbelasten · to preload

Vorbelastung *f* · preloading

Vorbenetzungsmittel *n* · prewetting agent, precoating ~

vorbeugende Instandhaltung *f*, Pflege *f* · preventive maintenance

vorbeugender Holzschutz *m* · preventive wood protection

Vorbeugungsmaßnahme *f* · preven(ta)tive remedy

Vorbiegen *n* · preloading [*Preflex beam*]

~ [*als Tätigkeit*] · prebending

Vorbiegung *f* · preloading [*Preflex beam. This preloading induces stresses in the steel of not less than those calculated to occur under full working load*]

~ [*als Ergebnis der Tätigkeit*] · prebending

Vorblech *n*, Platine *f* · sheet bar [*A semi-finished hot rolled iron product of approximately rectangular section, sheared to length and used to produce a hot rolled sheet by cross rolling*]

vorblenden · to bond

Vorblock *m*, vorgewalzter Block [*Halbzeug aus Stahl, mit etwa quadratischem Querschnitt, jedoch nicht unter 115×130 mm. Längen im allgemeinen 700–4000 mm. Vorblöcke werden mit schweren Walzenstraßen zu Flachknüppeln, Breitstahl, Platinen, Knüppeln, größerem Stabstahl, Formstahl und schwerem Eisenbahn-Oberbaumaterial ausgewalzt*] · bloom

Vorburg *f* [*Befestigte Anlage zur Sicherung des Tores einer Burg*] · gatehouse

Vorchlorierung *f* · prechlorination, prechlorinating

Vorchor(bereich) *m* · antechoir, antequire

Vordach *n*, Schutzdach · canopy

~kante *f*, Schutzdachkante · canopy lip

Vorder|ansicht *f* · front view, FV

~balkon *m* · front balcony

vordere Bleischürze *f*, Blei(front)schürze · lead apron [*For flashing the front of a chimney*]

~ Schürze *f*, (Front)Schürze · apron flashing, chimney, apron [*A one-piece flashing, such as is used at the lower side of a chimney penetrating a sloping roof*]

Vorder|eingang *m* · front entrance

~gebäude *n*, Vorderhaus *n* · front building

~haus *n*, Vordergebäude *n* · front building

~hof *m* · [*In der Palastanlage von Khorsabad*] · state court

~seite *f* · face, front

~türklingel *f* · front door bell

Vorentwurf *m* · preliminary design, schematic ~

Vorentwurfs|stadium *n* · schematic design phase, preliminary ~ ~

~zeichnung *f* · preliminary design drawing, schematic ~ ~

vorerhitzen, vorwärmen · to preheat

Vorerhitzung *f*, Vorwärmung · pre-heating

Vorfahrt *f*, Auto~ · drive

~ für Besucher, Auto~ ~ ~ · visitor's drive

Vorfeld *n*, Hallen~ [*Luftfahrtgelände*] · (hangar) apron

~ebene *f*, Bodenebene [*Abfertigungsgebäude*] · ground level

~fläche *f* [*Flughafen*] · apron area

Vorfertigung *f* · prefabrication

~ auf der Baustelle · site prefabrication

~ aus Beton · (pre)casting

~ im Betonwerk · factory (pre)casting

~ in der Fabrik, Fabrikvorfertigung · factory prefabrication

Vorfertigungs|platz *m* [*auf einer Baustelle*] · prefab(rication) yard

~stelle *f* · prefab(rication) site

Vorfluat *n*, Avantfluat · pretreatment fluosilicate

Vorführraum *m*, Bildwerferraum [*Kino*] projection booth

Vorführungsküche *f* · demonstration kitchen

Vorgang *m*, Verlauf *m*, Ablauf *m*, Prozeß *m* · process

Vorgarten *m* [*Gelände zwischen der Bauflucht- und der Straßenfluchtlinie, das nicht zur Straße sondern zum Anliegergrundstück gehört*] · forecourt, front garden; front yard (US)

vorgeblendete Fertigwand *f* → Vorhangwand

vorgebogener Balken(träger) *m*, Preflex(-Verbund)träger, Preflexbalken(träger) *m* · Preflex beam

vorgedrückte Druckzone *f* · precompressed compression zone

~ Zugzone *f* · precompressed tension zone, ~tensile ~

vorgedrückter Bereich *m* · precompressed zone [*The area of a flexural member which is compressed by the prestressing tendons*]

vorgefertigt · prefab(ricated)

~ [*aus Beton*] · (pre)cast

vorgefertigte Bauteile *mpl, npl* **aus Ziegeln** · prefab(ricated) brickwork

~ (Belag)Plattentrennwand *f*, ~ Fliesentrennwand · prefab(ricated) tile partition (wall)

~ Beton-Grundstückkläranlage *f*, ~ Beton-Hauskläranlage, ~ Beton-Kleinkläranlage · (pre)cast concrete septic tank

~ Beton-Hauskläranlage *f*, ~ Beton-Grundstückkläranlage, ~ Beton-Kleinkläranlage · (pre)cast concrete septic tank

~ Beton-Kleinkläranlage *f*, ~ Beton-Grundstückkläranlage, ~ Beton-Hauskläranlage · (pre)cast concrete septic tank

~ Betonoberschwelle *f* → (Beton-)Fertig(teil)oberschwelle

~ Fliesentrennwand *f*, ~ (Belag-)Plattentrennwand · prefab(ricated) tile partition (wall)

~ Marmorfliese *f*, ~ Marmor(belag)platte *f* · precast marble tile [*Precast marble tiles differ from reconstituted marble tiles. In this process marble pieces of suitable thickness are placed in a tile size form, together with a white portland cement and chippings mortar, coloured to match the natural marble with mineral pigments. The whole is then compressed and vibrated. When cured the tiles are grouted and rubbed to a honed or polished finish*]

~ Schale *f*, Fertig(teil)schale · prefab(ricated) shell

~ Spannbetonoberschwelle *f*, vorgefertigter Spannbetonsturz *m*, Spannbeton-Fertig(teil)oberschwelle, Spannbeton-Fertig(teil)sturz · (pre)cast prestressed (concrete) lintel, prestressed (pre)cast (~) ~; ~ ~ (~) lintol [*deprecated*]

~ Stahlbetonoberschwelle *f*, Stahlbeton-Fertig(teil)oberschwelle, vorgefertigter Stahlbetonsturz *m*, Stahlbeton-Fertig(teil)sturz · (pre)cast reinforced (concrete) lintel; ~ ~ (~) lintol [*deprecated*]

~ Trennwand *f*, Fertigtrennwand, Montagetrennwand · prefab(ricated) partition (wall)

(~) Ziegelfassadenplatte *f* [*Fehlnamen*]; Ziegelfassadentafel *f*, Fassadentafel aus Ziegeln · (clay) brick façade panel, façade (clay) brick ~

~ Ziegeloberschwelle *f*, vorgefertigter Ziegelsturz *m* · prefab(ricated) brick lintel; ~ ~ lintol [*deprecated*]

vorgefertigter Anschluß(streifen) *m* · preformed flashing (piece)

~ Baustoff *m*; vorgefertigtes Baumaterial *n* [*Schweiz*] · prefab(ricated) structural material, ~ construction(al) ~, ~ building ~

~ Betonschirm *m* · (pre)cast (concrete) umbrella, ~ (~) parachute

~ Betonsturz *m* → (Beton)Fertig(teil)-oberschwelle

~ Fliesen-Garderobenschrank *m* · prefab(ricated) tiling cubicle for clothes

~ Spannbetonsturz *m*, vorgefertigte Spannbetonoberschwelle *f*, Spannbeton-Fertig(teil)oberschwelle, Spannbeton-Fertig(teil)sturz · precast prestressed (concrete) lintel, prestressed precast (~) ~; ~ ~ (~) lintol [*deprecated*]

~ Stahlbetonsturz *m*, Stahlbeton-Fertig(teil)sturz, vorgefertigte Stahlbetonoberschwelle *f*, Stahlbeton-Fertig(teil)oberschwelle · (pre)cast reinforced (concrete) lintel; ~ ~ (~) lintol [*deprecated*]

~ Ziegelsturz *m*, vorgefertigte Ziegeloberschwelle *f* · prefab(ricated) brick lintel; ~ ~ lintol [*deprecated*]

~ ~ mit schlaffer Bewehrung, ~ ~ ~ ~ Armierung, ~ ~ ~ schlaffen (Stahl)Einlagen, vorgefertigte Ziegeloberschwelle *f* ~ ~ ~ · prefab(ricated) brick lintel with untensioned reinforcement; ~ ~ lintol ~ ~ ~ [*deprecated*]; ~ reinforced brick lintel; ~ reinforced brick lintol [*deprecated*]

~ ~ ~ vorgespannter Bewehrung, ~ ~ ~ ~ Armierung, ~ ~ ~ vorgespannten (Stahl)Einlagen, vorgefertigte Ziegeloberschwelle *f* ~ ~ ~, Ziegelspannsturz, Ziegelspannoberschwelle · prefab(ricated) prestressed brick lintel; ~ ~ ~ lintol [*deprecated*]

vorgefertigtes Baumaterial *n* [*Schweiz*] → vorgefertigter Baustoff

vorgehängte Fassade *f* → Vorhangwand

~ Wand *f* → Vorhangwand

~ ~ auf der Straßenseite, Vorhangwand ~ ~ ~ · front curtain wall

vorgelegte Pläne *mpl*, eingereichte ~ [*Der Baugenehmigungsbehörde vorgelegte Pläne*] · deposited plans, ~ drawings

vorgelegter Schaft *m* · detached shaft, engaged ~

vorgepackter Beton *m* → Prepaktbeton

vorgeschäumt [*Kunststoff*] · pre-formed; pre-expanded [*See remark under 'geschäumt'*]

vorgeschichtlich, urgeschichtlich · prehistoric

vorgeschichtliche Architektur *f*, urgeschichtliche ~, ~ Baukunst · prehistoric architecture

~ Höhlenwohnung *f* **in Großbritannien**, urgeschichtliche ~ ~ ~ · penpit

vorgespannte Betoneinlage *f* · prestressed (concrete) insert(ion) [*Is a small prestressed concrete element of octagonal, rectangular, square or any other cross section*]

~ Diele *f*, Spannbetondiele · prestressed (concrete) plank (unit)

~ Dielendecke *f*, Spannbetondielendecke · prestressed (concrete) plank (unit) floor

~ Ziegeldachplatte *f*, Stahltondachplatte, Spannbetondachplatte · Stahlton (prestressed) roof slab, prestressed clay ~ ~, roof slab in prestressed clay

~ Ziegeldecke *f*, Stahltondecke, Spanntondecke · Stahlton (prestressed) floor, prestressed clay ~, floor in prestressed clay

~ Ziegelfensteroberschwelle *f* → Stahlton-Fenstersturz

~ Ziegeloberschwelle *f* → Stahltonsturz

~ Ziegeltüroberschwelle *f* → Stahlton-Türsturz

~ Ziegelwandtafel *f*, Stahlton-Wandtafel, Spannton-Wandtafel · Stahlton (prestressed) wall panel, prestressed clay ~ ~, wall panel in prestressed clay

vorgespannter gemauerter Behälter *m*, ~ Mauerwerkbehälter · prestressed masonry tank

~ Leichtbeton *m*, Leichtspannbeton · light(weight) prestressed concrete, prestressed light(weight) ~

~ Mauerwerkbehälter *m*, ~ gemauerter Behälter · prestressed masonry tank

(~) Ziegelbalken(träger) *m*, Spannton(-Fertig)balken(träger), Stahlton(-Fertig)balken(träger), Ziegeltonfertigbalken(träger) · Stahlton (prestressed) beam, prestressed clay ~, beam in prestressed clay

~ Ziegelfenstersturz *m* → Stahlton-Fenstersturz

~ Ziegelsturz *m* → Stahltonsturz

~ Ziegeltürsturz *m* → Stahlton-Türsturz

vorgespanntes Glas *n*, Einscheiben-Sicherheitsglas, Einschicht-Sicherheitsglas [*Fehlnamen: gehärtetes Glas; Hartglas*] · toughened (safety) glass, tempered (~) ~, heat-treated (~) ~ [*The term 'hardened glass' is rarelyused*]

~ (Kristall)Spiegelglas *n* · toughened (polished) plate (glass), tempered (~) ~ (~), heat-treated (~) ~ (~) [*For instance ARMOURCLAD*]

~ Seilsystem *n* **mit gleichgerichteter Stabilisierung** · prestressed cable system with suspension and stabilization on one direction

~ ~ ~ querlaufender Stabilisierung · prestressed cable system with transverse stabilization

~ System *n* **zusammengesetzt aus geradlinig begrenzten Seilnetzen mit gegensinniger Krümmung** · prestressed system composed of straight-edged cable nets with opposite curvatures

~ Ziegelbrett *n*, Stahltonbrett, Spanntonbrett · Stahlton (prestressed) plank, prestressed clay ~, plank in prestressed clay

~ Ziegeldach *n*, Stahltondach, Spanntondach · Stahlton (prestressed) roof, prestressed clay ~, roof in prestressed clay

~ Ziegelmauerwerk *n* **mit nachträglichem Verbund** · post-tensioned brickwork

vorgetränkt · pre-impregnated

vorgewalzter Block *m*, Vorblock [*Halbzeug aus Stahl, mit etwa quadratischem Querschnitt, jedoch nicht unter 115x 130 mm. Längen im allgemeinen 700–4000 mm. Vorblöcke werden mit schweren Walzenstraßen zu Flachknüppeln, Breitstahl, Platinen, Knüppeln, größerem Stabstahl, Formstahl und schwerem Eisenbahn-Oberbaumaterial ausgewalzt*] · bloom

vorgewärmte Luft *f* · preheated air

vorgotisch · pre-Gothic

Vorhalle *f*, Paradies *n*, Galiläa *f* · narthex, galilee

~, Pronaos *m* [*griechische Baukunst*] · pronaos [*The part of a temple in front of the naos, often synonymous with portico*]

~ · porch [*A floor extending beyond the exterior walls of a building. It may be covered and enclosed or unenclosed*]

Vorhalteholz *n* · builder's rough plank

vorhandene Festigkeit *f*, erreichte ~, tatsächliche ~ · actual strength

Vorhängeschloß *n* [*DIN 7465*] · padlock, portable lock

Vorhang|fassade *f* → Vorhangwand

~fassadentafel *f*, Vorhangwandtafel · curtain wall panel

~schiene *f* · curtain track, ~ rail

Vorhangwand *f*, vorgehängte Wand, vorgeblendete Fertigwand, Außenhaut *f*, Vorhangfassade *f*, vorgehängte Fassade · curtain wall, skin [*It is a non-bearing wall between columns or piers and is not supported by girders or beams. Many building codes apply the term 'curtain wall' to a panel wall*]

~-(Ab)Dicht(ungs)stoff *m* · curtain wall sealing material

~-Dicht(ungs)stoff *m*, Vorhangwand-Abdicht(ungs)stoff · curtain wall sealing material

~gebäude *n* · curtain wall building, ~ ~ block

~rahmen *m* · curtain wall frame

~tafel *f*, Vorhangfassadentafel · curtain wall panel

vorhellenische Baukunst *f*, ~ Architektur *f* · pre-Hellenic architecture

Vorhof *m* · forecourt

~ (vor dem Narthex einer Basilika), Atrium *n*, Paradies *n* · ceremonial forecourt, atrium, paradise, parvis(e) [*An open court surrounded by porticos in front of a church (some medieval writers gave this name to the atrium of Old St Peter's)*]

Vorimprägnieren *n*, Vortränken · presaturating, pre-impregnating

Vorimprägnierung *f* [*Dachpappenmaschine*] · preheaters

~, Vortränkung · pre-impregnation, presaturation

Vorkarbonatisieren *n* · pre-carbonation (treatment)

Vorkirche *f* · antechurch, forechurch

Vorknicken *n* [*Scharnierherstellung*] · nipping

vorkragen, auskragen · to cantilever

Vorkragen *n*, Auskragen · cantilevering

vorkragende Blockstufe *f* → Kragblockstufe

~ Dachplatte *f* → Kragdachplatte

~ Decke *f* → Kragdecke

~ Deckenplatte *f* → auskragende ~

~ Dreieckstufe *f* → Kragdreieckstufe

~ Platte *f*, auskragende ~, Kragplatte, Auslegerplatte · cantilever(ed) slab, cantilevering ~, ~ plate

~ Schale *f* → Kragschale

~ Scheibe *f*, auskragende ~, Kragscheibe, Auslegerscheibe · cantilever(ed) sheet, cantilevering ~, ~ disc; ~ disk (US)

~ Stufe *f* → Kragstufe

~ Terrasse *f* → Kragterrasse

~ Treppe *f* → Kragtreppe

vorkragender Arm *m* → Auslegerarm

~ Balken(träger) *m* → Freibalken(träger)

~ Balkon *m*, auskragender ~, Kragbalkon, Auslegerbalkon · cantilever(ed) balcony, cantilevering ~

~ Binder *m* → Ausleger(-Dach)binder

~ ~ mit Druckstrebe → Ausleger(-Dach)binder ~ ~

~ ~ ~ Zugband → Ausleger(-Dach)-binder ~ ~

~ Bogen(träger) *m*, auskragender ~, Auslegerbogen(träger), Kragbogen(träger) · cantilever(ed) arch(ed girder), cantilevering ~ ~, corbel ~ ~, false ~ ~

~ Träger *m*, auskragender ~, frei ausladender ~, Freiträger, Konsolträger, Kragträger, Auslegerträger, einseitig eingespannter Träger · cantilever(ed) girder, cantilevering ~ [*It is supported at one end only but is rigidly held in position at that end*]

~ Ziegel *m* → Kragziegel

vorkragendes Dach *n* → Kragdach

~ Faltwerkdach *n*, auskragendes ~, Kragfaltwerkdach, Auslegerfaltwerkdach · cantilever(ed) folded plate roof, ~ ~ slab ~, ~ prismatic shell ~, cantilevering ~ ~ ~; ~ hipped-plate ~, ~ tilted-slab ~ (US)

~ Gewölbe *n*, auskragendes ~, Kraggewölbe, Auslegergewölbe · corbel vault, false ~, cantilever(ed) ~, cantilervering ~

~ Mauerwerk *n* → Kragmauerwerk

~ Segment *n*, auskragendes ~, Kragsegment, Auslegersegment · cantilever(ed) segment, cantilevering ~

Vorkragung *f*, Auskragung · cantilever [*A self-supporting projection without external bracing*]

Vorkriegsexpressionismus *m* · prewar Expressionism

Vorkühlen *n*, Vorkühlung *f* · pre-cooling

Vorkühlung *f*, Vorkühlen *n* · pre-cooling

Vorkursus *m* · basic course

Vorlack *m*, Präparationslack, Schleiflack · rubbing varnish, flatting ~ [*A hard-drying varnish which may be rubbed with an abrasive and water or oil to a uniform level(l)ed surface*]

Vorlage *f* [*Ein einer Wand oder Mauer vorgelegtes Bauglied wie Dienst, Lisene oder Pilaster*] · projection, attachment

Vorlagerung *f*, VL [*Dampfbehandlung von Beton*] · holding, delay

Vorlagerungsdauer *f*, Vorlager(ungs)zeit *f* · presteaming period, holding ~, delay ~ [*In the manufacture of concrete products, the time between mo(u)lding of a concrete product and start of the temperature-rise period*]

Vorlager(ungs)zeit *f*, Vorlagerungsdauer *f* · presteaming period, holding ~, delay ~ [*In the manufacture of concrete products, the time between mo(u)lding of a concrete product and start of the temperature-rise period*]

Vorlagestein *m*, Stückstein, Setzpacklagestein · pitching stone, hand-packed ~, hand-placed ~, hand-pitched ~, pitcher, blockstone

Vorlast *f* · preload

Vorlauf *m* [*Heizung*] · flow

vorläufige Abnahme *f* · initial acceptance

~ Bemessungsgrundlagen *fpl* · tentative design criteria

Vorlauf|leitung *f*, Zulaufleitung · feed line, flow ~

~rohr *n*, Zulaufrohr · flow pipe, feed ~

~seite *f* · flow side [*heat exchanger*]

~temperatur *f*, Zulauftemperatur · flow temperature

Vorlesungs|raum *m*, Vortragsraum · lecture room

~saal *m*, Vortragssaal · lecture theatre, ~ hall

vormalen [*Fehlname*]; vor(an)streichen · to pre-paint

Vormalen *n* [*Fehlname*]; Vor(an)streichen · pre-painting

Vormauer|hochlochziegel *m*, VHLz [*DIN 105*] · frost(-)resistant vertical coring (clay) brick, frostproof ~ ~ (~) ~

~kalksandstein *m*, Kalksandvormauerstein, VKS · frost(-)resistant sand-lime brick, frostproof ~ ~, ~ lime-sand ~, ~ calcium silicate ~

~kalksandvollstein *m*, Kalksandvormauervollstein, VKSV [*Der Querschnitt darf durch Lochung senkrecht zur Lagerfläche bis zu 25% gemindert sein*] · frost(-)resistant solid sand-lime brick, frostproof ~ ~ ~, ~ ~ lime-sand ~, ~ ~ calcium silicate ~

~klinker *m* · frost(-)resistant engineering brick, frost-proof ~ ~

~langlochziegel *m*, VLLz · frost(-)resistant horizontal coring (clay) brick, frostproof ~ ~ (~) ~

~porenziegel *m*, VPMz *m* · frost(-)resistant porous brick, frostproof ~ ~

~stein *m* [*Fehlname*] → Vormauerziegel

Vormauerung *f* · frost-resistant masonry (work)

Vormauer|vollziegel *m*, VMz · frost(-)resistant solid (clay) brick, frostproof ~ (~) ~

~ziegel *m*, frostbeständiger Ziegel, V · frost(-)resistant (clay) brick, frostproof (~) ~, frost(-)resisting (~) ~, non-frost-active (~) ~, antifreezing (~) ~

vormischen · to pre-mix

Vormischen *n* · pre-mixing

vormontiert · pre-assembled

Vornässen *n* · pre-wetting

Vornorm *f*, Normenentwurf *m* · tentative standard

Vorort|bahnhof *m* · surburban (train) station

~garten *m* · suburban garden

~linie *f* · suburban line

~sied(e)lung *f* · suburban (housing) estate

~strecke *f* · suburban run

Vorprodukt *n* · primary product

Vorprojekt *n* · preliminary project, ~ scheme

Vorrat *m*, Lager~, (Lager)Bestand *m* · store, stock

Vorrats|behälter *m*, Lagerbehälter · storage tank

~keller *m*, Lagerkeller · storage cellar

~raum *m*, Lagerraum · stor(ag)e room

~wasserheizer *m*, Badspeicher · storage-type geyser

Vorraum *m*, Vestibül *n* · anteroom, vestibule, vest.

Vorreiber *m* · casement fastener

Vorrenaissancearchitektur *f*, Vorrenaissancebaukunst *f* · Proto-Renaissance architecture

vorromanische Plastik *f* · pre-Romanesque sculpture

Vorsatz|beton *m* · facing concrete

~gemisch *n*, Vorsatzmischung *f* · facing mix(ture), face ~

~lage *f*, Vorsatzschicht *f* · facing layer

~material *n* · facing material

~mischung *f*, Vorsatzgemisch *n* · facing mix(ture), face ~

~platte *f* · facing slab

~schicht *f*, Vorsatzlage *f* · facing layer

~ziegel *m* · face (clay) brick, facing (~) ~

~zuschlag(stoff) *m* · facing aggregate

Vorschaltgerät *n* [*Leuchte*] · control gear

Vorschiff *n*, Kirchen~ · antenave

Vorschleifen *n* [*Glas*] · trueing

Vorschriften *fpl* **über die Bauhöhe** · height regulations

Vorspachtelung *f* · preliminary screeding

(Vor)Spannarmierung *f* → (Vor-)Spann(stahl)einlagen

Vorspannausmittigkeit *f* · prestress eccentricity

(Vor)Spann(beton)stahl *m* → (Vor-)Spann(stahl)einlagen

(Vor)Spann(beton)verfahren *n* · stressing method, ~ system, pre~ ~

~ Magnel · Belgian (sandwich cable) method, sandwich-plate ~

(Vor)Spann|betrag *m* · amount of prestress

~bewehrung *f* → (Vor)Spann(stahl)-einlagen

(Vorspann)Bündeldraht *m*, Spann(beton)(kabel)draht · prestressing wire, steel wire for prestressed concrete [*B.S. 2691*]

(Vor)Spanndraht *m* → (Vor)Spann(bündel)draht

(Vor)Spannen *n* [*Spannbeton*] · (pre-)stressing, stretching, tensioning

(vor)spannen der Spannelemente vor dem Betonieren · to pretension

(Vor)Spannen *n* **im erhärteten Beton** · post-tensioning [*The tendons are tensioned after the concrete has hardened*]

~ ohne Verbund · non-bond tensioning, ~ stretching, ~ (pre)stressing

(Vor)Spann|folge *f* · stressing order, pre~ ~, stretching ~, tensioning ~

(Vor)Spannglied *n* · tendon, (pre-)stressing ~, tensioning ~, stretching ~ [*A stretched element used in a concrete member or structure to impart prestress to the concrete*]

~ für sofortigen Verbund · pretensioning tendon

~ mit sofortigem Verbund · pretensioned tendon

~führung *f*, (Vor)Spanngliedverlauf *m* · tendon profile [*The path or trajectory of the (pre)stressing tendon*]

~krümmungshalbmesser *m* · radius of curvature of tendon

~verlauf *m*, (Vor)Spanngliedführung *f* · tendon profile [*The path or trajectory of the (pre)stressing tendon*]

(Vor)Spannkraft *f* · tensioning force, stretching ~, (pre)stressing ~

~weg *m* · trajectory of (pre)stressing force

(Vor)Spann|litze *f* · strand, (pre)stressing ~, tensioning ~, stretching ~, (pre)stressing cable, tensioning cable, stretching cable

~moment *n* · stressing moment, pre~ ~, tensioning ~, stretching ~

~stab *m* · (pre)stressing bar, tensioning ~, stretching ~

~(stahl)einlagen *fpl*, (Vor)Spannbewehrung *f*, (Vor)Spannarmierung, (Vor-)Spann(beton)stahl *m* · (pre)stressing reinforcement, tensioning ~, stretching ~, ~ steel [*B.S. 2691*]

Vorspanntechnik *f* · (pre)stressed concrete engineering

Vorspannung *f* · (pre)stressing, stretching, tensioning

~ auf elektrischem Wege, elektrothermisches (Vor)Spannen *n* von Spannstahl · electrical heating of high-tensile bars, electro-thermal pretensioning, electrical (pre)stressing, electrical stretching

~ mit sofortigem Verbund · pretensioning [*In pretensioning, the tendons are first tensioned against abutments. Concrete is placed around them, and when it hardens the tendons are released – (pre)stressing the concrete*]

~ ohne Verbund · unbonded post-tensioning

(Vor)Spann(ungs)|verankerung *f* · jacking anchorage

~verfahren *n*, Spannbetonverfahren · (pre)stressing method, ~ system, tensioning ~, stretching ~

~verfahren *n* **Magnel**, Spannbetonverfahren ~ · Belgian (sandwich cable) method, sandwich-plate ~

~verlust *m* · (pre)stressing loss, tensioning ~, stretching ~ [*The reduction of the (pre)stressing force which results from the combined effects of creep in the steel and creep and shrinkage of the concrete. This term does not normally include friction losses but may include the effect of elastic deformation of the concrete*]

~verlust *m* **infolge Schwindens** · shrinkage loss [*The loss of stress in the (pre)stressing steel resulting from the shrinkage of the concrete*]

~wert *m* · stretching value, tensioning ~, (pre)stressing ~

~zone *f* · tensioning zone, stretching ~, (pre)stressing ~, ~ area

(Vor)Spannverbindung *f* · (pre-) stressed connection, tensioned ~, stretched ~

Vorspannwerk *n*, Spannbetonwerk · (pre)stressing plant, ~ yard, ~ factory, tensioning ~, stretching ~

~ mit acht Spannbetten, Spannbetonwerk ~ ~ ~ · eight-bed ((pre)stressing) yard, ~ (~) plant, ~ (~) factory, ~ tensioning ~

vorspringend · salient, projecting

vorspringende Fuge *f* [*Mauerwerk*] · tuck pointing

~ Leiste *f* · fillet, listel

vorspringender Bau *m*, Vorbau · projection, forebuilding

~ Fries *m* · projecting frieze

Vorsprung *m* · projection, jetty, jutty [*A projecting or overhanging part of a building*]

~ in eine Stadtstraße · projection into a street

Vorstadt *f* · suburb

~sied(e)lung *f* · cottage suburb (US); suburb (housing) estate

~villa *f* · suburban villa

Vorstreichen *n*, Voranstreichen, Grundieren · prime coating, priming

Vortrags|raum *m*, Vorlesungsraum · lecture room

~reise *f* · lecture tour

~saal *m*, Vorlesungssaal · lecture hall, ~ theatre

Vortränken *n*, Vorimprägnieren · presaturating, preimpregnating

Vortränker *m* [*Dachpappenanlage*] · presaturator

Vortränkpfanne *f* [*Dachpappenmaschine*] · presaturator

Vortränkung *f*, Vorimprägnierung · preimpregnation, presaturation

Vortreiben *n*, Vortrieb *m* [*Material in einer Strangpresse*] · forcing

Vortrocknung *f* · predrying

vorübergehende Härte *f*, Karbonathärte [*Wasser*] · temporary hardness, carbonate ~

vorübergehendes Biegemoment *n* · transient bending moment

Vorwahl *f* **der Wassertemperatur** · presetting of water temperature

Vorwärmapparat *m*, Vorwärmer *m* · preheater

vorwärmen, vorerhitzen · to preheat

Vorwärmer *m*, Vorwärmapparat *m* · preheater

Vorwärmung *f*, Durchwärmung, Schmauchen *n* [*Ziegelbrennen*] · initial dehydration, water-smoking

~, Vorerhitzung · preheating

Vorwerk *n*, Außenwerk · outer defence (Brit.); ~ defense (US); outwork, fortalice, fortilage

Vorzerkleinerung *f* · size reduction [*Breaking up large stones by primary crushing or grinding*]

Vorzimmer *n* · anteroom

Vorzugs|abmessung *f*, Vorzugsmaß *n* · preferred dimension

~dicke *f* [*Fehlname: Vorzugsstärke*] · preferred thickness

~größe *f* · preferred size [*A size chosen in advance of others for specific purposes*]

~profil *n* · preferred section

~stärke *f* [*Fehlname*]; Vorzugsdicke · preferred thickness

vorzusammengebaut · pre-assembled [*Fixed together on or off the site before incorporation into a building or structure*]

Votiv|kapelle *f* · chantry chapel

~kirche *f* · ex voto church

~stupa *m*, Votivtope *m* · votive stupa(-mound), ~ tope(-mound)

Voute *f*, Schräge *f* · inclined haunch [*An overstress occurring in nonuniform beams may be eliminated by increasing the cross-section area towards the supports through inclined haunches*]

Voutenbalken(träger) *m* · inclined haunched beam

VPMz *m*, Vormauerporenziegel *m* · frost(-)resistant porous brick, frostproof ~

V-Rinne *f* · V-gutter

V-Stütze *f*, Winkelstütze [*Sie gabelt sich vom Auflager in zwei Äste*] · V-column, V-shaped column

VTZ *f*, Verteerungszahl *f* · tar value

Vulkanfiber *f* · fiber paper (US); fibre ~ (Brit.)

vulkanische Asche *f*, Feuerbergasche · volcanic ash

~ Schlacke *f*, poröse Lava *f*, Schaumlava, Lavakrotze *f*, Lungstein *m*, Lavaschlakke, Basaltlava, Basaltschlacke [*Basaltische feinporige bis blasige vulkanische Auswurfmasse. „Lavalit" ist ein geschützter Handelsname für gebrochene Lavaschlacke, die in verschiedenen Körnungen aufbereitet ist*] · scoria(ceous lava), foamed ~

vulkanischer Baustoff *m*; vulkanisches Baumaterial *n* [*Schweiz*] [*Bims; Lava; Schaumlava; Tuff; Trachyttuff; Traß; Schlackensand*] · volcanic construction(al) material, ~ building ~

(~) Tuff(stein) *m*, Feuerbergtuff, Durchbruchsgesteintuff, (vulkanisches) Tuffgestein *n* · (volcanic) tuff

vulkanisches Baumaterial *n* [*Schweiz*]; vulkanischer Baustoff *m* [*Bims; Lava; Schaumlava; Tuff; Trachyttuff; Traß; Schlackensand*] · volcanic construction(al) material, ~ building ~

~ Glas *n*, glasartig erstarrtes vulkanisches Gestein *n* · volcanic glass-like material), (naturally occurring) siliceous volcanic rock

(~) Tuffgestein *n*, (vulkanischer) Tuff(stein) *m*, Feuerbergtuff, Durchbruchsgesteintuff · (volcanic) tuff

vulkanisierter Gummi *m* · vulcanized rubber, VR

VZ *m* → (Ab)Binde(zeit)verzögerer

~, Verseifungszahl *f* · saponification number

W

Waag(e)rechtbeleuchtung *f*, Horizontalbeleuchtung · horizontal lighting, ~ illumination

waag(e)rechte Absperrung *f* · horizontal dampproof course, ~ d.p.c.

~ Absteifung *f*, ~ Aussteifung, ~ Versteifung, ~ Verstärkung · horizontal reinforcing, ~ bracing, ~ stiffening

~ Aussteifung *f*, ~ Versteifung, ~ Verstärkung, ~ Absteifung · horizontal reinforcing, ~ bracing, ~ stiffening

~ Ebene *f* · horizontal plane

~ Einrohrheizung *f*, Einrohr-Ringsystem *n* [*Ein Heizsystem mit getrennt in Fußbodennähe in jedem Stockwerk verlegtem waag(e)rechten Verteilrohr, das gleichzeitig auch Rücklaufrohr ist*] · one-pipe ring system

~ Fuge *f* · horizontal joint

~ Kraft *f* · horizontal force

~ Kupfereinrohrheizung *f*, Kupferring-Einrohrsystem *n* · copper one-pipe ring system

~ Last *f*, Horizontallast · horizontal load

~ Steife *f* · flier, flying shore, flyer

~ Stülpschalung *f* [*Wetterschutz für Außenmauern und Außenwände*] · siding (US); weatherboarding, weather boards (Brit.) [*Horizontal boards nailed on edge over the outside of light buildings. The boards generally overlap each other, either with or without a rebate at the lower edge of the upper board, which helps to keep out rain and wind*]

~ Teilkraft *f*, Horizontalkomponente *f* · horizontal component

~ Verstärkung *f*, ~ Versteifung, ~ Aussteifung, ~ Absteifung · horizontal reinforcing, ~ bracing, ~ stiffening

~ Versteifung *f*, ~ Verstärkung, ~ Aussteifung, ~ Absteifung · horizontal reinforcing, ~ bracing, ~ stiffening

~ Wand(bau)platte *f*, horizontale ~ · horizontal wall slab

waag(e)rechter Drän *m* · horizontal drain

Waag(e)recht-Schiebe|(fenster)flügel *m*, Horizontal-Schiebe(fenster)flügel · horizontal(ly) sliding sash

~(flügel)fenster *n*, Horizontal-Schiebe-(flügel)fenster · horizontal(ly) sliding sash window

~tür *f*, Horizontalschiebetür · horizontal slide door, ~ sliding ~

Waag(e)rechtverglasung *f*, Horizontalverglasung · horizontal glazing

Waben|bildung *f* · honeycombing

~(dach)(ein)deckung *f* · honeycomb slating

~element *n* [*Es besteht aus zwei Sperrplatten, auch Gipskartonplatten, die mit zwischengelegtem Wabenkörper aus Wellpapierschichten fest verleimt sind*] · honeycomb element

~fenster *n* · honeycomb window

waben|förmige Mittellage *f*, Wabenkern *m* · honeycomb core

~förmiger Grundriß *m* · honeycombed (ground(-))plan, ~ base

Waben|kern *m*, wabenförmige Mittellage *f* · honeycomb core

~pappe *f* · honeycomb paper [*See remark under 'Pappe'*]

~schule *f* · school with honeycomb layout

~stein *m* · honeycomb block, ~ tile [*See remark under 'Block'*]

~ziegel *m*, Gitterziegel [*DIN 105. Langlochziegel mit gegeneinander versetzten sechseckigen bzw. rhombischen Löchern*] · honeycomb (clay) brick

Wache *f*, Pförtnerhaus *n* · porter's lodge, ~ house, gatekeeper's ~, doorkeeper's ~

Wachs *n* · wax

wachsartig · wax-like

Wachs|-(Beton)Nachbehandlungsmittel *n* · wax (concrete) curing compound, ~ (~) ~ agent

~draht *m* [*Für feste Verlegung von Leitungen für Schwachstromanlagen*] · waxed wire

~emulsion *f* · emulsion polish, polish emulsion

wachsen, ein~ · to wax

Wachsen *n*, Ein~ · waxing

„wachsendes Haus" *n* · 'growing house' [*Designed by Hans Scharoun in 1932, based on the grid system to give the owner a precise cost synopsis throughout erection, together with the necessary extensions*]

wachsfrei · wax(-)free

Wachs|lösung *f* · wax solution

~lösungsmittel *n*, Wachslösemittel · wax solvent

~papier *n* · waxed paper

~paste *f*, Wachspolierpaste · wax paste (polish), solid wax (~)

~(polier)paste *f* · wax paste (polish), solid wax (~)

~rückstand *m* · wax residue

~schicht *f* · wax coat, coat of wax

~tuch *n*, Ledertuch, Gewebe-Kunstleder *n* · coated cloth, leathercloth; coated fabric, leatherfabric [*misnomers*]

Wachtturm *m*, (Burg)Warte *f*, Wartturm [*Im Mittelalter ein Turm mit Plattform, von dem aus herannahende Feinde frühzeitig erkannt werden konnten*] · observation tower, watch ~

~ [*Palast von Persepolis*] · angle tower

W_{28} *f* · (concrete) cube crushing strength after 28 days

Wacke *f* · wacke [*Residual sand and clay formed by the decay of diabase, basalt, basaltic tuff, and similar rocks*]

Waffelblech *n* · goffered plate

Waffenkammer *f* · armory (US); armoury (Brit.)

Wagen|fett *n*, Wagenschmiere *f* · cart grease

~schmiere *f*, Wagenfett *n* · cart grease

~unterstand *m* · car port

~waschkabine *f* · car-wash booth

(~)Waschplatz *m*, Autowaschplatz · (vehicle) wash(down) (yard)

Wägung *f*, (Ver)Wiegen *n* · weighing

wahre Porosität *f* → Undichtigkeitsgrad

Wahrnehmung *f*, Hörempfindung [*Akustik*] · auditory impression, aural sensation

Wahrscheinlichkeitstheorie *f* · theory of probability

Waisenhaus *n* · orphan home, orphanage

Wald|friedhof *m* · forest cemetery

~krematorium *n* · forest crematorium

Wall *m* [*Erdaufschüttung einer Befestigung, meist mit einem Graben verbunden*] · rampart, protective earth wall

Wallfahrts|altar *m*, Pilgeraltar, Gnadenaltar · pilgrimage altar

~kapelle *f*, Gnadenkapelle, Pilgerkapelle · pilgrimage chapel

~kirche *f*, Gnadenkirche, Prozessionskirche, Pilgerkirche [*Wallfahrtskirche, deren Kapellen durch einen Umgang mit dem Hauptraum verbunden sind*] · pilgrimage church

Wallgewölbe *n*, Kasematte *f* · casemate, basement area

Walm *m* · hip; piend [*Scotland*] [*The meeting line of two inclined roof surfaces which meet at a salient angle*]

~anfänger *m*, Gratanfänger [*Der Ausdruck „Walmanfänger" wird auch für den Firstanfänger verwendet*] · hip starting tile, starting hip ~, hip starter

~anfänger *m*, Firstanfänger [*Der Ausdruck „Walmanfänger" wird auch für den Gratanfänger verwendet*] · ridge starting tile, starting ridge ~

~dach *n*, abgewalmtes Dach · hip(ped) roof [*A roof pitched at one or both ends*]

~fläche *f* · hipped end [*A roof surface usually triangular, bounded by the hips at the sides and the eaves at the base*]

~gaube *f*, Walmgaupe · hip(ped) (roof) dormer

~schutz *m* · hip capping [*A protective covering at a hip*]

~stein *m*, Firststein, Kammstein, Dachkenner *m* [*Der Ausdruck „Walmstein" wird auch für den Gratstein verwendet*] · ridge tile

~stein *m*, Gratstein [*Der Ausdruck „Walmstein" wird auch für den Firststein verwendet*] · hip tile

~ziegel *m*, Gratziegel [*Der Ausdruck „Walmziegel" wird auch für den Firstziegel verwendet. DIN 52250*] · (burnt) clay hip tile, burned ~ ~ ~

~ziegel *m*, Firstziegel, Dachkenner *m*, Kammziegel [*Der Ausdruck „Walmziegel" wird auch für den Gratziegel verwendet*] · (burnt) clay ridge tile

Walnußöl *n* · walnut oil

Walton|linoleum *n*, Unilinoleum, einfarbiges Linoleum · plain lino(leum), Walton's ~

~verfahren *n* [*Linoleumherstellung*] · Walton's process

~zement *m* · Walton's lino(leum) cement

Walz|artikel *m*, Walzgegenstand *m*, Walzerzeugnis *n* · rolled product, ~ article

~asphalt *m* · rolled asphalt

~beton *m* · rolled concrete

~betonrohr *n* · rolled concrete pipe

~blei *n*, Bleiblech *n*, Tafelblei [*DIN 59610*] · sheet lead, milled ~, lead sheet [*Lead rolled into sheets from cast slabs*]

~block *m*, Barren *m*, Knüppel *m* · billet [*A semi-finished rolled or forged product intended for re-rolling or forging, usually square with chamfered or radiused corners and with a cross-sectional area generally not more than 25 sq. in.*]

~draht *m* · wire-rod [*While the wire rod represents a finished product of the rolling mills, it constitutes the raw material used in the wire mill and should be considered as the first step in the making of wire*]

~drahtwerk *n* · wire-rod mill

Walze *f*, Rolle *f*, Farbroller *m* [*Farbrollgerät*] · cylinder

walzenförmiges Gewölbe *n*, zylindrisches ~ · cylindrical vault, cradle ~

~ Ziegelgewölbe *n*, zylindrisches ~ · (clay) brick cradle vault, (~) ~ cylindrical ~

Walzen|glas *n*, Zylinderglas · cylinder glass [*blown or drawn*]

~lackierverfahren *n* · roller coating [*A process by which a film is applied mechanically to sheet material; the sheet is passed between horizontal rollers, one of which is kept coated with a film of liquid varnish, enamel or lacquer*]

Walz|erzeugnis *n*, Walzgegenstand *m*, Walzartikel *m* · rolled product, ~ article

~flansch *m* [*DIN 2575–2593*] · rolled flange

~gegenstand *m*, Walzerzeugnis *n*, Walzartikel *m* · rolled product, ~ article

~haut *f*, Abbrand *m*, Hammerschlag *m*, (Walz)Zunder *m* · (mill) scale [*Scale produced in the finishing mill*]

~profil *n* · roll-formed section, ~ shape, ~ unit, rolled ~ [*Any rolled beam or bar used in a structure*]

~stahl *m* · rolled steel

~stahlplatte *f* · rolled-steel slab

~stahlprofil *n*, Stahlwalzprofil · rolled-steel section

~träger *m* → Doppel-T-Stahl

~trägerunterzug *m* · r.s.j. (beam), rolled steel joist (~)

~-U-Profil *n*, gewalztes U-Profil · rolled U-shaped section, ~ channel (~)

~verfahren *n* · rolling process [*A process for making flat glass in which it is formed between rollers*]

~werkerzeugnis *n* · rolling mill product

~-Winkel(profil) *m*, (*n*), gewalztes Winkelprofil, gewalzter Winkel · rolled angle (section), ~ ~ bar, ~ L-section

~zink *n* · rolled zinc

~zinkerzeugnis *n*, Zinkwalzerzeugnis [*Blech und Band*] · rolled zinc product, ~ ~ article

(~)Zunder *m*, Walzhaut *f*, Abbrand *m*, Hammerschlag *m* · (mill) scale [*Scale produced in the finishing mill*]

Wand *f* · wall [*A vertical construction (i) enclosing a building or structure or (ii) dividing the internal space of a building or structure or (iii) serving as a fence when of heavy construction*]

~ aus entfeintem Beton · no-fines (concrete) wall

~ lose mit Ziegeln verkleidet · veneered wall, wall veneered with brick(s) [*If the facing is not attached and bonded to the backing to such an extent as to form an integral part of the wall, the wall is called a veneered wall and only the backing may be considered in strength calculations, and in satisfying the requirements for minimum thickness*]

~ mit Anzug, Schrägwand · battered wall, battering ~

~ zwischen Pfeilern [*Nicht verwechseln mit „Pfeilerwand"*] · wall bonded to piers

~(ab)dämmung *f* [*als Ergebnis der Tätigkeit*] · wall insulation

~abort *m*, Wandabtritt *m*, Wandklosett *n*, Wandtoilette *f* · wall-hung closet, ~ toilet, wall-mounted ~

~abtritt *m*, Wandtoilette *f*, Wandabort *m*, Wandklosett *n* · wall-hung closet, ~ toilet, wall-mounted ~

~akustikfliese *f* → Schallschluckwandplatte

~akustikplatte *f* → Schallschluckwandplatte

~anker *m* · wall tie

~anschluß *m* · wall junction, junction of walls

~anstrich *m*, Wandaufstrich · wall coat

~(anstrich)farbe *f* · wall paint

~arm-Schleifmaschine *f* · bracket-mounted grinder

~art *f* · type of wall, wall type

~-Asbestzementschindel *f*, Asbestzementwandschindel · asbestos-cement siding shingle; cement asbestos ~ ~ (US) [*misnomer: asbestos-cement siding shake*]

~auflösung *f*, Auflösung der Wand · dissolution of the wall, wall dissolution

~aufstrich *m*, Wandanstrich · wall coat

~ausfüller *m*, Wand(füll)spachtel(masse) *m*, *(f)* · wall stopper, ~ stopping, ~ filler

~ausguß(becken) *m*, *n* · wall(-mounted) slop sink, ~ ~ bowl

~auskleidung *f*, Wandbekleidung, Wandverkleidung · wall lining, ~ (sur-) facing

~auskleidungsfolie *f*, Wandverkleidungsfolie, Wand(bekleidungs)folie · wall foil

~auskleidungsmaterial *n*, Wandverkleidungsmaterial, Wandbekleidungsmaterial · wall lining material, ~ (sur-) facing ~

~auskleidungsplatte *f* → Wand(belag)platte

~balken *m* · wall beam

~batterie *f* · wall-mounted mixing cock for cold and hot water

~bau *m* · wall construction

~bauart *f* · type of wall construction, wall construction type

~(bau)block(stein) *m* [*Fehlname*] → Mauer(bau)stein

~baueinheit *f* [*Fehlname*]; Wand(bau)körper *m*, Wand(bau)element *n* · wall(ing) (building) unit, ~ (~) member, ~ (~) component

~(bau)element *n*, Wand(bau)körper *m* [*Fehlname: Wand(bau)einheit f*] · wall(ing) (building) unit, ~ (~) member, ~ (~) component

~(bau)körper *m*, Wand(bau)element *n* [*Fehlname: Wand(bau)einheit f*] · wall(ing) (building) unit, ~ (~) member, ~ (~) component

~baumaterial *n* [*Schweiz*]; Wandbaustoff *m* · wall material

Wand(bau)platte *f* · wallboard, wlbd

~, Beton~ [*DIN 18162*] · (concrete) wall slab, (pre)cast ~ ~

~ aus Gips, Gipswand(bau)platte [*DIN 18163. Wandbauplatten aus Gips sind leichte Bauplatten, die aus Baugips (DIN 1168) oder Anhydritbinder (DIN 4208) mit oder ohne organische oder anorganische Zuschlagstoffe oder Füllstoffe oder unter Verwendung porenbildender Zusätze hergestellt werden. Die Platten sind mikroporig oder makroporig und dürfen Hohlräume haben*] · gypsum wallboard

~ ~ Leichtbeton, Leichtbetonwand(bau)platte [*DIN 18162*] · light(weight) (concrete) wall slab, ~ (pre)cast ~ ~

Wand(bau)|plattenfabrik *f* · wallboard factory

~stein *m* [*Fehlname*] → Mauer(bau)stein

Wandbau|stein *m*, Natur~ · (natural) wall(ing) stone

~stoff *m*; Wandbaumaterial *n* [*Schweiz*] · wall material

Wand(bau)tafel *f*, Beton~ · (concrete) wall panel

~ · wall panel

Wandbau|verfahren *n*, Wandbauweise *f* · wall construction method

~bauweise *f*, Wandbauverfahren *n* · wall construction method

~behang *m* · wall hanging, mural ~

~bekleidung *f*, Wandauskleidung, Wandverkleidung · wall lining, ~ (sur-) facing

~(bekleidungs)folie *f*, Wandauskleidungsfolie, Wandverkleidungsfolie · wall foil

~bekleidungsmaterial *n*, Wandauskleidungsmaterial, Wandverkleidungsmaterial · wall lining material, ~ (sur-) facing ~

~bekleidungsplatte *f* → Wand(belag)platte

~belag *m* · wall cover(ing)

~belag *m*, Wandfliesenbelag, Wandplattenbelag · wall tiling, vertical ~, ~ tilework

Wand(belag)|platte *f*, Wandfliese *f*, Wandbekleidungsplatte, Wandverkleidungsplatte, Wandauskleidungsplatte · wall(-facing) tile

~plattenfabrik *f*, Wandfliesenfabrik · wall(-facing) tile factory

~plattenkleber *m* → Wandfliesenkleber

Wand|beleuchtung *f* · wall lighting, ~ illumination

(~)Bespannung *f* · wall-hanging (type) tapestry

~betonfestigkeit *f* · wall concrete strength

~betonierung *f*, Wandbetonieren *n* · wall concreting, ~ pouring

~bild *n* · mural

wandbildend · wall-forming

Wand|block(stein) *m* [*Fehlname*] → Mauer(bau)stein

~brunnen *m* · wall-fixed drinking fountain

~dämmung *f*, Wandabdämmung [*als Ergebnis der Tätigkeit*] · wall insulation

~dampfsperre *f* · wall vapor barrier (US); ~ vapour ~ (Brit.)

~deckenleiste *f* · cover strip on the wall

~dekoration *f* · wall ornamentation, ~ decoration

~dichtung *f* [*Unterkellerung*] · wall skin

~dicke *f* [*Fehlname: Wandstärke*] · wall thickness

~dickenberechnung *f* [*Fehlname: Wandstärkenberechnung*] · calculation of wall thickness(es)

~diele *f* · wall plank

~druck *m* · wall pressure

~durchbruch *m* · wall breakthrough

~durchfeuchtung *f* · (lateral) penetration of rain through wall, (~) rain penetration ~ ~

~dusche *f* · wall (-mounted) shower

~ecke *f*, Wandkante *f* · wall corner

~eckenschutz *m*, Wandkantenschutz · wall corner guard

~element *n*, Wandbauelement, Wand(bau)körper *m* [*Fehlname: Wand(bau)-einheit f*] · wall(ing) (building) unit, ~ (~) member, ~ (~) component

Wanderarchitekt *m* · architect errant

Wanderker *m*, Fassadenerker · wall oriel

Wanderlast *f*, bewegliche Last · moving load, rolling ~

Wandern *n* · migration

wandernde Einzellast *f* · moving single load, rolling ~ ~

Wander|schalung *f* · traveling form(-work), ~ forms, ~ shuttering (US); travelling ~ (Brit.)

~tischform *f* · travelling table mould (Brit.); traveling table mold (US)

Wand|-Fahnenmast *m*, Wand-Flaggenmast · wall-mounted flagpole, wall type ~

~farbe *f*, Wandanstrichfarbe · wall paint

~faserplatte *f*, Faserwandplatte · fibre wallboard (Brit.); fiber ~ (US)

~festigkeit *f* · wall strength

~feuchte *f* → Wandfeuchtigkeit

~feuchtigkeit *f*, Wandfeuchte *f* · wall moisture, ~ humidity

~feuermelder *m*, Wandbrandmelder, Wandfeuermeldeeinrichtung *f*, Wandbrandmeldeeinrichtung · wall-mounted fire warning device

~fläche *f*, Wandoberfläche · wall surface

~fliese *f* → Wand(belag)platte

~(fliesen)belag *m*, Wandplattenbelag · wall tiling, vertical ~, ~ tilework

~fliesenfabrik *f*, Wand(belag)plattenfabrik · wall(-facing) tile factory

~fliesenkleber *m*, Wandfliesenkleb(e)-mittel *n*, Wandfliesenkleb(e)stoff *m*, Wand(belag)plattenkleber, Wand(belag)plattenkleb(e)mittel, Wand(belag)-plattenkleb(e)stoff · wall tile (bonding) adhesive, ~ cladding (~) ~, ~ ~ ~ agent, ~ ~ ~ medium, ~ ~ cement(-ing agent)

~folie *f*, Wandbekleidungsfolie, Wandauskleidungsfolie, Wandverkleidungsfolie · wall foil

~freske *f* · wall fresco

~fuge *f* · wall joint

~(füll)spachtel(masse) *m*, (*f*), Wandausfüller *m* · wall stopper, ~ stopping, ~ filler

~futter *n* [*Schornstein*] · wall lining

~gang *m*, Wandlaufgang · wall passage

~gasbadeofen *m* · wall(-mounted) gas geyser

~(ge)sims *m*, (*n*) · wall cornice

~gewicht *n* · wall weight

~-Glas(bau)element *n*, Wand-Glas(bau)körper *m* [*Fehlname: Wandglasbaustein m*] · glass wall (building) unit

~-Glas(bau)körper *m*, Wand-Glas(bau)element *n* [*Fehlname: Wandglasbaustein m*] · glass wall (building) unit

~glasbaustein *m* [*Fehlname*]; Wand-Glas(bau)element *n*, Wand-Glas(bau)-körper *m* · glass wall (building) unit

~glasur(überzug) *f*, (*m*) · glazed wall coat(ing)

~(glieder)heizkörper *m*, Wandradiator *m* · wall radiator

~gliederung *f* · wall composition

~grab *n* · mural tomb

wandgroß, raum~ · (room-)wall sized

Wand|halterung *f* [*z.B. für einen Feuerlöscher*] · wall bracket

~-Handlauf *m*, Wand-Handleiste *f* [*Treppe*] · grab rail [*A handrail along a wall*]

~-Handleiste *f*, Wand-Handlauf *m* [*Treppe*] · grab rail [*A handrail along a wall*]

~haut *f* · wall skin

~heizkörper *m*, Wandgliederheizkörper, Wandradiator *m* · wall radiator

~heizung *f* · wall heating

~heiz(ungs)platte *f* · wall heating panel

~-Hohlblock *m*, Wand-Hohl(block)stein *m*, Hohl-Wandblock, Hohl-Wand(block)stein · hollow block for walls, cavity ~ ~ ~, ~ tile ~ ~, pot ~ ~, wall pot [*See remark under 'Block'*]

~-Hohl(block)stein *m*, Wand-Hohlblock *m*, Hohl-Wandblock, Hohl-Wand(block)stein · hollow block for walls, cavity ~ ~ ~, ~ tile ~ ~, pot ~ ~, wall pot [*See remark under 'Block'*]

~hohltafel *f* · hollow (core) wall panel

~-Holzschindel *f*, Holz-Wandschindel · wood siding shingle

~hydrant *m* · wall hydrant

~innenseite *f* · interior wall surface

~isolierschicht *f*, Wandisolierlage *f* · wall damp-proof course

~isolierung *f* · wall insulation

(Wand)|Kaltglasur(überzug) *f*, (*m*) **aus Zement und Kunststoff**, Kaltglasur-Wandverkleidung *f* ~'~ ~ ~, Kalt-Wandglasur(überzug) ~ ~ ~ · cement-plastic cold-glaze(d wall coat(ing)), plastic-cement ~ (~ ~)

~kante *f*, Wandecke *f* · wall corner

~kantenschutz *m*, Wandeckenschutz wall corner guard

~-Keramikfliese *f*, Wand-Keramik(belag)platte, Keramik-Wandfliese, Keramik-Wand(belag)platte, keramische Wandfliese, keramische Wand(belag)-platte [*DIN 18155*] · ceramic wall tile, clay ~ ~

~kies *m*, Grubenkies · pit gravel

~klammer *f* wall clamp

~-Kleiderschrank *m*, Einbau-Kleiderschrank · built-in wardrobe, in-built ~

~klosett *n* → Wandtoilette

~konstruktion *f* · wall system

~-Kork(belag)platte *f*, Wand-Korkfliese *f*, Kork-Wandfliese, Kork-Wand-(belag)platte · cork wall tile

~-Korkfliese *f*, Wand-Kork(belag)platte *f*, Kork-Wand(belag)platte, Kork-Wandfliese · cork wall tile

~-Korkplatte *f*, Wand-Korkbelagplatte, Wand-Korkfliese *f*, Kork-Wandfliese, Kork-Wand(belag)platte · cork wall tile

~-Korkplatte *f*, Korkwandplatte · corkboard for walls, cork slab ~ ~

~körper *m*, Wandbaukörper, Wand(bau)-element *n* [*Fehlname: Wand(bau)-einheit f*] · wall(ing) (building) unit, ~ (~) member, ~ (~) component

~kreuzung *f* · wall crossing, crossing of walls

~lampenzierkonsole *f* · (wall) sconce, applique [*An ornamental wall bracket to hold candles or electric bulbs*]

~(lauf)gang *m* · wall passage

~leerrohr *n*, Elt-~, Elektro-Wandleerrohr · wall (wiring) conduit

Wandler *m* [*Schalltechnik*] · transducer

Wand|leuchte *f* · wall(-mounted) luminaire (fixture) (US); ~ light fitting (Brit.); ~ (light(ing)) fixture

~linoleum *n* · wall lino(leum)

wandlos · wall-less

Wandluft|erhitzer *m*, Wandluftheizgerät *n* · wall(-mounted) warm air heater

~heizgerät *n*, Wandlufterhitzer *m* · wall (-mounted) warm air heater

Wand|malerei *f* · wall painting, mural ~

~marmor *m* · wall marble, standing ~

~mindestdicke *f*, Mindestwanddicke [*Fehlnamen: Wandmindeststärke, Mindestwandstärke*] · minimum wall thickness

~mindeststärke *f*, Mindestwandstärke [*Fehlnamen*]; Wandmindestdicke, Mindestwanddicke · minimum wall thickness

~montage *f* · wall erection

~mosaik *n* · mural mosaic

~muster *n* · wall pattern

~nische *f* · wall niche

(~)Nut *f* · chase in wall, wall chase

Wand|(ober)fläche *f* · wall surface

~öffnung *f* · wall opening

~ornament *n*, Wandschmuckelement *n*, Wandschmuckglied *n* · wall ornament, ~ decorative fixture

(Wand)Papiertapete *f*, Tapete · (wall-) paper [*Formerly known as 'paper-hangings' and 'paper tapistry'*]

~ aus beschichtetem Papier, Tapete ~ ~ ~ · surface-coated (wall)paper

~ mit bildhaften Darstellungen, Tapete ~ ~ ~ · scenic (wall)paper

~ ~ Darstellung von Landschaften, Tapete ~ ~ ~ ~ · panoramic (wall-) paper

~ ~ Stilmotiven, Tapete ~ ~ · subject (wall)paper

(Wand)Papiertapeten|bahn *f*, Tapetenbahn · (wall)paper sheet(ing)

~fabrik *f*, Tapetenfabrik · (wall)paper factory

~kleb(e)stoff *m* → Tapetenkleb(e)stoff

~kleister *m*, Tapezierkleister, Tapetenkleister · (paper)hanging paste, wallpaper hanging ~, paste for (paper)hanging, paste for wallpaper hanging [*B.S. 3046*]

~leiste *f*, Tapetenleiste · (wall)paper cover moulding (Brit.); ~ ~ molding (US)

~rolle *f*, Tapetenrolle · (wall)paper roll

~schneider *m*, Tapetenschneider · (wall-) paper trimmer

Wandpfeiler *m* · wall pillar [*A buttress taking part of the stress of a ceiling or vault but projecting inwards into a church instead of outwards from the outer wall as in a Gothic church. Wall pillars usually form the walls of side chapels; if deep enough they are found pierced by arches whereby a kind of side aisle is formed*]

~, eingebundener Pfeiler, Pilaster *m*, Halbpfeiler, Pfeilervorlage *f* [*Fehlname: Wandpilaster. Pfeiler zur Verstärkung oder Gliederung vorgelegt*] · engaged pier, wall ~, attached ~, blind ~, pilaster [*A shallow pier or rectangular column projecting only slightly from a wall and, in classical architecture, conforming with one of the orders*]

~(beton)block(stein) *m*, Pilaster(beton)block(stein), Pilaster(beton)stein, Wandpfeiler(beton)stein · (precast) (concrete) pilaster block, (~) (~) ~ tile [*See remark under 'Block'*]

~(beton)stein *m* → Wandpfeiler(beton)-block(stein)

~block(stein) *m* → Wandpfeilerbeton-block(stein)

~fassade *f*, Pilasterfassade, Halbpfeilerfassade · pilastered façade

~kapitell *n*, Wandpfeilerkapitäl, Pilasterkapitell, Pilasterkapitäl, Halbpfeilerkapitell, Halbpfeilerkapitäl · engaged pier capital, wall ~ ~, attached ~ ~, blind ~ ~, pilaster ~

Wandpilaster *m* [*Fehlname*] → Wandpfeiler

Wandplatte *f* → Wandbelagplatte

~, Betonwand(bau)platte [*DIN 18162*] · (concrete) wall slab, precast ~ ~

~ [*Flachheizkörper*] · wall-mounted heating panel

~, Wandbauplatte · wallboard, wlbd.

~ aus Gips → Wandbauplatte ~ ~

~ ~ Leichtbeton, Wandbauplatte ~ ~, Leichtbetonwand(bau)platte [*DIN 18162*] · light(weight) (concrete) wall slab, ~ (pre)cast ~ ~

~ mit kunstharzgetränkter Dekorpapierbeschichtung · decorative plastic-faced wall board, ~ ~ ~ sheet

Wandplatten|belag *m*, Wand(fliesen)-belag · wall tiling, vertical ~, ~ tilework

~fabrik *f*, Wandbelagplattenfabrik, Wandfliesenfabrik · wall(-facing) tile factory

~fabrik *f*, Wandbauplattenfabrik · wallboard factory

~kleber *m* → Wandfliesenkleber

~verklebung *f*, Wandplattenverlegen *n* im Dünnbettverfahren · wall tile fixing by adhesive

~verlegen *n* **im Dünnbettverfahren**, Wandplattenverklebung *f* · wall tile fixing by adhesive

Wandprobe *f* · wall sample

Wandputz *m* [*DIN 18550*] · wall (mixed) plaster

~trägerplatte *f* → (Gipskarton-)Stuckwandplatte

Wand|querschnitt *m* · wall cross-section

~radiator *m*, Wand(glieder)heizkörper *m* · wall radiator

~rahmen *m* · wall frame

~relief *n* · wall relief

~riß *m* · wall crack

~rückseite *f* · back of wall

~safe *n* · wall safe

~säule *f* [*Einer Wand vorgelagerte Säule. Sie kann mit der Wand auch konstruktiv verbunden sein. Eine Wandsäule von geringem Querschnitt heißt „Dienst"*] · engaged column, wall ~, attached ~, blind ~

~säule *f*, Kleb(e)säule [*Fehlnamen*]; Kleb(e)pfosten *m* · wall stud

(~)Schale *f* [*Hohlwand*] · layer, leaf, wythe, withe, tier, shell, skin [*cavity wall*]

~-Schall(ab)dämmung *f* · sound insulation of walls

~schallabsorptionsfliese *f* → Schallschluckwandplatte

~schallabsorptionsplatte *f* → Schallschluckwandplatte

~-Schalldämmung *f*, Wand-Schallabdämmung · sound insulation of walls

~schallschluckfliese *f* → Schallschluckwandplatte

~schallschluckplatte *f* → Schallschluckwandplatte

~schalung *f* · wall form(work), ~ forms, ~ shuttering

(~)Scheibe *f* · shear wall, cross ~ [*A wall which in its own plane carries shear resulting from wind, blast, or earthquake forces. It relieves the floors and columns of the necessity of resisting lateral loads and, in addition, it is useful architecturally*]

~scheibe *f* **mit Ziegeltextur** · textured brick slab

~schiefer *m* · wall slate

~schindel *f* · siding shingle

~schlitz *m* · wall slot

Wandschmuck *m*, Wandverzierung *f* · wall enrichment, ~ ornamentation, ~ decoration, mural ~

~element *n*, Wandschmuckglied *n*, Wandornament *n* · wall ornament, ~ decorative fixture

~glied *n*, Wandschmuckelement *n*, Wandornament *n* · wall ornament, ~ decorative fixture

Wandschräge *f* · splay [*The diagonal surface formed by the cutting away of a wall, as when an opening is wider inside than out or conversely*]

Wandschrank *m*, Einbauschrank · closet

~tür *f*, Einbauschranktür · closet door

Wand|schrein *m* · wall shrine

~spachtel(masse) *m*, (*f*), Wandfüllspachtel(masse), Wandausfüller *m* · wall stopper, ~ stopping, ~ filler

~spann(-Faser)stoff *m* [*Papiergewebe in Uni-Farben sowie in schablonierten Mustern. Es dient an Stelle von Rupfen zum Bespannen von Treppenhäusern, Dielen und Ausstellungsräumen. Für die Papiergewebe wird z.B. feine Manilahanffaser verwendet*] · tissue paper for walls

~stabilität *f* · wall stability

~stange *f* · wall-mounted grab bar

~stärke *f* [*Fehlname*]; Wanddicke · wall thickness

~stärkenberechnung *f* [*Fehlname*]; Wanddickenberechnung · calculation of wall thickness(es)

~steckdose *f* · wall socket

~stein *m* [*Fehlname*] → Mauer(bau)stein

~stiel *m*, Klappstiel [*Fachwerkwand*] · stud behind the face frame

~stuck *m* · wall stucco

~stuckplatte *f* → (Gipskarton-)Stuckwandplatte

~tafel *f*, Wandbautafel, Beton~ · ((pre)cast) (concrete) wall panel, prefab(ricated) ~ ~ ~

~tafelverfahren *n* · wall-panel system

~tapete *f* · wall-hanging

(~)Tapete *f* **aus beschichtetem Papier** · surface-coated (wall)paper

~teppich *m*, Tapisserie *f* · tapestry

~toilette *f*, Wandklosett *n*, Wandabort *m*, Wandabtritt *m* · wall-hung closet, ~ toilet, wall-mounted ~

~-Tonfliese *f*, Wand(belag)Tonplatte *f*, Ton-Wandfliese, Ton-Wand(belag)-platte, Keramik-Wand(belag)platte *f*, Keramik-Wandfliese *f*, Wand-Keramikfliese, Wand-Keramik(belag)platte, keramische Wandfliese, keramische Wand(belag)platte, Wand(belag)-Tonfliese · ceramic wall tile, clay ~ ~

~-Tonplatte *f*, Wand-Tonfliese *f*, Ton-Wandplatte, Ton-Wandfliese · clay wall tile

~trockner *m* [*Bauaustrocknungsvorrichtung*] · wall dryer, ~ drier

~trümmerlast *f*, Trümmerlast einer Wand · debris load of a wall

~türpuffer *m* · wall door catch, ~ ~ stop

~uhr *f* · wall clock

Wand(ung) *f*, Rohr~ · (pipe) wall

Wand|urinal *n* · wall-mounted urinal

~verankerung *f* · wall anchorage, ~ tying

~verformung *f* · wall deformation

~verglasung *f* · wall glazing

~verkleidung *f*, Wandbekleidung, Wandauskleidung · wall lining, ~ (sur)facing

Wandverkleidungs|folie *f*, Wandauskleidungsfolie, Wand(bekleidungs)folie · wall foil

~material *n*, Wandauskleidungsmaterial, Wandbekleidungsmaterial · wall lining material, ~ (sur)facing ~

~platte *f* → Wand(belag)platte

Wand|versatzung *f* · skew notch on wall

~vertiefung *f* · wall recess, ~ hollow

~verzierung *f*, Wandschmuck *m* · wall enrichment, ~ ornamentation, ~ decoration, mural ~

~vorlage *f* [*Ein einer Wand vorgelegtes Bauglied wie Dienst, Lisene oder Pilaster*] · projection from a wall, attachment to ~ ~

~wange *f* · wall string (Brit.); ~ stringer (US)

~waschbecken *n* · wall(-mounted) lavatory (basin), ~ washbowl, ~ washbasin, ~ wash-handbasin

Wand-Wasser|erhitzer *m*, Wand-Wasserheizgerät *n*, Wand-Wasserheizer, Wand-Wassererwärmer · wall-mounted (hot) water heater, ~ (~) ~ heating appliance

~erwärmer *m*, Wand-Wassererhitzer, Wand-Wasserheizgerät *n*, Wand-Wasserheizer · wall-mounted (hot) water heater, ~ (~) ~ heating appliance

~heizer *m*, Wand-Wasserheizgerät *n*, Wand-Wassererhitzer, Wand-Wassererwärmer · wall-mounted (hot) water heater, ~ (~) ~ heating appliance

~heizgerät *n*, Wand-Wasserheizer *m*, Wand-Wassererhitzer, Wand-Wassererwärmer · wall-mounted (hot) water heater, ~ (~) ~ heating appliance

Wandzubehör *n* · trim [*Accessories fixed to a wall or partition, such as skirtings, dado rails, picture rails, architraves, etc.*]

Wange *f* · cheek

~, Treppen~ · (stair) stringer, ss. (US); (~) string (Brit.)

~ einer aufgesattelten Treppe · cut string, open ~, bridge board; cut stringer, open stringer (US)

~ ~ eingestemmten Treppe · close string, housed ~ (Brit.); ~ stringer (US)

Wangen|rahmen *m*, Treppen~ · string frame (Brit.); stringer ~ (US)

~schmiege *f*, Backenschmiege, Kleb(e)-schmiege · bevelling cut of jack rafter (Brit.); beveling ~ ~ ~ ~ (US)

~treppe *f* · string stair(case) (Brit.); stringer ~ (US)

Wanne *f*, Bade~ · (bath)tub, bath, BT [*A sanitary appliance in which the human body may be immersed in water*]

~ [*Leuchte*] · diffuser

~ mit breitem Rand, Bade~ ~ ~ ~ · wide-ledge (bath)tub, ~ bath

Wannen|(ab)dichtung *f*, Wannenisolierung, (Ab)Dicht(ungs)trog *m*, Trogisolierung · tanking

~füll- und Duschbatterie *f*, Bade~ · (bath)tub/shower installation

~griff *m*, Bade~, Griff · ((bath(tub) (hand)grip, bath ~

~isolierung *f* → Wannen(ab)dichtung

~ofen *m* [*Glasherstellung*] · tank furnace

~rand *m*, Bade~ · (bath)tub ledge, bath ~

~tiefe *f*, Bade~ · (bath)tub height, bath ~

~wulst *m*, *f*, Bade~ · (bath)tub rim, bath ~

Ware(n) *f*, Erzeugnisse *npl*, Gegenstände *mpl*, Artikel *mpl* · ware, goods, products, articles

Warenannahme *f* · goods reception

Warenhaus *n*, Kaufhaus · department(al) store

~-Fahrstuhl *m*, Kaufhaus-Fahrstuhl, Warenhaus-Personenaufzug *m*, Kaufhaus-Personenaufzug · department(al) store passenger lift (Brit.); ~ ~ ~ elevator (US)

~-Personenaufzug *m*, Kaufhaus-Personenaufzug, Warenhaus-Fahrstuhl *m*, Kaufhaus-Fahrstuhl · department(al) store passenger lift (Brit.); ~ ~ ~ elevator (US)

Warenzeichen *n* [*Fehlnamen: (Schutz-) Marke f*] · trademark, TM

warm ausgehärtet [*Alu(minium)legierung*] · heat-treated

~ aushärtbar [*Alu(minium)legierung*] · heat-treatable

Warm|-Abbinden *n* [*Abbinden bei hohen Temperaturen*] · set(ting) at high temperatures

~badhärten *n*, Thermalhärten, gestuftes Härten · martempering

~behandlung *f* [*Beton*] · curing at maximum temperature

~behandlungszeit *f*, Warmbehandlungsdauer *f* [*Beton*] · curing time at maximum temperature, ~ period ~ ~ ~

~beton *m* · heated concrete

~brüchigkeit *f* · hot shortness [*Brittleness resulting from working hot metal; in the case of steel it is caused by a low manganese and a high sulphur content*]

~dach *n*, einschaliges Flachdach, nichtdurchlüftetes Flachdach [*Bei diesem Dach bildet die Dachdecke die oberste Geschoßdecke. Sie hat auf der Oberseite einen trittfesten Wärmedämmbelag von ausreichendem Wärmedurchlaßwiderstand*] · non-ventilated flat roof

~dusche *f* · hot shower

warme abgestandene Luft *f* · stale warmed air

wärmeabbindend · heat-setting

Wärme|(ab)dämmaterial *n* → Wärme(ab)dämmstoff

~(ab)dämmstoff *m*, Wärme(ab)dämmaterial *n* [*Feinporiger Baustoff mit geringer Wärmedurchlässigkeit, z.B. Kork, Schaumglas, Kunststoffschaum usw. Er verhindert die Wärmefortleitung*] · heat insulation material, ~ insulation (-grade) ~, ~ insulator, ~ insulant [*B.S. 3958*]

~(ab)dämmung *f* · heat insulation [*The property that opposes the transmission of heat from one side to the other*]

~abfluß *m*, Abfließen *n* der entwickelten Wärme [*Kalorimetrie*] · heat transmission

~abgabe *f* · heat output

~abgabe *f* **durch den Menschen** · heat output of humans

~abgabegeschwindigkeit *f* **an die Umgebung** · rate of heat leak to the environment

wärmeabsorbierend · heat-absorbing

Wärme|absorption *f*, Wärmeaufnahme *f* · heat absorption

~aufnahme *f*, Wärmeabsorption *f* · heat absorption

~(auf)speicherung *f* · heat accumulation, ~ storage

~(aus)dehnung *f* · heat expansion

~ausnutzung *f* · heat utilization

~ausstrahlungsvermögen *n*, Emissionsvermögen · heat emissivity

~(aus)tausch *m* · heat exchange

Wärme(aus)tauscher *m* [*Fehlnamen*]; Wärmeübertrager · heat exchanger

~ mit innerer Wärmequelle · heat exchanger with internal heat source

~turm *m* · heat exchanger tower

Wärme|austritt *m* · egress of heat

~bedarf *m* [*DIN 4701*] · heat requirement

~bedarfsrechnung *f* · heat requirement calculation

wärme|behandeln · to heat treat

~behandelt · heat-treated

~behandelt, dampfbehandelt [*Beton*] · low-pressure steam-cured, cured by atmospheric steam

Wärmebehandlung *f* · heat treatment

~, Dampfbehandlung [*Es wird niedergespannter Naßdampf mit Temperaturen unter 100° C dem Beton zugeführt*] · low-pressure steam curing, atmospheric ~ ~, steam curing at atmospheric pressure [*concrete*]

~ nach dem Schweißen · post-weld heat treatment

~ vor dem Schweißen · pre-weld heat treatment

Wärmebehandlungs|raum *m*, Dampfbehandlungsraum, Dampfhärtungsraum · steam kiln, steam-curing room [*A chamber for steam curing of concrete products at atmospheric pressure*]

~spiel *n*, Dampfbehandlungsspiel · steam-curing cycle

wärmebeständig, wärmefest · heat-proof, heat-resistant, heat-resisting

Wärme|beständigkeit *f* · resistance to heat

~bewegung *f* · heat movement

~bilanz *f*, Wärmehaushalt *m* · heat balance [*A method of accounting for all the heat units supplied, transferred, utilized in, and lost from a kiln*]

~brücke *f* · heat bridge, ~ build-up

~dämmasse *f*, plastische ~, (plastische) Wärmeschutzmasse [*Alle plastischen Wärmeschutzmassen sind pulverförmig und werden mit Wasser angerührt*] · heat insulation(-grade) compound, ~ ~ composition, ~ ~ mass, ~ ~ material, ~ insulating ~

~dämmaterial *n* → Wärme(ab)dämmstoff

~dämmatte *f*, Wärmeschutzmatte · heat insulation(-grade) mat, ~ ~ blanket, ~ ~ quilt, ~ (insulating) ~; ~ ~ bat(t) (US)

Wärmedämm|berechnung *f* · calculation of heat insulation

~beton *m* · heat-insulating concrete [*It is made with high alumina cement and light aggregate*]

~block(stein) *m*, Wärmedämmstein, Wärmeschutz(block)stein, Wärmeschutzblock · heat insulating block, ~ ~ tile, ~ insulation(-grade) ~ [*See remark under 'Block'*]

~(block)stein *m*, Wärmedämmblock *m*, Wärmeschutz(block)stein, Wärmeschutzblock · heat insulating block, ~ ~ tile, ~ insulation(-grade) ~ [*See remark under 'Block'*]

~eigenschaft *f* → Wärmedämmfähigkeit

wärme|dämmend · heat-insulating

~dämmendes Isolierglas *n* [*z.B. Thermopane*] · heat-insulating glass

Wärmedämm|fähigkeit *f*, Wärmedämmeigenschaft *f*, Wärmedämmvermögen *n*, Wärmeschutzvermögen, Wärmeschutzfähigkeit, Wärmeschutzeigenschaft · heat insulating property, ~ ~ capacity, ~ ~ power, ~ ~ quality

~forderung *f* · heat insulation requirement

~gebiet *n* · heat-insulating zone

~(innen)(ver)putz *m*, Wärmeschutz(innen)(ver)putz · heat insulating (mixed) plaster, ~ insulation(-grade) (~) ~

~lage *f*, Wärmedämmschicht *f*, Wärmeschutzlage, Wärmeschutzschicht · heat insulating layer, ~ ~ course

~-Papiertapete *f*, Wärmedämm-Wandpapiertapete, Wärmedämmtapete · heat insulating (wall)paper, ~ insulation (-grade) ~

~pappe *f* · heat insulation(-grade) paper, ~ insulating ~ [*See remark under 'Pappe'*]

~platte *f*, Wärmeschutzplatte · heat insulating board, ~ ~ sheet

~probe *f* → Wärmeschutzversuch

~prüfung *f* → Wärmeschutzversuch

~putz *m* → Wärmedämm(innen)verputz

~schicht *f*, Wärmedämmlage *f*, Wärmeschutzschicht, Wärmeschutzlage · heat insulating layer, ~ ~ course

~stein *m*, Wärmedämmblock(stein) *m*, Wärmeschutzblock, Wärmeschutz(block)stein · heat insulating block, ~ ~ tile, ~ insulation(-grade) ~ [*See remark under 'Block'*]

~stoff *m* → Wärmeabdämmstoff

~tapete *f* · heat insulating hanging, ~ insulation(-grade) ~

~tapete *f*, Wärmedämm-(Wand)Papiertapete · heat insulating (wall)paper, ~ insulation(-grade) ~

Wärme|dämmung *f*, Wärmeabdämmung · heat insulation [*The property that opposes the transmission of heat from one side to the other*]

~dämmungsarbeiten *fpl* [*DIN 18421*] · heat insulation work

Wärmedämm|vermögen *n* → Wärmedämmfähigkeit

~(ver)putz *m* → Wärmedämm(innen)verputz

~versuch *m* → Wärmeschutzversuch

~-(Wand)Papiertapete *f*, Wärmedämmtapete · heat insulating (wall)paper, ~ insulation(-grade) ~

~wert *m* · heat insulation value

~wirkung *f* · heat insulation efficiency, ~ insulation ~

Wärme|dehnung *f* [*Ausdehnung eines Körpers durch Erwärmung*] · elongation due to heat

~durchgang *m* · conductivity

~durchgangszahl k *f*, k-Wert *m* [*kcal/m²h° C. Wärmemenge, die in 1 Stunde durch 1 m² einer Wand von der Dicke d (in m) hindurchgeht, wenn der Temperaturunterschied t_i–t_a zwischen der beiderseits angrenzenden Luft 1° C beträgt*] · k-value

wärmedurchlässiges Glas *n* · heat-transmitting glass

Wärme|durchlässigkeit *f* [*DIN 52611*] · heat transmissibility

~durchlaß *m* · heat transmission

~durchlaßwiderstand *m* · resistance to heat transmission

~einfluß *m* · influence of heat, heat influence

~einheit *f* · heat unit

~einspeisung *f*, Wärmezufuhr *f* · heat input, ~ supply

~empfindlichkeit *f* · susceptibility to heat

~empfindung *f* · sensation of warmth

~energie *f* · heat energy

~entwick(e)lung *f* · heat evolution

~entwick(e)lung *f* [*Zement*] · generation of heat (during set(ting))

~entzug *m* · heat absorption

wärmeerzeugendes Gerät *n* · heat-producing appliance

Wärme|erzeuger *m* · heat generating device

~erzeugung *f* · heat production, ~ generation

~formänderung *f*, Wärmeverformung · deformation under heat

wärmegedämmte Feuchtigkeits(ab)dichtung *f*, IRMA-Dachaufbau *m* · IRMA, insulated roof member assembly [*Manufactured by Dow Chemical*]

Wärme|gefälle *n*, Wärmeunterschied *m* · heat gradient

~gewinn *m* · heat gain

wärmehaltende Lamelle *f* · heat conservation shutter [*fan*]

Wärme|haltung *f* · heat retention

~haushalt *m*, Wärmebilanz *f* · heat balance [*A method of accounting for all the heat units supplied, transferred, utilized in, and lost from a kiln*]

~inhalt *m*, Enthalpie H *f* [*Energieinhalt eines Gases; nicht verwechseln mit der inneren Energie*] · enthalpy, heat content

~konstruktionstafel *f* · heat-insulating structural panel

~korkplatte *f*, tongebundene Platte [*Der geblähte Korkschrot wird mit Tonmilch oder Tonpech gebunden*] · cork board for heat lagging, ~ ~ ~ ~ insulation

~korkschale *f*, Korkschale für Wärmeschutz · preformed (pipe insulation) section for heat protection, ~ (pipe) ~ ~ ~ ~; lagging section ~ ~ ~ (Brit.)

~kork(stein) *m*, Wärmeschutzkork(stein), Korkstein für den Wärmeschutz · cork (block) for heat lagging, ~ (~) ~ ~ insulation

~leistung *f*, thermischer Wirkungsgrad *m* · heat output, thermal ~

~leiter *m* · heat conductor

~leitung *f* [*Wärmeleitung ist die Wärmeübertragung innerhalb eines festen, flüssigen oder gasförmigen Körpers oder bei sich unmittelbar berührenden festen Körpern*] · heat conduction

~menge *f* · heat capacity

~mengenmesser *m* · heat balancer

~mengenmessung(en) *f(pl)*, Kalorimetrie *f* · measurement(s) of heat (capacities), calorimetry, calorimetric measurement(s)

~mitführung *f*, Konvektion *f* · convection (of heat) [*Transfer or heat in or by a liquid or a gas by the movement of the medium*]

~pumpe *f* · heat pump

~quelle *f* · heat source

wärmereflektierend · heat-reflecting

Wärme|regler *m*, Temperaturregler, (Temperatur) Fühler, Thermostat *m* · thermostat, temperature sensing element

~rückgewinnung *f*, Wärmewiedergewinnung · heat recovery

wärmerückstahlend · heat-reflecting

Wärme|rückstrahlung *f* · heat reflectivity

~schlange *f* → Erhitzerschlange

~schrank *m* · hot cupboard

Wärmeschutz *m* [*DIN 4108*] · heat insulation [*Means taken to reduce the transmission of heat*]

~(block)stein *m*, Wärmeschutzblock *m*, Wärmedämmstein, Wärmedämmblock(stein) · heat insulating block, ~ insulation(-grade) ~ [*See remark under 'Block'*]

~eigenschaft *f* → Wärmedämmfähigkeit

~fähigkeit *f* → Wärmedämmfähigkeit

~glas *n* [*Gegossenes oder gewalztes Glas mit leicht blaugrüner Eigenfarbe; als Spiegelglas beidseitig geschliffen und poliert. Durch Zusatz von Eisenoxiden wird ein großer Teil der Ultrarot- oder Infrarotstrahlen im Glas zurückgehalten. Die Sonnenschutzwirkung beruht fast ausschließlich auf der Absorption eines Teiles der ultraroten Strahlen*] · heat absorbing (plate) glass

~(innen)(ver)putz *m*, Wärmedämm(innen)(ver)putz · heat insulating (mixed) plaster, ~ insulation(-grade (~)

Wärme(schutz)kork(stein) *m*, Korkstein für den Wärmeschutz · cork (block) for heat lagging

Wärmeschutz|lage *f*, Wärmeschutzschicht *f*, Wärmedämmschicht, Wärmedämmlage · heat insulating layer, ~ ~ course

~masse *f*, plastische ~, (plastische) Wärmedämmasse [*Alle plastischen Wärmeschutzmassen sind pulverförmig und werden mit Wasser angerührt*] · heat insulation(-grade) compound, ~ ~ composition, ~ ~ mass, ~ ~ material, ~ insulating ~

~matte *f*, Wärmedämmatte · heat insulation(-grade) mat, ~ ~ blanket, ~ ~ quilt, ~ (insulating) ~; ~ ~ bat(t) (US)

~platte *f* · Wärmedämmplatte · heat insulating board, ~ ~ sheet

~probe *f* → Wärmeschutzversuch

~prüfung *f* → Wärmeschutzversuch

~putz *m* → Wärmeschutz(innen)verputz

~schicht *f*, Wärmeschutzlage *f*, Wärmedämmschicht, Wärmedämmlage · heat insulation layer, ~ ~ course

~stein *m*, Wärmeschutzblockstein, Wärmeschutzblock *m*, Wärmedämmblock(stein), Wärmedämmstein · heat insulating block, ~ ~ tile, ~ insulation (-grade) ~ [*See remark under 'Block'*]

wärmeschutztechnischer Versuch *m* → Wärmeschutzversuch

Wärmeschutz|vermögen *n* → Wärmedämmfähigkeit

~(ver)putz *m* → Wärmeschutz(innen)-verputz

~versuch *m*, Wärmeschutzprobe *f*, Wärmeschutzprüfung *f*, Wärmedämmversuch, Wärmedämmprüfung, Wärmedämmprobe, wärmeschutztechnische Prüfung, wärmeschutztechnische Probe, wärmeschutztechnischer Versuch [*DIN 52612*] · heat insulation test

Wärmeschwankung *f* · heat variation

wärmesparend · heat-saving, heat-economising

Wärme|speicherung *f*, Wärmeaufspeicherung · heat accumulation, ~ storage

~speicher(ungs)fähigkeit *f*, Wärmespeicher(ungs)vermögen *n* · heat storage capacity, ~ ~ quality, ~ ~ power, ~ ~ property, ~ retention ~

~speicher(ungs)vermögen *n*, Wärmespeicher(ungs)fähigkeit *f* · heat storage capacity, ~ ~ quality, ~ ~ power, ~ ~ property, ~ retention ~

~sperre *f* · heat barrier

~spiel *n* **(eines Schweißvorganges)** · heat cycle (of a welding operation)

~stoß *m* · heat shock

~strahlung *f*, Temperaturstrahlung, Wärmeübertragung durch Strahlung [*Man bezeichnet als Wärmestrahlung die in einem bestimmten Bereich der Wellenlängen und Temperaturen auftretende Energiestrahlung*] · temperature radiation, heat ~

~stube *f*, Calefactorium *n* · calefactory, warming-house

~tausch *m*, Wärmeaustausch · heat exchange

Wärmetauscher *m*, Wärmeaustauscher [*Fehlnamen*]; Wärmeübertrager · heat exchanger

~ mit innerer Wärmequelle → Wärmeaustauscher ~ ~ ~

~turm *m* → Wärmeaustauscherturm

Wärme|technik *f* · heat engineering

~träger *m* · heating medium, heat transfer ~ [*Heating mediums in general use are steam, hot water and air*]

wärmetrocknend · heat-drying

Wärme|übergang *m* · transfer of heat, heat transfer

~überschuß *m* · excess of heat

~übertrager *m* [*Fehlnamen: Wärme(aus)tauscher*] · heat exchanger

~übertragung *f* **durch Strahlung**, Temperaturstrahlung, Wärmestrahlung [*Man bezeichnet als Wärmestrahlung die in einem bestimmten Bereich der Wellenlängen und Temperaturen auftretende Energiestrahlung*] · temperature radiation, heat ~

~umlauf *m* · heat circulation

~- und Kälteschutz *m*, Kälte- und Wärmeschutz · thermal insulation [*Means taken to reduce the transmission of cold or heat*]

wärme- und kältetechnischer Entwurf *m* · thermal design

Wärme|unterschied *m*, Wärmegefälle *n* · heat gradient

~verbrauch *m* · heat consumption

~verbrauchsstelle *f* · heat emitting apparatus

~verformung *f*, Wärmeformänderung · deformation under heat

~verhalten *n* · behaviour under heat (Brit.); behavior ~ ~ (US)

~verlust *m* · loss of heat, heat loss

~verlust(be)rechnung *f* · computation of heat loss(es)

~versorgung *f* · heat supply

~verteilung *f* · heat distribution

~vorregelung *f* · heat pre-control

~wiedergewinnung *f*, Wärmerückgewinnung · heat recovery

~wirkung *f* · heat action

~wirtschaft *f* · heat economy

wärmewirtschaftliches Bauen *n* · economically sound thermal design

Wärme|zufuhr *f*, Wärmeeinspeisung *f* · heat input, ~ supply

~zustand *m* [*Er wird in °C, °R oder °F gemessen*] · heat temperature

~zutritt *m* · admission of heat

Warm|form(geb)ung *f* · hot working [*The shaping of metal components by extrusion, forging, hot rolling or similar processes at temperatures which are high enough to prevent the hardness and brittleness caused by cold working*]

~formung *f*, Warmformgebung · hot working [*The shaping of metal components by extrusion, forging, hot rolling or similar processes at temperatures which are high enough to prevent the hardness and brittleness caused by cold working*]

warm|genietet · hot-riveted

~gewalzt · hot-rolled [*Tubes produced hot by one of several process employing rolls. NOTE: It is incorrect to use the term except in this sense and, generally speaking, the term is obsolescent*]

Warmleim *m* · warm glue

Warmluft *f* · warm air

~ausströmöffnung *f* · warm air outlet

~erzeuger *m* → Lufterhitzer

~gebläse *n*, Warmluftbläser *m* · warm air blower

(Warm)Luftgitter *n* [*Lufttür*] · air grating

Warmluftheizung *f* · warm air heating

Warmluftkanal *m* · warm air duct

~anlage *f* · warm air ducting

Warmluft|leistung *f* · warm air output, heated ~ ~

~regler *m* · warm air register

(Warm)Luftschleier *m* · (warm-)air curtain

~anlage *f* · (warm-)air curtain doorway installation

(Warm)Lufttür *f* · air-curtain door(-way)

Warmluft|umwälzer *m* · warm air circulator

~umwälzung *f* · warm air circulation

~verteilung *f* · warm air distribution

(Warm)|Luft-Zentralheizung *f*, Mehrraumheizung [*Die Warmluft wird mit Ventilatoren in die zu beheizenden Räume gedrückt*] · fan-assisted warm air heating, warm-air central ~, warm-air heating system

~nieten *n* · hot riveting

~pressen *n* [*von Rohren*] · hot pressing

~pressung *f*, Warmpreßverfahren *n* [*Leinöl*] · hot-pressed process

~sägen *n* · hot sawing [*Cutting hot iron to length during or immediately following hot rolling, by a circular saw*]

~schornstein *m* [*Schornstein mit Abgasen von 100° C bis 300° C*] · medium-temperature chimney

~spritzen *n* [*Arbeitstemperaturen von 35° C bis 40° C*] · warm spraying

~tauchbeschichtung *f* · hot-dip coating

~umformung *f*, Warmverformung [*Edelstahl*] · hot forming

~verarbeitbarkeit *f* · hot workability

~verformung *f*, Warmumformung [*Edelstahl*] · hot forming

~versprödung *f* · hot embrittlement

~walzen *n* · hot rolling

~walzwerk *n* · hot rolling mill

Warmwasser *n*, WW [*Es hat Temperaturen bis zum Siedepunkt bei Atmosphärendruck*] · hot water

~abnehmer *m*, Warmwasserverbrauchsstelle *f*, WW-Abnehmer, WW-Verbrauchsstelle · point of hot water consumption

~bereiter *m*, WW-Bereiter, Warmwassererzeuger, WW-Erzeuger · hot water generator

~bereitung *f*, WW-Bereitung · hot water preparation

~bereitungsanlage *f*, WW-Bereitungsanlage [*DIN 18380*] · hot water preparation plant

warmwasserdurchströmte Rohrschlange *f*, warmwasserdurchströmtes Rohrregister *n* · hot water heating coil

Warmwasser|erzeuger *m*, WW-Erzeuger, Warmwasserbereiter, WW-Bereiter · hot water generator

~gefäß *n*, WW-Gefäß · hot water vessel

~heizer *m*, WW-Heizer · hot water heater

~heizung *f*, WW-Heizung [*Vorlauftemperatur bis 90° C*] · hot water (central) heating

~heiz(ungs)anlage *f*, WW-Heiz(ungs)-anlage · hot water (central) heating system, ~ ~ (~) ~ installation

~leitung *f*, WW-Leitung · hot water (supply) (pipe)line

~netz *n*, WW-Netz · hot water network

~rohr *n*, WW-Rohr · hot water (supply) pipe

~rücklauf *m*, WW-Rücklauf · hot water return

~-Schwerkraftumlauf *m*, WW-Schwerkraftumlauf · gravity circulation of hot water

~uhr *f*, WW-Uhr [*Fehlnamen*]; Warmwasserzähler *m*, WW-Zähler · hot water meter

~verbrauchsstelle *f*, Warmwasserabnehmer *m*, WW-Verbrauchsstelle, WW-Abnehmer · point of hot water consumption

~versorgung *f*, WW-Versorgung · hot water supply

~vorlauf *m*, WW-Vorlauf · hot water flow

~wärme *f* · hot-water heat

~zähler *m*, WW-Zähler [*Fehlnamen: Warmwasseruhr f, WW-Uhr*] · hot water meter

Warn|gerät *n*, Signal- und ~, Melder *m*, Warnvorrichtung *f*, Signalvorrichtung · warning device

~leuchte *f*, Warnlampe *f*, Warnlicht *n*, optisches Warnsignal *n* · warning light, alarm ~, WL

~vorrichtung *f*, Melder *m*, (Signal- und) Warngerät *n*, Signalvorrichtung · warning device

Warte *f*, Burg~, Wartturm *m*, Wachtturm [*Im Mittelalter ein Turm mit Plattform, von dem aus herannahende Feinde frühzeitig erkannt werden konnten*] · observation tower, watch ~

~, Aussichts~, Aussichtsturm *m* · lookout tower, viewing ~

~bucht *f* [*Krankenhaus*] · waiting bay

~halle *f*, Wartesaal *m* · waiting hall

~raum *m*, Wartezimmer *n* · waiting room

~saal *m*, Wartehalle *f* · waiting hall

~zimmer *n*, Warteraum *m* · waiting room

Wartturm *m*, Wachtturm, (Burg)Warte *f* [*Im Mittelalter ein Turm mit Plattform, von dem aus herannahende Feinde frühzeitig erkannt werden konnten*] · observation tower, watch ~

Wartung *f*, Unterhaltung, Instandhaltung · upkeep, maintenance

wartungsfrei · maintenance-free

Wartungshalle *f*, Werfthalle, Flugzeug~ · technical (aircraft) hangar, aircraft maintenance ~

Warzenblech *n* · button plate

Waschanlage *f* [*In der Wohnung, meist im Badezimmer, Waschbecken und Badewanne, im Duschraum Dusche, in Schlafräumen, insbesondere in Hotels, Waschnische, in Fabriken, Sporthallen und ähnlichen Bauten kombinierte Umkleide- und Waschräume mit Waschrinnen oder Waschbrunnen*] · wash fixture

waschbar, ab~ [*Fehlbezeichnungen*]; waschfest, waschbeständig · washable

Waschbecken *n*, Hand~, Waschtisch *m* · lavatory (basin), washbowl, wash basin, wash-handbasin [*The term 'lavatory' has now come to mean the room containing the wash basin (Waschraum) and by extension the room containing a WC (Spülklosettraum)*]

~ ohne Rückwand, Hand~ ~ ~, Waschtisch *m* ~ ~ · flat-slab lavatory (basin), ~ washbowl, ~ wash-basin, ~ wash-handbasin [*See remark under 'Waschbecken'*]

~reihe *f* · lavatory (basin) range, basin ~, washbowl ~, wash basin ~, wash-handbasin ~, range of lavatory basins

waschbeständig, waschfest; (ab-) waschbar [*Fehlbezeichnungen*] · washable, washproof

Waschbeton *m*, abgespritzter ~ · washed concrete

~, Bürsten~, abgebürsteter Waschbeton · scrubbed concrete

~bürste *f* · scrubbed concrete brush

~flüssigkeit *f* · (concrete) surface retardant in liquid form

~hilfe *f*, Waschbetonverzögerer *m*, Oberflächenverzögerer zur Herstellung von Waschbeton · (concrete) surface retardant [*The retarded surface is usually washed off when the base concrete reaches 1,000–1,500 psi*]

~papier *n* · washed concrete slab paper

~paste *f* · (concrete) surface retardant in paste form

~verzögerer *m*, Waschbetonhilfe *f*, Oberflächenverzögerer zur Herstellung von Waschbeton · (concrete) surface retardant [*The retarded surface is usually washed off when the base concrete reaches 1,000–1,500 psi*]

Wasch|bims *m* · washed pumice

~brunnen *m*, Waschfontäne *f* · ablution fountain, wash ~ [*It is a circular bowl of fireclay or terrazzo standing on a pedestal of the same material and is designed to allow up to six persons to wash at the same time*]

Wäsche|abwurfanlage *f*, Wäscherutsche *f*, Schmutz~ · clothes chute, laundry ~, (soiled) linen ~

~-Einbauschrank *m*, Wäsche-Wandschrank · linen closet

~kammer *f*, Wäscheraum *m* [*Hotel*] · linen room

~leinepfosten *m*, Wäscheleinestange *f* · clothes line pole, ~ ~ post

~leinestange *f*, Wäscheleinepfosten *m* · clothes line pole, ~ ~ post

~raum *m*, Wäschekammer *f* [*Hotel*] · linen room

Wäscherei *f* · laundry

Wäsche|rutsche *f*, Wäscheabwurfanlage *f*, Schmutz~ · clothes chute, laundry ~, (soiled) linen ~ [*A duct from a bathroom to a lower floor, into which dirty clothes are dropped*]

~schrank *m* · linen cupboard

~trockner *m* · clothes drier

~trocknungsplatz *m*, Bleiche *f* · (clothes-)drying ground, ~ area, laundry drying ~

(~)Trocknungsschrank *m* [*In einer Wohnung*] · (enclosed) cabinet for drying washing, (clothes-)drying cabinet

~-Wandschrank *m*, Wäsche-Einbauschrank · linen closet

waschfest, waschbeständig; (ab-) waschbar [*Fehlbezeichnungen*] · washable, washproof

waschbar, ab~ [*Fehlbezeichnungen*]; waschfest, waschbeständig · washable, washproof

Wasch|fontäne *f* → Waschbrunnen

~haus *n*, Zentralwaschküche *f* · washhouse

~kies *m*, gewaschener Kies · washed gravel

~leder *n*, Putzleder · washleather

~lederverglasung *f*, Putzlederverglasung · glazing bedded in washleather, washleather glazing

~maschine *f* · washing-up machine

~nische *f* · washing recess

~öl *n* · wash oil

~platz *m*, Wagen~, Auto~ · (vehicle) wash(down) (yard)

~platz *m* **für PKW**, PKW-Waschplatz · car wash(down) (yard)

~putz *m* [*Dieser Putz wird 2 bis 3 Tage nach Fertigstellung mit verdünnter Salzsäure (etwa 1 : 1) abgewaschen, so daß die Zuschläge in Form und Farbe vollständig zum Vorschein kommen*] · acid-washed plaster, acid-treated ~, acid-etched ~

~raum *m* · lavatory, wash room, WR [*A room equipped with basin(s) for washing hands and/or face*]

~raumaschenbecher *m* · lavatory tray, wash room ~, WR ~

~raumausrüstung *f* · lavatory equipment, wash room ~, WR ~

~reihe *f*, Reihenwaschanlage *f* · (lavatory basin) range, basins in range

~sand *m*, gewaschener Sand · washed sand

~tisch *m* → Waschbecken

~tisch *m* **ohne Rückwand**, (Hand-) Waschbecken *n* ~ ~ · flat-slab lavatory (basin), ~ washbowl, ~ wash basin, ~ wash-handbasin [*See remark under 'Waschbecken'*]

wasser(ab)dichtend · waterproofing

Wasser|(ab)dichtung *f* · water sealing

~ablauf *m*, Regen~, Regen(wasser)-einlauf, Sinkkasten *m*, Gully *m* [*DIN 4052*] · gull(e)y, inlet

~ableitung *f*, Entwässerung · drainage

Wasserabort *m*, Spülabort, Wasserklosett *n*, Spülklosett · W.C., water closet, flush toilet, wc [*A room in which one or more W.C. pans are installed*]

~ mit Hochspülkasten, Wasserklosett *n* ~ ~, Spülabort ~ ~, Spülklosett ~ ~ · high-level water closet, ~ flush toilet, ~ type of W.C. [*A room in which one or more high-level water closet pans are installed*]

~ ~ Tiefspülkasten, Wasserklosett *n* ~ ~, Spülabort ~ ~, Spülklosett ~ ~ · low-level water closet, ~ flush toilet, ~ type of W.C. [*A room in which one or more low-level water closet pans are installed*]

Wasser|absonderung *f*, Wasserabstoßen *n*, ungenügende Anmach(e)wasserhaltung, Abscheidung von Wasser, Abscheiden von Wasser, Bluten · bleeding, sweating, water gain [*The separation of water from an unhardened mix(-ture)*]

~absperren *n* · water shutoff

~abstoßen *n*, Wasserabsonderung *f*, Bluten, Abscheidung von Wasser, Abscheiden von Wasser, ungenügende Anmach(e)wasserhaltung, Zementbluten · bleeding, sweating, water gain [*The separation of water from an unhardened mix(ture)*]

wasserabstoßend, hydrophob, wasserabweisend · hydrophobic

Wasser|abstoßgeschwindigkeit *f* · bleeding rate, rate of water gain [*The rate at which water is released from a paste or mortar by bleeding*]

~abweisefähigkeit *f*, Wasserabweisevermögen *n* · water-repelling property, ~ capacity, ~ power, ~ quality

wasserabweisend, hydrophob, wasserabstoßend · hydrophobic

Wasser|abweisevermögen *n*, Wasserabweisefähigkeit *f* · water-repelling property, ~ capacity, ~ power, ~ quality

~abweisung *f*, hydrophobierende Wirkung *f* · water repellency

~andrang *m*, Wassereinbruch *m* · inrush of water, water inrush

~ansammlung *f*, (Wasser)Lachenbildung · ponding [*The formation of shallow pools of water on a surface*]

~anspruch *m*, Wasserbedarf *m* · required amount of water

~anteil *m*, Feuchtigkeitsanteil, Feuchteanteil, Feuchtigkeitsgehalt *m*, Feuchtegehalt, Wassergehalt · moisture content, humidity ~

~art *f* · type of water, water type

~aufbereitung *f* · water treatment

Wasseraufnahme *f* · water absorption

~fähigkeit *f*, Wasseraufnahmevermögen *n* · absorptive capacity for water, water-absorptive capacity

~probe *f*, Wasseraufnahmeprüfung *f*, Wasseraufnahmeversuch *m* · absorption test

~prüfung *f*, Wasseraufnahmeprobe *f*, Wasseraufnahmeversuch *m* · absorption test

~vermögen *n*, Wasseraufnahmefähigkeit *f* · absorptive capacity for water, water-absorptive capacity

~versuch *m*, Wasseraufnahmeprüfung *f*, Wasseraufnahmeprobe *f* · absorption test

Wasser|ausscheidung *f* · separation of water

~bad *n* · water bath

~bad-Druckprüfverfahren *n*, Wasserlagerungs-Druckfestigkeitsprüfung *f*, Tauchdruckversuch *m* [*Bestimmung der Verformbarkeit bituminöser Gemische*] · immersion compression test

~basis *f*, Wassergrundlage *f* [*Bindemittellösung einer Anstrichfarbe*] · water base

~bauklinker *m* [*DIN 105*] · clinker for hydraulic structures, ~ ~ dampproof courses

~becken *n* [*Als Verzierung eines Platzes*] · pool of water, water pool

~bedarf *m*, Wasseranspruch *m* · required amount of water

~behälter *m* · water reservoir, ~ tank, WT

wasserbeheizter Gegenstromapparat *m* · water-heated calorifier

Wasser|beigabe *f*, Wasserzusatz *m*, Wasserzusetzen *n*, Wasserbeigeben · addition of water, adding ~ ~

~beigeben *n*, Wasserzusetzen, Wasserbeigabe *f*, Wasserzusatz *m* · addition of water, adding ~ ~

~beize *f* · water stain [*Water stains are solutions of dyes of various colours in water, they are generally varnished or wax-polished after application to make them waterproof*]

~beständigkeit *f* · resistance to water

~bevorratung *f*, Wasserspeicherung · storage of water, water storage

~bezieher *m*, Wasserverbraucher · water consumer, ~ user

~bildner *m*, Silikatbildner, Hydraulefaktor *m* · silicate-forming matter

wasser|bindend, hydraulisch [*Bindemittel, die nach Zugabe von Wasser in sich, also auch unter Wasser, erhärten nennt man hydraulische Bindemittel*] · hydraulic

~bindender Zusatz(stoff) *m*, hydraulischer ~, hydraulisches Zusatzmittel *n*, wasserbindendes Zusatzmittel, Hydraulit *m* [*Ein Stoff, der den Weißkalk befähigt auch unter Wasser zu erhärten*] · hydraulic additive, ~ agent, ~ admix(ture)

~bindendes Zusatzmittel *n*, hydraulisches ~, hydraulischer Zusatz(stoff) *m*, wasserbindender Zusatz(stoff), Hydraulit *m* [*Ein Stoff, der den Weißkalk befähigt auch unter Wasser zu erhärten*] · hydraulic additive, ~ agent, ~ admix(ture)

Wasser|blatt *n* · water-leaf [*A leaf shape used in later C12 capitals. It is broad, unribbed, and tapering, curving out towards the angle of the abacus and turned in at the top*]

Wasserdampf *m* · (water) vapour (Brit.); (~) vapor (US)

~ der Luft · atmospheric (water) vapour (Brit.); ~ (~) vapor (US)

~aufnahme *f* · (water) vapour absorption (Brit.); (~) vapor ~ (US)

~bremse *f* · (water) vapor seal (US); (~) vapour ~ (Brit.)

~dichtigkeit *f* · (water) vapour impermeability (Brit.); (~) vapor ~ (US); (~) ~ imperviousness; imperviousness to (water) vapour, impermeability to (water) vapour (Brit.); impermeability to (water) vapor, imperviousness to (water) vapor (US)

~diffusion *f* · damp diffusion; (water) vapour ~ (Brit.); (water) vapor ~ (US)

~diffusionswiderstand *m* · resistance to (water) vapour diffusion (Brit.); ~ ~ (~) vapor ~ (US); ~ ~ damp ~

~druck *m* · (water) vapour pressure (Brit.); (~) vapor ~ (US)

~druckgefälle *n* · (water) vapour pressure drop (Brit.); (~) vapor ~ ~ (US)

~drucklinie *f* · (water) vapour pressure graph (Brit.); (~) vapor ~ ~ (US)

~durchgang *m* · (water) vapour transmission (Brit.); (~) vapor ~ (US); WVT

~durchgangswiderstand *m* · resistance to (water) vapour transmission (Brit.); ~ ~ (~) vapor ~ (US)

wasserdampfdurchlässig · (water) vapour-permeable (Brit.); (~) vapor-permeable (US)

Wasser|dampfdurchlässigkeit *f* · (water) vapour permeability (Brit.); (~) vapor ~ (US)

(~)Dampfentspannung *f* · (water) vapour release (Brit.); (~) vapor ~ (US)

wasserdampffest · (water) vapour resistant (Brit.); (~) vapor ~ (US)

Wasserdampf|gehalt *m* · (water) vapor content (US); (~) vapour ~ (Brit.)

~kondensation *f* · (water) vapour condensation (Brit.); (~) vapor ~ (US)

~menge *f* · (water) vapor quantity (US); (~) vapour ~ (Brit.)

~nebel *m* · (water) vapour mist (Brit.); (~) vapor ~ (US)

~übergangszahl *f* · (water) vapour transfer coefficient (Brit.); (~) vapor ~ ~ (US)

wasserdampfundurchlässig · impervious to (water) vapour(s) (Brit.); ~ ~ (~) vapor(s) (US); impermeable ~ (~) ~

Wasserdampfwanderung *f* · (water) vapour migration (Brit.); (~) vapor ~ (US)

Wasserdesinfektion *f* · water sterilization (US); ~ disinfection, ~ sterilisation (Brit.)

wasserdicht, wasserundurchlässig · impervious to water, impermeable ~ ~, watertight, impenetrable by water, WT

~ machen, sperren · to water(proof)

Wasserdichte *f* [*Fehlname*] → Wasserdichtigkeit

wasserdichtend, wasserabdichtend · waterproofing

wasserdichter Überzug *m* **auf Teerbasis** → Sperrschicht ~ ~

~ ~ ~ Zementbasis, Sperrschicht *f* ~ ~, Sperrlage *f* ~ ~, Zementsperrschicht, Zementsperrlage · cement-base waterproof coating

Wasser|dichtheit *f* → Wasserdichtigkeit

~dichtigkeit *f*, Wasserundurchlässigkeit, Wasserdichtheit [*Fehlname: Wasserdichte f*] · water impermeability, ~ imperviousness, watertightness, imperviousness to water, impermeability to water

~druck *m* · water pressure

wasserdruck|haltend · water resisting, resisting to hydrostatic pressure

~haltende (Ab)Dichtung(en) *fpl*, grundwasserhaltende ~, (Ab)Dichtung(en) gegen drückendes Wasser, (Ab)Dichtung(en) gegen Grund- und Druckwasser [*DIN 18336*] · waterproofing

Wasserdruck|last *f*, Last aus Wasserdruck · water (pressure) load

~probe *f*, Wasserdruckprüfung *f*, Wasserdruckversuch *m* [*Rohr*] · hydraulic test

~prüfung *f*, Wasserdruckversuch *m*, Wasserdruckprobe *f* [*Rohr*] · hydraulic test

~versuch *m*, Wasserdruckprüfung *f*, Wasserdruckprobe *f* [*Rohr*] · hydraulic test

wasserdurchlässig, wasserundicht · pervious to water

wasserdurchlässiges Betonrohr *n* · porous (concrete) pipe, concrete porous ~ [*B.S. 1194*]

Wasser|durchlässigkeit *f* · water permeability

~durchlässigkeitsprüfung *f*, Wasserdurchlässigkeitsprobe *f*, Wasserdurchlässigkeitsversuch *m* · water permeability test

~durchsatz *m* · throughput of water

~einbruch *m*, Wasserandrang *m* · inrush of water, water inrush

~eindringung *f* · water penetration

wasser|einsparende Wirkung *f* · water reducing action

~einsparendes Betonzusatzmittel *n* → (Beton)Verflüssiger

~einsparendes Mittel *n* · water reducing agent

Wassereinwirkung *f* · action of water

(wasser)emulgierbar · emulsifiable (in water)

(Wasser)|Enthärter *m*, (Wasser)Enthärtungsanlage *f* · (water) softening unit

~, (Wasser)Enthärtungsmittel *n* · (water) softening agent, (~) softener

(~)Enthärtung *f* · (water) softening

(~)Enthärtungsanlage *f*, (Wasser)Enthärter *m* · (water) softening unit

(~)Enthärtungsmittel *n*, (Wasser)Enthärter *m* · (water) softener, (~) softening agent

(~)Enthärtungsverfahren *n* · (water) softening method

(~)Entsalzung *f* · water desalting, (~) demineralization

(~)Entsalzung *f* **mit Ionenaustauscher** · demineralization of water by ion exchange

(~)Entsalzungsgerät *n* · demineralizer

~entzug *m*, Entwässerung *f* · dehydration

~erhitzer *m*, Wasserheizer, Wasserheizgerät *n*, Wassererwärmer · (hot) water heater, (~) ~ heating appliance, WH

~erhitzung *f*, Wassererwärmung · water heating

~erhitzung *f* **mit Gas**, Wassererwärmung ~ ~ · gas-fired water heating

~erhitzungsanlage *f*, Wassererwärmungsanlage · water heating system

~erwärmer *m*, Wassererhitzer, Wasserheizer, Wasserheizgerät *n* · (hot) water heater, (~) ~ heating appliance, WH

Wassererwärmung *f*, Wassererhitzung · water heating

~ mit festen Brennstoffen · solid fuel water heating

~ ~ Gas, Wassererhitzung ~ ~ · gas-fired water heating

Wasser|erwärmungsanlage *f*, Wassererhitzungsanlage · water heating system

~fangkasten *m* → Rinn(en)kessel

~farbe *f*, Aquarellfarbe · aquarelle; water colour (Brit.); water color (US) [*It is produced with a transparent colo(u)r mixed with water*]

wasserfeindlich, hydrophob · hydrophobic

wasserfest · water(-)resistant, waterproof [*abbreviated: wtrprf.*]

~ verleimt · waterproof-glued

wasserfester Leim *m* · hydraulic glue [*An old term for glue which remains hard under water.*]

wasserfestes Baupapier *n* · waterproof building paper [*B.S. 1521*]

Wasser|filtrationsmethode *f* [*Eine Klassifizierungsmethode für Asbest mit dem Apparat nach Bauer-McNett*] · water elutriation

~fitting *m*, Wasserformstück *n* · water fitting [*Anything fitted or fixed in connection with the supply, measurement, control, distribution, utilization or disposal of water*]

~fläche *f* [*Zieranlage*] · sheet of water

~fleckigkeit *f* · water spotting [*The spotty appearance of a paint film which is caused by drops of water on the surface and which remains after the water has evaporated; the effect may or may not be permanent. Water spots usually appear lighter in colour than the surrounding paint*]

~formstück *n*, Wasserfitting *m* · water fitting [*Anything fitted or fixed in connection with the supply, measurement, control, distribution, utilization or disposal of water*]

wasser|frei, ohne Kristallisationswasser, anhydrisch · anhydrous

~freie Phosphorsäure *f*, Phosphorpentoxid *n*, Phosphorsäureanhydrid *n*, P_2O_5 · anhydrous phosphoric acid

~freier Gips(stein) *m* → Anhydrit

~freies Kalziumsulfat *n* → Anhydrit

Wassergas *n* [*0,17 kg/Nm³, Heizwert 2,550 kcal/Nm³*] · water gas

Wassergasteer *m* · water-gas tar

~emulsion *f* · emulsion of water-gas tar

~pech *n* · water-gas-tar pitch

(wassergas-)überlapptgeschweißtes Stahlrohr *n* · overlap-welded steel pipe

Wasser|gefrierpunkt *m* · water freezing point

~gehalt *m*, Feuchtegehalt, Feuchtigkeitsgehalt, Feuchtigkeitsanteil *m*, Feuchteanteil, Wasseranteil · moisture content, humidity ~

~geld *n* · water charge

(Wasser)(Geruch)Verschluß *m* [*DIN 1209 und 1210. Fehlnamen: Siphon m, Syphon, Traps m*] · trap, stench ~, stink ~

~ mit abnehmbarem Unterteil · trap with removable lower part

~ ~ großer (Wasser)Verschlußhöhe · deep seal trap [*A trap having a water seal 3 in. or more deep*]

wasser|gesättigt, wassersatt · water-saturated

~getränkt · water-impregnated

Wasserglas *n*, mineralischer Leim *m* · water glass, soluble ~ [*A glassy or stony substance consisting of silicates of sodium or potassium or both, soluble in water, forming a viscous liquid*]

~anstrich *m*, Wasserglasaufstrich · water glass coat, soluble ~ ~

~kitt *m* [*Wasserglas + Füllstoffe*] · water glass mastic, soluble ~ ~

~lösung *f* · water glass solution, soluble ~ ~

wassergranulierter Schlackensand *m* · water-spray granulated slag sand

Wassergrundlage *f*, Wasserbasis *f* [*Bindemittellösung einer Anstrichfarbe*] · water base

wasserhaltend · water(-)retentive

Wasserhaltevermögen *n*, Wasserrückhaltung *f* · water retentivity, ~ retention

wasserhaltiges Magnesiasilikat *n* · hydrous magnesium silicate

Wasser|haltungsarbeiten *fpl* [*DIN 18305*] · ground water lowering work

~härte *f* · hardness of water, water hardness

~heizer *m*, Wassererhitzer, Wassererwärmer, Wasserheizgerät *n* · (hot) water heater, (~) ~ heating appliance, WH

~heizgerät *n*, Wassererwärmer *m*, Wassererhitzer, Wasserheizer · (hot) water heater, (~) ~ heating appliance, WH

~heizung *f* · water heating

wasser|hell · waterclear

~helles Hydrier-Leuchtöl *n* · water white high-grade burning oil

~hemmender Putz *m* · water(-)retarding (mixed) plaster, water(-)retardant (~) ~

Wasser-Hochbehälter *m*, Wasser-Turmbehälter · elevated water storage tank

wässerige Flüssigkeit *f*, wäßrige ~ · aqueous liquid

~ Harzemulsion *f* · aqueous resin emulsion

~ Zinkchloridlösung *f*, Lötwasser *n*, $ZnCl_2$ · killed spirits

Wasser|-in-Öl-Emulsion *f*, umgekehrte Emulsion · water-in-oil emulsion

~installationsrohr *n* · water service pipe

~kalk *m* [*Aus mergeligem Kalkstein durch Brennen unterhalb der Sintergrenze hergestellter Baukalk. DIN 1060*] · hydraulic lime [*Lime containing silicates and aluminates, formed during burning, similar to those present in Portland cement. These constituents give the lime the property of hardening in water, whereas non-hydraulic lime hardens only by combining with carbon dioxide from the air. Semi-hydraulic lime contains a smaller proportion of silicates and aluminates than eminently hydraulic lime and is intermediate in properties between this and non-hydraulic lime*]

~kalkhydrat *n* [*DIN 1060*] · hydrated hydraulic lime

~klemme *f*, Wassermangel *m* · water shortage, deficiency of water

Wasserklosett *n*, Spülklosett, Spülabort *m*, Wasserabort · W.C., water closet, flush toilet, wc [*A room in which one or more W.C. pans are installed*]

~ mit Hochspülkasten, Spülklosett ~ ~, Wasserabort ~ ~, Spülabort ~ ~ · high-level water closet, ~ flush toilet, ~ type of W.C. [*A room in which one or more high-level water closet pans are installed*]

~ ~ Tiefspülkasten, Wasserabort *m* ~ ~, Spülklosett ~ ~, Spülabort ~ ~ · low-level water closet, ~ flush toilet, ~ type of W.C. [*A room in which one or more low-level water closet pans are installed*]

Wasser|kreislauf *m*, Dampfschleife *f* · automatic return of water

~kühler *m* · water cooler [*abbreviated: wcr*]

~kühlschlange *f* · water cooling coil

~kühlzentrale *f*, zentrale Kühlwasseranlage *f* · district chilled water plant

(~)Lachenbildung *f*, Wasseransammlung · ponding [*The formation of shallow pools of water on a surface*]

~lagerung *f* · immersion in water, water immersion

~lagerungs-Druckfestigkeitsprüfung *f*, Wasserbad-Druckprüfverfahren *n*, Tauchdruckversuch *m* [*Bestimmung der Verformbarkeit bituminöser Gemische*] · immersion compression test

Wasserlagerungsprobe *f*, Wasserlagerungsprüfung *f*, Wasserlagerungsversuch *m* · immersion test

~, Wasserlagerungsversuch *m*, Wasserlagerungsprüfung *f*, Ablösungsversuch, Ablösungsprobe, Ablösungsprüfung [*Zur Bestimmung der Haftung bituminösen Bindemittels am Gestein*] · stripping test (in the presence of water), displacement ~ (~ ~ ~ ~ ~)

Wasserlagerungsprüfung *f*, Wasserlagerungsprobe *f*, Wasserlagerungsversuch *m* · immersion test

~, Wasserlagerungsprobe *f*, Wasserlagerungsversuch *m*, Ablösungsversuch, Ablösungsprobe, Ablösungsprüfung [*Zur Bestimmung der Haftung bituminösen Bindemittels am Gestein*] · stripping test (in the presence of water), displacement ~ (~ ~ ~ ~ ~)

Wasserlagerungsversuch *m*, Wasserlagerungsprüfung *f*, Wasserlagerungsprobe *f* immersion test

~, Wasserlagerungsprobe *f*, Wasserlagerungsprüfung *f*, Ablösungsversuch, Ablösungsprobe, Ablösungsprüfung [*Zur Bestimmung der Haftung bituminösen Bindemittels am Gestein*] · stripping test (in the presence of water), displacement ~ (~ ~ ~ ~ ~)

Wasser|lasur(farbe) *f* · scumble stain [*A semi-transparent stain for application over an opaque groundwork of paint. Brush, stipple or sponge may be used for manipulating the scumble, or it may be combed, so that various effects, i.e. wood graining and other more formal patterns, are possible. In this the non-flowing property of the scumble greatly assists*]

~laub *n* · water leaves, ~ foliage

~leitung *f* · water line

~leitungsnetz *n* · water line network

~(leitungs)rohr *n* · water (supply) pipe

wasser|liebend · hydrophile, water-loving, hydrophibic

~löslich · soluble in water, water-soluble

~löslicher Kleb(e)stoff *m*, Leim *m* · sizing material, size [*As used in the paint industry, this term originally referred to an aqueous solution of animal glue, but has subsequently been extended to cover water-soluble cellulose derivatives and starches*]

~lösliches Alkali *n* · water-soluble alkali

~lösliches Holzschutzmittel *n* · water-soluble wood preservative

~lösliches Öl *n* · emulsifiable oil

~lösliches Salz *n* · water-soluble salt

Wasser|löslichkeit *f* · solubility in water, water solubility

~mangel *m*, Wasserklemme *f* · water shortage, deficiency of water

~mangelsicherung *f* · low-water alarm

wassermeidend · hydrophobe, water-fearing, water-hating, hydrophobic

Wasser|messer *m* [*Er mißt in der Zeiteinheit die durchfließende Wassermenge (z.B. m³/h oder l/s)*] · water flow meter

~messung *f* · water metering

~mischbarkeit *f* · miscibility with water

~mischventil *n* · water mixing valve

~mörtel *m*, hydraulischer Mörtel [*Er hat die Fähigkeit, sowohl unter Wasser zu erhärten als auch dauernd dem Angriff des Wasser zu widerstehen*] · hydraulic mortar

(~)Nase *f*, Unterschneidung *f* · throat(-ing), weather groove, (water) drip

~nest *n* · water pocket [*On the surface of concrete*]

~-Öl-Beize *f* · water/oil stain

~pfütze *f* · water pool

~pore *f* [*Beton*] · water void [*A space in concrete which is occupied or has been formed by surplus water*]

~probe *f* · water sample

~probenehmer *m* · water sampler

~/Putzgips-Verhältnis *n* · water/(gypsum) plaster ratio

~reinigung *f* · water purification

~rinne *f*, Entwässerungsrinne, Wasserrinne, Abflußrinne · drain(age) gutter, draining ~, discharge ~

~rohr *n*, Wasserleitungsrohr · water (supply) pipe

~rohrkessel *m* · water-tube boiler

~rohrnetz *n* · water (supply) pipe network

~rückhaltung *f*, Wasserhaltevermögen *n* · water retentivity, ~ retention

wassersatt, wassergesättigt · water-saturated

Wasser|sättigung *f* · water saturation

~sättigungsbeiwert *m* · water saturation coefficient

~sättigungswert *m* · water saturation value

wassersaugend, hygroskopisch · hygroscopic

Wasser|schall *m* · water-borne sound

~schenkel *m*, Wetterschenkel · water bar

~schlag *m*, Kaffgesims *n* · dripstone; hood-mould (Brit.); hood-mold (US) [*In medieval architecture, a projecting mo(u)lding over an opening to throw off rain-water*]

~schräge *f* · sloped coping [*A sloped capping to a wall to throw off water*]

wassersparendes Betonzusatzmittel *n* → Betonverflüssiger

Wasser|speicherung *f*, Wasserbevorratung · storage of water, water storage

~speier *m* · gargoyle [*A projecting stone spout, usually carved with a grotesque figure*]

~speier *m* · waterspout

~sperre *f* · water barrier

wassersperrender Putz *m*, Sperr(ver)putz, Isolierputz [*DIN 4117*] · waterproof(ing) plaster, ~ finish, (water-)repellent ~, (water-)repelling ~, ~ mixed plaster

Wasser|spiele *npl* [*Zierelemente in einem Garten oder Park*] · water(-work)s

~spülung *f* · water flushing

~stoffkrankheit *f* **des Kupfers** · hydrogen-embrittlement of copper

~stoffsuperoxyd *n* **plus Chlorkalk** *m* [*Gasbildner beim Gasbeton*] · hydrogen peroxid(e) and calcium chlorid(e)

~zahl H *f*, pH-Wert *m*, ph-Zahl · pH-value

Wasser|strahlregler *m* [*Hahn*] · built-in antisplash, in-built ~

~strichziegel *m* · water-struck brick

~stückkalk *m* [*DIN 1060*] · hydraulic quicklime

~tarif *m* · water rate

~tor *n* · [*Burg*] · water-gate

~turm *m* · water tower, WT

~-Turmbehälter *m*, Wasser-Hochbehälter · elevated water storage tank

~überschuß *m* **im Beton** · excess water in concrete

~umlauf *m*, Wasserumwälzung *f* · water circulation

~umwälzpumpe *f* · circulating water pump, CWP

~umwälzung *f*, Wasserumlauf *m* · water circulation

wasserundicht, wasserdurchlässig · pervious to water

wasserundurchlässig, wasserdicht · impervious to water, impermeable ~ ~, watertight, impenetrable by water, WT

Wasser|undurchlässigkeit *f*, Wasserdichtigkeit, Wasserdichtheit [*Fehlname: Wasserdichte f*] · water impermeability, ~ imperviousness, watertightness, imperviousness to water, impermeability to water

~undurchlässigkeitsprobe *f*, Wasserundurchlässigkeitsversuch *m*, Wasserundurchlässigkeitsprüfung *f* · water impermeability test

wasserunlöslich · water insoluble

Wasser|-Unlösliches *n* · water-insoluble matter

~untersuchung *f* · water examination

~verbrauch *m* · water consumption

~verbraucher *m*, Wasserbezieher · water consumer, ~ user

wasser|verdünnbar · water-thinnable

~verdünnt · water(-)thinned

Wasser|verlust *m* · water loss

~vermischbarkeit *f* · miscibility with water

~verschluß *m* · (water) seal, trap ~ [*The water in a trap which acts as a barrier to the passage of air through the trap*]

(~)Verschlußröhre *f* [*Geruchverschluß*] · depth of (water) seal, ~ ~ trap ~

~versorgung *f* · water supply, provision of water, WS

Wasserversorgungs|anlage *f*, Wasserversorgungssystem *n* [*DIN 1988 und DIN 4279*] · water supply plant, ~ ~ system, ~ ~ installation, ~ ~ scheme

~gebiet *n* · water supply area

~ingenieur *m* · water supply engineer

~leitung *f* · water supply line

~netz *n*, Wasserversorgungsrohrnetz [*DIN 2425*] · water supply network

~recht *n* · water supply law

~(rohr)netz *n* [*DIN 2425*] · water supply network

~stelle *f* · water supply point, WSP

~system *n*, Wasserversorgungsanlage *f* [*DIN 1988 und DIN 4279*] · water supply plant, ~ ~ system, ~ ~ installation, ~ ~ scheme

~technik *f* · water supply engineering

~unternehmen *n* · water undertaker, ~ undertaking

Wasser|verteilung *f* · water distribution

~verteilungsanlage *f* [*DIN 19630*] · water distribution installation

~wanderung *f* · water migration

~werk *n* · water(-treatment) works

~wirtschaftsamt *n* · water board

~zählanlage *f* · water meter system

~zähler *m* · water meter

~zählerkasten *m* · water meter box

(~)Zählerschacht *m* · (water) meter pit [*A chamber for housing a meter, constructed in the ground and surmounted by a surface box or manhole cover*]

~zapfhahn *m* · water tap

~zapfstelle *f* · water dispense point

~zeichen *n* · watermark

~-Zement-Faktor *m*, Wasser-Zement-Wert *m*, Wasser-Zement-Verhältnis *n*, WZV *n*, W/Z(-Faktor) *m*, W/Z-Wert [*Wassergewicht geteilt durch Zementgewicht einer Betonmischung*] · water-cement ratio, water/cement ~, w/c ~

~-Zement-Verhältnis *n* → Wasser-Zement-Faktor

~-Zementwert *m* → Wasser-Zement-Faktor

~zufluß *m* · inflow of water

~zusatz *m*, Wasserbeigabe *f*, Wasserzusetzen *n*, Wasserbeigeben · addition of water, adding ~ ~

~zusetzen *n*, Wasserbeigeben, Wasserzusatz *m*, Wasserbeigabe *f* · addition of water, adding ~ ~

wäßrige Flüssigkeit *f*, wässerige ~ · aqueous liquid

~ Kunstharzemulsion *f*, Betonemulsion · concrete emulsion

~ Phase *f* · aqueous phase

wäßriges Holzschutzmittel *n* · aqueous wood preservative

Wattestreifen *m* · wad(ding) strip

WBau *m*, Wohnhausbau, Wohn(ungs)bau · housing (construction), domestic ~

WBauG *n*, Wohn(ungs)baugesetz *n* · housing law

WC-Anlage *f* · WC installation

W.C.-Dusch-Raum *m* · toilet-and-shower room

WC-Spüler *m* · flushing equipment

WE *n*, Wohn(ungs)eigentum *n* · horizontal property

Wechsel *m*, Auswechs(e)lung *f*, Balken(träger)~ [*DIN 104*] · trimming, framing

~(balken) *m*, Schlüsselbalken, Trumpfbalken · header [*A beam which carries the ends of beams which are cut off in framing around an opening*]

~beanspruchung *f*, Wechselspannung · alternating stress

~belastung *f* · alternate loading, changing ~

~biegefestigkeit *f*, Biegewechselfestigkeit · alternate bending strength

~diele *f* [*Auswechs(e)lung*] · header plank (unit)

~druck *m* [*Akustik*] · alternating component of pressure

~faltung *f* · alternate folding

~festigkeit *f* [*DIN 50100*] · alternate strength

~festigkeit *f* → Thixotropie

~holz *n*, Holzwechsel(balken) *m* · wood(en) header, timber ~ [*A wood(en) beam which carries the ends of beams which are cut off in framing around an opening*]

~klima *n* · alternate climate

~lage *f*, Wechselschicht *f* · alternate course

~last *f* · alternating load, changing ~

wechseln, aus~ [*Balken(träger)*] · to trim, to frame

Wechseln *n,* Aus~, Balken(träger)~ [*DIN 104*] · trimming, framing

wechselnde Deckenlast *f* → veränderliche ~

Wechselschicht *f,* Wechsellage *f* · alternate course

wechselseitige Durchdringung *f* **von Freiraum und Architektur** · alternating interpenetration of space and buildings

Wechsel|spannung *f,* Wechselbeanspruchung · alternating stress

~sparren *m,* Kehlschifter *m* · valley jack (rafter)

~spiel *n* · interplay

~stab *m,* Gegendiagonale *f,* Gegenschräge *f* · counter diagonal

~tauchversuch *m,* Wechseltauchprobe *f,* Wechseltauchprüfung *f* · alternate immersion test

~verformung *f* · cyclic deformation

Weg *m,* Galerie *f,* Gang *m* · alure [*An alley, walk or passage. A gallery behind a parapet*]

wegbürsten · to brush off

Wege|(belag)platte *f,* Wegefliese *f* · path tile

~fliese *f,* Wege(belag)platte *f* · path tile

Wegeinfassung *f* · path surround

Wege|kreuz *n* · wayside cross

~platte *f,* Wegebelagplatte, Wegefliese *f* · path tile

wegräumen, beseitigen [*(Abbruch-) Schutt*] · to remove

Wegwerf|filter *m, n* · throw-away-type filter, disposable ~

~haus *n* [*Es besteht aus Pappschaumstoff oder Preßspan und ist für 35 Jahre Lebensdauer konstruiert*] · disposable house, throw-away-type ~

~sack *m,* Einwegsack · disposable bag

Wehr|bau(werk) *m,* (*n*) [*Ein Bau, der durch Mauern, Bastionen usw. geschützt ist, z.B. Burg, Festung usw.*] · fortified structure

~kirche *f,* Kirchenburg *f* · fortified church

~turm *m,* fester Turm · pele, peel-tower [*One of the massive towers built in the border counties of England and Scotland, especially during the sixteenth century, as a defence against border raids*]

weibliche (Natur)Steinfigur *f* · (natural) stone female figure

Weich|asphalt *m* [*Fehlname*] → Weichbitumen

~beton *m,* weicher Beton [*Fehlname: plastischer Beton*] · high-slump concrete, buttery ~; plastic(ized) ~ (US); plastic(ised) ~ (Brit.)

~bitumen *n;* Weichasphalt *m* [*Fehlname*] · soft asphalt (US); ~ (asphaltic-) bitumen (Brit.)

Weichblei *n* · soft lead

~-Druckrohr *n* · soft lead pressure pipe

~(fein)blech *n* · soft lead sheet

~folie *f* · soft lead foil

~(grob)blech *n* · soft lead plate

~rohr *n* · soft lead tube

weiche Fuge *f* · compression joint [*It has an elastic sealing enclosing the joint*]

Weicheisendraht *m,* Reineisendraht · soft iron wire

weicher Beton *m* → Weichbeton

weiches Glas *n,* Weichglas · soft glass [*Glass with a relatively low softening point*]

~ Wasser *n* · soft water

weich|federnder Gehbelag *m* · soft walked-on finish

~gebrannt · soft burnt, ~ burned

Weich|glas *n,* weiches Glas · soft glass [*Glass with a relatively low softening point*]

~gummi *m* · soft rubber

~harz *n* · soft resin

Weichholz *n* · soft-textured wood

~(bretter)(fuß)boden(belag) *m,* Fhw *m* · soft-textured wood floor boarding

~faserbeton *m* · soft-textured wood fibre concrete (Brit.); ~ ~ fiber ~ (US)

~spanbeton *m,* Weichholzspänebeton · soft-textured chipped wood concrete

~spänebeton *m,* Weichholzspanbeton · soft-textured chipped wood concrete

Weich|-Kautschukschaum(stoff) *m,* Weich-Zellkautschuk *m* · soft expanded natural rubber

~kopal(harz) *m,* (*n*) . soft copal

~kunststoffschaum *m,* (Kunststoff-) Weichschaum, Weichschaum(kunst)-stoff *m* · flexible foam(ed) plastic, ~ expanded ~, ~ (plastic) foam

~laubholz *n* · soft hardwood

Weichlot *n* · soft solder [*A solder in which lead and tin are the principal constituents*]

~ mit rund 2 Teilen Blei und 1 Teil Zinn · plumber's solder [*A soft solder containing roughly two parts of lead to one part of tin and used for making wiped soldered joints and seams*]

Weich|löten *n* · soft soldering

~lötung *f* · soft soldering

~lumpen *mpl* · soft rags

~macher *m* [*Anstrichtechnik*] [*Flüssige oder feste, indifferente organische Substanz mit geringem Dampfdruck, überwiegend esterartiger Natur Sie kann ohne chemische Reaktion, vorzugsweise durch ihr Löse- bzw. Quellvermögen, u.U. aber auch ohne ein solches, mit hochpolymeren Stoffen in physikalische*

Wechselwirkung treten und ein homogenes System mit diesen bilden. Ein Weichmacher verleiht den mit ihm hergestellten Gebilden bzw. Überzügen bestimmte angestrebte physikalische Eigenschaften, wie z.B. erniedrigte Einfriertemperatur, erhöhtes Formänderungsvermögen, erhöhte elastische Eigenschaften, verringerte Härte und gegebenenfalls gesteigertes Haftvermögen] · plasticising resin, plasticiser (Brit.); plasticizing resin, plasticizer (IS)

~macher *m*, Verarbeitungshilfe *f*, Verflüssiger, Plastifizierungsmittel *n* · workability agent, water-reducing ~, workagent (Brit.); plasticising agent (US)

weichmacher|frei, weichmacherlos · without plasticiser (Brit.); ~ plasticizer (US)

~los, weichmacherfrei · without plasticiser (Brit.); ~ plasticizer (US)

Weich|paraffin *n* · soft paraffin wax

~pech *n*, Weichteerpech · soft base-tar, ~ (coal-tar) pitch

~polyäthylen *n*, PE weich · flexible polythene, ~ polyethylene

~polyäthylenrohr *n* [*DIN 19533 für Trinkwasserversorgung*] · flexible polythene pipe, ~ polyethylene ~

~-Polyurethan *n*, Weich-PUR · flexible polyurethane

~-Polyvinylchlorid *n*, Weich-PVC *n* · flexible PVC (resin), ~ polyvinylchloride (~)

~polyvinylchloridfolie *f*, Polyvinylchloridweichfolie, PVC-Weichfolie, Weich-PVC-Folie · flexible PVC film, ~ polyvinyl chloride ~

~-PUR *n*, Weich-Polyurethan . flexible polyurothane

~-PVC *n*, Weich-Polyvinylchlorid *n* · flexible PVC (resin), ~ polyvinyl chloride (~)

~-PVC-Folie *f*, PVC-Weichfolie, Polyvinylchloridweichfolie, Weichpolyvinylchloridfolie · flexible PVC film, ~ polyvinyl chloride ~

~schaum *m*, Kunststoffweichschaum, Weichkunststoffschaum, Weichschaum(kunst)stoff *m* · flexible foam(ed) plastic, ~ expanded ~, ~ (plastic) foam

~schaum(kunst)stoff *m*, (Kunststoff-)Weichschaum *m*, Weichkunststoffschaum · flexible foam(ed) plastic, ~ expanded ~, ~ (plastic) foam

~schaumstoff *m*, Weichschaumkunststoff, (Kunststoff)Weichschaum *m*, Weichkunststoffschaum · flexible foam(ed) plastic, ~ expanded ~, ~ (plastic) foam

~(teer)pech *n* · soft base-tar, ~ (coal-tar) pitch

~ton *m* · soft clay [*A clay which can be dug with a spade and samples easily mo(u)lded in the hand*]

~-Zellkautschuk *m*, Weich-Kautschukschaum(stoff) *m* · soft expanded natural rubber

~ziegel *m* · soft brick

Weide *f* [*Zum Binden beim Strohdach*] · willow sapling, sway

Weihwasserbecken *n* · stoup [*A vessel to contain holy water, sometimes free-standing, but usually fixed to, or carved out of, a wall placed near the door of a church*]

Weinholdgefäß *n*, Dewargefäß · Dewar flask, ~ vessel, vacuum bottle [*A silvered glass flask with double walls, the space between them being evacuated. It is used for the storage of liquid air*]

Wein|keller *m* · wine cellar

~stein *m* · tartar, addle

~(stein)säure *f* · tartaric acid

Weiß Carrara *m* [*Fehlname*] → Kalzit

Weiß|(anstrich)farbe *f* · white paint

~anstrich(schicht) *m*, (*f*), Weißaufstrich(schicht) · white (finish) coat(ing)

~asbest *m* · white asbestos

~beglasen *n*, Weißglasieren · white glazing

~beglasung *f*, Weißglasur *f* · white glaze(d finish), ~ glazing, ~ glazed coat(ing)

~beton *m* · white concrete

~betonrahmen *m* · white concrete frame

~betontafel *f* · white concrete panel

~blech *n*, (feuer)verzinntes Stahlfeinblech [*DIN 1541*] · tinplate

~branntkalk *m* · high-calcium quicklime, white ~, rich ~, pure ~

~breikalk *m* → Weißkalkbrei

Weiße *f* · whiteness

~, Kalkbrühe *f*, Kalkmilch *f*, Tünche *f* · whitewash, limewash, whitening, milk of lime [*A supsension of slaked lime in water resulting from slaking lime with excess water*]

„weiße" Architektur *f* · 'white' architecture [*Refers to colour of building materials used*]

~ Wandfliese *f*, ~ Wand(belag)platte · white wall tile

Weiße|anstrich *m* → Kalkmilchanstrich

~aufstrich *m* → Kalkmilchanstrich

weißen, kalken, tünchen, schlämmen · to whitewash, to whiten, to limewash, to limewhite

Weißen *n*, Schlämmen, Kalken, Tünchen · whitewashing, whitening, limewashing, limewhiting

weißer Fugenanstrich *m*, ~ Fugenaufstrich · pencilling [*Painting mortar joints of brickwork with white paint to bring out the contrast between the joints and the brickwork*]

„weißer" Funktionalismus *m* · 'white' Functionalism

~ Granulit *m*, Weißstein *m* · whitestone

~ (Guß)Asphalt *m* [*Fehlname*]; (Straßen)Markierungsmasse *f* · (road) marking compound, (~) ~ composition

~ italienischer Marmor *m* · white Italian marble, WIM

~ Leim *m*, Weißleim · white glue

~ Marmor *m*, Weißmarmor · pure marble, white ~

~ Mauerstein *m* → (künstlicher) Kalksandstein

~ Portlandzement *m* [*DIN 1164*] [*Durch Auswahl des Rohmaterials und besondere Brennbedingungen werden die dunkelfarbigen Bestandteile des Portlandzementklinkers zurückgedrängt*] · white Portland cement, ~ portland ~, WPC

~ Rost *m*, Zinkrost · white rust

~ Scherben *m* [*Keramik*] · white (clay)

~ Sichtbeton *m*, ~ Architekturbeton · white fair-faced concrete, ~ exposed ~

~ Temperguß *m*, Weißguß · white malleable casting

~ Ton *m* → Kaolin

~ Zement *m*, Weißzement · white cement

Weißerde *f* → Kaolin

weißes Hohlglas *n*, Weißglas · (white) flint, flint glass

~ Rauschen *n* [*Rauschen, dessen spektrale Intensitätsdichte über dem interessierenden Frequenzbereich konstant ist*] · white noise [*A noise whose spectral density is substantially constant over a significant frequency range. White noise need not necessarily be random*]

~ Steinzeug *n*, sanitäres ~, Sanitärsteinzeug [*Durchsichtige Glasur auf fast weißem, dichten, durchgesinterten Scherben*] · sanitary stoneware

Weiß|farbe *f*, Weißanstrichfarbe · white paint

weißgestrichen · white-painted

Weiß|glas *n*, weißes Hohlglas · (white) flint, flint glass

~glasieren *n*, Weißbeglasen · white glazing

~glasur *f*, Weißbeglasung *f* · white glaze(d finish), ~ glazing, ~ glazed coat(ing)

~granitsplitt *m* · white granite chip(ping)s

~guß *m*, weißer Temperguß · white malleable casting

Weißkalk *m*, Fettkalk *m* [*Fehlname: Marmorkalk*] · high-calcium lime, white (chalk) ~, rich ~, pure ~, fat ~, (lime-)stone ~, chalk ~, mountain ~ [*A non-hydraulic lime having a high content of calcium oxide (when a quicklime) or of calcium hydroxide (when a hydrated lime). These limes are normally fat limes*]

~brei *m*, Weißkalkteig *m*, Weißbreikalk *m*, Breiweißkalk [*DIN 1060. Mit Wasserüberschuß naß gelöschter, eingesumpfter Weißkalk*] · high-calcium lime putty, ~ ~ paste, white ~ ~, rich ~ ~, pure ~ ~

Weißkalk *m*, Fettkalk [*Fehlname: Marmorkalk*] · high-calcium lime, white (chalk) ~, rich ~, pure ~, fat ~, (lime-)stone ~, chalk ~, mountain ~ [*A non-hydraulic lime having a high content of calcium oxide (when a quicklime) or of calcium hydroxide (when a hydrated lime). These limes are normally fat limes*]

~hydrat *n* [*DIN 1060*] · hydrated white lime

~mörtel *m* · high-calcium lime mortar, white ~ ~, rich ~ ~, pure ~ ~

~teig *m* → Weißkalkbrei

Weiß|kopal *m* · white copal

~leim *m* → weißer Leim

~marmor *m* → weißer Marmor

~mastix *m* · white mastic

~mörtel *m* · white mortar

~pigment *n* · white pigment

weißpigmentiert · white(-)pigmented

Weiß|sand *m* · white sand

~siegel *n* [*Zinkweiß*] · white seal

~splitt *m* · white (stone) chip(ping)s

~stein *m*, weißer Granulit *m* · whitestone

~stück(en)kalk *m* [*DIN 1060*] · high-calcium lump lime, white ~ ~, rich ~ ~, pure ~ ~

~ton *m* → Kaolin

Weißzement *m*, weißer Zement · white cement

~-Asbestplatte *f*, Asbest-Weißzement-Platte · white asbestos-cement board, ~ ~ sheet; ~ cement asbestos ~ (US)

Weißzuschlag(stoff) *m* · white aggregate

weiten, auf~, aufbördeln [*Rohr*] · to expand

Weitervergabe *f* · subletting

weiträumig, geräumig · spacious, roomy

Weiträumigkeit *f*, Geräumigkeit · spaciousness

Weitspann|balken(träger) *m* · wide-span beam, long-span ~, large-span ~

~-(Beton)Fertigbalken(träger) *m* · large-span precast (concrete) beam, long-span ~ (~) ~, wide-span ~ (~) ~

~betonplatte *f*, Spannbeton-Weitspannplatte · prestressed (concrete) long-span slab, long-span prestressed (concrete) ~

~-Betonschalendach *n* · long span concrete shell roof

~bogen *m* · long-span arch

~dach *n* · large-span roof, long-span ~, wide-span ~

~(dach)bauwerk *n* · long-span (roof) structure

~deckenplatte *f* · long-span floor slab, wide-span ~ ~, large-span ~ ~

~-Fachwerkträger *m* · long-span trussed girder, wide-span ~ ~, large-span ~ ~, ~ lattice ~, ~ ~ beam

~-Fertigbalken(träger) *m*, Weitspann-Betonfertigbalken(träger) · large-span precast (concrete) beam, long-span ~ (~) ~, wide-span ~ (~) ~

~-Hohlbalkendecke *f* **mit kreisförmiger Aussparung** · long-span tube floor

~konstruktion *f* · long-span construction

~kuppel *f*, weitspannende Kuppel · long-span dome, ~ cupola

~mauerbogen *m* · wide-span wall arch

~rahmen *m* · wide-span frame

~rippe *f* · long-span rib

~schale *f* · long-span shell, wide-span ~, large-span ~

~-Schalengewölbe *n* · large-span shell vault, wide-span ~ ~, long-span ~ ~

Weitspann-Spannbeton|baueinheit *f* [*Fehlname*]; Weitspann-Spannbeton-(bau)element *n*, Weitspann-Spannbeton(bau)körper *m* · long-span prestressed (concrete) (building) unit, ~ ~ (~) (~) member, ~ ~ (~) (~) component, large-span ~ (~) (~) ~, wide-span ~ (~) (~) ~

~(bau)element *n*, Weitspann-Spannbeton(bau)körper *m* [*Fehlname: Weitspann-Spannbeton(bau)einheit*] *f* · long-span prestressed (concrete) (building) unit, ~ ~ (~) (~) member, ~ ~ (~) (~) component, large-span ~ (~) (~) ~, wide-span ~ (~) (~) ~

~(bau)körper *m*, Weitspann-Spannbeton(bau)element *n* [*Fehlname: Weitspann-Spannbeton(bau)einheit f*] · long-span prestressed (concrete) (building) unit, ~ ~ (~) (~) member, ~ ~ (~) (~) component, large-sapn ~ (~) (~) ~, wide-span ~ (~) (~) ~

~element *n*, Weitspann-Spannbetonbauelement, Weitspann-Spannbeton-(bau)körper *m* [*Fehlname: Weitspann-Spannbeton(bau)einheit f*] · long-span prestressed (concrete) (building) unit, ~ ~ (~) (~) member, ~ ~ (~) (~) component, large-span ~ (~) (~) ~, wide-span ~ (~) (~) ~

~körper *m*, Weitspann-Spannbetonbaukörper, Weitspann-Spannbeton(bau)-element *n* [*Fehlname: Weitspann-Spannbeton(bau)einheit f*] · long-span prestressed (concrete) (building) unit, ~ ~ (~) (~) member, ~ ~ (~) (~) component, large-span ~ (~) (~) ~, wide span ~ (~) (~) ~

Weitspann-Tragwerk *n* · long-span loadbearing system, wide-span ~ ~, large-span ~ ~

Weitsprunggrube *f*. long-jump pit

Weizen|mehlkleister *m* · wheat paste

~stärke *f* · wheat starch

~stroh *m* · wheat straw

~strohteer *m* · wheat-straw tar

Well|akustiktafel *f*, Wellschallschlucktafel, gewellte Schallschlucktafel, gewellte Akustiktafel · corrugated acoustic(al) panel, ~ sound-control ~, ~ (sound) absorbent ~, ~ (sound) absorbing ~

~alu(minium) *n* · corrugated aluminium (Brit.); ~ aluminum (US)

~alu(minium)dach(belag) *n*, (*m*), Wellalu(minium)(dach)(ein)deckung *f* · corrugated aluminium roof cover(ing), ~ ~ ~ sheathing (Brit.); ~ aluminum ~ ~ (US); ~ ~ roof(ing)

~anker *m* · corrugated anchor, ~ tie

Wellasbest *m* · corrugated asbestos

~dach *n* · corrugated asbestos roof

~platte *f*, Asbestwellplatte · corrugated asbestos board, ~ ~ sheet

~tafel *f*, Asbestwelltafel · corrugated asbestos panel, asbestos corrugated ~

~wand *f* · corrugated asbestos wall

Wellasbestzement|bedachung *f* → Wellasbestzementdach(belag)

~dach(belag) *n*, (*m*), Asbestzementwelldach(belag), Wellasbestzement-(ein)deckung *f*, Asbestzementwell(ein)-deckung, Wellasbestzementdach(ein)-deckung, Asbestzementwelldach(ein)-deckung, Wellasbestzementbedachung, Asbestzementwellbedachung · asbestos-cement corrugated roof cladding, corrugated asbestos-cement ~ ~, ~ ~ ~ covering, ~ ~ ~ sheathing, ~ ~ roof(ing)

~dachdeckung *f* → Wellasbestzement-dach(belag)

~dach(ein)deckung *f* → Wellasbestzementdach(belag)

~dachplatte *f*, Asbestzementwelldachplatte, Asbestzementdachwellplatte · asbestos-cement corrugated roof(ing) sheet, ~ ~ ~ board; cement asbestos ~ ~ ~ (US)

~deckung *f* → Wellasbestzementdach(-belag)

~(ein)deckung *f* → Wellasbestzement-dach(belag)

~platte *f*, Asbestzementwellplatte · asbestos-cement corrugated sheet, corrugated asbestos-cement ~, ~ ~ board; corrugated cement asbestos ~, cement asbestos corrugated ~ (US)

~platten *fpl*, Asbsetzementwellplatten · asbestos-cement corrugated sheeting, ~ ~ sheets, ~ ~ boards, corrugated asbestos-cement ~ [*B.S. 690*]; cement asbestos corrugated ~, corrugated cement asbestos ~ (US)

~tafel *f*, Asbestzement-Welltafel, gewellte Asbestzementtafel [*DIN 274*] · asbestos-cement corrugated panel, corrugated asbestos-cement ~; cement asbestos corrugated ~, corrugated cement asbestos ~ (US)

Well|bahn *f* · corrugated sheet(ing)

~-Baupappe *f*, Bauwellpappe · corrugated building paper, ~ general-use ~ [*See remark under 'Pappe'*]

~bedachung *f* → Welldach(belag)

~-Bedachungsbahn *f*, Well-Dachbahn, Well-Dach(ein)deck(ungs)bahn · corrugated roof(ing) sheet(ing)

~bitumenpappe *f*, Bitumenwellpappe · corrugated asphalt paper (US); ~ (asphaltic-)bitumen ~ (Brit.)

Wellblech *n* [*DIN 59231*] · corrugated metal

~bauten *f* · corrugated metal structures

~bedachung *f* → Wellblechdach(belag)

~-Bogendurchlaßrohr *n* · corrugated metal arch(ed) (culvert) pipe

~dach(belag) *n*, (*m*), Wellblech(dach)-(ein)deckung *f*, Wellblechbedachung · corrugated metal roof covering, ~ ~ ~ sheathing, ~ ~ ~ cladding, ~ ~ (sheet) roof(ing), ~ ~ sheet roof covering

~(dach)(ein)deckung *f* → Wellblechdach(belag)

~lochrohr *n*, durchlochtes Wellblechrohr, gelochtes Wellblechrohr · perforated corrugated metal pipe

~rohr *n*, Blech-Wellrohr · corrugated metal pipe, CMP

~silo *m* · corrugated metal silo

Well|bogen *m* · corrugated arch

~-Dachbahn *f*, Well-Bedachungsbahn, Well-Dach(ein)deck(ungs)bahn · corrugated roof(ing) sheet(ing)

~dach(belag) *n*, (*m*), Wellbedachung *f*, Well(dach)(ein)deckung · corrugated roof cladding, ~ ~ covering, ~ ~ sheathing, ~ roof(ing)

~-Dachdeck(ungs)bahn *f*, Well-Dacheindeck(ungs)bahn, Well-Bedachungsbahn, Well-Dachbahn · corrugated roof(-ing) sheet(ing)

~(dach)(ein)deckung *f* → Welldach(-belag)

~-Dach(ein)deck(ungs)bahn *f*, Well-Bedachungsbahn, Well-Dachbahn · corrugated roof(ing) sheet(ing)

~dachisoliermaterial *n* · corrugated roof insulating material, ~ ~ insulation ~

~dachisolierplatte *f* · corrugated roof insulating board, ~ ~ ~ sheet, ~ ~ insulation ~

~dachisolierung *f* · corrugated roof insulation

~dachplatte *f*, Dachwellplatte · corrugated roof(ing) sheet

~deckung *f* → Welldach(belag)

~drahtglas *n* → Wellendrahtglas

Welle *f* [*Rolladen*] · roller

~ [*Wellplatte; Welltafel*] · corrugation

Well(ein)deckung *f* → Welldach(-belag)

Wellen|bad *n* · indoor swimming pool with artificial waves

~band *n*, laufender Hund *m* · Vitruvian scroll, wave ~, running dog

~berg *m* [*Wellplatte; Welltafel*] · crown of corrugation

~bewegung *f* · wave motion

~bildung *f* · corrugation

~(dach)ziegel *m* · corrugated clay roof(ing) tile

Well(en)drahtglas *n*, Drahtwell(en)-glas · corrugated (rolled) wire(d) glass, CWG

~dach(belag) *n*, (*m*), Well(en)drahtglas(dach)(ein)deckung *f*, Drahtwell(en)glasdach(belag), Drahtwell(en)-glas(dach)(ein)deckung · corrugated (rolled) wire(d) glass roof cover(ing), ~ (~) ~ ~ ~ sheathing, ~ (~) ~ ~ roof(ing)

Wellenfläche *f* · undulating surface

wellen|förmige Translationsschale *f* · wave-form translation(al) shell

~förmiges Gewölbe *n* · undulated vault

Well(en)glas *n*, gewelltes Glas · corrugated (rolled) glass

Wellen|höhe *f* [*Wellplatte; Welltafel*] · pitch (of the corrugation(s)), depth (~ ~ ~)

~kalk(stein) *m*, Schaumkalk(stein) · aragonitic lime(stone)

~länge *f* [*Wellplatte; Welltafel*] · length of the corrugation(s)

~linie *f* · undulating line, wavy ~

~muster *n* · wave pattern

~nagel *m*, gewellter Nagel · corrugated fastener

Well(en)|schale *f* · corrugated shell

~schalendach *n* · corrugated shell roof, waved ~ ~

Wellen|tal *n* · valley of corrugation

~ziegel *m*, Wellendachziegel · corrugated clay roof(ing) tile

~ziegeldach(belag) *n*, (*m*), Wellenziegel(dach)(ein)deckung *f* · corrugated clay tile roof(ing), ~ ~ ~ roof cover(-ing), ~ ~ ~ roof sheathing

Well-Eternit|platte *f* , Eternit-Wellplatte, gewellte Eternitplatte · Eternit corrugated sheet, ~ ~ board

~(platten) *n*, (*fpl*), Eternit-Wellplatten · Eternit corrugated sheets, ~ ~ boards, ~ ~ sheeting

Well|feinblech *n* · corrugated metal sheet

~firsthaube *f* · corrugated ridge capping

~folie *f* · corrugated foil

~fugenband *n* · corrugated waterstop, ~ waterbar

~glastrennwand *f* · corrugated glass partition (wall)

~-Gleitkanal *m* → Well(hüll)rohr

~gummistreifen *m* · corrugated rubber strip

~hülle *f* → Well(hüll)rohr

~(hüll)rohr *n*, Wellröhre *f*, Wellhülle *f*, Well-Gleitkanal *m*, Well-Spannkanal · corrugated sheath(ing), ~ (sheet-) metal sheath [*prestressed concrete*]

~kunststoff *m* · corrugated plastic

~-Lochalu(minium) *n*, Loch-Wellalu(-minium) · perforated corrugated aluminium (Brit.); ~ ~ aluminum (US)

~metall *n* · corrugated metal

~papierplatte *f* [*organischer Dämmstoff*] · insulating corrugated cardboard, insulation(-grade) ~ ~

~pappe *f* · corrugated paper [*See remark under 'Pappe'*]

~platte *f* · corrugated sheet, ~ board

Wellplatten *fpl* · corrugated sheeting, ~ sheets, ~ boards

~dach(belag) *n*, (*m*), Wellplattenbedachung *f*, Wellplatten(dach)(ein)dekkung · corrugated sheet roof(ing), ~ ~ roof covering, ~ ~ roof cladding, ~ ~ roof sheathing

Well|plexiglas *n* [*Siehe Anmerkung unter „Plexiglas"*] · corrugated plexiglass (US); ~ perspex (Brit.)

~profil *n* · corrugated section, ~ unit, ~ shape, ~ trim, ~ profile

~putzblech *n* · corrugated sheet metal lath(ing)

~rippe *f* · corrugated rib

~rohr *n* → Wellhüllrohr

~röhre *f* → Well(hüll)rohr

~rohrkompensator *m*, Ausgleichwellrohr *n* · corrugated expansion pipe

~schallschlucktafel *f*, Wellakustiktafel, gewellte Schallschlucktafel, gewellte Akustiktafel · corrugated acoustic(al) panel, ~ sound-control ~, ~ (sound) absorbent ~, ~ (sound) absorbing ~

~-Spannkanal *m* → Well(hull)rohr

~tafel *f*, gewellte Tafel · corrugated panel

Wellung(en) *f*(*pl*) · corrugation(s)

Wellzinkblech *n*, Zinkwellblech · corrugated zinc sheet, ~ sheet zinc

welsche Haube *f*, Zwiebelhaube, Zwiebeldach *n*, Kaiserdach · imperial roof

Welterdbebengürtel *m* · world's earthquake belt

weltliche Architektur *f* → Profanbau(-kunst)

~ Baukunst *f* → Profanbau(kunst)

~ Gotik *f*, Profangotik · non-ecclesiastical Gothic (style), civic ~ (~), secular ~ (~), profane ~ (~)

weltlicher Bau *m* → Profanbau

Welt(zeit)uhr *f* · time clock of the world's capitals

Wende|fenster *n*, Wendeflügelfenster · vertical(ly) pivoted sash window

~(fenster)flügel *m* [*DIN 1001*] · vertical(ly) pivoted sash

~(flügel)fenster *n* · vertical(ly) pivoted sash window

~flügelladen *m* · vertical(ly) pivoted shutter

~flügeltür *f* · vertical(ly) pivoted door

Wendeln *n* [*Treppe*] · winding

Wendel|-Parkhaus *n* · spiral ramp car park

~rampe *f*, Spiralrampe, Schraubenrampe · spiral ramp, helic(oid)al ~, circular ~, helicline, ramp tower

~stein *m*, Treppenturm *m* [*Gebäudeteil, in dessen Innern eine Wendeltreppe liegt. Beispiel: Albrechtsburg in Meißen*] · spiral stair(case) tower

~stufe *f* · winder

Wendeltreppe *f*, gewendelte Treppe, Schnecke *f*, Spindel *f* · spiral stair(case)

~ mit offener Spindel, gewendelte Treppe ~ ~ ~, Hohltreppe · helical stair(case), open well ~, open-newel ~

Wendelung *f* [*Treppe*] · winding

Wenko-Decke *f* · Wenko reinforced block floor

Werbe|schild *n*, Reklameschild · advertising sign

~wand *f*, Reklamewand · advertising wall

Werfen *n*, Verziehen, Durchbiegung *f* [*Die während der Herstellung manchmal entstehende geometrische Abweichung eines ff. Steines von seiner Soll-Form*] · warpage

Werfthalle *f*, Wartungshalle, Flugzeug~ · technical (aircraft) hangar, aircraft maintenance ~, maintenance ~

Werg *n* · oakum

Werk|blei *n*, silberhaltiges Blei [*Es wird durch Niederschlagsarbeit, Röstreaktionsarbeit oder Röstreduktionsarbeit gewonnen*] · workable raw lead, argentiferous ~

~boden(belag) *m* → Industrie(fuß)-boden(belag)

~brücke *f* · inter-plant bridge

~feuerwehr *f*, Betriebsfeuerwehr · works fire brigade

~(fuß)boden(belag) *m* → Industrie-(fuß)boden(belag)

~(fuß)bodenplatte *f*, Fabrik(fuß)bodenplatte, Betriebs(fuß)bodenfliese, Industrie(fuß)bodenplatte, Industrie-(fuß)bodenfliese · industrial floor(ing) tile

~gebäude *n*, Fabrikgebäude, Industriegebäude · factory building, ~ block, industrial ~

werk|gemischter Betonkiessand *m* · plant-mix(ed) gravelly sand (concrete) aggregate, ~ sandy gravel (~) ~

~gestrichen · mill-painted, factory-painted

Werk|-Grundanstrichmittel *n*, Werkgrund(ierung) *m*, (*f*), Werkgrundiermittel, Fertigungsgrund(ierung), Fertigungsgrundiermittel, Fertigungs-Grundanstrichmittel · shop primer, factory ~

~grundieren *n*, Werkgrundierung *f*, Fertigungsgrundieren, Fertigungsgrundierung · shop priming, factory ~

~grundiermittel *n*, Werk-Grundanstrichmittel, Werkgrund(ierung) *m*, (*f*), Fertigungsgrund(ierung), Fertigungsgrundiermittel, Fertigungs-Grundanstrichmittel · shop primer, factory ~

werkgrundiert · factory primed, shop ~

Werk|grund(ierung) *m*, (*f*), Werkgrundiermittel *n*, Werk-Grundanstrichmittel, Fertigungsgrund(ierung), Fertigungsgrundiermittel, Fertigungs-Grundanstrichmittel · shop primer, factory ~

~grundierung *f*, Werkgrundieren *n*, Fertigungsgrundierung · shop priming, factory ~

~halle *f*, (Werk)Rahmenhalle, Industrie(rahmen)halle, Fabrikhalle, (Fabrikrahmen)Halle · factory (frame(d)) building, ~ (~) block, industrial (~) ~

~kantine *f* · works canteen

~küche *f* · industrial kitchen

~labor(atorium) *n* · factory lab(oratory)

~leimung *f* · factory bonding

~naht *f* · mill weld

~probe *f*, Werkversuch *m*, Werkprüfung *f* · fabricators' test, manufacturers' ~, makers' ~

~prüfung *f*, Werkprobe *f*, Werkversuch *m* · fabricators' test, manufacturers' ~, makers' ~

(~)Rahmenhalle *f*, Werkhalle, Industrie(rahmen)halle, Fabrikhalle, (Fabrikrahmen)Halle · factory (frame(d)) building, ~ (~) block, industrial (~) ~

Werkstatt *f*, Werkstätte *f*, Betrieb *m* [*Eine Erzeugungsstätte jeder Art kleinen, also handwerklichen, Umfangs, z.B. für Betonstein*] · shop

~fenster *n* · (work)shop window

~fertigung *f* · (work)shop fabrication

werkstattgenietet · shop-riveted

Werkstatt|grundierung *f* · shop priming [*The act of priming new wood or iron work on the makers' premises prior to the delivery in the primed condition*]

~grund(ierung) *m*, (*f*), Zinkstaub-Werkstattgrund(ierung), zinkstaubreiche (Anstrich)Farbe *f*, Kaltzinkfarbe, Zinkstaubgrund(ier)farbe · zinc-rich paint, cold galvanising ~, zinc dust shop primer [*A paint, the pigment of which is zinc powder. It is used as a primer and as a special protection for steel*]

~halle *f* · (work)shop building, ~ block

~niet *m* · shop rivet

~-Schweißstelle *f* · shop weld [*A weld made in a workshop*]

~zeichnung *f* · (work)shop drawing

Werkstein *m*, Natur~, Haustein [*Der nach einem Versatzplan mit bestimmtem Fugenschnitt gearbeitete Haustein*] · (stone) ashler, (~) ashlar; hewn stone (US)

~auskleidung *f* → Natur~

~bau(werk) *m*, (*n*), Natur~, Hausteinbau(werk) · (stone) ashlar structure, (~) ashler ~; hewn stone ~ (US)

~bekleidung *f* → (Natur)Werksteinauskleidung

~gewölbe *n*, Natur~, Hausteingewölbe · (stone) ashlar vault, (~) ashler ~; hewn ston ~ (US)

~mauerwerk *n*, Natur~, Hausteinmauerwerk [*DIN 1053*] · (stone) ashlar masonry (work), (~) ashler ~ (~); hewn stone ~ (~) (US)

~platte *f*, Natur~, Hausteinplatte · (stone) ashlar slab, (~) ashler ~; hewn stone ~ (US)

~verband *m*, Natur~, Hausteinverband · (stone) ashlar bond, (~) ashler ~; hewn stone ~ (US)

~verkleidung *f* → (Natur)Werksteinauskleidung

(Werk)Stoff *m*, Material *n* · material

~ höchster Warmfestigkeit, Material *n* ~ ~ · high-temperature (engineering) material

~aufbereitung *f*, (Material)Aufbereitung · (materials) processing, (~) dressing, (~) preparation

~bedarf *m*, Materialbedarf · material(s) requirement

~bezeichnung *f*, Materialbezeichnung · material designation

~dicke *f*, Materialdicke · material thickness

(Werk)Stoffehler *m*, Materialfehler · material defect, ~ flaw

(Werk)Stoffeinheitspreis *m*, Materialeinheitspreis · material unit price, ~ ~ rate

(Werk)Stoffestigkeit *f*, (Material-)Festigkeit · (material(s)) strength

(Werk)Stoff|kennwert *m*, Materialkennwert · material constant

~knappheit *f*, (Werk)Stoffverknappung *f*, Materialverknappung, Materialknappheit · material(s) shortage

~preisgleitklausel *f*, Materialpreisgleitklausel · materials fluctuation clause, ~ variation ~

~prüfmaschine *f*, Materialprüfmaschine · material(s) testing machine

~technik *f*, Materialtechnik · materials engineering

~verfestigung *f*, Materialverfestigung · hardening

~verfestigungsregel *f*, Materialverfestigungsregel · hardening rule

~verhalten *n*, Materialverhalten · material behaviour (Brit.); ~ behavior (US)

~verknappung *f*, (Werk)Stoffknappheit *f*, Materialverknappung, Materialknappheit · material(s) shortage

~wahl *f*, Materialwahl · selection of material(s)

Werkstoß *m* · milled joint [*of a steel structure*]

Werkswohnung *f* · firm's dwelling unit (US); ~ dwelling (Brit.)

Werk|tagskapelle *f* · week-day chapel

~verkehr *m* · works traffic

~versuch *m*, Werkprüfung *f*, Werkprobe *f* · fabricator's test, manufacturers' ~, makers' ~

~würfelfestigkeit *f* · works cube strength

(Wert)Bereich *m* · range [*The difference between the highest and the lowest value*]

Wertigkeit *f*, chemische ~ · valence, valency

Wert|lager *n* · bonded store

~steigerung *f* · increment value; excess ~ (US)

~stelle *f* · safe deposit

~zuwachssteuer *f* [*im Grundstückswesen*] · betterment levy, increment value tax

westafrikanischer Kopal *m* · West African copal

West|bau *m* → Westwerk

~block *m* · westblock [*A multistor(e)y gallery at the west end of some German and Netherlandish churches, surmounted by towers or turrets*]

~chor *m* · west(ern) choir, ~ quire

~empore *f* · west(ern) gallery

~fassade *f* · west(ern) façade

~fenster *n* · west-facing window

~giebel *m* [*griechischer Tempel*] · west(ern) pediment

~joch *n* · west(ern) bay

westliche Baukunst *f*, ~ Architektur *f* · Western architecture

westlicher byzantinischer Stil *m* · western Byzantine style

westliches Querschiff *n*, ~ Querhaus · west(ern) transept

West|orientierung *f* · west orientation

~portal *n* · west(ern) portal

~querhaus *n*, Westquerschiff *n* · west(ern) transept

~seite *f* · west(ern) side

~turm *m* · west(ern) tower

~vorhalle *f* · west(ern) porch

~wand *f* · west(-facing) wall

~werk *n*, Westbau *m* [*Selbständiger Vorbau im Westen frühmittelalterlicher Basiliken*] · westwork [*A sanctuary at the west end of the nave either on the ground or first floor of a forttess-like west tower, flanked by turrets and transepts*]

Wettbewerbs|arbeit *f* · competition design

~beitrag *m* · competition entry

~entwurf *m* · competitive design

wetterbeständig, witterungsfest, wetterfest, witterungsbeständig · weatherproof(ed), weather-resistant, weather-resisting, WP

Wetter|beständigkeit *f*, Wetterfestigkeit, Witterungsbeständigkeit, Witterungsfestigkeit · weathering quality, weather resistance, resistance to (the action of) weather, weather proofness

~dach *n*, Wetterschutzdach · hood [*A canopy to throw rainwater off a window, door or other opening*]

wetterecht [*Anstrichfarbe*] · weatherfast

Wetterfahne *f* · weather vane

wetterfest, witterungsbeständig, witterungsfest, wetterbeständig · weatherproof(ed), weather-resistant, weather-resisting, WP

~beschichtet · weather-coated

wetterfester (Bau)Stahl *m*, witterungsbeständiger ~, schwerrostender ~ · weather-resistant (construction(al)) steel, weather-resisting (~) ~, weatherproof (~) ~, ~ structural ~, ~ ~ grade ~

Wetterfestigkeit *f*, Wetterbeständigkeit, Witterungsbeständigkeit, Witterungsfestigkeit · weathering quality, weather resistance, resistance to (the action of) weather, weather proofness

wettergeschützt · no weathering exposure, NW

Wetter|hahn *m* · weather cock

~haut *f* · weather skin

„wettern", altern, verwittern [*Steinzeugindustrie*] · to store, to age

Wetter|richtung *f* · prevailing weather

~schenkel *m*, Wasserschenkel · water bar

Wetterschutz *m*, (Fassaden)Imprägnierung *f*, (Fassaden)Imprägnier(ungs)mittel *n*, (Fassaden)Imprägnier(ungs)anstrich(mittel) *m*, (*n*), (Fassaden)Imprägnier(ungs)anstrichstoff *m* · waterproof(ing) compound, ~ coating (material), waterproofing, penetrating sealer, water repellent, penetrating aid, water repelling agent

~anstrich *m*, Wetterschutzaufstrich, Imprägnier(ungs)anstrich, Imprägnier(ungs)aufstrich · waterproof(ing) coat

~aufstrich *m*, Wetterschutzanstrich, Imprägnier(ungs)anstrich, Imprägnier(ungs)aufstrich · waterproof(ing) coat

Wetter|(schutz)dach *n* · hood [*A canopy to throw rainwater off a window or door or other opening*]

~seite *f* · weather face, ~ side

~teer *m*, alterungsbeständiger Straßenteer · weather-resistant tar

Wetthalle *f* · betting hall

Wichte *f*, Raumgewicht *n*, Gewicht je Raumeinheit · density [*weight per unit volume*]

WHK-Leim *m*, Klemmleim [*Nach dem Erfinder Klemm benannter Kaltleim*] · Klemm glue

Wickel|apparatur *f* [*Dachpappenmaschine*] · winding reels

~bandage *f* · wrap-around insulation

~behälter *m* [*aus Spannbeton*] · preload tank

~maschine *f* [*Dachpappenanlage*] · winder

~maschine *f* [*Herstellung von Spannbetonbehältern*] · wire-winding machine, preload ~, merry-go-round

~maschine *f*, Um~, (Rohr)Bandagiermaschine · wrapping machine

~vorrichtung *f* [*Dachpappenanlage*] · roll roofing winding mandrel

Widerlager *n* · (a)butment [*It resists the lateral thrust of an arch or vault*]

~mauerwerk *n* · abutment masonry

~stein *m* [*H(o)urdiplattendecke*] · shear(ing) block

Widerstand *m*, Beständigkeit *f*, Festigkeit · resistance [*Ability to resist attacks*]

~ gegen Beschädigungen, Beständigkeit *f* ~ ~, Festigkeit ~ ~ · damage resistance

Widerstands|fähigkeit *f* **gegen Scheiteldruck**, Scheiteldruckfestigkeit [*Rohr. DIN 52150*] · crushing strength

~grad *m*, Festigkeitsgrad, Beständigkeitsgrad · degree of resistance

~hartlöten *n*, elektrisches ~, (elektrische) Widerstandshartlötung *f* · resistance brazing, ~ hard soldering

~moment *n* [*Es wird ermittelt aus dem Trägheitsmoment durch Teilung mit dem größten Faserabstand von der Spannungsnullinie*] · section modulus, ~ factor

~patentieren *n* · patenting by electrical resistance heating

~schicht *f* → Nutzschicht

Widmungsinschrift *f* · dedicatory inscription

Wiederaufbau *m* · rebuilding

wiederaufbauen · to rebuild

Wieder|aufbereitung *f* [*Beton; Mörtel*] · retempering [*Restoring the plasticity of partially hardened concrete or mortar by adding water and remixing*]

~bedachen *n*, Nachbedachen · reroofing

~belebung *f* **des Palladianismus** · Palladian revival

~herstellung *f* · rehabilitation

~hol-Streubereich *m* [*Ein Beobachter (englisch: analyst, operator) an* **einem** *Meßgerät*] · repeatability range

~holungsprobe *f*, Wiederholungsprüfung *f*, Wiederholungsversuch *m* · repeat test

~holungsprüfung *f*, Wiederholungsversuch *m*, Wiederholungsprobe *f* · repeat test

~holungsversuch *m*, Wiederholungsprüfung *f*, Wiederholungsprobe *f* · repeat test

~kehr *f* **der Form**, Rapport *m* [*Dekoration, z.B. Fries*] · repeat design

~kehr *f* **des Musters**, Rapport *m* · [*(Papier)Tapete*] · repeat design

~kehrdach *n*, Kehlendach, Dach mit Wiederkehr · intersecting roof, intersection ~, roof with valley, valley roof [*A pitched roof with a V-shaped cross-section*]

~kreuz *n* · Flory cross

~verwendung *f* · re-use

Wiegegenauigkeit *f* · sensibility of a balance

Wiegen *n*, Ver~, Wägung *f* · weighing

Wiegmannbinder *m*, Polonceaubinder, Polonceauträger · Polonceau (roof) truss, Wiegmann (~) ~

(Wiener) Stab(fuß)boden *m* → Riemen(fuß)boden

WIG-(Schweiß)Verfahren *n*, Wolfram-Inert-(Schweiß)Verfahren, Wolfram-Inert-Gasschweißverfahren · gas tungsten arc welding method

wilde Bebauung *f*, regellose ~, sporadische ~ · sporadic building, haphazard ~

~ Frau *f* · wild woman

~ Rißbildung *f* · random cracking

~ Seide *f* · wild silk

wilder Mann *m* [*Im 15. und 16. Jahrhundert besonders als Schildhalter im Wappen auftretende nackte, behaarte Männer mit Laubkränzen um Kopf und Hüfte, mit Keulen bewehrt*] · wild man

~ Riß *m* · random crack

~ Verband *m* [*Möglichst viele Läufer ergeben ein unregelmäßiges Bild. Die zur Durchbindung erforderlichen Köpfe sind so verteilt, daß sie in einem jeweils übersehbaren Abschnitt möglichst nicht übereinander liegen. Läufer und Abtreppungen von 1/4-Steinen sollten sich nicht mehr als fünfmal wiederholen*] · random (masonry) bond

Wildpflasterstein *m*, Schroppenpflasterstein · irregular (paving) sett

Williotscher Verschiebungsplan *m*, Williotplan [*Er dient zur graphischen Bestimmung der Verschiebungen der Knotenpunkte eines Fachwerkträgers infolge der elastischen Längenänderungen der Stäbe*] · Williot('s) diagram

willkürliche Annahme *f* · arbitrary assumption, ~ hypothesis

~ Konstante *f* · arbitrary constant

willkürliches Momentendiagramm *n* · arbitrary moment diagram

Wimperg *m* [*Giebelartiger offener Überbau von gotischen Portalen und Fenstern, oft mit Maßwerk geschmückt*] · openwork gablet

Wind|angriffsfläche *f* · wind area

~auftrieb *m* · wind uplift

~ausfachung *f* · frame diaphragm

~aussteifung *f* · wind bracing

~beanspruchung *f* · wind stress

~belastung *f* · wind loading

~blende *f*, Windschutz *m* · wind screen(ing)

~brett *n* → Stirnbrett

~brett *n*, Windfeder *f* · gable board, verge ~, barge ~ [*Barge boards are placed at gable ends to conceal the projecting ends of the roof purlins or timbers, they are frequently carved into an ornamental feature*]

~dröhnung *f* [*Metallbedachung*] · wind drumming

~druck *m* · wind pressure

(~)Druckbeiwert *m* · (wind) pressure coefficient

Winddruck|kraft *f* · wind pressure force

~last *f* · load due to wind pressure

~verteilung *f* · wind pressure distribution

~wirkung *f* · wind pressure effect

Winde *f* [*Glasschmelzfehler*] · wavy cord

windeingetragene Achsialkraft *f* · wind-induced axial force

Windel|boden *m* → Windelpuppenboden

~(puppe) *f*, Strohlehmwickel *m*, Stroh-Lehm-Strick *m* · twisted straw

~(puppen)boden *m*, Strohlehmwickelboden, Stroh-Lehm-Strickboden [*Einschub von Holzbalkendecken*] · twisted straw deafening, ~ ~ deadening

Windfang *m* · draught preventer, ~ excluder, ~ lobby (Brit.); draft ~ (US)

~gehäuse *n* [*Drehtür*] · draughtproof lobby (Brit.); draftproof ~ (US)

~tür *f* · draughtproof door (Brit.); draftproof ~ (US)

Wind|feder *f* → Windbrett

~frischen *n* [*Stahlerzeugung*] · air blowing, ~ refining, converting (with air), purifying (with air)

~frischstahl *m* · air blown steel, ~ refined ~

~gasse *f* · storm lane

~geschwindigkeit *f* · wind velocity, WV

~höchstgeschwindigkeit *f*, Höchstwindgeschwindigkeit · maximum wind velocity

windiges Glas *n* · glass with wavy cords

Wind|kanalmodell *n* · wind tunnel model

~kanaluntersuchung *f* · wind-tunnel investigation

~klammer *f* [*Dach*] · wire tie

~komponente *f*, Teilkraft des Windes · wind component

~kraft *f* · wind force, WF

~kraftannahme *f* · wind-force assumption

~kräftediagramm *n* · wind force diagram, WF ~

~kraftverteilung *f* · wind-force distribution

Windlast *f*, Verkehrslast aus Wind [*DIN 1055 Bl. 4*] · wind load, WL [*The force exerted by wind on a structure or part of a structure*]

~ableitung *f* · transfer of wind load

~moment *n* · wind load moment

~vorschrift *f* [*DIN 1055*] · wind load regulation

~wert *m* · value of wind load, wind load value

Wind|latte *f* → Windrispe

~melder *m* · wind speed alarm [*It protects cranes, scaffolds, and workers from accidents caused by high winds*]

~moment *n* · wind moment

~momentengleichung *f* · wind-moment equation

~momentverbindung *f* · wind moment connection

~richtung *f* · wind direction, WD

~rispe *f*, Strebeschwarte *f*, Schwibbe *f* Sturmlatte *f*, Windlatte · sprocket (piece) cocking ~

~scheibe *f* · shear wall

~schubmoment *n* · wind-shear moment

~schutz *m*, Windblende *f* · wind screen(ing)

~seite *f* · windward side

~sichterzement *m* · air-separated cement

(Wind)Sog *m* · (wind) suction

~beiwert *m* · (wind) suction coefficient

~kraft *f* · (wind) suction force

~wirkung *f* · (wind) suction effect

Wind|standfestigkeit *f* · wind stability

~staub *m* · wind-blown dust

~strebe *f* · wind brace, ~ beam [*A beam inserted into a structure solely to resist wind force*]

~strebenflansch *m*, Windstrebengurt(ung) *m*, (*f*) · wind braced boom, ~ ~ flange, ~ ~ chord

~strebengurt(ung) *m*, (*f*), Windstrebenflansch *m* · wind braced boom, ~ ~ flange, ~ ~ chord

~- und Staubschutzpflanzung *f* · wind and dust protection planting

~untersuchung *f* · wind study

~verband *m*, Windversteifung *f*, Windverspannung · wind bracing

~verbandanschluß *m* · wind bracing connection

~verhältnisse *f* · wind conditions

~verspannung *f*, Windversteifung, Windverband *m* · wind bracing

~versteifung *f*, Windverspannung, Windverband · wind bracing

~wirkung *f* · wind effect

Winkel *m*, Scheinecke *f* [*Baubeschlag*] · sash angle

~ [*Zeichengerät*] · triangle (US); set-square

~änderung *f* · angular change

~aussteifung *f*, Winkelversteifung, Winkelverstärkung · angle stiffening

~(bade)wanne *f* · square corner (bath-)tub, ~ ~ bath

~band *n*, Bandholz *n*, Kopfband, Kopfbiege *f*, Bugholz, Strebenband(holz) [*Unter 45° oder mehr geneigtes Holz, das zwischen Pfetten oder Balken(trägern) und den unterstützenden Stielen oder Pfosten zur Verringerung der Stützweite der Biegeglieder und als Längsaussteifung dient*] · strut, (angle) brace

~band *n* [*Dieser Baubeschlag besteht aus einem kräftigen Stahlblechwinkel, an dessen senkrechtem Schenkel eine Hülse sitzt, die auf einem Kloben läuft*] · angle hinge

~(belag)platte *f* **mit Wulst**, Winkelfliese ~ ~ · angle bead tile fitting

~block(stein) *m*, Eckblock(stein), Winkelstein, Eckstein · angle block, ~ tile [*See remark under 'Block'*]

~dach *n* · roof with 45° pitch

~eisen *n* [*Fehlname*]; Winkelstahl *m* [*DIN 1022, DIN 1028, DIN 1029*] · steel angle

~fliese *f* **mit Wulst**, Winkel(belag)platte *f* ~ ~ · angle bead tile fitting

winkelförmiger Bleilappen *m*, Bleigebindewinkel *m*, Gebindebleiwinkel · lead soaker

~ Lappen *m*, Gebindewinkel *m* · soaker [*A small piece of flexible metal cut to shape by the plumber and laid by the slater to interlock with slates or tiles. It makes a watertight joint at a hip or valley or at an abutment between a roof and a wall. It is bent at right angles for an abutment or at an obtuse angle for a valley*]

Winkelgeschwindigkeit *f* · angular velocity

wink(e)lige Einspannung *f* · angular restraint

Winkeligkeit *f* · angularity

Winkel|kapelle *f* · angle chapel

~maß *n* · angular measure

~messer *m* **für Flächenwinkel** · goniometer

~messer *m* **für Linienwinkel** · (circular) protractor

~oberschwelle *f*, Winkelsturz *m* · angle lintel; ~ lintol [*deprecated*]

~pavillon *m*, Eckpavillon · angle pavillon, wing ~

~platte *f* **mit Wulst**, Winkelbelagplatte ~ ~, Winkelfliese *f* ~ ~ · angle bead tile fitting

~(profil) *m*, (*n*) · angle (section), ~ bar, L-section

~quader *m*, Eckquader · (natural) stone (angle-)quoin

winkelrechte Seitenkraft *f*, senkrechte ~, lotrechte ~, Vertikalkomponente *f* · vertical component

Winkel|schutz *m* · angle guard

~schwelle *f*, Winkeltürschwelle · L threshold, angle ~

~stahl *m* [*DIN 1022, DIN 1028, DIN 1029*]; Winkeleisen *n* [*Fehlname*] · steel angle

~stahlpfette *f* · angle iron purlin(e), ~ steel ~

~stahlstütze *f* · steel angle stanchion

~-Stegverbindungsstück *n* · angle separator [*For steel beams*]

~stein *m*, Eckstein · (angle-)quoin, coign

~stein *m*, Eckstein, Winkelblock(stein) *m*, Eckblock(stein) · angle block, ~ tile [*See remark under 'Block'*]

~stellung *f* **einer Lamelle**, Lamellenwinkel *m* · slat angle

~stift *m* · corner pin

~stufe *f* · angle(-type) step

~stufe *f* **mit Bartprofil** · angle(-type) step with nosing

~stufe *f* **mit unterschnittenem Profil** · overhanging angle(-type) step

~sturz *m*, Winkeloberschwelle *f* · angle lintel; ~ lintol [*deprecated*]

~stütze *f*, V-Stütze [*Sie gabelt sich vom Auflager in zwei Äste*] · V-column, V-shaped column

~(tür)schwelle *f* · L threshold, angle ~

~verrückung *f* · angular displacement

~verstärkung *f*, Winkelversteifung, Winkelaussteifung · angle stiffening

~versteifung *f*, Winkelaussteifung, Winkelverstärkung · angle stiffening

~wanne *f*, Winkelbadewanne · square corner (bath)tub, ~ ~ bath

~wulstprofil *n*, Wulstwinkel *m*, Bulbwinkel(profil) [*DIN 8093*] · bulb-angle

Winklersche Theorie *f*, Biegetheorie für gekrümmte Stäbe von W. Winkler [*1858*] · thick curved bar type of analysis given by Winkler, ~ ~ member ~ ~ ~ ~ ~ ~

~ Zahl *f* [*Zahlenwert zur Bestimmung der Biegemomente und Querkräfte von Durchlaufträgern*] · Winkler's value

Winter|bau *m* · winter construction

~betrieb *m* [*Heizung*] · winter service

~fenster *n*, Kastenfenster [*Ein doppeltes Fenster. Die Fensterflügel haben einen Abstand von 9 cm; das die beiden Blendrahmen verbindende Holz bildet den „Kasten"*] · winter window

~garten *m* · winter garden

~hochbau *m* · winter building (construction)

~-Klima(tisierungs)anlage *f* · winter (air) conditioning system, ~ (~) ~ plant, ~ (~) ~ installation

~pause *f* [*bei Bauarbeiten*] · lay-off in winter

~tür *f* · storm door [*An additional inner door, used in winter, to insulate a house from hard weather*]

Wirbel|straße *f*, Karmansche ~ · (von Karman) vortex trail, (~ ~) eddy ~

~sturm-Schutzkeller *m* · cyclone cellar

wirken, ein~ · to act

wirksam · effective

wirksame Dicke *f* [*Fehlname: wirksame Stärke f*] · effective thickness

~ Höhe *f* · effective height

~ Korngröße *f* · effective size (Hazen) (D_{10}) [*The grain size on a mechanical analysis curve corresponding to W% = 10*]

~ Länge *f* · effective length

~ Plattenhöhe *f* · effective depth of slab

~ Schornsteinhöhe *f* [*Die Höhe von Rost oder Brenner oder Strömungssicherung der Feuerstätte bis zur Schornsteinmündung*] · effective chimney height

~ Stärke *f* [*Fehlname*], wirksame Dicke *f* · effective thickness

wirksamer Querschnitt *m* · effective cross-section

Wirkstoff *m* → Zusatz(mittel)

~pulver *n*, Zusatzpulver · powder(ed) admix(ture) [*A powder added in small quantities to the mix(ture) to produce some desired modifications to the properties of the mix(ture) or of the hardened product*]

~pulver *n*, Zusatzpulver · powder(ed) additive [*A powder added in small quantities to the binder to produce some desired modifications to the properties of the mix(ture) or of the hardened product*]

Wirkung *f*, Ein~ · action

Wirkungs|grad *m* [*Heizung*] · room efficiency

~linie *f* · line of action

Wirtel *m* → Schaftring

wirtschaftliche Höhe *f* · economical height

~ Nutzung *f* · economic utilization (US); ~ utilisation (Brit.)

Wirtschaftsgebäude *npl* [*in der Palastanlage von Khorsabad*] · service quarters

Wirtschafts|hof *m* [*in der Palastanlage von Khorsabad*] · grand entrance court

~plan *m* → Flächenaufteilungsplan

Wischer *m*, Haarriß *m* [*Fehler im optischen Glas*] · sleek

Wismut|blende *f* · bismuth blende, eulytite

~glanz *m*, Bismuthin *m*, Bi_2S_3 (Min.) · bismuthinite, bismuth glance

~ocker *m*, Bismit *m*, Bi_2O_3 (Min.) · bismite; bismuth ochre (Brit.); bismuth ocher (US)

witterungs|beständig, wetterfest, witterungsfest, wetterbeständig · weatherproof(ed), weather-resistant, weather-resisting, WP

~beständiger (Bau)Stahl *m*, wetterfester ~, schwerrostender ~ · weather-resistant (construction(al)) steel, weather-resisting (~) ~, weatherproof (~) ~, ~ structural ~, ~ ~ grade ~

Witterungs|beständigkeit *f*, Witterungsfestigkeit, Wetterbeständigkeit, Wetterfestigkeit · weathering quality, weather resistance, resistance to (the action of) weather, weather proofness

~element *n* · weathering element [*rain; sun; wind; snow; hail; dew; air; ice; frost; heat*]

witterungsfest, wetterbeständig, wetterfest, witterungsbeständig · weatherproof(ed), weather-resistant, weather-resisting, WP

Witterungs|festigkeit *f*, Witterungsbeständigkeit, Wetterbeständigkeit, Wetterfestigkeit · weathering quality, weather resistance, resistance to (the action of) weather, weather proofness

~schutzanstrich *m*, Witterungsschutzaufstrich · weather-coat

~schutzanstrichmittel *n*, Witterungsschutzanstrich(stoff) *m*, Witterungsschutzaufstrich(stoff), Witterungsschutzaufstrichmittel · weather-coating (material)

~sperre *f* · weather-resisting barrier [*e.g. in joints in external walls and columns*]

Wochenendhaus *n* · week-end house

~gebiet *n* · week-end house area, ~ ~ zone

Wöchnerinstation *f* · mother and baby unit

Wöhler-Linie *f*, Zeitfestigkeitskurve *f* · *N–S* curve, Wöhler ~

Wohlfahrtskrankenhaus *n* · welfare hospital

Wohnbalkon *m* · residential balcony

wohnbar, be~ · habitable, fit to live in

Wohn|baracke *f* · living hut

~barkeit *f*, Be~ · habitability, habitableness

Wohnbau *m*, Wohnungsbau, WBau, Wohnhausbau · housing (construction), domestic ~

~behörde *f*, Wohnungsbaubehörde · housing authority

~finanzierung *f*, Wohnungsbaufinanzierung · financing of housing, housing financing

Wohn(bau)gebiet *n*, Wohn(bau)zone *f*, Wohnungsbaugebiet, Wohnungsbauzone · residential (building) area, populated ~, housing ~

Wohnbau|gesetz *n*, Wohnungsbaugesetz, WBauG · housing law

~land *n* · land for housing construction

~mittel *f*, Wohnungsbaumittel · housing funds

~politik *f*, Wohnungsbaupolitik · housing policy

~programm *n*, Wohnungsbauprogramm · housing programme (Brit.); ~ program (US)

Wohn|(bau)projekt *n* → Wohn(ungs)(bau)projekt

~bauten *f* · (residential) housing, residences [*A collective term used to designate human shelter*]

~(bau)vorhaben *n* → Wohn(ungs)(bau)vorhaben

~(bau)zone *f* → Wohn(bau)gebiet

~bedarf *m* · housing requirement

~bedingungen *fpl* · housing conditions, living ~

~bedürfnisse *npl* · housing needs, living requirements

~bereich *m* · living zone

~block *m* · island site

~dachfenster *n* → Wohnraumdachfenster

~dichte *f*, Belegungsziffer *f* · residential density

~diele *f* · living room-entrance hall

~ebene *f* · living level

Wohneinheit *f* · room

~ [*nach Le Corbusier*] · neighbourhood unit (Brit.); neighborhood ~ (US)

Wohnen *n* **in Gemeinschaft** · community living

Wohn|erdgeschoß *n* · residential ground floor

~etage *f*, Wohnstockwerk *n*, Wohngeschoß *n* · apartment floor, residential ~; ~ storey (Brit.); ~ story (US)

~fenster *n*, Wohngebäudefenster, Wohnhausfenster · residential window, domestic ~

~fläche *f* · flat floor space, ~ ~ area

Wohngebäude *n*, Wohnhaus *n* · residential building, domestic ~, residence ~, ~ block; dwelling (US)

~art *f*, Wohnhausart, Wohngebäudetyp *m*, Wohnhaustyp · residential building type, domestic ~ ~, residence ~ ~, ~ block ~; multiple dwelling ~ (US)

~baukunst *f*, Wohngebäudearchitektur *f* · residential architecture

~eingang *m*, Wohnhauseingang · dwelling-entrance (US); building ~

Wohn(gebäude)fenster *n*, Wohnhausfenster · residential window, domestic ~

Wohngebäudetyp *m* → Wohngebäudeart

Wohn|gebiet *n* → Wohnbaugebiet

~gemeinschaft *f* **eines Klosters** · monastic community

(~)Geräusch *n* · room noise

~geschoß *n*, Wohnstockwerk *n*, Wohnetage *f* · apartment floor, residential ~; ~ storey (Brit.); ~ story (US)

~grundstück *n* · residential plot

Wohnhaus *n* → Wohngebäude

~ [*Fehlname*] → Einfamilienhaus

~ der Herrschaft [*Bei Schlössern des 17. und 18. Jahrhunderts, z.B. in Ludwigsburg oder Bruchsal*] · corps de logis

~architektur *f*, Wohnhausbaukunst *f* · domestic architecture

~art *f* → Wohngebäudeart

~bau *m*, Wohn(ungs)bau, WBau · housing (construction), domestic ~

~baukunst *f*, Wohnhausarchitektur *f* · domestic architecture

~dach *n* · domestic building roof

~eingang *m*, Wohngebäudeeingang · dwelling entrance (US); building ~

~fenster *n*, Wohn(gebäude)fenster · residential window, domestic ~

~treppe *f* [*DfN 18065*] · domestic stair(case)

~typ *m* → Wohngebäudeart

Wohnheim *n* [*Ein Heim, das nach baulicher Anlage und Aussatttung für die Dauer dazu bestimmt und geeignet ist, Wohnbedürfnisse zu befriedigen. Neben den einzelnen mehr oder weniger selbständigen Wohneinheiten sind in der Regel noch Gemeinschaftsräume, z.B. zur Einnahme einer Gemeinschaftsverpflegung, vorhanden*] · hostel

~, Alten~, Wohnstift *n* [*Gebäude, in dem eine Anzahl abgeschlossener Wohnungen für bejahrte Menschen, namentlich Ehepaare, zusammengefaßt sind und in denen den Bewohnern die Möglichkeit geboten wird, im Bedarfsfall wirtschaftliche und soziale Betreuung in Anspruch zu nehmen. Es besteht teils aus kleinen selbständigen Wohnungen, teils aus Einzelzimmern mit Kochnische*] · hostel for the elderly

~bau *m* · hostel building

~bewohner *m*, Wohnheiminsasse *m* · hostel user, ~ occupant

~insasse *m*, Wohnheimbewohner *m* · hostel user, ~ occupant

~unterkunft *f* · hostel residence

Wohn|hochhaus *n*, Hochwohnhaus, Wohnturm *m* · residence tower, residential ~, dwelling ~; high (rise) block (of flats), high (rise) flats, tall block (of flats), tall flats (Brit.); apartment tower (US)

~keramik *f* · domestic ceramics

~kolonie *f*, (Wohn)Sied(e)lung *f* · estate, housing ~; cottage community, nesting (US)

~küche *f* · dwelling kitchen

~kultur *f* · housing tradition

~lager *n* · residential camp

~lärm *m* · domestic noise

wohnlich · cosy, homely, snug

„Wohnmaschine" *f* · 'machine for living in' [*Term coined by Le Corbusier*]

Wohn|oberstockwerk *n*, Wohnoberetage *f*, Wohnobergeschoß *n* · upper residential storey (Brit.); ~ ~ story (US); ~ ~ floor

~ortschaft *f* [*Sie hat wenig oder gar keine Industrie*] · residential community

~projekt *n* → Wohn(ungs)(bau)projekt

~(raum)dachfenster *n*, Dachwohn(raum)fenster · residential flat window on pitched roof

~raummangel *m* · housing shortage

~schlafzimmer *n*, Wohnschlafraum *m* · bed-sitting room

~schlafzimmerwohnung *f* · bed-sitting-room dwelling unit (US); ~ dwelling (Brit.)

(~)Sied(e)lung *f*, Wohnkolonie *f* · estate, housing ~; cottage community, nesting (US)

~stadt *f* · residential town

~stift *n*, (Alten)Wohnheim *n* [*Gebäude, in dem eine Anzahl abgeschlossener Wohnungen für bejahrte Menschen, namentlich Ehepaare, zusammengefaßt sind und in denen den Bewohnern die Möglichkeit geboten wird, im Bedarfsfall wirtschaftliche und soziale Betreuung in Anspruch zu nehmen. Es besteht teils aus kleinen selbständigen Wohnungen, teils aus Einzelzimmern mit Kochnische*] · hostel for the elderly

~stockwerk *n*, Wohnetage *f*, Wohngeschoß *n* · apartment floor, residential ~; ~ storey (Brit.); ~ story (US)

~straße *f* · residential street

~tempel *m*, Hochtempel [*Ein auf einem Stufenberg stehender Hochtempel Mesopotamiens, der als Wohnung einer Gottheit galt*] · temple on top of a ziggurant

~terrasse *f* · living terrace

~turm *m* → Wohnhochhaus

~turm *m* → Geschlechterturm

~- und Bürohaus *n*, Büro- und Wohnhaus · flats-and-offices building, office-and-flat block

~- und Produktionskomplex *m* · factory with workers' housing

Wohnung *f* · dwelling unit (US); dwelling (Brit.)

~ → Etagen~

~ des sozialen Wohnungsbaues → öffentlich geförderte Wohnung

~ ohne Komfort, Geschoß~ ~ ~, Stockwerk~ ~ ~, Etagen~ ~ ~ · cold water flat, ~ ~ apartment (unit); ~ ~ living unit (US)

Wohn(ungs)bau *m*, Wohnhausbau, WBau · housing (construction), domestic ~

~behörde *f* · housing authority

~finanzierung *f* · financing of housing, housing financing

Wohnungsbaugebiet *n* → Wohn(bau)gebiet

Wohn(ungs)bau|gesetz *n*, WBauG *n* · housing law

~baugesetzgebung *f* · housing legislation

~gesetzvorlage *f* · housing bill

~ministerium *n* · Ministry of Housing

~mittel *f* · housing funds

~politik *f* · housing policy

~programm *n* · housing programme (Brit.); ~ program (US)

Wohn(ungs)(bau)projekt *n*, Woh-n(ungs)(bau)vorhaben *n* · housing scheme, ~ development, ~ project, multi-building ~

Wohnungsbausystemhersteller *m* · housing system producer

Wohn(ungs)bauverfahren *n* · housing system

Wohn(ungs)(bau)vorhaben *n*, Wohn(ungs)(bau)projekt *n* · housing scheme, ~ development, ~ project, multi-building ~

Wohnungsbauzone *f* → Wohn(bau)gebiet

Wohn(ungs)bedarf *m* · housing requirement

Wohnungs|(be)heizung *f* · domestic heating, residential ~

~beheiz(ungs)anlage *f*, Wohnungs(be)heizungsanlage · domestic heating installation, residential ~ ~, ~ ~ system

(~)Benutzer *m*, Raumbenutzer, Bewohner, Wohnungsinsasse *m*, (Raum-)Insasse · (apartment) dweller, resident, (room) occupant, user

Wohn(ungs)eigentum *n*, WE *n* · horizontal property

Wohnungs|eingangstür *f* · flat entrance door, apartment (unit) ~

~fehlbestand *m*, Wohnungsmangel *m*, Wohnungsknappheit *f* · housing shortage

~fenster *n* · residential window

Wohn(ungs)fläche *f*, Geschoß~, Stockwerk~, Etagen~ · flat floor space, apartment (unit) ~ ~; living unit ~ ~ (US)

Wohnungs|heizung *f*, Wohnungsbeheizung · domestic heating, residential ~

~heizungsanlage *f* → Wohnungsbeheizungsanlage

Wohn(ungs)hilfswerk *n* · emergency housing scheme

Wohnungs|insasse *m*, Bewohner *m*, (Raum)Insasse, (Wohnungs)Benutzer, Raumbenutzer · (apartment) dweller, resident, (room) occupant, user

~knappheit *f*, Wohnungsmangel *m*, Wohnungsfehlbestand *m* · housing shortage

~küche *f*, Haushaltsküche, häusliche Küche · domestic kitchen

~mangel *m*, Wohnungsknappheit *f*, Wohnungsfehlbestand *m* · housing shortage

~markt *m* · housing market

Wohn(ungs)nachfrage *f* · housing demand

Wohn(ungs)|politik *f* · housing policy

~projekt *n* → Wohn(ungs)(bau)projekt

Wohnungsschiebe|fenster *n* · residential sliding window

~tür *f* · residential sliding door

Wohnungs|suchender *m* · house hunter

~trenndecke *f* [*Es gibt Holzbalkendekken und Massivdecken*] · domestic (intermediate) floor

~trennwand *f* · separating wall [*A wall separating different occupancies within the same building*]

~tür *f* [*einer Etagenwohnung*] · landing door

~unternehmen *n*, WU · housing undertaking

Wohnungswesen *n* · housing

Wohn(ungs)wolkenkratzer *m* · skyscraper block (of flats), ~ flats (Brit.); apartment skyscraper

Wohn|unterkunft *f* · residential accommodation, residence ~

~viertel *n* · residential quarter, domestic ~

~vorhaben *n* → Wohn(ungs)(bau)vorhaben

~zeile *f* · row of houses

~zelle *f* · living unit

Wohnzimmer *n* · sitting-room, living-room (Brit.); keeping-room (US)

~-Einbauschrank *m*, Wohnzimmer-Wandschrank · living room closet

~-Wandschrank *m*, Wohnzimmer-Einbauschrank · living room closet

Wohnzone *f* · area of activity [*In an apartment building*]

~ → Wohn(bau)gebiet

~ [*in einem Einfamlllenhaus*] · living zone

Wölbekunst *f* · art of vaulting

Wölber *m*, Gewölbe(keil)ziegel *m*, Wölbziegel · vault (wedge(-shaped)) (clay) brick

Wölbfläche *f* · vaulted area

Wölb(-Natur)stein *m*, Keil(-Natur)stein, Bogen(-Natur)stein · arch stone, wedge (-shaped) ~, voussoir

Wölbstein *m*, Gewölbe(keil)stein, Wölber *m* · vault (wedge(-shaped)) block

Wölbung *f*, Bogenprofil *n*, Bogenlinie *f* · outline of arch

~, Gewölbeschale *f* [*Die massive Konstruktion in der ganzen Ausdehnung eines Gewölbefeldes*] · vaulting

Wölbungs|art *f* · type of vaulting

~bau *m* · vaulting construction

~fläche *f*, Gewölbefläche · vaulting surface

~leibung *f*, innere Wölbungsfläche *f* · inner surface of vaulting, soffit ~ ~, underside ~ ~, vaulting intrados [*The inner line or surface of the concave side of a vaulting*]

~schluß *m* · closing section of vaulting

Wölbziegel *m* → Keilziegel

Wolfram|drahtlampe *f* · tungsten filament lamp [*B.S. 232*]

~-Inert-(Schweiß)Verfahren *n*, WIG-(Schweiß)Verfahren, Wolfram-Inert-Gasschweißverfahren · gas tungsten arc welding method

Wolken|bügel-Projekt *n* · 'Cloud Props' project [*Scheme by El Lissitzky and Mart Stam in 1924 for office blocks erected on huge supports straddling a city thoroughfare*]

~kratzer *m* **auf kreuzförmigen Grundriß** · cruciform skyscraper [*Form chosen by Le Corbusier for his 'City of Three Million'*]

Wollabfall *m* · wool waste

Wollastonit *m* [*natürliches oder synthetisches Kalziummetasilikat*] · wollastonite

Wollfett-Olein *n* · distilled-grease olein, dégras oil

Wollfilz|(dach)pappe *f* · rag-felt, wool felt [*The term 'wool felt' is somewhat of a misnomer, since no roofing felt is composed entirely of wool fibres*]

~pappe *f*, Wollfilzdachpappe · rag-felt, wool felt [*The term 'wool felt' is somewhat of a misnomer, since no roofing felt is composed entirely of wool fibres*]

~pappenbelag *m*, Wollfilzpappen(fuß)-bodenbelag · rag-felt floor cover(ing), ~ ~ floor(ing) (finish), wool felt ~ (~)

Wollstaub *m* [*Velourstapete*] · wool shavings

Wollumpen *m* · rag

Wood-Metall *n* · Wood's metal

Wörner-Decke *f* · Wörner reinforced block floor

Wrasen|kamin *m*, Wrasenschornstein *m* [*für den Abzug von Wasserdampf*] · (water) vapour chimney (Brit.); (~) vapor ~ (US)

~rohr *n* [*Lüftungsrohr in Koch-, Wasch- und Futterküchen*] · (water) vapour pipe (Brit.); (~) vapor ~ (US)

Wren-Renaissance *f* · English 'Wrenaissance'

W-Rinne *f* · double vee gutter

WU *n*, Wohnungsunternehmen *n* · housing undertaking

Wuchsfehler *m* [*Holz*] · growth defect, ~ fault

wuchtige Mauer *f* · massive masonry wall

~ Wand *f* · massive wall

Wulst *m, f*, Steg *m* [*Fugenband*] · bulb, web

~ · bead

~, Torus *m* · torus [*A large convex moulding of semicircular profile, e.g., at the base of a column*]

~band *n* · bead seat band

~(belag)platte *f*, Wulstfliese *f* · bead tile fitting

~eisen *n*, Bulbeisen · bulb iron

~flachstahl *m*, Flachwulst(profil)stahl [*DIN 1019*] · bead(ed) flat steel

~fliese *f*, Wulst(belag)platte · bead tile fitting

~platte *f*, Wulstbelagplatte, Wulstfliese · bead tile fitting

~profil *n* · bulb section, ~ profile, ~ plate

~winkel *m*, Winkelwulstprofil *n*, Bulbwinkel(profil) [*DIN 8093*] · bulb-angle

Würfel *m* → Beton~

~(druck)festigkeit W28 *f* · (compressive) cube strength at 28 days

~festigkeit W28 *f*, Würfeldruckfestigkeit W28 · (compressive) cube strength at 28 days

~form *f*, Probe~, Prüf~ · (test) cube mould (Brit.); (~) ~ mold (US)

~fries *m*, Schachbrettfries [*Fries mit vor- und zurückspringenden Elementen*] · (square) billet (frieze) [*It consists of several bands of raised square pieces placed at regular intervals*]

~größe *f* · cube size

~haus *n* · cuboid house

~kapitell *n*, Würfelkapitäl · cushion capital, block ~, bowl ~

~mosaik *n* · opus tesselatum, tessellated pavement, Roman mosaic

~(pflaster)stein *m*, Pflasterwürfel *m* · cube (paving) sett

~probe *f*, Würfelprüfung *f*, Würfelversuch *m*, Beton~ [*DIN 1048*] · (concrete) cube test

~prüfung *f*, Würfelversuch *m*, Würfelprobe *f*, Beton~ [*DIN 1048*] · (concrete) cube test

~stein *m*, Würfelpflasterstein, Pflasterwürfel *m* · cube (paving) sett

~versuch *m*, Würfelprüfung *f*, Würfelprobe *f*, Beton~ [*DIN 1048*] · (concrete) cube test

Wurfkreis *m* [*Leichtathletik*] · throwing circle

wurzelabweisend · rootproof

Wurzel|harz *n* [*Siehe Anmerkung unter „Kolophonium"*] · wood rosin

~terpentinöl *n*, Holzterpentinöl · wood turpentine [*It is obtained by the distillation of scrap wood such as sawdust and tree stumps containing resin instead of the balsam from the living trees*]

~terpentinöl *n* **durch trockene Destillation gewonnen**, Holzterpentinöl ~ ~ ~ ~ · destructively distilled wood turpentine

~terpentinöl *n* **durch Wasserdampf gewonnen**, Holzterpentinöl ~ ~ ~ · steam distilled wood turpentine

„Wüstenbeton" *m* · 'desert concrete' [*Compound of large rough blocks of local stone with a minimum of cement binding. Used by Frank Lloyd Wright*]

Wüstenschloß *n* · desert residence

WW *n*, Warmwasser *n* [*Es hat Temperaturen bis zum Siedepunkt bei Atmosphärendruck*] · hot water

WW-Abnehmer *m*, WW-Verbrauchsstelle *f*, Warmwasserabnehmer, Warmwasserverbrauchsstelle · point of hot water consumption

WW-Bereiter *m* → Warmwasserbereiter

WW-Bereitung *f*, Warmwasserbereitung · hot water preparation

WW-Bereitungsanlage *f*, Warmwasserbereitungsanlage [*DIN 18380*] · hot water preparation plant

WW-Erzeuger *m* → Warmwassererzeuger

WW-Gefäß *n*, Warmwassergefäß · hot water vessel

WW-Heizer *m*, Warmwasserheizer · hot water heater

WW-Heizung *f*, Warmwasserheizung [*Vorlauftemperatur bis 90° C*] · hot water (central) heating

WW-Heiz(ungs)anlage *f*, Warmwasserheiz(ungs)anlage · hot water (central) heating system, ~ ~ (~) ~ installation

WW-Leitung *f*, Warmwasserleitung · hot water (supply) (pipe)line

WW-Netz *n*, Warmwassernetz · hot water network

WW-Rohr *n*, Warmwasserrohr · hot water (supply) pipe

WW-Rücklauf *m*, Warmwasserrücklauf · hot water return

WW-Schwerkraftumlauf *m*, Warmwasser-Schwerkraftumlauf · gravity circulation of hot water

WW-Uhr *f*, Warmwasseruhr [*Fehlnamen*]; Warmwasserzähler *m*, WW-Zähler · hot water meter

WW-Verbrauchsstelle *f*, WW-Abnehmer *m*, Warmwasserabnehmer, Warmwasserverbrauchsstelle · point of hot water consumption

WW-Versorgung *f*, Warmwasserversorgung · hot water supply

WW-Leitung *f*, Warmwasserleitung · hot water (pipe)line

WW-Vorlauf *m*, Warmwasservorlauf · hot water flow

WW-Zähler *m*, Warmwasserzähler [*Fehlnamen: Warmwasseruhr f, WW-Uhr*] · hot water meter

W/Z(-Faktor) *m* → Wasser-Zement-Faktor

WZV *n* → Wasser-Zement-Faktor

W/Z-Wert *m* → Wasser-Zement-Faktor

X

X-förmig · X-shaped

Xylol *n* · xylene

Y

Yaleschloß *n*, Stechschloß · Yale lock

Y-Hochhaus *n* · high-rise building with Y (ground-)plan

Y-Stiel *m* · Y-shaped post, ~ leg, Y-post, Y-leg

Y-Stütze *f* · Y-shaped column, Y-column

Z

Zackenbogen *m*, Fächerbogen, Mehrpaßbogen, Vielpaßbogen · multifoil arch

zaghafter Stil *m* · tentative style

zäh, schlag~, schlagfest [*Gestein*] · tough, impact-resistant, impact-resisting

~flüssig, hochviskos · of high viscosity

~flüssiges Verschnittbitumen *n*, hochviskoses ~, VB 500 *n* · high-viscosity asphalt(ic) cutback, ~ cutback (asphalt) (US); ~ cutback (asphaltic-)bitumen, cutback (Brit.)

Zähigkeit *f*, Dickigkeit, Viskosität *f* · viscosity

~, Schlag~, Schlagfestigkeit, Stoßwiderstand *m* [*Widerstand eines Gesteins gegen Bruch unter Einwirkung von Stößen*] · resistance to impact, impact resistance, toughness

Zähigkeits|probe *f* → Zähigkeitsprüfung

~prüfung *f*, Zähigkeitsversuch *m*, Zähigkeitsprobe *f*, Schlagfestigkeitsprüfung, Schlagfestigkeitsversuch, Schlagfestigkeitsprobe [*Gestein*] · impact resistance test, toughness ~

~rückgang *m*, Viskositätsrückgang · fall of viscosity, lowering ~ ~

~versuch *m* → Zähigkeitsprüfung

Zahl *f*, Beiwert *m* · coefficient

Zählapparat *m* → Zähler

Zahlen|beispiel *n* · numerical example

~bezeichnung *f* · number designation

~schloß *n*, Ziffernschloß · numeral(-type) combination lock, ~ dial ~

~wert *m* · numerical value

Zähler *m*, Zählvorrichtung *f*, Messer, Zählapparat *m*, Zählgerät *n*, Zählwerk *n* · meter

~ mit Höchstverbrauchsangabe · maximum demand meter [*B.S. 37*]

~(ablese)nische *f* [*DIN 18013*] · meter niche, ~ enclosure

~(ablese)raum *m* · meter compartment, ~ room

~blech *n*, Zählerbrett *n*, Zählertafel *f* [*Grundplatte für Zähleranbringung. DIN 43853*] · meter board

~brett *n*, Zählertafel *f*, Zählerblech *n* [*Grundplatte für Zähleranbringung. DIN 43853*] · meter board

~kasten *m* · meter box

~nische *f*, Zählerablesenische [*DIN 18013*] · meter niche, ~ enclosure

~raum *m*, Zählerableseraum · meter compartment, ~ room

~schacht *m*, Wasser~ · (water) meter pit [*A chamber for housing a meter, constructed in the ground and surmounted by a surface box or manhole cover*]

~schrank *m* · meter cupboard

~station *f* · meter station

~tafel *f*, Zählerblech *n*, Zählerbrett *n* [*Grundplatte für Zähleranbringung. DIN 43853*] · meter board

Zählgerät *n* → Zähler

Zahltag *m*, Lohntag · pay day

Zählvorrichtung *f* → Zähler

Zählwerk *n* → Zähler

Zahn *m* · dentil [*e.g. on a cornice*]

~bürstenhalterfliese *f* · toothbrush holder (tile)

Zahndübel *m* [*Holzdübel*] · toothed plate

~ mit nach beiden Seiten aufgebogenen Zähnen · double(-sided) (toothed) plate

~ ~ ~ einer Seite aufgebogenen Zähnen · single(-sided) (toothed) plate

Zahn|eisen *n* [*Steinhauerwerkzeug*] · indented chisel, notched ~

~fries *m*, Zickzackfries, deutsches Band *n* [*Dieser speziell im Backsteinbau vorkommende Fries besteht aus einer Schicht über Eck gelegter Steine, wobei ihre Vorderkanten nicht über die Mauerfläche vorstehen*] · zigzag frieze

~klinik *f* · dental clinic

~lage *f* → Zahnschicht

~ringdübel *m*, runder Zahndübel [*Holzdübel*] · round toothed plate

~schicht *f*, Zahnlage *f* · toothing course, indenting ~ [*The stretchers project 2¹/₄ in. at the end of a masonry wall to bond with future work. The bricks project like teeth from alternate courses*]

~spa(ch)tel *m, f* · serrated spatula, ~ trowel

Zange *f* [*Rechteckiges oder halbrundes Holz für Verstrebungen und zum Zusammenhalten von Holzkonstruktionen*] · horizontal timber, waling (Brit.); wale (piece) (US); waler, transverse plank, binding piece

Zapfen|fuge *f*, Zapfenverbindung *f*, (Ver)Zapfung [*Holzverbindung*] · mortise and tenon joint, mortice ~ ~ ~, tenon jointing

~loch *n* [*nicht durchgehend*] · mortise, mortice, tenon hole

~verbindung *f*, (Ver)Zapfung, Zapfenfuge *f* [*Holzverbindung*] · mortise and tenon joint, mortice ~ ~ ~, tenon jointing

Zapfhahn *m* · tap

Zapfung *f*, Ver~, Zapfenfuge *f*, Zapfenverbindung [*Holzverbindung*] · mortise and tenon joint, mortice ~ ~ ~, tenon jointing

Zaponieren *n* · coating with zapon lacquer

Zaponlack *m* · Zapon lacquer [*A thin, water-clear cellulose lacquer of low content of film-forming material to protect metal from tarnishing*]

Zarge *f* · case

Zaun *m* · fence

~drahtgeflecht *n* · fence wire netting

(~)Hürde *f* · (wattle) hurdle

~material *n*, Einzäunungsmaterial · fence material

(~)Pfahl *m*, (Zaun)Pfosten *m* · (fence) stake, (~) picket, (~) post, fencing ~

(~)Pfosten *m*, (Zaun)Pfahl *m* · (fence) stake, (~) picket, (~) post, fencing ~

~stahldraht *m* · steel wire for fences [*B.S. 4102*]

Zechdecke *f* · Zech floor

Zechenstein *m*, Hütten(mauer)stein, HS [*Fehlname: Hochofen-Schlackenstein. DIN 398*] · slag sand block, ~ ~ tile, granulated slag ~ (Brit.); cinder sand ~, granulated cinder ~ (US) [*See remark under 'Block(stein)'*]

Zechsteinklak *m* · Permian limestone

Zeder(n)|lattendecke *f* · cedar slatted ceiling

~schindel *f* · cedar shingle

Zehneck *n*, Dekagon *n* · decagon

„Zehnerring" *m* → Architektenvereinigung „Der Ring"

zehn|jochig · ten-bay

~säulig · decastyle

~seitig · ten-sided

Zeichen *n*, Sinnbild *n* [*DIN 1350*] · symbol

~bleistift *m* · drawing pencil

~büro *n* · drawing office

~büro *n* **eines mittelalterlichen Baumeisters** · tracing-house, trasour

~erklärung *f*, Zeichenschlüssel *m*, Legende *f* · key, (coding) legend

~erklärungsschild *n*, Zeichenschlüsselschild, Legendeschild · legend plate, key ~

~papier *n* · drawing paper

(~)Raster *m*, Entwurfraster, Konstruktionsraster [*Beim architektonischen Entwerfen legt ein Raster ein im Grundriß oder Aufriß stets wiederkehrendes Grundmaß, z.B. die Knotenpunkte einer Skelettkonstruktion, fest*] · planning grid, structural ~ [*Not to be confused with a grid plan = Rasterplan*]

~raum *m* · drawing room

~saal *m* · drawing office

~schlüssel *m*, Legende *f*, Zeichenerklärung *f* · key, (coding) legend

~schlüsselschild *n*, Zeichenerklärungsschild, Legendeschild · legend plate, key ~

~tisch *m* · drawing table

~unterricht *m* · instruction in draughtsmanship

~wesen *n* · draftsmanship, draughtsmanship

zeichnen · to draw

Zeichnen *n* · drawing

Zeichner *m* · drawer, draughtman, draftsman, DFTSMN

zeichnerische Bestimmung *f*, ~ Ermitt(e)lung, ~ Lösung, graphische ~ · graphical solution

~ Ermitt(e)lung *f* → ~ Bestimmung

~ Integration *f*, graphische ~ · graphical integration, visual ~

~ Lösung *f* → ~ Bestimmung

zeichnerisches Verfahren *n*, graphisches ~ · graphical method, ~ procedure, ~ construction

Zeichnung *f*, Plan *m* [*Im Sinne als Zeichnungsarbeit eine Darstellung, die angibt, wie Gegenstände in ihrer Lage oder Funktion zusammengehören*] · drawing

Zeichnungs|art *f* · type of drawing

~form *f* · drawing standard spec(ification)s

~nummer *f* · drawing number

Zeilenbau *m* · linear building

Zeiß-Dywidag-Kuppel *f* · Zeiß-Dywidag dome, ~ cupola

zeitabhängig · time-dependent

zeitabhängige Verformung *f* · time-dependent deformation [*Combined effects of autogenous volume change, contraction, creep, expansion, shrink-*

age, and swelling occurring during an appreciable period of time, not synonymous with 'inelastic behaviour' or 'volume change']

Zeit|abstand *m* · time interval, interval of time

~dauer *f*, Zeitraum *m*, Zeitspanne *f* · length of time, period ~ ~, time period, time interval

~festigkeitskurve *f*, Wöhler-Linie *f* · *N–S* curve, Wöhler ~

Zeitgenosse *m* · contemporary

zeit|genössisch · contemporary

~genössische Architektur *f*, ~ Baukunst *f* · contemporary architecture

~genössische Baukunst *f*, ~ Architektur · contemporary architecture

~lich eingeteilt · timed, tmd

~los · timeless

~lose Zweckarchitektur *f* · timeless functional architecture

Zeit|losigkeit *f* · timelessness

~nehmer *m* · timekeeper [*Employee on the site of the works responsible for checking and recording the daily arrival and departure of the operatives employed*]

~plan *m* · time schedule

~raum *m*, Zeitdauer *f*, Zeitspanne *f* · length of time, period ~ ~, time period, time interval

~relais *n* · time relay

~schaltautomat *m*, Zeitschalter *m* · auto(matic) timing device

~schriftenraum *m* · periodical room

~spanne *f*, Zeitdauer *f*, Zeitraum *m* · length of time, period ~ ~, time period, time interval

~-Temperatur-Kurve *f* · time-temperature curve

Zeitungs|gebäude *n* · newspaper offices, press building

~kiosk *m*, Zeitungsstand *m* · news(-paper) stand, ~ kiosk

~stand *m*, Zeitungskiosk *m* · news(-paper) stand, ~ kiosk

Zeit-Verformung-Kurve *f* · time-deformation curve

Zelit *m* · celite [*A name used by Tornebohm (1897) to identify the calcium aluminoferrite constituent of portland cement*]

Zelle *f*, Kabine *f* [*sehr kleiner Raum*] · cubicle

~, Raum~, Installations~, Installationsblock *m* · building block module, unitized unit

~ [*Hohlkasten(träger)*] · compartment

Zelleim *m*, Zelluloseleim, Celluloseleim · cellulose glue

Zellen|bau *m* [*eines Körpers*] · cell structure

~bauweise *f* → Raum~

Zellenbeton *m* [*Manchmal „Seifenbeton" genannt*] · cellular(-expanded) concrete

~(bau)platte *f* · cellular(-expanded) concrete slab

~block(stein) *m*, Zellenbetonstein · cellular concrete block, ~ ~ tile [*See remark under 'Block'*]

~estrich *m* · (lightweight) cellular(-expanded) concrete screed

~platte *f*, Zellenbetonbauplatte · cellular(-expanded) concrete slab

~stein *m*, Zellenbetonblock(stein) *m* · cellular concrete block, ~ ~ tile [*See remark under 'Block'*]

~werk *n* · cellular(-expanded) concrete works, ~ ~ factory

Zellen|block(stein) *m*, Zellenstein · cellular block, ~ tile [*It is a block in which cavities (holes closed at one end) exceed 20% of the volume of the block. See remark under 'Block'*]

Zellen|brandschutz *m*, Zellenfeuerschutz · compartmentation (by fire-resistant materials) [*Dividing a building up into 'fire cells' by means of internal walls of concrete block or other fire-resistant material which restrict or prevent the lateral spread of fire to other parts of the building*]

~decke *f* · cellular floor

~entwurf *m* · cellular design

~feuerschutz *m* → Zellenbrandschutz

~fundamentplatte *f* · cellular raft [*A raft in which the intersecting beams form a number of cells*]

~gebäude *n* · cellular-type building, ~ block

~gebäude *n* [*Straf(vollzugs)anstalt*] · cell building, ~ block

~gewölbe *n* · cell-vault [*A vault consisting of concave troughs or hollows separated by groins*]

~gips *m* · cellular gypsum

~gips(bau)platte *f* · cellular (gypsum) plasterboard

~gipsplatte *f*, Zellengipsbauplatte · cellular (gypsum) plasterboard

~kalkstein *m* · cellular limestone

~kern *m* · cellular core

~mörtel *m* · cellular mortar

~pfeiler *m* · cellular pier

~profil *n* · cellular section, ~ shape, ~ unit

~profil *n*, Profiltafel *f* [*Robertson-Stahlzellendecke*] · (cellular steel) Q-floor unit, ~ section

~stein *m* → Zellenblock(stein)

~stein *m* [*Fehlname*] → Zellenziegel

~struktur *f* · cellular structure

~wandblock(stein) *m*, Zellenwandstein · cellular block for walls, ~ tile ~ ~ [*See remark under 'Block'*]

~ziegel *m*; Zellenstein *m* [*Fehlname*] · cellular brick [*It is a brick, in which cavities (holes closed at one end) exceed 20% of the volume of the brick. B.S. 3921*]

Zell|gummi *m*, Zellkautschuk *m*, Gummischaum(stoff) *m*, Kautschukschaum(-stoff) · expanded (natural) rubber

~kautschuk *m*, Zellgummi *m*, Gummischaum(stoff) *m*, Kautschukschaum(-stoff) · expanded (natural) rubber

~kleister *m*, Zellulosekleister, Cellulosekleister [*Er wird zum Kleben von Tapeten verwendet*] · cellulose paste

Zellophan *n*, Cellophan · cellophane [*A regenerated cellulose obtained from viscose solution*]

Zellulose *f*, Cellulose · cellulose

~äther *m*, Celluloseäther · cellulose ether

~azetat *n*, Celluloseacetat · cellulose acetate

~folie *f*, Cellulosefolie · cellulose foil

~kleber *m*, Cellulosekleber, Zelluloseleim *m*, Celluloseleim, Zelleim · cellulose adhesive, ~ glue

~kleister *m*, Zellkleister, Cellulosekleister [*Er wird zum Kleben von Tapeten verwendet*] · cellulose paste

~lack *m*, Celluloselack, Nitrozelluloselack, Nitro(cellulose)lack · nitrocellulose lacquer, cellulose nitrate ~, pyroxylin ~

~leim *m*, Celluloseleim, Zelleim, Zellulosekleber *m*, Cellulosekleber · cellulose glue, ~ adhesive

~lösungsmittel *n*, Celluloselösungsmittel · cellulose solvent

~nitrat *n*, Cellulosenitrat [*Fehlnamen: Nitrocellulose, Nitrozellulose. Diese Bezeichnungen sind falsch, weil es sich nicht um einen Nitrokörper, sondern um einen Salpetersäureester handelt*] · cellulose nitrate, pyroxylin [*misnomer: nitrocellulose*]

~verdünnungsmittel *n*, Celluloseverdünnungsmittel · cellulose thinner

Zellwolle *f* [*veralteter Begriff*]; Chemiespinnfasern *fpl* [*Die alte Bezeichnung „Zellwolle" findet nur noch für die nach dem Viskoseverfahren hergestellten Chemiespinnfasern Anwendung*] · cellulose wool

Zeltbau *m* · marquee

Zeltdach *n* **über polygonalem Grundriß**, ~ ~ vieleckigem ~, Helm(dach) *m*, (*n*), Dachhelm, Turmhelm · polygonal spire

~ ~ quadratischem Grundriß, Pyramidendach, Dachpyramide *f* · pyramidal roof

Zelt|membran(e) *f* · tent membrane

Zeltsystem *n* · tent system

~ mit abwechselnden Unterstützungs- und Abspannpunkten · tent system with support and anchor points alternating

~ ~ äußerer Unterstützung durch Druckstäbe · tent system with exterior support by compression members

~ ~ innerem Stützbogen als Hochpunktkonstruktion · tent system with interior arch for high-point construction

~ ~ innerer Unterstützung durch Druckstäbe · tent system with interior support by compression members

~ zur Konstruktion von Hochpunkten · tent system for construction of high points

Zement *m* [*hydraulisches Bindemittel*] · cement matrix, (hydraulic) cement, water cement, CEM

~ mit niedriger Wärmeentwick(e)lung, ~ ~ verzögerter ~ · low heat cement; cement type IV (US) [*A cement in which there is only limited generation of heat during setting, achieved by modifying the chemical composition of normal portland cement*]

~ ~ verzögerter Wärmeentwicklung, ~ ~ niedriger ~ · low heat cement; cement type IV (US) [*A cement in which there is only limited generation of heat during setting, achieved by modifying the chemical composition of normal portland cement*]

~anspruch *m* · cement requirement

~anstrich *m*, Zementaufstrich · cement coat

~anteil *m*, Zementfaktor *m*, Zementgehalt *m* · cement content, ~ factor [*The quantity of cement contained in a unit volume of concrete or mortar, preferably expressed as weight*]

zement|arm · of low cement content

~armer Beton *m*, magerer ~, Magerbeton, Füllbeton, Sparbeton · lean(-mixed) concrete

Zementart *f* · cement type, type of cement

zementartig · cement-like

Zement|artikel *m*, Zementerzeugnis *n*, Zementgegenstand *m* · cement product, ~ article

~aufstrich *m*, Zementanstrich · cement coat

zementausgekleidet, zementverkleidet, zementbekleidet [*gegen Korrosion*] · cement-lined

Zement|auskleidung *f*, Zementverkleidung, Zementbekleidung · cement lining

~basis *f*, Zementgrundlage *f* [*z.B. Mauermörtel auf Zementbasis*] · cement base

~bazillus *m* · Candlot's salt, Michaelis' ~

~bedachung *f*, Zementdach(ein)dekkung, Zement(ein)deckung, Zementdach(belag) *n*, (*m*) · cement board roof cladding, ~ sheet ~ ~, ~ ~ ~ covering, ~ ~ ~ sheathing, ~ ~ roof(-ing)

~bedarf *m* · cement requirement

~beigabe *f* → Zementzusatz

~beigeben *n* → Zementzusatz

zementbekleidet, zementverkleidet, zementausgekleidet [*gegen Korrosion*] · cement-lined

Zement|bekleidung *f,* Zementauskleidung, Zementverkleidung · cement lining

~(belag)platte *f,* Zementfliese *f* · cement tile

(~)Beton *m* [*Im Gegensatz zum Teer- und Asphaltbeton*] · (cement) concrete, CONC

~bett *n* [*Blaine-Gerät*] · cement bed, test bed of cement

~-Bitumen-Masse *f* · cement-bitumen (Brit.); cement-asphalt (US) [*Portland-cement mortar gauged with bitumen emulsion is commonly used as a patching compound for factory floors, and to a lesser but growing extent as a floor finish. Only dark colours are available, and the floor finish is laid 5/8 in. thick*]

~bluten *n* → Wasserabstoßen

~bodenestrich *m* → Zementfußbodenestrich

~brei *m,* frischer ~, Zementleim *m,* flüssiger Zement *m,* Zementpaste *f,* Bindemittelleim, Schlämpe *f,* Schlempe [*Zement plus Wasser*] · cement paste, wet (~) ~

~brühe *f* · neat cement grout [*A fluid mix(ture) of hydraulic cement and water, with or without admix(ture); also the hardened equivalent of such mix(ture)*]

~chemie *f* · cement chemistry, chemistry of cement

~chemiker *m* · cement chemist

~dach(belag) *n,* (*m*), Zementbedachung *f,* Zementdach(ein)deckung, Zement(ein)deckung · cement board roof cladding, ~ sheet ~ ~, ~ ~ ~ covering, ~ ~ ~ sheathing, ~ ~ roof(ing)

~dach(ein)deckung *f,* Zement(ein)deckung, Zementdach(belag) *n,* (*m*), Zementbedachung · cement board roof cladding, ~ sheet ~ ~, ~ ~ ~ covering, ~ ~ ~ sheathing, ~ ~ roof(ing)

~dachstein *m* → (Beton)Dachstein

(~)Dachsteinmaschine *f,* Betondachsteinmaschine · concrete roof(ing) tile machine, cement ~ ~ ~

~dachsteinprüfgerät *n* → (Beton-) Dachsteinprüfgerät

~dachsteinprüfmaschine *f* → (Beton)Dachsteinprüfgerät

~dichter *m,* Zementsperrpulver *n* · cement waterproofing powder, ~ waterproofer [*It is added to the cement*]

~diele *f,* Betondiele · concrete plank

~-Drahtputzwand *f* · wire lath(ing) and (cement) rendering partition (wall)

~druckfestigkeit *f* · cement compressive strength

zement|echt · fast to cement, cement-fast

~echte Farbe *f,* Zement(echt)farbe, zementechtes Farbpigment *n* [*Pigment zum Durchfärben von Zement*] · cement pigment; ~ colour, colour for incorporating in cement, pigment for colouring cement [*B.S. 1014*]

~echtes Farbpigment *n,* zementechte Farbe *f,* Zement(echt)farbe [*Pigment zum Durchfärben von Zement*] · cement pigment; ~ colour, colour for incorporating in cement, pigment for colouring cement [*B.S. 1014*]

Zement|(echt)farbe *f,* zementechtes Farbpigment *n,* zementechte Farbe [*Pigment zum Durchfärben von Zement*] · cement pigment; ~ colour, colour for incorporating in cement, pigment for colouring cement [*B.S. 1014*]

~echtheit *f* · cement fastness, fastness to cement

~(ein)deckung *f,* Zementdach(belag) *n,* (*m*), Zementbedachung, Zementdach(ein)deckung · cement board roof cladding, ~ sheet ~ ~, ~ ~ ~ covering, ~ ~ ~ sheathing, ~ ~ roof(ing)

~(ein)lagerung *f* · cement storage

~ersatz *m* · cement replacement material ~ substitute [*e.g. fly ash*]

~erstarrung *f,* Zementerstarren *n* · initial set(ting) of cement

~erzeugnis *n,* Zementartikel *m,* Zementgegenstand *m* · cement product, ~ article

~estrich *m,* Fez *m* · cement(/sand) screed

~fabrik *f,* Zementwerk *n* · cement mill, ~ plant

~fabrik *f* **nach dem Naßverfahren,** Zementwerk *n* ~ ~ ~ · all-wet cement plant, ~ ~ mill

~fabrik nach dem Trockenverfahren, Zementwerk *n* ~ ~ ~ · all-dry cement plant, ~ ~ mill

~faktor *m,* Zementanteil *m,* Zementgehalt *m* · cement content, ~ factor [*The quantity of cement contained in a unit volume of concrete or mortar, preferably expressed as weight*]

~falzrohr *n* → Betonrohr mit Falzverbindung

~farbe *f,* Zementechtfarbe, zementechte Farbe, zementechtes Farbpigment *n* [*Pigment zum Durchfärben von Zement*] · cement pigment; ~ colour, colour for incorporating in cement, pigment for colouring cement [*B.S. 1014*]

~feinheit *f* · cement fineness

~festigkeit *f* [*DIN 1164*] · cement strength

~fliese *f,* Zement(belag)platte *f* · cement tile

zementfreier „Beton" *m* → zementloser „~"

Zement|füller *m* · cement filler

~-Füller-Schlämme *f,* Zement-Füller-Schlempe · cement-filler grout, ~ slurry

~(fuß)bodenestrich *m* · cement jointless floor(ing)

zementgebunden · cement-bound, cemented

zementgebundener Dachstein *m*, (Beton)Dachstein, Zementdachstein [*DIN 1115. Aus Zementmörtel oder Feinbeton*] · concrete roof(ing) tile, cement ~ ~

~ feuerfester Schamottestein *m* · fire-clay grog refractory

Zement|gegenstand *m*, Zementartikel *m*, Zementerzeugnis *n* · cement product, ~ article

~gehalt *m*, Zementanteil *m*, Zementfaktor *m* · cement content, ~ factor [*The quantity of cement contained in a unit volume of concrete or mortar, preferably expressed as weight*]

~gel *n* · cement gel [*The colloidal material which makes up the major portion of the porous mass of which mature hydrated cement paste is composed*]

zementgestrichen · cement-painted

Zement|glasur *f* · cement (based) glaze

~-Glockenmuffenrohr *n*, Beton-Glockenmuffenrohr, Glockenmuffen-Betonrohr, Glockenmuffen-Zementrohr, Betonrohr mit Glockenmuffenverbindung, Zementrohr mit Glockenmuffenverbindung · bell(-)and(-)spigot concrete pipe, B&S ~ ~ (US); spigot(-) and(-)socket ~ ~ (Brit.)

zementgrau · cement grey, ~ gray

Zement|grundlage *f*, Zementbasis *f* [*z.B. Mauermörtel auf Zementbasis*] · cement base

~güteklasse *f* · grade of cement, cement grade

~haarmörtel *m*, Haarzementmörtel · haired cement mortar (Brit.); hairfibered ~ ~ (US)

~halle *f* · Cement Pavilion [*Designed by Robert Maillart for the Swiss Provinces Exhibition, Zürich, 1939*]

zement|haltig · cement based

~haltiges Erzeugnis *n* · cement-based product

Zementhaut *f* · cement skin, ~ film

Zementieren *n*, Einsatzhärten, Zementierung *f*, Einsatzhärtung [*als technischer Vorgang*] · case hardening

Zementierung *f*, Einsatzhärtung [*als technisches Verfahren*] · case hardening

Zementkalk *m*, höchsthydraulischer Kalk [*Fehlnamen*]; Edelkalk, hochhydraulischer Kalk [*DIN 1060*] · eminently hydraulic lime

~, Schwarzkalk [*Fehlnamen*]; gemischter Kalk, hydraulischer Kalk [*DIN 1060*] · semi-hydraulic lime, grey(stone) ~ [*It contains a smaller proportion of silicates and aluminates than eminently hydraulic lime and is intermediate in properties between this and non-hydraulic lime*]

~mörtel *m*, verlängerter Zementmörtel, Kalkzementmörtel, Magermörtel · compo (mortar), cement/lime/sand ~

Zement-Kalk-Sand|-Gemisch *n*, Zement-Kalk-Sand-Mischung *f* · cement-lime-sand mix(ture)

~-Mischung *f*, Zement-Kalk-Sand-Gemisch *n* · cement-lime-sand mix(ture)

Zement|-Kalk-Traßmörtel *m*, Traß-Zement-Kalkmörtel, Traß-Kalk-Zementmörtel · trass-lime-cement mortar

~kalkglasur(überzug) *f*, (*m*) · cement(-type) cold-glaze(d wall coat(ing))

~-Kleinware(n) *f* [*Schweiz*]; Beton-Kleinware(n) · small ((pre)cast) concrete ware

(Zement)Klinker *m* [*Der Name „Klinker" stammt noch aus der Zeit, als man das Rohmehl in ziegelartigen Rohlingen formte und diese wie Mauerklinker brannte*] · (cement) clinker

~brennen *n* · burning to (cement) clinker, firing ~ (~) ~

~korn *n*, (Zement)Klinkerteilchen *n* · (cement) clinker grain

~mineral *n* · (cement) clinker mineral

~phase *f* · (cement) clinker phase

~teilchen *n*, (Zement)Klinkerkorn *n* · (cement) clinker grain

~zusammensetzung *f* · (cement) clinker composition

Zement|korn *n*, Zementteilchen *n* · cement particle, ~ grain

~kreisrohr *n* → Betonrohr mit kreisförmigem Abflußquerschnitt

~kuchen *m*, (Probe)Kuchen (aus Zement) [*DIN 1164*] · circular-domed pat of cement, cement pat, pat of cement-water paste, soundness test pat

~kühler *m* · cement cooler

~labor(atorium) *n* · cement lab(oratory)

~lager *n* · cement store

~lagerhalle *f* · cement hangar

~(lager)schuppen *m* · shed for cement, cement shed

~lagerung *f*, Zementeinlagerung · cement storage

~-Latex-Masse *f* · cement-latex [*It is used both for jointless floor(ing)s and as a bed and jointing for clay tiles*]

~leim *m*, flüssiger Zement *m*, Zementpaste *f*, (frischer) Zementbrei *m*, Bindemittelleim [*Zement plus Wasser*] · cement paste, wet (~) ~

zementloser „Beton" *m*, zementfreier „~" · cement-less concrete [*A polyester 'concrete' containing no cement at all – simple aggregate is bound with a greatly extended polyester*]

Zement|mahlfeinheit *f* · fineness of grinding of cement

~marke *f* · brand of cement, cement brand

~mineral *n* · cement mineral

~mischprobe *f*, Zementmischversuch *m*, Zementmischprüfung *f* [*Bitumenemulsion*] · cement mixing test

~mischprüfung *f*, Zementmischprobe *f*, Zementmischversuch *m* [*Bitumenemulsion*] · cement mixing test

~mischversuch *m*, Zementmischprüfung *f*, Zementmischprobe *f* [*Bitumenemulsion*] · cement mixing test

Zementmörtel *m* · (hydraulic-)cement mortar, CEM MORT

~auspressung *f*, Zementmörtelverpressung, Zementmörteleinpressung, Zementmörtelinjektion *f* · cement mortar grouting, ~ ~ injection

~einpressung *f*, Zementmörtelauspressung, Zementmörtelverpressung, Zementmörtelinjektion *f* · cement mortar grouting, ~ ~ injection

~fuge *f* · cement mortar joint

~injektion *f*, Zementmörteleinpressung *f*, Zementmörtelverpressung, Zementmörtelauspressung · cement mortar grouting, ~ ~ injection

~verpressung *f*, Zementmörtelauspressung, Zementmörteleinpressung, Zementmörtelinjektion *f* · cement mortar grouting, ~ ~ injection

Zement|mühle *f* · cement mill, ~ grinding ~

~norm *f* · cement standard spec(ification)

~oberfläche *f* · cement surface

~ofen *m* · cement kiln

~paste *f*, flüssiger Zement *m*, Zementleim *m*, (frischer) Zementbrei *m*, Bindemittelleim [*Zement plus Wasser*] · cement paste, wet (~) ~

~phase *f* · cement phase

~physik *f* · cement physics, physics of cement

~pigment *n* · pigment for colouring cement [*B.S. 1014*]

~platte *f*, Zementbelagplatte, Zementfliese *f* · cement tile

~probe *f* · cement sample

~probe *f*, Zementprüfung *f*, Zementversuch *m* [*DIN 1164*] · cement test

~prüfung *f*, Zementprobe *f*, Zementversuch *m* [*DIN 1164*] · cement test

~putz *m*, Zementverputz [*DIN 18550*] · cement (external) rendering (Brit.); ~ stucco (US); ~ (exterior) plaster, ~ external plaster, ~ finish, CEM PLAS, CPL

~putzdecke *f*, Zementverputzdecke · cement-plaster ceiling, CPC

~-Quarz-Mischung *f*, Zement-Quarz-Gemisch *n* · cement-silica mix(ture)

~rabitzwand *f* · Rabitz (type) cement wall

~raumbeständigkeit *f* · cement soundness [*Freedom from excessive increase in volume after setting*]

zementreicher Beton *m* · (cement-) rich concrete

Zementrohmehl *n* · cement raw meal

Zementrohr *n*, Betonrohr [*DIN 4032*] · concrete pipe [*B.S. 556*]

~ mit Eiprofil, Betonrohr ~ ~, Ei-(profil)-Betonrohr, Eiprofil-Zementrohr, Betonrohr mit eiförmigem Abflußquerschnitt, eiförmiges Betonrohr · egg(-shaped) concrete pipe

~ ~ Falzverbindung → Betonrohr ~ ~

~ ~ Glockenmuffenverbindung, Betonrohr ~ ~, Glockenmuffen-Betonrohr, Glockenmuffen-Zementrohr, Beton-Glockenmuffenrohr, Zement-Glokkenmuffenrohr · bell(-)and(-)spigot concrete pipe, B&S ~ ~ (US); spigot(-)and(-)socket ~ ~ (Brit.)

~ ~ kreisförmigem Abflußquerschnitt → Betonrohr ~ ~ ~

~ nach dem Naßverfahren hergestellt, Betonrohr ~ ~ ~ ~ · wet cast pipe

~ ~ dem Trockenverfahren hergestellt, Betonrohr ~ ~ ~ ~ · dry cast pipe

~fabrikant *m* → Betonrohrhersteller

~form *f*, (Beton)Rohrform · (concrete) pipe mould (Brit.); (~) ~ mold (US)

~hersteller *m* → Betonrohrhersteller

~krümmer *m*, Beton(rohr)krümmer · concrete (pipe) bend

~leitung *f*, Betonrohrleitung · concrete pipeline

~presse *f*, Betonrohrpresse · concrete pipe press

~prüfpresse *f*, Betonrohrprüfpresse · concrete pipe compression tester

~schale *f*, Beton(rohr)schale · concrete split duct

~schleudermaschine *f*, Schleuderzementrohrmaschine, Betonrohrschleudermaschine, Schleuderbetonrohrmaschine · concrete pipe spinning machine

Zement|-Rohschlamm *m* · cement slurry

~rundrohr *n* → Betonrohr mit kreisförmigem Abflußquerschnitt

~-Sand-Gemisch *n*, Zement-Sand-Mischung *f* · cement-sand mix(ture)

~sandmörtel *m* · cement: sand mortar

~-Sand-Schlämme *f* · sand(ed) grout

~schaum *m* · cement foam

~-Schaumbeton *m* [*Die Herstellung von Zement-Schaumbeton beruht auf der Durchmischung eines Zementbreis mit wäßrigen schaumfähigen Lösungen in schaumschlagenden Misch- oder Peitsch-Maschinen*] · foam(ed) cement concrete, cement concrete aerated with foam

Zementschlämme *f* · cement slurry, ~ grout [*A liquid cement-water mix for injection, or used as a wash over a wall*]

~anstrich *m*, Zementschlämmeaufstrich · cement slurry coat, ~ grout ~

~aufstrich *n*, Zementschlämmeanstrich · cement slurry coat, ~ grout ~

~auspressung *f*, Zementschlämmeeinpressung, Zementschlämmeverpressung, Zementschlämmeinjektion *f* · cement grouting, ~ injection

~injektion *f*, Zementschlämmeeinpressung *f*, Zementschlämmeauspressung, Zementschlämmverpressung · (cement) grouting, ~ injection

~verpressung *f*, Zementschlämmeeinpressung, Zementschlämmeauspressung, Zementschlämmeinjektion *f* · cement grouting, ~ injection

Zement|schleier *m* · cement skin, surface laitance

~schuppen *m*, Zementlagerschuppen · shed for cement, cement shed

~silo *m*, Bindemittelsilo · cement silo

zementsparendes Mittel *n* · cement economiser

Zementsperr|lage *f*, Zementsperrschicht *f*, wasserdichter Überzug *m* auf Zementbasis, Sperrschicht auf Zementbasis, Sperrlage auf Zementbasis · cement-base waterproof coating

~pulver *n*, Zementdichter *m* · cement waterproofing powder, ~ waterproofer [*It is added to the cement*]

~schicht *f*, Zementsperrlage *f*, wasserdichter Überzug *m* auf Zementbasis, Sperrschicht auf Zementbasis, Sperrlage auf Zementbasis · cement-base waterproof coating

Zement|spritz(ver)putz *m*, Spritzzement(ver)putz · sprayed cement (external) rendering (Brit.); ~ ~ stucco (US); ~ ~ (exterior) plaster, ~ ~ external plaster, ~ ~ finish

~staub *m* · cement dust

~stein *m*, erhärteter Zementleim *m* · hardened cement paste, paste matrix

~technologie *f* · cement technology

~teilchen *n*, Zementkorn *n* · cement particle, ~ grain

~-Ton-Schlämme *f*, Ton-Zement-Schlämme · clay-cement grout, ~ slurry

~-Traßmörtel *m* · cement-trass mortar

~treiben *n* · increase in volume of cement

zementumhüllt · cement-coated

Zement|umhüllung *f* · cement coating

~verbrauch *m* · cement consumption

~verbraucher *m* · cement consumer, ~ user

zementverkleidet, zementbekleidet, zementausgekleidet [*gegen Korrosion*] · cement-lined

Zement|verkleidung *f*, Zementauskleidung, Zementbekleidung · cement lining

~vermahlung *f* · cement grinding

~(ver)putz *m* [*DIN 18550*] · cement (external) rendering (Brit.); ~ stucco (US); ~ (exterior) plaster, ~ external plaster, ~ finish, CEM PLAS, CPL

~(ver)putzdecke *f* · cement-plaster ceiling, CPC

~versuch *m*, Zementprobe *f*, Zementprüfung *f* [*DIN 1164*] · cement test

~(ver)wiegung *f* · cement weighing

~ware(n) *f* [*Schweiz*]; Betonware(n) · ((pre)cast) concrete ware

~warenwerk *n* [*Schweiz*]; Betonwarenwerk · ((pre)cast) concrete ware factory

~-Wasser-Gemisch *n* **für (Ab-) Dicht(ungs)anstriche** · cement paint [*A mix(ture) of cement and water which applied to concrete, masonry, or brickwork makes it waterproof*]

~-Wasser-Verhältnis *n* · cement water ratio

Zementwerk *n* **nach dem Naßverfahren**, Zementfabrik *f* ~ ~ ~ · all-wet cement plant, ~ ~ mill

~ ~ ~ Trockenverfahren, Zementfabrik *f* ~ ~ ~ · all-dry cement plant, ~ ~ mill

Zement|zugabe *f* → Zementzusatz

~zugeben *n* → Zementzusatz

~zusatz *m*, Zementbeigabe *f*, Zementzusetzen *n*, Zementbeigeben, Zementzugabe, Zementzugeben · addition of cement, adding ~ ~

~-Zuschlag(stoff)-Reaktion *f* · cement-aggregate reaction

~-Zuschlag(stoff)-Verhältnis *n* · cement-aggregate ratio [*The ratio, by weight or volume, of cement to aggregate*]

~zusetzen *n* → Zementzusatz

Zenotaph *m*, Kenotaph, Scheingrab *n* · cenotaph

Zentral|bad *n* · central baths

~bahnhof *m* · central (railway) station (Brit.); ~ (railroad) ~ (US)

~bau *m*, zentrale Anlage *f* · centralized building; centralised ~ (Brit.); centrally-planned ~, building with central space

~bau-Architektur *f* · centralized building architecture; centralised ~ ~ (Brit.)

~(bau)grundriß *m* · centralized (ground(-))plan; centralised ~ (Brit.)

zentralbeheizt, zentralgeheizt · centrally heated

Zentral|bücherei *f* · central library

~dach *n* · central roof

~dampfheizung *f* · central steam heating

Zentrale *f* · (central) station

zentrale Anlage *f*, Zentralbau *m* · centralized building; centralised ~ (Brit.); centrally-planned ~, building with central space

~ Kühlwasseranlage *f*, Wasserkühlzentrale *f* · district chilled water plant

~ Raumform *f* [*z.B. ein Bogen*] · central feature

~ Warmwasserbereitungsanlage *f*, ~ WW-Bereitungsanlage [*DIN 18380*] · central hot water preparation plant

~ Wasserversorgung *f* · central water supply

~ WW-Bereitungsanlage *f*, ~ Warmwasserbereitungsanlage [*DIN 18380*] · central hot water preparation plant

zentraler Betonstahlverarbeitungsplatz *m*, Betonstahlverarbeitungsanlage *f*, Armierungsstahlverarbeitungsanlage *f*, Bewehrungsstahlverarbeitungsanlage · reinforcement yard

zentrales Abfertigungsgebäude *n* [*Flughafen*] · main terminal building

~ Trägheitsmoment *n* · central second moment (of area), ~ moment of inertia [*of a section*]

~ Wasserbecken *n* [*Als Verzierung eines Platzes*] · central pool (of water), ~ water pool

Zentral|grundriß *m*, Zentralbaugrundriß · centralized (ground-)plan, ~ arrangement; centralised ~ (Brit.)

~halle *f* · central hall

~hauptschlüssel *m* · central master key

~heizung *f* [*Fehlname: Sammelheizung*] · central heating

~heizung *f* **mit Kleinstrohrweiten;** Sammelheizung ~ ~ [*Fehlname*] · minibore central heating

~heizung(sanlage) *f*; Sammelheizung(sanlage) [*Fehlname*] [*DIN 18380*] · central heating installation, ~ ~ system, ~ ~ plant

~heizungsgerät *n* · central heating appliance

~heiz(ungs)kessel *m* · central heating boiler

~heizungsschornstein *m* [*DIN 4705*] · central heating chimney

~hof *m* [*in der Palastanlage von Khorsabad*] · court

~hof *m* · central court

~kapelle *f*, Mittelkapelle · central chapel

~kern *m* · central core

~kirche *f*, sakraler Zentralbau *m* · centralized church; centralised ~ (Brit.); centrally-planned ~, church with central space

~kirche *f* **mit innerem Säulenkranz,** sakraler Zentralbau *m* ~ ~ ~ · church with central space encircled by columns

~küche *f* · central kitchen

~kuppel *f* · central dome, ~ cupola

~lager *n* · central store

~motiv *n* · central motif

~prüfamt *n* · inspection directorate

~raum *m* [*Raum mit gleich oder annähernd gleich langen Hauptachsen, z.B. der Innenraum eines Zentralbaues*] · central space

~schloß *n* · central master-keyed lock

~schloß-Anlage *f* · series of central master-keyed locks, central master-keyed series

~schrein *m* · central shrine

zentralsymmetrisch · axisymmetric

Zentral|turm *m*, Mittelturm · central tower

~waschküche *f*, Waschhaus *n* · wash-house

Zentrifugal|abscheider *m*, Zentrifugalfänger, Zentrifugalfang *m* · centrifugal interceptor

~-Fettabscheider *m* [*DIN 4040 für Baugrundsätze, 4041 für Einbau, Größe und Betrieb, 4042 für Prüfverfahren*] · centrifugal grease interceptor

~ventilator *m*, Radialventilator, Schleuderventilator, Fliehkraftventilator · centrifugal fan

~-Zerstäuber *m* · centrifugal atomizer

Zentrifugierverfahren *n* · centrifugal method

Zerfall *m*, Brechen *n* [*Emulsion*] · breaking, breakdown

~ [*Farbanstrich*] · break-up

zerfallen, brechen [*Emulsion*] · to break

~ [*Zerstörung eines festen Körpers durch Einwirkung der Atmosphäre, wie z.B. bei gebranntem Dolomit*] · to perish

Zerfallschlacke *f* · disintegrating slag, slaking ~

Zerfallswert-Bestimmung *f* **nach Weber und Bechler** · breaking time test of Weber and Bechler [*bitumen emulsion (Brit.)*]

zerkleinern · to comminute, to reduce

zerkleinerter (Beton)Feinzuschlag(-stoff) *m*, Betonbrechsand *m* · crushed (concreting) sand, broken (~) ~, ~ fine aggregate, ~ concrete sand

~ Feinzuschlag(stoff) *m*, ~ Betonfeinzuschlag(stoff), Betonbrechsand *m* · crushed (concreting) sand, broken (~) ~, ~ fine aggregate, ~ concrete sand

zerklüften, auflösen [*Fläche*] · to break down, to carve up [*surface*]

Zerklüftung *f*, Auflösung [*Fläche*] · breakdown, carving-up [*surface*]

zerkörnen, granulieren · to granulate

Zerkörnen *n*, Granulieren · granulating

zerlegen [*Kraft*] · to resolve [*force*]

zerlegt · knocked down [*Description of building components or machinery, delivered to a site in unassembled state*]

zerlegter Bügel *m* · split loop, ~ stirrup

zermahlen · to break down by grinding

Zerrbalken *m* · flexible foundation beam

Zerreißfestigkeit *f* · resistance of tearing, tearing strength

Zerreißfestigkeits|probe *f*, Zerreißfestigkeitsversuch *m*, Zerreißfestigkeitsprüfung *f* · tearing-strength test

~prüfung *f*, Zerreißfestigkeitsprobe *f*, Zerreißfestigkeitsversuch *m* · tearing-strength test

~versuch *m*, Zerreißfestigkeitsprüfung *f*, Zerreißfestigkeitsprobe *f* · tearing-strength test

Zerrieseln *n* [*Feuerfestindustrie. Spontanes Zerfallen eines Stoffes, hervorgerufen durch eine physikalisch-chemische Umwandlung. Anmerkung: In Großbritannien wird der Ausdruck "dusting" nur für das Zerrieseln von Calcium-O-Silikat beim Abkühlen verwendet*] · dusting

Zerrplatte *f* · flexible foundation slab

Zerrstahlbetonbalken *m*, Stahlbetonzerrbalken · reinforced (concrete) flexible foundation beam, R.C. ~ ~ ~, flexible reinforced (concrete) ~ ~

zersetzt · decomposed

Zersetzung *f* · (chemical) breakdown

Zersetzungsdestillation *f*, Entgasung *f*, trockene Destillation · destructive distillation, dry ~ [*Sometimes referred to as 'pyrolysis'*]

Zersied(e)lung *f* [*Stadt*] · (urban) sprawl, (~) dispersal

zerspanende Bearbeitung *f* [*Fehlname*] → mechanisches Polieren

zerspantes Holz *n*, Holzspäne *mpl* · chipped wood

zerspringen, abplatzen [*Keramikindustrie*] · to spall, to chip

Zerspringen *n*, Abplatzen, Abplatzung *f* [*Keramikindustrie*] · spalling, chipping

Zerstäuben *n*, (Ver)Sprühen, Versprühung *f*, Zerstäubung · mist-spraying, fog spray(ing), atomization, atomizing

zerstäubt aufgespritzt · sprayed atomized

Zerstäubung *f*, Zerstäuben *n*, Versprühung, (Ver)Sprühen · mist-spraying, fog spray(ing), atomization, atomizing

Zerstäubungsbild *n* · diffusion pattern

zerstörende Betonprobe *f*, ~ Betonprüfung *f*, zerstörender Betonversuch *m* · destructive concrete test

~ Betonprüfung *f*, ~ Betonprobe *f*, zerstörender Betonversuch *m* · destructive concrete test

~ Bewegung *f* · destructive movement

zerstörender Betonversuch *m*, zerstörende Betonprüfung *f*, zerstörende Betonprobe *f* · destructive concrete test

zerstört · ruined, destroyed

zerstörungs|frei [*Werkstoffprüfung*] · non-destructive

~freies Prüfen *n* · nondestructive testing, NDT

zerstreutporig [*Laubhölzer sind zerstreutporig, wenn die Tracheen über die Jahresringe verteilt sind*] · diffuse-porous

Zertrümmerung *f* · shattering

Zeughaus *n*, Arsenal *n* · arsenal

Zeusaltar *m* · Altar of Zeus

Zeustempel *m* · Temple of Zeus (Olympius)

~ zu Athen · Temple of Zeus Olympius at Athens, Olympieiion

~ ~ Olympia · Temple of Zeus at Olympia

Ziborium *n*, Ciborium · ciborium [*A canopy supported by columns, generally placed over an altar or tomb*]

~, Ciborium [*Tabernakel*] · ciborium [*A receptacle for the preservation of the Eucharist*]

~altar *m*, Ciboriumaltar · ciborium altar

Zickzack|band *n* · zigzag moulding (Brit.); ~ molding (US); chevron (~), dancette

~fries *m*, Zahnfries, deutsches Band *n* [*Dieser speziell im Backsteinbau vorkommende Fries besteht aus einer Schicht über Eck gelegter Steine, wobei ihre Vorderkanten nicht über die Mauerfläche vorstehen*] · zigzag frieze

Ziegel *m*, Ton~, (gebrannter) Stein *m*, gebrannter Baustein, (künstlicher) Baustein, Ziegelstein [*DIN 105*] [*In den USA dürfen auf Grund einer Regierungsentscheidung nur solche Baustoffe als „Ziegel" (brick) bezeichnet werden, die aus Ton gebrannt sind. Die Bezeichnung anderer Baustoffe als "brick" ist nur in Verbindung mit näherer Charakterisierung gestattet, z.B. concrete brick – Betonblock*] · (burnt) (clay) brick, burned (~) ~, fired (~) ~, BRK [*B.S. 3921*]

~abmessung *f*, Ziegelmaß *n* · (clay) brick dimension

(~)Abschneide(r)draht *m* · cutting wire, (clay) brick ~ ~

ziegelähnlich · bricky [*Like a brick, especially in colo(u)r*]

Ziegel|-Altarraum *m* · (clay) brick chancel

~architektur *f*, Backsteinarchitektur, Ziegelbaukunst *f*, Backsteinbaukunst · (clay) brick architecture

~art *f* · (clay) brick type, type of (clay) brick

~ausfachung *f*, Ziegelausfüllung · brick nogging, bricknogging [*Brickwork infilling between the studs of a wooden framed partition or building frame*]

~ausfüllung *f*, Ziegelausfachung · brick nogging, bricknogging [*Brickwork infilling between the studs of a wooden framed partition or building frame*]

~auskleidung *f*, Ziegelverkleidung, Ziegelbekleidung · (clay) brick lining, (~) ~ (sur)facing

~ausmauerung *f* · (clay) brick infill masonry (work)

~außenmauer *f*, Ziegelumfassungsmauer · (clay) brick exterior wall, ~ ~ external ~

~balken(träger) *m* [*Lochziegel, zu Balken werkmäßig mit Mörtel verbunden*] · (clay) brick beam

~bau *m,* Backsteinbau · (clay) brick construction

~bauer *m* · brick-builder

~bauten *f* · (clay) brick structures

~bau(werk) *m,* (*n*) · (clay) brick structure

~bekleidung *f,* Ziegelverkleidung, Ziegelauskleidung · (clay) brick lining, (~) ~ (sur)facing

Ziegelbeton *m* [*Leichtbeton aus Ziegelbruch und Zement*] · (clay) brick aggregate concrete

~block(stein) *m,* Ziegelbetonstein [*DIN 4161*] · (clay) brick aggregate concrete block, (~) ~ ~ ~ tile [*See remark under 'Block'*]

~platte *f* [*mit Ziegeln verblendete Betonplatte*] · (clay) brick-lined concrete slab

~stein *m,* Ziegelbetonblock(stein) *m* [*DIN 4161*] · (clay) brick aggregate concrete block, (~) ~ ~ ~ tile [*See remark under 'Block'*]

Ziegel|binder(stein) *m,* Ziegelstrecker · (clay) brick header, (~) ~ bonder, (~) ~ bondstone, (~) ~ bonding header, header (clay) brick

~block *m* · (clay) brickblock [*A brickblock has a patterned face to simulate bonded brickwork*]

~boden(belag) *m,* Ziegelfußboden(belag) · (clay) brick floor(ing) (finish), (~) ~ floor cover(ing)

~bogen *m* · brick(work) arch, arch of brickwork

~brechgut *n* · crushed (clay) bricks, broken (~) ~

~brennen *n,* Ziegelbrand *m* · (clay) brick burning

~brenngrad *m* · degree of (clay) brick burning

~(brenn)ofen *m* · (clay) brick kiln

~bruch *m,* Ziegelschotter *m,* Kleinschlag *m* aus Ziegelbrocken · (clay) brick hardcore

~bruchbeton *m,* Ziegelschotterbeton · (clay) brick hardcore concrete

~dach(belag) *n,* (*m*) → Ziegel(dach)(ein)deckung

~(dach)(ein)deckung *f,* Ziegeldach(-belag) *n,* (*m*) · clay tile roof(ing), ~ ~ roof cover(ing)

~decke *f,* Decke aus (gebrannten) Steinen · (clay) brick floor

~deckenplatte *f* · prefab(ricated) (clay) brick ceiling panel (unit)

~deckung *f* → Ziegel(dach)eindeckung

~dichte *f,* Ziegelrohdichte, Ziegelrohwichte · apparent specific gravity of the (clay) brick [*See remark under '(Roh)Dichte'*]

~dom *m,* Ziegelkathedrale *f,* Backsteindom, Backsteinkathedrale · (clay) brick dome, (~) ~ cathedral

~(draht)gewebe *n,* Tondrahtgewebe Drahtziegelgewebe, Rollengewebe, Ziegelputzträger *m* [*Auf jeden Kreuzungspunkt des Gewebes ist ein Tonkörperchen gepreßt. Die Saugfähigkeit der Tonkörperchen gewährleistet ein gutes Haften des Putzmörtels*] · clay (pellet) lath(ing) [*B.S. 2705*]

Ziegelei *f,* Ziegelfabrik *f,* Ziegelwerk *n* · brickwork, brick work, brickyard, brick-field

Ziegel|(ein)deckung *f* → Ziegeldach(ein)deckung

~-Einsteigschacht *m,* Ziegel-Mannloch *n,* Ziegel-(Einstieg)Schacht · brick manhole, ~ manway

~-(Einstieg)Schacht *m,* Ziegel-Einsteigschacht, Ziegel-Mannloch *n* · brick manhole, ~ manway

~einteilung *f* · classification of bricks

~entlastungsbogen *m* · brick relieving arch

~fabrik *f,* Ziegelei *f,* Ziegelwerk *n* · brickwork, brick work, brickyard, brick-field

~fassadenplatte *f,* vorgefertigte ~ [*Fehlnamen*]; Fassadentafel *f* aus Ziegeln, Ziegelfassadentafel · (clay) brick façade panel, façade (clay) brick ~

~fassadentafel *f,* Fassadentafel aus Ziegeln [*Fehlnamen: (vorgefertigte) Ziegelfassadenplatte f*] · (clay) brick façade panel, façade (clay) brick ~

~fensterbank *f,* Ziegel(fenster)sohlbank · brick (window) sill; ~ (~) cill (Brit.)

~(fenster)sohlbank *f,* Ziegelfensterbank · brick (window) sill; ~ (~) cill (Brit.)

~fertigteilbau *m,* Ziegelmontagebau, Bauen *n* mit Ziegelfertigteilen · prefab(-ricated) (clay) brickwork construction, (clay) brick(work) system building

~festigkeit *f* · (clay) brick strength

~form *f* · brick mould (Brit.); ~ mold (US)

~form *f,* Ziegelgestalt *f* · (clay) brick shape

~format *n* · (clay) brick format

~formling *m* · green (clay) brick

~fundament *n* · (clay) brick footing, (~) ~ foundation

~(fuß)boden(belag) *m* · (clay) brick floor(ing) (finish), (~) ~ floor cover(-ing)

~futter *n* [*Schornstein*] · brick lining

~garage *f* · (clay) brick-built garage

~gartenmauer *f,* Gartenziegelmauer · garden (clay) brick wall

~gebäude *n*, Ziegelhaus *n* · (clay) brick building, (~) ~ block

ziegelgefertigt · bricky [*Made of brick*]

Ziegelgefüge *n*, Ziegelmauerwerkgefüge, Ziegelmauergefüge, Ziegelmauerverband *m*, Ziegel(mauerwerk)verband · (clay) brick (masonry) bond

ziegelgemauert · bricky, brick-built [*Built of brick*]

Ziegel|(ge)sims *m*, (*n*) · (clay) brick corbel

~gestalt *f*, Ziegelform *f* · (clay) brick shape

~gewebe *n*, Ziegeldrahtgewebe, Tondrahtgewebe, Drahtziegelgewebe, Rollengewebe, Ziegelputzträger *m* [*Auf jeden Kreuzungspunkt des Gewebes ist ein Tonkörperchen gepreßt. Die Saugfähigkeit der Tonkörperchen gewährleistet ein gutes Haften des Putzmörtels*] · clay (pellet) lath(ing) [*B.S. 2705*]

~gewicht *n* · (clay) brick weight

~gewölbe *n*, gekurvte Ziegeldecke *f*, Gewölbe aus Ziegelmauerwerk · (clay) brick vault

~giebel *m*, Backsteingiebel · brick(work) gable

~gitter *n* · (clay) brick grille [*sometimes spelled 'grill'*]

~großblock *m* · large(-sized) (clay) brickblock

~größe *f* · brick size

~-Grundstücksmauer *f* · (clay) brick boundary wall

~haus *n*, Ziegelgebäude *n* · (clay) brick building, (~) ~ block

~hersteller *m* · brickmaker

~herstellung *f* · brickmaking, manufacture of bricks

~hohlmauer *f* · (clay) brick cavity wall, (~) ~ hollow ~

~hohlplatte *f* → Tonhohl(stein)platte

~hohlplatte *f* für Installationsleitungen → Tonhohl(stein)platte ~ ~

~hohlplattendecke *f* → Tonhohl(stein)-plattendecke

~kamin *m* · (clay) brick fireplace

~kammerofen *m* · stationary continuous brick kiln

~kathedrale *f*, Ziegeldom *m*, Backsteindom, Backsteinkathedrale · (clay) brick dome, (~) ~ cathedral

~kehle *f* [*Dach*] · clay tile valley

~kirche *f*, Backsteinkirche · (clay) brick church

~kreisfenster *n*, Ziegelrundfenster · round (clay) brick window, circular (~) ~ ~

~kuppel *f* · (clay) brick dome, (~) ~

~lage *f*, Ziegelschicht *f* · (clay) brick course

~lagerfuge *f* · brick horizontal joint, ~ bed ~, ~ course ~

~latte *f*, (Dach)Latte · (roof) batten

~lattung *f*, (Dach)Lattung · (roof) battens, ~ lathing

~leichtgewölbe *n* · (clay) brick light(-weight) vault

~-Mannloch *n*, Ziegel-(Einstieg-)Schacht *m*, Ziegel-Einsteigschacht · brick manhole, ~ manway

~mastaba *f* · (clay) brick mastaba

~maß *n*, Ziegelabmessung *f* · (clay) brick dimension

~maßwerk *n* · (clay) brick tracery

Ziegelmauer *f* [*Fehlname: (gemauerte) Ziegelwand f*] · (clay) brick wall

~bogen *m* · (clay) brick wall arch

~gefüge *n*, Ziegel(mauerwerk)gefüge, Ziegel(mauerwerk)verband *m*, Ziegelmauerverband · (clay) brick (masonry) bond

~muster *n*, Ziegelmauerwerkmuster · (clay) brick pattern

Ziegelmauern *n*, Mauern mit Ziegeln, Vermauern von Ziegeln · (clay) brick laying, (~) ~ setting, laying (clay) bricks, setting (clay) bricks, bricking

Ziegelmauer|verband *m*, Ziegel(mauerwerk)verband, Ziegel(mauerwerk)gefüge *n*, Ziegelmauergefüge · (clay) brick (masonry) bond

~werk *n* · (clay) brickwork, (~) brick masonry (work)

Ziegel(mauerwerk)-Abwasserkanal *m* · brick sewer

Ziegelmauerwerk|armierung *f*, Ziegelmauerwerkbewehrung, Ziegelmauerwerk(stahl)einlagen *fpl* · (clay) brickwork reinforcement

~-Bewehrungsmatte *f* · (clay) brick reinforcement fabric

~feuerbrücke *f* [*Teil einer Feuerung*] · brick bridge

~fuge *f* · (clay) brick joint

Ziegel(mauerwerk)|gefüge *n*, Ziegelmauergefüge, Ziegel(mauerwerk)verband *m*, Ziegelmauerverband · (clay) brick (masonry) bond

~mörtel *m* · mortar for (clay) brickwork, (clay) brick(work) mortar

Ziegelmauer(werk)muster *n* · brick pattern

Ziegelmauerwerk|pfeiler *m* · (clay) brick pier

~(stahl)einlagen *fpl*, Ziegelmauerwerkarmierung *f*, Ziegelmauerwerkbewehrung · (clay) brickwork reinforcement

Ziegel|(mauerwerk)verband *m*, Ziegelmauerverband, Ziegel(mauerwerk)gefüge *n*, Ziegelmauergefüge · (clay) brick (masonry) bond, (~) brickwork ~

~maurer *m* · bricklayer

~mehl *n*, Ziegelstaub *m* · (clay) brick dust, (~) ~ flour, ground (clay) brick(s)

Ziegelmontage|bau *m*, Ziegelfertigteilbau, Bauen *n* mit Ziegelfertigteilen · prefab(ricated) (clay) brickwork construction, (clay) brick(work) system building

~decke *f* · prefab(ricated) (clay) brick floor

Ziegel|oberschwelle *f*, Ziegelsturz *m* · (clay) brick lintel; (~) ~ lintol [*deprecated*]

~ofen *m*, Ziegelbrennofen · (clay) brick kiln

~paket *n* · pre-packed (clay) bricks, (clay) brick pack, pack of (clay) bricks

~pfeiler *m* · brick(work) pier, pier of brickwork

~pflaster *n*, Fpz *n* · (clay) brick paving

~pflasterstraße *f* · brick-paved road

~platte *f* · prefab(ricated) (clay) brick panel (unit)

~plinthe *f* · (clay) brick plinth

~-Prüfmaschine *f* · (clay) brick tester, (~) ~ testing machine

~putzträger *m* → Ziegel(draht)gewebe

~querwand *f* · (clay) brick cross-wall

~rabitz *n*, Sterndelrabitz · Rabitz (type) clay (pellet) lath(ing)

~radfenster *n* [*Ziegelrundfenster mit speichenartiger Unterteilung*] · (clay) brick wheel window

~rippe *f* · brick rib

~rippendecke *f* · ribbed (clay) brick floor

~rohbau *m* · (clay) brick carcass, (~) ~ fabric; (~) ~ shell [*Canada*]; (~) ~ carcase [*deprecated*] [*A (clay) brick building or structure that is structurally complete but otherwise unfinished*]

~(roh)dichte *f*, Ziegelrohwichte · apparent specific gravity of the (clay) brick [*See remark under '(Roh)Dichte'*]

~rohwichte *f*, Ziegel(roh)dichte · apparant specific gravity of the (clay) brick [*See remark under '(Roh)Dichte'*]

~rollschar *f*, Ziegelrollschicht *f* · (clay) brick-on-edge course, rowlock, rolock

ziegelrot · brick-red, bricky [*Of the colo(u)r brick red*]

Ziegel|rot *n* · brick red [*A yellowish or brownish red*]

~rundfenster *n*, Ziegelkreisfenster · round (clay) brick window, circular (~) ~ ~

~sand *m* [*DIN 4163*] · manufactured (clay) brick sand

~-Schacht *m*, Ziegel-Einstiegschacht, Ziegel-Einsteigschacht, Ziegel-Mannloch *n* · brick manhole, ~ manway

~schaft *m* [*Schornstein*] · (clay) brick shaft [*chimney*]

~schicht *f*, Ziegellage *f* · (clay) brick course

~schichtmodul *n* · brick coursing module

~schloß *n* · brick-built castle, brickwork ~

~schornstein *m* · brick chimney

~schottenwand *f* · load-bearing (clay) brick cross-wall

~schotter *m*, Ziegelbruch *m*, Kleinschlag *m* aus Ziegelbrocken · (clay) brick hardcore

~schotterbeton *m*, Ziegelbruchbeton · (clay) brick hardcore concrete

~schutt *m*, Ziegeltrümmer *f* · (clay) brick rubble

~sichtmauerwerk *n* · fair-faced (clay) brickwork

~sims *m*, Ziegelgesims *n* · (clay) brick corbel

~sohlbank *f*, Ziegelfenstersohlbank, Ziegelfensterbank · brick (window) sill; ~ (~) cill (Brit.)

~sortieren *n* · culling [*Sorting brick for size, colour and quality*]

~spitzbogen *m* · brick(work) pointed arch, pointed arch of brickwork

~splitt *m*, Trümmersplitt · manufactured (clay) brick chip(ping)s

~splittbeton *m*, Trümmerbeton [*DIN 4163. Trotz des Namens „Ziegelsplittbeton" enthält dieser Beton die Körnungen 0/3, (0/7), 3/7 mm = Ziegelsand; 7/15, 15/30 = Ziegelsplitt und 30/70 mm = Ziegelschotter*] · crushed brick concrete, broken ~ ~

~splittbeton-Deckenblock(stein) *m*, Ziegelsplittbeton-Deckenstein, Trümmerbeton-Deckenblock(stein), Trümmerbeton-Deckenstein · crushed brick concrete filler block, ~ ~ ~ ~ tile, broken ~ ~ ~ ~

~splittbeton-Wand(bau)platte *f*, Trümmerbeton-Wand(bau)platte · crushed brick concrete wall slab, broken ~ ~ ~ ~

~staub *m*, Ziegelmehl *n* · (clay) brick dust, (~) ~ flour, ground (clay) brick(s)

~stein *m* → Ziegel

~strecker *m*, Ziegelbinder(stein) *m* · (clay) brick header, (~) ~ bonder, (~) ~ bondstone, (~) ~ bonding header, header (clay) brick

~stufe *f* · (clay) brick step

~sturz *m*, Ziegeloberschwelle *f* · (clay) brick lintel; (~) ~ lintol [*deprecated*]

~tafel *f* · brick panel

~technik *f* · (clay) brick engineering

~ton *m* · (building-)brick clay

~tonfertigbalken(träger) *m* → (vorgespannter) Ziegelbalken(träger)

~tonne(ngewölbe) *f*, (*n*) · (clay) brick barrel vault, (~) ~ tunnel ~, (~) ~ wagon ~

~treppe *f* · (clay) brick stair(case)

~trümmer *f*, Ziegelschutt *m* · (clay) brick rubble

~umfassungsmauer *f*, Ziegelaußenmauer · (clay) brick exterior wall, (~) ~ external ~

~untersicht *f* · (all) clay visible underface, (~) ~ ~ underside

~verband *m*, Ziegelmauerwerkverband, Ziegelmauerverband, Ziegel(mauerwerk)gefüge *n*, Ziegelmauergefüge · (clay) brick (masonry) bond

(~)Verblender *m*, Verblendziegel *m*, Fassadenziegel · facing (clay) brick

~verblender *m* **mit Sandschicht,** Verblendziegel *m* ~ ~, Fassadenziegel ~ ~ · sand-faced (clay) brick [*A facing brick coated with sand to give it an attractive rough surface*]

~verblendmauerwerk *n*, Ziegelverblendung *f*, Ziegelvorhangwand *f* · (clay) brick veneer, brick facing skin [*A facing of brick laid against frame or tile wall construction*]

~verblendung *f*, Ziegelverblendmauerwerk *n*, Ziegelvorhangwand *f* · (clay) brick veneer, brick facing skin [*A facing of brick laid against frame or tile wall construction*]

ziegelverkleidete Fenstertafel *f* **aus Beton** · brick-faced concrete window panel

Ziegel|verkleidung *f*, Ziegelauskleidung, Ziegelbekleidung · (clay) brick lining, (~) ~ (sur)facing

~vorhangwand *f*, Ziegelverblendung *f*, Ziegelverblendmauerwerk *n* · (clay) brick veneer, brick facing skin [*A facing of brick laid against frame or tile wall construction*]

~vorsatzschicht *f* · (clay) brick skin

Ziegelwand *f* [*Leichte Trennwand. DIN 4103*] · (clay) brick partition (wall)

~, gemauerte ~ [*Fehlnamen*]; Ziegelmauer *f* · (clay) brick wall

~baueinheit *f* [*Fehlname*]; Ziegelwand(bau)element *n*, Ziegelwand(bau)körper *m* · (clay) brick panel (building) unit

~(bau)element *n*, Ziegelwand(bau)körper *m* [*Fehlname: Ziegelwandbaueinheit*] · (clay) brick panel (building) unit

~(bau)körper *m*, Ziegelwand(bau)element *n* [*Fehlname: Ziegelwandbaueinheit f*] · (clay) brick panel (building) unit

~element *n* → Ziegelwandbauelement

Ziegel|-Wandplatte *f* · wall-facing quarry (tile)

~werk *n* → Ziegelfabrik

~-Wohngebäude *n*, Ziegel-Wohnhaus *n* · residential (clay) brick building, domestic (~) ~ ~, residence (~) ~ ~, ~ (~) ~ block; (clay) brick dwelling (US)

~zuschlag(stoff) *m* · (clay) brick aggregate

Zieh|ausfüller *m*, Glättausfüller, Glätt(füll)spachtel(masse) *m*, (*f*), Zieh(füll)spachtel(masse) · floated stopper, ~ stopping, ~ filler

~bank *f*, Draht~ · (wire-)drawing machine

~düse *f*, Zieheisendüse, Ziehsteindüse, Draht~ · (wire-)drawing die orifice, die ~

~eisen *n*, Ziehstein *m*, Draht~ · (wire-)drawing die, (reducing) ~

~(eisen)düse *f*, Ziehsteindüse, Draht~ · (wire-)drawing die orifice, die ~

ziehen [*Gleitschalungsbau*] · to slipform, to slide

Ziehen *n* [*Gleitschalungsbau*] · slide (operation), slipforming, sliding

~, Draht~ · (wire) drawing, cold work ~

~ [*Spannbeton*] · pulling

~ der Schornsteine, Schornsteinzug *m* · chimney draught (Brit.); ~ draft (US)

Zieh|fähigkeit *f* [*Ziehspachtel(masse)*] · suitability for application with a filling knife

~fett *n* · drawing grease

~geschwindigkeit *f*, Gleitgeschwindigkeit [*Gleitschalung*] · rate of slide (operation), speed ~ ~ (~)

~glas *n* · drawn glass

~griff *m* · pull (handle)

(~)Harmonikatrennwand *f* → Akkordeontrennwand

(~)Harmonikatür *f*, Akkordeontür · accordion door, concertina ~, bellow-framed ~

(~)Harmonikatürbeschlag *m*, Akkordeontürbeschlag · concertina door furniture, accordion ~ ~, bellow-framed ~ ~, ~ ~ fitting

~höhe *f*, Gleithöhe [*Gleitschalungsbau*] · sliding height

~platte *f* · draw plate [*A steel plate pierced with small holes through which a wire is drawn during its manufacture*]

~schicht *f*, Glättschicht [*Putztechnik*] · floated coat [*A plaster coat smoothed by a float*]

~spachtel(masse) *m*, (*f*), Messerspachtel(masse) · knifing filler, ~ stopper, ~ stopping; ~ Swedish putty, ~ spactling compound (US) [*A filling composition suitable for application with a filling knife as distinct from one made for brush application*]

~stange *f* [*Gleitschalungsbau*] · jacking rod

~stein *m*, Zieheisen *n*, Draht~ · (wire-)drawing die, (reducing) ~

~steindüse *f*, Zieh(eisen)düse, Draht~ · (wire-)drawing die orifice, die ~

~trommel *f*, Draht~ · (wire-)drawing block

Zier|aluminium *n*, Ornamentaluminium · decorative aluminum, ornamental ~ (US); ~ aluminium (Brit.)

~band *n*, Dekor(ations)band, Ornamentband, Schmuckband, Bandornament *n*, Bandschmuck *m* · decorative band, ornamental ~, continuous ornament

~bau(werk) *m*, (*n*) · decorative structure, ornamental ~

~becken *n*, Dekor(ations)becken, Ornamentbecken · ornamental pool, decorative ~

~beschichtung *f*, Zierüberzug *m*, Ornamentbeschichtung, Ornamentüberzug, Dekor(ations)beschichtung, Dekor(ations)überzug [*als Schicht*] · decorative coat(ing), ~ finish, ornamental ~

~beschläge *mpl*, Dekor(ations)beschläge, Ornamentbeschläge · decorative hardware, ornamental ~, ~ fittings

~beton *m*, Dekor(ations)beton, Ornamentbeton · ornamental concrete, decorative ~

~block(stein) *m*, Zierstein, Schmuckblock(stein), Schmuckstein, Ornamentblock(stein), Ornamentstein, Dekor(ations)block(stein), Dekor(ations)stein · sculptural (type) block, ~ (~) tile [*See remark under 'Block'*]

~bogen *m*, Dekor(ations)bogen, Ornamentbogen, Schmuckbogen · decorative arch, ornamental ~

~bronze *f*, Ornamentbronze, Dekor(ations)bronze · ornamental bronze

(~)Brunnen *m* · fountain

~decke *f*, Ornamentdecke, Dekor(ations)decke · decorative ceiling, ornamental ~

~deckenplatte *f*, Deckenzierplatte, Dekor(ations)deckenplatte, Dekorativdeckenplatte, Ornamentdeckenplatte · decorative ceiling sheet, ornamental ~ ~, ~ ~ board

~eisen *n*, Ornamenteisen, Dekor(ations)eisen · ornamental iron, decorative ~

~element *n*, Zierglied *n*, Ornament *n*, Schmuckelement, Schmuckglied, Dekor(ations)element, Dekor(ations)glied · ornament, decorative fixture

zierendes Rollschichtpflaster *n*, ~ Rollscharpflaster · decorative rowlock paving, ~ rolock ~

Zier|fenster *n*, Ornamentfenster, Dekor(ations)fenster · decorative window, ornamental ~

~filz *m*, Dekor(ations)filz, Ornamentfilz · decorative felt(ed fabric), ornamental ~ (~)

~fläche *f*, Schmuckfläche, Ornamentfläche, Dekor(ations)fläche · decorated area, ornamental ~, decorative ~

~fliese *f*, Zierplatte *f*, Dekor(ations)platte, Dekor(ations)fliese, Ornamentfliese, Ornamentplatte · ornamental tile, decorative ~

~folie *f*, Dekor(ations)folie, Ornamentfolie · decorative foil, ornamental ~

~folie *f* aus Kunststoff, Dekor(ations)folie ~ ~, Ornamentfolie ~ ~ · decorative plastic film, ~ ~ sheeting, ornamental ~ ~

~form *f*, Dekor(ations)form, Schmuckform, Ornamentform · ornamental form, decorative ~

~fuge *f*, Ornamentfuge, Dekor(ations)fuge · ornamental joint, decorative ~

~geländer *n*, Ornamentgeländer, Dekor(ations)geländer · decorative railing, ornamental ~

~giebel *m* · pediment [*A triangular member having typically a small altitude compared with its base, framed in by a cornice, and surmounting a portico in front of a building*]

~giebel *m* · pediment [*A classic equivalent of the gable. It is triangular in Greek or Roman temples but likely to be curved, arched or broken in baroque buildings*]

~gitter *n*, Ornamentgitter, Dekor(ations)gitter, Gitter · decorative grille, ornamental ~ [*A decorative openwork screen within an opening. Sometimes spelled 'grill'*]

~glas *n*, Ornamentglas, Dekor(ations)glas, ornamentiertes Glas · pattern(ed) glass (US); ornamental ~, decorative ~; figured rolled ~ [*B.S. 3447*]; figured ~ [*ASTM C 162*]

~-Glas(bau)stein *m*, Schmuck-Glas(bau)stein, Ornament-Glas(bau)stein, Dekor(ations)-Glas(bau)stein · sculptural faced glass block, ~ ~ ~ brick

~glied *n*, Zierelement *n*, Ornament *n*, Schmuckelement, Schmuckglied, Dekor(ations)element, Dekor(ations)glied · ornament, decorative fixture

~hof *m*, Gartenhof, Hofgarten *m* · garden court, court garden

~konsole *f* → Zierwandkonsole

~kunst *f*, Ornamentik *f* · ornamental art, decorating ~, decoration ~

~lage *f* → Zierschicht

~leiste *f*, Dekor(ations)leiste, (Ornament)Leiste · molding (US); moulding (Brit.)

~leuchte *f*, Dekor(ations)leuchte, Ornamentleuchte · decorative luminaire (fixture), ornamental ~ (~) (US); ~ light fitting (Brit.); ~ (light(ing)) fixture

zierlos → schmucklos

Ziermetall *n*, Ornamentmetall, Dekor(ations)metall · ornamental metal, decorative ~

Ziermotiv *n*, Dekor(ations)motiv, Ornamentmotiv, Schmuckmotiv · decorative motif, ornamental ~

~ aus der Natur, Schmuckmotiv ~ ~ ~, Ornamentmotiv ~ ~ ~, Dekor(ations)motiv ~ ~ ~ · decorative motif taken from nature, ornamental ~ ~ ~ ~

Zier|muster *n*, Schmuckmuster, Ornamuster, Dekor(ations)muster · decorative pattern, ornamental ~

~nische *f* · decorative niche, ornamental ~

~oberfläche *f*, Dekor(ations)oberfläche, Ornamentoberfläche · ornamental surface, decorative ~

~objekt *n* · subject for decoration

~pavillon *m* · ornamental pavilion, casino

~pflaster(decke) *n, (f)*, Dekor(ations)-pflaster(decke), Ornamentpflaster(dekke) · ornamental (sett) paving, decorative (~) ~

~platte *f*, Zierfliese *f*, Dekor(ations)platte, Dekor(ations)fliese, Ornamentfliese, Ornamentplatte · ornamental tile, decorative ~

~platte *f*, Dekor(ations)platte, Ornamentplatte, (dekorative) Sichtplatte · decorative board, ~ sheet, ornamental ~

~profil *n*, Dekor(ations)profil, Ornamentprofil · moulding (Brit.); molding (US)

~putz *m* → Effekt(ver)putz

~rille *f* · glyph [*In architecture, a short, vertical ornamental channel or groove*]

~rippe *f*, Dekor(ations)rippe Schmuckrippe, Ornamentrippe · decoratives rib, ornamental ~

~schicht *f*, Zierlage *f*, Dekor(ations)-schicht, Dekor(ations)lage, Ornamentlage, Ornamentschicht, Schmuckschicht, Schmucklage [*Mauerwerk*] · decorative masonry course, ornamental ~ ~

~-Schichtpreßstoffplatte *f*, Ornament-Schichtpreßstoffplatte, Dekor-(ations)-Schichtpreßstoffplatte · decorative laminate(d) sheet, ~ ~ board, ornamental ~ ~

~see *m* · ornamental lake

~-Spachtel(fuß)boden(belag) *m*, Ornament-Spachtel(fuß)boden(belag), Dekor(ations)-Spachtel(fuß)boden(belag) · decorative jointless floor(ing), ~ in-situ ~, ~ composition ~, ~ seamless ~, ~ ~ floor cover(ing), ~ ~ floor finish

~stahl *m*, Ornamentstahl, Dekor(ations)-stahl · ornamental steel, decorative ~

~stein *m*, Dekor(ations)stein, Schmuckstein, Ornamentstein · dressing [*A stone worked to a finished face, whether smooth or moulded, and used around an angle, window, or any feature*]

~stein *m* → Zierblock(stein)

~stirnziegel *m*, Antefix *m*, (ornamentaler) Stirnziegel, dekorativer Stirnziegel · antefix (tile) [*Antefixes or antefixa are ornamental blocks, fixed vertically at regular intervals along the lower edge of a roof, to cover the ends of tiles*]

~stütze *f*, Dekor(ations)stütze, Ornamentstütze, Schmuckstütze · decorative column, ornamental ~

~tafel *f*, Ornamenttafel, Dekor(ations)-tafel · ornamental panel, decorative ~

~tür *f*, Dekor(ations)tür, Ornamenttür · ornamental door, decorative ~

~turm *m* · decorative tower, ornamental ~

~türmchen *n* · ornamental turret, decorative ~, ~ diminutive tower

~überzug *m*, Zierbeschichtung *f*, Ornamentbeschichtung, Ornamentüberzug, Dekor(ations)beschichtung, Dekor(ations)überzug [*als Schicht*] · decorative coat(ing), ~ finish, ornamental ~

~verband *m*, Dekor(ations)verband, Schmuckverband, Ornamentverband [*Mauerwerk*] · ornamental (masonry) bond, decorative (~) ~

~(ver)putz *m* → Effekt(ver)putz

~wand *f*, Schmuckwand, Ornamentwand, Dekor(ations)wand · decorative wall, ornamental ~

~(wand)konsole *f*, Ornament(wand)-konsole, Dekor(ations)(wand)konsole, Schmuck(wand)konsole · ornamental (wall) bracket, decorative (~) ~

~ziegel *m*, Dekor(ations)ziegel, Ornamentziegel · ornamental brick, decorative ~

~ziegelmauerwerk *n*, Ornamentziegelmauerwerk, Dekor(ations)ziegelmauerwerk · (ornamental) pattern brickwork, decorative ~; ~ brick masonry (work), (~) pattern brick masonry (work) (US)

Ziffernschloß *n*, Zahlenschloß · numeral (-type) combination lock, ~ dial ~

Zikku(r)rat *f* · ziggurat, zikkurat [*The temple tower associated with major temples in the Sumerian, Babylonian, and Assyrian civilizations. The name is from the Babylonian 'siggurratu', meaning 'pinnacle' or 'mountain top'*]

Zimmer|arbeit(en) *f (pl)* [*DIN 18334*] · carpenter's work

~bad *n* [*Hotel*] · private bathroom

Zimmerei|(betrieb) *f, (m)* · carpenter's undertaking

~holz *n*, Rohbauholz · carcassing timber

~(wesen) *f, (n)* · carpentry, carpentership, carpentering

Zimmerer *m*, Zimmermann *m* · carpenter

(Zimmer)|Flucht *f*, Raumflucht · suite (of rooms), apartment

~handwerk *n* · carpentry, carpentership, carpenter's trade

~lehrling *m* · carpenter's apprentice

~leute *f* · carpenters

~luft *f*, Raumluft · room air

~mann *m*, Zimmerer *m* · carpenter

~mannsche Kuppel *f*, Zimmermannkuppel [*Sie hat waag(e)rechte Ringe, bei denen die Zahl der Ecken mit steigender Höhe auf die Hälfte abnimmt*] · Zimmermann dome, ~ cupola

~mannskunst *f* · carpenter's art

~meister *m* · master carpenter

zimmern · to carpenter [*To make by carpentry; to work with wood*]

Zimmer|platz *m* · carpenter's yard

~polier *m* · foreman carpenter

~springbrunnen *m* · (illuminated) indoor fountain

~temperatur *f*, Raumtemperatur · room temperature

~tür *f*, Raumtür · room door, chamber ~

Zimmerung *f* · carpentry [*Timberwork constructed by the carpenter*]

Zimmerwerk|statt *f* · carpenter's shop

~zeug *n* · carpenter's tool

Zingel *m* → Ringmauer

Zink *n*, Zn *n* · zinc

~anschluß *m*, Zinkblechanschluß zinc flashing [*See remark under 'Anschluß'*]

zinkarme (Anstrich)Farbe *f* · zinc poor primer

Zink|bad *n* · bath of molten zinc

~band *n* [*DIN 9722*] · zinc strip, strip zinc

~bedachung *f*, Zinkdachbelag *m*, Zink(ein)deckung, Zinkdach(ein)deckung, Zinkdach *n* · (sheet) zinc roof cladding, (~) ~ ~ covering, (~) ~ ~ sheathing, (~) ~ roof(ing) [*B.S. 849*]

zinkbeschichtet, zinküberzogen · zinc-coated

Zink|beschichtung *f*, Zinküberzug *m* [*als Schicht*] · zinc coat(ing), ~ finish [*B.S. 1706*]

~blech *n* [*DIN 9721*] · sheet zinc, zinc sheet

Zink(blech)|abdeckung *f* · sheet zinc cover, zinc sheet ~

~anschluß *m* · zinc flashing [*See remark under 'Anschluß'*]

~anschluß(streifen) *m* · zinc flashing (piece)

~(dach)rinne *f* · zinc sheet (roof) gutter, ~ ~ rainwater ~

~lehre *f* · zinc gauge system

~lehrennummer *f* · zinc gauge (No.), ~ ~ number

~rinne *f*, Zinkblechdachrinne · zinc sheet (roof) gutter, ~ ~ rainwater ~

Zink|blende *f*, Sphalerit *m*, ZnS · (zinc) blende, sphalerite, black jack; zinc sulphide (Brit.); zinc sulfide (US)

~chlorid *n*, Chlorzink *n*, $ZnCl_2$ · zinc chloride (Brit.); ~ chlorid(e) (US)

~chromat *n*, $ZnCrO_4$ · zinc chromate

~chromatbasis *f*, Zinkchromatgrundlage *f* · zinc chromate base

~chromatgrund(iermittel) *m*, (*n*), Zinkchromatgrundierung *f*, Zinkchromatgrundanstrichmittel, AT-Grundiermittel · zinc chromate primer

~chromatpigment *n* · zinc chromate pigment

~dachbelag *m*, Zink(ein)deckung *f*, Zinkdach(ein)deckung, Zinkdach *n*, Zinkbedachung · (sheet) zinc roof cladding, (~) ~ ~ covering, (~) ~ ~ sheathing, (~) ~ roof(ing) [*B.S. 849*]

~dach(deckungs)element *n* · zinc tile

~-Dacheinfassung *f* · zinc roof surround

~-Doppelstehfalzdach *n* · double standing seam-type zinc roof, ~ ~ welt-type ~ ~

~draht *m* · zinc wire

~-Druckguß *m* · zinc die-casting

~(ein)deckung *f*, Zinkdach(ein)deckung, Zinkdach *n*, Zinkbedachung, Zinkdachbelag *m* · (sheet) zinc roof cladding, (~) ~ ~ covering, (~) ~ ~ sheathing, (~) ~ roof(ing) [*B.S. 849*]

~farbe *f*, Zinkpigment *n* · (metallic) zinc pigment

~flachdach *n* · zinc covered flat roof

~fluat *n* · zinc fluosilicate

~gelb(pigment) *n* · zinc yellow [*A greenish-yellow pigment composed of the double salt of zinc and potassium chromates*]

~grün *n* [*Ungiftige Mischfarbe aus Zinkgelb und Eisenblau, wenig kalkecht, meist nur als Ölfarbe gebräuchlich, als solche ziemlich lichtecht*] · zinc green

~harz *n* · zinc resinate

~karbonat *n*, $ZnCO_3$ · zinc carbonate

~-Kasten(dach)rinne *f* · zinc box (roof) gutter, ~ ~ rainwater ~

~kehlrinne *f*, Kehlzinkrinne · zinc valley gutter

~kehlstreifen *m* · zinc valley strip

~legierung *f* [*DIN 1724*] · zinc alloy

~lehre *f*, Zinkblechlehre · zinc gauge system

~lehrennummer *f*, Zinkblechlehrennummer · zinc gauge (No.), ~ ~ number

~-Leistendach *n* · zinc baten roof

~metallpigment *n* · zinc metal pigment

~nagel *m* · zinc nail

~oxid *n*, ZnO *n* [*Pigment. Ein Zinkoxid, das direkt aus Zinkerzen gewonnen wird und Verunreinigungen – besonders Bleiverbindungen – enthalten kann. Es hat eine schwache Gelb- oder Blaustichigkeit. Man unterscheidet: Zinkoxid bleiarm mit mindestens 90% ZnO und Zinkoxid bleireich mit mindestens 75% ZnO*] · zinc oxid(e) pigment (US); ~ oxide ~ (Brit.)

~pigment *n*, Zinkfarbe *f* · (metallic) zinc pigment

~pulver *n*, Zinkstaub *m* · zinc powder, ~ dust, powder(ed) zinc [*It is used as the pigment in zinc-rich paint. The zinc powder acts not only as a pigment but as a corrosion inhibitor*]

~rohr *n* · zinc pipe

~rost *m*, weißer Rost · white rust

~salz *n* · zinc salt

~schindel *f* · zinc shingle

~seife *f* · zinc soap

~staub *m*, Zinkpulver *n* · zinc powder, ~ dust, powder(ed) zinc [*It is used as the pigment in zinc-rich paint. The zinc powder acts not only as a pigment but as a corrosion inhibitor*]

~staubgrund(ier)farbe *f*, Kaltzinkfarbe, zinkstaubreiche (Anstrich)Farbe, (Zinkstaub-)Werkstattgrund(ierung) *m*, (*f*), Zinkstaubfarbe · zinc-rich paint, cold galvanising ~, zinc dust shop primer, zinc-rich primer [*A paint, the pigment of which is zinc powder. It is used as a primer and as a special protection for steel*]

~staubpigment *n* · zinc dust pigment [*B.S. 3982*]

~staubreiche (Anstrich)Farbe *f*, Kaltzinkfarbe, (Zinkstaub-)Werkstattgrund(ierung) *m*, (*f*), Zinkstaubgrund(ier)farbe · zinc-rich paint, cold galvanising ~, zinc dust shop primer [*A paint, the pigment of which is zinc powder. It is used as a primer and as a special protection for steel*]

(Zinkstaub-)Werkstattgrund(ierung) *m*, (*f*), Zinkstaubgrund(ier)farbe *f*, Kaltzinkfarbe, zinkstaubreiche (Anstrich-) Farbe · zinc-rich paint, cold galvanising ~, zinc dust shop primer [*A paint, the pigment of which is zinc powder. It is used as a primer and as a special protection for steel*]

Zink|sulfat *n*, $ZnSO_4$ · zinc sulfate (US); ~ sulphate (Brit.)

~sulfid *n* · zinc sulfide

~-Terrazzostreifen *m*, Zink-Terrazzo-(trenn)schiene *f* · zinc divider strip

~-Terrazzo(trenn)schiene *f*, Zink-Terrazzostreifen *m* · zinc divider strip

~tetraoxychromat *n* · zinc tetraoxychromate

~traufrinne *f* · zinc eave(s) gutter

zinküberzogen, zinkbeschichtet · zinc-coated

Zink|überzug *m*, Zinkbeschichtung *f* [*als Schicht*] · zinc coat(ing), ~ finish [*B.S. 1706*]

~walzerzeugnis *n*, Walzzinkerzeugnis [*Blech und Band*] · rolled zinc product, ~ ~ article

~weiß *n*, Schneeweiß, ZnO *n* [*Pigment. Ein aus metallischem Zink hergestelltes reinweißes oder ganz schwach gelb- oder blaustichiges technisch reines Zinkoxid (ZnO). Mit absteigendem Feinheitsgrad unterscheidet man die Marken Weißsiegel, Grünsiegel und Rotsiegel; ZnO-Gehalt mindestens 99%*] · zinc white, Chinese ~

zinkweißverträglich, schneeweißverträglich, znO-verträglich · compatible with zinc white, ~ ~ Chinese ~

Zinkwellblech *n*, Wellzinkblech · corrugated zinc sheet, ~ sheet zinc

~dach *n* · corrugated zinc roof(ing)

~platte *f* · corrugated zinc sheet

~tafel *f* · corrugated zinc panel

Zinn *n*, Sn · tin

~-Bleibronze *f* · tin leaded bronze

~bronze *f* · tin bronze

Zinne *f* · merlon [*The raised portion of an embattled parapet between two embrasures or indentations*]

Zinnen|besatz *m*, Zinnenkranz *m* · battlement, crenellation [*An indented parapet, the openings are called embrasures or crenelles (hence crenellation) and the raised parts, merlons. A licence to crenellate was the equivalent of a permit to fortify a residence*]

~brüstung(smauer) *f* · embattled parapet (wall)

~fries *m* [*Den Umriß von Zinnen nachahmender Fries*] · merlon-type frieze

~kranz *m*, Zinnenbesatz *m* · battlement, crenellation [*An indented parapet, the openings are called embrasures or crenelles (hence crenellation) and the raised parts, merlons. A licence to crenellate was the equivalent of a permit to fortify a residence*]

~turm *m* · battlement tower

Zinn|folie *f*, Stanniol *n* · tinfoil

~geschrei *n* · tin creaking

~glasur *f* · opaque glaze made with oxid(e) of tin

~lot *n* [*Weichlot aus Zinn-Blei-Legierungen zum Löten von Schwermetallen und deren Legierungen und zur Herstellung von Überzügen. DIN 170a*] · tin-lead-solder [*B.S. 219*]

Zinnober *m* · cinnabar

Zinn|pest *f* · tin plaque

~rohr *n* [*Es wird mit einem Bleimantel, der zur Aufnahme der mechanischen Beanspruchungen dient, versehen. Verwendung als Leitungsrohr für sehr weiche, sauerstoff- und kohlensäurereiche Wässer*] · tin pipe

~stein *m*, Kassiterit *m*, SnO_2 · cassiterite, tinstone, black tin

~überzug *m* · tin coat(ing)

Zirkelbogen *m*, voller Bogen, Rundbogen, Halbkreisbogen · semicircular arch, round ~

Zirkit *m* [*Rohstoff, der hauptsächlich aus Baddeleyit und Zirkonsilikat besteht*] · zirkite

Zirkon *m*, $ZrSiO_4$ · zircon

~dioxid *n* · zirconia, ZrO_2

~oxiderzeugnis *n* · zirconia refractory (product)

Zirkuszelt *n* · circus tent, ~ 'big top'

Zisterne *f* · storage cistern [*A cistern for storing water*]

Zisterzienser|abtei *f* · Cistercian abbey

~architectur *f*, Zisterzienserbaukunst *f* · Cistercian architecture

~baukunst *f*, Zisterzienserarchitectur *f* · Cistercian architecture

~chor *m* · Cistercian choir

~gotik *f* · Cistercian Gothic (style)

~kirche *f* · Cistercian church

~kloster *n* · Cistercian monastery

~stift *n* · Cistercian chapter-house

Zitadelle *f* · citadel

Zitronengelb *n* · lemon (chrome) yellow

Zivil|architektur *f*, Zivilbaukunst *f* · non-military architecture

(~)Basilika *f* → römische ~

~baukunst *f* → Zivilarchitektur

(ziviler) Bevölkerungsschutz *m*, Zivilschutz · civil defense (US); ~ defence (Brit.)

Zivilschutz *m*, (ziviler) Bevölkerungsschutz · civil defense (US); ~ defence (Brit.)

~raum *m* · civil defense shelter (US); ~ defence ~ (Brit.)

Zn *n*, Zink *n* · zinc

$ZnCl_2$, wässerige Zinkchloridlösung *f*, Lötwasser *n*, wäßrige Zinkchloridlösung · killed spirits

$ZnCO_3$, Zinkkarbonat *n* · zinc carbonate

ZnO *n*, Schneeweiß *n*, Zinkweiß [*Pigment. Ein aus metallischem Zink hergestelltes reinweißes oder ganz schwach gelb- oder blaustichiges technisch reines Zinkoxid (ZnO). Mit absteigendem Feinheitsgrad unterscheidet man die Marken Weißsiegel, Grünsiegel und Rotsiegel; ZnO-Gehalt mindestens 99%*] · zinc white, Chinese ~

~, Zinkoxid *n* [*Pigment. Ein Zinkoxid, das direkt aus Zinkerzen gewonnen wird und Verunreinigungen – besonders Bleiverbindungen – enthalten kann. Es hat eine schwache Gelb- oder Blaustichigkeit. Man unterscheidet: Zinkoxid bleiarm mit mindestens 90% ZnO und Zinkoxid bleireich mit mindestens 75% ZnO*] · zinc oxid(e) (US); ~ oxide (Brit.)

znO-verträglich, zinkweißverträglich, schneeweißverträglich · compatible with zinc white, ~ ~ Chinese ~

ZnS, Zinkblende *f*, Sphalerit *m* · (zinc) blende, sphaletire, black jack; zinc sulphide (Brit.); zinc sulfide (US)

$ZnSO_4$ *n*, Zinksulfat *n* · zinc sulfate (US); ~ sulphate (Brit.)

Zoll|abfertigungsbereich *m* [*Flughafen*] · customs control area, ~ clearance ~

~büro *n* · customs control

~haus *n* · toll-house

Zonen|bauordnung *f* · use-zoning

~einteilung *f* · zoning

~gewölbe *n*, Gurtgewölbe, versetztes Gewölbe · vault with dentated springing lines

~-Neuordnungsplan *m* · re-zoning plan

zonenweise · zone-by-zone

Zopfstil *m* · Louis-seize (style)

Zophoros *m*, Bildträger *m*, Figurenträger [*Bilderfries der attisch-ionischen (Säulen)Ordnung*] · zoophorus

Zoreseisen *n*, Trogplatte *f*, Belageisen, Belagstahl *m* [*DIN 1023*] · trough plate

Z-Profil *n* · Zed

Z-Rippenmuster *n* · z-rib pattern

$ZrSiO_4$ *n*, Zirkon *m* · zircon

Z-Stahl(profil) *m*, (*n*) [*Z-förmiger Walzstahl nach DIN 1027*] · Z-steel section

Zubehör *n* · accessories, equipment

~(dach)ziegel *m*, Zubehör-Tondachstein *m* [*Ein besonders ausgebildeter Dachziegel, z.B. Firstanschlußziegel usw. Dieser Dachziegel ist nicht genormt. Seine Ausbildung bleibt dem Hersteller überlassen. Dieser Dachziegel muß allerdings so sein, daß er zusammen mit den genormten Dachziegeln (DIN 456) einwandfrei gedeckt werden kann*] · nonstandard clay roof(ing) tile, ~ roof(ing) clay ~

~-Tondachstein *m* → Zubehör(dach)-ziegel

Zu(bringer)leitung *f* · feed (line)

Zucker|lagergebäude *m* · sugar storage building, ~ ~ block

~lösung *f* · sugar solution

Zufahrt *f*, Gebäude~, Haus~ · vehicular access, (entrance) drive(way)

Zufahrtsrampe *f* · access ramp

zufällige Ausmittigkeit *f* · random eccentricity

zuflanschen · to flange up

Zuflußsteigschacht *m*, (Kühlturm)Steigschacht · (cooling tower) chimney

Zug *m* · tension [*A stress set up by a pulling force*]

~ [*Drahtherstellung*] · drawing

~ [*Spannbeton*] · pull

~ → Gestaltungsfaktor

~ · flue

~(ab)dichten *n*, Dichtschließen *n* · draughtproofing, exclusion of draught, draught exclusion (Brit.); draftproofing, exclusion of draft, draft exclusion (US)

~(ab)dichtung *f* · air lock (US); weather strip wind stop [*It is used to reduce the leakage of air through the joints of a closed door or window*]

Zugabe *f* [*Beim Bewehrungsstumpfschweißen erforderliche Überlänge des Stahls, die beim Schweißenn verloren geht*] · overlength

Zugang *m* · access

~ zu einem U-Bahnhof von der Straße aus · pavement entrance

Zugangs|punkt *m* · access point

~schacht *m* · access shaft

~turm *m* · access tower

Zug|anker *m* · tie rod [*A tie, generally a steel rod, often threaded*]

~armierung *f*, Zugbewehrung, Zug(stahl)einlagen *fpl* · tension reinforcement, tensile ~, reinforcement for tension

~armierungsanteil *m*, Zugbewehrungsanteil, Zug(stahl)einlagenanteil · ratio of tensile reinforcement, ~ ~ tension ~, ~ ~ reinforcement for tension

~balken *m* → Trambalken

Zugband *n* [*Ein Verbindungsstab zwischen den Fußgelenken von Bogenträgern oder Rahmen, der den Horizontalschub dieser Tragwerke auf die Auflager aufhebt, indem er ihn als Zugkraft aufnimmt*] · (horizontal) tieback, (~) tie member

~-Bogen(träger) *m*, gekrümmter Träger mit Zugband, Bogen(träger) mit Zugband · bowstring girder

zugbeanspruchte Konstruktion *f* · tensile system, tension ~

~ Selbstdichtung *f*, zugbeanspruchtes (Ab)Dicht(ungs)profil *n* · tensional gasket

zugbeanspruchtes (Ab)Dicht(ungs)-profil *n*, zugebeanspruchte Selbstdichtung *f* · tensional gasket

~ Bauwerk *n* · tension structure, tensile ~

Zug|bereich *m, n*, Zugzone *f* · tension(-ed) zone, tensile ~

~bewehrung *f*, Zugarmierung, Zug(stahl)einlagen *fpl* · tension reinforcement, tensile ~, reinforcement for tension

~bewehrungsanteil *m*, Zugarmierungsanteil, Zug(stahl)einlagenanteil · ratio of tensile reinforcement, ~ ~ tension ~, ~ ~ reinforcement for tension

~brücke *f* · drawbridge

~diagonale *f*, Zugschräge *f*, gezogene Diagonale, gezogene Schräge · diagonal tie, ~ in tension, tension diagonal

zugdicht · draughtproof; draftproof (US)

Zugdichtung *f* → Zugabdichtung

Zug-Druck-System *n* · tension-compression system

zugeben, beigeben, zusetzen · to add

Zug|eigenschaft *f*, Zugvermögen *n*, Zugfähigkeit *f* · tensile capability, ~ property, ~ capacity, ~ quality, ~ power

~einlagen *fpl*, Zugstahleinlagen, Zugarmierung *f*, Zugbewehrung · tension reinforcement, tensile ~, reinforcement for tension

~einlagenanteil *m*, Zugstahleinlagenanteil, Zugarmierungsanteil, Zugbewehrungsanteil · ratio of tensile reinforcement, ~ ~ tension ~, ~ ~ reinforcement for tension

zugekehrter Kegel *m* · inverted cone

Zugelement *n* · tension element

zugeordnete Ebene *f*, konjugierte ~ · conjugate plane

~ Richtung *f*, konjugierte ~ · conjugate direction

zugeordneter Druck *m*, konjugierter ~ · conjugate pressure

~ Durchmesser *m*, konjugierter ~ · conjugate diameter

zugerichtet [*(Natur)Stein*] · dressed, shaped

Zug|ermüdung *f* · fatigue in tension

~ermüdungsgrenze *f* · limit of fatigue in tension

zugeschnittenes Bauholz *n*, Bindeholz, Brustholz, Bundholz · scantlings

Zug|fähigkeit *f*, Zugeigenschaft *f*, Zugvermögen *n* · tensile capability, ~ property, ~ capacity, ~ quality, ~ power

~faser *f* · fibre in tension (Brit.); fiber ~ ~ (US)

zugfest · tension-proof

Zug|festigkeit *f* · tension strength, tensile ~ [*abbreviated: ts*]

~flansch *m*, Zuggurt(ung) *m*, (*f*) · tension boom, ~ chord, ~ flange

zugfrei · draftless (US); draughtless (Brit.)

Zug|freiheit *f*, Zugluftfreiheit · draught exclusion (Brit.); draft ~ (US)

~glied *n*, gezogenes Glied, Zugstab *m*, gezogener Stab · tension element, ~ member, ~ bar, ~ rod, tie

~glied *n* [*z.B. ein Seil*] · tension element

~gurt(ung) *m*, (*f*), Zugflansch *m* · tension boom, ~ chord, ~ flange

zugig · draughty (Brit.); drafty (US)

Zug|jalousie *f*, Raffjalousie · Venetian (blind)

~kraft *f* [*beanspruchend*] · tensile force, tension ~, pull

~last *f* · tensile load

~loch *n*, Luftloch · air hole, ~ vent, port

~luft *f* · draught air (Brit.); draft ~ (US)

zugluftfrei · draught-free (Brit.); draft-free (US)

Zug(luft)|freiheit *f* · draught exclusion (Brit.); draft ~ (US)

~verlust *m* · draft loss (US); draught ~ (Brit.)

Zugprobe *f*, Zugprüfung *f*, Zugversuch *m* · tensile test [*A test to determine the strength and/or elasticity of a material in tension*]

~körper *m* · briquette [*Normally understood to mean a tensile test specimen as referred to in, e.g., B.S. 12*]

Zug|prüfung *f*, Zugprobe *f*, Zugversuch *m* · tensile test [*A test to determine the strength and/or elasticity of a material in tension*]

~regler *m*, Saug~ · suction type draught regulator (Brit.); ~ ~ draft ~ (US)

~regler *m* · damper, register [*A metal plate across a flue, used for blocking or regulating the draught*]

~ring *m* · · tension ring

~rippe *f* · tension rib

~rißbildung *f* · tensile cracking

~schalter *m* · pull switch

~schlaufenstoß *m* · tensile loop joint [*It consists of a pair of horizontal loops in the tension zone, both sides of each loop carrying equal stresses*]

~schnur *f* · pull-cord

~schnurschalter *m* · pull(-cord) (type) switch

~schräge *f* → Zugdiagonale

~schwellfestigkeit *f* · fatigue strength under pulsating tensile stresses

~seite *f* · tension side

~spannung *f* · tensile stress, tension ~

~stab *m*, gezogener Stab, Zugglied *n*, gezogenes Glied · tension element, ~ member, ~ bar, ~ rod, tie

~(stahl)einlagen *fpl*, Zugarmierung *f*, Zugbewehrung · tension reinforcement, tensile ~, reinforcement for tension

~(stahl)einlagenanteil *m*, Zugarmierungsanteil, Zugbewehrungsanteil · ratio of tensile reinforcement, ~ ~ tension ~, ~ ~ reinforcement for tension

~stange *f* · tie rod, TR

~stange *f*, Hubstange [*Hubdeckenverfahren*] · pull rod

~stangenabstand *m*, Hubstangenabstand [*Hubdeckenverfahren*] · pull-rod spacing

~verbindung *f* · tension joint ,~ connection

~verlust *m*, Zugluftverlust · draft loss (US); draught ~ (Brit.)

~vermögen *n*, Zugfähigkeit *f*, Zugeigenschaft *f* · tensile capability, ~ property, ~ capacity, ~ quality, ~ power

~versuch *m*, Zugprüfung *f*, Zugprobe *f* · tensile test [*A test to determine the strength and/or elasticity of a material in tension*]

~walze *f* [*Dachpappenanlage*] · draw roll

~widerstand *m* · tension resistance

~zone *f*, Zugbereich *m* · tension(ed) zone, tensile ~

Zuhaltung *f* [*Schloß*] · lever (tumbler), tumbler

Zuhaltungs|schloß *n* · lever-tumbler lock

~stift *m* · lock pin

zukunftweisend · advanced, forward-looking

Zulage|armierung *f* → Zulage(stahl)einlagen

~bewehrung *f* → Zulage(stahl)einlagen

~einlagen *fpl* → Zulagestahleinlagen

~rundstäbe *mpl*, Zulagerundstähle *mpl* · additional round bars, secondary ~ ~

~rundstähle *mpl*, Zulagerundstäbe *mpl* · additional round bars, secondary ~ ~

~(stahl)einlagen *fpl*, Zulagebewehrung *f*, Zulagearmierung, Nebenarmierung, Nebenbewehrung, Neben(stahl)einlagen, Zusatz(stahl)einlagen, Zusatzbewehrung, Zusatzarmierung · secondary reinforcement, ~ steel, additional ~

zulässig · admissible, allowable, permissible

zulässige Last *f* · permissible load, admissible ~, allowable ~

~ Spannung *f* · admissible stress, permissible ~, allowable ~

Zulassungsbescheid *m* · note of authorization

Zulauf *m*, Abzweig *m*, Rohr~ · (pipe) junction, (~) inlet, (~) branch

~leitung *f*, Vorlaufleitung · feed line, flow ~

~rohr *n*, Vorlaufrohr · flow pipe, feed ~

~rohr *n* · inlet pipe

~rohr *n*, Vorlaufrohr [*Wasserheizung*] · flow pipe

~temperatur *f*, Vorlauftemperatur · flow temperature

Zuleitung *f*, Zubringerleitung · feed (line)

Zuleitungsrohr *n* · downcomer [*A pipe leading water from a cistern to a point of consumption*]

Zuluft *f* · supply air

~anlage *f* · air supply system

~gerät *n* · supply air equipment

~kanal *m* [*Zur Zuführung frischer Luft für Fundamentmauerwerk, für Holzbauteile oder zu einer Feuerstelle*] · air drain, ~ supply duct

~öffnung *f* · supply air hole, ~ ~ opening

Zumahlung *f* · intergrinding

zumessen, dosieren, abmessen, zuteilen · to gauge (Brit.); to gage (US); to batch, to proportion, to measure

Zumischung *f* · intermixing

Zunder *m*, Walz~, Walzhaut *f*, Abbrand *m*, Hammerschlag *m* · (mill) scale [*Scale produced in the finishing mill*]

Zunge *f* [*Hubdeckenverfahren*] · leg

Zungen|band *n*, gerades Band, Langband [*Baubeschlag*] · cross garnet, tee hinge [*It is intended for hinging components of ledged construction, such as ledged, braced and battened doors, or where weight must be distributed over a large area*]

~stein *m* → Anmerkung unter „Schaftring"

~stein *m* → Flachstein

~ziegel *m* → Flachziegel

~ziegeldach *n*, Ochsen~, Taschenziegeldach, Blattziegeldach, Brettziegeldach, Plattenziegeldach, Flachwerkziegeldach, Flachziegeldach · flat clay tile roof

(Zu)Reißen *n*, Anreißen, Anriß *m*, Anzeichnen [*Werkstücke*] · marking out, scribing

zurichten [*(Natur)Stein*] · to dress, to shape

zurückgesetzter Balkon *m* · inset balcony

zurückweichend · recessed

zurückwerfen von Sonnenstrahlen · to reflect sun rays

zusammenarbeitende Kesselreihe *f*, Kesselbatterie *f* · battery of boilers

Zusammenballung *f* · balling [*Gathering the pasty iron, produced by puddling, into a ball*]

Zusammenbau *m*, Montage *f* · erection, assembly

~bauarbeiten *fpl*, Montagearbeiten · assembling work, erection ~

zusammen|bauen, montieren · to erect, to assemble

~baufertig · ready-to-assemble

Zusammenbau|fortschritt *m*, Montagefortschritt · speed of erection, assembling speed

~methode *f* → Montageweise

~phase *f*, Zusammenbaustadium *n*, Montagephase, Montagestadium · erection stage, assembly ~

~plan *m*, Montageplan · assembly schedule, erection ~

~stadium *n*, Zusammenbauphase *f*, Montagestadium, Montagephase · erection stage, assembly ~

~tempo *n*, Montagetempo · rate of erection, ~ ~ assembly, erection rate, assembly rate

~verfahren *n* → Montageweise

~weise *f* → Montageweise

Zusammenbruch *m* · collapse

~belastung *f* · collapse loading

Zusammendrückbarkeit *f* · compressibility

zusammengefaßtes (Vor)Spannkabel *n* · multi-strand steel (pre)stressing cable

zusammengeleimt · glued together

zusammengesetzte Biegung *f*, Biegung mit Längskraft [*Zug- oder Druckkräfte greifen außerhalb der Schwerlinie eines Balkens an*] · combined bending and axial loading

~ Probe *f* · composite sample [*A sample obtained by blending two or more individual samples of a material*]

~ Spannungen *fpl* · combined stresses

~ Doppel-T-Träger *m* · built-up I-shaped section, ~ ~ girder

~ Querschnitt *m* · [*Zusammengesetzte Querschnitte bestehen aus mehreren durch Schweißung, Nietung, Schraubung oder Verklebung zusammengesetzten Querschnittsteilen zwecks Anpassung an die statischen Gegebenheiten bzw. zur wirtschaftlichsten Ausnutzung*] · built-up cross section

~ Rahmen *m* · compound frame

~ Träger *m* · built-up girder, ~ section

zusammengesetztes Hängewerk *n*, Hängesprengwerk, vereinigtes Hänge- und Sprengwerk · composite truss frame

Zusammenkleben *n* [*Die Bestreuung verhindert ein Zusammenkleben von Dachpappe beim Aufrollen*] · sticking (together)

zusammensetzen, garnieren [*Steinzeugrohrindustrie*] · to stick on

Zusammensetzen *n*, Garnieren [*Steinzeugrohrindustrie*] · sticking on

Zusammensetzung *f* · composition

~ · formulation [*e.g. adhesives are formulated of epoxy resin, a plasticizer, and a curing agent*]

~ von Kräften mit beliebigen Angriffspunkten · composition of forces acting at any given points

Zusammensetzverfahren *n* [*Berechnung von Faltwerken*] · method of combination

zusammenspannen [*Fertigteile durch Vorspannung miteinander verbinden*] · to stress together, to joint by prestressing, to tension together

Zusammen|spannen *n* **von (Beton-) Fertigteilen**, Verbinden durch Vorspannung · stressing together of precast units, tensioning ~ ~ ~ ~, jointing precast units by prestressing

~zählregel *f*, Additionsregel, Additionsgesetz *n* · rule of addition

~zählung *f* **von Kräften**, Addition *f* ~ ~ · summation of forces

Zusatz *m*, Beigabe *f*, Beigeben *n*, Zusetzen · addition, adding

~ → ~mittel

~ zum Zement → Beigabe(mittel) ~ ~

~armierung *f* → Zulage(stahl)einlagen

~(be)heizung *f* · additional heating

~belastung *f*, Mehrbelastung · additional loading

~bewehrung *f* → Zulage(stahl)einlagen

~dosis *f*, Beigabedosis · adding rate, addition ~, rate of addition, rate of adding

~einlagen *fpl* → Zulage(stahl)einlagen

~-Härtemittel *n*, Zusatz-Härtungsmittel, Zusatz-Härtungsstoff *m*, Zusatz-Härter *m* · integral hardener, ~ hardening agent

~heizung *f*, Zusatzbeheizung · additional heating

~isolierung *f* · additional insulation

~kraft *f* [*Baustatik*] · complementary energy

~last *f* [*Zusatzlasten sind Windlasten, Bremskräfte, thermische Belastungen, Reibungswiderstände, Erddruckkräfte, Schneelasten usw., d.h. Kräfte, die nicht als Hauptlasten in der statischen Berechnung aufgeführt sind und welche nur selten gleichzeitig mit den Hauptlasten zusammen ihre Größtwerte erreichen*] · additional load, complementary ~

Zusatz(mittel) *m*, (*n*), Zusatzstoff *m*, Wirkstoff, Bindemittel~ · agent, additive [*A material, other than aggregate, cementitious material or water, added in small quantities to the binder to produce some desired modification to the properties of the mix(ture) or of the hardened product*]

~, Zusatzstoff *m*, Wirkstoff · agent, admix(ture) [*A material, other than aggregate, cementitions material or water, added in small quantities to the mix(ture) to produce some desired modifications to the properties of the mix(ture) or of the hardened product*]

~ zum Zement → Beigabe(mittel) ~ ~

Zusatz|moment *n* · secondary moment [*In statically indeterminate structures, the additional moment caused by the deformation of the structure due to the applied forces*]

~pulver *n*, Wirkstoffpulver · powder(ed) additive [*A powder added in small quantities to the binder to produce some desired modifications to the properties of the mix(ture) or of the hardened product*]

~pulver *n*, Wirkstoffpulver · powder(ed) admix(ture) [*A powder added in small quantities to the mix(ture) to produce some desired modifications to the properties of the mix(ture) or of the hardened product*]

~-Schutzmittel *n* · integral proofer, ~ protective agent, ~ protection agent [*e.g. for oil-proofing, waterproofing, anti-fungus growth, chemical resistance, concreting during frost, etc.*]

~spannung *f*, Nebenspannung · secondary stress

~(stahl)einlagen *fpl* → Zulage(stahl)-einlagen

~stoff *m* → Zusatz(mittel)

Zuschauerraum *m*, Zuschauersaal *m* · auditorium (space)

(~)Gang *m* · aisle [*A passage in an auditorium sometimes between or beside seats and sometimes separated from the auditorium proper by a row of columns*]

Zuschlag *m* [*Baustatik*] · addition

Zuschläge *mpl*, Zuschlagstoffe *mpl* · (construction) aggregates

Zuschlagen *n* [*Tür*] · slamming

Zuschlag(stoff) *m* · (construction) aggregate

~ aus Gestein, mineralischer Zuschlag(-stoff) · mineral (construction) aggregate, stone (~) ~

~ ~ natürlichen Vorkommen [*DIN 4226*] · natural (construction) aggregate

~ nicht größer als 37 mm · ballast (Brit.) [*It contains nothing larger than 1½ inches*]

~ ohne ausglühbare Bestandteile · inorganic (construction) aggregate

~-Erwärmung *f* · (construction) aggregate heating

~gemenge *n*, Zuschlag(stoff)gemisch *n*, Gesamtzuschlag(stoff) *m* · combined (construction) aggregate, total (~) ~

~gemisch *n*, Zuschlag(stoff)gemenge *n*, Gesamtzuschlag(stoff) *m* · combined (construction) aggregate, total (~) ~

~hersteller *m* · (construction) aggregate producer

~korn *n*, Zuschlag(stoff)teilchen *n* · (construction) aggregate particle, (~) ~ grain

~teilchen *n*, Zuschlag(stoff)korn *n* · (construction) aggregate particle, (~) ~ grain

~werk *n* · commercial (construction) aggregates plant, stationary (~) ~ ~

~-Zement-Verhältnis *n* · (construction) aggregate/cement ratio

~zusammensetzung *f* · (construction) aggregate composition

Zuschneiden *n* · cutting to size

Zuschnitt *m* [*Sprosse für kittlose Verglasung*] · fabrication

Zuschußwasser *n* · extra water

zusetzen, beigeben, zugeben · to add

Zusetzen *n*, Beigeben, Beigabe *f*, Zusatz *m* · addition, adding

Zustand *m* · condition

~, Beschaffenheit *f* · nature

Zustandsänderung *f* · change of condition

zuteilen, zumessen, dosieren, abmessen · to gauge (Brit.); to gage (US); to batch, to proportion, to measure

Zuwachsfläche *f*, Beilage *f* · reinforcing plate

Zwangs|-Be- und Entlüftung *f*, Kraft-Be- und Entlüftung, Zwangslüftung, Kraftlüftung · forced ventilation, ~ venting

~kauf *m* · compulsory purchase

~lüftung *f*, Kraftlüftung, Zwangs-Be- und Entlüftung, Kraft-Be- und Entlüftung · forced ventilation, ~ venting

zwängungsfreies Spannglied *n* · concordant cable

Zwanzigflach *n*, Zwanzigflächner *m*, Ikosaeder *m* · icosahedron

zwanzigseitiges Vieleck *n* · twenty-sided polygon

Zweck|architektur *f*, Zweckbaukunst *f* · utility architecture

~baukunst *f*, Zweckarchitektur *f* · utility architecture

~bau(werk) *m*, (*n*) · functional structure

zweckbestimmter Raum *m* [*Hotel*] · function room

Zwecke *f*, Koppe *f* · tack

zweckfrei · abstract, nonfunctional

zweiachsig · biaxial

~ gespannt [*Deckenplatte*] · spanning in two directions

zwei|achsige Windfahne *f* · (tower) bivane

~armige Treppe *f* → zweiläufige ~

Zwei|badverfahren *n*, kontinuierliches Verfahren [*Dachpappenherstellung*] · two-bath method

~bettenraum *m*, Zweibettenzimmer *n*, Doppelschlafraum [*Hotel. Die Betten liegen hintereinander*] · double (guest) room

~bettenzimmer *n*, Zweibettenraum *m*, Doppelschlafraum [*Hotel. Die Betten liegen hintereinander*] · double (guest) room

zweibettig · two-bed

Zweibett(schlaf)zimmer *n*, zweibettiges Schlafzimmer · two-bed sleeping room

zwei|dimensional · two-dimensional

~dimensionale Wirkung *f* · two-dimensional action

~dimensionaler Spannungszustand *m*, ebener ~ · plane state of stress, planar ~ ~ ~, two-dimensional ~ ~ ~, flat ~ ~ ~, state of plane ~

~etagig [*Aus zwei Geschossen bestehend*] → zweigeschossig

~etagig [*So hoch wie zwei Geschosse*] → zweigeschossig

~etagige Tafel *f* → zweigeschossige ~

~etagiger Rahmen *m* → zweistöckiger ~

~etagiger Wohn(ungs)bau *m* → zweistöckiger ~

~etagiges Kellergeschoß *n* → zweistöckiges ~

Zweifach|-Anschlußdose *f*, Zweifach(-Steck)dose · twin socket

~dose *f*, Zweifach-Steckdose, Zweifach-Anschlußdose · twin socket

~-Schutzkontaktsteckdose *f* · twin socket with earthing contact

~-Steckdose *f* · twin socket

Zweifamilien(wohn)haus *n* · two-family dwelling (US); ~ building

Zweifeld|balken(träger) *m* · two-span beam, beam of two spans

~-Giebelrahmen *m* · two-bay gable(d) frame, gable(d) frame of two bays

~parabelbogen(träger) *m*, gekrümmter Zweifeldparabelträger · two-span parabolic arch(ed girder)

~rahmen *m* · two-bay frame

~spannbetonbalken(träger) *m* · two-span prestressed (concrete) beam

zweifenstriges Büro *n* · two-window office

Zwei-Fenstertafel *f* · two-window panel

2 FeO · SiO₂, Fayalit *m*, eisenhaltiges Orthosilikat *n* · fayalite, ferrous orthosilicate

zweiflügelige flexible Pendeltür *f* · two-leaf flexible (swing) door

~ Schiebetür *f*, doppelflügelige ~, Schiebetür mit zwei Flügeln, Doppel-Schiebetür · double sliding door

~ Schiebetüranlage *f*, doppelflügelige ~, Schiebetüranlage mit zwei Flügeln, Doppelschiebetüranlage · double sliding door installation

~ Tür *f*, Zweiflügeltür · double-leaf door, two-leaf ~

zweiflügeliges Drehtor *n* · two-leaf hinged shutterdoor, ~ ~ shutter door

~ Fenster *n*, Zweiflügelfenster [*Siehe Anmerkung unter „Flügel"*] · double-sash window (US)

~ Schiebetor *n* · two-leaf sliding shutter door, ~ ~ shutterdoor

~ Vertikal-Schiebefenster *n*, ~ Senkrecht-Schiebefenster · double-hung sash window

Zwei|flügeltür *f*, zweiflügelige Tür · double-leaf door, two-leaf ~

~-Füllungstür *f* · (framed and) two-panel(led) door, (~ ~) double-panel-(led) ~ (Brit.); (~ ~) two-panel(ed) ~, (~ ~) double-panel(ed) ~ (US)

Zweigbücherei *f* · branch library

Zweigelenk|-Bogenrahmen *m* · two-pin(ned) arch(ed) frame, two-hinged ~ ~, two-linked ~ ~, two-articulated ~ ~, double-pin(ned) ~ ~, double-hinge(d) ~ ~, double-linked ~ ~, double-articulated ~ ~

~bogen(träger) *m*, gekrümmter Zweigelenkträger, Bogen(träger) mit Kämpfergelenken · two-pin(ned) arch(ed girder), two-hinge(d) ~ (~), two-linked ~ (~), two-articulated ~ (~), double-pin(ned) ~ (~), double-hinge(d) ~ (~), double-linked ~ (~), double-articulated ~ (~), arch(ed girder) hinged at the abutments

~bogen(träger) *m* **mit kreisförmiger Achse**, gekrümmter Zweigelenkträger ~ ~ ~, Bogen(träger) mit Kämpfergelenken und ~ ~ · circular two-pin(ned) arch(ed girder), ~ two-hinge(d) ~ (~), ~ two-linked ~ (~), ~ two-articulated ~ (~), ~ double-pin(ned) ~ (~), ~ double-hinge(d) ~ (~), ~ double-linked ~ (~), ~ double-articulated ~ (~)

~bogen(träger) mit parabelförmiger Achse, gekrümmter Zweigelenkträger ~ ~ ~, Bogen(träger) mit Kämpfergelenken und ~ ~ · parabolic two-pin(ned) arch(ed girder), ~ two-hinge(d) ~ (~), ~ two-linked ~ (~), ~ two-articulated ~ (~), ~ double-pin(ned) ~ (~), ~ double-hinge(d) ~ (~), ~ double-linked ~ (~), ~ double-articulated ~ (~)

~-Einfeldrahmen *m*, Einfeld-Zweigelenkrahmen · single-span two-hinge(d) frame, one-span ~ ~, single-bay ~ ~, one-bay ~ ~, two-hinge(d) frame of one span, two hinge(d) frame of one bay

~-Flachbogen(träger) *m*, Zweigelenk-Stichbogen(träger), Zweigelenk-Segmentbogen(träger) · two-hinge(d) flat arch(ed girder), ~ segmental ~ (~), two-pin(ned) ~ ~ (~), two-linked ~ ~ (~), two-articulated ~ ~ (~), double-hinged ~ ~ (~), double-pin-(ned) ~ ~ (~), double-linked ~ ~ (~), double-articulated ~ ~ (~)

~flachparabelbogen(träger) *m* · two-hinge(d) flat parabolic arch(ed girder), two-pin(ned) ~ ~ ~ (~), two-linked ~ ~ ~ (~), two-articulated ~ ~ ~ (~), double-hinged ~ ~ ~ (~), double-pin(ned) ~ ~ ~ (~), double-linked ~ ~ ~ (~), double-articulated ~ ~ ~ (~)

~-Giebelrahmen *m* · two-hinge(d) gable(d) frame, two-pin(ned) ~ ~, two-linked ~ ~, two-articulated ~ ~, double-hinge(d) ~ ~, double-pin(ned) ~ ~, double-linked ~ ~, double-articulated ~ ~

~parabelbogen(träger) *m* · two-hinge(d) parabolic arch(ed girder), two-pin(ned) ~ ~ (~), two-linked ~ ~ (~), two-articulated ~ ~ (~), double-hinge(d) ~ ~ (~), double-pin(ned) ~ ~ (~) double-linked ~ ~ (~), double-articulated ~ ~ (~)

~rahmen *m* · two-hinge(d) frame, two-pin(ned) ~, two-linked ~, two-articulated ~, double-hinge(d) ~, double-pin(ned) ~, double-linked ~, double-articulated ~

~-Rechteckrahmen *m* · two-hinge(d) rectangular frame, two-pin(ned) ~ ~, two-linked ~ ~, two-articulated ~ ~, double-hinge(d) ~ ~, double-pin(ned) ~ ~, double-linked ~ ~, double-articulated ~ ~

~-Segmentbogen(träger) *m*, Zweigelenk-Stichbogen(träger), Zweigelenk-Flachbogen(träger) · two-hinge(d) flat arch(ed girder), ~ segmental ~ (~), two-pin(ned) ~ ~ (~), two-linked ~ ~ (~) two-articulated ~ ~ (~), double-hinge(d) ~ ~ (~), double-pin(ned) ~ ~ (~), double-linked ~ ~ (~), double-articulated ~ ~ (~)

~-Stahlbetonbogen *m*, Stahlbeton-Zweigelenkbogen · reinforced (concrete) two-hinge(d) arch, ~ (~) two-pin(ned) ~, R. C. ~ ~, two-hinge(d) reinforced (concrete) ~, two-pin(ned) reinforced (concrete) ~

~steilparabelbogen(träger) *m* · two-hinge(d) steep parabolic arch(ed girder), two-pin(ned) ~ ~ ~ (~), two-linked ~ ~ ~ (~), two-articulated ~ ~ ~ (~), double-hinge(d) ~ ~ ~ (~), double-pin(ned) ~ ~ ~ (~), double-linked ~ ~ ~ (~), double-articulated ~ ~ ~ (~)

~-Stichbogen(träger) *m*, Zweigelenk-Flachbogen(träger), Zweigelenk-Segmentbogen(träger) · two-hinge(d) flat arch(ed girder), ~ segmental ~ (~), two-pin(ned) ~ ~ (~) two-linked ~ ~ (~), two-articulated ~ ~ (~), double-hinge(d) ~ ~ (~), double-pin(ned) ~ ~ (~), double-linked ~ ~ (~), double-articulated ~ ~ (~)

zweigeschossig, zweistöckig, zweietagig, doppelgeschossig, doppelstöckig, doppeletagig [*Aus zwei Geschossen bestehend*] · two-story (US); two-storey (Brit.); two-floor

~, zweistöckig, zweietagig, doppelgeschossig, doppelstöckig, doppeletagig [*So hoch wie zwei Geschosse*] · two-floored

zweigeschossige Tafel *f*, zweistöckige ~, zweietagige ~, doppelgeschossige ~, doppelstöckige ~, doppeletagige ~ · two-storey height panel (Brit.); two-story ~ ~ (US); two-floor ~ ~, two-floored ~

zweigeschossiger Rahmen *m* → zweistöckiger ~

~ Umgang *m*, doppelgeschossiger ~ [*z.B. im Münster zu Aachen*] · two-storeyed surrounding aisle

~ Wohn(ungs)bau *m* → zweistöckiger ~

zweigeschossiges Kellergeschoß *n* → zweistöckiges ~

Zwei|geschoßkirche *f*, Doppelgeschoßkirche · two-storeyed church

~gespann *n*, Biga *f* · two-horse(d) chariot, biga [*A sculpture, often surmounting a monument*]

Zweigkraft *f*, Teilkraft, Seitenkraft, Komponente *f* [*Baustatik*] · component

~gleichung *f*, Teilkraftgleichung, Komponentengleichung, Seitenkraftgleichung · equation connecting the components

Zweihandstein *m*, Zweihandblock(stein) *m* · two-hand block, ~ tile [*See remark under 'Block'*]

~ [*Fehlname*]; Zweihandziegel *m* [*Ein großformatiger Mauerziegel, der beim Vermauern mit beiden Händen gehandhabt werden muß*] · two-hand (clay) brick

Zweihandziegel *m*; Zweihandstein *m* [*Fehlname*] [*Ein großformatiger Mauerziegel, der beim Vermauern mit beiden Händen gehandhabt werden muß*] · two-hand (clay) brick

zweihäuptige Schalung *f* [*Beiderseitig eingeschalt im Gegensatz zur einhäuptigen Schalung bei der das stehende Erdreich eine Seitenschalung der Wand ersetzt*] · double-side formwork, ~ shuttering, ~ forms

zweijochig · two-bay

Zwei|kammer-Behälter *m* · two-compartment tank

~-Kanal-System *n* [*Luftverteilung*] · dual-duct system

Zweikomponenten|-(Ab)Dicht(ungs)-masse *f* · two-component seal(ing) compound, ~ ~ mass, ~ ~ composition, ~ ~ material, two-part ~ ~, two-pack ~ ~, twin-pack ~ ~

~-Aktivgrund *m*, Zweikomponenten-Haftgrund(ier)mittel *n*, Zweikomponenten-Haftgrund(ierung) *m*, (*f*) · two-component etching primer, two-part ~ ~, two-pack ~ ~, twin-pack ~ ~, ~ wash ~, ~ pretreatment ~, ~ self etch ~

~-Anstrichfarbe *f*, Zweikomponenten-Farbe · two-component paint, two-part ~, twin-pack ~, two-pack ~

~-Aufbau *m*, Zweikomponenten-System *n* · two-part system, two-component ~, twin-pack ~, two-pack ~

~-Beschichtungsmasse *f* · two-part coating composition, ~ ~ compound, two-component ~ ~, two-pack ~ ~, twin-pack ~ ~

~-Dicht(ungs)masse *f*, Zweikomponenten-Abdicht(ungs)masse · two-component seal(ing) compound, ~ ~ mass, ~ ~ composition, ~ ~ material, two-part ~ ~, two-pack ~ ~, twin-pack ~ ~

~-Epoxidharzkleb(e)mittel *n*, Zweikomponenten-Epoxidharzkleb(e)stoff *m*, Zweikomponenten-Epoxidharzkleber *m* · two-component epoxy (resin) (bonding) adhesive, two-part ~ (~) (~) ~, two-pack ~ (~) (~) ~, twin-pack ~ (~) (~) ~, ~ ~ (~) cement(ing agent)), ~ ~ (~) bonding agent, ~ ~ (~) bonding medium

~-Farbe *f*, Zweikomponenten-Anstrichfarbe · two-component paint, two-part ~, two-pack ~, twin-pack ~

~-Flüssigkeit *f* · two-component liquid, two-part ~, twin-pack ~, two-pack ~

~-(Fuß)Bodenspachtel(masse) *m*, (*f*) · trowel applied two part (synthetic) resin (based) (seamless) flooring system

~-Grundanstrichmittel *n* → Zweikomponenten-Grundiermittel

~-Grundanstrichstoff *m* → Zweikomponenten-Grundiermittel

~-Grundiermittel *n*, Zweikomponenten-Grund(ierung) *m*, (*f*), Zweikomponenten-Grundanstrichmittel, Zweikomponenten-Grundanstrichstoff *m*, Zweikomponenten-Grundierstoff · two-component primer, twin-pack ~, two-part ~, two-pack ~, twin-component ~, twin-part ~

~-Grundierstoff *m* → Zweikomponenten-Grundiermittel

~-Grund(ierung) *m*, (*f*) → Zweikomponenten-Grundiermittel

~-Haftgrund(ier)mittel *n*, Zweikomponenten-Haftgrund(ierung) *m*, (*f*), Zweikomponenten-Aktivgrund · two-component etching primer, two-part ~ ~, two-pack ~ ~, twin-pack ~ ~, ~ wash ~, ~ pretreatment ~, ~ self-etch ~

~-Haftgrund(ierung) *m*, (*f*), Zweikomponenten-Aktivgrund, Zweikomponenten-Haftgrund(ier)mittel *n* · two-component etching primer, two-part ~ ~, two-pack ~ ~, twin-pack ~ ~, ~ wash ~, ~ pretreatment ~, ~ self etch ~

~-Kautschuk-Dicht(ungs)mittel *n*, Zweikomponenten-Kautschuk-Abdicht(ungs)mittel · two-part rubber-base compound, two-component ~ ~, two-pack ~ ~, twin-pack ~ ~ [*Erroneously called 'thiokol'*]

~kitt *m* · two-part mastic, two-component) ~, two-pack ~, twin-pack ~

~-Kleb(e)stoff *m*, Zweikomponenten-Kleb(e)mittel *n*, Zweikomponentenkleber *m* · two-part (bonding) adhesive, two-pack (~) ~, twin-pack (~) ~, two-component (~) ~, ~ ~ agent, ~ ~ medium, ~ cement(ing agent)

~(-Kunststoff)masse *f* · two-component plastic compound, ~ ~ composition, ~ ~ mass, ~ ~ material, twin-component ~ ~, twin-pack ~ ~, two-pack ~ ~, twin-part ~ ~, two-part ~ ~

~-Polyesterkleb(e)stoff *m*, Zweikomponenten-Polyesterkleb(e)mittel *n*, Zweikomponenten-Polyesterkleber *m* · two-component polyester adhesive, twin-pack ~ ~, two-pack ~ ~, two-part ~ ~, ~ ~ cement(ing agent), ~ ~ bonding agent, ~ ~ bonding medium

~-Polysulfidkitt *m* · two-component polysulphide(-based) cement, two-pack ~ ~, twin-pack ~ ~, ~ ~ composition, two-part ~ ~

~-Schutzanstrich *m*, Zweikomponenten-Schutzaufstrich · two-component protective coat, two-pack ~ ~, twin-pack ~ ~, two-part ~ ~

~-Schutzaufstrich *m*, Zweikomponenten-Schutzanstrich · two-component protective coat, two-pack ~ ~, twin-pack ~ ~, two-part ~ ~

~-System *n*, Zweikomponenten-Aufbau *m* · two-part system, two-component ~, twin-pack ~, two-pack ~

~-Zinkstaubfarbe *f*, Zweikomponenten-Zinkstaubgrund(ier)farbe · two-part zinc-rich paint, ~ ~ primer, two-component ~ ~, twin-pack ~ ~, two-pack ~ ~, ~ cold galvanising paint, ~ zinc dust shop primer

2-komponentig, zweikomponentig · two-component, two-pack, two-part

Zweilagen|aufbau *m*, Zweilagensystem *n*, Zweischichtenaufbau, Zweischichtensystem · two-coat system

~-Metalleffektlackierung *f*, Zweischichten-Metalleffektlackierung · two-coat metallic finish

~system *n*, Zweilagenaufbau *m*, Zweischichtensystem, Zweischichtenaufbau · two-coat system

zweilagig, doppellagig, zweischichtig, doppelschichtig · double-layer, two-layer

zweilagiger Putz *m*, ~ Ver~, zweischichtiger (Ver)Putz · 2-coat work

~ (Ver)Putz *m*, zweischichtiger ~ · 2-coat work

zweilagiges Teerpapier *n*, zweischichtiges ~, doppelschichtiges ~, doppellagiges ~ · 2-ply tar(red) paper

~ (Ver)Putzen *n*, doppellagiges ~, doppelschichtiges ~, zweischichtiges ~ · two-coat plastering, ~ (plaster)work

Zweilampenleuchte *f* · 2 lamp (lighting)) fixture; ~ ~ luminaire (~) (US); ~ ~ light fitting (Brit).

zwei|längig, 2-längig [*Schienenleuchte*] · double-unit

~läufige Treppe *f*, zweiarmige ~, doppelläufige ~, doppelarmige ~ · two-flight stair(case), dual-flight ~, double-flight ~

~malige Abknickung *f* [*einer Fassade*] · dual offset

Zweiparabelträger *m* · double parabolic girder

Zwei|personenkabine *f* [*Aufzug*] · two-person car

~-Phasen-Mischen *n* · two-stage mixing

zweipoliger Ausschalter *m* · double-pole on-off switch

~ Zugschnurschalter *m*, doppelpoliger ~ · double pole pull(cord) (type) switch

Zweipol|(steck)dose *f* · two pin socket

~stecker *m* · two-pole plug [*B.S. 546*]

Zweiquartier *m* → halber Ziegel

zweiraumgroße Tafel *f* · two-room-size panel

Zweiraumhaus *n* · two-room house

zweireihige Pilasterfassade *f*, ~ Wandpfeilerfassade, ~ Halbpfeilerfassade, doppelreihige ~ · two-tiered pilastered façade

Zwei-Rohr-Grundstücksentwässerung *f* · two-pipe plumbing, two-stack ~

Zweirohrsystem *n* **mit oberer Verteilung** [*Zentralheizung*] · two-pipe drop system [*central heating*]

~ ~ unterer Verteilung [*Zentralheizung*] · two-pipe rising system [*central heating*]

Zweirohrzähler *m* · two-pipe meter, double-pipe ~

zweisäulig · distyle

(Zwei)Schalen|mauer *f* → Hohlmauer

~mauerwerk *n*, Hohlmauerwerk, Luftschichtmauerwerk · cavity masonry (work), hollow ~ (~)

~wand *f* [*Fehlname*] → Hohlwand

zweischalig, doppelschalig [*Wand; Mauer*] · two-leaf, two-wythe, two-withe (Brit.); two-tier (US)

zweischalige Außenmauer *f*, Außenhohlmauer · external masonry wall of double-leaf cavity construction, cavity external masonry wall

~ Massivdecke *f*, Massivdecke mit untergehängter Decke · (nonmetallic) fire-proof floor with suspended ceiling, (~) ~ ~ ~ hung ~, noncombustible ~ ~ ~ ~

~ Ziegelverblendung *f*, zweischaliges Ziegelverblendmauerwerk *n* · double-leaf (clay) brick veneer

zweischaliges Flachdach *n*, durchlüftetes ~, Kaltdach [*Es hat zwischen oberster Geschoßdecke und dem Dach einen durchlüfteten Raum*] · ventilated (flat) roof, (flat) roof with air circulation

~ Raumfachwerk *n*, doppelschaliges ~ · double layer space frame shell

~ Ziegelverblendmauerwerk *n*, zweischalige Ziegelverblendung *f* · double-leaf (clay) brick veneer

Zweischeiben|isolierglas *n* [*Die beiden Scheiben werden in der Fabrik an den Rändern miteinander verschweißt; die Luft zwischen den Scheiben bleibt vollständig und dauernd von der Außenluft getrennt*] · two-piece laminated insulating glass, ~ ~ insulation ~

~-Verbundglas *n*, zweischichtiges Verbundglas · two-piece laminated safety sheet glass

Zweischichten|aufbau *m*, Zweischichtensystem *n*, Zweilagenaufbau, Zweilagensystem · two-coat system

~-Metalleffektlackierung *f*, Zweilagen-Metalleffektlackierung · two-coat metallic finish

~system *n*, Zweischichtenaufbau *m*, Zweilagensystem, Zweilagenaufbau · two-coat system

zweischichtig, doppelschichtig, zweilagig, doppellagig · double-layer, two-layer

zweischichtiger Putz *m*, ~ Ver~, zweilagiger (Ver)Putz · 2-coat work

~ (Ver)Putz *m*, zweilagiger ~ · 2-coat-work

zweischichtiges Teerpapier *n*, zweilagiges ~, doppelschichtiges ~, doppellagiges ~ · 2-ply tar(red) paper

zweischiffig [*Rahmenhalle*] · two-span, two-bay

Zweischlitz *m*, Diglyph *m* · diglyph [*A projecting face or tablet with two vertical grooves or channels*]

zweiseitig aufschlagende Pendeltür *f*, Durchschlagtür · double-acting door, double action ~, double swinging ~ [*This type of swing door can easily be pushed open in either direction*]

~ belichtet · daylighted from both sides

~ eingespannter Balken(träger), beidseitig ~ ~, doppelseitig ~ ~ · beam fixed at both ends; fixed-end(ed) beam, built-in beam (US)

~ ~ Träger *m*, beidseitig ~ ~, doppelseitig ~ ~ · girder fixed at both ends; fixed(-end(ed)) girder, built-in girder (US)

(zweiseitiger) Krallendübel *m*, Krallenplattenpaar *n* · spike grid

Zweispänner *m* [*Miethaus, bei dem in jedem Geschoß zwei Wohnungen am Treppenhaus angeordnet sind*] · building with two staircase-access dwellings (Brit.)/dwelling units (US) per floor

Zweistegblechträger *m*, Doppelstegblechträger · double-webbed plate girder, twin-webbed ~ ~, two-webbed ~ ~

zwei|stegig, doppelstegig · two-webbed, double-webbed, twin-webbed

~stegiger Plattenbalken *m*, doppelstegiger ~ · two-webbed T-beam, twin-webbed ~ double-webbed ~

~stieliger symmetrischer Stockwerkrahmen *m* · symmetrical two-legged multistoried frame

zweistöckig [*Aus zwei Geschossen bestehend*] → zweigeschossig

~ [*So hoch wie zwei Geschosse*] → zweigeschossig

zweistöckige Tafel *f* → zweigeschossige ~

zweistöckiger Rahmen *m*, zweigeschossiger ~, zweietagiger ~, doppelstöckiger ~, doppeletagiger ~, doppelgeschossiger ~ · two-story height frame (US); two-storey ~ ~ (Brit.); two-floor ~ ~, two-floored ~

~ Wohn(ungs)bau *m*, zweietagiger ~, zweigeschossiger ~, doppelstöckiger ~, doppelgeschossiger ~, doppeletagiger ~ · domestic two-storey construction (Brit.); ~ two-story ~ (US); ~ two-floor ~

zweistöckiges Kellergeschoß *n*, zweietagiges ~, zweigeschossiges ~, doppelstöckiges ~, doppeletagiges ~, doppelgeschossiges ~, · two-storey basement (Brit.); two-story ~ (US); two-floor ~

Zweistoffdiagramm *n* **Eisen/Chrom** · iron-chromium binary diagram

zweistufige Warmbehandlung *f*, Zweistufenbehandlung · two-stage curing [*A process in which concrete products are cured in low-pressure steam, staked, and then autoclaved*]

~ Zerkleinerung *f* · two-stage reduction, ~ comminution

zweisymmetrischer Träger *m* · bisymmetrical girder

Zweitanschluß *m*, Nebenanschluß [*z.B. bei einer Warmwasserversorgungsanlage*] · secondary connection

zweite Ebene *f* · second level

~ Grobputzlage *f* → ~ Unterputzschicht

~ Grobputzschicht *f* → ~ Unterputzschicht

~ Lage *f*, ~ Schicht · second coat

~ Putzlage *f*, ~ Putzschicht *f* [*dreilagiger Putz*] · second coat, floating ~

~ Putzlage *f*, ~ Putzschicht *f* [*zweilagiger Putz*] · second coat

~ Schicht *f*, ~ Lage · second coat

~ Unterputzlage *f* → ~ Unterputzschicht

~ Unterputzschicht *f*, ~ Unterputzlage *f*, ~ Grobputzschicht, ~ Grobputzlage, zweites Rauhwerk *n* [*Beim dreilagigen Putz*] · brown coat

~ ~, ~ Unterputzlage *f*, ~ Grobputzschicht, ~ Grobputzlage, zweites Rauhwerk *n* [*Beim dreilagigen Außenputz auf Putzträger*] · floating coat

~ ~, ~ Unterputzlage *f*, ~ Grobputzschicht, ~ Grobputzlage, zweites Rauhwerk *n* [*Beim dreilagigen Außenputz ohne Putzträger*] · second undercoat

~ ~, ~ Grobputzschicht, ~ Unterputzlage *f*, ~ Grobputzlage, zweites Rauhwerk *n* [*Bei allen Putzarten*] · second undercoat

~ ~, ~ Unterputzlage *f*, ~ Grobputzschicht, ~ Grobputzlage, zweites Rauhwerk *n* [*Beim dreilagigen Innenputz*] · floating coat, straightening ~

~ Wahl *f* · second quality

zweiteilige geschweißte Zwei-Fenstertafel *f*, geschweißte zweiteilige ~ · two-window welded sectional panel, ~ ~ two-piece ~

~ Kirche *f* [*Sie besteht nur aus Saal und Chor*] · bipartite church

~ Porenbetontafel *f* · sectional aerated concrete panel, two-piece ~ ~ ~

~ (Rohr)Muffe *f* **ohne Gewinde**, ~ Überschiebmuffe · split sleeve

~ Tafel *f* · sectional panel, two-piece ~

~ verleimte Porenbetontafel *f*, verleimte zweiteilige ~ · sectional glue(-jointe)d aerated concrete panel, two-piece ~ ~ ~ ~

~ ~ Tafel *f*, verleimte zweiteilige ~ · glue(-jointe)d sectional panel, ~ two-piece ~, sectional glue-(jointe)d ~, two-piece glue(-jointe)d ~

~ ~ Zwei-Fenstertafel *f*, verleimte zweiteilige ~ · two-window glue(-jointe)d sectional panel, ~ ~ two-piece ~ [*A silicate or resin adhesive is used for gluing*]

zweiteiliger Druckstab *m*, ~ gedrückter Stab, zweiteiliges Druckglied *n*, zweiteiliges gedrücktes Glied · two-piece compressed element, ~ ~ rod, ~ ~ member, ~ ~ bar, ~ compression ~

~ Querschnitt *m*, doppelter ~ · double cross-section, dual ~, twin ~

zweiteiliges Druckglied *n* → zweiteiliger Druckstab

~ Fenster *n* · two-light window

~ gedrücktes Glied *n* → zweiteiliger Druckstab

~ Kipptor *n*, ~ Schwingtor, Kipptor mit zweiteiligem Torblatt, Schwingtor mit zweiteiligem Torblatt · two-part up and over door

~ Netzwerk *n* [*Träger*] · double bracing, ~ triangulated system

~ Schwingtor *n*, ~ Kipptor, Schwingtor mit zweiteiligem Torblatt, Kipptor mit zweiteiligem Torblatt · two-part up and over door

~ Senkrecht-Schiebe(flügel)fenster *n*, ~ Vertikal-Schiebe(flügel)fenster, Doppel-Senkrecht-Schiebe(flügel)fenster, Doppel-Vertikal-Schiebe(flügel)fenster · double-hung sash window

~ Vertikal-Schiebe(flügel)fenster *n*, ~ Senkrecht-Schiebe(flügel)fenster, Doppel-Vertikal-Schiebe(flügel)fenster, Doppel-Senkrecht-Schiebe(flügel)fenster · double-hung sash window

zweiter Bewurf *m* [*Rauhputz*] · pebble dash

~ Grobputz *m*, ~ Unterputz [*Beim dreilagigen Putz*] · browning plaster [*A retarded hemihydrate undercoat plaster for use with sand with or without fibre or hair*]

~ Unterputz *m*, ~ Grobputz [*Beim dreilagigen Putz*] · browning plaster [*A retarded hemihydrate undercoat plaster for use with sand with or without fibre or hair*]

zweites Kellergeschoß *n*, Tiefkellergeschoß · lower basement, sub-basement [*The second storey below the ground, the storey below the basement*]

~ Rauhwerk *n* → zweite Unterputzschicht

zweitouriges Schloß *n* · double turn lock

Zweitrücklauf *m*, Nebenrücklauf · secondary return

~rohr *n*, Nebenrücklaufrohr · secondary return pipe

Zweitumlauf *m*, Nebenumlauf [*z.B. bei einer Warmwasserversorgung*] · secondary circulation

Zweiturmfassade *f*, Doppelturmfassade · double-tower-façade, dual-tower ~, twin-tower ~

zweitürmig, doppeltürmig · twin-towered

Zweitvorlauf *m*, Nebenvorlauf [*z.B. bei einer Warmwasserversorgung*] · secondary flow

~rohr *n*, Nebenvorlaufrohr [*z.B. bei einer Warmwasserversorgung*] · secondary flow pipe

22¹/₂°-(Rohr)Krümmer *m* · one-sixteenth bend

zwei|viertelgewendelte Treppe *f* · double quarter-turn stair(case) with winders

~wandig, doppelwandig · two-walled

Zweiwegeventil *n* · two-way valve

zwei|wertiger Alkohol *m*, Glykol *n* · glycol

~zelliger Kastenträger *m* · box girder with two compartments

zwei|zügiger Kabel(kanal)formstein *m*, zweizügiges Kabelformstück *n* · two-way cable duct, ~ ~ conduit, ~ ~ subway, ~ CD; ~ conduit tile (US)

~zügiges Kabelformstück *n*, zweizügiger Kabel(kanal)formstein *m* · two-way cable duct, ~ ~ conduit, ~ ~ subway, ~ CD; ~ conduit tile (US)

Zweizweck-Mischfarbe *f*, Zweizweck-Abtönfarbe · dual-purpose tinter; ~ tinting color (US)

Zwerchdach *n*, Querdach [*Ein Dach mit quer zum First des Hauptdaches verlaufendem First*] · transverse roof

Zwerggalerie *f* · dwarf gallery

Zwickel *m* → Spandrille

Zwicker *m*, Zwickstein *m*, Aus~ [*Ein kleiner Stein zum Auszwicken der Hohlräume bei Bruchsteinmauerwerk und im Straßenbau bei Packe*] · (rock) spall

Zwickstein *m*, Zwicker *m*, Aus~ [*Ein kleiner Stein zum Auszwicken der Hohlräume bei Brucksteinmauerwerk und im Straßenbau bei Packe*] · (rock) spall

Zwiebel|dach *n*, Kaiserdach, Zwiebelhaube *f*, welsche Haube · imperial roof

~haube *f*, Kaiserdach *n*, Zwiebeldach, welsche Haube · imperial roof

~helm *m* · onion helm [*See remark under 'Turmhelm'*]

~kuppel *f* · imperial dome, Moorish ~, ~ cupola, bulbous ~

~turm *m* [*Turm mit Zwiebeldach*] · onion tower

Zwillings|form *f*, Doppelform · double mould (Brit.); ~ mold (US); dual ~, twin ~

~träger *m* · double girder, twin ~, dual ~

~türme *mpl* · twin towers

Zwinger *m* [*Der Bereich zwischen Vor- und Hauptmauer einer Burg oder einer Stadtbefestigung*] · outer ward

Zwischen|anstrich *m*, Isolieranstrich [*Um ein Durchschlagen von Farbe zu verhindern*] · sealer

~auflager *n* · intermediate support

~balkenlage *f* → Zwischengebälk

~bauteil *m*, *n*, (Rippen)Decken~ · (floor) filler [*Fillers may be hollow clay tiles, hollow concrete blocks, wood wool slabs or lightweight concrete slabs. Peat fillers are used in Finland*]

~blech *n* [*Zur Abdeckung der Schiene bei aufgelockerter Lichtbandanordnung*] · steel blank

Zwischendecke *f*, Einschubdecke · false ceiling

~ aus Brettern → hölzerne Einschubdecke

~ ~ Leichtbauplatten, Einschubdecke ~ ~ · false ceiling of light(weight) slabs

~ ~ Leichtsteinen, Einschubdecke ~ ~ · false ceiling of light(weight) blocks

~ mit geraden Fugen, Einschubdecke ~ ~ ~ · false ceiling with straight joints

~ ~ schrägen Fugen, Einschubdecke ~ ~ ~ · false ceiling with slanting joints

Zwischen|deckenbalken *m* [*Zwischen den Streichbalken liegend*] · binder, binding joist

~deckenplatte *f* · false ceiling slab

~deckenraum *m* · ceiling plenum

~feld *n*, Metope *f* · metope [*The square space between two triglyphs in the frieze of a Doric order; it may be carved or left plain*]

~festigkeit *f* · intermediate strength

~füllung *f* · intermediate fill

~gebälk *n*, Stockgebälk, Zwischenbalkenlage *f*, Stockbalkenlage [*Das Zwischengebälk trennt die Geschosse voneinander*] · system of (wood(en)) (or timber) binders and joists between stories

~geschoß *n*, Mezzanin *n*, Halbstockwerk *n*, Halbetage *f*, Halbgeschoß, Beigeschoß · mezzanine, entresol

~geschoßdecke *f*, Beigeschoßdecke, Mezzanindecke, Halbstockwerkdecke, Halbetagendecke, Halbgeschoßdecke · mezzanine floor, entresol ~

~glas *n*, Einschmelzglas, Lötglas, Glaslot *n* · solder glass, intermediate sealing ~

~lage *f* [*Sie hält den Asphalt von der vollflächigen Verklebung auf waag(e)-rechten Flächen frei*] · black sheeting felt [*B.S. 747*]

~lage *f*, Zwischenschicht *f* · sandwich layer, intermediate ~, ~ course

~pfeiler *m* · intermediate pier

~pfette *f*, Mittelpfette · central purlin(e), middle ~

~pfettenanschluß *m*, Mittelpfettenanschluß · central purlin(e) connection, middle ~ ~

~pfosten *m* · mullion [*An intermediate vertical member of a frame to an opening. If placed in the center it is called 'Mittelpfosten' in German*]

~putzschicht *f*, Mittelputzschicht [*dreilagiger Putz*] · brown coat, second ~

~rahmen *m* · intermediate frame

~raum *m* · space [*Area between things*]

~raum *m* [*Beim Thermopane-Mehrscheibenisolierglas der hermetisch abgeschlossene Zwischenraum mit getrockneter Luft mit Taupunkt –70° C gefüllt*] · hermetically sealed dehydrated captive air space, blanket of dry air

~riegel *m*, Tür~ · intermediate (door) rail

~ring *m* [*Fehlname*]; Schachtring [*DIN 4034*] · manhole ring, manway ~

~schicht *f*, Verbund~ [*Verbund-Sicherheitsglas*] · interlayer

~schicht *f*, Zwischenlage *f* · sandwich layer, intermediate ~, ~ course

~schnitt *m* · intermediate section

~sparren *mpl*, Leersparren, Leergebinde *n*, Leergespärre *n* · intermediate rafters

~steife *f* [*Blechträger*] · intermediate stiffener

~stufenvergütung *f* · austempering [*A method adapted to the heat treatment of wire, and particularly formed parts. It is employed to develop the highest combination of strength and toughness in certain kinds of wire, particularly for fabrication into springs*]

~stütze *f* · intermediate column

~treppe *f* · intermediate stair(case)

~wand *f*, Innenwand, Gebäude~, Haus~ · internal (dividing) wall, interior (~) ~, indoor (~) ~, inside (~) ~, inner (~) ~

~wandplatte *f*, Innenwandplatte, Gebäude~, Haus~ · internal (dividing) wall slab, interior (~) ~ ~, indoor (~) ~ ~, inside (~) ~ ~, inner (~) ~ ~

~wert *m* · intermediate value

12-drähtige Litze *f* · twelve-wire cable

zwölfjochig · twelve-bay

zwölfsäulig · dodecastyle

Zyan-Eisenfarbe *f*, Zyaneisenblau *n* · ferro-cyanid(e) blue, iron ~

Zyankali *n*, Kaliumzyanid *n*, KCN · potassium cyanide

zyklische Vertauschung *f* · cyclic(al) permutation

Zyklopenbeton *m*, Bruchsteinbeton · cyclopean concrete

~-Stein *m*, Stein beim Prepaktbeton · displacer, plum

Zyklopenmauer *f*, zyklopische Mauer · cyclopean rustication wall, rock faced ~ ~

~werk *n*, zyklopisches Mauerwerk · cyclopean rustication, rock faced ~

~werk *m* **mit netzartigen Fugen** → Vieleckmauerwerk

Zyklopenstein *m* · cyclopean block

zyklopische Mauer *f* → Zyklopenmauer

zyklopisches Mauerwerk *n*, Zyklopenmauerwerk · cyclopean rustication, rock-faced ~

~ ~ mit netzartigen Fugen → Vieleckmauerwerk

Zylinder *m* → (Beton)Probezylinder

~behälter *m* · cylindrical tank

~dach *n* · semicircular cylindrical roof

~druckfestigkeit *f*, Beton~ · (concrete) cylinder compressive strength, (~) ~ crushing ~

~druckprobe *f*, Zylinderdruckversuch *m*, Zylinderdruckprüfung *f*, Beton~ · concrete cylinder compressive strength test, ~ ~ crushing ~ ~

~-Druck(prüf)presse *f*, Beton~ · (concrete) cylinder tester, (~) ~ testing machine

~druckprüfung *f*, Zylinderdruckversuch *m*, Zylinderdruckprobe *f*, Beton~ · concrete cylinder compressive strength test, ~ ~ crushing ~ ~

~druckversuch *m*, Zylinderdruckprüfung *f*, Zylinderdruckprobe *f*, Beton~ · concrete cylinder compressive strength test, ~ ~ crushing ~ ~

~durchlaufschale *f*, Durchlaufzylinderschale · continuous cylindrical shell

~einsteckschloß *n* · cylinder mortice lock, ~ mortise ~

~-Fallenschloß *n* · cylindrical latch lock, cyclinder ~ ~

~festigkeit *f*, Beton~ · (concrete) cylinder strength

~fläche *f* · cylindrical surface

~form *f* · cylindrical mould (Brit.); ~ mold (US)

~gelenk *n* · cylindrical hinge

~glas *n*, Walzenglas · cylinder glass [*blown or drawn*]

~-Koordinatensystem *n* · cylindrical coordinate system

~körper *m* [*Schloß*] · cylinder barrel, ~ body

~minarett *n* · cylindrical minaret

~rohr *n*, Kreisrohr, Rundrohr, rundes Rohr, kreisförmiges Rohr · cylindrical pipe, circular ~, round ~

~röhre *f*, Kreisröhre, Rundröhre, runde Röhre, kreisförmige Röhre · round tube, circular ~, cylindrical ~

~sägedachschale *f*→ Zylindersägezahndachschale

~säge(zahn)dachschale *f*, Säge(zahn)-dachzylinderschale, Shed(dach)zylinderschale, Zylindershed(dach)schale · north(-light) cylindrical shell, saw-tooth ~ ~

~schale *f* · cylindrical shell

~schalendach *n* · cylindrical shell roof

~schalen-Dreischichtentafel *f*, Zylinderschalen-Dreilagentafel · cylindrical shell sandwich panel, ~ ~ three-layer(ed) ~

~schloß *n* · cylindrical lock, cylinder ~

~schloßgarnitur *f* · cylindrical lock set, cylinder ~ ~

~(schloß)kasten *m* · cylindrical (lock) case, cylinder (~) ~

~segment *n* · cylinder segment

~shed(dach)schale *f*, Shed(dach)zylinderschale, Säge(zahn)zylinderdachschale, Zylindersäge(zahn)dachschale · north(-light) cylindrical shell, saw-tooth ~ ~

~walm *m* · cylindrical hip; ~ piend [*Scotland*]

zylindrische Biegung *f* · cylindrical bending

zylindrisches Gewölbe *n*, walzenförmiges ~ · cylindrical vault, cradle ~

~ Rohr *n* · round pipe, cylindrical ~

zylindrisches Ziegelgewölbe *n*, Walzenförmiges ~ · (clay) brick cradle vault, (~) ~ cylindrical ~

Zypressenholzsäule *f* · cypress-wood column